SCHÄFFER
POESCHEL

Adolf G. Coenenberg/Axel Haller
Wolfgang Schultze

Jahresabschluss und Jahresabschlussanalyse

Betriebswirtschaftliche, handelsrechtliche, steuerrechtliche und internationale Grundlagen – HGB, IAS/IFRS, US-GAAP, DRS

23., überarbeitete Auflage

unter Mitarbeit von
Iris Bergmann, Christoph Durchschein, Julian Faiß, Eva-Maria Ferstl, Tobias Groß, Cristina Landis, Christine Miller, Tobias Oswald und Bettina Schabert

2014
Schäffer-Poeschel Verlag Stuttgart

Autoren:
Prof. Dr. Dr. h.c. mult. Adolf G. Coenenberg, Emeritus Universität Augsburg
Prof. Dr. Axel Haller, Lehrstuhl für Financial Accounting and Auditing, Universität Regensburg
Prof. Dr. Wolfgang Schultze, Lehrstuhl für Wirtschaftsprüfung und Controlling, Universität Augsburg

Mitarbeiter der 23. Auflage:
Dipl.-Kffr. Iris Bergmann, Dipl.-WiWi Christoph Durchschein, Dipl.-Kfm. Julian Faiß M.Sc., Eva-Maria Ferstl M.Sc. with Honors, Dipl.-Kfm. Tobias Groß, Dott. Ric. Cristina Landis, Christine Miller M.Sc. with Honors, Dipl. iur. oec. Tobias Oswald, Dipl.-Kffr. Bettina Schabert

Mitarbeiter der Vorauflagen:

1.–8. Auflage:	Ernst Brandi, Günter Eifler, Franz Schmidt
9.–15. Auflage:	Rudolf Gingele, Axel Haller, Andreas Mayer, Peter Ströhlein
16. Auflage:	Christian Federspieler, Susanne Gröner, Axel Haller, Georg Klein
17.–18. Auflage:	Manuel Alvarez, Angelika Brecht, Christian Federspieler, Marcus Gantzkow, Susanne Gröner, Kalina Keller, Georg Klein, Martin A. Mayer, Wolfgang Schultze
19. Auflage:	Manuel Alvarez, Johannes Biberacher, Christian Fink, Andreas Joest, Kalina Keller, Martin A. Meyer, Wolfgang Schultze
20. Auflage:	Bettina Bischof, Manuel Deffner, Christian Fink, Marcus Gantzkow, Andreas Joest, Kalina Keller, Wolfgang Schultze, Barbara Straub
21. Auflage:	Simon Berger, Bettina Bischof, Daniel Blab, Tami Dinh Thi, Jürgen Ernstberger, Matthias Froschhammer, Kalina Kafadar, Tobias Oswald, Leif Steeger, Martin Wehrfritz, Andreas Weiler, Marco Wittmann
22. Auflage:	Simon Berger, Daniel Blab, Julian Faiß, Eva-Maria Ferstl, Matthias Froschhammer, Thomas List, Tobias Oswald, Bettina Schabert, Martin Wehrfritz, Andreas Weiler, Paul Zellner

Redaktionsvermerk: Rechtsstand und Stand der Standards 30. November 2013

Dozenten finden weiterführende Lehrmaterialien für dieses Lehrbuch unter **www.sp-dozenten.de/3328** (Registrierung erforderlich).

Bibliografische Information der Deutschen Nationalbibliothek
Die Deutsche Nationalbibliothek verzeichnet diese Publikation in der Deutschen Nationalbibliografie; detaillierte bibliografische Daten sind im Internet über http://dnb.d-nb.de abrufbar.

Gedruckt auf säure- und chlorfreiem, alterungsbeständigem Papier.

ISBN 978-3-7910-3328-0

www.schaeffer-poeschel.de
info@schaeffer-poeschel.de
Einbandgestaltung: Melanie Frasch
Druck und Bindung: C.H. Beck, Nördlingen
Printed in Germany
März 2014

Schäffer-Poeschel Verlag Stuttgart
Ein Tochterunternehmen der Haufe Gruppe

Vorwort

a) Die Konzeption des Buches

Dieses Lehrbuch ist als Lerngrundlage zur Einarbeitung in die Probleme der Erstellung und Auswertung von Jahresabschlüssen gedacht. Es umfasst einerseits diejenigen Bereiche und Aspekte des finanziellen Rechnungswesens der Unternehmung, die zum Pflichtbestandteil jeder betriebswirtschaftlichen Ausbildung im akademischen wie im außerakademischen Bereich gehören sollten. Andererseits geht das Lehrbuch über die Grundfragen hinaus vertiefend in die Problemstellungen der Bilanzierung hinein. Dementsprechend wendet sich das Buch nicht nur an Universitäts- und Hochschulstudierende der Wirtschaftswissenschaften, sondern auch an die Studierenden anderer wirtschaftswissenschaftlicher Bildungsinstitutionen sowie an Praktiker aus Wirtschaft und Verwaltung, die in das Gebiet der Bilanzierung und Bilanzanalyse eindringen oder ihre Kenntnisse auf diesem Gebiet vertiefen und auf den neuesten Stand bringen wollen. Elementare Grundkenntnisse der Buchführungstechnik werden vorausgesetzt; weitere betriebswirtschaftliche Kenntnisse, vor allem auf den Gebieten Kostenrechnung und Finanzierung, sind für das Verständnis nützlich, aber nicht notwendig. Für den Einsatz im wirtschaftswissenschaftlichen Studium an Universität und Hochschule deckt das Lehrbuch – aufbauend auf einem Einführungskurs in Buchführung – das gesamte Grundlagen- und Spezialisierungsprogramm im Fach Rechnungslegung im Rahmen des Bachelorstudiums und eines darauf aufbauenden Masterstudiums ab.

Wie im Untertitel zum Ausdruck kommt, ist es ein besonderes Anliegen dieses Buches, neben der möglichst umfassenden Darstellung und Interpretation der in Bilanzrecht und Bilanzierungsstandards verankerten Grundsätze, Verständnis für die betriebswirtschaftlichen Grundlagen der Bilanzierung und Bilanzanalyse zu wecken. Breiten Raum nehmen Bilanzrecht und internationale Bilanzierungsstandards naturgemäß im ersten Teil der Schrift ein, in dem die Regeln zur Erstellung von Einzel- und Konzernabschlüssen behandelt werden. Im Vordergrund stehen dabei einerseits – neben den allgemeinen Grundsätzen ordnungsmäßiger Buchführung – die handelsrechtlichen Bilanzierungsregeln für Kapitalgesellschaften, weil diese am umfassendsten sind und ihre Kenntnis zudem auch für das Verständnis der Bilanzierung von Einzelunternehmen und Personengesellschaften notwendig ist. Nach Erörterung der handelsrechtlichen Bilanzierungsregeln schließt sich – soweit sich diese auf den Jahresabschluss beziehen – jeweils eine Erörterung der für Erstellung und Auswertung relevanten steuerlichen Vorschriften an. Das Buch legt ein weites Verständnis des Begriffs »Bilanzierung« zugrunde, da auch wesentliche Instrumente der externen Berichterstattung, die über die Erstellung eines Jahres- bzw. Konzernabschlusses hinausgehen, dargestellt und erläutert werden.

Neben den handelsrechtlichen Bilanzierungsregeln (HGB und DRS) stehen andererseits die *International Financial Reporting Standards* (IFRS) im Zentrum dieses Lehrbuchs. Sie sind für den Konzernabschluss kapitalmarktorientierter Unternehmen in der EU seit dem Jahre 2005 maßgebend und haben auch für deren Einzelabschlüsse sowie für die Abschlüsse nicht kapitalmarktorientierter Unternehmen eine erhebliche faktische Bedeutung erlangt. Profunde Kenntnisse der IFRS gehören deshalb heute zum erwarteten Wissensstand. Außerdem wird auch in jeweils fokussierter Form auf die Bilanzierungsregeln nach US-GAAP eingegangen. Dies erscheint angebracht, weil in vielen Bilanzierungsbereichen die US-GAAP bis heute Vorbildcharakter für die IFRS haben und deren Ausgestaltung und Konzeption die Interpretation und Weiterentwicklung der IFRS wesentlich beeinflussen. Folglich sind Grundkenntnisse der US-GAAP für das Verständnis der IFRS sehr hilfreich. Im zweiten und dritten Teil dominieren die betriebswirtschaftlichen Grundlagen zur Bilanzierung und Bilanzanalyse. Im zweiten Teil, der sich mit der Analyse des Jahresabschlusses befasst, geht es weniger um eine möglichst umfassende Auflistung der in Theorie und Praxis gebräuchlichen Kennzahlen; es geht vielmehr um die Erarbeitung operationaler Definitionen der für die Auswertung wichtigsten Kennzahlen und Rechenschemata, um das Aufzeigen von Zusammenhängen zwischen den Kennzahlen und den Rechengrößen sowie um die Darstellung der Möglichkeiten und Grenzen der Informationsgewinnung aus den aufbereiteten Jahresabschlussdaten und aus dem Lagebericht. Grundlage sind auch hier die handelsrechtlichen Vorschriften für Einzel- und Konzernabschluss sowie die Bilanzierungsstandards nach IFRS und US-GAAP. Außerdem ist es ein besonderes Anliegen, die konventionellen Methoden der Bilanzanalyse mit Erkenntnissen der betriebswirtschaftlichen Theorie, der strategischen Unternehmensanalyse sowie den Betrachtungsweisen der Analysten zu verbinden.

Der dritte Teil gibt eine Übersicht über die unter der Sammelbezeichnung »Bilanztheorie« zusammengefassten betriebswirtschaftlichen Erwägungen sowie Ansätze und Ergebnisse der empirischen Bilanzforschung. Aus der Bezeichnung »Bilanztheorie« darf keineswegs geschlossen werden, dass diese Ausführungen nur von »theoretischem« Interesse wären; sie sind vielmehr für ein vertieftes Verständnis der Probleme der Jahresabschlusserstellung und der Jahresabschlussanalyse in gleicher Weise von Bedeutung.

b) Anmerkungen zur 23. Auflage

Mit der 23. Auflage von »Jahresabschluss- und Jahresabschlussanalyse« ist erneut ein in allen Teilen vollständig überarbeitetes, ergänztes und auf den neuesten Stand gebrachtes Lehrbuch entstanden. Obwohl seit der letzten Neuauflage (22. Auflage 2012) erst zwei Jahre vergangen sind, hat sich eine erneute vollständige Überarbeitung als notwendig erwiesen, weil sich im Bereich der nationalen, aber insbesondere der internationalen Bilanzierungsnormen erhebliche Änderungen und Weiterentwicklungen ergeben haben. All diesen Änderungen und Weiterentwicklungen zum Stand 30. November 2013 trägt die 23. Auflage des Lehrbuchs, insbesondere im Teil 1 »Erstellung des Jahresabschlusses«, Rechnung.

Im Bereich der nationalen Bilanzierungsnormen wurden Änderungen im Bereich der Abschlusserstellung sowie der Offenlegung, die sich aus dem Kleinstkapitalgesellschaften-Bilanzrechtsänderungsgesetz (MicroBilG) ergeben, und steuerrechtliche Änderungen im Bereich der Definition der Herstellungskosten durch die EStÄR eingearbeitet. Weiterhin ergaben sich umfangreiche Überarbeitungen durch die Berücksichtigung des neuen DRSC-Standards zur Konzernlageberichterstattung (DRS 20). Außerdem wurden neue Entwicklungen auf dem Gebiet des »*Integrated Reporting*« aufgegriffen.

Besonders umfangreicher Überarbeitungsbedarf entstand naturgemäß im Bereich der internationalen Bilanzierungsnormen. Mit Blick auf die EU-Ebene wurden die neuen Richtlinien zur Rechnungslegung und Unternehmenstransparenz, die im Sommer und Herbst 2013 verabschiedet wurden, eingearbeitet. Im Bereich der *International Financial Reporting Standards* (IFRS) wurden sämtliche neuen Entwicklungen bei den Standards und Entwürfen von Standards berücksichtigt. Hervorzuheben sind hier vor allem die neuen Regelungen zum *fair value* nach IFRS 13, der neue Diskussionsentwurf zur Fortentwicklung des *Conceptual Framework*, die Neugestaltung der Ertragsrealisation im Zuge des Projekts *Revenue Recognition*, der neue Standardentwurf zur Leasingbilanzierung sowie die Erweiterung des IFRS 9 um den Bereich des *hedge accounting*. Auch im Bereich der US-GAAP wurden sämtliche inhaltlichen Neuerungen berücksichtigt.

Zeitgleich mit der 23. Auflage des Lehrbuchs erscheinen in 5. Auflage das Lehrbuch »Einführung in das Rechnungswesen – Grundzüge der Buchhaltung und Bilanzierung« sowie in 15. Auflage das Übungsbuch »Jahresabschluss und Jahresabschlussanalyse – Aufgaben und Lösungen«, ebenfalls im Schäffer-Poeschel Verlag. Diese Neuauflagen des Einführungsbuches und des Übungsbuches sind auf die 23. Auflage des Lehrbuches »Jahresabschluss und Jahresabschlussanalyse« abgestimmt.

An der 23. Auflage haben die Augsburger und Regensburger Lehrstuhlteams erheblichen Anteil. Im Einzelnen gilt unser Dank den wissenschaftlichen Mitarbeiterinnen und Mitarbeitern Dipl.-Kffr. Iris Bergmann, Dipl.-WiWi Christoph Durchschein, Dipl.-Kfm. Julian Faiß M.Sc., Eva-Maria Ferstl M.Sc. with Honors, Dipl.-Kfm. Tobias Groß, Dott. Ric. Cristina Landis, Christine Miller M.Sc. with Honors, Dipl. iur. oec. Tobias Oswald und Dipl.-Kffr. Bettina Schabert. Für die redaktionelle Bearbeitung des Buchs danken wir Dipl.-Kfm. Gerhard Mattner MBA sehr herzlich. Dipl.-Kfm. Simon Berger MBA danken wir zudem für die technische Unterstützung. Ebenso gilt unser Dank Eva-Maria Ferstl M.Sc. with Honors für die hervorragende Koordination der Arbeiten am Regensburger Lehrstuhl sowie Dipl.-Kffr. Bettina Schabert für die exzellente organisatorische Gesamtleitung der Entstehung dieser Neuauflage. Besonderer Dank gilt Frau Monika Lutzenberger für ihre hervorragende sekretariatsseitige Unterstützung. Des Weiteren danken wir den studentischen Hilfskräften Josephine Hofmann, Simon Sommerer B.Sc. und Jonas Zink für die vielfältigen Arbeiten zur Aktualisierung, Formatierung und grafischen Ausgestaltung des Werks. Schließlich danken wir auch Marita Mollenhauer vom Schäffer-Poeschel Verlag und ihrem Team für die stets hervorragende Zusammenarbeit und exzellente Unterstützung.

c) Dozentenservice

Zusätzlich zur 15. Auflage des Übungsbuches »Jahresabschluss und Jahresabschlussanalyse – Aufgaben und Lösungen« werden für Dozenten Folien für die Präsentation im Hörsaal bereitgestellt. Diese sind über den Dozentenservice des Verlags unter der Webadresse **http://www.sp-dozenten.de/3328** abrufbar.

Augsburg und Regensburg, im Dezember 2013

Adolf G. Coenenberg
Axel Haller
Wolfgang Schultze

Inhaltsübersicht

Erster Teil: Erstellung des Jahresabschlusses

Zweiter Teil: Analyse des Jahresabschlusses

Dritter Teil: Theorien des Jahresabschlusses

Inhaltsverzeichnis

Zweiter Teil: Analyse des Jahresabschlusses

Abkürzungsverzeichnis

a. A.	anderer Ansicht
a. F.	alte Fassung
Abb.	Abbildung
Abs.	Absatz
Abt.	Abteilung
AfA	Absetzung für Abnutzung
AfaA	Absetzung für außergewöhnliche Abnutzung
AfS	Absetzung für Substanzverringerung
AG	Aktiengesellschaft, auch bei IFRS »Application Guidance«
AHK	Anschaffungs- und Herstellungskosten
AIA	American Institute of Accountants
AICPA	American Institute of Certified Public Accountants
AK	Anschaffungskosten
AktG	Aktiengesetz
Anm.	Anmerkung
AnsVG	Anlegerschutzverbesserungsgesetz
AO	Abgabenordnung
AOC	Auditor Oversight Commission (international für APAK)
APAG	Abschlussprüferaufsichtsgesetz
APAK	Abschlussprüferaufsichtskommission
APB	Accounting Principles Board
APO	Ausgleichsposten
ARB	Accounting Research Bulletin
ARC	Accounting Regulatory Committee
Art.	Artikel
ASB	Accounting Standards Board
AU	Auditing (Prüfungsnorm des AICPA)
Aufl.	Auflage
AuslInvG	Auslandsinvestitionsgesetz
AV	Anlagevermögen
AW	Anschaffungswert
BAB	Betriebsabrechnungsbogen
BaFin	Bundesanstalt für Finanzdienstleistungsaufsicht
BauG	Baugesetz
BB	Betriebsberater
BBergG	Bundesberggesetz
BBkG	Bundesbankgesetz
BC	Basis for Conclusions
Bd.	Band
bearb.	bearbeitet

BerlinFG	Berlinförderungsgesetz
BetrVG	Betriebsverfassungsgesetz
BFH	Bundesfinanzhof
BFuP	Betriebswirtschaftliche Forschung und Praxis
BG	Börsengesetz
BGB	Bürgerliches Gesetzbuch
BGBl.	Bundesgesetzblatt
BGH	Bundesgerichtshof
BHO	Bundeshaushaltsordnung
BiB	Bruttoinvestitionsbasis
BilKoG	Bilanzkontrollgesetz
BilKoUmV	Bilanzkontrollkosten-Umlageverordnung
BilMoG	Bilanzrechtsmodernisierungsgesetz
BilReG	Bilanzrechtsreformgesetz
BiRiLiG	Bilanzrichtliniengesetz
BMF	Bundesministerium der Finanzen
BMJ	Bundesministerium der Justiz
BörsO	Börsenordnung
BörsZulV	Börsenzulassungs-Verordnung
BR	Branchenrendite
BStBl.	Bundessteuerblatt
BT-Drs.	Bundestags-Drucksache
BZEW	Brutto-Zukunftserfolgewert
bzw.	beziehungsweise
c. p.	ceteris paribus
CAP	Committee on Accounting Procedures
CAPM	Capital Asset Pricing Model
CESR	Committee of European Securities Regulators
CF	Cashflow
CFROI	Cash Flow Return on Investment
CGU	cash-generating unit
ch.	chapter
COMECON	Council for Mutual Economic Assistance
CON	Conceptual Framework des FASB
CPA	Certified Public Accountant
CR	Corporate Responsibility
CVA	Cash Value Added
d. h.	das heißt
d. Verf.	der Verfasser
DAX	Deutscher Aktien Index
DBW	Die Betriebswirtschaft
DCF	Discounted Cashflow
DCGK	Deutscher Corporate Governance Kodex
DPR	Deutsche Prüfstelle für Rechnungslegung

DRS	Deutsche Rechnungslegungs Standards
DRSC	Deutsches Rechnungslegungs Standards Committee e. V.
DSOP	Draft Statement of Principles (IASC)
DSR	Deutscher Standardisierungsrat
DStR	Deutsches Steuerrecht
DVFA	Deutsche Vereinigung für Finanzanalyse und Asset Management e.V.
e. V.	eingetragener Verein
EB	Endbestand
EBA	European Banking Authority
EBIT	Earnings before Interest and Taxes
EBITDA	Earnings before Interest, Taxes, Depreciation and Amortization
EBT	Earnings before Taxes
ED	Exposure Draft
EDV	Elektronische Datenverarbeitung
EFFAS	The European Federation of Financial Analysts Societies
EFRAG	European Financial Reporting Advisory Group
EG	Europäische Gemeinschaft
EGAktG	Einführungsgesetz zum Aktiengesetz
EGHGB	Einführungsgesetz zum Handelsgesetzbuch
eGmbH	eingetragene Genossenschaft mit beschränkter Haftung
eGmuH	eingetragene Genossenschaft mit unbeschränkter Haftung
EHUG	Gesetz über elektronische Handelsregister und Genossenschaftsregister sowie das Unternehmensregister
EIOPA	European Insurance and Occupational Pensions Authority
EITF	Emerging Issues Task Force
EK	Eigenkapital
EKR	Eigenkapitalrendite
EntwLStG	Entwicklungsländer-Steuergesetz
EPS	Earnings per Share
ESFS	European System of Financial Supervisors
ESG	Environmental, Social and Govermental Aspects
ESMA	European Securities and Markets Authority
EStÄR	Einkommensteuer-Änderungsrichtlinie
EStDV	Einkommensteuer-Durchführungsverordnung
EStG	Einkommensteuergesetz
EStH	Einkommensteuer-Hinweise
EStR	Einkommensteuer-Richtlinien
ESRB	European Systemic Risk Board
etc.	et cetera
EU	Europäische Union
EUR	Euro
EVA	Economic Value Added

EWR	Europäischer Wirtschaftsraum
F&E	Forschung und Entwicklung
f.	folgende Seite
F	Framework for the Preparation and Presentation of Financial Statements (IASB)
FAF	Financial Accounting Foundation
FAS	Financial Accounting Standard
FASB	Financial Accounting Standards Board
FCF	Free Cashflow
ff.	folgende Seiten
FiFo	First in – first out
FIN	FASB Interpretations
FinDAG	Finanzdienstleistungsaufsichtsgesetz
FK	Fremdkapital
IDW-FN	Fachnachrichten des Instituts der Wirtschaftsprüfer in Deutschland e. V.
FREP	Financial Reporting Enforcement Panel (international für DPR)
FRRP	Financial Reporting Review Panel
FRS	Financial Reporting Standard (ASB)
FW	Fremdwährungseinheiten
FWB	Frankfurter Wertpapierbörse
GAAP	Generally Accepted Accounting Principles
GASB	German Accounting Standards Board
GASC	German Accounting Standards Committee
GE	Geldeinheiten
GEFIU	Gesellschaft der Finanzwirtschaft in der Unternehmensführung e. V.
GenG	Genossenschaftsgesetz
GewStG	Gewerbesteuergesetz
ggf.	gegebenenfalls
GJ	Geschäftsjahr
GK	Gesamtkapital
GKR	Gesamtkapitalrendite
GKV	Gesamtkostenverfahren
GmbH	Gesellschaft mit beschränkter Haftung
GmbHR	GmbH-Rundschau
GoB	Grundsätze ordnungsmäßiger Buchführung
GRI	Global Reporting Initiative
GuV	Gewinn- und Verlustrechnung
GuV-Pos.	Gewinn- und Verlustposten
GW	Geschäftswert
GWG	geringwertige(s) Wirtschaftsgüter(-gut)
h. M.	herrschende Meinung
HB	Handelsbilanz

HBR	Harvard Business Review
HFA	Hauptfachausschuss des Instituts der Wirtschaftsprüfer
HGB	Handelsgesetzbuch
HGBE	HGB-Entwurf
Hifo	Highest in – first out
HK	Herstellungskosten
HR	Handelsregister
hrsg.	herausgegeben
Hrsg.	Herausgeber
HV	Hauptversammlung
i. d. F.	in der Fassung
i. d. R.	in der Regel
i. e. S.	im engeren Sinne
i. H. v.	in Höhe von
i. S.	im Sinne
i. S. v.	im Sinne von
i. V. m.	in Verbindung mit
IAS	International Accounting Standard(s)
IASB	International Accounting Standards Board
IASC	International Accounting Standards Committee
IDW	Institut der Wirtschaftsprüfer
IDW-FN	IDW Fachnachrichten
IE	Illustrative Examples
IFAC	International Federation of Accountants
IFRIC	International Financial Reporting Interpretations Committee
IFRS	International Financial Reporting Standard(s)
IG	Implementation Guidance
IIRC	International Integrated Reporting Council
inkl.	inklusive
InvG	Investmentgesetz
IOA	Impairment only Approach
IOSCO	International Organisation of Securities Commissions
IR	Integrated Reporting
IRZ	Zeitschrift für internationale Rechnungslegung
ISA	International Standards on Auditing
Jg.	Jahrgang
JÜ	Jahresüberschuss
KAK	Konzernanschaffungskosten
KapAEG	Kapitalaufnahmeerleichterungsgesetz
KapCoRiLiG	Kapitalgesellschaften- & Co-Richtlinie-Gesetz
KapErhG	Gesetz über die Kapitalerhöhung aus Gesellschaftsmitteln und über die Verschmelzung von Gesellschaften mit beschränkter Haftung
KFR	Kapitalflussrechnung

Kfz	Kraftfahrzeug
KG	Kommanditgesellschaft
KGaA	Kommanditgesellschaft auf Aktien
KHK	Konzernherstellungskosten
KI	Kreditinstitute
Kifo	Konzern in – first out
Kilo	Konzern in – last out
km	Kilometer
KO	Konkursordnung
KonTraG	Gesetz zur Kontrolle und Transparenz im Unternehmensbereich
KoR	Zeitschrift für kapitalmarktorientierte Rechnungslegung
KPI	Key Performance Indicators
KStG	Körperschaftsteuergesetz
KVStG	Kapitalverkehrsteuergesetz
KWG	Gesetz über das Kreditwesen
Lifo	Last in – first out
Lkw	Lastkraftwagen
Lofo	Lowest in – first out
LuL	Lieferungen und Leistungen
m. w. N.	mit weiteren Nachweisen
MC	Management Commentary
MD&A	Management´s Discussion and Analysis
MicroBilG	Kleinstkapitalgesellschaften-Bilanzrechtsänderungsgesetz
MoMiG	Gesetz zur Modernisierung des GmbH-Rechts und zur Bekämpfung von Missbräuchen
Mrd.	Milliarden
MU	Mutterunternehmen
n. F.	neue Fassung
NI	Netto-Investitionen
NIE	Net Income recognised directly in Equity
No.	Number
OCI	Other Comprehensive Income
OECD	Organisation for Economic Co-operation and Development
OFR	Operating and Financial Review and Prospects
OHG	Offene Handelsgesellschaft
P	Preface to International Financial Reporting Standards (IASB)
PER	Price Earnings Ratio
PiR	Praxis der internationalen Rechnungslegung
Pkw	Personenkraftwagen
PoI	Pooling of Interests
Pos.	Posten
PS	Practice Statement

PublG	Gesetz über die Rechnungslegung von bestimmten Unternehmen und Konzernen (Publizitätsgesetz)
R	Richtlinie
RBW	Restbuchwert
RechVersV	Verordnung über die Rechnungslegung von Versicherungsunternehmen
RegE	Regierungsentwurf
RegEHGB	Entwurf eines Gesetzes zur Duchführung der Vierten Richtlinie des Rates der Europäischen Gemeinschaften zur Koordinierung des Gesellschaftsrechts (Bilanzrichtlinien-Gesetz)
rev.	revised
RG	Residualgewinn
RGZ	Entscheidungen des zivilen Reichsgerichts
RHB	Roh-, Hilfs- und Betriebsstoffe
RIC	Rechnungslegungs Interpretations Committee
RLZ	Restlaufzeit
ROCE	Return on Capital Employed
ROI	Return on Investment
RONA	Return on Net Assets
RU	Reporting Unit
S.	Seite
s. a.	siehe auch
s. u.	siehe unten
SABI	Sonderausschuss Bilanzrichtlinien-Gesetz
SAV	Sachanlagevermögen
SEA	Securities Exchange Act
SEC	Securities and Exchange Commission
SG	Schmalenbach-Gesellschaft für Betriebswirtschaft e. V.
SIC	Standing Interpretations Committee
SMEs	Small and medium enterprices
SO	Stock Option
sog.	so genannt
SolZG	Solidaritätszuschlaggesetz
SOP	Statement of Position, Statement of Principles
SoPoR	Sonderposten mit Rücklageanteil
SoRIE	Statement of Recognised Income and Expense
Sp.	Spalte
SR	stille Reserven
StGB	Strafgesetzbuch
StuB	Steuern und Bilanzen
SWOT	Strengths-Weakness-Opportunities-Threats
Tab.	Tabelle
TEUR	Tausend Euro
TWQ	Totaler Wertschöpfungsquotient

TransPuG	Gesetz zur weiteren Reform des Aktien- und Bilanzrechts, zu Transparenz und Publizität
TRS	Total Return to Shareholders
TU	Tochterunternehmen
TUG	Transparenzrichtlinie-Umsetzungsgesetz
Tz.	Textziffer
u. a.	und andere[s], unter anderem, unter anderen
u. Ä.	und Ähnliche[s]
u. E.	unseres Erachtens
UKV	Umsatzkostenverfahren
UmwStG	Umwandlungs-Steuergesetz
US-GAAP	United States-Generally Accepted Accounting Principles
usw.	und so weiter
UV	Umlaufvermögen
UW	Unternehmenswert
v.	von
VAG	Versicherungsaufsichtsgesetz
VFE	Vermögens-, Finanz- und Ertragslage
VG	Vermögensgegenstand
vgl.	vergleiche
Vol.	Volume
VorstOG	Vorstandsvergütungs-Offenlegungsgesetz
VRG	Gesetz zur Erleichterung des Übergangs vom Arbeitsleben in den Ruhestand (Vorruhestandsgesetz)
WACC	Weighted Average Cost of Capital
WG	Wechselgesetz
WGGDV	Durchführungsverordnung zum Gesetz über die Gemeinnützigkeit im Wohnungswesen
WiSt	Wirtschaftswissenschaftliches Studium
WiSu	Das Wirtschaftsstudium (Zeitschrift für Studium und Examen)
WPg	Die Wirtschaftsprüfung
WpHG	Wertpapierhandelsgesetz
WPK	Wirtschaftsprüferkammer
WPO	Wirtschaftsprüferordnung
WpÜG	Wertpapiererwerbs- und Übernahmegesetz
WS	Wertschöpfung
XBRL	eXtensible Business Reporting Language
z. B.	zum Beispiel
z. T.	zum Teil
ZfB	Zeitschrift für Betriebswirtschaft
ZfbF	Zeitschrift für betriebswirtschaftliche Forschung

Erster Teil
Erstellung des Jahresabschlusses

1. Kapitel: Wesen und Grundlagen des Jahresabschlusses

Bilanzbegriff

Der Begriff »Bilanz« wird häufig in einem weiteren Sinne als Synonym für den Begriff »Jahresabschluss« verwendet, obgleich die Bilanz neben der Gewinn- und Verlustrechnung (GuV) und dem Anhang (bei Kapitalgesellschaften) lediglich einen Bestandteil des Jahresabschlusses eines Unternehmens darstellt. Über die Funktion im Jahresabschluss hinaus, kann der Begriff »Bilanz« unterschiedliche Rechnungen mit unterschiedlichen Funktionen bezeichnen.

A. Bilanz als zentrales Instrument der Unternehmensrechnung

Zusammenhang: Bilanz und Jahresabschluss

Der Jahresabschluss ist – wie der Begriff auch zum Ausdruck bringt – der jährliche Abschluss der im Rahmen der Finanzbuchhaltung gemachten Aufzeichnungen und gewonnenen Daten. Somit erfolgt die Erstellung des Jahresabschlusses basierend auf der Systematik der kaufmännischen doppelten Buchführung (vgl. hierzu ausführlich Coenenberg, A. G./Haller, A./Mattner, G./Schultze, W. [2014], 5. Kapitel ff.). Dabei bilden die Bilanz und die Gewinn- und Verlustrechnung (GuV) die zentralen Recheninstrumente, wobei die GuV als eine die Bilanz ergänzende Detailrechnung zu verstehen ist, mittels derer sich die (Rein-)Vermögensänderung der Bilanz nachvollziehen lässt (soweit diese nicht auf Einlagen oder Entnahmen oder auf direkt im Eigenkapital verrechneten Reinvermögensänderungen beruht). Die zentrale Aufgabe der Finanzbuchhaltung besteht in der zeitnahen Erfassung des unternehmerischen Geschehens durch eine bestimmte Form der Codierung von Informationen. Die Unternehmensrechnung bedient sich somit einer eigenen Sprache und wird dadurch zum Informationsinstrument für diverse Adressatengruppen. Die Informationsgewährung lässt sich dahingehend differenzieren, dass sie sich einerseits an externe Adressaten mit unterschiedlichen Informationsinteressen richtet, wo sie wesentlich zu deren ökonomischen Entscheidungsfindung beiträgt (externe Unternehmensrechnung). Andererseits werden die in der Finanzbuchhaltung generierten Daten auch regelmäßig vom Management für unternehmensintern zu treffende Führungs- und Kontrollentscheidungen verwand (interne Unternehmensrechnung, vgl. hierzu ausführlich Coenenberg, A. G./Fischer, T. M./Günther, T. [2012] sowie Fischer, T. M./Möller, K./Schultze, W. [2012]). In beiden Teilgebieten der Unternehmensrechnung nimmt die Darstellung und Bemessung des Unternehmensvermögens sowie der Unternehmensschulden eine zentrale Stellung ein, da das wirtschaftliche Interesse immer an einer Vermögensmehrung ausgerichtet ist. Ohne ein Instrument der Vermögenserfassung lässt sich eine solche jedoch nicht feststellen. Diese Aufgabe übernimmt die Bilanz. Sie bildet den Vermögens- sowie Schuldenstatus eines Unternehmens zu einem bestimmten Stichtag ab.

Bilanzarten

Je nachdem, mit welcher Zielsetzung und für welchen Zweck die Erstellung einer solchen Stichtagsaufstellung erfolgt, werden in der Theorie bzw. Praxis verschiedene Bilanztypen unterschieden. Die von Unternehmen aufgestellten Bilanzen lassen sich jedoch nicht immer eindeutig einzelnen Bilanztypen zuordnen, da die Einteilung in Bilanzarten nicht einem einheitlichen Gliederungskriterium folgt und darüber hinaus Mischformen von Bilanzarten auftreten. Im Wesentlichen lassen sich die folgenden Bilanztypen unterscheiden.

Erfolgs- und Vermögensbilanzen

Bei einer Differenzierung der Bilanzarten nach dem jeweiligen hauptsächlichen Informationsziel lassen sich Erfolgs- und Vermögensbilanzen sowie Liquiditäts- und Bewegungsbilanzen unterscheiden. Erfolgs- und Vermögensbilanzen sind eng verwandt, da jeder Erfolg eine (Rein-)Vermögensänderung bedeutet (siehe unten); Unterschiede bestehen aber hinsichtlich der Rechnungsabgrenzung und der Bewertung (vgl. auch 22. Kapitel). In der Erfolgsbilanz müssen alle Vorgänge, die wirtschaftlich in eine andere Periode gehören (z. B. für das nächste Jahr geleistete Mietvorauszahlungen), durch Rechnungsabgrenzung erfasst werden. In der Vermögensbilanz sind dagegen nur die am Stichtag vorhandenen Vermögensgegenstände aufgeführt, ohne Rücksicht auf wirtschaftliche Beziehungen zwischen verschiedenen Abrechnungsperioden. Auch bei der Bewertung ergeben sich Unterschiede: Wenn z. B. der Wert einzelner Vermögensgegenstände am Bilanzstichtag über den Anschaffungskosten liegt, so wird in der Vermögensbilanz dieser höhere Wert erfasst, während für die Erfolgsbilanz nach deutschem Bilanzrecht der Anschaffungswert grundsätzlich die Höchstgrenze bildet. International zeigt sich allerdings eine Tendenz, auch in der jährlichen Erfolgsbilanz in zunehmendem Maße die Vermögens- und Schuldposten mit Marktwerten zum Bilanzstichtag zu bewerten.

Liquiditäts- und Bewegungsbilanzen

Die Liquiditätsbilanz ist eine Vermögensbilanz, in der die Vermögensposten mit ihren Liquidationswerten angesetzt werden. Gleichzeitig werden die Vermögensposten nach dem Grad ihrer Liquidierbarkeit, die Schulden nach ihrer Fälligkeit gegliedert. Die Bewegungsbilanz schließlich ist eine Darstellung der Kapital- und Vermögensbewegungen einer Periode. Sie erfasst keine Bestandsgrößen wie die Vermögensbilanz, sondern nur Stromgrößen (Umsätze auf den einzelnen Konten) und zeigt auf diese Weise die Herkunft und die Verwendung der betrieblichen Mittel in der Berichtsperiode an.

Handels- und Steuerbilanzen, Vermögensaufstellung

Nach den zugrunde liegenden Normen lassen sich Bilanzen in solche unterscheiden, die nach nationalen und solche, die nach internationalen Vorschriften erstellt werden. In Deutschland differenziert man anhand der nationalen Rechtsnormen Handelsbilanzen, die aufgrund handelsrechtlicher Vorschriften erstellt werden, und Bilanzen, für die primär steuerrechtliche Bestimmungen gelten. Soweit eine der letztgenannten Bilanzen nach Vorschriften des Bewertungsgesetzes aufgestellt wurde, spricht man von einer Vermögensaufstellung. Wurde sie dagegen auf Basis der Handelsbilanz und unter Beachtung einkommen- oder körperschaftsteuerlicher Vorschriften erstellt, so spricht man von der (Ertrag-)Steuerbilanz (vgl. hierzu in diesem Kapitel, S. 21 ff.).

Auf internationale Normen basierte Bilanzen

Neben den nationalen Vorschriften haben sich in den letzten Jahren auch zunehmend internationale Vorschriften bei der Erstellung von Bilanzen deutscher Unternehmen etabliert. Von besonderer Bedeutung sind hierbei vor allem die *International Financial Reporting Standards* (IFRS) (bis 2001 *International Accounting Standards* (IAS)) des *International Accounting Standards Board*

(IASB). Diese Standards sind seit dem 01.01.2005 von allen kapitalmarktorientierten Unternehmen in der Europäischen Union bei der Konzernbilanzerstellung verpflichtend zu beachten. Neben den IFRS sind als übernational anerkannte Normen insbesondere die US-amerikanischen *Generally Accepted Accounting Principles* (US-GAAP) von Bedeutung (vgl. in diesem Kapitel, S. 71 f.).

Interne und externe Bilanzen

Nach dem Kreis der Empfänger lassen sich interne und externe Bilanzen unterscheiden. Interne Bilanzen werden zur Information der Unternehmensleitung aufgestellt und bieten daher ein für interne Entscheidungszwecke relevantes Bild der wirtschaftlichen Lage der Unternehmung; ihre Erstellung ist nicht notwendigerweise an Rechtsvorschriften gebunden. Externe Bilanzen dagegen dienen der Information aller Bilanzinteressenten, die nicht zum Leitungsbereich der Unternehmung gehören. Für ihre Erstellung sind die jeweils relevanten handels- bzw. steuerrechtlichen oder internationalen Bilanzierungsvorschriften maßgeblich. Wegen der oft gegebenen Interessengegensätze zwischen bilanzaufstellendem Organ (Unternehmensleitung) und den externen Adressaten (z. B. Aktionäre, Gläubiger, Arbeitnehmer bzw. Gewerkschaften, Fiskus) ist die Unternehmensleitung im Allgemeinen bestrebt, den externen Jahresabschluss im Rahmen der gesetzlich belassenen Ermessensspielräume so zu gestalten, dass sich ein mit den eigenen Interessen konformes Verhalten der externen Adressaten ergibt. Wichtiges Anliegen der Bilanzierungsstandards ist es, i. S. des Anlegerschutzes die bilanzpolitischen Spielräume so weit wie möglich zu begrenzen.

Einzel- und Konzernbilanzen

Die Unterscheidung zwischen Einzelbilanz und Konzernbilanz bezieht sich auf die Anzahl der rechtlich selbstständigen Unternehmen, die bei der Bilanzaufstellung berücksichtigt werden. Während die Einzelbilanz nur ein Unternehmen berücksichtigt, fasst die Konzernbilanz die nach handelsrechtlichen Regelungen aufgestellten Einzelbilanzen der zu einem Konzern gehörigen Unternehmen i. S. eines fiktiven Gesamtunternehmens »Konzern« zusammen, wobei gleichzeitig die Auswirkungen innerkonzernlicher Kapital- und Leistungsverflechtungen eliminiert werden (vgl. 10. und 11. Kapitel).

Sonderbilanzen und laufende Bilanzen

Je nachdem, ob die Bilanz einmalig aus besonderem Anlass (z. B. Gründung, Fusion, Umwandlung, Vergleich, Insolvenz) erstellt wird oder periodisch wiederkehrend zur Darstellung der wirtschaftlichen Entwicklung eines Unternehmens im Zeitablauf dient, unterscheidet man Sonderbilanzen und laufende Bilanzen. Die Pflicht zur Aufstellung von Sonderbilanzen wird durch unternehmensbezogene Ereignisse ausgelöst. Sie verfolgen zumeist den Zweck, die Liquidität oder das Vermögen des Unternehmens unter einem bestimmten Blickwinkel zutreffend abzubilden (Liquiditätsbilanz, Vermögensbilanz). Anlässlich der Unternehmensgründung ist eine sog. Gründungsbilanz (§ 242 Abs. 1 HGB) aufzustellen, deren Zweck darin besteht, in einer Eröffnungsbilanz den Vermögensstatus zum Zeitpunkt der Errichtung bzw. zu Beginn der Geschäftstätigkeit darzustellen. Bei freiwilliger, planmäßiger Auflösung der Gesellschaft ist eine Liquidationsbilanz (§ 270 Abs. 1 AktG, § 71 Abs. 1 GmbHG) aufzustellen. Die Liquidationsbilanz fungiert dabei als Vermögensverteilungsbilanz, in der die Vermögensverhältnisse der Gesellschaft dokumentiert und Informationen über das zu erwartende Liquidationsergebnis bereitgestellt werden. Darüber hinaus sind insbesondere die Sonderbilanz bei Kapitalerhöhung aus Gesellschaftsmitteln (§ 209 Abs. 2 AktG, § 57f Abs. 1 GmbHG), die Fusionsbilanz bei Auf- bzw. Abspaltung oder Neugründung einer Gesellschaft (§ 242 Abs. 1 HGB) und die Auseinandersetzungsbilanz (§ 738 BGB) von Bedeutung, die bei entsprechendem Anlass zu erstellen sind.

Wesen der Jahresabschlussbilanz

Die nach nationalen handels- bzw. steuerrechtlichen oder nach internationalen Vorschriften im Rahmen des Jahresabschlusses aufzustellende Bilanz ist eine Erfolgsbilanz, die sich an externe Bilanzinteressenten wendet und ein rechtlich selbstständiges Unternehmen (= Einzelbilanz) oder einen Konzern (= Konzernbilanz) erfasst. Sie wird laufend in jährlichen Abständen erstellt.

Aktiva = Vermögen, Passiva = Kapital

Die Bilanz im Rahmen des Jahresabschlusses ist eine zweifache Zusammenstellung der betrieblichen Werte in Kontoform, seltener auch in Staffelform. Die Aktivseite kann man als Übersicht über die Werte der mit betrieblichen Mitteln beschafften Vermögensgegenstände, das betriebliche Vermögen, betrachten. Bei der Behandlung von Bilanzierungsfragen wird der Begriff Vermögen aber häufig auch in einem weiteren, Aktiv- und Passivseite umfassenden Sinne gebraucht. Die Passivseite gibt Auskunft darüber, aus welchen Quellen die betrieblichen Mittel stammen. Die Summe aller dem Betrieb zur Verfügung gestellten Mittel bezeichnet man als Kapital. Zum Kapital zählen einmal die von Unternehmenseignern durch Zuführung von außen oder durch Verzicht auf Gewinnansprüche ohne zeitliche Begrenzung zur Verfügung gestellten Mittel (Eigenkapital). Zum anderen gehören hierzu die von Fremden oder von Unternehmenseignern zeitlich begrenzt zur Verfügung gestellten Beträge (Fremdkapital). Da für das Unternehmen eine Verpflichtung besteht, nach Ablauf der jeweiligen zeitlichen Begrenzungen die verschiedenen Fremdkapitalkomponenten wieder zurück zu bezahlen, entspricht das Fremdkapital den Schulden des Unternehmens. Das Kapital fließt dem Unternehmen in Form von Bargeld oder in Form von Sacheinlagen (z. B. Grundstücke, Maschinen, Rechte, Verzicht auf Forderungen gegenüber dem Unternehmen) zu.

Änderungen des Nettovermögens = Erfolg

Hat sich nach Ablauf einer Rechnungsperiode der Wert des gesamten Vermögens verändert, so erhöhen diese Änderungen das Eigenkapital als Gewinn (Werterhöhung des Vermögens) oder senken es als Verlust (Wertminderung des Vermögens), sofern der Fremdkapitalbestand unverändert geblieben ist und keine Einlagen oder Entnahmen durch die Eigentümer stattgefunden haben, sowie keine direkt in das Eigenkapital gebuchten GuV-neutralen Vermögenswertänderungen vorgenommen wurden. Dies folgt aus dem Grundsatz, dass die Unternehmenseigner Gewinne und Verluste des Unternehmens tragen. Hat sich dagegen der Fremdkapitalbestand verändert oder haben Einlagen bzw. Entnahmen stattgefunden, so ist die Vermögensänderung zunächst um die Änderung des Fremdkapitals bzw. um die Einlagen oder Entnahmen zu berichtigen, um die Änderung des (Rein-)Vermögens (Nettovermögens) und somit den Gewinn oder den Verlust zu ermitteln. Die folgenden Beispiele sollen die Zusammenhänge verdeutlichen.

Beispiel: Vermögensänderung (ΔV) ohne Fremdkapitaländerung

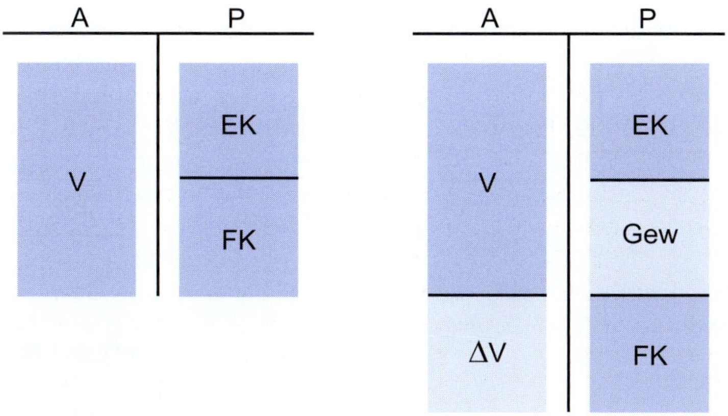

V = Vermögen, EK = Eigenkapital, FK = Fremdkapital, Gew = Gewinn,
A = Aktiva, P = Passiva, Δ = Änderung

Beispiel: Vermögensänderung mit Fremdkapitaländerung (ΔFK)

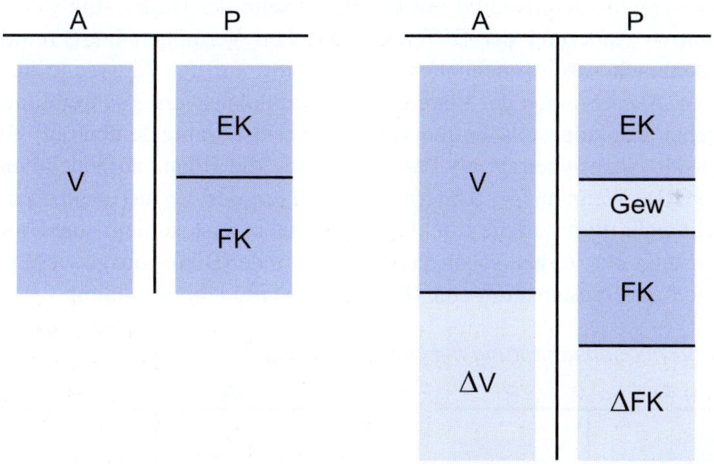

Beispiel: Vermögensänderung mit Einlage (ΔEK)

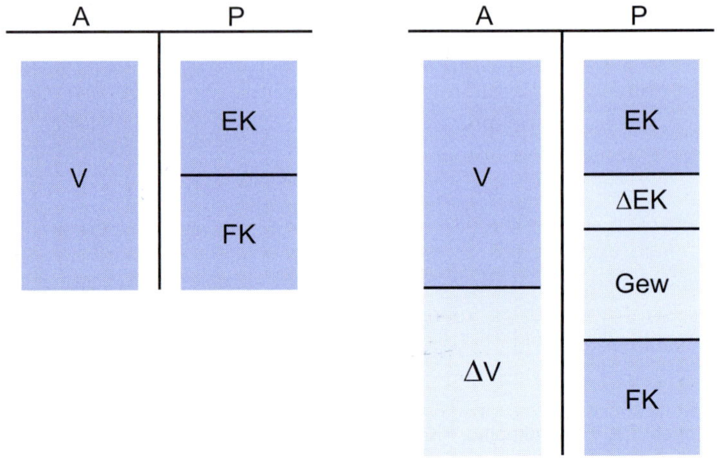

Unterbilanz, Überschuldung

Gewinn oder Verlust (= Erfolg) werden in der Bilanz zum Abschluss einer Rechnungsperiode explizit ausgewiesen. Der Gewinn erscheint als Eigenkapitalmehrung, sprich als positive Änderung der Differenz zwischen dem Vermögen und dem eingesetzten Fremdkapital auf der Passivseite der Bilanz. Ein Verlust, d. h. eine negative Änderung der Differenz zwischen Vermögen und Fremdkapital, müsste demnach – rein buchhalterisch – analog auf der Aktivseite der Bilanz erscheinen. Aus Gründen des klareren Eigenkapitalausweises schreibt jedoch der Gesetzgeber Kapitalgesellschaften vor, den Verlust (Jahresfehlbetrag) ebenfalls, und zwar als Negativbetrag, als Passivposten in die Bilanz aufzunehmen (§ 266 Abs. 3 HGB). Wenn in der Unternehmensbilanz der Verlust (inkl. Verlustvortrag) nicht mehr durch offene Rücklagen abzudecken ist, so liegt eine Unterbilanz vor. Übersteigt der Verlust sogar das gesamte, in der Bilanz ausgewiesene Eigenkapital, so handelt es sich um eine (buchhalterische) Überschuldung.

Beispiel: Vermögensänderung mit Überschuldung

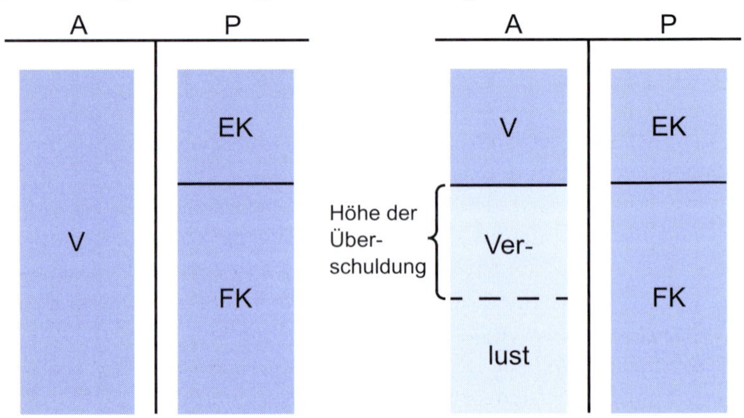

Unterbilanz und Überschuldung sind besonders für Kapitalgesellschaften, aber auch für bestimmte Personenhandelsgesellschaften (§ 130a HGB) von Bedeutung, da sie bei diesen Gesellschaften unter spezifischen Voraussetzungen bestimmte Rechtsfolgen auslösen können, wie z. B. die Eröffnung eines Insolvenzverfahrens. Bei Kapitalgesellschaften ist ein etwaiger Überschuldungsbetrag auf der Aktivseite als »Nicht durch Eigenkapital gedeckter Fehlbetrag« auszuweisen (vgl. 6. Kapitel, S. 357 f.).

Saldo der Aufwendungen und Erträge = Erfolg

Der betriebliche Erfolg kann nicht nur durch Vergleich des Nettovermögens (= Vermögen abzüglich Schulden) zu Beginn und zum Ende der Rechnungsperiode ermittelt werden. Jede für die Bestimmung des Erfolgs relevante (= GuV-wirksame) Wertänderung des Vermögens wird als Aufwand oder Ertrag einer bestimmten Periode erfasst. Deshalb ist der Periodenerfolg auch als Saldo der Aufwendungen und Erträge der Periode bestimmbar. Diese Art der Erfolgsbestimmung, die in der GuV durchgeführt wird, zeigt – im Gegensatz zu der summarischen Erfolgsermittlung im Rahmen der Bilanz – die einzelnen Entstehungsursachen des Erfolges. Sie gibt aber keinen Aufschluss darüber, wie sich die Vermögenspositionen geändert haben. Bilanz und GuV ergänzen sich durch ihre unterschiedlichen Informationsinhalte daher gegenseitig. Die in beiden Rechnungen ermittelten Saldogrößen (= Erfolg) sind identisch – unter der Voraussetzung, dass alle nicht eigentümerbezogenen Eigenkapitalveränderungen GuV-wirksam erfasst werden.

Clean Surplus

Der in den vorstehenden Beispielen erörterte Zusammenhang unterstellt ebenfalls die Annahme, dass alle nicht auf Einlagen oder Entnahmen beruhenden Reinvermögensänderungen Gewinn oder Verlust sind, also dass keine direkt in das Eigenkapital gebuchten GuV-neutralen Vermögenswertänderungen vorkommen. Eine Gewinn-/Verlustermittlung, die dieser Voraussetzung genügt, wird auch als *»clean surplus accounting«* bezeichnet. Tatsächlich kommen in der praktischen Bilanzierung insbesondere nach den *International Financial Reporting Standards* (IFRS) Eigenkapitalveränderungen vor, die weder einen in der GuV erfassten Gewinn oder Verlust noch Einlagen oder Entnahmen darstellen. Diese Nettovermögenswertänderungen außerhalb der GuV und des Periodenergebnisses müssen bei einer Ergebnisermittlung aus der Eigenkapitalveränderung bereinigt werden (vgl. 9. Kapitel, S. 508 f.).

B. Geschichtliche Entwicklung der Jahresabschlusserstellung und internationale Einflüsse

Historische Entwicklung der Rechnungslegung

Die Aufgaben der externen Unternehmensrechnung und damit der Abschlusserstellung haben sich im Laufe von Jahrhunderten entwickelt (vgl. Abbildung 1.1). Aufgrund zum Teil unterschiedlicher nationaler, sozioökonomischer Rahmenbedingungen und Entwicklungsprozessen bestehen bezüglich dieser Aufgaben bis heute Unterschiede zwischen einzelnen Ländern. Der historische Rückblick über die wesentlichen Meilensteine der Entwicklung von Rechnungslegungsnormen in Deutschland zeigt aber auch, dass von Anfang an eine internationale Befruchtung nationaler Normensysteme zur Regulierung der Abschlusserstellung stattfand.

Controllinginstrument

Das heute übliche System der doppelten Buchführung wurde bereits im 15. Jahrhundert in den oberitalienischen Handelsstädten Genua und Venedig praktiziert und 1494 vom Franziskanermönch Luca Pacioli umfassend dargestellt. Auch in Deutschland führten zu dieser Zeit die ersten Unternehmen freiwillig Bücher. Dazu gehörte das in Augsburg ansässige Weltunternehmen der Fugger. Ein solches Unternehmen war nicht ohne ein Controllinginstrumentarium zu führen. Erstmalig im Jahre 1511 erstellte das Haus der Fugger einen Jahresabschluss, und später bis zum Jahre 1579 wurde in regelmäßigen Abständen Bilanz gezogen. Die Keimzelle der Buchhaltung und Bilanzierung war der Zweck der Selbstinformation des Kaufmanns, der Unternehmenssteuerung durch den Unternehmer.

- 1511 bis 1579 Fugger
  Buchhaltung und Bilanz als Controllinginstrument
- 1673 Ordonnance de Commerce / 1861 Allgemeines Deutsches HGB
  Buchhaltung und Bilanzierung als Instrument der Gläubigersicherung durch Dokumentation und Selbstinformation
- ab 1874 Gesetze zur Einkommensbesteuerung
  Maßgeblichkeit der Handelsbilanz für die einkommensteuerliche Gewinnermittlung
- 1931/1937 Aktiengesetz
  Bilanzierung als Instrument der Gläubigersicherung durch Ausschüttungsbegrenzung und Information nach außen
- 1965 Reform des Aktiengesetzes
  Bilanzierung als Instrument der Gläubigersicherung und Aktionärssicherung durch Verbesserung der Information und Wahrung von Ausschüttungsinteressen
- 1969 Publizitätsgesetz
  Bilanzierung als Instrument der Sicherung von Interessen der Öffentlichkeit durch verbreiterte Unternehmenspublizität
- 1985 Bilanzrichtliniengesetz
  Übernahme der 4., 7. und 8. EG-Richtlinie: Bilanzierung als Instrument verstärkter Sicherung von Gläubiger- und Eigentümerinteressen
- 1998 Kapitalaufnahmeerleichterungsgesetz
  Befreiender Konzernabschluss nach IFRS bzw. US-GAAP für börsennotierte Unternehmen als Instrument der Kommunikation mit dem internationalen Kapitalmarkt
- 2004 Bilanzrechtsreformgesetz
  Übernahme der EU-Verordnung aus dem Jahr 2002: Verpflichtung zur Erstellung des Konzernabschlusses kapitalmarktorientierter Unternehmen nach IFRS ab 2005
- 2009 Bilanzrechtsmodernisierungsgesetz
  Stärkung des Informationszwecks und Angleichung an internationale Informationserwartungen sowie Lockerung der normativen Verknüpfung von Handels- und Steuerbilanz

Abb. 1.1: Historische Entwicklung der Jahresabschlusszwecke

Gläubigerschutz

Eine vollständig andere Zwecksetzung stand im Vordergrund, als Ludwig XIV. im ersten französischen Handelsgesetzbuch, dem Ordonnance de Commerce, im Jahre 1673 Buchführungs- und Inventarisierungspflichten für den Kaufmann verankerte, die im Jahre 1861 in das erste Allgemeine Deutsche Handelsgesetzbuch übernommen wurden. Zunächst war mit der generellen Buchführungspflicht keineswegs auch zugleich eine Informationspflicht nach außen verbunden. Für den Konkursfall sollten ordnungsgemäße Bücher zur Verfügung stehen, um eine Schadensermittlung zu ermöglichen. Zugleich sollte durch das Führen ordnungsmäßiger Bücher eine verbesserte Basis für unternehmerische Entscheidungen bereitgestellt und gleichsam gläubigerschützende Insolvenzprophylaxe betrieben werden. In der Folge der Weltwirtschaftskrise wurde besonders deutlich, dass Gläubiger von Kapitalgesellschaften durch die Begrenzung der Haftung einer erheblichen Mehrgefährdung ausgesetzt sind. Grundidee der aus dieser Erkenntnis abgeleiteten und im Aktiengesetz von 1937 niedergelegten pflichtmäßigen Rechnungslegungspublizität für Aktiengesellschaften war, dass die begrenzte Haftung durch zwei zusätzliche Gläubigersicherungsmaßnahmen zu flankieren sei: durch eine Begrenzung der Ausschüttung an die Aktionäre sowie durch eine öffentliche Rechnungslegungspflicht.

Minderheiten aktionärsschutz

Durch die weitgehende Ausrichtung der aktienrechtlichen Bilanzierungsvorschriften am Prinzip der Gläubigersicherung und dem sich daraus ergebenden Prinzip der kaufmännischen Vorsicht trat in der Folgezeit rasch das Problem zutage, dass die Dividendenpolitik über die Bilanzpolitik durch die Geschäftsleitung und damit durch den Mehrheitsaktionär beliebig beeinflussbar geworden war. In der Reform des Aktiengesetzes von 1965 wurde deshalb neben dem traditionellen Grundsatz der Gläubigersicherung auch der Grundsatz der Aktionärssicherung, in Form von informatorischen Verbesserungen und durch Sicherung von Ausschüttungsinteressen, verankert.

Information der Öffentlichkeit

Ein weiterer Meilenstein der Entwicklung der Jahresabschlusszwecke ist in dem Publizitätsgesetz von 1969 zu sehen. Neben den Informationsinteressen von Gläubigern und Aktionären wurde in zunehmendem Maße ein berechtigtes Informationsinteresse der allgemeinen Öffentlichkeit dann gesehen, wenn Unternehmen losgelöst von ihrer Rechtsform ein bestimmtes Größenvolumen erreichten. Es entstand die Publizitätspflicht für Großunternehmen.

Europäische Harmonisierungsbestrebungen: 4., 7. und 8. EG-Richtlinie

Mit dem Ziel der Harmonisierung des Gesellschaftsrechts, kam es in Europa in den Bereichen der Rechnungslegung und Abschlusserstellung zur Verabschiedung mehrerer Richtlinien. Die sog. 4. EG-Richtlinie (»Bilanzrichtlinie«) wurde am 25.07.1978 vom Rat der Europäischen Gemeinschaften (heute: Europäische Union) im Rahmen der Maßnahmen zur Harmonisierung des Gesellschaftsrechts innerhalb der EG aufgrund von Artikel 54 Abs. 3g des Rom-Vertrages vom 25.03.1957 verabschiedet. Sie regelt die Erstellung von Einzelabschlüssen von Kapitalgesellschaften. Am 13.06.1983 wurde die 7. EG-Richtlinie (»Konzernrichtlinie«) verabschiedet, die analog zur 4. EG-Richtlinie eine Vereinheitlichung des Konzernabschlusses anstrebt. Am 10.04.1984 folgte die Verabschiedung der 8. EG-Richtlinie (»Prüferrichtlinie«), die sich insbesondere mit den Anforderungen an die beruflichen Qualifikationen der mit der Prüfung von Abschlüssen betrauten Personen auseinandersetzt. Diese Richtlinien waren der erste Schritt zur Harmonisierung der nationalen Rechtsvorschriften der einzelnen Mitgliedsländer der EU, um eine Vergleichbarkeit der Jahresabschlüsse von Unternehmen aus den Mitgliedsländern zu erreichen und damit dem Ziel eines gemeinsamen EU-Wirtschaftmarktes näher zu kommen (vgl. Haller, A. [2002], S. 155). Sie bilden bis heute den europarechtlichen Rahmen für die Weiterentwicklung der Rechnungslegung innerhalb der EU und wurden in der Zwischenzeit mehrmals inhaltlich angepasst (zur neusten Änderung der Rechnungslegungsrichtlinien der EU-Kommission siehe S. 15).

Mangelnde Zielerreichung der EG-Richtlinien

Wie fast jede politische Entscheidung auf EU-Ebene, so stellen auch die EG-Richtlinien eine Kompromisslösung dar. Dies und die weitgehend nicht antastbare Gesetzgebungshoheit der einzelnen Mitgliedstaaten sind der Grund dafür, dass die Richtlinien nur auf die Vorgabe von Mindestvorschriften begrenzt waren und neben Bilanzierungswahlrechten für die Unternehmen auch den Mitgliedstaaten für die Umsetzung der Richtlinien in nationales Recht zahlreiche Mitgliedstaatenwahlrechte einräumten. Da jedoch Wahlrechte es mit sich bringen, nicht nur einheitlich, sondern auch unterschiedlich ausgenutzt zu werden, führte die mangelnde Fähigkeit der EU-Länder zur Einigung bezüglich einer Vielzahl von Detailproblemen dazu, dass das Ziel einer Vereinheitlichung der Rechnungslegung innerhalb der EU bereits zum Zeitpunkt der Verabschiedung der Richtlinie in vielen Bereichen nicht erreicht wurde.

Bilanzrichtliniengesetz

Mit dem Bilanzrichtliniengesetz (BiRiLiG) von 1985 wurden die 4., 7. und 8. EG-Richtlinie zur Rechnungslegung und Prüfung von Kapitalgesellschaften in deutsches Recht transformiert. Die Transformation der Richtlinien in das HGB führte zu einer verstärkten Sicherung von Gläubiger- und Eigentümerinteressen insbesondere durch die Ausdehnung der Publizitätspflicht für den Jahres- und den weltweiten Konzernabschluss auf alle Kapitalgesellschaften. Als Neuerung wurde u. a. die Abkoppelbarkeit des Konzernabschlusses von den dividenden- und steuerpolitisch beeinflussten Ansätzen des Jahresabschlusses verankert. Damit wurde zugleich eine gewichtige Voraussetzung für eine stärkere Internationalisierung der Rechnungslegung börsennotierter deutscher Unternehmen geschaffen.

Internationalisierung der Rechnungslegung in Deutschland:
- Kapitalaufnahmeerleichterungsgesetz

Mit der Verabschiedung des Kapitalaufnahmeerleichterungsgesetzes (KapAEG) am 13.02.1998 reagierte der deutsche Gesetzgeber auf die wachsende Notwendigkeit einer stärkeren Orientierung der Rechnungslegung an den Informationsbedürfnissen der Kapitalmärkte. Mit diesem Schritt hielten internationale Normen erstmals Einzug in die deutsche Rechnungslegung, indem deutschen Konzernunternehmen eine einheitliche Rechnungslegung als Instrument der Kommunikation mit den internationalen Kapitalmärkten ermöglicht wurde. Der hierbei ins deutsche Recht neu eingefügte § 292a HGB a. F. enthielt eine bis zum 31.12.2004 befristete Befreiungsoption von der Konzernrechnungslegungspflicht nach den Vorschriften des HGB für börsennotierte Mutterunternehmen, sofern diese einen Konzernabschluss nach international anerkannten Rechnungslegungsgrundsätzen, d. h. nach den *International Financial Reporting Standards* (IFRS) oder den US-amerikanischen *Generally Accepted Accounting Principles* (US-GAAP) aufstellten. Mit dieser Option eines »befreienden Konzernabschlusses« auf Basis international anerkannter Standards schaffte der deutsche Gesetzgeber für die Unternehmen, die wegen der Anforderungen ausländischer Kapitalmärkte einen Konzernabschluss nach IFRS oder US-GAAP erstellen mussten, eine wesentliche Erleichterung.

Wegen der teilweise gravierenden Unterschiede zu den deutschen Vorschriften war diesen Unternehmen eine vollständige simultane Beachtung der Normen des IASB bzw. der US-GAAP und des Handelsgesetzes nicht möglich. Den Unternehmen standen daher bis zur Verabschiedung des KapAEG grundsätzlich nur zwei Alternativen zur Verfügung: neben dem Konzernabschluss auf Basis des HGB einen zweiten, separaten Abschluss nach den gewünschten internationalen Vorschriften zu erstellen (»doppelter Abschluss«), oder eine möglichst weitgehende Annäherung an die Rechnungslegungsvorschriften des angestrebten Normensystems im Rahmen der durch das HGB gesteckten Gestaltungsmöglichkeiten zu vollziehen (»dualer Abschluss«). Erstere parallele Rechnungslegung war jedoch häufig mit erheblichem finanziellen und personellen Zusatzaufwand verbunden und führte aufgrund der unterschiedlichen Ergebnisse der veröffentlichten Abschlüsse häufig zu einem Erklärungsnotstand. Zweitere provozierte aufgrund der Inkompatibilität der zugrunde liegenden Normen eine Beeinträchtigung der Glaubwürdigkeit der Jahresabschlussinformationen in den Augen der Bilanzleser. Hier schuf die im Rahmen des KapAEG verabschiedete Befreiungsoption in § 292a HGB a. F. Abhilfe, indem erstmals eine von den Vorschriften des HGB losgelöste Erstellung des Konzernabschlusses ermöglicht wurde.

- Kapitalgesellschaften- und Co-Richtlinie-Gesetz

Durch das vom Deutschen Bundestag am 16. 12. 1999 verabschiedete Kapitalgesellschaften- und Co-Richtlinie-Gesetz (KapCoRiLiG) wurde der Anwendungsbereich des § 292a HGB a. F. auf alle kapitalmarktorientierten Mutterunternehmen erweitert. Darunter werden Mutterunternehmen verstanden, die selbst oder über ein Tochterunternehmen an einem organisierten Markt i. S. des § 2 Abs. 5 WpHG teilnehmen oder die Zulassung zu einem solchen beantragt haben. Dabei bezieht sich die Inanspruchnahme des Kapitalmarkts auf die Ausgabe von Wertpapieren i. S. des § 2 Abs. 1 Satz 1 WpHG, was z. B. auch Schuldverschreibungen einschließt. Da die freie Wahl deutscher Unternehmen zwischen der Erstellung eines HGB-, IFRS- oder US-GAAP-Konzernabschlusses aber zu einer starken Heterogenität in der Bilanzierungspraxis und damit zu einer mangelnden Vergleichbarkeit führte (vgl. Spanheimer, J./Koch, C. [2000], S. 309 f.), konnte die Befreiungsregel von § 292a HGB a. F. nur als Übergangsregelung gelten.

- Bilanzrechtsreformgesetz und IAS-Verordnung

Im Rahmen des Bilanzrechtsreformgesetzes (BilReG) vom 04. 12. 2004 wurde die Anwendung internationaler Rechnungslegungsstandards erneut fortentwickelt. Dieses Änderungsgesetz übernahm die im Jahr 2002 erlassene »EG-Verordnung Nr. 1606/2002 betreffend die Anwendung internationaler Rechnungslegungsstandards« (»IAS-Verordnung«) in deutsches Recht, wonach Unternehmen, die dem Recht eines EU-Mitgliedstaates unterliegen, für seit dem 01.01.2005 beginnende Geschäftsjahre den konsolidierten Abschluss zwingend nach IFRS zu erstellen haben, wenn am jeweiligen Bilanzstichtag ihre Wertpapiere in einem beliebigen Mitgliedstaat zum Handel an einem geregelten Markt zugelassen sind. Eine Fristverlängerung bis zum Jahr 2007 galt allerdings für Unternehmen, die aufgrund einer Börsennotierung in den USA in der Vergangenheit nach US-GAAP Rechnung legten, sowie für Gesellschaften, die einen geregelten Markt eines Mitgliedstaates lediglich durch Schuldtitel in Anspruch genommen hatten. Der deutsche Gesetzgeber weitete das Kriterium der Kapitalmarktorientierung gegenüber der EU-Definition zusätzlich aus. Als kapitalmarktorientiert i. S. des HGB und somit auch IFRS-konzernrechnungslegungspflichtig gelten demnach zusätzlich Mutterunternehmen, die lediglich die Zulassung als Wertpapieremittent an einem organisierten Kapitalmarkt beantragt haben (§ 315a Abs. 2 HGB). Allerdings war für diese wiederum die Anwendung der IFRS erst seit 01.01.2007 verpflichtend (Art. 58 Abs. 3 Satz 2 EGHGB). Die Ausweitung des IFRS-Anwendungsbereichs auf den Konzernabschluss nicht kapitalmarktorientierter Unternehmen sowie auf den Einzelabschluss wurde in der Verordnung durch entsprechende Wahlrechte den EU-Mitgliedstaaten überlassen. In Deutschland wurden diese Mitgliedstaatenwahlrechte im Zuge des BilReG in den Bestimmungen des § 315a HGB umgesetzt. Demnach ist es auch nicht kapitalmarktorientierten Mutterunternehmen freigestellt, einen befreienden IFRS-Konzernabschluss aufzustellen (§ 315a Abs. 3 HGB). Auf Ebene des Einzelabschlusses gilt ein IFRS-

Wahlrecht allerdings nur für Zwecke der Offenlegung (§ 325 Abs. 2a u. 2b HGB). Als Grundlage für die Ausschüttungsbemessung (i. V. m. z. B. § 57 Abs. 3, § 58 Abs. 4 AktG) sowie für die steuerliche Gewinnermittlung (i. V. m. § 5 Abs. 1 Satz 1 EStG) muss aber auf Einzelabschlussebene in jedem Fall weiterhin ein HGB-Jahresabschluss erstellt werden. Eine Übersicht über die verpflichtende bzw. freiwillige Anwendung der IFRS in Deutschland liefert Tabelle 1.1.

	kapitalmarktorientierte Unternehmen	**nicht kapitalmarktorientierte Unternehmen**
Konzernabschluss	IFRS (Pflicht) seit 01.01.2005*	IFRS (Wahlrecht) seit 01.01.2005
Einzelabschluss	• IFRS (Wahlrecht) nur für Offenlegungszwecke seit 01.01.2005 • HGB weiterhin Pflicht für Zwecke der Ausschüttungsbemessung und steuerlichen Gewinnermittlung	

*) Erst seit 01.01.2007 für Unternehmen,

- die einen geregelten Markt nur durch Schuldtitel in Anspruch genommen hatten,
- die die Zulassung als Wertpapieremittent nur beantragt hatten oder
- die aufgrund einer Börsennotierung in den USA nach US-GAAP Rechnung legten.

Tab. 1.1: Anwendungsbereich der IFRS in Deutschland

Das Festhalten am HGB auf Einzelabschlussebene begründet der Gesetzgeber vor allem damit, dass sich die IFRS aufgrund ihrer starken *fair value*-Orientierung und dem damit verbundenen Ausweis von nach deutscher Bilanzierungstradition als unrealisiert geltenden Gewinnen nicht zur Zahlungsbemessung eignen würden. Diese vom Gläubigerschutz- und Kapitalerhaltungsprinzip traditionell geprägte Haltung des Gesetzgebers gibt seit einigen Jahren in der Literatur zu Änderungsvorschlägen Anlass, die auf eine Öffnung der Jahresabschlusserstellung für IFRS und eine Entkoppelung der Informations- und Zahlungsbemessungsfunktion des Jahresabschlusses abstellen (vgl. Arbeitskreis »Externe Unternehmensrechnung« der Schmalenbach-Gesellschaft [2003], S. 1585 ff.). Das BilReG trug zu einer Stärkung der Informationsfunktion der Abschlüsse zur internationalen Kommunikation (nicht zuletzt auch durch die Verschärfung von Wirtschaftsprüfungsregeln) bei.

- Bilanzrechtsmodernisierungsgesetz

Das am 26.03.2009 vom Deutschen Bundestag verabschiedete und am 29.05.2009 in Kraft getretene Gesetz zur Modernisierung des Bilanzrechts (Bilanzrechtsmodernisierungsgesetz – BilMoG) war ein weiterer Schritt einer konsequenten Weiterentwicklung der deutschen Rechnungslegungsnormen vor dem Hintergrund eines verbreitet als notwendig erachteten internationalen Konvergenzprozesses von Abschlusserstellungsregeln. Es brachte tief greifende Veränderungen des Bilanzrechts, welche Ansatz-, Bewertungs-, Ausweis- sowie Konsolidierungsvorschriften betrafen und daher in der Gesamtschau zur umfassendsten HGB-Reform seit dem BiRiLiG von 1985 führten. Im Vordergrund standen dabei zum einen die Deregulierung und Kostensenkung, zum anderen die Stärkung der Informationsfunktion und somit die Verbesserung der Aussagekraft der HGB-Abschlüsse. Hierfür wurden zahlreiche Aktivierungs- und Bewertungswahlrechte abgeschafft und eine stärkere Trennung der handels- und der steuerrechtlichen Rechnungslegung vollzogen. Der Großteil der neuen Regelungen ist für seit dem 01.01.2010 beginnende Geschäftsjahre verpflichtend anzuwenden. Eine freiwillige Anwendung aller Regelungen bereits seit dem 01.01.2009 war – bei Anwendung der Vorschriften in Gesamtheit und unter entsprechenden Anhangangaben – möglich.

Kleinstkapitalgesellschaften-Bilanzrechtsänderungsgesetz

Im Zuge der Umsetzung der EU-Richtlinie 2012/6/EU des Europäischen Parlaments und des Rates in nationales Recht ist das Kleinstkapitalgesellschaften-Bilanzrechtsänderungsgesetz (MicroBilG) am 28.12.2012 in Kraft getreten. Ziel war es, besonders kleine Kapitalgesellschaften von den umfangreichen Vorgaben für die Rechnungslegung zu entlasten (vgl. BT-Drs. 17/11292, S. 12). Hierfür wurde mit dem § 267a HGB die neue Größenklasse der Kleinstkapitalgesellschaft in das deutsche Handelsgesetzbuch aufgenommen. Den Kleinstgesellschaften, die unter dem § 267a HGB zu subsumieren sind, werden Erleichterungen bei der Jahresabschlusserstellung sowie der Offenlegung gewährt. So können u. a. sowohl vereinfachte Gliederungsschemata für Bilanz (§ 266 Abs. 1 Satz 4 HGB) und GuV (§ 275 Abs. 5 HGB) herangezogen werden sowie unter gewissen Voraussetzungen auf die Erstellung eines Anhangs (§ 264 Abs. 1 Satz 5 HGB) verzichtet werden. Bezogen auf die Offenlegung genügt nach § 326 Abs. 2 HGB nun die Hinterlegung beim Betreiber des Bundesanzeigers (vgl. in diesem Kapitel, S. 28 ff. sowie 15. Kapitel, S. 988 ff.).

Neue EU-Rechnungslegungsrichtlinien

Am 21. März 2012 wurde die Richtlinie 2012/6/EU des Europäischen Parlaments und des Rates (sog. Micro-Richtlinie) im Amtsblatt der EU veröffentlicht, welche zu einer direkten Änderung der 4. EG-Richtlinie führte. Deren Inhalte sind auch in der EU-Richtlinie 2013/34/EU eingearbeitet. Durch die Micro-Richtlinie erfolgt eine Fokussierung auf Kleinstgesellschaften, deren Bilanzierungsvorschriften vereinfacht werden sollten. Dieses Reformprojekt bildete in Deutschland die Grundlage für das MicroBilG. Zudem trat am 19. Juli 2013 die EU-Richtlinie 2013/34/EU in Kraft, die die bisherigen Bilanzierungsrichtlinien (4. und 7. EG-Richtlinie) modernisiert und ersetzt. Sie muss bis zum 20.07.2015 von den Mitgliedstaaten in nationales Recht umgesetzt werden und löst die 4. und 7. EG-Richtlinie ab. Aus ihr ergeben sich auch Änderungen der 8. EG-Richtlinie (Abschlussprüferrichtlinie). Im Fokus der Reform stehen vor allem die Reduzierung des Verwaltungsaufwandes, insbesondere für kleine Unternehmen, und eine verbesserte Vergleichbarkeit von nach nationalen Regelungen erstellten Abschlüssen. Neuerungen sind u. a. die Hervorhebung der Rechnungslegungsgrundsätze der Wesentlichkeit und der wirtschaftlichen Betrachtungsweise sowie eine EU-weite Aufhebung der Pflicht zur gesetzlichen Abschlussprüfung für kleine Unternehmen. Für die deutsche Rechnungslegung bringt die EU-Reform nur in eingeschränktem Maße Neuerungen mit sich, da die bisherigen Mitgliedsstaatenwahlrechte von Deutschland bereits entsprechend ausgeübt wurden oder das BilMoG bzw. das MicroBilG bereits entsprechende Änderungen mit sich brachten.

Zugang zu internationalen Kapitalmärkten

Ursächlich für die kontinuierliche Öffnung der nationalen Rechnungslegung gegenüber internationalen Standards während der letzten mehr als zehn Jahre war insbesondere die verstärkte Inanspruchnahme internationaler Kapitalmärkte durch weltweit agierende Unternehmen, deren Kapitalbedarf sich aufgrund vermehrter internationaler Direktinvestitionen, Akquisitionen und Kooperationen stark erhöhte. Im Zuge der Globalisierung der Märkte öffneten sich neben den Gütermärkten auch viele Kapitalmärkte für ausländische Anbieter und Nachfrager. Die mit diesem Prozess verbundene weltweite Verteilung der Stakeholder des Unternehmens erfordert eine Angleichung der Standards zur Befriedigung der Informationsbedürfnisse der Abschlussadressaten.

Konzernabschlusserstellung und Controlling

Auch im Zusammenhang mit der zunehmenden Globalisierung der Kunden- und Lieferantenbeziehungen bieten nach gleichartigen Regeln aufgestellte Jahresabschlüsse eine leichter analysierbare Informationsbasis für die Bonitätsbeurteilung von Kunden oder für die strategische Lieferantenauswahl. Hierbei eignet sich der Konzernabschluss – im Gegensatz zum Einzelabschluss – aufgrund seiner reinen Informationsfunktion, die frei von steuerlichen bzw. ausschüttungsbedingten Verzerrungen ist (vgl. hierzu Gliederungspunkt C), am besten als Kommunikationsinstrument zur Erreichung der mit der Internationalisierung der Rechnungslegung verfolgten Zielsetzungen. Außerdem erleichtern in international verflochtenen Konzernen international einheitliche Bilanzierungsregeln das Aufstellen der Konzernabschlüsse, da bei Einbezug von Tochterunternehmen aus Ländern mit unterschiedlichen Rechnungslegungsvorschriften in den Konzernabschluss die üblicherweise erforderliche Rückgängigmachung nationalspezifischer Ansatz- und Bewertungsmethoden zur Schaffung einer gemeinsamen Bilanzierungsgrundlage im externen Konzernabschluss entfallen kann. Für multinationale Unternehmen bieten darüber hinaus international gültige Rechnungslegungsnormen eine gemeinsame »Sprache« für das interne Controlling. International verbreitete Standards wie die IFRS ermöglichen so den Einsatz des externen Rechnungswesens als Ausgangsbasis für die interne Unternehmenssteuerung der einzelnen unabhängigen Geschäftseinheiten (vgl. auch Coenenberg, A. G. [1995]).

C. Funktionen des Jahresabschlusses

Abschlussinstrumente

Wie bereits erwähnt, besitzt der Jahresabschluss allgemein eine Informationsaufgabe. Diese leitet sich aus den berechtigten Schutzbedürfnissen bestimmter Gruppen externer Unternehmensinteressenten ab.

Hier handelt es sich insbesondere um

- Anteilseigner von Unternehmen, die nicht an der Geschäftsführung beteiligt sind und kein Einblicksrecht in das Rechnungswesen des Unternehmens besitzen,
- Gläubiger von Unternehmen (wie Banken und Lieferanten),
- Arbeitnehmer und
- die allgemeine Öffentlichkeit in Bezug auf alle Unternehmen, denen aufgrund ihrer Größe oder Geschäftstätigkeit eine besondere volkswirtschaftliche Bedeutung zukommt.

Zur Erfüllung dieser Informationsbedürfnisse besteht ein Jahresabschluss aus mehreren Instrumenten. Welche davon verpflichtend zum Einsatz kommen, ist abhängig von den zur Anwendung kommenden Rechnungslegungsnormen sowie vom Zweck der Abschlusserstellung. Nach HGB besteht der Jahresabschluss bei Einzel- und Personenhandelsunternehmen aus einer Bilanz und GuV (§ 242

HGB) und bei Kapitalgesellschaften aus Bilanz, GuV und Anhang (§ 264 Abs. 1 HGB) (vgl. nächster Gliederungspunkt). Soweit das Unternehmen mehrere rechtlich selbstständige Teilbetriebe umfasst, liefert der Konzernabschluss neben den Jahresabschlüssen der Teilbetriebe zusätzliche Informationen. Hierbei umfasst der Konzernabschluss neben Konzernbilanz, Konzern-GuV und Konzernanhang zusätzlich eine Kapitalflussrechnung, einen Eigenkapitalspiegel und optional eine Segmentberichterstattung (§ 297 Abs. 1 HGB; vgl. hierzu im Detail 10. Kapitel). Ein nach den Vorschriften des Steuerrechts erstellter Jahresabschluss besteht aus Bilanz und GuV und dient als Grundlage der Ertragsbesteuerung des Unternehmens (vgl. in diesem Kapitel, S. 21 ff.). Nach IFRS sind unabhängig von der Rechtsform des Unternehmens Bilanz, Gesamtergebnisrechnung, Eigenkapitalspiegel, Kapitalflussrechnung, Anhang und ggf. Segmentberichterstattung gebotene Bestandteile eines Einzel- sowie Konzernabschlusses.

I. Handelsrechtliche Funktionen

Fehlende handelsrechtliche Zielformulierung

Das Handelsrecht enthält zwar Bestimmungen zur Bilanzierung, es konkretisiert aber nirgends explizit den Zweck, dem die Bilanzaufstellung eigentlich dient. Wenn auch im Rahmen der Begründungen zu den handelsrechtlichen Gesetzentwürfen Angaben darüber vorliegen, warum die eine oder andere Bilanzierungsvorschrift beschlossen wurde, so fehlt doch das grundlegende Ziel oder Zielsystem, von dem die bestehenden Rechnungslegungsvorschriften logisch abgeleitet werden könnten. Erst nach Lösung dieses Problems könnte ein im Hinblick auf das Zielsystem geschlossenes System von Bilanzierungsvorschriften aufgestellt werden.

Zirkeldefinition in § 264 Abs. 2 HGB

Auch die in § 264 Abs. 2 HGB enthaltene Vorschrift, nach der der Jahresabschluss einer Kapitalgesellschaft unter Beachtung der Grundsätze ordnungsmäßiger Buchführung ein den tatsächlichen Verhältnissen entsprechendes Bild der Vermögens-, Finanz- und Ertragslage zu vermitteln hat, kann zur Lösung dieses Zielproblems nicht befriedigend beitragen. Dies aus zwei Gründen: Erstens verweist die Vorschrift bei der Bestimmung der Zielgrößen »Erfolg« und »Vermögen« (die Finanzlage korrespondiert mit der Vermögenslage) auf die Grundsätze ordnungsmäßiger Buchführung, obwohl diese Grundsätze nach h. M. durch Deduktion aus den Jahresabschlusszielen abzuleiten sind (vgl. in diesem Kapitel, S. 37). Folglich liegt hier eine Zirkeldefinition vor. Zweitens wäre die Zielvorschrift »Erfolgsermittlung« oder »Vermögensermittlung« aber auch ohne Bezugnahme auf die Grundsätze ordnungsmäßiger Buchführung eine für den externen Jahresabschluss zu unpräzise Zwecksetzung.

Erfolg und Vermögen als vieldeutige Begriffe

Erfolg ist nichts anderes als ein Grad der Zielerreichung, und der Wert eines gegebenen Vermögensbestandes hängt davon ab, in welchem Maße dieser Vermögensbestand dazu geeignet ist, künftige Erfolge zu erwirtschaften, d. h. gegebene Ziele zu erfüllen. Erfolgsmessung und Vermögensmessung in diesem ökonomischen Sinne sind also nur mit Bezugnahme auf eine Zwecksetzung höherer Ordnung und nur unter Einfluss der künftigen Unternehmensentwicklung möglich. Für den auf eine Vielzahl von Interessengruppen zugeschnittenen externen Jahresabschluss kann eine solche ökonomische Erfolgs- und Vermögensmessung deshalb keine sinnvolle Zielvorschrift sein. Für den an Spekulationsgewinnen interessierten kurzfristigen Kapitalanleger sind Erfolg und Vermögen etwas anderes als für einen an maximaler Ausschüttung bei vorgegebener Wohlstandsniveauhaltung interessierten, dauerhaft mit der Unternehmung verbundenen Kapitaleigner. Für letzteren sind Erfolg und Vermögen wieder etwas anderes als für einen primär auf Sicherheit seiner Forderung bedachten Fremdkapitalgeber. Hinzu kommt, dass die Notwendigkeit des Einschlusses der künftigen Entwicklungstendenzen in die Erfolgs- und Vermögensmessung der willkürlichen Bilanzgestaltung durch die Unternehmensleitung Tür und Tor öffnen würde. Es ist dem Unternehmen kaum zuzumuten, für jeden Interessenten eine gesonderte Rechnung aufzustellen. Aber selbst dann bliebe noch das Problem der Beeinflussbarkeit zukunftsbezogener Jahresabschlussinformationen.

Jahresabschluss als Teil der Rechtsordnung

Der Jahresabschluss ist außerdem Bestandteil der Rechtsordnung und hat damit, wie jede gesetzliche Vorschrift, die Aufgabe, Konflikte zwischen widerstreitenden Interessengruppen zu schlichten. In diesem Sinne hat der Gesetzgeber vor allem im aktienrechtlichen Bereich zahlreiche Konsequenzen an bestimmte Jahresabschlussdaten geknüpft. Beispielsweise hat der Vorstand unverzüglich die Hauptversammlung einzuberufen, wenn der Verlust die Hälfte des Grundkapitals erreicht bzw. diese übersteigt (§ 92 Abs. 1 AktG).

Aufgabe des handelsrechtlichen Jahresabschlusses

Wegen der potenziellen Interessenkonflikte zwischen den verschiedenen Gruppen der Bilanzadressaten und der Unternehmensleitung sowie wegen der mit dem Jahresabschluss verknüpften Rechtsfolgen sollte der Jahresabschluss möglichst nur objektiv nachprüfbare Informationen enthalten, die naturgemäß weitgehend vergangenheitsorientiert sind (Objektivierungsgrundsatz). Da die Ziele der Unternehmensinteressenten vornehmlich an finanzielle Bindungen zum Unternehmen anknüpfen, kommt nur der Zahlungsverkehr der Unternehmung als Informationsgrundlage in Betracht. Zur Verbesserung der Aussagefähigkeit werden die Ein- und Auszahlungen jedoch nicht einfach der Periode zugerechnet, in der sie tatsächlich anfallen, sondern sie werden soweit wie möglich den einzelnen Perioden sachgerecht zugeordnet (vgl. in diesem Kapitel, S. 42 ff.). Als Basisaufgabe des handelsrechtlichen Jahresabschlusses kann daher die Dokumentation des Unternehmensgeschehens mittels einer zahlungsorientierten Abbildung der in der Berichtsperiode entstandenen und verbrauchten Werte (periodengerechte Erfolgsermittlung) sowie des Wertbestandes (Vermögen) am Ende der Periode festgehalten werden. Diese Basisaufgabe der Dokumentation des handelsrechtlichen Jahresabschlusses ergibt sich aus den beiden zentralen Funktionen, die dem Jahresabschluss allgemein zugeschrieben werden (vgl. Moxter, A. [1985]; Wagenhofer, A./Ewert, R. [2007]).

Regelung von Informationsinteressen

Der Jahresabschluss hat erstens die Aufgabe, den am Unternehmen Beteiligten (Eignern, Kreditgebern, Arbeitnehmern, Kunden, Lieferanten) Informationen bereitzustellen, die diesen eine Abschätzung von Ausmaß und Sicherheitsgrad der zu erwartenden Zielrealisation ihrer Beteiligung am Unternehmen ermöglichen. Wegen der bereits erwähnten Interessenvielfalt und Interessengegensätze der Beteiligungsgruppen und der Unternehmensleitung ist eine zufriedenstellende Regelung der Informationsinteressen nur mittels eines objektivierten und normierten Informationsinstruments möglich. Die Informationsregelungsaufgabe ergibt sich für Kapitalgesellschaften vor allem aus der bereits angeführten Vorschrift des § 264 Abs. 2 HGB, der zufolge der Jahresabschluss unter Beachtung der Grundsätze ordnungsmäßiger Buchführung ein den tatsächlichen Verhältnissen entsprechendes Bild der Vermögens-, Finanz- und Ertragslage des Unternehmens zu vermitteln hat. Ferner sind die sehr detaillierten Gliederungsvorschriften des § 266 HGB nur aus der Zielsetzung der Informationsregelung heraus zu erklären. Die Kodifizierung des Anhangs (insbesondere §§ 284-288 und §§ 313 f. HGB) mit seinen umfangreichen Informations- und Erläuterungspflichten als Pflichtbestandteil des Jahresabschlusses aller Kapitalgesellschaften sowie die Pflicht von Kapitalgesellschaften ab mittlerer Größe zur Erstellung eines Lageberichts (§ 289 und § 315 HGB) macht deutlich, dass auch der Gesetzgeber die Information als Hauptfunktion des Jahresabschlusses betrachtet. Schließlich ergibt sich die Verpflichtung von Konzernabschlüssen ausschließlich aus der Aufgabenstellung der Informationsregelung (vgl. 10. Kapitel, S. 610 ff.).

Regelung von Zahlungsbemessungsinteressen

Zweitens hat der Jahresabschluss, und dies insbesondere bei Aktiengesellschaften, die Aufgabe der Gewinnermittlung als Grundlage zur Bemessung ergebnisabhängiger Einkommenszahlungen wie Dividenden- und Erfolgsbeteiligungen. Divergierende Zahlungsbemessungsinteressen werden vor allem durch Interessengegensätze zwischen Gläubigern und Aktionären sowie zwischen Minderheitsaktionären, Mehrheitsaktionären und Verwaltung repräsentiert. Diese Aufgabe hat – im Gegensatz zur auf angelsächsischen Traditionen beruhenden internationalen Rechnungslegung – im deutschen Bilanzrecht aufgrund des stark ausgeprägten Gläubigerschutzes eine große Bedeutung. Dieser institutionelle Gläubigerschutz, der seinen Niederschlag in am Prinzip der Vorsicht ausgerichteten Bilanzierungs- und Bewertungsbestimmungen findet, beruht auf der traditionell vorherrschenden Bankenfinanzierung deutscher Unternehmen, insbesondere des Mittelstandes, im Gegensatz zu der in den angelsächsischen Ländern überwiegenden Eigenkapitalfinanzierung über Kapitalmärkte.

Ausschüttungssperre

Wegen der Haftungsbeschränkung der Aktiengesellschaft (Vergleichbares gilt für die GmbH) erfordert der Gläubigerschutzgedanke somit eine Begrenzung der an die Aktionäre auszuschüttenden Beträge, um die Erhaltung eines Mindesthaftungsvermögens zu sichern. Neben vorsichtigen Bewertungsregeln berücksichtigt dies der Gesetzgeber einerseits durch entsprechende Ausschüttungssperrvorschriften in den handelsrechtlichen Bilanzierungsregeln, wie z. B.

- für den Betrag aktivierter, selbst geschaffener immaterieller Vermögensgegenstände des Anlagevermögens abzüglich der auf diesen Betrag gebildeten passiven latenten Steuern (§ 268 Abs. 8 Satz 1 HGB);
- für den Betrag, um den die angesetzten aktiven latenten Steuern die passiven latenten Steuern übersteigen (§ 268 Abs. 8 Satz 2 HGB) sowie
- für den aktivierten Unterschiedsbetrag aus der Vermögensverrechnung nach § 246 Abs. 2 Satz 2 HGB abzüglich der hierfür gebildeten passiven latenten Steuern (§ 268 Abs. 8 Satz 3 HGB).

Andererseits wurden ausschüttungsbegrenzende Regelungen auch ins Aktiengesetz aufgenommen, z. B.:

- Verbot der Rückgewähr des Grundkapitals (§ 57 Abs. 1 Satz 1 AktG);
- Beschränkung der Ausschüttung auf den Bilanzgewinn (§ 57 Abs. 3 AktG);
- Nichtigkeit des Jahresabschlusses bei Überbewertung (§ 256 Abs. 5 AktG);
- Bildung von Rücklagen durch den Vorstand i. H. v. bis zu 50 % des Jahresüberschusses (§ 58 Abs. 2 AktG);

- Dotierung der gesetzlichen Rücklage aus dem Gewinn (§ 150 Abs. 2 AktG);
- Möglichkeit der Bildung einer Rücklage in Höhe des Eigenkapitalanteils von Wertaufholungen bei Vermögensgegenständen sowie bei der Inanspruchnahme von steuerrechtlich abzugsfähigen Rücklagen in der Steuerbilanz (§ 58 Abs. 2a AktG).

Mindest-ausschüttung

Eine weitere Teilaufgabe im Rahmen der Regelung von Zahlungsbemessungsinteressen bei Aktiengesellschaften ist die Sicherung einer Mindestausschüttung. Die Minderheitsaktionäre sollen vor den Mehrheitseignern, die Aktionäre insgesamt vor den Verwaltungsorganen geschützt werden. Diesem Gedanken des Minderheiten-(Aktionärs-)Schutzes tragen das AktG und HGB ebenfalls in verschiedenen Vorschriften Rechnung, z. B.:

- Anspruch auf Bilanzgewinn (§ 58 Abs. 4 AktG);
- die Höchstwertvorschriften gelten, von wenigen Ausnahmen abgesehen, auch als Mindestwertvorschriften (= Fixwertprinzip) (§ 253 Abs. 1 HGB);
- Begrenzung außerplanmäßiger Abschreibungen bei vorübergehender Wertminderung auf das Finanzanlagevermögen (§ 253 Abs. 3 HGB);
- Wertaufholungsgebot (§ 253 Abs. 5 HGB);
- Begrenzung der Rücklagenbildungsmöglichkeit durch das bilanzfeststellende Organ (§ 58 Abs. 1 und 2 AktG);
- Anfechtungsrecht des Gewinnverwendungsbeschlusses der Hauptversammlung (§ 254 Abs. 1 AktG).

Unschärfen im Jahresabschluss

Obwohl der Jahresabschluss streng nach den gesetzlichen Vorschriften und den sog. Grundsätzen ordnungsmäßiger Buchführung (GoB) (vgl. in diesem Kapitel, S. 37 ff.) mit dem Ziel der objektivierten Informationsvermittlung über das betriebliche Geschehen aufgestellt wird, enthält er dennoch Unschärfen, die aus sachlichen und zeitlichen Hindernissen resultieren und letztlich nie völlig aus dem Weg geräumt werden können. Beispiele für sachlich bedingte Unschärfen sind notwendige Gemeinkostenschlüsselungen zur Bewertung von Vorräten, die Ermittlung des sog. »beizulegenden Wertes« bei der außerplanmäßigen Abschreibung von Vermögenswerten oder die Schätzung zukünftig entstehender Verpflichtungen im Rahmen der Rückstellungsbildung. Zeitlich bedingte Unschärfen resultieren beispielsweise aus der zukunftsbezogenen Nutzungsdauerschätzung von Anlagen.

Abgesehen von diesen Unschärfen bietet der handelsrechtliche Jahresabschluss objektivierte aussagefähige Informationen über die wirtschaftlichen Verhältnisse in der Berichtsperiode. Er ist außerdem weit besser gegen Manipulationen gesichert als jede zukunftsorientierte Rechnung. Zwar bietet er den Unternehmensinteressenten keinen unmittelbaren Maßstab für den individuellen Zielerreichungsgrad, aber er gibt immerhin die Möglichkeit, eigene Berechnungen des Zielerreichungsgrades vorzunehmen.

II. Steuerrechtliche Funktionen

Steuerbilanzgewinn als Steuerbemessungsgrundlage

Einziger Adressat des steuerrechtlichen Abschlusses, der vereinfachend zumeist als »Steuerbilanz« bezeichnet wird, ist der Fiskus. Er legt mit Hilfe des Steuerbilanzgewinns fest, welche Beträge nach dem Einkommen- bzw. dem Körperschaftsteuergesetz sowie dem Gewerbesteuergesetz an den Staat abzuführen sind. Für die Steuerbilanz hat neben der Forderung nach Manipulationsfreiheit im Interesse der Rechtssicherheit der Gedanke der Steuergerechtigkeit große Bedeutung. Die Verwirklichung der Steuergerechtigkeit setzt bei der steuerlichen Leistungsfähigkeit des Bürgers an. Dementsprechend ist

1. gleiche steuerliche Leistungsfähigkeit unterschiedslos zu besteuern und
2. höhere steuerliche Leistungsfähigkeit stärker als niedrigere Leistungsfähigkeit zu besteuern.

Die erste Forderung führt zum Grundsatz der Gleichmäßigkeit der Besteuerung, die zweite zum Grundsatz der Besteuerung nach der Leistungsfähigkeit. Dabei wird nach herrschender Meinung das Einkommen, zu dessen Bestandteilen auch der sich in der Steuerbilanz ergebende Gewinn (»Steuerbilanzgewinn«) zählt, als Kriterium der wirtschaftlichen Leistungsfähigkeit angesehen. Die Forderung einer Besteuerung nach der Leistungsfähigkeit bedeutet, dass die gewinnabhängigen Steuern nicht dazu führen dürfen, die wirtschaftliche Leistungsfähigkeit der Unternehmung zu gefährden. Dieser Forderung kann aber alleine eine ökonomische, d. h. an der Erhaltung der betrieblichen Ertragskraft orientierte Erfolgsmessung gerecht werden, die als Gewinn die Differenz der Zukunftserfolgswerte des Unternehmens zu Beginn und zum Ende der Rechnungsperiode ausweist. Der Zukunftserfolgswert eines Unternehmens ist die Differenz der Barwerte aller zukünftigen Einnahmen und Ausgaben (vgl. 23. Kapitel, S. 1305).

Ein solcher »ökonomischer Gewinn« genügt aber nicht dem verfassungsmäßigen Grundsatz der Rechtssicherheit, da er aus unsicheren Zukunftsgrößen bestimmt wird und damit Bilanzmanipulationen zulässt; eine objektive Berechnung des Gewinns – beispielsweise im Streitfalle durch die Finanzgerichte – wäre nicht möglich. Die Rechtssicherheit wäre dagegen vollständig gewährleistet, wenn eine Rechnung, die nur auf Einnahmen und Ausgaben der abgelaufenen Periode beruht, zur Ermittlung des steuerlichen Gewinns vorgeschrieben würde. Dabei ergibt sich aber nicht der periodengerechte Gewinn, der – wie eben erläutert – als Maß für die wirtschaftliche Leistungsfähigkeit gilt und deshalb zur Bestimmung des in einer Periode erzielten, steuerbaren Einkommens erforderlich ist.

Maßgeblichkeitsprinzip

Dieser Zielkonflikt zwischen den Postulaten periodengerechter Erfolgsermittlung einerseits und objektivierter Erfolgsmessung andererseits ist nur im Wege eines Kompromisses zu lösen (vgl. Versin, V. [2003], S. 203 ff.; Tipke, K./Lang, J. [2013], § 9 Rz. 40 ff. m. w. N.). Nach geltendem Recht baut die Steuerbilanz auf den handelsrechtlichen Bilanzierungsvorschriften auf, die zu einer weitgehend vergangenheitsorientierten Analyse der betrieblichen Vermögensentwicklung führen. Die Ansätze in der Steuerbilanz richten sich – soweit nicht steuerliche Bestimmungen etwas anderes zwingend vorschreiben – nach den handelsrechtlichen Grundsätzen ordnungsmäßiger Buchführung (vgl. in diesem Kapitel,

S. 37 ff.). Dieser Sachverhalt, der sich aus § 5 Abs. 1 EStG ergibt, wird als »Maßgeblichkeitsprinzip der Handelsbilanz für die Steuerbilanz« bezeichnet. Von den handelsrechtlichen Regelungen abweichende steuerliche Bestimmungen bestehen zumeist dort, wo das Handelsrecht Manipulationsspielräume offen lässt oder wo wesentliche steuerpolitische Interessen des Fiskus entgegenstehen. Würde das Steuerrecht keine gesonderten und eigenständigen Bilanzierungsvorschriften enthalten, so könnte der Steuerpflichtige im Rahmen der handelsrechtlichen Spielräume seinen Steuerbilanzgewinn und damit seine Steuerlast schmälern, indem er das Vermögen so niedrig und die Schulden so hoch wie möglich ansetzt.

Vor BilMoG: Umkehrung des Maßgeblichkeitsprinzips

In bestimmten genau abgegrenzten Fällen eröffnet der Gesetzgeber den Steuerpflichtigen allerdings aus wirtschafts- und konjunkturpolitischen Gründen die Möglichkeit, Teile des zu versteuernden Gewinns in zukünftige Perioden zu verschieben und so die gegenwärtige Steuerlast zu vermindern. Mit Berufung auf das Maßgeblichkeitsprinzip wurden bis zum Inkrafttreten des BilMoG aber Gewinnverlagerungen in der Steuerbilanz generell nur anerkannt, wenn sie entsprechend auch in der Handelsbilanz vorgenommen wurden. Die Steuerpflichtigen waren in diesen Fällen gezwungen, die Handelsbilanz an der Steuerbilanz auszurichten. Es kam zu einer Umkehrung des Maßgeblichkeitsprinzips, die zu einer Verkettung beider Bilanzen und darüber hinaus zu einer Verzerrung der Handelsbilanz führte. Die gesetzliche Verankerung dieses sog. »umgekehrten Maßgeblichkeitsprinzips« erfolgte einerseits in § 5 Abs. 1 Satz 2 EStG a. F., wonach steuerrechtliche Wahlrechte bei der Gewinnermittlung in Übereinstimmung mit der handelsrechtlichen Jahresbilanz auszuüben waren; ermöglicht wurde dies beispielsweise durch § 254 HGB a. F., der die Berücksichtigung niedrigerer steuerlicher Werte im handelsrechtlichen Abschluss zuließ. Die Abschaffung der umgekehrten Maßgeblichkeit der Steuer- für die Handelsbilanz war ein wesentliches Element des BilMoG zur Steigerung der Aussagefähigkeit und internationalen Vergleichbarkeit von Jahresabschlüssen in Deutschland.

Emanzipation der Steuerbilanz

Die lange Zeit bestandene, im internationalen Vergleich relativ enge Verküpfung zwischen der Handels- und Steuerbilanz hat in den letzten Jahren deutlich abgenommen. Durch die Abschaffung der umgekehrten Maßgeblichkeit durch das BilMoG und den durch dieses Gesetz geänderten Wortlaut des § 5 Abs. 1 Satz 1 EStG, der es den Bilanzierenden ermöglicht, steuerliche Wahlrechte unabhängig von der Handhabung in der Handelsbilanz auszuüben, befindet sich der steuerrechtliche Abschluss auf dem Weg zu immer größerer Eigenständigkeit, der möglicherweise zukünftig in einer kompletten Loslösung von der handelsrechtlichen Bilanzierung enden könnte.

Zahlungsbemessung, Informationsvermittlung

Fasst man die oben erläuterten handels- und steuerrechtlichen Konzepte der Jahresabschlusserstellung zusammen, so lassen sich zwei Zwecksetzungen identifizieren: die Zahlungsbemessungsfunktion und die Informationsfunktion. In Ausübung der Zahlungsbemessungsfunktion dient die Bilanz als Grundlage zur Festlegung der Dividenden- und Steuerzahlungen. Die Ausschüttung an die Anteilseigner bemisst sich anhand des handelsrechtlichen Jahresabschlusses, der durch das Maßgeblichkeitsprinzip mit dem steuerrechtlichen Einzelabschluss verbunden ist, auf dessen Grundlage die Besteuerung erfolgt. Die Informationsfunktion der Bilanz beinhaltet die Aufgabe, allen Adressaten möglichst verlässliche und aussagefähige Beurteilungsmaßstäbe über die finanzielle und wirtschaftliche Situation des Unternehmens zu gewähren, um Ausmaß und Sicherheitsgrad der zu erwartenden Zielrealisation ihrer Interessen bzw. Beteiligungen am Unternehmen abschätzen zu können.

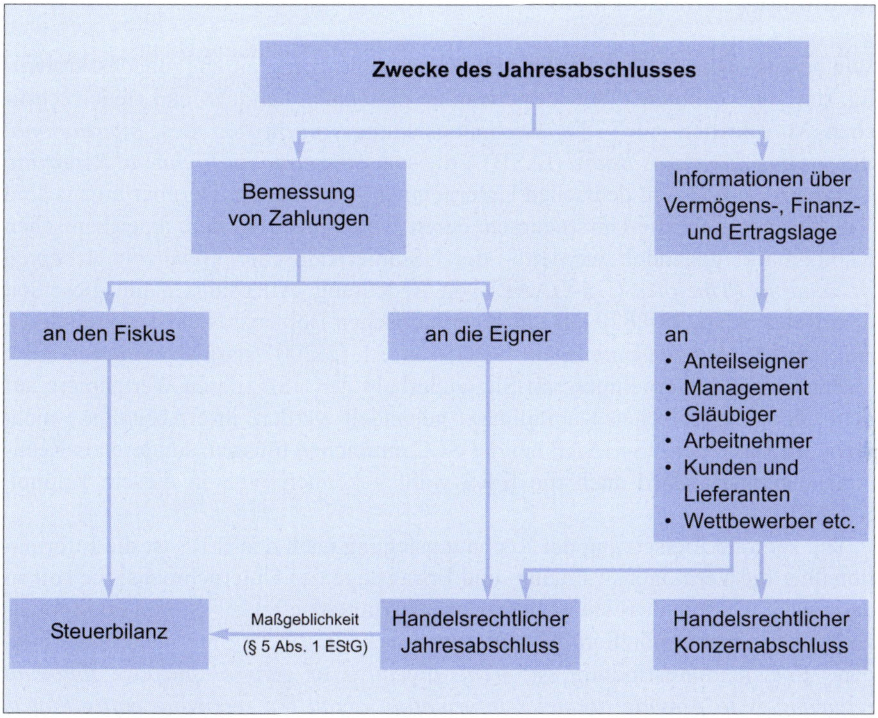

Abb. 1.2: Zwecke des Jahresabschlusses nach handels- und steuerrechtlichen Vorschriften

Einzelabschluss, Konzernabschluss

Während der Einzelabschluss versucht, beiden Zwecksetzungen gerecht zu werden, kommt dem Konzernabschluss ausschließlich eine Informationsfunktion zu, da das Ergebnis des Konzernabschlusses weder handels- noch steuerrechtlich die Grundlage für Ausschüttungszahlungen darstellt. Die Anwendung der *International Financial Reporting Standards* (IFRS), denen eine Eignung für eine auf Kapitalerhaltung und faire Steuerbemessung ausgerichtete Gewinnermittlung abgesprochen wird (vgl. folgenden Gliederungspunkt), wurde daher vom deutschen Gesetzgeber auf den Konzernabschluss beschränkt. Vor allem bei größeren Unternehmen und größeren wirtschaftlichen Einheiten besteht deshalb mittlerweile i. d. R. eine unterschiedliche Gewichtung der Aufgaben von Einzelabschluss einerseits und Konzernabschluss andererseits. Der Jahresabschluss übernimmt vorwiegend die Aufgaben der Überschussbemessung und der Steuerbilanzoptimierung, während der Konzernabschluss ausschließlich die informatorische Präsentation von Vermögens-, Finanz- und Ertragslage nach außen übernimmt. In der Praxis der Abschlusserstellung wird deutlich, dass einerseits dem Konzernabschluss in der Kommunikation mit den Stakeholdern eine deutlich größere Bedeutung beigemessen wird als dem Jahresabschluss und dass andererseits die Ergebnisausweise in Jahres- und Konzernabschluss im Rahmen der gestalterischen Möglichkeiten aufeinander abgestimmt werden (vgl. Pellens, B./Gassen, J./

Richard, M. [2003], S. 309 ff.). Das System der Jahresabschlusszwecke ist zusammenfassend in Abbildung 1.2 dargestellt.

III. Funktionen nach IFRS

Relevanz der IFRS

Wie bereits oben erwähnt, finden seit nun mehr als zehn Jahren (zunächst freiwillig, seit 2005 gebotener Weise) neben den nationalen handels- und steuerrechtlichen Vorschriften auch die Rechnungslegungsvorschriften des *International Accounting Standards Board* (IASB) – die sog. *International Financial Reporting Standards* (IFRS) – in deutschen Unternehmen Anwendung. Darüber hinaus sind – insbesondere für die Unternehmen, deren Wertpapiere auf dem amerikanischen Kapitalmarkt gehandelt werden – die US-amerikanischen *Generally Accepted Accounting Principles* (US-GAAP) von Bedeutung. Allerdings nahm diese seit dem Release No. 33-8879 der US-amerikanischen Börsenaufsichtsbehörde *Securities and Exchange Commission* (SEC) vom 21.12.2007 stark ab, da durch diese Verlautbarung Unternehmen mit Sitz außerhalb der USA, deren Wertpapiere auf dem US-amerikanischen Kapitalmarkt gehandelt werden, ihre Abschlüsse nicht mehr auf Basis der US-GAAP bei der SEC einreichen müssen, sondern als Rechnungslegungsstandard auch die IFRS wählen können (vgl. in diesem Kapitel, S. 59 f.).

Decision usefulness als zentrale Zielsetzung nach IFRS

Die zentrale Zielsetzung der Rechnungslegung nach den IFRS ist die Information über die Vermögens-, Finanz- und Ertragslage des Unternehmens. Sie soll so dargestellt werden, dass sie insbesondere für (potenzielle) Investoren und (potenzielle) Kreditgeber nützlich für deren spezifische, mit dem Unternehmen verbundene Entscheidungsfindung ist: »*The objective of general purpose financial reporting is to provide financial information about the reporting entity that is useful to existing and potential investors, lenders and other creditors in making decisions about providing resources to the entity.*« (F OB2). Abschlüsse nach IFRS besitzen somit eine reine Informationsfunktion und dienen in keiner Weise der Zahlungsbemessung. Die Gewinnermittlung ist Bestandteil der Informationsfunktion, nicht aber eigentliches Ziel der Rechnungslegung. Unmittelbar gläubigerschutzorientierte Vorschriften, wie etwa die Beschränkung des ausschüttungsfähigen Gewinns, und rein steuerliche Bewertungskonzeptionen sind daher im Regelwerk der IFRS nicht vorgesehen.

Rechnungslegungseinheit

Aufgrund der Ausrichtung der Abschlusserstellung an der Entscheidungsnützlichkeit bezieht sich der Abschluss nach IFRS grundsätzlich auf die wirtschaftliche Einheit als Rechnungslegungseinheit. Besteht diese aus einem Konzern, so ist der zu erstellende Abschluss zwangsläufig ein Konzernabschluss; ist die wirtschaftliche Einheit identisch mit der Rechtseinheit (juristische Person in Form einer AG oder GmbH), so ist der Jahresabschluss ein Abschluss der Rechtseinheit. Eine gleichzeitige Abschlusserstellung von Jahres- und Konzernabschluss ergibt sich aus den IFRS – im Gegensatz zum HGB – grundsätzlich nicht.

Funktionen nach US-GAAP

Die Zielsetzung und Funktion der Rechnungslegung sowie die Abschlussinstrumente nach US-GAAP entsprechen jenen der IFRS (vgl. CON 1).

D. Normative Grundlagen des Jahresabschlusses

Im Folgenden werden die auf nationaler sowie internationaler Ebene entwickelten Normen, die für die Erstellung von Jahres- und Konzernabschlüssen Relevanz besitzen (können), erläutert.

I. Nationale Rechtsnormen des Jahresabschlusses

Jedes Unternehmen in Deutschland hat die Normen von Handels- und Steuerrecht zu beachten. In beiden dieser Normengefüge wird auf die sog. »Grundsätze ordnungsmäßiger Buchführung« (GoB) verwiesen, die deshalb im Folgenden ebenfalls vorgestellt werden (vgl. in diesem Kapitel, S. 37 ff.). Daran anschließend werden die Normen des Deutschen Standardisierungsrates (DSR) bzw. dessen Nachfolger erörtert (vgl. in diesem Kapitel, S. 47 ff.).

1. Bestimmungen im Handelsrecht

Das dritte Buch des HGB

Seit der Umsetzung der 4., 7. und 8. EG-Richtlinie in deutsches Recht durch das Bilanzrichtliniengesetz (BiRiLiG) vom 19.12.1985 (vgl. in diesem Kapitel, S. 11 f.) sind für alle Unternehmensrechtsformen die relevanten Normen zur handelsrechtlichen Rechnungslegung im dritten Buch des HGB zusammengefasst. Das dritte Buch des HGB besitzt somit neben der Gültigkeit für Einzelkaufleute, Personenhandels- und Kapitalgesellschaften auch Gültigkeit für Genossenschaften (§§ 336 ff. HGB), Unternehmen nach dem PublG (§ 5 PublG), Kreditinstitute (§§ 340 ff. HGB) und Versicherungsunternehmen (§§ 341 ff. HGB), soweit aufgrund der Rechtsform bzw. des Geschäftszweiges nicht ohnehin spezielle Vorschriften anzuwenden sind.

Das dritte Buch des HGB ist in sechs Abschnitte unterteilt. Im ersten Abschnitt befinden sich sämtliche Vorschriften zur Buchführung und zum Jahresabschluss, die für alle Kaufleute gelten. Dieser erste Abschnitt stellt quasi den allgemeinen Teil, die »lex generalis«, dar. Für Einzelkaufleute und Personenhandelsgesellschaften unterhalb der Größenmerkmale des PublG wird hier der Jahresabschluss abschließend geregelt.

Der zweite Abschnitt, eine Art »lex specialis«, beinhaltet ergänzende und im Vergleich zum ersten Abschnitt detailliertere Bestimmungen für Kapitalgesellschaften; die Vorschriften zum Jahresabschluss und zum Lagebericht (1. Unterabschnitt), Vorschriften zum Konzernabschluss und Konzernlagebericht (2. Unterabschnitt), sowie Regelungen bezüglich der Prüfung (3. Unterabschnitt) und Offenlegung (4. Unterabschnitt) von Abschlüssen.

Der dritte Abschnitt enthält einige zusätzliche spezifische Regelungen für Genossenschaften.

Der vierte Abschnitt umfasst ergänzende Vorschriften für Unternehmen bestimmter Geschäftszweige, namentlich für Kreditinstitute und Versicherungsunternehmen.

Der fünfte Abschnitt (eingefügt durch das KonTraG vom 27.04.1998) bildet die gesetzliche Rahmenbedingung zur Schaffung eines privaten Rechnungslegungsgremiums in Deutschland, wodurch die Gründung des Deutschen Rechnungslegungs Standards Committee e. V. (DRSC) ermöglicht wurde (vgl. in diesem Kapitel, S. 47 f.).

Der abschließende sechste Abschnitt (eingefügt durch das BilKoG vom 15.12.2004) betrifft das Enforcement der IFRS durch die privatrechtliche Deutsche Prüfstelle für Rechnungslegung (DPR) und die Bundesanstalt für Finanzdienstleistungsaufsicht (BAFin) (vgl. 15. Kapitel, S. 995).

Die Trennung der Abschnitte und ihrer Geltungsbereiche wird nicht nur rein gesetzestechnisch durch die Gesetzesgliederung vollzogen, sondern kommt auch in der Begriffswahl zum Ausdruck. Während im ersten Abschnitt ausschließlich von »Kaufleuten« gesprochen wird, werden im zweiten, dritten bzw. vierten Abschnitt nur noch die Begriffe »Kapitalgesellschaft«, »Genossenschaft«, »Kreditinstitut« bzw. »Versicherungsunternehmen« verwandt.

Kapitalgesellschaften gleichgestellte Personengesellschaften

Kapitalgesellschaften (AG, SE, KGaA, GmbH) haben also bei der Erstellung des Jahresabschlusses die Vorschriften sowohl des ersten als auch des zweiten Abschnittes des HGB zu beachten, für Einzelkaufleute und Personenhandelsgesellschaften dagegen sind grundsätzlich lediglich die Vorschriften des ersten Abschnittes relevant. Die Anwendung der Vorschriften des zweiten Abschnittes des dritten Buches des HGB wird allerdings auf jene Personenhandelsgesellschaften ausgedehnt, bei denen keine natürliche Person als persönlich haftender Gesellschafter eingesetzt ist und die folglich hinsichtlich ihrer Haftungssituation Kapitalgesellschaften gleichzustellen sind. Deshalb werden sie auch hinsichtlich der Rechnungslegung wie Kapitalgesellschaften behandelt und sind dazu verpflichtet, ihren Jahresabschluss wie eine Kapitalgesellschaft aufzustellen, prüfen zu lassen und offen zu legen (§§ 264a-c HGB).

Vorschriften für alle Kaufleute

Der erste Abschnitt (§§ 238-263) des HGB wird durch die Vorschriften über die Buchführungspflicht und die Aufstellung des Inventars eingeleitet (§§ 238-241a HGB). Die §§ 242-256a HGB beinhalten Bestimmungen, die sich unmittelbar auf den Jahresabschluss beziehen. Demnach muss der Jahresabschluss aus den Bestandteilen Bilanz und GuV bestehen (§ 242 Abs. 3 HGB) und nach den Grundsätzen ordnungsmäßiger Buchführung erstellt sein (§ 243 Abs. 1 HGB). Diese Generalnorm des § 243 Abs. 1 HGB zur Aufstellung des Jahresabschlusses, die für alle Kaufleute, aber ganz besonders für Einzelkaufleute und Personengesellschaften gilt (für Kapitalgesellschaften gilt § 264 Abs. 2 HGB als spezielle Generalnorm), wird häufig als zu ungenau und zu weit beurteilt (vgl. Beck'scher Bilanzkommentar [2012], § 243 Tz. 11 f.; Münchener Kommentar zum HGB [2013], § 243 Tz. 6). Sie wurde jedoch bewusst in dieser Form ausgestaltet, damit sich trotz der Zunahme der gesetzlich fixierten Vorschriften die Anforderungen an den Jahresabschluss der Nicht-Kapitalgesellschaften im Vergleich zum Status quo, der vor Inkrafttreten des BiRiLiG herrschte, nicht erhöhten.

In den Ansatzvorschriften der §§ 246-251 HGB wird der Inhalt einer Bilanz definiert, d. h. es wird bestimmt, was in eine Bilanz verpflichtend aufzunehmen ist und was bzw. was nicht aufgenommen werden darf (Bilanzierungsverbote und -wahlrechte: vgl. § 248 HGB). Die Bewertungsvorschriften (§§ 252-256a HGB) beinhalten zum einen die Wertbegriffe, die für den Ansatz der in die Bilanz aufzunehmenden Posten relevant sind, zum anderen werden in ihnen Bewertungsmethoden (§ 256 HGB) und Möglichkeiten bilanzieller Wertminderungen (§ 253

Abs. 3-4 HGB) aufgezeigt. Darüber hinaus sind hier Bewertungsgrundsätze kodifiziert (§ 252 Abs. 1 HGB), die durch die Transformation der 4. EG-Richtlinie explizit in das deutsche Gesetz aufgenommen wurden, die jedoch schon lange zuvor Grundsätze ordnungsmäßiger Buchführung (GoB) darstellten. Näheres zu diesen Grundsätzen findet sich in diesem Kapitel auf S. 37 ff.

Mindestvorschriften

Zu beachten ist, dass der erste Abschnitt des dritten Buches lediglich Mindestvorschriften beinhaltet. Dem Kaufmann bleibt es vorbehalten, seine Rechnungslegung unter Beachtung der GoB strikteren Anforderungen zu unterziehen. So ist es zulässig, wenn eine Personengesellschaft bzw. ein Einzelkaufmann bei Erstellung seines Jahresabschlusses zusätzlich die Vorschriften für Kapitalgesellschaften beachtet.

Befreiung von der Buchführungspflicht

Durch das BilMoG wurde als neue Vorschrift § 241a in das HGB eingeführt. Dieser befreit Einzelkaufleute, deren Umsatzerlöse bzw. Jahresüberschuss zu den Bilanzstichtagen an zwei aufeinanderfolgenden Geschäftsjahren 500.000 EUR bzw. 50.000 EUR nicht übersteigen, von der Buchführungs- und damit auch von der Abschlusserstellungspflicht. Solche kleinen Einzelkaufleute brauchen folglich keine Bücher auf Basis der doppelten Buchführung zu führen, sondern können sich auf eine Einnahmeüberschussrechnung i. S. des § 4 Abs. 3 EStG beschränken.

Vorschriften für Kapitalgesellschaften

Der zweite Abschnitt des dritten Buches des HGB (§§ 264-335b HGB) enthält über die für alle Kaufleute geltenden Normen des ersten Abschnittes hinausgehende Vorschriften, die sich lediglich auf Kapitalgesellschaften, also Aktiengesellschaften (AG), Europäische Gesellschaften (SE), Kommanditgesellschaften auf Aktien (KGaA) und Gesellschaften mit beschränkter Haftung (GmbH) sowie ihnen gesetzlich gleichgestellte Unternehmen (§ 264a HGB) beziehen. Der zweite Abschnitt umfasst nicht nur Regelungen bezüglich des Jahresabschlusses einer Kapitalgesellschaft (erster Unterabschnitt), sondern darüber hinaus auch Bestimmungen zum Konzernabschluss (zweiter Unterabschnitt; eine ausführliche Erörterung des Themenbereichs »Konzernabschluss« befindet sich im 10. und 11. Kapitel) sowie zur Prüfung (dritter Unterabschnitt) und Offenlegung (vierter Unterabschnitt) der Abschlüsse (vgl. 15. Kapitel, Abschnitt A bzw. B). Der Jahresabschluss von Kapitalgesellschaften wird durch den zweiten Abschnitt des dritten Buches des HGB strikter geregelt als der Jahresabschluss von Einzelkaufleuten und Personenhandelsgesellschaften. Dies begründet sich aus dem bei Kapitalgesellschaften aufgrund der Haftungsbeschränkung und der häufigen Trennung zwischen Eigentümern und den Geschäftsführungsorganen bestehenden verstärkten Interesse von außen stehenden Personen am Unternehmen und deren Schutzbedürfnis.

Bestandteile des Jahresabschlusses

Der Jahresabschluss von Kapitalgesellschaften besteht in Erweiterung zu der Bestimmung des § 242 Abs. 3 HGB grundsätzlich aus drei Bestandteilen, nämlich der Bilanz, der Gewinn- und Verlustrechnung sowie dem Anhang (§ 264 Abs. 1 HGB).

Bestandteile des Konzernabschlusses

Der Konzernabschluss umfasst gemäß § 297 Abs. 1 HGB neben Konzernbilanz, Konzern-GuV und Konzernanhang zusätzlich verpflichtend eine Kapitalflussrechnung sowie einen Eigenkapitalspiegel; optionaler Bestandteil ist eine Segmentberichterstattung.

Eingeschränkter Anwendungsbereich des HGB Konzernabschlusses

Da für kapitalmarktorientierte Unternehmen seit dem 01.01.2005 die Verpflichtung besteht, einen Konzernabschluss nach IFRS aufzustellen, ist der Anwendungsbereich des HGB-Konzernabschlusses auf die nicht von § 315a HGB erfassten Unternehmen begrenzt, d. h. auf Unternehmen, die weder aufgrund der in § 315a Abs. 1 und 2 HGB umgesetzten »IAS-Verordnung« zur Erstellung eines IFRS-Konzernabschlusses verpflichtet sind, noch freiwillig einen befreienden Konzernabschluss nach IFRS aufstellen (§ 315a Abs. 3 HGB).

Erweiterter Jahresabschluss für kapitalmarktorientierte Kapitalgesellschaften

Eine Kapitalgesellschaft, die einen organisierten Markt i. S. des § 2 Abs. 5 WpHG durch von ihr ausgegebene Wertpapiere i. S. des § 2 Abs. 1 Satz 1 WpHG in Anspruch nimmt oder die Zulassung solcher Papiere zum Handel an einem organisierten Markt beantragt hat, gilt nach § 264d HGB als kapitalmarktorientiert. Unterliegt eine solche nicht der Pflicht zur Aufstellung eines Konzernabschlusses, hat diese den Jahresabschluss um eine Kapitalflussrechnung und einen Eigenkapitalspiegel zu erweitern (§ 264 Abs. 1 Satz 2 HGB). Hierdurch wird die Informationsversorgung der Kapitalmarktteilnehmer jener eines Konzernabschlusses gleichgestellt.

Generalnorm des § 264 Abs. 2 HGB: »true and fair view«-Prinzip

Gemäß § 264 Abs. 2 HGB hat der Jahresabschluss einer Kapitalgesellschaft »unter Beachtung der Grundsätze ordnungsmäßiger Buchführung ein den tatsächlichen Verhältnissen entsprechendes Bild der Vermögens-, Finanz- und Ertragslage der Kapitalgesellschaft zu vermitteln«. Diese Vorschrift wurde unmittelbar aus dem Wortlaut der 4. EG-Richtlinie übernommen und steht für das angelsächsische Prinzip des *»true and fair view«*. Sie steht als Generalnorm quasi über sämtlichen Regelungen zur Bilanzierung von Kapitalgesellschaften und definiert die Informationsfunktion des Jahresabschlusses. Sie ist in der Praxis immer dann heranzuziehen, wenn Zweifel bei der Auslegung einzelner Vorschriften entstehen oder Lücken in der gesetzlichen Regelung zu schließen sind. Ein wesentlicher Ausfluss der Generalnorm ist die pflichtgemäße Aufstellung des Anhangs mit den damit verbundenen weit reichenden Angabe- und Erläuterungspflichten. Dies ergibt sich auch aus der Formulierung des § 264 Abs. 2 Satz 2 HGB, nach dem im Anhang zusätzliche Angaben zu machen sind, falls der Jahresabschluss aufgrund besonderer Umstände einen den tatsächlichen Verhältnissen entsprechenden Einblick nicht vermittelt (vgl. hierzu im Detail 13. Kapitel, S. 850 ff.).

Größenklassen für Kapitalgesellschaften

Eine wesentliche Stellung im gesamten zweiten Abschnitt nimmt der § 267 HGB sowie der durch das MicroBilG eingeführte § 267a HGB ein. In ihnen werden die Größenklassen definiert, welche bei der Anwendung einer Reihe von Vorschriften eine ausschlaggebende Rolle spielen, so z. B. bei der Tiefe der Untergliederung von Bilanz und GuV (§ 266 Abs. 1 Satz 3, § 276 HGB), beim Umfang der Angabe- und Erläuterungspflichten im Anhang (§ 288 HGB sowie § 264 Abs. 1 Satz 5 i. V. m. § 267a HGB) sowie bei den Prüfungs- (§ 316 HGB) und Offenlegungspflichten (§§ 325 Abs. 2, 326, 327 HGB). Demnach werden die Kapitalgesellschaften in Kleinstkapitalgesellschaften (§ 267a HGB) sowie in kleine, mittlere und große Gesellschaften (§ 267 HGB) unterteilt. Die Kriterien, nach denen die Unternehmensgrößenklassen unterschieden werden, sind dabei die Bilanzsumme, der Umsatz sowie die Anzahl der Arbeitnehmer. Die Zugehörigkeit einer Kapitalgesellschaft zu einer der vier Klassen bestimmt sich danach, ob die Gesellschaft an zwei aufeinanderfolgenden Abschlussstichtagen mindestens zwei der drei im Gesetz vorgegebenen Grenzwerte (siehe Tabelle 1.2) überschreitet bzw. nicht überschreitet. Unabhängig von diesen Grenzwerten gelten jedoch kapitalmarktorientierte Gesellschaften i. S. des § 264d HGB stets als große Kapitalgesellschaften (§ 267 Abs. 3 Satz 2 HGB).

Kriterien	Bilanzsumme in Mio. EUR	Umsatz in Mio. EUR	Arbeitnehmer
Kleinstkapitalgesellschaften	≤ 0,35	≤ 0,70	≤ 10
kleine Kapitalgesellschaften	≤ 4,84	≤ 9,68	≤ 50
mittlere Kapitalgesellschaften	≤ 19,25	≤ 38,5	≤ 250
große Kapitalgesellschaften	> 19,25	> 38,5	> 250

Tab. 1.2: Größenkriterien für Kapitalgesellschaften gemäß §§ 267, 267a HGB

Im Zuge der Deregulierungsmaßnahmen des BilMoG wurden die Schwellenwerte für Bilanzsumme und Umsatzerlöse um ca. 20 % erhöht. Durch die Anhebung der Größenkriterien, welche erstmals auf Jahresabschlüsse für nach dem 01.01.2008 beginnende Geschäftsjahre anwendbar sind, wurde die EU-Abänderungsrichtlinie 2006/46/EG in deutsches Recht umgesetzt (die Schwellenwerte, die auf die 4. EG-Richtlinie zurückzuführen sind, werden turnusmäßig durch die EU-Kommission im Rahmen einer Richtlinienänderung angepasst).

Gliederung, Ansatz, Bewertung

Im Gegensatz zu Einzelkaufleuten und Personenhandelsgesellschaften haben Kapitalgesellschaften ihre Bilanz und ihre GuV nach bestimmten Vorschriften zu gliedern und darüber hinaus in ihnen zusätzliche Posten auszuweisen (§§ 265-278 HGB). Des Weiteren unterliegen Kapitalgesellschaften zusätzlichen Ansatz- und Bewertungsvorschriften für spezifische Bilanzposten (z. B. § 274 HGB), die über die §§ 252-256 HGB hinausgehen, sowie weitergehenden Darstellungsvorschriften (z. B. §§ 268-272 HGB).

Anhang

Da der Anhang lediglich bei Kapitalgesellschaften Pflichtbestandteil des Jahresabschlusses ist, werden erst in dem für Kapitalgesellschaften spezifischen Gesetzesteil, nämlich in den §§ 284-288 HGB des zweiten Abschnittes, dessen Inhalt und die mit ihm verbundenen Angabe- und Erläuterungspflichten erklärt. Lediglich Kleinstkapitalgesellschaften dürfen auf die Erstellung eines Anhangs verzichten, sofern gewisse Angaben unter der Bilanz erfolgen (§ 264 Abs. 1 Satz 5 HGB). Dies sind Angaben zu den Haftungsverhältnissen gemäß §§ 251 und 268 Abs. 7 HGB, Angaben zu gewährten Krediten und Vorschüssen an Mitglieder des Geschäftsführungsorgans, Aufsichtsrats, Beirats oder einer ähnlichen Einrichtung nach § 285 Nr. 9c HGB und im Falle einer AG oder KGaA die Angaben zum Bestand eigener Aktien nach § 160 Abs. 1 Satz 1 Nr. 2 AktG.

Lagebericht

Neben dem Jahresabschluss haben große und mittlere Kapitalgesellschaften am Ende eines jeden Geschäftsjahres einen Lagebericht aufzustellen (§ 264 Abs. 1 HGB), in dem die Geschäftssituation und die voraussichtliche zukünftige Entwicklung der Gesellschaft darzustellen sind (§ 289 HGB). Weitere Ausführungen zu den Regelungen bezüglich Anhang und Lagebericht finden sich detailliert im 13. Kapitel, Abschnitte A und C.

Vorschriften für Großunternehmen

Großunternehmen haben wegen ihrer besonderen volkswirtschaftlichen Bedeutung grundsätzlich unabhängig von der Rechtsform bezüglich ihrer Rechnungslegung die Vorschriften des Publizitätsgesetzes zu beachten. Gemäß § 1 PublG fallen unter den Geltungsbereich dieses Gesetzes alle Unternehmen, die an drei aufeinanderfolgenden Abschlussstichtagen jeweils mindestens zwei der drei Merkmale gemäß Tabelle 1.3 erfüllen. Solche Unternehmen haben nach § 5 PublG, auch wenn es sich hierbei um Einzelkaufleute oder Personengesellschaften handelt, ihren Jahresabschluss bezüglich der Gliederungs- und der erweiterten Ausweisvorschriften wie eine große Kapitalgesellschaft zu erstellen (d. h. die §§ 265-278 HGB finden entsprechend Anwendung). Gemäß § 5 Abs. 2 PublG haben diese großen Unternehmen, soweit es sich nicht um ein Einzelunternehmen bzw. eine Personengesellschaft handelt, einen Anhang (§§ 284 ff. HGB) sowie einen Lagebericht zu erstellen (§ 289 HGB).

Kriterien / PublG	Bilanzsumme in Mio. EUR	Umsatz in Mio. EUR	Arbeitnehmer
Großunternehmen	> 65	> 130	> 5000

Tab. 1.3: Größenkriterien für Großunternehmen gemäß § 1 PublG

Vorschriften für Genossenschaften

Für den Jahresabschluss von Genossenschaften und Europäischen Genossenschaften (SCE) sind ebenso neben den Vorschriften des ersten auch jene des zweiten Abschnittes des dritten Buches des HGB (insbesondere auch die Generalnorm des § 264 Abs. 2 Satz 1 HGB) maßgeblich. Ausnahmen von dieser Regel ergeben sich aus dem dritten Abschnitt des dritten Buches des HGB, in dem ergänzende genossenschaftsspezifische Vorschriften verankert wurden (§§ 336-339 HGB). Dies sind gemäß § 336 Abs. 2 HGB insbesondere einige Erleichterungen bezüglich Ausweis- und Anhangbestimmungen (§ 277 Abs. 3 Satz 1 und § 285 Nr. 5, 6 u. 17 HGB). Genossenschaften haben auch einen Lagebericht nach § 289 HGB zu erstellen. Weitere Abweichungen bestehen in bestimmten Änderungen und Ergänzungen insbesondere im Bereich des Eigenkapitals (§ 337 HGB). Seit dem BilReG haben auch Genossenschaften das Wahlrecht, einen IFRS-Abschluss für Offenlegungszwecke zu erstellen (§ 339 Abs. 2 i. V. m. § 325 Abs. 2a HGB).

Der vierte Abschnitt des dritten Buches des HGB umfasst ergänzende Vorschriften für Unternehmen bestimmter Geschäftszweige.

Vorschriften für Kreditinstitute

Der erste Unterabschnitt (§§ 340-340o HGB) enthält spezielle Rechnungslegungsvorschriften für Kreditinstitute und Finanzdienstleistungsinstitute. Er wurde durch das Gesetz zur Durchführung der Richtlinie des Rates der Europäischen Gemeinschaften über den Jahresabschluss und den konsolidierten Abschluss von Banken und anderen Finanzinstituten (»Bankbilanzrichtlinie-Gesetz«) vom 30.11.1990 neu eingefügt und regelt unabhängig von der jeweiligen Rechtsform des Kreditinstituts die Rechnungslegungsvorschriften umfassend. Danach haben Kreditinstitute für ihren Jahresabschluss und Lagebericht grundsätzlich die Vorschriften für große Kapitalgesellschaften zu beachten, sofern im vierten Abschnitt nichts anderes bestimmt ist (§ 340a HGB). Auch hinsichtlich des Konzernabschlusses bzw. des Konzernlageberichts sind bei Ermangelung anderslautender Regelungen die entsprechenden Vorschriften des zweiten

Abschnitts des dritten Buches zu beachten (§ 340i HGB). Die »IAS-Verordnung« wirkt sich auch auf Kreditinstitute aus. So wurde durch das BilReG in § 340i HGB zur Klarstellung der Hinweis aufgenommen, dass diese ebenfalls je nach Kapitalmarktorientierung verpflichtend bzw. wahlweise der IFRS-Bilanzierung unterliegen, d. h. § 315a HGB anzuwenden ist. Außerdem wird festgelegt, dass die Erstellung eines IFRS-Konzernabschlusses dazu führt, dass die HGB-Vorschriften im Wesentlichen sowie die Kreditinstituts-Rechnungslegungsverordnung insgesamt von der Anwendung ausgeschlossen sind (§ 340i Abs. 2 Satz 3-5 HGB).

Vorschriften für Versicherungsunternehmen

Der zweite Unterabschnitt (§§ 341-341p HGB) beinhaltet ergänzende Regelungen für Versicherungsunternehmen. Durch das Gesetz zur Durchführung der Richtlinie des Rates der Europäischen Gemeinschaften über den Jahresabschluss und den konsolidierten Abschluss von Versicherungsunternehmen (»Versicherungsbilanzrichtlinie-Gesetz«) vom 26.06.1994 wurden Versicherungsunternehmen damit rechtsformunabhängig zur Aufstellung eines Jahresabschlusses und Lageberichts bzw. eines Konzernabschlusses und Konzernlageberichts verpflichtet. Die von den allgemeinen Vorschriften für Kapitalgesellschaften abweichenden Regelungen ergeben sich neben dem zweiten Unterabschnitt insbesondere aus der Verordnung über die Rechnungslegung von Versicherungsunternehmen (RechVersV) und Art. 32 EGHGB. Erstellt ein Versicherungsunternehmen einen IFRS-Abschluss nach § 315a HGB, so regelt § 341j Abs. 1 Satz 4 HGB, welche Vorschriften des HGB sowie sonstige Verordnungen in diesem Fall keine Anwendung finden.

Prüfungspflicht

Wegen ihrer großen wirtschaftlichen Außenwirkung, besonders aber aufgrund der bei Kapitalgesellschaften häufigen Trennung zwischen Eigentümern des Unternehmens und dessen Geschäftsführungsorganen, sind die Kapitalgesellschaften mit Ausnahme der Kleinstkapitalgesellschaften und der kleinen Kapitalgesellschaften verpflichtet, ihre externe Rechnungslegung, die quasi auch als Rechenschaftslegung der Geschäftsführung gegenüber externen Partizipantengruppen betrachtet werden kann, prüfen zu lassen (§ 316 HGB). Die Prüfung erstreckt sich auf den Jahresabschluss (Konzernabschluss) und den Lagebericht (Konzernlagebericht) und ist von einer zur Prüfung berechtigten Person durchzuführen (Wirtschaftsprüfer, vereidigter Buchprüfer), die die Ordnungsmäßigkeit der Rechnungslegung nach Gesetz und Satzung durch einen sog. Bestätigungsvermerk im Jahresabschluss testiert (§ 322 HGB). Die Feststellung des Jahres- bzw. Konzernabschlusses kann erst nach erfolgter Prüfung erfolgen (§ 316 Abs. 1 und 2 HGB). Weitere Ausführungen zur Abschlussprüfung finden sich im 15. Kapitel, Abschnitt A.

Offenlegungspflicht

Um den externen Interessenten des Unternehmens den Jahresabschluss zur Befriedigung ihres Informationsbedürfnisses zugänglich zu machen, ist jede Kapitalgesellschaft verpflichtet, den gesamten Jahresabschluss bzw. bestimmte Teile daraus innerhalb einer bestimmten Frist zu veröffentlichen (§ 325 HGB). Das »Gesetz über elektronische Handelsregister und Genossenschaftsregister sowie das Unternehmensregister« (EHUG) trat zum 01.01.2007 in Kraft. Durch die Änderungen des EHUG entfällt die vormals notwendige Unterscheidung zwischen kleinen, mittelgroßen und großen Kapitalgesellschaften im Hinblick auf den Ort der Veröffentlichung.

		Buchführung	Inventur	Bestandteile des JA, Aufstellungspflicht eines Lageberichts	Bewertung im JA
Einzelkaufleute[1], Personengesellschaften (die nicht unter das PublG fallen)		Konkrete Regelungen in §§ 238, 239; weitere Bestimmungen ergeben sich aus den GoB.	Vorgeschrieben (§ 240 (1), (2)); Inventurverfahren bestimmen sich nach GoB; ausdrücklich im Gesetz (§ 241) zugelassen sind die Stichprobeninventur, vor- bzw. nachverlagerte Stichtagsinventur und permanente Inventur	JA besteht aus • Bilanz • GuV. Ein Anhang und ein Lagebericht sind nicht zu erstellen (§ 242 (3)).	AV und UV höchstens zu AK bzw. HK, Abschreibungen (§ 253 (3) u. (4)), Wertaufholungsgebot (§ 253 (5)), Passiva werden zu Sonderwerten bewertet (§ 253 (1) und (2)), Bewertungsvereinfachungsverfahren (§§ 240 (3), (4) und 256), Bewertungseinheiten (§ 254). Grundsätzlich sind die Bewertungsgrundsätze des § 252 und die GoB zu beachten.
Kapitalgesellschaften[2]	**Große**	wie EKL und PersG (§ 264 (2)).	wie EKL und PersG	JA besteht aus • Bilanz • GuV • Anhang. Bei KapG i. S. des § 264d ohne Konzernabschluss zusätzlich Kapitalflussrechnung und Eigenkapitalspiegel (§ 264 (1) Satz 2). Ein Lagebericht ist zu erstellen (§ 264 (1)).	wie EKL und PersG
	Mittlere	wie große KapG	wie große KapG	wie große KapG	wie große KapG
	Kleine	wie große KapG	wie große KapG	wie große KapG Ausnahme: Ein Lagebericht muss nicht erstellt werden (§ 264 (1) Satz 4).	wie große KapG
	Kleinst	wie große KapG	wie große KapG	wie kleine KapG Ausnahme: Unter gewissen Voraussetzungen muss kein Anhang erstellt werden (§ 264 (1) Satz 5)	wie große KapG
Genossenschaften		wie EKL und PersG (§§ 17 (2) i.V.m. 33 (1) GenG)	wie EKL und PersG	JA besteht aus • Bilanz • GuV • Anhang. Ein Lagebericht ist zu erstellen (§ 336 (1).)	wie große KapG (§ 336 (2))
Unternehmen, die unter das PublG fallen		wie EKL und PersG	wie EKL und PersG	Nicht-PersG haben • Bilanz • GuV • Anhang • Lagebericht zu erstellen. Bei EKL und PersG beschränkt sich die Erstellung auf • Bilanz • GuV (§ 5 (1), (2) PublG).	wie KapG (§ 5 (1) PublG)

Anmerkungen:

AK=Anschaffungskosten AR=Aufsichtsrat BS=Bilanzsumme EKL=Einzelkaufleute HK=Herstellungskosten

AN=Arbeitnehmerzahl AV=Anlagevermögen BAZ=Bundesanzeiger HR=Handelsregister JA=Jahresabschluss

Die Paragrafen ohne explizite Gesetzesangabe beziehen sich auf das HGB. In Klammern gesetzte §§ sind Fundstellen.

1) Personengesellschaften, bei denen es keine natürliche Person gibt, die persönlich haftet, unterliegen den Vorschriften für Kapitalgesellschaften gemäß § 264 ff. HGB (§ 264a HGB). Eine Befreiung von der Pflicht zur Buchführung gilt für Einzelkaufleute, deren Umsatzerlöse bzw. Jahresüberschuss in zwei aufeinander folgenden Geschäftsjahren 500.000 EUR bzw. 50.000 EUR nicht überschreiten (§ 241a HGB).

2) Kapitalmarktorientierte Kapitalgesellschaften i. S. des § 264d HGB gelten stets als große Kapitalgesellschaften (§ 267 Abs. 3 Satz 2 HGB).

Gliederung von Bilanz und GuV	Umfang des Anhangs	Prüfungspflicht und Prüfungsumfang	Offenlegungspflicht und Umfang der Offenlegung	Konzernabschluss, Konzernlagebericht
Gliederung bestimmt sich nach GoB.	Es besteht keine Verpflichtung zur Erstellung eines Anhangs (§ 242 (3)).	Es besteht keine Prüfungspflicht (§ 316 (1)).	Es besteht keine Offenlegungspflicht (§ 325 (1)).	Keine Pflicht zur Erstellung eines Konzernabschlusses.
Bilanz: detaillierte Gliederung nach dem Schema in § 266 (2), (3), (§ 266 (1)). GuV: detaillierte Gliederung nach dem Schema in § 275.	Angabe und Erläuterungspflichten ergeben sich aus §§ 284-286.	Pflicht zur Prüfung des JA und des Lageberichts (§ 316 (1)).	Einreichen von JA, Lagebericht, Bericht des AR, ggf. Erklärung nach § 161 AktG, ggf. Kapitalflussrechnung und Eigenkapitalspiegel (§ 264 (1) Satz 2), Vorschlag bzw. Beschluss zur Ergebnisverwendung beim Betreiber des BAZ und Bekanntgabe der obigen Unterlagen (§ 325 (1),(2)).	Aufstellung eines Konzernabschlusses und Lageberichts ist verpflichtend, wenn Tatbestand des § 290 vorliegt. Ausnahmeregelungen §§ 291, 293.
Bilanz: wie große KapG. GuV: wie große KapG, jedoch Möglichkeit des Zusammenfassens von § 275 (2) Nr. 1 bis 5 bzw. (3) Nr. 1 bis 3 und 6 zum Rohergebnis (§ 276).	wie große KapG mit Ausnahme von § 285 Nr. 4 u. 29 und zum Teil § 285 Nr. 3, weitere Ausnahmen bezüglich § 285 Nr. 17, 21 (§ 288 (2)).	wie große KapG (§ 316 (1))	wie große KapG (Aber: beschränkte Bilanzgliederung § 327).	wie große KapG
Bilanz: wie große KapG, jedoch verkürzte Gliederung nach § 266 (2), (3) (§ 266 (1) Satz 3); GuV: wie mittelgroße KapG, mit Ausnahme von § 276 Satz 2.	wie große KapG mit Ausnahme von § 284 (2) Nr. 4, § 285 Nr. 2-8a, 9a, b, 12, 17, 18, 21, 22, 29 (§ 288 (1)), §274a, § 276.	Es besteht keine Prüfungspflicht (§ 316 (1)).	wie große KapG Ausnahme: von JA nur Einreichen von Bilanz und Anhang (verkürzt) (§ 325 u. 326)	wie große KapG
Bilanz: wie große KapG, jedoch verkürzte Gliederung nach § 266 (2), (3) (§ 266 (1) Satz 4) GuV: wie kleine KapG, jedoch verkürzte Gliederung nach § 275 (5).	wie kleine KapG Ausnahme: Keine Verpflichtung zur Erstellung, wenn gewisse Angaben unter der Bilanz ausgewiesen werden (§ 264 (1) Satz 5).	Es besteht keine Prüfungspflicht (§ 316 (1)).	wie kleine KapG Ausnahme: dauerhafte Hinterlegung der Bilanz beim Betreiber des BAZ zur Erfüllung der Offenlegungspflicht (§ 326 (2))	wie große KapG
wie große KapG (§ 336 (2))	wie große KapG mit Ausnahme von § 277 (3) Satz 1 und § 285 Nr. 6, 17 sowie genossenschaftsspezifischer Zusatzangaben (§ 336 (2)).	Pflicht zur 2-jährigen Prüfung des JA und des Lageberichts. Falls Bilanzsumme > 2 Mio. EUR jährl. Prüfung (§ 53 (1) GenG).	Einreichen von JA, Lagebericht und Bericht des AR beim Betreiber des BAZ (§ 339 (1)). Größenabhängige Erleichterungen bei KapG gelten entsprechend (§ 339 (2)).	Aufstellungspflicht besteht nur, wenn Genossenschaft unter PublG fällt.
wie große KapG (§ 5 (1) PublG)	Nur Nicht-PersG haben einen Anhang nach §§ 284 ff. zu erstellen. Angabepflicht nach § 285 Nr. 6, 14-16 entfällt (§ 5 (2) PublG).	Pflicht zur Prüfung des JA und, falls vorhanden, des Lageberichts (§ 6 (1) PublG).	wie große KapG (§ 9 (1) PublG), Erleichterungen für PersG und EKL (§ 9 (2) PublG).	Aufstellung eines Konzernabschlusses und Lageberichts ist verpflichtend, wenn Konzern-Größenkriterien des § 11 PublG und der Tatbestand des potenziell beherrschenden Einflusses erfüllt ist (§ 11 (1) PublG).

KapG=Kapitalgesellschaften US=Umsatz

PersG=Personengesellschaften UV=Umlaufvermögen

Tab. 1.4: Überblick über Vorschriften zur Erstellung, Prüfung und Offenlegung von Unternehmensabschlüssen

1. Die gesetzlichen Vertreter stellen innerhalb von 3 Monaten nach Bilanzstichtag Jahresabschluss und Lagebericht auf (§ 264 Abs. 1 HGB). Kleinen Kapitalgesellschaften steht ein Zeitraum von 6 Monaten zur Verfügung.
2. Unverzügliche Übermittlung des erstellten Jahresabschlusses und Lageberichts durch die gesetzlichen Vertreter an den Abschlussprüfer (§ 320 Abs. 1 HGB), soweit nicht Befreiung von der Prüfungspflicht, da kleine Kapitalgesellschaft (§ 316 Abs. 1 HGB).
3. Abschlussprüfer prüft gemäß § 317 Abs. 1 HGB und erstellt Prüfungsbericht (§ 321 HGB).
4. Sind Einwände gegeben?
5. Bestätigungsvermerk wird eingeschränkt oder versagt (§ 322 Abs. 4 HGB).
6. Bestätigungsvermerk wird uneingeschränkt erteilt (§ 322 Abs. 3 HGB).
7. Abschlussprüfer legt den gesetzlichen Vertretern den Prüfungsbericht (mit Bestätigungsvermerk) vor (§ 321 Abs. 5, § 322 Abs. 7 Satz 2 HGB).
8. Ändern die gesetzlichen Vertreter den Jahresabschluss (§ 316 Abs. 3 HGB)?
9. Übermittlung an Abschlussprüfer zur Prüfung, soweit es die Änderung erfordert (§ 316 Abs. 3 HGB).
10. Besteht ein AR?
11. Vorlage von Jahresabschluss, Lagebericht und Prüfungsbericht an den AR (§ 42a Abs. 1 Satz 3 GmbHG).
12. Vorlage von Jahresabschluss, Lage- und Prüfungsbericht (falls Nr. 11, auch den des AR) an die Gesellschafter zur Feststellung und Beschluss über die Ergebnisverwendung innerhalb der ersten 8 Monate des Geschäftsjahres (§ 42a Abs. 1 und 2 GmbHG). Kleinen Kapitalgesellschaften steht ein Zeitraum von 11 Monaten zur Verfügung.
13. Weicht der festgestellte Jahresabschluss und Lagebericht vom geprüften Jahresabschluss und Lagebericht ab?
14. Abschlussprüfer prüft die Unterlagen erneut, soweit es die Änderung erfordert (§ 316 Abs. 3 HGB).
15. Jahresabschluss, Lage- und Prüfungsbericht sowie der Vorschlag für die Verwendung des Bilanzgewinns werden dem AR zur Prüfung vorgelegt; dessen Bericht mit evtl. Billigung ist dem Vorstand innerhalb von höchstens 2 Monaten zuzuleiten (§§ 170, 171 AktG).
16. Billigt AR den Jahresabschluss?
17. Soll die HV den Jahresabschluss feststellen (§ 173 Abs. 1 AktG)?
18. Jahresabschluss ist festgestellt (§ 172 AktG).
19. Der Vorstand beruft die HV mit einer Ladungsfrist von mindestens 30 Tagen innerhalb der ersten 8 Monate nach Bilanzstichtag ein (§ 175 Abs. 1, § 123 AktG).
20. HV nimmt den festgestellten Jahresabschluss entgegen und beschließt die Verwendung des Bilanzgewinns (§ 174 AktG).
21. Die gesetzlichen Vertreter reichen den Jahresabschluss mit dem Bestätigungsvermerk oder dem Vermerk über seine Versagung spätestens vor Ablauf des 12. Monats nach Bilanzstichtag mit dem Lagebericht, dem Bericht des AR, der Erklärung zum Corporate Governance Kodex (§ 161 AktG) und dem Beschluss oder Vorschlag über die Ergebnisverwendung beim Betreiber des elektronischen Bundesanzeigers elektronisch ein (§ 325 Abs. 1 Satz 1-3 HGB). Die gesetzlichen Vertreter der Kapitalgesellschaft haben für diese die oben genannten Unterlagen jeweils unverzüglich nach der Einreichung im elektronischen Bundesanzeiger bekannt machen zu lassen (§ 325 Abs. 2 HGB).
22. HV stellt Jahresabschluss fest und beschließt Gewinnverwendung (§ 173 Abs. 1, § 174 Abs. 1 AktG).
23. Weicht der festgestellte vom geprüften Jahresabschluss ab?
24. Prüft der Abschlussprüfer innerhalb von 2 Wochen nach Feststellung den Jahresabschluss und erteilt uneingeschränkten Bestätigungsvermerk (§ 173 Abs. 3, § 316 Abs. 3 AktG)?
25. Feststellungs- und Gewinnverwendungsbeschluss sind nichtig, eine erneute Feststellung ist nötig (§ 173 Abs. 3 AktG).

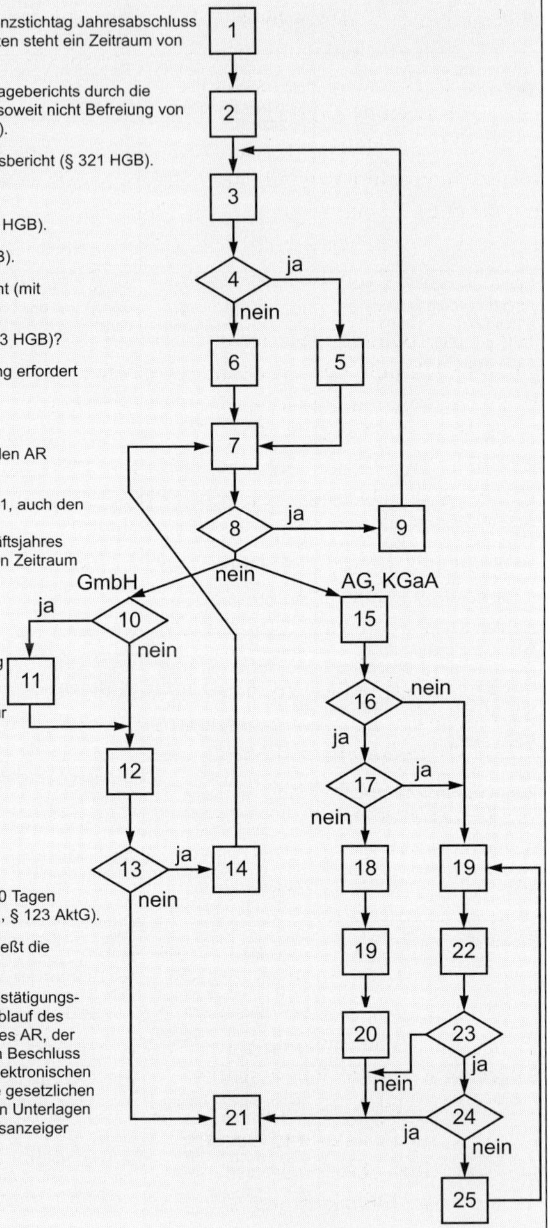

Abkürzungen: AR = Aufsichtsrat; HV = Hauptversammlung

Abb. 1.3: Ablaufschema zur Jahresabschlussfeststellung von Kapitalgesellschaften nach HGB, AktG und GmbHG

Kapitalgesellschaften aller Größenordnungen sind verpflichtet, ihre offenlegungspflichtigen Unterlagen beim Betreiber des Bundesanzeigers in elektronischer Form einzureichen und dort vollständig bekannt zu machen. Personengesellschaften i. S. des § 264a HGB und Unternehmen, die unter das PublG fallen, sind von der Offenlegungspflicht im Bundesanzeiger ebenfalls betroffen (§ 264a Abs. 1 HGB bzw. § 9 Abs. 1 PublG), soweit sie nicht unter die Befreiungsregeln des § 264b HGB fallen. Eine abweichende Regelung besteht allerdings gemäß § 326 Abs. 2 HGB für Kleinstkapitalgesellschaften i. S. des § 267a HGB. Für diese Unternehmen genügt es, lediglich die Bilanz in elektronischer Form zur dauerhaften Hinterlegung beim Betreiber des Bundesanzeigers einzureichen. Außerdem bestehen gemäß § 264 Abs. 3 und 4 HGB unter den in § 264 Abs. 3 Nr. 1-4 HGB genannten Voraussetzungen für Kapitalgesellschaften, die Tochterunternehmen eines nach § 290 HGB bzw. § 11 PublG zur Konzernrechnungslegung verpflichteten Mutterunternehmens sind, Erleichterungen bzw. Befreiungen hinsichtlich der Aufstellung, Prüfung und Offenlegung (vgl. Beck'scher Bilanzkommentar [2012], § 264 Tz. 101 ff.; Haller, A./Löffelmann, J. V./ Schlechter, T. [2013], S. 1917 ff.). Detaillierte Ausführungen zu den Publizitätserfordernissen finden sich im 15. Kapitel, Abschnitt B. Einen Überblick über die für den Jahresabschluss relevanten Regelungsbereiche der wichtigsten Unternehmensrechtsformen gibt Tabelle 1.4.

Ablauf der Jahresabschlussfeststellung

Nach der Erstellung sowie Prüfung des Jahresabschlusses ist dieser durch Organe des Unternehmens »festzustellen«. Durch die Feststellung des Jahresabschlusses wird dieser als »richtig« anerkannt und für das Unternehmen und die Gesellschafter als verbindlich erklärt. Hierzu bedarf es der übereinstimmenden Willenserklärung der an der Feststellung beteiligten Parteien (Vorstand, Aufsichtsrat bzw. Hauptversammlung). Der Ablauf der Jahresabschlussfeststellung ist für Aktiengesellschaften (§§ 172 f. AktG), Europäische Gesellschaften (§ 47 SEAG), Gesellschaften mit beschränkter Haftung (§§ 42a ff. GmbHG), Großunternehmen (§ 8 PublG i. V. m. §§ 242, 264 HGB) und Unternehmen bestimmter Wirtschaftszweige (z. B. Kreditinstitute und gemeinnützige Wohnungsbauunternehmen) gesetzlich geregelt, wobei die betreffenden Vorschriften je nach Zielsetzung des Gesetzgebers und den Besonderheiten der betroffenen Unternehmen voneinander abweichen. Die Jahresabschlussfeststellung erfolgt bei Aktiengesellschaften im Regelfall durch die Verwaltung (d. h. Vorstand und Aufsichtsrat). Die Mitwirkung des Vorstands an dem Feststellungsakt ergibt sich dabei durch die Vorlage des von ihm aufgestellten Jahresabschlusses an den Aufsichtsrat. Als Alternative zur Feststellung durch Vorstand und Aufsichtsrat kann diese auch durch die Hauptversammlung vorgenommen werden, wenn Vorstand und Aufsichtsrat die Feststellung übertragen haben (§ 172 Satz 1 AktG) oder der Aufsichtsrat den vom Vorstand vorgelegten Jahresabschluss nicht gebilligt hat (Beck'scher Bilanzkommentar [2012], Vor § 325 Tz. 70 ff.).

Abbildung 1.3 stellt für Kapitalgesellschaften die Schritte zwischen der Aufstellung des Jahresabschlusses und dessen endgültiger Feststellung dar. Der Konzernabschluss unterliegt keiner Verpflichtung zur Feststellung, da an dessen Ausgestaltung keine unmittelbaren gesellschaftsrechtlichen Rechtsfolgen geknüpft sind.

Bilanzeid

Mit der Feststellung des Jahresabschlusses in engem Zusammenhang steht die Frage nach der Verantwortung des Managements für fehlerhafte Berichterstattung. Durch diverse Bilanzskandale wurde in der Vergangenheit das Vertrauen der Anleger in die Richtigkeit von Jahresabschlüssen dauerhaft erschüttert. Um das Anlegervertrauen, das für das Funktionieren der Kapitalmärkte von großer Bedeutung ist, zurückzugewinnen, wurde vom deutschen Gesetzgeber mit dem Transparenzrichtlinie-Umsetzungsgesetz (TUG) vom 05.01.2007 der sog. »Bilanzeid« eingeführt (§ 264 Abs. 2 Satz 3 HGB). Darin sind die gesetzlichen Vertreter einer Kapitalgesellschaft, die als Inlandsemittent i. S. des § 2 Abs. 7 WpHG Wertpapiere ausgibt, aber keine Kapitalgesellschaft i. S. des § 327a HGB (d. h. lediglich Schuldtitel ausgebende Gesellschaft) ist, dazu verpflichtet, nach bestem Wissen zu versichern, dass der Jahresabschluss (§ 264 Abs. 2 Satz 3 HGB) und die Lageberichtangaben (§ 289 Abs. 1 Satz 5) ein den tatsächlichen Verhältnissen entsprechendes Bild vermitteln. Gleiches gilt für den Halbjahresfinanzbericht (§ 37w Abs. 2 Nr. 3 WpHG) sowie für den Jahres- bzw. Halbjahreskonzernabschluss konzernrechnungspflichtiger Gesellschaften (§§ 297 Abs. 2 Satz 3, 315 Abs. 1 Satz 6 HGB i. V. m. § 37y WpHG), welche ebenso den »Bilanzeid« enthalten müssen. Der »Bilanzeid« ist nicht Bestandteil des Jahres- bzw. Konzernabschlusses und sollte daher als separater Teil auf den Anhang folgen (vgl. Beck'scher Bilanzkommentar [2012], § 264 Tz. 73 f.). Vorbild für die Regelung war Section 302 des US-amerikanischen Sarbanes-Oxley Act, der im Jahr 2002 nach vermehrt aufgetretenen Bilanzfälschungen verabschiedet wurde. Aus Unternehmenssicht hat der »Bilanzeid« vor allem Signalfunktion und soll die Glaubwürdigkeit der Berichterstattung erhöhen. Mit Blick auf die Vorstandsmitglieder kommt dem »Bilanzeid« eine Appell- und Warnfunktion zu, äußerst sorgfältig mit Finanzinformationen umzugehen. In engem Zusammenhang dazu steht die Abschreckungsfunktion, die auf den strafrechtlichen Begleitvorschriften des »Bilanzeides« fußt (vgl. Fleischer, H. [2007], S. 103 ff.).

2. Bestimmungen im Steuerrecht

Steuerrechtliche Bilanzierungsvorschriften

Auch das Steuerrecht beinhaltet gesetzliche Vorschriften über die Rechnungslegung von Unternehmen. So regeln z. B. die §§ 140 ff. AO die Verpflichtung zur Führung von Büchern. Gemäß § 140 AO unterliegen all jene Personen der steuerrechtlichen Buchführungspflicht, die nach anderen Gesetzen als den Steuergesetzen Bücher zu führen haben. Dies ist im Wesentlichen der bereits beschriebene Kreis der Kaufleute (mit Ausnahme jener, die die Schwellenwerte des § 241a HGB nicht überschreiten). Eine von der Kaufmannseigenschaft unabhängige steuerliche Buchführungspflicht ergibt sich außerdem aus § 141 AO, falls Gewerbetreibende und Land- und Forstwirte einen der folgenden Grenzwerte überschreiten:

- Gesamtumsatz von mehr als 500.000 EUR im Kalenderjahr,
- selbstbewirtschaftete land- und forstwirtschaftliche Flächen mit einem Wirtschaftswert von mehr als 25.000 EUR,
- Gewinn aus Gewerbebetrieb von mehr als 50.000 EUR im Wirtschaftsjahr,
- Gewinn aus Land- und Forstwirtschaft von mehr als 50.000 EUR im Kalenderjahr.

Für die Personen, die nach den §§ 140, 141 AO buchführungspflichtig sind, bestimmt § 5 Abs. 1 EStG, dass diese eine jährliche Steuerbilanz zu erstellen haben, die, falls nicht steuerliche Bestimmungen etwas anderes vorschreiben, nach den Grundsätzen ordnungsmäßiger Buchführung, d. h. den Regelungen des Handelsrechts, aufzustellen ist. Die wesentlichen für die Steuerbilanz spezifischen Vorschriften über die Bilanzierung und Bewertung des Unternehmensvermögens finden sich in den §§ 4-7h EStG sowie in steuerlichen Spezialgesetzen (z. B. Körperschaftsteuergesetz, Gewerbesteuergesetz). Auf die jeweils relevanten steuerrechtlichen Vorschriften wird an entsprechender Stelle der folgenden Kapitel eingegangen.

3. Grundsätze ordnungsmäßiger Buchführung

Neben den in Gesetzen kodifizierten Vorschriften existieren die sog. Grundsätze ordnungsmäßiger Buchführung (GoB) als weitere Normen für den Jahres- und Konzernabschluss. Diese wurden zwar zum Teil nachträglich im HGB schriftlich niedergelegt, sind jedoch ursprünglich als nicht kodifizierte Vorschriften entstanden.

a) Charakterisierung der Grundsätze ordnungsmäßiger Buchführung

Rechtliche Verbindlichkeit der GoB

Unter den Grundsätzen ordnungsmäßiger Buchführung (GoB) versteht man allgemein anerkannte Regeln über die Führung der Handelsbücher (Dokumentation) sowie die Erstellung des Jahresabschlusses (Rechenschaftslegung) von Unternehmen. Durch die Erwähnung des Begriffs »Grundsätze ordnungsmäßiger Buchführung« im Gesetz (vgl. z. B. §§ 243 Abs. 1 und 264 Abs. 2 HGB, § 5 Abs. 1 EStG) stellen diese zwingend zu beachtende Rechtssätze dar, die das schriftlich fixierte Gesetz ergänzen und überall dort greifen, wo Gesetzeslücken auftreten bzw. wo spezifische Gesetzesvorschriften einer Auslegung bedürfen.

GoB als unbestimmter Rechtsbegriff

Obwohl der Begriff der GoB vom Gesetzgeber mehrfach gebraucht wird, wird er jedoch von diesem nirgends definiert. Vom rechtswissenschaftlichen Standpunkt aus betrachtet, handelt es sich bei den GoB deshalb um einen unbestimmten Rechtsbegriff, der im Zusammenwirken von Rechtsprechung, fachkundigen Praktikern und Vertretern der Betriebswirtschaftslehre konkretisiert wird. Durch den gesetzlichen Verweis auf die GoB vermied der Gesetzgeber die Kodifizierung einer Vielzahl von ausführlichen und konkreten Einzelregelungen und trug somit zu einer höheren Praktikabilität des Gesetzes bei, übertrug dabei jedoch gleichzeitig die rechtliche Entscheidung vieler Einzelfälle auf die Rechtsprechung, die die GoB zu interpretieren hat. Darüber hinaus wird mit Hilfe des Instrumentes der GoB die Entwicklung der Rechnungslegungsvorschriften und ihre Anpassung an sich ändernde Erkenntnisse und praktische Übung nicht durch starre gesetzliche Formulierungen behindert. Durch die Unbestimmtheit des Begriffs »GoB« treten jedoch immer wieder Unsicherheiten über die den GoB entsprechende Bilanzierung auf. Aus diesem Grunde wurde auch durch den Gesetzgeber versucht, im Laufe der Zeit den vagen Verweis auf die GoB durch präzisere Vorschriften zu ersetzen (vgl. in diesem Kapitel, S. 45 ff.).

Ermittlung der GoB

Für die Ermittlung der GoB unterscheidet man allgemein drei Methoden. Die induktive Methode erklärt all die Handlungsweisen zu GoB, die der Buchführungs- und Bilanzierungspraxis eines ordentlichen und ehrenwerten Kaufmanns entsprechen. Da sich der »ordentliche Kaufmann« generell nicht bestimmen lässt und ein empirisch-statistisches Vorgehen, das bei Anwendung der induktiven Methode nötig wäre, nicht als sinnvoll erachtet wird, entwickelte sich die deduktive Methode zur Ermittlung der GoB. Hiernach sind die GoB aus dem Zweck des Jahresabschlusses abzuleiten. Da aber auch über die Jahresabschlusszwecke kein vollständiger Konsens besteht, sind für die Ableitung der GoB zusätzlich auch die Regelungsintention und die Ziele und Normvorstellungen des Gesetzgebers von Bedeutung. Ein dritter Ansatz zur Ermittlung der GoB – die sog. hermeneutische Methode – verbindet Elemente der induktiven und deduktiven Methode. Die Hermeneutik beschränkt sich hierbei aber nicht nur auf die Ansichten der ordentlichen und ehrenwerten Kaufleute (wie die Induktion) und auf die Zwecke von Buchführung und Jahresabschluss (wie die Deduktion), sondern erweitert die zu berücksichtigenden Determinanten auf alle nur denkbaren Einflussfaktoren auf die Rechnungslegung. Unter Einbeziehung der Ansichten von anderen Jahresabschlussadressaten, Interpretationen von Gesetzesvorschriften (HGB) und abzubildenden Sachverhalten des Unternehmens, wie z. B. spezielle Vertragsgestaltungen, wird versucht, ein System von handelsrechtlichen GoB herzuleiten (vgl. Baetge, J./Kirsch, H.-J./Thiele, S. [2012], S. 107 ff.).

Systematisierung der GoB

Obwohl die GoB sowohl bei der praktischen Buchführung und Bilanzierung als auch bei der Rechtsanwendung als ergänzende Rechtsnormen zwingend heranzuziehen sind, ist es aufgrund innerhalb dieser Grundsätze bestehender zahlreicher Interdependenzen und Überschneidungen trotz einer großen Anzahl von Versuchen letztendlich nicht gelungen, diese Grundsätze verbindlich zu systematisieren. Der erste umfassende Versuch einer Systematisierung der GoB wurde von Leffson (vgl. Leffson, U. [1987], S. 157 ff.) unternommen und ist in Grundzügen in Abbildung 1.4 dargestellt. Daneben wurden in der Literatur auch andere (zumeist auf Leffson basierende) Systematisierungen vorgenommen, die zwar strukturell, jedoch im Wesentlichen nicht inhaltlich voneinander abweichen (vgl. insbesondere Baetge, J./Kirsch, H.-J./Thiele, S. [2012], S. 115 ff., Schildbach, T. [2013], S. 84 ff.; einen anderen Ansatz wählen Ballwieser und Moxter, die insbesondere aufgrund der nicht deckungsgleichen Zwecke von Einzel- und Konzernabschluss, vgl. in diesem Kapitel, S. 23, auf oberster Ebene zwischen Gewinnermittlungs-GoB und Informations-GoB unterscheiden, vgl. Ballwieser, W. [2002], S. 115 ff. sowie allgemein hierzu Moxter, A. [2003]).

»Obere« und »untere« Grundsätze

Leffson entwickelt aus den Aufgaben von Buchführung und Abschluss ein System grundsätzlicher Forderungen, die er als »obere Grundsätze ordnungsmäßiger Buchführung« bezeichnet. Diese oberen Grundsätze enthalten nur allgemeine Formulierungen, aus denen detaillierte Grundsätze zur Organisation der Buchhaltung, zur Durchführung der Inventur und zu konkreten Bilanzierungssachverhalten abgeleitet werden. Solche konkreten Vorschriften bezeichnet Leffson als »untere Grundsätze«. Unter den oberen Grundsätzen versteht Leffson die Grundsätze der Richtigkeit und Willkürfreiheit, Klarheit, Vollständigkeit (sog. Rahmengrundsätze), die Grundsätze der Stetigkeit und Vorsicht (sog. ergänzende Grundsätze) sowie die Abgrenzungsgrundsätze. Sie sind ein Beitrag der Betriebswirtschaftslehre zur sachgerechten Klärung des unbestimmten Rechtsbegriffs »Grundsätze ordnungsmäßiger Buchführung«. Im Folgenden werden diese oberen Grundsätze näher beschrieben. Die daraus abgeleiteten unteren Grundsätze finden dagegen im Fortgang des Buches bei der Behandlung der einzelnen Posten von Bilanz und GuV Berücksichtigung.

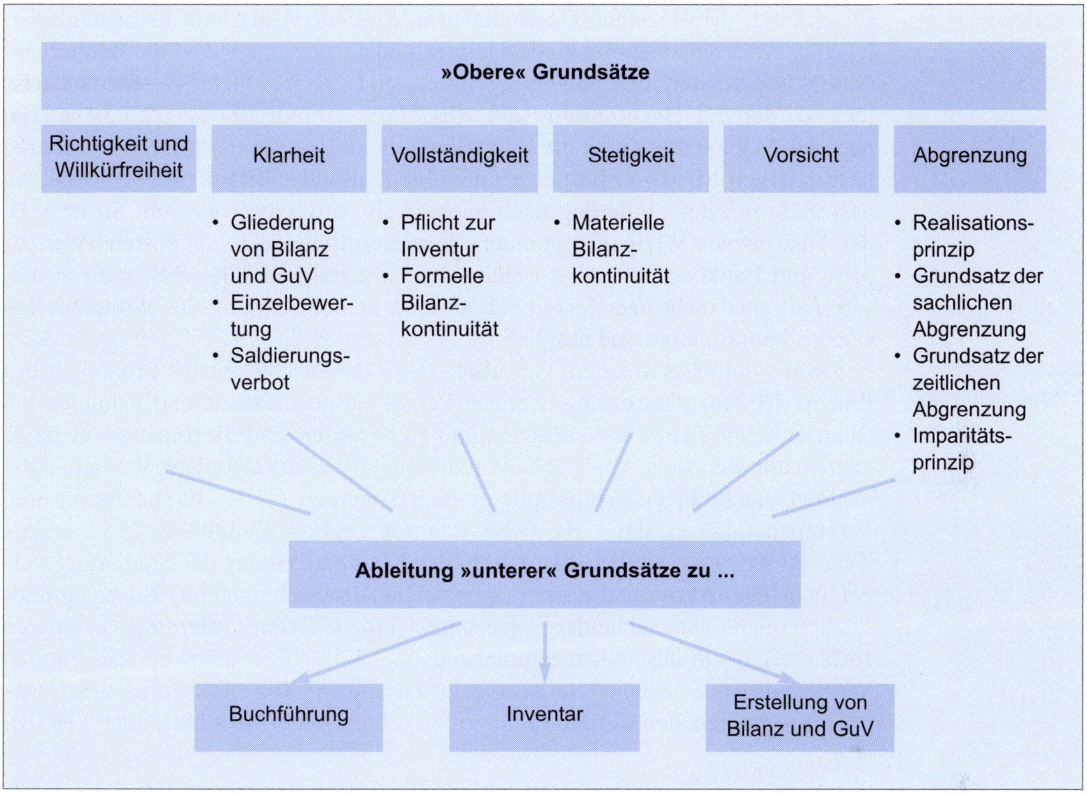

Abb. 1.4: Systematisierung der Grundsätze ordnungsmäßiger Buchführung

(1) Richtigkeit und Willkürfreiheit

Übereinstimmung mit den Tatsachen

Der Grundsatz der Richtigkeit fordert, dass der Abschluss aus Aufzeichnungen abgeleitet wird, die die betrieblichen Vorgänge i. S. der Buchführungsvorschriften zutreffend wiedergeben. Die einzelnen Posten müssen den Tatbeständen entsprechend bezeichnet und die Werte nach den sonstigen Grundsätzen ordnungsmäßiger Bilanzierung ermittelt worden sein. Hierbei zeigt sich die Interdependenz der GoB deutlich, denn die Richtigkeit eines Wertes kann nicht allgemein, sondern nur unter Zuhilfenahme anderer Normen (hier vor allem Abgrenzungsgrundsätze) beurteilt werden. Da Buchführung und Jahresabschluss der Rechenschaftslegung dienen, muss die Übereinstimmung zwischen ihren Aussagen und den zugrunde liegenden Sachverhalten objektiv, d. h. auch von anderen Personen feststellbar sein. Soweit Schätzwerte verwendet werden müssen, sollte immerhin sichtbar sein, dass sie innerhalb objektiv bestimmbarer sachbezogener Grenzen liegen. Darüber hinaus verlangt der Grundsatz der Willkürfreiheit vom Bilanzierenden, dass bei Schätzungen diejenigen Annahmen zugrunde gelegt werden, die nach seiner persönlichen Überzeugung am wahrscheinlichsten sind, und dass Bilanzmanipulationen unterbleiben.

(2) Klarheit

Verständliche Darstellung

Der Grundsatz der Klarheit bezieht sich auf die Qualität der äußeren Gestaltung, also die Form der Aufzeichnungen in der Buchführung sowie im Jahresabschluss. Er verlangt, die einzelnen Geschäftsvorfälle, Bilanzposten und Erfolgsbestandteile der Art nach eindeutig zu bezeichnen und so zu ordnen, dass die Bücher und Abschlüsse verständlich und übersichtlich sind. Verständlichkeit bedeutet, dass jemand, der mit Buchführung und Abschluss vertraut ist, das Zahlenmaterial nachprüfen kann und durch die Darstellung nicht irregeführt wird. Die Forderung nach Klarheit betrifft insbesondere die Gliederung der Bilanz und der GuV. Sie darf nicht mit der Forderung nach Richtigkeit verwechselt werden. So ist z. B. der Ausweis von Wertpapieren unter einem zusammengefassten Posten »Wertpapiere und Bankbestand« zwar richtig, der Forderung nach Klarheit wird in diesem Fall aber nicht nachgekommen, da hier keine Trennung des Wertpapierbestandes vom Bankbestand möglich ist.

Einzelbewertung, Saldierungsverbot

Ein wesentliches aus dem Grundsatz der Klarheit abgeleitetes Prinzip ist das Prinzip der Einzelbewertung, wonach Vermögensgegenstände und Schulden bei Bilanzerstellung einzeln zu erfassen und zu bewerten sind. Besondere Umstände können allerdings ein Abweichen von diesem Grundsatz erfordern, weshalb Ausnahmen hierzu in das HGB aufgenommen wurden (z. B. Gruppenbewertung, Verbrauchsfolgeverfahren, Festwertverfahren, vgl. 4. Kapitel, S. 216 ff.). Als weiteren Ausfluss aus dem Grundsatz der Klarheit existiert das Saldierungsverbot, nach dem Aktiv- und Passivposten sowie Aufwendungen und Erträge grundsätzlich nicht gegeneinander verrechnet werden dürfen. Allerdings existieren auch diesem Grundsatz widersprechend im HGB Ausnahmen bei bestimmten Vermögensgegenständen, die in engem Zusammenhang mit langfristigen Verpflichtungen gehalten werden (Saldierungsgebot nach § 246 Abs. 2 Satz 2 HGB).

(3) Vollständigkeit

Berücksichtigung aller relevanten Fakten

Vollständigkeit bedeutet, dass alle buchungspflichtigen Geschäftsvorfälle erfasst werden. Buchungspflichtig sind alle eingetretenen Vermögensänderungen (Wertsteigerungen und Wertminderungen), d. h. alle Änderungen im Wert oder Bestand der betrieblichen Sachen, Rechte und Verpflichtungen. Darüber hinaus müssen alle vorliegenden Informationen über die Sachverhalte, die den Buchungen zugrunde liegen, Berücksichtigung finden. Aus dem Grundsatz der Vollständigkeit leitet sich die gesetzliche Pflicht zur Durchführung einer Inventur und zur Aufstellung des Inventars ab (§ 240 f. HGB). Der Grundsatz der Vollständigkeit bezieht sich aber nicht nur auf die buchungspflichtigen Vorfälle, sondern auch auf etwaige bestehende Risiken, die noch keinen Niederschlag in der Buchhaltung gefunden haben. Je nach Beurteilung dieser Risiken kann so die Bildung von Rückstellungen in der Bilanz erforderlich werden (vgl. 7. Kapitel, S. 423 ff.).

Werterhellende Ereignisse

Nach dem Grundsatz der Vollständigkeit sind sämtliche betrieblich genutzten Vermögensgegenstände in der Bilanz zu erfassen. Ferner müssen alle Informationen über Vorgänge vor dem Bilanzstichtag berücksichtigt werden, die nach dem Bilanzstichtag, aber vor der Aufstellung des Jahresabschlusses bekannt werden. Hier geht es um Fälle, in denen unvollständige Kenntnisse über die Werte von Bilanzobjekten am Bilanzstichtag durch sog. »werterhellende Informationen« vervollständigt werden, die man erst im neuen Geschäftsjahr erhalten hat. Werterhellend sind zusätzliche Informationen über zum Bilanzstichtag bereits bestehende Verhältnisse. Grundsätzlich nicht berücksichtigt werden dürfen dagegen solche »wertbegründenden Ereignisse«, die erst nach dem Bilanzstichtag eingetreten sind und die aufgrund der Sachlage am Bilanzstichtag nicht zu erwarten waren und deshalb nicht in die Bilanz aufgenommen wurden.

Formelle Bilanzkontinuität

Aus dem Grundsatz der Vollständigkeit folgt auch die Forderung nach formeller Bilanzkontinuität (auch »Bilanzzusammenhang« bzw. »Bilanzidentität« genannt). Danach muss die Eröffnungsbilanz einer Periode mit der Schlussbilanz der vorausgegangenen Periode identisch sein, denn nur dann ist gewährleistet, dass die Periodenabschlüsse tatsächlich alle während einer Periode, aber auch alle während der Lebensdauer des Unternehmens (Totalperiode) eingetretenen Vermögensänderungen erfassen.

(4) Grundsatz der Stetigkeit

Formelle und materielle Bilanzstetigkeit

Aus Informationen über die Vermögens-, Finanz- und Ertragslage eines Unternehmens zu verschiedenen Zeitpunkten lässt sich nur dann die Entwicklung des Unternehmens erkennen, wenn diese Informationen vergleichbar sind. Vergleichbarkeit der Informationen bedeutet einmal sorgfältige Periodenabgrenzung (vgl. in diesem Kapitel, S. 42 ff.), zum anderen inhaltliche Gleichartigkeit der Periodenabschlüsse. Da durch häufigen Wechsel der Erfassungs-, Ausweis- und Bewertungsmethoden eine willkürliche Beeinflussung des Bilanz- und Erfolgsbildes erreicht werden kann, ergibt sich der Grundsatz der Stetigkeit nicht nur aus dem Zwecke der Vergleichbarkeit, sondern auch aus den Grundsätzen der Klarheit und Willkürfreiheit. Demnach sind stets die gleichen Gliederungsbegriffe und Gliederungsschemata zu verwenden (formelle Bilanzstetigkeit) und die einzelnen Posten der Menge und dem Wert nach immer in der gleichen Weise zu ermitteln, abzugrenzen und zusammenzustellen (materielle Bilanzstetigkeit). In Ausnahmefällen sind Durchbrechungen des Grundsatzes der Stetigkeit zulässig bzw. sogar geboten (vgl. in diesem Kapitel, S. 46). Die dabei vorgenommenen Änderungen müssen erwähnt und ihre Auswirkungen erläutert werden.

(5) Grundsatz der Vorsicht

Vorsichtsprinzip

Dem Vorsichtsprinzip liegt die Vorstellung des vorsichtigen Kaufmanns zugrunde, der sich vor sich selbst und vor anderen nicht reicher rechnet, als er tatsächlich ist, sondern im Zweifel eher ärmer. Das Vorsichtsprinzip dient damit in erster Linie dem Gläubigerschutz und stellt ein die Bilanzansatz- und Bewertungsregeln des HGB dominant prägendes Prinzip dar. Sowohl im Interesse der Eigentümer als auch der Gläubiger sollte die Rechnungslegung »vorsichtig« geführt werden, d. h. sie sollte keinen zu optimistischen Eindruck von der Lage des Unternehmens vermitteln. Ausfluss des Vorsichtsprinzips sind z. B. die in Deutschland bestehenden Ausgestaltungen des Realisations- und des Imparitätsprinzips, die im nachfolgenden Abschnitt zu den Abgrenzungsgrundsätzen näher erläutert werden. Das Vorsichtsprinzip findet darüber hinaus unter anderem bei der Bilanzierung von Rückstellungen Anwendung. Bei deren Bewertung kann es erforderlich sein, dass Werte geschätzt werden müssen, welche sich durch Zukunftserwartungen bestimmen. Liegen (z. B. bei Steuerrückstellungen) einwandfrei feststehende Tatsachen vor, die eine weitgehend sichere Vorhersage ermöglichen, so ist der danach erwartete Betrag in der Bilanz als Rückstellung anzusetzen. Wenn es sich um häufig auftretende Ereignisse handelt und statistische Daten verfügbar sind, so ist als Rückstellungshöhe der statistische Erwartungswert anzusetzen (z. B. Pensionsrückstellungen, Gewährleistungsrückstellungen). Das Vorsichtsprinzip greift hingegen bei der Beurteilung von Sachverhalten, bei denen nur subjektive Erwartungen vorliegen, die auf zurückliegenden, nur i. w. S. ähnlichen Erfahrungen beruhen. In diesen Fällen ist die Rückstellung zum höchsten Wert zu passivieren, der noch als realistisch angesehen werden kann (z. B. Rückstellung für eine einzelne Bürgschaftsverpflichtung). Das Vorsichtsprinzip trägt zu einer das Kapital erhaltenden und damit die Haftungssubstanz des Unternehmens schützenden Gewinnermittlung und Gewinnverwendung bei.

Stille Reserven

In der Praxis wird der Vorsichtsgrundsatz oft zum Vorwand für bilanzpolitische Maßnahmen zur Schaffung stiller Reserven (vgl. 6. Kapitel, S. 340) verwendet. Damit erfährt das Vorsichtsprinzip allerdings eine falsche Deutung, denn eine solche Handlungsweise ist nicht mit den Grundsätzen der Richtigkeit und Klarheit in Einklang zu bringen. Hinzu kommt, dass sich in der Betriebswirtschaftslehre die Erkenntnis durchgesetzt hat, dass stille Reserven wegen der Informationsverzerrung weder im Gläubiger- noch im Gesellschafterinteresse sind (vgl. auch die grundlegende Auseinandersetzung mit dem Beschluss des Bundesverfassungsgerichts vom 20.09.1999 durch Siegel, T./Bareis, P./Rückle, D./Schneider, D./Sigloch, J./Streim, I./Wagner, F. W. [1999]).

(6) Abgrenzungsgrundsätze

Periodisierung von Nettovermögensänderungen

Der Grundsatz der Vollständigkeit bestimmt, dass alle Wertänderungen in der Buchführung erfasst werden. Die Abgrenzungsgrundsätze legen darauf aufbauend fest, welcher Periode die Nettovermögensänderungen zuzurechnen sind und unter welchen Umständen einer bestimmten Periode künftige einzelgeschäftliche Verluste zugerechnet werden. Durch die Zurechnung der einzelnen Nettovermögensänderungen auf bestimmte Rechnungsperioden bestimmen die Abgrenzungsgrundsätze, was als Aufwand und Ertrag einer Periode gilt und determinieren so den Periodenerfolg.

Unter dem Oberbegriff »Abgrenzungsgrundsätze« werden folgende vier Prinzipien zusammengefasst:

- das Realisationsprinzip,
- der Grundsatz der sachlichen Abgrenzung,
- der Grundsatz der zeitlichen Abgrenzung,
- das Imparitätsprinzip.

Realisationsprinzip

Das Realisationsprinzip stellt den zentralen Abgrenzungsgrundsatz dar. Es umfasst zwei Aspekte: Zum einen regelt es, wann ein Erzeugnis bzw. eine Leistung des Unternehmens als »realisiert« gilt, d. h. zu welchem Zeitpunkt ein Ertrag entsteht. Zum anderen bestimmt es den Wert, mit dem die noch nicht realisierten Erzeugnisse bzw. Leistungen in der Bilanz auszuweisen sind (Anschaffungswertprinzip). Ein Erlös aus dem Verkauf von Sachgütern bzw. Dienstleistungen gilt erst zu dem Zeitpunkt als realisiert und somit in der Bilanz als ausweisfähig, wenn die Lieferung vollzogen bzw. die Dienstleistung beendet ist. Eine Lieferung gilt mit dem Zeitpunkt des Gefahrenübergangs als erbracht. Bis zu diesem Zeitpunkt sind die Unternehmenserzeugnisse nach dem Anschaffungswertprinzip, das auch im Gesetz verankert wurde (§ 253 Abs. 1 HGB), höchstens mit den Anschaffungs- bzw. Herstellungskosten zu bewerten. Durch diese Wertobergrenze wird erreicht, dass noch nicht realisierte Erträge nicht in die Bilanz aufgenommen werden.

Realisationszeitpunkt bei langfristiger Fertigung

Diese übliche Festlegung des Realisationsprinzips ist jedoch im Zusammenhang mit langfristigen Fertigungsaufträgen problematisch, da hier eine Ertragsrealisation erst nach Lieferung bzw. Abnahme und Endabrechnung des Gesamtauftrags zu einem kumulierten Ertragsausweis in der Abrechnungsperiode führt, während in den Perioden der Leistungserstellung – aufgrund des Anschaffungswertprinzips – die Aktivierung des »unfertigen« Auftrags zu Herstellungskosten, zu sog. »Auftrags-Zwischenverlusten« in Höhe der nicht aktivierungsfähigen Selbstkostenteile führen kann. In solchen Fällen werden deshalb Wege gesucht, abweichend vom strengen Realisationsprinzip eine vorzeitige (anteilige) Gewinnrealisierung anzuerkennen (vgl. 4. Kapitel, S. 229 ff.).

Grundsatz der sachlichen Abgrenzung

Der Grundsatz der sachlichen Abgrenzung ist sehr eng mit dem Realisationsprinzip verbunden. Er bestimmt nämlich, dass die durch die Leistungserstellung verursachten Nettovermögensminderungen als Aufwendungen der Periode zuzurechnen sind, in der auch die sachlich zugehörigen Leistungen (Nettovermögensmehrungen) als Ertrag realisiert werden. Für die Aufwandsverrechnung spielt daher das Prinzip einer leistungsentsprechenden Gegenüberstellung von Aufwendungen und Erträgen eine entscheidende Rolle (sog. »*matching principle*«).

Umfang der Herstellungskosten

Aus diesem Prinzip resultiert auch die Notwendigkeit, selbst geschaffene und (noch) nicht veräußerte Vermögensgegenstände am Bilanzstichtag mit den Herstellungskosten, d. h. den zu ihrer Entstehung angefallenen Aufwendungen zu bewerten. Denn hierdurch werden diese Aufwendungen GuV-wirksam in die Perioden übertragen, in denen die jeweiligen Vermögensgegenstände verbraucht oder veräußert werden. Um den Umfang der als Herstellungskosten zu qualifizierenden Aufwendungen zu konkretisieren, enthält § 255 Abs. 2 HGB eine abschließende Aufzählung der einbeziehungspflichtigen und einbeziehungsfähigen Herstellungskostenbestandteile (vgl. hierzu im Detail 2. Kapitel, S. 98 ff.).

Grundsatz der zeitlichen Abgrenzung

Nach dem Grundsatz der zeitlichen Abgrenzung sind zum einen sämtliche streng zeitraumbezogen anfallenden Nettovermögensänderungen (Aufwendungen, Erträge) pro rata temporis, d. h. zeitproportional, zu periodisieren. Typische Beispiele sind Mieteinnahmen oder -ausgaben, Zinseinnahmen oder -ausgaben sowie zeitlich bedingte Abschreibungen. Diese Nettovermögensänderungen lassen ihrer Natur nach eine genaue Periodenabgrenzung zu, weil sie stets auf einen bestimmten Zeitraum bezogen sind. Soweit dieser Zeitraum mehrere Rechnungsperioden berührt, sind die Nettovermögensänderungen den betroffenen Rechnungsperioden in dem Verhältnis zuzurechnen, in welchem sich der zugrunde liegende Zeitraum auf die Rechnungsperioden verteilt. Wenn also ein Unternehmen, dessen Rechnungsperiode mit dem Kalenderjahr übereinstimmt, am 01.07.01 Miete für den Zeitraum vom 01.07.01 bis 30.06.02 zahlt, dann ist diese Miete zur Hälfte Aufwand des Jahres 01 und zur Hälfte Aufwand des Jahres 02. Daran ändert sich auch nichts, wenn die Zahlung nachträglich am 30.06.02 erfolgen würde. Im Anschluss an die zeitliche Abgrenzung zeitraumbezogener Nettovermögensminderungen ist eine sachliche Abgrenzung vorzunehmen, wenn ein sachlicher Zusammenhang mit bestimmten Erträgen vorliegt. Darüber hinaus regelt der Grundsatz der zeitlichen Abgrenzung die Periodisierung von Nettovermögensänderungen, die weder streng zeitraumbezogen sind, noch, da ihnen der Leistungsbezug fehlt, sachlich bzw. nach dem Realisationsprinzip abgegrenzt werden können. Derartige Nettovermögensmehrungen (z. B. erhaltene Schenkungen, Währungsgewinne, Sanierungsgewinne oder Verschmelzungserträge) bzw. Nettovermögensminderungen (z. B. Schenkungen an andere Personen, Währungsverluste, katastrophenbedingte Wertminderungen) werden nach dem Grundsatz der zeitlichen Abgrenzung der Periode zugerechnet, in der sie angefallen sind.

Imparitätsprinzip

Durch das Realisationsprinzip und die Grundsätze der sachlichen und zeitlichen Abgrenzung ist lückenlos festgelegt, welche Nettovermögensänderungen einer Periode zuzurechnen sind. Weitere Abgrenzungsvorschriften sind grundsätzlich nicht erforderlich. Basierend auf dem allgemein als GoB anerkannten Vorsichtsprinzip (siehe oben) wurde jedoch ein das Realisationsprinzip modifizierendes Prinzip, das sog. Imparitätsprinzip als Rechnungslegungsnorm eingeführt, dessen Name sich aus der unterschiedlichen Behandlung künftiger einzelgeschäftlicher Gewinne und Verluste herleitet.

Realisationsprinzip und zeitliche Abgrenzung bewirken, dass künftige einzelgeschäftliche Gewinne erst GuV-wirksam werden, wenn die zugrunde liegenden Leistungen erbracht sind bzw. der zugrunde liegende Leistungszeitraum verstrichen ist. Künftige einzelgeschäftliche Verluste, d. h. Verluste aus Geschäften, die durch den Kauf von Gütern oder den Abschluss von Verträgen eingeleitet wurden, aber noch nicht realisiert sind, würden ohne das Imparitätsprinzip ebenfalls erst mit Leistungserbringung bzw. mit Ablauf des Leistungszeitraums GuV-wirksam. In solchen Fällen verlangt das Imparitätsprinzip als Ausnahme zu den anderen Abgrenzungsgrundsätzen, diese einzelgeschäftlichen Verluste, also den Betrag, um den die sachlich zugehörige Nettovermögensminderung die Nettovermögensmehrung übertrifft, so früh wie möglich – d. h. sobald sie mit ausreichender Sicherheit bekannt sind – GuV-wirksam zu erfassen, auch wenn die Leistung noch nicht erbracht oder der Leistungszeitraum noch nicht verstrichen ist (Verlustantizipation). Für einzelgeschäftliche Verluste gilt somit das Realisationsprinzip nicht.

Niederstwertprinzip, Drohverlustrückstellungen

Das Imparitätsprinzip kommt in zweifacher Weise bei der Bilanzerstellung zum Tragen. Es verlangt zum einen eine GuV-wirksame Herabsetzung des Buchwertes von Vermögensgegenständen, wenn der tatsächliche Wert eines Vermögensgegenstandes niedriger ist als der Buchwert (Niederstwertprinzip). Der »tatsächliche Wert« eines Vermögensgegenstandes entspricht dabei entweder dem bei Veräußerung des Gegenstandes erzielbaren Nettorealisationswert oder dem Barwert der bei bestimmungsgemäßer Verwendung des Vermögensgegenstandes mit diesem verbundenen Nettoeinzahlungen. Maßgebend ist dabei der jeweils höhere von diesen beiden Werten, weil dieser den der günstigsten Verwendungsmöglichkeit des Vermögensgegenstandes zugeordneten Wert angibt. Zum anderen sind wahrscheinliche Verluste aus noch nicht erfüllten Liefer- oder Beschaffungsverträgen (sog. schwebende Geschäfte) durch die Bildung einer entsprechenden Rückstellung in jener Rechnungsperiode erfolgsmindernd zu erfassen, in der sie bekannt werden. Die Höhe der zu bildenden Drohverlustrückstellung bestimmt sich aus der Differenz der bereits angefallenen und noch anfallenden Kosten (d. h. den zu erwartenden Gesamtkosten) und dem aus dem Geschäft zu erwartenden Erlös. Tabelle 1.5 zeigt nochmals die Wertänderungsarten und die anzuwendenden Abgrenzungsgrundsätze.

<table>
<tr><th colspan="3">Wertänderungsarten</th><th>Nicht streng zeitraumbezogen</th><th>Streng zeitraumbezogen</th></tr>
<tr><td rowspan="2">Nettovermögensmehrungen</td><td colspan="2">Leistungs-bezogen</td><td>Realisationsprinzip:
Erfassung in der Periode, in der die Leistung realisiert wurde</td><td>Grundsatz der zeitlichen Abgrenzung:
Zeitproportionale Aufteilung auf die relevanten Zeiträume</td></tr>
<tr><td colspan="2">Nicht leistungs-bezogen</td><td rowspan="2">Grundsatz der zeitlichen Abgrenzung:
Ausweis im Zeitpunkt des Anfalls</td><td rowspan="2">Grundsatz der zeitlichen Abgrenzung:
Zeitproportionale Aufteilung auf die relevanten Zeiträume</td></tr>
<tr><td rowspan="3">Nettovermögensminderungen</td><td colspan="2">Nicht leistungs-bezogen</td></tr>
<tr><td rowspan="2">Leistungsbezogen</td><td>Kein Verlust absehbar</td><td>Grundsatz der sachlichen Abgrenzung:
Erfassung analog zum sachlich zugehörigen Ertrag</td><td>Grundsatz der zeitlichen/ sachlichen Abgrenzung</td></tr>
<tr><td>Verlust ab-sehbar</td><td colspan="2">Imparitätsprinzip:
Ausweis bei Bekanntwerden
(In Höhe des absehbaren Verlustes; der Restbetrag wird wie die übrigen leistungsbezogenen Nettovermögensminderungen periodisiert)</td></tr>
</table>

Tab. 1.5: Arten von Änderungen des Nettovermögens und relevante Abgrenzungsgrundsätze

b) Kodifizierung von Grundsätzen ordnungsmäßiger Buchführung im Handelsrecht

Rechtsnatur kodifizierter GoB

Im Laufe der historischen Entwicklung des Handelsrechts sind GoB in zunehmendem Maße teilweise für alle Kaufleute, teilweise für bestimmte Unternehmen kodifiziert worden. Zwar sind GoB auch ohne gesetzliche Fixierung verbindliche Rechtsnormen, durch die Kodifizierung von GoB möchte der Gesetzgeber aber deren Gültigkeit und deren Bedeutung explizit hervorheben.

Im HGB kodifizierte GoB

Folgende oberste bzw. abgeleitete Grundsätze sind im ersten Abschnitt des dritten Buches des HGB aufgenommen worden:

- Grundsatz der Klarheit und Übersichtlichkeit (§§ 238 Abs. 1 Satz 2, 243 Abs. 2 HGB);
- Saldierungsverbot (§ 246 Abs. 2 HGB);
- Grundsatz der Einzelbewertung (§ 252 Abs. 1 Nr. 3 HGB);
- Grundsatz der Richtigkeit und Willkürfreiheit (§ 239 Abs. 2 HGB);
- Grundsatz der Vollständigkeit (§§ 239 Abs. 2, 246 Abs. 1 HGB);
- Grundsatz der Bilanzidentität (§ 252 Abs. 1 Nr. 1 HGB);
- Grundsatz der Vorsicht (§ 252 Abs. 1 Nr. 4 HGB);
- Realisationsprinzip (§ 252 Abs. 1 Nr. 4 HGB);

- Imparitätsprinzip (§ 252 Abs. 1 Nr. 4 HGB);
- Grundsatz der Periodenabgrenzung (§ 252 Abs. 1 Nr. 5 HGB);
- Grundsatz der Fortführung der Unternehmenstätigkeit (§ 252 Abs. 1 Nr. 2 HGB);
- Grundsatz der Stetigkeit (§ 246 Abs. 3 und § 252 Abs. 1 Nr. 6 HGB).

Going concern-Prinzip

Wie bereits oben dargestellt (vgl. in diesem Kapitel, S. 37 ff.), sind diese kodifizierten Grundsätze seit langem allgemein gültige GoB. Auch der im Rahmen der oberen GoB nicht erwähnte Grundsatz der Fortführung der Unternehmenstätigkeit (§ 252 Abs. 1 Nr. 2 HGB) ist als GoB anerkannt. Das sog. *going concern*-Prinzip, wie dieser Grundsatz auch genannt wird, ergibt sich aus der Forderung nach Vergleichbarkeit der Jahresabschlussinformationen, dem Grundsatz der Richtigkeit und Willkürfreiheit sowie dem Realisationsprinzip. Demnach ist bei der Bewertung der Vermögensgegenstände und Schulden im Jahresabschluss von der Prämisse auszugehen, dass das Unternehmen über den Abschlussstichtag hinaus fortgeführt wird, was eine grundsätzliche Bewertung der Bilanzposten zu Liquidationswerten ausschließt.

Stetigkeit

Bezüglich des Stetigkeitsgrundsatzes bleibt Folgendes anzumerken: § 252 Abs. 1 Nr. 6 HGB bestimmt, dass die auf den vorhergehenden Jahresabschluss angewandten Bewertungsmethoden beizubehalten sind. Entsprechend der Formulierung dieser gesetzlichen Forderung beschränkt sich die Stetigkeit auf Bewertungsmethoden; eine Anwendung auf Ansatzwahlrechte war bis zum BilMoG nicht gefordert. Im Rahmen dieses Gesetzes wurde jedoch § 246 Abs. 3 HGB eingeführt, der das Stetigkeitsgebot – gemäß GoB – auch auf den Bilanzansatz ausdehnt. Bei der Frage, welche Vermögensgegenstände vom Stetigkeitsgebot tangiert werden und welche nicht, hat sich bezüglich der Bewertungsstetigkeit die Auffassung durchgesetzt, dass nicht nur identische, sondern auch funktionsgleiche Vermögensgegenstände dem Stetigkeitsgebot zu unterwerfen sind. Insoweit hat der Grundsatz der Bewertungsstetigkeit Vorrang vor dem Grundsatz der Einzelbewertung (vgl. ADS [1995 ff.], § 252 Tz. 107). Im Analogieschluss gilt Entsprechendes für die Stetigkeit des Bilanzansatzes (vgl. Küting, K./Tesche, T. [2009], S. 45).

Abweichungen vom Stetigkeitsgrundsatz

Da § 252 Abs. 2 HGB ein Abweichen von den in Abs. 1 genannten Bewertungsgrundsätzen und damit auch ein Abweichen vom Stetigkeitsgebot in begründeten Ausnahmefällen zulässt, hängen die materiellen Auswirkungen des Stetigkeitsgebotes im Wesentlichen davon ab, wie weit der Kreis möglicher Ausnahmefälle gezogen wird. In der Literatur werden Abweichungen von der Bewertungsstetigkeit vor allem in den folgenden Fällen für zulässig erachtet: Änderung der Nutzungsdauer, wesentliche Änderung des Beschäftigungsgrades, grundlegend andere Einschätzung der Unternehmensentwicklung, technische Umwälzungen von Relevanz für das Unternehmen, Befolgung veränderter Rechtsprechung, organisatorische Veränderungen des Kostenrechnungssystems usw. (weitere Beispiele vgl. ADS [1995 ff.], § 252 Tz. 113). Dabei gelten vor allem solche Sachverhalte als begründete Abweichungen, die sich aus einer korrekten Erfüllung der Aufgaben des Jahresabschlusses, d. h. der Zahlungsbemessungs- und Informationsfunktion, ergeben (vgl. ADS [1995 ff.], § 252 Tz. 119 ff.). Entsprechend der Formulierung des § 246 Abs. 3 Satz 2 HGB dürften diese Abweichungsgründe auch für Stetigkeitsdurchbrechungen bezüglich des Bilanzansatzes relevant sein.

Weitere kodifizierte GoB

Neben den oben angeführten kodifizierten Grundsätzen finden sich im HGB noch weitere, aus den oberen Grundsätzen abgeleitete gesetzlich fixierte Normen, auf die an den entsprechenden Stellen in den nachfolgenden Kapiteln näher hingewiesen wird. An dieser Stelle seien lediglich das Anschaffungskostenprinzip (§ 253 Abs. 1 HGB), das Niederstwertprinzip (§§ 253 Abs. 3-4 HGB) und das Fixwertprinzip (§ 253 Abs. 1 HGB) genannt.

Fortentwicklung der GoB durch BilMoG

Neben der weiteren Kodifizierung von GoB, wie z. B. die Ausdehnung des Stetigkeitsgebots auf den Bilanzansatz (§ 246 Abs. 3 HGB) oder die Hervorhebung des wirtschaftlichen Eigentums als Kriterium für die Bilanzierung eines Vermögensgegenstands (§ 246 Abs. 1 Satz 2 HGB), führten einige durch das BilMoG vollzogene Änderungen des HGB auch zu Konflikten bzw. Interpretationserweiterungen bestehender GoB. So durchbricht das in § 246 Abs. 2 Satz 2 HGB eingeführte Saldierungsgebot bestimmter Vermögensgegenstände, die in engem Zusammenhang mit langfristigen Verpflichtungen gehalten werden, mit den zugehörigen Schulden das Einzelbewertungsgebot sowie das Saldierungsverbot. Gleiches gilt für die Möglichkeit, zur Abbildung von Sicherungsbeziehungen in der Bilanz sog. Bewertungseinheiten zu bilden (§ 254 HGB). Auch die Diskontierung von langfristigen Rückstellungen gemäß § 253 Abs. 2 HGB konfligiert mit einer traditionellen Interpretation des Vorsichtsprinzips. Diese eindeutige Zurückdrängung des Vorsichtsprinzips durch das BilMoG begründete der Gesetzgeber mit einer Stärkung der Informationsfunktion und mit dem Angleich an die IFRS (vgl. BMJ [2008], S. 35 und S. 45).

4. Bestimmungen nach DRS

Neben rein gesetzlichen Rechnungslegungsvorschriften und den GoB haben in Deutschland seit einigen Jahren auch privatrechtlich erarbeitete Rechnungslegungsstandards – wenn auch primär nur auf Konzernebene – Relevanz. Durch Verabschiedung des Gesetzes zur Kontrolle und Transparenz im Unternehmensbereich (KonTraG) im Jahr 1998 wurde hierfür in Deutschland die Möglichkeit geschaffen, ein nach angelsächsischem Vorbild privatrechtlich organisiertes Rechnungslegungsgremium durch Vertrag mit dem Bundesministerium der Justiz (BMJ) anzuerkennen (§ 342 HGB). Die Aufgaben eines solchen Gremiums umfassen gemäß § 342 Abs. 1 Satz 1 HGB die Entwicklung von Empfehlungen zur Anwendung der Grundsätze über die Konzernrechnungslegung, die Beratung des Bundesministeriums der Justiz bei Gesetzgebungsvorhaben zu Rechnungslegungsvorschriften, die Vertretung der Bundesrepublik Deutschland in internationalen Standardisierungsgremien und die Erarbeitung von Interpretationen der internationalen Rechnungslegungsstandards i. S. v. § 315a Abs. 1 HGB.

a) Deutsches Rechnungslegungs Standards Committee (DRSC)

DRSC/GASC

Am 17.03.1998 wurde das Deutsche Rechnungslegungs Standards Committee e. V. (DRSC) in Form eines Vereins gegründet. Zentrales Gremium des DRSC war der Deutsche Standardisierungsrat (DSR), der international als *German Accounting Standards Committee* (GASC) auftrat. Durch den Standardisierungsvertrag zwischen Bundesministerium der Justiz und DRSC vom 03.09.1998 wurde der DSR als Rechnungslegungsgremium nach § 342 HGB anerkannt und war somit zuständig für die Wahrnehmung der in § 342 Abs. 1 HGB genannten Aufgaben.

Neuorganisation des DRSC

Am 28.06.2010 beschloss das DRSC, den mit dem BMJ abgeschlossenen Standardisierungsvertrag mit Wirkung zum 31.12.2010 zu kündigen. Auslöser hierfür war, neben der offiziell genannten mangelnden Finanzierungsbereitschaft einiger Mitgliedsunternehmen, dass sich deutsche Interessens- und Branchenverbände vom DRSC international nicht angemessen vertreten fühlten. Infolgedessen entschloss sich das DRSC auf Mitgliederversammlungen am 30.05.2011 und 20.07.2011 zu einer grundlegenden Neuaufstellung und Strukturänderung. Dabei wurde unter anderem beschlossen, auch Verbänden eine vollberechtigte Mitgliedschaft zu ermöglichen, das gesamtwirtschaftliche Interesse in der Zielsetzung des Vereins zu verankern und die Facharbeit nach den Rechnungslegungssystemen IFRS und HGB aufzuteilen. Am 02.12.2011 wurde der neue Standardisierungsvertrag zwischen dem DRSC und dem BMJ unterzeichnet und die Neuorganisation des DRSC abgeschlossen. Seitdem bilden der IFRS-Fachausschuss sowie der HGB-Fachausschuss die zentralen standardsetzenden Organe. Mit der erneut erfolgten staatlichen Anerkennung erhält das DRSC die Grundlage für seine weiteren Arbeiten sowohl auf nationaler wie auch internationaler Ebene.

Entwicklung von Deutschen Rechnungslegungsstandards (DRS)

Gemäß § 342 Abs. 1 Nr. 1 HGB hat das DRSC die Aufgabe der Entwicklung von Empfehlungen zur Konzernrechnungslegung, die es durch die Verabschiedung der sog. Deutschen Rechnungslegungsstandards (DRS) erfüllt. Die Standards sollten ursprünglich dazu dienen, die deutschen Konzernrechnungslegungsvorschriften des HGB an internationale Standards anzupassen. Dabei sollten weder die internationalen Regelungen nur in deutsches Recht übernommen noch »das Rad neu erfunden werden«. Die Zielsetzung bestand darin, die unter Berücksichtigung internationaler Standards aufgrund nationaler Besonderheiten notwendigen Anpassungen vorzunehmen (vgl. Scheffler, E. [1999], S. 407 ff.). Aufgrund der verbreiteten Anwendung der IFRS in deutschen Konzernabschlüssen aufgrund der »IAS-Verordnung« und des BilReG wurde die ursprünglich mit den DRS verfolgte Absicht bedeutungslos. Ferner beschränkt sich dadurch der primäre Anwendungsbereich der DRS auf die nicht kapitalmarktorientierten Konzerne, die nicht das Wahlrecht nach § 315a Abs. 3 HGB nutzen, einen befreienden IFRS-Abschluss zu erstellen, sondern weiterhin eine HGB-Konzernrechnungslegung praktizieren. Eine Ausnahme bilden solche DRS, die sich mit deutschen Spezifika befassen, die innerhalb der IFRS (noch) nicht geregelt sind und deshalb weiterhin auch von deutschen IFRS-Anwendern beachtet werden müssen. Dies betrifft im Wesentlichen Regelungen zum Lagebericht (vgl. DRS 20) und zur Berichterstattung über die Organvergütung (vgl. DRS 17). Im Folgenden dieses Buches wird deshalb lediglich in den Bereichen, in denen die DRS wesentlich von den IASB-Regelungen abweichen und in denen Relevanz für die Unternehmenspraxis besteht, auf die entsprechende Vorschrift gemäß DRS verwiesen.

Vertretung in internationalen Standardisierungsgremien

Neben der Entwicklung von Standards soll das DRSC die deutsche Einflussnahme auf den Standardisierungsprozess bei internationalen Rechnungslegungsgremien – vor allem beim IASB (vgl. in diesem Kapitel, S. 54 f.) – unterstützen.

Die Bedeutung dieser Aufgabe hat deutlich zugenommen, da das IASB in den letzten Jahren verstärkt die Zusammenarbeit mit nationalen Standardsettern gesucht hat. Dies wird u. a. in der Gründung des *Accounting Standards Advisory Forum* (ASAF) deutlich, in dem das DRSC Mitglied ist. Neben der Mitarbeit in konkreten IASB-Projekten sollen die nationalen Standardsetter nach Auffassung des IASB die IFRS-Anwendung in ihren jeweiligen Ländern begleiten. Im Falle, dass national Interpretationsbedarf für bestimmte IASB-Regelungen erkannt wird, soll dieser von den nationalen Gremien an das IASB und dessen Interpretationsausschuss (*Interpretations Committee*) herangetragen werden. Lehnen IASB und das *Interpretations Committee* die Erarbeitung einer Interpretation ab, weil der Auslegungsbedarf nur einen kleinen, lokal begrenzten Teil von IFRS-Anwendern betrifft, dürfen nationale Standardsetter selbst Interpretationen zu IASB-Vorschriften veröffentlichen.

Rechnungslegungs Interpretations Committee (RIC)

Für das DRSC übernahm bis Ende 2011 das Rechnungslegungs Interpretations Committee (RIC) die Aufgabe der Erarbeitung nationaler Interpretationen zur Umsetzung der IFRS, die so lange für deutsche IFRS-Bilanzierer als Leitlinie dienen, solange keine anders lautende Regelung durch das IASB oder das *Interpretations Committee* beschlossen wurde. Heute wird diese Arbeit vom IFRS-Fachausschuss übernommen.

Erweiterung des Aufgabenbereichs

Um den Interpretationen des DRSC die nötige Autorität zu geben, wurde im Rahmen des BilMoG die Erarbeitung von Interpretationen internationaler Rechnungslegungsstandards i. S. des § 315a Abs. 1 HGB ausdrücklich in § 342 Abs. 1 Nr. 4 HGB verankert.

Weiterentwicklung des HGB

Neben der Entwicklung von Standards und Interpretationen zu vom IASB und vom *Interpretations Committee* nicht aufgegriffenen Detailfragen, berät das DRSC den Gesetzgeber in der Fortentwicklung der Rechnungslegungsvorschriften in Deutschland. Dies wurde im Rahmen der Entwicklung des BilMoG deutlich, bei der das DRSC maßgebliche Unterstützung leistete, obgleich eine Reihe der vom DRSC gemachten Vorschläge sich im politisch geprägten Gesetzgebungsprozess nicht durchsetzen konnten.

b) Deutsche Rechnungslegungsstandards (DRS)

Charakter der DRS

Die vom DSRC nach einem festgelegten Verfahren (*due process*; entspricht dem beim IASB praktizierten Verfahren, vgl. in diesem Kapitel, S. 61) unter Einbezug der fachlich interessierten Öffentlichkeit erarbeiteten Empfehlungen zur Konzernrechnungslegung werden vom Bundesministerium der Justiz bekannt gemacht. Gemäß § 342 Abs. 2 HGB wird bei Beachtung der Empfehlungen die Ordnungsmäßigkeit der Rechnungslegung vermutet. Die bekannt gemachten Standards tragen somit die Vermutung, GoB für Konzerngesellschaften zu sein (vgl. Ballwieser, W. [1999], S. 442 ff.; Scheffler, E. [1999], S. 412 ff.). Eine unmittelbare Verbindlichkeit ihrer Anwendung lässt sich hieraus jedoch nicht ableiten. Tabelle 1.6 gibt einen Überblick über die bisher verabschiedeten (und vereinzelt wieder aufgehobenen) DRS.

DRS	Titel	Bekanntmachung am/aktuelle Fassung
DRS 1	Befreiender Konzernabschluss nach § 292a HGB	22.07.2000/ 2005 aufgehoben
DRS 1a	Befreiender Konzernabschluss nach § 292a HGB - Konzernabschluss nach US GAAP: Goodwill und andere immaterielle Vermögenswerte des Anlagevermögens	06.04.2002/ 2005 aufgehoben
DRS 2	Kapitalflussrechnung	31.05.2000/ 18.02.2010
DRS 2–10	Kapitalflussrechnung von Kreditinstituten	31.05.2000/ 18.02.2010
DRS 2–20	Kapitalflussrechnung von Versicherungsunternehmen	31.05.2000/ 18.02.2010
DRS 3	Segmentberichterstattung	31.05.2000/ 31.08.2005
DRS 3–10	Segmentberichterstattung von Kreditinstituten	31.05.2000/ 31.08.2005
DRS 3–20	Segmentberichterstattung von Versicherungsunternehmen	31.05.2000/ 31.08.2005
DRS 4	Unternehmenserwerbe im Konzernabschluss	30.12.2000/ 18.02.2010
DRS 5	Risikoberichterstattung	29.05.2001/ 2012 aufgehoben
DRS 5–10	Risikoberichterstattung von Kredit- und Finanzdienstleistungsinstituten	30.12.2000/ 2012 aufgehoben
DRS 5–20	Risikoberichterstattung von Versicherungsunternehmen	29.05.2001/ 2012 aufgehoben
DRS 6	Zwischenberichterstattung	13.02.2001/ 2008 aufgehoben
DRS 7	Konzerneigenkapital und Konzerngesamtergebnis	26.04.2001/ 18.02.2010
DRS 8	Bilanzierung von Anteilen an assoziierten Unternehmen im Konzernabschluss	29.05.2001/ 18.02.2010
DRS 9	Bilanzierung von Anteilen an Gemeinschaftsunternehmen im Konzernabschluss	11.12.2001/ 18.02.2010
DRS 10	Latente Steuern im Konzernabschluss	09.04.2002/ 2010 aufgehoben
DRS 11	Berichterstattung über Beziehungen zu nahe stehenden Personen	10.04.2002/ 2010 aufgehoben

DRS	Titel	Bekanntmachung am/aktuelle Fassung
DRS 12	Immaterielle Vermögenswerte des Anlagevermögens	22.10.2002/ 2010 aufgehoben
DRS 13	Grundsatz der Stetigkeit und Berichtigung von Fehlern	23.10.2002/ 31.08.2005
DRS 14	Währungsumrechnung	04.08.2004/ 2010 aufgehoben
DRS 15	Lageberichterstattung	26.02.2005/ 2012 aufgehoben
DRS 15a	Übernahmerechtliche Angaben und Erläuterungen im Konzernlagebericht	05.06.2008/ 2010 aufgehoben
DRS 16	Zwischenberichterstattung	24.07.2008/ 04.12.2012
DRS 17	Berichterstattung über die Vergütung der Organmitglieder	05.06.2008/ 27.01.2011
DRS 18	Latente Steuern	03.09.2010
DRS 19	Pflicht zur Konzernrechnungslegung und Abgrenzung des Konsolidierungskreises	18.02.2011
DRS 20	Konzernlagebericht	04.12.2012

Tab. 1.6: Überblick über die bisher verabschiedeten DRS

Weiterentwicklung der DRS

Zur Anpassung seiner Standards bediente sich das DRSC in der Vergangenheit der sog. Deutschen Rechnungslegungsänderungsstandards (DRÄS). DRÄS 1 – bekannt gemacht am 02.07.2004 – hat zum einen die deutschen Standards an Gesetzesänderungen durch das TransPuG sowie geänderte Vorschriften des Börsengesetzes angepasst. Zum anderen trug DRÄS 1 zur Beseitigung von Inkonsistenzen und Wiederholungen innerhalb und zwischen bestehenden DRS bei. Mit Hilfe von DRÄS 2 und DRÄS 3 werden die DRS an die Auswirkungen des BilReG angepasst. Der am 15.02.2005 bekanntgemachte DRÄS 2 führt zur Aufhebung von DRS 1 und DRS 1a, die aufgrund des Auslaufens der Befreiungsregel des § 292a HGB a. F. zum 31.12.2004 überflüssig wurden. Die weiteren Anpassungen an die durch das BilReG geänderten Gesetzesvorschriften werden in DRÄS 3 erfasst. Die beiden am 18.02.2010 bekanntgemachten DRÄS 4 und DRÄS 5 beinhalten Anpassungen aufgrund von Gesetzesänderungen durch das BilMoG bzw. Aufhebungen der DRS 10, 11, 12,14 und 15a.

II. Internationale Rechnungslegungsnormen

Charakterisierung der IFRS

Durch die sog. »IAS-Verordnung« der EU sind die *International Financial Reporting Standards* (IFRS) seit 2005 unmittelbarer Bestandteil der Rechtsnormen innerhalb der EU (vgl. in diesem Kapitel, S. 55) und durch die Einführung des § 315a HGB im Rahmen des BilReG vom 04.12.2004 Teil des deutschen Regelungssystems der (Konzern-)Rechnungslegung. Die IFRS sind ihrem Wesen nach keine Gesetzesvorschriften, sondern Regeln, die durch eine private Standardisierungsinstitution unter Beteiligung einer Fülle von Berufs- und Interessengruppen entwickelt wurden und werden. Diese Regeln umfassen sowohl generelle Prinzipien als auch eine Menge an detaillierten Einzelregelungen. Ihrem Charakter nach sind die IFRS folglich den US-amerikanischen *Generally Accepted Accounting Principles* (US-GAAP) vergleichbar, die heute im Wesentlichen aus den Verlautbarungen des US-amerikanischen Standardsetters, dem *Financial Accounting Standards Board* (FASB) bestehen. Die Art der Regulierung der Rechnungslegung nicht durch das Gesetz, sondern durch die von einem privaten Spezialistengremium erlassenen Regelungen, die ständig aktuell an die Bedürfnisse des wirtschaftlichen Umfelds angepasst werden, ist typisch für das angelsächsische Rechtssystem des *case law* bzw. *common law.* Nicht kodifizierte Gesetze mit relativ hohem Abstraktionsgrad (*code law*), sondern bereits in identischen bzw. vergleichbaren Fällen ergangene Rechtsprechung bilden dabei die primäre Rechtsquelle. Im Falle der Rechnungslegung übernehmen Standardsetter die Rolle der Normsetzung und -interpretation gleichermaßen.

1. Bestimmungen nach IFRS

a) Institutioneller Rahmen der IFRS

Das *International Accounting Standards Board* (IASB) geht auf das als privatrechtliche Vereinigung am 29.06.1973 in London auf Initiative von Vertretern berufsständischer Organisationen aus neun Ländern (darunter auch Deutschland) gegründete *International Accounting Standards Committee* (IASC) zurück (zur Geschichte des IASC vgl. Camfferman, K./Zeff, S. A [2007]).

Ziele des IASB

Gemäß seiner Satzung verfolgt das IASB die folgenden Zielsetzungen (vgl. IFRS Foundation [2013], Tz. 2):

- Im Interesse der Öffentlichkeit einheitliche, qualitativ hochwertige, verständliche, durchsetzbare und global akzeptierte Rechnungslegungsstandards zu entwickeln, die auf klar artikulierten Prinzipien basieren. Diese Standards sollen zu einer qualitativ hochwertigen, transparenten und vergleichbaren Informationsdarstellung in den Jahresabschlüssen und anderen Finanzberichten führen, um Investoren, anderen Teilnehmern weltweiter Kapitalmärkte und anderen Nutzern von Finanzinformationen bei der wirtschaftlichen Entscheidungsfindung zu unterstützen;
- Förderung der Nutzung und strengen Anwendung dieser Standards;
- In Erfüllung der beiden oben genannten Zielsetzungen die Bedürfnisse von Unternehmen unterschiedlicher Größe und Typus in einem angemessenen Umfang zu berücksichtigen; und
- Förderung und Erleichterung der Anwendung der IFRS durch Konvergenz nationaler Rechnungslegungsstandards mit den IFRS.

Internationale Zusammenarbeit

Zentrales Ergebnis der Arbeit des IASB sind die veröffentlichten *International Financial Reporting Standards* (IFRS) und der *International Financial Reporting Standard for Small and Medium-sized Entities* (IFRS for SMEs). Sie enthalten die konkreten Rechnungslegungs- und Berichterstattungsvorschriften. Da das IASB selbst über keine hoheitliche Autorität zur Durchsetzung (sog. »Enforcement«) seiner Standards verfügt, arbeitet es sehr eng mit nationalen Standardsettern und Organisationen, die für die Durchsetzung verantwortlich sind, zusammen (vgl. Knorr, L./Ebbers, G. [2001], S. 1465). Auf deutscher Ebene tragen für das Enforcement die Deutsche Prüfstelle für Rechnungslegung (DPR) sowie die BaFin Verantwortung (vgl. im Detail 15. Kapitel, S. 995). Wichtigster internationaler Partner des IASB ist die internationale Vereinigung der Börsenaufsichtsbehörden *International Organisation of Securities Commission* (IOSCO), die bereits im Jahr 2000 ihren Mitgliedern empfohlen hat, 30 IAS (die sog. IAS 2000 bzw. *core standards*) einschließlich der SIC-Interpretationen als börsentaugliche Rechnungslegungsstandards zu akzeptieren (vgl. IASB [2001], S. 15 f.). Aufgrund der Akzeptanz der IFRS für Abschlüsse von auf dem US-amerikanischen Kapitalmarkt zugelassenen ausländischen Unternehmen seit November 2007 sowie der möglichen zukünftigen Öffnung der US-amerikanischen Regulierung der Rechnungslegung für die IFRS (vgl. in diesem Kapitel, S. 59 f.), kommt auch der US-amerikanischen Kapitalmarktaufsichtsbehörde *Securities and Exchange Commission* (SEC) neben dem FASB für das IASB eine nicht unerhebliche Bedeutung zu.

Aufbau und Organisation der IFRS-Foundation

Mit dem Ziel, sich als globaler Standardsetter zu etablieren, hat sich das 1973 gegründete IASC mit Wirkung zum April 2001 strategisch neu organisiert. Im Rahmen dieser Umstrukturierung wurde die *International Accounting Standards Committee Foundation* (IASCF) als unabhängige Dachorganisation gegründet. Seit der letzten Satzungsüberarbeitung firmiert diese mittlerweile als *International Financial Reporting Standards Foundation* (IFRS-*Foundation*). Die IFRS-*Foundation* besteht aus den Organen *Trustees*, *Monitoring Board*, *Board* (IASB), IFRS *Interpretations Committee* und IFRS *Advisory Council*, wobei die wesentliche Aufgabe der Standardsetzung das IASB wahrnimmt. Die Struktur der einzelnen Teileinheiten der IFRS-*Foundation* sowie deren Aufgabenverteilung ist in einer Satzung (*Constitution*) geregelt.

Trustees

Das Gremium der Treuhänder (*Trustees*) fungiert in erster Linie als Aufsichts- und Finanzierungsorgan zur Sicherung der Unabhängigkeit der *Board*-Mitglieder bei der Verabschiedung der Standards. Es umfasst um die 20 Mitglieder mit unterschiedlicher beruflicher und geografischer Herkunft (vgl. IFRS Foundation [2013], Tz. 4 ff.]. Durch die Zusammensetzung dieses Gremiums soll sichergestellt werden, dass alle relevanten Interessengruppen vertreten werden. Die konkreten Aufgaben der *Trustees* bestehen in

- der Auswahl und Berufung der Mitglieder von IASB, *Interpretations Committee* und *Advisory Council*,
- der Überwachung der Aktivitäten des IASB,
- der Akquisition finanzieller Mittel und Genehmigung des Haushalts sowie
- der Beschlussfassung über mögliche Satzungsänderungen.

Monitoring Board

Das sog. »*Monitoring Board*« setzt sich aus Repräsentanten der Europäischen Kommission, der IOSCO, der *Japan Financial Services Agency* und der SEC, ergänzt um einen als Beobachter fungierenden Repräsentanten des *Basel Committee on Banking Supervision*, zusammen. Das *Monitoring Board* soll die Auswahl der Treuhänder genehmigen und die Treuhänder bei der Erfüllung ihrer Aufgaben überwachen und beraten. Ziel der Einrichtung dieses *Board* ist das Herausstellen der öffentlichen Rechenschaftspflicht der IFRS-*Foundation* und die Verbesserung der Zusammenarbeit des IASB mit den internationalen Behörden und Organisationen.

IASB

Das IASB ist das zentrale Organ, das allein für die Herausgabe von Standards verantwortlich ist. Es setzt sich aus sechszehn Mitgliedern zusammen. Das zentrale Auswahlkriterium eines Mitglieds ist die Expertise und Erfahrung auf dem Gebiet der Rechnungslegung. Um eine ausgewogene Zusammensetzung des *Board* zu gewährleisten, sollten die Mitglieder einen unterschiedlichen beruflichen Hintergrund (Wirtschaftsprüfung, Bilanzerstellung, Wissenschaft oder Erfahrung als Bilanzadressat) aufweisen. Bei der Besetzung des IASB ist ein direkter Regionenproporz vorgesehen. Dieses setzt sich demnach aus vier Mitgliedern aus dem asiatisch-pazifischen Raum, vier Mitgliedern aus Europa, vier Mitgliedern aus Nordamerika, einem Mitglied aus Afrika, einem Mitglied aus Südamerika und zwei Mitgliedern aus nicht spezifizierten Regionen – welche die geografische Gesamtbalance aufrecht erhalten sollen – zusammen. Allerdings stammten seit Gründung des IASC/IASB die Mehrzahl der Mitglieder stets aus Ländern mit angelsächsischem Rechnungslegungshintergrund (d. h. USA, Großbritannien, Australien, Südafrika etc.), was als Erklärung für die heutige, angloamerikanische Prägung der IFRS angesehen werden kann.

Working Groups

Die materielle inhaltliche Arbeit des IASB wird bei großen Standardsetzungsprojekten durch *Working Groups* unterstützt. Dies sind kleine, projektbezogene Arbeitsgruppen, die vom *Board* mit einem konkreten Arbeitsauftrag eingesetzt werden.

Geschäftsführung und Mitarbeiterstab

Die Geschäftsführung wird vom Vorsitzenden (*Chair*) des *Board* wahrgenommen. Er ist für den hauptamtlichen Mitarbeiterstab, der die professionelle Arbeit des *Board* unterstützt, verantwortlich. Dieser unterteilt sich in eine technische und administrative Abteilung. Die Geschäftsführung unterliegt der Aufsicht der *Trustees*.

IAS/IFRS

Zur Abgrenzung der Arbeit des IASB von der des Vorgängers IASC werden die seit 2001 neu entwickelten Standards nicht mehr »*International Accounting Standards*« (IAS), sondern »*International Financial Reporting Standards*« (IFRS) genannt. Die bestehenden IAS sind allerdings so lange gültig und werden mit dieser Bezeichnung fortgeführt, bis diese durch neu entwickelte IFRS eine Anpassung erfahren oder außer Kraft gesetzt werden. Insofern sind IAS und IFRS stets als Einheit zu verstehen, die als Sammelbegriff mit IFRS bezeichnet wird.

Die Aufgaben des *Board* beinhalten sämtliche inhaltlichen Fragen. Hierzu gehören die Verabschiedung von Standardentwürfen (Exposure Drafts) und endgültigen Standards sowie die Genehmigung von *Interpretations* (vormals: SIC- bzw. IFRIC-Interpretationen).

Interpretations

Um Stellungnahmen zu konkreten Auslegungsfragen im Rahmen der IFRS zu erarbeiten, wurde vom IASC im Jahr 1997 das *Standing Interpretations Commit-*

tee (kurz: SIC) ins Leben gerufen. Nach einer Umbenennung in *International Financial Reporting Interpretations Committee* (IFRIC) im Jahr 2001, firmiert dieses Organ mittlerweile als IFRS *Interpretations Committee*. Das Gremium umfasst vierzehn stimmberechtigte Mitglieder. Aufgabe des *Interpretations Committee* ist die zeitnahe Stellungnahme zu praktisch relevanten Interpretations- und Anwendungsfragen der aktuell gültigen IFRS. Es gilt weltweit als das einzige Gremium, das die Autorität besitzt, IFRS zu interpretieren und detaillierte Auslegungen zu veröffentlichen. Die abschließende Entscheidung über die Verabschiedung der Interpretationen obliegt dem *Board*.

Advisory Council

Als weiteres Organ besteht das sog. IFRS *Advisory Council*, welches zuvor als *Standards Advisory Council* (SAC) bzw. *Consultative Group* firmierte. Es besteht aus an der Rechnungslegung interessierten Organisationen und Einzelpersonen, die das IASB in ihrer Arbeit und die *Trustees* in allgemeinen Fragen beraten sollen. Als deren Repräsentanten werden die Mitglieder von den *Trustees* ins Gremium berufen. Das *Advisory Council* setzt sich aus mindestens 30 Mitgliedern zusammen, deren geografischer und beruflicher Hintergrund möglichst unterschiedlich sein soll. Durch das *Advisory Council* soll insbesondere den nicht in den anderen Gremien der IFRS-*Foundation* vertretenen Interessengruppen die Möglichkeit zur regelmäßigen Einflussnahme gegeben werden.

b) Anwendung der IFRS in der EU und weltweit

Anwendung der IFRS innerhalb der EU ab 2005 bzw. 2007

Die IFRS fanden Einzug in den Rechtsrahmen der EU durch die sog. »IAS-Verordnung«, die am 27.05.2002 vom Europäischen Parlament beschlossen und am 06.06.2002 vom EU-Ministerrat verabschiedet wurde. Danach sind – wie schon erwähnt (vgl. in diesem Kapitel, S. 12 f.) – kapitalmarktorientierte Gesellschaften, die dem Recht eines Mitgliedstaates unterliegen, dazu verpflichtet, ihre konsolidierten Abschlüsse für ab dem 01.01.2005 beginnende Geschäftsjahre nach internationalen Rechnungslegungsstandards, d. h. den IFRS sowie den damit verbundenen Auslegungen des *Interpretations Committee*, aufzustellen (vgl. Europäische Union [2002], Art. 4). Eine Fristverlängerung bis zum Jahr 2007 wurde dabei Unternehmen gewährt, die aufgrund einer Börsennotierung in den USA in der Vergangenheit ihre Bilanzierung auf US-GAAP umgestellt hatten sowie Gesellschaften, von denen lediglich Schuldtitel zum Handel in einem geregelten Markt eines Mitgliedsstaats zugelassen waren. Motiv für die Einführung der IFRS als verbindliches Regelwerk für kapitalmarktorientierte Unternehmen im Konzernabschluss innerhalb der EU war die Intention, einen vollständig integrierten Binnenmarkt für Finanzdienstleistungen zu schaffen. Darüber hinaus enthält die »IAS-Verordnung« auch ein Wahlrecht, das den Mitgliedstaaten die Möglichkeit einräumt, für Einzelabschlüsse kapitalmarktorientierter Unternehmen und Konzernabschlüsse nicht kapitalmarktorientierter Gesellschaften die Anwendung der IFRS zu gestatten oder vorzuschreiben (vgl. Europäische Union [2002], Art. 5).

IFRS als europäisches Recht

Die »IAS-Verordnung« sieht nur eine Anwendung der internationalen Rechnungslegungsstandards vor, die gemäß Art. 2, 3 und 6 dieser EU-Verordnung in europäisches Recht übernommen wurden. Dies erfolgt für jeden einzelnen IFRS im Rahmen eines sog. »Komitologieverfahrens«, bei dem die Standards durch

Rechtsetzungsakt auf EU-Ebene legitimiert und so für alle Unternehmen, die auf Grundlage der »IAS-Verordnung« verpflichtend oder freiwillig das IASB-Regelwerk anwenden, unmittelbar geltendes Recht werden. Hierdurch erhält der EuGH in Kooperation mit nationalen europäischen Gerichten formal-rechtlich die Zuständigkeit für die Auslegung dieser Regeln (vgl. Schulze-Osterloh, J. [2004], S. 176).

Endorsement der IFRS

An der Entscheidung über die Anerkennung eines IASB-Standards oder einer Interpretation in der EU (sog. »Endorsement«) sind neben der EU-Kommission die *European Financial Reporting Advisory Group* (EFRAG), die *Standards Advice Review Group* (SARG), das *Accounting Regulatory Committee* (ARC), der Rat der Europäischen Union und das Europäische Parlament beteiligt. Die EFRAG als ein aus Experten zusammengesetzter privater Ausschuss berät die Kommission in fachlicher Hinsicht und unterbreitet der Kommission einen Annahme- bzw. Ablehnungsvorschlag über eine vom IASB neu verabschiedete Norm. Um die EU-Kommission in diesem Prozess zu beraten, wurde im Juli 2006 die *Standards Advice Review Group* (SARG), eine Prüfgruppe für Standardübernahmeempfehlungen, von der Kommission ins Leben gerufen. Diese aus sieben Mitgliedern bestehende Aufsichtsinstanz prüft, ob die EFRAG-Stellungnahmen bezüglich der Übernahme von IFRS und Interpretationen objektiv und ausgewogen sind. Erst nach Erhalt der SARG-Stellungnahme, leitet die Kommission den auf dieser Grundlage formulierten Vorschlag an das ARC – bestehend aus politischen Vertretern der Mitgliedstaaten – weiter, das dann über Ablehnung oder Annahme des Vorschlags abstimmt. Stimmt das ARC dem Übernahmeentwurf der Europäischen Kommission zu, wird dieser dem Europäischen Parlament und dem Rat vorgelegt (sog. »Regelungsverfahren mit Kontrolle«). Liegt innerhalb von drei Monaten keine Ablehnung durch das Europäische Parlament oder den Rat vor, gilt der betreffende Standard als durch die EU angenommen, d. h. als »*endorsed*«. Lehnt das Europäische Parlament oder der Rat aber den Vorschlag ab, wird der Standard nicht in europäisches Recht übernommen, sondern die Kommission muss einen geänderten Vorschlag unterbreiten. Nimmt bereits das ARC den Vorschlag nicht an oder trifft es innerhalb von drei Monaten keine Entscheidung über Annahme oder Ablehnung, dann leitet die Kommission den Übernahmevorschlag an den Rat weiter. Trotz Ablehnung oder fehlenden Beschlusses des ARC, ist dann ein Endorsement nach Zustimmung des EU-Rates und anschließender Zustimmung des EU-Parlaments möglich. Insgesamt ist somit eine Gesamtdauer des Endorsement-Verfahrens von ca. einem Jahr durchaus realistisch (vgl. auch zu den detaillierten Regelungen Buchheim, R./Knorr, L./Schmidt, M. [2008], S. 339 f.). Den Ablauf des Endorsement-Prozesses sowie die daran beteiligten Institutionen verdeutlicht Abbildung 1.5.

Probleme im Rahmen des Endorsement

Ein zentrales Problem des Endorsement-Verfahrens besteht in dem Fall, dass ein Standard aus IASB-Sicht anzuwenden ist, von der EU allerdings noch nicht anerkannt wurde. Grundsätzlich können sich die europäischen IFRS-Anwender dann trotzdem an den Vorgaben dieses Standards orientieren, wenn dieser nicht im Widerspruch zu bereits durch die EU anerkannten Standards steht und IAS 8.10-.11 nicht widerspricht. IAS 8.10-.11 gibt Hinweise zur Lösung von Bilanzierungsfragen, für die kein spezieller IFRS vorliegt. Existiert ein in der Vergangenheit anerkannter Vorgängerstandard mit widersprechendem Inhalt, so ist bis zu einem positiven Abschluss des Komitologieverfahrens für Unternehmen innerhalb der EU weiterhin der bereits anerkannte Standard bindend. Einen weiteren wesentlichen Problembereich stellen von der EU ganz bzw. teilweise abgelehnte IASB-Standards dar. Wenn zu dem in einem solchen Standard geregelten Sachverhalt noch keine IASB-Vorschrift in europäisches Recht übernommen wurde, ist eine Anwendung des betreffenden IFRS im Rahmen der Auslegung von Regelungslücken nach IAS 8.10-.11 möglich (vgl. Pellens, B./Jödicke, D./Jödicke, R. [2007], S. 2507 ff.). Die Anwendung der Verlautbarung ist ansonsten ausgeschlossen. Da gemäß IAS 1.16 ein IFRS-Abschluss aber die Befolgung sämtlicher vom IASB veröffentlichter Standards und Interpretationen erfordert, würden im Fall der Ablehnung eines IASB-Standards durch die EU möglicherweise EU-spezifische IFRS-Abschlüsse geschaffen. Aufgrund der daraus resultierenden mangelnden internationalen Vergleichbarkeit von IFRS-Abschlüssen kann ein solcher europäischer Sonderweg aber nicht als wünschenswert betrachtet werden (vgl. Buchheim, R./Gröner, S./Kühne, M. [2004], S. 1783 ff.).

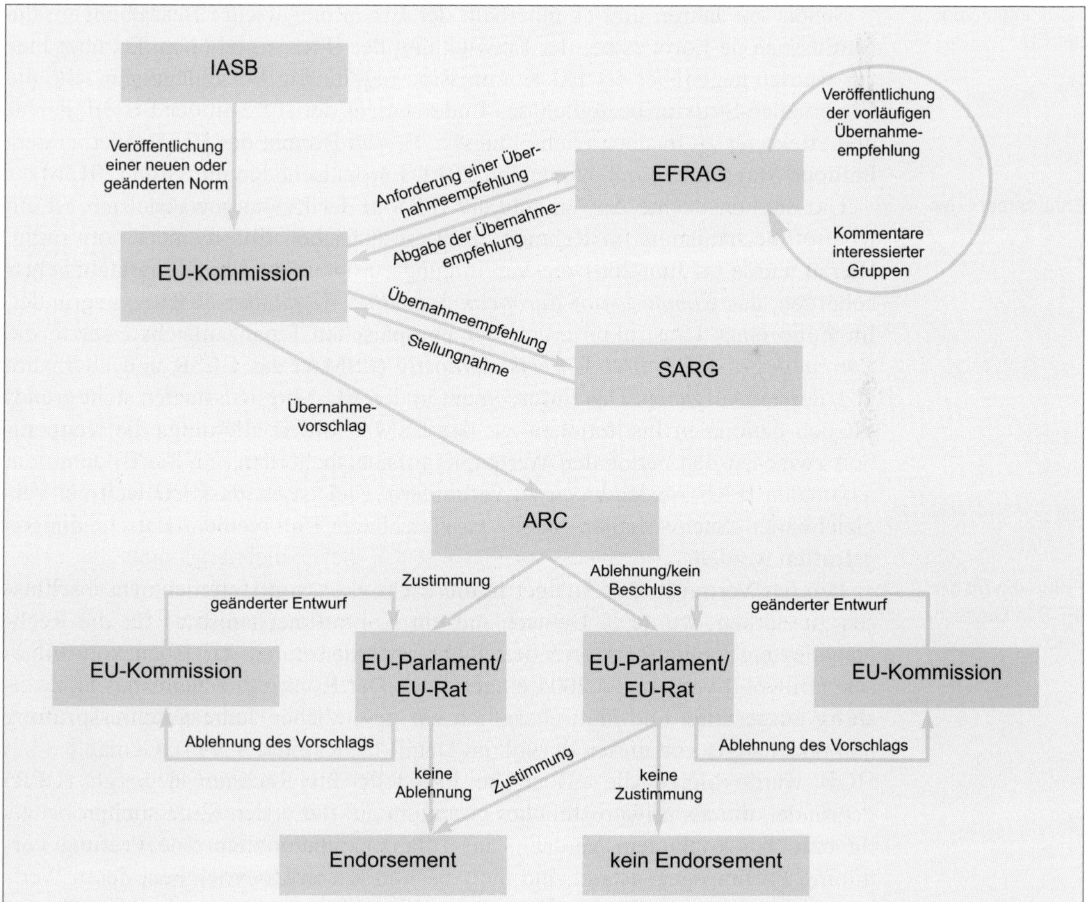

Abb. 1.5: Endorsement-Prozess in der EU (in Anlehnung an Buchheim, R./Knorr, L./Schmidt, M. [2008], S. 338 ff.)

Im November 2004 lag im Rahmen des Komitologieverfahrens von IAS 39 ein solcher Endorsement-Problemfall vor. Die EU-Kommmission entschloss sich, IAS 39 vorläufig nur partiell unter Ausklammerung bestimmter Vorschriften über die sog. *fair value option* und die Bilanzierung von Sicherungsgeschäften anzuerkennen. Hierauf reagierte das IASB mit der Veröffentlichung einer überarbeiteten Fassung von IAS 39, um eine mit EU-Recht kompatible Lösung zu finden. Es darf erwartet werden, dass in Zukunft eine noch engere Abstimmung des IASB mit der EU-Kommission stattfinden wird, um künftige Ablehnungen von Standards möglichst zu verhindern (vgl. Pellens, B./Jödicke, D./Jödicke, R. [2007], S. 2503 ff.). Ebenso ist aufgrund der wachsenden Bedeutung der IFRS für andere Regionen der Welt ein zunehmender Einfluss weiterer nationaler oder regionaler politischer Institutionen zu erwarten. Es stellt eine wesentliche Herausforderung für die zukünftige Autorität der IFRS dar, diesen politischen Einflüssen adäquat zu begegnen. Ansonsten bestünde die Gefahr, dass daran das Ziel des IASB der Entwicklung weltweit einheitlicher Standards scheitern könnte.

Neue Initiativen der EU

Schon seit Jahren gibt es innerhalb der EU immer wieder Bestrebungen, die Einflussnahme Europas bei der Entwicklung der IFRS zu erhöhen. Darüber hinaus werden gegenüber der EU-Kommission regelmäßig Vorschläge gemacht, die Governance-Struktur bezüglich des Endorsement der IFRS in der EU effizienter und effektiver zu machen (siehe jüngst z. B. den Bericht des EU-Sonderberaters Philippe Maystadt vom 8. November 2013, Europäische Kommission [2013b]).

Enforcement der IFRS in der EU

Um die konsistente Anwendung der IFRS in der EU zu gewährleisten, ist ein Kontrollmechanismus im Rahmen eines europäischen Enforcement notwendig. Hierzu wurde im Juni 2001 die Vereinigung europäischer Kapitalmarktaufsichtsbehörden, das *Committee of European Securities Regulators* (CESR) gegründet. Im Zuge einer Umstrukturierung der europäischen Finanzaufsicht ersetzte die *European Securities and Markets Authority* (ESMA) das CESR und übernahm u. a. dessen Aufgaben. Das Enforcement in den EU-Mitgliedsstaaten steht grundsätzlich nationalen Institutionen zu. Die ESMA fördert allerdings die Kooperation zwischen den nationalen Wertpapieraufsichtsbehörden, um die Bildung von nationalen IFRS-Auslegungen zu verhindern. Ziel ist es, dass EU-weit bei vergleichbaren Sachverhalten auch vergleichbare Enforcement-Entscheidungen getroffen werden.

Enforcement der IFRS in Deutschland

Um das Vertrauen der Anleger in die Richtigkeit von Unternehmensabschlüssen zu stärken, wurde in Deutschland ein Kontrollmechanismus für die Rechnungslegung kapitalmarktorientierter Unternehmen durch das Bilanzkontrollgesetz (BilKoG) vom 15.12.2004 eingerichtet. Der Kontrollmechanismus ist zweistufig ausgestaltet und läuft zusätzlich zur gesetzlichen Jahresabschlussprüfung und unabhängig von dieser ab (vgl. im Detail 15. Kapitel, S. 995). Gemäß § 342b HGB wurde hierzu die »Deutsche Prüfstelle für Rechnungslegung« (DPR) gegründet, die als privatrechtliches Gremium auf der ersten Stufe stichprobenartig bzw. bei konkretem Verdacht auf Bilanzmanipulationen eine Prüfung vornimmt. Prüfungsgegenstand sind die Abschlüsse von Unternehmen, deren Wertpapiere an einer inländischen Börse zum Handel im regulierten Markt zugelassen sind. Stellt die DPR im Rahmen ihrer Prüfung Verstöße fest, greift die Bundesanstalt für Finanzdienstleistungsaufsicht (BAFin) als zweite Prüfinstanz ein. Sie stellt den Fehler fest und veranlasst das betroffene Unternehmen, diesen mitsamt wesentlichen Teilen der Begründung der Feststellung zu veröffentlichen (§ 37q

WpHG). Daneben ist die BAFin mit der Aufgabe betraut, als deutsche Institution zu einer koordinierten Durchsetzung der IFRS in Europa beizutragen (§ 37s WpHG).

IFRS-Anwendung in den USA

Die IFRS sind auf dem besten Weg, für sämtliche kapitalmarktorientierte Unternehmen das weltweit anerkannte Regelungswerk zu werden. Lange stand diesbezüglich die starre Haltung der US-amerikanischen Börsenaufsichtsbehörde *Securities and Exchange Commission* (SEC) entgegen, die diese jedoch mit einer Verlautbarung vom 21.12.2007 teilweise aufgab. Darin erklärte sie, die in Übereinstimmung mit der vom IASB veröffentlichten englischsprachigen Version der IFRS aufgestellten Abschlüsse ausländischer Wertpapieremittenten anzuerkennen (SEC *Release No.* 33-8879). Die Zulassung der IFRS-Abschlüsse an den US-Börsen erfolgte für Geschäftsjahre, die nach dem 15.11.2007 endeten. Diese Regelung stellte für gelistete ausländische Unternehmen (*Foreign Private Issuers*) eine erhebliche Erleichterung dar, da hierdurch die bis dato erforderlichen Überleitungsrechnungen (*Reconciliations*) von Jahresüberschuss und Eigenkapital von IFRS auf US-GAAP entfielen. In einer Verlautbarung vom 07.08.2007 stellte die SEC darüber hinaus die Option in Aussicht, sogar für US-Unternehmen eine befreiende Einreichung von IFRS-Abschlüssen zu akzeptieren (SEC *Concept Release No.* 33-8831). Am 14.11.2008 veröffentlichte die SEC diesbezüglich erneut eine Verlautbarung, in der sie einen Fahrplan vorschlug, der eine mögliche verpflichtende Anwendung der IFRS auch für US-Unternehmen ab dem Jahr 2014 vorsah (SEC *Release No.* 33-8982). Dieser wurde durch SEC *Release No.* 33-9109 vom 24.02.2010 überarbeitet, wonach der SEC-Stab zunächst wichtige Themenfelder, in denen noch Bedenken bestehen (u. a. mögliche Probleme von US-Emittenten beim Übergang, Finanzierung und Prozess der Standardsetzung beim IASB), bearbeiten sollte. In einer weiteren Verlautbarung des SEC-Stabs vom 27.05.2011 wurde einer schnellen Übernahme eine Absage erteilt. Statt dessen wurde ein sog. »*condorsement*« als anzuwendende Strategie vorgeschlagen, was eine Mischung aus den Konzepten »*convergence*« (Annäherung) und »*endorsement*« (Übernahme) darstellt. Aufgrund dieser Strategie ist der Zeitpunkt einer möglichen verpflichtenden Einführung der IFRS auch für US-Unternehmen weiterhin nicht abzusehen.

Convergence project von IASB und FASB

Diese ablehnende Haltung der SEC nahm das IASB zum Anlass, die seit dem Jahr 2002 bestehende enge Kooperation mit dem FASB zur Erreichung einheitlicher Standards (sog. »*convergence project*«, basierend auf dem sog. »*Norwalk-Agreement*« und dem in 2006 geschlossenen »*Memorandum of Understanding*«) im Jahr 2012 zu beenden.

Übersetzung der IFRS in andere Sprachen

Die IFRS werden in englischer Sprache verfasst und sind in dieser Fassung verbindlich. Zur Erleichterung der Anwendung veranlasst die IFRS-*Foundation* die Übersetzung der IFRS in verschiedene Sprachen, u. a. in Deutsch. Von der IFRS-*Foundation* herausgegebene deutschsprachige Materialien zu den IFRS haben allerdings keinen amtlichen Charakter, da hiervon keine offiziell transformierte Version im Amtsblatt der EU existiert und daher jederzeit eine Abänderung durch die IFRS-*Foundation* möglich wäre. Bei bestehenden Zweifelsfragen hinsichtlich der Auslegung der IFRS, die sich auf sprachliche Unstimmigkeiten oder terminologische Unklarheiten aufgrund der Übersetzung zurückführen lassen, ist stets die englische »Basisversion« heranzuziehen, die in diesen Fällen abschließende Autorität besitzt. Durchläuft ein IFRS das Endorsement-Verfahren erfolgreich, wird er vollständig in alle EU-Amtssprachen – derzeit 24 – übersetzt und im Amtsblatt der Europäischen Gemeinschaften veröffentlicht. Ab diesem Zeitpunkt gelten im EU-Rechtsrahmen auch die Übersetzungen als verbindliche Normen. Problematisch ist, dass die Übernahme der Standards nicht vollständig i. S. der IASB-Texte erfolgt, da z. B. die *Basis for Conclusions* oder die *Implementation Guidance*, die kein verpflichtender, sondern lediglich begleitender Bestandteil eines IFRS sind, nicht in EU-Recht übernommen und daher auch nicht offiziell in die Amtssprachen der EU übersetzt werden (vgl. Buchheim, R./ Knorr, L./Schmidt, M. [2008], S. 336).

c) International Financial Reporting Standards (IFRS)

Framework als Grundlage

Bisher wurden 41 IAS (wovon einige zwischenzeitlich bereits wieder außer Kraft gesetzt sind) und 13 IFRS vom IASB und seinem Vorgänger verabschiedet. Bei der Entwicklung der IFRS stützt sich das IASB auf ein Rahmenkonzept, das sog. »*Conceptual Framework for Financial Reporting*«. Das Framework (kurz: F) dient primär allen am Entstehungsprozess Beteiligten als Grundlage für die Neu- und Weiterentwicklung konsistenter Standards. Die im Framework enthaltenen Rahmengrundsätze, Definitionen und Leitlinien bilden hierfür eine Deduktionsbasis (vgl. im Detail zum Framework des IASB und zu dessen Fortentwicklung dieses Kapitel, S. 65 ff.). Darüber hinaus dienen die Inhalte des Rahmenkonzeptes auch dem Jahresabschlussersteller, dem Prüfer und dem Bilanzleser als Auslegungs- und Orientierungshilfe bei der Arbeit mit den IFRS (vgl. IAS 8.11(b)). Grundsätzlich tritt das Framework in seiner Bedeutung hinter die konkreten Vorschriften der IFRS zurück. Es stellt selbst keinen IFRS dar und hat dementsprechend nicht die Intention, einzelne Bilanzierungs- und Bewertungsvorschriften vorzugeben (F Introduction). Da einige Bestandteile des Framework aus der Zeit der erstmaligen Verabschiedung aus dem Jahr 1989 stammen und damals bereits eine Reihe von Standards erarbeitet waren, kann es in einigen Fällen zu Konflikten zwischen Aussagen des Framework und den spezifischen Regelungen einzelner IFRS kommen. In solchen Fällen sind ausnahmslos die Regelungen der IFRS maßgebend (F Introduction).

Aufbau der IFRS

Die Entwicklung der IFRS erfolgt bis heute nicht systematisch, sondern – entsprechend dem Rechtskonzept des »*common law*« – fallbezogen. Deshalb entspricht die Nummerierung der IFRS – im Gegensatz zum Aufbau des dritten Buches des HGB – keiner inhaltlichen Ordnung, sondern gibt lediglich die zeitliche Entwicklung der Standards wieder, sofern nicht bereits bestehende Standards unter Beibehaltung der ursprünglichen Nummer neu überarbeitet wurden. Innerhalb der einzelnen Standards werden Definitionen oder zentrale Aussagen optisch durch eine fette bzw. kursive Setzweise hervorgehoben, während weiterführende bzw. beispielhafte Erklärungen zur leichteren Orientierung normal gesetzt sind. Eine grundsätzliche hierarchische Höhereinstufung der hervorgehobenen Abschnitte ist daraus allerdings nicht abzuleiten. Explizit wird in allen IASB-Standards auf deren jeweilige Zielsetzung (*objective*), ihren konkreten Anwendungsbereich (*scope*) und – sofern nicht wie bei der Bilanzierung von Finanzinstrumenten (IAS 32 und IAS 39 bzw. IFRS 9) mit IFRS 7 ein eigenständiger »*disclosures only*«-Standard existiert – damit verbundene Offenlegungspflichten (*disclosures*) eingegangen. Im Anhang zu einem Standard (*appendix*) finden sich zudem oft umfangreiche Anwendungsbeispiele und -anleitungen. Tabelle 1.7 gibt einen Überblick über alle bisher verabschiedeten Standards.

»Blue Book« versus »Red Book«

Da das IASB zur Erleichterung der Implementierung neuer Standards in der Rechnungslegungspraxis in jüngster Vergangenheit den Zeitraum zwischen der Verabschiedung eines Standards und dessen erstmaligem Anwendungszeitpunkts tendenziell vergrößert (hat), ist bei der Arbeit mit den IFRS darauf zu achten, ab bzw. bis wann ein jeweiliger Standard anzuwenden ist. Um den Anwendern diesbezüglich den Umgang mit den Standards zu erleichtern, differenziert das IASB in der Druckversion seiner Standards zwischen zwei Ausführungen (Büchern). Die zum jeweiligen Zeitpunkt (noch) gültigen Standards befinden sich im sog. »*Blue Book*«, während das sog. »*Red Book*« die Standards einschließt, die zwar noch keiner Anwendungspflicht unterliegen, aber bereits verabschiedet sind und i. d. R. auch vorzeitig angewandt werden können.

Entwicklung neuer IFRS

Die IFRS wie auch die Interpretationen durchlaufen bis zur endgültigen Verabschiedung durch das IASB einen i. d. R. mehrjährigen Entwicklungsprozess, in dessen Verlauf der Konkretisierungsgrad der entwickelten Regelungen stetig steigt. Das formalisierte Verfahren (sog. »*due process*«) verläuft i. d. R. grob in folgenden Teilschritten (vgl. IFRS Foundation [2013], Preface to IFRS, Tz. 15 ff.):

- Projektvorbereitung,
- Erarbeitung eines Discussion Paper (i. d. R. nur für einen IFRS),
- Entwicklung eines Standardentwurfs (Exposure Draft),
- Verabschiedung und Veröffentlichung des IFRS bzw. der Interpretation.

Bei der Vorbereitung der Standarderarbeitung wird das *Advisory Council* zu Rate gezogen. Die fachliche Projektbegleitung erfolgt teilweise durch speziell formierte Beratungsgremien (*Working Groups*). Die interessierte (Fach-)Öffentlichkeit hat vielfache Gelegenheit zur Mitarbeit bzw. Stellungnahme der öffentlich zugänglichen Diskussionspapiere. Auf Basis der eingegangenen Anregungen und Stellungnahmen erarbeitet das *Board* unter Mithilfe des Mitarbeiter- und Beraterstabs den Entwurf und die endgültige Fassung eines Standards. Die Veröffentlichung eines Exposure Draft oder eines finalen Standards sowie die Verabschiedung einer Interpretation bedarf der Zustimmung von mindestens zehn der sechzehn *board*-Mitglieder. Alle anderen *Board*-Entscheidungen müssen lediglich mit einfacher Mehrheit der anwesenden Mitglieder getroffen werden, wobei mindestens 60 % der IASB-Vertreter anwesend sein müssen (vgl. IFRS Foundation [2013], Tz. 36).

Geltungsbereich der IFRS

Im Gegensatz zu der abgestuften Regelungsdichte des HGB, das für Einzelkaufleute, kleine, mittlere und große Kapitalgesellschaften unterschiedliche Anforderungen stellt, gelten die Bestimmungen der IFRS grundsätzlich für alle Unternehmen unabhängig von ihrer Rechtsform und Größe. Lediglich IFRS 8, IAS 33 und IAS 34 machen den verpflichtenden Geltungsbereich der Vorschriften von der (beabsichtigten) Inanspruchnahme des Kapitalmarktes abhängig. Auf die jeweils relevanten IFRS-Vorschriften wird an entsprechender Stelle der folgenden Kapitel eingegangen.

IAS/IFRS	Titel	Bemerkung
IAS 1	*Presentation of Financial Statements*	
IAS 2	*Inventories*	
IAS 3	*Consolidated Financial Statements*	aufgehoben, ersetzt durch IAS 27, 28
IAS 4	*Depreciation Accounting*	aufgehoben, ersetzt durch IAS 16, 22, 38
IAS 5	*Information to be Disclosed in Financial Statements*	aufgehoben, ersetzt durch IAS 1
IAS 6	*Accounting Responses to Changing Prices*	aufgehoben, ersetzt durch IAS 15
IAS 7	*Statement of Cash Flows*	
IAS 8	*Accounting Policies, Changes in Accounting Estimates and Errors*	
IAS 9	*Research and Development Costs*	aufgehoben, ersetzt durch IAS 38
IAS 10	*Events After the Reporting Period*	
IAS 11	*Construction Contracts*	
IAS 12	*Income Taxes*	
IAS 13	*Presentation of Current Assets and Current Liabilities*	aufgehoben, ersetzt durch IAS 1
IAS 14	*Segment Reporting*	aufgehoben, ersetzt durch IFRS 8
IAS 15	*Information Reflecting the Effects of Changing Prices*	ersatzlos gestrichen mit Wirkung zum 01.01.2005
IAS 16	*Property, Plant and Equipment*	
IAS 17	*Leases*	
IAS 18	*Revenue*	
IAS 19	*Employee Benefits*	
IAS 20	*Accounting for Government Grants and Disclosure of Government Assistance*	
IAS 21	*The Effects of Changes in Foreign Exchange Rates*	
IAS 22	*Business Combinations*	aufgehoben, ersetzt durch IFRS 3
IAS 23	*Borrowing Costs*	
IAS 24	*Related Party Disclosures*	
IAS 25	*Accounting for Investments*	aufgehoben, ersetzt durch IAS 39, 40
IAS 26	*Accounting and Reporting by Retirement Benefit Plans*	
IAS 27	*Separate Financial Statements*	IAS 27 (amended 2011), IFRS 10 und IFRS 12 ersetzen IAS 27 (amended 2008) ab 01.01.2013

IAS/IFRS	Titel	Bemerkung
IAS 28	*Investments in Associates and Joint Ventures*	IAS 28 (amended 2011) und IFRS 11 ersetzen IAS 28 (amended 2010) ab 01.01.2013
IAS 29	*Financial Reporting in Hyperinflationary Economies*	
IAS 30	*Disclosures in the Financial Statements of Banks and Similar Financial Institutions*	aufgehoben, ersetzt durch IFRS 7
IAS 31	*Interests in Joint Ventures*	aufgehoben, ersetzt durch IFRS 11 und IFRS 12 ab 01.01.2013
IAS 32	*Financial Instruments: Presentation*	
IAS 33	*Earnings per Share*	
IAS 34	*Interim Financial Reporting*	
IAS 35	*Discontinuing Operations*	aufgehoben, ersetzt durch IFRS 5
IAS 36	*Impairment of Assets*	
IAS 37	*Provisions, Contingent Liabilities and Contingent Assets*	
IAS 38	*Intangible Assets*	
IAS 39	*Financial Instruments: Recognition and Measurement*	ersetzt durch IFRS 9, der allerdings erst nach 2015 Verbindlichkeit erlangen wird
IAS 40	*Investment Property*	
IAS 41	*Agriculture*	
IFRS 1	*First-time Adoption of International Financial Reporting Standards*	
IFRS 2	*Share-based Payment*	
IFRS 3	*Business Combinations*	
IFRS 4	*Insurance Contracts*	
IFRS 5	*Non-current Assets Held for Sale and Discontinued Operations*	
IFRS 6	*Exploration for and Evaluation of Mineral Resources*	
IFRS 7	*Financial Instruments: Disclosure*	
IFRS 8	*Operating Segments*	
IFRS 9	*Financial Instruments*	Gültig voraussichtlich erst nach 2015
IFRS 10	*Consolidated Financial Statements*	
IFRS 11	*Joint Arrangements*	
IFRS 12	*Disclosure of Interests in Other Entities*	
IFRS 13	*Fair Value Measurement*	

Tab. 1.7: Überblick über die bisher verabschiedeten Standards (IAS/IFRS)

IFRS for SMEs

Im Juli 2009 hat das IASB einen Rechnungslegungsstandard für kleine und mittlere Unternehmen, den sog. IFRS *for Small and Medium-sized Entities* (IFRS for SMEs), veröffentlicht. Dieser Standard wurde auf politischen Druck zahlreicher internationaler Organisationen und Standardsetter vom IASB entwickelt, um Unternehmen insbesondere aus Ländern mit einer weniger entwickelten Rechnungslegungsinfrastruktur ein weniger komplexes, ihren Bedürfnissen entsprechendes internationales Regelwerk zur Verfügung zu stellen. Nach Auffassung des IASB sollte die Anwendung dieser Regeln auf als SMEs bezeichnete Unternehmen beschränkt werden, die keiner öffentlichen Rechenschaftspflicht unterliegen (»*entities that do not have public accountability*«), d. h. weder kapitalmarktorientiert sind noch Unternehmen darstellen, die im Rahmen einer ihrer Hauptgeschäftstätigkeiten für einen breiten Kreis an Dritten treuhänderisch Vermögenswerte verwalten (IFRS for SMEs 1.3). Das IASB rechtfertigt den Standard mit den unterschiedlichen Rahmenbedingungen, die diese SMEs im Vergleich zu kapitalmarktorientierten Unternehmen aufweisen. Unterschiede bestehen so z. B. bei den Informationsansprüchen der jeweiligen Rechnungslegungsadressaten sowie den im Unternehmen verfügbaren Kenntnissen und Ressourcen, die für die Rechnungslegung zur Verfügung stehen. Nach Auffassung des IASB widersprechen separate Regelungen für SMEs auch nicht seiner Zielsetzung der Entwicklung eines *single set* von globalen Standards, da identische Regeln nur für Unternehmen mit vergleichbaren Rahmenbedingungen zu fordern seien. Der IFRS for SMEs zeichnet sich gegenüber den IFRS (in diesem Zusammenhang »*full IFRS*« genannt) durch einen reduzierten Umfang und Einschränkungen in den konkreten Vorschriften aus. So besteht beispielsweise kein Ansatzwahlrecht für Entwicklungskosten, keine Möglichkeit der Anwendung der Neubewertungsmethode sowie kein *impairment-only*-Ansatz für den Goodwill (vgl. zu den entsprechenden Regelungen der *full IFRS* ausführlich die folgenden Kapitel).

Relevanz des IFRS for SMEs

Über die Anwendung des IFRS for SMEs entscheiden die jeweiligen nationalen Normensetzer. In Deutschland hat man sich – nicht zuletzt durch die Annäherung des HGB an internationale Rechnungslegungsstandards durch das BilMoG – (bisher) gegen eine verpflichtende bzw. mögliche Anwendung mit befreiender Wirkung entschieden. Da somit für Zwecke der Ausschüttungsbemessung und als Grundlage der steuerlichen Gewinnermittlung weiterhin das HGB zu beachten ist, kann für kleine und mittlere Unternehmen eine Anwendung des IFRS for SMEs nur zusätzlich zum HGB-Jahresabschluss erfolgen, was aus Kosten-Nutzen-Gesichtspunkten für die Praxis von geringer Attraktivität ist. Infolgedessen werden die Regelungen des IFRS for SMEs in diesem Buch nicht ausführlich behandelt (vgl. für eine detaillierte Auseinandersetzung BEKKM [2010]). Vielmehr wird in den Bereichen, in denen der IFRS for SMEs deutlich von den *full IFRS* abweicht, auf die entsprechende Regelung des IFRS for SMEs eingegangen. Im Gegensatz zur Situation in Deutschland spielt der IFRS for SMEs für viele Länder in der Welt, denen ein traditionell gewachsenes Regulierungssystem für SMEs fehlt, eine große Rolle. Mittlerweile findet der Standard in mehr als 80 Ländern in unterschiedlicher Form Verwendung.

d) Rechnungslegungsgrundsätze nach IFRS

Framework

Im Regelwerk des IASB finden sich Ausführungen zu allgemeinen Grundsätzen, die bei der Rechnungslegung nach IFRS zu beachten sind. Im Gegensatz zu dem unbestimmten Rechtsbegriff der deutschen GoB sind diese Grundsätze im bereits erwähnten »*Conceptual Framework for Financial Reporting*« schriftlich niedergelegt. Teilbereiche daraus sind in IAS 1 und andere IFRS aufgenommen worden, um ihnen für die Anwender der Standards mehr Verbindlichkeit zu geben. Das Framework des IASB, das 1989 verabschiedet wurde, befindet sich seit dem Jahr 2004 im Stadium einer umfassenden Überarbeitung. Erste Teile eines neuen »*Conceptual Framework for Financial Reporting*« wurden im September 2010 vom IASB und FASB mit Beendigung der »Phase A – *Objectives and Qualitative Characteristics*« veröffentlicht. Das aktuelle Framework besteht somit momentan aus zwei überarbeiteten Kapiteln (Kapitel 1: »*The objective of general purpose financial reporting*« und Kapitel 3: »*Qualitative characteristics of useful financial reporting*«) sowie alten, noch nicht erneuerten Bestandteilen des ursprünglichen Rahmenkonzepts »*Framework for the Preparation and Presentation of Financial Statements*« aus dem Jahr 1989. Bis Ende 2010 arbeitete das IASB mit dem FASB zusammen an der Entwicklung eines gemeinsamen Frameworks. Dann stellten die beiden Standardsetter das Gemeinschaftsprojekt vorerst ein. Das IASB hat das *Conceptual Framework* Projekt im September 2012 im Rahmen eines IASB-*only comprehensive project* ohne Beteiligung des FASB wieder aufgenommen. Hierzu wurde im Juli 2013 das Diskussionspapier DP/2013/1 »*A Review of the Conceptual Framework for Financial Reporting*« veröffentlicht, welches bis zum 14. Januar 2014 kommentiert werden konnte. Im Fokus stehen hierbei neben der Definition der Abschlussposten, wie z. B. Vermögenswerte und Schulden, auch Bewertungsfragen, die Definition der berichterstattende Einheit sowie Anhangangaben. Mit der Finalisierung des Rahmenkonzepts dürfte frühestens im Jahr 2015 zu rechnen sein.

Bestandteile des Framework

Aufbauend auf der zentralen Zielsetzung, entscheidungsrelevante Informationen bereitzustellen (F OB2), werden im Framework zunächst die qualitativen Anforderungen (F QC4 ff.) an Unternehmensabschlüsse nach IFRS dargelegt. Zwischen diesen beiden Abschnitten soll im finalisierten Framework eine Abgrenzung der Bericht erstattenden Einheit (»*the reporting entity*«) erfolgen. Anschließend folgen die, wie bereits erwähnt, aus dem alten Framework bestehende grundlegende Annahme (»*underlying assumption*«), Bilanzierungselemente (Vermögenswerte, Schulden, Eigenkapital, Erträge und Aufwendungen) sowie die Ausgestaltung der Ansatz- und Bewertungsvorschriften (F 4.2 ff.) dieser Elemente. Ausführungen zu den möglichen Kapitalerhaltungskonzeptionen beschließen das Framework (F 4.57 ff.).

Funktion des Framework

Wie bereits gezeigt, setzen die Regelungen des Framework keine Vorschriften der einzelnen IFRS außer Kraft (F Introduction), sondern dienen primär dem IASB selbst, konsistente Standards zu entwickeln. Darüber hinaus dienen sie als subsidiäre Interpretationshilfe zur richtigen Anwendung bestehender IFRS bzw. als Richtlinie für die Lösung von Fragestellungen, die bislang nicht explizit in den IFRS geregelt sind.

Ausrichtung am Ziel der Rechnungslegung

Die Zielsetzung der Finanzberichterstattung nach IFRS wird in F OB2 beschrieben als die Bereitstellung finanzieller Informationen, die für bestehende und potenzielle Investoren, Kreditgeber und andere Gläubiger nützlich sind, adäquate Entscheidungen zu treffen (sog. *»decision usefulness«*). Das Framework enthält zudem – entweder explizit in Form der festgelegten Grundsätze oder implizit in Form der Ausgestaltung der Bilanzierungselemente – eine Vielzahl von Rechnungslegungsprinzipien, die hinsichtlich ihres materiellen Gehalts bereits aus dem deutschen Kontext bekannt sind. Unterschiedlich ist lediglich die abweichende Strukturierung und Gewichtung der einzelnen Grundsätze, um der ausschließlichen Zielsetzung der Finanzberichterstattung, der *decision usefulness*, bestmöglich nachzukommen. Eine Rechnungslegung, die sich an diesen Prinzipien ausrichtet sowie daraus abgeleitete Rechnungslegungsstandards einhält, vermittelt nach Auffassung des IASB eine *fair presentation* über die Lage des Bericht erstattenden Unternehmens (IAS 1.15). Dieser Grundsatz bildet die Generalnorm für die Rechnungslegung nach IFRS, ähnlich dem Prinzip der deutschen Generalnorm der Darstellung eines den tatsächlichen Verhältnissen entsprechenden Bildes der Vermögens-, Finanz- und Ertragslage gemäß § 264 Abs. 2 HGB bzw. § 297 Abs. 2 HGB. Fehlt ein Standard bzw. eine Interpretation für die Regelung eines spezifischen Sachverhalts, so sind Bilanzierungsregeln in Übereinstimmung mit der Hierarchie maßgeblicher Leitlinien gemäß IAS 8 zu entwickeln (IAS 1.17a), um die *fair presentation* zu sichern. Zudem sind immer dann zusätzliche Angaben erforderlich, wenn die Anforderungen der relevanten IFRS-Regelung nicht ausreichen, um dem Rechnungslegungsadressaten die tatsächlichen Auswirkungen eines Sachverhalts auf die Lage des Unternehmens deutlich zu machen (IAS 1.17c). In den – nach Auffassung des IASB äußerst selten auftretenden – Fällen, in denen die Befolgung eines IFRS/einer Interpretation zu einer irreführenden, der Zielsetzung des Framework nicht mehr entsprechenden Darstellung führen würde, wirkt das Prinzip der *fair presentation* als sog. *overriding principle*. Das bedeutet, dass in diesen Fällen von der relevanten Regelung im IFRS (bzw. in der Interpretation) abzuweichen ist und hierzu umfangreiche Anhangangaben offen zu legen sind (IAS 1.19 ff.). Abbildung 1.6 gibt einen Überblick über die grundlegenden Prinzipien der Rechnungslegung nach IFRS.

Qualitative characteristics

Informationen, die in den Jahresabschlüssen zur Verfügung gestellt werden, müssen bestimmte qualitative Anforderungen (*qualitative characteristics*) erfüllen, um der Zielsetzung der Nützlichkeit für die Adressaten gerecht zu werden. Dabei unterscheidet das IASB fundamentale (*fundamental*) und fördernde (*enhancing*) Anforderungen. Zu den fundamentalen Anforderungen werden die Grundsätze *relevance* und *faithful representation* gezählt. Die fördernden Anforderungen umfassen die Grundsätze *comparability*, *verifiability*, *timeliness* und *understandability*.

Relevance

Der Grundsatz der Relevanz (*relevance*) bezieht sich auf die Bedeutung der Information für die Entscheidungsfindung der Bilanzleser (*decision usefulness*). Eine Information wird demnach als relevant eingeschätzt, wenn sie in der Lage ist, die Entscheidungen der Adressaten zu beeinflussen (F QC6). Dabei kann die Relevanz sowohl in der Prognose (*predictive value*) als auch in der Korrektur vergangener Einschätzungen (*confirmatory value*) liegen. Zum Grundsatz der Relevanz gehört auch stets die Berücksichtigung der Wesentlichkeit (*materiality*) einer Größe. Demnach ist eine Information unwesentlich und damit auch nicht relevant, wenn ihre Nichtgewährung oder ihre fehlerhafte Angabe die Entscheidungen der Bilanzadressaten nicht beeinflusst.

Faithful representation

Neben der Relevanz besteht in der glaubwürdigen Darstellung (*faithful representation*) der zweite fundamentale Grundsatz im Rahmenkonzept des IASB. Informationen sind demnach nur nützlich, wenn sie den realökonomischen Hintergrund eines Sachverhalts glaubwürdig abbilden. Dies wird dann als erfüllt angesehen, wenn die Abbildung eines Vorgangs vollständig (*complete*), objektiv, d. h. frei von subjektiven Verzerrungen (*neutral*) und frei von Fehlern (*free from error*) ist (F QC12). Mit Überarbeitung des Framework musste der vormals enthaltene Grundsatz der Verlässlichkeit (*reliability*) dem Grundsatz der glaubwürdigen Darstellung weichen. Hierfür wurde vom IASB angeführt, dass der Grundsatz der glaubwürdigen Darstellung letztlich den Inhalt der *reliability* besser umschreibt und im Grunde mit ihr identisch ist. Zudem wurde der Grundsatz der Vorsicht (*conservatism*) im Zuge der Überarbeitung nicht mehr im Framework verankert.

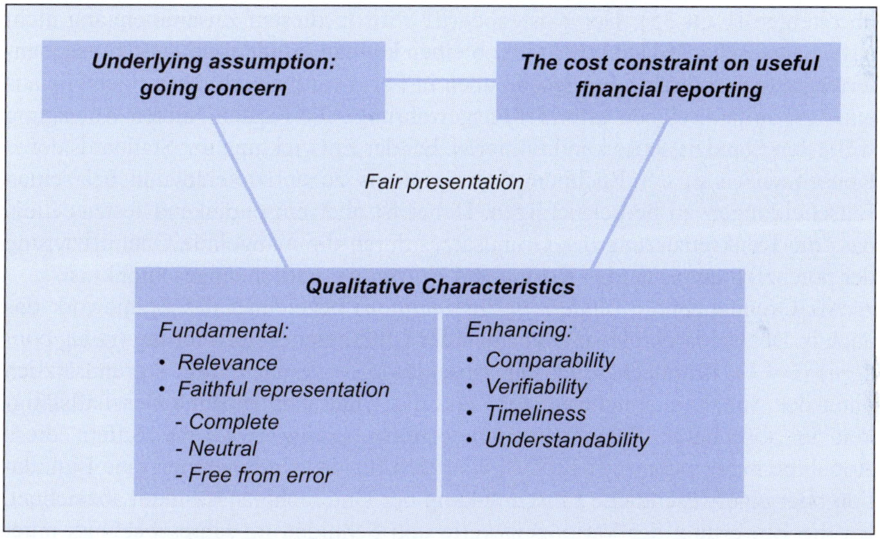

Abb. 1.6: Den IFRS zugrunde liegende Rechnungslegungsgrundsätze

Neben diesen grundlegenden Anforderungen sollen folgende weitere Anforderungen dem Ziel der Gewährung nützlicher Informationen förderlich (*enhancing*) sein:

Comparability

Ausgehend von der zentralen Zielsetzung der Rechnungslegung, entscheidungsrelevante Informationen zur Verfügung zu stellen, soll dem Bilanzleser die Möglichkeit gegeben werden, Abschlussdaten eines Unternehmens über mehrere Jahre hinweg (zeitliche Vergleichbarkeit) als auch mit jenen anderer Unternehmen (zwischenbetriebliche Vergleichbarkeit) vergleichen zu können (*comparability*) (F QC20). Bilanzierung und Ausweis vergleichbarer Sachverhalte haben demnach innerhalb eines einzelnen Unternehmens und im Zeitablauf stetig zu erfolgen (*consistency*).

Verifiability

Der Grundsatz der Nachprüfbarkeit (*verifiability*) fordert, dass verschiedene sachkundige und unabhängige Beobachter eine grundsätzlich (d. h. nicht unbedingt komplett) übereinstimmende Auffassung darüber haben, dass eine Abbildung eines bestimmten Sachverhalts den realökonomischen Hintergrund angemessen darstellt (F QC26).

Timeliness

Eine zeitnahe Berichterstattung (*timeliness*) ist erforderlich, da mit einer zunehmenden Zeitspanne zwischen dem Bilanzstichtag und der Veröffentlichung des Abschlusses die Relevanz der gewährten Informationen für die Adressaten abnimmt (F QC29).

Understandability

Der Grundsatz der Verständlichkeit (*understandability*) fordert, dass die Informationen des Jahresabschlusses für einen fachkundigen und interessierten Leser leicht verständlich sind. Komplexe Sachverhalte sind jedoch nicht schon deshalb aus der Abschlusserstellung auszuschließen, weil sie unter Umständen für bestimmte Bilanzleser zu schwer verständlich sein könnten (F QC31).

The cost constraint on useful financial reporting

Die Zielsetzung, für die Abschlussadressaten nützliche Informationen bereitzustellen, erfährt durch die *cost constraint* eine entscheidende Einschränkung. So sollen die Kosten (*costs*) für die Bereitstellung der Informationen beim Abschlussersteller nicht den Nutzen (*benefits*) der Information beim Abschlussadressaten übersteigen (F QC35). Der Kostenbegriff wird in diesem Zusammenhang nicht auf pagatorische Größen beschränkt bleiben können, sondern umfasst konsequenterweise auch indirekte Ertragseinbußen in Form wettbewerblicher Nachteile aus einer zu umfangreichen Informationsgewährung. Die Kosten-Nutzen-Abwägung sollte den Standardsetter konditionieren, bei der Entwicklung der Standards deren Konsequenzen in der Rechnungslegungspraxis zu antizipieren und bei seinen Entscheidungen zu berücksichtigen. Dabei ist aber einschränkend festzustellen, dass die Konkretisierung des Grundsatzes durch die mangelnde Quantifizierung der potenziell entstehenden Kosten und Nutzen wesentlich eingeschränkt ist.

Going concern

Als Grundannahme (*underlying assumption*) bezeichnet das Framework das auch in Deutschland relevante Postulat der Unternehmensfortführung (*going concern*) (F 4.1). Demnach sollen die Abschlüsse – wie nach GoB – grundsätzlich unter der Annahme erstellt werden, dass das Unternehmen seine Geschäftstätigkeit in absehbarer Zukunft weiter fortführt (*going concern*). Sofern diese Annahme nicht mehr zutrifft, z. B. weil sich für das Unternehmen eine Liquidation oder eine wesentliche Einschränkung der Unternehmenstätigkeit abzeichnet, hat die Bewertung der Vermögenswerte und Schulden im Jahresabschluss unter Umständen auf einer anderen Bewertungsbasis zu erfolgen. Wesentliche Unsicherheiten, die erhebliche Zweifel an der Fortführungsfähigkeit des Unternehmens aufwerfen, sowie die Gründe, warum letztlich nicht mehr von einer Unternehmensfortführung auszugehen ist, sind hierbei anzugeben (IAS 1.25). Der Beurteilung der *going concern*-Annahme sind mindestens sämtliche Informationen zugrunde zu legen, die sich auf einen Zeitraum von zwölf Monaten nach dem Bilanzstichtag beziehen (IAS 1.26).

Elements

Nach den Ausführungen zu den qualitativen Anforderungen werden im Framework die wichtigsten Elemente innerhalb eines Jahresabschlusses (Vermögenswerte, Schulden, Eigenkapital, Erträge und Aufwendungen) definiert und voneinander abgegrenzt (F 4.2 ff.). Die drei Bestandteile der Bilanz stellen Vermögenswerte (*assets*), Schulden (*liabilities*) und Eigenkapital (*equity*) – als Residualgröße aus *assets* und *liabilities* – dar. Neben diesen Bestandsgrößen werden Stromgrößen definiert, bei denen es sich um unterschiedliche Komponenten der Veränderung des Eigenkapitals in der Rechnungsperiode handelt. Die Erträge (*income*) sind dabei zu trennen in die im Rahmen der gewöhnlichen Geschäftstätigkeit anfallenden Erlöse (*revenues*) und die sonstigen Erträge (*gains*). Analog dazu werden bei den Aufwendungen die der gewöhnlichen Geschäftstätigkeit zuzurechnenden Aufwendungen (*expenses*) von den sonstigen Aufwendungen (*losses*) getrennt (vgl. hierzu im Detail 9. Kapitel, S. 511 f.).

Bestandteile eines Unternehmensabschlusses nach IFRS

Nach IAS 1 besteht ein Unternehmensabschluss (»*complete set of financial statements*«) aus folgenden Bestandteilen (IAS 1.10):

(a) Bilanz zum Ende der Periode (*statement of financial position as at the end of the period*);
(b) Gesamtergebnisrechnung (*statement of comprehensive income for the period*),
(c) Eigenkapitalveränderungsrechnung (*statement of changes in equity for the period*);
(d) Kapitalflussrechnung (*statement of cash flows for the period*);
(e) Anhang (*notes, comprising a summary of significant accounting policies and other explanatory information*); und
(f) Bilanz zu Beginn der frühesten Vergleichsperiode, wenn ein Unternehmen eine Rechnungslegungsmethode rückwirkend anwendet oder Posten im Abschluss rückwirkend anpasst oder umgliedert (*statement of financial position as at the beginning of the earliest comparative period when an entity applies an accounting policy retrospectively or makes a retrospective restatement of items in its financial statements, or when it reclassifies items in its financial statements).*

Sonstige Berichtsinstrumente

Für Unternehmen, deren Wertpapiere öffentlich gehandelt werden bzw. die sich im »*going public*«-Prozess befinden, besteht zudem die Pflicht zur Erstellung eines Segmentberichts (IFRS 8). Eine Pflicht zur Erstellung eines dem deutschen Lagebericht ähnlichen Informationsinstruments, das den Jahres- bzw. Konzernabschluss um qualitative und vor allem zukunftsorientierte Daten ergänzt, existiert nach IFRS nicht. Allerdings hat das IASB nach mehrjähriger Arbeit im Dezember 2010 das IFRS-Leitliniendokument (IFRS *Practice Statement*) »*Management Commentary*« verabschiedet, das Regeln zur Ausgestaltung eines den Abschluss ergänzenden, zukunftsorientierten Berichtsinstruments enthält, das von Unternehmen freiwillig erstellt werden kann (vgl. 13. Kapitel, S. 920 ff.).

e) Erstanwendung der IFRS

IFRS 1 trifft Regelungen für den Wechsel des nach nationalem Recht erstellten Abschlusses auf die IFRS. Zentraler Inhalt des Standards ist dabei, sicherzustellen, dass im ersten IFRS-Abschluss hochwertige Informationen enthalten sind, die für die Abschlussadressaten transparent und über alle dargestellten Perioden vergleichbar sind, einen geeigneten Ausgangspunkt für die Rechnungslegung nach IFRS darstellen und dem Kosten-Nutzen-Kriterium entsprechen (IFRS 1.1). Ein Unternehmen muss dabei den Standard gemäß IFRS 1.2 auf den ersten IFRS-Abschluss sowie ggf. auf jeden Zwischenbericht (IAS 34) im Berichtszeitraum der Erstanwendung beziehen. Nach IAS 1.38 sind für alle im Abschluss enthaltenen quantitativen Informationen (IFRS-konforme) Vergleichsinformationen hinsichtlich der vorangegangenen Periode anzugeben. Um bei Erstanwendung diesem Kriterium zu entsprechen, müssen für den ersten veröffentlichten IFRS-Abschluss nach IFRS 1.21 mindestens drei Bilanzen, zwei GuV, zwei Kapitalflussrechnungen und zwei Eigenkapitalveränderungsrechnungen sowie die zugehörigen Anhangangaben, einschließlich deren Vergleichsinformationen, vorhanden sein. Dies wird durch eine rückwirkende (retrospektive) Anwendung der IFRS (*retrospective application of IFRS*) im Zuge der sog. IFRS-Eröffnungsbilanz erreicht, welche bereits vor dem eigentlichen ersten veröffentlichten IFRS-Abschluss erstellt wird. Zur Anwendung kommen hierbei jedoch die im Erstanwendungszeitpunkt gültigen Standards (IFRS 1.8). Abbildung 1.7 verdeutlicht den Sachverhalt unter der Annahme, dass der Bilanzstichtag auf den 31. Dezember fällt.

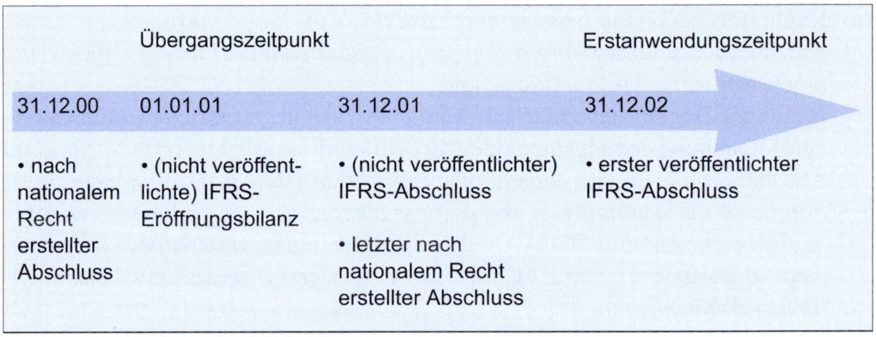

Abb. 1.7: Retrospektive IFRS-Anwendung gemäß IFRS 1

Obwohl die Retrospektion den Ansatz und die Bewertung eines Vermögenswertes bzw. einer Schuld in der IFRS-Eröffnungsbilanz so verlangt, als ob schon immer nach den aktuell gültigen IFRS bilanziert worden wäre, fällt der Erstanwendungszeitpunkt (nur) auf den ersten veröffentlichten IFRS-Abschluss (vgl. Haufe IFRS-Kommentar [2013], § 6 Tz. 15 ff.). Jedoch legt der Standard auch Verbote (*exceptions*) und optionale Befreiungen (*exemptions*) fest (IFRS 1.12 ff.). Ausgewiesene Verbote, bei denen die retrograde Anwendung nicht verwendet werden darf, beziehen sich z. B. auf die Vornahme von Schätzungen, die Bilanzierung von Sicherungsgeschäften (*hedge accounting*) und die Ausbuchung von finanziellen Vermögenswerten und Verbindlichkeiten (IFRS 1.13 und 1.B1). Der Grund für die Verbote liegt in der (bei retrospektiver Anwendung) möglichen Neueinschätzung eines Bilanzsachverhaltes und der sich daraus ergebenden möglichen vorteilhaften Bilanzierung aufgrund eines besseren (späteren) Wissensstands (vgl. hierzu auch Haufe IFRS-Kommentar [2013], § 6 Tz. 33). Nach IFRS 1.12 i. V. m. IFRS 1.D-E besteht eine optionale Befreiung der retrospektiven Anwendung z. B. in Bezug auf die Behandlung von Versicherungsverträgen, Leasingverhältnissen, Sachanlagevermögen nach IAS 16 und immateriellen Vermögenswerten nach IAS 38. Neben den Anhangangaben gemäß IFRS muss im Rahmen einer Überleitungsrechnung die Auswirkung auf die Vermögens-, Finanz- und Ertragslage durch den Übergang auf die IFRS erläutert werden. Hierbei muss nach IFRS 1.24 die Überleitung des Eigenkapitals nach nationalem

Recht auf die IFRS-Eröffnungsbilanz sowie von der IFRS-Eröffnungbilanz auf den Erstanwendungszeitpunkt aufgezeigt werden. Zudem ist das Gesamtergebnis zum Zeitpunkt der Erstanwendung von nationalem Recht auf den Ausweis gemäß IFRS überzuleiten.

2. Bestimmungen nach US-GAAP

Wesen und Verbindlichkeit der US-GAAP

Unter den US-amerikanischen *Generally Accepted Accounting Principles* (US-GAAP) werden – wie der Begriff zum Ausdruck bringt – die in den USA allgemein anerkannten Rechnungslegungsnormen verstanden. Während sie bis in die 1980er Jahre auch noch aus – ähnlich zu den deutschen GoB – induktiv aus der Rechnungslegungspraxis abgeleiteten Vorgehensweisen und Grundsätzen bestanden (sog. *non-promulgated GAAP*, vgl. Haller, A. [1994a], S. 74 f.), umfassen sie aufgrund einer hohen Produktivität der standardsetzenden Institutionen während der letzten Jahrzehnte fast ausschließlich nur noch in entsprechenden Verlautbarungen formell erlassene Normen (sog. *promulgated GAAP*). Diese tragen den sog. *substantial authoritative support* der SEC und sind somit für alle börsennotierten Unternehmen verbindlich. Weiterhin binden die Regeln 202 und 203 des *Code of Professional Conduct* des AICPA alle Wirtschaftsprüfer an die Verlautbarungen des FASB, sodass sich ihre Bindungswirkung auf alle geprüften Unternehmen erstreckt. Die US-GAAP sind somit in den USA lediglich für die Unternehmen verbindlich, die aufgrund von Kapitalmarktvorschriften oder vertraglicher Vereinbarung zwischen ihnen und einem ihrer Stakeholder für ihre Abschlüsse das Testat eines Wirtschaftsprüfers benötigen. Eine grundsätzliche gesetzliche Verpflichtung zur Anwendung der US-GAAP für alle Unternehmensrechtsformen, vergleichbar zu den HGB-Regelungen, besteht in den USA nicht. Die US-GAAP können grundsätzliche Prinzipien oder – in den meisten Fällen – über die Regelungstiefe des HGB weit hinausgehende detaillierte Einzelregelungen umfassen. Der Detaillierungsgrad sowie der Umfang der Regelungen hat über die Jahre ein Ausmaß erreicht, dass im Zusammenhang mit den US-GAAP von »*cook book accounting*« oder »*rules based accounting*« gesprochen wird. Für deutsche Unternehmen besaßen die US-GAAP über lange Zeit dadurch Relevanz, dass ihre Anwendung bis Ende 2007 von der SEC von allen ausländischen Unternehmen, die eine US-amerikanische Börsenzulassung erreichen wollten, gefordert wurde. Nach der Zulassung der IFRS als Rechnungslegungsstandards für sog. »*Foreign Private Issuers*« besitzen die US-GAAP weiterhin noch indirekte Relevanz, da sie durch das oben beschriebene Konvergenzprojekt des IASB mit dem US-amerikanischen Standardsetter die Entwicklung der IFRS wesentlich beeinflussten (vgl. in diesem Kapitel, S. 59 f.).

a) Normsetzende Institutionen

Securities and Exchange Commission (SEC)

Während die Wurzeln der Rechnungslegung in Deutschland im Gläubigerschutzgedanken zu sehen sind, rühren die amerikanischen Bestimmungen aus negativen Erfahrungen an den Aktienmärkten durch den Börsencrash von 1929 her. In der Folge erließ die amerikanische Regierung zwei für die Rechnungslegung bedeutsame Bundesgesetze zum Schutz des Wertpapierhandels: den *Securities Act* (1933) und den *Securities Exchange Act* (1934), durch welche die *Securities and Exchange Commission* (SEC) eingesetzt und mit der Aufsicht über die Einhaltung der in diesen zwei Gesetzen verankerten Bestimmungen beauftragt wurde. Ebenso wurde die konkrete Ausgestaltung der Publizitäts- und Rechnungslegungspflichten an die SEC delegiert. Die SEC erhielt darüber hinaus die Autorität, eigenständige Regelungen zu erlassen, die ihre Wirkung auf alle Unternehmen entfalten, die der Aufsicht der SEC unterliegen. Dies sind solche Unternehmen, deren Wertpapiere an einer amerikanischen Börse oder im Freiverkehr gehandelt werden.

Die Berechtigung, Grundsätze und Richtlinien für die Rechnungslegung zu erlassen, nimmt die SEC selbst lediglich in Hinsicht auf die formelle Ausgestaltung der bei ihr einzureichenden Abschlüsse wahr. So hat sie Vorschriften über Form, Inhalt, Prüfung und Offenlegung der bei ihr einzureichenden Abschlüsse (*Regulation S-X*) sowie über die Veröffentlichung weiterer, nicht im Zahlenwerk enthaltener qualitativer Informationen (*Regulation S-K*) erlassen (siehe zu einigen spezifischen Informationspflichten, wie z. B. der Erstellung einer *management's discussion and analysis* (MD&A), 13. Kapitel, S. 943). Die Regelung der materiellen Gestaltung der Rechnungslegung i. S. der Erarbeitung von Standards wurde von der SEC hingegen an private Organisationen delegiert. Damit nimmt die SEC insgesamt nur eine überwachende Funktion bei der Entwicklung von Bilanzierungsvorschriften wahr (vgl. Haller, A. [1994a], S. 34 f.).

AICPA, CAP und APB

Die Vereinigung der amerikanischen Wirtschaftsprüfer, das *American Institute of Certified Public Accountants* (AICPA) bzw. deren Vorgängerorganisation hatte traditionell einen großen Einfluss auf den Normsetzungsprozess. Sie wurde 1938 von der SEC mit der Formulierung von Rechnungslegungsstandards beauftragt. Um dieser Aufgabe nachzukommen, gründete sie 1939 das *Committee on Accounting Procedure* (CAP), das Lösungsvorschläge für Bilanzierungsprobleme in Form von *Accounting Research Bulletins* (ARB) herausgab. Insgesamt wurden 51 ARBs zu spezifischen Einzelfällen veröffentlicht, von denen heute noch einige Gültigkeit besitzen. Da es aber nicht gelang, ein kohärentes System von Standards zu schaffen, wurde das CAP 1959 durch das *Accounting Principles Board* (APB) ersetzt. Deren Veröffentlichungen (APB *opinions*) waren seitens der SEC mit mehr Autorität versehen und für alle Wirtschaftsprüfer für die Abgabe von Testaten verbindlich. Jedoch schlug auch hier der Versuch fehl, ein in sich geschlossenes System von Rechnungslegungsnormen zu schaffen.

Financial Accounting Standards Board (FASB)

In der Folge wurde 1973 die Standardisierungstätigkeit auf das noch heute zuständige *Financial Accounting Standards Board* (FASB) übertragen. Dieses ist das eigentliche Standardisierungsgremium, das in eine Stiftung eingebettet ist, die von diversen Interessengruppen finanziert und kontrolliert wird, wodurch die Unabhängigkeit dieses Gremiums gesichert werden soll (vgl. hierzu im Detail Haller, A. [1994a], S. 42 f.; Pellens, B./Fülbier, R. U./Gassen, J./Sellhorn, T. [2011], S. 64 ff.). Außerdem wurde ein stufenweiser Prozess (*due process*) des Zustandekommens der Verlautbarungen des FASB eingeführt, welcher die interessierte Öffentlichkeit gebührend einbezieht. Von hoher Bedeutung ist die *Emerging Issues Task Force* (EITF), eine Arbeitsgruppe des FASB, deren Aufgabe es ist, frühzeitig auf Rechnungslegungsprobleme aufmerksam zu machen und das

FASB bei der Bearbeitung von an das FASB herangetragener Themen geringerer Bedeutung zu entlasten.

Advisory Groups

Neben dem *Board* und der EITF existieren im institutionellen Gebilde des FASB noch eine Reihe von *Advisory Groups* mit unterschiedlichen Aufgabenschwerpunkten, die das *Board* in seiner Arbeit unterstützen (vgl. für eine aktuelle Übersicht www.fasb.org). Die Organisationsstruktur sowie die Arbeitsweise des FASB beeinflussten wesentlich jene des IASB.

b) Struktur der US-GAAP

House of GAAP

Vor der grundlegenden Neustrukturierung der US-GAAP (sog. »*Codification*«), bestanden diese aus einer Ansammlung von Verlautbarungen verschiedenster in den Standardsetting-Prozess in den USA eingebundenen Institutionen der letzten Jahrzehnte. Die zahlreichen Regelungen wurden in Kategorien (*Categories (a)-(d)*) mit unterschiedlicher Bindungswirkung unterteilt. Zu ihnen gehörten die *Statements of Financial Accounting Standards* (FAS) und *Interpretations* des FASB, die von dessen Vorgängerorganisationen verlautbarten APB *Opinions* und AICPA *Accounting Research Bulletins* sowie eine Fülle weiterer Quellen, die einen Ansatzpunkt für die Lösung von Bilanzierungsproblemen darstellten, die durch die erste Ebene nicht direkt abgedeckt wurden, beispielsweise die sog. FASB *Technical Bulletins*. Die Abstufung der Bindungswirkung wurde bisher üblicherweise in Form eines Hauses, dem sog. *House of GAAP* dargestellt (vgl. Rubin, S. [1984], S. 123).

FASB Accounting Standards Codification (ASC)

Die Fülle und Unübersichtlichkeit der Verlautbarungen veranlassten das FASB, diese tief greifend umzustrukturieren. Dabei wurde die sog. FASB *Accounting Standards Codification* (kurz: »*the Codification*« oder ASC) erarbeitet, die seit dem alle *authoritative* GAAP enthält, ohne dass zwischen diesen in Form von unterschiedlichen *levels* in einer Hierarchie unterschieden wird (vgl. FAF [2012], S. 4 ff.). Die »*Codification*« ist zum 01.07.2009 in Kraft getreten und gilt seit dem als einzige Quelle von verbindlichen Rechnungslegungsnormen in den USA, vorbehaltlich weiterer Regeln der SEC. Die Regeln der »*Codification*« sind sachlich strukturierte Inhalte der Verlautbarungen des FASB und dessen Vorgängergremien. Sie besitzen wie in ihrer ursprünglichen standardbezogenen Form den *authoritative support* der SEC. Die »*Codification*« fasst alle für einen spezifischen, bilanziellen Sachverhalt relevanten Regelungen, die bisher oft über mehrere Standards und andere Verlautbarungen verteilt waren, zusammen und ermöglicht ihre direkte Abrufbarkeit. Die *topics* (z. B. »*Leasing*«) sind dabei stark an der Abgrenzung der Standards des IASB angelehnt, was für die weitere Konvergenz der US-GAAP mit den IFRS dienlich sein könnte. Die »*Codification*« enthält auch *Rules* und *Interpretive Releases* der SEC, die von allen SEC-registrierten Unternehmen zu beachten sind. Das Ziel der »*Codification*« war es somit nicht, neue GAAP zu schaffen, sondern die vorhandenen GAAP zu verflechten, zu ordnen und strukturiert zugänglich zu machen. Der zukünftige Standardsetting-Prozess gestaltet sich derart, dass sog. *Accounting Standards Updates* (ASU) sowie Hinweise zur Aktualisierung der »*Codification*« erlassen werden. Den Zugang zur »*Codification*« gewährleistet ein online-basiertes System, das sog. FASB *Codification Research System* (CRS). Im Zuge all dessen wurde auch die Zitation der US-GAAP neu gestaltet, die seit dem nach der Chiffrierung der »*Codification*« (in der Form XXX-YY-ZZ, XXX = *topic*, YY = *subtopic*, ZZ = *section*) erfolgt. Dieser Zitationsweise wird auch in den folgenden Kapiteln dieses Buches Rechnung getragen.

Conceptual Framework

Wie die IFRS basieren auch die US-GAAP auf einem konzeptionellen Rahmenwerk. Wie bereits erwähnt, arbeiteten das IASB und das FASB seit Oktober 2004 in einem *joint project* an einer Revision ihrer Rahmenkonzepte mit dem Ziel eines gemeinsamen »*Conceptual Framework for Financial Reporting*« (vgl. in diesem Kapitel, S. 65). Allerdings wurde diese Kooperation mittlerweile beendet. Als (Teil-)Ergebnis des *joint project* verabschiedete das FASB analog zum IASB die ersten beiden Kapitel »*The objective of general purpose financial reporting*« und »*Qualitative characteristics of useful financial reporting*«, die die entsprechenden Regelungen des bestehenden *Conceptual Framework* des FASB ersetzten. Im Gegensatz zum Framework des IASB besteht das in Überarbeitung befindliche Rahmenkonzept des FASB aus sog. *Statements of Financial Accounting Concepts* (CON), die von 1978 bis 2000 nacheinander veröffentlicht wurden. Das Framework des FASB diente für das IASB in der Entwicklung eines eigenen Rahmenkonzepts im Jahre 1989 als Vorbild und wurde auch in wesentlichen Zügen übernommen. Dies führte dazu, dass zwischen den beiden Rahmenkonzepten, neben den ohnehin bereits gemeinsam neu entwickelten Bestandteilen, materiell keine gravierenden Unterschiede bestehen (deshalb wird an dieser Stelle auf die Ausführungen zum IASB-Framework verwiesen, vgl. in diesem Kapitel, S. 65).

Kontrollfragen:

Nationale Normen:

1. Welche Aufgaben und welchen Inhalt hat eine Bilanz bzw. eine GuV?
2. Was ist eine Unterbilanz und wann liegt Überschuldung vor?
3. Was versteht man unter dem betrieblichen Rechnungswesen und welche Rolle spielt in diesem der Jahresabschluss?
4. An welchen Stufen der historischen Entwicklung der Rechnungslegungsvorschriften in Deutschland sind internationale Einflüsse deutlich zu erkennen?
5. Welche Aufgaben hat der handelsrechtliche Jahresabschluss zu erfüllen?
6. Warum müssen sowohl Ausschüttungssperrvorschriften als auch Vorschriften bezüglich einer Mindestausschüttung gesetzlich vorhanden sein?
7. Welche Unschärfen beeinträchtigen die Aussagefähigkeit des handelsrechtlichen Jahresabschlusses?
8. Worin liegt die Aufgabe des steuerrechtlichen Jahresabschlusses?
9. Was besagt das Maßgeblichkeitsprinzip und welche Konsequenzen hat es für den handelsrechtlichen Jahresabschluss?
10. Welche Aufgaben und welchen Inhalt haben die 4. und 7. EG-Richtlinie?

11. Wie wurde das dritte Buch des HGB gegliedert und welches Ziel verfolgte der Gesetzgeber mit dieser Gliederung?
12. Ist es richtig, dass Einzelkaufleute und Personenhandelsgesellschaften nur die Vorschriften der §§ 238 bis 263 HGB beachten dürfen?
13. Unter welcher Voraussetzung haben auch Personenhandelsgesellschaften in weiten Bereichen die Vorschriften des zweiten Abschnittes des dritten Buches des HGB zu beachten?
14. Was versteht man unter den GoB und wie kann im Einzelfall festgestellt werden, welche Bilanzierungsweise den GoB entspricht?
15. Erläutern Sie die Rechtsnatur kodifizierter GoB und gehen Sie auf die Vor- und Nachteile einer solchen Kodifizierung ein!
16. Inwieweit verlangt der Grundsatz der Vollständigkeit die Berücksichtigung von Informationen, die nach dem Bilanzstichtag erlangt wurden?
17. Beschreiben Sie das System der Abgrenzungsgrundsätze und charakterisieren Sie dabei das Realisationsprinzip, das Prinzip der sachlichen und das der zeitlichen Abgrenzung!
18. Welche Auswirkungen hat das Imparitätsprinzip auf die Bilanzierung?
19. Interpretieren und beurteilen Sie den Grundsatz der Vorsicht!
20. Wie ist der Grundsatz der Stetigkeit der Bewertungsmethoden zu interpretieren?
21. Welche Bedeutung kommt den Deutschen Rechnungslegungs Standards (DRS) zu?

Internationale Normen:

22. Was besagt der Grundsatz des »*true and fair view*« und welche Auswirkungen hat er auf die Bilanzierungspraxis?
23. Welche Zielsetzungen verfolgt das IASB?
24. Welche deutschen Unternehmen müssen bzw. dürfen einen Einzel- bzw. Konzernabschluss nach IFRS erstellen?
25. Wie setzt sich das IASB zusammen und welche Aufgaben hat es inne?
26. Welche Gründe sprechen für eine Harmonisierung der Rechnungslegung, wie sie vom IASB angestrebt wird?
27. Aus welchen Instrumenten besteht ein Abschluss nach IFRS?
28. Was versteht man unter »Endorsement«?
29. Wie wird die Einhaltung der IASB-Vorschriften durch die anwendenden Unternehmen überprüft bzw. durchgesetzt?
30. Welche Informationsbedürfnisse befriedigt ein Abschluss nach IFRS primär und warum?

31. Warum sollen spezielle IFRS für nicht kapitalmarktorientierte Unternehmen entwickelt werden?
32. Wozu dienen die Ausführungen im Framework des IASB?
33. Was ist unter den Grundsätzen der *relevance* und *faithful representation* nach IFRS zu verstehen?
34. Durch welche Nebenbedingung werden die *qualitative characteristics* eines Unternehmensabschlusses nach IFRS eingeschränkt?

2. Kapitel: Basiselemente der Bilanzierung

Um die Änderungen des Reinvermögens (= Nettovermögen = Änderungen des Vermögens und der Schulden) im Jahresabschluss zutreffend erfassen zu können, müssen hinsichtlich der Bilanzerstellung – unabhängig von den zugrunde liegenden Rechnungslegungsnormen – drei Fragen geklärt werden:

Grundlegende Fragen der Bilanzierung

1. Die Frage nach dem Bilanzinhalt, d. h., welche Güter dürfen bzw. müssen in die Bilanz aufgenommen werden (= Bilanzierung dem Grunde nach, Bilanzansatz).
2. Die Frage nach den Wertmaßstäben, d. h., mit welchen Werten sind diese Güter in der Bilanz anzusetzen (= Bilanzierung der Höhe nach, Bilanzbewertung).
3. Die Frage, an welcher Stelle die Güter auszuweisen sind (= Bilanzausweis).

Zentrale Kriterien zur Beantwortung dieser Fragen werden nachfolgend behandelt.

A. Bilanzansatz (»Bilanzierung dem Grunde nach«)

Im folgenden Abschnitt wird dargestellt, welche Güter grundsätzlich in eine Bilanz nach HGB, Steuerrecht, IFRS und US-GAAP aufgenommen werden können bzw. müssen.

I. Bilanzansatz nach nationalen Normen

Der Bilanzansatz nach HGB ist nur zum Teil konkret im Gesetz geregelt, im Wesentlichen basiert er auf den GoB (vgl. 1. Kapitel, S. 37 ff.).

1. Bilanzierungsfähigkeit

Bilanzierung dem Grunde nach

Unter Bilanzierungsfähigkeit versteht man die Eignung eines Sachverhaltes, als Aktivposten (Aktivierungsfähigkeit) bzw. Passivposten (Passivierungsfähigkeit) in der Bilanz berücksichtigt werden zu können. Das Vollständigkeitsgebot des § 246 Abs. 1 HGB bestimmt dazu, dass in der Bilanz – neben den Rechnungsabgrenzungsposten (vgl. 8. Kapitel, S. 471 ff.) – sämtliche Vermögensgegenstände und Schulden anzusetzen sind, soweit gesetzlich nichts anderes bestimmt ist. Daraus folgt, dass

Bilanzierungsfähigkeit

- die Bilanzierungsfähigkeit immer dann gegeben ist, wenn Vermögensgegenstände und Schulden vorliegen, die dem Vermögen des Bilanzierenden zuzurechnen sind (vgl. in diesem Kapitel, S. 80 f. und S. 82 f.), und kein gesetzliches Verbot im konkreten Fall die Bilanzierung verbietet (vgl. in diesem Kapitel, S. 84 f.),

Bilanzierungspflicht

- für alle bilanzierungsfähigen Vermögensgegenstände und Schulden gleichzeitig eine Bilanzierungspflicht besteht, es sei denn, gesetzliche Vorschriften gewähren dem Bilanzierenden für den konkreten Fall ausdrücklich ein Bilanzierungswahlrecht (vgl. in diesem Kapitel, S. 85 f.).

Abstrakte Bilanzierungsfähigkeit

Soweit ein Sachverhalt die Charakteristika eines Vermögensgegenstandes oder einer Schuld erfüllt, liegt eine sog. »abstrakte Bilanzierungsfähigkeit« vor. Unter Berücksichtigung gesetzlich oder durch GoB gewährter Bilanzierungswahlrechte oder -verbote ergibt sich die sog. »konkrete Bilanzierungsfähigkeit«, d. h. der durchzuführende Bilanzansatz.

Vermögensgegenstand

Die Begriffe »Vermögensgegenstand« und »Schulden«, durch deren Begriffsmerkmale der Bilanzinhalt festgelegt ist, werden im Gesetz nicht definiert, sondern sind aus den GoB abzuleiten. Demnach umfasst der Begriff Vermögensgegenstand nicht nur Sachen und Rechte im zivilrechtlichen Sinn, sondern ganz allgemein (vgl. Baetge, J./Kirsch, H.-J./Thiele, S. [2012], S. 130; Beck'scher Bilanzkommentar [2012], § 247 Tz. 13)

1. wirtschaftliche Werte, die
2. selbstständig bewertbar und
3. selbstständig verkehrsfähig, d. h. einzeln verwertbar sind.

Während der wirtschaftliche Wert durch seinen zukünftigen Nutzen für das Unternehmen charakterisiert ist, fordert das Merkmal der selbstständigen Bewertbarkeit das Vorliegen eines geeigneten Wertmaßstabes (Anschaffungs- bzw. Herstellungskosten), d. h. das Vorliegen von Aufwendungen. Die Beschränkung der Aktiva auf einzeln verwertbare Güter (d. h. insbesondere Sachen und Rechte) trägt in besonderem Maße dem Gläubigerschutz Rechnung, da diese zur Tilgung der Unternehmensschulden herangezogen werden können. Dies kann einerseits durch Veräußerung oder andererseits durch eine andere Form der Nutzungsüberlassung an einen Dritten erfolgen, die zu Zahlungsströmen an das Unternehmen führt. Dabei reicht nach verbreiteter Auffassung die sog. »abstrakte Verwertbarkeit« aus, d. h. das Gut muss grundsätzlich seinem Wesen nach einzeln verwertbar sein, konkrete individuelle Verwertbarkeitseinschränkungen sind unerheblich (vgl. Baetge, J./Kirsch, H.-J./Thiele, S. [2012], S. 130).

Schulden

Schulden werden allgemein definiert als (vgl. Baetge, J./Kirsch, H.-J./Thiele, S. [2012], S. 130 f.; Beck'scher Bilanzkommentar [2012], § 247 Tz. 201 ff.)

1. bestehende oder hinreichend sicher erwartete Belastungen des Vermögens,
2. die auf einer rechtlichen oder wirtschaftlichen Leistungsverpflichtung des Unternehmens beruhen und
3. selbstständig bewertbar, d. h. als solche abgrenzbar und z. B. nicht nur Ausfluss des allgemeinen Unternehmerrisikos sind.

Der Begriff »Schulden« umfasst somit nicht nur Verbindlichkeiten, sondern grundsätzlich auch Rückstellungen, die durch die Ungewissheit hinsichtlich

Bestehen und/oder Höhe der künftigen Belastung gekennzeichnet sind (vgl. im Detail 7. Kapitel, S. 411 ff.).

Wirtschaftsgut

Im Gegensatz zum Handelsrecht spricht das Steuerrecht bei der Festlegung des Bilanzinhaltes von positiven (Aktiva) und negativen (Passiva) Wirtschaftsgütern. Während sich die Begriffe »Schulden« und »negatives Wirtschaftsgut« weitgehend entsprechen, bestehen zwischen dem Begriff des »Vermögensgegenstandes« und dem des »(positiven) Wirtschaftsgutes« – trotz häufiger synonymer Verwendung – Unterschiede. Aufgrund der steuerlichen Rechtsprechung ist ein Wirtschaftsgut durch folgende drei Merkmale gekennzeichnet (vgl. Schmidt EStG-Kommentar [2013], § 5 Tz. 94 ff.):

1. Es sind Aufwendungen entstanden, die
2. einen über das Wirtschaftsjahr hinausgehenden Nutzen versprechen.
3. Das durch die Aufwendungen Geschaffene muss selbstständig bewertbar sein, d. h. ein Erwerber des gesamten Betriebes würde dafür im Rahmen des Gesamtkaufpreises ein besonderes Entgelt ansetzen.

Vergleich Vermögensgegenstand und Wirtschaftsgut

Ein Vergleich der jeweils zugrunde gelegten Merkmale macht deutlich, dass der Begriff des Wirtschaftsgutes über den des Vermögensgegenstandes hinausgeht und auch Güter umfasst, die zwar bei einer Veräußerung des Unternehmens den Gesamtkaufpreis erhöhen, aber nicht einzeln verkehrsfähig sind. Ein Beispiel dafür ist der entgeltlich erworbene Geschäfts- oder Firmenwert (vgl. 3. Kapitel, S. 182 ff.), der aufgrund fehlender Verkehrsfähigkeit eigentlich kein aktivierungsfähiger Vermögensgegenstand ist, sondern nur aufgrund ausdrücklicher Rechtsvorschrift handelsrechtlich aktiviert werden muss (vgl. § 246 Abs. 1 Satz 4 HGB). Steuerlich liegt ein aktivierungspflichtiges Wirtschaftsgut vor (vgl. § 5 Abs. 2 EStG).

Zeitpunkt der Erfassung

Durch Zahlungsvorgänge bedingte Vermögensänderungen müssen nach erfolgtem Geldzu- oder -abfluss verbucht werden. Forderungen und Verbindlichkeiten, die mit bestimmten Leistungen in Zusammenhang stehen, müssen entsprechend dem Realisationsprinzip nach erbrachter Leistung (d. h. zum Zeitpunkt des sog. Gefahrenübergangs) berücksichtigt werden. Besteht kein Zusammenhang mit einzelnen Leistungen, so ist eine Verbuchung gefordert, wenn die rechtliche Durchsetzbarkeit feststeht. Rückstellungen sind für ungewisse künftige Vermögensminderungen zu bilden, sobald diese nach den Abgrenzungsgrundsätzen abgelaufenen Rechnungsperioden zugehören. Im Übrigen müssen Zu- und Abgänge an Vermögensgegenständen im Zeitpunkt des wirtschaftlichen Eigentumsübergangs erfasst werden.

Bilanzierungshilfen

Der Handelsbilanzinhalt ist – abgesehen vom Eigenkapital und den Rechnungsabgrenzungsposten – grundsätzlich auf Vermögensgegenstände und Schulden beschränkt. Bis zum Inkrafttreten des BilMoG gewährte das Handelsrecht dem Bilanzierenden in einigen Fällen sog. »Bilanzierungshilfen«, deren Inanspruchnahme eine periodengerechte Aufwandsverrechnung ermöglichen sollte. Konkret handelte es sich um Wahlrechte zur Aktivierung von Aufwendungen für die Ingangsetzung und Erweiterung des Geschäftsbetriebes (§ 269 HGB a. F.) und zur Aktivierung von latenten Steuern (§ 274 Abs. 2 HGB a. F.). Darüber hinaus konnten auch die Bilanzierungswahlrechte für den entgeltlich erworbenen Geschäfts- oder Firmenwert (§ 255 Abs. 4 HGB a. F.) und für bestimmte

Aufwandsrückstellungen (§ 249 Abs. 1 Satz 3 und Abs. 2 HGB a. F.) als Bilanzierungshilfen qualifiziert werden (vgl. dazu Ballwieser, W. [2009], S. 3). Diese Bilanzierungshilfen wurden im Rahmen des BilMoG entweder ersatzlos gestrichen (Aufwendungen für die Ingangsetzung und Erweiterung des Geschäftsbetriebes, bestimmte Aufwandsrückstellungen), in Ansatzgebote (entgeltlich erworbener Geschäfts- oder Firmenwert, § 246 Abs. 1 Satz 4 HGB) oder in Ansatzwahlrechte (aktive latente Steuern, § 274 Abs. 1 Satz 2 HGB) transformiert.

Das Steuerrecht verneinte grundsätzlich die Bilanzierungsfähigkeit handelsrechtlicher Bilanzierungshilfen, sofern nicht gleichzeitig positive bzw. negative Wirtschaftsgüter (z. B. derivativer Geschäfts- oder Firmenwert) vorlagen. Insofern wurde durch die Abschaffung der Bilanzierungshilfen durch das BilMoG eine Annäherung des Handelsrechts an das Steuerrecht erreicht.

Bilanzierungsgebote

Liegt weder ein Vermögensgegenstand noch eine Schuld vor, kann trotzdem eine Bilanzierung geboten sein. Aktive bzw. passive transitorische Rechnungsabgrenzungsposten sind nach § 250 Abs. 1 bzw. 2 HGB zu bilanzieren (vgl. 8. Kapitel, S. 471 ff.), ebenso besteht für Kapitalgesellschaften für passive latente Steuern ein grundsätzliches Bilanzierungsgebot (§ 274 Abs. 1 HGB; vgl. 8. Kapitel, S. 474 ff.). § 246 Abs. 1 Satz 4 HGB bestimmt über die oben beschriebene Definition des handelsrechtlichen Vermögensgegenstandsbegriffs hinaus, dass ein entgeltlich erworbener Geschäfts- oder Firmenwert trotz der fehlenden Verkehrsfähigkeit als (zeitlich begrenzt nutzbarer) Vermögensgegenstand gilt. Der entgeltlich erworbene Geschäfts- oder Firmenwert wird damit vom Gesetzgeber per Fiktion zum Vermögensgegenstand erklärt und unterliegt somit einer Aktivierungspflicht (vgl. 3. Kapitel, S. 182 ff.).

2. Abgrenzung des Vermögens und der Schulden nach Unternehmenszugehörigkeit

Relevanz des wirtschaftlichen Eigentums

Da in eine Bilanz nur die Vermögensgegenstände und Schulden aufzunehmen sind, die dem Unternehmen zuzurechnen sind (sog. Betriebsvermögen), umfasst die konkrete Bilanzierungsfähigkeit auch entsprechende Zurechnungsregeln. Die Zugehörigkeit von Vermögensgegenständen zum Betriebsvermögen wird dabei nach wirtschaftlichen, nicht nach juristischen Gesichtspunkten beurteilt. Deshalb gehören zum Betriebsvermögen nicht nur die im juristischen Eigentum des Kaufmanns befindlichen betrieblich genutzten Güter, sondern auch betrieblich genutzte Gegenstände, die juristisches Eigentum fremder Personen sind. Voraussetzung ist, dass der Kaufmann sie wie eigene Gegenstände nutzen darf und für ihren Verlust selbst haftet wie bei seinem juristischen Eigentum. Nutzungsrecht (Chancen) und Gefahrentragung (Risiken) sind damit wesentliche Kriterien zur Abgrenzung des betrieblichen Vermögens. Dieses Prinzip der wirtschaftlichen Zurechnung von Vermögensgegenständen ist auch gesetzlich verankert (§ 246 Abs. 1 Satz 2 HGB).

Prinzip der rechtlichen Zugehörigkeit

§ 246 Abs. 1 Satz 3 HGB bestimmt, dass Schulden in die Bilanz des Schuldners aufzunehmen sind. Somit ist die wirtschaftliche Zurechnung im Hinblick auf Schulden – im Wesentlichen aufgrund des Vorsichtsprinzips – stark eingeschränkt, vielmehr gilt hier das Prinzip der rechtlichen Zugehörigkeit.

Unterschiede zwischen wirtschaftlichem und juristischem Eigentum treten unter anderem beim Eigentumsvorbehalt, bei der Sicherungsübereignung und Sicherungszession, bei Kommissionsgeschäften sowie bei Leasing auf.

Eigentumsvorbehalt, Sicherungsübereignung

Zur Sicherung seiner Zahlungsansprüche behält sich der Warenkreditgeber häufig das juristische Eigentum an den gelieferten Waren bis zu deren endgültiger Bezahlung vor (Eigentumsvorbehalt, § 449 BGB). Ähnlich sichert der Geldkreditgeber seine Forderungen ab, indem er sich bewegliche Sachen des Kreditnehmers zur Sicherheit übereignen lässt (Sicherungsübereignung, §§ 930, 868 BGB). Zusätzlich spricht man von einer Sicherungszession, soweit der Schuldner Forderungen gegenüber Kunden an den Gläubiger zur Sicherheit abtritt. Bei allen drei genannten Formen – beim Eigentumsvorbehalt, bei der Sicherungsübereignung und bei der Sicherungszession – besitzt der Schuldner zwar nicht das juristische Eigentum an den Vermögensgegenständen, er kann aber über sie im Rahmen des normalen Geschäftsbetriebes frei verfügen. Daher ist in diesen Fällen der Schuldner als wirtschaftlicher Eigentümer der Vermögensgegenstände zu betrachten; er muss sie trotz des fehlenden juristischen Eigentums in seiner Bilanz aufführen. Anders ist nur zu verfahren, wenn die Kreditgeber ihre Eigentumsansprüche wegen mangelnder Zahlungsfähigkeit des Schuldners bereits geltend gemacht haben.

Kommissionsgeschäfte

Kommissionsgeschäfte (§§ 383 ff. HGB) sind dadurch gekennzeichnet, dass ein Beauftragter (Kommissionär) im eigenen Namen, aber im Auftrag und für Rechnung einer zweiten Person (Kommittent) Waren kauft oder verkauft. Kauft der Kommissionär Waren für den Kommittenten (Auftraggeber), so wird zunächst der Kommissionär juristischer Eigentümer, da er nach außen im eigenen Namen kauft. Trotzdem geht die gekaufte Ware im Zeitpunkt des Kaufs durch den Kommissionär in das wirtschaftliche Eigentum des Kommittenten über und ist entsprechend in dessen Bilanz aufzuführen, da nur der Kommittent die mit der Ware verbundenen wirtschaftlichen Gefahren trägt. Wird der Kommissionär dagegen mit dem Verkauf einer im juristischen Eigentum des Kommittenten befindlichen Ware beauftragt, so bleibt die Ware bis zum Verkauf im juristischen und wirtschaftlichen Eigentum des Kommittenten, auch wenn sie bereits vorher aus seinem Einflussbereich in den Bereich des Kommissionärs gelangt ist. Kommissionswaren werden daher unabhängig vom juristischen Eigentum grundsätzlich beim Kommittenten (Auftraggeber) bilanziert.

Leasing

Da im deutschen Recht keine Legaldefinition von Leasing existiert und außerdem zahlreiche Vertragsgestaltungen möglich sind, fällt es schwer, Leasinggeschäfte allgemeingültig konkret zu beschreiben, ihre Einordnung kann vom Mietvertrag bis zum Ratenkaufvertrag reichen (vgl. Helmschrott, H. [1997], S. 1 f.). Die eigentliche Motivation eines Unternehmens, einen Leasingvertrag abzuschließen, besteht i. d. R. darin, Investitionsgüter für eine begrenzte Zeit gegen Entgelt zu gebrauchen bzw. zu nutzen, ohne dabei das zivilrechtliche Eigentum an diesem Gegenstand zu erwerben. Eine wesentliche, gleichzeitig aber auch umstrittene Frage hinsichtlich der Bilanzierung von Leasinggeschäften ist die Zurechnung der Leasinggegenstände zum Leasinggeber oder Leasingnehmer. Da zur Bilanzierung in der Handelsbilanz keine Zurechnungskriterien für Leasinggegenstände existieren, orientiert sich die handelsrechtliche Bilanzierungspraxis an den steuerlichen Zurechnungskriterien, die durch BFH-Rechtsprechung und die Finanzverwaltung entwickelt worden sind (vgl. Findeisen, K.-D. [1998], S. 464;

Beck'scher Bilanzkommentar [2012], § 246 Tz. 37). Gegenstand von Leasinggeschäften sind i. d. R. Güter des Sachanlagevermögens, weshalb an dieser Stelle nur ein grober Überblick über die bilanzielle Behandlung gegeben und gleichzeitig auf die Ausführungen im 3. Kapitel, S. 194 ff. verwiesen wird.

Operating-Leasing

Ist ein Leasingvertrag wie ein normaler, jederzeit kündbarer Miet- oder Pachtvertrag ausgestaltet, d. h. ist er in erster Linie auf die Nutzungsüberlassung und nicht auf die Verschaffung des wirtschaftlichen Eigentums an den Benutzer (Leasingnehmer) ausgerichtet, spricht man von Operating-Leasing. Der juristische Eigentümer (Leasinggeber) bleibt bei dieser Vertragsgestaltung zugleich wirtschaftlicher Eigentümer des Leasinggegenstandes (vgl. Beck'scher Bilanzkommentar [2012], § 246 Tz. 38). Derartige Verträge werden von den Leasingnehmern zur Abdeckung von Risiken abgeschlossen, die im vorschnellen wirtschaftlichen Veralten des Gegenstandes oder der mangelnden Nutzbarkeit im eigenen Betrieb liegen. Solche Verträge sind z. B. in der EDV-Branche üblich und bringen bei der Aufstellung des Jahresabschlusses keine besonderen Probleme mit sich, da die Gegenstände wie gewöhnlich im Fall der Miete beim juristischen Eigentümer zu bilanzieren sind.

Finanzierungsleasing

Ist ein Leasingverhältnis seinem Charakter nach eher ein Finanzierungsgeschäft in der Art eines Ratenkaufs unter Eigentumsvorbehalt, dann spricht man von Finanzierungsleasing. In diesem Fall ist das wirtschaftliche Eigentum dem Leasingnehmer zuzurechnen, der den Leasinggegenstand zu aktivieren und die Leasingverbindlichkeit zu passivieren hat (vgl. Beck'scher Bilanzkommentar [2012], § 246 Tz. 39).

Steuerliche Zurechnungskriterien

Im Steuerrecht wird die Zurechnung von Leasingobjekten durch die sog. »Leasingerlasse« geklärt. Dabei wird grundsätzlich zwischen Finanzierungsleasing und Verträgen, welche die Voraussetzungen für Finanzierungsleasing nicht erfüllen, unterschieden. Daneben ist die Einordnung des Leasingvertrages als Voll- oder Teilamortisationsvertrag ausschlaggebend.

Abgrenzung des Betriebsvermögens vom Privatvermögen

Zum Kreis der in der Steuerbilanz bilanzierungspflichtigen Vermögensgegenstände gehören keine Werte, die der privaten Sphäre des Unternehmers zuzurechnen sind. Inwieweit in die Handelsbilanz von Einzelkaufleuten und Personengesellschaften auch das Privatvermögen aufgenommen werden kann, ist umstritten. Allerdings hat die Unterscheidung von Privat- und Betriebsvermögen für publizitätspflichtige Einzelkaufleute und Personengesellschaften Bedeutung, weil nach § 5 Abs. 4 PublG nur das Betriebsvermögen ausgewiesen werden darf. Die Finanzverwaltung unterscheidet:

- Notwendiges Betriebsvermögen (> 50 % betriebliche Nutzung):
  Gegenstände, die aufgrund ihrer Beschaffenheit oder aufgrund ihrer tatsächlichen Verwendung im Betrieb zum Betriebsvermögen gerechnet werden müssen und entsprechend bilanzierungspflichtig sind. Beispiele: Stanzmaschine, betrieblich genutztes Bürogebäude, das dem Steuerpflichtigen gehört.
- Notwendiges Privatvermögen (< 10 % betriebliche Nutzung):
  Gegenstände, die aufgrund ihrer Beschaffenheit oder aufgrund ihrer tatsächlichen Verwendung im privaten Bereich des Steuerpflichtigen nicht zum Betriebsvermögen gehören und demnach auch nicht bilanziert werden dürfen. Beispiele: Segelboot eines Brauereibesitzers, nur vom nicht berufstätigen Ehemann der Steuerpflichtigen benutzter Zweitwagen.

- Gewillkürtes Betriebsvermögen (10-50 % betriebliche Nutzung):
  Gegenstände, die keinen unmittelbaren Bezug zum notwendigen Betriebs- oder Privatvermögen besitzen, über deren Zuordnung zum Betriebs- oder Privatvermögen der Steuerpflichtige deshalb nach eigenem Ermessen entscheidet. Beispiele: Bürogebäude des Steuerpflichtigen, das an eine fremde Firma vermietet ist, zu Anlagezwecken gekaufte Wertpapiere.

Einlagen, Entnahmen

Werden Gegenstände aus dem Bereich des Privatvermögens in den Bereich des Betriebsvermögens überführt, so spricht man von Einlagen, im umgekehrten Fall von Entnahmen.

Die Abgrenzung des gewillkürten Betriebsvermögens von den beiden anderen Vermögensarten wird von der Rechtsprechung nicht immer einheitlich vorgenommen, die oben angegebenen Prozentzahlen stellen daher lediglich Richtwerte dar. Die Unterscheidung ist darüber hinaus nur bei natürlichen Personen sinnvoll, da juristische Personen kein Privatvermögen haben.

3. Abgrenzung der Mehrungen des Vermögensbestandes von bloßen Erhaltungsmaßnahmen

Erhaltungs- und Herstellungsaufwand in der Handels- und Steuerbilanz

Soweit an Vermögensgegenständen Instandhaltungs-, Instandsetzungs- oder Unterhaltungsarbeiten durchgeführt werden, kann fraglich sein, ob dadurch eine bilanzierungspflichtige Vermögensmehrung eingetreten ist, d. h. ob die Kosten hierfür als nachträgliche Anschaffungs- bzw. Herstellungskosten aktiviert werden können bzw. müssen oder aber Aufwand der Periode darstellen. Steuerlich wird diese Frage unter dem Stichwort »Erhaltungsaufwand und Herstellungsaufwand« diskutiert und geregelt (vgl. R 21.1 EStR). Die steuerlichen Bestimmungen werden als GoB für die handelsrechtliche Bilanzierung übernommen.

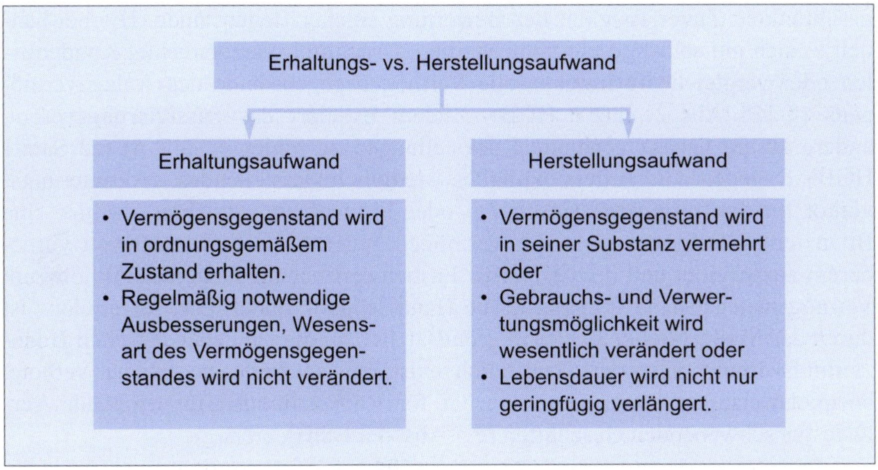

Abb. 2.1: Kriterien zur Unterscheidung zwischen Herstellungs- und Erhaltungsaufwand nach HGB/EStG

Grundsätzlich liegt keine bilanzierungspflichtige Vermögensmehrung vor, wenn die Arbeiten dazu dienen, einen Vermögensgegenstand in ordnungsgemäßem

Zustand zu erhalten, auch wenn dies mit einer Modernisierung verbunden ist. Es handelt sich dabei um regelmäßig in gewissen Zeitabständen notwendige Ausbesserungen, durch die die Wesensart des Vermögensgegenstandes nicht verändert wird. Anders sind dagegen Vorgänge zu beurteilen, durch die Vermögensgegenstände in ihrer Substanz vermehrt werden (z. B. Anbau oder Erweiterung von Gebäuden) oder ihre Gebrauchs- bzw. Verwertungsmöglichkeit wesentlich verändert wird (z. B. Umbau eines Frachtschiffes zum Passagierschiff). In solchen Fällen oder wenn durch die Arbeiten die Lebensdauer von Vermögensgegenständen nicht nur geringfügig verlängert wird, liegen bilanzierungspflichtige Vermögensmehrungen vor. Hinsichtlich dieser Abgrenzung bestehen zwischen Handels- und Steuerrecht keine Unterschiede.

Nachträgliche Aktivierung

Eine nachträgliche Aktivierung von in der vorangegangenen Periode bereits GuV-wirksam verrechneten Aufwendungen ist nicht zulässig.

4. Bilanzierungsverbote

Bilanzierungsverbote

Die handelsrechtlichen Bilanzierungsverbote sind rechtsformunabhängig im ersten Abschnitt des dritten Buches des HGB kodifiziert. Hinsichtlich ihrer Funktion lassen sich dabei zwei verschiedene Typen unterscheiden. Einerseits bestehen gesetzliche explizite Klarstellungen des Gesetzgebers, dass bestimmte Sachverhalte, die die Definitionen von Vermögensgegenstand und Schuld nicht erfüllen, nicht bilanziert werden dürfen (weil ihnen die abstrakte Bilanzierungsfähigkeit fehlt). Im Einzelnen handelt es sich dabei um die Aktivierungsverbote für die Aufwendungen für die Gründung eines Unternehmens (§ 248 Abs. 1 Nr. 1 HGB) und die Beschaffung des Eigenkapitals (§ 248 Abs. 1 Nr. 2 HGB) sowie die Aufwendungen für den Abschluss von Versicherungsverträgen (§ 248 Abs. 1 Nr. 3 HGB). Andererseits verbietet der Gesetzgeber die Aktivierung von Sachverhalten, obgleich die Vermögensgegenstandseigenschaft erfüllt ist, aufgrund der eingeschränkten Zuverlässigkeit der Bewertung solcher Gegenstände. Hierbei handelt es sich um selbst geschaffene Marken, Drucktitel, Verlagsrechte, Kundenlisten oder vergleichbare immaterielle Vermögensgegenstände des Anlagevermögens (§ 248 Abs. 2 Satz 2 HGB). Zudem existiert das Passivierungsverbot, andere als im Gesetz genannte Rückstellungen zu bilden (§ 249 Abs. 2 Satz 1 HGB). Dagegen wird auf ein explizites – lediglich klarstellendes – Aktivierungsverbot für den originären Geschäfts- oder Firmenwert verzichtet, da hier eine Bilanzierung aufgrund fehlender Vermögensgegenstandseigenschaft von vorneherein ausscheidet und der derivative Firmenwert nur im Wege der Fiktion zum Vermögensgegenstand Eingang in die Handelsbilanz findet. Die Steuerbilanz ist durch das Maßgeblichkeitsprinzip grundsätzlich an die handelsrechtlichen Bilanzierungsverbote gebunden. Zusätzlich existieren spezielle steuerliche Verbote, beispielsweise das Passivierungsverbot für Rückstellungen für drohende Verluste aus schwebenden Geschäften (§ 5 Abs. 4 a EStG).

5. Bilanzierungswahlrechte

Neben den Bilanzierungsverboten stellen auch die vom Gesetzgeber gewährten Bilanzierungswahlrechte eine Ausnahme vom Grundsatz der vollständigen Erfassung aller (bilanzierungsfähigen) Vermögensgegenstände und Schulden dar. Die Bilanzansatzentscheidung liegt hier im Ermessen des Bilanzierenden. Bilanzierungswahlrechte

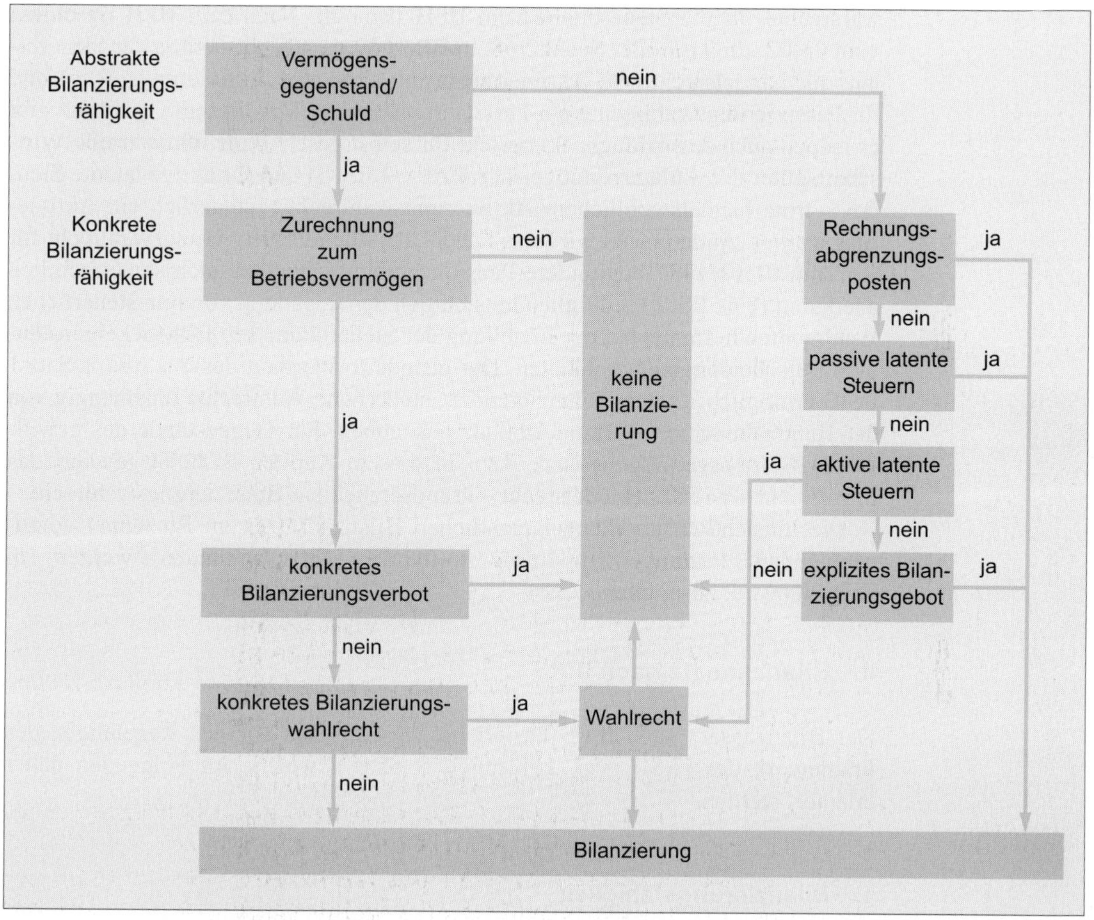

Abb. 2.2: Bilanzansatzentscheidungen im HGB-Abschluss

Bilanzierungswahlrechte gewährt der Gesetzgeber für die Entwicklungskosten von selbst geschaffenen immateriellen Vermögensgegenständen des Anlagevermögens (§ 248 Abs. 2 Satz 1 HGB), für das unter den aktiven Rechnungsabgrenzungsposten auszuweisende Disagio (§ 250 Abs. 3 HGB), für aktive latente Steuern (§ 274 Abs. 1 Satz 2 HGB) sowie für Pensionsrückstellungen, sofern der Pensionsberechtigte seinen Rechtsanspruch vor dem 01.01.1987 erworben hat oder sich ein vor diesem Zeitpunkt erworbener Rechtsanspruch nach dem 31.12.1986 erhöht (Art. 28 Abs. 1 Satz 1 EGHGB). Unabhängig vom Entstehungszeitpunkt gilt ein Bilanzierungswahlrecht gemäß Art. 28 Abs. 1 Satz 2 EGHGB auch für alle mittelbaren Verpflichtungen aus einer Zusage sowie für ähnliche unmittelbare oder mittelbare Verpflichtungen. Als Ausfluss der GoB gilt zudem ein Aktivierungswahlrecht für unentgeltlich erworbene (materielle) Vermögensgegenstände, worunter insbesondere durch Schenkung erworbene Vermögensgegenstände fallen.

Bilanzierungswahlrechte in der Steuerbilanz

Die Steuerbilanz ist durch das in § 5 Abs. 1 EStG verankerte Maßgeblichkeitsprinzip grundsätzlich an die handelsrechtlichen Bilanzierungsgebote und -verbote gebunden. Dagegen wird die Maßgeblichkeit handelsrechtlicher Bilanzierungswahlrechte für die Steuerbilanz vom BFH verneint. Nach dem BFH-Beschluss vom 03.02.1969 (Großer Senat 2/68, in BB 1969, S. 477) besteht in der Steuerbilanz für handelsrechtliche Aktivierungswahlrechte eine Aktivierungspflicht und für Passivierungswahlrechte ein Passivierungsverbot. Von diesem Grundsatz gibt es jedoch auch Ausnahmen: So besteht für selbst geschaffene immaterielle Wirtschaftsgüter des Anlagevermögens (§ 5 Abs. 2 EStG) und für aktive latente Steuern – trotz handelsrechtlichem Aktivierungswahlrecht – steuerlich ein Aktivierungsverbot. Andererseits wird das handelsrechtliche Passivierungswahlrecht für vor dem 01.01.1987 begründete Pensionsverbindlichkeiten auch steuerrechtlich anerkannt (§ 6a EStG). Lediglich hinsichtlich der Ausübung von rein steuerlichen Wahlrechten bestehen bei der Erstellung der Steuerbilanz seit BilMoG eigenständige Entscheidungsmöglichkeiten. Der geänderte Wortlaut des § 5 Abs. 1 Satz 1 EStG ermöglicht es dem Bilanzierenden, steuerliche Wahlrechte unabhängig von der Handhabung in der Handelsbilanz auszuüben. Für Gegenstände des gewillkürten Betriebsvermögens (vgl. dazu in diesem Kapitel, S. 82 f.) gewährt das Steuerrecht – wie das Handelsrecht – grundsätzlich ein Bilanzierungswahlrecht.

Die hinsichtlich des handelsrechtlichen Bilanzansatzes im Einzelnen vorzunehmenden Prüfungen und zu treffenden Entscheidungen werden in Abbildung 2.2 zusammengefasst.

II. Bilanzansatz nach IFRS

Der Bilanzansatz nach IFRS basiert im Wesentlichen auf den Regelungen des Framework des IASB (vgl. 1. Kapitel, S. 65 ff.), welche im Folgenden näher erläutert werden.

1. Bilanzierungsfähigkeit

Abstrakte und konkrete Bilanzierungsfähigkeit

Auch nach IFRS wird zwischen einer abstrakten und konkreten Bilanzierungsfähigkeit differenziert. Demnach erfolgt die Erfassung von Vermögenswerten (*assets*) und Posten mit Schuldcharakter *(liabilities)* als Elemente der Bilanz in einem zweistufigen Entscheidungsprozess. Zunächst müssen Posten, die als *assets* oder *liabilities* berücksichtigt werden sollen, die vorgesehenen Definitionskriterien erfüllen. Gelingt die Identifikation, ist die abstrakte Bilanzierungsfähigkeit gegeben. Anschließend sind bestimmte, vor allem durch das Kriterium der Verlässlichkeit geprägte Ansatzkriterien (*recognition criteria*) zu prüfen, welche die konkrete Bilanzierungsfähigkeit für das rechnungslegende Unternehmen ausmachen. Zentrale Prüfkriterien sind hierbei vor allem der Grad der Eintrittswahrscheinlichkeit des Zu- bzw. Abgangs des wirtschaftlichen Nutzens und dessen Wertbestimmbarkeit. Sind abstrakte und konkrete Bilanzierungsfähigkeit erfüllt, so besteht eine Bilanzierungspflicht als *asset* oder *liability* (F 4.37).

Assets werden im Framework des IASB definiert als

Asset

1. Ressourcen, die aus einem vergangenen Ereignis resultieren,
2. über die das Unternehmen verfügen kann und
3. aus denen es in Zukunft wirtschaftlichen Nutzen zu erzielen erwartet (F 4.4a).

Mit dieser Definition geht der Umfang eines *asset* über die herrschende Definition eines Vermögensgegenstandes nach den GoB hinaus, da es nicht auf die Einzelverwertbarkeit ankommt, sondern lediglich auf die Möglichkeit der Erzielung eines zukünftigen Nutzens.

Angesetzt werden darf ein *asset* jedoch nur, falls

Ansatzkriterien (recognition criteria) für assets

1. es wahrscheinlich (*probable*) ist, dass ein mit ihm verbundener zukünftiger ökonomischer Nutzen dem Unternehmen zufließt und
2. sich seine Kosten oder sein Wert verlässlich (*with reliability*) ermitteln lassen (F 4.38, F 4.44).

Der erforderliche Grad der Wahrscheinlichkeit (*probable*) wird für Zwecke des Bilanzansatzes im Framework nicht weiter konkretisiert. Man wird jedoch in Anlehnung an den anglo-amerikanischen Sprachgebrauch davon ausgehen können, dass der Zufluss des Nutzens eher wahrscheinlicher als unwahrscheinlicher sein muss, d. h. eine Wahrscheinlichkeit von größer als 50 % aufzuweisen hat. Ein *asset* wird demnach nicht in der Bilanz angesetzt, wenn der Zufluss des mit ihm verbundenen zukünftigen Nutzens unwahrscheinlich (*improbable*) ist. Stattdessen sind die für den Sachverhalt angefallenen Ausgaben als Aufwand der Periode in der Gewinn- und Verlustrechnung zu erfassen (F 4.45). In diesem Ansatzkriterium zeigt sich die Bedeutung der periodengerechten Erfolgsermittlung (sog. *accrual basis*) nach den IFRS. Eine Aktivierung würde aus Sicht der *accrual basis* nur Sinn machen, wenn damit die entstandenen Ausgaben neutralisiert und den korrespondierenden Erträgen als Aufwand in späteren Perioden gegenübergestellt werden. Sind korrespondierende Erträge nicht mit entsprechender Wahrscheinlichkeit zu erwarten, so sind die entstandenen Ausgaben als Aufwendungen der aktuellen Periode zu charakterisieren. Auch bei einer Nichtberücksichtigung von *assets* und *liabilities* in der Bilanz kann aus Gründen der Entscheidungsrelevanz eine Offenlegung im Anhang oder anderen erläuternden Unterlagen geboten sein (F 4.43). Dies ist beispielsweise bei Eventualforderungen (*contingent assets*) der Fall. Sie stellen das Äquivalent auf der Aktivseite zu den Eventualverbindlichkeiten (*contingent liabilities*) dar, d. h. es handelt sich um mögliche Vermögenszugänge, die jedoch noch von zukünftigen Ereignissen abhängen, die nicht im Ermessen des Bilanzierenden liegen. Sie sind im Anhang anzugeben und zu beschreiben, sofern der künftige Ressourcenzufluss wahrscheinlich ist (*probable*), jedoch vor ihrer tatsächlichen Realisierung nicht bilanziell zu erfassen (IAS 37.89).

Posten mit Schuldcharakter werden in den IFRS als *liabilities* bezeichnet. Sie entstehen definitionsgemäß dann, wenn

Liability

1. ein Unternehmen eine gegenwärtige Verpflichtung hat, die
2. aufgrund von Ereignissen in der Vergangenheit entstanden ist und
3. deren Erfüllung voraussichtlich den Abfluss von Ressourcen zur Folge haben wird, die einen wirtschaftlichen Nutzen für das Unternehmen beinhalten (F 4.4b).

Diese Verpflichtungen können sowohl auf rechtlich durchsetzbaren Ansprüchen beruhen als auch auf Ansprüchen, denen sich das Unternehmen aus wirtschaftlichen Gründen nicht entziehen kann (F 4.15). Die Erfüllung der Verpflichtung kann dabei mittels Zahlungen, aber auch beispielsweise durch den Transfer von *assets* oder anderen Leistungen erfolgen (F 4.17).

Ansatzkriterien (recognition criteria) für liabilities

Eine nach obiger Definition vorliegende *liability* wird jedoch nur in der Bilanz erfasst, wenn

1. der Abfluss von Ressourcen mit wirtschaftlichem Nutzen wahrscheinlich (*probable*) ist und
2. sich ihr Wert verlässlich (*reliably*) ermitteln lässt (F 4.38, F 4.46).

Durch die Aufnahme des Wahrscheinlichkeitsaspektes im Hinblick auf den Abfluss von Ressourcen umfasst der Schuldposten der *liabilities* nicht nur Geschäftsvorfälle, die nach deutschen Bilanzierungsvorschriften als Verbindlichkeiten passiviert werden, sondern auch solche Verpflichtungen, die wegen der Ungewissheit ihres Bestehens und/oder ihrer Höhe nicht als Verbindlichkeit, sondern als Rückstellung ausgewiesen werden (F 4.19). Schuldposten, die einer derartigen Unsicherheit unterliegen, werden, je nachdem in welcher Hinsicht Ungewissheit besteht (Wahrscheinlichkeit des Eintritts, Schätzbarkeit der Höhe und Sicherheit des Eintrittszeitpunkts der Verpflichtung), als Rückstellungen (*provisions*), abgegrenzte Schulden (*accruals*) oder Eventualschulden (*contingent liabilities*) bezeichnet (IAS 37.10 ff.; vgl. hierzu im Detail 7. Kapitel, S. 447 ff.).

Rechnungsabgrenzungsposten/latente Steuern

Gemäß der weiten Definitionen von *assets* und *liabilities* sind auch Rechnungsabgrenzungsposten und latente Steuern darunter zu subsumieren. Sie werden deshalb im Framework als Bilanzposten – im Gegensatz zu § 246 Abs. 1 HGB, in welchem die Rechnungsabgrenzungsposten angesprochen werden – nicht explizit erwähnt.

Konkrete Bilanzierungsgebote

Allerdings wurden in der letzten Zeit vom IASB zum Teil Vorschriften verabschiedet, in denen die allgemeinen Ansatzkriterien keine Anwendung finden und der Ansatz bestimmter Aktiva und Passiva an abweichende Regelungen gebunden ist. Als Beispiel sind zum einen Finanzinstrumente zu nennen, deren Ansatz unabhängig von der Wahrscheinlichkeit des Nutzenzuflusses ist, da das ausschlaggebende Kriterium gemäß IAS 39.14/IFRS 9.3.1.1 der Abschluss eines Vertrages ist, der ein Finanzinstrument beinhaltet (vgl. hierzu 5. Kapitel, S. 260 ff.). Zum anderen verlangt IFRS 3.23 den Ansatz von Eventualverbindlichkeiten abweichend von den allgemeinen Regelungen, falls diese im Rahmen eines Unternehmenszusammenschlusses erworben wurden. Bezüglich der Eventualverbindlichkeiten plant das IASB jedoch, zukünftig generell auf das Ansatzkriterium der Wahrscheinlichkeit des wirtschaftlichen Abflusses zu verzichten (vgl. Exposure Draft zu IAS 37 und 7. Kapitel, S. 447). Das Projekt ist seit 2012

Bestandteil der IASB *Research Programme* und wird zusammen mit dem neuen Framework entwickelt.

Änderung der Definition von asset und liability

Im Rahmen des seit Oktober 2004 durchgeführten Projektes zur Schaffung eines neuen Framework (vgl. 1. Kapitel, S. 65 f.) werden auch die Definitionen von *asset* und *liability* geändert. Ein entsprechendes Discussion Paper wurde im Juli 2013 veröffentlicht. Darin wird vorgeschlagen, bei den Definitionen deutlich zwischen Resourcen bzw. Verpflichtungen und den verbundenen wirtschaftlichen Nutzen zu unterscheiden. Somit wären für die Definitionen von *asset* bzw. *liability* die Characteristika Resourcen bzw. Verpflichtungen und nicht der Zufluss bzw. Abfluss von wirtschaftlichen Nutzen determinierend. Daneben wird die Rolle der Wahrscheinlichkeit des wirtschaftlichen Nutzenzu- bzw. -abflusses als Ansatzkriterium zur Diskussion gestellt.

2. Abgrenzung des Vermögens und der Schulden nach Unternehmenszugehörigkeit

Faithful representation

Nach IFRS wird zur Entscheidung über die Zugehörigkeit von *assets* der Grundsatz *faithful representation* (F QC 12 ff., vgl. 1. Kapitel, S. 67) herangezogen. Als Folge dieser geforderten glaubwürdigen Darstellung sind bei der Bilanzierung einzelner Sachverhalte ausschließlich – wie auch nach Handelsrecht – wirtschaftlich relevante Gesichtspunkte von Interesse. Geschäfte und Ereignisse sind deshalb nicht nach ihrer rechtlichen Form, sondern nach ihrem tatsächlichen wirtschaftlichen Gehalt zu behandeln.

Eigentumsvorbehalt, Sicherungsübereignung

Die wirtschaftliche Betrachtungsweise ist vor allem dann von Bedeutung, wenn Unterschiede zwischen wirtschaftlichem und juristischem Eigentum an *assets* auftreten. Dies kann beispielsweise beim Eigentumsvorbehalt, bei der Sicherungsübereignung und bei der Sicherungszession vorkommen. Trotz fehlendem juristischen Eigentums muss der wirtschaftliche Eigentümer der betroffenen *assets* – analog der Ausführungen zum Handelsrecht (vgl. in diesem Kapitel, S. 81) – diese in seine Bilanz aufnehmen.

Leasing

Die Frage nach dem wirtschaftlichen Eigentum spielt auch bei Leasinggeschäften eine wichtige Rolle. IAS 17 enthält eine Definition des Leasing, die kaum von dem in Deutschland anzutreffenden Verständnis des Leasing abweicht. Gemäß IAS 17.4 wird Leasing als ein Vertrag charakterisiert, bei dem der Leasinggeber (*lessor*) dem Leasingnehmer (*lessee*) das Recht zur Nutzung eines *asset* für einen vereinbarten Zeitraum gegen Entgelt einräumt. Nach dem Grundsatz *faithful representation* ist der Leasinggegenstand beim Leasingnehmer zu aktivieren, wenn im Wesentlichen alle Risiken und Chancen, die mit dem Eigentum verbunden sind, auf den Leasingnehmer übertragen wurden (vgl. IAS 17.8). Trifft dies auf ein Leasinggeschäft zu, spricht man von einem Finanzierungsleasing (*finance lease*), alle anderen Leasingverhältnisse werden als Operating-Leasingverhältnisse (*operating lease*) bezeichnet. IAS 17 enthält weitere Kriterien zur Bestimmung eines *finance lease*, die sich in ihrer Bedeutung unterscheiden. Ausführlichere Erläuterungen zur Bilanzierung von Leasingverhältnissen nach IFRS (das IASB arbeitet gerade an einer wesentlichen Änderung) befinden sich im 3. Kapitel, S. 198 ff.

3. Abgrenzung der Mehrungen des Vermögensbestandes von bloßen Erhaltungsmaßnahmen

Subsequent costs

Im Gegensatz zur handelsrechtlichen Praxis ist in den IFRS keine Definition eines Unterscheidungsmerkmales von Herstellungs- und Erhaltungsaufwendungen enthalten. Vielmehr verlangt das IASB die Aktivierung von Aufwendungen in Übereinstimmung mit den allgemeinen Ansatzkriterien von *assets* des Frameworks (F 4.38, F 4.44), welche mit den Aktivierungsvoraussetzungen für das Sachanlagevermögen in IAS 16.7 identisch sind. Dies gilt sowohl für regelmäßige und unregelmäßige Ersatzinvestitionen (IAS 16.13) als auch für größere Investitionen ohne konkreten Reparaturbedarf wie beispielsweise Generalüberholungen oder Großinspektionen (IAS 16.14). Die Kosten für letztere können außerdem nur dann aktiviert werden, wenn diese regelmäßig durchgeführt werden und der zugrunde liegende Vermögenswert auch nach der Überholung/Inspektion weiter betrieben wird. Diese nachträglichen Anschaffungs- oder Herstellungskosten (*subsequent costs*) sind aktivierungsfähig und im Ergebnis wie »eigenständige Vermögenswerte« zu behandeln und über das Wartungsintervall bzw. eine kürzere Restnutzungsdauer des gewarteten Vermögenswertes abzuschreiben. Im Falle einer Aktivierung von Aufwendungen sind eventuell noch nicht vollständig abgeschriebene, veraltete Buchwerte der durch die aktivierten Ersatzinvestitionen erneuerten Komponenten (vgl. *components approach*, in diesem Kapitel, S. 108) auszubuchen.

Erhaltungsaufwand

Laufende Aufwendungen, welche der Erhaltung und Reparatur der aktivierten Vermögenswerte des langfristigen Sachvermögens dienen, sind gemäß IAS 16.12 in der Periode, in der sie anfallen, GuV-wirksam zu erfassen. Hierunter fallen primär Lohn- und Materialkosten, wobei letztere auch kleinere Ersatzteile mit einschließen können (vgl. Haufe IFRS-Kommentar [2013], § 8 Tz. 32 f.). Insgesamt sind die Aktivierungsmöglichkeiten von Aufwendungen, welche durch IAS 16.12 ff. geboten werden, weiter gefasst als die Möglichkeiten des HGB bzw. der EStR.

Nachträgliche Aufwendungen für immaterielle Vermögenswerte

Ebenso wie im Sachanlagevermögen ist im Bereich der immateriellen Vermögenswerte eine Aktivierung von nachträglichen Aufwendungen nur möglich, wenn diese die allgemeinen Ansatzkriterien erfüllen (IAS 38.21). IAS 38.20 stellt dabei klar, dass eine Aktivierung von nachträglichen Aufwendungen für das immaterielle Vermögen nur in den seltensten Fällen (*only rarely*) angebracht ist.

Nachträgliche Aktivierung

In der vorangegangenen Periode bereits GuV-wirksam verrechnete Aufwendungen dürfen – wie im Handelsrecht – nicht nachträglich aktiviert werden.

4. Bilanzierungsverbote und Bilanzierungswahlrechte

Bilanzierungsverbote

Die allgemeine Bilanzierungspflicht für *assets* und *liabilities* wird in den IFRS durch spezielle Ansatzkriterien (konkrete Bilanzierungsfähigkeit) weiter eingeschränkt. Erfüllen *assets* und *liabilities* die Ansatzkriterien nicht (vgl. in diesem Kapitel, S. 86 ff.), so besteht für sie i. d. R. ein Bilanzierungsverbot (bezüglich einiger Ausnahmen vgl. in diesem Kapitel, S. 88). Unabhängig davon finden sich an verschiedenen Stellen der IFRS noch weitere klarstellende Bilanzierungsverbote, wie etwa für den originären Firmenwert (IAS 38.48), für aus der Forschung entstehende immaterielle Vermögenswerte (IAS 38.54) oder für selbst geschaffene Markennamen, Drucktitel, Verlagsrechte oder Kundenlisten (IAS 38.63).

Bilanzierungswahlrechte

Explizite Ansatzwahlrechte gewähren die IFRS nicht. Sind die Ansatzkriterien für *assets* bzw. *liabilities* erfüllt, besteht nach IFRS eine Ansatzpflicht unter Beachtung der Grundsätze *materiality* und *balance between benefit and cost*. Ansonsten hat eine Bilanzierung bis auf einige wenige Ausnahmefälle (vgl. in diesem Kapitel, S. 88) zu unterbleiben. Allerdings besteht weder für die im Rahmen eines Unternehmenszusammenschlusses erworbenen Eventualverbindlichkeiten noch für Finanzinstrumente (*financial instruments*) ein Bilanzierungswahlrecht. Vielmehr schreiben die IFRS an dieser Stelle, trotz Abweichungen von den Ansatzkriterien, einen verpflichtenden Ansatz vor. Gleichwohl existieren implizite (faktische) Ansatzwahlrechte, so z. B. bei der Definition von Entwicklungskosten nach IAS 38.8 (vgl. 3. Kapitel, S. 186 ff.) oder der Wahrscheinlichkeitseinschätzung bezüglich des Nutzenzu- oder -abflusses bei der Festlegung der *asset*- oder *liability*-Eigenschaft (z. B. bei der Bilanzierung von Rückstellungen).

Abbildung 2.3 soll abschließend den Zusammenhang der Entscheidungen, die bezüglich des Bilanzansatzes nach IFRS zu treffen sind, verdeutlichen.

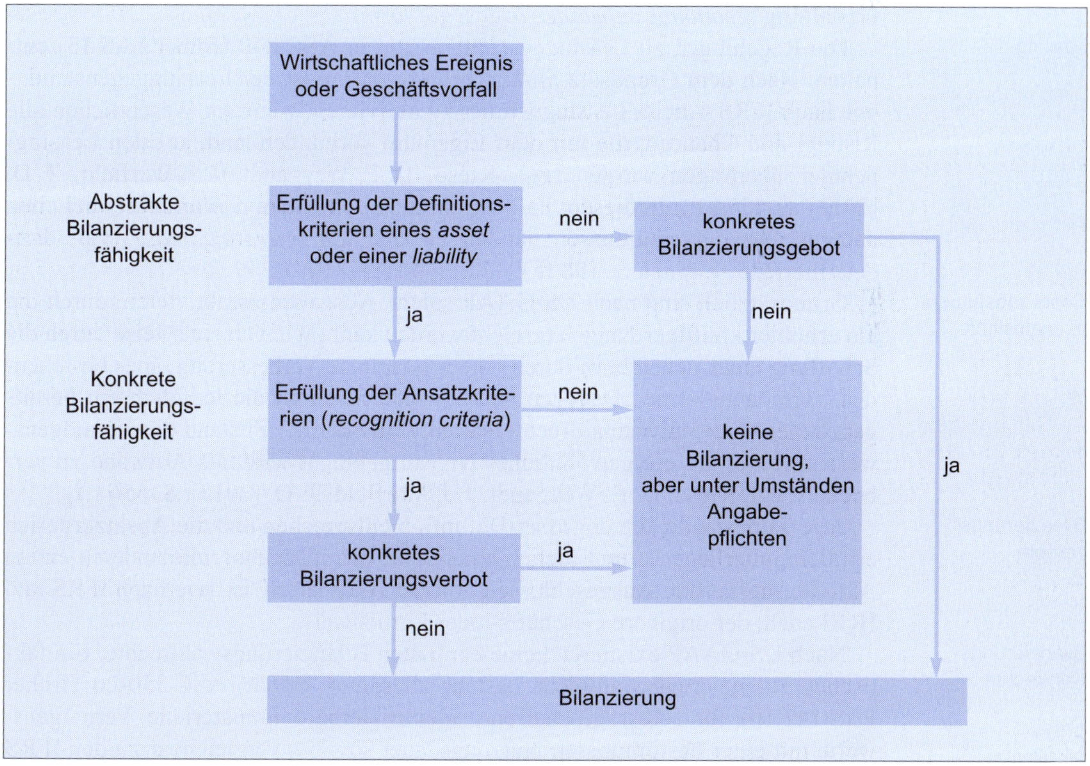

Abb. 2.3: Bilanzansatzentscheidungen im IFRS-Abschluss (in Anlehnung an Klein, G. [1999], S. 96)

III. Bilanzansatz nach US-GAAP

Asset

Nach US-GAAP besteht eine Bilanz aus *assets*, *liabilities* und der Restgröße *equity*. Dabei ist ein *asset* definiert als eine Ressource, durch die in der Zukunft ein wirtschaftlicher Nutzen erwartet wird und über die das Unternehmen infolge vergangener Ereignisse verfügen kann (CON 6.25). Inhaltlich entspricht die Definition eines *asset*, so wie sie nach US-GAAP in CON 6.26 festgelegt ist, jener nach IFRS. Für den Ansatz eines *asset* gelten gemäß den US-GAAP neben *measurability* (CON 5.65 ff.) die Kriterien *relevance* (CON 5.73 f.) und *reliability* (CON 5.75 ff.).

Liability

Liabilities werden nach US-GAAP definiert als wahrscheinliche, künftige Belastungen des Unternehmens, die aus bestehenden Verpflichtungen entstammen (CON 6.35). Auch die Voraussetzungen, die das Vorliegen einer *liability* begründen (vgl. CON 6.36), entsprechen inhaltlich denen der IFRS. Entsprechend sind auch Rückstellungen (*accruals* und *contingent liabilities*) unter den *liabilities* zu subsumieren. Liegt nach dieser Definition eine *liability* vor, ist zu prüfen, ob auch die Ansatzkriterien erfüllt sind, erst dann erfolgt ein Bilanzansatz. Als Ansatzkriterien gelten wie bei den *assets* (siehe oben) *measurability*, *relevance* und *reliability*.

Economic substance over legal form

Der für die US-amerikanische Rechnungslegung charakteristische Grundsatz der *substance over form* führt ebenfalls dazu, dass für die Beurteilung eines Sachverhalts dessen wirtschaftliche Wirkung maßgeblich ist und nicht die rechtliche Gestaltung (*economic substance over legal form*).

Leasing

Die Regelungen zu Leasinggeschäften sind in ASC 840 (früher FAS 13) enthalten. Nach dem Grundsatz *faithful representation* ist der Leasinggegenstand – wie nach IFRS – beim Leasingnehmer zu aktivieren, wenn im Wesentlichen alle Risiken und Chancen, die mit dem Eigentum verbunden sind, auf den Leasingnehmer übertragen wurden (vgl. Kieso, D. E./Weygandt, J. J./Warfield, T. D. [2013] S. 1274 f.). In diesem Fall spricht man von einem *capital lease*, bei allen anderen Leasingverhältnissen handelt es sich um *operating lease* (vgl. dazu detaillierter 3. Kapitel, S. 198 ff.).

Costs subsequent to acquisition

Grundsätzlich sind nach US-GAAP solche Ausgaben zu aktivieren, durch die ein erhöhter künftiger Nutzen erreicht werden kann, wie beispielsweise durch die Schaffung eines neuen bzw. durch eine wesentliche Verbesserung eines bestehenden Vermögenswertes. Dagegen sind Ausgaben, durch die lediglich ein bereits gegebenes Nutzenniveau aufrechterhalten wird oder der Zustand des Vermögenswertes wieder auf ein gewöhnliches Niveau gebracht wird, als Aufwand zu verbuchen (vgl. Kieso, D. E./Weygandt, J. J./Warfield, T. D. [2013] S. 556 f.).

Bilanzierungsverbote

Alle Tatbestände, die der *asset*-Definition entsprechen und die Ansatzkriterien erfüllen, unterliegen grundsätzlich einem Aktivierungsgebot, alle anderen einem Aktivierungsverbot. Ausgeschlossen von der Aktivierung ist, wie nach IFRS und HGB auch, der originäre Geschäfts- oder Firmenwert.

Bilanzierungswahlrechte

Nach US-GAAP existieren keine expliziten Bilanzierungswahlrechte. Ein faktisches Bilanzierungswahlrecht besteht allerdings gemäß ASC 350-20 (früher FAS 142.10) für selbst geschaffene, identifizierbare immaterielle Vermögenswerte mit einer bestimmbaren Nutzungsdauer sowie – vergleichbar zu den IFRS – bei der Einschätzung der Erfüllung der Ansatzkriterien von *assets* und *liabilities*.

B. Bilanzbewertung (»Bilanzierung der Höhe nach«)

Nachdem feststeht, welche Sachverhalte in einer Bilanz anzusetzen sind, muss die Frage nach der Höhe des Ansatzes geklärt werden. Gegenstand der folgenden Ausführungen ist deshalb die Bewertung einzelner Bilanzposten. Zum Zeitpunkt der Ersterfassung (= Zugang) stellt sich hierbei zunächst die Frage nach den Ausgangswerten der einzelnen Bilanzposten. In den Folgeperioden werden die Wertansätze der einzelnen Vermögenswerte und Schulden gemäß den für sie geltenden Bilanzierungsvorschriften fortgeführt und am Ende einer Abrechnungsperiode zur Überprüfung der Werthaltigkeit speziellen Korrekturwerten gegenübergestellt. Abbildung 2.4 verdeutlicht dieses Vorgehen im Rahmen der Bewertung.

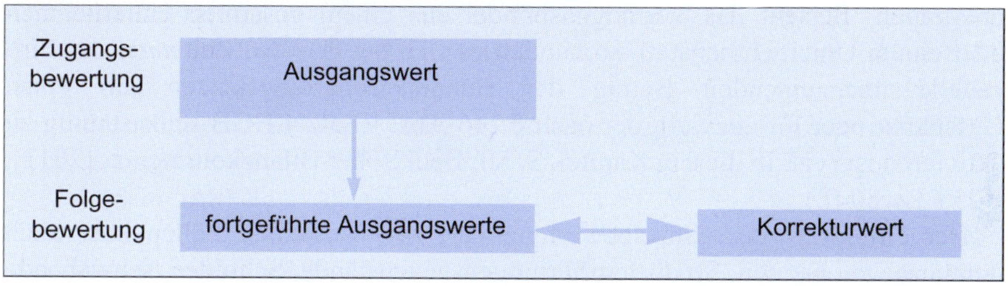

Abb. 2.4: Vorgehen bei der Bewertung von Vermögenswerten und Schulden

Im folgenden Abschnitt werden zunächst die grundlegenden Wertbegriffe der Zugangsbewertung dargestellt. Anschließend wird die Vorgehensweise bei der Folgebewertung inkl. der relevanten Korrekturwerte der einzelnen Rechnungslegungssysteme aufgezeigt.

I. Grundlegende bilanzielle Wertbegriffe der Zugangsbewertung

Bei der Erstbewertung eines Bilanzpostens, d. h. im Zeitpunkt der Ersterfassung des jeweiligen Sachverhaltes in der Buchhaltung, kommen die sog. Ausgangswerte zur Anwendung. Hierin bestehen keine Unterschiede zwischen den anzuwendenden Rechnungslegungsnormen. Allerdings ergeben sich Unterschiede in der Relevanz bestimmter Ausgangswerte für bestimmte Sachverhalte und in der spezifischen Definition der jeweiligen Ausgangswerte.

1. Zugangsbewertung nach nationalen Normen

Grundsatz der Einzelbewertung

Nach dem Grundsatz der Einzelbewertung (§ 252 Abs. 1 Nr. 3 HGB) sind die Vermögensgegenstände und Schulden zu jedem Abschlussstichtag (Folgebewertung) einzeln zu bewerten. Dies setzt voraus, dass die Bilanzierungsgegenstände zum Zugangszeitpunkt einzeln erfasst und bewertet wurden (Grundsatz der Einzelerfassung). Durch diese Einzelbewertung aller Vermögensgegenstände und Schulden wird verhindert, dass in den Folgeperioden Wertminderungen mit Wertsteigerungen durch entsprechende Globalbewertung der betreffenden Vermögensgegenstände und Schulden kompensiert werden und so notwendige

Abschreibungen unterbleiben. Als einzelner Vermögensgegenstand gilt dabei grundsätzlich jedes Gut, das selbstständig verkehrsfähig, d. h. einzeln verwertbar ist.

Erwerb eines Bündels

Der Einzelbewertungsgrundsatz ist auch anzuwenden, wenn mehrere Vermögensgegenstände zusammen erworben werden (so z. B. Erwerb eines Pakets von Wertpapieren, eines Gebäudes inkl. Einrichtung, einer Rechneranlage zusammen mit der zugehörigen Software oder eines gesamten Unternehmens). Ein solches erworbenes Vermögensbündel ist in seine selbstständig verkehrsfähigen Einzelteile (Vermögensgegenstände, Schulden) aufzuspalten, die mit ihren jeweiligen beizulegenden Zeitwerten als Ausgangswerte zu bewerten sind. Liegt die Summe der Zeitwerte über oder unter den Anschaffungskosten des Bündels, so ist die Differenz im Verhältnis der Zeitwerte der bilanzierten Einzelteile auf diese zu übertragen. Besteht das Vermögensbündel aus einem gesamten Unternehmen oder einem Unternehmensteil, so handelt es sich bei dem die Zeitwerte der Einzelteile übersteigenden Betrag der Bündelanschaffungskosten um einen Geschäfts- oder Firmenwert, der nach § 246 Abs. 1 Satz 4 HGB selbstständig zu aktivieren ist (vgl. in diesem Kapitel, S. 80; Beck'scher Bilanzkommentar [2012], § 255 Tz. 80 ff.).

Bewertungseinheit

Der Grundsatz der Einzelbewertung darf in bestimmten Fällen aber auch durchbrochen werden. So dürfen Vermögensgegenstände, Schulden, schwebende Geschäfte oder mit hoher Wahrscheinlichkeit erwartete Transaktionen (Grundgeschäfte) zum Ausgleich gegenläufiger Wertänderungen oder Zahlungsströme aus dem Eintritt vergleichbarer Risiken mit Finanzinstrumenten oder Warentermingeschäften (Sicherungsgeschäfte) zu einer Bewertungseinheit zusammengefasst werden (§ 254 HGB). Die Durchbrechung des Einzelbewertungsgrundsatzes ist aber nur in dem Umfang und für den Zeitraum zulässig, in welchem sich die gegenläufigen Wertänderungen oder Zahlungsströme ausgleichen, d. h. auf die Berücksichtigung nicht realisierter Verluste darf nur verzichtet werden, wenn diesen in gleicher Höhe nicht realisierte Gewinne gegenüberstehen (vgl. 5. Kapitel, S. 301 ff.).

Bewertungsmaßstäbe

Die relevanten Wertmaßstäbe bezüglich der Zugangsbewertung der einzelnen Vermögensgegenstände und Schulden sind in § 253 Abs. 1 HGB kodifiziert. Dabei sind

- Vermögensgegenstände mit den Anschaffungs- oder Herstellungskosten,
- Verbindlichkeiten mit dem Erfüllungsbetrag,
- Rückstellungen mit dem nach »vernünftiger kaufmännischer Beurteilung« notwendigen Erfüllungsbetrag,
- Rückstellungen für Altersversorgungsverpflichtungen, deren Höhe sich ausschließlich nach dem beizulegenden Zeitwert von bestimmten Wertpapieren bestimmt (sog. wertpapiergebundene Pensionszusagen), mit dem beizulegenden Zeitwert dieser Wertpapiere (soweit dieser einen garantierten Mindestbetrag übersteigt) und
- zur Erfüllung von Schulden aus Altersversorgungsverpflichtungen oder vergleichbaren langfristig fälligen Verpflichtungen nach § 246 Abs. 2 Satz 2 HGB zu verrechnende Vermögensgegenstände mit dem beizulegenden Zeitwert

anzusetzen. Darüber hinaus ist gemäß § 272 Abs. 1 Satz 2 HGB für Kapitalgesellschaften der Ansatz des gezeichneten Kapitals (Grundkapitals) zum Nennbetrag verbindlich.

Das Steuerrecht nennt als weiteren Wertmaßstab den Teilwert, der einerseits für die Bewertung der Entnahmen und Einlagen und andererseits aber auch als Korrekturwert der Folgebewertung (vgl. in diesem Kapitel, S. 121 f.) zu den Anschaffungs- und Herstellungskosten vorgesehen ist (§ 6 Abs. 1 EStG).

Von den genannten Ausgangswerten werden wegen ihrer zentralen Bedeutung im Folgenden die Anschaffungskosten, die Herstellungskosten, der beizulegende Zeitwert sowie der Teilwert erörtert. Zudem werden als Zugangswerte für Verbindlichkeiten der Erfüllungsbetrag sowie der Barwert erläutert. Die übrigen genannten Wertbegriffe werden im Zusammenhang mit den zugehörigen Bilanzposten in den jeweils relevanten Kapiteln behandelt.

a) Anschaffungskosten

Begriff und Bedeutung der Anschaffungskosten

Die Anschaffungskosten stellen den originären Wertmaßstab für alle vom Unternehmen fremdbezogenen Vermögensgegenstände dar. Gekaufte Vermögensgegenstände sind demnach mit den Anschaffungskosten zu bewerten. § 255 Abs. 1 HGB definiert die Anschaffungskosten rechtsformunabhängig als die Aufwendungen, die geleistet werden, um einen Vermögensgegenstand zu erwerben und ihn in einen betriebsbereiten Zustand zu versetzen, soweit sie dem Vermögensgegenstand einzeln zugerechnet werden können. Diese Definition entspricht auch der steuerrechtlichen Begriffsauslegung durch die Rechtsprechung.

Trotz des Begriffs »Anschaffungskosten« handelt es sich um einen pagatorischen Wertmaßstab, d. h. für eine Einbeziehung kommen ausschließlich aufwandsgleiche Kosten infrage. Kalkulatorische Kostenbestandteile sind somit ausgeschlossen. Wird zu Kontrollzwecken festgestellt, welche Anschaffungskosten bei erneuter Beschaffung eines bereits vorhandenen Vermögensgegenstandes entstehen würden, so spricht man von Wiederbeschaffungskosten.

Anschaffungskosten

Gemäß § 255 Abs. 1 HGB setzen sich die Anschaffungskosten aus folgenden Bestandteilen zusammen:

	Anschaffungspreis
–	Anschaffungspreisminderungen
+	Anschaffungsnebenkosten, sofern einzeln zurechenbar
+	nachträgliche Anschaffungskosten
=	**handels- und steuerrechtliche Anschaffungskosten**

In die Anschaffungskosten gehen nur Nettopreise (Bruttopreise – Umsatzsteuer) ein, sofern ein Unternehmer zum Vorsteuerabzug berechtigt ist, d. h. gegenüber dem Finanzamt einen Rechtsanspruch auf Erstattung der Umsatzsteuer besitzt. Bei in fremder Währung valutierten Anschaffungskosten ist der Wechselkurs der Verbindlichkeit (Devisenkassamittelkurs zum Zeitpunkt des Eingehens der Verbindlichkeit) auch für die Ermittlung der Anschaffungskosten des Aktivums maßgebend. Werden Anzahlungen getätigt, so sind die Anschaffungskosten durch die Wechselkurse zum Zeitpunkt der Anzahlungen jeweils anteilig festgelegt.

Anschaffungspreisminderungen

Aus dem Grundsatz der Erfolgsneutralität des Beschaffungsvorganges folgt, dass zu den Anschaffungskosten nur die Beträge zählen, die das Unternehmen für die Anschaffung tatsächlich aufwenden musste. Dementsprechend sind Subventionen und Zuschüsse Dritter sowie erhaltene Rabatte, Boni und Skonti als Anschaffungspreisminderungen abzuziehen (vgl. dazu Beck'scher Bilanzkommentar [2012], § 255 Tz. 61 ff.; R 6.5 EStR).

Anschaffungsnebenkosten

Zu den aktivierungspflichtigen Anschaffungsnebenkosten gehören die Kosten, die notwendig sind, um den Vermögensgegenstand in einen betriebsbereiten Zustand zu versetzen und an seinen Einsatzort zu verbringen (§ 255 Abs. 1 HGB). Insbesondere fallen hierunter die Kosten des Transports und der Transportversicherung, Aufstellungs- und Montageaufwendungen, Fundamentierungskosten, Gebühren für die Beurkundung von Kaufverträgen, Provisionen und Vermittlungsgebühren sowie Zölle, Steuern (mit Ausnahmen der abzugsfähigen Umsatzsteuer) und sonstige Abgaben. Voraussetzung für die Aktivierung ist jedoch, dass die Anschaffungsnebenkosten dem Vermögensgegenstand einzeln zugerechnet werden können. Aus diesem Grund dürfen nach handels- und steuerrechtlichen Vorschriften z. B. Verwaltungsgemeinkosten – etwa für umfangreiche Arbeiten im Zusammenhang mit der Feststellung des günstigsten Angebots – grundsätzlich nicht in die Anschaffungskosten einbezogen werden.

Fremdkapitalzinsen

Des Weiteren dürfen die Kosten der Geldbeschaffung ebenfalls grundsätzlich nicht als Anschaffungsnebenkosten aktiviert werden. Ausnahmen bestehen lediglich für die Fälle, in denen Kredite als Anzahlungen oder Vorauszahlungen zur Finanzierung von Neuanlagen mit längerer Bauzeit verwendet werden. Hier ersetzen die (vom Bilanzierenden) aufgenommenen Kredite Betriebskapital des Lieferanten und führen deshalb zu einer Verminderung der produktionsbedingten Kosten beim Lieferanten und entsprechend zu einer Verminderung des Preises, d. h. der Anschaffungskosten der Anlage. In diesen Fällen dürfen die Kreditzinsen handels- und steuerrechtlich in die Anschaffungskosten einbezogen werden.

Nachträgliche Anschaffungskosten

Zusätzlich bestimmt § 255 Abs. 1 Satz 2 HGB, dass die im Rahmen von Um- oder Ausbauarbeiten anfallenden Kosten als nachträgliche Anschaffungskosten der entsprechenden Vermögensgegenstände zu aktivieren sind. Die Abgrenzung dieser Kosten von den sofort abzugsfähigen Aufwendungen erfolgt nach den gleichen Kriterien, nach denen Erhaltungsaufwand von Herstellungsaufwand unterschieden wird (vgl. in diesem Kapitel, S. 83).

Tausch

Bei der Ermittlung der Anschaffungskosten bei Tauschgeschäften gehen handels- und steuerrechtliche Auffassung auseinander. Steuerrechtlich ist das eingetauschte Wirtschaftsgut mit dem gemeinen Wert (hierunter versteht man den Preis, der im gewöhnlichen Geschäftsverkehr nach der Beschaffenheit des Wirtschaftsgutes bei einer Veräußerung zu erzielen wäre) des hingegebenen Gegenstandes anzusetzen, d. h. die in den Wirtschaftsgütern enthaltenen stillen Reserven sind aufzulösen und wie ein Veräußerungsgewinn zu versteuern (§ 6 Abs. 6 Satz 1 EStG). Der Buchwert darf hingegen fortgeführt werden, wenn bei einem Tausch von Wirtschaftsgütern des Anlagevermögens die Voraussetzungen des § 6b EStG vorliegen und somit die Übertragung von stillen Reserven (vgl. 3. Kapitel, S. 166) steuerlich gestattet ist. In der Handelsbilanz existieren keine expliziten Regelungen, welche die Anschaffungskosten von getauschten Gegenständen bestimmen. Demnach kann grundsätzlich der Buchwert des hingegebenen Vermögensgegenstandes (»Buchwertfortführung«), der beizulegende Wert des hingegebenen Vermögensgegenstandes oder ein steuerneutraler Zwischenwert (entspricht dem Buchwert des hingegebenen Vermögensgegenstandes zuzüglich der durch den Tausch ausgelösten Ertragsteuerbelastung) angesetzt werden (vgl. Beck'scher Bilanzkommentar [2012], § 255 Tz. 40 ff.). Eine Auflösung der stillen Reserven ist jedoch dann nicht zulässig, wenn der Tausch in erster Linie bilanzpolitisch motiviert ist (vgl. Beck'scher Bilanzkommentar [2012], § 255 Tz. 40).

Unentgeltlicher Erwerb

Soweit bei einem unentgeltlichen Erwerb Vermögensgegenstände angesetzt werden (vgl. in diesem Kapitel, S. 85), gilt bezüglich der Anschaffungskosten in Handels- und Steuerbilanz als Bewertungsobergrenze der vorsichtig geschätzte Betrag, der normalerweise für die Anschaffung des Gegenstandes hätte aufgewendet werden müssen (vgl. Beck'scher Bilanzkommentar [2012], § 255 Tz. 101). Bei der unentgeltlichen Übertragung eines Betriebs, Teilbetriebs oder Mitunternehmeranteils gelten steuerrechtlich die Buchwerte als Anschaffungskosten des Rechtsnachfolgers (§ 6 Abs. 3 EStG).

Investitionszuschüsse

Eine gesetzliche Vorschrift, welche die Bilanzierung von Investitionszuschüssen regelt, existiert im HGB nicht. Daher ist auch die bilanzielle Behandlung uneinheitlich. Grundsätzlich können die zur Anschaffung bestimmter Vermögensgegenstände erhaltenen, nicht rückzahlbaren Zuwendungen von Dritten (Investitionszulagen, -zuschüsse) als eine Minderung der Anschaffungskosten verstanden werden, da wirtschaftlich davon auszugehen ist, dass derartige Zuwendungen mit dem Ziel gewährt werden, die Mittel zu vermindern, die das Unternehmen selbst für die Anschaffung aufzubringen hat (vgl. Beck'scher Bilanzkommentar [2012], § 255 Tz. 114 f.). Daneben wird in der Handelsbilanz auch ein Ausweis der Zuschüsse in einem gesonderten Passivposten für zulässig erachtet. Bei umfangreichen Zuschussfinanzierungen ist dieser indirekten Darstellung wegen des dadurch vergrößerten Einblicks in die Vermögens-, Finanz- und Ertragslage sogar der Vorzug zu gewähren. Ein solcher passiver Sonderposten ist i. d. R. parallel zu den Abschreibungen des entsprechenden Vermögensgegenstandes GuV-wirksam aufzulösen. Des Weiteren scheint auch, in Anlehnung an die steuerlichen Vorschriften, eine sofortige GuV-wirksame Vereinnahmung der Zuwendungen handelsrechtlich zulässig (vgl. Hayn, S./Waldersee, G. Graf [2006] S. 84; Beck'scher Bilanzkommentar [2012], § 255 Tz. 117 f.). Steuerrechtlich besitzt der Bilanzierende bei Investitionszuschüssen ein Wahlrecht, einen gewährten Zuschuss GuV-wirksam als Ertrag zu erfassen oder ihn von den Anschaffungskosten des jeweiligen erworbenen Wirtschaftsgutes abzusetzen (R 6.5 Abs. 2 EStR). Eine Einstellung in einen Passivposten ist steuerrechtlich nicht zulässig. Die Minderung der Anschaffungs- und Herstellungskosten ist allerdings nur für nicht-rückzahlbare Zuwendungen möglich (vgl. Baetge, J./Kirsch, H.-J./Thiele, S. [2012], S. 197).

Abbruchs- und Wiederherstellungskosten

Mit einem erworbenen Vermögensgegenstand in Verbindung stehende, künftig erwartete Abbruchs- und Wiederherstellungskosten können handels- und steuerrechtlich nicht in den Anschaffungskosten berücksichtigt werden, vielmehr werden diese i. d. R. ratierlich als Rückstellung erfasst (vgl. 7. Kapitel, S. 443).

b) Herstellungskosten

Begriff der Herstellungskosten

Den Ausgangswert für alle vom Unternehmen hergestellten, am Bilanzstichtag noch nicht verkauften Gegenstände des Anlage- und Umlaufvermögens (unfertige und fertige Erzeugnisse sowie eigenbetrieblich genutzte selbst geschaffene Anlagen) stellen die Herstellungskosten dar. Diese dienen für jeden Zugang in den genannten Bereichen als ursprünglicher Wertmaßstab.

Für das Handelsrecht werden die Herstellungskosten in § 255 Abs. 2 HGB rechtsformunabhängig als die Aufwendungen definiert, welche durch den Verbrauch von Gütern und die Inanspruchnahme von Diensten für die Herstellung eines Vermögensgegenstandes, seine Erweiterung oder für eine über seinen ursprünglichen Zustand hinausgehende wesentliche Verbesserung entstehen.

Während die Anschaffungskosten aufgrund vorliegender Rechnungen leicht bestimmt werden können, bestehen bei der Ermittlung der Herstellungskosten Schwierigkeiten, weil sie aus der Kostenrechnung abgeleitet werden müssen. Diese verfolgt jedoch andere Ziele als die externe Rechnungslegung, wodurch Korrekturen an den Kostenrechnungswerten notwendig sind.

Beschränkung auf aufwandsgleiche Kosten

Der bilanzielle Herstellungskostenbegriff weicht in wesentlichen Punkten von dem der Kostenrechnung (»Herstellkosten«) ab, da er auf die aufwandsgleichen Kosten beschränkt ist. Kalkulatorische Kosten dürfen – soweit ihnen keine entsprechenden Aufwendungen gegenüberstehen – weder handels- noch steuerrechtlich in die Herstellungskosten eingehen. Die Abschreibungen dürfen z. B. nicht auf den Wiederbeschaffungskosten basieren, sondern sind auf Grundlage der Anschaffungs- und Herstellungskosten zu berechnen. Ebenso ist der Materialverbrauch zu historischen Einstandspreisen, nicht etwa zu Wiederbeschaffungspreisen, anzusetzen.

Umfang der Herstellungskosten

Der Umfang der Herstellungskosten ergibt sich in erster Linie aus dem Grundsatz der sachlichen Abgrenzung, nach dem alle in der Periode hergestellten, aber noch nicht verkauften Gegenstände mit den ihnen zuzurechnenden Aufwendungen angesetzt werden müssen. Der Produktionsvorgang soll somit den Unternehmenserfolg nicht betreffen und lediglich eine Umschichtung des Vermögens darstellen. Da jedoch über die Zurechenbarkeit bestimmter Aufwendungen unterschiedliche Auffassungen bestehen können, bedarf der Grundsatz der sachlichen Abgrenzung in diesem Zusammenhang der gesetzlichen Konkretisierung. Für das Handelsrecht enthält § 255 Abs. 2 HGB eine Aufzählung der einbeziehungspflichtigen (Pflicht-) und einbeziehungsfähigen (Wahl-)Herstellungskostenbestandteile. Der Umfang der steuerrechtlichen Herstellungskosten ergibt sich dagegen aus den Richtlinien der Finanzverwaltung (R 6.3 EStR), die nach herrschender Meinung zur Ermittlung der zu aktivierenden Herstellungskosten in der Steuerbilanz bindende Wirkung besitzen.

Kommt es handelsrechtlich zu einer Einbeziehung der Wahlbestandteile in die Herstellungskosten, so müssen diese aufgrund des Maßgeblichkeitsgrundsatzes auch bei der steuerrechtlichen Bestimmung der Herstellungskosten berücksichtigt werden, wenn das Steuerrecht für den entsprechenden Sachverhalt keine separaten Vorgaben macht (Fremdkapitalkosten) (vgl. BMF [2010a]).

Die Einkommensteuer-Änderungsrichtlinie 2012 vom 25.03.2013 hob die steuerliche Wertuntergrenze durch eine Umwandlung der Einbeziehungswahlrechte in eine Aktivierungspflicht von den in § 255 Abs. 2 Satz 3 HGB enthaltenen Bestandteilen an (allgemeine Verwaltungskosten, Aufwendungen für soziale Einrichtungen etc.). Im Allgemeinen ergibt sich dadurch ein Vollkostenansatz in der Steuerbilanz. Lediglich für Fremdkapitalzinsen besteht weiterhin ein Wahlrecht des Einbezugs in die Herstellungskosten. Zeitgleich mit der Einkommensteuer-Änderungsrichtlinie (EStÄR) wird die Anwendung der bisher gültigen-Richtlinie der Finanzverwaltung (EStR 2008) durch ein BMF-Schreiben bis auf Weiteres nicht beanstandet (vgl. BMF-Schreiben vom 25.03.2013, BMF [2013]). Somit darf bis zur Verifizierung des mit der Umsetzung verbundenen Erfüllungsaufwandes, spätestens aber bis zu einer neuen Fassung der Einkommensteuerrichtlinien, bei der Ermittlung der Herstellungskosten weiterhin nach der Richtlinie 2008 verfahren werden (vgl. BMF [2013]).

Herstellungskostenbestandteile

Tabelle 2.1 zeigt die aktuell nach Handels- und Steuerrecht gebotenen bzw. möglichen Bestandteile der Herstellungskosten auf. Bestanden diesbezüglich bis zum BilMoG noch Unterschiede hinsichtlich eines fakultativen Einbezugs der Material- und Fertigungsgemeinkosten in der Handelsbilanz, so ist mittlerweile die Zusammensetzung der Herstellungskosten nach HGB und EStG, sofern nach der EStR 2008 verfahren wird, identisch. Unterschiede entstehen mit der EStÄR 2012.

	HGB/EStR 2008	EStÄR 2012
Materialeinzelkosten	Pflicht	Pflicht
Fertigungseinzelkosten	Pflicht	Pflicht
Sondereinzelkosten der Fertigung	Pflicht	Pflicht
Material- und Fertigungsgemeinkosten	Pflicht	Pflicht
Allgemeine Verwaltungskosten (herstellungsbezogen)	Wahlrecht	Pflicht
Aufwendungen für soziale Einrichtungen etc. (herstellungsbezogen)	Wahlrecht	Pflicht
Fremdkapitalkosten (an bestimmte Bedingungen gebunden)	Wahlrecht	Wahlrecht
Sondereinzelkosten des Vertriebs	Verbot	Verbot
Vertriebskosten	Verbot	Verbot
Forschungskosten	Verbot	Verbot

Tab. 2.1: Pflicht- und Wahlbestandteile der Herstellungskosten nach HGB und Steuerrecht gemäß EStR 2008 und EStÄR 2012

Material- und Fertigungseinzelkosten

Material- und Fertigungseinzelkosten gehören zu den Pflichtbestandteilen der Herstellungskosten. Sie zeichnen sich dadurch aus, dass sie den Produkteinheiten direkt zurechenbar sind. Materialeinzelkosten umfassen die Aufwendungen für verbrauchtes Fertigungsmaterial (z. B. Roh- und Hilfsstoffe, fremdbezogene Fertigteile), Fertigungseinzelkosten die direkt zurechenbaren Fertigungskosten (z. B. Akkordlöhne).

Material- und Fertigungsgemeinkosten

Material- und Fertigungsgemeinkosten sind ebenfalls zwingend in die Herstellungskosten mit einzubeziehen. Hierunter fallen sowohl beschäftigungsabhängige (variable) als auch beschäftigungsunabhängige (fixe) Kosten. Zu den Materialgemeinkosten zählen beispielsweise Personalkosten der Lagerverwaltung, soweit sie nicht einzeln (direkt) den Produkteinheiten zurechenbar sind, oder Abschreibungen der Lagerhallen. Bei den Fertigungsgemeinkosten handelt es sich um nicht direkt zurechenbare Kosten der Fertigung (z. B. Kosten der Werkstattverwaltung, Abschreibung der Produktionsmaschinen) (für detaillierte Ausführungen vgl. Coenenberg, A. G./Fischer, T. M./Günther, T. [2012], S. 74 ff.).

Sondereinzelkosten der Fertigung und des Vertriebs

Bei Unternehmen mit langfristiger Auftragsfertigung fallen üblicherweise noch vor Beginn des eigentlichen Herstellungsprozesses Kosten für Vorleistungen in teilweise erheblichem Umfang an (z. B. Kosten für Modelle, Entwürfe, Spezialwerkzeuge, Lizenzgebühren). Soweit diese Kosten einem (bereits erhaltenen) Auftrag als Einzelkosten direkt zugerechnet werden können, sind sie als Sondereinzelkosten der Fertigung zu aktivieren. Ist eine direkte Zurechnung nicht möglich, so ist ihre Aktivierung als Fertigungsgemeinkosten geboten. Für Sondereinzelkosten des Vertriebs hingegen besteht als Unterkategorie der Vertriebskosten ein Aktivierungsverbot (§ 255 Abs. 2 Satz 4 HGB). Hier stellt sich allerdings die Frage, inwieweit bestimmte Aufwendungen, wie z. B. Aufwendungen der Auftragserlangung und -vorbereitung bei Auftragsfertigung, im Einzelfall nicht als Sondereinzelkosten des Vertriebs, sondern als aktivierungspflichtige Fertigungseinzel- oder -gemeinkosten zu qualifizieren sind.

Allgemeine Verwaltungskosten

Verwaltungskosten, die im Material- oder Fertigungsbereich anfallen, gehören entsprechend zu den Material- oder Fertigungsgemeinkosten. Diese Kosten müssen sowohl handels- als auch steuerrechtlich aktiviert werden. Für auf den Zeitraum der Herstellung entfallende Kosten der allgemeinen Verwaltung hingegen besteht gemäß § 255 Abs. 2 Satz 3 HGB ein Ansatzwahlrecht und steuerlich nach der R 6.3 Abs. 1 EStR 2012 eine Aktivierungspflicht. Aufgrund des BMF-Schreiben vom 25.03.2013 (s.o.) kann aber bis auf Weiteres auch nach der EStR 2008 verfahren werden, welche hierfür ein Ansatzwahlrecht vorsieht. Als allgemeine Verwaltungskosten sind beispielsweise Löhne und Gehälter des Verwaltungsbereichs und die Abschreibungen des Verwaltungsgebäudes etc. ansatzfähig.

Freiwillige soziale Aufwendungen

Soweit sie auf den Zeitraum der Herstellung entfallen, besteht gemäß § 255 Abs. 2 Satz 3 HGB zudem ein Ansatzwahlrecht für Aufwendungen für soziale Einrichtungen des Betriebs (z. B. Kantine, Ferienerholungsheime), für freiwillige soziale Leistungen (z. B. Jubiläumszuwendungen, Wohnungsbeihilfen) sowie für die betriebliche Altersversorgung (z. B. Beiträge zu Direktversicherungen, Zuwendungen an Pensions- und Unterstützungskassen). In der Steuerbilanz besteht ein Ansatzpflicht nach R 6.3 Abs. 1 EStR 2012. Aufgrund des BMF-Schreibens wird es nicht beanstandet, wenn nach der EStR 2008 verfahren wird (s.o.), welche hierfür ein Wahlrecht vorsieht.

Fremdkapitalzinsen

Als Ausnahme vom generellen Aktivierungsverbot für Geldbeschaffungskosten gewährt § 255 Abs. 3 Satz 2 HGB die Möglichkeit, Zinsen für Fremdkapital, das zur Finanzierung der Herstellung eines Vermögensgegenstandes verwendet wird, in die Herstellungskosten mit einzubeziehen, soweit sie auf den Zeitraum der Herstellung entfallen. Die Einbeziehung ist gemäß § 284 Abs. 2 Nr. 5 HGB im Anhang anzugeben. Dieses handelsrechtliche Aktivierungswahlrecht gilt ebenso für das Steuerrecht (R 6.3 Abs. 4 Satz 1 EStR) und ist in Übereinstimmung mit dem Handelsbilanzansatz auszuüben.

Vertriebskosten

Ein generelles Aktivierungsverbot für Vertriebskosten enthält § 255 Abs. 2 Satz 4 HGB. Vertriebskosten umfassen die Kosten des Absatzbereichs, also die Kosten, die bei der Verteilung der produzierten Vermögensgegenstände anfallen (z. B. Verkaufspersonal, Werbung).

Forschungs- und Entwicklungskosten

Mit dem BilMoG wurde zudem ein explizites Aktivierungsverbot für Forschungskosten in § 255 Abs. 2 Satz 4 HGB formuliert. Forschung definiert der Gesetzgeber in diesem Zusammenhang als eigenständige und planmäßige Suche nach neuen wissenschaftlichen oder technischen Kenntnissen bzw. Erfahrungen allgemeiner Art. Über die technische Verwertbarkeit und wirtschaftliche Erfolgsaussichten können dabei grundsätzlich keine Aussagen getroffen werden. Von den Forschungskosten sind die Entwicklungskosten abzugrenzen. Unter Entwicklung wird die Anwendung von Forschungsergebnissen oder auch anderem Wissen verstanden, mit dem Ziel der Neu- bzw. Weiterentwicklung von Verfahren oder Gütern mittels wesentlicher Veränderungen (§ 255 Abs. 2a HGB). Eine Abgrenzung der beiden Arten von Kosten ist deshalb von Bedeutung, weil für die Entwicklungskosten von selbst geschaffenen immateriellen Vermögensgegenständen des Anlagevermögens ein Aktivierungswahlrecht besteht (§ 255 Abs. 2a i. V. m. § 248 Abs. 2 HGB; vgl. in diesem Kapitel, S. 85).

Wertuntergrenze der Herstellungskosten

Insgesamt gesehen existieren hinsichtlich der Wertuntergrenze (Summe der Pflichtbestandteile) zwischen Handels- und Steuerbilanz (seit BilMoG) keine Unterschiede, sofern nach der Richtlinie 2008 verfahren wird (siehe Tabelle 2.1). Gemäß § 255 Abs. 2 Satz 2 HGB besteht für alle (variablen und fixen) Kosten des Material- und Fertigungsbereiches Aktivierungspflicht. Zur Ermittlung der Herstellungskosten wird dabei i. d. R. die Zuschlagskalkulation herangezogen, allerdings schreibt der Gesetzgeber dieses Verfahren nicht ausdrücklich vor. Falls das bilanzierende Unternehmen im internen Rechnungswesen eine prozessorientierte Kostenrechnung installiert hat, liegt es nahe, diese auch zur Bemessung der Herstellungskosten für die externe Rechnungslegung zu verwenden (zur Prozesskostenrechnung im Detail vgl. Coenenberg, A. G./Fischer, T. M./Günther, T. [2012], S. 156 ff.).

Wertobergrenze der Herstellungskosten

Hinsichtlich der Wertobergrenze (Summe aus Pflicht- und Wahlbestandteilen) sind die Ansätze in Handels- und Steuerbilanz seit BilMoG identisch, da sich die Einbeziehungspflichten, -wahlrechte und -verbote gleichen. Allerdings ist nur der maximal mögliche anzusetzende Betrag gleich, da Abweichungen durch in beiden Bilanzen unterschiedlich ausgeübte Wahlrechte denkbar sind (solange die Regelungen des EStR 2008 Anwendung finden).

Stetigkeitsgebot

Das HGB gewährt dem Bilanzierenden bei der Herstellungskostenermittlung einen gewissen bilanzpolitischen Spielraum, da grundsätzlich jeder Bilanzansatz zwischen Wertunter- und Wertobergrenze gewählt werden kann und diese Entscheidung den Vermögens- und Erfolgsausweis unmittelbar beeinflusst. Dieser bilanzpolitische Spielraum erfährt jedoch Einschränkungen durch das Stetigkeitsgebot (§ 252 Abs. 1 Nr. 6 HGB), das ein Abweichen von den angewandten Bewertungsmethoden nur in Ausnahmefällen zulässt (vgl. 1. Kapitel, S. 45 ff.). Die im Zeitablauf abweichende Ausnutzung von Aktivierungswahlrechten bei der Bestimmung der Herstellungskosten ist somit unter Berufung auf § 252 Abs. 2 HGB nur in sachlich begründeten Ausnahmefällen möglich.

Grundsatz der Angemessenheit

Aus der im HGB sowie im Steuerrecht verbindlichen Forderung nach Angemessenheit aller dem einzelnen Erzeugnis nur mittelbar zurechenbaren Kosten (Gemeinkosten) (§ 255 Abs. 2 Satz 2 und 3 HGB) folgt, dass Aufwendungen, die das normale Maß wesentlich übersteigen, nicht in die Herstellungskosten einzubeziehen sind. So ist es z. B. nicht zulässig, neben den normalen Abschreibungen auch noch besondere Abschreibungen für Katastrophenverschleiß oder die Kosten stillliegender Produktionsanlagen zu berücksichtigen. Dies ergibt sich bereits aus dem Grundsatz der sachlichen Abgrenzung, da zwischen diesen Kosten und den Erträgen der hergestellten Erzeugnisse eindeutig kein sachlicher Zusammenhang besteht. Darüber hinaus stellt § 255 Abs. 2 Satz 3 HGB klar, dass Kosten der allgemeinen Verwaltung, Aufwendungen für soziale Einrichtungen, für freiwillige soziale Leistungen sowie für betriebliche Altersversorgung nur insoweit bei der Herstellungskostenberechnung berücksichtigt werden dürfen, als sie auf den Zeitraum der Herstellung entfallen.

Voll- und Teilkostenbewertung

Da sowohl nach HGB als auch nach Steuerrecht bereits bei der Ermittlung der Wertuntergrenze alle (variablen und fixen) Kosten des Material- und Fertigungsbereiches aktivierungspflichtig sind, können ausschließlich Verfahren der Vollkostenbewertung und keine Teilkostenverfahren zum Einsatz kommen.

Nutz- und Leerkosten

Werden Fixkosten, die definitionsgemäß unabhängig von der tatsächlichen Kapazitätsauslastung anfallen, im Rahmen der Vollkostenbewertung einzelnen Produkten zugerechnet, so ergeben sich je nach Beschäftigungslage unterschiedliche Gemeinkostenzuschläge. Ein bei Unterbeschäftigung erstellter Vermögensgegenstand würde dann mit einem höheren Wert angesetzt als ein gleichartiger bei Vollbeschäftigung. Aus dem Grundsatz der Angemessenheit folgt in diesem Zusammenhang, dass nur der Teil der Fixkosten, der der tatsächlich genutzten Kapazität zuzurechnen ist (Nutzkosten), in die Herstellungskosten einbezogen werden darf.

Für den auf die nicht genutzte Kapazität entfallenden Teil der Fixkosten (Leerkosten) gilt dagegen ein Einbeziehungsverbot. Die Aufteilung der fixen Kosten in Nutz- und Leerkosten setzt die Festlegung des Niveaus der Vollbeschäftigung voraus. Aufgrund der Schwierigkeiten, diese Beschäftigungsgrade in der Praxis exakt zu bestimmen, lässt sich i. d. R. nur eine betriebsindividuelle Bandbreite festlegen, innerhalb derer jedes Beschäftigungsniveau als Vollbeschäftigung gelten muss. Nur sofern dieses Beschäftigungsintervall unterschritten wird, sind handels- und steuerrechtlich (vgl. R 6.3 Abs. 7 EStR) nicht aktivierungsfähige Leerkosten zu eliminieren. Wird das Beschäftigungsintervall dagegen überschritten, so ist für die Herstellungskostenermittlung die tatsächliche Kapazitätsauslastung maßgebend, da die bilanziellen Herstellungskosten grundsätzlich nur aufwandsgleiche Kosten enthalten dürfen (vgl. Beck'scher Bilanzkommentar [2012], § 255 Tz. 438 f.).

Nachträgliche Herstellungskosten

Gemäß der Definition des Herstellungsaufwandes zählen zu den aktivierungspflichtigen Herstellungskosten auch die Aufwendungen für die Erweiterung oder für die über den ursprünglichen Zustand hinausgehende wesentliche Verbesserung eines Vermögensgegenstandes. Hinsichtlich der Abgrenzung dieser nachträglichen Herstellungskosten von den sofort abzugsfähigen Erhaltungsaufwendungen vgl. in diesem Kapitel, S. 83 ff.

c) Erfüllungsbetrag und Barwert

Zugangsbewertung von Schulden

Ähnlich wie die Anschaffungs- und Herstellungskosten als Wertmaßstab für Vermögenszugänge herangezogen werden, findet im Bereich der Schulden die Zugangsbewertung anhand des Erfüllungsbetrages bzw. seines Barwertes statt. Beim Erfüllungsbetrag handelt es sich um den sicheren oder wahrscheinlichen

Betrag, welchen der Schuldner zur Erfüllung der Verpflichtung aufwenden muss (vgl. Beck'scher Bilanzkommentar [2012], § 253 Tz. 51). Davon eingeschlossen sind sowohl Geld- also auch Sachleistungs- bzw. Sachwertverpfichtungen. Als Barwert bezeichnet man den heutigen Zeitwert einer zukünftigen Zahlungsreihe. Man erhält ihn durch Abzinsung der Zahlungsströme mit einem Diskontierungsfaktor auf den heutigen Zeitpunkt. Der Barwert wird also durch die zukünftigen Zahlungsströme, die Laufzeit und den Diskontierungssatz bestimmt.

Verbindlichkeiten

Verbindlichkeiten sind gemäß § 253 Abs. 1 Satz 2 HGB mit ihrem Erfüllungsbetrag anzusetzen. Bei Geldleistungsverpflichtungen entspricht grundsätzlich der Nennbetrag dem Erfüllungsbetrag (vgl. BFH-Urteil v. 04.03.1976, BStBl. II 1976, S. 380), bei Sachleistungsverpflichtungen ist der voraussichtlich aufzuwendende Geldbetrag als Erfüllungsbetrag anzusetzen (vgl. BFH-Urteil v. 13.12.1972, BStBl. II 1973, S. 217).

Rückstellungen

Der Wert von Rückstellungen bestimmt sich gemäß § 253 Abs. 1 Satz 2 HGB durch den Erfüllungsbetrag, der nach vernünftiger kaufmännischer Beurteilung benötigt wird, um die (mögliche) Verpflichtung zu begleichen. Mit der Verwendung des Begriffs »Erfüllungsbetrag« im Zusammenhang mit der Rückstellungsbewertung soll zum Ausdruck kommen, dass künftige Preis- und Kostensteigerungen – unter Einschränkung des Stichtagsprinzips – zu berücksichtigen sind. Die Höhe einer Rückstellung hängt damit von den Preis- und Kostenverhältnissen im Zeitpunkt des tatsächlichen Anfalls der Aufwendungen ab (vgl. BMJ [2008], S. 52). Nach § 253 Abs. 2 HGB sind Rückstellungen mit einer Restlaufzeit von mehr als einem Jahr abzuzinsen, d. h. es ist ein Barwert zu bilden. Dabei muss ein ihrer Restlaufzeit entsprechender durchschnittlicher Marktzinssatz der vergangenen sieben Geschäftsjahre (§ 253 Abs. 2 Satz 1 HGB) zur Eliminierung von Zufallselementen in der Zinsentwicklung angewandt werden. Im Umkehrschluss bedeutet dies, dass Rückstellungen mit einer Restlaufzeit von einem Jahr und weniger nicht abzuzinsen sind. Abweichend davon dürfen Rückstellungen für Altersversorgungsverpflichtungen oder vergleichbare langfristig fällige Verpflichtungen – unter Außerachtlassung des Einzelbewertungsgrundsatzes – auch pauschal mit dem durchschnittlichen Marktzinssatz abgezinst werden, der sich bei einer angenommenen Restlaufzeit von 15 Jahren ergibt. Die Ermittlung der anzuwendenden Diskontierungszinssätze erfolgt monatlich durch die Deutsche Bundesbank. Bekannt gegeben werden die »Abzinsungssätze gemäß § 253 Abs. 2 HGB« auf der Internetseite der Bundesbank im Bereich Statistiken/ Geld und Kapitalmärkte (www.bundesbank.de).

Auf Rentenverpflichtungen beruhende Verbindlichkeiten

Die Diskontierungsbestimmungen des § 253 Abs. 2 Satz 1 und 2 HGB für Rückstellungen gelten auch für auf Rentenverpflichtungen beruhende Verbindlichkeiten, für die eine Gegenleistung nicht mehr zu erwarten ist. Hierbei handelt es sich um Schulden, die im Rahmen von Rentenzahlungen (häufig Leibrenten) beglichen werden. Für sie besteht somit hinsichtlich des Diskontierungssatzes das gleiche Wahlrecht wie für Pensionsrückstellungen.

Bewertung von Schulden in der Steuerbilanz

In der Steuerbilanz sind Verbindlichkeiten mit ihren Anschaffungskosten oder ihrem höheren Teilwert anzusetzen, falls eine dauerhafte Werterhöhung vorliegt (vgl. § 6 Abs. 1 Nr. 3 i. V. m. § 6 Abs. 1 Nr. 2 EStG; Beck'scher Bilanzkommentar [2012], § 253 Tz. 52). Als Anschaffungskostenbetrag einer Verbindlichkeit gilt dabei der Nennwert (Rückzahlungsbetrag) (H 6.10 EStH), der grundsätzlich dem Erfüllungsbetrag entspricht. Handelt es sich um Verpflichtungen mit einer

Restlaufzeit von mehr als zwölf Monaten, so sind diese mit ihrem abgezinsten Nennbetrag (Barwert) zu erfassen. Maßgeblich ist hierbei ein Zinssatz von 5,5 % (§ 6 Abs. 1 Nr. 3 EStG). Ebenso in der Steuerbilanz mit 5,5 % abzuzinsen sind Rückstellungen für Geld- und Sachleistungsverpflichtungen mit einer mehr als einjährigen Laufzeit. Eine Ausnahme stellt die Berechnung des Barwertes von Pensionsrückstellungen dar, hier ist ein Zinssatz von 6 % anzuwenden (vgl. § 6a Abs. 3 Satz 3 EStG). Für die Bewertung von Rückstellungen sind zudem die Wertverhältnisse am Bilanzstichtag maßgebend (Stichtagsprinzip), künftige Preis- und Kostensteigerung dürfen – anders als im Handelsrecht – folglich nicht berücksichtigt werden (§ 6 Abs. 1 Nr. 3a Buchstabe f EStG, vgl. 7. Kapitel, S. 423).

d) Beizulegender Zeitwert

Definition beizulegender Zeitwert

Nach § 255 Abs. 4 HGB entspricht der beizulegende Zeitwert dem Marktpreis, der auf einem aktiven Markt ermittelt wird. Wenn ein Marktpreis nicht ermittelt werden kann, ist der beizulegende Zeitwert mittels allgemein anerkannter Bewertungsmethoden zu bestimmen. Ist auch dies nicht möglich, erfolgt der Rückgriff auf die Anschaffungs- oder Herstellungskosten. Insbesondere einige Teile der Definition sind hierbei unbestimmt und interpretationsbedürftig: Es ist nicht angegeben wie der Marktpreis zu verstehen ist, was ein aktiver Markt ist und welche Bewertungsverfahren anerkannt sind (vgl. Münchener Kommentar zum HGB [2013], § 255, Tz. 96). I. S. der Kommentierung ist der beizulegende Zeitwert eines Vermögensgegenstandes oder einer Schuld der Marktpreis oder der Börsenpreis. Er entspricht damit dem Betrag, zu dem zwei voneinander unabhängige Parteien mit Sachverstand und Abschlusswillen bereit wären ein Vermögen zu tauschen oder eine Verbindlichkeit zu begleichen, was im Grundsatz als äquivalent zum Veräußerungspreis des Vermögensgegenstandes bzw. der Schuld betrachtet wird (vgl. Beck'scher Bilanzkommentar [2012], § 255, Tz. 513).

Ermittlung des beizulegenden Zeitwerts

Der Marktpreis wird auf einem aktiven Markt bestimmt, wenn er an einer Börse, von einem Händler, von einem Broker, von einer Branchengruppe, von einer Preisberechnungsstelle oder von einer Aufsichtsbehörde leicht und regelmäßig erhältlich ist und auf aktuellen und regelmäßig auftretenden Markttransaktionen zwischen unabhängigen Dritten beruht. Ein aktiver Markt liegt nicht vor, wenn nur kleine Volumina von Vermögengegenständen im Verhältnis zu der gesamten Anzahl der entsprechenden Gegenstände gehandelt werden oder wenn keine aktuellen Marktpreise verfügbar sind (vgl. IDW [2012b], Abschnitt E, Tz. 375). Das Vorhandensein von öffentlich notierten Marktpreisen ist die bestmögliche Bestimmungsmethode des beizulegenden Zeitwerts. Daneben ist zu beachten, dass der notierte Marktpreis maßgebend ist. Paketzu- oder abschläge oder Transaktionskosten dürfen nicht berücksichtigt werden (vgl. Beck'scher Bilanzkommentar [2012], § 255, Tz. 517). Wenn ein aktiver Markt nicht vorliegt, kommen nach § 255 Abs. 4, S. 2 HGB andere Bewertungsmethoden zum Einsatz, um den beizulegenden Zeitwert zu ermitteln. Diese Methoden sind, wie bereits erwähnt, vom Gesetzgeber nicht weiter definiert. Nach herrschender Meinung kann der beizulegende Zeitwert sowohl aus dem Marktpreis eines vergleichbaren Vermögensgegenstandes (Vergleichsverfahren) als auch aus betriebswirtschaftlichen Bewertungsmodellen, wie z. B. Discounted Cashflow-Verfahren bzw. Optionspreismodelle, abgeleitet werden (vgl. Beck'scher Bilanzkommentar [2012], § 255, Tz. 519).

Eingeschränkte Anwendung des beizulegenden Zeitwerts

Der Einfluss von zahlreichen Parametern beim Einsatz von Bewertungsmodellen zur Bestimmung des beizulegenden Zeitwerts eröffnet erhebliche Ermessensspielräume. Darunter kann die Objektivität dieser Bewertungsmodelle leiden und eine handelsrechtlich geforderte vorsichtige Bewertung ist unter Umständen nicht mehr gewährleistet. Um dieses Problem einzuschränken, fordert § 285 Nr. 25 i. V. m. § 285 Nr. 20 HGB die Offenlegung (im Anhang) der grundlegenden Annahmen, die bei der Ermittlung des beizulegenden Zeitwerts mit Hilfe von Bewertungsmethoden zugrunde gelegt wurden. Kann der beizulegende Zeitwert nicht mehr verlässlich ermittelt werden, darf er nach dem Willen des deutschen Gesetzgebers als Bewertungsmaßstab nicht zum Einsatz kommen. Eine verlässliche Ermittlung ist beispielsweise dann nicht mehr gegeben, wenn ein angewandtes Bewertungsverfahren eine Bandbreite möglicher Werte zulässt, die Werte voneinander stark abweichen und auch keine Gewichtung nach Eintrittswahrscheinlichkeiten möglich ist (vgl. BMJ [2008], S. 61).

Funktion des beizulegenden Zeitwerts

Der beizulegende Zeitwert dient einerseits für spezifische Vermögensgegenstände (z. B. Planvermögen, § 253 Abs. 1 Satz 4 HGB) sowie für bestimmte Schulden (wertpapiergebundene Pensionszusagen, § 253 Abs. 1 Satz 3 HGB) als Ausgangswert sowie als regulärer Wertansatz im Rahmen der Folgebewertung. Der beizulegende Zeitwert tritt somit als Wertmaßstab auf der Aktiv- und auf der Passivseite in Erscheinung.

Ausgangswert:
- Planvermögen

Nach § 253 Abs. 1 Satz 4 HGB stellt der beizulegende Zeitwert den Bewertungsmaßstab für Vermögensgegenstände dar, die ausschließlich der Erfüllung von Schulden aus Altersversorgungsverpflichtungen oder vergleichbaren langfristigen Verpflichtungen dienen (sog. Planvermögen) und gemäß § 246 Abs. 2 Satz 2 HGB mit diesen Schulden zu verrechnen sind. Dies gilt sowohl für die Zugangs- als auch für Zwecke der Folgebewertung. Als Folge dieser Zeitwertbewertung sind nicht nur durch einen Umsatzakt realisierte Gewinne, sondern durch eine Erhöhung des Zeitwerts des Planvermögens zum Bilanzstichtag auch (nur) realisierbare Gewinne GuV-wirksam zu vereinnahmen. Zur Wahrung der »vorsichtigen« Kapitalerhaltung sieht der Gesetzgeber in solchen Fällen eine Ausschüttungssperre vor (§ 268 Abs. 8 HGB und § 301 AktG).

- Vermögensbündel

Der beizulegende Zeitwert dient zudem als Wertmaßstab bei der Zugangsbewertung eines Vermögensbündels, d. h., wenn mehrere Vermögensgegenstände zusammen erworben werden. Das Vermögensbündel ist dabei in seine selbstständig verkehrsfähigen Einzelteile aufzuspalten, die mit ihren jeweiligen beizulegenden Zeitwerten zu bewerten sind (vgl. in diesem Kapitel, S. 94). Hierzu zählt auch der Erwerb ganzer Unternehmen. Deshalb findet der beizulegende Zeitwert bei der Kapitalkonsolidierung im Konzernabschluss nach der Erwerbsmethode Anwendung (vgl. § 301 Abs. 1 Satz 2 HGB; vgl. 11. Kapitel, S. 688 ff.)

- Wertpapiergebundene Pensionszusagen

Ebenso kommt der beizulegende Zeitwert auf der Passivseite bei sog. wertpapiergebundenen Pensionszusagen sowohl als Ausgangswert als auch als regulärer Wertansatz im Rahmen der Folgebewertung zur Anwendung. Unter wertpapiergebundenen Pensionszusagen versteht man Altersversorgungsverpflichtungen, deren Höhe sich ausschließlich nach dem beizulegenden Zeitwert von bestimmten Wertpapieren (gemäß § 266 Abs. 2 A.III.5 HGB) bestimmt. Die Rückstellungen hierfür sind in Höhe des beizulegenden Zeitwerts dieser Wertpapiere anzusetzen, soweit dieser einen garantierten Mindestbetrag übersteigt (§ 253 Abs. 1 Satz 3 HGB).

- Finanzinstrumente des Handelsbestandes

Als Bewertungsmaßstab (sowohl für die Zugangs- als auch für die Folgebewertung) für zu Handelszwecken gehaltene Finanzinstrumente ist der beizulegende Zeitwert nach § 340e Abs. 3 HGB lediglich für Kreditinstitute relevant.

Einschränkungen für Kleinstkapitalgesellschaften

Seit MicroBilG bestehen besondere Einschränkungen für die Anwendung des beizulegenden Zeitwerts bei Kleinstkapitalgesellschaften. Nach § 253 Abs. 1 Satz 5 HGB dürfen sie eine Bewertung zum beizulegenden Zeitwert nur vornehmen, wenn sie von keiner der Erleichterungen gemäß § 264 Abs. 1 Satz 5, § 266 Abs. 1 Satz 4, § 275 Abs. 5 und § 336 Abs. 2 HGB Gebrauch machen.

Beizulegender Zeitwert versus beizulegender Wert

Vom beizulegenden Zeitwert ist der beizulegende Wert des § 253 Abs. 3 und 4 HGB abzugrenzen, welcher als Korrekturwert für die Folgebewertung von Vermögengegenstände des Anlagevermögens und des Umlaufvermögens dient. Im Gegensatz zum beizulegenden Zeitwert können bei der Ermittlung des beizulegenden Werts auch unternehmensspezifische Faktoren in Betracht kommen (vgl. in diesem Kapitel, S. 119).

Vergleich beizulegender Zeitwert mit fair value

Die Einführung des Wertmaßstabes des beizulegenden Zeitwerts war eine der Maßnahmen des Gesetzgebers im Rahmen des BilMoG, um die deutschen Bilanzierungsregeln an die IFRS anzunähern (vgl. BMJ [2008], S. 34). Er wurde vom Gesetzgeber und den Kommentatoren als Synonym zum IFRS-Wertmaßstab »*fair value*« verstanden. Obgleich die Definition des *fair value* sich durch die Anwendung des IFRS 13 verändert hat, scheint man im deutschen Schrifttum weiterhin von einer synonymen Verwendbarkeit der beiden Begriffe auszugehen, da der beizulegende Zeitwert immer schon im Wesentlichen als Veräußerungspreis interpretiert wurde (siehe zur Definition des *fair value* nach IFRS 13 in diesem Kapitel, S. 123).

e) Teilwert nach EStG

Teilwertdefinition

Nach § 6 Abs. 1 Nr. 5 EStG sind in der Steuerbilanz Einlagen in das Betriebsvermögen zum Zeitpunkt der Zuführung (Zugangsbewertung) mit dem Teilwert anzusetzen. Ist das Wirtschaftsgut allerdings in den letzten drei Jahren vor dem Zeitpunkt der Zuführung privat angeschafft oder hergestellt worden, so ist die Einlage höchstens mit den Anschaffungs- und Herstellungskosten zu bewerten.

Des Weiteren findet der Wertansatz des Teilwertes bei Entnahmen aus dem Betriebsvermögen seine Anwendung (§ 6 Abs. 1 Nr. 4 EStG). Zudem dient dieser Wertansatz gemäß § 6 Abs. 1 Nr. 1 und 2 EStG auch als Korrekturwert zu den (eventuell um planmäßige Abschreibungen verringerten) Anschaffungs- oder Herstellungskosten von Wirtschaftsgütern des Anlage- und Umlaufvermögens.

Der Teilwert ist nach § 6 Abs. 1 Nr. 1 Satz 3 EStG der Betrag, »den ein Erwerber des ganzen Betriebs im Rahmen des Gesamtkaufpreises für das einzelne Wirtschaftsgut ansetzen würde. Dabei ist davon auszugehen, dass der Erwerber den Betrieb fortführt«. Der Teilwert ist seiner Konzeption nach ein ertragsabhängiger Wert. Er ist betriebswirtschaftlich betrachtet der Teil des Gesamtwertes einer Unternehmung, der durch den zu bewertenden Gegenstand erwirtschaftet wird. Demnach entspricht der Teilwert in etwa dem Nutzungswert nach IFRS (vgl. in diesem Kapitel, S. 123).

Die Teilwertdefinition enthält drei Fiktionen:

- Ein fiktiver Käufer soll den Gesamtwert des Betriebs ermitteln.
- Die Ermittlung des Gesamtwertes soll unter dem Gesichtspunkt der Betriebsfortführung erfolgen.
- Der fiktive Käufer ist in der Lage, den Gesamtwert zutreffend auf die einzelnen Wirtschaftsgüter aufzuteilen.

Teilwert-vermutungen

Die Finanzverwaltung musste nach Einführung des Teilwertes bald erkennen, dass dieser Wert nicht brauchbar war. Einerseits ist die Ermittlung des Gesamtwertes (= Ertragswert) von Unternehmen mit einem hohen Maß an Unsicherheit behaftet, andererseits ist eine Aufteilung des Gesamtwertes auf einzelne Wirtschaftsgüter kaum möglich. Aus diesen Grunde hat die Rechtsprechung sog. Teilwertvermutungen aufgestellt, die die Bestimmung des Teilwertes praktikabel machen und so lange gelten, wie sie nicht vom Steuerpflichtigen widerlegt werden. Für die laufende Bilanzierung gelten z. B. die folgenden Teilwertvermutungen (vgl. Schmidt EStG-Kommentar [2013]; § 6 Tz. 241 ff.):

- Im Zeitpunkt der Anschaffung oder Herstellung eines Wirtschaftsgutes entspricht der Teilwert den tatsächlichen Anschaffungs- oder Herstellungskosten.
- Bei abnutzbaren Wirtschaftsgütern des Anlagevermögens entspricht der Teilwert in späteren Jahren den um Abschreibungen verminderten Anschaffungs- oder Herstellungskosten zum Bilanzstichtag.
- Bei nicht abnutzbaren Wirtschaftsgütern des Anlagevermögens entspricht der Teilwert auch in späteren Jahren den Anschaffungs- oder Herstellungskosten.
- Bei Wirtschaftsgütern des Umlaufvermögens entspricht der Teilwert i. d. R. den Wiederbeschaffungskosten bzw. dem Börsen- oder Marktpreis am Bilanzstichtag.

Widerlegung der Teilwertvermutung

Gründe, die zur Widerlegung der Teilwertvermutungen ausreichen, sind z. B.:

- gesunkene Wiederbeschaffungskosten;
- die Anschaffung bzw. Herstellung hat sich als Fehlentscheidung erwiesen;
- ein Absinken der Verkaufspreise von Vorräten unter die Selbstkosten zuzüglich eines durchschnittlichen Gewinns;
- eine Wertminderung durch modischen Wandel, technisches Veralten o. Ä.

Relevanz objektiver Werte

Angesichts der genannten Vermutungen und Widerlegungsgründe ist festzustellen, dass von der ursprünglichen Teilwertidee kaum etwas übrig geblieben ist. Der so ermittelte Wert ist nicht betriebs- und ertragsbezogen, sondern – bis auf den Sonderfall der Fehlinvestition – betriebs- und ertragsunabhängig und nur von objektiven Werten bestimmt. Damit führen die in der Rechtsprechung entwickelten Grundsätze zur Ermittlung des Teilwerts mit wenigen Ausnahmen zu den gleichen Ergebnissen wie die handelsrechtlichen Regelungen zur Ermittlung des beizulegenden Wertes.

2. Zugangsbewertung nach IFRS

Grundsatz der Einzelbewertung

Analog zu den Ausführungen zum Handelsrecht (vgl. in diesem Kapitel, S. 93) gilt auch nach IFRS der Grundsatz der Einzelbewertung für alle Vermögenswerte und Schulden. Dieser ist zwar nicht kodifiziert, lässt sich jedoch aus dem Rahmenkonzept und den einzelnen Vorschriften ableiten (vgl. Hayn, S./Waldersee, G. Graf [2006], S. 72 f.). Dieser Grundsatz führt beim Erwerb von Vermögensbündeln zur gleichen Vorgehensweise wie nach HGB (vgl. in diesem Kapitel, S. 94). Wird ein ganzes Unternehmen erworben, regelt IFRS 3 die Aufteilung des Kaufpreises auf die einzelnen Vermögenswerte und Schulden sowie auf den Goodwill (vgl. 11. Kapitel, S. 687 ff.).

Komponentenansatz (components approach)

Das IASB geht im Bereich des Sachanlagevermögens sogar noch einen Schritt weiter und verlangt neben der Einzelbewertung dieser Vermögenswerte eine separate Erfassung für wesentliche Teile (Komponenten) einer Sachanlage. Voraussetzung hierfür ist eine abweichende Nutzungsdauer der wesentlichen Komponenten von der Nutzungsdauer der verbleibenden Sachanlage und eine Signifikanz ihrer Kosten im Verhältnis zu den Gesamtkosten (IAS 16.43 ff.). Die einzelnen Komponenten müssen dabei die allgemeinen *asset*-Kriterien (vgl. in diesem Kapitel, S. 87) erfüllen, auf eine selbstständige Nutzbarkeit bzw. Einzelveräußerbarkeit kommt es allerdings nicht an (vgl. Haufe IFRS-Kommentar [2013]; § 10 Tz. 7). In den Folgeperioden sind die jeweiligen Komponenten einzeln zu bewerten.

Bewertungseinheit

Das HGB sieht zur bilanziellen Abbildung von Sicherungsgeschäften als Lösung die Bildung von Bewertungseinheiten vor. Nach IFRS existiert mit IAS 39 und IFRS 9 detaillierte Bilanzierungsregelungen zur Abbildung von Sicherungen (*hedge accounting*) (vgl. hierzu im Detail 5. Kapitel, S. 308 ff.).

Bewertungsmaßstäbe des Framework

Im Framework des IASB (F 4.55) werden die grundlegenden Maßstäbe zur Zugangs- und Folgebewertung der Bilanzposten erläutert: historische Kosten (*historical cost*), Wiederbeschaffungskosten (*current cost*), realisierbarer Betrag (Veräußerungswert/Erfüllungsbetrag) (*realisable* bzw. *settlement value*) und Barwert (*present value*). Es ist allerdings nicht im Framework geregelt, welcher Bewertungsmaßstab in einem konkreten Fall anzuwenden ist; dies ergibt sich jeweils aus dem IFRS, der den entsprechenden Posten zum Gegenstand hat. Außerdem sind die im Framework dargestellten Bewertungsgrundlagen nicht als abschließende Bewertungskonzeption zu betrachten, da in einzelnen IFRS zahlreiche weitere Bewertungsmaßstäbe herangezogen werden.

Historical cost

Nach dem *historical cost principle* (*valuation at cost*) sind *assets* zu dem Betrag anzusetzen, der zum Zeitpunkt des Erwerbs an liquiden oder sonstigen Mitteln (*cash or cash equivalents*) aufgewendet wurde oder zum *fair value* einer sonstigen hingegebenen Gegenleistung (F 4.55a). Damit entsprechen die historischen Kosten den Anschaffungs- oder Herstellungskosten. *Liabilities* sind mit dem Betrag anzusetzen, den der Bilanzersteller im Austausch für die eingegangene Verpflichtung erhalten hat oder zum noch zu zahlenden Betrag (F 4.55a).

Current cost

Assets sind nach dem *current cost principle* zu dem Betrag anzusetzen, der für ein entsprechendes oder gleichartiges *asset* zum gegenwärtigen Zeitpunkt aufgewendet werden müsste (F 4.55b). *Liabilities* sind entsprechend in Höhe des Betrags anzusetzen, der dem Nominalwert der liquiden oder sonstigen Mittel entspricht, die gegenwärtig zur Begleichung der Verpflichtung zum vertraglich vereinbarten Zeitpunkt aufzuwenden wären (F 4.55b).

Realisable (settlement) value

Werden *assets* zu ihrem realisierbaren Betrag (*realisable value*) angesetzt, so ist auf den Betrag abzustellen, der der Summe der liquiden oder sonstigen Mittel entspricht, die bei einer Veräußerung des *asset* im Rahmen eines gewöhnlichen Veräußerungsgeschäfts zum gegenwärtigen Zeitpunkt erzielt werden könnten (F 4.55c). Bei *liabilities* ist als realisierbarer Betrag (*settlement value*) die nicht abgezinste Summe aller liquiden oder sonstigen Mittel anzusetzen, die bei gewöhnlichem Geschäftsverlauf zur Begleichung der Verpflichtung aufgewendet werden müsste (F 4.55c).

Present value

Erfolgt die Bewertung von *assets* zum Barwert (*present value*), so ist der diskontierte Betrag aller zukünftigen Netto-Einzahlungsströme (*net cash inflows*), die im Rahmen eines ordnungsgemäßen Geschäftsverlaufs voraussichtlich durch das *asset* entstehen werden, anzusetzen (F 4.55d). Bei *liabilities* handelt es sich bei diesem Barwert um die diskontierten, bei gewöhnlichem Geschäftsverlauf voraussichtlich anfallenden Netto-Auszahlungsströme (*net cash outflows*), die zur Begleichung der Verpflichtung notwendig sind (F 4.55d).

Weitere Bewertungsmaßstäbe

Neben den im Framework erläuterten Bewertungsgrundlagen werden in den einzelnen IFRS zusätzliche Wertmaßstäbe, welche im Rahmen der Zugangs- bzw. Folgebewertung zur Anwendung kommen, genannt. Weitere grundlegende Bewertungsmaßstäbe sind: *fair value* (vgl. in diesem Kapitel, S. 113 ff.), erzielbarer Betrag (*recoverable amount*; vgl. in diesem Kapitel, S. 124), Nutzungswert (*value in use*; vgl. in diesem Kapitel, S. 123), *fair value* abzüglich Verkaufskosten (*fair value less costs of disposal*; vgl. in diesem Kapitel, S. 124), sowie Neubewertungsbetrag (*revalued amount*; vgl. in diesem Kapitel, S. 123).

a) Anschaffungskosten

Anschaffungskosten

Die Anschaffungskostendefinition nach IFRS entspricht inhaltlich der handelsrechtlichen Definition (vgl. in diesem Kapitel, S. 95). Anders als nach HGB gibt es aber keine übergreifende allgemeine Definition des Anschaffungskostenbegriffs. So werden die Anschaffungskosten der Vorräte in IAS 2.10 f., des Sachanlagevermögens in IAS 16.16 ff. und die für immaterielle Vermögenswerte in IAS 38.27 ff. – allerdings inhaltlich übereinstimmend – definiert. Hinsichtlich der Bestandteile der Anschaffungskosten bestehen zudem keine materiellen Unterschiede zwischen den Bestimmungen nach IFRS und HGB.

Anschaffungspreisminderungen

Skonti, Rabatte sowie vergleichbare Beträge sind bei der Ermittlung der Anschaffungskosten als Anschaffungspreisminderungen abzuziehen (IAS 2.11, IAS 16.16a, IAS 38.27a). Explizit von den Anschaffungspreisminderungen – insbesondere den Skonti – abzugrenzen sind gestundete Zahlungsbedingungen (*deferred settlement terms*). Diese Finanzierungskosten, welche durch das spätere Begleichen der Rechnung entstehen, sind gemäß IAS 2.18 nicht als Anschaffungskosten zu berücksichtigen, sondern als Zinsaufwand der Periode.

Anschaffungsnebenkosten

Bestandteil der Anschaffungskosten sind zudem alle direkt zurechenbaren Kosten, die anfallen, um den Vermögenswert zum gewünschten Standort und in einen betriebsbereiten Zustand zu bringen (IAS 2.10, IAS 16.16, IAS 38.27b) (für Beispiele zu Anschaffungsnebenkosten vgl. die Ausführungen zum HGB in diesem Kapitel, S. 96). Eine Ausnahme besteht für Finanzinstrumente der Kategorie *at fair value through profit or loss*; hier sind entstehende Transaktionskosten nicht zu aktivieren, sondern in der Periode des Zugangs als Aufwand zu verbuchen (vgl. 5. Kapitel, S. 270). Gemäß IAS 16.19d sind Verwaltungskosten generell kein Bestandteil der Anschaffungskosten.

Fremdkapitalkosten

IAS 23.8 f. fordert beim Vorliegen sog. qualifizierter Vermögenswerte (*qualifying assets*) die Aktivierung direkt zurechenbarer Aufwendungen für Fremdkapital, falls es wahrscheinlich ist, dass dem Unternehmen hieraus zukünftiger wirtschaftlicher Nutzen erwächst und die Kosten verlässlich ermittelt werden können. Andere Fremdkapitalkosten sind als Aufwand zu verrechnen.

Qualifying assets

Qualifying assets werden definiert als *assets*, deren Vorbereitung für die geplante Nutzung im Unternehmen oder für den Verkauf zwingend eine erhebliche Zeitdauer in Anspruch nimmt (IAS 23.5). Dazu zählen unter Umständen Anlagen, die in einem langfristigen Fertigungsprozess erstellt werden, wie z. B. Produktionsanlagen oder Gas-Pipelines, sowie Waren, die einem langwierigen Reifungsprozess unterliegen, wie beispielsweise hochwertige Rotweine, Whisky oder Tabak. Zu den direkt zurechenbaren Fremdkapitalkosten zählen all diejenigen Fremdkapitalkosten, die vermieden hätten werden können, falls keine Ausgaben für das *qualifying asset* gemacht worden wären (IAS 23.10). Falls das erforderliche Fremdkapital direkt in Zusammenhang mit dem *qualifying asset* aufgenommen wurde, sind die tatsächlich angefallenen Fremdkapitalkosten, gekürzt um etwaige Zinserträge, die mit dem Fremdkapital bis zur vollständigen Verausgabung erwirtschaftet werden konnten, als Anschaffungskosten anzusetzen (IAS 23.12 f.). Für den Fall, dass das benötigte Fremdkapital für das *qualifying asset* aus der allgemeinen Fremdfinanzierung der Unternehmung stammt, ist der gewichtete Durchschnitt aller Fremdkapitalkosten des Unternehmens ausschließlich des speziell für andere *qualifying assets* aufgenommenen Fremdkapitals anzusetzen (IAS 23.14). Im Allgemeinen wird der durchschnittliche Buchwert des *qualifying asset* während der Periode inkl. der aus Vorperioden aktivierten Fremdkapitalkosten als Bezugsbasis für die Berechnung der zu aktivierenden Fremdkapitalkosten angenommen (IAS 23.18).

Fremdkapitalkosten nach IFRS for SMEs

Im Gegensatz zu den Vorgaben der *full IFRS* gibt der IFRS for SMEs eindeutig vor, das Fremdkapitalkosten stets vollständig als Aufwand der Periode zu verbuchen sind (vgl. BEKKM [2010], Abschnitt 25, Tz.12 f.). Es ist folglich nicht nach der Art der Verwendung des Fremdkapitals zu unterscheiden.

Nachträgliche Anschaffungskosten (subsequent costs)

Unter bestimmten Voraussetzungen kann eine Aktivierung von nachträglichen Anschaffungskosten erforderlich sein. Bezüglich der Abgrenzung zwischen aktivierungspflichtigen nachträglichen Anschaffungskosten und sofort abzugsfähigen Aufwendungen wird auf die Ausführungen zu *subsequent costs* (vgl. in diesem Kapitel, S. 90) verwiesen.

Tausch

Anschaffungskosten von getauschten Vermögenswerten sind mit identischem Wortlaut in IAS 16 für das Sachanlagevermögen und in IAS 38 für das immaterielle Vermögen geregelt. Demnach bestimmen sich die Anschaffungskosten eines Vermögenswertes, welcher durch einen Tausch erworben wurde, durch den *fair value* des hingegebenen Vermögenswertes (IAS 16.24, IAS 38.45). Ist dieser nicht verlässlich bestimmbar, so ist auf den *fair value* des erworbenen *asset* abzustellen. Von diesem Vorgehen ist lediglich dann abzusehen, falls der *fair value* weder von dem hingegebenen noch von dem erhaltenen Vermögenswert verlässlich bestimmt werden kann oder der Tauschvorgang ohne wirtschaftliche Substanz für das Unternehmen ist. In diesem Fall ist es zulässig, den getauschten Vermögenswert mit dem Buchwert des hingegebenen Vermögenswertes anzusetzen. Die Ermittlung der Tatsache, ob ein Tauschgeschäft wirtschaftliche Substanz hat oder nicht, erfolgt unter Berücksichtigung des Änderungsumfanges der künftigen Cashflows, die aus dem Tauschgeschäft resultieren, und des Änderungsumfanges des unternehmensspezifischen Wertes, der durch den Tausch betroffenen Unternehmensteile (IAS 16.25, IAS 38.46).

Behandlung von Investitionszuschüssen

IAS 20 unterscheidet bei der bilanziellen Behandlung von Zuschüssen generell zwischen Zuwendungen, die ertragsbezogen oder für spezielle Vermögenswerte gewährt wurden. Handelt es sich um Zuwendungen der öffentlichen Hand für *assets* (*government grants related to assets*), existiert gemäß IAS 20.24 ein Wahlrecht: Die Zuschüsse können entweder in Form eines passiven Abgrenzungspostens (*deferred income*) angesetzt werden oder sind bei der Ermittlung der Anschaffungskosten des *asset* abzusetzen. Wird der Ansatz eines Abgrenzungspostens gewählt, so ist dieser während der wirtschaftlichen Nutzungsdauer des *asset* auf einer planmäßigen Grundlage (*on a systematic basis*) als Ertrag aufzulösen (IAS 20.26). Erfolgt eine Absetzung vom Buchwert des *asset*, so ergibt sich automatisch eine abschreibungsproportionale Verteilung durch die niedrigeren Abschreibungen (IAS 20.27). Handelt es sich dagegen um ertragsbezogene Zuwendungen (*grants related to income*), so sind diese – entweder als Ertrag oder als Kürzung der dazugehörigen Aufwendungen – in jedem Fall aber GuV-wirksam zu vereinnahmen (IAS 20.29).

Rückbau- und Entsorgungsverpflichtungen

Rückbau- und Entsorgungsverpflichtungen erhöhen, soweit diese auf einer gegenwärtigen Verpflichtung des Unternehmens beruhen, die Anschaffungskosten des Sachanlagevermögens (IAS 16.16c). Diese Aktivierung erfolgt durch eine GuV-unwirksame Buchung, welche auf der Passivseite zur Berücksichtigung einer Rückstellung führt (vgl. 7. Kapitel, S. 462). Dieses Vorgehen ist gemäß IAS 16.18 nicht zulässig, wenn sich die Verpflichtungen als Konsequenz der Nutzung des Anlagevermögens zur Vorratsproduktion ergeben. Zudem können sich die Anschaffungskosten gemäß IFRS 6 »*Exploration for and Evaluation of Mineral Resources*« für Vermögenswerte aus Exploration und Bewertung von Bodenschätzen um alle Beseitigungs- und Wiederherstellungsverpflichtungen erhöhen, welche in IFRS 6.11 als Bestandteil der Anschaffungskosten definiert werden.

b) Herstellungskosten

Herstellungskosten

Die IFRS unterscheiden sprachlich nicht zwischen Anschaffungs- und Herstellungskosten, vielmehr werden beide Begriffe unter der Bezeichnung »*cost*« subsumiert. Demnach zählen nach IFRS diejenigen Kosten zu den Herstellungskosten, die im Rahmen des Herstellungsvorgangs angefallen sind, sowie sonstige Kosten, die dafür benötigt wurden, die *assets* in ihren gegenwärtigen Zustand zu versetzen bzw. sie an ihren gegenwärtigen Ort zu transportieren (IAS 2.10 und IAS 16.16).

Umfang der Herstellungskosten

Die in die Herstellungskosten nach IFRS einzubeziehenden Kostenbestandteile ergeben sich aus IAS 2.12 ff. Demnach sind entsprechend dem *accrual principle* sämtliche Kosten, die dem Produktionsprozess zugerechnet werden können,

Pflichtbestandteile der Herstellungskosten. Hierzu zählen sämtliche Material- und Fertigungseinzel- sowie -gemeinkosten inkl. der herstellungsbezogenen Verwaltungskosten. Im Gegensatz zum HGB findet in den IFRS somit der sog. »Vollkostenansatz« konsequent Anwendung, da es keine Wahlbestandteile gibt (vgl. Tabelle 2.1). Allgemeine Verwaltungskosten sowie Aufwendungen für soziale Einrichtungen etc. dürfen nicht erfasst werden. Darüber hinaus sind Fremdkapitalkosten nach IFRS aktivierungspflichtig, sofern es sich bei dem erstellten Vermögenswert um ein *qualifying asset* handelt (vgl. in diesem Kapitel, S. 110). Wie nach HGB (vgl. in diesem Kapitel, S. 100) unterliegen sämtliche Vertriebskosten einem Aktivierungsverbot.

Herstellungskosten nach IFRS for SMEs

Analog zu den Ausführungen bezüglich der Anschaffungskosten gilt nach dem IFRS for SMEs ein Aktivierungsverbot für sämtliche Fremdkapitalkosten (vgl. in diesem Kapitel, S. 110).

Allgemeine Verwaltungskosten

Aufgrund der aktivierungsrelevanten Trennung der produktionsbezogenen von den allgemeinen Verwaltungskosten muss für sämtliche Verwaltungskosten ermittelt werden, welchen betrieblichen Funktionen diese im Einzelnen zuzurechnen sind. Da auch bezüglich der allgemeinen Verwaltung eine Zurechnung nach betrieblichen Funktionen vorzunehmen ist, bezieht sich das Ansatzverbot für allgemeine Verwaltungskosten nur auf den Teil dieser Kosten, der nicht der Produktion zugerechnet wird. Beispielsweise wird aus dem Kostenstellenbereich Buchhaltung, Jahresabschlusserstellung und Finanzplanung ein Teil der Kosten dem Funktionsbereich Produktion zuzurechnen sein (z. B. Lohn- und Gehaltsabrechnung des Produktionsbereichs), der dann aktivierungspflichtig ist (vgl. Beck'scher Bilanzkommentar [2012], § 255 Tz. 586).

Grundsatz der Angemessenheit

Der Grundsatz der Angemessenheit findet sich – wie nach HGB – in den Vorschriften der IFRS wieder, die explizit ein Ansatzverbot für Ausschuss-, Lohn- und andere Produktionskosten vorsehen, sofern diese das übliche Maß überschreiten (IAS 2.16).

Nutz- und Leerkosten

Die Ausführungen zu den Nutz- und Leerkosten nach HGB (vgl. in diesem Kapitel, S. 102) finden in den IFRS ihre Entsprechung. IAS 2.13 enthält ein explizites Einbeziehungsverbot für Leerkosten, d. h. für den Teil der Fixkosten, der auf die nicht genutzte Kapazität entfällt.

Nachträgliche Herstellungskosten (subsequent costs)

Wie im Handelsrecht, können auch nach IFRS Ausgaben nach dem eigentlichen Herstellungsvorgang anfallen, die als nachträgliche Herstellungskosten aktiviert werden müssen. Zur Abgrenzung, ob es sich im Einzelfall um aktivierungspflichtige Herstellungskostenbestandteile handelt oder um sofort abzugsfähige Aufwendungen, wird auf die Ausführungen auf S. 90 in diesem Kapitel verwiesen.

c) Erfüllungsbetrag und Barwert

Erfüllungsbetrag

Liabilities sind bei erstmaliger Erfassung mit Hilfe des Erfüllungsbetrages, d. h. des voraussichtlichen Ressourcenabflusses aus der Verbindlichkeit, zu bewerten (*cost* oder *settlement value*). Ausnahmen hierzu stellen die finanziellen Verbindlichkeiten dar, deren Zugangsbewertung zum beizulegenden Zeitwert erfolgt. Dieser entspricht dem erhaltenen Gegenwert der Verbindlichkeit, d. h. normalerweise den historischen Anschaffungskosten (vgl. 7. Kapitel, S. 452 ff.). Nimmt die Diskontierung einen wesentlichen Einfluss auf die Ausweishöhe der Verpflichtung, so hat eine Abzinsung zu erfolgen, unabhängig davon, ob die ihnen zugrunde liegenden Verbindlichkeiten einen Zinsanteil enthalten.

Barwert

Der Barwert wird gemäß den internationalen Bilanzierungsvorschriften nicht nur für die Bewertung von *liabilities* herangezogen, vielmehr gehört dieser ebenso für die Bewertung von *assets* zu den konzeptionellen Grundlagen. Das Barwertkonzept wird vor allem bei der Bewertung von langfristig bzw. niedrig verzinslichen Forderungen und Verbindlichkeiten sowie bei der Bestimmung von Korrekturwerten für die Folgebewertung von Vermögenswerten angewandt. Bei Vermögenswerten versteht man unter dem Barwert die abgezinsten Cashflows, die der Vermögenswert im Rahmen der normalen Geschäftstätigkeit voraussichtlich erzielen wird. Die Ermittlung eines Barwerts ist beispielsweise dann von großer Bedeutung, wenn aufgrund fehlender Existenz von Marktwerten bei der Ermittlung des *fair value* auf finanzmathematische Modelle zurückgegriffen werden muss (vgl. in diesem Kapitel, S. 114) sowie bei der Ermittlung des Nutzungswerts im Rahmen eines *impairment test* (vgl. in diesem Kapitel, S. 124 ff.).

d) Fair value

Anwendungsbereiche

Der *fair value* spielt sowohl in der Folgebewertung als auch als Bewertungsmaßstab für die Erstbewertung von *assets* und *liabilities* eine Rolle. So sind Finanzinstrumente zum Zeitpunkt des Zuganges gemäß IAS 39.43 in Höhe ihres *fair value* zu aktivieren bzw. zu passivieren (vgl. 5. Kapitel, S. 268 ff.). Im Rahmen der Folgebewertung wird der *fair value* in den IFRS zum einen als Korrekturwert verstanden, zum anderen wird dieser aber auch als regulärer Wertansatz, der als Fortführung des Erstansatzes wie beispielsweise bei als Finanzinvestition gehaltenen Immobilien (*investment properties*) (vgl. 3. Kapitel, S. 175 f.) dient, verwendet. Weiterhin wird der *fair value* in der Rechnungslegung nach IFRS häufig als angabepflichtige Information in den *notes* verlangt.

IFRS 13 »Fair Value Measurement«

Mit dem IFRS 13 »*Fair Value Measurement*« hat das IASB eine einzige einheitliche Regelung zur Definition des *fair value* geschaffen. Der Standard wurde im Mai 2011 veröffentlicht und ist seit 1. Januar 2013 in Kraft. Bis dahin erfolgte die Definition des *fair value* in den IFRS grundsätzlich in jedem Standard, der eine entsprechende Regelung benötigt, wodurch der Begriff mehrmals festgelegt war. Derzeit verweisen diese Standards auf die neue Regelung (vgl. IAS 16.6, IAS 18.7, IAS 21.8, IAS 32.11, IAS 38.8, IAS 39.9, IAS 40.5). IFRS 13 beinhaltet klare Vorgaben zur Bewertung bzw. Ermittlung des *fair value* und erweitert die dazu gehörigen Angabepflichten im Anhang. Gleichzeitig trägt der Standard zu einer Annährung an die Definition des *fair value* in den US-GAAP bei (vgl. in diesem Kapitel, S. 116 f.).

Definition fair value

Gemäß IFRS 13.9 ist der *fair value* der Preis, der beim Verkauf eines Vermögenswertes erzielt werden würde oder bezahlt werden müsste, um eine Verbindlichkeit in einer geordneten (*orderly)* Transaktion zwischen Marktteilnehmern am Bewertungsstichtag zu übertragen (*exit price*). Die Bewertung des *fair value* erfolgt individuell unter Berücksichtigung spezifischer Merkmale, wie z. B. dem Zustand und Standort des Vermögenswerts und den Nutzungeinschränkungen (IFRS 13.11). Als *orderly* Transaktion ist ein Geschäftsvorfall zu verstehen, bei dem die Markteilnahme bereits vor dem Bewertungsstichtag vorlag, um (für solche Transaktionen übliche) verkaufsfördernde Maßnahmen zu ermöglichen. Es handelt sich nicht um einen Notverkauf. Als Markt wird der Hauptmarkt oder, sofern dieser nicht vorhanden ist, der vorteilhafteste Markt für den Gegenstand und das jeweilige Unternehmen unterstellt. Der Erstere ist der Markt mit dem größten Volumen und dem höchsten Aktivitätsgrad für den Vermögenswert und die Schuld. Der Letztere ist der Markt, auf dem die höchsten Preise für Verkäufe bzw. niedrigsten für Verbindlichkeitsübertragungen erzielt bzw. bezahlt werden. Bei den Marktteilnehmern geht man von unabhängigen (nicht nahe stehenden), informierten, transaktionsfähigen Personen aus, die bereit, d. h. motiviert, und nicht gezwungen sind, eine Transaktion abzuschließen.

Bewertungstechniken

Für eine sachgerechte Schätzung des *fair value* kommen bestimmte Bewertungstechniken in Betracht (vgl. IFRS 13.61 ff.; Beck'sches IFRS-Handbuch [2013], § 2 Tz. 256), nämlich:

- *Market approach*: legt Preise und andere relevante Informationen zugrunde, die in Marktransaktionen entstehen, an denen identische oder vergleichbare Vermögenswerte und Schulden beteiligt sind (IFRS 13.B5).
- *Cost approach*: ermittelt den Wiederbeschaffungspreis des Vermögenswerts am Bewertungsstichtag (IFRS 13.B8).
- *Income approach:* diskontiert die künftigen Beträge (z. B. Zahlungsströme oder Aufwendungen und Erträge) auf einen Zeitwert. Die Bemessung des *fair value* spiegelt in diesem Fall die gegenwärtigen Markterwartungen wider (IFRS 13.B10).

Der Standard legt keine Priorität für eine bestimmte Bewertungstechnik fest, es soll dasjenige Verfahren angewendet werden, das unter den jeweiligen Umständen sachgemäß ist und für das ausreichend Daten zu Verfügung stehen (vgl. Beck'sches IFRS-Handbuch [2013], § 2 Tz. 258).

Fair value-Hierarchie

In die Anwendung der Bewertungstechniken sollen hauptsächlich beobachtbare Inputfaktoren einfließen. Dazu wird eine dreistufige sog. »*fair value*-Hierarchie« vorgegeben, welche die Art der in die Bewertung einfließenden Inputfaktoren beschreibt (IFRS 13.72 ff.):

1. *Level 1 inputs*: umfassen beobachtbare Preise für identische Vermögenswerte oder Schulden an aktiven Märkten, also tatsächliche Marktpreise.
2. *Level 2 inputs*: beinhalten sonstige (mittelbar und unmittelbar) beobachtbare Faktoren, wie z. B. Marktpreise für ähnliche Vermögenswerte und Schulden oder Preise an inaktiven Märkten. Auf diese Inputs kann zurückgegriffen werden, wenn *level 1 inputs* nicht verfügbar sind.
3. *Level 3 inputs*: umfassen Parameter, welche nicht beobachtbar sind und welche weiterentwickelt werden müssen, um aus ihnen Annahmen ableiten zu können, z. B. unternehmensinterne Informationen.

Grundsätzlich soll in der *fair value*-Bewertung die Verwendung von *level 1 inputs* maximiert und von *level 3 inputs* minimiert werden (IFRS 13.61).

Anhangangaben

IFRS 13 sieht erweiterte Angabepflichten im Anhang vor. Der Umfang dieser bestimmt sich größtenteils nach den im Rahmen der »*fair value*-Hierarchie« zum

Einsatz kommenden Levels. Für Vermögenswerte und Verbindlichkeiten, die nach dem erstmaligen Ansatz zum *fair value* bewertet werden, fordert der IFRS 13.91 Angaben zu den Bewertungstechniken und Inputfaktoren. Im Fall von nicht beobachtbaren Bewertungsinformationen soll ein Unternehmen Informationen darüber geben, welche Auswirkungen die Bewertung auf Gewinn oder Verlust bzw. auf das *other comprehensive income* hat.

Fair value versus value in use

Der *fair value* ist vom *value in use* zu unterscheiden. Dieser spielt als Korrekturwert im Rahmen des Niederstwerttests nach IAS 36.58 ff. eine entscheidende Rolle (vgl. in diesem Kapitel, S. 126 ff.). Während bei der Ermittlung des *fair value* hauptsächlich beobachtbare Größen einfließen sollen, spiegelt der *value in use* unternehmensspezifische Verhältnisse wider (vgl. in diesem Kapitel, S. 105).

Begriffsübersetzung

Der Begriff »*fair value*« wird sowohl in den offiziellen deutschen Übersetzungen der IFRS als auch im Schrifttum als »beizulegender Zeitwert« übersetzt. Hierdurch wird eine völlige Identität zwischen der Definition und der Bestimmung des *fair value* nach IFRS 13 und der Auslegung des beizulegenden Zeitwerts nach § 255 Abs. 4 HGB suggeriert, die seit Inkrafttreten des IFRS 13 im Detail sicherlich nicht mehr bestehen dürfte. Es bleibt abzuwarten, inwieweit die Inhalte des IFRS 13 die Interpretation des beizulegenden Zeitwerts nach § 255 Abs. 4 HGB in den Kommentierungen verändern werden. Um keine Missverständnisse aufkommen zu lassen wird in diesem Buch im IFRS-Kontext ausschließlich der Begriff »*fair value*« verwandt.

3. Zugangsbewertung nach US-GAAP

Bewertungsmaßstäbe

Gemäß den US-amerikanischen Bilanzierungsvorschriften sind die Mehrzahl der *assets* und *liabilities* zu Anschaffungs- bzw. Herstellungskosten anzusetzen. Dieser Grundsatz wird als *historical cost principle* bezeichnet. Es existieren zudem weitere Maßstäbe zur Bewertung von *assets* und *liabilities*, welche sich jedoch primär auf die Folgebewertung der Vermögenswerte und Schulden beziehen. Grundlegende Bewertungsmaßstäbe neben den *historical costs* sind: Wiederbeschaffungskosten (*current* bzw. *replacement cost*), realisierbarer Betrag (*current market value* und *net realizable* (*settlement*) *value*) und Barwert (*present* (*or discounted*) *value of future cash flows*) (CON 5.67). Diese Bewertungsmaßstäbe sind grundsätzlich vergleichbar zu ihren Pendants in den IFRS definiert (vgl. in diesem Kapitel, S. 108 ff.).

Anschaffungskosten/ Herstellungskosten

Die zentralen Ausgangswerte auf der Aktivseite sind auch nach US-GAAP die Anschaffungs- und Herstellungskosten. Die Definitionen der Anschaffungs- und Herstellungskosten (*historical cost*), deren Umfang sowie ihre Anwendungsfälle entsprechen den IFRS (vgl. in diesem Kapitel, S. 109 ff.). Die relevanten Normen für den Umfang der Anschaffungs- und Herstellungskosten sind für die verschiedenen *asset*-Klassen jeweils separat geregelt, beispielsweise bestimmt ASC 330-10-30 (früher ARB 43 i. V. m. FAS 151) die Vorgehensweise beim Vorratsvermögen und ASC 825-20 (früher FAS 34) jene bei der Aktivierung von Fremdkapitalkosten bei *qualifying assets.*

Erfüllungsbetrag und Barwert

Die Vorschriften der US-GAAP sehen für die Zugangsbewertung von Verbindlichkeiten grundsätzlich den Barwert bzw. den Wert der Güter und Dienstleistungen vor, die für diese Verpflichtung erbracht werden müssen (CON 5.67e). Rückstellungen sind zum Zugangszeitpunkt mit dem wahrscheinlichsten Wert einer Bandbreite von zu erbringenden Gegenleistungen anzusetzen. Bezüglich der Frage der Abzinsung enthalten die US-GAAP-Vorschriften keine konkreten Antworten.

- Present value-Konzept

Das Barwertkonzept (*present value*) nimmt nach US-GAAP eine ähnlich bedeutsame Rolle ein wie nach IFRS (vgl. in diesem Kapitel, S. 113), was auch durch CON 7 »*Using Cash Flow Information and Present Value in Accounting Measurements*« zum Ausdruck kommt.
Gemäß CON 7.17 ist das *present value*-Konzept (Barwertkonzept) zur Ermittlung des *fair value* anzuwenden, wenn kein Markwert (*market value*) zuverlässig ermittelt werden kann. Der *fair value* dieser Vermögenswerte und Schulden ermittelt sich dann durch eine Diskontierung sämtlicher mit dem Bewertungsobjekt verbundenen zukünftigen Zahlungsströme auf den Bewertungszeitpunkt (DCF-Verfahren). Hierdurch sollen alle in einem Marktprozess wertrelevanten Faktoren berücksichtigt werden.

Fair value-Ermittlung gemäß FAS

Allerdings folgen aus CON 7 keine Lösungen für die bilanzierungstechnischen Fragen, diese finden sich in verschiedenen Abschnitten der ASC. Konform mit CON 7 und ähnlich den IFRS, ist auch in den einzelnen Standards zur *fair value*-Ermittlung primär der Marktwert des *asset* heranzuziehen, falls ein aktiver Markt dafür existiert. In Abwesenheit von aktiven Märkten ist gemäß ASC 320-10-35 (früher FAS 115) bei der *fair value*-Ermittlung von Finanzinstrumenten das Barwertkonzept der DCF-Methode zulässig, es können aber auch Marktpreismodelle, die Fundamentalanalyse oder andere finanzmathematische Bewertungsmethoden zur Wertfindung herangezogen werden. ASC 350-20-35-24 beispielsweise lässt zur Ermittlung des *fair value* auch eine *multiple*-Bewertung zu.

Fair value gemäß ASC 820

Die Norm ASC 820 »*Fair Value Measurements and Disclosures*« (früher: FAS 157) wiederholt die Richtlinien des CON 7 und spezifiziert diese weiter. Sie enthält eine Definition des *fair value*, legt eine Hierarchie fest, welche Inputs zur Bestimmung bzw. Berechnung des *fair value* anhand von Bewertungsmodellen herangezogen werden sollen und beinhaltet Vorgaben zu ausweispflichtigen Angaben in Bezug auf die in der Bilanz erfolgten *fair value*-Bewertungen. Die Vorgehensweise ähnelt somit stark dem neuen IFRS 13, da bei dessen Erstellung die Regelungen nach US-GAAP zum Vorbild genommen wurden. ASC 820-10 ist auf alle Standards anzuwenden, die eine Bewertung von Vermögenswerten oder Schulden zum *fair value* vorsehen. ASC 820-10-35-2 definiert den *fair value* als denjenigen Preis, den ein Unternehmen bei einem Verkauf eines Vermögenswertes oder bei der Übertragung einer Schuld in einer gewöhnlichen Transaktion zwischen Teilnehmern des Marktes, auf dem das Unternehmen agiert, zum jeweiligen Bewertungszeitpunkt erhalten würde bzw. zahlen müsste. Der *fair value* stellt nach dieser Definition also grundsätzlich einen Veräußerungswert (*exit price*) dar.

Als mögliche Bewertungsmethoden führt ASC 820-10-35-28 den *market*, *income* und *cost approach* auf. Die Inputs, die zur Berechnung des *fair value* herangezogen werden sollen, sind nach einer dreistufigen Hierarchie – gegliedert nach Verlässlichkeit – zu verwenden (ASC 820-10-35-37 ff.). Unter den *level 1 inputs* versteht man notierte Preise für identische Vermögenswerte oder Schulden auf aktiven Märkten, *level 2 inputs* sind Preise identischer oder ähnlicher Vermögenswerte oder Schulden, die nicht unter *level 1 inputs* fallen, sowie sonstige beobachtbare oder statistisch abgeleitete Marktdaten. In Ermangelung beobachtbarer Marktdaten auf den ersten beiden Ebenen dürfen diese auf der dritten und am wenigsten verlässlichen Stufe durch nicht beobachtbare Parameter substituiert werden (*level 3 inputs*). Die Daten aus den ersten beiden Ebenen werden daher als *observable inputs*, die der dritten Ebene als *unobservable inputs* bezeichnet (vgl. Kieso, D. E./Weygandt, J. J./Warfield, T. D. [2013], S. 57).

Bedeutung der fair value-Bewertung

Trotz dieser detaillierten Ermittlungsregeln des *fair value* findet dieser in den US-GAAP primär nur im Rahmen der Folgebewertung Anwendung. Abgesehen von Tauschvorgängen, den Finanzinstrumenten und dem Erwerb von Vermögensbündeln (ganzen Unternehmen) spielt er als grundsätzlicher Bewertungsmaßstab keine Rolle. Ein Heranziehen des *fair value* zur Bewertung von Sachanlagen (IAS 16.31 ff.) und zur Bewertung von als Finanzinvestition gehaltenen Immobilien (IAS 40.33 ff.) ist im Gegensatz zu den IFRS nicht möglich.

II. Folgebewertung

Differenzierung zwischen planmäßigen und außerplanmäßigen Wertkorrekturen

Im Rahmen der Folgebewertung werden die einzelnen Vermögenswerte und Schulden nach der jeweiligen Erstbewertung im Zugangszeitpunkt gemäß den für sie spezifischen Regelungen zu jedem Bilanzstichtag weitergeführt. Beispielsweise heißt dies für abnutzbare Vermögenswerte des Anlagevermögens, dass die planmäßige Abnutzung in Form von Abschreibungen berücksichtigt wird. Planmäßige Abschreibungen können dabei grundsätzlich jedoch nur bei denjenigen Vermögenswerten des Anlagevermögens vorgenommen werden, deren Nutzung zeitlich begrenzt ist. Die Abschreibungshöhe ist abhängig vom sog. Abschreibungsplan, welcher die zu verteilenden Anschaffungs- bzw. Herstellungskosten, die voraussichtliche Nutzungsdauer des Anlagegegenstandes sowie die ausgewählte Abschreibungsmethode enthält (vgl. hierzu Coenenberg, A. G./Haller, A./ Mattner, G./Schultze, W. [2014], 10. Kapitel). Bilanzposten, welche ursprünglich zum Barwert angesetzt wurden, werden dagegen i. d. R. um den Diskontierungsanteil des letzten Geschäftsjahres erhöht. Von diesen Wertkorrekturen abgesehen, gibt es für Schulden keine weiteren planmäßigen Korrekturen. Allerdings kann es neben diesen planmäßigen Veränderungen der Bilanzposten zudem noch sog. außerplanmäßige Abschreibungen geben, welche auf einen unvorhergesehenen Wertverlust auf der Aktivseite bzw. Anstieg der Verpflichtungen auf der Passivseite zurückzuführen sind. Um diese zu identifizieren, werden die fortgeführten Ausgangswerte mit bestimmten Korrekturwerten verglichen. Nach einer solchen außerplanmäßigen Abschreibung kann bei in Folgeperioden wieder steigenden Zeitwerten auch eine Wertzuschreibung (sog. Wertaufholung) in Betracht kommen.

Abbildung 2.5 veranschaulicht die grundlegende Vorgehensweise im Rahmen der Folgebewertung. Im Folgenden wird das Vorgehen bei der Identifikation und Durchführung von Wertkorrekturen jeweils getrennt für die Rechnungslegungssysteme HGB, IFRS und US-GAAP dargestellt.

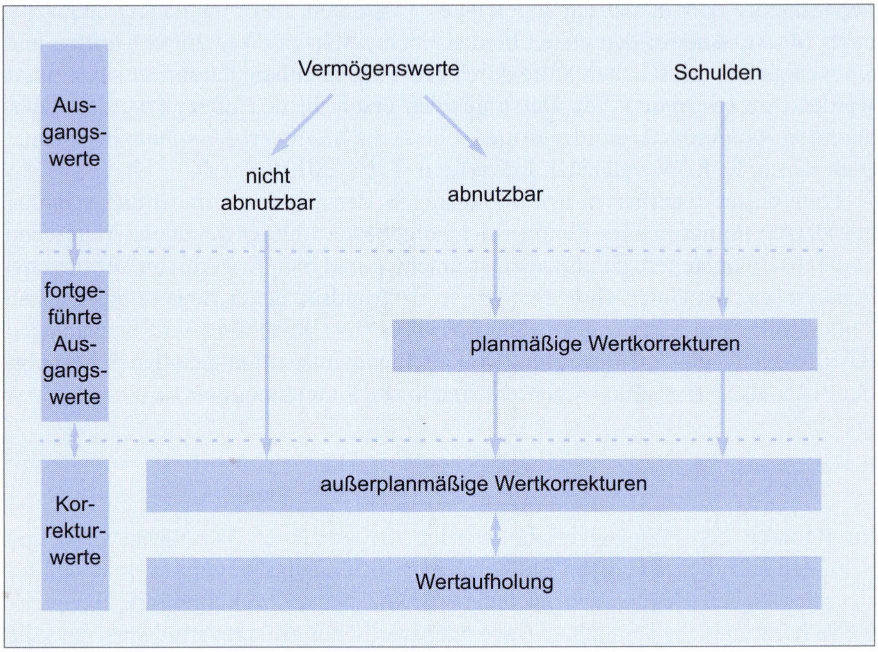

Abb. 2.5: Systematik der Folgebewertung

1. Außerplanmäßige Wertkorrekturen nach nationalen Normen

Korrekturwerte

Zur Feststellung von Wertminderungen sind handels- und steuerrechtlich zum Bilanzstichtag bestimmte Korrekturwerte zu ermitteln und mit den Buchwerten zu vergleichen. Die vorgesehenen Korrekturwerte werden im Folgenden kurz charakterisiert. Ihre konkrete Anwendung wird hingegen im Zusammenhang mit der Bilanzierung der einzelnen Bilanzposten in den nachfolgenden Kapiteln erörtert.

Beizulegender Zeitwert

Wie in diesem Kapitel (S. 104 ff.) bereits ausgeführt, kommt in der Handelsbilanz der beizulegende Zeitwert als Wertmaßstab nicht nur bei der Zugangsbewertung, sondern auch im Rahmen der Folgebewertung für besondere Gegenstände der Aktiv- und der Passivseite (Planvermögen, wertpapiergebundene Pensionszusagen und zu Handelszwecken erworbene Finanzinstrumente) zur Anwendung. Wenn der beizulegende Zeitwert weder als Marktpreis noch durch die Anwendung allgemein anerkannter Bewertungsmethoden verlässlich ermittelbar ist, sind nach § 255 Abs. 4 Satz 3 HGB die Anschaffungs- oder Herstellungskosten fortzuführen. In diesen Fall erfolgt die Folgebewertung nicht nach § 253 HGB, sondern nach § 255 Abs. 4 Satz 3 und 4 HGB. Danach gilt der zuletzt ermittelte beizulegende Zeitwert als Anschaffungs- oder Herstellungskosten (sog. fiktive Anschaffungs- oder Herstellungskosten) (vgl. IDW [2012b], Abschnitt E, Tz. 379).

Börsen- und Marktpreis

Im Rahmen der Folgebewertung der Vermögensgegenstände des Umlaufvermögens stellt der Börsen- oder Marktpreis den primären Korrekturwert dar, soweit sich ein solcher feststellen lässt (§ 253 Abs. 4 Satz 1 HGB). Beim Börsenpreis handelt es sich um eine spezifische Form des Marktpreises. Er ist der an einer Börse bei tatsächlichen Umsätzen im regulierten Markt bzw. Freiverkehr festgestellte Preis. Als Marktpreis gilt der zu einem bestimmten Zeitpunkt für Waren einer bestimmten Gattung von durchschnittlicher Qualität an einem Handelsplatz geforderte Betrag.

Beizulegender Wert

Fehlt der Börsen- oder Marktpreis, verweist § 253 Abs. 4 HGB allgemein auf den beizulegenden Wert. Dieser fungiert als Korrekturwert sowohl im Anlage- als auch Umlaufvermögen (vgl. bezüglich der Abgrenzung zwischen Anlage- und Umlaufvermögen in diesem Kapitel, S. 136).

- Anlagevermögen

Als Maßstab für den beizulegenden Wert kommen in der Folgebewertung des Anlagevermögens die Wiederbeschaffungs- oder Reproduktionskosten in Betracht, d. h. die Anschaffungs- oder Herstellungskosten eines vergleichbaren Gegenstandes. Handelt es sich um abnutzbare Gegenstände, so ist der Wertermittlung der Wiederbeschaffungszeitwert (= Wiederbeschaffungswert –planmäßige Abschreibung) zugrunde zu legen. Maßgeblich ist im Bereich des Anlagevermögens also der Beschaffungsmarkt. Sollen in Ausnahmefällen Gegenstände des Anlagevermögens in unmittelbarer Zukunft verkauft werden, entspricht der beizulegende Wert dem Einzelverkaufspreis abzüglich aller noch entstehenden Aufwendungen. Für nicht abnutzbare Gegenstände des Anlagevermögens ergibt sich der Wert aus Marktpreisen oder Marktpreisschätzungen (vgl. Münchener Kommentar zum HGB [2013], § 253 Tz. 49). Bei Patenten, Beteiligungen und ähnlichen Rechten wird der beizulegende Wert häufig mit Hilfe von Bewertungsverfahren abzuleiten sein, da ein Marktpreis fehlt. Hierbei kann beispielsweise das Ertragswertverfahren oder das DCF-Verfahren Verwendung finden (vgl. Beck'scher Bilanzkommentar [2012], § 253 Tz. 310).

- Umlaufvermögen

Für Vermögensgegenstände des Umlaufvermögens ergibt sich der beizulegende Wert aus den Wiederbeschaffungs- oder Reproduktionskosten, falls die Gegenstände noch nicht in die Produktion eingegangen sind (Roh-, Hilfs- und Betriebsstoffe, Handelswaren). Hierbei ist der Beschaffungsmarkt immer dann maßgeblich, wenn es sich um Roh-, Hilfs- und Betriebsstoffe oder um unfertige und fertige Erzeugnisse handelt, die auch von anderen Firmen bezogen werden könnten. Der Absatzmarkt ist maßgeblich für die übrigen unfertigen und fertigen Erzeugnisse, für Überbestände an Roh-, Hilfs- und Betriebsstoffen sowie für Wertpapiere. Insbesondere für unfertige und fertige Erzeugnisse ergibt sich der Wert aus dem vorsichtig geschätzten Veräußerungserlös abzüglich der noch entstehenden Kosten wie z. B. für Verpackung, Vertrieb, Verwaltung und weitere Bearbeitung. Bei Handelswaren und Überbeständen an fertigen und unfertigen Erzeugnissen ermittelt sich der beizulegende Wert – aufgrund der dominanten Stellung des Vorsichtsprinzips im Rahmen der handelsrechtlichen Rechnungslegung – aus dem niedrigeren abgeleiteten Wert von Beschaffungs- oder Absatzmarkt (vgl. Beck'scher Bilanzkommentar [2012], § 253 Tz. 516 f.). Ist die Verwendbarkeit der Gegenstände eingeschränkt (z. B. infolge von Veralterung), so liegt der beizulegende Wert noch niedriger, evtl. sogar beim Schrottpreis.

- In ausländischer Währung beschaffte Vermögensgegenstände

Ein Sonderproblem ergibt sich für den am Bilanzstichtag beizulegenden Wert sowie für den aus dem Börsen- oder Marktpreis abgeleiteten Wert dann, wenn die Gegenstände in Fremdwährung beschafft wurden. Können die Gegenstände auch im Inland wiederbeschafft werden, sind die Inlandspreise für den Korrekturwert maßgebend. Können sie jedoch nur im Ausland wiederbeschafft werden oder befinden sie sich im Ausland und werden normalerweise nur dort realisiert bzw. wiederbeschafft, so ist als Korrekturwert der Auslandspreis durch Umrechnung zum Stichtagskurs (Devisenkassamittelkurs, vgl. § 256a HGB) zu ermitteln.

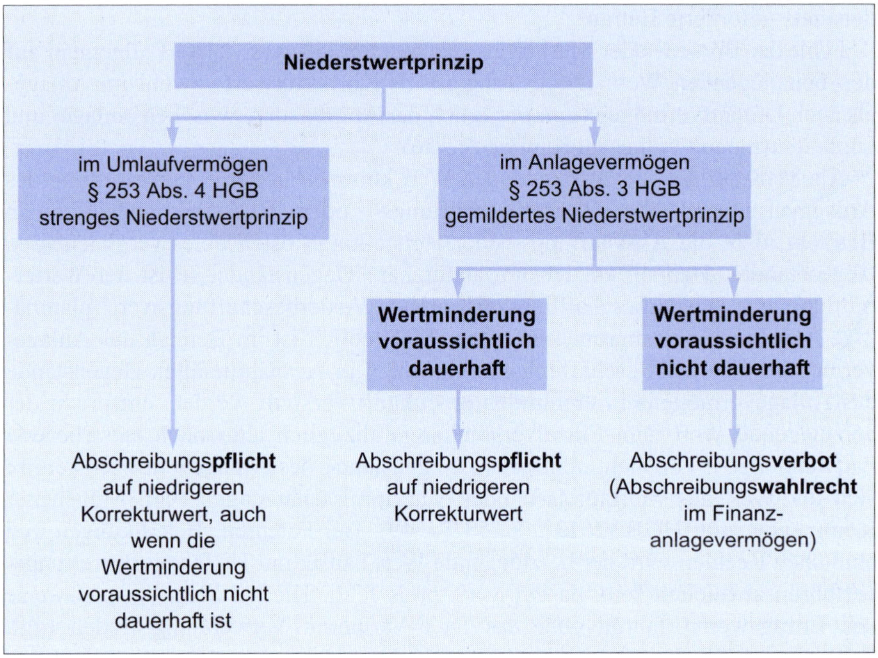

Abb. 2.6: Niederstwertprinzip

Niederstwertprinzip

Inwieweit diese Korrekturwerte bei spezifischen Vermögensgegenständen tatsächlich zur Anwendung kommen, richtet sich nach dem – aus dem Gläubigerschutz (vgl. 1. Kapitel, S. 10) und dem Vorsichtsprinzip (vgl. 1. Kapitel, S. 41) abgeleiteten – sog. »Niederstwertprinzip«. Danach müssen gemäß § 253 Abs. 4 HGB bei Gegenständen des Umlaufvermögens zum Bilanzstichtag bestehende niedrigere Korrekturwerte durch entsprechende Verminderung der Buchwerte (außerplanmäßige Abschreibung) berücksichtigt werden (strenges Niederstwertprinzip). Im Anlagevermögen sind solche Korrekturen dagegen nur zwingend vorgeschrieben, wenn eine voraussichtlich dauerhafte Wertminderung vorliegt (gemildertes Niederstwertprinzip). Entsprechend der langfristigen Nutzung des Anlagevermögens ist bei nur vorübergehenden Wertminderungen eine außerplanmäßige Abschreibung verboten. Allerdings besteht eine Ausnahme in Form eines Abschreibungswahlrechtes bei nur vorübergehender Wertminderung für Finanzanlagen (§ 253 Abs. 3 Satz 4 HGB). Eine Übersicht über das Niederstwertprinzip gibt Abbildung 2.6.

Wertaufholungsgebot und Wertaufholungsverbot

Stellt sich nach einer vorgenommenen Wertkorrektur durch eine außerplanmäßige Abschreibung in späteren Jahren heraus, dass die Gründe dafür nicht mehr bestehen, so ergibt sich die Frage, ob der niedrigere Buchwert beibehalten oder ob wieder zugeschrieben werden darf bzw. muss.

Nach § 253 Abs. 5 Satz 1 HGB besteht ein rechtsformunabhängiges Wertaufholungsgebot, d. h., die Buchwerte sind um den Betrag der in früheren Jahren vorgenommenen außerplanmäßigen Abschreibung zu erhöhen, falls die Gründe dafür nicht mehr bestehen und folglich der relevante Korrekturwert wieder gestiegen ist. Die Zuschreibungsobergrenze bilden dabei die ggf. um planmäßige Abschreibungen verminderten Anschaffungs- bzw. Herstellungskosten (sog. »fortgeführte Anschaffungs- bzw. Herstellungskosten«) bzw. der aktuelle Korrekturwert, soweit dieser niedriger ist. Eine über den (fortgeführten) Anschaffungswert hinausgehende Wertzuschreibung ist nicht möglich (Anschaffungskostenprinzip, Vorsichtsprinzip). Von der verpflichtenden Wertaufholung gibt es eine Ausnahme: Ein niedrigerer Wertansatz eines entgeltlich erworbenen Geschäfts- oder Firmenwertes ist gemäß § 253 Abs. 5 Satz 2 HGB zwingend beizubehalten. Begründet wird dieses Wertaufholungsverbot damit, dass eine eintretende Werterholung beim Geschäfts- oder Firmenwert nach vorheriger außerplanmäßiger Abschreibung einen selbst geschaffenen Geschäfts- oder Firmenwert darstellt, welcher nicht aktiviert werden darf (vgl. BMJ [2008], S. 57).

Wertaufholungsrücklage

Im Falle von Zuschreibungen sieht das Gesetz die Möglichkeit einer Ausschüttungssperre vor, indem den Verwaltungsorganen der Kapitalgesellschaft ein Wahlrecht zur Bildung einer Rücklage in Höhe des Eigenkapitalanteils der Zuschreibung gewährt wird (§§ 58 Abs. 2a AktG, 29 Abs. 4 GmbHG; vgl. 6. Kapitel, S. 348). Der Eigenkapitalanteil der Zuschreibung ergibt sich dabei aus dem Zuschreibungsbetrag abzüglich dem darauf entfallenden Steueraufwand.

Höchstwertprinzip für Schulden

Da es der Gesetzgeber unterlässt, analog zu § 253 Abs. 3 und 4 HGB die außerplanmäßige Folgebewertung für Schulden explizit zu regeln, bezieht sich diese primär auf die allgemeinen Bewertungsvorschriften des § 252 Abs. 1 HGB. Aus diesen lässt sich in Analogie zu dem (strengen) Niederstwertprinzip, welches bei der Bewertung der Vermögensgegenstände Gültigkeit besitzt, ein »Höchstwertprinzip« definieren. Demnach ist eine Schuld mit dem höheren Wertansatz anzusetzen (hierfür existiert kein konkreter Wertbegriff), falls der Wert der aus ihr esultierenden Belastung am Bilanzstichtag über dem bisher angesetzten Buchwert liegt. Somit soll sichergestellt werden, dass das Unternehmen seine höheren Verpflichtungen zum Zeitpunkt der Fälligkeit auch begleichen kann. Die Bilanzierung eines Passivpostens unterhalb seines Zugangswerts ist nicht zulässig, da dies die Erfassung eines nicht realisierten Ertrages zur Folge hätte. Dies widerspräche dem Realisationsprinzip, das durch den Gesetzgeber auf der Passivseite konsequenter Anwendung findet als auf der Aktivseite. Eine Verminderung der Schuld kommt daher, analog der Wertaufholung der Vermögenswerte, nur infrage, falls die Gründe einer früheren Aufwertung entfallen und dann auch nur bis zur Höhe des ursprünglichen Zugangswerts (vgl. hierzu 7. Kapitel, S. 420).

Außerplanmäßige Wertkorrekturen in der Steuerbilanz: Teilwertabschreibung

Der Teilwert dient in der Steuerbilanz nicht nur zur Bewertung von Entnahmen und Einlagen, sondern auch zur Korrektur von im Vergleich zu den aktuellen Zeitwerten zu hohen Buchwerten (vgl. in diesem Kapitel, S. 106 f.). Nach dem Wortlaut des § 6 Abs. 1 Nr. 1, 2 EStG kann der Buchwert von Wirtschaftsgütern auf den niedrigeren Teilwert reduziert werden (Teilwertabschreibung), wenn dieser aufgrund einer voraussichtlich dauernden Wertminderung des jeweiligen Wirtschaftsgutes niedriger ist. Dieses Wahlrecht zur Vornahme von Teilwertabschreibungen bei dauerhaften Wertminderungen kann unabhängig von der Abschreibungspflicht in der Handelsbilanz ausgeübt werden (§ 5 Abs. 1 Satz 1, 2. Halbsatz EStG). Der handelsrechtliche Ansatz ist nicht maßgeblich.

Beträgt z. B. der Buchwert eines Wirtschaftsgutes des Umlaufvermögens zum Bilanzstichtag 100 GE, der dauerhaft niedrigere beizulegende Wert 80 GE und der dauerhaft niedrigere Teilwert 70 GE, so ist gemäß § 253 Abs. 4 HGB handelsrechtlich der dauerhaft niedrige beizulegende Wert anzusetzen. Das Wahlrecht des § 6 Abs. 1 Nr. 2 Satz 2 EStG ermöglicht für die Steuerbilanz eine Abschreibung auf 70 GE. Handelsrechtlich sind somit 80 GE als Bilanzansatz geboten, steuerrechtlich kann gewählt werden zwischen 100 GE oder 70 GE.

Ist der Teilwert nur wegen einer voraussichtlich vorübergehenden Wertminderung niedriger, so darf keine Teilwertabschreibung vorgenommen werden. Folglich ergeben sich zwingend abweichende Wertansätze in Handels- und Steuerbilanz, wenn handelsrechtlich aufgrund einer vorübergehenden Wertminderung im Finanzanlagevermögen aufgrund des Wahlrechts des § 253 Abs. 3 Satz 4 HGB oder im Umlaufvermögen aufgrund der in § 253 Abs. 4 HGB festgelegten Pflicht eine solche Abschreibung vorgenommen wird.

Bilanzposten		Vergleichsergebnis	Fortbestand der Wertminderung	HGB	EStR
AV	Immaterielles AV und Sach-AV	Buchwert > beizulegender Wert	dauerhaft	Abschreibungspflicht	Abschreibungswahlrecht*
			nicht dauerhaft	Abschreibungsverbot	Abschreibungsverbot
	Finanz-AV	Buchwert > beizulegender Wert	dauerhaft	Abschreibungspflicht	Abschreibungswahlrecht*
			nicht dauerhaft	Abschreibungswahlrecht	Abschreibungsverbot
UV		Buchwert > Börsen- oder Marktwert bzw. beizulegender Wert	dauerhaft	Abschreibungspflicht	Abschreibungswahlrecht*
			nicht dauerhaft	Abschreibungspflicht	Abschreibungsverbot
FK	Schulden	Buchwert < erwartete Belastung	dauerhaft	Zuschreibungspflicht	Zuschreibungswahlrecht*
			nicht dauerhaft	Zuschreibungspflicht	Zuschreibungsverbot

* Steuerliches Wahlrecht kann unabhängig von der handelsrechtlichen Vorgabe ausgeübt werden
AV=Anlagevermögen UV=Umlaufvermögen FK=Fremdkapital

Tab. 2.2: Außerplanmäßige Wertkorrekturen nach Handels- und Steuerrecht

Zuschreibung

Für Wirtschaftsgüter, die bereits am vorhergehenden Stichtag vorhanden waren, ist der Teilwert bei einer weiterhin voraussichtlich dauernden Wertminderung zum Bilanzstichtag neu zu ermitteln (§ 6 Abs. 1 Nr. 1 Satz 4, 2. Halbsatz EStG). Ist der Teilwert zum Bilanzstichtag höher als der Buchwert, erfolgt eine Erhöhung des Buchwertansatzes; die fortgeschriebenen Anschaffungs- oder Herstellungskosten (d. h. Anschaffungs- oder Herstellungskosten abzüglich – ggf. – planmäßiger Abschreibungen) dürfen jedoch nicht überschritten werden (vgl. Beck'scher Bilanzkommentar [2012], § 253 Tz. 10). Ist der Teilwert niedriger, ist – wie oben beschrieben – zu prüfen, ob eine erneute Teilwertabschreibung erforderlich ist.

Wertaufholungsgebot

Sollte die Wertminderung am folgenden Bilanzstichtag voraussichtlich nur noch vorübergehend sein, so entfällt die Begründung für eine Teilwertabschreibung. Der Bilanzierende hat eine gänzliche Wertaufholung bis zu den fortgeschriebenen Anschaffungs- und Herstellungskosten vorzunehmen (vgl. ausführlich Beck'scher Bilanzkommentar [2012], § 253 Tz. 11 f.).

Teilwertkorrekturen im Fremdkapital

Liegt bei Schulden die erwartete Belastung – also der steuerliche Teilwert – zum Bilanzstichtag voraussichtlich dauerhaft über dem Buchwert, so besteht in der Steuerbilanz ein Wahlrecht zur Zuschreibung, welches von der Maßgeblichkeit der Handelsbilanz für die Steuerbilanz und der handelsrechtlichen Zuschreibungspflicht nicht betroffen ist. Liegt der steuerliche Teilwert hingegen nur vorübergehend über dem Buchwert, so besteht ein steuerliches Zuschreibungsverbot (§ 6 Abs. 1 Nr. 3 EStG).

Fasst man die möglichen außerplanmäßigen Wertkorrekturen zusammen, so ergeben sich die in Tabelle 2.2 dargestellten Möglichkeiten in der Handels- und Steuerbilanz.

2. Wertkorrekturen nach IFRS

Die IFRS enthalten eine Reihe von Korrekturwerte, die im Rahmen der Folgebewertung Anwendung finden können. Im Gegensatz zur handelsrechtlichen Rechnungslegung können dabei auch über den fortgeführten Anschaffungs- oder Herstellungskosten liegende Werte von Relevanz sein. Ohne an dieser Stelle näher auf die konkreten Anwendungsfälle einzugehen, sollen im Folgenden einige wesentliche Wertbegriffe vorgestellt werden, um das Verständnis der weiteren Ausführungen zu erleichtern.

a) Korrekturwerte

Fair value

Als einer der meistverwendeten Korrekturwerte in der Rechnungslegung nach IFRS dient der *fair value* gemäß IFRS 13 (vgl. z. B. IAS 39, IAS 40; siehe zur Definition in diesem Kapitel, S. 113 ff.).

Revalued amount

Falls vom Wahlrecht einer Neubewertung bei Posten des Sachanlagevermögens Gebrauch gemacht wird (vgl. im Detail 3. Kapitel, S. 173 ff.), werden diese zum *revalued amount* ausgewiesen (IAS 16.31). Zum Zeitpunkt der Neubewertung stimmt der *revalued amount* mit dem *fair value* überein. In den Perioden bis zur nächsten Neubewertung entspricht er bei abnutzbaren *assets* dem *fair value* zum Zeitpunkt der Neubewertung gekürzt um die zwischenzeitlich angefallenen kumulierten Abschreibungen (IAS 16.31).

Realisable value

Ein vom Marktpreis abgeleiteter Bewertungsmaßstab ist der *realisable value.* Darunter wird der Betrag verstanden, der gegenwärtig durch den Verkauf eines *asset* im gewöhnlichen Geschäftsverkehr erzielt werden könnte (F 4.55c). Sofern von diesem auf dem Absatzmarkt erzielbaren Verkaufserlös noch die geschätzten Kosten für die Fertigstellung des *asset* und die Kosten des Verkaufs abgezogen werden, spricht man vom *net realisable value* (Nettoveräußerungswert) (IAS 2.6). Er kommt als Korrekturwert vor allem im Bereich der unfertigen Erzeugnisse in Betracht (IAS 2.14; vgl. 4. Kapitel, S. 224 ff.).

Die nachfolgenden drei Korrekturwerte finden im Rahmen der IFRS-spezifischen Form des Niederstwertprinzips (*impairment*) ihre Anwendung.

Value in use

Der *value in use* ist der Barwert der künftigen Zahlungsströme, die durch die beständige Nutzung eines *asset* bzw. durch dessen Ausscheiden (*disposal*) am

Ende der Nutzungsdauer erwartet werden (IAS 36.6). Der Nutzungswert bestimmt sich somit als Barwert der beiden folgenden Elemente (IAS 36.31):

- In einem ersten Schritt ist die Zahlungsreihe zu schätzen (*best estimate*), die sich aufgrund der Nutzung und des Ausscheidens des *asset* voraussichtlich ergibt. Die Schätzung der Zahlungsreihe muss dabei auf vernünftige Annahmen gestützt werden und auf den aktuellsten Finanzplanungen, gebilligt von der Unternehmensleitung, beruhen. Die Detailplanungsphase soll dabei fünf Jahre nicht überschreiten (vgl. IAS 36.33). Künftige Erhaltungsmaßnahmen des Vermögenswertes sind dabei zu berücksichtigen, außen vor bleiben allerdings künftige Restrukturierungsauszahlungen sowie Verbesserungen und erweiterte Nutzungsmöglichkeiten (IAS 36.44). Ebenso nicht in die Zahlungsreihe mit einbezogen werden solche Zahlungen, die aus der Finanzierungstätigkeit des Unternehmens resultieren (IAS 36.50).
- Im zweiten Schritt ist diese Zahlungsreihe mit einem angemessenen Diskontierungssatz (*appropriate discount rate*) abzuzinsen. Als Diskontierungssatz ist ein Zinssatz vor Steuern zu verwenden, der die gegenwärtigen Einschätzungen des Marktes bezüglich des Geldzeitwerts (*time value of money*) und des spezifischen Risikos, das mit dem *asset* verbunden ist, reflektiert (IAS 36.55). Hierbei kann sich das Unternehmen an aktuellen Marktrenditen oder an seinen eigenen Kapitalkosten orientieren (vgl. IAS 36.56; Baetge, J./Krolak, T./Thiele, S./Hain, T. [2012], Tz. 69). Um Doppelerfassungen zu vermeiden, dürfen Risiken, die bereits bei der Schätzung der Zahlungsreihe erfasst wurden, nicht mehr im Diskontierungssatz berücksichtigt werden.

Fair value less costs of disposal

Beim Nettoveräußerungserlös (*fair value less costs of disposal*) handelt es sich um den Wert, der beim Verkauf eines Vermögenswerts in einer geordneten Transaktion zwischen Marktteilnehmern erzielt wird, wobei die dem Verkauf zuzurechnenden Ausgaben (*costs of disposal*), wie beispielsweise Rechtsberatungskosten, Abbau- oder Transportkosten, abzuziehen sind. Dieser Korrekturwert wird zudem im Bereich der zum Verkauf bereitstehenden Vermögenswerte verwendet (IFRS 5), allerdings wird in diesem Kontext der Begriff *fair value less cost to sell* gebraucht (vgl. in diesem Kapitel, S. 128 f.).

Recoverable amount

Vergleicht man diese beiden Wertansätze (*value in use* und *fair value less costs of disposal*) und ermittelt daraus den höheren von beiden, so erhält man einen Wertansatz, der als *recoverable amount* (erzielbarer Betrag) bezeichnet wird. Diese Zweiteilung zwischen Nutzungswert und Nettoveräußerungswert entspricht den möglichen Verwendungen eines Vermögenswertes durch ein Unternehmen. Dem *asset* wird dadurch ein angemessener Wert zugeordnet, unabhängig von seiner Nutzung und seinen konkreten Eigenschaften.

b) Außerplanmäßige Abschreibungen

Niederstwerttest (impairment)

Auch nach IFRS gilt ein Niederstwertprinzip, d. h. unter den Buchwerten von Vermögenswerten liegende Korrekturwerte können Relevanz erlangen. Im Gegensatz zu § 253 Abs. 3 und 4 HGB fehlt allerdings eine generelle Bestimmung, vielmehr bestehen eine Reihe von Einzelregelungen. Die Regelung mit dem breitesten Anwendungsbereich ist IAS 36 »*Impairment of Assets*«. Dieser Standard normiert die Durchführung von Niederstwerttests (*impairment tests*), die Berücksichtigung von Wertminderungen (*impairments*) und Wertaufholungen (*reversals of impairments*) für alle Vermögenswerte, mit Ausnahme der

- Vorräte (IAS 2),
- Vermögenswerte aus Fertigungsaufträgen (IAS 11),
- aktiven latenten Steuern (IAS 12),
- Vermögenswerte im Zusammenhang mit *employee benefits* (IAS 19),
- *financial assets*, die in den Anwendungsbereich des IAS 39 bzw. IFRS 9 fallen,
- als Finanzinvestition gehaltenen Immobilien, die zum *fair value* bilanziert werden (IAS 40),
- landwirtschaftlich genutzten biologischen Vermögenswerte, die zum *fair value less costs to sell* bilanziert werden (IAS 41),
- Aktiva aus Versicherungsverträgen (IFRS 4) sowie
- Vermögenswerte, die gemäß IFRS 5 als *held for sale* zu klassifizieren sind.

Demnach findet das Niederstwertprinzip in der Konzeption des IAS 36 im Bereich des Sachanlagevermögens, des immateriellen Vermögens einschließlich eines eventuell zu bewertenden Goodwills sowie von bestimmten Finanzanlagen seine Anwendung. Zu Letzteren gehören die Investitionen in assoziierte Unternehmen, Gemeinschafts- und Tochterunternehmen.

Anzeichen einer Wertminderung bei assets

Theoretisch müssten Unternehmen zu jedem Bilanzstichtag die Werthaltigkeit ihrer Vermögenswerte überprüfen. Da eine solche Überprüfung allerdings sehr aufwendig ist, haben die Unternehmen nach IAS 36.9 an jedem Bilanzstichtag zunächst lediglich zu prüfen, ob Anzeichen für Wertminderungen ihrer Vermögenswerte vorliegen. Bei den Anzeichen, die bei der Beurteilung von möglicherweise vorliegenden Wertminderungen zu berücksichtigen sind, wird zwischen unternehmensexternen und unternehmensinternen Anzeichen (IAS 36.12) unterschieden.

Unternehmensexterne Anzeichen sind:

- ein wesentlicher Rückgang des Marktwerts eines Vermögenswertes;
- eine wesentliche Veränderung der technologischen, marktbezogenen, wirtschaftlichen oder rechtlichen Umwelt, in der sich das Unternehmen selbst bzw. der entsprechende Vermögenswert befindet, mit negativer Auswirkung auf das Unternehmen;
- ein Anstieg des Marktzinssatzes oder anderer Marktrenditen, die geeignet sind, den verwendeten Diskontierungssatz zur Ermittlung des *value in use* zu beeinflussen und den *recoverable amount* des Vermögenswertes wesentlich zu verringern;
- die Buchwerte der Nettovermögenswerte (*net assets*) sind höher als die Marktkapitalisierung des Unternehmens.

Unternehmensinterne Anzeichen sind:

- eine Veralterung oder ein physischer Schaden eines Vermögenswertes;

- eine wesentliche Veränderungen mit nachteiliger Auswirkung auf das Unternehmen bezüglich des Umfangs oder der Art der Nutzung eines Vermögenswertes;
- eine nach unten abweichende ökonomische Leistung eines Vermögenswertes.

Liegen Anzeichen für eine Wertminderung vor, ist für den entsprechenden Vermögenswert ein sog. Niederstwerttest (*impairment test*) durchzuführen. Ein Vergleich zwischen dem fortgeführten Ausgangswert und dem möglichen Korrekturwert findet demnach nicht automatisch, sondern lediglich bei Vorliegen bestimmter Anzeichen statt. Unabhängig von den wertmindernden Anzeichen ist gemäß IAS 36.10a für alle immateriellen Werte, die eine unbegrenzte Nutzungsdauer besitzen oder noch nicht betrieblich genutzt werden, jährlich ein *impairment test* vorzunehmen. Dieser kann zu jedem beliebigen Termin im Jahr durchgeführt werden, mit der Einschränkung, dass dieser einmal gewählte Termin für den jeweiligen immateriellen Vermögenswert in Zukunft den Jahreszyklus determiniert. Separat und jährlich zu testen ist zudem der derivative Firmenwert, welcher im Rahmen eines Unternehmenszusammenschlusses erworben wurde (IAS 36.10a). Für diesen Vermögenswert gelten die speziellen Vorschriften des IAS 36.80 ff., auf die im 11. Kapitel, S. 698 ff. näher eingegangen wird.

Impairment test

Im Rahmen des *impairment test* dient gemäß IAS 36.59 der erzielbare Betrag (*recoverable amount*) als Korrekturwert für den Buchwert (*carrying amount*) (vgl. Abbildung 2.7). Stellt sich dabei heraus, dass der Buchwert über dem *recoverable amount* liegt, ist eine außerplanmäßige Abschreibung auf den *recoverable amount* vorzunehmen. Dieser ist, wie in diesem Kapitel, S. 124 bereits erwähnt, der höhere Wert des Nettoveräußerungserlöses (*fair value less costs of disposal*) und des Nutzungswerts (*value in use*) des jeweiligen Vermögenswertes (vgl. IAS 36.6). Dabei ist es im Gegensatz zu § 253 Abs. 3 Satz 3 HGB unerheblich, ob die Wertminderung von Dauer oder nur vorübergehend ist. Diese Frage ist durch das diskontierte Cashflow-profil bereits im Kalkül des Nutzungswert enthalten.

Berücksichtigung von Abwertungsverlusten

Die Differenz zwischen *recoverable amount* und Buchwert wird als Abwertungsverlust (*impairment loss*) bezeichnet (vgl. IAS 36.59). Grundsätzlich ist dieser Verlust sofort als Aufwand in der GuV zu erfassen, es sei denn, das entsprechende *asset* wird zum *revalued amount* (z. B. nach IAS 16.31) in der Bilanz angesetzt. In diesem Fall ist der Abwertungsverlust mit der Neubewertungsrücklage (*revaluation surplus*) zu verrechnen (IAS 36.60) und beeinflusst somit nicht das Periodenergebnis (vgl. hierzu 3. Kapitel, S. 173).

Cash-generating unit (CGU)

Grundsätzlich ist der *recoverable amount* für einzelne Vermögenswerte zu bestimmen (Einzelbewertungsgrundsatz, IAS 36.66). Führt die fortlaufende Nutzung eines *asset* allerdings zu keinen Einzahlungen, die überwiegend unabhängig von den Einzahlungen anderer *assets* sind, ist der *recoverable amount* für die gesamte sog. zahlungsmittelgenerierende Einheit (*cash-generating unit*; CGU) anzusetzen (vgl. IAS 36.22). Nach IAS 36.6 ist eine CGU die kleinste erkennbare Gruppe von *assets* durch die Einzahlungen generiert werden, die überwiegend unabhängig von den Einzahlungen anderer *assets* sind. IAS 36.67 ff. enthält entsprechende Anhaltspunkte, welche die Abgrenzung der CGU präzisieren. Eine einmal festgelegte Einheit ist dann unter Berücksichtigung des Stetigkeitsgrundsatzes fortzuführen.

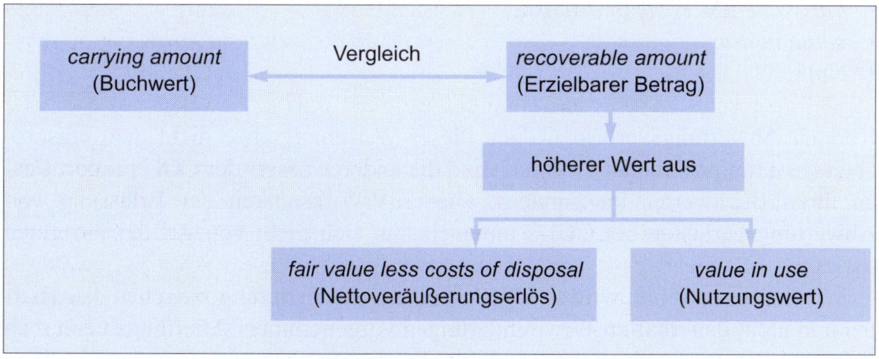

Abb. 2.7: *Impairment test* nach IAS 36

Recoverable amount einer CGU

Liegt eine CGU vor, wird für diese der *impairment test* durchgeführt, d. h. ihr Buchwert wird mit ihrem *recoverable amount* verglichen. Zur Ermittlung des *recoverable amounts* einer CGU sind die Vorschriften für einzelne *assets* heranzuziehen (IAS 36.74). In die Ermittlung des Buchwerts einer CGU fließen die Buchwerte derjenigen *assets* ein, die der CGU direkt oder mit Hilfe einer vernünftigen und konsistenten Zurechnungsregel zugeordnet werden können (IAS 36.76). Verbindlichkeiten und Rückstellungen sind nur dann zu berücksichtigen, wenn sich der erzielbare Betrag der CGU ohne Berücksichtigung der Schulden nicht treffend ermitteln lässt. Letzteres gilt z. B. bei Rückbauverpflichtungen, die sowohl in den Buchwerten der betroffenen Vermögenswerte als auch in entsprechenden Rückstellungen berücksichtigt werden (vgl. in diesem Kapitel, S. 111 und 7. Kapitel, S. 462).

Nicht direkt zurechenbare assets

Bei den nicht direkt zurechenbaren Vermögenswerten einer CGU handelt es sich zum einen um den erworbenen Geschäfts- oder Firmenwert (Goodwill) und zum anderen um gemeinschaftliche Vermögenswerte (*corporate assets*, IAS 36.6), wie beispielsweise ein Verwaltungsgebäude oder eine EDV-Ausrüstung. Beide Arten von nicht direkt zurechenbaren Vermögenswerten sind auf die jeweiligen CGUs zu verteilen. Dieses Vorgehen ist für den Goodwill im Rahmen der Kaufpreis- bzw. Goodwill-Allokation im 11. Kapitel (S. 698 f.) beschrieben. Für jede CGU, die einen Goodwill-Anteil enthält, ist gemäß IAS 36.90 jährlich ein Niederstwerttest durchzuführen.

Impairment test und Erfassung des Abwertungsverlusts bei einer CGU

Das Vorgehen bei einem Niederstwerttest für eine CGU entspricht jenem für einen einzelnen Vermögenswert. Liegt der Buchwert der CGU über ihrem erzielbaren Betrag, so kommt es zu einem Abwertungsverlust. Die Erfassung des Abwertungsverlusts wird durch die Minderung der Buchwerte der einzelnen, in der CGU enthaltenen *assets* um den errechneten Abwertungsverlust vollzogen. Dabei wird der Abwertungsverlust auf die einzelnen *assets* anteilig entsprechend ihrem jeweiligen Buchwertanteil verteilt. Wurde dem Buchwert der betroffenen CGU ein Geschäfts- oder Firmenwert zugerechnet, so ist dessen Buchwert zunächst um den Abwertungsverlust zu mindern; erst anschließend wird der möglicherweise verbleibende Abwertungsverlust bei den *assets* der CGU erfasst (IAS 36.104). Der (abgewertete) Buchwert der einzelnen *assets* darf dabei laut IAS 36.105 nicht unter dem höchsten der folgenden Beträge liegen:

- *fair value less costs of disposal*;
- *value in use*;
- Null.

Können Abwertungsverluste wegen dieser Wertuntergrenze nicht dem entsprechenden *asset* zugerechnet werden, sind die anderen *assets* der CGU proportional zu ihren Buchwerten zu mindern. Die GuV-Wirksamkeit der Erfassung von Abwertungsverlusten bei CGUs unterscheidet sich nicht von der bei einzelnen *assets*.

Dauerhaftigkeit der Wertminderung

Wie bereits erwähnt, wird in IAS 36 keine Differenzierung zwischen dauerhaften und nicht dauerhaften Wertminderungen vorgenommen. Allerdings kann man aufgrund der Barwertberechnung des *value in use* eher von einer langfristigen Betrachtung der Wertentwicklung ausgehen.

Korrekturwert des Vorratsvermögens

Für das Vorratsvermögen sind nach IFRS grundsätzlich die Anschaffungs- und Herstellungskosten (einschließlich direkter Nebenkosten) maßgebend. Als Korrekturwert dient in diesem Bereich der Nettoveräußerungswert (*net realisable value*). Ist dieser (auch nur vorübergehend) niedriger als der Buchwert, so ist eine außerplanmäßige Abschreibung vorzunehmen (IAS 2.9; vgl. 4. Kapitel, S. 224 ff.).

IFRS 5

Eine besondere Form des Niederstwertprinzips kommt in IFRS 5 »*Non-current Assets Held for Sale and Discontinued Operations*« zur Anwendung. Dieser Standard enthält spezielle Bewertungs- und Ausweisregeln für langfristige Vermögenswerte, Gruppen solcher Vermögenswerte bzw. gesamte Unternehmensteile, die zum Verkauf gehalten werden. Eine vergleichbare Regelung fehlt im deutschen Handels- und Steuerrecht.

Assets held for sale

In IFRS 5 wird ein Vermögenswert als zum Verkauf gehalten klassifiziert, wenn der Buchwert prinzipiell durch eine Verkaufstransaktion realisiert wird und nicht durch die fortdauernde Nutzung. IFRS 5.7 präzisiert dieses Abgrenzungskriterium insoweit, als dass der Verkauf sehr wahrscheinlich (*highly probable*) sein muss. Dies gilt gemäß IFRS 5.6 ff. immer dann, wenn eine konkrete Veräußerungsabsicht besteht und die Veräußerung innerhalb von zwölf Monaten erfolgen soll. Um dies zu gewährleisten, muss der zu verkaufende Vermögenswert unmittelbar in seinem aktuellen Zustand veräußerbar sein, eventuell noch notwendige Modifikationen an diesem müssen in Bezug auf den Veräußerungsprozess üblich sein.

- Ausnahmen des IFRS 5

Nicht unter die Bewertungsvorschriften des IFRS 5 fallen dabei folgende langfristige Vermögenswerte: aktive latente Steuern (IAS 12), Vermögenswerte im Zusammenhang mit *employee benefits* (IAS 19), Finanzinstrumente, die unter IAS 39 bzw. IFRS 9 fallen, Immobilien, die als Finanzinvestition gehalten und zum *fair value* bilanziert werden (IAS 40), langfristige biologische Vermögenswerte, die zum *fair value less costs to sell* bilanziert werden (IAS 41) sowie vertragliche Rechte aus Versicherungen (IFRS 4).

- Impairment test

Langfristige Vermögenswerte, die als »zur Veräußerung gehalten« klassifiziert werden, müssen zum Zeitpunkt der Umklassifizierung anhand der Regelungen der einschlägigen Standards (z. B. IAS 16 und 38) bewertet werden. Als Korrekturwert wird diesen Restbuchwerten dann der *fair value less costs to sell* gegenübergestellt. Liegt Letzterer unter dem fortgeführten Buchwert, so kommt es zu einer außerplanmäßigen Abschreibung (IFRS 5.15 ff.). In den Folgeperioden werden die zum Verkauf bestimmten Vermögenswerte nicht mehr planmäßig abgeschrieben und separat in der Bilanz unter den kurzfristigen Vermögenswerten ausgewiesen. Sind die Vermögenswerte bis zum nächsten Bilanzstichtag noch nicht veräußert worden, so sind diese erneut dem Niederstwerttest zu unterziehen und eventuell abzuwerten. Im Gegensatz zum *impairment test* gemäß IAS 36 wird nach IFRS 5 der Nutzungswert nicht mehr berücksichtigt.

Disposal group held for sale

Soll dagegen eine Gruppe von Vermögenswerten (inkl. Goodwill) und diesen direkt zurechenbaren Schulden im Rahmen einer einzigen Transaktion veräußert werden, so handelt es sich um eine zur Veräußerung gehaltene Abgangsgruppe (*disposal group held for sale*, IFRS 5.A). Voraussetzung für diese Klassifizierung ist, dass mindestens ein langfristiger Vermögenswert in dieser konkret zur Veräußerung bestimmten Vermögensgruppe enthalten ist. Eine solche *disposal group* kann sowohl kleiner als auch größer als eine CGU sein (IFRS 5.4). Es kann sich dabei um ganze Betriebsstätten, Teilbetriebe bzw. (im Falle eines Konzerns) um Tochterunternehmen handeln.

- Impairment test

Bevor der Niederstwerttest durchgeführt wird, sind zunächst die nicht unter die Bilanzierungsvorschriften des IFRS 5 fallenden Vermögenswerte und Schulden der *disposal group* gemäß ihrer spezifischen Vorschriften zu bewerten. Im Anschluss daran wird der Buchwert der *disposal group* bestimmt und der Niederstwerttest durchgeführt (IFRS 5.19). Im Rahmen des Niederstwerttests ist zu überprüfen, ob der aktuelle Buchwert der *disposal group* den *fair value less costs to sell* übersteigt. Eine eventuell notwendige Wertminderung wird nur auf die langfristigen Vermögenswerte, welche unter den Anwendungsbereich des IFRS 5 fallen, verteilt. Ist jedoch ein Goodwill in dieser Abgangsgruppe enthalten, so wird zunächst dieser abgeschrieben (IFRS 5.23).

- Reklassifizierung

Muss eine Reklassifizierung vorgenommen werden, weil die Kriterien zur Klassifizierung als »zur Veräußerung gehalten« zu einem späteren Zeitpunkt nicht mehr erfüllt werden, erfolgt eine Bewertung der *assets* und *disposal groups* zum niedrigeren Wert aus fortgeführtem ursprünglichen Buchwert und *recoverable amount* (IFRS 5.27). Ein durch die Reklassifizierung entstehender Bewertungsunterschied ist GuV-wirksam zu erfassen (vgl. Haufe IFRS-Kommentar [2013], § 29 Tz. 31 f.).

Wertänderungen in den continuing operations

Sowohl für einzelne *assets* als auch für *disposal groups*, welche nicht als *discontinued operations* einzustufen sind, sind die Wertänderungen innerhalb des Ergebnisses der gewöhnlichen Geschäftstätigkeit zu zeigen (IFRS 5.37).

Discontinued operations

Handelt es sich dagegen um einen Geschäftsbereich, der zur Veräußerung gehalten bzw. bereits abgegangen ist, so spricht man von »*discontinued operations*« für den Fall, dass dieser Geschäftsbereich entweder

- einen gesonderten, wesentlichen Geschäftszweig oder geografischen Geschäftsbereich darstellt (IFRS 5.32a),
- Teil eines einzelnen Veräußerungsplanes ist (IFRS 5.32b) oder
- ein Tochterunternehmen darstellt, das ausschließlich zum Zweck der Weiterveräußerung erworben wurde (IFRS 5.32c; vgl. hierzu 10. Kapitel, S. 629).

Entscheidend ist dabei, dass dem entsprechenden Geschäftsbereich seine betrieblichen Vermögenswerte und Schulden, Erträge sowie zumindest die Mehrheit seiner Aufwendungen direkt zugeordnet werden können.

Diese aufgegebenen Geschäftsbereiche unterliegen keinen spezifischen Bewertungsregeln. Ein solcher Bereich wird allerdings i. d. R. langfristige Vermögenswerte und Abgangsgruppen enthalten, die gemäß IFRS 5 als *held for sale* bewertet werden. Zudem gelten gerade für *discontinued operations* ausführliche Ausweisvorschriften (IFRS 5.30 ff.).

Exposure Draft

Im September 2008 verabschiedete das IASB einen Exposure Draft zur Änderung von IFRS 5. Der Entwurf sieht eine Änderung der Definition des »aufgegebenen Geschäftsbereichs« vor. Um eine Konsistenz zwischen den Standards zu erreichen, soll die Definition analog zu IFRS 8 »*Operating Segments*« inkl. einer Angleichung an US-GAAP erfolgen. Die Verabschiedung des geänderten IFRS 5 war für 2009 geplant, verschob sich jedoch aufgrund von Verzögerungen im gesamten *financial statement presentation project*. Derzeit steht das Projekt still.

c) Weitere Wertkorrekturen

Für all die Bereiche, die nicht durch den *impairment test* des IAS 36 und die Spezialregelungen des IAS 2 und IFRS 5 abgedeckt werden, enthalten die jeweiligen Standards spezielle Regelungen bezüglich der Korrekturwerte der Folgeperioden. Diese kommen zumeist auch bei Werterhöhungen zum Einsatz.

Fair value als Korrekturwert

Für die meisten Vermögenswerte, die nicht durch den Niederstwerttest abgedeckt werden, wird der *fair value* als Korrekturwert herangezogen (vgl. zur Definition in diesem Kapitel, S. 113 ff.). Dies gilt für einen Großteil der finanziellen Vermögenswerte, die unter die Anwendung des IAS 39 bzw. IFRS 9 fallen (vgl. 5. Kapitel, S. 268 ff.), des Weiteren für die biologischen Vermögenswerte gemäß IAS 41 sowie für Immobilien, die als Finanzinvestition gehalten und unter Ausübung der *fair value option* bewertet werden (vgl. 3. Kapitel, S. 175).

Auch für Schulden ist in der Rechnungslegung nach IFRS der *fair value* als Korrekturwert festgesetzt (vgl. 5. Kapitel, S. 270 ff). So werden beispielsweise Fremdwährungsverbindlichkeiten stets GuV-wirksam mit dem aktuellen Stichtagskurs auf den aktuellen Zeitwert umgerechnet (IAS 21.23a). Ein Höchstwertprinzip, wie im HGB enthalten, ist dort nicht implementiert.

d) Wertaufholung

Wertaufholung

An jedem Bilanzstichtag ist zu prüfen, ob Gründe, die in früheren Perioden zur Abwertung eines *asset* geführt haben, noch vorliegen bzw. ob sie gemildert wurden (IAS 36.110). Einzige Ausnahme hierbei ist ein eventuell abgewerteter Goodwill (IAS 36.124). Anzeichen, die auf eine Werterholung hindeuten, werden wie beim *impairment* gemäß IAS 36.111 unterteilt in unternehmensexterne und -interne Anzeichen.
Unternehmensexterne Anzeichen sind:

- wesentliche Erhöhung des Marktwerts eines Vermögenswertes;
- wesentliche Veränderung der technologischen, marktbezogenen, wirtschaftlichen oder rechtlichen Umwelt, in der sich das Unternehmen selbst bzw. das entsprechende *asset* befindet, mit vorteilhafter Wirkung für das Unternehmen;

- Verringerung des Marktzinssatzes oder anderer Marktrenditen, die geeignet sind, den verwendeten Diskontierungssatz zur Ermittlung des *value in use* zu beeinflussen und den *recoverable amount* des *asset* wesentlich zu erhöhen.

Unternehmensinterne Anzeichen sind:

- wesentliche Veränderungen mit vorteilhafter Auswirkung auf das Unternehmen bezüglich des Umfangs oder der Art der Nutzung eines Vermögenswertes;
- eine bessere ökonomische Leistung eines Vermögenswertes als ursprünglich erwartet.

- Bei einzelnen assets

Falls oben genannte Anzeichen vorliegen, ist für das betroffene *asset* der *recoverable amount* zu ermitteln (IAS 36.110) und dem durch Wertminderungen verringerten Buchwert gegenüberzustellen. Gleichzeitig ist nach IAS 36.114 zu prüfen, ob seit der Erfassung des letzten *impairment loss* eine Veränderung bei den Schätzungen zur Bestimmung des *recoverable amount* stattgefunden hat. Ist dies der Fall, muss der Buchwert des *asset* auf den *recoverable amount* erhöht werden. Eine Erhöhung des *recoverable amount*, die lediglich in einem aufgrund des Zeitablaufes gestiegenen *value in use* begründet liegt, darf dagegen nicht erfasst werden (IAS 36.116).

Aufgewertet werden darf maximal bis zu dem Buchwert, der anzusetzen wäre, hätte es in den Vorperioden keine außerplanmäßige Abwertung gegeben (vgl. IAS 36.117). Analog zu den Vorschriften zur Abwertung ist auch die Aufwertung GuV-wirksam vorzunehmen, es sei denn, das *asset* wird zum *revalued amount* nach den Vorschriften eines anderen IFRS bilanziert. Dann muss die Aufwertung, soweit sie über die fortgeführten Anschaffungs- oder Herstellungskosten hinausgeht, GuV-neutral über eine Erhöhung der Neubewertungsrücklage vorgenommen werden (vgl. IAS 36.119) (vgl. auch 3. Kapitel, S. 171 ff.).

- Bei einer CGU

Grundsätzlich gelten hinsichtlich der Ermittlung des Wertaufholungspotentials für eine CGU dieselben Vorschriften wie für einzelne *assets*. Die Differenz zwischen den Buchwerten und dem höheren erzielbaren Betrag der CGU ist auf die einzelnen *assets* der CGU proportional zu ihren Buchwerten zu verteilen, mit Ausnahme des Geschäfts- oder Firmenwerts, der von einer Wertaufholung ausgeschlossen ist (IAS 36.124). Der niedrigere der beiden folgenden Werte ist dabei als Obergrenze im Falle einer Wertaufholung bei den einzelnen *assets* der CGU gemäß IAS 36.123 anzusetzen:

- der *recoverable amount* (falls bestimmbar);
- der Buchwert, der anzusetzen wäre, wenn in vorangegangenen Perioden kein Abwertungsverlust berücksichtigt worden wäre.

Kann aufgrund dieser Obergrenze das Wertaufholungspotential bei einem *asset* nicht berücksichtigt werden, so wird es gemäß IAS 36.123 auf andere *assets* der CGU, mit Ausnahme des Goodwills, verteilt.

- Bei assets und disposal groups held for sale

Liegt für Vermögenswerte, die zur Veräußerung bestimmt sind, am Bilanzstichtag der *fair value less costs to sell* über den aktuellen Buchwerten, so ist nur insoweit zuzuschreiben, als eine in der Vergangenheit erfasste Wertminderung gemäß IAS 36 oder IFRS 5 rückgängig gemacht wird (IFRS 5.21). Gleiches gilt für *disposal groups*, allerdings dürfen hierbei nur die Wertminderungen der Vergangenheit rückgängig gemacht werden, die sich auf die Vermögenswerte einer Abgangsgruppe beziehen, die unter den Anwendungsbereich des IFRS 5 fallen (IFRS 5.22). Der Goodwill ist von der Wertaufholung ausgeschlossen.

- Bei *assets* des Vorratsvermögens

Der Korrekturwert bei Vermögenswerten des Vorratsvermögens ist, wie bereits erwähnt, der *net realisable value*. Liegt dieser Nettoveräußerungswert am Bilanzstichtag über dem aktuellen Buchwert, so ist eine Zuschreibung vorzunehmen, die aber auf den Betrag der vorherigen Wertminderung beschränkt ist. Der neue Buchwert entspricht damit dem niedrigeren Wert aus Anschaffungs- und Herstellungskosten und berichtigtem Nettoveräußerungswert (IAS 2.33).

3. Wertkorrekturen nach US-GAAP

Im Folgenden wird auf die verschiedenen nach US-GAAP relevanten Wertkorrekturen im Rahmen der Folgebewertung eingegangen.

a) Korrekturwerte

Fair value

Korrekturbedarf hinsichtlich der nach US-GAAP meistens auf dem *historical cost principle* beruhenden Ausgangswert kann aufgrund allgemeiner Rechnungslegungsvorschriften entstehen oder sich aus Vorschriften für einzelne Bilanzposten zur Bestimmung der anzuwendenden Wertmaßstäbe ergeben. Der häufigste zur Anwendung kommende Korrekturwert ist der *fair value* (zur Definition in ASC 820-10-35-2 (früher FAS 157) vgl. in diesem Kapitel, S. 116 f.). Er findet u. a. bei der Bewertung von bestimmten Beständen an Wertpapieren (ASC 320 (früher FAS 115)) und derivativen Finanzinstrumenten (ASC 815 (früher FAS 133)) Anwendung, darüber hinaus auch für alle *long-lived assets*, für die der *impairment test* in ASC 360-10-35-15 ff. (früher FAS 144) geregelt ist.

Replacement bzw. reproduction cost

Die für Vorräte (ASC 330) relevanten Korrekturwerte sind *replacement cost* und *net realizable value*. Als *replacement* bzw. *reproduction cost* bzw. *current cost* sind Aufwendungen zu klassifizieren, die notwendig wären, um ein *asset* gleicher Qualität wieder herzustellen oder zu erwerben (CON 5.67b).

Net realizable value

Der *net realizable (settlement) value* ist definiert als der geschätzte Veräußerungserlös im Rahmen eines gewöhnlichen Geschäftsablaufs abzüglich voraussichtlich noch anfallender Herstellungs- und Vertriebskosten (CON 5.67d). Bei der Bewertung von kurzfristig fälligen Forderungen wird der *net realizable value* auf Grundlage des erwarteten Nettoeinzahlungsbetrags bemessen.

b) Außerplanmäßige Abschreibungen

Niederstwerttest

Wie in den IFRS wird das Niederstwertprinzip in den US-GAAP posten- und damit standardspezifisch geregelt. Für den Bereich des Sachanlagevermögens enthält ASC 360 »*Property, Plant, and Equipment*« (früher FAS 144) mit IAS 36 und IFRS 5 vergleichbare Regelungen. Er bezieht sich auf das langfristige materielle Vermögen. Die Behandlung des immateriellen abnutzbaren Vermögens gibt

ASC 350 »*Intangibles – Goodwill and Other*« vor. Bezüglich des *impairment test* des Goodwill gemäß den Vorschriften der US-GAAP vgl. 11. Kapitel, S. 695 ff.

Für das Vorgehen des *impairment test* ist zu differenzieren zwischen Vermögenswerten, die im Unternehmen verbleiben (*long-lived assets to be held and used*), die in der nahen Zukunft das Unternehmen verlassen, allerdings nicht verkauft werden (*long-lived assets to be disposed of other than by sale*), und solchen, die in der nahen Zukunft verkauft werden (*long-lived assets classified as held for sale*) (ASC 360-10-45-2).

Long-lived assets to be held and used

Handelt es sich um *long-lived assets to be held and used*, so gilt es – nicht zwingend am Bilanzstichtag, sondern bei Bedarf auch unterjährig – zu prüfen, ob Anhaltspunkte vorliegen, die darauf hinweisen, dass der Buchwert eines *asset* nicht mehr eingebracht werden kann. ASC 360-10-35-21 nennt beispielhaft eine Reihe von Anhaltspunkten für Wertminderungen, welche inhaltlich mit den in IAS 36.12 aufgeführten vergleichbar sind.

- Recoverability test

Sind Anzeichen erkennbar, die darauf hinweisen, dass der Buchwert eines *asset* nicht mehr erzielbar ist, so beginnt ein zweistufiger Niederstwerttest (ASC 360-10-35-29 ff.). Auf der ersten Stufe ist ein sog. *recoverability test* durchzuführen (vgl. Übersicht in Abbildung 2.8). Der *recoverability test* soll Klarheit darüber verschaffen, ob tatsächlich eine dauerhafte Abwertung eingetreten ist. Dazu werden zunächst die künftigen undiskontierten Netto-Zahlungsströme (*expected cash flows*) geschätzt, die aufgrund der Nutzung und einer eventuellen Veräußerung des *asset* fließen. Dabei sollen vernünftige und zutreffende Annahmen und Zukunftsaussichten zugrunde gelegt werden. Die Summe dieser (undiskontierten) künftigen Netto-Zahlungsströme wird nun dem Buchwert des *asset* gegenübergestellt.

- Impairment loss

Ist die Summe gleich oder höher als der Buchwert, so ist der Test beendet und keine Abwertung eingetreten. Andernfalls ist ein Wertminderungsverlust (*impairment loss*) in Form einer außerplanmäßigen Abschreibung zu berücksichtigen. Der Abschreibungsbetrag ermittelt sich in der zweiten Stufe des *impairment test* als Differenz zwischen Buchwert und *fair value* des *asset* (ASC 360-10-35-17).

- Asset group

Ähnlich wie nach IFRS ist es auch nach US-GAAP geboten, *assets*, deren konkrete Netto-Zahlungsströme nicht bestimmt werden können, in einer Gruppe zusammenzufassen. Als Abgrenzungskriterium gilt hier ebenfalls die Unabhängigkeit der Cashflows (ASC 360-10-35-23 ff.). Ist eine Abwertung der *asset group* vorzunehmen, so wird die Differenz zwischen Buchwert und *fair value* der *asset group* als *impairment loss* angesetzt. Auch nach US-GAAP wird der Abwertungsverlust auf die einzelnen *assets*, entsprechend dem jeweiligen Buchwertanteil, verteilt (ASC 360-10-35-28).

Long-lived assets to be disposed of other than by sale

Handelt es sich um *long-lived assets to be disposed of other than by sale*, so sind diese Vermögenswerte bis zu ihrem tatsächlichen Abgang wie im Unternehmen verbleibende Vermögenswerte zu behandeln (ASC 360-10-45-15).

Long-lived assets classified as held for sale

Im Falle von zur Veräußerung bestimmten Vermögenswerten oder Teileinheiten des Unternehmens (*long-lived assets classified as held for sale*), die die Kriterien des ASC 360-10-45-9 erfüllen, besteht ein Abwertungsbedarf immer dann, wenn der *fair value less cost to sell* den Buchwert des zu veräußernden *asset* bzw. der *disposal group* unterschreitet (ASC 360-10-35-43). In diesem Fall ist eine außerplanmäßige Abschreibung auf den niedrigeren Wert vorzunehmen. Handelt es sich um einzelne *assets* oder um eine *disposal group*, die keine Teileinheit des Unternehmens darstellt, so ist die außerplanmäßige Abschreibung innerhalb des Ergebnisses der gewöhnlichen Geschäftstätigkeit in der Gewinn- und Verlustrechnung auszuweisen (ASC 360-10-45-5). Handelt es sich dagegen um Wirtschaftseinheiten bzw. Segmente, die veräußert werden, so ist ein Ausweis unter den *discontinued operations* erforderlich (ASC 205-20-45-3). Von planmäßigen Abschreibungen ist in beiden Fällen in der Folge abzusehen (ASC 360-10-35-43).

Die Regelungen des ASC 360-10 und ASC 205-20 und IFRS 5 für *assets held for sale* und *discontinued operations* stimmen – mit Ausnahme von Unterschieden bei der Bestimmung und Abgrenzung von *discontinued operations* (vgl. IFRS 5.BC85) – größtenteils überein. In Abbildung 2.8 wird noch einmal der *impairment test* gemäß den Vorschriften des ASC 360-10-35-15 ff. dargestellt.

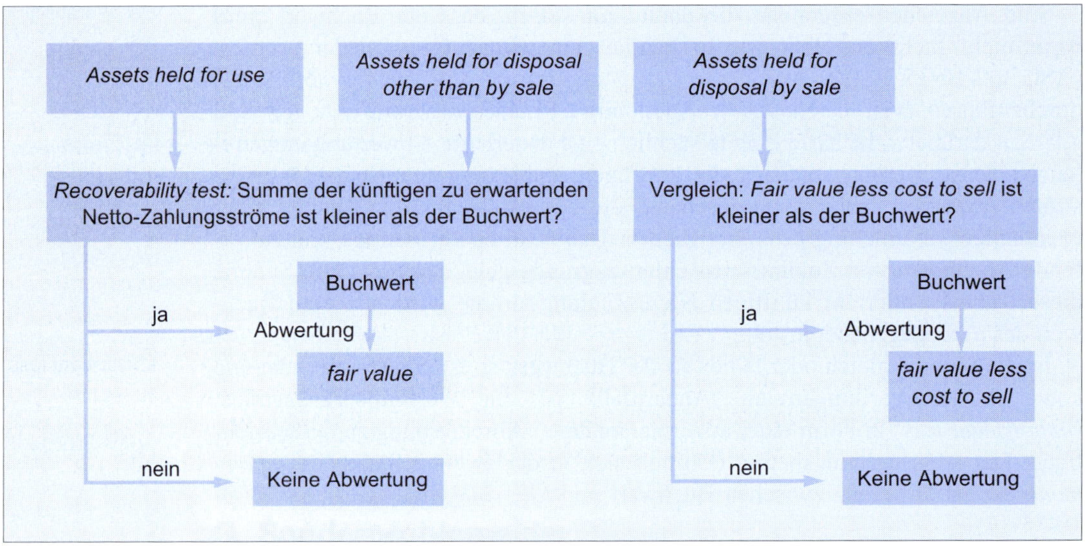

Abb. 2.8: *Impairment test* nach ASC 360-10-35-15 ff. (in Anlehnung an Keller, K. [2002], S. 115)

Unterschiede zwischen IFRS und US-GAAP

Wesentliche Unterschiede zwischen den Regelungen nach IAS 36 und US-GAAP liegen im Rahmen der beiden *impairment tests* insoweit vor, als der *fair value* als Korrekturwert der US-GAAP einen objektivierten Wert ohne Synergieeffekte darstellt, im Gegensatz zum erzielbaren Betrag, der durch die Komponente des Nutzungswertes das unternehmens- und sogar das vermögenswertspezifische Risiko und Nutzungspotenzial berücksichtigt. Ein weiterer Unterschied liegt im Aufbau der beiden *impairment tests*: Während ein eventueller Wertminderungsbedarf nach IAS 36 mit Hilfe eines einstufigen *impairment test* ermittelt wird, erfolgt die Werthaltigkeitsprüfung gemäß ASC 360-10-35 auf zwei Stufen (vgl. Pellens, B./Fülbier, R. U./Gassen, J./Sellhorn, T. [2011], S. 303 f.).

Vorräte: Lower of cost or market principle

Bei Vorräten findet das Niederstwertprinzip in Form des *lower of cost or market principle* Anwendung (vgl. ASC 330-10-35 (früher ARB 43). Demnach sind die Vorräte mit ihren Wiederbeschaffungskosten (*replacement cost*) bzw. den Reproduktionskosten (*reproduction cost*) anzusetzen, wenn diese unter den historischen Anschaffungs- oder Herstellungskosten liegen. Die *replacement* bzw. *reproduction cost* wiederum dürfen nicht über dem *net realizable value* bzw. dem *net realizable value* abzüglich einer normalen Gewinnspanne liegen. Diese Regelung kann zu anderen Ansätzen als nach IAS 2 führen (vgl. 4. Kapitel, S. 226 ff.).

Weitere Wertkorrekturen: fair value

Für Bereiche, die nicht durch den *impairment test* des ASC 360-10-35 oder die Spezialregelungen des ASC 330-10-35 abgedeckt werden, bestehen spezifische Regelungen bezüglich der Korrekturwerte der Folgeperioden. So wird der *fair value* – wie bereits für IFRS in diesem Kapitel auf S. 130 beschrieben – beispielsweise als Korrekturwert für finanzielle Vermögenswerte und Schulden herangezogen (ASC 320-10-35; zur Bewertung von Finanzinstrumenten im Detail vgl. 5. Kapitel, S. 283 ff.).

c) Wertaufholung

Wertaufholung

Kommt es nach erfolgter Abwertung eines *long-lived asset to be held and used* zu einem Anstieg des *fair value*, darf der erfasste Abwertungsverlust nicht wieder rückgängig gemacht werden. Eine Wertaufholung ist somit im Gegensatz zu IAS 36 grundsätzlich verboten (ASC 360-10-35-20). Handelt es sich bei der Wertminderung um die einer *asset group,* so ist auch hier eine Wertaufholung im Regelfall ausgeschlossen.

Eine andere Behandlung erfahren diesbezüglich *long-lived assets classified as held for sale*: Hier besteht die Pflicht zur Zuschreibung bis maximal zum geltenden Buchwert vor der Abwertung (ASC 360-10-35-40).

Im Vorratsvermögen ist – im Gegensatz zu IAS 2 – von einem Wertaufholungsverbot auszugehen (vgl. im Detail 4. Kapitel, S. 226 ff.).

Für bestimmte finanzielle Vermögenswerte und Schulden hingegen gilt grundsätzlich ein Wertaufholungsgebot (im Detail sowie zur Frage, ob eine Wertaufholung GuV-wirksam oder -neutral zu erfassen ist, vgl. 5. Kapitel, S. 283 ff.).

C. Bilanzausweis

Funktion und Prinzipien der Bilanzgliederung

Steht fest, welche Posten zu welchen Werten in eine Bilanz aufzunehmen sind, ist der Ort des Ausweises innerhalb der Bilanz festzulegen. Welche Posten auf der Aktiv- und welche auf der Passivseite auszuweisen sind, ergibt sich aus dem Wesen der Posten (Investition oder Finanzierung) und aus dem System der doppelten Buchführung. Für den Ausweis innerhalb der Aktiv- bzw. der Passivseite ist eine Gliederung der Posten vorzunehmen. Die Bilanzgliederung dient der Strukturierung und übersichtlichen Darstellung aller in der Bilanz enthaltenen Informationen. Alle aufzunehmenden Posten sollen in eine sinnvolle Abfolge gebracht werden. Wichtige Gliederungskriterien sind in diesem Zusammenhang das Liquiditätsgliederungsprinzip, die Gliederung nach Rechtsverhältnissen und das Ablaufgliederungsprinzip.

Gliederung nach Liquidität und Fälligkeit

Aufgrund des Liquiditätsgliederungsprinzips werden Aktivposten nach dem Grad ihrer Liquidierbarkeit, die Posten der Passivseite nach ihrer Fälligkeit zusammengestellt. Auf diese Weise soll wenigstens näherungsweise ersichtlich werden, in welcher zeitlichen Folge die Aktivposten durch den Umsatzprozess wieder zu Geld werden und in welcher zeitlichen Folge die einzelnen Teile des Kapitals dem Betrieb wieder entzogen werden.

Gliederung nach Rechtsverhältnissen

Bei einer Gliederung nach Rechtsverhältnissen werden die Vermögens- und Kapitalposten ihrer Rechtsnatur entsprechend zusammengestellt. Das Vermögen könnte z. B. in Sachen und Rechte, Mobilien und Immobilien sowie danach aufgeteilt werden, ob sich die Vermögensgegenstände zur Sicherung von Verbindlichkeiten eignen oder nicht und ob sie zum juristischen Eigentum des Betriebes gehören. Auf der Passivseite unterscheidet man Eigen- und Fremdkapital.

Ablaufgliederungsprinzip

Die Einteilung nach dem Ablaufgliederungsprinzip ist vor allem für die Vermögensposten von Bedeutung. Sie stellt auf den innerbetrieblichen Leistungsprozess ab. Nach diesem Prinzip unterscheidet man Anlage- und Umlaufvermögen, Roh-, Hilfs- und Betriebsstoffe, unfertige und fertige Erzeugnisse sowie Finanz- und Sachanlagen.

I. Bilanzausweis nach nationalen Normen

Gliederungsvorschriften

Gemäß der allgemeinen Systematik der Vorschriften des dritten Buches des HGB gibt es auch im Bereich der Gliederung allgemeine Vorschriften, die für alle Kaufleute (§ 243 HGB) – mit Ausnahme der Einzelkaufleute, die gemäß § 242 Abs. 4 HGB von der Pflicht zur Aufstellung eines handelsrechtlichen Jahresabschlusses befreit sind – gelten, sowie Bestimmungen, die sich darüber hinaus speziell auf Kapitalgesellschaften (§ 266 HGB) bzw. auf Kreditinstitute (§ 340a Abs. 2 HGB) oder Versicherungsunternehmen (§ 341a Abs. 2 HGB) beziehen.

- Anlage- und Umlaufvermögen

Allen Gliederungsvorschriften des HGB gemein ist die Tatsache, dass Anlage- und Umlaufvermögen getrennt ausgewiesen werden. Unter den Posten des Anlagevermögens sind gemäß § 247 Abs. 2 HGB nur die Gegenstände auszuweisen, die dazu bestimmt sind, dauernd dem Geschäftsbetrieb des Unternehmens zu dienen. Im Umkehrschluss werden als Umlaufvermögen all die Vermögensgegenstände klassifiziert, die nicht zum Anlagevermögen gehören und keinen Posten der Rechnungsabgrenzung darstellen. Den Ausschlag für die Zuordnung eines Gegenstandes zum Anlage- bzw. Umlaufvermögen gibt seine Zweckbestimmung. Sieht diese vor, dass der Vermögensgegenstand im Rahmen des Produktionsprozesses weiterverarbeitet und umgesetzt werden soll, so ist die Zugehörigkeit zum Anlagevermögen ausgeschlossen und es erfolgt eine Einstufung im Umlaufvermögen. Das Anlagevermögen ist unbeschadet einer späteren Veräußerung dafür vorgesehen, Nutzungen über eine gewisse Zeit abzugeben. Die Entscheidung über den Einsatz und damit indirekt über den Ausweis in der Bilanz trifft die Unternehmensleitung. Die Maschine, die in einer Maschinenfabrik hergestellt wird, um sie selbst in der Produktion zu verwenden, gehört zum Anlagevermögen, die gleiche für den Verkauf produzierte Maschine zum Umlaufvermögen.

- Fremdkapital

Im Rahmen des Fremdkapitals ist nach HGB keine strikte Trennung zwischen lang- und kurzfristigen Schulden in der Bilanz vorzunehmen. Für Verbindlichkeiten wird i. d. R. eine gesonderte Angabe der Beträge in der Bilanz gefordert, die in den kommenden zwölf Monaten fällig werden (§ 268 Abs. 5 HGB).

- Für Einzelkaufleute und Personenhandelsgesellschaften

Für Einzelkaufleute und »echte« Personengesellschaften sind die GoB (insbesondere der Grundsatz der Klarheit; vgl. 1. Kapitel, S. 40) die Richtschnur der Bilanzgliederung (§ 243 Abs. 1 HGB). Die Aufzählung in § 247 Abs. 1 HGB zeigt dabei nur auf, welche Posten bei ihnen grundsätzlich für einen Bilanzausweis in Betracht kommen (Anlage- und Umlaufvermögen, Rechnungsabgrenzungsposten, Schulden und Eigenkapital); als Gliederungsvorschrift ist sie streng genommen nicht zu verstehen. Vielmehr wird eine Bilanzgliederung, die nur diese Posten gesondert enthält, i. d. R. den GoB nicht entsprechen. Um dies klarzustellen, wird in § 247 Abs. 1 HGB zusätzlich eine hinreichende Aufgliederung der Posten gefordert.

- Für Kapitalgesellschaften

Über diese allgemein für alle Kaufleute geltende, nur auf den GoB basierende Gliederung hinaus, sieht das Handelsrecht in § 266 HGB für alle Kapitalgesellschaften (AG, Europäische Gesellschaft (SE), KGaA, GmbH) sowie Genossenschaften (und Europäische Genossenschaften (SCE)) und über § 5 Abs. 1 PublG auch für alle nach PublG rechnungslegungspflichtigen Unternehmen eine wesentlich detailliertere Mindestgliederung in Kontoform vor (vgl. die nicht fett oder kursiv gedruckten Posten des Gliederungsschemas in Tabelle 2.3).

Die Tiefe der Bilanzgliederung hängt dabei jedoch noch davon ab, ob das Unternehmen als große oder mittelgroße, kleine oder kleinste Kapitalgesellschaft qualifiziert wird (zu den Unterscheidungsmerkmalen vgl. 1. Kapitel, S. 28 ff.). Für große und mittelgroße Unternehmen gilt die ausführliche Gliederung des § 266 Abs. 2 und 3 HGB als Mindestgliederung. Für kleine Kapitalgesellschaften beschränkt sich gemäß § 266 Abs. 1 HGB die gesetzliche Gliederungstiefe auf den Ausweis der im Gliederungsschema des § 266 Abs. 2 und 3 HGB mit Buchstaben und römischen Ziffern bezeichneten Posten, wobei aus dem Wortlaut dieser Vorschrift zu schließen ist, dass außerhalb des Gliederungsschemas nach § 266 im HGB vorgeschriebene zusätzliche Posten auch von kleinen Kapitalgesellschaften getrennt auszuweisen sind. Seit MicroBilG dürfen Kleinstkapitalgesellschaften eine verkürzte Bilanz aufstellen. Die Mindestgliederung beschränkt sich auf die in dem Gliederungsschema des § 266 Abs. 2 und 3 HGB mit Buchstaben bezeichnete Posten (von A bis E, gemäß § 267a Abs. 2 HGB), welche in der vorgeschriebene Reihenfolge aufgenommen werden müssen (vgl. § 266 Abs. 1 Satz 4 HGB). Für kleine sowie kleinste Kapitalgesellschaften gewährt § 274a HGB Bilanzierungserleichterungen, die auch Einfluss auf den Bilanzausweis haben (z. B. Befreiung von der Bilanzierung latenter Steuern oder kein gesonderter Ausweis eines Disagios).

- Für unechte Personengesellschaften (KapCoGes)

Gemäß § 264a HGB gelten die Vorschriften der Kapitalgesellschaften zudem für alle (unechten) Personenhandelsgesellschaften, bei denen keine natürliche Person persönlich haftender Gesellschafter ist (KapCoGes) (vgl. 1. Kapitel, S. 25 f.). Daher müssen diese »besonderen« Personengesellschaften auch die Gliederungsvorschriften der Kapitalgesellschaften beachten. Diese werden in § 264c HGB noch rechtsformspezifisch ergänzt. Im Folgenden werden die für diese Personengesellschaften i. S. des § 264a HGB geltenden Vorschriften unter den Vorschriften für Kapitalgesellschaften subsumiert.

- Bilanzgliederungsgrundsätze

Die Gliederung des § 266 Abs. 2 und 3 HGB ist nicht streng nach einem der eingangs erwähnten Gliederungsprinzipien aufgebaut. Es wird vielmehr eine Anlehnung an alle drei Prinzipien sichtbar, wobei der Schwerpunkt auf der Liquiditätsdarstellung liegt. Dieser Akzent wird vor allem dadurch deutlich, dass z. B. Forderungen mit einer Restlaufzeit von mehr als einem Jahr bzw. Verbindlichkeiten mit einer Restlaufzeit bis zu einem Jahr gesondert in der Bilanz auszuweisen sind (§ 268 Abs. 4 und 5 HGB). Die Gliederung nach Rechtsverhältnissen zeigt sich in § 266 HGB u. a. dadurch, dass Ausleihungen wie auch Forderungen bzw.

Verbindlichkeiten gegenüber verbundenen Unternehmen bzw. Unternehmen, mit denen ein Beteiligungsverhältnis besteht, gesondert auszuweisen sind. Das Ablaufgliederungsprinzip wird neben der Einteilung in Anlage- und Umlaufvermögen auch an der Untergliederung des Vorratsvermögens in Roh-, Hilfs- und Betriebsstoffe, unfertige Erzeugnisse und fertige Erzeugnisse deutlich.

- Mindestgliederung

Prinzipiell ist die Gliederung nach § 266 Abs. 2 und 3 HGB eine zwingende Mindestgliederung; getrennt aufgeführte Posten dürfen daher nicht zusammengefasst werden. Als Ausnahme hierzu ist allerdings § 265 Abs. 7 HGB zu nennen, der es unter bestimmten Umständen ermöglicht, die mit arabischen Zahlen versehenen Bilanzposten zusammenzufassen. Eine über die Mindestgliederung hinausgehende weitere Aufspaltung bereits vorgesehener und die Aufnahme zusätzlicher Posten – soweit deren Inhalt durch die Mindestgliederung nicht abgedeckt ist – ist jedoch zulässig, solange dies nicht zulasten der Klarheit und Übersichtlichkeit geht (§ 265 Abs. 5 HGB).

- Multiple Zugehörigkeit

Fällt ein Vermögensgegenstand oder eine Schuld unter mehrere Bilanzposten, so ist bei demjenigen Posten, unter dem der Ausweis erfolgt, die Mitzugehörigkeit zu anderen Posten zu vermerken, soweit dies die Klarheit und Übersichtlichkeit fördert (§ 265 Abs. 3 HGB).

- Abweichende Gliederungsvorschriften

Da das Gliederungsschema des HGB auf Industriebetriebe zugeschnitten ist, müssen für bestimmte Branchen Spezialregelungen getroffen werden. Deshalb kann das Bundesministerium der Justiz (vgl. § 330 Abs. 1 HGB) gemäß § 330 HGB für Kapitalgesellschaften, deren Geschäftszweig eine abweichende Gliederung erfordert, Formblätter oder eine vom Schema des § 266 Abs. 2 und 3 HGB abweichende Gliederung vorschreiben. Die abweichende Gliederung hat dabei derjenigen für große Kapitalgesellschaften gleichwertig zu sein. Betroffen hiervon sind z. B. Kreditinstitute (§ 340a Abs. 2 HGB) und Versicherungsunternehmen (§ 341a Abs. 2 HGB), deren Gliederung sich aus den jeweiligen Spezialvorschriften ergibt.

- Mehrere Geschäftszweige

Bei Vorhandensein mehrerer Geschäftszweige, die abweichende Gliederungen bedingen, ist die für einen Geschäftszweig vorgeschriebene Gliederung zugrunde zu legen und um die dann noch fehlenden, für die anderen Geschäftszweige geltenden Posten zu ergänzen (§ 265 Abs. 4 HGB).

- Weitere Regelungen

§ 265 HGB enthält einige weitere Bestimmungen zur Gliederung. So unterliegt diese dem Stetigkeitsgebot (§ 265 Abs. 1 HGB). Darüber hinaus sind die entsprechenden Vorjahresbeträge bei jedem Bilanzposten explizit auszuweisen. Zusätzlich ist die Gliederung sowie die Bezeichnung der mit arabischen Zahlen versehenen Posten zu ändern, soweit dies wegen Unternehmensbesonderheiten für einen klaren und übersichtlichen Jahresabschluss erforderlich ist (§ 265 Abs. 6 HGB). Schließlich bestimmt § 265 Abs. 8 HGB, dass betragslose Posten weggelassen werden können, soweit nicht wegen eines Vorjahresbetrages ein Ausweis erforderlich ist.

Ergänzung zum handelsrechtlichen Gliederungsschema

In einigen Fällen sieht das HGB den Ausweis zusätzlicher, nicht in dem Gliederungsschema enthaltener Posten vor. Diese Posten sind in Tabelle 2.3 enthalten und – soweit der zusätzliche Ausweis nur in der Bilanz erfolgen kann – durch einen Stern (*) gekennzeichnet. Eine wahlweise Aufnahme des Zusatzpostens in Bilanz oder Anhang wird durch zwei Sterne (**) verdeutlicht.

AKTIVA	PASSIVA
A. Anlagevermögen I. Immaterielle Vermögensgegenstände 1. Selbst geschaffene gewerbliche Schutzrechte und ähnliche Rechte und Werte; 2. Entgeltlich erworbene Konzessionen, gewerbliche Schutzrechte und ähnliche Rechte und Werte sowie Lizenzen an solchen Rechten und Werten; 3. Geschäfts- oder Firmenwert; 4. Geleistete Anzahlungen; II. Sachanlagen 1. Grundstücke, grundstücksgleiche Rechte und Bauten einschließlich der Bauten auf fremden Grundstücken; 2. Technische Anlagen und Maschinen; 3. Andere Anlagen, Betriebs- und Geschäftsausstattung; 4. Geleistete Anzahlungen und Anlagen im Bau; III. Finanzanlagen 1. Anteile an verbundenen Unternehmen; 2. Ausleihungen an verbundene Unternehmen; **davon mit einer Restlaufzeit von mehr als 1 Jahr (*)** 3. Beteiligungen; 4. Ausleihungen an Unternehmen, mit denen ein Beteiligungsverhältnis besteht; **davon mit einer Restlaufzeit von mehr als 1 Jahr (*)** 5. Wertpapiere des Anlagevermögens; 6. Sonstige Ausleihungen; **davon mit einer Restlaufzeit von mehr als 1 Jahr (*)** B. Umlaufvermögen I. Vorräte 1. Roh-, Hilfs- und Betriebsstoffe; 2. Unfertige Erzeugnisse, unfertige Leistungen; 3. Fertige Erzeugnisse und Waren; 4. Geleistete Anzahlungen; II. Forderungen und sonstige Vermögensgegenstände 1. Forderungen aus Lieferungen und Leistungen; **davon mit einer Restlaufzeit von mehr als 1 Jahr (*)** 2. Forderungen gegen verbundene Unternehmen; **davon mit einer Restlaufzeit von mehr als 1 Jahr (*)** 3. Forderungen gegen Unternehmen, mit denen ein Beteiligungsverhältnis besteht; **davon mit einer Restlaufzeit von mehr als 1 Jahr (*)** 4. Sonstige Vermögensgegenstände; **davon mit einer Restlaufzeit von mehr als 1 Jahr (*)** III. Wertpapiere 1. Anteile an verbundenen Unternehmen; 2. Sonstige Wertpapiere; IV. Kassenbestand, Bundesbankguthaben, Guthaben bei Kreditinstituten und Schecks C. Rechnungsabgrenzungsposten *Disagio* (**) (1) D. Aktive latente Steuern (1) E. Aktiver Unterschiedsbetrag aus der Vermögensverrechnung F. Nicht durch Eigenkapital gedeckter Fehlbetrag (*)	A. Eigenkapital I. Gezeichnetes Kapital II. Kapitalrücklage III. Gewinnrücklagen 1. Gesetzliche Rücklage; 2. Rücklage für an einem herrschenden oder mehrheitlich beteiligten Unternehmen; 3. Satzungsmäßige Rücklagen; 4. Andere Gewinnrücklagen; IV. Gewinnvortrag/Verlustvortrag V. Jahresüberschuss/Jahresfehlbetrag B. Rückstellungen 1. Rückstellungen für Pensionen und ähnliche Verpflichtungen; 2. Steuerrückstellungen; 3. Sonstige Rückstellungen; C. Verbindlichkeiten 1. Anleihen; davon konvertibel **davon fällig vor Ablauf eines Jahres (*)** 2. Verbindlichkeiten gegenüber Kreditinstituten; **davon fällig vor Ablauf eines Jahres (*)** 3. Erhaltene Anzahlungen auf Bestellungen; **davon fällig vor Ablauf eines Jahres (*)** 4. Verbindlichkeiten aus Lieferungen und Leistungen; **davon fällig vor Ablauf eines Jahres (*)** 5. Verbindlichkeiten aus der Annahme gezogener Wechsel und der Ausstellung eigener Wechsel; **davon fällig vor Ablauf eines Jahres (*)** 6. Verbindlichkeiten gegenüber verbundenen Unternehmen; **davon fällig vor Ablauf eines Jahres (*)** 7. Verbindlichkeiten gegenüber Unternehmen, mit denen ein Beteiligungsverhältnis besteht; **davon fällig vor Ablauf eines Jahres (*)** 8. Sonstige Verbindlichkeiten; davon aus Steuern davon im Rahmen der sozialen Sicherheit **davon fällig vor Ablauf eines Jahres (*)** D. Rechnungsabgrenzungsposten E. Passive latente Steuern (1)
Legende: Kursivgedruckt: Zusätzlicher, im Mindestgliederungsschema nicht enthaltener Posten Fettgedruckt: Zusätzlich vorgeschriebener Vorspaltenvermerk (*): Ausweis nur in der Bilanz zulässig (**): Ausweiswahlrecht zwischen Bilanz und Anhang (1): Nicht vorgeschriebe Zusatzangabe für kleine und kleinste Kapitalgesellschaften	Verbindlichkeiten aus der Begebung und Übertragung von Wechseln, aus Bürgschaften, Wechsel- und Scheckbürgschaften und aus Gewährleistungsverträgen sowie Haftungsverhältnisse aus der Bestellung von Sicherheiten für fremde Verbindlichkeiten (**) (jeweils gesonderter Ausweis unter Angabe gewährter Pfandrechte und sonstiger Sicherheiten; gesonderter Ausweis, falls solche Verpflichtungen gegenüber verbundenen Unternehmen bestehen)

Tab. 2.3: Ausführliche Bilanzgliederung für Kapitalgesellschaften nach HGB

Außerdem ist die Bilanz durch zusätzliche Angaben in Vorspalten oder Fußnoten zu ergänzen. Sie sind in den abgebildeten Gliederungen durch Fettdruck hervorgehoben. Durch die im Gesetz vollzogene Gleichstellung zwischen Anhang und Bilanz (und GuV) werden in den Anhang viele nützliche Zusatzinformationen (Erläuterungen, Begründungen) verlagert (vgl. 13. Kapitel, S. 849 ff.).

Bilanzvermerke

Unter der Bilanz müssen alle Kaufleute nach § 251 HGB Verbindlichkeiten aus der Begebung und Übertragung von Wechseln, aus Bürgschaften, Wechsel- und Scheckbürgschaften und aus Gewährleistungsverträgen sowie Haftungsverhältnisse aus der Bestellung von Sicherheiten für fremde Verbindlichkeiten vermerken (sog. Eventualverbindlichkeiten). Für Kapitalgesellschaften wird diese Regelung durch § 268 Abs. 7 HGB dahin gehend erweitert, dass sie diese Angaben nicht – wie in § 251 HGB vorgesehen – in einer Summe, sondern jeweils gesondert unter Angabe der gewährten Pfandrechte und sonstigen Sicherheiten anzugeben haben; außerdem können sie die Angaben wahlweise in den Anhang verlegen. Bestehen solche Haftungsverhältnisse gegenüber verbundenen Unternehmen, so sind sie ebenfalls gesondert zu vermerken.

Eigenkapitalausweis

Zusätzlich eröffnet das HGB dem Bilanzierenden Gestaltungsvarianten bezüglich des Eigenkapitals. Neben der im Gliederungsschema von § 266 Abs. 3 A. HGB vorgesehenen Darstellung des Eigenkapitals vor Gewinnverwendung (im Posten Passiva A. V. ist der unverteilte Jahresüberschuss bzw. Jahresfehlbetrag aufgeführt) ermöglicht § 268 Abs. 1 HGB auch eine Darstellung nach vollständiger oder teilweiser Verwendung des Jahresergebnisses. Bei einem Eigenkapitalausweis nach teilweiser Ergebnisverwendung tritt der Posten »Bilanzgewinn/ Bilanzverlust« an die Stelle der Posten »Jahresüberschuss/Jahresfehlbetrag« (Passiva A. V.) und »Gewinnvortrag/Verlustvortrag« (Passiva A. IV.). Die Höhe des in den Posten »Bilanzgewinn/-verlust« eingeflossenen Gewinn-/Verlustvortrages ist in der Bilanz oder im Anhang gesondert anzugeben (§ 268 Abs. 1 HGB). Ausgewiesen wird also nur noch der zur Verwendung der Hauptversammlung gedachte Teil des Ergebnisses (vgl. 6. Kapitel, S. 356 ff.).

Ausstehende Einlagen

Die nicht eingeforderten ausstehenden Einlagen auf das gezeichnete Kapital sind offen, d. h. in der Vorspalte der Bilanz, vom Posten »Gezeichnetes Kapital« abzusetzen (§ 272 Abs. 1 HGB). An die Stelle des Postens »Gezeichnetes Kapital« tritt dann der Posten »Eingefordertes Kapital« als Saldo, während auf der Aktivseite der eingeforderte, aber noch nicht eingezahlte Betrag mit entsprechender Bezeichnung unter den Forderungen auszuweisen ist (vgl. auch 6. Kapitel, S. 332 ff.).

Rechtsformspezifische Erweiterungen

Ausweispflichten über die Anforderungen des HGB hinaus ergeben sich für Unternehmen unterschiedlicher Rechtsform aus den jeweiligen Spezialgesetzen: So müssen Aktiengesellschaften nach § 152 AktG beim gezeichneten Kapital den auf jede Aktiengattung entfallenden Betrag des Grundkapitals und die Verteilung der Stimmenzahl auf Mehrstimmrechts- und andere Aktien sowie die Entwicklung der Kapital- und Gewinnrücklagen während des abgelaufenen Geschäftsjahres darstellen. Die GmbH hat zusätzlich zu den Vorschriften des HGB gemäß § 42 GmbHG ihr Recht auf Nachschüsse der Gesellschafter zu aktivieren, soweit deren Einziehung beschlossen ist und dem keine Einrede entgegensteht. Der Ausweis erfolgt als »Eingeforderte Nachschüsse« gesondert unter den Forderungen, wobei im Gegenzug ein entsprechender Betrag innerhalb der Kapitalrücklage gesondert auszuweisen ist. Ausleihungen, Forderungen und Verbindlichkeiten gegenüber Gesellschaftern sind i. d. R. gesondert auszuweisen oder im Anhang anzugeben.

Branchenspezifische Erweiterungen

Sämtliche unternehmensspezifischen Erweiterungen des gesetzlich vorgeschriebenen Gliederungsschemas, die zu einer besseren Erfüllung der Generalnorm des § 264 Abs. 2 HGB beitragen, sollten vom jeweiligen Unternehmen durchgeführt werden. Als Beispiele für solche branchen- bzw. unternehmensspezifischen Besonderheiten seien hier u. a. der gesonderte Ausweis von »Vermietete Erzeugnisse« etwa im Umlaufvermögen eines Leasinggebers oder von

»Noch nicht abgerechnete Lieferungen und Leistungen« bzw. »... Bauten« oder »In Arbeit befindliche Aufträge« als zusätzlichen Posten im Vorratsvermögen oder zwischen »Vorräte« und »Andere Gegenstände des Umlaufvermögens« bei Unternehmen mit langfristiger Auftragsfertigung erwähnt.

E-Bilanz

Wie in vielen anderen Bereichen, entwickelt das Steuerrecht seit einigen Jahren auch für die Belange des Bilanzausweises eine eigenständige Vorgehensweise mit potenziellem Einfluss auf das Handelsrecht. So fordert § 5b EStG im Bereich derjeniger Unternehmen, welche ihren Gewinn nach § 4 Abs. 1, § 5 oder § 5a EStG ermitteln, für Wirtschaftsjahre, die nach dem 31.12.2011 beginnen (vgl. BMF [2010b]), eine elektronische Übermittlung von Bilanz und Gewinn- und Verlustrechnung an die Finanzbehörden (sog. »E-Bilanz«). Hierfür entwickelte das Bundesfinanzministerium eine sog. »Taxonomie«, die eine detaillierte, in viele Posten unterteilte Struktur der Bilanz und GuV vorgibt, die vom BMF regelmäßig aktualisiert werden soll. Die aktuellste Version wurde am 05.06.2012 veröffentlicht. Diese steuerliche Vorgabe und der dadurch stark zunehmende Detaillierungsgrad innerhalb der Steuerbilanz können dabei auch auf den handelsrechtlichen Jahresabschluss ausstrahlen. Besonders die Auswirkungen auf die Erstellung von einheitlichen Bilanzen, also eine Koppelung von Handels- und Steuerbilanz, dürften gravierend sein (vgl. Herzig, N./Briesemeister, S./Schäperclaus, J. [2011]).

II. Bilanzausweis nach IFRS

Bilanzgliederung

Die grundlegenden Gliederungs- und Ausweisvorschriften für die Abschlussinstrumente nach IFRS finden sich in IAS 1 *»Presentation of Financial Statements«*. Die Vorschriften dieses Standards sind weder branchen- noch rechtsformspezifisch und werden sowohl für den Einzel- als auch für den Konzernabschluss angewendet.

IAS 1 schreibt im Gegensatz zu § 266 HGB für die Bilanz (*statement of financial position*) kein detailliertes Mindestgliederungsschema vor; stattdessen liefert IAS 1.54 eine Auflistung von Bilanzposten als Mindestinhalt einer Bilanz. Diese Posten sind in ihrem Wesen oder ihrer Funktion so unterschiedlich, dass ein getrennter Ausweis innerhalb der Bilanz zur Erreichung der Zielsetzung einer *fair presentation* erforderlich wird (IAS 1.57). Die Anordnung dieser vorgeschriebenen Mindestgliederungsposten bleibt grundsätzlich dem Bilanzersteller überlassen, vor allem wird kein bestimmtes Format, also weder eine Bilanz in Konto- noch in Staffelform, vorgeschrieben. Verwendete Bezeichnungen und die Reihenfolge der Posten dürfen dem Wesen des Unternehmens und seinen Geschäftsvorfällen entsprechend angepasst werden, wenn dies zu einem besseren Verständnis der Vermögens-, Finanz- und Ertragslage nötig wird (IAS 1.57b). Allerdings ist die einmal getroffene Wahl i. S. der Stetigkeit möglichst beizubehalten.

Wesentlichkeit und Saldierung

IAS 1.29 fordert den gesonderten Ausweis aller wesentlichen Bilanzposten; ist ein Posten für sich allein betrachtet unwesentlich, so ist er mit ähnlichen Posten zusammenzufassen (IAS 1.30). Eine Saldierung von Vermögenswerten und Schulden ist gemäß IAS 1.32 grundsätzlich nicht zulässig, sofern dies nicht explizit von einem Standard gefordert bzw. gestattet wird.

Auszuweisende Geschäftsjahre

Unter bestimmten Voraussetzungen kann es erforderlich sein, dass in der Bilanz neben den Daten zum Ende und zum Beginn des Geschäftsjahres (Abschlussstichtag der Periode und der Vorperiode) auch die Eröffnungsbilanzwerte der Vorperiode in drei Spalten nebeneinander darzustellen sind. Dies ist in den Fällen einer Fehlerkorrektur, der retrospektiven Änderung der Bilanzierungs- und Bewertungsmethoden oder der Umgliederung eines Abschlusspostens geboten (IAS 1.10 f.).

Obligatorische Bilanzposten

IAS 1.54 nennt folgende, in der Bilanz mindestens auszuweisende Posten (*line items*):

- Sachanlagen (*property, plant and equipment*);
- als Finanzinvestitionen gehaltene Immobilien (*investment property*);
- immaterielle Vermögenswerte (*intangible assets*);
- finanzielle Vermögenswerte (*financial assets*);
- nach der Equity-Methode bilanzierte Finanzanlagen (*investments accounted for using the equity method*);
- biologische Vermögenswerte (*biological assets*);
- Vorräte (*inventories*);
- Forderungen aus Lieferungen und Leistungen und sonstige Forderungen (*trade and other receivables*);
- Zahlungsmittel und Zahlungsmitteläquivalente (*cash and cash equivalents*);
- Vermögenswerte, die gemäß IFRS 5 als zur Veräußerung gehalten klassifiziert werden bzw. die zu einer als zur Veräußerung gehalten klassifizierten Veräußerungsgruppe gehören (*assets classified as held for sale and assets included in disposal groups classified as held for sale in accordance with IFRS 5*);
- Verbindlichkeiten aus Lieferungen und Leistungen und sonstige Verbindlichkeiten (*trade and other payables*);
- Rückstellungen (*provisions*);
- finanzielle Verbindlichkeiten (*financial liabilities*);
- Steuerschulden und -erstattungsansprüche gemäß IAS 12 (*liabilities and assets for current tax, as defined in IAS 12*);
- latente Steuerschulden und -erstattungsansprüche gemäß IAS 12 (*deferred tax liabilities and deferred tax assets, as defined in IAS 12*);
- Schulden, die den Veräußerungsgruppen zugeordnet sind, die gemäß IFRS 5 als zur Veräußerung gehalten klassifiziert werden (*liabilities included in disposal groups classified as held for sale in accordance with IFRS 5*);
- Minderheitsanteile am Eigenkapital (*non-controlling interests, presented within equity*);
- gezeichnetes Kapital und Rücklagen, die den Anteilseignern der Muttergesellschaft zuzuordnen sind (*issued capital and reserves attributable to owners of the parent*).

Verlangt ein anderer IFRS den Ausweis eines weiteren Postens oder ist eine weitere Untergliederung der Bilanzposten angebracht, ist dies zusätzlich zu den in IAS 1.54 genannten Posten in der Bilanz darzustellen (IAS 1.57a; 1.59).

In IAS 1.IG6 finden sich Beispielformate für die einzelnen Jahresabschlussbestandteile und damit auch für die Bilanz. Die *implementation guidances* dienen lediglich der Veranschaulichung und sind nicht Teil der Vorschriften. Es soll aufgezeigt werden, wie die Anforderungen an die Darstellung der einzelnen Jahresabschlussbestandteile erfüllt werden können. Tabelle 2.4 stellt das Beispielformat in IAS 1.IG6 für die Bilanz dar.

ASSETS **(Vermögenswerte)**	*EQUITY AND LIABILITIES* **(Eigenkapital und Schulden)**
Non-current assets **(Langfristige Vermögenswerte)** – *Property, plant and equipment* (Sachanlagen) – *Goodwill* – *(Geschäftts- oder Firmenwert)* *Other intangible assets* – (Andere immaterielle Vermögenswerte) *Investments in associates* – (Beteiligungen an assoziierte Unternehmen) *Available-for-sale financial assets* (Zur Veräußerung verfügbare finanzielle Vermögenswerte) – ***Current assets*** **(Kurzfristiges Vermögen)** – *Inventories* (Vorräte) *Trade receivables* (Forderungen aus Lieferungen und Leistungen) – *Other current assets* (Andere kurzfristige Vermögenswerte) – *Cash and cash equivalents* (Zahlungsmittel und Zahlungsmitteläquivalente)	***Equity attributable to owners of the parent*** **(Den Eigentümern des Mutterunternehmens zurechenbares Eigenkapital)** – *Share capital* (Gezeichnetes Kapital) – *Retained earnings* (Gewinnrücklagen) – *Other components of equity* (sonstige Eigenkapitalkomponenten) – ***Non-controlling interests*** **(Nicht beherrschende Anteile)** ***Total equity*** **(Summe Eigenkapital)** – ***Non-current liabilities*** **(Langfristige Schulden)** – *Long-term borrowings* (Langfristige Finanzschulden) – *Deferred tax* (Latente Steuern) *Long-term provisions* (Langfristige Rückstellungen) ***Total non-current liabilities*** **(Summe langfristige Schulden)** – ***Current liabilities*** **(Kurzfristige Schulden)** *Trade and other payables* (Verbindlichkeiten aus Lieferun- – gen und Leistungen sowie sonstige Verbindlichkeiten) – *Short-term borrowings* (Kurzfristige Finanzschulden) *Current portion of long-term borrowings* – (kurzfristiger Anteil langfristiger Finanzschulden) – *Current tax payable* (Verbindlichkeiten aus tatsächlichen Steuern) *Short-term provisions* (Kurzfristige Rückstellungen) ***Total current liabilities*** **(Summe kurzfristige Schulden)** ***Total liabilities*** **(Summe Schulden)**
Total assets **(Summe der Vermögenswerte)**	***Total equity and liabilities*** ***(Summe des Eigenkapitals und der Schulden)***

Tab. 2.4: Beispielformat einer IFRS-Bilanz (vgl. IAS 1.IG6)

IAS 1.60 schreibt grundsätzlich eine Bilanzgliederung nach Fristigkeit vor, d. h. jedes Unternehmen hat bei Erstellung der Bilanz *assets* und *liabilities* in kurz- *(current)* und langfristige (*non-current*) Posten zu untergliedern. Bilanzgliederung nach Fristigkeit

Gemäß IAS 1.66 gelten Vermögenswerte dann als kurzfristig, wenn sie eines der folgenden Kriterien erfüllen: Kurz- und langfristige Posten

- Es ist zu erwarten, dass der Vermögenswert zu Zwecken des Verkaufs oder des Verbrauchs innerhalb des gewöhnlichen Geschäftszyklus (*operating cycle*) des Unternehmens im Produktionsprozess umgesetzt oder gehalten wird. Der gewöhnliche Geschäftszyklus umfasst dabei den Zeitraum zwischen dem Zugang von Vermögenswerten, deren Verarbeitung und der anschließenden

Umwandlung in Zahlungsmittel bzw. Zahlungsmitteläquivalente (IAS 1.68, vgl. Beck'sches IFRS-Handbuch [2013], § 2 Tz. 295).
- Der Vermögenswert wird in erster Linie zu Zwecken des Handels gehalten.
- Es ist zu erwarten, dass der Vermögenswert innerhalb der nächsten zwölf Monate nach dem Bilanzstichtag realisiert wird.
- Der Vermögenswert ist ein Zahlungsmittel oder ein Zahlungsmitteläquivalent, das in der Verwendung nicht beschränkt ist.

Demnach sind Forderungen aus Lieferung und Leistung, Vorräte und unbeschränkte liquide Mittel grundsätzlich unter den kurzfristigen Bilanzposten auszuweisen.

Schulden sind in analoger Betrachtung immer dann als kurzfristig einzustufen, wenn eines der folgenden Kriterien erfüllt ist (IAS 1.69):

- Die Erfüllung der Schuld wird innerhalb des gewöhnlichen Geschäftszyklus des Unternehmens erwartet.
- Die Schuld wird primär zu Handelszwecken gehalten.
- Die Schuld ist innerhalb von zwölf Monaten nach dem Bilanzstichtag zu begleichen.
- Das Unternehmen hat nicht das uneingeschränkte Recht zur Verschiebung der Erfüllung der Verpflichtung um mindestens zwölf Monate nach dem Bilanzstichtag.

I. d. R. fallen die Verbindlichkeiten aus Lieferung und Leistung in den kurzfristigen Bereich. Maßgeblich für die Klassifizierung der Schulden sind ausschließlich die Verhältnisse am Bilanzstichtag (IAS 1.72 f.), d. h. die Klassifizierung bezieht sich auf die Restlaufzeit von Verbindlichkeiten. Prinzipiell ist bei allen Vermögens- und Schuldposten der langfristige Anteil zu kennzeichnen (IAS 1.61).

Besitzt das Unternehmen ein einseitiges Recht auf Verlängerung der Rückzahlungsfrist über ein Jahr nach dem Bilanzstichtag hinaus, so ist für den Fall, dass mit einer Inanspruchnahme dieses Rechts gerechnet wird, eine Klassifizierung als langfristige Schuld zutreffend (IAS 1.73).

Für den Posten »*assets classified as held for sale and assets included in disposal groups classified as held for sale*« (Vermögenswerte, die als zur Veräußerung gehalten klassifiziert werden bzw. die zu einer als zur Veräußerung gehalten klassifizierten Veräußerungsgruppe gehören) (vgl. in diesem Kapitel, S. 128 ff.) wird ein Ausweis als letzter Posten innerhalb des kurzfristigen Bereichs verlangt, wobei dieser Posten von den restlichen kurzfristigen Posten durch eine Zwischensumme getrennt werden sollte (RIC 1.19; vgl. auch IFRS 5.IG *example* 12). Diese Ausführungen gelten analog für den Posten »*liabilities included in disposal groups classified as held for sale*« (Schulden, die den Veräußerungsgruppen zugeordnet sind, die als zur Veräußerung gehalten klassifiziert werden).

Explizit ausgenommen von der Differenzierung der Vermögenswerte und Schulden in lang- und kurzfristige Bestandteile sind latente Steuern (vgl. 8. Kapitel, S. 498 ff.). Diese dürfen gemäß IAS 1.56 lediglich unter den langfristigen Posten oder einem eigenen Posten ausgewiesen werden.

Abweichungen von einer Bilanzgliederung nach Fristigkeit

Eine Abweichung von der Gliederung der Bilanz nach Fristigkeit ist immer dann zulässig, wenn eine Gliederung gemäß der Liquidierbarkeit Informationen liefert, die genauso verlässlich, aber relevanter sind als die Informationen, die aus einer gemäß Fristigkeiten untergliederten Bilanz folgen (IAS 1.60). Grundsätzlich kommt eine solche abweichende Gliederung nur bei Versicherungsunternehmen, Investment- und Beteiligungsgesellschaften sowie bei Finanzinstituten infrage, deren Bilanz nahezu vollständig aus Finanzinstrumenten besteht (IAS 1.63). Allerdings sind auch hier alle *assets* und *liabilities* mit einer Laufzeit von mehr als zwölf Monaten getrennt von jenen auszuweisen, welche eine Restlaufzeit bzw. -verweildauer im Unternehmen von weniger als zwölf Monaten haben (vgl. IAS 1.61).

Neuerungen zum Bilanzausweis

Im Rahmen des umfassenden Konvergenzprojektes mit dem FASB hat das IASB auch die Überarbeitung der Darstellung des Abschlusses in Angriff genommen. Phase B des Projektes befasst sich mit einer Erneuerung von IAS 1 und IAS 7. Nach einem Discussion Paper und Arbeitspapieren liegt das Vorhaben jedoch derzeit auf Eis. Inhalt möglicher künftigen Änderungen ist hauptsächlich ein stark veränderter Aufbau der drei Abschlussbestandteile Bilanz, Gewinn- und Verlustrechung und Kapitalflussrechnung, innerhalb derer mit Hilfe von Sektionen und Kategorien eine konsistente und über alle drei Instrumente hinweg nachvollziehbare Darstellung der Geschäftsvorfälle erfolgen soll (vgl. ausführlich hierzu 9. Kapitel, S. 518).

Bedeutung des Anhangs

Im System der IFRS-Rechnungslegung besteht die Intention, den möglicherweise durch die fehlende Mindestgliederung bestehenden Informationsnachteil durch eine große Menge an im Anhang (*notes*) geforderten Zusatzinformationen und Informationsdetaillierungen zu (über-)kompensieren. Nicht zuletzt deshalb kommt dem Anhang im Abschluss nach IFRS eine entscheidende Bedeutung zu (vgl. 13. Kapitel, S. 861 ff.).

III. Bilanzausweis nach US-GAAP

Bilanzgliederung

Auch nach US-GAAP ist kein festes Gliederungsschema für die Erstellung der Bilanz vorgeschrieben. Die Darstellung erfolgt üblicherweise entweder in Kontoform (*account form*) oder in Staffelform (*report form*); auch andere Darstellungsweisen sind denkbar, aber in der Praxis nicht üblich (vgl. Kieso, D. E./Weygandt, J. J./Warfield, T. D. [2013], S. 226 ff.).

Liquiditätsgliederungsprinzip

Unabhängig von der gewählten Darstellungsform erfolgt die Bilanzgliederung vergleichbar mit den IFRS nach dem Liquiditätsgliederungsprinzip. Die Aktiva werden entsprechend ihrer Umwandelbarkeit in liquide Mittel in der Bilanz von oben nach unten angeordnet. Dabei werden im Unterschied zu einer nach IFRS aufgestellten Bilanz die kurzfristigen Vermögenswerte (*current assets*) vor den langfristigen (*non-current assets*) ausgewiesen und auch innerhalb der einzelnen Hauptgliederungspunkte werden die Posten nach dem Liquiditätsgliederungsprinzip angeordnet. Auf der Passivseite werden die Posten nach zunehmender Restlaufzeit gegliedert; somit erfolgt der Ausweis der *current liabilities* vor dem der *non-current liabilities* und diese wiederum werden vor dem Eigenkapital ausgewiesen. Somit beginnt die Aktivseite mit den flüssigen Mitteln und endet mit dem immateriellen Vermögen, und der erste Posten auf der Passivseite sind die kurzfristigen Verbindlichkeiten und der letzte Posten ist das Eigenkapital.

ASSETS **(Vermögen)**	*EQUITY AND LIABILITIES* **(Eigenkapital und Schulden)**
Current assets **(Kurzfristiges Vermögen)** – *Cash and cash items* (Liquide Mittel) – *Marketable securities* (Wertpapiere des Umlaufvermögens) – *Accounts and notes receivable* (Forderungen und Besitzwechsel) – minus: *allowances for doubtful accounts and notes receivable* (Wertberichtigungen auf zweifelhafte Forderungen und Besitzwechsel) – *Unearned income* (Abgrenzungsposten) – *Inventories* (Vorräte) – *Prepaid expenses* (Aktive transitorische Rechnungsabgrenzungsposten) – *Other current assets* (Sonstige Gegenstände des Umlaufvermögens) **Non-current assets (Langfristiges Vermögen)** – *Securities and indebtedness of related parties* (Wertpapiere und Beteiligungen an verbundenen Unternehmen) – *Other investments* (Weitere Wertpapiere) – *Property, plant and equipment* (Sachanlagevermögen) – *Accumulated depreciation, depletion and amortization of property, plant and equipment* (Kumulierter Betrag der Abschreibungsaufwendungen der Anlagegegenstände) – *Intangible assets* (Immaterielles Anlagevermögen) – *Accumulated depreciation and amortization of intangible assets* (Kumulierter Betrag des Amortisationsaufwandes des immateriellen Anlagevermögen) – *Other assets* (Sonstige langfristige Posten)	***Current liabilities*** **(Kurzfristige Schulden)** – *Accounts and notes payable* (Kurzfristige Verbindlichkeiten) – *Other current liabilities* (Andere kurzfristige Verbindlichkeiten) ***Non-current liabilities*** **(Langfristige Schulden)** – *Bonds, mortgages and other long-term debts* (Langfristige Darlehen) – *Indebtedness to related parties - noncurrent* (Langfristige Verbindlichkeiten gegenüber verbundenen Unternehmen oder Personen) – *Other liabilities* (Sonstige langfristige Verbindlichkeiten) – *Commitments and contingent liabilities* (Ungewisse Verpflichtungen) – *Deferred credits* (Rückstellungen mit längerfristigem Charakter) – ***Minority interests in consolidated subsidiaries*** **(Anteile von Minderheitsgesellschaftern)** ***Equity*** **(Eigenkapital)** – *Preferred stocks - redeemable* (Mit Kündigungsrecht ausgestattete Vorzugsaktien) – *Preferred stocks - non-redeemable* (Vorzugsaktien ohne Kündigungsrecht) – *Common stocks* (Stammaktien) – *Other stockholders´ equity* (Sonstiges Eigenkapital)
Total assets **(Summe der Vermögenswerte)**	***Total equity and liabilities*** **(Summe des Eigenkapitals und der Schulden)**

Tab. 2.5: Mindestgliederung einer US-GAAP-Bilanz nach Regulation S-X

Kurz- und langfristige Posten

Assets werden dabei als *current* bezeichnet, wenn diese innerhalb eines Jahres oder eines längeren Geschäftszyklus (*operating circle*) verkauft, verbraucht oder in Geld umgewandelt werden (ASC 210-10-45-1, früher ARB 43). Unter die *current liabilities* fallen all die Schulden, die innerhalb der nächsten zwölf Monate fällig sind (ASC 210-10-45-6). Die Definition des Geschäftszyklus entspricht jener der IFRS (vgl. in diesem Kapitel, S. 143).

Anhand der Gliederung der Bilanz nach Liquiditätskriterien kann man erkennen, dass die Bilanz im Rahmen eines US-GAAP-Abschlusses nicht als reine Vermögensaufstellung verstanden wird, sondern dass sie i. S. der Zielsetzung der *decision usefulness* Anhaltspunkte bezüglich der Liquidität, der finanziellen Flexibilität sowie der möglichen Entwicklung der künftigen Cashflows des Unternehmens liefern soll (vgl. Haller, A. [1994a], S. 298).

Zusätzlich zu den US-GAAP finden sich Mindestgliederungsvorschriften in den Vorschriften der SEC (Regulation S-X, Rule 5-02), wobei auch hier viele Wahlrechte zwischen dem Ausweis in der Bilanz oder in den *notes* bestehen. Das Gliederungsschema der SEC (vgl. Tabelle 2.5) ist für alle börsennotierten Unternehmen verpflichtend vorgeschrieben und wird außerdem von den meisten anderen Gesellschaften freiwillig befolgt (vgl. Pellens, B./Fülbier, R. U./Gassen, J./Sellhorn, T. [2011], S. 207).

Mindestgliederung nach SEC

Kontrollfragen:

Nationale Normen:

1. Nennen Sie die Kriterien für die Bilanzansatzentscheidung in der Handelsbilanz!
2. Durch welche Merkmale sind die Begriffe »Vermögensgegenstand«, »Schuld« und »positives Wirtschaftsgut« gekennzeichnet?
3. Welche Unterschiede bestehen zwischen den Begriffen »Vermögensgegenstand« und »positives Wirtschaftsgut«?
4. Wann müssen Vermögensgegenstände trotz fehlendem juristischen Eigentums in der Bilanz einer Unternehmung aufgeführt werden?
5. Was versteht man unter Operating-Leasing, was unter Finanzierungsleasing?
6. Unter welchen Umständen stimmt bei Eigentumsvorbehalt oder Sicherungsübereignung das juristische Eigentum mit der bilanziellen Behandlung der fraglichen Vermögensgegenstände überein?
7. Was versteht man unter gewillkürtem Betriebsvermögen?
8. Was sind Einlagen und Entnahmen? Wie werden diese in der Steuerbilanz bewertet?
9. Was versteht man unter Herstellungsaufwand und wie wird er im Steuerrecht vom Erhaltungsaufwand abgegrenzt?
10. Nennen Sie die Komponenten der bilanziellen Anschaffungskosten!
11. Ist die Umsatzsteuer immer von den Anschaffungskosten eines Gegenstandes abzuziehen?
12. Was versteht man unter nachträglichen Anschaffungskosten?
13. Welche unter anderem in der Kostenrechnung erfassten Kosten dürfen nicht in die bilanziellen Herstellungskosten eingerechnet werden?
14. Nennen Sie die Pflicht- und Wahlbestandteile der Herstellungskosten nach Handels- und Steuerrecht!
15. Unter welchen Bedingungen dürfen handels- und steuerrechtlich Fremdkapitalzinsen in die Herstellungskosten einbezogen werden?

16. Was ist im Hinblick auf die Verrechnung fixer Gemeinkosten im Rahmen der Herstellungskosten von Erzeugnissen zu beachten?
17. Was versteht man unter dem Teilwert?
18. Beschreiben Sie die vom BFH entwickelte Teilwertvermutung!
19. Nennen Sie Beispiele für Fälle, in denen die Teilwertvermutung widerlegt werden kann!
20. Was besagt das Niederstwertprinzip?
21. Welche Funktionen haben die handels- und steuerbilanziellen Korrekturwerte?
22. Wie wird der niedrigere, am Abschlussstichtag beizulegende Wert nach HGB ermittelt?
23. Unter welchen Umständen gilt nach HGB für den aus dem Börsen- oder Marktpreis abgeleiteten Wert der Preis des Beschaffungsmarkts und wann gilt der Preis des Absatzmarkts?
24. Wie sind Wertminderungen von Gegenständen des Anlage- oder Umlaufvermögens in der Handelsbilanz zu behandeln und welche Folgen hat dieser handelsbilanzmäßige Ansatz für die Steuerbilanz?
25. Wie ist in der Handelsbilanz und wie ist in der Steuerbilanz zu verfahren, wenn der Grund für die außerplanmäßige Abschreibung von Gegenständen des Anlage- und Umlaufvermögens nachträglich wegfällt?
26. Was versteht man unter einer Wertaufholungsrücklage?
27. Analysieren Sie die handelsrechtliche Bilanzgliederung für Kapitalgesellschaften in Bezug auf die ihr zugrunde liegenden Gliederungskriterien!
28. Inwieweit ist das Mindestgliederungsschema für Kapitalgesellschaften flexibel?

Internationale Normen:

29. Wie werden *assets* im Framework des IASB definiert? Worin unterscheidet sich diese Definition von der eines Vermögensgegenstandes?
30. Nennen Sie die Ansatzkriterien für ein *asset* nach IFRS!
31. Welchen unterschiedlichen Einfluss übt der Wahrscheinlichkeitsgrad, mit dem eine Verpflichtung realisiert wird, auf die bilanzielle Behandlung gemäß HGB bzw. IFRS aus?
32. Unter welchen Voraussetzungen sind nach IFRS *subsequent expenditures* für bereits aktivierte *assets* des Sachanlagevermögens zu aktivieren?
33. Erläutern Sie das in den IFRS verwendete *historical cost principle*!
34. Wie werden handels- und steuerrechtlich bzw. nach IFRS die Anschaffungskosten bei Tauschgeschäften ermittelt?

35. Was versteht man gemäß IFRS unter einem *qualifying asset*? Nennen Sie Beispiele!
36. Wie sind Fremdkapitalzinsen, die auf *qualifying assets* entfallen, nach IFRS zu behandeln?
37. Wie setzen sich die Herstellungskosten gemäß IAS 2.10 ff. zusammen?
38. Wann ist im Rahmen einer Bilanzierung nach IFRS ein *impairment test* durchzuführen?
39. Welcher Wert wird bei der Durchführung eines *impairment test* nach IFRS mit dem Buchwert eines *asset* verglichen? Wie ist ein *impairment loss* zu behandeln?
40. Wann ist eine CGU zu bilden? Wie läuft ein *impairment test* für diese ab?
41. Welche Vermögenswerte werden nach IFRS 5 bilanziert? Wie ist deren Behandlung?
42. Was ist eine *disposal group*?
43. Wie sind Wertaufholungen nach IFRS zu behandeln?
44. Nennen Sie die Abgrenzungskriterien, mit Hilfe derer nach HGB und IFRS zwischen lang- und kurzfristigen Vermögenswerten unterschieden wird!
45. Ist bei der Erstellung einer Bilanz nach IFRS zwingend zwischen kurz- und langfristigen Posten zu unterscheiden?

3. Kapitel: Bilanzierung von Sachanlagen und immateriellem Vermögen

Dieses Kapitel behandelt die Bilanzierung der Posten »Sachanlagen« und »immaterielles Vermögen« bezüglich Ansatz und Bewertung nach den Rechnungslegungsstandards HGB, IFRS und US-GAAP. Zudem werden in Abschnitt G (S. 194 ff.) dieses Kapitels Sonderprobleme bei der Bilanzierung von Leasingverträgen dargestellt.

Sowohl die materiellen (körperlichen) Sachanlagen, als auch das nicht körperliche immaterielle Vermögen dienen meist langfristig dem Geschäftsbetrieb und sind somit dem Anlagevermögen, in der internationalen Rechnungslegung i. d. R. den *non-current assets*, zuzuordnen (vgl. hierzu im Detail die Ausführungen im 2. Kapitel, S. 135 ff.). Dem handelsrechtlichen Begriff des Anlagevermögens werden auch die Finanzanlagen zugerechnet, diese werden jedoch aufgrund der differenzierteren Vorschriften zu *financial instruments* im internationalen Kontext gesondert im 5. Kapitel (S. 243 ff.) behandelt.

A. Bilanzierung des Sachanlagevermögens nach nationalen Normen

Im folgenden Abschnitt werden die Bilanzierung des Sachanlagevermögens nach HGB dargestellt sowie die steuerrechtlichen Einflüsse aufgezeigt. Dazu wird zunächst der Ansatz geklärt, um im Anschluss auf die spezifischen Bewertungsfragen und den Ausweis, im Speziellen den Anlagespiegel, einzugehen.

I. Ansatz und Ausweis

Sachanlagen

Das Sachanlagevermögen bildet den zweiten Posten des Anlagevermögens (§ 266 Abs. 2 HGB). Der Bilanzposten ist dabei zu untergliedern in »Grundstücke, grundstücksgleiche Rechte und Bauten einschließlich der Bauten auf fremden Grundstücken«, »Technische Anlagen und Maschinen«, »Andere Anlagen, Betriebs- und Geschäftsausstattung« und »geleistete Anzahlungen und Anlagen im Bau«.

Grundstücke, Gebäude

Grundstücke und grundstücksgleiche Rechte werden handelsrechtlich unabhängig von ihrer Bebauung in einem Sammelposten ausgewiesen. Insbesondere die Zusammenfassung von bebauten und unbebauten Grundstücken sowie Bauten auf fremden Grundstücken ist mit einem erheblichen Nachteil für den externen Bilanzleser verbunden. Der Bilanzwert setzt sich aus dem Wert der Grundstücke, die keiner Abnutzung unterliegen, und dem der Gebäude, die der Abnutzung unterliegen, zusammen. Ein freiwilliger getrennter Ausweis von Grundstücks- und Gebäudewerten zur Steigerung des Informationsnutzens ist deshalb zulässig. Für die Berechnung der Gebäudeabschreibung erfolgt zumindest in der Buchführung eine Trennung der Werte.

Grundstücksgleiche Rechte (Erbbaurecht, Wohnungs-, Bergwerkseigentum) werden einschließlich der Bauten wie eigene Grundstücke bilanziert. Bei Bauten auf fremden Grundstücken handelt es sich meist um solche auf gepachtetem Grund. Dabei ist es für den Bilanzausweis unerheblich, ob das Gebäude gemäß den §§ 93 ff. BGB als wesentlicher Bestandteil des Grund und Bodens in das Eigentum des Verpächters übergeht. Gerade aber die Tatsache, dass der Verpächter beim Übergang des Gebäudes in sein Eigentum gleichzeitig mit dem Gebäude für alle auf dem Grundstück ruhenden Lasten haftet, macht die Problematik des undifferenzierten Bilanzausweises deutlich.

Die Gebäude umfassen auch die der Benutzung dienenden Einrichtungen wie Heizungs-, Beleuchtungsanlagen, Personenaufzüge usw. In der Abgrenzung gegenüber dem Posten »Technische Anlagen und Maschinen« (II. 2.) entscheidet primär die Zweckbestimmung. Was direkt der Fabrikation dient (Betriebsvorrichtung), wird unter dem Posten II. 2. ausgewiesen, unabhängig davon, ob es sich um bewegliche Vermögensgegenstände handelt oder um solche, die fest mit dem Gebäude oder Grundstück verbunden und damit rechtlich wesentlicher Bestandteil des Grundstückes sind (§ 94 BGB). Diese Unterscheidung ist insofern von Bedeutung, als die zum Gebäude gehörenden Teile zusammen mit diesem und entsprechend dessen Lebensdauer abgeschrieben werden müssen, soweit sie mit dem Gebäude in einem einheitlichen Nutzungs- und Funktionszusammenhang stehen. Gebäudebestandteile, die jedoch unmittelbar besonderen Zwecken dienen und mit der eigentlichen Gebäudenutzung in keinem direkten Funktionszusammenhang stehen, werden als gegenüber der Gebäudeeinheit selbstständige Wirtschaftsgüter bilanziert und abgeschrieben (R 4.2 Abs. 3 EStR).

Technische Anlagen, Maschinen

Zum Posten »Technische Anlagen und Maschinen« (II. 2.) zählen alle Anlagen und Maschinen, die unmittelbar der Produktion dienen. In diesem Zusammenhang sei noch einmal auf den Grundsatz der wirtschaftlichen Zugehörigkeit hingewiesen (vgl. 2. Kapitel, S. 80). Er bestimmt, dass unter II. 2. auch technische Anlagen und Maschinen ausgewiesen werden, die wesentlicher Bestandteil eines fremden Grundstückes, sicherungsübereignet oder unter Eigentumsvorbehalt geliefert sind, obwohl sie rechtlich zum Eigentum eines Dritten gehören oder wesentlicher Bestandteil des Grundstückes sind. Auch Anlagen, bei denen Gebäude und technische Vorrichtung eine Einheit bilden, wie Hochofen, Kühlturm und Transformatorenhaus, werden hier ausgewiesen.

Betriebs- und Geschäftsausstattung

Zum Posten »Andere Anlagen, Betriebs- und Geschäftsausstattung« (II. 3.) zählen z. B. die Einrichtung der Werkstatt, der Fuhrpark, Werkzeuge, die Büroausstattung inkl. Telefonanlage, soweit sie nicht unter II. 2. ausgewiesen werden oder Betriebsstoffe (Umlaufvermögen) sind.

Anlagen im Bau, Anzahlungen auf Anlagen

Unternimmt das bilanzierende Unternehmen während einer Abrechnungsperiode Investitionen im Anlagevermögen, die am Bilanzstichtag noch nicht vollendet sind, so sind die Ausgaben dafür unter »geleistete Anzahlungen und Anlagen im Bau« (II. 4.) zu aktivieren, um eine erfolgsmäßige Neutralisierung dieser Ausgaben zu erreichen. Dabei werden Eigen- wie Fremdleistungen berücksichtigt. Die erste Phase einer Investition ist ggf. eine Anzahlung auf Anlagen. Um diesen Schritt des Vermögens vom Umlauf- in Richtung Anlagevermögen deutlich zu machen, werden derartige Vorleistungen ebenfalls unter diesem Posten des Anlagevermögens aktiviert. Besondere Bilanzklarheit wird dadurch erreicht, dass (freiwillig) zwischen in Bau befindlichen Anlagen und Anzahlungen unterschieden wird.

II. Bewertung

Im folgenden Abschnitt werden zunächst die allgemeinen Grundsätze der Bewertung von Sachanlagen nach HGB und Steuerrecht vorgestellt. Hier wird vor allem ausführlich auf Abschreibungen eingegangen. Im Anschluss werden noch Einzelfragen der Bewertung geklärt.

1. Allgemeine Grundsätze

Bewertungsgrundlage in der Handels- und Steuerbilanz

Für die Vermögensgegenstände des Anlagevermögens (und Umlaufvermögens, vgl. 4. Kapitel, S. 211 ff.) bilden die Anschaffungs- und Herstellungskosten den Ausgangspunkt und gleichzeitig die Obergrenze der Bewertung (§ 253 Abs. 1 Satz 1 HGB). Soweit ihre Nutzung zeitlich begrenzt ist (= abnutzbares Anlagevermögen), sind die Anschaffungs- oder Herstellungskosten um planmäßige Abschreibungen zu vermindern (§ 253 Abs. 3 Satz 1 HGB).

Maßgeblichkeitsprinzip

Durch das Maßgeblichkeitsprinzip (vgl. 1. Kapitel, S. 21) gelten die Handelsbilanzansätze grundsätzlich auch für die Steuerbilanz, sofern nicht steuerliche Vorschriften eine abweichende Bewertung erzwingen (beispielsweise § 5 Abs. 1 Satz 2 EStG) oder zulassen.

Außerplanmäßige Abschreibungen

Außerplanmäßige Abschreibungen müssen bei allen Sachanlagen nach dem (gemilderten) Niederstwertprinzip vorgenommen werden (§ 253 Abs. 3 Satz 3 HGB), d. h. wenn eine dauerhafte Wertminderung vorliegt. Nur bei Finanzanlagen können außerplanmäßige Abschreibungen auch bei voraussichtlich nicht dauernder Wertminderung vorgenommen werden.

Wertaufholung

Falls die Gründe für eine außerplanmäßige Abschreibung in späteren Jahren entfallen, muss grundsätzlich eine Zuschreibung vorgenommen werden. Die (fortgeführten) Anschaffungs- oder Herstellungskosten dürfen dabei jedoch nicht überschritten werden (Obergrenze).

Für die detailliertere Erläuterung von außerplanmäßigen Abschreibungen und Wertaufholung bei Sachanlagen vgl. in diesem Kapitel, S. 162 ff.

In Tabelle 3.1 ist die Bewertung des Anlagevermögens zusammengefasst.

a) Klassifizierung von Abschreibungen

Abschreibungen zur Wertangleichung

Gegenstände des Anlagevermögens können während ihrer Nutzung im Betrieb Wertminderungen unterliegen. Maschinen, Kraftwagen, Grundstücke, Gebäude, Werkzeuge, Büroeinrichtungen beispielsweise erleben durch Abnutzung, Verschleiß, technischen Fortschritt, fallende Preise oder Veränderungen der Nutzungsmöglichkeit eine Entwertung. Dieser Umstand muss berücksichtigt werden, wenn im Jahresabschluss die Vermögens- und Ertragslage des Unternehmens korrekt dargestellt werden soll. Der Wertansatz der im Wert gesunkenen Vermögensgegenstände wird mittels Abschreibungen – im Rahmen der gesetzlichen

Vorschriften – korrigiert und diese Wertminderung als Aufwand in der GuV verbucht. Abschreibungen können demnach als ein Mittel zur Wertangleichung der Werte des Anlagevermögens bezeichnet werden (statische Interpretation).

	Abnutzbares Anlagevermögen	**Nicht abnutzbares Anlagevermögen**
Ausgangswert/Wertobergrenze	Anschaffungs- und Herstellungskosten § 253 Abs. 1 Satz 1 HGB	
Abschreibungspflichten	Planmäßige Abschreibung § 253 Abs. 3 Satz 1 HGB	
	Außerplanmäßige Abschreibung bei voraussichtlich dauernder Wertminderung § 253 Abs. 3 Satz 3 HGB	
Abschreibungswahlrechte		Außerplanmäßige Abschreibung bei voraussichtlich nicht dauernder Wertminderung nur bei Finanzanlagen § 253 Abs. 3 Satz 4 HGB
Wertaufholung	Wertaufholungsgebot bis maximal zu den (fortgeführten) Anschaffungs- oder Herstellungskosten § 253 Abs. 5 HGB	

Tab. 3.1: Bewertung des Anlagevermögens

Abschreibungen zur Ausgabeverteilung

Andererseits können Abschreibungen primär als Mittel einer periodengerechten Erfolgsermittlung interpretiert werden. Ausgaben für Investitionen, die über mehrere Rechnungsperioden im Unternehmen genutzt werden, müssen entsprechend ihrem periodischen Beitrag zur Erfolgsentstehung den einzelnen Rechnungsperioden als Aufwand zugerechnet werden (dynamische Interpretation). Insoweit kann von einer Verteilungsabschreibung gesprochen werden.

Statische und dynamische Interpretation im geltenden Bilanzrecht

In den geltenden bilanzrechtlichen Bestimmungen zur Abschreibung spiegeln sich beide Interpretationen wider: So folgen die für die abnutzbaren Gegenstände des Anlagevermögens handelsrechtlich vorgesehene planmäßige Abschreibung und die mit dieser korrespondierende steuerliche Absetzung für Abnutzung (AfA) und Absetzung für Substanzverringerung (AfS) der dynamischen Interpretation. Dies geht deutlich aus dem Wortlaut des § 253 Abs. 3 Satz 2 HGB (vgl. auch § 7 Abs. 1 Satz 1 EStG) hervor: Der Abschreibungsplan »muss die Anschaffungs- oder Herstellungskosten auf die Geschäftsjahre verteilen, in denen der Vermögensgegenstand voraussichtlich genutzt werden kann«. Demgegenüber dienen die für alle Anlagegegenstände handelsrechtlich vorgesehene außerplanmäßige Abschreibung und die mit dieser korrespondierende steuerliche Absetzung für außergewöhnliche Abnutzung oder die Teilwertabschreibung der Wertangleichung an einen niedrigeren, zum Bilanzstichtag beizulegenden Wert; sie beruhen demnach auf der statischen Interpretation.

Steuerliche Sonderabschreibungen

Nicht in diese Systematik einordnen lassen sich die steuerlichen Sonderabschreibungen, da diese weder als Mittel zur periodengerechten Erfolgsermittlung noch zur Berücksichtigung eingetretener Wertminderungen charakterisiert werden können. Steuerliche Sonderabschreibungen dienen vielmehr wirtschafts- und konjunkturpolitischen Zielen und dürfen in der Handelsbilanz nicht mehr vorgenommen werden.

Abschreibungen lassen sich nach verschiedenen Gesichtspunkten untergliedern. Hier seien nur einige Einteilungen genannt.

Bilanzielle vs. kalkulatorische Abschreibungen

Neben der im Weiteren zu behandelnden handels- und steuerbilanziellen Abschreibung, die ein Instrument der Finanzbuchhaltung ist, kennt die Kostenrechnung die kalkulatorischen Abschreibungen. Im Interesse der Substanzerhaltung wird bei den kalkulatorischen Abschreibungen vielfach von den Tageswerten der Anlagegüter ausgegangen, während die bilanziellen Abschreibungen die Anschaffungs- oder Herstellungskosten auf die Nutzungsdauer verteilen. In der Kostenrechnung können demnach mehr Abschreibungen verrechnet werden, als Anschaffungskosten angefallen sind.

Direkte vs. indirekte Abschreibungen

Ausweistechnisch ist zwischen direkter und indirekter Abschreibung zu unterscheiden. Wird die Abschreibung unmittelbar von dem Wert der Anlagegüter auf der Aktivseite abgesetzt, so wird von direkten Abschreibungen gesprochen. Indirekte Abschreibungen liegen dann vor, wenn die Anlagegüter auf der Aktivseite mit den Anschaffungs- oder Herstellungskosten bewertet und auf der Passivseite wertberichtigt werden.

Wertberichtigungen

Die Wertberichtigungen haben den Charakter eines Korrekturpostens zu dem unveränderten Ansatz der Anschaffungs- oder Herstellungskosten des Vermögensgegenstandes. Scheidet der Vermögensgegenstand aus, so werden unter den Aktiva die vollen Anschaffungs- oder Herstellungskosten und unter den Wertberichtigungen die bisher angefallenen Abschreibungen ausgebucht. Durch den Ausweis sowohl der ursprünglichen Anschaffungs- oder Herstellungskosten als auch der bisher angefallenen Abschreibungen liefert das indirekte Verfahren dem Bilanzleser zwar mehr Informationen als das direkte, es führt aber auch zu einer Aufblähung der Bilanz. Ein Kompromiss besteht darin, die kumulative Abschreibung auf der Aktivseite von den ursprünglichen Anschaffungs- oder Herstellungskosten offen abzusetzen. Ein passivischer Ausweis der Wertberichtigungen ist für Kapitalgesellschaften nach HGB ohnehin unzulässig (vgl. in diesem Kapitel, S. 167 ff.).

Planmäßige vs. außerplanmäßige Abschreibungen

Werden die zugrunde liegenden Abschreibungsursachen betrachtet, so bietet sich die Klassifizierung in planmäßige Abschreibungen und in außerplanmäßige Abschreibungen an. Diese Unterscheidung ist – wenn auch unter verschiedenen Bezeichnungen – sowohl im Handels- und Steuerrecht wie auch in internationalen Rechnungslegungsstandards verwirklicht. Im Folgenden wird ein Katalog möglicher Abschreibungsursachen gegeben und eine tabellarische Zuordnung der jeweils wichtigsten Ursachen zu den handels- und steuerrechtlich vorgesehenen planmäßigen Abschreibungen und außerplanmäßigen Abschreibungen vorgenommen. Dabei ist zu beachten, dass die planmäßigen Abschreibungen nur für abnutzbare Wirtschaftsgüter anzuwenden sind, während die außerplanmäßigen Abschreibungen mit Ausnahme der Absetzung für außergewöhnliche Abnutzung sowohl für abnutzbare als auch für nicht abnutzbare Vermögensgegenstände angesetzt werden können.

Die Grenzen zwischen den Abschreibungsarten bezüglich der ihnen zugeordneten Ursachen sind – wie Tabelle 3.2 zeigt – fließend, da dieselbe Wertminderungsursache sowohl durch eine Absetzung für außergewöhnliche Abnutzung als auch durch eine Teilwertabschreibung berücksichtigt werden kann, ohne dass die Ergebnisse wesentlich voneinander abweichen.

Abschreibung des Anlagevermögens		
Abschreibungsursachen, Entwertungsgrund	Handelsrecht	Steuerrecht
Normaler technischer Verschleiß, ruhender Verschleiß, Fristablauf	Planmäßige Abschreibung § 253 Abs. 3 Satz 1 und 2 HGB	Absetzung für Abnutzung (AfA) § 7 Abs. 1 Satz 1-4 EStG
Substanzverringerung		Absetzung für Substanzverringerung (AfS) § 7 Abs. 6 EStG
Katastrophenverschleiß, versteckte Mängel, erhöhte Inanspruchnahme, unterlassene Instandhaltung, Abbruch, technischer Fortschritt, sinkende Rentabilität	Außerplanmäßige Abschreibung auf den niedrigeren, am Abschlussstichtag beizulegenden Wert § 253 Abs. 3 Satz 3 HGB	Außerplanmäßige Absetzung für außergewöhnliche technische oder wirtschaftliche Abnutzung (AfaA) § 7 Abs. 1 Satz 7 EStG
Voraussichtlich dauerhaftes Fallen der Wiederbeschaffungspreise, Fehlmaßnahme		Teilwertabschreibung § 6 Abs. 1 EStG
Wirtschaftspolitische Gründe	Nicht zulässig	• Steuerrechtliche Sonderabschreibung, z. B. § 7g EStG • Erhöhte Absetzung, z. B. § 7i EStG • Bewertungsabschläge, z. B. § 6b EStG, R 6b.1-3 EStR

Tab. 3.2: Abschreibung des Anlagevermögens nach Handels- und Steuerrecht

b) Planmäßige Abschreibung

Planmäßige Abschreibung

Die planmäßige Abschreibung und die ihr steuerrechtlich entsprechende AfA und AfS sind, wie schon erwähnt, Verteilungsabschreibungen. Daraus ergibt sich zwangsläufig, dass diese Abschreibungen lediglich bei denjenigen Anlagegütern vorgenommen werden können, deren Nutzung zeitlich begrenzt ist (§ 253 Abs. 3 Satz 1 HGB; § 7 Abs. 1 und 6 EStG), also nicht auf Grundstücke und Finanzanlagen.

Abschreibungsplan

Der Abschreibungsplan muss enthalten:

- Die zu verteilenden Anschaffungs- oder Herstellungskosten,
- die voraussichtliche Nutzungsdauer des Anlagegegenstandes und
- die ausgewählte Abschreibungsmethode.

Durch den Grundsatz der Planmäßigkeit der Abschreibungen und der Stetigkeit der Bewertung (§ 252 Abs. 1 Nr. 6 HGB) soll die Vergleichbarkeit aufeinanderfolgender Jahresabschlüsse gewährleistet werden. Die Änderung des Abschreibungsplanes ist handels- wie steuerrechtlich jedoch zulässig, wenn sachliche Gründe wie etwa eine Änderung der Nutzungsdauer dies rechtfertigen. Planänderungen ergeben sich weiterhin bei einem (erlaubten) Wechsel der Abschreibungsmethode, bei nachträglichen Anschaffungs- oder Herstellungskosten sowie bei außerplanmäßigen Abschreibungen und Zuschreibungen (vgl. in diesem Kapitel, S. 162 ff.).

Werden die gesamten Anschaffungs- oder Herstellungskosten (ggf. zuzüglich nachträglicher Anschaffungs- oder Herstellungskosten) auf die Nutzungsdauer verteilt, so wird für den Vermögensgegenstand ein Wert von 0 EUR am Ende der Nutzungsdauer unterstellt. Es ist jedoch handelsrechtlich erlaubt, einen (vorsichtig) geschätzten Rest- oder Veräußerungswert (Veräußerungserlös/Schrottwert abzüglich anfallender Abbruch- oder Veräußerungskosten) zu berücksichtigen. In der Praxis kommt dies jedoch nur sehr selten vor. Nach h. M. ist der Schrottwert sowohl in der Handels- als auch in der Steuerbilanz nur bei Gegenständen von großem Gewicht oder aus wertvollem Material zu berücksichtigen, sofern dieser im Vergleich zu den Anschaffungs- oder Herstellungskosten und absolut gesehen erheblich ist (vgl. Herrmann, C./Heuer, G./Raupach, A. [2013], § 7 EStG, Anm. 155).

(1) Schätzung der Nutzungsdauer

Nutzungsdauer

Der Wahl des Abschreibungsverfahrens geht die Schätzung der voraussichtlichen Nutzungsdauer voraus. Entscheidend ist hierbei nicht die technische Nutzungsdauer. Wenn z. B. eine Maschine 10 Jahre genutzt werden kann, ehe die Leistungsfähigkeit an Präzision eine gewisse Grenze unterschreitet, so ist es innerhalb dieser 10 Jahre durchaus möglich, dass die Maschine nicht mehr wirtschaftlich zu nutzen ist: Es kann das auf ihr gefertigte Produkt nicht mehr verkauft werden oder dieses Produkt auf einer neueren Anlage zu geringeren Kosten hergestellt werden. Für den HGB-Abschluss ist daher grundsätzlich die wirtschaftliche Nutzungsdauer relevant. Diese gilt es anhand von Erfahrungswerten zu schätzen.

AfA-Tabellen

Die Finanzverwaltung hat für die steuerlichen Abschreibungen Tabellen (AfA-Tabellen) herausgegeben, in denen die »betriebsgewöhnliche Nutzungsdauer von Anlagegütern« aufgezeigt ist. In begründeten Fällen kann von diesen Tabellen abgewichen werden. In aller Regel liegen die Nutzungsdauern gemäß AfA-Tabellen niedriger als die wirtschaftlichen Nutzungsdauern. Sie dienen i. d. R. auch als Grundlage für die Bemessung der Abschreibungen im HGB-Jahresabschluss.

Substanzverringerung

Für Rohstoffvorkommen spielen die substanzbedingten Wertminderungen eine Rolle. Es ist nicht immer einfach, die Gesamtnutzung von Erzflözen, Steinbrüchen und Kiesgruben zu schätzen. Bei dieser Art von Gegenständen des Anlagevermögens wird weniger von einer Nutzungszeit als von einer Nutzung nach Maßgabe des Abbaus von Rohstoffen ausgegangen und dementsprechend sind Abschreibungen vorzunehmen (steuerlich: AfS gemäß § 7 Abs. 6 EStG).

(2) Wahl des Abschreibungsverfahrens

Abschreibungsverfahren

Nach § 243 Abs. 1 HGB hat der Jahresabschluss und damit auch das zu wählende Abschreibungsverfahren den Grundsätzen ordnungsmäßiger Buchführung zu entsprechen. Demnach ist beispielsweise die Wahl einer Methode unzulässig, wenn deren Abschreibungsverlauf dem Nutzungsverlauf offensichtlich widerspricht. Ebenfalls unzulässig sind Abschreibungen, die nach Maßgabe des Gewinns bemessen werden. I. S. einer periodengerechten Aufwandserfassung und der

Bewertungsstetigkeit soll mit der Forderung nach Planmäßigkeit der Abschreibungen gerade diese Abschreibungsform unterbunden werden. Grundsätzlich sind für die Handelsbilanz sowohl die Abschreibungen nach Maßgabe der Inanspruchnahme wie auch die verschiedenen zeitbedingten Abschreibungsverfahren – lineare, degressive und progressive Abschreibung – zulässig. Besonders häufige Anwendung finden in der Bilanzierungspraxis die lineare und degressive Abschreibungsmethode sowie eine Kombination beider, bei der zu einem im Voraus bestimmten Zeitpunkt planmäßig von der degressiven zur linearen Abschreibung übergegangen wird. Steuerlich ist der Ermessensspielraum bei der Wahl und dem Wechsel der Abschreibungsverfahren stärker eingeschränkt als handelsrechtlich. Grundsätzlich kann die Wahl der Abschreibungsmethode in der Steuerbilanz unabhängig von der in der Handelsbilanz gewählten Methode erfolgen. Die steuerlichen Besonderheiten werden bei der Behandlung der Abschreibungsverfahren dargestellt.

Berichtspflicht im Anhang

Die gewählten Abschreibungsverfahren sind im Rahmen der Berichterstattung über die angewandten Bilanzierungs- und Bewertungsmethoden nach § 284 Abs. 2 Nr. 1 HGB im Anhang anzugeben. Ebenso sind gemäß Nr. 3 dieser Vorschrift Änderungen der Abschreibungsmethoden im Anhang anzugeben und zu begründen sowie ihr Einfluss auf die Vermögens-, Finanz- und Ertragslage darzustellen (vgl. 13. Kapitel, S. 852).

Abschreibung im Zu- und Abgangsjahr

Im Wirtschaftsjahr des Zuganges sind grundsätzlich nur die auf den Zeitraum zwischen Anschaffungs- oder Herstellungszeitpunkt und dem Bilanzstichtag entfallenden planmäßigen Abschreibungen zu verrechnen, wobei auf volle Monate aufgerundet werden muss. Auch steuerrechtlich müssen Abschreibungen im Zugangs- und Abgangsjahr immer zeitanteilig vorgenommen werden (sog. pro rata temporis Abschreibungen).

(3) Abschreibung nach Maßgabe der Inanspruchnahme

Leistungsbedingte Abschreibung

Die Abschreibung nach Maßgabe der Inanspruchnahme kommt dann in Betracht, wenn die Abschreibungsursachen in der Inanspruchnahme des Gegenstandes begründet liegen, also weitgehend zeitunabhängig sind. Bei diesem Verfahren ist also nicht die Nutzungsdauer, sondern die mögliche Leistungs- oder Nutzungsabgabe zu schätzen, z. B. zu fahrende Kilometer, Maschinenstunden und zu produzierende Stücke. Die Anschaffungs- oder Herstellungskosten werden dann entsprechend der jährlichen Leistungsabgabe auf die einzelnen Nutzungsjahre verteilt (vgl. Beispiel in Tabelle 3.3). Der Vorteil dieser Abschreibungsmethode liegt darin, dass Jahre mit geringerer Beschäftigung nicht mit überhöhten Abschreibungen belastet werden, während der Nachteil darin besteht, dass der natürliche Verschleiß und die wirtschaftliche Entwertung keine Berücksichtigung finden.

Dieses handelsrechtlich erlaubte Verfahren wird für die Steuerbilanz zugelassen (§ 7 Abs. 1 Satz 6 EStG i. V. m. R 7.4 Abs. 5 EStR),

1. wenn es wirtschaftlich begründet ist, d. h., wenn die Leistungen des Wirtschaftsgutes i. d. R. erheblich schwanken und der Verschleiß dementsprechend wesentliche Unterschiede aufweist und
2. wenn der pro Jahr anfallende Umfang der Leistung nachgewiesen werden kann, z. B. durch ein Zählwerk.

Eine spezifische Anwendungsform dieser Abschreibungsmethode stellt die AfS dar, die nach § 7 Abs. 6 EStG für Abbauunternehmen, z. B. Bergbauunternehmen, Steinbrüche und Kiesgruben, vorgesehen ist, bei denen ein Verzehr der Substanz erfolgt.

Absetzung für Substanzverringerung (AfS)

Anschaffungswert des Lkw 30.000 GE, Fahrleistung des Lkw 100.000 km Abschreibungssatz 30.000 GE / 100.000 km = 0,30 GE/km				
Jahr	Buchwert alt in GE	Gefahrene km	Abschreibungsbetrag in GE	Buchwert neu in GE
01	30.000	20.000	6.000	24.000
02	24.000	30.000	9.000	15.000
03	15.000	25.000	7.500	7.500
04	7.500	25.000	7.500	0

Tab. 3.3: Beispiel zur leistungsbedingten Abschreibung

(4) Lineare Abschreibung

Die Praxis arbeitet vorwiegend mit Abschreibungen, die nach Maßgabe der Zeit bemessen sind. Die einfachste Art der zeitlichen Abschreibung ist die, bei der die Anschaffungs- oder Herstellungskosten durch die Nutzungsdauer geteilt werden und so ein für alle Jahre der Nutzung gleicher Abschreibungsbetrag ermittelt wird (vgl. Beispiel in Tabelle 3.4). Gemäß § 7 Abs. 1 EStG ist die lineare Abschreibung auch in der Steuerbilanz zulässig, wobei sich der Abschreibungsbetrag durch das Maßgeblichkeitsprinzip aus dem handelsrechtlich gewählten Abschreibungssatz ergibt. Lediglich für Gebäude legt der Steuergesetzgeber generell fixierte Abschreibungssätze in Abhängigkeit vom Verwendungszweck der Gebäude fest (§ 7 Abs. 4 EStG).

Konstanter Abschreibungsbetrag

Anschaffungswert des Lkw 30.000 GE, Nutzungsdauer des Lkw 4 Jahre Abschreibungssatz 30.000 GE / 4 Jahre = 7.500 GE/Jahr			
Jahr	Buchwert alt in GE	Abschreibungsbetrag in GE	Buchwert neu in GE
01	30.000	7.500	22.500
02	22.500	7.500	15.000
03	15.000	7.500	7.500
04	7.500	7.500	0

Tab. 3.4: Beispiel zur linearen Abschreibung

Die lineare Abschreibung entspricht dann der Wertänderung pro Periode, wenn eine völlig gleichmäßige Verschleißabnutzung des Vermögensgegenstandes von Anfang bis Ende der Nutzungsdauer erfolgt, was jedoch unrealistisch ist. Bei Anlagen, deren Nutzungsfähigkeit bis zum Ende der Nutzungszeit nahezu konstant bleibt und erst dann schlagartig absinkt, entspricht der Verlauf der tatsächlichen Wertminderung nicht den durch die Abschreibung ermittelten und ausgewiesenen Wertminderungen: Der Buchwert sinkt schneller als der tatsächliche Wert. Ferner berücksichtigt diese Abschreibungsmethode nicht, dass oft der Marktwert erheblich sinkt, sobald ein Vermögensgegenstand einmal in Gebrauch genommen worden ist und ebenso nicht, dass gerade in den ersten Nutzungsjahren die Gefahr der Wertminderung durch den technischen Fortschritt am größten ist. Dem Prinzip der Vorsicht entsprechen also eher Abschreibungsbeträge, die zu Beginn der Nutzung höher sind als in späteren Jahren, was bei der degressiven Abschreibung der Fall ist.

(5) Degressive Abschreibung

Fallender Abschreibungsbetrag

Bei den degressiven Abschreibungsverfahren werden die Anschaffungs- oder Herstellungskosten eines Anlagegutes mittels sinkender Abschreibungsbeträge auf die Nutzungsdauer verteilt. In den ersten Jahren der Nutzung sinkt der Buchwert stärker als gegen Ende der Nutzungsdauer. Für diese Vorgehensweise spricht, wie ausgeführt, die Beachtung des Vorsichtsprinzips bei der Bilanzierung. Die Risiken des technischen Fortschritts sind hier – wenn auch schematisch – im Abschreibungsplan berücksichtigt, sodass außerplanmäßige Abschreibungen seltener nötig sind als bei linearer Abschreibung. Der Gesamtaufwand einer Anlage wird bei degressiver Abschreibung gleichmäßiger über die Jahre der Nutzung verteilt, weil sinkende Abschreibungsbeträge in späteren Jahren durch erhöhte Reparaturaufwendungen ausgeglichen werden. Stärker als bei der linearen Abschreibung ist allerdings hier die Diskrepanz zwischen Gebrauchswert und Buchwertentwicklung bei den Anlagegütern, deren Gebrauchswert erst gegen Ende der Nutzungsdauer rasch abfällt. In den Jahren der geringsten Abnutzung werden dann nämlich die höchsten Abschreibungsbeträge verrechnet. Wenn die Nutzungsabgabe während der Nutzungsdauer konstant ist, bewirkt die degressive Abschreibung – verglichen mit der linearen – eine Gewinnverlagerung in die Zukunft.

Geometrisch-degressive Abschreibung

Bei den degressiven Abschreibungsmethoden kann die geometrische und die arithmetische unterschieden werden. Bei der geometrisch-degressiven Abschreibung (Buchwertabschreibung) wird mittels eines festgelegten Abschreibungsprozentsatzes vom Buchwert abgeschrieben. Diese Methode führt besonders bei kurzer Nutzungsdauer zu einem relativ hohen Restwert, der zusammen mit der letzten Abschreibungsrate oder – bei weiterer Nutzung – mit Hilfe der linearen Methode abgeschrieben wird. Wegen des relativ hohen Restbuchwertes am Ende der planmäßigen Nutzungsdauer wird meist schon während der Nutzungsdauer zur linearen Methode übergegangen. Damit wird erreicht, dass der Vermögensgegenstand mit möglichst hohen Abschreibungsbeträgen restlos abgeschrieben wird. Im Zeitpunkt des Überganges bemisst sich die lineare Abschreibung nach Restbuchwert und Restnutzungsdauer des Anlagegegenstandes (vgl. Beispiel in Tabelle 3.5).

In der Steuerbilanz wurde die degressive Abschreibung für neu angeschaffte Güter zum 01.01.2008 abgeschafft. Das Gesetz zur Umsetzung steuerrechtlicher Regelungen des Maßnahmenpakets »Beschäftigungssicherung durch Wachstumsstärkung« vom 21.12.2008 ermöglichte wieder begrenzt für bewegliche Wirtschaftsgüter des Anlagevermögens, die nach dem 31.12.2008 und vor dem 01.01.2011 angeschafft oder herstellt worden sind, eine degressive Abschreibung. Der maximale Abschreibungssatz beträgt das 2,5-fache der linearen Abschreibung, jedoch maximal 25 %.

Anschaffungskosten 100.000 GE, Nutzungsdauer 10 Jahre							
geometrisch-degressive Abschreibung				Restbuchwert bei optimaler Vorgehensweise in GE	**Berechnung des Übergangs zur linearen Abschreibung**		
Jahr	Buchwert alt in GE	Satz	geometrisch degressiver Abschreibungsbetrag in GE		Buchwert aus geometrisch-degressiver Abschreibung in GE	Restnutzungsdauer	linearer Abschreibungsbetrag in GE: $\frac{\text{Buchwert}}{\text{Restnutzungsdauer}}$
01	100.000	25 %	25.000	75.000	100.000	10 Jahre	10.000
02	75.000	25 %	18.750	56.250	75.000	9 Jahre	8.333
03	56.250	25 %	14.063	42.187	56.250	8 Jahre	7.031
04	42.187	25 %	10.547	31.640	42.187	7 Jahre	6.027
05	31.640	25 %	7.910	23.730	31.640	6 Jahre	5.273
06	23.730	25 %	5.933	17.797	23.730	5 Jahre	4.746
07	17.797	25 %	4.449	13.348	17.797	4 Jahre	4.449
08	13.348	25 %	3.337	8.899		3 Jahre	4.449
09	8.899	25 %	2.225	4.450		2 Jahre	4.449
10	4.450	25 %	890	0			4.450
Fazit: Im Jahr 07 ist der Abschreibungsbetrag aus linearer Abschreibung erstmals höher als der (oder gleich dem) aus geometrisch-degressiver Abschreibung.							

Tab. 3.5: Beispiel zur Kombination degressiver und linearer Abschreibung

Abschreibung auf einen Restwert

Bei der reinen degressiven Abschreibungsmethode kommt es nicht zur vollständigen Abschreibung auf 0 GE. Soll auf einen vorgegebenen Restwert abgeschrieben, d. h. die Differenz zwischen Anschaffungskosten (A) und Restwert am Ende der Nutzungsdauer (R_n) soll auf die Jahre der Nutzungsdauer (n) verteilt werden, so errechnet sich der Abschreibungssatz (p) nach folgender Formel:

$$p = 100 \times \left(1 - \sqrt[n]{\frac{R_n}{A}}\right)$$

Degressive Gebäudeabschreibung

Von der degressiven Abschreibung zu unterscheiden ist die sog. degressive Gebäudeabschreibung, bei der mittels fallender Prozentsätze von den Anschaffungs- oder Herstellungskosten abgeschrieben wird (§ 7 Abs. 5 EStG). Diese ist jedoch für Neubauten ab 2006 nicht mehr zulässig.

Arithmetisch-degressive Abschreibung

Bei der arithmetisch-degressiven Abschreibung fallen die jährlichen Abschreibungsbeträge jeweils um denselben Betrag (Degressionsbetrag). Dieser kann in Abhängigkeit von dem gewünschten Restbuchwert am Ende der planmäßigen Nutzungsdauer und der ersten Abschreibungsrate bestimmt werden. Soll der Vermögensgegenstand genau mit der letzten Rate restlos abgeschrieben werden, so wird die digitale Abschreibung, eine Sonderform der arithmetisch-degressiven Methode, angewendet (vgl. Beispiel in Tabelle 3.6). Die arithmetisch-degressive Abschreibung ist in der Steuerbilanz nicht zulässig.

Anschaffungswert: 20.000 GE, Nutzungsdauer 4 Jahre Degressionsbetrag = 20.000 GE / (1+2+3+4) = 2.000			
Jahr	Buchwert alt in GE	Abschreibungsbetrag in GE	Buchwert neu in GE
01	20.000	4 x 2.000 = 8.000	12.000
02	12.000	3 x 2.000 = 6.000	6.000
03	6.000	2 x 2.000 = 4.000	2.000
04	2.000	1 x 2.000 = 2.000	0

Tab. 3.6: Beispiel zur digitalen Abschreibung

(6) Progressive Abschreibung

Steigende Abschreibungsbeträge

Bei dem Verfahren der Abschreibung mit steigenden Jahresbeträgen (progressive Abschreibung) werden die ersten Jahre der Nutzung weniger mit Abschreibungen belastet als die letzten Jahre. Die Abschreibungsbeträge können in arithmetischer oder geometrischer Folge steigen. Diese Methode wird z. B. bei Anlagegütern angewandt, die bis zu ihrer Nutzung eine längere Anlaufzeit benötigen, z. B. Obstplantagen, Verkehrs- und Versorgungsbetriebe.

Soweit die Grundsätze ordnungsmäßiger Buchführung (insbesondere die zutreffende Erfassung des Wertverzehrs und das Vorsichtsprinzip) beachtet werden, ist eine progressive Abschreibung handelsrechtlich erlaubt, sie ist aber in der Praxis äußerst selten zu finden. In der Steuerbilanz ist die progressive AfA nicht zulässig.

c) Außerplanmäßige Abschreibung

Außergewöhnliche Wertminderungen

Im Gegensatz zur planmäßigen Abschreibung erstreckt sich der Anwendungsbereich der außerplanmäßigen Abschreibung auf das gesamte Anlagevermögen, also sowohl auf abnutzbare als auch nicht abnutzbare Anlagegegenstände. Die außerplanmäßige Abschreibung auf den beizulegenden Wert (vgl. 2. Kapitel, S. 77 ff.) dient dabei der Berücksichtigung außergewöhnlicher Wertminderungen und soll die Überbewertung von Vermögensgegenständen verhindern. Diese Wertminderungen können ihren Grund z. B. darin haben, dass die technische Kapazität einer Anlage überschätzt wurde oder unvorhergesehen nachgelassen hat. Als weitere Ursachen einer außerplanmäßigen Wertminderung sind gesunkene Wiederbeschaffungspreise, Katastrophenverschleiß sowie die durch technischen Fortschritt oder Nachfragerückgang bedingte mangelnde Verwendbarkeit eines Vermögensgegenstandes zu nennen.

Gemildertes Niederstwertprinzip

Für die Gegenstände des Anlagevermögens gilt dabei das gemilderte Niederstwertprinzip. Danach müssen Wertminderungen bei Vermögensgegenständen durch außerplanmäßige Abschreibungen berücksichtigt werden, falls die Wertminderungen voraussichtlich von Dauer sind (§ 253 Abs. 3 Satz 3 HGB). Bei voraussichtlich nicht dauerhafter Wertminderung dürfen außerplanmäßige Abschreibungen nur bei Gegenständen des Finanzanlagevermögens vorgenommen werden.

Dauerhaftigkeit der Wertminderung

Als dauerhaft gilt eine Wertminderung beim abnutzbaren Anlagevermögen dann, wenn während eines erheblichen Teiles der Restnutzungsdauer der beizulegende Wert des Vermögensgegenstandes unter dem Wert liegt, der sich bei planmäßiger Abschreibung ergibt (vgl. Beck'scher Bilanzkommentar [2012], § 253 Tz. 315). Bei nicht abnutzbaren Vermögensgegenständen ist die Wertminderung besonders sorgfältig zu prüfen und im Zweifel eher eine dauerhafte Wertminderung anzunehmen, da hier ein möglicher Bewertungsfehler nicht automatisch durch planmäßige Abschreibungen im Zeitablauf korrigiert wird (vgl. ADS [1995 ff.], § 253 Tz. 478).

Planmäßige Abschreibung nach außerordentlicher Wertminderung

Werden bei abnutzbaren Vermögensgegenständen außerplanmäßige Abschreibungen vorgenommen, so besteht handelsrechtlich die Pflicht, danach wieder planmäßig abzuschreiben. Die Vorgehensweise richtet sich dabei nach der Ursache der Wertminderung. Der Restbuchwert ist auf die unverkürzte Restnutzungsdauer zu verteilen, wenn die Nutzungsmöglichkeiten des Vermögensgegenstandes nur wertmäßig und nicht mengenmäßig abgenommen haben. Die Restnutzungsdauer wird dagegen verkürzt, wenn der Nutzungsvorrat auch mengenmäßig abgenommen hat (vgl. Beispiel in Tabelle 3.7).

Anschaffungswert 120.000 GE, Nutzungsdauer 12 Jahre. Lineare Abschreibung. Außerordentliche Wertminderung im 6. Jahr um 20.000 GE und Verkürzung der Nutzungsdauer auf insgesamt 8 Jahre.			
Jahr	Buchwert alt in GE	Abschreibungsbetrag in GE	Buchwert neu in GE
01	120.000	10.000	110.000
02	110.000	10.000	100.000
03	100.000	10.000	90.000
04	90.000	10.000	80.000
05	80.000	10.000	70.000
06	70.000	30.000	40.000
07	40.000	20.000	20.000
08	20.000	20.000	0

Tab. 3.7: Beispiel zur außerplanmäßigen Abschreibung und Verkürzung der Nutzungsdauer

Wertaufholung

Falls die Gründe für eine außerplanmäßige Abschreibung in späteren Jahren wieder entfallen, müssen im Umfang der entfallenen Wertminderung Zuschreibungen vorgenommen werden, um danach wieder planmäßig abzuschreiben. Nur ein niedrigerer Wertansatz eines entgeltlich erworbenen Geschäfts- oder Firmenwertes muss beibehalten werden (§ 253 Abs. 5 HGB). Als Höchstgrenze der möglichen Zuschreibung gelten dabei die Anschaffungs- oder Herstellungskosten abzüglich der planmäßigen Abschreibungen, die bis zu diesem Zeitpunkt vorzunehmen gewesen wären. Zuschreibungen sind grundsätzlich nur zur Rückgängigmachung außerplanmäßiger Abschreibungen zulässig. Zuschreibungen zur Korrektur überhöhter planmäßiger Abschreibungen sind dagegen nicht möglich, da im Rahmen einer Änderung des Abschreibungsplanes nur künftige, nicht jedoch bereits verrechnete Abschreibungen geändert werden können (vgl. ADS [1995 ff.], § 253 Tz. 605). Das handelsrechtliche Wertaufholungsgebot korrespondiert mit der steuerrechtlichen Vorschrift, dass Teilwertabschreibungen nur beibehalten werden dürfen, wenn auch weiterhin eine voraussichtlich dauerhafte Wertminderung gegeben ist.

Geringwertige Wirtschaftsgüter

Die Behandlung geringwertiger Wirtschaftsgüter (kurz: GWG) wird lediglich für die Steuerbilanz geregelt. Aus Praktikabilitätsgründen wird die steuerrechtliche Vorgehensweise auch für die Handelsbilanz akzeptiert, soweit die Effekte daraus unwesentlich sind (vgl. Beck'scher Bilanzkommentar [2012], § 253 Tz. 275). Darin existieren nach § 6 EStG zwei alternative Bilanzierungsmöglichkeiten für geringwertige Wirtschaftsgüter, die Methode der Poolabschreibung sowie die Sofortabschreibung bis 410 Euro. Zwischen den beiden Methoden besteht ein Wahlrecht, das jedoch in jedem Geschäftsjahr einheitlich auf alle geringwertigen Wirtschaftsgüter anzuwenden ist. Während zuvor die Methode der Poolabschreibung verpflichtend eingeführt wurde, ist seit Einführung des Gesetzes zur Beschleunigung des Wirtschaftswachstums seit 2010 wieder alternativ die bereits früher gültige Regelung der Sofortabschreibung bis 410 Euro erlaubt.

Gemäß § 6 Abs. 2 EStG können geringwertige Wirtschaftsgüter des Anlagevermögens, die abnutzbar und einer selbstständigen Nutzung fähig sind, im Jahr des Zuganges voll abgeschrieben werden, wenn die Anschaffungs- oder Herstellungskosten, vermindert um die darin enthaltene Umsatzsteuer, für das einzelne Anlagegut 410 Euro nicht übersteigen. Beispiele sind Taschenrechner, Büroregale, Werkzeuge, nicht aber z. B. ein Drucker, der nicht selbstständig nutzbar ist. Sofern nicht aus der Buchführung ersichtlich, sind für Wirtschaftsgüter mit einem Wert über 150 Euro bis 410 Euro der Tag der Anschaffung oder Einlage sowie die Anschaffungs- oder Herstellungskosten in einem laufenden Verzeichnis anzugeben. Für Wirtschaftsgüter bis 150 Euro entfallen diese Angabepflichten. Üblicherweise werden Wirtschaftsgüter zwischen 150 Euro und 410 Euro im Zugangszeitpunkt aktiviert und anschließend vollständig abgeschrieben. Dadurch gehen sie in den Anlagespiegel ein, während Wirtschaftsgüter bis 150 Euro direkt als Aufwand verbucht werden. Da die Sofortabschreibung ein Wahlrecht darstellt, ist es ebenfalls zulässig, geringwertige Wirtschaftsgüter planmäßig abzuschreiben.

Abweichend davon können nach § 6 Abs. 2a EStG geringwertig Wirtschaftsgüter alternativ auch pro Wirtschaftsjahr in einen Sammelposten aufgenommen werden. Voraussetzung hierfür ist, dass deren Anschaffungs- oder Herstellungskosten zwischen 150 Euro und 1.000 Euro – abzüglich der Umsatzsteuer – liegen. Der Sammelposten wird ab dem Jahr der Anschaffung oder Herstellung über fünf Jahre linear aufgelöst. Weder die tatsächliche Nutzungsdauer noch die Veräußerung oder Wertminderung der einzelnen Wirtschaftsgüter spielen bei dieser Poolabschreibung eine Rolle. Wirtschaftsgüter bis einschließlich 150 Euro dürfen auch nach dieser Methode sofort als Aufwand erfasst werden. Die Regelungen des § 6 Abs. 2a EStG sind für alle in einem Geschäftsjahr angeschafften Wirtschaftsgüter einheitlich anzuwenden. Von Vorteil gegenüber der Sofortabschreibung bis 410 Euro sind die geringeren Angabepflichten bei der Poolabschreibung. Nach h. M. ist auch die Poolabschreibung in der Handelsbilanz anwendbar.

Teilwertabschreibung

Der außerplanmäßigen Abschreibung auf den niedrigeren beizulegenden Wert entspricht im Steuerrecht die Absetzung für außergewöhnliche technische oder wirtschaftliche Abnutzung (§ 7 Abs. 1 Satz 7 EStG) für abnutzbare Wirtschaftsgüter sowie die Teilwertabschreibung (§ 6 Abs. 1 Nr. 1 und 2 EStG) für abnutzbare und nicht abnutzbare Wirtschaftsgüter. Die Absetzung für außergewöhnliche Abnutzung (AfaA) hat dabei Vorrang vor der Teilwertabschreibung, d. h. der Teilwert darf erst dann angesetzt werden, falls er niedriger als der Wert ist, der sich bei Vornahme einer außergewöhnlichen Absetzung ergeben würde. Dies ergibt sich aus § 6 Abs. 1 Nr. 1 EStG, in dem bei der Definition des mit dem Teilwert zu vergleichenden Buchwertes die erhöhte Absetzung explizit genannt ist. Bei nur vorübergehenden Wertminderungen darf nicht abgeschrieben werden. Zur Teilwertabschreibung bei voraussichtlich dauernder Wertminderung besteht ein Wahlrecht. Außerdem ist zur Beibehaltung des niedrigeren Teilwertes in Folgejahren jeweils ein unter dem Buchwert liegender Teilwert erneut nachzuweisen.

Absetzung für außergewöhnliche Abnutzung (AfaA)

Ebenfalls an Bedeutung gewonnen hat die Unterscheidung zwischen AfaA und Teilwertabschreibung, da die Absetzung für außergewöhnliche technische oder wirtschaftliche Abnutzung auch bei nur vorübergehender Wertminderung vorgenommen werden darf. Außergewöhnliche Abnutzungen sind gegeben, wenn – entsprechend den o. g. Ursachen außerordentlicher Wertminderungen – durch technische oder wirtschaftliche Einwirkungen auf das Wirtschaftsgut dessen Nutzung oder Nutzungsdauer beeinträchtigt wird. Die Berücksichtigung der außergewöhnlichen Abnutzung erfolgt ebenfalls je nach den Ursachen durch einmalige Abschreibung und/oder Verkürzung der Restnutzungsdauer. Alle Umstände, die zu einer außergewöhnlichen Abnutzung führen, beeinflussen auch den Teilwert, sofern nicht die Wiederbeschaffungskosten gestiegen sind. Ein niedrigerer Teilwert ergibt sich insbesondere bei sinkenden Wiederbeschaffungskosten oder falls sich die Anschaffung als Fehlinvestition herausstellt (zur Ermittlung des Teilwertes vgl. 2. Kapitel, S. 106 ff.).

Maßgeblichkeit bei AfaA und Teilwertabschreibung

Das im Steuerrecht vorgesehene Wahlrecht zur Vornahme von Absetzungen für außergewöhnliche Abnutzungen oder Teilwertabschreibungen (bei voraussichtlich dauernder Wertminderung) wird durch die Maßgeblichkeit nicht eingeschränkt. Auch wenn in der Handelsbilanz aufgrund einer voraussichtlich dauerhaften Wertminderung eine außerplanmäßige Abschreibung vorgenommen werden muss, darf das steuerrechtliche Wahlrecht eigenständig ausgeübt werden.

Steuerrechtlich bedingte Mehrabschreibungen

Als nur steuerrechtlich zulässige Abschreibungen gelten:

- Steuerrechtliche Sonderabschreibungen, die zusätzlich zur linearen AfA (die degressive AfA ist bei diesen steuerrechtlichen Sonderabschreibungen nicht zulässig, vgl. § 7a Abs. 4 EStG) gewährt werden, z. B. § 7g EStG,
- erhöhte Absetzungen, die anstelle der normalen AfA nach § 7 EStG gewährt werden, z. B. § 7i EStG sowie
- Bewertungsabschläge von den Anschaffungs- oder Herstellungskosten, z. B. § 6b EStG, R 6b.1-3 EStR.

Das Ziel dieser steuerlichen Vergünstigungen besteht darin, die Steuerpflichtigen über eine Verschiebung des Steuerbilanzgewinnes in spätere Perioden und der damit verbundenen zinslosen Steuerstundung zu wirtschafts- und sozialpolitisch erwünschten Investitionen anzuregen.

2. Einzelfragen der Bewertung

Festwert bei Betriebs- und Geschäftsausstattung

Von dem Grundsatz der Einzelbewertung (vgl. 2. Kapitel, S. 93 ff.) darf aus Vereinfachungsgründen bei Massengütern des Sachanlagevermögens, insbesondere der Betriebs- und Geschäftsausstattung, wie z. B. Werkzeug, Gleisanlagen, Schreibmaschinen, Gerüst- und Schalungsteilen, Hotelgeschirr, wie auch bei Roh-, Hilfs- und Betriebsstoffen des Vorratsvermögens (vgl. 4. Kapitel, S. 211 ff.) abgewichen und das Festwertverfahren (vgl. § 240 Abs. 3 HGB) angewandt werden. Voraussetzung hierfür ist insbesondere, dass ihr Gesamtwert für das bilanzierende Unternehmen von nachrangiger Bedeutung ist und die Anlagegüter nicht bereits als geringwertige Wirtschaftsgüter voll abgeschrieben worden sind. Diesem Verfahren liegt die Annahme zugrunde, dass sich der Verbrauch und die Neuzugänge der zu bewertenden Gegenstände ungefähr entsprechen, sodass die Zugänge (Ersatzbeschaffungen) sofort als Aufwand verbucht werden. Die Erleichterung für den Bilanzierenden besteht darin, dass eine jährliche körperliche Bestandsaufnahme und Einzelbewertung entfällt. Allerdings muss alle drei Jahre eine körperliche Bestandsaufnahme durchgeführt werden. Das Festwertverfahren ist auch steuerlich zulässig.

Übertragung stiller Reserven

In der Steuerbilanz ist es unter Umständen erlaubt, die bei der Veräußerung oder dem Untergang von Wirtschaftsgütern des Anlagevermögens aufgelösten stillen Reserven von den Anschaffungs- oder Herstellungskosten der neu angeschafften Wirtschaftsgüter abzuziehen (§ 6b EStG, R 6b.2 EStR). Die nach derzeitiger Rechtslage zulässigen Übertragungen sind in Tabelle 3.8 zusammengefasst.

Übertragung stiller Reserven auf / Veräußerung von	Grund und Boden	Aufwuchs auf Grund und Boden mit Grund und Boden	Gebäude
Grund und Boden	+	+	+
Aufwuchs auf Grund und Boden mit Grund und Boden		+	+
Gebäuden			+

Tab. 3.8: Übertragungsmöglichkeit stiller Reserven

Grundstücke, Gebäude

Zu den Anschaffungsnebenkosten bei Grundstücken und grundstücksgleichen Rechten sowie Gebäuden zählen auch die Kosten für die besondere Herrichtung des Grundstückes wie Entwässerung und Parzellierung ferner die Grundbuch- und Notariatsgebühren, die Maklerprovision und Grunderwerbsteuer (vgl. H 6.4 EStH).

Wird ein schon länger zum Betriebsvermögen gehörendes Gebäude abgebrochen, z. B. um Platz für einen Neubau zu schaffen, so werden handels- und steuerrechtlich der Restbuchwert außerplanmäßig abgeschrieben und die Abbruchkosten als sonstiger betrieblicher Aufwand (Betriebsausgabe) behandelt. Wird dagegen ein Gebäude alsbald nach dem Erwerb abgebrochen, so ist lediglich die steuerbilanzielle Behandlung festgelegt (vgl. H 6.4 EStH). Danach sind in der

Steuerbilanz eine außerplanmäßige Abschreibung des Restbuchwertes und die Behandlung der Abbruchkosten als Betriebsausgabe nur zulässig, falls das Gebäude ohne Abbruchabsicht erworben wurde.

Wird ein wirtschaftlich noch nicht verbrauchtes Gebäude erworben, um es abzureißen, so erhöhen Restbuchwert und Abbruchkosten die Herstellungskosten des neuen Gebäudes oder sonstigen Wirtschaftsgutes oder die Anschaffungskosten des Grund und Bodens. War das Gebäude im Zeitpunkt des Erwerbes bereits objektiv wertlos, so entfällt der volle Anschaffungspreis auf den Grund und Boden. Bei einem Abbruch des Gebäudes innerhalb von drei Jahren nach dem Erwerb gilt die (widerlegbare) Vermutung einer bereits bei Erwerb bestehenden Abbruchabsicht. Gegen die Übernahme dieser steuerrechtlichen Regelung ins Handelsrecht werden in der Literatur allerdings erhebliche Einwände vorgebracht (vgl. z. B. Beck'scher Bilanzkommentar [2012], § 255 Tz. 373 f.).

Werden bei Gebäuden nachträgliche Herstellungskosten (vgl. 2. Kapitel, S. 77 ff.) aktiviert, so erfolgt in der Steuerbilanz die Abschreibung analog der Regelung in § 7 Abs. 4 und 5 EStG: Die Anschaffungs- oder Herstellungskosten werden um den Herstellungsaufwand erhöht und die Absetzung weiterhin nach dem maßgebenden Prozentsatz bemessen. In den Fällen des § 7 Abs. 4 Satz 2 EStG ist es auch gestattet, den um die nachträglichen Herstellungskosten vermehrten Restbuchwert auf die Restnutzungsdauer zu verteilen (vgl. R 7.3 Abs. 5 EStR).

III. Anlagespiegel

Anlagespiegel

Im Interesse der Bilanzklarheit müssen Kapitalgesellschaften und Personengesellschaften i. S. des § 264a HGB gemäß § 268 Abs. 2 HGB in der Bilanz oder im Anhang die Entwicklung der im Anlagevermögen gesondert auszuweisenden Posten in einem sog. Anlagespiegel darstellen. Folgende Ausführungen beziehen sich dementsprechend neben den Sachanlagen auch auf die immateriellen Vermögensgegenstände und die Finanzanlagen. Ausgehend von den gesamten (historischen) Anschaffungs- und Herstellungskosten sind die Zugänge, Abgänge, Umbuchungen und Zuschreibungen des Geschäftsjahres sowie die Abschreibungen in ihrer gesamten Höhe gesondert auszuweisen. Unter Einbeziehung des Endbestandes des Geschäftsjahres bzw. des Vorjahres (Angabepflicht nach § 265 Abs. 2 HGB) und der ebenfalls gesondert anzugebenden Abschreibung des Geschäftsjahres ergibt sich die aus Tabelle 3.9 ersichtliche, als direkte Bruttomethode bezeichnete Darstellungsform des Anlagespiegels (vgl. ADS [1995 ff.], § 268 Tz. 45).

Anschaffungs-/ Herstellungskosten	Zugänge +	Abgänge -	Umbuchungen +/-	Zuschreibungen +	Abschreibungen (kumuliert) -	Restbuchwert 31.12...	Restbuchwert Vorjahr	Abschreibungen im Geschäftsjahr 20...

Tab. 3.9: Darstellungsform des Anlagespiegels bei direkter Bruttomethode

Im Anlagespiegel sind zunächst sämtliche im Unternehmen vorhandenen Anlagegegenstände mit ihren historischen (ursprünglichen) Anschaffungs- oder Herstellungskosten auszuweisen. Dies gilt auch für bereits vollständig abgeschriebene Vermögensgegenstände.

Zu- und Abgänge

»Zugang« ist jeder tatsächliche, d. h. mengenmäßige und nicht nur wertmäßige Zugang von Vermögensgegenständen. Entsprechendes gilt für den »Abgang«. Die Zu- und Abgänge beziehen sich nur auf das jeweilige Geschäftsjahr und werden im folgenden Geschäftsjahr mit den »Anschaffungs- und Herstellungskosten« saldiert.

Festwert

Auch für Ersatzbeschaffungen von Vermögensgegenständen des Sachanlagevermögens, die gemäß § 240 Abs. 3 HGB mit einem Festwert bewertet werden (vgl. in diesem Kapitel, S. 166 ff.), muss grundsätzlich kein Zu- und Abgang gezeigt werden. Die Verbuchung wird erst dann erforderlich, wenn der Festwert aufgrund wesentlicher Veränderungen des tatsächlichen Bestandes neu festgesetzt werden muss. Reine Wertminderungen sind unter den Abschreibungen zu erfassen (vgl. ADS [1995 ff.], § 268 Tz. 78).

Abgänge

Im Fall des körperlichen Ausscheidens von Vermögensgegenständen aus dem Unternehmen werden nicht nur die jeweiligen Restbuchwerte, sondern auch die ursprünglich aktivierten historischen Anschaffungs- oder Herstellungskosten in voller Höhe unter den Abgängen erfasst. Die auf die ausgeschiedenen Vermögensgegenstände entfallenden kumulierten Abschreibungen müssen deshalb im Jahr des Abganges aus der entsprechenden Spalte des Anlagespiegels eliminiert werden.

Umbuchungen

Umbuchungen erfolgen nicht aufgrund von Mengen- oder Wertänderungen des Anlagevermögens, sondern beinhalten lediglich die Umgliederung bereits vorhandener Anlagewerte auf andere Posten des Anlagespiegels. So sind z. B. Anlagen im Bau nach ihrer Fertigstellung auf den entsprechenden Posten des Anlagevermögens umzubuchen. Die Umbuchungen beziehen sich wie die Zu- und Abgänge nur auf das jeweilige Geschäftsjahr. Da in der Umbuchungsspalte – dem Bruttoausweis entsprechend – die historischen Anschaffungs- oder Herstellungskosten des umzubuchenden Vermögensgegenstandes erfasst werden, sind die ggf. darauf entfallenden kumulierten Abschreibungen ebenfalls in den entsprechenden Posten umzugliedern.

Zuschreibungen

Zuschreibungen dienen der Korrektur von in früheren Jahren vorgenommenen außerplanmäßigen Abschreibungen (vgl. 2. Kapitel, S. 120 ff.). Abnutzbare Vermögensgegenstände sind in diesem Fall in der Schlussbilanz mit dem Wert anzusetzen, der sich bei Anwendung des ursprünglichen Abschreibungsplanes zum Ende des Geschäftsjahres ergeben hätte. Wird lediglich die Differenz zwischen den jeweiligen Restbuchwerten als Zuschreibung erfasst, so führt dies zu dem wenig sinnvollen Ergebnis, dass für den betreffenden Vermögensgegenstand trotz stattgefundener Abnutzung keine Jahresabschreibung ausgewiesen wird. Deshalb ist aus den Abschreibungsbeträgen vor und nach Zuschreibung entsprechend dem Zeitpunkt der Werterhöhung die Jahresabschreibung zu berechnen und der Zuschreibungsbetrag dementsprechend zu erhöhen. Unter den Zuschreibungen ist auch die erstmalige Aktivierung (z. B. aufgrund einer steuerlichen Betriebsprüfung) von Vermögensteilen zu erfassen, deren Aktivierung im Jahr des Zuganges unterlassen wurde (vgl. ADS [1995 ff.], § 268 Tz. 55); derartige Nachaktivierungen sind aber in der Folgeperiode nicht mit den kumulierten Abschreibungen zu verrechnen, sondern müssen in die Spalte der historischen Anschaffungs- und Herstellungskosten übernommen werden. Im Unterschied dazu sind Aufwendungen für bereits aktivierte Anlagewerte, die als nachträgliche Herstellungsaufwendungen zu aktivieren sind, unter den Zugängen zu erfassen, da hier eine mengenmäßige Ausweitung des Anlagevermögens stattfindet (vgl. ADS [1995 ff.], § 268 Tz. 54 f.).

Die Zuschreibungen sind im folgenden Geschäftsjahr mit den kumulierten Abschreibungen zu saldieren. Obwohl diese Vorgehensweise bei wörtlicher Auslegung dem Saldierungsverbot des § 246 Abs. 2 HGB widerspricht, ist sie vom Gesetzgeber ausdrücklich vorgesehen und soll das sonst mögliche Ergebnis verhindern, dass die kumulierten Abschreibungen die historischen Anschaffungs- und Herstellungskosten übersteigen.

Kumulierte Abschreibungen

Die kumulierten Abschreibungen umfassen sämtliche in früheren Jahren und im laufenden Geschäftsjahr vorgenommenen planmäßigen und außerplanmäßigen Abschreibungen (soweit nicht durch Zuschreibungen korrigiert) auf die am Jahresende noch vorhandenen Vermögensgegenstände des Anlagevermögens. Die kumulierten Abschreibungen lassen sich für jeden einzelnen Posten des Anlagevermögens wie folgt berechnen:

	kumulierte Abschreibungen des Vorjahres
–	Zuschreibungen des Vorjahres
+	Abschreibungen des Geschäftsjahres
–	auf Abgänge entfallende kumulierte Abschreibungen
+/–	auf Umbuchungen entfallende kumulierte Abschreibungen
=	**kumulierte Abschreibungen des Geschäftsjahres**

Abschreibungen des Geschäftsjahres

Die Abschreibungen des Geschäftsjahres sind nicht zwingender Bestandteil des Anlagespiegels und können auch im Anhang in einer dem Anlagevermögen entsprechenden Gliederung angegeben werden (§ 268 Abs. 2 Satz 3 HGB).

Geringwertige Wirtschaftsgüter

Die Anschaffung geringstwertiger Wirtschaftsgüter (bis 150 Euro), die sofort als Aufwand verbucht werden, sind nicht in den Zugängen zu zeigen. Hingegen zählt die Anschaffung geringwertiger Wirtschaftsgüter, die im Anschaffungsjahr in voller Höhe abgeschrieben werden (bis 410 Euro), grundsätzlich zu den Zugängen. Um dem Zweck der Vereinfachung gerecht zu werden, ist es gängige Praxis im Zugangsjahr auch gleichzeitig den Abgang der geringwertigen Wirtschaftsgüter zu zeigen. Andernfalls müssten die Anschaffung- und Herstellungskosten sowie die Abschreibungen bis zum tatsächlichen Abgang im Anlagespiegel weitergeführt werden. Die Sofortabschreibungen sind in den Abschreibungen des Geschäftsjahres zu erfassen. Wird die Methode der Poolabschreibung gewählt, ist der Sammelposten bei Bildung in den Zugängen und im fünften Jahr der Abschreibung als Abgang zu zeigen (vgl. Nordmeyer, A./Göbel, R. [2011], Rz. 76 und Rz. 106).

B. Bilanzierung des Sachanlagevermögens nach IFRS

Sachanlagen

Grundsätzlich fallen unter das Sachanlagevermögen nach IFRS die gleichen Posten wie nach HGB (vgl. in diesem Kapitel, S. 151 ff.).

Die Bilanzierungsvorschriften zum Sachanlagevermögen nach IFRS sind vor allem in IAS 16 unter dem Stichwort *property, plant and equipment* geregelt. Weitere Standards behandeln Spezialfragen folgender Sachvermögenswerte, die explizit vom Anwendungsbereich des IAS 16 ausgeschlossen sind:

- Langfristige Vermögenswerte, die zur Veräußerung gehalten werden (IFRS 5),
- als Finanzinvestitionen gehaltene Immobilien (IAS 40),
- Sachanlagen aus Leasingverhältnissen (IAS 17),
- biologische Vermögenswerte (IAS 41) und
- nicht-regenerative Ressourcen (IFRS 6).

Sachanlagen zur Erzeugung und Gewinnung der beiden letztgenannten Ausnahmen müssen wiederum nach IAS 16 bilanziert werden (IAS 16.3).

I. Ansatz und Ausweis

Nach der Mindestgliederungsvorschrift des IAS 1.68 sind in der Bilanz unter den langfristigen Vermögenswerten mindestens Sachanlagen und als Finanzinvestitionen gehaltene Immobilien auszuweisen.

IAS 16.6 definiert *property, plant and equipment* als materielle Vermögenswerte, die vom Unternehmen zum Zwecke der Herstellung oder Lieferung von Gütern und Dienstleistungen, zur Vermietung an Dritte oder für Verwaltungszwecke gehalten werden, und deren Nutzung voraussichtlich länger als eine Periode dauert. Eine verbindliche Mindestuntergliederung ist nicht vorgegeben.

Posten des Sachanlagevermögens sind zu aktivieren, wenn sie die allgemeinen Ansatzkriterien eines *asset* erfüllen, d. h. der Zufluss eines künftigen wirtschaftlichen Nutzens muss wahrscheinlich und dessen Anschaffungs- und Herstellungskosten müssen verlässlich ermittelbar sein (IAS 16.7; vgl. auch die Ausführungen zum Begriff *asset* nach IFRS im 2. Kapitel, S. 87). Auch wenn aus Sicherheitsgründen oder für den Umweltschutz angeschaffte oder hergestellte Anlagegüter keinen direkten ökonomischen Nutzen schaffen, sind sie trotzdem zu aktivieren (IAS 16.11).

Leasing

Entscheidend für die Bilanzierung des Sachanlagevermögens ist nach IFRS rein das wirtschaftliche Eigentum. Das rechtliche Eigentum ist in diesem Zusammenhang unerheblich (F 4.12). Bestehende Rechte und Pflichten aus Leasingverträgen werden nicht nach IAS 16 bilanziert, sondern fallen unter die Regelungen des IAS 17 (vgl. in diesem Kapitel, S. 195 ff.). Davon ausgenommen sind Leasingverhältnisse im Rahmen eines *finance lease*, die *investment property* betreffen. Diese werden nach IAS 40 als *assets* des Leasingnehmers bilanziert (IAS 40.3).

Gruppenbewertung

Wegen des mit dem Einzelbewertungsgrundsatz verbundenen Aufwands ist es nach IAS 16.9 explizit erlaubt, Gegenstände, die einzeln von untergeordneter

Bedeutung sind, zusammenzufassen und als eine Gruppe zu bewerten. Als Beispiele führt der Standard Werkzeuge und Gussformen an.

Komponentenansatz (components approach)

Im Gegensatz dazu müssen einzelne Bestandteile von Sachanlagen bei unterschiedlicher Nutzungsdauer oder unterschiedlichem Wertminderungsverlauf gesondert abgeschrieben werden, wenn ihre Kosten signifikant im Verhältnis zu den Gesamtkosten sind, auch wenn diese in einem einheitlichen Nutzungs- und Funktionszusammenhang stehen (IAS 16.43 ff.). Bei gleichen Nutzungsdauern und gleichem Abschreibungsverfahren dürfen auch bedeutende Komponenten zusammengefasst werden. Auch Kosten für planmäßige Generalüberholungen einer Komponente sind als nachträgliche Anschaffungskosten aktivierungspflichtig. Dieser sog. Komponentenansatz (*components approach*) entspricht nicht der deutschen Bilanzierungspraxis. Diese ist durch die BFH-Rechtsprechung geprägt, bei der auf einen einheitlichen Funktionszusammenhang abgestellt wird. In einer abgeschwächten Form ist der Komponentenansatz allerdings z. B. bei der Bilanzierung von selbstständigen Betriebsvorrichtungen von Gebäuden nach HGB zulässig. Genaue Regelungen zur Tiefe der Aufteilung in einzelne Komponenten oder quantitative Grenzen existieren in den IFRS nicht, es ist eher davon auszugehen, dass dies zu einem großen Teil im Ermessen des Managements liegt. Zudem ist es nach IAS 16.47 optional zulässig, auch nicht signifikante Bestandteile getrennt abzuschreiben.

Geringwertige Wirtschaftsgüter

In den IFRS ist die Behandlung von geringwertigen Wirtschaftsgütern nicht explizit festgelegt. Ausgehend von der Berücksichtigungsschwelle in Form des Grundsatzes der Wesentlichkeit (*materiality*) wird jedoch auch nach IFRS eine sofortige Aufwandsverbuchung wie nach deutschem Recht und ggf. auch mit höheren Werten zulässig sein, sofern dadurch nicht die wirtschaftliche Entscheidungsfindung des Bilanzlesers beeinflusst wird.

II. Bewertung

Bewertungsgrundlagen

Grundsätzlich werden materielle Vermögenswerte nach IAS 16.15 im Zeitpunkt ihres Zuganges zunächst mit ihren Anschaffungs- oder Herstellungskosten angesetzt. IAS 16 selbst spricht nur von Kosten (*cost*) und differenziert nicht zwischen Anschaffungs- oder Herstellungskosten. Bei der Ermittlung der Herstellungskosten verweist IAS 16.22 auf die Vorschriften des IAS 2, wenn für den Verkauf ähnliche Vermögenswerte hergestellt werden. Daraus kann geschlossen werden, dass die Ermittlung der Herstellungskosten analog zur Ermittlung der Herstellungskosten bei den Vorräten vorzunehmen ist (vgl. 2. Kapitel, S. 111).

Zuwendungen der öffentlichen Hand

Investitionszuschüsse der öffentlichen Hand gemäß IAS 20.3 sind zu erfassen, wenn die für den Mitteltransfer notwendigen Bedingungen erfüllt sind, wie beispielsweise der Bau eines Werkes in einem staatlichen Fördergebiet. Zusätzlich muss die Zuwendung sicher sein (IAS 20.7). Hängen die Zuwendungen von der Anschaffung oder Herstellung eines langfristigen Vermögenswertes ab, so sind diese nach IAS 20.24 von den Anschaffungs- oder Herstellungskosten des bezuschussten Vermögenswertes abzuziehen (Nettomethode) oder als passiver Sonderposten abzugrenzen (Bruttomethode). Handelt es sich bei den Zuwendungen nicht um Zuschüsse für Vermögenswerte (Investitionszuwendungen) sondern um Ertragszuwendungen, so sind diese entweder sofort als Ertrag zu erfassen oder i. S. des *maching principle* vom Aufwand abzugrenzen (IAS 20.29). Andere

Beihilfen der öffentlichen Hand, die keinen Ausgleich zur Erfüllung bestimmter Bedingungen darstellen, sind nicht gesondert zu erfassen; es sind jedoch Anhangangaben über die Art erforderlich (IAS 20.39b).

Major inspection costs

Die Kosten für Wartung, Überholung und Instandhaltung (*major inspection costs*) sind prinzipiell als Aufwand der jeweiligen Periode zu behandeln. Sind *major inspection*s in regelmäßigen Intervallen vorzunehmen und für den zukünftigen Nutzen unerlässlich, müssen die zugehörigen Kosten mit den Anschaffungs- oder Herstellungskosten aktiviert werden (z. B. bei Raffinerierevisionen oder Flugzeugen). Für die Aktivierung muss gelten, dass sich die Aufwendungen als separate Komponente des *asset* identifizieren lassen, sich daraus ein wahrscheinlicher ökonomischer Nutzen ergibt und die Kosten verlässlich ermittelbar sind. Die aktivierten Aufwendungen müssen über den Zeitraum bis zur nächsten Überholung abgeschrieben werden (IAS 16.14).

Entsorgungs-verpflichtung

Entsteht einem Unternehmen bereits bei der Anschaffung oder Nutzung einer Sachanlage eine Verpflichtung zur Entsorgung, Rekultivierung oder Ähnliches nach der Stilllegung, sind die damit geschätzten verbundenen Ausgaben bereits in den Anschaffungs- oder Herstellungskosten zu aktivieren (IAS 16.16c). Voraussetzung ist aber, dass gleichzeitig nach den Vorschriften des IAS 37 eine Rückstellung für diese Verpflichtungen gebildet werden darf und auch gebildet wird. Zudem darf die Verpflichtung nicht im Rahmen der Vorräteproduktion entstanden sein (IAS 16.18).

Erwerb durch Tausch

Wird ein Vermögenswert des Sachanlagevermögens durch Tausch erworben, wird der neue Vermögenswert mit dem *fair value* des abgegebenen Vermögenswertes angesetzt (IAS 16.24 ff.). Wenn der Tausch keine erheblichen wirtschaftlichen Auswirkungen hat, oder weder der *fair value* des neuen Vermögenswertes noch der des abgegebenen Vermögenswertes verlässlich ermittelbar ist, wird der neue Vermögenswert zum Buchwert des abgegebenen Vermögenswertes angesetzt.

Keine Festwerte bei Sachanlagen

Der Ansatz von Festwerten für Sachanlagen i. S. v. § 240 Abs. 3 HGB ist nach IFRS nicht zulässig (vgl. Arbeitskreis »Externe Unternehmensrechnung« der Schmalenbach-Gesellschaft [1999], S. 65). Jedoch existiert nach IFRS der Grundsatz der *materiality*, durch den sich eine Anwendung der Festbewertung für *assets* von nachrangiger Bedeutung rechtfertigen lässt (vgl. Born, K. [2007], S. 130 f., 434 f.; Jacobs, O. H./Schmitt, G. A. [2013], Tz. 84).

Folgebewertung

Für die Folgebewertung eröffnet IAS 16.29 ein Wahlrecht zwischen den gleichwertigen Alternativen *cost model* und *revaluation model*. Der Ansatz der Anschaffungs- oder Herstellungskosten bildet grundsätzlich die wertmäßige Obergrenze beim *cost model*. Bei der Neubewertungsmethode (*revaluation model*) ist eine Bewertung über Anschaffungs- oder Herstellungskosten hinaus möglich (vgl. in diesem Kapitel, S. 173 f.). Eine einmal ausgewählte Methode ist für eine Gruppe von Vermögenswerten wegen des Stetigkeitsgebotes beizubehalten.

Cost model

Die Anschaffungs- oder Herstellungskosten abnutzbarer *assets* sind beim *cost model* durch planmäßige Abschreibungen über die voraussichtliche Nutzungsdauer zu verteilen, die sich auch von der wirtschaftlichen Nutzungsdauer unterscheiden kann.

Residual value

Nach IAS 16.53 ist wie nach HGB nur ein bedeutender Restwert (*residual value*) bei der Bestimmung des abzuschreibenden Betrages zu berücksichtigen, wenn dieser am Bilanzstichtag verlässlich geschätzt werden kann. Zukünftige Entwicklungen dürfen bei der Schätzung des Restwertes nicht herangezogen werden.

Nutzungsdauer

Die voraussichtliche Nutzungsdauer muss den erwarteten Verbrauch unter Einbezug physischen Verschleißes, technischer Veralterung und rechtlicher Nutzungsbeschränkungen widerspiegeln. Entsprechend ist die wirtschaftliche Nutzungsdauer im Unternehmen (*useful life*) für die Bestimmung des Abschreibungszeitraumes ausschlaggebend. Aufgrund der im internationalen Kontext fehlenden steuerlichen Anlehnungsnotwendigkeit finden sich regelmäßig keine verbindlich vorgegebenen und standardisierten Nutzungsdauern (vgl. beispielsweise IAS 16.50 ff.). Durch die Abhängigkeit der bilanziellen Nutzungsdauer vom erwarteten Nutzungszeitraum im Unternehmen kommt der Unternehmenspolitik hinsichtlich der Einsatzdauer von *assets* eine entscheidende Bedeutung zu. Werden beispielsweise neue Firmenfahrzeuge des Fuhrparks grundsätzlich nach zwei Jahren weiterverkauft, so ist ihre Nutzungsdauer mit zwei Jahren anzusetzen. Insoweit kann die für Abschreibungszwecke ermittelte Nutzungsdauer erheblich kürzer sein als die wirtschaftliche Lebensdauer (*economic life*) des *asset*. In diesen Fällen ist ein mit dem *asset* verbundener Restwert entsprechend höher anzusetzen. Regelmäßig ergeben sich jedoch im Vergleich zu den relativ vorsichtigen handels- und steuerrechtlichen Vorschriften längere Abschreibungszeiträume mit korrespondierend niedrigeren jährlichen Abschreibungsbeträgen.

Abschreibungsverfahren

Grundsätzlich ist nach IFRS jede systematische Abschreibungsmethode zulässig, die den Verbrauch des wirtschaftlichen Nutzenpotenzials über die Nutzungsdauer auf rationaler Basis widerspiegelt (vgl. IAS 16.62). Dementsprechend spricht IAS 16 von Leistungsabschreibung (*units of production method)*, linearer Abschreibung (*straight-line method)* und geometrisch-degressiver Abschreibung (*deminishing balance method*). Die progressive Abschreibung ist in IFRS-Abschlüssen unüblich, aber grundsätzlich zulässig. Die Zweckmäßigkeit der angewandten Abschreibungsmethode ist regelmäßig zu überprüfen und ggf. anzupassen (IAS 16.61).

Die IFRS enthalten keine expliziten Regelungen für den Zu- oder Abgang von *assets* innerhalb einer Berichtsperiode. Nach dem Prinzip der periodengerechten Erfolgsermittlung (*accrual basis*) ist grundsätzlich eine ratierliche Erfassung der Abschreibungen angebracht.

Außerplanmäßige Abschreibung

Eine eingetretene Wertminderung (*impairment*) ist zwingend durch eine außerplanmäßige Abschreibung zu berücksichtigen (vgl. IAS 36.8, ausführlich zum *impairment test* 2. Kapitel, S. 124 ff.). Dabei ist die voraussichtliche Dauer der Wertminderung unerheblich. Entschädigungsleistungen wie z. B. Versicherungszahlungen für Wertminderungen sind als Ertrag zu erfassen (IAS 16.65).

Wertaufholung

Sofern die Gründe, die zu einer außerplanmäßigen Abschreibung geführt haben, entfallen, ist nach IFRS grundsätzlich eine Zuschreibung vorzunehmen (IAS 36.109).

Neubewertung (revaluation model)

Im Rahmen der Folgebewertung ist für materielle Vermögenswerte auch ein Ansatz auf Basis einer Neubewertung (*revalued amounts*) zulässig (*revaluation model*) (IAS 16.31). Im Rahmen dieser Bewertungsmethode können auch Wertansätze oberhalb der historischen Anschaffungs- und Herstellungskosten resultieren. Der Wertansatz ergibt sich dabei aus dem *fair value* zum Zeitpunkt der Neubewertung abzüglich aller nach der Neubewertung angefallenen plan- und außerplanmäßigen Abschreibungen. Bei Anwendung des Neubewertungsmodells muss es sich um eine Sachanlage handeln, deren *fair value* verlässlich bestimmt werden kann. Der *fair value* bestimmt sich dabei nach IFRS 13 (vgl. 2. Kapitel, S. 113 ff.).

Die Neubewertung ist in hinreichend regelmäßigen Abständen vorzunehmen. Sie ist immer dann durchzuführen, wenn zwischen dem Buchwert und dem entsprechenden *fair value* eine erhebliche Abweichung vorliegt (IAS 16.34). In Abhängigkeit der Volatilität des *fair value* des neubewerteten Vermögenswertes kann dies jährlich oder alle 3 bis 5 Jahre der Fall sein.

Die Entscheidung über das Bewertungsmodell muss einheitlich für die Gruppen erfolgen. Wird ein Vermögenswert neu bewertet, ist die ganze Gruppe dieser Sachanlagen, zu denen der Gegenstand gehört, neu zu bewerten (IAS 16.36). Gruppen sind z. B. Grundstücke, Gebäude, Maschinen und technische Anlagen, Schiffe, Flugzeuge, Kraftfahrzeuge oder die Betriebs- und Geschäftsausstattung (IAS 16.37).

Behandlung des Neubewertungsergebnis

Bei der bilanziellen Behandlung der Neubewertungsergebnisse, also der Differenz zwischen dem anzusetzenden Neubewertungsbetrag und dem Buchwert, findet eine Trennung in die grundsätzliche Behandlung und in die auftretenden Ausnahmen statt; dies ist analog auch bei den *intangible assets* anzuwenden. Grundsätzlich werden Wertsteigerungen (Neubewertungsbetrag > Buchwert) GuV-neutral erfasst. Der Differenzbetrag ist in die Neubewertungsrücklage einzustellen. Liegt der Neubewertungsbetrag unter dem Buchwert, so ist die Wertminderung GuV-wirksam als Periodenaufwand zu erfassen. Ausnahmen können aufgrund von bereits in den Vorperioden vorgenommenen Wertänderungen entstehen. So sind Wertsteigerungen bis zur Höhe früher vorgenommener Wertminderungen GuV-wirksam zu berücksichtigen (IAS 16.39). Wertminderungen sind bis zur Höhe der bereits bestehenden Neubewertungsrücklage GuV-neutral zu erfassen (IAS 16.40).

Neubewertungsrücklagen werden bis zum Ende der Nutzung eines Gegenstandes geführt. Bei Abgang des Gegenstandes ist der in der Neubewertungsrücklage enthaltene ihm zuzuordnende Betrag GuV-neutral in die Gewinnrücklagen umzubuchen und nicht etwa GuV-wirksam aufzulösen.

Anstatt erst bei Stilllegung oder Veräußerung eine volle Umbuchung der Neubewertungsrücklage in die Gewinnrücklagen vorzunehmen, besteht bei abnutzbaren Vermögenswerten gemäß IAS 16.41 die Möglichkeit einer jährlichen anteiligen Umbuchung, deren Höhe der Differenz zwischen der Abschreibung auf Basis der ursprünglichen Anschaffungs- und Herstellungskosten und der Abschreibung auf Basis des neubewerteten Betrages entspricht.

Bei abnutzbaren Werten ist zudem zu klären, wie die kumulierten Abschreibungen am Tag der Neubewertung behandelt werden. Wie allgemein bei der Verbuchung von Abschreibungen, ergibt sich eine Unterscheidung in die direkte und in die indirekte Methode (IAS 16.35). Bei der direkten Methode, meist angewendet bei existierenden Marktwerten, wird der Bruttobuchwert um die kumulierten Abschreibungen bereinigt, der verbleibende Nettobuchwert wird neu bewertet. Es erfolgt somit keine Anpassung der kumulierten Abschreibungen. Die indirekte Methode (IAS 16.35a) findet Anwendung, wenn fortgeführte Wiederbeschaffungskosten den *fair value* bestimmen. Denn häufig werden keine Preise zum entsprechenden Alter des Gegenstandes beobachtbar sein, sondern nur Neu-

Preise. Die historischen Anschaffungs- und Herstellungskosten werden auf diesen Neuwert angepasst und der entsprechende Altwert ergibt sich rechnerisch durch proportionale Anpassung der kumulierten Abschreibungen (Wertberichtigung) im Verhältnis zum geänderten Bruttobuchwert. Der Ausweis des Aktivpostens erfolgt netto, d. h. kumulierte Abschreibungen und Anlagenkonto werden saldiert.

Zusätzlich ist bei der Neubewertung die Steuerwirkung der späteren Nutzung der dabei aufgedeckten stillen Reserven zu berücksichtigen. Dies führt zum Ansatz latenter Steuern (vgl. 8. Kapitel, S. 474 ff.).

Bewertung des-Sachanlagevermögens nach IFRS for SMEs

Für kleine und mittelgroße Unternehmen gelten im IFRS for SME eingeschränkte Vorschriften für die Folgebewertung von Sachanlagevermögen. Gemäß IFRS for SMEs 17.15 ist nur das *cost model* und damit ausschließlich die Bewertung zu Anschaffungs- und Herstellungskosten zulässig. Eine Neubewertung ist im IFRS for SMEs nicht vorgesehen. Des Weiteren sind Fremdkapitalkosten stets als Aufwand zu erfassen. Sie dürfen nicht in den Anschaffungskosten aktiviert werden (IFRS for SMEs 17.11 (e)).

III. Einzelfragen

Als Finanzinvestitionen gehaltene Immobilien (investment property)

Immobilien, d. h. Grundstücke, Gebäude, Gebäudeteile oder beides, die von einem Unternehmen als Eigentum oder im Rahmen eines Finanzierungsleasings (*finance lease*) gehalten werden, um Einkünfte durch Vermietung, Verpachtung oder Wertzuwächsen oder Kombinationen aus diesen zu erzielen, sind Finanzanlagen in Immobilien. Sie qualifizieren sich dann als nicht betriebsnotwendiges Vermögen (*investment property*), wenn sie ausschließlich zu den zuvor aufgeführten Zwecken gehalten werden und nicht der Erstellung von Gütern und Dienstleistungen dienen und auch nicht im Rahmen der gewöhnlichen Geschäftstätigkeit zum Verkauf stehen bzw. zur Vermietung dienen (z. B. bei Immobilienhändlern) (IAS 40.5). Die Bilanzierung dieses nicht betriebsnotwendigen Vermögens wird durch IAS 40 »*Investment Property*« geregelt.

Zugangsbewertung investment property

Bei *investment property* umfassen die Anschaffungskosten den Kaufpreis der Immobilie sowie die Anschaffungsnebenkosten, wie z. B. Maklergebühren oder Steuern, die bei der Übertragung von Immobilien fällig werden (IAS 40.20 ff.). Wird eine nicht betriebsnotwendige Immobilie selbst geschaffen, ist sie zu Herstellungskosten in der Bilanz anzusetzen. Bis dahin ist eine nicht betriebsnotwendige Immobilie nach IAS 16 zu bilanzieren (IAS 40.57 und 40.65).

Folgebewertung investment property

In der Folge kann *investment property* entweder GuV-wirksam zum *fair value* oder zu fortgeführten Anschaffungskosten nach IAS 40.30 bewertet werden. Die Methode zur Folgebewertung von *investment property* muss einheitlich für alle dieser Kategorie zugerechneten Immobilien gewählt werden (vgl. IAS 40.30). Eine Änderung der Bewertungsmethodik ist nur dann zulässig, wenn dadurch Geschäftsvorfälle besser abgebildet werden (vgl. IAS 8.14). Dies ist bei einem Wechsel vom *fair value model* zum *cost model* sehr unwahrscheinlich, weshalb der Standard den Wechsel in diese Richtung implizit verbietet (vgl. IAS 40.31). Wird das *fair value model* zur Bilanzierung gewählt, ist der *fair value* im Idealfall durch aktuelle Marktpreise zu bestimmen. Ist dies nicht möglich, sollten vergangene Marktpreise mit entsprechenden Anpassungen herangezogen werden. Sollten sich auch diese nicht ermitteln lassen, sind DCF-Verfahren zur Bewertung heranzuziehen. Dabei müssen sich allerdings die Inputparameter verlässlich bestimmen lassen. Der verwendete Diskontierungszinssatz soll die Risiken bezüglich Zeitpunkt und Höhe der erwarteten Cashflows berücksichtigen (IAS 40.46). Obwohl nicht auf DCF-Methoden basierend, kann im deutschen Rechtsraum der *fair value* einer Immobilie mit ihrem Verkehrswert nach § 194 Baugesetz (BauG) gleichgesetzt werden (vgl. Böckem, H./Schurbohm, A. [2001], S. 45 f.).

Zur Veräußerung gehaltene langfristige Vermögenswerte

Auch langfristige Vermögenswerte oder Sachgesamtheiten (*disposal group*), die zum Verkauf gehalten werden, fallen nicht unter den Anwendungsbereich des IAS 16, sondern werden nach IFRS 5 *non-current assets held for sale and discontinued operations* bilanziert. Ein Vermögenswert oder eine Sachgesamtheit muss als zum Verkauf gehalten klassifiziert werden, wenn der Buchwert prinzipiell durch eine Verkaufstransaktion realisiert wird und nicht durch die fortdauernde Nutzung. Dazu muss der Vermögenswert/die Sachgesamtheit zum Verkauf bereitstehen, der Verkauf muss sehr wahrscheinlich sein, d. h. es muss eine konkrete Veräußerungsabsicht bestehen, und die Veräußerung soll innerhalb eines Jahres erwartet werden (IFRS 5.6 ff.). *Assets held for sale* oder *disposal groups* werden nicht mehr unter den langfristigen Vermögenswerten ausgewiesen, sondern in die kurzfristigen Vermögenswerte umgegliedert. Ebenso werden die zugehörigen Erfolge in der GuV und die Cashflows in der Kapitalflussrechnung getrennt ausgewiesen.

Werden langfristige Vermögenswerte oder eine Sachgesamtheit als »zur Veräußerung gehalten« klassifiziert, erfolgt zunächst direkt vor der Umklassifizierung eine Bewertung anhand der Regelungen der einschlägigen Standards (z. B. IAS 16 und 38). Der so ermittelte Restbuchwert wird mit dem *fair value* abzüglich Veräußerungskosten verglichen und mit dem niedrigeren Wert dieser beiden Größen wird der Vermögenswert bilanziert (IFRS 5.15 ff.). Der Vermögenswert wird nicht mehr planmäßig abgeschrieben und muss separat in der Bilanz unter den kurzfristigen Vermögenswerten ausgewiesen werden. Werden die Kriterien zur Klassifizierung als »zur Veräußerung gehalten« zu einem späteren Zeitpunkt nicht mehr erfüllt, erfolgt eine retrospektive Anpassung der Bilanzierung des Vermögenswertes (vgl. KPMG [2004], S. 196 f.).

Biologische Vermögenswerte

Biologische Vermögenswerte, die unter den Anwendungsbereich des IAS 41 fallen, sind insbesondere lebende Tiere und Pflanzen. Diese werden grundsätzlich mit dem *fair value* abzüglich geschätzter Verkaufskosten bewertet, und Wertänderungen sind GuV-wirksam vorzunehmen. Dass der Marktwert bestimmt werden kann, gilt als widerlegbare Vermutung (IAS 41.30). Die Früchte der biologischen Vermögenswerte, wie z. B. Milch, Wolle, Fleisch, Obst und Getreide, werden als landwirtschaftliche Erzeugnisse bezeichnet. Für diese ist nur zum Zeitpunkt der Ernte IAS 41 anzuwenden, anschließend werden sie als Vorräte nach IAS 2 bilanziert.

Nicht-regenerative Ressourcen

Für die Bilanzierung von nicht-regenerativen Ressourcen existiert der Standard IFRS 6. Dieser kann jedoch nur als Zwischenlösung angesehen werden, weil er es den in dieser Branche tätigen Unternehmen ermöglicht, ihre bisherige Bilanzierungspraxis weitgehend beizubehalten. Er ist nur auf die Ausgaben, die im Zusammenhang mit der Exploration und Evaluierung von mineralischen Ressourcen stehen, nicht jedoch auf Ausgaben, die zuvor z. B. für den Nachweis der technischen Durchführbarkeit anfallen, anzuwenden. Ein *impairment test* ist durchzuführen, wenn Anzeichen vorliegen, dass der Buchwert über dem erzielbaren Betrag liegt, und eine eventuell entstehende Wertminderung ist in Übereinstimmung mit IAS 36 zu erfassen. Die Vermögenswerte sind gesondert in der Bilanz auszuweisen (IFRS 6.25). Im Anhang werden zusätzliche Angaben gefordert (IFRS 6.24).

IV. Anhangangaben

IAS 16.73 enthält für das Sachanlagevermögen im Vergleich zu § 268 Abs. 2 HGB eine etwas ausführlichere Darstellungspflicht. Vor allem bei der Anwendung der Neubewertung fordert der Standard aufgrund der Ermessensspielräume zusätzliche Angaben. Die Entwicklung der Buchwerte jedes Unterpostens (*class*) im Anlagevermögen ist unter Angabe der folgenden Größen darzustellen: Anhangangaben

- Bruttobuchwert und kumulierte Abschreibungen zu Beginn und zum Ende des Geschäftsjahres,
- eine Überleitungsrechnung des Buchwertes von Beginn bis zum Ende des Geschäftsjahres mit Ausweis der
  1. Zugänge (*additions*),
  2. Abgänge (*disposals*),
  3. Erwerbe durch Unternehmenszusammenschlüsse (*acquisitions through business combinations*),
  4. Erhöhungen oder Verminderungen aufgrund von Neubewertungen (*revaluations*),
  5. Verminderungen des Buchwertes aufgrund von *impairment losses* nach IAS 36,
  6. Zuschreibungen aufgrund der Aufholung von *impairment losses* nach IAS 36,
  7. Abschreibungen (*depreciation*),
  8. Nettoumrechnungsdifferenzen aufgrund der Umrechnung von Abschlüssen von wirtschaftlich selbstständigen ausländischen Teileinheiten und
  9. sonstigen Veränderungen.

C. Bilanzierung des Sachanlagevermögens nach US-GAAP

Beim Ansatz und der Bewertung von Sachanlagen ergeben sich nur minimale Unterschiede zu den Regelungen der IFRS. So sind Entsorgungs- oder Rekultivierungsverpflichtungen kein Bestandteil der Anschaffungs- oder Herstellungskosten nach US-GAAP. Sachanlagen

Für die Folgebewertung existiert keine Neubewertung i. S. des IAS 16 nach US-GAAP. Der Wertminderungstest nach ASC 360 (früher FAS 144) unterscheidet sich geringfügig von dem, der nach IAS 36 vorgeschrieben ist (vgl. 2. Kapitel, S. 124 ff.).

Grundsätzlich besteht nach US-GAAP ein Wertaufholungsverbot, auch wenn der *fair value* eines *asset held for use* wieder steigt (ASC 360-10-35-20). Anders Wertaufholungsgebot bei *assets held for disposal by sale*: Hier muss bei einem Anstieg des *fair value* eine GuV-wirksame Wertaufholung erfolgen. Die Obergrenze für die Zuschreibung ist der Buchwert vor der Abwertung (ASC 360-10-35-40).

Anhangangaben

Die US-GAAP enthalten keine vergleichbaren Vorschriften zur Aufstellung eines Anlagespiegels. Im Anhang sind jedoch u. a. Angaben zu historischen Anschaffungs- oder Herstellungskosten, kumulierten Abschreibungen, Abschreibungen des Geschäftsjahres und den außerplanmäßigen Abschreibungen zu machen (vgl. KPMG [2007], S. 78).

D. Bilanzierung von immateriellem Vermögen nach nationalen Normen

Intellectual capital

Der Übergang von einer produzierenden Industrie- hin zu einer Dienstleistungs- und Wissensgesellschaft hat in den vergangenen Jahren eine zunehmende Bedeutung von intellektuellem Kapital bzw. Vermögen zur Folge gehabt. Die englischen Begriffe *intellectual capital, intellectual assets, intellectual property* und *knowledge assets* spiegeln sich im deutschen Begriff »Wissenskapital« wider (vgl. Edvinsson, L./Brünig, G. [2000], S. 13; Maul, K.-H. [2000], S. 2001). Dieses *intellectual capital* kann in verschiedene Kategorien klassifiziert werden wie Kundenbeziehungen, Humankapital, Innovationskapital, Strukturkapital etc., die z. B. in Form eines Kundenstammes, von Marken und Technologien wesentliche Faktoren des Unternehmenserfolgs darstellen (vgl. Arbeitskreis »Immaterielle Werte im Rechnungswesen« der Schmalenbach-Gesellschaft [2001], S. 990).

Immaterielle Vermögensgegenstände

Davon abzugrenzen sind immaterielle Vermögensgegenstände. Unter diesem Begriff werden die in der Bilanz erfassten Aktivposten verstanden, die nur unter bestimmten Voraussetzungen anzusetzen sind. Sind die rechtlichen Voraussetzungen nicht gegeben, werden Ausgaben, die dem Aufbau von *intellectual capital* dienen, nicht aktiviert, sondern ergebnismindernd als Aufwand erfasst. Wegen ihrer zunehmenden Bedeutung und der häufig fehlenden Voraussetzungen zur Aktivierung wird in jüngerer Zeit häufig kritisiert, dass in den Bilanzen vieler Unternehmen ihre wesentlichsten Vermögensposten nicht enthalten sind. Diesem Problem versuchen die Standardsetzer seit einiger Zeit auf verschiedene Weisen zu begegnen. Insbesondere wegen der in einem Wissens- und Technologiezeitalter hohen Bedeutung von immateriellen Vermögensgegenständen für den Unternehmenswert vieler Unternehmen erfolgte auch im HGB die Einführung eines Bilanzierungswahlrechts für selbst geschaffene immaterielle Werte durch das BilMoG. Dies zeigt auch die angestrebte zunehmende Internationalisierung des HGB auf.

I. Ansatz

Fehlende Körperlichkeit

Zu den immateriellen Vermögensgegenständen werden i. d. R. alle Vermögensgegenstände gerechnet, die nicht körperlich erfasst werden können, also keine physische Substanz haben. Sie sind zudem auch nicht finanzieller Natur.

Bilden körperliche Gegenstände mit immateriellen Werten eine Einheit (z. B. bei EDV-Programmen), so ist eine Aufspaltung in zwei Posten grundsätzlich nicht zulässig. Bei der Zuordnung ist vielmehr auf den Einzelfall, insbesondere auf das Wertverhältnis zwischen den Produktionskosten des körperlichen Gegenstandes und dem eigentlichen immateriellen Wert abzustellen. Bestimmt die immaterielle Komponente vorwiegend den Wert des Gegenstands, so ist ein immaterieller Vermögengegenstand anzusetzen (z. B. Mastertonträger). Aufwendungen für immaterielle Werte, die in unmittelbarem Zusammenhang mit einer Sachanlage stehen (z. B. Kosten der Baugenehmigung eines Gebäudes), zählen dagegen zu den Anschaffungsneben- oder Herstellungskosten der Sachanlage (vgl. Kuhner, C. [2007], Rn. 60 ff.).

Beispiele für immaterielle Anlagewerte

Zum immateriellen Vermögen zählen beispielsweise Konzessionen (öffentlich-rechtliche Befugnisse, wie z. B. Verkehrskonzessionen), gewerbliche Schutzrechte (z. B. Patente, Warenzeichen, Urheber- und Verlagsrechte), ähnliche Rechte (z. B. Nutzungs-, Belieferungs- und Bezugsrechte) und Werte (z. B. Geheimverfahren, ungeschützte Erfindungen) sowie Lizenzen an solchen Rechten und Werten.

Grundsätzlich gibt es drei Möglichkeiten, wie immaterielle Vermögensgegenstände entstehen und angesetzt werden können, die im Folgenden dargestellt werden. Hierbei ist zu unterscheiden, ob es sich um selbst geschaffene Vermögensgegenstände handelt, um entgeltlich im Rahmen eines Einzelerwerbs erworbene Vermögensgegenstände oder um solche Vermögensgegenstände, die im Rahmen eines Unternehmenszusammenschlusses erworben wurden (vgl. 11. Kapitel, S. 691).

1. Selbst geschaffene immaterielle Vermögensgegenstände

Aktivierungswahlrecht

Für nicht entgeltlich erworbene, sondern vom Unternehmen selbst geschaffene immaterielle Vermögensgegenstände des Anlagevermögens sieht § 248 Abs. 2 Satz 1 HGB ein Wahlrecht zur Aktivierung vor. Somit können selbst geschaffene immaterielle Werte wie Schutzrechte (z. B. Patente, Warenzeichen, Urheberrechte), Rechtspositionen (z. B. Nutzungsberechtigungen, Vertriebsrechte) und Werte wie ungeschützte Erfindungen, EDV-Software sowie insbesondere Eigenentwicklungen für neue Produkte und Verfahren aktiviert werden.

Aktivierungsverbote

Lediglich die in § 248 Abs. 2 Satz 2 HGB nunmehr explizit genannten selbst geschaffenen Marken, Drucktitel, Verlagsrechte, Kundenlisten oder vergleichbaren immateriellen Vermögensgegenstände dürfen weiterhin nicht in der Bilanz aktiviert werden. Diesen selbst geschaffenen immateriellen Werten ist gemein, dass ihre Herstellungskosten von den auf den Geschäfts- oder Firmenwert entfallenden Ausgaben nicht zweifelsfrei abgegrenzt werden können bzw. eine alternative Zurechnung möglich ist.

Voraussetzungen

Voraussetzung für die Aktivierung ist, dass mit einer hohen Wahrscheinlichkeit davon ausgegangen werden kann, dass ein immaterieller Vermögensgegenstand in der Entstehung begriffen ist. Dazu muss der selbst geschaffene Gegenstand nach der Verkehrsauffassung einzeln verwertbar sein (vgl. BMJ [2008], S. 50). Eine Einzelregelung zur Konkretisierung des Begriffs des Vermögensgegenstandes unterlässt das HGB. Somit handelt es sich weiterhin um einen unbestimmten Rechtsbegriff, dessen Konkretisierung aus den GoB unter Beachtung der Zielsetzung der Handelsbilanz erfolgt (vgl. 2. Kapitel, S. 78). Nach der durch die Gesetzesbegründung verfolgten Auffassung gilt ein Gut als ein Vermögensgegenstand, wenn es unternehmensextern in Geld transformiert werden kann (vgl. Arbeitskreis »Immaterielle Werte im Rechnungswesen« der Schmalenbach-Gesellschaft [2008], S. 1814). Bei Inanspruchnahme des Aktivierungswahlrechts sind die Herstellungskosten des Vermögensgegenstands zu aktivieren, welche nach § 255 Abs. 2a HGB die bei dessen Entwicklung angefallenen Aufwendungen umfassen. Falls die Trennung von Forschungs- und Entwicklungskosten nicht verlässlich erfolgen kann, ist eine Aktivierung ausgeschlossen (§ 255 Abs. 2a HGB).

F&E-Kosten

Die Inanspruchnahme des Aktivierungswahlrechts erfordert eine Trennung der Forschungs- und Entwicklungskosten (F&E-Kosten). Forschungskosten dürfen in der Bilanz grundsätzlich nicht aktiviert werden, da ihre Erfolgsaussichten auf zukünftige wirtschaftliche Vorteile zu unkonkret sind. Forschung wird definiert als »die eigenständige und planmäßige Suche nach neuen wissenschaftlichen oder technischen Erkenntnissen oder Erfahrungen allgemeiner Art, über deren technische Verwertbarkeit und wirtschaftliche Erfolgsaussichten grundsätzlich keine Aussagen gemacht werden können« (§ 255 Abs. 2a HGB). Dagegen versteht § 255 Abs. 2a HGB unter Entwicklung »die Anwendung von Forschungsergebnissen oder von anderem Wissen für die Neuentwicklung von Gütern oder Verfahren oder die Weiterentwicklung von Gütern oder Verfahren mittels wesentlicher Änderungen«. Somit führen Entwicklungskosten zu Produkten oder Verfahren, die dem Unternehmen zukünftig nützlich sein werden und sind folglich dem Begriff des Vermögensgegenstandes entsprechend selbstständig verwertbar (Veräußerung, Verbrauch oder Nutzungsüberlassung).

Aktivierungszeitpunkt

Die Aktivierungsvoraussetzung, dass ein Vermögensgegenstand mit hoher Wahrscheinlichkeit zur Entstehung gelangt, macht deutlich, dass der Vermögensgegenstand zum Zeitpunkt der Aktivierung noch nicht vorliegen muss. Damit kann die Aktivierung von Entwicklungskosten mit den Anlagen im Bau des Sachanlagevermögens verglichen werden. Während diese jedoch von Anfang an zu aktivieren sind, ist wegen des deutlich höheren Grades an Unsicherheit eine Aktivierung von Entwicklungskosten erst ab dem Zeitpunkt möglich, ab dem mit hoher Wahrscheinlichkeit davon ausgegangen werden kann, dass daraus ein Vermögensgegenstand entstehen wird. Die Aktivierung ist begrenzt auf die Herstellungskosten des Gegenstandes ab diesem Zeitpunkt; eine rückwirkende Aktivierung bereits verbuchter Aufwendungen ist nicht möglich. Dies macht eine Identifikation des Zeitpunkts erforderlich, ab dem der Gegenstand aktiviert werden kann. Eine Anlehnung an die diesbezüglichen Vorschriften des IAS 38.57 wird in der Literatur als zulässig angesehen (vgl. Arbeitskreis »Immaterielle Werte im Rechnungswesen« der Schmalenbach-Gesellschaft [2008], S. 1817). Daneben werden aber auch andere Konkretisierungsvorschläge als anwendbar erachtet. Entscheidend dabei ist, dass eine Dokumentation vorliegt, aus der eine Projektabgrenzung sowie -beschreibung ersichtlich, ein erwarteter Projektnutzen erkennbar und eine weitere aktive Projektverfolgung sichergestellt sind.

Herstellungskosten

Die Herstellungskosten des selbst geschaffenen immateriellen Vermögensgegenstands des Anlagevermögens umfassen nach § 255 Abs. 2a HGB die bei dessen Entwicklung anfallenden Aufwendungen nach § 255 Abs. 2 HGB. Der Verweis auf Absatz 2 macht deutlich, dass es sich bei den zu aktivierenden Entwicklungskosten um einen Kostenansatz handelt, der sowohl die Einzel- als auch die

Gemeinkosten umfasst und ein Wahlrecht für anteilige Verwaltungskosten beinhaltet.

Ausschüttungssperre

Um dem Gläubigerschutzgedanken Rechnung zu tragen, ist eine Ausschüttungssperre in Höhe der aktivierten Aufwendungen implementiert. Demgemäß schreibt § 268 Abs. 8 HGB vor, dass im Falle der Aktivierung von selbst geschaffenen immateriellen Vermögensgegenständen Gewinne nur ausgeschüttet werden dürfen, wenn die nach der Ausschüttung frei verfügbaren Rücklagen zuzüglich eines Gewinnvortrags und abzüglich eines Verlustvortrags mindestens den insgesamt angesetzten Beträgen entsprechen (abzüglich der hierfür gebildeten passiven latenten Steuern).

Kritik - Aktivierung von Entwicklungskosten

Eine Aktivierung selbst geschaffener Vermögensgegenstände kann grundsätzlich begrüßt werden, da es eine wesentliche Verbesserung der Informationsfunktion des Jahresabschlusses und Anpassung an die internationalen Rechnungslegungsstandards bedeutet. Die Vorgehensweise bei Inanspruchnahme des Aktivierungswahlrechts nach HGB basiert in ihren Grundzügen auch auf IAS 38 (vgl. in diesem Kapitel, S. 184). Problematisch ist jedoch, dass dadurch der HGB-Rechnungslegung die Denkweise der IFRS übergestülpt wird, die in vielerlei Hinsicht nicht kompatibel ist (vgl. Dobler, M./Kurz, G. [2008]; Dörner, A./Neubert, B. [2008]; Moxter, A. [2008]). Da die Aktivierung von Entwicklungskosten nach HGB an das hinreichende wahrscheinliche Entstehen eines immateriellen Vermögensgegenstands in der Zukunft anknüpft und dafür nicht die gleichen Kriterien wie die des IAS 38.57 greifen, kann ein Aktivposten bereits früher als nach IAS 38 entstehen. Ebenso fehlt eine explizite Aussage gemäß IAS 38.71, dass zuvor angefallene und einmal als Aufwand verbuchte Entwicklungskosten nicht nachaktiviert werden dürfen. Darüber hinaus fehlen für aktivierte Entwicklungskosten, welche die Definition eines Vermögensgegenstands nicht erfüllen, Vorschriften zur Folgebilanzierung. Konsistent mit IAS 38 wäre eine gebotene Prüfung zur Wertminderung. Somit bestehen bilanzpolitische Spielräume sowohl hinsichtlich der Folgebewertung als auch der Nachaktivierung. Die Trennung von Forschungs- und Entwicklungskosten ist trotz bestehender Legaldefinition nur sehr unscharf.

Gründungs-/ Eigenkapitalbeschaffungskosten

Aufwendungen für die (rechtliche) Gründung des Unternehmens und die Beschaffung des Eigenkapitals, dürfen weder handels- noch steuerrechtlich aktiviert werden (§ 248 Abs. 1 Nr. 1 und Nr. 2 HGB). Hierunter fallen die Gerichts- und Notariatskosten, die Kosten für Aktien und Prospekte (Emmissionskosten) usw., wie sie bei der Gründung bzw. Kapitalerhöhung, der Ausgabe von Schuldverschreibungen und der Gewährung von Genussrechten entstehen.

2. Entgeltlich erworbene immaterielle Vermögensgegenstände

Entgeltlicher Erwerb

Entgeltlich erworbene immaterielle Vermögensgegenstände unterliegen einer Bilanzierungspflicht und sind mit den Anschaffungskosten zu aktivieren. Im Einzelfall kann es sich dabei um einen Kauf- und/oder Tauschvorgang oder um gesellschaftsrechtliche Vorgänge (Einbringung) handeln (vgl. Beck'scher Bilanzkommentar [2012], § 248 Tz. 10 ff.).

Während selbst geschaffene immaterielle Vermögensgegenstände nur teilweise in die Bilanz aufgenommen werden dürfen, sind sämtliche entgeltlich erworbenen immateriellen Vermögensgegenstände vollständig zu aktivieren. Hintergrund dieser Regelung ist das Bestreben des Gesetzgebers nach einer Wertobjektivierung beim Ansatz immaterieller Vermögensgegenstände in der Bilanz. Ein »entgeltlicher Erwerb« liegt demnach nicht schon dann vor, wenn dem Bilanzierenden Aufwendungen entstanden sind, sondern setzt den Erwerb von einem Dritten voraus. Entsprechend dem Grundsatz der vorsichtigen Vermögensdarstellung soll der Wertansatz der immateriellen Anlagewerte, die vom Gesetzgeber als schwer schätzbar und unsicher beurteilt werden, durch den Markt objektiviert werden.

3. Immaterielle Vermögensgegenstände bei Unternehmenszusammenschlüssen

Selbst geschaffene immaterielle Vermögensgegenstände bei M&A-Transaktionen

Bei Unternehmenszusammenschlüssen spielen immaterielle Vermögensgegenstände regelmäßig eine zentrale Rolle. In diesem speziellen Fall gelten alle vormals als selbst geschaffen geltenden Werte durch den Kauf als erworben, womit der Bilanzierung solcher Werte bei M&A-Transaktionen eine besondere Bedeutung zukommt. Bei einem *asset deal* wird das Unternehmen erworben, indem alle Vermögensgegenstände und Schulden durch Einzelrechtsnachfolge auf den Käufer übertragen werden. Dadurch kommt es bei einem solchen Erwerb auch zum Ansatz aller durch den Zusammenschluss erworbenen immateriellen Vermögensgegenstände. Dies umfasst auch bisher selbst geschaffene immaterielle Werte, d. h. auch solche, die bis dahin nach den Regeln des § 248 Abs. 2 Satz 2 HGB einem Bilanzierungsverbot unterlagen, wie beispielsweise selbstgeschaffene Marken. Bei einem *share deal* wird das Unternehmen durch Erwerb der alleinigen oder mehrheitlichen Beteiligung erworben. Im Einzelabschluss erfolgt der Ausweis des Erwerbs nur im Finanzanlagevermögen. Im Konzernabschluss werden dagegen durch die Kapitalkonsolidierung die Finanzanlagen durch die ihnen zugrunde liegenden Vermögensgegenstände und Schulden ersetzt. Dadurch kommt es im Konzernabschluss ebenfalls zum Ansatz aller beim Unternehmenszusammenschluss übernommenen immateriellen Vermögensgegenstände, wie beim *asset deal* beschrieben.

Derivativer Firmenwert

Darüber hinaus wird der Differenzbetrag zwischen dem Kaufpreis und dem Substanzwert des erworbenen Unternehmens als Geschäfts- oder Firmenwert (Goodwill) in die Bilanz aufgenommen.

Unter dem Substanzwert versteht man den Wert des Eigenkapitals, der sich ergibt, wenn man die einzelnen Vermögensgegenstände und Schulden zum Stichtag erwerben würde. Darunter fallen somit neben dem bilanziellen Eigenkapital auch alle stillen Reserven, d. h. sämtliche Wertunterschiede zwischen den Tageswerten und Buchwerten. Dieser aus dem Kaufpreis abgeleitete, derivative Geschäfts- oder Firmenwert ist gemäß § 246 Abs. 1 Satz 4 HGB zu aktivieren.

Nach § 246 Abs. 1 Satz 4 HGB gilt der entgeltlich erworbene Geschäfts- oder Firmenwert als zeitlich begrenzt nutzbarer Vermögensgegenstand. Obwohl er die Definition eines Vermögensgegenstands nicht erfüllt, wird im qua Fiktion der Rang eines Vermögensgegenstands zugeschrieben. Somit unterliegt er dem Vollständigkeitsgebot, ist aktivierungspflichtig und in Folgeperioden gemäß § 253 Abs. 3 HGB planmäßig abzuschreiben. Er ist in der Bilanz als eigener Posten unter den immateriellen Vermögensgegenständen (§ 266 Abs. 2 A. I. 3 HGB) auszuweisen. Für den derivativen Geschäfts- oder Firmenwert besteht auch in der Steuerbilanz eine Aktivierungspflicht. Er bemisst sich nach dem die Teilwerte der erworbenen Wirtschaftsgüter übersteigenden Kaufpreisanteil und entspricht in den meisten Fällen dem handelsrechtlichen Wert.

Die planmäßige Abschreibung des Geschäfts- oder Firmenwerts nach HGB ist gemäß dem erwarteten Entwertungsverlauf vorzunehmen. Die Nutzungsdauer ist dabei einzelfallabhängig nach den rechtlichen, wirtschaftlichen und technischen Gegebenheiten zu bestimmen. Zudem haben Kapitalgesellschaften bei Annahme einer Nutzungsdauer von mehr als fünf Jahren, die Gründe hierfür im Anhang anzugeben. Das Steuerrecht sieht eine lineare Abschreibung des Geschäfts- oder Firmenwerts über 15 Jahre vor (§ 7 Abs. 1 Satz 3 EStG). Handelsrechtlich muss die Bestimmung der Nutzungsdauer jedoch unabhängig von der steuerrechtlichen Regelung erfolgen. Zwar kann in begründeten Fällen auch handelsrechtlich eine Nutzungsdauer von 15 Jahren anzunehmen sein, allerdings ist davon auszugehen, dass eine längere Nutzungsdauer sachlich kaum zu begründen ist (vgl. Beck'scher Bilanzkommentar [2012], § 253 Tz. 672).

Originärer Firmenwert

Der derivative Firmenwert wird – entsprechend der Differenzierung in selbst geschaffene und entgeltlich erworbene immaterielle Vermögensgegenstände – vom originären Firmenwert unterschieden. Hat sich während der Geschäftstätigkeit aufgrund von Vorteilen hinsichtlich Organisation, Know-how, Kundenstamm, Qualität des Managements, Standort usw. ein originärer, d. h. selbst geschaffener Firmenwert gebildet, so besteht weder handels- noch steuerrechtlich eine Möglichkeit, diesen nicht objektivierbaren Wert in der Bilanz zu aktivieren. Trotz der Möglichkeit zur Aktivierung selbst geschaffener immaterieller Vermögensgegenstände unterliegt der originäre Firmenwert einem Bilanzierungsverbot.

II. Bewertung

Die allgemeine Vorgehensweise bei Wertkorrekturen für immaterielle Vermögensgegenstände durch planmäßige und außerplanmäßige Abschreibungen erfolgt gemäß den in Abschnitt A. II. bereits ausführlich dargestellten Grundsätzen bei der Bewertung des Sachanlagevermögens.

Da der derivative Geschäfts- oder Firmenwert durch das BilMoG zum Vermögensgegenstand deklariert wurde und somit einer Aktivierungspflicht unterliegt, gelten für ihn in den folgenden Geschäftsjahren somit auch die allgemeinen Vorschriften zur Folgebewertung von Vermögensgegenständen (§ 253 HGB). Als zeitlich begrenzt nutzbarer Vermögensgegenstand ist er um planmäßige Abschreibungen zu mindern. Weiterhin unterliegt er außerplanmäßigen Abschreibungen und ist mit dem niedrigeren Wert anzusetzen, der ihm am Abschlussstichtag beizulegen ist. Nach § 253 Abs. 5 HGB ist dieser niedrigere Wertansatz auch dann beizubehalten, wenn die Gründe dafür nicht mehr bestehen. Bei einer planmäßigen Verteilung der Abschreibungsbeträge auf die Geschäftsjahre ist ein gleichlaufender Abschreibungsplan in der Handels- und Steuerbilanz möglich, da steuerrechtlich bei der Berechnung des linearen AfA-Satzes von einer betriebsgewöhnlichen Nutzungsdauer von 15 Jahren auszugehen ist, sodass der AfA-Satz 6 2/3 % beträgt (§ 7 Abs. 1 Satz 3 EStG).

III. Ausweis

Nach HGB bilden die immateriellen Vermögensgegenstände den ersten Bilanzposten (§ 266 Abs. 2 A. I. HGB). Gemäß der oben dargestellten Ansatzmöglichkeiten sind diese zu untergliedern in:

1. Selbst geschaffene gewerbliche Schutzrechte und ähnliche Rechte und Werte;
2. entgeltlich erworbene Konzessionen, gewerbliche Schutzrechte und ähnliche Rechte und Werte sowie Lizenzen an solchen Rechten und Werten;
3. Geschäfts- oder Firmenwert;
4. geleistete Anzahlungen.

Bezüglich der Forschungs- und Entwicklungskosten ist eine Angabepflicht im Anhang obligatorisch (§ 285 Satz 1 Nr. 22 HGB). Entsprechend muss der Gesamtbetrag der Forschungs- und Entwicklungskosten des Geschäftsjahres angegeben werden, inkl. des Betrags, der auf selbst geschaffene immaterielle Vermögensgegenstände des Anlagevermögens fällt.

Anlagespiegel

Auch die Posten des immateriellen Vermögens müssen wie schon erläutert in den Anlagespiegel aufgenommen werden (vgl. in diesem Kapitel, S. 167). Bei aktivierten immateriellen Vermögensgegenständen erfolgt grundsätzlich kein körperlicher Abgang. Um zu verhindern, dass diese Posten über die gesamte Lebensdauer der Unternehmung ausgewiesen werden müssen, kann der Abgang im Jahr der letzten Abschreibung auf den betreffenden Posten fingiert und gebucht werden.

E. Bilanzierung von immateriellem Vermögen nach IFRS

Immaterielle Vermögenswerte

Die grundsätzliche bilanzielle Behandlung immaterieller Vermögenswerte (*intangible assets*) ist durch IAS 38 umfassend geregelt.

I. Ansatz und Ausweis

Ausschluss von IAS 38

Vom Geltungsbereich des im März 2004 überarbeiteten IAS 38 sind diejenigen Bereiche ausgeschlossen, welche durch einen eigenen, spezifischen IFRS geregelt sind. Im Einzelnen sind dies immaterielle Vermögenswerte, die zum Umlaufvermögen gerechnet werden (Vorräte (IAS 2) und Fertigungsaufträge (IAS 11)) sowie latente Steuern (IAS 12), Leasingverträge (IAS 17), Vermögenswerte aus Versorgungsansprüchen (IAS 19), finanzielle Vermögenswerte (IAS 39, IFRS 10 bzw. IAS 27, IAS 28 und IFRS 11 bzw. IAS 31), derivativer Goodwill (IFRS 3), abgegrenzte Anschaffungskosten und immaterielle Vermögenswerte, die aus den vertraglichen Rechten eines Versicherers aufgrund von Versicherungsverträgen entstehen (IFRS 4) sowie langfristige immaterielle Vermögenswerte, die als zur Veräußerung gehalten eingestuft werden (IFRS 5). Grundsätzlich gibt es ebenso wie nach HGB drei Möglichkeiten, wann immaterielle Vermögenswerte entstehen und somit angesetzt werden können: bei Selbsterstellung, bei entgeltlichem Erwerb oder im Rahmen eines Unternehmenszusammenschlusses.

Ausweis

IAS 1.68 schreibt für alle immateriellen Vermögenswerte eine Erfassung als *intangible assets* in der Bilanz vor. Aufgrund des besonderen Charakters von immateriellen Vermögenswerten sind über den bilanziellen Ausweis hinaus umfangreiche Angabepflichten notwendig, um dem Adressaten für sein Verständnis die notwendigen Informationen zu vermitteln (vgl. in diesem Kapitel, S. 191).

1. Selbst geschaffene und entgeltlich erworbene immaterielle Vermögenswerte

Definition (abstrakte Bilanzierungsfähigkeit)

Gemäß IAS 38.8 werden unter dem Begriff der *intangible assets* alle identifizierbaren, nicht monetären, körperlosen Vermögenswerte verstanden. Weiterhin sind für immaterielle Vermögenswerte vor allem drei Eigenschaften konstituierend: Identifizierbarkeit (*identifiability*), Kontrolle durch das bilanzierende Unternehmen (*control)* und Existenz eines zukünftigen wirtschaftlichen Nutzens (*future economic benefit*).

Hintergrund der Forderung nach einer klaren Identifizierbarkeit ist die unerlässliche objektive Abgrenzung immaterieller Vermögenswerte vom allgemeinen Goodwill (IAS 38.11, vgl. Abbildung 3.1). Eine hinreichende, jedoch nicht notwendige Bedingung für die Identifizierbarkeit ist die eigenständige Verwertbarkeit (*separability*) des *asset* (IAS 38.12.). Diese ist gegeben, falls das Unternehmen den besonderen zukünftigen ökonomischen Nutzen des Objektes verwerten kann (z. B. durch Vermietung, Verkauf oder Tausch), ohne dadurch den zukünftigen Nutzen anderer Ressourcen aufzugeben, die in der gleichen gewinnbringenden Aktivität eingesetzt werden. Daneben kann ein immaterieller Vermögenswert beispielsweise auch durch Bezugnahme auf ein subjektives Recht (z. B. Eigentumsrecht) oder durch einen vorliegenden Vertrag identifizierbar sein.

Ein Unternehmen verfügt über die Kontrolle eines bzw. beherrscht ein *asset*, wenn es die Macht besitzt, den zukünftigen wirtschaftlichen Nutzen aus der zugrunde liegenden Ressource zu ziehen, und darüber hinaus Dritten den Zugriff auf diesen Nutzen verwehren kann (IAS 38.13). Die Fähigkeit eines Unternehmens, diese Kontrolle auszuüben, kann aus einem gerichtlich durchsetzbaren subjektiven Recht (*enforceable legal right*) stammen. Das Vorliegen eines subjektiven Rechtes ist eine hinreichende, jedoch keine notwendige Bedingung für den Nachweis der Kontrolle, da ein Unternehmen in der Lage sein kann, den künftigen wirtschaftlichen Nutzen auf andere Weise zu beherrschen. Es kann vorkommen, dass identifizierbare immaterielle Vermögenswerte rechtlich durch das Unternehmen nicht beherrscht werden und damit nicht ansatzfähig sind (IAS 38.15). Als Beispiele hierfür können das Know-how der Mitarbeiter und der Kundenstamm angeführt werden.

Der zukünftige wirtschaftliche Nutzen kann sich ergeben aus der Umsatzerzielung im Zusammenhang mit dem Verkauf von Produkten oder Dienstleistungen, aus Kosteneinsparungen oder aus anderen Vorteilen durch den internen Gebrauch des *asset* im Unternehmen (IAS 38.17).

Aktivierung

Die Frage, ob ein immaterieller Vermögenswert nach IFRS bilanzierungspflichtig ist, wird anhand eines zweistufigen Prüfungsprozesses entschieden: Ein *intangible asset* ist demnach in die Bilanz aufzunehmen, wenn es (1) die Definition eines immateriellen Vermögenswertes erfüllt (abstrakte Bilanzierungsfähigkeit) und (2) den Ansatzkriterien für immaterielle Vermögenswerte (konkrete Bilanzierungsfähigkeit) gerecht wird (IAS 38.18). Wenn nicht gleichzeitig abstrakte und konkrete Bilanzierungsfähigkeit erfüllt werden, ist der Aufwand für diese *intangible items* in der Periode GuV-wirksam zu verrechnen, in der er entstanden ist (IAS 38.68). Eine nachträgliche Aktivierung von in früheren Perioden GuV-wirksam verrechneten Aufwendungen ist ausgeschlossen (IAS 38.71).

Ansatzkriterien (konkrete Bilanzierungsfähigkeit)

Ein immaterieller Vermögenswert ist nach Erfüllung der Definitionskriterien ausschließlich dann zu aktivieren, wenn folgende Ansatzkriterien kumulativ eingehalten werden (IAS 38.21):

1. Es ist wahrscheinlich (*probable*), dass der mit dem *asset* verbundene wirtschaftliche Nutzen dem Unternehmen zufließen wird.
2. Die Anschaffungs- oder Herstellungskosten des *asset* lassen sich zuverlässig ermitteln (*measured reliably*).

Bei der Einschätzung der Wahrscheinlichkeit des zukünftigen wirtschaftlichen Nutzens soll sich das Unternehmen auf vernünftige und belegbare Annahmen stützen, um die bestmögliche Prognose der zukünftigen wirtschaftlichen Rahmenbedingungen für den Zeitraum der Nutzung des *asset* zu repräsentieren (IAS 38.22).

Erworbene intangible assets

Immaterielle Werte, die im Rahmen eines Einzelerwerbs oder eines Unternehmenszusammenschlusses erworben werden, sind grundsätzlich zu aktivieren. Für solche erworbene Werte gilt das Ansatzerfordernis des wahrscheinlichen zukünftigen Nutzens gemäß IAS 38.21 grundsätzlich als erfüllt (IAS 38.33). Es ist also kein Nachweis des zukünftigen Nutzens des erworbenen immateriellen Vermögenswertes notwendig. Als Begründung führt das IASB an, dass die Bewertung zum *fair value* die Markterwartungen bezüglich des Gegenstandes repräsentiere. Damit belegt nach Meinung des IASB die Bewertung zum Zeitwert hinlänglich, dass ein solcher zukünftiger Nutzen gegeben sei (IAS 38.33).

Selbst geschaffene intangible assets

Selbst geschaffene *intangible assets* müssen hingegen die Ansatzerforderungen im Einzelnen erfüllen. Um das Kriterium des zukünftigen Nutzens zu konkretisieren, beinhaltet IAS 38.57 detaillierte Regelungen. Sind diese Voraussetzungen erfüllt, dann sind diese *intangible assets* zu aktivieren. Bestimmte Gegenstände, bei denen eine Überprüfung der Kriterien und eine Abgrenzung vom Goodwill als besonders schwierig anzusehen sind, werden in IAS 38.63 f. explizit von der Aktivierung ausgeschlossen. Dazu zählen selbst geschaffene Markennamen, Schriftzüge, Publikationstitel, Kundenlisten und substanziell ähnliche Posten. Ein weiteres explizites Aktivierungsverbot besteht für den selbst geschaffenen (originären) Firmenwert (IAS 38.48 ff.).

F&E-Kosten

Nach dem Entstehungsprozess unterscheidet das IASB für den Bilanzansatz eine Forschungsphase und eine Entwicklungsphase (IAS 38.52). Unter Forschung (*research*) werden nach IFRS eigenständige und planmäßige Untersuchungen zur Erlangung neuer wissenschaftlicher oder technologischer Erkenntnisse verstanden. Unter Entwicklung (*development*) wird demgegenüber die Anwendung von Forschungsergebnissen und anderem Wissen auf die Planung oder Gestaltung der Produktion neuer oder wesentlich verbesserter Materialien, Vorrichtungen, Produkte, Prozesse, Systeme oder Dienstleistungen verstanden, sofern die Anwendung vor Beginn der kommerziellen Fertigung oder der betriebsinternen Nutzung stattfindet (IAS 38.8).

Für Ausgaben im Forschungsbereich besteht – ebenso wie nach HGB – ein Aktivierungsverbot (IAS 38.54 ff.). Naturgemäß sind Forschungskosten wegen der unzureichenden Wahrscheinlichkeit des mit ihnen verbundenen zukünftigen wirtschaftlichen Nutzens nicht als *assets* zu qualifizieren und deshalb als Aufwand der Periode zu verrechnen, in der sie entstanden sind.

Entwicklungskosten entstehen in Projekten, die im Verhältnis zu reinen Forschungsprojekten weiter fortgeschritten und damit marktnäher sind (IAS 38.58). In manchen Fällen wird es deshalb möglich sein, die notwendige Wahrscheinlichkeit des zukünftigen Nutzens zu bestimmen. Immaterielle Vermögenswerte aus der Entwicklung sind zu aktivieren (Aktivierungspflicht), wenn das Unternehmen die Erfüllung aller sechs folgenden Ansatzkriterien nachweisen kann (IAS 38.57):

- Die technische Realisierbarkeit bis zur Markt- oder Gebrauchsreife,
- die Absicht, den immateriellen Vermögenswert weiterzuentwickeln und selbst zu nutzen bzw. zu vermarkten,
- die Fähigkeit, den immateriellen Vermögenswert selbst zu nutzen bzw. zu vermarkten,
- die Erläuterung der Art und Weise, in welcher der immaterielle Vermögenswert zukünftigen wirtschaftlichen Nutzen generiert (dazu gehört u. a. der Nachweis eines Marktes oder – bei interner Nutzung – der Brauchbarkeit für das Unternehmen),
- die Verfügbarkeit adäquater technischer, finanzieller und anderer Mittel zum Abschluss der Entwicklung und zur Vermarktung bzw. Nutzung und
- die Fähigkeit des Unternehmens, die dem immateriellen Vermögenswert zurechenbaren Ausgaben während der Entwicklungsphase verlässlich (*reliably*) bestimmen zu können.

Für Entwicklungskosten ergeben sich somit die aktivierungspflichtigen Kosten aus der Summe der unmittelbar und mittelbar zurechenbaren Ausgaben für die Schaffung, Produktion und Bereitstellung des *asset* vom Zeitpunkt der Erfüllung der Ansatzkriterien (IAS 38.65 ff.). Einmal in Jahresabschlüssen oder Zwischenberichten als Aufwendungen verrechnete Ausgaben sind von einer nachträglichen Aktivierung ausgeschlossen (IAS 38.65 und IAS 38.71).

Da das IASB verhältnismäßig strenge Maßstäbe an die Aktivierung von *intangible assets* anlegt, erscheint es unwahrscheinlich, dass selbst geschaffene *intangible assets* in großem Umfang in die Bilanz aufgenommen werden können. Oftmals wird es schwierig sein, eine eindeutige Entscheidung über die Erfüllung der Ansatzkriterien zu treffen, und so ist durch die erheblichen Ermessensspielräume bei der Auslegung das Ansatzgebot faktisch als ein Ansatzwahlrecht für die Unternehmen auszulegen.

Pre-operating costs

Ingangsetzungs- und Erweiterungsaufwendungen (*pre-operating costs*) sind nach IAS 38.69a Aufwand der Periode, in der sie angefallen sind, sofern sie nicht aktivierungspflichtiger Bestandteil der Anschaffungs- und Herstellungskosten von bilanzierten Vermögenswerten des Sachanlagevermögens sind.

Pre-opening costs

Hinsichtlich der Gründungskosten (*pre-opening costs*) besteht nach IAS 38.69a ein Aktivierungsverbot. Zur Bilanzierung von Kosten der Eigenkapitalbeschaffung enthalten die IFRS keine expliziten Regelungen. Die ungenügende Wahrscheinlichkeit und die mangelnde Bestimmbarkeit des konkret mit den Ausgaben verbundenen zukünftigen Nutzens stehen u. E. jedoch einer Aktivierung von Kosten für die Beschaffung von Eigenkapital entgegen (vgl. auch Beck'scher Bilanzkommentar [2012], § 248 Tz. 56).

Ansatz von immateriellem Vermögen nach IFRS for SMEs

Grundsätzlich lehnen sich die Definition und die Ansatzkriterien für immaterielle Vermögenswerte im IFRS for SMEs stark am IAS 38 an. Eine erhebliche Abweichung besteht allerdings im Aktivierungsverbot für selbst geschaffene immaterielle Vermögenswerte. Demzufolge sind Forschungs- und Entwicklungsaufwendungen als Aufwand zu erfassen (IFRS for SMEs 18.14) und nur erworbene immaterielle Vermögenswerte kommen zum Ansatz. Diese Regelung trägt dem Wirtschaftlichkeitsgrundsatz Rechnung, da kleine und mittlere Unternehmen häufig nicht über ausreichende Ressourcen verfügen, eine Aktivierung und somit eine Überprüfung der Ansatzkriterien, wie es nach IAS 38 erforderlich ist, vorzunehmen. Zudem wird angenommen, dass die Information über aktivierte Entwicklungskosten für den relevanten Adressatenkreis von kleinen und mittleren Unternehmen eher von untergeordneter Bedeutung ist (vgl. Pellens, B./Fülbier, R. U./Gassen, J./Sellhorn, T. [2011], S. 331 f.).

2. Immaterielle Vermögenswerte bei Unternehmenszusammenschlüssen

Kaufpreisallokation

Wie im Abschnitt D 3. dieses Kapitels dargestellt, erhalten im Rahmen von Unternehmenszusammenschlüssen vormals selbst geschaffene Vermögenswerte den Status von entgeltlich erworbenen.

Auf diese Weise können, wie nach HGB, auch nach IFRS Vermögenswerte zur Bilanzierung gelangen, die vor dem Kauf einem Bilanzierungsverbot unterlagen. Für solche erworbenen Werte gilt das Ansatzerfordernis des wahrscheinlichen zukünftigen Nutzens grundsätzlich als erfüllt (IAS 38.33), sodass lediglich ihre Identifikation nach IAS 38.11 f. erforderlich ist. Im Rahmen der *purchase price allocation* (PPA, vgl. 11. Kapitel, S. 688) wird der Kaufpreis auf alle identifizierbaren Vermögenswerte, Schulden und Eventualverbindlichkeiten verteilt, die zu ihrem *fair value* angesetzt werden. Nicht als separate immaterielle Werte identifizierbare Beträge sind hingegen als derivativer Goodwill zu aktivieren (vgl. zur Identifizierbarkeit ausführlich Arbeitskreis »Immaterielle Werte im Rechnungswesen« der Schmalenbach-Gesellschaft [2009], S. 8 ff.).

Derivativer Firmenwert

Für den derivativen Firmenwert besteht nach IFRS 3.51 eine Aktivierungspflicht. Obwohl sich der Geltungsbereich des IFRS 3 primär auf die Goodwillbehandlung im Rahmen der Konzernrechnungslegung (vgl. 11. Kapitel, S. 688 ff.) erstreckt, finden seine Vorschriften auch Anwendung im Einzelabschluss, sofern zuvor ein Unternehmenszusammenschluss durch Kauf der einzelnen Nettovermögenswerte (*asset deal*), der nicht zu einer Mutter-Tochter-Beziehung führt und nicht durch Kauf der Anteile (*share deal*) erfolgt ist (IFRS 3.1 und 3.7).

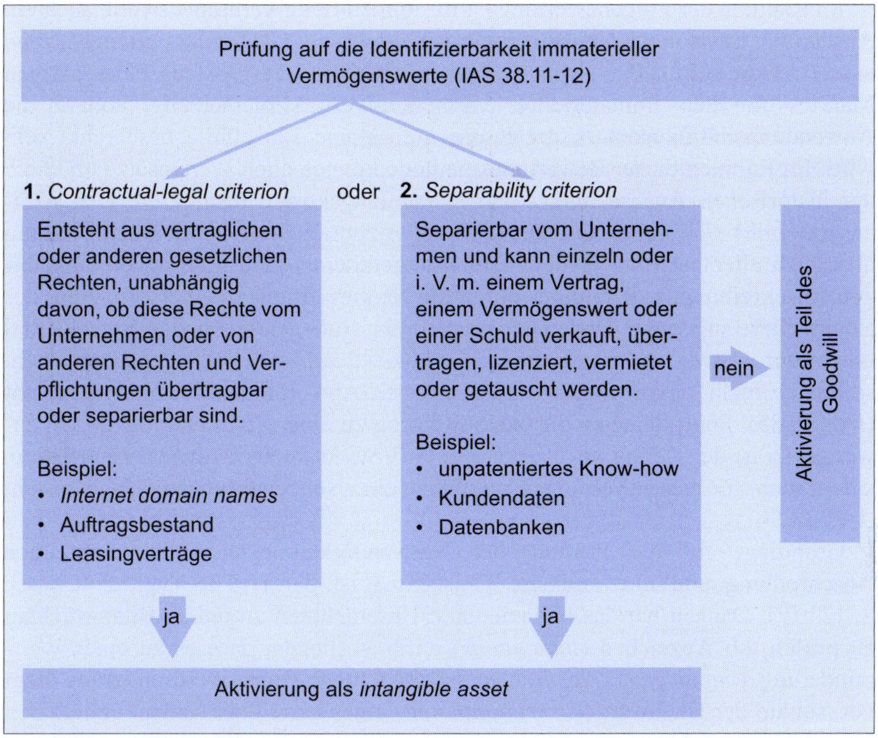

Abb. 3.1: Kriterien zur Identifizierung immaterieller Werte im Rahmen von Unternehmenszusammenschlüssen

II. Bewertung

Ebenso wie im Bereich der Bewertung des Sachanlagevermögens gibt es bei der Bewertung des immateriellen Vermögens nach IFRS erhebliche Differenzen zum HGB.

Bewertungsgrundlagen

Die Bestimmungen für die Bewertung der immateriellen Vermögenswerte finden sich wie für materielle Vermögenswerte in den einzelnen für den jeweiligen Posten relevanten IFRS. Unterschieden wird dabei immer in eine Zugangs- und eine Folgebewertung.

Grundsätzlich werden immaterielle Vermögenswerte im Zeitpunkt ihres Zuganges zunächst mit ihren Anschaffungs- bzw. Herstellungskosten (*cost*) angesetzt. Dieser Ansatz bildet auch nach IFRS die wertmäßige Obergrenze (*cost model*), sofern nicht von der in Einzelfällen ebenfalls zulässigen Neubewertungsmethode (*revaluation model*) Gebrauch gemacht wird. Die Wertminderung abnutzbarer *assets* ist durch planmäßige Abschreibungen zu berücksichtigen. Bei den immateriellen Vermögenswerten muss das Unternehmen zusätzlich eine Einschätzung vornehmen, ob die Vermögenswerte eine beschränkte oder unbestimmte Nutzungsdauer haben. Immaterielle Werte mit unbestimmter Nutzungsdauer werden nicht planmäßig abgeschrieben, sondern müssen jährlich einem *impairment test* nach IAS 36 unterzogen werden (IAS 38.88 ff.). Rein steuerrechtlich motivierte Abschreibungen sind nach IFRS unzulässig.

Neubewertung

Im Rahmen der Folgebewertung ist für immaterielle Vermögenswerte auch ein Ansatz auf Basis einer Neubewertung (*revalued amounts*) zulässig (*revaluation model*) (IAS 38.75). Für *intangible assets* ist dabei die Existenz eines aktiven Marktes für den immateriellen Vermögenswert Voraussetzung, sodass die Anwendungsmöglichkeit in der Praxis auf seltene Einzelfälle beschränkt sein wird. Im Rahmen dieser Bewertungsmethode können auch Wertansätze oberhalb der historischen Anschaffungs- und Herstellungskosten resultieren. Der Wertansatz ergibt sich dabei aus dem *fair value* zum Zeitpunkt der Neubewertung abzüglich aller nach der Neubewertung angefallenen plan- und außerplanmäßigen Abschreibungen. Kommt es durch die Neubewertung zu einer Erhöhung des Buchwertes, so ist der Differenzbetrag direkt GuV-neutral in das Eigenkapital unter dem Posten Neubewertungsrücklage (*revaluation surplus*) gegenzubuchen, sofern er nicht zuvor GuV-wirksam erfasste Abwertungen rückgängig macht (IAS 38.85). Führt dagegen die Neubewertung zu einer Verminderung des Buchwertes, so ist der Betrag des Rückgangs GuV-wirksam als Aufwand zu erfassen, sofern nicht für diesen Vermögenswert noch eine Neubewertungsrücklage besteht (IAS 38.86).

Außerplanmäßige Abschreibung und Wertaufholung

Grundlage für die Prüfung der Notwendigkeit einer außerplanmäßigen Abschreibung und ihre konkrete Umsetzung ist der IAS 36 (vgl. 2. Kapitel, S. 123 ff.). Danach hat das bilanzierende Unternehmen zu jedem Bilanzstichtag zu prüfen, ob Anzeichen (*indications*) dafür vorliegen, dass es zu einer Wertminderung (*impairment*) gekommen ist (IAS 36.9). Eine Wertminderung liegt vor, sobald der Buchwert (*carrying amount*) eines *asset* über seinem erzielbaren Betrag (*recoverable amount*) liegt. In diesem Fall ist unabhängig von der Dauer der Wertminderung eine außerplanmäßige Abschreibung vorzunehmen (Abschreibungspflicht). Bei nicht dauerhaften Wertminderungen kann durch den Grundsatz der *materiality* (vgl. 1. Kapitel, S. 66 ff.) auch auf eine außerplanmäßige Abschreibung verzichtet werden.

Sofern die Gründe, die zu einer außerplanmäßigen Abschreibung geführt haben, entfallen, ist nach IFRS grundsätzlich eine Zuschreibung vorzunehmen (IAS 36.114).

Derivativer Firmenwert

IAS 36 ist ebenso anzuwenden bei der jährlichen Wertminderungsüberprüfung des derivativen Goodwill. Demnach wird dieser nicht mehr planmäßig abgeschrieben, sondern muss jährlich und bei bestimmten Anzeichen auf einen möglichen Wertverlust einem *impairment test* unterworfen werden. Der *impairment test* nach IAS 36.90 erfolgt jedoch anders als nach US-GAAP nur einstufig. Der Goodwill muss für den *impairment test* im Zugangszeitpunkt auf *cash-generating units* (CGUs) aufgeteilt werden. Dabei ist eine CGU die kleinste identifizierbare Gruppe von Vermögenswerten, die Mittelzu- und -abflüsse unabhängig von der Nutzung anderer Vermögenswerte oder CGUs generiert (IAS 36.6). Die CGUs sollten die kleinste Einheit darstellen, auf der der Goodwill intern überwacht wird und nicht größer als die berichteten Segmente nach IFRS 8 sein. Ebenso wie bei immateriellen Vermögenswerten im Allgemeinen muss der Goodwill außerplanmäßig abgeschrieben werden, wenn der Buchwert (*carrying amount*) der CGU höher ist als der erzielbare Betrag (*recoverable amount*) der CGU. Der *recoverable amount* ist der höhere Wert aus *fair value* abzüglich Veräußerungskosten und dem *value in use* (Nutzungswert). Vgl. hierzu im Einzelnen die Ausführungen zum Goodwill im Zusammenhang mit der Konzernrechnungslegung (vgl. 11. Kapitel, S. 679 ff.).

Bewertung von immateriellem Vermögen nach IFRS for SMEs

Entsprechend den Regelungen für Sachanlagevermögen im IFRS for SMEs ist auch für die immateriellen Vermögenswerte in der Folge nur eine Bewertung zu fortgeführten Anschaffungskosten nach dem *cost model* zulässig (IFRS for SMEs 18.9). Eine Neubewertung ist nicht erlaubt. Zudem gewährt der IFRS for SMEs einige Erleichterungen bei der Abschreibung. Dabei wird für alle immateriellen Vermögenswerte eine begrenzte Nutzungsdauer angenommen. Kann die Nutzungsdauer nicht bestimmt werden, so ist vereinfachend eine Nutzungsdauer von zehn Jahren zu unterstellen. Ist der Abnutzungsverlauf nicht bestimmbar, darf grundsätzlich eine lineare Abschreibung vorgenommen werden. Des Weiteren entfallen die Überprüfungspflichten von Nutzungsdauer und Abschreibungsmethode (IFRS for SMEs 19 ff.).

Für Geschäfts- oder Firmenwerte gelten nach IFRS for SMEs 19.23 dieselben Vorschriften wie für alle anderen immateriellen Vermögenswerte. Demnach kommt nach IFRS for SMEs der *impairment-only-approach* für Geschäfts- oder Firmenwerte – wie ihn IFRS 3 und IAS 36 vorsehen – nicht zur Anwendung. Stattdessen werden Geschäfts- oder Firmenwerte planmäßig und bei einer Wertminderung außerplanmäßig abgeschrieben. Auch hier ist eine Nutzungsdauer von zehn Jahren zu unterstellen, falls die Nutzungsdauer nicht bestimmt werden kann.

III. Anhangangaben

IAS 38.118 enthält umfangreiche Angabepflichten für jede Gruppe immaterieller Vermögenswerte nach IFRS, wobei zwischen selbst geschaffenen und sonstigen immateriellen Vermögenswerten zu unterscheiden ist. Nach IAS 38.119 können Gruppen beispielsweise sein:

(a) Markennamen,
(b) Drucktitel und Verlagsrechte,
(c) Computersoftware,
(d) Lizenzen und Franchiseverträge,
(e) Urheberrechte, Patente und sonstige gewerbliche Schutzrechte, Nutzungs- und Betriebskonzessionen,
(f) Rezepte, Geheimverfahren, Modelle, Entwürfe und Prototypen und
(g) immaterielle Vermögenswerte in Entwicklung.

Folgende Angaben müssen gemäß IAS 38.118 offengelegt werden:

(a) Nutzungsdauern und Abschreibungssätze,
(b) Abschreibungsmethode,
(c) Bruttobuchwert und kumulierte Abschreibungen am Anfang und Ende der Periode,
(d) Posten der GuV, in denen Abschreibungen enthalten sind und
(e) Überleitung des Buchwerts zu Beginn auf das Ende der Berichtsperiode inkl. Erläuterungen und Vergleichsbeträgen wie im Anlagespiegel.

Bei besonderen immateriellen Vermögenswerten sind zudem nach IAS 38.122 zusätzliche Anhangangaben notwendig:

(a) bei immateriellen Vermögenswerten mit unbestimmter Nutzungsdauer, deren Buchwert sowie Erläuterungen, warum eine unbestimmte Nutzungsdauer geschätzt wurde,
(b) bei immateriellen Vermögenswerten, die von wesentlicher Bedeutung sind, eine besondere Beschreibung, ihr Buchwert sowie der verbleibende Abschreibungszeitraum,
(c) bei immateriellen Vermögenswerten, die mit öffentlichen Zuschüssen finanziert und zum beilegenden Zeitwert bilanziert wurden, detaillierte Angaben,
(d) Verfügungsrechtsbeschränkungen von immateriellen Vermögenswerten und
(e) Verpflichtungen zum künftigen Erwerb von immateriellen Vermögenswerten.

Darüber hinaus sind nach IAS 38.124 Angaben zu machen, wenn Vermögenswerte in der Folge gemäß der Neubewertungsmethode bilanziert werden. Es müssen die Details der Neubewertung ersichtlich werden sowie der Betrag, der nach dem Anschaffungskostenmodell gelten würde.

Nach IAS 38.126 ist zudem die Summe der nicht aktivierten Forschungs- und Entwicklungsaufwendungen der Periode anzugeben.

F. Bilanzierung von immateriellem Vermögen nach US-GAAP

Immaterielle Vermögenswerte

Die Vorschriften zur Bilanzierung immaterieller Vermögenswerte ist nach US-GAAP stark durch fallweise Regelungen (z. B. für Tonträgerrechte, Filmrechte und Software) oder die Bilanzierungspraxis geprägt (vgl. Kieso, D. E./Weygandt, J. J./Warfield, T. D. [2013], S. 648 ff.). Mit der Verabschiedung der Vorschriften zur Bilanzierung von Business Combinations (ASC 805 (früher FAS 141)) und des Goodwill (ASC 350 (früher FAS 142)) ist das Ziel verfolgt worden, transparente und operationale Ansatzkriterien für immaterielle Vermögenswerte zu schaffen. In diesem Rahmen sind Teile der Regelungen zu *intangible assets* in APB 16 und APB 17 außer Kraft gesetzt worden.

I. Ansatz und Ausweis

Grundlagen

Die Definition eines *intangible asset* nach US-GAAP als Vermögenswert (ASC Glossary), unterscheidet sich nicht von der Definition gemäß IFRS (vgl. in diesem Kapitel, S. 185).

Ausweis

Nach ASC 350-30-45-1 müssen sämtliche immateriellen Vermögenswerte gesammelt in einem eigenen Bilanzposten ausgewiesen werden. Dies schließt jedoch nicht aus, dass einzelne immaterielle Vermögenswerte oder Gruppen von immateriellen Vermögenswerten auch einzeln gesondert ausgewiesen werden können.

Aktivierungsverbot von F&E-Kosten

Forschungs- und Entwicklungskosten sind, sofern sie nicht im Rahmen eines Auftrages für Dritte vorgenommen werden, nach US-GAAP grundsätzlich als Periodenaufwand zu behandeln (ASC 730-10-25-1, Auftragsforschung und -entwicklung (ASC 730-20)). Ausschlaggebend hierfür ist insbesondere die hohe Unsicherheit der in der Zukunft zu erwartenden Rückflüsse aus diesen Aktivitäten.

Ausnahmen vom Aktivierungsverbot

Die wichtigsten Ausnahmen vom Aktivierungsverbot für selbst geschaffene immaterielle Vermögenswerte des Anlagevermögens nach US-GAAP sind Software zur internen Nutzung (ASC 350-40), die Entwicklung von Websites (ASC 350-50) sowie Erdöl- und Erdgasexplorationen (ASC 932) und Aufnahmekosten im Rahmen der Musikindustrie (ASC 928) und Filmbranche (ASC 926). Bei Software wie Websites (ASC 350-40) sind i. d. R. die Aufwendungen für Entwicklung sowie nutzenstiftende Modifikationen zu aktivieren.

Immaterielle Vermögenswerte bei Unternehmenszusammenschlüssen

Dagegen müssen nach ASC 805 immaterielle Werte wie Markennamen, Patente und Kundenbeziehungen bilanziert werden, wenn sie im Rahmen eines Unternehmenszusammenschlusses erworben wurden. Übernommene, identifizierbare Werte sind gemäß ASC 350-30-30-1 zu ihrem *fair value* anzusetzen. ASC 805-20-55-11 ff. gibt hierfür eine Reihe an Beispielen für immaterielle Werte vor, die als identifizierbar und damit als aktivierungspflichtig gelten. Ein bei Unternehmenskauf erworbener nicht identifizierbarer immaterieller Wert ist als Bestandteil des Goodwill zu aktivieren.

Derivativer Firmenwert

Ein derivativer Firmenwert stellt nach US-GAAP einen zu bilanzierenden Vermögenswert dar (ASC 805-30-25). Bevor der Goodwill jedoch bilanziert wird, sind in ihm enthaltene immaterielle Vermögenswerte, die die Kriterien zur Aktivierung immaterieller Vermögenswerte erfüllen, herauszulösen und gesondert als *other intangible asset* zu aktivieren.

Eine Aktivierung des selbst geschaffenen Firmenwertes wird nach US-GAAP ausgeschlossen, da er nicht einzeln identifiziert und seine Nutzungsdauer nicht bestimmt werden kann (ASC 350-20-25-3).

Ingangsetzungs- und Erweiterungskosten

Nach US-GAAP besteht für Ingangsetzungs- und Erweiterungsaufwendungen (*cost of start up activities*) gemäß SOP 98-5 ein Aktivierungsverbot. Alle derartigen Aufwendungen z. B. im Zusammenhang mit dem Aufbau neuer Betriebsstätten, Produkteinführungen oder Vertriebsnetzerweiterungen sind als Aufwand der Periode zu erfassen (vgl. KPMG [2007], S. 89).

Gründungskosten

Auch die gängige Bilanzierungspraxis nach US-GAAP sieht eine Erfassung von Gründungskosten als Aufwand (*start-up cost*) vor, da der Umfang und der Zeitpunkt des zukünftigen Nutzens durch diese Kosten nur schwer bestimmbar sind (vgl. Kieso, D. E./Weygandt, J. J./Warfield, T. D. [2013], S. 668).

II. Bewertung

Außerplanmäßige Abschreibung

Nach ASC 350-30-35 sind die identifizierbaren abnutzbaren immateriellen Vermögenswerte Objekt möglicher außerplanmäßiger Abschreibungen. Sofern Anhaltspunkte dafür vorliegen, dass der Buchwert nicht wiedererlangt werden kann, besteht das Erfordernis eines *impairment test.* Dabei wird zwischen zur Nutzung gehaltenen Vermögenswerten (*assets held for use*) bzw. Vermögenswerten, die aus dem Unternehmen ausscheiden aber nicht verkauft werden sollen (*assets held for disposal other than by sale*), und zur Veräußerung bestimmten Vermögenswerten unterschieden. Liegen Anzeichen für eine Wertminderung vor, ist für erstere ein *recoverability test* durchzuführen: die undiskontierten künftigen Netto-Zahlungsströme (*net cash flows*) aus *assets held for use* und *assets held for disposal other than sale* werden ihrem Buchwert gegenübergestellt. Ist der Buchwert größer als die *net cash flows,* besteht die Pflicht zur außerplanmäßigen Abschreibung. Bei *assets held for disposal by sale* ist ein *impairment* durch eine außerplanmäßige Abschreibung auf den *fair value* des *asset* abzüglich etwaiger Entsorgungskosten dann vorzunehmen, wenn der Buchwert über diesem liegt (vgl. 2. Kapitel, S. 132 ff.).

Derivativer Firmenwert

Seit FAS 142 (jetzt ASC 350-20-35) wurde die planmäßige Abschreibung des Goodwill nach US-GAAP abgeschafft. Stattdessen ist der Goodwill auf einzelne sog. *reporting units* aufzuteilen und auf dieser Ebene mindestens einmal jährlich einem *impairment test* zu unterziehen. Als *reporting unit* gelten dabei die nach ASC 280 identifizierten *operating segments* bzw. unter bestimmten Voraussetzungen die einem *operating segment* direkt untergeordnete Managementebene (vgl. auch 13. Kapitel, S. 918 ff.). Ausgangsbasis für die Durchführung des zweistufigen *impairment test* ist jeweils der *fair value* der betreffenden *reporting unit.* In der ersten Stufe des *impairment test* wird dieser *fair value* mit den Buchwerten der *assets* – einschließlich des Goodwill – und *liabilities* der *reporting unit* verglichen. Übersteigt der *fair value* die Buchwerte, ist keine außerplanmäßige Abschreibung erforderlich und der *impairment test* ist abgeschlossen. Andernfalls ist der Test in Stufe 2 fortzusetzen. Hier wird der Buchwert des Goodwill mit dem *fair value* verglichen. Ist der *fair value* niedriger, ist in Höhe der Differenz eine außerplanmäßige Abschreibung notwendig. Wahlweise kann zunächst eine qualitative Überprüfung erfolgen, ob eine tatsächliche Wertermittlung in Stufe 1 erfolgen muss (vgl. im Detail 11. Kapitel, S. 687 ff.).

G. Sonderprobleme der Bilanzierung von Leasingverträgen

Eine zeitlich begrenzte Nutzung von Investitionsgütern (und damit eher langfristig im Unternehmen verbleibender Gegenstände) gegen Entgelt, ohne dabei zivilrechtliches Eigentum an diesen Gegenständen zu erwerben, ist i. d. R. Grund für den Abschluss von Leasingverträgen. Je nachdem, welcher Vertragspartner das Investitionsrisiko trägt, wird grundsätzlich zwischen Finanzierungsleasing (Leasingnehmer trägt Risiko) und Operating-Leasing (Leasinggeber trägt Risiko) unterschieden (vgl. dazu die Ausführungen im 2. Kapitel, S. 80 ff.). Während IFRS und US-GAAP jedoch konkrete Bilanzierungsvorschriften festlegen, fehlen im HGB eindeutige Zuordnungskriterien für die Bilanzierung von Leasingverhältnissen. In den folgenden Abschnitten werden Leasingverträge und deren Bilanzierung nach HGB, IFRS und US-GAAP ausgeführt.

I. Leasingverträge nach nationalen Normen

Zurechnung von Leasinggegenständen

Handelsrechtlich ist die Bilanzierung von Leasingverhältnissen aufgrund fehlender eindeutiger Zuordnungskriterien nicht vollständig geklärt. Entsprechend des in § 246 Abs. 1 Satz 2 HGB verankerten Grundsatzes der wirtschaftlichen Zurechnung steht jedenfalls fest, dass der wirtschaftliche Eigentümer den Leasinggegenstand zu bilanzieren hat. Die Praxis orientiert sich deshalb an den praktikablen Regeln zur wirtschaftlichen Zurechnung, die im Rahmen der steuerrechtlichen Leasingerlasse entwickelt wurden (vgl. ADS [1995 ff.], § 246 Tz. 392).

<table>
<tr><th colspan="6">Die Zurechnung von Leasinggegenständen auf die Vertragspartner (Leasing-)Nehmer und (Leasing-)Geber im Falle des Finanzierungsleasing</th></tr>
<tr><th colspan="3" rowspan="2">Art des Leasinggegenstandes
Art des Leasingvertrages</th><th colspan="2">Bewegliche Wirtschaftsgüter und Gebäude</th><th rowspan="2">Boden</th></tr>
<tr><th>Grundmietzeit 40-90 % der Nutzungsdauer*</th><th>Grundmietzeit < 40 % oder > 90 % der Nutzungsdauer</th></tr>
<tr><td rowspan="2">Ohne Mietverlängerungs- oder Kaufoption</td><td colspan="2">Spezialleasing</td><td>Nehmer</td><td rowspan="2">Nehmer</td><td rowspan="2">Geber</td></tr>
<tr><td colspan="2">Kein Spezialleasing</td><td>Geber</td></tr>
<tr><td rowspan="3">Mit Kaufoption</td><td colspan="2">Spezialleasing</td><td rowspan="2">Nehmer</td><td rowspan="3">Nehmer</td><td rowspan="3">Wie Gebäude</td></tr>
<tr><td rowspan="2">Kein Spezialleasing</td><td>Kaufpreis < Buchwert bei Verkauf</td></tr>
<tr><td>Kaufpreis ≥ Buchwert bei Verkauf</td><td>Geber</td></tr>
<tr><td rowspan="3">Mit Mietverlängerungsoption</td><td colspan="2">Spezialleasing</td><td rowspan="2">Nehmer</td><td rowspan="3">Nehmer</td><td rowspan="3">Geber</td></tr>
<tr><td rowspan="2">Kein Spezialleasing</td><td>Anschlussmiete < Wertverzehr**</td></tr>
<tr><td>Anschlussmiete ≥ Wertverzehr**</td><td>Geber</td></tr>
<tr><td colspan="6">* Die Nutzungsdauer wird bei beweglichen Wirtschaftsgütern nach den Tabellen für die betriebsgewöhnliche Nutzungsdauer ermittelt, bei Gebäuden wird gewöhnlich eine Nutzungsdauer von 50 Jahren zugrunde gelegt.
** Der Wertverzehr wird bei beweglichen Wirtschaftsgütern aus Restbuchwert und Restnutzungsdauer ermittelt, bei Gebäuden aus 75 % der marktüblichen Miete für vergleichbare Gebäude.</td></tr>
</table>

Tab. 3.10: Zurechnung von Leasinggegenständen bei Vollamortisationsverträgen

Vollamortisationsverträge

Bei Vollamortisationsverträgen über bewegliche Wirtschaftsgüter und Gebäude (vgl. Tabelle 3.10) wird in den folgenden drei Fällen Finanzierungsleasing unterstellt und die Zurechnung des Leasinggegenstandes erfolgt entsprechend zum Leasingnehmer (vgl. BMF [1971], S. 264 ff.):

- Die Grundmietzeit beträgt weniger als 40 % oder mehr als 90 % der betriebsgewöhnlichen Nutzungsdauer.
- Die Grundmietzeit beträgt zwischen 40 % und 90 % der betriebsgewöhnlichen Nutzungsdauer und es wurde zusätzlich entweder eine Kaufoption vereinbart, wobei der Kaufpreis kleiner ist als der Restbuchwert bei linearer AfA bzw. als der niedrigere gemeine Wert zum Zeitpunkt der Veräußerung, oder es liegt eine Vereinbarung über eine Mietverlängerungsoption vor, wobei die vereinbarte Anschlussmiete den Werteverzehr nach linearer AfA oder den niedrigeren gemeinen Wert nicht deckt.
- Der Leasinggegenstand wurde speziell auf die Bedürfnisse des Leasingnehmers ausgerichtet und ist nach Ablauf der Grundmietzeit nur noch für diesen ökonomisch verwertbar; diese Konstellation nennt sich Spezialleasing.

Während bei den Vollamortisationsverträgen bereits während der unkündbaren Grundmietzeit eine Amortisation der gesamten Kosten durch die zu entrichtenden Raten des Leasingnehmers erfolgt, kennen die steuerlichen Leasingerlasse auch Teilamortisationsverträge, in denen eine vollständige Amortisation während der Grundmietzeit unterbleibt.

Teilamortisationsverträge

Diese dem dargestellten Finanzierungsleasing verwandte Form liegt vor, wenn die Leasingraten während der Grundmietzeit zwar nicht die Anschaffungskosten inkl. Finanzierungs- und Nebenkosten decken (Teilamortisationsverträge), jedoch die volle Amortisation durch besondere Vertragsklauseln gesichert wird, die nach der Grundmietzeit greifen, die normalerweise 40 % bis 90 % der Nutzungsdauer umfasst. Die Zurechnung des Leasingobjektes in der Steuerbilanz richtet sich in diesem Falle nach der Art des Vertrages (vgl. BMF [1976], S. 172 ff.):

1. Im Falle eines Andienungsrechts des Leasinggebers erklärt sich dieser bereit, nach Ablauf der Grundmietzeit über eine Mietverlängerung zu verhandeln. Kommt es nicht zur Mietverlängerung, muss der Leasingnehmer das Objekt auf Verlangen des Leasinggebers zu einem bei Vertragsabschluss festgelegten Betrag kaufen. Die Verlängerungsmiete bzw. der Kaufpreis werden so bemessen, dass sie die Vollamortisation gewährleisten. Dieses Vertragsmodell führt stets zur Bilanzierung beim Leasinggeber.
2. Ein anderer Vertragstyp sieht eine Restzahlung des Leasingnehmers vor, soweit der aus dem Verkauf nach Ablauf der Grundmietzeit erzielte Verkaufserlös den Restamortisationsbetrag nicht deckt. Soweit er ihn übersteigt, wird die Differenz zwischen Leasinggeber und Leasingnehmer aufgeteilt. Wenn der Anteil des Leasinggebers wenigstens 25 % beträgt, gilt er als wesentlich am wirtschaftlichen Ertrag des Objektes beteiligt. Die Zuordnung des Leasingobjektes erfolgt in diesem Falle beim Leasinggeber, sonst beim Leasingnehmer.
3. Eine weitere Vertragsform sieht nach Ablauf der Grundmietzeit die Kündigung durch den Leasingnehmer vor. Auf die vom Leasingnehmer zu leistende Schlusszahlung zur Abdeckung der Restamortisation wird dann normalerweise ein aus der Veräußerung erzielter Verkaufserlös angerechnet. Die Zurechnung erfolgt bei diesem Vertragstyp stets auf den Leasinggeber.

Finanzierungsleasing

Werden Vermögensgegenstände im Wege des Finanzierungsleasing beschafft und aufgrund der Vertragsgestaltung dem Leasingnehmer zugerechnet, so hat dieser den Leasinggegenstand im Anlagevermögen auszuweisen und ggf. planmäßig abzuschreiben; korrespondierend dazu ist eine Leasingverbindlichkeit in der entsprechenden Höhe anzusetzen. Bei der Ermittlung der Anschaffungskosten des Leasinggegenstandes sowie der Bewertung der zu passivierenden Leasingverbindlichkeit gehen Finanzverwaltung (vgl. BMF [1971], S. 265) und das Institut der Wirtschaftsprüfer (vgl. IDW [1973], S. 102) allerdings unterschiedliche Wege. In der Steuerbilanz gelten als Anschaffungskosten des Leasingnehmers die Anschaffungs- bzw. Herstellungskosten des Leasinggebers, die der Berechnung der Leasingraten zugrunde gelegt wurden, zuzüglich weiterer Nebenkosten, die nicht in den Leasingraten enthalten sind. Der Leasingnehmer hat ferner in Höhe der Anschaffungs- bzw. Herstellungskosten des Leasinggebers eine Verbindlichkeit zu passivieren, die der entsprechenden Forderung des Leasinggebers entspricht.

Wohl deshalb, weil der Leasinggeber seine Anschaffungs- bzw. Herstellungskosten nicht immer preisgeben wird, richten sich dagegen nach Ansicht des IDW die Anschaffungskosten des Leasingnehmers grundsätzlich nach dem als Verbindlichkeit zu passivierenden Barwert derjenigen Teile der Leasingzahlungen, die kein Entgelt für künftige besondere Leistungen des Leasinggebers darstellen. Bei der Ermittlung des Barwertes der Leasingverpflichtungen ist von einem angemessenen (marktüblichen) Zinssatz auszugehen. Ergeben sich danach wesentlich höhere Anschaffungskosten als bei einer unmittelbaren Anschaffung durch den Leasingnehmer, so ist eine außerplanmäßige Abschreibung auf den beizulegenden Wert (Marktwert) vorzunehmen.

Die vom IDW vorgeschlagene, in der Literatur jedoch kritisierte (vgl. Baetge, J./Ballwieser, W. [1978], S. 14) Bilanzierungsmethode führt zwar i. d. R. zu höheren Anschaffungskosten, da die zu diskontierenden Leasingraten neben den Anschaffungs- bzw. Herstellungskosten des Leasinggebers noch weitere Kostenteile enthalten (z. B. Verwaltungskosten, Risiko-, Gewinnzuschlag), aufgrund der in diesem Fall bestehenden Abschreibungspflicht ergeben sich jedoch kaum materielle Unterschiede zwischen den Wertansätzen in Handels- und Steuerbilanz. Zudem ist die Bewertung von Leasingobjekten beim Leasingnehmer kaum mehr von praktischer Bedeutung, da die Leasingverträge i. d. R. so gestaltet werden, dass eine Zurechnung zum Leasingnehmer handels- und auch steuerrechtlich nicht in Frage kommt.

Rechtlich ist der Leasinggeber zwar weiterhin Eigentümer des Leasingobjektes, aber aufgrund der vertraglichen Gestaltung ist beim Finanzierungsleasing das wirtschaftliche Eigentum auf den Leasingnehmer übergegangen. Aus diesem Grund weist der Leasinggeber den Leasinggegenstand nicht in seiner Bilanz aus. Das Leasinggeschäft stellt sich für den Leasinggeber vielmehr als An- und Verkauf des Leasinggegenstandes dar, bei i. d. R. gleichzeitiger Abwicklung von Absatz- und Beschaffungsgeschäft, sodass der Leasinggeber bei Lieferung und Leistung Umsatzerlöse in der GuV sowie einen Forderungszugang in der Bilanz ausweist, die dem Barwert der Netto-Leasingzahlungen entsprechen (vgl. ADS [1995 ff.], § 250 Tz. 120).

Operating-Leasing

Liegt das wirtschaftliche Eigentum am Leasinggegenstand beim Leasinggeber, so ist das Leasingobjekt nicht in der Bilanz des Leasingnehmers auszuweisen.

Das Leasinggeschäft stellt für den Leasingnehmer ein schwebendes Geschäft dar, das nach den Grundsätzen über die Behandlung von schwebenden Geschäften nicht zu bilanzieren ist. Der Leasingnehmer hat die vereinbarten Leasingentgelte grundsätzlich bei Anwendung des Gesamtkostenverfahrens unter dem Posten »sonstige betriebliche Aufwendungen« GuV-wirksam zu verbuchen bzw. bei Anwendung des Umsatzkostenverfahrens je nach Zuordnung des Leasingvertrages unter den Posten Aufwendungen für Herstellung, Vertrieb oder Verwaltung.

Ist das wirtschaftliche Eigentum dem Leasinggeber zuzurechnen, hat dieser den Leasinggegenstand in seinem Anlage- oder Umlaufvermögen auszuweisen, je nachdem, ob der Leasinggegenstand dazu bestimmt ist, dauerhaft dem Geschäftsbetrieb zu dienen oder nicht. In den meisten Fällen erfolgt wohl eine Zuordnung zum Anlagevermögen. Der Leasinggegenstand ist mit seinen Anschaffungs- oder Herstellungskosten entsprechend den Bestimmungen in § 253 Abs. 1 HGB anzusetzen und planmäßig bzw. außerplanmäßig abzuschreiben. Da es sich bei einem Leasingvertrag um ein Dauerrechtsverhältnis handelt, das durch die Erbringung der vertraglich vereinbarten Leistung über einen längeren Zeitraum hinweg gekennzeichnet ist, dürfen nach dem Realisationsprinzip (§ 252 Abs. 1 Nr. 4 2. Halbsatz HGB) keine Gewinne berücksichtigt werden, die bis zum Bilanzstichtag noch nicht realisiert wurden. Deshalb erfolgt die Vereinnahmung der Leasingraten und sonstiger vereinbarter Entgelte in den jeweiligen Perioden entsprechend den vertraglichen Vereinbarungen (weitere Ausführungen zur Bilanzierung von Leasinggeschäften nach deutschem Handelsrecht vgl. Findeisen, K.-D. [1998], S. 463 ff.).

II. Leasingverträge nach IFRS

Im Gegensatz zum HGB enthalten die internationalen Rechnungslegungsvorschriften umfangreiche Regelungen zur Bilanzierung von Leasingverhältnissen; in den IFRS finden sich die Regelungen in IAS 17. Gemeinsam mit dem Pendant aus den US-GAAP (ASC 840 bzw. früher SFAS 13) soll der Standard grundlegend überarbeitet werden. Derzeit liegt ein zweiter Exposure Draft vor. Im Folgenden wird zunächst der Status Quo der Bilanzierung von Leasingverträgen nach IFRS und US-GAAP dargestellt. Im Anschluss werden in einem eigenen Abschnitt entscheidende Eckpunkte des Exposure Draft aufgezeigt (vgl. in diesem Kapitel, S. 205).

Zurechnung von Leasinggegenständen

Bezüglich der Zurechnung von Leasinggegenständen wird derzeit auch nach IFRS zwischen *finance lease* und *operating lease* unterschieden, wobei auch hier wiederum von entscheidender Bedeutung ist, ob das wirtschaftliche Eigentum am Leasingobjekt dem Leasingnehmer oder dem Leasinggeber zuzurechnen ist. Werden aufgrund eines Leasingvertrages im Wesentlichen alle Risiken und Chancen, die sich aus dem Eigentum am entsprechenden *asset* ergeben, auf den Leasingnehmer übertragen, so handelt es sich um ein *finance lease* (IAS 17.8), bei allen anderen um ein *operating lease*. Der Leasinggegenstand wird im Falle eines *finance lease* dem Leasingnehmer zugeordnet. Da beim *operating lease* die Risiken und Chancen, die mit dem Leasinggegenstand verbunden sind, im Wesentlichen beim Leasinggeber verbleiben, ist diesem der Leasinggegenstand zuzurechnen.

IAS 17.10 enthält eine Reihe von Kriterien, die zu einer Zurechnung des Leasinggegenstandes beim Leasingnehmer führen. Wie im folgenden Abschnitt III dargestellt wird, enthalten auch die Regeln nach US-GAAP diese Kriterien. Jedoch sind diese im entsprechenden ASC 840-10-25-1 im Gegensatz zu IAS 17.10 konkret quantifiziert. Die qualitativen Indikatoren des IAS 17 ermöglichen somit einen weitaus größeren Ermessensspielraum als die US-GAAP-Regeln mit konkreten Wertangaben. Abbildung 3.2 zeigt den Ablauf zur Prüfung der Zurechnung nach IFRS auf.

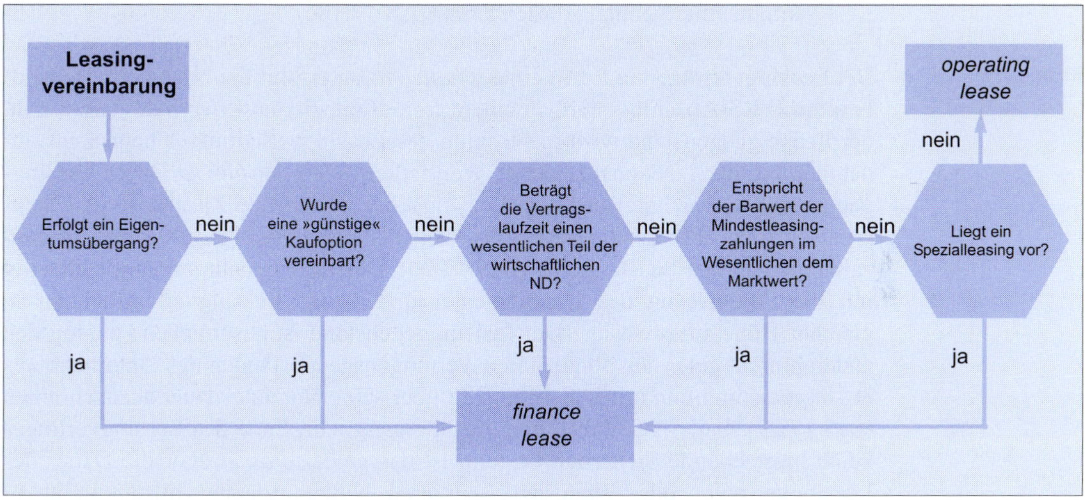

Abb. 3.2: Zurechnung von Leasinggegenständen nach IFRS

Kriterien zur Klassifikation als *finance lease*:

(a) *Transfer of ownership test*
Es handelt sich um ein *finance lease*, wenn am Ende der Vertragslaufzeit (= Grundmietzeit + Zeitraum, der durch Mietverlängerungsoption in Anspruch genommen werden kann) das rechtliche Eigentum am Leasinggegenstand auf den Leasingnehmer übertragen wird (IAS 17.10a).

(b) *Bargain purchase option test*
Der Leasingvertrag enthält eine günstige Kaufoption (*bargain option*), die dem Leasingnehmer einräumt, den Leasinggegenstand zu einem Preis zu erwerben, der unter dem erwarteten *fair value* zum Zeitpunkt der Ausübung der Option liegt, sodass die Ausübung der Option damit als hinreichend sicher betrachtet werden kann (IAS 17.10b).

(c) *Economic life test*
Selbst wenn das Eigentum nach Ablauf der Vertragslaufzeit nicht auf den Leasingnehmer übergegangen ist, liegt ein *finance lease* vor, wenn die Vertragslaufzeit (einschließlich einem eventuellen Zeitraum einer Mietverlängerungsoption, sofern die Inanspruchnahme der Option hinreichend wahrscheinlich ist) dem überwiegenden Teil der wirtschaftlichen (Rest-) Nutzungsdauer des Leasinggegenstandes entspricht (IAS 17.10c).

(d) *Recovery of investment test*
Ebenfalls unabhängig davon, ob ein Eigentumsübergang am Ende der Vertragslaufzeit erfolgt, liegt ein *finance lease* vor, wenn zu Beginn des Leasingverhältnisses der Barwert der Mindestleasingzahlungen mindestens im Wesentlichen dem *fair value* des Leasinggegenstandes entspricht (IAS 17.10d).

(e) *Special lease test*
Es handelt sich um ein *finance lease*, wenn der Leasinggegenstand so spezieller Natur ist, dass er ohne wesentliche Veränderungen nur vom Leasingnehmer genutzt werden kann (IAS 17.10e).

Finance leases

Bei Leasingverträgen in Form eines *finance lease* erfolgt die bilanzielle Behandlung im IFRS-Abschluss ähnlich einem fremdfinanzierten Erwerb des *asset*, d. h. der Leasinggegenstand wird mit Beginn des Leasingverhältnisses beim Leasingnehmer aktiviert. Der anzusetzende Wert ist entweder der *fair value* des Leasinggegenstandes, korrigiert um dem Leasinggeber zustehende Zuschüsse und Steuergutschriften oder der niedrigere Barwert der vertraglich garantierten Leasingzahlungen an den Leasinggeber (IAS 17.20). Der Leasingnehmer hat gleichzeitig mit der Aktivierung des Leasinggegenstandes eine Leasingverbindlichkeit in gleicher Höhe auszuweisen. Der Leasinggegenstand ist anschließend analog den anderen nicht geleasten abnutzbaren Vermögensgegenständen des Unternehmens in Übereinstimmung mit IAS 16 und 38 über seine Nutzungsdauer abzuschreiben (IAS 17.27). Falls über den Eigentumsübergang zum Ende des Leasingvertrages keine hinreichende Sicherheit besteht, ist das geleaste *asset* über die Dauer des Leasingvertrages oder einer evtl. kürzeren Nutzungsdauer vollständig abzuschreiben.

Entsprechend den Intentionen eines *finance lease* weist der Leasinggeber den Leasinggegenstand nicht in seiner Bilanz unter dem Anlagevermögen aus, sondern bilanziert eine Forderung zu einem Betrag, der dem *net investment in the lease* entspricht (IAS 17.36). Dieser Betrag errechnet sich aus der Summe der Barwerte der *minimum lease payments* (Mindestleasingzahlungen) und des *unguaranteed residual value* (nicht vom Leasingnehmer bzw. nicht durch fremde Dritte garantierter Restwert) (IAS 17.4).

Operating leases

Verbleibt aufgrund der Vertragsgestaltung das wirtschaftliche Eigentum am Leasingobjekt beim Leasinggeber, so wird das Leasinggeschäft bei den Vertragspartnern in Anlehnung an die Bilanzierung von Mietverhältnissen abgebildet. Der Leasinggegenstand bleibt weiterhin in der Bilanz des Leasinggebers seiner Eigenart entsprechend (als *current* oder *non-current asset*) aktiviert. Handelt es sich um ein abnutzbares *asset*, so ist es mit der gleichen Abschreibungsmethode wie andere vergleichbare *assets* abzuschreiben. Dabei sind die Abschreibungen nach den Vorschriften in IAS 16 und 38 vorzunehmen (IAS 17.53). Die Erlöse aus den Leasingraten sind linear über die Vertragslaufzeit zu vereinnahmen, es sei denn, die Periodisierung der Erträge, wie sie in der Vertragsgestaltung vorgesehen ist, führt nicht durch ein anderes systematisches Verfahren zu einer periodengerechteren Erfolgsermittlung (IAS 17.50).

Da bei Vorliegen eines *operating lease* der Leasingnehmer nicht wirtschaftlicher Eigentümer des Leasinggegenstandes wird, weist er kein *asset* in seiner Bilanz aus. Die zu zahlenden Leasingraten sind als Aufwand linear über die

Laufzeit des Leasingverhältnisses zu verbuchen, es sei denn eine andere systematische Grundlage entspricht dem zeitlichen Verlauf des Nutzens für den Leasingnehmer besser. Selbst wenn die tatsächlichen Zahlungen nach einem anderen Muster erfolgen, ist nach diesem Verfahren vorzugehen (IAS 17.33 f.).

Sale-and-lease-back-Transaktionen
- Definition

In der Praxis erscheinen häufig Vertragskonstruktionen, die als *sale-and-leaseback*-Transaktionen bezeichnet werden. Wie der Begriff darauf hindeutet, handelt es sich im Grunde um die Kombination von zwei Verträgen, einem Kauf- und einem Leasingvertrag. Durch den Verkauf wird das rechtliche Eigentum an einem Vermögenswert auf die andere Vertragspartei übertragen. Durch den anschließenden Leasingvertrag, der über den gleichen Vermögenswert geschlossen wird, wechselt der ursprüngliche rechtliche Eigentümer zum Leasingnehmer. Das Nutzungsrecht bleibt somit bei ihm erhalten und der Leasinggeber wird zum neuen rechtlichen Eigentümer. Ziel dieser Vertragskonstruktionen ist es, die Anlagenintensität zu verringern, durch den Mittelzufluss die Nettofinanzverbindlichkeiten zu senken und stille Reserven aufzudecken (vgl. Engel-Ciric, D. [2009], S. 268).

- Bilanzierung

Grundsätzlich gelten auch für *sale-and-leaseback*-Transaktionen die allgemeinen Regelungen eines *finance lease* oder *operating lease*. Darüber hinaus werden in IAS 17.58-66 spezielle Bilanzierungsvorschriften für *sale-and-leaseback*-Transaktionen geregelt. Da i. d. R. angestrebt wird, das wirtschaftliche Eigentum zu behalten, liegt in den meisten Fällen ein *finance lease* vor, d. h. wirtschaftlicher Eigentümer bleibt der Verkäufer bzw. Leasingnehmer. Es sind aber durchaus auch in *sale-and-leaseback*-Transaktionen Vertragskonstruktionen möglich, die zu einem *operating lease* führen.

- Abgrenzung des Verkaufsgewinns bei einem finance lease

Da im Rahmen einer *sale-and-leaseback*-Transaktion in Form eines *finance lease* keine echten wirtschaftlichen Veränderungen vorgenommen werden, darf nach IAS 17.59 ebenso keine Veräußerung abgebildet werden. Die Transaktion hat vielmehr den Charakter eines Finanzierungsgeschäfts, bei dem das rechtliche Eigentum als Sicherheit dient. Kommt es bei dem Verkauf zu einem Überschuss der Verkaufserlöse über dem Buchwert, so darf dieser Verkaufsgewinn nicht unmittelbar erfasst werden. Hingegen ist er abzugrenzen und über die Leasing-Laufzeit GuV-wirksam zu verteilen. Der Verkaufsgewinn ist dabei mit den künftigen Leasingraten zu verrechnen.

- Behandlung des Verkaufsgewinns bzw. -verlusts bei einem operating lease

Liegt ein *operating lease* bei einer *sale-and-leaseback*-Transaktion vor, so ist nach IAS 17.61 jeder Gewinn oder Verlust sofort zu erfassen, wenn der Verkaufspreis dem *fair value* des Leasinggegenstands entspricht. Liegt der Verkaufspreis unter dem *fair value*, so ist ein Veräußerungsgewinn oder -verlust sofort erfolgswirksam zu erfassen, außer ein Verlust wird durch unter dem Marktwert liegende künftige Leasingzahlungen ausgeglichen. In diesem Fall ist der Verlust abzugrenzen und im Verhältnis zu den Leasingzahlungen über den voraussichtlichen Nutzungszeitraum des Vermögenswertes erfolgswirksam zu verteilen. Übersteigt der Verkaufspreis den *fair value*, so ist die positive Differenz zwischen Verkaufspreis und *fair value* abzugrenzen und erfolgswirksam über die voraussichtliche Nutzungsdauer zu verteilen.

- Zusätzliche Angabepflichten

Sowohl für Leasingnehmer als auch für Leasinggeber gelten die gleichen Angabepflichten wie für alle Leasingverhältnisse. Da wesentliche Leasingvereinbarungen zu beschreiben sind, ist zusätzlich die Angabe von Bedingungen der *sale-and-leaseback*-Transaktionen erforderlich (IAS 17.65).

III. Leasingverträge nach US-GAAP

In den US-GAAP sind die wesentlichen Vorschriften zur Bilanzierung von Leasingverhältnissen in ASC 840 enthalten. Für das Vorliegen eines Leasingvertrages setzt ASC 840 derzeit ein entgeltliches Nutzungsüberlassungsrecht voraus, welches durch eines der folgenden Rechte näher bestimmt wird:

1. Der Nichteigentümer hat die unmittelbare Verfügungsmacht über den Vermögenswert,
2. der Nichteigentümer hat die mittelbare Verfügungsmacht über den Vermögenswert oder
3. der Abnehmer nimmt im Wesentlichen die gesamte Leistung des Vermögenswertes über die Nutzungsdauer ab.

Capital lease/ operating lease

Auch nach US-GAAP existiert eine Reihe von Kriterien, die gemäß ASC 840-10-25-1 erfüllt sein müssen, damit eine Zurechnung des Leasinggegenstandes beim Leasingnehmer erfolgt. Begrifflich wird lediglich nach US-GAAP zwischen *capital lease* (*finance lease* nach IFRS) und *operating lease* unterschieden, wobei auch hier wiederum von entscheidender Bedeutung ist, ob das wirtschaftliche Eigentum am Leasingobjekt dem Leasingnehmer oder dem Leasinggeber zuzurechnen ist. Die Kriterien zur Klassifikation als *capital lease* decken sich in vielerlei Hinsicht mit den Kriterien gemäß IAS 17.10, die in Abschnitt II ausführlich dargestellt wurden:

(a) *Transfer of ownership test*
(ASC 840-10-25-1a) und
(b) *Bargain purchase option test*
(ASC 840-10-25-1b).

Im Gegensatz zu IAS 17.10c und IAS 17.10d sind die Kriterien nach US-GAAP zum *Economic life test* und *Recovery of investment test* genau quantifiziert:

(c) *Economic life test*
Selbst wenn das Eigentum nach Ablauf der Vertragslaufzeit nicht auf den Leasingnehmer übergegangen ist, liegt ein *capital lease* vor, wenn die Vertragslaufzeit (einschließlich einem eventuellen Zeitraum einer Mietverlängerungsoption, sofern die Inanspruchnahme der Option hinreichend wahrscheinlich ist) mindestens 75 % der wirtschaftlichen (Rest-)Nutzungsdauer des Leasinggegenstandes ausmacht (ASC 840-10-25-1c).
(d) *Recovery of investment test*
Ebenfalls unabhängig davon, ob ein Eigentumsübergang am Ende der Vertragslaufzeit erfolgt, liegt ein *capital lease* vor, wenn zu Beginn des Leasingverhältnisses der Barwert der Mindestleasingzahlungen mindestens 90 % des *fair value* beträgt (ASC 840-10-25-1d).

Weitere Zurechnungskriterien für capital leases beim Leasinggeber

Ist eines der Kriterien (a) bis (d) erfüllt, so muss zur Bilanzierung beim Leasinggeber nach US-GAAP im Gegensatz zu den Regeln nach IFRS weiter unterschieden werden zwischen *sales-type leases*, *direct financing leases* und *leveraged leases*. Falls eines oder mehrere der o. g. Zurechnungskriterien (a) bis (d) erfüllt sind und zusätzlich die beiden folgenden Kriterien (e) und (f) (kumulativ), handelt es sich bei dem Leasingverhältnis aus Sicht des Leasinggebers um ein *sales-type lease* oder um ein *direct financing lease.*

(e) Der Eingang der künftigen Leasingzahlungen scheint sicher zu sein.
(f) Es bestehen seitens des Leasinggebers keine bedeutenden Unsicherheiten bezüglich nicht an den Leasingnehmer weiterbelastbarer Kosten aus dem Leasingvertrag.

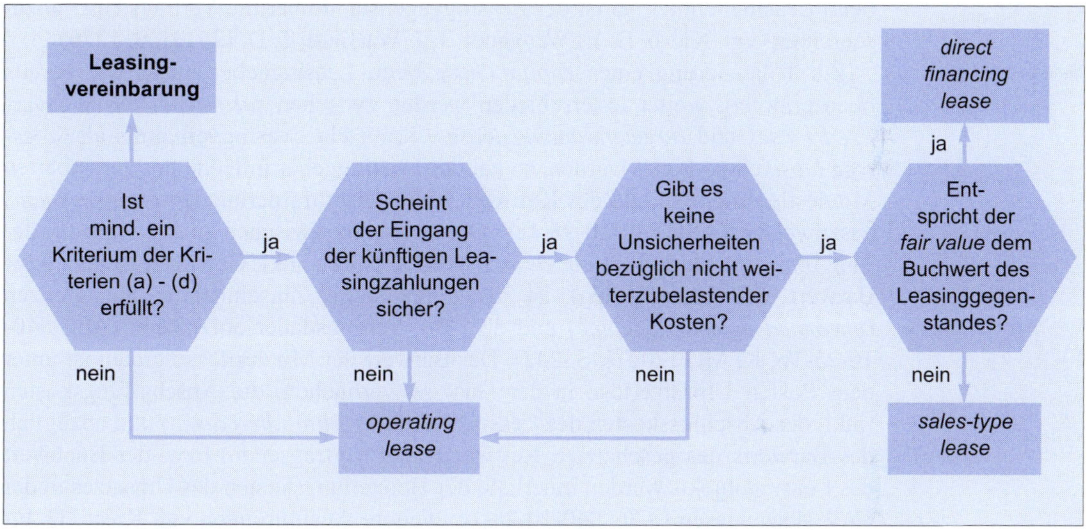

Abb. 3.3: Weitere Zurechnungskriterien aus Sicht des Leasinggebers nach US-GAAP

Diese zusätzliche Unterscheidung soll sicherstellen, dass auch wirklich die Risiken und Chancen auf den Leasingnehmer übertragen wurden, denn alle Leasingverhältnisse, die diese beiden Kriterien nicht erfüllen, sind als *operating lease* zu klassifizieren (vgl. Abbildung 3.3). Die Abgrenzung von *sales-type leases* und *direct financing leases* ist davon abhängig, ob der Leasinggeber einen Gewinn bzw. Verlust realisiert: Ist dies der Fall, so handelt es sich um ein *sales-type lease*, ansonsten liegt ein *direct financing lease* vor. Der dabei maßgebliche Gewinn/Verlust ergibt sich aus der Differenz zwischen *fair value* und Buchwert des Leasinggegenstandes bei Abschluss des Leasingvertrages. *Sales-type leases* kommen häufig dann vor, wenn Hersteller oder Händler Leasing als Marketinginstrument zur Absatzförderung ihrer Produkte einsetzen. Hingegen sind Leasinggeschäfte von Leasinggesellschaften, Banken und Versicherungen meist als *direct financing lease* zu klassifizieren, da der Leasinggeber primär die Finanzierung durchführt. Ist in ein *direct financing lease* ein Kreditgeber als weitere Vertragspartei involviert, handelt es sich um ein *leveraged lease* (ASC 840-10-25-43).

Bilanzierung von capital leases

Handelt es sich um ein *capital lease*, muss der Leasingnehmer in seiner US-GAAP-Bilanz den Barwert der künftigen Mindestleasingraten, abzüglich der in den Leasingraten enthaltenen Kosten für Versicherung, Instandhaltung und Steuern und des enthaltenen Gewinns, aktivieren. Ist dieser Barwert höher als der *fair value* des Leasinggegenstandes, so ist der *fair value* anzusetzen. Außerdem ist in gleicher Höhe eine *liability* gegenüber dem Leasinggeber zu passivieren (ASC 840-30-30-1). Erfolgt die Klassifizierung des Leasingverhältnisses als *capital lease* aufgrund einer Eigentumsübertragung (vgl. obige Ausführungen zum *transfer of ownership test*, Kriterium (a); Abbildung 3.2) oder aufgrund einer günstigen Kaufoption (vgl. obige Ausführungen zum *bargain purchase option test,* Kriterium (b)), dann ist der aktivierte Leasinggegenstand über die betriebsgewöhnliche Nutzungsdauer nach den beim Leasingnehmer angewandten Grundsätzen abzuschreiben. Führen dagegen Kriterium (c) oder (d) zur Zurechnung beim Leasingnehmer, so ist der Leasinggegenstand über die Vertragsdauer abzuschreiben (vgl. Kieso, D. E./Weygandt, J. J./Warfield, T. D. [2013], S. 1276).

Sales-type lease

Zur Bilanzierung eines *capital lease* beim Leasinggeber muss, wie bereits oben erläutert, weiter unterschieden werden zwischen *sales-type leases*, *leveraged leases* und *direct financing leases*. Kann ein Leasingverhältnis als *sales-type lease* eingeordnet werden, so hat der Leasinggeber in Höhe der vereinbarten Mindestleasingraten und des Restwertes eine Bruttoforderung (*gross investment*) auszuweisen (ASC 840-10-25-1a). Die Differenz zwischen dieser Bruttoforderung und dem Marktwert des *asset* (= Verkaufspreis inkl. Gewinnaufschlag bzw. Barwert der Leasingraten) ist als unrealisierte Zinseinnahme abzugrenzen (*unearned deferred income*) und über die Vertragsdauer aufzulösen (ASC 840-10-25-1b; KPMG [2007], S. 242). Der Barwert der Mindestleasingraten ist unter dem Posten Umsatzerlöse in der GuV zu verbuchen, die Anschaffungskosten (inkl. der Abschlusskosten des Leasingvertrags (*initial direct cost*) und abzüglich des Barwerts des geschätzten Restwerts zum Vertragsende) bzw. der Buchwert des Leasingobjekts werden innerhalb der Herstellungskosten des Umsatzes in der GuV ausgewiesen (ASC 840-10-25-1c; weitere Ausführungen vgl. Kieso, D. E./Weygandt, J. J./Warfield, T. D. [2013], S. 1296 ff.).

Direct financing lease

Bei einem *direct financing lease* wird in der GuV des Leasinggebers kein einem Verkaufsgeschäft ähnlicher Umsatzerlös, sondern lediglich ein Zinsertrag in jeder Periode ausgewiesen. Weiterhin werden die Abschlusskosten des Leasingvertrags nicht bei Vertragsbeginn als Aufwand erfasst, sondern erhöhen die zu verbuchende Forderung und werden über die Laufzeit des Leasingvertrages GuV-wirksam aufgelöst (vgl. Kieso, D. E./Weygandt, J. J./Warfield, T. D. [2013], S. 1286 f.; KPMG [2007], S. 213).

Leveraged lease

Kann das Leasingverhältnis als *leveraged lease* klassifiziert werden, erfolgt die Bilanzierung fast wie beim *direct financing lease*; der wesentliche Unterschied besteht darin, dass die Forderung netto, d. h. abzüglich des unkündbaren Kredits auszuweisen ist (ASC 840-30-30-14, ASC 840-30-25-8).

Bilanzierung von operating leases nach US-GAAP

Gemäß ASC 840-20 hat der Leasinggeber bei einem *operating lease* den Leasinggegenstand unter dem Posten »*property, plant and equipment*« zu aktivieren und über die betriebsgewöhnliche Nutzungsdauer abzuschreiben; daneben sind die eingehenden Leasingraten GuV-wirksam zu erfassen. Die Abschlusskosten des Leasingvertrages sind abzugrenzen und über die Vertragslaufzeit GuV-wirksam aufzulösen. Handelt es sich nur um unwesentliche Beträge, kann auch eine sofortige Aufwandsverbuchung vorgenommen werden.

Beim *operating lease* wird der Leasinggegenstand nicht beim Leasingnehmer bilanziert; die Leasingraten stellen für ihn Aufwand des Geschäftsjahrs dar und fließen entsprechend in die GuV ein.

IV. Exposure Draft 2013 zur Bilanzierung von Leasingverhältnissen

Exposure Draft »Leases«

Im Rahmen des Überarbeitungsprojekts zur Leasingbilanzierung veröffentlichte das IASB zusammen mit dem FASB im Mai 2013 den zweiten Exposure Draft ED/2013/6 »*Leases*«. Eine umfassende Reform der internationalen Leasingbilanzierung wird seit Längerem angestrebt. Bereits 2010 gab das IASB gemeinsam mit dem FASB einen ersten Standardentwurf heraus. Die Auswirkungen der weitreichenden Änderungen stießen jedoch auf starke Kritik, woraufhin das IASB sich zu einer weiteren Überarbeitung des Standardentwurfs entschied.

Wie bereits im ersten Standardentwurf soll die zukünftige Leasingbilanzierung nach dem *right of use*-Ansatz erfolgen. Damit ist die viel kritisierte außerbilanzielle Erfassung von Leasinggeschäften – entsprechend dem *operating lease* – nicht mehr möglich. In der Praxis ist es bisher üblich, Leasingverträge so zu gestalten, dass daraus beim Leasingnehmer bilanziell ein *operating lease* resultiert. Nach Einschätzung der Standardsetter führt dies zu verzerrten Finanzinformationen, da nicht alle Leasingverhältnisse bilanziell erfasst sind. Hingegen wurde das weitere Ziel eines einheitlichen Bilanzierungsmodells für alle Leasinggeschäfte nicht umgesetzt.

Klassifizierung der Leasingverhältnisse

Nach ED/2013/6 werden Leasingverhältnisse unterschieden in Typ A und Typ B, abhängig davon, in welchem Umfang der Leasingnehmer das Nutzenpotenzial des Leasingobjekts verbraucht (ED/2013/6.28). Unter Typ A-Leasingverhältnisse fallen i. d. R. alle Leasingverhältnisse, bei denen die Leasingobjekte Mobilien sind, während unter Typ B i. d. R. Leasingverhältnisse über Immobilien zu subsumieren sind. Dabei wird die widerlegbare Vermutung unterstellt, dass bei einem Mobilien-Leasingverhältnis nach Typ A die Leasinglaufzeit einen wesentlichen Teil der wirtschaftlichen Nutzungsdauer einnimmt und der Barwert der Leasingzahlungen im Wesentlichen dem *fair value* des Leasingobjekts entspricht. Sollten eines oder beide Kriterien nicht erfüllt sein, ist die Klassifizierung als Typ B vorzunehmen (ED/2013/6.29). Hingegen wird bei einem Immobilien-Leasingverhältnis nach Typ B angenommen, dass die Leasingdauer nur einen unwesentlichen Teil der Nutzungsdauer umfasst und der Barwert der Leasingzahlungen keinen wesentlichen Teil des *fair value* ausmacht. Analog erfolgt hier die Klassifizierung als Typ A, falls eines oder beide Kriterien nicht erfüllt sind (ED/2013/6.30). Somit wird ein Immobilien-Leasingverhältnis, das aufgrund der Leasingdauer und Leasingzahlungen eher einem Kauf mit Finanzierung entspricht, als Typ A klassifiziert. Im umgekehrten Fall wird ein Mobilien-Leasingverhältnis als Typ B klassifiziert, falls die Leasingdauer und Leasingzahlungen einem (kurzfristigen) Mietverhältnis entsprechen (z. B. die Anmietung einer Maschine zur Überbrückung eines Kapazitätsengpasses).

Bilanzierung beim Leasingnehmer

Unabhängig von der Klassifizierung in Typ A und B hat der Leasingnehmer zu Beginn des Leasingverhältnisses ein Nutzungsrecht und korrespondierend dazu eine Leasingverbindlichkeit in der Bilanz anzusetzen (ED/2013/6.37). Die

Bewertung erfolgt jeweils zum Barwert der Leasingzahlungen. Mit dem Nutzungsrecht aktiviert werden auch anfängliche direkte Kosten (ED/2013/6.38 ff.).

- Typ A

Zur Folgebewertung der Typ A-Leasingverbindlichkeiten sind die tatsächlichen Leasingzahlungen in einen Zins- und einen Tilgungsanteil aufzuteilen. Der Zinsaufwand, der zur Aufzinsung der Leasingverbindlichkeit nötig wird, errechnet sich anhand der Effektivzinsmethode. Der Tilgungsanteil ergibt sich anschließend dann als Differenz zwischen der tatsächlichen Leasingzahlung und dem errechneten Zinsaufwand (ED/2013/6.41 ff.). Die Leasingverbindlichkeit wird um den Tilgungsanteil vermindert und der Zinsanteil wird als Zinsaufwand verbucht. Das Nutzungsrecht unterliegt in der Folge der planmäßigen Abschreibung (ED/2013/6.47 ff.). I. d. R. erfolgt die Abschreibung linear und erstreckt sich über den kürzeren Zeitraum aus Leasingdauer und wirtschaftlicher Nutzungsdauer.

- Typ B

In der Folgebewertung bei Typ B-Leasingverhältnissen sind die gesamten Leasingzahlungen linear als Leasingaufwand über die Laufzeit zu verteilen (ED/2013/6.42(b)). Der errechnete Sollleasingaufwand in der GuV beinhaltet die Zinsen sowie die Abschreibung des Nutzungsrechts. Wie bei Typ A sind auch hier die tatsächlichen Leasingzahlungen in den Tilgungs- und Zinsanteil aufzuspalten. Der Tilgungsanteil mindert zwar wiederum die Leasingverbindlichkeit, jedoch wird der Zinsanteil nicht eigens als Zinsaufwand erfasst. Das Nutzungsrecht ist um die Differenz aus (linear verteiltem) Sollleasingaufwand und errechnetem Zinsanteil zu vermindern (ED/2013/6.50 ff.).

Somit ergeben sich Unterschiede zwischen Typ A- und Typ B-Leasingverhältnissen in der Abschreibung des Nutzungsrechts und Ausweis des Leasingaufwands in der GuV. Während bei Typ A der Zinsaufwand in das Finanzergebnis und die Abschreibung in das operative Ergebnis einfließen, wird bei Typ B der gesamte lineare Leasingaufwand im operativen Ergebnis gezeigt.

Bilanzierung beim Leasinggeber

Die Bilanzierung beim Leasinggeber erfolgt bereits zu Beginn des Leasingverhältnisses in Abhängigkeit der Klassifizierung. Liegt ein Leasingverhältnis des Typs A vor, so hat der Leasinggeber das Leasingobjekt zu Beginn auszubuchen und stattdessen eine Leasingforderung sowie einen Restvermögenswert einzubuchen. Ein daraus resultierender Gewinn oder Verlust ist in der GuV zu erfassen (ED/2013/6.68). Der Restvermögenswert stellt dabei das verbleibende Nutzenpotential des Leasingobjekts für den Leasinggeber dar (ED/2013/6.A). Die Leasingforderung wird mit dem Barwert der Leasingzahlungen angesetzt. Anfängliche direkte Kosten sind hinzuzurechnen. Für die Folgebewertung sind die Leasingzahlungen – analog der Vorgehensweise beim Leasingnehmer – in Zinsanteil und Tilgungsanteil anhand der Effektivzinsmethode aufzuspalten. Der Restvermögenswert ist ebenfalls aufzuzinsen (ED/2013/6.69 ff.).

Bei Typ B Leasingverhältnissen ist die Bilanzierung ähnlich dem Modell des *operating lease* vorzunehmen. Der Leasinggegenstand verbleibt in der Bilanz des Leasinggebers, wobei sich die Bilanzierung nach den einschlägigen Standards richtet. Die Leasingzahlungen sind linear (oder nach einer anderen Systematik) über die Leasingdauer als Ertrag zu erfassen (ED/2013/6.93 ff.).

Besonderheiten

Die einzige Ausnahme von der dargestellten Bilanzierung stellen kurzfristige Leasingverhältnisse mit einer Leasingdauer bis zu 12 Monaten dar. Diese können analog den bisherigen Vorschriften für ein *operating lease* behandelt werden (ED/2013/6.118 ff.). Allerdings sind zur Bestimmung der Leasingdauer sämtliche

Verlängerungsoptionen einzurechnen. Enthält die Leasingvereinbarung eine Kaufoption, stellt das Leasingverhältnis in keinem Fall ein kurzfristiges dar (ED/2013/6.A).

Kritik am Exposure Draft

Bereits beim ersten Standardentwurf war festzustellen, dass durch den *right of use*-Ansatz die Leasingbilanzierung komplexer wird, da bei jedem Leasinggeschäft für das Nutzungsrecht und die Leasingverbindlichkeit eine Erst- und Folgebilanzierung durchzuführen ist. Eine gewisse Reduzierung der Komplexität wurde im zweiten Entwurf durch die getrennte Regelung für kurzfristige Leasingverhältnisse erreicht.

Weiterhin sind auch beim zweiten Entwurf in Bezug auf die Umsetzung praktische Probleme anzuführen. Um die Nutzungsrechte und Verbindlichkeiten entsprechend den neuen Vorschriften bilanzieren zu können, ist die Erfassung und Pflege detaillierter Informationen der Leasingverträge erforderlich. Dies bedeutet insbesondere für Unternehmen mit einer Vielzahl an Leasingverträgen, die bisher als *operating lease* klassifiziert wurden, einen enormen Aufwand, da auch bestehende Leasingverhältnisse retrospektiv nach den neuen Regelungen abzubilden sind (ED/2013/6.C2). Folglich werden zahlreiche Unternehmen mit einer hohen Anzahl an Leasingverträgen ihre internen Informationssysteme umstellen müssen, um die dafür erforderlichen Informationen bereitstellen zu können.

Das Ziel, die außerbilanzielle Abbildung der Leasinggeschäfte beim Leasingnehmer einzudämmen, sollte mit der neuen Regelung erfüllt sein. Von einer einheitlichen bilanziellen Behandlung aller Leasinggeschäfte – wie noch im ersten Standardentwurf vorgesehen – ist der neue Standardentwurf allerdings wieder abgerückt. Ähnlich zur Leasingbilanzierung nach IAS 17 ist auch nach dem ED/2013/6 für jedes Leasinggeschäft eine Klassifizierung vorzunehmen, wobei auf den bekannten Laufzeit- und Barwerttest zurückzugreifen ist. Damit werden erneut Spielräume für Ermessensentscheidungen in der Klassifizierung und Sachverhaltsgestaltungen eröffnet. Die spezielle Behandlung kurzfristiger Leasingverhältnisse schafft weiteren – wenn auch nur geringen – Gestaltungsspielraum (vgl. Fülbier, R.-U./Eckl, E./Fehr, J. [2013], S. 857).

Trotz der fast einheitlichen Kritik am Standardentwurf wird der Großteil der Auswirkungen nur bestimmte Branchen hart treffen, wie den Einzelhandel und die Luftfahrtindustrie (vgl. Kroner, M./Leuchtenstern, S./Ranker, D. [2010], S. 539). Auch wenn der finale Standard abzuwarten bleibt, ist abzusehen, dass die Leasingbilanzierung aufgrund der zunehmenden Komplexität in Zukunft ein großes Maß an zusätzlichen Ressourcen beanspruchen wird.

Kontrollfragen:

Nationale Normen:

1. Wozu gehört das Werkzeug in einer Werkzeugfabrik: zum Anlagevermögen oder zum Umlaufvermögen (HGB)?
2. Werden Grund und Boden und die aufstehenden Gebäude getrennt ausgewiesen?
3. Wo wird die Belüftungsanlage einer Fabrikhalle aktiviert: bei den technischen Anlagen und Maschinen, zusammen mit dem Grundstück und dem Gebäude oder unter Betriebs- und Geschäftsausstattung?

4. Dem Bilanzierenden gehört ein Haus auf fremdem Grund; in wessen Bilanz erscheint dieses Gebäude, in der des Eigentümers des Gebäudes oder in der des Grundeigentümers?
5. Was besagt das gemilderte Niederstwertprinzip gemäß HGB?
6. Wie werden die Abbruchkosten eines Gebäudes behandelt, das zusammen mit dem Grundstück in der Absicht erworben wurde, darauf ein neues Gebäude zu errichten?
7. Worin besteht die Erleichterung für den Bilanzierenden bei der Anwendung des Festwertverfahrens, und welche Voraussetzungen müssen dabei erfüllt sein?
8. Worin besteht der Unterschied zwischen der statischen und dynamischen Interpretation der Abschreibung?
9. Was sind kalkulatorische Abschreibungen?
10. Welche Abschreibungsmethode liefert mehr Informationen für den Bilanzleser: die direkte oder die indirekte Abschreibung?
11. Nach welchen Kriterien lassen sich die verschiedenen Abschreibungsarten unterscheiden?
12. Was ist eine planmäßige Abschreibung i. S. des HGB? Welche Bestandteile muss der Abschreibungsplan enthalten?
13. Muss bei der Abschreibungsberechnung ein geschätzter Restwert berücksichtigt werden?
14. Worin besteht der Unterschied zwischen technischer und wirtschaftlicher Nutzungsdauer?
15. Erläutern Sie die wichtigsten Abschreibungsverfahren, und nehmen Sie zu ihrer handels- und steuerrechtlichen Zulässigkeit Stellung!
16. Muss der durch das gewählte Abschreibungsverfahren sich ergebende Buchwert genau dem jeweiligen Abnutzungswert entsprechen?
17. Wie wird die Abschreibung im Jahr des Zugangs eines Anlagegegenstandes berechnet?
18. Was wird unter der degressiven Gebäudeabschreibung verstanden?
19. Wie wird der Zerstörung einer Maschine durch Brand Rechnung getragen?
20. Was wird unter geringwertigen Wirtschaftsgütern verstanden und wie werden sie bilanziell behandelt?
21. Wie ist zu verfahren, wenn nachträglich der Grund für eine außerplanmäßige Abschreibung eines Anlagegegenstandes entfällt?
22. Erläutern Sie die grundlegenden Merkmale des Anlagespiegels gemäß § 268 Abs. 2 HGB!

23. Wie sind immaterielle Vermögensgegenstände oder Wirtschaftsgüter in der Handels- und Steuerbilanz zu behandeln?
24. Wie sind immaterielle Vermögenswerte zu behandeln, die im Rahmen einer Unternehmensakquisition erworben werden?
25. Was verkörpert der Firmen- oder Geschäftswert und wie ist er nach HGB und Steuerrecht zu behandeln?
26. Wie ist der Firmenwert abzuschreiben?
27. Unter welchen Bedingungen dürfen Gegenstände, die ein Betrieb im Wege des Finanzierungsleasings beschafft hat, nicht in der Steuerbilanz des betreffenden Unternehmens ausgewiesen werden?
28. Was wird unter Vollamortisations- bzw. Teilamortisationsverträgen verstanden?
29. Welche steuerrechtlichen Konsequenzen hat die Vereinbarung einer Kauf- bzw. Mietverlängerungsoption im Rahmen von Leasingverträgen?
30. Wie sind Leasingverträge in der Handelsbilanz zu behandeln?

Internationale Normen:

31. Bezüglich der Frage unter Ziffer 1: Wozu gehört das Werkzeug in einer Werkzeugfabrik: zu *current* oder *non-current asset* (IFRS)
32. Welche Abschreibungsverfahren sind nach IFRS zulässig?
33. Wie lautet die Antwort auf Frage 21 nach den Regeln von IFRS?
34. Was ist unter *investment property* nach IFRS zu verstehen und wie wird es bilanziert?
35. Wie sind immaterielle *assets* im Abschluss nach IFRS zu behandeln?
36. Wie ist der Firmenwert abzuschreiben? Erläutern Sie die Unterschiede gemäß HGB und IFRS!
37. Welcher Unterschied ergibt sich bei der Behandlung der Forschungs- und Entwicklungskosten gemäß HGB und IFRS?
38. Welche Kriterien eines Leasingvertrages führen gemäß IFRS zu *finance lease*?
39. Wie sind Leasingverträge im IFRS-Abschluss zu berücksichtigen?
40. Welche Zielsetzung liegt der Aktivierungsvoraussetzung »entgeltlicher Erwerb« zugrunde? Gilt dieses Kriterium auch nach IFRS?

4. Kapitel: Bilanzierung des Vorratsvermögens

Das folgende Kapitel beschäftigt sich mit der Bilanzierung des am Ende des Jahres zum wirtschaftlichen Eigentum eines Unternehmens gehörenden Vorratsvermögens. Zunächst werden die Grundlagen und Bewertungsvorschriften dieses Bereiches nach den Bilanzierungsstandards HGB, IFRS und US-GAAP dargestellt (Abschnitt A bis C). Abschließend wird auf die Sonderproblematik der langfristigen Fertigungsaufträge eingegangen (Abschnitt D).

A. Bilanzierung des Vorratsvermögens nach nationalen Normen

I. Ansatz und Ausweis der Vorräte nach nationalen Normen

Definition: Vorräte

Vorräte sind Vermögensgegenstände, die zum Einsatz in der Produktion, bei der Erbringung von Dienstleistungen oder zur Weiterveräußerung angeschafft oder selbst erstellt wurden. Ihr Ausweis erfolgt grundsätzlich im Bereich des Umlaufvermögens.

Vorräte

Kapitalgesellschaften haben die Vorräte zu untergliedern in (§ 266 Abs. 2 B. I. HGB):

1. Roh-, Hilfs- und Betriebsstoffe;
2. Unfertige Erzeugnisse, unfertige Leistungen;
3. Fertige Erzeugnisse und Waren;
4. Geleistete Anzahlungen.

Besonders bei mehrstufigen Verarbeitungsbetrieben kann die Abgrenzung der einzelnen Gruppen fließend sein, sofern diese ihre Erzeugnisse in verschiedenen Stadien der Fabrikation verkaufen, teils selbst herstellen und teils kaufen. In einem derartigen Fall ist ein gesonderter Ausweis mit der in dem betreffenden Geschäftszweig gebräuchlichen Bezeichnung zweckmäßig.

Roh-, Hilfs- und Betriebsstoffe

Zu den Rohstoffen zählen alle Stoffe, die unmittelbar in das Fertigprodukt eingehen und dessen Hauptbestandteil bilden. Hilfsstoffe gehen ebenfalls in das fertige Erzeugnis ein, stellen jedoch nur einen untergeordneten Bestandteil dar (z. B. Nägel). Betriebsstoffe bilden keinen Bestandteil des fertigen Erzeugnisses. Vielmehr werden sie bei der Herstellung unmittelbar oder mittelbar verbraucht (z. B. Brennstoffe, Schmiermittel).

Unfertige Erzeugnisse, unfertige Leistungen

Zu den unfertigen Erzeugnissen rechnet man alle Vorräte an noch nicht verkaufsfähigen Produkten, für die durch Be- oder Verarbeitung im eigenen Betrieb bereits Aufwendungen entstanden sind. Unfertige Leistungen fallen dementsprechend insbesondere bei Dienstleistungsunternehmen an. Rechtlich sind diese unfertigen Leistungen im Gegensatz zu den unfertigen Erzeugnissen keine Sachen, sondern Forderungen. Eine Zusammenfassung von unfertigen Erzeugnissen und Leistungen in einem Posten erscheint deshalb wegen der unterschiedlichen Zugriffsmöglichkeiten der Gläubiger der Gesellschaft bedenklich.

Langfristige Fertigungsaufträge

In Arbeit befindliche langfristige Fertigungsaufträge stellen bis zur Übernahme durch den Kunden (sog. Abnahme) und Endabrechnung unfertige Erzeugnisse des Herstellers dar (vgl. in diesem Kapitel, S. 229 ff.). Im Interesse einer verbesserten Klarheit und Übersichtlichkeit der Bilanz und um für externe Bilanzleser ersichtlich zu machen, welchen Anteil diese spezielle Art »unfertiger Erzeugnisse« an den Vorräten hat, kann es bei Unternehmen mit langfristiger Fertigung sinnvoll sein, solche angearbeiteten langfristigen Aufträge gesondert unter den Vorräten auszuweisen (als »in Arbeit befindliche Aufträge« oder »noch nicht abgerechnete Aufträge«).

Unfertige Bauten auf fremdem Grund und Boden

Ein besonderes Problem stellt die Errichtung von Bauwerken, Großanlagen u. Ä. auf einem Grundstück des Auftraggebers dar (sog. Bauten auf fremdem Grund und Boden). Wirtschaftlich gesehen sind sie bis zur Fertigstellung unfertige Erzeugnisse des Herstellers, rechtlich sind jedoch gemäß § 94 BGB die mit dem Grund und Boden fest verbundenen Sachen, also Gebäude und fest eingebaute Produktionsanlagen, wesentliche Bestandteile des Grundstücks und als solche (gemäß §§ 94, 946 BGB) juristisches Eigentum des Auftraggebers. Da jedoch bei der bilanziellen Beurteilung der Grundsatz der wirtschaftlichen Zugehörigkeit im Vordergrund steht, sind bilanzrechtlich auch unfertige Bauten auf fremdem Grund und Boden als unfertige Erzeugnisse des Herstellers zu behandeln. Um ihre besondere rechtliche Stellung zu verdeutlichen, ist jedoch ein gesonderter Ausweis unter entsprechender Bezeichnung (z. B. »in Arbeit befindliche Bauaufträge«) innerhalb der Vorräte geboten.

Fertigerzeugnisse, Waren

Als Fertigerzeugnisse bzw. Waren werden die selbst gefertigten bzw. gekauften Vorräte bezeichnet, die das Stadium der Versandfertigkeit erreicht haben. Hier sind also auch solche Fertiggüter auszuweisen, die von anderen Unternehmen bezogen und ohne wesentliche Weiterverarbeitung im eigenen Betrieb als Zubehör zu den eigenen Fertigerzeugnissen weiterveräußert werden (z. B. Lichtanlagen für Automobile). Fertige Leistungen werden in diesem Posten nicht ausgewiesen, da bei Fertigstellung einer Leistung die Forderung auf das Leistungsentgelt zu bilanzieren ist (vgl. Beck'scher Bilanzkommentar [2012], § 247 Tz. 67).

Vermietete Erzeugnisse

Zur Vermietung bestimmte Erzeugnisse (z. B. EDV- und Telefonanlagen oder Maschinen), die im Rahmen des Operating-Leasing vermietet werden sollen, sind ebenfalls unter den fertigen Erzeugnissen zu bilanzieren. Sobald diese Gegenstände vermietet werden, könnten sie – sofern kein Ausweis als Sonderposten im Anlagevermögen oder zwischen Anlage- und Umlaufvermögen erfolgt – in einem zusätzlichen Bilanzposten »Vermietete Erzeugnisse« im Umlaufvermögen im Anschluss an die fertigen Erzeugnisse ausgewiesen werden. Ein derartiges Vorgehen dient auch der Bilanzklarheit.

Geleistete Anzahlungen

Geleistete Anzahlungen stellen Vorleistungen eines Vertragspartners auf schwebende Geschäfte dar. Unter diesem Posten werden folglich Zahlungen der Gesellschaft an Dritte aufgrund abgeschlossener Lieferungs- oder Leistungsverträge bilanziert, für die Lieferung oder Leistung noch ausstehen. Anzahlungen auf Sachanlagen bzw. auf immaterielle Vermögensgegenstände sind nicht hier, sondern im Anlagevermögen unter A. II. 4. bzw. A. I. 4. auszuweisen.

Erhaltene Anzahlungen auf Bestellungen dürfen gemäß § 268 Abs. 5 Satz 2 HGB von dem Posten »Vorräte« offen abgesetzt werden, sofern der Ausweis nicht unter den Verbindlichkeiten erfolgt (vgl. 7. Kapitel, S. 416). Eine derartige Saldierung ist insoweit zweckmäßig, wie die Anzahlungen bearbeitete, aber noch nicht abgerechnete Vorräte betreffen.

Erhaltene Anzahlungen

Gemäß § 246 Abs. 1 Satz 2 HGB sind Vermögensgegenstände nur in die Bilanz aufzunehmen, wenn sie sich im wirtschaftlichen Eigentum des Bilanzerstellers befinden, sofern gesetzlich nichts anderes bestimmt ist. Entsprechend der erörterten Abgrenzung des Betriebsvermögens nach wirtschaftlichen Gesichtspunkten (vgl. 2. Kapitel, S. 82) bleibt bei gekauften und verkauften Vorräten der Eigentumsvorbehalt (§ 449 BGB) solange unberücksichtigt, wie er nicht (z. B. bei Zahlungsverzug) geltend gemacht wird. Entsprechendes gilt auch für den verlängerten Eigentumsvorbehalt, der dem Lieferanten ein Eigentumsrecht an solchen Forderungen gewährt, die durch Weiterverkauf der gelieferten Ware erworben werden. Auch eine Sicherungsübereignung schließt den Ausweis des betreffenden Gegenstandes unter den Vorräten nicht aus (§ 246 Abs. 1 HGB). Trotz Lagerung bei der Gesellschaft sind jedoch solche Waren nicht mehr auszuweisen, die nicht zur Sicherheit, sondern z. B. durch Konnossement (= Seefrachtbrief) oder Lagerschein (§ 363 HGB) bereits endgültig übereignet sind.

Eigentumsvorbehalt, Sicherungsübereignung

Der Zeitpunkt der Bilanzierung von Waren wird grundsätzlich durch ihren Ein- oder Ausgang bestimmt. In Zusammenhang mit dem Ausweis von Waren tauchen allerdings verschiedene Bilanzierungsprobleme auf. Wurden gekaufte Waren noch nicht geliefert und noch nicht bezahlt, so entspricht es den Grundsätzen ordnungsmäßiger Buchführung, sie nicht in die Bilanz aufzunehmen. Bei bereits erfolgtem Gefahrenübergang können unterwegs befindliche Waren jedoch im Warenbestand des Käufers auch dann verbucht werden, wenn der Käufer noch nicht seine Verfügungsmacht mittels Konnossement, Lagerschein etc. nachweisen kann. Soll die auf dem Transport befindliche Ware (Unterwegs-Ware) in die Bilanz des Empfängers aufgenommen werden, so ist zur Vermeidung von Gewinnverzerrungen die entsprechende Verbindlichkeit gleichzeitig zu bilanzieren. Verkaufte Waren erlauben im Allgemeinen erst nach Erfüllung der vertraglichen Verpflichtungen durch den Verkäufer und erfolgtem Gefahrenübergang auf den Käufer das Ausbuchen der Waren und den Ausweis einer entsprechenden Forderung.

Unterwegs-Ware

In Kommission gegebene Waren sind unter Waren und nicht als Forderungen auszuweisen. Analog dürfen in Kommission genommene Waren nicht aktiviert werden (vgl. 2. Kapitel, S. 81).

Kommissions-Ware

II. Bewertung der Vorräte nach nationalen Normen

Die Anschaffungs- oder Herstellungskosten bilden für alle Gegenstände des Umlaufvermögens und damit insbesondere für das Vorratsvermögen den Ausgangspunkt und gleichzeitig die Höchstgrenze der Bewertung (§ 253 Abs. 1 Satz 1 HGB). Entsprechend dem Vorsichtsprinzip wird dadurch der Ausweis unrealisierter Gewinne verhindert.

Anschaffungswertprinzip

Bewertung von Roh-, Hilfs-, Betriebsstoffen, Waren

Zu den Anschaffungskosten (vgl. 2. Kapitel, S. 95 ff.) als dem ursprünglichen Wertmaßstab für alle vom Unternehmen nicht selbst erstellte Vermögensgegenstände (Roh-, Hilfs-, Betriebsstoffe, Waren) zählen neben dem Anschaffungspreis abzüglich der Anschaffungspreisminderungen (Rabatte, Boni, Skonti etc.) alle Anschaffungsnebenkosten bis zum Ende des Beschaffungsvorgangs, sofern sie den Vermögensgegenständen einzeln zurechenbar sind (§ 255 Abs. 1 HGB).

Bewertung von unfertigen und fertigen Erzeugnissen

Durch den Transformationsprozess von Roh-, Hilfs- und Betriebsstoffen entstehen Herstellungskosten (§ 255 Abs. 2 HGB). Für unfertige und fertige Erzeugnisse stellen diese aktivierungsfähigen Kosten den Bewertungsmaßstab dar (vgl. im Einzelnen 2. Kapitel, S. 98 ff.). Nach den handelsrechtlichen Regelungen sind Material- und Fertigungskosten (jeweils Einzel- und Gemeinkosten) aktivierungspflichtige Bestandteile der Herstellungskosten, für allgemeine Verwaltungskosten und Fremdkapitalzinsen der direkt zurechenbaren Herstellungsfinanzierung besteht ein Aktivierungswahlrecht.

Strenges Niederstwertprinzip

Für die Vorratsbewertung gilt in der Handelsbilanz das aus dem Imparitätsprinzip resultierende strenge Niederstwertprinzip. Danach müssen alle Wertminderungen am Abschlussstichtag durch außerplanmäßige Abschreibungen berücksichtigt werden, auch dann, wenn diese voraussichtlich nicht von Dauer sind. Zur Erfassung der Wertminderung dient dabei der aus dem Börsen- oder Marktpreis abgeleitete Wert oder – falls ein solcher nicht feststellbar ist – der beizulegende Wert, der sich aus Wiederbeschaffungs- oder Reproduktionskosten ergibt (vgl. 2. Kapitel, S. 119). Dieser Korrekturwert ist nach § 253 Abs. 4 HGB zwingend anzusetzen, falls er am Bilanzstichtag unter den Anschaffungs- oder Herstellungskosten liegt. Zusätzliche Abschreibungen im Rahmen vernünftiger kaufmännischer Beurteilung bzw. zur Vorwegnahme künftiger Wertschwankungen (Verlustantizipation) sind nicht zulässig.

Bewertung der Vorräte in der Steuerbilanz

In der Steuerbilanz erfolgt die Bewertung der Wirtschaftsgüter des Vorratsvermögens nach den auch für das nicht abnutzbare Anlagevermögen geltenden Grundsätzen des § 6 Abs. 1 Nr. 2 EStG (vgl. ausführlich 2. Kapitel, S. 98 ff.). Die Anschaffungs- oder Herstellungskosten bilden danach, in Übereinstimmung mit dem HGB, die Wertobergrenze. Die in § 255 Abs. 2 Satz 3 HGB aufgeführten Wahlbestandteile der Herstellungskosten sind im Zuge der Einkommensteuer-Änderungsrichtlinien 2012 vom 25.03.2013 von einem Aktivierungswahlrecht zu einer steuerlichen Aktivierungspflicht (vgl. R 6.3 Abs. 1 EStR) umgewandelt worden. Im Allgemeinen ergibt sich dadurch ein Vollkostenansatz in der Steuerbilanz. Lediglich für Fremdkapitalzinsen besteht ein Wahlrecht, sofern die Voraussetzungen (vgl. § 255 Abs. 3 HGB) für den Einbezug in die Herstellungskosten erfüllt sind. Bei handelsrechtlicher Berücksichtigung müssen sie nach R 6.3 Abs. 5 EStR auch bei der steuerlichen Wertermittlung einbezogen werden. Zeitgleich mit den Einkommensteuer-Änderungsrichtlinien erging ein BMF-Schreiben, das dem Steuerpflichtigen bis auf Weiteres die Anwendung der Rechtslage vor der Richtlinienänderung erlaubt (vgl. BMF-Schreiben vom 25.03.2013, BMF [2013]). Somit darf bis zur Verifizierung des mit der Umsetzung verbundenen Erfüllungsaufwandes, spätestens aber bis zu einer Neufassung der Einkommensteuer-Richtlinien bei der Ermittlung der Herstellungskosten weiterhin nach der Richtlinie 2008 verfahren werden (vgl. BMF [2013]; siehe auch 2. Kapitel, S. 98 f.). Beim Vorliegen einer voraussichtlich dauerhaften Wertminderung kann gemäß § 6 Abs. 1 Nr. 2 Satz 2 EStG in der Steuerbilanz eine Teilwertabschreibung vorgenommen werden. Die frühere Abschreibungspflicht aufgrund der Maßgeblichkeit der Handelsbilanz für die Steuerbilanz ist gemäß BMF [2010a], Rn. 15 aufgehoben worden (vgl. ausführlich 2. Kapitel, S. 98, S. 121). Handelt es sich allerdings um nicht dauerhafte Wertminderungen, so ist in der Steuerbilanz gemäß § 6 Abs. 1 Nr. 2 EStG keine Grundlage für eine Teilwertabschreibung gegeben. Von der Dauerhaftigkeit einer Wertminderung kann dann in der Steuerbilanz ausgegangen werden, wenn der niedrigere Wert für die voraussichtliche Verweildauer eines Wirtschaftsgutes im Unternehmen angenommen werden kann.

Bestimmung des beizulegenden Wertes

Der relevante Markt für die Bestimmung des beizulegenden Wertes (siehe auch 2. Kapitel, S. 104) ist für Roh-, Hilfs- und Betriebsstoffe sowie für unfertige und fertige Erzeugnisse für die auch Fremdbezug möglich ist, der Beschaffungsmarkt (d. h. Wiederbeschaffungskosten). Handelt es sich dagegen um Überbestände an Roh-, Hilfs- und Betriebsstoffen oder um unfertige oder fertige Erzeugnisse, für die kein Fremdbezug möglich ist, so ist für deren beizulegenden Wert der Absatzmarkt maßgeblich. Eine niedrigere Bewertung ist demnach dann geboten, wenn die voraussichtlichen Verkaufserlöse abzüglich der Erlösminderungen und aller noch anfallenden Aufwendungen (z. B. Verwaltungs-, Verpackungs- oder Vertriebskosten) unter den Herstellungskosten liegen (Grundsatz der verlustfreien Bewertung). Steuerlich ist es außerdem zulässig, einen Gewinnzuschlag in Abzug zu bringen (R 6.8 Abs. 2 Satz 3 EStR; vgl. Schmidt EStG-Kommentar [2013], § 6 Tz. 257). Ein solches Vorgehen ist jedoch in der Handelsbilanz nach herrschender Literaturmeinung nicht zulässig (vgl. ADS [1995 ff.], § 253 Tz. 526; Beck'scher Bilanzkommentar [2012], § 253 Tz. 523). Bei Handelswaren und bei Überbeständen an unfertigen und fertigen Erzeugnissen wird sowohl der Absatzmarkt als auch der Beschaffungsmarkt berücksichtigt (vgl. hierzu Tabelle 4.1). Hierbei bestimmt sich der beizulegende Wert aus dem niedrigeren Wert aus Wiederbeschaffungskosten und Nettoveräußerungserlös.

	HGB		
	Roh-, Hilfs- und Betriebsstoffe (Normalbestand), fertige und unfertige Erzeugnisse (Fremdbezug möglich)	Roh-, Hilfs- und Betriebsstoffe (Überbestand), fertige und unfertige Erzeugnisse (Fremdbezug nicht möglich)	Handelswaren, fertige und unfertige Erzeugnisse (Überbestand)
Relevanter Markt	Beschaffungsmarkt	Absatzmarkt	Beschaffungs- und Absatzmarkt
Wertuntergrenze, beizulegender Wert	Wiederbeschaffungswert	Nettoveräußerungserlös	niedrigerer Wert aus Wiederbeschaffungswert und Nettoveräußerungserlös

Tab. 4.1: Relevanz des Absatz-/Beschaffungsmarktes

Wertaufholung

Sind die Gründe für eine in früheren Jahren vorgenommene außerplanmäßige Abschreibung zwischenzeitlich entfallen, so haben, unabhängig von der Rechtsform, alle Unternehmen nach § 253 Abs. 5 HGB im Umfang der Werterhöhung – jedoch maximal bis zu den Anschaffungs- oder Herstellungskosten – eine Zuschreibung vorzunehmen.

Gemäß § 6 Abs. 1 Nr. 2 Satz 3 EStG ist für bereits zum vergangenen Stichtag vorhandene Wirtschaftsgüter, deren Wertminderung voraussichtlich weiterhin dauerhaft ist, der Teilwert am Bilanzstichtag neu zu ermitteln. Eine Wertaufholung auf den Teilwert am Bilanzstichtag erfolgt dann, wenn dieser höher ist als am vorherigen Bilanzstichtag, wobei die Anschaffungs- oder Herstellungskosten nicht überschritten werden dürfen. Eine dauerhafte Wertminderung ist gegeben, wenn sie für die voraussichtliche Verweildauer des Wirtschaftsgutes im Unternehmen angenommen werden kann (vgl. Schmidt EStG-Kommentar [2013], § 6 Tz. 364). Eine volle Zuschreibung auf die Anschaffungs- oder Herstellungskosten wird dann vorgenommen, wenn sich herausstellt, dass die Wertminderung nur vorübergehend ist.

III. Bewertungsvereinfachungen

Abweichung vom Grundsatz der Einzelbewertung

Im Verlauf der Lagerung und Produktion von Vorräten kommt es oft zu einer Vermischung (z. B. bei Flüssigkeiten, Gasen, Schüttgütern). Die Ermittlung ihrer Anschaffungs- oder Herstellungskosten nach dem Grundsatz der Einzelbewertung ist bei sich ändernden Preisen schwierig oder manchmal sogar unmöglich, weil allenfalls nur mit großem Aufwand festgestellt werden kann, welche Partien verbraucht und welche noch im Bestand sind. Aus Wirtschaftlichkeitsgründen sind daher bei der Vorratsbewertung vom Grundsatz der Einzelbewertung abweichende Vereinfachungsregelungen zulässig. Die Vereinfachungen können in der Bildung von Gütergruppen liegen, welche summarisch statt einzeln bewertet werden (Gruppenbewertung), in der Schätzung der zugrunde zu legenden Gütermengen (Festbewertung) oder in der Verwendung von Verbrauchsfiktionen anstelle genauer Aufzeichnungen über den Vorratsgüterabgang (Sammelbewertung).

<table>
<tr><th colspan="3">Voraussetzungen für die Anwendung der Bewertungsvereinfachungsverfahren</th></tr>
<tr><th>Festbewertung
(§ 240 Abs. 3 HGB i. V. m. § 256 Satz 2 HGB)</th><th>Gruppenbewertung
(§ 240 Abs. 4 HGB i. V. m. § 256 Satz 2 HGB)</th><th>Sammelbewertung
(§ 256 Satz 1 HGB)</th></tr>
<tr><td rowspan="2">• Vermögensgegenstände des Sachanlagevermögens
• Roh-, Hilfs- und Betriebsstoffe
• regelmäßiger Ersatz
• nachrangige Bedeutung
• geringe Veränderungen des Bestandes bezüglich Größe, Wert und Zusammensetzung
• körperliche Bestandsaufnahme i. d. R. alle drei Jahre</td><td>• gleichartige Vermögensgegenstände des Vorratsvermögens
• sonstige gleichartige oder annähernd gleichwertige bewegliche Vermögensgegenstände</td><td>• gleichartige Vermögensgegenstände des Vorratsvermögens</td></tr>
<tr><td colspan="2">Gleichartigkeit wird konkretisiert durch:
• Zugehörigkeit zur gleichen Warengattung und annähernde Preisgleichheit
oder
• Funktionsgleichheit und annähernde Preisgleichheit

Gleichwertigkeit wird konkretisiert durch:
Preisabweichung innerhalb der Gütergruppe ≤ 20 %</td></tr>
</table>

Tab. 4.2: Bewertungsvereinfachungen nach HGB

Beachtung des Niederstwertprinzips

Mit der Schätzung von Gütermengen und Vorratsabgängen erfolgt gleichzeitig die Bestimmung der zugrunde liegenden Wertansätze. Bei den Bewertungsvereinfachungen handelt es sich jedoch nur um Verfahren zur vereinfachten Ermittlung der ursprünglichen Anschaffungs- oder Herstellungskosten und nicht um eigenständige Bewertungsmaßstäbe. Deshalb ist auch bei Anwendung dieser Verfahren das Niederstwertprinzip zu beachten, d. h. es ist an jedem Bilanzstichtag zu prüfen, ob nicht anstelle der so ermittelten Anschaffungs- oder Herstellungskosten ein niedrigerer Wertansatz (Börsen- oder Marktpreis, beizulegender Wert) angesetzt werden muss.

Voraussetzungen für Bewertungsvereinfachungen

Gemäß §§ 240 und 256 HGB ist Voraussetzung für die Anwendung der Gruppen- oder Sammelbewertung, dass es sich um gleiche oder gleichartige Güter handelt (vgl. ADS [1995 ff.], § 256 Tz. 80 ff.; Beck'scher Bilanzkommentar [2012], § 240 Tz. 135 f.). Tabelle 4.2 fasst die wesentlichen Anwendungsvoraussetzungen nach HGB zusammen.

Gleichartigkeit

Die Gleichartigkeit ist gegeben, wenn Vermögensgegenstände einer gleichen Warengattung angehören oder in ihrer Funktionalität gleich sind und in ihren Preisen annähernde Identität aufweisen. Zu einer Warengattung gehören beispielsweise Strümpfe verschiedener Farben und Größen, Tischdecken unterschiedlicher Form und Farbe oder Herrenanzüge einer Preislage. Funktionsgleich sind etwa Schrauben und Nägel. Die Grenzen der noch als gleichartig anzusehenden Gütergruppen können nach den Verhältnissen des Einzelfalles variieren.

Angabepflichten im Anhang

Ergeben sich bei Anwendung der Gruppen- oder Sammelbewertung erhebliche Unterschiede im Vergleich zu einer (höheren) Bewertung mit dem Börsen- oder Marktpreis, so sind nach § 284 Abs. 2 Nr. 4 HGB die Unterschiedsbeträge pauschal für jede Gruppe von Vermögensgegenständen im Anhang anzugeben (hiervon ausgenommen sind kleine Kapitalgesellschaften gemäß § 288 Abs. 1 HGB). Diese Angaben sollen dazu beitragen, dass trotz der Anwendung von Bewertungsvereinfachungen ein den tatsächlichen Verhältnissen entsprechendes Bild der Vermögens-, Finanz- und Ertragslage gewährleistet wird.

Keine Maßgeblichkeit

Soweit sowohl handels- als auch steuerrechtliche Wahlrechte für die Bewertungsvereinfachungsverfahren bestehen, gilt keine Maßgeblichkeit der Handels- für die Steuerbilanz, da gemäß § 5 Abs. 1 Satz 1 Halbsatz 2 EStG die Wahlrechte in der Handels- und Steuerbilanz unterschiedlich ausgeübt werden können. Im Folgenden werden die Verfahren in ihrer reinen Form erläutert. In der Praxis kommen jedoch auch Mischformen vor.

1. Festbewertung

Festwert

Die Ermittlung von Gütermengen muss grundsätzlich durch genaues Zählen, Messen oder Wiegen erfolgen. Roh-, Hilfs- und Betriebsstoffe ebenso wie Vermögensgegenstände des Sachanlagevermögens, deren Gesamtwert für das Unternehmen von nachrangiger Bedeutung ist und deren Bestand in seiner Größe, seinem Wert und seiner Zusammensetzung nur geringen Schwankungen unterliegt, weil sich erfahrungsgemäß Verbrauch und Neuzugänge bei weitgehend unveränderten Preisen in etwa entsprechen, dürfen nach § 240 Abs. 3 HGB i. V. m. § 256 Satz 2 HGB mit einem Festwert angesetzt werden. Dieser Festwert ist i. d. R. nur alle drei Jahre durch eine körperliche Bestandsaufnahme zu überprüfen. Im Übrigen bleibt der Wertansatz unverändert, während die Zugänge als Materialaufwand verbucht werden.

Zulässigkeit der Festbewertung

Ein solches Vorgehen bei der Vorrätebewertung ist sowohl in der Handels- wie auch in der Steuerbilanz unter den oben genannten Voraussetzungen zulässig. Steuerlich ist festgelegt, dass nur für den Fall, dass die Bestandsaufnahme einen Wert ergibt, der den des Festwertansatzes um mehr als zehn Prozent übersteigt, der bisherige Festwert solange um die Anschaffungs- und Herstellungskosten der im Festwert erfassten und im letzten Geschäftsjahr zugegangenen Wirtschaftsgüter aufzustocken ist, bis der neue Festwert erreicht wird (H 6.8 EStH i. V. m. R 5.4 Abs. 3 Satz 2 und 3 EStR; vgl. Schmidt EStG-Kommentar [2013], § 6 Tz. 618). Ein ähnliches Vorgehen scheint auch handelsrechtlich sinnvoll. Eine bei der Bestandsaufnahme festgestellte Wertminderung ist handelsrechtlich dagegen sofort zu erfassen. Steuerrechtlich kann bei einer Wertminderung eine Bewertung zum neuen, niedrigeren Festwert erfolgen (R 5.4 Abs. 3 Satz 4 EStR).

2. Gruppenbewertung

Gruppenbewertung

Bei gleichartigen Vermögensgegenständen des Vorratsvermögens und anderen gleichartigen oder annähernd gleichwertigen beweglichen Vermögensgegenständen darf nach § 240 Abs. 4 HGB i. V. m. § 256 Satz 2 HGB die Gruppenbewertung durchgeführt werden. Gleiches gilt für gleichartige Wirtschaftsgüter (R 6.8 Abs. 4 EStR; vgl. Schmidt EStG-Kommentar [2013], § 6 Tz. 625). Die Gleichwertigkeit von Vermögensgegenständen, auf die im HGB ausdrücklich hingewiesen wird, genügt nach herrschender Auffassung zumindest dann nicht den GoB, wenn völlig unterschiedliche Vermögensgegenstände nur deshalb zu einer Gruppe zusammengefasst werden sollen, weil sie zufällig annähernd gleiche Anschaffungskosten haben. Vielmehr müssen auch bei gleichwertigen beweglichen Vermögensgegenständen noch andere gemeinsame Merkmale für eine Gruppenbewertung sprechen (z. B. gleicher Verwendungszweck) (vgl. Beck'scher Bilanzkommentar [2012], § 240 Tz. 135 ff.).

Gewogener Durchschnittswert

Bei unterschiedlichen Preisen der zusammengefassten Güter reicht es nach § 240 Abs. 4 HGB – wie im Steuerrecht (vgl. Schmidt EStG-Kommentar [2013], § 6 Tz. 625) – nicht aus, einen auf Schätzungen oder Erfahrungen vergangener Jahre beruhenden Durchschnittswert zu verwenden und somit auf eine exakte Einzelrechnung zu verzichten. Vielmehr wird die Bewertung mit dem gewogenen Durchschnittspreis gefordert. Die gewogene Durchschnittsmethode kann als einfach gewogene oder als gleitend gewogene Durchschnittsmethode auftreten.

Die Durchschnittsmethode zählt zu den verbreitetsten Bewertungsvereinfachungsverfahren in der Praxis. Aus den Anfangsbeständen und den Zugängen während des Geschäftsjahres wird ein gewogener Durchschnittspreis gebildet, mit dem sowohl die Abgänge als auch der Endbestand bewertet werden.

Zulässigkeit der Durchschnittsmethode

Sowohl die einfach gewogene als auch die gleitend gewogene Durchschnittsmethode sind gleichermaßen nach Handels- und Steuerrecht zulässig (§ 240 Abs. 4 i. V. m. § 256 Satz 2 HGB; R 6.8 EStR; vgl. Schmidt EStG-Kommentar [2013], § 6 Tz. 628). Die handelsrechtlich zulässigen Verfahren der Gruppenbewertung – und der Sammelbewertung (vgl. in diesem Kapitel, S. 220 ff.) – werden in den folgenden Beispielen erläutert, die allesamt auf denselben Ausgangsdaten beruhen. Es handelt sich dabei um das Materialbestandskonto einer Unternehmung, das die folgenden Bewegungen aufweist:

01.01.	Anfangsbestand	150 kg	à 40 GE/kg
19.01.	Zugang	250 kg	à 42 GE/kg
01.02.	Abgang	100 kg	
05.07.	Zugang	200 kg	à 38 GE/kg
25.07.	Abgang	400 kg	
12.09.	Zugang	150 kg	à 43 GE/kg
22.11.	Abgang	50 kg	

Der Preis am Bilanzstichtag beträgt 42,80 GE/kg

Beispiel: Einfach gewogene Durchschnittsmethode

Anfangsbestand	150 kg à 40 GE	= 6.000 GE
+ Zugang	250 kg à 42 GE	= 10.500 GE
+ Zugang	200 kg à 38 GE	= 7.600 GE
+ Zugang	150 kg à 43 GE	= 6.450 GE
	750 kg	= 30.550 GE
– Abgänge	550 kg à 40,73 GE	= 22.403,33 GE
Endbestand	**200 kg à 40,73 GE**	**= 8.146,67 GE**

Durchschnittspreis: 30.550 / 750 = 40,73 GE/kg

Eine Verfeinerung lässt sich erreichen, wenn nach jedem Zugang sofort ein neuer Durchschnittspreis errechnet und jeder Abgang bis zum nächsten Zugang jeweils damit bewertet wird (gleitend gewogene Durchschnittsmethode). Die Anwendung der gleitenden Durchschnittsmethode setzt somit die genaue Erfassung der einzelnen Abgänge voraus.

Beispiel: Gleitend gewogene Durchschnittsmethode

01.01.	Anfangsbestand	150 kg à 40 GE	= 6.000 GE
19.01.	Zugang	250 kg à 42 GE	= 10.500 GE
	Bestand	400 kg	= 16.500 GE
	Durchschnittspreis	$\frac{16.500 \text{ GE}}{400}$	= 41,25 GE
01.02.	Abgang	100 kg à 41,25 GE	= 4.125 GE
	Bestand	300 kg	= 12.375 GE
05.07.	Zugang	200 kg à 38 GE	= 7.600 GE
	Bestand	500 kg	= 19.975 GE
	Durchschnittspreis	$\frac{19.975 \text{ GE}}{500}$	= 39,95 GE

25.07.	Abgang	400 kg à 39,95 GE	= 15.980 GE
	Bestand	100 kg	= 3.995 GE
12.09.	Zugang	150 kg à 43 GE	= 6.450 GE
	Bestand	250 kg	= 10.445 GE
	Durchschnittspreis	$\frac{10.445 \text{ GE}}{250}$	= 41,78 GE
22.11.	Abgang	50 kg à 41,78 GE	= 2.089 GE
	Endbestand	**200 kg à 41,78 GE**	**= 8.356 GE**

3. Sammelbewertung

Sammel-bewertung

Die Bewertung von Vorräten mit Hilfe der Verfahren der Sammelbewertung setzt voraus, dass es sich um gleichartige Vermögensgegenstände handelt.

Die nach Handelsrecht grundsätzlich zulässigen Sammelbewertungsmethoden in Form des Fifo- und Lifo-Verfahrens (§ 256 Satz 1 HGB) dürfen immer angewendet werden. Eine Ausnahme besteht nur dann, wenn sie im krassen Widerspruch zur Wirklichkeit stehen oder absolut undenkbar sind (vgl. ADS [1995 ff.], § 256 Tz. 18; Beck'scher Bilanzkommentar [2012], § 256 Tz. 28 f.).

Die Beispiele zu den folgenden Ausführungen beziehen sich auf das Materialbestandskonto einer Unternehmung (vgl. hierzu die Ausgangsdaten zum Beispiel der Durchschnittsmethode in diesem Kapitel, S. 219).

a) Fifo-Verfahren (first in – first out)

Fifo-Verfahren

Beim Fifo-Verfahren wird unterstellt, dass die jeweils ältesten Bestände an Vorratsgegenständen zuerst verbraucht oder veräußert werden. Am Jahresende befinden sich entsprechend dieser Fiktion nur noch die Bestände der zuletzt eingetroffenen Lieferungen auf Lager, die mit ihren Einstandspreisen bewertet werden. Wird die unterstellte Verbrauchsfolge eingehalten, so entspricht das Fifo-Verfahren dem Prinzip der Einzelbewertung zu Anschaffungskosten.

Beispiel: Fifo-Verfahren

Anfangsbestand	150 kg	à 40 GE		
+ Zugang	250 kg	à 42 GE		
+ Zugang	200 kg	à 38 GE		
+ Zugang	150 kg	à 43 GE		
	750 kg			
– Verbrauch	550 kg			
Endbestand	200 kg	150 kg à 43 GE	= 6.450 GE	
		50 kg à 38 GE	= 1.900 GE	
	200 kg		**= 8.350 GE**	**(41,75 GE/kg)**

Zulässigkeit des Fifo-Verfahrens im Steuerrecht

Steuerrechtlich ist die Anwendung des Fifo-Verfahrens grundsätzlich verboten (§ 6 Abs. 1 Nr. 2a EStG i. V. m. R 6.9 Abs. 1 EStR; vgl. Schmidt EStG-Kommentar [2013], § 6 Tz. 418). Es wird jedoch auch die Meinung vertreten, dass das Fifo-Verfahren dann zulässig ist, wenn die tatsächliche Verbrauchsfolge dem Fifo-Verfahren entspricht und dies vom Kaufmann glaubhaft gemacht werden kann (z. B. Hochsilo-Lagerung) (vgl. Beck'scher Bilanzkommentar [2012], § 256 Tz. 85). In diesem Fall wird der reale Verbrauch abgebildet, deshalb liegt keine Bewertung mit einer unterstellten – wie in R 6.9 Abs. 1 EStR vorgeschrieben – Verbrauchs- oder Veräußerungsfolge vor.

b) Lifo-Verfahren (last in – first out)

Lifo-Verfahren

Im Gegensatz zur Fifo-Methode geht das Lifo-Verfahren davon aus, dass die zuletzt beschafften Waren oder Bestände als erste die Unternehmung wieder verlassen. Der Bestand am Jahresende wird deshalb mit den Preisen der zuerst beschafften Mengen bewertet.

Beispiel: Perioden-Lifo-Verfahren

Anfangsbestand	150 kg	à 40 GE			
+ Zugang	250 kg	à 42 GE			
+ Zugang	200 kg	à 38 GE			
+ Zugang	150 kg	à 43 GE			
	750 kg				
– Verbrauch	550 kg				
Endbestand	200 kg	150 kg à 40 GE	=	6.000 GE	
		50 kg à 42 GE	=	2.100 GE	
	200 kg		**=**	**8.100 GE**	**(40,50 GE/kg)**

Permanentes Lifo, Perioden-Lifo

Man unterscheidet zwei Formen des Lifo-Verfahrens: Perioden-Lifo und permanentes Lifo. Während beim permanenten Lifo-Verfahren der Materialverbrauch fortlaufend mengen- und wertmäßig während des ganzen Jahres erfasst und nach der Methode *last in – first out* bewertet wird, bewertet man beim Perioden-Lifo den Bestand lediglich zum Ende des jeweiligen Geschäftsjahres. Für das Perioden-Lifo-Verfahren bedeutet dies, dass die verbrauchte Menge nur pauschal bekannt sein muss.

Zulässigkeit des Lifo-Verfahrens im Steuerrecht

Steuerrechtlich wird das Lifo-Verfahren gemäß § 6 Abs. 1 Nr. 2a EStG auch dann anerkannt, wenn die unterstellte Verbrauchsfolge der tatsächlichen nicht voll entspricht. Steht diese Methode allerdings im genauen Gegenteil zur tatsächlichen Verbrauchsfolge (z. B. bei leicht verderblichen Waren) und verstößt sie damit gegen die gemäß § 6 Abs. 1 Nr. 2a Satz 1 EStG zu beachtenden GoB, so darf sie nicht angewendet werden, da in diesem Fall nur die Fifo-Methode die Wirklichkeit richtig widerspiegelt (§ 6 Abs. 1 Nr. 2a EStG i. V. m. R 6.9 Abs. 2 EStR; vgl. Schmidt EStG-Kommentar [2013], § 6 Tz. 420).

Beispiel: Permanentes Lifo-Verfahren

01.01.	Anfangsbestand	150 kg à 40 GE	= 6.000 GE	
19.01.	Zugang	250 kg à 42 GE	= 10.500 GE	
			= 16.500 GE	
01.02.	Abgang	100 kg à 42 GE	= 4.200 GE	
			= 12.300 GE	
05.07.	Zugang	200 kg à 38 GE	= 7.600 GE	
			= 19.900 GE	
		200 kg à 38 GE	= 7.600 GE	
25.07.	Abgang 400 kg	150 kg à 42 GE	= 6.300 GE	
		50 kg à 40 GE	= 2.000 GE	
			= 4.000 GE	
12.09.	Zugang	150 kg à 43 GE	= 6.450 GE	
			= 10.450 GE	
22.11.	Abgang	50 kg à 43 GE	= 2.150 GE	
31.12.	**Endbestand**	**200 kg**	**= 8.300 GE**	**(41,50 GE/kg)**

c) Unzulässige Sammelbewertungsverfahren

Vor Inkrafttreten des BilMoG im Jahre 2009 galt auch das Hifo-Verfahren (*highest in – first out*) handelsrechtlich (nicht steuerrechtlich) als zulässig. Dieses stellt – wie das Lofo-Verfahren (*lowest in – first out*) – bei der Ermittlung der Anschaffungskosten des Lagerendbestandes nicht auf die zeitliche Abfolge der Lieferungen, sondern auf die Höhe des Preises bei Zugang ab.

Hifo-Verfahren

So geht das Hifo-Verfahren von der Unterstellung aus, dass die zu den höchsten Preisen erworbenen Vorratsgüter zuerst verbraucht werden. Da der Bestand am Jahresende auf diese Weise mit den niedrigsten Anschaffungskosten bewertet wird, kommt es zu einer extrem vorsichtigen Bilanzierung des Vorratsvermögens.

Lofo-Verfahren

Das Lofo-Verfahren geht von der Annahme aus, dass die Güter mit den niedrigsten Anschaffungskosten zuerst verbraucht oder veräußert werden, sodass der Endbestand stets mit den höchstmöglichen Wertansätzen bilanziert wird. Aufgrund dieser »Höchstbewertung« galt das Lofo-Verfahren als nicht zulässig, da es mit dem Vorsichtsprinzip konfligieren würde. Bei monoton steigenden Preisen entspricht der Wertansatz des Lofo-Verfahrens dem Wertansatz des Fifo-Verfahrens, bei monoton fallenden Preisen deckt er sich mit dem der Lifo-Bewertung.

Tabelle 4.3 zeigt, ob die für unterschiedliche Preisentwicklungen mit Hilfe der Sammelbewertungsverfahren ermittelten Wertansätze angesetzt werden können und wann Korrekturen gemäß dem strengen Niederstwertprinzip vorgenommen werden müssen.

Preisentwicklung	Durchschnittsmethode	Fifo-Methode	Lifo-Methode
konstant	Wertansatz zulässig	Wertansatz zulässig	Wertansatz zulässig
monoton steigend	Wertansatz zulässig (stille Reserven entstehen)	Wertansatz zulässig (stille Reserven entstehen, wenn die Bestände am Bilanzstichtage größer als der letzte Zugang sind)	Wertansatz zulässig (stille Reserven entstehen)
monoton fallend	Wertansatz unzulässig: Korrektur auf den niedrigeren Börsen- oder Marktpreis erforderlich!	Wertansatz zulässig, wenn der letzte Zugang größer oder gleich Bestand am Bilanzstichtag* Wertansatz unzulässig, wenn der letzte Zugang kleiner als Bestand: Korrektur auf den niedrigeren Börsen- oder Marktpreis erforderlich!	Wertansatz unzulässig: Korrektur auf den niedrigeren Börsen- oder Marktpreis erforderlich!
schwankend	Es ist immer zu prüfen, ob nicht eine Sonderabschreibung gemäß dem Niederstwertprinzip erforderlich geworden ist.		

* Diese Aussage gilt nur für den Fall, dass sich der Börsen- oder Marktpreis vom Tag des letzten Zugangs bis zum Bilanzstichtag nicht mehr verändert hat.

Tab. 4.3: Bewertungsvereinfachungsverfahren bei unterschiedlichen Preisentwicklungen

4. Retrograde Wertermittlung

Rückrechnung

Für bestimmte Unternehmen, z. B. Einzelhandelsgeschäfte, ist es häufig nicht oder nur schwer möglich, die Anschaffungskosten von Waren aus den Unterlagen festzustellen. Da sämtliche Waren schon beim Einkauf mit den Verkaufspreisen ausgezeichnet werden, ist es in der Handels- und Steuerbilanz zulässig, zur Feststellung der Anschaffungskosten vom Verkaufspreis auszugehen. Dieser ist um den für jede Warengruppe einheitlichen Rohgewinnaufschlag (Handelsspanne) zu kürzen (vgl. H 6.8 EStH; Beck'scher Bilanzkommentar [2012], § 255 Tz. 211 f.; Schmidt EStG-Kommentar [2013], § 6 Tz. 41). Die so ermittelten Anschaffungskosten verringern sich noch um erhaltene Preisnachlässe (Skonti, Boni, Rabatte).

B. Bilanzierung des Vorratsvermögens nach IFRS

I. Ansatz und Ausweis der Vorräte nach IFRS

Definition: Vorräte

Vorräte werden vom IASB als Vermögenswerte *(assets)* definiert (vgl. 2. Kapitel, S. 86 f.), die entweder im Rahmen des normalen Geschäftsablaufs zum Verkauf gehalten werden, die sich im Herstellungsprozess für einen derartigen Verkauf befinden oder die im Herstellungsprozess von Gütern und Dienstleistungen verbraucht werden (IAS 2.6). Explizit ausgenommen aus der Definition der Vorräte in IAS 2 sind Fertigungsaufträge (IAS 11), Finanzinstrumente (IAS 32, IAS 39 sowie IFRS 7 und IFRS 9) und biologische Vermögenswerte, die mit einer land- oder forstwirtschaftlichen Tätigkeit in Zusammenhang stehen (IAS 41).

Ausweis

IAS 1.68 schreibt für alle Gegenstände des Vorratsvermögens eine Erfassung als *current assets* in der Bilanz vor (a. A. ist ADS International [2002 ff.], Abschnitt 15, Tz. 147; dieser geht bei einem Überbestand an Vorräten von einer Erfassung im langfristigen Vermögen aus). In den IFRS ist kein starres Gliederungsschema für die Unterposten des Vorratsvermögens vorgegeben. Eine nach IAS 1.78c i. V. m. IAS 2.37 gebräuchliche Aufschlüsselung unterscheidet jedoch in Handelswaren (*merchandise*), Hilfs- und Betriebsstoffe (*production supplies*), Rohstoffe (*materials*), unfertige Erzeugnisse/Leistungen (*work in progress*) und Fertigerzeugnisse (*finished goods*). Handelt es sich allerdings um Betriebsstoffe, die nicht direkt dem Produktionsprozess zuzuordnen sind, so sind diese nach IFRS unter den sonstigen Vermögenswerten des Umlaufvermögens auszuweisen. Hinsichtlich der Ansatzkriterien ist mangels konkreter Vorschriften in IAS 2 auf die Ausführungen des Framework zum Begriff des *asset* zurückzugreifen (vgl. 1. Kapitel, S. 68).

Erhaltene Anzahlungen auf Vorräte

Im Gegensatz zum deutschen Recht ergibt sich aus dem generellen Saldierungsverbot nach IFRS (IAS 1.32) auch ein Verbot der Saldierung von erhaltenen Anzahlungen auf Vorräte. Erhaltene Anzahlungen müssen demnach als kurzfristige Verbindlichkeiten auf der Passivseite ausgewiesen werden.

Geleistete Anzahlungen

Geleistete Anzahlungen sind auch nach IFRS aktivierungspflichtig. Gemäß IFRS sind diese jedoch nicht, wie nach HGB, als Unterposten der Vorräte, sondern in einem separaten Posten (*prepayments*) innerhalb des Umlaufvermögens auszuweisen (IAS 1.78b).

II. Bewertung der Vorräte nach IFRS

Zugangswert

Vorräte sind auch nach IFRS grundsätzlich zu Anschaffungs- und Herstellungskosten (einschließlich direkter Nebenkosten) zu bewerten (vgl. 2. Kapitel, S. 108 ff.), es sei denn, der (realisierbare) Nettoveräußerungswert (*net realisable value*) ist niedriger (IAS 2.9). Unter dem realisierbaren Nettoveräußerungswert wird der voraussichtliche, unter normalen Geschäftsbedingungen erzielbare Verkaufspreis abzüglich der geschätzten Kosten, die bis zur endgültigen Fertigstellung und für den Verkauf noch anfallen werden, verstanden (IAS 2.6). Maßgeblich für die Bestimmung des beizulegenden Wertes ist nach IFRS also der Absatzmarkt. Zur Bestimmung der Anschaffungs- und Herstellungskosten des Vorratsvermögens sind auch Kalkulationsverfahren, wie etwa die Standardkostenmethode (= Bewertung mit Planpreisen, die sich aus einem normalen Betriebsablauf ohne ineffiziente Produktion, Ausschuss oder Unterbeschäftigung ergeben), sowie eine retrograde Wertermittlung zulässig. Voraussetzung hierfür ist, dass die Ergebnisse dieser Methoden den tatsächlichen Anschaffungs- und Herstellungskosten entsprechen (IAS 2.21 f.).

Strenges Niederstwertprinzip

Sofern nach IFRS der realisierbare Nettoveräußerungswert (*net realisable value*) niedriger ist als die Anschaffungs- und Herstellungskosten der einzelnen

Posten, ist zwingend eine außerplanmäßige Abschreibung auf diesen niedrigeren Wert geboten (*lower of cost and net realisable value*; IAS 2.9 und 2.28; zur Wertkorrektur nach IFRS siehe ausführlich 2. Kapitel, S. 123 ff.). Damit soll der Idee einer verlustfreien Bewertung gefolgt werden. Eine Ausnahme von diesem strengen Niederstwertprinzip existiert für Vorräte, die in ein Endprodukt eingehen, das voraussichtlich zu einem Preis oberhalb seiner Herstellungskosten verkauft werden kann (IAS 2.32). Liegen jedoch aufgrund der gesunkenen Preise für die Einsatzstoffe (Roh-, Hilfs- und Betriebsstoffe) Hinweise dafür vor, dass die Kosten des Endproduktes den Verkaufspreis überschreiten und somit aus dem Verkauf der Fertigprodukte kein Gewinn resultiert, so sind die Vorräte auf ihren Nettoveräußerungswert abzuschreiben, wobei die Wiederbeschaffungskosten hier ausnahmsweise den besten Indikator für diesen darstellen (IAS 2.32). Im Rahmen der Prüfung, ob eine Abschreibung nötig ist, können auch Bewertungseinheiten gebildet werden, falls die Vorräte einer Produktgruppe mit gleicher Funktionalität und gleichem Absatzmarkt angehören (IAS 2.29).

Wertaufholungsgebot

Sofern der Grund für eine außerplanmäßige Abschreibung auf den niedrigeren Nettoveräußerungswert in späteren Perioden wieder entfällt – z. B. durch einen wieder gestiegenen Nettoveräußerungswert – besteht ein Wertaufholungsgebot auf den höheren Nettoveräußerungswert, maximal jedoch bis zur Grenze der historischen Anschaffungs- und Herstellungskosten (IAS 2.33, vgl. 2. Kapitel, S. 130 ff.). Die Verbuchung der Wertaufholung führt in der GuV zu einer Reduktion der Umsatzkosten bzw. des Materialaufwands in der Periode der Wertaufholung (IAS 2.34).

Ausnahmen von den Bewertungsvorschriften des IAS 2

Nicht unter die Bewertungsvorschriften des IAS 2 fallen bestimmten Branchengepflogenheiten unterliegende Lebendbestände im Vorratsvermögen von Erzeugern land- und forstwirtschaftlicher Produkte, landwirtschaftliche Erzeugnisse nach der Ernte, Mineralien und Mineralienprodukte sowie das Vorratsvermögen von Brokern an Warenbörsen. Dies ist der Fall, wenn diese Vermögenswerte gemäß dem branchenüblichen Vorgehen stets mit dem aktuellen Nettoveräußerungswert erfasst werden, wobei alle Wertänderungen GuV-wirksam verbucht werden (IAS 2.3 ff.).

Biologische Vermögenswerte

Des Weiteren regelt IAS 41 gesondert die Bilanzierung der landwirtschaftlichen Tätigkeit in Form der Aufzucht- und Wachstumsphase von lebenden Tieren und Pflanzen (biologische Vermögenswerte; *biological assets*; IAS 41.5), die letztendlich in landwirtschaftlichen Erzeugnissen (*agricultural produce*; IAS 41.5) zum Zeitpunkt der Ernte münden. Biologische Vermögenswerte sind bei Erst- und Folgebewertung zum beizulegenden Zeitwert abzüglich der geschätzten Verkaufskosten zu bewerten, außer der beizulegende Zeitwert kann nicht verlässlich ermittelt werden (IAS 41.12). Im Zeitpunkt der Ernte sind landwirtschaftliche Erzeugnisse immer mit dem ermittelbaren – aufgrund der Marktfähigkeit der Produkte – beizulegenden Zeitwert abzüglich der geschätzten Verkaufskosten zu bewerten. Der so ermittelte Wert stellt die Anschaffungs- oder Herstellungskosten der nach der Ernte als Vorratsvermögen auszuweisenden Produkte dar (IAS 41.13).

Bewertungsvereinfachungen

Im Allgemeinen sind die Vorräte nach IFRS einzeln zu bewerten. Dies gilt im Speziellen für bedeutende Objekte, die nicht direkt austauschbar sind oder die in ein spezielles Projekt eingebunden sind (IAS 2.23 f.). Für gleichartige *assets*, die austauschbar (*interchangeable*) sind und bei denen es sich um große Stückzahlen von Vorratsvermögenswerten handelt, sind aus Erleichterungsgründen Bewertungsvereinfachungsverfahren vorgesehen (IAS 2.24).

Für alle Vermögenswerte von gleicher Art und Nutzen ist gemäß IAS 2.25 die Kostenermittlung anhand von identischen Verfahren vorzunehmen. Unterschiedliche Bewertungsverfahren können nur dann angewendet werden, wenn sich die Beschaffenheit und Verwendung der Vorräte unterscheidet, wobei allein Unterschiede in geografischen Standorten nicht als ausreichend angesehen werden. Ein Einsatz von identischen Vorräten in unterschiedlichen Geschäftssegmenten rechtfertigt allerdings unterschiedliche Methoden (IAS 2.26).

Festbewertung

Nach IFRS ist eine Bewertung mit Hilfe des Festwertverfahrens nicht vorgesehen. Jedoch gilt der Grundsatz der Wesentlichkeit, womit sich eine Anwendung der Festbewertung für *assets* von nachrangiger Bedeutung rechtfertigen lässt (vgl. Beck'scher Bilanzkommentar [2012], § 256 Tz. 111; Jacobs, O. H./Schmitt, G. A. [2013], Tz. 84).

Gruppen- und Sammelbewertung

Im Gegensatz zu den Vorschriften des HGB sind die nach IFRS zulässigen Verbrauchsfolgefiktionen unabhängig von den tatsächlichen Verhältnissen zu verwenden. Sowohl die einfach als auch die gleitend gewogene Durchschnittsmethode sind gleichermaßen nach IFRS (IAS 2.25 i. V. m. IAS 2.27) zulässig, ebenso das Fifo-Verfahren. Lifo-, Hifo- und Lofo-Verfahren sind nach den Vorschriften des IAS 2 nicht zulässig.

Retrograde Wertermittlung

Nach IFRS ist eine retrograde Wertermittlung erlaubt, sofern sich die Ergebnisse den tatsächlichen Kosten annähern (IAS 2.21). Speziell im Handel ist es zulässig, von den Verkaufserlösen eine angemessene prozentuale Gewinnspanne in Abzug zu bringen (IAS 2.22).

Ansatz und Bewertung der Vorräte nach IFRS for SMEs

Die Regelungen des IFRS for SMEs zum Ansatz und zur Bewertung des Vorratsvermögens sind mit den Regelungen nach IAS 2 vergleichbar. Die Bewertung erfolgt zum niedrigeren Wert aus Anschaffungs- bzw. Herstellungskosten und Nettoveräußerungspreis (*estimated selling price less costs to complete and sell*) (IFRS for SMEs 13.4). Im Gegensatz zu IAS 2 umfassen die Anschaffungs- bzw. Herstellungskosten keine Fremdkapitalkosten, diese sind ohne Ausnahme aus Kosten/Nutzen-Gründen sofort als Aufwand zu erfassen. Die Ermittlung der Anschaffungs- und Herstellungskosten kann wie nach IAS 2 vereinfachend anhand der Standardkosten- und der retrograden Methode erfolgen, und zusätzlich ist auch der letzte verfügbare Anschaffungspreis möglich (IFRS for SMEs 13.16). Zulässige Bewertungsvereinfachungen sind das Fifo-Verfahren und die Durchschnittsmethode (IFRS for SMEs 13.18). Vgl. im Detail BEKKM [2010], Abschnitt 13.

C. Bilanzierung des Vorratsvermögens nach US-GAAP

I. Ansatz und Ausweis der Vorräte nach US-GAAP

Definition: Vorräte

Die Abgrenzung des Vorratsvermögens nach US-GAAP (ASC 330-10-20; früher ARB 43) entspricht nahezu der Definition der Vorräte nach IAS 2.6. Ist das Vorratsvolumen allerdings außergewöhnlich hoch, sodass es das im normalen Produktionsablauf benötigte Maß weit übersteigt, so ist die überschüssige Menge im Anlagevermögen (*non-current assets*) auszuweisen (vgl. 2. Kapitel, S. 91).

Ausweis

US-GAAP empfiehlt gemäß ASC 330-10-20 eine Aufschlüsselung der Vorräte nach Rohstoffen (*raw materials*), Hilfs- und Betriebsstoffen (*supplies*), unfertigen Erzeugnissen (*work in process*) und Fertigerzeugnissen (*finished goods*) bzw. Handelswaren (*merchandise*). Diese Aufgliederung der Vorräte muss nicht verbindlich in der Bilanz erfolgen, vielmehr kann sie auch in den *notes* vorgenommen werden (vgl. KPMG [2007], S. 49 ff.).

Wesentliche Hilfs- und Betriebsstoffe, die nicht für den Produktionsprozess vorgesehen sind, dürfen nach den Vorschriften der US-GAAP, genauso wie nach IFRS, nicht in den Vorräten enthalten sein. Diese werden unter den sonstigen Vermögenswerten (*other assets*) ausgewiesen.

Anzahlungen

Geleistete Anzahlungen sind nach US-GAAP ebenfalls nicht unter den Vorräten auszuweisen. Diese werden, genauso wie nach den Vorschriften der IFRS, in einem separaten Posten des Umlaufvermögens erfasst (*prepaid expenses*; vgl. Kieso, D. E./Weygandt, J. J./Warfield, T. D. [2013], S. 217 ff.). Auch für erhaltene Anzahlungen gelten nach US-GAAP dieselben Regeln wie nach IFRS, sodass ein offenes Absetzen von den Vorräten auf der Aktivseite verboten ist. Der Ausweis dieser erhaltenen Zahlungen erfolgt getrennt unter den Verbindlichkeiten.

II. Bewertung der Vorräte nach US-GAAP

Bewertung zu historischen Kosten

Die Anschaffungs- und Herstellungskosten stellen üblicherweise auch nach US-GAAP die Wertobergrenze dar (vgl. 2. Kapitel, S. 115). Genauso wie nach IFRS ist bei der Bestimmung der Anschaffungs- bzw. Herstellungskosten die Standardkostenmethode zulässig, sofern sich die ermittelten Kosten nicht wesentlich von denen, durch eine andere zulässige Methode bestimmten Kosten unterscheiden (vgl. KPMG [2007], S. 52).

Niederstwertprinzip

Bei der Bewertung der Vorräte sind nach US-GAAP im Rahmen der *lower of cost or market*-Methode sowohl die Verhältnisse am Absatzmarkt wie auch am Beschaffungsmarkt entscheidend (ASC 330-10-35-4; vgl 2. Kapitel, S. 134 f.). Es werden hierbei zunächst die Anschaffungs- und Herstellungskosten mit den Wiederbeschaffungskosten (*replacement costs*) verglichen. Die Wiederbeschaffungskosten dürfen jedoch die Nettoveräußerungserlöse (= Verkaufspreis abzüglich aller noch anfallenden Kosten; *net realizable value*) als Wertobergrenze (*ceiling*) nicht überschreiten und die Nettoveräußerungserlöse abzüglich einer üblichen Gewinnmarge als Wertuntergrenze (*floor*) nicht unterschreiten. Überschreiten die Wiederbeschaffungskosten die Wertobergrenze bzw. unterschreiten sie die Wertuntergrenze, so wird im ersten Fall der *ceiling*-Wert und im zweiten Fall der *floor*-Wert als Vergleichswert zu den Anschaffungs- und Herstellungskosten verwendet. Auf den so ermittelten Vergleichswert wird dann das Vorratsvermögen abgeschrieben, wenn er unter den Anschaffungs- oder Herstellungskosten liegt. Abbildung 4.1 erläutert dieses Vorgehen grafisch.

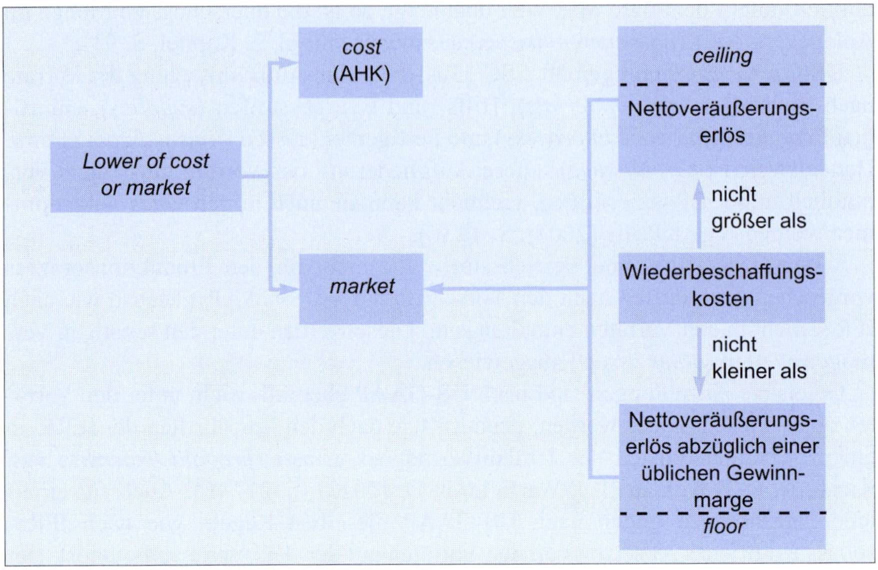

Abb. 4.1: *Lower of cost or market*-Methode (Quelle: Kieso, D. E./Weygandt, J. J./Warfield, T. D. [2013], S. 476)

Üblicherweise muss die *lower of cost or market*-Methode auf die einzelnen Vermögenswerte des Vorratsvermögens angewandt werden. Jedoch ist es nach US-GAAP, genauso wie nach IFRS (IAS 2.29) und im Gegensatz zu den Regelungen des HGB, auch möglich, diese Methode auf eine oder mehrere fiktive Bewertungseinheiten von Vorrats- oder Produktgruppen anzuwenden, wenn dadurch das Ergebnis klarer ermittelt wird (ASC 330-10-35-8).

Wertaufholungsverbot

Für den Fall, dass die Gründe einer in der Vergangenheit vorgenommenen Abschreibung entfallen, besteht nach US-GAAP im Gegensatz zu den IFRS im Vorratsvermögen (wie auch im Anlagevermögen; vgl. 3. Kapitel, S. 177) ein Wertaufholungsverbot. Eine einmal vorgenommene Abschreibung zieht also dauerhaft den niedrigeren Bilanzansatz nach sich. Eine spätere Zuschreibung ist nach US-GAAP unzulässig (vgl. 2. Kapitel, S. 135).

Ausnahmen von der Bewertung zu historischen Kosten

In Ausnahmefällen darf im Rahmen des *mark-to-market value* auch eine Bewertung zu Marktwerten vorgenommen werden. Dies gilt immer dann, wenn es sich um Gegenstände des Vorratsvermögens handelt, für die eine unmittelbare Verwendbarkeit am Absatzmarkt zu bekannten Markt- oder Börsenpreisen gegeben ist (z. B. Edelmetall, Agrar- und Mineralprodukte) (vgl. Kieso, D. E./Weygandt, J. J./Warfield, T. D. [2013], S. 481 f.).

Bewertungsvereinfachungen

Nach US-GAAP sind neben der Einzelbewertung ebenso bestimmte Sammelbewertungsverfahren zulässig. Dies gilt immer dann, wenn es sich um identische (*identical*), austauschbare (*interchangeable*) Gegenstände des Vorratsvermögens handelt (ASC 330-10-30-11). Wie bei den IFRS ist auch innerhalb der US-GAAP keine Bewertung mit Hilfe des Festwertverfahrens vorgesehen (vgl. Hayn, S./Waldersee, G. Graf [2006], S. 178).

Gruppen- und Sammelbewertung

Bei der Anwendung von Bewertungsvereinfachungsverfahren sollte das Verfahren gewählt werden, welches das Periodenergebnis am objektivsten wiedergibt (ASC 330-10-30-9). So ist zum einen die einfach wie auch die gleitend gewogene Durchschnittsmethode nach US-GAAP (ASC 330-10-30-9) zulässig. Zum anderen werden auch das Fifo-Verfahren sowie das Lifo-Verfahren in ASC 330-10-30-9 als ein mögliches Sammelbewertungsverfahren genannt. Auch nach US-Steuerrecht ist das Lifo-Verfahren anerkannt, falls es in der Handelsbilanz angewendet wird. Hier handelt es sich um einen der wenigen Fälle in der amerikanischen Rechnungslegung, in denen eine Art umgekehrte Maßgeblichkeit gilt (vgl. Kieso, D. E./Weygandt, J. J./Warfield, T. D. [2013], S. 441 f.).

Retrograde Wertermittlung

Grundsätzlich ist auch nach US-GAAP eine retrograde Wertermittlung bei Vornahme angemessener Gewinnabschläge möglich (ASC 330-10-30-13).

D. Bilanzierung langfristiger Fertigungsaufträge

Umsatz- und Ergebnisrealisation

Mit der Lieferung und dem Übergang der Gefahr des zufälligen Untergangs der Verkaufsgüter auf den Käufer (= Realisationszeitpunkt, vgl. 1. Kapitel, S. 42 ff.) findet üblicherweise der Abgang von Fertigerzeugnissen und Waren aus dem Vorratsvermögen in Höhe der Herstellungskosten statt. Gleichzeitig werden in der Gewinn- und Verlustrechnung Umsatzaufwendungen bzw. Bestandsminderungen zu Herstellungskosten sowie Umsatzerlöse in Höhe der Nettoerlöse (Verkaufspreis ohne Umsatzsteuer abzüglich der Verkaufspreisminderungen) erfasst. Die Gegenbuchung erfolgt bei Kasse/Bank im Falle von Bargeschäften oder bei den Forderungen aus Lieferungen und Leistungen im Falle von Zielverkäufen und bei erhaltenen Anzahlungen, soweit der Auftraggeber bereits Vorauszahlungen geleistet hat. Die Differenz zwischen Nettoerlös und Herstellungskosten geht als Gewinn oder Verlust des Einzelgeschäfts in das Periodenergebnis ein.

Langfristige Fertigung

Dieses übliche Vorgehen kann zu Informationsverzerrungen führen, wenn der Verkaufsakt Wochen oder sogar Monate vor Beginn der Herstellung eines Gutes liegt und die Herstellung selbst mehr als ein Geschäftsjahr umfasst (= langfristige Auftragsfertigung). Zur Bilanzierung dieser langfristigen Fertigungsaufträge werden folgende alternativen Vorgehensweisen diskutiert, die zunächst allgemein dargestellt und anschließend auf ihre Zulässigkeit geprüft werden:

Completed contract-Methode

(a) *Completed contract*-Methode: Als Realisationszeitpunkt gilt die Übergabe des Gesamtwerks an den Auftraggeber, der dessen Funktionsfähigkeit durch die sog. Abnahme anerkennt, verbunden mit einer Endabrechnung. Erst zu diesem Zeitpunkt darf für diesen Auftrag ein Umsatzausweis mit entsprechender Erfolgsrealisation durchgeführt werden. Diese strenge Anwendung des Realisationsprinzips ist bei langfristiger Fertigung deshalb umstritten, da während der Leistungserstellung, die mehrere Jahre umfassen kann, der unfertige Auftrag zu handels- bzw. steuerrechtlichen Herstellungskosten zu aktivieren ist. Dies kann dazu führen, dass in Höhe der nicht aktivierten bzw. nicht aktivierungsfähigen Selbstkostenbestandteile (z. B. Kosten der Grundlagenforschung, Vertriebskosten) sog. »Auftrags-Zwischenverluste« entstehen, die das Ergebnis der entsprechenden Perioden belasten, obwohl aus dem Gesamtauftrag Gewinne zu erwarten sind. Im Jahr der Fertigstellung und Endabrechnung müssen dann Gewinne ausgewiesen werden, die nicht nur den »eigentlichen« Auftragsgewinn als Differenz zwischen Selbstkosten und Erlösen umfassen, sondern darüber hinaus auch noch die in den Vorjahren (zwangsweise) als Aufwand gebuchten Selbstkostenbestandteile. Angesichts dieser Konsequenzen des strengen Realisationsprinzips wird von Literatur und Praxis kritisiert, dass die einzelnen Periodenabschlüsse bei langfristiger Fertigung nur einen unzureichenden Einblick in die tatsächliche Ertragslage der Unternehmen gewähren und die Vergleichbarkeit der Abschlüsse beeinträchtigt wird.

Beispiel

Folgende Angaben zur Kostenstruktur eines Fertigungsauftrages bilden die Grundlage für die weiteren Beispiele, in denen anhand dieser Angaben die einzelnen Bilanzierungsmethoden eines Fertigungsauftrages dargestellt werden.

Angaben:
- Auftrag zum Bau einer Autobahnbrücke über 4 Jahre, erwarteter Erlös 12 GE
- Annahme: keine Erwartungsänderungen
- Anwendung des Gesamtkostenverfahrens
- Erwartete Kostenstruktur (jeweils zum Ende der Periode, in GE):

Periode	**1**	**2**	**3**	**4**	**Summe**
Mindestens zu aktivierende Herstellungskosten	2	2	2	2	8
Maximal aktivierbare Herstellungskosten	2,2	2,2	2,2	2,2	8,8
Aufwandsgleiche Selbstkosten	2,5	2,5	2,5	2,5	10

Periode	**1**	**2**	**3**	**4**
Bilanzansatz der unfertigen Erzeugnisse (zu Mindest-HK)	2	4	6	-
Umsatzerlöse	-	-	-	12
Bestandsveränderungen	+2	+2	+2	-6
Aufwand	-2,5	-2,5	-2,5	-2,5
Gewinn/Verlust aus Projekt	-0,5	-0,5	-0,5	+3,5
Bilanzansatz der unfertigen Erzeugnisse (zu Maximal-HK)	2,2	4,4	6,6	-
Umsatzerlöse	-	-	-	12
Bestandsveränderungen	+2,2	+2,2	+2,2	-6,6
Aufwand	-2,5	-2,5	-2,5	-2,5
Gewinn/Verlust aus Projekt	-0,3	-0,3	-0,3	+2,9

Tab. 4.4: Anwendung der *completed contract*-Methode mit zwei Bewertungsalternativen

Percentage of completion-Methode

(b) Bewertung entsprechend dem Leistungsfortschritt (anteilige Gewinnrealisierung): Diese als *percentage of completion*-Methode bekannte Bewertungsmethode sieht bei langfristiger Fertigung die GuV-wirksame Vereinnahmung der vereinbarten Gesamterlöse entsprechend dem Fertigstellungsgrad der Aufträge in jeder Periode der Auftragsabwicklung vor. Der Gewinnanteil je Periode lässt sich nach folgender Formel errechnen.

$$\text{Perioden-gewinnanteil} = \text{Leistungsfortschritt der Periode} \times \text{erwarteter Auftragsgesamtgewinn}$$

Der Leistungsfortschritt einer Periode kann z. B. durch folgende Methoden ermittelt werden: das Verhältnis der bisher angefallenen Kosten zu den geschätzten Gesamtkosten, das Verhältnis der bisher erbrachten Leistung zu der geschätzten Gesamtleistung (z. B. ergibt sich ein Fertigstellungsgrad von einem Drittel, wenn bei einem Auftrag, der 900 Arbeitsstunden erfordert, zum Bilanzstichtag 300 Arbeitsstunden abgeleistet wurden) oder das Verhältnis des physikalischen Anteils des bisher erstellten Fertigungsauftrags zu der vereinbarten Gesamtleistung (z. B. ergibt sich ein Fertigstellungsgrad von einem Viertel, wenn 2,5 km von einer 10 km langen zu fertigenden Straße zum Bilanzstichtag fertiggestellt wurden).

Der Bilanzwert des Fertigungsauftrags umfasst dann in jeder Periode der Leistungserstellung die Summe aus den bisher angefallenen und aktivierten Herstellungskosten plus Gewinnanteilen und den Herstellungskosten plus Gewinnanteil der betrachteten Periode. Nach Fertigstellung und Endabrechnung werden dann (im Normalfall eines Zielverkaufs) in Höhe des tatsächlichen Verkaufserlöses Forderungen aus Lieferungen und Leistungen sowie der Fertigungsauftrag in Höhe der aktivierten Herstellungskosten und Gewinnanteile ausgebucht. Der ausgewiesene Erfolg der Abrechnungsperiode, in der der Erlös realisiert wird, ergibt sich dabei aus:

	tatsächlicher Verkaufserlös
–	bisher aktivierte Herstellungskosten und Gewinnanteile
–	als Aufwand der Periode verbuchte Auftragsrestkosten
=	**Auftragserfolg in der Abrechnungsperiode**

Es kommt also zu keinem kumulierten Gewinnausweis wie bei einer strengen Anwendung des Realisationsprinzips im Rahmen der *completed contract*-Methode.

Die Anwendung der anteiligen Gewinnrealisierung entspricht einer Glättung des Ergebnisausweises über die Auftragsdauer, wobei aber eine eventuelle Ausschüttung der nicht tatsächlich bzw. endgültig realisierten Gewinne einen Entzug von Haftungssubstanz darstellen und damit Aktionärs- und Gläubigerschutzinteressen verletzen kann. Zudem verstößt die Methode gegen das im HGB fixierte Anschaffungswertprinzip sowie gegen das Realisationsprinzip (vgl. in diesem Kapitel, S. 234 f.).

Beispiel

Bilanzielle Erfassung:
Berechnung der Fertigstellungsgrade nach der *cost-to-cost*-Methode (bisher angefallene Kosten/erwartete Gesamtkosten):
Periode 1: 2,5 / 10 = 25 % = Leistungsfortschritt => zu erfassender Umsatzanteil = 25 % x 12 = 3 => zu erfassender Gewinnanteil = 25 % x (12 - 10) = 0,5
Periode 2: 5 / 10 = 50 % = Leistungsfortschritt = 50 % - 25 % = 25 % => zu erfassender Umsatzanteil = 25 % x 12 = 3 => zu erfassender Gewinnanteil = 25 % x (12 - 10) = 0,5 u.s.w.

Periode	**1**	**2**	**3**	**4**
Bilanzansatz der unfertigen Erzeugnisse (zu Selbstkosten + Gewinnanteil)	3	6	9	-
Umsatzerlöse	3	3	3	3
Bestandsveränderungen	-	-	-	-
Aufwand	-2,5	-2,5	-2,5	-2,5
Gewinn/Verlust aus Projekt	+0,5	+0,5	+0,5	+0,5

Tab. 4.5: Anwendung der *percentage of completion*-Methode

Selbstkostenansatz

(c) Gesamtergebnisneutrales Vorgehen: Eine Möglichkeit, um zumindest eine gesamtergebnisneutrale Behandlung der langfristigen Aufträge während der Leistungserstellung zu ermöglichen, ist, über die handels- und steuerrechtliche Wertobergrenze der Herstellungskosten hinaus auch aufwandsgleiche Selbstkostenbestandteile zu aktivieren (Selbstkosten-Aktivierung; vgl. Tabelle 4.6).

Modifizierte completed contract-Methode

Eine weitere Möglichkeit einer gewinnneutralen Umsatzrealisation stellt die Bilanzierung mit der *percentage of completion*-Methode, die auf einer *zero-profit-marge* (kein Gewinnausweis) aufbaut, dar. Den in der Abrechnungsperiode entstandenen Aufwendungen werden hierbei Erträge in der gleichen Höhe gegenübergestellt (= modifizierte *completed contract*-Methode; vgl. Tabelle 4.7). Hierbei kommt es dann jedoch, im Gegensatz zur Selbstkostenaktivierung, zu einem Umsatzausweis.

Beispiel

Periode	**1**	**2**	**3**	**4**
Bilanzansatz der unfertigen Erzeugnisse (zu Selbstkosten)	2,5	5,0	7,5	-
Umsatzerlöse	-	-	-	12,0
Bestandsveränderungen	+2,5	+2,5	+2,5	-7,5
Aufwand	-2,5	-2,5	-2,5	-2,5
Gewinn/Verlust aus Projekt	0	0	0	2,0

Tab. 4.6: Anwendung der Selbstkostenaktivierung

Periode	**1**	**2**	**3**	**4**
Bilanzansatz der unfertigen Erzeugnisse (zu Selbstkosten)	2,5	5,0	7,5	-
Umsatzerlöse	2,5	2,5	2,5	4,5
Bestandsveränderungen	-	-	-	-
Aufwand	-2,5	-2,5	-2,5	-2,5
Gewinn/Verlust aus Projekt	0	0	0	2,0

Tab. 4.7: Anwendung der modifizierten *completed contract*-Methode

Teilabnahmeprinzip, milestones-Abrechnung

(d) Bewertung nach dem Teilabnahmeprinzip (»echte« Teilgewinnrealisierung): Diese auch in der Praxis anzutreffende Bewertungsalternative sieht vor, den Gesamtauftrag in Teilleistungen (*milestones*) zu zerlegen, diese jeweils nach Erbringung abzurechnen und entsprechende Teilgewinne auszuweisen.

Beispiel

Vereinbarung einer Teilabnahme eines Teilstücks der Autobahnbrücke nach 2 Jahren: Periode 2: Erfassung von Umsatzerlösen i. H. v. 6 GE und eines Teilgewinns i. H. v. 1 GE:				
Periode	**1**	**2**	**3**	**4**
Bilanzansatz der (un)fertigen Erzeugnisse (zu Mindest-HK)	2	-	2	-
Umsatzerlöse	-	6	-	6
Bestandsveränderungen	+2	-2	+2	-2
Aufwand	-2,5	-2,5	-2,5	-2,5
Gewinn/Verlust aus Projekt	-0,5	+1,5	-0,5	+1,5
Bilanzansatz der (un)fertigen Erzeugnisse (zu Maximal-HK)	2,2	-	2,2	-
Umsatzerlöse	-	6	-	6
Bestandsveränderungen	+2,2	-2,2	+2,2	-2,2
Aufwand	-2,5	-2,5	-2,5	-2,5
Gewinn/Verlust aus Projekt	-0,3	+1,3	-0,3	+1,3

Tab. 4.8: Anwendung des Teilabnahmeprinzips

Eine solche Teilabrechnung ist jedoch nur bei technisch in sich geschlossenen und auch wirtschaftlich abgrenzbaren Teilen des Gesamtauftrags möglich; ein Gesamtfunktionsrisiko für den Gesamtauftrag darf also nicht vereinbart sein. Als weitere Voraussetzungen für die Anerkennung der Methode werden genannt: eine Anerkennung der Teilleistungen durch den Kunden mittels Teilabnahme sowie die vertragliche Vereinbarung von Teilabnahmen und -abrechnungen. Im Gegensatz zur anteiligen Gewinnrealisierung werden mit der Teilabrechnung die entsprechenden Teilerlöse auch als Umsatz bzw. Forderung verbucht und der Bilanzansatz des unfertigen Auftrags um die zugehörigen Herstellungskosten vermindert (wobei es sich hierbei jeweils um den fertigen Teilauftrag handelt); die Differenz entspricht dann (nach Berücksichtigung eventueller weiterer Periodenaufwendungen) dem ausgewiesenen Teilgewinn.

I. Langfristige Fertigungsaufträge nach nationalen Normen

Unter dem Begriff langfristige Fertigung von Vermögensgegenständen werden nach handelsrechtlichem Verständnis die Aufträge subsumiert, zwischen deren Auftragsbeginn und Fertigstellung mindestens ein Bilanzstichtag liegt. Da sich sowohl im Handels- als auch im Steuerrecht keine explizite Regelung für die Bilanzierung von langfristigen Fertigungsaufträgen findet, werden hierfür die allgemein gültigen Grundsätze wie das Realisations- und das Vorsichtsprinzip zugrunde gelegt.

Completed contract-Methode

Bei der *completed contract*-Methode handelt es sich um die handels- wie steuerrechtlich (vgl. Schmidt EStG-Kommentar [2013], § 5 Tz. 270) anerkannte und zulässige Methode, da durch die strenge Form des Realisationsprinzips im § 252 Abs. 1 Nr. 4 HGB ein Umsatzausweis mit entsprechender Ergebnisrealisation erst zum Zeitpunkt der Übergabe des Gesamtwerks durchgeführt werden darf.

Percentage of completion-Methode

Einer Bilanzierung mit der *percentage of completion*-Methode stehen prinzipiell das Vorsichts- und Realisationsprinzip entgegen. Jedoch ist es eine Auslegungsfrage, ob es sich bei langfristigen Fertigungsaufträgen, unter bestimmten Voraussetzungen, um einen begründeten Ausnahmefall i. S. v. § 252 Abs. 2 HGB handelt. Solche Ausnahmefälle liegen immer dann vor, wenn das Ziel des Jahresabschlusses, ein den tatsächlichen Verhältnissen entsprechendes Bild der Vermögens-, Finanz- und Ertragslage darzustellen, beeinträchtigt ist. In der Literatur wird es strittig diskutiert, ob eine Teilgewinnrealisierung unter einer Reihe von restriktiven Voraussetzungen zulässig ist. Hierbei wird u. a. verlangt, dass ein wesentlicher Teil der Tätigkeit des Unternehmens langfristige Fertigungsaufträge sind und es im Falle einer Bilanzierung mit der *completed contract*-Methode zu einer nicht unerheblichen Beeinträchtigung des Einblickes in die Vermögens-, Finanz- und Ertragslage kommt (vgl. ausführlich ADS [1995 ff.], § 252 Tz. 87; Arbeitskreis »Externe Unternehmensrechnung« der Schmalenbach-Gesellschaft [1999], S. 88; grundlegende Ablehnung in Baetge, J./Kirsch, H.-J./Thiele, S. [2012], S. 376). Steuerrechtlich ist eine Bilanzierung mit der *percentage of completion*-Methode nicht möglich.

Selbstkostenansatz

Eine wahlweise Erhöhung der Herstellungskosten bis zu den jeweiligen Selbstkosten, falls am Bilanzstichtag sichergestellt ist, dass sich der Fertigungsauftrag über mehr als zwei Geschäftsjahre erstreckt und aus diesem kein Verlust resultiert, scheint in der Handelsbilanz nach herrschender Literaturmeinung nicht praktikabel zu sein. Begründet wird dies damit, dass die Definition der Herstellungskosten nach § 255 Abs. 2 HGB dem Einbezug u. a. der Vertriebskosten entgegensteht (vgl. Beck'scher Bilanzkommentar [2012], § 255 Tz. 459; Baetge, J./Kirsch, H.-J./Thiele, S. [2012], S. 366).

Echte Teilgewinnrealisierung

Die Methode der echten Teilgewinnrealisierung durch Teilabrechnung stellt keine Durchbrechung, sondern allenfalls nur eine Erweiterung des Realisationsprinzips dar. Bei ihr wird bezüglich des Bilanzansatzes des unfertigen Restauftrags das Anschaffungswertprinzip beachtet und deshalb gilt sie – unter Berücksichtigung der Voraussetzungen, dass es eine endgültige Teilabrechnung ist, die

Vertragsgegenstände rechtlich und wirtschaftlich übergehen und keine zukünftigen Verluste drohen – handels- und steuerrechtlich ebenfalls als zulässig (vgl. Beck'scher Bilanzkommentar [2012], § 255 Tz. 461 ff.; Schmidt EStG-Kommentar [2013], § 5 Tz. 611).

Verlustantizipation

Sobald der erwartete Gesamterlös die geplanten Gesamtkosten unterschreitet, ist unabhängig von der gewählten Vorgehensweise aufgrund des strengen Niederstwertprinzips eine verlustfreie Bewertung und somit eine außerplanmäßige Abschreibung des bilanzierten, unfertigen Erzeugnisses vorzunehmen. Hierbei ist der gesamte voraussichtliche und nicht nur der anteilig auf den Fertigstellungsgrad bezogene Verlust zu berücksichtigen. Übersteigt der zu erwartende Verlust den Buchwert des bilanzierten Erzeugnisses, ist in Höhe der nach der Abschreibung verbleibenden Differenz aufgrund des Imparitätsprinzips eine sofortige Verlustantizipation durch eine Drohverlustrückstellung gemäß § 249 Abs. 1 Satz 1 HGB vorzunehmen (vgl. Beck'scher Bilanzkommentar [2012], § 253 Tz. 524).

Anhangangaben

Da bei der Bilanzierung langfristiger Fertigungsaufträge die Anwendung der *completed contract*-Methode zu Zwischenverlusten – unrealisierte Gewinne dürfen nicht berücksichtigt werden (§ 252 Abs. 1 Nr. 4 HGB) – führen kann, obwohl aus dem Gesamtauftrag am Ende ein Gewinn zu erwarten ist, sind zusätzliche Anhangangaben notwendig, um das tatsächliche Bild der Vermögens-, Finanz- und Ertragslage des Unternehmens richtig darzustellen (§ 264 Abs. 2 Satz 2 HGB; Korrekturfunktion des Anhangs, vgl. 13. Kapitel, S. 850).

II. Fertigungsaufträge nach IFRS

Die Bewertung von Fertigungsaufträgen (*construction contracts*) ist in IAS 11 explizit geregelt und orientiert sich am Prinzip der periodengerechten Erfolgsermittlung (*accrual basis*). Dabei gilt IAS 11 für alle Aufträge, bei denen es sich um kundenspezifische Fertigungen handelt, die über einen Bilanzstichtag hinweg vollzogen werden. Eine zeitliche Mindestdauer wird in IAS 11 nicht festgelegt; IAS 11 spricht nur von Fertigungsaufträgen, das Charakteristikum der Langfristigkeit wird nicht erwähnt. Ziel ist die Bereitstellung entscheidungsrelevanter Informationen über Umfang und Stand der Aktivitäten im Bereich der Auftragsfertigung (IAS 11.25). Das im deutschen Bilanzrecht vorherrschende (strenge) Realisationsprinzip wird dabei in den Hintergrund gedrängt.

Abgrenzung des Bewertungsobjekts

Grundsätzlich erfolgt die Bewertung für jeden einzelnen Fertigungsauftrag getrennt (IAS 11.7). Um den tatsächlichen wirtschaftlichen Verhältnissen gerecht zu werden, kann es unter bestimmten Voraussetzungen nötig sein, Fertigungsaufträge für mehrere *assets* weiter aufzutrennen bzw. einzelne zusammengehörige Fertigungsaufträge zu einem zusammenzufassen (IAS 11.8 ff.).

Entscheidend für die bilanzielle Behandlung von Fertigungsaufträgen ist der Zuverlässigkeitsgrad, mit dem das Ergebnis (*outcome*) des Auftrags geschätzt werden kann. Die Voraussetzungen, welche ein Ergebnis als verlässlich einstufen, unterscheiden sich in Abhängigkeit des zugrunde liegenden Vertrages (IAS 11.22 ff.).

Vertragstypen

Idealtypisch unterscheidet das IASB bei den Fertigungsaufträgen zwischen Festpreis-Verträgen (*fixed price contract*) und Kosten-plus-Verträgen (*cost plus contract*) (IAS 11.3). Festpreis-Verträge vereinbaren einen fixen Auftragspreis, der unter Umständen noch durch spezielle Preisgleitklauseln zur Berücksichtigung von Kostensteigerungen erweitert werden kann. Bei Kosten-plus-Verträgen werden dem Auftragnehmer die angefallenen Kosten (Zielkosten oder anderweitig definierte Kosten) einschließlich eines prozentualen oder absoluten Gewinnaufschlags erstattet.

- Festpreis-Verträge

Das Ergebnis eines Fertigungsauftrages mit Festpreisvereinbarung lässt sich verlässlich schätzen, falls alle im Folgenden dargestellten Voraussetzungen gleichzeitig erfüllt sind (IAS 11.23):

- Der gesamte Fertigungserlös kann zuverlässig bestimmt werden.
- Der Zufluss des mit dem Auftrag verbundenen wirtschaftlichen Nutzens ist wahrscheinlich.
- Die bis zur Fertigstellung des Auftrags noch anfallenden Kosten und der Fertigstellungsgrad können zum Bilanzstichtag verlässlich bestimmt werden.
- Die Kosten des Fertigungsauftrags können eindeutig abgegrenzt und zuverlässig ermittelt werden, um die bislang angefallenen Kosten mit früheren Schätzungen vergleichen zu können.

- Kosten-plus-Verträge

Die Voraussetzungen für die verlässliche Schätzung des Ergebnisses bei Kosten-plus-Verträgen sind demgegenüber etwas weniger streng (IAS 11.24):

- Der Zufluss des mit dem Auftrag verbundenen wirtschaftlichen Nutzens ist wahrscheinlich.
- Die Kosten des Fertigungsauftrags können eindeutig abgegrenzt und zuverlässig bestimmt werden.

- Mischverträge

Sofern ein Vertrag Charakteristika beider Vertragstypen in sich vereint – etwa im Falle eines Kosten-plus-Vertrages mit vereinbartem Höchstpreis – sind alle Voraussetzungen nach IAS 11.23 f. zu prüfen (IAS 11.6). Im Ergebnis gelten in diesem Fall also die strengeren Anforderungen der Festpreis-Verträge.

Percentage of completion-Methode

Lässt sich das Ergebnis des Fertigungsauftrags zuverlässig schätzen, so sind die mit dem Fertigungsauftrag verbundenen Aufwendungen und Erträge zwingend nach der *percentage of completion*-Methode zu behandeln (IAS 11.22).

Modifizierte completed contract-Methode

Falls dies nicht der Fall ist (z. B. zu Beginn eines Fertigungsprojektes), jedoch trotz der Unsicherheit davon ausgegangen werden kann, dass die zukünftigen Erträge die angefallenen Kosten decken werden, so findet die modifizierte *completed contract*-Methode Anwendung, d. h. die GuV-wirksame Vereinnahmung der Erträge ist auf die Höhe der angefallenen Selbst- bzw. Fertigungskosten des Auftrags beschränkt (IAS 11.32). Ein Gewinnausweis wird durch diese Vorgehensweise vermieden (IAS 11.33), im Gegensatz zur reinen *completed contract*-Methode des HGB werden nach IFRS kontinuierlich die Erträge als Umsatzerlöse erfasst und Umsatzerlöse somit nicht erst im Zeitpunkt des Gefahrenüberganges ausgewiesen. Sofern in späteren Perioden die Unsicherheiten entfallen und damit das Ergebnis des Fertigungsauftrags zuverlässig bestimmt werden kann, ist eine anteilige Gewinnrealisation entsprechend dem Grad der Fertigstellung nach IAS 11.22 vorzunehmen (IAS 11.35).

Abgrenzung der Fertigungserlöse

Die nach IAS 11.11 ff. zu behandelnden Erlöse bei Fertigungsaufträgen setzen sich aus folgenden Posten zusammen, sofern diese verlässlich bestimmt werden können und es wahrscheinlich ist, dass sie dem Unternehmen zufließen:

	Ursprünglich vertraglich vereinbarter Kaufpreis
+	Erhöhungen des Kaufpreises aufgrund von Änderungswünschen des Kunden (*variations*), z. B. bei geänderten Designwünschen
+	Erhöhungen des Kaufpreises aufgrund von vom Kunden zu vertretenden Mehrkosten (*claims*), z. B. in Folge falscher Spezifikationsvorgaben
+	Anreizzahlungen (*incentive payments*), z. B. für die Einhaltung von Leistungsvorgaben oder für die Unterschreitung von Zeitvorgaben
=	**Gesamterlös eines Fertigungsauftrags**

Die Fertigungskosten dieser Aufträge setzen sich aus folgenden Komponenten zusammen (IAS 11.16 ff.):

	Direkte Kosten des Fertigungsauftrags, wie z. B. Lohnkosten, Materialkosten, Abschreibungen der eingesetzten Maschinen usw.
+	allgemeine Kosten der Auftragsfertigung, die dem einzelnen Fertigungsauftrag zurechenbar sind, wie z. B. Versicherungen, auftrags-unabhängige Kosten für Entwürfe und technische Unterstützung, Fertigungsgemeinkosten
+	sonstige Kosten, die aufgrund vertraglicher Vereinbarungen dem Kunden in Rechnung gestellt werden können, wie z. B. vertragsbedingte Erstattung von Entwicklungskosten
=	**Gesamtkosten eines Fertigungsauftrags**

Kosten, die nicht mit den Fertigungsaufträgen in Verbindung stehen und diesen auch nicht zugerechnet werden können, zählen nicht zu den Fertigungskosten des Auftrags (IAS 11.20).

Bestimmung des Fertigstellungsgrads

Das Ermittlungsverfahren für den Fertigstellungsgrad liegt grundsätzlich im Ermessen des Unternehmens und wird von der konkreten Vertragsausgestaltung abhängen (IAS 11.30). Die gewählte Methode hat jedoch den Fertigstellungsgrad verlässlich zu bestimmen. Dabei können nach IAS 11.30 die oben erwähnten Verfahren zum Einsatz kommen:

- Verhältnis der bisher angefallenen Kosten zu den geschätzten Gesamtkosten (*cost-to-cost*-Methode);
- Verhältnis der bisher erbrachten Leistung zu der geschätzten Gesamtleistung (*efforts expended*-Methode);
- Verhältnis des physikalischen Anteils des bisher erstellten Fertigungsauftrags zu der vereinbarten Gesamtleistung (*units-of-work-performed*-Methode).

Verlustantizipation

Unabhängig von der Art der Fertigungsverträge, des gegenwärtigen Fertigstellungsgrads und der zur Anwendung kommenden Bilanzierungsmethode sind erwartete Gesamtverluste aus Fertigungsaufträgen in der Periode ihres Bekanntwerdens sofort als Aufwand zu verbuchen und nicht erst bei ihrer Realisation (IAS 11.22 bzw. IAS 11.32 i. V. m. IAS 11.36). Zunächst kommt es dann zu einer

Abwertung des für diesen Auftrag angesetzten Vermögenswertes und für den Fall, dass die Verluste diesen übersteigen, zu einer Erfassung einer Rückstellung für drohende Verluste aus schwebenden Geschäften.

Langfristige Dienstleistungsaufträge

Langfristige Dienstleistungsaufträge werden im Grundsatz analog den Bestimmungen des IAS 11 für Fertigungsaufträge behandelt (IAS 18.20 ff.). Für die anteilige Gewinnvereinnahmung nach der *percentage of completion*-Methode sind ähnliche Voraussetzungen zu erfüllen wie für Festpreis-Verträge (IAS 18.20).

Anhangangaben

Im Zusammenhang mit der Bilanzierung von Fertigungsaufträgen ergeben sich eine Reihe von Angabepflichten im Anhang, u. a. zu der verwendeten Methode, zu den anteilig berücksichtigten Erlösen, zu den Verfahren der Ermittlung des Fertigstellungsgrads und zu noch nicht abgeschlossenen Aufträgen (IAS 11.39 ff.).

Projekt »Revenue Recognition«

Das IASB beschäftigt sich in Zusammenarbeit mit dem FASB schon seit Längerem im Rahmen des Projektes »*Revenue Recognition*« mit einer Neugestaltung der Ertragsrealisierung (vgl. ausführlich 9. Kapitel, S. 568 ff.). Hierzu wurde im November 2011 der Exposure Draft 2011/6 »*Revenue from Contracts with Customers*« veröffentlicht, der den im Juni 2010 erschienenen Exposure Draft nochmals konkretisierte. Ziel ist es, die Vorschriften der IFRS und der US-GAAP zur Ertragsrealisierung zu vereinheitlichen, Inkonsistenzen zwischen IAS 11 und IAS 18 zu beheben und eine unternehmens-, branchen- sowie länderübergreifende Vergleichbarkeit zu erreichen. Der verpflichtende Erstanwendungszeitpunkt des finalen Standards soll nach derzeitigem Kenntnisstand der 1. Januar 2017 werden (vgl. 9. Kapitel, S. 562).

Anwendung der percentage of completion-Methode bei zeitraumbezogenem Kontrollübergang

Der Vorgängerentwurf des Exposure Draft 2011/6 aus dem Jahr 2010 wurde von einer Mehrheit der Kommentierenden so interpretiert, dass das IASB eine Abschaffung der *percentage of completion*-Methode vorsah. Als Grund hierfür könnte aufgeführt werden, dass bei einer strengen Auslegung des »*control*«-Kriteriums, welches gemäß des Exposure Draft das entscheidende Kriterium für die Bestimmung des Realisationszeitpunktes ist, bei langfristigen Fertigungsaufträgen grundsätzlich die Ertragsrealisierung erst bei endgültiger Fertigstellung erfolgen darf (vgl. zum »*control*«-Kriterium 9. Kapitel, S. 568). Im *revised* Exposure Draft wird jedoch klargestellt, dass das IASB weiterhin an der *percentage of completion*-Methode festhält. Entscheidend für deren Anwendung ist hierfür ein zeitraumbezogener Kontrollübergang bei der Leistungsverpflichtung. Gemäß dem Exposure Draft 2011/6 erfolgt eine Übertragung der Verfügungsmacht über Güter bzw. Dienstleistungen und somit auch die entsprechende Umsatzrealisierung kontinuierlich über einen Zeitraum, wenn eine der beiden nachfolgenden Voraussetzungen alternativ erfüllt ist:

1. Durch die Leistung des Unternehmens wird ein Vermögensgegenstand erstellt oder erweitert, über den der Kunde die Verfügungsmacht besitzt.
2. Der durch die Unternehmensleistung erstellte Vermögensgegenstand besitzt keine alternative Verwendungsmöglichkeit für das leistende Unternehmen und mindestens eines der nachfolgenden Kriterien trifft zu:

   (a) zeitgleich mit der Erbringung der Leistung durch das Unternehmen erhält und konsumiert der Kunde einen Nutzen,

(b) ein anderes Unternehmen müsste die bereits erbrachte Leistung nicht erneut durchführen, wenn es die noch ausstehende Verpflichtung gegenüber dem Kunden übernehmen würde,
(c) das Unternehmen hat Anspruch auf Bezahlung für bereits erbrachte Leistungen und geht davon aus, den Vertrag bzw. die gesamte Leistungsverpflichtung zu erfüllen.

Unter dem Begriff »keine alternative Verwendungsmöglichkeit« ist hierbei zu verstehen, dass das leistende Unternehmen nicht in der Lage ist, den Vermögensgegenstand aufgrund vertraglicher Bestimmungen, wirtschaftlicher Gesichtspunkte oder sonstiger Umstände an andere Kunden zu übertragen.

Für die Messung des Fertigstellungsgrades können bei zeitraumbezogener Umsatzrealisierung input- oder output-orientierte Methoden herangezogen werden. Generell dürfte somit auch künftig in vielen Fällen eine Teilgewinnrealisierung i. S. der *percentage of completion*-Methode möglich sein. Sofern allerdings kein Zeitraumbezug hergestellt werden kann, findet gemäß des Exposure Draft die Umsatzrealisierung bei Übertragung der Verfügungsmacht an den Kunden zeitpunktbezogen statt (vgl. hierzu auch Fink, C./Ketterle, G./Scheffel, S. [2012], S. 2002 ff.; Scharr, C./Usinger, R. [2012], S. 106; Lüpold, P. [2013], S. 19 f.).

III. Langfristige Fertigungsaufträge nach US-GAAP

Die allgemein gültigen Bilanzierungsmethoden für langfristige Fertigungsaufträge (*long-term construction-type contracts*) sind nach US-GAAP in den Vorschriften des ASC 605-35 (früher ARB 45) geregelt. Demnach spricht man immer dann von langfristiger Auftragsfertigung, wenn Beginn und Beendigung eines Auftrags in zwei unterschiedliche Abrechnungsperioden fallen.

Percentage of completion-Methode

Auch nach US-GAAP steht, genauso wie nach IFRS, die periodengerechte Gewinnermittelung (*accrual principle*) im Vordergrund. Demnach gelten für die Bilanzierung der langfristigen Fertigungsaufträge nach US-GAAP und IFRS auch nahezu deckungsgleiche Regelungen. Gemäß US-GAAP sind die Aufträge mit der *percentage of completion*-Methode zu bilanzieren, wenn deren Gesamterlös, Gesamtkosten und Fertigstellungsgrad verlässlich ermittelbar sind und mit einer Leistung sowohl auf Käufer- als auch auf Verkäuferseite gerechnet werden kann (ASC 605-35-05-11 und ASC 605-35-25-56 f.).

Completed contract-Methode

Im Gegensatz zu den Regelungen der IFRS ist nach US-GAAP neben der *percentage of completion*-Methode auch die reine *completed contract*-Methode zulässig, soweit diese nicht zu wesentlich abweichenden Ergebnissen führt (z. B. bei kurzfristig über den Bilanzstichtag reichenden Aufträgen; vgl. Hayn, S./Waldersee, G. Graf [2006], S. 54). Die Anwendung der *completed contract*-Methode ist geboten, falls keine zuverlässigen Schätzungen des Fertigstellungsgrads möglich sind (ASC 605-35-25-90 ff.). Handelt es sich allerdings um Aufträge, die so gestaltet sind, dass sie zumindest verlustfrei abgewickelt werden können, so ist die *percentage of completion*-Methode mit *zero-profit-marge* der *completed contract*-Methode vorzuziehen (ASC 605-35-25-67). Dies ist z. B. bei *cost plus*-Verträgen erwünscht. Sobald jedoch verlässliche Schätzungen möglich sind, sollte ein Wechsel zur *percentage of completion*-Methode erfolgen. Sowohl bezüglich der Bestimmung des Fertigstellungsgrads als auch bezüglich der Verlustantizipation gibt es nach US-GAAP keine Unterschiede zu den Regelungen nach IFRS (vgl. Kieso, D. E./Weygandt, J. J./Warfield, T. D. [2013], S. 938 ff.). Schon seit Längerem arbeiten IASB und FASB zudem an einem gemeinsamen Projekt zur *revenue recognition*, in dessen Rahmen die Regelungen zur Erlösrealisation vereinheitlicht werden sollen (vgl. hierzu ausführlich 9. Kapitel, S. 568 ff.).

Anhangangaben

Im Zusammenhang mit der Bilanzierung langfristiger Fertigungsaufträge ergeben sich eine Reihe von Angabepflichten, u. a. zu der verwendeten Methode, zu den anteilig berücksichtigten Erlösen, zu den Verfahren der Ermittlung des Fertigstellungsgrads und zu noch nicht abgeschlossenen Aufträgen (ASC 605-35-50-1 ff.). Für Unternehmen, die nach den Regelungen der SEC bilanzieren, sind noch weitere Angaben nötig.

Kontrollfragen:

Nationale Normen:

1. Welche Unterposten enthalten die Vorräte?
2. Wie sind unfertige Bauten auf fremdem Grund und Boden handelsrechtlich zu behandeln?
3. Welche Bedenken bestehen gegen eine Zusammenfassung von unfertigen Erzeugnissen und unfertigen Leistungen zu einem Bilanzposten?
4. Wo werden geleistete bzw. erhaltene Anzahlungen nach HGB ausgewiesen?
5. Wie wird bei der Bilanzierung gekaufter Vorräte der Eigentumsvorbehalt berücksichtigt?
6. Werden zur Sicherheit eines Bankkredits übereignete Vorräte beim sicherheitsgebenden Unternehmen bilanziert?
7. In welchem Bilanzposten sind die in Kommission genommenen Warenvorräte enthalten?
8. Welche Wertansätze sieht das HGB für die Gegenstände des Vorratsvermögens vor?
9. Was besagt das strenge Niederstwertprinzip?
10. Gilt das strenge Niederstwertprinzip auch für die steuerliche Bewertung des Umlaufvermögens?
11. Zwei Wochen nach dem Ende des Geschäftsjahres fallen die Preise für im Lager befindliche Rohstoffe außergewöhnlich stark. Hat der Preissturz noch Einfluss auf den Wertansatz der Rohstoffe in der Handelsbilanz des vergangenen Geschäftsjahres?
12. Bei welchen Posten des Vorratsvermögens ist der Absatz- bzw. der Beschaffungsmarkt maßgeblich bei der Bestimmung des beizulegenden Wertes?
13. Erläutern Sie das Wertaufholungsgebot!

14. Welche vom Grundsatz der Einzelbewertung abweichenden Bewertungsverfahren für Vorräte sind nach HGB zulässig?
15. Wann liegt Gleichartigkeit von Vermögensgegenständen vor?
16. Mit welchem Wert sind die zu einer Gruppe zusammengefassten Vermögensgegenstände zu bewerten?
17. Welche Sammelbewertungsverfahren werden steuerrechtlich anerkannt?
18. Kann der mit Hilfe der Durchschnittswertmethode ermittelte Wert bei monoton fallenden Preisen in der Handelsbilanz angesetzt werden?
19. Erklären Sie den Unterschied zwischen dem Perioden- und dem permanenten Lifo-Verfahren!
20. Verstoßen die bei monoton steigenden Preisen mit Hilfe der Fifo- oder Lifo-Methode ermittelten Wertansätze gegen das strenge Niederstwertprinzip?
21. Eignet sich das Lifo-Verfahren bei steigenden Preisen zur Legung stiller Reserven im Vorratsvermögen?
22. Auf welche Weise ermittelt man bei retrograder Wertermittlung die Anschaffungskosten?
23. Welche Möglichkeiten gibt es, langfristige Fertigungsaufträge zu bilanzieren? Wie sind diese Bewertungsalternativen im Hinblick auf ihre handelsrechtliche und steuerrechtliche Zulässigkeit zu beurteilen?

Internationale Normen:

24. Wie definiert IAS 2 das Vorratsvermögen und in welche Unterposten wird das Vorratsvermögen gegliedert?
25. Wie werden nach IFRS erhaltene und geleistete Anzahlungen behandelt?
26. Nach welchem Prinzip sind Vorräte gemäß IFRS zu bewerten?
27. Welche vom Grundsatz der Einzelbewertung abweichenden Bewertungsverfahren für Vorräte sind nach IFRS zulässig?
28. Wie ist nach IFRS im Falle eines Preisverfalls auf dem Rohstoffmarkt bei der Bewertung der Vorräte vorzugehen?
29. Welche Regelungen zur Bilanzierung von Fertigungsaufträgen gelten nach IFRS?

5. Kapitel: Bilanzierung von Finanzinstrumenten

Die Bedeutung von Finanzinstrumenten hat in den letzten Jahrzehnten erheblich zugenommen. Unter den Begriff »Finanzinstrumente« fallen eine Vielzahl finanzwirtschaftlicher Produkte. Der Aufbau dieses Kapitels orientiert sich an der grundlegenden Einteilung in originäre und derivative Finanzinstrumente. Nach einer Einführung zum Begriff und zu den Arten von Finanzinstrumenten soll auf den Ansatz, den Ausweis, die Bewertung und die umfangreichen Erläuterungspflichten der klassischen originären Finanzinstrumente (z. B. Forderungen, Aktien) in den jeweiligen Rechnungslegungssystemen eingegangen werden (vgl. in diesem Kapitel, S. 246 ff.). Anschließend wird die Bilanzierung der derivativen Finanzinstrumente (z. B. Optionen, Futures) behandelt (vgl. in diesem Kapitel, S. 286 ff.). Häufig werden derivative Finanzinstrumente zur Risikoabsicherung eingesetzt. Die Bilanzierung von solchen Sicherungsgeschäften steht im Fokus des letzten Abschnitts dieses Kapitels (vgl. in diesem Kapitel, S. 299 ff.).

A. Begriff und Arten von Finanzinstrumenten

Begriffsverständnis in der Bilanzierung

Der Begriff des »Finanzinstruments« wurde im Jahre 2004 durch das BilReG in das HGB eingeführt, das in § 285 HGB erweiterte Angaben zu bestimmten Arten von Finanzinstrumenten forderte. Allerdings wurde auf eine nähere Konkretisierung des Begriffs verzichtet. Bis heute findet sich im deutschen Handelsgesetzbuch keine explizite Definition von Finanzinstrumenten, was vom Gesetzgeber mit der ständigen Neu- und Weiterentwicklung entsprechender Produkte begründet wird (vgl. BMJ [2008], S. 53). I. S. der Vorschriften des § 285 HGB werden unter Finanzinstrumenten alle Vermögensgegenstände und Schulden verstanden, die auf Vertragsbasis Geldzahlungen oder den Zugang bzw. Abgang von anderen Finanzinstrumenten zur Folge haben (vgl. IDW [2010], Tz. 3). Demnach ist ferner auf § 1 Abs. 11 KWG und § 2 Abs. 2b WpHG zurückzugreifen, in denen eine Vielzahl von Instrumenten, wie Wertpapiere, Geldmarktinstrumente, Devisen oder Derivate aufgezählt sind. Weiter sind kurz- und langfristige Finanzanlagen, Forderungen und Verbindlichkeiten i. S. der Gliederungsvorschriften nach § 266 HGB unter dem Begriff zu subsumieren. Vermehrt wird auch die Definition der Finanzinstrumente nach den IFRS als Auslegungsmaßstab empfohlen (vgl. Böcking, H.-J. [2005], S. 7 f.). IAS 32.11 definiert diese als Verträge, die bei einem Unternehmen zu einem finanziellen Vermögenswert (*financial asset*) und gleichzeitig bei einem anderen Unternehmen zu einer finanziellen Verbindlichkeit (*financial liability*) bzw. zu einem Eigenkapitalinstrument (*equity instrument*) führen. Finanzinstrumente umfassen demnach sowohl finanzielle Vermögenswerte als auch finanzielle Verbindlichkeiten. Finanzielle Vermögenswerte sind dabei nach IFRS alle Barmittel, als Aktiva gehaltene Eigenkapitalinstrumente dritter Unternehmen sowie vertragliche Rechte darauf, Barmittel oder andere finanzielle Vermögenswerte von Dritten zu erhalten bzw. finanzielle Vermögenswerte oder finanzielle Verbindlichkeiten unter vorteilhaften Bedingungen mit Dritten zu tauschen. Finanzielle Verbindlichkeiten sind vertragliche Verpflichtungen, Zahlungsmittel oder andere finanzielle Vermögenswerte an Dritte abzugeben bzw. diese oder Verbindlichkeiten unter potenziell nachteiligen Bedingungen zu tauschen. Eigenkapitalinstrumente sind Verträge, die einen Residualanspruch an den Vermögenswerten eines Unternehmens nach Abzug aller anhängiger Verbindlichkeiten begründen (IAS 32.11). Eine ähnliche Definition der Finanzinstrumente gibt ASC Glossary (term »*financial instrument*«) im Rahmen der US-GAAP, welche, neben der Nennung von Zahlungsmitteln und Eigenkapitalinstrumenten, ebenfalls auf eine vertragliche Regelung abstellt. Abbildung 5.1 enthält zusammenfassend die Definition der Finanzinstrumente in den verschiedenen Rechnungslegungssystemen.

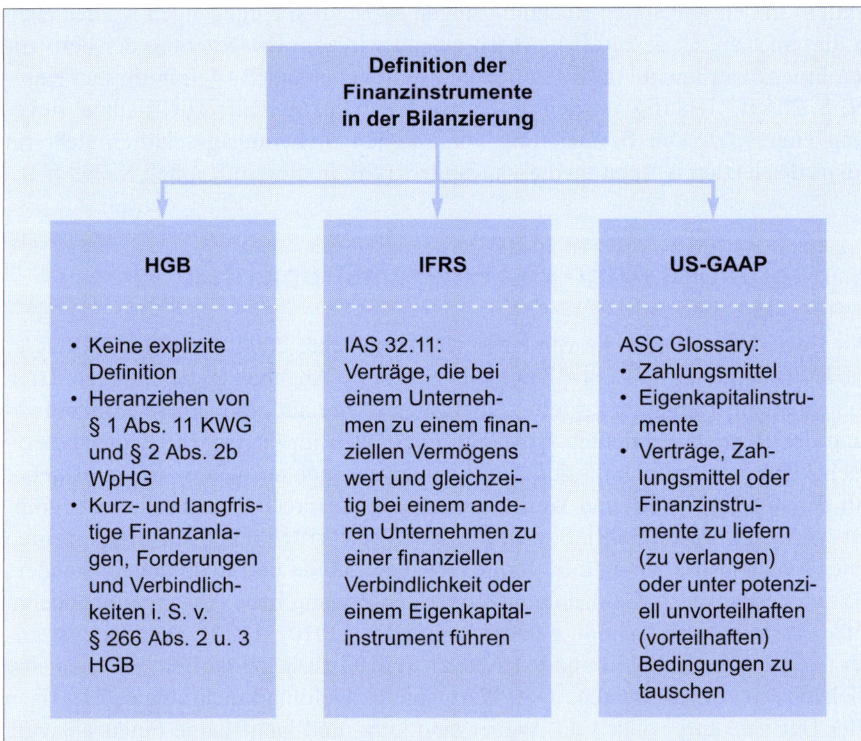

Abb. 5.1: Definition der Finanzinstrumente

Originäre und derivative Finanzinstrumente

Die Finanzinstrumente lassen sich in unterschiedliche Arten aufteilen. Sie umfassen das gesamte Spektrum der finanzwirtschaftlichen Instrumente, also sowohl die klassischen originären Finanz(ierungs)instrumente als auch die innovativen derivativen Finanzinstrumente. Originäre Finanzinstrumente unterteilen sich in aktivische und passivische Finanzinstrumente. Aktivische Finanzinstrumente sind z. B. Zahlungsmittel, Forderungen, Aktien oder gehaltene Anleihen, passivische originäre Finanzinstrumente sind beispielsweise Verbindlichkeiten aus Lieferungen und Leistungen, Darlehensverbindlichkeiten oder begebene Anleihen.

Unter dem Begriff »derivative Finanzinstrumente« werden vor allem neuere Kapitalmarktprodukte (Optionen, Futures, Swaps usw.) subsumiert. Derivative Finanzinstrumente zeichnen sich insbesondere dadurch aus, dass sich ihr Wert aus originären Finanzinstrumenten (z. B. Aktien, Schuldverschreibungen) oder anderen Sachverhalten (z. B. Devisen, Zinsen) ableitet. Des Weiteren existieren »strukturierte Finanzinstrumente«, bei denen ein derivatives Finanzinstrument in einen originären Basisvertrag eingebunden ist (z. B. Wandelanleihen). Solche Produkte werden auch als »hybride Finanzinstrumente« bezeichnet. Einen Überblick über die Arten von Finanzinstrumenten liefert Abbildung 5.2 (vgl. auch grundsätzlich zu Finanzinstrumenten Wiedemann, A. [2013]).

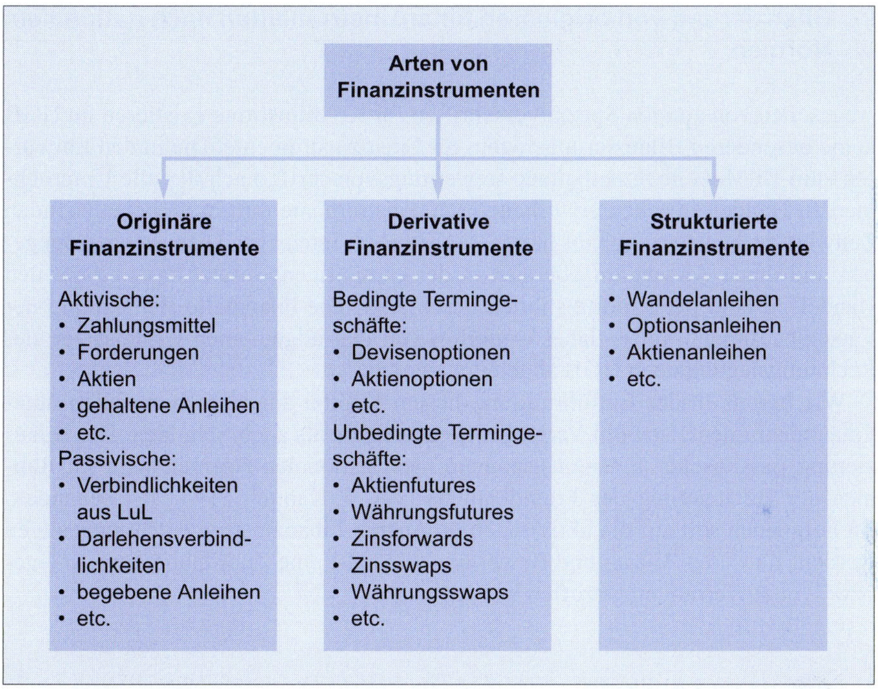

Abb. 5.2: Arten von Finanzinstrumenten

Funktionale Abgrenzung

Derivative Finanzinstrumente können nach ihrem Einsatzbereich im Unternehmen funktional in Sicherungs-, Spekulations- und Handelsinstrumente abgegrenzt werden. Für die Unternehmen ist vor allem das Motiv der Absicherung (auch *hedging* genannt) von Risikopositionen gegen nachteilige Entwicklungen von Warenpreisen, Währungskursen, Zinssätzen oder auch Aktienkursen von Bedeutung. So wird beispielsweise häufig das in einer Valutaforderung beinhaltete Währungsrisiko durch den Abschluss einer Verkaufsoption abgesichert. Die Option verbrieft das Recht, den entsprechenden Fremdwährungsbetrag zu einem bestimmten Zeitpunkt und einem im Voraus vereinbarten Basiskurs zu verkaufen. Im Falle einer negativen Wechselkursentwicklung würde der Erwerber das Optionsrecht ausüben und der Währungstausch zum Sicherungs- bzw. Basiskurs erfolgen, wobei er für dieses Recht in jedem Fall eine Optionsprämie zu zahlen hat. Für die bilanzielle Abbildung von solchen Sicherungsgeschäften existieren sowohl nach HGB als auch nach internationalen Rechnungslegungsnormen spezielle Vorschriften (vgl. in diesem Kapitel, Abschnitt D).

B. Originäre Finanzinstrumente

Im Folgenden werden der Ansatz, der Ausweis, die Bewertung und die Erläuterungspflichten von originären Finanzinstrumenten nach nationalen Normen, IFRS und US-GAAP behandelt.

I. Bilanzierung von originären Finanzinstrumenten nach nationalen Normen

Abgesehen von einigen Spezialvorschriften für Kreditinstitute existieren im HGB keine besonderen Bilanzierungsregeln für Finanzinstrumente. Die in den Entwürfen zum BilMoG noch enthaltene Bewertungsvorschrift, nach der alle Unternehmen zu Handelszwecken erworbene Finanzinstrumente mit ihrem beizulegenden Zeitwert zu bewerten gehabt hätten, wurde nach intensiver Diskussion aufgegeben und deren Anwendungsbereich in der endgültigen Gesetzesfassung auf den Handelsbestand bei Kreditinstituten beschränkt. Die bilanzielle Behandlung der Finanzinstrumente muss daher weiterhin von den allgemeinen Grundsätzen der Rechnungslegung nach HGB abgeleitet werden.

Wie bereits in der Einführung zu diesem Kapitel angesprochen, fallen unter Finanzinstrumente sowohl Vermögensgegenstände als auch Schulden. Die Bilanzierung passivischer Finanzinstrumente nach nationalen Normen wird im Rahmen der Bilanzierung des Fremdkapitals (vgl. 7. Kapitel, S. 411 ff.) behandelt. Im Folgenden soll auf die aktivischen originären Finanzinstrumente eingegangen werden, für deren Ansatz und Bewertung zunächst eine Zuordnung zum Anlage- bzw. Umlaufvermögen getroffen werden muss.

1. Ansatz und Ausweis

Sämtliche originären Finanzinstrumente müssen, soweit sie die Eigenschaften eines Vermögensgegenstands erfüllen und im wirtschaftlichen Eigentum des Unternehmens stehen (vgl. 2. Kapitel, S. 77 ff.), nach dem Vollständigkeitsgebot (§ 246 Abs. 1 HGB) angesetzt werden.

a) Anlagevermögen

Finanzanlagen

Finanzinvestitionen, d. h. Investitionen in andere Unternehmen bzw. Institutionen in der Rolle als Eigenkapital- (z. B. durch Erwerb von Anteilen) oder als Fremdkapitalgeber (z. B. durch die Gewährung von Darlehen oder anderen Ausleihungen), die dazu bestimmt sind, dauernd dem Unternehmen zu dienen, werden als Finanzanlagen im Anlagevermögen ausgewiesen.

Die bilanzielle Aufgliederung der Finanzanlagen (vgl. § 266 Abs. 2 A. III. 1-6 HGB) soll einerseits den Investitionstyp (Anlagen oder Ausleihungen) und andererseits die unterschiedlichen Möglichkeiten der Einflussnahme auf die Unternehmen, in die investiert wurde, bzw. den Grad der finanziellen Verflechtung deutlich machen (vgl. Tabelle 5.1). Finanzinvestitionen, die nicht dazu bestimmt sind dauernd dem Geschäftsbetrieb zu dienen, sind im Umlaufvermögen auszuweisen.

Finanzanlagen	Daueranlagen	(1) Anteile an verbundenen Unternehmen	**Möglichkeiten der Einflussnahme**
		(3) Beteiligungen	
		(5) Wertpapiere des Anlagevermögens	
	Ausleihungen	(2) Ausleihungen an verbundene Unternehmen	**Ausmaß der finanziellen Verflechtung**
		(4) Ausleihungen an Unternehmen, mit denen ein Beteiligungsverhältnis besteht	
		(6) Sonstige Ausleihungen	

Tab. 5.1: Aufgliederung der Finanzanlagen nach § 266 Abs. 2 A. III HGB

Beteiligungen

»Beteiligungen« werden in § 271 Abs. 1 Satz 1 HGB als Anteile an anderen Unternehmen definiert, die bestimmt sind, dem eigenen Geschäftsbetrieb durch Herstellung einer dauerhaften Verbindung zu jenen Unternehmen zu dienen. Voraussetzung für das Vorliegen einer Beteiligung ist somit neben der Zweckbestimmung als Daueranlage die Beteiligungsabsicht der Gesellschaft. Die Form der Beteiligung ist dabei unerheblich (§ 271 Abs. 1 Satz 2 HGB). Demnach können Aktien ebenso zu diesem Posten zählen wie Anteile an einer GmbH, Komplementär- und Kommanditeinlagen und Beteiligungen als stiller Gesellschafter. Ausdrücklich nicht als Beteiligungen gelten dagegen gemäß § 271 Abs. 1 Satz 5 HGB Mitgliedschaften in eingetragenen Genossenschaften. Ansprüche aus Interessengemeinschaften werden unter den sonstigen Vermögensgegenständen des Umlaufvermögens erfasst.

Beteiligungsabsicht

Beteiligungsabsicht liegt dabei in denjenigen Fällen vor, in denen die Gesellschaft mit der Beteiligung mehr verfolgt als die Absicht einer (dauernden) Kapitalanlage gegen angemessene Verzinsung. Indizien hierfür können z. B. personelle Verflechtungen, interdependente Produktionsprogramme, gemeinsame Forschungs- und Entwicklungsaktivitäten, gegenseitige Lieferungs- und Abnahmeverträge ebenso wie Branchenverwandtschaft sein. Das Kriterium der Absicht unternehmerischer Einflussnahme muss dabei nicht erfüllt sein (vgl. Beck'scher Bilanzkommentar [2012], § 271 Tz. 17).

Beteiligungsvermutung

Entscheidend ist die Beteiligungsabsicht, nicht die Beteiligungshöhe. Allerdings gilt gemäß § 271 Abs. 1 Satz 3 HGB bei Anteilen an einer Kapitalgesellschaft, deren Nennbetrag 20 % des Eigenkapitals dieser Gesellschaft übersteigt, die – widerlegbare – Vermutung einer Beteiligung. Eine Mitunternehmerschaft, d. h. eine Beteiligung bei einer KG oder OHG sowie als stiller Gesellschafter, gilt steuerlich und auch handelsrechtlich stets als Beteiligung. Bei diesen Gesellschaftsverhältnissen wird berücksichtigt, dass mit der Position des Gesellschafters gesellschaftsrechtlich große Möglichkeiten der Einflussnahme auf die Gesellschaften verbunden sind.

Widerlegung der Beteiligungsvermutung

Wird die Beteiligungsabsicht widerlegt, so sind die Anteile unter den »Wertpapieren des Anlagevermögens« (A. III. 5.) auszuweisen. Kann in Ausnahmefällen eine Beteiligungsabsicht beim Erwerb von GmbH-Anteilen widerlegt werden, ist der Ausweis nur unter einem besonderen Posten des Anlagevermögens möglich, da es sich bei GmbH-Anteilen nicht um »Wertpapiere« handelt. Dies gilt auch für Genossenschaftsanteile, die nach § 271 Abs. 1 Satz 5 HGB grundsätzlich nicht als Beteiligungen gelten. Wird auch die Vermutung einer Daueranlage widerlegt, so erfolgt der Ausweis im Umlaufvermögen unter den »sonstigen Wertpapieren« (B. III. 2.) bzw. – bei GmbH- und Genossenschafts-Anteilen – »sonstigen Vermögensgegenständen« (B. II. 4.).

Anteile an verbundenen Unternehmen

Einen Unterfall der Beteiligungen bilden i. d. R. die gesondert auszuweisenden »Anteile an verbundenen Unternehmen«. Verbundene Unternehmen sind nach § 271 Abs. 2 HGB Unternehmen, die gemäß § 290 HGB aufgrund der Möglichkeit eines beherrschenden Einflusses als Mutter- oder Tochterunternehmen in einen Konzernabschluss einzubeziehen sind (vgl. dazu 10. Kapitel, S. 615 ff.). Der Gesetzgeber greift somit nicht auf den Begriff der verbundenen Unternehmen i. S. der §§ 15 ff. AktG zurück, sondern schafft für Kapitalgesellschaften innerhalb des Geltungsbereiches des dritten Buches des HGB einen eigenständigen Begriff der verbundenen Unternehmen.

Wertpapiere

Unter »Wertpapieren des Anlagevermögens« sind diejenigen Wertpapiere auszuweisen, die zwar auf Dauer angelegt sind, bei denen jedoch die Beteiligungsabsicht fehlt bzw. die Beteiligungsvermutung nach § 271 Abs. 1 Satz 3 HGB widerlegt wurde. Hierzu zählen insbesondere Kapitalmarktpapiere wie Aktien, Investmentanteile und festverzinsliche Wertpapiere (z. B. Obligationen, Pfandbriefe, Bundes- und Länderanleihen) oder wertpapierähnliche Rechte, wie Bundesschatzbriefe. Die auf sie entfallenden Zins- und Dividendenforderungen sind unter den »sonstigen Vermögensgegenständen« des Umlaufvermögens (B. II. 4.) auszuweisen.

Ausleihungen

Unter »Ausleihungen« (A. III. 2., 4., 6.) sind langfristige Finanzforderungen auszuweisen, die dazu bestimmt sind, dauernd dem Geschäftsbetrieb zu dienen (z. B. Hypotheken, Grund- und Rentenschulden, langfristige Darlehen). Das HGB verzichtet dabei auf die Angabe einer bestimmten Mindestlaufzeit. Für den Nachweis der Daueranlageabsicht wird jedoch eine Gesamtlaufzeit von wenigstens einem Jahr zu fordern sein (vgl. Beck'scher Bilanzkommentar [2012], § 247 Tz. 357). Als Ausleihungen sind grundsätzlich nur Finanzforderungen auszuweisen. Waren- oder Leistungsforderungen sind dagegen unabhängig, von ihrer Laufzeit, keine Ausleihungen (vgl. ADS [1995 ff.], § 266 Tz. 77).

Untergliederung der Ausleihungen

Die Ausleihungen sind zu untergliedern in solche an »verbundene Unternehmen«, an »Unternehmen, mit denen ein Beteiligungsverhältnis besteht«, und in »sonstige« Ausleihungen. Der Grund für diese Unterscheidung ist darin zu sehen, dass bei »Unternehmen, mit denen ein Beteiligungsverhältnis besteht«, andere Überlegungen hinsichtlich gewährter Konditionen und zukünftiger Verwertungsabsichten der Ausleihungen ausschlaggebend sein können als bei anderen Unternehmen. Insbesondere beim Spezialfall der »verbundenen« Unternehmen können übergeordnete Konzerninteressen maßgebenden Einfluss auf die zu treffenden Entscheidungen ausüben. Unter dem Posten der »Ausleihungen an Unternehmen, mit denen ein Beteiligungsverhältnis« besteht, sind nicht nur Ausleihungen an Unternehmen auszuweisen, an denen das bilanzierende Unternehmen Anteile hält, sondern auch solche an Unternehmen, die Anteile des bilanzierenden Unternehmens halten (vgl. Beck'scher Bilanzkommentar [2012], § 266 Tz. 79). Ausleihungen an Gesellschafter einer GmbH sind nach § 42 Abs. 3 GmbHG in der Bilanz gesondert auszuweisen oder im Anhang anzugeben bzw. durch einen Vermerk kenntlich zu machen, wenn ein gesonderter Ausweis nicht erfolgt.

b) Umlaufvermögen

Einteilung

Finanzinstrumente, die nicht dazu bestimmt sind, dauerhaft dem Geschäftsbetrieb eines Unternehmens zu dienen, werden im Umlaufvermögen ausgewiesen. So sind z. B. Wertpapiere dem Umlaufvermögen zuzuordnen, wenn spekulative Motive im Vordergrund stehen und zur Realisierung von Kursgewinnen ein kurzfristiger Verkauf beabsichtigt ist (vgl. Buchholz, R. [2013], S. 104). Die Bilanzgliederung nach § 266 HGB fordert im Umlaufvermögen die Unterscheidung in drei Gruppen von Finanzinstrumenten: »Forderungen und sonstige Vermögensgegenstände«, »Wertpapiere des Umlaufvermögens« und »liquide Mittel«.

Forderungen und sonstige Vermögensgegenstände

Die Forderungen und sonstigen Vermögensgegenstände werden gemäß § 266 Abs. 2 HGB in folgende Unterposten gegliedert:

1. Forderungen aus Lieferungen und Leistungen,
2. Forderungen gegen verbundene Unternehmen,
3. Forderungen gegen Unternehmen, mit denen ein Beteiligungsverhältnis besteht,
4. Sonstige Vermögensgegenstände.

Forderungen aus Lieferungen und Leistungen

Zu den »Forderungen aus Lieferungen und Leistungen« zählen Ansprüche aus gegenseitigen Verträgen (Lieferungs-, Werks- oder Dienstleistungsverträge), die vom bilanzierenden Unternehmen durch Lieferung oder Leistung bereits erfüllt sind, deren Erfüllung durch den Schuldner (Zahlung des Kaufpreises) aber noch aussteht (vgl. ADS [1995 ff.], § 266 Tz. 120). Dazu gehören auch die Forderungen des Leasinggebers aus solchen Verträgen, bei denen der Leasing-Gegenstand aufgrund der Vertragsgestaltung beim Leasingnehmer zu bilanzieren ist (vgl. 3. Kapitel, S. 195 ff.).

Zession, Factoring

Werden im Rahmen der Sicherungsabtretung bzw. Zession Forderungen zur Sicherung von Krediten an den Kreditgeber (Zessionar) abgetreten, so hat der Sicherungsgeber (Zedent) als der wirtschaftliche Eigentümer diese auch weiterhin (unter dem bisherigen Posten) zu bilanzieren. Beim Factoring (Forderungsverkauf durch Abtretung i. S. der §§ 433, 398 BGB) scheiden dagegen die verkauften Forderungen aus dem Vermögen und der Bilanz des Forderungsverkäufers aus, und an ihre Stelle tritt – sofern der Betrag nicht bar ausgezahlt wird – eine Forderung gegenüber dem Factor, die unter Beachtung der im Einzelfall vereinbarten Konditionen als »sonstiger Vermögensgegenstand« zu bilanzieren ist. Verbleibt das Delkredererisiko (Ausfallrisiko) beim Forderungsverkäufer (unechtes Factoring), so hat dieser gemäß § 251 HGB Verbindlichkeiten aus Bürgschaften unter der Bilanz zu vermerken oder – falls mit dem Ausfall der verkauften

Forderung zu rechnen ist – eine Rückstellung für ungewisse Verbindlichkeiten (vgl. 7. Kapitel, S. 423 ff.) zu bilden.

Offenlegung der finanziellen Verflechtung

Entsprechend der Untergliederung der Ausleihungen (vgl. dieses Kapitel, S. 248) ist auch bei den Forderungen des Umlaufvermögens ein gesonderter Ausweis der »Forderungen gegen verbundene Unternehmen« und der gegen »Unternehmen, mit denen ein Beteiligungsverhältnis besteht« (soweit sie nicht zu den Forderungen gegen verbundene Unternehmen zählen), vorgeschrieben, um das Ausmaß der finanziellen Verflechtung der Gesellschaft mit diesen Unternehmen offen zu legen. Unter den »Forderungen an Unternehmen, mit denen ein Beteiligungsverhältnis besteht«, sind neben den Forderungen an Unternehmen, an denen das bilanzierende Unternehmen Anteile hält auch die Forderungen an solche Unternehmen auszuweisen, die Anteile des bilanzierenden Unternehmens halten. Im Einzelnen kann es sich dabei um Forderungen aus Waren-, Leistungs- oder Finanzgeschäften, aus Beteiligungen (Dividenden und andere Gewinnausschüttungen) oder aus Unternehmensverträgen (§§ 291, 292 AktG) handeln. Der Ausweis unter den genannten Posten geht dabei dem Ausweis unter den anderen Forderungsposten grundsätzlich vor. Wie bei den Ausleihungen ist bei den Forderungen ein getrennter Ausweis oder eine Anhangangabe von Forderungen an Gesellschafter einer GmbH bzw. ein Vermerk notwendig, wenn ein gesonderter Ausweis nicht erfolgt (§ 42 Abs. 3 GmbHG).

Ansatzzeitpunkt von Dividendenforderungen

Dividendenforderungen von Muttergesellschaften entstehen erst dann, wenn die Hauptversammlung des Beteiligungsunternehmens gemäß § 174 AktG über die Verwendung des Bilanzgewinns und über den an die Aktionäre auszuschüttenden Betrag entschieden hat. Die Beteiligungserträge können somit grundsätzlich erst im Folgejahr (phasenverschoben) beim Anteilseigner vereinnahmt werden, was insbesondere bei mehrstufigen Konzernen ein Problem darstellt. Allerdings ist nach den Urteilen des EuGH vom 27.06.1996 (Rs. C-234/94) und des BGH vom 12.01.1998 (II ZR 82/93) eine phasengleiche Aktivierung von Dividendenansprüchen unter bestimmten Voraussetzungen verpflichtend. Dabei muss die Muttergesellschaft Alleingesellschafterin des Tochterunternehmens sein, beide Gesellschaften nach nationalem Recht einen Konzern bilden und die Geschäftsjahre der Gesellschaften deckungsgleich sein. Ferner muss die Gesellschafterversammlung der Tochtergesellschaft den Jahresabschluss vor Prüfung des Jahresabschlusses der Muttergesellschaft festgestellt und einer Zuweisung des Gewinns an die Muttergesellschaft zugestimmt haben. Zuletzt wird vorausgesetzt, dass der Jahresabschluss der Tochtergesellschaft für das fragliche Geschäftsjahr ein den tatsächlichen Verhältnissen entsprechendes Bild ihrer Vermögens-, Finanz- und Ertragslage vermittelt. In der Steuerbilanz ist eine phasengleiche Aktivierung von Dividendenansprüchen nur unter bestimmten, zusätzlichen Voraussetzungen (Nachweis der Absicht der Gewinnverwendung; mindestens ausschüttungsfähiger Gewinn der Tochtergesellschaft muss der Muttergesellschaft bekannt sein) möglich (vgl. BFH-Beschluss vom 07.08.2000 – GrS 2/99).

Sonstige Vermögensgegenstände

Bei dem Posten »sonstige Vermögensgegenstände« handelt es sich um einen Misch- und Sammelposten für all jene Vermögensgegenstände, die von keinem anderen Bilanzposten des Umlaufvermögens erfasst werden. Insbesondere sind hier auszuweisen: Darlehen und Gehaltsvorschüsse (soweit kein anderer Ausweis vorgeht), GmbH- und Genossenschaftsanteile ohne Beteiligungs- oder Daueranlageabsicht, Schadensersatzansprüche, Kautionen etc.

Antizipative Rechnungsabgrenzungsposten

Unter den »sonstigen Vermögensgegenständen« sind auch die zu den sonstigen Forderungen zählenden antizipativen aktiven Rechnungsabgrenzungsposten zu erfassen, die dadurch charakterisiert sind, dass der Ertrag vor, die entsprechende Einnahme jedoch nach dem Bilanzstichtag liegt (vgl. hierzu im Detail 8. Kapitel, S. 471 ff.). Beträge mit größerem Umfang sind nach § 268 Abs. 4 Satz 2 HGB im Anhang zu erläutern.

Ausstehende Einlagen

Für ausstehende Einlagen ist verpflichtend der Nettoausweis vorgeschrieben, nach welchem die nicht eingeforderten ausstehenden Einlagen vom »Gezeichneten Kapital« offen abzusetzen sind (vgl. 6. Kapitel, S. 332 ff.). Die eingeforderten, aber noch nicht eingezahlten Einlagen sind unter den Forderungen gesondert auszuweisen und zu bezeichnen (§ 272 Abs. 1 Satz 3 HGB).

Saldierungsverbot

Bei der Bilanzierung von Forderungen ist insbesondere das Saldierungsverbot (§ 246 Abs. 2 HGB) zu beachten, das die Verrechnung von Forderungen und Verbindlichkeiten grundsätzlich ausschließt. Nur in Ausnahmefällen, in denen sich gleichartige Ansprüche und Verbindlichkeiten etwa gleicher Fälligkeit gegen gleiche Personen aufrechenbar gegenüberstehen (vgl. § 387 BGB), ist eine Verrechnung möglich.

Restlaufzeitangabe

Um den Einblick in die Liquiditätslage der Gesellschaft zu erleichtern, ist nach § 268 Abs. 4 Satz 1 HGB bei jedem gesondert ausgewiesenen Forderungsposten (d. h. auch bei den eingeforderten Einlagen und den unter den sonstigen Vermögensgegenständen erfassten Forderungen) der Betrag der Forderungen mit einer Restlaufzeit von mehr als einem Jahr anzugeben. Entscheidend für die Bestimmung der angabepflichtigen Beträge ist nicht die ursprünglich vereinbarte Gesamtlaufzeit, sondern die Zeitspanne zwischen dem Bilanzstichtag und voraussichtlichem Eingang der Forderungen.

Wechsel

Die im Bestand der Gesellschaft befindlichen Besitzwechsel sind nicht gesondert auszuweisen, sondern den zugrunde liegenden Forderungen zuzuordnen. Eine freiwillige Angabe der durch Wechsel gesicherten Forderungen wäre allerdings im Hinblick auf die durch das Wechselrecht begründete schnellere Verwertungsmöglichkeit durch die Gesellschaft zu begrüßen. Reine Finanzierungswechsel (z. B. Schatzwechsel des Bundes und der Länder) sind dagegen unter den sonstigen Wertpapieren des Umlaufvermögens auszuweisen, da bei diesen wirtschaftlich der Wertpapiercharakter überwiegt.

Forderungen an Mitglieder von Gesellschaftsorganen

Gemäß § 285 Nr. 9c HGB sind Forderungen der Gesellschaft aus Krediten an Mitglieder des Geschäftsführungsorgans, Aufsichtsrates oder Beirates (vgl. §§ 89 und 115 AktG) im Anhang anzugeben. Forderungen der GmbH an ihre Gesellschafter sind nach § 42 Abs. 3 GmbHG jeweils gesondert auszuweisen oder im Anhang anzugeben. Eingeforderte Nachschüsse sind als solche immer gesondert auszuweisen (§ 42 Abs. 2 Satz 2 GmbHG; vgl. 6. Kapitel, S. 341 f.).

Wertpapiere des Umlaufvermögens

§ 266 Abs. 2 HGB sieht eine Untergliederung der »Wertpapiere des Umlaufvermögens« in folgende Unterposten vor:

1. Anteile an verbundenen Unternehmen,
2. Sonstige Wertpapiere.

Anteile an verbundenen Unternehmen

Kann im Ausnahmefall die dauerhafte Besitzabsicht bei Anteilen an verbundenen Unternehmen widerlegt werden, so sind die Anteile an verbundenen Unternehmen im Umlaufvermögen unter gleichlautendem Posten auszuweisen.

Sonstige Wertpapiere

Unter dem Posten »sonstige Wertpapiere« sind die Wertpapiere zu erfassen, die zur vorübergehenden Anlage liquider Mittel bestimmt sind und die nicht als Anteile an verbundenen Unternehmen auszuweisen sind. Im Einzelnen kann es sich dabei um öffentliche Anleihen, Pfandbriefe, Industrieobligationen, Aktien, Zins- und Dividendenscheine etc. handeln.

Liquide Mittel

Die »liquiden Mittel« der Gesellschaft setzen sich insbesondere aus Kassenbestand, Schecks und Bundesbankguthaben sowie Guthaben bei Kreditinstituten zusammen. Zum Kassenbestand zählen neben dem am Bilanzstichtag in Haupt- und Nebenkassen vorhandenen Bargeld einschließlich ausländischer Sorten auch Postwertzeichen und nicht verbrauchte Wertstreifen für Frankiermaschinen. Als Guthaben bei Kreditinstituten (vgl. § 1 KWG) gelten alle Guthaben oder Forderungen in Form von täglich fälligen Geldern oder Festgeldern (Bankeinlagen mit fest vereinbarter Laufzeit) bei Kreditinstituten im In- und Ausland.

2. Bewertung

Die Bewertung der originären Finanzinstrumente hat – bis auf die spezielle Regelung für Finanzinstrumente im Handelsbestand von Kreditinstituten (vgl. in diesem Kapitel, S. 259 f.) – nach den allgemeinen Bewertungsgrundlagen für Vermögensgegenstände im Anlage- bzw. Umlaufvermögen zu erfolgen.

a) Bewertungsgrundlagen

Anschaffungswertprinzip

Sowohl im Anlage- als auch im Umlaufvermögen gelten grundsätzlich die Anschaffungskosten (inkl. Transaktionskosten) als Ausgangswert und gleichzeitig als Obergrenze der Bewertung für Finanzinstrumente (§ 253 Abs. 1 Satz 1 HGB). Entsprechend dem Vorsichtsprinzip wird dadurch der Ausweis unrealisierter Gewinne verhindert. Da die Nutzung von Finanzinstrumenten zeitlich nicht begrenzt ist (= nicht abnutzbare Vermögensgegenstände), sind die Anschaffungskosten nicht um planmäßige Abschreibungen zu vermindern (§ 253 Abs. 3 Satz 1 HGB).

Zeitbewertung im Handelsbestand bei Kreditinstituten

Durch das BilMoG wurde allerdings – diesen Grundsatz durchbrechend – für einen begrenzten Bereich von Finanzinstrumenten von Kreditinstituten (und Finanzdienstleistungsinstituten) eine Sondervorschrift eingeführt. Demnach sind Finanzinstrumente des Handelsbestands mit dem beizulegenden Zeitwert zu bewerten, auch wenn dieser die Anschaffungskosten übersteigt. Damit kann bei Kreditinstituten ein gegen das Imparitäts- bzw. Realisationsprinzip und dem daraus resultierenden Anschaffungskostenprinzip verstoßender Ausweis (nur) realisierbarer Gewinne einhergehen. Allerdings ist bei der Bewertung ein Risikoabschlag vorzunehmen und zusätzlich zum Schutz der Gläubiger ein Risikopuffer in Form von bestimmten, in eine Rücklage einzustellenden Beträgen zu bilden (vgl. in diesem Kapitel, S. 259 f.).

Maßgeblichkeit der Handels- für die Steuerbilanz

Über die Maßgeblichkeit gelten grundsätzlich für die Steuerbilanz auch die Wertansätze der Handelsbilanz für die originären Finanzinstrumente (vgl. 1. Kapitel, S. 21). Nach § 6 Abs. 1 Nr. 2b EStG sind auch die Zeitwerte der sich bei Kreditinstituten im Handelsbestand befindlichen Finanzinstrumente unter Berücksichtigung des Risikoabschlags steuerlich anzusetzen.

Für die Anwendung des Niederstwertprinzips (außerplanmäßige Abschreibungen) und die Wertaufholung von Finanzinstrumenten gelten unterschiedliche Regelungen, je nachdem ob ein Finanzinstrument dem Anlage- oder Umlaufvermögen zuzuordnen ist.

(1) Anlagevermögen

Gemildertes Niederstwertprinzip

Außerplanmäßige Abschreibungen müssen gemäß des Niederstwertprinzips (vgl. 2. Kapitel, S. 120 f.) nach § 253 Abs. 3 Satz 3 HGB auch bei allen Finanzanlagen vorgenommen werden, um sie mit dem niedrigeren Wert anzusetzen, der ihnen aufgrund einer voraussichtlich dauernden Wertminderung beizulegen ist. Die Ermittlung des beizulegenden »niedrigeren Wertes« ist gesetzlich nicht geregelt, hat aber unter Beachtung der Grundsätze der Vorsicht, der Einzelbewertung und der Annahme der Unternehmensfortführung zu erfolgen. Sind Börsen- oder Marktpreise vorhanden, so sind diese heranzuziehen. Andernfalls ist der aus Käufersicht entscheidende Wiederbeschaffungswert und in Ausnahmefällen der Veräußerungswert relevant. Lässt sich dem Vermögensgegenstand ein selbstständiger Ertrag zuordnen (vor allem bei Beteiligungen), so ist der Ertragswert heranzuziehen (vgl. Beck'scher Bilanzkommentar [2012], § 253 Tz. 307 ff.). Bei voraussichtlich nicht dauernder Wertminderung sind, im Gegensatz zu den Sachanlagen und immateriellen Vermögensgegenständen (vgl. 3. Kapitel, S. 162), außerplanmäßige Abschreibungen auf Vermögensgegenstände des Finanzanlagevermögens zulässig (gemildertes Niederstwertprinzip, § 253 Abs. 3 Satz 4 HGB). Der Betrag der außerplanmäßigen Abschreibungen muss nach § 277 Abs. 3 Satz 1 HGB von Kapitalgesellschaften, Personenhandelsgesellschaften i. S. des § 264a HGB und Personenhandelsgesellschaften i. S. des PublG in der GuV gesondert ausgewiesen oder im Anhang angegeben werden. In der Steuerbilanz existiert ein Abschreibungswahlrecht auf den niedrigeren Teilwert nur bei einer voraussichtlich dauernden Wertminderung (§ 6 Abs. 1 Nr. 2 Satz 2 EStG), welches unabhängig vom handelsrechtlichen Wertansatz ausgeübt werden kann (§ 5 Abs. 1 S. 1 Halbsatz 2 HGB).

Wertaufholung

Falls die Gründe für eine außerplanmäßige Abschreibung in späteren Jahren entfallen, müssen alle Rechtsformen gemäß § 253 Abs. 5 HGB Zuschreibungen vornehmen. Die (fortgeführten) Anschaffungskosten dürfen dabei jedoch nicht überschritten werden (Obergrenze). Dies gilt auch für die Steuerbilanz.

(2) Umlaufvermögen

Strenges Niederstwertprinzip in der Handelsbilanz

Für die Bewertung der Finanzinstrumente im Umlaufvermögen gilt in der Handelsbilanz das aus dem Imparitätsprinzip resultierende strenge Niederstwertprinzip. Danach müssen Wertminderungen im Umlaufvermögen auch dann durch Abschreibungen berücksichtigt werden, falls sie voraussichtlich nicht von Dauer sind. Zur Erfassung der Wertminderung dient dabei der aus dem Börsen- oder Marktpreis abgeleitete Wert bzw. – falls ein solcher nicht feststellbar ist – der beizulegende Wert (vgl. 2. Kapitel, S. 104). Dieser ist nach § 253 Abs. 4 HGB zwingend anzusetzen, falls er am Bilanzstichtag unter den Anschaffungskosten liegt.

Behandlung in der Steuerbilanz

In der Steuerbilanz existiert ein vom Ansatz in der Handelsbilanz unabhängiges Wahlrecht zur Vornahme von Teilwertabschreibungen bei dauerhaften Wertminderungen (§ 6 Abs. 1 Nr. 2 Satz 2 EStG). Entfallen die Gründe für eine in früheren Jahren vorgenommene Teilwertabschreibung, d. h. kann die Dauerhaftigkeit der Wertminderung nicht mehr nachgewiesen werden, ist nach § 6 Abs. 1 Nr. 2 Satz 3 EStG eine Zuschreibung bis maximal zu den Anschaffungskosten vorzunehmen. Handelt es sich allerdings um nicht dauerhafte Wertminderungen, ist in der Steuerbilanz gemäß § 6 Abs. 1 Nr. 2 EStG keine Grundlage für eine Teilwertabschreibung gegeben.

Wertaufholung

Sind die Gründe für eine in früheren Jahren vorgenommene außerplanmäßige Abschreibung zwischenzeitlich entfallen, haben alle Rechtsformen nach § 253 Abs. 5 HGB auch im Umlaufvermögen im Umfang der Werterhöhung – jedoch maximal bis zu den Anschaffungskosten – eine Zuschreibung vorzunehmen.

b) Einzelfragen der Bewertung

(1) Anlagevermögen

Beteiligungen

Nach HGB werden Beteiligungen bei Zugang zu Anschaffungskosten bewertet. Zu den Anschaffungsnebenkosten von Beteiligungen zählen insbesondere Notariatskosten, Provisionen und Spesen, nicht dagegen die Kosten der Entscheidungsvorbereitung (z. B. für ein Bewertungsgutachten). Bei einer Neugründung bzw. Kapitalerhöhungen bestimmen die Einlagen zuzüglich der Nebenkosten die Höhe der Anschaffungskosten. Bei Sacheinlagen leiten sich diese aus dem (beizulegenden) Zeitwert des hingegebenen Vermögensgegenstandes ab (eine Buchwertübertragung wird analog zum Tausch von Vermögensgegenständen ebenfalls für zulässig erachtet; vgl. 2. Kapitel, S. 96). Werden Zu- oder Nachschüsse geleistet, so können sie nur aktiviert werden, wenn nachhaltig der Wert der Beteiligung erhöht wird. Zugänge in Form von jungen Aktien werden wie Zukäufe behandelt. Gratisaktien erhöhen zwar den mengenmäßigen, nicht aber den wertmäßigen Bestand.

Differenzierung zwischen Beteiligungen an Personen- oder Kapitalgesellschaften

Für die bilanzielle Behandlung nicht ausgeschütteter Gewinne von Beteiligungsunternehmen ist zwischen der Beteiligung an einer Kapitalgesellschaft und einer Personenhandelsgesellschaft zu unterscheiden: Thesaurierte Gewinne von Kapitalgesellschaften können im Einzelabschluss entsprechend dem Realisationsprinzip nach h. M. nicht zu einer Erhöhung des Beteiligungsbuchwertes bei dem beteiligten Unternehmen führen, es sei denn, es werden Abschreibungen vergangener Jahre rückgängig gemacht. Dagegen ist mit Ablauf des Geschäftsjahres einer Personenhandelsgesellschaft ein Anteil am Gewinn dieser Gesellschaft beim beteiligten Unternehmen regelmäßig bilanzierungspflichtig, da der Gewinn den Gesellschaftern zum Bilanzstichtag unmittelbar zusteht. Der Gewinnanspruch ist übertragbar und somit ein verkehrsfähiger Vermögensgegenstand. Sofern die Gewinnanteile nicht der Verfügungsgewalt der Gesellschafter entzogen sind, stellt eine Nichtausschüttung von Gewinnen bei Personenhandelsgesellschaften demnach eine Kapitalerhöhung aus Gewinnen dar. Die Anschaffungskosten der Beteiligung erhöhen sich nachträglich entsprechend, weshalb eine Aktivierung des anteiligen Gewinnes auch keinen Verstoß gegen das Anschaffungskostenprinzip darstellt.

Verlustanteile an einer Personenhandelsgesellschaft können durch Abschreibungen auf den Beteiligungsbuchwert berücksichtigt werden, soweit dadurch der beizulegende Wert der Beteiligung nicht unterschritten wird. Unabhängig vom Vorliegen eines Jahresverlustes muss eine Abschreibung vorgenommen werden, soweit eine voraussichtlich dauernde Wertminderung eingetreten ist.

Wertpapiere des Anlagevermögens

Für die (anderen) Wertpapiere des Anlagevermögens gelten die gleichen Bewertungsgrundsätze im HGB-Abschluss wie für Beteiligungen. Wertpapiere der gleichen Gesellschaft, die zu unterschiedlichen Zeitpunkten und Kursen gekauft wurden, werden gewöhnlich handelsrechtlich zu Durchschnittsanschaffungskosten bewertet. Bei einem Nachweis der individuellen Anschaffungskosten anhand der Wertpapiernummern kann handelsrechtlich auch die Einzelbewertung erfolgen. Beim Verkauf einzelner Aktien hat die Gesellschaft dann das Wahlrecht vom Durchschnittswert oder von individuellen Anschaffungskosten auszugehen und somit die Möglichkeit, den Buchgewinn zu beeinflussen. In der Steuerbilanz ist bei nicht individuell bestimmbaren, gleichartigen Wertpapieren (z. B. im Sammeldepot) nur die Durchschnittsbewertung zulässig. Können hingegen die Anschaffungskosten der einzelnen Wertpapiere bestimmt werden, sind diese mit ihren tatsächlichen Anschaffungskosten zu bewerten (vgl. Heuermann, B./Brandis, P. [2013], § 6 EStG, Tz. 862). Werden Anteile am eigenen Unternehmen erworben, erfolgt die Bewertung wie im 6. Kapitel, S. 353 ff. beschrieben.

Zero-Bonds

Festverzinsliche Wertpapiere, bei denen die Zinszahlung erst am Ende der Laufzeit in einem Betrag erfolgt (sog. Null-Kupon-Anleihen oder Zero-Bonds), sind beim Erwerber im Zeitpunkt der Ausgabe mit dem für sie verausgabten Betrag (= Anschaffungskosten) anzusetzen. Die aufgrund der kapitalabhängigen Effektivzinsberechnung ermittelten Zinsforderungen sind sodann den Wertpapieren jährlich zuzuschreiben (vgl. 7. Kapitel, S. 421 ff.).

Ausleihungen

Als Anschaffungskosten von Ausleihungen gilt der an den Darlehensnehmer ausgegebene Betrag. Liegt dieser unter dem Rückzahlungsbetrag, so ist der Unterschiedsbetrag (Disagio) als zusätzlicher Zinsertrag über die Laufzeit der Ausleihung zu vereinnahmen. Der Buchwert der Ausleihung ist dementsprechend durch Zuschreibungen zu erhöhen. Daneben ist eine Bewertung der Ausleihung zum Nennbetrag und Bildung eines passiven Rechnungsabgrenzungspostens in Höhe des einbehaltenen Disagios möglich (vgl. Beck'scher Bilanzkommentar [2012], § 255 Tz. 254). Hiermit nicht zu verwechseln ist die Behandlung des Unterschiedsbetrags aus einem über dem Auszahlungsbetrag liegenden Rückzahlungsbetrag einer Verbindlichkeit (Disagio) beim Kreditnehmer, welcher nach § 250 Abs. 3 Satz 1 HGB als aktiver Rechnungsabgrenzungsposten aktiviert werden darf (vgl. 7. Kapitel, S. 421).

Unverzinsliche oder niederverzinsliche langfristige Forderungen

Bei unverzinslichen oder besonders niedrig verzinslichen langfristigen Forderungen würde der Ansatz des Auszahlungsbetrages eine Überbewertung bedeuten. Deshalb ist hier der Barwert des Auszahlungsbetrags als Anschaffungskosten anzusetzen, wobei die Abzinsung mit einem bei vergleichbaren Kapitalanlagen beobachtbaren marktüblichen Zinssatz zu erfolgen hat. In der Steuerbilanz gilt aus Vereinfachungsgründen zumeist ein Zinssatz von 5,5 % (vgl. Beck'scher Bilanzkommentar [2012], § 253 Tz. 593). Der Unterschiedsbetrag zwischen Auszahlungsbetrag und niedrigerem Barwert wird im Zeitpunkt der Auszahlung als »sonstiger betrieblicher Aufwand« unter dem Posten Nr. 8 der GuV nach dem Gesamtkostenverfahren (Nr. 7 nach dem Umsatzkostenverfahren) ausgewiesen, da anderenfalls im Anlagespiegel der volle Zugang ausgewiesen werden müsste; er muss sodann, über die Laufzeit der Ausleihung verteilt, als Zinsertrag (Nr. 10

der GuV nach dem Gesamtkostenverfahren, Nr. 9 nach dem Umsatzkostenverfahren) vereinnahmt werden.

Auf Fremdwährung lautende Finanzanlagen

Sämtliche auf fremde Währung lautende Finanzanlagen sind im Zugangszeitpunkt nach GoB mit dem Devisenkassabriefkurs (Euro-Verkaufskurs der Bank) umzurechnen. Aus Vereinfachungsgründen gilt auch eine Umrechnung, analog zu § 256a HGB, mit dem Devisenkassamittelkurs als zulässig. Für die Folgebewertung zum Bilanzstichtag gibt § 256a HGB den Devisenkassamittelkurs vor (vgl. Beck'scher Bilanzkommentar [2012], § 256a Tz. 35). Im Rahmen der Umrechnung müssen bei den Finanzanlagen weiterhin die grundlegenden Bewertungsprinzipien, also das Realisations- und das Imparitätsprinzip (§ 252 Abs. 1 Nr. 4 HGB) sowie das Anschaffungskostenprinzip (§ 253 Abs. 1 HGB), beachtet werden. Eine Bewertung über die Anschaffungskosten hinaus ist daher nicht zulässig. Bei Ausleihungen mit einer Restlaufzeit von einem Jahr oder weniger muss allerdings von dieser vorsichtigen Bewertung abgesehen werden und somit auch – bei entsprechender Kursentwicklung – eine Bewertung oberhalb der Anschaffungskosten erfolgen (§ 256a Satz 2 HGB).

(2) Umlaufvermögen

Forderungen und sonstige Vermögensgegenstände

Die Forderungen des Umlaufvermögens sind unter Beachtung des strengen Niederstwertprinzips handels- und steuerrechtlich grundsätzlich mit dem Nennbetrag (»Anschaffungs- bzw. Herstellungskosten« der Forderung) zu bilanzieren (§ 253 Abs. 1 und 4 HGB; § 6 Abs. 1 Nr. 2 EStG). Rabatte und Umsatzprämien, nicht jedoch Skonti, sind vom Nennbetrag abzusetzen (vgl. Beck'scher Bilanzkommentar [2012], § 247 Tz. 75). Noch zu zahlende Provisionen müssen dagegen durch Passivierung einer entsprechenden Rückstellung oder Verbindlichkeit berücksichtigt werden (vgl. ADS [1995 ff.], § 266 Tz. 235; Heuermann, B./Brandis, P. [2013], § 5 EStG, Tz. 990).

Zweifelhafte und uneinbringliche Forderungen

Zweifelhafte Forderungen sind unter Berücksichtigung der jeweiligen Umstände mit ihrem wahrscheinlichen Wert anzusetzen; uneinbringliche Forderungen sind vollständig abzuschreiben. Obgleich es im Ermessen des Bilanzierenden liegt, eine Forderung als zweifelhaft anzusehen, rechtfertigen bloße Vermutungen, für die am Bilanzstichtag noch kein greifbarer Anhaltspunkt vorliegt, noch keine Abschreibung. Das Ausmaß der Abschreibung bestimmt sich vielmehr danach, mit welchen Ausfällen bei vernünftiger kaufmännischer Beurteilung aufgrund der besonderen wirtschaftlichen Verhältnisse des Schuldners zu rechnen ist. Darüber hinaus sind Umstände, die eine Wertminderung ganz oder teilweise ausgleichen (bestehende und verwertbare Sicherheiten, Rückgriffsmöglichkeiten), bei der Bewertung der Forderungen zu berücksichtigen (vgl. Beck'scher Bilanzkommentar [2012], § 253 Tz. 570).

Unverzinsliche und besonders niedrig verzinsliche Forderungen

Unverzinsliche oder besonders niedrig verzinsliche Forderungen müssen mit dem Barwert (Abzinsung mit einem fristenadäquaten Marktzins, z. B. landesüblicher Zinsfuß für Papiere mit entsprechender Laufzeit) angesetzt werden. Soweit es sich um kurzfristig fällige Forderungen mit einer Restlaufzeit bis zu einem Jahr handelt, kann die Abzinsung aus Vereinfachungsgründen unterbleiben (vgl. ADS [1995 ff.], § 253 Tz. 532). Abschreibungen und Abzinsungen von Forderungen des Umlaufvermögens werden unter den »sonstigen betrieblichen Aufwendungen« (Nr. 8 der GuV nach dem Gesamtkostenverfahren, Nr. 7 nach dem Umsatzkostenverfahren) erfasst, soweit sie nicht das unternehmensübliche Maß überschreiten (in diesem Fall sind sie unter Nr. 7b der GuV nach dem Gesamtkostenverfahren zu erfassen).

Leasingforderungen

Soweit bei Leasingverträgen der Leasinggegenstand dem Leasingnehmer zuzurechnen ist (vgl. 3. Kapitel, S. 195 ff.), hat der Leasinggeber eine entsprechende Forderung aus Lieferungen und Leistungen zu bilanzieren, die grundsätzlich der Leasingverbindlichkeit des Leasingnehmers entspricht. Bei Vertragsbeginn werden solche Forderungen in Höhe des Barwerts der Netto-Leasingzahlungen angesetzt. Die Leasingraten sind in einen Zins- und Kostenanteil sowie einen Tilgungsanteil aufzuspalten. Die Tilgungsanteile, die so zu bemessen sind, dass die Forderung mit Ablauf der Grundmietzeit erlischt, werden nach Eingang GuV-neutral von der jeweiligen Forderung abgesetzt. Die Zins- und Kostenanteile sind dagegen GuV-wirksam zu verbuchen (als sonstige betriebliche Erträge bzw. bei Leasinggesellschaften als Umsatzerlöse).

Valutaforderungen

Wie bei den Finanzanlagen sind auf fremde Währung lautende Forderungen des Umlaufvermögens (Währungsforderungen, Valutaforderungen) im Zugangszeitpunkt mit dem Devisenkassabriefkurs bzw. vereinfachend, analog zu § 256a HGB, mit dem Devisenkassamittelkurs umzurechnen. Die Folgebewertung erfolgt nach § 256a HGB mit dem Devisenkassamittelkurs am Abschlussstichtag (vgl. hierfür auch Beck'scher Bilanzkommentar [2012], § 256a Tz. 35). Bei Forderungen mit einer Restlaufzeit von mehr als einem Jahr muss dabei das Realisations- und das Imparitätsprinzip (§ 252 Abs. 1 Nr. 4 HGB) sowie das Anschaffungskostenprinzip (§ 253 Abs. 1 HGB) beachtet werden. Bei Forderungen mit einer Restlaufzeit von einem Jahr oder weniger sind die Restriktionen der §§ 252 Abs. 1 Nr. 4 und 253 Abs. 1 HGB nicht anzuwenden (§ 256a Satz 2 HGB). Bei solchen Posten kann somit – bei entsprechender Kursentwicklung – auch eine Bewertung über die Anschaffungskosten hinaus geboten sein. Einen Sonderfall stellen Valutaforderungen dar, die durch entsprechende Verbindlichkeiten in fremder Währung oder durch derivative Finanzinstrumente abgesichert und zu Bewertungseinheiten zusammengefasst werden. In dem Umfang und für den Zeitraum, in dem sich die gegenläufigen Wertänderungen der jeweiligen Bestandteile solcher Sicherungsbeziehungen ausgleichen, sind obige vorsichtige Bewertungsprinzipien bei der Umrechnung nicht anzuwenden (vgl. hierzu im Detail in diesem Kapitel, S. 301 ff.). Steuerlich ist bei Valutaforderungen mit einer Restlaufzeit von weniger als einem Jahr – anders als nach § 256a Satz 2 HGB – eine Überschreitung der Anschaffungskosten durch die Umrechnung nicht zulässig (§ 6 Abs. 1 Nr. 1 EStG).

Lieferungen auf Probe

Forderungen aus Lieferungen zur Probe, die dem Abnehmer ein Rückgaberecht einräumen, sind – sofern das Niederstwertprinzip keinen niedrigeren Wertansatz erfordert – höchstens zu den Anschaffungs- oder Herstellungskosten der gelieferten Waren zu bewerten. Eine Gewinnrealisation ist erst nach Ablauf des Rückgaberechts möglich (vgl. IDW [1985], S. 606).

Einzelwertberichtigung, pauschale Ermittlung spezieller Risiken

Der Grundsatz der Einzelbewertung gilt auch für Forderungen. Soweit sich spezielle Risiken erkennen lassen, werden einzelne Forderungen neu bewertet und der vermutliche Ausfall abgesetzt. Bei größeren Forderungsbeständen mit zahlreichen kleineren Forderungen ist es manchmal unmöglich oder zumindest sehr zeitraubend, sämtliche Forderungen einzeln zu bewerten. Aus diesem Grund ist es in der Praxis üblich, die entsprechenden speziellen Risiken vereinfacht zu errechnen. Dies geschieht pauschal in der Weise, dass ein bestimmter Prozentsatz vom Nennbetrag der jeweiligen Forderungen aktivisch abgesetzt wird. Die Höhe des prozentualen Abschlages richtet sich nach den Erfahrungen des jeweiligen Wirtschaftszweiges und den individuellen Verhältnissen der Unternehmung.

Pauschalwertberichtigung zu Forderungen

Von der pauschal errechneten Abschreibung aufgrund spezieller Risiken ist die Pauschalwertberichtigung wegen des allgemeinen Kreditrisikos (z. B. allgemeines Konjunkturrisiko) zu unterscheiden. Bemessungsgrundlage für die Pauschalwertberichtigung ist der gesamte Netto-Forderungsbestand zum Ende des Geschäftsjahres abzüglich der bereits (pauschal) einzelwertberichtigten Forderungen. Auf diese Bemessungsgrundlage ist ein unter Berücksichtigung von Erfahrungswerten und sich bereits abzeichnender Entwicklungen geschätzter Prozentsatz anzuwenden. Auch in der Steuerbilanz ist die Pauschalwertberichtigung auf Forderungen zulässig.

Direkte Abschreibung bei speziellen Risiken

Spezielle Risiken sowie das allgemeine Kreditrisiko sind durch direkte Abschreibung vom Buchwert der Forderungen zu berücksichtigen. Der Ausweis einer passivischen Wertberichtigung ist für Kapitalgesellschaften nicht zulässig. Die Möglichkeit, diese Abschreibungen in der Buchführung direkt oder indirekt zu verbuchen, wird dadurch nicht berührt. Zusammenfassend wird die Berücksichtigung von Risiken bei der Forderungsbewertung in Abbildung 5.3 dargestellt.

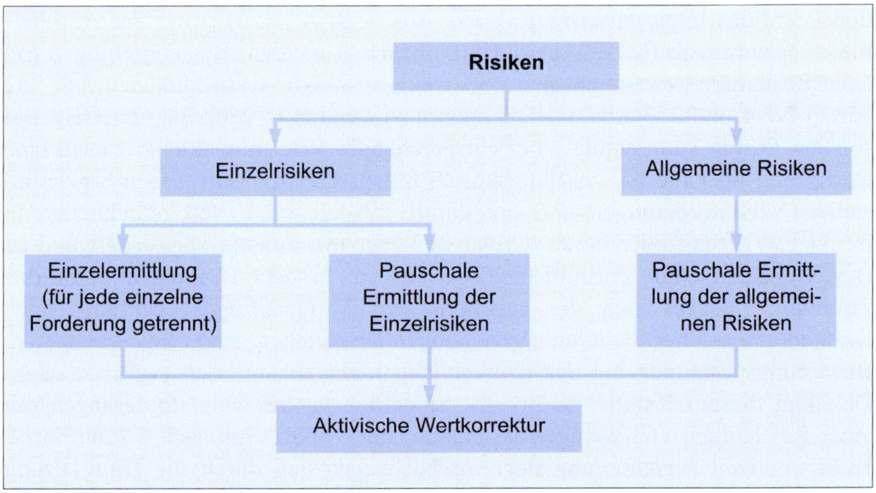

Abb. 5.3: Berücksichtigung von Risiken bei der Forderungsbewertung

Wertpapiere des Umlaufvermögens

Die Bewertung der im Umlaufvermögen ausgewiesenen Wertpapiere erfolgt zu den Anschaffungskosten (inkl. der Nebenkosten wie Maklergebühr, Courtage, Provision). Wertpapiere der gleichen Art werden handelsrechtlich im allgemeinen zu Durchschnittsanschaffungskosten bewertet, wohingegen steuerrechtlich dieses Verfahren nur zur Anwendung kommt, wenn die Anschaffungskosten der einzelnen Wertpapiere, z. B.bei Aufbewahrung im Sammeldepot, nicht individuell bestimmbar sind (vgl. ADS [1995 ff.], § 255 Tz. 111; Heuermann, B./Brandis, P. [2013], § 6 EStG, Tz. 855 ff. sowie Tz. 862). Zur außerplanmäßigen Abschreibung und Wertaufholung der Wertpapiere des Umlaufvermögens, vgl. weiter oben, S. 253 f.

Liquide Mittel

Die Bewertung der liquiden Mittel (Schecks, Kassenbestand, Bundesbank- und Guthaben bei Kreditinstituten einschließlich der nachträglich verbuchten Zinsen) erfolgt zum Nennwert, solange das strenge Niederstwertprinzip nicht einen niedrigeren Wertansatz erzwingt (z. B. bei Schecks oder Bankguthaben wegen mangelnder Zahlungsfähigkeit des Schuldners).

Schecks

Schecks sind unabhängig von der Eintragung einer Laufzeit stets bei Vorlage fällig (Art. 28 ScheckG). Im Gegensatz zu Wechseln ist deshalb auch kein Diskontabzug vorzunehmen.

Valuta-Guthaben, Sorten

Täglich fällige Valuta-Guthaben bei ausländischen Kreditinstituten und Sorten (ausländische Zahlungsmittel) sind mit dem Devisenkassabriefkurs bzw. dem Sortenbriefkurs am Bilanzstichtag zu bewerten. Vereinfachend kann bei der Umrechnung auch der Devisenkassa- bzw. Sortenmittelkurs herangezogen werden (Beck'scher Bilanzkommentar [2012], § 256a Tz. 150 ff.). Im Rahmen ihrer Umrechnung ist bei Valuta-Guthaben nach § 256a Satz 2 HGB und bei Sorten aufgrund ihrer zumeist vernachlässigbaren Bedeutung das Anschaffungskostenprinzip des § 253 Abs. 1 HGB nicht zu beachten (vgl. BMJ [2008], S. 62).

Handelsbestand von Kreditinstituten

Gemäß der speziellen Bewertungsvorschrift für zum Handel bestimmte Finanzinstrumente von Kreditinstituten und Finanzdienstleistungsinstituten sind alle Finanzinstrumente des Handelsbestands nach § 340e Abs. 3 Satz 1 HGB mit ihrem beizulegenden Zeitwert (vgl. hierzu 2. Kapitel, S. 104 ff.) zu bewerten und entsprechend alle Wertänderungen des beizulegenden Zeitwerts GuV-wirksam in der entsprechenden Periode zu erfassen. Das Imparitäts- bzw. Realisationsprinzip und das Anschaffungskostenprinzip greifen hierbei somit nicht. Der »beizulegende Zeitwert« entspricht nach § 255 Abs. 4 Satz 1 HGB dem Marktpreis bzw. muss, soweit ein aktiver Markt nicht existiert, unter Anwendung anerkannter Bewertungsverfahren ermittelt werden (§ 255 Abs. 4 Satz 2 HGB). Ist dieser auch mit Hilfe solcher Bewertungsverfahren nicht ermittelbar, so ist nach § 255 Abs. 4 Satz 3 HGB die Bewertung zu Anschaffungskosten fortzuführen.

Risikoabschlag und Sonderposten

Den aus der symmetrischen Zeitbewertung des Handelsbestands bei Kreditinstituten resultierenden Risiken wird durch weitere Vorschriften Rechnung getragen. Bei der Bewertung der Handelspapiere ist zunächst ein angemessener Risikoabschlag, der sich an den Ausfallwahrscheinlichkeiten der realisierbaren Gewinne zu orientieren hat, vom beizulegenden Zeitwert abzuziehen. Dieser Abschlag ist durch eine adäquate Berechnungsmethode gemäß bankenaufsichtsrechtlicher Vorgaben zu ermitteln. Des Weiteren sind in jedem Geschäftsjahr mindestens 10 % der Nettoerträge aus dem Handelsbestand (d. h. Saldo aus Erträgen und Aufwendungen aus Geschäften mit Finanzinstrumenten sowie Wertsteigerungen und -verlusten), soweit solche erzielt wurden, dem Sonderposten »Fonds für allgemeine Bankrisiken« nach § 340g HGB zuzuführen und gesondert auszuweisen (§ 340e Abs. 4 Satz 1 HGB). Erträge sind nur so lange verpflichtend zuzuführen, bis 50 % des Durchschnitts der Nettoerträge der letzten fünf Geschäftsjahre eingestellt sind (vgl. BilMoG [2009], S. 93). Darüber hinausgehende, freiwillig eingestellte Beträge können jederzeit aufgelöst werden. Ebenso können in einem Geschäftsjahr im Handelsbestand aufgetretene Nettoaufwendungen durch eine Auflösung des Sonderpostens in gleicher Höhe ausgeglichen werden (§ 340e Abs. 4 Satz 2 HGB).

Umgliederungen

Die Einbeziehung von Finanzinstrumenten in die Zeitbewertung bei Kreditinstituten durch eine Umgliederung in den Handelsbestand zu einem späteren Zeitpunkt als dem Zugang ist ausgeschlossen (§ 340e Abs. 3 Satz 2 HGB). Ein späterer Wechsel zur Bewertung zu fortgeführten Anschaffungskosten ist nur unter außergewöhnlichen Umständen, insbesondere bei schwerwiegender Beeinträchtigung der Handelbarkeit des entsprechenden Finanzinstruments möglich (§ 340e Abs. 3 Satz 3 HGB).

3. Erläuterungspflichten

Anhangangaben

Die Bilanzierung von originären Finanzinstrumenten nach HGB ist für bestimmte Unternehmen mit Anhangangaben verbunden. Kapitalgesellschaften, Personenhandelsgesellschaften i. S. des § 264a HGB sowie Personenhandelsgesellschaften i. S. des PublG müssen nach § 285 Nr. 18 HGB, wenn sie keine außerplanmäßigen Abschreibungen gemäß § 253 Abs. 3 Satz 4 HGB auf Finanzanlagen bei nicht dauerhaften Wertminderungen vornehmen, im Anhang darüber berichten. Im Speziellen muss der Buchwert und der beizulegende Zeitwert der einzelnen Finanzanlagen oder angemessener Gruppierungen angegeben werden. Außerdem müssen die Gründe für das Unterlassen der Abschreibungen einschließlich der Anhaltspunkte, die darauf hindeuten, dass die Wertminderung voraussichtlich nicht von Dauer ist, offengelegt werden (vgl. § 285 Nr. 18 HGB).

Kreditinstitute müssen im Zusammenhang mit der Zeitbewertung nach § 340e Abs. 3 Satz 1 HGB von im Handelsbestand befindlichen Finanzinstrumenten nach § 285 Nr. 20 HGB die grundlegenden Annahmen darlegen, die der Bestimmung des beizulegenden Zeitwerts mit Hilfe allgemein anerkannter Bewertungsmethoden zugrunde gelegt wurden, soweit solche nach § 255 Abs. 4 HGB für die Bewertung herangezogen werden mussten. Für Muttergesellschaften gelten nach § 314 Nr. 10 HGB im Konzernanhang die gleichen Anhangvorschriften bezüglich des Unterbleibens einer außerplanmäßigen Abschreibung auf Finanzanlagen nach § 253 Abs. 3 Satz 4 HGB. Ebenso muss im Konzernabschluss von Kreditinstituten die Anhangangabe bezüglich der nach § 340e Abs. 3 Satz 1 HGB mit dem beizulegenden Zeitwert bewerteten Finanzinstrumente erfolgen (§ 314 Nr. 12 HGB).

II. Bilanzierung von originären Finanzinstrumenten nach IFRS

Financial instruments

Mit der zunehmenden Bedeutung von Finanzinstrumenten hat sich das (damalige) IASC mit den Standards IAS 32 »*Financial Instruments: Disclosure and Presentation*« (nach der Veröffentlichung von IFRS 7: IAS 32 »*Financial Instruments: Presentation*«) und IAS 39 »*Financial Instruments: Recognition and Measurement*« der begrifflichen Abgrenzung von Finanzinstrumenten sowie den Anforderungen an deren Ansatz und Bewertung angenommen. Mit IAS 39 existiert ein eigener Standard, der die Bilanzierung von Finanzinstrumenten und Sicherungsbeziehungen (*hedge accounting*) umfassend regelt. Ferner bestimmt IFRS 7 (»*Financial Instruments: Disclosures*«) die Angabepflichten im Zusammenhang mit Finanzinstrumenten.

IFRS 9

In Folge der globalen Finanz- und Wirtschaftskrise geriet das IASB im Jahr 2008 unter hohen Druck der wichtigsten Industrie- und Schwellenländer (G 20) und der EU-Kommission, die Bilanzierungsregeln für Finanzinstrumente zu überarbeiten und dabei insbesondere die Komplexität von IAS 39 zu reduzieren. Im Rahmen einer umfassenden Reform von IAS 39 veröffentlichte das IASB im November 2009 die ersten Inhalte des neuen Standards IFRS 9 »*Financial Instruments*«, der künftig die Bilanzierung von Finanzinstrumenten regeln soll. Um den Unternehmen ausreichend Zeit zur Umstellung zu geben, legte das IASB zunächst fest, dass der IFRS 9 verpflichtend erst für Geschäftsjahre, die am 01.01.2013 oder danach beginnen, anzuwenden ist. Im Dezember 2011 hat das IASB dann beschlossen, den Zeitpunkt der verpflichtenden Erstanwendung von IFRS 9 auf den 01.01.2015 zu verschieben. Aufgrund der äußerst kontroversen Diskussionen während des weiteren Entwicklungsprozesses hat das IASB diesen Zeitpunkt des Inkrafttretens im Juni 2013 wiederum (ohne Nennung eines konkreten Termins) verschoben. Mit Verweis auf die Absicht, den endgültigen Standard erst in seiner Gesamtheit beurteilen zu können, schob die EU-Kommission die Übernahme von IFRS 9 in europäisches Recht vorerst auf. In Anbetracht dessen und des noch laufenden Überarbeitungsprozesses werden im Folgenden weiterhin die Regelungen des IAS 39 dargestellt und am jeweiligen Ende der Unterkapitel ein Ausblick auf die Regelungen nach IFRS 9 bzw. die entsprechenden Standardentwürfe gegeben.

Definition von Finanzinstrumenten

Wie in der Einführung zu diesem Kapitel bereits erwähnt, definiert IAS 32.11 ein Finanzinstrument als einen Vertrag, der bei einem Unternehmen zu einem finanziellen Vermögenswert (*financial asset*) und gleichzeitig bei einem anderen Unternehmen zu einer finanziellen Verbindlichkeit (*financial liability*) oder zu einem Eigenkapitalinstrument (*equity instrument*) führt. Finanzinstrumente umfassen somit sowohl finanzielle Vermögenswerte als auch finanzielle Verbindlichkeiten. Nach IAS 39.14 i. V. m. IAS 39.AG34 sind alle Finanzinstrumente, einschließlich derivativer Finanzinstrumente, bilanzwirksam zu berücksichtigen. Zunächst werden in diesem Abschnitt die originären Finanzinstrumente behandelt, bevor in Abschnitt C (S. 293 ff.) auf freistehende derivative Finanzinstrumente und in Abschnitt D (S. 308 ff.) auf Sicherungsbeziehungen und auf in diese einbezogene Derivate eingegangen wird.

Von IAS 39 ausgenommene Finanzinstrumente

Von IAS 39 sind folgende Finanzinstrumente ausgenommen, für die spezielle Regelungen in anderen Standards bestehen (IAS 39.2 i. V. m. IAS 39.AG1):

- Leasingverträge (IAS 17);
- Beteiligungsverhältnisse (IAS 27, 28 sowie IFRS 10);
- Verpflichtungen und Forderungen der Unternehmung aus Mitarbeitervergütung (IAS 19);
- von der berichtenden Unternehmung begebene Eigenkapitalinstrumente, die dem Eigenkapital der Unternehmung zuzuordnen sind (IAS 32);
- Versicherungsverträge (IFRS 4) mit Ausnahme von bestimmten Finanzgarantien nach der Definition in IAS 39.9 – Derivate, die als *embedded derivatives* in Versicherungsverträge integriert sind, fallen unter die Regelung von IAS 39;
- Verträge (Termingeschäfte) mit bedingten Gegenleistungen im Rahmen von Unternehmenszusammenschlüssen (IFRS 3);
- Kreditzusagen;
- Finanzinstrumente, Verträge und Verpflichtungen aus aktienbasierter Vergütung (IFRS 2) – mit Ausnahme der in IAS 39.5-7 genannten;

- Finanzielle Garantien wie z. B. Bürgschaften und Akkreditive u. Ä., die durch IAS 37 geregelt werden – IAS 39 regelt allerdings finanzielle Garantien in Bezug auf einen spezifizierten Basiswert (*underlying*) wie z. B. Zinssätze, Wechselkurse usw.;
- Wetterderivate, soweit sie im Anwendungsbereich des IFRS 4 (»*Insurance Contracts*«) liegen.

Warentermingeschäfte fallen ebenfalls nicht unter den Regelungsbereich des IAS 39, sofern sie eingegangen werden, um tatsächlich die Versorgung mit Waren zu gewährleisten.

Beteiligungsverhältnisse

Gemäß IAS 39.2a fallen Beteiligungsverhältnisse in Konzernabschlüssen nicht unter die Regelungen des IAS 39. Ausschlaggebend für die Bilanzierung eines Beteiligungsverhältnisses ist das aus ihm erwachsende Maß der Einflussnahme. Seit dem 01.01.2013 gelten für Beteiligungsverhältnisse im Konzernabschluss die Regelungen der im Mai 2011 verabschiedeten Standards IFRS 10 »*Consolidated Financial Statements*« und IFRS 11 »*Joint Arrangements*« und des überarbeiteten Standards IAS 28 »*Investments in Associates and Joint Ventures*« (rev. 2011) (vgl. 10. Kapitel, S. 618). Der ebenso ab diesem Zeitpunkt anzuwendende neu gefasste Standard IAS 27 »*Separate Financial Statements*« enthält hingegen die Regelungen zur Bilanzierung von Beteiligungsverhältnissen im Einzelabschluss. Demnach können dort Anteile an Tochterunternehmen (*investments in subsidiaries*) Anteile an assoziierten Unternehmen (*investments in associates*) sowie Anteile an Joint Ventures (*interests in joint ventures*) wahlweise zu Anschaffungskosten oder nach IAS 39 bzw. IFRS 9 bilanziert werden (IAS 27.10). Da im Folgenden weiterhin die Regelungen des IAS 39 dargestellt werden und am jeweiligen Ende der Unterkapitel ein Ausblick auf die Regelungen nach IFRS 9 gegeben wird, sei an dieser Stelle angemerkt, dass die Standards IFRS 10, 11 und 12 bereits auf IFRS 9 Bezug nehmen. Jedoch stellen diese zudem klar, dass – sofern dieser noch nicht zur Anwendung kommt – die Regelungen des IAS 39 an dessen Stelle treten.

1. Kategorien von Finanzinstrumenten nach IAS 39

Kategorisierung der Finanzinstrumente

Nach den IFRS ist nicht, wie etwa nach den Bestimmungen des HGB für aktivische Finanzinstrumente, die Zuordnung zu den *current* oder *non-current assets* für die bilanzielle Behandlung entscheidend. Vielmehr richtet sich die Bilanzierung aller Finanzinstrumente nach der Zuordnung zu den im Folgenden aufgeführten Kategorien. Die Klassifizierung hat Auswirkungen auf die Bewertung der jeweiligen Finanzinstrumente, jedoch ist ein separater Ausweis nach den einzelnen Kategorien nicht erforderlich. Allerdings schreibt IFRS 7.8 wiederum vor, die Buchwerte der Finanzinstrumente getrennt nach diesen Kategorien im Anhang (oder auch alternativ in der Bilanz) auszuweisen. Die Zuordnung hat bei Zugang des jeweiligen Finanzinstruments zu erfolgen (IAS 39.9). Die nach IAS 39 unterschiedenen Kategorien sind in Abbildung 5.4 dargestellt und werden im Folgenden näher erläutert. Dabei ist zu beachten, dass *financial assets* nur den ersten vier Kategorien, *financial liabilities* nur der ersten und letzten Kategorie zugeordnet werden können.

Financial assets or financial liabilities at fair value through profit or loss

Die Kategorie *financial assets or financial liabilities at fair value through profit or loss* (finanzielle Vermögenswerte oder finanzielle Verbindlichkeiten, die GuV-wirksam zum *fair value* bewertet werden, kurz: *at fair value through profit or loss*) enthält zwei Subkategorien. Die Erste umfasst alle *financial assets or financial liabilities classified as held for trading*, also sämtliche finanziellen Vermögenswerte oder finanziellen Verbindlichkeiten, die zur Erzielung kurzfristiger Gewinne – folglich zu Handelszwecken – gehalten werden. Derivate gehören nach IAS 39.9 grundsätzlich dieser Subkategorie *held for trading* an, sofern sie nicht in einen Sicherungszusammenhang einbezogen wurden. Im letzteren Fall sind diese nach den Regeln des *hedge accounting* (vgl. IAS 39.71 ff. und in diesem Kapitel, S. 308 ff.) zu bilanzieren. Die zweite Subkategorie enthält alle *financial assets or financial liabilities designated at fair value through profit or loss*, d. h. alle *financial instruments*, die bei erstmaligem Ansatz wahlweise und unter bestimmten Bedingungen (s. u.) in diese Kategorie eingeordnet wurden. Eine solche wahlweise Kategorienzuordnung ist allerdings nicht möglich bei nicht notierten Eigenkapitaltiteln, die über keinen Marktpreis verfügen und deren *fair value* nicht zuverlässig bestimmt werden kann (IAS 39.9).

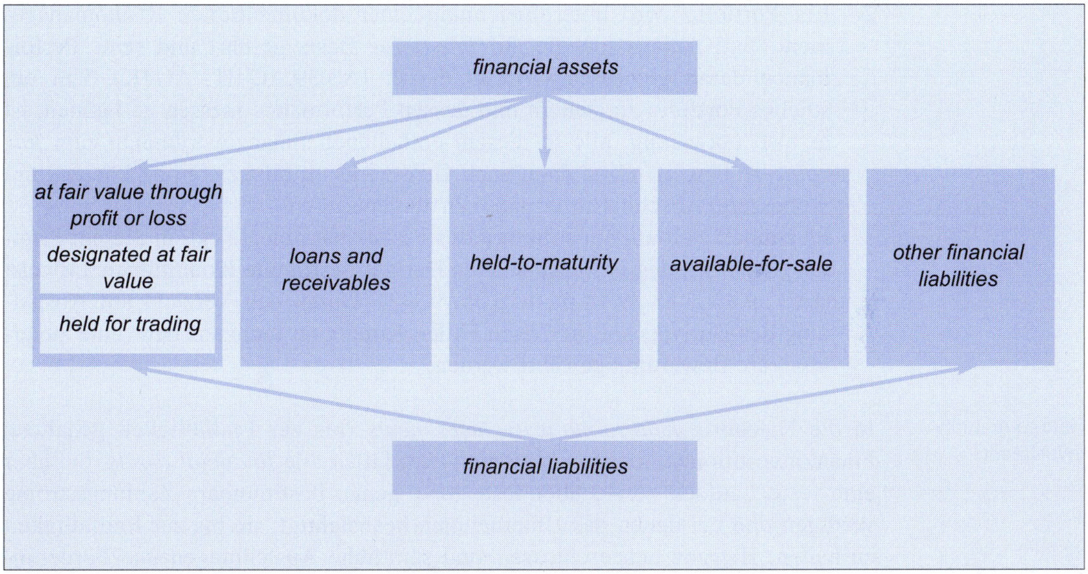

Abb. 5.4: Kategorien für Finanzinstrumente nach IAS 39

Fair value option

Bei diesem Designationswahlrecht in die zweite Subkategorie handelt es sich um die sog. *fair value option.* Ihre Einführung sollte vor allem eine Vereinfachung der Bilanzierung von Sicherungsbeziehungen mit sich bringen, indem auf die Anwendung der komplexen und restriktiven Vorschriften des *hedge accounting* (vgl. in diesem Kapitel, S. 308 ff.) verzichtet werden kann. Dies ist möglich, da bei Ausübung der *fair value option* beide Bestandteile einer Sicherungsbeziehung GuV-wirksam zu ihrem *fair value* bilanziert werden können, deren gegenläufige Wertänderungen sich – bei effektiver Sicherung – in der GuV kompensieren. Allerdings wurde eine willkürliche Anwendung der *fair value option* auf alle Verbindlichkeiten vor allem deshalb kritisiert, da bei einer GuV-wirksamen *fair value*-Bewertung von Verbindlichkeiten eine Verschlechterung der eigenen Bonität und ein damit anzusetzender höherer Zinssatz zur Diskontierung eigener Verbindlichkeiten einen Unternehmenserfolg zur Folge hätten (vgl. 7. Kapitel, S. 447 ff.; im Rahmen der Entwicklung von IFRS 9 wurde dieses Problem adressiert, vgl. S. 464). Diese anhaltende Kritik hatte u. a. dazu geführt, dass der damals überarbeitete IAS 39 nicht vollständig von der EU übernommen wurde (vgl. Kuhn, S. [2005], S. 1341 ff.).

Anwendungsvoraussetzungen der fair value option

Infolgedessen wurde die Möglichkeit zur Designation aller Finanzinstrumente in die Kategorie *at fair value through profit or loss* durch ein erneutes Amendment vom IASB im Juni 2005 eingeschränkt. Eine Zuordnung in die Kategorie ist nur noch möglich, wenn eines der folgend aufgeführten Kriterien erfüllt ist:

1. Eine Ansatz- oder Bewertungsinkongruenz (*accounting mismatch*) wird dadurch vermieden (IAS 39.9b (i), IAS 39.AG4D - AG4G). Dies bedeutet, dass bei Vorliegen einer Sicherungsbeziehung sich die gegenläufigen Wertänderungen auch weiterhin in der GuV kompensieren können sollen und die Abschlussinformation bei anderer Zuordnung eines oder beider Instrumente verzerrt würde.
2. Ein Portfolio wird unter Beachtung einer dokumentierten Risikomanagement- und Anlagestrategie auf *fair value* Basis geführt und seine Performance daran gemessen (IAS 39.9b (ii), IAS 39.AG4H - AG4K). Um ein solches Portfolio zu steuern und dessen Performance messen zu können, ist es also notwendig, alle in diesem enthaltenen Finanzinstrumente zum *fair value* zu bewerten und dann auch GuV-wirksam bilanzieren zu können, um verbesserte Abschlussinformationen zu generieren.
3. Es handelt sich um ein strukturiertes Finanzinstrument (vgl. in diesem Kapitel, S. 294 f.), dessen eingebettetes Derivat bestimmte Konditionen aufweist (IAS 39.9b, IAS 39.11 ff., IAS 39.AG33). Durch den Verzicht auf Abspaltung des Derivats soll in diesen Fällen Koplexität reduziert bzw. eine zuverlässigere Bewertung gewährt werden.

Held-to-maturity investments

In die Kategorie *held-to-maturity investments* (bis zur Endfälligkeit gehaltene Finanzinvestitionen, kurz: *held-to-maturity*) fallen alle *financial assets*, die über eine feste Laufzeit sowie über feste bzw. genau bestimmbare Zahlungsströme verfügen und bei denen das Unternehmen beabsichtigt, sie bis zur Endfälligkeit zu halten. Hiervon ausgeschlossen sind sämtliche Ausleihungen und Forderungen, die originär aus dem Unternehmen entstanden sind (*loans and receivables*), sowie die Finanzinstrumente, die bei Erstansatz als *at fair value through profit or loss* oder *available-for-sale* designiert wurden (IAS 39.9). Aktien oder Anteile an GmbHs oder Personenhandelsgesellschaften können mangels Endfälligkeit hier ebenfalls nicht eingeordnet werden. Neben der Absicht muss auch die Fähigkeit des Unternehmens gegeben sein, diese Finanzinstrumente bis zur Endfälligkeit halten zu können (IAS 39.AG23).

Loans and receivables

Zu den *loans and receivables* (Ausleihungen und Forderungen) gehören alle nicht-derivativen *financial assets* mit bestimmbaren Zahlungsströmen, die nicht auf einem aktiven Markt gehandelt werden; d. h. Ausleihungen und Forderungen, die originär aus dem Unternehmen entstanden sind, aber auch erworbene Forderungen. Sie entstehen aus Transaktionen, die zu einer unmittelbaren Bereitstellung von Liquidität, Waren oder Dienstleistungen beim Schuldner führen, wie z. B. Forderungen aus Lieferungen und Leistungen, Forderungen an Kreditinstitute und Forderungen an Kunden. Ausgenommen sind Ausleihungen und Forderungen, die von Anfang an nur zur kurzfristigen Veräußerung gehalten werden. Sie sind als *held for trading* zu klassifizieren. Außerdem gehören Forderungen, die bei Erstansatz als *at fair value through profit or loss* oder *available-for-sale* designiert wurden, nicht dieser Kategorie an (IAS 39.9).

Available-for-sale financial assets

Bei den *available-for-sale financial assets* (zur Veräußerung verfügbare finanzielle Vermögenswerte, kurz: *available-for-sale*) handelt es sich um alle verbleibenden nicht-derivativen *financial assets*, die nicht ausdrücklich in eine der vorgenannten Kategorien klassifiziert wurden. Es besteht zudem das Wahlrecht, alle Vermögenswerte, die die Anforderungen der Kategorien *loans and receivables* und *held-to-maturity* erfüllen, der Kategorie *available-for-sale* zuzuordnen (IAS 39.9).

Other financial liabilities

In die – nicht explizit in IAS 39.9 genannte – Kategorie *other financial liabilities* (andere finanzielle Verbindlichkeiten) fallen alle *financial liabilites*, die nicht zur kurzfristigen Gewinnerzielung gehalten werden (*financial liabilities classified as held for trading*) bzw. die nicht als *at fair value through profit or loss* designiert wurden und somit nicht der ersten Kategorie *financial assets or financial liabilities at fair value through profit or loss* angehören.

Umwidmungen

Umwidmungen von in bestimmten Kategorien klassifizierten Finanzinstrumenten waren bis zu einem Amendment im Oktober 2008 (siehe unten) nur in seltenen Fällen zulässig. *Held-to-maturity investments* mussten und müssen weiterhin in die Kategorie *available-for-sale* umgegliedert werden, wenn sich die Absicht bzw. Fähigkeit ändert, diese als solche zu halten (IAS 39.51). Werden nicht unwesentliche Teile der als *held-to-maturity* klassifizierten Finanzinstrumente vorzeitig veräußert oder reklassifiziert, so ist als Sanktion die Zwangsumgliederung aller Wertpapiere in dieser Kategorie in die Kategorie *available-for-sale* vorgeschrieben (IAS 39.52). Zudem darf eine erneute Zuordnung von Finanzinvestitionen in die Kategorie *held-to-maturity* erst nach Ablauf der zwei folgenden Geschäftsjahre erfolgen. Daneben ist eine spätere Umwidmung eines *available-for-sale financial asset* in die Kategorie *held-to-maturity* möglich, sofern das Unternehmen beabsichtigt, den entsprechenden Vermögenswert doch bis zur Endfälligkeit zur halten (vgl. IAS 39.54). Grundsätzlich waren Umklassifizierungen aus der und in die Kategorie *at fair value through profit or loss* nicht möglich.

Amendment: Reclassification of financial assets

Als erste Antwort auf die globale Finanzkrise (vgl. zur umfassenden Reform durch den zukünftig geltenden IFRS 9 in diesem Kapitel, S. 277 ff.) wurden vom IASB im Oktober 2008 durch ein Amendment zu IAS 39 zusätzliche Möglichkeiten der Umgliederung geschaffen, vor allem um Unternehmen eine anschaffungskostenbasierte Bewertung von zuvor zum *fair value* bewerteten Finanzinstrumenten zu ermöglichen. Demnach sind Umwidmungen von Finanzinstrumenten aus der Kategorie *at fair value through profit or loss* in die Kategorien *held-to-maturity* und *available-for-sale* in seltenen Ausnahmefällen (»*rare circumstances*«) möglich (IAS 39.50B). Ein seltener Ausnahmefall liegt bei einem einmaligen, ungewöhnlichen Ereignis, das sich in naher Zukunft mit hoher Wahrscheinlichkeit nicht wiederholen wird, vor (IAS 39.BC104D). Darüber hinaus sind Umwidmungen von Finanzinstrumenten aus der Kategorie *at fair value through profit or loss* in die Kategorie *loans and receivables* zulässig, wenn keine Absicht mehr besteht, das betreffende Finanzinstrument nur zur kurzfristigen Gewinnerzielungsabsicht zu halten (IAS 39.50c), wenn das Unternehmen die Absicht und die Fähigkeit besitzt, das betreffende Finanzinstrument in absehbarer Zukunft oder bis zur Fälligkeit zu halten und wenn das Finanzinstrument die Kriterien zur Zuordnung in die Kategorie *loans and receivables* erfüllt hätte (IAS 39.50D). Ausdrücklich ausgenommen von diesen Möglichkeiten der Umwidmung sind weiterhin Derivate (IAS 39.50a) sowie Finanzinstrumente, die im Zugangszeitpunkt freiwillig *at fair value through profit or loss* designiert wurden (IAS 39.50b). Damit betreffen die hinzugefügten Umgliederungsmöglichkeiten aus der Kategorie *at fair value through profit or loss* nur Finanzinstrumente der Subkategorie *held for trading*. Des Weiteren dürfen *available-for-sale financial assets* in die Kategorie *loans and receivables* umgegliedert werden, wenn das Unternehmen die Absicht und die Fähigkeit besitzt, das betreffende Finanzinstrument in absehbarer Zukunft oder bis zur Fälligkeit zu halten und wenn das Finanzinstrument die Kriterien zur Zuordnung in die Kategorie *loans and receivables* erfüllt hätte (IAS 39.50E). Eine Umwidmung von Finanzinstrumenten in die Kategorie *at fair value through profit or loss* bleibt weiterhin ausgeschlossen (IAS 39.50). Eine Übersicht über die Umgliederungsmöglichkeiten liefert Tabelle 5.2.

Möglichkeit der Umwidmung		in die Kategorie...					
von der Kategorie...		*at fair value through profit or loss*		*held-to-maturity*	*loans and receivables*	*available-for-sale*	*other financial liabilities*
		designated at fair value	*held for trading*				
at fair value through profit or loss	*designated at fair value*	-	Nein	Nein	Nein	Nein	Nein
	held for trading[1]	Nein	-	Ja[2][3]	Ja[2]	Ja[2][3]	Nein
held-to-maturity		Nein	Nein	-	Nein	Ja (mit Sanktion)	-
loans and receivables		Nein	Nein	Nein	-	Nein	-
available-for-sale		Nein	Nein	Ja	Ja[2]	-	-
other financial liabilites		Nein	Nein	-	-	-	-

1) In dieser Kategorie befindliche Derivate sind ausdrücklich von den angegebenen Umwidmungsmöglichkeiten ausgeschlossen (IAS 39.50a).
2) Umwidmung möglich seit dem Amendment zu IAS 39 vom Oktober 2008.
3) Umwidmung nur möglich in seltenen Ausnahmefällen (»*rare circumstances*«).

Tab. 5.2: Umgliederungsmöglichkeiten von Finanzinstrumenten nach IAS 39

2. Ansatz und Ausweis

Einbuchung: trade date und settlement date accounting

Unabhängig von der Zuordnung des Finanzinstruments in eine der vorgenannten Kategorien muss das Unternehmen ein solches dann bilanziell ansetzen, wenn es Vertragspartei wird (IAS 39.14). Bei Kassageschäften, also dem regulären Kauf oder Verkauf von finanziellen Vermögenswerten, bei denen eine sofortige Erfüllung (i. d. R. bis zum zweiten Börsentag nach Geschäftsabschluss) stattfindet, besteht ein Wahlrecht zwischen *trade date* und *settlement date accounting* (IAS 39.38). Dieses Wahlrecht kann für jede Kategorie von Finanzinstrumenten separat ausgeübt werden, die gewählte Methode ist dann jedoch stetig anzuwenden (IAS 39.AG53). Das *trade date* ist definiert als der Handelstag (Tag des Vertragsschlusses), das *settlement date* als der Erfüllungstag (IAS 39.AG55 f.).

Ausbuchung

Zur Ausbuchung (*derecognition*) von Finanzinstrumenten existieren umfangreiche Regelungen (IAS 39.15-.37). Grundsätzlich sind finanzielle Vermögenswerte solange zu bilanzieren, bis die vertraglichen Rechte an den mit dem Vermögenswert verbundenen Cashflows auslaufen oder eine tatsächliche Übertragung damit zusammenhängender Chancen und Risiken stattgefunden hat (IAS 39.17). Finanzielle Verbindlichkeiten sind auszubuchen, sobald sie erloschen sind, d. h. die mit ihr verbundenen Verpflichtungen beglichen, aufgehoben oder ausgelaufen sind (IAS 39.39). Daneben ist in IAS 39.15 ff. die Ausbuchung diverser Einzelfälle (echtes und unechtes Factoring, *bondstripping* etc.) detailliert geregelt.

Liquide Mittel

Barmittel und Sichteinlagen sowie Zahlungsmitteläquivalente sind nach den IFRS unter dem Posten *cash and cash equivalents* zu zeigen (IAS 1.54 f.). Liquide Mittel sind finanzielle Vermögenswerte (IAS 32.11), die in den Bestimmungen zur Kapitalflussrechnung definiert werden (IAS 7.6). Unter diesen Posten sind auch Wertpapiere auszuweisen, die kurzfristig in einen heute schon bekannten Geldbetrag umgewandelt werden können, wie z. B. öffentliche Anleihen, Commercial Papers oder Geldmarktfondsanteile. Dabei muss die Restlaufzeit der Wertpapiere so kurz sein, dass kein Risiko einer Wertänderung, z. B. aus einer Zinsänderung, zu erwarten ist. I. d. R. soll sie im Erwerbszeitpunkt nicht größer als drei Monate sein (IAS 7.6 ff.). Ein unterschiedlicher Ausweis von *cash and cash equivalents* in Bilanz und Kapitalflussrechnung ist mit Hilfe einer Überleitungsrechnung zu erläutern (IAS 7.45).

Sind liquide Mittel nicht sofort frei verfügbar – etwa im Falle von Guthaben auf ausländischen Konten, die aufgrund von Devisenbeschränkungen eingefroren sind – sind die zugehörigen Beträge im Umkehrschluss zur Definition des Umlaufvermögens in IAS 1.66 (vgl. 2. Kapitel, S. 146) im Anlagevermögen (*non-current assets*) auszuweisen.

Forderungen

Nach IAS 1.77 sollte eine sachgerechte Untergliederung der Forderungen (*receivables*) entweder in der Bilanz oder im Anhang erfolgen. In IAS 1.78b wird beispielhaft dargestellt, wie eine solche Untergliederung erfolgen kann: Forderungen gegenüber Handelspartnern (*trade customers*), Forderungen gegenüber nahestehenden Unternehmen (*related parties*), Anzahlungen (*prepayments*) und sonstige Beträge (*other amounts*). Unter dem Posten *receivables* können auch Forderungen enthalten sein, die im Rahmen des gewöhnlichen Geschäftsprozesses entstanden sind, aber voraussichtlich nicht innerhalb eines Jahres bzw. eines Geschäftszyklus realisiert werden (IAS 1.68).

Sicherheiten

Kredite werden häufig vertraglich besichert. Werden unbare Sicherheiten (wie z. B. Eigenkapitalinstrumente oder Schuldverschreibungen) zur Verfügung gestellt, hat der Sicherungsgeber die als Sicherheit fungierenden Vermögenswerte in seiner Bilanz auszuweisen. Hat der Sicherungsnehmer das vertragliche Recht, die Sicherheit zu verkaufen oder weiterzuverpfänden (ohne das Vorliegen eines Verzugs), muss der Sicherungsgeber die Sicherheit umgliedern und getrennt von anderen Vermögenswerten ausweisen (IAS 39.37a). Macht der Sicherungsnehmer vom Recht zum Verkauf Gebrauch, muss er die Erlöse aus dem Verkauf verbuchen und gleichzeitig eine Verbindlichkeit i. H. d. *fair value* für die Verpflichtung zur Rückgabe der Sicherheit ausweisen (IAS 39.37b). Im Gegensatz zum Sicherungsgeber darf er die Sicherheit nicht mehr ausweisen (IAS 39.37d). Ist der Sicherungsgeber jedoch in Verzug geraten und nicht länger zum Einlösen der Sicherheit berechtigt, ergibt sich eine andere Vorgehensweise: Das wirtschaftliche Eigentum ist auf den Sicherungsnehmer übergegangen und dieser muss die Sicherheit bilanzieren, während der Sicherungsgeber sie auszubuchen hat (IAS 39.37c).

Finanzgarantien

Finanzgarantien werden von Unternehmen eingesetzt, um sich gegen das Ausfallrisiko von Forderungen abzusichern. Dabei garantiert meist ein Garantiegeber (z. B. Bank) gegen eine Garantieprämie dem Garantienehmer eine Entschädigungszahlung im Falle des Forderungsausfalls. Garantiegeber müssen Finanzgarantien als finanzielle Schuld passivieren, sobald sie Vertragspartei geworden sind (vgl. zu deren Bewertung, in diesem Kapitel, S. 274). Beim Garantienehmer handelt es sich bei Finanzgarantien meist um Eventualforderungen nach IAS 37, die nicht aktiviert werden dürfen (vgl. Kuhn, S./Scharpf, P. [2006], S. 266). Sind bei Finanzgarantien Entschädigungszahlungen an Kreditratings gebunden, so werden sie gemäß IAS 39.AG4b nach den allgemeinen Vorschriften für Derivate bilanziert.

Eigene Anteile nach IFRS

Eigene Anteile (*treasury shares*) nach IAS 32.33 f. können alle Eigenkapitalinstrumente sein; sie werden nach IFRS nicht auf der Aktivseite angesetzt (vgl. 6. Kapitel, S. 371). Sie sind vom Eigenkapital abzusetzen (IAS 32.AG36) und nach IAS 1.79a entweder in der Bilanz oder in den *notes* gesondert auszuweisen. Für den Kauf, den Verkauf, die Ausgabe oder die Entwertung von eigenen Anteilen ist nach IAS 32.33 kein Aufwand oder Ertrag in der GuV auszuweisen. Eigenkapitalinstrumente sind im Rahmen der Konzernabschlusserstellung auch dann eigene Anteile, wenn sie von einem anderen Konzernunternehmen gehalten werden.

3. Bewertung

a) Bewertung nach IAS 39

Relevanz der Klassifizierung

Für die Bewertung der Finanzinstrumente nach IFRS ist, anders als nach HGB (für aktivische Finanzinstrumente), nicht die Zuordnung in Umlauf- und Anlagevermögen, also *current* und *non-current assets,* sondern ihre Klassifizierung in eine der Kategorien – *at fair value through profit or loss, held-to-maturity, loans and receivables, available-for-sale* und *other financial liabilities* – ausschlaggebend (siehe oben). Dies gilt auch für die Bilanzierung von Beteiligungsverhältnissen, wenn diese nach IAS 39 erfolgt, wobei hierfür als Kategorien nur *at fair value through profit or loss* und *available-for-sale* in Frage kommen.

Mixed model approach

IAS 39 folgt einem *mixed model approach*, d. h. als Bewertungsbasis finden sowohl der *fair value* als auch fortgeführte Anschaffungskosten (*amortised cost*) Anwendung.

Definition: fair value

Mit der Veröffentlichung des Standards IFRS 13 »*Fair Value Measurement*« im Mai 2011, der für Geschäftsjahre, die am oder nach dem 01.01.2013 beginnen, Gültigkeit besitzt, wurden standardübergreifende Regelungen zur Ermittlung des *fair value* eingeführt (vgl. 2. Kapitel, S. 113 ff.). Zuvor wurde der *fair value* als der Betrag definiert, zu dem zwischen sachverständigen, vertragswilligen und voneinander unabhängigen Geschäftspartnern ein Vermögenswert getauscht oder eine Verbindlichkeit beglichen werden kann – im anglo-amerikanischen Sprachraum wird dies auch als *arm's length transaction* bezeichnet. Nach der neugefassten Definition gemäß IFRS 13.9, die statt auf einer Tauschfiktion (*exchange price*) auf eine Abgangsfiktion (*exit price*) abstellt, handelt es sich beim *fair value* um denjenigen Preis, der beim Verkauf eines Vermögenswertes erzielt würde oder bezahlt werden müsste, um eine Verbindlichkeit in einer geordneten (*orderly*) Transaktion zwischen Marktteilnehmern am Bewertungsstichtag zu übertragen. Die Ermittlungsrichtlinien bezüglich der Bewertung zum *fair value* in IFRS 13 folgen grundsätzlich der für Finanzinstrumente bisher geltenden dreistufigen »*fair value*-Hierarchie« (vgl. Wächter, H. P./Christ, T./Jureit, J. (2012), S. 456). Dabei sind folgende Bestimmungen zu beachten (IFRS 13.16 i. V. m. IFRS 13.72 ff.; vgl. hierzu auch 2. Kapitel, S. 113 f.):

1. Aktuelle, öffentlich notierte Marktpreise sind immer heranzuziehen, sofern sie verfügbar sind. Ist dies nicht möglich, dann sollen
2. Marktpreise der letzten Transaktion der Finanzinstrumente oder von ähnlichen Finanzinstrumenten zur Anwendung kommen. Ist auch dies nicht möglich, dann ist der *fair value* durch
3. Bewertungsverfahren zu ermitteln. Dies können z. B. DCF-Verfahren, Optionspreismodelle oder andere geeignete Verfahren sein.

Allerdings sind die Ermittlungsrichtlinien im Vergleich zu den bisher geltenden Regelungen, insbesondere bezüglich der einzubeziehenden Inputfaktoren, detaillierter gefasst (vgl hierzu 2. Kapitel, S. 113 f.). Für bestimmte Finanzinstrumente, die bezüglich Markt- und Kreditrisiken auf Nettobasis gesteuert werden, enthält IFRS 13 Sondervorschriften, die unter bestimmten Bedingungen (IFRS 13.48 f. und 13.54 f.) statt einer Einzelbewertung eine Bewertung der Nettoposition bzw. Gruppe von Finanzinstrumenten zulässt. Sind Eigenkapitaltitel nicht an einem aktiven Markt notiert und ist ihr *fair value* nicht verlässlich bestimmbar, so dürfen diese nach IAS 39.46c nicht der Kategorie *at fair value through profit or loss* zugeordnet werden (*financial instruments carried at cost*).

Im Allgemeinen gilt bei der Ermittlung des *fair value* eine *mark-to-market*-Bewertung (Aufzählungspunkte 1. und 2.) als Regelfall und die *mark-to-model*-Bewertung (Aufzählungspunkt 3.) als Ausnahme. In illiquiden Märkten sind jedoch Preise, die aus Notverkäufen resultieren, nicht für die *fair value*-Bestimmung relevant. Dies hat das IASB aufgrund verbreitet auftretender, nicht funktionierender Märkte für Finanzinstrumente im Zuge der globalen Finanzkrise durch eine Verlautbarung im Oktober 2008 (»*IASB provides update on applying fair value in inactive markets*«) festgestellt. Vielmehr haben dann subjektive Schätzungen bezüglich zukünftiger Cashflows und des Diskontierungszinses in die Bestimmung des *fair value* miteinzufließen.

Amortised cost

Für die Kategorien *held-to-maturity, loans and receivables* und *other financial liabilities* sind als Bewertungsmaßstab die fortgeführten Anschaffungskosten (*amortised cost*) vorgeschrieben. Diese kommen auch in den anderen Kategorien zur Anwendung, wenn sich der *fair value* nicht verlässlich bestimmen lässt (IAS 39.46c). Die *amortised cost* sind definiert als die Anschaffungskosten (= Betrag des erstmaligen Ansatzes) abzüglich etwaiger Tilgungen und unter Berücksichtigung der kumulierten Amortisation eines Agios oder Disagios. Die Amortisation ist dabei anhand der sog. Effektivzinsmethode (vgl. in diesem Kapitel, S. 272) über die Laufzeit zu verteilen. Ggf. sind auch Minderungen für Uneinbringlichkeiten oder Wertverluste zu berücksichtigen.

Effektiver Zinssatz

Der effektive Zinssatz (auch: interner Zinssatz) ist der kalkulatorische Zinssatz, mit dem die geschätzten künftigen Ein- oder Auszahlungen während der erwarteten Laufzeit des Finanzinstruments oder eines ggf. anzuwendenden kürzeren Zeitraums auf den Nettobuchwert des finanziellen Vermögenswertes oder der finanziellen Verbindlichkeit exakt abgezinst werden (IAS 39.9, vgl. zum internen Zinssatz auch Perridon, L./Steiner, M./Rathgeber, A. [2012], S. 55 ff.). Die Cashflows sind so zu schätzen, dass alle vertraglich festgelegten Bedingungen, wie z. B. vorzeitige Tilgungen, Kaufoptionen o. Ä., in die Schätzung eingehen. Erwartete Zahlungsausfälle sind nicht zu berücksichtigen, wohl aber Gebühren und sonstige Entgelte, die Bestandteil der effektiven Verzinsung, der Transaktionskosten und aller Agien und Disagien sind (IAS 39.9).

Zugangs-bewertung

Für alle Finanzinstrumente nach IAS 39 gilt der *fair value* als Zugangswert (IAS 39.43). Allerdings kann davon ausgegangen werden, dass bei Zugang der *fair value* i. d. R. den Anschaffungskosten (also dem Wert des hingegebenen Gegenstands) entspricht (IAS 39.AG64). Die dabei entstehenden Transaktionskosten (z. B. Provisionen, Maklerkosten, sonstige Gebühren) sind bei allen Finanzinstrumenten, die nicht der Kategorie *at fair value through profit or loss* zugeordnet werden, in den Zugangswert einzubeziehen (IAS 39.43). Bei Finanzinstrumenten der Kategorie *at fair value through profit or loss* sind entstehende Transaktionskosten hingegen nicht zu aktivieren, sondern werden in der Periode des Zugangs Aufwand.

Folgebewertung

Die Folgebewertung von Finanzinstrumenten nach IAS 39 hängt von ihrer Zuordnung zu den oben beschriebenen Kategorien ab. Einen Ausnahmefall stellen nicht notierte Eigenkapitaltitel dar, die über keinen Marktpreis verfügen und deren *fair value* nicht zuverlässig bestimmt werden kann (*financial instruments carried at cost*). Diese werden stets zu ihren Anschaffungskosten angesetzt (s. o.). Ergeben sich Hinweise auf eine Wertminderung, ist eine GuV-wirksame Abwertung auf den anhand von DCF-Verfahren zu schätzenden *fair value* vorzunehmen.

Die Regelungen sind in Abbildung 5.5 im Überblick dargestellt und werden im Folgenden erläutert.

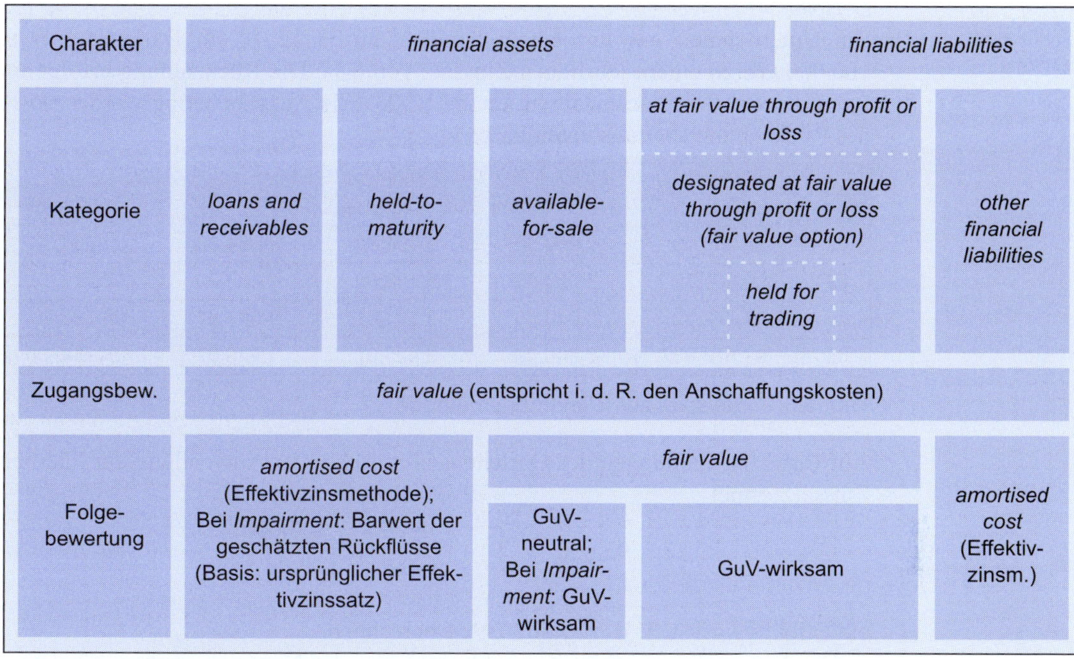

Abb. 5.5: Bewertung von Finanzinstrumenten nach IAS 39 (in Anlehnung an Baetge, J./Schulz, R. [2006], S. 129)

(1) At fair value through profit or loss

Bewertung at fair value through profit or loss

Die Folgebewertung sowohl der in diese Kategorie designierten (*designated at fair value*) als auch wegen kurzfristiger Handelsabsicht gehaltenen Finanzinstrumente (*held for trading*) bemisst sich am *fair value*, wobei die Wertänderungen immer GuV-wirksam behandelt werden (IAS 39.46, .55a). Dadurch werden *impairments* und Wertaufholungen überflüssig, da auch solche Wertschwankungen direkt in der GuV abgebildet werden.

(2) Loans and receivables

Bewertung der Ausleihungen und Forderungen

Finanzielle Vermögenswerte der Kategorie *loans and receivables* sind in der Folge zu ihren fortgeführten Anschaffungskosten (*amortised cost*) unter Verwendung der Effektivzinsmethode zu bewerten (IAS 39.46). Entstehende Transaktionskosten werden mitaktiviert und unter Zuhilfenahme der Effektivzinsmethode GuV-wirksam über die Laufzeit verteilt. Eine Abzinsung von unverzinslichen oder niedrig verzinslichen Forderungen ist auch nach den IFRS sachgerecht (vgl. IDW [1995], S. 166; Beck'sches IFRS-Handbuch [2013], § 10 Tz. 28). Forderungen in Fremdwährung werden als monetäre Posten GuV-wirksam zum Kassakurs am Bilanzstichtag umgerechnet (IAS 21.23). Dabei ist für Forderungen der Briefkurs (für Deutschland entspricht dies dem EUR-Verkaufskurs der Banken) relevant, wobei aus Wesentlichkeitsgründen auch der Mittelkurs als zulässig erachtet wird (vgl. ADS International [2002 ff.], Abschnitt 5, Tz. 31). Handelt es sich jedoch um Forderungen, bei denen von Anfang an die Absicht der Weiterveräußerung bestand, sind diese in die Kategorie *at fair value through profit or loss (classified as held for trading)* einzustufen und wie diese zu bewerten.

Effektivzinsmethode

Beispiel

Ein Unternehmen gewährt einem Kunden am 31.12.01 ein Darlehen i. H. v. 100.000 GE zu einem jährlichen Zinssatz von 8 %. Die Rückzahlung erfolgt am Ende der Laufzeit von 4 Jahren am 31.12.05. Als Ausgabebetrag werden 95 % des Rückzahlungsbetrags vereinbart.

Jahr	*Amortised cost* (Jahresanfang)	Einzahlung (Nominalzins)	Zinsertrag (Effektivzins)	Amortisation	*Amortised cost* (Jahresende)
02	95.000,00	8.000,00	9.084,32	1.084,32	96.084,32
03	96.084,32	8.000,00	9.188,00	1.188,00	97.272,32
04	97.272,32	8.000,00	9.301,61	1.301,61	98.573,93
05	98.573,93	8.000,00	9.426,07	1.426,07	100.000,00

Tab. 5.3: Beispiel zur Effektivzinsmethode

Auf Basis der Zahlungen des Darlehens lässt sich unter Anwendung der internen Zinssatzformel

$$95.000 = \sum_{t=1}^{4} \frac{8.000}{(1+i)^t} + \frac{100.000}{(1+i)^4}$$

ein Effektivzinssatz i. H. v. 9,562439 % berechnen.

Das Unternehmen erhält Zinszahlungen, die der Nominalverzinsung entsprechen (100.000 GE * 8 %) und über die Laufzeit konstant sind. Der Zinsertrag berechnet sich durch Anwendung des Effektivzinssatzes auf die *amortised cost* am Ende der Vorperiode bzw. am Anfang der laufenden Periode. Das Darlehen wird am Ende des Jahres auf die neuen *amortised cost* durch Zuschreibung der Differenz aus Zinsertrag und Nominalverzinsung zugeschrieben.

Impairments bei loans and receivables

Auch nach IAS 39.63 ist in dem Fall, dass der Buchwert einer Forderung über dem Barwert der geschätzten Rückflüsse aus der Forderung (unter Zugrundelegung des ursprünglichen Effektivzinssatzes) liegt, also ein Teil der Forderung vermutlich uneinbringbar ist, eine Einzelwertberichtigung vorzunehmen. Für Gruppen von Forderungen mit vergleichbaren Ausfallrisiken können pauschalierte Einzelwertberichtigungen vorgenommen werden, deren Höhe auf Erfahrungswerten aus der Vergangenheit basiert (IAS 39.64). Generelle Pauschalwertberichtigungen, wie sie das HGB vorsieht, sind jedoch nicht gestattet. Gemäß IAS 39.63 kann die Wertberichtigung sowohl unter Verwendung eines Wertberichtigungskontos wie auch durch eine direkte Reduzierung des Buchwertes erfolgen. Entfällt der Grund für eine vorgenommene Wertberichtigung, ist eine GuV-wirksame Wertaufholung bis maximal zur Höhe der ursprünglichen fortgeführten Anschaffungskosten erforderlich (IAS 39.65).

(3) Held-to-maturity

Bewertung held-to-maturity

Die Bewertung dieser Kategorie entspricht der der *loans and receivables*. Die Folgebewertung hat zu *amortised cost* bei Anwendung der Effektivzinsmethode zu erfolgen. Transaktionskosten werden aktiviert und durch Anwendung der Effektivzinsmethode über die Laufzeit GuV-wirksam verteilt. Bei Wertminderungen sind analog zur Forderungsbewertung GuV-wirksame Abwertungen durchzuführen. Dabei kommen auch pauschalierte Wertminderungen für Gruppen von ähnlichen Finanzinstrumenten in Betracht. Wertaufholungen bei Wegfall des Grundes sind ebenfalls GuV-wirksam bis zur Höhe der ursprünglichen fortgeführten Anschaffungskosten vorzunehmen (IAS 39.65). Zinserträge, auch durch die Amortisation von Disagios, sind GuV-wirksam zu erfassen.

(4) Available-for-sale

Bewertung available-for-sale

Die Folgebewertung von *available-for-sale financial assets* hat zum *fair value* zu erfolgen. Wertänderungen, die aus kapitalmarktinduzierten Wertschwankungen (wie z. B. Aktienkursschwankungen oder Kursschwankungen bei Fremdkapitaltiteln durch Zinsänderungen) resultieren, werden GuV-neutral im sog. »*other comprehensive income*« erfasst (vgl. 9. Kapitel, S. 586). Bei Abgang des Finanzinstruments wird dann der im Eigenkapital verbuchte kumulierte Bewertungsgewinn oder -verlust GuV-wirksam gemacht, d. h. über die GuV »recycelt« (IAS 39.55b). Bei Finanzinstrumenten, die keine festgelegten Zahlungen und keine begrenzte Laufzeit aufweisen (z. B. Aktien), werden die Transaktionskosten zunächst aktiviert und dann entweder bei einer Wertminderung (*impairment*) oder bei Abgang des Finanzinstruments GuV-wirksam erfasst (IAS 39.IG E.1.1).

Wertminderungen und Wertaufholung

Anders verhält es sich bei echten Wertminderungen (*impairment losses*) wie z. B. bei Enteignungen oder Insolvenzen des Wertpapieremittenten oder anderen voraussichtlich dauernden Wertminderungen. In einem solchen Fall ist dann eine GuV-wirksame Abwertung des *available-for-sale financial asset* um die Differenz aus Anschaffungskosten und aktuellem *fair value* vorzunehmen. Dabei müssen etwaige kumulierte, GuV-neutral gebildete Bewertungsgewinne oder -verluste aus dem Eigenkapital ausgebucht werden (IAS 39.67 f.). Ggf. später vorzunehmende Wertaufholungen sind dann bei Eigenkapitalinstrumenten (z. B. Aktien) GuV-neutral (Verbuchung direkt gegen das Eigenkapital) und bei Fremdkapitalinstrumenten (z. B. Schuldverschreibungen) GuV-wirksam vorzunehmen (IAS 39.69 f.). Wechselkursänderungen sind i. V. m. IAS 21.8 und .16 bei monetären *available-for-sale financial assets* (z. B. Fremdkapitalinstrumente) GuV-wirksam zu behandeln, bei nicht monetären (z. B. Eigenkapitalinstrumente) sind auch diese als »*other comprehensive income*« zu verbuchen (IAS 39.55b, IAS 39.AG83). Zinserträge, auch durch die Amortisation von Disagios und Dividendenzahlungen, sind GuV-wirksam zu erfassen.

(5) Other financial liabilities

Alle finanziellen Verbindlichkeiten, die nicht in die Kategorie *at fair value through profit or loss* fallen, sind analog den *loans and receivables* in der Folge zu *amortised cost* unter Anwendung der Effektivzinsmethode zu bewerten (IAS 39.47). Hiervon ausgenommen sind u. a. Finanzgarantien, für die eigene Bewertungsregeln gelten (vgl. unten). Weitere Ausführungen zur Bewertung von *financial liabilities* finden sich im 7. Kapitel (Bilanzierung des Fremdkapitals), S. 411 ff.

b) Einzelfragen der Bewertung

(1) Beteiligungsverhältnisse

Bewertung der Beteiligungen

Anteile an Tochterunternehmen (*investments in subsidiaries*) Anteile an assoziierten Unternehmen (*investments in associates*) sowie Anteile an Joint Ventures (*interests in joint ventures*) können im Einzelabschluss wahlweise zu Anschaffungskosten oder nach IAS 39 (alternativ IFRS 9) bilanziert werden (siehe IAS 27.10; IFRS 11.26 f.) Erfolgt die Bilanzierung nach IAS 39, so entspricht die Folgebewertung der von *financial assets at fair value through profit or loss* oder *available-for-sale financial assets*. Eigenkapitalinstrumente, für die kein zuverlässig ermittelbarer *fair value* besteht und die folglich zu Anschaffungskosten bewertet werden müssen, sind bei einem Wertminderungsbedarf auf den Barwert der noch aus ihnen zu erwartenden Zahlungsströme außerplanmäßig abzuschreiben, wobei ein adäquater Marktzinssatz zugrunde zu legen ist (IAS 39.66). Seit dem 01.01.2013 gelten für Beteiligungsverhältnisse im Konzernabschluss die Regelungen der im Mai 2011 verabschiedeten Standards IFRS 10 »*Consolidated Financial Statements*« und IFRS 11 »*Joint Arrangements*« und des überarbeiteten Standards IAS 28 »*Investments in Associates and Joint Ventures*« (rev. 2011) (vgl. 10. Kapitel, S. 618).

(2) Liquide Mittel

Bewertung der liquiden Mittel

Als finanzielle Vermögenswerte werden auch liquide Mittel bei erstmaligem Ansatz zum *fair value* bewertet. Die Folgebewertung ist dann abhängig von der Klassifizierung. I. d. R. sind sie in die Kategorie *available-for-sale* einzustellen und daher sind Wertänderungen GuV-neutral im Eigenkapital zu erfassen (s. o.). Bankguthaben sind als *loans and receivables* einzuordnen. Die Umrechnung monetärer Fremdwährungsposten erfolgt nach IAS 21.23 zum Kassakurs am Bilanzstichtag, die Differenzen aus der Währungsumrechnung sind GuV-wirksam (IAS 21.28) zu verrechnen. Dabei ist – wie für Forderungen – der Briefkurs (für Deutschland entspricht dies dem EUR-Verkaufskurs der Banken) relevant; allerdings wird auch der Mittelkurs als zulässig erachtet.

(3) Finanzgarantien

Bewertung der Finanzgarantien

Die Bewertung von Finanzgarantien beim Garantiegeber hat nach IAS 39.43 zum *fair value* zu erfolgen. Soweit die Finanzgarantie einem unabhängigen Dritten in einer *arm's length transaction* gewährt wurde, entspricht der *fair value* der zu bilanzierenden Verpflichtung im Zeitpunkt des Vertragsabschlusses der erhaltenen Garantieprämie, soweit dem nicht andere Gründe entgegenstehen (IAS 39.AG4a). Wie die Bewertung im Zugangszeitpunkt zu erfolgen hat, wenn die Prämie nicht im Zeitpunkt des Vertragsabschlusses, sondern erst über die Laufzeit des Vertrags gezahlt wird (Entstehung von Prämienforderungen), ist mit dem Amendment »*Financial Guarantee Contracts*« durch das IASB nicht eindeutig geregelt worden. Auch wenn sich Leistung und Gegenleistung im Zeitpunkt des Vertragsabschlusses ausgleichen und sich für die Finanzgarantie aus Unternehmenssicht der Wert Null ergibt, sind die Forderung und die Verbindlichkeit dennoch getrennt anzusetzen (Beck'sches IFRS-Handbuch [2013], § 14 Tz. 77; Haufe IFRS-Kommentar [2013], § 28 Tz. 211). Ist eine Finanzgarantie im Zugangszeitpunkt in die Kategorie *at fair value through profit or loss* designiert worden, hat ihre Folgebewertung zum *fair value* (IAS 39.47a), andernfalls zu fortgeführten Anschaffungskosten unter Beachtung weiterer Bestimmungen von IAS 37 bzw. IAS 18 zu erfolgen (IAS 39.AG4a).

(4) Auf Fremdwährung lautende Finanzanlagen

Generell regelt IAS 21 die Behandlung von Geschäftsvorfällen in fremder Währung und die damit zusammenhängenden Auswirkungen von Wechselkursänderungen. Jedoch fallen nach IAS 21.3 ff. gewisse Fremdwährungsderivate und Sicherungsgeschäfte in den Anwendungsbereich des IAS 39 (bzw. IFRS 9). Die Erfassung der unternehmerischen Tätigkeit hat in der Währung des primären Wirtschaftsumfeldes zu erfolgen, in dem ein Unternehmen tätig ist. I. d. R. handelt es sich dabei um das Umfeld, in welchem das Unternehmen primär Zahlungsmittel erwirtschaftet und aufwendet (IAS 21.9 f.). Diese Währung wird gemäß IAS 21.8 als funktionale Währung (*functional currency*) bezeichnet und liegt als Konzept der Währungsumrechnung den IFRS zugrunde. Die Bestimmung der funktionalen Währung erfolgt mit Hilfe gewisser Eigenschaften (IAS 21.9 ff.; vgl. zudem 10. Kapitel, S. 653 f.). Nach Festlegung der funktionalen Währung werden alle Transaktionen, welche nicht in dieser Währung abgewickelt werden, als Fremdwährungsgeschäfte eingestuft (IAS 21.20) und sind bei Zugang zum Zeitpunkt der Transaktion in die funktionale Währung umzurechnen (IAS 21.21). Relevant ist hierbei der Devisenkassakurs (*spot exchange rate*) zum Transaktionszeitpunkt (*date of the transaction*). Nach IAS 21.22 dürfen aus Vereinfachungsgründen für die Umrechnung aller Geschäftsvorfälle der jeweiligen Periode (z. B. einer Woche, eines Monats, usw.) die entsprechenden Durchschnittskurse verwendet werden, sofern die Wechselkurse der Betrachtungsperiode nicht erheblichen Schwankungen unterliegen. Es besteht somit im Weitesten hinsichtlich der Zugangsbewertung eine Übereinstimmung zwischen IFRS und HGB (vgl. Beck'scher Bilanzkommentar [2012], § 256a Tz. 291). Bei der Folgebewertung unterscheidet IAS 21 generell zwischen monetären und nicht monetären Posten. Währungsbestände des Unternehmens sowie Vermögenswerte bzw. Schulden, für die das Unternehmen einen festen oder bestimmten Betrag an Währungseinheiten erhält bzw. bezahlen muss, werden gemäß IAS 21.8 als monetäre Posten (*monetary items*) bezeichnet. Beispiele hierfür sind u. a. Fremdwährungsforderungen und -verbindlichkeiten (IAS 21.16). Monetäre Posten sind nach IAS 21.23a zum Kassakurs am Bilanzstichtag (*closing rate*) umzurechnen. Im Gegensatz zum HGB gilt dabei keine Begrenzung nach oben auf die fortgeführten Anschaffungskosten bzw. nach unten auf den Erfüllungsbetrag (vgl. hierzu auch Beck'scher Bilanzkommentar [2012], § 256a Tz. 292). Entstehende Umrechnungsdifferenzen (z. B. im Rahmen der Folgebewertung bei erneuter Umrechnung am Bilanzstichtag oder bei Abwicklung des Geschäftsvorfalls) werden GuV-wirksam erfasst, wobei es hierbei auch Ausnahmen gibt (IAS 21.27 ff.; vgl. zudem 10. Kapitel, S. 653 ff.).

(5) Umwidmung von Finanzinstrumenten

Held-to-maturity nach available-for-sale

Bei der Reklassifizierung von Finanzinstrumenten in andere Kategorien (vgl. in diesem Kapitel, S. 265) ändert sich auch der Bewertungsmaßstab für das entsprechende Instrument. Werden *held-to-maturity investments* in die Kategorie *available-for-sale* umgegliedert, sind diese zum *fair value* im Umwidmungszeitpunkt zu bewerten und die Differenz aus Buchwert und *fair value* GuV-neutral im Eigenkapital zu erfassen (IAS 39.51, .52 und .55b).

Available-for-sale nach held-to-maturity

Bei der umgekehrten Umwidmung von *available-for-sale* in *held-to-maturity,* ergibt der *fair value* im Zeitpunkt der Umwidmung die neuen Anschaffungskosten (IAS 39.54). Die bis dahin GuV-neutral im Eigenkapital erfassten Bewertungsgewinne bzw. -verluste werden entweder über die Restlaufzeit GuV-wirksam aufgelöst (bei Finanzinstrumenten mit fester Laufzeit; IAS 39.54a) oder erst bei Abgang des entsprechenden Finanzinstruments GuV-wirksam (bei Finanzinstrumenten ohne feste Laufzeit; IAS 39.54b).

Umwidmung aus at fair value through profit or loss

Umwidmungen von Finanzinstrumenten aus der Kategorie *at fair value through profit or loss* in die Kategorien *held-to-maturity, available-for-sale* und *loans and receivables* haben zum *fair value* des entsprechenden Instruments zu erfolgen, der dann die neue Anschaffungskostenbasis bildet. Zuvor GuV-wirksam erfasste Gewinne oder Verluste dürfen nicht rückgängig gemacht werden (IAS 39.50C bzw. IAS 39.50F).

Available-for-sale nach loans and receivables

Werden *available-for-sale financial assets* in die Kategorie *loans and receivables* umgegliedert, ergibt der *fair value* im Umwidmungszeitpunkt die neuen Anschaffungskosten (IAS 39.50F). Die Behandlung der GuV-neutral im Eigenkapital erfassten Beträge erfolgt analog zu obiger Umwidmung *available-for-sale* nach *held-to-maturity* (IAS 39.54).

4. Erläuterungspflichten

IFRS 7

Die sehr umfangreichen und detaillierten Angabepflichten zu Finanzinstrumenten sind in IFRS 7 »*Financial Instruments: Disclosures*« geregelt. Sie betreffen sowohl originäre als auch derivative Finanzinstrumente. Als zentrales Ziel verfolgt dieser Standard die Information der Anleger über die Bedeutung der Finanzinstrumente für die Finanz- und Ertragslage des Unternehmens und über die Art und den Umfang der aus den Finanzinstrumenten entstehenden Risiken (IFRS 7.1). Dabei schreibt der Standard keine explizite Form der Darstellung erforderlicher Angaben vor und verlangt keine Wiederholung von Informationen im Anhang, die bereits an einer anderen Stelle des IFRS-konformen Abschlusses ersichtlich sind (vgl. Pellens, B./Fülbier, R. U./Gassen, J./Sellhorn, T. [2011], S. 571).

Zusammenfassung zu Gruppen (classes)

Zu Angabezwecken sind Finanzinstrumente, die sich bezüglich ihres Charakters und der anzugebenden Informationen ähneln, in Gruppen (*classes*) zusammenzufassen, damit die Angaben für die gesamte Gruppe erfolgen können (IFRS 7.6). Dabei müssen genügend Informationen gegeben werden, damit eine Überleitung auf die entsprechenden Bilanzposten möglich ist.

Angabepflichten zu Finanzinstrumenten

Um den Abschlussadressat in die Lage zu versetzen, die Bedeutung der Finanzinstrumente für die wirtschaftliche Lage zu beurteilen, sind Angabepflichten zu folgenden Punkten geregelt:

- Bilanzposten (IFRS 7.8-19),
- Posten der Gewinn- und Verlustrechnung (IFRS 7.20),
- Bilanzierungs- und Bewertungsmethoden (IFRS 7.21),
- Bilanzierung von Sicherungsgeschäften (IFRS 7.22-24, vgl. den nachfolgenden Abschnitt D, S. 308 ff.),
- *fair value*-Ermittlung (IFRS 7.25-30).

Weiter sind detaillierte Angaben beispielsweise dann erforderlich, wenn *loans and receivables* oder Verbindlichkeiten als *at fair value through profit or loss* designiert wurden (IFRS 7.9 f.). Angabepflichten bestehen ferner beispielsweise bei Umklassifizierungen (IFRS 7.12), bei Erhalt oder Gewährung von Sicherheiten (IFRS 7.14-15) oder bei Wertkorrekturen für notleidende Kredite (IFRS 7.16).

Angabepflichten zu finanziellen Risiken

IFRS 7 verlangt darüber hinaus weitreichende Informationen über die Art und den Umfang von Risiken, die aus den verwendeten Finanzinstrumenten entstehen. Dabei nennt IFRS 7.32 explizit das Kredit-, Liquiditäts- und Marktrisiko als die drei wesentlichen Risikogruppen, wobei dies keine abschließende Aufzählung darstellt. Zum einen müssen folgende qualitative Angaben zu jeder aus den Finanzinstrumenten resultierenden Risikoart gemacht werden:

- Grund und Ausmaß des entstehenden Risikos,
- Ziele, Richtlinien und Prozesse zur Abwehr desselben,
- Methoden zur Messung des Risikos und
- die Veränderungen dieser Aspekte im Vergleich zu den Vorperioden.

Dazu kommen noch quantitative Angaben (IFRS 7.34-42). Es sind

- eine Übersicht von diesbezüglichen Daten, die auf internen Managementinformationen beruhen, offen zu legen,
- Aussagen zu Kredit-, Liquiditäts- und Marktrisiko zu machen, wenn dies nicht schon bei den qualitativen Informationen geschehen ist und
- Risikokonzentrationen darzustellen, wenn auf diese nicht schon in den qualitativen Angaben eingegangen wurde.

5. Neue Vorschriften nach IFRS 9

Entwicklung neuer Vorschriften für Finanzinstrumente

Wie bereits erwähnt, befindet sich die Bilanzierung von Finanzinstrumenten nach IFRS inmitten eines umfassenden Reformprozesses, wobei die Komplexizitätsreduktion der Regulierung ein zentrales Ziel des stufenweise entwickelten IFRS 9 darstellt. Der im November 2009 vom IASB in seiner ersten Fassung verabschiedete und anschließend um weitere Regelungen ergänzte IFRS 9 »*Financial Instruments*« sollte ursprünglich für ab dem 01.01.2015 beginnende Geschäftsjahre verpflichtend gelten (wobei eine freiwillige vorzeitige Anwendung möglich ist). Wegen der sehr kontroversen Diskussionen im Rahmen der noch ausstehenden Entwicklungsschritte des Standards, der in seiner finalen Form den IAS 39 vollständig ersetzen soll, hat das IASB im Jahr 2013 entschieden, das Inkrafttreten des Standards auf einen bisher noch nicht festgesetzten Zeitpunkt zu verschieben. Außerdem ist zu beachten, dass der IFRS 9 in der Europäischen Union noch nicht *endorsed* wurde, und damit laut EU-Kommission auch erst mit Abschluss des gesamten Überarbeitungsprozess zu rechnen ist.

Anwendungsbereich

Wie nach IAS 39 gilt IFRS 9 für alle Finanzinstrumente, d. h. sowohl für finanzielle Vermögenswerte als auch für finanzielle Verbindlichkeiten. Bei der Frage, welche Instrumente dies genau sind, enthält IFRS 9.2.1 lediglich einen Verweis auf den Anwendungsbereich von IAS 39.

Ansatz

Bezüglich des Zeitpunkts des erstmaligen Ansatzes von Finanzinstrumenten enthält IFRS 9 im Vergleich zu IAS 39 keine Neuerung; diese sind anzusetzen, sobald das Unternehmen Vertragspartei wird (IFRS 9.3.1.1).

Kategorisierung

Nach IFRS 9 erfolgt eine Klassifizierung von Finanzinstrumenten lediglich in zwei für die Folgebewertung maßgeblichen Kategorien (IFRS 9.4.1 ff.):

(a) fortgeführte Anschaffungskosten (*amortised cost*) und
(b) *fair value*

anstatt der in IAS 39 vorgeschriebenen Kategorien *financial assets or financial liabilities at fair value through profit or loss*, *available-for-sale*, *held-to-maturity*, *loans and receivables* und *other financial liabilities*. Für finanzielle Vermögenswerte müssen für die Bestimmung der Folgebewertung die im Folgenden erläuterten Kriterien geprüft werden. Für finanzielle Verbindlichkeiten existieren hingegen einfachere Zuordnungsregeln (s. u.).

Amortised cost

Im Gegensatz zu IAS 39 ist für die Kategorisierung nicht mehr der Verwendungszweck, sondern das Geschäftsmodell des Unternehmens zur Verwaltung von finanziellen Vermögenswerten und die Eigenschaften der vertraglichen Zahlungsströme des betrachteten finanziellen Vermögenswerts entscheidend. Eine Bewertung zu fortgeführten Anschaffungskosten hat zu erfolgen, wenn die beiden folgenden Kriterien kumulativ erfüllt sind (IFRS 9.4.1.2):

1. Das Geschäftsmodell des Unternehmens hat für den Vermögenswert oder die Gruppe der Vermögenswerte, zu denen der betreffende Vermögenswert gehört, die Realisierung vertraglicher Zahlungsströme als Ziel.
2. Der Vermögenswert generiert vertraglich bestimmte Zahlungen zu festgelegten Zeitpunkten, welche ausschließlich Zins- und Tilgungszahlungen auf den ausstehenden Nominalwert darstellen. Zinsen i. S. des IFRS 9 sind Zahlungen für den Zeitwert des Geldes sowie für das Kreditrisiko, bezogen auf den ausstehenden Nominalwert (IFRS 9.4.1.3).

Fair value

Erfüllt ein finanzieller Vermögenswert eine dieser beiden Bedingungen nicht, ist er zwingend zum *fair value* zu bewerten (IFRS 9.4.1.1). Dazu gehören somit alle zu Handelszwecken gehaltenen Finanzinstrumente, freistehende Derivate (vgl. in diesem Kapitel, S. 286 ff.) sowie Investitionen in Eigenkaptalinstrumente und Schuldinstrumente, sofern das Geschäftsmodell nicht in der Vereinnahmung vereinbarter Zahlungsströme besteht oder soweit die Zahlungsströme nicht ausschließlich Zins und Tilgung auf den ausstehenden Nominalwert darstellen.

Finanzielle Verbindlichkeiten

Finanzielle Verbindlichkeiten fallen nach IFRS 9.4.2.1 stets in die Kategorie »*amortised cost*« und sind somit zu fortgeführten Anschaffungskosten unter Anwendung der Effektivzinsmethode zu bilanzieren, es sei denn es handelt sich um Verbindlichkeiten, die zum Handel gehalten werden und somit zum *fair value* bewertet werden (»*financial liabilities at fair value through profit or loss*« (darunter passivische Derivate)).

Fair value option

Ungeachtet dieser Kategorisierung besteht auch nach IFRS 9 das Wahlrecht, ein Finanzinstrument freiwillig der Kategorie (b) (*fair value*) zuzuordnen (»*fair value option*«). Bei finanziellen Vermögenswerten wie finanziellen Verbindlichkeiten ist dies zulässig, wenn eine ansonsten bestehende Ansatz- oder Bewertungsinkonsistenz (*accounting mismatch*) beseitigt wird (IFRS 9.4.1.5). Zusätzlich kann die *fair value option* auf ein strukturiertes Finanzinstrument ausgeübt werden, wenn das Instrument nach IFRS 9.4.3.3 aufspaltungspflichtig wäre und das eingebettete Derivat einen wesentlichen Einfluss auf die Zahlungsströme hat (IFRS 9.4.3.5). Letztlich ist eine freiwillige wahlweise Bewertung zum *fair value* von finanziellen Verbindlichkeiten erlaubt, wenn diese in einem Portfolio auf *fair value* Basis gesteuert werden (IFRS 9.4.2.2).

Umwidmung

Ein Wechsel der Kategorie ist nach IFRS 9.4.4.1 bei einer Änderung des Geschäftsmodells für das Management finanzieller Vermögenswerte verpflichtend. In allen anderen Fällen und speziell für finanzielle Verbindlichkeiten (IFRS 9.4.4.2) ist eine Umkategorisierung ausgeschlossen.

Bewertung

Beim Ansatz werden finanzielle Vermögenswerte zum *fair value* bewertet. Bei der Zuordnung zu Kategorie (a) (fortgeführte Anschaffungskosten) werden direkt der Anschaffung zuzurechnende Transaktionskosten aktiviert, im Falle der Kategorie (b) (*fair value*) werden diese Art von Kosten als Aufwand erfasst (IFRS 9.5.1.1). Die Folgebewertung finanzieller Vermögenswerte hängt von der jeweiligen Zuordnung zu Kategorie (a) oder (b) ab:

- Kategorie (a): Bewertung zu fortgeführten Anschaffungskosten (*amortised cost*); erfolgswirksame Erfassung von Gewinnen und Verlusten durch Anwendung der Effektivzinsmethode oder im Falle einer Wertminderung, Umwidmung bzw. bei Veräußerung.
- Kategorie (b): Bewertung zum *fair value*; Gewinne und Verluste werden stets unmittelbar erfolgswirksam in der GuV erfasst.

Impairment

Da sich die zukünftigen Regelungen zur Behandlung von Wertminderungen noch im Entwurfsstadium befinden und somit noch nicht in IFRS 9 enthalten sind, gelten diesbezüglich zunächst weiter die Vorschriften des IAS 39 (IFRS 9.5.2.2). Nach dem ED 2009/12 »*Financial Instruments: Amortised Cost and Impairment*« ist am 05.03.2013 der Exposure Draft ED2013/3 »*Financial Instruments: Expected Credit Losses*« veröffentlicht worden. Das IASB beabsichtigt hierbei die Wertberichtigungssystematik zu ändern. Das Modell der Erfassung eingetretener Verluste (»*incurred loss model*«) soll durch das Modell der Erfassung der erwarteten Verluste (»*expected loss model*«) ersetzt werden. Dabei sollen zu jedem Bilanzstichtag die künftig zu erwartenden Zahlungsströme geschätzt und die erwarteten Kreditausfälle in die Berechnung der fortgeführten Anschaffungskosten einbezogen werden.

GuV-neutrale Bewertung bei Eigenkapitalinstrumenten

Im Gegensatz zu IAS 39 besteht nach IFRS 9 für Investitionen in Eigenkapitaltitel, die nicht zu Handelszwecken gehalten werden, zum Zeitpunkt des erstmaligen Ansatzes ein unwiderrufliches Wahlrecht zur künftigen GuV-neutralen Behandlung aller *fair value*-Änderungen im sonstigen Ergebnis (*other comprehensive income*) (IFRS 9.5.7.5). Auf diese Weise werden sämtliche Wertänderungen zu keinem Zeitpunkt – auch nicht im Falle der Veräußerung (kein »*recycling*«) – in der GuV verbucht. Allerdings erfolgt die Erfassung von Dividendenzahlungen GuV-wirksam.

Berücksichtigung des eigenen Kreditrisikos

Einen weiteren Spezialfall stellt die Behandlung von durch Änderungen des eigenen Kreditrisikos induzierte Wertänderungen von zur Kategorie »*fair value*« gehörenden Verbindlichkeiten dar. Hierbei werden nach IFRS 9.5.7.7 Änderungen, die auf das Ausfallrisiko zurückzuführen sind, GuV-neutral im sonstigen Ergebnis (*other comprehensive income*) erfasst, sofern dies nicht zu einer Ansatz- oder Bewertungsinkonsistenz (*accounting mismatch*) führt. Darlehenszusagen (*loan commitments*) sowie Finanzgarantien (*financial guarantee contracts*) sind nach IFRS 9.5.7.9 generell erfolgswirksam in der GuV zu erfassen. Mit dieser neuen Ergänzung von IFRS 9 im Oktober 2010 trat das IASB vielfacher Kritik entgegen, dass das bilanzierende Unternehmen ansonsten bei sinkender Bonität und somit bei fallendem *fair value* der finanziellen Verbindlichkeit einen Ertrag verbuchen würde.

Abbildung 5.6 fasst die Kategorisierung finanzieller Vermögenswerte und deren Folgewirkungen im Überblick zusammen:

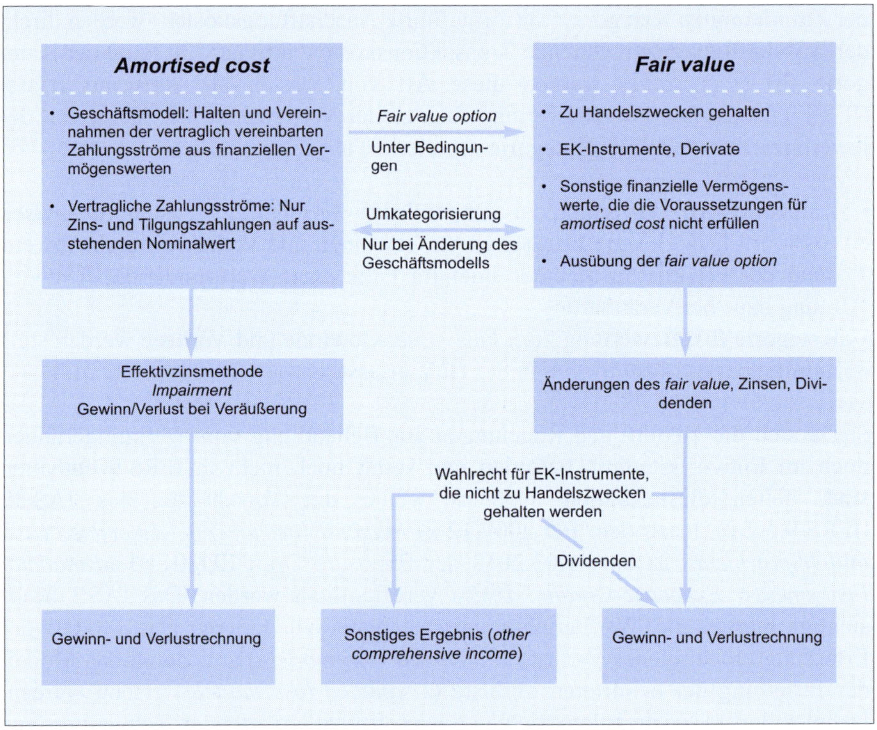

Abb. 5.6: Kategorisierung und Bewertung finanzieller Vermögenswerte nach IFRS 9 (Quelle: Märkl, H./Schaber, M. [2010], S. 67)

Neuerungen zum IFRS 9 nach ED/2012/4

Nach dem im November 2012 veröffentlichten Exposure Draft ED/2012/4 »*Classification and Measurement: Limited Amendments to IFRS 9*« ist die Kategorie »*fair value*« in eine GuV-neutrale Bewertung zum *fair value through other comprehensive income* und eine GuV-wirksame Bewertung zum *fair value through profit or loss* unterteilt worden (ED-IFRS 9.4.1 ff.). Die Zuteilung zum *fair value through other comprehensive income* erfolgt nach ED-IFRS 9.4.1.2A, wenn folgende zwei Bedingungen kumulativ erfüllt sind:

1. Das Geschäftsmodell des Unternehmens hat für den Vermögenswert oder die Gruppe der Vermögenswerte, zu denen der betreffende Vermögenswert

gehört, sowohl die Realisierung vertraglicher Zahlungsströme als auch die Veräußerung der Vermögenswerte als Ziel.
2. Der Vermögenswert generiert vertraglich bestimmte Zahlungen zu festgelegten Zeitpunkten, welche ausschließlich Zins- und Tilgungszahlungen auf den ausstehenden Nominalwert darstellen.

Erfolgt die Bewertung zum *fair value through other comprehensive income* findet eine GuV-neutrale Erfassung von Gewinnen und Verlusten statt. Ausgenommen hiervon sind gemäß ED-IFRS 9.5.7.1A Wertminderungen und Währungsschwankungen, welche GuV-wirksam zu erfassen sind. Alle Finanzinstrumente, die weder unter die Bewertung zu fortgeführten Anschaffungskosten (*amortised cost*), noch unter die Bestimmungen des *fair value through other comprehensive income* fallen bzw. deren Zuordnung im Rahmen der *fair value option* erfolgt, müssen der Kategorie *fair value through profit or loss* zugeordnet werden.

6. Wesentliche Abweichungen des IFRS for SMEs

Allgemeines

Die Regelungen zur Bilanzierung von Finanzinstrumenten im IFRS *for Small and Medium-Sized Entities* (IFRS for SMEs) sind im Vergleich zum IAS 39 in der Komplexität reduziert. Um den SMEs die Anwendung zu erleichtern, unterteilt der Standard die Bilanzierung in zwei Abschnitte: Abschnitt 11 (*Basic Financial Instruments*) ist auf einfache, Abschnitt 12 (*Other Financial Instruments Issues*) auf komplexere Finanzinstrumente anzuwenden. Unabhängig davon gewährt der IFRS for SMEs den Unternehmen das Wahlrecht, freiwillig IAS 39 anzuwenden (IFRS for SMEs 11.2).

Wesentliche Unterschiede zu IAS 39

Im Unterschied zu IAS 39 hängt die Bilanzierung der originären Finanzinstrumente nach IFRS for SMEs nicht von der Verwendungsabsicht des Unternehmens, sondern von den Merkmalen der Instrumente ab. In der Folge ergeben sich ähnlich zu IFRS 9 als Kategorien nur eine Bewertung zu fortgeführten Anschaffungskosten und GuV-wirksam zum *fair value*. Die im IFRS for SMEs aufgeführten Kriterien führen dazu, dass bei SMEs typischerweise vorkommende Finanzinstrumente zu fortgeführten Anschaffungskosten bilanziert werden (vgl. Haller, A./Beiersdorf, K./Eierle, B. [2009], S. 1555). Eine Möglichkeit der freiwilligen wahlweisen Designation von bestimmten Instrumenten zum *fair value* (sog. *fair value option*), wie sie IAS 39 enthält, sieht der IFRS for SMEs nicht vor (vgl. im Detail zur Bilanzierung von Finanzinstrumenten nach dem IFRS for SMEs BEKKM, Abschnitte 11 und 12).

III. Bilanzierung von originären Finanzinstrumenten nach US-GAAP

Wie bereits erwähnt, fallen unter Finanzinstrumente sowohl finanzielle Vermögenswerte als auch finanzielle Verbindlichkeiten. Die Bilanzierung passivischer Finanzinstrumente nach US-GAAP wird im Rahmen des 7. Kapitels (Bilanzierung des Fremdkapitals, S. 465 ff.) behandelt. Im Folgenden soll auf die aktivischen originären Finanzinstrumente eingegangen werden. Die vormaligen Standards zur Bilanzierung von Finanzinstrumenten nach US-GAAP, FAS 115 und FAS 133, haben dem (damaligen) IASC als Vorbild gedient um IAS 39 zu entwickeln. Daher bestehen zwischen den Regelungen zur Bilanzierung von Finanzinstrumenten nach IAS 39 und US-GAAP starke Ähnlichkeiten.

Aktuelle Entwicklungen

Ähnlich wie das IASB mit IFRS 9, verfolgt das FASB derzeit eine umfangreiche Überarbeitung der Bilanzierungsregeln für Finanzinstrumente und Sicherungsbeziehungen. Hierzu hat das FASB im Mai 2010 das *Proposed Accounting Standards Update »Accounting for Financial Instruments and Revisions to the Accounting for Derivative Instruments and Hedging Activities«* herausgegeben, auf das am Ende dieses und der folgenden Unterkapitel kurz eingegangen wird.

1. Ansatz und Ausweis

Debt securities und equity securities

ASC 320 (früher FAS 115) unterscheidet zwischen verbrieften Fremdkapitaltiteln (*debt securities*) und Eigenkapitalinstrumenten (*equity securities*) und enthält Bestimmungen zu deren Ansatz und Ausweis. *Debt securities* sind alle Wertpapiere die eine Gläubigerbeziehung mit einer Institution konstituieren (z. B. staatliche Anleihen, Anleihen von Unternehmen, Wandelanleihen). Forderungen aus Lieferungen und Leistungen oder Kreditvergaben sind keine Wertpapiere i. S. v. ASC 320 und damit auch keine *debt securities*. Es sei denn, sie sind verbrieft (*securitized*) worden (ASC 320-10-20). *Equity securities* (z. B. Stammaktien, Vorzugsaktien, andere Eigenkapitalanteile etc.) begründen nach ASC 320-10-20 einen Eigentümeranspruch oder das Recht, einen Eigentümeranspruch in einer Unternehmung zu einem bestimmten oder zu bestimmenden Preis zu erwerben oder zu veräußern.

Beteiligungen

Für die Bilanzierung von Beteiligungen (*investments in equity securities*) ist zunächst der Umfang des Anteilsbesitzes maßgebend. Beteiligungen an Unternehmen, auf die ein maßgeblicher (= assoziierte Unternehmen, es werden 20 - 50 % der Anteile gehalten) oder ein beherrschender (= verbundene Unternehmen, mehr als 50 % Anteilsbesitz) Einfluss ausgeübt wird, fallen nicht in den Geltungsbereich des ASC 320, sondern unterliegen eigenen Bilanzierungssregeln (vgl. S. 285 und 10. Kapitel, S. 609 ff.). Anteile von weniger als 20 % am Kapital des Beteiligungsunternehmens werden prinzipiell nach den selben Regeln bewertet bilanziert wie Wertpapiere.

Einteilung in Kategorien

Die Bilanzierung von *debt securities* und *equity securities* hängt nach US-GAAP wie nach IFRS von der Zuordnung zu Kategorien ab (ASC 320-10-25-1). Neben den, auch in den IFRS vorhandenen, im Folgenden aufgezählten Kategorien existiert in den US-GAAP, die Möglichkeit der wahlweisen Bewertung von Finanzinstrumenten zum *fair value* (*fair value option*) (s. u.).

- *Held-to-maturity securities*: Wertpapiere, bei denen sowohl die Absicht wie auch die Fähigkeit besteht, sie bis zur Fälligkeit zu halten (ASC 320-10-25-1c). Eigenkapitaltitel können mangels Fälligkeit hier nicht eingeordnet werden.
- *Trading securities*: Wertpapiere, die mit der Absicht erworben und gehalten werden, sie in der nächsten Zukunft weiterzuveräußern (ASC 320-10-25-1a).
- *Available-for-sale securities*: Wertpapiere, die weder der Kategorie *held-to-maturity* noch der Kategorie *trading* zugeordnet wurden (ASC 320-10-25-1b).

Für Eigenkapitaltitel kommt eine Einordnung in die Kategorien *available-for-sale securities* nur in Betracht, wenn sie über einen objektivierbaren *fair value* verfügen (ASC 320-10-25-1b). Ist dieser nicht ermittelbar, hat die Bewertung auf Basis von Anschaffungskosten zur erfolgen. Wie nach IFRS sind die Kategorien nicht für den Ausweis, sondern nur für die Bewertung determinierend.

Current und non-current assets

Eine Zuordnung zu den *non-current assets* hängt immer davon ab, ob die jeweiligen *securities* innerhalb des nächsten Jahres fällig sind oder verkauft werden sollen. Demnach sind *held-to-maturity securities* grundsätzlich den *non-current assets* zuzuordnen, außer sie werden innerhalb des kommenden Geschäftsjahres fällig. *Trading securities* sind Gläubigerpapiere und Wertpapiere, die zum baldigen Verkauf gehalten werden, und sind demnach immer in den *current assets* auszuweisen. Bei den *available-for-sale securities* hängt die Zuordnung davon ab, ob das Unternehmen plant, diese im kommenden Jahr zu verkaufen. Eine Überprüfung der Einordnung und eine evtl. Umgruppierung hat zu jedem Bilanzstichtag zu erfolgen.

Liquide Mittel

Nach ASC Glossary sind unter dem Posten *cash and cash equivalents* all die liquiden Anlagen zusammenzufassen, die innerhalb kürzester Zeit in einen heute schon bekannten Geldbetrag umgewandelt werden können und deren Restlaufzeit so kurz ist, dass kein Risiko aus der Änderung des Zinssatzes zu erwarten ist (z. B. Schecks, Kassenbestände, Bankguthaben etc.). Grundsätzlich sind unter diesem Posten, genauso wie nach IFRS, nur Wertpapiere auszuweisen, deren Restlaufzeit im Erwerbszeitpunkt drei Monate nicht übersteigt.

Eigene Anteile

Ein aktivischer Ausweis von eigenen Anteilen ist auch nach US-GAAP nicht vorgesehen. Eigene Anteile (*treasury stock*) sind grundsätzlich offen innerhalb des Eigenkapitals abzusetzen (ASC 505-30-45-1; vormals ARB 43 ch. 1A).

2. Bewertung

Bewertungs-grundlagen

Auch in den US-GAAP wird bei der Bilanzierung von originären Finanzinstrumenten der *mixed model approach* angewandt. Wert- und Gläubigerpapiere sind bei Zugang in Höhe ihrer Anschaffungskosten zu aktivieren. Die dabei entstehenden Transaktionskosten sind stets in den Zugangswert einzubeziehen (vgl. Kieso, D. E./Weygandt, J. J./Warfield, T. D. [2013], S. 953 ff.). Im Rahmen der Folgebewertung (s. u.) kommt für *equity securities* als *fair value* nach ASC 320-10-20 allerdings nur ein notierter Preis auf einem aktiven Markt, also der jeweilige Börsenkurs, in Betracht. Dies entspricht der ersten Stufe (*level 1 inputs*) in der Hierarchie zur Ermittlung des *fair value* nach ASC 820 »*Fair Value Measurements and Disclosures*« (vgl. 2. Kapitel, S. 116). Ansonsten ist nach dem Anschaffungswertprinzip zu bewerten. Die Effektivzinsmethode nach US-GAAP entspricht grundsätzlich der nach IFRS. Ein wesentlicher Unterschied besteht bei der Bewertung von Beteiligungen: In den US-GAAP müssen diese im Einzelabschluss nach der Equity-Methode (vgl. 11. Kapitel, S. 723) bewertet werden.

a) Bewertung nach ASC 320

Folgebewertung

Die Bewertung von gläubiger- und eigenkapitalverbriefenden Wertpapieren, die nicht zugleich ein Beteiligungsverhältnis begründen, wird in ASC 320-10-25 ff. geregelt. Entsprechend den Regelungen nach IFRS ist für die Bewertung die Zuordnung zu den genannten Kategorien und somit die Zwecksetzung der Investition entscheidend. Aufgrund mangelnder Endfälligkeit ist die Kategorie *held-to-maturity* für eigenkapitalverbriefende Wertpapiere nicht relevant.

Bewertung held-to-maturity

Die Folgebewertung von *held-to-maturity* Wertpapieren hat wie nach IFRS in Höhe der fortgeführten Anschaffungskosten (inkl. *premium* oder *discount*) unter Verwendung der *effective interest rate method* zu erfolgen (ASC 320-10-35-1). Wertminderungen von voraussichtlich dauerhafter Natur (z. B. bei Insolvenzen des Emittenten) müssen jedoch gemäß ASC 320-10-45-8A in der laufenden Periode GuV-wirksam berücksichtigt werden. Wertaufholungen zu einem späteren Zeitpunkt sind nicht gestattet. Die Zinserträge, auch durch die Amortisation von Disagios, sind GuV-wirksam zu erfassen (ASC 320-10-35-4).

Bewertung trading securities

Trading securities sind wie nach IFRS in der Folge mit ihrem *fair value* zu bewerten. Wertschwankungen des *fair value* sind unmittelbar in der laufenden Periode GuV-wirksam zu erfassen (ASC 320-10-35-1). Aus diesem Grund entfallen hier Abwertungen aufgrund von dauerhaften Wertminderungen und entsprechende Wertaufholungen.

Bewertung available-for-sale

Auch *available-for-sale* Wertpapiere werden wie nach IFRS zum *fair value* folgebewertet. Wertschwankungen des *fair value* werden GuV-neutral im *other comprehensive income* erfasst und in einem eigenen Posten im Eigenkapital ausgewiesen (ASC 320-10-35-1). Bei dauerhaften Wertminderungen ist eine GuV-wirksame Abwertung vorzunehmen. Kommt es zu einem späteren Wertzuwachs, ist dieser als Wertaufholung GuV-neutral ebenfalls in das *other comprehensive income* einzustellen (ASC 320-10-45-9). Genau wie in den IFRS sind Zinserträge, auch durch Amortisation von Disagios und Dividendenzahlungen, GuV-wirksam zu erfassen. Wird ein *available-for-sale* Wertpapier verkauft, werden die im Eigenkapital erfassten kumulierten Wertänderungen recycelt, d. h. sie werden zum Zeitpunkt des Abgangs GuV-wirksam (ASC 320-10-40-2).

Reklassifizierungen von Wertpapieren:

Die nach IFRS in 2008 erweiterten Möglichkeiten der Umwidmung von bestimmten Finanzinstrumenten waren nach US-GAAP bereits davor in den nachfolgend beschriebenen Fällen grundsätzlich möglich. Werden Wertpapiere neu zugeordnet, sind diese Umgruppierungen stets zum *fair value* vorzunehmen.

- Held-to-maturity nach available-for-sale

Bei der Umgruppierung von *held-to-maturity* in *available-for-sale* sind die dabei auszuweisenden unrealisierten Gewinne oder Verluste GuV-neutral ins Eigenkapital (*other comprehensive income*) zu übertragen (ASC 320-10-35-10c).

- Available-for-sale nach held-to-maturity

Bei dem Wechsel von *available-for-sale* nach *held-to-maturity* wird der *fair value* zum Zeitpunkt der Umgruppierung zu den anzusetzenden Anschaffungskosten. Nach ASC 320-10-35 verbleiben die bis dahin im Eigenkapital verbuchten unrealisierten Erfolge zunächst im *other comprehensive income*. Die entsprechenden Posten sind GuV-wirksam als Anpassung der Einkünfte aus diesen Wertpapieren über die Restlaufzeit der umgruppierten Wertpapiere aufzulösen (ASC 320-10-35-10d).

- Von und nach trading

Werden *held-to-maturity* Wertpapiere zu *trading*-Wertpapieren umklassifiziert, sind die anfallenden unrealisierten Gewinne oder Verluste GuV-wirksam zu erfassen (ASC 320-10-35-10b). Bei *available-for-sale* Wertpapieren, die nach *trading* transferiert werden, sind die direkt im Eigenkapital verbuchten unrealisierten Gewinne oder Verluste GuV-wirksam aufzulösen. Bei einer Umgruppierung aus den *trading securities* in eine andere Kategorie, bleiben die bereits GuV-wirksam verbuchten Gewinne oder Verluste bestehen (ASC 320-10-35-10a).

b) Einzelfragen der Bewertung

Fair value option

Auch nach US-GAAP besteht das Wahlrecht zur freiwilligen, unwiderruflichen *fair value*-Bewertung jedes beliebigen Finanzinstruments bei erstmaligem Ansatz (*fair value option*). Im Gegensatz zu den IFRS ist die Anwendung der *fair value option* nach ASC 825-10 (früher FAS 159) jedoch an keinerlei Voraussetzungen gebunden. Eine Einschränkung findet lediglich durch einen Negativkatalog von finanziellen Vermögenswerten und Verbindlichkeiten (u. a. Anteile an konsolidierten Unternehmen, Verpflichtungen aus Pensionsplänen etc.) statt, bei denen die Ausübung der *fair value option* nicht zulässig ist.

Bewertung von Beteiligungen

Beteiligungen an Unternehmen, auf die ein maßgeblicher (= assoziierte Unternehmen, es werden 20 - 50 % der Anteile gehalten) Einfluss ausgeübt wird, werden mittels der Equity-Methode bewertet (vgl. 11. Kapitel, S. 721 ff.). Ein beherrschender Einfluss (= verbundene Unternehmen, mehr als 50 % Anteilsbesitz) führt zur Vollkonsolidierung des Tochterunternehmens im Konzernabschluss. Solche Beteiligungen fallen nicht in den Geltungsbereich des ASC 320-10. Hingegen werden Anteile von weniger als 20 % am Kapital des Beteiligungsunternehmens prinzipiell nach denselben Regeln bewertet wie Wertpapiere und sind somit in die Kategorien *trading* oder *available-for-sale* einzuordnen (s. o.). Im Einzelabschluss sind sowohl die assoziierten Unternehmen als auch die verbundenen Unternehmen mittels der Equity-Methode zu bewerten.

Bewertung von loans and receivables

Nach den Vorschriften der US-GAAP sind kurzfristige Forderungen mit dem *net realizable value*, also dem im Zahlungszeitpunkt vermutlich erzielbaren Geldbetrag und langfristige Forderungen mit dem *present value* zu bewerten. Eine Abzinsung unverzinslicher oder niedrig verzinslicher Forderungen ist nach ASC 835-10 (früher APB 21.3) grundsätzlich erforderlich. Fremdwährungsforderungen werden generell mit dem Briefkurs am Bilanzstichtag umgerechnet, sodass es zu einem GuV-wirksamen Ausweis der unrealisierten Gewinne oder Verluste kommt (ASC 830-20-30-1 (früher FAS 52.16)). Handelt es sich um eine zweifelhafte Forderung, so ist auch nach US-GAAP eine Wertberichtigung vorzunehmen. Diese ist dann zu bilden, wenn die Abwertung wahrscheinlich ist und der Betrag des Verlustes hinreichend genau ermittelt werden kann. Eine pauschalierte Ermittlung der Einzelwertberichtigung ist möglich, soweit die Wertberichtigungsbeträge zuverlässig bestimmt werden können.

Bewertung der liquiden Mittel

Auch nach US-GAAP sind *cash and cash equivalents* (liquide Mittel) zum Nennwert zu bewerten. Fremdwährungsposten sind, genauso wie nach IFRS, mit dem Stichtagskurs umzurechnen. Außerdem ist es nach US-GAAP zulässig, kurzfristige Bankverbindlichkeiten mit kurzfristigen Bankguthaben zu verrechnen, auch wenn diese bei unterschiedlichen Kreditinstituten bestehen. Dieses Vorgehen ist weder nach HGB noch nach IFRS zulässig, da es ein Verstoß gegen das Saldierungsverbot darstellt (vgl. Arbeitskreis »Externe Unternehmensrechnung« der Schmalenbach-Gesellschaft [1999], S. 111).

3. Erläuterungspflichten

Ähnlich wie IFRS 7 verlangen die US-GAAP umfangreiche Anhangangaben zur Bilanzierung von originären Finanzinstrumenten (ASC 320-10-50 ff.).

Unter anderem müssen für *held-to-maturity* Wertpapiere die aggregierten *fair values*, die unrealisierten Bruttogewinne und -verluste sowie deren fortgeführte Anschaffungskosten nach Hauptwertpapiergruppen angegeben werden (ASC 320-10-50-5). Für *debt securities* sind Angaben über die vertragsgemäße Restlaufzeit zu machen. Bei *available-for-sale* Wertpapiere müssen u. a. die Einkünfte aus dem Verkauf derselben und die realisierten Bruttogewinne und -verluste unter der Angabe der Methode zur Ermittlung der Erfolge (Einzelberechnung, Durchschnittsmethode oder andere Methoden) angegeben werden. Des Weiteren sind umfangreiche Angaben bei Umklassifizierung von Wertpapieren zu machen (ASC 320-10-50-9 ff.). Auch die Wertminderungen bei *securities* führen zu weiteren Angabepflichten (vgl. ASC 320-10-50-6).

4. Vorschlag für die zukünftige Bilanzierung

Am 26.05.2010 hat das FASB das *Proposed Accounting Standards Update* (*Proposed* ASU) »*Accounting for Financial Instruments and Revisions to the Accounting for Derivative Instruments and Hedging Activities*«, welches ein umfangreiches neues Rechnungslegungsmodell für finanzielle Vermögenswerte und finanzielle Verbindlichkeiten zum Inhalt hat, veröffentlicht. Demnach soll es künftig, ähnlich zu IFRS 9, nur noch zwei Hauptkatgeorien, *amortized cost* und *fair value*, zur Einordnung der Finanzinstrumente geben. Die Bewertung zum *fair value* soll i. d. R. erfolgswirksam, unter bestimmten Voraussetzungen auch erfolgsneutral erfolgen können. Kurzfristige Forderungen und kurzfristige (unter bestimmten Bedingungen auch langfristige) Verbindlichkeiten sollen als *amortized cost* kategorisiert werden dürfen. Ähnlich dem IASB hat das FASB die Neuregelung noch nicht abgeschlossen. Der Zeitpunkt der Verabschiedung eines finalen *Accounting Standards Update* ist noch nicht abzusehen.

C. Derivative Finanzinstrumente

Begriffsbestimmung

Derivative Finanzinstrumente, kurz Derivate, weisen im Unterschied zu originären Finanzinstrumenten als zentrales Merkmal auf, dass sich ihr Wert von einem zugrunde liegenden Basisobjekt (*underlying*) ableitet und ihr Wesen eine Spekulation auf die zukünftige Entwicklung des Wertes des Basisobjekts darstellt. Dabei werden Derivate in bedingte und unbedingte Termingeschäfte unterteilt. Bedingte Termingeschäfte (vor allem Optionen) beinhalten für den Käufer ein Ausübungswahlrecht, während unbedingte Termingeschäfte (z. B. Futures, Forwards, Swaps) am Ende der Laufzeit unmittelbar zu einem Erfüllungsanspruch bzw. einer Erfüllungsverpflichtung führen.

Beispiel: Call-Option

Bedingte Termingeschäfte

Auf steigende Kurse spekulierend erwirbt ein Unternehmen die Option, eine bestimmte Aktie zu einem bestimmten Zeitpunkt t_1 zu einem Basispreis von 100 GE zu erwerben (Call-Option). Für dieses Recht zahlt das Unternehmen eine Optionsprämie i. H. v. 10 GE an den Emittenten der Option. Im Falle eines unter den Basispreis sinkenden Aktienkurses im Fälligkeitszeitpunkt t_1, ist die Ausübung der Option nicht vorteilhaft, da die Aktie zu einem günstigeren Preis am Markt erworben werden könnte. Steigt der Kurs der Aktie hingegen über den Basispreis beispielsweise auf 130 GE, so kann das Unternehmen durch Ausübung der Option die Aktie zu 100 GE erwerben und am Markt zu 130 GE veräußern. Nach Abzug der Optionsprämie und unter Vernachlässigung von Zinseffekten und Transaktionskosten bliebe dem Unternehmen ein Gewinn i. H. v. 20 GE (= 130 - 100 - 10).

Der Emittent einer Option wird auch »Stillhalter« genannt, da er abwarten muss, ob der Käufer das verbriefte Recht aus der Option umsetzt oder das Recht verfallen lässt. Der Stillhalter übernimmt mit Ausgabe eines solchen derivativen Finanzinstruments das Risiko der weiteren Kursentwicklung des Basiswertes.

Den möglichen Gewinn oder Verlust des Unternehmens bzw. des Stillhalters verdeutlicht Abbildung 5.7.

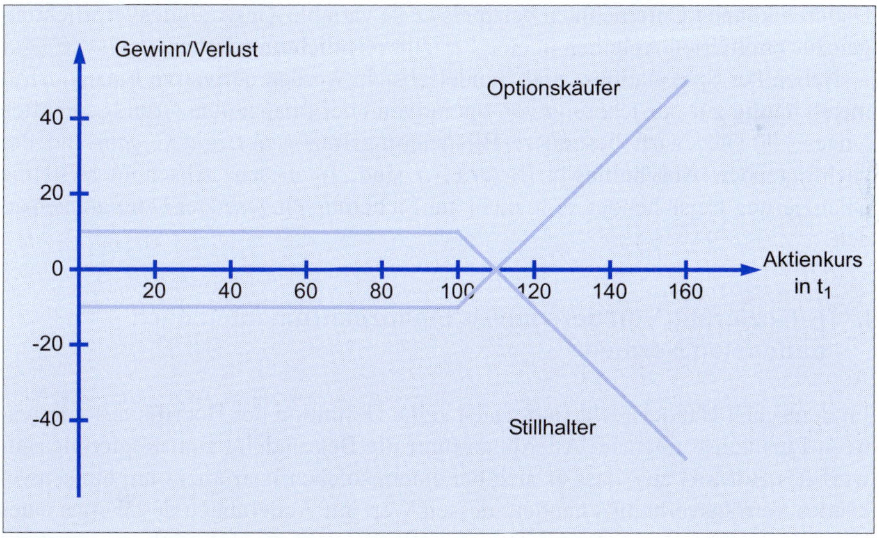

Abb. 5.7: Gewinn/Verlust-Profil bei einer Call-Option

Solange der Aktienkurs unter dem Basispreis von 100 GE liegt, ergibt sich ein Verlust des Erwerbers der Kaufoption in Höhe der Optionsprämie, da eine Ausübung der Option nicht vorteilhaft ist. Mit einem über den Basispreis steigenden Aktienkurs im Fälligkeitszeitpunkt steigt der Gewinn, der beim Erwerber der Kaufoption theoretisch unendlich ansteigen kann. Das Verlustrisiko des Stillhalters ist theoretisch unbegrenzt. Die entrichtete Optionsprämie bleibt gleichzeitig die Verlustobergrenze für den Inhaber der Option und die Gewinnobergrenze für den Stillhalter (asymmetrische Risiko-Chancen-Verteilung).

Optionswert

Von der Optionsprämie ist der Wert einer Option zu unterscheiden. Dieser setzt sich aus zwei Komponenten zusammen:

Wert einer Option = innerer Wert + Zeitwert

Der innere Wert beispielsweise einer Kaufoption ist das Maximum aus der positiven Differenz zwischen dem Kurs des Basisobjekts zum jeweiligen Bewertungszeitpunkt und dem Basispreis und dem Wert null, wenn der Kurs unter dem Basispreis liegt. Der Zeitwert einer Option spiegelt hingegen die Chancen wider, dass eine positive Kursentwicklung bis zum Fälligkeitszeitpunkt den inneren Wert der Option ansteigen lässt.

Unbedingte Termingeschäfte

Im Gegensatz zu bedingten Termingeschäften verpflichten sich bei unbedingten Termingeschäften die beiden Vertragspartner zu Beginn, die vereinbarten Leistungen am Ende der Laufzeit zu erfüllen. Bei einem Devisentermingeschäft, einer Variante eines Forward, vereinbaren die Parteien, einen bestimmten Betrag in einer Währung zu einem festgelegten Wechselkurs zum Fälligkeitszeitpunkt in eine andere Währung zu tauschen. Futures unterscheiden sich von Forwards dadurch, dass sie an Terminbörsen gehandelt werden und in Bezug auf ihre Konditionen (Laufzeit, Basiswert etc.) standardisiert sind. Im Rahmen von Swaps vereinbaren die Vertragsparteien den Austausch von Zahlungsströmen zu einem bestimmten Zeitpunkt. Beispielsweise tauschen bei einem Zinsswap Unternehmen variable gegen feste Zinszahlungen auf einen identischen Kapitalbetrag aus. Dadurch können Unternehmen beispielsweise variable Zinszahlungsverpflichtungen aus emittierten Anleihen in eine Festzinsverpflichtung drehen.

Sicherungsgeschäfte

Neben der Spekulations- und Handelsabsicht werden derivative Finanzinstrumente häufig zur Absicherung von operativen oder finanziellen Grundgeschäften eingesetzt. Dies wirft besondere Bilanzierungsfragen auf, die Gegenstand des nachfolgenden Abschnittes D (S. 299 ff.) sind. In diesem Abschnitt wird die Bilanzierung freistehender, d. h. nicht zur Sicherung eingesetzter Derivate behandelt.

I. Bilanzierung von derivativen Finanzinstrumenten nach nationalen Normen

Im deutschen Handelsrecht findet sich keine Definition des Begriffs des »derivativen Finanzinstruments«. Allerdings führt die Begründung zum Regierungsentwurf des BilMoG aus, dass es sich bei einem solchen Instrument um ein schwebendes Vertragsverhältnis handelt, dessen Wert auf Änderungen des Wertes eines Basisobjekts reagiert, mit geringen oder gar keinen Anschaffungskosten verbunden ist und das erst in Zukunft erfüllt wird (vgl. BMJ [2008], S. 53; Beck'scher Bilanzkommentar [2012], § 254 Tz. 20 ff.; Münchener Kommentar zum Bilanzrecht [2012], § 340e Tz. 42). Da für derivative Finanzinstrumente keine eigenen Vorschriften im HGB existieren, sind diese nach den allgemeinen handelsrechtlichen Regeln zu bilanzieren (vgl. Münchener Kommentar zum HGB [2013], § 340e, Tz. 41 ff.).

1. Ansatz

Ansatzgrundlagen

Da das zugrunde liegende Rechtsgeschäft von beiden Vertragsparteien noch nicht erfüllt ist, stellen derivative Finanzinstrumente schwebende Geschäfte dar, die den Erwerb eines nicht bilanzierungsfähigen Rechts beinhalten. Sie sind daher im Zugang, bei dem sich Ansprüche und Verpflichtungen aus dem Vertrag entsprechen, nicht bilanzwirksam. Ausnahmen stellen gezahlte Prämien oder *margins* (siehe unten) dar. Wird beispielsweise bei einem bedingten Termingeschäft ein bilanzierungsfähiges Optionsrecht erworben, ist dieses nach § 255 Abs. 1 HGB mit den Anschaffungskosten zu aktivieren (vgl. IDW [1995], S. 421). Das Imparitätsprinzip verlangt, dass Verluste, die aus bestehenden Vertragsverhältnissen aus Derivaten zu erwarten sind, durch eine Rückstellungsbildung für drohende Verluste aus schwebenden Geschäften (vgl. 7. Kapitel, S. 424) bzw. bei gezahlten Prämien für Optionen zunächst durch außerplanmäßige Abschreibung der aktivierten Anschaffungskosten zu berücksichtigen sind. Andererseits dürfen positive Marktwerte eines Derivats über die Anschaffungskosten hinaus nicht angesetzt werden.

Bei Erwerb geleistete Zahlungen

Bei bedingten Derivaten sind die für das erworbene Recht geleisteten Zahlungen (z. B. die Optionsprämie) im Erwerbszeitpunkt zu aktivieren (vgl. IDW [1995], S. 421). Berechtigt das Termingeschäft zum Erwerb eines Vermögensgegenstandes, ist die Prämie bei der Ausübung als Bestandteil der Anschaffungskosten des Vermögensgegenstandes bzw. als Minderung des Ausgabebetrages einer Verbindlichkeit zu berücksichtigen. Berechtigt das Termingeschäft zum Verkauf, ist die Prämie mit dem Verkaufserlös zu verrechnen, sofern die Ausübung des Optionsrechts zu einem Abgang eines Vermögensgegenstandes führt. Ergibt sich aus der Ausübung des Termingeschäfts keiner der beiden angeführten Fälle (z. B. Indexoptionen), ist die Prämie in der laufenden Periode GuV-wirksam zu erfassen. Die in der Praxis gebräuchliche GuV-wirksame Erfassung der Prämie zum Zeitpunkt der Ausübung des Termingeschäfts ist ebenfalls zulässig, sofern dies nicht zu einem Verstoß gegen den Wesentlichkeitsgrundsatz führt (vgl. IDW [1995], S. 421).

Initial und variation margins

Die bei Abschluss des Termingeschäfts anfallende *initial margin*-Zahlung an die Eurex ist nach h. M. GuV-neutral zu behandeln. Die Zahlung ist als Sicherheitsleistung oder Anzahlung zu interpretieren und stellt somit eine Forderung gegenüber der Eurex dar. Die *initial margin*-Zahlung ist als sonstiger Vermögensgegenstand zu aktivieren bzw. als sonstige Verbindlichkeit zu passivieren. Diese *initial margin* wird in den Folgeperioden durch die Eurex in Form einer Gut- oder Lastschrift (*variation margins*) dem veränderten Basiswert angepasst. *Variation margins* sind GuV-neutral als sonstiger Vermögensgegenstand bzw. als sonstige Verbindlichkeit zu bilanzieren (Beck'scher Bilanzkommentar [2012], § 254 Tz. 101). Eine GuV-wirksame Erfassung kommt nicht in Betracht, da eine Veränderung des Kursniveaus dazu führen kann, dass erhaltene *variation margins* zurückgefordert bzw. gezahlte *variation margins* wieder gutgeschrieben werden müssen. Somit beinhaltet das Vertragsverhältnis nach wie vor einen latenten Rückzahlungsanspruch bzw. eine latente Rückzahlungsverpflichtung. Das Imparitätsprinzip verlangt jedoch die GuV-wirksame Berücksichtigung drohender Verluste. Folglich ist darüber hinaus für die geleisteten *variation margins* an die Eurex noch eine Rückstellung für drohende Verluste in gleicher Höhe zu bilden.

Der doppelte Ausweis der Nachzahlungen an die Eurex führt zu einer Bilanzverlängerung, diese ist jedoch notwendig, um den Sachverhalt bilanziell richtig abzubilden (vgl. Scheffler, J. [1994], S. 198).

Swap-Geschäfte

Der Bilanzansatz von Swap-Geschäften unterscheidet sich von den übrigen derivativen Finanzinstrumenten vor allem durch den Austausch von Zahlungsströmen und/oder Kapitalien. Beinhaltet das Swap-Geschäft eine Anfangs- und Schlusstransaktion, führt das Swap-Geschäft bei Vertragsabschluss zu einem Aktiv- bzw. Passivtausch und ist somit bilanzwirksam. Der verliehene Betrag ist als sonstiger Vermögensgegenstand oder als sonstige Ausleihe zu berücksichtigen. Der empfangene Betrag ist als sonstige Verbindlichkeit zu passivieren.

Beinhaltet das Swap-Geschäft den Austausch von Zahlungsströmen, so stellen diese zwei Dauerschuldverhältnisse dar. Die zukünftigen Leistungen aus den Schuldverhältnissen sind als schwebende Geschäfte einzuordnen und somit bei Ausgeglichenheit der Leistungen und Gegenleistungen bilanzunwirksam. Decken sich Leistung und Gegenleistung betragsmäßig nicht, sind sie abzugrenzen und aufgrund ihres Zinscharakters über die Laufzeit zu verteilen (vgl. Scheffler, J. [1994], S. 205).

Stillhalterverpflichtungen

Bei Stillhalterverpflichtungen ist die empfangene Optionsprämie als Vorauszahlung für die vom Stillhalter zukünftig zu erbringende Leistung zu interpretieren. Die Optionsprämie muss nach dem Realisationsprinzip folglich bis zum Verfall, der Ausübung oder der Glattstellung durch ein gegenläufiges Geschäft GuV-neutral als sonstige Verbindlichkeit passiviert werden.

2. Bewertung

Spekulations- und Handelsgeschäfte

Die funktionale Abgrenzung derivativer Finanzinstrumente ist maßgeblich für ihre bilanzielle Bewertung. Wurde das Derivat nicht in einen Sicherungszusammenhang einbezogen (vgl. Bewertung hierzu in diesem Kapitel, S. 301 ff.), sondern aus Spekulations- oder Handelsmotiven erworben, hat dessen Bewertung nach den allgemeinen Vorschriften des Umlaufvermögens zu erfolgen. Verluste sind durch Bildung einer Rückstellung nach § 249 Abs. 1 Satz 1 HGB zu berücksichtigen. Aktivierte Anschaffungskosten bei bedingten Termingeschäften (z. B. Optionsprämien) sind davor zunächst GuV-wirksam abzuschreiben, wobei eine Zuschreibung des Postens auf die Anschaffungskosten begrenzt ist. Unrealisierte Gewinne sowohl aus bedingten als auch aus unbedingten Derivaten bleiben aufgrund des Realisationsprinzips nach § 252 Abs. 1 Nr. 4 HGB unberücksichtigt.

Derivate im Handelsbestand von Kreditinstituten

Die Spezialvorschrift des § 340e Abs. 3 HGB, wonach Kreditinstitute Finanzinstrumente des Handelsbestands zum beizulegenden Zeitwert zu bewerten haben, gilt auch für Derivate. Bei einer für das Kreditinstitut positiven Entwicklung ist bei einem Anstieg des Marktwerts des Derivats über die Anschaffungskosten eine Bewertung über diese geboten. Entsprechend sind alle Wertänderungen des beizulegenden Zeitwerts GuV-wirksam in der jeweiligen Periode zu erfassen. Allerdings ist auch bei der Bewertung der Derivate ein angemessener Risikoabschlag und eine eventuelle Zuführung von 10 % der jährlichen Nettoerträge in den Sonderposten »Fonds für allgemeine Bankrisiken« vorzunehmen (vgl. in diesem Kapitel, S. 259 f.; § 340e Abs. 3 und 4 HGB).

Stillhalterverpflichtungen

Der Stillhalter einer Option hat in den Folgeperioden eine Rückstellung für drohende Verluste aus schwebenden Geschäften zu bilden, sofern die Differenz zwischen dem Marktwert der Stillhalterverpflichtung und der passivierten Optionsprämie negativ ist (vgl. im Detail IDW [2011a], S. 302 f.; IDW [2011b], S. 658). Ist im Falle der Optionsausübung der Stillhalter verpflichtet, einen Vermögensgegenstand zu erwerben, ist die Optionsprämie von den Anschaffungskosten abzuziehen. Muss der Stillhalter aufgrund der Ausübung der Option einen Vermögensgegenstand verkaufen, ist die passivierte Optionsprämie folglich dem Veräußerungserlös zuzuschlagen. Führt die Optionsausübung dazu, dass der Stillhalter eine Verbindlichkeit eingehen muss, ist der Ausgabebetrag um die passivierte Optionsprämie zu erhöhen. Generell darf die Optionsprämie GuV-wirksam zum Zeitpunkt der Ausübung erfasst werden, wenn bezüglich ihrer Höhe keine Verletzung des Grundsatzes der Wesentlichkeit vorliegt (vgl. IDW [2011b], S. 658).

3. Spezialfall: Strukturierte Finanzinstrumente

Begriffsverständnis

Bei einem strukturierten Finanzinstrument handelt es sich um ein originäres Basisinstrument, in das vertraglich ein oder mehrere derivative(s) Finanzinstrument(e) eingebunden (ist) sind (z. B. Wandelanleihen). Durch das eingebettete Derivat unterliegen die mit dem gesamten strukturierten Finanzinstrument verbundenen Zahlungsströme teilweise Schwankungen in Abhängigkeit eines dem Derivat zugrundeliegenden *underlying*. In welchem Maße das eingebettete Derivat die Chancen und Risiken aus dem gesamten Finanzinstrument beeinflusst, entscheidet letztlich über die einheitliche oder getrennte Bilanzierung des strukturierten Finanzinstruments.

Einheitliche Bilanzierung

Grundsätzlich ist ein strukturiertes Finanzinstrument wegen der vertraglichen Verknüpfung seiner Bestandteile zu einer Einheit beim Erwerber als einheitlicher Vermögensgegenstand und beim Emittenten als einheitliche Verbindlichkeit zu bilanzieren. Die für das Basisinstrument geltenden allgemeinen Ansatz-, Bewertungs- und Ausweisregeln sind dann im Zugangszeitpunkt und in den Folgezeitpunkten für die einheitliche Bilanzierung des strukturierten Finanzinstruments relevant. Liegt im Rahmen der Folgebewertung kein Börsen- oder Marktpreis vor, ist der Wert des strukturierten Finanzinstruments durch Zusammenfassen der beizulegenden Zeitwerte der einzelnen Bestandteile zu berechnen, die wiederum mit Hilfe von anerkannten Bewertungsmethoden zu bestimmen sind (vgl. IDW [2008], S. 456 f.).

Getrennte Bilanzierung

Demgegenüber hat eine Trennung des strukturierten Finanzinstruments sowie eine getrennte Bilanzierung der einzelnen Bestandteile (originäres Basisinstrument und eingebettetes Derivat) dann zu erfolgen, wenn das eingebettete Derivat die Chancen und Risiken aus dem gesamten Finanzinstrument im Vergleich zum alleinstehenden Basisinstrument wesentlich erhöht oder zusätzliche andersartige Chancen und Risiken herbeiführt. Dies liegt beispielsweise dann vor, wenn das eingebettete Derivat neben dem Zinsrisiko einem zusätzlichen Marktpreisrisiko oder neben dem Bonitätsrisiko des Emittenten weiteren Risiken ausgesetzt ist (vgl. IDW [2008], S. 457 f.). In diesen Fällen hat eine getrennte Bilanzierung der einzelnen Bestandteile des strukturierten Finanzinstruments nach den jeweils maßgeblichen Regeln für Vermögensgegenstände und Verbindlichkeiten zu erfolgen. Das eingebettete Derivat wird folglich wie ein freistehendes Derivat als schwebendes Geschäft betrachtet und nur bei negativer Kursentwicklung durch Bildung einer Rückstellung bilanziert. Das Verhältnis der beizulegenden Zeitwerte der einzelnen Bestandteile des strukturierten Finanzinstruments im Zugangszeitpunkt ist maßgeblich für die Aufteilung der Anschaffungskosten auf das Basisinstrument und das eingebettete Derivat. Ist eine getrennte Bewertung des eingebetteten Derivats nicht möglich, entspricht sein Wert der Differenz aus dem beizulegenden Zeitwert des strukturierten Finanzinstruments und dem beizulegenden Zeitwert des Basisinstruments (vgl. IDW [2008], S. 458).

Ausnahmeregelung

Auch wenn die Bedingungen zur getrennten Bilanzierung von strukturierten Finanzinstrumenten erfüllt sind, muss trotzdem eine einheitliche Bilanzierung erfolgen, wenn diese zu einer treffenden Darstellung der Vermögens-, Finanz- und Ertragslage führt. Dies wird in den drei konkreten Fällen der Niederstwertbewertung des strukturierten Finanzinstruments auf einem aktiven Markt, bei Erwerb des strukturierten Finanzinstruments zu Handelszwecken und bei einer vertraglich vereinbarten unbedingten Kapitalgarantie des Emittenten als erfüllt angesehen (vgl. IDW [2008], S. 457).

4. Erläuterungspflichten

Anhangangaben

Aufgrund der wesentlichen mit dem Besitz von Derivaten verbundenen, Risiken (und Chancen) fordert der Gesetzgeber diesbezüglich weit reichende Anhangangaben. Die mit dem BilReG eingeführten Pflichtangaben im Anhang zu derivativen Finanzinstrumenten wurden durch das BilMoG, aufgrund der eingeführten Regelung zur Zeitbewertung für Kreditinstitute, nochmals erweitert. Mittelgroße und große Kapitalgesellschaften, Personenhandelsgesellschaften i. S. des § 264a HGB, Personenhandelsgesellschaften i. S. des PublG und Muttergesellschaften müssen zunächst zusätzliche Informationen zu derivativen Finanzinstrumenten, welche nicht zum beizulegenden Zeitwert bilanziert wurden, darlegen (§ 285 Nr. 19 HGB bzw. § 314 Nr. 11 HGB). Dabei sind getrennt für jede Art von Derivaten (klassifiziert nach den einzelnen Kategorien, z. B. Optionen, Währungsfutures, Swaps etc.) folgende Angaben zum derivativen Engagement zu machen:

- die Art und der Umfang,
- der nach § 255 Abs. 4 HGB unter Anwendung einer allgemein anerkannten Bewertungsmethode ermittelte beizulegende Zeitwert, soweit dieser verlässlich bestimmbar ist, sowie
- der Buchwert und der diesen enthaltenden Bilanzposten.
- Weiter sind Gründe anzugeben, wenn der beizulegende Zeitwert für das entsprechende Derivat nicht bestimmt werden kann.

Gleiche Angaben müssen ebenso für getrennt zu bilanzierende, in strukturierte Finanzinstrumente eingebettete Derivate gemacht werden.

Im Zusammenhang mit den nach § 340e Abs. 3 Satz 1 HGB mit dem beizulegenden Zeitwert bewerteten derivativen Finanzinstrumenten des Handelsbestands müssen Kreditinstitute gemäß § 285 Nr. 20 HGB im Anhang die grundlegenden

Annahmen angeben, die der Bestimmung des beizulegenden Zeitwerts mit Hilfe allgemein anerkannter Bewertungsmethoden zugrunde gelegt wurden, soweit ein Derivat nur mit Hilfe einer solchen Bewertungsmethode ermittelt werden konnte. Darüber hinaus müssen sie den Umfang und die Art jeder Kategorie dieser Finanzinstrumente einschließlich der wesentlichen Bedingungen, welche die Höhe, den Zeitpunkt und die Sicherheit künftiger Zahlungsströme beeinflussen können, ausweisen. Für Kreditinstitute gelten nach § 314 Nr. 12 HGB im Konzernanhang die gleichen Anhangvorschriften bezüglich der mit dem beizulegenden Zeitwert bewerteten derivativen Finanzinstrumente.

II. Bilanzierung von derivativen Finanzinstrumenten nach IFRS

IAS 39 *»Financial Instruments: Recognition and Measurement«* enthält auch die begriffliche Abgrenzung und umfassende Regelungen zur Bilanzierung derivativer Finanzinstrumente. Im Rahmen der Überarbeitung von IAS 39 wurden auch Regelungen zu derivativen Finanzinstrumenten im neuen Standard IFRS 9 aufgenommen (siehe hierzu das Ende diese Abschnitts).

Definition

Nach IAS 39.9 ist von einem Derivat auszugehen, sofern die folgenden Kriterien kumulativ erfüllt sind:

- Der Wert des Finanzinstruments hängt direkt von der Wertänderung eines *underlying* (z. B. Zinssatz, Wechselkurs, Wertpapierkurs, Kreditrating, Preisindex etc.) ab.
- Der Erwerb des Finanzinstruments verlangt im Verhältnis zu vergleichbaren Verträgen, die ähnlich auf Veränderungen der Marktbedingungen reagieren, keine oder nur eine geringe Nettozahlung.
- Der Erfüllungszeitpunkt des Vertrags liegt in der Zukunft.

1. Ansatz

Nach IAS 39.14 sind grundsätzlich alle *financial assets* und *financial liabilities* anzusetzen, sobald das Unternehmen Partei des entsprechenden Vertrags geworden ist. Eingeschlossen sind nach IAS 39.AG34 hier ausdrücklich Rechte und Verpflichtungen aus derivativen Finanzinstrumenten, die als *financial asset* bzw. *financial liability* zu berücksichtigen sind. Anders als nach HGB, wonach Derivate bilanziell ihren Niederschlag nur bei negativen Marktwerten durch eine Rückstellungsbildung bzw. durch evtl. aktivierte Anschaffungskosten finden, sind nach IFRS Derivate stets anzusetzen.

Klassifizierung

Derivate sind nach IAS 39.9 grundsätzlich in die Subkategorie *held for trading* zu klassifizieren und gehören somit der Kategorie *at fair value through profit or loss* an. Hiervon ausgenommen sind solche Derivate, die Bestanteil einer Sicherungsbeziehung sind; diese fallen unter die speziellen Regeln des *hedge accounting* (vgl. in diesem Kapitel, Abschnitt D). Umgliederungen von Derivaten aus der und in die Kategorie *at fair value through profit or loss* in eine andere Kategorie sind nicht möglich (IAS 39.50a).

2. Bewertung

Zugangsbewertung

Die Zugangsbewertung von derivativen Finanzinstrumenten hat nach IAS 39.43, wie für originäre Finanzinstrumente, in Höhe ihres *fair value* zu erfolgen, welcher im Normalfall den Anschaffungskosten entspricht (IAS 39.AG64). Da sich bei unbedingten Termingeschäften (z. B. Futures) im Zeitpunkt des Vertragsabschlusses meist die Rechte und Pflichten der Vertragsparteien ausgleichen, ist der *fair value* eines solchen Derivats im Zugangszeitpunkt gleich Null. Das unbedingte Termingeschäft wird dann bilanziell nicht erfasst (IAS 39.AG35c). Bei einem Optionsgeschäft (asymmetrische Risikoverteilung) ist der Wert der Option von Null verschieden. Die Option ist daher zum Marktwert vom Erwerber der Option zu aktivieren und vom Stillhalter zu passivieren (vgl. Haufe IFRS-Kommentar [2013], § 28 Tz. 223). Transaktionskosten beim Zugang von Derivaten sind unmittelbar als Aufwand zu erfassen. Eine anfallende Sicherheitsleistung (*initial margin*) ist nicht Bestandteil der Anschaffungskosten, sondern getrennt als eigenständiger Vermögenswert zu erfassen (IAS 39.IG B.10). Während der Laufzeit anfallende *variation margin* Zahlungen sind GuV-neutral gesondert zu bilanzieren (vgl. Beck'sches IFRS-Handbuch [2013], § 23 Tz. 40 ff.).

Folgebewertung

Als Teil der Kategorie *financial assets or financial liabilities at fair value through profit or loss* sind nicht in Sicherungszusammenhänge einbezogene, freistehende Derivate zu jedem Stichtag in Höhe ihres *fair value* zu bewerten, wobei die Wertänderungen unmittelbar GuV-wirksam zu berücksichtigen sind (IAS 39.46, .55a; vgl. in diesem Kapitel, S. 271). Der *fair value* ist auch für derivative Finanzinstrumente der Betrag, der auf eine Abgangsfiktion (*exit price*) abstellt und unter Anwendung der Bewertungshierarchie zu bestimmen ist (vgl. 2. Kapitel, S. 113 sowie in diesem Kapitel, S. 269). Ein Derivat kann in der Folge entweder einen positiven oder einen negativen *fair value* aufweisen. Beispielsweise muss ein unbedingtes Termingeschäft auf eine Aktie in Abhängigkeit von dem Verhältnis des Basiskurses zum aktuellen Kurs als *financial asset* oder als *financial liability* ausgewiesen werden. In die Bestimmung des *fair value* einer Option fließt neben der Differenz aus aktuellem Kurs und Basispreis (innerer Wert) der Zeitwert der Option ein (vgl. in diesem Kapitel, S. 288).

Eine Ausnahme stellen Derivate dar, denen als *underlying* ein Eigenkapitalinstrument zu Grunde liegt, für das kein notierter Marktpreis existiert und dessen *fair value* nicht anderweitig ermittelt werden kann. Wenn solche Derivate nur durch Andienung des *underlying* erfüllt werden können, so sind sie zu Anschaffungskosten (*at cost*) zu bewerten (IAS 39.46c).

3. Spezialfall: Strukturierte Finanzinstrumente

Embedded derivatives

Strukturierte Finanzinstrumente bestehen gemäß IAS 39.10 aus einem originären Basisvertrag (*host contract*) und einem in diesen Vertrag eingebundenen Derivat (*embedded derivative*). Der Basisvertrag wird durch die derivative Komponente um deren Wesensmerkmale (Ausübungswahlrechte etc.) erweitert.

Aufspaltung

Die Kombination von Basisverträgen und derivativen Instrumenten führt dazu, dass ein Teil der aus dem Gesamtgeschäft resultierenden Cashflows den gleichen Risiken wie die eines reinen Derivats unterliegen. Gemäß IAS 39.11 sind der

Basisvertrag und das eingebettete Derivat zum Zeitpunkt ihrer bilanziellen Berücksichtigung unter bestimmten Bedingungen zu trennen und einzeln zu bewerten. Entscheidend für die Notwendigkeit einer Aufspaltung ist gemäß IAS 39.11a die Frage, ob sich die Komponenten in ihren wirtschaftlichen Gegebenheiten und Risiken unterscheiden. Eine Aufspaltung ist vorzunehmen, sofern Letzteres zutrifft, das eingebettete Derivat die in IAS 39.9 gestellten Anforderungen an ein Derivat erfüllt (IAS 39.11b) und soweit das strukturierte Finanzinstrument insgesamt nicht der Kategorie *at fair value through profit or loss* zugeordnet wurde und somit insgesamt GuV-wirksam zum *fair value* bewertet werden muss (IAS 39.11c). Der Trägerkontrakt sowie das eingebettete Derivat müssen somit unterschiedlichen *asset*-Klassen angehören und verschiedenen makroökonomischen Risiken (Zins-, Währungs-, Kursrisiko etc.) unterliegen. Ferner müssen strukturierte Produkte auch dann aufgespalten werden, wenn sie zwar der gleichen *asset*-Klasse angehören, aber gravierende Unterschiede in den wirtschaftlichen Gegebenheiten oder Risiken bestehen.

Schwierigkeiten bereitet vor allem die Abgrenzung der Kongruenz zwischen den wirtschaftlichen Gegebenheiten und Risiken. Es ist fallweise zu entscheiden, ob eine Aufspaltung nach IAS 39.11 notwendig ist. Zur Veranschaulichung geht IAS 39.AG30 beispielhaft auf einige aufspaltungspflichtige strukturierte Finanzinstrumente ein, während IAS 39.AG33 Beispiele für nicht aufspaltungspflichtige strukturierte Produkte nennt.

Fair value option

Unter bestimmten Bedingungen ist es daher gemäß IAS 39.11A zulässig, ein strukturiertes Finanzinstrument als Ganzes in die Kategorie *at fair value through profit or loss* zu designieren. Die Einführung der *fair value option* wurde vom IASB u. a. auch damit begründet, Unternehmen die Bilanzierung von strukturierten Produkten zu erleichtern, indem auf die Prüfung der Trennungspflicht verzichtet werden kann. Eine Designation des strukturierten Finanzinstruments als Ganzes ist allerdings nicht zulässig, wenn die Zahlungsströme aus dem Produkt durch das eingebettete Derivat nicht erheblich verändert werden (IAS 39.11Aa) oder es sich um ein Derivat handelt, für das bei der Betrachtung eines ähnlich strukturierten Produkts ohne oder unter geringem Analyseaufwand klar ersichtlich ist, dass eine getrennte Bilanzierung nicht zulässig ist (IAS 39.11Ab).

Bewertung von strukturierten Instrumenten

Die Bewertung des Basisvertrags hat den Vorschriften aus IAS 39 zu folgen, sofern es sich bei dem Basisvertrag um ein Finanzinstrument handelt. Handelt es sich bei dem Basisvertrag um kein Finanzinstrument, sind die entsprechenden IFRS anzuwenden (IAS 39.11). Das Derivat ist bei Zugang als *held for trading* einzuordnen und entsprechend zu bewerten (vgl. in diesem Kapitel, S. 294). Ist es nicht möglich, den *fair value* des separierten Derivats zuverlässig zu ermitteln, kann dieser nach IAS 39.13 in der Weise bestimmt werden, dass vom *fair value* des gesamten strukturierten Instruments der *fair value* des Basisvertrags abgezogen wird. Ist die Bestimmung des *fair value* durch diese Methode ebenso nicht möglich, ist das gesamte strukturierte Finanzinstrument in die Kategorie *at fair value through profit or loss* zu designieren (IAS 39.12).

Zusammenfassend ist die Bilanzierung von strukturierten Produkten in Abbildung 5.8 dargestellt.

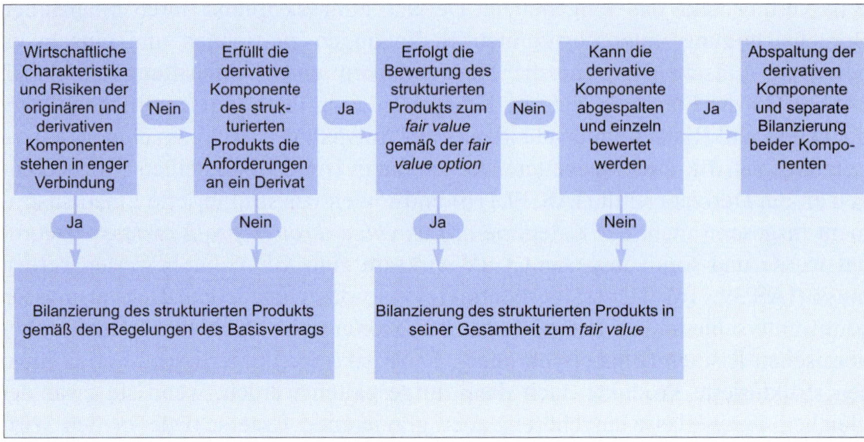

Abb. 5.8: Bilanzierung strukturierter Produkte nach IAS 39 (in Anlehnung an Heuser, P./Theile, C. [2012], Rz. 2575)

4. Erläuterungspflichten

IFRS 7

Für freistehende, d. h. nicht in Sicherungszusammenhänge einbezogene, derivative Finanzinstrumente gelten die gleichen in IFRS 7 geregelten umfangreichen Erläuterungspflichten wie für originäre Finanzinstrumente (vgl. in diesem Kapitel, S. 276 f.). Auch hier besteht das zentrale Ziel des Standards darin, den Anlegern zu ermöglichen, die Bedeutung der Derivate für die Finanz- und Ertragslage des Unternehmens und die Art und den Umfang der aus den Derivaten entstehenden Risiken zu beurteilen. Im Einzelnen sind die folgenden wesentlichen Angaben auszuweisen:

- die angewandten Bilanzierungs- und Bewertungsmethoden,
- die zur Ermittlung des *fair value* verwendete Methode und die ihr zugrunde liegenden Annahmen.

Weitere Angaben werden notwendig, sofern die Möglichkeit besteht, dass aus Derivaten erhebliche Kredit-, Liquiditäts- oder Marktrisiken resultieren (IFRS 7.32 ff.).

5. Neue Vorschriften nach IFRS 9

Derivate

Derivative Finanzinstrumente, die nicht in einen Sicherungszusammenhang einbezogen werden, sind analog zu IAS 39 auch nach IFRS 9 stets GuV-wirksam zum *fair value* zu bewerten.

Strukturierte Finanzinstrumente

Nach IFRS 9 ist ein strukturiertes Finanzinstrument in seiner Gesamtheit nach den allgemeinen Regeln zur Kategorisierung finanzieller Vermögenswerte (vgl. in diesem Kapitel S. 277 ff.) zu behandeln, wenn der zugehörige Basisvertrag in den Anwendungsbereich von IFRS 9 fällt (IFRS 9.4.3.2). Hieraus ergibt sich aufgrund mangelnder fester Zins- und Tilgungszahlungen eine Bewertung des gesamten strukturierten Produkts zum *fair value*.

6. Wesentliche Abweichungen des IFRS for SMEs

Derivate

Obgleich freistehende Derivate nicht explizit im IFRS for SMEs erwähnt werden, ergibt sich deren Bilanzierung unter Anwendung der Kriterien aus Abschnitt 11 und dem Anwendungsbereich der Regelungen des Abschnitt 12 des IFRS for SMEs (vgl. Haller, A./Beiersdorf, K./Eierle, B. [2009], S. 1555). Demnach sind Derivate zum *fair value* zu bewerten.

Strukturierte Finanzinstrumente

Strukturierte Finanzinstrumente sind nach dem IFRS for SMEs in ihrer Gesamtheit zum *fair value* zu bewerten, was im Ergebnis den Vorschriften des zukünftig anzuwendenden IFRS 9 entspricht. Ein eingebettetes Derivat wird demnach nicht separiert (vgl. im Detail zur Bilanzierung von derivativen Finanzinstrumenten nach dem IFRS for SMEs BEKKM, Abschnitt 12).

III. Bilanzierung von derivativen Finanzinstrumenten nach US-GAAP

ASC 815

Die Bilanzierung von derivativen Finanzinstrumenten und bestehenden Absicherungszusammenhängen wird umfassend in ASC 815 »*Derivatives and Hedging*« (vormals FAS 133) geregelt. Nach den US-GAAP wird analog zu IAS 39 zwischen freistehenden derivativen Finanzinstrumenten und solchen, die in Sicherungszusammenhänge einbezogen sind, unterschieden.

Definition

Wie in der Definition nach IFRS zeichnen Derivate nach ASC 815-10-15-83 zum einen die Kriterien der Abhängigkeit ihres Wertes von einem bestimmten *underlying* sowie keine oder nur eine geringe Netto-Anfangsinvestition aus. Allerdings gilt als drittes Kriterium nicht wie nach IFRS das des Termingeschäfts, sondern dass die vertraglichen Regelungen des Derivats die Glattstellung der Ansprüche und Forderung (z. B. durch Zahlung oder gegenläufige Verträge) verlangen oder erlauben. Der Zahlungsausgleich kann jedoch auch durch eine physische Transaktion erfolgen, wie z. B. durch Lieferung oder Abnahme eines *asset* (ASC 815-10-15-99 ff.).

1. Ansatz und Bewertung

Ansatzpflicht

Analog zu den IFRS sind derivative Finanzinstrumente explizit *assets* bzw. *liabilities* und damit aktivierungs- bzw. passivierungspflichtig (ASC 815-10-25-1).

Zugangsbewertung

Freistehende derivative Finanzinstrumente sind gemäß ASC 815-10-30-1 im Zugangszeitpunkt in Höhe ihres *fair value* zu aktivieren. Entgegen IAS 39 geht ASC 815 nicht darauf ein, ob Transaktionskosten in den Bilanzansatz mit einzubeziehen sind. Nach US-GAAP besteht somit ein Wahlrecht, ob die Transaktionskosten berücksichtigt werden oder nicht.

Folgebewertung

Derivate sind in der Kategorie *trading* zu führen und damit in Höhe ihres *fair value* zu bilanzieren. Für dessen Bestimmung ist ASC 820 »*Fair Value Measurements and Disclosures*« (vormals FAS 157) relevant, der auf erster Ebene das Heranziehen von Marktwerten und falls diese nicht vorhanden sind, die Anwendung anderer Bewertungsmodelle vorschreibt (vgl. 2. Kapitel, S. 116). *Fair value*-Änderungen sind gemäß ASC 815-10-35-2 unmittelbar GuV-wirksam zu berücksichtigen. Für die Bilanzierung von in Sicherungszusammenhänge einbezogenen Derivaten existieren spezielle Vorschriften des *hedge accounting* (vgl. in diesem Kapitel, Abschnitt D).

2. Spezialfall: Strukturierte Finanzinstrumente

Erfüllt ein Vertrag nicht die Kriterien eines Derivats wie z. B. Bonds oder Versicherungspolicen, so fallen sie dennoch unter die Regelungen des ASC 815, sofern der Vertrag über eine derivative Komponente verfügt. Dies ist dann der Fall, wenn der Vertrag direkte oder indirekte Regelungen enthält, die unmittelbar Auswirkungen auf die erwarteten Cashflows (oder andere Tauschgegenstände) haben und die Regelungen ihrem Charakter nach als Derivat einzuordnen sind (ASC 815-10-20).

Aufspaltung

Nach ASC 815-15-25-1 hat eine Aufspaltung des strukturierten Instruments und eine getrennte Bilanzierung des Basisvertrags (*host contract*) und des eingebetteten Derivats bei Erfüllen der im Wesentlichen selben Kriterien wie nach IAS 39 zu erfolgen:

- Das Derivat und der Basisvertrag unterscheiden sich sowohl in ihrer wirtschaftlichen Gestaltung als auch in ihrer Risikostruktur.
- Das Gesamtgeschäft (Basisvertrag und eingebettetes Derivat) wird nicht GuV-wirksam zum *fair value* bewertet.
- Ein eigenständiges Derivat, das in seiner Ausgestaltung dem eingebetteten Derivat entspricht, würde unter die Vorschriften der freistehenden Derivate fallen.

Sind die Kriterien für eine Aufspaltung erfüllt, so ist das eingebettete Derivat nach den Vorschriften des ASC 815 für freistehende Derivate und der Basisvertrag nach den entsprechenden allgemeinen Vorschriften zu bilanzieren. Des Weiteren ist es möglich, jedes strukturierte Finanzinstrument, für das eine Aufspaltung erforderlich wäre, bei Einbuchung als Ganzes GuV-wirksam zum *fair value* zu bewerten (ASC 815-15-25-4).

3. Erläuterungspflichten

ASC 815 sieht – vergleichbar zu IFRS 7 – umfangreiche Erläuterungspflichten zu derivativen Finanzinstrumenten vor. Dabei muss das Unternehmen unter anderem die mit dem Erwerb oder der Ausgabe von Derivaten verfolgten Zielsetzungen darstellen. Ferner sind z. B. die für das Verständnis der Zielsetzungen notwendigen Zusammenhänge sowie die zur Umsetzung der Zielsetzungen verfolgten Strategien zu erläutern (ASC 815-10-50-5). Aufgrund der Bedeutung der Derivate für das Unternehmensrisiko sieht auch die SEC über die Bestimmungen des FASB hinausgehende Berichtspflichten im Zusammenhang mit diesen Finanzinstrumenten vor (ASC 815-10-S50-1).

4. Vorschlag für die zukünftige Bilanzierung

Das am 26.05.2010 durch das FASB veröffentlichte *Proposed Accounting Standards Update* (*Proposed* ASU) »*Accounting for Financial Instruments and Revisions to the Accounting for Derivative Instruments and Hedging Activities*« enthält ebenso die bilanziellen Regelungen für derivative Finanzinstrumente. Demnach ist vorgesehen, Derivate weiterhin zum *fair value* zu bewerten. Änderungen des *fair value* sollen weiterhin GuV-wirksam berücksichtigt werden (ASU 180-100.20). Der Zeitpunkt der Verabschiedung eines finalen *Accounting Standards Update* ist – ähnlich der Fertigstellung des IFRS 9 – momentan allerdings noch nicht abzusehen.

D. Sicherungsgeschäfte

Sicherung (hedging)

Im Rahmen ihrer Geschäftstätigkeit sind Unternehmen unterschiedlichsten Risiken ausgesetzt. Um diese zu minimieren oder sogar zu eliminieren, werden Sicherungsgeschäfte (*hedging*) getätigt. Ein Absicherungszusammenhang besteht dabei aus einem oder mehreren Grundgeschäften und einem oder mehreren Sicherungsgeschäften (auch Sicherungsinstrumente genannt) (z. B. Absicherung einer Fremdwährungsforderung durch eine Devisenoption). Marktbedingte Verluste (z. B. aufgrund von Devisenkursänderungen) aus dem Grundgeschäft sollen durch marktbedingte Gewinne beim Sicherungsgeschäft ausgeglichen werden.

Natürlicher Hedge

Zur Sicherung werden dabei meist derivative Finanzinstrumente eingesetzt. Eine Absicherung kann allerdings auch auf natürliche Weise erfolgen, indem z. B. zu einem Posten von kurzfristigen Fremdwährungsforderungen, auf dieselbe Währung lautende, fristenkongruente Verbindlichkeiten aufgenommen werden. Durch Devisenkursänderungen induzierte Verluste des einen Postens werden durch entsprechende Gewinne bei dem anderen Posten ausgeglichen. Dies kommt bilanziell allerdings nur dann zum Ausdruck, wenn bei beiden Posten eine GuV-wirksame Umrechnung zum Stichtagskurs erfolgt.

Bilanzielle Problematik

Sowohl nach HGB als auch nach den internationalen Normen kommt es bei der Bilanzierung der Bestandteile von Absicherungszusammenhängen nach den allgemeinen Bilanzierungsregeln zu Problemen, da dabei häufig der wirtschaftliche Grundgehalt der Sicherungsbeziehung, nämlich die Absicherung von Wertverlusten, bilanziell nicht adäquat abgebildet und dadurch die Vermögens-, Finanz- und Ertragslage verzerrt widergegeben wird.

Strenge Einzelbewertung und Imparitätsprinzip im HGB

Würde nach deutschem Handelsrecht ein bestehender Sicherungszusammenhang bilanziell nicht berücksichtigt, ginge die strenge Einzelbewertung von einer strikten Anwendung des Einzelbewertungsgrundsatzes aus § 252 Abs. 1 Nr. 3 HGB i. V. m. dem Imparitäts- und dem Realisationsprinzip des § 252 Abs. 1 Nr. 4 HGB getrennt auf das Grund- und das Sicherungsgeschäft aus. Damit käme es zu einer Situation, in der zwangsläufig entstehende Wertverluste der Risikoposition (Grundgeschäft) oder des Absicherungsinstruments (Sicherungsgeschäft) in die GuV eingingen, während Gewinne, die dann in der jeweils anderen Position entstünden, nicht vor der Realisierung der jeweils zugrunde liegenden Lieferung oder Leistung erfasst werden dürften. Somit entstünde stets ein Verlust, obwohl ein solcher – bei effektiver Sicherung – wirtschaftlich nicht vorliegt. Dies würde zu einer verfälschten Darstellung des Unternehmenserfolges und zu einem Verstoß gegen die Generalnorm aus § 264 Abs. 2 Satz 1 HGB führen.

Mixed model approach bei IFRS und US-GAAP

In den IFRS sowie US-GAAP liegt für die verzerrte Darstellung ein anderer Grund vor. Aufgrund des in diesen Rechnungslegungssystemen vorherrschenden *mixed model approach* unterliegen die Bestandteile eines Sicherungszusammenhangs meist unterschiedlichen Bewertungsmaßstäben. Während nach IAS 39 die i. d. R. als Sicherungsgeschäft eingesetzten Derivate GuV-wirksam zum *fair value* bewertet werden, erfolgt die Bewertung des Grundgeschäfts zu fortgeführten Anschaffungskosten (*held-to-maturity*, *loans and receivables*, *other financial liabilities*) oder GuV-neutral zum *fair value* (*available-for-sale*). In beiden Fällen stehen den *fair value*-Änderungen des Sicherungsinstruments vorübergehend keine gegenläufigen GuV-Wirkungen aus dem Grundgeschäft gegenüber. Fällt das abgesicherte Grundgeschäft in die Kategorie *available-for-sale*, werden die GuV-wirksamen *fair value*-Änderungen des Sicherungsinstruments zwar in der Bilanz, allerdings nicht in der GuV kompensiert. Die GuV-Wirkungen schlagen sich zeitlich versetzt im Periodenergebnis nieder, was zu einer den wirtschaftlichen Gegebenheiten widersprechenden Volatilität der Gewinne führt und einem grundsätzlich geforderten *true and fair view* bezüglich der wirtschaftlichen Unternehmenssituation widerspricht.

Erwartete Transaktionen

Dazu kommt, dass sowohl nach HGB als auch nach internationalen Normen das Absichern von zukünftig erwarteten Transaktionen (*forecast transactions*) spezielle Regeln der Abbildung von Sicherungsbeziehungen erfordert. Bei einer vorgesehenen Transaktion handelt es sich um ein noch nicht abgeschlossenes, gleichwohl ein vom Unternehmen erwartetes Rechtsgeschäft, wie z. B. der zukünftige Verkauf von Waren. Beispielsweise kann ein Unternehmen zukünftige Umsätze in US-Dollar aus dem erwarteten Verkauf von Produkten mittels eines Devisentermingeschäfts absichern (»antizipativer Hedge«). Da das erwartete Grundgeschäft aber bilanziell noch nicht erfasst ist, können Marktwertänderungen des Sicherungsinstruments, die vor dem Abschluss des Grundgeschäfts auftreten, weder in der Bilanz noch in der GuV kompensiert werden.

Regulatorische Lösungen

Sowohl nach HGB als auch nach internationalen Normen sind somit spezielle Regeln zur bilanziellen Abbildung von Sicherungsgeschäften erforderlich. Das HGB sieht seit BilMoG als Lösung die Bildung von Bewertungseinheiten vor (vgl. in diesem Kapitel, S. 301 ff.). Dagegen sind in den IFRS bzw. US-GAAP detaillierte Bilanzierungsregeln zur Darstellung von Absicherungen (*hedge accounting*) in den Standards IAS 39 (zukünftig in IFRS 9) bzw. ASC 815 enthalten (vgl. in diesem Kapitel, S. 308 ff. und S. 318 ff.).

Abgrenzung der Kompensationsebenen: Micro-/Macro-/ Portfolio-Hedges

Je nach Umfang der gewählten Kompensationsebene lassen sich Absicherungszusammenhänge in Micro-, Macro- und Portfolio-Hedges unterscheiden. Bei einem Micro-Hedge wird ein einzelnes, genau definiertes Grundgeschäft durch ein Sicherungsgeschäft abgesichert. Grund- und Sicherungsgeschäft können bei dieser Absicherung einander eindeutig zugeordnet werden. Dies ist z. B. der Fall, wenn eine Fremdwährungsforderung durch einen gleich hohen Devisenterminverkauf in derselben Währung abgesichert wird. Als Macro-Hedge werden Sicherungstransaktionen auf der Ebene des Gesamtunternehmens bezeichnet (vgl. Beck'scher Bilanzkommentar [2012], § 254 Tz. 4; Müller, S./Ergün, I. [2013], S. 1402). Ein Macro-Hedge entsteht, wenn mehrere Grundgeschäfte durch ein oder mehrere Sicherungsgeschäfte gesichert werden. Anders als bei einem Micro-Hedge weicht somit die segregierte Sichtweise auf Ebene eines einzelnen Geschäfts einer aggregierten Sichtweise auf Basis mehrerer risikobehafteter Positionen. Eine genaue Zuordnung eines Sicherungsgeschäfts zu einem Grundgeschäft ist nicht mehr möglich. Macro-Hedges werden z. B. bei Kreditinstituten eingesetzt, um mit derivativen Zinsinstrumenten eine Absicherung gegen potenzielle Zinsänderungsrisiken zu erreichen. Zur Definition eines Portfolio-Hedge gibt es unterschiedliche Ansätze. Teilweise wird von einem Portfolio-Hedge ausgegangen, wenn mehrere gleichartige Grundgeschäfte durch ein oder mehrere Sicherungsinstrumente gesichert werden (vgl. BMJ [2008], S. 58). Andere stellen bei Portfolio-Hedges, anders als bei Micro- und Macro-Hedges, nicht auf den Gedanken der Sicherungsintention, sondern auf die Risikoreduktion geführter Handelsportfolios ab. Handelsgeschäfte werden dabei gezielt im Hinblick auf die Risikoposition des Portfolios unter Vermeidung großer offener Positionen eingegangen. Ziel des Portfolio-Ansatzes ist dabei üblicherweise nicht eine 1:1 Absicherung von Marktpreisrisiken, sondern eine Absicherung offener Risikopositionen nach dem Prinzip der kostengünstigsten Eindeckung (vgl. Herzig, N./Mauritz, P. [1997], S. 153; Beck'scher Bilanzkommentar [2012], § 254 Tz. 4). Tritt innerhalb des ausgegliederten Portfolios ein unkompensiertes Risiko auf, so wird dieses zunächst durch kostengünstige, wenn möglich sogar durch mit Zusatzerträgen verbundene Gegengeschäfte kompensiert. Das gegenläufige Geschäft kann sich dabei weitreichend vom Grundgeschäft in der Laufzeit, dem Volumen usw. unterscheiden. Erst wenn eine Absicherung durch Gegengeschäfte nicht möglich ist, wird das ungedeckte Portfoliorisiko unter Berücksichtigung des verfolgten Risikoprofils ggf. durch den Einsatz von Sicherungsinstrumenten abgesichert.

Wert- und Zahlungsstromänderungen: fair value-/cash flow hedges

Bei der Bilanzierung von Sicherungsbeziehungen kann ferner danach unterschieden werden, ob das Risiko der Marktwertänderung eines Bilanzpostens bzw. eines schwebenden Geschäfts oder das Risiko der Schwankung zukünftiger Zahlungsströme abgesichert werden soll. Die IFRS und US-GAAP unterteilen dementsprechend Absicherungszusammenhänge in *fair value hedges* und *cash flow hedges*. Wird beispielsweise eine gehaltene festverzinsliche Anleihe gegen das Risiko einer Marktwertsenkung aufgrund einer Marktzinserhöhung durch ein entsprechendes Sicherungsinstrument abgesichert, liegt ein *fair value hedge* vor. Um einen *cash flow hedge* handelt es sich hingegen, wenn beispielsweise die zukünftig zufließenden Zinszahlungen aus einer variabel verzinslichen Anleihe gegen Sinken aufgrund einer Marktzinssenkung abgesichert werden.

I. Bilanzierung von Sicherungsgeschäften nach nationalen Normen

Vor BilMoG: kompensatorische Bewertung als GoB

Die Bilanzierung von Sicherungsgeschäften war im deutschen Handelsrecht bis zum BilMoG gesetzlich nicht geregelt. Aufgrund der durch eine strikte Anwendung des Einzelbewertungsgrundsatzes und des Imparitätsprinzips hervorgerufenen verzerrten Abbildung des wirtschaftlichen Gehalts von Sicherungszusammenhängen, wurde allerdings die »kompensatorische Bewertung« von Grund- und Sicherungsgeschäften als Grundsatz ordnungsgemäßer Buchführung angesehen. Hierbei wurde von einer zweckadäquaten Anwendung des Realisations- und Imparitätsprinzips sowie des Anschaffungskosten-, Niederst- bzw. Höchstwertprinzips auf die Gesamtposition ausgegangen, wobei Grund- und Sicherungsgeschäft zu einer Bewertungseinheit zusammengefasst wurden. Eine imparitätische Abwertung oder Rückstellungsbildung wurde nach diesem Ansatz erst notwendig, wenn der Marktwert der Gesamtposition unter deren ursprüngliche Anschaffungskosten fiel (analog war auf der Passivseite vorzugehen, vgl. Franke, G./ Menichetti, M. J. [1994], S. 202 f.).

Bildung von Bewertungseinheiten nach BilMoG

Seit BilMoG ist der GoB der bilanziellen Abbildung von Bewertungseinheiten in § 254 HGB gesetzlich verankert. Demnach können bei Erfüllung bestimmter Kriterien Grund- und Sicherungsgeschäfte bilanziell zusammengefasst betrachtet werden. In dem Umfang und für den Zeitraum, in dem die Sicherung schließlich effektiv ist, werden der Einzelbewertungsgrundsatz, das Imparitäts- und das Realisationsprinzip außer Kraft gesetzt und so der Ausweis von unrealisierten Verlusten vermieden, wenn diesen in gleicher Höhe nicht realisierte Gewinne gegenüberstehen.

1. Voraussetzungen für die Bildung von Bewertungseinheiten

Um eine bilanzielle Abbildung von Sicherungsgeschäften als Bewertungseinheiten nach § 254 HGB vornehmen zu dürfen, müssen bestimmte Voraussetzungen erfüllt sein.

Zulässige Grundgeschäfte

Innerhalb einer Bewertungseinheit sind nach § 254 HGB die folgenden Grundgeschäfte absicherungsfähig:

- Vermögensgegenstände,
- Schulden,
- schwebende Geschäfte sowie
- mit hoher Wahrscheinlichkeit erwartete Transaktionen.

Dabei muss es sich bei dem Grundgeschäft nicht zwingend um ein Finanzinstrument handeln. Absicherungsfähig sind vielmehr auch Risiken aus dem künftigen Bezug oder Absatz von nicht-finanziellen Vermögensgegenständen wie beispielsweise Roh-, Hilfs- oder Betriebsstoffen. Für die Absicherung einer erwarteten Transaktion muss für den Abschluss des erwarteten Rechtsgeschäfts eine hohe Wahrscheinlichkeit vorliegen. Von einer solchen wird ausgegangen, wenn ein Nichtzustandekommen der Geschäfte nur noch durch Ereignisse hervorgerufen werden kann, die außerhalb des Einflussbereichs des Unternehmens liegen, mithin der Abschluss des Rechtsgeschäfts so gut wie sicher ist (vgl. BMJ [2008], S. 58). Für die Einschätzung sind hierbei Erfahrungen aus der Vergangenheit, inwieweit bei antizipativen Bewertungseinheiten die abgesicherten, erwarteten Rechtsgeschäfte tatsächlich eingetreten sind, entscheidend.

Zulässige Sicherungsinstrumente

Die in eine Bewertungseinheit einbeziehbaren Sicherungsinstrumente sind nach § 254 Abs. 1 HGB grundsätzlich auf Finanzinstrumente beschränkt. Es sind sowohl originäre als auch derivative Finanzinstrumente als Sicherungsinstrumente zulässig, wobei in den meisten Fällen Letztere zur Absicherung eingesetzt werden. Eine Absicherung mit einem originären Instrument kann beispielsweise erfolgen, wenn eine Fremdwährungsforderung (Grundgeschäft) mit einer auf die gleiche Währung lautenden Verbindlichkeit (Sicherungsinstrument) gegen das Währungsänderungsrisiko abgesichert wird. Neben den Finanzinstrumenten sind nach § 254 Abs. 2 HGB auch sog. Warentermingeschäfte, also Termingeschäfte über den Erwerb oder die Veräußerung von Waren, als Sicherungsinstrumente in Bewertungseinheiten einbeziehbar. Ein nachträgliches Einbeziehen von Sicherungsinstrumenten in Bewertungseinheiten ist nur für Kreditinstitute bei der Absicherung durch Finanzinstrumente des Handelsbestands zulässig (§ 340e Abs. 3 Satz 4 HGB).

Abzusichernde Risiken und Durchhalteabsicht

Eine weitere Voraussetzung von § 254 HGB ist, dass Grundgeschäfte mit Sicherungsinstrumenten mit dem Ziel zusammengefasst werden, dass sich gegenläufige Wert- bzw. Zahlungsstromänderungen aus dem Eintritt gleichartiger Risiken ausgleichen. Grund- und Sicherungsgeschäft müssen also demselben Risiko ausgesetzt sein, welches zudem eindeutig spezifizierbar sein muss. Als abzusichernde Risiken kommen beispielsweise Zins-, Währungs-, Ausfall- oder Preisänderungsrisiken in Betracht. Aufgrund mangelnder Spezifizierbarkeit kann das allgemeine Geschäftsrisiko einer Unternehmung im Rahmen einer Bewertungseinheit nicht abgesichert werden.

Des Weiteren muss im Zeitpunkt der Bildung einer Bewertungseinheit die Absicht bestehen, sie bis zur Erreichung ihres Zwecks beizubehalten. Eine vorzeitige Beendigung kommt nur in Ausnahmefällen in Betracht, wenn plausible wirtschaftliche Gründe vorliegen, die nicht in der Absicht der Steuerung des Jahresergebnisses liegen.

Zulässige Kompensationsebenen

Wie bereits oben erwähnt, können Absicherungszusammenhänge allgemein nach dem Umfang der gewählten Kompensationsebene in Micro-, Macro- und Portfolio-Hedges unterschieden werden. Vor der gesetzlichen Verankerung von Bewertungseinheiten im HGB durch das BilMoG waren nach GoB nur Micro-Hedges zweifelsfrei im deutschen Handelsrecht zulässig. Die bilanzielle Zulässigkeit von Macro- und Portfolio-Hedges war hingegen strittig. Nach der, durch das BilMoG in das HGB eingeführten neuen Regelung in § 254 HGB sind nunmehr alle Arten von Absicherungszusammenhängen (Micro-, Macro- und Portfolio-Hedges) als Bewertungseinheiten zugelassen (vgl. BMJ [2008], S. 58; IDW [2011a], S. 447 f.).

Effektivitätsnachweis

Eine spezielle Regelung zur Bilanzierung eines Absicherungszusammenhangs ist nur sinnvoll, wenn sich das Sicherungsinstrument in der Wertentwicklung oder der Entwicklung der Zahlungsströme tatsächlich gegenläufig zum Grundgeschäft verhält und die Sicherung somit wirksam (»effektiv«) ist. Daher wird der Einzelbewertungsgrundsatz, das Imparitäts- und das Realisationsprinzip in § 254 HGB nur in dem Umfang und für den Zeitraum außer Kraft gesetzt, in dem sich die gegenläufigen Wert- bzw. Zahlungsstromänderungen tatsächlich ausgleichen. Ein Unternehmen hat die Wirksamkeit der gebildeten Bewertungseinheit, also den Umfang der sich gegenläufigen Wert- bzw. Zahlungsstromänderungen, zu jedem Bilanzstichtag festzustellen und abzuschätzen, ob und inwieweit diese voraussichtlich in zukünftigen Perioden zu erwarten ist (vgl. BilMoG [2009], S. 86). Der zu erbringende Nachweis hat i. d. R. qualitativ und quantitativ zu erfolgen (vgl. IDW [2011a], S. 451 f.).

Für einen Micro-Hedge gelten geringe Anforderungen an den Nachweis der Effektivität. Da ein einzelnes Grundgeschäft durch ein einzelnes Sicherungsinstrument unmittelbar abgesichert wird, ist die retrospektive Messung der Wirksamkeit durch Vergleich der Wertänderungen bzw. der Zahlungsstromänderungen der beiden Bestandteile verhältnismäßig einfach möglich. Prospektiv kann bei einem

Micro-Hedge, bei dem sich die Parameter von Grund- und Sicherungsgeschäft (z. B. Nominalbetrag, Laufzeit) entsprechen, von einem wirksamen Absicherungszusammenhang ausgegangen werden (vgl. BMJ [2008], S. 58).

Bei Macro- und Portfolio-Hedges ist eine Zuordnung von Wert- und Zahlungsstromänderungen von Grund- zu Sicherungsgeschäften nicht mehr eindeutig möglich. Die Ermittlung der Wirksamkeit kann dann auch auf Basis des gesamten Macro- bzw. Portfolio-Hedges anhand eines der Art und dem Umfang der Risiken angemessenen Risikomanagementsystems erfolgen (vgl. Schmidt, M. [2009], S. 886). Eine Effektivitätsspanne, wie sie nach IFRS für die Anwendung des *hedge accounting* als Anforderung an die Wirksamkeit eines Absicherungszusammenhangs gestellt wird (vgl. in diesem Kapitel, S. 310 f.), existiert nach HGB nicht. Unabhängig von einer solchen Spanne werden die vorsichtigen Bilanzierungsprinzipien für den effektiven Teil der Sicherung ausgesetzt und für den ineffektiven Teil weiterhin angewandt. Die Methoden zur Messung der Effektivität sind nicht vorgeschrieben. Üblich sind einfache Verfahren, wie die *dollar offset*-Methode, bei der lediglich die Wert- bzw. Zahlungsstromänderungen ins Verhältnis gesetzt werden sowie aufwendigere statistische Verfahren, wie z. B. Regressionsanalysen (vgl. Scharpf, P./Schaber, M. [2008], S. 537).

Dokumentation

Im Gegensatz zur Bilanzierung von Sicherungsbeziehungen nach IFRS oder US-GAAP stellt nach HGB die hinreichende Dokumentation der Bewertungseinheit rein formal keine Tatbestandsvoraussetzung für die Anwendung des § 254 HGB dar. Eine angemessene Dokumentationspflicht ergibt sich allerdings schon aus den allgemeinen Buchführungspflichten nach §§ 238 und 239 HGB und aus der Pflicht, den Umfang der Wirksamkeit nachzuweisen sowie umfangreiche Anhangangaben zu Bewertungseinheiten nach § 285 Nr. 23 HGB (vgl. in diesem Kapitel, S. 307 f.) zu machen (vgl. Petersen, K./Zwirner, C./Froschhammer, M. [2009], S. 428; Schmidt, M. [2009], S. 885).

2. Bilanzielle Abbildung von Bewertungseinheiten

Rechtsfolgen des § 254 HGB

Wenn die Anforderungen an die Bildung von Bewertungseinheiten erfüllt sind, kann eine spezielle Bilanzierung des Absicherungszusammenhangs nach § 254 HGB erfolgen. Demnach sind in dem Umfang und für den Zeitraum, in dem sich die gegenläufigen Wert- bzw. Zahlungsstromänderungen ausgleichen, die Vorschriften des

- § 249 Abs. 1 HGB (Bildung von Rückstellungen),
- § 252 Abs. 1 Nr. 3 und Nr. 4 HGB (Einzelbewertungsgrundsatz, Imparitäts- und Realisationsprinzip),
- § 253 Abs. 1 Satz 1 HGB (Anschaffungskostenprinzip) und des
- § 256a HGB (Währungsumrechnung)

auf die Bilanzierung der in einen Sicherungszusammenhang einbezogenen Grund- und Sicherungsgeschäfte nicht anzuwenden. Der Ausweis von nur theoretisch auftretenden unrealisierten Verlusten, die nach den allgemeinen handelsrechtlichen Grundsätzen auftreten würden, wird vermieden, wenn diesen in gleicher Höhe nicht realisierte Gewinne gegenüberstehen. Allerdings sind Wert- oder

Zahlungsstromänderungen, die nicht auf das abgesicherte Risiko zurückzuführen sind, nach den allgemeinen handelsrechtlichen Grundsätzen zu bilanzieren. Das Gleiche gilt für einen eventuell auftretenden ineffektiven Teil des abgesicherten Risikos.

Bilanzielle Umsetzung

Eine konkrete Vorgabe, wie die Umsetzung der Rechtsfolgen des § 254 HGB zu erfolgen hat und wie die Wert- oder Zahlungsstromänderungen der Grund- bzw. Sicherungsgeschäfte zu bilanzieren sind, ist gesetzlich nicht geregelt. Es besteht vielmehr das Wahlrecht zwischen der sog. »Einfrierungsmethode« und der sog. »Durchbuchungsmethode« (vgl. BMJ [2008], S. 95), wobei sich die Methoden in der Auswirkung auf das Periodenergebnis nicht unterscheiden.

a) Einfrierungsmethode

»Einfrieren« von Wert- bzw. Zahlungsstromänderungen

Bei der Abbildung einer Bewertungseinheit anhand der Einfrierungsmethode werden die Wert- bzw. Zahlungsstromänderungen der Grund- und Sicherungsgeschäfte weder in der Bilanz noch in der GuV berücksichtigt, soweit sich diese ausgleichen und der Absicherungszusammenhang effektiv ist. Grund- und Sicherungsgeschäfte werden somit »eingefroren«. Ein ineffektiver Teil des abgesicherten Risikos und Wert- bzw. Zahlungsstromänderungen eines nicht abgesicherten Risikos werden hingegen nach den allgemeinen handelrechtlichen Bestimmungen bilanziert. Dies bedeutet, dass für diese Änderungen das Imparitäts-, das Realisations- und das Anschaffungskostenprinzip Anwendung finden, indem noch nicht realisierte Verluste eine Rückstellungsbildung bzw. eine Abschreibung nach sich ziehen, unrealisierte Gewinne hingegen unberücksichtigt bleiben.

Beispiel

Ein Unternehmen erwirbt eine festverzinsliche Anleihe zum Wert von 100 GE. Um sich gegen Marktwertschwankungen der Anleihe aufgrund von Zinssatzänderungen abzusichern, schließt das Unternehmen ein Swap Geschäft ab, welches an jedem Stichtag eine Zahlung eines Festzinses gegen Erhalt von EURIBOR (variable Zinsen) auf einen Nominalbetrag i. H. v. 100 GE (gleicher Betrag wie Nominalwert der Anleihe) vorsieht. Aufgrund einer Steigerung des Marktzinssatzes im Fall 1 sinkt der Marktwert der Anleihe um 12 GE und zusätzlich aufgrund einer Verschlechterung der Bonität des Schuldners um 1 GE. Der Marktwert des Zinsswaps steigt hingegen um 10 GE. Umgekehrt verhält es sich im Fall 2 bei einem Sinken des Marktzinssatzes und gleichzeitiger Verbesserung der Bonität des Emittenten (Steigerung des Marktwerts der Anleihe um insgesamt 13 GE (= 12 + 1) und Sinken des Marktwerts des Zinsswaps um 10 GE).

Im Fall 1 wird der effektive Teil der Sicherung, d. h. die Wertänderungen der Anleihe und des Swaps i. H. v. 10 GE, bilanziell nicht berücksichtigt, da das Grundgeschäft und das Sicherungsinstrument insoweit »eingefroren« sind. Allerdings gilt für den ineffektiven Teil, d. h. für die Marktwertänderung der Anleihe i. H. v. 2 GE, der keine Änderung des Swaps gegenübersteht sowie für die Marktwertänderung der Anleihe i. H. v. 1 GE, die auf eine Änderung der Bonität zurückzuführen und somit nicht abgesichert ist, die allgemeinen Bilanzierungsregeln des HGB. Das Imparitätsprinzip erfordert für diese Wertänderungen eine aufwandswirksame Erfassung. Im Fall 2 werden im Unterschied dazu die positivon Wertänderungen des ineffektiven Teils der Sicherung sowie des unabgesicherten Risikos aufgrund des Realisationsprinzips bilanziell nicht erfasst.

in GE	Fall 1		Fall 2	
	Anleihe	**Zinsswap**	**Anleihe**	**Zinsswap**
Marktwert bei Erwerb/ Vertragsabschluss	100	0	100	0
Marktwert am Stichtag	87	10	113	-10
Wertänderung (zinsinduziert)	- 12	+ 10	+ 12	-10
Wertänderung (bonitätsinduziert)	-1	-	+ 1	-
Bilanz: Bewertung am Stichtag	97	0	100	0
GuV: Gewinn/Verlust	- 3	0	0	0

Tab. 5.4: Beispiel zur Einfrierungsmethode (in Anlehnung an Wiechens, G./ Helke, I. [2008], S. 1337)

b) Durchbuchungsmethode

»Durchbuchen« von Wert- bzw. Zahlungsstromänderungen

Bei der Durchbuchungsmethode werden die Wert- bzw. Zahlungsstromänderungen der Grund- und Sicherungsgeschäfte GuV-wirksam erfasst, soweit sich diese ausgleichen. Schlussendlich hat dies keine Auswirkungen auf das Periodenergebnis, da sich die GuV-Wirkungen der Grund- und Sicherungsgeschäfte im Umfang der sich ausgleichenden Wert- bzw. Zahlungsstromänderungen kompensieren. Ein ineffektiver Teil des abgesicherten Risikos und Wert- bzw. Zahlungsstromänderungen eines nicht abgesicherten Risikos werden allerdings auch hier nach den allgemeinen handelrechtlichen Normen bilanziert. Imparitäts-, Realisations- und Anschaffungskostenprinzip bewirken für diese Änderungen wiederum die Abbildung nicht realisierter Verluste und die Nichtberücksichtigung nicht realisierter Gewinne.

Beispiel

Es soll eine Absicherung derselben festverzinslichen Anleihe wie im obigen Beispiel erfolgen.

Bei Abbildung der Bewertungseinheit anhand der Durchbuchungsmethode werden die Wertänderungen der Anleihe und des Zinsswaps i. H. v. 10 GE im Rahmen der effektiven Sicherung GuV-wirksam erfasst. Der ineffektive Teil, d. h. die Marktwertänderung der Anleihe i. H. v. 2 GE sowie die bonitätsinduzierte Marktwertänderung der Anleihe i. H. v. 1 GE werden im Fall 1 aufgrund des Imparitäts- und Realisationsprinzips ebenso GuV-wirksam erfasst, im Fall 2 hingegen nicht berücksichtigt.

in GE	Fall 1		Fall 2	
	Anleihe	Zinsswap	Anleihe	Zinsswap
Marktwert bei Erwerb/ Vertragsabschluss	100	0	100	0
Marktwert am Stichtag	87	10	113	-10
Wertänderung (zinsinduziert)	- 12	+ 10	+ 12	-10
Wertänderung (bonitätsinduziert)	-1	-	+ 1	-
Bilanz: Bewertung am Stichtag	87	10	110	- 10
GuV: Gewinn/Verlust	- 13	+ 10	+ 10	- 10

Tab. 5.5: Beispiel zur Durchbuchungsmethode (in Anlehnung an Wiechens, G./ Helke, I. [2008], S. 1337 f.)

Antizipative Bewertungseinheiten

Bei antizipativen Hedges werden noch nicht geschlossene, allerdings mit hoher Wahrscheinlichkeit erwartete Rechtsgeschäfte als Grundgeschäfte (z. B. Planumsatz in Fremdwährung des nächsten Geschäftsjahres) abgesichert. Da das Grundgeschäft bilanziell noch nicht erfasst ist, kann keine Anpassung von Werten in der Bilanz erfolgen, um Marktwertänderungen des Sicherungsinstruments, die vor dem Abschluss des Grundgeschäfts auftreten, zu kompensieren. Die imparitätische Bewertung des Sicherungsinstruments muss daher in einer Nebenbuchhaltung erfolgen und die Wertänderungen müssen GuV-neutral »geparkt« werden (vgl. Scharpf, P./Schaber, M. [2008], S. 540). Ineffektive, verlustbringende Teile der Sicherung sind durch eine Rückstellungsbildung GuV-wirksam zu berücksichtigen. Im Zeitpunkt des Eintretens der vorgesehenen Transaktion sind die in der Nebenbuchhaltung erfassten Wertänderungen des Sicherungsinstruments in die Anschaffungskosten (z. B. bei Warenbezug) miteinzubeziehen. Bei Absicherung von Zahlungsströmen (z. B. bei zufließenden Umsatzerlösen) sind die aus dem Sicherungsinstrument resultierenden Zahlungen mit den Zahlungsströmen der abgesicherten Rechtsgeschäfte GuV-wirksam zu vereinnahmen (vgl. Scharpf, P./Schaber, M. [2008], S. 540). Für antizipative Bewertungseinheiten ist die Durchbuchungsmethode unzulässig (vgl. IDW RS HFA 35 Tz. 77).

Maßgeblichkeit der Handels- für die Steuerbilanz

Die nach § 254 HGB gebildeten Bewertungseinheiten gelten auch für die Steuerbilanz. Dies schreibt § 5 Abs. 1a EStG explizit vor, nachdem die Ergebnisse der in der handelsrechtlichen Rechnungslegung zur Absicherung finanzwirtschaftlicher Risiken gebildeten Bewertungseinheiten auch für die steuerliche Gewinnermittlung maßgeblich sind.

3. Erläuterungspflichten

Anhangangaben

Kapitalgesellschaften, Personenhandelsgesellschaften i. S. des § 264a HGB und Personenhandelsgesellschaften i. S. des PublG sowie Muttergesellschaften müssen umfangreiche Anhangangaben zu Bewertungseinheiten nach § 285 Nr. 23

HGB bzw. § 314 Abs. 1 Nr. 15 HGB machen. Dabei ist zunächst zu den gebildeten Bewertungseinheiten Folgendes anzugeben (§ 285 Nr. 23a HGB bzw. § 314 Abs. 1 Nr. 15a HGB):

- der jeweilige Betrag der in Bewertungseinheiten einbezogenen Grundgeschäfte (d. h. der Vermögensgegenstände, Schulden, schwebenden Geschäfte und mit hoher Wahrscheinlichkeit erwarteten Transaktionen);
- die Art des abgesicherten Risikos (z. B. Zins-, Währungs-, Bonitäts- und Preisrisiken);
- die Art der gebildeten Bewertungseinheiten (also Mikro-, Makro- oder Portfolio-Hedge) sowie
- der Gesamtbetrag der abgesicherten Risiken.

Des Weiteren ist im Anhang auf den Effektivitätsnachweis einzugehen (§ 285 Nr. 23b HGB bzw. § 314 Abs. 1 Nr. 15b HGB). Hiernach muss für jeden Bilanzstichtag dargelegt werden, weshalb, in welchem Umfang und für welchen Zeitraum sich die gegenläufigen Wert- bzw. Zahlungsstromänderungen ausgeglichen haben und voraussichtlich in Zukunft ausgleichen werden. Auch die angewandten Methoden zur Messung der Wirksamkeit der einzelnen Bewertungseinheiten sind dabei zu erläutern. Zu antizipativen Bewertungseinheiten, d. h. einer Absicherung von mit hoher Wahrscheinlichkeit erwarteten Transaktionen, sind im Anhang gesondert Angaben zu machen (§ 285 Nr. 23c HGB bzw. § 314 Abs. 1 Nr. 15c HGB). Dabei ist insbesondere darzulegen, warum von einer hohen Wahrscheinlichkeit des Eintretens dieser Transaktionen ausgegangen wird.

Lagebericht

Im Zusammenhang mit Bewertungseinheiten stehen auch die Erläuterungspflichten im Lagebericht nach § 289 Abs. 2 Nr. 2 HGB bzw. § 315 Abs. 2 Nr. 2 HGB. Danach ist auf die Risikomanagementziele und -methoden des Unternehmens i. V. m. dem Einsatz von Finanzinstrumenten bei Sicherungsgeschäften sowie auf die abgesicherten Risiken einzugehen. Analog zu § 315 Abs. 2 Nr. 2 HGB fordert DRS 20.179-.187 eine Risikoberichterstattung in Bezug auf die Verwendung von Finanzinstrumenten, welche nach DRS 20.180 auch in den allgemeinen Chancen-/Risikobericht integriert werden kann (siehe zur Behandlung von Finanzinstrumenten nach DRS 20 ausführlich 13. Kapitel, S. 934 sowie S. 937). Ferner fordert § 289 Abs. 5 HGB im Lagebericht von Kapitalgesellschaften i. S. des § 264d bzw. § 315 Abs. 2 Nr. 5 HGB im Konzernlagebericht, soweit eines der in den Konzernabschluss einbezogenen Unternehmen kapitalmarktorientiert ist, eine Beschreibung der Überwachung und Steuerung der in der Rechnungslegung abzubildenden Bewertungseinheiten im Rahmen der Beschreibung des internen Kontroll- und Risikomanagementsystems. Da sich zwischen den Erläuterungspflichten im Anhang und im Lagebericht Überschneidungen ergeben können, sind Erläuterungen im Anhang entbehrlich, wenn diese im Lagebericht erfolgen (§ 285 Nr. 23 2. Halbsatz HGB bzw. § 314 Abs. 1 Nr. 15 2. Halbsatz HGB).

II. Bilanzierung von Sicherungsgeschäften nach IFRS

Hedge accounting

Die Bilanzierung von Sicherungsbeziehungen (*hedge accounting*) ist im Rahmen der IFRS in umfangreichen Vorschriften geregelt (IAS 39.71 ff.). Der Grund für das Erfordernis spezieller Regeln des *hedge accounting* nach IFRS ist die Tatsache, dass die Bestandteile eines Absicherungszusammenhangs meist unterschiedlichen Bewertungsmaßstäben unterliegen (vgl. oben, S. 300). Auch die Absicherung von vorgesehenen Transaktionen lässt sich nur mit Hilfe von speziellen Vorschriften adäquat abbilden. Ziel des *hedge accounting* ist eine symmetrische Erfassung der Zeitwertänderungen beim Grund- und Sicherungsgeschäft (IAS 39.85) und somit eine den wirtschaftlichen Gegebenheiten entsprechende Abbildung der Sicherungsbeziehung. IAS 39.86 unterscheidet drei Arten von Sicherungsbeziehungen: *fair value hedges*, *cash flow hedges* und *hedges of a net investment in a foreign operation*.

IFRS 9

Im Zuge der Überarbeitung von IAS 39 sollen auch die Regelungen zum *hedge accounting* im neuen umfassenden Standard IFRS 9 enthalten sein. Zudem wurde im Mai 2012 das Projekt *»Accounting for Macro Hedging«* vom IASB als eigenständiges Standardisierungsprojekt von den Neuerungen des IFRS 9 losgelöst. Derzeit befinden sich die Vorschläge zur künftigen Bilanzierung von Sicherungsbeziehungen im Entwurfstadium (siehe für ein kurze Beschreibung das Ende dieses Abschnitts).

1. Voraussetzungen für die Anwendung des hedge accounting

Zulässige Grund- und Sicherungsgeschäfte

Als zulässige Grundgeschäfte (*hedged items*) können bilanzierte Vermögenswerte und Verbindlichkeiten, feste vertragliche Verpflichtungen (*firm commitments*), zukünftig erwartete Transaktionen oder eine Nettoinvestition in einen ausländischen Geschäftsbetrieb (*net investment in a foreign operation*) abgesichert werden (IAS 39.78). Grundsätzlich kommen als qualifizierende Sicherungsinstrumente nur Derivate in Betracht, von denen erwartet wird, dass ihre *fair value*- bzw. Cashflow-Änderungen die entsprechenden Änderungen des gesicherten Grundgeschäfts kompensieren (IAS 39.9). Als Sicherungsinstrumente (*hedging instruments*) ausgenommen sind somit geschriebene Optionen (Stillhalterverpflichtungen), da dem mit ihnen verbundenen unbeschränkten Verlustpotenzial ein möglicherweise geringerer Wertzuwachs des Grundgeschäfts gegenübersteht. Einzig zur Absicherung von gekauften Optionen sind sie als Sicherungsinstrument zugelassen. Originäre Finanzinstrumente sind im Ausnahmefall bei der Absicherung einer festen Verpflichtung gegen das Währungsrisiko zulässig (IAS 39.72). Gemäß IAS 39.IG F.2.17 kann ein Grundgeschäft sowohl über die gesamte Laufzeit als auch nur für Teile der Laufzeit abgesichert werden. Darüber hinaus ist es auch zulässig, nur Teile eines Sicherungsinstruments als solches abzugrenzen. Unzulässig ist es hingegen, nur Teile der Laufzeit eines Sicherungsinstruments in einem Sicherungszusammenhang abzugrenzen (IAS 39.75). Im Konzernabschluss können nach der Equity-Methode bewertete Finanzinvestitionen nicht Gegenstand eines *fair value hedge* sein, da der auf das beteiligte Unternehmen entfallende Periodengewinn oder -verlust im Periodenergebnis des Mutterunternehmens GuV-wirksam zu erfassen ist und die *fair value*-Änderung der Finanzinvestition daher bilanziell nicht berücksichtigt wird. Auch eigene Anteile sind als Grundgeschäfte nicht designierbar (IAS 39.86; IAS 39.IG F.2.7).

Formale Anforderungen an die Bildung von Sicherungszusammenhängen

IAS 39.88 nennt formale Anforderungen, die zwingend kumulativ vorliegen müssen, damit ein Sicherungszusammenhang unter die Vorschriften des *hedge accounting* fällt. Diese sind:

- Der Sicherungszusammenhang wurde bei Abschluss formal designiert und dokumentiert.
- Der Sicherungszusammenhang muss hochgradig effektiv sein und folglich dazu führen, dass auftretende *fair value*- oder Cashflow-Änderungen beim Grundgeschäft ganz oder teilweise durch gegenläufige Wertentwicklungen beim Sicherungsinstrument entsprechend der ursprünglich dokumentierten Sicherungsstrategie kompensiert werden.
- Im Falle eines *cash flow hedge* muss der Eintritt der zukünftigen Transaktion sehr wahrscheinlich sein und die erwarteten Cashflows müssen Schwankungen unterliegen, die voraussichtlich zu Ergebniseffekten führen.
- Die Effektivität des Sicherungszusammenhangs muss zuverlässig gemessen werden können.
- Die Effektivität des Sicherungszusammenhangs muss über die gesamte Laufzeit überwacht werden; und der Sicherungszusammenhang muss für die gesamte Laufzeit als hochgradig effektiv einstufbar sein.

Dokumentation

Die Dokumentation muss dabei Folgendes enthalten:

- die Identifikation des Sicherungsinstruments,
- des Grundgeschäfts,
- der Art des abgesicherten Risikos, sowie
- eine Beschreibung, wie die Wirksamkeit der Sicherung gemessen werden soll.

IAS 39 setzt voraus, dass der Sicherungszusammenhang der Absicherung eines genau spezifizierten und dokumentierten Risikos dient. Die Absicherung eines unspezifizierten globalen Unternehmensrisikos ist nicht zulässig.

Effektivität von Sicherungszusammenhängen

Von zentraler Bedeutung für die Abgrenzbarkeit von Sicherungszusammenhängen ist das Kriterium der Effektivität. Ein Unternehmen hat daher die Eignung der Sicherungsbeziehung anhand der prospektiven und retrospektiven Effektivität nachzuweisen. Der Absicherungszusammenhang muss zunächst ex ante als hochgradig effektiv zu erwarten sein (prospektive Effektivität). Die tatsächliche Wirksamkeit der Absicherung muss anschließend ex post zu jedem Abschlussstichtag nachgewiesen werden (retrospektive Effektivität), wobei bei einem Effektivitätsergebnis in der Bandbreite von 80 % bis 125 % eine Absicherung als effektiv anzusehen ist. IAS 39 gibt keine Methode zur Effektivitätsmessung vor, allerdings haben sich in der Praxis vornehmlich die verschiedenen *dollar offset*-Methoden und statistische Verfahren (z. B. Regressionsanalysen) durchgesetzt (vgl. Kuhn, S./Scharpf, P. [2006], S. 424).

Absicherungsebene

Der restriktiv auszulegende Effektivitätsnachweis verlangt eine eindeutige Zuordnung der wertkompensierenden Erfolgsbeiträge auf die einzelnen im Sicherungszusammenhang befindlichen Positionen.

Sicherung von Gruppen

Unter strengen Voraussetzungen können allerdings nicht nur einzelne Grundgeschäfte, sondern auch eine Gruppe (Portfolio) solcher abgesichert werden. Bedingung hierfür ist, dass diese der gleichen Risikoart ausgesetzt sind und sich die *fair value*-Änderungen der einzelnen Grundgeschäfte annähernd proportional zur *fair value*-Änderung des Gesamtportfolios verhalten (IAS 39.83). IAS 39.84 lässt hierbei eine abstrakte Absicherung einer Nettorisikoposition (Portfolio-Hedge) nicht zu, sondern verlangt die Zuordnung des Sicherungsinstruments auf einen Bilanzposten. Soll beispielsweise das sich aus einem festverzinslichen Vermögenswert (100 GE) und einer festverzinslichen Verbindlichkeit (90 GE) gleicher Laufzeit ergebende aktivische Residualrisiko (10 GE) abgesichert werden, so muss ein Teil (10 GE) des Vermögenswerts als Grundgeschäft abgegrenzt werden (vgl. hierzu auch das Beispiel in IAS 39.AG101).

Portfolio hedge of interest rate risk

Eine Ausnahme vom Verbot der bilanziellen Abbildung von Absicherungen von Nettorisikopositionen (Portfolio-Hedge) stellt hingegen die Absicherung eines Portfolios von Grundgeschäften gegen Zinsänderungsrisiken (»*fair value-hedge accounting for a portfolio-hedge of interest rate risk*«) dar, bei dem eine Zusammenfassung von Grundgeschäften mit unterschiedlichen Risikomerkmalen zulässig ist. Hierbei hat die Bilanzierung in einem mehrere Schritte umfassenden Prozess zu erfolgen (IAS 39.AG114, vgl. zur genauen Darstellung des Prozesses Arnoldi, R./Leopold, T. [2005], S. 25 ff.).

Fair value option als Alternative zum hedge accounting

Die sehr restriktiven Voraussetzungen und komplexen Vorschriften zur Anwendung des *hedge accounting* veranlassten das IASB zur Einführung der *fair value option* für *financial instruments,* die eine Alternative zur Abbildung von Sicherungsbeziehungen ermöglicht. Die *fair value option* gewährt den Unternehmen das Recht, unter bestimmten Bedingungen jedes Finanzinstrument im Zugangszeitpunkt in die Kategorie *at fair value through profit or loss* zu designieren (vgl. in diesem Kapitel, S. 263). Durch eine solche Designation des Grundgeschäfts einer Sicherungsbeziehung und damit die GuV-wirksame Bewertung zum *fair value,* wird der Bewertungsmaßstab des Grundgeschäfts dem des Sicherungsinstruments, bei dem es sich i. d. R. um ein zum *fair value* zu bewertendes Derivat handelt, angepasst. In der Folge werden Marktwertänderungen sowohl vom Grund- als auch vom Sicherungsgeschäft in derselben Periode GuV-wirksam (»natürlicher Hedge«). Bei effektiver Sicherung ergibt sich dann eine automatische Kompensation gegenläufiger Wertschwankungen von Grund- und Sicherungsgeschäft in der GuV und somit eine Vermeidung der ansonsten aufgrund des *mixed model approach* auftretenden Volatilität der Gewinne. Allerdings stellt die *fair value option* nur eine Alternative zum *fair value hedge* und nicht zum *cash flow hedge* dar. Eine adäquate Abbildung von Absicherungen vorgesehener Transaktionen kann durch sie nicht erfolgen, da es keinen Bilanzposten gibt, der durch eine freiwillige *fair value*-Bewertung angepasst werden könnte. Ebenso ist durch die *fair value option* keine bilanzielle Abbildung bei der Absicherung von nicht finanziellen Posten (z. B. Vorräten etc.) möglich, da sie nur auf Finanzinstrumente angewendet werden darf.

2. Bilanzielle Abbildung nach den Regeln des hedge accounting

Die Folgebewertung und Berücksichtigung der Erfolgsbeiträge aus dem Sicherungszusammenhang hängen wesentlich von der Art des Sicherungszusammenhangs ab. Im Folgenden soll auf die Bilanzierung der unterschiedlichen Arten von Sicherungsbeziehungen (*fair value hedge*, *cash flow hedge* und *hedge of a net investment in a foreign operation*) gesondert eingegangen werden.

a) Fair value hedge

Begriffliche Abgrenzung

Unter den Begriff des *fair value hedge* werden gemäß IAS 39.86 alle Sicherungsgeschäfte subsumiert, die bestehende Bilanzposten oder schwebende Geschäfte (*firm commitments*) gegen risikoinduzierte *fair value* Schwankungen absichern. Ziel eines *fair value hedge* ist es, die negativ korrelierten Wertänderungen von Grund- und Sicherungsgeschäft gleichmäßig und periodengerecht GuV-wirksam zu erfassen, um so eine Kompensation der einzelnen Wertänderungen innerhalb der GuV zu erreichen. Die kompensatorische Wirkung bezieht sich hierbei ausschließlich auf Wertänderungen, die auf das gesicherte Risiko zurückzuführen sind. Bilanziell erfolgt dies durch Anpassung der Bewertung des Grundgeschäfts an die des Sicherungsinstruments.

Bilanzielle Abbildung

Ein derivatives Sicherungsinstrument wird, sofern es Bestandteil eines *fair value hedge* ist, unverändert zum *fair value* bilanziert. Veränderungen des *fair value* sind unmittelbar GuV-wirksam zu berücksichtigen (IAS 39.89). Ebenso sind währungskursbedingte Wertänderungen gemäß IAS 21 GuV-wirksam zu berücksichtigen, sofern ein originäres Finanzinstrument zur Absicherung von Fremdwährungsrisiken herangezogen wurde (IAS 39.89). Die Bewertung des Grundgeschäfts erfolgt nun im Rahmen der Bilanzierung eines *fair value hedge* – teilweise im Unterschied zur allgemeinen Bewertung (vgl. in diesem Kapitel, S. 270) – ebenfalls in Höhe seines *fair value*. Sämtliche *fair value*-Änderungen, die auf das gesicherte Risiko zurückgehen, sind GuV-wirksam zu erfassen. Dies gilt für alle Grundgeschäfte unabhängig davon, ob sie außerhalb eines Sicherungszusammenhangs zu Anschaffungskosten bewertet werden müssten oder bilanziell nicht berücksichtigt werden würden. Auch Wertschwankungen, die gemäß IAS 39.55b normalerweise GuV-neutral ins Eigenkapital eingestellt werden (*available-for-sale financial assets*), müssen im Rahmen eines *fair value hedge* GuV-wirksam berücksichtigt werden (IAS 39.89b).

Beispiel zum fair value hedge

Ein Unternehmen erwirbt am 31.12.01 eine festverzinsliche Anleihe zum Wert von 100 GE und klassifiziert sie als *available-for-sale*. Um sich gegen eine Marktwertsenkung der Anleihe aufgrund eines steigenden Marktzinssatzes abzusichern, vereinbart das Unternehmen im Rahmen eines Zinsswaps an jedem Stichtag die Zahlung eines Festzinses gegen Erhalt von EURIBOR (variable Zinsen) auf einen Nominalbetrag i. H. v. 100 GE. Um die Voraussetzungen zur Anwendung des *hedge accounting* zu erfüllen, designiert und dokumentiert das Unternehmen den Sicherungszusammenhang.

Da ein bilanzierter Vermögenswert gegen *fair value*-Schwankungen abgesichert werden soll, handelt es sich um einen *fair value hedge*. Aufgrund einer Marktzinssatzsteigerung zum 31.12.02 fällt der *fair value* der Anleihe auf 90 GE, derjenige des Zinsswaps hingegen steigt auf 10 GE. Ohne Anwendung der Regeln des *hedge accounting* würde die Anleihe aufgrund der Zuordnung zur Kategorie *available-for-sale* zum *fair value* bewertet und die Wertänderung GuV-neutral ins Eigenkapital verbucht werden. Die GuV-wirksam zu erfassenden *fair value*-Änderungen des Zinsswaps (Derivat) würden in der GuV nicht durch die gegenläufigen Wertänderungen der Anleihe kompensiert werden. Wird der Sicherungszusammenhang hingegen als *fair value hedge* bilanziert, so werden die Wertänderungen der Anleihe i. H. v. 10 GE, die auf das abgesicherte Risiko zurückzuführen sind und die normalerweise GuV-neutral ins Eigenkapital eingestellt würden, GuV-wirksam berücksichtigt. Insgesamt heben sich die GuV-Wirkungen vollständig auf, was die effektive Sicherung auch bilanziell zum Ausdruck bringt.

b) Cash flow hedge

Begriffliche Abgrenzung

Bei einem *cash flow hedge* erfolgt eine Absicherung des Risikos von mit einzelnen Bilanzposten oder vorgesehenen Transaktionen verbundenen, schwankenden Cashflows oder des aus Währungseffekten resultierenden Risikos bei schwebenden Geschäften (IAS 39.86b und IAS 39.87). Die Cashflow-Schwankungen können beispielsweise bei einer variabel verzinslichen Anleihe in Form von schwankenden Zinszahlungen oder bei zu erwartenden Erlösen aus Lieferungsgeschäften in fremder Währung auftreten. Vorgesehene Transaktionen (*forecast transactions*) müssen dabei hochwahrscheinlich sein, um Teil einer Sicherungsbeziehung werden zu können.

Bilanzielle Abbildung

Da bei einem *cash flow hedge* künftige Cashflows gesichert werden, die bilanziell noch nicht erfasst sind, kann keine Wertanpassung des Grundgeschäfts erfolgen. Daher wird beim *cash flow hedge* im Gegensatz zum *fair value hedge* die Bewertung des Sicherungsinstruments an die Bewertung des Grundgeschäfts angepasst. Der als effektiv eingestufte Teil der Wertänderungen des Sicherungsinstruments wird GuV-neutral in einem separaten Posten (»Rücklage für *cash flow hedges*«) im Eigenkapital erfasst. Ein eventuell auftretender ineffektiver Teil der Sicherung ist nach den allgemeinen Bewertungsregeln zu behandeln, d. h. im Regelfall eines Derivats in der laufenden Periode GuV-wirksam zu erfassen (IAS 39.95). Der direkt im Eigenkapital erfasste Teil der Wertänderungen ist in der Folge hinsichtlich seiner Höhe einer periodenübergreifenden Betrachtung zu unterziehen. Der Eigenkapitalposten ist auf den niedrigeren Wert aus kumulativer Wertänderung der erwarteten Cashflows und kumulativer Wertänderung des Sicherungsinstruments GuV-wirksam anzupassen (IAS 39.96).

Auflösung der sonstigen Ergebnisbeiträge

Für die Auflösung der abgegrenzten sonstigen Ergebnisbeiträge ist zwischen Cashflows zu unterscheiden, die direkt zu Aufwendungen und Erträgen führen, und solchen, die im Ansatz eines *asset* bzw. einer *liability* resultieren. Im ersten Fall sind die im Eigenkapital abgegrenzten sonstigen Ergebnisbeiträge im Zeitpunkt des Eintritts der Zahlungsströme sofort GuV-wirksam aufzulösen (IAS 39.100). Im zweiten Fall erfolgt die Auflösung grundsätzlich erst periodisch zusammen mit den Abschreibungen bzw. der Veräußerung oder Ausbuchung (IAS 39.98a). Resultiert die vorgesehene Transaktion im Ansatz nicht finanzieller Vermögenswerte oder Schulden, so besteht nach IAS 39.98b das Wahlrecht, entgegen der oben beschriebenen Auflösung des Eigenkapitalpostens stattdessen die Anschaffungskosten bzw. den Buchwert des *asset* bzw. der *liability* um die abgegrenzten sonstigen Ergebnisbeiträge anzupassen (sog. »*basis adjustment*«). Ist nicht mehr damit zu rechnen, dass ein im Eigenkapital erfasster Verlust aus dem

Sicherungsgeschäft, der als Minusposten im Eigenkapital ausgewiesen wird, in künftigen Perioden durch das Grundgeschäft ausgeglichen werden kann, so ist ein solcher sofort GuV-wirksam zu behandeln (IAS 39.98a).

Beispiel zum cash flow hedge
Ein Unternehmen, das seinen IFRS-Abschluss in EUR aufstellt, erwartet für Ende des Jahres 02 Umsatzerlöse i. H. v. 150 Mio. US-$ aus hochwahrscheinlichen Transaktionen, für die allerdings noch keine Rechtsgeschäfte abgeschlossen wurden. Um sich gegen das Risiko unvorteilhafter Wechselkursänderungen abzusichern, verkauft das Unternehmen am 31.09.01 150 Mio. US-$ auf Termin per 31.12.02 zum derzeitigen Wechselkurs von 1,25 US-$/EUR (Devisentermingeschäft). Da das Unternehmen Zahlungsströme aus vorgesehenen zukünftigen Transaktionen gegen Schwankungen absichert, liegt ein *cash flow hedge* vor. Die Wechselkursentwicklung ist nachfolgend dargestellt, wobei die Umsatzerlöse am 31.12.02 tatsächlich anfallen (d. h. geliefert und bezahlt wird):

Datum	31.09.01	31.12.01	31.12.02
Wechselkurs (US-$/EUR)	1,25	1,20	1,30

Tab. 5.6: Wechselkursentwicklung im Beispiel

Das Devisentermingeschäft stellt ein Derivat dar, welches ohne Berücksichtigung des Sicherungszusammenhangs GuV-wirksam zum *fair value* bewertet werden müsste. Aufgrund der Designation des Sicherungszusammenhangs als *cash flow hedge* sehen die speziellen Regeln des *hedge accounting* hingegen eine GuV-neutrale Buchung der Wertänderung des Devisentermingeschäfts ins Eigenkapital vor. Die Buchungen zu den Abschlussstichtagen sind in Tabelle 5.7 dargestellt, wobei alle Bedingungen zur Anwendung des *hedge accounting* vom Unternehmen erfüllt seien.

Durch die Aufwertung des US-Dollar zum 31.12.01 ist der Wert der erwarteten Umsatzerlöse in EUR ausgedrückt von 120 Mio. auf 125 Mio. angestiegen. Dagegen beträgt der *fair value* des Devisentermingeschäfts -5 Mio. EUR (= 150 / 1,25 – 150 / 1,20) und stellt somit eine *financial liability* dar. Seine Wertänderung wird zu Lasten des Eigenkapitals in den separaten Posten »Rücklage für *cash flow hedges*« gebucht. Zum 31.12.02 kehrt sich die Wechselkursentwicklung um und der US-$ wertet unter den im Termingeschäft vereinbarten Kurs ab. Der *fair value* des Devisentermingeschäfts steigt auf 4,615 Mio. EUR (= 150 / 1,25 – 150 / 1,30), wobei 9,615 Mio. EUR in die Rücklage für *cash flow hedges* zugunsten des Eigenkapitals gebucht werden und das Derivat nun ein *financial asset* darstellt. Aus dem Devisentermingeschäft werden 150 Mio. US-$ (im Wert von jetzt 115,385 Mio. EUR) gegen den Erhalt von 120 Mio. EUR gezahlt, was eine Ausbuchung der Differenz i. H. v. 4,615 Mio. EUR erfordert.

Die Umsatzerlöse werden zum Kassakurs (150 / 1,3 = 115,385 Mio. EUR) eingebucht und die Rücklage für *cash flow hedges* GuV-wirksam aufgelöst. Die Sicherung war erfolgreich, da die Umsatzerlöse am 31.12.02 unter Berücksichtigung des Ertrags aus dem Devisentermingeschäft einen, zum festgeschriebenen Wechselkurs umgerechneten, EUR-Betrag erbringen. Gleichzeitig wurden durch die GuV-neutrale Bewertung des Derivats in der Zwischenzeit wirtschaftlich nicht vorhandene Ergebnisvolatilitäten vermieden.

Zum 31.12.01:				
Rücklage für *cash flow hedges*	an	Derivat	5	Mio. EUR
Zum 31.12.02:				
Derivat	an	Rücklage für *cash flow hedges*	9,615	Mio. EUR
Einbuchung der Umsatzerlöse:				
Bank	an	Umsatzerlöse	115,385	Mio. EUR
Ausbuchung des Devisentermingeschäfts:				
Bank	an	Derivat	4,615	Mio. EUR
Auflösung der Rücklage für *cash flow hedges*:				
Rücklage für *cash flow hedges*	an	Ertrag	4,615	Mio. EUR

Tab. 5.7: Buchungssätze zum Beispiel eines *cash flow hedge*

c) Hedge of a net investment in a foreign operation

Begriffliche Abgrenzung

Unternehmerische Investitionen in ausländische Geschäftsbetriebe sind nicht nur mit wirtschaftlichen Risiken, sondern auch stets mit Wechselkursrisiken verbunden. *Hedges of a net investment in a foreign operation* dienen der Absicherung solcher Investments. Ein ausländischer Geschäftsbetrieb kann hierbei ein Tochterunternehmen, ein assoziiertes Unternehmen, ein Joint Venture oder aber auch eine ausländische Geschäftsniederlassung sein (IAS 21.8). Die Währungsumrechnung dieser Investitionen ist grundsätzlich entsprechend den Regelungen des IAS 21 zu bilanzieren. Bei der Absicherung eines selbstständigen ausländischen Geschäftsbetriebs, der eine eigene funktionale – von der Währung des berichterstattenden Unternehmens abweichende – Währung besitzt, sieht IAS 21 die Umrechnung zum Stichtagskurs und eine GuV-neutrale Behandlung der Umrechnungsdifferenzen vor. Für eine Absicherung derartiger Investments ergänzt IAS 39 die Vorschriften des IAS 21. Gegenstand der Absicherung ist die Nettoinvestition als Ganzes und beläuft sich somit nicht auf die einzelnen Vermögenswerte und Verbindlichkeiten des ausländischen Geschäftsbetriebs (vgl. Kuhn, S./ Scharpf, P. [2006], S. 458).

Bilanzielle Abbildung

Die bilanzielle Berücksichtigung von *hedges of a net investment in a foreign operation* erfolgt analog zur Bilanzierung von *cash flow hedges*. Gemäß IAS 39.102 ist der effektive Teil des Sicherungsinstruments GuV-neutral ins Eigenkapital einzustellen. Der ineffektive Teil des Sicherungsinstruments ist unmittelbar GuV-wirksam zu berücksichtigen. Die GuV-neutral abgegrenzten Beiträge werden erst mit der Veräußerung des *net investment* GuV-wirksam (IAS 21.48 i. V. m. IAS 39.102).

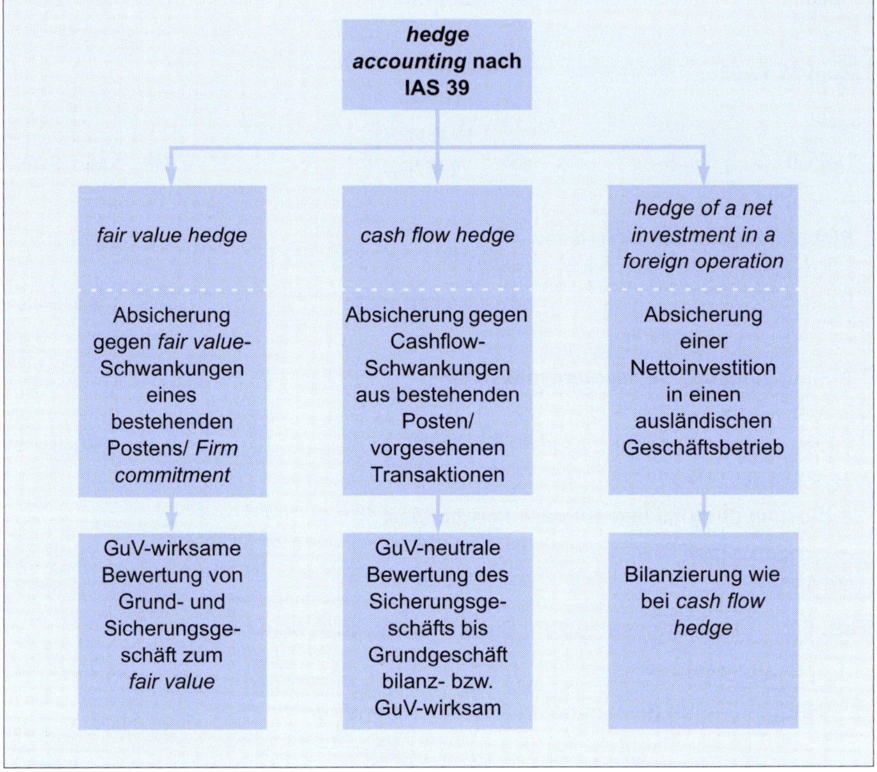

Abb. 5.9: Arten des hedge accounting und ihre Bilanzierung nach IAS 39

Die verschiedenen Arten des *hedge accounting* nach IAS 39 sowie ihre bilanziellen Konsequenzen sind in der Abbildung 5.9 überblicksartig zusammengefasst.

3. Erläuterungspflichten

IFRS 7

Neben den allgemeinen Angabepflichten zu Finanzinstrumenten nach IFRS 7 (vgl. in diesem Kapitel, S. 276 f.) sind bei Anwendung der Vorschriften des *hedge accounting* erweiterte Erläuterungspflichten zu beachten. Zunächst sind die Angabepflichten relevant, die ein verbessertes Verständnis der bestehenden Risiken erlauben sollen (IFRS 7.33 ff.). Dabei ist u. a. auf die Ziele, die Politik und auf die Prozesse des Risikomanagements einzugehen (IFRS 7.33b).

Ferner fallen auf bestehende Sachverhalte eingehend für jede Art von Sicherungsgeschäft (*fair value hedge, cash flow hedge, hedge of a net investment in a foreign operation*) nach IFRS 7.22 einzeln jede der folgenden Ausweispflichten an:

- Die Art des Sicherungszusammenhangs ist darzustellen.
- Auf die Art der verwendeten Sicherungsinstrumente ist einzugehen. Ferner ist der *fair value* des Sicherungsinstruments zum Bilanzstichtag auszuweisen.
- Die Art des gesicherten Risikos ist darzustellen.

Darüber hinaus sind weitere Erläuterungen auszuweisen, wenn das Sicherungsinstrument Bestandteil eines *cash flow hedge* ist (IFRS 7.23). In diesem Fall sind folgende Ausweispflichten zu beachten:

- Der erwartete Zeitpunkt des Eintritts der Cashflows ist auszuweisen und der Zeitpunkt zu bestimmen, ab dem die Transaktion voraussichtlich GuV-wirksam wird.
- Es ist separat auf alle zukünftigen Transaktionen einzugehen, mit deren Eintritt nicht mehr gerechnet wird und die bisher unter die Vorschriften des *hedge accounting* fielen.
- Der in der laufenden Periode GuV-neutral ins Eigenkapital eingestellte Betrag ist auszuweisen.
- Es ist der Betrag auszuweisen, um den die zuvor GuV-neutral ins Eigenkapital eingestellten sonstigen Ergebnisbeiträge GuV-wirksam wurden.
- Mit der Realisation einer abgesicherten zukünftigen Transaktion sind darüber hinaus die GuV-neutral ins Eigenkapital eingestellten Gewinne und Verluste auszuweisen, die mit den Anschaffungskosten oder dem Buchwert des nicht finanziellen *asset* oder der nicht finanziellen *liability* verrechnet wurden.

Weiter sind bei *fair value hedges* die Wertänderungen getrennt nach Sicherungsinstrument und Grundgeschäft sowie der GuV-wirksam erfasste ineffektive Teil der Sicherung getrennt nach *cash flow hedges* und *hedges of a net investment in a foreign operation* auszuweisen (IFRS 7.24).

4. Vorschläge im Rahmen der Überarbeitung von IAS 39

Im Dezember 2010 hat das IASB einen Entwurf (ED/2010/13 »*Hedge Accounting*«) zur zukünftigen Bilanzierung von Sicherungsbeziehungen veröffentlicht. Die nach einer Kommentierungsfrist endgültig verabschiedeten Regelungen sind im November 2013 in IFRS 9 integriert worden. IFRS 9

Ursprünglich wollte das IASB im Rahmen der Neuerungen durch IFRS 9 auch die Behandlung von offenen Portfolios in den Standard aufnehmen. Aus Komplexitätsgründen wurde aber das Projekt »*Accounting for Macro Hedging*« vom IASB im Mai 2012 als eigenständiges Standardisierungsprojekt von den Neuerungen des IFRS 9 abgekoppelt (vgl. Bauer, M./Haller, A./Wiese, R. (2013), S. 333).

Im Vergleich zu den Vorschriften nach IAS 39 tragen die neuen Regelungen stärker dem unternehmensinternen Risikomanagement (IFRS 9.6.1.1) Rechnung. Grundsätzlich wird auch nach IFRS 9.6.5.2 in die drei *hedge*-Typen *fair value* Neuerungen *hedge*, *cash flow hedge* und *hedge of a net investment in a foreign operation* unterschieden. Als Neuerung wurde der Anwendungsbereich auf identifizierbare Teilkomponenten nicht finanzieller Grundgeschäfte ausgeweitet. Darüber hinaus ist hinsichtlich der Effektivitätsmessung die fest vorgeschriebene Schwankungsbreite entfallen. Eine deutliche Änderung ist bei der bilanziellen Behandlung von *fair value hedges* erfolgt. Demnach wird bei Eigenkapitalinstrumenten, welche gemäß des Wahlrechts nach IFRS 9.5.7.5 zum *fair value through other comprehensive income* bewertet werden, sowohl die auf das abgesicherte Risiko entfallende Wertänderung des Grundgeschäfts als auch die Wertänderung des Sicherungsgeschäfts GuV-neutral im *other comprehensive income* erfasst (IFRS 9.6.5.3 und .6.5.8). Schließlich wurden im Vergleich zu den bisherigen Regelungen in IFRS 7 die Anhangangabepflichten zu Risikomanagementstrategien und -zielen ausgeweitet.

5. Wesentliche Abweichungen des IFRS for SMEs

Wesentliche Unterschiede zu IAS 39

Im Vergleich zu IAS 39 zeichnen sich die Regelungen zur Bilanzierung von Sicherungsbeziehungen nach dem IFRS for SMEs durch einen eingeschränkten Anwendungsbereich aus. Die Anwendung der Regelungen zum *hedge accounting* können nur bei Absicherung von Zins-, Währungs- und Preisrisiken erfolgen (IFRS for SMEs 12.17). Des Weiteren sind die zulässigen Sicherungsinstrumente auf bestimmte derivative Finanzinstrumente, wie z. B. Zinsswaps und Devisentermingeschäfte beschränkt (IFRS for SMEs 12.18). Bei der konkreten bilanziellen Behandlung der Sicherungsbeziehungen gibt der IFRS for SMEs genau definierte Konstellationen von abgesicherten Grundgeschäften und abgesicherten Risiken vor (Kombinationen von nicht derivativen Finanzinstrumenten, festen Verpflichtungen etc. mit dem Festzinsrisiko, Währungsrisiko etc.). Den einzelnen Kombinationen teilt er dabei entweder eine von den allgemeinen Grundsätzen der Bilanzierung von Finanzinstrumenten abweichende Behandlung des Grundgeschäfts (Wertänderungen in der GuV) oder des Sicherungsinstruments (Wertänderungen im *other comprehensive income*) zu (vgl. im Detail zur Bilanzierung von Sicherungsbeziehungen nach dem IFRS for SMEs BEKKM, Abschnitt 12).

III. Bilanzierung von Sicherungsgeschäften nach US-GAAP

Relevante Regelungen

Analog zu den IFRS existieren in den US-GAAP explizite und umfangreiche Regelungen zur Bilanzierung von Sicherungsbeziehungen. Werden Grund- und Sicherungsgeschäfte als Absicherungszusammenhänge designiert, finden statt den allgemeinen Vorschriften zu originären und derivativen Finanzinstrumenten die speziellen *hedge accounting*-Vorschriften des ASC 815 Anwendung. Die grundsätzliche Unterscheidung nach ASC 815-10-05-4 in *fair value* und *cash flow hedges* entspricht der in den IFRS. Lediglich bei der Abbildung von Fremdwährungssicherungen (*currency hedges*), wird in den US-GAAP noch genauer in verschiedene Hedge-Varianten unterschieden (vgl. weiter unten, S. 319 ff.).

1. Voraussetzungen für die Anwendung des hedge accounting

Grund- und Sicherungsgeschäfte

Wie nach IFRS sind als qualifizierende Grundgeschäfte bilanzierte Vermögenswerte und Verbindlichkeiten, feste vertragliche Verpflichtungen (*firm commitments*), zukünftig erwartete Transaktionen oder eine Nettoinvestition in einen ausländischen Geschäftsbetrieb zulässig. Als Sicherungsgeschäfte sind ebenso nur derivative Finanzinstrumente zugelassen mit der Ausnahme der weiter unten erläuterten Varianten der Fremdwährungsabsicherung – *foreign currency fair value hedge* und *hedge of the foreign currency exposure of a net investment in a foreign operation*, bei denen auch originäre Finanzinstrumente als Sicherungsinstrumente anerkannt werden (ASC 815-20-25-37 ff.).

Dokumentation und Effektivität

Die weiteren Voraussetzungen zur Anerkennung von Absicherungszusammenhängen entsprechen im Wesentlichen denen nach IFRS. Die Sicherungsbeziehung muss von Beginn an dokumentiert werden (Grund- und Sicherungsgeschäft, abgesichertes Risiko, Effektivitätsmessung) und der Sicherungszusammenhang muss ab seiner Begründung und über die Laufzeit hinweg nachweislich hochgradig effektiv (*highly effective*) sein. Ebenso muss der Eintritt einer im Rahmen eines *cash flow hedge* abgesicherten erwarteten zukünftigen Transaktion wahrscheinlich sein (ASC 815-20-25-15b).

Absicherungsebene

Wie nach IFRS können bei *fair value hedges* nach ASC 815 neben einzelnen Geschäften auch eine Gruppe (Portfolio) von Einzelgeschäften abgesichert werden. Allerdings müssen sie dem gleichen Risiko ausgesetzt sein und ihre einzelnen *fair value*-Änderungen sich ungefähr proportional zur Änderung der *fair value*-Änderung der aggregierten Gruppe verhalten (ASC 815-20-25-12). Im Rahmen von *cash flow hedges* dürfen mehrere Einzeltransaktionen nur zusammengefasst und gemeinsam abgesichert werden, sofern sie dem gleichen Risiko unterliegen und dieses Risiko Gegenstand der Absicherung ist (ASC 815-20-25-15a). Die Möglichkeit der bilanziellen Abbildung von Hedges von zusammengefassten, sich in der Wertänderung stärker unterscheidenden Einzelgeschäften zu Portfolios gegen Zinsänderungsrisiken, existiert im Gegensatz zu den IFRS nach US-GAAP nicht.

Fair value option als Alternative zum hedge accounting

Auch nach US-GAAP ist eine alternative bilanzielle Abbildung von Sicherungsbeziehungen durch die *fair value option* möglich (ASC 825-10; vormals FAS 159). Durch Anwendung der Option und somit der GuV-wirksamen *fair value*-Bewertung des Grundgeschäfts, kompensieren sich bei effektiver Sicherung Marktwertänderungen vom Grund- und Sicherungsgeschäft in derselben Periode automatisch.

2. Bilanzielle Abbildung nach den Regeln des hedge accounting

Fair value hedge

Wie nach IFRS werden bei einem *fair value hedge* nach US-GAAP entweder bestehende Bilanzposten oder schwebende Geschäfte gegen Marktwertschwankungen abgesichert. Ausnahmen für nicht als Grundgeschäft in einen *fair value hedge* einbeziehbare Bilanzposten bestehen wie nach IAS 39 (vgl. S. 309 f.; ASC 815-20-25-43). Die Regeln der Bilanzierung der Bestandteile eines *fair value hedge* nach US-GAAP entsprechen denen nach IFRS. Die Grund- und Sicherungsgeschäfte sind in Höhe ihres *fair value* auszuweisen. Wertschwankungen, die auf das gesicherte Risiko zurückgehen, sind unmittelbar GuV-wirksam zu berücksichtigen.

Cash flow hedge

Nach ASC 815-20-20 werden Absicherungen von Zahlungsströmen aus bestehenden *assets* und *liabilities* sowie aus erwarteten Transaktionen durch *cash flow hedges* abgebildet. Allerdings dürfen nach US-GAAP zukünftige Transaktionen nicht abgesichert werden, sofern es bei ihrer Erfüllung zum Zugang eines *asset* oder einer *liability* kommt, deren aus dem gesicherten Risiko resultierende Wertänderungen aufgrund einer vorgeschriebenen *fair value*-Bewertung ohnehin unmittelbar GuV-wirksam berücksichtigt werden müssen.

Um einen Ausgleich zwischen den gegenwärtig erfolgenden und bilanziell zu berücksichtigenden Wertschwankungen beim Derivat und den bilanziell nicht erfassten Wertschwankungen des zukünftigen Zahlungsstroms zu schaffen, werden auch nach US-GAAP die sich aufhebenden Wertänderungen (effektiver Teil eines Sicherungszusammenhangs) GuV-neutral abgegrenzt und ins *other comprehensive income* eingestellt. Gleichen sich die korrespondierenden Gewinne und Verluste innerhalb des Sicherungszusammenhangs nicht vollständig aus (ineffektiver Teil eines Sicherungszusammenhangs), ist der aus der Über- oder Untersicherung resultierende Nettogewinn oder -verlust in der laufenden Periode GuV-wirksam zu berücksichtigen (ASC 815-30-35-2). Einen Unterschied zu den IFRS stellt die Verbuchung der GuV-neutral abgegrenzten sonstigen Ergebnisbeiträge im Rahmen eines *cash flow hedge* dar. Demzufolge ist die nach IFRS zulässige Verrechnung dieser sonstigen Ergebnisbeiträge bei Zugang eines nicht finanziellen *asset* oder einer nicht finanziellen *liability* mit den Anschaffungskosten nach US-GAAP nicht möglich.

Foreign currency hedges

ASC 815 unterscheidet die Absicherung von Währungsrisiken in *foreign currency fair value hedges*, *foreign currency cash flow hedges* und *hedges of the foreign currency exposure of a net investment in a foreign operation* (Translationsrisiko-Hedge). Die Bilanzierung der beiden ersten Kategorien entspricht im Wesentlichen der oben angeführten Darstellung zur Bilanzierung von *fair value* bzw. *cash flow hedges*.

Hedges of the foreign currency exposure of a net investment in a foreign operation dienen der Absicherung von fremdwährungsbedingten Translationsrisiken aus Beteiligungsverhältnissen. Hierbei darf der effektive Teil des *hedges*, ermittelt als Differenz zwischen den auf das gesicherte Risiko zurückgehenden Bewertungsgewinnen und -verlusten beim Sicherungsgeschäft und dem sich aus der Konsolidierung der Beteiligung ergebenden Umrechnungsergebnis, GuV-neutral im *translation adjustment* abgegrenzt werden (ASC 815-35-35-1). Bei Abgang des Nettoinvestments in eine ausländische Beteiligung werden die GuV-neutral abgegrenzten Beträge GuV-wirksam.

3. Erläuterungspflichten

Die Anhangangabepflichten zu Sicherungszusammenhängen sind ähnlich umfangreich wie die nach IFRS. Hält ein Unternehmen derivative Finanzinstrumente oder originäre Sicherungsinstrumente, hat es im Anhang seine Beweggründe für diesen Einsatz, alle für das Verständnis der Beweggründe notwendigen Sachverhalte sowie die verfolgte Strategie zur Realisierung der Ziele darzulegen (ASC 815-10-50-1 ff.). Die Darstellung ist nach der Art der Sicherungszusammenhänge (*fair value hedge, cash flow hedge* und *hedge of the foreign currency exposure in a net investment in a foreign operation*) zu gliedern. Des Weiteren sind beispielsweise die *fair values* der derivativen Finanzinstrumente, die sich in einer Sicherungsbeziehung befinden, getrennt auszuweisen. Die *fair value*-Änderungen sind in GuV-wirksam erfasste und in das *other comprehensive income* eingestellte Wertänderungen aufzuschlüsseln und darzustellen. Auch ist der Anteil der Gewinne und Verluste aus der Ineffektivität eines Hedges auszuweisen. Neben den Vorschriften des FASB, gelten auch im Zusammenhang mit Sicherungsbeziehungen erweiterte Offenlegungsanforderungen der SEC für börsennotierte Unternehmen.

4. Vorschlag für die zukünftige Bilanzierung

Das im Mai 2010 durch das FASB veröffentlichte *Proposed Accounting Standards Update* (*Proposed* ASU) »*Accounting for Financial Instruments and Revisions to the Accounting for Derivative Instruments and Hedging Activities*« sieht neben den Regelungen der Bilanzierung der originären und derivativen Finanzinstrumente auch die von Sicherungsgeschäften mit den folgenden zentralen Neuerungen vor: Im Gegensatz zur bisherigen Regelung soll demnach der Sicherungszusammenhang nicht mehr hochgradig effektiv (*highly effective*), sondern in vernünftiger Weise effektiv (*reasonably effective*) sein (ASU 180-100.113). Dies soll künftig i. d. R. über eine qualitative (statt einer quantitativen) Bewertung dargelegt werden (ASU 180-100.113). Desweiteren soll die Designation einer Sicherungsbeziehung künftig grundsätzlich nicht mehr aufgehoben werden dürfen (ASU 180-100.119). Der Zeitpunkt der Verabschiedung eines finalen *Accounting Standards Update* ist – ähnlich der Fertigstellung des IFRS 9 – momentan noch nicht abzusehen.

Kontrollfragen:

Nationale Normen:

1. Erläutern Sie den Unterschied zwischen originären und derivativen Finanzinstrumenten!
2. An welchen Kriterien orientiert sich die Untergliederung der Finanzanlagen gemäß HGB?
3. Wann müssen Wertpapiere im Umlaufvermögen ausgewiesen werden?
4. Wie sind Beteiligungen nach HGB zu bilanzieren?
5. Was versteht man unter einem »verbundenen Unternehmen« i. S. des § 271 Abs. 2 HGB?
6. Kann nach HGB eine Beteiligung an einer anderen Gesellschaft vorliegen, wenn der Beteiligungswert unter 20 % liegt?

7. Welche Auswirkungen haben nicht ausgeschüttete Gewinne von Beteiligungsunternehmen auf den Buchwert der Beteiligung im Jahresabschluss nach HGB?
8. Welche Aufgliederung der Forderungen ist nach HGB erforderlich und welche Informationen soll der externe Bilanzleser durch diese Aufgliederung erhalten?
9. Können Forderungen und Verbindlichkeiten saldiert werden?
10. Welche Grundsätze gelten für die Bewertung der Forderungen des Umlaufvermögens nach HGB?
11. Welche Unterschiede bestehen zwischen der Zession und dem Factoring hinsichtlich des Ausweises der zugrunde liegenden Forderung?
12. Wie sind unverzinsliche Ausleihungen zu bewerten?
13. Mit welchem Wert werden Valutaforderungen in der Handelsbilanz nach HGB ausgewiesen?
14. In welchem Maße erfolgt eine Zeitbewertung von Finanzinstrumenten nach HGB?
15. Wie werden Derivate nach HGB bilanziert?
16. Nennen Sie die Unterschiede zwischen einem Micro-Hedge, einem Macro-Hedge und einem Portfolio-Hedge!
17. Welche Bedingungen müssen für die Bildung von Bewertungseinheiten nach HGB erfüllt sein?
18. Welche Unterschiede bestehen zwischen der Einfrierungs- und der Durchbuchungsmethode bei der Abbildung von Bewertungseinheiten nach HGB?
19. Nennen Sie wesentliche Erläuterungspflichten bei der Bilanzierung von Bewertungseinheiten nach HGB!

Internationale Normen:

20. Welche Kategorien zur Bewertung von Finanzinstrumenten sind nach IFRS zu unterscheiden?
21. Nennen Sie die Bewertungsregeln für Finanzinstrumente nach IFRS!
22. Welche Möglichkeiten der Umklassifizierung von Finanzinstrumenten bestehen nach IFRS?
23. Welche Bedingungen müssen nach IFRS für die Ausübung der *fair value option* für *financial instruments* erfüllt sein?
24. Wie sind nach h. M. zweifelhafte Forderungen gemäß IFRS zu behandeln?
25. Wie sind die Kreditrisiken bei der Bewertung von Forderungen zu erfassen und auszuweisen?

26. Welche Vermögensgegenstände werden nach HGB zu den »liquiden Mitteln« der Gesellschaft zusammengefasst und welche Unterschiede bestehen zum Bilanzposten *cash and cash equivalents* nach IFRS?
27. Nennen Sie die zentralen Angabepflichten zu originären Finanzinstrumenten nach IFRS 7!
28. Was sind strukturierte Finanzinstrumente und wie erfolgt ihre Bilanzierung nach IFRS?
29. Erläutern Sie die Gründe für das Erfordernis spezieller Regeln zur Bilanzierung von Sicherungsbeziehungen nach IFRS!
30. Welche Alternative zum *hedge accounting* besteht nach IFRS zur adäquaten Abbildung von Sicherungsbeziehungen?
31. Worin unterscheiden sich *fair value hedges* und *cash flow hedges*?
32. Wie erfolgt die Buchung des effektiven bzw. des ineffektiven Teils der Sicherung bei einem *cash flow hedge* nach IFRS?

6. Kapitel: Bilanzierung des Eigenkapitals

Eigenkapitaldefinition

Das Eigenkapital umfasst die der Unternehmung von ihren Eigentümern ohne zeitliche Begrenzung zur Verfügung gestellten Mittel, die dem Unternehmen durch Zuführung von außen oder durch Verzicht auf Gewinnausschüttung von innen zufließen. Bilanziell lässt es sich als Differenz von Vermögen und Fremdkapital definieren (vgl. 1. Kapitel, S. 6 f.). Dem entspricht auch die Eigenkapitaldefinition im Framework des IASB. Dort wird Eigenkapital (*equity*) als eine Residualgröße beschrieben, die sich aus der Summe der *assets* abzüglich aller *liabilities* des Unternehmens ergibt (F 4.4). Eine dem Inhalt nach identische Definition von *equity* (bzw. von *net assets*) findet sich in CON 6.49 für die Bilanzierung nach US-GAAP.

A. Bilanzierung des Eigenkapitals nach nationalen Normen

Eigenkapital nach nationalen Normen

Aufgrund der bilanziellen Definition als Saldogröße zwischen Vermögen und Fremdkapital finden für das Eigenkapital (= Reinvermögen) die Basiselemente der Bilanzierung Ansatz und Bewertung (vgl. 2. Kapitel, S. 77 ff.) primär nur indirekt über die Bemessung des Vermögens und der Schulden und sekundär – in spezifischen Fällen – direkt Anwendung. Eine große Bedeutung kommt allerdings der Darstellung der einzelnen Komponenten des Eigenkapitals zu.

I. Darstellungsform des Eigenkapitals in der Bilanz

Variables und konstantes Eigenkapital

Die Darstellungsform des Eigenkapitals in der Bilanz hängt aufgrund bürgerlich-, handels- und gesellschaftsrechtlicher Bestimmungen von der Unternehmensrechtsform ab. Nach der Veränderlichkeit der Kapitalkonten und damit der Form des Bilanzausweises lassen sich variable und konstante Eigenkapitalkonten unterscheiden. Das variable Eigenkapital(-konto) ist im Wesentlichen gekennzeichnet durch die von Jahr zu Jahr auftretenden Schwankungen seines Bestandes. Ausschlaggebend dafür ist, dass auf dieses Konto i. d. R. alle in einem Geschäftsjahr unternommenen Einlagen und Entnahmen sowie die erwirtschafteten Gewinne und Verluste verbucht werden. Diese Art der Eigenkapitalverbuchung auf einem Konto – und damit verbunden – des Bilanzausweises in einem Gliederungsposten findet vor allem bei Einzelkaufleuten und Personenhandelsgesellschaften Anwendung.

Das konstante Eigenkapital tritt grundsätzlich bei sämtlichen Unternehmensrechtsformen mit Haftungsbeschränkung auf und besitzt primär die Funktion, Haftungsvermögen in der in Gesetz, Gesellschaftsvertrag oder Satzung vereinbarten Höhe zu binden. Konstante Kapitalkonten finden sich deshalb vor allem bei Kapitalgesellschaften, vereinzelt jedoch auch bei anderen Rechtsformen mit Haftungsbeschränkungen, so z. B. bei der KG, der stillen Gesellschaft und der Genossenschaft (vgl. in diesem Kapitel, S. 359 ff.).

Da die Bilanzierung des Eigenkapitals nach deutschem Handelsrecht grundsätzlich lediglich für Kapitalgesellschaften gesetzlich geregelt ist, wird im Folgenden auf diese Unternehmensformen ausführlich eingegangen. Die Besonderheiten der bilanziellen Darstellung des Eigenkapitals anderer Unternehmensrechtsformen werden auf S. 359 ff. dieses Kapitels erläutert.

Gezeichnetes Kapital, Rücklagen und Gewinn- bzw. Verlustvortrag

Das konstante Eigenkapital der Kapitalgesellschaft heißt nach HGB (§ 266 Abs. 3) »Gezeichnetes Kapital«. Bei der Aktiengesellschaft trägt es den Namen »Grundkapital«, während es bei der GmbH als »Stammkapital« bezeichnet wird.

Es ist dadurch charakterisiert, dass es aufgrund gesetzlicher Vorschriften (§ 272 Abs. 1 Satz 2 HGB, §§ 6 ff., 152 Abs. 1 AktG, §§ 5 Abs. 1, 42 Abs. 1 GmbHG) in seiner Höhe stets voll ausgewiesen wird und solange unverändert bleibt, wie nicht durch die Hauptversammlung (bei Aktiengesellschaften) oder die Gesellschafterversammlung (bei Gesellschaften mbH) eine Erhöhung oder Herabsetzung beschlossen wird. Veränderungen des Eigenkapitals, die von innen durch Verluste und nicht ausgeschüttete Gewinne bewirkt werden, müssen offen gesondert auf variablen Eigenkapitalkonten (Rücklagen, Gewinn- bzw. Verlustvortrag) in der Bilanz ausgewiesen werden. Entsprechend der Höhe des einbehaltenen Gewinns bzw. der Höhe des erlittenen Verlustes ändert sich der Bestand der variablen Eigenkapitalkonten einer Kapitalgesellschaft mit jedem neuen Jahresabschluss, während die Höhe des Grund- bzw. Stammkapitals – falls keine Kapitalerhöhung/-herabsetzung durchgeführt wurde – konstant bleibt.

Je nach Zusammenfassung der unterschiedlichen Eigenkapitalkomponenten in der Bilanz unterscheidet man bei Kapitalgesellschaften folgende Begriffe, die großteils analog auch auf andere Unternehmensrechtsformen angewendet werden können.

Nominalkapital, rechnerisches und effektives Eigenkapital

Das konstante Eigenkapital (Grund- oder Stammkapital bzw. im Bilanzausweis: »Gezeichnetes Kapital«) bezeichnet man auch als »Nominalkapital«. Die Zusammenfassung des Nominalkapitals mit sämtlichen variablen Eigenkapitalkonten stellt das »rechnerische Eigenkapital« eines Unternehmens dar. Werden zum »rechnerischen Eigenkapital« die aus einer Unternehmensbilanz nicht unmittelbar ersichtlichen Teile des Eigenkapitals, die sog. stillen Rücklagen (vgl. in diesem Kapitel, S. 351 ff.) addiert, so erhält man das »effektive Eigenkapital«.

Bilanzielles Eigenkapital

Einen weiteren Eigenkapitalbegriff, der vor allem in der Bilanzanalyse Verwendung findet (vgl. 17. Kapitel, S. 1043), stellt das »bilanzielle Eigenkapital« dar. Es ergibt sich, wenn man vom »rechnerischen Eigenkapital« die eingeforderten ausstehenden Einlagen auf das Nominalkapital sowie den Ausschüttungsbetrag auf Basis des Gewinnverwendungsvorschlags bzw. -beschlusses subtrahiert.

Nominalkapital, rechnerisches Eigenkapital und effektives Eigenkapital entsprechen sich i. d. R. der Höhe nach nicht. Das rechnerische Eigenkapital ist im Allgemeinen größer als das Nominalkapital, es sei denn, dass erlittene Verluste sämtliche Rücklagen kompensieren oder übersteigen. Da die gesetzlichen Bilanzierungsvorschriften die Bildung stiller Reserven nicht ausschließen, übersteigt das effektive Eigenkapital in den meisten Fällen auch das rechnerische Eigenkapital. Eine zusammenfassende Übersicht gibt Tabelle 6.1.

Eigenkapitalveränderungsrechnung

Neben dem stichtagsbezogenen Ausweis der Eigenkapitalkomponenten in der Bilanz ist gemäß § 264 Abs. 1 Satz 2 HGB im Jahresabschluss von kapitalmarktorientierten Kapitalgesellschaften, die nicht zur Aufstellung eines Konzernabschlusses verpflichtet sind, sowie gemäß § 297 Abs. 1 HGB im Konzernabschluss auch die Darstellung der Veränderung der einzelnen Eigenkapitalbestände während der abgeschlossenen Periode durch die Aufstellung einer Eigenkapitalveränderungsrechnung erforderlich (vgl. 9. Kapitel, S. 594 ff.).

Nominalkapital:	Gezeichnetes Kapital			
Rechnerisches Eigenkapital:	Gezeichnetes Kapital	Rücklagen	Gewinn (– Verlust)	
Effektives Eigenkapital:	Gezeichnetes Kapital	Rücklagen	Gewinn (– Verlust)	Stille Reserven

Tab. 6.1: Bestandteile des Nominalkapitals, des rechnerischen und des effektiven Eigenkapitals

Ausweis des Eigenkapitals

Der Hauptgliederungsposten »Eigenkapital« ist gemäß § 266 Abs. 3 HGB die erste Kategorie auf der Passivseite. Trotz der vom Gesetzgeber angestrebten Zusammenfassung sämtlicher Eigenkapitalbestandteile unter dem Posten »Eigenkapital« gibt es dennoch eine Reihe von Posten in der Bilanz, die Einfluss auf die Höhe des Eigenkapitals nehmen und gleichwohl an anderer Stelle als unter dem Bilanzposten »Eigenkapital« ausgewiesen werden. Auch diese Eigenkapitalkomponenten sind bei der Analyse des Eigenkapitals eines Unternehmens, vor allem bei der Bestimmung des »bilanziellen Eigenkapitals« (vgl. 17. Kapitel, S. 1043), neben den unter der Abschlussgruppe »Eigenkapital« zusammengefassten Posten, die dem »rechnerischen Eigenkapital« entsprechen, zu beachten. Tabelle 6.2 zeigt, unter welchen Posten Teile des Eigenkapitals in der Bilanz einer Kapitalgesellschaft ausgewiesen werden können.

Sonderformen des Eigenkapitals

Während in vielen Fällen die Klassifizierung als Eigen- oder Fremdkapital kein Problem darstellt, existieren Mischformen, sog. hybride Finanzinstrumente oder Mezzanine-Kapital, deren Einordnung nicht ohne Weiteres zu bewerkstelligen ist. Ein typisches Beispiel hierfür sind stille Beteiligungen und Genussrechte. Mezzanine-Kapital ist insbesondere dadurch gekennzeichnet, dass es sich um längerfristige Finanzierungsformen handelt, die im Falle einer Insolvenz des Unternehmens gegenüber dem Fremdkapital nachrangig sind, aber vor dem Eigenkapital bedient werden und zeitlich befristet sind. In der Literatur wird zum einen gefordert, die hybriden Finanzinstrumente in einem Sonderposten zwischen Eigen- und Fremdkapital auszuweisen, um so den Mischcharakter offenkundig zu machen (vgl. Singhof, B. [2008], Tz. 177 m. w. N.). Andere Ansichten, darunter der HFA des IDW, lehnen dies u. a. mit dem Argument ab, dass diese Vorgehensweise einen Verstoß gegen § 247 Abs. 1 HGB darstellen könnte, der eine eindeutige Trennung von Eigenkapital und Schulden fordert. Der HFA des IDW hat daher die Stellungnahme 1/94 zur Behandlung von Genussrechten veröffentlicht (vgl. IDW [1994], S. 419 ff.). Ein Genussrecht (dabei handelt es sich um ein Vermögensrecht ohne Mitgliedschaftsrechte, aber mit typischerweise Gesellschaftern zustehenden Rechten, wie dem Anspruch auf Anteile am Gewinn der Gesellschaft und am Liquidationserlös), das als Gegenleistung für die Überlassung von Kapital gewährt wird, ist demnach als Eigenkapital zu klassifizieren, wenn

- die Forderung auf Rückzahlung des Genussrechtskapitals im Insolvenzfall gegenüber allen anderen Gläubigern nachrangig ist,
- das Genussrechtskapital in voller Höhe am Verlust der Gesellschaft teilnimmt und die Vergütung für die Kapitalüberlassung ergebnisabhängig ist,
- die Kapitalüberlassung längerfristig erfolgt ist.

Die Anforderungen an eine Bilanzierung von Genussrechten als Eigenkapital stimmen im Wesentlichen mit denjenigen für die Einlagen eines stillen Gesellschafters überein (vgl. in diesem Kapitel, S. 360).

Aktiva Bilanz	**Passiva**
A. Anlagevermögen III. Finanzanlagen 1. Anteile an verbundenen Unternehmen B. Umlaufvermögen II. Forderungen und sonstige Vermögensgegenstände 5. Eingeforderte, aber noch nicht eingezahlte Einlagen auf das gezeichnete Kapital (§ 272 Abs. 1 Satz 3 HGB) oder Eingeforderte Nachschüsse von Gesellschaftern einer GmbH (§ 42 Abs. 2 GmbHG) III. Wertpapiere 1. Anteile an verbundenen Unternehmen 2. Sonstige Wertpapiere F. Nicht durch Eigenkapital gedeckter Fehlbetrag (§ 268 Abs. 3 HGB)	A. Eigenkapital I. Gezeichnetes Kapital (§ 272 Abs. 1 Satz 1 HGB; s. a. § 152 Abs. 1 AktG; § 42 Abs. 1 GmbHG) II. Kapitalrücklage (§ 272 Abs. 2 HGB; s. a. § 152 Abs. 2 AktG) 1. Eingefordertes Nachschusskapital bei der GmbH (§ 42 Abs. 2 Satz 3 GmbHG) III. Gewinnrücklagen (§ 272 Abs. 3 HGB) 1. gesetzliche Rücklage (§ 150 AktG) 2. Rücklage für Anteile an einem herrschenden oder mehrheitlich beteiligten Unternehmen (§ 272 Abs. 4 HGB) 3. satzungsmäßige Rücklagen 4. andere Gewinnrücklagen IV. Gewinnvortrag/Verlustvortrag (§ 266 Abs. 3 HGB) V. Jahresüberschuss/Jahresfehlbetrag (§ 266 Abs. 3 HGB) VI. Bilanzgewinn/Bilanzverlust - davon Ergebnisvortrag; gemäß § 268 Abs. 1 HGB (als Alternative zu IV. und V. oben)

Tab. 6.2: Ausweis des Eigenkapitals nach nationalen Normen

II. Gezeichnetes Kapital

Gezeichnetes Kapital

Das »gezeichnete Kapital« ist der erste Posten der Abschlussgruppe »Eigenkapital« nach § 266 Abs. 3 HGB. Es umfasst gemäß § 272 Abs. 1 Satz 1 HGB den Teil des Eigenkapitals, auf den die »Haftung der Gesellschafter für die Verbindlichkeiten der Kapitalgesellschaft gegenüber den Gläubigern beschränkt ist«. Diese gesetzliche Definition darf nicht darüber hinwegtäuschen, dass es sich bei dem »gezeichneten Kapital« lediglich um eine abstrakte und formelle Rechengröße handelt, die nicht mit dem Gesamtwert bzw. Vermögen einer Gesellschaft verwechselt werden darf. Zur Haftung der Gesellschaft gegenüber ihren Gläubigern und zur Ermittlung der Beteiligungswerte der Gesellschafter ist das Rein-(Netto-) Vermögen der Gesellschaft heranzuziehen, unabhängig von der Höhe des gezeichneten Kapitals. Zudem haftet bei einer Kapitalgesellschaft grundsätzlich nur die Gesellschaft selbst mit ihrem Reinvermögen gegenüber den Gläubigern. Die Gesellschafter hingegen trifft keine über ihre Einlage hinausgehende Haftung, wenn sie diese voll geleistet haben (vgl. Münchener Kommentar zum HGB [2013], § 272 Tz. 4). Nach § 272 Abs. 1 Satz 2 HGB ist das gezeichnete Kapital mit dem zum Bilanzstichtag im Handelsregister eingetragenen Nennbetrag des Nominalkapitals anzusetzen. Es darf grundsätzlich, von ausstehenden Einlagen (vgl. in diesem Kapitel, S. 332 f.) und eigenen Anteilen (vgl. in diesem Kapitel, S. 353 ff.) abgesehen, nicht mit anderen Größen saldiert werden.

1. Begriff und Bilanzierung des gezeichneten Kapitals

Gezeichnetes Kapital = Grund- bzw. Stammkapital

Der Posten »gezeichnetes Kapital« ist nichts anderes als das Nominalkapital (konstantes Eigenkapital) einer Kapitalgesellschaft und repräsentiert somit in der Bilanz einer Aktiengesellschaft bzw. KGaA das »Grundkapital« (§ 152 Abs. 1 Satz 1 AktG) und in der Bilanz einer GmbH das »Stammkapital« (§ 42 Abs. 1 GmbHG).

Nennbetragsaktien

Das Grundkapital einer Aktiengesellschaft wird durch die Nennbeträge aller ausgegebenen Aktien bestimmt. Nach § 7 AktG beträgt das Grundkapital mindestens 50.000 EUR. Es ist in Aktien unterteilt, deren kleinster Nennbetrag sich, soweit es sich um Nennbetragsaktien handelt, auf 1 EUR beläuft (§ 8 AktG). Höhere Nennbeträge müssen auf volle Euro lauten. Sofern verschiedene Aktiengattungen ausgegeben wurden, sind die Gesamtnennbeträge jeder Aktiengattung in der Bilanz gesondert auszuweisen (§ 152 Abs. 1 Satz 2 AktG) und die Zahl der Aktien jeder Gattung wahlweise in Bilanz oder Anhang anzugeben (§ 160 Abs. 1 Nr. 3 AktG). Da eine Änderung der Höhe des Grundkapitals eine Satzungsänderung darstellt, ist hierzu, wie bei jeder Satzungsänderung, eine 3/4-Mehrheit der in der Hauptversammlung anwesenden Stimmen notwendig (§§ 182 Abs. 1 und 222 Abs. 1 AktG).

Nennwertlose Stückaktien

Außer der üblichen Nennbetragsaktie ist auch die Zulassung von nennwertlosen Aktien (in Form von Stückaktien, nicht aber als Quotenaktien) möglich, allerdings nur anstelle von Nennbetragsaktien und nicht daneben (§ 8 Abs. 1 AktG). Die Gesellschaft verfügt dabei über ein nennbetragsmäßig festgelegtes Grundkapital, das in Aktien zerlegt ist; es handelt sich um sog. unechte nennwertlose Aktien. Bei echten nennwertlosen Aktien verfügt die Gesellschaft entweder nicht über ein Grundkapital oder hat zwar ein solches, dieses ist aber nicht in Aktien zerlegt. Echte nennwertlose Aktien sind in Deutschland allerdings nicht zulässig. Eine »Stückaktie« verkörpert zwar auch einen Anteil am Grundkapital, lautet aber nicht auf einen Nennbetrag. Die Berechnung des fiktiven Nennbetrags ist dennoch möglich (Grundkapital dividiert durch die Anzahl ausgegebener

Aktien). Dieser fiktive (bzw. rechnerische) Nennbetrag darf 1 EUR nicht unterschreiten (§ 8 Abs. 3 Satz 3 AktG).

Nach dem Umfang der mit der Aktie verbundenen Rechte des Aktieninhabers unterscheidet man Stamm- und Vorzugsaktien.

Stammaktien

Die Stammaktie ist die gewöhnliche Form der Aktie. Sie gewährt ihrem Inhaber die normalen im AktG vorgesehenen Mitgliedschaftsrechte (Stimm- und Dividendenrecht, Recht auf Teilnahme an der Hauptversammlung, Bezugsrecht, Recht auf Anfechtung der Beschlüsse der Hauptversammlung, Anteil am Liquidationserlös).

Vorzugsaktien

Mit besonderen Rechten ausgestattet sind dagegen die Vorzugsaktien. Als Vorzug kommt dabei i. d. R. ein zusätzlicher Anspruch auf Dividende, Bezugsrecht oder Liquidationserlös in Betracht. Die Vorzüge hinsichtlich der Gewinnverteilung können sein:

- Die Inhaber von Vorzugsaktien erhalten eine bestimmte Dividende vorweg; der verbleibende Rest entfällt auf die Stammaktien.
- Die Inhaber von Vorzugsaktien erhalten nach Verteilung einer gleichen Dividende an sämtliche Aktieninhaber eine zusätzliche Ausschüttung aus dem verbleibenden Gewinn.
- Die Inhaber von Vorzugsaktien erhalten ein Nachbezugsrecht, das eine spätere Nachzahlung von Dividenden bewirkt, falls in einem Jahr keine Dividenden bzw. ein die vereinbarte Mindestdividende unterschreitender Betrag ausgeschüttet wurde.

Mehrstimmrechtsaktien

Eine Sonderform der Vorzugsaktien sind solche, die mit einem mehrfachen Stimmrecht ausgestattet sind (Mehrstimmrechtsaktien). Ihre Ausgabe ist gemäß § 12 Abs. 2 AktG i. V. m. § 5 EGAktG seit der Verabschiedung des KonTraG im Jahr 1998 grundsätzlich unzulässig. Die Gesamtstimmenzahl der Mehrstimmrechtsaktien ist in der Bilanz beim gezeichneten Kapital gesondert zu vermerken (§ 152 Abs. 1 Satz 4 AktG).

Stimmrechtslose Vorzugsaktien

Stimmrechtslose Vorzugsaktien gewähren dem Aktionär mit Ausnahme des Stimmrechts jedes aus der Aktie zustehende Recht (§§ 139, 140 Abs. 1 AktG) und darüber hinaus ein Nachbezugsrecht für Dividenden. Für die emittierende Gesellschaft stellen sie eine Quelle zur Aufnahme zusätzlichen Eigenkapitals dar, ohne dass die bestehenden Mehrheitsverhältnisse verändert werden. Stimmrechtslose Vorzugsaktien können bis zur Hälfte des gesamten Grundkapitals ausgegeben werden (§ 139 Abs. 2 AktG).

Nach dem Grad der Übertragbarkeit der Aktien unterscheidet man Inhaber- und Namensaktien (§ 10 AktG).

Inhaberaktien

Bei Inhaberaktien, der in Deutschland vorherrschenden Aktienform, wird der Aktionär nicht namentlich auf dem Wertpapier oder bei der Gesellschaft vermerkt. Wer im Besitz der Aktie ist, kann die damit verbundenen Aktionärsrechte geltend machen. Inhaberaktien werden formlos durch Einigung und Übergabe übereignet.

Namensaktien

Bei der Namensaktie ist dagegen der Name des Aktionärs bei der Gesellschaft, ggf. sogar auch auf der Aktie, eingetragen. Sie stellt ein Orderpapier dar. Ihre Übereignung erfolgt dementsprechend durch Indossament (Übereignungsvermerk, i. d. R. auf der Rückseite des Orderpapiers, zur Übertragung des Eigentums und der Rechte aus diesem Papier) und Umschreibung im Aktienbuch. Sie müssen ausgegeben werden, wenn bei Aktienausgabe der Nennbetrag der Aktien nicht voll eingezahlt werden soll. Der Mindesteinzahlungsbetrag beläuft sich auf 25 % des Nennwertes; das Agio, d. h. der Unterschiedsbetrag zwischen dem Ausgabebetrag und dem Nennwert der Aktie, ist allerdings stets voll einzuzahlen (§ 36a Abs. 1 AktG). Die Übertragung nicht voll eingezahlter Namensaktien wird häufig von der Zustimmung der Gesellschaft abhängig gemacht. In diesem Fall spricht man von vinkulierten Namensaktien.

Grundkapital einer KGaA

Die Kommanditgesellschaft auf Aktien (§§ 278-290 AktG; §§ 161-177a HGB) stellt aus rechtlicher Sicht eine Mischform zwischen einer Kommandit- und einer Aktiengesellschaft dar. Ihrem Wesen nach ist sie jedoch zu den Kapitalgesellschaften zu rechnen. Sie ist dadurch gekennzeichnet, dass mindestens ein Gesellschafter den Gläubigern der Gesellschaft unbeschränkt haftet (persönlich haftender Gesellschafter bzw. Komplementär) und die übrigen Gesellschafter an dem in Aktien zerlegten Grundkapital beteiligt sind, ohne jedoch persönlich für die Verbindlichkeiten der Gesellschaft zu haften (Kommanditisten).

Im Grundkapital der Kommanditaktionäre verfügt die Kommanditgesellschaft auf Aktien (KGaA) über konstantes Eigenkapital. Für den Komplementär besteht jedoch keine ausdrückliche Verpflichtung, sich mit einer Einlage an der KGaA zu beteiligen (§ 278 Abs. 2 AktG). Der Kapitalanteil des Komplementärs ist in der Bilanz nach dem gezeichneten Kapital gesondert auszuweisen und stellt variables Eigenkapital dar. So verlangt § 286 Abs. 2 Satz 2 AktG, dass ein auf den Komplementär entfallender Verlust direkt von dessen Kapitalanteil abgebucht wird.

Stammkapital = konstantes Eigenkapital einer GmbH

Das Stammkapital der GmbH setzt sich aus den Anteilen – den sog. Stammeinlagen – der Gesellschafter (auch ein einziger Gesellschafter ist möglich) zusammen, deren Nennbeträge auf volle Euro lauten müssen. Die Höhe der Nennbeträge der einzelnen Geschäftsanteile kann verschieden bestimmt werden, wobei jedoch die Summe der Nennbeträge aller Geschäftsanteile mit dem Stammkapital übereinstimmen muss (§ 5 Abs. 2, 3 GmbHG). Die Mindesthöhe des Stammkapitals wird durch § 5 Abs. 1 GmbHG auf 25.000 EUR festgelegt. Ein Gesellschafter kann bei Errichtung der Gesellschaft mehrere Geschäftsanteile übernehmen (§ 5 Abs. 2 GmbHG). Die Anmeldung zur Eintragung in das Handelsregister darf gemäß § 7 Abs. 2 GmbHG erst erfolgen, wenn auf jeden Geschäftsanteil, soweit nicht Sacheinlagen vereinbart sind, ein Viertel des Nennbetrags eingezahlt ist. Insgesamt muss auf das Stammkapital mindestens so viel eingezahlt sein, dass der Gesamtbetrag der eingezahlten Geldeinlagen zuzüglich des Gesamtnennbetrags der Geschäftsanteile, für die Sacheinlagen zu leisten sind, die Hälfte des Mindeststammkapitals gemäß § 5 Abs. 1 GmbHG erreicht (§ 7 Abs. 2 GmbHG). Wie auch bei der Aktiengesellschaft kann die Höhe des Stammkapitals nur dann geändert werden, wenn diese Änderung von mindestens 3/4 der in der Gesellschafterversammlung anwesenden Stimmen beschlossen wurde.

Unternehmergesellschaft (haftungsbeschränkt)

Die sog. »Unternehmergesellschaft (haftungsbeschränkt)« (§ 5a GmbHG), geschaffen durch das MoMiG (»Gesetz zur Modernisierung des GmbH-Rechts und zur Bekämpfung von Missbräuchen«), bildet eine weitere Erscheinungsform der GmbH, jedoch keine eigenständige Rechtsform. Wesentliches Merkmal der »Unternehmergesellschaft (haftungsbeschränkt)« ist, dass sie schon mit einem Stammkapital von 1 EUR gegründet werden kann (§ 5a Abs. 1 GmbHG). Im

Unterschied zur GmbH darf die Anmeldung zur Eintragung in das Handelsregister gemäß § 5a Abs. 2 GmbHG erst nach voller Einzahlung des Stammkapitals erfolgen. Sacheinlagen sind nicht zulässig. Die Höhe des Stammkapitals bei Gründung ist begrenzt auf 24.999 EUR (§ 5a Abs. 1 GmbHG), kann nach der Gründung aber darüber hinaus erhöht werden. In diesem Falle sind die Vorschriften des § 5a GmbHG zur »Unternehmergesellschaft (haftungsbeschränkt)« jedoch nicht mehr anzuwenden. Es besteht aber ein Wahlrecht zur Beibehaltung der Firma nach § 5a Abs. 1 GmbHG (§ 5a Abs. 5 GmbHG). Auf die »Unternehmergesellschaft (haftungsbeschränkt)« sind grundsätzlich alle Regelungen des GmbH-Rechts anzuwenden, sofern sich aus § 5a GmbHG nichts Abweichendes ergibt.

2. Ausstehende Einlagen auf das gezeichnete Kapital

Doppelcharakter der ausstehenden Einlagen

Wie die Bezeichnung »gezeichnetes Kapital« besagt, muss es sich hierbei nicht notwendigerweise auch um das eingezahlte Kapital handeln, da sowohl das Grundkapital der Aktiengesellschaft bzw. KGaA als auch das Stammkapital der GmbH nicht immer voll einbezahlt werden muss. Wird das Eigenkapital nicht voll einbezahlt, so bezeichnet man die ausstehenden Teile des Eigenkapitals als »ausstehende Einlagen«. Diese ausstehenden Einlagen besitzen einen Doppelcharakter. Zum einen stellen sie einen Anspruch der Gesellschaft an die Gesellschafter auf volle Zahlung der Einlage dar, d. h. sie haben Forderungscharakter; zum anderen sind sie ein Korrekturbetrag, der bei der Berechnung des tatsächlich einbezahlten Nominalkapitals zu berücksichtigen ist.

Bilanzierung der ausstehenden Einlagen

Gemäß § 272 Abs. 1 Satz 3 HGB sind die nicht eingeforderten ausstehenden Einlagen auf das gezeichnete Kapital in einer Vorspalte zur Passivseite der Bilanz offen vom gezeichneten Kapital abzusetzen und der nach Saldierung verbleibende Betrag als »Eingefordertes Kapital« in der Hauptspalte auszuweisen (Nettoausweis). Der eingeforderte, aber noch nicht eingezahlte Betrag ist auf der Aktivseite unter den Forderungen gesondert auszuweisen und entsprechend zu bezeichnen. Im folgenden Beispiel wird die Bilanzierung ausstehender Einlagen veranschaulicht.

Beispiel zur Bilanzierung ausstehender Einlagen

In einer Kapitalgesellschaft ergibt sich folgende Konstellation:

• Gezeichnetes Kapital	2.000.000 GE
• Eingezahltes Kapital	1.500.000 GE
• Eingeforderte, aber noch nicht eingezahlte Einlagen	300.000 GE

Die bilanzielle Abbildung der ausstehenden Einlagen stellt sich folgendermaßen dar:

Eigenkapitalausweis gemäß § 272 Abs. 1 Satz 3 HGB (Nettoausweis)				
B. Umlaufvermögen		A. Eigenkapital		
II. Forderungen und sonstige Vermögensgegenstände		I. Gezeichnetes Kapital	2.000.000	
5. Eingefordertes, aber noch nicht eingezahltes Kapital	300.000	– nicht eingeforderte Einlagen	200.000	
		Eingefordertes Kapital		1.800.000

3. Erhöhung des gezeichneten Kapitals

Voraussetzung bei Aktiengesellschaften

Das gezeichnete Kapital (Grundkapital) einer AG bzw. KGaA erhöht sich in der Bilanz erst dann, wenn durch die Hauptversammlung mit 3/4-Mehrheit der anwesenden Stimmen eine Kapitalerhöhung beschlossen wurde, der Vorstand sie durchgeführt hat und im Handelsregister eine entsprechende Eintragung vorgenommen wurde. Die Satzung kann allerdings eine andere zur Kapitalerhöhung notwendige Stimmenmehrheit bestimmen (§§ 182 Abs. 1, 193 Abs. 1, 202 Abs. 2, 207 Abs. 2 AktG).

Keine Unterpari-Emission

§ 9 Abs. 1 AktG verbietet, Aktien zu einem geringeren Betrag als dem Nennbetrag auszugeben. Überpari-Emissionen sind jedoch möglich. Der den Nennbetrag übersteigende Betrag, das sog. Agio oder Aufgeld, ist ungekürzt in die Kapitalrücklage einzustellen und immer voll einzubezahlen (§ 272 Abs. 2 Nr. 1 HGB i. V. m. § 36a Abs. 1 AktG).

Die mit der Kapitalerhöhung verbundenen Emissionskosten (Kosten der Aktienherstellung, Gerichts- und Notariatskosten u. Ä.) müssen unmittelbar als Aufwand verrechnet werden (§ 248 Abs. 1 Nr. 2 HGB).

Formen

Für Aktiengesellschaften sind laut Aktiengesetz vier Formen der satzungsmäßigen Grundkapitalerhöhung durch Ausgabe neuer Aktien möglich:

Kapitalerhöhung gegen Einlagen

Bei der Kapitalerhöhung gegen Einlagen, der sog. »ordentlichen Kapitalerhöhung«, werden der Aktiengesellschaft neue Mittel in Form von Geld- oder Sacheinlagen zugeführt. Das bedeutet, dass der Nennwert des Grundkapitals durch die Ausgabe neuer Aktien erhöht wird. Erst nach Zeichnung sämtlicher neuer Aktien (§ 185 AktG) und Leistung der geforderten Einlagen kann die Durchführung der Kapitalerhöhung im Handelsregister zur Eintragung gemeldet werden (§ 188 AktG). Mit der Eintragung der durchgeführten Kapitalerhöhung in das Handelsregister wird die Kapitalerhöhung gegen Einlagen wirksam und muss deshalb zu diesem Zeitpunkt bilanziert werden.

Bedingte Kapitalerhöhung

Bei der bedingten Kapitalerhöhung beschließt die Hauptversammlung, dass das Grundkapital nur insoweit gegen Einlagen erhöht werden soll, wie von einem Umtausch- oder Bezugsrecht, das die Gesellschaft auf neue Aktien (Bezugsaktien) einräumt, Gebrauch gemacht wird (§ 192 Abs. 1 AktG). Die bedingte Kapitalerhöhung soll nur für die folgenden Zwecke beschlossen werden (§ 192 Abs. 2 AktG):

1. zur Gewährung von Umtausch- oder Bezugsrechten an Gläubiger von Wandelschuldverschreibungen,

2. zur Vorbereitung des Zusammenschlusses mehrerer Unternehmen,
3. zur Gewährung von Bezugsrechten an Arbeitnehmer und Mitglieder der Geschäftsführung der Gesellschaft oder eines verbundenen Unternehmens im Wege des Zustimmungs- oder Ermächtigungsbeschlusses.

Die Regelung des § 192 Abs. 2 AktG ist nach herrschender Meinung (vgl. Beck'scher Kurzkommentar zum Aktiengesetz [2012], § 192 Tz. 8 m. w. N.) grundsätzlich als abschließend zu betrachten, sodass eine bedingte Kapitalerhöhung nicht zu anderen als in § 192 Abs. 2 AktG genannten Zwecken durchgeführt werden darf.

Der Nennbetrag des bedingten Kapitals darf dabei für die Sachverhalte (1) und (2) die Hälfte und für den Sachverhalt (3) 10 % des Grundkapitals nicht überschreiten (§ 192 Abs. 3 AktG). Die Zahl und bei Nennbetragsaktien der Nennbetrag der Aktien, die im Rahmen einer bedingten Kapitalerhöhung im Geschäftsjahr ausgegeben wurden, sind im Anhang gesondert anzugeben (§ 160 Abs. 1 Nr. 3 AktG). Da bei einer bedingten Kapitalerhöhung Zeitpunkt und Höhe der Kapitalerhöhung ungewiss sind, ist ab dem Zeitpunkt der Beschlussfassung der Nennbetrag des bedingten Kapitals nach § 152 Abs. 1 Satz 3 AktG in der Bilanz beim gezeichneten Kapital anzugeben, soweit die Aktien noch nicht begeben sind. Nachdem die Beschlussfassung in das Handelsregister eingetragen wurde und die Aktien ausgegeben wurden, erhöht sich das gezeichnete Kapital um den Nennbetrag bzw. den rechnerischen Wert der ausgegebenen Aktien (vgl. Münchener Kommentar zum HGB [2013], § 272 Tz. 49).

Genehmigtes Kapital

Beim genehmigten Kapital handelt es sich um eine satzungsmäßige Ermächtigung des Vorstands, das Grundkapital um einen bestimmten Nennbetrag (= genehmigtes Kapital) durch Ausgabe neuer Aktien gegen Einlagen zu erhöhen. Das grundsätzlich auf die Hauptversammlung beschränkte Recht, über eine Kapitalerhöhung zu entscheiden, wird damit auf die Geschäftsleitung übertragen. Die Ermächtigung, die für höchstens fünf Jahre erteilt werden kann (§ 202 Abs. 2 AktG), soll dem Vorstand mehr Dispositionsfreiheit bei der Kapitalbeschaffung durch Ausgabe neuer Aktien geben. Das genehmigte Kapital darf die Hälfte des Grundkapitals nicht überschreiten (§ 202 Abs. 3 AktG). Es stellt noch kein Grundkapital dar und ist deshalb nur im Anhang zu vermerken (§ 160 Abs. 1 Nr. 4 AktG). Zudem sieht § 202 Abs. 4 AktG vor, dass das genehmigte Kapital auch zur Ausgabe neuer Aktien an Belegschaftsmitglieder verwendet werden kann. Macht der Vorstand von seiner Ermächtigung Gebrauch, dann ist mit der Eintragung in das Handelsregister das erhöhte Grundkapital in der Bilanz auszuweisen.

Kapitalerhöhung aus Gesellschaftsmitteln

Bei der Kapitalerhöhung aus Gesellschaftsmitteln wird das Grundkapital nicht durch Einlagen, sondern durch Umwandlung von Kapital- und/oder Gewinnrücklagen in Grundkapital und Ausgabe neuer Aktien an die Altaktionäre erhöht. Durch eine Kapitalerhöhung aus Gesellschaftsmitteln nimmt der Börsenkurs der Aktien ab, da die Anzahl der sich im Umlauf befindenden Anteile zunimmt und keine finanziellen Mittel zugeführt werden. Hierdurch verbessert sich die Fungibilität der Aktien. Eine Umwandlung der Rücklagen ist nur möglich, soweit in der zugrunde liegenden Bilanz kein Verlust ausgewiesen wird (§ 208 Abs. 2 Satz 1 AktG). Die Kapitalrücklage und die gesetzliche Rücklage können nur insoweit in Grundkapital überführt werden, wie sie zusammen den zehnten oder den in der Satzung bestimmten höheren Teil des bisherigen Grundkapitals überschreiten (§§ 150 Abs. 4 Satz 1 Nr. 3, 208 Abs. 1 Satz 2 AktG). Sind die anderen Gewinnrücklagen nicht für einen definierten Zweck bestimmt, so dürfen sie vollständig umgewandelt werden. Mit der Eintragung des Kapitalerhöhungsbeschlusses in das Handelsregister müssen das erhöhte Grundkapital und die verminderten Rücklagen in der Bilanz ausgewiesen werden. Einen Überblick über die rechtlichen und bilanziellen Sachverhalte, die bei den einzelnen Formen der Kapitalerhöhung zu beachten sind, gibt Tabelle 6.3.

	Kapitalerhöhung gegen Einlagen	**Bedingte Kapitalerhöhung**	**Genehmigtes Kapital**	**Kapitalerhöhung aus Gesellschafts-mitteln**
Gesetzliche Regelung	§§ 182-191 AktG	§§ 192-201 AktG	§§ 202-206 AktG	§§ 207-220 AktG
Zuführung	neuer Mittel in Form von Geld- oder Sacheinlagen	neuer Mittel in Form von Geld- oder Sacheinlagen	neuer Mittel in Form von Geld- oder Sacheinlagen	keine
Wirksamwerden der Kapitalerhöhung (Ausweis des erhöhten Grundkapitals in der Bilanz)	bei Eintragung der Durchführung der Kapitalerhöhung in das Handelsregister (§ 189 AktG)	bei Ausgabe der Bezugsaktien (§§ 200 AktG)	bei Eintragung der Durchführung der Kapitalerhöhung in das Handelsregister (§ 203 Abs. 1 AktG i. V. m. § 189 AktG)	bei Eintragung des Hauptversammlungsbeschlusses über die Kapitalerhöhung aus Gesellschaftsmitteln in das Handelsregister (§ 211 Abs. 1 AktG)
Ausgabe der neuen Aktien	nach Eintragung der Durchführung der Kapitalerhöhung in das Handelsregister (§ 191 AktG)	nach Eintragung des Hauptversammlungsbeschlusses über die bedingte Kapitalerhöhung (§ 197 AktG) und voller Leistung des Gegenwertes (§ 199 Abs. 1 AktG)	nach Eintragung der Durchführung der Kapitalerhöhung in das Handelsregister (§ 203 Abs. 1 AktG i. V. m. § 191 AktG)	nach Eintragung des Hauptversammlungsbeschlusses in das Handelsregister (§ 214 Abs. 1 AktG)
Obergrenze des Nennbetrages der Kapitalerhöhung	keine	Hälfte des Grundkapitals bzw. bei nach § 192 Abs. 2 Nr. 3 AktG beschlossener Erhöhung, 10 % des Grundkapitals zum Zeitpunkt der Beschlussfassung über die bedingte Kapitalerhöhung (§ 192 Abs. 3 AktG)	Hälfte des Grundkapitals zum Zeitpunkt der Ermächtigung über das genehmigte Kapital (§ 202 Abs. 3 AktG)	Kapitalrücklagen und gesetzliche Rücklagen, soweit sie 10 % des Grundkapitals oder den lt. Satzung höheren Betrag übersteigen, sowie andere Gewinnrücklagen unbegrenzt (§ 208 Abs. 1 AktG)

Tab. 6.3: Kapitalerhöhung bei einer Aktiengesellschaft

Kapitalerhöhung bei einer GmbH

Wie bei der AG bedarf auch bei der GmbH eine Erhöhung des gezeichneten Kapitals (Stammkapital) einer 3/4-Mehrheit der abgegebenen Stimmen der Gesellschafter und einer Eintragung im Handelsregister, da sie eine Satzungsänderung darstellt (§ 53 Abs. 2 GmbHG bzw. § 54 Abs. 1 GmbHG). Der GmbH bieten sich für die Erhöhung ihrer Stammeinlagen lediglich drei Möglichkeiten, nämlich die Kapitalerhöhung gegen Einlagen, die Kapitalerhöhung aus Gesellschaftsmitteln und die Kapitalerhöhung durch die Verwendung genehmigten Kapitals. Diese drei Formen der Kapitalerhöhung werden in Tabelle 6.4 kurz charakterisiert.

	Kapitalerhöhung gegen Einlagen	Genehmigtes Kapital	Kapitalerhöhung aus Gesellschaftsmitteln
Gesetzliche Regelung	§§ 56-57a GmbHG	§ 55a GmbHG	§§ 57c-57o GmbHG
Zuführung	neuer Mittel in Form von Geld- oder Sacheinlagen	neuer Mittel in Form von Geld- oder Sacheinlagen	keine
Wirksamwerden der Kapitalerhöhung (Ausweis des erhöhten Stammkapitals in der Bilanz)	bei Eintragung der Durchführung der Kapitalerhöhung in das Handelsregister (§ 54 Abs. 3 GmbHG)	bei Eintragung der Durchführung der Kapitalerhöhung in das Handelsregister (§ 54 Abs. 3 GmbHG)	bei Eintragung des Beschlusses über die Kapitalerhöhung in das Handelsregister (§ 57i i. V. m. § 54 Abs. 3 GmbHG)
Durchführung der Kapitalerhöhung	erfolgt durch Übernahme neuer Geschäftsanteile mit notarieller Beurkundung durch bisherige oder neue Gesellschafter (§ 55 Abs. 1 GmbHG). Vor Anmeldung ins Handelsregister ist mindestens ein Viertel der Geschäftsanteile einzuzahlen. (§ 56a GmbHG)	erfolgt durch Übernahme neuer Geschäftsanteile mit notarieller Beurkundung durch bisherige oder neue Gesellschafter (§ 55 Abs. 1 GmbHG). Vor Anmeldung ins Handelsregister ist mindestens ein Viertel der Geschäftsanteile einzuzahlen. (§ 56a GmbHG)	erfolgt durch Umwandlung der Rücklagen in Stammkapital. Dabei werden entweder neue Stammeinlagen gebildet oder bisherige erhöht.
Obergrenze des Nennbetrags der Kapitalerhöhung	keine	Hälfte des Stammkapitals zur Zeit der Ermächtigung (§ 55a Abs. 1 GmbHG)	keine

Tab. 6.4: Kapitalerhöhung bei einer GmbH

4. Herabsetzung des gezeichneten Kapitals

Herabsetzung des gezeichneten Kapitals bei Aktiengesellschaften

Eine Herabsetzung des Grundkapitals (gezeichneten Kapitals) einer AG bzw. KGaA ist nur nach den vom Aktiengesetz ausdrücklich vorgesehenen Vorschriften möglich. Wie die Kapitalerhöhung stellt auch die Kapitalherabsetzung eine Satzungsänderung dar und kann deshalb nur mit 3/4-Mehrheit der auf der Hauptversammlung vertretenen Stimmen beschlossen werden (Ausnahme: § 237 Abs. 3-5 AktG, wonach die einfache Stimmenmehrheit genügt). Es ist jedoch möglich, dass die Satzung eine größere Mehrheit und weitere Erfordernisse bestimmt (§§ 222 Abs. 1, 229 Abs. 3, 237 Abs. 2 AktG). Im Beschluss der Hauptversammlung ist jeweils der mit der Kapitalherabsetzung verfolgte Zweck anzugeben (§ 222 Abs. 3 AktG).

Zweck

Zweck einer Kapitalherabsetzung ist i. d. R. der Ausgleich von Verlusten oder die Einstellung von Beträgen in die Kapitalrücklage. Bisweilen wird eine Kapitalherabsetzung auch dafür genutzt, Teile des Grundkapitals an die Anteilseigner zurückzuzahlen.

Nominelle und effektive Kapitalherabsetzung

Mit Hilfe einer Kapitalherabsetzung kann sowohl ein bestehender Bilanzverlust beseitigt als auch überflüssiges Kapital verteilt werden. Während die Beseitigung des Verlustes meist durch eine rein buchmäßige Herabsetzung des Grundkapitals erfolgt (sog. »nominelle Kapitalherabsetzung«), ist die zweite Möglichkeit der Kapitalherabsetzung mit der Ausschüttung liquider Mittel an die Aktionäre verbunden (sog. »effektive Kapitalherabsetzung«). Aufgrund des unmittelbaren Vermögensabflusses sind die Interessen der Gläubiger bei der effektiven Kapitalherabsetzung besonders zu schützen.

Beträge aus der Kapitalherabsetzung

Die bilanzielle Erfassung einer Kapitalherabsetzung richtet sich nach deren Zweck. Der aus der Kapitalherabsetzung gewonnene Betrag ist bei einer AG gemäß § 240 Satz 1 AktG in dem Posten »Ertrag aus der Kapitalherabsetzung« im Anschluss an die »Entnahmen aus den Gewinnrücklagen« in der Ergebnisverwendungsrechnung auszuweisen (vgl. 9. Kapitel, S. 593). Der Posten »Ertrag aus der Kapitalherabsetzung« stellt dabei aber keinen Ertrag in dem Sinne dar, dass der Jahresüberschuss verändert wird, sondern es handelt sich lediglich um eine Buchung im Rahmen der Ergebnisverwendungsrechnung. Dies gilt für die GmbH analog, wenn sie freiwillig eine Ergebnisverwendungsrechnung erstellt (vgl. Thiele, S. [2002a], § 272 Tz. 42). Ein »Ertrag aus der Kapitalherabsetzung« ist im Anhang unter Angabe von Zweck und Höhe der Kapitalherabsetzung zu erläutern (§ 240 AktG).

Kapitalherabsetzung zum Verlustausgleich

Werden Beträge aus der Kapitalherabsetzung zum Ausgleich von Verlusten genutzt, ist folgende Buchung vorzunehmen, die innerhalb der Ergebnisverwendungsrechnung zu einer Verringerung des vorhandenen Verlusts führt:

1.	Durch die Kapitalherabsetzung sinkt das gezeichnete Kapital			
	Buchung:	Gezeichnetes Kapital	an	Ertrag aus der Kapitalherabsetzung

Kapitalherabsetzung zur Einstellung in die Kapitalrücklage

Erfolgt eine Zuführung der freigesetzten Beträge zur Kapitalrücklage, ist die Zuführung ebenfalls in die Ergebnisverwendungsrechnung aufzunehmen. In diesem Fall wird Buchung 1 zur Erhöhung des Bilanzgewinns ergänzt um eine 2. Buchung:

1.	Durch die Kapitalherabsetzung sinkt das gezeichnete Kapital			
	Buchung:	Gezeichnetes Kapital	an	Ertrag aus der Kapitalherabsetzung

2.	Zugleich ist die Zuführung zur Kapitalrücklage zu erfassen			
	Buchung:	Ertrag aus der Kapitalherabsetzung bzw. Einstellung in die Kapitalrücklage nach den Vorschriften über die vereinfachte Kapitalherabsetzung	an	Kapitalrücklage

Kapitalherabsetzung zur Ausschüttung an die Anteilseigner

Werden Beträge aus einer Kapitalherabsetzung an die Anteilseigner zurückgezahlt, ist eine andere bilanzielle Darstellung erforderlich. Da die Anteilseigner mit der Eintragung des Herabsetzungsbeschlusses in das Handelsregister einen Gläubigeranspruch gegen das Unternehmen erwerben, der Betrag aber zum Schutz der Gläubiger erst nach einer Sperrfrist (§ 225 Abs. 2 Satz 1 AktG, § 58 Abs. 1 Nr. 3 GmbHG) ausgeschüttet werden darf, ist der entsprechende Betrag nicht mehr im Eigenkapital, sondern bei den Verbindlichkeiten auszuweisen. In der Ergebnisverwendungsrechnung ist neben dem Posten »Ertrag aus der Kapitalherabsetzung« ein weiterer Posten aufzunehmen, der dokumentiert, dass es zu keiner Erhöhung des Bilanzgewinns kommt. Die Beträge aus der Kapitalherabsetzung unterliegen nämlich nicht der Ergebnisverwendung gemäß § 58 AktG (vgl. Thiele, S. [2002a], § 272 Tz. 43 ff.). Die erste Buchung ändert sich nicht; Buchung 2 ist in einem solchen Fall folgendermaßen abzuwandeln:

1.	Durch die Kapitalherabsetzung sinkt das gezeichnete Kapital		
Buchung:	Gezeichnetes Kapital	an	Ertrag aus der Kapitalherabsetzung

2.	Einstellung der Beträge aus der Kapitalherabsetzung in die Verbindlichkeiten		
Buchung:	Ertrag aus der Kapitalherabsetzung bzw. Ausschüttung an die Aktionäre aufgrund der Kapitalherabsetzung	an	Verbindlichkeiten

Das Aktienrecht kennt drei Arten der Kapitalherabsetzung (vgl. im Überblick Tabelle 6.5).

	Ordentliche Kapitalherabsetzung	**Vereinfachte Kapitalherabsetzung**	**Kapitalherabsetzung durch Einziehung von Aktien**
Gesetzliche Regelung	§§ 222-228 AktG	§§ 229-236 AktG	§§ 237-239 AktG
Zweck der Kapitalherabsetzung	Ausgleich von Verlusten, Rückzahlung von Kapital oder Einstellung von Beträgen in die Kapitalrücklage	Ausgleich von Wertminderungen, Deckung von sonstigen Verlusten oder Einstellung von Beträgen in die Kapitalrücklage (§ 229 Abs. 1 AktG)	Ausgleich von Verlusten oder Rückzahlung von Kapital
Wirksamwerden der Kapitalherabsetzung (Ausweis des reduzierten Grundkapitals in der Bilanz)	mit Eintragung des Herabsetzungsbeschlusses in das Handelsregister (§ 224 AktG)	kann bereits im Jahresabschluss für das letzte vor der Beschlussfassung über die Kapitalherabsetzung liegende Geschäftsjahr berücksichtigt werden (§ 234 Abs. 1 AktG); ansonsten mit Eintragung des Herabsetzungsbeschlusses in das Handelsregister (§ 229 Abs. 3 AktG i. V. m. § 224 AktG)	mit Eintragung des Herabsetzungsbeschlusses in das Handelsregister bei bereits erworbenen Aktien; bei noch zu erwerbenden Aktien mit ihrer Einziehung; bei Zwangseinziehung aufgrund von Satzungsvorschriften mit der Zwangseinziehung der Aktien (§ 238 AktG)
Technische Durchführung der Kapitalherabsetzung	durch Verringerung des Nennbetrags der Aktien (Abstempelung) oder durch Zusammenlegung von Aktien (§ 222 Abs. 4 AktG)	durch Verringerung des Nennbetrags der Aktien (Abstempelung) oder durch Zusammenlegung von Aktien (§ 229 Abs. 3 AktG i. V. m. § 222 Abs. 4 AktG)	durch zwangsweises Einziehen oder Rückkauf eigener Aktien (§ 237 Abs. 1 AktG)
Gläubigerschutz	durch Leistung von Sicherheiten für all jene Gläubiger, die sich innerhalb von 6 Monaten nach Bekanntmachung des Kapitalherabsetzungsbeschlusses melden und keine Befriedigung verlangen können (§ 225 Abs. 1 AktG); durch Verbot von Zahlungen an die Aktionäre vor Ablauf von 6 Monaten nach Bekanntmachung der Eintragung (§ 225 Abs. 2 AktG)	durch eine Gewinnausschüttungssperre, solange die Kapitalrücklage und die gesetzliche Rücklage zusammen weniger als 10 % des Grundkapitals betragen (§ 233 Abs. 1 AktG); durch Verbot einer höheren Dividende als 4 % des Grundkapitals in den zwei auf die Beschlussfassung über die Kapitalherabsetzung folgenden Geschäftsjahren (§ 233 Abs. 2 AktG)	durch Leistung von Sicherheiten für all jene Gläubiger, die sich innerhalb von 6 Monaten nach Bekanntmachung des Kapitalherabsetzungsbeschlusses melden und keine Befriedigung verlangen können; durch Verbot von Zahlungen an die Aktionäre vor Ablauf von 6 Monaten nach Bekanntmachung der Eintragung (§ 237 Abs. 2 AktG i. V. m. § 225 Abs. 2 AktG)

Tab. 6.5: Kapitalherabsetzung bei einer Aktiengesellschaft

Ordentliche Kapitalherabsetzung

Die ordentliche Kapitalherabsetzung kann für jeden Zweck einer Kapitalherabsetzung (Beseitigung von Verlusten, Rückzahlung von überflüssigem Kapital oder Einstellung von Beträgen in die Kapitalrücklage) verwendet werden. Da bei einer eventuellen Kapitalrückzahlung die Interessen von Gläubigern tangiert werden, sind Gläubigern von bestimmten Forderungen auf Verlangen bis zu sechs Monate nach Bekanntmachung des Herabsetzungsbeschlusses Sicherheiten zu leisten. Bevor diese Forderungen nicht beglichen sind bzw. entsprechende Sicherheiten nicht geleistet wurden und sechs Monate seit Bekanntmachung der Eintragung nicht verstrichen sind, darf eine Rückzahlung von Kapital an die Aktionäre nicht durchgeführt werden (§ 225 AktG). Der Ausweis des reduzierten Grundkapitals erfolgt nach Eintragung des Herabsetzungsbeschlusses in das Handelsregister (§ 224 AktG).

Vereinfachte Kapitalherabsetzung

Die vereinfachte Kapitalherabsetzung kann nur für die im AktG ausdrücklich genannten Zwecke verwendet werden (§ 229 Abs. 1 AktG). Im Gegensatz zu den anderen Formen der Kapitalherabsetzung ist die vereinfachte Kapitalherabsetzung nur dann zulässig, wenn die Gewinnrücklage vollständig verbraucht ist und Kapitalrücklage und gesetzliche Rücklage zusammen nicht 10 % des nach der Herabsetzung verbleibenden Betrages des Grundkapitals übersteigen (§ 229 Abs. 2 Satz 1 AktG). Zudem darf kein Gewinnvortrag bestehen. Da es bei dieser Form zu keiner Kapitalrückzahlung an die Aktionäre kommt, sind bei Durchführung dieser Kapitalherabsetzung nur vergleichsweise gemäßigte Bestimmungen des Gläubigerschutzes (§§ 230, 233 AktG) zu beachten. Abweichend von den beiden anderen Formen der Kapitalherabsetzung ist es gemäß § 234 Abs. 1 AktG möglich, bereits in dem letzten Jahresabschluss vor Beschlussfassung über die Kapitalherabsetzung das gezeichnete Kapital sowie die Kapital- und Gewinnrücklagen in der Höhe so auszuweisen, wie sie nach der Kapitalherabsetzung bestehen sollen. Diese Rückwirkung gilt auch für eine gleichzeitig durchgeführte Kapitalerhöhung (§ 235 Abs. 1 AktG). Ansonsten erfolgt der Ausweis des reduzierten Grundkapitals nach Eintragung des Herabsetzungsbeschlusses in das Handelsregister (§ 229 Abs. 3 i. V. m. 224 AktG).

Kapitalherabsetzung durch Einziehen eigener Aktien

Die Kapitalherabsetzung durch Einziehen von Aktien ist sowohl zur Beseitigung von Verlusten als auch zur Rückzahlung von Kapital verwendbar. Eigene Aktien können zwangsweise oder nach Erwerb durch die Gesellschaft eingezogen werden. Das zwangsweise Einziehen eigener Aktien ist nur zulässig, wenn dies in der ursprünglichen Satzung oder durch eine Satzungsänderung vor Übernahme oder Zeichnung angeordnet oder gestattet war (§ 237 Abs. 1 AktG). Von der Gesellschaft erworbene eigene Aktien können immer zu einer Kapitalherabsetzung verwendet werden (= Aktienrückkauf, vgl. auch in diesem Kapitel, S. 353 ff.). Die für den Erwerb von eigenen Aktien bestehende Höchstgrenze von 10 % des Grundkapitals (§ 71 Abs. 2 AktG) hat keine Gültigkeit. Die Rücksichtnahme auf die Gläubigerschutzinteressen ist aufgrund der Vorschriften über die ordentliche Kapitalherabsetzung, die hier im Wesentlichen greifen (§ 237 Abs. 2 Satz 1 AktG), sichergestellt. Die bilanzielle Darstellung der Kapitalherabsetzung in der Bilanz erfolgt bei bereits erworbenen Aktien mit der Eintragung des Herabsetzungsbeschlusses der Hauptversammlung in das Handelsregister. Wenn die Aktien erst nach der Eintragung des Herabsetzungsbeschlusses erworben werden, erfolgt der Ausweis in der Bilanz mit ihrer Einziehung; bei Zwangseinziehung aufgrund von Satzungsvorschriften mit der Zwangseinziehung der Aktien (§ 238 AktG).

Herabsetzung des gezeichneten Kapitals bei einer GmbH

Bei einer GmbH kann die Herabsetzung des gezeichneten Kapitals durch ordentliche Kapitalherabsetzung (§ 58 GmbHG) oder vereinfachte Kapitalherabsetzung (§§ 58a-58f GmbHG) erfolgen. Auch die Kapitalherabsetzung einer

GmbH kann nur mit einer 3/4-Mehrheit der in der Gesellschafterversammlung vorhandenen Stimmen sowie einer Eintragung ins Handelsregister wirksam durchgeführt werden und dient i. d. R. zur Beseitigung einer Unterbilanz, kann aber auch zur Rückzahlung von Einlagen an die Gesellschafter durchgeführt werden. Das Mindestkapital von 25.000 EUR darf bei einer Stammkapitalminderung nicht unterschritten werden. Zum Schutz der Gläubiger sind bei der ordentlichen Kapitalherabsetzung die besonderen Bestimmungen des § 58 GmbHG zu beachten, die unter anderem eine Sperrfrist von einem Jahr für die Anmeldung des Herabsetzungsbeschlusses zur Eintragung in das Handelsregister vorsehen und dadurch die Verwendbarkeit der Kapitalherabsetzung als Instrument der Abwendung einer Überschuldung für eine GmbH stark beeinträchtigen.

III. Rücklagen

Funktion der Rücklagen

Bei Kapitalgesellschaften erscheint das variable Eigenkapital, neben dem erwirtschafteten Jahresergebnis (Jahresüberschuss/-fehlbetrag) bzw. dem Gewinn-/Verlustvortrag oder dem Bilanzgewinn/-verlust (bei einer Bilanzerstellung nach teilweiser Ergebnisverwendung), in Form von Rücklagen. Zum einen dienen Rücklagen dazu, auftretende Verluste ausgleichen zu können, ohne dass das konstante Nominalkapital angegriffen wird. Zum anderen wird durch ihre Bildung die Eigenkapitalbasis der Gesellschaft über das Nominalkapital hinaus verstärkt und somit die Widerstandsfähigkeit des Unternehmens gegenüber wirtschaftlichen Krisen verbessert, was zur Sicherung des Unternehmensbestandes maßgeblich beiträgt. Darüber hinaus bewirken Rücklagen, die zumeist im Rahmen der Ergebnisverwendung gebildet werden und somit bei ihrer Dotierung den an die Anteilseigner ausschüttbaren Gewinn verringern, eine Erhöhung der Haftungsbasis (Gläubigerschutz) und verbessern die Unternehmensliquidität.

Keine gesonderten Gegenposten auf der Aktivseite

Wie alle Kapitalposten der Passivseite verfügen auch die Rücklagen über keinen gesonderten Gegenposten auf der Aktivseite der Bilanz. Sie werden deshalb durch sämtliche Vermögensgegenstände gedeckt. Die laienhafte Vorstellung, Rücklagen seien Bargeld oder ein eigens gebildeter Fonds aus der Vermögensmasse der Unternehmung, stimmt nicht. Sie zeigen lediglich an, dass das Eigenkapital (Reinvermögen) aufgrund gesetzlicher, statutarischer oder freiwilliger Ausschüttungssperren bzw. wegen Sonderzahlungen von Anteilseignern oder Dritten größer ist als das Grundkapital.

Ausweis der Rücklagen

Entsprechend ihrer Ersichtlichkeit in der Bilanz lassen sich Rücklagen in offene Rücklagen und stille Rücklagen (stille Reserven) unterteilen. Obwohl die Rücklagen gemäß § 266 Abs. 3 HGB unterteilt in Kapital- und Gewinnrücklagen ausgewiesen werden und somit der Begriff »offene Rücklagen« in der handelsrechtlichen Bilanz ausdrücklich keine Verwendung findet, gilt er dennoch als Terminus technicus, vor allem bei der Bilanzanalyse, um einerseits die Gesamtheit der in der Bilanz offen ersichtlichen Rücklagen zu bezeichnen und diese andererseits von den nicht offen in der Bilanz gezeigten und damit für einen externen Bilanzleser nicht ersichtlichen stillen Rücklagen begrifflich abzugrenzen. Die Trennung der offenen Rücklagen in Kapitalrücklage und Gewinnrücklagen wurde vom Gesetzgeber vorgeschrieben, um für einen externen Bilanzleser den Einblick in die Eigenkapitalstruktur einer Kapitalgesellschaft zu erhöhen. Denn dadurch ist aus der Bilanz jederzeit ersichtlich, welcher Teil des Eigenkapitals durch über die Jahre hinweg erwirtschaftete Gewinne und welcher Teil durch Einzahlungen der Anteilseigner dem Unternehmen von außen zugeführt wurde.

Abbildung 6.1 gibt eine Übersicht über die verschiedenen Rücklagenarten im Abschluss nach nationalen Normen.

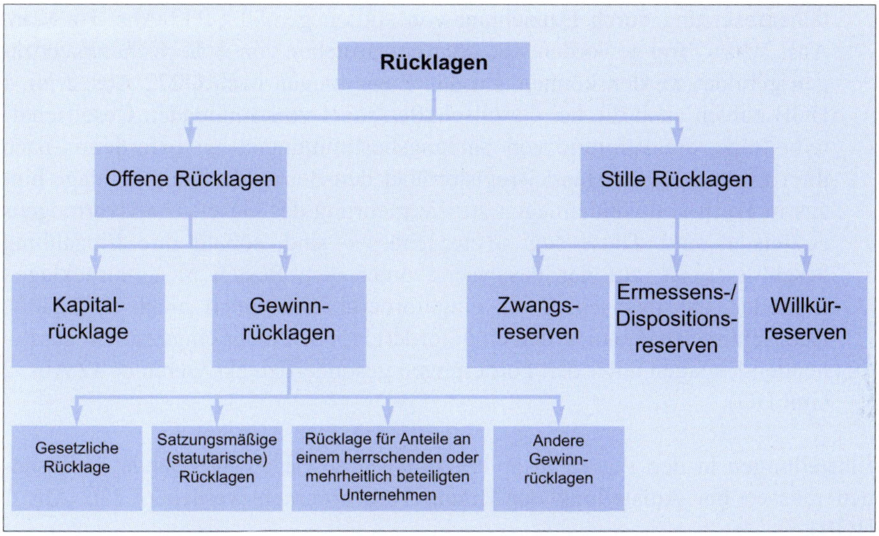

Abb. 6.1: Klassifizierung der Rücklagen im Abschluss nach nationalen Normen

1. Offene Rücklagen

Zu den offenen Rücklagen sind die Kapitalrücklage sowie die Gewinnrücklagen zu zählen.

a) Kapitalrücklage

Die Kapitalrücklage umfasst die einer Kapitalgesellschaft von ihren Eignern neben dem Nominalkapital von außen zugeführten Eigenkapitalteile. Hierin unterscheidet sich die Kapitalrücklage von den Gewinnrücklagen, die durch im Unternehmen einbehaltene Teile des Jahresüberschusses gebildet werden.

Einstellungen in die Kapitalrücklage

Gemäß § 272 Abs. 2 HGB sind der Kapitalrücklage folgende Beträge zuzuführen:

1. Der Betrag, der bei der Ausgabe von Anteilen einschließlich Bezugsanteilen über den Nennbetrag bzw. den rechnerischen Betrag hinaus erzielt wird. Dieses Agio (Aufgeld) umfasst den gesamten Erlös aus der Ausgabe von Anteilen, der den Nennbetrag dieser Anteile übersteigt; die Ausgabekosten sind unmittelbar zulasten des jeweiligen Jahresergebnisses zu verrechnen.
2. Der Betrag, der bei der Ausgabe von Schuldverschreibungen für Wandlungsrechte und Optionsrechte zum Erwerb von Anteilen erzielt wird (eine solche Emission ist nur bei einer Aktiengesellschaft möglich; § 221 AktG).

3. Die Zuzahlungen, die Gesellschafter gegen Gewährung eines Vorzugs für ihre Anteile leisten.
4. Andere Zuzahlungen, die Gesellschafter in das Eigenkapital leisten. Hierunter fallen bei einer AG bzw. einer KGaA vor allem diejenigen Beträge, die bei einer vereinfachten Kapitalherabsetzung gemäß § 229 AktG oder einer Kapitalherabsetzung durch Einziehung von Aktien gemäß § 237 Abs. 5 i. V. m. Abs. 3 AktG frei geworden sind oder bei Bestehen von Beherrschungsverträgen gebildet werden können. Zu den Zuzahlungen nach § 272 Abs. 2 Nr. 4 HGB zählen auch die bei Gesellschaften mbH vorkommenden Gesellschafterbeiträge, die aufgrund von Satzungsbestimmungen bei Erfordernis nach ihrer Eintragung ins Handelsregister über den Betrag der Stammeinlage hinaus in Form von Geldeinlagen zur Vermehrung des Gesellschaftsvermögens zu leisten sind. Diese sog. »Nachschüsse« sind, sobald ihre Einzahlung beschlossen ist, auf der Passivseite unter dem Posten »Kapitalrücklage« gesondert auszuweisen. Zwar eingeforderte, aber noch nicht einbezahlte Nachschüsse sind analog den eingeforderten, noch nicht eingezahlten ausstehenden Einlagen unter den Forderungen gesondert zu aktivieren (§ 42 Abs. 2 GmbHG).

Einstellungen in den Posten »Kapitalrücklage« sowie entsprechende Auflösungen müssen bei Aufstellung der Bilanz vorgenommen werden (§ 270 Abs. 1 HGB).

Auflösung von Kapitalrücklagen bei einer AG bzw. KGaA

Aktiengesellschaften und Kommanditgesellschaften aA haben bei Auflösung der Kapitalrücklage die Vorschriften des § 150 Abs. 3 und 4 AktG zu beachten. Demnach darf über die Beträge, die nicht unter § 272 Abs. 2 Nr. 1-3 HGB fallen (vgl. oben), ohne Einschränkung verfügt werden; die Rücklageanteile des § 272 Abs. 2 Nr. 1-3 HGB jedoch dürfen nur unter den nachfolgend genannten Bedingungen für die im Gesetz genau festgelegten Zwecke aufgelöst werden. Dabei ist die Zulässigkeit der Auflösung nicht allein von der Höhe der Kapitalrücklage, sondern von der Summe aus Kapitalrücklage plus gesetzlicher Rücklage abhängig.

Übersteigen demnach die Kapitalrücklage nach § 272 Abs. 2 Nr. 1-3 HGB und die gesetzliche Rücklage zusammen nicht den zehnten oder einen in der Satzung bestimmten höheren Teil des Grundkapitals, so darf die Kapitalrücklage lediglich zum Ausgleich eines Jahresfehlbetrages oder eines Verlustvortrages verwandt werden, soweit diese nicht durch einen Gewinnvortrag bzw. Jahresüberschuss gedeckt sind und nicht durch Auflösung anderer Gewinnrücklagen (vgl. in diesem Kapitel, S. 347 ff.) ausgeglichen werden können (§ 150 Abs. 3 AktG).

Ist die Summe aus Kapitalrücklage nach § 272 Abs. 2 Nr. 1-3 HGB und gesetzlicher Rücklage größer als der zehnte bzw. der durch die Satzung bestimmte höhere Teil des Grundkapitals, so kann der übersteigende Betrag unabhängig vom Bestehen anderer Gewinnrücklagen zum Ausgleich eines Jahresfehlbetrages bzw. Verlustvortrages verwandt werden. Eine solche Verwendung ist nicht zulässig, soweit der Jahresfehlbetrag durch einen Gewinnvortrag bzw. der Verlustvortrag durch einen Jahresüberschuss gedeckt ist oder wenn gleichzeitig Gewinnrücklagen zur Gewinnausschüttung aufgelöst werden. Darüber hinaus kann der übersteigende Betrag auch zur Kapitalerhöhung aus Gesellschaftsmitteln nach den §§ 207 bis 220 AktG herangezogen werden.

Einen zusammenfassenden Überblick der Möglichkeiten der Auflösung der Kapitalrücklage und der gesetzlichen Rücklage gibt Abbildung 6.2.

Die Beträge, die während eines Geschäftsjahres in den Posten »Kapitalrücklage« eingestellt bzw. diesem entnommen wurden, hat eine Aktiengesellschaft in der Bilanz oder im Anhang anzugeben (§ 152 Abs. 2 AktG).

Auflösung von Kapitalrücklagen bei einer GmbH

Gesellschaften mit beschränkter Haftung unterliegen bezüglich der Auflösung ihrer Kapitalrücklage keinen rechtlichen Bestimmungen. Abgesehen von dem durch Nachschüsse angesammelten Kapital, das nur zur Rückzahlung an die Gesellschafter (§ 30 Abs. 2 GmbHG), zur Tilgung eines Bilanzverlustes bzw. zur Kapitalerhöhung aus Gesellschaftsmitteln verwendet werden kann, dürfen die Gesellschafter über die Verwendung der Kapitalrücklage frei bestimmen.

b) Gewinnrücklagen

Gewinnrücklagen

Im Gegensatz zur Kapitalrücklage, die sich, wie im vorigen Abschnitt dargestellt, aus Mitteln zusammensetzt, die dem Unternehmen von außen zufließen, enthalten die Gewinnrücklagen Beträge, die im Unternehmen, d. h. durch Einbehalten von Teilen des Unternehmensergebnisses, gebildet wurden (§ 272 Abs. 3 HGB). Unter der Position »Gewinnrücklagen« sind nach § 266 Abs. 3 HGB folgende Rücklagen gesondert auszuweisen:

1. gesetzliche Rücklage,
2. Rücklage für Anteile an einem herrschenden oder mehrheitlich beteiligten Unternehmen,
3. satzungsmäßige Rücklagen,
4. andere Gewinnrücklagen.

(1) Gesetzliche Rücklage

Wesen der gesetzlichen Rücklage

Unter der gesetzlichen Rücklage versteht man den Teil der Gewinnrücklagen, der aufgrund gesetzlicher Vorschriften gebildet wurde. Dieser Bilanzposten tritt demnach bei der AG oder KGaA auf, da das AktG durch § 150 Abs. 1 die Bildung einer solchen Rücklage vorsieht. Zudem ist der Posten in der Bilanz einer »Unternehmergesellschaft (haftungsbeschränkt)« gemäß § 5a Abs. 3 GmbHG zu bilden. Eine GmbH hat keine gesetzliche Rücklage in die Bilanz aufzunehmen, da eine dem § 150 AktG ähnliche Vorschrift im GmbHG fehlt.

Einstellung in die gesetzliche Rücklage nach § 150 AktG

Gemäß § 150 Abs. 2 AktG sind so lange 5 % des Jahresüberschusses in die gesetzliche Rücklage einzustellen, bis diese zusammen mit den Beträgen, die nach § 272 Abs. 2 Nr. 1-3 HGB in die Kapitalrücklage eingestellt wurden, 10 % des Grundkapitals oder einen von der Satzung bestimmten höheren Prozentsatz erreicht hat. Besteht ein Verlustvortrag aus dem Vorjahr, so ist der Jahresüberschuss vorher entsprechend zu kürzen. Der der gesetzlichen Rücklage zuzuweisende Betrag mindert den zur Ausschüttung an die Gesellschafter zur Verfügung stehenden Gewinn und schmälert somit den Bilanzgewinn.

Auflösung der gesetzlichen Rücklage nach § 150 AktG

Nicht nur die Bildung, sondern auch die Auflösung der gesetzlichen Rücklage ist gesetzlich geregelt. Die Absätze 3 und 4 des § 150 AktG bestimmen, unter welchen Bedingungen und in welcher Höhe eine Auflösung der gesetzlichen Rücklage möglich ist. Die Auflösung der gesetzlichen Rücklage unterliegt den gleichen Vorschriften wie die der Kapitalrücklage; deshalb wird auf die Ausführungen zur Kapitalrücklage und auf Abbildung 6.2 verwiesen. Bei der Frage, ob Teile einer dieser beiden Rücklagearten verwendet werden können, wird nicht auf die Höhe der einzelnen Rücklagen, sondern auf die Summe aus Kapitalrücklage und gesetzlicher Rücklage abgestellt.

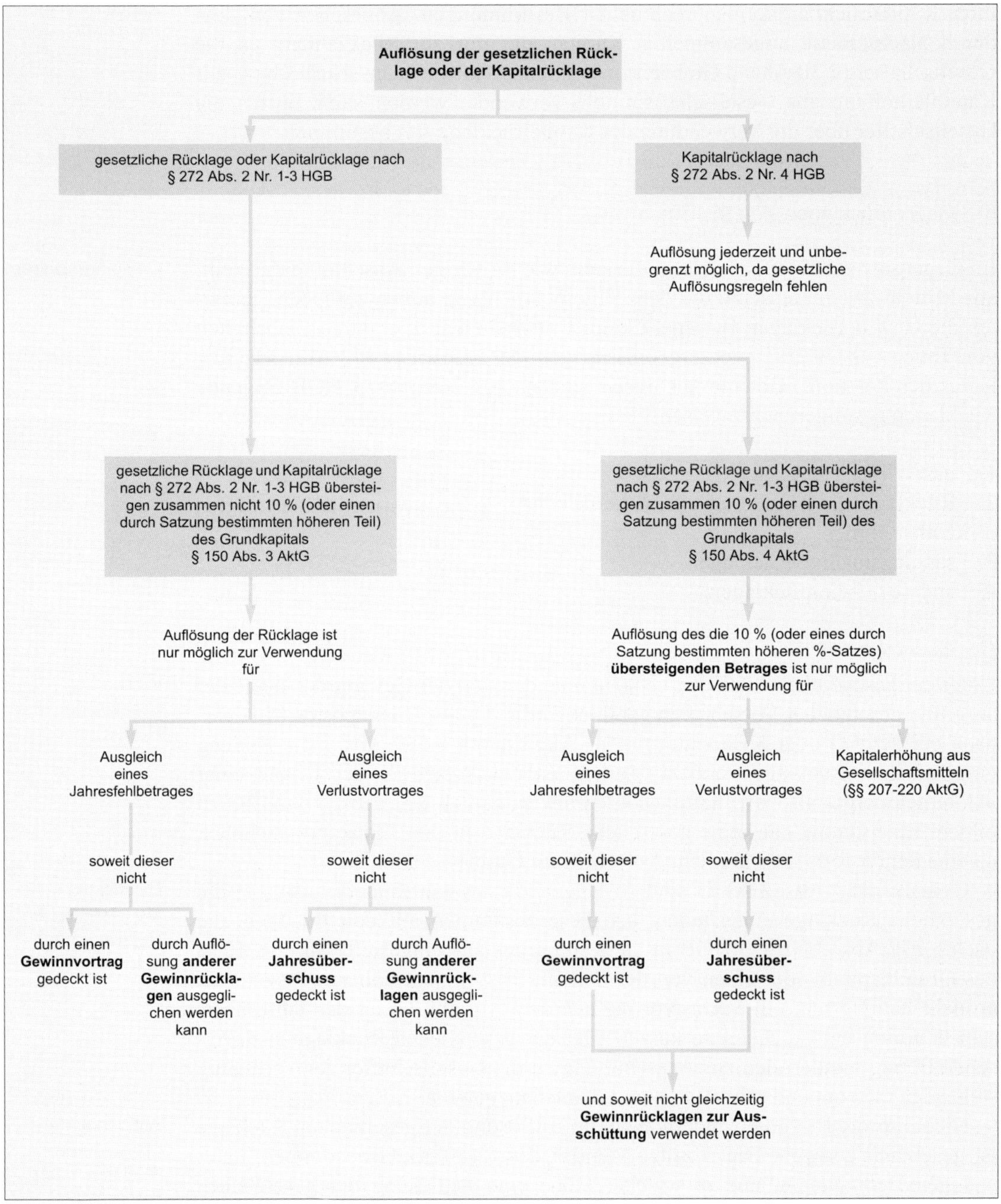

Abb. 6.2: Möglichkeiten der Auflösung der gesetzlichen Rücklage und der Kapitalrücklage

Wird die Bilanz unter Berücksichtigung der vollständigen oder teilweisen Verwendung des Jahresergebnisses aufgestellt (vgl. in diesem Kapitel, S. 356 ff.), so sind sowohl Einstellungen in die gesetzliche Rücklage als auch deren Auflösung bereits bei der Aufstellung der Bilanz zu berücksichtigen (§ 270 Abs. 2 HGB). Die Vorschriften über die Bildung und Auflösung der gesetzlichen Rücklage nach § 150 AktG sind zwingend einzuhalten. Ihre Nichtbeachtung führt zur Nichtigkeit des Jahresabschlusses (§ 256 Abs. 1 Nr. 4 AktG). Die gesetzlichen Regelungen können auch durch entsprechende Satzungsbestimmungen nicht eingeschränkt, sondern allenfalls erweitert werden.

Angabepflichten im Anhang

Die Beträge, die aus dem Jahresüberschuss des Geschäftsjahres oder dem Bilanzgewinn des Vorjahres in die gesetzliche Rücklage eingestellt bzw. im Geschäftsjahr aus der gesetzlichen Rücklage entnommen wurden, sind in der Bilanz oder im Anhang anzugeben (§ 152 Abs. 3 Nr. 2 und 3 AktG).

Einstellung in die gesetzliche Rücklage nach § 5a GmbHG

Für die Dotierung der gesetzlichen Rücklage einer »Unternehmergesellschaft (haftungsbeschränkt)« ist § 5a Abs. 3 Satz 1 GmbHG maßgebend. Demnach ist in die Rücklage ein Viertel des um einen Verlustvortrag aus dem Vorjahr geminderten Jahresüberschusses einzustellen. Es ist keine betragsmäßige Obergrenze analog zu § 150 Abs. 2 AktG vorgesehen. Eine Verpflichtung zur Dotierung der Rücklage besteht erst dann nicht mehr, wenn die Gesellschaft ihr Stammkapital auf einen Betrag von mindestens 25.000 EUR erhöht hat (§ 5a Abs. 5 GmbHG).

Auflösung der gesetzlichen Rücklage nach § 5a GmbHG

Die Möglichkeiten zur Verwendung und damit Auflösung der gesetzlichen Rücklage sind in § 5a Abs. 3 Satz 2 GmbHG abschließend geregelt. Die gesetzliche Rücklage darf zum einen für eine Kapitalerhöhung aus Gesellschaftsmitteln verwendet werden (§§ 5a Abs. 3 Satz 2 Nr. 1, 57c GmbHG). Zum anderen kann sie auch zum Ausgleich eines Jahresfehlbetrags, soweit er nicht durch einen Gewinnvortrag aus dem Vorjahr gedeckt ist (§ 5a Abs. 3 Satz 2 Nr. 2 GmbHG), und zum Ausgleich eines Verlustvortrags aus dem Vorjahr, soweit er nicht durch einen Jahresüberschuss gedeckt ist (§ 5a Abs. 3 Satz 2 Nr. 3 GmbHG), verwendet werden.

(2) Rücklage für Anteile an einem herrschenden oder mehrheitlich beteiligten Unternehmen

Bildung der Rücklage

Werden Anteile an einem herrschenden oder mehrheitlich beteiligten Unternehmen erworben, so ist gemäß § 272 Abs. 4 HGB eine entsprechende Rücklage zu bilden. Nach § 272 Abs. 4 Satz 2 HGB ist in die Rücklage ein Betrag, der dem auf der Aktivseite der Bilanz für die Anteile an dem herrschenden oder mehrheitlich beteiligten Unternehmen angesetzten Betrag entspricht, einzustellen. Die Rücklage ist bereits bei Aufstellung der Bilanz zu bilden und darf aus den frei verfügbaren Rücklagen gebildet werden. Der Begriff der »frei verfügbaren Rücklagen« umfasst dabei die Beträge aller Kapital- und Gewinnrücklagen, die weder durch Gesetz noch durch Satzung zweckgebunden sind bzw. einer Ausschüttungssperre unterliegen. Diese Voraussetzungen erfüllt neben den »anderen Gewinnrücklagen« auch die »Kapitalrücklage« gemäß § 272 Abs. 2 Nr. 4 HGB.

Auflösung der Rücklage

Eine Auflösung der Rücklage ist nur bei Veräußerung, Ausgabe oder Einziehung der Anteile an dem herrschenden oder mehrheitlich beteiligten Unternehmen oder wenn auf der Aktivseite ein niedrigerer Betrag angesetzt wird, vorzunehmen (§ 272 Abs. 4 Satz 4 HGB). In Höhe der gebildeten Rücklage liegt folglich eine Ausschüttungssperre vor.

Zweck

Die Regelung des § 272 Abs. 4 HGB trägt der Tatsache Rechnung, dass ein Unternehmen auch Anteile an einem Unternehmen erwerben kann, welches das Unternehmen beherrscht oder an diesem eine Mehrheitsbeteiligung hält (vgl. §§ 16, 17 AktG). Das kommt wirtschaftlich dem Fall gleich, dass das herrschende Unternehmen eigene Anteile erwirbt. Tatsächlich findet eine Reduktion des Eigenkapitals um die erworbenen Anteile zunächst aber nicht statt. Denn für Zwecke der Bilanzierung müssen diese erworbenen Anteile vom beherrschten bzw. im Mehrheitsbesitz stehenden Unternehmen als Vermögensgegenstände zu Anschaffungskosten aktiviert werden, falls sich die Anteile nicht bereits im wirtschaftlichen Eigentum des herrschenden oder mit Mehrheit beteiligten Unternehmens befinden. Die zu bildende Rücklage hat eine Ausschüttungssperrfunktion und dient damit dem Gläubigerschutz.

Ausweis der Anteile

Der Ausweis der zu aktivierenden Anteile hat grundsätzlich unter dem Posten »Anteile an verbundenen Unternehmen« im Umlaufvermögen zu erfolgen, vorausgesetzt die Bedingungen des § 271 Abs. 2 HGB sind erfüllt, sonst unter dem Posten »sonstige Wertpapiere« im Umlaufvermögen. Fraglich ist die Möglichkeit eines Ausweises im Anlagevermögen. Kann das herrschende oder mehrheitlich beteiligte Unternehmen zu jeder Zeit die Übertragung der Anteile verlangen (vgl. § 71d AktG), so ist ein Ausweis unter den Finanzanlagen nur möglich, wenn ausreichende Anhaltspunkte dafür bestehen, dass dieses Recht nicht wahrgenommen wird (vgl. BMJ [2008], S. 66).

Angabepflichten im Anhang

Die Beträge, die aus dem Jahresüberschuss des Geschäftsjahres oder dem Bilanzgewinn des Vorjahres in die Rücklage für Anteile an einem herrschenden oder mehrheitlich beteiligten Unternehmen eingestellt bzw. aus dieser entnommen wurden, sind in der Bilanz oder im Anhang anzugeben (§ 152 Abs. 3 Nr. 2 und 3 AktG).

(3) Satzungsmäßige Rücklagen

Statutarische Rücklagen

Satzungsmäßige Rücklagen – häufig auch statutarische Rücklagen genannt – umfassen all diejenigen Gewinnrücklagen, zu deren Bildung eine Kapitalgesellschaft aufgrund des Gesellschaftsvertrages bzw. ihrer Satzung verpflichtet ist. Satzungs- oder Gesellschaftsvertragsbestimmungen, die lediglich eine Ermächtigung zur Bildung von Gewinnrücklagen enthalten, führen nicht zu einer Dotierung der statutarischen, sondern der anderen Gewinnrücklagen (vgl. ADS [1995 ff.], § 272 Tz. 151). Sofern sich die Satzungsbestimmungen auf die gesetzliche Rücklage nach § 150 AktG beziehen, sind auch die Beträge, die 10 % des Grundkapitals übersteigen, Bestandteil der gesetzlichen Rücklage und zählen nicht zu den satzungsmäßigen Rücklagen, obwohl ihre Bildung auch auf eine verpflichtende Satzungsbestimmung zurückzuführen sein kann. Statutarische Rücklagen sind somit sämtliche aufgrund der Satzung (bzw. des Gesellschaftsvertrags) obligatorisch einzustellenden Gewinnrücklagen mit Ausnahme der statutarisch festgelegten höheren Zuführungen zu den gesetzlichen Rücklagen.

Bildung und Auflösung statutarischer Rücklagen

Die satzungsmäßigen Rücklagen können zweckgebunden oder zweckfrei, d. h. ohne eine Zweckbestimmung, gebildet werden. Zweckgebunden sind die Rücklagen dann, wenn sie gemäß einem in der Satzung festgelegten Zweck dotiert werden. Hierzu zählen u. a. Substanzerhaltungsrücklagen (vgl. 23. Kapitel, S. 1272 ff.), Werkerneuerungsrücklagen, Rücklagen für Rationalisierungsarbeiten sowie Rücklagen für den Ausbau der Vertriebsorganisation und Werbung.

Die Auflösung der satzungsmäßigen Rücklagen bestimmt sich wie deren Bildung nach den jeweiligen Vorschriften der Satzung; es bestehen hierzu weder für die AG noch für die GmbH gesetzliche Regelungen. Die Satzungsbestimmungen sind jedoch für Vorstand und Aufsichtsrat einer AG zwingend. Wird nämlich bei der Feststellung des Jahresabschlusses gegen Vorschriften der Satzung bezüglich der statutarischen Rücklagen verstoßen, so hat dies die Nichtigkeit des Jahresabschlusses zur Folge (vgl. § 256 Abs. 1 Nr. 4 AktG). Für die GmbH fehlt eine entsprechende Nichtigkeitsvorschrift.

Angabepflichten im Anhang

Die Beträge, die aus dem Bilanzgewinn des Vorjahres (durch die Hauptversammlung) bzw. dem Jahresüberschuss des Geschäftsjahres in die satzungsmäßigen Rücklagen eingestellt oder aus diesen entnommen wurden, sind bereits bei der Aufstellung der Bilanz zu berücksichtigen, sofern die Bilanz unter Berücksichtigung der vollständigen oder teilweisen Verwendung des Jahresergebnisses aufgestellt wird, sowie in der Bilanz oder im Anhang anzugeben (§ 270 Abs. 2 HGB, § 152 Abs. 3 AktG).

(4) Andere Gewinnrücklagen

Andere Gewinnrücklagen

Der Posten »andere Gewinnrücklagen« umfasst all diejenigen Rücklagen, die aus dem Jahresüberschuss eingestellt werden, die jedoch gemäß § 266 Abs. 3 HGB nicht gesondert auszuweisen sind. Er bildet somit einen Sammelposten.

Wie bei den statutarischen, so unterscheidet man auch bei den anderen Rücklagen solche mit und solche ohne Zweckbindung. Zu den anderen Rücklagen mit Zweckbindung zählen z. B. die Erneuerungsrücklage und die Dividendenergänzungsrücklage.

Zuführung und Auflösung der anderen Gewinnrücklagen

Die Gesellschafter einer GmbH unterliegen bezüglich der Höhe der Zuführung und der Auflösung anderer Gewinnrücklagen keiner gesetzlichen Regelung. Sie können folglich den Jahresüberschuss ganz, nur teilweise oder gar nicht in die »anderen Gewinnrücklagen« einstellen (§ 29 Abs. 2 GmbHG).

Für Aktiengesellschaften bzw. Kommanditgesellschaften aA existiert dagegen in § 58 AktG eine explizite gesetzliche Vorschrift, welche die Einstellung von Teilen des Jahresüberschusses in die »anderen Gewinnrücklagen« regelt. Demnach können andere Gewinnrücklagen sowohl durch die Hauptversammlung als auch durch Vorstand und Aufsichtsrat gebildet werden. Stellt die Hauptversammlung den Jahresabschluss fest, dann kann die Satzung vorsehen, dass bis zu 50 % des Jahresüberschusses in andere Gewinnrücklagen einzustellen sind (§ 58 Abs. 1 Satz 1 und 2 AktG). Der Jahresüberschuss ist jedoch vorab um einen bestehenden Verlustvortrag (ein Gewinnvortrag bleibt unberücksichtigt) und um die Beträge zu kürzen, die in die gesetzliche Rücklage einzustellen sind (§ 58 Abs. 1 Satz 3 AktG). Werden Rücklagen für Anteile an einem herrschenden oder mehrheitlich beteiligten Unternehmen bzw. statutarische Rücklagen aus dem Jahresüberschuss dotiert, so dürfen diese den Bemessungsbetrag für die Ermittlung des maximal in die anderen Gewinnrücklagen einzustellenden Betrages nicht mindern (vgl. analog Haller, A. [1987], S. 646 ff.).

Stellen Vorstand und Aufsichtsrat den Jahresabschluss fest, dann können diese einen Teil des Jahresüberschusses, höchstens jedoch dessen Hälfte, den anderen Gewinnrücklagen zuführen (§ 58 Abs. 2 Satz 1 AktG). Die Satzung kann Vorstand und Aufsichtsrat allerdings ermächtigen, mehr oder weniger als die Hälfte des Jahresüberschusses in die anderen Gewinnrücklagen einzustellen (§ 58

Abs. 2 Satz 2 AktG). Von dieser Ermächtigung können sie nur insoweit Gebrauch machen, wie die anderen Gewinnrücklagen weder vor noch nach Einstellung die Hälfte des Grundkapitals übersteigen (§ 58 Abs. 2 Satz 3 AktG). Die Möglichkeit von Vorstand und Aufsichtsrat, maximal die Hälfte des Jahresüberschusses in die anderen Gewinnrücklagen einzustellen (§ 58 Abs. 2 Satz 1 AktG), wird dadurch jedoch nicht eingeschränkt. Wie oben bereits erwähnt, muss der Jahresüberschuss vor Errechnung des den anderen Gewinnrücklagen zuführbaren Teils um die Pflichtzuführungen zu der gesetzlichen Rücklage und um einen etwaigen Verlustvortrag gekürzt werden (§ 58 Abs. 2 Satz 4 AktG).

Wertaufholungen

Unabhängig davon, ob Hauptversammlung oder Vorstand und Aufsichtsrat den Jahresabschluss feststellen, können Vorstand und Aufsichtsrat aufgrund § 58 Abs. 2a AktG zwei gesetzlich genau definierte Beträge, ohne von der Satzung oder der Hauptversammlung dazu ermächtigt zu sein, in die anderen Gewinnrücklagen einstellen. Dies ist zum einen der Eigenkapitalanteil von Wertaufholungen im Bereich des Anlage- und Umlaufvermögens. Durch Wertzuschreibungen, die bei Wegfall des Grundes für den Ansatz eines niedrigeren Buchwertes vom Unternehmen aufgrund der gesetzlichen Verpflichtung des Wertaufholungsgebotes gemäß § 253 Abs. 5 HGB erfolgen (vgl. 2. Kapitel, S. 120), wird das Jahresergebnis erhöht; stille Reserven werden aufgedeckt, die Gefahr laufen, im Zuge der Gewinnausschüttung aus dem Unternehmen zu fließen. Durch die mit § 58 Abs. 2a AktG eingeräumte Möglichkeit, den auf der Aktivseite zugeschriebenen Betrag (unter Abzug der darauf entfallenden Ertragsteuern) im Rahmen der Ergebnisverwendung in die Gewinnrücklagen einzustellen, können Vorstand und Aufsichtsrat den Zuschreibungsbetrag von der Ausschüttung sperren (Ausschüttungssperrfunktion). § 29 Abs. 4 Satz 1 GmbHG enthält eine analoge Regelung für die Geschäftsführer einer GmbH.

Steuerlich abzugsfähige Rücklagen

Zum anderen können Vorstand und Aufsichtsrat auch den Eigenkapitalanteil von steuerlich abzugsfähigen Rücklagen, die nicht im Sonderposten mit Rücklageanteil ausgewiesen werden dürfen (seit Inkrafttreten des BilMoG sind dies alle steuerlich abzugsfähigen Rücklagen, vgl. in diesem Kapitel, S. 350), bei der Ergebnisverwendung nach Abzug des Steueranteils, in die Rücklagen einstellen (§ 58 Abs. 2a AktG). Eine analoge Vorgehensweise wird den Geschäftsführern einer GmbH gemäß § 29 Abs. 4 Satz 1 GmbHG ermöglicht.

Zusätzliche Einstellungen in die anderen Gewinnrücklagen

Zusätzlich zu den nach § 58 Abs. 1-3 AktG aus dem Jahresüberschuss gebildeten anderen Gewinnrücklagen kann die Hauptversammlung mit einfacher Stimmenmehrheit beim Beschluss über die Verwendung des Bilanzgewinns weitere Beträge, ggf. auch den gesamten Bilanzgewinn, in die anderen Gewinnrücklagen einstellen (§ 58 Abs. 3 AktG). Eine Beschränkung ergibt sich allerdings durch § 254 Abs. 1 AktG, wonach ein entsprechender Hauptversammlungsbeschluss angefochten werden kann, sofern die Rücklageneinstellung übermäßig hoch ist und keine Mindestdividende i. H. v. 4 % des eingeforderten Grundkapitals ausgeschüttet wurde. Die unterschiedlichen Möglichkeiten der Dotierung anderer Gewinnrücklagen gemäß § 58 AktG verdeutlicht Abbildung 6.3.

Auflösung anderer Gewinnrücklagen

Andere Gewinnrücklagen können nur bei Aufstellung des Jahresabschlusses von dem für die Feststellung jeweils zuständigen Organ, Vorstand und Aufsichtsrat (§ 172 AktG) bzw. Hauptversammlung (§ 173 AktG), aufgelöst werden. Sofern Vorstand und Aufsichtsrat den Jahresabschluss feststellen, liegt es in deren freiem Ermessen – soweit keine Zweckbindung vorliegt – andere Gewinnrücklagen aufzulösen. Auch die Hauptversammlung ist – sofern sie den Jahresabschluss feststellt – grundsätzlich in ihrer Entscheidung über andere Gewinnrücklagen frei, soweit keine besonderen Satzungsbestimmungen vorliegen. Diese grundsätzliche Freiheit bei der Auflösung der anderen Gewinnrücklagen bezieht sich auch auf jene Beträge, die aufgrund von § 58 Abs. 2a AktG eingestellt wurden (vgl. Haller, A. [1987], S. 650).

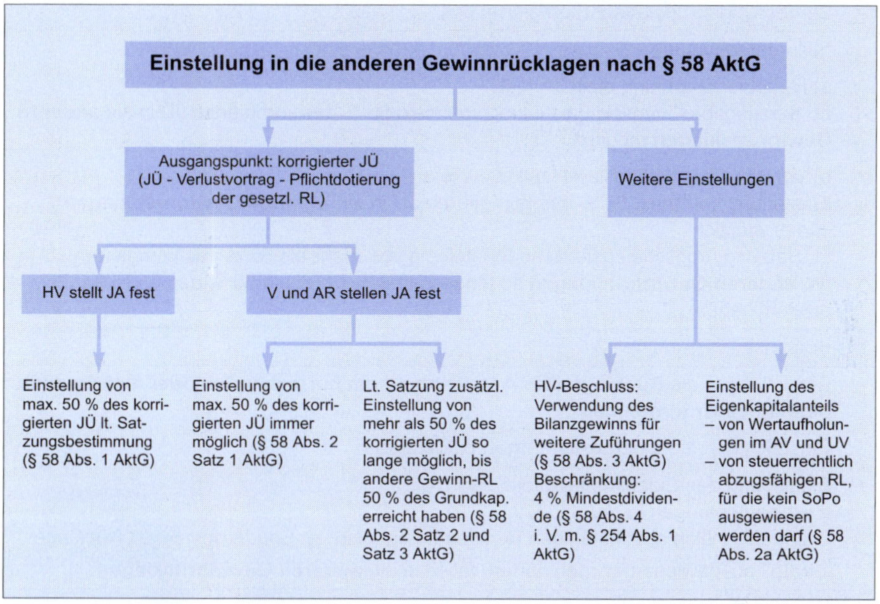

Abb. 6.3: Einstellungsmöglichkeiten in die anderen Gewinnrücklagen nach § 58 AktG

Unabhängig von der Feststellung des Jahresabschlusses durch Vorstand und Aufsichtsrat ist der Hauptversammlung das Recht vorbehalten, andere Gewinnrücklagen im Wege der Kapitalerhöhung aus Gesellschaftsmitteln in Grundkapital umzuwandeln.

Angabepflichten im Anhang

Die Beträge, die aus dem Bilanzgewinn des Vorjahrs (durch die Hauptversammlung) bzw. dem Jahresüberschuss des Geschäftsjahres in die anderen Gewinnrücklagen eingestellt bzw. aus diesen entnommen wurden, sind gemäß § 152 Abs. 3 AktG in der Bilanz oder im Anhang gesondert anzugeben. Dabei sind die Zuführungen nach § 58 Abs. 2a AktG (Eigenkapitalanteil von Wertaufholung und steuerfreier Rücklage) gesondert aufzuführen (§ 58 Abs. 2a Satz 2 AktG bzw. § 29 Abs. 4 Satz 2 GmbHG). Bei Feststellung des Jahresabschlusses einer AG durch Vorstand und Aufsichtsrat sind Einstellungen (mit Ausnahme der Zuweisung gemäß § 58 Abs. 3 AktG) bereits bei dessen Aufstellung vorzunehmen.

Tabelle 6.6 zeigt die Reihenfolge der Dotierung sämtlicher Rücklagen im Rahmen der Ergebnisverwendungsrechnung einer AG.

	Jahresüberschuss
–	Verlustvortrag
=	Bemessungsgrundlage 1
–	Pflichtdotierung der **gesetzlichen Rücklage** (Einstellung von 5 % der Bemessungsgrundlage 1 so lange, bis gesetzliche Rücklage und Kapitalrücklage zusammen 10 % des Grundkapitals erreicht haben)
=	Bemessungsgrundlage 2 (korrigierter JÜ)
	Fallunterscheidung
	a) Hauptversammlung stellt JA fest:
–	Lt. Satzungsbestimmung Einstellung von max. 50 % des korrigierten JÜ in die **anderen Gewinnrücklagen** möglich
	b) Vorstand und Aufsichtsrat stellen JA fest:
–	Einstellung von max. 50 % des korrigierten JÜ in die **anderen Gewinnrücklagen** immer möglich
–	Lt. Satzung mögliche zusätzliche Einstellung von mehr als 50 % des korrigierten JÜ in die **anderen Gewinnrücklagen** so lange zulässig, bis diese 50 % des Grundkapitals erreicht haben
=	Bemessungsgrundlage 3
–	Einstellung in die **Rücklagen für Anteile an einem herrschenden oder mehrheitlich beteiligten Unternehmen**
–	Einstellung in die **satzungsmäßigen Rücklagen**
–	Einstellung des Eigenkapitalanteils von – Wertaufholungen im AV und UV – steuerrechtlich abzugsfähigen Rücklagen, die nicht im Sonderposten mit Rücklageanteil ausgewiesen werden dürfen, fallen in die **anderen Gewinnrücklagen**
=	Bemessungsgrundlage 4
+	Gewinnvortrag
=	Bemessungsgrundlage für den Ergebnisverwendungsbeschluss der Hauptversammlung (Bilanzgewinn)

Tab. 6.6: Rücklagendotierung in der Ergebnisverwendungsrechnung einer AG

2. Sonderposten mit Rücklageanteil

Inhalt des Sonderpostens mit Rücklageanteil

Seit dem Inkrafttreten des BilMoG für im Jahr 2010 beginnende Geschäftsjahre herrscht ein Verbot für die Neubildung eines Sonderpostens mit Rücklageanteil. Durch die Abschaffung der umgekehrten Maßgeblichkeit des § 5 Abs. 1 Satz 2 EStG a. F. wird die steuerliche Anerkennung von rein steuerlich motivierten Ansätzen nicht mehr davon abhängig gemacht, dass die steuerrechtlichen Wahlrechte in Übereinstimmung mit der Handelsbilanz ausgeübt werden. Folglich konnten die entsprechenden handelsrechtlichen Öffnungsklauseln (§§ 247 Abs. 3, 273 HGB a. F.; §§ 254, 279 Abs. 2, 281 HGB a. F.) aufgehoben werden. Der Posten »Sonderposten mit Rücklageanteil« umfasste zwei Komponenten:

1. Rücklagen, die aufgrund steuerlicher Vorschriften den steuerpflichtigen Gewinn mindern und erst bei ihrer Auflösung zu versteuern sind (sog. »steu-

erfreie Rücklagen«), z. B. »Rücklage für Ersatzbeschaffung« (R 6.6 EStR) und die »Rücklage für Veräußerungsgewinne bei bestimmten Gütern des Anlagevermögens« (§ 6b EStG);
2. über die rein handelsrechtlich gebotenen Abschreibungen hinausgehende Beträge an steuerrechtlichen Abschreibungen (steuerrechtliche Sonderabschreibungen und erhöhte Absetzungen).

Da gemäß Art. 67 Abs. 3 Satz 1 EGHGB die nach bisherigem Recht gebildeten Sonderposten mit Rücklageanteil nach §§ 247 Abs. 3, 273 HGB a. F. beibehalten und entsprechend den Vorschriften des HGB a. F. ratierlich aufgelöst werden können, können auch zur Zeit noch solche Sonderposten in erstellten Handelsbilanzen enthalten sein. Alternativ zur Beibehaltung des Sonderpostens ist auch dessen Auflösung unmittelbar zugunsten der Gewinnrücklagen möglich (Art. 67 Abs. 3 Satz 2 EGHGB). Wird ein vorhandener Sonderposten mit Rücklageanteil unmittelbar zugunsten der Gewinnrücklagen aufgelöst, so führt dies zur Bildung passiver latenter Steuern. Diese erfolgt nach Art. 67 Abs. 6 Satz 2 EGHGB ebenfalls durch Verrechnung mit den Gewinnrücklagen.

3. Stille Rücklagen

Wesen der stillen Reserven

Stille Rücklagen, die auch als stille Reserven bezeichnet werden, sind Teile des Eigenkapitals, deren Höhe jedoch – wie ihre Bezeichnung ausdrückt – aus der Bilanz nicht ersichtlich ist (vgl. auch 19. Kapitel, S. 1105 f.). Neben dieser Eigenschaft unterscheiden sie sich von den offenen Rücklagen durch zwei weitere Merkmale. Zum einen unterliegen sie bei ihrer Auflösung im Allgemeinen der Besteuerung, zum anderen sind sie sowohl auf der Aktiv- als auch auf der Passivseite der Bilanz enthalten. Auf der Aktivseite entstehen sie durch zu niedrige Bewertung bzw. durch Nicht-Aktivierung von Vermögensgegenständen, auf der Passivseite durch das Ausüben von Passivierungswahlrechten bzw. zu hohe Wertansätze von Verbindlichkeiten und Rückstellungen. Die Höhe der stillen Reserven einer Unternehmung ergibt sich aus der Differenz zwischen den Buchwerten und den höheren »tatsächlichen« Werten von Aktiva bzw. aus der Differenz zwischen den Buchwerten und den niedrigeren »tatsächlichen« Werten von Passiva.

Arten stiller Reserven

Nach ihrer Entstehungsursache lassen sich stille Reserven in gesetzliche Zwangsreserven, Dispositions- und Ermessensreserven sowie Willkürreserven einteilen.

Zwangsreserven

Gesetzliche Zwangsreserven entstehen zwangsläufig bei Beachtung der gesetzlichen Bilanzierungs- und Bewertungsvorschriften. Dies zeigt sich besonders bei langfristigen Investitionen wie Grundstücken, Beteiligungen und Wertpapieren des Anlagevermögens, die bei Wertsteigerungen über die Anschaffungskosten hinaus aufgrund des Anschaffungskostenprinzips (vgl. 2. Kapitel, S. 120) nicht höher bewertet werden können. Ferner entstehen sie z. B. durch das Aktivierungsverbot für Marken, Drucktitel und andere in § 248 Abs. 2 Satz 2 HGB genannte nicht entgeltlich erworbene immaterielle Vermögensgegenstände des Anlagevermögens.

Dispositions-/Ermessens-reserven

Die Beachtung des Vorsichtsprinzips, dem in der Rechnungslegung nach nationalen Normen eine wesentlich bedeutendere Rolle zukommt als nach internationalen Grundsätzen (vgl. 1. Kapitel, S. 41 ff.), führt zum Entstehen von Dispositions- und Ermessensreserven. Die Ursachen für Ermessensreserven liegen in der Ungewissheit von Schätzungen, die Ursachen für Dispositionsreserven in den eingeräumten Wahlrechten für Ansatz und Bewertung.

Beispiele für Schätzungsunsicherheiten, die zu Ermessensreserven führen können, sind: Schätzung der Nutzungsdauer des abnutzbaren Anlagevermögens, Bemessung von Beteiligungsabschreibungen, Bemessung von Rückstellungen.

Beispiele für handelsrechtliche Bilanzierungs- und Bewertungswahlrechte, die zu Dispositionsreserven führen können, sind: Behandlung von selbst geschaffenen immateriellen Vermögensgegenständen des Anlagevermögens, Verfahren der Vorratsbewertung (Festwert-, Lifo-, Fifo-Verfahren), gemildertes Niederstwertprinzip bei Finanzanlagen, Behandlung eines Disagios, Höhe der Herstellungskosten.

Willkürreserven

Willkürreserven sind unzulässig. Sie entstehen bei Verstößen gegen zwingende Bilanzierungsvorschriften, z. B. durch völliges oder teilweises Unterlassen der Aktivierung von aktivierungspflichtigen Vermögensgegenständen, durch Verbuchung von Anlagezugängen als Aufwand oder durch Bildung fiktiver Rückstellungen.

Durch die im Gesetz verankerte Androhung von Sonderprüfungen und die bei unzulässiger Über- oder Unterbewertung eintretende Nichtigkeit des Jahresabschlusses (§§ 256, 258 ff. AktG) wird der Bildung von Willkürreserven seitens des Gesetzgebers entgegengewirkt.

Auflösung der stillen Reserven

Stille Reserven, die durch Unterbewertung im Umlaufvermögen entstanden sind, lösen sich automatisch bei Veräußerung der unterbewerteten Gegenstände auf. Die Auflösung stiller Reserven im abnutzbaren Anlagevermögen erfolgt von dem Augenblick an, an dem der durch die Nutzung eintretende Werteverzehr die bilanziellen Abschreibungen übersteigt. Bei Gegenständen des Anlagevermögens, die vorzeitig verkauft werden und deren Verkaufspreis über dem Buchwert liegt, kommt es ebenfalls zu einer (bewussten) Auflösung stiller Reserven. In Verbindlichkeiten bzw. Rückstellungen ruhende stille Reserven lösen sich auf, wenn der entsprechende Bilanzposten ausgebucht oder in seinem Wert nach unten korrigiert wird.

Steuerstundung

Das Bilden von stillen Reserven bewirkt, dass der Jahresüberschuss bzw. das Eigenkapital (Reinvermögen) geringer erscheinen, als es der Wirklichkeit entspricht (Instrument der Ergebnispolitik). Abgesehen von einigen Ausnahmen, bemüht sich der Steuergesetzgeber um eine weitgehende Einschränkung der Möglichkeiten zur Bildung stiller Reserven. Stille Reserven wirken bei ihrer Auflösung ergebniserhöhend. Sie stellen daher, soweit sie steuerlich überhaupt zulässig sind, keine Steuerersparnis, sondern lediglich eine Steuerstundung dar.

Bedeutung stiller Reserven

Theorie und Praxis beurteilen stille Reserven sehr unterschiedlich (zur Kritik stiller Rücklagen aus Sicht des Informationsziels vgl. auch in diesem Kapitel, S. 370). Besonders in der Praxis fordert man immer wieder, stille Reserven zuzulassen. Dazu werden u. a. folgende Argumente vorgetragen (vgl. Lachnit, L. [1993], S. 195):

- Angemessene stille Reserven verleihen einem Unternehmen Widerstandskraft und dienen der Substanzerhaltung.
- Stille Reserven stehen im Dienst der Gewinnregulierung (Verluste können ohne Inanspruchnahme offener Rücklagen abgedeckt werden; das Vertrauen von Gläubigern und Öffentlichkeit in die Unternehmung erfährt somit keine Schwächung).

IV. Bilanzierung eigener Anteile

Gründe für den Rückkauf eigener Anteile

Der Rückkauf eigener Anteile, und damit ebenfalls die sich daraus ergebenden Implikationen für die Bilanzierung, hat nicht nur weltweit, sondern auch in Deutschland eine wichtige Bedeutung für die Unternehmenspolitik. Hauptsächlich folgende Gründe veranlassen Unternehmen, ihre eigenen Anteile zu erwerben (vgl. Küting, K./Reuter, M. [2008], S. 499):

- zur Ausgabe von Belegschaftsaktien bzw. um mit Mitarbeitern vertraglich vereinbarte *stock option*-Pläne erfüllen zu können (vgl. hierzu in diesem Kapitel, S. 383 ff.),
- als Alternative zur Dividendenzahlung,
- zur Nutzung als Akquisitionswährung,
- zur Erhöhung des Ergebnisses je Aktie (bzw. der *earnings per share*), indem die Anzahl ausgegebener Aktien vermindert wird,
- zur Kapitalanlage,
- zur Abwehr von Übernahmeversuchen oder um den Kreis der Anteilseigner zu verringern,
- zur Etablierung eines Marktes ihrer Anteile bzw. zur Börsenkurspflege.

Regelungen zum Erwerb eigener Anteile durch eine AG

Der Erwerb und das Halten eigener Anteile sind in Deutschland im Gesellschaftsrecht geregelt. Grundsätzlich ist es Kapitalgesellschaften nicht gestattet, eigene Anteile zu erwerben, da eine Einlagenrückgewähr und eine Ausschüttung des Gesellschaftsvermögens, die den Bilanzgewinn übersteigt, zum Zwecke des Gläubigerschutzes und der Kapitalerhaltung gesetzlich verboten sind (vgl. § 57 AktG, § 30 GmbHG).

In bestimmten Ausnahmefällen ist es einer AG allerdings gestattet, eigene Aktien zu erwerben (vgl. §§ 71 ff. AktG). Dabei ist zwischen dem eingeschränkten Erwerb und dem uneingeschränkten Erwerb zu unterscheiden.

Eingeschränkter Erwerb in Ausnahmefällen

Nach § 71 Abs. 1 Nr. 1-4 und Nr. 7-8 AktG ist in folgenden Fällen bzw. unter folgenden Bedingungen ein eingeschränkter Erwerb eigener Aktien möglich:

- Der Erwerb ist nötig, um einen schweren Schaden von der Gesellschaft abzuwenden (Nr. 1).
- Der Erwerb erfolgt, um die Aktien an die Belegschaft auszugeben (Nr. 2).
- Die erworbenen eigenen Aktien sollen zur Abfindung von Minderheitsaktionären dienen (Nr. 3).
- Der Erwerb erfolgt unentgeltlich (Nr. 4).

- Der Erwerb findet durch ein Kreditinstitut in Kommission für Bankkunden statt (Nr. 4).
- Bei dem Unternehmen handelt es sich um ein Kredit- bzw. Finanzdienstleistungsinstitut, das im eigenen Namen eigene Aktien als Handelsbestand erwirbt, wenn eine entsprechende Ermächtigung durch die Hauptversammlung vorliegt; diese Ermächtigung kann maximal für fünf Jahre erteilt werden (Nr. 7).
- Der Unternehmensleitung ist es gestattet, eigene Aktien zu erwerben, wenn eine entsprechende Ermächtigung durch die Hauptversammlung vorliegt; diese Ermächtigung kann maximal für fünf Jahre erteilt werden (Nr. 8).

Für den Großteil dieser Fälle (§ 71 Abs. 1 Nr. 1-3, 7 und 8 AktG) ist der Erwerb eigener Aktien mengenmäßig auf insgesamt 10 % des Grundkapitals eingeschränkt (§ 71 Abs. 2 Satz 1 AktG). Außerdem ist der Erwerb gemäß § 71 Abs. 2 Satz 2 AktG nur zulässig, wenn die Gesellschaft im Zeitpunkt des Erwerbs (hypothetisch) eine Rücklage in Höhe der Aufwendungen für den Erwerb bilden könnte, ohne das Grundkapital oder eine nach Gesetz oder Satzung zu bildende Rücklage zu mindern, die nicht zur Zahlung an die Aktionäre verwandt werden darf. In den Fällen des § 71 Abs. 1 Nr. 1, 2, 4, 7 und 8 AktG ist der Erwerb zudem nur zulässig, wenn auf die Aktien der Ausgabebetrag voll geleistet ist.

Uneingeschränkter Erwerb in Ausnahmefällen

In den Ausnahmefällen des § 71 Abs. 1 Nr. 5-6 AktG ist ein uneingeschränkter Erwerb eigener Aktien möglich: Erfolgt ein Erwerb durch Gesamtrechtsnachfolge (Nr. 5) oder dienen die Aktien dazu, eine Kapitalherabsetzung durchzuführen (Nr. 6), so sind an den Erwerb eigener Aktien keine weiteren Bedingungen geknüpft.

Regelungen zum Erwerb eigener Anteile durch eine GmbH

Die gesellschaftsrechtlichen Voraussetzungen für den Erwerb eigener Geschäftsanteile für die GmbH regelt § 33 GmbHG. Demnach kann die Gesellschaft eigene Geschäftsanteile, auf welche die Einlagen noch nicht vollständig geleistet sind, nicht erwerben (§ 33 Abs. 1 GmbHG). Nach § 33 Abs. 2 GmbHG darf sie aber eigene Anteile, auf welche die Einlage vollständig geleistet ist, erwerben, sofern sie im Zeitpunkt des Erwerbs eine Rücklage in Höhe der Aufwendungen für den Erwerb bilden könnte, ohne das Stammkapital oder eine nach dem Gesellschaftsvertrag zu bildende Rücklage zu vermindern, die nicht zur Zahlung an die Gesellschafter verwandt werden darf. Unter den gleichen Voraussetzungen ist ein Erwerb eigener Anteile gemäß § 33 Abs. 3 GmbHG zur Abfindung von Gesellschaftern zulässig.

Bilanzierung des Erwerbs eigener Anteile

Die handelsbilanzielle Erfassung eigener Anteile erfolgt rechtsformunabhängig einheitlich. Auch die Gründe für den Erwerb der Anteile spielen keine Rolle für den Bilanzausweis, wohl aber für die Prüfung der generellen Zulässigkeit des Erwerbs (§ 71 AktG, § 33 GmbHG). Jeder Erwerb eigener Anteile wird in Form eines Korrekturpostens zum Eigenkapital bilanziert. Werden eigene Anteile erworben, dann ist der Nennbetrag bzw., falls ein solcher nicht vorhanden ist (dies ist bei nennwertlosen Stückaktien der Fall), der rechnerische Wert der erworbenen Anteile in der Vorspalte offen von dem Posten »gezeichnetes Kapital« abzusetzen (§ 272 Abs. 1a Satz 1 HGB). Der verbleibende Betrag in der Hauptspalte kann dann als »ausgegebenes Kapital« bezeichnet werden. Der Unterschiedsbetrag zwischen dem Nennbetrag oder dem rechnerischen Wert und den Anschaffungskosten der eigenen Anteile ist gemäß § 272 Abs. 1a Satz 2

HGB mit den frei verfügbaren Rücklagen zu verrechnen, d. h. diese werden um den entsprechenden Betrag vermindert, sofern die Anschaffungskosten den vom gezeichneten Kapital abzusetzenden Betrag übersteigen. Falls die Anschaffungskosten unter dem Nennbetrag bzw. dem rechnerischen Wert liegen, ist strittig, wie mit dem negativen Unterschiedsbetrag zu verfahren ist. Neben einer Einstellung des Unterschiedsbetrags in die frei verfügbaren Rücklagen (vgl. Beck'scher Bilanzkommentar [2012], § 272 Tz. 131) wird in Anlehnung an die diesbezügliche Vorgehensweise vor BilMoG auch für möglich erachtet, die aus dem verbilligten Erwerb resultierende Vermögensmehrung als Ertragszuschuss zu vereinnahmen oder die Kapitalrücklage nach § 272 Abs. 2 Nr. 4 HGB zu dotieren (vgl. Gelhausen, H. F./Fey, G./Kämpfer, G. [2009], Buchst. L Tz. 32 f.). Anschaffungsnebenkosten sind als Aufwand in der Gewinn- und Verlustrechnung zu erfassen.

Sofern die frei verfügbaren Rücklagen nicht zur Verrechnung der den Nennbetrag bzw. den rechnerischen Wert der eigenen Anteile übersteigenden Anschaffungskosten ausreichen, ergeben sich mehrere Möglichkeiten, wie mit dem verbleibenden Unterschiedsbetrag zu verfahren ist. So kann zum einen das Ergebnis in Höhe des verbleibenden Betrags vermindert werden. Eine solche Vorgehensweise ist jedoch abzulehnen, da sie dazu führt, dass ein Erwerb eigener Anteile allein aus der Tatsache, dass nicht genügend frei verfügbare Rücklagen vorhanden sind, eine verzerrte Darstellung der Ertragslage des Unternehmens bewirkt. Eine dem Grundsatz der Darstellung eines den tatsächlichen Verhältnissen entsprechenden Bilds der Vermögens-, Finanz- und Ertragslage des Unternehmens (§ 264 Abs. 2 Satz 1 HGB) eher entsprechende Herangehensweise kann zum anderen darin bestehen, dass eine Verrechnung des verbleibenden Betrags im Rahmen der Ergebnisverwendung, unter Umständen auch zulasten eines Bilanzverlusts, vorgenommen wird (so Gelhausen, H. F./Fey, G./Kämpfer, G. [2009], Buchst. L Tz. 28; Kühnberger, M. [2011], S. 1388). Ein Ausweis kann dann als ein Korrekturposten, ähnlich einem Verlustvortrag, innerhalb des Bilanzgewinns bzw. -verlusts erfolgen. Eine dritte Variante kann darin bestehen, dass in Höhe des nach der Verrechnung mit vorhandenen frei verfügbaren Rücklagen verbleibenden Unterschiedsbetrags ein Posten auf der Aktivseite, analog dem Posten »Nicht durch Eigenkapital gedeckter Fehlbetrag« gebildet wird. In dem Maße, in dem in Folgeperioden frei verfügbare Rücklagen zur Verfügung stehen, kann dieser Korrekturposten wieder aufgelöst werden.

Bilanzierung der Veräußerung eigener Anteile

Werden die eigenen Anteile wieder veräußert, ist die Vorschrift des § 272 Abs. 1b HGB anzuwenden. Demnach entfällt der bei Erwerb der eigenen Anteile vorgenommene Ausweis nach § 272 Abs. 1a Satz 1 HGB. Ein den Nennbetrag oder den rechnerischen Wert übersteigender Differenzbetrag aus dem Veräußerungserlös ist bis zur Höhe des bei Erwerb mit den frei verfügbaren Rücklagen verrechneten Betrags in die jeweiligen Rücklagen einzustellen, die bei Erwerb vermindert wurden. Ein darüber hinausgehender Differenzbetrag ist der Kapitalrücklage nach § 272 Abs. 2 Nr. 1 HGB zuzuführen. Nebenkosten sind wieder als Aufwand in der Gewinn- und Verlustrechnung des Geschäftsjahres zu erfassen. Für den Fall, dass der Veräußerungspreis unterhalb der ursprünglichen Anschaffungskosten bzw. sogar unterhalb des Nennbetrags bzw. des rechnerischen Betrags liegt, enthält § 272 Abs. 1b HGB keine expliziten Vorgaben. Auch in diesen Fällen sind jedoch zunächst die bei Erwerb der eigenen Anteile vorgenommene offene Absetzung des Nennbetrags bzw. rechnerischen Werts sowie die

Verrechnung mit freien Rücklagen rückgängig zu machen. Anschließend ist ein Veräußerungsverlust gegenüber den ursprünglichen Anschaffungskosten der eigenen Anteile mit den frei verfügbaren Rücklagen zu verrechnen (vgl. Beck'scher Bilanzkommentar [2012], § 272 Tz. 144).

V. Bilanzergebnis (Jahresüberschuss/-fehlbetrag, Gewinn-/Verlustvortrag, Bilanzgewinn/-verlust)

Möglichkeiten des Ausweises des Unternehmensergebnisses in der Bilanz

Das HGB gewährt drei unterschiedliche Möglichkeiten des Ausweises des Unternehmensergebnisses in der Bilanz, da die Bilanz grundsätzlich entweder unter Berücksichtigung der vollständigen oder der teilweisen Verwendung des Jahresergebnisses, aber auch ohne Berücksichtigung der Ergebnisverwendung aufgestellt werden kann (§ 268 Abs. 1 HGB). Die zu wählende Darstellung in der Bilanz ist nach herrschender Meinung von der tatsächlichen Situation der Ergebnisverwendung zum Zeitpunkt der Bilanzerstellung abhängig zu machen. Als Ergebnisverwendung gelten dabei Einstellungen in bzw. Auflösungen von Rücklagen sowie Ausschüttungen an Gesellschafter aufgrund von Gesellschafterbeschlüssen, die vor der Bilanzerstellung gefasst wurden (vgl. zur Ergebnisverwendung 9. Kapitel, S. 592 ff.). Nicht zu den Ergebnisverwendungen zählen ergebnisabhängige Aufwendungen wie Vorstands- und Aufsichtsratstantiemen sowie spezifische Verpflichtungen, die aus dem Bilanzgewinn bzw. Jahresüberschuss zu decken sind (z. B. Genuss- und Besserungsscheine, stille Beteiligungen etc.) (vgl. Beck'scher Bilanzkommentar [2012], § 268 Tz. 2).

Ergebnisausweis vor Ergebnisverwendung

Das gesetzliche Gliederungsschema des § 266 Abs. 3 HGB geht von der Aufstellung des Jahresabschlusses vor jeglicher Ergebnisverwendung – sei es durch Vorstand und Aufsichtsrat oder sei es durch die Haupt- bzw. Gesellschafterversammlung – aus. Bei Aufstellung der Bilanz vor Ergebnisverwendung hat eine Kapitalgesellschaft den Jahresüberschuss bzw. -fehlbetrag (entspricht dem Ergebnis der GuV) und den Gewinn- bzw. Verlustvortrag als gesonderte Größen unter der Abschlussgruppe »Eigenkapital« auszuweisen. Bei dem Gewinn- bzw. Verlustvortrag handelt es sich um den Teil des Jahresergebnisses, der in den Vorjahren weder zur Ausschüttung noch zur Rücklagenzuführung oder auf sonstige Weise verwendet wurde. Der Gewinnvortrag kann zur Ausschüttung verwandt oder in die Gewinnrücklagen eingestellt werden. Des Weiteren kann er auch wieder ins nächste Jahr vorgetragen werden. Ein Verlustvortrag wird entweder mit dem Jahresüberschuss der Periode oder anderen Gewinnrücklagen verrechnet oder ins nächste Jahr vorgetragen. Dieser Ausweis des Ergebnisses ist nur dann möglich, wenn für die bilanzerstellenden Organe keine gesetzliche oder satzungsmäßige bzw. gesellschaftsvertragliche Verpflichtung zur Einstellung oder Auflösung einer Rücklage besteht.

Ergebnisausweis nach teilweiser Ergebnisverwendung

Wird die Bilanz unter Berücksichtigung teilweiser Ergebnisverwendung erstellt, so tritt an die Stelle der Posten »Gewinn- bzw. Verlustvortrag« und »Jahresüberschuss bzw. -fehlbetrag« der Posten »Bilanzgewinn bzw. -verlust«. Der Bilanzgewinn ist der Teil des Jahresüberschusses der Periode oder früherer Perioden, der den Gesellschaftern von den Führungs- und Aufsichtsorganen einer Gesellschaft zur Ausschüttung vorgeschlagen wird. Er stellt somit im Gegensatz zum Jahresüberschuss keine Maßgröße der Leistungsfähigkeit des Unternehmens dar. Die Höhe des in den »Bilanzgewinn/-verlust« eingeflossenen Gewinn-/

Verlustvortrages ist in der Bilanz oder im Anhang gesondert anzugeben (§ 268 Abs. 1 HGB). Für Aktiengesellschaften ist die Bilanzerstellung nach teilweiser Ergebnisverwendung der übliche Fall, da zumeist gesetzliche bzw. statutarische Verpflichtungen zur Einstellung in Rücklagen bestehen (vgl. § 150 Abs. 2 AktG, § 272 Abs. 4 HGB).

Ergebnisausweis nach vollständiger Ergebnisverwendung

Stellt die Kapitalgesellschaft ihre Bilanz nach vollständiger Ergebnisverwendung auf, so verschwinden die Posten »Jahresüberschuss« bzw. »Bilanzgewinn« völlig, da die jeweiligen Ergebnisbeträge den entsprechenden Bilanzposten zugeschrieben werden. Eine derartige Konstellation kann sich beispielsweise ergeben, wenn ein vorhandener Jahresüberschuss sowie ein Gewinnvortrag aus dem Vorjahr aufgrund gesetzlicher, satzungsmäßiger oder gesellschaftsvertraglicher Verpflichtungen bei Bilanzerstellung vollständig den Rücklagen zugeführt werden. Der Posten »Bilanzgewinn« (i. H. v. Null) entfällt dann in der Bilanz. Diejenigen Teile, die in die Rücklagen eingestellt wurden, werden dort ausgewiesen. Eine vollständige Ergebnisverwendung liegt auch dann vor, wenn bereits vor bzw. bei Bilanzerstellung die Einstellung eines Teils des Jahresüberschusses in Rücklagen erfolgt und ein Beschluss über die Ausschüttung des restlichen Jahresüberschusses gefasst wird. Jene Teile, die zur Ausschüttung bestimmt sind, stellen Verbindlichkeiten der Gesellschaft gegenüber ihren Anteilseignern dar und werden somit unter dem Posten »sonstige Verbindlichkeiten« verbucht. Allerdings ist die Aufstellung der Bilanz nach vollständiger Ergebnisverwendung für eine AG bzw. KGaA nur schwer denkbar, da ein Ergebnisverwendungsbeschluss durch die Hauptversammlung nach § 174 Abs. 1 AktG auf einem bereits festgestellten Jahresabschluss basieren muss (vgl. Münchener Kommentar zum AktG [2013], § 174 Tz. 20). Die drei Ausweismethoden verdeutlicht das Beispiel zum Gewinnausweis nach HGB (vgl. S. 358 f.).

Ergebnisverwendungsrechnung

Aktiengesellschaften haben unabhängig davon, welche bilanzielle Darstellungsform des Jahresergebnisses gewählt wird, gemäß § 158 Abs. 1 AktG im Anschluss an die GuV oder im Anhang eine Ergebnisverwendungsrechnung aufzustellen, um die Verwendung des Jahresüberschusses zu verdeutlichen. Gesellschaften mbH haben einen solchen Gewinnverwendungsnachweis nicht zwingend zu erbringen (vgl. im Detail 9. Kapitel, S. 592 ff.). Ergeben sich in der Hauptversammlung nach teilweiser Ergebnisverwendung durch Vorstand und Aufsichtsrat Änderungen bezüglich der Ergebnisverwendung, weil z. B. die Aktionäre unter Verzicht auf Ausschüttung Beträge in Gewinnrücklagen einstellen oder einen Gewinnvortrag bilden, so darf diese Änderung nicht mehr im festgestellten Jahresabschluss berücksichtigt werden, sondern ist erst im Jahresabschluss des Folgejahres auszuweisen (§ 174 Abs. 3 AktG).

Nicht durch Eigenkapital gedeckter Fehlbetrag

Übersteigen die erwirtschafteten Verluste das Eigenkapital einer Kapitalgesellschaft in dem Sinne, dass ein nicht durch Rücklagen gedeckter Verlust das gezeichnete Kapital übersteigt, und ergibt sich somit ein Überschuss der Passivposten über die Aktivposten (buchmäßige Überschuldung), so ist der Differenzbetrag am Schluss der Bilanz auf der Aktivseite unter der Bezeichnung »Nicht durch Eigenkapital gedeckter Fehlbetrag« gesondert auszuweisen (§ 268 Abs. 3 HGB). Das gezeichnete Kapital wird auch weiterhin auf der Passivseite ausgewiesen. Durch den Aktivposten soll ein negativer Ausweis der Abschlussgruppe »Eigenkapital« verhindert werden (vgl. 1. Kapitel, S. 8 f.). Eine solche buchmäßige Überschuldung wird auch als »formelle Überschuldung« bezeichnet und darf nicht mit der Überschuldung i. S. des Insolvenzrechts gleichgesetzt werden (materielle Überschuldung). Denn zur Ermittlung der Überschuldung nach Insolvenzrecht sind nicht die für den Jahresabschluss geltenden Bewertungsbestimmungen, sondern es ist das Ergebnis einer nach Liquidations- bzw. Zeitwerten bewerteten Vermögensbilanz heranzuziehen (vgl. § 151 Abs. 2 InsO; Münchener Kommentar zur Insolvenzordnung [2013], § 151 Tz. 9 ff.). Die buchmäßige Überschuldung führt folglich erst dann zu einer Überschuldung i. S. des Insolvenzrechts, wenn das Unternehmen nicht mehr über ausreichende stille Reserven verfügt.

Da bei der Existenz einer buchmäßigen Überschuldung eine Insolvenz zumeist droht, sollte die Position »Nicht durch Eigenkapital gedeckter Fehlbetrag« im Anhang besonders erläutert werden. Dabei sollte insbesondere dargestellt werden, warum keine Überschuldung i. S. des Insolvenzrechts vorliegt, d. h. in welchen Bereichen noch Vermögensreserven vorhanden sind.

Nicht durch Vermögenseinlagen gedeckter Verlustanteil persönlich haftender Gesellschafter

Bei einer KGaA ist der auf die persönlich haftenden Gesellschafter (Komplementäre) für das Geschäftsjahr entfallende Verlust von deren offen unter dem »gezeichneten Kapital« ausgewiesenen Kapitalanteilen abzusetzen. Übersteigt der Verlust den Kapitalanteil eines Komplementärs, so ist der Differenzbetrag unter der Bezeichnung »Nicht durch Vermögenseinlagen gedeckter Verlustanteil persönlich haftender Gesellschafter« analog zu § 268 Abs. 3 HGB gesondert auf der Aktivseite der Bilanz auszuweisen, sofern keine Zahlungsverpflichtung besteht. Besteht eine Zahlungsverpflichtung zum Ausgleich des Unterschiedsbetrages, ist diese hingegen unter den Forderungen als »Einzahlungsverpflichtung persönlich haftender Gesellschafter« auszuweisen (§ 286 Abs. 2 AktG).

Beispiel zum Gewinnausweis nach HGB

Ein Unternehmen verfügt über:

Aktiva:	100 GE		
Passiva:	Eigenkapital:	Gezeichnetes Kapital	10 GE
		Kapitalrücklage	3 GE
		Gewinnrücklagen	12 GE
		Jahresüberschuss	3 GE
		Gewinnvortrag	2 GE
	Fremdkapital:		70 GE

a) Aufstellung des Jahresabschlusses vor Ergebnisverwendung:

A		Bilanz (in GE)	P
		A. Eigenkapital	
Aktiva	100	I. Gezeichnetes Kapital	10
		II. Kapitalrücklage	3
		III. Gewinnrücklagen	12
		IV. Gewinnvortrag	2
		V. Jahresüberschuss	3
		Fremdkapital	70
	100		100

b) Aufstellung des Jahresabschlusses nach teilweiser Ergebnisverwendung: Vorstand und Aufsichtsrat stellen 1 GE in die Gewinnrücklagen ein. Der verbleibende Jahresüberschuss und Gewinnvortrag sollen als Bilanzgewinn der Beschlussfassung durch die Hauptversammlung unterliegen.

A	Bilanz (in GE)		P
		A. Eigenkapital	
Aktiva	100	I. Gezeichnetes Kapital	10
		II. Kapitalrücklage	3
		III. Gewinnrücklagen	13
		IV. Bilanzgewinn	4
		Fremdkapital	70
	100		100

c) Aufstellung des Jahresabschlusses nach vollständiger Ergebnisverwendung: Vorstand und Aufsichtsrat müssen aufgrund gesetzlicher Verpflichtungen 5 GE in die Gewinnrücklagen einstellen.

A	Bilanz (in GE)		P
		A. Eigenkapital	
Aktiva	100	I. Gezeichnetes Kapital	10
		II. Kapitalrücklage	3
		III. Gewinnrücklagen	17
		Fremdkapital	70
	100		100

VI. Besonderheiten der Eigenkapitalbilanzierung bei Nicht-Kapitalgesellschaften

Keine gesetzliche Regelung

Die Bilanzierung des Eigenkapitals ist für Einzelkaufleute und Personenhandelsgesellschaften im Gegensatz zu Kapitalgesellschaften gesetzlich nicht geregelt. Für diese Unternehmen bestehen somit unterschiedliche Möglichkeiten des Eigenkapitalausweises. Sie haben lediglich die GoB (hier vor allem die Grundsätze der Klarheit, Übersichtlichkeit, Wahrheit und Vollständigkeit) zu beachten. Trotz der mangelnden gesetzlichen Regelung haben sich durch die praktische Übung weitgehend einheitlich anerkannte Ausweismethoden des Eigenkapitals für Einzelkaufleute und Personenhandelsgesellschaften herausgebildet.

Variable Kapitalkonten

Einzelkaufmann, Offene Handelsgesellschaft (OHG), Kommanditgesellschaft (KG) und stille Gesellschaft führen i. d. R. nur variable Eigenkapitalkonten, auf denen sämtliche Veränderungen verbucht werden, sodass sich das Einrichten eines Rücklagenkontos erübrigt.

Negatives Kapitalkonto

Ergibt sich bei der Führung eines variablen Eigenkapitalkontos ein Habensaldo auf dem Kapitalkonto, so besteht ein sog. »negatives Kapitalkonto«. Es entsteht immer dann, wenn die Verluste das Eigenkapital übersteigen. Das negative Eigenkapital kann auch durch überhöhte Entnahmen bewirkt werden.

Einzelkaufmann

Beim Einzelkaufmann ist dem Kapitalkonto häufig ein Privatkonto vorgeschaltet, auf dem die Privatentnahmen und -einlagen während des Geschäftsjahres verbucht werden. Am Ende des Geschäftsjahres wird sein Saldo auf das Kapitalkonto übertragen.

OHG

Auch bei der Offenen Handelsgesellschaft (§§ 105-160 HGB) können den variablen Kapitalkonten der Gesellschafter gesonderte Privatkonten vorgeschaltet werden. Es besteht jedoch ebenso die Möglichkeit, konstante Kapitalkonten bei der OHG zu führen. Neben den eigentlichen Kapitalkonten mit festen Beträgen für jeden Gesellschafter (Kapitalkonten I) besteht dann jeweils ein Sonderkonto (auch Kapitalkonto II, Reserve-, Rücklagen- oder Darlehenskonto genannt), auf dem die spezifischen Kapitalbewegungen (Entnahmen, weitere Einlagen, nicht entnommene Gewinne, anteilige Verluste) des betreffenden Gesellschafters verbucht werden. Eine solche Trennung wird häufig im Interesse konstanter Gewinnquoten durchgeführt.

Durch anteilige Verluste bzw. erhöhte Entnahmen kann es vorkommen, dass das variable Eigenkapitalkonto eines OHG-Gesellschafters negativ wird (negatives Kapitalkonto). In diesem Fall ist es auf der Aktivseite der Bilanz auszuweisen. Das negative Eigenkapitalkonto stellt jedoch nur ein Scheinaktivum dar, da ohne besondere vertragliche Regelung weder eine Verzinsung noch ein sofortiger Ausgleich des Kontos verlangt werden kann.

KG

Bei der Kommanditgesellschaft (§§ 161-177a HGB) wird das Kapitalkonto der (beschränkt haftenden) Kommanditisten immer in der Höhe der bedungenen Einlage geführt. Noch nicht voll geleistete Einlagen sind unter dem Bilanzposten »Noch ausstehende Einzahlungen auf die Kommanditeinlage« zu aktivieren. Für den Bilanzausweis ist der im Handelsregister eingetragene Betrag entscheidend. Der auf dem Kapitalkonto ausgewiesene Betrag bleibt nach erfolgter Einlage konstant und wird nur durch im Handelsregister einzutragende vertragliche Erhöhungen oder Verminderungen oder durch Verluste verändert. Sobald die Kommanditeinlage voll geleistet ist, werden die darauf entfallenden Gewinne als Darlehen behandelt und unter den »sonstigen Verbindlichkeiten« ausgewiesen.

Das Kapitalkonto des (voll haftenden) Komplementärs, der in der Kommanditgesellschaft die gleiche Stellung wie der Gesellschafter einer OHG einnimmt, kann sowohl in rein variabler Form (mit oder ohne Vorschaltung eines Privatkontos) als auch in fixer Höhe verbunden mit einem die Veränderungen aufnehmenden Sonderkonto (Kapitalkonto II) geführt werden.

Stille Gesellschaft

Die Ausführungen über die bilanzielle Behandlung des Eigenkapitals der OHG-Gesellschafter gelten ebenfalls für das Kapital der nach außen auftretenden Gesellschafter der stillen Gesellschaft (§§ 230-236 HGB). Die Einlage des stillen Gesellschafters – dem Charakter der stillen Gesellschaft entsprechend tritt er persönlich nach außen nicht in Erscheinung – stellt i. d. R. Fremdkapital dar, das gemäß § 230 HGB in das Vermögen des Firmeninhabers übergeht. Wirtschaftlich gesehen hat die Einlage des stillen Gesellschafters aber eigenkapitalähnlichen Charakter.

Typische und atypische stille Gesellschaft

Man unterscheidet zwischen der typischen und der atypischen stillen Gesellschaft. Bei der typischen stillen Gesellschaft ist der stille Gesellschafter am Gewinn (bei entsprechender vertraglicher Regelung auch am Verlust) beteiligt. Bei der atypischen Gesellschaft dagegen ist der stille Gesellschafter zusätzlich auch am Vermögen der Gesellschaft beteiligt.

Stille Einlage als Eigen- oder Fremdkapital

Die Einlage des stillen Gesellschafters wird i. d. R. mit dem Nennwert auf einem eigenen Darlehenskonto verbucht und als Fremdkapital unter den sonstigen langfristigen Verbindlichkeiten in der Bilanz ausgewiesen. Wie beim Kommanditisten werden auch beim stillen Gesellschafter, der seine Einlage noch nicht voll bezahlt hat, die Gewinnanteile bis zur vollen Leistung seinem Einlagekonto gutgeschrieben. Von da an werden sie jedoch unter den »sonstigen Verbindlichkeiten« verbucht. Werden jedoch folgende drei Kriterien kumulativ erfüllt, sind die Einlagen stiller Gesellschafter als Eigenkapital auszuweisen: Erstens muss die stille Einlage auf Dauer überlassen sein, d. h. die Beteiligung darf längerfristig weder durch den stillen Gesellschafter noch den Inhaber des Unternehmens kündbar sein. Zweitens muss der Rückzahlungsanspruch des stillen Gesellschafters im Liquidationsfall nachrangig gegenüber allen anderen Gläubigern sein und der Anspruch darf im Insolvenzfall nicht als Insolvenzforderung geltend gemacht werden können. Die dritte Voraussetzung zur Klassifizierung einer stillen Einlage als Eigenkapital ist die Teilnahme der stillen Einlage bis zur vollen Höhe an einem Verlust der Gesellschaft. Werden die drei Voraussetzungen erfüllt, liegt Eigenkapital vor und die stille Beteiligung ist als Sonderposten innerhalb des Eigenkapitals auszuweisen (vgl. Beck'scher Bilanzkommentar [2012], § 247 Tz. 233 f.).

Genossenschaften

Das Eigenkapital von Genossenschaften (§ 7 GenG) ist variabel. Es besteht aus den Geschäftsguthaben der Genossen. Durch Zuzahlungen oder nicht entnommene Gewinne werden sie erhöht, durch anteilige Verluste oder Ausschüttungen verringert. Von dem Geschäftsguthaben ist der Geschäftsanteil zu unterscheiden. Er gibt den Betrag an, bis zu dem sich die Genossen mit Einlagen an der Genossenschaft beteiligen können (§ 7 Nr. 1 GenG). Zum Eigenkapital der Genossenschaft ist auch eine gesetzliche Rücklage zu rechnen. Die Art ihrer Bildung sowie ein bestimmter Mindestbetrag müssen gemäß § 7 Nr. 2 GenG in der Satzung gesondert geregelt werden. Eine über den Geschäftsanteil hinausgehende Haftpflicht der Genossen kann sich aus der Satzung ergeben, die gemäß § 6 Nr. 3 GenG Bestimmungen darüber enthalten muss, ob im Insolvenzfall der Genossenschaft und bei Nichtbefriedigung der Gläubiger die Genossen unbeschränkt, bis zu einer bestimmten Summe (Haftsumme) oder überhaupt nicht haften.

Genossenschaften haben ihr Eigenkapital in Anlehnung an die Bestimmungen für Kapitalgesellschaften zu bilanzieren (§§ 336, 337 HGB). Dabei werden die Geschäftsguthaben der Genossen, die variablen Charakter haben, anstelle des gezeichneten Kapitals ausgewiesen. Der Betrag der Geschäftsguthaben der mit Ablauf des Geschäftsjahres ausgeschiedenen Genossen ist gesondert anzugeben.

Werden rückständige fällige Einzahlungen auf Geschäftsanteile in der Bilanz als Geschäftsguthaben ausgewiesen, dann ist der entsprechende Betrag auf der Aktivseite in den Posten »Rückständige fällige Einzahlungen auf Geschäftsanteile« einzustellen. Erfolgt kein Ausweis als Geschäftsguthaben, ist der Betrag bei dem Posten »Geschäftsguthaben« zu vermerken (§ 337 Abs. 1 HGB). An die Stelle der Gewinnrücklagen tritt bei Genossenschaften der Posten »Ergebnisrücklage«, der wiederum in die Posten »Gesetzliche Rücklage« und »andere Ergebnisrücklagen« aufzugliedern ist. Die Rücklagenzuführungen bzw. -entnahmen sind gesondert aufzuführen (§ 337 HGB). Die Einstellungsbeträge in die Rücklagen sowie die Ausschüttungsbeträge ergeben sich aus der Satzung und den Beschlüssen der Generalversammlung (§ 7 Nr. 2 GenG und § 48 Abs. 1 GenG).

Bildung stiller Reserven

Im Rahmen der aus §§ 238-263 HGB resultierenden Möglichkeiten von Zwangs-, Ermessens- und Dispositionsreserven können sich – wie bei Kapitalgesellschaften – stille Reserven ergeben (vgl. in diesem Kapitel, S. 351 ff.).

Tabelle 6.7 verdeutlicht zusammenfassend, welche Typen von Eigenkapitalkonten in den einzelnen Unternehmensrechtsformen geführt werden können.

RECHTSFORM	EIGENKAPITAL	
	konstant	**variabel**
Einzelunternehmen		Kapitalkonto des Einzelkaufmanns[1)]
Offene Handelsgesellschaft (OHG)		Kapitalkonten der OHG-Gesellschafter mit den jeweiligen Einlagen[1,2)]
Kommanditgesellschaft (KG)	Kapitalkonto(-en) mit der Einlage des/der Kommanditisten	Kapitalkonto/-en mit der Einlage des/der jeweiligen Komplementärs/-e[1,2)]
stille Gesellschaft	Einlage des/der stillen Gesellschafter(s)	Kapitalkonto mit der Einlage des Firmeninhabers[1,2)]
Genossenschaft		Geschäftsguthaben, Ergebnisrücklage
Gesellschaft mit beschränkter Haftung (GmbH)	Gezeichnetes Kapital (Stammkapital)	Reservekonten (Rücklagen), Nachschüsse, Gewinn- und Verlust(-vortrag)
Aktiengesellschaft (AG)	Gezeichnetes Kapital (Grundkapital)	Rücklagen, Gewinn- und Verlust(-vortrag)
Kommanditgesellschaft auf Aktien (KGaA)	Gezeichnetes Kapital (Grundkapital)	Einlage des Komplementärs, Rücklagen, Gewinn- und Verlust(-vortrag)

1) Dem Kapitalkonto kann ein Privatkonto vorgeschaltet werden, das die Veränderungen des Kapitals aufgrund von Entnahmen und Einlagen während des Geschäftsjahres aufnimmt. Das Privatkonto ist über das Kapitalkonto abzuschließen.

2) Es ist möglich, konstante Kapitalkonten (Kapitalkonto I) mit einem vorgeschalteten (variablen) Sonderkonto (Kapitalkonto II) zu führen.

Tab. 6.7: Typen von Eigenkapitalkonten verschiedener Unternehmensrechtsformen

B. Bilanzierung des Eigenkapitals nach IFRS

Die Bilanzierung des Eigenkapitals wird in zahlreichen IFRS geregelt. Die Wichtigsten sind IAS 32 und IAS 1.

I. Abgrenzung von Eigen- und Fremdkapital

Restriktive Abgrenzung nach IFRS

Wie einleitend erwähnt (vgl. in diesem Kapitel, S. 325) ist das Eigenkapital in F 4.4 vom IASB als Saldo zwischen der Summe der Vermögenswerte (*assets*) und sämtlichen Schulden (*liabilities*) definiert. Somit wird das in der Bilanz darzustellende Eigenkapital wesentlich von der Definition des Fremdkapitals (Schulden) determiniert. Vor diesem Hintergrund konkretisiert IAS 32 *»Financial Instruments: Presentation«* die Abgrenzung von Eigen- und Fremdkapital.

IAS 32.11 definiert ein Eigenkapitalinstrument als einen Vertrag, der einen Residualanspruch auf das Vermögen eines Unternehmens nach Abzug aller Schulden konstituiert. Ist mit einem Finanzinstrument die vertragliche Verpflichtung verbunden, liquide Mittel oder andere finanzielle Vermögenswerte an den Kapitalgeber zu liefern, ist dieses Finanzinstrument als Fremdkapital auszuweisen (IAS 32.16a). Gleiches gilt, wenn das Finanzinstrument eine Pflicht des Unternehmens zur Lieferung einer variablen Anzahl eigener Anteile beinhaltet (IAS 32.16b). Auch die mit einem Finanzinstrument verknüpfte Möglichkeit zum Erwerb einer festgelegten Anzahl an eigenen Anteilen gegen einen bestimmten Geldbetrag führt grundsätzlich zur Einordnung als Fremdkapital, außer es handelt sich um Bezugsrechte, die zu einem festgelegten Betrag anteilig an alle bestehenden Anteilseigner des Unternehmens ausgegeben werden. (IAS 32.16b). Mit der Verpflichtung zur Lieferung von liquiden Mitteln sind mit dem Finanzinstrument verbundene Kündigungsrechte der Inhaber oder Rücknahmeverpflichtungen des Emittenten gemeint, wie sie z. B. bei Genossenschaftsanteilen oder Genussrechten bestehen. Dabei genügt allein das Recht des Inhabers, das Finanzinstrument zu kündigen oder gegen einen finanziellen Ausgleich zurückzugeben, um ein solches Finanzinstrument als Fremdkapital ausweisen zu müssen (IAS 32.BC7).

Probleme bei deutschen Nicht-Kapitalgesellschaften

Diese Regelung zur Abgrenzung zwischen Eigen- und Fremdkapital bewirkt bei einer Vielzahl von deutschen Unternehmen in der Rechtsform einer Personenhandelsgesellschaft oder Genossenschaft, dass aufgrund der gesetzlich gewährten, nicht ausschließbaren Kündigungsrechte bzw. Abfindungsansprüche seitens der Gesellschafter (vgl. z. B. § 723 BGB, § 65 GenG) das gesellschaftsrechtliche Eigenkapital ganz oder teilweise als Fremdkapital zu klassifizieren ist, was bei diesen Unternehmen i. d. R. dazu führt, dass sie bei Anwendung der IFRS kein (oder nur ein sehr geringes) Eigenkapital in der Bilanz ausweisen können. Diese durch das deutsche Gesellschaftsrecht bedingte unbefriedigende Situation für nach IFRS bilanzierende Unternehmen versuchte das IASB nach heftigem Drängen aus Deutschland durch entsprechende Anpassungen des IAS 32 im Rahmen des kurzfristigen Projektes »*Amendments to IAS 32 and IAS 1 Puttable Financial Instruments and Obligations Arising on Liquidation*« zumindest teilweise zu beheben. Nach der erarbeiteten Neufassung des IAS 32 ist es nun gestattet, kündbare Instrumente unter bestimmten Bedingungen als Eigenkapital auszuweisen. Dadurch wird für deutsche Personenhandelsgesellschaften bei entsprechender Gestaltung der Gesellschaftsverträge die Möglichkeit geschaffen, eine Eigenkapitalklassifizierung ihres gesellschaftsrechtlichen Kapitals im IFRS-Abschluss vorzunehmen. Für genossenschaftliche Geschäftsguthaben existiert zusätzlich IFRIC 2 »*Members' Shares in Co-operative Entities and Similar Instruments*«, der verhindern soll, dass Genossenschaften aufgrund der Regelungen des IAS 32 kein Eigenkapital mehr besitzen (vgl. ausführlich zur Eigenkapitalabgrenzung bei Nicht-Kapitalgesellschaften in diesem Kapitel, S. 374 ff.).

Langfristiges Projekt »Financial Instruments with Characteristics of Equity«

Zum anderen wird in einem langfristigen Projekt »*Financial Instruments with Characteristics of Equity*« an einer grundlegenden Neukonzeption der Abgrenzung zwischen Eigen- und Fremdkapital gearbeitet. Ursprünglich im Jahr 2008 in Zusammenarbeit mit dem FASB gestartet, verfolgt das IASB das Projekt seit Dezember 2012, nachdem es in den Jahren 2010 bis 2012 auf Eis lag, eigenständig in Zusammenhang mit dem IASB-Projekt zum Rahmenkonzept (vgl. 1. Kapitel, S. 65).

Sonderformen des Eigenkapitals

IAS 32 enthält zudem weitere Regelungen, welche die Klassifizierung von Sonderformen als Eigen- oder Fremdkapital behandeln. So sind nach IAS 32.18a Vorzugsaktien (*preferred shares*), die den Emittenten zu einem Rückkauf verpflichten oder dem Inhaber das Recht einräumen, vom Emittenten den Rückkauf zu verlangen, – im Gegensatz zum HGB – als Fremdkapital einzuordnen. Auch hinsichtlich des sog. Mezzanine-Kapitals (z. B. Genussrechte) können Probleme bei der Klassifizierung als Eigenkapital vorliegen. IAS 32.18, .25 enthalten Kriterien, wie z. B. fest vereinbarte Zahlungsverpflichtungen oder Kündigungsrechte des Inhabers, bei deren Vorliegen das Finanzinstrument bzw. die Komponente des Finanzinstruments als Fremdkapital auszuweisen ist. In diesem Zusammenhang ist zu berücksichtigen, dass IAS 32.36 bei der Ermittlung und dem Ausweis der auszuschüttenden Beträge vorschreibt, dass erfolgsabhängige Ausschüttungen auf Genussrechte als Zinsaufwand zu zeigen sind, sofern die Genussrechte als Fremdkapital gemäß IAS 32.16 ausgewiesen werden müssen. Finanzinstrumente können auch aus separierbaren Eigenkapital- und Schuldkomponenten bestehen. Eine Aufteilung von Instrumenten in Eigen- und Fremdkapital kommt u. a. bei eingebetteten Derivaten in Betracht. Beinhaltet ein Finanzinstrument sowohl einen derivativen als auch einen originären Anteil, so ist es nach IAS 39.11 in seine Bestandteile aufzuteilen (vgl. 5. Kapitel, S. 294 f.). IAS 32.28 fordert zudem auch bei nicht derivativen Finanzinstrumenten eine Aufteilung in Eigenkapitalinstrument und Schuld (z. B. Wandelschuldverschreibungen).

II. Darstellungsform des Eigenkapitals in der Bilanz

Darstellungsform des Eigenkapitals

Im Gegensatz zu den nationalen Regelungen enthalten die IFRS keine detaillierte Vorschrift zur Gliederung des Eigenkapitals. Nach dem Wortlaut des Framework (F 4.3 i. V. m. F 4.20) ist das Eigenkapital in einer IFRS-Bilanz unter Beachtung des Grundsatzes der *decision usefulness* zu untergliedern, was grundsätzlich zu einem beträchtlichen Darstellungsspielraum für die Abschlussersteller führt. Als mindestens auszuweisende Posten nennen IAS 1.54q, .54r lediglich das gezeichnete Kapital (*share capital*) und die Rücklagen (*reserves*), die den Anteilseignern des Mutterunternehmens zuzuordnen sind, sowie die Anteile von nicht beherrschenden Anteilen (*non-controlling interests*), die nur im Konzernabschluss vorkommen können. Darüber hinaus fordert IAS 1.77 weitere Untergliederungen (*subclassifications*) des Eigenkapitals, die in der Bilanz oder im Anhang darzustellen sind. IAS 1.79 enthält zusätzliche, das Eigenkapital betreffende Angabevorschriften, denen wahlweise in der Bilanz, in der Eigenkapitalveränderungsrechnung oder im Anhang nachzukommen ist.

Faktische Abhängigkeit von Rechtsform

Da die Anwendung des IAS 1 für alle Unternehmen, die nach IFRS bilanzieren, vorgeschrieben ist (IAS 1.2), gelten die folgenden Ausführungen zur Darstellung des Eigenkapitals nach IFRS grundsätzlich für alle Unternehmensrechtsformen. Weil aber die Informationsinteressen der Rechnungslegungsadressaten die Gliederung des Eigenkapitals maßgeblich beeinflussen, kann die Gliederung des Eigenkapitals je nach Rechtsform unterschiedlich ausfallen (vgl. Haufe IFRS-Kommentar [2013], § 20 Tz. 37 ff.). Bei der folgenden Beschreibung der Eigenkapitalkomponenten wird von der Bilanzierung bei Kapitalgesellschaften ausgegangen.

Ausweis des Eigenkapitals

Die beispielhafte Bilanz (*statement of financial position*) in der *Guidance on implementing IAS 1* (diese besitzt keinen Verpflichtungscharakter) enthält folgende Eigenkapitalgliederung:

Equity attributable to owners of the parent
Share capital
Retained earnings
Other components of equity
Non-controlling interests
Total equity

Das *share capital* nach IFRS entspricht dem gezeichneten Kapital, die *retained earnings* den Gewinnrücklagen. Zusammen mit den anderen Eigenkapitalbestandteilen, *other components of equity,* bilden diese drei Posten das den Anteilseignern des Mutterunternehmens zuzurechnende Eigenkapital. Nach der Definition von Eigenkapital in F 4.4 und in IAS 32.11 stellen Minderheitenanteile (*non-controlling interests*) im Konzernabschluss kein Fremdkapital dar und sind somit als Eigenkapital auszuweisen. Dieser Ausweis hat getrennt vom übrigen Eigenkapital des Mutterunternehmens zu erfolgen, was einen weiteren Mindestgliederungspunkt erforderlich macht (vgl. IAS 27.33 i. V. m. IAS 27.BC23 ff.).

Mindestangaben

IAS 1.79 enthält folgende Mindestangaben, denen in der Bilanz, in der Eigenkapitalveränderungsrechnung oder in den *notes* nachzukommen ist:

(a) für jede Aktiengattung ist anzugeben:

- (i) die Anzahl der Anteile, die das genehmigte *(authorised)* Kapital repräsentieren;
- (ii) die Anzahl der ausgegebenen und voll eingezahlten *(fully paid)* Anteile und der ausgegebenen, aber nicht voll eingezahlten Anteile;
- (iii) der Nennwert je Anteil oder die Angabe, dass Anteile keinen Nennwert haben;
- (iv) eine Überleitungsrechnung der Anzahl der im Umlauf befindlichen *(outstanding)* Anteile vom Beginn zum Ende des Jahres;
- (v) die Rechte, Vorzugsrechte und Beschränkungen der jeweiligen Gattung einschließlich der Beschränkungen bezüglich der Ausschüttung von Dividenden und der Rückzahlung des Kapitals;
- (vi) die eigenen Anteile, die durch das Unternehmen selbst, seine Tochterunternehmen oder assoziierte Unternehmen gehalten werden;
- (vii) die Anteile, die zur Ausgabe aufgrund von Optionen und Verkaufskontrakten vorbehalten sind, einschließlich der Vertragsbedingungen und Beträge;

(b) eine Beschreibung von Art und Zweck jeder Rücklage (*reserve*) innerhalb des Eigenkapitals.

IAS 1.137 verlangt dazu im Anhang die Darstellung

(a) der Dividenden, die vorgeschlagen oder beschlossen wurden, bevor der Abschluss zur Veröffentlichung freigegeben wurde, die aber nicht als Verbindlichkeit im Abschluss bilanziert wurden, sowie den Betrag je Anteil;

(b) der Höhe des Betrags der aufgelaufenen, noch nicht bilanzierten Vorzugsdividenden.

Eigenkapitalveränderungsrechnung

Gemäß IAS 1.106 ist eine Eigenkapitalveränderungsrechnung (*statement of changes in equity*) als eigenständiger Bestandteil des Jahresabschlusses (IAS 1.10c) zu erstellen, welche die Bewegungen innerhalb des Eigenkapitals während einer Periode darstellen soll (vgl. 9. Kapitel, S. 596 ff.).

III. Gezeichnetes Kapital

Gezeichnetes Kapital (share capital bzw. issued capital)

Auch in einer IFRS-Bilanz ist das gezeichnete Kapital (*share capital* bzw. *issued capital*) typischerweise der erste Posten innerhalb des Eigenkapitals (*capital and reserves*). Welche Aktienarten ein Unternehmen ausgeben kann, ist abhängig von der nationalen Gesetzgebung des Landes, in dem das Unternehmen seinen Firmensitz innehat. Regelungen zum Ausweis unterschiedlicher Aktienarten finden sich in IAS 1 und IAS 32. Danach kann sich das gezeichnete Kapital aus Aktien bzw. Anteilsrechten mit Nennwert (*par value*) oder ohne Nennwert (IAS 1.79a (iii)) sowie aus Vorzugsaktien *(preferred shares)* zusammensetzen. Für jede Aktienart müssen die Angaben nach IAS 1.79 gemacht werden.

Bilanzierung ausstehender Einlagen

Für ausstehende Einlagen *(shares issued but not fully paid)* regelt IAS 1.79a (ii), dass entweder in der Bilanz, in der Eigenkapitalveränderungsrechnung oder in den *notes* die Anzahl der ausgegebenen und voll eingezahlten Aktien und die Anzahl der ausgegebenen, aber nicht voll eingezahlten Aktien anzugeben sind. Ansonsten existiert keine weitere Vorschrift zum Ausweis ausstehender Anteile. Ein Ausweis auf der Aktivseite ist nicht aus den IFRS-Vorschriften ableitbar, eher scheint es angebracht, nur die geleisteten Einlagen zu zeigen oder die noch nicht eingezahlten Einlagen offen vom (gesamten ausgegebenen) gezeichneten Kapital abzusetzen (vgl. Pellens, B./Fülbier, R. U./Gassen, J./Sellhorn, T. [2011], S. 497; Haufe IFRS-Kommentar [2013], § 20 Tz. 65).

IV. Rücklagen

Rücklagen im IFRS-Abschluss

Auch nach IFRS können offene und stille Rücklagen unterschieden werden. Bezüglich der Arten von stillen Rücklagen besteht kein Unterschied zur HGB-Rechnungslegung, allerdings sind die expliziten Möglichkeiten zur Bildung stiller Reserven nach IFRS stärker eingeschränkt. Nach IAS 1.78e sind die Rücklagen (*reserves*) explizit in der Bilanz oder den *notes* zumindest in *share premium* und *reserves* zu unterteilen. Daneben ergibt sich die Notwendigkeit der Unterteilung der Rücklagen in weitere Komponenten aus einzelnen IFRS, sowie – zur Erfüllung des Grundsatzes der *faithful representation* – aus nationalen Spezifika des Gesellschaftsrechts. Für eine deutsche Kapitalgesellschaft, die nach IFRS bilanziert, lassen sich demnach die offenen Rücklagen nach IFRS, wie in Abbildung 6.4 dargestellt, klassifizieren.

1. Offene Rücklagen

Für die offenen Rücklagen schreibt IAS 1.79b Angaben über Art und Zweck der jeweiligen Rücklage innerhalb des Eigenkapitals vor.

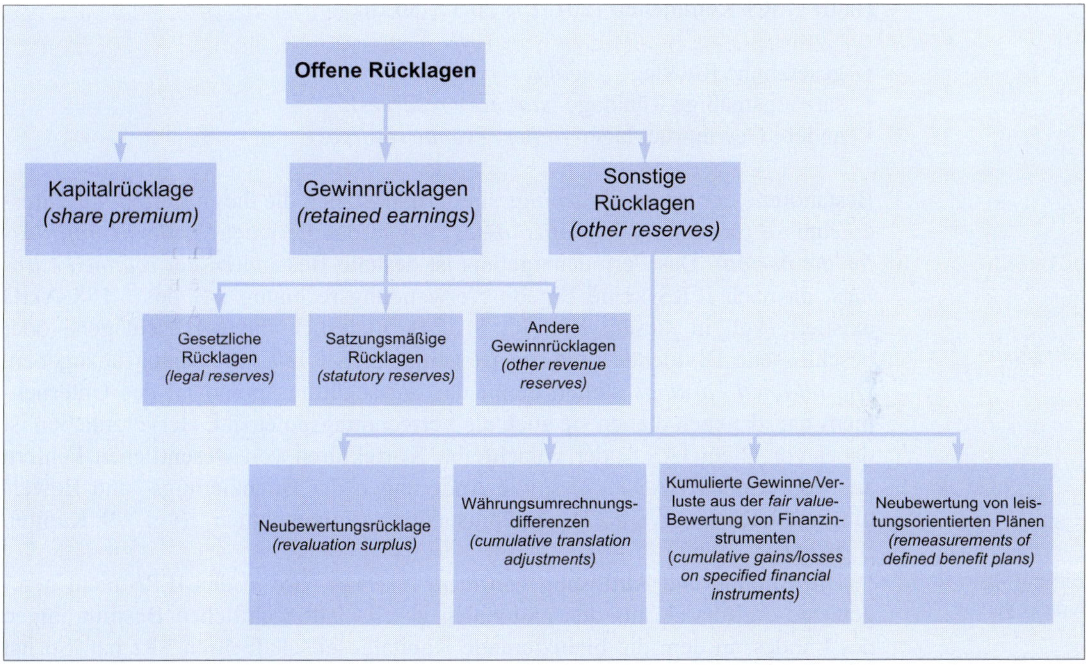

Abb. 6.4: Klassifizierung der offenen Rücklagen im IFRS-Abschluss einer deutschen Kapitalgesellschaft

a) Kapitalrücklage

Share premium

Bei der Kapitalrücklage (*share premium)* handelt es sich um Rücklagen, die niemals Ergebnisbestandteil waren. Da die *share premium* weder dem gezeichneten Kapital noch den Gewinnrücklagen zuzuordnen ist, ist für sie ein gesonderter Posten innerhalb des Eigenkapitals zu bilden. Dieser entspricht der Kapitalrücklage und wird aus Aktienaufgeldern (Agios) sowie aus anderen Zuzahlungen (wie sie nach § 272 Abs. 2 Nr. 4 HGB geregelt sind) und in das Eigenkapital geleistete Beträge zur Erlangung von Vorzügen (analog zu § 272 Abs. 2 Nr. 3 HGB) dotiert (vgl. Beck'scher Bilanzkommentar [2012], § 272 Tz. 462). Bei der Eigenkapitalbeschaffung unmittelbar entstehende Kosten (z. B. für Beratungsleistungen) senken den Emissionserlös. Gemäß IAS 32.37 sind sie nach Berücksichtigung abzugsfähiger Steuern direkt gegen das Eigenkapital zu buchen. Dabei liegt es nahe, die Emissionskosten als Minderung des Aufgeldes zu interpretieren und dementsprechend die Kapitalrücklage zu belasten (vgl. Pellens, B./Fülbier, R. U./Gassen, J./Sellhorn, T. [2011], S. 498).

b) Gewinnrücklagen

Retained earnings

Die Bildung von Gewinnrücklagen (*retained earnings)* erfolgt aus dem Periodenergebnis. Nach IFRS kann zwischen folgenden Gewinnrücklagen unterschieden werden (vgl. Pellens, B./Fülbier, R. U./Gassen, J./Sellhorn, T. [2011], S. 501; Haufe IFRS-Kommentar [2013], § 20 Tz. 86 f.):

- gesetzliche Rücklage *(legal reserves),*
- satzungsmäßige Rücklage *(statutory reserves),*
- andere Gewinnrücklagen *(other revenue reserves).*

Bestandteile der *retained earnings* sind grundsätzlich die thesaurierten Vorjahresergebnisse (*accumulated profits/losses*) sowie das Periodenergebnis (*profit/loss for the period*). Das Periodenergebnis ist deshalb Bestandteil der *retained earnings*, da nach IFRS keine Ergebnisverwendungsrechnung i. S. des § 158 AktG existiert (vgl. in diesem Kapitel, S. 374). Lediglich die vorgeschlagene oder beschlossene Dividende je Aktie ist gemäß IAS 1.137 im Anhang anzugeben. Die *retained earnings* stellen damit das Ausschüttungspotenzial des Unternehmens dar, daneben dienen sie auch als Verrechnungspotenzial. Hervorzuheben ist dabei vor allem IAS 8, der vorschreibt, Korrekturen von wesentlichen Fehlern aus Vorperioden (IAS 8.42) sowie Änderungen der Bilanzierungs- und Bewertungsmethoden (IAS 8.22) ergebnisneutral vorzunehmen (vgl. 9. Kapitel, S. 513 ff.).

Bildung von legal reserves

Die Bildung und Auflösung von *legal reserves* wird in den IFRS nicht geregelt, sie ergibt sich aus den nationalen gesellschaftsrechtlichen Bestimmungen des Landes, in dem die bilanzierende Kapitalgesellschaft ihren Sitz hat. So hat eine deutsche Gesellschaft, die einen Konzernabschluss nach IFRS erstellt, wenn sie aufgrund von § 150 AktG zur Bildung einer gesetzlichen Rücklage verpflichtet ist, eine solche innerhalb des Eigenkapitals in ihrem IFRS-Abschluss auszuweisen. Die Dotierung der gesetzlichen Rücklage ist aus den *retained earnings* vorzunehmen.

Bildung von statutory reserves

Der Teil der *reserves*, der auf vertraglichen Bestimmungen der Satzung beruht, wird als *statutory reserves* bezeichnet. Eine Zuführung zu den *statutory reserves* erfolgt, wie jene zu den *legal reserves,* als Minderung der *retained earnings,* d. h. des Ergebnisses des Geschäftsjahres bzw. der Vorjahresergebnisse (vgl. Beck'scher Bilanzkommentar [2012], § 272 Tz. 479).

Bildung von other revenue reserves

Alle sonstigen Rücklagen, die i. d. R. aus vertraglichen Verpflichtungen resultieren, werden als *other revenue reserves* ausgewiesen.

c) Sonstige offene Rücklagen

Other comprehensive income

Sonstige offene Rücklagen nach IFRS (*other reserves*) ergeben sich aufgrund einiger Sachverhalte, die zu direkt im Eigenkapital zu erfassenden Erträgen *(gains)* oder Aufwendungen *(losses)* führen. Diese GuV-neutralen Eigenkapitalveränderungen sind Bestandteil des Gesamtergebnisses nach IFRS und werden als sog. »*other comprehensive income*« (OCI) bezeichnet. Das OCI kann nachfolgende Komponenten beinhalten (IAS 1.7; vgl. 9. Kapitel, S. 511 ff.):

(a) Erträge und Aufwendungen aus der Neubewertung von Sachanlagen gemäß IAS 16.39-.40 bzw. immateriellen Vermögenswerten gemäß IAS 38.85-.86;
(b) Währungsumrechnungsdifferenzen i. V. m. GuV-neutral bewerteten nicht monetären Posten (z. B. nach IAS 16 neubewertete Sachanlagen) (IAS 21.30 f.); Währungsumrechnungsdifferenzen bei wirtschaftlich selbstständigen ausländischen Tochterunternehmen (IAS 21.39c) und bestimmten ausländischen Nettoinvestitionen (IAS 21.32, .37);
(c) Marktwertänderungen aus *available-for-sale financial assets* gemäß IAS 39.55b sowie Marktwertänderungen aus dem effektiven Teil von *cash flow hedges* gemäß IAS 39.95a;
(d) Neubewertung von leistungsorientierten Plänen *(remeasurements of defined benefit plans)* gemäß IAS 19.120c.

Tatsächliche und latente Steuern, die im Zusammenhang mit der GuV-neutralen Erfassung der obigen Sachverhalte anfallen, sind zusammen mit der entsprechenden Komponente direkt im Eigenkapital anzusetzen (IAS 12.61A, .62). Hinsichtlich der konkreten Voraussetzungen für die GuV-neutrale Erfassung als OCI sei auf die Ausführungen in den jeweiligen Kapiteln verwiesen.

Die Rücklagen für die OCI-Bestandteile im Eigenkapital lassen sich danach unterscheiden, ob sie lediglich als Zwischenspeicher (»*holding tank*«) dienen, da sie Beträge aus bestimmten OCI-Komponenten aufnehmen, die GuV-wirksam aufgelöst, d. h. »*recycled*«, werden oder aber OCI-Beträge enthalten, die niemals die GuV durchlaufen, sondern dauerhaft im Eigenkapital verbleiben und allenfalls in die Gewinnrücklagen umzugliedern sind. Nachfolgend werden die Regelungen zur Bildung und Auflösung der Rücklagen für die einzelnen OCI-Sachverhalte kurz erläutert.

Neubewertungsrücklage

Für immaterielle Vermögenswerte und Posten des Sachanlagevermögens ist ein Ansatz auf Basis einer Neubewertung *(revaluation model)* möglich (IAS 38.75 ff. und IAS 16.31 ff.; vgl. dazu die Ausführungen im 3. Kapitel, S. 189). Macht der Bilanzierende Gebrauch von dieser Möglichkeit und führt die Neubewertung zu einer Erhöhung des Buchwertes über die historischen Anschaffungs-/Herstellungskosten hinaus, so ist der Differenzbetrag GuV-neutral direkt im Eigenkapital in einer Neubewertungsrücklage (*revaluation surplus*) zu erfassen, sofern er nicht zuvor GuV-wirksam erfasste Abwertungen rückgängig macht (IAS 38.85 und IAS 16.39). Kommt es durch die Neubewertung zu einer Verminderung des Buchwertes, so ist der Betrag des Rückgangs GuV-wirksam als Aufwand zu erfassen, sofern nicht für diesen Vermögenswert noch eine Neubewertungsrücklage besteht (IAS 38.86 und IAS 16.40). Bei Ausscheiden eines neu bewerteten Vermögenswertes besteht die Möglichkeit, die entsprechende Rücklage GuV-neutral in die anderen Gewinnrücklagen umzubuchen (IAS 16.41).

Währungsumrechnungsdifferenzen

Die Methode der funktionalen Währung ist in IAS 21 sowohl zur Umrechnung einzelner Bilanzposten als auch zur Umrechnung der ausländischen Jahresabschlüsse in die Konzernwährung für ein Mutterunternehmen mit Tochterunternehmen im Ausland vorgeschrieben (vgl. 10. Kapitel, S. 653 ff.). Umrechnungsdifferenzen, die aus GuV-neutral bewerteten nicht monetären Posten entstehen (z. B. bei Anwendung des *revaluation model* bei Sachanlagen nach IAS 16) sind ebenfalls GuV-neutral zu erfassen (IAS 21.30 f.). Auch die bei der Umrechnung von selbstständigen Teileinheiten sowie bestimmten ausländischen Nettoinvestitionen zum Stichtagskurs resultierenden Umrechnungsdifferenzen (*translation adjustments*) sind als separater Rücklageposten innerhalb des Konzern-Eigenkapitals auszuweisen (IAS 21.32, .39c). Beim Ausscheiden eines Tochterunternehmens aus dem Konsolidierungskreis sind die entsprechenden kumulativen Umrechnungsdifferenzen GuV-wirksam aufzulösen (IAS 21.48). Analoges gilt für ehemalige Nettoinvestitionen in einen ausländischen Geschäftsbetrieb (IAS 21.37).

Kumulative Gewinne/Verluste aus der Bewertung bestimmter Finanzinstrumente nach IAS 39

Werden Finanzinstrumente in die Kategorie »*available-for-sale financial assets*« eingeordnet, dann dürfen Gewinne oder Verluste aus der Wertänderung dieser Wertpapiere nicht GuV-wirksam abgebildet werden, sondern sind GuV-neutral in einer Rücklage im Eigenkapital zu erfassen (IAS 39.55b). Bei Veräußerung des finanziellen Vermögenswertes wird die Rücklage GuV-wirksam aufgelöst (IAS 39.26). Ebenso sind kumulierte Gewinne bzw. Verluste aus derivativen Finanzinstrumenten zur Absicherung von Cashflows, die auf den effektiven Teil des Sicherungsgeschäftes entfallen, GuV-neutral direkt im Eigenkapital zu erfassen (IAS 39.95a). Sobald die abgesicherten erwarteten Zahlungsströme GuV-wirksam erfasst werden, sind die GuV-neutralen Beträge ebenfalls GuV-wirksam aufzulösen (IAS 39.100; vgl. hierzu die Ausführungen im 5. Kapitel, S. 308 ff.).

Neubewertung von leistungsorientierten Plänen nach IAS 19

Die Bilanzierung leistungsorientierter Versorgungszusagen erfolgt nach der *projected unit credit method* (IAS 19.57a, .67). Bei der Neubewertung der Nettoschuld aus leistungsorientierten Versorgungsplänen *(defined benefit plans)* sich ergebende versicherungsmathematische Gewinne und Verluste sind gemäß IAS 19.120c sofort und endgültig im Jahr ihres Auftretens GuV-neutral mit dem Eigenkapital zu verrechnen (vgl. 7. Kapitel, S. 455 ff.).

Kumulative Gewinne/Verluste aus der Bewertung bestimmter Finanzinstrumente nach IFRS 9

Durch die Überarbeitung der Bilanzierung von Finanzinstrumenten nach IFRS 9 ergeben sich auch Neuerung hinsichtlich der GuV-neutral zu erfassenden Sachverhalte. So besteht gemäß IFRS 9.5.7.5 für Investitionen in Eigenkapitaltitel, die nicht zu Handelszwecken gehalten werden, zum Zeitpunkt des erstmaligen Ansatzes ein unwiderrufliches Wahlrecht, alle *fair value*-Änderungen GuV-neutral zu erfassen. Auf diese Weise werden sämtliche Wertänderungen zu keinem Zeitpunkt, d. h. auch nicht im Falle der Veräußerung, in der GuV verbucht (vgl. 5. Kapitel, S. 277 ff.). Finanzielle Verbindlichkeiten, die gemäß IFRS 9.4.2.1 der Kategorie *financial liabilities at fair value through profit or loss* zugeordnet werden, sind zum *fair value* zu bewerten (IFRS 9.5.7.1). Veränderungen des *fair value*, die auf Änderungen des eigenen Kreditrisikos zurück zu führen sind, sind GuV-neutral zu erfassen, außer eine derartige Erfassung würde zu einer Inkongruenz in der GuV (*accounting mismatch*) führen (IFRS 9.5.7.7). Eine Umbuchung der GuV-neutral erfassten Wertänderungen in die GuV darf nicht erfolgen (vgl. 7. Kapitel, S. 464).

2. Stille Rücklagen

Stille Reserven aus Sicht der IFRS

Das Ziel eines IFRS-Abschlusses besteht darin, den Adressaten entscheidungsnützliche Informationen zu gewähren (F OB 2, IAS 1.9). Hieraus ergibt sich die Anforderung an den Abschluss, ein den tatsächlichen Verhältnissen entsprechendes Bild der Unternehmenslage *(true and fair presentation)* zu vermitteln (IAS 1.15 ff.). Auch die qualitativen Anforderungen, die das IASB an Abschlüsse nach IFRS stellt, insbesondere *faithful representation* (F QC 12), sollen zu einer möglichst objektiven Berichterstattung beitragen. Durch die Möglichkeit zur Bildung stiller Reserven würde diese Zielsetzung unterwandert. Daher existieren in den IFRS lediglich wenige explizite Wahlrechte, wie z. B. bei der Bewertung von *property, plant and equipment* nach dem *cost model* oder dem *revaluation model* (IAS 16.30 ff.). Allerdings eröffnet sich den bilanzierenden Unternehmen eine Vielzahl an impliziten Wahlrechten, insbesondere in Form von Ermessensspielräumen, die bilanzpolitische Gestaltungsmöglichkeiten mit sich bringen und somit zur Bildung stiller Reserven führen können. Ein typisches Beispiel hierfür stellt die für die Aktivierung selbst geschaffener immaterieller Vermögenswerte bedeutsame Unterscheidung von Forschungs- und Entwicklungsphase nach IAS 38.51 ff. dar (vgl. 3. Kapitel, S. 186). Die Aktivierungspflicht für Entwicklungskosten bei Vorliegen bestimmter Kriterien wird zu einem impliziten Aktivierungswahlrecht, da eine Aktivierung z. B. dadurch umgangen werden kann, dass das Vorliegen aller Ansatzkriterien nach IAS 38.57 nicht nachgewiesen wird. Auch hinsichtlich der Bewertung ergeben sich Ermessensspielräume, so beispielsweise bei der Bestimmung des *fair value*. Soweit kein auf einem aktiven Markt ermittelter Marktpreis vorhanden ist, hat dieser Wert einen fiktiven Charakter, da es sich definitionsgemäß nur um eine imaginäre Markttransaktion unter idealtypischen Bedingungen handelt, die durch die Anwendung von Bewertungsmodellen konkretisiert wird (vgl. 2. Kapitel, S. 113 f.). Diese Beispielsfälle verdeutlichen, dass auch nach IFRS Möglichkeiten zur Bildung stiller Reserven vorhanden sind, die der grundlegenden Zielsetzung des Abschlusses einer *true and fair presentation* gegenüberstehen (vgl. ausführlich zur Bilanzpolitik 16. Kapitel, S. 1001 ff.).

V. Bilanzierung eigener Anteile

Erwerb eigener Anteile

Der Erwerb eigener Anteile hängt vom geltenden Recht des Landes ab, in dem sich das erwerbende Unternehmen befindet. Für ein deutsches Unternehmen, das nach IFRS bilanziert, gelten die in diesem Kapitel auf S. 353 ff. dargestellten Möglichkeiten des Erwerbs eigener Anteile, geregelt im AktG bzw. GmbHG.

Bilanzierung des Erwerbs eigener Anteile

Die Vorschriften zur Bilanzierung eigener Anteile (*treasury shares*) in den IFRS finden sich in IAS 1.79a (vi) und IAS 32. *Treasury shares* sind vom Eigenkapital abzusetzen; die Möglichkeit, die erworbenen Anteile als Vermögenswert zu aktivieren, besteht nicht (IAS 32.AG36). Die eigenen Anteile können vom Unternehmen selbst oder von anderen Konzernunternehmen erworben und gehalten werden. Alle gezahlten oder erhaltenen Gegenleistungen sind direkt im Eigenkapital zu erfassen (IAS 32.33 f., .BC32). Der Ausweis kann entweder in der Bilanz, in der Eigenkapitalveränderungsrechnung oder im Anhang erfolgen (IAS 1.79).

Die IFRS enthalten indes keine Regelung darüber, in welcher Weise der Abzug der eigenen Anteile vom Eigenkapital darzustellen ist. Der Ausweis rückgekaufter Anteile wurde früher in SIC-16 geregelt; dieser wurde aber durch die aktuelle Fassung des IAS 32 außer Kraft gesetzt. Dennoch sind wohl wesentliche Inhalte des SIC-16 weiterhin relevant (vgl. Pellens, B./Fülbier, R. U./Gassen, J./Sellhorn, T. [2011], S. 504; Haufe IFRS-Kommentar [2013], § 20 Tz. 78), weshalb im Folgenden die drei ehemals in SIC-16 geregelten Ausweismöglichkeiten

– *cost method*, *par value method* und modifizierte *par value method* – näher erläutert werden (vgl. detailliert Küting, K./Busch, J. [2006], S. 213 ff.).

Cost method

Wird die Anschaffungskostenmethode *(cost method)* angewandt, sind die Anschaffungskosten der erworbenen Anteile einziger Bewertungsmaßstab zur erstmaligen Erfassung. Bei der Bilanzierung werden die gesamten Anschaffungskosten der eigenen Anteile in einer Summe vom Eigenkapital abgezogen.

Beispiel zur Bilanzierung nach der cost method (in GE)

1.	1.000 Aktien zum Nennwert von 10 GE wurden zu 20 GE ursprünglich ausgegeben.				
	Buchung: Bank	20.000	an	Gezeichnetes Kapital	10.000
				Kapitalrücklage	10.000

2.	100 Aktien werden zum Preis von 25 GE zurückerworben.				
	Buchung: Eigene Anteile	2.500	an	Bank	2.500

Bilanzausweis unter der Annahme von Gewinnrücklagen i. H. v. 20.000 GE:	
Gezeichnetes Kapital	10.000
Kapitalrücklage	10.000
Gewinnrücklagen	20.000
Eigenkapital (brutto)	40.000
Eigene Anteile	– 2.500
Summe Eigenkapital	**37.500**

Par value method

Findet eine Bilanzierung nach der Nennwertmethode *(par value method)* statt, ist das gezeichnete Kapital in Höhe des Nennwerts der erworbenen eigenen Anteile zu verringern. Das Aufgeld, das bei der ursprünglichen Emission gezahlt wurde (Differenz zwischen Nennwert und ursprünglichem Ausgabekurs), wird offen von der Kapitalrücklage abgesetzt. Übersteigt der Kaufpreis den ursprünglichen Ausgabekurs, ist der Unterschiedsbetrag mit den Gewinnrücklagen zu verrechnen. Werden die eigenen Anteile zu einem Preis erworben, der unter dem Ausgabekurs liegt, ist der Differenzbetrag zwischen Kaufpreis und Ausgabekurs der Kapitalrücklage für eigene Anteile zuzurechnen (vgl. Arbeitskreis »Externe Unternehmensrechnung« der Schmalenbach-Gesellschaft [1998], S. 1673; Küting, K./Busch, J. [2006], S. 213 ff.).

Beispiel zur Bilanzierung nach der par value method (in GE)

1.	1.000 Aktien zum Nennwert von 10 GE wurden zu 20 GE ursprünglich ausgegeben.				
	Buchung: Bank	20.000	an	Gezeichnetes Kapital	10.000
				Kapitalrücklage	10.000

2. 100 Aktien werden zum Preis von 25 GE zurückerworben.

Buchung:	Gezeichnetes Kapital (Eigene Anteile)	1.000	an	Bank	2.500
	Kapitalrücklage (Eigene Anteile)	1.000			
	Gewinnrücklagen (Eigene Anteile)	500			

3. 100 Aktien werden zum Preis von 5 GE zurückerworben.

Buchung:	Gezeichnetes Kapital (Eigene Anteile)	1.000	an	Bank	500
	Kapitalrücklage (Eigene Anteile)	1.000		Kapitalrücklage für eigene Anteile	1.500

4. 100 Aktien werden zum Preis von 15 GE zurückerworben.

Buchung:	Gezeichnetes Kapital (Eigene Anteile)	1.000	an	Bank	1.500
	Kapitalrücklage (Eigene Anteile)	1.000		Kapitalrücklage für eigene Anteile	500

Bilanzausweis nach den ersten beiden Geschäftsvorfällen und unter der Annahme von Gewinnrücklagen i. H. v. 20.000 GE:

Gezeichnetes Kapital	10.000
Eigene Anteile	– 1.000
Kapitalrücklage	10.000
Eigene Anteile	– 1.000
Gewinnrücklagen	20.000
Eigene Anteile	– 500
Summe Eigenkapital	**37.500**

Nach der dritten Bilanzierungsmöglichkeit (*modified par value method*) können die Anschaffungskosten der eigenen Anteile nach dem Ermessen des Unternehmens den verschiedenen Eigenkapitalkategorien zugeordnet werden. Der Nennwert ist – wie bei der *par value method* – vom gezeichneten Kapital abzusetzen (vgl. Beck'scher Bilanzkommentar [2012], § 272 Tz. 494). Die Vereinbarkeit dieser Methode mit dem Grundsatz der *faithful representation* erscheint jedoch fraglich.

Modified par value method

Insgesamt lässt sich feststellen, dass sich die drei Methoden nur hinsichtlich des Ausweises unterscheiden, nicht in ihrer materiellen Auswirkung, da das Eigenkapital in allen drei Fällen in gleicher Höhe ausgewiesen wird.

Bei Anwendung der *cost method* ist bei einer Veräußerung eigener Anteile der negative Korrekturposten im Eigenkapital aufzulösen. Übersteigt bzw. unterschreitet der Veräußerungserlös den Betrag des Korrekturpostens, ist eine Anpassung der Kapitalrücklage vorzunehmen. Falls diese durch Veräußerungsverluste

Bilanzierung der Veräußerung eigener Anteile

komplett aufgezehrt wird, sind die Gewinnrücklagen zusätzlich zu kürzen. Wird die *par value method* angewandt, erfolgt eine Behandlung der Veräußerung eigener Anteile entsprechend der erstmaligen Aktienausgabe.

VI. Bilanzergebnis

Ausweis des Unternehmensergebnisses

Nach IFRS wird das Periodenergebnis grundsätzlich in voller Höhe in die *retained earnings* gebucht. Es erfolgt in der Bilanz kein Ausweis eines separaten Eigenkapitalpostens. Eine Ergebnisverwendungsrechnung i. S. des § 158 Abs. 1 AktG ist in einem IFRS-Abschluss nicht gefordert (vgl. Beck'scher Bilanzkommentar [2012], § 272 Tz. 473). Die unterschiedlichen Ergebnisbestandteile sind jedoch im Rahmen der Gesamtergebnisrechnung und die Veränderung der Eigenkapitalposten im Rahmen der Eigenkapitalveränderungsrechnung dargestellt (vgl. 9. Kapitel, S. 585 ff.). Außerdem ist im Anhang bezüglich der Verwendung des Periodenergebnisses die vorgeschlagene oder beschlossene Dividende (je Aktie) anzugeben (IAS 1.137). Die Dividenden, die als Ausschüttung an die Anteilseigner in der betreffenden Periode erfasst werden, sowie der dazugehörige Betrag je Aktie sind entweder in der Eigenkapitalveränderungsrechnung oder dem Anhang auszuweisen (IAS 1.107).

VII. Besonderheiten der Eigenkapitalbilanzierung bei Nicht-Kapitalgesellschaften

Klassifikation als Eigenkapital nach IAS 32

Aufgrund des Fehlens konkreter Bestimmungen in den IFRS für den Ausweis des Eigenkapitals für Nicht-Kapitalgesellschaften greift hier ausschließlich der Grundsatz der *faithful representation*. Diesem steht ein Ausweis des Eigenkapitals analog zu den Ausführungen für die verschiedenen Personenhandelsgesellschaften und Genossenschaften (vgl. in diesem Kapitel, S. 359 ff.) nicht im Wege. Ein wesentlicher Unterschied zwischen den IFRS und den deutschen Bestimmungen besteht allerdings – wie bereits erwähnt (vgl. in diesem Kapitel, S. 362 f.) – in der bilanziellen Definition von Eigenkapital und dessen Abgrenzung zum Fremdkapital. Während nach deutschem Recht die Anteile an einer Personenhandelsgesellschaft bzw. einer Genossenschaft gesellschaftsrechtliches Eigenkapital darstellen und dementsprechend in der HGB-Bilanz als solches auszuweisen sind, richtet sich die Klassifikation als Eigenkapital nach IAS 32 nach dem wirtschaftlichen Gehalt. Sind mit einem Finanzinstrument vertragliche Verpflichtungen verbunden, liquide Mittel oder andere finanzielle Vermögenswerte an den Kapitalgeber zu liefern, liegt demnach nach Auffassung des IASB kein Eigenkapital vor (vgl. in diesem Kapitel, S. 362 f.).

Ausnahme vom Abgrenzungsprinzip des IAS 32

Durch die Überarbeitung des IAS 32 im Februar 2008 wurde eine Ausnahme vom geltenden Abgrenzungsprinzip eingeführt. Danach ist Kapital, das Residualansprüche darstellt, aber bisher gemäß den alten Regelungen als Fremdkapital auszuweisen war, unter bestimmten Voraussetzungen als Eigenkapital auszuweisen. Dabei ist zunächst zu prüfen, ob eine Klassifikation der Gesellschafteranteile als sog. *»puttable instrument«* nach IAS 32.11 möglich ist. Des Weiteren müssen die positiven Klassifizierungskriterien nach IAS 32.16A erfüllt sein und die Anteile dürfen nicht unter die Negativabgrenzung nach IAS 32.16B fallen. Die bisherigen Regelungen des IAS 32 zur Klassifizierung von Finanzinstrumenten als Eigenkapital erfahren durch die Neuerungen aber keine Änderungen.

Im Folgenden wird der dreistufige Prüfungsprozess näher erläutert und dabei jeweils auf die Anwendung bei deutschen Personenhandelsgesellschaften Bezug genommen.

Puttable instrument nach IAS 32.11

Gemäß IAS 32.11 ist ein kündbares Instrument (*puttable instrument*) ein Finanzinstrument, das

- dem Inhaber das Recht einräumt, das Finanzinstrument gegen Zahlungen oder andere finanzielle Vermögenswerte zurückzugeben oder
- bei Eintreten eines unsicheren zukünftigen Ereignisses, bei Tod oder Ruhestand des Inhabers des Finanzinstruments automatisch an den Emittenten zurückfällt.

Da bei Anteilen von Gesellschaftern deutscher Personenhandelsgesellschaften grundsätzlich die Möglichkeit der Kündbarkeit mit einem daraus resultierenden Rückzahlungsanspruch des Inhabers vorliegt, können diesbezüglich die Kriterien für ein *puttable instrument* als erfüllt angesehen werden.

Positive Klassifizierungskriterien nach IAS 32.16A

Als Konkretisierung der Definition von *puttable instruments* gemäß IAS 32.11 beinhaltet IAS 32.16A weitere Voraussetzungen, die *puttable instruments* charakterisieren und von diesen erfüllt werden müssen, um eine Klassifizierung als Eigenkapital- und nicht als Fremdkapitalinstrument zu ermöglichen. IAS 32.11 schließt im Umkehrschluss Finanzinstrumente, welche die Kriterien nach IAS 32.16A und IAS 32.16B erfüllen, von der Zuordnung zu den *financial liabilities* aus. Gemäß IAS 32.16A müssen fünf Kriterien erfüllt werden, damit ein Finanzinstrument als Eigenkapitalinstrument ausgewiesen wird.

Beteiligungsquotaler Anspruch in der Liquidation

Das Finanzinstrument muss dem Inhaber im Fall der Liquidation einen seinem Kapitalanteil entsprechenden beteiligungsquotalen Anspruch auf das Reinvermögen des Unternehmens einräumen (IAS 32.16Aa).

Scheidet ein Gesellschafter einer Personenhandelsgesellschaft aus, dann stellt seine Beteiligungsquote, d. h. sein Kapitalkonto, über das alle auf den Gesellschafter entfallenden anteiligen Eigenkapitalentwicklungen verbucht werden, die Basis für seinen Zahlungsanspruch dar. Liegen keine anderen Regelungen im konkreten Fall vor, ist das erste Kriterium zumindest bei einer OHG unproblematisch gegeben. Bei einer KG bleibt aufgrund der beiden unterschiedlichen Gesellschafterstellungen Klärungsbedarf (vgl. Petersen, K./Zwirner, C. [2008], S. 1065). Allerdings stellt IAS 32.AG14G klar, dass Zahlungen an den Komplementär keine Leistungen im Zusammenhang mit seiner Stellung als Gesellschafter sind, sondern eine Vergütung für die Haftungsübernahme darstellen. Daraus folgt, dass diese Zahlungen keinen Einfluss auf die Beurteilung des Kriteriums eines beteiligungsproportionalen Anspruchs ausüben. Des Weiteren führt IAS 32.AG14F an, dass Zahlungen, die ein Gesellschafter als Angestellter des Unternehmens erhält, unschädlich sind, wenn sie im Vergleich zur Leistung, die der Gesellschafter erbringt, üblich sind.

Nachrangigste Klasse

Die Einordnung eines Finanzinstruments als Eigenkapitalinstrument setzt ferner voraus, dass es sich um die nachrangigste Klasse der Finanzinstrumente handelt (IAS 32.16Ab). Das bedeutet, dass im Liquidationsfall kein bevorzugter Anspruch des Finanzinstruments auf die Vermögenswerte der Unternehmung bestehen darf. Die Nachrangigkeit darf dabei nicht erst eine Umwandlung des Instruments in ein derart nachrangiges Finanzinstrument voraussetzen, sondern muss dem Finanzinstrument immanent sein.

Da die Einlagen der Gesellschafter das haftende Kapital einer OHG oder KG darstellen, ist dieses Kriterium für deutsche Personenhandelsgesellschaften i. d. R. unproblematisch (vgl. Petersen, K./Zwirner, C. [2008], S. 1064 f.; Schmidt, M. [2008], S. 435).

Identische Ausstattungsmerkmale

Gemäß IAS 32.16Ac müssen alle Finanzinstrumente, die der Klasse der nachrangigsten Finanzinstrumente zuzuordnen sind, identische Ausstattungsmerkmale besitzen. Darunter fällt z. B., dass sie alle kündbar sein müssen und die Berechnungsmethodik zur Ermittlung des Werts des Eigenkapitalinstruments, d. h. des Werts des Rückgewährungs-/Abfindungsanspruchs, gleich sein muss.

Diese Anforderungen sind i. d. R. durch die beteiligungsquotale Gewinn- bzw. Reinvermögenspartizipation der Anteile an deutschen Personenhandelsgesellschaften erfüllt. Nach IAS 32.AG14H ist zudem auch eine von dieser Regelung abweichende laufende Vergütung oder Bewertung des Rückzahlungsanspruchs, die sich an bestimmten Leistungen des Gesellschafters orientiert, unschädlich, da die Regelung lediglich auf eine prinzipielle Gleichheit der unternehmerischen Chancen und Risiken abzielt. Auch Unterschiede hinsichtlich der Geschäftsführungsbefugnisse zwischen Kommanditisten und Komplementären (vgl. § 164 HGB) führen nicht zur Ablehnung eines Ausweises der Finanzinstrumente als Eigenkapital, da durch die in IAS 32.16Ac angeführten Beispiele deutlich wird, dass finanzielle Gestaltungsmerkmale bei der Beurteilung des *puttable instrument* im Vordergrund stehen sollen (vgl. Baetge, J./Winkeljohann, N./Haenelt, T. [2008], S. 1519 ff.).

Klassifiziert ein Unternehmen ewig laufende Instrumente (z. B. Genussrechte) als Eigenkapital (vgl. in diesem Kapitel, S. 364), so verletzt die gleichzeitige Klassifizierung von kündbaren Instrumenten als Eigenkapital ebenfalls nicht die Bedingung des IAS 32.16Ac, wenn das Instrument in einer Liquidation vorrangig gegenüber den kündbaren Instrumenten ist. Da sich der Wortlaut des IAS 32.16Ac auf die Nachrangigkeit i. S. des IAS 32.16Ab bezieht, wird impliziert, dass es mehrere Klassen von Eigenkapitalinstrumenten geben kann. Die Bedingung der Nachrangigkeit in der Liquidation nach IAS 32.16Ab gilt dabei aber nur für die nach IAS 32.16A als Eigenkapital klassifizierbaren kündbaren Finanzinstrumente.

Eine Verletzung des Kriteriums des IAS 32.16Ac könnte jedoch gegeben sein, wenn die Abfindung der Gesellschafter abweichend von § 738 BGB z. B. durch Buchwertklauseln zu einem Betrag unterhalb des anteiligen Unternehmenswertes erfolgt. Durch derartige Abfindungsbeschränkungen ergibt sich für Gesellschafter, die bis zur Liquidation im Unternehmen verbleiben, ein Vermögensvorteil, da ihnen die Differenz zwischen dem Abfindungsbetrag der ausgeschiedenen Gesellschafter und dem anteiligen Unternehmenswert zuwächst. Einen Vermögensnachteil muss allerdings der Gesellschafter hinnehmen, der vor der Unternehmensliquidation kündigt. Da aber ex ante jeder Gesellschafter die gleichen Rechte bei einer Liquidation bzw. einer vorzeitigen Kündigung hat, steht diese Ausgestaltung obigem Kriterium nicht entgegen. Sollten sich die Abfindungsbeträge nach der Buchwertklausel und nach § 738 BGB im Zeitablauf auseinanderentwickeln, dann ist die Klausel i. d. R. durch ergänzende Vertragsauslegung so zu erweitern, dass eine nach Treu und Glauben adäquate Abfindung geschuldet wird. Eine Verletzung des Kriteriums der »identischen Ausstattungsmerkmale« ist jedoch dann gegeben, wenn einzelne Gesellschafter mit abweichenden Rechten, verglichen mit anderen Gesellschaftern, ausgestattet sind (z. B. überproportionale Stimmrechte) und so den Gesellschaftsvertrag zu ihrem Vorteil abändern könnten (vgl. Schmidt, M. [2008], S. 435 f.).

Keine weiteren Verpflichtungen

Neben der Verpflichtung des Unternehmens, die kündbaren Finanzinstrumente zurückzunehmen, wenn der Anteilseigner sein Kündigungsrecht ausübt, dürfen nach IAS 32.16Ad keine weiteren finanziellen Verpflichtungen für das Unternehmen bestehen.

Als problematisch könnten in diesem Zusammenhang die Vorschriften der §§ 120, 122 Abs. 1 HGB erscheinen, wonach bei deutschen Personenhandelsgesellschaften Gewinne bzw. Verluste unmittelbar den Gesellschaftern zugerechnet werden und diese die Gewinne auch entnehmen können. Die handelsrechtlichen Gewinnanteile der Gesellschafter müssten damit als zusätzliche vertragliche Verpflichtung der Gesellschaft interpretiert werden, was einem Ausweis der Anteile als Eigenkapital im Weg stünde. Da die Regelungen der §§ 120, 122 HGB jedoch dispositiv sind, ist es möglich, die Gewinnzurechnung auf die Gesellschafter durch einen Beschluss der Gesellschafterversammlung zu verhindern. Somit fehlt es an einer unmittelbaren Zurechnung auf die Gesellschafter und einer Klassifizierung der Anteile als Eigenkapital steht nichts entgegen (vgl. Hennrichs, J. [2009], S. 1071 f.).

Zahlungsstrom des kündbaren Finanzinstruments

Das letzte zu erfüllende Kriterium besteht gemäß IAS 32.16Ae darin, dass die gesamten erwarteten Cashflows, die dem kündbaren Instrument zurechenbar sind, substanziell *(substantially)* auf den Gewinnen/Verlusten des Unternehmens, der Änderung des Buchwerts des Nettovermögens oder der Änderung des Unternehmenswerts basieren. Entscheidend ist hierbei aber nicht die tatsächliche Auszahlung an den Anteilseigner. Sowohl bei einer Ausschüttung des Jahresergebnisses an die Inhaber des Finanzinstruments als auch bei dessen Thesaurierung (und damit einhergehender Erhöhung des anteiligen Anspruchs auf das Nettovermögen des Unternehmens) wirkt sich die Entwicklung des Unternehmens auf den Rückzahlungsanspruch des Anteilseigners aus (vgl. Petersen, K./ Zwirner, C. [2008], S. 1064). Eine andere, nicht abschließend zu klärende Frage besteht darin, wie *»substantially«* auszulegen ist. Da IAS 39.20 (bzw. IFRS 9.3.2.6) den Begriff *»substantially all«* verwendet und im Schrifttum als quantitative Größe hierfür i. d. R. eine Untergrenze von 90 % genannt wird, sollte die Untergrenze für den Begriff *»substantially«* darunter liegen. Dennoch ist zu fordern, dass die Struktur der Zahlungsströme zum überwiegenden Teil von einem der obigen Faktoren abhängig ist. In diesem Sinne sollte eine untere Grenze von 50 % deutlich überschritten werden (vgl. Schmidt, M. [2008], S. 436).

Bei deutschen Personenhandelsgesellschaften erfolgt die Gewinnverteilung bzw. die Fortführung der Kapitalkonten der einzelnen Gesellschafter i. d. R. beteiligungsproportional und somit i. S. des IAS 32.16Ae. Die Abfindung der Gesellschafter gemäß § 738 BGB zum anteiligen Unternehmenswert ist unproblematisch, da der Zahlungsstrom des Finanzinstruments dann unmittelbar die anteilige ökonomische Performance widerspiegelt. Orientiert sich die Abfindung am anteiligen Buchwert, ist zu beachten, dass die buchhalterische Performance nach IFRS zu messen ist (IAS 32.AG14E); detaillierte Ausführungen hierzu geben Baetge, J./Winkeljohann, N./Haenelt, T. [2008], S. 1519 f. und Schmidt, M. [2008], S. 437.

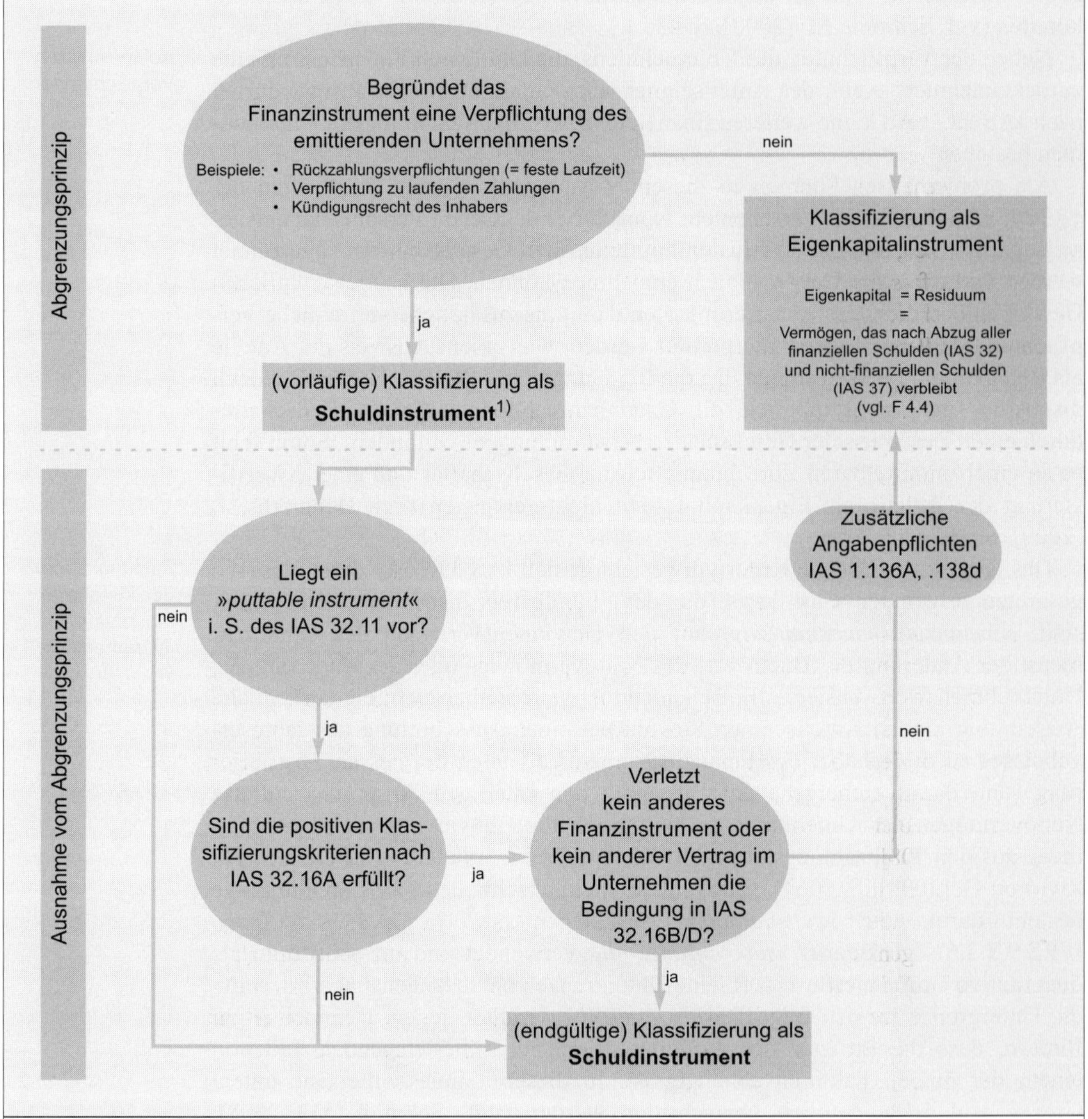

1) Eine weitere Ausnahme vom grundsätzlichen Abgrenzungsprinzip besteht für Finanzinstrumente, aus denen im Liquidationsfall eine Zahlungspflicht resultiert. Liegen die Voraussetzungen gemäß IAS 32.16C, .16D vor, sind diese Finanzinstrumente als Eigenkapital zu klassifizieren.

Abb. 6.5: Schema zur Klassifizierung eines Finanzinstruments nach IAS 32 (in Anlehnung an Schmidt, M. [2008], S. 435)

Negativabgrenzung nach IAS 32.16B

Neben den Kriterien des IAS 32.16A enthält IAS 32.16B zusätzlich eine Regelung zur Verhinderung von Missbrauchsgestaltungen, die eingehalten werden muss, damit ein *puttable instrument* als Eigenkapitalinstrument ausgewiesen werden darf. Nach IAS 32.16B darf das Unternehmen demnach keine weiteren Finanzinstrumente ausgeben oder Verträge abschließen, deren Cashflows von der Ergebnis-, Eigenkapital- oder Unternehmenswertentwicklung abhängig sind, wie es nach IAS 32.16Ae für *puttable instruments* gefordert ist, und die damit die Residualansprüche der *puttable instruments* begrenzen oder fixieren würden. Allerdings sind Verträge mit nicht nahe stehenden Unternehmen und Personen, die zu marktüblichen Konditionen abgeschlossen werden, wohl als unschädlich zu betrachten (vgl. IAS 32.AG14J mit einer Aufzählung von regelmäßig unschädlichen Vertragsgestaltungen). Zudem legt IAS 32.16B fest, dass *non-financial contracts* mit Inhabern der *puttable instruments* nicht zu beachten sind, sofern sie einem Fremdvergleich standhalten.

Für deutsche Personenhandelsgesellschaften ist die Negativabgrenzung i. d. R. unproblematisch, sofern keine unüblichen Vertragsvereinbarungen vorliegen.

Ausweis der Gesellschafteranteile als Eigenkapital

Zusammenfassend zeigt sich somit, dass die angepassten Regelungen des IAS 32 hinsichtlich der Eigenkapitalabgrenzung auf die Anteile der Gesellschafter deutscher Personenhandelsgesellschaften regelmäßig anwendbar sind und bei entsprechender Gestaltung der Gesellschaftsverträge auch dazu führen, dass die Gesellschaftereinlagen als Eigenkapital auszuweisen sind. RIC 3 des Rechnungslegungs Interpretations Committee des DRSC leistet den Unternehmen zudem hinsichtlich ausgewählter Auslegungsfragen zu den Inhalten des IAS 32 Hilfestellung. Abbildung 6.5 gibt einen zusammenfassenden Überblick über die Vorgehensweise bei der Klassifizierung von Finanzinstrumenten nach IAS 32. Zu beachten ist jedoch, dass die Regelungen zur Klassifizierung kündbarer Instrumente als Eigenkapital gemäß IAS 32.AG29A lediglich auf Einzelabschlussebene gelten. Das bedeutet, dass Minderheitenanteile an Personenhandelsgesellschaften im Konzernabschluss weiterhin unabhängig davon, ob IAS 32.16A und IAS 32.16B erfüllt werden, als Fremdkapital ausgewiesen werden müssen (vgl. Beck'sches IFRS-Handbuch [2013], § 12 Tz. 131).

Eigenkapital bei einer Genossenschaft

Hinsichtlich der Beurteilung eines Ausweises von Geschäftsguthaben von Mitgliedern einer Genossenschaft als Eigenkapital soll an dieser Stelle nur ein Überblick gegeben werden (vgl. ausführlich z. B. Baetge, J./Winkeljohann, N./Haenelt, T. [2008], S. 1521; Schmidt, M. [2008], S. 437). Im Allgemeinen sind folgende Konstellationen zu unterscheiden:

Eigenkapital nach IFRIC 2

Die bisher bereits vorhandene Möglichkeit zur Klassifizierung von Geschäftsguthaben als Eigenkapital gemäß IAS 32 i. V. m. IFRIC 2 bleibt unberührt. Allerdings ist es im Falle einer Klassifizierung nach IFRIC 2 nicht möglich, zusätzliche Finanzinstrumente nach IAS 32.16A f. als Eigenkapital auszuweisen. IFRIC 2.5 sieht vor, dass ein Anspruch des Mitglieds einer Genossenschaft auf Rückzahlung nicht automatisch zur Klassifizierung als Fremdkapital führt. Genossenschaftliche Geschäftsguthaben sind dann Eigenkapital, wenn eine der beiden folgenden Bedingungen erfüllt ist:

- Die Genossenschaft besitzt das uneingeschränkte Recht, die Rückzahlung der Guthaben zu verweigern (IFRIC 2.7).
- Eine Rückzahlung der Geschäftsguthaben ist entweder absolut oder teilweise aufgrund einer gesetzlichen, regulatorischen oder satzungsmäßigen Vorschrift verboten (außer im Falle einer Liquidation). Bei einem teilweisen Verbot kann z. B. vorgesehen sein, dass ein gewisses Mindestkapital erhalten bleiben muss.

Dieses wäre dann Eigenkapital, die darüber hinausgehenden Guthaben Fremdkapital, wenn eine unbedingte Pflicht zur Rückzahlung besteht (IFRIC 2.8).

Grundsätzlich kann eine Genossenschaft beide Möglichkeiten nutzen (vgl. §§ 8a, 73 Abs. 4 GenG), allerdings ist hierzu eine Satzungsänderung erforderlich.

Bildung einer Ergebnisrücklage oder Vornahme von Ausschüttungen

Hat die Genossenschaft bisher kein Eigenkapital nach IFRIC 2 ausgewiesen, kann geprüft werden, ob die Geschäftsguthaben *puttable instruments* gemäß IAS 32.16A f. darstellen. Die in diesem Kontext kritische Bedingung, ob die Zahlungsströme des Finanzinstruments substanziell von der Ergebnis-, Eigenkapital- oder Unternehmenswertentwicklung abhängen, ist entweder durch die Bildung einer Ergebnisrücklage nach § 73 Abs. 3 GenG oder durch die fortlaufende Ausschüttung wesentlicher Teile des Jahresergebnisses an die Mitglieder der Genossenschaft erfüllbar. In beiden Fällen verbleiben jedoch Probleme (z. B. die ex ante nicht determinierte Thesaurierungspolitik der Genossenschaft), die eine Erfüllung dieses Kriteriums i. d. R. schwierig machen.

Anhangangaben

Gemäß IAS 1.136A sind zusätzliche Anhangangaben für *puttable instruments classified as equity* zu machen. Anzugeben sind:

- der Gesamtbetrag der als Eigenkapital klassifizierten Finanzinstrumente (IAS 1.136Aa),
- die Ziele, Methoden und Verfahren der Steuerung der Rückzahlungsverpflichtungen bei Ausübung des Kündigungsrechts durch den Inhaber, neben deren Änderungen gegenüber dem Vorjahr (IAS 1.136Ab),
- der erwartete Zahlungsabfluss bei Rückgabe oder Rückkauf des Finanzinstruments (IAS 1.136Ac),
- Informationen hinsichtlich der Ermittlung dieses Rückzahlungsbetrags (IAS 1.136Ad).

Die Entscheidungsnützlichkeit der in IAS 1.136Ac geforderte Angabe des erwarteten Zahlungsabflusses bei Rückgabe des Finanzinstruments ist jedoch fraglich, da der Kündigungszeitpunkt sowie die zur Abschätzung des zukünftigen Wertes des Nettovermögens verwandten Bewertungsverfahren nicht verlässlich bestimmbar sind.

C. Bilanzierung des Eigenkapitals nach US-GAAP

Darstellungsform des Eigenkapitals

Wie nach IFRS, so ist auch das Eigenkapital nach US-GAAP als Differenz zwischen Vermögenswerten (*assets*) und Schulden (*liabilities*) definiert (CON 6.49; ASC 505-10-05-3). Nach US-GAAP hängt die Darstellungsform und Gliederung des Eigenkapitals in einer Bilanz nicht nur – wie bei Anwendung des HGB oder der IFRS – stark von der Rechtsform des bilanzierenden Unternehmens, sondern auch von den gesellschaftsrechtlichen Regelungen des jeweiligen Einzelstaates (dem sog. *state corporate law*), in dem sich der Sitz des Unternehmens befindet, ab. Lediglich ASC 505 (früher FAS 129 »*Disclosure of information about capital structure*«) schreibt einheitliche Erläuterungspflichten zum Ausweis der Eigenkapitalstruktur für sämtliche Rechtsformen vor. Die sog. *corporation* (in etwa vergleichbar mit dem deutschen Verständnis einer Aktiengesellschaft) ist nach

Umsatz und Beschäftigtenzahl die vorherrschende Unternehmensform. Aus diesem Grund und da auch deutsche Unternehmen, die nach US-GAAP bilanzieren, i. d. R. Aktiengesellschaften sind, beschränken sich die folgenden Ausführungen bezüglich der Bilanzierung des Eigenkapitals nach US-GAAP auf die Vorschriften für *corporations*.

Auch US-GAAP-Abschlüsse haben neben der Darstellung der Eigenkapitalstruktur zum Bilanzstichtag die Veränderung der einzelnen Eigenkapitalposten während der Periode in einer Eigenkapitalveränderungsrechnung (*statement of changes in stockholders' equity*), die ein eigenständiger Bestandteil eines Abschlusses ist, darzustellen (vgl. 9. Kapitel, S. 597).

Ausweis des Eigenkapitals

Das Eigenkapital einer *corporation* nennt man *stockholders' equity, shareholders' equity* oder *corporate capital*. Üblicherweise werden im Rahmen des *stockholders' equity* folgende Posten separat ausgewiesen (vgl. ASC 210-10-S99-1):

- Gezeichnetes Kapital (*capital stock*),
- Vorzugsaktien (*preferred stock),*
- Stammaktien *(common stock),*
- Kapitalrücklage (*additional paid-in capital*),
- Gewinnrücklagen (*retained earnings*),
- kumulierte sonstige Eigenkapitalveränderungen (*accumulated other comprehensive income),*
- eigene Anteile (*treasury stock).*

Die ersten vier Kategorien stellen eingezahltes Kapital (*contributed capital*) dar, die *retained earnings* und das *accumulated other comprehensive income* dagegen vom Unternehmen einbehaltenes Kapital (vgl. Kieso, D. E./Weygandt, J. J./Warfield, T. D. [2013], S. 824). Eine weitere Komponente des Eigenkapitals sind die eigenen Anteile (*treasury stock*). Der Posten *capital stock* entspricht im Wesentlichen dem gezeichneten Kapital nach HGB, das *additional paid-in capital* der Kapitalrücklage und die *retained earnings* den Gewinnrücklagen.

Gezeichnetes Kapital

Der *capital stock* (auch *legal capital* genannt) umfasst entsprechend dem »gezeichneten Kapital« den Gesamtbetrag des Nennwertes der ausgegeben Aktien. Als Aktienarten existieren *common stock* (Stammaktien) und *preferred stock* (Vorzugsaktien).

Derzeit schreibt das FASB keine Untergliederung des *capital stock* in *preferred stock* und andere Aktienarten vor; allerdings sind in den Anhang jegliche Kündigungsrechte von ausgegebenen Vorzugsaktien aufzunehmen (ASC 440-10-50, früher FAS 47). Die Ausweisanforderungen der SEC bezüglich des *capital stock* sind etwas strenger: Die Menge der ausgegebenen Vorzugsaktien, jeweils mit und ohne Kündigungsrecht, sowie die Menge der Stammaktien sind getrennt voneinander anzugeben. Darüber hinaus ist für beide Aktiengattungen bei börsennotierten Unternehmen durch SEC-Bestimmungen die Angabe der Anzahl aller zur Ausgabe zugelassenen (*authorized shares*), aller ursprünglich ausgegebenen (*issued shares*) sowie aller im Umlauf befindlichen Aktien (*outstanding shares*) vorgeschrieben (ASC 210-10-S99).

Bilanzierung ausstehender Einlagen

Der Betrag der ausstehenden Einlagen (*subscriptions receivable*) ist entweder in der Bilanz oder in den *notes* anzugeben. Es ist dabei üblich, wie nach HGB und IFRS, die noch nicht eingezahlten Einlagen offen vom gezeichneten Kapital abzusetzen.

Rücklagen

Auch nach US-GAAP können offene und stille Rücklagen unterschieden werden. Bezüglich der Arten von stillen Rücklagen besteht kein Unterschied zur Rechnungslegung nach nationalen Normen, allerdings sind die expliziten Möglichkeiten zur Bildung stiller Reserven nach US-GAAP, analog zu IFRS, stärker eingeschränkt. Die Klassifizierung der offenen Rücklagen nach US-GAAP ist Abbildung 6.6 zu entnehmen.

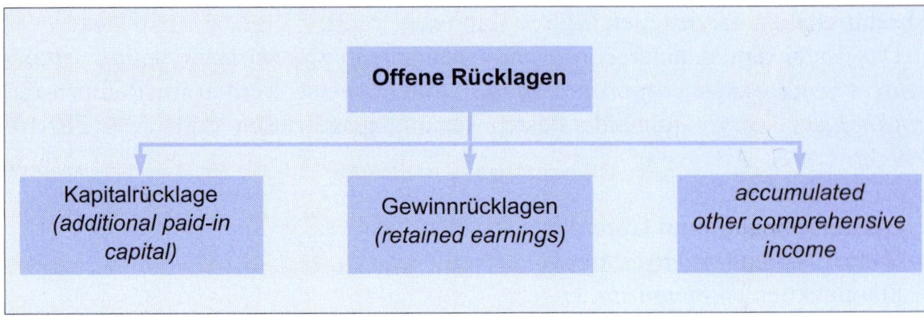

Abb. 6.6: Klassifizierung der offenen Rücklagen im US-GAAP-Abschluss

Kapitalrücklage (additional paid-in capital)

Das *additional paid-in capital* nach US-GAAP entspricht im Wesentlichen der Kapitalrücklage des § 272 Abs. 2 HGB, da in diesen Posten alle Zahlungen der Aktionäre über Nennwert für ursprünglich ausgegebene Aktien eingestellt werden. Im Gegensatz zum HGB werden Kosten in direktem Zusammenhang mit der Aktienemission ergebnisneutral mit der Kapitalrücklage verrechnet (vgl. KPMG [2007], S. 146).

Gewinnrücklagen (retained earnings)

Die *retained earnings* beinhalten sämtliche in den vergangenen Perioden und der Abschlussperiode einbehaltenen Gewinne, die – soweit keine gesetzlichen, satzungsmäßigen oder vertraglichen Einschränkungen *(appropriations)* bestehen – für Ausschüttungen zur Verfügung stehen. Gewinnausschüttungen mindern die Gewinnrücklagen bei Bekanntgabe des Dividendenbeschlusses gegenüber den Anteilseignern. Zudem können Änderungen der Bilanzierungs- und Bewertungsmethoden sowie Korrekturen wesentlicher Fehler Änderungen der Gewinnrücklagen bewirken (vgl. ASC 250-10-45; KPMG [2007], S. 146).

Accumulated other comprehensive income

Comprehensive income, das sich aus dem in der Ergebnisrechnung ermittelten Periodenergebnis (*net income*) und dem *other comprehensive income* zusammensetzt (vgl. 9. Kapitel, S. 515), wird als Veränderung des *stockholder's equity* innerhalb einer Abrechnungsperiode aufgrund von Geschäftsvorfällen oder anderen Vorgängen mit Ausnahme von Einzahlungen von und Auszahlungen an Anteilseigner definiert (CON 6.70). Der Bilanzposten *accumulated other comprehensive income* innerhalb des *stockholders' equity* nimmt dabei bestimmte Sachverhalte auf, für die GuV-neutrale Verrechnungen mit dem Eigenkapital geboten sind (vgl. KPMG [2007], S. 175). Im *other comprehensive income* gesondert auszuweisen und zu erläutern (ASC 220-10-55 enthält eine nicht abschließende Aufzählung) sind z. B. bestimmte Währungsumrechnungsdifferenzen (ASC 830; vgl. 10. Kapitel), *minimum pension liability adjustments* (ASC 715, vgl. 7. Kapitel), unrealisierte Gewinne und Verluste im Zusammenhang mit *available-for-sale securities* (ASC 320; vgl. 5. Kapitel) sowie Marktwertänderungen von *cash flow hedges* (ASC 815; vgl. 5. Kapitel).

Innerhalb des Abschlusses sind die Komponenten des *other comprehensive income* (= *accumulated other comprehensive income*) getrennt nach ihren Entstehungsursachen auszuweisen (ASC 220-10-45-5).

Bilanzierung eigener Anteile

Vergleichbar den HGB- und IFRS-Regelungen werden erworbene eigene Anteile (*treasury stock* oder *treasury shares)* grundsätzlich nicht als eigenständige *assets* aktiviert, sondern vom Eigenkapital abgesetzt (vgl. ASC 505-30-45). Die konkrete Bilanzierungsmethode für die eigenen Anteile ist nicht vorgegeben. Anwendung können sowohl die *cost method* als auch die *par value method* finden. Die *cost method* ist die am weitesten verbreitete Methode in der amerikanischen Bilanzierungspraxis (vgl. Kieso, D. E./Weygandt, J. J./Warfield, T. D. [2013], S. 831).

Ausweis des Unternehmensergebnisses

Nach US-GAAP wird das Geschäftsjahresergebnis (*net income*) grundsätzlich in voller Höhe in die *retained earnings* gebucht; Dividenden für das Geschäftsergebnis des Vorjahres, die an die Aktionäre auszuschütten sind, werden dabei aus den *retained earnings* ausgebucht und als *other liability* in der Bilanz ausgewiesen. Das *statement of retained earnings* (vgl. 9. Kapitel, S. 593) eines US-GAAP-Abschlusses enthält Informationen über die Gewinnverwendung des Vorjahres. Die Verwendung des aktuellen Ergebnisses bzw. genauer, welcher Teil des aktuellen Ergebnisses ausgeschüttet wird, wird aus einer US-GAAP-Bilanz nicht ersichtlich. Die in der EK-Veränderungsrechnung ausgewiesenen Ausschüttungen des aktuellen Jahres betreffen i. d. R. den Gewinn des Vorjahres.

Abgrenzung von Eigen- und Fremdkapital

Für bestimmte selbstständige Finanzinstrumente, die zugleich Fremd- und Eigenkapitalcharakter aufweisen, regelt ASC 480 (früher FAS 150) die Klassifizierung (vgl. ASC 480-10-25). Demnach sind sog. *redeemable preferred stocks* (rückzahlbare Vorzugsaktien mit Kündigungsrecht des Anteilseigners) nicht im Eigenkapital, sondern als *liabilities* anzusetzen, da sie eher an ein Gläubigerpapier als an ein Eignerpapier erinnern. Gleiches gilt für zusammengesetzte Finanzinstrumente, die eine Put-Option des Anteilseigners enthalten. Außerdem sind Finanzinstrumente, die dem Emittenten erlauben, das Instrument gegen Gewährung eigener Anteile zurückzunehmen, als Schuld zu klassifizieren, wenn der Gegenwert der Anteile nicht mit deren Marktpreis übereinstimmt, da z. B. ein fester Gegenwert vereinbart wurde.

D. Bilanzierung von vergütungshalber gewährten Aktienoptionen und ähnlichen Entgeltformen

Wertorientierte Entgeltsysteme

Entgeltsysteme, die an die Wertentwicklung von Unternehmen gekoppelt sind, besitzen als Instrument zur Sicherung der Wahrnehmung der Gesellschafterinteressen auf Geschäftsführungs- und Managementebene hohe Bedeutung. Diese Systeme lassen sich in solche mit Eigenkapitalbeteiligung, wie z. B. Aktienoptionen (*stock options*), und solche mit Fremdkapitalbeteiligung, wie z. B. Wandelschuldverschreibungen, unterscheiden. Bei den populären eigenkapitalorientierten Entgeltsystemen bestehen i. d. R. zwei Ausgestaltungsformen: »echte« bzw.

»reale« Aktienoptionen (*stock options*) und virtuelle Aktienoptionen (*stock appreciation rights*).

Definition Stock Option/Stock Appreciation Right

Stock options (SO) räumen den Begünstigten das Recht ein, innerhalb eines bestimmten Zeitraums eine bestimmte Menge an Aktien zu einem festgelegten Preis (Basispreis/Ausübungspreis) zu beziehen (sog. Bezugsrecht). Die Laufzeit eines Aktienoptionsplans wird normalerweise in eine Sperrfrist, in der die Optionen nicht ausgeübt werden können, und einen Ausübungszeitraum aufgeteilt. Dies soll den langfristigen Anreizcharakter von Aktienoptionsplänen unterstreichen.

Stock appreciation rights (SARs) sind virtuelle Optionen auf Aktien des Unternehmens. Anders als bei echten *stock options* wird dem Begünstigten die Differenz zwischen einem festgelegten Basispreis und dem aktuellen Marktpreis der Aktie bei Ausübung bar ausbezahlt. Dies entspricht der Ausübung einer echten *stock option* mit sofortigem Verkauf der Aktie. Eine Ausgabe von (neuen) Aktien erfolgt hierbei allerdings nicht, wodurch sich keine Erhöhung des Eigenkapitals ergeben kann. Wie bei echten *stock options* sind auch hier die Zahl der gewährten Rechte und die Laufzeit derselben vertraglich festgelegt. Meist erfolgt ebenfalls eine Unterteilung der Laufzeit in Sperrfrist und Ausübungszeitraum.

Die Beschaffung der durch einen Aktienoptionsplan zugesagten Aktien kann durch eine Kapitalerhöhung, durch den Rückkauf eigener Aktien oder den Erwerb von einem Kooperationspartner, z. B. einer Bank, vollzogen werden.

Bedienung der Aktienoptionen durch bedingte Kapitalerhöhung

Nach § 192 Abs. 2 Nr. 3 AktG kann die Hauptversammlung eine bedingte Kapitalerhöhung zur Gewährung von Bezugsrechten an Arbeitnehmer und Vorstandsmitglieder beschließen. Dies kann als Zustimmungs- oder Ermächtigungsbeschluss erfolgen. Wird die Form eines Zustimmungsbeschlusses gewählt, besteht für den Vorstand die Pflicht zur Durchführung des Aktienoptionsplans. Bei einer Ermächtigung durch die Hauptversammlung ist die Entscheidung über die Durchführung des Aktienoptionsplans in das pflichtgemäße Ermessen des Vorstands gestellt. § 192 Abs. 3 Satz 1 AktG sieht vor, dass der Nennbetrag des bedingten Kapitals zur Bedienung von Aktienoptionsplänen 10 % des zum Zeitpunkt der Beschlussfassung existierenden Grundkapitals nicht überschreiten darf. Der Beschluss muss ferner auch die Modalitäten des Aktienoptionsplans festlegen. Diese umfassen die Aufteilung der Bezugsrechte auf Arbeitnehmer und Vorstand, Erfolgsziele des Plans (z. B. zu erreichender Aktienkurs, Outperformance zu einer Vergleichsgruppe o. Ä.), die Aufteilung in Erwerbs- und Ausübungszeitraum sowie eine mindestens vierjährige Sperrfrist, bevor die Optionen erstmals ausgeübt werden können (§ 193 Abs. 2 Nr. 4 AktG). Gemäß § 193 Abs. 2 Nr. 1-3 AktG sind bei jeder bedingten Kapitalerhöhung zur Begebung von aktienkursabhängigen Entlohnungsformen der Zweck, der Kreis der Bezugsberechtigten und der Basispreis der Optionen oder dessen Berechnungsgrundlagen, wenn dieser nicht bei Gewährung der Optionen explizit festgelegt wird, ebenfalls von der Hauptversammlung zu beschließen. Des Weiteren ist es auch möglich, Aktienoptionen durch Options- oder Wandelanleihen im Rahmen einer bedingten Kapitalerhöhung gemäß § 192 Abs. 2 Nr. 1 AktG zu gewähren. Die Mitarbeiter können bei dieser Ausgestaltung Schuldverschreibungen zeichnen, die das Recht verkörpern, zu einem bestimmten Zeitpunkt eine bestimmte Anzahl an Aktien zu einem festgelegten Bezugskurs zu erwerben (Optionsanleihe) oder gegen die Schuldverschreibung zu tauschen (Wandelanleihe).

Bedienung der Aktienoptionen durch genehmigtes Kapital

Um einen Aktienoptionsplan mit neuen Aktien zu bedienen, ist es auch möglich, eine genehmigte Kapitalerhöhung nach § 202 Abs. 4 AktG vorzunehmen. Demnach kann der Vorstand in der ursprünglichen Satzung oder durch eine Satzungsänderung ermächtigt werden, die erforderlichen Aktien neu zu emittieren. Ein entsprechender Beschluss der Hauptversammlung muss dazu eine Regelung zum Bezugsrecht oder dem Ausschluss eines Bezugsrechts für die Aktionäre beinhalten. Dabei gilt die Ausgabe von Aktien an Mitarbeiter als materieller Grund für einen Bezugsrechtsausschluss (vgl. Beck'scher Kurzkommentar zum Aktiengesetz [2012], § 186 Tz. 29). Der Nachteil der Beschaffung junger Aktien zur Bedienung von Aktienoptionsplänen durch genehmigtes Kapital liegt darin, dass die entsprechende Ermächtigung des Vorstandes gemäß § 202 Abs. 1 AktG höchstens fünf Jahre nach der Eintragung der Satzungsänderung gültig ist. Damit müssten alle Aktienoptionen eines Plans innerhalb von fünf Jahren ausgeübt sein, was einer langfristigen Anreizgewährung nicht förderlich ist. Aus diesem Grund wird diese Form der Bedienung von Aktienoptionsplänen im Folgenden nicht weiter verfolgt.

Bedienung der Aktienoptionen durch ordentliche Kapitalerhöhung

Die Schaffung neuer Aktien durch eine ordentliche Kapitalerhöhung zur Bedienung eines Aktienoptionsplans ist zwar prinzipiell möglich, aber nicht sinnvoll, da bereits beim Beschluss alle Modalitäten der Kapitalerhöhung definitiv von der Hauptversammlung bestimmt werden müssen, was der Unternehmensleitung die Möglichkeit nimmt, den Aktienoptionsplan anreizoptimal zu gestalten. Daher wird diese Form der Bedienung von Aktienoptionsplänen im Weiteren ebenfalls außer Acht gelassen.

Bedienung der Aktienoptionen durch Erwerb eigener Aktien

Aktienoptionspläne können auch durch den Erwerb eigener Aktien bedient werden. Das deutsche Aktienrecht sieht zum Zweck der Gewährung von Aktienoptionen an Mitarbeiter in § 71 Abs. 1 Nr. 2 AktG eine Ausnahme zum grundsätzlichen Verbot des Rückkaufs eigener Aktien gemäß § 57 Abs. 1 Satz 1 AktG vor (vgl. in diesem Kapitel, S. 353 f.). § 71 Abs. 1 Nr. 8 AktG gestattet es der Hauptversammlung, eine fünf Jahre gültige Ermächtigung des Vorstands zum Rückerwerb eigener Aktien zu beschließen. Der Beschluss muss neben dem niedrigsten und dem höchsten zulässigen Kaufpreis der eigenen Anteile den Anteil am Grundkapital (maximal 10 %), der zurückgekauft werden soll, umfassen. Grundsätzlich muss die Veräußerung zurückerworbener eigener Aktien dem Grundsatz der Gleichbehandlung aller Aktionäre genügen. Die Ausgabe zu Entlohnungszwecken ausschließlich an Mitarbeiter ist eine Ausnahme von diesem Gleichbehandlungsgrundsatz, daher wird in § 71 Abs. 1 Nr. 8 Satz 5 AktG auf § 186 Abs. 3-4 AktG und § 193 Abs. 2 Nr. 4 AktG verwiesen: Demnach ist unter bestimmten Voraussetzungen der Ausschluss des Bezugsrechts für Aktionäre möglich. Analog zur bedingten Kapitalerhöhung sind von der Hauptversammlung ebenfalls die Aufteilung der Bezugsrechte auf Arbeitnehmer und Vorstand, Erfolgsziele, die Aufteilung in Erwerbs- und Ausübungszeitraum sowie eine mindestens vierjährige Sperrfrist zu beschließen. Obwohl nicht explizit im Gesetzestext vorgeschrieben, wird davon ausgegangen, dass, ebenso wie bei der bedingten Kapitalerhöhung erforderlich, eine Regelung des Basispreises und des Bezugsberechtigtenkreises durch Beschlussfassung der Hautversammlung nötig ist (vgl. Thoma, G. F./Leuering, D. [2002], S. 198). Das Gesamtvolumen aller erworbenen und gehaltenen eigenen Aktien darf 10 % des Grundkapitals nicht übersteigen. Die Ermächtigungsfrist von fünf Jahren gilt nur für den Erwerb, nicht für das

Halten der eigenen Aktien. Diese unterliegen keiner Limitierung hinsichtlich des Verbleibs im Unternehmen. Um einen existierenden Aktienoptionsplan zu bedienen, können Ermächtigungen zum Erwerb wiederholt erteilt werden (vgl. Thoma, G. F./Leuering, D. [2002], S. 195 f.). So wird vermieden, dass alle zur Bedienung notwendigen Aktien auf einmal erworben und gehalten werden müssen. Nur voll eingezahlte Aktien können zurückerworben werden (§ 71 Abs. 2 Satz 3 AktG).

Um eigene Aktien erwerben zu können, muss die Gesellschaft aufgrund ihrer Eigenkapitalsituation zudem in der Lage sein, im Zeitpunkt des Erwerbs eine (hypothetische) Rücklage in Höhe der Aufwendungen für den Erwerb aus frei verfügbaren Rücklagen zu bilden (§ 71 Abs. 2 Satz 2 AktG; vgl. auch in diesem Kapitel, S. 353 ff.).

Abwicklung durch einen Kooperationspartner

Eine weitere Möglichkeit, Aktienoptionspläne zu bedienen, ist die Abwicklung über Kooperationspartner, z. B. eine Bank. Dabei kann unter Umständen die gesamte Organisation des Aktienoptionsplans, von der Ausgestaltung des Plans über die Beschaffung und das Vorrätighalten der zugesagten Aktien, durch diese vorgenommen werden. Bei dieser Art der Durchführung ist keine Einbeziehung der Hauptversammlung vonnöten und eine Bilanzierung der Aktienoptionspläne kommt nicht in Betracht. Die Durchführung ist jedoch kostspielig und bringt für das Unternehmen eine Liquiditätsbelastung mit sich, da dem Kooperationspartner eine Prämie bezahlt werden muss.

Die bilanzielle Abbildung von aktienorientierten Vergütungen war lange Zeit in allen in diesem Buch betrachteten Rechnungslegungssystemen ein stark diskutiertes Thema. Vor allem ging es in den Diskussionen um die Frage, ob Aktienoptionen überhaupt, und wenn ja wie, in den Jahresabschluss einzubeziehen sind. Während in den IFRS im Februar 2004 durch IFRS 2 *»Share-based Payment«* und in den US-GAAP durch die Verabschiedung des FAS 123r (rev. 2004) *»Share-Based Payment«* (ASC 718) im Jahr 2004 eindeutige Lösungen gefunden wurden, steht eine solche für den handelsrechtlichen Abschluss noch aus.

I. Aktienbasierte Vergütung nach nationalen Normen

Zur Behandlung aktienbasierter Vergütungen nach nationalen Normen gibt es keine konkrete gesetzliche Bestimmung, vielmehr erfolgt ihre Ableitung aus den GoB, die auf diesem Gebiet nicht zuletzt von den internationalen Regelungen beeinflusst sind. Eine eindeutige Lösung konnte sich bis heute allerdings noch nicht herauskristallisieren.

1. Bilanzielle Behandlung von realen Aktienoptionsplänen

Bedienung durch bedingte Kapitalerhöhung

Für die bilanzielle Erfassung von Aktienoptionen im handelsrechtlichen Abschluss, die durch eine im Rahmen einer bedingten Kapitalerhöhung gemäß § 192 Abs. 2 Nr. 3 AktG zu erfolgende Neuemission von Aktien bedient werden, hat sich noch keine herrschende Meinung herausgebildet. Zwar ist die bilanzielle Behandlung der Ausgabe der Aktien im Falle der Optionsausübung unproblematisch, da keine Besonderheiten gegenüber einer gewöhnlichen Kapitalerhöhung vorliegen (vgl. Beck'scher Bilanzkommentar [2012], § 272 Tz. 501). Strittig ist jedoch, ob bereits die Ausgabe der Aktienoptionen im Abschluss erfasst werden muss und wenn ja, in welcher Form. Im Schrifttum finden sich hierzu insbesondere die nachfolgend geschilderten Auffassungen:

Kein Ausweis in der Bilanz

Ein Teil des Schrifttums vertritt die Auffassung, dass die mittels einer bedingten Kapitalerhöhung zu bedienenden Aktienoptionspläne vor Ausübung der Optionen keine Auswirkungen auf Bilanz und GuV haben dürfen (vgl. z. B. Naumann, T. K. [1998], S. 1428 ff.; Rammert, S. [1998], S. 766 ff.; Herzig, N. [1999], S. 1 ff.). Der Verzicht auf eine Erfassung in der Bilanz wird z. T. damit begründet, dass die Emission neuer Aktien keinen Vermögensverlust der Gesellschaft darstellt, sondern lediglich einen Vermögensverlust der gegenwärtigen Anteilseigner, da diese auf ihre Bezugsrechte nach § 192 Abs. 2 Nr. 3 AktG i. V. m. § 186 AktG verzichten. Damit tragen allein die Gesellschafter die Lasten der Gewährung von Aktienoptionen an Mitarbeiter, nicht aber die Gesellschaft selbst. Dies schließt demnach die Bilanzierung der Gewährung von Aktienoptionen aus.

Darüber hinaus wird auch auf § 27 Abs. 2 AktG verwiesen, wonach die Verpflichtung zu Dienstleistungen – im Fall der Aktienoptionen an Mitarbeiter des Unternehmens die zu erbringende Arbeitsleistung – nicht Gegenstand einer Sacheinlage und somit auch nicht Entgelt für die Optionsgewährung sein kann. Im Zeitpunkt der Ausübung der Aktienoptionen werden die neu geschaffenen Aktien dann wie bei jeder Kapitalerhöhung verbucht, wobei der Ausübungskurs der Aktienoption den Emissionspreis darstellt. Der dabei zur Anwendung kommende Buchungssatz lautet:

Buchung:	Kasse	an	Gezeichnetes Kapital Kapitalrücklage

GuV-wirksame Bilanzierung

Andere Meinungen sehen zur Erfüllung des Grundsatzes der sachlichen Abgrenzung (vgl. 1. Kapitel, S. 43) eine GuV-wirksame Bilanzierung von Aktienoptionen ab dem Zeitpunkt der Gewährung als geboten. Dabei lassen sich zwei Methoden zur bilanziellen Behandlung unterscheiden.

Bildung einer Rückstellung

Zum einen wird von Teilen des Schrifttums gefordert, die Aktienoptionspläne GuV-wirksam durch Bildung einer Rückstellung für ungewisse Verbindlichkeiten gemäß § 249 Abs. 1 Satz 1 HGB zu erfassen (vgl. Beck'scher Bilanzkommentar [2012], § 272 Tz. 504). Während der Sperrfrist der Aktienoptionen, d. h. der Periode, in welcher der Begünstigte noch keinen Rechtsanspruch auf die Eigenkapitalinstrumente besitzt, erfolgt eine ratierliche Rückstellungserhöhung gegen Erfassung eines Personalaufwands, sodass die Rückstellung zum Ausübungszeitpunkt den Wert der Aktienoptionen erreicht hat. Der dabei zur Anwendung kommende Buchungssatz lautet:

Buchung:	Personalaufwand	an	Rückstellung

Zugunsten dieser Variante wird angeführt, dass die gewährten Aktienoptionen einen Vergütungsbestandteil darstellen und folglich seitens des Unternehmens ein Erfüllungsrückstand aus dem Arbeitsverhältnis besteht, dem durch die Bildung einer Rückstellung nachzukommen ist. Die Rückstellung ist aufzulösen, wenn das Optionsrecht entweder ausgeübt wird, d. h. die Schuld des Unternehmens erfüllt ist, oder aber verfällt. Bei Ausübung der Option ist die bestehende Rückstellung in Eigenkapital umzubuchen.

Dotierung der Kapitalrücklage

Andere Meinungen im Schrifttum sprechen sich – analog der Behandlung nach IFRS 2 (vgl. in diesem Kapitel, S. 393 ff.) – für eine GuV-wirksame Erfassung der Aktienoptionen als Personalaufwand mit gleichzeitiger Dotierung der Kapitalrücklage aus (vgl. z. B. Thiele, S. [2002b], S. 766 ff.; Pellens, B./Crasselt, N. [2006], § 272 Tz. 822). Begründet wird diese Vorgehensweise damit, dass die Aktienoptionen einen Entgeltbestandteil der Optionsbegünstigten darstellen und damit in einem direkten Zusammenhang mit dem Leistungsprozess des Unternehmens stehen. Lediglich die Gesellschaft selbst ist von der Aktienoptionsgewährung betroffen, da die von den Begünstigten zu erbringende Arbeitsleistung unmittelbar der Gesellschaft und nicht den Gesellschaftern dient. Folglich mündet die Gewährung von Aktienoptionen in Personalaufwand, dessen Entstehung unabhängig davon ist, in welcher Form die Gesellschaft die Gegenleistung erbringt. Als rechtliche Grundlage für die Dotierung der Kapitalrücklage wird § 272 Abs. 2 Nr. 2 HGB angeführt, da sich die Aktienoption wirtschaftlich dem abgetrennten Optionsschein einer Optionsanleihe gleichstellen lässt. Folgender Buchungssatz kommt daher zur Anwendung:

Buchung:	Personalaufwand	an	Kapitalrücklage

Soll eine zutreffende Abbildung der Aktienoptionen im Jahresabschluss erfolgen, muss für die gewährten Optionen ein Personalaufwand erfasst und zugleich die Kapitalrücklage dotiert werden. Der Personalaufwand würde zwar auch bei einer Rückstellungsbildung in zutreffender Weise ausgewiesen, allerdings setzt die Bildung einer Rückstellung eine wirtschaftliche Belastung des Unternehmens in Form eines zu erwartenden Vermögensabflusses voraus, der bei der Ausgabe von Aktien nicht vorliegt. Die Dotierung der Kapitalrücklage führt zudem im Rahmen einer zunehmenden Internationalisierung der Rechnungslegung zu einer weiteren Annäherung an die Vorgehensweise nach IFRS 2 (vgl. in diesem Kapitel, S. 393 ff.). Daher ist der Buchung des Personalaufwands gegen die Kapitalrücklage nach dieser Auffassung gegenüber der Rückstellungsvariante der Vorzug zu geben (so im Ergebnis auch Pellens, B./Crasselt, N. [1998], S. 142 f.; Baetge, J./Kirsch, H.-J./Thiele, S. [2012], S. 662 f.; Beck'scher Bilanzkommentar [2012], § 272 Tz. 505 f.).

Bewertung der realen Aktienoptionspläne

Maßstab für die Bewertung von Aktienoptionen kann grundsätzlich der innere Wert oder der beizulegende Zeitwert einer Option zum Zeitpunkt der Gewährung sein. Der innere Wert einer Option zum Gewährungszeitpunkt ist der Betrag, um den der Aktienkurs zu diesem Zeitpunkt den festgelegten Bezugspreis übersteigt. Hieraus folgt, dass der innere Wert gleich Null ist, sofern sich Aktienkurs und Bezugspreis entsprechen oder der Bezugspreis den Aktienkurs übersteigt, und damit kein Personalaufwand erfasst würde. Allerdings ist auch in diesem Fällen der Wert einer Option größer als Null, da zumindest die Chance besteht, von künftigen Steigerungen des Aktienkurses zu profitieren. Dies wird durch den Zeitwert einer Option berücksichtigt. Der Zeitwert einer Option ergibt sich aus der Differenz zwischen dem Marktwert und dem inneren Wert. Er spiegelt die Chance wider, von möglichen positiven Änderungen des Aktienkurses in der verbleibenden Laufzeit zu profitieren und verringert sich mit abnehmender Laufzeit der Option, sodass der Wert der Option am Ende der Laufzeit mit dem inneren Wert übereinstimmt. Der beizulegende Zeitwert einer Option setzt sich aus dem inneren Wert und dem Zeitwert der Aktienoption zusammen. (vgl. Perridon, L./ Steiner, M./Rathgeber, A. [2012], S. 349 ff.). Damit ergibt sich, dass allein eine Bewertung der Option zum beizulegenden Zeitwert sinnvoll ist, da dies der Wert ist, zu dem die Option von einem Dritten erworben werden könnte (vgl. Pellens, B./Crasselt, N. [2006], § 272 Tz. 828). Zur Ermittlung des Gesamtwerts sind finanztheoretische Modelle, wie z. B. das Black/Scholes-Modell, heranzuziehen. Die Erfassung des Personalaufwands und die Einstellung in die Kapitalrücklage haben sofort in voller Höhe zu erfolgen, wenn die Arbeitsleistung bereits erbracht ist, bzw. ratierlich über den Leistungszeitraum (i. d. R. die Sperrfrist), wenn die Optionen eine Vergütung für künftige Arbeitsleistungen darstellen. Diese Vorgehensweise zur Behandlung von realen Aktienoptionsplänen stimmt weitgehend mit der Regelung des IFRS 2 überein (vgl. in diesem Kapitel, S. 393 ff.). Abbildung 6.7 verdeutlicht die Zusammensetzung des beizulegenden Zeitwertes von Optionen und die zu unterscheidenden Zeitpunkte.

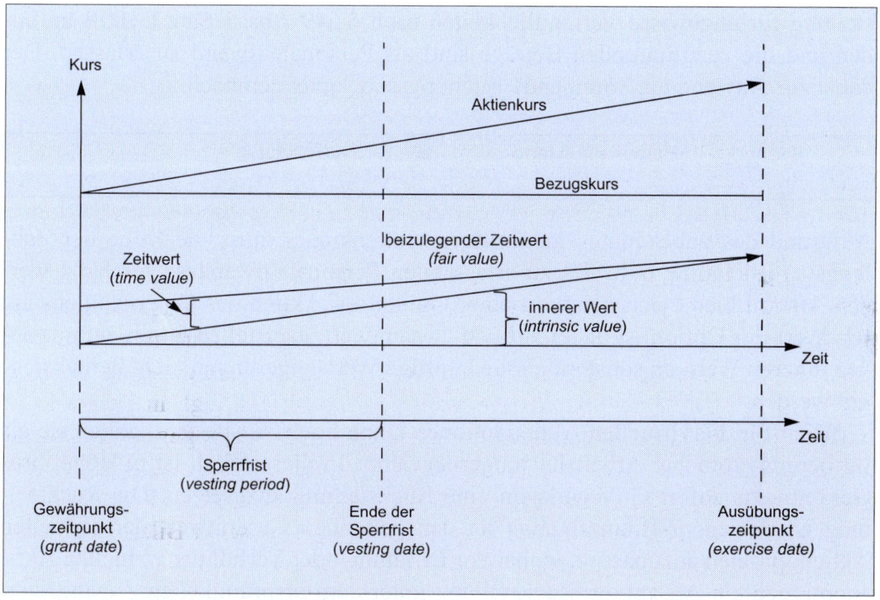

Abb. 6.7: Bewertung von Aktienoptionen (in Anlehnung an Pellens, B./Fülbier, R. U./Gassen, J./Sellhorn, T. [2011], S. 527)

Bedienung durch Rückkauf eigener Anteile

Die bilanzielle Behandlung von realen Aktienoptionsplänen auf der Basis von Aktienrückkäufen ist geprägt von der Pflicht zur Behandlung erworbener eigener Aktien als Korrekturposten zum Eigenkapital (§ 272 Abs. 1a HGB), wodurch eine deutliche Nähe zu den IFRS resultiert. Der Erwerb bzw. die Veräußerung eigener Anteile wird wie eine Minderung/Erhöhung des Eigenkapitals behandelt. Daher sind grundsätzlich die drei in diesem Kapitel auf S. 387 ff. erläuterten alternativen Vorgehensweisen zur Behandlung von realen Aktienoptionsplänen denkbar (vgl. Beck'scher Bilanzkommentar [2012], § 272 Tz. 515). Nach der hier vertretenen Auffassung ergibt sich eine zutreffende Abbildung der Aktienoptionen im Jahresabschluss nur, wenn für die gewährten Optionen ein Personalaufwand erfasst und zugleich die Kapitalrücklage dotiert wird. Daher ist – analog zur Vorgehensweise bei Bedienung der Aktienoptionen durch eine bedingte Kapitalerhöhung – folgende Buchung vorzunehmen:

Buchung:	Personalaufwand	an	Kapitalrücklage

2. Bilanzielle Behandlung virtueller Aktienoptionen

Ansatz von virtuellen Aktienoptionen

Virtuelle Aktienoptionspläne zeichnen sich dadurch aus, dass der Optionsberechtigte einen Zahlungsanspruch gegenüber dem Unternehmen hat, aber kein Recht auf den Bezug von Aktien. Die Zahlungsverpflichtung des Unternehmens entspricht dem Betrag, um den der Aktienkurs zum Ausübungszeitpunkt den Bezugspreis übersteigt. Die Verpflichtung ist für das Unternehmen unsicher, da die Gehaltszahlung aufgrund der unsicheren künftigen Aktienkursentwicklung variieren kann (vgl. Pellens, B./Crasselt, N. [2002], S. 181). Daher ist eine Rückstellung für ungewisse Verbindlichkeiten nach § 249 Abs. 1 Satz 1 HGB zu bilden und die zuzuführenden Beträge sind als Personalaufwand zu erfassen. Der dabei zur Anwendung kommende Buchungssatz lautet demnach:

Buchung:	Personalaufwand	an	Rückstellung

Bewertung der virtuellen Aktienoptionen

Aufgrund des unbekannten zukünftigen Aktienkurses muss die Höhe der Zahlungsverpflichtung, d. h. des zu erfassenden Personalaufwandes, geschätzt werden. Hierzu bietet sich der Wert einer Option auf Aktien des Unternehmens an. Als Wert der Option ist dabei auf den Gesamtwert abzustellen und nicht nur auf den inneren Wert, da sonst mögliche künftige Wertsteigerungen nicht berücksichtigt werden.

Wenn für die virtuellen Aktienoptionen keine Sperrfrist besteht, gelten sie als für bereits erbrachte Arbeitsleistungen gewährt. In diesem Fall ist in Höhe ihres Gesamtwerts sofort GuV-wirksam eine Rückstellung anzusetzen. Die Rückstellung ist an jedem Bilanzstichtag an den geltenden Gesamtwert der virtuellen Aktienoptionen anzupassen, wobei vor Erfüllung oder Verfall der virtuellen Aktienoptionen ein Ansatz der Rückstellung unter dem ursprünglichen Zugangswert nicht erlaubt ist (vgl. Beck'scher Bilanzkommentar [2012], § 272 Tz. 511). Ist hingegen eine Sperrfrist vorgesehen, bis zu deren Ablauf die Optionen nicht ausgeübt werden können, ist analog zu den »echten« Aktienoptionsplänen der Personalaufwand ratierlich über die Sperrfrist zu verteilen. Die Rückstellung wird somit nicht bereits im Jahr der Zusage in voller Höhe gebildet, sondern, da die spätere Zahlung aus den virtuellen Aktienoptionen ein Entgelt für künftige Arbeitsleistungen darstellt, pro rata temporis zugeschrieben (vgl. Baetge, J./Kirsch, H.-J./Thiele, S. [2012], S. 690). Eine Verminderung der Rückstellung aufgrund eines unter den Gesamtwert zum Zeitpunkt der Gewährung gesunkenen Werts der virtuellen Aktienoptionen ist nicht zulässig.

3. Anhangangaben zu Aktienoptionsplänen

Anhangangaben nach HGB

Gemäß § 285 Nr. 9a Satz 4 HGB sind für die ausgegebenen Bezugsrechte und sonstigen aktienbasierten Vergütungen (darunter fallen sowohl reale als auch virtuelle Aktienoptionen) – unabhängig von ihrer Behandlung in der Bilanz – deren Anzahl und beizulegender Zeitwert zum Zeitpunkt der Gewährung als Bestandteil der Gesamtbezüge der Organmitglieder (Mitglieder des Geschäftsführungsorgans, eines Aufsichtsrates, eines Beirates u. Ä.) anzugeben. Werden die Ausübungsbedingungen später geändert, so sind die daraus resultierenden Wertänderungen im Jahr der Änderung ebenfalls in den Gesamtbezügen zu berücksichtigen. Die im Geschäftsjahr ausgeübten, verfallenen oder die zu Beginn und am Ende des Geschäftsjahres bestehenden Bezugsrechte müssen hingegen nicht angegeben werden (vgl. Münchener Kommentar zum HGB [2013], § 285 Tz. 170 ff.).

Anhangangaben nach AktG

Unabhängig von der Angabe der Bezüge gemäß § 285 HGB, der sich auch nur auf die Bezüge der Organmitglieder bezieht, müssen nach § 160 Abs. 1 Nr. 5 AktG die Anzahl der gewährten Aktienoptionen bei Plänen nach § 192 Abs. 2 Nr. 3 AktG im Anhang angegeben werden. Dies hat für Mitglieder der Geschäftsführung und für Arbeitnehmer getrennt unter Angabe der zugrunde liegenden Rechte zu geschehen. Dazu zählen Erwerbszeiträume, Erfolgsziele, Sperrfristen und Ausübungszeiträume.

Anhangangaben nach DRS

DRS 17 (geändert 2010) »Berichterstattung über die Vergütung der Organmitglieder« (vgl. 13. Kapitel, S. 884 f.) befasst sich ebenfalls mit der Behandlung von Bezugsrechten und sonstigen aktienbasierten Vergütungen an Organmitglieder, allerdings bezogen auf den Konzernabschluss und konkretisiert einzelne Sachverhalte. Demnach hat die Angabe des beizulegenden Zeitwerts von Bezugsrechten und sonstigen aktienbasierten Vergütungen i. d. R. im Jahr der Gewährung zu erfolgen. Falls jedoch zum Zeitpunkt der Aufstellung des Abschlusses noch keine rechtsverbindliche Zusage der aktienbasierten Vergütung für das betreffende Geschäftsjahr vorliegt und dies lediglich darauf beruht, dass die nötigen Organbeschlüsse fehlen, ist die aktienbasierte Vergütung nach DRS 17.30 i. V. m. DRS 17.25-.27 ausnahmsweise dennoch bereits in die Gesamtbezüge dieses Geschäftsjahres einzubeziehen und zu erläutern, wenn folgende Voraussetzungen gegeben sind: Die Tätigkeit, auf der die aktienbasierte Vergütung basiert, ist im Geschäftsjahr vollständig erbracht worden, mit der Erteilung der notwendigen Organbeschlüsse kann aufgrund bisheriger Erfahrungen höchst wahrscheinlich bis zur Aufstellung des Konzernabschlusses gerechnet werden und die Höhe der Bezüge zum Zeitpunkt der Aufstellung des Abschlusses für das betreffende Geschäftsjahr ist verlässlich abschätzbar (DRS 17.31).

II. Aktienbasierte Vergütung nach IFRS

IFRS 2 »Share-based Payment«

Die IFRS wiesen lange Zeit eine Regelungslücke bei der Bilanzierung von aktienbasierten Vergütungen auf, die mit der Verabschiedung von IFRS 2 *»Share-based Payment«* im Februar 2004 geschlossen wurde. Seitdem fanden mehrere Überarbeitungen des Standards statt. IFRS 2 ist grundsätzlich auf alle Vereinbarungen anwendbar, die eine aktienabhängige Vergütung als Gegenleistung für empfangene Güter oder Dienstleistungen beinhalten. Dabei werden in Abhängigkeit von der jeweiligen Gegenleistung drei Formen solcher Vereinbarungen unterschieden (IFRS 2.2 i. V. m. IFRS 2.A):

- *Equity-settled share-based payment transactions*, bei denen Eigenkapitalinstrumente, wie z. B. Aktien oder Aktienoptionen, zu Vergütungszwecken gewährt werden.
- *Cash-settled share-based payment transactions*, bei denen eine Barzahlung gewährt wird, die sich an der Wertentwicklung der Eigenkapitalinstrumente der Unternehmung bemisst (z. B. *stock appreciation rights*).
- *Share-based payment transactions with cash alternatives*, bei denen eine der beiden Vertragsparteien (Unternehmen oder Empfänger) die Form der Vergütung wählen kann. Diese erfolgt dann entsprechend der getroffenen Wahl entweder als Barzahlung oder durch Eigenkapitalinstrumente.

Anwendungsbereich des IFRS 2

Die Regelungen des IFRS 2 beziehen sich sowohl auf Vereinbarungen mit Mitarbeitern als auch mit Unternehmensfremden (z. B. wenn empfangene Waren- oder Dienstleistungen mit Aktienoptionen vergütet werden). Ausgeschlossen vom Regelungsbereich des IFRS 2 sind jedoch Sachverhalte, für die andere IFRS spezifische Regelungen enthalten. Dazu gehören nach IFRS 2.4 ff.

- Transaktion mit einem Mitarbeiter (oder einer anderen Partei) in seiner bzw. ihrer Eigenschaft als Inhaber von Eigenkapitalinstrumenten des Unternehmens (z. B. Gewährung von zusätzlichen Eigenkapitalinstrumenten an Mitarbeiter, die bereits Anteilseigner sind),
- Transaktionen im Zusammenhang mit Unternehmenszusammenschlüssen (IFRS 3),
- Bestimmte Warenterminkontrakte, die unter den Anwendungsbereich des IAS 32.8-.10 bzw. IAS 39.5-.7 fallen.

Sonderfälle im Konzern

Wenn ein Unternehmen Güter oder Dienstleistungen erhält, für die ein anderes Unternehmen desselben Konzerns oder ein Anteilseigner eines beliebigen Konzernunternehmens verpflichtet ist, Eigenkapitalinstrumente (z. B. Aktienoptionen) zu gewähren, so ist für beide Unternehmen IFRS 2 anzuwenden (IFRS 2.3A).

Nicht identifizierbare Gegenleistung

Einer Anwendung des IFRS 2 steht darüber hinaus auch nichts entgegen, wenn erhaltene Güter oder Dienstleistungen nicht identifizierbar sind (z. B. erwartete Imageverbesserungen oder die Vermeidung ökonomischer Nachteile). In diesem Fall hat das Unternehmen gemäß IFRS 2.13A die erhaltenen identifizierbaren Güter oder Dienstleistungen nach IFRS 2 zu bewerten. Die nicht identifizierbaren Güter oder Dienstleistungen sind mit dem Unterschiedsbetrag zwischen dem *fair value* der anteilsbasierten Vergütung und dem *fair value* aller identifizierbaren Güter oder Dienstleistungen anzusetzen. Vom Vorliegen von nicht identifizierbaren Gütern oder Dienstleistungen kann insbesondere dann ausgegangen werden, wenn die identifizierbare erhaltene Gegenleistung geringer ist als der *fair value* der gewährten Eigenkapitalinstrumente oder der entstandenen Schuld.

Bedeutung der Bedienung eines Aktienoptionsplans

Für die Kategorisierung einer aktienbasierten Vergütung hat die Art der Bedienung des Aktienoptionsplans keinerlei Bedeutung. Erfolgt die aktienbasierte Vergütung in Form von Eigenkapitalinstrumenten, dann hat eine Einordnung als *equity-settled share-based payment transaction* zu erfolgen. Ob die Erfüllung dieses Plans durch eine Kapitalerhöhung, den Erwerb eigener Anteile oder durch einen Anteilseigner statt des Unternehmens selbst erfolgt, spielt hinsichtlich der Bilanzierung keine Rolle (IFRS 2.B49).

Behandlung nach IFRS for SME

Die Behandlung von anteilsbasierten Vergütungen nach IFRS for SME folgt bis auf kleine Ausnahmen der Vorgehensweise des IFRS 2 (vgl. BEKKM [2013], S. 575 f.). So gilt für Transaktionen mit Erfüllungswahlrecht, dass im Regelfall eine Bilanzierung analog von Transaktionen mit Barausgleich zu erfolgen hat. Zudem ist nur ein reduziertes Maß an Anhangangaben erforderlich.

1. Bilanzielle Behandlung von equity-settled share-based payment transactions

Ansatz

Dem Konzept der Bilanzierung von aktienbasierten Vergütungen nach IFRS 2 liegt die Idee zugrunde, dass das bilanzierende Unternehmen eine Gegenleistung sachlicher oder immaterieller Art in Form von Arbeitsleistungen eines Mitarbeiters bzw. Güter oder Dienstleistungen von Lieferanten für die Hingabe von Eigenkapitalinstrumenten erhält. Die Arbeitsleistung stellt, wie Güter oder Dienstleistungen, auch einen Zufluss von Ressourcen dar, der das Eigenkapital erhöht. Dies ist in Bilanz und GuV zu erfassen.

Wenn die Gegenleistung die Kriterien zum Ansatz eines Vermögenswertes (*asset*) nach den IFRS erfüllt, ist dieser zu aktivieren. Ist dies nicht der Fall, ist ein entsprechender Aufwand zu zeigen. Als Gegenposten zur Aktivierung von Vermögenswerten oder der Aufwandsbuchung dient dabei direkt die Kapitalrücklage im Eigenkapital (IFRS 2.7 f.).

Im Falle der Entlohnung von Mitarbeitern ist die Arbeitsleistung der von dem Unternehmen erhaltene Wert, der das Eigenkapital, speziell die Kapitalrücklage, erhöht. Die Arbeitsleistung wird aber sofort oder über mehrere Perioden verbraucht, was durch den auszuweisenden Personalaufwand deutlich wird. Demnach ist folgende Buchung vorzunehmen:

Buchung:	Personalaufwand	an	Kapitalrücklage

Reload features

Verfügt ein Aktienoptionsplan über Vereinbarungen, dass aus dem ursprünglich begebenen Aktienoptionsplan unter bestimmten Bedingungen neue Aktienoptionen entstehen können (*reload features*), so sind diese erst dann anzusetzen, wenn die neuen Aktienoptionen gewährt wurden (IFRS 2.22). Das *reload feature* wird somit nicht in die Bewertung der ursprünglichen Aktienoptionen mit einbezogen. Durch die Ausgestaltung eines Aktienoptionsplans mit einem *reload feature* wird es den durch den Aktienoptionsplan Begünstigten ermöglicht, zusätzliche Optionen zu erhalten, wenn der Ausübungspreis für die ursprünglichen Optionen nicht in bar, sondern in Aktien des jeweiligen Unternehmens geleistet wird. Es erfolgt demnach ein Tausch der ursprünglichen Aktienoptionen am Ausübungstag in neue Eigenkapitalinstrumente (vgl. Haufe IFRS-Kommentar [2013], § 23 Tz. 95 f.).

Zugangs-bewertung

Dem IFRS 2 liegt ein Konzept zugrunde, das konsequent auf den *fair value* der vom Unternehmen empfangenen Leistungen abstellt. Dabei kann dieser entweder direkt oder indirekt, durch den Wert der als Entgelt hingegebenen Eigenkapitalinstrumente, ermittelt werden. Nach IFRS 2.10 sind die erhaltenen Güter oder Dienstleistungen und die entsprechende Erhöhung des Eigenkapitals direkt mit dem *fair value* der erhaltenen Güter oder Dienstleistungen anzusetzen, es sei denn, dass dieser nicht verlässlich geschätzt werden kann. Ist dies der Fall, dann ist deren Wert und die entsprechende Erhöhung des Eigenkapitals indirekt unter Bezugnahme auf den *fair value* der gewährten Eigenkapitalinstrumente zu ermitteln.

Direkte vs. indirekte Ermittlung des fair value

Es gilt die widerlegbare Vermutung, dass die direkte Methode dann angebracht ist, wenn die Leistungen von Unternehmensexternen erbracht werden. Diese haben i. d. R. eine Bewertung durch den Leistenden erfahren. Bei Transaktionen mit Mitarbeitern des Unternehmens ist der Weg über die Bewertung der als Entgelt dargebotenen aktienbasierten Eigenkapitalinstrumente vorgeschrieben (IFRS 2.10 f.). Da die aktienbasierte Vergütung i. d. R. nur einen Teil der Gesamtvergütung der Mitarbeiter ausmacht, kann deren Anteil nicht unabhängig bewertet werden. Dazu kommt, dass der Wert der Gesamtvergütung nur dann ermittelt werden kann, wenn die aktienbasierten Vergütungsbestandteile mit ihrem *fair value* bewertet werden. Da diese Entgeltbestandteile häufig als Bonuszahlungen oder Anreiz zu einer längeren Verweildauer im Unternehmen dienen, beabsichtigt das Unternehmen, durch deren Vergabe zusätzlich Vorteile zu erzielen. Diese sind jedoch schwer messbar, sodass eine Bestimmung des Wertes der begebenen Entgeltinstrumente in diesem Fall effektiver ist (IFRS 2.12). Die Wahl des *fair value* als Bewertungsmaßstab impliziert, dass die Unternehmung mit den Optionen genau den Wert hingibt, den sie sich von der Arbeitsleistung der Mitarbeiter verspricht.

Ermittlung des fair value der begebenen Eigenkapitalinstrumente

Der *fair value* der begebenen Eigenkapitalinstrumente (Aktien und Aktienoptionen) soll, wenn möglich, durch Marktpreise vergleichbarer Instrumente ermittelt werden. Dies hat am *measurement date*, d. h. dem Tag der Entgeltbemessung, zu erfolgen, welcher nach IFRS 2.16 i. V. m. IFRS 2.A dem *grant date* (Tag der Optionsgewährung) entspricht (vgl. Abbildung 6.7). Bei den Aktienoptionen ergibt sich jedoch häufig das Problem, dass diese normalerweise nicht übertragbar und mit weiteren Bedingungen versehen sind, die bei gehandelten Optionen zumindest unüblich sind. Daher kann in Abwesenheit vergleichbarer marktgehandelter Optionen auf eine Bewertung durch Optionspreismodelle zurückgegriffen werden (IFRS 2.17 ff.). Dabei sind nach IFRS 2.B6 alle Modelle zulässig, die

1. den Ausübungspreis,
2. die Laufzeit,
3. den aktuellen Kurs der zugrunde liegenden Aktie,
4. die erwartete Volatilität des zugrunde liegenden Aktienkurses,
5. die erwarteten Dividendenzahlungen und
6. den risikolosen Zinssatz für die erwartete Laufzeit der Option berücksichtigen.

Konkretisierende Ausführungen hinsichtlich der zu berücksichtigenden Parameter werden in IFRS 2.B7 ff. gegeben. Bei der Laufzeit von nicht übertragbaren

Aktienoptionen soll auf die erwartete, nicht die vertragliche Laufzeit zurückgegriffen werden (IFRS 2.B16 ff.). Dividenden sollen dann bei der Bewertung berücksichtigt werden, wenn der Optionsbegünstigte während der Laufzeit der Aktienoptionen keinen Ausgleich für Dividendenzahlungen erhält (IFRS 2.B31 ff.).

Optionspreismodelle

Obgleich in IFRS 2.B5 das Modell von Black/Scholes exemplarisch erwähnt wird, können andere Modelle zum Einsatz kommen. Nach IFRS 2.B5 muss das Unternehmen Faktoren berücksichtigen, die sachverständige, vertragswillige Marktteilnehmer bei der Auswahl des anzuwendenden Optionspreismodells in Betracht ziehen würden. Oftmals haben Mitarbeiteroptionen z. B. eine lange Laufzeit, sind normalerweise vom Tag, an dem alle Ausübungsbedingungen erfüllt sind, bis zum Ende der Optionslaufzeit ausübbar und werden oft frühzeitig ausgeübt. Diese Faktoren müssen bei der Schätzung des *fair value* der Optionen zum Gewährungszeitpunkt berücksichtigt werden. Dies würde die Verwendung der Black/Scholes-Formel ausschließen, da diese die Auswirkungen einer erwarteten frühzeitigen Ausübung nicht adäquat wiedergibt. Zudem ist darin nicht vorgesehen, dass sich die erwartete Volatilität und andere in das Modell einfließende Parameter während der Laufzeit einer Option ändern können. Haben Aktienoptionen hingegen eine relativ kurze Vertragslaufzeit oder müssen innerhalb einer kurzen Frist nach Erfüllung der Ausübungsbedingungen ausgeübt werden, kann das Black/Scholes-Modell ein Ergebnis liefern, das sich im Wesentlichen mit dem eines flexibleren Optionspreismodells deckt (IFRS 2.B5). Weitere Spezifizierungen zur Ausgestaltung des Bewertungsmodells werden nicht gemacht. Das IASB ist der Auffassung, dass dies zum einen einer prinzipienbasierten Rechnungslegung nicht gerecht würde und zum anderen im Falle der Weiterentwicklung der Bewertungsmethoden hinderlich sei (IFRS 2.BC131).

Ausnahme: Bewertung zum inneren Wert

Ist kein verlässlicher *fair value* zu ermitteln, so ist der innere Wert (*intrinsic value*) der gewährten Aktienoptionen heranzuziehen. Dies hat eine Neubewertung zu jedem Bilanzstichtag zur Folge, bis die Optionen ausgeübt werden oder endgültig verfallen sind. Die Änderungen des inneren Wertes sind in jeder Periode GuV-wirksam zu verbuchen (IFRS 2.24 f.).

Bewertungszeitpunkt

Die Bewertung der Aktienoptionen soll zum Zusagezeitpunkt (*grant date*) erfolgen, wenn es sich um Transaktionen mit Mitarbeitern handelt (IFRS 2.11). Zu diesem Zeitpunkt haben sich beide Vertragsparteien über die Bedingungen des Aktienoptionsplans geeinigt, um so einen gleichwertigen Tausch von Arbeitsleistung gegen Aktienoptionen einzugehen. Bei Transaktionen mit Unternehmensexternen, bei denen der Wert der vom Unternehmen empfangenen Leistung direkt ermittelt wird, findet die Bewertung bei Zugang der empfangenen Sache oder Inanspruchnahme der Dienstleistung statt (IFRS 2.13).

Keine Wertänderung

Werden die Aktienoptionen am Zusagezeitpunkt zum *fair value* bewertet, wird keinerlei Veränderung mehr vorgenommen, der einmal ermittelte Wert der Option bleibt unverändert. Das IASB führt dazu aus, dass eine Wertänderung nach Zusage der Aktienoptionen den Wert der erhaltenen Arbeitsleistungen nicht ändern würde (IFRS 2.BC91 ff.). Die Aktienoptionen werden als Eigenkapitalinstrumente gewertet, für die Wertänderungen nach einer einmal vorgenommenen Buchung nicht berücksichtigt werden. Ist der *fair value* einer Aktienoption ermittelt worden, ergibt sich der Gesamtwert der zugesagten Optionen und damit der gesamte Personalaufwand aus der Multiplikation des Optionswertes mit der Anzahl der Optionen.

Ausübungsbedingungen

Oftmals erfolgt eine Verknüpfung der Gewährung von aktienbasierten Vergütungen mit der Erfüllung bestimmter Ausübungsbedingungen (*vesting conditions*). Damit soll sichergestellt werden, dass das Unternehmen eine angemessene Gegenleistung für die aktienbasierte Vergütung erhält. Erst wenn alle Ausübungsbedingungen von dem durch den aktienbasierten Plan Begünstigten erfüllt wurden, entsteht ein unbedingter Anspruch auf die gewährten Eigenkapitalinstrumente (vgl. Petersen, K./Bansbach, F./Dornbach, E. (Hrsg.) [2013], S. 400). Ausübungsbedingungen sind Bedingungen, die von der Gegenpartei erfüllt werden müssen, damit diese im Rahmen einer aktienbasierten Vergütungsvereinbarung einen Rechtsanspruch auf den Erhalt von flüssigen Mitteln, anderen Vermögenswerten oder Eigenkapitalinstrumenten des Unternehmens erwirbt. Ausübungsbedingungen umfassen Dienstbedingungen *(service conditions)*, die voraussetzen, dass eine bestimmte Dienstzeit abgeleistet wird, und Leistungsbedingungen *(performance conditions)*, wie z. B. das Erreichen eines bestimmten Umsatzvolumens. Leistungsbedingungen verlangen zum einen die Ableistung einer bestimmten Dienstzeit, beinhalten somit immer eine Dienstbedingung, und zum anderen die Erfüllung bestimmter Erfolgsziele. Leistungsbedingungen können darüber hinaus auch eine Marktbedingung *(market condition)*, z. B. das Erreichen eines festgelegten Börsenkurses, beinhalten (IFRS 2.A).

Dienstbedingungen / Nicht marktbezogene Leistungsbedingungen

Dienstbedingungen und nicht marktbezogene Leistungsbedingungen gehen nicht in die Berechnung des Wertes der Optionen am *grant date* ein (IFRS 2.19). Am *grant date* ist deshalb die Anzahl der Aktienoptionen zu schätzen, die aufgrund von voraussichtlich nicht erfüllten Bedingungen wahrscheinlich verfallen werden, und die Berechnung des Personalaufwandes dementsprechend anzupassen (IFRS 2.20). Diese Schätzung muss zu jedem Bilanzstichtag erneut vorgenommen und die Höhe des Personalaufwands angepasst werden, bis die Anzahl der tatsächlich an die Begünstigten übergegangenen *stock options* am *vesting date* feststeht. Der bisher verbuchte Personalaufwand ist dementsprechend GuV-wirksam zu korrigieren. Das bedeutet, dass bei einer gegenüber der Schätzung geringeren Anzahl an tatsächlich übergegangenen Optionen ein Ertrag zu verbuchen wäre bzw. bei einer höheren Anzahl sich ein zusätzlicher Aufwand ergäbe (IFRS 2.IG12). Auf diese Weise wird erreicht, dass nur für tatsächlich übergegangene Aktienoptionen Personalaufwand verbucht wird (IFRS 2.19). Werden letztlich keine Eigenkapitalinstrumente ausgegeben, da Dienstbedingungen oder nicht marktbezogene Leistungsbedingungen nicht erfüllt wurden, so wird in der Totalperiode kein Aufwand erfasst.

Marktbedingungen

Market conditions sind Bedingungen, die an Entwicklungen des Kapitalmarktes anknüpfen, wie z. B. das Erreichen eines vorgegebenen Aktienkurses. Solche Bedingungen sind bereits in die Berechnung des *fair value* der gewährten Aktienoptionen einzubeziehen. Die hierdurch i. d. R. im Wert geminderten Optionen sind zum Zeitpunkt des *grant date* endgültig bewertet worden und es erfolgt daher keine spätere Anpassung des verbuchten Personalaufwands mehr für den Fall, dass die Verfehlung einer *market condition* zum Verfall der Aktienoption führt (IFRS 2.21).

Nicht-Ausübungsbedingungen

Alle Bedingungen, die weder Dienst- noch Leistungsbedingung sind, sind keine Ausübungsbedingungen (z. B. Bindung an die Entwicklung eines Indexes,

Ansparverpflichtungen). Diese sog. Nicht-Ausübungsbedingungen (*non-vesting conditions*) werden bei der Bewertung des *fair value* der gewährten Eigenkapitalinstrumente am Zusagezeitpunkt (*grant date*) berücksichtigt (IFRS 2.21A). Demnach gilt, dass neben den Marktbedingungen nach IFRS 2.21 auch sämtliche Verpflichtungen, die keine Ausübungsbedingungen sind (IFRS 2.21A), in die Ermittlung des *fair value* einzubeziehen sind. Haben die Vertragsparteien keinen Einfluss auf die Erfüllung der Nicht-Ausübungsbedingungen, so bleibt die Nicht-Erfüllung ohne bilanzielle Konsequenzen. Das Unternehmen hat folglich weiterhin den noch ausstehenden Aufwand über die Sperrfrist zu erfassen, sofern der Arbeitnehmer die Ausübungsbedingungen erfüllt (IFRS 2.28A, .BC237A). Lediglich alle Ausübungsbedingungen, d. h. alle Dienst- und Leistungsbedingungen, ohne solche, die Marktbedingungen beinhalten, führen bei voraussichtlicher Nichterfüllung während der *vesting period* zu Korrekturen der ursprünglich erfassten Werte. Hat hingegen eine der Vertragsparteien einen Einfluss auf die Erfüllung der *non-vesting conditions*, so ist die Nicht-Erfüllung der jeweiligen Nicht-Ausübungsbedingung gemäß IFRS 2.28A als Annullierung *(cancellation)* entsprechend IFRS 2.28a (vgl. in diesem Kapitel, S. 400; vgl. auch Tabelle 6.8) zu bilanzieren.

Zusammenfassung der Bedingungen, die bestimmen, ob die andere Vertragspartei die gewährten Eigenkapitalinstrumente erhält						
	AUSÜBUNGSBEDINGUNGEN			**NICHT-AUSÜBUNGSBEDINGUNGEN**		
	Dienstbedingungen	**Leistungsbedingungen**				
		Marktbedingungen	Andere Leistungsbedingungen	Keine der Vertragsparteien kann bestimmen, ob die Bedingung erfüllt ist	Gegenpartei kann bestimmen, ob die Bedingung erfüllt ist	Unternehmen kann bestimmen, ob die Bedingung erfüllt ist
Beispiele für Bedingungen	Auflage, noch drei Jahre lang in einem Dienstverhältnis zu sein	Ziel basiert auf dem Marktpreis des Eigenkapitalinstruments des Unternehmens	Ziel basiert auf einem erfolgreichen IPO und einer bestimmten Dienstleistungsanforderung	Ziel basiert auf einem *commodity index*	Anspar- bzw. Beitragsverpflichtung im Hinblick auf den Ausübungspreis der aktienbasierten Vergütung	Fortführung des Plans durch das Unternehmen
Berücksichtigung im *fair values* im Gewährungszeitpunkt?	Nein	Ja	Nein	Ja	Ja	Ja (a)
Bilanzielle Konsequenzen, wenn die Bedingung nach dem Gewährungszeitpunkt und während des Erdienungszeitraums nicht erfüllt wird	Verlust des Anspruchs. Das Unternehmen korrigiert den erfassten Aufwand für eine bestmögliche Schätzung der Anzahl der erwarteten ausübbaren Eigenkapitalinstrumente. (IFRS 2.19)	Keine bilanzielle Auswirkung. Das Unternehmen erfasst den noch ausstehenden Aufwand im verbleibenden Erdienungszeitraum. (IFRS 2.21)	Verlust des Anspruchs. Das Unternehmen korrigiert den erfassten Aufwand für eine bestmögliche Schätzung der Anzahl der erwarteten ausübbaren Eigenkapitalinstrumente. (IFRS 2.19)	Keine bilanzielle Auswirkung. Das Unternehmen erfasst den noch ausstehenden Aufwand im verbleibenden Erdienungszeitraum. (IFRS 2.21A)	Annullierung. Das Unternehmen erfasst den noch ausstehenden Aufwand im verbleibenden Erdienungszeitraum sofort und in voller Höhe. (IFRS 2.28A)	Annullierung. Das Unternehmen erfasst den noch ausstehenden Aufwand im verbleibenden Erdienungszeitraum sofort und in voller Höhe. (IFRS 2.28A)

(a) In der Bewertung des *fair values* der aktienbasierten Vergütung wurde die Wahrscheinlichkeit der Planfortführung mit 100 % angenommen.

Tab. 6.8: Bilanzielle Konsequenzen von Ausübungs- und Nicht-Ausübungsbedingungen (Quelle: KPMG [2008], S. 33)

Zusammenfassend gilt demnach Folgendes: Wenn alle nicht marktbezogenen Ausübungsbedingungen, d. h. alle Dienst- und Leistungsbedingungen (abgesehen von solchen, die Marktbedingungen beinhalten), erfüllt werden, dies aber für daneben bestehende Marktbedingungen oder Nicht-Ausübungsbedingungungen nicht der Fall ist, erfolgt zwar keine Ausgabe von Aktien, der erfasste Personalaufwand und die Kapitalrücklage werden jedoch nicht korrigiert, da eine Berücksichtigung dieser Bedingungen bereits bei der Ermittlung des *fair value* des Eigenkapitalinstruments am *grant date* stattgefunden hat. Änderungen nach Ablauf der *vesting period*, z. B. keine Ausübung der ausübbaren Optionen, werden nicht erfasst. Möglich ist aber eine Umbuchung des in die Kapitalrücklage eingestellten Betrags innerhalb der Kapitalrücklage, z. B. vom Posten »ausstehende Optionen« in den Posten »verfallene Optionen« (IFRS 2.23; vgl. Petersen, K./Bansbach, F./Dornbach, E. (Hrsg.) [2013], S. 404 ff.). Tabelle 6.8 soll die bilanziellen Auswirkungen von Ausübungsbedingungen und Nicht-Ausübungsbedingungen verdeutlichen.

Folgebewertung: Erfassung des Personalaufwands

Bei Aktienoptionsplänen, die an die Ausgabe der Aktienoptionen keinerlei Bedingungen knüpfen, d. h., wenn weder Sperrfristen noch sonstige Ausübungshürden existieren, wird davon ausgegangen, dass die begebenen Optionen als Entgelt für bereits erbrachte Arbeitsleistungen dienen. Der gesamte *fair value* der Aktienoptionen wird deshalb zum Zusagezeitpunkt als Personalaufwand erfasst und die Kapitalrücklage wird um diesen Betrag erhöht (IFRS 2.14).

Wenn zwischen Zusage der Aktienoptionen und dem Zeitpunkt der erstmaligen Ausübungsmöglichkeit der Aktienoptionen ein definierter Zeitraum liegt (Sperrfrist bzw. *vesting period*), gilt die Annahme, dass die Optionen als Entgelt für die Arbeitsleistung für diesen Leistungs- bzw. Erdienungszeitraum (*service period*) begeben werden. Damit entspricht die *service period* der *vesting period*. Der zum Zeitpunkt der Zusage ermittelte *fair value* der Aktienoptionen ist dann als Personalaufwand pro rata temporis über diesen Zeitraum zu verteilen und die Kapitalrücklage entsprechend zu erhöhen (IFRS 2.15a; zur Veranschaulichung der Zeiträume vgl. Abbildung 6.7). Steht der Zeitpunkt der erstmaligen möglichen Ausübung am *grant date* noch nicht fest, etwa weil dieser an zu erfüllende Leistungsbedingungen *(performance conditions)* geknüpft ist, so muss die wahrscheinliche Länge des Leistungszeitraums geschätzt werden (IFRS 2.15b). Hängt die Länge der Sperrfrist von marktbezogenen Bedingungen *(market conditions)* ab, ist die initiale Schätzung endgültig, da diese auch in die Optionspreisermittlung eingeflossen ist. Bei nicht marktbezogenen Leistungsbedingungen ist die Länge der Sperrfrist und damit der zu verrechnende Personalaufwand ggf. in jeder Periode anzupassen (IFRS 2.15b).

Beispiel zur Bilanzierung eines Aktienoptionsplans nach IFRS 2

Die folgende Tabelle 6.9 zeigt beispielhaft die Berechnung der im Eigenkapital zu berücksichtigenden Beträge für einen Aktienoptionsplan, der über zehn Jahre läuft. Die Gesamtlaufzeit teilt sich in eine Sperrfrist (= *service period*) von vier Jahren und eine Ausübungsphase von sechs Jahren auf. In der Tabelle werden allerdings nur die ersten zwei Jahre der Ausübungsphase gezeigt, in der keine Optionen ausgeübt werden. Der Aktienkurs bei Gewährung der Aktienoptionen (*grant date*) betrug 100 GE und entspricht damit dem Ausübungspreis. Das bilanzierende Unternehmen nimmt an, dass die Aktienoptionen im Durchschnitt über sechs Perioden gehalten werden. Es werden keine Dividenden gezahlt. Unter Berücksichtigung der anderen einzubeziehenden Parameter (erwartete Volatilität, risikoloser Zinssatz, Marktbedingungen, Nicht-Ausübungsbedingungen) wird durch Verwendung eines Optionspreismodells ein *fair value* einer Aktienoption von 30 GE errechnet. In Periode 2 und Periode 4 verfallen fünf bzw. zehn Aktienoptionen unwiderruflich, da die begünstigten Mitarbeiter entgegen den Vereinbarungen im Aktienoptionsplan vor Beendigung der Sperrfrist ausscheiden. Dementsprechend wird der Personalaufwand der Perioden angepasst, da es sich hierbei um keine *market condition*, sondern um eine *service condition* handelt.

	Sperrfrist				Ausübungszeitraum	
Periode	1	2	3	4	5	6
Bilanzstichtag	31.12.01	31.12.02	31.12.03	31.12.04	31.12.05	31.12.06
Aktienkurs	105	120	110	115	120	130
Ausübungskurs	100	100	100	100	100	100
Wert einer Aktienoption nach B/S-Modell	30	30	30	30	30	30
Anzahl gewährter Aktienoptionen	100	100	100	100	100	100
Anzahl verfallener Aktienoptionen	0	5	0	10	0	0
Anzahl zu bedienender Aktienoptionen	100	95	95	85	85	85
% der Sperrfrist abgelaufen	25 %	50 %	75 %	100 %	100 %	100 %
Personalaufwand	750	675	712,5	412,5	0	0
Δ Kapitalrücklage (kumuliert)	750	1.425	2.137,5	2.550	2.550	2.550

Tab. 6.9: Berechnung und Periodisierung des Personalaufwands gemäß IFRS 2

Der Wert für den Personalaufwand zum 31.12.01 ergibt sich z. B., indem die Anzahl der zu bedienenden Aktienoptionen (100) mit dem *fair value* einer Aktienoption (30 GE) und dem Teil der *service period*, der bereits abgelaufen ist (25 %), multipliziert wird. Am folgenden Bilanzstichtag sinkt laut Angabe die Anzahl der zu bedienenden Optionen. Damit ist die nun zu bedienende Anzahl (95) wieder mit dem *fair value* der Option und dem Teil der nun abgelaufenen *service period* (50 %) zu multiplizieren und der bereits im Vorjahr erfasste Periodenaufwand von diesem Wert zu subtrahieren, denn in dieser Höhe ist die Erfassung des Personalaufwands bereits erfolgt. Die Anpassung des Personalaufwands resultiert hier demnach allein aus der Reduzierung der Anzahl der zu bedienenden Aktienoptionen. Die letzte Zeile der Tabelle (Δ Kapitalrücklage) zeigt die aus dem Aktienoptionsplan resultierende kumulierte Veränderung der Kapitalrücklage.

Planänderungen

Die nachträgliche Veränderung von Planbedingungen bzw. Annullierung und Neuauflage von Plänen, die für die Begünstigten unattraktiv geworden sind, wird durch IFRS 2.26-.29 geregelt.

Repricing

Wird ein laufender Aktienoptionsplan neu bepreist (d. h. der Ausübungspreis korrigiert), verändert sich der Wert der Aktienoptionen. Bei einer Herabsetzung des Ausübungspreises steigt der *fair value* jeder einzelnen Option. Da der Gesamtwert der Aktienoptionen zur Bemessung des Wertes der Arbeitsleistung genutzt wird, ist die Wertänderung bei der Bemessung des Werts der Gegenleistung in Betracht zu ziehen. Daher ist die Differenz zwischen ursprünglichem Aktienoptionswert und dem Wert der modifizierten Option, im Folgenden Zusatzwert (*incremental value*) genannt, ab dem Zeitpunkt der Planänderung zu berücksichtigen. Geschieht die Planänderung während der Sperrfrist, so ist der *incremental value* zusätzlich zum ursprünglichen *fair value* als Personalaufwand über den Rest der Sperrfrist zu verteilen. Findet die Änderung nach Ablauf der Sperrfrist statt, so ist der Zusatzwert grundsätzlich sofort vollständig als Aufwand zu erfassen (IFRS 2.B43a). Gemäß IFRS 2.27 ist jedoch eine analoge Vorgehensweise bei einer Minderung des *fair value* der Aktienoptionen nicht erlaubt, da der *fair value* der am *grant date* gewährten Aktienoptionen nicht unterschritten werden darf.

Zusätzliche Optionen

Analog wird bei Planmodifikationen verfahren, welche die Anzahl der gewährten Optionen ändern. Die neuen Optionen sind zum Zeitpunkt der Modifikation zu bewerten und der dadurch zusätzlich entstehende Personalaufwand ab diesem Zeitpunkt entweder über die restliche Sperrfrist zu verteilen oder, bei Gewährung nach deren Ablauf, direkt komplett zu verbuchen (IFRS 2.B43b).

Änderungen der Ausübungsbedingungen

Werden die Ausübungsbedingungen zugunsten des Begünstigten geändert, z. B. durch Reduzierung der *vesting period* oder der Änderung oder Aufgabe einer nicht marktbezogenen Leistungsbedingung, so sind diese wie Änderungen gemäß IFRS 2.19 ff. zu behandeln (IFRS 2.B43c), d. h. bei der Schätzung der wahrscheinlich hinzugebenden Eigenkapitalinstrumente zu berücksichtigen. Etwaige Planänderungen, die sich nachteilig für den Begünstigten auswirken, wie z. B. Verlängerungen der Sperrfrist, werden nicht berücksichtigt. Wird die Anzahl der gewährten Optionen reduziert, so ist dies wie eine teilweise Annullierung des Optionsplans zu behandeln (s. unten) (IFRS 2.B44). Änderungen der Marktbedingungen sind entsprechend IFRS 2.B43a zu behandeln.

Annullierung des Aktienoptionsplans

Wird ein Aktienoptionsprogramm während der Sperrfrist annulliert *(cancellation)* oder vorzeitig erfüllt *(settlement)*, so ist dies wie ein beschleunigter Übergang auf den Begünstigten zu behandeln. Der Teil des Wertes der Optionen, der noch auf die ursprüngliche Restsperrfrist zu verteilen gewesen wäre, ist sofort als Aufwand zu zeigen (IFRS 2.28a). Entschädigungszahlungen an die Planbegünstigten, die aus der Annullierung von Aktienoptionsplänen resultieren, sind ergebnisneutral als Kapitalrückzahlung durch Herabsetzung des Eigenkapitals zu erfassen, soweit sie den *fair value* der zugesagten Aktienoptionen nicht überschreiten. Darüber hinausgehende Zahlungen müssen GuV-wirksam als Aufwand gezeigt werden (IFRS 2.28b, .29). Wenn als Ersatz für den eingestellten Plan ein neuer Plan aufgelegt wird, so ist dieser bei Zusage so zu behandeln wie eine Neubepreisung des Ausübungskurses, mit einer analogen Verrechnung des Zusatzwertes. Dies setzt voraus, dass eine Neuauflage noch während der Sperrfrist (= Leistungsperiode) des eingestellten Plans erfolgt. Kann der neu aufgelegte Plan nicht als Ersatz für den Eingestellten klassifiziert werden, etwa weil die Neuauflage nach der Sperrfrist erfolgt, ist dieser auch entsprechend den Regeln für neue Aktienoptionspläne zu behandeln (IFRS 2.28c).

2. Bilanzielle Behandlung von cash-settled share-based payment transactions

Virtuelle Aktienoptionen

IFRS 2 enthält auch Regelungen zur Bilanzierung von virtuellen Aktienoptionen, also Transaktionen, die durch Barzahlungen bedient werden (*cash-settled share-based payment transactions*). Diese unterscheiden sich nur in einigen Punkten von denen für echte Aktienoptionen (s. a. die Fallstudie mit einer Gegenüberstellung von *equity-settled share-based payment transactions* und *cash-settled share-based payment transactions* von Zwirner, C./Froschhammer, M. [2010], S. 515 ff.).

Ansatz virtueller Aktienoptionen

IFRS 2 sieht bei der Bilanzierung von virtuellen Aktienoptionen die Erfassung von Personalaufwand und die gleichzeitige Bildung einer Rückstellung (*liability*) in der Bilanz vor, sofern die empfangenen Leistungen oder Güter im Zugangszeitpunkt nicht die Ansatzvorschriften eines Vermögenswerts erfüllen (IFRS 2.7). Allerdings liegt nach den Regelungen des IAS 37 *»Provisions, Contingent Liabilities and Contingent Assets«* während der *vesting period*, also dem Zeitraum, in dem die Rechte auf die Aktien erworben werden, per Definition kein Schuldposten vor. Um diesem Umstand Rechnung zu tragen, wird durch das IASB auf das Vorgehen bei Pensionsrückstellungen gemäß IAS 19 *»Employee Benefits«* verwiesen, dem zufolge die Zuführung zu Pensionsrückstellungen bereits mit der Leistung durch den Mitarbeiter, unabhängig von etwaigen Anspruchsbedingungen, vorzunehmen ist (IFRS 2.BC244). Demnach ist folgende Buchung vorzunehmen:

Buchung:	Personalaufwand	an	Rückstellung

Zugangsbewertung

Die Zugangsbewertung hat auf der Basis des *fair value* der Schuld zu erfolgen (IFRS 2.30), wobei – analog der Bewertung von echten Aktienoptionen – ggf. zum Zusagezeitpunkt geeignete Optionspreismodelle heranzuziehen sind.

Folgebewertung: Aufwandsverteilung

Anders als bei der Bewertung der echten Optionen hat diese Bewertung zu jedem Bilanzstichtag erneut zu erfolgen, ggf. mit einer GuV-wirksamen Korrektur des bisherigen Wertes (IFRS 2.30, .33). Die zum Stichtag angesetzte Rückstellung entspricht somit dem zeitanteilig erdienten Teil des zum Stichtag geschätzten *fair value*. Damit sind an jedem Stichtag, neben Änderungen von etwaigen Dienstbedingungen und nicht marktbezogenen Leistungsbedingungen, auch Änderungen von Marktbedingungen sowie Nicht-Ausübungsbedingungen bei der Bewertung zu berücksichtigen.

Sind mit den aus virtuellen Aktienoptionen resultierenden Barzahlungen keine Sperrfristen oder Ausübungsbedingungen verbunden, gilt die Vermutung, dass diese ein Entgelt für bereits erhaltene Leistungen sind. In diesem Fall ist der gesamte Personalaufwand in der Berichtsperiode zu zeigen, gleichzeitig muss eine Rückstellung ausgewiesen werden, bis die Auszahlung an die Mitarbeiter erfolgt ist (IFRS 2.32). Sieht ein virtueller Aktienoptionsplan Sperrfristen vor, wird unterstellt, dass die Zahlungen das Entgelt für die Perioden der Sperrfrist sind. Der entstehende Personalaufwand ist dann bei gleichzeitiger Rückstellungsbildung ratierlich über die Sperrfrist zu bilden. Das bedeutet, dass bei einer vierjährigen Sperrfrist ein Viertel des *fair value* der virtuellen Aktienoptionen im ersten Jahr in die Rückstellung einzustellen ist. Nach erneuter Bewertung zum nächsten Bilanzstichtag muss dann die Hälfte dieses neu ermittelten Betrages in die Rückstellung eingestellt sein, also ein Viertel des neuen *fair value* plus eine Korrektur für den bereits eingestellten Wert. In den beiden weiteren Jahren wird dann analog verfahren (IFRS 2.32).

Auch nach Ablauf der *vesting period* ist zu jedem Stichtag der *fair value* der noch bestehenden Schuld zu ermitteln. Wird eine Wertänderung festgestellt, ist sie sofort vollständig GuV-wirksam zu erfassen (IFRS 2.30). Die Bedienung des virtuellen Aktienoptionsplans führt zu einer Verminderung der bilanzierten Schuld. Über die Totalperiode gesehen, stimmt somit der erfasste kumulierte Aufwand mit dem Abfluss an Barvermögen überein (vgl. Petersen, K./Bansbach, F./Dornbach, E. (Hrsg.) [2013], S. 408).

Änderungen virtueller Aktienoptionspläne

Da virtuelle Aktienoptionspläne zu jeder Berichtsperiode neu bewertet werden müssen, vollzieht sich eine Anpassung der Rückstellungsbildung durch Planänderungen automatisch. Daher sind hierfür keine besonderen Vorschriften notwendig.

3. Bilanzielle Behandlung von share-based payment transactions with cash alternatives

Kombinierte aktienbasierte Vergütung

Als kombinierte aktienbasierte Vergütung (*share-based payment transaction with cash alternatives)* werden in IFRS 2.34 ff. Entgeltinstrumente bezeichnet, bei denen es einer Vertragspartei gestattet ist, die Form der Erfüllung zu bestimmen; diese kann durch Eigenkapitalinstrumente oder Barzahlung erfolgen. Bei kombinierten aktienbasierten Entgeltplänen wird nach IFRS 2.34 ff. hinsichtlich der bilanziellen Erfassung eine Fallunterscheidung getroffen:

Ansatz: Begünstigter bestimmt Erfüllung

Wird die Weise der Erfüllung durch den Begünstigten bestimmt, liegt ein zusammengesetztes Finanzinstrument (auch strukturiertes Produkt oder hybrides Finanzinstrument) vor, das eine Eigenkapitalkomponente und eine Fremdkapitalkomponente aufweist. Beide Komponenten sind voneinander zu trennen. Die Fremdkapitalkomponente wird dann wie ein virtueller Aktienoptionsplan behandelt, d. h. es wird eine entsprechende Rückstellung gebildet, während die Eigenkapitalkomponente wie eine echte Aktienoption durch Erhöhung der Kapitalrücklage bilanziert wird (IFRS 2.35, .38).

Bei Ausübung der Entgeltinstrumente wird dann eine letzte Bewertung zum *fair value* vorgenommen. Für den Fall, dass ausschließlich in Eigenkapitalinstrumenten erfüllt wird, muss die bis dahin bilanzierte Verbindlichkeit in das Eigenkapital umgebucht werden (IFRS 2.39). Wird ausschließlich in Barmitteln erfüllt, so ist der bereits im Eigenkapital verbuchte Anteil des Personalaufwands dort zu belassen und die Verbindlichkeit gegen die Auszahlung auszubuchen (IFRS 2.40). Für den Eigenkapitalanteil kommt lediglich eine Umbuchung innerhalb des Eigenkapitals (Kapitalrücklage an Gewinnrücklage) in Betracht (vgl. Haufe IFRS-Kommentar [2013], § 23 Tz. 112).

Ansatz: Unternehmen bestimmt Erfüllung

Bestimmt die Unternehmung die Erfüllung des Entgeltinstruments, ist zu prüfen, ob gegenwärtig eine Verpflichtung zum Ausgleich in bar vorliegt. Dies ist immer dann der Fall, wenn die Unternehmung in der Möglichkeit zur Erfüllung durch Eigenkapitalinstrumente eingeschränkt oder eine Barzahlung üblich bzw.

Unternehmenspolitik ist. Dann sind die Vorschriften für virtuelle Aktienoptionen anzuwenden. Besteht diese Verpflichtung nicht, kommen die Regelungen für echte Aktienoptionen zum Tragen (IFRS 2.41 ff.).

Sollte sich die Unternehmung in letzterem Fall jedoch dann bei Ausübung durch den Begünstigten zu einem Barausgleich entschließen, ist dieser wie eine Kapitalrückzahlung zu behandeln. Es kommt zu einer ergebnisneutralen Auflösung der aufgrund des Entgelts gebildeten Kapitalrücklage. Wird eine Ausgleichsalternative mit einem höheren *fair value* als dem der bilanzierten Alternative gewählt, so ist der Differenzbetrag bei Ausübung als Aufwand zu erfassen (IFRS 2.43).

Bewertung kombinierter Entgeltinstrumente

Bei der Bilanzierung von kombinierten Plänen ergibt sich nur dann ein von der Unternehmung als Entgelt begebenes strukturiertes Produkt, wenn der durch den Plan Begünstigte die Form der Erfüllung wählen kann. Dies macht ein besonderes Vorgehen bei der Bewertung dieses Entgeltinstruments notwendig.

Transaktionen mit unternehmensfremden Dritten

Bei Transaktionen mit unternehmensfremden Dritten wird zur Ermittlung des Wertes der Eigenkapitalkomponente auf den Wert der empfangenen Leistung abgestellt. Dieser ergibt sich als Differenz aus dem *fair value* der empfangenen Leistung und dem Wert der Fremdkapitalkomponente (IFRS 2.35). Die Bewertung der einzelnen Komponenten erfolgt gemäß den Regelungen der Einzellösungen zum Zusagezeitpunkt (*grant date*).

Transaktionen mit Mitarbeitern

Wenn es sich um Transaktionen mit Mitarbeitern handelt, geht IFRS 2 auch hier, wie bei echten und virtuellen Aktienoptionen, davon aus, dass der Wert des strukturierten Produkts besser ermittelt werden kann als der Wert der empfangenen Arbeitsleistung (IFRS 2.36). Der Gesamtwert des zur Vergütung begebenen strukturierten Produkts setzt sich aus dem *fair value* der Eigenkapitalkomponente und dem *fair value* der Fremdkapitalkomponente zusammen. Zunächst ist die Fremdkapitalkomponente zu bewerten. IFRS 2 setzt voraus, dass sich der Empfänger der Vergütung für eine Möglichkeit der Erfüllung entscheiden muss, wobei dabei die Anrechte auf die andere Erfüllungsalternative entfallen. Wird bar gezahlt, verfallen die Eigenkapitalinstrumente. Weiter wird unterstellt, dass diese Entgeltpläne i. d. R. so gestaltet sind, dass der *fair value* der Baralternative dem der Optionsalternative entspricht. Damit ergäbe sich i. V. m. der ersteren Annahme ein Residualwert der Eigenkapitalkomponente von null, womit der Wert des gesamten strukturierten Produkts dem der Fremdkapitalkomponente entspricht. Entsprechen sich die *fair values* der Erfüllungsalternativen nicht, so bleibt für die Eigenkapitalkomponente ein Residualwert und der Gesamtwert des strukturierten Produkts liegt über dem der Fremdkapitalkomponente. Theoretisch könnte ein kombinierter Plan allerdings auch so ausgestaltet sein, dass die Eigenkapitalkomponente weniger wert wäre als die Fremdkapitalalternative. In diesem Fall entspräche der Wert des strukturierten Produkts wiederum dem der Fremdkapitalkomponente (IFRS 2.37). Die Fremdkapitalkomponente wird als virtueller Aktienoptionsplan, die Eigenkapitalkomponente als »echter« Aktienoptionsplan behandelt (IFRS 2.38).

4. Anteilsbasierte Vergütungen im Konzernverbund

Bilanzierung im Einzelabschluss

Werden innerhalb eines Konzerns an einen Mitarbeiter eines Konzernunternehmens (z. B. Tochterunternehmen) anteilsbasierte Vergütungen unter Einbeziehung eines anderen Konzernunternehmens (z. B. Mutterunternehmen) gewährt, so hängt nach IFRS 2 die Erfassung der Vergütung in den Einzelabschlüssen der beteiligten Unternehmen davon ab, wer (das Tochter- oder das Mutterunternehmen) die anteilsbasierte Vergütung an den Mitarbeiter leistet (sog. leistendes Unternehmen) (vgl. im Folgenden Münchener Kommentar zum Bilanzrecht [2012], IFRS 2 Tz. 185 ff.).

Mutterunternehmen als leistendes Unternehmen

Ist gemäß dem Vergütungsvertrag das Mutterunternehmen das leistende Unternehmen, so ist die Transaktion sowohl im Einzelabschluss des Mutterunternehmens als auch im Einzelabschluss des Tochterunternehmens zu erfassen. Beim Tochterunternehmen, in dem der Mitarbeiter tätig ist, wird die Transaktion gemäß den Regeln für *equity-settled share-based payment transactions* verbucht (IFRS 2.43B). Dabei wird die Übernahme der Vergütungsschuld seitens des Mutterunternehmens als verdeckte Einlage beim Tochterunternehmen betrachtet, die im Gegenzug zum in der GuV zu erfassenden Personalaufwand ins Eigenkapital des Tochterunternehmens eingebucht wird (IFRS 2.45B und IFRS 2.53B). Das Mutterunternehmen hat in seinem Einzelabschluss die Transaktion als *equity-settled share-based payment transaction* zu erfassen, wenn der Mitarbeiter des Tochterunternehmens mit Anteilen des Mutterunternehmens vergütet wird. Besteht die Vergütung an den Mitarbeiter seitens des Mutterunternehmens aber aus Anteilen am Tochterunternehmen, so sind im Einzelabschluss des Mutterunternehmens die Regeln einer *cash-settled share-based payment transaction* zu beachten (IFRS 2.43C und IFRS 2.B50). Diese Regeln sind auch dann anzuwenden, wenn der Mitarbeiter vom Mutterunternehmen Barzahlungen erhält, deren Höhe vom Wert der Anteile des Mutterunternehmens oder von Anteilen des Tochterunternehmens abhängig ist. Gegenläufig zur Erfassung der Transaktion als verdeckte Einlage beim Tochterunternehmen spiegelt sich beim Mutterunternehmen die aus der Vergütungsverplichtung resultierende Erhöhung des Eigenkapitals oder der Schuld in einer Erhöhung der Beteiligung an dem Tochterunternehmen auf der Aktivseite wieder.

Tochterunternehmen als leistendes Unternehmen

Ist das Tochterunternehmen das leistende Unternehmen, d. h. erbringt es selbst die Vergütung gegenüber seinen Mitarbeitern, indem es Anteile des Mutterunternehmens ausgibt oder Barzahlungen leistet, deren Höhe vom Wert der Anteile des Mutterunternehmens abhängig sind, so hat es die Transaktion (in beiden Fällen und unabhängig davon, wie es die Anteile des Mutterunternehmens beschafft) als *cash-settled share-based payment transaction* zu behandeln (IFRS 2.B55).

Erfassung im Konzernabschluss

Abstrahierend von der Behandlung in den Einzelabschlüssen, sind derartige Transaktionen im Konzernabschluss entsprechend der Einheitsfiktion zu behandeln (vgl. 6. Kapitel, S. 612 f.). D. h. werden Mitarbeiter von Konzernunternehmen durch Anteile oder Rechte auf Anteile an einem Konzernunternehmen vergütet, ist dies im Konzernabschluss als *equity-settled share-based payment transaction* abzubilden. Erwerben die Mitarbeiter hingegen Ansprüche auf Barzahlungen, die in ihrer Höhe vom Wert von Eigenkapitalinstrumenten eines Konzernunternehmens abhängen, so hat die Bilanzierung einer *cash-settled share-based payment transaction* zu entsprechen.

5. Anhangangaben zu Aktienoptionsplänen

Angaben zu Funktionsweise und Umfang

Zusätzlich zum bilanziellen Ausweis von aktienbasierten Entgeltformen verlangt IFRS 2 umfangreiche Anhangangaben. Dem Bilanzleser ist Einblick in die Funktionsweise und den Umfang dieser von der Unternehmung eingesetzten Entgeltformen zu geben (IFRS 2.44 f.):

- Dazu gehören die detaillierten Beschreibungen aller zum Einsatz gekommenen aktienbasierten Entgeltformen mit den wesentlichen Planbedingungen, wie Zusagezeitpunkt, Begünstigte, vertragliche Laufzeit, ob der Ausübungspreis fix oder variabel ist, sowie die Ausübungsbedingungen (IFRS 2.45a).
- Die Angabe der Anzahl und des gewichteten Mittels der Ausübungspreise für die bei Beginn und Ende der Berichtsperiode ausstehenden Aktienoptionen sowie die während der Periode zugesagten, verwirkten, ausgeübten und verfallenen Aktienoptionen sowie die am Ende der Berichtsperiode ausübbaren Aktienoptionen ist erforderlich (IFRS 2.45b).
- Für die während der Periode ausgeübten Optionen ist der gewichtete durchschnittliche Aktienkurs bei Ausübung anzugeben (IFRS 2.45c).
- Darüber hinaus sind Angaben zu der Spanne der Ausübungspreise und des gewichteten Mittelwertes der am Periodenende ausstehenden Optionen zu machen. Wenn die Spanne der Ausübungspreise sehr groß ist, sollen diese in sinnvolle Tranchen eingeteilt werden, aus denen Zeitpunkt und Höhe der Kapitalzuflüsse aus der Ausübung der Optionen abgeschätzt werden können (IFRS 2.45d).

Angaben zum fair value

Aus den erläuternden Angaben soll zudem auch die Art und Weise hervorgehen, mit denen der *fair value* der empfangenen Leistungen bzw. der gewährten Eigenkapitalinstrumente bestimmt wurde (IFRS 2.46 ff.).

Bei der Ermittlung des *fair value* von Optionen durch finanztheoretische Modelle sind dabei sehr detaillierte Angaben zu den verwendeten Inputfaktoren und getroffenen Annahmen sowie deren Bestimmungsmethode zu machen:

- Werden Aktien oder andere Eigenkapitalinstrumente durch einen Entgeltplan begeben, sind Informationen über die Anzahl, den gewichteten durchschnittlichen *fair value* der Aktien oder Eigenkapitalinstrumente bei Zusage und die Methode zur Bestimmung des *fair value* offen zu legen. Konnte dieser nicht durch Markt- oder Börsenpreise bestimmt werden, müssen Methoden, Inputparameter und getroffene Annahmen dargestellt werden (IFRS 2.47a-b).
- Sind während der Berichtsperiode Planänderungen durchgeführt worden, sind diese zu erklären und der gewährte Zusatzwert mit Darlegung der Methode zu dessen Bestimmung anzugeben (IFRS 2.47c).

Sind die von der Unternehmung erhaltenen Leistungen direkt bewertet worden, muss die Bewertungsmethode angegeben werden. Bei Widerlegung der Vermutung, dass dies bei Mitarbeitertransaktionen besser durch die Bewertung der aktienorientierten Vergütung geschieht, sind die Gründe hierfür darzustellen (IFRS 2.48 f.).

Angaben zu den Auswirkungen auf die Vermögens-, Finanz- und Ertragslage

Um dem Bilanzleser ein Bild über die Auswirkungen der aktienbasierten Vergütung auf die Vermögens-, Finanz- und Ertragslage des Unternehmens zu vermitteln, sind die folgenden Angaben zu machen (IFRS 2.50 f.):

- Der gesamte in der Berichtsperiode erfasste Aufwand für anteilsbasierte Vergütungen, bei denen die erhaltenen Güter oder Dienstleistungen nicht für eine Erfassung als Vermögenswert in Betracht kamen und daher sofort aufwandswirksam verbucht wurden. Dabei ist der Anteil am Gesamtaufwand, der auf anteilsbasierte Vergütungen mit Ausgleich durch Eigenkapitalinstrumente entfällt, gesondert auszuweisen (IFRS 2.51a).
- Für die aus aktienbasierten Vergütungen entstehenden Schuldposten muss der Buchwert am Ende der Periode sowie der innere Wert der ausübbaren Rechte angegeben werden (IFRS 2.51b).

Sollten diese Mindestangaben nicht ausreichen, einen der *faithful representation* entsprechenden Einblick über die aktienbasierten Vergütungspläne selbst, die angewandten Bewertungsmethoden und Annahmen dazu, sowie die Auswirkungen auf Bilanz und Gesamtergebnisrechnung bzw. GuV zu geben, ist das Unternehmen gehalten, weitergehende Angaben zu machen (IFRS 2.52).

III. Aktienbasierte Vergütung nach US-GAAP

Reform der Bilanzierungsvorschriften

Die Bilanzierung von aktienbasierten Vergütungen gemäß US-GAAP ist nahezu konvergent mit IFRS 2. Unterschiede finden sich z. T. in der Nomenklatur oder sind durch die Tatsache bedingt, dass mit ASC 718 z. B. auch nationale steuerliche Effekte angesprochen werden.

Wesentliche Unterschiede zu IFRS 2

Bei den bestehenden Unterschieden zwischen IFRS 2 und ASC 718 handelt es sich im Wesentlichen um die folgenden Punkte:

- Transaktionen mit Personen, die keine Mitarbeiter sind, werden, im Gegensatz zu IFRS 2, durch ASC 718-10-15 hinsichtlich der Bestimmung des Bewertungszeitpunktes aus dessen Anwendungsbereich ausgeschlossen. Es erfolgt ein Verweis auf ASC 505-50, wonach der Zeitpunkt der Bewertung allerdings von IFRS 2 abweichen kann.
- Nach ASC 718-10-30-20 besteht für nicht kapitalmarktorientierte Unternehmen ein Bewertungswahlrecht bei echten Eigenkapitalinstrumenten, falls Schwierigkeiten bei der Schätzung der erwarteten Volatilität auftreten. In diesem Fall kann – abweichend von einer Bewertung zum *fair value* – der *calculated value*, der auf der historischen Volatilität eines vergleichbaren Industriesektorindexes basiert, herangezogen werden.
- Werden Ausübungsbedingungen nachträglich geändert, so hat dies in bestimmten Fällen nach ASC 718-20-35 andere bilanzielle Konsequenzen als nach IFRS 2.
- Nach IFRS 2 sind virtuelle Aktienoptionen mit dem *fair value* der Schuld zu bewerten, wohingegen für nicht kapitalmarktorientierte Unternehmen nach ASC 718-30-30-2 alternativ eine Bewertung zum inneren Wert möglich ist.

Die Anhangangaben nach ASC 718-10-50 entsprechen grundsätzlich denen nach IFRS, allerdings sind sie um Informationen zu inneren Werten der Entgeltbestandteile und um die aus den aktienbasierten Vergütungsformen resultierenden Cashflow-Wirkungen zu ergänzen. Anhangangaben

Kontrollfragen:

Nationale Normen:

1. Was versteht man unter Eigenkapital?
2. Charakterisieren Sie den Unterschied zwischen konstantem und variablem Eigenkapital!
3. Was versteht man unter dem gezeichneten Kapital?
4. Können eigene Aktien und ein Bilanzverlust mit dem Grundkapital verrechnet werden?
5. Welche Arten von Aktien kann man nach der Art des verbrieften Anteils am Grundkapital, nach dem Grad der Übertragbarkeit und hinsichtlich der mit den Aktien verbundenen Rechte unterscheiden?
6. Was versteht man unter dem Aktienagio?
7. Charakterisieren Sie das Wesen ausstehender Einlagen!
8. Erläutern Sie die Bilanzierung ausstehender Einlagen nach HGB!
9. Welche Arten der Kapitalerhöhung bei Aktiengesellschaften kennen Sie und wodurch unterscheiden sie sich?
10. Wie sind Emissionskosten und das Aktienagio in der HGB-Bilanz zu behandeln?
11. Welche Vorteile für die Aktiengesellschaft weist das genehmigte Kapital verglichen mit der ordentlichen Kapitalerhöhung auf?
12. Fließen bei der Kapitalerhöhung aus Gesellschaftsmitteln der Gesellschaft neue finanzielle Mittel zu?
13. Welche Arten der Kapitalherabsetzung bei einer Aktiengesellschaft kennen Sie?
14. Weshalb sind bei einer Kapitalherabsetzung die Gläubigerinteressen besonders zu beachten?
15. Ab welchem Zeitpunkt ist das Grundkapital einer Aktiengesellschaft bei den verschiedenen Formen der Kapitalherabsetzung herabgesetzt und dementsprechend in der Bilanz auszuweisen?
16. Welche Aufgaben haben Rücklagen?
17. Nennen Sie die in der HGB-Bilanz einer Kapitalgesellschaft auszuweisenden Rücklagearten und charakterisieren Sie diese!
18. Wodurch unterscheiden sich die offenen von den stillen Rücklagen?

19. Welche Beträge sind in die Kapitalrücklage einer Kapitalgesellschaft einzustellen?
20. Wann und in welcher Höhe können Kapitalrücklagen aufgelöst werden?
21. Worin unterscheidet sich die Kapitalrücklage von den Gewinnrücklagen?
22. Welche Beträge müssen nach aktienrechtlichen Vorschriften in die gesetzliche Rücklage eingestellt werden?
23. Zu welchem Zweck und in welcher Höhe darf die gesetzliche Rücklage aufgelöst werden?
24. In welcher Höhe sind Vorstand und Aufsichtsrat gemäß § 58 AktG ermächtigt, Teile des Jahresüberschusses in die anderen Gewinnrücklagen einzustellen?
25. Welcher Zweck wird durch die Einstellung einer Wertaufholungsrücklage gemäß § 58 Abs. 2a AktG verfolgt?
26. Wodurch können stille Reserven entstehen?
27. Zu welchem Zeitpunkt erfolgt die Auflösung stiller Reserven?
28. Aus welchen Gründen erwerben Unternehmen eigene Anteile?
29. Erläutern Sie die Bilanzierung des Erwerbs und der Veräußerung eigener Anteile im HGB-Abschluss!
30. In welchem Maße ist der bilanzielle Ausweis des Jahresergebnisses vom Zeitpunkt der Bilanzerstellung abhängig?
31. Ist eine Kapitalgesellschaft, die in ihrer Bilanz einen nicht durch Eigenkapital gedeckten Fehlbetrag ausweist, grundsätzlich verpflichtet, einen Insolvenzantrag zu stellen?
32. Welche Möglichkeiten zur Bedienung von echten Aktienoptionsplänen kennen Sie?
33. Müssen Aktienoptionspläne nach HGB in jedem Fall in der Bilanz ausgewiesen werden?
34. Was versteht man unter einem negativen Kapitalkonto?
35. Wodurch unterscheidet sich eine typische von einer atypischen stillen Gesellschaft?
36. Wie erfolgt die Bilanzierung des Eigenkapitals bei einer OHG, KG bzw. einer stillen Gesellschaft?

Internationale Normen:

37. Welche Bedingungen stellen die IFRS an Eigenkapitalinstrumente?
38. Aus welchen Bestandteilen kann sich das *share capital* nach IFRS zusammensetzen?
39. Wie sind Emissionskosten und das Aktienagio nach IFRS zu behandeln?

40. Nennen Sie die Bestandteile der *retained earnings* nach IFRS!
41. Wann erfolgt nach IFRS eine Einstellung in die Neubewertungsrücklage?
42. Dürfen eigene Anteile in einem IFRS-Abschluss als *asset* ausgewiesen werden?
43. Welche Methoden können zur Bilanzierung eigener Anteile nach IFRS angewandt werden?
44. Unter welchen Voraussetzungen ist ein Gesellschafteranteil an einer Personenhandelsgesellschaft nach IFRS als Eigenkapital auszuweisen?
45. Was versteht man unter einem *puttable instrument* nach IAS 32.11?
46. Erläutern Sie die positiven Klassifizierungskriterien nach IAS 32.16A, die erfüllt sein müssen, um ein kündbares Finanzinstrument als Eigenkapital auszuweisen! Welches weitere Kriterium ist zu beachten?
47. Welche Konstellationen sind bei einer Genossenschaft hinsichtlich des Ausweises der Geschäftsanteile als Eigenkapital im IFRS-Abschluss möglich?
48. Auf welche Weise erfolgt ein Ansatz von *equity-settled share-based payment transactions* nach IFRS?
49. Wie und zu welchem Zeitpunkt erfolgt die Zugangsbewertung bei *equity-settled share-based payment transactions* nach IFRS?
50. Was versteht man unter *vesting conditions* und *non-vesting conditions*? Werden beide bei der Ermittlung des *fair value* der Aktienoptionen berücksichtigt?
51. Worin bestehen zentrale Unterschiede zwischen *equity-settled share-based payment transactions* und *cash-settled share-based payment transactions* nach IFRS?
52. Worin bestehen wesentliche Unterschiede zwischen der Bilanzierung von Aktienoptionsplänen nach IFRS und US-GAAP?

7. Kapitel: Bilanzierung des Fremdkapitals

Begriffsverständnis

Zum Fremdkapital zählen grundsätzlich alle Verpflichtungen eines Unternehmens gegenüber Dritten, die bestehende oder hinreichend sicher erwartete Belastungen des Vermögens repräsentieren (zu Besonderheiten siehe speziell dieses Kapitel, S. 426 f.). Das Fremdkapital steht somit – im Gegensatz zum Eigenkapital – dem Unternehmen nur zeitlich begrenzt zur Verfügung.

In der handelsrechtlichen Bilanz wird das Fremdkapital durch die Posten »Verbindlichkeiten« und »Rückstellungen« ausgewiesen. Zudem gehören auch die passiven latenten Steuern sowie die sog. transitorischen Rechnungsabgrenzungsposten, die unter dem Passivposten »Rechnungsabgrenzungsposten« auszuweisen sind, dazu. Daneben zählen sog. antizipative passive Rechnungsabgrenzungsposten zum Fremdkapital. Diese sind – im Gegensatz zu transitorischen passiven Rechnungsabgrenzungsposten – nicht in dem Bilanzposten »Rechnungsabgrenzungsposten« aufzunehmen, sondern werden unter den »sonstigen Verbindlichkeiten« ausgewiesen.

Nach IFRS werden Verbindlichkeiten und passive Rechnungsabgrenzungsposten unter dem Begriff *liabilities* zusammengefasst. Rückstellungen werden als *provisions* bezeichnet und bilden eine Untergruppe der *liabilities*. Das FASB berücksichtigt diese verfeinerte Untergliederung nicht und schließt in den Begriff *liability* auch die Rückstellungen mit ein.

Auf die Bilanzierung der Verbindlichkeiten und Rückstellungen als Hauptbestandteile des Fremdkapitals wird im Folgenden näher eingegangen. Da die latenten Steuern einen eigenen, inhaltlich abgegrenzten Problembereich darstellen, werden sie im 8. Kapitel gesondert erörtert (S. 474 ff.), ebenso wie die Rechnungsabgrenzungsposten (S. 471 ff.).

A. Bilanzierung von Verbindlichkeiten nach nationalen Normen

Im Folgenden werden die grundlegenden Fragen zu Ansatz und Ausweis von Verbindlichkeiten nach den Vorschriften des HGB behandelt, anschließend werden die einzelnen nach § 266 Abs. 3 HGB auszuweisenden Verbindlichkeitsposten näher erläutert. Abschließend folgen Ausführungen zur Bewertung von Verbindlichkeiten.

I. Ansatz und Ausweis von Verbindlichkeiten

Definition und Bilanzierung der Verbindlichkeiten

Verbindlichkeiten sind Verpflichtungen eines Unternehmens, die am Bilanzstichtag ihrer Höhe und Fälligkeit nach feststehen. Demnach werden als Verbindlichkeiten Leistungen erfasst,

- zu denen das Unternehmen mit juristischen Mitteln gezwungen werden kann,
- deren Wert eindeutig feststellbar ist
- und die zum Abschlusszeitpunkt eine wirtschaftliche Belastung für das Unternehmen darstellen.

Verbindlichkeiten sind dabei juristisch erzwingbar, wenn eine Schuld besteht und der Schuldner ihr keine wirksame Einrede entgegensetzen kann. Verbindlichkeiten sind eine wirtschaftliche Belastung, wenn der Gläubiger dem Schuldner nicht aus demselben Sachverhalt zu einer mindestens gleichwertigen Gegenleistung verpflichtet ist. Eine Leistung im obigen Sinne ist nicht nur die Zahlung von Geldbeträgen, sondern ebenso die Lieferung von Produkten oder die Ausführung von Dienstleistungen.

Gliederung der Verbindlichkeiten

Verbindlichkeiten stehen gemäß dem Gliederungsschema des § 266 Abs. 3 HGB auf der Passivseite im Anschluss an die Rückstellungen. Sie sind in die nachfolgenden Posten untergliedert (vgl. Erläuterungen im Detail am Ende dieses Abschnittes, S. 415 ff.):

1. Anleihen, davon konvertibel,
2. Verbindlichkeiten gegenüber Kreditinstituten,
3. erhaltene Anzahlungen auf Bestellungen,
4. Verbindlichkeiten aus Lieferungen und Leistungen,
5. Verbindlichkeiten aus der Annahme gezogener Wechsel und der Ausstellung eigener Wechsel,
6. Verbindlichkeiten gegenüber verbundenen Unternehmen,
7. Verbindlichkeiten gegenüber Unternehmen, mit denen ein Beteiligungsverhältnis besteht oder
8. sonstige Verbindlichkeiten, davon aus Steuern, davon im Rahmen der sozialen Sicherheit.

Angabe von Restlaufzeiten

Wie zu erkennen ist, wählte der Gesetzgeber im HGB eine Gliederung der Verbindlichkeiten nicht nach dem Liquiditätsgliederungsprinzip (vgl. 2. Kapitel, S. 135), sondern nach Gläubigern bzw. Gläubigergruppen. Um den Einblick eines externen Bilanzadressaten in die Liquiditätssituation einer Kapitalgesellschaft dennoch zu gewährleisten, ist jede Gesellschaft verpflichtet, unter den jeweiligen Verbindlichkeitsposten den Betrag der Verbindlichkeiten mit einer Restlaufzeit von bis zu einem Jahr zu vermerken (§ 268 Abs. 5 HGB). Dabei gilt als Restlaufzeit die Zeit zwischen dem jeweiligen Bilanzstichtag und dem vertraglich vereinbarten oder tatsächlichen Zeitpunkt der Begleichung der Verbindlichkeit. Liegt ein Kreditverhältnis mit vereinbarter Ratenzahlung vor, so ist die Verbindlichkeit entsprechend der innerhalb eines Jahres fälligen Ratenbeträge aufzuteilen.

Saldierungsverbot

Verbindlichkeiten dürfen aufgrund des Verrechnungsverbotes des § 246 Abs. 2 Satz 1 HGB grundsätzlich nicht mit Forderungen saldiert werden. Ausnahmen bestehen für unverbriefte, gemäß § 387 BGB aufrechenbare Forderungen und Verbindlichkeiten. Eine Aufrechenbarkeit ist gegeben, wenn ein und dieselbe Person Gläubiger und Schuldner ist, die Forderungen und Verbindlichkeiten gleichartig sind, die Forderungen des Unternehmens am Stichtag fällig sind und die Verbindlichkeiten fällig oder aber erfüllbar sind (vgl. Beck'scher Bilanzkommentar [2012], § 246 Tz. 105 ff.).

Saldierungsgebot

§ 246 Abs. 2 Satz 2 HGB formuliert eine weitere Ausnahme vom Grundsatz des Saldierungsverbotes. So müssen Vermögensgegenstände, die dem Zugriff aller übrigen Gläubiger entzogen sind und ausschließlich der Erfüllung von Schulden aus Altersversorgungsverpflichtungen oder vergleichbaren langfristig fälligen Verpflichtungen dienen, mit diesen Schulden verrechnet werden. Dieses Saldierungsgebot beschränkt sich damit auf Pensionsverpflichtungen, Altersteilzeitverpflichtungen, Verpflichtungen aus Lebensarbeitszeitmodellen und andere vergleichbare langfristig fällige Verpflichtungen gegenüber Mitarbeitern. Für alle übrigen Verpflichtungen gegenüber Mitarbeitern besteht hingegen ein Saldierungsverbot. Damit der Abschlussadressat nachvollziehen kann, welche Aktiv- und Passivposten miteinander verrechnet wurden, sind die Anschaffungskosten und der beizulegende Zeitwert der verrechneten Vermögensgegenstände, der Erfüllungsbetrag der verrechneten Schulden sowie die grundlegenden Annahmen, die der Bestimmung des beizulegenden Zeitwerts zugrunde gelegt wurden, im Anhang getrennt anzugeben (§ 285 Nr. 25 i. V. m. § 285 Nr. 20 Buchstabe a HGB).

Angabepflichten im Anhang

Neben dieser Angabe und dem Vermerk der Verbindlichkeiten mit einer Restlaufzeit von maximal einem Jahr in der Bilanz haben Kapitalgesellschaften bezüglich ihrer Verbindlichkeiten zusätzliche Angaben zu machen. § 285 Nr. 1 HGB verpflichtet alle Kapitalgesellschaften, den Gesamtbetrag derjenigen Verbindlichkeiten im Anhang anzugeben, welche mit einer Restlaufzeit von mehr als fünf Jahren ausgestattet sind. Darüber hinaus ergibt sich aus diesem Paragrafen die Verpflichtung, den Betrag der Verbindlichkeiten, die durch Pfandrechte oder ähnliche Rechte gesichert sind, ebenfalls im Anhang auszuweisen. Dabei ist auf die Art und Form der eingeräumten Sicherheiten (wie z. B. Pfandbestellung, Sicherungsübereignung, Eigentumsvorbehalt) einzugehen. Für große und mittelgroße Kapitalgesellschaften erweitern sich diese Verpflichtungen nach § 285 Nr. 1 HGB noch dahin gehend, dass eine Aufgliederung der genannten Angaben auf die einzelnen Verbindlichkeitsposten im Anhang erforderlich ist (§ 285 Nr. 2 i. V. m. § 288 Abs. 1 HGB).

Aufgrund der Angabe- und Vermerkpflichten in Anhang und Bilanz ist es für den Bilanzleser möglich, die Verbindlichkeiten eines Unternehmens in drei Fristigkeitsgruppen einzuteilen:

- kurzfristige Verbindlichkeiten (Restlaufzeit < 1 Jahr),
- mittelfristige Verbindlichkeiten (Restlaufzeit zwischen einem Jahr und fünf Jahren) und
- langfristige Verbindlichkeiten (Restlaufzeit > 5 Jahre).

Verbindlichkeitenspiegel

Die Informationen, die bezüglich der Verbindlichkeiten veröffentlicht werden müssen, können im Anhang in tabellarischer Form mit Hilfe eines sog. Verbindlichkeitenspiegels zusammengefasst werden. Durch eine Gegenüberstellung mit den gemäß § 268 Abs. 4 HGB allerdings nur nach dem Kriterium der einjährigen Restlaufzeit klassifizierten Forderungen, erhält der externe Bilanzleser durch diese Verbindlichkeitsgruppierung einen Einblick in die Finanz- und Liquiditätssituation des Unternehmens.

Eventualverbindlichkeiten

Außer den in der Bilanz auszuweisenden Schulden sind des Weiteren gemäß § 251 HGB bestehende Haftungsverhältnisse im Jahresabschluss offen zu legen. Diese Haftungsverhältnisse, die auch als »Eventualverbindlichkeiten« bezeichnet werden, sind nicht in die Bilanz aufzunehmen, sondern in einem Betrag »unter« (d. h. außerhalb) der Bilanz zu vermerken. Für Kapitalgesellschaften und Personengesellschaften, bei denen keine natürliche Person persönlich haftender Gesellschafter ist (§ 264a HGB), ist die Ausweispflicht der Haftungsverhältnisse erweitert (§ 268 Abs. 7 HGB). Sie haben die Beträge der verschiedenen Eventualverbindlichkeiten gesondert und unter Angabe der mit ihnen in Verbindung stehenden gewährten Pfandrechte und sonstigen Sicherheiten auszuweisen. Der Ausweis kann »unter« der Bilanz oder im Anhang erfolgen. Bestehen Haftungsverhältnisse gegenüber verbundenen Unternehmen, muss dies aus den Angaben erkennbar sein.

- Typen

Die »unter« der Bilanz zu vermerkenden Eventualverbindlichkeiten sind durch § 251 HGB abschließend aufgezählt. Dies sind:

- Verbindlichkeiten aus der Begebung und Übertragung von Wechseln,
- Verbindlichkeiten aus Bürgschaften, Wechsel- und Scheckbürgschaften,
- Verbindlichkeiten aus Gewährleistungsverträgen oder
- Haftungsverhältnisse aus der Bestellung von Sicherheiten für fremde Verbindlichkeiten.

- Charakterisierung

Bei Eventualverbindlichkeiten handelt es sich somit um Risiken, die nur möglicherweise (eventuell) eine Belastung für das Unternehmen darstellen, mit deren Eintritt jedoch nicht gerechnet wird. Hierdurch unterscheiden sie sich von zu passivierenden Verbindlichkeiten oder Rückstellungen, bei denen eine Inanspruchnahme des Unternehmens in Zukunft sicher bzw. wahrscheinlich ist. Der Zweck der Vermerkpflicht der Haftungsverhältnisse besteht darin, den externen Bilanzleser über mögliche Risiken zu informieren, die auf das Unternehmen zukommen können. § 251 HGB bestimmt, dass diese Eventualverbindlichkeiten selbst dann auszuweisen sind, wenn ihnen eine entsprechende Rückgriffsforderung an Dritte gegenübersteht. Bestehen solche Rückgriffsforderungen, so ist es nach herrschender Meinung nicht erforderlich, diese analog den entsprechenden Eventualverbindlichkeiten auf der Aktivseite »unter« der Bilanz zu vermerken (vgl. IDW [2012b], Abschnitt F, Tz. 464). Sobald mit einer Inanspruchnahme aus diesen Eventualverbindlichkeiten zu rechnen ist, muss eine Rückstellung gebildet werden. Ist die Inanspruchnahme sicher, so muss eine sonstige Verbindlichkeit gebildet werden. Neben den quantitativen Angaben fordert § 285 Nr. 27 HGB zusätzliche qualitative Angaben zu den Eventualverbindlichkeiten. Danach sind die Gründe der Einschätzung des Risikos der Inanspruchnahme aus Eventualverbindlichkeiten im Anhang anzugeben, genauer die Gründe, weshalb die Eventualverbindlichkeiten als solche »unter« der Bilanz und nicht auf der Passivseite der Bilanz (als Verbindlichkeiten oder Rückstellungen) ausgewiesen werden.

Außerbilanzielle Geschäfte

Als weiteren Bestandteil müssen mittelgroße und große Kapitalgesellschaften Art und Zweck sowie Risiken und Vorteile von nicht in der Bilanz enthaltenen Geschäften angeben, allerdings nur, soweit dies für die Beurteilung der Finanzlage notwendig ist (§ 285 Nr. 3 i. V. m. § 288 Abs. 1 HGB). Unter Geschäften, die nicht in der Bilanz enthalten sind, versteht man Sachverhalte, die von vornherein dauerhaft keinen Eingang in die Bilanz finden oder die einen dauerhaften Abgang von Vermögensgegenständen und Schulden nach sich ziehen. Es kann sich dabei, muss sich aber nicht zwangsläufig, um schwebende Rechtsgeschäfte handeln. Beispiele für mögliche Arten von außerbilanziellen Rechtsgeschäften sind: Factoring, Pensionsgeschäfte, Konsignationslagervereinbarungen oder Leasingverträge (vgl. BMJ [2008], S. 69). Nach § 288 Abs. 2 HGB müssen mittelgroße Kapitalgesellschaften – anders als große Kapitalgesellschaften – bei der Berichterstattung zu außerbilanziellen Geschäften im Anhang die Risiken und Vorteile nicht darstellen.

Angabe sonstiger finanzieller Verpflichtungen im Anhang

Für Kapitalgesellschaften (mit Ausnahme der kleinen Gesellschaften; vgl. § 288 Abs. 1 HGB und Kleinstkapitalgesellschaften, vgl. § 267a Abs. 2 HGB) bestimmt § 285 Nr. 3a HGB, dass sämtliche finanzielle Verpflichtungen, die zur Beurteilung der Finanzlage des Unternehmens von Bedeutung sind und sich nicht bereits aus der Bilanz oder den Angaben gemäß § 251 HGB bzw. § 285 Nr. 3 HGB ergeben, im Anhang in einem Gesamtbetrag aufzuzeigen sind. Hierzu gehören insbesondere schwebende Rechtsgeschäfte, welche sich in der Bilanz noch nicht ausgewirkt haben, die aber in Zukunft die Finanzlage (Liquidität) wesentlich belasten. Verpflichtungen, die gegenüber verbundenen Unternehmen bestehen, sind gesondert zu kennzeichnen. Der Aussagegehalt dieser Angabe ist durch die alleinige Angabe des Gesamtbetrags sehr stark eingeschränkt. Hierdurch ist eine Aussage externer Bilanzleser über Fristigkeit bzw. Risikointensität der Verpflichtungen, die für die Beurteilung der Liquiditätssituation des Unternehmens wichtig wäre, nicht möglich. Darüber hinaus ist nicht eindeutig bestimmt, welche »finanziellen Verpflichtungen« im Detail unter die Angabepflicht des § 285 Nr. 3a HGB fallen. Denn zum einen hat es der Gesetzgeber unterlassen, gewisse Verpflichtungstypen im Gesetz zu nennen, und zum anderen ist nicht allgemein und generell für jeden Einzelfall klärbar, wann eine finanzielle Verpflichtung zur Beurteilung der Finanzlage von Bedeutung ist und wann nicht. Nach steuerrechtlichen Vorgaben ergeben sich hierzu keine nennenswerten Unterschiede.

Im Folgenden werden die gemäß § 266 Abs. 3 HGB auszuweisenden Verbindlichkeitsposten näher erläutert.

1. Anleihen

Inanspruchnahme des Kapitalmarktes

Anleihen sind langfristige, durch Inanspruchnahme des öffentlichen Kapitalmarktes entstandene Verbindlichkeiten. Diese Möglichkeit der Beschaffung von Fremdkapital steht i. d. R. nur Aktiengesellschaften oder größeren Gesellschaften anderer Rechtsform offen, die einen guten Ruf und eine entsprechende Bonität aufzuweisen haben. Langfristige Darlehen (z. B. Schuldscheindarlehen), die nicht an einem Kapitalmarkt aufgenommen wurden, zählen nicht zu den Anleihen. Sie sind – soweit nicht ein Kreditinstitut der Gläubiger ist – unter den sonstigen Verbindlichkeiten auszuweisen. Zu den Anleihen gehören Teilschuldverschreibungen, Wandelschuldverschreibungen, Optionsanleihen und Gewinnschuldverschreibungen nach § 221 AktG sowie Genussscheine, soweit die Genussscheinbedingungen eine Rückzahlung der überlassenen Beträge vorsehen und diese deshalb Fremdkapital darstellen. § 266 Abs. 3 HGB bestimmt, dass konvertible Anleihen – hierunter fallen insbesondere Wandelschuldverschreibungen – als »Davon-Vermerk« von den anderen Anleihen getrennt auszuweisen sind. Die herrschende Meinung geht sogar über diese gesetzliche Bestimmung hinaus und fordert – aufgrund ihres besonderen Charakters – einen solchen »Davon-Vermerk« bzw. einen gesonderten Posten innerhalb der Verbindlichkeiten auch bei Genussscheinen (vgl. Beck'scher Bilanzkommentar [2012], § 266 Tz. 216).

Aktiengesellschaften haben zudem die Zahl der Wandelschuldverschreibungen bzw. der mit ihnen vergleichbaren Wertpapiere (z. B. Optionsanleihen) sowie der Genussscheine unter Angabe der Rechte, die sie jeweils verbriefen, im Anhang zu zeigen (§ 160 Abs. 1 Nr. 5 und 6 AktG). Anleihen werden erst mit der Begebung passivierungspflichtig. Sie gelten bilanzmäßig als getilgt und sind dementsprechend auf der Passivseite der Bilanz auszubuchen, wenn sie vernichtet worden sind oder ein Umlauf der Anleihestücke in sonstiger Weise endgültig ausgeschlossen wurde. Soweit zurückerworbene Anleihestücke noch nicht endgültig aus dem Verkehr gezogen sind, dürfen sie nicht auf der Passivseite ausgebucht werden. Sie sind vielmehr auf der Aktivseite unter den Wertpapieren des Anlage- oder Umlaufvermögens auszuweisen (vgl. Beck'scher Bilanzkommentar [2012], § 266 Tz. 219).

2. Verbindlichkeiten gegenüber Kreditinstituten

Tatsächlich beanspruchter Betrag

Bankkredite sind nur in Höhe des tatsächlich in Anspruch genommenen Betrages auszuweisen. Es ist also unzulässig, einen zwar eingeräumten, aber nicht in voller Höhe in Anspruch genommenen Bankkredit (Kreditlinie) bis zur Höhe des Kreditlimits als Verbindlichkeit zu passivieren. Auch ein Bankkredit, der zwar zugesagt, aber bis zum Bilanzstichtag noch nicht in Anspruch genommen wurde, darf in der Bilanz nicht erscheinen. Soweit Wechsel einer Bank lediglich zur Sicherung eines eingeräumten Kredits in Kaution gegeben werden (Depotwechsel oder Kautionswechsel), sind diese nicht als Wechselverbindlichkeit auszuweisen. Vielmehr ist der Betrag, mit dem der so gesicherte Kredit in Anspruch genommen wurde, als Verbindlichkeit gegenüber Kreditinstituten anzusetzen. Zu den Verbindlichkeiten gegenüber Kreditinstituten zählen zudem an Kreditinstitute begebene Schuldverschreibungen sowie Verbindlichkeiten gegenüber Bausparkassen.

3. Erhaltene Anzahlungen auf Bestellungen

Anzahlungen

Anzahlungen werden von Kunden häufig zur Vorfinanzierung von Aufträgen, die erhebliche finanzielle Mittel binden (z. B. Schiffsbau, Brückenbau, Hochhäuser), bzw. als Sicherheitsleistung für bestellte Waren oder Dienstleistungen geleistet.

Für den Ausweis der Anzahlung kommt es dabei nicht darauf an, ob die noch zu erbringende Leistung aktivierbar ist oder nicht. Eine Saldierung erhaltener Anzahlungen mit am Bilanzstichtag noch nicht abgerechneten Leistungen ist gemäß § 246 Abs. 2 Satz 1 HGB unzulässig; einer zusätzlichen Erwähnung solcher Leistungen in der Bilanz steht aber nichts im Wege. Neben der Passivierung besteht auch die Möglichkeit, erhaltene Anzahlungen auf Vorräte auf der Aktivseite offen von den Vorräten abzusetzen (§ 268 Abs. 5 Satz 2 HGB). Der Zusatz »auf Bestellungen« in der Postenbezeichnung soll klarstellen, dass Vorauszahlungen von Kunden nur dann in diesen Posten aufgenommen werden dürfen, wenn zwischen dem Unternehmen und seinen Kunden bezüglich der späteren Lieferung oder Leistung bereits ein (Vor-)Vertrag geschlossen oder ein bindendes Vertragsangebot abgegeben wurde, mit dessen Annahme ernsthaft zu rechnen ist. Alle anderen erhaltenen Anzahlungen sind unter den »sonstigen Verbindlichkeiten« auszuweisen (vgl. Beck'scher Bilanzkommentar [2012], § 266 Tz. 224).

4. Verbindlichkeiten aus Lieferungen und Leistungen

Lieferantenkredit

Bei den Verbindlichkeiten aus Lieferungen und Leistungen handelt es sich um Verpflichtungen, die daraus resultieren, dass das Unternehmen Lieferungen oder Leistungen jeglicher Art (d. h. diese müssen nicht in unmittelbarem Zusammenhang mit dem betrieblichen Produktions- oder Leistungsprozess stehen) erhalten bzw. in Anspruch genommen hat, ohne dafür die Gegenleistung bereits erbracht zu haben. Verpflichtungen aus Verträgen, die noch von keiner Seite erfüllt worden sind (schwebende Verträge), dürfen hier nicht bilanziert werden. Soweit die empfangenen Waren unter Eigentumsvorbehalt stehen oder sonst dinglich gesichert sind, ist – wie bereits erwähnt – nach § 285 Nr. 1 Buchstabe b HGB ein Vermerk der Besicherung im Anhang erforderlich. Zu den Verbindlichkeiten aus Lieferungen und Leistungen gehören auch die Verbindlichkeiten des Leasingnehmers aus Leasingverträgen, bei denen der Leasinggegenstand nach wirtschaftlichen Gesichtspunkten beim Leasingnehmer zu bilanzieren ist (vgl. 3. Kapitel, S. 195 ff.). Im Falle der Begleichung von Lieferantenrechnungen durch Wechselakzept und im Falle der Lieferantenschulden gegenüber verbundenen Unternehmen oder Unternehmen, mit denen ein Beteiligungsverhältnis besteht, geht der Ausweis unter den entsprechenden Passivposten C 5, C 6 bzw. C 7 (§ 266 Abs. 3 HGB) dem Ausweis unter den »Verbindlichkeiten aus Lieferungen und Leistungen« vor.

5. Verbindlichkeiten aus der Annahme gezogener Wechsel und der Ausstellung eigener Wechsel

Wechselakzept, Wechselindossament

Dieser Posten erfasst sowohl die auf die bilanzierende Gesellschaft gezogenen und von ihr akzeptierten Wechsel als auch eigene, von der Gesellschaft ausgestellte Wechsel (sog. Solawechsel). Hat eine Gesellschaft einen auf sie gezogenen Wechsel noch nicht akzeptiert, so wird die Schuld nicht als Wechselverbindlichkeit ausgewiesen, sondern unter einem entsprechenden anderen Verbindlichkeitenposten (z. B. »Verbindlichkeiten aus Lieferungen und Leistungen«). Der Bezogene eines Wechsels ist der primär aus dem Wechsel Verpflichtete. Wer neben dem Bezogenen seine Unterschrift auf einen Wechsel setzt (Wechselindossament), haftet darüber hinaus den nachfolgenden Inhabern der Wechselurkunde auf Zahlung der Wechselsumme, wenn der Bezogene bei Fälligkeit des Wechsels zur Zahlung nicht in der Lage ist. Geht ein Unternehmen derartige Eventualverbindlichkeiten ein, so sind diese (Wechselobligo) nicht als Verbindlichkeiten auszuweisen, sondern – wie bereits erwähnt – lediglich »unter« der Bilanz oder im Anhang (bei Kapitalgesellschaften) zu vermerken (§§ 251, 268 Abs. 7 HGB).

Abgrenzung von anderen Posten

Bei einem Wechselgeschäft darf die Verbindlichkeit aus dem Schuldverhältnis, das dem Wechsel zugrunde liegt, nicht zusätzlich unter einem anderen Verbindlichkeitsposten (z. B. »Verbindlichkeiten aus Lieferungen und Leistungen«) passiviert werden. Handelt es sich bei dem Gläubiger der Wechselschuld um ein verbundenes Unternehmen oder ein Unternehmen, mit dem ein Beteiligungsverhältnis besteht, so geht der Ausweis unter den Bilanzposten C 6 bzw. C 7 (§ 266 Abs. 3 HGB) vor.

6. Verbindlichkeiten gegenüber verbundenen Unternehmen

Verbundene Unternehmen

Gemäß § 266 Abs. 3 HGB sind – analog zu den Ausleihungen und den Forderungen (vgl. § 266 Abs. 2 HGB und 5. Kapitel, S. 246 ff.) – grundsätzlich sämtliche Verbindlichkeiten gegenüber verbundenen Unternehmen unabhängig von ihren Entstehungsursachen im Interesse einer Offenlegung der wirtschaftlichen Verflechtungen zwischen diesen Unternehmungen (zur Definition der verbundenen Unternehmen vgl. 10. Kapitel, S. 616 f.) gesondert auszuweisen, auch wenn diese Verbindlichkeiten normalerweise unter anderen Posten der Bilanz aufzuführen wären. Weisen Kapitalgesellschaften diese Verbindlichkeiten ausnahmsweise nicht unter dem Posten »Verbindlichkeiten gegenüber verbundenen Unternehmen« aus, so ist bei wesentlichen Beträgen ein Vermerk der Mitzugehörigkeit beim betroffenen Posten oder im Anhang notwendig (§ 265 Abs. 3 HGB). Verbindlichkeiten gegenüber verbundenen Unternehmen müssen dabei nicht notwendigerweise aus dem Geschäftsverkehr resultieren. Es kann sich auch um Finanzierungsschulden handeln, die eventuell sogar Ausdruck einer Beteiligung sind. Verbindlichkeiten gegenüber verbundenen Unternehmen sind in ihrer Höhe zu einem großen Teil von der Geschäftspolitik abhängig. Dies gilt insbesondere deshalb, weil in Konzernen durch die Festlegung der Preise, der Rabatte, durch die Übernahme von Transportkosten usw. Gewinne in großem Umfang von einem Konzernunternehmen in ein anderes verlagert werden können.

7. Verbindlichkeiten gegenüber Unternehmen, mit denen ein Beteiligungsverhältnis besteht

Beteiligungen

Ob zwischen Unternehmen ein Beteiligungsverhältnis besteht oder nicht, ergibt sich aus der Definition der Beteiligung in § 271 Abs. 1 HGB. Demnach sind Beteiligungen Anteile an Unternehmen, die dazu bestimmt sind, durch Herstellung einer dauernden Verbindung zu diesen Unternehmen dem Geschäftsbetrieb zu dienen. Unter den Verbindlichkeiten gegenüber Unternehmen, mit denen ein Beteiligungsverhältnis besteht, sind – analog zu den Ausleihungen und den Forderungen (vgl. § 266 Abs. 2 HGB und 5. Kapitel, S. 246 ff.) – nicht nur Verbindlichkeiten gegenüber Unternehmen auszuweisen, an denen das bilanzierende Unternehmen eine Beteiligung hält, sondern auch solche gegenüber Unternehmen, die an dem bilanzierenden Unternehmen i. S. des § 271 Abs. 1 HGB beteiligt sind. In der Praxis kann es für das Unternehmen, an dem eine Beteiligung gehalten wird, möglicherweise schwierig sein, eine dem beteiligten Unternehmen gegenüber bestehende Verbindlichkeit korrekt auszuweisen, da es für dieses oft nicht erkennbar ist, ob ein Beteiligungsverhältnis i. S. des § 271 HGB vorliegt oder nicht. Hierbei ist jedoch zu beachten, dass Aktiengesellschaften gemäß § 20 Abs. 1 AktG prinzipiell verpflichtet sind, eine Beteiligung von mehr als 25 % der Gesellschaft, an der die Beteiligung gehalten wird, anzuzeigen. In diesem Zusammenhang führen ggf. auch die Vorschriften des § 21 WpHG zu einer Meldepflicht.

Abgrenzung von anderen Posten

Festzuhalten ist, dass die Posten C 6 und C 7 des § 266 Abs. 3 HGB streng zu trennen sind. Unter den Verbindlichkeiten gegenüber Unternehmen, mit denen ein Beteiligungsverhältnis besteht (Posten C 7), dürfen nur Verbindlichkeiten gegenüber Unternehmen mit Beteiligungsverhältnissen ausgewiesen werden, die nicht mit dem bilanzierenden Unternehmen verbunden sind.

8. Sonstige Verbindlichkeiten

Sonstige Verbindlichkeiten

Bei dem Posten »sonstige Verbindlichkeiten« handelt es sich um einen Sammelposten, in dem all diejenigen Verbindlichkeiten aufgenommen werden, die nicht unter den anderen Verbindlichkeitsposten (Posten C 1-7) auszuweisen sind. Hierunter fallen z. B. Steuerschulden der Gesellschaft, Quellenabzugsteuer (Lohn- bzw. Abgeltungsteuer etc.), Sozialabgaben, nicht abgehobene Dividenden und Darlehen- bzw. Zinsschulden gegenüber Nichtbanken oder Unternehmen, mit denen das Unternehmen weder verbunden ist noch in einem Beteiligungsverhältnis steht. Zu den sonstigen Verbindlichkeiten gehört auch ein Großteil der antizipativen passiven Rechnungsabgrenzungsposten (z. B. nachschüssige Miet- und Pachtzinsen) (vgl. 8. Kapitel, S. 471 ff.).

Angaben im Anhang

Haben diese Rechnungsabgrenzungsbeträge einen größeren Umfang, sind sie im Anhang zu erläutern (§ 268 Abs. 5 Satz 3 HGB). Gemäß § 266 Abs. 3 HGB müssen die in den »sonstigen Verbindlichkeiten« enthaltenen Steuerschulden sowie die Verbindlichkeiten, die im Rahmen der sozialen Sicherheit entstanden sind, unter dem Gliederungsposten gesondert vermerkt werden. Als Steuern gelten dabei nicht nur solche, die in der GuV als Steuern vom Einkommen und Ertrag sowie als sonstige Steuern auszuweisen sind, sondern auch diejenigen, die die Gesellschaft für Dritte abführt (z. B. Lohn- und Abgeltungsteuer), die sie aktiviert (z. B. Grunderwerbsteuer) oder die bei ihr durchlaufende Posten darstellen (z. B. Umsatzsteuer), sofern der Ausweis nicht unter den Steuerrückstellungen zu erfolgen hat (vgl. in diesem Kapitel, S. 439 ff.).

Die Verbindlichkeiten im Rahmen der sozialen Sicherheit entsprechen all denjenigen Beträgen, die in der GuV unter dem Posten 6b des § 275 Abs. 2 HGB (»soziale Abgaben und Aufwendungen für Altersversorgung und für Unterstützung«) ausgewiesen werden, sofern sie nicht als Pensionsrückstellungen (vgl. in diesem Kapitel, S. 432 ff.) oder sonstige Rückstellungen (vgl. in diesem Kapitel, S. 444) zu passivieren sind oder bereits von dem Unternehmen bezahlt wurden.

Abgrenzung von anderen Posten

Bestehen Verbindlichkeiten einer GmbH gegenüber einem oder mehreren Gesellschaftern, so sind diese nicht als sonstige Verbindlichkeiten, sondern unter einem eigenen, entsprechend bezeichneten Bilanzposten in der Bilanz auszuweisen oder im Anhang anzugeben. Werden sie dennoch unter den »sonstigen Verbindlichkeiten« oder einem anderen Verbindlichkeitsposten bilanziert, so ist dies an entsprechender Stelle unter Angabe des Betrags (vgl. IDW [2012b], Abschnitt F, Tz. 281) in der Bilanz zu vermerken (§ 42 Abs. 3 GmbHG).

II. Bewertung von Verbindlichkeiten

Bewertung von Verbindlichkeiten

Verbindlichkeiten sind in der Handelsbilanz grundsätzlich mit dem Betrag zu bewerten, der zur Erfüllung der Verbindlichkeit aufgebracht werden muss (Erfüllungsbetrag; § 253 Abs. 1 Satz 2 HGB). Bei Geldleistungsverpflichtungen ist dies der Rückzahlungsbetrag, bei Sachleistungs- oder Sachwertverpflichtungen der im Erfüllungszeitpunkt voraussichtlich aufzuwendende Geldbetrag (vgl. BMJ [2008], S. 52).

Handelt es sich bei der Verbindlichkeit um eine Rentenverpflichtung (Rentenschuld, Leibrente), so hat die Bewertung zum versicherungsmathematischen Barwert zu erfolgen. Dabei ist zu beachten, dass gemäß § 253 Abs. 2 Satz 3 HGB der volle Barwert nur für Rentenverpflichtungen zu bilanzieren ist, für die eine Gegenleistung aus Sicht des Schuldners nicht mehr zu erwarten ist. Stehen noch Gegenleistungen aus, so ist der Barwert nur anteilig zu bilanzieren. Beträgt die Restlaufzeit einer Rentenverpflichtung mehr als ein Jahr, so ergeben sich die anzuwendenden Abzinsungssätze aus § 253 Abs. 2 Satz 1 HGB. Es ist ein der Restlaufzeit entsprechender durchschnittlicher Marktzinssatz der vergangenen sieben Geschäftsjahre zu verwenden. Aus Vereinfachungsgründen ist es zudem zulässig, pauschal mit einem durchschnittlichen Marktzinssatz zu arbeiten, der sich bei einer (angenommenen) Restlaufzeit von 15 Jahren ergibt (§ 253 Abs. 2 Satz 2 HGB). Die für Rentenverpflichtungen – und auch für Rückstellungen – anzuwendenden Marktzinssätze werden von der Deutschen Bundesbank ermittelt und monatlich bekannt gegeben (vgl. 2. Kapitel, S. 103 und www.bundesbank.de im Bereich Statistiken/Geld- und Kapitalmärkte).

Lieferantenskonto

Lieferantenskonti werden einem Käufer gewährt, wenn dieser innerhalb einer vereinbarten Frist bezahlt. Die bilanzielle Behandlung ist davon abhängig, ob die Inanspruchnahme des Skontos beabsichtigt ist oder nicht. Soll unter Ausübung des Skontoabzugs gezahlt werden, kann die Verbindlichkeit bereits mit dem Nettobetrag (Rechnungsbetrag abzüglich Skonto) eingebucht werden. Ist hingegen eine Inanspruchnahme des Skontos nicht beabsichtigt, ist die Verbindlichkeit zum Rechnungsbetrag (einschließlich Skonto) zu bewerten (vgl. Baetge, J./Kirsch, H.-J./Thiele, S. [2012], S. 196).

Höchstwertprinzip

Ändert sich während der Laufzeit eine Verbindlichkeit in ihrer Höhe, so ist das Vorsichts- bzw. Imparitätsprinzip zu beachten. Demnach darf eine Minderung des Erfüllungsbetrages in der Bilanz nicht berücksichtigt werden. In Analogie zum strengen Niederstwertprinzip bei Forderungen (vgl. 5. Kapitel, S. 253) sind jedoch Verbindlichkeiten bei Erhöhung des Erfüllungsbetrages zu dem entsprechenden höheren Wert in die Bilanz aufzunehmen. In diesem Zusammenhang spricht man deshalb häufig vom sog. »Höchstwertprinzip«. Dieses Prinzip gilt unabhängig von der Restlaufzeit der Verbindlichkeit.

Disagio, Damnum

Ist der Erfüllungsbetrag einer Verbindlichkeit höher als der Ausgabebetrag (z. B. bedingt durch ein Disagio bei einer Anleihenaufnahme oder ein Damnum bei Hypotheken- und Grundschulden), so darf der Unterschiedsbetrag in der Handelsbilanz unter die Rechnungsabgrenzungsposten der Aktivseite aufgenommen werden (vgl. auch 2. Kapitel, S. 85). Der Betrag ist durch planmäßige jährliche Abschreibungen, die auf die gesamte Laufzeit verteilt werden dürfen, zu tilgen (§ 250 Abs. 3 HGB). Kapitalgesellschaften haben das Disagio bzw. Damnum entweder gesondert in der Bilanz auszuweisen oder im Anhang anzugeben (§ 268 Abs. 6 HGB). Das Disagio (Damnum) ist seinem Charakter nach eine einmalige Zinszahlung für die Kapitalüberlassung, die sich wirtschaftlich betrachtet auf die gesamte Laufzeit der Verbindlichkeit bezieht. Eine Aktivierung ist nur im Jahre der Begründung der Verbindlichkeit möglich. Ist sie unterblieben, so darf sie zu einem späteren Zeitpunkt nicht nachgeholt werden.

Ausnahmsweise kann sich der Fall ergeben, dass der Ausgabebetrag den Erfüllungsbetrag überschreitet (Agio). In diesem Falle muss der Unterschiedsbetrag nach herrschender Meinung als Rechnungsabgrenzungsposten passiviert und auf die Laufzeit der Verbindlichkeit verteilt werden (vgl. IDW [2012b], Abschnitt E, Tz. 584).

Un- bzw. niederverzinsliche Darlehen

Unverzinsliche oder niedrig verzinsliche Darlehen müssen ebenfalls zum Erfüllungsbetrag bilanziert werden. Eine Abzinsung – sei es durch Ansatz eines niedrigeren Barwerts auf der Passivseite oder durch Aktivierung des Abzinsungsbetrages als Rechnungsabgrenzungsposten – ist aufgrund des Realisationsprinzips nicht zulässig (vgl. Beck'scher Bilanzkommentar [2012], § 253 Tz. 63).

Zero-Bonds

Festverzinsliche Anleihen, die erst am Ende der Laufzeit zu einer Zinszahlung führen (sog. Null-Kupon-Anleihen bzw. Zero-Bonds), sind mit dem niedrigeren Ausgabebetrag zu passivieren. Die sich während der Jahre ansammelnde Zinsverbindlichkeit ist gemäß einer kapitalabhängigen Effektivzinsberechnung jährlich dem Ausgabebetrag zuzuschreiben. Eine vor Ablauf der Laufzeit vorgenommene Bewertung zum Rücknahmebetrag entspricht nicht der herrschenden Meinung, da die Schuld zu Beginn der Laufzeit geringer ist und sich erst durch die jährlich anfallenden Zinsen erhöht. Darüber hinaus entspricht bei einem Zero-Bond der Ausgabebetrag und nicht der Rücknahmebetrag dem Begriff »Erfüllungsbetrag« des § 253 Abs. 1 Satz 2 HGB, da genau genommen nur dieser zurückbezahlt wird. Die im Rücknahmebetrag enthaltenen Zinsen werden bezahlt und nicht »zurückbezahlt« (vgl. Beck'scher Bilanzkommentar [2012], § 253 Tz. 65; IDW [2012b], Abschnitt E, Tz. 586).

Valutaverbindlichkeiten

Verbindlichkeiten, die in fremden Währungseinheiten zurückzuzahlen sind (Valutaverbindlichkeiten), sind ebenfalls mit dem Erfüllungsbetrag anzusetzen. Nach den GoB sind die Fremdwährungsverbindlichkeiten im Entstehungszeitpunkt mit dem Devisenkassageldkurs (Euro-Ankaufkurs der Bank) umzurechnen. Aus Vereinfachungsgründen lässt sich allerdings auch, analog zu § 256a HGB, der Devisenkassamittelkurs verwenden (vgl. Münchener Kommentar zum HGB [2013], § 256a Tz. 9). Dabei ist der Kurs des Tages anzusetzen, an dem die Verbindlichkeit zu einer wirtschaftlichen Belastung für das Unternehmen wird, also normalerweise an dem Tag, an dem die Gegenleistung eingeht. Soweit ein Devisentermingeschäft zur Absicherung der Verbindlichkeit abgeschlossen wurde, ist eine Passivierung zum Terminkurs nicht zulässig, es sei denn, es wurde eine Bewertungseinheit nach § 254 HGB gebildet (vgl. Beck'scher Bilanzkommentar [2012], § 256a Tz. 181).

Bezüglich der Folgebewertung schreibt § 256a HGB vor, dass Valutaverbindlichkeiten mit einer Restlaufzeit von mehr als einem Jahr unter Berücksichtigung des Realisations- und Imparitätsprinzips sowie des Anschaffungskostenprinzips mit dem Devisenkassamittelkurs am Abschlussstichtag umzurechnen sind. Ist demnach der Devisenkassamittelkurs am Bilanzstichtag höher als der Buchkurs, so muss wegen des Imparitätsprinzips folglich der höhere Kurs angesetzt werden (Höchstwertprinzip). Sinkt der Kurs bis zum nächsten Bilanzstichtag wieder ab, so muss eine Abwertung der Verbindlichkeit vorgenommen werden, jedoch nur bis zu ihrem Ursprungsbetrag. Der bei der Begründung der Verbindlichkeit ermittelte Erfüllungsbetrag in Euro stellt grundsätzlich die Bewertungsuntergrenze dar (vgl. Beck'scher Bilanzkommentar [2012], § 256a Tz. 186). Ein niedrigerer Stichtags- bzw. Terminkurs darf grundsätzlich nicht angesetzt werden, da andernfalls unrealisierte Gewinne ausgewiesen würden. Eine Ausnahme besteht allerdings bei kurzfristigen Valutaverbindlichkeiten mit einer Restlaufzeit von bis zu einem Jahr. Hier ist eine Umrechnung zum Devisenkassamittelkurs am Bilanzstichtag – ohne Beachtung des Realisations- und Imparitätsprinzips sowie des Anschaffungskostenprinzips – generell geboten (§ 256a Satz 2 HGB) (vgl. hierzu auch die Ausführungen zu Valutaforderungen im 5. Kapitel, S. 257).

Bewertungseinheit

Eine Sonderstellung nehmen geschlossene Devisenpositionen (d. h. Verbindlichkeiten, denen währungsidentische, betragsidentische und fristenkongruente Forderungen gegenüberstehen) ein. In diesem Fall dürfen Schulden zum Ausgleich gegenläufiger Wertänderungen nach § 254 HGB mit Finanzinstrumenten zu einer Bewertungseinheit zusammengefasst werden; dies gilt allerdings nur in dem Umfang und für den Zeitraum, in dem sich die gegenläufigen Wertänderungen ausgleichen (vgl. Beck'scher Bilanzkommentar [2012], § 254 Tz. 4 ff und im Detail 5. Kapitel, S. 301 ff.).

Leasingverbindlichkeiten

Hat bei Leasingverträgen der Leasingnehmer eine Verbindlichkeit anzusetzen, weil der Leasinggegenstand ihm zugerechnet wird (vgl. 3. Kapitel, S. 195 ff.), so muss er sie bei Vertragsbeginn in Höhe der aktivierten Anschaffungs- oder Herstellungskosten ausweisen. Die Raten sind, wie beim Geber, in einen Zins- und Kosten- sowie einen Tilgungsanteil aufzuspalten. Die geleisteten Tilgungsanteile werden dann ohne Wirkung auf das Eigenkapital von der Leasingverbindlichkeit abgesetzt, sodass diese am Ende der Grundmietzeit voll getilgt ist. Dazu ist an jedem Bilanzstichtag der Barwert der restlichen Leasingraten neu zu bestimmen. Die Differenz zum vorhergehenden Barwert entspricht dann dem Tilgungsanteil der in der entsprechenden Periode geleisteten Zahlungen. Die Differenz zwischen den geleisteten Zahlungen und dem Tilgungsanteil kann der Leasingnehmer als Zins- (GuV-Pos. 13, § 275 Abs. 2 HGB bzw. GuV-Pos. 12, § 275 Abs. 3 HGB) und Kostenanteile (GuV-Pos. 8, § 275 Abs. 2 HGB bzw. GuV-Pos. 7, § 275 Abs. 3 HGB) ebenso wie die entsprechend der betriebsgewöhnlichen Nutzungsdauer verrechneten Abschreibungsbeträge GuV-wirksam als Aufwand verbuchen. Die getrennte Erfassung der Kostenanteile entfällt allerdings, wenn die Anschaffungskosten durch Diskontierung der Leasingraten ermittelt wurden.

Bewertung von Verbindlichkeiten nach Steuerrecht

Steuerlich sind Verbindlichkeiten grundsätzlich mit dem abgezinsten Nennwert zu bewerten (§ 6 Abs. 1 Nr. 3 EStG). Bei voraussichtlich dauerhafter Werterhöhung besteht ein steuerliches Wahlrecht, den höheren Teilwert der Verbindlichkeit anzusetzen, welches durch den Maßgeblichkeitsgrundsatz und die handelsrechtliche Zuschreibungspflicht nicht ausgeschaltet wird (vgl. hierzu BMF [2010a], vgl. 2. Kapitel, S. 86). Für Zwecke der Abzinsung ist ein Zinssatz von 5,5 % maßgebend. Die Abzinsung entfällt, wenn die Laufzeit der Verbindlichkeit am Bilanzstichtag weniger als 12 Monate beträgt oder die Verbindlichkeit verzinslich ist. Verbindlichkeiten, die auf Anzahlungen oder Vorausleistungen beruhen, sind generell von der Abzinsungsverpflichtung ausgenommen. Für ein Disagio besteht steuerlich eine Aktivierungspflicht, wobei der aktivierte Betrag über die Laufzeit zu verteilen ist (H 6.10 EStH).

Für Valutaverbindlichkeiten ist steuerlich eine Unterschreitung des Entstehungskurses – und damit eine Senkung des ursprünglichen Betrages der Verbindlichkeit – unzulässig. Eine Durchbrechung des Realisations- und Imparitätsprinzips sowie des Anschaffungskostenprinzips ist in der Steuerbilanz – anders als nach § 256a Satz 2 HGB – nicht zulässig (§ 6 Abs. 1 Nr. 3 i. V. m. Nr. 2 EStG). Der Ansatz des höheren Teilwerts ist, in Analogie zu Valutaforderungen, nur im Falle einer voraussichtlich dauerhaften Kurssteigerung möglich (H 6.10 EStH).

B. Bilanzierung von Rückstellungen nach nationalen Normen

Im Folgenden werden zunächst grundlegende Fragen zu Ansatz, Ausweis und Bewertung sowie zur Bildung und Auflösung von Rückstellungen nach handels- und steuerrechtlichen Vorschriften behandelt, bevor die Bilanzierung einzelner, in der Praxis wichtiger Arten von Rückstellungen betrachtet wird.

I. Ansatz und Ausweis von Rückstellungen

Rückstellungen und Bilanzzweck

Bei den Rückstellungen handelt es sich um einen bezüglich seines Inhalts umstrittenen und deshalb in der Literatur intensiv diskutierten Bilanzposten. Dies liegt daran, dass der Umfang des Begriffs »Rückstellung« entscheidend davon abhängt, welchen Zweck man einer Bilanz zugrunde legt. Grundsätzlich lassen sich zwei Beweggründe für die Bilanzierung von Rückstellungen unterscheiden. Zum einen kann die Rechtfertigung der Rückstellungsbildung aus dem Bilanzzweck der korrekten Darstellung des Reinvermögens eines Unternehmens abgeleitet werden (statische Rückstellungsinterpretation), zum anderen lässt sie sich auch aus dem Zweck begründen, den Unternehmenserfolg in der Bilanz periodengerecht auszuweisen (dynamische Rückstellungsinterpretation).

Statische Rückstellungsinterpretation

Soll die Bilanz das Vermögen eines Unternehmens ausweisen, das den Gläubigern zur Befriedigung ihrer Ansprüche zur Verfügung steht (statische Bilanzauffassung; vgl. 22. Kapitel, S. 1249 ff.), so sind in ihr sämtliche Verpflichtungen des Unternehmens aufzunehmen, die das Haftungsvermögen schmälern. Zu diesen Verpflichtungen gehören auch all diejenigen, die bezüglich ihrer Höhe, ihres zeitlichen Eintretens und/oder ihres Bestandes ungewiss sind, aber hinreichend sicher erwartet werden.

Rückstellungen für ungewisse Verbindlichkeiten

Diese Rückstellungen bezeichnet man deshalb auch als Rückstellungen für ungewisse Verbindlichkeiten. Sie stellen folglich Schulden des Unternehmens dar, die sich jedoch letztendlich noch nicht konkretisiert haben. Für die Rückstellungsbildung genügt nicht die bloße Möglichkeit einer Inanspruchnahme durch einen Dritten. Diese muss vielmehr dem Grunde nach mit einiger Wahrscheinlichkeit zu erwarten sein. Dabei ist zu beachten, dass es sich bei den ungewissen Verbindlichkeiten nicht nur um rechtlich erzwingbare (d. h. einklagbare) Leistungsverpflichtungen handeln muss, sondern darunter auch solche Verpflichtungen fallen, denen sich der Kaufmann aus wirtschaftlichen Gründen faktisch gegenübersieht. Ein Beispiel hierfür sind die sog. Kulanzrückstellungen. Häufig kann sich ein Unternehmen Kundenansprüchen auf Kulanzleistungen unter bestimmten Voraussetzungen nicht entziehen, ohne auf Dauer nachhaltige wirtschaftliche Nachteile zu erleiden. Ist deshalb damit zu rechnen, dass die Unternehmung künftig solchen Ansprüchen nachkommt, so kann man diesen Fall ebenfalls zu den Rückstellungen für ungewisse Verbindlichkeiten (allerdings ohne rechtliche Verpflichtung) zählen.

Diese Verpflichtungen gegenüber Dritten sind uneingeschränkt als Fremdkapital zu betrachten, da sie das zur Deckung der Gläubigeransprüche zur Verfügung stehende Vermögen mindern.

Rückstellungsbildung aufgrund des Imparitätsprinzips

Die Notwendigkeit einer Bildung von Rückstellungen für ungewisse Verbindlichkeiten ergibt sich vor allem aus dem für die Bilanzierung zentralen Grundsatz der Vorsicht und dem daraus abgeleiteten Imparitätsprinzip i. V. m. dem Grundsatz der Vollständigkeit. Demnach hat nämlich ein Kaufmann am Bilanzstichtag abzusehende, aber noch nicht eingetretene Lasten – auch wenn diese rechtlich noch nicht entstanden sind – bereits in die Bilanz aufzunehmen. Zeichnet sich deshalb aus einem schwebenden Geschäft – d. h. einem Rechtsgeschäft, das von beiden Seiten noch unerfüllt ist – für den Kaufmann ein künftiger Verlust ab, so hat er diesen aufgrund des Vorsichtsprinzips bereits zum Abschlussstichtag in Form einer Rückstellung (Rückstellung für drohende Verluste aus schwebenden Geschäften) zu erfassen.

Dynamische Rückstellungsinterpretation

Sieht man den Zweck einer Bilanz primär in der periodengerechten Erfolgsermittlung, d. h. dem Ausweis des in einer Periode erzielten Erfolgs, was der Auffassung der sog. dynamischen Bilanztheorie entspricht (vgl. 22. Kapitel, S. 1253 ff.), so wird der Umfang des Rückstellungsbegriffes erweitert. Demnach sind Rückstellungen Abgrenzungsposten, welche die Aufgabe haben, die Aufwendungen, die erst in einer späteren Periode zu einer in ihrer Höhe und ihrem genauen Fälligkeitstermin am Bilanzstichtag noch nicht feststehenden Vermögensminderung führen, der Periode ihrer wirtschaftlichen Verursachung zuzurechnen. Diese Interpretation schließt einerseits die auch aus der statischen Interpretation ableitbaren Rückstellungen für ungewisse Verbindlichkeiten ein, deren Bildung neben dem korrekten Schuldenausweis zugleich der richtigen Periodenabgrenzung der Aufwendungen dient. Andererseits umschließt die dynamische Interpretation aber auch sog. »reine Aufwandsrückstellungen«, die nicht zu Verbindlichkeiten gegenüber Dritten führen, sondern innerbetriebliche Vorsorgemaßnahmen wie z. B. Instandhaltungen betreffen.

Reine Aufwandsrückstellungen

Aus diesem Grunde zählen reine Aufwandsrückstellungen bei enger Interpretation nicht zum Fremdkapital der Unternehmung, da sie keine eventuellen Verpflichtungen der Gesellschaft gegenüber Dritten darstellen. Vielmehr handelt es sich bei diesen Fällen um künftige innerbetriebliche Maßnahmen, die zu künftigen Vermögensverminderungen führen, aber in vergangenen Perioden realisierte Erträge betreffen. Aufwandsrückstellungen stellen somit eine Art Innenverpflichtung des Unternehmens dar, also eine betriebswirtschaftliche Verpflichtung gegenüber sich selbst. Die Begleichung dieser Verpflichtung kann entweder durch eine innerbetriebliche Leistungserstellung des Unternehmens oder durch Leistungen externer Dritter erfolgen. Nach dem Prinzip der sachlichen Abgrenzung müssen diese künftigen Vermögensverminderungen deshalb als Aufwendungen vorverrechnet werden. Dies geschieht über eine Rückstellungsbildung.

Bei dieser dynamischen Rückstellungsinterpretation bestimmen sich die Notwendigkeit und der Zeitpunkt der Rückstellungsbildung allein nach der wirtschaftlichen Verursachung. Der Zeitpunkt der mit dem Aufwand verbundenen Ausgabe bzw. die rechtliche Entstehung eines Anspruchs eines Dritten sind völlig irrelevant.

Statische vs. dynamische Rückstellungsinterpretation

Der wesentliche Unterschied zwischen den Rückstellungen aufgrund einer Verpflichtung gegenüber Dritten und Rückstellungen aufgrund einer periodengerechten Aufwandsverteilung liegt darin, dass Rückstellungen mit Verpflichtungscharakter aufgrund des Schuldendeckungsprinzips dem Aktivvermögen, das sie belasten, gegenübergestellt werden müssen. Aufwandsrückstellungen dagegen werden für künftig eintretende Verpflichtungen des Unternehmens sich selbst gegenüber gebildet. Sie belasten das Schuldendeckungsvermögen im Zeitpunkt der Bilanzerstellung nicht, da sie im Krisenfall (Insolvenz, Unternehmenszerschlagung) nicht mehr anfallen. Bei der dynamischen Rückstellungsinterpretation ist folglich die Unterstellung der Unternehmensfortführung (*going concern*-Prinzip, § 252 Abs. 1 Nr. 2 HGB) unabdingbare Voraussetzung.

Zentrale Charakteristika von Rückstellungen

Trotz der eben gezeigten Unterschiede haben die aus den beiden unterschiedlichen Bilanzzwecken abgeleiteten Rückstellungstypen dennoch zwei wesentliche Gemeinsamkeiten. Erstens sind beide – bei genauer Betrachtung – aus dem Vorsichtsprinzip abgeleitet, das sich durch das Realisations- und das Imparitätsprinzip konkretisiert. Der Unterschied liegt lediglich darin, dass sich die Rückstellungen aufgrund einer Verpflichtung gegenüber Dritten aus der Anwendung des Imparitätsprinzips ergeben, während die Aufwandsrückstellungen ihre Begründung aus dem Realisationsprinzip i. V. m. dem Grundsatz der sachlichen Abgrenzung herleiten. Zweitens beziehen sich beide auf zukünftige Aktivitäten des Bilanzierenden, die jedoch aufgrund der eben genannten Grundsätze nicht in der Periode ihres Auftretens, sondern in der Periode ihrer rechtlichen bzw. wirtschaftlichen Verursachung GuV-wirksam erfasst werden. Demnach lässt sich für den Begriff »Rückstellung« auch eine umfassende und allgemeine Definition formulieren, die beiden Rückstellungstypen gleichzeitig gerecht wird.

Definition der Rückstellungen

Nach dieser Definition sind Rückstellungen Passivposten, die solche Nettovermögensminderungen der Berichtsperiode als Aufwand zurechnen, die durch zukünftige Handlungen (Zahlungen, Dienstleistungen, Eigentumsübertragungen an Sachen und Rechten) bedingt werden und deshalb bezüglich ihres Eintretens oder ihrer Höhe nicht völlig, aber dennoch ausreichend sicher sind. Sie dienen dabei der periodengerechten Erfolgsermittlung, da sie Aufwendungen der

Periode ihrer sachlichen Verursachung zurechnen. Sie dienen jedoch nicht zur Korrektur des Bilanzansatzes bestimmter Vermögensgegenstände, d. h. sie stellen keine Wertberichtigungen dar.

Wertaufhellende Tatsachen

Im Rahmen der Rückstellungsbildung sind stets sog. »wertaufhellende Tatsachen« zu berücksichtigen (vgl. 1. Kapitel, S. 40), d. h., es sind auch Erkenntnisse über Risiken zu erfassen, die das Unternehmen erst nach dem Bilanzstichtag, aber noch vor der Aufstellung des Jahresabschlusses erlangt. Voraussetzung für die bilanzielle Berücksichtigung ist dabei, dass die Risiken bereits bis zum Bilanzstichtag entstanden sind (vgl. Baetge, J./Kirsch, H.-J./Thiele, S. [2012], S. 122 f.).

Einen schematischen Überblick über die nach betriebswirtschaftlichen Gesichtspunkten unterscheidbaren Rückstellungstypen gibt Abbildung 7.1.

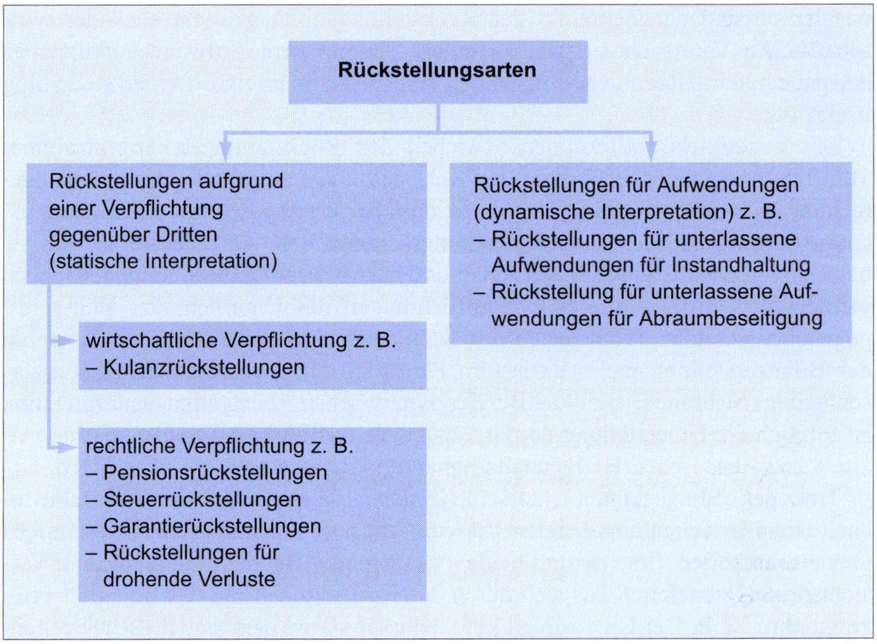

Abb. 7.1: Rückstellungsarten

Bilanzierung von Rückstellungen

Im HGB wird der Passivposten »Rückstellungen« nicht definiert. § 249 HGB zählt lediglich den Kreis der handelsrechtlich zulässigen Rückstellungen abschließend auf. Hierbei ist zu erkennen, dass sich der Gesetzgeber nicht auf einen engen Rückstellungsbegriff festlegt, sondern sowohl die statische als auch die dynamische Rückstellungsbegründung als berechtigt anerkennt.

Gemäß § 249 Abs. 1 HGB hat jeder Kaufmann für ungewisse Verbindlichkeiten und drohende Verluste aus schwebenden Geschäften Rückstellungen zu bilden. Neben den auf rechtlichen Verpflichtungen beruhenden ungewissen Verbindlichkeiten sind auch all jene künftigen Verbindlichkeiten aus Gewährleistungen (Kulanzleistungen) vom Kaufmann in die Bilanz aufzunehmen, zu denen der Kaufmann zwar rechtlich nicht verpflichtet ist, die er aber gleichwohl, i. d. R. aus wirtschaftlichen Gründen, übernimmt.

Folglich sind sämtliche Rückstellungen mit Schuldcharakter (abgesehen von der Beschränkung der Rückstellungen für ungewisse Verbindlichkeiten ohne rechtliche Verpflichtung auf die Gewährleistungsrückstellung) in die Bilanz aufzunehmen. Bei der Bilanzierung von Pensionsrückstellungen besteht hier insoweit eine Ausnahme, als der Gesetzgeber für Altzusagen (vor dem 01.01.1987) in Art. 28 EGHGB ein Passivierungswahlrecht formuliert. Der statischen Bilanzauffassung wurde somit in hohem Maße durch den Gesetzgeber Rechnung getragen.

Handelsrechtlich zulässige Aufwandsrückstellungen

Neben diesen am Imparitätsprinzip orientierten Rückstellungen enthält § 249 HGB aber auch nur dynamisch begründbare Rückstellungen. Die Möglichkeit der Bildung reiner Aufwandsrückstellungen wird durch den Gesetzgeber jedoch stark eingeschränkt. So werden in § 249 HGB lediglich zwei Arten von Aufwandsrückstellungen unterschieden, nämlich Rückstellungen für Instandhaltungsmaßnahmen sowie für Abraumbeseitigung.

§ 249 Abs. 1 Satz 2 Nr. 1 HGB bestimmt, dass ein Kaufmann für im abgelaufenen Geschäftsjahr unterlassene Aufwendungen für Instandhaltung, die innerhalb der ersten drei Monate des folgenden Geschäftsjahres nachgeholt werden, eine Rückstellung zu bilden hat. Das Gleiche gilt für Aufwendungen für im Geschäftsjahr unterlassene Abraumbeseitigungen, die im folgenden Geschäftsjahr nachgeholt werden. Die Bildung anderer Aufwandsrückstellungen ist handelsrechtlich nicht zulässig.

Bilanzierungsverbot

Die Vorschriften des § 249 HGB sind für alle Kaufleute verbindlich. Für andere als in diesem Paragrafen genannte Zwecke dürfen keine Rückstellungen gebildet werden.

Ausweis der Rückstellungen

Der bilanzielle Ausweis der Rückstellungen ist lediglich für Kapitalgesellschaften und haftungsbeschränkte Personengesellschaften nach § 264a HGB geregelt. Diese haben gemäß § 266 Abs. 3 HGB die Rückstellungen unterteilt in drei Unterposten, nämlich in Rückstellungen für Pensionen und ähnliche Verpflichtungen, Steuerrückstellungen und sonstige Rückstellungen, auszuweisen. Eine Ausnahmeregelung besteht für kleine Kapitalgesellschaften und Kleinstkapitalgesellschaften, welche sämtliche Rückstellungen unter einem Posten ausweisen (§ 266 Abs. 1 Satz 3 HGB und § 266 Abs. 1 Satz 4 HGB) können. Die Rückstellungen für Pensionen und ähnliche Verpflichtungen und die Steuerrückstellungen, beides Rückstellungen für ungewisse Verbindlichkeiten, sind folglich gesondert unter eigenen Posten zu bilanzieren. Alle anderen zum Abschlussstichtag gebildeten Rückstellungen sind unter dem Sammelposten »sonstige Rückstellungen« zusammenzufassen. Auf die einzelnen in diesem Bilanzposten enthaltenen Rückstellungen ist gemäß § 285 Nr. 12 HGB von mittelgroßen und großen Gesellschaften (Befreiung für kleine Gesellschaften durch § 288 Abs. 1 HGB) im Anhang näher einzugehen, soweit diese einen nicht unerheblichen Umfang haben. Der Posten »sonstige Rückstellungen« enthält sowohl Rückstellungen mit Schuldcharakter als auch Aufwandsrückstellungen. Die Aussagefähigkeit der Bilanz und damit ihr Informationsgehalt wird durch diesen zusammengefassten Ausweis wesentlich eingeschränkt. Die auferlegte Erläuterungspflicht im Anhang kann dieses Defizit nicht aufheben, da sie von der Wesentlichkeit des Umfangs der Rückstellungen abhängig ist und i. d. R. der subjektiven Beurteilung des Bilanzierenden unterliegt.

Bilanzierung von Rückstellungen in der Steuerbilanz

Auf Grund des Maßgeblichkeitsprinzips (§ 5 Abs. 1 EStG; vgl. 1. Kapitel, S. 21) gelten grundsätzlich die in § 249 HGB enthaltenen Vorschriften über den Bilanzansatz von Rückstellungen auch für die Steuerbilanz. Einschränkungen ergeben sich lediglich durch die Finanzrechtsprechung, die im Laufe der Jahre die Schaffung bestimmter steuerrechtlicher Sondervorschriften zur Folge hatte. Folglich sind grundsätzlich alle Rückstellungen (auch »reine« Aufwandsrückstellungen), die nach HGB passivierungspflichtig sind, auch in der Steuerbilanz zu bilden, wenn kein konkretes steuerrechtliches Verbot greift. Ein Beispiel für eine explizite steuerrechtliche Sondervorschrift ist das Verbot der Passivierung von Rückstellungen für drohende Verluste aus schwebenden Geschäften (§ 5 Abs. 4a EStG, vgl. in diesem Kapitel, S. 441 f.).

II. Bildung und Auflösung von Rückstellungen

Die Bildung von Rückstellungen erfolgt durch eine Gegenbuchung auf einem sachlich zugehörigen Aufwandskonto. Ist im Zeitpunkt der Rückstellungsbildung noch nicht erkennbar, welche Aufwandsarten in welchem Umfang betroffen sind (z. B. bei Reparaturen), so wird der GuV-Posten »sonstige betriebliche Aufwendungen« (§ 275 Abs. 2 Nr. 8 bzw. § 275 Abs. 3 Nr. 7 HGB) belastet. Wird der Kaufmann in den Folgeperioden in Höhe der Rückstellung in Anspruch genommen, so werden GuV und Eigenkapital von der Auflösung der Rückstellung nicht berührt. Dies muss auch so sein, da der Sinn und Zweck der Rückstellungsbildung ja gerade darin liegt, die Erfolgsminderung zeitlich vorzuverlagern. Ist die Inanspruchnahme des Kaufmanns in den Folgeperioden geringer als der Wert der gebildeten Rückstellung oder fällt der Grund für die Rückstellungsbildung völlig weg (z. B. eine ungewisse Verbindlichkeit entfaltet im Nachhinein keine rechtliche Wirkung) (§ 249 Abs. 2 HGB), so werden die nicht mehr benötigten Rückstellungswerte durch eine Gegenbuchung über den GuV-Posten »sonstige betriebliche Erträge« (§ 275 Abs. 2 Nr. 4 bzw. § 275 Abs. 3 Nr. 6 HGB) GuV-wirksam ausgebucht.

III. Bewertung von Rückstellungen

Bewertung von Rückstellungen

Nach § 253 Abs. 1 Satz 2 HGB sind Rückstellungen in Höhe des Erfüllungsbetrages anzusetzen, der nach vernünftiger kaufmännischer Beurteilung notwendig ist. Demnach sind sie in Höhe der wahrscheinlichen Inanspruchnahme des Unternehmens (d. h. mit dem Betrag, für den die größte Wahrscheinlichkeit besteht) und unter Berücksichtigung aller bestehenden Risiken zu bilanzieren. Eine Bewertung nach vernünftiger kaufmännischer Beurteilung bedeutet auch, dass das Vorsichtsprinzip zu beachten ist, wobei jedoch die Bemessung der Rückstellungen trotz des Vorsichtsgrundsatzes immer den tatsächlichen wirtschaftlichen Verhältnissen entsprechen muss.

Bei bestimmten Versorgungsverträgen richtet sich die Höhe von Altersversorgungsverpflichtungen nach dem beizulegenden Zeitwert bestimmter Wertpapiere (sog. wertpapiergebundene Pensionszusagen). § 253 Abs. 1 Satz 3 HGB sieht vor, dass entsprechende Rückstellungen zum beizulegenden Zeitwert dieser

Wertpapiere anzusetzen sind, soweit dieser einen garantierten Mindestbetrag übersteigt.

Falls der Betrag einer Rückstellung unbekannt ist, muss – unter Beachtung des Grundsatzes der Vorsicht gemäß § 252 Abs. 1 Nr. 4 HGB – durch Schätzungen möglichst genau festgestellt werden, wie hoch die künftige Belastung sein wird.

Wenn annähernd sichere Werte (vertrauenswürdige Daten) ermittelt werden können, sind diese anzusetzen. Das ist z. B. bei Steuerrückstellungen der Fall, die aufgrund der steuerlichen Vorschriften eindeutig berechnet werden können. Die Unsicherheit besteht hier in dem Risiko, dass das Finanzamt oder die Betriebsprüfung Zweifelsfälle anders behandeln als der Bilanzierende.

Können aufgrund bestehender Erfahrungen und Daten statistische Wahrscheinlichkeiten ermittelt werden, so sind die daraus resultierenden Erwartungswerte anzusetzen. Dies tritt unter anderem bei den Pensionsrückstellungen und den Rückstellungen für Garantie- und Kulanzleistungen auf.

Soweit weder vertrauenswürdige noch statistische Werte bestimmt werden können, muss nach den individuellen Gegebenheiten des Einzelfalls die zukünftige Belastung möglichst genau geschätzt werden. So ist die Unternehmung hinsichtlich der Rückstellungen für Garantieverpflichtungen und Kulanzleistungen bei neu eingeführten Produkten lediglich auf Vermutungen angewiesen, die sich insbesondere an dem konstruktiven und fertigungstechnischen Ausreifungsgrad des betreffenden Produktes orientieren können. Demzufolge sind solche Rückstellungen für neu eingeführte Produkte im Allgemeinen höher zu bemessen als entsprechende Rückstellungen für bereits jahrelang verkaufte Produkte.

Schätzintervall

Kann bei den zuletzt genannten Fällen die erwartete zukünftige Belastung nicht mit einem einzigen Wert, sondern nur mit einem Schätzintervall bestimmt werden, so ist nach dem Grundsatz der Vorsicht normalerweise der höchste Wertansatz anzusetzen. Werden aber mehrere Risiken gleicher Beschaffenheit durch derartige Rückstellungen abgedeckt, so würde die bloße Addition der Höchstbeträge zu einer überhöhten Rückstellung führen, da im Allgemeinen nicht angenommen werden kann, dass bei jedem Risiko der betrachteten Art die ungünstigste Alternative eintritt.

Einzel- oder Pauschalbewertung

Rückstellungen können sowohl zur Abdeckung einzelner Risiken wie auch zur pauschalen Deckung einer Gruppe gleichartiger Risiken gebildet werden. Insoweit besteht also eine Ausnahme von dem allgemeinen Grundsatz der Einzelbewertung. Dies ist beispielsweise bei gleichartigen Rückstellungen der Fall, die mit Hilfe statistischer Methoden gebildet werden. Diese Methoden erlauben nämlich eine weitgehend sichere Aussage nur bei Gruppen gleichartiger Fälle (z. B. Garantie- und Kulanzrückstellungen).

Berücksichtigung von Preis- und Kostenänderungen

Durch die Verwendung des Begriffs »Erfüllungsbetrag« in § 253 Abs. 1 Satz 2 HGB soll klar zum Ausdruck kommen, dass – unter Einschränkung des Stichtagsprinzips – auch künftige Preis- und Kostensteigerungen bzw. -senkungen bei der Rückstellungsbewertung zu berücksichtigen sind. Die Rückstellungshöhe hängt damit von den Preis- und Kostenverhältnissen zum Zeitpunkt der Erfüllung der Verpflichtung ab. Diese sind zu schätzen, wobei vom Eintritt künftiger Änderungen der Verhältnisse nur bei Vorliegen entsprechender objektiver Hinweise ausgegangen werden kann. Durch das Abstellen auf die Verhältnisse zum Erfüllungszeitpunkt soll die Über- und Unterdotierung von Rückstellungen eingeschränkt werden (vgl. BMJ [2008], S. 52). Gleichwohl ergeben sich daraus nicht unerhebliche Ermessensspielräume, da zukünftige Entwicklungen zu prognostizieren sind.

Abzinsung von Rückstellungen

Nach § 253 Abs. 2 HGB sind Rückstellungen mit einer Restlaufzeit von mehr als einem Jahr verpflichtend abzuzinsen. Im Umkehrschluss bedeutet dies, dass Rückstellungen mit einer Restlaufzeit von einem Jahr und weniger nicht abzuzinsen sind. Durch die Abzinsung soll der Tatsache Rechnung getragen werden, dass die in den Rückstellungen gebundenen Finanzmittel investiert und Erträge daraus realisiert werden könnten. Grundlage für die Abzinsung ist der durchschnittliche Marktzinssatz der vergangenen sieben Geschäftsjahre unter Berücksichtigung der Restlaufzeit der den Rückstellungen zugrunde liegenden Verpflichtungen (d. h. Anzahl der Perioden bis zur voraussichtlichen Auflösung der jeweiligen Rückstellung). Die Diskontierung mit einem durchschnittlichen Zinssatz verfolgt dabei das Ziel, den Einfluss nur zufälliger Zinsschwankungen auf die Rückstellungshöhe zu minimieren. Im Gegensatz zu den Regelungen der IFRS oder US-GAAP (im Rahmen der Bewertung von Pensionsrückstellungen) wird nach HGB darauf verzichtet, auf komplexe Glättungsmechanismen zurückzugreifen. Durch die Anwendung von Marktzinssätzen anstatt von unternehmensindividuellen Zinssätzen kommt zum Ausdruck, dass der Gesetzgeber vermeiden will, dass das Bonitätsrisiko des jeweiligen Unternehmens bei der Rückstellungsbewertung eine Rolle spielt. Dies geschieht im Interesse des Vorsichts- und Höchstwertprinzips. Zudem wird ausgeschlossen, dass allein aufgrund sinkender Bonität eines Unternehmens die Rückstellungen (über höhere Zinssätze) niedriger bewertet werden. Die zu verwendenden Marktzinssätze werden von der Deutschen Bundesbank monatlich ermittelt und bekannt gegeben (vgl. 2. Kapitel, S. 103 und www.bundesbank.de im Bereich Statistiken/Geld- und Kapitalmärkte). Damit geht nach Auffassung des Gesetzgebers eine bessere Vergleichbarkeit handelsrechtlicher Jahresabschlüsse einher.

Abweichend von den erläuterten Vorgaben erlaubt § 253 Abs. 2 Satz 2 HGB zu Vereinfachungszwecken, dass für Rückstellungen für Altersversorgungsverpflichtungen oder vergleichbare langfristig fällige Verpflichtungen – unter Ignorierung des Einzelbewertungsgrundsatzes – anstelle der Ermittlung eines individuellen Abzinsungssatzes für jede einzelne Pensionsverpflichtung pauschal der durchschnittliche Marktzinssatz auf alle Pensionsrückstellungen angesetzt werden darf, der sich bei einer angenommenen Restlaufzeit von 15 Jahren ergibt (detaillierter zu Pensionsrückstellungen vgl. in diesem Kapitel, S. 432 ff.).
Die Erträge und Aufwendungen aus der Abzinsung der Rückstellungen sind gesondert – als Bestandteil des Finanzergebnisses – unter den Posten »sonstige Zinsen und ähnliche Erträge« (§ 275 Abs. 2 Nr. 11 bzw. § 275 Abs. 3 Nr. 10 HGB) bzw. »Zinsen und ähnliche Aufwendungen« (§ 275 Abs. 2 Nr. 13 bzw. § 275 Abs. 3 Nr. 12 HGB) zu zeigen (§ 277 Abs. 5 Satz 1 HGB).

Bewertung von Rückstellungen in der Steuerbilanz

In der Steuerbilanz sind Rückstellungen für Geld- und Sachleistungsverpflichtungen abzuzinsen. Dabei ist, ebenso wie bei Verbindlichkeiten, ein fester Zinssatz von 5,5 % maßgeblich. Der Abzinsungszeitraum endet bei Rückstellungen für Sachleistungsverpflichtungen mit dem Beginn der Erfüllung. Auf Pauschalrückstellungen findet dieses Abzinsungsgebot aus Vereinfachungsgründen jedoch keine Anwendung (vgl. BMF [2005], S. 1329). Rückstellungen mit einer Restlaufzeit am Bilanzstichtag von weniger als einem Jahr und Rückstellungen, denen eine verzinsliche Verbindlichkeit zugrunde liegt, sind – vergleichbar zum

Handelsrecht – ebenfalls nicht abzuzinsen (§ 6 Abs. 1 Nr. 3a Buchstabe b EStG). Rückstellungen für Sachleistungsverpflichtungen sind zu Einzelkosten und den angemessenen Teilen der notwendigen Gemeinkosten anzusetzen. Künftige, mit der Verpflichtung verbundene Vorteile sind insofern als rückstellungsmindernd zu berücksichtigen, als diese noch nicht als Forderung aktiviert wurden (§ 6 Abs. 1 Nr. 3a Buchstabe c EStG). Im Gegensatz zu den handelsrechtlichen Bewertungsregeln ist das Stichtagsprinzip zu beachten, d. h. künftige Preis- und Kostensteigerungen dürfen nicht in die Rückstellungsbewertung einfließen (§ 6 Abs. 1 Nr. 3a Buchstabe f EStG).

Auftreten latenter Steuern

Aufgrund der möglichen Abweichungen von handels- und steuerrechtlichen Wertansätzen von Rückstellungen infolge unterschiedlicher anzuwendender Bewertungsprinzipien (z. B. Verwendung unterschiedlicher Zinssätze in Handels- und Steuerbilanz) ist der Ansatz latenter Steuern zu prüfen. Ebenso können latente Steuern auftreten, wenn steuerliche Vorschriften den Ansatz von handelsrechtlich passivierungspflichtigen Rückstellungen explizit verbieten, wie z. B. bei Drohverlustrückstellungen (vgl. zu latenten Steuern 8. Kapitel, S. 474 ff.).

Voraussichtliche Schadensersatzverpflichtung aufgrund eines in drei Jahren zur Entscheidung anstehenden Gerichtsprozesses: 100.000 GE (durchschnittlicher Marktzinssatz 5 %)			
Jahr	Rückstellungshöhe Jahresanfang	Zinsaufwand	Rückstellungshöhe Jahresende
01	86.384 (= 100.000 x $1{,}05^{-3}$)	4.319	90.703
02	90.703 (= 100.000 x $1{,}05^{-2}$)	4.535	95.238
03	95.238 (= 100.000 x $1{,}05^{-1}$)	4.762	100.000

Tab. 7.1: Beispiel zur Abzinsung von Rückstellungen

IV. Einzelne Rückstellungsarten

Im Folgenden werden einige in der Praxis wichtige Arten von Rückstellungen nach handels- und steuerrechtlichen Grundsätzen behandelt. Dabei wird sowohl auf Ansatz- als auch auf Bewertungsfragen eingegangen.

1. Rückstellungen aufgrund einer Verpflichtung gegenüber Dritten

Die im Folgenden behandelten Rückstellungen sind auf eine Verpflichtung gegenüber Dritten zurückzuführen, d. h. es besteht eine Außenverpflichtung.

a) Pensionsrückstellungen

Formen der betrieblichen Altersversorgung

Möchte ein Unternehmen einzelnen Arbeitnehmern zukünftige Versorgungsleistungen (Alters-, Invaliden-, Hinterbliebenenversorgung) gewähren, so stehen ihm hierzu mehrere Möglichkeiten zur Verfügung:

1. Abschluss einer Direktversicherung:
   Hierbei wird der Arbeitnehmer durch eine Lebens- bzw. Invaliditätsversicherung, die der Arbeitgeber bei einer betriebsfremden Versicherungsgesellschaft für ihn abschließt, versichert. Die vom Unternehmen periodisch gezahlten Versicherungsbeiträge sind Aufwand der jeweiligen Periode. Tritt der Versorgungsfall ein, so ist das Versicherungsunternehmen Träger der Versorgungsleistungen.
2. Zuweisungen zu einer Pensions- oder Unterstützungskasse:
   Unternehmen besitzen die Möglichkeit, rechtlich selbstständige Versorgungseinrichtungen (Unterstützungs-/Pensionskassen, Pensionsfonds) zu gründen oder sich an ihnen zu beteiligen. Diese Versorgungsgesellschaften werden aus Zahlungen der an ihnen beteiligten Unternehmen, die bezüglich der Anzahl und Höhe von den mit den Arbeitnehmern abgeschlossenen Versorgungsverträgen abhängen, finanziert. Träger der Versorgung ist nicht der Arbeitgeber, sondern die Unterstützungs- bzw. Pensionskasse. Die in einer Periode an ein Versorgungsunternehmen gezahlten Beträge sind für das beitragszahlende Unternehmen Aufwendungen der Periode.
3. Unmittelbare Versorgungszusage:
   Gibt das Unternehmen selbst eine Versorgungszusage, d. h. ohne die Zwischenschaltung eines anderen Rechtsträgers, so ist es bei Eintritt des Versorgungsfalles selbst der Verpflichtete. In Höhe der während der Laufzeit des Versorgungsvertrages entstehenden Ansprüche sind Rückstellungen zu bilden.

Pensionsrückstellungen

Die bei einer unmittelbaren Versorgungszusage entstehenden Verpflichtungen stellen Verbindlichkeiten dar, die bezüglich ihrer Fälligkeit und Höhe ungewiss sind. Darüber hinaus geht man allgemein davon aus, dass die bei Eintritt des Versorgungsfalles gewährten Leistungen vom Arbeitnehmer während seiner Tätigkeit im Unternehmen verdient werden und somit wirtschaftlich betrachtet Lohn- und Gehaltsaufwendungen darstellen, die gemäß dem Prinzip der sachlichen Abgrenzung den Perioden zuzuordnen sind, in denen die Arbeitsleistung erbracht wird. Die von einem Arbeitnehmer erworbenen Pensionsansprüche erfüllen somit sowohl die Kriterien eines statisch als auch die eines dynamisch interpretierten Rückstellungsbegriffs. Ihre Eigenschaft als ungewisse Verbindlichkeit führt dazu, dass für Verpflichtungen aus unmittelbaren Versorgungszusagen gemäß § 249 Abs. 1 HGB grundsätzlich eine Rückstellungspflicht besteht. Art. 28 EGHGB unterscheidet hierbei zwischen Neuzusagen (nach dem 31. 12. 1986) und Altzusagen (vor dem 01. 01. 1987) und formuliert i. V. m. den §§ 246 Abs. 1 und 249 HGB ein Passivierungswahlrecht für Altzusagen und eine Passivierungspflicht für Neuzusagen.

Für mittelbare Pensionsverpflichtungen besteht nach Art. 28 Abs. 1 Satz 2 EGHGB ein Passivierungswahlrecht. Danach braucht eine Rückstellung hier »in keinem Fall« gebildet zu werden. Dies gilt auch bei mit Sicherheit bevorstehender Inanspruchnahme. Mittelbare Pensionsverpflichtungen sind Verpflichtungen, die zwar von einer anderen Versorgungseinrichtung erfüllt werden, für die das Trägerunternehmen jedoch nach dem Betriebsrentengesetz einzustehen hat (vgl. Beck'scher Bilanzkommentar [2012], § 249 Tz. 164). Hieraus kann, z. B. beim Vorliegen von Deckungslücken, eine unmittelbare Verpflichtung erwachsen.

Ausweis, Bildung und Auflösung von Pensionsrückstellungen

Pensionsrückstellungen sind von Kapitalgesellschaften und haftungsbeschränkten Personengesellschaften nach § 264a HGB (mit Ausnahme der kleinen Gesellschaften) in der Bilanz nach § 266 Abs. 3 HGB gesondert unter Posten B 1 »Rückstellungen für Pensionen und ähnliche Verpflichtungen« auszuweisen. § 246 Abs. 2 Satz 2 HGB sieht hierbei eine Saldierung von Vermögensgegenständen, die ausschließlich der Erfüllung von Schulden aus Altersversorgungsverpflichtungen oder vergleichbaren langfristig fälligen Verpflichtungen dienen (sog. Planvermögen), mit diesen Schulden vor. Damit betrifft das Verrechnungsgebot Pensionsverpflichtungen, Altersteilzeitverpflichtungen, Verpflichtungen aus Lebensarbeitszeitmodellen und andere vergleichbare Verpflichtungen, die langfristig fällig sind. In der Bilanz erfolgt in diesen Fällen nur noch ein Ausweis der Nettoverpflichtung, also der Belastung, die das Unternehmen tatsächlich wirtschaftlich trifft. § 253 Abs. 1 Satz 4 HGB schreibt die Bewertung des Planvermögens zum beizulegenden Zeitwert vor. Nach der Saldierung des Planvermögens mit den entsprechenden Schulden kann sich unter Umständen auch ein positiver Nettobetrag ergeben. Dieser Betrag, für den § 268 Abs. 8 HGB eine Ausschüttungssperre formuliert, ist dann unter dem gesonderten Posten »Aktiver Unterschiedsbetrag aus der Vermögensverrechnung« zu aktivieren (§ 246 Abs. 2 Satz 3 HGB). Verrechnet werden dürfen allerdings nur diejenigen Vermögensgegenstände, die dem Zugriff aller Gläubiger – z. B. im Wege der Einzelvollstreckung oder Insolvenz – entzogen sind. Zudem müssen die Vermögensgegenstände jederzeit zur Erfüllung der Schulden verwendet werden können, bei betriebsnotwendigen Vermögensgegenständen des Anlagevermögens ist dieses Kriterium beispielsweise grundsätzlich nicht erfüllt (vgl. BilMoG [2009], S. 84 f.). Die Ausführungen zur Verrechnung von Vermögensgegenständen und Schulden gelten ebenso für die Verpflichtung zur Verrechnung der zugehörigen Aufwendungen und Erträge in der GuV (vgl. BMJ [2008], S. 48 f.).

Die Rückstellungsbildung erfolgt über den GuV-Posten »soziale Abgaben und Aufwendungen für Altersversorgung und für Unterstützung« (§ 275 Abs. 2 Nr. 6 Buchstabe b HGB beim Gesamtkostenverfahren). Die im laufenden Geschäftsjahr zur Altersversorgung aufgewendeten Beträge (hierunter fallen auch die Zuführungen zu den Pensionsrückstellungen) sind in der GuV (§ 275 Abs. 2 Nr. 6 Buchstabe b HGB) bzw. – bei Anwendung des Umsatzkostenverfahrens – im Anhang (§ 285 Nr. 8 Buchstabe b HGB) gesondert anzugeben. Davon getrennt auszuweisen sind gemäß § 277 Abs. 5 Satz 1 HGB allerdings die Erträge und Aufwendungen, die aus der Abzinsung der Rückstellungen resultieren. Erträge entstehen dabei bei ansteigendem Zinsniveau, Aufwendungen bei im Zeitablauf sinkenden Zinsen. Der Ausweis erfolgt hier nicht im Rahmen der betrieblichen Erträge und Aufwendungen, sondern als Bestandteil des Finanzergebnisses unter den Posten »sonstige Zinsen und ähnliche Erträge« (§ 275 Abs. 2 Nr. 11 bzw. § 275 Abs. 3 Nr. 10 HGB) bzw. »Zinsen und ähnliche Aufwendungen« (§ 275 Abs. 2 Nr. 13 bzw. § 275 Abs. 3 Nr. 12 HGB).

Wie alle anderen Rückstellungen auch, können Pensionsrückstellungen nur dann aufgelöst werden, wenn der Grund für ihre Bildung entfallen ist (§ 249 Abs. 2 Satz 2 HGB), d. h. wenn der Versorgungsfall eingetreten ist (vgl. hierzu dieses Kapitel, S. 428) oder wenn sich die Höhe der Verpflichtung rechtswirksam verringert hat. Diese Regelung greift auch bei Rückstellungen, für deren Bildung ein Wahlrecht besteht. Es wird allgemein als zulässig anerkannt, die jährlichen Pensionszahlungen nach Eintritt des Versorgungsfalles voll von den Rückstellungen abzuziehen (buchhalterische Methode). Sollte eine Pensionsrückstellung jedoch exakt aufgelöst werden, so darf der Rückstellungsbetrag nur in Höhe der Differenz zwischen dem versicherungsmathematischen Barwert am Schluss des Wirtschaftsjahres und am Schluss des vorangegangenen Wirtschaftsjahres gemindert werden. Der Restbetrag ist der abgelaufenen Periode zu belasten.

Pensionsrückstellungen in der Steuerbilanz

Auch in der Steuerbilanz muss bezüglich der Bildung von Pensionsrückstellungen nach Alt- und Neuzusagen unterschieden werden. Bei Altzusagen ist die Bildung einer Pensionsrückstellung nach § 6a EStG nur dann zulässig, wenn diese auch handelsbilanziell gebildet wurde. Im Falle einer Neuzusage kann hingegen das steuerliche Ansatzwahlrecht eigenständig ausgeübt werden. Der steuerliche Ansatz nach § 6a Abs. 1 EStG ist unabhängig von der Vorgehensweise in der Handelsbilanz (vgl. Beck'scher Bilanzkommentar [2012], § 249 Tz. 161). Die Bildung einer Pensionsrückstellung ist steuerrechtlich jedoch an eine Reihe von in § 6a Abs. 1 und Abs. 2 EStG festgelegten Voraussetzungen gebunden. Demnach muss die Pensionszusage schriftlich erteilt worden sein, sie muss dem Berechtigten einen einklagbaren Rechtsanspruch einräumen und sie darf keine Vorbehalte enthalten, die den Arbeitgeber ermächtigen, nach freiem Belieben, ohne Rücksicht auf die Interessen des Pensionsberechtigten, die Zusage zu widerrufen. Darüber hinaus darf eine Rückstellung vor Eintritt des Versorgungsfalles frühestens für das Wirtschaftsjahr gebildet werden, bis zu dessen Mitte der Pensionsberechtigte das 27. Lebensjahr vollendet oder die Pensionsanwartschaft unverfallbar wird (vgl. im Detail Beck'scher Bilanzkommentar [2012], § 249 Tz. 176 ff.). Steuerlich unschädlich sind Vorbehalte, die vereinbart werden, weil Pensionszusagen weit in die Zukunft reichen und der Betrieb sich gegen die Gefahr absichern muss, dass sich die bei Erteilung der Pensionszusage bestehenden Verhältnisse entscheidend geändert haben. Allerdings muss bei derartigen Vorbehalten sichergestellt sein, dass nicht einseitig nur die Interessen des Betriebes, sondern auch die Interessen des Arbeitnehmers berücksichtigt werden. Die Verrechnung bestimmter Vermögensgegenstände mit Schulden, also ein Nettoausweis, wie er handelsrechtlich unter bestimmten Voraussetzungen geboten ist, ist in der Steuerbilanz nicht zulässig (§ 5 Abs. 1a Satz 1 EStG).

Bewertung von Pensionsrückstellungen nach HGB

Wie jede Rückstellung sind Pensionsrückstellungen gemäß § 253 Abs. 1 Satz 2 HGB in Höhe des nach vernünftiger kaufmännischer Beurteilung notwendigen Erfüllungsbetrages anzusetzen. Dies hat zur Folge, dass zukünftige Preis- und Kostensteigerungen in die Bewertung der Schuld einzubeziehen sind, sofern ausreichende objektive Hinweise auf deren Eintritt schließen lassen. In die Bewertung von Pensionsrückstellungen müssen also, soweit sie gemäß der getroffenen Vertragsvereinbarungen relevant sind, beispielsweise Daten zur Fluktuation von Arbeitnehmern, künftige Gehalts- und Rententrends sowie Sterbe- und Invaliditätswahrscheinlichkeiten einfließen.

Für Pensionsrückstellungen gewährt § 253 Abs. 2 Satz 2 HGB, als Ausnahme zu der in § 253 Abs. 2 Satz 1 HGB für langfristige Rückstellungen grundsätzlich festgelegten Einzelbewertung mit einem dem durchschnittlichen Marktzinssatz der letzten sieben Geschäftsjahre entsprechenden Diskontierungssatz, die Möglichkeit, pauschal mit dem durchschnittlichen Marktzinssatz abzuzinsen, der sich bei einer angenommenen Restlaufzeit von 15 Jahren ergibt. Die zur Abzinsung erforderlichen Zinssätze werden von der Deutschen Bundesbank ermittelt und monatlich bekannt gegeben (vgl. 2. Kapitel, S. 103).

- Abzug des Planvermögens

Wie bereits erwähnt, sind unter Umständen bestimmte Vermögensgegenstände (sog. Planvermögen) mit Schulden zu verrechnen. Das zu saldierende Planvermögen ist dabei mit dem beizulegenden Zeitwert zu bewerten (§ 253 Abs. 1 Satz 4 HGB), was auch zu einem positiven Saldo führen kann (vgl. dazu auch in diesem Kapitel, S. 433). Da es durch die Erfassung der Vermögensgegenstände auf Basis des beizulegenden Zeitwertes zu einer Verrechnung nicht realisierter Gewinne mit den dazugehörigen Schulden kommen kann, hat der Gesetzgeber eine Ausschüttungssperre (§ 268 Abs. 8 HGB) vorgesehen.

- laufende Rente

Bei der Bewertung der Pensionsrückstellungen ist zu unterscheiden, ob sich die Rückstellung auf eine bereits laufende Rente oder auf eine Rentenanwartschaft bezieht (vgl. Beck'scher Bilanzkommentar [2012], § 249 Tz. 197 ff.). Eine Rückstellung für eine bereits laufende Rente (d. h. der Versorgungsfall ist bereits eingetreten) ist mit dem nach versicherungsmathematischen Grundsätzen ermittelten Barwert zu bewerten, wobei der Barwert hier dem Wert der diskontierten zu erwartenden Pensionsleistungen entspricht.

- Rentenanwartschaft

Handelt es sich um Rückstellungen für Rentenanwartschaften (d. h. Versorgungsverträge, bei denen der Versorgungsfall noch nicht eingetreten ist), so ist bei der Bewertung zu beachten, dass die Rückstellung in dem Jahr, in dem die Altersgrenze erreicht wird, dem kapitalisierten Wert der zu erwartenden Pensionsleistungen zu entsprechen hat. Dieser Betrag ist in der Zeit von der Entstehung der Versorgungsverpflichtung bis zum vertraglichen Eintritt des Versorgungsfalles versicherungsmathematisch gleich verteilt über entsprechende Rückstellungszuführungen anzusammeln. Der zu bilanzierende Rückstellungswert ergibt sich somit aus dem Anwartschaftsbarwert – dieser entspricht dem versicherungsmathematisch ermittelten Wert der gesamten Pensionszahlung zum Zeitpunkt der Rückstellungsbildung – abzüglich der auf die restliche Vertragslaufzeit entfallenden Annuitäten.

Gegenwartswert- und Teilwertmethode

Zur Ermittlung der Rückstellungswerte und der erforderlichen Rückstellungszuführungen (d. h. der zu verrechnenden Annuitäten) gibt es zwei verschiedene Verfahren: die Gegenwartswertmethode und die Teilwertmethode. Der Handelsgesetzgeber schreibt die Anwendung eines bestimmten Bewertungsverfahrens nicht vor. Die Gegenwartswertmethode unterstellt eine gleichmäßige Verteilung des Aufwandes für die Pensionsleistungen vom Zeitpunkt der Pensionszusage bis zum voraussichtlichen Eintritt des Versorgungsfalles, die Teilwertmethode hingegen eine Verteilung vom Zeitpunkt des Diensteintritts des Pensionsberechtigten bis zum Versorgungsfall (vgl. Beck'scher Bilanzkommentar [2012], § 249 Tz. 198). Durch beide Methoden werden folglich die zu erwartenden Pensionszahlungen gleichmäßig auf die Perioden vor Eintritt des Versorgungsfalles verteilt. Dabei geht man allgemein davon aus, dass sich der Pensionsberechtigte den Pensionsanspruch während seiner aktiven Tätigkeit im Unternehmen verdient, die künftigen Pensionsleistungen somit Aufwendungen dieser Geschäftsjahre darstellen. Die beiden Verfahren dienen also neben der Ermittlung des Rückstellungswertes auch gleichzeitig dazu, eine periodengerechte Aufwandsverteilung zu approximieren. Gegenwartswert- und Teilwertmethode unterscheiden sich lediglich darin, dass sie von unterschiedlichen Zeiträumen bei der Verteilung des Barwertes der künftigen Pensionsleistungen ausgehen. Das Teilwertverfahren unterstellt, dass sich der Arbeitnehmer seinen Pensionsanspruch vom Diensteintritt ab verdient, während die Gegenwartswertmethode dies erst ab dem Zeitpunkt der Pensionszusage annimmt.

Fallen Diensteintritt und Pensionszusage zeitlich zusammen, stimmen beide Verfahren folglich überein. Liegt die Zusage zeitlich später, so sind beim Teilwertverfahren die laufenden Zuführungen wegen der längeren Berechnungsdauer geringer als beim Gegenwartswertverfahren. Stattdessen muss beim Teilwertverfahren zum Bilanzstichtag nach der Zusage zusätzlich der Anwartschaftsbarwert eingestellt werden (Einmalrückstellung), der sich aus der Zeitspanne zwischen Diensteintritt und Zusagezeitpunkt ergibt. Betriebswirtschaftlich erscheint das Teilwertverfahren konsequenter, da i. d. R. davon auszugehen ist, dass sich die Pensionsleistungen und damit auch die Pensionszusage auch auf die Tätigkeit des Arbeitnehmers vor Abschluss des Versorgungsvertrages beziehen. Das Gegenwartswertverfahren wird z. T. sogar als handelsrechtlich unzulässig erachtet, da die Leistungen hier als Entgelt für die noch zu erbringende Tätigkeit des Arbeitnehmers angesehen werden.

Beim Teilwertverfahren ergibt sich der jährliche Zuführungsbetrag zu einer Rückstellung aus der Differenz zwischen dem Teilwert am Schluss des Geschäftsjahres und dem Teilwert am Schluss des vorangegangenen Geschäftsjahres. Analog hierzu errechnen sich die Rückstellungszuführungen beim Gegenwartswertverfahren aus der Differenz der beiden Gegenwartswerte.

Da die Gegenwartswertmethode die Berechnung der Pensionsrückstellungen grundsätzlich auf den Zeitpunkt der Zusage abstellt, muss während der Anwartschaft jede Erhöhung eines bereits bestehenden Vertrages als eigene Zusage behandelt werden. Bei der Teilwertmethode hingegen kommt es im Jahr der Erhöhung der vertraglichen Versicherungsleistung lediglich zu einer Erhöhung der Rückstellung.

Grundsätzlich sind handelsrechtlich beide Verfahren zulässig. In die versicherungsmathematische Berechnung der Pensionsrückstellung werden zumeist biometrische Wahrscheinlichkeiten, z. B. basierend auf den Heubeck-Richttafeln, und unternehmensspezifische Fluktuationswahrscheinlichkeiten mit einbezogen. Die zur Barwertbildung zu verwendenden Diskontierungssätze für die Handelsbilanz werden von der Deutschen Bundesbank verbindlich festgelegt (vgl. 2. Kapitel, S. 103 und www.bundesbank.de im Bereich Statistiken/Geld- und Kapitalmärkte), zudem sind Renten-, Lohn- und Gehaltstrends bei der Rückstellungsbewertung zu berücksichtigen.

Die Abbildung 7.2 zeigt schematisiert den Unterschied zwischen der Gegenwartswert- und der Teilwertmethode.

Bewertung von Pensionrückstellungen nach EStG

Steuerlich ist gemäß § 6a EStG ausschließlich das Teilwertverfahren zulässig. Der Diskontierungssatz ist für die Steuerbilanz auf 6 % gesetzlich festgelegt (§ 6a Abs. 3 Satz 3 EStG). Biometrische Daten werden in der Praxis auf Basis der Heubeck-Richttafeln ermittelt und einbezogen. Liegt der Diensteintritt des

Berechtigten vor Vollendung des 27. Lebensjahres, so beginnt die steuerliche Rückstellungsberechnung erst mit dem Jahr, bis zu dessen Mitte der Berechtigte das 27. Lebensjahr vollendet hat (§ 6a Abs. 3 Nr. 1 Satz 6 EStG). Dadurch soll u. a. die Fluktuationswahrscheinlichkeit pauschal berücksichtigt werden. Die Rückstellungsbildung hat nach den Verhältnissen am Bilanzstichtag zu erfolgen. Somit dürfen – anders als nach HGB – zukünftige Preis- und Kostensteigerungen steuerlich nicht berücksichtigt werden (§ 6 Abs. 1 Nr. 3a Buchstabe f EStG). Die beim Teilwertverfahren zwangsläufig entstehende Einmalrückstellung kann in der Steuerbilanz auf mindestens drei Jahre gleichmäßig verteilt werden (§ 6a Abs. 4 Satz 2 EStG).

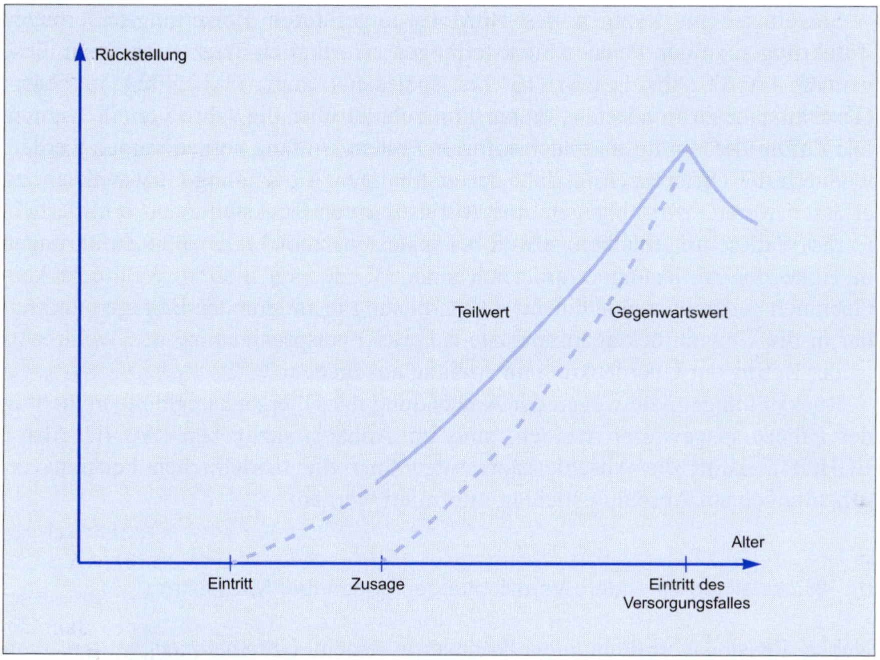

Abb. 7.2: Rückstellungsberechnung für Pensionen

Die abweichenden Regelungen zur Bewertung von Pensionsrückstellungen in Handels- und Steuerrecht führen dazu, dass es regelmäßig zu unterschiedlichen Wertansätzen in Handels- und Steuerbilanz und damit auch zur Notwendigkeit der Bildung von latenten Steuern in der Handelsbilanz kommt. Ist der handelsrechtliche Wertansatz höher als der steuerrechtliche, ist der Ansatz aktiver latenter Steuern zu prüfen, im umgekehrten Fall sind passive latente Steuern anzusetzen (vgl. zu latenten Steuern 8. Kapitel, S. 474 ff.). Auftreten latenter Steuern

§ 285 Nr. 24 HGB fordert Anhangangaben zur Bewertung von Pensionsrückstellungen und ähnlichen Verpflichtungen. Um eine Vergleichbarkeit zwischen den Abschlüssen verschiedener Unternehmen zu erreichen, sind sowohl das angewandte versicherungsmathematische Berechnungsverfahren als auch die grundlegenden Annahmen der Berechnung anzugeben (z. B. Zinssätze, erwartete Lohn- und Gehaltssteigerungen, zugrunde gelegte Sterbetafeln). Anhangangaben

Um den Abschlussadressaten zu verdeutlichen, welche Vermögensgegenstände mit welchen Schulden nach § 246 Abs. 2 Satz 2 HGB verrechnet wurden, sind im Anhang die Anschaffungskosten, der beizulegende Zeitwert der verrechneten Vermögensgegenstände und der Erfüllungsbetrag der verrechneten Schulden anzugeben sowie die grundlegenden Annahmen, die der Bestimmung des beizulegenden Zeitwerts zugrunde gelegt wurden. Das gleiche gilt für die aus den verrechneten Posten resultierenden Aufwendungen und Erträge (§ 285 Nr. 25 i. V. m. § 285 Nr. 20 Buchstabe a HGB).

Altzusagen (vor dem 01.01.1987), die aufgrund des Wahlrechts nach Art. 28 Abs. 1 EGHGB nicht in der Bilanz ausgewiesen werden, sind im Anhang in einem Betrag anzugeben (Art. 28 Abs. 2 EGHGB).

Übergangsregelungen gemäß BilMoG

Soweit die im Rahmen des BilMoG eingeführten Bewertungsänderungen Zuführungen zu den Pensionsrückstellungen erforderlich machten, können diese gemäß Art. 67 Abs. 1 EGHGB bis spätestens zum 31.12.2024 in jedem Geschäftsjahr zu mindestens einem Fünfzehntel über die Jahre verteilt werden. Die Zuführung konnte aber auch sofort in vollem Umfang vorgenommen werden, wodurch die Differenzen im Jahr der erstmaligen Anwendung GuV-wirksam zu erfassen waren. War hingegen eine Auflösung von Rückstellungen erforderlich, so durfte diese unterbleiben, soweit bis spätestens zum 31.12.2024 Zuführungen in Höhe der Auflösung erforderlich sind. Wurde von diesem Wahlrecht kein Gebrauch gemacht, waren die aus der Auflösung resultierenden Beträge unmittelbar in die Gewinnrücklagen einzustellen. Bei Inanspruchnahme des Wahlrechts ist der Betrag der Überdeckung im Anhang anzugeben.

Rückstellungen, die wegen der Anwendung der Übergangsregelungen nicht in der Bilanz ausgewiesen werden, sind im Anhang anzugeben (Art. 67 Abs. 2 EGHGB), damit die Abschlussadressaten über die tatsächlichen Pensionsverpflichtungen am Abschlussstichtag informiert werden.

b) Rückstellung für andere Verpflichtungen gegenüber Mitarbeitern

Rückstellungen aus Altersteilzeitmodellen

Neben Pensionsverpflichtungen können in einem Unternehmen weitere Verpflichtungen gegenüber Arbeitnehmern entstehen, welche die Bildung von Rückstellungen notwendig machen. Beispielsweise können diese aus der Etablierung von Altersteilzeitmodellen resultieren. Die Behandlung der zugehörigen Verpflichtung aus Altersteilzeitregelungen in der handelsrechtlichen Rechnungslegung hat das IDW in einer Verlautbarung spezifiziert (vgl. IDW [2013b]). Darin wird zwischen Vereinbarungen mit Abfindungscharakter und Vereinbarungen mit Entlohnungscharakter unterschieden. Eine Klassifizierung hat im Einzelfall entsprechend dem Charakter der jeweiligen Vereinbarung und dem wirtschaftlichen Gehalt zu erfolgen.

Vereinbarungen mit Abfindungscharakter

Vereinbarungen mit Abfindungscharakter unterstellen, dass der Arbeitgeber mit einer Aufstockungszahlung zusätzlich zum ursprünglich vereinbarten Arbeitsengelt eine Einwilligung des Arbeitnehmers in den gleitenden Übergang in den Ruhestand anstrebt. Sind diese Merkmale gegeben, ist der zur Erfüllung der Verpflichtung notwendige Betrag im Zeitpunkt der Entstehung der Abfindungsverpflichtung sofort in voller Höhe aufwandswirksam als Rückstellung zu passivieren.

Vereinbarungen mit Entlohnungscharakter

Die sog. Vereinbarungen mit Entlohnungscharakter unterstellen hingegen, dass der Arbeitgeber die langjährige Betriebszugehörigkeit belohnen oder Anreize zur Verlängerung der Lebensarbeitszeit setzen will. Liegt eine entsprechende Vereinbarung vor, ist über denjenigen Zeitraum, über welchen vereinbarungsgemäß die zusätzliche Entlohnung erdient wird, eine Rückstellung ratierlich anzusammeln. Werden zudem im Zeitpunkt der erstmaligen Rückstellungsbildung bereits vergangene Tätigkeiten entlohnt, ist der entsprechende Betrag zu diesem Zeitpunkt in voller Höhe passivisch zu erfassen. Der Zeitraum der Ansammlung umfasst dabei, soweit keine ausdrückliche Vereinbarung besteht, den Zeitraum zwischen der rechtlichen Entstehung der Verpflichtung, also des Abschlusses einer Altersteilzeitvereinbarung, und dem Ende der Beschäftigungsphase der Altersteilzeit. Hinsichtlich der zum Einsatz kommenden Ansammlungsmethode gibt das IDW jedoch keine Hinweise.

c) Steuerrückstellungen

Steuerrückstellungen in der Handelsbilanz

Steuern und Abgaben, die bis zum Ende des Geschäftsjahres wirtschaftlich entstanden sind, deren Höhe aber noch nicht feststeht (z. B. Körperschaftsteuerschuld für das abgeschlossene Geschäftsjahr), müssen in der Handelsbilanz durch eine Rückstellung abgedeckt werden. Auch Rückstellungen für das Betriebsprüfungsrisiko, d. h. für Steuern, die möglicherweise aufgrund einer Betriebsprüfung nachzuzahlen sind, müssen gebildet werden, wenn mit einer Nachveranlagung zu rechnen ist. Hiervon grundsätzlich zu unterscheiden sind zum Bilanzstichtag zwar bereits fällige, aber noch nicht entrichtete Steuervorauszahlungen. Da deren Fälligkeit sowie deren Höhe aufgrund ergangener Steuerbescheide feststehen, sind diese unter den sonstigen Verbindlichkeiten zu verbuchen.

Steuerrückstellungen in der Steuerbilanz

Zu den Steuerarten, für die in der Steuerbilanz Rückstellungen zu bilden sind, gehören z. B. die Grundsteuer für Betriebsgrundstücke sowie spezielle betriebliche Steuern, wie etwa die Vergnügungssteuer, und die zahlreichen Arten der Verbrauchsteuern (z. B. Biersteuer, Tabaksteuer, Mineralölsteuer, Branntweinsteuer). Eine Rückstellungsbildung ist auch für die Einkommen- und Körperschaftsteuer sowie die Gewerbesteuer geboten. Da diese Ertragsteuern nicht als Betriebsausgabe abzugsfähig sind (§ 12 Nr. 3 EStG, § 10 Nr. 2 KStG), werden sie im Rahmen der Ermittlung des zu versteuernden Einkommens wieder hinzugerechnet. Damit wird vermieden, dass die steuerliche Bemessungsgrundlage (zu Unrecht) durch die Rückstellungsbildung verringert wird. Für private Steuerschulden des Einzelunternehmers oder der Gesellschafter von Personengesellschaften dürfen Steuerrückstellungen in keinem Fall gebildet werden.

Betriebsprüfungsrisiko

Rückstellungen für das Betriebsprüfungsrisiko werden steuerlich nicht bereits dann anerkannt, wenn nach allgemeiner Erfahrung eine Betriebsprüfung zu Steuernachzahlungen führt, vielmehr muss eine Betriebsprüfungsanordnung ergangen sein, aufgrund derer mit einer Steuernachforderung gerechnet werden muss (vgl. Beck'scher Bilanzkommentar [2012], § 249 Tz. 100). Wie bereits oben erwähnt, werden auch bei dieser Rückstellung die Beträge, die auf nicht abzugsfähige Betriebsausgaben entfallen, bei der Ermittlung des zu versteuernden Einkommens wieder hinzugerechnet.

Latente Steuern

Neben den dargestellten Rückstellungen für entstandene Steuerverbindlichkeiten waren bis zum Inkrafttreten des BilMoG in der Handelsbilanz auch Rückstellungen für sog. latente Steuerverbindlichkeiten anzusetzen. Der Gesetzgeber hat im Rahmen der Umsetzung des BilMoG die konzeptionelle Basis bei der Ermittlung latenter Steuern geändert. Danach sind latente Steuern nun nicht mehr nach dem *Timing*-Konzept, sondern nach dem *Temporary*-Konzept zu bestimmen. Durch die Änderung des Charakters der latenten Steuern sind beim Vorliegen passiver latenter Steuern die Ansatzvoraussetzungen zur Rückstellungsbildung nicht mehr zweifelsfrei gegeben. Die passiven latenten Steuern sind als »Sonderposten eigener Art« einzustufen und in einem besonderen Posten außerhalb der Rückstellungen auszuweisen (vgl. BMJ [2008], S. 67). Für Personengesellschaften sowie kleine Kapitalgesellschaften (§ 274a HGB), welche nicht unter die Vorgaben des § 274 HGB fallen, kann sich unter Umständen dennoch eine Rückstellungsbildung für passive latente Steuern aufgrund der Vorgaben des § 249 HGB ergeben (vgl. zur Diskussion ausführlich 8. Kapitel, S. 490).

Da die Bilanzierung latenter Steuern eine Fülle von Einzelfragen aufwirft, werden die latenten Steuern im 8. Kapitel (S. 474 ff.) ausführlich und – auch nach IFRS und US-GAAP – gesondert erörtert.

d) Rückstellungen für Garantieverpflichtungen

Garantieverpflichtungen in Handels- und Steuerbilanz

Soweit Unternehmen sich vertraglich verpflichten, innerhalb einer bestimmten Zeit auftretende Schäden an verkauften Erzeugnissen auf eigene Kosten zu beheben, sind nach dem Grundsatz der sachlichen Abgrenzung diese Ausgaben derjenigen Periode als Aufwand anzulasten, in der die Lieferung oder Leistung erfolgte. Für erwartete, am Abschlussstichtag noch nicht geltend gemachte Ansprüche ist deshalb eine Rückstellung zu bilden. Solche Rückstellungen für Garantieverpflichtungen müssen sowohl in der Handels- als auch in der Steuerbilanz angesetzt werden, da sie zu den ungewissen Verbindlichkeiten zählen, die gemäß § 249 Abs. 1 HGB passivierungspflichtig sind.

Bewertung

Besondere Bedeutung kommt der gewissenhaften Bemessung einer solchen Rückstellung bei der Endabrechnung langfristiger Fertigungsaufträge zu, da hier Gewährleistungen und Garantien in beträchtlichem Umfang üblich sind. Eine eventuell außerdem zu bildende Rückstellung für Restkosten der Auftragsabwicklung zählt ebenfalls zu den Rückstellungen für ungewisse Verbindlichkeiten.

Die Rückstellungsbeträge für Garantieleistungen können einzeln oder pauschal ermittelt werden. Ihre Höhe richtet sich nach den Vollkosten der voraussichtlich zu erbringenden Gewährleistungen. Diese sind aus Erfahrungen der Vergangenheit zu schätzen. I. d. R. erfolgt die Bemessung der Rückstellung pauschal in Höhe der durchschnittlichen Gewährleistungsaufwendungen der letzten Jahre, gemessen am betroffenen Umsatzvolumen. Unterschiedliche Garantiefristen und produktspezifische Risiken sind bei der Berechnung zu berücksichtigen (vgl. Beck'scher Bilanzkommentar [2012], § 249 Tz. 100).

e) Rückstellungen für Gewährleistungen ohne rechtliche Verpflichtung

Kulanzrückstellungen

Rückstellungen für übernommene Gewährleistungen ohne rechtliche Verpflichtung nach § 249 Abs. 1 Satz 2 Nr. 2 HGB (Kulanzrückstellungen) gehören, wie bereits ausgeführt, ebenfalls zu den Rückstellungen für ungewisse Verbindlichkeiten. Gewährleistungen ohne rechtliche Verpflichtung sind Garantieleistungen, die nach Ablauf der vereinbarten oder gesetzlichen Garantiefrist erbracht werden oder über das gesetzlich erforderliche Maß hinausgehen. Für solche Leistungen, auf die der Empfänger an sich keinen Anspruch hat, die aber der Behebung eines Fehlers oder sonstigen Mangels einer früheren Lieferung oder Leistung dienen, ist zum Bilanzstichtag eine Rückstellung zu bilden. Damit wird erreicht, dass die künftig entstehenden Aufwendungen der Periode zugerechnet werden, in welcher der Ertrag realisiert wurde (Grundsatz der sachlichen Abgrenzung). Daher ist es auch ohne Bedeutung, ob der auf dem Kulanzwege beseitigte Schaden auf einem Produktions- oder Materialfehler oder auf falscher Behandlung durch den Abnehmer beruht, denn aus der Sicht des bilanzierenden Unternehmens kommt es nicht auf die technische Ursache, sondern auf den wirtschaftlichen Zusammenhang an. Es muss grundsätzlich ein Zusammenhang mit einem früheren Rechtsgeschäft bestehen. Reine Gefälligkeitsarbeiten für Dritte, die nicht eine frühere Lieferung oder Leistung betreffen, können nicht durch Kulanzrückstellungen abgegrenzt werden (vgl. Beck'scher Bilanzkommentar [2012], § 249 Tz. 114).

Bewertung

Wie Rückstellungen für Garantieverpflichtungen können Rückstellungen für Kulanzleistungen einzeln oder pauschal ermittelt werden. Die Höhe richtet sich nach den Vollkosten der voraussichtlich zu erbringenden Kulanzleistung. Diese sind auf Basis der Erfahrungen der Vergangenheit oder konkreter Hinweise für entsprechende Leistungen in der Zukunft zu schätzen.

Kulanzrückstellungen nach Steuerrecht

Auch in der Steuerbilanz sind Rückstellungen für Gewährleistungen ohne rechtliche Verpflichtung zu bilden, wenn am Bilanzstichtag unter Berücksichtigung des pflichtgemäßen Ermessens des vorsichtigen Kaufmanns damit zu rechnen ist, dass solche Leistungen in Zukunft bewilligt werden müssen.

f) Rückstellungen für drohende Verluste aus schwebenden Geschäften

Rückstellungen für drohende Verluste aus schwebenden Geschäften

Die Rückstellungen für drohende Verluste aus schwebenden Geschäften werden in § 249 Abs. 1 HGB ausdrücklich neben den Rückstellungen für ungewisse Verbindlichkeiten erwähnt, obwohl sie – wie bereits erläutert – einen Unterfall dieser Rückstellungskategorie darstellen. Sie müssen nämlich für den Betrag gebildet werden, um den die aus einem schwebenden Geschäft resultierende Verbindlichkeit die korrespondierende Forderung übersteigt. Da in Höhe der Differenz eine wirtschaftliche Belastung des Unternehmens gegeben ist, die zudem noch juristisch erzwungen werden kann, liegt nach der eingangs formulierten Definition eine ungewisse Verbindlichkeit mit rechtlicher Verpflichtung vor.

Schwebende Geschäfte

Als schwebende Geschäfte werden hier zweiseitig verpflichtende Verträge bezeichnet, die noch von keinem der beiden Vertragspartner erfüllt wurden. Sie werden i. d. R. buchhalterisch nicht erfasst, da zunächst davon auszugehen ist, dass sich Leistung und Gegenleistung zumindest ausgleichen. Ist dies nicht mehr gegeben, so droht dem Unternehmen ein Verlust, für den es, um dem Grundsatz der Vorsicht zu genügen, eine Rückstellung zu bilden hat. Die theoretische Möglichkeit eines Verlustes ist nahezu bei jedem schwebenden Geschäft gegeben, sie genügt indessen nicht. Vielmehr müssen konkrete Anzeichen dafür vorliegen, dass sich aus dem fraglichen schwebenden Geschäft wahrscheinlich ein Verlust ergeben wird.

Beispiele

Verluste aus schwebenden Geschäften können etwa bei Kauf-, Arbeits- oder Mietverträgen auftreten, wenn die daraus resultierenden Ausgaben für den Betrieb aufgrund einer Änderung der wirtschaftlichen Verhältnisse über dem zu erwartenden Gegenwert liegen. Dies ist der Fall, wenn z. B. der Marktpreis von gekauften Waren bereits vor der Lieferung unter den vertraglich vereinbarten Preis sinkt oder ein auf längere Zeit unkündbarer Facharbeiter aufgrund einer Änderung des Beschäftigungsgrades nur mehr als Hilfsarbeiter beschäftigt werden kann. Wenn eine gemietete Fabrikhalle nicht mehr benutzt werden kann, weil der Betrieb an einen kostengünstigeren Standort gezogen, der Mietvertrag aber noch für einen bestimmten Zeitraum unkündbar ist und die Halle auch anderweitig nicht vermietet werden kann, können ebenfalls Verluste aus schwebenden Geschäften resultieren. Als weiteres Beispiel sei ein langfristiger Fertigungsauftrag genannt, bei dem unerwartete Kostensteigerungen aufgrund einer Festpreisvereinbarung nicht auf den Auftraggeber überwälzt werden können. Verluste aus schwebenden Geschäften, die über mehrere Jahre laufen (z. B. vereinbarte Mietzeit beträgt fünf Jahre), sind in dem Jahr GuV-wirksam zu erfassen, in dem die Änderung der wirtschaftlichen Verhältnisse auftritt bzw. bekannt wird.

Drohende Verluste mit Bezug zum Umlaufvermögen

Steht ein schwebendes Geschäft im Zusammenhang mit am Bilanzstichtag aktivierten Vermögensgegenständen des Umlaufvermögens, so ist zunächst der Vermögensgegenstand nach dem strengen Niederstwertprinzip auf den niedrigeren Börsen- oder Marktpreis oder auf den niedrigeren beizulegenden Wert nach § 253 Abs. 4 HGB abzuschreiben (vgl. 4. Kapitel, S. 213 ff.). Nur für einen darüber hinausgehenden Verlustanteil ist eine Drohverlustrückstellung zu bilden.

Bewertung von Rückstellungen für drohende Verluste

Rückstellungen für drohende Verluste aus schwebenden Geschäften können grundsätzlich nur einzeln bewertet werden. Die Höhe entspricht dem Unterschiedsbetrag zwischen dem Wert der eigenen Leistung und dem Wert der Gegenleistung. So ergibt sich bei Beschaffungsverträgen der Rückstellungsbetrag aus der Differenz des vertraglich fixierten Preises und der gesunkenen Wiederbeschaffungskosten. Handelt es sich bei dem beschafften Vermögensgegenstand um Anlagevermögen, so ist eine Rückstellung nur dann obligatorisch, wenn die Wertminderung (Preissenkung) zum Bilanzstichtag voraussichtlich von Dauer ist. Bei drohenden Verlusten aus Absatzgeschäften (z. B. wegen Faktorpreissteigerungen oder Mehrverbrauch an Faktoren) hingegen errechnet sich die Rückstellung grundsätzlich aus der zu Vollkosten (Selbstkosten) bewerteten Leistung und dem vereinbarten Verkaufspreis (vgl. Küting, K./Cassel, J./Metz, C. [2008], S. 2324). Ein kalkulatorischer Gewinn darf nicht berücksichtigt werden. Der Ansatz der Vollkosten ergibt sich dabei aus der Tatsache, dass auch die Herstellungskosten mit den Vollkosten zu bewerten sind. Spielräume verbleiben nur in Höhe der Wahlbestandteile der Herstellungskosten (vgl. Beck'scher Bilanzkommentar [2012], § 253 Tz. 169).

Abzinsung

Nach verbreiteter Auffassung unterliegen auch Drohverlustrückstellungen dem allgemeinen Abzinsungsgebot des § 253 Abs. 2 HGB für Rückstellungen mit einer Restlaufzeit von mehr als einem Jahr.

Steuerbilanz

Gemäß § 5 Abs. 4a EStG ist die Bildung von Rückstellungen für drohende Verluste aus schwebenden Geschäften steuerlich für Wirtschaftsjahre, die nach dem 31.12.1996 enden, nicht mehr möglich.

Auftreten latenter Steuern

Wegen des handelsrechtlichen Passivierungsgebotes und des steuerrechtlichen Passivierungsverbotes für Drohverlustrückstellungen kommt es zu Abweichungen zwischen Handels- und Steuerbilanz. In der Handelsbilanz ist daher der Ansatz aktiver latenter Steuern zu prüfen (vgl. 8. Kapitel, S. 474 ff.).

Finanzinstrumente

Die Problematik der schwebenden Geschäfte wurde durch die Diskussion um die derivativen Finanzinstrumente neu belebt. Zu näheren Ausführungen vgl. 5. Kapitel, S. 286 ff.

g) Rückstellungen für Umweltschutzmaßnahmen

Umweltschutzrückstellungen in Handels- und Steuerbilanz

Eine zunehmende Sensibilisierung der Öffentlichkeit sowie hohe Kosten der Beseitigung von – häufig nicht oder nicht ausreichend versicherbaren – Umweltschäden lenken die Aufmerksamkeit auf die unternehmensinterne Risikovorsorge. Als klassische Instrumente zur Erfassung dieses Risikos kommen die Rückstellungsbildung sowie die außerplanmäßige Abschreibung in Betracht.

Rückstellungen für Umweltschutzmaßnahmen sind insbesondere dann zu bilden, wenn durch betriebliche Tätigkeiten der Vergangenheit Luft, Wasser, Boden oder Räume kontaminiert wurden und dies zu einer öffentlich-rechtlichen (z. B. behördlich auferlegte Sanierungsverpflichtung), haftungsrechtlichen (privatrechtliche Außenverpflichtung) oder faktischen Verpflichtung zur Beseitigung des Schadens führt (vgl. Baetge, J./Kirsch, H.-J./Thiele, S. [2012] S. 446; IDW [2012b], Abschnitt E, Tz. 212). Im Hinblick auf den Umweltschutz sind somit Vorschriften aus dem öffentlichen Recht, dem Zivilrecht und dem Strafrecht zu beachten, wobei jedoch das öffentliche Recht hier eine dominierende Rolle spielt.

Öffentlich-rechtliche Verpflichtungen

Unter die öffentlich-rechtlichen Umweltschutzverpflichtungen fallen Verpflichtungen zur Altlastensanierung, Anpassungsverpflichtungen, periodisch anfallende Abfallbeseitigungs- und Rücknahmeverpflichtungen sowie aperiodisch anfallende Rekultivierungs- und Entsorgungsverpflichtungen. Unter Altlasten versteht man Verunreinigungen eines Grundstücks oder Gebäudes mit Schadstoffen, deren Ursache in früheren Jahren liegt, die aus heutiger Sicht eine Gefährdung der Umwelt darstellen. Zur Gruppe der Anpassungsverpflichtungen zählen Verpflichtungen, nach denen das Unternehmen dafür zu sorgen hat, dass eine Anlage im Hinblick auf Emissions- oder Sicherheitsstandards dem jeweiligen Stand der Technik entspricht (z. B. erforderliche Nachrüstung zur Einhaltung vorgegebener Grenzwerte). Abfallbeseitigungs-, Entsorgungs- und Rücknahmeverpflichtungen umfassen alle Verpflichtungen zur Beseitigung von Abfällen, Verwertung von Reststoffen, Entsorgung radioaktiver Abfälle, Rücknahme von Verpackungen etc. Auffüll-, Wiederanlage, Wiederaufforstungs- und Entfernungsverpflichtungen (z. B. für Kiesgruben, Deponien oder im Tagebau) zählen zum Bereich der Rekultivierungsverpflichtungen (vgl. Beck'scher Bilanzkommentar [2012], § 249 Tz. 100).

Bewertung

Die den Rückstellungen zugrunde liegenden Verpflichtungen sind mit den wahrscheinlich entstehenden Aufwendungen (Erfüllungsbetrag) zu bewerten (vgl. IDW [2012b], Abschnitt E, Tz. 212). Über die Notwendigkeit des Ansatzes von Entsorgungs- und Rekultivierungsverpflichtungen besteht im Schrifttum Übereinstimmung. Diskutiert wird jedoch die Bilanzierung der Höhe nach, d. h. ob eine Voll- oder eine Ansammlungsrückstellung zu bilden ist. Vor allem in der neueren Literatur wird hier nicht zuletzt aufgrund der Analogie zu den IFRS (vgl. in diesem Kapitel, S. 462) verstärkt in Richtung der Ansammlungsrückstellung tendiert. Bei einer Rückstellung für die Rekultivierung von im Tagebau ausgebeuteten Flächen bedeutet dies beispielsweise, dass der Erfüllungsbetrag der Rückstellung ratierlich in Abhängigkeit vom Rohstoffabbau aufgebaut wird (vgl. Beck'scher Bilanzkommentar [2012], § 249 Tz. 100). Bei sog. Verteilungsrückstellungen wird argumentiert, dass die Verpflichtung (z. B. zur Rekultivierung) zwar rechtlich entstanden ist, aber wirtschaftlich erst in künftigen Geschäftsjahren sukzessive verursacht wird (zu Detailfragen von Ansammlungsrückstellungen vgl. IDW [2013a]).

h) Weitere Rückstellungen aufgrund einer Verpflichtung gegenüber Dritten

Die nachfolgende, nicht abschließende Aufstellung weiterer Rückstellungen mit Verpflichtungscharakter gegenüber Dritten dient dazu, die Vielzahl möglicher Rückstellungen aufzuzeigen (vgl. IDW [2012b], Abschnitt E, Tz. 158 ff.).

- Provisionen:
  Nach Ausführung des vermittelten Geschäftes sind Provisionsverpflichtungen handels- wie auch steuerrechtlich passivierungspflichtig (H 5.7 Abs. 3 EStH).
- Jahresabschluss- und Prüfungskosten:
  In der Handelsbilanz sind Kosten, die unmittelbar mit der gesetzlich oder privatrechtlich geforderten Erstellung des Jahres- bzw. Konzernabschlusses und mit deren Prüfung durch einen Abschlussprüfer nach dem Bilanzstichtag anfallen, passivierungspflichtig. Kosten für die Hauptversammlung dürfen nicht einer Rückstellung zugeführt werden. Steuerrechtlich wird die Rückstellungsbildung auf die Kosten beschränkt, die aufgrund einer öffentlich-rechtlichen Verpflichtung entstehen (H 5.7 Abs. 3 EStH).
- Prozessrisiko:
  Für unmittelbar in Aussicht stehende und für bereits schwebende Prozesse ist eine Rückstellung zu bilden, soweit eine daraus resultierende Vermögensbelastung wahrscheinlich ist. Steuerlich beschränkt ist die Rückstellungsmöglichkeit auf Prozesse, die bereits anhängig sind (H 5.7 Abs. 4 EStH).
- Sozialplanverpflichtungen:
  Rückstellungen für Sozialplanverpflichtungen sind zu bilden, sobald ernsthaft mit einer Betriebsänderung (Stilllegung, Betriebseinschränkung) zu rechnen ist, die nach §§ 111 ff. BetrVG eine Pflicht zur Aufstellung eines Sozialplanes zur Folge hat (auch in der Steuerbilanz).
- Urlaubsverpflichtungen:
  Urlaubsansprüche aus dem Berichtsjahr sind, soweit eine Abfindung in Geld oder Urlaub im folgenden Geschäftsjahr vorgenommen wird, am Bilanzstichtag in Form von Rückstellungen zu passivieren (in Handels- und Steuerbilanz).
- Ausgleichsanspruch eines Handelsvertreters:
  Nach Beendigung des Vertragsverhältnisses hat ein Handelsvertreter gegenü-

ber seinem Unternehmen i. d. R. gemäß § 89b HGB einen Ausgleichsanspruch. Für aus solchen Ausgleichsansprüchen resultierende Verpflichtungen hat das Unternehmen in der Handelsbilanz eine Rückstellung zu bilden. Nach der Auffassung des BFH ist steuerlich eine Rückstellungsbildung vor Beendigung des Vertretervertrages unzulässig (H 5.7 Abs. 4 EStH).

- Öffentlich-rechtliche Verpflichtungen:
  Für die Bildung von Rückstellungen für Ausgaben aufgrund von öffentlich-rechtlichen Verpflichtungen, beispielsweise für umweltschutzrechtliche Nachrüstungsverpflichtungen hinsichtlich bestimmter Emissionsgrenzen oder Verpflichtungen zur Wiederaufbereitung (Recycling) von Bauschutt, müssen, neben der Verursachung der Verpflichtung vor dem Bilanzstichtag sowie der Tatsache, dass mit der Entstehung der Verbindlichkeit ernsthaft zu rechnen ist, nach ständiger BFH-Rechtsprechung weitere Kriterien erfüllt sein. Voraussetzung für eine Passivierung ist, dass die Verpflichtung am Bilanzstichtag hinreichend konkretisiert ist und an ihre Verletzung Sanktionen geknüpft sind, sodass sich der Unternehmer im Ergebnis der Erfüllung der Verpflichtung nicht entziehen kann. Dazu muss z. B. ein Verwaltungsakt erlassen sein, der dem Unternehmen ein bestimmtes Handeln auferlegt. Zudem muss für den Fall, dass die Erfüllung der öffentlich-rechtlichen Vorgabe an eine Frist gebunden ist, diese am Bilanzstichtag bereits abgelaufen sein, anderenfalls ist eine Rückstellungsbildung, beispielsweise für die erwähnten umweltschutzrechtlichen Nachrüstungsverpflichtungen hinsichtlich bestimmter Emissionsgrenzen, nicht zulässig.

2. Rückstellungen ohne Verpflichtung gegenüber Dritten

Aufwandsrückstellungen

Wie bereits ausgeführt, lässt das HGB nur zwei eng begrenzte Formen von »reinen« Aufwandsrückstellungen zu, die im Folgenden erörtert werden.

a) Rückstellung für unterlassene Aufwendungen für Instandhaltung

Unterlassene Instandhaltung

Produktionsanlagen müssen innerhalb ihrer Nutzungsdauer zur Aufrechterhaltung ihrer Betriebsfähigkeit im Normalfall regelmäßig gewartet und unter Umständen auch repariert werden. Soweit diese Reparatur- und Wartungsarbeiten in der Periode erfolgen, in der sie aufgrund des Instandhaltungsplanes oder des aufgetretenen Defekts erforderlich waren, sind sie als Aufwand der betreffenden Periode zuzurechnen. Muss eine fällige Reparatur- oder Wartungsmaßnahme aber in eine der folgenden Perioden verschoben werden, so ist der Verschleiß dennoch eingetreten, die Ausgabe wird nur auf einen späteren Zeitpunkt verschoben.

In solchen Fällen kommt eine Rückstellung für unterlassene Instandhaltung in Betracht. Nach § 249 Abs. 1 Satz 2 Nr. 1 HGB besteht allerdings nur für Instandhaltungsmaßnahmen, die innerhalb von drei Monaten nach dem Bilanzstichtag nachgeholt werden, für alle Kaufleute eine Passivierungspflicht.

Die Rückstellungsbildung unterliegt folgenden drei Voraussetzungen (vgl. Beck'scher Bilanzkommentar [2012], § 249 Tz. 104 f.):

- Es muss eine unterlassene Aufwendung für Reparaturen, Inspektionen oder Wartungsarbeiten (d. h. Maßnahmen zur Erhaltung der Funktionsfähigkeit der betrieblichen Vermögensgegenstände) vorliegen. Als unterlassen gilt eine Aufwendung dann, wenn die Maßnahme aus betriebswirtschaftlicher Sicht (d. h. unter normalen Umständen) notwendig gewesen wäre, aber nicht durchgeführt wurde.
- Die Aufwendung muss im letzten Geschäftsjahr unterlassen worden sein.
- Die Instandhaltungsmaßnahmen müssen innerhalb von drei Monaten nicht nur begonnen, sondern im Wesentlichen beendet sein.

Rückstellung nicht durch Abschreibung ersetzbar

Die Rückstellung für unterlassene Instandhaltung kann und darf nicht durch eine Abschreibung auf den niedrigeren beizulegenden Wert (bzw. Teilwert) (§ 253 Abs. 3 Satz 3 HGB) ersetzt werden. Denn zum einen sind Rückstellungen kein Wertberichtigungsposten für einzelne Vermögensgegenstände, sondern stehen für künftige, aber im vergangenen Geschäftsjahr verursachte Aufwendungen; zum anderen ist die Anwendung einer Abschreibung wegen einer nur vorübergehenden Wertminderung bei Gegenständen des Anlagevermögens nur im Bereich der Finanzanlagen möglich (§ 253 Abs. 3 Satz 4 HGB).

Steuerliche Behandlung

Für Instandhaltungsmaßnahmen, die innerhalb von drei Monaten nach dem Bilanzstichtag nachgeholt werden, besteht in der Steuerbilanz ebenfalls ein Bilanzierungsgebot (R 5.7 Abs. 11 EStR). Spätere Nachholungen unterliegen einem Passivierungsverbot.

b) Rückstellung für unterlassene Abraumbeseitigung

Abraumkosten

Bei der Förderung von Bodenschätzen im Tagebau ist es nötig, die über den Bodenschätzen liegenden Erd- und Gesteinsschichten abzuräumen und sie nach dem Abbau der Rohstoffe wieder aufzutragen, um das Landschaftsbild nicht zu beeinträchtigen. Die zur Beseitigung des Abraumes anfallenden Kosten müssen nach dem Grundsatz der sachlichen Abgrenzung der Periode zugerechnet werden, in der die entsprechenden Erträge erzielt werden. Durch besondere Bodenbeschaffenheiten und Abbautechniken kommt es häufig vor, dass trotz bereits begonnener Abbauarbeiten der Abraum noch nicht beseitigt wurde. In diesen Fällen ist der Unternehmer nach § 249 Abs. 1 Satz 2 Nr. 1 HGB verpflichtet, am Bilanzstichtag in Höhe der zu erwartenden Abraumkosten eine Rückstellung zu bilden, wenn die Abraumbeseitigung innerhalb des nächsten Geschäftsjahres erfolgt.

Die steuerliche Behandlung dieser Rückstellungen (R 5.7 Abs. 11 EStR) entspricht der beschriebenen handelsrechtlichen Vorgehensweise.

Rekultivierungskosten

Zur Wiederherstellung des Landschaftsbildes nach der Förderung ist der Unternehmer i. d. R. durch öffentlich-rechtliche Bestimmungen verpflichtet. Die dabei entstehenden Kosten sind sachlich den Perioden der Förderung zuzurechnen. Folglich sind für die durch den Abbau verursachten sog. Rekultivierungskosten Rückstellungen zu bilden. Bei diesen Rückstellungen handelt es sich jedoch nicht um Aufwandsrückstellungen, sondern wegen der zumeist bestehenden rechtlichen Verpflichtungen um Rückstellungen für ungewisse Verbindlichkeiten. Demnach ist auf sie auch die Jahresfrist des § 249 Abs. 1 Satz 2 Nr. 1 HGB nicht anzuwenden.

C. Bilanzierung von Schulden nach IFRS

Der nachfolgende Abschnitt enthält zu Beginn Ausführungen, welche für alle Schuldposten nach IFRS gelten, bevor anschließend auf die Bilanzierung von Verbindlichkeiten und Rückstellungen näher eingegangen wird. Abschließend folgt eine Darstellung von aktuellen Projekten des IASB im Bereich der Bilanzierung von Schulden.

I. Ansatz und Ausweis von Schulden

Definition von Schulden

Schulden (*liabilities*) stellen nach IFRS gegenwärtige Verpflichtungen eines Unternehmens dar, die aufgrund eines Ereignisses in der Vergangenheit entstanden sind. Ihre Begleichung wird voraussichtlich einen Abfluss wirtschaftlicher Ressourcen zur Folge haben (F 4.4b, F 4.17). Diese Verpflichtungen können sowohl auf rechtlich durchsetzbaren Ansprüchen beruhen als auch auf Anforderungen, denen sich das Unternehmen aus wirtschaftlichen Gründen nicht entziehen kann (z. B. Kulanzleistungen). Der Abfluss wirtschaftlicher Ressourcen (Zahlungen, Leistungen) muss zumindest wahrscheinlich sein und sein Wert muss sich verlässlich ermitteln lassen (F 4.46) (vgl. auch 2. Kapitel, S. 87). Sind diese Voraussetzungen erfüllt, muss die Schuld passiviert werden. Unter diese Schulddefinition sind sowohl Verbindlichkeiten (*liabilities*; Fälligkeit und Höhe sind sicher) als auch Rückstellungen (*provisions*; Fälligkeit oder Höhe sind unsicher aber wahrscheinlich) subsumiert. Eine weitere Untergruppe der Schulden stellen die sog. abgegrenzten Schulden (*accruals*) dar. Zur Bestimmung ihrer Fälligkeit bzw. ihrer Höhe sind zwar gelegentlich Schätzungen erforderlich, die Unsicherheit ist allerdings geringer als bei Rückstellungen. Im Gegensatz zu den Verbindlichkeiten, Rückstellungen und abgegrenzten Schulden werden Eventualverbindlichkeiten (*contingent liabilities*) nicht bilanziell berücksichtigt. Eventualverbindlichkeiten können dann vorliegen, wenn die Kriterien für das Vorliegen von Schulden nicht erfüllt sind (vgl. in diesem Kapitel, S. 451).

Definition von Schulden gemäß der Neuerungen des Conceptual Framework Projektes

Der Diskussionsentwurf zum *Conceptual Framework* (vgl. 1. Kapitel, S. 65) schlägt vor, Schulden nach einer neuen Definition abzugrenzen. Der Begriff der Schulden soll dadurch geschärft werden, dass er nicht länger auf einen künftigen Nutzenabfluss, sondern direkt auf die zugrundeliegende wirtschaftliche Verpflichtung abstellt. Des Weiteren soll nicht mehr Bezug genommen werden auf die Einschätzung der Wahrscheinlichkeit einer Verpflichtung. Eine Verbindlichkeit entsprechend dem neuen Definitionsvorschlag liegt folglich bei einer gegenwärtigen Verpflichtung des Unternehmens zur Übertragung einer wirtschaftlichen Ressource aufgrund von Ereignissen aus der Vergangenheit vor.

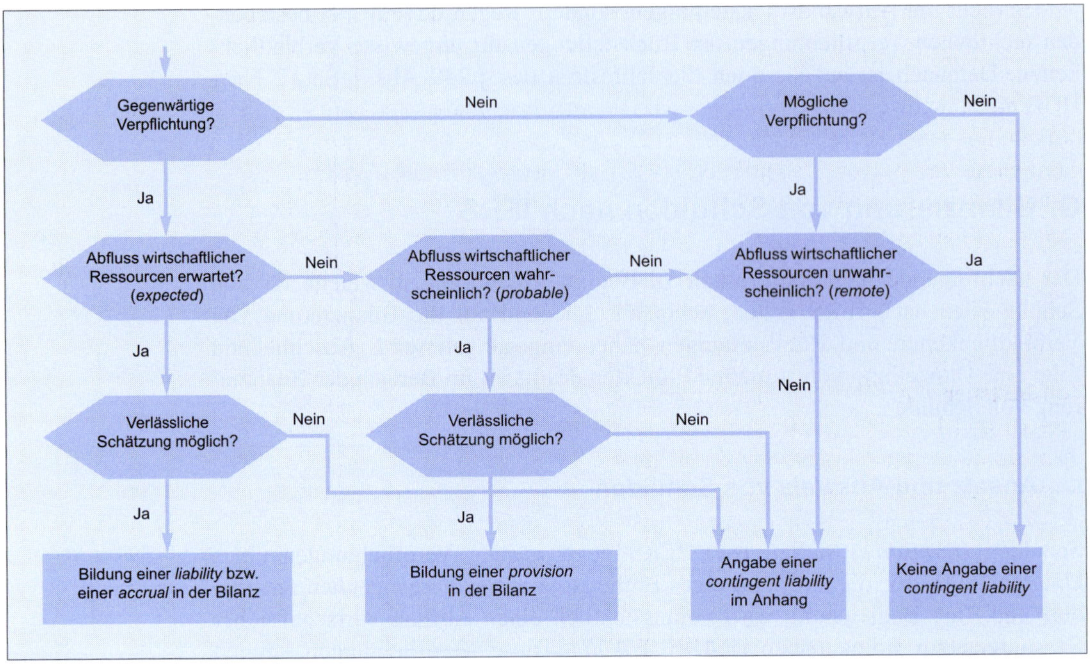

Abb. 7.3: Unterscheidung zwischen *liabilities, accruals, provisions* und *contingent liabilities* (in Anlehnung an IAS 37.Appendix B)

Wahrscheinlichkeitskategorien

Bei der Einordnung spielen verschiedene in den IFRS genannte Wahrscheinlichkeitskategorien eine zentrale Rolle, die für die Behandlung der Verpflichtungen maßgeblich sind:

- *Expected* (IAS 37.10): Zur Erfüllung der Verpflichtung ist erwartungsgemäß ein Abfluss wirtschaftlicher Ressourcen erforderlich. Ist der Wert zudem verlässlich ermittelbar, liegt eine Verbindlichkeit bzw. abgegrenzte Schuld vor.
- *Probable* (IAS 37.14): Es ist wahrscheinlich, dass ein Abfluss wirtschaftlicher Ressourcen erforderlich ist, um die Verpflichtung zu erfüllen. In diesem Fall ist eine Rückstellung zu bilden.
- *Possible* (IAS 37.13): Es ist möglich, dass ein Abfluss wirtschaftlicher Ressourcen erforderlich ist, um die Verpflichtung zu erfüllen. Ist der Abfluss wirtschaftlicher Ressourcen nicht unwahrscheinlich, liegt eine Eventualverbindlichkeit vor, über die im Anhang zu berichten ist. Eine Bilanzierung der Eventualverbindlichkeit erfolgt nicht.
- *Remote* (IAS 37.86): Ist der Abfluss wirtschaftlicher Ressourcen unwahrscheinlich, liegt eine Eventualverbindlichkeit vor, über die allerdings weder in der Bilanz noch im Anhang berichtet wird.

Abbildung 7.3 dient der Zusammenfassung der Unterschiede zwischen *liabilities*, *accruals*, *provisions* und *contingent liabilities* (in Anlehnung an IAS 37.B).

Relevante Standards

Das Regelwerk des IASB enthält keinen Standard, der sich explizit mit der Bilanzierung von Schulden beschäftigt. Relevante Standards sind insbesondere IAS 32 »*Financial Instruments: Presentation*«, IAS 37 »*Provisions, Contingent*

Liabilities and Contingent Assets«, IAS 39 »*Financial Instruments: Recognition and Measurement*«, IFRS 7 »*Financial Instruments: Disclosures*« sowie IFRS 9 »*Financial Instruments*«.

Current/non-current liabilities

Liabilities sind in kurzfristige (*current*) und langfristige (*non-current*) Verpflichtungen zu unterteilen, sofern eine Darstellung nach der Liquidität nicht verlässlichere, relevantere Daten liefert (IAS 1.60). Als kurzfristige Verpflichtungen gelten dabei u. a. die Posten, die innerhalb eines Jahres oder im Verlauf des normalen Geschäftszyklus beglichen bzw. die primär zu Handelszwecken gehalten werden (IAS 1.69) (vgl. dazu 2. Kapitel, S. 143). Zudem ist der Teil der langfristigen Verpflichtungen, der im Ablauf des nächsten Geschäftsjahres fällig wird, als kurzfristig zu klassifizieren, selbst wenn die ursprüngliche Laufzeit mehr als zwölf Monate betrug und hinreichend sichere langfristige Refinanzierungsabsichten bestehen (IAS 1.72). Einige Schuldposten wie Verbindlichkeiten aus Lieferungen und Leistungen oder Rückstellungen für personalbezogene Aufwendungen werden selbst dann als kurzfristig eingestuft, wenn sie später als zwölf Monate nach dem Stichtag fällig werden, da sie einen Teil des kurzfristigen Betriebskapitals (*working capital*) darstellen (IAS 1.70).

Saldierungsverbot

Eine Saldierung (*offsetting*) von *liabilities* mit *assets* (Vermögenswerten) ist nach IAS 1.32 grundsätzlich verboten, es sei denn, in einem anderen IFRS findet sich eine abweichende Regelung. Beispiele hierfür sind die Verrechnung des Planvermögens mit dem Barwert der Pensionsverpflichtung nach IAS 19.54 (vgl. in diesem Kapitel, S. 455 ff.) sowie IAS 32.42, der unter bestimmten Voraussetzungen eine Saldierung von *financial assets* und *financial liabilities* vorschreibt (vgl. 5. Kapitel, S. 267 ff.).

Angabepflichten

Nach IAS 1.62 bleibt es den Unternehmen im Hinblick auf die Art ihrer Geschäfte überlassen, ob sie *current* und *non-current liabilities* getrennt ausweisen. Es muss jedoch auf jeden Fall die Höhe der Verpflichtungen ausgewiesen werden, deren Laufzeit mehr als zwölf Monate beträgt (IAS 1.61). Unabhängig von der Unterscheidung in lang- und kurzfristige Verpflichtungen verlangt IAS 1.54 den Ausweis diverser Schuldposten als Mindestangabe im Abschluss (vgl. 2. Kapitel, S. 141 f.). IAS 1.77 fordert eine weitere angemessene Untergliederung der Schulden in der Bilanz oder im Anhang, somit ist auch eine Darstellung in Form eines Verbindlichkeitenspiegels im Anhang möglich.

Relevanz latenter Steuern

Wie auch bei anderen Bilanzposten, kann es bei der Bilanzierung von Schulden vorkommen, dass ein Sachverhalt in der IFRS-Bilanz abweichend zur Vorgehensweise in der Steuerbilanz zu erfassen ist und dass dadurch Wertansatzdifferenzen auftreten. Ist dies der Fall, ist zu prüfen, ob latente Steuern zu bilanzieren sind (vgl. zur Bilanzierung von latenten Steuern im Detail 8. Kapitel, S. 498 ff.).

II. Bilanzierung von Verbindlichkeiten

Dieser Abschnitt behandelt zunächst Ansatz und Ausweis von Verbindlichkeiten, bevor auf Ausgangs- und Folgebewertung von Verbindlichkeiten eingegangen wird. Wegen der sachlichen Zugehörigkeit werden hier auch abgegrenzte Schulden und Eventualverbindlichkeiten mitbehandelt.

1. Ansatz und Ausweis von Verbindlichkeiten

Financial bzw. other liabilities

Eine Besonderheit der IFRS stellt die Unterscheidung der Verbindlichkeiten nach finanziellen und sonstigen Verbindlichkeiten dar. Bei der Betrachtung der Regelungen bezüglich der Abbildung von finanziellen Verbindlichkeiten ist dabei zu beachten, dass die im kommenden Abschnitt beschriebenen Regelungen des IAS 39 im Rahmen der Finalisierung des IFRS 9 von neuen Vorgaben abgelöst werden, deren Inhalte aber noch nicht umfänglich abzusehen sind (vgl. dazu dieses Kapitel, S. 464). *Financial liabilities* fallen dabei in die Kategorie der Finanzinstrumente und stellen zum einen Verträge dar, welche die Verpflichtung enthalten (IAS 32.11)

- flüssige Mittel oder andere finanzielle Vermögenswerte an ein anderes Unternehmen abzugeben oder
- Finanzinstrumente unter potenziell nachteiligen Bedingungen tauschen zu müssen.

Zum anderen fallen darunter aber auch Verträge, die durch eigene Eigenkapitaltitel des bilanzierenden Unternehmens bedient werden (IAS 32.11b).

Bestimmendes Merkmal für eine finanzielle Verbindlichkeit ist demnach die vertragliche Vereinbarung der Verpflichtung. Aus diesem Grund sind z. B. Steuerschulden oder Verpflichtungen aus der sozialen Sicherung nicht als *financial liabilities* zu klassifizieren, da diese auf einem hoheitlichen Akt und nicht auf einem Rechtsgeschäft basieren. Außerdem ist das Vorliegen finanzieller Sachverhalte eine Grundbedingung für den Ansatz einer finanziellen Verbindlichkeit. Somit fallen z. B. Sachleistungsverbindlichkeiten oder erhaltene Anzahlungen nicht in diese Kategorie (vgl. Beck'sches IFRS-Handbuch [2013], § 14 Tz. 22 ff.).

Die sonstigen Verbindlichkeiten ergeben sich als Residualgröße zu den finanziellen Verbindlichkeiten, da ihr Abgrenzungskriterium die Nichterfüllung der Merkmale für Finanzverbindlichkeiten ist (vgl. Beck'sches IFRS-Handbuch [2013], § 14 Tz. 23).

Accruals

Die *accruals* stellen eine weitere Untergruppe der Schulden dar. Dem Grunde nach stehen diese Verbindlichkeiten i. d. R. fest, nur bezüglich ihrer Höhe und/ oder ihres Erfüllungszeitpunktes besteht ein eher unwesentliches Restrisiko. Von Rückstellungen unterscheiden sie sich demnach durch den wesentlich höheren Bestimmtheitsgrad und ihre zuverlässigere Bestimmbarkeit (IAS 37.11b). Zu diesen sog. abgegrenzten Schulden zählen z. B. Verpflichtungen, die sich aus der Lieferung von Gütern oder dem Erbringen von Dienstleistungen ergeben. Ein Leistungstausch hat zwar bereits stattgefunden, wurde aber noch nicht in Rechnung gestellt oder über dessen Entgelt konnte noch keine endgültige Einigkeit mit dem Leistungserbringer erzielt werden. Als weitere Beispiele für *accruals* können u. a. Verpflichtungen gegenüber Mitarbeitern aufgrund rückständigen Urlaubs oder abzugrenzende Mietschulden genannt werden (vgl. Haufe IFRS-Kommentar [2013], § 21 Tz. 53). Der Ausweis der abgegrenzten Schulden findet häufig unter den Verbindlichkeiten aus Lieferungen und Leistungen (*trade payables*) oder den sonstigen Verbindlichkeiten (*other payables*) statt.

Contingent liabilities

Im Gegensatz dazu werden *contingent liabilities* nicht bilanziell berücksichtigt (IAS 37.27). Es handelt sich hierbei zum einen um mögliche (*possible*) Verpflichtungen, bei denen nicht sicher ist, ob sie eine gegenwärtige Verpflichtung des Unternehmens darstellen, d. h. die Existenz der Verpflichtung muss erst noch durch den Eintritt eines oder mehrerer ungewisser Ereignisse bestätigt werden, die außerhalb des Einflussbereichs des Unternehmens liegen (IAS 37.10, vgl. auch Abbildung 7.3). Zum anderen fallen unter diesen Begriff Verpflichtungen, die wahrscheinlich nicht zu einem Abfluss wirtschaftlicher Ressourcen führen werden oder solche, deren Wert nicht verlässlich genug geschätzt werden kann (IAS 37.13). Dabei sind Unternehmen regelmäßig dazu in der Lage, zumindest eine Bandbreite an möglichen Wertansätzen zu schätzen. Dies reicht jedoch i. d. R. aus, um das Kriterium der zuverlässigen Schätzbarkeit in der Praxis zu erfüllen (vgl. Beck'sches IFRS-Handbuch [2013], § 13 Tz. 49.). *Contingent liabilities* – als Äquivalent auf der Passivseite zu den Eventualforderungen (*contingent assets*) (vgl. 2. Kapitel, S. 87 f.) – führen zwar zu keiner Aufwandsbuchung, sie sind aber zu beschreiben und mit folgenden Angaben zu versehen, allerdings nur dann, wenn ein Abfluss wirtschaftlicher Ressourcen nicht (sehr) unwahrscheinlich (*remote*) ist (IAS 37.86):

- eine kurze Beschreibung der möglichen Verpflichtung,
- eine Schätzung des möglichen Erfüllungsbetrages unter Berücksichtigung der Bewertungsgrundsätze,
- Hinweise zur Ungewissheit hinsichtlich Höhe und Zeitpunkt des Vermögensabganges oder
- Hinweise über etwaige Rückgriffsansprüche.

Verbindlichkeiten, die nach IAS 37 als *contingent liabilities* lediglich offen zu legen sind, würden mitunter in einem Jahresabschluss nach HGB als Rückstellungen für ungewisse Verbindlichkeiten passiviert werden. Grundsätzlich sind aber sämtliche Sachverhalte, welche nach handelsrechtlichen Vorschriften (§ 251 HGB) als Haftungsverhältnisse gelten, unter *contingent liabilities* zu subsumieren (vgl. Beck'sches IFRS-Handbuch [2013], § 13 Tz. 17).

2. Bewertung von Verbindlichkeiten

Ausgangsbewertung von financial liabilities nach IAS 39

Auch bei der Bewertung ist nach IFRS zwischen finanziellen und sonstigen Verbindlichkeiten zu unterscheiden. IAS 39 »*Financial Instruments: Recognition and Measurement*« beinhaltet konkrete Regelungen zu *financial liabilities*, die einen Großteil der Verbindlichkeiten abdecken. Gemäß IAS 39.43 sind finanzielle Verbindlichkeiten beim Erstansatz zum *fair value* zu bewerten, was dem erhaltenen Gegenwert der Verbindlichkeit, d. h. normalerweise den historischen Anschaffungskosten, entspricht (IAS 39.AG64). Sind die Anschaffungskosten nicht zuverlässig ermittelbar, so ist der *fair value* des Postens gemäß IAS 39.AG64 durch Abzinsung der über die Laufzeit erwarteten Zahlungsströme zu errechnen. Als Abzinsungsfaktor ist dabei die Verzinsung von Verbindlichkeiten gleicher Art zu verwenden. Entsteht daraus nur ein unwesentlicher Effekt, so kann die Abzinsung unterbleiben. Aus diesem Grund sind auch kurzfristige Verbindlichkeiten nicht abzuzinsen (vgl. Baetge, J./Kirsch, H.-J./Thiele, S. [2012], S. 411). Transaktionskosten sind im Falle einer GuV-wirksamen Bewertung zum *fair value* (*at fair value through profit or loss*) (vgl. 5. Kapitel, S. 263 ff.) bei erstmaliger Einbuchung GuV-wirksam zu erfassen, während sie bei einer Bewertung zu fortgeführten Anschaffungskosten von der *liability* abgezogen und durch Anwendung der Effektivzinsmethode (vgl. 5. Kapitel, S. 272) auf den Erfüllungsbetrag der Verbindlichkeit zugeschrieben werden (IAS 39.E.1.1). Prospektive Transaktionskosten werden dabei allerdings nicht berücksichtigt.

Ausgangsbewertung nach IFRS 9

Nach Maßgabe des IFRS 9 sind finanzielle Verbindlichkeiten zum Zeitpunkt des erstmaligen Ansatzes analog den Vorgaben des IAS 39 zum *fair value* inkl. einer Berücksichtigung von Transaktionskosten zu erfassen.

Ausgangsbewertung von other liabilities

Nicht finanzielle »sonstige« Verbindlichkeiten sind bei erstmaliger Erfassung anhand des Rückzahlungsbetrages (*settlement value*), d. h. des voraussichtlichen Ressourcenabflusses aus der Verbindlichkeit, zu bewerten. Dabei wird weder in den einzelnen Standards noch im Framework darauf eingegangen, ob der Rückzahlungsbetrag auf Basis historischer Kosten, zu Marktpreisen oder zum Barwert ermittelt werden soll. Einzelregelungen finden sich z. B. zu Pensionsverpflichtungen (IAS 19), zu Steuerverpflichtungen (IAS 12), zur Währungsumrechnung (IAS 21), zu Verbindlichkeiten aus von als Finanzinvestition gehaltenen Immobilien (*investment properties*) (IAS 40) und zu ungewissen Verpflichtungen (IAS 37).

Folgebewertung von financial liabilities nach IAS 39

Die Folgebewertung von *financial liabilities* nach IAS 39 hängt von ihrer Zuordnung in Kategorien ab. Grundsätzlich sind *financial liabilities* gemäß IAS 39.47 in den Folgejahren zu fortgeführten Anschaffungskosten anzusetzen, welche unter Verwendung der Effektivzinsmethode ermittelt werden (Zuordnung in die Kategorie *other financial liabilities*). Ausnahmen hierzu bilden *at fair value through profit or loss* designierte sowie zur kurzfristigen Handelsabsicht gehaltene Verbindlichkeiten (*financial liabilities held for trading*), welche zum *fair value* angesetzt werden (vgl. 5. Kapitel, S. 270 ff.). Dabei sind Wertänderungen in der Periode ihrer Entstehung GuV-wirksam zu erfassen (IAS 39.55a). Die Anwendung der *fair value option* ist allerdings auf konkrete Situationen beschränkt und unterliegt bestimmten Voraussetzungen (vgl. im Detail zur *fair value option*, zu den Anwendungsvoraussetzungen sowie zu den damit verbundenen Anhangangaben 5. Kapitel, S. 263 ff. sowie S. 276 ff.).

Folgebewertung von financial liabilities nach IFRS 9

Die Vorgaben des IFRS 9 orientieren sich bei der Folgebewertung von finanziellen Verbindlichkeiten an der grundlegenden Vorgehensweise des IAS 39. Entweder es erfolgt eine erfolgswirksame Bewertung zum *fair value* (zu Handelszwecken gehaltene finanzielle Verbindlichkeiten) oder gemäß den fortgeführten Anschaffungskosten. Als weitere Alternative kann bereits beim erstmaligen Ansatz freiwillig eine Klassifizierung gemäß der *fair value option* vorgenommen werden. Bei der Ausübung dieser Option sind gemäß IFRS 9.5.7.7 Änderungen des *fair value* der Verbindlichkeit aufgrund von Änderungen des externen Ausfallrisikos gesondert im sonstigen Ergebnis (*other comprehensive income*) zu erfassen.

Folgebewertung von other liabilities

Für die Folgebewertung sonstiger Verbindlichkeiten gibt es in den Standards sowie im Framework keine gesonderten Regelungen. Die Grundsätze für die erstmalige Bewertung sind daher analog anzuwenden, d. h. es ist auf den voraussichtlichen Ressourcenabfluss abzustellen. Sich aus neuen Erkenntnissen ergebende Wertänderungen sind GuV-wirksam zu erfassen (vgl. Beck'sches IFRS-Handbuch [2013], § 14 Tz. 106).

Bewertung von accruals

Bezüglich der Ausgangs- bzw. Folgebewertung von abgegrenzten Schulden (*accruals*) gibt es keine expliziten Regelungen. Sie sind als Unterkategorie der nicht finanziellen Verbindlichkeiten in Höhe des voraussichtlichen Ressourcenabflusses zu bewerten.

Bewertung von contingent liabilities

Wie bereits ausgeführt, kommt der Bewertung von Eventualschulden lediglich dann eine Bedeutung zu, wenn eine Offenlegung im Anhang erforderlich ist. Zur Schätzung des möglichen Erfüllungsbetrages einer Eventualschuld verweist IAS 37.86 auf die Bewertungsgrundsätze für Rückstellungen (vgl. in diesem Kapitel, S. 455 ff.).

Disagio

Die Behandlung eines Disagio nach IFRS leitet sich aus den Gedanken zur periodengerechten Erfolgsermittlung ab. Da *financial liabilities* beim Erstansatz mit dem Wert der erhaltenen Gegenleistung anzusetzen sind, ist im Falle eines Disagios die Verbindlichkeit betragsmäßig vermindert um das Disagio anzusetzen. In den Folgejahren erfolgt die Amortisation des Disagio durch eine sukzessive, GuV-wirksame Aufzinsung des Buchwerts der Verbindlichkeit unter Anwendung der Effektivzinsmethode (vgl. 5. Kapitel, S. 272). Damit entspricht der Buchwert der *liability* zum Ende der Laufzeit dem Rückzahlungsbetrag (IAS 39.43 ff.).

Un- bzw. niederverzinsliche Verbindlichkeiten/ Zero-Bonds

Im Unterschied zur handelsrechtlichen Behandlung ist nach IFRS grundsätzlich eine Abzinsung vorzunehmen, d. h. unverzinsliche bzw. unterverzinsliche finanzielle Verbindlichkeiten sind zum Barwert anzusetzen, sobald der Abzinsungseffekt wesentlich ist. Für Zwecke der Diskontierung sind marktübliche Zinssätze zu verwenden (vgl. Beck'sches IFRS-Handbuch [2013], § 14 Tz. 90).

Valutaverbindlichkeiten

Nach IAS 21.21 f. sind Fremdwährungsverbindlichkeiten bei Zugang mit der *spot exchange rate* (Kassakurs) des Transaktionszeitpunktes auf die funktionale Währung des Unternehmens umzurechnen (zum Begriff »funktionale Währung« vgl. 10. Kapitel, S. 650 f.). Aus Vereinfachungsgründen kann hier im Falle nur unwesentlicher Kursschwankungen auch ein Näherungswert herangezogen werden. In den Folgejahren sind monetäre Posten zur *closing rate* (Stichtagskurs) am Bilanzstichtag umzurechnen (IAS 21.23a). Etwaige Umrechnungsdifferenzen sind nach IAS 21.28 i. V. m. IAS 39.AG83 grundsätzlich GuV-wirksam zu erfassen.

Leasingverbindlichkeiten

Ist ein Leasingvertrag derart ausgestaltet, dass der Leasinggegenstand dem Leasingnehmer zugerechnet wird, hat dieser eine *liability* anzusetzen. Die *liability* ist dabei im Zugangszeitpunkt in gleicher Höhe wie der gleichzeitig zu aktivierende Leasinggegenstand einzubinden. Über die Leasingvertraglaufzeit ist sie über den Tilgungsanteil der Leasingraten zu reduzieren (vgl. dazu im Detail 3. Kapitel, S. 198 ff.).

III. Bilanzierung von Rückstellungen

Die beiden folgenden Abschnitte beschäftigen sich mit Ansatz-, Ausweis- und Bewertungsfragen, die im Rahmen der Rückstellungsbilanzierung zu beachten sind. Der letzte Abschnitt geht abschließend detaillierter auf einige in der Praxis bedeutende Rückstellungsarten ein.

1. Ansatz und Ausweis von Rückstellungen

Bilanzierung von Rückstellungen

IAS 37 regelt die Bilanzierung zuzüglich der notwendigen Angaben von Rückstellungen (*provisions*), Eventualschulden (*contingent liabilities*) und Eventualforderungen (*contingent assets*). Dabei werden nach IAS 37.1 aus dem Geltungsbereich des IAS 37 diejenigen Rückstellungen, Eventualverbindlichkeiten und -forderungen ausgeschlossen, die aus noch zu erfüllenden Verträgen resultieren, außer es handelt sich um belastende Verträge und diejenigen, welche durch einen anderen IFRS abgedeckt werden.

Definition von Rückstellungen

Provisions sind nach F 4.38 i. V. m. F 4.46, genau wie im deutschen Recht, als eine besondere Art der Schulden definiert, die sich durch Ungewissheit bezüglich ihrer Höhe oder bezüglich ihres Eintritts auszeichnen (IAS 37.10). Als Unterart der Schulden haben die Rückstellungen auch die gleichen Ansatzkriterien zu erfüllen, d. h. es muss eine aus der Vergangenheit resultierende gegenwärtige Verpflichtung des Unternehmens vorliegen, deren Begleichung zu einem messbaren Abfluss ökonomischer Ressourcen führen wird und der sich das Unternehmen nicht entziehen kann. Zur Leistung kann ein Unternehmen zum einen gesetzlich verpflichtet werden (*legal obligation*). Zum anderen führen aber auch sog. *constructive obligations* zu einem Leistungszwang des Verpflichteten. Eine *constructive obligation* beruht nicht auf einer rechtlichen Verpflichtung, ist aber dennoch dem Grunde nach sicher, da sich das Unternehmen aufgrund wirtschaftlicher/faktischer Zwänge der Leistung nicht entziehen kann (IAS 37.10).

Nach IFRS bekommt bei der Rückstellungsbildung der Wahrscheinlichkeitsbegriff dadurch eine besondere Bedeutung, dass für den Ansatz einer *provision* sowohl eine Eintrittswahrscheinlichkeit (IAS 37.15) als auch eine Wahrscheinlichkeit des Ressourcenabflusses (IAS 37.23) von größer als 50 % gegeben sein müssen. Dies ist der Fall, wenn das Bestehen der Verpflichtung bzw. der Ressourcenabfluss »*more likely than not*« sind, d. h. mehr dafür als dagegen spricht.

Bildung/Auflösung der Rückstellungen

Das Prinzip der Bildung bzw. Auflösung von Rückstellungen nach IFRS unterscheidet sich nicht von demjenigen nach den handelsrechtlichen Vorschriften (vgl. in diesem Kapitel, S. 428). Gemäß IAS 37.61 ist eine Rückstellung entsprechend aufzulösen, sobald Auszahlungen, für die die Rückstellung gebildet wurde, anfallen. Folglich werden weder GuV noch Eigenkapital bei der Auflösung berührt, es sei denn, die Rückstellung wurde zu hoch oder zu niedrig dotiert.

Anhangangaben

Umfassende Angabepflichten ergänzen die Vorschriften des IAS 37. So sind gemäß IAS 37.84 f. die folgenden Angaben für jede Rückstellungsgattung zu machen:

- der Buchwert (*carrying amount*) zum Periodenbeginn und -ende,
- die Erhöhung bestehender und der Betrag neuer Rückstellungen,
- verwendete und nicht verwendete Rückstellungsauflösungen der Periode,
- bei abgezinsten Rückstellungen die aus dem Zeitablauf und aus Änderungen des Abzinsungssatzes resultierenden Rückstellungserhöhungen,
- eine Kurzbeschreibung der Art der Rückstellung und der erwarteten Fälligkeit der Abflüsse aus Inanspruchnahme,
- Angaben zu Unsicherheiten bezüglich Höhe oder Fälligkeit dieser Abflüsse und
- die erwarteten Rückgriffs- und Erstattungsansprüche.

2. Bewertung von Rückstellungen

Bewertung

Rückstellungen sind nach IFRS mit dem bestmöglichen Schätzwert (*best estimate*) anzusetzen (IAS 37.36). Dies ist der Betrag, der aufgrund vernünftiger Betrachtung zur Erfüllung der Verpflichtung am Stichtag nötig wäre. Bei der Bewertung ist zwischen Einzel- und Massenverpflichtungen zu unterscheiden. Liegt eine Einzelverpflichtung vor, so entspricht der beste Schätzwert i. d. R. dem wahrscheinlichsten Ergebnis, ggf. mit gewissen Zu- oder Abschlägen (IAS 37.40). Bei mehreren gleich wahrscheinlichen Ergebnissen wird das arithmetische Mittel gebildet. Umfasst eine Rückstellung sehr viele einzelne Geschäftsvorfälle (Massenverpflichtung), wie z. B. eine Garantierückstellung, für die eine Wahrscheinlichkeitsverteilung möglicher Erfüllungsbeträge existiert, so ist der Erwartungswert anzusetzen (IAS 37.39). Unvermeidbare Risiken und Unsicherheiten sind gemäß IAS 37.42 bei der Ermittlung des *best estimate* zu berücksichtigen.

Abzinsung

Rückstellungen sind abzuzinsen, wenn die Diskontierung einen wesentlichen Effekt auf die Ausweishöhe der Verpflichtung hat (IAS 37.45), wovon regelmäßig bei einer Laufzeit von mehr als zwölf Monaten ausgegangen wird (vgl. Pellens, B./Fülbier, R. U./Gassen, J./Sellhorn, T. [2011], S. 434; Beck'sches IFRS-Handbuch [2013], § 13 Tz. 74). Als Rechnungszins wird ein laufzeitkongruenter Marktzins vor Steuern definiert. Bei der Abzinsung findet eine periodische Erhöhung der Rückstellung statt, die nach IAS 37.60 als Fremdkapitalkosten erfasst wird. Es ist darauf zu achten, dass eine mögliche Risikoanpassung nicht beim Zinssatz vorgenommen wird, wenn diese schon bei der Ermittlung der Cashflows durchgeführt wurde und umgekehrt.

Rückgriffs- und Erstattungsansprüche

Rückgriffs- und Erstattungsansprüche, die so gut wie sicher sind, werden auf der Aktivseite separat als Forderung ausgewiesen. Sie dürfen aber den Rückstellungsbetrag nicht übersteigen. In der GuV kann ein Nettoausweis erfolgen, da die Erträge von der Aufwandsbuchung für die Rückstellung abgezogen werden dürfen (IAS 37.53, .54).

3. Einzelne Rückstellungsarten

Im Folgenden werden einige in der Praxis wichtige Arten von Rückstellungen nach IFRS behandelt. Dabei wird sowohl auf Ansatz- als auch auf Bewertungsfragen eingegangen.

a) Rückstellungen aufgrund einer Verpflichtung gegenüber Dritten

Die im Folgenden behandelten Rückstellungen sind auf eine Verpflichtung gegenüber Dritten zurückzuführen, d. h. es besteht eine Außenverpflichtung. Die Aufzählung erhebt jedoch keinen Anspruch auf Vollzähligkeit.

(1) Pensionsrückstellungen

Pensionsverpflichtungen

Für Wirtschaftsjahre, welche am oder nach dem 1. Januar 2013 beginnen, gilt der im Juni 2011 verabschiedete IAS 19 »*Employee Benefits (rev. 2011)*«. Dieser regelt die bilanzielle Behandlung verschiedener Leistungen an Arbeitnehmer, die ein Unternehmen im Austausch für die von den Arbeitnehmern erbrachte Arbeitsleistung gewährt. Hierunter fällt die Bilanzierung von Pensionsverpflichtungen als Leistungen, welche nach Beendigung des Arbeitsverhältnisses (*post-employment benefits*) gewährt werden. Innerhalb dieser Leistungen ist nach IAS 19 zwischen beitragsorientierten (*defined contribution plans*) und leistungsorientierten Versorgungszusagen (*defined benefit plans*) zu unterscheiden (IAS 19.26 ff.).

- Defined contribution plans

Bei beitragsorientierten Versorgungszusagen (*defined contribution plans*) verpflichtet sich das Unternehmen dazu, Einzahlungen in festgelegter Höhe an einen separaten Versorgungsträger zu leisten, der seinerseits dem anspruchsberechtigten Arbeitnehmer gegenüber leistungspflichtig ist. Die Versorgungsleistungen an den Arbeitnehmer bestimmen sich nach den an den Fonds geleisteten Beiträgen und den hiermit durch den Fonds erwirtschafteten Ergebnissen. Das Unternehmen unterliegt keiner rechtlichen oder faktischen Nachschussverpflichtung, falls das Vermögen des Versorgungsträgers nicht ausreicht, um alle Leistungen zu erbringen. Das Risiko, dass die künftigen Pensionszahlungen geringer als erwartet ausfallen, trägt damit der Arbeitnehmer (IAS 19.27 f.). Diese Form der betrieblichen Altersversorgung entspricht weitestgehend der auch in Deutschland gebräuchlichen Form der mittelbaren Zusage durch Unterstützungskassen und dem Abschluss von Direktversicherungen.

Bei beitragsorientierten Versorgungszusagen stellen die in einer Periode abgeführten Beträge Aufwand und Auszahlungen der Periode dar. Daher entfällt die Notwendigkeit einer Rückstellungsbildung. Offen zu legen ist in diesem Fall nur der Periodenaufwand. Versäumte oder vorab geleistete Zahlungen sind als Verbindlichkeiten oder Forderungen abzugrenzen (IAS 19.50 f.).

- Defined benefit plans

Bei leistungsorientierten Versorgungszusagen (*defined benefit plans*) wird dem Arbeitnehmer durch das Unternehmen eine bestimmte Betriebsrente zugesagt. Das Unternehmen selbst ist also dem anspruchsberechtigten Arbeitnehmer gegenüber direkt leistungspflichtig, was den Tatbestand einer ungewissen Verbindlichkeit (*provision*) begründet. Damit hat das Unternehmen sicherzustellen, dass immer genügend Mittel zur Deckung fälliger Leistungen bereitstehen und trägt somit auch das gesamte Risiko (IAS 19.30). Dabei kann das Unternehmen bei der Finanzierung zum einen die Mittel im Unternehmen selbst ansammeln oder zum anderen diese Aufgabe an externe Versorgungsträger delegieren, wobei die Leistungsverpflichtung des Unternehmens jedoch bestehen bleibt (IAS 19.56). Eine Auslagerung von zweckdienlich angelegten Vermögenswerten, die den Pensionsverpflichtungen gegenüberstehen und die in Deutschland faktisch bei der Einschaltung von Unterstützungskassen angetroffen werden kann, ist somit ebenfalls nach den Vorschriften der IFRS abgedeckt und wird als *funding* bezeichnet (vgl. IAS 19.8).

Bewertung von Pensionsrückstellungen

Bei leistungsorientierten Versorgungszusagen ist i. d. R. eine Pensionsrückstellung anzusetzen, die sich vereinfacht als Differenz zwischen dem Barwert der künftigen Leistungen an die Arbeitnehmer und den für die Erfüllung dieser Leistungen – ggf. in einem externen Versorgungsträger angesammelten – Vermögenswerten (*plan assets*) ergibt. Die *projected unit credit method* ist dabei zwingend für die Bewertung vorgeschrieben (IAS 19.57a, .67 f.); diese wird auch als »Verfahren der laufenden Einmalprämien« bezeichnet. Im Rahmen dieses versicherungsmathematischen Verfahrens sind für jeden Arbeitnehmer mit einer betrieblichen Rentenzusage zunächst die künftigen Pensionszahlungen zu schätzen und dann auf den Pensionseintrittstermin abzuzinsen. Zuletzt ist dieser Barwert der erwarteten künftigen Pensionszahlungen auf die Perioden der bis dahin noch verbleibenden aktiven Dienstzeit zu verteilen. Hierzu wird der Teil des Barwerts ermittelt, der auf die bis zum Bilanzstichtag bereits erbrachten Dienstperioden entfällt. Dieser bereits erdiente Teil wird dann auf den Bilanzstichtag abgezinst. Der resultierende Barwert stellt den Barwert der leistungsorientierten Verpflichtung (*present value of the defined benefit obligation*) zum Bilanzstichtag dar. Der Verpflichtungsumfang entspricht dem Barwert der kumulierten Leistungen, der zu erfassende Periodenaufwand ergibt sich vereinfacht aus der Differenz zwischen der Veränderung des Barwerts der Verpflichtung und den Erträgen aus dem Planvermögen. Dabei ändert sich der Barwert der Verpflichtung grundsätzlich in Höhe der Verzinsung des Anfangsbestandes der Verpflichtung und in Höhe des Barwerts des in der Periode erdienten Leistungsanteils.

- Versicherungsmathematische Annahmen

Die Höhe der zukünftigen Pensionszahlungen und damit auch deren Barwert ist abhängig von der Ausgestaltung der Verträge mit den Arbeitnehmern und von versicherungsmathematischen Annahmen (*actuarial assumptions*), die in die Berechnung der Zahlungen eingehen. Hierzu gehören beispielsweise demografische (Sterbewahrscheinlichkeiten, Fluktuationsraten etc.) und finanzielle (künftiges Gehaltsniveau, Zinssatz etc.) Annahmen (IAS 19.76). Daraus folgt i. d. R. ein steigender Aufwand während der aktiven Dienstzeit des Begünstigten.

- Abzinsung

Der für die Diskontierung zu verwendende Zins ist aus dem Marktzins für erstrangige, festverzinsliche Industrieanleihen zum Bilanzstichtag abzuleiten (IAS 19.83). Ist der Markt für Industrieanleihen vergleichsweise unterentwickelt, sollen ersatzweise Regierungsanleihen herangezogen werden. Dabei haben Währung und Laufzeiten dieser Anleihen mit der Währung und den voraussichtlichen Fristigkeiten der vom Unternehmen gegenüber den Arbeitnehmern zu erfüllenden Verpflichtungen übereinzustimmen.

- Planvermögen

Unter Planvermögen (*plan assets*) versteht man finanzielle Mittel, die zur Finanzierung der Pensionsverpflichtung angesammelt werden. Die Ansammlung erfolgt durch Zuführungen von Mitteln durch das Unternehmen sowie durch erwartete Erträge in Form von Zinsen, Dividenden und Wertsteigerungen aus bereits bestehendem Planvermögen. Das Planvermögen darf ausschließlich zur Tilgung der Pensionsverpflichtungen herangezogen werden, d. h. auch Gläubiger dürfen keinen Zugriff auf dieses Vermögen haben. Die Bewertung des Vermögens erfolgt zum *fair value* (IAS 19.113 ff.).

Ermittlung des Periodenaufwands

IAS 19.57c bestimmt die Bestandteile des in der GuV zu erfassenden Periodenaufwands:

- laufender Dienstzeitaufwand, d. h. der Betrag, um den der Barwert der leistungsorientierten Verpflichtung aufgrund zusätzlich erdienter Pensionsansprüche steigt *(current service cost)*,
- nachzuverrechnender Dienstzeitaufwand, der durch nachträgliche Änderungen der Pensionszusagen entsteht *(past service cost)*,
- Gewinne und Verluste aus der Begleichung von Pensionsansprüchen *(gain or loss on settlement)*,
- Verzinsung der Nettoschuld abzüglich der Verzinsung des Planvermögens *(net interest on the net defined benefit liability (asset))*.

- Nachzuverrechnender Dienstzeitaufwand

Der sog. nachzuverrechnende Dienstzeitaufwand (*past service cost*) ist ein Bestandteil der Pensionsrückstellung. Hierunter versteht man Veränderungen des Barwerts der leistungsorientierten Verpflichtung, die sich zwar auf die Arbeitsleistung vergangener Geschäftsjahre beziehen, die aber erst durch eine Planänderung oder Neueinführung eines Plans entstehen (IAS 19.8). Sind die Ansprüche des Arbeitnehmers auf diese Leistungen unverfallbar, so sind die *past service cost* sofort und vollständig GuV-wirksam zu erfassen.

- Versicherungsmathematische Gewinne und Verluste

Da bewertungstechnische Annahmen und die tatsächlich eingetretenen Entwicklungen nicht zwangsläufig übereinstimmen müssen, ergeben sich die sog. versicherungsmathematischen Gewinne bzw. Verluste (*actuarial gains and losses*), die sowohl die Höhe der Verpflichtung (z. B. durch Veränderung der Sterbewahrscheinlichkeiten oder Veränderungen des Zinssatzes) als auch die Wertentwicklung der zur Deckung vorgesehenen Vermögenswerte (z. B. aufgrund unerwarteter Börsenentwicklungen) betreffen können. Die versicherungsmathematischen Gewinne bzw. Verluste sind zwingend in der Periode ihres Auftretens im *other comprehensive income*, d. h. GuV-neutral, zu erfassen (IAS 19.120c). Diese Vorgehensweise führt zu einem klaren und unmissverständlichen Ausweis der versicherungsmathematischen Gewinne und Verluste.

- Kürzung oder Abgeltung eines Plans

Gewinne und Verluste aus einer Kürzung (*curtailment*, IAS 19.105) eines leistungsorientierten Plans (z. B. wegen Betriebsschließung) oder einer Abgeltung (*settlement*) eines solchen Plans (z. B. Ausgleichszahlungen an Arbeitnehmer, die das Unternehmen verlassen), sind umgehend GuV-wirksam zu erfassen (IAS 19.103 und .110).

Zusammensetzung des auszuweisenden Bilanzpostens in Zusammenhang mit leistungsorientierten Plänen

Die in der Bilanz auszuweisende Nettoschuld (*net defined benefit liability*) setzt sich schließlich aus folgenden Bestandteilen zusammen (IAS 19.57a):

- Barwert der leistungsorientierten Verpflichtung am Abschlussstichtag (*present value of the defined benefit obligation*) (IAS 19.8),
- abzüglich des am Abschlussstichtag *fair value* des Planvermögens (sofern ein solches vorliegt), mit dem die Verpflichtungen unmittelbar abzugelten sind (IAS 19.8).

Der hieraus resultierende Betrag kann auch negativ werden, sodass ein Vermögenswert (*net defined benefit asset*) zum Ansatz kommt. Für diesen Vermögenswert existiert allerdings eine Obergrenze (sog. »*asset ceiling*«). Diese bestimmt sich aus dem niedrigeren Wert der Überdeckung des leistungsorientierten Plans und der Obergrenze für den abgezinsten Vermögenswert (IAS 19.64).

Angabepflichten

Gemäß IAS 19.135-.152 sind insbesondere für leistungsorientierte Versorgungszusagen umfangreiche Angabepflichten im Abschluss vorgesehen. Darunter fallen beispielsweise die Beschreibung von Sensivitätsanalysen zur Zusammensetzung des Planvermögens oder der maßgeblichen versicherungsmathematischen Berechnungsparameter am Abschlussstichtag.

Pensionsrückstellungen nach IFRS for SMEs

Die im vorhergehenden Abschnitt beschriebenen Vorgaben stellen auch grob die Regelungen des IFRS for SMEs zur Behandlung von Pensionsrückstellungen dar, lediglich im Rahmen der Bewertung ergeben sich Unterschiede. So sieht dieser Standard spezielle Erleichterungen für die Anwender vor (vgl. BEKKM [2010], S. 594 ff.). So können etwa Erleichterungen in Anspruch genommen werden, indem bei der Berechnung des laufenden Aufwands bestimmte Faktoren, wie beispielsweise erwartete künftige Gehaltssteigerungen, ignoriert werden (IFRS for SMEs 28.18 ff.). Zudem muss die versicherungsmathematische Bewertung nicht jährlich erfolgen (IFRS for SMEs 28.20). Analog zum IAS 19 »*Employee Benefits (rev. 2011)*« erfolgt bei Anwendung des IFRS for SMEs zur Erfassung von versicherungsmathematischen Gewinnen und Verlusten in der betroffenen Periode eine sofortige Erfassung, allerdings kann zwischen der Verbuchung im sonstigen Ergebnis oder im Periodenergebnis gewählt werden (IFRS for SMEs 28.24).

(2) Rückstellungen für andere Verpflichtungen gegenüber Mitarbeitern

Verpflichtungen gegenüber Mitarbeitern

Neben den beschriebenen Verpflichtungen für Leistungen nach Beendigung des Arbeitsverhältnisses regelt IAS 19 zudem die Behandlung von kurzfristig fälligen Leistungen, Leistungen aus Anlass der Beendigung des Arbeitsverhältnisses sowie anderen langfristig fälligen Leistungen an Arbeitnehmer (IAS 19.8).

Kurzfristig fällige Leistungen

Die kurzfristig fälligen Leistungen an Arbeitnehmer (*short-term employee benefits*) bezeichnen diejenigen Leistungen, welche innerhalb von zwölf Monaten nach Ende der Berichtsperiode, in der die entsprechende Leistung erbracht wurde, in voller Höhe fällig sind (IAS 19.9). Beispiele sind Löhne, Gehälter, kurzfristige vergütete Abwesenheitszeiten wie bezahlter Urlaub, Gewinn- und Erfolgsbeteiligungen und geldwerte nicht-monetäre Leistungen für aktive Arbeitnehmer. Die Leistungen sind i. d. R. als abzugrenzender Aufwand einzustufen, welcher in der Bilanz als Verbindlichkeit zu passivieren ist. Die Bewertung erfolgt in Höhe des nicht abgezinsten Betrages der kurzfristig fälligen Leistung, der im Austausch für die Arbeitsleistung gezahlt wird (IAS 19.11). Mögliche bereits geleistete Zahlungen sind in Abzug zu bringen. Für den Fall, dass die bereits geleisteten Zahlungen den Betrag der Leistungen übersteigen, ist in Höhe der Differenz ein *asset* zu aktivieren, sofern die Vorauszahlung zu einem künftigen ökonomischen Nutzen in Form einer Verringerung künftiger Auszahlungen oder in Form von Rückerstattungen führen.

Leistungen aus Anlass der Beendigung des Arbeitsverhältnisses

Leistungen aus Anlass der Beendigung des Arbeitsverhältnisses (*termination benefits*) können daraus resultieren, dass ein Unternehmen die Beendigung des Beschäftigungsverhältnisses eines Arbeitnehmers vor dem regulären Pensionierungszeitpunkt beschlossen hat oder dass ein Arbeitnehmer im Austausch für diese Leistungen freiwillig seiner Freisetzung zugestimmt hat (IAS 19.159). Die zugehörigen Leistungen sind als *liability* und *expense* zu erfassen. Voraussetzung dafür ist, dass ein Nachweis dafür vorliegt, dass das Unternehmen zur Beendigung des Arbeitsverhältnisses eines Arbeitnehmers bzw. einer Gruppe von Arbeitnehmern vor dem Zeitpunkt der regulären Pensionierung verpflichtet ist oder Leistungen bei Beendigung des Arbeitsverhältnisses aufgrund eines Angebots zur Förderung eines freiwilligen vorzeitigen Ausscheidens zu erbringen hat (IAS 19.165). Die Verbindlichkeit ist in Höhe des Betrages der an die Arbeitnehmer zu erbringenden Leistungen anzusetzen, wobei bei einer Fälligkeit mehr als zwölf Monate nach dem Bilanzstichtag eine Diskontierung vorzunehmen ist (IAS 19.169). Der Diskontierungszinssatz hat sich an der Rendite erstklassiger, festverzinslicher Industrieanleihen mit einer Laufzeit vergleichbar mit der Fristigkeit der zu erbringenden Leistung zu orientieren.

Andere langfristig fällige Leistungen

Unter die anderen langfristig fälligen Leistungen (*other long-term employee benefits*) fallen beispielsweise Sonderurlaub bzw. andere vergütete Dienstfreistellungen nach langjähriger Dienstzeit, Versorgungsleistungen im Fall von Erwerbsunfähigkeit und Gewinn- und Erfolgsbeteiligungen, soweit diese später als zwölf Monate nach Beendigung der Berichtsperiode fällig sind (IAS 19.153). Die bilanzielle Behandlung dieser Verpflichtungen erfolgt analog der leistungsorientierten Pläne (*post-employment benefits: defined benefit plans*, IAS 19.155). Zu beachten ist dabei, dass versicherungsmathematische Gewinne und Verluste sowie *past service costs* stets GuV-wirksam zu erfassen sind.

Aufstockungsleistungen bei Altersteilzeitverpflichtungen

Unter die langfristig fälligen Leistungen an Arbeitnehmer i. S. des IAS 19.153 ff. fallen auch Aufstockungszahlungen im Rahmen von Altersteilzeitvereinbarungen, welche als Anreiz zur Einwilligung in Altersteilzeitverträge gewährt werden (vgl. zur Behandlung nach HGB dieses Kapitel, S. 438). Nach einem Anwendungshinweis des DRSC sind entsprechende Rückstellungen für Aufstockungsleistungen nicht sofort zum Barwert, sondern ratierlich gemäß dem Erdienensvorgang der Leistungen durch eine Zuordnung zu entsprechenden Dienstjahren, anzusammeln (vgl. DRSC [2012]). Neubewertungen sind erfolgswirksam zu erfassen. Als Entstehungszeitpunkt der Verpflichtung gilt entweder der Zeitpunkt des Vertragsabschlusses im Fall einer Individualvereinbarung oder der Zeitpunkt des Abschlusses einer Kollektivvereinbarung (z. B. Betriebsvereinbarung).

(3) Rückstellungen für Garantieverpflichtungen

Garantieverpflichtungen

Nach IFRS sind Garantieverpflichtungen als *provision* zu erfassen, da eine gegenwärtige (i. d. R. rechtliche) Verpflichtung besteht, die aus einem vergangenen Tatbestand – nämlich dem Verkauf – herrührt. Aufgrund von Vergangenheitsdaten können für Gruppen von Garantieverpflichtungen wahrscheinlichkeitstheoretisch fundierte Aussagen über Höhe und Wahrscheinlichkeit der Inanspruchnahme getroffen werden (IAS 37.24). Dieses Vorgehen wird auch im Anhang zu IAS 37 als Beispiel aufgeführt und erörtert (IAS 37.C1).

(4) Rückstellungen für Gewährleistungen ohne rechtliche Verpflichtung

Kulanzrückstellungen

Stellen Kulanzleistungen faktische Verpflichtungen dar, d. h. kann sich das Unternehmen den daraus resultierenden Ansprüchen nicht ohne negative Folgen entziehen, so sind derartige Verpflichtungen nach IFRS zu passivieren, wenn sie wahrscheinlich sind und ihre Höhe angemessen geschätzt werden kann. Eine rechtliche Durchsetzbarkeit muss demnach nicht gegeben sein, es genügt eine wirtschaftliche/faktische Verpflichtung (*constructive obligation*), d. h. das Unternehmen hat durch sein vergangenes Geschäftsgebaren, öffentlich angekündigte Maßnahmen oder hinreichend spezifische, noch gültige Aussagen gegenüber Dritten eine gerechtfertigte Erwartung erzeugt (IAS 37.10).

(5) Rückstellungen für drohende Verluste aus schwebenden Geschäften

Onerous contracts

Nach IAS 37.66 ff. sind Rückstellungen für drohende Verluste aus schwebenden Geschäften zu bilden, falls ein sog. belastender Vertrag (*onerous contract*) vorliegt. Dabei ist der auftretende Verpflichtungsüberschuss, um den der aus dem Vertrag zu erwartende Nutzen überschritten wird, zu passivieren. Bewertungsgrundlage sind die unvermeidbaren Kosten (*unavoidable costs*). Diese sind der niedrigere Wert aus den Kosten für die Erfüllung des Vertrages oder den Entschädigungszahlungen bei Nichterfüllung. Liegt ein solcher belastender Vertrag vor, ist zuerst zu prüfen, ob nicht die Abschreibung eines mit dem Vertrag in Zusammenhang stehenden aktivierten Vermögenswertes nach IAS 36 geboten ist.

Für zukünftige betriebliche Verluste besteht ein Passivierungsverbot, da hier i. d. R. keine Drittverpflichtung und kein vergangenes Ereignis vorliegen, aus dem sich die Rückstellungsbildung begründen würde (IAS 37.63 ff.).

(6) Rückstellungen für Restrukturierungsmaßnahmen

Ansatzvoraussetzungen

IAS 37.10 definiert Restrukturierungsmaßnahmen (*restructuring*) als vom Management geplante und kontrollierte Programme zur wesentlichen Veränderung (a) des abgedeckten Geschäftsfelds oder (b) des Inhalts/der Art der Geschäftstätigkeit des Unternehmens. Dafür werden folgende Beispiele aufgeführt (IAS 37.70):

- Verkauf/Aufgabe eines Geschäftszweiges,
- Stilllegung/Verlegung von Standorten in einem Land/einer Region,
- Änderungen in der Struktur der Unternehmensleitung oder
- grundsätzliche Umorganisation mit wesentlichen Auswirkungen auf den Charakter/Schwerpunkt der Geschäftstätigkeit.

Der Anwendungsbereich für eine Restrukturierungsrückstellung wird vom IASB auf die genannten und ähnliche Maßnahmen begrenzt. IAS 37.71 legt außerdem fest, dass eine solche Rückstellung nur gebildet werden kann, wenn die generellen Ansatzkriterien des IAS 37.14 erfüllt werden.

Vorliegen einer Verpflichtung

Die Bestimmung des *obligating event* (verpflichtendes Ereignis) ist bei Bestehen einer rechtlichen Verpflichtung aus der Restrukturierung unproblematisch. Die Identifikation einer meist viel früher eintretenden faktischen Verpflichtung kann sich hingegen schwieriger darstellen (vgl. Pellens, B./Fülbier, R. U./Gassen, J./Sellhorn, T. [2011], S. 437). So wird *restructuring* z. B. durch die speziellen Vorschriften in IAS 37.72 passivierungspflichtig, wenn:

- ein detaillierter Restrukturierungsplan (mit bestimmten Mindestangaben) besteht und
- bei den Betroffenen eine gerechtfertigte Erwartung geweckt wurde, dass das *restructuring* durchgeführt wird.

Die daraus erwachsende faktische Verpflichtung wird zudem durch die Unentziehbarkeitskriterien in IAS 37.72 ff. weiter konkretisiert. Dementsprechend muss eines der beiden Kriterien für die faktische Verpflichtung erfüllt sein (IAS 37.75):

- Beginn der Umsetzung des Plans oder
- Ankündigung der Hauptmerkmale des Plans gegenüber den Betroffenen.

Nach IAS 37.73 kann die Umsetzung des Plans auch allein durch die Demontage von Anlagen oder den Verkauf von Vermögenswerten begründet werden. Fraglich bleibt hierbei jedoch, ob dadurch schon eine berechtigte Erwartung auf Realisierung der Restrukturierung geweckt wird. Zudem liegt in diesem Fall durch die fehlende Bekanntmachung noch keine Außenverpflichtung vor, was allerdings als allgemeines Ansatzkriterium für Rückstellungen unabdingbar ist (vgl. Keitz, I. v./Dörner, D./Wollmert, P./Oser, P. [2009], Tz. 88). Eine öffentliche Ankündigung des Plans genügt hierfür nicht. Nach IAS 37.77 ist es jedoch auch nicht erforderlich, die Betroffenen persönlich zu informieren. Eine Ankündigung gegenüber den Vertretern der Betroffenen (z. B. Betriebsrat) gilt hierbei als ausreichend.

IAS 37.75 konkretisiert den Zeitbezug dahin gehend, dass das verpflichtende Ereignis vor dem Bilanzstichtag stattgefunden haben muss. IAS 37.74 bestimmt außerdem, dass die Bekanntgabe des Plans nur bei zeitnahem Umsetzungsbeginn verpflichtende Wirkung hat, da auf diese Weise größere Planänderungen quasi ausgeschlossen werden können.

Zu diesen Vorschriften finden sich zusätzlich noch einige Negativabgrenzungen, z. B. dass bis zum Abschluss eines bindenden Kaufvertrags für den Verkauf von Geschäftsbereichen keine passivierungsfähige Verpflichtung besteht (IAS 37.78).

Bewertung

Bewertungstechnisch gilt die Vorgabe, dass eine Restrukturierungsrückstellung nur die direkt in Zusammenhang mit der Restrukturierung stehenden Ausgaben enthalten darf (IAS 37.80 ff.). Damit sind Ausgaben gemeint, die zwangsläufig mit dem *restructuring* entstehen und nicht in Zusammenhang mit den laufenden Aktivitäten des Unternehmens stehen, z. B. für Abfindungs- oder Beratungsleistungen. Aufwendungen für Umschulungen oder Versetzungen weiter beschäftigter Mitarbeiter, Marketingmaßnahmen oder Investitionen in neue Systeme und Vertriebsnetze dürfen hingegen nicht passiviert werden.

(7) Rückstellungen für Umweltschutzmaßnahmen

Umweltschutzrückstellungen

Die bilanzielle Behandlung von Entsorgungs-, Rekultivierungs- und ähnlichen Verpflichtungen wird grundsätzlich in IAS 16 und IAS 37 geregelt. Mögliche Anwendungsbeispiele sind Verpflichtungen zur Stilllegung von Kernkraftwerken, zur Demontage von Ölplattformen und Erdgasförderanlagen oder zur Beseitigung von Lagerhallen etc. Durch derartige Wiederherstellungsverpflichtungen entstehen zukünftige Belastungen für das Unternehmen, was zu einer Erfüllung der Passivierungskriterien nach IAS 37 führt. IAS 16.16c schreibt allerdings vor, dass dieser Rückstellungsbetrag in die Anschaffungskosten des betroffenen Vermögenswertes erhöhend einzubeziehen ist. Die Rückstellungsbildung erfolgt hier demnach ohne eine GuV- oder Eigenkapitalwirkung, sondern als Bilanzverlängerung. Erst in den Folgejahren wird der Rückstellungsbetrag durch Abschreibung des erhöhten Anlagenwertes GuV-wirksam verbucht. Die Rückstellung wird aufgelöst, wenn am Ende der Laufzeit des Vermögenswertes die Wiederherstellungsmaßnahmen durchgeführt werden. Voraussetzung für die Aktivierung und die Passivierung der korrespondierenden Rückstellung ist dabei eine (zumindest faktische) Außenverpflichtung (vgl. Beck'sches IFRS-Handbuch [2013], § 13 Tz. 115).

IFRIC 1 »*Changes in Existing Decommissioning, Restoration and Similar Liabilities*« liefert aufgrund des niedrigen Detaillierungsgrades der Regelungen aus IAS 16 und IAS 37 zusätzliche Informationen, wie die Auswirkungen von Bewertungsänderungen bestehender Rückstellungen für Entsorgung, Rekultivierung und ähnlichen Verpflichtungen zu bilanzieren sind.

Auch IFRS 6 »*Exploration for and Evaluation of Mineral Resources*« knüpft an die Regelungen von IAS 16 an und definiert in IFRS 6.11 alle Beseitigungs- und Wiederherstellungsverpflichtungen als Bestandteil der Anschaffungskosten von Vermögenswerten aus Exploration und Evaluierung.

Zur Begleichung von Entsorgungs- und Wiederherstellungsverpflichtungen werden z. T. auch Fonds aufgelegt. IFRIC 5 »*Rights to Interests arising from Decommissioning, Restoration and Environmental Rehabilitation Funds*« regelt die Bilanzierung der Anteile, die Unternehmen an solchen Fonds halten.

(8) Rückstellungen für staatlich erhobene Abgaben

Rückstellungen für Abgaben

Die bilanzielle Behandlung von Rückstellungen für von staatlichen Stellen erhobene Abgaben werden im Kontext der Rechnungslegung nach IFRS von IFRIC 21 spezifiziert. Diese Interpretationsvorschrift subsumiert unter dem Begriff Abgaben (*levies*) alle Ressourcenabflüsse an Institutionen der öffentlichen Hand, welche lediglich eine einseitige Leistungsverpflichtung beinhalten, auf hoheitlichen Rechten der entsprechenden Regierungsinstanz basieren und nicht in den Anwendungsbereich anderer Standards fallen.

Die angesprochenen Institutionen der öffentlichen Hand umfassen sowohl Regierungsbehörden, Institutionen mit hoheitlichen Aufgaben wie auch ähnliche Körperschaften und können auf lokaler, nationaler oder internationaler Ebene angesiedelt sein.

Die Verpflichtungen sind nach Vorgabe der Interpretation genau dann in der Bilanz zu erfassen, wenn das entsprechende in der zugehörigen Rechtsvorschrift genannte Ereignis (*obligating event*) eintritt. Beispiele für entsprechende Ereignisse sind die Erzielung von Erlösen in einer Periode oder die Geschäftstätigkeit zu einem bestimmten Zeitpunkt. Eine frühere Erfassung der Verpflichtung ist nicht zulässig. Dies gilt selbst dann, wenn sich das Unternehmen der zugehörigen Verpflichtung realistisch gesehen nicht mehr entziehen kann. Auch die Prämisse der Unternehmensfortführung hat darauf keinen Einfluss.

b) Rückstellungen ohne Verpflichtung gegenüber Dritten

Verbot von »reinen« Aufwandsrückstellungen

Die nach § 249 Abs. 1 HGB gebotenen Rückstellungen für unterlassene Instandhaltung und für unterlassene Abraumbeseitigung dürfen nach IFRS grundsätzlich nicht passiviert werden, da das IASB in seiner Definition der *liabilities* voraussetzt, dass eine Verpflichtung gegenüber einem Dritten besteht (IAS 37.20). Dieser Dritte muss allerdings nicht eindeutig identifiziert werden, es kann sich dabei sogar um die »öffentliche Gesamtheit« handeln. Einer Rückstellung nach den IFRS muss also eine Außenverpflichtung zugrunde liegen. Rückstellungen für unterlassene Instandhaltung und für unterlassene Abraumbeseitigung stellen Innenverpflichtungen dar, somit liegt keine *liability* vor und es darf grundsätzlich nicht zum Ansatz einer Rückstellung kommen.

Keine Rückstellung für Generalüberholungen etc.

Vor diesem Hintergrund ist auch die Aktivierung der Aufwendungen für regelmäßig anfallende Großinspektionen oder Generalüberholungen nach IAS 16.13 f. zu sehen. Diese Aufwendungen können unter bestimmten Voraussetzungen als nachträgliche Anschaffungs- und Herstellungskosten aktiviert und über die Restnutzungsdauer des Vermögenswertes oder über ein kürzeres Wartungsintervall abgeschrieben werden (vgl. 2. Kapitel, S. 90). Rückstellungen dürfen hierfür – im Gegensatz zum Fall der Passivierung von Wiederherstellungsverpflichtungen ohne Eigenkapitalwirkung nach IAS 16.16c – allerdings nicht gebildet werden. I. d. R. besteht hier keine vom künftigen Geschäftsbetrieb unabhängige Verpflichtung (IAS 37.17 ff.).

Zu bedenken ist in diesem Zusammenhang, dass eine Innenverpflichtung durch öffentliche Bekanntmachung allerdings ggf. in eine passivierungspflichtige Außenverpflichtung überführt werden kann. Als Beispiel hierfür wird oft die Rekultivierung kontaminierten Bodens genannt. In Ermangelung gesetzlicher Vorschriften zur Wiederherstellung des Bodens besteht hier zunächst keine Außenverpflichtung, eine Rückstellungsbildung scheidet also grundsätzlich aus. Durch eine öffentliche Kommunikation einer besonders umweltfreundlichen Unternehmenspolitik, die auch die Rekultivierung kontaminierten Bodens beinhaltet, entsteht jedoch eine faktische Verpflichtung gegenüber der Öffentlichkeit, welche die Passivierungsanforderung der Außenverpflichtung erfüllt (vgl. Keitz, I. v./Dörner, D./Wollmert, P./Oser, P. [2009], Tz. 35).

IV. Aktuelle Entwicklungen

IAS 39 und IFRS 9

Von der ersten Phase der Überarbeitung des IAS 39, welcher durch IFRS 9 ersetzt werden soll (vgl. 5. Kapitel, S. 260 und S. 277), ist der Bereich der finanziellen Verbindlichkeiten betroffen. Das Ergebnis der im Oktober 2010 veröffentlichten Regelungen des IFRS 9 ist eine weitgehende Übernahme der bereits in IAS 39 enthaltenen Vorschriften. So bleibt es in den meisten Fällen bei der Bilanzierung zu den fortgeführten Anschaffungskosten. Neuerungen nach IFRS 9 gibt es nur in speziellen Bereichen. Ein Beispiel hierfür ist die Bilanzierung von derivativen Verbindlichkeiten, welche stets mit dem *fair value* anzusetzen sind. Außerdem ermöglicht IFRS 9 künftig auch für *financial liabilities* die Ausübung der *fair value*-Option. IFRS 9 befindet sich immer noch in der Entwicklung. Ein genauer Zeitpunkt des Inkrafttretens steht noch nicht fest. Er wird allerdings sicherlich erst nach 2015 liegen. Vorher ist auch mit einem Endorsement der EU nicht zu rechnen.

IAS 19

Das IASB strebt eine umfassende Überarbeitung der Bilanzierung von Pensionsverpflichtungen an. Phase 1 wurde mit der Veröffentlichung des IAS 19 »*Employee Benefits (rev. 2011)*« abgeschlossen. Phase 2, welche ursprünglich eine Zusammenarbeit mit dem FASB implizierte, ist angebrochen, liegt jedoch aktuell augenscheinlich auf Eis.

Auch nach der Verabschiedung des IAS 19 »*Employee Benefits (rev. 2011)*« nimmt das IASB Änderungen an diesem Standard vor, was z. B. die Veröffentlichung zur Klarstellung der Bilanzierung von Arbeitnehmerbeiträgen in Relation zur Arbeitszeit zeigt (vgl. *Defined Benefit Plans: Employee Contributions (Amendments to IAS 19)*).

D. Bilanzierung von Schulden nach US-GAAP

Definition und Ansatz

Die Definition der Schulden (*liabilities*) nach US-GAAP entspricht jener in den IFRS und umfasst sowohl rechtliche als auch wirtschaftliche Verpflichtungen gegenüber Dritten, die sicher oder wahrscheinlich sind (CON 6.36 ff.). Rückstellungen sind Teil der *liabilities*. Die Definition der *liabilities* schließt wie nach IFRS den Ansatz von Aufwandsrückstellungen aus.

Gliederung und Ausweis nach Liquidität

Die Untergliederung der Schuldposten erfolgt mit Bezugnahme auf die Restlaufzeit in kurz- und langfristig, wobei im Gegensatz zu den IFRS zuerst die kurzfristigen Verpflichtungen aufgeführt werden. Trennendes Kriterium ist das Geschäftsjahr bzw. ein eventuell länger dauernder Geschäftszyklus (ASC 210-10-45-6, früher ARB 43). Eine Mindestgliederung schreiben die US-GAAP ebenfalls nicht vor, allerdings sind für die den US-Kapitalmarkt in Anspruch nehmenden Unternehmen die Regeln der SEC anzuwenden (Regulation S-X, Rule 5-02). Unter anderem wird von solchen Unternehmen verlangt, dass Posten, die mehr als 5 % der *current liabilities* betragen, gesondert in der Bilanz oder im Anhang anzugeben sind. Die in den US-GAAP fehlenden Bestimmungen zur Bilanzgliederung werden durch die Forderung von detaillierten Anhangangaben teilweise kompensiert.

Bewertung von Verbindlichkeiten

Auch bei der Bewertung spielt die Differenzierung zwischen kurz- und langfristigen Verbindlichkeiten eine Rolle. Wie nach IFRS (IAS 39.43) werden kurzfristige Verbindlichkeiten i. d. R. in Höhe des Rückzahlungsbetrages passiviert, auf eine Abzinsung wird aufgrund der Unwesentlichkeit des Zinseffektes i. d. R. verzichtet (ASC 835-30-15-3). Verbindlichkeiten, deren Laufzeit ein Jahr überschreitet, sind nach US-GAAP mit ihrem Barwert anzusetzen. Als Zinssatz ist im Regelfall der aktuell gültige Marktzins heranzuziehen. Entspricht der vereinbarte Zinssatz nicht dem Marktzins, so entsteht entweder ein sog. *discount* (bei nicht zu verzinsenden bzw. niedriger zu verzinsenden Verbindlichkeiten) oder ein *premium* (bei höher verzinslichen Verbindlichkeiten). Ein *discount* ist von der Verbindlichkeit abzusetzen, ein *premium* hinzuzurechnen. Der Unterschiedsbetrag ist über die Laufzeit der Verbindlichkeit als Zinsaufwand bzw. Zinsertrag GuV-wirksam zu verteilen (vgl. ASC 835-30-25, früher APB 21).

Fair value option

Wie nach IFRS besteht auch nach US-GAAP die Möglichkeit, finanzielle Verbindlichkeiten freiwillig zum *fair value* zu bewerten (*fair value option,* ASC 825-10-25, früher FAS 159) (vgl. dazu im Detail 5. Kapitel, S. 285).

Disagio

Das Disagio wird in Analogie zu den IFRS nicht als eigenständiger Bilanzposten bilanziert, sondern von der Verbindlichkeit abgezogen und in den Folgejahren der Verbindlichkeit sukzessive bis zum Rückzahlungsbetrag zugeschrieben. Im Rahmen dieser Vorgehensweise ist entweder in der Bilanz selber oder im Anhang die Höhe des Disagio sowie der Effektivzins anzugeben. Ein Ausweis des Disagio als Rechnungsabgrenzungsposten ist unzulässig (ASC 835-30-45-2, früher APB 21).

Valutaverbindlichkeiten

Auch die Behandlung der Fremdwährungsverbindlichkeiten entspricht jener nach IFRS (IAS 21.21 f.). Sie sind erstmalig mit dem bei der Erstverbuchung gültigen Devisenkurs anzusetzen (ASC 830-20-30-1 f.) und bei der Folgebewertung zum Stichtagskurs umzurechnen, auch wenn dieser niedriger sein sollte als der Wechselkurs beim Entstehen der Schuld (ASC 830-20-35-1 f.).

Ansatz und Ausweis von Rückstellungen

Im Gegensatz zu den IFRS gibt es in den US-GAAP keinen eigenständigen Rückstellungsbegriff, vielmehr werden die *loss contingencies* nach dem Grad der Unsicherheit differenziert. So ist eine *contingent liability* in der Bilanz anzusetzen, falls der Eintritt der künftigen Verpflichtung *probable* und auch die Höhe verlässlich ermittelbar ist (vgl. ASC 450-20-25-2 und Kieso, D. E./Weygandt, J. J./Warfield, T. D. [2013], S. 716). Falls nur eines der beiden genannten Kriterien erfüllt ist, jedoch trotzdem die Möglichkeit besteht, dass eine Verpflichtung eintritt, so erfolgt lediglich eine Angabe im Anhang (vgl. Kieso, D. E./Weygandt, J. J./Warfield, T. D. [2013], S. 728). Als *deferred credits* werden schließlich Abgrenzungsposten für künftige Auszahlungen für Außenverpflichtungen bezeichnet. Die Verwendung des Begriffs *contingent liabilities* unterscheidet sich folglich zu jener nach IFRS. Nach US-GAAP handelt es sich hierbei um passivierungspflichtige Rückstellungen, nach IFRS werden mit diesem Begriff hingegen lediglich Eventualverbindlichkeiten bezeichnet, die in keinem Fall zu bilanzieren sind.

Ein weiterer Unterschied gegenüber den IFRS ergibt sich durch die Abgrenzung des Wahrscheinlichkeitsbegriffes. Nach US-GAAP liegt die Schwelle mit zum Teil ca. 70-80 % noch deutlich über der 50 %-Grenze nach IFRS (vgl. Pellens, B./Fülbier, R. U./Gassen, J./Sellhorn, T. [2011], S. 450). ASC 450-20-25-1 definiert – vergleichbar zu den IFRS – drei Kategorien von Wahrscheinlichkeiten, die für die Behandlung der Verpflichtungen maßgeblich sind (*probable*, *reasonably possible* und *remote*). Da die Folgen für die Bilanzierung bzw. Nicht-Bilanzierung von Verpflichtungen in Abhängigkeit von der Wahrscheinlichkeit des Eintritts der Verpflichtung grundsätzlich mit denen nach IFRS übereinstimmen und lediglich die Wahrscheinlichkeitsgrenzen unterschiedlich interpretiert werden, wird hier auf die Ausführungen zu IFRS in diesem Kapitel, S. 448 verwiesen.

Bewertung von Rückstellungen

Bei der Bewertung der Rückstellungen kommt, wie nach IFRS, der wahrscheinlichste Wert einer Bandbreite möglicher Belastungen zum Ansatz. Existieren mehrere gleich wahrscheinliche Ansatzmöglichkeiten, so wird allerdings hier im Gegensatz zu den IFRS die Verpflichtung mit dem niedrigsten Wert bilanziert (ASC 450-20-30-1, früher FIN 14). Ist die Verpflichtung nicht unwesentlich, werden weitere Erläuterungen dazu im Anhang notwendig, wie der die Rückstellung möglicherweise übersteigende Betrag sowie eine Einschätzung der Unsicherheit bezüglich der Höhe der Verpflichtung. Eine Abzinsung von Rückstellungen erfolgt in den meisten Fällen nach US-GAAP nicht.

Pensionsrückstellungen

Die Bilanzierung von Pensionsrückstellungen nach US-GAAP wird in der *Codification* durch ASC 715 »*Compensation-Retirement Benefit*« geregelt (früher FAS 87). Seit 2006 verfolgt das FASB dabei ein Projekt zur Überarbeitung der Regelungen zur Bilanzierung von Pensionsverpflichtungen. Derzeit befindet sich das genannte Projekt in der zweiten Phase.

Abgesehen von unterschiedlichen Bezeichnungen ähneln sich IAS 19 und ASC 715 sehr stark, was nicht verwunderlich ist, da der amerikanische Standard weltweit starken Einfluss auf die Bilanzierung von Pensionsverpflichtungen genommen hat. Auch hier wird zwischen *defined benefit plans* (ASC 715-30) und *defined contribution plans* (ASC 715-70) unterschieden. Insoweit wird auf die vorstehenden Ausführungen zu den Pensionsverpflichtungen nach IFRS verwiesen (vgl. in diesem Kapitel, S. 455 ff.).

- Bewertung

Bezüglich der Bewertung von Pensionsverpflichtungen bestehen zwischen US-GAAP und IFRS ebenfalls keine grundlegenden Unterschiede. Als versicherungsmathematisches Verfahren ist einzig die Anwendung des Anwartschaftsbarwertverfahrens (*projected unit credit method*) zulässig (ASC 715-30-35-36 ff.). Der zu verwendende Zinssatz zur Berechnung des Barwerts der Pensionsverpflichtung ist – anders als nach IFRS – derjenige, auf dessen Basis eine effektive Abfindung der Pensionsverpflichtungen oder eine Übertragung derselben auf eine Versicherungsgesellschaft stattfinden könnte (*settlement rate,* ASC 715-30-35-43). Auch die Ermittlung des Periodenaufwands (*net periodic pension cost*) läuft ähnlich wie in IAS 19.61 beschrieben ab (ASC 715-30-35-3 ff.). Unterschiede zu den IFRS können sich allerdings bei der Behandlung versicherungsmathematischer Gewinne und Verluste ergeben, da diese nach US-GAAP entweder in der Periode ihres Auftretens als Teil der Periodenveränderung erfolgswirksam zu verbuchen (ASC 715-30-35-20) oder unter Einsatz der Korridor-Methode zu erfassen sind.

- Bilanzausweis

Ein wesentlicher Unterschied bei der Bilanzierung von Pensionsrückstellungen nach US-GAAP im Vergleich zu den Regelungen des IAS 19 ergibt sich dadurch, dass seit den Neuregelungen des FAS 158 in 2006 die Nettoverpflichtung in voller Höhe als *liability* bzw. *asset* ausgewiesen wird (ASC 715-30-35-3 ff.).

- Angabepflichten

Auch nach US-GAAP sind umfangreiche Angabepflichten zu den Pensionsverpflichtungen zu berücksichtigen, wie ASC 715-20-50 zeigt.

Rückstellungen für drohende Verluste aus schwebenden Geschäften

Nach US-GAAP sind grundsätzlich keine Rückstellungen für drohende Verluste aus schwebenden Absatzgeschäften zu bilden. Eine Ausnahme besteht aber für drohende Verluste aus langfristiger Auftragsfertigung (ASC 605-35-25-45 f.), sofern es wahrscheinlich ist, dass dem Unternehmen ein Ressourcenabfluss droht. Der Drohverlust bei schwebenden Beschaffungsgeschäften für Vorräte ist entsprechend der verlustfreien Bewertung von Vorräten (vgl. ASC 330-10-30) zu ermitteln (vgl. KPMG [2007], S. 115 f.) (vgl. 4. Kapitel, S. 227 ff.).

Rückstellungen für Gewährleistungen ohne rechtliche Verpflichtung bzw. für Garantieverpflichtungen

Rückstellungen für Kulanzleistungen sind auch nach US-GAAP zu bilden. Hierzu finden sich Regelungen in ASC 460 »*Guarantees*« (früher FAS 5 und FIN 45). Es wird nach zwei Verpflichtungstypen unterschieden. Der Verpflichtung, ab Garantiebegebung für Ersatzleistungen zur Verfügung zu stehen (*stand-ready obligation*), und der Verpflichtung, im Falle des Eintretens bestimmter Umstände (sog. *triggering events*) Zahlungen zu leisten (ASC 460-10-25-2).

Wie auch nach IFRS sind Rückstellungen für Garantieverpflichtungen zu bilden und als *contingent liability* bilanziell zu erfassen, da eine gegenwärtige Verpflichtung i. d. R. aus dem Verkauf besteht.

Rückstellungen für Restrukturierungsmaßnahmen

Restrukturierungsmaßnahmen werden in der US-GAAP-Rechnungslegung hauptsächlich durch FASB ASC 420 *»Exit or Disposal Cost Obligations«* behandelt. Die darin enthaltenen Regelungen zur Rückstellungsbildung entsprechen weitgehend jenen des IAS 37.70 ff.

Rückstellungen für Umweltschutzmaßnahmen

ASC 410 *»Asset Retirement and Environmental Obligations«* (früher FAS 143) regelt grundsätzlich alle (rechtlichen) Verpflichtungen zur Entsorgung von Anlagegegenständen, die aus deren Anschaffung, Bau, Betrieb etc. entstehen und die Bilanzierung von Umweltlasten und -maßnahmen (vgl. Kieso, D. E./Weygandt, J. J./Warfield, T. D. [2013], S. 722 ff). Als Beispiele werden u. a. die Stilllegung eines Kernkraftwerks, die Demontage einer Ölbohrinsel oder die

Schließung eine Mülldeponie genannt. Beim Erstansatz der Verpflichtung als *liability* wird, wie nach IFRS, eine Buchung gegen den Anlagegegenstand durchgeführt, d. h. die Buchung erfolgt ohne GuV- bzw. Eigenkapitalwirkung, da sie die Anschaffungskosten ansteigen lässt. Die GuV-wirksame Berücksichtigung findet im Rahmen der erhöhten planmäßigen Abschreibungen im Zeitablauf statt (ASC 410-20-35-1 ff.). Die Auflösung der Rückstellung erfolgt bei Durchführung der entsprechenden Entsorgungsmaßnahme.

Kontrollfragen:

Nationale Normen:

1. Aus welchen Bilanzposten setzt sich das Fremdkapital im HGB-Abschluss zusammen?
2. Wie unterscheiden sich die Verbindlichkeiten von den Rückstellungen?
3. Welche Verbindlichkeitskategorien kennt der HGB-Abschluss?
4. Welche zeitlichen Kriterien gelten für den Verbindlichkeitenspiegel im HGB-Abschluss?
5. Wirkt sich die Höhe eines eingeräumten Kontoüberziehungskredits, unabhängig von dem tatsächlich in Anspruch genommenen Kredit, auf die ausgewiesenen Verbindlichkeiten gegenüber Kreditinstituten aus?
6. Welche Verpflichtungen sind nicht zu passivieren? Wie sind diese im HGB-Jahresabschluss zu behandeln?
7. Wie wirkt sich ein Disagio auf den Ansatz einer Verbindlichkeit nach HGB aus?
8. Wie sind Zero-Bonds zu bilanzieren?
9. Wie sind Valutaverbindlichkeiten im HGB-Abschluss zu bewerten?
10. Wie unterscheidet sich die Bewertung von Verbindlichkeiten im HGB-Abschluss und im steuerrechtlichen Abschluss?
11. Inwieweit lässt sich die Rückstellungsbildung sowohl aus dem Prinzip der sachlichen Abgrenzung als auch aus dem Prinzip der Vorsicht ableiten?
12. Nennen Sie die wichtigsten Rückstellungsarten!
13. Nennen Sie die grundsätzlichen Bewertungskonzeptionen für Rückstellungen nach HGB!
14. Welche Formen der betrieblichen Altersversorgung sind zu unterscheiden?
15. Wodurch unterscheiden sich Pensionsrückstellungen von den Rückstellungen für Leistungspflichten einer Unterstützungskasse?
16. Wie unterscheiden sich prinzipiell Gegenwartswert- und Teilwertmethode zur Bewertung von Pensionsrückstellungen?
17. Warum werden Rückstellungen für Gewährleistungen mit und ohne rechtlicher Verpflichtung identisch behandelt?

18. Für welche Rückstellungen besteht handelsrechtlich bzw. steuerrechtlich eine Bilanzierungspflicht bzw. ein Bilanzierungsverbot?
19. Was ist ein schwebendes Geschäft? Was ist eine Rückstellung für drohende Verluste aus schwebenden Geschäften?
20. Wie hat die Bewertung einer Rückstellung für drohende Verluste aus schwebenden Geschäften im HGB-Abschluss zu erfolgen?
21. Welche Arten von Rückstellungen für Umweltschutzmaßnahmen kommen im HGB-Abschluss in Betracht?
22. Sind für Jahresabschluss- und Prüfungskosten Rückstellungen zu bilden?
23. Wie wird ein Ausgleichsanspruch eines Handelsvertreters in der Handels- bzw. in der Steuerbilanz behandelt?

Internationale Normen:

24. Wie unterscheiden sich der deutsche Begriff »Verbindlichkeit« und der Begriff der *liability* gemäß IFRS inhaltlich voneinander?
25. Welche Wahrscheinlichkeitskategorien sind im Rahmen der Behandlung von Verpflichtungen nach IFRS relevant?
26. Nach welchen Kriterien werden die *liabilities* in kurz- und langfristig unterteilt?
27. Welche Arten von Verbindlichkeiten sind nach IFRS zu unterscheiden?
28. Wie wirkt sich ein Disagio auf den Ansatz einer Verbindlichkeit nach IFRS aus?
29. Wie sind finanzielle und nicht finanzielle Verbindlichkeiten nach IFRS zu bewerten?
30. Wie sind Valutaverbindlichkeiten nach IFRS zu bewerten?
31. Was versteht das IASB unter *liabilities*, *accruals*, *provisions* und *contingent liabilities*?
32. Wie werden *contingent liabilities* im Rahmen der IFRS bei der Bilanzierung berücksichtigt?
33. Nennen Sie die grundsätzlichen Bewertungskonzeptionen für Rückstellungen nach IFRS!
34. Was versteht man unter *defined contribution plans* und wie werden sie im Rahmen der IFRS behandelt?
35. Was versteht man unter *defined benefit plans*?
36. Beschreiben Sie die *projected unit credit method* zur Bewertung der *defined benefit plans* im IFRS-Abschluss!
37. Was versteht man unter *plan assets*?

38. Stellen Sie die wichtigsten Unterschiede bei der Bewertung von Pensionsrückstellungen im HGB-Abschluss einerseits und im IFRS-Abschluss andererseits gegenüber!
39. Was sind Restrukturierungsmaßnahmen nach der Definition nach IFRS und wie sind sie bilanziell zu behandeln?
40. Wie werden Entsorgungs- und Rekultivierungsmaßnahmen nach IFRS behandelt?
41. Sind Aufwandrückstellungen nach IFRS grundsätzlich bilanzierungsfähig?
42. Gibt es Fälle, in denen Aufwandrückstellungen auch nach IFRS passivierungspflichtig werden?

8. Kapitel: Übrige Bilanzposten

Neben dem Anlage- und Umlaufvermögen sowie neben dem Eigen- und Fremdkapital finden sich auf der Aktiv- und Passivseite weitere Bilanzposten, die im Folgenden dargestellt werden. Darunter fallen Rechnungsabgrenzungsposten und latente Steuern.

A. Rechnungsabgrenzungsposten

Transitorische und antizipative Rechnungsabgrenzungsposten

Die Posten der Rechnungsabgrenzung dienen, ähnlich wie Rückstellungen und Abschreibungen, der periodengerechten Erfolgsermittlung (vgl. Übersicht in Abbildung 8.1). Hierbei unterscheidet man zwei Arten von Rechnungsabgrenzungsposten, die transitorischen und die antizipativen. Bei den transitorischen Posten handelt es sich um Ausgaben bzw. Einnahmen des Unternehmens, die Aufwand bzw. Ertrag für eine bestimmte Zeit nach dem Bilanzstichtag darstellen. Antizipative Posten sind dagegen Aufwendungen bzw. Erträge der Abrechnungsperiode, die jedoch erst nach dem Bilanzstichtag zu Ausgaben bzw. Einnahmen führen.

I. Rechnungsabgrenzungsposten nach nationalen Normen

Eindeutige Festlegung des Zeitraumes

Die transitorischen Rechnungsabgrenzungsposten, auf welche im Folgenden zuerst eingegangen wird, werden in § 250 HGB geregelt. Die in § 250 Abs. 1 und 2 HGB genannte Bindung der GuV-Wirksamkeit für eine bestimmte Zeit nach dem Abschlussstichtag stellt die wesentlichste Einschränkung des Kreises der zulässigen Rechnungsabgrenzungsposten dar. Nach herrschender Meinung muss sich das Merkmal des bestimmten Zeitraumes aus dem Sachverhalt ergeben und genau abgegrenzt und definiert sein. Grundsätzlich müssen Anfang und Ende des Zeitraums eindeutig festliegen, d. h. kalendermäßig bestimmt sein. Dem zeitlichen Bestimmtheitserfordernis ist bereits dann ausreichend Rechnung getragen, wenn der Vereinbarung der Vertragsparteien ein »(Mindest-)Zeitraum« zu entnehmen bzw. ein solcher errechenbar ist (vgl. Beck'scher Bilanzkommentar [2012], § 250 Tz. 21 ff.). Der Zeitraum kann mehrere Jahre betragen. Rechnungsabgrenzungsposten resultieren somit praktisch nur aus solchen Vorgängen, in denen die Einnahmen oder Ausgaben von vornherein einem bestimmten Zeitabschnitt nach dem Abschlussstichtag zugeordnet werden können. Es handelt sich also bei den Rechnungsabgrenzungsposten um streng zeitraumbezogene Einnahmen oder Ausgaben, die Ertrag und Aufwand einer späteren Periode sind und die nicht unbedingt zum Abgang oder Zugang eines bilanzierungsfähigen Vermögensgegenstandes oder einer Verbindlichkeit führen müssen.

Wesen von Abgrenzungsposten

Handelsrechtlich stellen transitorische Rechnungsabgrenzungsposten weder Vermögensgegenstände noch Schulden dar, sodass ihr Wert zu jedem Bilanzstichtag neu zu ermitteln ist. Steuerlich bestimmt sich die Höhe des Rechnungsabgrenzungspostens nach dem Verhältnis der noch ausstehenden Gegenleistung zur gesamten Gegenleistung. Abgestellt wird laut Vertrag auf die noch geschuldete Gegenleistung.

Ausweis von Rechnungsabgrenzungsposten

In den Bilanzposten »Rechnungsabgrenzungsposten« dürfen in der Handelsbilanz lediglich die transitorischen Rechnungsabgrenzungsposten aufgenommen werden (§ 250 HGB). Diese Regelung gilt analog für die Steuerbilanz (§ 5 Abs. 5 EStG). Typische Beispiele für transitorische Rechnungsabgrenzungsposten sind erhaltene oder getätigte Vorauszahlungen von Miete, Pacht, Versicherungsprämien, Beiträgen, Zinsen, Kfz-Steuern und Honoraren. Auch Werbeaufwendungen können abgegrenzt werden, wenn sie für eine bestimmte Zeit nach dem Bilanzstichtag geleistet wurden. Ein solcher Fall liegt vor, wenn auf regelmäßig wiederkehrende Maßnahmen (z. B. Erscheinen von Anzeigen) Vorauszahlungen geleistet werden. Aktive Rechnungsabgrenzungsposten beinhalten somit zukünftige Aufwendungen, passive Rechnungsabgrenzungsposten zukünftige Erträge dieser Art.

Die antizipativen Posten sind im Falle einer zukünftigen Ausgabe unter den »sonstigen Verbindlichkeiten« und im Falle einer zukünftigen Einnahme unter den »sonstigen Vermögensgegenständen« auszuweisen. Kapitalgesellschaften haben die bilanzierten antizipativen Abgrenzungsposten, soweit diese einen größeren Umfang haben, im Anhang anzugeben und zu erläutern (§ 268 Abs. 4 Satz 2 bzw. Abs. 5 Satz 3 HGB).

Anzahlungen

Ein Abgrenzungsmerkmal zu den geleisteten und erhaltenen Anzahlungen ist der strenge Zeitraumbezug. Zudem stellen Anzahlungen Teilzahlungen auf im Allgemeinen noch unbestimmte zukünftige Forderungen bzw. Verbindlichkeiten aus Lieferungen und Leistungen dar, während Rechnungsabgrenzungsposten aus dem Wert der Gesamtleistung durch zeitliche Aufspaltung abgeleitet werden.

Disagio

In den aktiven Rechnungsabgrenzungsposten kann auch ein eventuell gebildetes Disagio (Unterschiedsbetrag zwischen dem Ausgabe- und dem Rückzahlungsbetrag einer Verbindlichkeit) aufgenommen werden (§ 250 Abs. 3 HGB). Nach Handelsrecht besteht beim Darlehensnehmer ein Aktivierungswahlrecht im Jahr der Ausgabe der Verbindlichkeit. Steuerrechtlich besteht eine Aktivierungspflicht (H 6.10 EStH). Die Auflösung des Disagios erfolgt grundsätzlich planmäßig über die Laufzeit der zugrunde liegenden Verbindlichkeit. Korrespondierend dazu kann der Darlehensgeber wahlweise die Forderung zum Rückzahlungsbetrag ansetzen; wenn dieser über dem Ausgabebetrag liegt, ist ein passiver Rechnungsabgrenzungsposten zu bilden (§ 340e Abs. 2 HBG, ggf. analoge Anwendung). Kapitalgesellschaften haben bei Rechnungsabgrenzungsposten auf der Aktivseite diesen Betrag gesondert auszuweisen oder im Anhang anzugeben (§ 268 Abs. 6 HGB).

Stillhalterverpflichtungen

Zu zahlende Optionsprämien aus Stillhalterverpflichtungen sind als »sonstige Verbindlichkeiten« nach HGB auszuweisen. Nach IFRS bzw. US-GAAP sind Stillhalteverpflichtungen als *finanical asset or liability held for trading* zu klassifizieren und zu bewerten (vgl. für detaillierte Ausführungen 5. Kapitel, S. 293 ff.).

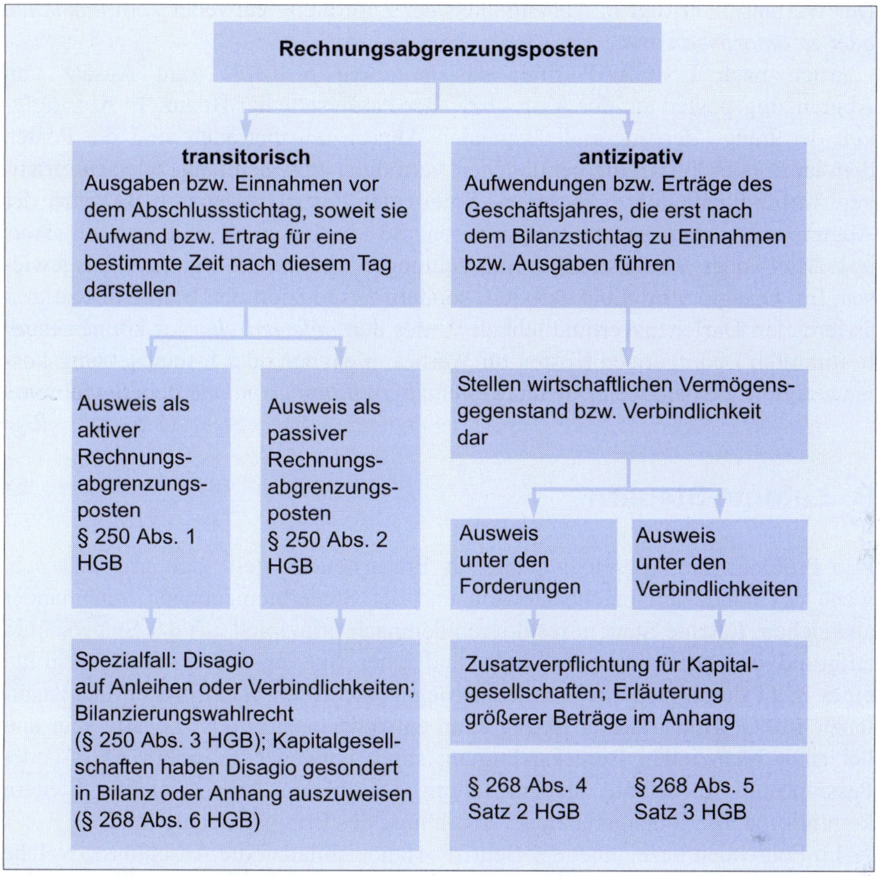

Abb. 8.1: Rechnungsabgrenzungsposten nach HGB

II. Rechnungsabgrenzungsposten nach internationalen Normen

Rechnungsabgrenzungsposten nach IFRS

Auch nach IFRS sind aufgrund des *accrual principle* (F OB17, IAS 1.27) Rechnungsabgrenzungen zur periodengerechten Erfolgsermittlung sowohl auf der Aktiv- als auch auf der Passivseite vorzunehmen. Nach IAS 1.28 müssen diese Posten für einen Ansatz jedoch die Voraussetzungen eines *asset* bzw. einer *liability* erfüllen. Gemäß IAS 1.60 hat eine Unterteilung der Bilanzposten in *current* und *non-current assets* zu erfolgen. Wird eine Ausgabe innerhalb von zwölf Monaten oder innerhalb eines länger andauernden »normalen« Geschäftszyklus als Aufwand verrechnet, so ist ein aktivischer Rechnungsabgrenzungsposten als *current asset* auszuweisen, in allen anderen Fällen als *non-current asset* (IAS 1.66). Gleiches gilt, wenn ein Posten nur zu Handelszwecken gehalten wird. Nach IAS 2.11 f. sind als Aufwand verrechnete Zölle und Verbrauchsteuern bei den *inventories* zu aktivieren, Umsatzsteuern werden unter IFRS ohne Eigenkapitalwirkung behandelt. Ein Disagio ist GuV-wirksam über die Laufzeit der entsprechenden Verbindlichkeit zu verteilen (vgl. IAS 39.AG6 bzw. IFRS 9.A). Passivische Rechnungsabgrenzungsposten werden, sofern die Passivseite der Bilanz in *current* und *non-current liabilities* unterteilt wurde, nach IAS 1.61 zugeordnet.

Der Wertansatz erfolgt in Abhängigkeit der Zuordnung entweder zum *fair value* oder zu *amortised costs*.

Rechnungsabgrenzungsposten nach US-GAAP

Auch nach US-GAAP führt das *matching principle* zum Ansatz von Abgrenzungsposten auf der Aktiv- bzw. der Passivseite der Bilanz. In Abhängigkeit der Länge der zugrunde liegenden Abgrenzungsperioden sind die Posten dem lang- oder kurzfristig gebundenen Vermögen bzw. den lang- oder kurzfristigen Verbindlichkeiten zuzuordnen. Sofern der Posten wesentlich ist, wird der Abgrenzungsposten separat ausgewiesen. So werden unter den *current assets* u. a. Miet- oder Versicherungsvorauszahlungen als *prepaid expenses* ausgewiesen. Ein Disagio wird nicht aktiviert, sondern es reduziert den Betrag der zu passivierenden Darlehensverbindlichkeit. Unter den *deferred charges* können unter bestimmten Bedingungen Kosten für Werbekampagnen oder Instandsetzungskosten aktiviert werden, wenn sie unzweifelhaft zu *future economic benefits* führen.

B. Latente Steuern

Ergebnisdifferenzen zwischen Handels- und Steuerbilanz

Das Problem der Abgrenzung latenter Ertragsteuern stellt sich grundsätzlich, wenn der handelsbilanzielle Gewinn und der Steuerbilanzgewinn voneinander abweichen. Latente Steuern resultieren demnach prinzipiell aus der Steuerschuld aufgrund des steuerlichen Gewinns und einer fiktiven Steuerschuld aufgrund eines nicht durch steuerliche Bilanzierungsvorschriften beeinflussten handelsbilanziellen Gewinns. Dieser Betrag kann entweder positiv oder negativ sein und bei einer bilanziellen Berücksichtigung somit entweder zu einem Aktiv- oder Passivposten für latente Steuern führen. Durch den Ansatz latenter Steuern kommt es zur periodengerechten Verrechnung des Ertragsteueraufwands.

Im Folgenden bezeichnet der Begriff »Handelsbilanz« die Abschlüsse, welche aufgrund der Vorschriften des HGB aufzustellen sind. Hierunter werden Abschlüsse subsumiert, die nach den Regeln des Handelsrechts oder auch der IFRS inhaltlich ausgestaltet sind. Grundsätzlich ist jeder Kaufmann aufgrund der rechtlichen Bestimmung in § 242 HGB Abs. 1 HGB verpflichtet, einen Jahresabschluss unter Beachtung der Vorschriften des HGB zu erstellen; eine Ausnahme besteht gemäß § 242 Abs. 4 HGB nur für Einzelkaufleute i. S. des § 241a HGB (vgl. hierzu auch 15. Kapitel, S. 989 ff.). Bei kapitalmarktorientierten Mutterunternehmen schreibt das HGB in § 315a HGB vor, dass der Konzernabschluss nach den IFRS zu erstellen ist (vgl. hierzu auch 10. Kapitel, S. 609). Neben diesen aufgrund von handelsrechtlichen Bestimmungen zu erstellenden Abschlüssen nach den Vorschriften des HGB oder der IFRS, müssen auch Abschlüsse aufgrund der Vorschriften des Steuerrechts (»Steuerbilanz«) erstellt werden. Das Abweichen der Vorschriften, nach denen Handels- und Steuerbilanz erstellt wurden, führt zur Problematik der latenten Steuern.

Latente Steuern im nationalen und internationalen Bilanzrecht

§ 274 Abs. 1 HGB sieht für den Einzelabschluss der Kapitalgesellschaften und gleichgestellten Personenhandelsgesellschaften das Konzept der latenten Steuerabgrenzung für aktive und passive latente Steuern vor. Eine sich voraussichtlich insgesamt ergebende zukünftige Steuerbelastung ist als passive latente Steuer (§ 266 Abs. 3 E HGB) abzugrenzen. Im Falle einer sich voraussichtlich insgesamt ergebenden zukünftigen Steuerentlastung räumt der Gesetzgeber ein Wahlrecht ein, diese als aktive latente Steuer (§ 266 Abs. 2 D HGB) auszuweisen. Verbunden mit dem Ansatz einer aktiven latenten Steuer ist eine Ausschüttungssperre (§ 268 Abs. 8 HGB).

Das Konzept zur latenten Steuerabgrenzung wurde in den angelsächsischen Ländern entwickelt. So hat das *Accounting Principles Board* (APB) des *American Institute of Certified Public Accountants* (AICPA) bereits 1967 in APB 11 zum Konzept der latenten Steuern eine wegweisende Stellungnahme abgegeben und Begriff, Inhalt und Behandlung latenter Steuern für die amerikanische Rechnungslegungspraxis festgelegt. Dieses Konzept wurde inzwischen durch das FASB weiterentwickelt und in FAS 109 (heute ASC 740) verbindlich für Geschäftsjahre, die nach dem 15.12.1992 beginnen, vorgeschrieben. Dieses Statement ist zugleich richtungsweisend für den zuletzt 2004 grundlegend überarbeiteten und 2010 modifizierten IAS 12 des IASB.

Im Folgenden wird zunächst die grundsätzliche Konzeption der Verrechnung latenter Steuern dargelegt (vgl. insbesondere Coenenberg, A. G./Hille, K. [1979], Coenenberg, A. G./Hille, K. [1997], Coenenberg, A. G./Blaum, U./Burkhardt, H. [2010]). Im Anschluss daran wird die Verankerung des Konzeptes der latenten Steuerverrechnung in HGB, IFRS und US-GAAP erörtert und interpretiert. Die Besonderheiten der latenten Steuerabgrenzung im Konzernabschluss werden im 11. Kapitel (S. 763 ff.) behandelt.

I. Konzeption der Verrechnung latenter Steuern

Es existieren unterschiedliche Konzepte bei der Verrechnung latenter Steuern hinsichtlich ihrer Ermittlung, Abgrenzungsmethoden und Bewertung.

1. Ermittlung latenter Steuern

Konzeption der Ermittlung latenter Steuern

Für die Ermittlung latenter Steuern gibt es im Wesentlichen zwei unterschiedliche Konzeptionen: das *Timing*- und das *Temporary*-Konzept.

Bis 2009 erfolgte die Abgrenzung latenter Ertragsteuern in der deutschen Bilanzierungspraxis in Anlehnung an die früher gültige US-amerikanische Richtlinie APB 11 nach dem *Timing*-Konzept, während IAS 12 (vgl. in diesem Kapitel Abschnitt III) sowie ASC 740 (vgl. in diesem Kapitel Abschnitt IV) das umfassendere *Temporary*-Konzept anwenden. Durch das BilMoG erfolgte im HGB eine Abkehr vom bisherigen GuV-orientierten *Timing*-Konzept hin zum umfassenderen bilanzorientierten Ansatz latenter Steuern nach dem *Temporary*-Konzept, sodass nun auch quasi zeitlich unbegrenzte (quasi permanente) Differenzen berücksichtigt werden (vgl. Abschnitt II). Aufgrund der Abschaffung der umgekehrten Maßgeblichkeit durch das BilMoG wurden § 5 Abs. 1 und Abs. 1a EStG um die Pflicht zur Erstellung eines Verzeichnisses über die Abweichungen zwischen handelsrechtlicher und steuerlicher Bilanzierung ergänzt.

Zunächst werden nun die Konzepte und Methoden der latenten Steuerabgrenzung erörtert, bevor auf die konkreten Bilanzierungsregeln zur latenten Steuerabgrenzung eingegangen wird. Für ein besseres Verständnis der komplexen Thematik wird auch auf das *Timing*-Konzept ausführlich eingegangen.

a) Abgrenzung latenter Steuern nach dem Timing-Konzept

Das *Timing*-Konzept zur Verrechnung latenter Steuern ist GuV-orientiert, d. h. es werden nur diejenigen zeitlich begrenzten (*timing differences*) Bilanzierungs- und Bewertungsunterschiede zwischen Handelsbilanz und Steuerbilanz in die Steuerabgrenzung einbezogen, die sich sowohl bei ihrer Entstehung als auch bei ihrer Umkehrung in der GuV auswirken. Ziel des *Timing*-Konzepts ist die Darstellung des »richtigen« Ergebnisses in der GuV. Das *Timing*-Konzept unterteilt Differenzen zwischen der Handelsbilanz und der Steuerbilanz in zeitlich unbegrenzte Differenzen (*permanent differences*), zeitlich begrenzte Differenzen (*timing differences*) und quasi zeitlich unbegrenzte Differenzen.

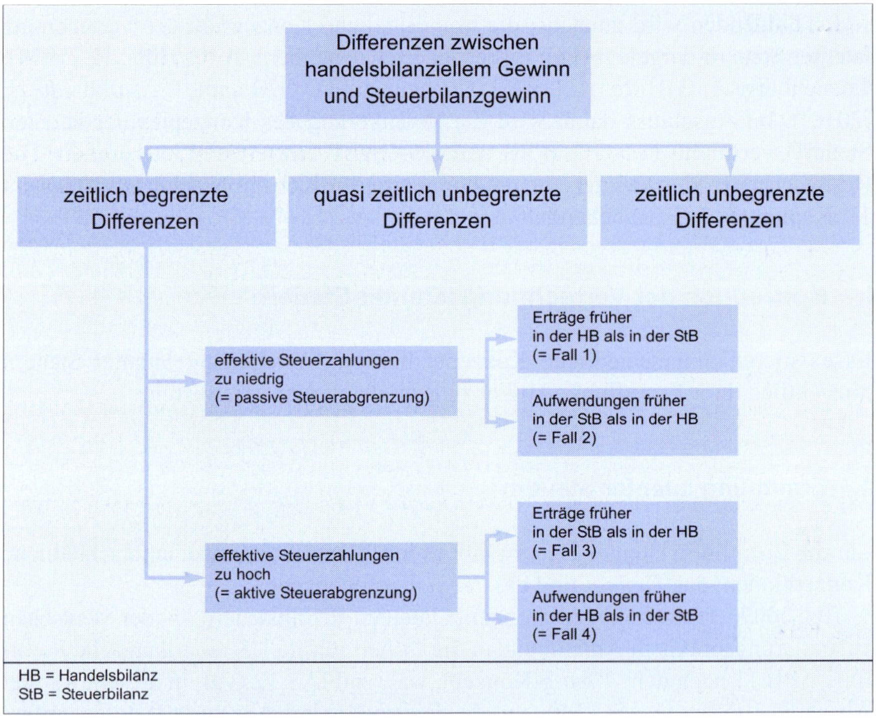

Abb. 8.2: *Timing*-Konzept

Zeitlich unbegrenzte Differenzen

Zeitlich unbegrenzte Differenzen betreffen Unterschiede zwischen Handels- und Steuerbilanz, die in einer Periode entstehen und in folgenden Perioden nicht wieder ausgeglichen werden. Sie entstehen dadurch, dass Aufwendungen oder Erträge entweder nur im handelsrechtlichen oder nur im steuerrechtlichen Abschluss erfasst werden, z. B. weil bestimmte Aufwendungen steuerlich generell nicht als Betriebsausgaben anerkannt werden oder bestimmte Erträge nicht steuerpflichtig sind. Hieraus resultieren nach dem *Timing*-Konzept keine latenten Steuern, da der Steueraufwand anderer Perioden nicht beeinflusst wird. Eine Steuerabgrenzung ist deshalb nicht geboten.

Zeitlich begrenzte Differenzen

Zeitlich begrenzte Differenzen sind dadurch gekennzeichnet, dass Erfolgskomponenten zwar sowohl im handelsrechtlichen als auch im steuerrechtlichen Abschluss erfasst werden, jedoch zu verschiedenen Zeitpunkten. Unterschiede, die zu einer momentanen Reduzierung des Steueraufwands führen, bewirken in späteren Perioden eine Erhöhung des Steueraufwands und umgekehrt. Die Unterschiede zwischen Handels- und Steuerbilanz aufgrund zeitlich unterschiedlicher Erfassung von Erfolgskomponenten gleichen sich im Zeitablauf automatisch wieder aus. Dies führt jedoch dazu, dass mit dem Entstehen von Differenzen Auswirkungen auf den Steueraufwand späterer Perioden begründet werden.

Timing-Konzept

Auf diese zeitlich begrenzten Differenzen bezieht sich das Konzept der latenten Steuerabgrenzung nach dem *Timing*-Konzept. Ist infolge zeitlich begrenzter Differenzen der Steuerbilanzgewinn zunächst niedriger und später entsprechend höher als der handelsbilanzielle Gewinn, so hat dies einen – gemessen am handelsbilanziellen Gewinn – zunächst zu niedrigen und später zu hohen Steueraufwand zur Folge. Durch das Konzept der latenten Steuerabgrenzung wird dies durch die Bildung eines passiven latenten Steuerpostens ausgeglichen, der später bei Umkehrung aufgelöst wird. Korrespondierend kommt es zu einer aktiven latenten Steuerabgrenzung, wenn der Steuerbilanzgewinn aufgrund zeitlich begrenzter Differenzen zunächst höher und später niedriger als der handelsbilanzielle Gewinn ist. Ohne latente Steuerabgrenzung würde der Steueraufwand sonst zunächst zu hoch und später zu niedrig ausgewiesen und damit in keiner sinnvollen Relation zum handelsbilanziellen Gewinn stehen.

Ursachen zeitlich begrenzter Differenzen

Die soeben betrachteten Fälle zeitlich begrenzter Differenzen und daraus resultierende Steuerabgrenzungen lassen sich bei Betrachtung der einzelnen Erfolgskomponenten in vier typische Fälle untergliedern:

1. Erträge werden handelsrechtlich früher erfasst als steuerrechtlich.
2. Aufwendungen werden steuerlich früher anerkannt, als sie handelsrechtlich angesetzt werden, beispielsweise bei unterschiedlichen Abschreibungsmethoden nach Handels- und nach Steuerrecht.
3. Erträge werden früher versteuert, als sie handelsrechtlich vereinnahmt werden.
4. Aufwendungen werden handelsrechtlich früher erfasst als steuerrechtlich.

Die Fälle (1) und (2) führen zu einer passiven latenten Steuerabgrenzung, da sie einen zunächst höheren handelsbilanziellen Gewinn und somit einen zunächst zu geringen Steueraufwand zur Folge haben. Die Fälle (3) und (4) hingegen bewirken einen zunächst niedrigeren handelsbilanziellen Gewinn und somit einen zunächst zu hohen Steueraufwand, sodass eine aktivische latente Steuerabgrenzung erforderlich wird.

Quasi zeitlich unbegrenzte Differenzen

Neben den bisher erwähnten zeitlich unbegrenzten und zeitlich begrenzten Differenzen ist eine weitere Gruppe von Unterschieden zwischen Handels- und Steuerbilanz anzuführen, die sich weder eindeutig der einen noch der anderen Kategorie zuordnen lässt. Diese sog. quasi zeitlich unbegrenzten Differenzen resultieren aus Ergebnisunterschieden, die sich erst in der fernen Zukunft bzw. im Extremfall bei der Liquidation des Unternehmens ausgleichen. Letztgenannter Aspekt widerspricht der *going concern*-Prämisse. Faktisch handelt es sich um zeitlich unbegrenzte Differenzen, die auch als solche zu behandeln sind. Ein Beispiel stellen unterschiedliche handels- und steuerrechtliche Bewertungen von nicht abnutzbaren Vermögensgegenständen des Anlagevermögens (beispielsweise Grundstücke) dar. Das *Timing*-Konzept sieht keine Steuerabgrenzung auf quasi zeitlich unbegrenzte Differenzen vor.

Allerdings können aus quasi zeitlich unbegrenzten Differenzen zeitlich begrenzte Differenzen werden. Sie sind deshalb jährlich daraufhin zu überprüfen, »ob sie sich aufgrund der gesetzlichen Regelungen, etwa eintretender veränderter Verhältnisse oder der geplanten unternehmerischen Disposition in der überschaubaren Zukunft nicht noch ausgleichen werden« (IDW [1988b], Tz. 3). Dabei ist von den am Bilanzstichtag erkennbaren Entwicklungen auszugehen. Die vorstehenden Ausführungen sind in Abbildung 8.2 zusammengefasst.
Die folgenden Beispiele sollen die Auswirkungen von zeitlich begrenzten Differenzen auf den Jahresabschluss veranschaulichen. Die Erträge abzüglich der übrigen Aufwendungen betragen in jeder Periode 1.000 GE. Es wird ein Ertragsteuersatz von 60 % unterstellt.

Beispiel 1
Zu Beginn der Geschäftsperiode wurde eine Anleihe mit einer Gesamtlaufzeit von 5 Jahren ausgegeben. Das Disagio beträgt 500 GE. In der Handelsbilanz wird auf die Ausübung des Aktivierungswahlrechts verzichtet und das Disagio bei Ausgabe der Anleihe als Aufwand erfasst sowie in der Steuerbilanz über die Laufzeit von 5 Perioden planmäßig abgeschrieben. Ohne latente Steuerabgrenzung stellt sich der Fall wie in Tabelle 8.1 gezeigt dar.

Bezogen auf den handelsbilanziellen Gewinn wurden in der ersten Periode 240 GE zu hohe Steuern verrechnet, die sogar zu einem Verlust nach Steuern führen. In den Perioden 2 bis 5 gleicht sich diese Differenz wieder aus, indem jährlich ein um 60 GE zu niedriger Steuerbetrag ausgewiesen wird.

in GE	**steuerliche Gewinnermittlung**	**handelsrechtliche Gewinnermittlung**
Periode 1:		
Erträge – übrige Aufwendungen	1.000	1.000
Disagioabschreibung/Aufwand	– 100	– 500
Ergebnis vor Steuern	900	500
Ertragsteuern (60 %)	– 540	– 540
Ergebnis nach Steuern	360	– 40
Periode 2–5:		
Erträge – übrige Aufwendungen	1.000	1.000
Abschreibung/Aufwand	– 100	–
Ergebnis vor Steuern	900	1.000
Ertragsteuern (60 %)	– 540	– 540
Ergebnis nach Steuern	360	460

Tab. 8.1: Beispiel 1 – ohne latente Steuern

Beispiel 2
Im Rahmen eines Investitionsprojektes für selbst geschaffene immaterielle Vermögensgegenstände des Anlagevermögens entstehen Kosten i. H. v. 500 GE, die steuerlich im ersten Jahr in voller Höhe als Aufwand verrechnet werden müssen (§ 5 Abs. 2 EStG). Im HGB-Abschluss wird von dem Wahlrecht zur Aktivierung Gebrauch gemacht (§ 248 Abs. 1 Satz 1 HGB) und eine lineare Abschreibung

über die geplante Nutzungsdauer von vier Jahren vorgenommen (§ 253 Abs. 3 Satz 1 HGB). Es ergibt sich die Darstellung gemäß Tabelle 8.2.

in GE	steuerliche Gewinnermittlung	handelsrechtliche Gewinnermittlung
Periode 1:		
Erträge – übrige Aufwendungen	1.000	1.000
Abschreibung/Aufwand	– 500	–
Ergebnis vor Steuern	500	1.000
Ertragsteuern (60 %)	– 300	– 300
Ergebnis nach Steuern	200	700
Periode 2–5:		
Erträge – übrige Aufwendungen	1.000	1.000
Abschreibung/Aufwand	–	– 125
Ergebnis vor Steuern	1.000	875
Ertragsteuern (60 %)	– 600	– 600
Ergebnis nach Steuern	400	275

Tab. 8.2: Beispiel 2 – ohne latente Steuern

In diesem Beispiel wirken sich die Differenzen umgekehrt aus: In der Periode 1 wird der effektive Steueraufwand bezogen auf das Handelsbilanzergebnis um 300 GE zu gering ausgewiesen. Diese Differenz gleicht sich in den vier Folgeperioden gleichmäßig wieder aus. Die Schlüsse, die ein externer Bilanzleser aus dem Ergebnis nach Steuern in Periode 1 bei sonst gleich bleibenden Ertrags-/Aufwandsverhältnissen ziehen würde, wären jedoch falsch: Das Ergebnis nach Steuern sinkt in den Folgeperioden von 700 GE auf 275 GE. Der Grund ist, dass die tatsächliche Steuerbelastung wegen der steuerwirksamen Vorverrechnung der Entwicklungskosten in der ersten Periode zu niedrig ausgewiesen wird.

In den bisherigen Beispielen sind latente Steuerverrechnungen nicht vorgenommen worden, als Steueraufwand wurde in die handelsrechtliche Ergebnisrechnung der veranlagte Steueraufwand aufgrund der steuerlichen Jahresabschlussrechnung eingestellt. Diese Ausweismethode führt offensichtlich nicht zu einer – gemessen am handelsbilanziellen Ergebnis – periodengerechten Zuordnung von Ertragsteueraufwendungen. Aus diesem Grunde sind latente Steuerabgrenzungen erforderlich. Bezogen auf die vorstehenden Beispiele ergeben sich danach folgende Ergebnisausweise (vgl. Tabelle 8.3 und Tabelle 8.4).

Der im handelsrechtlichen Abschluss ausgewiesene Steueraufwand entspricht dem Saldo aus zahlbaren und latenten Ertragsteuern. Im Beispiel 1 ist in der Handelsbilanz eine aktive Steuerabgrenzung von 240 GE in der ersten Periode erforderlich, die in den Perioden 2 bis 5 wieder aufgelöst wird. Im Fall 2 ist in der ersten Periode eine passive latente Steuerabgrenzung von 300 GE zu bilden, die ebenfalls in den folgenden vier Perioden aufgelöst wird.

in GE	steuerliche Gewinnermittlung	handelsrechtliche Gewinnermittlung
Periode 1:		
Erträge – übrige Aufwendungen	1.000	1.000
Disagioabschreibung/Aufwand	– 100	– 500
Ergebnis vor Steuern	900	500
Ertragsteuer, davon – zahlbar	– 540	– 540
davon – latent	0	240
Ergebnis nach Steuern	360	200
Periode 2–5:		
Erträge – übrige Aufwendungen	1.000	1.000
Abschreibung/Aufwand	– 100	–
Ergebnis vor Steuern	900	1.000
Ertragsteuer, davon – zahlbar	– 540	– 540
davon – latent	0	– 60
Ergebnis nach Steuern	360	400

Tab. 8.3: Beispiel 1 – mit latenten Steuern

in GE	steuerliche Gewinnermittlung	handelsrechtliche Gewinnermittlung
Periode 1:		
Erträge – übrige Aufwendungen	1.000	1.000
Abschreibung/Aufwand	– 500	–
Ergebnis vor Steuern	500	1.000
Ertragsteuer, davon – zahlbar	– 300	– 300
davon – latent	0	– 300
Ergebnis nach Steuern	200	400
Periode 2–5:		
Erträge – übrige Aufwendungen	1.000	1.000
Abschreibung/Aufwand	–	– 125
Ergebnis vor Steuern	1.000	875
Ertragsteuer, davon – zahlbar	– 600	– 600
davon – latent	0	75
Ergebnis nach Steuern	400	350

Tab. 8.4: Beispiel 2 – mit latenten Steuern

b) Abgrenzung latenter Steuern nach dem Temporary-Konzept

Temporary-Konzept

Das *Temporary*-Konzept zur Abgrenzung latenter Steuern ist (anders als das GuV-orientierte *Timing*-Konzept) bilanzorientiert. Demnach wird grundsätzlich jede Bilanzierungs- und Bewertungsdifferenz zwischen Handels- und Steuerbilanz in die latente Steuerabgrenzung einbezogen, wenn sie zu einer künftigen Steuerbe- oder Steuerentlastung führt. Dies gilt auch dann, wenn die Bilanzierungs- und Bewertungsdifferenz GuV-neutral entstanden ist und lediglich bei ihrer Auflösung in späteren Perioden zu Ergebnisdifferenzen zwischen Handels- und Steuerbilanz führt. Ferner gilt dies auch unabhängig davon, wann sich die Bewertungsunterschiede ausgleichen. Ein Beispiel wäre die Anwendung der

Neubewertungsmethode bei der Folgebewertung von Vermögensgegenständen des Sachanlagevermögens nach IAS 16.

Temporary differences

Der Begriff der *temporary differences* ist deshalb umfassender als der Begriff der *timing differences*. Das *Temporary*-Konzept umfasst das *Timing*-Konzept, geht aber noch weit über dieses hinaus und erweitert den Kreis der zu berücksichtigenden Differenzen. Es lassen sich folgende Grundfälle unterscheiden:

1. Vermögensgegenstände werden in der Handelsbilanz höher bewertet als in der Steuerbilanz bzw. Vermögensgegenstände werden in der Handelsbilanz, nicht aber in der Steuerbilanz angesetzt.
2. Verbindlichkeiten sind in der Handelsbilanz niedriger bewertet als in der Steuerbilanz bzw. Verbindlichkeiten sind in der Steuerbilanz, nicht dagegen in der Handelsbilanz angesetzt.
3. Vermögensgegenstände sind in der Handelsbilanz niedriger bewertet als in der Steuerbilanz bzw. Vermögensgegenstände sind in der Steuerbilanz, nicht dagegen in der Handelsbilanz angesetzt.
4. Verbindlichkeiten sind in der Handelsbilanz höher bewertet als in der Steuerbilanz bzw. Verbindlichkeiten sind in der Handelsbilanz, nicht dagegen in der Steuerbilanz angesetzt.

Die Fälle 1. und 2. führen zu einer passiven latenten Steuerabgrenzung, da die Auflösung der Differenzen (z. B. über höhere Abschreibungen oder über einen höheren Buchwert bei Verkauf eines Vermögensgegenstands) zu einem (im Vergleich zur Steuerbilanz) niedrigeren handelsrechtlichen Ergebnis führen. Die passive latente Steuer ist dann anteilig GuV-wirksam aufzulösen und mindert den (aus handelsrechtlicher Sicht) zu hohen tatsächlichen Steueraufwand der Periode.

Umgekehrt führen die Fälle 3. und 4. zu einer aktiven latenten Steuerabgrenzung, die bei ihrer Auflösung den aus handelsrechtlicher Sicht zu niedrigen Steueraufwand in der handelsrechtlichen Erfolgsrechnung erhöht.

Temporary-Konzept umfassender als Timing-Konzept

Damit sind die nach dem *Timing*-Konzept nicht abzugrenzenden quasi zeitlich unbegrenzten Differenzen in die latente Steuerabgrenzung nach dem *Temporary*-Konzept einzubeziehen, da unzweifelhaft eine Bewertungsdifferenz zwischen Handels- und Steuerbilanz vorliegt und es auf den Zeitpunkt der Auflösung bzw. Umkehrung nicht ankommt. Die *temporary differences* umfassen auch diejenigen Differenzen, die bei ihrer Auflösung zu Ergebnisunterschieden zwischen Handels- und Steuerbilanz führen, deren Entstehung jedoch keine Ergebnisdifferenzen zwischen Handels- und Steuerbilanz verursacht. Ein Beispiel ist die GuV-neutrale Neubewertung abnutzbaren Anlagevermögens aufgrund der nach IFRS zulässigen Neubewertungsmethode.

Nicht in die latente Steuerabgrenzung einbezogen werden nach dem *Temporary*-Konzept grundsätzlich nur noch solche Differenzen zwischen tatsächlicher Steuerschuld und dem aus dem handelsrechtlichen Ergebnis abgeleiteten Steueraufwand, wenn diese auf außerbilanziellen Hinzurechnungen oder Kürzungen bei der steuerlichen Einkommensermittlung beruhen oder aus unmittelbaren Kürzungen der Steuerschuld resultieren.

2. Methoden der Abgrenzung latenter Steuern

In der US-amerikanischen Literatur und Praxis sind drei verschiedene Methoden der Abgrenzung latenter Steuern entwickelt worden:

- die *Liability*-Methode (Anwendung in den IFRS und HGB),
- die *Deferred*-Methode und
- die *Net-of-Tax*-Methode.

Diese drei Methoden werden im Folgenden erörtert und im Hinblick auf ihre Prämissen analysiert.

a) Liability-Methode

Liability-Methode

Die *Liability*-Methode ist bilanzorientiert: Die richtige Darstellung der Forderungen und Verbindlichkeiten des Unternehmens steht im Vordergrund. Latente Steuern werden entweder als Verbindlichkeiten für zukünftig zu zahlende Steuern oder als Vermögensgegenwert, der auf Steuervorauszahlungen beruht, betrachtet (vgl. Black, H. A. [1966], S. 13). Da die Höhe der Verbindlichkeit bzw. der Forderung gegenüber dem Fiskus vom zukünftigen Steuersatz abhängig ist, sieht die *Liability*-Methode auch die Berücksichtigung zukünftiger Steuersätze für die Bemessung des Steuereffekts vor. Bei nachträglichen Steuersatzänderungen müssen die latenten Steuern angepasst werden. In der Erfolgsrechnung wird der angepasste Steueraufwand ausgewiesen.

b) Deferred-Methode

Deferred-Methode

Diese Methode stellt die Erfolgsrechnung in den Vordergrund: Ziel ist eine dem *matching principle* folgende Relation von ausgewiesenem Erfolg und Steueraufwand. Dazu muss ggf. der Steueraufwand um latente Steuerbeträge korrigiert werden. Dies führt in der Bilanz im Fall einer Erhöhung des Steueraufwands zu *deferred charges*, im Fall einer aktivischen Abgrenzung zu *deferred credits* (vgl. Black, H. A. [1966], S. 13). Es entspricht dem Charakter einer derartigen steuerlichen Rechnungsabgrenzung, den Steuersatz der Abrechnungsperiode für die Berechnung der latenten Steuerbeträge zugrunde zu legen. Bei Steuersatzänderungen erfolgt keine Anpassung der abgegrenzten Steuerbeträge.

c) Net-of-Tax-Methode

Net-of-Tax-Methode

Ausgangspunkt dieser Methode bildet die Überlegung, dass der Wert eines Vermögenspostens (1) von seinem Gebrauchswert und (2) von seiner steuerlichen Absetzbarkeit bestimmt ist: Ein Vermögensgegenstand, dessen Abnutzung nicht zu steuerlich anerkannten Absetzungen führt, ist ceteris paribus weniger wert als ein Vermögensgegenstand, dessen Abnutzung als steuerlicher Aufwand anerkannt wird. Weiterhin wird unterstellt, dass jedem Vermögensgegenstand der entsprechende Steuereffekt exakt zugeordnet und eine Korrektur jeweils direkt an diesem Vermögensgegenstand vorgenommen werden kann. D. h. der Vermögensgegenstand wird *net-of-tax* bewertet. Aus der Konzeption dieser Methode ergibt sich, dass der Steuereffekt aufgrund zukünftiger Steuersätze berechnet werden muss. Aus Gründen der Praktikabilität werden jedoch auch die jeweils gültigen Steuersätze verwendet (vgl. Black, H. A. [1966], S. 23). In der Erfolgsrechnung wird nur der tatsächlich zu zahlende Betrag als Steueraufwand ausgewiesen.

Beispiel mit konstantem Steuersatz

Im Folgenden werden anhand eines Zahlenbeispiels die drei beschriebenen Methoden der Berücksichtigung latenter Steuern gegenübergestellt und verdeutlicht, wobei beispielhaft auf den Fall einer passivischen Abgrenzung eingegangen wird. Dazu wird unterstellt, dass aus fiskalischen Gründen ein Wirtschaftsgut im Wert von 800 GE in der Periode 1 (P_1) steuerlich voll abgeschrieben werden kann, während handelsrechtlich eine Abschreibung über zwei Jahre (P_1 und P_2) erfolgt. Die Erträge abzüglich der übrigen Aufwendungen sollen wiederum 1.000 GE betragen. Der Steuersatz wird konstant mit 60 % angenommen. Die folgenden Tabellen 8.5 bis 8.7 zeigen die Auswirkungen der latenten Steuerabgrenzung auf Bilanz und Ergebnisrechnung bei Verwendung der verschiedenen Methoden.

Die *Liability*-Methode weist als Steueraufwand nur den aus handelsbilanzieller Sicht entstandenen Steuerbetrag in einer Summe aus. Der insgesamt ausgewiesene Steueraufwand steht sowohl bei der *Liability*- als auch bei der *Deferred*-Methode zum handelsrechtlichen Ergebnis in einem sinnvollen Zusammenhang.

Dagegen weist die *Net-of-Tax*-Methode nur die fällige Steuer als Steueraufwand aus. Der Steuereffekt aus der zeitlichen Differenz zwischen Handels- und Steuerbilanz wird direkt bei den Abschreibungen berücksichtigt: In P_1 wird zusätzlich zur normalen Abschreibung der Steuervorteil aus der zusätzlichen Abschreibung in der Steuerbilanz berücksichtigt (400 GE × 60 % = 240 GE), während in P_2 dieser Betrag nicht mehr abgeschrieben werden kann. Die Ergebnisse nach Steuern sind bei allen Methoden identisch.

in GE	Periode 1		Periode 2	
	steuerlich	handelsrechtlich	steuerlich	handelsrechtlich
Aktiva				
Anlage	800	800	800	800
Abschreibungen (kumuliert)	– 800	– 400	– 800	– 800
Buchwert	0	400	0	0
Passiva				
Verbindlichkeiten für latente Steuern	–	240	–	–
Erträge – übr. Aufwendungen	1.000	1.000	1.000	1.000
Abschreibungen	– 800	– 400	–	– 400
Ergebnis vor Steuern	200	600	1.000	600
Ertragsteuern (60 %)	– 120	– 360	– 600	– 360
Ergebnis nach Steuern	80	240	400	240

Tab. 8.5: Steuerabgrenzung nach der Liability-Methode

in GE	Periode 1		Periode 2	
	steuerlich	handelsrechtlich	steuerlich	handelsrechtlich
Aktiva				
Anlage	800	800	800	800
Abschreibungen (kumuliert)	– 800	– 400	– 800	– 800
Buchwert	0	400	0	0
Passiva				
Verbindlichkeiten für latente Steuern	–	240	–	–
Erträge – übr. Aufwendungen	1.000	1.000	1.000	1.000
Abschreibungen (kumuliert)	– 800	– 400	–	– 400
Ergebnis vor Steuern	200	600	1.000	600
Ertragsteuern (60 %)	– 120	– 360	– 600	– 360
Ergebnis nach Steuern	80	240	400	240

Tab. 8.6: Steuerabgrenzung nach der Deferred-Methode

in GE	Periode 1		Periode 2	
	steuerlich	handelsrechtlich	steuerlich	handelsrechtlich
Aktiva				
Anlage	800	800	800	800
Abschreibungen (kumuliert)	– 800	– 640	– 800	– 800
Buchwert	0	160	0	0
Erträge – übr. Aufwendungen	1.000	1.000	1.000	1.000
Abschreibungen	– 800	– 640	–	– 160
Ergebnis vor Steuern	200	360	1.000	840
Ertragsteuern (60 %)	– 120	– 120	– 600	– 600
Ergebnis nach Steuern	80	240	400	240

Tab. 8.7: Steuerabgrenzung nach der Net-of-Tax-Methode

Beispiel mit verändertem Steuersatz

Eine Voraussetzung dafür, dass alle drei Methoden zum gleichen Ergebnis führen, ist die Konstanz des Steuersatzes. Bei Änderungen des Steuersatzes weist die *Deferred*-Methode andere Ergebnisse aus als die *Liability*- und die *Net-of-Tax*-Methode, da letztere mit zukünftigen Steuersätzen rechnen. Die folgende Tabelle verdeutlicht die Auswirkungen einer Steuersatzänderung nach den verschiedenen Methoden auf die Handelsbilanz und GuV. Dabei wird in P_2 eine Steueränderung von 60 % auf 50 % angenommen, die bereits in P_1 bekannt ist.

Über beide Perioden stimmen die Ergebnisse wieder überein. Bei der *Deferred*-Methode wird der Vorteil der Steuersenkung in P_2 jedoch auch erst in dieser Periode GuV-wirksam ausgewiesen, wohingegen dieser nach der *Liability*- und der *Net-of-Tax*-Methode bereits in P_1 berücksichtigt wird.

in GE	Liability		Deferred		Net-of-Tax	
	P_1	P_2	P_1	P_2	P_1	P_2
Aktiva						
Anlage	800	800	800	800	800	800
Abschreibungen (kum.)	– 400	– 800	– 400	– 800	– 600	– 800
Buchwert	400	–	400	–	200	–
Passiva						
Rückstellung bzw. Verbindlichkeiten f. latente Steuern	200	–	240	–	–	–
Erträge – übr. Aufw.	1.000	1.000	1.000	1.000	1.000	1.000
Abschreibungen	– 400	– 400	– 400	– 400	– 600	– 200
Ergebnis vor Steuern	600	600	600	600	400	800
Ertragsteuer	– 320	– 300	– 360	– 260	– 120	– 500
Ergebnis nach Steuern	280	300	240	340	280	300

Tab. 8.8: Steuerabgrenzung bei variablem Steuersatz

d) Kritik und Kompatibilität der Steuerabgrenzungsmethoden

Die drei genannten Konzepte zur Steuerperiodisierung führen bei gleich bleibenden Steuersätzen zum gleichen Ergebnis, weshalb das Ziel eines richtigen Erfolgsausweises bei allen als erfüllt angesehen werden kann. Unterschiedliche Ergebnisse werden jedoch bei sich ändernden Steuersätzen ausgewiesen. Dies liegt daran, dass bei der *Deferred*-Methode die Steuersatzänderung erst im Jahr der Änderung auch tatsächlich GuV-wirksam ist, während die beiden anderen Konzepte die Steuersatzänderung antizipieren.

Entsprechung von Steueraufwand und Ergebnis

Unterschiedliche Wege verfolgen die drei Methoden in der Form der Berücksichtigung der latenten Steuern. In der Erfolgsrechnung führt dies dazu, dass bei konstanten Steuersätzen nur die *Liability*- und die *Deferred*-Methode einen dem handelsrechtlichen Ergebnis sinnvoll entsprechenden Ertragsteueraufwand zeigen, wobei die *Deferred*-Methode diesen weiter aufspaltet. Bei der *Net-of-Tax*-Methode stehen Ergebnis und Steueraufwand in keiner erklärbaren Beziehung zueinander, da hier der richtige Ergebnisausweis über einen Bewertungsvorgang angestrebt wird. Dem Ziel der Herstellung einer funktionalen Beziehung zwischen dem Ergebnis und dem Steueraufwand in der Handelsbilanz durch die Steuerabgrenzung wird die *Net-of-Tax*-Methode somit nicht gerecht. Eine Steuersatzänderung führt bei der *Liability*- und bei der *Deferred*-Methode im Jahr ihrer Berücksichtigung zu einer »gestörten« Beziehung zwischen Ergebnis und Steueraufwand. So führt die *Liability*-Methode in Periode 1 zu einer Steuerbelastung von 53,3 % des handelsrechtlichen Ergebnisses vor Steuern, die sich als Mischsatz aus der 60%igen Belastung des steuerlichen Ergebnisses und der 50%igen Belastung (= zukünftiger Steuersatz) der *Timing*-Differenz ergibt. Dadurch stellt sich die steuerliche Aufwandsbelastung des handelsrechtlichen Ergebnisses vor Steuern in Periode 2 mit 50 % dar. Im Gegensatz dazu führt die *Deferred*-Methode zu einer Steueraufwandsbelastung des handelsbilanziellen Ergebnisses in Periode 1 von 60 %. Daraus resultiert eine Steueraufwandsbelastung in Periode 2 von 43,3 %, die sich als Mischsatz aus der 50%igen Belastung des steuerlichen Ergebnisses der Periode 2 und aus der Auflösung der latenten Steuerrückstellung aus Periode 1 i. H. v. 60 % der *Timing*-Differenz ergibt.

Bilanztheoretische Begründung latenter Steuerabgrenzung

Wesentliche Unterschiede zwischen den drei Methoden liegen insbesondere auch in ihrer bilanztheoretischen Begründung und der daraus folgenden Darstellung in der Bilanz. Die *Liability*-Methode folgt der statischen Bilanztheorie und betrachtet latente Steuern als Verbindlichkeiten bzw. Forderungen gegenüber dem Fiskus. Die *Deferred*-Methode betrachtet die latente Steuerabgrenzung ausschließlich unter dem Gesichtspunkt der periodengerechten Zurechnung der ertragsabhängigen Steueraufwendungen. Ist danach der veranlagte Steueraufwand zu niedrig, müssen Steueraufwendungen vorverrechnet werden; ist der veranlagte Steueraufwand dagegen zu hoch, müssen latente Steueraufwendungen nachverrechnet werden. Durch diese Abgrenzungen des Aufwandes entstehen automatisch in der Bilanz Abgrenzungsposten für latente Steuern. Das Konzept der *Deferred*-Methode entspricht somit der dynamischen Bilanztheorie.

Die *Net-of-Tax*-Methode ist eine Bewertungsmethode. Sie verknüpft die steuerlichen Konsequenzen aus der Bewertung mit dem Bewertungsvorgang selbst. Ursache und Wirkung werden vermischt. Als Verfahren der latenten Steuerabgrenzung erscheint die *Net-of-Tax*-Methode deshalb nicht zweckmäßig. Hinzu kommt, dass diese Methode zu Verstößen gegen das Bruttoprinzip und das Saldierungsverbot führt: Wird beispielsweise in die Handelsbilanz eine Rückstellung eingestellt, die steuerlich nicht anerkannt ist, so würde nach der *Net-of-Tax*-Methode die steuerlich nicht anerkannte Rückstellung in der Handelsbilanz um den steuerlichen Effekt (= aktive latente Steuer) verkürzt gebildet werden. Eine derartige Verrechnung ist nach geltenden Rechnungslegungsnormen als unzulässig zu betrachten. Die *Net-of-Tax*-Methode spielt in der Praxis der latenten Steuerabgrenzung deshalb keine Rolle.

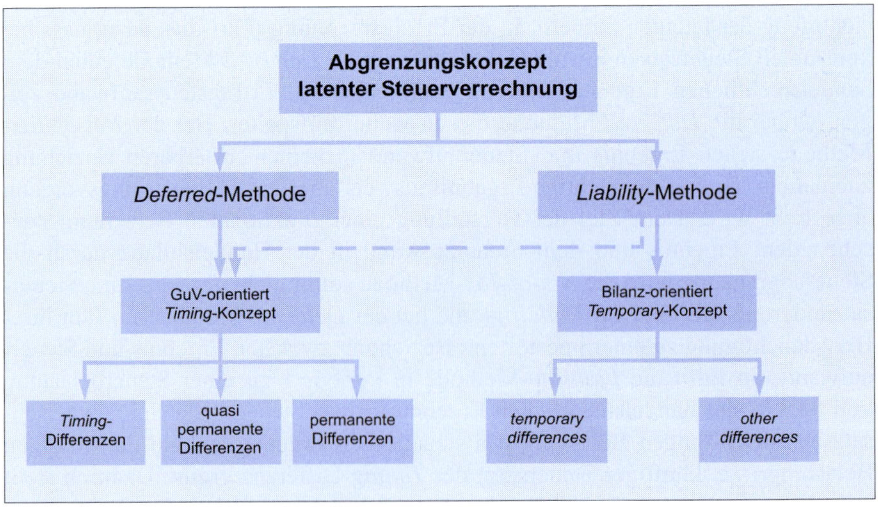

Abb. 8.3: Methoden und Konzepte latenter Steuerverrechnung

Zuordnung von Methoden und Konzepten

Auch die *Deferred*-Methode hat in der Praxis der latenten Steuerabgrenzung an Bedeutung verloren. Sie ist ihrem dynamischen Charakter entsprechend wesensgemäß mit der GuV-orientierten Steuerabgrenzung nach dem *Timing*-Konzept verbunden. Das *Timing*-Konzept lässt sich andererseits durchaus auch mit einer Steuerabgrenzung nach der *Liability*-Methode verbinden, so wie es im Grundsatz auch das HGB vor Inkrafttreten des BilMoG vorsah. Demgegenüber ist mit dem bilanzorientierten *Temporary*-Konzept allein die *Liability*-Methode kompatibel. Abbildung 8.3 stellt die Methoden und Konzeptionen der Abgrenzung latenter Steuern nochmals gegenüber.

3. Bewertung latenter Steuern

Für die Bewertung latenter Steuern muss eine Wahl getroffen werden hinsichtlich des aktuellen oder zukünftigen Steuersatzes und der Einzel- oder Gruppenbewertung.

a) Wahl des Steuersatzes

Aktueller vs. zukünftiger Steuersatz

Die Frage, ob aktuelle oder zukünftige Steuersätze für die Ermittlung latenter Steuern herangezogen werden sollen, wird durch die Wahl der Methode entschieden: *Liability*- und *Net-of-Tax*-Methode erfordern grundsätzlich zukünftige, die *Deferred*-Methode aktuelle Steuersätze.

Unterschiedliche Steuersätze

Darüber hinaus stellt sich die Frage, wie bei gültigen unterschiedlichen Steuersätzen in einer Periode verfahren werden soll. Für deutsche Kapitalgesellschaften sind in die Ertragsteuerabgrenzung die Gewerbeertragsteuer und die Körperschaftsteuer einzubeziehen. Für Einzelunternehmen und Personenhandelsgesellschaften kommt im Allgemeinen nur die Gewerbeertragsteuer in Betracht, da die Einkommensteuer den Privatbereich des Eigners oder der Gesellschafter betrifft und deshalb ihre Berücksichtigung in der Handelsbilanz nicht zwingend ist. Unterschiedliche Steuersätze ergeben sich für die Gewerbeertragsteuer aufgrund der zwischen den Gemeinden variierenden Hebesätze. Entsprechend dem für das Unternehmen gültigen Zerlegungsmaßstab (im Allgemeinen Lohnsumme) gemäß § 29 GewStG ist von einem durchschnittlichen Gewerbeertragsteuerbelastungssatz auszugehen. Eine effektive Belastungsanalyse muss folglich auf den individuellen Einzelfall abstellen.

b) Einzel- und Gruppenbewertung

Der Wertansatz des latenten Steuerpostens hängt naturgemäß auch davon ab, ob von einer Einzelbetrachtung oder von einer zusammenfassenden Betrachtung aller in einer Periode sich ergebenden und verändernden Differenzen ausgegangen wird. Bei Einzelbewertung wird jede einzelne Differenz getrennt über ihre »Lebensdauer« fortgeführt. Bei Gruppenbewertung können zwei Verfahren unterschieden werden. Diese beiden Methoden werden im Folgenden am Beispiel zeitlich begrenzter Differenzen erläutert:

(1) Brutto-Methode (gross-change-method)

Brutto-Methode zur Verrechnung latenter Steuern

Die Brutto-Methode betrachtet Neubildungen und Auflösungen von zeitlich begrenzten Differenzen getrennt. Latente Steuern aufgrund neu entstehender Differenzen werden – bei Anwendung der *Deferred*-Methode – zum aktuellen Steuersatz ermittelt. Bei schwankenden Steuersätzen bildet sich so ein Posten aus unterschiedlichen Steuersätzen, bei dessen Auflösung eine »Verbrauchsfolge« unterstellt werden muss. Das folgende Beispiel (vgl. Tabelle 8.9) verdeutlicht die Brutto-Methode (nach Hille, K. [1982], S. 223).

In der zweiten Periode ergibt sich ein Mischsatz von 45,55 %, der in der dritten Periode für die Auflösung latenter Steuern verwendet wird. Die Zuführungen der Periode 3 werden mit dem aktuellen Steuersatz von 60 % verrechnet, sodass sich in Periode 3 der Mischsatz von 51,58 % ergibt.

in GE	Periode 1 (Steuersatz 40 %)	Periode 2 (Steuersatz 50 %)	Periode 3 (Steuersatz 60 %)
a) Zeitlich begrenzte Differenzen:			
Periode 1:	1.000	– 200	– 200
Periode 2:	–	1.000	– 200
Periode 3:	–	–	1.000
Nettoänderungen	+ 1.000	+ 800	+ 600
Stand	1.000	1.800	2.400
b) Latente Steuerabgrenzung:			
Periode 1:	400	– 80 (40 %)	– 182 (45,55 %)
Periode 2:	–	500	
Periode 3:	–	–	600
Nettoänderungen	+ 400	+ 420	+ 418
Stand	400 (40 %)	820 (45,55 %)	1.238 (51,58 %)

Tab. 8.9: Beispiel zur Bruttomethode

(2) Netto-Methode (net-change-method)

Netto-Methode zur Verrechnung latenter Steuern

Bei der Netto-Methode werden Neubildungen und Auflösungen von Differenzen gleicher Entstehungsursache zunächst saldiert, bevor sie der latenten Steuerabgrenzung unterworfen werden. Die saldierten Zuführungen bzw. Abgänge der *timing differences* werden mit dem Steuersatz der laufenden Periode bewertet. Dadurch wird in Kauf genommen, dass bei im Zeitablauf veränderten Steuersätzen im Rahmen der *Deferred*-Methode latente Steuern mit einem anderen Steuersatz aufgelöst werden, als mit dem sie gebildet wurden. Das folgende Beispiel veranschaulicht die Vorgehensweise (nach Hille, K. [1982], S. 225):

in GE	Periode 1 (Steuersatz 40 %)	Periode 2 (Steuersatz 50 %)	Periode 3 (Steuersatz 60 %)
a) Zeitlich begrenzte Differenzen:			
Periode 1:	1.000	– 200	– 200
Periode 2:	–	1.000	– 200
Periode 3:	–	–	1.000
Nettoänderungen	+ 1.000	+ 800	+ 600
Stand	1.000	1.800	2.400
b) Latente Steuerabgrenzung:			
Neubildung:	+ 400	+ 400	+ 360
Stand	400 (40 %)	800 (44,44 %)	1.160 (48,33 %)

Tab. 8.10: Beispiel zur Netto-Methode

II. Latente Steuern nach nationalen Normen

Das HGB folgt bei der Bilanzierung latenter Steuern dem bilanzorientierten *Temporary*-Konzept.

1. Temporary-Konzept als Grundlage

Latente Steuern im Einzelabschluss

Für den Einzelabschluss gemäß HGB ist die latente Steuerabgrenzung in § 274 HGB verankert. Die Regelung lässt sich wie folgt charakterisieren:

- Beschränkung auf Kapitalgesellschaften, Genossenschaften und Unternehmen i. S. des PublG; die sinngemäße Anwendung auch für andere Unternehmen wird allerdings für zulässig gehalten (vgl. IDW [1988b]; ADS [1995 ff.], § 274 Tz. 7). Kleine Kapitalgesellschaften i. S. des § 267 Abs. 1 HGB sind von der Anwendung des § 274 HGB befreit (§ 274a Nr. 5 HGB).
- Ansatz: Im Verständnis des § 274 HGB entstehen passive bzw. aktive latente Steuern aufgrund unterschiedlicher Wertansätze in Handels- und Steuerbilanz, die sich in künftigen Perioden wieder umkehren. Aktive latente Steuern können zudem aufgrund steuerlicher Verlustvorträge in Höhe der sich innerhalb der nächsten fünf Jahre zu erwartenden Verlustverrechnung ergeben. Dasselbe gilt für vergleichbare Sachverhalte, wie z. B. Steuergutschriften und Zinsvorträge. Eine sich insgesamt ergebende zukünftige Steuerbelastung ist als passive latente Steuer (§ 266 Abs. 3 E HGB) in der Bilanz anzusetzen (§ 274 Abs. 1 Satz 1 HGB). Ergibt sich insgesamt ein Überhang aktiver latenter Steuern, so besteht ein Aktivierungswahlrecht (§ 274 Abs. 1 Satz 2 HGB).
- Ausweis: Die Ansatzvorschriften des § 274 HGB führen grundsätzlich zu einem saldierten Ausweis latenter Steuern. Daneben lässt das Gesetz auch einen Bruttoausweis der aktiven und der passiven latenten Steuer zu (§ 274 Abs. 1 Satz 3 HGB). Verbunden mit dem Ansatz aktiver latenter Steuern ist eine Ausschüttungssperre (§ 268 Abs. 8 Satz 2 HGB) in Höhe des Betrags, um den die aktiven latenten Steuern die passiven latenten Steuern übersteigen. Im Anhang

ist darzustellen, aus welchen Differenzen oder steuerlichen Verlustvorträgen die latenten Steuern resultieren (§ 285 Nr. 29 HGB). Daneben ist zu erläutern, mit welchem Steuersatz die Bewertung erfolgte (§ 285 Nr. 29 HGB).
- Aufwendungen und Erträge aus der Passivierung bzw. Aktivierung latenter Steuern sind in der GuV unter dem Posten »Steuern vom Einkommen und vom Ertrag« gesondert auszuweisen (§ 274 Abs. 2 Satz 3 HGB).

Bewertung

- Die Beträge der sich ergebenden künftigen Steuerbelastung bzw. Steuerentlastung sind mit den unternehmensindividuellen Steuersätzen im Zeitpunkt des Abbaus der Differenz zu bewerten und nicht abzuzinsen (§ 274 Abs. 2 Satz 1 HGB).
- Ein gebildeter passiver bzw. aktiver latenter Steuerposten ist aufzulösen, sobald die Steuerbelastung bzw. Steuerentlastung eintritt oder mit ihr voraussichtlich nicht mehr zu rechnen ist (§ 274 Abs. 2 Satz 2 HGB).
- Latente Steuereffekte, die sich aus der erstmaligen Anwendung von § 274 HGB ergeben, sind direkt mit den Gewinnrücklagen zu verrechnen (Art. 67 Abs. 6 EGHGB).

Temporary-Konzept, Liability-Methode

Über diese Grundsätze hinaus enthält das Gesetz keine weiteren Regelungen zu Abgrenzung, Ermittlung und Ausweis latenter Steuern. In den folgenden Abschnitten werden deshalb entsprechende Regelungen aus dem Wortlaut und Wortsinn des Gesetzes abgeleitet. Dem Grunde nach entstehen latente Steuern nach § 274 HGB aufgrund unterschiedlicher Wertansätze in Handels- und Steuerbilanz. Diese Differenzen kehren sich in künftigen Perioden um. Dieser Ansatz latenter Steuern nach dem *Liability*-Konzept entspricht einer Annäherung an die internationale Rechnungslegung. Im Hinblick auf die Bewertung dieses Postens wird auf künftige Zahlungen, nämlich voraussichtliche Steuerbe- und -entlastung künftiger Geschäftsjahre, abgestellt. Insoweit verbindet § 274 HGB das *Temporary*-Konzept mit der *Liability*-Methode.

Rückstellungen für passive latente Steuern

Für Unternehmen, die nicht unter § 274 HGB fallen (Personengesellschaften und kleine Kapitalgesellschaften) wird in der Literatur diskutiert, ob und in welchem Umfang diese Rückstellungen für passive latente Steuern nach den allgemeinen Vorschriften des § 249 HGB bilden müssen. Dabei stehen sich insbesondere die Ansichten des IDW mit RS HFA 7 und der Bundessteuerberaterkammer gegenüber. Das IDW beschränkt die Anwendung dabei auf temporäre Differenzen, die Bundesteuerberaterkammer hingegen kommt zu einer engeren Auslegung und befürwortet eine Rückstellungsbildung nur für Fälle, die der Steuerstundung dienen, wie etwa der Inanspruchnahme eines Investitionsabzugsbetrags nach § 7g Abs. 1 EStG (vgl. Velte, P./Wulf, I. [2013], S. 150 ff.). Aktuell hat sich keine herrschende Meinung herausgebildet.

2. Fälle für den Ansatz passiver und aktiver latenter Steuerabgrenzungen in der Handelsbilanz

Temporäre Differenzen

§ 274 HGB stellt auf temporäre Differenzen zwischen handels- und steuerrechtlichen Wertansätzen als auch steuerlichen Verlustvorträgen sowie daraus resultierenden Steuerbe- und -entlastungen ab. Diese temporäre Differenzen umfassen – in der Sprache des *Timing*-Konzepts (siehe oben Abbildung 8.2) – die zeitlich begrenzten und die quasi zeitlich unbegrenzten Differenzen. Folglich führen zeitlich unbegrenzte Ergebnisdifferenzen nicht zu einer latenten Steuerabgrenzung, da es ihnen an der Voraussetzung fehlt, dass sich der zu niedrige bzw. zu hohe Steueraufwand in späteren Geschäftsjahren wieder ausgleicht.

Im Folgenden wird eine stichwortartige Übersicht über wesentliche Fälle zeitlich begrenzter Differenzen zwischen Handelsbilanz und Steuerbilanz gegeben, die gemäß § 274 HGB zu latenten Steuerabgrenzungen führen können.

Aktive latente Steuerabgrenzungen:

- Nichtaktivierung des Disagios nach § 250 Abs. 3 HGB (Wahlrecht) in der Handelsbilanz; Aktivierungspflicht in der Steuerbilanz nach R 6.10 EStR. Disagio
- Unterstellung einer unterschiedlichen Nutzungsdauer für einen Geschäfts- und Firmenwert in der Handelsbilanz (§ 253 Abs. 3 HGB) und in der Steuerbilanz (über 15 Jahre gemäß § 7 Abs. 1 Satz 3 EStG) in der Folgebewertung. Firmenwert
- Bewertung von Pensionsrückstellungen unter Verwendung eines niedrigeren als des gemäß § 6a Abs. 3 Satz 3 EStG steuerlich vorgeschriebenen Satzes von 6 %. Rückstellungen
- Steuerliches Abzinsungsgebot von Rückstellungen für Geld- und Sachleistungsverpflichtungen sowie von unverzinslichen Rückstellungen mit einer Laufzeit am Bilanzstichtag von mehr als zwölf Monaten mit einem Zinssatz von 5,5 % (§ 6 Abs. 1 Nr. 3 und 3a EStG), handelsrechtlich dagegen hat die Abzinsung mit marktüblichen Diskontierungssätzen zu erfolgen, die von der Deutschen Bundesbank veröffentlicht werden (§ 253 Abs. 2 HGB). Rückstellungen sind in Höhe ihres nach vernünftiger kaufmännischer Beurteilung notwendigen Erfüllungsbetrages anzusetzen, d. h. künftige Preis- und Kostensteigerungen sind zu berücksichtigen (§ 253 Abs. 1 HGB).

Passive latente Steuerabgrenzungen:

- Ausübung des Wahlrechts zu Aktivierung selbst geschaffener immaterieller Vermögensgegenstände des Anlagevermögens in der Handelsbilanz (§ 248 Abs. 2 HGB); Aktivierungsverbot in der Steuerbilanz. Entwicklungskosten
- Kürzere steuerrechtliche Nutzungsdauer von Gebäuden nach § 7 Abs. 4 EStG ; längere handelsrechtliche Nutzungsdauer. Nutzungsdauer

3. Ermittlung, Bewertung und Ausweis latenter Steuern

Die Ermittlung latenter Steuern kann sowohl nach einer Einzeldifferenzenbetrachtung als auch nach einer Gesamtdifferenzenbetrachtung erfolgen. Die beiden Perspektiven werden im folgenden Unterabschnitt gegenübergestellt. Nach der Darstellung von Bewertung und Ausweis latenter Steuern geht der letzte Unterabschnitt auf latente Steuern bei Verlustvorträgen, Verlustrückträgen und Zinsvorträgen ein.

a) Einzel- und Gesamtdifferenzenbetrachtung

Saldierung aktiver und passiver latenter Steuern

§ 274 Abs. 1 HGB geht grundsätzlich von einem saldierten Ausweis aktiver und passiver latenter Steuern aus, verbunden mit einer Ausschüttungssperre (§ 268 Abs. 8 HGB) hinsichtlich des Betrages, um welchen die aktiven latenten Steuern die passiven latenten Steuern übersteigen. § 274 Abs. 1 Satz 1 HGB erfasst nicht nur die sich aus der GuV ergebenden Abweichungen zwischen handelsbilanziellem und steuerbilanziellem Ergebnis, sondern jede Bilanzierungs- und Bewertungsabweichung zwischen Handels- und Steuerbilanz, also auch GuV-neutrale Abweichungen direkt im Eigenkapital. Entsprechend der international üblichen Praxis werden auch quasi zeitlich unbegrenzte Differenzen einbezogen. Grundsätzlich geht der Gesetzgeber von einer Gesamtdifferenzbetrachtung aus, allerdings ist diese bei einer Anwendung des Aktivierungswahlrechts konzeptionell nicht mehr möglich, sodass in diesem Fall konzeptionell eine Einzeldifferenzbetrachtung vorzunehmen ist (vgl. Küting, K./Seel, C. [2009], S. 924). Die drei möglichen Verfahren zur Ermittlung latenter Steuerposten sind:

- Einzeldifferenzenbetrachtung mit unsaldiertem Ausweis aktiver und passiver latenter Steuern;
- Gesamtdifferenzenbetrachtung mit saldiertem Ausweis eines aktiven oder passiven latenten Steuerpostens;
- Gesamtdifferenzenbetrachtung mit saldiertem Ausweis ggf. eines passiven, nicht aber eines aktiven latenten Steuerpostens.

Einzeldifferenzenbetrachtung

Bei der Einzeldifferenzenbetrachtung wird für jeden Geschäftsvorfall der handelsrechtliche Wertansatz dem Steuerbilanzwert gegenübergestellt. Dies ermöglicht es, durch Summierung aller aktiven latenten Steuerabgrenzungen einerseits und aller passiven latenten Steuerabgrenzungen andererseits, die aktiven und passiven latenten Steuerposten getrennt zu ermitteln.

Gesamtdifferenzenbetrachtung

Demgegenüber werden bei der Gesamtdifferenzenbetrachtung die latenten Steuern unmittelbar aus der gesamten Differenz zwischen den handelsrechtlichen Wertansätzen und den steuerbilanziellen Wertansätzen – beide bereinigt um permanente Differenzen – ermittelt. Diese Methode führte folglich stets zu einer saldierten Betrachtung aktiver und passiver latenter Steuern.

Die Wirkungsweisen der drei oben angeführten Ermittlungsmethoden werden im Folgenden anhand von einfachen Beispielen verdeutlicht (vgl. Tabellen 8.11 bis 8.14).

In Beispiel 1 führt die Gesamtdifferenzenbetrachtung ohne Aktivierung latenter Steuern zu keinem Ausweis latenter Steuern: In P_1 und P_2 deshalb nicht, weil die aktiven latenten Steuern überwiegen. In P_3 kann kein latenter Steueraufwand gezeigt werden, weil bei Entstehung der Differenz keine aktive latente Steuer abgegrenzt wurde. In Beispiel 2 kommt es in P_2 zu einem Überhang der aktiven über die passiven latenten Steuern. Wird keine aktive latente Steuer gebildet, so bedeutet dies, dass die passive latente Steuer aus P_1 in P_2 in vollem Umfang als durch aktive latente Steuern kompensiert gilt. In Beispiel 3 schließlich führen die beiden Varianten der Gesamtdifferenzenbetrachtung zum selben Ergebnis, weil bei Entstehung die passiven latenten Steuern überwiegen.

in GE		P_1	P_2	P_3
Zeitbegrenzte Differenz				
	Ausübung Aktivierungswahlrecht	+ 200	– 100	– 100
	Rückstellung	– 500	–	+ 500
	Änderung	– 300	– 100	+ 400
	Stand	– 300	– 400	0
Einzeldifferenzenbetrachtung				
GuV:	latenter Steueraufwand	100	–	250
	latenter Steuerertrag	250	50	50
Bilanz:	aktive latente Steuer	250	250	–
	passive latente Steuer	100	50	–
Gesamtdifferenzenbetrachtung mit Aktivierung				
GuV:	latenter Steueraufwand	–	–	200
	latenter Steuerertrag	150	50	–
Bilanz:	aktive latente Steuer	150	200	–
	passive latente Steuer	–	–	–
Gesamtdifferenzenbetrachtung ohne Aktivierung				
GuV:	latenter Steueraufwand	–	–	–
	latenter Steuerertrag	–	–	–
Bilanz:	aktive latente Steuer	–	–	–
	passive latente Steuer	–	–	–

Tab. 8.11: Beispiel 1 zur Einzel- und Gesamtdifferenzenbetrachtung. In P_1 Ausübung Aktivierungswahlrecht, Abschreibung in P_2 und P_3. In P_1 steuerlich nicht anerkannte Rückstellung, die in P_3 in Anspruch genommen wird. Steuersatz 50 %.

Fristenkongruenz aktiver und passiver latenter Steuern

Zur Auslegung des § 274 kann nach DRS 18.7 der für den Konzernabschluss verfasste DRS 18 »Latente Steuern« analog herangezogen werden. Nach DRS 18 muss eine Ermittlung der Fristigkeit der Umkehreffekte nicht erfolgen, was eine Vereinfachung darstellt. Wenn jedoch beschränkt vortragsfähigen Verlusten bestehen, muss die Fristigkeit beachtet werden. Auch beim Vorliegen einer Mindestbesteuerung wie nach § 10d Abs. 2 EStG, bei der Verluste nur teilweise genutzt werden können, ist die Fristigkeit zu beachten. Dies lässt den Schluss zu, dass die Fristigkeit beachtet werden muss und eine Planung notwendig ist, wenn Verlustvorträge berücksichtigt werden sollen (vgl. Loitz, R. [2010], S. 2177 ff.; Briese, J. [2012], Tz. 73 f.).

Folgt man dem Wortlaut des § 274 HGB, werden passive latente Steuern mit ggf. vorhandenen aktiven latenten Steuern kompensiert. Andererseits führt diese Saldierung dazu, dass wesentliche latente Steuerrückstellungen nicht separat ausgewiesen werden und somit ein den tatsächlichen Verhältnissen entsprechendes Bild der Vermögens-, Finanz- und Ertragslage über zukünftig zu erwartende Steuerentlastungen nicht vermittelt wird. Aus diesem Grund werden zusätzliche Anhangangaben gefordert, sodass trotz Saldierung ein den tatsächlichen Verhältnissen entsprechendes Bild gegeben wird. Darüber hinaus wird in der Kommentierung auf die Möglichkeit einer Rückstellungsbildung nach den allgemeinen Grundsätzen hingewiesen, falls erkennbar ist, »dass die voraussichtliche Steuerbelastung nachfolgender Geschäftsjahre bereits wirksam wurde, ehe eine im

Grundsatz erwartete Steuerentlastung eintritt« (vgl. IDW [1988a], S. 380; ferner ADS [1995 ff.], § 274 Tz. 22).

in GE		P_1	P_2	P_3
Zeitbegrenzte Differenz				
	Ausübung Aktivierungswahlrecht	+ 200	– 100	– 100
	Rückstellung	–	– 500	+ 500
	Änderung	+ 200	– 600	+ 400
	Stand	+ 200	– 400	0
Einzeldifferenzenbetrachtung				
GuV:	latenter Steueraufwand	100	–	250
	latenter Steuerertrag	–	300	50
Bilanz:	aktive latente Steuer	–	250	–
	passive latente Steuer	100	50	–
Gesamtdifferenzenbetrachtung mit Aktivierung				
GuV:	latenter Steueraufwand	100	–	200
	latenter Steuerertrag	–	300	–
Bilanz:	aktive latente Steuer	–	200	–
	passive latente Steuer	100	–	–
Gesamtdifferenzenbetrachtung ohne Aktivierung				
GuV:	latenter Steueraufwand	100	–	–
	latenter Steuerertrag	–	100	–
Bilanz:	aktive latente Steuer	–	–	–
	passive latente Steuer	100	–	–

Tab. 8.12: Beispiel 2 zur Einzel- und Gesamtdifferenzenbetrachtung. Daten wie in Beispiel 1, aber Rückstellung erst in P_2.

b) Steuersatz zur Bewertung latenter Steuern

Aktueller oder zukünftiger Steuersatz

Die latente Steuerabgrenzung nach § 274 HGB folgt in der Bewertung grundsätzlich dem *Liability*-Ansatz, von dem auch IAS 12 sowie ASC 740 ausgehen (vgl. auch in diesem Kapitel Abschnitt III und IV, S. 498 ff.).

Gemäß § 274 Abs. 2 HGB sind die sich ergebenden zukünftigen Steuerbe- und -entlastungen mit den unternehmensindividuellen Steuersätzen im Zeitpunkt des Abbaus der Differenz zu bewerten und nicht abzuzinsen. Der ausgewiesene Posten ist im Anhang zu erläutern. Schwierigkeiten resultieren für die Bilanzierungspraxis daraus, dass i. d. R. keine konkreten Annahmen über zukünftige Steuersatzänderungen bekannt sind. Eine Ausnahme bildete beispielsweise die Unternehmensteuerreform 2008, in der konkrete Steuersatzsenkungen für Kapitalgesellschaften von 25 % auf 15 % KSt-Satz vorgenommen worden sind.

in GE		P_1	P_2	P_3
Zeitbegrenzte Differenz				
	Ausübung Aktivierungswahlrecht	+ 200	– 100	– 100
	Rückstellung	– 50	–	+ 50
	Änderung	+ 150	– 100	– 50
	Stand	+ 150	+ 50	0
Einzeldifferenzenbetrachtung				
GuV:	lat. Steueraufwand	100	–	25
	lat. Steuerertrag	25	50	50
Bilanz:	akt. lat. Steuer	25	25	–
	pass. lat. Steuer	100	50	–
Gesamtdifferenzenbetrachtung mit Aktivierung				
GuV:	lat. Steueraufwand	75	–	–
	lat. Steuerertrag	–	50	25
Bilanz:	akt. lat. Steuer	–	–	–
	pass. lat. Steuer	75	25	–
Gesamtdifferenzenbetrachtung ohne Aktivierung				
GuV:	lat. Steueraufwand	75	–	–
	lat. Steuerertrag	–	50	25
Bilanz:	akt. lat. Steuer	–	–	–
	pass. lat. Steuer	75	25	–

Tab. 8.13: Beispiel 3 zur Einzel- und Gesamtdifferenzenbetrachtung. Daten wie in Beispiel 1, aber Rückstellung nur i. H. v. 50 GE in P_1.

Anpassung an Steuersatzänderungen

Für die Berechnung der latenten Steuern ist – wie oben erläutert – auf den unternehmensindividuellen Steuersatz im Zeitpunkt des Abbaus abzustellen. Sofern dieser nicht bekannt ist, ist der am Bilanzstichtag gültige individuelle Steuersatz anzuwenden. Änderungen der unternehmensindividuellen Steuersätze sind zu berücksichtigen, sofern der Bundesrat in Deutschland einer entsprechenden Änderung vor bzw. am Bilanzstichtag zugestimmt hat.

Mit der jeweiligen Anpassung des Bestandes der latenten Steuern an den aktuellen Steuersatz sind verschiedene Vorteile verbunden. Es wird erreicht, dass der Steueraufwand in jeder Periode in einem erklärbaren Zusammenhang zum ausgewiesenen Jahresergebnis steht. Auch ergeben sich keine Unterschiede zwischen der Einzelbewertung und den Verfahren der Gruppenbewertung (Brutto-Methode oder Netto-Methode). Letzteres sei anhand des Beispiels aus Tabelle 8.9 bzw. 8.10 für die Brutto-Methode und die Netto-Methode gezeigt (vgl. Tabelle 8.14; vgl. hierzu Hille, K. [1982], S. 226 f.).

in GE	Periode 1 (Steuersatz 40 %)	Periode 2 (Steuersatz 50 %)	Periode 3 (Steuersatz 60 %)
Zeitlich begrenzte Differenz			
Periode 1	+ 1.000	– 200	– 200
Periode 2	–	+ 1.000	– 200
Periode 3	–	–	+ 1.000
Nettoänderungen	+ 1.000	+ 800	+ 600
Stand	1.000	1.800	2.400
Brutto-Methode			
latente Steuer			
auf Jahresänderung P_1	+ 400	– 100 (50 %)	– 240 (60 %)
P_2	–	+ 500	
P_3	–	–	600
auf Vorjahresstand	–	+ 100	180
Nettoänderungen	+ 400	+ 500	+ 540
Stand	400 (40 %)	900 (50 %)	1.440 (60 %)
Netto-Methode			
latente Steuer			
auf Jahresänderung	+ 400	+ 400	+ 360
auf Vorjahresstand	–	+ 100	+ 180
Nettoänderungen	+ 400	+ 500	+ 540
Stand	400 (40 %)	900 (50 %)	1.440 (60 %)

Tab. 8.14: Beispielrechnung mit verschiedenen Steuersätzen

Körperschaftsteuer- und Gewerbeertragsteuersatz zur Bewertung latenter Steuern

In die Bildung des Steuersatzes zur Verrechnung latenter Steuern sind die Körperschaftsteuer und die Gewerbeertragsteuer einzubeziehen. Die Körperschaftsteuer beträgt 15 %. Dazu kommt der Solidaritätszuschlag von 5,5 % auf die Körperschaftsteuer. Für die Gewerbeertragsteuer ist von einem durchschnittlichen Belastungssatz gemäß § 29 GewStG auszugehen.

Sieht man von gewerbesteuerlichen Hinzurechnungen und Kürzungen ab und geht man von einem durchschnittlichen Hebesatz von 400 % sowie einer Steuermesszahl von 3,5 % aus, so ergibt sich der Gesamtsteuersatz (s) bei Normierung auf eine temporäre Differenz von 100 GE wie folgt:

$$s = 400\,\% * 3{,}5\,\% + 15\,\% + 15\,\% * 5{,}5\,\%$$

$$s = 29{,}83\,\%$$

Diskontierungsverbot

Aktive und passive latente Steuern werden als Sonderposten eigener Art klassifiziert, obwohl der Posten »Passive latente Steuern« durchaus Rückstellungselemente aufweisen kann. Gleichwohl klarstellend schreibt § 274 Abs. 2 HGB ausdrücklich vor, dass weder künftige Steuerbe- noch Steuerentlastungen abzuzinsen sind.

c) Ausweis latenter Steuern nach HGB

Bilanzausweis latenter Steuern

§ 274 Abs. 1 HGB schreibt grundsätzlich den saldierten Ausweis latenter Steuern unter einem separaten Posten auf der Aktivseite (§ 266 Abs. 2 D HGB) der

Bilanz bzw. auf der Passivseite der Bilanz (§ 266 Abs. 3 E HGB) vor. Daneben lässt das Gesetz auch einen Bruttoausweis der aktiven und passiven latenten Steuern zu (§ 274 Abs. 1 Satz 3 HGB).

GuV-Ausweis latenter Steuern

Aufwendungen aus der Passivierung und Erträge aus der Aktivierung latenter Steuern sind in der GuV separat unter dem Posten »Steuern vom Einkommen und vom Ertrag« auszuweisen (§ 274 Abs. 2 HGB).

Anhangangaben

Nach § 285 Nr. 29 HGB sind die ausgewiesenen latenten Steuern im Anhang zu erläutern. Dabei ist darauf einzugehen, auf welchen temporären Differenzen sämtliche latenten Steuern beruhen und inwieweit Verlustvorträge und Zinsvorträge in die Berechnung der latenten Steuer eingegangen sind. Ferner ist darzustellen, auf Basis welches Steuersatzes die Bewertung der latenten Steuern erfolgte.

d) Latente Steuern bei Verlustvorträgen, Verlustrückträgen und Zinsvorträgen

Nach § 274 HGB bemisst sich die Höhe der latenten Steuer aus den Differenzen zwischen handelsrechtlichen und steuerrechtlichen Wertansätzen und schließt auch erfolgsneutrale Vorgänge ein. Entscheidend ist, dass die sich ergebenden Differenzen zu zukünftigen Steuerbe- und -entlastungen führen. Daneben können zukünftige Steuerentlastungen aus steuerlichen Verlustvorträgen resultieren, wohingegen Verlustrückträge keine Auswirkungen auf die Bilanzierung latenter Steuern haben.

Verlustrückträge

§ 10d EStG sieht einen auf 511.500 EUR begrenzten Verlustrücktrag auf das vorangegangene Wirtschaftsjahr für Einzelpersonen vor. Liegen während der Periode der *temporary differences* Verluste vor, die in vollem Umfang rückgetragen werden können, so haben die steuerlichen Verluste keinen Einfluss auf die Bewertung der latenten Steuern. Vielmehr führt ein steuerlicher Verlustrücktrag in der Periode des Verlustes zur Realisierung eines Steuererstattungsanspruches, der zur Bilanzierung einer Forderung führt. Ein aktiver latenter Steuerabgrenzungsposten entsteht aus dem Verlustrücktrag selbst also nicht.

Verlustvorträge

Bei einem Verlustvortrag hingegen kommt es zu einer Verschiebung der wirtschaftlich entstandenen, aber erst in einer späteren Periode realisierten Steuerminderung. Man kann deshalb von einer speziellen latenten Steuer sprechen (vgl. Black, H. A. [1966], S. 91). Soweit erwartet wird, dass diesen Verlustvorträgen künftig entsprechende Gewinne gegenüberstehen, die steuerwirksam um die Verlustvorträge reduziert werden dürfen, ist die aus diesen Verlustvorträgen resultierende aktive latente Steuer in die Berechnung der zukünftigen gesamten Steuerbe- und Steuerentlastung mit einzubeziehen, sofern mit einer Verrechnung der Verlustvorträgen innerhalb der nächsten fünf Jahre gerechnet werden kann (§ 274 Abs. 1 Satz 4 HGB). Für die Beurteilung ist das Vorsichtsprinzip zu berücksichtigen, d. h. eine Aktivierung latenter Steuern ist beispielsweise nicht vorzunehmen, falls das Unternehmen bereits in der Vergangenheit nicht über ausreichend nachhaltige Gewinne verfügte. So sollen aktive latente Steuern auf Verlustvorträge für Dritte nachvollziehbar und praktikabel gestaltet werden. Eine Auflösung latenter Steuern erfolgt, sobald die Belastung bzw. Entlastung eintritt oder aber nicht mehr mit ihr zu rechnen ist.

Unternehmenssteuerreform 2008 und Zinsschranke

Die Einführung einer Zinsschranke im Rahmen der Unternehmensteuerreform 2008 beschränkt die Abzugsfähigkeit der Zinsaufwendungen auf die Summe aus Zinsertrag und 30 % des EBITDA. Darüber hinaus vorhandene Zinsaufwendungen sind unter Berücksichtigung einer Freigrenze von 3 Mio. EUR unbeschränkt abzugsfähig, wobei sowohl die *Escape*-Klausel des § 4h Abs. 2 Satz 1 Buchstabe c EStG als auch der erweiterte Konzernbegriff im Rahmen der Zinsschrankenregelung zu beachten sind. Aus dem daraus resultierenden Vortrag für nicht abgesetzte Zinsaufwendungen gemäß § 4h Abs. 1 Satz 5 EStG ist korrespondierend zur Ermittlung latenter Steuern auf Verlustvorträge § 274 Abs. 1 Satz 4 HGB anzuwenden, sodass eine aktive latente Steuer dann gebildet werden kann, wenn eine hinreichend hohe Wahrscheinlichkeit der Realisierung vorgenannter Aspekte innerhalb der nächsten fünf Jahre gegeben ist.

III. Latente Steuern nach internationalen Normen

Latente Steuern nach IAS 12

Der im September 1996 neu gefasste und zuletzt im Dezember 2010 überarbeitete Standard IAS 12 beruht auf dem bilanzorientierten *Temporary*-Konzept i. V. m. der *Liability*-Methode. Im Rahmen des Konvergenzprojektes mit dem FASB ist eine Überarbeitung des IAS 12 geplant; allerdings ist das *Income Tax Project* gegenwärtig inaktiv und wird frühestens 2015 fortgesetzt. Latente Steuern werden im IFRS for SMEs in Abschnitt 29 behandelt. Die dort getroffenen Regelungen sind konzeptionell identisch zu IAS 12, jedoch unterscheiden sich Detailfragen wie etwa die Wertberichtigung von latenten Steuern. Auch ist der Umfang der geforderten Anhanganbgaben nach IFRS for SMEs geringer als nach IAS 12.

Im Folgenden wird zur Erleichterung des Verständnisses für IFRS-Abschlüsse der Begriff »Handelsbilanz« verwendet (vgl. hierzu auch in diesem Kapitel, S. 474). Ein Konzernabschluss nach den IFRS ist gemäß § 315a HGB bei kapitalmarktorientierten Mutterunternehmen zwingend vorgeschrieben. Nicht kapitalmarktorientierte Mutterunternehmen können wahlweise einen Konzernabschluss nach IFRS erstellen und offenlegen. Einzelunternehmen können ebenfalls zu Informationszwecken einen Abschluss nach IFRS offenlegen (§ 325 Abs. 2a u. 2b HGB), allerdings befreit diese Offenlegung nicht von der Pflicht, einen HGB-Abschluss zu erstellen.

1. Temporary-Konzept als Grundlage

Steuerwert

Entsprechend IAS 12 wird jedem *asset* (IAS 12.7) und jeder *liability* (IAS 12.8) ein »Steuerwert« (*tax-base*) zugeordnet. Unter einem Steuerwert wird der einem *asset* bzw. einer *liability* für steuerliche Zwecke beizulegende Wert verstanden, der in Abhängigkeit von der steuerlichen Absetzbarkeit Auswirkungen auf die Höhe der Steuerbemessungsgrundlage hat. Ist der Buchwert eines *asset* in der Handelsbilanz größer als sein Steuerwert, so führt die Realisierung des *asset* handelsbilanziell zu geringeren Gewinnen als steuerrechtlich. Dies wird folglich zu einer höheren steuerlichen Bemessungsgrundlage und zu entsprechend höheren Steuerbelastungen führen als nach dem handelsbilanziellen Ergebnis gerechtfertigt wäre. Hierfür ist aus handelsbilanzieller Sicht eine latente Steuerverbindlichkeit zu passivieren. Entsprechendes gilt, wenn der Steuerwert einer Schuld den Buchwert in der Handelsbilanz übersteigt.

Umgekehrt führt die niedrigere Bewertung eines *asset* in der Handelsbilanz im Vergleich zum Steuerwert bei Realisierung des *asset* zu einem höheren handelsbilanziellen Gewinn im Vergleich zum steuerlichen Gewinn. Zur Berücksichtigung dieses dem *asset* zugerechneten Steuereffektes ist dementsprechend nach IAS 12 ein Aktivposten für latente Steuern zu bilden. Entsprechendes gilt wiederum, wenn in der Handelsbilanz Schulden des Unternehmens durch einen den Steuerwert übersteigenden Buchwert berücksichtigt sind.

Temporary differences

Nach IAS 12.5 sind *temporary differences* definiert als Unterschiede zwischen dem handelsbilanziellen Buchwert eines *asset* bzw. einer *liability* und deren Steuerwert. Sie führen grundsätzlich zur Verrechnung latenter Steuern (IAS 12.10). Nach dieser rein bilanziellen Betrachtungsweise werden zunächst sämtliche Differenzen aus unterschiedlichen Wertansätzen in Handels- und Steuerbilanz unabhängig von ihrer Entstehungsursache erfasst. D. h. es gehören auch solche Differenzen zu den *temporary differences*, die GuV-neutral entstanden sind und erst bei ihrer Auflösung zu Erfolgsunterschieden im handels- und steuerrechtlichen Abschluss führen. Neben den *timing differences* gehören folglich auch quasi-permanente Differenzen zu den *temporary differences*.

Taxable/deductible temporary differences

Weiter wird unterschieden in *taxable temporary differences* und in *deductible temporary differences*. *Taxable temporary differences* führen bei ihrer späteren Auflösung zu einer höheren Steuerbelastung und erfordern somit eine passive latente Steuerverbindlichkeit; *deductible temporary differences* führen bei ihrer Auflösung zu Steuerentlastungen und erfordern deshalb eine aktive latente Steuerabgrenzung im handelsrechtlichen Jahresabschluss. Eine zeitliche Einschränkung der latenten Steuergestaltung derart, dass der zu realisierende Steuereffekt innerhalb eines bestimmten Zeitrahmens erfolgen muss, besteht nicht. Außerdem ist es unerheblich, ob die Auflösung der Differenzen automatisch oder dispositionsabhängig erfolgt. Damit fallen auch die sog. quasi zeitlich unbegrenzte Differenzen (vgl. in diesem Kapitel, S. 475 ff.) unter das Konzept der *temporary differences*. Als nicht abgrenzbare Differenzen gelten gemäß IAS 12 grundsätzlich nur diejenigen Differenzen zwischen tatsächlicher Steuerschuld und dem aus dem handelsrechtlichen Ergebnis abgeleiteten Steueraufwand, die aus außerbilanziellen Hinzurechnungen und Kürzungen bei der steuerlichen Einkommensermittlung oder aus unmittelbaren Kürzungen der Steuerschuld resultieren.

2. Fälle passiver und aktiver latenter Steuern

Im Folgenden werden Beispiele für *taxable temporary differences* und *deductible temporary differences* dargestellt.

a) Passive latente Steuern (taxable temporary differences)

Taxable temporary differences

Nach IAS 12.15 ist grundsätzlich eine passive latente Steuerabgrenzung in allen Fällen erforderlich, in denen *temporary differences* bei ihrer Auflösung zu einer höheren Steuerbelastung führen, als aus handelsbilanzieller Sicht gerechtfertigt wäre. Diese *timing differences* stellen deshalb insoweit lediglich einen Unterfall der umfassenderen *taxable temporary differences* dar (vgl. zu derartigen passiven latenten Steuern in diesem Kapitel, S. 490 ff.).

GuV-neutrale Neubewertungen

Ein Beispiel für eine über *timing differences* hinausgehende *taxable temporary difference* gemäß IAS 12.18-20 ist etwa die nach IAS 16 zulässige ergebnisneutrale Neubewertung von *assets*, die steuerlich nicht mitvollzogen wird. Ein weiterer Fall ist beispielsweise die nach IAS 39 vorgesehene Bewertung von »*available-for-sale*«-Wertpapieren zum höheren Marktpreis bei gleichzeitig direkter Erfassung der Wertänderung im Eigenkapital. Im Falle derartiger Neubewertungen entstehen *taxable temporary differences*, für die nach IAS 12 eine passive latente Steuerabgrenzung zu erfolgen hat. Hierbei handelt es sich allerdings nicht um eine *timing difference* mit einer Umkehrung früherer steuerlicher Effekte. Vielmehr ist die *temporary difference* ohne eigenen Steuereffekt entstanden; eine latente Steuerabgrenzung erfolgt im Hinblick auf die mit der »künftigen Auflösung« verbundenen steuerlichen Konsequenzen.

Ausnahmen von der Passivierungspflicht

Vom grundsätzlichen Gebot der passiven latenten Steuerabgrenzung bei *taxable temporary differences* macht IAS 12 Ausnahmen, auf die im Folgenden kurz hingewiesen wird:

Goodwill

Zu einer *taxable temporary difference* kommt es auch dann, wenn im Rahmen einer Fusion oder eines Unternehmenskaufs ein Goodwill bezahlt wird, der im IFRS-Abschluss aktiviert und ggf. aufgrund eines *impairment test* abgeschrieben, für steuerliche Zwecke dagegen nicht aktiviert wird. In diesen Fällen hat der Goodwill einen Steuerwert von Null, entsprechend ergibt sich eine *temporary difference* in Höhe des handelsrechtlichen Buchwertansatzes des Goodwill. Als Ausnahme verbietet in diesem Fall IAS 12.15a, .21 gleichwohl die Berücksichtigung der daraus resultierenden passiven latenten Steuer mit der Begründung, dass es sich bei dem Goodwill um eine Residualgröße handelt und folglich der Ansatz einer passiven latenten Steuer die Residualgröße Goodwill unnötig aufblähen würde (vgl. auch 11. Kapitel, S. 772).

GuV-neutrale Unterschiede bei Erstverbuchung

Ein Ansatzverbot für passive latente Steuern gilt auch für GuV-neutrale Unterschiede bei Erstverbuchung eines *asset* oder einer *liability* und dem entsprechenden Steuerwert (IAS 12.15b, .22), falls diese Unterschiede nicht aus einer Unternehmensakquisition resultieren.

Differenzen bei Beteiligungen

Schließlich besteht ein Ansatzverbot bei Differenzen aus Beteiligungen an Tochterunternehmen, assoziierten Unternehmen und Gemeinschaftsunternehmen in all den Fällen, in denen das die Beteiligung haltende Unternehmen die Auflösung der *temporary difference* bestimmen kann und die Auflösung wahrscheinlich nicht in der nächsten Zukunft zu erwarten ist (IAS 12.15, .39).

b) Aktive latente Steuern (deductible temporary differences)

Deductible temporary differences

Grundsätzlich erfordert IAS 12.24 eine aktive latente Steuerabgrenzung in allen Fällen von *deductible temporary differences*, in denen es wahrscheinlich ist, dass steuerliche Gewinne verfügbar sein werden, um die gebildeten aktiven latenten Steuern in den späteren Perioden ihrer Auflösung steuerlich wirksam nutzen zu können. Unter dieser Voraussetzung sind zwei Fälle für die Entstehung aktiver latenter Steuern ursächlich: Schulden sind in der Handelsbilanz durch höhere

Verbindlichkeitsposten berücksichtigt als in der Steuerbilanz und/oder Vermögensposten sind in der Handelsbilanz durch einen niedrigeren Wertansatz erfasst als in der Steuerbilanz.

GuV-neutrale Neubewertung

Darüber hinaus gehören zu den *deductible temporary differences* aber auch solche Bilanzpostendifferenzen, die ohne steuerliche Wirksamkeit entstanden sind, aber bei ihrer Auflösung steuerliche Wirkungen zur Folge haben. Als Beispiel kommt die GuV-neutrale Neubewertung von Vermögens- oder Schuldposten nach einer Fusion/Akquisition in Betracht. Zu *deductible temporary differences* kommt es in diesem Fall beispielsweise dann, wenn Schulden höher bewertet werden, ohne dass dies steuerlich mitvollzogen wird. Nach IAS 12 ist im Falle derartiger GuV-neutraler Neubewertungen auf die entstandenen *deductible temporary differences* grundsätzlich eine aktive latente Steuer zu verrechnen.

Ausnahmen von der Aktivierungspflicht

Analog den Ausnahmen von der Passivierungspflicht latenter Steuern (vgl. in diesem Kapitel, S. 499 f.) kennt IAS 12.24 Ausnahmen vom generellen Aktivierungsgebot latenter Steuern. Es handelt sich um *deductible temporary differences* aus einem GuV-neutralen Unterschied bei Erstverbuchung (IAS 12.24b, .33) sowie aus einer Beteiligung, wenn die Gesellschaft die Auflösung der temporären Differenz aus der Beteiligung bestimmen kann und diese wahrscheinlich nicht in der nächsten Zukunft aufgelöst wird (IAS 12.44).

Steuerfreie Investitionszulage

Ein Beispielfall einer GuV-neutralen Differenz bei Erstverbuchung ist eine gewährte steuerfreie Investitionszulage. Im Falle einer solchen steuerfreien Investitionszulage sieht IAS 20.24 ff. als eine Möglichkeit vor, dass die Investitionszulage von den Anschaffungskosten des *asset* in der Handelsbilanz abgezogen wird. Da die Investitionszulage steuerfrei gewährt wird, bleibt der Steuerbilanzansatz des *asset* von der Kürzung in der Handelsbilanz unberührt. Diese Bilanzierungsweise führt folglich zu einer *deductible temporary difference.* Aufgrund des erhöhten steuerlichen Abschreibungspotenzials resultiert hieraus in den Folgejahren ein den Steueraufwand mindernder Effekt. Grundsätzlich wäre dieser Vorteil in Form einer aktivischen Steuerabgrenzung zu berücksichtigen, wenn nicht das Ansatzverbot bei GuV-neutralen Unterschieden aus der Erstverbuchung existierte (IAS 12.24b, .33). Die in IAS 20 empfohlene Bilanzierungsweise soll erreichen, dass die steuerfreie Investitionszulage pro rata temporis über die Laufzeit der Anlage im handelsrechtlichen Jahresabschluss durch den niedrigeren Abschreibungseffekt vereinnahmt wird. Die Verbuchung einer aktiven latenten Steuer würde diesem Effekt entgegenwirken.

Aktive latente Steuer auf Verlustvorträge

Über die *deductible temporary differences* hinaus gilt die Bilanzierungspflicht für aktive latente Steuern grundsätzlich auch für steuerlich vortragbare Verluste (IAS 12.34). Durch die Vortragsfähigkeit im Falle künftiger steuerlicher Gewinne entsteht ein ökonomischer Vorteil, dessen Realisierbarkeit sich aus dem in der vergangenen Periode entstandenen Verlust begründet. Somit ist ein aktivierungspflichtiger Vermögenswert (= *asset)* i. S. der IFRS gegeben.

Mit einem Verlustvortrag ist allerdings eine künftig niedrigere Steuerbelastung und somit ein gegenwärtiger ökonomischer Vorteil nur verbunden, wenn in den künftigen Perioden der Realisation ausreichende steuerpflichtige Gewinne erwirtschaftet werden. Konsequenterweise sieht IAS 12.24, .27 – wie oben erwähnt – deshalb vor, dass aktive latente Steuern nur zu verrechnen sind, wenn künftige steuerpflichtige Gewinne wahrscheinlich sind, gegen die die aktivierte latente Steuer verrechnet werden kann. Das IASB betrachtet künftige steuerpflichtige

Gewinne als wahrscheinlich, wenn deren Eintrittswahrscheinlichkeit über 50 % liegt (vgl. IASB [2003], S. 3; Zülch, H./Lienau, A. [2004], S. 568; Küting, K./ Zwirner, C. [2005], S. 1554).

Was unter »wahrscheinlichem« Vorliegen künftiger steuerpflichtiger Gewinne zu verstehen ist, lässt sich nicht allgemein verbindlich festlegen und bedarf im Einzelfall sorgfältiger Abwägung. IAS 12 nennt Objektivierungskriterien, bei deren Vorliegen von wahrscheinlichen steuerpflichtigen Gewinnen auszugehen ist:

Zeitkongruente passive latente Steuern

1. Von wahrscheinlichen künftigen Gewinnen ist auszugehen, wenn beim betreffenden steuerpflichtigen Unternehmen passive latente Steuern vorliegen, die Verpflichtungen gegen dieselbe Steuerbehörde beinhalten, gegenüber der Ansprüche aus aktiven latenten Steuern begründet sind, und wenn die passiven latenten Steuern mit den betreffenden aktiven latenten Steuern zeitkongruent sind. Zeitkongruent heißt, dass sich die passiven latenten Steuern in den gleichen Perioden auflösen werden, in denen die aktiven latenten Steuern aufzulösen sind, oder dass die passiven latenten Steuern sich in Perioden auflösen, in die ein aus der Auflösung der betreffenden aktiven latenten Steuern entstehender Verlust vorgetragen oder rückgetragen werden kann (IAS 12.28). In diesen Fällen ist die aktive latente Steuer in der Periode zu bilden, in der die entsprechenden *deductible temporary differences* auftreten.

Tax planning opportunities

2. Ein weiteres Objektivierungskriterium liegt in der Möglichkeit des Unternehmens, durch steuerbilanzpolitische Maßnahmen (*tax planning opportunities*) künftige steuerliche Gewinne zu erzeugen. Zu denken ist beispielsweise an die Auflösung steuerfreier stiller Reserven durch Veräußerung unter dem Zeitwert angesetzter Vermögensgegenstände (IAS 12.29b, .30).

Gewinn-/Verlusthistorie

3. Sind die Kriterien nach den Punkten 1. und 2. nicht gegeben, so muss auf die Wahrscheinlichkeit künftiger steuerlicher Gewinne unmittelbar abgestellt werden (IAS 12.29a, .36b). An die Abschätzung künftiger steuerlicher Gewinne ohne Vorliegen der Objektivierungskriterien nach den Punkten 1. und 2. sind hohe Anforderungen zu stellen. Insbesondere sind gewinnerhöhende Wirkungen aus künftigen aktiven latenten Steuern außer Ansatz zu lassen, weil diese ihrerseits nachfolgende steuerliche Gewinne voraussetzen. Eine Begründung für wahrscheinliche künftige steuerliche Gewinne ist beispielsweise dann gegeben, wenn das Unternehmen auch in der Vergangenheit beständig und nachhaltig steuerliche Gewinne erwirtschaftet hat und aufgrund der finanziellen wettbewerblichen Position des Unternehmens nicht mit einer Umkehr dieser Entwicklung zu rechnen ist. Weist das Unternehmen dagegen in der jüngsten Vergangenheit Verlustperioden auf, wird die Annahme wahrscheinlicher künftiger steuerlicher Gewinne besonders sorgfältiger Begründung bedürfen. IAS 12.35 fordert in diesem Falle als Voraussetzung für eine aktive latente Steuer auf den Verlustvortrag einen »überzeugenden substanziellen« Nachweis dafür, dass ausreichende steuerliche Gewinne in der Zukunft verfügbar sein werden. Das Unternehmen muss nachweisen, dass die Ursachen für Verluste der Vergangenheit eindeutig identifiziert wurden und mit ihrem Eintreten zukünftig nicht mehr zu rechnen ist. Ein Beispiel sind Verluste eines sich in der Anlaufphase befindenden neuen Geschäftsbereiches, dessen *break-even* mit hinreichender Gewissheit in absehbarer Zeit erzielbar ist. Im Falle aktivierter latenter Steuern auf Ver-

lustvorträge sieht IAS 12.82 darüber hinaus eine besondere Berichterstattungspflicht über den Umfang derartiger aktiver latenter Steuern und über die erbrachten Nachweise wahrscheinlicher zukünftiger steuerlicher Gewinne vor.

Nachaktivierung latenter Steuern

Ist nach Prüfung der vorstehenden Kriterien 1. bis 3. nicht davon auszugehen, dass wahrscheinliche künftige steuerliche Gewinne gegeben sind, so kommt insoweit der Ansatz aktiver latenter Steuern auf *deductible temporary differences* der Berichtsperiode oder auf Verlustvorträge nicht in Betracht. In den nachfolgenden Berichtsperioden ist allerdings jeweils zu prüfen, ob aufgrund veränderter Verhältnisse oder einer veränderten Einschätzung der zukünftigen Ergebnissituation die Voraussetzungen der Nichtaktivierung entfallen und folglich eine Nachaktivierung vorgenommen werden muss (IAS 12.37). Eine veränderte Wettbewerbsposition oder der Verkauf bzw. die Stilllegung eines Verlustbereiches mögen Indikatoren für eine derartige veränderte künftige Ergebnissituation sein. Grundsätzlich ist anhand der vorstehenden Kriterien (1) bis (3) in jedem Jahr zu prüfen, ob Nachaktivierungen von in vergangenen Perioden nicht aktivierten latenten Steuern erforderlich sind. In gleicher Weise sind natürlich auch an jedem Bilanzstichtag die Voraussetzungen für die in der Vergangenheit vorgenommenen aktiven latenten Steuern auf ihre Gültigkeit hin zu untersuchen (IAS 12.56). Eine aktivierte latente Steuer ist insoweit aufzulösen, wie nicht länger mit wahrscheinlichen ausreichenden steuerpflichtigen Gewinnen in der Zukunft zu rechnen ist, gegen die die aktivierten latenten Steuern sich in den zukünftigen Perioden ausgleichen.

Seitens des IASB werden dem Bilanzierenden zahlreiche implizite Ermessensspielräume bezüglich der Prognose über die zukünftige Unternehmensentwicklung und damit des Ansatzes aktiver latenter Steuern eingeräumt.

3. Ermittlung, Bewertung und Ausweis latenter Steuern

Die Ermittlung latenter Steuern nach IFRS kann GuV-wirksam und GuV-neutral erfolgen. Sie erfolgt wie Bewertung und Ausweis nach den Regeln des IAS 12.

a) GuV-wirksame und GuV-neutrale Ermittlung latenter Steuern

Latente Steuern sind – ebenso wie die aktuellen, laufenden Steuern – konsistent zu den Transaktionen bzw. Ereignissen zu erfassen, aus denen sie resultieren. Im Grundsatz bedeutet dies, dass GuV-wirksame Transaktionen bzw. Ereignisse zur GuV-wirksamen Erfassung und GuV-neutrale Transaktionen bzw. Ereignisse zur GuV-neutralen Erfassung latenter Steuern führen (IAS 12.57).

GuV-wirksame Ermittlung latenter Steuern

Die häufigsten Fälle latenter Steuerverrechnung resultieren auch unter dem *Temporary*-Konzept von IAS 12 aus Fällen, in denen Erträge bzw. Aufwendungen im handelsrechtlichen und im steuerrechtlichen Abschluss zeitverzögert verrechnet werden (= *timing differences*). Da es sich hierbei um automatisch umkehrbare GuV-wirksame Transaktionen handelt, gilt gemäß IAS 12.58 als generelle Regel die GuV-wirksame Verrechnung aktiver und passiver latenter

Steuern. Ist eine latente Steuer GuV-wirksam zu verrechnen, so gilt die Regel der GuV-wirksamen Verrechnung auch für alle nachfolgend vorzunehmenden Korrekturen an dem betreffenden aktiven oder passiven latenten Steuerposten (IAS 12.60). Beispiele für derartige Korrekturbedarfe sind Änderungen des Steuersatzes, Änderungen der Steuergesetzgebung oder Änderungen in der Einschätzung der Wahrscheinlichkeit künftiger steuerpflichtiger Gewinne als Voraussetzung für die Bildung aktiver latenter Steuern.

GuV-neutrale Ermittlung latenter Steuern

Die Generalregel der GuV-wirksamen Verrechnung latenter Steuern wird in den Ausnahmefällen durchbrochen, in denen die latente Steuer aus GuV-neutralen Transaktionen resultiert. Es handelt sich im Wesentlichen um latente Steuern aus GuV-neutralen Neubewertungen von Vermögensgegenständen und Schulden (IAS 12.61A-.65) sowie latente Steuern auf Neubewertungen von Vermögensgegenständen und Schulden eines Tochterunternehmens im Zusammenhang mit der Kapitalkonsolidierung (IAS 12.66-.68; vgl. außerdem 11. Kapitel, S. 771 ff.). Sie werden bei Entstehung GuV-neutral und erst bei späterer planmäßiger Auflösung GuV-wirksam verrechnet.

b) Bewertung latenter Steuern

Künftiger Steuersatz

Entsprechend der IAS 12 zugrunde liegenden *Liability*-Methode sind für die Bewertung latenter Steuerposten grundsätzlich künftige Steuersätze anzuwenden, sofern konkrete Anhaltspunkte dafür vorliegen (*substantially enacted*), dass im Zeitpunkt der Auflösung der *temporary differences* andere Steuersätze gelten werden (IAS 12.47). Für den Fall eines von der Gewinnhöhe abhängigen Steuersatzes ist ein durchschnittlicher Steuersatz zu verwenden (IAS 12.49).

Differenzierte Steuersätze

Gelten je nach Gewinnentstehung unterschiedliche Steuersätze (z. B. für laufenden Gewinn und Kapitalgewinn), so ist grundsätzlich die jeweilige Gewinnentstehungsursache maßgebend (IAS 12.51). IAS 12.53 schreibt ausdrücklich vor, dass latente Steuerverbindlichkeiten zum Nominalwert angesetzt werden müssen.

Latente Steuerposten sind nicht nur dem Grunde nach, sondern auch im Hinblick auf die Bewertung zu jedem Bilanzstichtag zu überprüfen (IAS 12.56). Dies gilt sowohl bezüglich geänderter Steuersätze als auch im Hinblick auf revidierte Pläne und Absichten des Unternehmens, soweit diese auf die Bewertung Einfluss haben (z. B. Verkauf eines Anlagegutes anstelle dessen weiterer Nutzung).

Im deutschen Steuersystem sind die für die latente Steuerverrechnung relevanten Steuern die Gewerbeertrag- und die Körperschaftsteuer. Wie weiter oben (vgl. in diesem Kapitel, S. 496 ff.) abgeleitet, ergibt sich bei einem Hebesatz der Gewerbesteuer von 400 % und dem Körperschaftsteuersatz von 15 % unter Berücksichtigung des Solidaritätszuschlages ein effektiver Steuersatz zur Bewertung latenter Steuern von 29,83 % für Kapitalgesellschaften.

c) Ausweis latenter Steuern

Bilanzieller Ausweis

IAS 1.54o fordert grundsätzlich einen getrennten Ausweis latenter Steuerposten von anderen Vermögensgegenständen und Schulden. Dabei sind aktive latente Steuern und passive latente Steuern getrennt auszuweisen; eine Saldierung ist nur unter sehr engen Voraussetzungen geboten (IAS 12.71), beispielsweise wenn latente Steuerforderungen und Steuerverbindlichkeiten sich auf Ertragsteuern beziehen, die von derselben Steuerbehörde erhoben werden und das Unternehmen tatsächliche Steuererstattungsansprüche mit tatsächlichen Steuerschulden verrechnen kann.

GuV-Ausweis

Gemäß IAS 12.77 sind Steueraufwendungen und -erträge, die dem ordentlichen Geschäftsergebnis zuzurechnen sind, in der Gewinn- und Verlustrechnung grundsätzlich als solche gesondert kenntlich zu machen.

Erläuterungen

Darüber hinaus enthält IAS 12 eine Fülle von Erläuterungs- und Angabepflichten zu den latenten Steuern (vgl. IAS 12.79-.88). So besteht beispielsweise die Verpflichtung zur Veröffentlichung einer Überleitungsrechnung, mit der der Unterschied zwischen dem durchschnittlichen effektiven Steuersatz und dem anzuwendenden Steuersatz erklärt wird (vgl. Loitz, R. [2004], insbesondere S. 1191 ff.). Zu den weiteren Angabepflichten sei auf die Spezialliteratur verwiesen (Coenenberg, A. G./Blaum, U./Burkhardt, H. [2010]).

IV. Latente Steuern nach US-GAAP

Temporary-Konzept

Die Bilanzierung latenter Steuern nach US-GAAP ist in FAS 109 *Accounting for Income Taxes* (heute ASC 740) von 1992 geregelt. Mit ASC 740 (bzw. seinem vorübergehenden Vorgänger FAS 96) wurde das vorher gültige *Timing*-Konzept durch das umfassende bilanzorientierte *Temporary*-Konzept sowohl für den Einzel- wie auch für den Konzernabschluss ersetzt. Diese umfassenden Regelungen für latente Steuern nach ASC 740 bildeten zugleich das Vorbild für die Überarbeitung von IAS 12 im Jahre 1996. Die Regelungssysteme von ASC 740 und IAS 12 stimmen deshalb weitgehend überein (zu Unterschieden vgl. insbesondere Loitz, R. [2004]). Im Rahmen des Konvergenzprojektes bemühen sich das IASB und das FASB gemeinsam, noch bestehende Unterschiede zwischen IAS 12 und ASC 740 weitestgehend zu eliminieren. Insofern gelten die Ausführungen zu IAS 12 vor allem im Hinblick auf das umfassendere *Temporary*-Konzept (vgl. in diesem Kapitel Abschnitt III, S. 498 ff.) sinngemäß auch für die Bilanzierung latenter Steuern nach US-GAAP. Auf diese Ausführungen wird deshalb ausdrücklich verwiesen. Im Folgenden wird nur auf Besonderheiten und Unterschiede von ASC 740 im Vergleich zu IAS 12 eingegangen.

Aktive latente Steuer

Ein besonderes Gewicht ist nach den Regeln der US-GAAP auf die Prüfung zu legen, dass im Falle aktiver latenter Steuern (sei es auf *deductible temporary differences* oder sei es auf einen Verlustvortrag) der künftige ökonomische Nutzen in Form geringerer Steuerzahlungen auch tatsächlich eintritt. Entsprechend der *asset*-Definition des *Conceptual Framework* gilt als Kriterium eine Eintrittswahrscheinlichkeit von mehr als 50 %. Dieses Kriterium ist auch auf die Bewertung einer angesetzten aktiven latenten Steuer zu übertragen. Soweit mit einer Wahrscheinlichkeit von mehr als 50 % (*more likely than not*) künftig nicht in voller Höhe mit der Steuerentlastung zu rechnen ist, ist ein entsprechender Sicherheitsabschlag (*valuation allowance*) vorzunehmen (ASC 740-10). Dieser Sicherheitsabschlag kann folglich zwischen 0 % und 100 % betragen. Er wird auf die gesamte aktive latente Steuer berechnet, d. h. bevor eine eventuell zulässige Saldierung mit einem entsprechenden Passivposten erfolgt. Änderungen des Sicherheitsabschlags aufgrund veränderter Einschätzungen der Wahrscheinlichkeit künftiger Steuerentlastungen führen zu GuV-wirksamen Veränderungen des latenten Steuerpostens.

Bewertung latenter Steuern

Im Hinblick auf den Steuersatz folgt ASC 740 ähnlich wie IAS 12 dem *Liability*-Prinzip; die Restriktion des Stichtagsprinzips ist nach ASC 740-10 allerdings dadurch noch stärker ausgeprägt, als von aktuellen Steuersätzen abweichende künftige Steuersätze nur anzuwenden sind, wenn entsprechende Änderungen der Steuergesetze zum Stichtag beschlossen und bekannt sind. Korrekturen gebildeter latenter Steuern sind nach ASC 740 grundsätzlich GuV-wirksam zu verrechnen. Im Gegensatz dazu sind nach IAS 12 Korrekturen latenter Steuern immer dann GuV-neutral zu verrechnen, in denen die korrigierten latenten Steuern bei ihrer Bildung GuV-neutral gebucht wurden (beispielsweise im Falle der Neubewertung von Aktiva).

Kontrollfragen:

Nationale Normen:

1. Für welche Vorgänge dürfen in der HGB-Bilanz Rechnungsabgrenzungsposten gebildet werden?
2. Worin besteht der Unterschied zwischen dem *Timing*-Konzept und dem *Temporary*-Konzept zur Ermittlung latenter Steuern?
3. Was versteht man unter der *Liability*-Methode, was unter der *Deferred*-Methode?
4. In welchem Verhältnis stehen *Liability*- und *Deferred*-Methode zum *Timing*- bzw. *Temporary*-Konzept zur Ermittlung latenter Steuern?
5. Nennen Sie Fälle zeitlich begrenzter Differenzen, quasi zeitlich unbegrenzter Differenzen sowie zeitlich unbegrenzter Differenzen!
6. Was versteht man unter Gesamtdifferenzenbetrachtung, was unter Einzeldifferenzenbetrachtung zur Ermittlung latenter Steuern?
7. Welche grundsätzlichen Probleme stellen sich bei der Bewertung latenter Steuern?
8. Inwieweit können aktive und passive latente Steuern nach § 274 HGB saldiert werden?

Internationale Normen:

9. Nennen Sie die Gebote und die Verbote zur Bildung aktiver und passiver latenter Steuern nach IAS 12!
10. Unter welchen Veränderungen gebietet IAS 12 die Aktivierung latenter Steuern auf Verlustvorträge?
11. Sind nach IAS 12 latente Steuern GuV-wirksam oder GuV-neutral zu bilden?
12. Wie sind latente Steuern nach IAS 12 auszuweisen?
13. Nennen Sie die Regeln zur Bewertung latenter Steuern nach IAS 12!

9. Kapitel: Gesamtergebnisrechnung

Erfolgsrechnung zur Darstellung von Eigenkapitaländerungen

In der externen Rechnungslegung dient sowohl national als auch international der Erfolg als zentraler Maßstab der während einer Periode erbrachten Leistung eines Unternehmens. Er wird grundsätzlich durch die Veränderung des Eigenkapitals eines Unternehmens während einer Periode determiniert, soweit diese nicht durch Zuzahlungen von oder Auszahlungen an Eigentümer verursacht wurde (vgl. 1. Kapitel, S. 6). Da sich aus der Bilanz, aufgrund ihres Wesens einer Zeitpunktrechnung, lediglich der aggregierte Umfang der Eigenkapitalveränderung von einem Bilanzstichtag zum anderen ablesen lässt, es für die Beurteilung der Leistungsfähigkeit und der periodischen Nachhaltigkeit der Leistung jedoch entscheidend ist, die Ursachen des Erfolgs zu kennen, wird zur Erfüllung der Informationsfunktion der Rechnungslegung explizit neben der Bilanz auch eine Rechnung erstellt, die buchhalterisch als Unterkonto des Eigenkapitalkontos fungiert. Diese hat als Zeitraumrechnung die Funktion, die einzelnen Sachverhaltstypen (Aktivitäten, Ereignisse etc.), die zu Veränderungen des Eigenkapitals während der Periode geführt haben, strukturiert darzustellen und somit die Quellen des Erfolgs transparent zu machen.

Unterschiedlichkeit von Erfolgskonzeption und -rechnung

Aufgrund dieser Funktion, dieses allgemein als »Erfolgsrechnung« bezeichneten Rechnungslegungsinstruments, auf unternehmerischen Aktivitäten beruhende Eigenkapitalveränderungen transparent zu machen, hängen ihr Umfang sowie ihr Inhalt entscheidend davon ab, welche Sachverhalte auf Basis der zur Anwendung kommenden Rechnungslegungsnormen erfasst (Bilanzansatz) und wie diese bewertet werden (Bilanzbewertung). Hierin unterscheiden sich die Rechnungslegungskonzeptionen des HGB und der IFRS (sowie US-GAAP) wesentlich (wie die vorhergehenden Kapitel deutlich machen), was zwangsläufig zu unterschiedlichen Erfolgskonzeptionen und -rechnungen führt. Hiermit in Zusammenhang steht auch die Tatsache, dass die Erfolgsdarstellung im Rahmen der Abschlusserstellung in den verschiedenen Normensystemen – bedingt durch die unterschiedlichen Funktionsdefinitionen der gesamten Abschlusserstellung – unterschiedliche Aufgabenspektren zu erfüllen hat. So dient sie in den IFRS ausschließlich zur Erfüllung der Informationsfunktion, während sie im Rahmen der handelsrechtlichen Rechnungslegungsnormen auch (und insbesondere) die Basis für die Ausschüttungsbemessung, d. h. die Ermittlung des ausschüttungsfähigen Gewinns, darstellt (vgl. 1. Kapitel, S. 19). Diese Unterschiede in den Rechnungslegungskonzepten und -normen bedingen Unterschiede in den Erfolgskonzepten und -definitionen sowie Umfängen der Erfolgsrechnungen.

Inhalt des Kapitels

Im Folgenden werden die unterschiedlichen Erfolgskonzeptionen und -begriffe und die damit zusammenhängenden Erfolgsdarstellungen vorgestellt und erläutert. Danach werden die Erfolgsrechnungen nach den Regelungen des HGB, der IFRS sowie der US-GAAP in ihrer Struktur und ihrem Inhalt erklärt. Ebenso wird auf die für die deutsche Rechnungslegung spezifische Ergebnisverwendungsrechnung eingegangen sowie die in allen drei Rechnungslegungssystemen geforderte Eigenkapitalveränderungsrechnung vorgestellt. Zum Schluss des

Kapitels wird die nach IFRS und US-GAAP berichtspflichtige Größe »Ergebnis pro Aktie« (»*earnings per share*«) beschrieben.

A. Abgrenzung der Erfolgskonzeptionen und Erfolgsbegriffe

Clean surplus vs. dirty surplus

Hinsichtlich des Umfangs, in dem erfolgsbeeinflussende, d. h. eigenkapitalverändernde Sachverhalte als Periodenergebnis interpretiert und damit in der GuV erfasst werden, unterscheidet man ausgehend von der angloamerikanischen Rechnungslegungs- und Finanzierungstheorie zwischen dem »*clean surplus concept*« und dem »*dirty surplus concept*«. Gemäß dem *clean surplus concept* werden sämtliche Eigenkapitalveränderungen, die nicht auf Einzahlungen von oder Auszahlungen an Eigentümer beruhen (sog. nicht eigentümerbezogene Eigenkapitalveränderungen), und damit alle erfolgsbeeinflussenden Sachverhalte in der GuV erfasst – unabhängig von ihrem Entstehungsgrund, ihrer Betriebszugehörigkeit und ihrer Regelmäßigkeit. Dieser Ansatz wird deshalb auch als »*all-inclusive approach*« bezeichnet. Er erfüllt vollständig das sog. Kongruenzprinzip, wonach die Summe der in der GuV erfassten Periodenergebnisse dem Erfolg des Unternehmens über die Totalperiode – gemessen an der Gesamtsumme aller nicht eigentümerbezogenen Einzahlungen und Auszahlungen des Unternehmens über dessen Existenz – entspricht. Diese Einhaltung des Kongruenzgedankens diszipliniert den Bilanzersteller insoweit, als bilanzpolitische Gestaltungsspielräume lediglich dazu genutzt werden können, Gewinne oder Verluste in verschiedene Perioden zu verlagern, ohne dass die Höhe des Totalerfolgs dadurch verändert wird (vgl. Schildbach, T. [1999], S. 1814).

Entsprechend dem *dirty surplus concept* gehen dagegen nur die Erfolgskomponenten aus der gewöhnlichen Geschäftstätigkeit in das GuV-Ergebnis ein; betriebsuntypische Erfolgskomponenten werden GuV-neutral direkt im Eigenkapital erfasst (vgl. Zülch, H. [2005], S. 56 f.). In diesem, auch »*current operating performance approach*« genannten Ansatz enthält das GuV-Ergebnis entsprechend nur Erfolgsbestandteile, die als nachhaltig (i. S. v. wiederkehrend) betrachtet werden können. Als Vorteil einer auf Basis des *dirty surplus concept* ermittelten Ergebnisgröße wird deshalb oft deren größere Eignung für Prognosezwecke angeführt. Gleichzeitig wird durch die Tatsache, dass dadurch ein Teil der periodischen Eigenkapitalveränderungen nicht in der GuV erfasst wird, das Kongruenzprinzip durchbrochen und so die zeitliche Verknüpfung der GuV-Ergebnisse eliminiert. Durch die Entscheidung, welche periodischen Eigenkapitalveränderungen der gewöhnlichen Geschäftstätigkeit zuzuordnen sind, ergeben sich bilanzpolitische Möglichkeiten der Manipulation von Ergebnisgrößen – insbesondere können so negative Erfolgsbestandteile vorübergehend oder dauerhaft dem Ausweis in der GuV entzogen werden (vgl. Zülch, H. [2005], S. 55 ff.; Kieso, D. E./Weygandt, J. J./Warfield, T. D. [2013], S. 160 ff.).

In beiden Konzepten wird der Unternehmenserfolg ermittelt, der die nicht eigentümerbezogenen Eigenkapitalveränderungen während einer Periode darstellt. Während bei Anwendung des *clean surplus concept* allerdings alle nicht eigentümerbezogenen Eigenkapitalveränderungen, d. h. alle Aufwendungen und

Erträge als Periodenergebnis in der GuV erfasst werden, findet bei Anwendung des *dirty surplus concept* eine Ausweistrennung zwischen GuV-wirksamen Erträgen und Aufwendungen und GuV-neutralen, die direkt im Eigenkapital erfasst werden, statt. Fasst man beide Erfolgsbestandteile zusammen, spricht man vom sog. Gesamterfolg bzw. Gesamtergebnis (*comprehensive income*). Sowohl die HGB-Rechnungslegung als auch die Rechnungslegung nach IFRS (sowie US-GAAP) sind zwischen den beiden Konzepten von *clean surplus* und *dirty surplus* angesiedelt.

Erfolgskonzeption nach HGB

Die Erfolgskonzeption des HGB kommt dem *clean surplus concept* und damit dem Kongruenzgedanken am nächsten, da grundsätzlich alle gesamterfolgsbeeinflussenden Sachverhalte (Ausnahme siehe unten) in der GuV erfasst werden.

Erträge und Aufwendungen nach HGB

Die GuV gemäß HGB ist eine Gegenüberstellung von einzelgeschäftlichen Nettovermögensmehrungen (Erträgen) und einzelgeschäftlichen Nettovermögensminderungen (Aufwendungen). Sie spiegelt so die durch die Geschäftstätigkeit in einer Rechnungsperiode verursachten Eigenkapitalveränderungen in ihren wesentlichen Einzelkomponenten wider. Eigenkapitalveränderungen, die auf Ein- und Auszahlungen von bzw. an Anteilseigner zurückzuführen sind, sind in der GuV nicht enthalten. Diese werden direkt im Eigenkapital erfasst. Die Nettovermögensänderungen können sich dabei sowohl auf Nominalgüter (liquide Mittel, Forderungen, Verbindlichkeiten) als auch auf Realgüter (Sachvermögen) beziehen. Sie können Einnahmen bzw. Ausgaben der gleichen Periode, aber auch einer früheren oder späteren Periode sein. Die Periodisierung der Einnahmen und Ausgaben erfolgt nach den Abgrenzungsgrundsätzen (vgl. 1. Kapitel, S. 42 ff.).

GuV-neutrale Eigenkapitalveränderung nach HGB

Die zentrale Ausnahme vom *clean surplus concept* in der HGB-Rechnungslegung stellt lediglich die GuV-neutrale Verrechnung von Währungsumrechnungsdifferenzen im Rahmen der Konzernabschlusserstellung dar (vgl. 10. Kapitel, S. 657 ff.). Abgesehen hiervon entspricht das GuV-Ergebnis eines HGB-Abschlusses i. d. R. dem Unternehmensgesamterfolg.

Fehlerkorrektur nach HGB/DRS

Im Gegensatz zu den IFRS (auch US-GAAP) (vgl. in diesem Kapitel, S. 513) sind Eigenkapitaleffekte, die sich aus der Korrektur von Bilanzierungsfehlern in den Vorperioden, Schätzungsänderungen (z. B. Änderungen der Abschreibungsdauer) sowie Änderungen von Bilanzierungs- und Bewertungsmethoden ergeben, nach HGB meist GuV-wirksam zu erfassen. Für HGB-Abschlüsse sind bezüglich der Korrektur von Fehlern aus Vorperioden die IDW-Stellungnahme zur Rechnungslegung IDW RS HFA 6 aus dem Jahr 2007 sowie DRS 13 »Grundsatz der Stetigkeit und Berichtigung von Fehlern« relevant. Nach IDW RS HFA 6 ist es möglich, fehlerhafte Bilanzansätze nach Feststellung des Jahresabschlusses zu korrigieren, wenn der betreffende Fehler betrags- oder ausweismäßig gewichtig ist (IDW RS HFA 6.14). Die Fehlerkorrektur ist zwingend geboten, wenn der Jahresabschluss aufgrund des Fehlers nichtig ist und die Nichtigkeit durch den Zeitablauf noch nicht geheilt wurde (IDW RS HFA 6.15 i. V. m. § 256 Abs. 6 AktG).

Ob die Fehlerkorrektur durch Rückwärtsrechnung oder in laufender Rechnung vorzunehmen ist, richtet sich grundsätzlich nach Art, Schwere und Folgewirkungen des Fehlers. Eine Pflicht zur Rückwärtsrechnung besteht i. d. R. nur dann, wenn dies wegen materieller Folgewirkungen erforderlich ist bzw. eine zeitnahe Richtigstellung des den tatsächlichen Verhältnissen entsprechenden Bildes der Lage des Unternehmens nicht durch Korrektur im laufenden Abschluss möglich ist. Mängel, die nicht zur Nichtigkeit führen, können immer in laufender Rechnung berichtigt werden; insbesondere wenn Aktionäre die Dividende »in gutem Glauben« erhalten haben und damit eine Rückforderung ausgeschlossen ist (§ 62 Abs. 1 Satz 2 AktG), wird im Regelfall eine Korrektur in laufender Rechnung als ausreichend betrachtet (IDW RS HFA 6.16-19). DRS 13, der lediglich für den HGB-Konzernabschluss Relevanz besitzt, definiert Fehler als bewusst oder fahrlässig verursachte Verstöße gegen zwingende Bilanzierungsgrundsätze. Diese sind grundsätzlich im Ergebnis der Berichtsperiode zu berücksichtigen. Beeinträchtigt ein Fehler die Darstellung der Vermögens-, Finanz- und Ertragslage in früheren Perioden, so ist zusätzlich die Änderung aller Abschlüsse der davon betroffenen Vorperioden erforderlich (DRS 13.25 ff.). Zusammenfassend lässt sich feststellen, dass Fehler in einem HGB-Abschluss meistens GuV-wirksam in der laufenden Periode berichtigt werden.

Methodenänderung nach HGB/DRS

Aufgrund des strengen Bilanzzusammenhangs gemäß § 252 Abs. 1 Nr. 1 HGB ist eine Änderung eines Jahresabschlusses eines vergangenen Geschäftsjahres entsprechend auch bei allen folgenden Jahresabschlüssen durchzuführen (vgl. Baetge, J./Kirsch, H.-J./Thiele, S. [2012], S. 697 f.). DRS 13 führt konkretisierend aus, dass vom Grundsatz der stetigen Anwendung von Bilanzierungsgrundsätzen nur abgewichen werden kann, wenn sich relevante Regelungen (Gesetze, Richtlinien, DRS) geändert haben oder durch die Anwendung der neuen Methode eine verbesserte Darstellung der Vermögens-, Finanz- und Ertragslage erreicht wird (DRS 13.8). Bei der Erfassung der Auswirkungen ist bei Anwendung von DRS 13 zwischen Vorjahreseffekten und das laufende Geschäftsjahr betreffenden Effekten zu unterscheiden. Vorjahreseffekte, die sich als Differenz zwischen dem bisherigen Wertansatz und dem Wertansatz berechnen, der sich ergeben hätte, wenn die neue Methode schon immer angewendet worden wäre, sollten nach DRS 13.11 kumuliert in der GuV der Berichtsperiode in einem gesonderten Posten »Auswirkungen aus der Änderung der angewandten Bilanzierungsgrundsätze« erfasst werden. Die Auswirkungen im aktuellen Geschäftsjahr werden in den jeweils betroffenen GuV-Posten der Berichtsperiode erfasst (DRS 13.9 ff.). Nach § 284 Abs. 2 Nr. 3 HGB sind die Methodenabweichungen zu begründen und ihr Effekt auf die Vermögens-, Finanz- und Ertragslage gesondert darzustellen.

Erfolgskonzeption nach IFRS

Im Gegensatz zu jener des HGB, entspricht die Erfolgskonzeption nach IFRS mehr dem *dirty surplus concept*. Denn hier werden nicht sämtliche Erträge und Aufwendung einer Periode GuV-wirksam, sondern einige auch GuV-neutral erfasst. Für die Qualifizierung, welche Eigenkapitaländerungen GuV-wirksam und welche GuV-neutral erfasst werden, besteht keine einheitliche Regel oder Systematik, vielmehr ergibt sie sich aus einzelnen IFRS. Grundsätzlich handelt es sich dabei zumeist um Eigenkapitaleffekte, die auf Wertveränderungen und nicht auf Transaktionen beruhen.

Erträge und Aufwendungen nach IFRS

Nach IFRS werden Erträge (*income*) als Nutzenmehrungen der Periode, die aus dem Zufluss oder der Wertsteigerung von Vermögenswerten (*assets*) oder der Abnahme von Schulden (*liabilities*) resultieren, qualifiziert (F 4.25a). Korrespondierend zu den Erträgen werden Aufwendungen (*expenses*) als Minderungen des wirtschaftlichen Nutzens der Rechnungsperiode in Form einer Eigenkapitalreduzierung, die durch direkten Abfluss, Wertminderung von *assets* oder Anstieg der *liabilities* bedingt sind, definiert (F 4.25b). Allerdings stellen – auch nach

IFRS – Transaktionen mit den Anteilseignern keine Erträge und Aufwendungen dar.

Revenues vs. gains

Zu unterscheiden sind Erträge, die in unmittelbarem Zusammenhang mit der Geschäftstätigkeit stehen (*revenues*) – wie z. B. Umsatzerlöse, Gebühren, Zinsen, Dividenden, Lizenz- und Mieteinnahmen – und Erträge aus sonstigen Sachverhalten bzw. Unternehmensaktivitäten (*gains*), die i. d. R. aus Wertsteigerungen von *assets* oder Wertminderungen von *liabilities* resultieren. Beispiele für *gains* sind Erträge aus der Veräußerung von langfristigen Vermögenswerten, Erträge aus der Neubewertung von Wertpapieren, Sachanlagen und immateriellen Werten (F 4.29 ff.).

Expenses vs. losses

Analog dazu sind Aufwendungen, die in direktem Zusammenhang mit der Geschäftstätigkeit stehen (*expenses*) – wie beispielsweise Herstellungskosten, Gehälter und Abschreibungen – und Aufwendungen aus sonstigen Sachverhalten bzw. Unternehmensaktivitäten (*losses*) – wie z. B. Verluste aus dem Abgang von Vermögenswerten des Anlagevermögens, außerplanmäßige Abschreibungen auf Vermögenswerte und Aufwendungen aus Naturkatastrophen – zu unterscheiden (F 4.33 ff.).

Ansatzvoraussetzungen für GuV-Posten

Die Erfüllung der vorgenannten Definitionskriterien führt jedoch nicht zwangsläufig zu einer Erfassung als Eigenkapitalveränderung im Abschluss. Aufwendungen und Erträge haben hierfür zusätzlich gewisse Ansatzvoraussetzungen (*recognition criteria*) zu erfüllen (F 4.26). Diese entsprechen den Kriterien für den Ansatz von *assets* und *liabilities* (F 4.47, 4.49). So erfolgt der Ansatz nur dann, wenn die Nutzenabnahme bzw. -zunahme, die an eine Vermögensänderung geknüpft ist, zumindest wahrscheinlich eintritt und verlässlich ermittelt werden kann. Sind die entsprechenden Kriterien erfüllt, besteht grundsätzlich Ansatzpflicht (F 4.37). Der Zeitpunkt der Erfassung wird dabei durch die Abgrenzungsgrundsätze bestimmt (vgl. hierzu auch 2. Kapitel, S. 86 ff.).

GuV-neutrale Eigenkapitalveränderungen nach IFRS (OCI)

Der Großteil der Erträge (*revenues* und *gains*) und Aufwendungen (*expenses* und *losses*) werden GuV-wirksam erfasst und bilden in Summe das Periodenergebnis (*profit or loss*, auch als *net income* bezeichnet). Die GuV-neutral erfassten Erträge und Aufwendungen sind eine Teilmenge der *gains* und *losses*; *revenues* und *expenses* sind immer in der GuV zu erfassen. Der Gesamtbetrag der direkt ins Eigenkapital gebuchten Aufwendungen und Erträge wird als sog. *other comprehensive income* (OCI) bezeichnet. Folgende Sachverhalte können gemäß IAS 1.7 Bestandteil des OCI sein:

- Erträge (*gains*) und Aufwendungen (*losses*) aus der Neubewertung von Sachanlagen (IAS 16.39 f.) und immateriellen Vermögenswerten (IAS 38.85 f.);
- Neubewertungen von leistungsorientierten Versorgungsplänen (*remeasurements of defined benefit plans* (IAS 19.120c));
- Währungsumrechnungsdifferenzen i. V. m. GuV-neutral bewerteten nicht monetären Posten (z. B. nach IAS 16 neubewertete Sachanlagen) (IAS 21.30 f.); Währungsumrechnungsdifferenzen bei wirtschaftlich selbstständigen ausländischen Tochterunternehmen (IAS 21.39c) und bestimmten ausländischen Nettoinvestitionen (IAS 21.32, .37);
- Änderungen des *fair value* von zur Veräußerung verfügbaren finanziellen Vermögenswerten (*available-for-sale financial assets*) (IAS 39.55b);

- Ergebnis aus dem effektiven Teil von Geschäften zur Absicherung von Cashflows (*cashflow hedges*) (IAS 39.95a).

Wenn das bilanzierende Unternehmen bereits IFRS 9 anwendet, was allerdings für deutsche Unternehmen erst nach dem Endorsement auf EU-Ebene möglich sein wird (vgl. 5. Kapitel, S. 277 ff.), sind die zwei folgenden Sachverhalte anstatt der in IAS 39.55b geregelten Änderung des *fair value* der *available-for-sale financial assets* zusätzlich als OCI-Komponenten zu erfassen (IAS 1.7):

- Erträge (*gains*) und Aufwendungen (*losses*) aus der *fair value*-Bewertung von Investitionen in Eigenkapitalinstrumente (IFRS 9.5.7.5);
- Veränderung des *fair value* für bestimmte Schulden (*financial liabilities at fair value through profit or loss*), die auf Änderungen des Kreditrisikos zurück zu führen ist (IFRS 9.5.7.7).

Tatsächliche und latente Steuern, die im Zusammenhang mit der GuV-neutralen Erfassung obiger Sachverhalte im Eigenkapital anfallen, sind zusammen mit der entsprechenden Komponente direkt im Eigenkapital anzusetzen (IAS 12.61A, .62). Hinsichtlich der Voraussetzungen und Durchführung der GuV-neutralen Erfassung dieser Sachverhalte sei auf die Ausführungen in den jeweils relevanten Kapiteln verwiesen.

Die Beteiligungen an assoziierten Unternehmen sowie *joint ventures* sind im Konzernabschluss des investierenden Unternehmens nach der Equity-Methode zu bilanzieren (vgl. 11. Kapitel, S. 670 und S. 721 ff.). Wenn dem Investor nach dem Akquisitionszeitpunkt anteilig Ergebnisbeiträge aus den assoziierten Unternehmen oder *joint ventures* zufließen, müssen diese entsprechend ihrem Charakter beim assoziierten Unternehmen oder *joint venture* im Abschluss des Investors erfasst werden, d. h. GuV-wirksam beim nach der Equity-Methode bilanzierten Unternehmen erfasste Erträge bzw. Aufwendungen sind in der GuV des Investors zu verbuchen, während GuV-neutral erfasste Erträge bzw. Aufwendungen im OCI des Investors ausgewiesen werden müssen (IAS 28.10).

Auflösung GuV-neutral erfasster Eigenkapitalveränderungen

Dabei ist insbesondere je nach Sachverhalt unterschiedlich geregelt, wie die GuV-neutral in einem bestimmten Eigenkapitalposten erfassten Beträge wieder aufzulösen sind. Zum Teil werden diese in Folgeperioden GuV-wirksam behandelt (z. B. bei Anwendung von IAS 39 Eigenkapitalposten i. V. m. *available-for-sale* Wertpapieren (vgl. 5. Kapitel, S. 273) sowie im OCI erfasste Währungsumrechnungsdifferenzen bei ausländischen Nettoinvestitionen, die veräußert werden (IAS 21.32, .48)), d. h. »*recycled*«. Zum Teil werden diese Beträge aber auch GuV-neutral in andere Eigenkapitalposten umgegliedert (z. B. Neubewertungsrücklage von Sachanlagen; vgl. 3. Kapitel, S. 173) oder sofort und dauerhaft mit bestimmten Rücklagen verrechnet (z. B. versicherungsmathematische Gewinne und Verluste aus Pensionsrückstellungen mit den Gewinnrücklagen; vgl. 7. Kapitel, S. 458). Eine eindeutige Konzeption lässt sich hinter den IASB-Vorschriften, die regeln, in welchen Fällen ein *recycling* (= *reclassification adjustment*) vorzunehmen ist, nicht erkennen. Da das *recycling* zu einer wiederholten Erfassung von Erträgen und Aufwendungen auf der Ebene des Unternehmensgesamterfolgs führt, wird dadurch die Summe der Periodengesamterfolge über die Totalperiode künstlich erhöht. Die daraus resultierende Verletzung des Kongruenzprinzips muss kritisch betrachtet werden (vgl. Zülch, H. [2005], S. 76), auch wenn diese i. d. R. durch Anhangangaben erläutert wird.

Total comprehensive income

Die Summe aus den in einem Periodenergebnis GuV-wirksam erfassten Erträgen und Aufwendungen (*profit or loss/net income*) und den GuV-neutral erfassten Erträgen und Aufwendungen (*other comprehensive income*) stellt gemäß IAS 1.7 den Periodenerfolg des Unternehmens dar, der als sog. *total comprehensive income* (nach der offiziellen deutschen Übersetzung »Gesamtergebnis«) bezeichnet wird.

Eigenkapitalveränderungen außerhalb des comprehensive income

Neben diesem *total comprehensive income* und den eigentümerbezogenen Eigenkapitalveränderungen gibt es in den IFRS noch eine dritte Kategorie von Eigenkapitaländerungen. Diese umfassen die Eigenkapitaleffekte, die sich aus der Korrektur von Bilanzierungsfehlern der Vorperioden oder der Änderung von Bilanzierungs- bzw. Bewertungsmethoden ergeben. Diese gelten im Gegensatz zum HGB nicht als Bestandteil des Periodenergebnisses, sondern werden direkt als Korrekturen des Eigenkapitals in der Bilanz erfasst.

Fehlerkorrektur nach IFRS

Nach IAS 8 sind Fehler aus früheren Perioden (*prior period errors*) grundsätzlich durch rückwirkende – retrospektive – Anpassungen zu korrigieren, wenn diese wesentlich sind, d. h. aufgrund ihres Umfangs oder ihrer Art die wirtschaftlichen Entscheidungen von Adressaten beeinflussen könnten. Fehler aus Vorperioden sind dabei fehlende oder falsche Angaben in Jahresabschlüssen, die aus der Nichtnutzung oder mangelhaften Nutzung von verlässlichen Informationen resultieren, die zum Zeitpunkt der Veröffentlichung des Abschlusses verfügbar waren (IAS 8.41 ff. i. V. m. IAS 8.5).

Eine rückwirkende Anpassung bedeutet, dass der Fehler im aktuellen Abschluss so korrigiert wird, als wäre er nie vorgefallen. Nach IAS 8.42 sind zwei Fälle zu unterscheiden:

Im ersten Fall traten die Fehler in der Vergleichsperiode des aktuell dargestellten Abschlusses auf, wodurch sich die fehlerbehafteten Werte in der Darstellung der Vergleichsperiode einfach korrigieren lassen (IAS 8.42a). Somit werden in der berichteten Vorperiode die betroffenen Abschlussposten direkt angepasst und haben keine Auswirkung auf *profit or loss* der aktuellen Berichtsperiode. Gemäß IAS 1.10 f. muss in einem solchen Fall auch eine zusätzliche dritte Bilanz erstellt werden, die der Eröffnungsbilanz der Vergleichsperiode (= Schlussbilanz des Vorvorjahres) entspricht, um die intertemporale Vergleichbarkeit zu erhöhen.

Im zweiten Fall (IAS 8.42b), wenn Vorperioden, in denen der Fehler aufgetreten ist, im aktuellen Abschluss nicht mehr berichtet werden, sind die Fehlerauswirkungen kumuliert in den Eröffnungssalden der betroffenen Vermögenswerte, Schulden und des Eigenkapitals der ersten berichteten Vergleichsperiode zu erfassen. In Höhe dieses kumulierten Betrages wird so in der Eigenkapitalveränderungsrechnung ein entsprechendes, ergebnisneutrales *restatement* des Eröffnungssaldos der Gewinnrücklagen der ersten berichteten Periode vorgenommen.

Diese rückwirkende Anpassung ist ab der frühest möglichen betroffenen Periode vorzunehmen, für die der Anpassungseffekt praktikabel bestimmbar ist. Eine Bestimmung der Anpassung ist nicht praktikabel, wenn hierzu Annahmen über Intentionen des Managements früherer Perioden oder umfangreiche Schätzungen notwendig wären, wobei nicht klar zwischen zum Zeitpunkt der Abschlussveröffentlichung bekannten und nicht bekannten Informationen unterschieden werden kann. Zur Art des Fehlers und Durchführung der Korrektur sind detaillierte Anhangangaben zu machen (IAS 8.49).

Berücksichtigung von Schätzungsänderungen

Fehler sind dabei stets von Schätzungsänderungen (*changes in accounting estimates*) abzugrenzen, die aus dem Bekanntwerden neuer Informationen resultieren. Bei diesen haben in die ursprüngliche Schätzung alle damals relevanten und verfügbaren Daten Eingang gefunden; die ursprüngliche Schätzung wurde also auf Basis des damaligen Erkenntnisstandes – im Unterschied zu Fehlern – richtig vorgenommen. Änderungen von Schätzungen sind nach IAS 8.36 ff. nicht wie Fehler retrospektiv, sondern prospektiv, d. h. (analog den HGB-Regelungen) in der Periode der Änderung sowie allen späteren von der Änderung betroffenen Perioden, als GuV-wirksamer Aufwand bzw. Ertrag der jeweiligen Periode zu erfassen. Typisches Beispiel für eine Schätzungsänderung ist eine Verlängerung der Nutzungsdauer bei einem abnutzbaren Vermögenswert, die sich aufgrund eines langsamer fortschreitenden technischen Fortschritts oder geringerer Auslastung als ursprünglich angenommen ergibt.

Methodenänderung nach IFRS

Vergleichbar den HGB-Bestimmungen sind nach IFRS Bilanzierungs- und Bewertungsmethodenänderungen (*changes in accounting policies*) nur zulässig, wenn diese durch Vorschriften (Satzung, Standards) gefordert werden oder dadurch die realistische und glaubwürdige Darstellung des Unternehmens – der »*true and fair view*« – verbessert wird (IAS 8.14). Ebenso muss, wie nach DRS 13, die Auswirkung auf Vorperioden retrospektiv erfasst werden, sodass sich im aktuellen Abschluss ein Bild ergibt, als wäre von vornherein nach der neuen Methode bilanziert worden. Diese Vorjahreseffekte werden ergebnisneutral – analog zur Korrektur wesentlicher Fehler nach IFRS – berücksichtigt, indem der Anfangsbestand der Gewinnrücklagen angepasst und die Eröffnungsbilanz der Vergleichsperiode erstellt (IAS 1.10 f.) wird. Eingeschränkt werden kann diese rückwirkende Anpassung, wenn die notwendigen Informationen nicht praktikabel generierbar sind (IAS 8.23 ff. i. V. m. IAS 8.5). Im Anhang sind umfangreiche Angaben bezüglich der Methodenänderungen zu machen, insbesondere auch bezüglich erwarteter Auswirkungen von verabschiedeten, aber noch nicht in Kraft getretenen und deshalb von dem Unternehmen noch nicht angewendeten Standards (IAS 8.28 ff.).

Generell sind zunächst etwaige in neuen Standards enthaltene Übergangsvorschriften zu beachten (wie z. B. im Fall von IFRS 1). Wenn standardspezifische Regelungen fehlen, gelten die dargestellten allgemeinen Regelungen zur Behandlung von Methodenänderungen. Sollte es schwierig sein, zwischen einer Methodenänderung und einer Schätzungsänderung zu unterscheiden, ist im Zweifelsfall von einer Schätzungsänderung auszugehen (IAS 8.35). Ebenso liegt keine Methodenänderung vor, wenn eine neue Bilanzierungs- oder Bewertungsmethode auf Geschäftsvorfälle angewendet wird, die in dieser Form erstmals beim Unternehmen vorkommen, und wenn erstmalig die Neubewertungsmethode nach IAS 16 oder IAS 38 verwendet wird (IAS 8.16 f.).

Systematik der Erfolgsermittlung nach IFRS

Die mehrgliedrige Struktur von Eigenkapitalveränderungen in den IFRS, die in Abbildung 9.1 nochmals zusammenfassend dargestellt wird, ist historisch gewachsen und ergibt sich aus der Tatsache, dass es dem IASB bisher noch nicht gelungen ist, eine konzeptionell konsistente Erfolgsdefinition zu entwickeln, die unmittelbar mit einer eindeutigen und umfassenden Bewertungskonzeption sowie einer einheitlichen Konkretisierung von Erfolgsentstehungszeitpunkten zusammenhängt. Insbesondere mangelt es an einer konzeptionellen Abgrenzung von GuV-wirksamen und GuV-neutralen Erfolgskomponenten. Die in den vergangenen Jahren gewachsene Anzahl an GuV-neutralen Erfolgsbestandteilen ergibt sich aus der vermehrten Verwendung des *fair value* in der Erst- und Folgebewertung nach IFRS. Die direkte Erfassung im Eigenkapital lässt sich als Kompromiss werten, der es einerseits erlaubt, Vermögenswerte zeitnah zu bewerten, ohne andererseits im GuV-Ergebnis Komponenten auszuweisen, die im Hinblick auf ihre Zugehörigkeit zur Unternehmensleistung (zumindest) fragwürdig sind.

Um diesen schon seit Langem kritisierten Missstand zu beseitigen, arbeitet das IASB seit geraumer Zeit (im Zuge der Überarbeitung des Rahmenkonzepts (vgl. 1. Kapitel, S. 65 ff.)) einerseits an einer Neudefinition der Abschlusselemente, zu denen auch die Erträge und Aufwendungen gehören, sowie an der Neugestaltung der Abschlussinstrumente und dabei insbesondere der Erfolgsdarstellung (vgl. in diesem Kapitel, S. 517).

<table>
<tr><th colspan="5">Eigenkapitalveränderungen</th></tr>
<tr><td colspan="4">nicht eigentümerbezogen</td><td>eigentümer-bezogen</td></tr>
<tr><td colspan="3">total comprehensive income
(alle Aufwendungen/Erträge
= Gesamtergebnis)</td><td>Fehlerkorrekturen/ Methoden-änderungen</td><td>Einlagen, Ausschüttungen</td></tr>
<tr><td colspan="2">GuV-wirksam</td><td>GuV-neutral</td><td colspan="2">ergebnisneutral</td></tr>
<tr><td colspan="2">profit or loss for the period (auch net income)
(Periodenergebnis)</td><td>OCI
(sonstiges Ergebnis)</td><td colspan="2"></td></tr>
<tr><td>revenues/expenses</td><td colspan="2">gains/losses</td><td colspan="2"></td></tr>
</table>

OCI = other comprehensive income

Abb. 9.1: Eigenkapitalveränderungen nach IFRS

Erfolgskonzeption nach US-GAAP

Die Erfolgskonzeption der US-GAAP entspricht jener der IFRS und wird als *modified all-inclusive concept* bezeichnet (vgl. Kieso, D. E./Weygandt, J. J./Warfield, T. D. [2013], S. 168 f.). Demnach ist zwischen GuV-wirksamen und GuV-neutralen Eigenkapitalveränderungen zu differenzieren. Das Gesamtergebnis der Rechnungsperiode (*comprehensive income*) setzt sich ebenfalls aus dem in der GuV ermittelten Ergebnis (*net income*) und den übrigen direkt mit dem Eigenkapital verrechneten Erträgen und Aufwendungen (*other comprehensive income*) zusammen (vgl. ASC 220-10-20).

Erträge und Aufwendungen nach US-GAAP

Die Definitionen von Erträgen und Aufwendungen entsprechen im Grundsatz jenen der IFRS. So wird auch zwischen *revenues* und *gains* sowie *expenses* und *losses* unterschieden (CON 5.38, ASC 220-10-20). Bestimmte *gains* bzw. *losses* werden, entsprechend den IFRS, auch nicht in der GuV, sondern direkt im Eigenkapital erfasst (*other comprehensive income*).

GuV-neutrale Eigenkapitalveränderungen nach US-GAAP (OCI)

Unterschiede in der Zusammensetzung des *other comprehensive income* gegenüber den IFRS ergeben sich durch unterschiedliche Regelungen der IFRS und US-GAAP, z. B. gibt es in den US-GAAP keine der Neubewertung nach IAS 16 und IAS 38 vergleichbare Regelung und entsprechend auch keine GuV-neutral zu erfassende Neubewertungsrücklage.

Beispiele für wesentliche OCI-Bestandteile nach US-GAAP sind Währungsumrechnungsdifferenzen, Bewertungsergebnisse aus *available-for-sale* Wertpapieren und bestimmten Hedging-Transaktionen (vgl. Kieso, D. E./Weygandt, J. J./Warfield, T. D. [2013], S. 182). Im Gegensatz zu den IFRS ist für alle OCI-Bestandteile ein *recycling* geboten, d. h. z. B. bei *available-for-sale investments* sind in vergangenen Perioden GuV-neutral erfasste Wertsteigerungen, die durch Verkauf realisiert werden, im GuV-Ergebnis (*net income*) anzusetzen. Entsprechende *reclassification adjustments* sind für jede Art von OCI explizit auszuweisen (ASC 220-10-45-15 ff., früher FAS 130).

Fehlerkorrekturen und Methodenänderungen nach US-GAAP

Gemäß ASC 250-10 (früher FAS 154) »*Accounting Changes and Error Corrections*« entsprechen die bilanziellen Behandlungen von Korrekturen von Rechnungslegungsfehlern früherer Perioden sowie von Änderungen der Bilanzierungs- und Bewertungsmethoden jenen nach IFRS. Diese werden grundsätzlich retrospektiv erfasst. Im Unterschied zu IAS 8 wird jedoch die Notwendigkeit einer Fehlerkorrektur nach ASC 250-10-45-23 nicht davon abhängig gemacht, dass dieser wesentlich ist und die Anpassungseffekte praktikabel bestimmbar sind, sondern jeglicher Fehler ist grundsätzlich zu berichten; allerdings gilt auch hier der generelle Wesentlichkeitsgrundsatz (ASC 250-10-45-27).

B. Gestaltungsmöglichkeiten für die Erfolgsrechnung

Erfolgskonzeption determiniert Möglichkeiten der Erfolgsdarstellung

Die den Rechnungslegungsnormensystemen zugrunde liegenden Erfolgskonzepte determinieren auch die sich grundsätzlich ergebenden Möglichkeiten der Darstellung der verschiedenen Typen von Eigenkapitalveränderungen. Da im Rahmen des *clean surplus concept* nicht zwischen GuV-wirksamen und GuV-neutralen Erfolgskomponenten differenziert wird, kann es darin auch nur eine Erfolgsrechnung geben, die der Ergebnisrechnung entspricht. Deshalb kennt das HGB auch nur die GuV als Erfolgsrechnung. Im Gegensatz dazu besteht bei zwei Erfolgskategorien – wie im Rahmen der IFRS (und US-GAAP) – die Möglichkeit, die einzelnen Komponenten dieser Kategorien getrennt voneinander in zwei Erfolgsrechnungen (einer Ergebnisrechnung und einer OCI-Rechnung; sog. *two-statement approach*) darzustellen oder in einer Gesamtergebnisrechnung (sog. *single statement approach* oder *one-statement approach*) zusammenzufassen. Bezieht man die eigentümerbezogenen Eigenkapitaländerungen auch noch in die Rechnung mit ein, so spricht man von einer Eigenkapitalveränderungsrechnung.

Two-statement approach

Bei Anwendung des *two-statement approach* erfolgt ein getrennter Ausweis des Periodenergebnisses und des Gesamtergebnisses. Die GuV dient der Ermittlung des Periodenergebnisses. Daneben wird eine zweite Rechnung erstellt, die vom GuV-Ergebnis ausgehend und unter Hinzuziehung sämtlicher direkt im Eigenkapital erfasster Erträge und Aufwendungen das Gesamtergebnis (*total comprehensive income*) ermittelt. Durch diese getrennte Aufstellung wird die Zusammensetzung des Gesamtergebnisses zum einen aus GuV-wirksamen Bestandteilen und zum anderen aus den GuV-neutralen Erfassungen im Eigenkapital ersichtlich, sodass die Abschlussadressaten einen Überblick über das Gesamtergebnis erhalten, aber dennoch auf einen Blick das Periodenergebnis in der GuV ersichtlich bleibt.

Single statement approach

Der *single statement approach* (auch *one-statement approach* genannt) stellt einen kombinierten Ausweis der GuV-wirksamen und GuV-neutralen Erträge und Aufwendungen in einer Rechnung dar, wobei das GuV-Ergebnis als Zwischensumme und das Gesamtergebnis als Saldogröße angegeben werden. Ein Vorteil dieser Darstellungsweise liegt darin, dass den Abschlussadressaten die gesamte Erfolgslage eines Unternehmens auf einen Blick als Endsumme (*bottom line*) präsentiert wird. Dagegen muss abgewogen werden, dass gleichzeitig das als Zwischensumme ausgewiesene Periodenergebnis seine Rolle als zentraler Performance-Indikator verlieren könnte.

Statement-of-changes-in-equity approach

Dem dritten Ausweisformat liegt der *statement-of-changes-in-equity approach* zugrunde. Hierunter versteht man eine Eigenkapitalveränderungsrechnung, die in Matrixform nicht nur die Komponenten des *total comprehensive income*, sondern auch die Eigenkapitalveränderungen aus Fehlerkorrekturen und Methodenänderungen sowie die Ein- und Auszahlungen an Eigentümer beinhaltet und darstellt. Dieses Präsentationsformat macht zwar deutlich, aus welchen Komponenten sich die Eigenkapitalveränderung einer Periode ergibt, doch führt dies auch zu einer Vermengung von verschiedenen zugrunde liegenden Sachverhalten, sodass das Periodenergebnis und das Gesamtergebnis nicht direkt als plakative Endsummen einer Auflistung ersichtlich sind.

Financial Statement Presentation Project

Im Rahmen ihrer Konvergenzbestrebungen haben IASB und FASB gemeinsam im April 2004 das *Financial Statement Presentation Project* aufgenommen. Dieses Projekt unterteilt sich in drei Teilschritte: In Phase A soll eine Angleichung zwischen den beiden Standardsettern erfolgen (*short-term convergence*), in Phase B sollen konzeptionelle Grundlagen der Erfolgsdarstellung überarbeitet werden und in Phase C soll die Übertragung auf die Zwischenberichterstattung vorgenommen werden.

- Phase A

Die durch Phase A abgeschlossene Überarbeitung des IAS 1 (rev. 2003) resultierte im hier beschriebenen IAS 1 »*Presentation of Financial Statements*« (rev. 2007), wodurch sich geänderte Bezeichnungen bzw. neue Bestandteile eines Abschlusses nach IFRS für die bilanzierenden Unternehmen ergaben.

Darstellungsalternativen nach IFRS

In diesem Zusammenhang wurde auch die Erfolgsdarstellung neu geregelt. Demnach besteht ein Wahlrecht zwischen dem *single statement approach* und dem *two-statement approach*. Um eine klarere Trennung in der Darstellung von *owner* und *non-owner* Eigenkapitalveränderungen zu erreichen, enthält IAS 1.7 eine Definition des neu eingeführten Begriffs »*total comprehensive income*« unter dem alle Komponenten des *profit or loss* (GuV-wirksame Eigenkapitalveränderungen) und des *other comprehensive income* (GuV-neutrale Eigenkapitalveränderungen) subsumiert werden. Obwohl für die Verfolgung des Ziels einer klareren Abgrenzung ein einziges Berichtsformat sprechen würde, entschied sich das IASB für ein Ausweiswahlrecht. So kann das *total comprehensive income* in einer Darstellung (*statement of profit or loss and other comprehensive income*) oder in zwei Teilen (*statement of profit or loss* und *statement of comprehensive income*) aufgelistet werden. Im letzteren Fall beginnt das *statement of comprehensive income* mit dem Jahresergebnis und enthält als Zwischensumme das *other comprehensive income*. Beide Berichtsalternativen gelten als gleichwertig, da sich das IASB den divergierenden Stellungnahmen, obwohl es selbst den *single statement approach* präferiert, gebeugt hat (vgl. IAS 1.BC53).

- Phase B

In der Projektphase B (*long-term improvements*) sollen grundlegende konzeptionelle Fragestellungen behandelt werden, die bis jetzt in drei eigenen Teilprojekten bearbeitet wurden. Der am weitesten fortgeschrittene Teilbereich befasst sich mit der Darstellung der OCI-Komponenten. Das Teilprojekt »*Presentation of Items of Other Comprehensive Income*« führte im Juni 2011 zu veröffentlichten Änderungen an IAS 1. Dieser ist für Geschäftsjahre, die nach dem 01.07.2012 beginnen, anzuwenden. Zwar behält das IASB in Absprache mit dem FASB das durch Phase A neu in IAS 1 aufgenommene Wahlrecht zur Erfolgsdarstellung zwischen *single statement approach* und *two-statement approach* bei, jedoch wird dieses Recht nur noch in einer Randziffer beschrieben (IAS 1.10A) und nicht mehr explizit aufgelistet, da IAS 1.81 gestrichen wurde. Die Gesamtergebnisrechnung ist gemäß IAS 1.10 als *statement of proft or loss and other comprehensive income* zu bezeichnen. Aus der neuen Bezeichnung und der Fokussierung des IAS 1 auf den *single statement approach* lässt sich ableiten, dass nach der Intention des IASB die dominierende Stellung des GuV-Ergebnisses als zentraler Maßstab der unternehmerischen Leistung durch das *total comprehensive income* in Zukunft abgelöst werden soll, was in Anbetracht des zunehmenden Umfangs der Bewertung zum *fair value* auch als konzeptionell konsistent zu werten ist. Des Weiteren sind gemäß IAS 1.82A die OCI-Komponenten in Abhängigkeit von ihrer späteren GuV-wirksamen Auflösung (*recycling*) oder ihrer dauerhaften GuV-neutralen Erfassung getrennt auszuweisen.

Ein weiterer, mit dem FASB gemeinsamer Themenbereich der Phase B befasst sich mit der Überarbeitung einer Definition von *discontinued operations* und damit verbundenen Anhangangaben. Hierzu wurde im September 2008 der Exposure Draft »*Discontinued Operations*« veröffentlicht, der zu notwendigen Anpassungen von IFRS 5, z. B. durch eine Präzisierung der Abgrenzungskriterien in Anlehnung an IFRS 8 »*Operating Segments*«, führen wird. Ein finaler Standard liegt allerdings noch nicht vor.

Die gravierendste Reform wird im dritten Teilbereich »*Phase B – Replacement of IAS 1 and IAS 7*« bearbeitet. Deren geplante Veränderungen wurden bereits in dem seit Oktober 2008 bestehenden Discussion Paper »*Preliminary Views on Financial Statement Presentation*« und dem im Juli 2010 veröffentlichten Staff Draft als Vorstufe eines Exposure Draft ersichtlich. Die drei Leitprinzipien dieser Überarbeitungen sollen sicherstellen, dass den Abschlussadressaten die Beurteilung der wirtschaftlichen Unternehmenslage durch die Beseitigung von existierenden Inkonsistenzen und Mängeln in der Darstellung der Abschlussinformationen erleichtert wird. Die vom IASB beabsichtigten Änderungen in der Darstellung der Abschlussinstrumente werden umfangreiche System- und Prozessanpassungen auf Seiten der Abschlussersteller notwendig machen. Das »Prinzip der Kohäsion« besagt, dass Informationen über Bilanz, Gesamtergebnisrechnung und Kapitalflussrechnung hinweg zusammenhängend und nachvollziehbar dargestellt werden sollen. Durch das zweite »Prinzip der Disaggregation« sollen zur Verbesserung der Prognosefähigkeit ökonomisch unterschiedliche Sachverhalte getrennt und ähnliche Sachverhalte zusammen dargestellt werden. Mit Hilfe des dritten Prinzips, das allerdings im Staff Draft wieder gestrichen wurde, soll die Liquiditäts- und Flexibilitätsbeurteilung des Unternehmens anhand von Informationen zur Liquiditätslage und flexiblen Investitionsfähigkeit gestärkt werden. Im Zentrum dieses Projektes steht die konsistente, einheitliche und prinzipienorientierte Gliederungsstruktur aller Abschlussbestandteile durch deren Unterteilung in die Abschnitte Geschäftstätigkeit (*business*), Finanzierungstätigkeit (*financing*), Ertragsteuern (*income taxes*), aufgegebene Geschäftsbereiche (*discontinued operations*) und Eigenkapital (*equity*). Im Staff Draft ist *equity* eine Unterkategorie von *financing*, zusätzlich wird ein Abschnitt *multi-category transaction* eingeführt. Hierdurch sollen die Auswirkungen eines zu erfassenden Sachverhaltes und dessen Abbildung in der Bilanz, Gesamtergebnisrechnung und Kapitalflussrechnung besser ersichtlich und die Verknüpfung der Abschlussinstrumente verdeutlicht werden (vgl. Fülbier, R.-U./Maier, F./Sellhorn, T. [2009], S. 407 ff.). Abbildung 9.2 gibt die gleichförmige Struktur der Berichtsinstrumente nach dem Staff Draft wieder. Der Staff Draft bildet den vorläufigen Schlusspunkt des *Financial Statement Presentation Project*. Seit Mitte des Jahres 2010 ruht das Projekt. Ob und wann mit einer Wiederaufnahme zu rechnen ist, ist ungewiss. Möglicherweise könnte das Projekt, oder Teile des Projekts, in Zusammenhang mit der Überarbeitung des Rahmenwerks (vgl. 1. Kapitel, S. 65 ff.) wieder aufgenommen werden.

Statement of financial position	*Statement of comprehensive income*	*Statement of cash flows*
Business section • *Operating category* *Operating finance subcategory* • *Investing category*	***Business section*** • *Operating category* *Operating finance subcategory* • *Investing category*	***Business section*** • *Operating category* • *Investing category*
Financing section • *Debt category* • *Equity category*	***Financing section*** • *Debt category*	***Financing section***
	Multi-category transaction section	***Multi-category transaction section***
Income tax section	***Income tax section*** *(on continuing operations)*	***Income tax section***
Discontinued operation section	***Discontinued operation section*** *(net of tax)*	***Discontinued operation section***
	Other comprehensive income *(net of tax)*	

Abb. 9.2: Geplante Struktur der Berichtsinstrumente gemäß Phase B (in Anlehnung an Heintges, S./Wulbrand, H. [2011], S. 8)

- Phase C

Mit der abschließenden Phase C, die vom IASB noch nicht begonnen wurde, soll die Zwischenberichterstattung an die Ergebnisse der beiden vorangegangenen Phasen angeglichen werden, wodurch sich eine notwendige Überarbeitung von IAS 34 ergeben würde.

Erfolgsdarstellung nach IFRS for SMEs

Die Erfolgsdarstellung nach dem IFRS for SMEs orientiert sich stark an IAS 1. Die Bezeichnung der Abschlussbestandteile (IFRS for SMEs 3.17) entspricht IAS 1.10. Ebenfalls enthält IFRS for SMEs 3.17 den *single statement approach* und den *two-statement approach* als Darstellungsalternativen der Gesamtergebnisrechnung. Des Weiteren bestehen keine wesentlichen Unterschiede in den Elementen und der Gestaltung der Abschlussinstrumenten im Vergleich zu den IFRS. Vgl. im Detail BEKKM [2010], Abschnitt 5.

Darstellungsalternativen nach US-GAAP

Nach US-GAAP sind grundsätzlich zwei alternative Ausweisformate für die Berichterstattung des *comprehensive income* möglich (vgl. ASC 220-10-45-1). Als Pflichtangabe ist in beiden Fällen das Periodenergebnis (*net income*) sowohl in einer Summe als auch aufgespalten in die einzelnen Bestandteile anzugeben (vgl. ASC 220-10-45-1A und ASC 220-10-45-1B). Die Darstellungsalternativen nach US-GAAP sind:

1. ein *single continuous financial statement,* in dem sowohl die Bestandteile des *net income* als auch des OCI gezeigt werden (*one-statement approach*);
2. ein separates zweites *statement of comprehensive income*, das mit der im *statement of income* (GuV) ermittelten Größe *net income* beginnt und daran anschließend die OCI-Veränderungen aufführt (*two-statement approach*).

In den folgenden Kapiteln werden die unterschiedlichen Berichtsformate zur Darstellung der Ergebnisentstehung in der GuV sowie die verschiedenen Formen der Erfolgsdarstellung im Rahmen des *comprehensive income* in den verschiedenen Normensystemen näher erläutert.

C. Gewinn- und Verlustrechnung

I. Grundsätzliche Gestaltungsformen der Gewinn- und Verlustrechnung

Unabhängig vom anzuwendenden Regelwerk unterliegt die GuV grundsätzlich unterschiedlichen denkbaren Gestaltungsmöglichkeiten. Hierunter fallen insbesondere die formale Struktur (Konto- oder Staffelform), der saldierte oder unsaldierte Ausweis von Nettovermögensänderungen (Brutto- oder Nettorechnung) sowie alternative Verfahren im Rahmen der Aufstellung des Betriebsergebnisses (Gesamt- oder Umsatzkostenverfahren).

Konto- oder Staffelform

Bei der Kontoform der GuV stehen sich Aufwendungen und Erträge gegenüber. Übersteigt die Summe der Erträge die Summe der Aufwendungen, so ergibt sich ein Gewinn. Er erscheint als Saldo auf der »Soll«- oder Aufwandsseite. Sind die Aufwendungen jedoch größer als die Erträge, dann ergibt sich ein Verlust, der auf der »Haben«- oder Ertragsseite ausgewiesen wird.

Bei der Staffelform der GuV werden Aufwendungen und Erträge in skontrierter (d. h. fortschreibender) Aufstellung angeordnet. Von den Umsatzerlösen ausgehend erreicht man über mehrere Zwischenstufen den Jahresgewinn oder -verlust. Diese Zwischenstufen, die (wenn auch nur mit zusätzlichem Arbeitsaufwand) zwar auch aus einer entsprechenden GuV in Kontoform abgeleitet werden können, verbessern die Aussagekraft der Ergebnisrechnung erheblich.

Brutto- oder Nettorechnung

Bei der Bruttorechnung werden Aufwendungen und Erträge unsaldiert ausgewiesen. Anders gestaltet sich dies bei der Nettorechnung: Hier werden bestimmte Aufwendungen und Erträge miteinander aufgerechnet, sodass nur einzelne Salden erscheinen. Im Grenzfall ist die Saldierung von sämtlichen Aufwendungen und Erträgen möglich, was zum alleinigen Ausweis des sich ergebenden Gewinnes oder Verlustes führt. Da die Nettorechnung das wahre Erfolgsbild verdeckt, ist ihre Aussagefähigkeit im Vergleich zur Bruttorechnung wesentlich beeinträchtigt. Nur der Brutto-Ausweis von Vermögensänderungen ermöglicht einen weit gehenden Einblick in die Ergebnisquellen.

Betriebsergebnis, Unternehmensergebnis

Das in der GuV ausgewiesene Periodenergebnis setzt sich aus dem Betriebsergebnis und dem sonstigen Unternehmensergebnis zusammen, das im Wesentlichen aus dem Finanzergebnis sowie ggf. dem außerordentlichen Ergebnis besteht. Während das Betriebsergebnis durch die eigentliche Betriebstätigkeit (Herstellung und Verkauf der betriebstypischen Produkte) entsteht, wird das sonstige Unternehmensergebnis durch über den Betriebsbereich hinausgehende Aufwendungen und Erträge (z. B. Beteiligungsaufwendungen und -erträge, Steuern) bestimmt (vgl. im Einzelnen in diesem Kapitel, S. 528 ff. sowie 19. Kapitel, S. 1121 ff.).

Voraussetzungen zur Ermittlung des Betriebsergebnisses

Um das Betriebsergebnis einer bestimmten Periode i. S. einer periodengerechten Gewinnermittlung bestimmen zu können, sind vergleichbare Größen gegenüberzustellen. Erträge und Aufwendungen müssen sich demnach auf dasselbe Mengengerüst beziehen. Den Umsatzerlösen dürfen neben den zeitlich abzugrenzenden Aufwendungen nur die auf die abgesetzte Produktionsmenge entfallenden Herstellungsaufwendungen gegenübergestellt werden. Das Betriebsergebnis kann nur dann durch Subtraktion aller in der Periode angefallenen Aufwendungen von den in derselben Periode erzielten Erträgen errechnet werden, wenn Produktions- und Absatzmenge in der Rechnungsperiode übereinstimmen, wenn sich also die Lagerbestände an fertigen und unfertigen Erzeugnissen in der betrachteten Periode nicht verändert haben. Da i. d. R. produzierte und verkaufte Mengen nicht übereinstimmen, müssen Aufwendungen und Erträge zur Ermittlung des Betriebsergebnisses rechnerisch einander angeglichen werden. Dies lässt sich dadurch erreichen, dass entweder die Erträge an das Mengengerüst der Periodenaufwendungen oder umgekehrt die Aufwendungen an das Mengengerüst der Periodenumsatzerträge angepasst werden. Den ersten Weg beschreitet das Gesamtkostenverfahren, den zweiten das Umsatzkostenverfahren.

Gesamtkostenverfahren

Beim Gesamtkostenverfahren (GKV) werden allen in der betrachteten Periode erzielten Erträgen sämtliche Aufwendungen gegenübergestellt, die bei den Betriebsleistungen angefallen sind. Da auf der Aufwandsseite die gesamten Periodenaufwendungen erfasst werden, ist das GKV mit einer primären Gliederung nach Aufwandsarten verbunden, d. h. die betrieblichen Aufwendungen werden in Material- und Personalaufwand, Abschreibungen und sonstige betriebliche Aufwendungen aufgegliedert. Die rechnerische Angleichung von Aufwand und Ertrag gelingt dadurch, dass Bestandsmehrungen an unfertigen und fertigen Erzeugnissen und Eigenleistungen mit ihren Herstellungskosten den Umsatzerlösen hinzugerechnet und Bestandsminderungen an unfertigen und fertigen Erzeugnissen mit ihren Herstellungskosten von den Umsatzerlösen abgezogen werden.

Umsatzkostenverfahren

Beim Umsatzkostenverfahren (UKV) werden dem effektiven Umsatz der betrachteten Periode nicht die gesamten Periodenaufwendungen, sondern außer den zeitlich abzugrenzenden nur diejenigen sachlich abzugrenzenden Aufwendungen gegenübergestellt, welche für die verkauften Produkte angefallen sind (sog. Umsatzaufwendungen). Dadurch bedingt folgt der Ausweis der betrieblichen Aufwendungen einer sekundären Gliederung nach Funktionsbereichen, die zwischen den sachlich abgegrenzten Herstellungskosten des Umsatzes und den zeitlich abgegrenzten Forschungs- und Entwicklungskosten, Vertriebskosten, Verwaltungskosten und sonstigen betrieblichen Aufwendungen unterscheidet.

Der Vorteil des Umsatzkostenverfahrens liegt darin, dass es zu einem aussagefähigeren Betriebsergebnis, insbesondere für die kurzfristige (z. B. monatliche) Ergebnisrechnung, führt. Denn es zeigt einerseits das Bruttoergebnis in Form der Differenz des Umsatzes und der Umsatzaufwendungen, andererseits die Kosten der übrigen Funktionen Forschung und Entwicklung, Vertrieb und Verwaltung. Bei einer entsprechenden Gliederung der Aufwendungen nach Produktarten ermöglicht das UKV, ohne großen rechnerischen Aufwand das Betriebsergebnis für die einzelnen Produktarten zu ermitteln. Andererseits hat das UKV den Nachteil, dass es die Struktur der ursprünglichen Aufwandsarten, gegliedert nach Material-, Personal- und Abschreibungsaufwand, nicht zeigt. Stattdessen müssen diese Aufwandsarten den Funktionsbereichen zugeordnet werden, was zum Teil nur durch Schlüsselung und damit nicht immer verursachungsgerecht möglich ist.

Bei einheitlicher Bewertung der Bestände an fertigen und unfertigen Erzeugnissen führen die Berechnungen nach Umsatz- und Gesamtkostenverfahren immer zu einem gleich hohen Jahresüberschuss. Dies verdeutlicht folgendes Schaubild (es wird hierbei unterstellt, dass das Produktionsvolumen das Verkaufsvolumen der Abrechnungsperiode übersteigt und somit die Bestände an Fertigerzeugnissen erhöht werden):

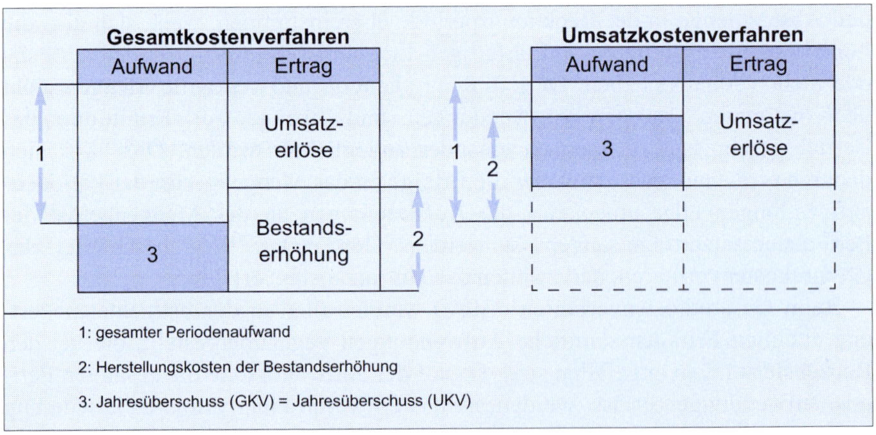

Abb. 9.3: Darstellung des Periodenergebnisses beim Gesamtkosten- und Umsatzkostenverfahren

Wie diese Gestaltungsformen der GuV nach HGB und IFRS (sowie US-GAAP) angewandt werden und welche Regeln zum Inhalt dieser Ergebnisrechnung bestehen, wird nachfolgend – getrennt für die Regelungssysteme – erläutert.

II. GuV nach nationalen Normen

Staffelform

Gemäß § 275 Abs. 1 Satz 1 HGB hat die Aufstellung der GuV zwingend in der Staffelform zu erfolgen (vgl. unten die Gliederungsschemata des § 275 Abs. 2 und 3 HGB in Tabelle 9.1 und Tabelle 9.4). Da die Gliederung der GuV nur in

Ausnahmefällen geändert werden darf (§ 265 Abs. 1 HGB) und der Grundsatz der Bewertungsstetigkeit (§ 252 Abs. 1 Nr. 6 HGB) auch auf eine Verstetigung des Erfolgsausweises hinwirkt (z. B. Abschreibungsaufwendungen), sind die einzelnen GuV-Posten immer in derselben Weise zu ermitteln und auszuweisen.

Umsatz- bzw. Gesamtkostenverfahren

Die Aufstellung der GuV kann gemäß § 275 Abs. 1 Satz 1 HGB wahlweise nach dem Umsatz- oder Gesamtkostenverfahren erfolgen (vgl. unten die Gegenüberstellung der Gliederungsschemata). Die Verfahren unterscheiden sich – wie bereits erläutert (vgl. in diesem Kapitel, S. 521 f.) – insbesondere durch die unterschiedliche Behandlung der Bestandsveränderungen. Bei Anwendung des in § 275 Abs. 2 HGB dargestellten Gesamtkostenverfahrens werden die Bestandsmehrungen und aktivierten Eigenleistungen den Umsatzerlösen hinzuaddiert, die Bestandsminderungen von den Umsatzerlösen subtrahiert. Insofern werden die auf die Lagerproduktion (Bestandszunahme) im Rahmen der Herstellungskosten-Bewertung zugerechneten Aufwendungen unter Posten Nr. 2 »Erhöhung oder Verminderung des Bestands an fertigen und unfertigen Erzeugnissen« (§ 275 Abs. 2 HGB) ergebnismäßig neutralisiert. Die Bestandserhöhung bildet mit dem Umsatz und den aktivierten Eigenleistungen zusammen die »Gesamtleistung«.

Bei Anwendung des Umsatzkostenverfahrens gemäß § 275 Abs. 3 HGB werden lediglich die am Markt abgesetzten betrieblichen Leistungen als Periodenertrag ausgewiesen. Bestandsveränderungen und aktivierte Eigenleistungen werden wie folgt berücksichtigt: Im Falle einer Produktion auf Lager werden die im Rahmen der Herstellungskosten-Bewertung den selbsterstellten Lager- und Anlagezugängen zugerechneten Aufwendungen aus dem Periodengesamtaufwand herausgerechnet, da den Umsatzerlösen nur die zur Erzielung der Absatzleistung erforderlichen Aufwendungen gegenübergestellt werden sollen (§ 275 Abs. 3 Nr. 2 HGB). Soweit die Lagerbestände in die abgesetzten Produktionsleistungen eingehen, werden die in den Lagerzugangsperioden aktivierten Herstellungskosten als umsatzbezogener Herstellungsaufwand verrechnet. Unter der Prämisse, dass die Herstellungskosten-Bewertung der Bestände an unfertigen und fertigen Erzeugnissen sowie der Eigenleistungen in beiden Verfahren auf dieselbe Weise erfolgt, führen beide Verfahren zum selben Ergebnis.

1. Gliederung nach HGB

Mindestgliederungen für Kapitalgesellschaften

Die in § 275 Abs. 2 und 3 HGB kodifizierten Gliederungsschemata (vgl. Tabelle 9.1 und Tabelle 9.4) der wahlweise anzuwendenden Gesamt- bzw. Umsatzkostenverfahren sind als Mindestgliederungen von allen Kapitalgesellschaften und unechten Personenhandelsgesellschaften i. S. v. § 264a HGB anzuwenden, soweit der Geschäftszweig keine andere Gliederung vorschreibt und soweit nicht im Falle kleiner und mittelgroßer Kapitalgesellschaften von den Gliederungsverkürzungen des § 276 HGB Gebrauch gemacht wird oder bei Kleinstkapitalgesellschaften das verkürzte Gliederungsschema nach § 275 Abs. 5 HGB zur Anwendung kommt. Die Gliederungen umfassen die folgenden in Staffelform gesondert auszuweisenden Aufwendungen und Erträge sowie Gewinnverwendungsposten.

Bei allen in den beiden folgenden Tabellen mit (*) versehenen Posten handelt es sich um gesetzlich vorgeschriebene Gliederungserweiterungen, bei allen mit

(**) versehenen Posten um vorgeschriebene Angaben, die wahlweise als Gliederungserweiterung, Vorspaltenvermerk oder im Anhang vorzunehmen sind. Alle in Klammern [] gesetzte Posten sind seit Inkrafttreten des BilMoG nicht mehr aufzuführen und sind in der GuV nur noch dann auszuweisen, wenn es sich um Altbestände handelt, für die es eine Übergangsvorschrift gibt.

1. Umsatzerlöse
2. Erhöhung oder Verminderung des Bestands an fertigen und unfertigen Erzeugnissen
3. andere aktivierte Eigenleistungen
4. sonstige betriebliche Erträge
   [4a. Erträge aus der Auflösung des Sonderpostens mit Rücklageanteil]
   4b. Erträge aus der Währungsumrechnung (*)
5. Materialaufwand
   5a. Aufwendungen für Roh-, Hilfs- und Betriebsstoffe und für bezogene Waren
   5b. Aufwendungen für bezogene Leistungen
6. Personalaufwand
   6a. Löhne und Gehälter
   6b. soziale Abgaben und Aufwendungen für Altersversorgung und für Unterstützung, davon für Altersversorgung
7. Abschreibung
   7a. auf immaterielle Vermögensgegenstände des Anlagevermögens und Sachanlagen
   7b. auf Vermögensgegenstände des Umlaufvermögens, soweit diese die in der Kapitalgesellschaft üblichen Abschreibungen überschreiten
   7c. außerplanmäßige Abschreibungen auf immaterielle Vermögensgegenstände des Anlagevermögens und Sachanlagen (**)
8. sonstige betriebliche Aufwendungen
   8a. Aufwendungen aus Währungsumrechnung (*)
9. Erträge aus Beteiligungen, davon aus verbundenen Unternehmen
10. Erträge aus anderen Wertpapieren und Ausleihungen des Finanzanlagevermögens, davon aus verbundenen Unternehmen
   10a. Erträge aus Gewinngemeinschaften, Gewinnabführungs- und Teilgewinnabführungsverträgen (*)
   10b. Erträge aus Verlustübernahme (*)
11. sonstige Zinsen und ähnliche Erträge, davon aus verbundenen Unternehmen
   11a. Erträge aus der Abzinsung (*)
12. Abschreibungen auf Finanzanlagen und auf Wertpapiere des Umlaufvermögens
   12a. Abschreibungen auf Finanzanlagen (**)
   12b. aufgrund einer Gewinngemeinschaft, eines Gewinnabführungs- und Teilgewinnabführungsvertrages abgeführte Gewinne (*)
   12c. Aufwendungen aus Verlustübernahme (*)
13. Zinsen und ähnliche Aufwendungen, davon an verbundene Unternehmen
   13a. Aufwendungen aus der Abzinsung (*)
14. **Ergebnis der gewöhnlichen Geschäftstätigkeit**
15. außerordentliche Erträge
16. außerordentliche Aufwendungen
17. **außerordentliches Ergebnis**
18. Steuern vom Einkommen und vom Ertrag
   18a. latente Steueraufwendungen
   18b. latente Steuererträge
19. sonstige Steuern
20. **Jahresüberschuss/Jahresfehlbetrag**
21. Gewinnvortrag/Verlustvortrag aus dem Vorjahr
22. Entnahmen aus der Kapitalrücklage

22a. Einstellung in die Kapitalrücklage nach den Vorschriften über die vereinfachte Kapitalherabsetzung
23. Entnahmen aus Gewinnrücklagen
23a. aus der gesetzlichen Rücklage
23b. aus der Rücklage für Anteile an einem herrschenden oder mehrheitlich beteiligten Unternehmen
23c. aus satzungsmäßigen Rücklagen
23d. aus anderen Gewinnrücklagen (1)
23e. Ertrag aus der Kapitalherabsetzung
24. Einstellung in Gewinnrücklagen
24a. in die gesetzliche Rücklage
24b. in die Rücklage für Anteile an einem herrschenden oder mehrheitlich beteiligten Unternehmen
24c. in satzungsmäßige Rücklagen
24d. in andere Gewinnrücklagen (1)
25. Bilanzgewinn/Bilanzverlust
26. Ertrag aufgrund höherer Bewertung gemäß Sonderprüfung oder gerichtlicher Entscheidung

(*): gesonderter Ausweis nach § 277 Abs. 3 Satz 2 HGB bzw. § 277 Abs. 5 HGB erforderlich
(**): gesonderter Ausweis unter dem angegebenen GuV-Posten oder Anhangangabe nach § 277 Abs. 3 Satz 1 HGB erforderlich
(1): Hierunter fallen auch die Zuführungen und Auflösungen nach § 58 Abs. 2a AktG (Eigenkapitalanteil der Wertaufholungen).

Tab. 9.1: GuV-Gliederungsschema nach § 275 Abs. 2 HGB (GKV)

Posten der Ergebnisverwendung

Die Posten Nr. 21 bis 25 ergeben sich nicht aus § 275 Abs. 2 HGB. Sie sind gemäß § 158 Abs. 1 AktG bei AG und KGaA im Rahmen der Ergebnisverwendungsrechnung (vgl. in diesem Kapitel, S. 592 ff.) auszuweisen.

Altfälle

Seit BilMoG darf in der Bilanz kein Sonderposten mit Rücklageanteil mehr gebildet werden (vgl. 6. Kapitel, S. 350). Falls die Übergangsvorschrift des Art. 67 Abs. 3 EGHGB in Anspruch genommen wird, kann ein bereits im Jahresabschluss für das letzte vor dem 01.01.2010 beginnende Geschäftsjahr enthaltener Sonderposten beibehalten werden, sodass der Posten Nr. 4a »Erträge aus der Auflösung des Sonderpostens mit Rücklageanteil« (§ 281 Abs. 2 HGB a. F.) entsprechend in den Folgejahren auch noch auszuweisen ist, soweit eine solche Auflösung vorgenommen wird.

1. Umsatzerlöse
2. Herstellungskosten der zur Erzielung der Umsatzerlöse erbrachten Leistungen
3. Bruttoergebnis vom Umsatz
4. Vertriebskosten
5. allgemeine Verwaltungskosten
6. sonstige betriebliche Erträge
[6a. Erträge aus der Auflösung des Sonderpostens mit Rücklageanteil]
6b. Erträge aus der Währungsumrechnung (*)
7. Sonstige betriebliche Aufwendungen
7a. außerplanmäßige Abschreibungen auf immaterielle Vermögensgegenstände des Anlagevermögens und Sachanlagen (**)
7b. Aufwendungen aus Währungsumrechnung (*)
8. Erträge aus Beteiligungen, davon aus verbundenen Unternehmen
9. Erträge aus anderen Wertpapieren und Ausleihungen des Finanzanlagevermögens
9a. Erträge aus Gewinngemeinschaften, Gewinnabführungs- und Teilgewinnabführungsverträgen (*)
9b. Erträge aus Verlustübernahme (*)
10. Sonstige Zinsen und ähnliche Erträge, davon aus verbundenen Unternehmen
10a. Erträge aus der Abzinsung (*)

11. Abschreibungen auf Finanzanlagen und auf Wertpapiere des Umlaufvermögens
11a. Abschreibungen auf Finanzanlagen (**)
11b. aufgrund einer Gewinngemeinschaft, eines Gewinnabführungs- oder eines Teilgewinnabführungsvertrages abgeführte Gewinne (*)
11c. Aufwendungen aus Verlustübernahme (*)
12. Zinsen und ähnliche Aufwendungen, davon an verbundene Unternehmen
12a. Aufwendungen aus der Abzinsung (*)
13. Ergebnis der gewöhnlichen Geschäftstätigkeit
14. außerordentliche Erträge
15. außerordentliche Aufwendungen
16. außerordentliches Ergebnis
17. Steuern vom Einkommen und vom Ertrag
17a. latente Steueraufwendungen
17b. latente Steuererträge
18. sonstige Steuern
19. Jahresüberschuss/Jahresfehlbetrag
20. Gewinnvortrag/Verlustvortrag aus dem Vorjahr
21. Entnahmen aus der Kapitalrücklage
21a. Einstellung in die Kapitalrücklage nach den Vorschriften über die vereinfachte Kapitalherabsetzung
22. Entnahmen aus Gewinnrücklagen
22a. aus der gesetzlichen Rücklage
22b. aus der Rücklage für Anteile an einem herrschenden oder mehrheitlich beteiligten Unternehmen
22c. aus satzungsmäßigen Rücklagen
22d. aus anderen Gewinnrücklagen (1)
22e. Ertrag aus der Kapitalherabsetzung
23. Einstellung in Gewinnrücklagen
23a. in die gesetzliche Rücklage
23b. in die Rücklage für Anteile an einem herrschenden oder mehrheitlich beteiligten Unternehmen
23c. in satzungsmäßige Rücklagen
23d. in andere Gewinnrücklagen (1)
24. Bilanzgewinn/Bilanzverlust
25. Ertrag aufgrund höherer Bewertung gemäß Sonderprüfung oder gerichtlicher Entscheidung

(*): gesonderter Ausweis nach § 277 Abs. 3 Satz 2 HGB bzw. § 277 Abs. 5 HGB erforderlich
(**): gesonderter Ausweis unter dem angegebenen GuV-Posten oder Anhangangabe nach § 277 Abs. 3 Satz 1 HGB erforderlich
(1): Hierunter fallen auch die Zuführungen und Auflösungen nach § 58 Abs. 2a AktG (Eigenkapitalanteil der Wertaufholungen).

Zusätzliche Pflichtangaben (§ 285 Nr. 8 HGB) zur Vergleichbarkeit mit der GuV-Gliederung nach dem Gesamtkostenverfahren:
- Personalaufwand aufgegliedert in (1) Löhne und Gehälter und (2) soziale Abgaben und Aufwendungen für Altersversorgung und für Unterstützung, davon für Altersversorgung
- Materialaufwand aufgegliedert in (1) Aufwendungen für Roh-, Hilfs- und Betriebsstoffe und für bezogene Waren und (2) Aufwendungen für bezogene Leistungen

Abb. 9.4: GuV-Gliederungsschema nach § 275 Abs. 3 HGB (UKV)

Seit BilMoG tritt der Unterposten Nr. 6a nur noch bedingt auf; vgl. hierzu die Ausführungen beim Gesamtkostenverfahren (vgl. in diesem Kapitel, S. 525).

Die Posten Nr. 20 bis 24 sind aufgrund der Regelungen des § 158 Abs. 1 AktG bei AG und KGaA im Rahmen der Ergebnisverwendungsrechnung (vgl. in diesem Kapitel, S. 592 ff.) auszuweisen.

Bruttoausweis

Die GuV-Gliederungen des § 275 Abs. 2 und 3 HGB folgen weitgehend dem Bruttoprinzip. So sind Aufwendungen und Erträge grundsätzlich unsaldiert auszuweisen. Eine unzulässige Saldierung liegt dann vor, wenn tatsächliche Aufwendungen und Erträge durch Verrechnung außerhalb der GuV gekürzt werden.

Gliederungsverkürzungen

Abweichend vom Bruttoprinzip dürfen kleine und mittelgroße Kapitalgesellschaften (vgl. zu den Größenklassifizierungen § 267 Abs. 1 und 2 HGB; vgl. 1. Kapitel, S. 29) gemäß § 276 HGB bestimmte Aufwendungen und Erträge saldieren: Bei Anwendung des Gesamtkostenverfahrens können die Posten Nr. 1 bis 5, bei Anwendung des Umsatzkostenverfahrens die Posten Nr. 1 bis 3 und 6 zu einem Posten unter der Bezeichnung »Rohergebnis« zusammengefasst werden. Dieser Saldo ist aufgrund der im Gesamtkosten- und Umsatzkostenverfahren teilweise unterschiedlichen Abgrenzung der zusammengefassten Posten nicht vergleichbar. Daneben ist gemäß § 265 Abs. 7 HGB bei allen Unternehmen, für die nicht besondere Formblätter vorgeschrieben sind, eine Gliederungsverkürzung durch Zusammenfassung der mit arabischen Zahlen versehenen GuV-Posten dann möglich, wenn

1. sie betragsmäßig für die Vermittlung eines den tatsächlichen Verhältnissen entsprechenden Bildes unwesentlich sind oder wenn
2. dadurch die Klarheit der GuV vergrößert wird.

Im zweiten Fall sind diese Posten jedoch dann im Anhang gesondert aufzuführen. Dadurch soll erreicht werden, dass die GuV durch die Verlagerung von Detailangaben in den Anhang entlastet wird und an Klarheit und Übersichtlichkeit gewinnen kann. Im Rahmen von § 265 Abs. 7 HGB sind insbesondere Zusammenfassungen bei den Unterposten des Material- und Personalaufwands sowie den Posten des Finanzbereichs denkbar.

Kleinstkapitalgesellschaften

Kapitalgesellschaften, die nach den Größenkriterien des § 267a HGB als Kleinstkapitalgesellschaften einzustufen sind, können die GuV auch nach dem verkürzten Gliederungsschema des § 275 Abs. 5 HGB aufstellen (vgl. Tabelle 9.2). Sofern dieses Wahlrecht in Anspruch genommen wird, dürfen allerdings die größenabhängigen Erleichterungen des § 276 HGB (Ausweis Rohergebnis, Wegfall der Erläuterungen zu außerordentlichen Erträgen/Aufwendungen) nicht mehr angewandt werden (vgl. § 276 Satz 3 HGB). Die verkürzte GuV-Gliederung ist darüber hinaus auf das Gesamtkostenverfahren beschränkt. Eine verkürzte Form des Umsatzkostenverfahrens hat der Gesetzgeber nicht vorgesehen (vgl. Haller, A./Groß, T. [2012], S. 2110).

1. Umsatzerlöse
2. sonstige Erträge
3. Materialaufwand
4. Personalaufwand
5. Abschreibungen
6. sonstige Aufwendungen
7. Steuern
8. Jahresüberschuss / Jahresfehlbetrag

Tab. 9.2: Verkürztes GuV-Gliederungsschema nach § 275 Abs. 5 HGB

Gliederungserweiterungen

Eine tiefere Untergliederung der einzelnen Posten ist nach § 265 Abs. 5 HGB zulässig, sofern dadurch nicht gegen das Klarheits- und Übersichtlichkeitsgebot

(§ 243 Abs. 2 HGB) verstoßen wird. Zusätzliche Posten dürfen hinzugefügt werden, wenn ihr Inhalt nicht bereits von anderen Pflichtposten abgedeckt wird.

Gliederungsvorschriften des PublG

Grundsätzlich gelten die Gliederungsschemata des § 275 Abs. 2 und 3 HGB auch für unter das PublG fallende Unternehmen (§ 5 Abs. 1 Satz 2 PublG). Allerdings können Personenhandelsgesellschaften und Einzelkaufleute gemäß § 5 Abs. 5 PublG auf eine Veröffentlichung der GuV verzichten, wenn sie in einer Anlage zur Bilanz folgende Angaben machen (§ 5 Abs. 5 Satz 3 i. V. m. § 9 Abs. 2 PublG):

- Umsatzerlöse,
- Beteiligungserträge,
- Löhne, Gehälter, soziale Abgaben sowie Aufwendungen für Altersversorgung und Unterstützung,
- Bewertungs- und Abschreibungsmethoden sowie wesentliche Änderungen dieser Methoden,
- Zahl der Beschäftigten.

Leerposten und Vorjahresbeträge

Das HGB sieht keine grundsätzliche Ausweispflicht für Leerposten vor. Ihr Ausweis ist jedoch dann zwingend notwendig, wenn im abgelaufenen gegenüber dem vorangegangenen Geschäftsjahr (oder umgekehrt) der entsprechende GuV-Posten entfällt, da gemäß § 265 Abs. 2 HGB Vorjahresbeträge stets mit auszuweisen sind. Die Angabepflicht der Vorjahresbeträge gemäß § 265 Abs. 2 HGB erstreckt sich auch auf GuV-Posten, die unter Berufung auf § 265 Abs. 7 HGB in den Anhang aufgenommen wurden (vgl. Beck'scher Bilanzkommentar [2012], § 265 Tz. 18). Soweit die gegenübergestellten Beträge nicht vergleichbar sind, müssen im Anhang auch dann Angaben und Erläuterungen erfolgen, wenn die Vorjahresbeträge angepasst werden.

2. Ergebnisspaltung nach nationalen Normen

Insbesondere um ein nachhaltiges (i. S. v. wiederkehrendes) Ergebnis von einem Ergebnis mit eher einmaligem Charakter zu trennen und so die Ertragslage des Unternehmens – insbesondere auch für die Abschätzung zukünftiger Cashflows – besser beurteilen zu können, sollte der Jahresabschlussleser aus der GuV die unterschiedlichen Ergebnisquellen erkennen können.

Die Gliederung der GuV gemäß HGB ist sowohl bei Anwendung des Gesamtals auch des Umsatzkostenverfahrens ergebnisspaltungsorientiert aufgebaut. Im Rahmen der Gewinnermittlung wird der Jahresüberschuss explizit in das Ergebnis der gewöhnlichen Geschäftstätigkeit (Gesamtkostenverfahren: Posten 14; Umsatzkostenverfahren: Posten 13) und das außerordentliche Ergebnis (Gesamtkostenverfahren: Posten 17; Umsatzkostenverfahren: Posten 16) aufgespalten.

Ergebnis der gewöhnlichen Geschäftstätigkeit

In das Ergebnis der gewöhnlichen Geschäftstätigkeit gehen nach den GuV-Schemata des HGB alle Aufwendungen und Erträge ein, die i. S. einer weitgezogenen Abgrenzung für den Geschäftsbereich des Unternehmens als typisch anzusehen sind. Dazu zählen sowohl die aus der Leistungssphäre (Leistungserstellung und Leistungsverwertung) als auch die aus der finanziellen Sphäre (Finanzanlagen und Finanzierung) resultierenden Ertrags- und Aufwandskomponenten. Das

Ergebnis der gewöhnlichen Geschäftstätigkeit wird im Handelsrecht durch die Einhaltung einer entsprechenden Reihenfolge der GuV-Posten implizit in das Betriebs- und Finanzergebnis aufgegliedert (vgl. Tabelle 9.3).

GuV-Rechnung nach dem			
Gesamtkostenverfahren		**Umsatzkostenverfahren**	
1.	Umsatzerlöse	1.	Umsatzerlöse
2.	Erhöhung oder Verminderung des Bestands an fertigen und unfertigen Erzeugnissen	2.	Herstellungskosten der zur Erzielung der Umsatzerlöse erbrachten Leistungen
3.	andere aktivierte Eigenleistungen	4.	Vertriebskosten
4.	sonstige betriebliche Erträge	5.	allgemeine Verwaltungskosten
5.	Materialaufwand	6.	sonstige betriebliche Erträge
6.	Personalaufwand		
7a.	Abschreibungen auf immaterielle Vermögensgegenstände des Anlagevermögens und Sachanlagen[1)]		
8.	sonstige betriebliche Aufwendungen	7.	sonstige betriebliche Aufwendungen
19.	sonstige Steuern	18.	sonstige Steuern
= Betriebsergebnis			
9.	Erträge aus Beteiligungen	8.	Erträge aus Beteiligungen
10.	Erträge aus anderen Wertpapieren und Ausleihungen des Finanzanlagevermögens	9.	Erträge aus anderen Wertpapieren und Ausleihungen des Finanzanlagevermögens
11.	sonstige Zinsen und ähnliche Erträge	10.	sonstige Zinsen und ähnliche Erträge
12.	Abschreibungen auf Finanzanlagen und auf Wertpapiere des Umlaufvermögens	11.	Abschreibungen auf Finanzanlagen und auf Wertpapiere des Umlaufvermögens
13.	Zinsen und ähnliche Aufwendungen	12.	Zinsen und ähnliche Aufwendungen
= Finanzergebnis			
15.	außerordentliche Erträge	14.	außerordentliche Erträge
16.	außerordentliche Aufwendungen	15.	außerordentliche Aufwendungen
7b.	Abschreibungen auf Vermögensgegenstände des Umlaufvermögens, soweit diese die in den Kapitalgesellschaften üblichen Abschreibungen überschreiten		
7c.	außerplanmäßige Abschreibungen auf immaterielle Vermögensgegenstände des Anlagevermögens und Sachanlagen	7a.	außerplanmäßige Abschreibungen auf immaterielle Vermögensgegenstände des Anlagevermögens und Sachanlagen
= außerordentliches Ergebnis			
18.	Steuern vom Einkommen und vom Ertrag	17.	Steuern vom Einkommen und vom Ertrag
= Ertragsteuern			

1) Hier können aufgrund der Übergangsregelung nach Art. 67 Abs. 5 EGHGB auch Abschreibungen auf aktivierte Aufwendungen für die Ingangsetzung und Erweiterung des Geschäftsbetriebs enthalten sein.

Tab. 9.3: Ergebnisspaltung im Rahmen der GuV-Gliederung gemäß § 275 Abs. 2 und 3 HGB

Betriebsergebnis

Das Betriebsergebnis beinhaltet alle diejenigen (betriebstypischen) Posten, die den eigentlichen, satzungsmäßig bestimmten Leistungserstellungsprozess betreffen. Es bestimmt sich aus dem Saldo der Posten des § 275 Abs. 2 Nr. 1 bis 8 HGB (Gesamtkostenverfahren) bzw. des § 275 Abs. 3 Nr. 1 bis 7 HGB (Umsatzkostenverfahren).

Finanzergebnis

Das Finanzergebnis gemäß HGB umfasst diejenigen Posten, die zwar auch zur regelmäßigen gewöhnlichen Geschäftstätigkeit gehören, aber Nebengeschäfte (Finanzierungs-, Kapitalanlagegeschäfte) betreffen und insoweit als betriebsfremd zu qualifizieren sind. Die Posten »Betriebs- und Finanzergebnis« werden weder bei Anwendung des Gesamt- noch bei Anwendung des Umsatzkostenverfahrens gesondert in das GuV-Gliederungsschema aufgenommen. Mit dem Herauslassen der Saldogrößen »Betriebsergebnis« und »Finanzergebnis« wollte der Gesetzgeber offenbar dem Umstand Rechnung tragen, dass mit den vorgesehenen Gliederungsschemata eine exakte Zuordnung der einzelnen GuV-Posten nicht erreichbar ist. Beispielsweise kann fraglich sein, ob der Sammelposten »sonstige betriebliche Erträge« in vollem Umfang dem Leistungserstellungs- und -verwertungsprozess zurechenbar ist.

Zusätzliche Angaben: Geschäftstätigkeit mit verbundenen Unternehmen

Zur weiteren Erhöhung der Aussagefähigkeit der GuV müssen bestimmte Ergebnisbestandteile aus den Geschäftsbeziehungen mit verbundenen Unternehmen gesondert ausgewiesen werden. Dabei handelt es sich ausschließlich um Posten, die in das Finanzergebnis eingehen. Auf der Ertragsseite fallen hierunter folgende Posten: Erträge aus Beteiligungen, Erträge aus anderen Wertpapieren und Ausleihungen des Finanzanlagevermögens, Erträge aus Gewinngemeinschaften, Gewinnabführungs- und Teilgewinnabführungsverträgen und Erträge aus Verlustübernahmen (§ 277 Abs. 3 Satz 2 HGB) sowie Erträge aus sonstigen Zinsen und ähnliche Erträge. Auf der Aufwandsseite handelt es sich um die folgenden Posten: Aufwendungen aufgrund einer Gewinngemeinschaft, abgeführte Gewinne eines Gewinnabführungs- oder Teilgewinnabführungsvertrages sowie Aufwendungen aus Verlustübernahme (§ 277 Abs. 3 Satz 2 HGB), Zinsen und ähnliche Aufwendungen. Diese zusätzlichen Aufgliederungen einzelner GuV-Posten haben vor allem in Anbetracht der gewachsenen Verflechtungen der Unternehmen besondere Bedeutung (vgl. zu den Anhangangaben bei verbundenen Unternehmen 13. Kapitel, S. 882 ff.).

Außerordentliches Ergebnis

Alle unternehmensfremden Aufwendungen und Erträge werden im außerordentlichen Ergebnis zusammengefasst. Als unternehmensfremd gelten alle Ergebnisbestandteile, die außerhalb der gewöhnlichen Geschäftstätigkeit anfallen (§ 277 Abs. 4 HGB). Das außerordentliche Ergebnis nach handelsrechtlicher Auffassung enthält somit insbesondere ungewöhnliche und seltene Geschäftsvorfälle. Hervorzuheben ist, dass im Handelsrecht die Einordnung von Ergebniskomponenten in das Ergebnis der gewöhnlichen Geschäftstätigkeit oder in das außerordentliche Ergebnis unabhängig davon erfolgt, ob sie sachlich der abgelaufenen oder einer früheren Periode zuzurechnen sind. Das außerordentliche Ergebnis ist nach der Intention des Gesetzgebers folglich eng abgegrenzt; es enthält nicht die aus aperiodischen Erfolgskomponenten resultierenden Ergebnisse, die sachlich dem Geschäftsbereich zuzuordnen sind. So sind beispielsweise durch Verkauf von Anlagen aufgedeckte stille Reserven im Ergebnis der gewöhnlichen Geschäftstätigkeit und nicht im außerordentlichen Ergebnis zu erfassen, sofern diese Anlagenverkäufe der gewöhnlichen Geschäftstätigkeit zuzuordnen sind. Welche Geschäftsvorfälle dabei als unternehmensüblich angesehen werden können, muss unternehmensindividuell entschieden werden. Eine Trennung der regelmäßig (gewöhnliche Geschäftstätigkeit) und der unregelmäßig wiederkehrenden Ergebnisquellen ist auf der Grundlage einer derartigen Ergebnisspaltung somit nur sehr begrenzt möglich. Allerdings sind alle Kapitalgesellschaften gemäß § 277 Abs. 4 Satz 2 und 3 HGB verpflichtet, im Anhang neben den außerordentlichen auch die aperiodischen Aufwendungen und Erträge (z. B. Erträge und Verluste aus Anlagenabgängen) hinsichtlich ihrer Art und ihres Betrages in dem Umfang zu erläutern, soweit die ausgewiesenen Beträge für die Beurteilung der Ertragslage nicht von untergeordneter Bedeutung sind. Insoweit können unter Heranziehung der Anhanginformationen nicht nur die außerordentlichen Ergebniskomponenten i. S. des HGB (außerhalb der gewöhnlichen Geschäftstätigkeit), sondern auch die aperiodischen Aufwendungen und Erträge aus dem Jahresüberschuss ausgegrenzt werden (vgl. hierzu auch die Erläuterungen zu den Posten »außerordentliche Erträge« und »außerordentliche Aufwendungen« in diesem Kapitel, S. 545 f.). Eine tiefergehende Analyse der Ergebnisspaltung erfolgt ausführlich im Rahmen der Bilanzanalyse (vgl. 19. Kapitel, S. 1121 ff.).

Ergebnisermittlung vs. Ergebnisverwendung

Die Gewinn- und Verlustrechnung gemäß § 275 HGB lässt sich grundsätzlich in zwei wesensverschiedene Bestandteile zerlegen: Die Posten beginnend mit »Umsatzerlöse« bis einschließlich »Jahresüberschuss« dienen der Ergebnisermittlung bzw. Ergebnisentstehung. Der Jahresüberschuss selbst spiegelt das Ergebnis der Unternehmenstätigkeit i. S. eines Maßstabs für die unternehmerische Leistung in der Rechnungsperiode wider. Die sich bei einer AG und KGaA gemäß § 158 Abs. 1 AktG anschließenden Posten (Zuführungen zu und Entnahmen aus den offenen Rücklagen, Bilanzgewinn) ergeben sich aus dem i. d. R. vom Vorstand vorgenommenen vorläufigen Gewinnverwendungsvorschlag (vgl. zur Ausgestaltung der Ergebnisverwendungsrechnung in diesem Kapitel, S. 592 ff.).

3. Inhalt der GuV nach HGB

Posten in Abhängigkeit von Gesamt- und Umsatzkostenverfahren

Wie bereits erwähnt, können im Rahmen der Ergebnisermittlung für die Bestimmung des Jahresüberschusses nach HGB das Gesamt- oder das Umsatzkostenverfahren zugrunde gelegt werden. Die Inhalte der einzelnen GuV-Posten werden im Folgenden einzeln dargestellt. Soweit die relevanten Posten bei beiden Ergebnisermittlungsverfahren identisch sind, erfolgt die Erläuterung nur im Zusammenhang mit dem Gesamtkostenverfahren.

a) Ergebnisrechnung nach dem Gesamtkostenverfahren

Umsatzerlöse

Jede GuV – nach Gesamt- als auch nach Umsatzkostenverfahren – beginnt mit dem Posten »Umsatzerlöse«. Nicht zuletzt aufgrund verschiedener Bilanzskandale in der Vergangenheit, die zum größten Teil mit einer erheblichen Manipulierung der Höhe der Umsatzerlöse einhergingen, wird die hohe Bedeutung dieses GuV-Postens verdeutlicht.

Umsatzbegriff

Der Umsatzbegriff des § 275 Abs. 2 und 3 HGB ist enger als der des Umsatzsteuerrechts (§ 1 Abs. 1 UStG), nach dem alle Lieferungen und sonstigen Leistungen, die gegen Entgelt von einem Unternehmer erbracht werden, als Umsatz gelten. Für einen Ausweis unter den Umsatzerlösen in der GuV ist vielmehr zu prüfen, ob es sich um Erlöse aus der Realisation der eigentlichen Betriebsleistung (= Betriebszweck) oder um Erträge aus mit dem Betrieb nur in einem weiteren Sinne zusammenhängenden Nebengeschäften und Nebenverwertungen handelt. § 277 Abs. 1 HGB bestimmt, dass nur die Erlöse aus dem Verkauf und der Vermietung und Verpachtung von für die gewöhnliche Geschäftstätigkeit des Unternehmens typischen Erzeugnissen und Waren sowie Dienstleistungen nach Abzug von Erlösschmälerungen und der Umsatzsteuer als Umsatzerlöse ausgewiesen werden dürfen. Erträge aus betriebsfremden Nebengeschäften (z. B. Erlöse aus Kantinen, Werksküchen, Werkswohnungen, Erholungsheimen oder Gutsverwaltungen) zählen dagegen zu den sonstigen betrieblichen Erträgen (Gesamtkostenverfahren: Posten Nr. 4; Umsatzkostenverfahren: Posten Nr. 6). Eine Subsumierung dieser Erträge unter dem außerordentlichen Ergebnis scheidet aus, da es ihnen an den Merkmalen der Ungewöhnlichkeit und Seltenheit fehlt. Ein Ausweis unter den Umsatzerlösen richtet sich somit im Wesentlichen nach dem betriebswirtschaftlichen Charakter der Erlöse, die für den jeweiligen Geschäftszweig typisch sind.

Umsatzrealisation bei Leistungserbringung

Der Zeitpunkt, an dem ein Umsatz als realisiert gilt, d. h. an dem für einen Sachverhalt Umsatzerlöse gebucht werden dürfen, wird nach HGB durch die GoB und damit im Wesentlichen durch das Realisationsprinzip nach § 252 Nr. 4 Satz 2 HGB bestimmt. Danach erfolgt die Gewinnrealisierung unabhängig vom Zeitpunkt des Vertragsabschlusses i. d. R. dann, wenn die Leistung erbracht und dadurch der Anspruch auf Gegenleistung entstanden ist (vgl. 1. Kapitel, S. 42 ff.). Deshalb müssen Zahlungen, welche die Unternehmung für betriebliche Leistungen vor diesem Zeitpunkt von Kunden erhält, außerhalb der GuV als erhaltene Anzahlungen verbucht werden. Im Fall des Verkaufs von Waren wird die Leistung normalerweise bei Lieferung, d. h. bei Gefahrenübergang an den Käufer, erbracht. Den verbleibenden Risiken wird anderweitig Rechnung getragen, z. B. durch die Bildung von Gewährleistungsrückstellungen bzw. Wertberichtigungen auf Forderungen bei Zahlungsschwierigkeiten des Schuldners.

Besonderheiten bei der Bestimmung des Realisationszeitpunkts von Umsatzerlösen

Bei Teilleistungen, Kommissionsgeschäften, Werkleistungen, unterwegs befindlicher Ware sowie sonstigen besonderen Vertragsgestaltungen ist der Realisationszeitpunkt schwieriger zu bestimmen (vgl. zur Gewinnrealisierung bei langfristiger Fertigung 4. Kapitel, S. 229 ff.). Im Fall eines Versendungskaufs beispielsweise ist die Übergabe an den transportierenden Dritten ausreichend für die Umsatzrealisierung; der Verkäufer hat dadurch alles aus seiner Sicht Notwendige für die ordnungsgemäße Vertragserfüllung geleistet (vgl. Beck'scher Bilanzkommentar [2012], § 252 Tz. 44). Der Gefahrenübergang genügt als Realisierungskriterium aber nicht immer: Wird dem Käufer ein Rückgaberecht eingeräumt, so wird eine Umsatzrealisierung vor Ablauf der Rückgabefrist nach herrschender Meinung abgelehnt (vgl. ADS [1995 ff.], § 252 Tz. 82; IDW [2012b], Abschnitt E, Tz. 572). Einen weiteren Sonderfall stellen Tauschgeschäfte dar. Nach HGB wird dem Bilanzierenden überwiegend ein Wahlrecht unterstellt, ob der Unterschiedsbetrag zwischen dem Zeitwert des erworbenen und dem Buchwert des hingegebenen Vermögensgegenstandes realisiert wird, ob der bisherige Buchwert unter Vermeidung der Realisation fortgeführt wird oder ob eine teilweise Realisation erfolgt, um die Ertragsteuerbelastung in der Handelsbilanz zu neutralisieren. Ertragsteuerlich muss dagegen im Regelfall der Unterschiedsbetrag realisiert werden (Aufdeckung stiller Reserven; vgl. hierzu 2. Kapitel, S. 96) – Ausnahmen stellen insbesondere §§ 6b, 6c EStG dar (vgl. Beck'scher Bilanzkommentar [2012], § 252 Tz. 49; Schmidt EStG-Kommentar [2013], § 6 Tz. 734).

Mehrkomponentengeschäfte

Bei Mehrkomponentengeschäften stellt die Bestimmung des Realisationszeitpunkts häufig eine Herausforderung dar. Ein Mehrkomponentengeschäft zeichnet sich dadurch aus, dass es sich hierbei entweder um einen Vertrag handelt, der mehrere unterschiedliche Leistungen umfasst, oder um mehrere Verträge, die aufgrund ihres engen wirtschaftlichen Zusammenhangs zu einem Geschäft zusammengefasst werden. Des Weiteren fallen hierunter auch Finanzierungskonstellationen, die an den Verkauf von Sach- oder Dienstleistungen gebunden sind (vgl. Erchinger, H./Melcher, W. [2009], S. 89 f.). Beispielsweise kann hierunter ein Kaufvertrag für einen Pkw verstanden werden, der zugleich für eine bestimmte Dauer kostenlose Service- und Reparaturleistungen beinhaltet oder ein Verkauf eines Handys durch einen Mobilfunkanbieter mit Koppelung an einen Mobilfunkvertrag mit Mindestlaufzeit. Trotz der Zusammenfassung in ein Geschäft muss zur Bestimmung des Realisationszeitpunkts jede Komponente einzeln betrachtet werden, da der Gesamterlös aus dem Mehrkomponentengeschäft im Verhältnis der beizulegenden Zeitwerte der Einzelkomponenten auf diese aufzuteilen ist. So kann die Aufteilung vorgenommen werden, wenn für jede Einzelleistung der beizulegende Zeitwert verlässlich bestimmbar ist und die Einzelleistungen auch unabhängig voneinander bezogen oder genutzt – i. S. v. erbracht und somit realisiert – werden können. Sind diese Kriterien nicht erfüllt, so kann der Gesamterlös aus dem Mehrkomponentengeschäft erst realisiert werden, wenn alle Einzelleistungen erbracht wurden (vgl. Beck'scher Bilanzkommentar [2012], § 252 Tz. 44).

Höhe der Umsatzerlöse

Nach § 277 Abs. 1 HGB sind die Bruttoumsatzerlöse nach Abzug der Erlösschmälerungen (Skonti, Rabatte oder Umsatzvergütungen sowie rückgewährte Entgelte für Rückware oder Gewichtsmängel) und der Umsatzsteuer auszuweisen (Nettoausweis).

Bestandsveränderungen

Die Erhöhung oder Verminderung des Bestandes an fertigen und unfertigen Erzeugnissen ist im HGB-Gliederungsschema unter Posten Nr. 2 auszuweisen. Ihre Höhe ergibt sich aus der Differenz der Bilanzansätze zu Beginn und am Ende der betrachteten Periode der zu Herstellungskosten bewerteten fertigen und unfertigen Erzeugnisse. In die Berechnung der Bilanzansatzdifferenz gehen Mengen- und Wertänderungen (zu Herstellungskosten) ein. Bei der Interpretation dieses Postens sind zwei wesentliche Aspekte zu beachten:

1. Die in die Wertdifferenzen eingehenden Abschreibungen berühren die Bestandsveränderungen nur insoweit, als sie die in dem Unternehmen üblichen Abschreibungen nicht überschreiten (§ 277 Abs. 2 HGB). Die über das unternehmensübliche Maß hinausgehenden Wertminderungen sind in der GuV nach dem Gesamtkostenverfahren unter dem Posten Nr. 7b gesondert auszuweisen.
2. Der Umfang der Bestandsveränderungen hängt u. a. auch davon ab, ob die Lagerbestände zur Wertober- oder Wertuntergrenze bewertet werden (§ 255 Abs. 2 HGB; vgl. ferner 2. Kapitel, S. 98 ff.).

Bestandsminderungen werden von den Umsatzerlösen abgezogen, da die Leistungen für diese Erzeugnisse im Vorjahr oder in früheren Perioden erbracht wurden. Analog muss eine Bestandserhöhung zu den Umsatzerlösen hinzuaddiert werden, da es sich um Leistungen des Betriebes in der betrachteten Periode handelt, für die Aufwendungen verrechnet wurden. Bestandsänderungen an Waren werden – trotz des gemeinsamen Ausweises in der Bilanz – nicht hier, sondern unter dem Materialaufwand verrechnet. Unter den Bestandsveränderungen werden ggf. auch die nach dem Teilabnahmeprinzip abgerechneten Teilerlöse der langfristigen Auftragsfertigung ausgewiesen (vgl. hierzu 4. Kapitel, S. 233). Falls im Unternehmen eine Unterscheidung zwischen selbst erstellten und bezogenen Roh-, Hilfs- und Betriebsstoffen durch eine unterschiedliche Kontenführung erfolgt, sind Bestandsveränderungen von selbst erzeugten – im Gegensatz zu bezogenen – Roh-, Hilfs- und Betriebsstoffen ebenfalls unter entsprechender Anpassung der Postenbezeichnung hier darzustellen (vgl. IDW [2012b], Abschnitt F, Tz. 516; Münchener Kommentar zum HGB [2013], § 275 Tz. 30).

Andere aktivierte Eigenleistungen

Die Ermittlung der Gesamtleistung der Periode erfordert eine weitere Korrektur der Umsatzerlöse um »andere aktivierte Eigenleistungen« (Posten Nr. 3). Hierbei handelt es sich im Wesentlichen um selbst erstellte Anlagen, selbst geschaffene immaterielle Vermögensgegenstände (aktivierbare Entwicklungskosten gemäß § 255 Abs. 2a HGB) und mit eigenen Arbeitskräften durchgeführte Großreparaturen.

Gesamtleistung

Addiert man die Posten Nr. 1 bis 3 der GuV-Gliederung des Gesamtkostenverfahrens nach HGB, gelangt man zu der Gesamtleistung des Unternehmens, wobei diese Größe nicht eigens in das gesetzliche Gliederungsschema aufgenommen wurde und damit nicht verpflichtend ausgewiesen werden muss. Zentrale Bedeutung erlangt diese Größe insbesondere im Rahmen einer Aufwandsstrukturanalyse (vgl. 19. Kapitel, S. 1144 ff.).

Sonstige betriebliche Erträge

Der Posten »sonstige betriebliche Erträge« nimmt als Sammelposten alle diejenigen Erträge der gewöhnlichen Geschäftstätigkeit auf, die nicht bereits in den anderen Ertragsposten enthalten sind. Hier werden vor allem folgende Komponenten einbezogen: Erlöse aus betriebsleistungsfremden Umsätzen, Zahlungseingänge auf bereits als uneinbringlich ausgebuchte Forderungen, Währungsgewinne, Schuldnachlässe, Kostenerstattungen oder Rückvergütungen und Gutschriften für frühere Perioden, Schadenersatzleistungen, Erträge aus Sozialeinrichtungen der Gesellschaft, ferner – soweit nicht ein Ausweis unter den Umsatzerlösen geboten ist – Patent- und Lizenzgebühren, Magazinverkäufe und ähnliche Erträge. Auch Liquidations- und Bewertungserfolge wie Erträge aus dem Abgang von Gegenständen des Anlagevermögens und Zuschreibungen auf Gegenstände des Anlagevermögens, aus der Herabsetzung der Pauschalwertberichtigung zu Forderungen sowie aus der Auflösung von Rückstellungen sind Teil der sonstigen betrieblichen Erträge (vgl. Beck'scher Bilanzkommentar [2012], § 275 Tz. 91; Münchener Kommentar zum HGB [2013], § 275 Tz. 33 ff.).

Der Ausweis von Zuschreibungen auf und von Buchgewinnen aus dem Verkauf von Wertpapieren des Umlaufvermögens oder Finanzanlagen und von Währungsgewinnen, die auf Finanzanlagen, Wertpapiere des Umlaufvermögens und Finanzverbindlichkeiten entfallen, kann in unterschiedlichen Posten erfolgen. So sind die Zuschreibungen, Buch- und Währungsgewinne den sonstigen betrieblichen Erträgen zuzuordnen (§ 277 Abs. 5 Satz 2 HGB sieht dies für Erträge aus der Währungsumrechnung explizit vor). Nur für die Zuschreibungen auf Finanzanlagen und Wertpapiere des Umlaufvermögens besteht auch ein Ausweiswahlrecht im Finanzergebnis, da im Finanzergebnis zwar ein Posten »Abschreibungen auf Finanzanlagen und auf Wertpapiere des Umlaufvermögens« (Posten Nr. 12) aufzulisten ist, aber eben kein Posten für Zuschreibungen (vgl. Beck'scher Bilanzkommentar [2012], § 275 Tz. 98). Wenn diese Zuschreibungen im Finanzergebnis ausgewiesen werden, kann i. S. der Ergebnisspaltung eine klare Trennung zwischen Betriebs- und Finanzergebnis erreicht werden.

Sonstige betriebliche vs. außerordentliche Erträge

Bei den Liquidations- bzw. Bewertungserträgen gestaltet sich unter Umständen eine ergebnisspaltungsmäßige Einordnung schwierig, da sie einerseits dem ordentlichen Bereich, andererseits jedoch – soweit selten und bezüglich ihrer Höhe ungewöhnlich – auch als außerhalb der gewöhnlichen Geschäftstätigkeit anfallend qualifiziert werden, was eine Klassifizierung als außerordentliche Erträge bedingen würde (vgl. zur bilanzanalytischen Ergebnisspaltung 19. Kapitel, S. 1121 ff.). Der summarische Ausweis dieser Ergebnisbestandteile kann so die Vornahme einer externen Ergebnisspaltung erheblich erschweren, da ordentliche und außerordentliche Ergebniskomponenten für den externen Informationsempfänger untrennbar miteinander vermischt werden (vgl. Hauschildt, J./Grenz, T./Gemünden, H. G. [1985], S. 884; IDW [1985], S. 541). Dieser Nachteil kann jedoch durch die Berichtspflicht im Anhang gemäß § 277 Abs. 4 Satz 2 und 3 HGB kompensiert werden, wonach diese Erfolge im Falle, dass sie als aperiodisch zu beurteilen sind, hinsichtlich ihres Betrages und ihrer Art erläutert werden müssen, wenn dies für die Beurteilung der Ertragslage von Bedeutung ist.

Sonstige betriebliche Erträge vs. Umsatzerlöse

Gegenüber dem Posten »Umsatzerlöse« können sich ebenfalls Abgrenzungsprobleme ergeben. Unternehmensübliche Erlöse aus dem Verkauf nicht mehr benötigter Roh-, Hilfs- und Betriebsstoffe können grundsätzlich immer unter den sonstigen betrieblichen Erträgen erfasst werden. Soweit diese Erträge nicht als unregelmäßig und außergewöhnlich zu betrachten sind, kann auch ein Ausweis unter den Umsatzerlösen erfolgen (vgl. ADS [1995 ff.], § 277 Tz. 10; Münchener Kommentar zum HGB [2013], § 275 Tz. 39). Sofern diese Veräußerungen das unternehmensübliche Maß übersteigen (z. B. Notverkäufe aufgrund unvorhergesehener Produktionsanlagenausfälle), erscheint ein Ausweis unter den außerordentlichen Erträgen geboten. Die korrespondierenden Aufwendungen müssen dann als außerordentliche Aufwendungen (und nicht unter Posten Nr. 5a) erfasst werden, um das Ergebnis der gewöhnlichen Geschäftstätigkeit nicht zu verzerren.

Erträge aus der Auflösung eines Sonderpostens mit Rücklageanteil

Die Bildung eines Sonderpostens mit Rücklageanteil ist seit dem BilMoG nicht mehr möglich (vgl. 6. Kapitel, S. 350). Falls die Übergangsvorschrift des Art. 67 Abs. 3 EGHGB in Anspruch genommen wird, kann ein bereits im Jahresabschluss für das letzte vor dem 01.01.2010 beginnende Geschäftsjahr enthaltener Sonderposten beibehalten werden, wodurch der Posten Nr. 4a »Erträge aus der Auflösung des Sonderpostens mit Rücklageanteil« innerhalb des Postens »sonstige betriebliche Erträge« oder im Anhang (§ 281 Abs. 2 Satz 2 HGB a. F.) entsprechend in den Folgejahren gesondert auszuweisen bzw. anzugeben ist, soweit der Bestand eines Sonderpostens mit Rücklageanteil gemindert wird.

Materialaufwand

In der Gliederungsfolge werden den Ertragsposten Nr. 1 bis 4 des § 275 Abs. 2 HGB die betrieblichen Aufwendungen und dabei zunächst der Materialaufwand gegenübergestellt. Im Rahmen des Materialaufwands sind die Aufwendungen für Roh-, Hilfs- und Betriebsstoffe und für bezogene Waren unter Posten Nr. 5a und die Aufwendungen für bezogene Leistungen gesondert unter Posten Nr. 5b auszuweisen.

Der Umfang der einzubeziehenden Aufwendungen ist umstritten, da der Gesetzgeber nicht festgelegt hat, ob nur der auf den Fertigungsbereich oder der gesamte, auch auf den Verwaltungs- und Vertriebsbereich entfallende Materialverbrauch einbezogen werden muss. Dadurch ergeben sich gegenüber dem Posten Nr. 8 »sonstige betriebliche Aufwendungen« erhebliche Abgrenzungsprobleme.

Knüpft man an der logischen Reihenfolge und dem Inhalt der einzelnen GuV-Posten an, ist es naheliegend, unter den Posten Nr. 5a und 5b nur die mit den Posten Nr. 1 bis 4 kongruenten Aufwendungen zu erfassen (Kongruenzprinzip). Die Posten Nr. 1 bis 3 sind betrieblicher Natur und stellen rein fertigungsprozessbezogene Erträge dar. Die »sonstigen betrieblichen Erträge« (Posten Nr. 4) hingegen enthalten darüber hinaus Ergebniskomponenten, wie Bewertungs- und Liquidationserfolge, die mit dem eigentlichen betrieblichen Leistungserstellungsprozess direkt nichts zu tun haben; sie sind primär Ausfluss administrativer Entscheidungen. Danach wäre der Materialaufwand auf den Fertigungsbereich einzugrenzen.

Da andererseits die gesamte GuV-Gliederung des § 275 Abs. 2 HGB auf das »Ergebnis der gewöhnlichen Geschäftstätigkeit« abstellt, kann auch nur dieser Posten als Orientierungslinie für den ertragskongruenten Ausweis der Aufwendungen dienen. In diesem Sinne ist deshalb unter dem Posten »Materialaufwand« der gesamte Materialverbrauch des Fertigungs-, Verwaltungs- und Vertriebsbereichs auszuweisen (vgl. Scherrer, G. [2011], S. 349). Zudem erscheint eine Beschränkung des Postens Nr. 5 auf den Materialverbrauch des Fertigungsbereichs aufgrund der primärkostenorientierten GuV-Gliederung nach dem Gesamtkostenverfahren nicht sinnvoll (vgl. ADS [1995 ff.], § 275 Tz. 84 m. w. N.).

Da der Umfang des Materialverbrauchs im Verwaltungs- und Vertriebsbereich i. d. R. im Vergleich zu den Materialaufwendungen im Fertigungsbereich relativ unbedeutend ist, ist der Art der gewählten Abgrenzung allerdings keine große Bedeutung beizumessen. Allerdings folgt aus dem Stetigkeitsgrundsatz, dass der einmal gewählte Ansatz grundsätzlich beizubehalten ist (vgl. IDW [2012b], Abschnitt F, Tz. 526).

Mengen- und wertmäßiger Verbrauch an Roh-, Hilfs- und Betriebsstoffen

Im Einzelnen sind der gesamte mengenmäßige Verbrauch an Roh-, Hilfs- und Betriebsstoffen (RHB), Brenn- und Heizungsmaterial und anderen Energien, Reinigungsmaterial, Reparaturstoffen, Baumaterial (für aktivierte Eigenleistungen) und die Aufwendungen für verkaufte Handelswaren unter Posten Nr. 5a auszuweisen. Neben dem rein mengenmäßigen Verzehr an Roh-, Hilfs- und Betriebsstoffen fallen damit unter Posten Nr. 5a auch die unternehmensüblichen Inventur- und Bewertungsdifferenzen, die ihre Ursache z. B. in Schwund, Qualitätsverlusten oder rückläufigen Marktpreisen haben. Auch die Auswirkungen aus dem Übergang von einer Bewertungsmethode zu einer anderen schlagen sich hier nieder (vgl. 4. Kapitel, S. 213 ff.). Der unter Posten Nr. 5a auszuweisende Materialaufwand berechnet sich wie folgt:

	Anfangsbestand an RHB und bezogenen Waren
+	Zugänge an RHB und bezogenen Waren
–	Endbestand an RHB und bezogenen Waren
=	**Materialverbrauch (§ 275 Abs. 2 Nr. 5a HGB)**

Festwerte

Sofern für Vermögensgegenstände des Umlaufvermögens Festwerte angesetzt wurden, sind die den Abgängen entsprechenden laufenden Zugänge sowie die unternehmensüblichen Wertminderungen ausschließlich unter dem Posten Nr. 5a auszuweisen (vgl. 4. Kapitel, S. 217 ff.). Wurde ein Festwert für Vermögensgegenstände des Sachanlagevermögens angesetzt, so sind die Zugänge entweder unter Posten Nr. 5a oder unter dem Posten Nr. 8 »sonstige betriebliche Aufwendungen« zu verrechnen.

Aufwendungen für bezogene Leistungen

Die Aufwendungen für bezogene Leistungen sind getrennt von den Aufwendungen für RHB sowie für bezogene Waren auszuweisen. So wird der vielfach erhobenen Forderung Rechnung getragen, den im Allgemeinen umfangreichen Posten »Materialaufwand« in aussagefähige Ergebniskategorien zu unterteilen.

Rohergebnis

Kleine und mittelgroße Kapitalgesellschaften dürfen die Posten Nr. 1 bis 5 saldiert unter der Bezeichnung »Rohergebnis« ausweisen (§ 276 HGB). Personenhandelsgesellschaften und Einzelkaufleute, die dem PublG unterliegen, müssen jedoch die Umsatzerlöse in jedem Falle angeben, selbst wenn sie von der Möglichkeit der Nichtveröffentlichung der GuV Gebrauch machen (§ 9 Abs. 2 i. V. m. § 5 Abs. 5 Satz 3 PublG).

Personalaufwand

Unter »Löhne und Gehälter« (Posten Nr. 6a) sind alle Geld- und Sachleistungen an Mitarbeiter auszuweisen, soweit sie während des Geschäftsjahres als Arbeitsentgelt angefallen sind. Dabei sind stets die Bruttobezüge zu berücksichtigen, d. h. die Arbeitnehmeranteile der Sozialversicherung sowie die Lohnsteuer, für die zwar der Arbeitnehmer Steuerschuldner ist, die aber die Gesellschaft einbehält und abführt, sind ebenso dem Posten Nr. 6a zuzuschlagen. Unerheblich ist auch, ob die Beträge bereits bezahlt oder als Rückstellung oder Verbindlichkeit passiviert wurden. Nicht durch Rückstellungen abgedeckte Nachzahlungen früherer Perioden sind als laufender Aufwand zu verbuchen. Vorschüsse auf Löhne und Gehälter stellen wirtschaftlich und rechtlich eine Forderung des Arbeitgebers gegenüber dem Arbeitnehmer dar und sind entsprechend im Bilanzposten »sonstige Vermögensgegenstände« (§ 266 Abs. 2 B.II.4 HGB) auszuweisen.

Da die gewählte Form oder Bezeichnung der Löhne und Gehälter unwesentlich ist, müssen auch Nebenbezüge (z. B. Vergütungen für Verbesserungsvorschläge durch Mitarbeiter), in Sachwerten gewährte Bezüge (z. B. mietfreie Dienstwohnungen oder kostenlose Dienstfahrzeuge), Abfindungen, soweit sie als Nachzahlungen für bereits geleistete Dienste anzusehen sind, und dergleichen ebenfalls unter dem Posten Nr. 6a ausgewiesen werden (vgl. Scherrer, G. [2011], S. 350 f.). Nicht zu den Löhnen und Gehältern zählen jedoch Pensionen und Renten (Ausweis unter Posten Nr. 6b), erstattete Barauslagen und Auslagen von Belegschaftsmitgliedern für Dienstreisen sowie Aufsichtsratsbezüge, die – da sie nicht aufgrund eines Angestellten- oder Dienstverhältnisses gezahlt werden – unter den »sonstigen betrieblichen Aufwendungen« (Posten Nr. 8) auszuweisen sind.

Soziale Abgaben und Aufwendungen für Altersversorgung und Unterstützung

Die sozialen Abgaben und Aufwendungen für Altersversorgung und Unterstützung fallen gemeinsam unter den Posten Nr. 6b. Die Aufwendungen für soziale Abgaben umfassen nur die gesetzlichen Pflichtabgaben, die von der Gesellschaft als Arbeitgeberanteil zu tragen sind. Es handelt sich dabei um Beiträge zur Sozialversicherung (z. B. Renten-, Kranken- und Arbeitslosenversicherung) oder Berufsgenossenschaft (vgl. Münchener Kommentar zum HGB [2013], § 275 Tz. 56). Die von der Gesellschaft im Abzugsverfahren abzuführenden Arbeitnehmerbeiträge sind Teil der Bruttolöhne und werden dementsprechend unter den Aufwendungen für Löhne und Gehälter erfasst.

Zu den Aufwendungen für Altersversorgung und Unterstützung zählen Aufwendungen für tätige und nicht mehr tätige Betriebsangehörige. Spenden und Unterstützungszahlungen an einen anderen Personenkreis gehören hierzu nicht, sondern sind unter dem Posten »sonstige betriebliche Aufwendungen« auszuweisen. Zu den Aufwendungen für Altersversorgung zählen Pensionszahlungen, Zuführungen zu Pensionsrückstellungen und Zuweisungen an Unterstützungs- und Pensionskassen. Pensionsrückstellungszuführungen, die lediglich der Verzinsung bereits angesammelter Pensionsrückstellungen aus Vorperioden dienen, müssen gemäß § 277 Abs. 5 Satz 1 HGB unter dem Posten Nr. 13 »Zinsen und ähnliche Aufwendungen« gesondert ausgewiesen werden. Pensionszahlungen sind hier nur in dem Maße zu erfassen, wie die Zahlungen nicht außerhalb der GuV zu Lasten der Pensionsrückstellungen erfolgen. Die Altersvorsorgeaufwendungen sind in einer Vorspalte gesondert auszuweisen. Als Unterstützung für tätige und nicht mehr tätige Betriebsangehörige kommen alle Aufwendungen des Unternehmens in Betracht, die nicht für eine Leistung der Empfänger gezahlt werden. Beispielsweise sind hier auszuweisen: Aufwendungen für Verunglückte, Unterstützungszahlungen für Invaliden, Heirats- und Geburtshilfen und dergleichen (vgl. Beck'scher Bilanzkommentar [2012], § 275 Tz. 136).

Vorruhestandsgelder

Ein Sonderfall der Unterstützungsleistungen sind die Vorruhestandsgelder gemäß VRG, die der Arbeitgeber im Rahmen von Individual- oder Kollektivvereinbarungen als Abfindung für die Arbeitsplatzaufgabe zahlen muss. Vorruhestandszahlungen stellen kein Arbeitsentgelt dar, da ihnen keine Arbeitsleistung des Empfängers unmittelbar gegenübersteht. Da dem Arbeitgeber mit deren Zahlung kein wirtschaftlicher Vorteil erwächst (= Anspruch auf Arbeitsleistung), haben sie Unterstützungscharakter und sind dem Posten Nr. 6b zuzuordnen (vgl. Beck'scher Bilanzkommentar [2012], § 249 Tz. 154).

Abschreibungen

Bei der Erfassung der Abschreibungen und Wertminderungen des Anlagevermögens muss zwischen den Finanzanlagen und den übrigen Vermögensgegenständen des Anlagevermögens unterschieden werden. Der Posten Nr. 7a enthält alle planmäßigen und außerplanmäßigen Abschreibungen auf das Sachanlagevermögen sowie das immaterielle Anlagevermögen. Aufgrund der im Rahmen des BilMoG eingeführten Übergangsvorschrift des Art. 67 Abs. 5 EGHGB kann dieser Posten auch noch die Abschreibungen von aktivierten Aufwendungen der Ingangsetzung und Erweiterung des Geschäftsbetriebes enthalten. Solche Aufwendungen konnten gemäß BilMoG letztmalig für das vor dem 01.01.2010 beginnende Geschäftsjahr aktiviert und planmäßig abgeschrieben werden. Die sich daraus ergebenden Abschreibungen für maximal die vier folgenden Geschäftsjahre (§ 282 HGB a. F.) müssen unter Posten Nr. 7a aufgeführt werden.

Die außerplanmäßigen Abschreibungen auf den niedrigeren beizulegenden Wert (§ 253 Abs. 3 Satz 3 und 4 HGB) sind nach § 277 Abs. 3 HGB entweder in einer Vorspalte zu vermerken, in einem gesonderten GuV-Posten Nr. 7c einzustellen oder im Anhang anzugeben. Unter den Vorspaltenvermerk oder den Posten Nr. 7c fallen jedoch nicht die außerplanmäßigen Abschreibungen auf Finanzanlagen, da diese – soweit nicht im Anhang angegeben – ohnehin in einer Vorspalte unter Posten Nr. 12 oder in einem gesonderten Posten Nr. 12a zu verbuchen sind. Die Summe der oben genannten Abschreibungsarten stimmt i. d. R. mit den Abschreibungsbeträgen des Geschäftsjahres der jeweiligen Aktiva im Anlagespiegel überein.

Abschreibungen von Gegenständen des Umlaufvermögens

Bei den Wertminderungen auf das Umlaufvermögen ist einerseits zwischen unternehmensüblichen und über das übliche Maß hinausgehenden Abschreibungen, andererseits zwischen dem Vorratsvermögen, den Wertpapieren und den restlichen Posten des Umlaufvermögens zu unterscheiden. Die unternehmensüblichen Wertminderungen auf Vorräte sind – wie bereits erläutert – unter dem Posten Nr. 2 »Erhöhung oder Verminderung des Bestands an fertigen und unfertigen Erzeugnissen« oder unter Posten Nr. 5a zu verbuchen. Die unternehmensüblichen Abschreibungen auf die restlichen Vermögensgegenstände des Umlaufvermögens mit Ausnahme der Wertpapiere sind grundsätzlich unter dem Posten Nr. 8 »sonstige betriebliche Aufwendungen« auszuweisen (vgl. in diesem Kapitel, S. 539 ff.). Die Abschreibungen auf Wertpapiere fallen unter Posten Nr. 12 (vgl. in diesem Kapitel, S. 544 ff.).

Unternehmensübliche vs. -unübliche Abschreibungen

Abschreibungen auf Vermögensgegenstände des Umlaufvermögens, die das unternehmensübliche Maß überschreiten, sind gesondert unter dem Posten Nr. 7b auszuweisen. Zu erfassen sind hier in jedem Fall die unternehmensunüblichen Abschreibungen auf Vorräte, Forderungen und sonstige Vermögensgegenstände sowie liquide Mittel. Die Einbeziehung der analogen Abschreibungen auf Wertpapiere des Umlaufvermögens ist strittig. Im Interesse der vom Gesetzgeber intendierten Trennung des Betriebs- und Finanzergebnisses sollten u. E. unternehmensunübliche Abschreibungen nicht unter Posten Nr. 7b, sondern zusammen mit den unternehmensüblichen Abschreibungen auf Wertpapiere unter Posten Nr. 12 erfasst werden (vgl. auch ADS [1995 ff.], § 275 Tz. 169 m. w. N.; Beck'scher Bilanzkommentar [2012], § 275 Tz. 92).

Vermögensgegenstand	GuV-Posten[1)]	Vorspaltenvermerk bei Posten	betragsmäßige Angabe im Anhang
1. Anlagevermögen:			
a) Sachanlagen und immaterielle Vermögensgegenstände			Angabe des Gesamtbetrags der Abschreibungen bei Vermögensgegenständen des Anlagevermögens (§ 268 Abs. 2 HGB)
– planmäßige Abschreibungen	7a		
– außerplanmäßige Abschreibungen auf den niedrigeren beizulegenden Wert (§ 253 Abs. 3 Satz 3 HGB)	7c	7a	
b) Finanzanlagen			Angabe des Gesamtbetrags der Abschreibungen bei Vermögensgegenständen des Anlagevermögens (§ 268 Abs. 2 HGB)
– außerplanmäßige Abschreibung auf den niedrigeren beizulegenden Wert (§ 253 Abs. 3 Satz 4 HGB)	12a	12	
2. Umlaufvermögen:			
a) Vorräte			
– unternehmensübliche Abschreibungen	2 bzw. 5a		
– unternehmensunübliche Abschreibungen	7b		
b) Wertpapiere			
– unternehmensübliche Abschreibungen	12		
– unternehmensunübliche Abschreibungen	7b	12	
c) Forderungen und sonstige Vermögensgegenstände, flüssige Mittel			
– unternehmensübliche Abschreibungen	8		
– unternehmensunübliche Abschreibungen	7b		

1) Die Postennummern beziehen sich auf das ausführliche Gliederungsschema der GuV nach dem Gesamtkostenverfahren in Tabelle 9.1.

Tab. 9.4: Ausweismöglichkeiten der Abschreibungen in der Gewinn- und Verlustrechnung gemäß HGB nach dem Gesamtkostenverfahren

Nach welchen Abgrenzungskriterien die unternehmensunüblichen Abschreibungen von den üblichen ausgesondert werden sollen, kann u. E. nur unternehmensindividuell entschieden werden. Als operationale Abgrenzungskriterien können beispielsweise die Höhe des Abschreibungsbetrages im interperiodischen Vergleich (z. B. geglättete, durchschnittliche Abschreibungen) oder die Abschreibungsursache (ungewöhnliche und seltene Abschreibungsfälle) herangezogen werden (vgl. auch Münchener Kommentar zum HGB [2013], § 275 Tz. 68). Abgesehen von extremen Fällen, wie z. B. Vorrätevernichtung durch Brand, wird es im Einzelfall schwierig sein, unternehmensunübliche Abschreibungen von den üblichen zu trennen.

Ausweismöglichkeiten für Abschreibungen

In Tabelle 9.4 werden die einzelnen Ausweismöglichkeiten für Abschreibungen auf Vermögensgegenstände des Anlage- und Umlaufvermögens schematisch gegenübergestellt (vgl. auch die Erläuterungen zu Posten Nr. 12, S. 544 ff.).

Sonstige betriebliche Aufwendungen

Der Posten Nr. 8 »sonstige betriebliche Aufwendungen« stellt – analog zu den sonstigen betrieblichen Erträgen – einen Sammelposten dar, der alle Aufwendungen enthält, die nicht bereits unter die Posten Nr. 5, 6 und 7 fallen; ausgeschlossen sind in jedem Fall die außerordentlichen Aufwendungen. Da die Mindestgliederung der GuV für den Finanzbereich keinen eigenständigen Sammelposten vorsieht, müssen ebenso alle nicht in den Posten Nr. 12 und 13 erfassbaren Aufwendungen unter den sonstigen betrieblichen Aufwendungen ausgewiesen werden. Hierunter fallen auch die Forschungskosten (soweit sie nicht den Posten Nr. 5 bis 7 zuzurechnen sind), die im Gegensatz zu den Entwicklungskosten (vgl. in diesem Kapitel, S. 534) nicht aktiviert werden dürfen (§ 255 Abs. 2 und 2a HGB).

- Drittleistungen

Besondere Überschneidungen ergeben sich auch mit Posten Nr. 5b »Aufwendungen für bezogene Leistungen«: Soweit unter Posten Nr. 5b – wie u. E. zu befürworten – nur die materialintensiven Drittleistungen für sämtliche funktionalen Unternehmensbereiche erfasst werden, fallen unter Posten Nr. 8 die folgenden Aufwendungen für restliche Drittleistungen, wie z. B. Werbeaufwendungen, Ausgangsfrachten, Reisespesen, Provisionen, Fernmeldekosten, Gebühren, Spenden, Ausbildungs-, Bewirtungs- und Betreuungskosten, Kosten des Aufsichtsrats (einschließlich der Tantiemen) und der Hauptversammlung, Prüfungskosten, Mieten und Pachten, Lagerungskosten, Personaleinstellungskosten, Zuschüsse zu Kantinen und Sportanlagen, Kosten des Zahlungsverkehrs etc. (vgl. Beck'scher Bilanzkommentar [2012], § 275 Tz. 171; IDW [2012b], Abschnitt F, Tz. 551).

- Unternehmensübliche Wertminderungen und Verluste aus Abgängen des Umlaufvermögens

Darüber hinaus sind sowohl bestimmte Wertminderungen als auch Verluste aus dem Abgang von Gegenständen aus dem Umlauf- und dem Anlagevermögen unter den sonstigen betrieblichen Aufwendungen zu erfassen. So sind alle unternehmensüblichen Abschreibungen auf Forderungen und sonstige Vermögensgegenstände des Umlaufvermögens sowie liquide Mittel diesem Posten zuzuordnen. Die Abschreibungen auf Wertpapiere des Umlaufvermögens sind dagegen zusammen mit den Wertberichtigungen auf Finanzanlagen unter Posten Nr. 12 auszuweisen. Bei den unter Posten Nr. 8 zu erfassenden Aufwendungen kann es sich beispielsweise um Abschreibungen auf geleistete Anzahlungen oder Forderungen aus Lieferungen und Leistungen aufgrund von Unverzinslichkeit oder Niedrigverzinslichkeit handeln. Dabei ist es unerheblich, ob die Wertberichtigung einzeln oder pauschal vorgenommen wird, d. h. die Einstellungen in die Pauschalwertberichtigung von Forderungen sind auch unter den sonstigen betrieblichen Aufwendungen zu verbuchen. Sofern der Bilanzposten »sonstige Vermögensgegenstände« mit der gewöhnlichen Geschäftstätigkeit nicht in Verbindung zu bringen ist, sind die darauf vorgenommenen Abschreibungen nicht unter Posten Nr. 8, sondern unter den außerordentlichen Aufwendungen zu verbuchen. Unter die in Posten »sonstige betriebliche Aufwendungen« zu verbuchenden Abgangsverluste fallen nicht die Verluste bei Vorratsverkäufen; sie werden im Rahmen der Bestandsveränderungen erfasst, oder – sofern nicht mehr der gewöhnlichen Geschäftstätigkeit zurechenbar – unter die außerordentlichen Aufwendungen eingestellt.

- Verluste aus Abgängen des Anlagevermögens

Abgangsverluste des Anlagevermögens ergeben sich aus der Differenz zwischen niedrigerem Verkaufserlös und höherem Buchwert des betreffenden Vermögensgegenstandes. Diese Verluste fallen nur dann unter Posten Nr. 8, wenn es sich um Anlageveräußerungen handelt, die im Rahmen der gewöhnlichen Geschäftstätigkeit anfallen (z. B. Verkauf von Anlagevermögen bei Vornahme von Ersatz- bzw. Modernisierungsinvestitionen). Ist das Unternehmen jedoch aufgrund außergewöhnlicher und seltener Ereignisse gezwungen, Anlagevermögen unter Verlust zu veräußern (z. B. bei teilweiser bzw. totaler Beschädigung von Anlagen in Katastrophenfällen) – eine vor Verkauf erfolgte, außerplanmäßige Abschreibung zur Kompensation dieses Schadens muss auch als außerordentlicher Aufwand erfasst werden –, so kann dies nicht mehr der gewöhnlichen Geschäftstätigkeit zugeordnet werden. Diese Verluste fallen dann unter den Posten »außerordentliche Aufwendungen« (vgl. Beck'scher Bilanzkommentar [2012], § 275 Tz. 222).

Die bislang aufgeführten Posten sind dem betrieblichen Bereich zuzuordnen. Die Angabe einer Zwischensumme »Betriebsergebnis« ist nach HGB nicht vorgeschrieben (vgl. auch Tabelle 9.3, S. 529).

Erträge aus Beteiligungen

Die in der Gliederung des § 275 HGB folgenden GuV-Posten stellen Aufwendungen und Erträge aus dem Finanzbereich dar. Zu den »Erträgen aus Beteiligungen, davon aus verbundenen Unternehmen« (Posten Nr. 9) zählen nur die laufenden Erträge aus Beteiligungen. Gemäß § 271 Abs. 1 HGB sind Beteiligungen Anteile an einem anderen Unternehmen, die dem eigenen Geschäftsbetrieb durch Herstellung einer dauerhaften Verbindung zu diesem Unternehmen dienen. Zu den entsprechenden Erträgen gehören z. B. Dividenden von Kapitalgesellschaften, Gewinnanteile von Personenhandelsgesellschaften und stillen Gesellschaften, Erträge aus Beherrschungsverträgen gemäß § 291 Abs. 1 AktG, soweit nicht gleichzeitig die volle oder teilweise Gewinnabführung vorgesehen ist (vgl. Beck'scher Bilanzkommentar [2012], § 275 Tz. 176). Die Beteiligungserträge aus verbundenen Unternehmen müssen dabei in einer Vorspalte gesondert ausgewiesen werden.

- Realisationszeitpunkt

Der Anspruch auf Erträge aus Beteiligungen an Personengesellschaften entseht rechtlich mit der Feststellung des Jahresabschlusses der Personengesellschaft und somit mit der Beschlussfassung der Gesellschafterversammlung. Wirtschaftlich betrachtet, kann der Gewinnanteil bereits vor der Beschlussfassung der Gesellschafter als realisiert gelten, wenn die folgenden Voraussetzungen erfüllt sind: erstens, das Geschäftsjahr der Personengesellschaft endet nicht vor dem des begünstigten Gesellschafters, und zweitens, der Gewinnanteil muss hinreichend konkretisiert sein, d. h. die wesentlichen Bilanzierungs- und Bewertungsentscheidungen müssen bereits getroffen worden sein und es bestehen keine gesetzlichen und vertraglichen Regelungen, die eine Realisation verhindern (vgl. Beck'scher Bilanzkommentar [2012], § 275 Tz. 177; IDW [2012a], Tz. 12 ff.).

Auch die Erträge aus Beteiligungen an Kapitalgesellschaften gelten erst dann als realisiert, wenn der entsprechende Gewinnverwendungsbeschluss der Haupt- bzw. Gesellschafterversammlung vorliegt. Bei einer Mehrheitsbeteiligung an einer Kapitalgesellschaft ist der Beteiligungsertrag gemäß BGH-Urteil vom 12.01.1998 zwingend phasengleich, d. h. in der Periode der wirtschaftlichen Entstehung beim Beteiligungsunternehmen, in der GuV des beteiligten Unternehmens zu erfassen, wenn folgende Voraussetzungen erfüllt sind: Es handelt sich um eine Mutter-Tochter-Beziehung i. S. des § 290 HGB, das Geschäftsjahr der Tochtergesellschaft endet nicht nach dem Bilanzstichtag der Muttergesellschaft, der Jahresabschluss der Tochtergesellschaft wird vor Abschluss der Prüfung der Muttergesellschaft festgestellt, ein den Beteiligungserträgen entsprechender Gewinnverwendungsvorschlag liegt vor und dieser kann von der Muttergesellschaft alleine durchgesetzt werden (vgl. Beck'scher Bilanzkommentar [2012], § 266 Tz. 120 und § 275 Tz. 177). In der Steuerbilanz ist in diesem Fall i. d. R. eine zeitversetzte Bilanzierung der Dividendenansprüche aus den Beteiligungen vorgeschrieben, da die Aktivierbarkeit ausschließlich auf den Gewinnverwendungsbeschluss abstellt (vgl. Schmidt EStG-Kommentar [2013], § 5 Tz. 677). In der Bilanz werden die entsprechenden Beteiligungserträge als Forderungen auf der Aktivseite unter § 266 Abs. 2 B.II.2. oder B.II.3. HGB ausgewiesen.

- Bruttoausweis

Beteiligungserträge sind grundsätzlich in voller Höhe, d. h. ohne Abzug der Kapitalertragsteuer, die unter Posten Nr. 18 erfasst wird, auszuweisen.

- Sonstige Erträge und Aufwendungen aus Beteiligungen

Gewinne aus der Veräußerung von Beteiligungen erscheinen unter Posten Nr. 4 »sonstige betriebliche Erträge«, Abschreibungen auf Beteiligungen unter Posten Nr. 12 »Abschreibungen auf Finanzanlagen und Wertpapiere des Umlaufvermögens« und Verluste aus Beteiligungsverkäufen unter Posten Nr. 8 »sonstige betriebliche Aufwendungen«. I. S. einer ergebnisspaltungsorientierten GuV-Gliederung wäre es wünschenswert, die Gewinne und Verluste aus der Veräußerung von Beteiligungen bei den Posten Nr. 4 und 8 gesondert zu vermerken.

Erträge aus anderen Wertpapieren und Ausleihungen des Finanzanlagevermögens

Der Posten Nr. 10 »Erträge aus anderen Wertpapieren und Ausleihungen des Finanzanlagevermögens, davon aus verbundenen Unternehmen« stellt einen Sammelposten für alle Erträge aus Vermögensgegenständen des Finanzanlagevermögens dar, sofern es sich nicht um Beteiligungen handelt. Erträge, die aus Finanzanlagen bei verbundenen Unternehmen stammen (z. B. Zinsen für eine im Anlagevermögen ausgewiesene Darlehensforderung an ein verbundenes Unternehmen), sind gesondert als Davon-Vermerk anzugeben. Hauptsächlich enthält dieser Posten Zinsen, Dividenden und ähnliche Ausschüttungen. Daneben sollten auch die periodisch erfolgenden Aufzinsungen langfristiger Ausleihungen, die wegen Un- oder Minderverzinslichkeit in der Bilanz abgezinst werden müssen, hier verbucht werden (vgl. IDW [2012b], Abschnitt F, Tz. 567). Grundsätzlich ist im Rahmen dieses GuV-Postens nur auf Erträge aus finanziellem Anlagevermögen abzustellen; die laufenden Erträge aus Wertpapieren des Umlaufvermögens fallen dagegen unter den Posten Nr. 11 »sonstige Zinsen und ähnliche Erträge«. Die Erträge sind brutto (d. h. inkl. Kapitalertragsteuer) zu verbuchen.

Erträge und Aufwendungen aus Gewinngemeinschaften u. Ä.

Haben zwei Unternehmungen sich zu einer Gewinngemeinschaft zusammengeschlossen oder Gewinnabführungs-, Teilgewinnabführungs- bzw. Verlustübernahmeverträge abgeschlossen, so sind die daraus resultierenden Erträge und Aufwendungen bzw. Gewinne und Verluste gemäß § 277 Abs. 3 Satz 2 HGB jeweils gesondert unter entsprechender Bezeichnung auszuweisen. In Gewinngemeinschaftsverträgen verpflichten sich zwei oder mehrere Aktiengesellschaften oder Kommanditgesellschaften auf Aktien, ihren Gewinn oder Teile davon zusammenzulegen und aufzuteilen. In Gewinnabführungs- oder Teilgewinnabführungsverträgen dagegen wird vertraglich vereinbart, dass der eine Vertragspartner seinen gesamten Gewinn, einen Teil des Gewinns oder den einzelner Betriebe ganz oder teilweise an den anderen abführt. § 277 Abs. 3 HGB lässt jedoch offen, an welchen Stellen der GuV die Posten eingefügt werden sollen. Diese Posten gehören analog zu den Erträgen und Aufwendungen aus dem Halten von Beteiligungen und anderen Finanzanlagen zu den Erfolgskomponenten des Finanzergebnisses. Die Erträge bzw. Gewinne gehören deshalb sachlich zu den GuV-Posten Nr. 9 bis 11, die Aufwendungen bzw. Verluste zu den GuV-Posten Nr. 12 und 13. Hier wird vorgeschlagen, die Erträge bzw. Gewinne im Anschluss an Posten Nr. 10, die Aufwendungen bzw. Verluste im Anschluss an Posten Nr. 12 auszuweisen (vgl. Beck'scher Bilanzkommentar [2012], § 277 Tz. 19 und Tz. 22). Tabelle 9.5 verdeutlicht den getrennten Ausweis i. S. des § 277 Abs. 3 HGB.

	Untergesellschaft	**Obergesellschaft**
Gewinnabführung	Posten Nr. 12b »auf Grund einer Gewinngemeinschaft, eines Gewinnabführungs- oder eines Teilgewinnabführungsvertrags abgeführte Gewinne«	Posten Nr. 10a »Erträge aus Gewinngemeinschaften, Gewinnabführungs- oder Teilgewinnabführungsverträgen«
Verlustübernahme	Posten Nr. 10b »Erträge aus Verlustübernahme«	Posten Nr. 12c »Aufwendungen aus Verlustübernahme«

Tab. 9.5: Erträge und Aufwendungen aus Gewinngemeinschaften nach HGB

Sonstige Zinsen und ähnliche Erträge

Unter den Posten »sonstige Zinsen und ähnliche Erträge, davon aus verbundenen Unternehmen« fallen alle Erträge, die nicht bereits unter den Posten Nr. 9 und 10 auszuweisen sind. Der auf verbundene Unternehmen entfallende Anteil dieses Postens ist gesondert als Davon-Vermerk anzugeben. Zinsaufwendungen und Zinserträge dürfen grundsätzlich nicht miteinander saldiert werden (Bruttoprinzip bzw. Verrechnungsverbot gemäß § 246 Abs. 2 HGB). Z. B. sind folgende Ergebniskomponenten zu erfassen (vgl. Beck'scher Bilanzkommentar [2012], § 275 Tz. 191; IDW [2012b], Abschnitt F, Tz. 571):

- Zinsen für Einlagen bei Kreditinstituten und Forderungen an Dritte (Bankguthaben, Darlehen und Hypotheken – soweit nicht unter den Finanzanlagen zu erfassen –, Wechselforderungen, andere Außenstände);
- Zinsen und Dividenden auf Wertpapiere des Umlaufvermögens;
- Aufzinsungsbeträge für unverzinsliche und niedrig verzinsliche Forderungen des Umlaufvermögens;
- Erträge aus der Abzinsung von Rückstellungen mit einer Restlaufzeit von mehr als einem Jahr (§ 277 Abs. 5 Satz 1 i. V. m. § 253 Abs. 2 HGB);
- Verzugszinsen von Kunden.

Bei den zinsähnlichen Erträgen handelt es sich um Ergebniskomponenten, die – ohne als Zinserträge bezeichnet werden zu können – mit der Vergabe von Krediten in Verbindung stehen. Beispielhaft kann es sich hierbei um Erträge aus einem Agio, Disagio oder Damnum, Kreditprovisionen etc. handeln. Nicht zu den zinsähnlichen Erträgen zählen dagegen Gebühren für Leistungen, die im Zusammenhang mit Krediten erbracht werden, wie z. B. Kreditbearbeitungsgebühren, Spesen oder Mahnkosten (vgl. Münchener Kommentar zum HGB [2013], § 275 Tz. 87). Diese fallen unter den Posten »sonstige betriebliche Erträge«.

Abschreibungen auf Finanzanlagen und Wertpapiere des Umlaufvermögens

Unter dem Posten Nr. 12 sind alle Abschreibungen des Anlage- und Umlaufvermögens zu erfassen, die im Gegensatz zu Posten Nr. 7a den Finanzbereich betreffen. Im Einzelnen fallen unter diesen Posten folglich alle Wertberichtigungen auf das Finanzanlagevermögen (Anteile an verbundenen Unternehmen, Ausleihungen an verbundene Unternehmen, Beteiligungen, Ausleihungen an Unternehmen, mit denen ein Beteiligungsverhältnis besteht, Wertpapiere des Anlagevermögens und sonstige Ausleihungen) und die Wertpapiere des Umlaufvermögens. Die üblichen Abschreibungen auf Wertpapiere überschreitenden Wertminderungen sind zwar gemäß Gesetzeswortlaut in dem Posten Nr. 7b auszuweisen. Um im Rahmen einer ergebnisspaltungsorientierten Gliederung jedoch einen geschlossenen Ausweis des Finanzergebnisses zu erreichen, wird nach herrschender Kommentarmeinung ein gemeinsamer Ausweis aller Abschreibungen auf Wertpapiere und damit eine Integration der unüblichen Abschreibungen in Posten Nr. 12 befürwortet (vgl. ADS [1995 ff.], § 275 Tz. 169; Beck'scher Bilanzkommentar [2012], § 275 Tz. 201).

Gemäß § 277 Abs. 3 Satz 1 HGB müssen bei Finanzanlagen die Abschreibungen auf den niedrigeren beizulegenden Wert gesondert unter dem Posten Nr. 12a erfasst werden, sofern auf einen Vermerk in einer Vorspalte zum Posten Nr. 12 oder eine Angabe im Anhang verzichtet wird (vgl. auch die Erläuterungen zum Posten »Abschreibungen«, S. 538 f.).

Zinsen und ähnliche Aufwendungen

Da Zinsaufwendungen und -erträge nicht miteinander saldiert werden dürfen, sind »Zinsen und ähnliche Aufwendungen, davon an verbundene Unternehmen« gesondert unter dem Posten Nr. 13 auszuweisen. Diejenigen Aufwendungen, die an verbundene Unternehmen zu leisten sind, müssen in einer Vorspalte gesondert vermerkt werden. Darunter fallen z. B. (vgl. IDW [2012b], Abschnitt F, Tz. 580):

- Zinsen für alle Arten von geschuldeten Krediten (Bankkredite, Hypotheken, Schuldverschreibungen, Darlehen, Warenkredit- und Steuerstundungen) und Verzugszinsen für verspätete Zahlungen;
- Diskontbeträge für Wechsel und Schecks, Kredit- und Überziehungsprovisionen, Verwaltungskostenbeiträge, Kreditbereitstellungsgebühren, Bürgschaftsprovisionen;
- sich aus der Aufzinsung bei in Vorjahren abgezinsten Rückstellungen, insbesondere auch Pensionsrückstellungen, ergebende Zinsaufwendungen (§ 277 Abs. 5 Satz 1 HGB);
- Abschreibungen auf ein aktiviertes Agio, Disagio oder Damnum.

Auf keinen Fall hier zu erfassen sind die Kosten des Zahlungsverkehrs (z. B. Bankspesen, Einlösungsprovisionen für Schuldverschreibungen) und Kreditvermittlungsprovisionen; sie fallen unter den Posten Nr. 8 »sonstige betriebliche Aufwendungen« (vgl. Beck'scher Bilanzkommentar [2012], § 275 Tz. 208).

Ergebnis der gewöhnlichen Geschäftstätigkeit

Die Zwischensumme »Ergebnis der gewöhnlichen Geschäftstätigkeit« (Posten Nr. 14) zeigt das Bruttoergebnis, das das Unternehmen in der Rechnungsperiode im Rahmen seiner gewöhnlichen (= ordentlichen) Geschäftstätigkeit vor Steuern erzielt hat. Dieser Posten wurde vom Gesetzgeber in das Mindestgliederungsschema der GuV aufgenommen, um den Jahresabschlussadressaten Informationen über die Zusammensetzung des Gesamtergebnisses (Jahresüberschuss/-fehlbetrag) zu vermitteln. Der Gesetzgeber wählte bewusst den Begriff »Geschäftstätigkeit«, da die Ergebnisse aus dem rein betrieblichen (= fertigungsbezogenen) Bereich und dem Finanzbereich (Kapitalanlage- und Finanzierungsbereich) miteinbezogen werden. Ausgeklammert werden somit die außerordentlichen (= unternehmensfremden) Ergebniskomponenten und die Steueraufwendungen (vgl. auch Tabelle 9.3). Im Anhang ist anzugeben, in welchem Umfang die Steuern vom Einkommen und vom Ertrag das Ergebnis aus der gewöhnlichen Geschäftstätigkeit betreffen (vgl. § 285 Nr. 6 HGB), sodass auch ein Nach-Steuer-Ergebnis berechenbar ist.

Außerordentliches Ergebnis

Unter den Posten Nr. 15 »außerordentliche Erträge« und Nr. 16 »außerordentliche Aufwendungen« sind alle Ergebniskomponenten zu erfassen, die außerhalb der gewöhnlichen Geschäftstätigkeit des Unternehmens (§ 277 Abs. 4 Satz 1 HGB) angefallen sind und somit auf ungewöhnliche, seltene – i. S. v. nicht ständig wiederkehrende – und wesentliche Sachverhalte zurückzuführen sind (vgl. IDW [2012b], Abschnitt F, Tz. 585 und Tz. 587). Sie werden unter dem Posten Nr. 17 zum außerordentlichen Ergebnis zusammengefasst, das zusammen mit dem Ergebnis der gewöhnlichen Geschäftstätigkeit (Posten Nr. 14) das Periodenergebnis vor Steuern ergibt.

Die mit diesen beiden Ergebniskategorien in der GuV eingeführte Form der Ergebnisspaltung weicht im Hinblick auf die Abgrenzung der außerordentlichen Erträge und Aufwendungen von der in der betriebswirtschaftlichen Analyse eingeführten Ergebnisspaltung ab (vgl. auch 19. Kapitel, S. 1124 ff.). Diese Abweichung zeigt sich insbesondere in der unterschiedlichen Berücksichtigung aperiodischer Ergebniskomponenten. Im Ergebnisspaltungskonzept nach HGB sind vielfältige periodenfremde Ergebniskomponenten – wie ausgeführt – unter den Posten der gewöhnlichen Geschäftstätigkeit zu erfassen (vgl. die Posten »sonstige betriebliche Aufwendungen« bzw. »sonstige betriebliche Erträge«). Die außerordentlichen Erträge und Aufwendungen i. S. des HGB beschränken sich auf außergewöhnliche Ergebniskomponenten. Periodenfremde Ergebniskomponenten zählen nur dann zum außerordentlichen Ergebnis, wenn sie zugleich außergewöhnlich sind.

Beispiele für außerordentliche Ergebniskomponenten

Typische Beispiele für außerordentliche Erträge und Aufwendungen sind die Gewinne/Verluste aus Katastrophen und unregelmäßig und selten auftretenden Verkäufen von Beteiligungen, Betrieben und auch Anlageverkäufen aufgrund von Kapazitätsminderungen wegen der Stilllegungen von Teilbetrieben (vgl. Beck'scher Bilanzkommentar [2012], § 275 Tz. 222). Im Vergleich zu den IFRS, die den Ausweis eines Ergebnisses aus nicht fortgesetzter Geschäftstätigkeit (*discontinued operations*; vgl. in diesem Kapitel, S. 561) vorschreiben, ist nach HGB der Gewinn/Verlust aus dem Verkauf oder der Stilllegung von Unternehmensbereichen nicht gesondert in der GuV auszuweisen, sondern stellt einen

Bestandteil des außerordentlichen Ergebnisses dar (vgl. Beck'scher Bilanzkommentar [2012], § 275 Tz. 222 und Tz. 352). Die während der Periode aus den zum Verkauf oder zur Stilllegung stehenden *discontinued operations* erzielten Erträge und Aufwendungen fließen in das Ergebnis der gewöhnlichen Geschäftstätigkeit ein.

Nicht hier, sondern unter dem Posten »sonstige betriebliche Erträge« bzw. »sonstige betriebliche Aufwendungen« sind die unternehmensüblichen (regelmäßigen) Gewinne/Verluste aus Anlageverkäufen auszuweisen, die beispielsweise wegen Ersatz- oder Rationalisierungsmaßnahmen vorgenommen werden müssen. Dies gilt auch für die Gewinne/Verluste aus Vorratsverkäufen. Im Einzelfall wird es jedoch schwierig sein, zwischen außergewöhnlichen bzw. seltenen und regelmäßig anfallenden Abgangserträgen bzw. -verlusten zu unterscheiden, sodass letztlich die unternehmensindividuellen Umstände für den Ausweis im Rahmen der gewöhnlichen Geschäftstätigkeit oder unter dem außerordentlichen Ergebnis entscheidend sind. Als Unterscheidungsmerkmal könnten z. B. die absolute und relative Höhe oder die Häufigkeit dieser Aufwendungen bzw. Erträge herangezogen werden.

Anhangs-erläuterungen

Trotz der engeren Abgrenzung des außerordentlichen Ergebnisses gemäß HGB ist eine Approximation des außerordentlichen Ergebnisses im betriebswirtschaftlichen Sinne grundsätzlich möglich, da laut § 277 Abs. 4 Satz 3 HGB die aperiodischen Ergebnisse im Anhang hinsichtlich ihres Betrages und ihrer Art erläutert werden müssen, sofern dies für die Beurteilung der Ertragslage nicht von unwesentlicher Bedeutung ist.

Steuern

Unter den Posten Nr. 18 »Steuern vom Einkommen und vom Ertrag« und Nr. 19 »sonstige Steuern« sind alle von der Unternehmung zu entrichtenden Steuern zu erfassen.

Steuern vom Einkommen und vom Ertrag

Im Einzelnen sind unter dem Posten Nr. 18 »Steuern vom Einkommen und vom Ertrag« die Körperschaftsteuer einschließlich der von der Gesellschaft für erhaltene Gewinnausschüttungen zu zahlenden Kapitalertragsteuern vor Berücksichtigung etwaiger Anrechnungsbeträge sowie die Gewerbesteuer zu erfassen.

Fraglich ist, wie Steueraufwendungen für Vorjahre, Steuererstattungen für Vorjahre und Erträge aus der Auflösung von Steuerrückstellungen in ihrer Eigenschaft als aperiodische Ergebniskomponenten zu behandeln sind. Da Posten Nr. 18 grundsätzlich die Belastung der Gesellschaft mit Ertragsteuern zeigen soll, müssen hierzu zwangsläufig Saldierungen vorgenommen werden. Dementsprechend sind sämtliche Steueraufwendungen und -erträge, unabhängig davon, ob sie das abgelaufene Geschäftsjahr oder Vorperioden betreffen, unter Posten Nr. 18 auszuweisen (vgl. IDW [2012b], Abschnitt F, Tz. 593); ein Ausweis der aperiodischen Steueraufwendungen bzw. -erträge unter den sonstigen betrieblichen Aufwendungen bzw. Erträgen würde den Ausweis des Ergebnisses der gewöhnlichen Geschäftstätigkeit als reine Vor-Steuern-Größe beeinträchtigen (vgl. Beck'scher Bilanzkommentar [2012], § 275 Tz. 253). Ggf. ist bei Saldierung eine Umbenennung des Postens Nr. 18 in »erstattete Steuern vom Einkommen und vom Ertrag« mit unter Umständen gemäß § 277 Abs. 4 HGB erforderlichen Angaben zum Betrag der aperiodischen Steuererträge geboten (vgl. Münchener Kommentar zum HGB [2013], § 275 Tz. 112). Nicht zu den Steueraufwendungen zählen Steuerstrafen und Säumniszuschläge, die ihrem Charakter nach als sonstige betriebliche Aufwendungen oder zinsähnliche Aufwendungen auszuweisen sind (vgl. IDW [2012b], Abschnitt F, Tz. 594).

Latente Steueraufwendungen und -erträge

Gemäß § 274 Abs. 2 Satz 3 HGB sind unter Posten Nr. 18 auch sämtliche Aufwendungen und Erträge aus Passivierung und Aktivierung latenter Steuern gesondert auszuweisen.

Sonstige Steuern

Unter den Posten Nr. 19 »sonstige Steuern« fallen alle Steuern, die nicht unter Posten Nr. 18 (bzw. 18a »latente Steueraufwendungen« oder 18b »latente Steuererträge«) auszuweisen sind. Hierzu gehören insbesondere die Steuern vom Vermögen (Grund-, Erbschaft- und Schenkungsteuer). Ferner kommen in Betracht: Ausfuhrzölle, Beförderungs-, Kraftfahrzeug-, Mineralöl-, Versicherungsteuer etc. Nicht hier auszuweisen sind jene Steuern, die als Anschaffungsnebenkosten (z. B. Eingangszölle) gelten und als solche aktiviert werden (z. B. Grunderwerbsteuer).

Jahresüberschuss/ -fehlbetrag

Im Jahresüberschuss/Jahresfehlbetrag (Posten Nr. 20) erscheint der im Geschäftsjahr erwirtschaftete Gewinn oder Verlust. Der jeweilige Betrag, der sich als Differenz der ausgewiesenen Erträge und Aufwendungen ergibt, stellt den Erfolg eines Unternehmens i. S. einer Eigenkapitalveränderung dar und ist Ausgangsgrundlage für die Gewinnverwendung (vgl. in diesem Kapitel, S. 592 ff.).

b) Ergebnisrechnung nach dem Umsatzkostenverfahren

Wie eingangs ausgeführt, werden hier die Regelungen zum Umsatzkostenverfahren nach HGB nur noch insoweit erörtert, wie sie nicht bereits beim Gesamtkostenverfahren (vgl. in diesem Kapitel, S. 531 ff.) behandelt wurden.

Umsatzbezogene Herstellungskosten (Umsatzkosten)

Die »Herstellungskosten der zur Erzielung der Umsatzerlöse erbrachten Leistungen« (kurz: umsatzbezogene Herstellungskosten oder Umsatzkosten) enthalten die gesamten auf die Absatzleistung entfallenden Herstellungsaufwendungen des laufenden Geschäftsjahres und die in früheren Perioden im Rahmen der Vorratsbewertung aktivierten Aufwendungen, soweit diese Vorräte (fertige Erzeugnisse ohne Weiterverarbeitung, unfertige Erzeugnisse nach Weiterverarbeitung) in das abgesetzte betriebliche Leistungsvolumen eingehen.

Des Weiteren fallen unter die Umsatzkosten auch die Anschaffungskosten von umgesetzten Waren. Im Falle des Lagerabbaus, bei dem die Vorräte dem Absatzmarkt zugeführt werden, ist zu berücksichtigen, dass der Umfang der unter Posten Nr. 2 zu verrechnenden Aufwendungen davon abhängt, welche Aufwendungen bzw. Kosten im Zeitpunkt des Lageraufbaus in der Bilanz aktiviert wurden. Der hier zu veranschlagende Bewertungsspielraum reicht (nach HGB) vom Aktivierungsminimum (Material- und Fertigungseinzel- und -gemeinkosten, Sonderkosten der Fertigung und fertigungsbezogene Abschreibungen des Anlagevermögens) bis zum Aktivierungsmaximum (zusätzlich: angemessene Teile der Kosten der allgemeinen Verwaltung, sozialer Betriebseinrichtungen, freiwilliger sozialer Leistungen und der betrieblichen Altersversorgung sowie auf den Herstellungszeitraum entfallende Zinsen für auf die Herstellung der Vermögensgegenstände verwendetes Fremdkapital (§ 255 Abs. 3 HGB)) (vgl. 2. Kapitel, S. 98 ff.).

Unter Posten Nr. 2 erscheinen somit:

1. die in früheren Perioden des Lageraufbaus im Rahmen der Vorratsbewertung tatsächlich aktivierten Aufwendungen – soweit die Produktion der abgesetzten Leistungen durch Vorräteabbau bestritten wird – und
2. alle fertigungs- und materialbezogenen laufenden Aufwendungen des abgelaufenen Geschäftsjahres – soweit sie auf die Absatzleistung entfallen.

Zusammensetzung der umsatzbezogenen Herstellungskosten

Der Begriff der umsatzbezogenen Herstellungskosten ist nach herrschender Literaturmeinung vom Herstellungskostenbegriff des § 255 Abs. 2 HGB für die bilanzielle Beständebewertung abzugrenzen (vgl. Beck'scher Bilanzkommentar [2012], § 275 Tz. 270 f.; Münchener Kommentar zum HGB [2013], § 275 Tz. 129). Denn in die umsatzbezogenen Herstellungsaufwendungen sind sämtliche Einzel- und Gemeinkosten (inkl. planmäßiger Abschreibungen und Unterbeschäftigungskosten (Leerkosten), Forschungs- und Entwicklungskosten) des Fertigungs- und Materialbereichs einzubeziehen, auch wenn diese nicht im Rahmen der bilanziellen Beständebewertung gemäß § 255 Abs. 2 HGB aktiviert werden. So sind die darüber hinaus anfallenden außerplanmäßigen Abschreibungen auf das Anlage- und Umlaufvermögen funktional dem Herstellungs- (Posten Nr. 2), dem Verwaltungs- (Posten Nr. 5) und dem Vertriebsbereich (Posten Nr. 4) zuzuordnen und im Falle der produktionsbezogenen außerplanmäßigen Abschreibungen in die Herstellungskosten einzubeziehen. Dabei ist jedoch zu beachten, dass für diese Abschreibungsart unter bestimmten Voraussetzungen (§ 277 Abs. 3 Satz 1 HGB) auch ein Sonderausweis in Form eines Davon-Vermerks oder einer Postenuntergliederung notwendig ist, sofern kein Ausweis im Anhang erfolgt. Auch auf das Vorratsvermögen entfallende Zuschreibungen sind unter den Herstellungskosten zu erfassen. Aufgrund der funktionsbezogenen Abgrenzung der Aufwendungen im Umsatzkostenverfahren ist unter Posten Nr. 2 auch nur der herstellungsbezogene Verwaltungsaufwand zu erfassen (vgl. Beck'scher Bilanzkommentar [2012], § 275 Tz. 275; Münchener Kommentar zum HGB [2013], § 275 Tz. 135). Allgemeine Verwaltungskosten und Vertriebsaufwendungen sind nicht mit einzubeziehen und somit unter Posten Nr. 5 und Nr. 4 auszuweisen.

Behandlung von Differenzbeträgen zwischen den Herstellungskostenbegriffen

Die im Geschäftsjahr hergestellten, aber zum Bilanzstichtag noch nicht abgesetzten Produkte und Leistungen werden mit ihren Herstellungskosten gemäß § 255 HGB in der Bilanz aktiviert. Die hierbei anfallenden Differenzen zwischen den handelsrechtlichen Pflichtbestandteilen und den Pflichtbestandteilen zuzüglich den Wahlbestandteilen (wie z. B. angemessene Teile der Kosten für soziale Leistungen) der bilanziellen Herstellungskosten zählen in der korrespondierenden GuV zu den Umsatzkosten. Neben der Erfassung in den Umsatzkosten ist auch ein Ausweis dieser Differenzbeträge unter den sonstigen betrieblichen Aufwendungen zulässig und sinnvoll, da vermieden wird, dass im Zeitvergleich in der Lagerzugangsperiode die Umsatzkosten zu hoch und in der Lagerabgangsperiode zu niedrig ausgewiesen werden (vgl. Scherrer, G. [2011], S. 363; Münchener Kommentar zum HGB [2013], § 275 Tz. 136). In der Praxis der internationalen Rechnungslegung werden Bestände üblicherweise zu Vollkosten bewertet, weshalb ein solcher »Auffangposten« gar nicht benötigt wird. Durch eine Berücksichtigung der nach HGB auftretenden Differenzbeträge in den Umsatzkosten würde die Ergebnisrechnung nach dem Umsatzkostenverfahren international vergleichbarer werden (vgl. ADS [1995 ff.], § 275 Tz. 223).

Bruttoergebnis vom Umsatz

Das »Bruttoergebnis vom Umsatz« (Posten Nr. 3) ergibt sich aus der Differenz zwischen den »Umsatzerlösen« (Posten Nr. 1) und den »Herstellungskosten der zur Erzielung der Umsatzerlöse erbrachten Leistungen« (Posten Nr. 2).

Vertriebskosten

Unter die Vertriebskosten fallen grundsätzlich alle Personal-, Material- und Abschreibungsaufwendungen sowie sonstige Aufwendungen des Vertriebsbereichs. Im Einzelnen werden dem Posten Nr. 4 »Vertriebskosten« z. B. Kosten der Fertig- und Vertriebsläger, der gesamten Vertriebsabteilungen einschließlich der Kosten der Verkaufsbüros sowie Kosten der Werbung und Marktforschungskosten zugeordnet. Da die Vertriebskosten nicht aktivierbar sind (§ 255 Abs. 2 Satz 4 HGB), ist der Gesichtspunkt des Umsatzbezugs für die inhaltliche Abgrenzung dieses Postens ohne Bedeutung, da die Vertriebskosten stets zeitlich abgegrenzt werden (vgl. Beck'scher Bilanzkommentar [2012], § 275 Tz. 281).

Allgemeine Verwaltungskosten

Die nicht der Herstellung zuzurechnenden (allgemeinen) Verwaltungskosten werden unter dem Posten Nr. 5 »allgemeine Verwaltungskosten« erfasst. Im Einzelnen fallen hierunter Personal-, Material- und Abschreibungsaufwendungen sowie sonstige Aufwendungen des Verwaltungsbereichs (z. B. Vorstandsgehälter ohne die des Vertriebsvorstandes, Löhne und Gehälter des Rechnungswesenbereichs, Abschreibungen auf EDV-Anlagen und auf Verwaltungsgebäude).

Sonstige betriebliche Erträge

In Analogie zu dem Posten Nr. 4 der GuV nach dem Gesamtkostenverfahren enthält der Posten »sonstige betriebliche Erträge« bei Anwendung des Umsatzkostenverfahrens (Posten Nr. 6) die Erträge aus Anlagenabgängen, aus Währungsumrechnung, aus der Herabsetzung der Pauschalwertberichtigung zu Forderungen, aus der Auflösung von Rückstellungen und aus Zuschreibungen auf das Anlage- und Umlaufvermögen außer bei Vorräten, da dort bereits in den Herstellungskosten berücksichtigt (vgl. in diesem Kapitel, S. 548).

Aufwendungen für andere aktivierte Eigenleistungen

Werden Eigenleistungen des jeweiligen Unternehmens im Anlagevermögen aktiviert, so werden die entsprechenden Aufwendungen im Gesamtkostenverfahren in voller Höhe unter den jeweiligen Aufwandsarten ausgewiesen; gleichzeitig wird ein gleich hoher Betrag unter Posten Nr. 3 (andere aktivierte Eigenleistungen) eingestellt. Da letzterer Posten im Umsatzkostenverfahren fehlt, stellt sich die Frage, ob im Umsatzkostenverfahren zu aktivierende Eigenleistungen direkt von den jeweiligen Aufwandsposten auf das Bilanzkonto umgebucht werden müssen oder die Aufwendungen in der GuV unter gleichzeitiger Einstellung eines entsprechenden Ausgleichspostens unter den sonstigen betrieblichen Erträgen auszuweisen sind. Obwohl die erste Möglichkeit der Systematik des Umsatzkostenverfahrens eher entspricht, werden beide Möglichkeiten für zulässig erachtet (vgl. ADS [1995 ff.], § 275 Tz. 241 ff.; Beck'scher Bilanzkommentar [2012], § 275 Tz. 300).

Sonstige betriebliche Aufwendungen

Die Systematik des Umsatzkostenverfahrens, alle Aufwendungen soweit als möglich den Unternehmensfunktionsbereichen Herstellung, allgemeine Verwaltung und Vertrieb zuzuordnen, legt nach h. M. eine enge Abgrenzung des Postens »sonstige betriebliche Aufwendungen« nahe (vgl. ADS [1995 ff.], § 275 Tz. 227, 244; IDW [1987], S. 143). Wie bereits oben bei den umsatzbezogenen Herstellungskosten angesprochen, können die bilanziellen Differenzbeträge zwischen Höchstansatz (Pflichtbestandteile zuzüglich Wahlbestandteile) und Mindestansatz (nur Pflichtbestandteile) der Herstellungskosten gemäß § 255 Abs. 2 und 3

HGB unter dem Posten Nr. 7 »sonstige betriebliche Aufwendungen« ausgewiesen werden. Grundsätzlich kommen folgende Aufwendungen in Frage:

- Verluste aus dem Abgang von Gegenständen des Anlagevermögens;
- Verluste aus Wertminderungen oder dem Abgang von Gegenständen des Umlaufvermögens (außer Vorräten);
- Abschreibungen auf Forderungen des Umlaufvermögens (z. B. Pauschalwertberichtigungen auf Forderungen);
- Aufwendungen aus der Währungsumrechnung;
- Zuführung zu Kulanz- und Instandhaltungsrückstellungen.

Allerdings wird der Ausweis dieser Aufwendungen nur dann unter Posten Nr. 7 des Umsatzkostenverfahrens für zulässig gehalten, sofern eine Zuordnung zu den Funktionsbereichen nicht möglich ist (vgl. ADS [1995 ff.], § 275 Tz. 246).

Vergleich zum Gesamtkostenverfahren

Der Posten »sonstige betriebliche Aufwendungen« im Umsatzkostenverfahren ist nicht mit dem gleichlautenden Posten im Gesamtkostenverfahren vergleichbar, da vor allem erhebliche Teile der sonstigen betrieblichen Aufwendungen im Gesamtkostenverfahren unter den Posten »allgemeine Verwaltungskosten« im Umsatzkostenverfahren fallen und die im Gesamtkostenverfahren unter den sonstigen betrieblichen Aufwendungen auszuweisenden Liquidations- und Bewertungsverluste – soweit funktional zuordenbar – unter den Posten Nr. 2, 4 oder 5 auszuweisen sind.

Übrige GuV-Posten

Da sich die Differenzierung nach Umsatz- und Gesamtkostenverfahren nur auf die Ermittlung des Betriebsergebnisses bezieht (vgl. in diesem Kapitel, S. 521), ergeben sich hinsichtlich der restlichen Posten des gesetzlichen Mindestgliederungsschemas gemäß § 275 Abs. 3 Nr. 8 bis 19 HGB und der übrigen gesondert ausweispflichtigen Posten (Aufwendungen und Erträge aus Auflösungen des Sonderpostens mit Rücklageanteil, aus Verlustübernahmen und Gewinngemeinschaften, Gewinnabführungs- und Teilgewinnabführungsverträgen und die Gewinnverwendungsposten) im Rahmen des Umsatzkostenverfahrens grundsätzlich gegenüber der GuV nach dem Gesamtkostenverfahren keine Unterschiede. Insoweit sei auf die Erläuterungen zu den einzelnen Posten in diesem Kapitel (vgl. S. 541 ff.) verwiesen.

Unterschiede bezüglich der Abschreibungen auf Finanzanlagen

Betragsmäßige Abweichungen können sich jedoch bei den Posten »Abschreibungen auf Finanzanlagen und Wertpapiere des Umlaufvermögens«, »Zinsen und ähnliche Aufwendungen« und »sonstige Steuern« ergeben. Wie bereits in diesem Kapitel (vgl. S. 539 und S. 544) dargestellt, bestehen unterschiedliche Auffassungen zu der Abgrenzung des Postens Nr. 7b des Gesamtkostenverfahrens gegenüber dem Posten »Abschreibungen auf Finanzanlagen und Wertpapiere des Umlaufvermögens« (Gesamtkostenverfahren: Posten Nr. 12; Umsatzkostenverfahren: Posten Nr. 11). Das Umsatzkostenverfahren sieht die Erfassung von unternehmensüblichen und -unüblichen Abschreibungen auf Finanzanlagen und Wertpapiere des Umlaufvermögens im Posten Nr. 11 vor (vgl. Scherrer, G. [2011], S. 367). Posten Nr. 11 fällt im Umsatzkostenverfahren höher aus als der gleichlautende Posten Nr. 12 im Gesamtkostenverfahren, sofern der Bilanzierende – entgegen der hier vertretenen Auffassung – sämtliche unternehmensunüblichen Abschreibungen im Umlaufvermögen, also auch diejenigen, die Wertpapierbestände betreffen, im Gesamtkostenverfahren unter Posten Nr. 7b sammelt, somit die auf die Wertpapiere entfallenden unternehmensunüblichen Abschreibungen nicht unter Posten Nr. 12 erfasst und keine klare Abgrenzung zwischen Betriebs- und Finanzergebnis vornimmt.

Ausweis der sonstigen Steuern

Ein Sonderfall, der die GuV nach dem Umsatzkostenverfahren zusätzlich von der GuV nach dem Gesamtkostenverfahren unterscheidet, ist die Behandlung der sonstigen Steuern: Bezüglich Posten Nr. 18 (sonstige Steuern) kollidiert das dem Umsatzkostenverfahren zugrunde liegende Sekundärgliederungsprinzip mit dem aus dem Primärgliederungsprinzip abgeleiteten gesonderten Ausweis der sonstigen Steuern. Dementsprechend wird es für zulässig erachtet, die im Gesamtkostenverfahren und normalerweise auch im Umsatzkostenverfahren unter dem Posten »sonstige Steuern« auszuweisenden Kostensteuern – soweit den einzelnen Unternehmensbereichen kostenrechnerisch zugeschlüsselt – auf die Posten Nr. 2, 4 und 5 im Umsatzkostenverfahren aufzuteilen (vgl. ADS [1995 ff.], § 275 Tz. 232 f. m. w. N.). Da das Mindestgliederungsschema den Posten »sonstige Steuern« jedoch ausdrücklich vorsieht, liegt bei dieser Vorgehensweise die gesonderte Angabe des Gesamtbetrages der »sonstigen Steuern« im Anhang nahe (vgl. Beck'scher Bilanzkommentar [2012], § 275 Tz. 309).

Beispiel

Zur Darstellung des Gesamt- und Umsatzkostenverfahrens nach HGB seien für das folgende stark vereinfachte Rechenbeispiel (Einproduktbetrieb, keine Erträge und Verluste aus dem Abgang von Vermögensgegenständen des Anlage- und Umlaufvermögens) folgende allgemeine Daten gegeben:

Produktionsmenge	1.000
Absatzmenge	700
Absatzpreis pro Einheit (in GE)	640

Gegeben sei weiterhin die folgende Kostenstruktur, dargestellt anhand eines vereinfachten Betriebsabrechnungsbogens.

Kostenarten (in GE)	**Kostenstellen**				
	Gesamt	**Fertigung**	**Material**	**Verwaltung**	**Vertrieb**
Einzelkosten:					
Fertigungslöhne	100.000	100.000			
Fertigungsmaterial	150.000		150.000		
Summe EK	**250.000**	**100.000**	**150.000**		
Gemeinkosten:					
sonstige Personalkosten	110.000	30.000	20.000	40.000	20.000
Betriebsstoffe	50.000	30.000	5.000	5.000	10.000
Abschreibungen planmäßig außerplanmäßig	 50.000 20.000	 20.000 15.000	 5.000 5.000	 15.000	 10.000
Summe GK	**230.000**	**95.000**	**35.000**	**60.000** (davon 50 % herstellungsbezogen)	**40.000**
davon außerplanmäßige Abschreibungen	20.000				
Gesamtkosten	**480.000**				

Bei folgender Aufstellung einer HGB-GuV wird bei der Lagerzugangsbewertung zwischen einer Bewertung zur Unter- (Pflichtbestandteile der Herstellungskosten) (Fall 1) und Obergrenze (Pflicht- und Wahlbestandteile der Herstellungskosten) (Fall 2) unterschieden. Bei dazwischen liegenden Herstellungskostenansätzen gestaltet sich die GuV jeweils analog.

Fall 1: Lagerzugangsbewertung zur Bewertungsuntergrenze

Herstellungskosten (in GE) je Einheit:		
Einzelkosten		
	Fertigungslöhne	100
+	Fertigungsmaterial	150
Fertigungsgemeinkosten		
+	sonstige Personalkosten	30
+	Betriebsstoffe	30
Materialgemeinkosten		
+	sonstige Personalkosten	20
+	Betriebsstoffe	5
planmäßige Abschreibungen		
+	Fertigung	20
+	Material	5
=	**Herstellungskosten**	**360**

GuV nach dem Gesamtkostenverfahren (HGB) (in GE)		
1.	Umsatzerlöse	448.000
2.	Bestandserhöhung	108.000
5.	Materialaufwand	– 200.000
6.	Personalaufwand	– 210.000
7.	Abschreibungen davon außerplanmäßig 20.000	– 70.000
8.	Sonstige betriebliche Aufwendungen	0
14.	**Ergebnis der gewöhnlichen Geschäftstätigkeit**	**76.000**
Die Bestandserhöhung errechnet sich aus den Einzelkosten pro Stück: 360 GE x 300 = 108.000 GE		

Tab. 9.6: Fall 1 – GuV nach dem Gesamtkostenverfahren

Für die Erstellung der GuV nach dem Umsatzkostenverfahren ergeben sich folgende Unterschiede:

In die umsatzbezogenen Herstellungskosten werden sämtliche Umsatzkosten einbezogen. Zudem fallen unter die umsatzbezogenen Herstellungsaufwendungen die dem Fertigungs- und Materialbereich funktional zuzuordnenden außerplanmäßigen Abschreibungen (20.000 GE) und die herstellungsbezogenen Verwaltungskosten (30 GE pro Stück). Insoweit weicht der Herstellungskostenbegriff im Rahmen des § 275 Abs. 3 HGB von demjenigen in § 255 Abs. 2 HGB ab. Die Vertriebskosten und allgemeinen Verwaltungskosten werden dabei grundsätzlich nicht in die umsatzbezogenen Herstellungskosten mit einbezogen. Unter den sonstigen betrieblichen Aufwendungen wird für die 300 Stück nicht abgesetzter Produkte der Differenzbetrag zwischen Wertunter- und -obergrenze (hier: gesamte Verwaltungskosten) ausgewiesen (300 x 60 GE = 18.000 GE), sodass unter den Verwaltungskosten nur 21.000 GE aufzuführen sind (60.000 GE –18.000 GE – 700 x 30 GE = 21.000 GE), welche sich auf die abgesetzten Produkte beziehen.

GuV nach dem Umsatzkostenverfahren (HGB) (in GE)		
1.	Umsatzerlöse	448.000
2.	umsatzbezogene Herstellungskosten: – 700 x 390= 273.000 – außerplanmäßige Abschreibungen	 – 273.000 – 20.000
3.	Bruttoergebnis vom Umsatz	155.000
4.	Vertriebskosten	– 40.000
5.	Verwaltungskosten	– 21.000
7.	Sonstige betriebliche Aufwendungen	– 18.000
13.	**Ergebnis der gewöhnlichen Geschäftstätigkeit**	**76.000**

Tab. 9.7: Fall 1 – GuV nach dem Umsatzkostenverfahren

Fall 2: Lagerzugangsbewertung zur Bewertungsobergrenze

Die Herstellungskosten je Einheit zur Bewertungsobergrenze errechnen sich wie im Folgenden dargestellt. Dabei wird für die HGB-Lösung nach dem Gesamtkostenverfahren von der Herstellungskostenobergrenze inkl. anteiliger Verwaltungskosten ausgegangen. Bei Anwendung des Umsatzkostenverfahrens sind nur die produktionsbezogenen Verwaltungskosten in die Herstellungskosten einzubeziehen.

	(in GE)	HGB (GKV)	HGB (UKV)
	Fertigungslöhne	100	100
+	Materialeinzelkosten	150	150
+	Fertigungsgemeinkosten	80	80
+	Materialgemeinkosten	30	30
+	Verwaltungskosten	60	30
=	**Herstellungskosten**	**420**	**390**

GuV nach dem Gesamtkostenverfahren (HGB) (in GE)		
1.	Umsatzerlöse	448.000
2.	Bestandserhöhung	126.000
5.	Materialaufwand	– 200.000
6.	Personalaufwand	– 210.000
7.	Abschreibungen davon außerplanmäßig 20.000	 – 70.000
8.	Sonstige betriebliche Aufwendungen	0
14.	**Ergebnis der gewöhnlichen Geschäftstätigkeit**	**94.000**
Bestandserhöhung nach HGB auf Basis der Wertobergrenze pro Stück: 420 GE x 300 = 126.000 GE		

Tab. 9.8: Fall 2 – GuV nach dem Gesamtkostenverfahren

GuV nach dem Umsatzkostenverfahren (HGB) (in GE)		
1.	Umsatzerlöse	448.000
2.	umsatzbezogene Herstellungskosten: – Herstellungskosten mit produktionsbezogenen Verwaltungskosten: 700 × 390 = 273.000 – außerplanmäßige Abschreibungen	 – 273.000 – 20.000
3.	Bruttoergebnis vom Umsatz	155.000
4.	Vertriebskosten	– 40.000
5.	Allgemeine Verwaltungskosten	– 21.000
7.	Sonstige betriebliche Aufwendungen	0
13.	**Ergebnis der gewöhnlichen Geschäftstätigkeit**	**94.000**

Tab. 9.9: Fall 2 – GuV nach dem Umsatzkostenverfahren

Posten Nr. 2 enthält alle Einzel- und Gemeinkosten sowie die Verwaltungskosten des Material- und Fertigungsbereiches, die anteilig auf die abgesetzten Produkte entfallen (390 GE × 700 = 273.000 GE). Bei Posten Nr. 5 ist zu beachten, dass die auf die Lagerzugänge entfallenden anteiligen Verwaltungskosten i. H. v. 18.000 GE (300 × 60 GE) den Vorratsbeständen zugerechnet sind (60.000 GE – 700 × 30 GE (in umsatzbezogenen Herstellungskosten enthalten) – 18.000 GE = 21.000 GE).

c) Sonderprobleme der Ergebnisermittlung

Bei der Ermittlung des Periodenergebnisses treten – vor allem auf Ebene der nationalen Rechnungslegung – in zwei Bereichen Sonderprobleme auf. Zum einen wird die Höhe mancher Aufwendungen in Abhängigkeit vom Jahresüberschuss bemessen; dies sind die sog. ergebnisabhängigen Aufwendungen. Zum anderen sind bei der Berechnung der Bemessungsgrundlage für die Ertragsteuerermittlung nicht sämtliche handelsrechtlichen Aufwendungen abzugsfähig.

Ergebnisabhängige Aufwendungen

Wären alle Aufwendungen vom Jahresüberschuss unabhängig, so ließe sich dieser ohne Schwierigkeit ermitteln. Aufgrund handels- und steuerrechtlicher Vorschriften gibt es aber einige Arten von Aufwendungen, die einerseits bei der Ermittlung des Jahresüberschusses abzusetzen sind, deren Höhe aber andererseits von der Höhe des Jahresüberschusses abhängt. Wegen dieser Interdependenzen ist die exakte Bestimmung solcher Aufwendungen sowie des Jahresüberschusses nur mit Hilfe eines simultanen Gleichungssystems möglich. Auf die Entwicklung eines solchen Gleichungssystems soll hier verzichtet werden.

Gewinnabhängige Tantiemen

Die im Rahmen der handelsrechtlichen Jahresabschlusserstellung bedeutendsten ergebnisabhängigen Aufwendungen sind die gewinnabhängigen Aufsichtsrats- und Vorstandstantiemen. Diese sind nach herrschender handelsrechtlicher Auffassung als Aufwand zu betrachten. Da sie somit ihre eigene Bemessungsgrundlage kürzen, kann ihre Bestimmung nur simultan vorgenommen werden. Dabei ist zu berücksichtigen, dass die Vorstandstantiemen insgesamt, die Aufsichtsratstantiemen aber nur zur Hälfte (§ 10 Satz 1 Nr. 4 KStG) als abzugsfähige Betriebsausgabe die Bemessungsgrundlagen der Gewerbe- und Körperschaftsteuer mindern. Dies hat zur Folge, dass die Tantiemen den Jahresüberschuss nur insoweit mindern, wie nicht gleichzeitig Ertrag- und Einkommensteuerersparnisse durch sie entstehen.

GuV-Erstellungspflicht nach EStDV

Für den steuerlichen Jahresabschluss hat die GuV weit geringere Bedeutung als für die Handelsbilanz, denn der Fiskus ist nur daran interessiert, die Höhe des Gewinns festzustellen. Dazu genügt zwar eigentlich der nach § 4 Abs. 1 EStG vorgeschriebene Betriebsvermögensvergleich, d. h. die Bilanz, völlig. § 60 Abs. 1 Satz 2 EStDV schreibt jedoch vor, dass der Steuerpflichtige neben der Bilanz auch eine GuV beim Finanzamt einzureichen hat, da mit Hilfe der GuV leichter festzustellen ist, ob bei der Gewinnermittlung Aufwendungen abgezogen wurden, die zwar handelsrechtlich, aber nicht steuerrechtlich gewinnmindernd berücksichtigt werden dürfen.

»E-Bilanz«

Als Maßnahme des Steuerbürokratieabbaugesetzes sind Steuerpflichtige, die ihren Gewinn nach §§ 4 Abs. 1, 5 oder 5a EStG ermitteln, gemäß § 5b EStG dazu verpflichtet, ihre Bilanzen und GuV elektronisch an die Finanzverwaltung zu übermitteln. Dieses als »E-Bilanz« bezeichnete Verfahren erfordert eine Erstellung der Abschlussinstrumente auf Basis der XBRL-Standards unter Beachtung einer eigenen Steuer-Taxonomie, die Aufbau und Gliederungstiefe der zu übermittelnden Daten regelt (vgl. hierzu ausführlich Herzig, N./Briesemeister, S./Schäperclaus, J. [2010], S. 1 ff. und www.esteuer.de).

Zwingende Abweichungen von der Maßgeblichkeit

Die handelsrechtlichen Aufwendungen mindern zwar grundsätzlich auch den Steuerbilanzgewinn (Maßgeblichkeitsprinzip), aus den steuerrechtlichen Vorschriften ergibt sich jedoch ein genau bestimmter Kreis steuerlich nicht abzugsfähiger Aufwendungen. Dazu gehören zunächst alle handelsrechtlichen Aufwendungen, die aufgrund zwingender steuerlicher Bilanzierungs- und Bewertungsbestimmungen abweichend von der Maßgeblichkeit nicht steuerlich berücksichtigungsfähig sind. Ein Beispiel ist die außerplanmäßige Abschreibung von Finanzanlagen bei nicht dauerhafter Wertminderung (vgl. 2. Kapitel, S. 122).

Zuwendungen für Gesellschafter von Personengesellschaften

Bei Personengesellschaften sind darüber hinaus alle Zuwendungen an die Gesellschafter nicht abzugsfähig, die Aufwand wären, wenn sie an dritte Personen geleistet würden. Beispiele sind Tätigkeitsvergütungen, Zinsen, Mieten, Pachten und Lizenzgebühren. Die in § 15 Abs. 1 Nr. 2 EStG enthaltene Regel soll die Gesellschafter von Personengesellschaften in der steuerlichen Behandlung den Einzelkaufleuten gleichstellen.

Bestimmte nicht abzugsfähige Aufwendungen

Weiterhin sind Ausgaben, die mit steuerfreien Einnahmen in Zusammenhang stehen, steuerlich nicht abzugsfähig (§ 3c EStG). Dies gilt z. B. für Depotgebühren für steuerfreie verzinsliche Wertpapiere. Auch bestimmte Aufwendungen, z. B. für Werbegeschenke und für Bewirtung, sind gemäß § 4 Abs. 5 EStG nur sehr beschränkt abzugsfähig. Dienen die Ausgaben der zuletzt beschriebenen Arten jedoch unmittelbar der Gewinnerzielung, wie das etwa bei Hotels oder Reedereien der Fall sein kann, so sind sie ausnahmsweise abzugsfähig. § 4 Abs. 5 EStG ist die Kodifizierung des Rechtsprechungsgrundsatzes, dass alle Aufwendungen nicht abzugsfähig sind, die nicht klar dem Betriebsbereich zugerechnet und von den nach § 12 Nr. 1 EStG nicht abzugsfähigen Aufwendungen der privaten Lebensführung getrennt werden können. Schließlich ist noch zu erwähnen, dass solche Beträge vom Finanzamt nicht als abzugsfähig anerkannt werden, deren Empfänger der Steuerpflichtige trotz Verlangen des Finanzamtes nicht bekannt gibt (§ 160 AO), und dass Kapitalgesellschaften Aufwendungen für Spenden nur bis zu einer bestimmten Höhe (§ 9 Nr. 2 KStG), Aufsichtsratsvergütungen nur zur Hälfte (§ 10 Nr. 4 KStG) und Aufwendungen für satzungsmäßige Zwecke überhaupt nicht als Betriebsausgaben ansetzen dürfen (§ 10 Nr. 1 KStG).

Nicht abzugsfähige Steuern

Nicht abzugsfähig sind gemäß §§ 12 Nr. 3 EStG bzw. 10 Nr. 2 KStG auch die Steuern vom Einkommen und sonstige Personensteuern sowie die Umsatzsteuer auf den Eigenverbrauch (z. B. Entnahmen des Geschäftsinhabers oder der Gesellschafter); das gilt auch für die auf diese Steuern entfallenden Nebenleistungen mit Ausnahme der Zinsen auf Steuerforderungen nach den §§ 233a, 234 und 237 AO. Nicht abzugsfähig sind auch die Gewerbesteuer sowie die in der handelsrechtlichen GuV angesetzten Aufwendungen für latente Steuerverpflichtungen. So erhöhen auch aktive latente Steuern nicht den steuerbilanziellen Gewinn. Hierbei handelt es sich nur um rechnerische Ausgleichsposten, die auf der Prämisse beruhen, nicht die Steuerbilanz, sondern die Handelsbilanz verkörpere die ökonomisch relevante Steuerbemessungsgrundlage (vgl. 8. Kapitel, S. 474 ff.). Die Nichtabzugsfähigkeit der Umsatzsteuer soll Unternehmer den anderen Konsumenten gleichstellen, die ebenfalls die Umsatzsteuer auf die von ihnen verbrauchten Güter voll tragen müssen.

III. GuV nach IFRS

Nach IAS 1 bestehen für den Erfolg des Unternehmens zwei Darstellungsmöglichkeiten (vgl. in diesem Kapitel, S. 518) im Rahmen der Gesamtergebnisrechnung (*statement of comprehensive income*):

- In einem Rechenwerk (*statement of profit or loss and other comprehensive income*; *single statement approach*) (vgl. in diesem Kapitel, S. 589 f.) werden neben den GuV-wirksamen Aufwendungen und Erträgen, die in einem Zwischensaldo das Periodenergebnis (*profit or loss/net income*) bilden, auch die GuV-neutralen Aufwendungen und Erträge abgebildet. Die Summe dieser einzelnen Rechnung ist das sog. Gesamtergebnis (*total comprehensive income*).
- Durch zwei separate Berichtsformate (*two-statement approach*) werden einerseits die GuV-wirksamen Aufwendungen und Erträge in der Gewinn- und Verlustrechnung (*statement of profit or loss*) zum Periodenergebnis aufgerechnet. Dieses bildet den Ausgangswert in einer zweiten Erfolgsrechnung, der sog. Gesamtergebnisrechnung (*statement of comprehensive income*) (vgl. in diesem Kapitel, S. 585 ff.). Im Anschluss daran werden in dieser Rechnung die Komponenten des *other comprehensive income* (OCI) ausgewiesen, bevor sich am Ende das *total comprehensive income* ergibt.

Durch die im Juni 2011 veröffentlichten Änderungen des IAS 1, die verpflichtend für nach dem 01.07.2012 beginnende Geschäftsjahre anzuwenden sind, wurde IAS 1.81 a. F., der das Darstellungswahlrecht explizit enthielt, gestrichen. In der neuesten Fassung des IAS 1 lässt sich das Wahlrecht nur noch aus IAS 1.10A entnehmen, wodurch die Präferenz des IASB für die Darstellung der Gesamtergebnisrechnung nach dem *single statement approach* als *statement of profit or loss and other comprehensive income* ersichtlich erscheint.

In diesem Abschnitt werden die Regelungen zur GuV (*income statement*) nach IFRS aufgezeigt, auf die anderen Berichtsformate wird im weiteren Verlauf des Kapitels eingegangen. Durch den ab 01.07.2012 präferierten *single statement approach* sind gemäß IAS 1.81A, .81B, .82 die GuV-Sachverhalte in der *profit or loss section* des *statement of profit or loss and other comprehensive income* auszuweisen. Es ist weiterhin möglich, dass zusätzlich zu dem zusammengefassten *statement of profit or loss and other comprehensive income* eine GuV (dann als *statement of profit or loss* bezeichnet) separat ausgewiesen wird (IAS 1.10A).

Formale Anforderungen

In der internationalen Rechnungslegung sind die formalen Anforderungen an die GuV vergleichsweise gering. So ist die Struktur des Ergebnisausweises in IAS 1 überhaupt nicht geregelt. Als Indiz dafür, dass das IASB die Staffelform präferiert, kann gewertet werden, dass die in der Implementation Guidance zu IAS 1 gegebenen Beispiele gemäß der Staffelform aufgebaut sind.

Umsatz- bzw. Gesamtkostenverfahren

Analog zum HGB besteht auch nach IFRS das Wahlrecht, die GuV entweder nach dem Umsatzkostenverfahren (*function of expense* oder *cost of sales method*, Gliederung nach Funktionsbereichen) oder nach dem Gesamtkostenverfahren (*nature of expense method*, Gliederung nach Aufwandsarten) aufzustellen (IAS 1.99). In IAS 1.105 legt das IASB fest, dass die Entscheidung zwischen Umsatz- und Gesamtkostenverfahren in Abhängigkeit von historischen und branchenbezogenen Faktoren sowie von der jeweiligen Unternehmensorganisation zu treffen ist. Dabei ist die Darstellungsform zu wählen, die am besten zur Vermittlung von relevanten und zuverlässigen Informationen geeignet ist. Die gewählte Form ist stetig beizubehalten (IAS 1.45).

1. Gliederung nach IFRS

Mindestgliederungsvorschriften

IAS 1 enthält – im Gegensatz zum HGB – keine Mindestgliederungsvorschriften, statt dessen werden in IAS 1.82 Mindestangaben gefordert, die ggf. um weitere separate Angabepflichten übriger IFRS bzw. zur Gewährung einer *fair presentation* gemäß IAS 1.15 zu erweitern sind. Gestaltungshinweise zum GKV und UKV enthalten IAS 1.102 und .103 (vgl. Tabelle 9.10, die sich an die Inhalte von IAS 1.102, .103 und den in IAS 1.IG6 gegebenen Beispielen anlehnt).

Finance costs, finance revenues

Hinsichtlich des Postens »*finance costs*« (IAS 1.82b) ist anzumerken, dass dieser nicht als Saldogröße zu verstehen ist. So definierte das IFRIC bereits 2004 die *finance costs* mit dem Verweis auf das Saldierungsverbot in IAS 1.32 eindeutig als *gross finance costs* (Finanzierungsaufwendungen) und verlangt den separaten Ausweis von *finance revenues* (Finanzierungserträge) (vgl. IFRIC [2004], S. 4).

Ergänzende Angabepflichten

Erstellt ein Unternehmen seine GuV nach dem Umsatzkostenverfahren, so hat es die Höhe der Personalaufwendungen und planmäßigen Abschreibungen im Anhang anzugeben (IAS 1.104).

Leerposten und Vorjahresbeträge

Die Behandlung der Leerposten nach IFRS steht im Einklang mit der handelsrechtlichen Vorgehensweise (vgl. in diesem Kapitel, S. 528). Gemäß IFRS sind ebenfalls Vergleichsangaben zum Vorjahr bereitzustellen (IAS 1.38). Die Verpflichtung zur Offenlegung von Vergleichsangaben gewährleistet eine verbesserte Beurteilungsmöglichkeit der aktuellen Zahlen durch den Leser. Unter dem Primat der *decision usefulness* sind nach IFRS zusätzliche Informationen zur Gewährleistung der Vergleichbarkeit bereitzustellen (F QC21).

Gesamtkostenverfahren	**Umsatzkostenverfahren**
Revenue (Umsatzerlöse)	*Revenue* (Umsatzerlöse)
Other income (Sonstige betriebliche Erträge)	*Cost of sales* (Kosten der umgesetzten Leistung)
Changes in inventories of finished goods and work in progress (Bestandsveränderungen)	***Gross profit* (Bruttoergebnis vom Umsatz)**
Raw materials and consumables used (Materialaufwand)	*Other income* (Sonstige betriebliche Erträge)
Employee benefits expense (Personalaufwand)	*Distribution costs* (Vertriebskosten)
Depreciation and amortisation expense (Abschreibungen)	*Administrative expenses* (Sonstige Verwaltungskosten)
Impairment of property, plant and equipment (Wertminderungen von Sachanlagen)	
Other expenses (Sonstige betriebliche Aufwendungen)	*Other expenses* (Sonstige betriebliche Aufwendungen)
Finance costs (Finanzierungsaufwend. ohne Equity-Gesellschaften)	*Finance costs* (Finanzierungsaufwend. ohne Equity-Gesellschaften)
Finance revenues (Finanzierungserträge ohne Equity-Gesellschaften)	*Finance revenues* (Finanzierungserträge ohne Equity-Gesellschaften)
Share of the profit or loss of associates and joint ventures accounted for using the equity method (Ergebnisbeiträge aus nach der Equity-Methode bilanzierten Beteiligungen)	*Share of the profit or loss of associates and joint ventures accounted for using the equity method* (Ergebnisbeiträge aus nach der Equity-Methode bilanzierten Beteiligungen)
***Profit or loss before tax* (Ergebnis vor Steuern)**[1]	***Profit or loss before tax* (Ergebnis vor Steuern)**[1]
Income tax expense (Ertragsteuern)	*Income tax expense* (Ertragsteuern)
***Profit or loss for the period from continuing operations* (Ergebnis aus fortgeführten Geschäftsbereichen)**	***Profit or loss for the period from continuing operations* (Ergebnis aus fortgeführten Geschäftsbereichen)**
Profit or loss from discontinued operations (Ergebnis aus der Aufgabe von Geschäftsbereichen)	*Profit or loss from discontinued operations* (Ergebnis aus der Aufgabe von Geschäftsbereichen)
***Profit or loss for the period* (Ergebnis der Periode)**	***Profit or loss for the period* (Ergebnis der Periode)**
Profit or loss attributable to non-controlling interest (Ergebnisanteil der Minderheitsgesellschafter) *Profit or loss attributable to owners of the parent* (Ergebnisanteil der Eigenkapitalgeber)	*Profit or loss attributable to non-controlling interest* (Ergebnisanteil der Minderheitsgesellschafter) *Profit or loss attributable to owners of the parent* (Ergebnisanteil der Eigenkapitalgeber)
Earnings per share (Ergebnis je Aktie)	*Earnings per share* (Ergebnis je Aktie)

1) Wenn IFRS 9 angewendet wird, sind die GuV-wirksam zu erfassenden Ergebnisbeiträge aus der *fair value*-Bewertung eines umgewidmeten Finanzinstrumentes gemäß IFRS 9.5.6.2 zusätzliche Bestandteile des Ergebnisses vor Steuern (IAS 1.82ca).

Tab. 9.10: GuV-Inhalt nach IFRS

Unregelmäßige Ergebniskomponenten

Ergänzend zu der Aufschlüsselung der (regelmäßigen) Aufwendungen nach dem Umsatz- oder Gesamtkostenverfahren (IAS 1.99 ff.) hat eine gesonderte Berichterstattung über alle wesentlichen Erträge und Aufwendungen in der GuV oder im Anhang zu erfolgen (IAS 1.97). Anhand der – nicht abschließenden – Aufzählung von möglichen Umständen, die eine solche gesonderte Angabepflicht auslösen können (IAS 1.98), wird deutlich, dass hier im Wesentlichen die Berichterstattung über unregelmäßige Ergebniskomponenten gemeint ist. Solche unregelmäßigen Erträge und Aufwendungen können demnach sein (IAS 1.98):

- Außerplanmäßige Ab- und Zuschreibungen auf Vorräte und Sachanlagen,
- Restrukturierungsaufwendungen,
- Erfolge aus der Veräußerung von Sach- bzw. Finanzanlagen,
- aufgegebene Geschäftsbereiche,
- Erfolge aus der Beendigung von Rechtsstreitigkeiten,
- Erfolge aus der Auflösung von Rückstellungen.

2. Ergebnisspaltung nach IFRS

Ergebnis aus fortgeführten Geschäftsbereichen

Die Intention einer Ergebnisspaltung ist in der Rechnungslegung nach IFRS im Vergleich zum HGB nur rudimentär verwirklicht (vgl. Küting, K./Keßler, M./Gattung, A. [2005], S. 20). Einen Überblick über die Ergebnisspaltung nach IFRS gibt Tabelle 9.11. Der Begriff des Ergebnisses der gewöhnlichen Geschäftstätigkeit wird in der internationalen Rechnungslegung generell nicht verwendet. Stattdessen wird auf eine Trennung zwischen dem Ergebnis aus fortgeführten Geschäftsbereichen (*profit or loss from continuing operations*) und einem Ergebnis aus aufgegebenen Geschäftsbereichen (*profit or loss from discontinued operations*) abgestellt (vgl. IFRS 5.IG Example 11).

Gemäß IAS 1 ist innerhalb des Ergebnisses aus fortgeführten Geschäftsbereichen der Ausweis eines Betriebsergebnisses nicht vorgesehen. Das Finanzergebnis, als ein weiterer Teil des Ergebnisses aus fortgeführten Geschäftsbereichen, muss ebenfalls nach IFRS nicht gesondert ausgewiesen werden. Die Bestandteile des Finanzergebnisses in Form von Finanzierungsaufwendungen (*finance costs*), Finanzierungserträgen (*finance revenues*; vgl. in diesem Kapitel, S. 572 f.) und der nach dem Akquisitionszeitpunkt zufließenden Ergebnisanteile aus nach der Equity-Methode bilanzierten Beteiligungen (IAS 1.82b, c) sind hingegen explizit auszuweisen. Falls das Unternehmen IFRS 9 anwendet (was für deutsche Unternehmen aufgrund des noch ausstehenden Endorsement auf EU-Ebene momentan allerdings nicht möglich ist; vgl. 5. Kapitel, S. 277), sind zusätzlich bei gemäß IFRS 9.5.6.2 umgewidmeten Finanzinstrumenten die Erträge und Aufwendungen, die aus der Differenz zwischen dem früheren Buchwert und dem *fair value* am Tag der Umklassifizierung entstanden sind, auszuweisen. Das bilanzierende Unternehmen kann jedoch zusätzlich einen Saldo dieser Größen als Finanzergebnis ausweisen, wenn es diesen als für das Verständnis der Ertragslage des Unternehmens relevant erachtet (IAS 1.85). Das IASB schlägt dies aber in seinen beispielhaften Gewinn- und Verlustrechnungen in der Implementation Guidance von IAS 1 und IFRS 5 nicht vor. Grundsätzlich enthält das Ergebnis aus fortgeführten Geschäftsbereichen alle betrieblichen und finanziellen Erträge und Aufwendungen, die fortgeführten Geschäftsbereichen zuzuordnen sind.

Ergebnis aus aufgegebenen Geschäftsbereichen

Nach IFRS müssen Ergebnisse aus sog. *discontinued operations*, worunter allgemein die bereits vollzogene oder hinreichend sicher geplante Aufgabe eines Geschäftsbereiches verstanden wird, separat vom Ergebnis aus *continuing operations* ausgewiesen werden. Der Ausweis von Ergebnissen aus durch Veräußerung oder Stilllegung einzustellenden Bereichen (*discontinued operations*) wird durch IFRS 5 geregelt. Ein einzustellender Bereich wird nach IFRS 5.31 f. als Unternehmensbestandteil definiert, dessen Cashflows vom restlichen Unternehmen klar abgegrenzt werden können, der veräußert wurde oder als zur Veräußerung gehalten klassifiziert wird und eines der folgenden Kriterien erfüllt:

- Der Unternehmensbestandteil stellt einen wesentlichen Geschäftszweig oder geografischen Geschäftsbereich dar.
- Der Unternehmensbestandteil ist Teil eines koordinierten Verkaufsplans eines wesentlichen Geschäftszweigs oder geografischen Geschäftsbereichs.
- Der Unternehmensbestandteil stellt ein Tochterunternehmen dar, das mit Veräußerungsabsicht erworben wurde.

Zu beachten ist, dass diese Kriterien an die geänderten Anforderungen des IFRS 8 angepasst werden. So sieht der seit September 2008 existierende Exposure Draft zu IFRS 5 eine Abgrenzung eines Geschäftssegments (*operating segment*) gemäß den Kriterien des IFRS 8.5 ff. vor (ED-IFRS 5.32 f.). Allerdings ist unsicher, wann und ob die Änderungen des IFRS 5 in Kraft treten, da das gemeinsame Projekt von IASB und FASB zum gegenwärtigen Zeitpunkt ruht.

<table>
<tr><th colspan="4">Ergebnisrechnung</th></tr>
<tr><td colspan="2">Revenue</td><td rowspan="8">Betriebsergebnis</td><td rowspan="12">Ergebnis aus fortgeführten Geschäftsbereichen</td></tr>
<tr><td>Other income</td><td>Cost of sales</td></tr>
<tr><td>Changes in inventories and finished goods and work in progress</td><td>Gross profit</td></tr>
<tr><td>Raw materials and consumables used</td><td>Other income</td></tr>
<tr><td>Staff costs</td><td>Distribution costs</td></tr>
<tr><td>Depreciation and amortisation expense</td><td>Administrative expenses</td></tr>
<tr><td>Impairment of property, plant and equipment</td><td></td></tr>
<tr><td>Other expenses</td><td>Other expenses</td></tr>
<tr><td colspan="2">Finance costs</td><td rowspan="3">Finanzergebnis[1)]</td></tr>
<tr><td colspan="2">Finance revenues</td></tr>
<tr><td colspan="2">Income from associates and joint ventures</td></tr>
<tr><td colspan="2">Income tax expense</td><td>Ertragsteuern</td></tr>
<tr><td colspan="2">Profit or loss from discontinued operations</td><td colspan="2">Ergebnis aus aufgegebenen Geschäftsbereichen</td></tr>
<tr><td colspan="2">Profit or loss (auch net income)</td><td colspan="2">Periodenergebnis</td></tr>
<tr><td colspan="4">1) Wenn IFRS 9 angewendet wird, ist das income from reclassification of financial assets zusätzlicher Bestandteil des Finanzergebnisses.</td></tr>
</table>

Tab. 9.11: Ergebnisspaltung nach IFRS

Abgrenzung einer discontinued operation

Eine *discontinued operation* kann gemäß der momentanen Fassung des-IFRS 5 als veräußerte bzw. zur Veräußerung gehaltene Sachgesamtheit mit Geschäftsfeldqualität bezeichnet werden. Einzelne Vermögenswerte oder Aktivitäten sind

i. d. R. keine *discontinued operations* (vgl. Haufe IFRS-Kommentar [2013], § 29 Tz. 18). Allgemein werden die Abgrenzungskriterien von IFRS 5 als sehr auslegungsfähig kritisiert (vgl. Schildbach, T. [2005], S. 559). Eine Klassifizierung als zur Veräußerung gehalten (*held for sale*) wird grundsätzlich dann vorgenommen, wenn der Buchwert des Unternehmensbereichs nicht mehr durch zukünftige Nutzung, sondern durch Verkauf realisiert werden soll (IFRS 5.6). Dies ist der Fall, wenn der Unternehmensbereich in seinem gegenwärtigen Zustand und zu marktüblichen Bedingungen veräußerbar ist (IFRS 5.7) sowie der Verkauf anhand der Kriterien in IFRS 5.8 als sehr wahrscheinlich (*highly probable*) eingeschätzt wird.

Ausweis des Ergebnisses aus discontinued operations

In der GuV ist das Gesamtergebnis aus *discontinued operations* nach Steuern anzugeben (IFRS 5.33a), wobei die Vorjahresbeträge entsprechend anzupassen sind (IFRS 5.34). Entweder in der GuV oder im Anhang ist dieser Gesamtbetrag in folgende Komponenten aufzuschlüsseln (IFRS 5.33b):

- Erträge, Aufwendungen und Ergebnis vor Steuern des aufgegebenen Geschäftsbereichs;
- Gewinn oder Verlust aus der Veräußerung einer *discontinued operation* bzw. aus der Bewertung der Bestandteile einer *discontinued operation* mit dem niedrigeren Wert aus der Summe der Buchwerte und dem *fair value less costs to sell*;
- zugehöriger Ertragsteueraufwand.

Verbot des Ausweises eines außerordentlichen Ergebnisses

Nach IAS 1 dürfen Erträge und Aufwendungen nicht mehr separat als außerordentliche Ergebniskomponenten (*extraordinary items*) – weder in der Gesamtergebnisrechnung, in der GuV (falls erstellt), noch im Anhang – ausgewiesen werden (IAS 1.87). Schon vor der Überarbeitung von IAS 1 war die Definition des außerordentlichen Ergebnisses nach IFRS sehr eng gefasst. Als Beispiele gab das IASB damals lediglich Enteignungen und Naturkatastrophen vor. Nun sind diese ehemals als *extraordinary items* klassifizierten Sachverhalte ebenfalls Teil des Ergebnisses aus fortgeführten Geschäftsbereichen, es sei denn, sie sind den *discontinued operations* zuzuordnen. Diese Regelung erschwert die Bilanzanalyse, da diese außerordentlichen Ergebnisbestandteile ungewöhnlich und selten wiederkehrend sind und somit die Prognose künftiger Ergebnisse verschlechtern. Da aber eine ausdrückliche Berichterstattungspflicht über wesentliche Aufwendungen und Erträge, insbesondere mit unregelmäßigem Charakter besteht, sind Informationen über Sachverhalte, die zum Teil nach einem HGB-konformen Verständnis als außerordentlich, wie z. B. Erträge und Aufwendungen aus der Umstrukturierung der Unternehmenstätigkeit, zu qualifizieren sind, in der Gesamtergebnisrechnung oder im Anhang anzugeben (IAS 1.97 ff.; vgl. hierzu auch Wagenhofer, A. [2009], S. 460).

Minderheitenanteile

Entsprechend dem HGB (§ 307 Abs. 2 HGB) werden Ergebnisanteile von Minderheitsgesellschaftern (*non-controlling interest*) im Anschluss an die Konzern-GuV als Anteil am Periodenergebnis angegeben (vgl. 11. Kapitel, S. 754).

Related party transactions

Wie nach HGB ist in der internationalen Rechnungslegung ein gesonderter Ausweis von Ergebnissen aus Geschäftsbeziehungen mit nahestehenden Unternehmen bzw. Personen (*related party transactions*) in der GuV nicht vorgeschrieben. Dafür sehen die IFRS umfangreiche Angaben in den *notes* vor

(IAS 24.13 ff.). Ggf. sind sogar die Beziehungen anzugeben, ohne dass diesen Transaktionen zugrunde liegen (vgl. hierzu 13. Kapitel, S. 885 ff.).

3. Inhalt der GuV nach IFRS

Im Folgenden werden die Inhalte der einzelnen GuV-Posten entsprechend den Regelungen nach IFRS dargestellt. Soweit die relevanten Posten sowohl im Gesamtkostenverfahren als auch im Umsatzkostenverfahren Verwendung finden, erfolgt die Erläuterung nach IFRS nur im Zusammenhang mit dem Gesamtkostenverfahren.

a) Ergebnisrechnung nach dem Gesamtkostenverfahren

Neue Regelungen zur Erlösrealisation nach IFRS

Im November 2011 hat das IASB den gemeinsam mit dem FASB erarbeiteten *revised* Exposure Draft »*Revenue from Contracts with Customers*« veröffentlicht, der den im Juni 2010 erschienenen Exposure Draft konkretisiert und umfangreiche Änderungen bei der Erlösrealisation nach sich ziehen könnte. Ziel dieses Projektes ist die Vereinheitlichung der Erlösrealisation sowohl innerhalb der IFRS als auch im Konvergenzbestreben zwischen IFRS und US-GAAP. Der finale Standard soll für Geschäftsjahre ab dem 01. Januar 2017 (vorbehaltlich des noch ausstehenden Endorsement) verpflichtend anzuwenden sein. Im Folgenden werden zunächst die Regelungen zur Erlösrealisation nach der aktuell geltenden Rechtslage erläutert, bevor am Ende dieses Abschnitts ein kurzer Ausblick auf die wesentlichen Neuerungen des Exposure Drafts »*Revenue from Contracts with Customers*« erfolgt (vgl. in diesem Kapitel, S. 568).

Umsatzerlöse (revenue)

Der in der Rechnungslegung nach IFRS verwandte Begriff »*revenue*« umfasst im Wesentlichen alle für die Geschäftstätigkeit gewöhnlichen Erträge und geht somit grundsätzlich über die handelsrechtliche Definition der Umsatzerlöse hinaus. Nach IFRS wird hierunter allgemein der Bruttozufluss wirtschaftlichen Nutzens im Rahmen der gewöhnlichen Geschäftstätigkeit, der zu einer operativ bedingten Erhöhung des Reinvermögens führt, verstanden (IAS 18.7). Neben den Umsatzerlösen werden unter *revenue* grundsätzlich Gebühren, Zinsen, Dividenden, Lizenz- und Mietzahlungen subsumiert (F 4.29). Für die Gliederung einer GuV nach IAS 1 ist jedoch diese weit gefasste Definition von *revenue* nach IAS 18 und dem Framework nicht geeignet und stattdessen enger abzugrenzen i. S. v. typischen Erträgen aus dem Kerngeschäft des bilanzierenden Unternehmens (vgl. Zülch, H. [2005], S. 162). Insgesamt ist die in IAS 1 im Kontext der GuV-Gliederung gebrauchte Verwendung des Begriffs »*revenue*« inhaltlich weitestgehend mit den Umsatzerlösen nach HGB gleichzusetzen (vgl. Beck'scher Bilanzkommentar [2012], § 275 Tz. 336).

Allgemeine Realisierungskriterien

Allgemein sind Erlöse (*revenues*) nach IFRS dann zu erfassen, wenn der damit verbundene Nutzenzufluss für das Unternehmen wahrscheinlich (*probable*) ist sowie die Höhe dieses Nutzenzuflusses verlässlich bestimmt werden kann (vgl. IAS 18 *Objective*), was eine verlässliche Bestimmung der Erlöse und der durch die Erlöse verursachten Kosten voraussetzt. So gelten nach IFRS neben den tatsächlich realisierten (*realised*) ggf. auch hinreichend sicher realisierbare (*realisable*) Erlöse als realisiert. Zentraler Standard für die Umsatzrealisierung nach IFRS ist IAS 18. Dieser regelt die Erfassung von Erträgen aus dem Verkauf von Gütern, aus der Erbringung von Dienstleistungen, aus Tauschgeschäften sowie von Nutzungsentgelten. Die Realisierung sonstiger Erlöse ist in anderen Standards geregelt (z. B. IAS 11 für Erträge aus Fertigungsaufträgen, IAS 17 für Erträge aus Leasingverträgen).

Vergleich zur Umsatzrealisierung nach HGB

Die Realisierung von Umsatzerlösen ist in den IFRS wesentlich ausführlicher geregelt als im HGB; hier wird das lediglich in allgemeiner Form kodifizierte Realisationsprinzip im Wesentlichen durch Kommentarmeinungen konkretisiert. Die Realisationskriterien sind nach IFRS grundsätzlich weniger streng als im HGB, da eine hinreichende Realisierbarkeit der Erträge zur Erfassung ausreichend ist; d. h. nach IFRS darf ein etwas größeres Restrisiko beim Verkäufer verbleiben. Die größten Unterschiede treten bei der Bilanzierung von Auftragsfertigungs- bzw. Dienstleistungsverträgen auf (vgl. 4. Kapitel, S. 229 ff.). Beim Verkauf von Gütern äußern sich Unterschiede nur bei Detailfragen. So darf z. B. im Fall eines Rücktrittsrechts nach IFRS eine Umsatzrealisierung stattfinden, wenn die Rücktrittsquote hinreichend verlässlich bekannt ist und in deren Höhe eine entsprechende Rückstellung gebildet wird. Nach HGB wird jedoch generell eine Umsatzerfassung vor Ablauf der Rücktrittsfrist abgelehnt. Allgemein müssen alle schwebenden Geschäfte, die nach HGB keine Ertragserfassung bewirken, auf Erfüllung der Realisierungskriterien nach IAS 18 untersucht werden.

Bemessung von revenue

Die Höhe des zu realisierenden Erlöses ergibt sich aus dem *fair value* der zugeflossenen oder in der Zukunft wahrscheinlich zufließenden Gegenleistung, wobei Preisnachlässe abzuziehen sind. Sollte der Umsatzakt effektiv einen Finanzierungsvorgang darstellen, so ist der *fair value* der Gegenleistung durch Abzinsung aller zukünftigen Einnahmen zu bestimmen. Die Differenz zwischen diskontiertem Betrag und Nominalbetrag ist als Zinsertrag über die Laufzeit des Finanzierungsgeschäftes zu vereinnahmen (IAS 18.9-.11).

Umsatzrealisierung beim Verkauf von Gütern

Neben den allgemeinen Realisierungskriterien des wahrscheinlichen und verlässlich bestimmbaren Nutzenzuflusses müssen für die Realisierung von Umsatzerlösen aus dem Verkauf von Gütern weitere Kriterien erfüllt sein (IAS 18.14 ff.):

(a) Dem Käufer wurden die wesentlichen Risiken und Chancen (*significant risks and rewards*) aus dem Eigentum der verkauften Güter übertragen.
(b) Der Verkäufer hat weder ein Verfügungsrecht, noch eine wirksame Verfügungsmacht mehr über die verkauften Güter.

Kriterium (a) ist i. d. R. bei rechtlicher Eigentumsübertragung oder Besitzübergang erfüllt. Bei erfolgter Lieferung steht deshalb ein Eigentumsvorbehalt einer Umsatzrealisierung grundsätzlich nicht entgegen. Voraussetzung für Eigentums- bzw. Besitzübertragung ist, dass der betreffende Gegenstand vor der Übertragung in der Verfügungsmacht des Verkäufers steht. Wurde das Gut vom Verkäufer noch gar nicht erstellt bzw. erworben, so können die Risiken und Chancen nicht auf den Käufer übertragen werden; eine Umsatzrealisierung ist nicht möglich. Die Beurteilung, wann das »*risk and rewards*«-Kriterium erfüllt ist, muss im Einzelfall erfolgen. So ist eine Umsatzrealisierung zu verneinen, wenn signifikante Zusatzleistungen noch nicht erbracht wurden oder die Inanspruchnahme eines eingeräumten Rücktrittsrechtes nicht einschätzbar ist (weiterführende Hinweise hierzu finden sich im Anhang von IAS 18). Für Kriterium (b) ist ebenfalls i. d. R. der Besitzübergang ausschlaggebend. In Einzelfällen kann es jedoch sein, dass Verfügungsmacht und -recht bereits vor Lieferung nicht mehr beim Verkäufer bestehen (vgl. »*bill and hold*«-Geschäfte: IAS 18.IE1).

Umsatzrealisierung bei Dienstleistungsgeschäften

Umsätze aus der Erbringung von Dienstleistungen sind – analog zu Fertigungsaufträgen nach IAS 11 (vgl. 4. Kapitel, S. 235 ff.) – entsprechend dem Leistungsfortschritt (*percentage of completion*-Methode) zu realisieren, wenn das Ergebnis aus dem Geschäft zuverlässig geschätzt werden kann. Hierzu muss zusätzlich zu den allgemeinen Realisierungskriterien für *revenue* der Fertigstellungsgrad des Geschäftes am Bilanzstichtag sowie neben den bis zum Bilanzstichtag angefallenen Kosten auch die bis zur endgültigen Fertigstellung erwarteten Kosten verlässlich bestimmbar sein (IAS 18.20 ff.; zur Bestimmung des Fertigstellungsgrades vgl. IAS 18.24 f. bzw. 4. Kapitel, S. 237).

Ist das Ergebnis aus dem Dienstleistungsgeschäft nicht zuverlässig schätzbar, so sind Erträge nur in der Höhe zu realisieren, in der die getätigten Aufwendungen abrechenbar (*recoverable*) sind (IAS 18.26 f.). Dies führt zu einer gesamtergebnisneutralen Umsatzrealisierung, da über die abrechenbaren Aufwendungen hinaus keine Gewinnaufschläge erfasst werden dürfen. Aufwendungen sind dann abrechenbar, wenn für sie ein rechtlicher Vergütungsanspruch besteht sowie ihre tatsächliche Erstattung durch den Kunden hinreichend wahrscheinlich ist. In dem Fall, dass weder das Ergebnis aus dem Auftrag zuverlässig bestimmbar ist, noch Aufwendungen aus dem Auftrag abrechenbar sind, dürfen gar keine Erträge erfasst werden. Stattdessen werden die entstandenen Kosten als Aufwendungen der betreffenden Periode verrechnet (IAS 18.28).

Umsatzrealisierung bei Mehrkomponentenverträgen

Mehrkomponentenverträge sind Verträge, bei denen mehrere Einzelleistungen, deren Vergütungen in einem wirtschaftlichen Zusammenhang stehen, zusammen an einen Kunden verkauft werden. Oft wird hierbei dem Kunden ein Mix aus Waren und Dienstleistung angeboten. In IAS 18.IE11 werden als Beispiel eines solchen Vertrages Dienstleistungsentgelte genannt, die im Verkaufspreis von Gütern enthalten sind (z. B. Veräußerung von Software mit *after-sale*-Kundenbetreuung bzw. Verkauf eines Autos mit anschließender garantierter Wartung für einen bestimmten Zeitraum). Die Fragestellung bei derartigen Verträgen ist, ob der Erlös nur insgesamt bei Erbringung der letzten Teilleistung oder separiert jeweils bei Erbringung der einzelnen Komponenten erfasst wird. Für die Realisierung von Erträgen aus Mehrkomponentenverträgen existiert keine umfassende Regelung nach IFRS. Momentan ist IAS 18.13 lediglich zu entnehmen, dass die Ansatz- bzw. Realisierungskriterien i. d. R. einzeln für jeden Geschäftsvorfall anzuwenden sind. Voraussetzung für eine Aufspaltung der Umsatzrealisierung ist jedoch die Trennbarkeit der Komponenten; ist diese nicht gegeben, so ist nach herrschender Meinung der gesamte Erlös erst mit Erbringung aller Einzelleistungen zu realisieren (vgl. Haufe IFRS-Kommentar [2013], § 25 Tz. 72). Im Beispiel in IAS 18.IE11 wird von der Trennbarkeit des Warenverkaufs und der Dienstleistung ausgegangen. Dies führt dazu, dass das der Dienstleistung zuzuordnende Entgelt in Höhe der erwarteten Servicekosten zuzüglich eines »vernünftigen« Gewinnaufschlags durch den Ansatz einer Verbindlichkeit passivisch abzugrenzen und über die Perioden der Leistungserbringung zeitanteilig als Ertrag zu realisieren ist. In den US-GAAP existieren insbesondere mit ASC 605-

25 (früher EITF 00-21) speziellere Regelungen zur Behandlung von Mehrkomponentenverträgen. Bis in den IFRS explizite Vorschriften hierzu geschaffen werden – dies wird im Rahmen des gemeinsamen Projektes »*Revenue Recognition*« von IASB und FASB angestrebt (vgl. in diesem Kapitel, S. 570) – erlaubt die Normenhierarchie der IFRS (speziell IAS 8.12), dass IFRS-Bilanzierer auf die relevanten US-GAAP-Regeln zurückgreifen können. Zudem hat das IASB festgestellt, dass ASC 605-25 grundsätzlich konsistent mit IAS 18 sei.

Umsatzrealisierung bei Tauschgeschäften

Beim Tausch von gleichartigen und gleichwertigen Waren oder Dienstleistungen dürfen keine Erträge realisiert werden. Werden dagegen unterschiedliche Waren oder Dienstleistungen ausgetauscht, ist ein Ertrag zu erfassen. Dieser bemisst sich grundsätzlich nach dem *fair value* der erhaltenen Gegenleistung. Ist dieser nicht hinreichend zuverlässig ermittelbar, so wird der zu realisierende Ertrag nach dem *fair value* der hingegebenen Leistung bestimmt (IAS 18.12; vgl. hierzu auch SIC-31 sowie die speziellen Regelungen zum Tausch von Sachanlagevermögen in IAS 16, vgl. 2. Kapitel, S. 110).

Umsatzrealisierung bei Dienstleistungskonzessionsvereinbarungen

Aufgrund der zunehmenden Bedeutung von *Public Private Partnerships* (PPP), eine Kooperation zwischen der öffentlichen Hand und privatwirtschaftlichen Unternehmen zur Erfüllung öffentlicher Aufgaben (z. B. Planung, Finanzierung, Betrieb und Unterhalt von Straßen, Brücken, Gefängnissen, Energieversorgung, Krankenhäusern etc.), hat das IFRIC am 30.11.2006 IFRIC 12 veröffentlicht. Eine Dienstleistungskonzessionsvereinbarung (*service concession arrangement*) liegt vor, wenn der Konzessionsgeber (= öffentliche Hand; *grantor*) erstens bestimmen kann, welche Dienstleistungen für wen und zu welchem Preis von dem Unternehmen (= Konzessionär; *operator*) zu erbringen sind und zweitens einen Residualanspruch an dem betroffenen Infrastrukturvermögen am Ende der Vertragslaufzeit besitzt (IFRIC 12.5). IFRIC 12 findet keine Anwendung auf zur Vertragserfüllung benötigtes Infrastrukturvermögen, das bereits bei Vertragsabschluss im Sachanlagevermögen des Konzessionärs bilanziert wurde. Zwei Arten an Dienstleistungskonzessionsvereinbarungen sind zu unterschieden:

- Wird der Konzessionär für die Erbringung der vereinbarten Leistungen (z. B. Erstellung bzw. Erneuerung und Betreiben eines Tunnels) mit einem von dem Konzessionsgeber zu zahlenden Entgelt vergütet, ist das *financial asset model* anzuwenden.
- Hat der Konzessionär das Recht, ein Entgelt für die Benutzung der Infrastruktur bzw. Inanspruchnahme der öffentlichen Dienstleistung zu berechnen (z. B. Mautgebühr), ist das *intangible asset model* anzuwenden.

Beim *financial asset model* entsteht durch die vertraglich garantierte Zahlungsverpflichtung des Konzessionsgebers ein finanzieller Vermögenswert (*financial asset*) auf Konzessionärsseite, der beim erstmaligen Bilanzansatz zum *fair value* zu bewerten ist (IFRIC 12.15; Klassifizierung als finanzieller Vermögenswert gemäß IAS 39, IFRS 7 und 9 (IFRIC 12.23 ff.)). Bei Anwendung des *intangible asset model* resultiert aus dem vertraglichen Recht, Nutzungsentgelte zu erheben, ein immaterieller Vermögenswert (erstmalige Bewertung zum *fair value*) für den Konzessionär. Die Erfassung der Umsatzerlöse erfolgt bei beiden Modellen, wenn es sich um Infrastrukturentwicklungsleistungen (*construction or upgrade services*; Erstellung oder Erneuerung von Infrastrukturvermögen) – wie für Fertigungsaufträge – nach IAS 11 (IFRIC 12.14) bzw. wenn es sich um Dienstleistungen handelt (*operation services*) nach IAS 18 (IFRIC 12.20).

Umsatzrealisierung bei Kundenbindungsprogrammen

Eine bilanzielle Regelungslücke bezüglich Kundenbindungsprogrammen (*customer loyalty programmes*), wie Treuepunkte und Bonusmeilen, wurde mit IFRIC 13 geschlossen. Im Rahmen dieser Kundenbindungsprogramme erhält ein Kunde bei Umsatztransaktionen zusätzlich den Anspruch auf Prämien, die in Zukunft bzw. bei Erfüllung weiterer Bedingungen gegen kostenlose oder vergünstigte Waren und Dienstleistungen eingetauscht werden können (IFRIC 13.3). Entsprechend IFRIC 13.5 handelt es sich hierbei um ein Mehrkomponentengeschäft i. S. v. IAS 18.13, sodass die Gesamttransaktion in den umsatzgenerierenden Verkauf und in die Prämiengewährung aufzuteilen ist. Die aus dem Verkauf stammenden Umsatzerlöse werden in Höhe des zu passivierenden Anteils der Prämiengewährung reduziert. Die mit der Prämiengewährung verbundene Umsatzrealisierung erfolgt erst bei Einlösung der Prämie (= Leistungserbringung) (IFRIC 13.7), sodass die aus der Prämiengewährung resultierenden Kosten erst im Zeitpunkt der Leistungserbringung aufwandswirksam erfasst werden. Die Höhe der zu passivierenden Verpflichtung für künftig zu liefernde Güter und Dienstleistungen bemisst sich nach dem *fair value*, den ein Kunde ohne Prämienanspruch für die Güter und Dienstleistungen bezahlen müsste (IFRIC 13.6).

Umsatzrealisierung aus Verträgen zur Errichtung von Immobilien

Eine weitere Konkretisierung zur Umsatzrealisierung in der Immobilienbranche enthält IFRIC 15 »*Agreements for the Construction of Real Estate*«. Bei dem Bau von Immobilien ist es denkbar, dass bereits vor Fertigstellung Verträge mit Käufern geschlossen werden, da die Vermarktung bereits vor Baubeginn begonnen wurde (z. B. Verkauf einzelner Eigentumswohnungen in einem Mehrparteienhaus). Hierbei ist zu unterscheiden, ob diese Verträge als Fertigungsaufträge gemäß IAS 11 oder als Verkauf von Gütern und Dienstleistungen entsprechend IAS 18 zu behandeln sind (vgl. KPMG [2011], S. 139 ff.). IFRIC 15 ist auf sämtliche Verträge anzuwenden, die der Errichtung von Immobilien zugrunde liegen, wenn der Vertrag zur Übertragung des wirtschaftlichen Eigentums führt und der Verkäufer keine weiteren Verfügungsrechte an der Immobilie besitzt (IFRIC 15.7). IFRIC 15 konkretisiert die Regelungen zur Umsatzrealisierung nach IAS 11, falls es sich um Fertigungsaufträge – der Käufer hat die Möglichkeit, Elemente des Bauplans zu bestimmen und/oder zu verändern (IFRIC 15.11) – handelt, oder nach IAS 18, wenn die Verträge der Erbringung von Dienstleistungen oder dem Verkauf von Gütern dienen. Bei Fertigungsaufträgen und bei Dienstleistungen wird der Umsatz in Abhängigkeit vom Leistungsfortschritt realisiert, beim Verkauf zum Übergabezeitpunkt.

Umsatzrealisierung bei der Übertragung von Vermögenswerten durch Kunden

Eine weitere Spezialisierung der Umsatzrealisierung enthält IFRIC 18 »*Transfers of Assets from Customers*«. Dieser ist anzuwenden, wenn einem Unternehmen von einem Kunden Sachanlagen oder Zahlungsmittel zur Anschaffung oder Erstellung vereinbarter Vermögenswerte übertragen werden, um den Kunden an ein Leistungsnetz anzuschließen und/oder ihm den dauerhaften Zugang zur Versorgung mit Waren und Dienstleistungen zu ermöglichen (IFRIC 18.5 f.). Typische Beispiele sind Versorgungsunternehmen, die die übertragenen Sachanlagen zum Anschluss an die Strom-, Gas- und Wasserversorgung nutzen oder mit den erhaltenen Zahlungsmitteln den Anschluss herstellen bzw. erwerben. Zusätzlich gilt IFRIC 18 bei Outsourcingverträgen, wenn die Auslagerung von Unternehmensprozessen mit der Übertragung vorhandener Sachanlagen verbunden ist (z. B. Übertragung eines vorhandenen Rechenzentrums bei der Auslagerung informationstechnologischer Prozesse) (vgl. KPMG [2011], S. 179 ff.). Die Anwendung von IFRIC 18 bei der Übertragung immaterieller Vermögenswerte wird nicht geregelt, ist aber möglich (IFRIC 18.BC5). Erhaltene Vermögenswerte sind nach den Kriterien des Rahmenkonzeptes (F 4.4a) definiert. Die erstmalige Bewertung übertragener Vermögenswerte erfolgt wie bei Tauschgeschäften (IFRIC 18.BC14) zum *fair value* (IFRIC 18.11); die Folgebewertung orientiert sich an IAS 16 und IAS 36. Gemäß IAS 18.12 werden durch die als Tausch aufzufassende Übertragung von Vermögenswerten Umsatzerlöse bewirkt (vgl. KPMG [2011], S. 183), die für die einzelnen erbrachten Dienstleitungen gesondert bilanziert und in Abhängigkeit vom Fertigstellungsgrad realisiert werden. Z. B. können Unternehmen A und B eine Vereinbarung über die Erbringung von Telekommunikationsleistungen treffen, die A zur sofortigen einmaligen Zahlung und B zur Errichtung der Telekommunikationsanlage, zum Anschluss von A an das Telefonnetz und zur Übernahme der Telefonanbieterdienste für A zu einem vergünstigten Tarif für eine bestimmte Laufzeit verpflichtet. B hat die Telefonvorrichtung zu erstellen, zu aktivieren und abzuschreiben. Des Weiteren ist eine Leistungsverpflichtung in Höhe der Zahlung von A zu passivieren, die mit den Umsatzerlösen aus dem Anschluss ans Telefonnetz und den jährlichen Umsatzerlösen aus der Dienstleistung als Telefonanbieter zu verrechnen ist (vgl. KPMG [2011], S. 186 f.).

Ausweis der Umsatzerlöse

Wie nach § 277 Abs. 1 HGB sind die Umsatzerlöse netto auszuweisen, d. h. nach Abzug von Erlösschmälerungen (wie z. B. Preisnachlässe, Boni, Rabatte) und der Umsatzsteuer (vgl. Beck'sches IFRS-Handbuch [2013], § 15 Tz. 82 f.).

Bestandsveränderungen

Bei den Bestandsveränderungen (*changes in inventories of finished goods and work in progress*) gemäß IFRS ergeben sich hinsichtlich der Ermittlung grundsätzlich keine Unterschiede zum HGB. Allerdings umfassen die Herstellungskosten nach IFRS zwingend die produktionsbezogenen Vollkosten. Daher können sich im Umfang der in die Bestandsveränderungen eingehenden Kostenbestandteile Abweichungen ergeben, wenn die HGB-Wahlrechtsausübung nicht der Herstellungskostendefinition nach IFRS entspricht. Zudem werden außerplanmäßige Abschreibungen auf unfertige und fertige Erzeugnisse unabhängig von der Höhe den Bestandsveränderungen zugerechnet, während nach HGB ungewöhnlich hohe Abschreibungen unter den Posten Nr. 7b des § 275 Abs. 2 HGB fallen (vgl. hierzu auch die Erläuterungen zu diesem Posten in diesem Kapitel, S. 539 f.). Die nach dem Grad der Fertigstellung abgerechneten Ergebnisbeiträge aus der Auftragsfertigung einschließlich der anteiligen Auftragsgewinne sind dagegen – anders als im Handelsrecht – unter den Umsatzerlösen (*revenue*) auszuweisen (vgl. Beck'scher Bilanzkommentar [2012], § 275 Tz. 336).

Andere aktivierte Eigenleistungen

Die anderen aktivierten Eigenleistungen (*work performed by the enterprise and capitalised*) sind nach IFRS nur im Falle der Wesentlichkeit separat auszuweisen (vgl. zum Wesentlichkeitskriterium IAS 1.7, .29 ff.). Hinsichtlich des Umfangs der in die anderen aktivierten Eigenleistungen einzubeziehenden Aufwendungen ist zu prüfen, ob diese auch den Anforderungen für den Ansatz als *asset* genügen. Bei Vorliegen der geforderten Kriterien sind hier z. B. die aktivierten Entwicklungskosten (IAS 38.57) auszuweisen (vgl. 3. Kapitel, S. 186).

Gesamtleistung

Für die Ermittlung der Gesamtleistung nach IFRS sind analog zur Vorgehensweise nach HGB die Posten »Umsatzerlöse« (*revenue*), »Bestandsveränderungen« (*changes in inventories of finished goods and work in progress*) und ggf. »andere aktivierte Eigenleistungen« (*work performed by the enterprise and capitalised*) zu addieren. Der gesonderte Ausweis der Gesamtleistung ist auch nach IFRS nicht vorgesehen.

Sonstige betriebliche Erträge

Im Unterschied zum HGB ist die Abgrenzung der sonstigen betrieblichen Erträge nach IFRS weniger eindeutig möglich. Am ehesten dürfte dies in Form einer Negativabgrenzung gelingen: Die sonstigen betrieblichen Erträge (*other income*) umfassen nach IFRS alle Erträge, die keinen Bezug zum Kerngeschäft des Unternehmens haben (und deshalb keine Umsatzerlöse darstellen), aber trotzdem der betrieblichen Tätigkeit zuzuordnen sind (im Unterschied zu Aufwendungen und Erträgen aus dem Finanzbereich). Im Zweifelsfall, ob Erträge als sonstige betriebliche Erträge zu klassifizieren sind oder nicht, kann in der Praxis unter Umständen die Orientierung an der Vorgehensweise von Konkurrenten oder anderen Vergleichsunternehmen (sog. *peer group*) in Betracht kommen (vgl. Beck'scher Bilanzkommentar [2012], § 275 Tz. 341). Nach IFRS sind alle nach HGB als außerordentliche Erträge auszuweisenden Sachverhalte, die nicht die Aufgabe von Geschäftsbereichen betreffen, unter den sonstigen betrieblichen Erträgen zu erfassen, da gemäß IAS 1.87 keine außerordentlichen Posten in der Ergebnisrechnung ausgewiesen werden dürfen. Insgesamt werden unter die sonstigen betrieblichen Erträge neben den bereits genannten Positionen typischerweise Versicherungsentschädigungen, Fremdwährungsgewinne sowie Miet-, Lizenz- und Pachteinnahmen gefasst, sofern diese Erträge keine Umsatzerlöse darstellen. Bei Erträgen im Zusammenhang mit Sicherungsgeschäften kann der Ausweis entweder unter den sonstigen Erträgen oder im Finanzergebnis erfolgen (vgl. Beck'sches IFRS-Handbuch [2013], § 15 Tz. 100). Daneben werden nach IFRS grundsätzlich alle übrigen Erträge i. S. v. *gains* (F 4.30 f.) unter den sonstigen betrieblichen Erträgen subsumiert. Darunter fallen beispielsweise Erträge aus dem Abgang oder aus der Wertaufholung von langfristigen Vermögenswerten.

Eine Aufspaltung der wesentlichen in dem Posten »*other income*« enthaltenen Beträge ist i. S. einer *fair presentation* im Anhang offen zu legen (IAS 1.30, .85).

Exposure Draft »Revenue from Contracts with Customers«

Seit Längerem arbeiten das IASB und das FASB an einem gemeinsamen Projekt zur Vereinheitlichung der Erlösrealisation sowohl innerhalb der Standards als auch zwischen den Standardsettern. Bisheriges Zwischenergebnis dieses Überarbeitungsprozesses ist der im November 2011 vorgelegte Exposure Draft 2011/6 »*Revenue from Contracts with Customers*«. Die Regelungen zur Erlösrealisation werden dabei in einem Standard zusammengefasst. Grundsätzlich soll der neue Standard alle möglichen Verträge mit Kunden abdecken. Nicht anzuwenden sollen die Neuregelungen jedoch auf die Bereiche Leasing (IAS 17), Finanzinstrumente (IAS 39 bzw. IFRS 9) und Versicherungsverträge (IFRS 4) sein. Mithin sind in erster Linie die Standards IAS 18 und 11 betroffen. Neben der Vereinfachung der Erlösbilanzierung durch die Reduzierung der relevanten Normen sind die Hauptziele des Projekts, die Vergleichbarkeit von Abschlüssen über Branchen, Unternehmen und Ländergrenzen hinweg zu erhöhen sowie Inkonsistenzen und Schwächen in den bisherigen Regeln zur Erlösrealisation zu beseitigen. In den nächsten Abschnitten folgt ein kurzer Ausblick auf einige ausgewählte grundsätzliche Neuerungen, die in dem Exposure Draft enthalten sind. Zu beachten ist aber, dass es im finalen Standard noch zu Änderungen kommen kann.

Allerdings dürften sich die Anpassungen in Grenzen halten, da der ED/2011/6 selbst bereits eine Korrektur des Vorgängerentwurfs aus dem Jahr 2010 darstellt.

- Ablauf der Ertrags-realisation

In Übereinstimmung mit dem Conceptual Framework definiert der Entwurf Erträge (*revenues*) als Nutzenzuflüsse in der Berichtsperiode, die entweder aus der Erhöhung eines *assets* oder der Verminderung einer *liability* resultieren. Erträge sind zu erfassen, um den Betrag der erwarteten Gegenleistung für die Transaktion versprochener Dienstleistungen oder Güter an einen Kunden abzubilden. Zur Erreichung dieses Grundprinzips hat die Ertragsrealisation in fünf Schritten zu erfolgen:

(a) Identifizierung des Vertrags mit einem Kunden,
(b) Identifizierung der separaten Leistungsverpflichtungen im Vertrag,
(c) Bestimmung des Transaktionspreises,
(d) Zuordnung des Transaktionspreises auf die einzelnen Leistungsverpflichtungen des Vertrages,
(e) Umsatzrealisation, wenn das Unternehmen eine Leistungsverpflichtung erfüllt.

Zunächst ist zu bestimmen, ob ein Vertrag mit einem Kunden vorliegt. Unter einem Vertrag wird eine Vereinbarung zwischen zwei oder mehreren Parteien verstanden, aus der sich rechtlich bindende Pflichten für die Vertragspartner ergeben. Im zweiten Schritt muss das Unternehmen bestimmen, welche Güter und Dienstleistungen dem Vertrag zugrunde liegen und separat abgrenzbar sind. Abgrenzbare Güter oder Dienstleistungen sind dann als getrennte Leistungsverpflichtungen zu behandeln. Als Transaktionspreis ist der Betrag definiert, den das Unternehmen als Gegenleistung für den Transfer der Güter bzw. Dienstleistungen erwartet. Der so bestimmte Transaktionspreis ist im vierten Schritt auf die einzelnen Leistungsverpflichtungen zu verteilen. Die Verteilung erfolgt dabei auf Grundlage der Einzelveräußerungspreise der jeweiligen Leistungsverpflichtungen. Ist der Einzelveräußerungspreis nicht direkt bestimmbar, hat das Unternehmen eine Schätzung vorzunehmen.

- Umsatzrealisierung beim Verkauf von Gütern

Danach erfolgt die eigentliche Umsatzrealisation; und zwar dann, wenn das Unternehmen die Leistungsverpflichtung erfüllt hat, indem das vereinbarte Gut (bzw. die vereinbarte Dienstleistung) an den Kunden übertragen wurde. Das Gut (bzw. die Dienstleistung) ist übertragen, sobald der Kunde die Verfügungsmacht (*control*) über das Gut (oder die Dienstleistung) erlangt. Im Falle eines Gutes ist dies dann gegeben, wenn das Unternehmen über die Verwendung des Gutes bestimmen kann und ihm der wesentliche Nutzen aus dem Gut zufließt. Auf den ersten Blick mag dies wie eine Abkehr vom bisherigen *risks and rewards approach* des IAS 18 (vgl. in diesem Kapitel, S. 563) wirken. Bei zeitpunktbezogenen Erfüllungen von Leistungsverpflichtungen (wie z. B. bei dem Verkauf eines Gutes) ist der Übergang der wesentlichen Chancen und Risiken jedoch auch in Zukunft eine Voraussetzung für die Erlangung der Verfügungsmacht.

- Umsatzrealisierung beim Verkauf von Dienstleistungen

Bei strenger Auslegung des »*control*«-Kriteriums könnte geschlussfolgert werden, dass bei langfristigen Fertigungsaufträgen grundsätzlich die Ertragsrealisierung erst bei endgültiger Fertigstellung erfolgen darf und somit die Ertragserfassung entsprechend dem Leistungsfortschritt (*percentage of completion*-Methode) nicht zulässig ist. Der Exposure Draft unterscheidet allerdings explizit zwischen zeitraum- und zeitpunktbezogenen Leistungsverpflichtungen. Bei Erfüllung bestimmter Kriterien dürfte die Umsatzrealisierung nach Leistungsfortschritt bei zeitraumbezogenen Leistungsverpflichtungen auch künftig möglich sein (vgl. Fink, C./Ketterle, G./Scheffel, S. [2012], S. 2002 f.; vgl. ausführlicher hierzu 4. Kapitel, S. 238).

- Umsatzrealisierung bei Mehrkomponentenverträgen

Wie bereits erwähnt, existieren bisher keine umfassenden Regelungen für die Ertragsrealisierung bei Mehrkomponentenverträgen nach IFRS (vgl. in diesem Kapitel, S. 564). Der neue Standard zur Erlöserfassung könnte hier für Abhilfe sorgen. Beinhaltet ein Vertrag abgrenzbare (*distinct*) Leistungsverpflichtungen, sind diese grundsätzlich separat zu erfassen. Der ED/2011/6 enthält bereits eine Reihe von Kriterien, anhand derer bestimmt werden kann, ob eine Leistungsverpflichtung separt zu behandeln ist. Zusätzlich hat das IASB beschlossen, diese Kriterien noch um eine Reihe von klarstellenden Indikatoren zu ergänzen, um die Bestimmung der Abgrenzbarkeit weiter zu erleichtern.

Materialaufwand

Analog zum HGB sind im Materialaufwand (*raw materials and consumables used*) nach IFRS Aufwendungen für Roh-, Hilfs- und Betriebsstoffe sowie für bezogene Waren und Leistungen auszuweisen. Dabei wird der Materialverbrauch aller Unternehmensbereiche einbezogen. Nicht darunter fallen Aufwendungen für Leistungen Dritter (z. B. Aufwendungen für Nutzungsverträge, Werbung oder Beratungsgebühren), diese werden als sonstige betriebliche Aufwendungen erfasst (vgl. Zülch, H. [2005], S. 167).

Die zur Anpassung an den Nettoveräußerungserlös (*net realisable value*) vorgenommenen Abschreibungen bzw. Zuschreibungen sowie die Verluste aus der Vorratsbewertung (ohne fertige und unfertige Erzeugnisse) werden ebenfalls als Materialaufwand qualifiziert (IAS 2.9, .34; vgl. zur Ermittlung des Nettoveräußerungserlöses 4. Kapitel, S. 224 ff.). Sie werden entsprechend dem *matching principle* in der Periode aufwandswirksam, in der die Bewertungsänderung des *asset* eingetreten ist (F 4.49). Im Gegensatz zum HGB, wonach ggf. eine Klassifizierung als unübliche Abschreibungen erforderlich ist, erfolgt nach IFRS grundsätzlich die Zuordnung zum Materialaufwand unabhängig von der Höhe des Anpassungsbetrages. Ungewöhnlich hohe Beträge werden allerdings einen separaten Ausweis erforderlich machen.

Personalaufwand

Nach IFRS enthält der GuV-Posten »Personalaufwand« (*employee benefits expense*) alle Leistungen des Unternehmens an seine Mitarbeiter. Hierzu zählen auch sämtliche Sozialabgaben, wobei keine ausdrückliche Verpflichtung besteht, die Sozialabgaben getrennt auszuweisen, außer der separate Ausweis ist für eine *fair presentation* unerlässlich (IAS 1.85).

Aufwendungen für Altersvorsorge

Nach IFRS wird zwischen beitragsorientierten (*defined contribution plans*) und leitstungsorientierten Versorgungszusagen (*defined benefit plans*) unterschieden (IAS 19.26 ff.; ausführlich hierzu vgl. 7. Kapitel, S. 455 ff.). Bei *defined benefit plans* besteht der in der GuV auszuweisende Pensionsaufwand (*service cost*) aus den folgenden Komponenten (vgl. IAS 19.120 und IAS 19.8):

- Laufender Dienstzeitaufwand (*current service cost*);
- Nachträglicher Dienstzeitaufwand (*past service cost*);
- Gewinne und Verluste aus der Begleichung von Pensionsansprüchen (*gain or loss on settlement*).

Der Dienstzeitaufwand (*current service cost*) entspricht den erdienten Ansprüchen der begünstigten Arbeitnehmer im Geschäftsjahr. Aufwand, der durch eine nachträgliche Änderung der Pensionszusage entsteht, wird als nachträglicher Dienstzeitaufwand bezeichnet (*past service cost*). Sofern die Ansprüche des Arbeitnehmers auf diese Pensionsleistung unverfallbar sind, ist der nachträgliche Dienstzeitaufwand sofort GuV-wirksam zu verbuchen. Ebenso sind Gewinne und Verluste aus Abgeltungen (*gain or loss on settlement,* z. B. eine Barabfindung an die Versorgungsberechtigten) oder Kürzungen (*curtailments*) eines leistungsorientierten Plans umgehend GuV-wirksam zu erfassen. Neben dem *service cost* ist auch der Zinsaufwand (*net interest on the defined benefit liability*) der aktuellen Periode in der GuV zu erfassen, der sich aus der Aufzinsung der Vorjahresverpflichtung ergibt (vgl. IAS 19.120 und IAS 19.123).

Nicht GuV-wirksam, sondern GuV-neutral im *other comprehensive income*, sind dagen versicherungsmathematische Gewinne und Verluste (*actuarial gains and losses*), Erträge aus Planvermögen (*return on plan assets*) sowie Veränderungen in der Auswirkung der Vermögensobergrenze (*asset ceiling*) auszuweisen (IAS 19.127). Diese sog. *remeasurements* müssen unmittelbar im Eigenkapital erfasst werden. Dadurch wird der bereits in der GuV ausgewiesene Aufwand nicht mehr verändert. Eine teilweise Verlagerung in den Aufwand künftiger Jahre, wie bei der Korridormethode, ist so nicht mehr möglich (vgl. Haufe IFRS-Kommentar [2013], § 22 Tz. 46 f.).

Ausweis der Komponenten des Pensionsaufwands

Nach IAS 19.120 sind die Komponenten des Pensionsaufwands grundsätzlich zusammen mit den Löhnen, Gehältern und Sozialabgaben im Personalaufwand auszuweisen. Es besteht jedoch auch alternativ die Möglichkeit, den Zinsaufwand aus der Aufzinsung der Pensionsverpflichtung sowie Zinserträge aus der Verzinsung des Planvermögens als separaten Teil des Finanzergebnisses zu erfassen (vgl. Beck'sches IFRS-Handbuch [2013], § 15 Tz. 97). Im Fall der Wesentlichkeit dieser Zinskomponenten ist ein solcher Ausweis im Finanzergebnis gegenüber dem Ausweis unter den *employee benefits costs* vorzuziehen.

Aufwendungen aus anteilsbasierten Vergütungen

Neben den in IAS 19 geregelten Bestandteilen sind ggf. auch Aufwendungen aus anteilsbasierten Mitarbeitervergütungen im Personalaufwand nach IFRS zu erfassen (IFRS 2.8, .30; vgl. auch 6. Kapitel, S. 391 ff.).

Abschreibungen

Nach IFRS umfassen die Abschreibungen (*depreciation and amortisation expense*) planmäßige und außerplanmäßige Wertminderungen des Sachanlagevermögens (*property, plant and equipment*) und der immateriellen Vermögenswerte (*intangible assets*) (vgl. Beck'sches IFRS-Handbuch [2013], § 15 Tz. 98). Gemäß IAS 1.98a müssen wesentliche außerplanmäßige Abschreibungen in einem separaten GuV-Posten aufgeführt werden. In der Literatur wird aber auch die Meinung vertreten, dass die Begriffe *depreciation* nach IAS 16.6 und *amortisation* nach IAS 38.8 lediglich planmäßige Abschreibungen beinhalten und deshalb alle außerplanmäßigen Abschreibungen, die gemäß IAS 36 als *impairment loss* bezeichnet werden, nicht unter dem GuV-Posten »Abschreibungen«, sondern unter den sonstigen betrieblichen Aufwendungen auszuweisen sind (vgl. Zülch, H. [2005], S. 169).

Zu berücksichtigen sind grundsätzlich auch Abschreibungen auf aktivierte *assets* beim Leasinggeber (*operating lease*) bzw. beim Leasingnehmer (Finanzierungsleasing) (vgl. IAS 17). Nicht unter diesen Posten fallen dagegen gemäß HGB dem Finanzbereich zuzuordnende »Abschreibungen auf Finanzanlagen und auf Wertpapiere des Umlaufvermögens« (Gesamtkostenverfahren: Posten Nr. 12; Umsatzkostenverfahren: Posten Nr. 11). Nach im Schrifttum überwiegend geäußerter Meinung sollten diese Wertminderungen nach IFRS analog zum HGB als Teil des Finanzergebnisses ausgewiesen werden (vgl. Zülch, H. [2005], S. 169; Beck'sches IFRS-Handbuch [2013], § 15 Tz. 98 m. w. N.). Dies erscheint auch u. E. i. S. der *fair presentation* sinnvoll.

Sonstige betriebliche Aufwendungen

Nach IFRS stellt der Posten »sonstige betriebliche Aufwendungen« (*other expenses*) ebenfalls einen Sammelposten dar. Den sonstigen betrieblichen Aufwendungen sind alle betrieblich bedingten Vermögensminderungen (*expenses* und *losses*) zuzuweisen, die keinem der bereits angeführten Aufwandsposten zuzuordnen sind bzw. aufgrund ihrer Unwesentlichkeit nicht gesondert gezeigt werden müssen (vgl. IAS 1.29 ff.). Damit erfüllt dieser GuV-Posten nach IFRS die gleiche Funktion wie nach HGB und weist deshalb zu einem großen Teil vergleichbare Sachverhalte (wie z. B. Verluste aus dem Abgang von Vermögenswerten, Wertberichtigungen auf Forderungen) auf. Unterschiede zum entsprechenden HGB-Posten ergeben sich jedoch einmal daraus, dass bestimmte Posten (wie Aufwandsrückstellungen nach § 249 Abs. 1 Nr. 1 HGB) nach IFRS nicht gebildet werden dürfen und so auch keine daraus resultierenden Aufwendungen zu erfassen sind. Des Weiteren sind alle nach HGB-Verständnis außerordentlichen Aufwendungen, die nicht im Zusammenhang mit *discontinued operations* anfallen, gemäß IAS 1, sofern sie nicht den sachlich zugehörigen GuV-Posten zuzuordnen sind, unter den sonstigen betrieblichen Aufwendungen auszuweisen.

Eine Aufgliederung der wesentlichen in den *other expenses* enthaltenen Posten hat i. S. der *fair presentation* im Anhang zu erfolgen (vgl. Beck'sches IFRS-Handbuch [2013], § 15 Tz. 101).

Die bislang aufgeführten Posten sind dem betrieblichen Bereich zuzuordnen. Die Angabe einer Zwischensumme »Betriebsergebnis« bzw. »*results of operating activities*« ist nach IFRS (wie auch nach HGB) nicht vorgeschrieben.

Finanzierungsaufwendungen- und -erträge

Obgleich IAS 1.82b lediglich die Angabe des Postens *»finance costs«* verlangt, stellte das IFRIC klar (vgl. IFRIC [2004], S. 4), dass hierunter kein Nettoausweis des Finanzergebnisses erfolgen darf, sondern dass die Erträge aus der Finanzierungstätigkeit (*finance revenues*) zusätzlich zu den Aufwendungen auszuweisen sind.

- Finanzierungsaufwendungen

Unter den *finance costs* sind grundsätzlich alle nicht auf Equity-Beteiligungen entfallenden finanziellen Aufwendungen für die Kapitalbeschaffung zu fassen; für wesentliche Sachverhalte sind dabei gesonderte Angaben i. S. einer *fair presentation* notwendig (IAS 1.30, .85). Als Hauptbestandteile zählen zu den *finance costs* neben Zinsaufwendungen aus lang- und kurzfristigen Krediten auch die sonstigen Fremdkapitalkosten (vgl. Aufzählung in IAS 23.6), der Zinsanteil aus der Aufzinsung von langfristigen Rückstellungen (insbesondere Pensionen soweit nicht unter dem Personalaufwand erfasst) sowie GuV-wirksame Änderungen des *fair value* bestimmter Finanzinstrumente und Sicherungsgeschäfte nach IAS 39.

- Finanzierungserträge

Zu den Erträgen aus Kapitalanlage (*finance revenues*) nach IFRS gehören vor allem Zinserträge auf Bankeinlagen und sonstige Ausleihungen und Forderungen, Dividendenerträge, Erträge aus der Aufzinsung von unverzinslichen bzw. niedrig verzinslichen Forderungen, Erträge aus der Amortisation von Disagios sowie Erträge aus der GuV-wirksamen Zuschreibung von Finanzanlagen. Die

Realisierung von Zins- und Dividendenerträgen ergibt sich dabei aus IAS 18. Zinserträge sind demnach zeitproportional unter Berücksichtigung der Effektivzinsmethode zu vereinnahmen (IAS 18.30a). Dividenden gelten als realisiert, wenn der Rechtsanspruch auf Zahlung der Dividende entstanden ist (IAS 18.30c). Für die Konkretisierung des Entstehens eines Rechtsanspruchs muss dabei auf nationales Gesellschaftsrecht zurückgegriffen werden. Entsprechend gelten die Vorschriften zur Realisierung von Dividendenerträgen nach HGB (vgl. Erläuterungen zum HGB-Posten »Erträge aus Beteiligungen«, S. 541) analog auch nach IFRS (vgl. Zülch, H. [2005], S. 105 f. m. w. N.).

Daneben sind auch alle Aufwendungen und Erträge als *finance costs* bzw. *finance revenues* zu erfassen, die aus der Ausbuchung von finanziellen Vermögenswerten resultieren, die vom Unternehmen zu Kapitalanlagezwecken gehalten wurden. Speziell gilt dies auch für alle Aufwendungen und Erträge im Zusammenhang mit als Finanzanlagen gehaltenen Immobilien (*investment properties*), sofern diese Form der Kapitalanlage keine hauptsächliche betriebliche Tätigkeit des bilanzierenden Unternehmens darstellt (vgl. 3. Kapitel, S. 175).

Ergebnisbeiträge aus Beteiligungen

Die IFRS verlangen für Ergebnisbeiträge von assoziierten Unternehmen und *joint ventures*, die nach der Equity-Methode bilanziert werden, einen separaten Ausweis im Finanzbereich der GuV unter dem gemäß IAS 1.82c bezeichneten Posten *»share of the profit or loss of associates and joint ventures accounted for using the equity method«*; kein Bestandteil dieses Postens sind Wertminderungen bzw. Wertaufholungen auf den Buchwert dieser Anteile. Alle übrigen Beteiligungserfolge, insbesondere die vereinnahmten Ergebnisse von zu Anschaffungskosten bewerteten Beteiligungen sowie Gewinn- und Verlustanteile an Tochterunternehmen, sind dagegen, sofern ihre Bedeutung nicht einen gesonderten Ausweis erforderlich macht, unter den übrigen Finanzierungsaufwendungen (*finance costs*) bzw. Finanzierungserträgen (*finance revenues*) auszuweisen. Da jedoch aufgrund von IAS 27.10 die Anteile an Tochterunternehmen, assoziierten Unternehmen und *joint ventures* im Einzelabschluss nicht mehr *at equity*, sondern entweder zu Anschaffungskosten oder alternativ in Übereinstimmung mit IAS 39 (respektive IFRS 9) zu bilanzieren sind (vgl. 5. Kapitel, S. 262), ist der nach IAS 1.82c geforderte Ausweis nur noch in einer Konzern-GuV erforderlich.

Ergebnisbeiträge aus der Umwidmung gemäß IFRS 9

Wenn ein Unternehmen, das bereits IFRS 9 anwendet, sein Geschäftsmodell für das Management finanzieller Vermögenswerte ändert, ist gemäß IFRS 9.4.4.1 ein Wechsel der Kategorie verpflichtend. Gemäß IFRS 9.5.6.2 sind in diesem Fall für die umgewidmeten Finanzinstrumente die Erträge und Aufwendungen, die aus der Differenz zwischen dem früheren Buchwert und dem *fair value* am Tag der Umklassifizierung entstanden sind, gesondert in der Gewinn- und Verlustrechnung auszuweisen.

Ergebnis aus fortgeführten Geschäftsbereichen

Nach IFRS ist kein gesonderter Ausweis eines Ergebnisses der gewöhnlichen Geschäftstätigkeit (*profit or loss from ordinary activities*) vorgesehen. Stattdessen schreibt das IASB einen getrennten Ausweis des Ergebnisses aus fortgeführten Geschäftsbereichen und dem Ergebnis aus aufgegebenen Geschäftsbereichen vor. Als weitere Unterschiede zum HGB wird das Ergebnis aus fortgeführten Geschäftsbereichen nach Steuern ausgewiesen und kein außerordentliches Ergebnis gezeigt.

Steuern

Der Steueraufwand (*tax expense*), der sowohl laufende als auch latente Ertragsteuern umfasst, bezieht sich nach IFRS im Gegensatz zum Handelsrecht lediglich auf das Ergebnis aus fortgeführten Geschäftsbereichen. Das Ergebnis aus aufgegebenen Geschäftsbereichen wird dagegen bereits saldiert nach Steuern ausgewiesen (IAS 1.82ea i. V. m. IFRS 5.33a). Zum Steueranteil des Ergebnisses aus aufgegebenen Geschäftsbereichen sind allerdings gesonderte Angaben in GuV oder Anhang zu machen (IFRS 5.33b). Außerdem sind alle anderen wesentlichen Komponenten des Steueraufwands bzw. -ertrags zu zeigen (IAS 12.79 ff.). Zu den umfangreichen Angabepflichten gehört insbesondere auch der Bereich der latenten Steueraufwendungen bzw. -erträge. Der Ertragsteueraufwand nach IFRS bildet analog zum HGB eine Saldogröße aus für das aktuelle Geschäftsjahr zu leistenden Ertragsteuern, Steuermehraufwendungen für Vorjahre, Erträgen aus Steuererstattungen, Zuführungen und Auflösungen von Steuerrückstellungen sowie Erträgen und Aufwendungen aus der Auflösung bzw. Bildung von latenten Steuern. Latente Steuern, die sich auf GuV-neutrale Sachverhalte beziehen, werden nicht im Ertragsteueraufwand in der GuV, sondern ebenfalls GuV-neutral direkt im Eigenkapital erfasst.

Ein gesonderter Ausweis sonstiger Steuern analog zum HGB erfolgt nach IFRS nicht. Sonstige Steuern werden – sofern möglich – den korrespondierenden Aufwandsposten oder anderenfalls den sonstigen betrieblichen Aufwendungen bzw. Erträgen zugeordnet (vgl. Beck'scher Bilanzkommentar [2012], § 275 Tz. 354).

Ergebnis aus aufgegebenen Geschäftsbereichen

Im Anschluss an das auf Nachsteuerbasis berechnete Ergebnis aus fortgeführten Geschäftsbereichen (*profit or loss for the period from continuing operations*) wird in einer GuV nach IFRS das auf die aufgegebenen Unternehmensbereiche entfallende Ergebnis ebenfalls auf Nachsteuerbasis (*post-tax profit or loss of discontinued operations*) gezeigt (IAS 1.82ea i. V. m. IFRS 5.33a). Hierbei ist zu beachten, dass dieses ausgewiesene Gesamtergebnis aus *discontinued operations* sowohl das diesen Geschäftsbereichen zuzuordnende laufende Ergebnis im betrachteten Geschäftsjahr als auch das unmittelbare Ergebnis aus dem Verkauf bzw. aus der Bewertung zum Nettoveräußerungspreis beinhaltet. Dies steht im Unterschied zur Verfahrensweise nach HGB, wo die direkten Erfolge aus dem Abgang der Geschäftsbereiche i. d. R. im außerordentlichen Ergebnis zu zeigen sind; der Anteil dieser Geschäftsbereiche am laufenden Ergebnis ist dagegen nach HGB grundsätzlich dem Ergebnis der gewöhnlichen Geschäftstätigkeit zuzuordnen (vgl. in diesem Kapitel, S. 545).

Profit or loss

Analog zum HGB wird nach IFRS mit der Saldogröße »Jahresüberschuss« (*profit*) bzw. »Jahresfehlbetrag« (*loss*) die Ergebnisermittlung des Geschäftsjahres abgeschlossen. Dies ist die Summe aus dem Periodenergebnis aus fortgeführten und dem Periodenergebnis aus aufgegebenen Geschäftsbereichen.

Die auf Minderheits- sowie Mehrheitsgesellschafter entfallenden Ergebnisanteile (*profit or loss for the period attributable to* i) *non-controlling interests* and ii) *owners of the parent*) werden im Anschluss daran als Teil der Gewinnverwendung gezeigt (IAS 1.81Ba).

b) Ergebnisrechnung nach dem Umsatzkostenverfahren

Wie eingangs ausgeführt, werden hier die Regelungen des Umsatzkostenverfahrens nach IFRS nur noch insoweit erörtert, wie sie nicht bereits beim Gesamtkostenverfahren (vgl. in diesem Kapitel, S. 562 ff.) behandelt wurden.

Umsatzbezogene Herstellungskosten (cost of sales)

Nach IFRS enthalten die Umsatzkosten (*cost of sales*) stets die produktionsbezogenen Vollkosten, die den bilanzierten Herstellungskosten entsprechen. Sämtliche dem Produktionsvorgang zuzurechnenden Einzel- und Gemeinkosten des Material- und Fertigungsbereichs sind als Herstellungskosten verpflichtend den Umsatzerlösen gegenüberzustellen (IAS 2.10 ff.). Hierzu gehören u. a. Materialeinzel- und -gemeinkosten, Fertigungseinzel- und -gemeinkosten, Sonderkosten der Fertigung, Abschreibungen (sowohl planmäßige als auch außerplanmäßige) und Instandhaltungskosten von Betriebsgebäuden und -einrichtungen sowie produktbezogene Verwaltungskosten (vgl. Beck'sches IFRS-Handbuch [2013], § 15 Tz. 84). Allgemeine Verwaltungskosten, die nicht mit dem Produktionsprozess in Verbindung stehen, sind dagegen nicht unter den Herstellungskostenbegriff zu fassen und stellen als »allgemeine Verwaltungskosten« (*administrative expenses*) stets Aufwand der Periode dar (IAS 2.16c). Vertriebskosten sind analog zur Vorgehensweise nach HGB ebenfalls Periodenaufwand (*distribution costs*). Des Weiteren besteht eine Aktivierungspflicht für die Finanzierungskosten bei *assets*, die einem längeren Herstellungszeitraum unterliegen (*qualifying assets*) und in direktem Zusammenhang mit der Produktion stehen (vgl. hierzu auch die Erläuterungen im 2. Kapitel, S. 110). Diese sind gemäß IAS 23.9 bei der Umsatzrealisierung den Erlösen gegenüberzustellen. Allerdings sind mit der Aktivierung weitere Angabepflichten im Anhang verbunden, insbesondere der Umfang der aktivierten Finanzierungskosten (IAS 23.26). Bei *assets*, die nicht als *qualifying assets* einzuordnen sind, stellen die Fremdkapitalzinsen Finanzierungsaufwand (*finance costs*) der Periode dar (IAS 23.8 f.). Somit deckt sich diese Konzeption der Umsatzkosten weitgehend mit der Umsatzkostenermittlung nach HGB (vgl. in diesem Kapitel, S. 548).

Bruttoergebnis vom Umsatz

Hierdurch entspricht das Bruttoergebnis (*gross profit*) bei Anwendung der IFRS stets einem vollkostenorientierten fertigungsbezogenen Ergebnis und nicht dem Deckungsbeitrag.

Sonstige betriebliche Erträge

Der Umfang der sonstigen betrieblichen Erträge (*other income*) nach IFRS deckt sich bei Anwendung des Umsatzkostenverfahrens mit dem Inhalt unter Zugrundelegung des Gesamtkostenverfahrens. Insofern kann auf die Erläuterungen zum Gesamtkostenverfahren verwiesen werden (vgl. in diesem Kapitel, S. 568 f.).

Vertriebskosten

Nach IFRS sind die Vertriebskosten (*selling costs*) ebenso wenig aktivierungsfähig wie nach HGB (IAS 2.16d). Sie sind zeitlich abzugrenzen und stellen Periodenaufwand dar. Hinsichtlich des Umfangs der einzubeziehenden Kostenbestandteile gibt es keine Unterschiede zum HGB.

Allgemeine Verwaltungskosten

Die nicht dem Herstellungsbereich zuzurechnenden (allgemeinen) Verwaltungskosten stellen nach IFRS stets Aufwand der Periode dar. Im Umkehrschluss ist der Teil der Verwaltungskosten, der auf die Produktion entfällt, in die Herstellungskosten einzubeziehen. Dies lässt sich z. B. anhand einer Buchhaltungsabteilung illustrieren. Typischerweise unterstützt diese Abteilung sowohl den Produktionsbereich (Bezahlung der Löhne, Rechnungsprüfung) als auch andere betriebliche Funktionen (z. B. den Vertriebsbereich durch Verkaufsanalysen und Führung des Umsatzkontos). Der auf den Produktionsbereich entfallende Kostenanteil wäre in diesem Beispiel aktivierungspflichtig, während der auf den Vertriebsbereich entfallende Anteil nicht aktiviert werden dürfte (vgl. Jacobs, O. H./ Schmitt, G. A. [2013], IAS 2 Tz. 51). Zu den Verwaltungskosten nach IFRS gehören insbesondere Abschreibungen auf *assets*, die der Verwaltung dienen, Gehälter für Angestellte des Verwaltungsbereichs und des Managements, Post- und Telefongebühren, sowie Rechts- und Beratungskosten, nichtfertigungsbezogene Lizenzen und sonstige Gebühren.

Sonstige betriebliche Aufwendungen

Wie bei Anwendung des HGB unterscheiden sich auch bei IFRS die sonstigen betrieblichen Aufwendungen (*other expenses*) im Rahmen des Umsatzkostenverfahrens von denen des Gesamtkostenverfahrens. Der Umfang ist bei Anwendung des Umsatzkostenverfahrens erheblich eingeschränkt, da die Aufwendungen so weit wie möglich den Funktionskosten zuzuordnen sind. Somit stellt dieser Posten ein Sammelbecken für alle betrieblich bedingten Aufwendungen, die funktional weder der Fertigung noch der Verwaltung und dem Vertrieb zuordenbar sind, sowie für nur indirekt mit der gewöhnlichen Geschäftstätigkeit verbundenen Aufwendungen dar, soweit diese nicht zwingend dem Finanzbereich zuzuordnen sind. Hierunter fallen beispielsweise Verluste aus dem Abgang von *assets* (außer von Vorräten sowie Finanzanlagen und Wertpapieren des Umlaufvermögens), Miet- und Pachtaufwendungen für betrieblich nicht genutzte *assets*, Prozesskosten und Umweltschutzauflagen. Allerdings gehören zu den sonstigen betrieblichen Aufwendungen auch außerplanmäßige Abschreibungen auf *assets*, sofern diese nicht dem Produktionsbereich zuzuordnen sind (z. B. außerplanmäßige Abschreibungen auf ein Verwaltungsgebäude; vgl. Beck'scher Bilanzkommentar [2012], § 275 Tz. 344) oder sie aufgrund ihrer Bedeutung nicht gesondert auszuweisen sind.

I. S. einer *fair presentation* ist nach IFRS im Anhang eine angemessene Aufgliederung und Erläuterung der wesentlichen in den sonstigen betrieblichen Aufwendungen enthaltenen Posten erforderlich.

Beispiel

Zur Darstellung des Gesamt- und Umsatzkostenverfahrens nach IFRS sei wiederum auf das stark vereinfachte Rechenbeispiel (Einproduktbetrieb, keine Erträge und Verluste aus dem Abgang von Vermögensgegenständen des Anlage- und Umlaufvermögens) zurückgegriffen, das schon bei der Erörterung der GuV nach HGB verwendet wurde (vgl. in diesem Kapitel, S. 551 ff.):

Produktionsmenge	1.000
Absatzmenge	700
Absatzpreis pro Einheit (in GE)	640

Gegeben sei weiterhin die folgende Kostenstruktur, dargestellt anhand eines vereinfachten Betriebsabrechnungsbogens.

Kostenarten (in GE)	Kostenstellen				
	Gesamt	Fertigung	Material	Verwaltung	Vertrieb
Einzelkosten:					
Fertigungslöhne	100.000	100.000			
Fertigungsmaterial	150.000		150.000		
Summe EK	**250.000**	**100.000**	**150.000**		
Gemeinkosten:					
sonstige Personalkosten	110.000	30.000	20.000	40.000	20.000
Betriebsstoffe	50.000	30.000	5.000	5.000	10.000
Abschreibungen planmäßig	50.000	20.000	5.000	15.000	10.000
außerplanmäßig	20.000	15.000	5.000		
Summe GK	**230.000**	**95.000**	**35.000**	**60.000** (davon 50 % herstellungsbezogen)	**40.000**
davon außerplanmäßige Abschreibungen	20.000				
Gesamtkosten	**480.000**				

Im Folgenden wird eine GuV nach IFRS mittels Gesamt- und Umsatzkostenverfahren aufgestellt. Für die Lösungen nach IFRS sind nur die produktionsbezogenen Verwaltungskosten in die Herstellungskosten einzubeziehen.

	(in GE)	IFRS
	Fertigungslöhne	100
+	Materialeinzelkosten	150
+	Fertigungsgemeinkosten	80
+	Materialgemeinkosten	30
+	Verwaltungskosten	30
=	**Herstellungskosten**	**390**

GuV nach dem Gesamtkostenverfahren (IFRS) (in GE)	
	IFRS
Umsatzerlöse	448.000
Bestandserhöhung	117.000
Materialaufwand	– 200.000
Personalaufwand	– 210.000
Abschreibungen davon außerplanmäßig 20.000	– 70.000
Sonstige betriebliche Aufwendungen	0
Ergebnis vor Steuern	**85.000**
Bestandserhöhung auf Basis der produktionsbedingten Kosten pro Stück: 390 GE x 300 = 117.000 GE	

Tab. 9.12: GuV nach dem Gesamtkostenverfahren

GuV nach dem Umsatzkostenverfahren (IFRS) (in GE)	
	IFRS
Umsatzerlöse Umsatzbezogene Herstellungskosten: – Herstellungskosten mit produktionsbezogenen Verwaltungskosten: 390 x 700 = 273.000 – außerplanmäßige Abschreibungen	448.000 – 273.000 – 20.000
Bruttoergebnis vom Umsatz	155.000
Vertriebskosten Allgemeine Verwaltungskosten Sonstige betriebliche Aufwendungen	– 40.000 – 30.000 0
Ergebnis vor Steuern	**85.000**

Tab. 9.13: GuV nach dem Umsatzkostenverfahren

Nach IFRS stellen die allgemeinen Verwaltungsaufwendungen, die nicht dem Produktionsbereich zugerechnet werden, keine Herstellungskosten dar. Sie sind in voller Höhe (30.000 GE) Aufwand der Periode. Die dem Fertigungs- bzw. Materialbereich funktional zuzuordnenden außerplanmäßigen Abschreibungen (20.000 GE) sind dagegen in die umsatzbezogenen Herstellungskosten einzubeziehen.

IV. GuV nach US-GAAP

Die Regelungen nach US-GAAP sehen - vergleichbar zu den IFRS - für den Ausweis des Unternehmenserfolgs grundsätzlich zwei Alternativen vor (ASC 220-10-45-1): *one-statement approach* und *two-statement approach*. Der *one-statement approach* sieht eine durchgehende Rechnung (*statement of comprehensive income*) vor, die mit dem *comprehensive income* als Saldogröße abschließt. Im *two-statement approach* ist neben der Gesamtergebnisrechnung (*statement of comprehensive income*) als separates Berichtsinstrument noch eine GuV (*statement of income*) zu erstellen (vgl. Kieso, D. E./Weygandt, J. J./Warfield, T. D. [2013], S. 183).

Formale Anforderungen

Den US-amerikanischen Rechnungslegungsvorschriften mangelt es grundsätzlich an Vorgaben zur formalen Struktur der GuV. Lediglich für kapitalmarktorientierte Unternehmen wird der Ergebnisrechnung die Staffelform zugrunde gelegt (ASC 225-10-S99-2; früher Regulation S-X, Rule 5-03). Die Darstellung der Vermögensänderungen wird dabei in der amerikanischen Rechnungslegungspraxis ein- oder mehrstufig vorgenommen, entsprechend kann ein *single-step* oder ein *multiple-step income statement* erstellt werden. Im *single-step income statement* werden die Erträge und Aufwendungen grob in zwei Gruppen unterteilt: *total revenues* und *total expenses*. Dagegen finden sich im *multiple-step income statement* verschiedene Zwischendifferenzen bzw. -summen, wie z. B. *sales, administrative expenses* oder *other revenues and gains* (vgl. Kieso, D. E./Weygandt, J. J./Warfield, T. D. [2013], S. 164 ff.).

Umsatzkostenverfahren

Für SEC-berichtspflichtige Unternehmen schreiben die von der SEC erlassenen Regelungen zwingend das Umsatzkostenverfahren vor (ASC 225-10-S99-2).

Für nicht bei der SEC registrierte Gesellschaften lässt sich die ausschließliche Anwendung des Umsatzkostenverfahrens in den USA aus dem *matching principle* ableiten.

***Operating Section* (Betriebstätigkeit)**
Net sales and gross revenues (Umsatzerlöse)
Costs and expenses applicable to sales and revenues (Kosten der umgesetzten Leistung)
Other operating costs and expenses (Sonstige betriebsbedingte Aufwendungen)
Selling, general and administrative expenses (Vertriebs- und allgemeine Verwaltungskosten)
Provision for doubtful accounts and notes (Aufwand für zweifelhafte Forderungen)
Other general expenses (Sonstige Gemeinkosten)
***Non-Operating Section* (Betriebsfremde Tätigkeit)**
Non-operating income (Sonstige (nicht-)betriebliche Erträge)
Interest and amortization of debt discount and expense (Zinserträge und -aufwendungen)
Non-operating expenses (Sonstige (nicht-)betriebliche Aufwendungen)
***Income or loss before income tax expenses and appropriate items below* (Ergebnis vor Steuern und anderen abzugrenzenden Positionen)**
Income tax expense (Ertragsteuern)
Equity in earnings of unconsolidated subsidiaries and 50 % or less owned persons (Anteil nicht konsolidierter Tochterunternehmen am Ergebnis)
***Income or loss from continuing operations* (Ergebnis aus fortgeführten Geschäftsbereichen)**
Discontinued operations (Ergebnis aus der Aufgabe von Geschäftsbereichen)
***Income or loss before extraordinary items [and cumulative effects of changes in accounting principles]* (Ergebnis vor außerordentlichen Einflüssen, d. h. aus gewöhnlicher Geschäftstätigkeit, [und Einflüssen aus der Änderung von Bilanzierungsmethoden])**
Extraordinary items, less applicable tax (Außerordentliches Ergebnis, abzüglich der gesondert auszuweisenden Ertragsteuern)
***Net income or loss* (Ergebnis der Periode)**
Net income attributable to the noncontrolling interest
Net income attributable to the controlling interest
Earnings per share (Ergebnis je Aktie)

Tab. 9.14: GuV-Mindestgliederungsvorschriften nach ASC-225-10-S99-2

1. Gliederung nach US-GAAP

Mindestgliederungsvorschriften

Nach US-GAAP sind die Anforderungen nur wenig formalisiert. Lediglich in ASC 225-10-S99-2 wird für SEC-berichtspflichtige Unternehmen ein nach betrieblichen Funktionsbereichen gegliedertes Gerüst vorgegeben, welches dem Schema des Umsatzkostenverfahrens gemäß § 275 Abs. 3 HGB ähnelt. Dieses Gliederungsschema ist – vergleichbar mit den IFRS – nicht so detailliert wie die

HGB-Vorschriften. Vielmehr werden mit den Angabepflichten lediglich die grundsätzlich in der GuV gesondert offen zu legenden Posten vorgegeben. Für die darüber hinausgehenden zahlreichen Offenlegungsvorschriften (*disclosures*) unterschiedlicher Abschnitte der Codification besteht weitgehend die Möglichkeit, diese Angaben alternativ auch als ergänzende Tabellen (*schedules*) bzw. im Anhang (*notes*) darzustellen.

In Tabelle 9.14 wird die Mindestgliederung der GuV nach ASC 225-10-S99-2 dargestellt. Hierbei ist zu beachten, dass ASC 225-10-S99-2 als weitere Abzugsposition unmittelbar vor dem Endergebnis *net income or loss* den kumulativen Effekt aus Methodenänderungen vorsieht. Da durch ASC 250-10-45-5 (früher FAS 154) Effekte aus Methodenänderungen grundsätzlich retrospektiv und ergebnisneutral zu erfassen sind (vgl. in diesem Kapitel, S. 516), ist dieser Posten nur in Ausnahmefällen (z. B. wenn die retrospektive Änderung impraktikabel nach ASC 250-10-45-9 ist) auszuweisen und deshalb in Tabelle 9.14 in Klammern gesetzt.

Leerposten und Vorjahresbeträge

Die Behandlung der Leerposten und Vorjahresbeträge nach US-GAAP steht im Einklang mit der handelsrechtlichen Vorgehensweise.

2. Ergebnisspaltung nach US-GAAP

Ergebnis aus fortgeführten Geschäftsbereichen

Wie bereits erwähnt, wird auch innerhalb der US-GAAP zwischen dem Ergebnis aus *continuing operations* sowie dem Ergebnis aus *discontinued operations* unterschieden (zum Überblick über die Ergebnisspaltung nach US-GAAP vgl. Tabelle 9.15).

<table>
<tr><th colspan="3">Ergebnisrechnung</th></tr>
<tr><td>Net sales and gross revenues
Costs and expenses applicable to sales
Other operating costs and expenses
Selling, general and administrative expenses
Provision for doubtful accounts and notes
Other general expenses</td><td>Betriebsergebnis</td><td rowspan="2">Ergebnis aus fortgeführter Geschäftsbereichen</td></tr>
<tr><td>Non-operating income
Interest and amortization of debt discount and expense
Non-operating expenses
Income tax expense
Equity in earnings of unconsolidated subsidiaries and 50 % or less owned persons</td><td>Betriebsfremdes Ergebnis</td></tr>
<tr><td>Discontinued operations</td><td colspan="2">Ergebnis aus aufgegebenen Geschäftsbereichen</td></tr>
<tr><td>Extraordinary items</td><td colspan="2">Außerordentliches Ergebnis</td></tr>
<tr><td>Net income or loss</td><td colspan="2">Periodenergebnis</td></tr>
</table>

Tab. 9.15: Ergebnisspaltung nach US-GAAP

Obwohl die US-GAAP zwischen betrieblichen und betriebsfremden Ergebnissen unterscheiden, ist eine dem HGB vergleichbare Untergliederung in Betriebs- und Finanzergebnis in den US-GAAP lediglich ansatzweise möglich. Das *operating income* entspricht nur näherungsweise dem Betriebsergebnis nach HGB. Z. B. werden unter den betriebsfremden Aufwendungen und Erträgen (*non-operating income and expenses*) wesentliche Veräußerungsgewinne bzw. -verluste von *assets* sowie seltene oder für die Geschäftstätigkeit ungewöhnliche Ergebnisse ausgewiesen, die nach HGB fast ausschließlich den sonstigen betrieblichen Aufwendungen und Erträgen zuzuordnen sind. Die Ergebnisse des Finanzbereichs müssen aus den sehr weit gefassten betriebsfremden Ergebniskomponenten *non-operating income* und *non-operating expenses* herausgerechnet werden, um das Finanzergebnis zu erhalten (vgl. Kuhlewind, A.-M. [2000], S. 303 f.).

Ergebnis aus aufgegebenen Geschäftsbereichen

Nach US-GAAP werden entsprechend ASC 225-10-S99-2 sämtliche Ergebnisse aus der Veräußerung bzw. Stilllegung von Teilbetrieben und wesentlichen Unternehmensteilen getrennt vor dem außerordentlichen Ergebnis, aber nach dem Ergebnis aus fortgeführten Geschäftsbereichen unter dem Posten »*discontinued operations*« zusammengefasst. Dies gilt auch allgemein für nicht kapitalmarktorientierte Unternehmen (ASC 205-20-45-3; früher FAS 144). Mit dem getrennten Ausweis sind zudem umfangreiche Offenlegungsvorschriften verbunden (ASC 205-20-50-1 ff.). Die Regelungen von ASC 205-20 sind weitgehend mit IFRS 5 vergleichbar. Insbesondere bezüglich des Ausweises haben sich die IFRS an die US-GAAP-Vorgaben angeglichen. In Einzelfragen weichen jedoch die Definitionen einer *discontinued operation* sowie die Kriterien zur Klassifizierung als *held-for-sale* voneinander ab.

Außerordentliches Ergebnis

In der Rechnungslegung nach US-GAAP wird insoweit eine weitergehende Ergebnisspaltung als nach IFRS praktiziert, als – analog zum HGB – ein außerordentliches Ergebnis separat auszuweisen ist (ASC 225-20-45-9 ff.; früher APB 30). Allerdings legen die US-GAAP sehr enge Maßstäbe an die Qualifizierung außerordentlicher Erfolge an. So erfüllen zwar – ähnlich den Voraussetzungen gemäß HGB – nur im Rahmen der Geschäftstätigkeit ungewöhnliche und selten auftretende Erfolge das Kriterium der Außerordentlichkeit (ASC 225-20-45-2). Ist nur eine der Voraussetzungen erfüllt, so ist eine gesonderte Angabe innerhalb des gewöhnlichen Ergebnisses oder dem Anhang geboten. Als zusätzliche Einschränkung werden allerdings bestimmte Sachverhalte davon explizit ausgegrenzt. Hieraus ergeben sich auch die wesentlichen Unterschiede zum außerordentlichen Ergebnis nach HGB. Die gesondert auszuweisenden *discontinued operations* dürfen z. B. nicht zu den *extraordinary items* hinzugezählt werden (ASC 225-20-45-10 f.; früher FAS 144).

Minderheitenanteile

Ähnlich zu HGB und IFRS ist nach US-GAAP der Anteil am Periodenergebnis von Minderheitengesellschaftern (*net income attributable to the noncontrolling interest*) separat darzustellen. Der Ausweis erfolgt dabei am Ende der GuV, nach dem Periodenergebnis (ASC 225-10-S99-2; vgl. auch Kieso, D. E./Weygandt, J. J./Warfield, T. D. [2013], S. 176). Die Minderheitenanteile stellen mithin – analog zu HGB und IFRS – einen Teil der Ergebnisverwendung dar.

3. Inhalt der GuV nach US-GAAP

Wie bereits erwähnt, ist im Gegensatz zu den IFRS gemäß den US-GAAP nur das Umsatzkostenverfahren zulässig. Die wesentlichen Posten werden im Folgenden erläutert.

Allgemeine Regeln der Umsatzrealisierung

Die Grundregel der Umsatzrealisation nach US-GAAP ist in ASC 605-10-25-1 (CON 5.83) formuliert: Danach sind Umsätze zu erfassen, wenn sie realisiert (*realized*) bzw. (*realizable*) und verdient (*earned*) sind. *Realized* bedeutet, dass als Gegenleistung Geld bzw. geldähnliche Ansprüche übereignet wurden; für die Klassifizierung als *realizable* ist es dagegen ausreichend, wenn in Geld oder geldähnliche Ansprüche wandelbare Vermögenswerte die Gegenleistung verkörpern. *Earned* setzt voraus, dass alle vertraglichen Leistungen erbracht wurden.

Spezifizierung der Realisierungskriterien

Nach der in ASC 605-10-S99-1 (früher SAB 104) enthaltenen Auffassung der SEC sind die Kriterien *realized* bzw. *realizable* und *earned* erfüllt, wenn folgende vier Bedingungen gegeben sind:

- Es liegt eine wirksame Vereinbarung zur Transaktion vor.
- Die Lieferung ist erfolgt bzw. die Leistung ist erbracht.
- Der Verkaufspreis steht fest oder ist bestimmbar.
- Die Zahlung ist hinreichend gesichert.

Vergleich zur Umsatzrealisierung nach IFRS

Diese Bedingungen werden in ASC 605-10-S99-1 sowie sonstigen Vorschriften weiter konkretisiert, sodass die Regelungen meist noch ausführlicher formuliert sind als nach IFRS. So sind, wie bereits ausgeführt, in den US-GAAP z. B. im Unterschied zu den IFRS detaillierte Anweisungen zur Behandlung von Mehrkomponentenverträgen vorhanden (ASC 605-25 (früher EITF 00-21); speziell für Software ASC 985-605 (früher SOP 97-2). Analog den IFRS sind neben den realisierten auch teilweise realisierbare Erträge in der GuV zu vereinnahmen. Daraus ergibt sich beispielsweise auch nach US-GAAP die zwingende Anwendung der im HGB grundsätzlich verbotenen Teilgewinnrealisierung nach dem Grad der Fertigstellung (*percentage of completion*), sofern die hierfür erforderlichen Voraussetzungen zutreffen (vgl. 4. Kapitel, S. 229 ff.). Trotz vergleichbarer allgemeiner Realisierungskriterien wird in der Literatur die Meinung vertreten, dass die SEC die Kriterien zur Umsatzrealisierung tendenziell strenger auslegt als das IASB (vgl. Pellens, B./Fülbier, R. U./Gassen, J./Sellhorn, T. [2011], S. 282). Schon seit Längerem arbeiten IASB und FASB jedoch an einem gemeinsamen Projekt zur *revenue recognition*, in dessen Rahmen die Regelungen zur Erlösrealisation vereinheitlicht werden sollen (vgl. hierzu in diesem Kapitel, S. 568).

Ausweis der Umsatzerlöse

Die in der GuV auszuweisenden Umsatzerlöse nach US-GAAP stellen wie diejenigen nach HGB und IFRS die Erlöse aus dem Kerngeschäft des Unternehmens dar, die netto, d. h. abzüglich von Erlösminderungen und Umsatzsteuer, aufgenommen werden. Im Falle mehrerer bedeutender und heterogener Einnahmequellen sollten diese durch einen separaten Ausweis kenntlich gemacht werden (vgl. KPMG [2007], S. 155).

Umsatzbezogene Herstellungskosten (cost of goods sold)

Entsprechend den US-GAAP umfassen die umsatzbezogenen Herstellungskosten analog zu den IFRS alle produktionsbezogenen Vollkosten (ASC 330-10-30-1; früher ARB 43). So sind auch die Finanzierungskosten bei *qualifying assets* zwingend Bestandteil der aktivierten Anschaffungs- oder Herstellungskosten und im Zeitpunkt der Umsatzrealisierung den Erlösen gegenüberzustellen (ASC 360-10-30-1; früher FAS 34). Diese Konzeption deckt sich weitgehend mit der Umsatzkostenermittlung nach HGB (vgl. in diesem Kapitel, S. 548).

Vertriebskosten

Die Vertriebskosten (*distribution costs* bzw. *selling expenses*) sind ebenso wenig aktivierungsfähig wie nach HGB und IFRS (vgl. Kieso, D. E./Weygandt, J. J./Warfield, T. D. [2013], S. 426). Sie sind zeitlich abzugrenzen und stellen Periodenaufwand dar. Hinsichtlich des Umfangs der einzubeziehenden Kostenbestandteile gibt es keine Unterschiede zum HGB bzw. zu den IFRS.

Allgemeine Verwaltungskosten

Die nicht dem Herstellungsbereich zuzurechnenden (allgemeinen) Verwaltungskosten werden nach US-GAAP – vergleichbar zu den IFRS – stets unter dem Posten »allgemeine Verwaltungskosten« (*administrative expenses*) ausgewiesen und stellen Aufwand der Periode dar (vgl. Jacobs, O. H./Schmitt, G. A. [2013], IAS 2 Tz. 51; Kieso, D. E./Weygandt, J. J./Warfield, T. D. [2013], S. 426). Der Posteninhalt entspricht dem vergleichbaren Posten nach IFRS.

Sonstige betriebliche Erträge

In Abgrenzung zu den mit der betrieblichen Tätigkeit direkt in Verbindung stehenden Erträgen (*revenues*) werden nach US-GAAP unter den sonstigen betrieblichen Erträgen (*non-operating income*) nur indirekt mit der gewöhnlichen Geschäftstätigkeit in Verbindung stehende Vermögensmehrungen (*gains*) ausgewiesen (vgl. KPMG [2007], S. 156). Unter diesen Sammelposten fallen insbesondere die auch gemäß HGB hier auszuweisenden Gewinne aus Anlagenabgängen, Erträge aus der Auflösung von Rückstellungen und Währungskursgewinne, aber auch die gemäß HGB dem Finanzbereich zuzuordnenden Zinserträge und sonstigen Finanzerträge, sowie generell alle ungewöhnlichen oder selten auftretenden Erträge der Periode (vgl. Niehus, R. J./Thyll, A. [2000], Tz. 1039 ff.). Auch hier gilt, dass wesentliche Posten i. S. einer *fair presentation* separat offen zu legen und die Bestandteile des Sammelpostens im Anhang angemessen aufzugliedern und zu erläutern sind. SEC-berichtspflichtige Unternehmen müssen gemäß ASC 225-10-S99-2 stets Dividendenerträge sowie sonstige Erfolgsbeiträge aus der Nutzung oder dem Verkauf von Wertpapieren gesondert zeigen.

Sonstige betriebliche Aufwendungen

In Abgrenzung zu den mit der betrieblichen Tätigkeit direkt in Verbindung stehenden Aufwendungen (*expenses*) des Herstellungs-, Vertriebs- und Verwaltungsbereiches stellen die sonstigen betrieblichen Aufwendungen nach US-GAAP einen Sammelposten für alle nur indirekt mit der gewöhnlichen Geschäftstätigkeit verbundenen Aufwendungen (*losses*) dar (vgl. KPMG [2007], S. 156). Deshalb wird dieser Posten auch dem *non-operating*-Bereich zugeordnet. Weiterhin sind ungewöhnliche oder selten auftretende Vermögensminderungen unter den sonstigen betrieblichen Aufwendungen gesondert zu zeigen. Sind beide Kriterien simultan erfüllt, so ist ein Ausweis im außerordentlichen Ergebnis geboten. Nicht hierunter gefasst werden dagegen Forschungs- und Entwicklungsaufwendungen, Erhaltungsaufwendungen und Zuführungen zu Wertberichtigungen auf Forderungen, da diese als betriebsbedingte Aufwendungen (*expenses*) dem *operating*-Bereich zuzuordnen und ggf. gesondert auszuweisen sind (vgl. Niehus, R. J./Thyll, A. [2000], Tz. 1046 ff.). SEC-berichtspflichtige Unternehmen haben Zuführungen zu Wertberichtigungen auf Forderungen zwingend in einem eigenen Posten darzustellen (vgl. ASC 225-10-S99-2).

I. S. einer *fair presentation* ist nach US-GAAP im Anhang eine angemessene Aufgliederung und Erläuterung der wesentlichen in den sonstigen betrieblichen Aufwendungen enthaltenen Posten erforderlich.

Ergebnis aus fortgeführten Geschäftsbereichen

Wie in der IASB-Rechnungslegung wird nach US-GAAP ein Ergebnis aus fortgeführten Geschäftsbereichen (*income or loss from continuing operations*) getrennt vom Ergebnis aus aufgegebenen Geschäftsbereichen ausgewiesen. Das Ergebnis aus fortgeführten Geschäftsbereichen umfasst nach US-GAAP alle betrieblich bedingten Aufwendungen (*expenses*) und Erträge (*revenues*) des *operating*-Bereiches sowie alle nur indirekt mit der betrieblichen Tätigkeit des Unternehmens in Verbindung stehenden Aufwendungen (*losses*) und Erträge (*gains*) des *non-operating*-Bereiches. Hierzu gehören neben den angesprochenen Posten die getrennt auszuweisenden Ertragsteuern (*income taxes*) der gewöhnlichen Geschäftstätigkeit sowie die Erfolgsbeiträge von nicht konsolidierten Tochterunternehmen und Minderheitenbeteiligungen.

Discontinued operations

Das Ergebnis aus *discontinued operations* wird nach dem Ergebnis aus fortgeführten Geschäftsbereichen (ASC 205-20-45-3) und vor dem außerordentlichen Ergebnis gezeigt. Gleiches gilt auch für SEC-berichtspflichtige Unternehmen (vgl. ASC 225-10-S99-2). Unter diesem Posten ist neben dem Abgangserfolg vor Ertragsteuern auch das Betriebsergebnis des aufgegebenen Geschäftsfeldes zu erfassen (ASC 205-20-45-3). Eine Aufspaltung auf Veräußerungsergebnis und laufendes Ergebnis sowie Steuerwirkung ist i. d. R. im Anhang zu zeigen (ASC 205-20-50-1). Sofern die Aufgabe des Geschäftsbereiches erst im folgenden Geschäftsjahr erfolgt, sind erwartete Verluste aus dem Abgang bereits am Tag der Beschlussfassung (*measurement date*) durch eine Rückstellungsbildung zu berücksichtigen, während (erwartete) Gewinne erst bei Realisierung erfasst werden. Das Betriebsergebnis dieses Geschäftsfeldes ist auch dann im abgelaufenen Geschäftsjahr unter *discontinued operations* auszuweisen, wenn die Beschlussfassung erst nach dem Bilanzstichtag, aber noch vor Bekanntgabe des Jahresabschlusses erfolgte. Die weiteren zusätzlichen Offenlegungsvorschriften im Anhang sind mit denen nach IFRS im Wesentlichen vergleichbar.

Außerordentliches Ergebnis

Wie bereits erwähnt (vgl. in diesem Kapitel, S. 581) enthält das außerordentliche Ergebnis (*extraordinary item*) ausschließlich ungewöhnliche (*unusual*) und zugleich selten auftretende (*infrequent*) Aufwendungen und Erträge (ASC 225-20-45-2; früher APB 30). Zusätzlich werden bestimmte Sachverhalte davon explizit ausgegrenzt, da sie nicht als *unusual* angesehen werden (ASC 225-20-45-4). Nicht unter das außerordentliche Ergebnis fallen demnach u. a. Wertberichtigungen auf Forderungen, außerplanmäßige Abschreibungen auf bestimmte *assets*, Erfolge aus Währungsgeschäften und die gesondert auszuweisenden *discontinued operations*. Es verbleiben damit nach US-GAAP nur einige wenige Sachverhalte, die eine Qualifizierung als außerordentliches Ergebnis rechtfertigen (vgl. ASC 225-20-45-4). Unter Berücksichtigung des Grundsatzes der Wesentlichkeit gehören hierzu beispielweise Enteignungen, Unfallschäden und Sanierungsgewinne (vgl. Niehus, R. J./Thyll, A. [2000], Tz. 1063; Kieso, D. E./Weygandt, J. J./Warfield, T. D. [2013], S. 174). Die Zusammensetzung des außerordentlichen Ergebnisses ist (abzüglich auf die Bestandteile entfallender Ertragsteuern) vorzugsweise gesondert in der GuV zu zeigen, alternativ ist aber auch eine Verlagerung in den Anhang möglich (ASC 225-20-45-10 ff.). In diesem Fall ist zumindest das außerordentliche Ergebnis als Gesamtsumme in der Ergebnisrechnung auszuweisen. Außerdem sind die Art des außerordentlichen Ereignisses und die wesentlichen Berechnungsgrundlagen, die zur Ermittlung des außerordentlichen Ergebnisses angewandt wurden, anzugeben.

Bei Anwendung des Beispiels auf S. 576 ff. in diesem Kapitel auf die US-GAAP entspricht die Lösung jener nach IFRS, allerdings ist das Gesamtkostenverfahren nicht zulässig.

V. Gesamtergebnisrechnung

Aufspaltung des Gesamtergebnisses

Wie bereits dargestellt (vgl. in diesem Kapitel, S. 516), ergeben sich aus der Differenzierung des Erfolgs in GuV-wirksame und GuV-neutrale Eigenkapitalveränderungen zwei verschiedene Möglichkeiten der Erfolgsdarstellung: einerseits durch zwei getrennte Rechenwerke (*two-statement approach*) oder andererseits in einer Gesamtergebnisrechnung (*single statement approach*). Beide Formen sind nach IFRS und US-GAAP zulässig (vgl. in diesem Kapitel, S. 517 f.). Bei Anwendung des *two-statement approach* übernimmt die zweite Rechnung, das *statement of profit or loss and other comprehensive income*, die Darstellung des Gesamtergebnisses. Eine solche Differenzierung scheidet im HGB aufgrund der dort fehlenden Existenz von außerhalb der Jahresüberschussermittlung zu erfassenden Erfolgsbestandteilen (mit Ausnahme von Währungsumrechnungsdifferenzen im Konzernabschluss, vgl. 10. Kapitel, S. 663) aus. Hier ist die GuV sowohl Ergebnis- als auch Gesamtergebnisrechnung. Nach IFRS (sowie US-GAAP) sind jedoch beide Darstellungsformen zulässig. Diese werden im Folgenden näher erläutert.

1. Gesamtergebnisrechnung nach IFRS

Zulässige Darstellungsformen

Gemäß IAS 1.10A kann – wie mehrfach erwähnt – das Gesamtergebnis in einem IFRS-Abschluss nach dem *two-statement approach* oder dem *single statement approach* dargestellt werden.

a) Two-statement approach

Beim *two-statement approach* nach IFRS wird als erstes Rechenwerk zur Darstellung der Komponenten des Gesamtergebnisses eine GuV-Rechnung (*income statement*) (vgl. zur GuV-Mindestgliederung Tabelle 9.10) aufgestellt.

Bestandteile des statement of comprehensive income (two-statement approach)

Das zweite aufzustellende Rechenwerk ist die Gesamtergebnisrechnung (*statement of profit or loss and other comprehensive income*), in dem ausgehend von dem im *statement of profit or loss* ermittelten Periodenergebnis (*profit or loss for the period*) die Bestandteile der GuV-neutral im Eigenkapital erfassten Gesamtergebnisbestandteile (*other comprehensive income*; OCI) aufgelistet werden, um letztendlich in Summe das Gesamtergebnis der Periode auszuweisen (*total comprehensive income*). Zusätzlich muss gesondert in einem Posten der dem bilanzierenden Unternehmen seit dem Akquisitionszeitpunkt aus den nach der Equity-Methode bilanzierten Beteiligungen an assoziierten Unternehmen und *joint ventures* zufließende Anteil an dem *other comprehensive income* – wenn sich der Beteiligungsertrag in Ergebnis- und OCI-Komponenten aufteilt – angegeben werden (IAS 1.82A). Im Anschluss an das *total comprehensive income* erfolgt eine Aufschlüsselung des Gesamtergebnisses in die auf die Minderheits-

sowie Mehrheitsgesellschafter entfallenden Anteile (*total comprehensive income for the period attributable to* i) *non-controlling interests* and ii) *owners of the parent*) (IAS 1.81Bb) (vgl. Tabelle 9.16).

Profit for the period
Other comprehensive income:
Items that will not be reclassified to profit or loss:
+/– *Gains (losses) on property revaluation*
+/– *Remeasurements of defined benefit pension plans*
+/– *Share of gain (loss) on property revaluation of associates*
+/– *Income tax relating to items not reclassified*
Items that may be reclassified subsequently to profit or loss:
+/– *Exchange differences on translating foreign operations*
+/– *Availabe-for-sale financial assets*[1]
+/– *Cashflow hedges*
+/– *Income tax relating to items that may be reclassified*
Other comprehensive income for the year, net of tax
Total comprehensive income for the period
Total comprehensive income attributable to:
Owners of the parent
Non-controlling interests
1) Wenn bereits IFRS 9 angewendet wird, werden hier anstatt der *available-for-sale financial assets* die *investments in equity instruments* ausgewiesen. Für diese kann jedoch kein GuV-wirksames *reclassification adjustment* vorgenommen werden. Deshalb sind sie unter den *items that will not be reclassified to profit or loss* auszuweisen.

Tab. 9.16: *Statement of profit or loss and other comprehensive income (two-statement approach)* (vgl. IAS 1.IG6 Part I)

Other comprehensive income

Gemäß IAS 1 verursachen die folgenden Sachverhalte als OCI zu erfassende Aufwendungen und Erträge (vgl. in diesem Kapitel, S. 511 f. und für detailliertere Ausführungen 6. Kapitel, S. 368 f.):

- Erträge und Aufwendungen aus der Neubewertung von Sachanlagen (IAS 16.39 f.) und immateriellen Vermögenswerten (IAS 38.85 f.) (*gains (losses) on property revaluation*);
- Neubewertungen von leistungsorientierten Versorgungsplänen (*remeasurements of defined benefit plans*) (IAS 19.120c; vgl. hierzu auch in diesem Kapitel, S. 570);
- Währungsumrechnungsdifferenzen i. V. m. GuV-neutral bewerteten nicht monetären Posten (z. B. nach IAS 16 neubewertete Sachanlagen) (IAS 21.30 f.); Währungsumrechnungsdifferenzen bei wirtschaftlich selbstständigen ausländischen Tochterunternehmen (IAS 21.39c) und bestimmten ausländischen Nettoinvestitionen (IAS 21.32, .37) (*exchange differences on translating foreign operations*);
- Änderungen des *fair value* von zur Veräußerung verfügbaren finanziellen Vermögenswerten (*available-for-sale financial assets*) (IAS 39.55b);

- Ergebnis aus dem effektiven Teil von Geschäften zur Absicherung von Cashflows (*cashflow hedges*) (IAS 39.95a).

Wenn das bilanzierende Unternehmen bereits IFRS 9 anwendet, was allerdings für deutsche Unternehmen aufgrund des erst für 2015 zu erwartenden Endorsement auf EU-Ebene momentan nicht möglich ist (vgl. 5. Kapitel, S. 277), sind die zwei folgenden Sachverhalte anstatt der in IAS 39.55b geregelten Änderung des *fair value* der *available-for-sale financial assets* zusätzlich als OCI-Komponenten zu erfassen (IAS 1.7):

- Erträge (*gains*) und Aufwendungen (*losses*) aus der *fair value*-Bewertung von Investitionen in Eigenkapitalinstrumente (IFRS 9.5.7.5);
- Veränderung des *fair value* für bestimmte Schulden (*financial liabilities at fair value through profit or loss*), die auf Änderungen des Kreditrisikos zurück zu führen ist (IFRS 9.5.7.7).

(in GE)	02			01		
	Before-tax amount	*Tax (expense) benefit*	*Net-of-tax amount*	*Before-tax amount*	*Tax (expense) benefit*	*Net-of-tax amount*
Exchange differences on translating foreign operations	x / (x)	x / (x)	x / (x)	x / (x)	x / (x)	x / (x)
Available-for-sale financial assets[1)]	x / (x)	x / (x)	x / (x)	x / (x)	x / (x)	x / (x)
Cashflow hedges	x / (x)	x / (x)	x / (x)	x / (x)	x / (x)	x / (x)
Gains (losses) on property revaluation	x	(x)	x	x	(x)	x
Remeasurements of defined benefit pension plans	x / (x)	x / (x)	x / (x)	x / (x)	x / (x)	x / (x)
Share of other comprehensive income of associates	x / (x)	-	x / (x)	x / (x)	-	x / (x)
Other comprehensive income	x / (x)	x / (x)	x / (x)	x / (x)	x / (x)	x / (x)

1) Wenn bereits IFRS 9 angewendet wird, werden hier anstatt der *available-for-sale financial assets* die *investments in equity instruments* ausgewiesen.

Tab. 9.17: Ausweis der OCI-Steuereffekte im Anhang (vgl. IAS 1.IG6 Part I)

Steuereffekt der OCI-Komponenten

Bei allen Komponenten des OCI sind die tatsächlichen und die durch Differenzen zwischen Steuer- und IFRS-Bilanz entstandenen latenten Steueraufwendungen und -erträge direkt im Eigenkapital zu erfassen (IAS 12.61A) und gesondert im *statement of profit or loss and other comprehensive income* oder im Anhang für die einzelnen Bestandteile des OCI auszuweisen (IAS 1.90). Die Berücksichtigung des Ausweises des Steuereffekts kann durch die Angabe jeder OCI-Komponente als Nach-Steuern-Größe (*net of related tax effects*) oder vor Steuern mit Ausweis des gesamten Steuereffekts auf alle OCI-Komponenten in einem gesonderten Posten erfolgen (IAS 1.91). Des Weiteren müssen auch die aus den im nächsten Absatz beschriebenen *reclassification adjustments* resultierenden Steueraufwendungen und -erträge ausgewiesen werden. In Abbildung 9.16 erfolgt der Steuerausweis in einer Summe im *statement of profit or loss and other comprehensive income*. Tabelle 9.17 zeigt ein Beispiel für die Anhangangabe zur Aufsplitterung der mit dem OCI in Verbindung stehenden Steueraufwendungen und -erträge.

Reclassification adjustment

Die Bestandteile des OCI lassen sich danach unterschieden, ob sie bei ihrer Auflösung GuV-wirksam im Periodenergebnis erfasst werden (*reclassification*) oder nicht. Diese GuV-wirksame Umklassifizierung (*reclassification adjustment*) zuvor als OCI erfasster Sachverhalte – auch als *recycling* bezeichnet – ist in den jeweiligen Standards geregelt und wird nur bei GuV-neutral erfassten Aufwendungen und Erträgen aus Währungsumrechnungsdifferenzen (IAS 21.48), aus Marktwertänderungen bei Finanzinstrumenten der Kategorie »*available-for-sale financial assets*« (IAS 39.55b) und bei dem effektiven Teil von *cashflow hedges* (IAS 39.100) angewendet. Wenn solch ein *reclassification adjustment* vorgenommen wird, muss dieses im *statement of profit or loss and other comprehensive income* oder im Anhang angegeben werden (IAS 1.94). Falls der Ausweis im Anhang erfolgt, müssen die Endbestände der OCI-Komponenten nach der durchgeführten Umklassifizierung angegeben werden (vgl. Tabelle 9.18).

Other comprehensive income:
Exchange differences on translating foreign operations
Available-for-sale financial assets:[1)]
Gains arising during the year
Less: Reclassification adjustments for gains included in profit or loss
Cashflow hedges:
Gains (losses) arising during the year
Less: Reclassification adjustments for gains (losses) included in profit or loss
Less: Adjustments for amounts transferred to initial carrying amount of hedged items
Gains (losses) on property revaluation
Remeasurments of defined benefit pension plans
Share of other comprehensive income of associates and joint ventures
Other comprehensive income
Income tax relating to components of other comprehensive income
Other comprehensive income for the period

1) Wenn bereits IFRS 9 angewendet wird, werden hier anstatt der *available-for-sale financial assets* die *investments in equity instruments* ausgewiesen. Für diese kann jedoch kein GuV-wirksames *reclassification adjustment* vorgenommen werden.

Tab. 9.18: Abbildung der reclassification adjustments im Anhang (vgl. IAS 1.IG6 Part I)

Falls das OCI aus der Neubewertung des Sachanlagevermögens bzw. immaterieller Vermögenswerte oder aus Neubewertungen im Rahmen der Pensionsrückstellungsbilanzierung resultiert, kann in diesen Fällen kein *reclassification adjustment*, also keine GuV-wirksame Auflösung zuvor GuV-neutral im Eigenkapital erfasster Sachverhalte, vorgenommen werden, da eine Neubewertungsrücklage nur durch eine Umbuchung innerhalb des Eigenkapitals in die Gewinnrücklagen *(retained earnings)* aufgelöst und somit realisiert werden kann (IAS 1.96; IAS 16.41; IAS 38.87). Neubewertungen von leistungsorientierten Versorgungsplänen sind in der Periode, in der sie entstehen, als OCI direkt in den Gewinnrücklagen zu erfassen (IAS 19.120c). Die nach IFRS 9 geregelten OCI-Sachverhalte sind ebenfalls GuV-neutral zu erfassen.

Zusätzlich entfallen auf die *recycling*-fähigen und nicht *recycling*-fähigen OCI-Bestandteile die Anteile an dem OCI von nach der Equity-Methode bilanzierten Unternehmen.

Recycling von OCI-Komponenten

Weiterhin müssen OCI-Sachverhalte getrennt nach der Möglichkeit des *recycling* (GuV-wirksame Auflösung im Periodenergebnis) oder der dauerhaften GuV-neutralen Erfassung separat ausgewiesen werden (IAS 1.82A). Wenn ein Unternehmen die Möglichkeit des IAS 1.91b in Anspruch nimmt und die Gesamtsumme des OCI als einen Wert vor Steuern ausweist, sind in Summe die Steuereffekte den zugehörigen, nach der *recycling*-Möglichkeit getrennt dargestellten OCI-Bestandteilen zuzuordnen (vgl. Tabelle 9.16).

b) Single statement approach

Beim *single statement approach* werden die Bestandteile des aus der GuV resultierenden Periodenergebnisses (*profit or loss*) und das OCI in einer Gesamtergebnisrechnung (*statement of profit or loss and other comprehensive income*) zusammengefasst (IAS 1.10).

Bestandteile des statement of profit or loss and other comprehensive income (single statement approach)

Neben den GuV-wirksam erfassten Aufwendungen und Erträgen nach dem Gesamtkosten- oder Umsatzkostenverfahren (vgl. zu einer detaillierteren Beschreibung der einzelnen GuV-Posten S. 556 ff.), die unter Beachtung der Mindestgliederungsbestandteile des IAS 1.82a-ea ausgewiesen werden, wird in einer Zwischensumme das sich daraus ergebende Periodenergebnis (*profit or loss*) aufgezeigt. Im unmittelbaren Anschluss erfolgt eine Auflistung aller außerhalb der Jahresüberschussermittlung erfassten Komponenten des OCI (vgl. in diesem Kapitel, S. 586), sodass als zweite Zwischensumme das *other comprehensive income* ausgewiesen wird. Beide Zwischensummen (*profit or loss* und *other comprehensive income*) ergeben in Summe das Gesamtergebnis (*total comprehensive income*) (vgl. Tabelle 9.19).

Wie bereits ausgeführt, müssen OCI-Sachverhalte nach der Möglichkeit des *recycling* (GuV-wirksame Auflösung im Periodenergebnis) oder der dauerhaften GuV-neutralen Erfassung getrennt ausgewiesen werden (IAS 1.82A). Wenn ein Unternehmen die Möglichkeit des IAS 1.91b in Anspruch nimmt und die Gesamtsumme des OCI als einen Wert vor Steuern ausweist, sind in Summe die Steuereffekte den zugehörigen, nach der *recycling*-Möglichkeit getrennt dargestellten OCI-Bestandteile zuzuordnen (vgl. Tabelle 9.19).

Revenue
Cost of sale
Gross profit
Other income
Distribution costs
Administrative expenses
Other expenses
Finance costs
Share of profit of associates
Profit before tax
Income tax expense
Profit for the period from continuing operations
Profit/Loss for the period from discontinued operations
Profit for the period
Other comprehensive income:
Items that will not be reclassified to profit or loss:
+/– *Gains (losses) on property revaluation*
+/– *Remeasurements of defined benefit pension plans*
+/– *Share of gain (loss) on property revaluation of associates*
+/– *Income tax relating to items not reclassified*
Items that may be reclassified subsequently to profit or loss:
+/– *Exchange differences on translating foreign operations*
+/– *Available-for-sale financial assets*[1]
+/– *Cashflow hedges*
+/– *Income tax relating to items that may be reclassified*
Other comprehensive income for the period, net of tax
Total comprehensive income for the period
Profit attributable to:
Owners of the parent
Non-controlling interests
Total comprehensive income attributable to:
Owners of the parent
Non-controlling interests
Earnings per share (in currency units)
Basic and diluted
1) Wenn bereits IFRS 9 angewendet wird, werden hier anstatt der *available-for-sale financial assets* die *investments in equity instruments* ausgewiesen. Für diese kann jedoch kein GuV-wirksames *reclassification adjustment* vorgenommen werden. Deshalb sind sie unter den *items that will not be reclassified to profit or loss* auszuweisen.

Tab. 9.19: *Statement of profit or loss and other comprehensive income (single statement approach)* (vgl. IAS 1.IG6 Part I)

Weitere Angabepflichten

Hinsichtlich Anteilen an assoziierten Unternehmen und *joint ventures* (IAS 1.82c), auf das OCI entfallende Steueraufwendungen und -erträge

(IAS 1.90), *recycling*-Maßnahmen (IAS 1.94) sowie die auf Minderheits- und Mehrheitsgesellschafter entfallenden Anteile am Periodenergebnis und Gesamtergebnis (IAS 1.81B) sind die gleichen Angaben zu machen wie bei Anwendung des *two-statement approach* (vgl. in diesem Kapitel, S. 585 ff.).

Die in Tabelle 9.19 erfolgte Darstellung der Gesamtergebnisrechnung nach dem *single statement approach* wurde nach dem Umsatzkostenverfahren vorgenommen; das Gesamtkostenverfahren ist ebenfalls möglich.

2. Gesamtergebnisrechnung nach US-GAAP

Darstellung des Gesamtergebnisses nach US-GAAP

Wie bereits erwähnt (vgl. in diesem Kapitel, S. 520), ergeben sich aus den US-GAAP grundsätzlich zwei Möglichkeiten zur Darstellung des Unternehmenserfolgs, der sich im Gesamtergebnis ausdrückt: Der *two-statement approach* und der *one-statement approach*. Die Darstellungen der ersten beiden Formen entsprechen gemäß ASC 220-10-55-7 ff. (früher FAS 130) im Grundsatz jenen nach IAS 1. Aus dem ASC lässt sich keine Präferenz für eine der beiden Darstellungsformen erkennen, beide stehen gleichwertig nebeneinander.

In ASC 220-10-45-10A werden die Ursachen für alle als OCI zu erfassenden Aufwendungen und Erträge aufgeführt. Hierunter fallen bestimmte Währungsdifferenzen, unrealisierte Gewinne und Verluste im Zusammenhang mit *available-for-sale securities* und Marktwertänderungen von *cashflow hedges* und Gewinne und Verluste aus der Bilanzierung von Pensionsrückstellungen.

Reclassification adjustments der Komponenten des *other comprehensive income* sind entweder im *statement of comprehensive income* oder im Anhang anzugeben (ASC 220-10-45-17). Die Bestände des OCI können alle nach Steuern oder jeweils vor Steuern ausgewiesen werden. Im Falle des Ausweises vor Steuern ist zusätzlich der aggregierte Steueraufwand bzw. -ertrag in einem Betrag anzugeben (ASC 220-10-45-11).

ASC 220-10-55-9 zeigt beispielhaft den Aufbau eines separaten *statement of comprehensive income*:

Statement of Comprehensive Income
Net income
Other comprehensive income, net of tax:
Foreign currency translation adjustments
Unrealized gains on securities:
Unrealized holding gains arising during period
Less: reclassification adjustment for gains included in net income
Defined benefit pension plans:
Prior service cost arising during period
Net loss arising during period
Less: amortizaztion of prior service cost included in net periodic pension cost
Other comprehensive income
Comprehensive income

Abb. 9.5: *Statement of comprehensive income* nach US-GAAP

D. Ergebnisverwendungsrechnung

Darstellung der Ergebnisverwendungsrechnung nach HGB/AktG

Da es für Aktionäre von großem Interesse ist, wie das Management das Periodenergebnis verwendet oder zur Verwendung vorschlägt, fordert § 158 Abs. 1 AktG die Ergebnisentstehungsrechnung, um eine Ergebnisverwendungsrechnung zu ergänzen. Dabei hat diese Rechnung die Aufgabe, aufzuzeigen, aus welchen Mitteln die Ausschüttungen an Aktionäre gespeist werden, d. h. es geht im Wesentlichen um die Auflösung oder Dotierung von Rücklagen (vgl. hierzu 6. Kapitel, S. 340 ff.). Diese Rechnung ist entweder direkt im Anschluss an den Jahresüberschuss unter Fortführung der gesetzlichen Postennummerierung des § 275 HGB oder separat im Anhang aufzunehmen. Die handelsrechtliche Verpflichtung zur Erstellung eines Eigenkapitalspiegels (§ 264 Abs. 1 Satz 2 und § 297 Abs. 1 HGB; vgl. in diesem Kapitel, S. 594) bleibt davon unberührt. Auch andere Rechtsformen als AG und KGaA, die nicht unter das Aktiengesetz fallen, dürfen eine Ergebnisverwendungsrechnung an die GuV anhängen (§ 275 Abs. 4 HGB).

Posten der Ergebnisverwendungsrechnung

§ 158 Abs. 1 AktG gibt eine Mustergliederung für die Ergebnisverwendungsrechnung vor. Im Folgenden werden die wesentlichen Posten und deren Inhalte kurz erläutert.

Gewinn- und Verlustvortrag

Der Gewinnvortrag oder Verlustvortrag aus dem Vorjahr (Gesamtkostenverfahren: Posten Nr. 21; Umsatzkostenverfahren: Posten Nr. 20) beeinflusst den Bilanzgewinn unterschiedlich. Wurde bei Beschluss der Gewinnverwendung durch die Hauptversammlung ein Teil des Bilanzgewinns nicht ausgeschüttet (§ 174 AktG), so ergibt sich ein Gewinnvortrag in die nächste Periode. Ein Verlustvortrag des Vorjahres wirkt Bilanzgewinn mindernd, ein Gewinnvortrag dagegen Bilanzgewinn erhöhend.

Entnahmen aus den Kapital- und Gewinnrücklagen

Unter den Posten Nr. 22 (Gesamtkostenverfahren) bzw. Nr. 21 (Umsatzkostenverfahren) müssen die »Entnahmen aus der Kapitalrücklage« gesondert ausgewiesen werden. Entnahmen aus den Gewinnrücklagen, die im Gegensatz zu der Kapitalrücklage im abgelaufenen oder in einem früheren Geschäftsjahr aus dem Ergebnis gebildet wurden (§ 272 Abs. 3 HGB), müssen unter den Posten Nr. 23 (Gesamtkostenverfahren) bzw. Nr. 22 (Umsatzkostenverfahren) ausgewiesen und gemäß § 158 Abs. 1 AktG untergliedert werden in:

(a) Entnahmen aus der gesetzlichen Rücklage,
(b) Entnahmen aus der Rücklage für Anteile an einem herrschenden oder mehrheitlich beteiligten Unternehmen,
(c) Entnahmen aus satzungsmäßigen Rücklagen,
(d) Entnahmen aus anderen Gewinnrücklagen.

Sollen Entnahmen aus den Kapital- oder gesetzlichen Rücklagen getätigt werden, so sind die in § 150 Abs. 3 und 4 AktG genannten Bedingungen zu beachten (vgl. ADS [1995 ff.], § 158 AktG Tz. 9 und 6. Kapitel, S. 344 ff.).

Entnahmen für Kapitalerhöhung etc.

Die Entnahmen für eine Kapitalerhöhung aus Gesellschaftsmitteln und für die Übertragung satzungsmäßiger und anderer Rücklagen auf die gesetzlichen Rücklagen müssen nicht unbedingt über die Ergebnisverwendungsrechnung erfolgen. Es genügt, diese Verschiebungen zwischen den Bilanzposten in der Bilanz darzustellen und kenntlich zu machen (vgl. ADS [1995 ff.], § 158 AktG Tz. 10 und 12 ff.).

§ 240 Satz 1 AktG schreibt vor, dass die bei einer ordentlichen Kapitalherabsetzung anfallenden Buchgewinne als Sonderposten »Ertrag aus der Kapitalherabsetzung« (Gesamtkostenverfahren: Posten Nr. 23e, Umsatzkostenverfahren: Posten Nr. 22e) im Anschluss an die Entnahmen aus anderen Gewinnrücklagen auszuweisen sind (vgl. ADS [1995 ff.], § 158 AktG Tz. 23). Ein bei der Kapitalherabsetzung durch Einziehung von Aktien anfallender Betrag ist dagegen gemäß § 237 Abs. 5 AktG ohne Berührung der Ergebnisverwendungsrechnung der Kapitalrücklage zuzuführen.

Ertrag aus Kapitalherabsetzung

Eine Einstellung in die Kapitalrücklage nach § 229 Abs. 1 HGB (sog. »Vereinfachte Kapitalherabsetzung«) ist als »Einstellung in die Kapitalrücklage nach den Vorschriften über die vereinfachte Kapitalherabsetzung« (Gesamtkostenverfahren: Posten Nr. 22a, Umsatzkostenverfahren: Posten Nr. 21a) gesondert auszuweisen. Dieser Einstellungsposten wird dann erforderlich, wenn mit Hilfe der vereinfachten Kapitalherabsetzung Beträge in die Kapitalrücklage eingestellt werden sollen (§ 229 Abs. 1 AktG) oder bei einer Durchführung zu Zwecken des Ausgleichs von Wertminderungen oder der Abdeckung von sonstigen Verlusten sich diese kleiner als angenommen erweisen (§ 232 AktG).

- vereinfachte Kapitalherabsetzung

Bei den Zuführungen zu den offenen Rücklagen ist zwischen Kapital- und Gewinnrücklagen zu unterscheiden. Die Zuführungen zu den Kapitalrücklagen sind – mit Ausnahme der Einstellung nach den Vorschriften über die vereinfachte Kapitalherabsetzung (siehe oben) – nicht in der Ergebnisverwendungsrechnung, sondern wahlweise in der Bilanz oder im Anhang auszuweisen (§ 152 Abs. 2 AktG), da es sich hier um extern zugeführtes und nicht um vom Unternehmen selbst erwirtschaftetes Kapital handelt.

Zuführungen zu den Kapitalrücklagen

Stattdessen sind Einstellungen aus dem Jahresüberschuss in die Gewinnrücklagen (= selbst erwirtschaftete Mittel) zwingender Bestandteil der Ergebnisverwendungsrechnung (§ 158 Abs. 1 Nr. 4 AktG). Dabei sind die Einstellungen in die gesetzliche Rücklage (Pflichtzuführungen gemäß § 150 Abs. 2 AktG), in die Rücklage für Anteile an einem herrschenden oder mehrheitlich beteiligten Unternehmen, in die satzungsmäßigen Rücklagen und andere Gewinnrücklagen gesondert aufzuführen.

Einstellungen aus dem Jahresüberschuss in die Gewinnrücklagen

Der Saldo der Ergebnisverwendungsrechnung ist der Bilanzgewinn/Bilanzverlust. Dies ist der Eigenkapitalbetrag, der den Gesellschaftern vom Vorstand und Aufsichtsrat zur Ausschüttung vorgeschlagen wird.

Bilanzgewinn/ Bilanzverlust

Ein weiterer in der Ergebnisverwendungsrechnung auszuweisender Posten ergibt sich für AG und KGaA aus den aktienrechtlichen Vorschriften, wenn es aufgrund einer Sonderprüfung wegen unzulässiger Unterbewertung (§§ 258, 259 AktG) oder einer daran anschließenden gerichtlichen Entscheidung (§ 260 AktG) zu einer Abänderung der zu niedrigen aktiven bzw. zu hohen passiven Bilanzansätze kommt. In diesen Fällen ist in der Ergebnisverwendungsrechnung die Summe dieser Wertänderungen als »Ertrag aufgrund höherer Bewertung gemäß Sonderprüfung oder gerichtlicher Entscheidung« als Sonderposten Nr. 26 (Gesamtkostenverfahren) bzw. Nr. 25 (Umsatzkostenverfahren) auszuweisen.

Erträge aufgrund höherer Bewertung gemäß Sonderprüfung

Eine Ergebnisverwendungsrechnung i. S. des § 158 AktG ist den IFRS fremd; Einstellungen in Rücklagen werden hier im Wesentlichen aus der Eigenkapitalveränderungsrechnung (vgl. in diesem Kapitel, S. 596 ff.) ersichtlich, und nur der auf Minderheits- und Mehrheitsgesellschafter entfallende Teil am Periodenergebnis und am Gesamtergebnis ist am Ende der entsprechenden Rechenwerke auszu-

Ergebnisverwendungsrechnung nach IFRS und US-GAAP

weisen (IAS 1.81B). Zusätzlich ist die Dividende je Aktie in der Eigenkapitalveränderungsrechnung oder alternativ im Anhang anzugeben (IAS 1.107). In der US-amerikanischen Rechnungslegung ist eine der aktienrechtlichen Ergebnisverwendungsrechnung ähnliche Darstellung der Entwicklung der Gewinnrücklagen (*retained earnings statement*) zu präsentieren. Diese wird üblicherweise in die Eigenkapitalveränderungsrechnung integriert, sie kann aber auch als separates Rechenwerk gezeigt werden. Im letzteren Fall erfolgt die Darstellung analog zum handelsrechtlichen Jahresabschluss im Anschluss an die Ergebnisrechnung (CON 5.14; vgl. Kieso, D. E./Weygandt, J. J./Warfield, T. D. [2013], S. 181 f.).

E. Eigenkapitalveränderungsrechnung

Aufgabe der Eigenkapitalveränderungsrechnung

Die Eigenkapitalveränderungsrechnung – auch Eigenkapitalspiegel genannt – hat die Aufgabe, neben dem Unternehmenserfolg auch alle anderen Eigenkapitalveränderungen während einer Rechnungsperiode darzustellen.

I. Eigenkapitalveränderungsrechnung nach nationalen Normen

Erstellungspflicht

Eine Verpflichtung zur Aufstellung eines gesonderten Eigenkapitalspiegels sieht der deutsche Gesetzgeber für alle Konzernabschlüsse von Kapitalgesellschaften seit Umsetzung des Transparenz- und Publizitätsgesetzes aus dem Jahre 2002 vor (§ 297 Abs. 1 HGB). Seit BilMoG müssen gemäß § 264 Abs. 1 HGB auch kapitalmarktorientierte Kapitalgesellschaften, die nicht der Aufstellungspflicht eines Konzernabschlusses unterliegen, in ihren Jahresabschluss einen Eigenkapitalspiegel aufnehmen. Eine generelle Erstellungspflicht im Jahresabschluss besteht nach deutschem Recht nicht. Personenhandelsgesellschaften und Einzelkaufleute, die dem Publizitätsgesetz unterliegen, sind darüber hinaus auch im Konzernabschluss von der Verpflichtung zur Erstellung eines Eigenkapitalspiegels (und auch der Kapitalflussrechnung) befreit, sofern sie nicht kapitalmarktorientiert i. S. des § 264d sind (§ 13 Abs. 3 Satz 2 PublG).

Das DRSC hat zum Konzerneigenkapitalspiegel Vorgaben in DRS 7 »Konzerneigenkapital und Konzerngesamtergebnis« erarbeitet, die als Referenzrahmen für die Erstellung einer Eigenkapitalveränderungsrechnung zur Erfüllung der gesetzlichen Erstellungspflicht dienen können. Ein Konzerneigenkapitalspiegel hat danach die Entwicklung der in Tabelle 9.20 genannten Posten des Konzerneigenkapitals für Berichtsjahr und Vorjahr zum Inhalt.

Besonderheiten bei der Eigenkapitaldarstellung

Bei Mutterunternehmen, die nicht in der Rechtsform einer Kapitalgesellschaft firmieren, hat eine entsprechende Anpassung der Posten des Konzerneigenkapitals zu erfolgen (DRS 7.8 f. auch i. V. m. § 264c Abs. 2 HGB). Dies schließt auch die Berücksichtigung branchenspezifischer Besonderheiten mit ein (DRS 7.10). Die Anschaffungskosten für den Erwerb eigener Anteile sind offen von dem Eigenkapital, das dem Mutterunternehmen zuzurechnen ist, abzusetzen (DRS 7.11). Die Überleitung des Konzernjahresüberschusses bzw. -fehlbetrags auf das Konzerngesamtergebnis ist jeweils gesondert für das Mutterunternehmen und die Minderheitsgesellschafter unter Einbeziehung des (kumulierten) übrigen Konzernergebnisses vorzunehmen (DRS 7.14). Letzteres entspricht seinem Charakter nach dem *other comprehensive income*, umfasst in einem HGB-Abschluss aber nur sehr wenige Sachverhalte; wesentlicher Bestandteil sind vor allem Währungsumrechnungsdifferenzen.

	Mutterunternehmen							**Minderheitsgesellschafter**			**Konzern-eigen-kapital**
	Gezeichnetes Kapital	Nicht eingeforderte ausstehende Einlagen	Kapitalrücklage	Erwirtschaftetes Konzerneigenkapital	Eigene Anteile, die zur Einziehung bestimmt sind	Kumuliertes übriges Konzernergebnis	**Eigenkapital**	Minderheitenkapital	Kumuliertes übriges Konzernergebnis	**Eigenkapital**	
Stand am 31.12.01											
Ausgabe von Anteilen											
Erwerb/Einziehung eigener Anteile											
Gezahlte Dividenden											
Änderung des Konsolidierungskreises											
Übrige Veränderungen											
Konzern-Jahresüberschuss/-fehlbetrag											
Übriges Konzernergebnis											
Konzerngesamtergebnis											
Stand am 31.12.02											

Tab. 9.20: Konzerneigenkapitalspiegel nach DRS 7

Ergänzende Angaben

Neben der Darstellung der Konzerneigenkapitalentwicklung bestehen folgende Informationserfordernisse (DRS 7.15 f.):

- Angabe des am Stichtag zur Ausschüttung an die Gesellschafter zur Verfügung stehenden Betrags;

- Angabe des Betrags, der einer Ausschüttungssperre unterliegt (aufgrund einer gesetzlichen bzw. satzungsmäßigen Bestimmung oder gemäß Gesellschaftsvertrag);
- Angabe und Erläuterung der »übrigen Veränderungen« sowie des »übrigen Konzernergebnisses«, falls diese das Kriterium der Wesentlichkeit erfüllen.

II. Eigenkapitalveränderungsrechnung nach IFRS

(in GE)	*Share capital*	*Retained earnings*	*Translation of foreign operations*	*Available-for-sale financial assets*[1]	*Cash-flow hedges*	*Revaluation surplus*	*Total*	*Non-controlling interests*	*Total equity*
Balance at 1 January 01	x	x	(x)	x	x	-	x	x	x
Changes in accounting policy	-	x	-	-	-	-	x	x	x
Restated balance	x	x	(x)	x	x	-	x	x	x
Changes in equity for 01									
Dividends	-	(x)	-	-	-	-	(x)	-	(x)
Total comprehensive income for the period	-	x	x	x	(x)	x	x	x	x
Balance at 31 December 01	x	x	x	x	(x)	x	x	x	x
Changes in equity for 02									
Issue of share capital	x	-	-	-	-	-	x	-	x
Dividends	-	(x)	-	-	-	-	(x)	-	(x)
Total comprehensive income for the period	-	x	x	(x)	(x)	x	x	x	x
Transfer to retained earnings	-	x	-	-	-	x	-	-	-
Balance at 31 December 02	x	x	x	x	(x)	x	x	x	x

1) Wenn bereits IFRS 9 angewendet wird, werden hier anstatt der *available-for-sale financial assets* die *investments in equity instruments* ausgewiesen.

Tab. 9.21: Eigenkapitalveränderungsrechnung nach IFRS (vgl. IAS 1.IG6 Part I)

Bestandteile

Nach IFRS umfasst die sowohl für den Einzel- als auch Konzernabschluss verpflichtend aufzustellende Eigenkapitalveränderungsrechnung (*statement of changes in equity)* (IAS 1.10c) die Mindestbestandteile gemäß IAS 1.106:

- Gesamtergebnis der Periode (*total comprehensive income*) mit einem separaten Ausweis des jeweils auf die Minderheitsgesellschafter (*non-controlling interests*) und Mehrheitsgesellschafter (*owners of the parent*) entfallenden Anteils;
- separater Ausweis der retrospektiven Auswirkungen, der nach IAS 8 erfassten Bilanzierungs- und Bewertungsmethodenänderungen sowie Fehlerkorrekturen für jede Eigenkapitalkomponente;
- Überleitung der Buchwerte vom Periodenbeginn zum Periodenende für jede Eigenkapitalkomponente mit gesondertem Ausweis der Entwicklung des Periodenergebnisses (*profit or loss*), der Bestandteile des *other comprehensive income* und der Transaktionen (Einzahlungen, Auszahlungen) mit Anteilseignern in ihrer Eigenschaft als Eigentümer.

Bei der Überleitung der Buchwerte des OCI sind – vgl. hierzu das an IAS 1.IG6 Part I angelehnte Beispiel in Tabelle 9.21 – keine *reclassification adjustments* anzugeben, da diese in die Gesamtergebnisrechnung oder in den Anhang aufzunehmen sind (vgl. in diesem Kapitel, S. 588).

Ein Ausweiswahlrecht besteht für den Gesamtbetrag der Ausschüttungen (Dividendenzahlungen) der Periode an die Anteilseigner und für den entsprechenden Betrag pro Anteil, da diese Werte entweder im *statement of changes in equity* oder im Anhang angegeben werden können (IAS 1.107).

Eine Eigenkapitalveränderungsdarstellung hat jeweils zwei komplette Perioden zu umfassen, die aktuelle Berichtsperiode sowie das Vorjahr (IAS 1.38), d. h. es wird die Veränderung des Eigenkapitals vom Eröffnungsbestand des Vorjahres bis zum Endbestand des Berichtsjahres gezeigt. Tabelle 9.21 illustriert in Anlehnung an IAS 1.IG6 Part I eine beispielhafte IFRS-Eigenkapitalveränderungsrechnung.

III. Eigenkapitalveränderungsrechnung nach US-GAAP

Eigenkapitalspiegel

Die Eigenkapitalveränderungsrechnung (*statement of changes in equity*) ist auch nach US-amerikanischen Rechnungslegungsvorschriften Bestandteil des Einzel- und Konzernabschlusses (vgl. ASC 505-10-50-2 (früher APB 12) und ASC 505-10-S99-1 (früher Regulation S-X, Rule 3-04)).

Darstellungsalternativen

Im Gegensatz zu den IFRS bestehen nach US-GAAP mehrere Alternativen für die Darstellung von Eigenkapitalveränderungen. Der Ausweis kann z. B. in einem separaten Rechenwerk (*statement of changes in equity*), innerhalb der Bilanz oder Ergebnisrechnung oder im Anhang erfolgen (vgl. Kieso, D. E./Weygandt, J. J./Warfield, T. D. [2013], S. 848). Grundsätzlich ist die Veränderung der Eigenkapitalkonten (*stockholders' equity*) darzustellen. Das *stockholders' equity* umfasst dabei im Wesentlichen die folgenden Bestandteile: gezeichnetes Kapital (*contributed capital),* Gewinnrücklagen (*retained earnings*) und das kumulierte OCI (*accumulated other comprehensive income*) (vgl. Kieso, D. E./Weygandt, J. J./Warfield, T. D. [2013], S. 184 f.). Die Veränderung der Gewinnrücklagen, z. B. durch Dividendenzahlungen und Fehlerkorrekturen bzw. Methodenänderungseffekte, kann dabei auch separat in einem sog. *retained earnings statement* gezeigt werden (vgl. Kieso, D. E./Weygandt, J. J./Warfield, T. D. [2013], S. 181 f.).

Aufbau

ASC 220-10-55-11 veranschaulicht den Aufbau eines *statement of changes in equity*. In der Eigenkapitalveränderungsrechnung sind die Komponenten des *comprehensive income* aufzuführen; dabei müssen auch das Periodenergebnis (*net income*) sowie das OCI als eigene Posten angegeben werden.

Recycling-Vorgänge

Der Ausweis eines *statement of changes in equity* ist dabei im Wesentlichen mit einem IFRS-Eigenkapitalspiegel gemäß Abbildung 9.21 vergleichbar. Allerdings können nach US-GAAP – im Gegensatz zu IAS 1.94 (vgl. in diesem Kapitel, S. 588 f.) – alle Reklassifizierungen zwischen OCI und *net income*, d. h. alle quantitativen Auswirkungen von *recycling*-Vorgängen, in der Eigenkapitalveränderungsrechnung ausgewiesen werden (ASC 220-10-55-18). Neben der Darstellung der Veränderung des kumulierten OCI sind weiterhin auch alle Veränderungen der Komponenten des OCI einzeln anzugeben. Dies kann z. B. in der Eigenkapitalveränderungsrechnung, in der Bilanz oder im Anhang erfolgen (ASC 220-10-45-14; ASC 220-10-55-15).

SEC-berichtspflichtige Unternehmen haben darüber hinaus die Dividende je Aktie für jede einzelne Aktiengattung offen zu legen (vgl. ASC 505-10-S99-1).

F. Weitere Informationspflicht: Ergebnis je Aktie

Begriffs-bestimmung

Sowohl nach IFRS (IAS 33) als auch nach US-GAAP (ASC 260-10; früher FAS 128) ist für bestimmte Unternehmen die Kennzahl »Ergebnis je Aktie« (*earnings per share*; EPS) im Anschluss an die Ergebnisrechnung anzugeben. Diese Größe soll die vergleichende Beurteilung der Ertragskraft von Unternehmen mit unterschiedlichen Aktiengattungen erleichtern.

Der Begriff »*earnings per share*« ist sowohl nach IFRS als auch nach US-GAAP irreführend gewählt, da *earnings* nur in einer GuV nach US-GAAP die der betrachteten Periode zuzuordnenden Ergebnisbestandteile bezeichnet, sodass *earnings* nur eine Teilmenge – der Rest ist das aperiodische Ergebnis (vgl. Pellens, B./Fülbier, R. U./Gassen, J./Sellhorn, T. [2011], S. 209) – des *net income* darstellen. In der Rechnungslegung nach IFRS findet der Begriff »*earnings*« keine Verwendung. Aus diesen Gründen wäre es in beiden Normensystemen besser, wenn man für das Ergebnis je Aktie Bezeichnungen wie »*profit (or loss) per share*« (IFRS) bzw. »*net income per share*« (US-GAAP) verwenden würde.

Ergebnis je Aktie nach HGB

Das HGB sieht eine den internationalen Rechnungslegungsnormen vergleichbare Informationspflicht dagegen nicht vor. Auf freiwilliger Basis präsentierten HGB-Bilanzierer aber zum Teil ähnliche Kennzahlen, wie beispielsweise das Ergebnis nach DVFA/SG (vgl. hierzu weiterführend DVFA/SG [2000]; 19. Kapitel, S. 1118). Nach DRS ist lediglich im Rahmen eines Unternehmenserwerbs im Konzernanhang für das Erwerbsjahr und das Vorjahr die Angabepflicht eines Ergebnisses je Aktie für das erworbene börsennotierte Unternehmen vorgesehen (DRS 4.56). Durch die verpflichtende Anwendung der IFRS ab 2005 bzw. 2007 für alle deutschen kapitalmarktorientierten Mutterunternehmen haben die Regelungen zur Ermittlung eines Ergebnisses je Aktie nach DVFA/SG stark an Bedeutung verloren, sodass im Folgenden lediglich die Regelungen nach IFRS dargestellt werden.

I. Ergebnis je Aktie nach IFRS

Angabepflicht für börsennotierte Unternehmen

Börsennotierte Unternehmen sowie Unternehmen, die im Begriff sind, Stammaktien oder potenzielle Stammaktien an einer Wertpapierbörse zu emittieren, haben entsprechend IAS 33.2 verpflichtend das Ergebnis je Aktie anzugeben. Hierbei erstreckt sich die Angabepflicht auf das unverwässerte Ergebnis je Aktie (*basic earnings per share*) und das verwässerte Ergebnis je Aktie (*diluted earnings per share*). Falls ein Einzel- und Konzernabschluss erstellt wird, sind die Kennzahlen gemäß IAS 33.4 auf Basis der Daten des Konzernabschlusses zu ermitteln; das auf Einzelabschlusswerten basierende Ergebnis je Aktie darf nicht im Konzernabschluss veröffentlicht werden. Wenn ein Unternehmen IAS 33 anzuwenden hat, muss es auch in den IFRS-Zwischenabschlüssen das Ergebnis je Aktie ausweisen. Im August 2008 hat das IASB einen Exposure Draft zu IAS 33 (ED-IAS 33 »*Simplifying Earnings per Share*«) veröffentlicht; das entsprechende Projekt »*Earnings per Share*« ruht seit April 2009.

Ergebnis je Aktie nach »IFRS for SMEs«

Der IFRS for SMEs enthält keine Regelung und sieht keine verpflichtende Angabe eines Ergebnisses je Aktie vor, jedoch kann auf freiwilliger Basis diese Information in den Abschluss aufgenommen werden (IFRS for SMEs 3.25). Wenn ein Ergebnis je Aktie ausgewiesen wird, muss es nicht nach IAS 33 berechnet werden, die Grundlagen für die Erstellung und Angabe dieser Informationen müssen aber beschrieben werden (vgl. BEKKM [2010], Abschnitt 3 Tz. 53 f.)

Ermittlung

Allgemein wird das Ergebnis je Aktie dadurch ermittelt, dass eine bestimmte Ergebnisgröße durch eine gewichtete Durchschnittszahl von Aktien, auf die das Ergebnis entfällt, geteilt wird:

$$\text{Ergebnis je Aktie} = \frac{\text{Ergebnis}}{\text{Gewichtete Durchschnittszahl der Aktien}}$$

Dabei sind für die Ermittlung von unverwässertem und verwässertem Ergebnis je Aktie jeweils eine unterschiedliche Ergebnisgröße und Aktienanzahl zu verwenden.

Unverwässertes Ergebnis je Aktie

Das unverwässerte Ergebnis je Aktie (*basic earnings per share*) gibt das auf die innerhalb der Periode im Umlauf gewesenen – vom Unternehmen ausgegebenen und nicht im Besitz des Unternehmens befindlichen – (= ausstehenden) Stammaktien des Mutterunternehmens entfallende Periodenergebnis nach Steuern an (IAS 33.9, .10).

- Ordinary shares

Unter Stammaktien (*ordinary shares)* nach IAS 33 versteht man Eigenkapitalinstrumente, die allen anderen Arten von Eigenkapitalinstrumenten nachgeordnet sind (IAS 33.5). *Ordinary shares* sind demnach neben den nach deutschem Verständnis »echten« Stammaktien auch stimmrechtslose Vorzugsaktien, wenn diese einen nachrangigen und unbegrenzten Gewinnanspruch haben. Nicht unter den Begriff *ordinary shares* fallen somit Vorzugaktien, die über Dividendenzahlung und Nennwerttilgung hinaus keinen Anspruch auf das Unternehmensvermögen haben (z. B. sog. amerikanische Vorzugsaktien, übliche limitierte Vorzugsaktien), sowie Minderheitenanteile. Ein Unternehmen kann verschiedene Arten von Stammaktien ausgeben, wobei jede Stammaktienart durch ein bestimmtes Recht auf Dividendenbezug gekennzeichnet ist (IAS 33.6). Für jede Art von Stammaktien muss dann jeweils ein getrenntes Ergebnis je Aktie ausgewiesen werden (IAS 33.66).

- Ergebnis

Ausgangspunkt für die Ermittlung des Ergebnisses je Aktie ist sowohl auf unverwässerter als auch auf verwässerter Basis das aktuelle Periodenergebnis nach Steuern und Minderheitenanteilen. GuV-neutral direkt im Eigenkapital erfasste Sachverhalte (*other comprehensive income*) werden demnach im Ergebnis je Aktie nicht berücksichtigt. Dabei hat grundsätzlich ein getrennter Ausweis einer EPS-Zahl für das Ergebnis aus fortgeführten Geschäftsbereichen (*profit or loss from continuing operations*) und für das Ergebnis aus aufgegebenen Geschäftsbereichen (*profit or loss from discontinued operations*) zu erfolgen. Das EPS für *discontinued operations* kann dabei entweder im Anhang oder in der Gesamtergebnisrechnung angegeben werden (IAS 33.68). Nach IFRS findet keine Bereinigung des Jahresergebnisses um ungewöhnliche und dispositionsabhängige Ergebnisbestandteile statt. Stattdessen dürfen nur die Beträge einbezogen werden, die auf die Stammaktionäre des Mutterunternehmens entfallen. Dies führt dazu, dass der auf die Vorzugsaktionäre entfallende Nachsteuerbetrag (im Wesentlichen Vorzugsdividenden) aus dem Jahresergebnis herauszurechnen ist (IAS 33.12 ff.).

- Erweiterung der Ergebniskomponenten

Grundsätzlich ist das Ergebnis je Aktie auf Basis des Periodenergebnisses zu berechnen (IAS 33.9 f.). Gemäß IAS 33.73 können jedoch auch zusätzliche EPS-Kennzahlen freiwillig angegeben werden, deren Darstellung aber nur im Anhang zulässig ist. Hierbei kann der Zähler aus anderen Komponenten des Gesamtergebnisses bestehen und somit neben dem Periodenergebnis auch alle OCI-Komponenten beinhalten, wodurch sich dann ein »Gesamtergebnis je Aktie« ergeben würde (vgl. Pellens, B./Fülbier, R. U./Gassen, J./Sellhorn, T. [2011], S. 915).

- Aktienzahl

Für die Ermittlung der ins Verhältnis zu setzenden Aktien wird der gewichtete Durchschnitt sämtlicher in der Periode ausstehender Stammaktien zugrunde gelegt. Die Ermittlung des gewichteten Durchschnitts der Aktienzahl ergibt sich dabei aus dem Verhältnis zwischen dem Zeitraum, in dem sich die entsprechenden ausstehenden Aktien im Umlauf befanden, und dem Zeitraum der Berichtsperiode (IAS 33.19 ff.). Neu emittierte Aktien erhöhen die Aktienzahl durch Multiplikation mit dem Gewichtungsfaktor, während Aktienrückkäufe zu einer entsprechenden Minderung führen.

In Bezug auf die Ermittlung der Aktienanzahl sind z. B. Gratisaktien, Aktiensplits und Bezugsrecht gesondert zu behandeln. Bei der Ausgabe von Gratisaktien und Aktiensplits erhöht sich zwar die Aktienanzahl, aber für die Aktionäre bleibt der prozentuale Anteil am Stammkapital unverändert und dem Unternehmen steht durch die Ausgabe von Gratisaktien und Aktiensplits nicht mehr Kapital zu Verfügung, das ergebnisbeeinflussend eingesetzt werden könnte. Würde die Aktienanzahl ab dem Zeitpunkt der Ausgabe von Gratisaktien oder des Aktiensplits entsprechend erhöht, hätte dies einen ungerechtfertigten verwässernden Einfluss auf das Ergebnis je Aktie. Deswegen sieht IAS 33.28 vor, dass das Ergebnis je Aktie von Beginn an für die Berichts- und Vergleichsperioden auf Basis der neuen Aktienanzahl nach Ausgabe von Gratisaktien und Aktiensplitting zu berechnen ist (= rückwirkende Anpassung) (vgl. Ballwieser, W./Beine, F./Hayn, S./Peemöller, V. H./Schruff, L./Weber, C.-P. [2011], Abschnitt 20, Tz. 25 ff.; Haufe IFRS-Kommentar [2013], § 35 Tz. 21). Bei der Vergabe von Bezugsrechten wird es bestehenden Aktionären ermöglicht, zu vergünstigten Konditionen (= Ausgabekurs unter Marktwert) zusätzliche Anteile zu erwerben. Dem Unternehmen fließt zwar Kapital zu, doch nicht in dem Umfang, der sich bei der Ausgabe von Aktien ergeben hätte. So ist auch in diesem Fall eine rückwirkende Anpassung der Aktienanzahl vorzunehmen, indem entsprechend IAS 33.A2 die bisherige Aktienanzahl mit dem Quotienten aus dem Marktwert der Aktie unmittelbar vor und nach der Bezugsrechtsausübung multipliziert wird (vgl. Haufe IFRS-Kommentar [2013], § 35 Tz. 23).

Das Beispiel in Tabelle 9.22 verdeutlicht die Ermittlung der gewichteten Durchschnittszahl der ausstehenden Aktien einer Periode (das Beispiel ist entnommen aus IAS 33.IE Example 2):

		Ausgegebene Aktien	Eigene Aktien	Ausstehende Aktien
01.01.01	Bestand zu Jahresbeginn	2.000	300	1.700
31.05.01	Emission neuer Aktien	800	-	2.500
01.12.01	Kauf von eigenen Aktien	-	250	2.250
31.12.01	Bestand am Jahresende	2.800	550	2.250
Berechnung des gewichteten Durchschnitts: (1.700 × 5/12) + (2.500 × 6/12) + (2.250 × 1/12) = 2.146 Aktien (1.700 × 12/12) + (800 × 7/12) - (250 × 1/12) = 2.146 Aktien				

Tab. 9.22: Beispiel zur Ermittlung der gewichteten Durchschnittszahl der Aktien

Verwässertes Ergebnis je Aktie

Das verwässerte Ergebnis je Aktie trägt der Tatsache Rechnung, dass sich die Anzahl der Stammaktien durch Ausübung von Bezugsrechten in der Zukunft verändern kann (Verwässerungseffekt). Für die Ermittlung des verwässerten Ergebnisses je Aktie (*diluted earnings per share*) wird deshalb nicht nur auf die momentan ausstehenden Stammaktien abgestellt, sondern zu diesen werden zusätzlich potenzielle Stammaktien hinzugezählt (*potential ordinary shares*).

- Potential ordinary shares

Potenzielle Stammaktien sind alle Finanzinstrumente oder sonstigen Verträge, die von ihren Inhabern in Stammaktien getauscht werden können. Typische Beispiele sind Wandelanleihen bzw. -schuldverschreibungen, Aktienoptionen oder künftige Bezugsrechte für neue Aktien. Hat ein Unternehmen keine solchen potenziellen Stammaktien ausgegeben, so erübrigt sich konsequenterweise die Bestimmung eines verwässerten Ergebnisses.

- Ergebnis

Für die Berechnung des verwässerten Ergebnisses je Aktie wird nun unterstellt, dass eine Umwandlung der potenziellen Stammaktien in tatsächliche Stammaktien stattgefunden hätte (= *if-converted method*). Dadurch soll eine zukunftsgerichtete Kennzahl der Ertragskraft ermittelt werden. Entsprechend ist im Zähler eine Bereinigung um die (Nachsteuer-)Auswirkungen auf das Jahresergebnis, die aus der Ausübung der Bezugsrechte resultieren, vorzunehmen (IAS 33.32a). Im Beispiel einer Wandelanleihe erhöht sich in diesem Sinne das Jahresergebnis um die im Fall des Umtauschs in Stammaktien nicht mehr zu zahlenden Zinsen.

- Aktienzahl

Die für die Berechnung des verwässerten Ergebnisses im Nenner heranzuziehende Aktienzahl ergibt sich aus den durchschnittlich ausstehenden Stammaktien zuzüglich der gewichteten durchschnittlichen Anzahl von potenziellen Stammaktien (IAS 33.32b). Die Anzahl der potenziellen Stammaktien ist die Zahl an Stammaktien, die sich bei einer Ausübung des jeweiligen Bezugsrechts ergeben würde. Hat das Unternehmen eine vertragliche Vereinbarung getroffen, die es entweder mit Stammaktien oder mit liquiden Mitteln bedienen kann, ist davon auszugehen, dass der Vertrag in Stammaktien erfüllt wird. Diese Bezugsrechte müssen dann in jedem Fall als potenzielle Stammaktien einbezogen werden (IAS 33.58). Sieht das Bezugsrecht – wie beispielsweise bei Wandelanleihen üblich – ein festes Umtauschverhältnis vor, so ist die Zahl der daraus resultierenden potenziellen Stammaktien leicht zu bestimmen. Bei Optionen dagegen berechnet sich die Anzahl an potenziellen Stammaktien aus dem Vergleich der aus der Ausübung erzielten Erlöse mit den fiktiven, bei einer Ausgabe neuer Aktien zu Marktkonditionen erzielten Erlösen. Als Marktwert wird hierbei der durchschnittliche Aktienkurs während der Periode unterstellt (IAS 33.45 ff.). Optionen haben somit nur dann einen verwässernden Effekt, wenn ihr innerer Wert während der Periode positiv war (vgl. Haufe IFRS-Kommentar [2013], § 35 Tz. 43); liegt der Ausübungsbetrag dagegen in Höhe des Marktpreises oder darüber, tritt kein Verwässerungseffekt ein. Dieses Berechnungsverfahren ist mit der in anderen Ländern angewendeten *treasury stock method* gleichzusetzen.

Beispiel

Periodengewinn für das Jahr 01 (in GE)	1.200.000
Gewichtete Durchschnittszahl der in 01 ausstehenden Aktien	500.000
Periodendurchschnittskurs der Stammaktie in 01 (in GE)	20
Gewichtete Durchschnittszahl der in 01 existierenden Optionen	100.000
Ausübungskurs der in 01 existierenden Optionen (in GE)	15

	Ergebnis je Aktie (in GE)	Ergebnis (in GE)	Aktien-anzahl
Gewichtete Durchschnittszahl der in 01 ausstehenden Aktien			500.000
Unverwässertes Ergebnis je Aktie	**2,40**	**1.200.000**	**500.000**
Gewichtete Durchschnittszahl der in 01 existierenden Optionen			100.000
Anzahl der Aktien, die zum Periodendurchschnittskurs zurückgekauft worden wären: 100.000 × 15 / 20			-75.000
Verwässertes Ergebnis je Aktie	**2,29**	**1.200.000**	**525.000**

Tab. 9.23: Beispiel zur Ermittlung des verwässerten Ergebnisses je Aktie

Das in Tabelle 9.23 dargestellte Beispiel verdeutlicht die Ermittlung des verwässerten Ergebnisses je Aktie im Fall von Optionen (das Beispiel ist entnommen aus IAS 33.IE Example 5).

Insgesamt sind 100.000 Optionen mit einem Ausübungskurs von 15 GE ausgestattet. Wenn alle Optionen in Anspruch genommen werden, würden dem Unternehmen 1.500.000 GE zufließen. Die *treasury stock method* sieht vor, dass das Unternehmen mit Hilfe der durch die Optionsausübung eingenommenen Zahlungsmitteln sofort einen Rückkauf von eigenen Aktien vornimmt und somit zur Reduktion der ausstehenden Aktien beiträgt. Ohne Aktienrückkauf könnte das Unternehmen durch einen produktiven Einsatz der zugeflossenen Mittel das Unternehmensergebnis steigern, sodass dies bei der Berechnung des EPS der Verwässerung durch die bei der Optionsausübung ausgegebenen Aktien entgegenwirken würde. Das Unternehmen müsste zusätzlich schätzen, wie sich das Ergebnis durch die eingelösten Optionen entwickelt hätte. Da sich dies schwierig gestaltet, sieht die *treasury stock method* den Einsatz der zugeflossenen Zahlungsmittel zum Aktienrückkauf vor. Für die 1.500.000 GE könnte das Unternehmen 75.000 Aktien zum Periodendurchschnittskurs von 20 GE kaufen (= 100.000 x 15 GE / 20 GE). Die restlichen 25.000 Aktien (= 100.000 - 75.000) sind als potenzielle (ausstehende) Stammaktien anzusehen und verwässern das Ergebnis je Aktie.

- Bestimmung der maximalen Verwässerung

Allgemein sind potenzielle Stammaktien nur dann in die Berechnung des verwässerten Ergebnisses je Aktie einzubeziehen, wenn ihre Umwandlung in Stammaktien das Ergebnis je Aktie kürzen bzw. den Verlust je Aktie erhöhen würde. Hat die Umwandlung eines Bezugsrechts in Stammaktien positive Auswirkungen auf das heranzuziehende Periodenergebnis (wie z. B. bei Wandelanleihen, bei denen im Fall der Ausübung die Zinszahlungen entfallen), dann muss abgewogen werden, inwieweit diese Erhöhung des Ergebnisses im Zähler die Erhöhung der Aktienzahl im Nenner eventuell überkompensiert. Im Fall einer Überkompensation gibt es keinen Verwässerungseffekt und diese Art potenzieller Stammaktien ist nicht in die Berechnung des verwässerten Ergebnisses einzubeziehen. Um bei mehreren Arten von potenziellen Stammaktien das maximal verwässerte Ergebnis zu bestimmen, sind die Papiere mit abnehmendem Verwässerungseffekt – d. h. man beginnt mit den am stärksten verwässernden Papieren – nacheinander in die Berechnung einzubeziehen, solange bis die Berücksichtigung eines Papiers zu einer Minderung der Verwässerung führt (vgl. hierzu IAS 33.IE Example 9).

Weitere Angabepflichten

Entsprechend IAS 1.IG6 Part I bietet es sich an, die unverwässerten und verwässerten Ergebnisse je Aktie am Ende des *statement of profit or loss and other comprehensive income* (*single statement approach*) oder des *statement of profit or loss* anzugeben (vgl. in diesem Kapitel Abbildung 9.19 und Tabelle 9.14). Die unverwässerten und verwässerten Ergebnisse je Aktie sind auch dann auszuweisen, wenn die Beträge negativ sind, also einen Verlust je Aktie darstellen (IAS 33.69). Vorjahresangaben zu den EPS-Zahlen sind um die Auswirkungen von Fehlerkorrekturen und Bilanzierungs- bzw. Bewertungsmethodenänderungen zu korrigieren (IAS 33.64). Des Weiteren sind verschiedene Anhangangaben zur Ermittlung der Ergebnisgrößen zu machen (IAS 33.70). So ist beispielsweise die Herleitung der verschiedenen Zähler- und Nennergrößen aus Jahresabschlussdaten zu erläutern sowie über Instrumente zu informieren, die einen künftigen verwässernden Effekt haben können, in dem verwässerten Ergebnis des aktuellen Geschäftsjahres aber noch nicht zu berücksichtigen waren.

II. Ergebnis je Aktie nach US-GAAP

Auch nach US-GAAP ist die Angabe eines verwässerten und unverwässerten Ergebnisses je Aktie Pflicht für Unternehmen, deren Aktien oder potenzielle Aktien öffentlich gehandelt werden (ASC 260-10-45-2; früher FAS 128). Wie nach IFRS entfällt die Angabepflicht des verwässerten Ergebnisses jedoch, wenn das Unternehmen nur Stammaktien (*common stock*) ausgegeben hat. Die Ermittlung der Kennzahlen (*basic earnings per share* und *diluted earnings per share*) erfolgt grundsätzlich analog zur Vorgehensweise nach IFRS, da die Vorschrift des IAS 33 in Zusammenarbeit mit dem FASB erfolgte und dem US-amerikanischen Pendant des ASC 260-10 weitestgehend entspricht (vgl. Pellens, B./Fülbier, R. U./Gassen, J./Sellhorn, T. [2011], S. 928). Unterschiede ergeben sich nur im Detail, z. B. bei Verträgen, bei denen dem bilanzierenden Unternehmen die Entscheidung über die Erfüllung in Stammaktien oder durch sonstige Finanzinstrumente obliegt. Ein weiterer Unterschied besteht darin, dass die Bestimmung der Anzahl der potenziellen Stammaktien im Rahmen der IFRS im Gegensatz zu den US-GAAP unabhängig von der Zwischenberichterstattung erfolgt. Diese Detailunterschiede sollen im Rahmen eines *short term convergence projects* eliminiert werden. Hierzu hat das FASB am 07.08.2008 – zeitgleich mit ED-IAS 33 – einen überarbeiteten Exposure Draft veröffentlicht; das entsprechende Projekt »*Earnings per Share*« ruht wie beim IASB seit April 2009.

Kontrollfragen:

Nationale Normen:

1. Welche Informationen vermittelt die Gewinn- und Verlustrechnung?
2. Was versteht man unter dem *clean* bzw. *dirty surplus concept*, was unter dem *all-inclusive approach*?
3. Welche grundsätzlichen formalen Gestaltungsmöglichkeiten sind für die Gewinn- und Verlustrechnung denkbar? Welche Vorteile bieten die unterschiedlichen Darstellungsalternativen?
4. Welche Vorteile weist eine in Staffelform erstellte Gewinn- und Verlustrechnung auf?
5. Was versteht man unter einer Brutto-Ergebnisrechnung?
6. Wodurch unterscheidet sich das Gesamtkosten- vom Umsatzkostenverfahren?
7. Unter welchen Bedingungen errechnen Gesamtkosten- und Umsatzkostenverfahren denselben Jahresüberschuss?
8. Für welche Rechtsformen gelten die Mindestgliederungen gemäß § 275 Abs. 2 und 3 HGB?

9. Unter welchen Bedingungen sind Gliederungserweiterungen bzw. -verkürzungen zulässig?
10. Grenzen Sie das Ergebnis aus der gewöhnlichen Geschäftstätigkeit vom außerordentlichen Ergebnis nach HGB ab!
11. Interpretieren Sie das außerordentliche Ergebnis nach HGB!
12. Welche Arten von Erlösen sind als Umsatzerlöse auszuweisen?
13. Enthalten die Umsatzerlöse Umsatzsteuer und Preisnachlässe?
14. Wann gilt ein Umsatzerlös nach HGB als realisiert?
15. Wird im Rahmen der GuV nach dem Gesamtkostenverfahren eine Erhöhung des Bestandes an fertigen und unfertigen Erzeugnissen bei den Umsatzerlösen subtrahiert oder addiert?
16. Unter welchen Posten der HGB-GuV nach dem Gesamtkostenverfahren sind Bewertungsdifferenzen und Abschreibungen auf fertige und unfertige Erzeugnisse zu erfassen? Ist bei dem Ausweis der entsprechenden Abschreibungen zu differenzieren?
17. Was versteht man unter aktivierten Eigenleistungen?
18. Nennen Sie die wichtigsten Ergebniskomponenten, die unter dem Posten »sonstige betriebliche Erträge« der GuV nach dem Gesamtkostenverfahren gemäß HGB auszuweisen sind!
19. Unter welchem Posten werden Abschreibungen auf Roh-, Hilfs- und Betriebsstoffe im Gesamt- und Umsatzkostenverfahren erfasst? Ist bei der Erfassung der Abschreibungen zu differenzieren?
20. Unter welche Posten nach Gesamt- und Umsatzkostenverfahren fallen nach HGB die Abschreibungen auf das Anlage- und Umlaufvermögen?
21. Welche Ergebniskomponenten fallen nach HGB unter den Posten »sonstige betriebliche Aufwendungen« der GuV nach dem Gesamtkostenverfahren?
22. Wann gilt ein Beteiligungsertrag als realisiert?
23. Unter welchen Posten werden Gewinne aus der Veräußerung von Beteiligungen und Abschreibungen auf Beteiligungen ausgewiesen?
24. Unter welchen Posten der HGB-GuV erscheinen Zins- und Dividendenerträge aus im Umlaufvermögen aktivierten Wertpapieren?
25. Was versteht man in der GuV nach HGB unter dem Ergebnis der gewöhnlichen Geschäftstätigkeit?
26. In welchen Posten der Ergebnisrechnungen nach Gesamt- und Umsatzkostenverfahren gemäß HGB erscheinen Aufwendungen für die Bildung von Rückstellungen?

27. Unter welchen Posten der Ergebnisrechnung nach dem Umsatzkostenverfahren ist der in der Unternehmung angefallene Personalaufwand der Periode auszuweisen?
28. Versuchen Sie anhand von Beispielen, Abgrenzungsprobleme zwischen dem sonstigen betrieblichen Ergebnis und dem außerordentlichen Ergebnis zu erläutern!
29. Wie sind die latenten Steueraufwendungen und -erträge auszuweisen?
30. Inwieweit hängt die Größe »Bruttoergebnis vom Umsatz« von der Bewertungs- und Ausweispolitik des bilanzierenden Unternehmens ab?
31. Unter welchem Posten der GuV nach dem Umsatzkostenverfahren werden wertmäßige Erhöhungen auf bereits in Vorperioden auf Lager befindliche fertige und unfertige Erzeugnisse sowie auf aktivierte Eigenleistungen erfasst?
32. Inwieweit unterscheidet sich in der HGB-GuV nach dem Umsatzkostenverfahren der Posten »sonstige betriebliche Aufwendungen« von dem korrespondierenden Posten der GuV nach dem Gesamtkostenverfahren?
33. Welche Sachverhalte fallen unter das außerordentliche Ergebnis nach HGB?
34. Nennen Sie einige Arten ergebnisabhängiger Aufwendungen!
35. Wodurch unterscheidet sich der »Bilanzgewinn« vom »Jahresüberschuss« nach HGB?
36. Welche Bestandteile werden in einer Ergebnisverwendungsrechnung nach HGB erfasst?
37. Für welche Unternehmen ist eine Eigenkapitalveränderungsrechnung gemäß HGB Pflichtbestandteil ihres Jahresabschlusses?

Internationale Normen:

38. Vergleichen Sie den Erfolgsbegriff nach IFRS mit jenem nach HGB!
39. Gibt es auch nach IFRS eine Mindestgliederung für die GuV? Wenn ja, welche Bestandteile hat sie?
40. Welche Ergebnisspaltung wird im Unterschied zum HGB nach IFRS vorgenommen?
41. Gibt es einen Saldo des Ergebnisses der gewöhnlichen Geschäftstätigkeit in der GuV nach IFRS?
42. Aus welchen Komponenten setzt sich das Ergebnis aus *discontinued operations* nach IFRS zusammen?
43. Wann gilt ein Umsatzerlös nach IFRS als realisiert?
44. Wie erfolgt nach IFRS die Umsatzrealisierung bei Mehrkomponentenverträgen?

45. Wo werden Zins- und Dividendenerträge aus im Umlaufvermögen aktivierten Wertpapieren nach IFRS erfasst?
46. Charakterisieren Sie das Konzept der Ertragsrealisation nach dem Exposure Draft 2011/6 »Revenue from Contracts with Customers«!
47. In welchen Posten der Ergebnisrechnungen nach Gesamt- und Umsatzkostenverfahren gemäß IFRS erscheinen Aufwendungen für die Bildung von Rückstellungen?
48. Inwieweit unterscheidet sich in der IFRS-GuV nach dem Gesamtkostenverfahren der Posten »sonstige betriebliche Aufwendungen« von dem korrespondierenden Posten der GuV nach dem Umsatzkostenverfahren?
49. Wie werden die nach HGB als außerordentlich einzuordnenden Ergebnisbestandteile in der IFRS-GuV erfasst?
50. In welchen Bestandteilen unterscheiden sich die umsatzbezogenen Herstellungskosten nach IFRS von jenen im Umsatzkostenverfahren nach HGB?
51. Welche Ausweisalternativen gibt es nach IAS 1 für die Gesamtergebnisrechnung? Geben Sie die jeweiligen Bestandteile an!
52. Was versteht man nach IFRS unter »*other comprehensive income*«? Nennen Sie dessen Komponenten!
53. Sind alle »*reclassification adjustments*« nach IFRS GuV-wirksam zu erfassen?
54. Für welche Sachverhalte werden OCI-Komponeten GuV-neutral aufgelöst?
55. Welche Bestandteile sind in einer Eigenkapitalveränderungsrechnung nach IFRS aufzunehmen? Gibt es Unterschiede zur Gesamtergebnisrechnung nach IFRS?
56. Für welche Unternehmen ist das Ergebnis je Aktie eine Pflichtangabe?
57. Wie ermittelt sich das Ergebnis je Aktie (unverwässert und verwässert)?

10. Kapitel: Grundlagen des Konzernabschlusses

Bedeutung des internationalen Konzern-abschlusses

Aufgrund der mit der Globalisierung einhergehenden Konzentrationstendenzen und der daraus resultierenden Häufung von Unternehmenszusammenschlüssen bei zunehmender dezentraler Organisation der entstehenden Weltunternehmen gewinnen internationale Konzernabschlüsse immer mehr an Bedeutung. Der Konzernabschluss ist der eigenständige Abschluss der wirtschaftlichen Einheit Konzern. Die einzelnen Rechtseinheiten, die Bestandteil des Konzerngeflechts sind, erstellen jeweils eigene Abschlüsse, sog. Einzelabschlüsse, nach lokalen Vorschriften, die aber zur Beurteilung der Vermögens-, Finanz- und Ertragslage nicht aussagekräftig sind. Konzerninterne Verflechtungen, wie interne Liefer- und Leistungsbeziehungen sowie Schuldverhältnisse, beeinträchtigen die Aussagekraft der Einzelabschlüsse, weshalb der Konzernabschluss ein ganzheitliches Bild der Vermögens-, Finanz- und Ertragslage des Konzerns wiedergeben soll. Er unterliegt einer eigenständigen Konzernbilanzpolitik. Wegen der fehlenden Maßgeblichkeit des Einzelabschlusses für den Konzernabschluss kann dieser losgelöst von bilanzpolitischen Maßnahmen in den Einzelabschlüssen erstellt werden. Da der Konzernabschluss aus steuerlicher Sicht irrelevant ist, können sich Einzel- und Konzernabschluss insofern auseinanderentwickeln, als steuerliche Verzerrungen des Einzelabschlusses für den Konzernabschluss rückgängig gemacht werden. Dem Konzernabschluss ist daher eine größere Bedeutung für die externe Bilanzanalyse beizumessen. Aufgrund seiner Unabhängigkeit und seiner steuerlichen Irrelevanz kann der Konzernabschluss auch nach internationalen Rechnungslegungsnormen wie IFRS oder US-GAAP aufgestellt werden, ohne dabei nationale Vorschriften für den Jahresabschluss zu beeinträchtigen.

IAS-Verordnung

Mit Beschluss durch die Europäische Union (EU) im Jahr 2002 sind seit 2005 sämtliche kapitalmarktorientierte Mutterunternehmen mit Sitz in einem der Mitgliedstaaten zur Aufstellung des Konzernabschlusses nach den Regeln der IFRS verpflichtet. Nach der sog. IAS-Verordnung müssen alle kapitalmarktorientierten Mutterunternehmen ihren Konzernabschluss für ab dem 01.01.2005 beginnende Geschäftsjahre verpflichtend nach IFRS erstellen. Für Unternehmen, die lediglich Schuldtitel handeln oder die an einer Börse außerhalb der EU notiert sind und bisher einen Konzernabschluss nach US-GAAP erstellten, war in der EU-Verordnung eine Erleichterung enthalten. Diese sind erst seit 2007 zur Bilanzierung nach IFRS verpflichtet. Für den Konzernabschluss aller nicht an einem organisierten Markt teilnehmenden Unternehmen, sowie für den Einzelabschluss aller Unternehmen erhalten die Mitgliedstaaten der EU ein Gestaltungswahlrecht zur freiwilligen Anwendung der IFRS, das durch den jeweiligen Gesetzgeber in nationales Recht umgesetzt werden muss. In Deutschland ist diese Umsetzung im Zuge des BilReG geschehen, durch welches das Wahlrecht bezüglich eines Konzernabschlusses nach IFRS nun auch deutschen nicht kapitalmarktorientierten Unternehmen gemäß § 315a Abs. 3 HGB eingeräumt wird (vgl. 1. Kapitel, S. 13). Für den Einzelabschluss aller Unternehmen gilt dieses Wahlrecht nicht.

Konzernabschluss nach internationalen Rechnungslegungsstandards

Mutterunternehmen, die unter die IAS-Verordnung fallen und daher einen Konzernabschluss nach IFRS aufstellen müssen, sind nach § 315a Abs. 1 HGB von der Anwendung der Vorschriften des HGB, bis auf einige wenige dort genannte Ausnahmen, befreit. Sowohl die Definition des Konsolidierungskreises, die Konsolidierungsmethodik als auch Ansatz, Bewertung und Ausweis richten sich grundsätzlich nach den Regeln der IFRS. Im Unterschied zur IAS-Verordnung verpflichtet § 315a Abs. 2 HGB auch diejenigen Unternehmen zur IFRS-Rechnungslegung, die die Zulassung zu einem organisierten Markt erst beantragt haben. Darüber hinaus gewährt § 315a Abs. 3 HGB den nicht kapitalmarktorientierten Mutterunternehmen ein Wahlrecht zur Anwendung der IFRS im Konzernabschluss.

Nach § 11 Abs. 6 Satz 1 Nr. 2 PublG sind die Vorschriften des § 315a HGB entsprechend auf nach dem PublG zur Konzernrechnungslegung verpflichtete Unternehmen anzuwenden. D. h. kapitalmarktorientierte Mutterunternehmen sind, unabhängig von ihrer Rechtsform, zur Konzernrechnungslegung nach IFRS verpflichtet; nicht kapitalmarktorientierte Mutterunternehmen unterliegen dem Wahlrecht des § 315a Abs. 3 HGB.

Regelungen für den Konzernabschluss gemäß DRS

Eine Gruppe von nicht kapitalmarktorientierten Konzernunternehmen wird daher künftig weiterhin Konzernabschlüsse nach HGB aufstellen. Für diese sind, zusätzlich zu den Vorschriften des HGB, die Verlautbarungen des DRSC zu beachten (vgl. 1. Kapitel, S. 47 ff.). Durch diese Standards sollen zum einen formell und inhaltlich ungeregelte Bereiche des Konzernabschlusses ausgestaltet und zum anderen bestehende Wahlrechte und Ermessensspielräume eingeschränkt werden. Die DRS können allerdings keine Vorschriften enthalten, die zu denen des HGB im Widerspruch stehen. Grundsätzlich zielen die DRS auf eine Angleichung der deutschen Konzernabschlussregeln an internationale Standards ab. Im Rahmen der Konzernrechnungslegung haben die DRS den Charakter von GoB. Einige der Empfehlungen des DRSC wurden bereits in die Regelungen des HGB aufgenommen. In Folge des BilMoG wurden einige DRS außer Kraft gesetzt, da entsprechende Regelungen nun im HGB enthalten sind. Im Folgenden werden die Vorschriften nach DRS nur dargestellt, soweit sie noch gültig sind und über die Regelungen des HGB hinausgehen.

A. Grundlagen und Grundsätze des Konzernabschlusses

Der Konzernabschluss stellt die Zusammenfassung der Einzelabschlüsse rechtlich selbstständiger, wirtschaftlich jedoch von einer übergeordneten Einheit dominierter Unternehmen dar. Auf diese Weise nimmt er verschiedene Aufgaben wahr, die im Folgenden aufgezeigt werden. Weiterhin werden Theorien und Grundsätze des Konzernabschlusses dargestellt.

I. Aufgaben des Konzernabschlusses

Problematik der Unternehmensverflechtungen

Die wirtschaftliche Abhängigkeit der Konzernunternehmen bewirkt, dass durch Gestaltung der Transaktionen zwischen diesen, deren Einzelabschlüsse ohne Verletzung der Bilanzierungsvorschriften beeinflusst werden können. Außerdem können so die Intentionen der auf rechtlich und wirtschaftlich selbstständige Unternehmen zugeschnittenen Rechtsregelungen unterlaufen werden. Durch diese bilanzpolitische Gestaltung des Einzelabschlusses aus übergeordneten konzernpolitischen Gesichtspunkten verlieren die Einzelabschlüsse der in den Konzernabschluss einbezogenen Unternehmen viel von ihrer Aussagekraft. Die hieraus resultierenden Informationsdefizite der Einzelabschlüsse sollen durch den zusätzlich zur Verfügung gestellten Konzernabschluss beseitigt werden.

Aber auch ohne bilanzpolitische Maßnahmen würden die Einzelabschlüsse der Konzernunternehmen nur ein unvollständiges Bild ergeben. Die einzelnen Konzernunternehmen sind in ihrer wirtschaftlichen Entwicklung in starkem Maße voneinander abhängig. Diese wirtschaftlichen Zusammenhänge werden durch den getrennten Ausweis bestimmter Konzernsonderposten (z. B. Forderungen gegen und Verbindlichkeiten gegenüber verbundenen Unternehmen) nicht genügend deutlich gemacht; es bedarf auch aus diesem Grund der zusammenfassenden Darstellung des Gesamtkonzerns.

Informationsfunktion des Konzernabschlusses nach HGB

Der Konzernabschluss nach HGB hat deshalb die Aufgabe, ein den tatsächlichen Verhältnissen entsprechendes Bild der Vermögens-, Finanz- und Ertragslage einer wirtschaftlich als geschlossene Einheit zu betrachtenden Gruppe rechtlich selbstständiger Unternehmen zu vermitteln (§ 297 Abs. 3 Satz 1 HGB), und beschränkt sich damit auf eine reine Informationsfunktion. Der Konzernabschluss kann die Einzelabschlüsse der rechtlich selbstständigen Konzernunternehmen nicht ersetzen, sondern tritt – wenn auch mit zunehmendem Gewicht – ergänzend neben diese. Die dem Einzelabschluss neben der Informationsvermittlung zukommende Funktion der Zahlungsbemessung – Grundlage der Ansprüche sowohl der Eigner als auch des Staates an das Unternehmen – findet im deutschen Rechtskreis auf den Konzernabschluss keine Anwendung, da der Konzern als Rechtsperson nicht existiert und insofern auch nicht Träger von Rechten und Pflichten sein kann. Der Konzernabschluss bedarf somit keiner Feststellung durch Vorstand und Aufsichtsrat bzw. Hauptversammlung oder Gesellschafterversammlung, sondern es genügt die Vorlage an das jeweilige Gremium. Allerdings wird zunehmend diskutiert, ob die Gewinnverteilungskompetenz von Vorstand/Aufsichtsrat und Hauptversammlung des Mutterunternehmens nicht an den Konzernabschluss gebunden werden sollte (vgl. Pellens, B. [1995]).

Informationsfunktion nach IFRS

Auch nach IFRS dient der Konzernabschluss der Information der Abschlussadressaten. Die Adressaten des Einzelabschlusses eines in den Konzernabschluss einzubeziehenden Unternehmens sind von der wirtschaftlichen Lage des Konzerns und nicht nur von der des Unternehmens abhängig. Erläuterungen zur Funktion von Konzernabschlüssen nach IFRS finden sich in IFRS 10 »*Consolidated Financial Statements*«. Der Konzernabschluss soll Informationen über den Unternehmenszusammenschluss so vermitteln, als wäre dieser ein einziges Unternehmen ohne Berücksichtigung der rechtlichen Selbstständigkeit der einzelnen Tochterunternehmen. Der Informationsumfang für nach IFRS erstellte Konzernabschlüsse ist mit den Informationspflichten gemäß § 297 Abs. 2 Satz 2 HGB bezüglich der Vermögens-, Finanz- und Ertragslage des Konzerns vergleichbar.

Informationsfunktion nach US-GAAP

In den USA steht grundsätzlich der Konzernabschluss im Mittelpunkt des Interesses. So wird dem Konzernabschluss eines Mutterunternehmens eine wesentlich größere Bedeutung beigemessen als seinem Einzelabschluss. Erläuterungen zur Funktion von Konzernabschlüssen nach US-GAAP finden sich in ASC 810 »*Consolidated Financial Statements*« (früher FIN 46R). In ASC 810-10-10-1 wird festgestellt, dass es sich bei dem konsolidierten Abschluss eines Mutterunternehmens grundsätzlich um den gegenüber dem Einzelabschluss aussagefähigeren handelt. Das nach CON 1.28 bestehende Hauptziel des amerikanischen Abschlusses, die externe Informationsfunktion, wird durch einen konsolidierten Abschluss des Mutterunternehmens wesentlich besser erfüllt als durch den entsprechenden Einzelabschluss. Eine tatsachengetreue Darstellung der zugrunde liegenden Sachverhalte (*fair presentation*) kann nach US-GAAP nur durch den Konzernabschluss erreicht werden. Dieser steht in den USA nicht ergänzend neben dem Einzelabschluss des Mutterunternehmens, sondern ersetzt diesen völlig. Ein Mutterunternehmen (*parent company*) mit einem oder mehreren Tochterunternehmen (*subsidiary*) kann dementsprechend nur dann von einem Abschlussprüfer einen uneingeschränkten Bestätigungsvermerk erhalten, wenn es einen konsolidierten Abschluss erstellt (vgl. Niehus, R. J./Thyll, A. [2000], S. 27 f.). Nur in Ausnahmefällen hat ein Mutterunternehmen als Ergänzung zum Konzernabschluss zusätzlich einen Einzelabschluss aufzustellen.

Zahlungsbemessungsfunktion der US-amerikanischen Konzernrechnungslegung

Neben der Informationsfunktion dient der Konzernabschluss in den USA auch der Ermittlung des ausschüttungsfähigen Betrages. Jedoch existiert kein rechtlich festgelegter, sondern lediglich ein faktischer Zusammenhang zwischen dem Konzernbilanzgewinn und der ausgeschütteten Dividende, zumal bei Kapitalgesellschaften das Leitungsorgan alleine über die auszuschüttende Dividende bestimmt, dieses aber den Forderungen der Kapitalgeber gemäß dem Prinzip des *shareholder value* gerecht werden muss. Auch steuerrechtlich spielt der Gedanke der wirtschaftlichen Einheit des Konzerns eine wesentliche Rolle. So besteht für verbundene Unternehmen ab einer Beteiligungsquote von 80 % ein Wahlrecht, entweder Einzelsteuererklärungen oder konsolidierte Steuererklärungen einzureichen (vgl. Bittker, B. I./Eustica, J. S. [2000], 13.41[2][a]). Diese konsolidierte Steuererklärung kann jedoch nicht mit dem Maßgeblichkeitsgrundsatz im deutschen Steuerrecht verglichen werden, da eine Verknüpfung von handelsbilanzieller und steuerrechtlicher Bilanzierung damit nicht verbunden ist (vgl. Küting, K. [1993], S. 359).

II. Theorien des Konzernabschlusses

Die theoretische Basis und damit auch den übergeordneten Bezugspunkt für eine sachgerechte Lösung bei Zweifelsfragen im Rahmen der konsolidierten Rechnungslegung bilden verschiedene Theorien des Konzernabschlusses, von denen vor allem die »Einheitstheorie« (*entity theory*) und die »Interessentheorie« (*parent company theory*) von praktischer Bedeutung sind.

Einheitstheorie

Die Einheitstheorie betrachtet die Gesamtheit der Konzernunternehmen als eine eigenständige wirtschaftliche Einheit, in der die einzelnen Unternehmen die wirtschaftliche Stellung unselbstständiger Betriebsstätten einnehmen. Der so definierte Konzern ist also ein separat neben den Konzernunternehmen existierendes wirtschaftlich definiertes Unternehmen, das mit dem Konzernabschluss auch einen eigenständigen Abschluss vorlegt. Durch die einheitstheoretische Betrachtung werden alle am Konzern beteiligten Anteilseigner als gleichgestellt betrachtet, wodurch auch die Minderheitsgesellschafter der einbezogenen Tochterunternehmen als Anteilseigner und damit als Eigenkapitalgeber des Konzerns angesehen werden. Ihre Anteile werden deshalb auch innerhalb des Eigenkapitals ausgewiesen und der ihnen zustehende Jahreserfolg wird innerhalb der Gewinnverwendungsrechnung gezeigt.

Interessentheorie

Dagegen wird nach der Interessentheorie der Konzernabschluss lediglich als erweiterter Abschluss des Mutterunternehmens betrachtet. Die Interessen des Mutterunternehmens, also i. d. R. der Mehrheitsaktionäre am Nettovermögen der Unternehmensgruppe, sollen abgebildet werden (vgl. hierzu ausführlich Baetge, J./Kirsch, H.-J./Thiele, S. [2013], S. 17 ff.). Demnach werden Minderheitenaktionäre der Tochterunternehmen als Konzernaußenstehende betrachtet und deren Anteile nicht als Eigenkapital klassifiziert. Ihre Anteile am Jahreserfolg werden nicht als Gewinn ausgewiesen, sondern wie Zinsaufwand davon abgesetzt. Auch ihre Anteile an den stillen Reserven oder einem Goodwill werden nicht bilanziert bzw. getrennt ausgewiesen.

Einheitstheorie im Konzernabschluss nach HGB

Der deutschen Konzernrechnungslegung liegt, bis auf wenige Ausnahmen, die Einheitstheorie zugrunde, die in § 297 Abs. 3 HGB explizit zur Rechtsgrundlage der konsolidierten Rechnungslegung gemacht ist:

»Im Konzernabschluss ist die Vermögens-, Finanz- und Ertragslage der einbezogenen Unternehmen so darzustellen, als ob diese Unternehmen insgesamt ein einziges Unternehmen wären.«

Die Einheitstheorie wird im Gesetz jedoch nicht vollständig nachvollzogen, sondern es finden sich in den Vorschriften des HGB auch Elemente der Interessentheorie, wie z. B. die Quotenkonsolidierung und die Konsolidierungswahlrechte und -verbote zur Einbeziehung von Tochterunternehmen in den Konsolidierungskreis (vgl. Küting, K./Weber, C.-P. [2012a], S. 95).

Einheitstheorie im Konzernabschluss nach IFRS

Auch nach IFRS soll der Unternehmensverbund so ausgewiesen werden, als ob es sich um ein einziges Unternehmen handelt (IAS 27.18). Insbesondere sind nach IAS 1.54 die Minderheitenanteile nunmehr als Bestandteil des Eigenkapitals gesondert auszuweisen. Somit ist auch der Konzernabschluss nach IFRS von der Einheitstheorie geprägt. Allerdings finden sich in den IFRS ebenso eine Reihe interessentheoretisch geprägter Vorschriften. Beispielsweise stehen als Adressaten für den Konzernabschluss die Anteilseigner und die sonstigen Adressaten des Einzelabschlusses des Mutterunternehmens im Vordergrund (F OB2). Eine eindeutige Zuordnung zur Einheitstheorie kann nicht erfolgen, jedoch überwiegt diese Theorie in einem Konzernabschluss nach IFRS (vgl. Baetge, J./Kirsch, H.-J./Thiele, S. [2013], S. 85 f.).

Einheitstheorie im Konzernabschluss nach US-GAAP

In der Vergangenheit stand in der US-amerikanischen Rechnungslegung die Interessentheorie im Vordergrund. Jedoch sind vonseiten des FASB in den letzten Jahren Bestrebungen in Richtung der Einheitstheorie zu beobachten, wie etwa im 1995 veröffentlichten Exposure Draft *»Consolidated Financial Statements: Policy and Procedures«*, der sich an diversen Stellen für Lösungen nach der Einheitstheorie ausspricht. Auch innerhalb des Gemeinschaftsprojekts *»Business Combinations«*, das im Dezember 2007 (FASB) bzw. Januar 2008 (IASB) abgeschlossen wurde, ist eine vorwiegend einheitstheoretische Richtung der US-GAAP zu erkennen (vgl. im Einzelnen 11. Kapitel, S. 702).

III. Grundsätze der Konzernrechnungslegung

Die Konzernrechnungslegung basiert auf einigen Grundprämissen, die im HGB explizit niedergelegt und in den Standards der IFRS und US-GAAP in analoger Form zu finden sind. Sie bilden die Grundlage für das Verständnis der Konzernrechnungslegung und für die Ableitung konkreter Vorgehensweisen aus dem oben dargestellten grundsätzlichen Ziel der Konzernbilanzierung.

Grundsatz der Vollständigkeit

Von wesentlicher Bedeutung für die Erfüllung der Aufgaben des Konzernabschlusses ist die vollständige Wiedergabe der wirtschaftlichen Einheit Konzern. Der Grundsatz der Vollständigkeit besagt deshalb, dass alle Unternehmen, die den Konzern konstituieren, auch in den Konzernabschluss Eingang finden müssen (§ 290 HGB; IFRS 10.2; ASC 810-10-15). Nur so ist eine zutreffende Darstellung der Vermögens-, Finanz- und Ertragslage des Konzerns möglich. Die im Gesetz bzw. in den Standards ebenfalls enthaltenen Wahlrechte bzw. Verbote für den Einbezug bestimmter Konzernunternehmen sind deshalb eng auszulegen.

Grundsatz der Fiktion der rechtlichen Einheit

Der Grundsatz der Fiktion der rechtlichen Einheit der einbezogenen Unternehmen ist die zentrale Leitidee zur Erstellung des Abschlusses der wirtschaftlichen Einheit Konzern. Danach ist der Konzernabschluss so aufzustellen, dass er mit dem Einzelabschluss eines Unternehmens übereinstimmt, das alle Konzernunternehmen als unselbstständige Teilbetriebe umfasst. Damit wird dem Konzern eine fiktive Rechtspersönlichkeit beigemessen, in der fiktiv die Rechtspersönlichkeiten der einbezogenen Konzernunternehmen aufgehen. Alle einbezogenen Konzernunternehmen werden somit als rechtlich unselbstständige Unterabteilungen der fiktiven Rechtsperson »Konzern« interpretiert.

Im HGB ist dieser Grundsatz in § 297 Abs. 3 Satz 1 HGB verankert. In den IFRS ist er in IFRS 10.A enthalten, der vorschreibt, dass konsolidierte Abschlüsse Informationen über den Konzern so präsentieren müssen, als wäre er *»a single economic entity«*. Nach ASC 810 (früher: FAS 160 *»Noncontrolling Interests in Consolidated Financial Statements«*, der ARB 51 für Regelungen bezüglich Minderheitenanteilen ergänzte) sind nun auch nach US-GAAP die Minderheitenanteile als Bestandteil des Eigenkapitals auszuweisen.

Diese Betrachtungsweise des Konzerns als ein eigenes Unternehmen bedingt, dass eine reine Addition der Bilanz- und GuV-Posten der Konzernunternehmen zum Zweck der Erstellung des Konzernabschlusses nicht ausreicht, sondern bestimmte Konsolidierungsmaßnahmen mit dem Ziel der Darstellung des Konzerns als eine Einheit vorgenommen werden müssen. Sämtliche sich zahlenmäßig niederschlagende Beziehungen zwischen den Konzernunternehmen müssen deshalb unter diesem Gesichtspunkt analysiert und eventuell korrigiert werden. Dies führt zu den konzerntypischen Maßnahmen der Kapitalkonsolidierung, der Schuldenkonsolidierung sowie der Zwischenerfolgs- und Innenumsatzkonsolidierung.

Grundsatz des einheitlichen Konzernabschlussstichtages

Aus dem Grundsatz der Rechtseinheit leitet sich auch die Notwendigkeit einer konzerneinheitlichen Abrechnungsperiode und damit eines einheitlichen Konsolidierungsstichtages ab. Sowohl nach HGB als auch nach IFRS und US-GAAP sollen alle Konzernunternehmen auf der Basis eines auf den Konzernabschlussstichtag des Mutterunternehmens hin erstellten Einzelabschlusses in den konsolidierten Abschluss einbezogen werden. Dadurch sollen Vermögens- und Erfolgsverlagerungen zwischen den einbezogenen Unternehmen ausgeschaltet werden (vgl. in diesem Kapitel, S. 634 f.).

Grundsatz der einheitlichen Bilanzierung und Bewertung (HB II)

Nach der Einheitstheorie und der Fiktion der rechtlichen Einheit des Konzerns lässt sich die Aufgabe des Konzernabschlusses nur dann erfüllen, wenn für ihn auch nur einheitliche Vorschriften bezüglich Ansatz und Bewertung zur Anwendung kommen, wie dies für jedes selbstständig bilanzierende Unternehmen selbstverständlich ist. Soweit die Bilanz eines einbezogenen Unternehmens nach abweichenden Vorschriften oder einer i. S. der sachlichen Einheitlichkeit abweichenden Methode erstellt wurde, muss von diesem Unternehmen zum Zwecke des Einbezugs eine an die konzerneinheitliche Vorgehensweise angepasste sog. Handelsbilanz II (HB II) erstellt werden, die dann zum Ausgangspunkt sämtlicher Konsolidierungsmaßnahmen wird (§§ 300, 308 HGB; IFRS 10.19) (vgl. in diesem Kapitel, S. 635 ff.).

Grundsatz der Stetigkeit der Konsolidierungsmethoden

Besonders die Vorschriften des HGB beinhalten einige Wahlrechte. Um dennoch eine materielle Einheitlichkeit und zeitliche Vergleichbarkeit zu gewährleisten, muss dem Grundsatz einer stetigen Anwendung der Konsolidierungsmethoden besonderes Gewicht beigemessen werden. Die eingeräumten Wahlrechte sind also nach einheitlichen, sachlichen Kriterien auszuüben und im Zeitablauf kontinuierlich anzuwenden. Zu den Konsolidierungsmethoden gehören dabei die Formen der Kapitalkonsolidierung, die Schulden-, Zwischenerfolgs- sowie Ertrags- und Aufwandskonsolidierung. Ebenso wird davon die Methode der Währungsumrechnung sowie die Abgrenzung des Konsolidierungskreises erfasst.

Grundsatz der Wirtschaftlichkeit

Die Erstellung des Konzernabschlusses bedingt einen hohen technischen Aufwand. Der Grundsatz der Wirtschaftlichkeit und Wesentlichkeit, der nach allen Normensystemen existiert, hat für die Erstellung des konsolidierten Abschlusses deshalb einen sehr hohen Stellenwert. Seine Anwendung muss dabei jedoch aus der Situation des Einzelfalles heraus vorgenommen werden.

B. Verpflichtung zur Aufstellung des Konzernabschlusses

Eine Verpflichtung zur Aufstellung eines Konzernabschlusses besteht prinzipiell für alle Mutterunternehmen, die einen beherrschenden Einfluss auf wenigstens ein Tochterunternehmen ausüben. Sowohl HGB als auch IFRS und US-GAAP definieren ein solches Über- bzw. Unterordnungsverhältnis als Ausgangspunkt der Verpflichtung zur Konzernrechnungslegung. Diese grundsätzliche Verpflichtung wird jedoch in den drei Normensystemen unterschiedlich konkretisiert.

I. Generelle Verpflichtung zur Konzernrechnungslegung

Konzernabschlusspflicht nach HGB und PublG

Die Verpflichtung zur Konzernrechnungslegung ergibt sich in Deutschland aufgrund der Vorschriften des HGB oder des PublG (vgl. Abbildung 10.1). Hierbei werden jeweils unterschiedliche Rechtsformen von Unternehmen angesprochen. So regelt § 290 HGB für alle Kapitalgesellschaften die Verpflichtung zur Konzernabschlusserstellung, während dies für alle anderen Rechtsformen durch die Vorschriften des § 11 PublG geschieht. Auch die Pflicht von kapitalmarktorientierten Unternehmen, einen Konzernabschluss nach IFRS aufzustellen, ergibt sich aus diesen Vorschriften und nicht aus denen der IFRS.

Konzern-unternehmen

Jedes zur Konzernrechnungslegung verpflichtete Unternehmen wird als »Mutterunternehmen«, jedes grundsätzlich in den Konzernabschluss einzubeziehende Unternehmen, auch wenn es aufgrund eines Wahlrechtes (§ 296 HGB) nicht einbezogen wird, als »Tochterunternehmen« bezeichnet. Mutter- wie Tochterunternehmen fallen gemeinsam unter den Begriff der »Konzernunternehmen«.

Verbundene Unternehmen

Die Vorschriften zur Rechnungslegung im Einzelabschluss nach HGB zielen unter dem Stichwort »verbundene Unternehmen« in hohem Maße darauf ab, die finanziellen Beziehungen im Rahmen von Unternehmensverbindungen transparent zu machen. Die Definition des verbundenen Unternehmens für Zwecke der Rechnungslegung im HGB erfolgt in § 271 Abs. 2 HGB. Entsprechend dieser Definition stellen alle Mutter- und Tochterunternehmen, die grundsätzlich in den Konzernabschluss einzubeziehen sind, verbundene Unternehmen dar, unabhängig davon, ob ein Einbeziehungswahlrecht oder eine Befreiung vorliegt. Hingegen hat der Begriff der verbundenen Unternehmen nach § 15 AktG hierfür keine Relevanz.

Konzept des beherrschenden Einflusses nach HGB und PublG

Das Konzept des beherrschenden Einflusses und somit die Konsolidierungspflicht nach § 290 HGB basiert auf dem »*control*«-Konzept.

Das PublG verpflichtet in § 11 Abs. 1 alle Unternehmen anderer Rechtsformen als der Kapitalgesellschaft zur Aufstellung eines Konzernabschlusses, wenn das entsprechende Unternehmen einen beherrschenden Einfluss über ein anderes Unternehmen ausübt, seinen Sitz im Inland hat und auf den von ihm zu erstellenden Konzernabschluss für drei aufeinanderfolgende Stichtage jeweils mindestens zwei der drei folgenden Merkmale zutreffen (wobei es sich jedoch nicht immer um die zwei selben Merkmale handeln muss) (vgl. Tabelle 10.1). Zur Prüfung, ob eine Verpflichtung zur konsolidierten Rechnungslegung nach PublG vorliegt, muss folglich im Grenzfall jährlich zumindest ein näherungsweiser Konzernabschluss erstellt werden.

Durch § 11 Abs. 6 Satz 1 Nr. 1 PublG gelten sämtliche handelsrechtlichen Regelungen bezüglich der Pflicht zur Aufstellung (§ 290 Abs. 2 bis 5 HGB) sowie bezüglich befreiender Konzernabschlüsse und Konzernlageberichte (§ 291 HGB) auch für Nicht-Kapitalgesellschaften.

	Bilanzsumme in Mio. EUR	Umsatz in Mio. EUR	Arbeitnehmer inländischer Konzernunternehmen
Konzern	> 65	> 130	> 5.000

Tab. 10.1: Größenkriterien nach PublG

Ebenso wie nach IFRS und US-GAAP ist nach § 290 HGB ausschließlich das »*control*«-Kriterium zu erfüllen, um eine Kapitalgesellschaft zur Konzernabschlusserstellung zu verpflichten. § 290 Abs. 2 HGB gibt für inländische Unternehmen einen Katalog von Rechtspositionen vor, bei deren Vorliegen ein beherrschender Einfluss besteht. Durch das beherrschende Unternehmen ist dann grundsätzlich ein Konzernabschluss und Konzernlagebericht zu erstellen.

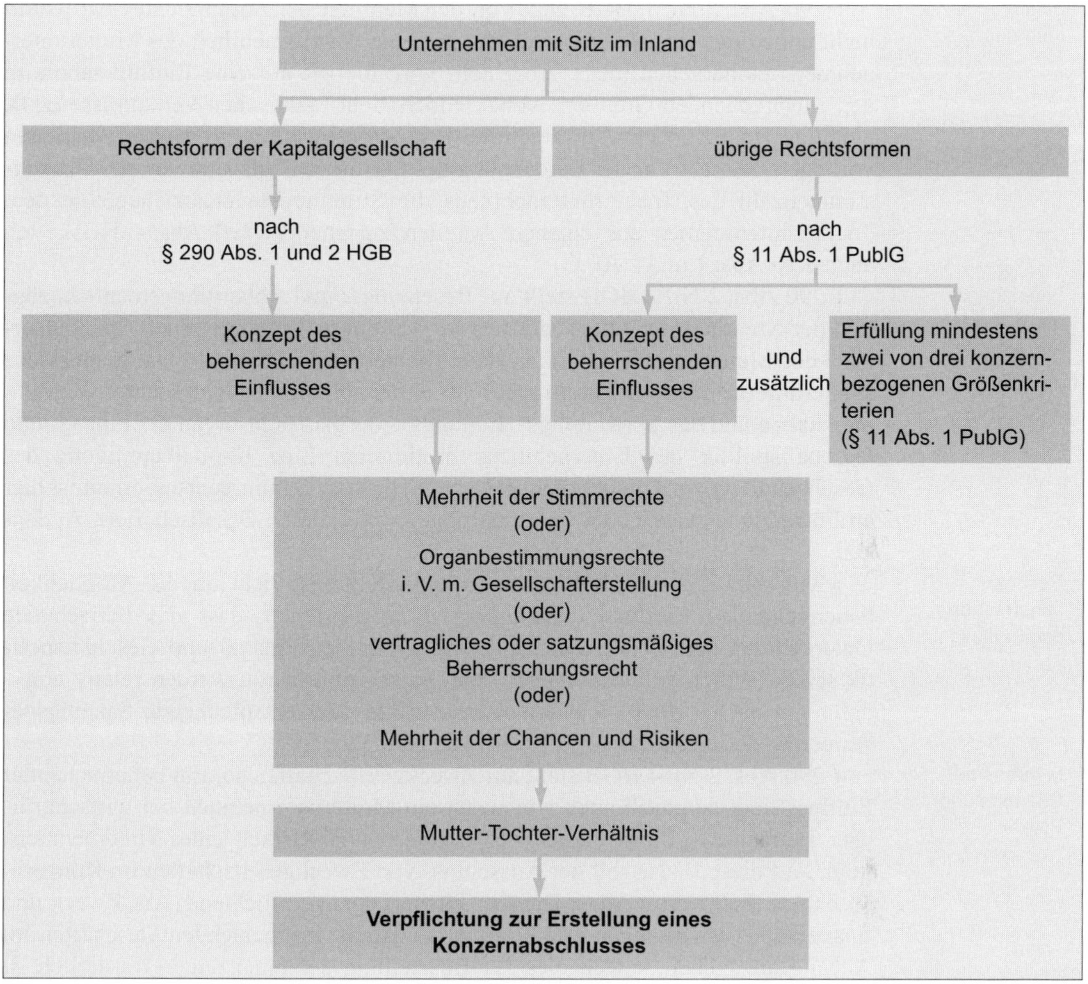

Abb. 10.1: Aufstellungspflicht nach nationalen Vorschriften

Rechte nach § 290 Abs. 2 HGB

Ob das Mutterunternehmen dabei von den hierin begründeten Möglichkeiten zur Ausübung eines beherrschenden Einflusses auf ein anderes Unternehmen (Tochterunternehmen) tatsächlich Gebrauch macht, ist irrelevant (vgl. Beck'scher Bilanzkommentar [2012], § 290 Tz. 20). Somit ist auch ein auf reine Vermögensverwaltung beschränktes Unternehmen bei Vorliegen dieser Rechte zum Konzernabschluss verpflichtet. Andererseits greift die Erstellungspflicht nicht, wenn sich das Unternehmen durch vertragliche Vereinbarungen bezüglich dieser Rechte soweit begibt, dass sie diese nicht mehr ausüben kann (z. B. durch Stimmrechtsbindungs- oder Überlassungsverträge). Bei der Definition des »*control*«-Verhältnisses werden dem Mutterunternehmen auch Rechte zugerechnet, die einem Tochterunternehmen oder einer für deren Rechnung handelnden dritten Person zustehen. Abzuziehen sind Rechte aus Anteilen, die für Rechnung einer anderen Person oder als Sicherheit von dem Mutter- oder Tochterunternehmen gehalten werden. Hier wird also auf die wirtschaftliche Inhaberschaft abgestellt.

- Stimmrechtsmehrheit

§ 290 Abs. 2 Nr. 1 HGB geht von der Mehrheit der Stimmrechte aus, womit nicht unbedingt eine Beteiligung oder gar eine Anteilsmehrheit des Mutterunternehmens einhergehen muss. Abgestellt wird hierbei auf eine Einflussnahme in den entsprechenden Gremien, wobei jedoch nicht »faktische« Verhältnisse (z. B. zufällige Hauptversammlungsmehrheit), sondern rechtlich gesicherte Positionen vorliegen müssen. Vor der Berechnung des Stimmenanteils sind von der Gesamtstimmenzahl des Tochterunternehmens die Stimmrechte abzuziehen, die dem Tochterunternehmen aus eigenen Anteilen zustehen (§ 290 Abs. 4 HGB, vgl. auch § 16 Abs. 1 und 2 AktG).

- Besetzungs- und Abberufungsrechte

§ 290 Abs. 2 Nr. 2 HGB stellt auf Besetzungs- und Abberufungsrechte bezüglich der Mehrheit der Mitglieder des Verwaltungs-, Leitungs- oder Aufsichtsorgans der Mutterunternehmung an dem Tochterunternehmen ab. Dabei muss das Mutterunternehmen gleichzeitig Gesellschafterstellung bei dem Tochterunternehmen haben und das Verwaltungs-, Leitungs- oder Aufsichtsorgan die Finanz- und Geschäftspolitik des Unternehmens bestimmen. Eine Kapitalbeteiligung des Gesellschafters wird nicht vorausgesetzt. Neben der Stimmrechtsmehrheit ist hier an Entsendungsrechte oder Vereinbarungen mit anderen Gesellschaftern zu denken.

- Recht auf beherrschenden Einfluss

§ 290 Abs. 2 Nr. 3 HGB knüpft die Erstellungspflicht an die Möglichkeit beherrschenden Einflusses. Darunter ist zu verstehen, dass das herrschende Unternehmen dem beherrschten hinsichtlich dessen Finanz- und Geschäftspolitik seinen Willen aufzuzwingen vermag; als Mittel hierzu werden relativ eng – dafür gut nachprüfbar – Beherrschungsvertrag oder entsprechende Satzungsbestimmung definiert.

- Mehrheit der Chancen und Risiken

§ 290 Abs. 2 Nr. 4 HGB stellt auf Zweckgesellschaften ab. Ein beherrschender Einfluss liegt demnach auch vor, wenn ein Mutterunternehmen bei wirtschaftlicher Betrachtung die Mehrheit der Chancen und Risiken eines Unternehmens trägt. Auf diese Weise soll der Ausschluss von Zweckgesellschaften im Konzernabschluss erschwert werden. Darüber hinaus ist es verpflichtend, Art, Zweck und finanzielle Auswirkungen von nicht in der Bilanz erscheinenden Geschäften im Anhang anzugeben, soweit dies zur Beurteilung der Finanzlage erforderlich ist (§ 314 Abs. 1 Nr. 2 HGB).

Zweckgesellschaften

Zweckgesellschaften können beispielsweise Leasingobjektgesellschaften oder Spezialfonds sein, die für einen klar definierten und eingegrenzten Zweck gegründet werden. Von einem eng definierten Zweck spricht man z. B. dann, wenn die Geschäftstätigkeit des Unternehmens keiner fortlaufenden unternehmerischen Entscheidungen bzw. keiner aktiven Vermarktung der Leistung bedarf (vgl. auch in diesem Kapitel S. 620). Spezialfonds kamen insbesondere im Zuge der Finanzmarktkrise 2008 in die Diskussion, da sie in großem Stil in zweitklassige amerikanische Immobilienkredite investierten, aber außerhalb der Bilanz geführt wurden (typische »*off balance*«-Gesellschaften).

Unterordnungs-, Gleichordnungskonzern

Sowohl die Kriterien des HGB als auch des PublG definieren ein Über- bzw. Unterordnungsverhältnis als Verpflichtungstatbestand zur Konzernrechnungslegung und zur Definition der Mutter-Tochter-Beziehung. Die Erstellung eines Abschlusses für einen sog. Gleichordnungskonzern kommt somit nicht in Betracht.

Konzernabschlusspflicht nach IFRS

Die Konzernabschlusspflicht nach IFRS ist in IFRS 10 geregelt, der den zuvor gültigen IAS 27 sowie die ihn ergänzende Interpretation SIC-12 zur Konsolidierungspflicht von Zweckgesellschaften ablöste. IFRS 10 ist grundsätzlich für Geschäftsjahre beginnend ab dem 01.01.2013 verpflichtend anzuwenden. Da die Übernahme des Standards in der EU erst Ende 2012 erfolgte, wurde die verpflichtende Anwendung innerhalb der EU auf Geschäftsjahre beginnend ab dem 01.01.2014 verschoben.

IASB-Projekt: »Consolidation«

Im Rahmen des Konvergenzprojekts »*Consolidation*« mit dem FASB arbeitete das IASB bereits seit Juni 2003 an der Zusammenfassung der Regelungen aus IAS 27 und SIC-12 in einem Standard. Hintergrund dieses Projekts waren mögliche Widersprüche zwischen IAS 27 und SIC-12 bezüglich der Konsolidierungspflicht. Neben der Einführung eines einheitlichen Beherrschungsbegriffs bestand ein weiteres Hauptziel der ersten Phase des Projekts darin, die Vorschriften zu Anhangangaben für alle Unternehmen, an denen eine Beteiligung gehalten wird, in einem eigenen Standard zu bündeln. Im Mai 2011 veröffentlichte das IASB schließlich die neuen Standards IFRS 10 »*Consolidated Financial Statements*« und IFRS 12 »*Disclosures of Interests in Other Entities*«. Gleichzeitig wurde auch der überarbeitete Standard IAS 27 »*Separate Financial Statements*« herausgegeben. Der überarbeitete IAS 27 (amended 2011) enthält nun nur noch die unveränderten Regelungen für Einzelabschlüsse. Wie IFRS 10, sind auch die anderen aus dem Projekt resultierenden Standards erstmalig für Geschäftsjahre beginnend ab dem 01.01.2013 bzw. in der EU ab dem 01.01.2014 anzuwenden.

»Control«-Konzept nach IFRS 10

Die Pflicht zur Erstellung eines Konzernabschlusses gemäß IFRS besteht unabhängig von der Rechtsform eines Unternehmens. Eine Verpflichtung zur Konzernrechnungslegung nach IFRS resultiert aus IFRS 10.1 f. für alle Mutterunternehmen. Das hierfür zugrunde liegende Mutter-Tochter-Verhältnis wird durch ein »*control*«-Verhältnis begründet (IFRS 10.5).

IFRS 10 gibt eine einheitliche Definition des Beherrschungskonzepts vor, die auf alle Unternehmen einschließlich Zweckgesellschaften anwendbar ist. Gemäß dieser Definition des »*control*«-Konzepts liegt ein Mutter-Tochter-Verhältnis dann vor, wenn das Mutterunternehmen die Bestimmungsmacht (»*power*«) hat, die Aktivitäten des Tochterunternehmens zu lenken, um daraus Rückflüsse für sich zu generieren (IFRS 10.6).

Die sinngemäße Übersetzung des hier verwendeten englischen Begriffs »*power*« ist in diesem Kontext Bestimmungsmacht, dominierende Einflussmöglichkeit oder Entscheidungsmacht.

Das grundsätzliche Konzept des IFRS 10.6 wird in IFRS 10.7 durch drei Kriterien konkretisiert, die erfüllt sein müssen, damit eine Beherrschung vorliegt. Das beteiligte Unternehmen muss:

a) die Bestimmungsmacht über das Beteiligungsunternehmen besitzen,
b) aus der Beteiligung variable Rückflüsse erhalten und
c) die Möglichkeit haben, seine Bestimmungsmacht über das Beteiligungsunternehmen so einzusetzen, dass es die Höhe seiner Rückflüsse aus der Beteiligung beeinflussen kann.

Unter Bestimmungsmacht (»*power*«) versteht IFRS 10 Rechte, die es dem beteiligten Unternehmen ermöglichen, die wesentlichen Tätigkeiten des Beteiligungsunternehmens zu bestimmen. Als wesentliche Tätigkeiten des Beteiligungsunternehmens werden Tätigkeiten deklariert, die einen signifikanten Einfluss auf die

Rückflüsse des Unternehmens haben (IFRS 10.BC50 ff.). Dabei muss die Möglichkeit zur Lenkung der wesentlichen Aktivitäten zum Zeitpunkt der Einbeziehung gegeben sein. Eine tatsächliche aktive Ausübung der Lenkung der Aktivitäten muss jedoch nicht vorliegen. Die Möglichkeit zur Lenkung der Tätigkeiten resultiert immer aus Rechten wie Stimmrechten, Rechten zur Ernennung und Abberufung von anderen Einheiten, die wesentliche Tätigkeiten bestimmen, Vetorechten für Änderungen zum Nachteil des beteiligten Unternehmens oder ähnlichen Rechten (IFRS 10.B15). Im einfachsten Fall kann die Bestimmungsmacht direkt aus einer Stimmrechtsmehrheit abgeleitet werden. Liegt keine Stimmrechtsmehrheit vor, müssen weitere Faktoren betrachtet werden (IFRS 10.11). Für diesen Fall kann die Lenkungsmöglichkeit der Aktivitäten beispielsweise auch durch vertragliche Vereinbarungen, faktische Stimmrechtsmehrheiten oder Kombinationen aus beidem gegeben sein (IFRS 10.B38).

Die Rückflüsse aus der Beteiligung müssen entsprechend der Performance des Unternehmens schwanken. Sie können sowohl positiv als auch negativ sein. Während ein Unternehmen nur von einem Einzigen beherrscht werden kann, ist es durchaus möglich, dass mehrere beteiligte Unternehmen variable Rückflüsse aus ihrer Beteiligung an demselben Unternehmen erzielen.

Damit eine Beherrschung vorliegt, ist es nicht ausreichend nur die Bestimmungsmacht über das Beteiligungsunternehmen ausüben zu können und variable Rückflüsse zu erhalten, vielmehr ist auch die Verknüpfung der beiden Kriterien von Bedeutung. D. h. es muss die Möglichkeit gegeben sein, mit der Lenkung der Aktivitäten die resultierenden Rückflüsse zu beeinflussen (IFRS 10.17 f.).

Vergleich zu IAS 27

Nach den zuvor gültigen Regelungen des IAS 27 a. F. ergab sich ein beherrschender Einfluss, wenn ein beteiligtes Unternehmen die Macht hat, die finanziellen und betrieblichen Entscheidungsprozesse eines anderen Unternehmens so zu beherrschen, dass es den Nutzen aus der Geschäftstätigkeit des Beteiligungsunternehmens ziehen kann. Ausgangspunkt war die widerlegbare Vermutung eines beherrschenden Einflusses bei Vorliegen der Mehrheit der Stimmrechte. Lag keine Stimmrechtsmehrheit vor, waren weitere Kriterien zu prüfen. Mit der Verknüpfung der Bestimmungsmacht und den variablen Rückflüssen zielt die Definition von Beherrschung nach IFRS 10 im Vergleich zu IAS 27 a. F. nicht mehr nur auf die Bestimmung der strategischen Geschäfts- und Finanzierungspolitik ab, sondern auch auf die Geschäftsaktivitäten in einem erweiterten allgemeinen Sinne. Dadurch werden auch Zweckgesellschaften (*special purpose entities*) von der Definition der Beherrschung erfasst.

Special purpose entities nach IFRS

Special purpose entities (Zweckgesellschaften) zeichnen sich dadurch aus, dass sie ein eng definiertes Ziel zugunsten eines anderen Unternehmens (Sponsor) verfolgen. I. d. R. ist der Sponsor der Zweckgesellschaft gleichzeitig deren Begründer, hält jedoch keine oder nur unwesentliche Stimmrechtsanteile. Da die wesentlichen unternehmerischen Entscheidungen üblicherweise bereits bei der Gründung der Gesellschaften getroffen werden, kommt der operativen Tätigkeit keine große Bedeutung zu. Somit sind auch die Stimmrechtsverhältnisse nachrangig (vgl. Glander, S./Blecher, C. [2011], S. 467).

IFRS 10 enthält keine separaten Regelungen für Zweckgesellschaften, auch deren Konsolidierungspflicht entscheidet sich nach dem allgemeinen »*control*«-Konzept. Dies zeigt deutlich eine Abkehr von den alten Regelungen des IAS 27 und SIC-12. Den besonderen Strukturen von Zweckgesellschaften wird hingegen durch die Forderung einer detaillierten Analyse des Zwecks und der Ausgestaltung des Beteiligungsunternehmens Rechnung getragen, falls die wirtschaftlichen Erfolge nicht durch Stimmrechte bestimmt werden (IFRS 10.B17). Dazu gehört auch die Beurteilung der Chancen und Risiken, die dem Investor zuzurechnen sind (vgl. Glander, S./Blecher, C. [2011], S. 470; IFRS 10.B8).

Des Weiteren werden zusätzliche Angabepflichten gefordert, die sich insbesondere auf die Risiken aus nicht konsolidierten Zweckgesellschaften und die Einschätzungen des Managements zu konsolidierten und nicht konsolidierten Unternehmen beziehen (IFRS 12.24 ff.).

Konzernabschlusspflicht nach US-GAAP

Das US-amerikanische Recht kennt keine gesetzliche Verpflichtung zur Konzernrechnungslegung. Diese ergibt sich lediglich faktisch durch die mit einer SEC-Rechnungslegungspflicht und einer Abschlussprüfung verbundenen Forderung nach der *fair presentation*, die nur konsolidierten Abschlüssen zugesprochen wird. Daraus resultiert der praktische Zwang zur Erstellung eines Konzernabschlusses für alle Mutterunternehmen, die zumindest gegenüber einem anderen Unternehmen in einem *parent-subsidiary*-Verhältnis stehen. Die Identifikation eines solchen Verhältnisses erfolgt ebenfalls ausschließlich über das »*control*«-Konzept.

»Control«-Konzept nach US-GAAP

Das Vorliegen eines »*control*«-Verhältnisses nach US-GAAP begründet sich traditionell mit dem Bestehen von *legal control*, also der direkten oder indirekten Mehrheit der Stimmrechte. Nach ASC 810-10-15-8 (früher FAS 94) sind alle im Mehrheitsbesitz befindlichen Tochterunternehmen (*subsidiaries*) zu konsolidieren, es sei denn, *control* liegt nur vorübergehend vor bzw. das Mutterunternehmen ist in der Ausübung der Kontrolle behindert. Zwar schließt US-GAAP solche Fälle, in denen weniger als 50 % der Anteile gehalten werden, nicht von der Konsolidierung aus, doch erfahren sie in der amerikanischen Konsolidierungspraxis bislang wenig Anwendung. Unternehmen, die gegenüber der SEC berichtspflichtig sind, haben unter besonderen Voraussetzungen, wie beispielsweise im Fall von Unternehmensverträgen, auch solche Unternehmen zu konsolidieren, an denen sie keine Stimmrechtsmehrheit halten.

Zu Gunsten einer Annäherung an das international breiter definierte »*control*«-Konzept arbeitet das FASB seit geraumer Zeit an der Definition eines umfassenderen Begriffs der *effective control*. Das neue Konzept bezieht sich auf die Fähigkeit des Mutterunternehmens, die Geschäftspolitik des anderen Unternehmens so zu beeinflussen, dass ihm der Nutzen aus dessen Geschäftstätigkeit zufließt, unabhängig davon, ob das Mutterunternehmen die Mehrheit der Anteile hält. Zwar wurde im überarbeiteten Standard FAS 141 bzw. ASC 805 berücksichtigt, dass die Beherrschung auch ohne eine mehrheitliche Beteiligung gegeben sein kann, jedoch fehlt bisher eine umfassende Überarbeitung der Konsolidierungsvorschriften (vgl. Baker, R. E./Christensen, T. E./Cottrell, D. M. [2013], S. 104).

Controlling financial interest nach US-GAAP

Eine wirtschaftliche Betrachtungsweise der Kontrolle nimmt jedoch ASC 810-10-05 (früher FIN 46R »*Consolidation of Variable Interest Entities*«) ein. Ziel ist es, in solchen Situationen ein *controlling financial interest* zu identifizieren, wo eine alleinige Betrachtung der Stimmrechte keine befriedigende Antwort liefert. Falls keine Kontrolle über Stimmrechte möglich ist, so kann doch über andere Rechte eine Kontrolle möglich werden. Daher ist zu prüfen, ob eine sog. *variable interest entity* vorliegt, für die auch ohne Stimmrechtsmehrheit Konsolidierungspflicht besteht. Diese Regelung schließt die früher als *special purpose entities* bezeichneten Fälle ein, die in der Folge des Enron-Skandals neu geregelt werden mussten. Eine *variable interest entity* liegt nach ASC 810 vor, wenn entweder die Einheit nicht ausreichend mit Eigenkapital ausgestattet ist oder die Eigenkapitalgeber bestimmte in ASC 810 genannte Charakteristika vermissen lassen. Durch die mit ASC 810 notwendig gewordene Prüfung der Konsolidierungspflicht auf der Grundlage eines *controlling financial interest* wird das »*control*«-Verhältnis nach US-GAAP entscheidend erweitert.

II. Ausnahmen von der Verpflichtung zur Konzernrechnungslegung

Einschränkung der Aufstellungspflicht

Die eben dargestellte grundsätzliche Aufstellungspflicht eines Konzernabschlusses wird durch zwei Ausnahmen eingeschränkt, die in Abbildung 10.2 mit ihren Voraussetzungen zusammengefasst sind.

Zum einen kann durch einen übergeordneten befreienden Konzernabschluss die Aufstellungspflicht untergeordneter Teilkonzerne aufgehoben werden, zum anderen können kleinere Konzerne durch größenabhängige Befreiungen von der Aufstellungspflicht befreit werden. Diese Ausnahmen werden im Folgenden näher ausgeführt.

1. Befreiende Abschlüsse

Teilkonzernabschluss (»Tannenbaum-Prinzip«)

Die Kriterien des § 290 HGB führten – würden sie nicht eingeschränkt – in einem tief gegliederten Unternehmensverbund auf jeder Stufe zu einem Teil-Konzernabschluss (sog. Tannenbaum-Prinzip oder Stufenabschluss). Jedes Tochterunternehmen in der Rechtsform der Kapitalgesellschaft würde den unter ihm stehenden Konzernunternehmen wiederum als Mutterunternehmen i. S. v. § 290 Abs. 2 HGB gegenüberstehen. Um dieser Regelung die Spitze zu nehmen, wurde aus Gründen der Wirtschaftlichkeit wie auch einer Skepsis dem Informationsgehalt von Teilkonzernabschlüssen gegenüber, die Möglichkeit befreiender Abschlüsse (§§ 291, 292 HGB) auf höherer Konzernebene geschaffen.

Befreiender Konzernabschluss

§ 291 HGB ermöglicht eine solche Befreiung, wenn ein Mutterunternehmen (MU_x), das nach § 290 HGB einen Abschluss erstellen muss, selbst wieder Tochterunternehmen eines anderen Mutterunternehmens (MU_0) ist und von diesem ein den folgenden Vorschriften entsprechender Konzernabschluss erstellt und nach den für den entfallenden Konzernabschluss maßgeblichen deutschen Vorschriften in deutscher Sprache offen gelegt wird. Eine Umrechnung in Inlandswährung bei einem im Ausland angesiedelten Mutterunternehmen ist für den befreienden Abschluss der Obergesellschaft (MU_0) nicht vorgeschrieben. Sitzt MU_0 in einem Mitgliedstaat der EU, so muss der von ihm erstellte Abschluss

- das zu befreiende MU_x und dessen TU prinzipiell einbeziehen (unbeschadet der Ausnahmeregelungen von § 296 HGB) und
- dem Recht des Sitzstaates von MU_0 und den Normen der 7. EG-Richtlinie entsprechen und von einer berechtigten Person geprüft worden sein. Zudem ist im Anhang von MU_0 Name und Sitz von MU_x anzugeben und ein Hinweis auf die

Befreiung von der Erstellungspflicht aufzunehmen. Daneben sind Erläuterungen über von deutschem Recht abweichende Bilanzierungsmethoden zu geben.

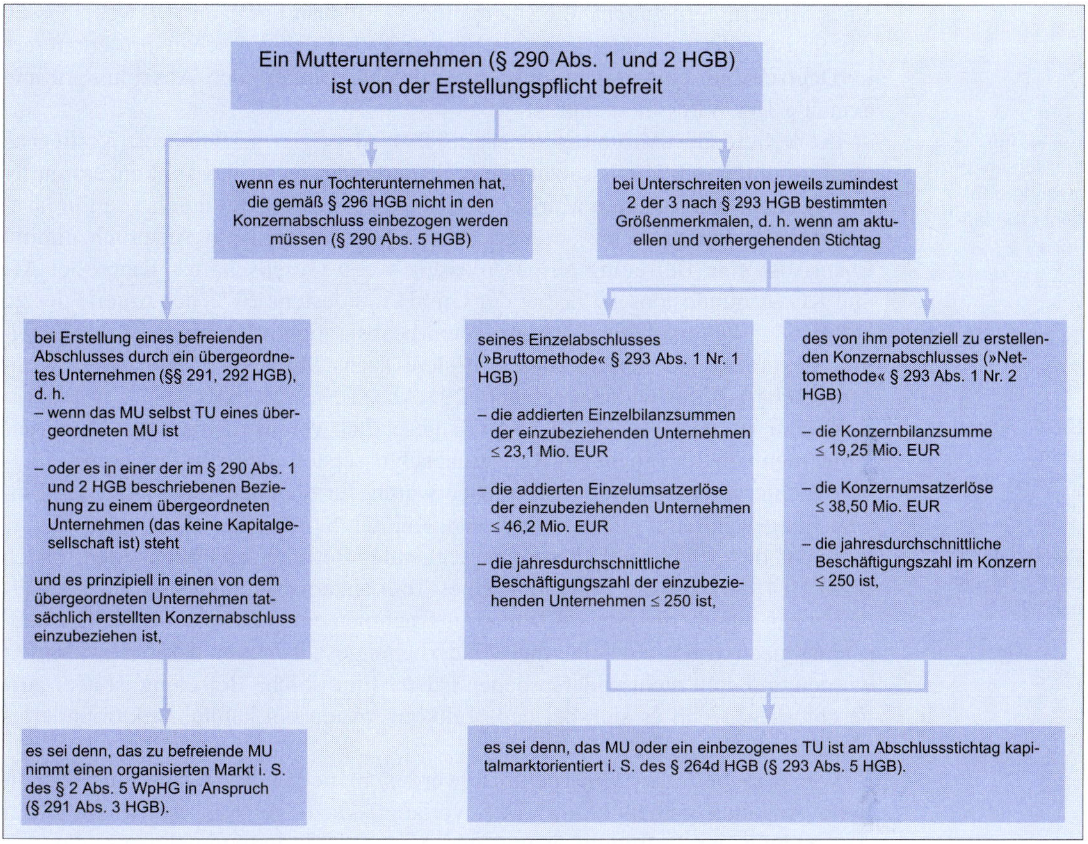

Abb. 10.2: Ausnahmen von der Aufstellungspflicht nach § 290 HGB

Hat MU_0 seinen Sitz nicht in einem EU-Mitgliedstaat, so muss der befreiende Abschluss nach dem mit den Anforderungen der 7. EG-Richtlinie übereinstimmenden Recht eines Mitgliedstaates erstellt oder einem nach solchem Recht erstellten Abschluss zumindest gleichwertig sein. Außerdem muss der befreiende Konzernabschluss in dem Land veröffentlicht werden, nach dessen Vorschriften er erstellt wurde oder mit dessen Vorschriften er gleichwertig sein soll. Des Weiteren ist nach § 291 HGB die Offenlegung im Land des MU_x, dessen Abschluss entfällt, vorgesehen. Damit soll verhindert werden, dass das Recht des EU-Staates mit den geringsten Anforderungen gewählt wird.

Die Befreiungen beziehen sich dabei nicht nur auf das jeweils unmittelbare, sondern auch auf mittelbare MU_0-MU_x-Verhältnisse. Unter Informationsaspekten zu begrüßen ist auch die Regelung in § 291 Abs. 1 Satz 2 HGB, dass ein solcher befreiender Abschluss nicht von einer bestimmten Rechtsform des MU_0 abhängt, sondern von jedem Unternehmen erstellt werden kann, solange dieses in der Rechtsform der Kapitalgesellschaft geführt werden könnte und in diesem Falle zur Konzernrechnungslegung verpflichtet wäre (Privatpersonen, Bund,

Länder und Gemeinden sind somit von der Erstellung eines befreienden Abschlusses ausgeschlossen).

Nach § 292 Abs. 2 HGB liegt eine Befreiung durch den Konzernabschluss eines Mutterunternehmens mit Sitz in einem Drittstaat nur dann vor, wenn dessen Abschlussprüfer (aus dem Drittstaat) entweder bei der Wirtschaftsprüferkammer in Deutschland eingetragen oder die Gleichwertigkeit der Abschlussprüfung gemäß § 134 WPO anerkannt ist.

Keine Befreiung bei Börsenzulassung oder Minderheitenvotum

Ein befreiender Abschluss ist nach § 291 Abs. 3 Nr. 1 HGB trotz Vorliegens oben geschilderter Voraussetzungen nicht möglich, wenn die Teilkonzernmutter (MU_x) einen organisierten Markt i. S. des § 2 Abs. 5 WpHG durch von ihm ausgegebene Wertpapiere i. S. des § 2 Abs. 1 Satz 1 WpHG in Anspruch nimmt. Ebenso ist eine Befreiung ausgeschlossen, wenn Gesellschafter, denen bei AG und KGaA mindestens 10 %, bei der GmbH mindestens 20 % der Anteile des zu befreienden Unternehmens gehören, dem beabsichtigten Verzicht auf die Erstellung des Teilkonzernabschlusses spätestens sechs Monate vor Ablauf des Konzerngeschäftsjahres widersprechen (§ 291 Abs. 3 Nr. 2 HGB).

Befreiung bei nur nach § 296 HGB befreiten Tochterunternehmen

Zudem wurde in § 290 Abs. 5 HGB gesetzlich verankert, dass ein Mutterunternehmen von der Pflicht zur Konzernabschlusserstellung befreit ist, wenn lediglich Tochterunternehmen einzubeziehen wären, für die nach § 296 HGB ein Einbeziehungswahlrecht gilt (vgl. in diesem Kapitel, S. 627).

Befreiender Konzernabschluss nach IFRS

Auch die IFRS enthalten entsprechende Befreiungsmöglichkeiten. Nach IFRS 10.4 darf auf die Erstellung eines Teilkonzernabschlusses verzichtet werden, wenn ein übergeordnetes Mutterunternehmen einen befreienden Konzernabschluss nach IFRS aufstellt, die Minderheitengesellschafter darüber informiert wurden und dem nicht widersprochen haben. Eine solche Befreiung ist aber ausgeschlossen, wenn es sich bei dem Teilkonzern um ein kapitalmarktorientiertes Unternehmen handelt.

Von dem befreiten Unternehmen werden in dessen Einzelabschluss detaillierte Angaben gemäß IAS 27.15 f. verlangt. Dazu gehören die Tatsache der Anwendung der Befreiung, Name und Sitz des Mutterunternehmens, das den befreienden Konzernabschluss erstellt, sowie die Adresse, unter welcher dieser bezogen werden kann. Des Weiteren wird eine Liste der wesentlichen Beteiligungen und eine Beschreibung der Methodik, mit der diese in den Abschluss einbezogen wurden, gefordert.

Kein befreiender Konzernabschluss nach US-GAAP

Die US-GAAP sehen keine Befreiung vor, da nach amerikanischem Verständnis der Konzernabschluss als der sachgerechtere und allein aussagefähige Abschluss eines Mutterunternehmens angesehen wird. Es gilt hier also das Tannenbaumprinzip, was sich aus der traditionell vorrangigen Stellung der Interessentheorie heraus begründet.

2. Größenabhängige Befreiungen

Um die Belastung der Unternehmen durch Rechnungslegungsvorschriften möglichst niedrig zu halten, werden nach HGB kleinere Konzerne von der Abschlusserstellungspflicht befreit.

Größenkriterien nach HGB

Kriterium hierzu ist das Nichtüberschreiten von zwei aus insgesamt drei Größenkriterien am aktuellen und vorhergehenden Bilanzstichtag (vgl. Tabelle 10.2).

Für die Berechnung der Schwellenwerte kann die Nettomethode (Konzernabschluss) oder die Bruttomethode (Summenabschluss) verwendet werden.

Größenkriterien	Bruttomethode	Nettomethode
Bilanzsumme (in TEUR)	23.100	19.250
Umsatzerlöse (in TEUR)	46.200	38.500
Arbeitnehmer	250	250

Tab. 10.2: Größenkriterien des § 293 Abs. 1 und Abs. 2 HGB

Keine Befreiung bei Kapitalmarktorientierung

Eine Befreiung von der Erstellungspflicht ist trotz Vorliegen der Tatbestände von § 293 Abs. 1 HGB nicht möglich, wenn das Mutterunternehmen oder ein in dessen Konzernabschluss einbezogenes Tochterunternehmen am Abschlussstichtag kapitalmarktorientiert i. S. des § 264d HGB ist (§ 293 Abs. 5 HGB). Die zusätzlichen Informationen eines Konzernabschlusses sollen also den Besitzern und Käufern dieser Wertpapiere nicht vorenthalten werden.

Größenkriterien nach IFRS und US-GAAP

Eine Befreiung von der Konzernabschlusserstellung aufgrund des Unterschreitens bestimmter Größenkriterien existiert nach IFRS und US-GAAP nicht. Jedoch wird die Belastung der kleinen Unternehmen in den USA dadurch verringert, dass Unternehmen aufgrund der Wesentlichkeit des Konzernabschlusses keine zwei Abschlüsse zu erstellen haben, da der Konzernabschluss nach den Regeln der US-GAAP den Einzelabschluss ersetzt (vgl. Eisolt, D. [1992], S. 153).

C. Konsolidierungskreis

Durch die Regelung des Konsolidierungskreises werden die in den Konzernabschluss eingehenden Tochterunternehmen definiert. Das HGB regelt diesen Teil der konsolidierten Rechnungslegung in den §§ 294–296. Die in § 294 HGB niedergelegte grundsätzliche Einbeziehungspflicht wird dabei durch bestimmte Einbeziehungswahlrechte (§ 296 HGB) durchbrochen. Im Hinblick auf den Konsolidierungskreis sind die Regelungen von IFRS und US-GAAP mit den HGB-Regelungen vergleichbar, im Hinblick auf Einbeziehungsverbote und -wahlrechte dagegen restriktiver.

I. Grundsätzliche Einbeziehungspflicht

Einbeziehungspflicht nach HGB

Grundsätzlich muss ein Mutterunternehmen all seine Tochterunternehmen in den konsolidierten Abschluss einbeziehen. Ist also einer der in § 290 HGB definierten Sachverhalte gegeben, so tritt neben eine Pflicht zur Erstellung eines Konzernabschlusses und Konzernlageberichtes durch das Mutterunternehmen gleichzeitig prinzipiell auch eine Einbeziehungspflicht für das betreffende Tochterunternehmen. Einzubeziehen sind dabei nicht nur die unmittelbaren Tochterunternehmen, sondern auch die mittelbaren Tochterunternehmen.

Vollkonsolidierung

In den Konsolidierungskreis aufgenommene Tochterunternehmen sind mittels einer »Vollkonsolidierung« in den Konzernabschluss einzubeziehen. Vollkonsolidierung bedeutet, dass ein Konzernunternehmen prinzipiell mit all seinen Aktiva und Passiva sowie Aufwendungen und Erträgen in den konsolidierten Abschluss einfließt, soweit diese nicht durch spezielle Konsolidierungsmaßnahmen modifiziert oder eliminiert werden. Im Rahmen der Vollkonsolidierung sind gleichzeitig sämtliche innerkonzernlichen Beziehungen unter dem Gesichtspunkt des Konzernabschlusses als Abschluss einer rechtlichen Einheit darzustellen.

Einbeziehungsverbot für alle Nicht-Tochterunternehmen

Aus dieser Einbeziehungspflicht ergibt sich im Umkehrschluss, dass Nicht-Konzernunternehmen – Unternehmen also, zu denen kein in § 290 HGB geregeltes Konzernverhältnis besteht – nicht auf dem Wege der Vollkonsolidierung in den Konzernabschluss einbezogen werden dürfen. Ein freiwilliger, weitergehender Einbezug anderer Unternehmen in den konsolidierten Abschluss ist damit nicht möglich.

Erweiterter Konsolidierungskreis

Eine Zwischenstufe zwischen Konzernunternehmen und Nicht-Konzernunternehmen sind die sog. »assoziierten Unternehmen«, auf die kein beherrschender, wohl aber ein maßgeblicher Einfluss ausgeübt werden kann. Diese werden deshalb nach einer Sonderform der Konsolidierung, nämlich der sog. Equity-Methode, in den Konzernabschluss einbezogen. Des Weiteren sind gemeinschaftlich geführte Unternehmen von Tochterunternehmen und assoziierten Unternehmen zu unterscheiden. Diese werden entweder mittels Quotenkonsolidierung oder ebenfalls über die Equity-Methode im Konzernabschluss bilanziert (vgl. 11. Kapitel, S. 715 ff.). Damit wird im HGB den abgestuften Einflussmöglichkeiten auf ein anderes Unternehmen auch durch die Form der Rechnungslegung Rechnung getragen. Während alle einzubeziehenden Tochterunternehmen den Konsolidierungskreis i. e. S. bilden, umfasst der Konsolidierungskreis i. w. S. auch die assoziierten und die gemeinschaftlich geführten Unternehmen.

Weltabschlussprinzip

Aus dieser generellen Einbeziehungsregelung des § 294 Abs. 1 HGB ergibt sich auch implizit, dass der Sitz des Tochterunternehmens für den Einbezug unerheblich ist. Es gilt das »Weltabschlussprinzip«.

Änderungen des Konsolidierungskreises

Die Definition des Konsolidierungskreises hat wesentlichen Einfluss auf den Informationsgehalt des konsolidierten Abschlusses. Änderungen in seiner Zusammensetzung sind ohne weitere Erläuterungen für den externen Abschlussadressaten nicht nachvollziehbar. § 294 Abs. 2 HGB enthält deshalb für den Fall wesentlicher Änderungen des Konsolidierungskreises eine Verpflichtung zur Aufnahme zusätzlicher Angaben, die dann einen sinnvollen Vergleich mit den vorhergehenden Abschlüssen ermöglichen sollen. Im Hinblick auf das Kriterium der Wesentlichkeit wird auf die Ausführungen in diesem Kapitel auf S. 630 f. verwiesen.

Stetigkeit der Abgrenzung

Vor dem Hintergrund der beträchtlichen Auswirkungen auf den Informationsgehalt des konsolidierten Abschlusses muss auch die Anwendung des Stetigkeitsgrundsatzes auf die Abgrenzung des Konsolidierungskreises gesehen werden. Obwohl sich die Methodenstetigkeit nach dem Wortlaut von § 297 Abs. 3 HGB nur auf die Konsolidierungsmethoden bezieht, geht die einhellige Meinung der Literatur dahin, dass das Stetigkeitsgebot wegen der besonderen Bedeutung des Konsolidierungskreises auch hier gilt. Das Mutterunternehmen ist folglich für die Folgeperioden an ein einmal ausgeübtes Einbeziehungswahlrecht gebunden und kann nur aus triftigen Gründen später eine andere Entscheidung treffen.

Einbeziehungspflicht nach IFRS

Grundsätzlich gibt es bezüglich der Einbeziehungspflichten in- und ausländischer Tochterunternehmen in den Konzernabschluss keine Unterschiede zwischen den Regelungen des HGB und der IFRS. Das Weltabschlussprinzip gilt ebenso in beiden Normensystemen (§ 294 Abs. 1 HGB und IFRS 10.20) wie auch das Einbeziehungsverbot mittels Vollkonsolidierung für alle nicht verbundenen Unternehmen (IFRS 10.25).

Einbeziehungspflicht nach US-GAAP

Das Weltabschlussprinzip gilt auch nach US-GAAP. Somit besteht eine Konsoldierungspflicht für alle in direktem oder indirektem Mehrheitsbesitz befindlichen inländischen und ausländischen *subsidiaries* (ASC 810-10-15-8 ff., früher FAS 94.13). Jedoch werden in ASC 810-10 keine expliziten Aussagen über den Sitz des Tochterunternehmens gemacht.

»Konzern-untypische« Tätigkeit

Auch wenn sich die Tätigkeit eines Tochterunternehmens von der Tätigkeit der anderen einbezogenen Unternehmen gravierend unterscheidet, muss das beherrschte Unternehmen nach Handelsrecht – wie nach IFRS und US-GAAP – in den Konzernabschluss einbezogen werden. Damit wird auch im HGB internationalen Gepflogenheiten gefolgt, wonach der Diversität der Konzernaktivitäten über die Segmentberichterstattung Rechnung getragen wird bzw. getragen werden kann (§ 297 Abs. 1 S. 2 HGB).

II. Einbeziehungswahlrechte

Neben dem generellen Einbeziehungsgebot für alle Tochterunternehmen gewährt das HGB in § 296 in bestimmten Fällen auch Einbeziehungswahlrechte, die in Abbildung 10.3 zusammengefasst sind. Gemäß der Gliederung des HGB werden im Folgenden die dort angesprochenen Fälle auch nach IFRS und US-GAAP diskutiert, auch wenn diese Normensysteme in solchen Fällen keine Einbeziehungswahlrechte vorsehen. Anschließend wird die Behandlung der aufgrund dieser Vorschriften nicht vollkonsolidierten Tochterunternehmen aufgezeigt.

1. Beschränkung bestimmter Rechte des Mutterunternehmens

HGB

Falls eine erhebliche und andauernde Beschränkung der Rechte des Mutterunternehmens in Bezug auf Vermögen oder Geschäftsführung eines Tochterunternehmens besteht, sieht § 296 Abs. 1 Nr. 1 HGB ein Wahlrecht für den Einbezug dieses Tochterunternehmens vor. Bei den Voraussetzungen ist zu beachten, dass die Beschränkungen sowohl erheblich als auch von Dauer sein müssen (sie dürfen also nicht nur alternativ vorliegen), sie sich andererseits aber nur entweder auf das Vermögen oder die Geschäftsführung zu beziehen haben. Die Dauer der Beschränkung muss sich dabei nicht über mehrere Geschäftsjahre erstrecken, sondern während des Geschäftsjahres bestanden haben und am Abschlussstichtag noch bestehen. Eine solche Einschränkung kann etwa durch politische Verhältnisse in einem Land, in dem das betreffende Tochterunternehmen ansässig ist, gegeben sein, falls die ausländische Regierung die Rechte des Mutterunternehmens so einschränkt, dass eine tatsächliche Einflussnahme auf das Vermögen und die Ressourcen des Tochterunternehmens nur eingeschränkt möglich ist.

IFRS

Ein solches Wahlrecht für Fälle der dauernden Beschränkung der Rechte des Mutterunternehmens besteht nach IFRS nicht. Jedoch wird in diesen Fällen grundsätzlich kein »*control*«-Verhältnis nach IFRS 10 mehr vorliegen, womit eine Konsolidierung nicht mehr zulässig ist. So macht IFRS 10.B36 f. deutlich, dass auch bei einer Mehrheit der Stimmrechte die Bestimmungsmacht nicht gegeben ist, wenn die Stimmrechte nicht substanziell sind. Dies ist beispielsweise der Fall, wenn das Tochterunternehmen unter die Kontrolle einer Regierung, Behörde oder eines Gerichts gestellt wurde.

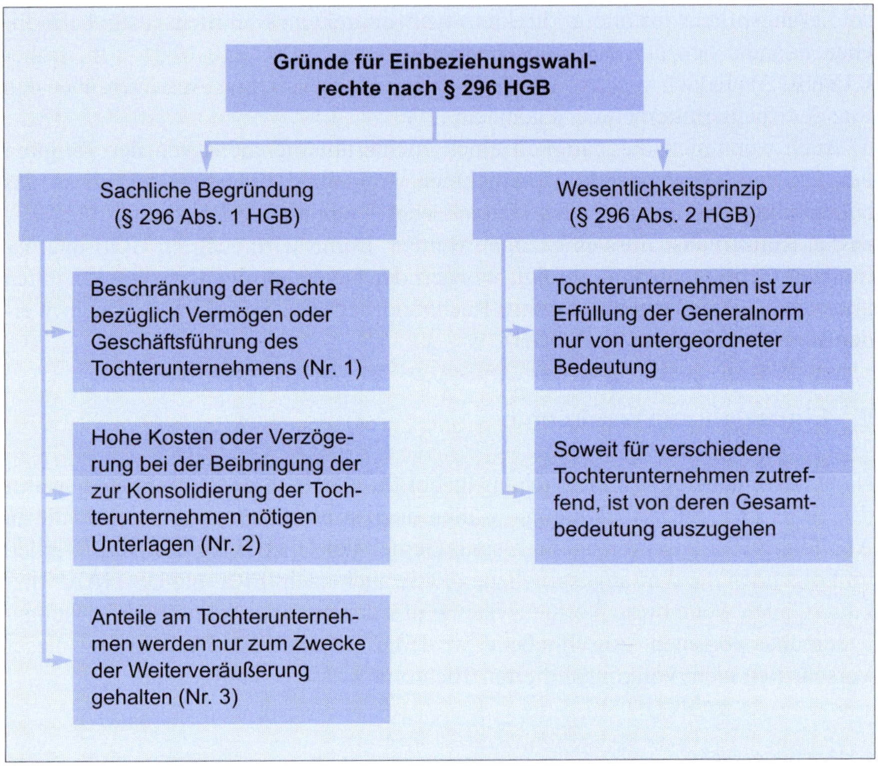

Abb. 10.3: Einbeziehungswahlrechte nach § 296 HGB

US-GAAP

Auch nach US-GAAP besteht bei einer fehlenden Möglichkeit zur Ausübung des »*control*«-Verhältnisses ein striktes Konsolidierungsverbot. Laut ASC 810-10-15-10 (früher FAS 94.4) ist ein »*control*«-Verhältnis nicht mehr gegeben, falls sich das Tochterunternehmen in Konkurs oder Sanierung befindet, wenn es unter dem Einfluss von Devisenbewirtschaftung oder anderen Beschränkungen durch die ausländische Regierung steht, die schwerwiegende Zweifel an der tatsächlichen Fähigkeit zur Ausübung der Kontrolle hervorrufen. Damit sind die Voraussetzungen zur Zurechnung des Vermögens der Tochter zu dem des Mutterunternehmens nicht mehr erfüllt und damit auch sein Ausweis nicht mehr angebracht.

2. Unverhältnismäßig hohe Kosten oder Verzögerungen

HGB

Das Kostenkriterium in § 296 Abs. 1 Nr. 2 HGB konkretisiert den Grundsatz der Wirtschaftlichkeit des Konzernabschlusses. Gleichzeitig jedoch steht es in Widerspruch zum Grundsatz der Vollständigkeit und ist deshalb nur anzuwenden, wenn sich ein – wie auch immer zu bestimmendes – extremes Missverhältnis zwischen entstehenden Kosten für den Einbezug des Tochterunternehmens und den Kosten für die Aufstellung des Konzernabschlusses insgesamt sowie dem zusätzlichen Informationsgewinn ergibt.

Soweit Verzögerungen bei der Beibringung zur Konsolidierung nötiger Unterlagen nicht auf objektiv von außerhalb des Konzernverbundes kommende, von ihm nicht zu vertretende bzw. mit angemessenem Aufwand zu verhindernde Ursachen zurückzuführen sind, sondern auf mangelnder konzerninterner Organisation beruhen, ist ein solches Konsolidierungswahlrecht nicht gegeben.

Nach IFRS existiert keine explizite Regelung für die Einbeziehung bei unverhältnismäßig hohen Kosten oder zeitlicher Verzögerung. Jedoch gilt in allen Bereichen der Rechnungslegung das Prinzip der »*cost constraint on useful financial reporting*« des Framework (F QC35 ff.). Dieses rechtfertigt einen Verzicht auf die Einbeziehung, wenn es in seltenen Ausnahmefällen zu einem groben Missverhältnis zwischen den zusätzlichen Informationen eines Konzernabschlusses und den entstehenden Kosten der Konsolidierung kommt oder eine rechtzeitige Informationsbeschaffung nicht möglich ist. IFRS

Auch nach US-GAAP findet sich kein dem HGB entsprechendes Wahlrecht. Es gilt zwar hier ebenso in allen Bereichen der Rechnungslegung das *cost/benefit*-Prinzip, das eine Nichtkonsolidierung wegen zu hoher Kosten oder der nicht fristgerechten Fertigstellung des Konzernabschlusses rechtfertigen würde, jedoch wird von dieser Möglichkeit nur in seltenen Ausnahmefällen Gebrauch gemacht. Ein Grund dafür ist wohl die nach US-GAAP großzügigere Stichtagsregelung für die in den Konzernabschluss einzubeziehenden Einzelabschlüsse. Die *cost/benefit*-Betrachtung scheint also in diesem Bereich der Rechnungslegung nur von geringer Bedeutung zu sein (vgl. Niehus, R. J./Thyll, A. [2000], S. 58). US-GAAP

3. Anteile zur Weiterveräußerung

Das Konsolidierungswahlrecht des § 296 Abs. 1 Nr. 3 HGB bei Halten der Anteile des Tochterunternehmens nur zum Zweck der Weiterveräußerung erfordert eine befristete Halteabsicht. Aus der Bedingung, dass dies der ausschließliche Zweck sein muss, lässt sich folgern, dass die Veräußerung intensiv betrieben und innerhalb angemessener Zeit vollzogen sein muss. Trifft dies nicht zu, darf das Wahlrecht nicht in Anspruch genommen werden und es ist von einer Konsolidierungspflicht auszugehen. HGB

Die IFRS sehen für den Fall der geplanten Weiterveräußerung eine Behandlung nach IFRS 5 vor. Demnach sind die mit Weiterveräußerungsabsicht erworbenen Anteile zu konsolidieren. Die Konsolidierung erfolgt aber vereinfacht, da gemäß IFRS 5.38 auf der Aktiv- und Passivseite nur jeweils ein Posten, bestehend aus den aus der Konsolidierung resultierenden *assets* und *liabilities,* als »*held for sale*« ausgewiesen werden. Diese werden gemäß IFRS 5.15 zu Anschaffungskosten bzw. zu niedrigeren Nettoveräußerungserlösen bewertet. In der GuV werden die damit verbundenen Nach-Steuer-Erfolge gesondert unter den »*discontinued operations*« ausgewiesen (IFRS 5.33a). Die für andere Fälle erforderliche Anhangangabe zur Zusammensetzung der Erfolge gemäß IFRS 5.33b sowie die Angabe der Bereichs-Cashflows in der KFR nach IFRS 5.33c sind ausnahmsweise nicht erforderlich. IFRS

US-GAAP

Wie in den IFRS werden auch in den US-GAAP Anteile, die mit Weiterveräußerungsabsicht gehalten werden, konsolidiert und sodann analog zu IFRS 5 nach ASC 360 (früher FAS 144) behandelt.

4. Wesentlichkeit des Tochterunternehmens

HGB

Dem in § 296 Abs. 2 HGB normierten vierten Kriterium des Konsolidierungswahlrechts liegt der Grundsatz der Wesentlichkeit zugrunde. Ist der Einbezug eines Tochterunternehmens zur Erfüllung der Generalnorm – die zutreffende Darstellung der Vermögens-, Finanz- und Ertragslage – von untergeordneter Bedeutung, so muss es nicht einbezogen werden. Trifft dies auf mehrere Tochterunternehmen zu, die in Summe dann jedoch wieder von Bedeutung für die Aussagefähigkeit des Abschlusses sind, so entfällt konsequenterweise das Wahlrecht. Eine konkrete gesetzliche Regelung für die praktische Umsetzung der Frage nach der Wesentlichkeit existiert nicht. Bei der Beurteilung ist auf Gesamtbild aller Umstände abzustellen, wodurch eine isolierte Betrachtung der Vermögens-, Finanz- oder Ertragslage nicht ausreichend ist. Die bloße Anwendung starrer Verhältniszahlen ist nach h. M. nicht geeignet (vgl. ADS [1995 ff.], § 296 HGB Tz. 31).

IFRS

In den IFRS ist ein solches Wahlrecht nicht explizit in die Rechnungslegungsvorschriften aufgenommen worden. Jedoch kann man aus dem Grundsatz der *materiality* (F QC11) auf ein Wahlrecht zur Einbeziehung von Tochterunternehmen von untergeordneter Bedeutung schließen. Auch das IASB hat die *materiality* nicht durch quantitative Grenzwerte definiert, sondern die Frage der Wesentlichkeit als eine Einzelentscheidung dargestellt, die jedes Mal neu getroffen werden muss. Das entscheidende Kriterium hierfür ist, ob eine Nichtveröffentlichung der Information eine auf dem veröffentlichten Abschluss basierende Entscheidung des Abschlussadressaten verändern oder revidieren könnte.

US-GAAP

Ein Konsolidierungswahlrecht aufgrund der Unwesentlichkeit des Tochterunternehmens ist auch in den US-GAAP nicht explizit enthalten. Jedoch gilt hier ebenso der Grundsatz der *materiality*, der besagt, dass Informationen immer dann unwesentlich sind, wenn sie die *fair presentation* des Jahresabschlusses nicht beeinträchtigen. Die SEC hat in der Regulation S-X Rule 3-09 (a) bestimmte Grenzwerte definiert, durch welche die Wesentlichkeit überprüft werden kann, die in der Praxis allgemein verbreitet Anwendung finden. So handelt es sich um ein wesentliches Tochterunternehmen, falls durch dessen Einbeziehung die Summe der Konzernbilanz um 5-10 % und der Konzernumsatz um 10-20 % steigen.

5. Behandlung nicht einbezogener Tochterunternehmen

Bewertung von nicht vollkonsolidierten Tochterunternehmen nach HGB

Tochterunternehmen, die aufgrund der oben angeführten Ausnahmeregelungen nicht vollkonsolidiert werden, müssen dennoch im Konzernabschluss berücksichtigt werden. Nach HGB ist bei einem Nichteinbezug des Tochterunternehmens durch Vollkonsolidierung für jeden Fall zu überprüfen, ob das Mutterunternehmen auf das Tochterunternehmen einen maßgeblichen Einfluss ausübt. Ist dies der Fall, so ist das Tochterunternehmen mit der Equity-Methode im Konzernabschluss zu bewerten (vgl. 11. Kapitel, S. 715 ff.). Ist dies nicht der Fall, so ist das Tochterunternehmen wie eine Beteiligung mit den Anschaffungskosten zu bewerten.

Equity-Bewertung

Eine explizite Vorschrift zur Prüfung auf Einbeziehung des Tochterunternehmens nach der Equity-Methode ist in § 296 HGB nicht vorhanden. Auch wenn sich daraus schließen lässt, dass der Gesetzgeber damit die Absicht verbindet, im Falle der Ausübung eines Konsolidierungswahlrechtes auf die Anwendung der Equity-Methode für das betreffende Konzernunternehmen zu verzichten, muss aus systematischen Gründen doch davon ausgegangen werden, dass auch für solche Tochterunternehmen zuerst der Einbezug nach dieser Methode geprüft werden muss. Jedoch kann dabei keinesfalls eine automatische Einbeziehungspflicht nach dieser Methode unterstellt werden, sondern es müssen auch hier zuerst die jeweiligen Voraussetzungen für jedes einzelne Unternehmen geprüft werden. Folgende Sachverhalte sprechen gegen einen Einbezug nach der Equity-Methode:

- Die nachhaltige Beeinträchtigung der Rechtsposition des Mutterunternehmens ist so umfangreich, dass auch von einem maßgeblichen Einfluss auf dieses Tochterunternehmen nicht mehr gesprochen werden kann. Die Voraussetzung zu einer Konsolidierung nach der Equity-Methode ist damit nicht mehr gegeben.
- Das Tochterunternehmen wird nur zum Zwecke der Weiterveräußerung gehalten. Da die Equity-Konsolidierung prinzipiell vom Bestehen einer Beteiligung und damit einer auf Dauer angelegten finanziellen Beziehung zwischen Mutter- und Tochterunternehmen ausgeht, scheidet auch in diesem Falle die Anwendung der Equity-Methode aus. Außerdem dürfte dann auch der Aufbau eines »maßgeblichen Einflusses« in dem zur Verfügung stehenden kurzen Zeitraum kaum möglich sein.
- Wird ein Tochterunternehmen wegen untergeordneter Bedeutung nicht in den Konsolidierungskreis aufgenommen, so besteht dasselbe Wahlrecht auch für eine Konsolidierung nach der Equity-Methode (§ 311 Abs. 2 HGB). Ein freiwilliger Einbezug bleibt davon ausgenommen.

Angabe und Begründung im Konzernanhang

Der Verzicht auf die Konsolidierung eines Tochterunternehmens aufgrund eines solchen Konsolidierungswahlrechtes ist im Konzernanhang anzugeben und zu begründen, wobei ein bloßer Verweis auf die gesetzliche Vorschrift als nicht ausreichend zu betrachten ist (§ 296 Abs. 3 HGB).

Stetigkeit bei Einbeziehungswahlrechten

Die Anwendung eines Konsolidierungswahlrechts kann im Einzelfall durchaus beträchtliche Auswirkungen auf die Bilanz- bzw. GuV-Posten des konsolidierten Abschlusses haben. Ein willkürlicher Wechsel von Jahr zu Jahr würde die Aussagefähigkeit dieses Rechnungslegungsinstruments erheblich beeinträchtigen, weshalb die über die Zeit hinweg stetige Anwendung eines einmal ausgeübten Wahlrechtes von großer Wichtigkeit ist. Das Mutterunternehmen ist deshalb an seine einmal getroffene Entscheidung in den Folgeperioden gebunden, soweit nicht eine tatsächliche Änderung der zugrunde liegenden Sachverhalte ein Abweichen hiervon rechtfertigt. Ein willkürliches Abweichen von der einmal getroffenen Entscheidung ist nicht zulässig.

Tritt durch die Auswirkungen eines Einbeziehungswahlrechts der Fall auf, dass dem prinzipiellen Abschlusserstellungsgebot des Mutterunternehmens kein zu konsolidierendes Tochterunternehmen gegenübersteht, so läuft die Erstellungspflicht ins Leere. Trotz gültiger Erstellungspflicht ist dann kein Konzernabschluss und -lagebericht zu erstellen.

Bewertung von nicht vollkonsolidierten Tochterunternehmen nach IFRS

IFRS 10 enthält keine expliziten Konsolidierungsverbote oder -wahlrechte. Daher fehlen Regeln über die Behandlung von solchen Tochterunternehmen, die aus Wesentlichkeitsgründen nicht einbezogen werden müssen. Grundsätzlich sind für alle Finanzanlagen, die nicht Tochterunternehmen nach IFRS 10, Gemeinschaftsunternehmen nach IFRS 11 oder assoziierte Unternehmen nach IAS 28 sind, die Vorschriften des IAS 39 bzw. IFRS 9 (vgl. 5. Kapitel) maßgeblich.

Bewertung von nicht vollkonsolidierten Tochterunternehmen nach US-GAAP

Nach US-GAAP war lange Zeit die Equity-Methode als Konsolidierungsersatz für nicht vollkonsolidierte Tochterunternehmen vorgeschrieben. Der frühere Standard FAS 94 (jetzt ASC 323) erneuerte die Vorschriften zur Bilanzierung dieser Tochterunternehmen, indem er diese Mussvorschrift entfernte. An deren Stelle steht nun eine Empfehlung, die Equity-Methode nicht prinzipiell anzuwenden, ohne jedoch eine Alternative zu nennen. Es ist demnach zu überprüfen, ob es dem Mutterunternehmen trotz fehlendem oder nur temporärem »*control*«-Verhältnis noch möglich ist, einen maßgeblichen Einfluss auszuüben. Ist die Möglichkeit zur Ausübung eines maßgeblichen Einflusses nicht gegeben, so wird die Beteiligung mit der *fair value/cost*-Methode in den Konzernabschluss einbezogen (vgl. hierzu 11. Kapitel, S. 669 ff.). Handelt es sich bei der Beteiligung um Anteile, die nicht marktfähig sind, so werden diese *at cost*, also mit den Anschaffungskosten, in der Konzernbilanz geführt. Sind die Anteile dagegen marktfähig, so werden sie nach den Vorschriften von ASC 320 (früher FAS 115) »*Investments - Debt and Equity Securities*« entweder als *trading securities*, wenn sie zum Zweck der Weiterveräußerung erworben wurden, oder andernfalls als *available-for-sale securities* klassifiziert. In beiden Fällen schreibt ASC 320-10 eine Bewertung mit den *fair values* vor. Handelt es sich um *trading securities*, so werden Wertsteigerungen/-minderungen GuV-wirksam erfasst, während bei *available-for-sale securities* diese unrealisierten Gewinne und Verluste GuV-neutral in einem gesonderten Eigenkapitalposten als *other comprehensive income* ausgewiesen werden (vgl. 5. Kapitel, S. 273 und 9. Kapitel, S. 515).

D. Vorbereitung der Einzelabschlüsse für den Einbezug in den Konzernabschluss

Der Konzernabschluss stellt die Zusammenfassung der Einzelabschlüsse rechtlich selbstständiger, wirtschaftlich jedoch von einer übergeordneten Einheit dominierter Unternehmen dar. Die Zusammenfassung der Einzelabschlüsse führt nur dann zu einem aussagefähigen Konzernabschluss, wenn alle Abschlüsse nach einem einheitlichen Bilanzierungsstandard (HGB, IFRS bzw. US-GAAP) erstellt sind. Eine Möglichkeit, dies zu erreichen, ist die Ausrichtung der Buchhaltung aller Konzernunternehmen an dem für das Mutterunternehmen maßgebenden Standard. Die für die Einzelgesellschaften ggf. erforderlichen nationalen Abschlüsse sind dann aus den nach der konzerneinheitlichen Buchhaltung erstellten

Einzelabschlüssen abzuleiten (originäre Erstellung des Konzernabschlusses). Der andere Weg besteht darin, die Buchhaltung der Einzelgesellschaften nach den für diese zuständigen nationalen Bilanzierungsregeln auszurichten. Die daraus abgeleiteten Einzelabschlüsse müssen in diesen Fällen (derivative Erstellung des Konzernabschlusses) für die Zwecke der Konzernbilanzierung auf den für den Konzernabschluss maßgebenden Standard übergeleitet werden (vgl. Abschnitt III, S. 635 ff.). Außerdem müssen die verschiedenen Währungen auf die für den Konzernabschluss maßgebende Währung umgerechnet werden (vgl. Abschnitt IV, S. 640 ff.). Bei abweichenden Stichtagen der verschiedenen Einzelabschlüsse ist auf einen einheitlichen Konzernabschlussstichtag abzustellen (vgl. Abschnitt II, S. 634 f.). Bevor diese Fragen erörtert werden, wird kurz auf das Verhältnis zwischen den Vorschriften für Einzel- und Konzernabschluss eingegangen (vgl. Abschnitt I, S. 633 ff.).

I. Gemeinsame Vorschriften für Einzel- und Konzernabschluss

HGB

Gemäß § 298 Abs. 1 HGB gelten die für den Einzelabschluss maßgebenden Vorschriften zu Bilanzansatz, Bewertung und Gliederung auch für den Konzernabschluss. Darüber hinaus sind auch rechtsform- oder geschäftszweigspezifische Vorschriften des Einzelabschlusses auf den Konzernabschluss anzuwenden.

Abweichungen von der konzerneinheitlichen Bilanzierung

Abweichungen von diesen einzelabschlussbezogenen Vorschriften sind für den Konzernabschluss dann vorzunehmen, wenn dessen Eigenart dies bedingt oder die konzernabschlussspezifischen Vorschriften dies erfordern (§ 298 Abs. 1 HGB). Da grundsätzlich auch für spezielle Rechtsformen bzw. Geschäftszweige erlassene Sondervorschriften bei den einzelnen Konzernunternehmen mit in den konsolidierten Abschluss zu übernehmen sind (§ 298 Abs. 1 HGB), wird es sich hierbei vor allem um Fragen des Ausweises, aber auch des Ansatzes und der Bewertung handeln.

Erleichterungen beim Ausweis der Vorräte

Erleichternd wird für die Erstellung des Konzernabschlusses erlaubt, die Vorräte in einem Posten zusammenzufassen, soweit deren Aufgliederung wegen besonderer Umstände mit einem unverhältnismäßigen Aufwand verbunden wäre (§ 298 Abs. 2 HGB). Ein hoher Aufwand allein – auch wenn er auf Dauer mit dem getrennten Ausweis der Vorräte verbunden ist – reicht als Begründung für eine Zusammenfassung also nicht aus. Er muss zusätzlich noch auf besonderen Umständen beruhen.

Erleichterungen bezüglich des Anhangs

Als weitere Erleichterung ist es zulässig, den Anhang im Jahresabschluss des Mutterunternehmens mit dem Konzernanhang zusammenzufassen. Beide Abschlüsse müssen dann allerdings auch gemeinsam offen gelegt werden (§ 298 Abs. 3 Satz 1 und 2 HGB).

Erleichterungen beim Konzernabschluss nach PublG

Prinzipiell sind die für große Kapitalgesellschaften geltenden Vorschriften auch für den Konzernabschluss nach PublG anzuwenden (§ 13 Abs. 2 PublG). Gegenüber einem durch eine Kapitalgesellschaft zu erstellenden Konzernabschluss ergeben sich jedoch bei einem Konzernabschluss nach PublG folgende Erleichterungen:

- ggf. eine Gliederungsvereinfachung (§ 13 Abs. 2 Satz 1 PublG);
- Verzicht auf bestimmte Anhangangaben nach § 314 Abs. 1 Nr. 6 HGB (§ 13 Abs. 3 Satz 1 PublG).

Zusätzliche Erleichterungen gelten für Mutterunternehmen in der Rechtsform der Personengesellschaft bzw. des Einzelkaufmanns (§ 13 Abs. 3 Satz 2 PublG):

- Erstellung der GuV nach den für das Mutterunternehmen geltenden (im Vergleich zu den Kapitalgesellschaften weniger strengen) Vorschriften (§ 5 Abs. 5 Satz 1 PublG);
- Aufnahme der Steuern unter die »sonstigen Aufwendungen« (§ 5 Abs. 5 Satz 2 PublG);
- keine Verpflichtung zur Offenlegung der GuV (§ 5 Abs. 5 Satz 3 PublG).

Einschränkungen der Erleichterungen

Befreiende Wirkung hinsichtlich des Konzernabschlusses eines untergeordneten Tochterunternehmens, das seinerseits wiederum als Mutterunternehmen prinzipiell zur Erstellung eines solchen verpflichtet wäre, hat ein nach PublG unter Inanspruchnahme (auch nur einer einzigen) der erwähnten Erleichterungen erstellter Konzernabschluss jedoch nur dann, wenn das untergeordnete Mutterunternehmen seinerseits ebenfalls zur Inanspruchnahme dieser Erleichterungen in seinem Konzernabschluss berechtigt wäre. Dies ist nicht der Fall, wenn das untergeordnete Mutterunternehmen die Rechtsform der Kapitalgesellschaft hat. In diesem Fall muss sich das übergeordnete Mutterunternehmen entscheiden zwischen der konzernweiten Anwendung der Erstellungserleichterungen nach PublG und der sich daraus ableitenden (möglichen) Verpflichtung zur Erstellung von Teilkonzernabschlüssen durch einzelne Tochterunternehmen oder einem Verzicht auf die Erleichterungen nach PublG.

Bestandteile des Konzernabschlusses

Während das HGB sich bezüglich Ansatz, Bewertung und Gliederung auf die Vorschriften des Einzelabschlusses bezieht, regelt es den Inhalt des Konzernabschlusses getrennt in § 297 HGB. Gemäß § 297 Abs. 1 HGB besteht der Konzernabschluss aus der Konzernbilanz, der Konzern-GuV, dem Konzernanhang, der Kapitalflussrechnung sowie dem Eigenkapitalspiegel. Er kann um eine Segmentberichterstattung erweitert werden.

IFRS und US-GAAP

Im Gegensatz zum HGB treffen IFRS und US-GAAP keine Unterscheidung zwischen Vorschriften für Einzel- und Konzernabschluss. Die gemeinsame Gültigkeit der Vorschriften ergibt sich dort also zwangsläufig. Die IFRS gelten grundsätzlich sowohl für Einzel- als auch für Konzernabschlüsse (IAS 1.2), abgesehen von den Spezialvorschriften für die Konsolidierung. Da ein Konzernabschluss in den USA den vorrangigen Abschluss darstellt, betreffen die US-GAAP primär den Konzernabschluss (vgl. 1. Kapitel, S. 71 ff.).

II. Abstimmung des Stichtags für den Konzernabschluss mit den Stichtagen der einbezogenen Konzernunternehmen

Konzernabschlussstichtag nach HGB

Der Konzernabschluss ist zwingend auf den Stichtag des Einzelabschlusses des Mutterunternehmens aufzustellen (§ 299 Abs. 1 HGB). Liegen die Abschlussstichtage einbezogener Konzernunternehmen mehr als drei Monate vor dem Stichtag des Konzernabschlusses, so müssen sie zum Zwecke der Konsolidierung einen Zwischenabschluss auf den Konzernabschlussstichtag hin erstellen. Da hiermit in aller Regel eine erhebliche Mehrbelastung des betroffenen Unternehmens einhergeht, wird es sinnvoll sein, die Abschlussstichtage der Einzelabschlüsse mit dem des Konzernabschlusses zu harmonisieren, sodass sie idealerweise terminlich identisch sind oder doch zumindest in den Dreimonatszeitraum fallen.

Vorgänge von besonderer Bedeutung

Wird bei Einhaltung der Dreimonatsfrist ein Zwischenabschluss nicht erstellt, so müssen Vorgänge von besonderer Bedeutung für die Vermögens-, Finanz- und Ertragslage des betreffenden Unternehmens in der Konzernbilanz und Konzern-GuV berücksichtigt oder im Konzernanhang angegeben werden (§ 299 Abs. 3 HGB). Die Bedeutung der Vorgänge wird also nach dem Gesetzeswortlaut nicht auf den Konzern bezogen, sondern auf das jeweilige Konzernunternehmen. Für den Konzern unbedeutende Sachverhalte können für das Einzelunternehmen durchaus besondere Bedeutung haben und somit zu berücksichtigen sein.

Konzernabschlussstichtag nach IFRS

IFRS 10.B92 f. regelt den Sachverhalt ähnlich zu § 299 Abs. 1 HGB. Grundsätzlich müssen die Stichtage der Abschlüsse von Mutter- und Tochterunternehmen übereinstimmen. Bei Abweichungen ist ein Zwischenabschluss zu erstellen. Ist die Erstellung eines Zwischenabschlusses nicht durchführbar, kann auf den Zwischenabschluss verzichtet werden. Die Abweichung darf dann aber höchstens drei Monate betragen und Vorgänge von besonderer Bedeutung sind im Abschluss zu berücksichtigen.

Konzernabschlussstichtag nach US-GAAP

Auch die US-GAAP lassen kein Wahlrecht zur Bestimmung des Abschlussstichtags zu. Ohne dies explizit zu regeln, wird davon ausgegangen, dass der Konzernabschluss zum Abschlussstichtag des Mutterunternehmens aufgestellt wird. Dies ist insofern einsichtig, da hier der Konzernabschluss an die Stelle des Einzelabschlusses tritt und somit auch an dessen Stichtag zu erstellen ist (vgl. Niehus, R. J./Thyll, A. [2000], S. 74).

Die US-GAAP sehen ebenfalls eine Dreimonatsfrist in dem Sinne vor, dass der Abschlussstichtag des Tochterunternehmens sowohl drei Monate vor wie auch nach dem Abschlussstichtag der Mutter liegen darf, ohne dass ein Zwischenbericht erstellt werden muss oder eine Angleichung des Geschäftsjahres der Tochter an das des Mutterunternehmens zu erfolgen hat (vgl. Baker, R. E./Christensen, T. E./Cottrell, D. M. [2013], S. 105). Im ASC 810-10 ist diesbezüglich lediglich die Verpflichtung enthalten, die zwischen den Stichtagen entstehenden Ereignisse, die wesentlich für die finanzielle Lage des Unternehmens sind, im Anhang zu erläutern. Dies gilt auch für die nach den Vorschriften der SEC (Regulation S-X) erstellten Abschlüsse. Im Anhang müssen außerdem noch Angaben zu dem vom Tochterunternehmen verwendeten Stichtag, sowie zur Notwendigkeit der Abweichung enthalten sein.

III. Vereinheitlichung der Bilanzinhalte der einbezogenen Konzernunternehmen

Einheitliche Bilanzierung und Bewertung nach HGB

Das HGB schreibt die Vereinheitlichung von Ansatz (§ 300 Abs. 2 HGB) und Bewertung (§ 308 HGB) der in den Konzernabschluss einzubeziehenden Einzelabschlüsse explizit vor.

Die Vereinheitlichung erfolgt – bei derivativer Ableitung des Konzernabschlusses (vgl. in diesem Kapitel, S. 632) – durch Erstellung einer Ergänzungsrechnung neben dem Jahresabschluss des jeweiligen Konzernunternehmens. Diese Ergänzungsrechnung wird als Handelsbilanz II (HB II) bezeichnet. Damit erfolgt diese Korrektur bereits im Vorfeld der eigentlichen konzerntypischen Konsolidierungsmaßnahmen in den Einzelabschlüssen der einbezogenen Konzernunternehmen. Man muss also unterscheiden zwischen dem nach gesetzlichen Vorschriften zu erstellenden Einzelabschluss eines solchen Konzernunternehmens und einem gesondert zu erstellenden Abschluss dieses Unternehmens (HB II), der die Grundlage für dessen Einbezug in den konsolidierten Abschluss darstellt. Das durch §§ 300, 308 HGB bestehende Konzept der HB II bietet die Möglichkeit, eine den Zahlungsbemessungsinteressen folgende »vorsichtige« Bilanzierung und Bewertung im jeweiligen Einzelabschluss zu kombinieren mit einer dem Informationszweck folgenden »realistischen« Bilanzierung und Bewertung. Dieser Zusammenhang ist in Abbildung 10.4 verdeutlicht.

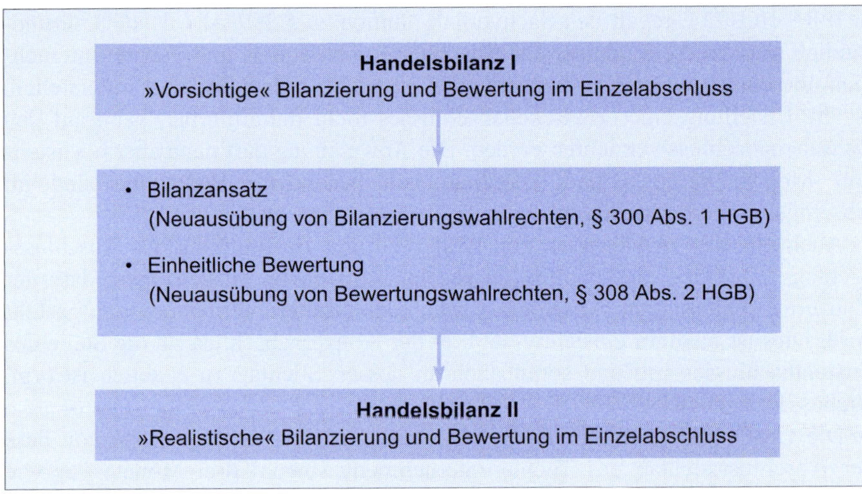

Abb. 10.4: Neuausübung von Bilanzierungs- und Bewertungswahlrechten in der HB II

Die Verabschiedung des BilMoG hatte umfassende Auswirkungen auf die konzerneinheitlichen Bilanzansatzregeln nach HGB. Durch die Aufhebung zahlreicher Wahlrechte wird der Aufwand bei Aufstellung der HB II reduziert, da die Einzelabschlüsse der Konzernunternehmen weniger stark voneinander abweichen sollten. Ebenso führen neue umfassende rechtsformunabhängige Vorschriften und der Wegfall von Ausnahmeregeln dazu, dass die Nichtanwendung dieser Vorschriften durch Kapitalgesellschaften aufgehoben wird. Auch die Angleichung der deutschen Rechnungslegungsstandards an die internationale Rechnungslegung sollte den Aufwand bei Aufstellung der HB II reduzieren, da weniger Differenzen zwischen den Einzelabschlüssen der ausländischen Tochter- und Mutterunternehmen bestehen werden.

Einheitliche Bilanzierung und Bewertung nach IFRS und US-GAAP

Nach IFRS 10.B87 liegt der Erstellung eines Konzernabschlusses ebenso die einheitliche Bilanzierung und Bewertung zugrunde. Die US-GAAP hingegen kennen eine solche explizite Verpflichtung nicht. Da aber ein Konzernabschluss nach den Vorschriften der US-GAAP zu erstellen ist, sind zuvor nicht US-GAAP-konforme einzubeziehende Abschlüsse, wie etwa nach ausländischen Vorschriften erstellte, an die US-GAAP anzupassen. Solange die Einzelabschlüsse bereits US-GAAP-konform sind, besteht keine Notwendigkeit einer Anpassung, weshalb auch das Konzept der HB II in den USA weitgehend unbekannt ist (vgl. Niehus, R. J./Thyll, A. [2000], S. 145 f.).

1. Konzerneinheitliche Bilanzansatzregeln nach HGB

Bilanzansatzvorschriften des MU maßgebend

Nach § 300 Abs. 2 HGB sind die Vermögensgegenstände, Schulden und Rechnungsabgrenzungsposten sowie die Erträge und Aufwendungen der in den Konzernabschluss einbezogenen Unternehmen vollständig in den konsolidierten Abschluss aufzunehmen, soweit nach dem Recht des Mutterunternehmens dem nicht ein Bilanzierungsverbot oder ein Bilanzierungswahlrecht entgegensteht.

Die für das deutsche Mutterunternehmen geltenden deutschen Rechnungslegungsvorschriften definieren damit konzernweit, d. h. also mit Gültigkeit auch für alle einbezogenen Tochterunternehmen, die Bilanzansatzgebote, -verbote und -wahlrechte. Ist das Mutterunternehmen eine Kapitalgesellschaft, sind dies die Ansatzvorschriften der §§ 246-251 und 274 HGB.

Diese Ansatzvorschriften des HGB gelten für den Gesamtkonzern auch dann, wenn das Mutterunternehmen keine Kapitalgesellschaft ist. Dies ergibt sich aus der allgemeinen Regelung des § 298 Abs. 1 HGB, der die Vorschriften für große Kapitalgesellschaften für den Konzernabschluss allgemein vorschreibt. Betroffen hiervon sind Nicht-Kapitalgesellschaften, die als Mutterunternehmen einen befreienden Konzernabschluss nach § 291 HGB aufstellen wollen oder nach dem PublG als Mutterunternehmen zur Konzernrechnungslegung verpflichtet sind.

Beispiele

Da die Spielräume beim Bilanzansatz im HGB nicht allzu groß sind, wird die Bedeutung dieser Vorschrift vor allem bei der Konsolidierung von ausländischen Tochterunternehmen Geltung erlangen. Hat z. B. ein ausländisches Tochterunternehmen in Anwendung der ihm vorgegebenen Bilanzierungsvorschriften Aufwandsrückstellungen passiviert, so muss dies im Rahmen der Aufstellung einer HB II rückgängig gemacht werden, da die Passivierung nach deutschem Bilanzrecht nicht zulässig ist (§ 300 Abs. 2 i. V. m. § 249 HGB). Passiviert werden dürfen lediglich Instandhaltungsaufwendungen gemäß § 249 Abs. 1 Nr. 1 HGB. Wurde andererseits in einem ausländischen Tochterunternehmen nach dem hierfür geltenden Recht ein entgeltlich erworbener immaterieller Vermögensgegenstand nicht aktiviert, so ist dies im Rahmen der HB II nachzuholen, da das Vollständigkeitsgebot des HGB den Ansatz entgeltlich erworbener immaterieller Vermögensgegenstände verpflichtend vorsieht (§ 300 Abs. 2 HGB i. V. m. § 246 Abs. 1 HGB).

Neuausübung von Bilanzierungswahlrechten

Bilanzierungswahlrechte, die das für das Mutterunternehmen geltende Recht eröffnet, können für den Konzernabschluss unabhängig von ihrer Ausübung in den Einzelabschlüssen der Konzernunternehmen neu ausgeübt werden. Dies ist konsequent i. S. der einheitstheoretischen Betrachtung des konsolidierten Abschlusses als einen eigenständigen, von den zugrunde liegenden Einzelabschlüssen völlig losgelösten Abschluss. Die Wahlrechte können also i. S. einer eigenständigen Konzernbilanzpolitik unbeeinflusst von der Vorgehensweise in den zugrunde liegenden Einzelabschlüssen einschließlich dem des Mutterunternehmens neu ausgeübt werden.

Stetigkeitsgebot

Im HGB gilt das Gebot der Stetigkeit für die Ausübung von Ansatz- und Bewertungsmethoden (§ 246 Abs. 3 HGB und § 252 Abs. 1 Nr. 6 HGB). § 298 Abs. 1 HGB i. V. m. § 246 Abs. 3 HGB regelt explizit die zeitliche Ansatzstetigkeit im Konzernabschluss. Demzufolge können die Bilanzierungswahlrechte zwar unabhängig vom Einzelabschluss ausgeübt werden, jedoch sind die Wahlrechtsausübungen in weiteren Geschäftsjahren beizubehalten. Die sachliche

Ansatzstetigkeit geht nicht direkt aus den Vorschriften des HGB hervor, kann aber entsprechend der Bewertungsstetigkeit des § 308 HGB angenommen werden. Somit sind Wahlrechte für gleiche Sachverhalte innerhalb des Konzerns einheitlich auszuüben (vgl. Küting, K./Weber, C.-P. [2012a], S. 241 f.). Entsprechend sind zusätzlich im Konzernabschluss die Konsolidierungsmethoden stetig anzuwenden (§ 297 Abs. 3 Satz 2 HGB).

2. Konzerneinheitliche Bewertungsregeln nach HGB

Bewertungsvorschriften des MU maßgebend

Die Betrachtung des Konzerns als eine einzige große Unternehmung verlangt auch die Vereinheitlichung der Bewertung. Dem trägt § 308 Abs. 1 HGB Rechnung, wonach die in den Konzernabschluss übernommenen Vermögensgegenstände und Schulden der einbezogenen Unternehmen nach den auf den Jahresabschluss des Mutterunternehmens anwendbaren Bewertungsmethoden einheitlich zu bewerten sind. Wie bereits bei den Ansatzvorschriften definiert, ist auch im Bereich der Bewertungsvorschriften das Recht des Mutterunternehmens maßgeblich für die konzernweit anzuwendenden oder anwendbaren Bewertungsmethoden. Das Gesetz stellt allerdings ausdrücklich klar, dass die hierunter zu subsumierenden Methoden keineswegs nach Gutdünken von den jeweiligen Unternehmen angewandt werden dürfen; vielmehr ist »einheitlich« vorzugehen.

»Einheitliche« Bewertung = sachliche Stetigkeit

Das heißt, dass gleiche Sachverhalte nicht unterschiedlich behandelt werden dürfen. Soweit Wahlrechte vorhanden sind, dürfen diese nebeneinander nur dann angewendet werden, falls dieses Vorgehen auch im Einzelabschluss möglich wäre. Dies setzt eine sachliche Begründung, also real vorliegende Unterschiede in den Gegebenheiten, voraus. Für gleiche Sachverhalte, d. h., wenn die gleichen Umstände auf art- und funktionsgleiche Vermögensgegenstände zutreffen, ist demnach eine unterschiedliche Ausübung von Bewertungswahlrechten unzulässig (vgl. IDW [1988a], S. 483).

Neuausübung von Bewertungswahlrechten

Bei der Ausübung der Wahlrechte besteht keinerlei Bindung an die Vorgehensweise in den jeweiligen Einzelabschlüssen. Die Konzernleitung kann folglich losgelöst von bilanzpolitischen Überlegungen der Einzelabschlüsse bezüglich der Bewertung eine völlig eigenständige Konzernbilanzpolitik betreiben. Soweit allerdings bei der Auswahl der einheitlich anzuwendenden Bewertungswahlrechte für den Konzernabschluss von der im Einzelabschluss des Mutterunternehmens gewählten Vorgehensweise abgewichen wird, ist dies im Konzernanhang anzugeben und zu begründen (§ 308 Abs. 1 Satz 3 HGB). Dies lässt erkennen, dass das gesetzliche Ideal eine Anlehnung des Konzernabschlusses an die Wahlrechtsausübung im Einzelabschluss des Mutterunternehmens darstellt.

Diejenige Bewertungsmethode, die das Mutterunternehmen für einen bestimmten Sachverhalt in seiner Handelsbilanz II wählt, definiert für den Gesamtkonzern die bei gleichen Sachverhalten anzuwendende Methode. Aus der Gesamtmenge der theoretisch zur Verfügung stehenden Bewertungsmöglichkeiten gibt das Mutterunternehmen durch seine Wahlrechtsausübung unter Umständen nur eine Teilmenge für den Konzern vor. Bewertet das Mutterunternehmen etwa eine bestimmte Gütergruppe nach Fifo-Verfahren, eine andere zum gewogenen Durchschnitt, so können die Tochterunternehmen gleichartige Güter bei gleichartigen Umfeldbedingungen nicht mehr nach anderen Verfahren bewerten

(§ 308 Abs. 2 Satz 1 HGB). Da jedoch dem Mutterunternehmen alle Wahlrechte für die HB II neu offen stehen, kann dadurch eine Anpassung an die Vorgehensweise der größten oder der Mehrzahl der einbezogenen Unternehmen erfolgen. Die auf den Konzernabschluss anzuwendenden Bewertungsmethoden werden demnach definiert durch

- die gesetzlichen Ge- bzw. Verbote bezüglich der Wertansätze und
- die Auswahl von Bewertungswahlrechten durch das Mutterunternehmen.

Soweit die Wertansätze einbezogener Konzernunternehmen von den so vorgegebenen Bewertungsmethoden abweichen, sind sie im Rahmen einer Handelsbilanz II auf die im Konzern maßgeblichen Methoden anzupassen (§ 308 Abs. 2 Satz 1 HGB).

Beispiel
Ein Mutterunternehmen bewertet eine bestimmte Vorratsgattung in seinem Einzelabschluss nach der Fifo-Methode. Ebenso verfährt Tochterunternehmen A. Aus bilanzpolitischen Gründen entschließt sich das Mutterunternehmen jedoch, für den Konzernabschluss diese Vorräte nach dem gewogenen Durchschnitt zu bewerten. Dadurch ist Tochterunternehmen A gezwungen, die Vorräte in seiner Handelsbilanz II ebenfalls nach der Durchschnittsmethode zu bewerten, obwohl prinzipiell natürlich auch die Fifo-Methode zu den auf das Mutterunternehmen anwendbaren Bewertungsmethoden gehört. Aufgrund des Erfordernisses der einheitlichen Bewertung ist das Tochterunternehmen aber gezwungen, sich an die Vorgehensweise des Mutterunternehmens anzupassen. Kann das Tochterunternehmen für die Anwendung der Fifo-Methode sachliche Gründe – wie z. B. leichte Verderblichkeit der Ware – vorbringen, so ist ein vom konzerneinheitlichen Vorgehen abweichend ausgeübtes Wahlrecht erlaubt.

Konzernbewertungsvorschriften im HGB

Als einschlägige Bewertungsvorschriften kommen für ein Mutterunternehmen unabhängig von der Rechtsform die §§ 252-256 HGB zur Anwendung. Denselben Vorschriften ist auch der Konzernabschluss nach dem PublG unterworfen.

Grundsatz der Wesentlichkeit

Dem Grundsatz der Wesentlichkeit wird bei der Bewertungsvereinheitlichung entsprochen, indem eine Wertanpassung dann nicht erfolgen muss, wenn deren Auswirkung für die Vermittlung eines den tatsächlichen Verhältnissen entsprechenden Bildes der Vermögens-, Finanz- und Ertragslage des Konzerns nur von untergeordneter Bedeutung ist (§ 308 Abs. 2 Satz 3 HGB). Liegt der Tatbestand der Unwesentlichkeit bei mehreren Wertansätzen vor, so sind diese nicht mehr isoliert zu betrachten, sondern als Beurteilungsgrundlage gilt dann die kumulierte Auswirkung der einzelnen Sachverhalte.

3. Konzerneinheitliche Bilanzierung und Bewertung nach internationalen Vorschriften

Konzerneinheitliche Bilanzierung und Bewertung nach IFRS

Auch nach den Vorschriften des IASB sind auf gleichartige Sachverhalte in der Konzernbilanz grundsätzlich einheitliche Bilanzierungs- und Bewertungsmethoden anzuwenden (IFRS 10.B87). Demnach sind Ansatz-, Bewertungs- und Ausweiswahlrechte bei gleichartigen Sachverhalten konzerneinheitlich auszuüben.

Außerdem wird in IAS 8.41 ausdrücklich gefordert, dass die im Vorjahresabschluss angewandten Rechnungslegungsgrundsätze beizubehalten sind.

Tochterunternehmen, die ihren Einzelabschluss nicht nach IFRS erstellen, müssen eine Anpassung an die konzerneinheitlichen Rechnungslegungsgrundsätze vornehmen. Die Forderung nach Einheitlichkeit rührt nicht zuletzt daher, dass die IFRS durch die Formulierung von Standard- und Alternativverfahren abweichende Interpretationsmöglichkeiten, Wahlrechte sowie parallel zulässige Bewertungsmethoden ermöglichen. Andererseits bedeutet die Anwendung von IFRS in den Einzelabschlüssen verschiedener ausländischer Tochterunternehmen und deren Angleichung an die IFRS-Richtlinien des Konzerns gegenüber der alternativen Angleichung diverser verschiedener nationaler Rechnungslegungsnormen eine enorme Arbeitserleichterung, was oft einen der Hauptanwendungsgründe für die IFRS darstellt.

Konzerneinheitliche Bilanzierung und Bewertung nach US-GAAP

Das FASB vertritt die Meinung, dass seine Vorschriften zur Rechnungslegung für den Einzelabschluss lediglich geringen Spielraum beinhalten, sodass die im Konzernabschluss zu übernehmenden Sachverhalte bereits in den Einzelabschlüssen relativ einheitlich abgebildet sind. Deshalb sehen die US-GAAP keine Vorschriften zur Vereinheitlichung vor, wenn ein Einzelabschluss bereits US-GAAP-konform ist. Im Konzernabschluss kann es folglich im Rahmen der gegebenen Spielräume der US-GAAP durchaus zu unterschiedlichen Ansätzen und Bewertungen innerhalb eines Konzernbilanzpostens kommen, wie etwa die parallele Anwendung verschiedener Verbrauchsfolgefiktionen auf identische Vermögensgegenstände des Vorratsvermögens verschiedener Töchter (vgl. Hayn, S. [1997], S. 504).

Ein Abweichen von der im Einzelabschluss gewählten Bilanzierungsweise nur für Konsolidierungszwecke ist nicht zulässig. Nach den Vorschriften der US-GAAP sollten vielmehr die Bewertungsmethoden im Einzelabschluss des Tochterunternehmens denen des Mutterunternehmens angeglichen werden. Meistens erfolgt eine Anpassung der Bilanzierungs- und Bewertungsmethoden des Tochterunternehmens an die des Mutterunternehmens im Rahmen des Unternehmenserwerbs, obwohl weder nach US-GAAP noch nach den Vorschriften der SEC ein solches Vorgehen erforderlich ist. Falls ein Unternehmenserwerb stattgefunden hat, ist eine Durchbrechung der Stetigkeit und damit ein Methodenwechsel nach ASC 250 (früher ARB 20) zulässig, da es zu einem Wechsel der *reporting entity* kommt. Findet eine solche Anpassung statt, müssen außerdem rückwirkend die Einzelabschlüsse für die letzten fünf Jahre umbewertet werden, um eine Vergleichbarkeit zu schaffen (vgl. Williams, J. R. [2001], S. 1.04 f. und 1.14).

IV. Währungsumrechnung

In den folgenden Abschnitten 1-3 werden zunächst die konzeptionellen Fragen der Währungsumrechnung behandelt. Im Abschnitt 4 (vgl. in diesem Kapitel, S. 651 ff.) werden sodann die nach HGB, IFRS und US-GAAP anzuwendenden Umrechnungsmethoden erörtert.

1. Alternative Umrechnungskurse

§ 244 i. V. m. § 298 Abs. 1 HGB schreibt die Aufstellung des Konzernabschlusses in Euro vor. Für ein Mutterunternehmen mit Tochterunternehmen im Ausland stellt sich somit das Problem der Umrechnung ausländischer Jahresabschlüsse in die Konzernwährung.

Aufstellung in Euro

Allerdings ist die Währungsumrechnung keineswegs ein für den internationalen Konzernabschluss spezifisches Problem. Für Zwecke der Erstellung des Einzelabschlusses bzw. eines nationalen Konzernabschlusses führt jede Transaktion der bilanzierenden Unternehmung bzw. der Konzernunternehmen mit ausländischen Kapital-, Beschaffungs- oder Absatzmärkten zu der Notwendigkeit, den entsprechenden auf Auslandswährung lautenden Betrag in inländische Währungseinheiten umzurechnen.

Währungsumrechnung im Einzel- und Konzernabschluss

Bei Erstellung internationaler Konzernabschlüsse gewinnt das Problem der Währungsumrechnung allerdings erheblich an Gewicht, weil außer den direkten Auslandstransaktionen der betroffenen inländischen Unternehmen zusätzlich die Einzelabschlüsse der einzubeziehenden ausländischen Konzernunternehmen in Inlandswährung umzurechnen sind. Es ist deshalb kaum verwunderlich, dass das Problem der Währungsumrechnung vor allem im Rahmen der Diskussion über die Erstellung aussagefähiger multinationaler Konzernabschlüsse behandelt worden ist.

Die Frage nach der Auswahl eines geeigneten Umrechnungskurses erstreckt sich einerseits auf die Art des Umrechnungskurses und andererseits auf den Zeitbezug des Umrechnungskurses. Hinsichtlich der Art des Umrechnungskurses stellt sich zunächst die Frage, ob der Ankaufskurs oder der Verkaufskurs der Bank verwendet werden soll. In der seit 1999 in Europa üblichen Mengennotierung bezeichnet man als EUR-Geldkurs den Ankaufskurs des EUR und damit den Verkaufskurs der Fremdwährung. Als EUR-Briefkurs bezeichnet man entsprechend den EUR-Verkaufskurs, also den Ankaufskurs der Fremdwährung. Eine nahe liegende Zuordnung bietet sich für diejenigen Posten an, die zu Zahlungen zwischen Inland und Ausland führen: Posten, die künftige Zahlungen an das Inland verkörpern (z. B. Forderungen in Fremdwährung), werden zum Ankaufskurs der Fremdwährung (EUR-Briefkurs), und Posten, die Zahlungen an das Ausland verkörpern (z. B. Verbindlichkeiten in Fremdwährung), werden zum Verkaufskurs der Fremdwährung (EUR-Geldkurs) umgerechnet. Für Posten, die sich nicht diesen beiden Kategorien zuordnen lassen, bietet sich der Mittelkurs an. Aus Vereinfachungsgründen erscheint es aber auch akzeptabel, alle Posten zum Mittelkurs umzurechnen.

Geldkurs oder Briefkurs

Eine weitere Frage hinsichtlich der Art des zu wählenden Kurses ergibt sich, wenn in Ländern mit nicht frei konvertierbarer Währung neben dem offiziellen Kurs inoffizielle (freie) Kurse bestehen. Hier liegt es nahe, den im Einzelfall realistischsten Kurs, d. h. denjenigen Kurs zu wählen, zu dem die geschäftlichen Transaktionen mit dem betreffenden ausländischen Konzernunternehmen überwiegend abgewickelt werden.

Offizieller oder freier Kurs

Die Bestimmung des Zeitbezugs des zu verwendenden Umrechnungskurses stellt das eigentliche Kernproblem der Währungsumrechnung dar. Die diskutier-

Historischer Kurs, Stichtagskurs, Durchschnittskurs

ten und praktizierten Umrechnungsmethoden verwenden – in unterschiedlicher Kombination – insbesondere die folgenden Umrechnungskurse:

- Historischer Kurs: Er entspricht dem Wechselkurs zum Zeitpunkt der Anschaffung, Herstellung bzw. Entstehung eines Wertes oder der Abwicklung eines Geschäftes; den frühestmöglichen Zeitpunkt stellt jedoch die Entstehung des Mutter-Tochter-Verhältnisses dar.
- Stichtagskurs: Dies ist der Wechselkurs am Stichtag des Konzernabschlusses.
- Durchschnittskurs: Hierbei handelt es sich um einen ungewichteten oder gewichteten Monats- oder Jahresdurchschnittskurs.

2. Kriterien für die Wahl einer Umrechnungsmethode

Währungsumrechnung als Bewertungs- oder Transformationsvorgang

Für die Beantwortung der Frage der Auswahl eines geeigneten Umrechnungskurses stellt sich die grundsätzliche Frage, ob man die Währungsumrechnung als einen Bewertungsvorgang interpretiert, der somit den gültigen Bewertungsvorschriften des Mutterunternehmens unterliegt, oder ob man ihn lediglich als einen Transformationsvorgang betrachtet, der dazu dient, die in ausländischer Währung erstellten Einzelabschlüsse für den Einbezug in den Konzernabschluss gleichnamig zu machen.

Rechnungslegungsäquivalenz

Interpretiert man die Umrechnung als Bewertungsvorgang, dann ist das Prinzip der Rechnungslegungsäquivalenz (vgl. Lorensen, L. [1972]) zu beachten. Es folgt konsequent der Einheitstheorie, der zufolge der Konzernabschluss so aufzustellen ist, als wären die Konzernunternehmen rechtlich unselbstständige Betriebsstätten der Mutterunternehmung. Dementsprechend muss die Umrechnung unter der Fiktion erfolgen, als würden alle Transaktionen der ausländischen Tochtergesellschaften unmittelbar bei der Mutterunternehmung und in deren Währung verbucht und bilanziert. Die Zahlen des umgerechneten ausländischen Abschlusses können dann analog zu denen eines unmittelbar in Inlandswährung erstellten Abschlusses interpretiert werden, weil die unter der Fiktion der Rechtseinheit des Konzerns für den Gesamtkonzern gültigen Bilanzierungsregeln des Sitzlandes der Mutterunternehmung durch diese Währungsumrechnung nicht beeinträchtigt werden.

Ist die Rechnungslegungsäquivalenz gewahrt, dann kommt dem internationalen Konzernabschluss prinzipiell die gleiche Aussagefähigkeit zu wie dem Einzelabschluss eines den gesamten Konzernkreis umfassenden Einzelunternehmens. Umrechnungsdifferenzen ergeben sich aus der Anwendung differenzierter Wechselkurse auf die umzurechnenden Bestands- und Erfolgsposten (vgl. im Einzelnen Busse von Colbe, W./Ordelheide, D./Gebhardt, G./Pellens, B. [2010], S. 155 ff.). Die bilanzielle Umrechnungsdifferenz führt bei Wahrung der Rechnungslegungsäquivalenz zu einer entsprechenden Erhöhung bzw. Minderung des Eigenkapitals. Unterschiedsbeträge, die aus der Anwendung unterschiedlicher Wechselkurse auf die Ertrags- und Aufwandsposten resultieren, sind bei Wahrung der Rechnungslegungsäquivalenz ein natürlicher Bestandteil des Konzernerfolges.

Allerdings hängt es von den organisatorischen Beziehungen zwischen Mutter- und Tochterunternehmen ab, ob durch Wechselkursveränderungen tatsächlich Erfolgsbeiträge entstehen, die als Ertrag oder Aufwand des Konzerns zu berücksichtigen sind und dementsprechend der Umrechnungsvorgang als Bewertungsvorgang zu interpretieren ist, oder ob diese Umrechnungserfolge faktisch nicht entstanden sind, da die Aktivitäten des betreffenden Tochterunternehmens so in sich abgeschlossen sind, dass sich die Effekte der Währungskursveränderungen in sich aufheben bzw. bereits im Einzelabschluss des Tochterunternehmens enthalten sind (vgl. IDW [1988a], S. 278 f.).

Organisatorische Beziehungen als Maß für Bewertung oder Transformation

Man unterscheidet diesbezüglich zwei Arten ausländischer Operationen: eigenständige Teileinheiten (*foreign entities*) i. S. der lokalen Theorie und integrierte Betriebsstätten (*foreign operations*) i. S. der globalen Theorie (vgl. Lachnit, L./Ammann, H. [1998], S. 755 ff.; Busse von Colbe, W./Ordelheide, D./Gebhardt, G./Pellens, B. [2010], S. 153 ff.).

Übt ein ausländisches Tochterunternehmen seine Geschäfte relativ eigenständig und auf den jeweiligen nationalen Markt begrenzt aus, sodass seine Lieferungs- und Leistungsbeziehungen unabhängig von Wechselkursänderungen sind, so wird der dem Mutterunternehmen zur Verfügung stehende Jahreserfolg in Fremdwährung c. p. unverändert bleiben. Durch eine reine (lineare) Transformation bleibt die Struktur des Vermögens und der Erfolgsbestandteile des Einzelabschlusses des ausländischen Tochterunternehmens erhalten und es wird unter diesen Bedingungen ein besserer Einblick in die Vermögens-, Finanz- und Ertragslage des Konzerns gewährt. Die Beteiligung wird als Finanzinvestition in Fremdwährung betrachtet, die als Ganzes am Stichtag in Inlandswährung übersetzt wird (vgl. Wysocki, K. v./Wohlgemuth, M. [1996], S. 241 f.; Baetge, J./Kirsch, H.-J./Thiele, S. [2013], S. 171).

Lokale Theorie: eigenständige, abgegrenzte ausländische Teileinheiten

Ist hingegen das betrachtete Tochterunternehmen integraler Bestandteil der Wertschöpfungskette des Konzerns, so bedeutet jede Wechselkursänderung eine Veränderung des Wertes der ausländischen Vermögensgegenstände und Schulden mit direkter Auswirkung auf die Ertragslage des Konzerns. Deshalb sind die einzelnen Posten nach dem Äquivalenzprinzip wie originäre Bestandteile des Mutterunternehmens zu behandeln.

Globale Theorie: integrierte Betriebsstätten

3. Umrechnungsmethoden

Im Folgenden werden mögliche Umrechnungsmethoden auf Basis von Stichtagskursen oder nach dem Zeitbezug sowie mit Kursdifferenzierungen dargestellt. Der letzte Abschnitt behandelt das Konzept der funktionalen Währung, das in der internationalen Rechnungslegung Anwendung findet.

a) Stichtagskursmethode

Die einfachste Form der Währungsumrechnung besteht in der Umrechnung jedes Postens mit dem zum Stichtag der Abschlusserstellung geltenden Kurs, dem Stichtagskurs. Die aus dieser einfachen Idee resultierende »Stichtagskursmethode« (*closing rate method*) tritt in zwei Varianten auf.

Reine Stichtagskursmethode

Bei der »reinen« Stichtagskursmethode werden prinzipiell sämtliche Posten von Bilanz und GuV mit dem am Bilanzstichtag gültigen Devisenmittelkurs umgerechnet. Dadurch ergeben sich weder in Bilanz noch in GuV Währungsumrechnungsdifferenzen. Diese Vorgehensweise hat zweifellos das Argument der einfachen Handhabung auf ihrer Seite. Sie hat jedoch den Nachteil, dass sie zu mit den Wechselkursänderungen schwankenden und damit ökonomisch nicht mehr sinnvoll interpretierbaren Wertansätzen der einzelnen Vermögensgegenstände und Schulden in der Berichtswährung führt. So bedeutet etwa eine Abwertung der Berichtswährung (bzw. Aufwertung der Fremdwährung) eine prozentual gleiche Zuschreibung zu allen Vermögensposten, umgekehrt kommt eine Aufwertung der Berichtswährung (bzw. Abwertung der Fremdwährung) einer prozentual gleichen Abschreibung auf alle Vermögensposten gleich. Im ersten Falle wird es zu einer Verletzung des Anschaffungswertprinzips bzw. Realisationsprinzips kommen, während der zweite Fall quasi zu Sonderabschreibungen führt. Außerdem führen die Wertänderungen zu nicht interpretierbaren Schwankungen des Eigenkapitals. Vor allem auch in Hochinflationsländern mit ständigen starken Währungsabwertungen führt diese Methode innerhalb kurzer Zeit zu völlig unrealistischen Wertansätzen. Dies soll folgendes Beispiel verdeutlichen.

Beispiel zur reinen Stichtagskursmethode

Ein Mutterunternehmen gründet zum 01.01.01 ein Tochterunternehmen in einem Hochinflationsland. Die Fremdwährungs (FW)-Eröffnungsbilanz sowie die in diesem Zeitpunkt umgerechnete EUR-Eröffnungsbilanz ist im Folgenden wiedergegeben:

Kursentwicklung:	01.01.01:	EUR : FW = 1 : 10
	31.12.01:	EUR : FW = 1 : 20
	31.12.02:	EUR : FW = 1 : 50

Zeitpunkt:	FW-Bilanz				EUR-Bilanz			
01.01.01	AV	1.000	EK	500	AV	100	EK	50
	UV	2.000	Fk	2.500	UV	200	FK	250
31.12.01	AV	1.000	EK	500	AV	50	EK	25
	UV	2.000	FK	2.500	UV	100	FK	125
31.12.02	AV	1.000	EK	500	AV	20	EK	10
	UV	2.000	FK	2.500	UV	40	FK	50

Möglichkeit der Kollision mit der Generalnorm

Wie man sieht, ist das Eigenkapital innerhalb von nur zwei Jahren auf ein Fünftel seines ursprünglichen EUR-Wertes gesunken. Dies entspricht zwar der Entwicklung des Außenwertes der Fremdwährung, sicherlich nicht jedoch den tatsächlichen Wertverhältnissen. Denn häufig sind, gerade in Hochinflationsländern, Abwertungen der Währung mit entsprechenden Preisanstiegen verbunden, sodass beide Effekte sich kompensieren und der reale Wert des Nettovermögens erhalten bleibt. Durch die ausschließliche Berücksichtigung des Währungseffekts ergibt sich ein Verstoß gegen die Generalnorm des Konzernabschlusses. Der ständig schwankende Wert des Eigenkapitals ist zudem für die Rechentechnik der Kapitalkonsolidierung hinderlich, da hier der Wert des Eigenkapitals gegen den Wert der Beteiligung aufzurechnen ist.

Modifizierte Stichtagskursmethode

Diese Mängel der reinen Stichtagskursmethode versucht die »modifizierte« Stichtagskursmethode zumindest teilweise zu beheben, indem sie das Eigenkapital zum historischen Kurs umrechnet. Das Eigenkapital bleibt dabei erhalten, was für die Kapitalkonsolidierung hilfreich ist. Die zwangsläufig auftretende bilanzielle Umrechnungsdifferenz wird GuV-neutral als Sonderposten beim Eigenkapital ausgewiesen. Die Posten der GuV werden zum Transaktions- bzw. zum Durchschnittskurs umgerechnet, um sie statt als Zeitpunkt- besser als Zeitraumrechnung abzubilden.

Der Ausweis des EUR-Eigenkapitals in obigem Beispiel würde sich dadurch folgendermaßen verändern: Das FW-Eigenkapital wird in jeder Bilanz mit dem ursprünglichen (»historischen«) Kurs umgerechnet und deshalb mit 50 EUR angesetzt. Zum Bilanzstichtag 31.12.01 wird zusätzlich im Eigenkapitalposten ein negativer Sonderposten i. H. v. 25 EUR, zum 31.12.02 i. H. v. 40 EUR eingesetzt. Damit wird deutlich gemacht, wie sich das Eigenkapital rein rechentechnisch aufgrund der angewandten Umrechnungsmethode verändert hat.

Lineare Transformation

Eine theoretische Begründung der Stichtagskursmethode beruht auf der bereits erwähnten »lokalen« Perspektive (vgl. FASB [1974], Part II, ch. 1, Tz. 12-16). Diese betont die wirtschaftliche Selbstständigkeit der ausländischen Konzernunternehmen, deren Transaktionen demgemäß in Fremdwährungseinheiten abgebildet werden sollen. Die in jeweils lokaler Währungseinheit erfassten Bestands- und Erfolgsgrößen sollen unverzerrt zum Konzernabschlussstichtag in Währungseinheiten des Sitzlandes der Muttergesellschaft übertragen werden. Nur die einheitliche Umrechnung aller Posten zum Stichtagskurs gewährleistet, dass die als Erfolgsindikatoren benutzten Jahresabschlusskennzahlen der ausländischen Konzernunternehmen nicht verändert werden. Diese Begründung trägt dem Gedanken Rechnung, dass Vermögen und Schulden der ausländischen Tochtergesellschaften nicht transferiert, sondern in Landeswährung abgewickelt werden. Aus der Sicht der Muttergesellschaft ist dann nur die auf das Eigenkapital entfallende Kursdifferenz von Bedeutung. Die Währungsumrechnung hat daher aus der lokalen Perspektive nur die Aufgabe der linearen Transformation der Bilanz des Tochterunternehmens.

GuV-neutrale Erfassung der Umrechnungsdifferenzen

Die resultierenden Eigenkapitalveränderungen sind damit aber auch nicht wie andere nicht aus Eigentümer-Transaktionen hervorgerufene Eigenkapitalveränderungen (vgl. 1. Kapitel, S. 6 f.) als Gewinn oder Verlust interpretierbar, denn hierfür wäre die Berücksichtigung der bilanziellen Bewertungsregeln erforderlich. Bei Anwendung der Stichtagskursmethode werden nämlich alle Wertschwankungen unbeachtlich des Realisationsprinzips, Anschaffungskostenprinzips, Niederstwertprinzips und anderer Bewertungsprinzipien berücksichtigt. Gleichzeitig beinhalten die Wertschwankungen des Nettovermögens aber nur die Kursveränderung und nicht alle, möglicherweise kompensierenden Preisveränderungen. Daher sind die resultierenden Eigenkapitalveränderungen nicht als Gewinn oder Verlust interpretierbar und es ist nur folgerichtig, diese GuV-neutral als Sonderposten im Eigenkapital zu zeigen, ohne den Jahresüberschuss zu berühren.

b) Währungsumrechnung nach dem Zeitbezug

Betrachtet man die Währungsumrechnung als einen Bewertungsvorgang, so sind bei der Umrechnung der Bilanzposten dieselben Regeln anzuwenden, wie sie bei der Folgebewertung nach den Rechnungslegungsnormen zur Anwendung kommen. Eine diesem Prinzip der Rechnungslegungsäquivalenz genügende Umrechnungsmethode muss daher bilanzierungs- und bewertungspolitisch neutral sein, d. h. die jeweils gültigen Rechnungslegungsprinzipien für Einzelabschluss und Konzernabschluss unberührt lassen.

Zeitpunktprinzip, temporal principle

Im Einzelabschluss werden die auf jeweils einen bestimmten Zeitpunkt bezogenen Geldäquivalente von Beständen und Transaktionen abgebildet. Als wesentlichste Kategorien zeitpunktbezogener Geldäquivalente kommen historische Werte (Anschaffungs- und Herstellungskosten) und Gegenwartswerte (Markt- oder Börsenpreis, *fair value* am Bilanzstichtag) in Betracht. Die Forderung nach bilanzierungs- und bewertungspolitisch neutraler Transformation der zeitpunktbezogenen Geldäquivalente ausländischer Unternehmen in inländische Währungseinheiten führt konsequenterweise zum Zeitpunktprinzip der Währungsumrechnung (vgl. Lück, W. [1974]; Busse von Colbe, W./Ordelheide, D./Gebhardt, G./Pellens, B. [2010], S. 171 ff.), das in den USA unter der Bezeichnung »*temporal principle of translation*« (vgl. Lorensen, L. [1972]) bekannt ist:

Historische Werte sind mit dem historischen Kurs und Zeitwerte mit dem Stichtagskurs umzurechnen.

Aus diesem Grundprinzip heraus erfolgt die Anwendung der bilanziellen Bewertungsregeln. Ein Posten wird nicht etwa nur mit dem historischen Kurs oder Stichtagskurs umgerechnet, sondern sein Wertansatz bestimmt sich unter Anwendung der Bewertungsregeln aus dem Vergleich des zum historischen Kurs (hK) umgerechneten Buchwerts (BW) mit dem zum Stichtagskurs (SK) umgerechneten Zeitwert (ZW):

$$BW \times hK \leftrightarrow ZW \times SK$$

Erweitertes Niederstwertprinzip

Bei Anwendung des Niederstwertprinzips folgt daraus das erweiterte Niederstwertprinzip (vgl. Busse von Colbe, W. [1972], S. 306 ff.): es ist der niedrigere Wert aus dem obigen Vergleich anzusetzen. Auf der Passivseite gilt unter Anwendung des Höchstwertprinzips entsprechend die Umkehrung: es ist der höhere Wert anzusetzen.

Beispiel

Der Anschaffungswert eines Vorratspostens betrage 100 FW, der Wiederbeschaffungswert am Bilanzstichtag sei 150 FW. Gemäß dem Niederstwertprinzip ist der Vorratsposten am Jahresende im Einzelabschluss der ausländischen Konzernunternehmung mit dem Anschaffungswert von 100 FW einzustellen, da der Wiederbeschaffungspreis für das bilanzierende ausländische Konzernunternehmen höher liegt.

Der Wechselkurs EUR : FW beträgt zum Zeitpunkt der Anschaffung 4:1 und zum Bilanzstichtag 2:1. Nach dem Zeitpunktprinzip der Umrechnung ist der Anschaffungswert mit dem historischen Kurs umzurechnen, sodass sich ein Umrechnungswert von 400 EUR ergibt. Die Anschaffungskosten aus Sicht der

Muttergesellschaft betragen daher 400 EUR. Der Wiederbeschaffungswert aus Sicht der MU beläuft sich aber nur auf 300 EUR, denn dies ist der EUR-Betrag, den die inländische Muttergesellschaft beim derzeitigen Wechselkurs aufwenden müsste, um den Vorratsposten zu 150 FW im Ausland zu beschaffen. Im Konzernabschluss ist der Vorratsposten deshalb zum niedrigeren Tageswert von 300 EUR anzusetzen.

Allgemeingültigkeit des Zeitpunktprinzips

Das Zeitpunktprinzip ist eine allgemeine Regel für die Währungsumrechnung, die nicht an bestimmte Rechnungslegungsnormen gebunden ist. Sie bedeutet im Ergebnis nichts anderes als eine um Währungskurse erweiterte Anwendung der bilanziellen Bewertungsregeln. Werden beispielsweise bestimmte Bilanzposten zum *fair value* bewertet, wie dies in der internationalen Rechnungslegung zulässig ist, dann können diese auf der Grundlage des Zeitpunktprinzips sinnvoll nur mit dem Stichtagskurs umgerechnet werden. Denn der Zeitwert zum Bilanzstichtag (*fair value*) ist nur zum Stichtagskurs in die Berichtswährung konvertierbar. Daher hängt die konkrete Ausgestaltung der Umrechnungsregeln der Zeitbezugsmethode von dem jeweiligen angewandten Bilanzierungsstandard ab.

Beispiel zur Zeitbezugsmethode

Ein Mutterunternehmen gründet zum 01.01.01 ein Tochterunternehmen. Der Wert der Fremdwährung fällt im Zeitablauf. Diese Entwicklung wird aber als nicht dauerhaft eingeschätzt. Der Buchwert des AV betrage konstant 2.000 FW, der Zeitwert der Anlagen steigt von 2.000 FW auf 2.400 FW Ende 01 und auf 2.600 FW Ende 02. Die Zeitwerte umgerechnet zu Stichtagskursen des AV betragen 800 EUR Ende 01 und 650 EUR Ende 02. Vergleicht man diese mit dem zu historischen Kursen umgerechneten Buchwert von 1.000 EUR, so wird deutlich, dass in 01 und 02 der niedrigere Zeitwert zu Stichtagskursen anzusetzen ist. Der Buchwert der Forderungen von 600 FW sei konstant und identisch mit dem Zeitwert. Da die Kurse fallen, führt dies zu einer entsprechenden Abwertung des EUR-Wertes der Forderungen von 300 EUR Anfang 01 auf 150 EUR Ende 02. Wegen des strengen Niederstwertprinzips sind diese niedrigeren Werte anzusetzen, d. h. sie werden zu Stichtagskursen umgerechnet.

Kursentwicklung:		
	01.01.01:	EUR : FW = 1 : 2
	31.12.01:	EUR : FW = 1 : 3
	31.12.02:	EUR : FW = 1 : 4

Zeitpunkt	FW-Bilanz				EUR-Bilanz			
01.01.01	AV	2.000	EK	1.500	AV	1.000	EK	750
	Ford.	600	FK	1.100	Ford.	300	FK	550
31.12.01	AV	2.000	EK	1.500	AV	800	EK	750
							WUD	– 300
	Ford.	600	FK	1.100	Ford.	200	FK	550
31.12.02	AV	2.000	EK	1.500	AV	650	EK	750
							WUD	– 500
	Ford.	600	FK	1.100	Ford.	150	FK	550

Das Fremdkapital sei konstant und betrage 1.100 FW. Wegen des Höchstwertprinzips darf der Kursverfall nicht zu einem Wertverfall der Verbindlichkeiten führen. Sie werden daher hier zu historischen Kursen umgerechnet. Das Eigenkapital wird grundsätzlich, wie bei der modifizierten Stichtagskursmethode, zu historischen Kursen umgerechnet.

Aufgrund der Abwertung der Vermögensgegenstände reduziert sich der Wert der Aktiva um 300 EUR in 01 und um weitere 200 EUR in 02. Da das Fremdkapital konstant bleibt, verringert dies den Wert des Eigenkapitals um insgesamt 500 EUR in den beiden Perioden. Dies ist in der Darstellung durch den Posten Währungsumrechnungsdifferenz (WUD) gekennzeichnet.

GuV-wirksame Erfassung der Umrechnungsdifferenzen

Im Unterschied zur Stichtagskursmethode ist die periodische Eigenkapitalveränderung bei Anwendung der Zeitbezugsmethode auf die Anwendung der üblichen bilanziellen Bewertungsregeln zurückzuführen, sodass sie sich als Gewinn bzw. Verlust interpretieren lässt. Daher ist eine GuV-wirksame Erfassung, d. h. eine Erhöhung bzw. Verringerung des Jahresüberschusses der Periode, die adäquate Handhabung.

Das Zeitpunktprinzip der Währungsumrechnung entspricht einer strengen Befolgung der Einheitstheorie i. V. m. der »globalen« Theorie. D. h. die Tochterunternehmen werden als rechtlich unselbstständige (Einheitstheorie) und integrierte Betriebsstätten (globale Theorie) des Mutterunternehmens betrachtet. Die Transaktionen der ausländischen Konzernunternehmen werden als Geschäfte wirtschaftlich unselbstständiger Niederlassungen der inländischen Muttergesellschaften betrachtet, die dementsprechend auch in Währungseinheiten des Sitzlandes der Muttergesellschaft zu erfassen sind. Wertänderungen der einzelnen Vermögensgegenstände und Schulden werden wie Fremdwährungstransaktionen der Mutter, d. h. so als hätten sie direkt beim Mutterunternehmen stattgefunden, erfasst.

c) Kursdifferenzierung nach der Fristigkeit der Posten

Darstellung

Nach dem ältesten, im Jahre 1931 vom amerikanischen Institut der Wirtschaftsprüfer (AICPA) empfohlenen Verfahren der Währungsumrechnung wird zwischen historischem Kurs und Stichtagskurs nach der Fristigkeit der Bilanzposten entschieden (vgl. AICPA [1931]): Langfristige Posten sind zum historischen Kurs, kurzfristige Posten zum Stichtagskurs umzurechnen. Eine spätere Modifikation dieser Methode lässt wahlweise die Umrechnung auch der langfristigen Forderungen und Verbindlichkeiten mit dem Stichtagskurs zu (vgl. AICPA [1965]).

Begründung

Die Kursdifferenzierung nach der Fristigkeit der Abschlussposten wurde offenbar unter relativ stabilen Wechselkursverhältnissen entwickelt, die lediglich Schwankungen um einen stabilen Kurs kannten. So beruht dieses Verfahren auf der Annahme, dass die langfristigen Vermögenswerte von den laufenden Kursänderungen nicht beeinflusst werden. Deshalb gilt für sie der historische Kurs. Für die kurzfristigen Vermögenswerte wird der Tageskurs als die beste Schätzung des für den Zeitpunkt der Liquidierung bzw. Fälligkeit gültigen Kurses betrachtet; für sie ist deshalb der Stichtagskurs vorgesehen.

Diese Prämisse lediglich oszillativer Schwankungen des Wechselkurses um eine feste Parität trifft indessen heute weitgehend nicht mehr zu. Häufige Währungsanpassungen und langfristige Inflationstrends führen zu ständigen Paritätsänderungen.

Irrealität der zugrunde liegenden Prämisse

d) Kursdifferenzierung nach dem Geldcharakter der Posten

Darstellung

Zeitlich später wurde eine Kursdifferenzierung nach dem Geldcharakter der Abschlussposten vorgeschlagen (vgl. Hepworth, S. R. [1956]), die in den USA große praktische Verbreitung gefunden hatte: Nach diesem Verfahren sind monetäre Posten (z. B. liquide Mittel, Forderungen, Verbindlichkeiten) zum Stichtagskurs, nicht monetäre Posten (z. B. Sachanlagen, Vorräte) zum historischen Kurs umzurechnen.

Begründung

Dieses Verfahren der Währungsumrechnung wurde vor allem im Hinblick auf Tochtergesellschaften in Ländern mit starker Inflation und dementsprechend laufender Währungsabwertung gegenüber dem US-Dollar entwickelt. Von diesen Geldwertänderungen seien monetäre Vermögensposten unmittelbar betroffen; durch die Umrechnung zum Stichtagskurs werde dieser Geldwertverlust erfasst. Sachwerte seien von der Währungsänderung im Allgemeinen nicht betroffen, da die Preise und die Ertragsfähigkeit der Anlagen und Vorräte im Allgemeinen – parallel mit der Änderung des Außenwertes der Währung – nominell anstiegen. Mit der Anwendung des historischen Kurses für die Umrechnung von Sachwerten würde deshalb zugleich eine Neutralisierung der Geldwertänderung im Jahresabschluss erreicht.

Irrealität der zugrunde liegenden Prämisse

Gegen dieses Verfahren liegen eine ganze Reihe von Einwänden nahe. Mit der pauschalen Anwendung der historischen Kurse auf Sachwerte lässt sich nur unter der wenig realistischen (empirische Kritik in Aliber, R. Z./Stickney, C. P. [1975], S. 44 ff.) Prämisse eines vollkommenen Gleichschritts von Inflation und Abwertung eine Eliminierung lediglich allgemeiner Geldwertänderungen erreichen. Spezielle Preisänderungen werden dagegen nicht erfasst (vgl. 19. Kapitel, S. 1287 ff.). Die Jahresabschlüsse der inländischen Konzernunternehmen bleiben bei diesem Verfahren zudem von Geldwertänderungen unbereinigt.

e) Umrechnung mit Kaufkraftparitäts- und Ertragskraftparitätskursen

Darstellung

In der Literatur finden sich gelegentlich Empfehlungen, mit von den tatsächlichen Wechselkursen abweichenden Umrechnungskursen zu rechnen. Ein Vorschlag (vgl. Hill, C. W./Jones, T. M. [1992], S. 113 ff.) geht von der Zielsetzung einer kaufkraftäquivalenten Konzernrechnungslegung aus und sieht vor, den jeweiligen Stichtagskurs um die Unterschiede in der Entwicklung des inländischen und ausländischen Preisniveaus zu korrigieren (= Kaufkraftparitätskurs). Ein anderer Vorschlag beruht auf dem Gedanken, dass im Falle einer Paritätsänderung der umgerechnete Buchwert eines Postens nur insoweit geändert werden darf, wie sich die Ertragskraft dieses Postens infolge der Paritätsänderung verändert hat (= Ertragskraftparitätskurs).

Kritik

Von der Frage der Anwendbarkeit abgesehen, vermögen beide Vorschläge vom Ansatz her nicht zu befriedigen, da beide darauf gerichtet sind, geltende

Bewertungsprinzipien über eine entsprechende Manipulation der Umrechnungskurse zu verändern. Die damit bezweckte Erhöhung der Aussagefähigkeit der Abschlüsse lässt sich aber nur durch eine Neukonzeption der Bewertungsprinzipien selbst erreichen. Weder das mit dem Kaufkraftparitätskurs angesprochene Konzept der Neutralisierung allgemeiner Geldwertänderungen (vgl. 19. Kapitel, S. 1273 ff.) noch das mit dem Ertragskraftparitätskurs angesprochene Konzept der Bilanzierung nach der Ertragskraft (vgl. 19. Kapitel, S. 1304 ff.) bieten dafür eine geeignete Grundlage.

f) Umrechnung nach dem Konzept der funktionalen Währung

Funktionale Währungsumrechnung nach US-GAAP

Das Konzept der funktionalen Währung stellt eine Kombination von Zeitbezugs- und Stichtagskursmethode dar. Es wurde in den USA entwickelt und 1981 als FAS 52 (ASC 830) verbindlich vorgeschrieben. Dieser Ansatz wurde auch in IAS 21 umgesetzt (vgl. Abschnitt 4, S. 651 ff.).

Entscheidend für die Anwendung von Zeitbezugs- bzw. Stichtagskurs ist danach die Festlegung der »funktionalen« Währung. Damit ist die vorherrschende Währung des wirtschaftlichen Umfeldes gemeint, in dem das betrachtete Unternehmen seine Geschäftstätigkeit ausübt.

Funktionale Währung = Fremdwährung

Die funktionale Währung ist die Währung des Sitzlandes der Tochterunternehmung, sofern deren geschäftliche Transaktionen in sich geschlossen sind und vorwiegend innerhalb dieses Landes abgewickelt werden. In diesem Fall sind die Transaktionen des TU weitgehend unabhängig von denen des MU und die lokale Perspektive ist einzunehmen. Damit ist die adäquate Umrechnungsmethode die (GuV-neutrale) modifizierte Stichtagskursmethode.

Funktionale Währung = Währung des MU

Ist die Tochtergesellschaft dagegen integraler Teil der Aktivitäten und quasi verlängerter Arm der Muttergesellschaft (globale Perspektive), so gilt die Währung des Sitzlandes der Muttergesellschaft als die maßgebende funktionale Währung. Der zunächst in Fremdwährung aufgestellte Einzelabschluss der Tochtergesellschaft ist für Zwecke der Konsolidierung in diesem Falle mittels der (GuV-wirksamen) Zeitbezugsmethode auf die funktionale (Mutter-)Währung umzustellen.

Kritik

Das dargestellte Umrechnungsverfahren versucht, die gegensätzlichen Standpunkte von Zeitbezugs- und Stichtagskursmethode, nämlich Einheitstheorie und »globale« Theorie versus »lokale« Theorie, zu vereinen. Gerade in diesem Bemühen liegt jedoch auch die Schwäche des Verfahrens. So ist es außerordentlich schwierig, die nach der Einheitstheorie umzurechnenden Tochterunternehmen von den nach der lokalen Theorie umzurechnenden Tochterunternehmen willkürfrei zu trennen. Es besteht die Gefahr, dass durch Unschärfen in der Definition der funktionalen Währung Möglichkeiten der Konzernbilanzpolitik eröffnet werden. Die Bilanzierungsstandards versuchen, dem durch Objektivierungskriterien entgegen zu wirken.

4. Zulässigkeit von Umrechnungsmethoden

Im Folgenden werden die Vorschriften zur Währungsumrechnung aufgrund ihrer Historie zunächst gemäß US-GAAP und IFRS und zuletzt nach HGB dargestellt.

a) Umrechnungsmethoden nach US-GAAP

Funktionale Umrechnungsmethode

Da die US-GAAP die Regeln zur Währungsumrechnung von IFRS und HGB entscheidend geprägt haben, wird zunächst auf die Umrechnungsmethoden nach US-GAAP eingegangen. Bis zum Jahr 1973 gab es in den USA keine Regelung für die Umrechnung ausländischer Einzelabschlüsse. Mit FAS 1 ließ das FASB weiterhin die Wahl der Umrechnungsmethode offen, jedoch verlangte es als Anhangangabe die Offenlegung der Umrechnungsmethode sowie Angaben über die Verrechnung der Umrechnungsdifferenz. Diese Regelung wurde bereits 1975 von FAS 8 abgelöst, worin die Zeitbezugsmethode als einziges Umrechnungskonzept zugelassen und eine GuV-wirksame Verrechnung der Umrechnungsdifferenz gefordert wurde. Seit 1982 ist ASC 830-30 (früher FAS 52) die Grundlage für die Währungsumrechnung nach US-GAAP, welches das Konzept der funktionalen Währung vorschreibt (ASC 830-10-15). Das Konzept findet nicht nur auf Tochterunternehmen Anwendung, sondern auch auf Gemeinschaftsunternehmen und assoziierte Unternehmen (ASC 830-10-15-5).

Um die funktionale Währung bestimmen zu können, enthalten die US-GAAP eine Reihe von Indikatoren, die bei der Bestimmung der funktionalen Währung des jeweiligen Tochterunternehmens behilflich sein sollen (vgl. Tabelle 10.3, vgl. auch Niehus, R. J./Thyll, A. [2000], S. 167; Baker, R. E./Christensen, T. E./Cottrell, D. M. [2013], S. 617 f.; Hoyle, J. B./Schaefer, T. F./Doupnik, T. S. [2013], S. 459 ff.). Diese sind vor allem dann hilfreich, wenn das betreffende Tochterunternehmen in verschiedenen Währungen Geschäfte abwickelt (vgl. KPMG [2007], S. 227).

Stichtagskursmethode

Nach ASC 830 wird für die Bestimmung der Art der Währungsumrechnung zwischen *foreign entities* und *foreign operations* unterschieden. Ein Tochterunternehmen, dessen funktionale Währung die des wirtschaftlichen Umfeldes, in dem die Gesellschaft in erster Linie tätig ist, also die Fremdwährung ist, gilt als *foreign entity* (ASC 830-10-45-4a). Damit ist das TU wirtschaftlich weitgehend selbstständig und die Umrechnung erfolgt gemäß der lokalen Theorie mit der modifizierten Stichtagskursmethode.

Zeitbezugsmethode

Ist dagegen die funktionale Währung des TU die Währung der Mutter, so gilt sie als *foreign operation* (ASC 830-10-45-4b). Das Tochterunternehmen ist dann nur verlängerter Arm des Mutterunternehmens. Daher ist zur Umrechnung des ausländischen Einzelabschlusses die Zeitbezugsmethode anzuwenden.

Ziel der Umrechnung nach der Zeitbezugsmethode ist es, alle Sachverhalte so abzubilden, als wären sie unmittelbar in der funktionalen Währung verbucht worden. Diese Umrechnung richtet sich nach ASC 830-10-45. Monetäre Posten sind zu Stichtagskursen umzurechnen, nicht monetäre zu historischen Kursen. Erträge und Aufwendungen werden mit den Transaktionskursen umgerechnet, wobei vereinfachend auch der Durchschnittskurs zulässig ist. Solche Erträge und Aufwendungen, die sich auf nicht monetäre Vermögenswerte und Schulden beziehen, sind dagegen mit den Kursen umzurechnen, die für die Umrechnung des betreffenden Bilanzpostens verwendet werden (ASC 830-10-45-18).

Als nicht monetäre Werte werden aufgelistet: zu Kosten bewertete Wertpapiere wie Eigenkapitalpapiere und nicht bis zur Fälligkeit gehaltene Fremdkapitalpapiere, zu Kosten bewertete Vorräte, geleistete Anzahlungen, Sachanlagen, immaterielle Werte sowie *deferred charges and credits*. Des Weiteren ist das Eigenkapital zu historischen Kursen umzurechnen. Im Grundsatz gilt also: alle zu historischen Kosten bewerteten Posten sind zu historischen Kursen umzurechnen.

Funktionale Währung ist die Währung der / Indikator	Muttergesellschaft	Tochtergesellschaft
Cashflow	Berührt den Cashflow des MUs direkt	Überwiegend in Fremdwährung, berührt Cashflow des MUs nicht
Verkaufspreise	Verkaufspreise sind stark wechselkursabhängig, ändern sich mit weltweitem Wettbewerb und Preisen	Kurzfristige Preisänderungen durch lokale Einflüsse, nicht durch Wechselkursschwankungen
Verkaufsmärkte	Der Absatzmarkt ist hauptsächlich im Land des MUs, Verträge werden hauptsächlich in der Währung des MUs abgeschlossen	Das TU hat einen aktiven lokalen Absatzmarkt, kann auch zusätzlich noch Exporte haben
Aufwendungen	HK und Kosten für das Erbringen einer Dienstleistung bestehen im Wesentlichen aus Kosten für Einkäufe im Land der Mutter	HK und Kosten für das Erbringen einer Dienstleistung sind in lokaler Währung zu bezahlen
Finanzierung	Die Finanzierung wird im Wesentlichen aus den Mitteln des MUs oder in US-Dollars bestritten, die erwirtschafteten Mittel des TUs reichen nicht aus	Die Finanzierung erfolgt in lokaler Währung aus den erwirtschafteten Mitteln des TUs
Innerkonzernliche Transaktionen	Extensive Verbindungen der Geschäftstätigkeit von MU und TU mit zahlreichen innerkonzernlichen Transaktionen	Innerkonzernliche Transaktionen sind sehr gering, jedoch kann sowohl TU wie auch MU die Wettbewerbsvorteile des anderen mit nutzen

Tab. 10.3: Kriterien für die funktionale Währung nach ASC 830-10-55-5

Neben dieser grundsätzlichen Regelung ist gemäß ASC 830-10-55-8 ff. zusätzlich zu beachten, dass bei der Anwendung der Regel des *»lower of cost or market«* für die Vorratsbewertung eine Erweiterung um die Kursentwicklung erforderlich ist. Mit anderen Worten: es kommt das erweiterte Niederstwertprinzip zur

Anwendung. Damit folgt die Zeitbezugsmethode nach US-GAAP den oben ausgeführten theoretischen Anforderungen der Rechnungslegungsäquivalenz und des Zeitpunktprinzips.

b) Umrechnungsmethoden nach IFRS

Funktionale Umrechnungsmethode

Der Standard IAS 21 »*The Effects of Changes in Foreign Exchange Rates*«, der 2005 das letzte Mal überarbeitet wurde, schreibt die Methode der funktionalen Währung vor. Auch hier gilt, dass Tochterunternehmen, deren funktionale Währung die Berichtswährung der Mutter ist, nach der Zeitbezugsmethode einzubeziehen sind, und solche, deren funktionale Währung eine Fremdwährung ist, nach der modifizierten Stichtagskursmethode umgerechnet werden. Anders als in der Vorversion und in ASC 830 wird in IAS 21 aber nicht mehr in selbstständige und integrierte Teileinheiten differenziert. Stattdessen unterscheidet IAS 21 Regelungen für die Umrechnung von Fremdwährungstransaktionen (IAS 21.20-.37) und Regelungen für die Umrechnung von in Fremdwährung erstellten Abschlüssen von selbstständigen ausländischen Tochterunternehmen, die konträr zur früheren Bezeichnung und auch zu US-GAAP als *foreign operations* bezeichnet werden (IAS 21.38-.49). Für letztere wird die GuV-neutrale Umrechnung nach der modifizierten Stichtagskursmethode vorgeschrieben. Die Regelungen für die Umrechnung von Fremdwährungstransaktionen gelten für alle Transaktionen in einer anderen Währung als der funktionalen Währung. Diese Regeln sind gleichzeitig maßgeblich für die Umrechnung der Abschlüsse unselbstständiger integrierter Teileinheiten. Letzteres entspricht der oben angesprochenen Grundidee der Zeitbezugsmethode, die Wertänderungen der einzelnen Vermögenswerte und Schulden wie Fremdwährungstransaktionen der Mutter zu erfassen.

Für die Festlegung der funktionalen Währung enthält IAS 21.9 f. konkrete Kriterien. Als funktionale Währung gilt

- die Währung, die hauptsächlich die Verkaufspreise beeinflusst (dadurch dass in ihr Rechnungen gestellt und beglichen werden und dadurch dass sie die Landeswährung des Landes ist, dessen Gesetzgebung und Wettbewerbskräfte einen wesentlichen Einfluss auf die Verkaufspreise nehmen);
- die Währung, die hauptsächlich die Einkaufspreise, d. h. Lohnkosten, Materialkosten etc., beeinflusst;
- die Währung, in der hauptsächlich Zahlungsmittel aus Finanzierungsaktivitäten generiert werden;
- die Währung, in der hauptsächlich Zahlungsmittel aus der operativen Tätigkeit aufbewahrt werden.

Darüber hinaus enthält IAS 21.11 weitere Hinweise darüber, ob eine ausländische Teileinheit als vom Mutterunternehmen unabhängig betrachtet werden kann. Abhängigkeit besteht, wenn

- die Aktivitäten der Tochter ohne eigene autonome Entscheidungsgewalt der Tochter als verlängerter Arm des Mutterunternehmens durchgeführt werden;

- die internen Lieferungs- und Leistungsbeziehungen mit dem Mutterunternehmen ein großes Ausmaß annehmen;
- die Cashflows des Mutterunternehmens von den operativen Aktivitäten des Tochterunternehmens beeinflusst werden und für eine Übertragung frei zur Verfügung stehen;
- die Cashflows des Tochterunternehmens nicht ausreichen, um bestehende und unter normalen Umständen erwartete finanzielle Verpflichtungen zu begleichen, ohne die Unterstützung des Mutterunternehmens in Anspruch nehmen zu müssen.

Umrechnung nach IAS 21: Vorgehensweise

Lassen obige Kriterien keine eindeutige Aussage zu, dann liegt die Entscheidung gemäß IAS 21.12 in der Verantwortung des Managements. Grundsätzlich ist der Abschluss der ausländischen Einheit in der funktionalen Währung aufzustellen und an die MU zu berichten.

Selbstständige TU: Stichtagskursmethode

Ist die funktionale Währung eine Fremdwährung, also z. B. die Währung des Landes, in dem die ausländische Einheit ihren Sitz hat, so ist der Abschluss der TU in dieser funktionalen Währung aufzustellen. Alle Transaktionen in einer anderen Währung als der funktionalen Währung sind nach den Vorschriften für die Umrechnung von Fremdwährungstransaktionen gemäß IAS 21.20 ff. in die funktionale Währung umzurechnen.

Damit entsteht durch die Anwendung der Vorschriften des IAS 21.20 ff. ein Abschluss in der funktionalen Währung. Da letztere sich von der Berichtswährung des Konzernabschlusses unterscheidet, muss der Abschluss noch umgerechnet werden. Diese Art der Umrechnung richtet sich nach den Vorschriften von IAS 21.38 ff. und erfolgt nach der modifizierten Stichtagskursmethode.

Bei der Anwendung der modifizierten Stichtagskursmethode sind alle Vermögenswerte und Schulden zum Stichtagskurs und alle Erträge und Aufwendungen mit dem Kurs am Tage des Geschäftsvorfalles umzurechnen (IAS 21.39a, .39b). Aus praktischen Gründen kann bei der Umrechnung von Aufwendungen und Erträgen auch ein dem tatsächlichen Kurs sehr nahe kommender Kurs verwendet werden, wie z. B. der Durchschnittskurs der Periode (IAS 21.40). Umrechnungsdifferenzen sind GuV-neutral als gesonderte Eigenkapitalkomponente auszuweisen (IAS 21.39c). Im Zeitpunkt des Abgangs der Beteiligung werden die aufgelaufenen Währungsumrechnungsdifferenzen GuV-wirksam erfasst (IAS 21.37). Besitzt das Mutterunternehmen weniger als 100 % der Anteile des Tochterunternehmens, so werden die Umrechnungsdifferenzen anteilig im Ausgleichsposten für Anteile anderer Gesellschafter im Konzernabschluss erfasst (IAS 21.41).

Unselbstständige TU: Zeitbezugsmethode

Entspricht die funktionale Währung des Tochterunternehmens der Berichtswährung der Muttergesellschaft bzw. des Konzernabschlusses, dann werden durch die Anwendung der Vorschriften des IAS 21.20 ff. alle Posten und Transaktionen der ausländischen Einheit in die Berichtswährung umgerechnet. Damit sind diese Vorschriften gleich bedeutend mit den für die Anwendung der Zeitbezugsmethode gültigen Umrechnungsregeln.

Zeitbezugsmethode = Umrechnung von Transaktionen

Die Zeitbezugsmethode nach IAS 21 richtet sich somit streng nach dem Prinzip, dass Transaktionen von integrierten Tochterunternehmen, deren funktionale Währung die Währung der MU ist, genauso zu behandeln sind, als wären es von Anfang an Fremdwährungsaktivitäten des Mutterunternehmens gewesen.

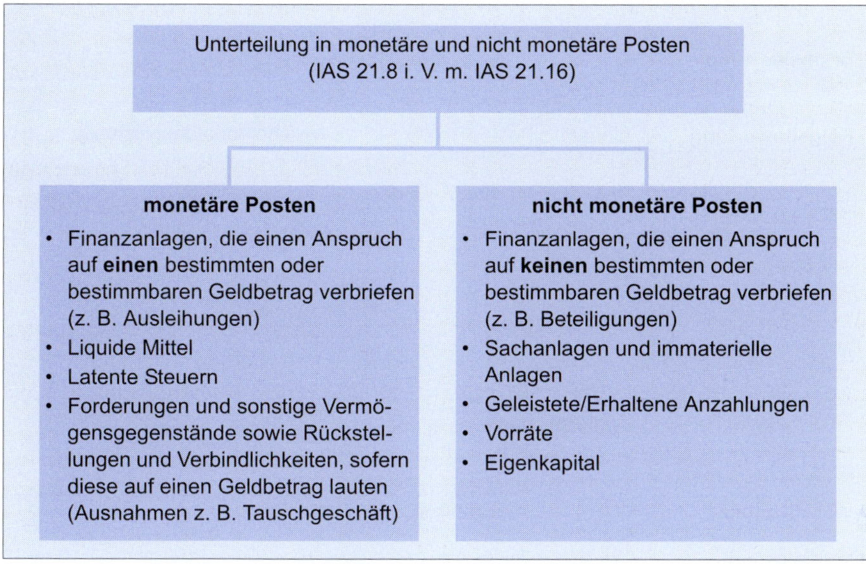

Abb. 10.5: Unterteilung in monetäre und nicht monetäre Posten (in Anlehnung an Müller, K./Holzwarth, J./Laurisch, C. [2011], Tz. 46 ff.; Küting, K./ Weber, C.-P. [2012a], S. 263)

Für die Umrechnung von Transaktionen unterscheidet IAS 21 zunächst in monetäre und nicht monetäre Werte. Monetäre Werte werden in IAS 21.8 definiert als gehaltene Währungseinheiten bzw. Vermögenswerte, die den Erhalt einer festgelegten oder bestimmbaren Höhe von Währungseinheiten versprechen bzw. Verpflichtungen in einer festgelegten oder bestimmbaren Höhe von Währungseinheiten. Abbildung 10.5 gibt einen Überblick über die Unterteilung in monetäre und nicht monetäre Posten.

IAS 21.23 regelt grundsätzlich, dass

- alle monetären Werte zu Stichtagskursen umzurechnen sind;
- alle nicht monetären Werte, die zu historischen Werten angesetzt werden, zu historischen Kursen, also Kursen im Zeitpunkt der Transaktion, umzurechnen sind;
- alle nicht monetären Werte, die zu *fair values* angesetzt werden, zu Stichtagskursen umzurechnen sind.

Die Frage nach der Anwendung des historischen Kurses oder Stichtagskurses bei nicht monetären Posten ergibt sich aus der Befolgung der Bewertungsregeln der für den betreffenden Posten oder Transaktion relevanten Standards (IAS 21.24). Für die Bewertung der Sachanlagen gilt beispielsweise IAS 16. Werden Sachanlagen nach dem *cost-model* zu fortgeführten Anschaffungskosten bewertet, so ist eine Umrechnung zu historischen Kursen angezeigt. Werden sie dagegen nach der Neubewertungsmethode zu *fair values* angesetzt, so werden sie zu Stichtagskursen umgerechnet (vgl. auch Abbildung 10.6).

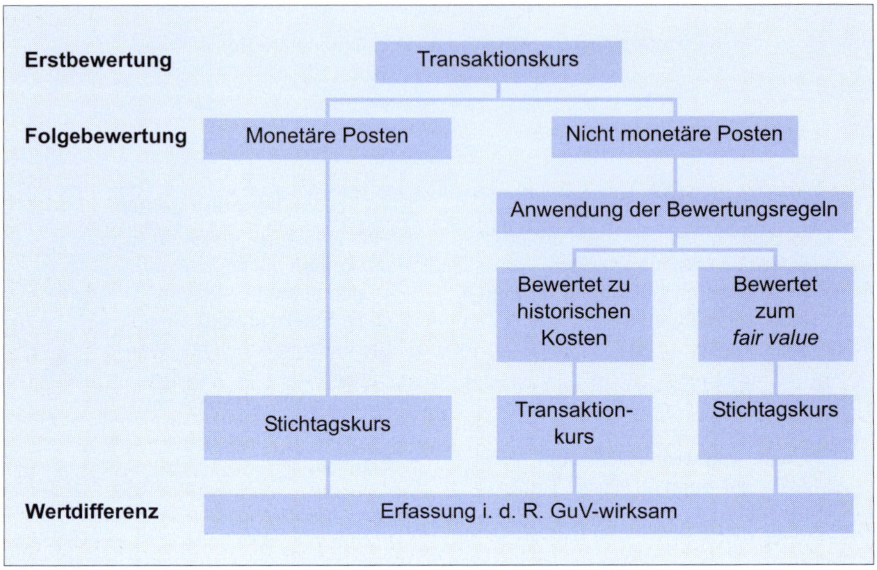

Abb. 10.6: Bewertung von monetären und nicht monetären Posten

Folgerichtig gilt auch für die Anwendung des Niederstwert-Tests nach IAS 2 bzw. IAS 36 das erweiterte Niederstwertprinzip (IAS 21.25): Buchwerte sind mit den historischen Kursen umzurechnen, um sie dann mit dem zu Stichtagskursen umgerechneten Nettoverkaufserlös bzw. *recoverable amount* zu vergleichen. Dieses Prinzip bedeutet in der Konsequenz, dass eine Abwertung in der Fremdwährung erforderlich sein mag, aber nicht in der funktionalen Währung, und umgekehrt.

Auch die Frage der GuV-wirksamen bzw. GuV-neutralen Erfassung der Bewertungsdifferenzen richtet sich nach derselben Logik: Grundsätzlich erfolgt die Zeitbezugsmethode GuV-wirksam (IAS 21.28). Werden jedoch *gains or losses* bei der Neubewertung eines Postens GuV-neutral im Eigenkapital gezeigt, wie beispielsweise in den Fällen des IAS 16, dann sind auch die aus der Umrechnung dieses Postens resultierenden *gains or losses* analog GuV-neutral zu verbuchen (IAS 21.30).

Kritik

Damit folgt IAS 21 nun bei der Umrechnung der nicht monetären Posten streng dem Zeitpunktprinzip und der Rechnungslegungsäquivalenz. Auch die Umrechnung der monetären Posten zum Stichtagskurs wird diesen Anforderungen gerecht, wenn man davon ausgeht, dass ihr Wertansatz in Fremdwährung dem Zeitwert entspricht und sich dieser nur über den Stichtagskurs in EUR transformieren lässt. Kassenbestände in Fremdwährung lassen sich eben nur zum Stichtagskurs in EUR transformieren, ein historischer Kurs hat keine Relevanz. Forderungen im Unterschied zu Geldbeständen unterliegen eigenen Wertschwankungen, eine Anwendung des erweiterten Niederstwertprinzips könnte daher angezeigt sein. Da Forderungen jedoch Geldbeträge in Fremdwährung erlösen, die sich wiederum nur zum dann gültigen Stichtagskurs transformieren lassen, würde hier die Anwendung des erweiterten Niederstwertprinzips keinen Sinn machen, es würde vielmehr sogar eine Verwendung zukünftiger Kurse (bei Einbringung der Forderung) adäquat erscheinen. Insofern erscheint die Umrechnung monetärer Posten zum Stichtagskurs als sachgerecht.

c) Umrechnungsmethoden nach HGB

Modifizierte Stichtagskursmethode

In § 256a HGB sind die Normen zur Währungsumrechnung für den Einzelabschluss festgelegt. Die Umrechnungsmodalitäten im Konzernabschluss finden sich in § 308a HGB. Dabei sind aktive und passive Bilanzposten zum Devisenkassamittelkurs am Abschlussstichtag in Euro umzurechnen. Eine Ausnahme stellt das Eigenkapital dar, das zum historischen Kurs umzurechnen ist. Sämtliche Posten der Gewinn- und Verlustrechnung sind zum Durchschnittskurs umzurechnen und eine sich ergebende Umrechnungsdifferenz innerhalb des Konzerneigenkapitals auszuweisen. Scheidet das Tochterunternehmen teilweise oder vollständig aus, so ist der Posten in entsprechender Höhe GuV-wirksam aufzulösen.

§ 308a HGB vs. DRS 14

Da bis zur Verabschiedung des BilMoG keine gesetzlichen Vorschriften zur Währungsumrechnung im HGB existierten, war bis dahin der Standard DRS 14 des DRSC maßgebend für die Währungsumrechnung im Konzernabschluss. DRS 14 folgte in seinen Ausführungen fast identisch den Regelungen des IAS 21. Durch das BilMoG wurden jedoch Vorschriften bezüglich der Währungsumrechnung im HGB gesetzlich verankert, die zuvor nicht bestanden und von den Regelungen des DRS 14 abweichen. In Folge dessen wurde DRS 14 im Februar 2010 außer Kraft gesetzt.

Die Gesetzesänderungen durch das BilMoG sind im Bereich der Währungsumrechnung nicht den DRS und den internationalen Rechnungslegungsstandards gefolgt. Sie haben sich vielmehr an der bisherigen Praxis orientiert. Aus Praktikabilitätsgründen wurde regelmäßig die modifizierte Stichtagskursmethode angewandt, wonach sich § 308a HGB nun ausschließlich ausrichtet.

5. Verrechnung von Währungsumrechnungsdifferenzen

Werden die Bilanz- und GuV-Posten eines Fremdwährungsabschlusses mit verschiedenen Kursen (historischer Kurs, Stichtagskurs, Durchschnittskurs) umgerechnet, so ergeben sich in der umgerechneten Bilanz und GuV sog. Währungsumrechnungsdifferenzen. Die Verrechnung dieser sowie deren Zulässigkeit in den verschiedenen Rechnungslegungssystemen wird im Folgenden dargestellt.

a) Ursache von Währungsumrechnungsdifferenzen

Der Gesamtbestand der bilanziellen Umrechnungsdifferenz zu einem bestimmten Bilanzstichtag ergibt sich als Saldo gemäß der folgenden Gleichung (in Anlehnung an Busse von Colbe, W./Ordelheide, D./Gebhardt, G./Pellens, B. [2010], S. 178 ff.):

$$D = \sum_{i=1}^{m} A_i \times w_i - \sum_{j=1}^{n} P_j \times w_j$$

mit: A_i = i-tes Aktivum (1 = 1,2,..., m)

P_j = j-tes Passivum (j = 1,2,..., n)

w_i, w_j = Umrechnungskurs des i-ten Aktivums bzw. j-ten Passivums

D = Bestand der bilanziellen Umrechnungsdifferenz

Eine aktive (D < 0) oder passive (D > 0) bilanzielle Umrechnungsdifferenz kann also nur ausgewiesen werden, wenn die Bilanzposten mit differenzierten Kursen umgerechnet werden. Dies bedeutet aber nicht, dass bei ausschließlicher Umrechnung zum Stichtagskurs keine Umrechnungsdifferenzen entstehen. Im Gegenteil: Umrechnungsdifferenzen entstehen gerade durch Anwendung sich ändernder Tageskurse; die Tageskursmethode führt aber dazu, dass Abwertungen (bzw. Aufwertungen) der Aktiva gerade durch entsprechende Abwertungen (bzw. Aufwertungen) der Passiva kompensiert werden. D. h., bilanzielle Aufwertungsverluste bzw. -gewinne werden bei der reinen Stichtagskursmethode unmittelbar im Eigenkapital verrechnet; dagegen wird die Umrechnungsdifferenz auch bei dieser Methode sichtbar, wenn das Eigenkapital zu historischen Kursen fortgeführt wird.

Änderungen der bilanziellen Umrechnungsdifferenz

Eine bilanzielle Umrechnungsdifferenz ändert sich, wenn erneut eine Währungsparitätsverschiebung eintritt (Beispiel 1). Bei Umrechnung mit differenzierten Kursen ändert sie sich ferner dadurch, dass zu historischen Kursen umgerechnete Bilanzposten durch Umschlag (z. B. Abschreibung oder Verkauf von Anlagen) in Bilanzposten eingehen, die zum Stichtagskurs umgerechnet werden (Beispiel 2).

Beispiel 1

Der Wechselkurs EUR : FW ändert sich nacheinander von 4:1 (= historischer Kurs) auf 3:1 und 2:1. Es finden keine Geschäftsvorfälle statt. Anlagen und Eigenkapital werden zum historischen Kurs, die übrigen Posten zum Stichtagskurs umgerechnet.

Posten	**Bilanz in FW**	**Bilanz in EUR beim Stichtagskurs**	
	(1)	3 : 1 (2)	2 : 1 (3)
Anlagevermögen	200	800	800
Umlaufvermögen	100	300	200
Eigenkapital	100	400	400
Verbindlichkeiten	200	600	400
Umrechnungsdifferenz	–	**100**	**200**

Beispiel 2

Der Wechselkurs EUR : FW ändert sich von 4:1 (= historischer Kurs) auf 2:1. Die ausländische Konzernunternehmung hat aus Beispiel 1 Anlagen zum Buchwert von 20 FW verkauft. Anlagevermögen und Eigenkapital werden zum historischen Kurs, die übrigen Posten zum Stichtagskurs umgerechnet.

Posten	Bilanz in FW	Bilanz in EUR	
		vor Anlagen-verkauf	nach Anlagen-verkauf
	(1)	(2)	(3)
Anlagevermögen	180	800	720
Umlaufvermögen	120	200	240
Eigenkapital	100	400	400
Verbindlichkeiten	200	400	400
Umrechnungsdifferenz	–	**200**	**160**

Auswirkungen auf Konzernbilanz

Die bilanzielle Umrechnungsdifferenz stellt eine Korrektur des in EUR umgerechneten Eigenkapitals der ausländischen Konzernunternehmung dar. Ein gesonderter Ausweis dieser Komponente im Konsolidierungsausgleichsposten bzw. in den Konzernrücklagen ist wünschenswert (vgl. IDW [1977], S. 87). Es erfolgt keine unmittelbare Berücksichtigung der Umrechnungsdifferenz bei der Kapitalkonsolidierung.

Umrechnungsdifferenz in der GuV

In der Bilanz wird der aus dem laufenden Ergebnis stammende Bilanzgewinn, der für Ausschüttungen zur Verfügung steht, gewöhnlich mit dem Stichtagskurs umgerechnet. Dies gilt somit auch für den entsprechenden in der GuV ausgewiesenen Bilanzgewinn. Damit die Gleichheit vom Bilanzgewinn in der umgerechneten Bilanz und GuV erreicht wird, weist die GuV bei Umrechnung der GuV-Posten mit differenzierten Kursen eine Umrechnungsdifferenz auf, die sich – für Gewinnermittlungs- und Gewinnverwendungsteil der GuV zusammengefasst – gemäß folgender Gleichung ergibt (in Anlehnung an Busse von Colbe, W./Ordelheide, D./Gebhardt, G./Pellens, B. [2010], S. 178 ff.):

$$U = \sum_{i=1}^{k} E_i \times w_i - \sum_{j=1}^{l} A_j \times w_j \pm \Delta R \times w_R - B \times w_B$$

mit:	E_i	= i-ter Ertragsposten (i = 1,2,...,k)
	A_j	= j-ter Aufwandsposten (j = 1,2,...,l)
	ΔR	= Zuführung (–) zu und Entnahme (+) aus Rücklagen
	B	= Bilanzgewinn
	w_i, w_j, w_R, w_B	= Umrechnungskurs des i-ten Ertragspostens, des j-ten Aufwandspostens, der Rücklagenzuführung und -entnahme bzw. des Bilanzgewinns
	U	= Umrechnungsdifferenz in der GuV

Beispiel 3

Es soll alternativ eine Umrechnung der GuV einer ausländischen Konzernunternehmung nach der Stichtagskursmethode und nach der Zeitbezugsmethode vorgenommen werden. Der Stichtagskurs EUR : FW beträgt 2:1, der Jahresdurchschnittskurs 3:1 und der historische Kurs 4:1.

Posten	GuV in FW	GuV in EUR	
		nach der Stichtagskursmethode	nach der Zeitbezugsmethode
	(1)	(2)	(3)
Umsatzerlöse	300	600	900
Abschreibungen	– 20	– 40	– 80
andere Aufwendungen	– 200	– 400	– 600
Jahresüberschuss (Saldo)	80	160	220
Rücklagenzuführung	– 50	– 100	– 100
Umrechnungsdifferenz	–	–	– 60
Bilanzgewinn	30	60	60

Bei Stichtagsumrechnung aller GuV-Posten ergibt sich keine Umrechnungsdifferenz in der GuV. Bei differenzierter Umrechnung resultiert im Beispiel eine Umrechnungsdifferenz von 60 EUR aus den gegenüber der Umrechnung zum Stichtagskurs abweichenden Werten, die die Zuführung zum Eigenkapitalposten erhöht. Sie ergibt sich aus einem positiven Umrechnungseffekt von 100 EUR der Umsatzerlöse über die übrigen Aufwendungen (900 EUR - 600 EUR) - (600 EUR - 400 EUR) und aus einem negativen Umrechnungseffekt von 40 EUR (- 80 EUR + 40 EUR), der zwangsläufige Folge der Umrechnung von Abschreibungen zum historischen Kurs ist. Zusätzliche Differenzen können dann auftreten, wenn die einzelnen Erträge und übrigen Aufwendungen nicht mit einem einheitlichen Jahresdurchschnittskurs, sondern mit unterschiedlichen Monatsdurchschnittskursen umgerechnet werden.

b) GuV-wirksame oder GuV-neutrale Verrechnung von Währungsumrechnungsdifferenzen

GuV-wirksame Verrechnung

Bei GuV-wirksamer Verrechnung von Währungsumrechnungsdifferenzen führt die Änderung einer bilanziellen Umrechnungsdifferenz zu einer entsprechenden Veränderung des Jahresüberschusses. Dies geschieht entweder zwangsläufig (z. B. durch Umrechnung der Abschreibungen zu historischen Kursen) oder dadurch, dass der Änderungsbetrag als Sonderposten oder unter die sonstigen betrieblichen Aufwendungen bzw. Erträge eingestellt wird. Der Jahresüberschuss wird in der umgerechneten GuV sodann als Saldo ermittelt, sodass zusätzlich auch die aus differenzierten Monatsdurchschnittskursen resultierenden Differenzen der Ertrags- und Aufwandsposten GuV-wirksam werden.

Beispiele

In Beispiel 1 wäre bei GuV-wirksamer Verrechnung in der zur Spalte (2) zugehörigen GuV (als Sonderposten oder unter den sonstigen Erträgen) ein Umrechnungsertrag von 100 EUR und in der zur Spalte (3) zugehörigen GuV ebenfalls ein Umrechnungsertrag von 100 EUR auszuweisen. In Beispiel 2 wäre in der zur Spalte (2) zugehörigen GuV ein Umrechnungsertrag von 200 EUR, in der zur Spalte (3) zugehörigen GuV dagegen (als Sonderposten oder unter den sonstigen Aufwendungen) ein Umrechnungsverlust von 40 EUR auszuweisen. In Höhe der GuV-wirksam verbuchten bilanziellen Umrechnungsdifferenz muss dann noch im

Gewinnverwendungsteil der GuV eine entsprechende Einstellung in oder Entnahme aus den Rücklagen erfolgen. In Beispiel 3 entspricht Spalte (3) einer GuV mit GuV-wirksamer Behandlung der GuV-Umrechnungsdifferenz.

GuV-neutrale Verrechnung

Bei GuV-neutraler Verrechnung erscheint die bilanzielle Umrechnungsdifferenz ohne Berührung der GuV in der umgerechneten Bilanz als aktivischer oder passivischer Korrekturposten zum Eigenkapital. Der Jahresüberschuss der ausländischen Konzernunternehmung wird zum Stichtagskurs umgerechnet. Die aus einer differenzierten Umrechnung von Aufwendungen und Erträgen resultierende Umrechnungsdifferenz der GuV wird als Sonderposten oder unter den sonstigen betrieblichen Aufwendungen bzw. Erträgen ausgewiesen.

Beispiele

In den Beispielen 1 und 2 würden sich die Änderungen der bilanziellen Umrechnungsdifferenzen ausschließlich in der Bilanz, nicht dagegen im Jahresüberschuss niederschlagen. In Beispiel 3 würde sich bei GuV-neutraler Verrechnung die GuV gemäß Spalte (3) wie folgt verändern: Der Jahresüberschuss betrüge 160 EUR. Die GuV-Umrechnungsdifferenz von 60 EUR ist zum Ausgleich als Sonderposten oder unter den sonstigen betrieblichen Aufwendungen vor Jahresüberschuss einzustellen, sie entfällt demnach im Gewinnverwendungsteil.

Aussagefähigkeit von GuV-wirksamer und GuV-neutraler Verrechnung

Für eine GuV-wirksame Verrechnung von Währungsumrechnungsdifferenzen spricht, dass im Jahresüberschuss Gewinne und Verluste aus allen Quellen und Ursachen der Geschäftstätigkeit, also auch Währungsgewinne und Währungsverluste, zusammengefasst werden sollen. Die GuV-wirksame Verrechnung von Währungsumrechnungsdifferenzen entspricht ferner der Umrechnung von Bilanz und GuV nach dem Zeitpunktprinzip. Wie ausgeführt, erfolgt die Umrechnung hiernach im Grundsatz unter der Fiktion, dass die ausländischen Konzernunternehmen alle Transaktionen unmittelbar in der Währung der Obergesellschaft bilanzieren. Umrechnungsdifferenzen einzelner Aktiv- und Passivposten sind daher wie Abschreibungen oder Zuschreibungen zu interpretieren. Wie diese werden sie somit im Zeitpunkt ihrer Entstehung GuV-wirksam. Deshalb wird i. d. R. bei Anwendung der funktionalen Methode für die Umrechnung integrierter Konzernunternehmen nach dem Zeitpunktprinzip die GuV-wirksame Verrechnung von Währungsumrechnungsdifferenzen vorgesehen. Hingegen ist für lokal operierende Gesellschaften zum Stichtagskurs die GuV-neutrale Behandlung vorzunehmen.

Gegen eine GuV-wirksame Verrechnung von Währungsumrechnungsdifferenzen für dezentral organisierte und somit der lokalen Theorie entsprechende Konzerne lässt sich anführen, dass Beschaffung, Herstellung, Absatz und Finanzierung in den ausländischen Konzernunternehmen größtenteils in der jeweiligen Landeswährung abgewickelt werden, sodass Umrechnungsdifferenzen aus Sicht des Konzerns erst dann als realisiert betrachtet werden können, wenn sie sich in der Höhe der an die Obergesellschaft zu transferierenden Ergebnisse niederschlagen. Unter dem Ergebnisverwendungsgesichtspunkt liegt somit eine GuV-neutrale Verrechnung von Währungsumrechnungsdifferenzen nahe, denn für die Obergesellschaft erscheint der zum Stichtagskurs umgerechnete Bilanzgewinn als verwendbares Ergebnis. Dieser Gesichtspunkt erlangt vor allem dann Bedeutung, wenn ein in lokaler Währung ausgewiesener Gewinn durch die Umrechnung der Bilanzposten mit differenzierten Wechselkursen zu einem Verlust in Konzernwährung wird oder umgekehrt.

c) Zulässigkeit der Verrechnung von Währungsumrechnungsdifferenzen

Verrechnung von Währungsumrechnungsdifferenzen nach US-GAAP

ASC 830 (früher FAS 52) sieht für die Umrechnung von *foreign entities* nach der Stichtagskursmethode die GuV-neutrale Verrechnung von Währungsumrechnungsdifferenzen vor, wobei diese als *translation adjustments* im Eigenkapital als Bestandteil des *other comprehensive income* ausgewiesen werden (ASC 830-30-45-12).

Für die Umrechnung von *foreign operations* gelten dieselben Grundsätze wie für einzelne Fremdwährungstransaktionen. Die Umrechnungsdifferenzen werden demnach GuV-wirksam behandelt. Ausgenommen hiervon sind lediglich diejenigen Differenzen, die aus Sicherungsgeschäften entstehen und solche, die aus langfristigen innerkonzernlichen Fremdwährungsgeschäften resultieren. Solche sind nach ASC 830-20-35-3 ebenfalls als *translation adjustments* im *other comprehensive income* zu erfassen.

Angaben im Anhang nach US-GAAP

US-GAAP erfordert folgende Angaben im Anhang oder im *Statement of Changes in Stockholders' Equity* bezüglich der GuV-neutralen Verrechnung der Umrechnungsdifferenz (ASC 830-30-45-20):

- Anfangs- und Endbestand des separaten Eigenkapitalpostens,
- Gesamtbetrag der Veränderung während des Geschäftsjahres,
- Steueraufwand auf die direkt mit dem Eigenkapital verrechneten Währungsumrechnungen,
- aus dem Abgang der ausländischen Beteiligungen resultierende Veränderungen,
- Gesamtbetrag der GuV-wirksamen Gewinne und Verluste aus der Umrechnung (ASC 830-30-40-1).

Verrechnung von Währungsumrechnungsdifferenzen nach IFRS

Handelt es sich um eigenständige Teileinheiten (*foreign operations*), so stellt die Währungsumrechnung einen reinen Transformationsvorgang dar. Demnach werden die entstehenden Umrechnungsdifferenzen auch nicht GuV-wirksam erfasst. Vielmehr werden sämtliche Umrechnungsdifferenzen als separater Bestandteil des Eigenkapitals angesetzt (IAS 21.39). Existieren an dem Tochterunternehmen Minderheitsbeteiligungen, so werden die auf andere Gesellschafter entfallenden Umrechnungsdifferenzen gemäß der Beteiligungsquote im Ausgleichsposten für Anteile anderer Gesellschafter ausgewiesen. Dies gilt sowohl nach IAS 21.41 wie auch nach ASC 830.

Bei Fremdwährungstransaktionen und damit bei Anwendung der Zeitbezugsmethode ist die Währungsumrechnung als ein Bewertungsvorgang anzusehen. Deshalb ist die Umrechnung nach den Prinzipien von IAS 21.20 ff. durchzuführen, wie sie für die Behandlung von Währungstransaktionen im Einzelabschluss gültig sind. Kursdifferenzen, die aus dem Ansatz von monetären Werten zu geänderten Kursen resultieren, sind nach IAS 21.28 GuV-wirksam zu behandeln. Ausgenommen sind lediglich Umrechnungsdifferenzen, die aus monetären Posten resultieren, die Bestandteile einer Beteiligung des ausländischen Tochterunternehmens an einem anderen selbstständigen, ausländischen Unternehmen sind. Diese Differenzen sollen bis zur Veräußerung der Beteiligung GuV-neutral im Eigenkapital erfasst werden (IAS 21.32). Werden Bewertungsdifferenzen bei dem umzurechnenden Posten in Fremdwährung nicht GuV-wirksam, sondern direkt im Eigenkapital erfasst, dann gilt dieselbe Regelung für Währungsumrechnungsdifferenzen (IAS 21.30). Sie sind als Bestandteil des *other comprehensive income* (vgl. 9. Kapitel, S. 511 ff.) auszuweisen.

Zusätzlich sind nach IAS 21.52 u. a. folgende Anhangangaben zu machen:

Angaben im Anhang nach IFRS

- Gesamtbetrag der GuV-wirksam verrechneten Umrechnungsdifferenzen;
- Gesamtbetrag der GuV-neutralen Umrechnungsdifferenz, die als Eigenkapital klassifiziert und als Sonderposten ausgewiesen ist, sowie eine Überleitungsrechnung von Anfangs- zu Schlussbestand dieses Postens in der Periode.

Verrechnung von Währungsumrechnungsdifferenzen nach HGB

Nach § 308a HGB sind Währungsumrechnungsdifferenzen innerhalb des Konzerneigenkapitals nach den Rücklagen unter dem Posten »Eigenkapitaldifferenz aus Währungsumrechnung« zu bilanzieren. Da nach HGB die funktionale Währung und somit die Zeitbezugsmethode keine Anwendung findet, erfolgt die Erfassung von Währungsumrechnungen ausschließlich GuV-neutral.

Angaben im Anhang nach HGB

Darüber hinaus sind die Grundlagen der Währungsumrechnung nach § 313 Abs. 1 Nr. 2 HGB im Konzernanhang anzugeben.

6. Umrechnung von Abschlüssen aus Hochinflationsländern

Handelt es sich bei der funktionalen Währung der umzurechnenden Auslandsgesellschaft um die Währung eines Hochinflationslandes, so gelten dafür sowohl nach US-GAAP als auch nach IFRS spezielle Vorschriften. Oben (vgl. in diesem Kapitel, S. 643 ff.) wurde bereits auf das Problem, dass in Hochinflationsländern der Außenwert der Währung häufig rapide verfällt und daher die Anwendung der Stichtagskurse zu einem raschen Verfall der Bilanzwerte führt, kurz hingewiesen. Der reale Wert des Nettovermögens wird aber durch den raschen Preisanstieg teilweise kompensiert. Daher gilt es, bei der Umrechnung beide Effekte zu berücksichtigen.

Umrechnung von Abschlüssen aus Hochinflationsländern nach US-GAAP

Nach US-GAAP ist für Tochterunternehmen in Hochinflationsländern die Zeitbezugsmethode zwingend vorgeschrieben (ASC 830-10-45-11). Es gilt hier also die Währung des Mutterunternehmens als funktionale Währung des Tochterunternehmens. Die bei dieser Umrechnung entstehenden Differenzen werden, wie bei nicht hochinflationären Ländern, GuV-wirksam verrechnet. Nach ASC 830-10-45-12 handelt es sich um Hochinflation, wenn in einem Zeitraum von drei Jahren die kumulative Inflationsrate annähernd 100 % oder mehr beträgt.

Umrechnung von Abschlüssen aus Hochinflationsländern nach IFRS

Nach IAS 21.42 muss der Abschluss zunächst nach den Vorschriften von IAS 29 inflationsbereinigt werden. Erst dann erfolgt eine Umrechnung aller Posten des Abschlusses, auch des Eigenkapitals, zum Stichtagskurs. Lediglich die Vergleichszahlen des Vorjahres sind aus dem Vorjahr zu übernehmen und nicht zu bereinigen (IAS 21.42b).

Die Bereinigung der Inflation ist unabhängig davon vorzunehmen, ob nach Anschaffungskosten oder Tageswerten bilanziert wird. Die Anpassung betrifft grundsätzlich nur nicht monetäre Posten, da diese bei Inflation zu AHK zu niedrig bewertet sind. Demnach werden diese Werte um die entsprechende Veränderung des allgemeinen Preisindex zwischen Anschaffungsdatum und Bilanzstichtag erhöht. Dabei sind auch Schätzungen zulässig, falls ein derartiger Index nicht vorhanden ist (IAS 29.14). Kommt es zu einer Erhöhung der Bilanzposten, so sind die Vorjahres-Zahlen anzupassen (IAS 29.8). Der so entstandene Gewinn oder Verlust ist in die GuV einzubeziehen und gesondert auszuweisen (IAS 29.9). Ist die Hochinflation beendet, so ist die Basis für die Anschaffungskosten der Vermögenswerte und Schulden deren Ansatz im letzten Abschluss (IAS 29.38). IAS 29.3 enthält eine Reihe von Indikatoren, die auf Hochinflation hinweisen:

- Flucht in Sachwerte bzw. Umtausch von heimischer Währung in harte Auslandswährung,
- stabile Parallelwährung, in der auch die Preise angegeben werden,
- Indizierung selbst kurzfristiger Kredite,
- Koppelung von Zinsraten, Löhnen und Preisen an den Preisindex,
- die kumulierte Inflationsrate erreicht über drei Jahre 100 % oder mehr.

Umrechnung von Abschlüssen aus Hochinflationsländern nach HGB bzw. DRS

Hinsichtlich der Währungsumrechnung nach HGB für Fremdwährungsabschlüsse in Hochinflationsländern existieren keine konkreten gesetzlichen Bestimmungen. Die Anwendung der modifizierten Stichtagskursmethode ohne Berücksichtigung der Kaufkraftverhältnisse würde die Vermögens-, Finanz und Ertragslage nur verzerrt abbilden. Der Gesetzesbegründung zum BilMoG ist daher zu entnehmen, dass § 308a HGB nicht auf Abschlüsse aus Hochinflationsländern anzuwenden ist und die gegenwärtige Praxis davon unberührt bleibt. Zur Umrechnung von Abschlüssen aus Hochinflationsländern wurde bis zur Aufhebung des Standards DRS 14 herangezogen. Da keine expliziten Regelungen für die Umrechnung vorhanden sind und die Gesetzesbegründung Abschlüsse aus Hochinflationsländern von § 308a HGB ausnimmt, kann angenommen werden, dass weiterhin auf die diesbezüglichen Regelungen in DRS 14 zurückgegriffen werden kann.

Die Regelungen des DRS 14 lehnen sich stark an die Regelungen der IFRS an. Die Indikatoren, die gemäß DRS 14.36 auf ein Hochinflationsland hinweisen, sind nahezu identisch zu denen in IAS 29.3. Nach DRS 14.35 sind in Hochinflationsländern Abschlüsse um die Inflationseffekte zu bereinigen, sodass alle Abschlussposten in Kaufkrafteinheiten des Stichtages bewertet werden können. Als eine Alternative, die Inflationseffekte zu bereinigen, nennt DRS 14.37 die Aufstellung der Abschlüsse in einer Hartwährung, beispielsweise in der funktionalen Währung des Mutterunternehmens. Als weitere Alternative nennt DRS 14.37 die Inflationierung der nicht monetären Posten mit einem Index, der die Geldentwertung widerspiegelt. Die Posten sind sodann zum Stichtagskurs umzurechnen.

Ebenfalls denkbar wäre eine Umrechnung mittels der Zeitbezugsmethode. Der Bewertungsvorgang würde zur Umrechnung der nicht monetären Posten und des Eigenkapitals zu historischen Kursen führen, wodurch eine Inflationsbereinigung nicht mehr notwendig wäre (vgl. Küting, K./Weber, C.-P. [2012a], S. 275 f.).

Kontrollfragen:

Nationale Normen:

1. Was versteht man unter einem Konzern?
2. Welche Aufgaben hat der Konzernabschluss?
3. Was besagt die Einheits-, was die Interessentheorie?
4. Wann muss ein Konzernabschluss nach HGB erstellt werden? Wer muss ihn erstellen? Kann sich eine Erstellungspflicht auch aus anderen Gesetzen herleiten?
5. Unter welchen Bedingungen besteht nach HGB eine Ausnahme von der generellen Pflicht zur Erstellung eines Konzernabschlusses?
6. Geben Sie jeweils an, welche Unternehmen nach HGB in den Konzernabschluss einbezogen werden müssen sowie welche Unternehmen darin einbezogen werden können!
7. Was ist unter »einheitlicher Bewertung« im Konzern zu verstehen?
8. Definieren Sie: Historischer Kurs, Stichtagskurs, Durchschnittskurs!
9. Erläutern Sie das Zeitpunktprinzip der Währungsumrechnung!
10. Begründen Sie im Einzelnen, warum das Zeitpunktprinzip der Währungsumrechnung dem Kriterium der Rechnungslegungsäquivalenz entspricht!
11. Erläutern Sie die Entstehungsursachen von Umrechnungsdifferenzen in Bilanz und GuV!
12. Wie unterscheiden sich GuV-wirksame und GuV-neutrale Verrechnung von Umrechnungsdifferenzen voneinander?
13. Nennen Sie Gründe, die für eine GuV-wirksame bzw. für eine GuV-neutrale Verrechnung von Umrechnungsdifferenzen sprechen!
14. Welche Umrechnungsmethode ist nach HGB vorgeschrieben?

Internationale Normen:

15. Welche Theorie liegt dem Konzernabschluss nach IFRS zugrunde?
16. Welche Möglichkeiten eines beherrschenden Verhältnisses sind in den IFRS vorgesehen?
17. Unter welchen Bedingungen kann gemäß IFRS eine Befreiung vom Konzernabschluss erfolgen?
18. Nach welchem Standard und wie erfolgt die Bilanzierung von Unternehmensanteilen, die zur Weiterveräußerung gehalten werden, nach IFRS?
19. Skizzieren Sie die Umrechnung nach dem Konzept der »funktionalen Währung«!

20. Welche Unterschiede bestehen hinsichtlich der Währungsumrechnung nach HGB bzw. IFRS?
21. Wie erfolgt die Währungsumrechnung von Abschlüssen aus Hochinflationsländern nach IFRS?

11. Kapitel: Konsolidierungsmaßnahmen im Rahmen des Konzernabschlusses

Die Zusammenfassung der Jahresabschlüsse der Konzernunternehmen (im Folgenden als »Einzelabschlüsse« bezeichnet) zum Konzernabschluss wird »Konsolidierung« genannt. Nach erfolgter konzernweiter Vereinheitlichung von Ansatz und Bewertung (vgl. 10. Kapitel) werden bei der Konsolidierung an den Werten der Einzelabschlüsse bzw. der HB II im Rahmen einer Kapital-, Zwischenerfolgs- und Schuldenkonsolidierung nochmals Veränderungen vorgenommen, um einen der Einheitstheorie entsprechenden Konzernabschluss zu erstellen. Konsolidierung

Kapitalkonsolidierung (vgl. in diesem Kapitel, S. 667 ff.) bedeutet die Aufrechnung der Beteiligung an Tochterunternehmen aus dem Einzelabschluss des Mutterunternehmens oder anderer Konzernunternehmen mit den hierauf entfallenden anteiligen Eigenkapitalposten in den Bilanzen der einbezogenen Tochterunternehmen. Beide Bestandteile der jeweiligen Einzelbilanzen tauchen in der Konzernbilanz grundsätzlich nicht mehr auf (Ausnahme: Equity-Bewertung, vgl. in diesem Kapitel, S. 715 ff.). Kapitalkonsolidierung

Im Rahmen der Schuldenkonsolidierung (vgl. in diesem Kapitel, S. 724 ff.) werden die zwischen den einbezogenen Unternehmen bestehenden Forderungen und Verbindlichkeiten gegeneinander aufgerechnet, da ein einheitliches Unternehmen gegen sich selbst keine Forderungen und Verbindlichkeiten haben und bilanzieren kann. Schuldenkonsolidierung

Die Zwischenerfolgseliminierung (vgl. in diesem Kapitel, S. 730 ff.) stellt das Bindeglied dar zwischen den Konsolidierungsvorgängen in der Bilanz und in der GuV. Zwischenerfolge aus Lieferungen und Leistungen zwischen den einbezogenen Unternehmen, die sich in den Bilanzposten der Einzelbilanzen niedergeschlagen haben, müssen vor dem Hintergrund des Einheitsgedankens eliminiert werden. Soweit eine Veränderung des Zwischenerfolgsbestandes, d. h. der Summe der im Anlage- und Umlaufvermögen enthaltenen Zwischenerfolge, der abgelaufenen Rechnungsperiode zuzurechnen ist, ist die Elimination GuV-wirksam. Zwischenerfolgseliminierung

Schließlich sind noch in der GuV innerkonzernliche Aufwendungen und Erträge sowie Umsätze zu bereinigen (vgl. in diesem Kapitel, S. 752 ff.). Konsolidierung der GuV

Diese verschiedenen Maßnahmen werden in den folgenden Abschnitten behandelt.

A. Kapitalkonsolidierung

Die Aufrechnung der Beteiligung an Tochterunternehmen mit den hierauf entfallenden anteiligen Eigenkapitalposten erfolgt grundsätzlich in der Kapitalkonsolidierung. Ihre Notwendigkeit resultiert aus der Art der Abbildung eines Unternehmenserwerbs im Einzelabschluss. Ein solcher Unternehmenskauf kann durch

Erwerb der einzelnen Vermögensgegenstände und Schulden (sog. *asset deal*) oder durch Anteilserwerb (sog. *share deal*) vollzogen werden.

I. Bilanzierung von Unternehmenserwerben

Asset deal

Bei einem *asset deal* werden alle Vermögensgegenstände und Schulden einzeln erworben und deshalb auch einzeln in die Bücher des erwerbenden Unternehmens, d. h. in dessen Einzelabschluss, übernommen. Durch die Zahlung eines Kaufpreises für das übernommene Unternehmen werden die Anschaffungskosten für die einzelnen Vermögensgegenstände und Schulden auf eine neue Basis gestellt, sodass etwaige stille Reserven aufgelöst werden. Wie in Kapitel 3 dargestellt, werden somit auch bisher nicht bilanzierungsfähige Vermögensgegenstände, wie z. B. Kundenlisten des übernommenen Unternehmens, durch den Erwerb aktivierbar (vgl. 3. Kapitel, S. 182). Daraus resultiert ein höheres Abschreibungsvolumen, das auch steuerlich wirksam werden kann. Eine verbleibende positive Differenz aus bezahltem Kaufpreis und neubewertetem bilanzierungsfähigen Nettovermögen stellt einen entgeltlich erworbenen Geschäfts- oder Firmenwert dar. Dieser gilt nach § 246 Abs. 1 Satz 4 HGB als Vermögensgegenstand und muss daher aktiviert werden sowie in der Folge planmäßig abgeschrieben werden. Auch nach Steuerrecht (§ 5 Abs. 2, § 7 Abs. 1 EStG) besteht eine Pflicht zur Aktivierung und anschließenden Abschreibung über 15 Jahre. Die IFRS schreiben ebenfalls eine Aktivierung vor, jedoch sind in der Folge nur außerplanmäßige Abschreibungen vorzunehmen.

Share deal

Bei einem *share deal* erfolgt die Übernahme durch Kauf der Anteile an einer juristischen Person. Der Kaufpreis wird im Einzelabschluss des Erwerbers als Beteiligung, also als ein einziger Vermögensgegenstand, ausgewiesen.

Erwerbsmethode

Nur in diesem zweiten Fall besteht die Notwendigkeit der Konzernrechnungslegung und damit der Konsolidierung, denn nur hier liegt eine wirtschaftliche Einheit rechtlich selbstständiger Unternehmen vor. Um die wirtschaftliche Einheit Konzern so abzubilden, als wäre sie auch rechtlich eine Einheit, werden im Konzernabschluss sämtliche Vermögensgegenstände und Schulden so dargestellt, wie dies bei einem *asset deal* der Fall wäre. Der vollständige Einbezug aller Vermögensgegenstände und Schulden wird als Vollkonsolidierung bezeichnet. Dies ist der theoretische Hintergrund von § 301 HGB, der das methodische Vorgehen bei der Kapitalkonsolidierung von Tochterunternehmen regelt und dieses Vorgehen zutreffend als »Erwerbsmethode« bezeichnet. Dem entspricht die im angloamerikanischen Raum als *acquisition method* (früher auch *purchase method*) bezeichnete Vorgehensweise.

Abschaffung der Interessenzusammenführungsmethode

Die Erwerbsmethode basiert auf der Annahme, dass dem Unternehmenserwerb tatsächlich ein Kaufakt zugrunde liegt, der es rechtfertigt, die bisherigen Wertansätze der Vermögensgegenstände und Schulden auf eine neue Basis zu stellen. Handelt es sich dagegen bei einem Unternehmenszusammenschluss nicht um einen Erwerb, sondern um eine Zusammenlegung der Aktivitäten ohne einen Abfluss von Finanzmitteln und ohne ein Ausscheiden von Alteigentümern, dann wäre eine Neubewertung nicht gerechtfertigt, sondern die bisherigen Wertansätze müssten beibehalten werden (Buchwertfortführung). Dies sind die Überlegungen, die der sog. »Interessenzusammenführungsmethode« des § 302 HGB a. F. zugrunde lagen. Nach US-GAAP wurde diese Methode als *pooling of interests* und nach IFRS als *uniting of interests* bezeichnet. Nach beiden Standards ist diese Methode nicht mehr zulässig (ASC 805 (früher FAS 141) bzw. IFRS 3). Unternehmenszusammenschlüsse dürfen seither nach US-GAAP wie nach IFRS nur noch mit der *acquisition method* erfasst werden. Ebenso wurde § 302 HGB a. F. durch das BilMoG analog zu den internationalen Rechnungslegungsstandards abgeschafft. Seither sind sämtliche Unternehmenszusammenschlüsse mit der Erwerbsmethode gemäß § 301 HGB zu bilanzieren.

Consolidation, business combinations

Im angloamerikanischen Sprachraum wird, entgegen der eben dargestellten ausschließlichen Anwendung des Begriffs Konsolidierung auf die Konzernrechnungslegung, unter *consolidation* ganz allgemein die Behandlung von Unternehmenszusammenschlüssen (*business combinations*) im Rechnungswesen verstanden. Deshalb wird in den betreffenden Standards sowohl die Vorgehensweise für Einzel- als auch für Konzernabschlüsse geregelt. Dem Prinzip der *substance over form* entsprechend besteht kein Unterschied in der Behandlung eines *asset deal* und eines *share deal*, soweit die ökonomischen Fakten identisch sind (vgl. Niehus, R. J./Thyll, A. [2000], S. 145 f.; Fischer, P. M./Taylor, W. J./Cheng, R. H. [2011], S. 1 ff.). Ein Unterschied besteht ökonomisch insofern, als bei einem *share deal* die Kontrolle auch mit weniger als 100 % der Anteile erworben werden kann. Die Behandlung der in den Händen Dritter befindlichen Minderheitenanteile stellte daher ein für die Konzernrechnungslegung typisches Problemfeld dar.

II. Differenzierung nach Beteiligungsverhältnissen

Bilanzierung von Unternehmensverbindungen nach HGB

Die bisher angesprochenen Ansätze der Kapitalkonsolidierung setzen voraus, dass durch den Anteilserwerb ein beherrschender Einfluss auf das Tochterunternehmen entsteht, der zu einem vollständigen Einbezug aller Vermögensgegenstände und Schulden führt. Die hier durch Vollkonsolidierung einzubeziehenden Unternehmen wurden im 10. Kapitel (S. 625 ff.) unter dem Begriff »Konsolidierungskreis« behandelt. Durch den Anteilserwerb sind aber verschiedene Grade des Einflusses des Mutterunternehmens auf das Beteiligungsunternehmen möglich. Bei der Behandlung von Beteiligungen im Konzernabschluss ist es sinnvoll, die Unternehmensverbindungen nach der Intensität des Einflusses des Mutterunternehmens zu differenzieren.

Den Zusammenhang zwischen der Intensität der Beziehung, zwischen den durch eine Beteiligung verbundenen Unternehmen und der Behandlung im Konzernabschluss nach HGB zeigt Tabelle 11.1.

Während Tochterunternehmen durch Aufnahme aller Vermögensgegenstände und Schulden (Vollkonsolidierung) einbezogen werden, wird nach HGB bei Gemeinschaftsunternehmen – wenn nicht wahlweise die Bilanzierung wie bei einem assoziierten Unternehmen angewendet wird – nur der dem Mutterunternehmen zustehende Anteil berücksichtigt (Quotenkonsolidierung). Assoziierte Unternehmen, auf die lediglich ein maßgeblicher Einfluss gegeben ist, werden nicht durch Einbezug derer Vermögensgegenstände und Schulden, sondern durch eine spezielle konsolidierungsähnliche Bewertung der Beteiligung berücksichtigt. Ist hingegen nicht einmal ein solcher maßgeblicher Einfluss gegeben, dann ist die Beteiligung wie im Einzelabschluss zu Anschaffungskosten anzusetzen.

Behandlung im KA / Intensität der Beziehung	Stellung der beteiligten Unternehmen	Einbeziehung im Konzernabschluss	Konsolidierungs- bzw. Bewertungsmethode
Beherrschender Einfluss, § 290 HGB	Tochterunternehmen	Vollkonsolidierung	Erwerbsmethode, § 301 HGB
Gemeinschaftliche Leitung mit anderen Unternehmen, § 310 HGB	Gemeinschaftsunternehmen	Teilkonsolidierung	Quotenkonsolidierung, § 310 HGB (Wahlrecht: »Equity-Methode«)
Maßgeblicher Einfluss, § 311 HGB	assoziierte Unternehmen	konsolidierungsähnliche Bewertung	»Equity-Methode«, § 311 HGB
Herstellung einer dauernden (wirtschaftlichen) Verbindung, § 271 Abs. 1 HGB	Beteiligung	keine Konsolidierung, Ausweis der Beteiligung wie in EA bzw. HB II	Anschaffungswertprinzip

Tab. 11.1: Zusammenhang von Konsolidierungsmethode und Intensität der Beziehung von Mutter- und Tochterunternehmen

Abbildung 11.1 fasst die verschiedenen Methoden der Kapitalkonsolidierung bzw. kapitalkonsolidierungsähnlichen Bewertungsmethoden nach HGB und deren Anwendung auf die Beteiligungsformen zusammen.

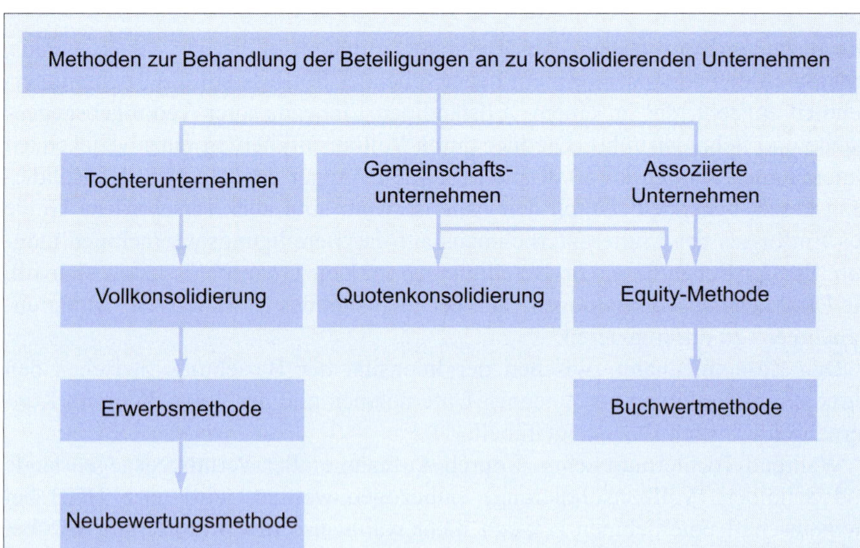

Abb. 11.1: Methoden zur Behandlung von Beteiligungen im Konzernabschluss

Bilanzierung von Unternehmensverbindungen nach IFRS und US-GAAP

Die Behandlung verschiedener Grade der Einflussnahme unterscheiden sich nach IFRS und US-GAAP von der skizzierten Vorgehensweise des HGB. Nach IFRS und US-GAAP werden Tochterunternehmen (*subsidiaries*) ebenfalls durch Vollkonsolidierung erfasst. Für Gemeinschaftsunternehmen (*joint ventures*) sehen die IFRS nur die Equity-Methode vor (IAS 28.16). Nach US-GAAP ist zwar die

Quotenkonsolidierung zulässig, es herrscht aber nahezu ausschließlich die Equity-Methode vor. Assoziierte Unternehmen (*associates*) werden nach der Equity-Methode einbezogen, wobei i. d. R. bei einer Beteiligungsquote von 20 % bis 50 % von einem maßgeblichen Einfluss (*significant influence*) ausgegangen wird (IAS 28.5 ff., ASC 323-10-15-8).

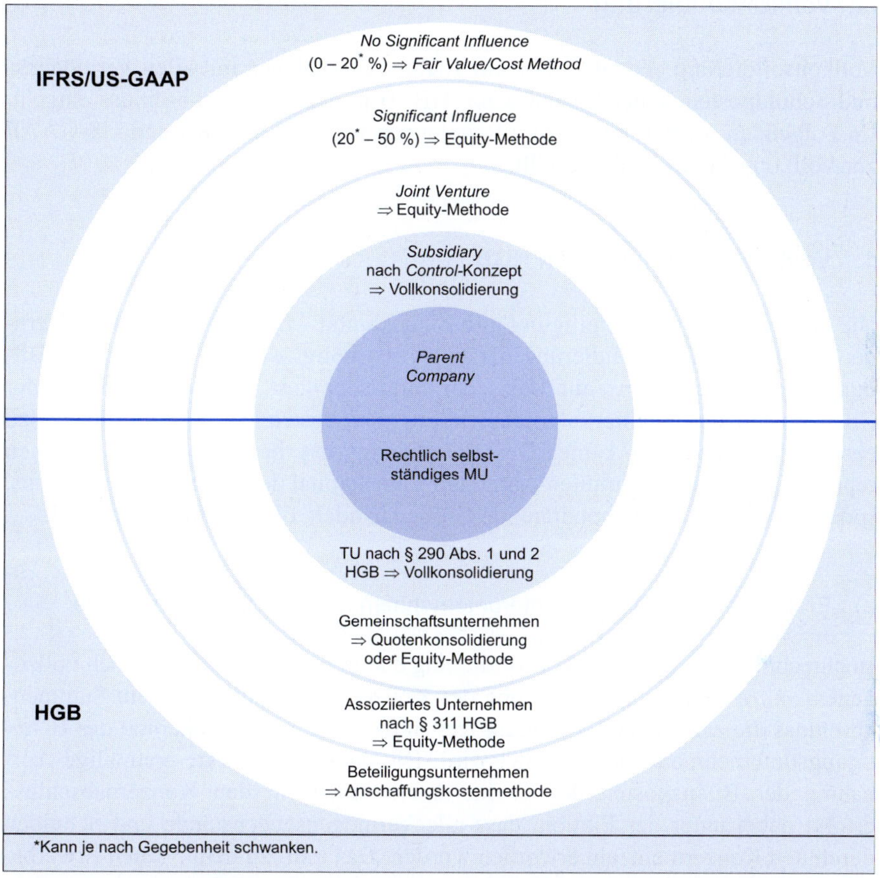

Abb. 11.2: Art der Einbeziehung in den Konzernabschluss in Abhängigkeit vom Grad der Einflussnahme

Liegt kein maßgeblicher Einfluss vor, so ist die Beteiligung nach ASC 320 mit der *fair value/cost method* zu bilanzieren (ASC 323). Demnach werden diese entweder den *trading securities* zugeordnet, wenn sie zum Zweck der Weiterveräußerung erworben wurden, oder andernfalls als *available-for-sale securities* klassifiziert. In beiden Fällen schreibt ASC 320-10-25-1 ff. eine Bewertung zu *fair values* vor. Existiert kein Marktpreis, so werden diese mit Anschaffungskosten bewertet.

Die IFRS sehen eine identische Lösung nach IAS 39 bzw. IFRS 9 für die Fälle vor, in denen kein maßgeblicher Einfluss besteht (vgl. 5. Kapitel). Werden die Anteile jedoch mit Wiederverkaufsabsicht gehalten, so müssen sie in Übereinstimmung mit IFRS 5 bilanziert werden. Wie auch bei der Vollkonsolidierung entfällt das frühere Verbot zum Einbezug von mit Weiterveräußerungsabsicht erworbenen Anteilen (vgl. 11. Kapitel, S. 629). Bewertung und Ausweis solcher Anteile richten sich nach IFRS 5.

Die Abbildung 11.2 fasst diese Behandlung zusammen (vgl. Pellens, B./Fülbier, R. U./Gassen, J./Sellhorn, T. [2011], S. 151).

III. Vollkonsolidierung

Vollkonsolidierung bedeutet, dass ein Tochterunternehmen mit allen Vermögens- und Schuldposten seiner Einzelbilanz (HB II) in den Konzernabschluss eingeht. Im Folgenden werden jeweils die Regelungen nach HGB, IFRS und US-GAAP zur Vollkonsolidierung dargestellt.

1. Vollkonsolidierung nach HGB

Die Aufrechnung von Beteiligung und Eigenkapital – die den eigentlichen Kernpunkt der Kapitalkonsolidierung darstellt – ist nötig, weil es sonst bei der Bildung der Konzernbilanz auf Basis der Summenbilanz, also der Addition der Bilanzposten des Tochterunternehmens zu den Posten der Konzernbilanz, zu einer Doppelrechnung käme. Der Beteiligungswert beim Mutterunternehmen repräsentiert einen bestimmten Anteil am Eigenkapital des Tochterunternehmens, sodass es sich um korrespondierende Größen handelt, die zu eliminieren sind.

a) Erstkonsolidierung von Tochterunternehmen nach der Erwerbsmethode

Fiktion des Einzelerwerbs

Buchtechnisch wird die Vollkonsolidierung dadurch abgebildet, dass nach vollzogenem *share deal* bei der Ableitung des Konzernabschlusses aus dem Summenabschluss die erworbene Beteiligung gegen das anteilige Eigenkapital des Beteiligungsunternehmens aufgerechnet wird. Die dadurch bewirkte erstmalige Aufnahme der Bilanzposten des Tochterunternehmens in den Konzernabschluss erfolgt dabei unter der Fiktion, dass alle Vermögensgegenstände und Schulden durch den Konzern einzeln erworben wurden. Das führt zu dem Namen Erwerbsmethode oder *acquisition method.* Jeder Vermögens- und Schuldposten aus dem Einzelabschluss des Tochterunternehmens ist deshalb in der Konzernbilanz mit Konzernanschaffungskosten anzusetzen, die grundsätzlich dem Tageswert (*fair value*) des jeweiligen Postens zum Zeitpunkt der erstmaligen Konsolidierung entsprechen. Da die Buchwerte in den Einzelbilanzen der Tochterunternehmen regelmäßig von ihren Tageswerten abweichen, kommt es dadurch zu gegenüber dem Einzelabschluss (HB II) veränderten Wertansätzen. Beginnend mit dem Erwerbszeitpunkt sind somit alle Erträge und Aufwendungen in die Konzern-GuV sowie alle Vermögenswerte und Schulden des erworbenen Unternehmens in die Konzernbilanz aufzunehmen. Hierbei sind alle Vermögenswerte und Schulden vollständig und einzeln zu erfassen, auch wenn diese beim erworbenen Unternehmen aufgrund von Bilanzierungsverboten nicht angesetzt waren.

Ergebnis-wirksame Erstkonsolidierung

Da Anschaffungswerte nur einmal entstehen – und zwar bei Anschaffung des entsprechenden Postens – kann die Aufrechnung des Beteiligungsbuchwertes auch in Folgeperioden nur jeweils gegen das Kapital erfolgen, das in der Bilanz des Tochterunternehmens zum Zeitpunkt der Erstkonsolidierung vorhanden war. Die zu diesem Zeitpunkt ermittelten Wertansätze der einzelnen Vermögensgegenstände und Schulden des Tochterunternehmens stellen – gemäß der Fiktion des Einzelerwerbs – für den Konzern Anschaffungskosten dar. Sie sind deshalb in der Folgezeit wie jeder andere Wertansatz fortzuführen. Soweit sich die Neubewertung auf abnutzbare Anlagegüter bezog, entsteht so eine Differenz zwischen der Abschreibung im Einzelabschluss und der Abschreibung dieses Vermögenswertes aus Sicht des Konzerns. Diese Differenz hat Auswirkung auf die Konzern-Gewinn- und Verlustrechnung. Hieraus resultiert die Bezeichnung der Erwerbsmethode auch als »GuV-wirksame Erstkonsolidierung«. Veränderungen des Eigenkapitals beim Tochterunternehmen in Folgeperioden werden als vom Konzern erwirtschaftet betrachtet und deshalb in das Konzerneigenkapital übernommen. Sie werden also nicht im Rahmen der Kapitalkonsolidierung bei Folgekonsolidierungen aufgerechnet.

Neubewertungsmethode

Vor Verabschiedung des BilMoG waren nach § 301 HGB a. F. mit der Buchwertmethode und der Neubewertungsmethode zwei alternative Vorgehensweisen bei der Erwerbsmethode zulässig. Nach § 301 HGB ist, wie nach DRS, IFRS und US-GAAP, nur noch die Neubewertungsmethode erlaubt. Wurde in der Vergangenheit die Buchwertmethode herangezogen, so ist diese jedoch auch nach BilMoG aufgrund des Stetigkeitsprinzips weiter beizubehalten.

Stichtag der Erstkonsolidierung

Nach § 301 Abs. 2 Satz 1 HGB ist die Erstkonsolidierung grundsätzlich auf der Grundlage der Wertansätze zu dem Zeitpunkt durchzuführen, zu dem das Unternehmen Tochterunternehmen geworden ist. Falls die Wertansätze zu diesem Zeitpunkt nicht endgültig ermittelt werden können, sind sie innerhalb der darauf folgenden zwölf Monate anzupassen.

Komponenten der Kapitalkonsolidierung

Bei der Kapitalkonsolidierung sind nach § 301 Abs. 1 Satz 1 HGB die dem »Mutterunternehmen gehörenden Anteile an einem in den Konzernabschluss einbezogenen Tochterunternehmen [...] mit dem auf diese Anteile entfallenden Betrag des Eigenkapitals des Tochterunternehmens« zu verrechnen.

»Dem Mutterunternehmen gehörende Anteile«

»Dem Mutterunternehmen gehörende Anteile« sind dabei nicht nur im juristischen Eigentum des Mutterunternehmens stehende Anteile, sondern auch die von Tochterunternehmen oder von einem Dritten für Rechnung eines Konzernunternehmens gehaltene Anteile. Dies ergibt sich aus § 271 Abs. 1 Satz 4 HGB sowie einer Analogie zu § 290 Abs. 4 HGB. Werden die Anteile von einem nicht-konsolidierten Tochterunternehmen gehalten, so dürfen diese dem Mutterunternehmen allerdings nicht zugerechnet werden. Der Begriff des Anteils ist in diesem Zusammenhang weit zu interpretieren, sodass darunter alle kapitalmäßig begründeten Anteilsrechte unabhängig von ihrem jeweiligen Bilanzpostenausweis beim Mutterunternehmen zu verstehen sind.

Die einzubeziehenden Anteile können z. B. in folgenden Posten nach dem Gliederungsschema des § 266 Abs. 2 HGB enthalten sein:

- Anteile an verbundenen Unternehmen (Posten A. III. 1.),
- Beteiligungen (Posten A. III. 3.),
- Wertpapiere des Anlagevermögens (Posten A. III. 5.),
- Sonstige Vermögensgegenstände (Posten B. II. 4.),
- Wertpapiere des Umlaufvermögens (Posten B. III. 1.).

Rück-
beteiligungen

Beteiligungen der Tochterunternehmen an ihrem Mutterunternehmen (»Rückbeteiligungen«) dürfen nur auf der Passivseite vom Eigenkapital abgesetzt und nicht als eigene Anteile im Umlaufvermögen der Konzernbilanz ausgewiesen werden (§ 301 Abs. 4 HGB). Demnach werden die Anteile in der Konzernbilanz so abgebildet, als wäre der Erwerb der eigenen Anteile durch das Mutterunternehmen selbst erfolgt. Diese werden in der Konzernbilanz mit ihrem Nennwert ausgewiesen bzw., falls ein solcher nicht gegeben ist, offen von dem Posten »Gezeichnetes Kapital« mit ihrem rechnerischen Wert in der Vorspalte abgesetzt.

Eigenkapital des Tochter-
unternehmens

Das aufzurechnende Eigenkapital des Tochterunternehmens setzt sich bei Kapitalgesellschaften aus den Eigenkapitalposten gemäß dem Gliederungsschema des § 266 Abs. 3 A. HGB zusammen:

- Gezeichnetes Kapital,
- Kapitalrücklage,
- Gewinnrücklagen,
- Gewinn- bzw. Verlustvortrag,
- Jahresüberschuss bzw. Jahresfehlbetrag.

Vom Jahresüberschuss/Jahresfehlbetrag ist nur der Teil in die Aufrechnung einzubeziehen, der auf die Zeit entfällt, in der das Unternehmen während der abgelaufenen Rechnungsperiode nicht Konzernunternehmen war. Soweit ein Tochterunternehmen nicht die Rechtsform der Kapitalgesellschaft hat und sich eines anderen Ausweises der Kapitalposten bedient, sind die inhaltlich § 266 Abs. 3 A. HGB entsprechenden Posten wie Pflichteinlagen, Rücklagen und entsprechende Sonderkonten in die Aufrechnung einzubeziehen.

Ausstehende Einlagen

Sind Dritten gegenüber bestehende ausstehende Einlagen eingefordert, so sind sie unverändert in die Konzernbilanz zu übernehmen; ebenso sollte verfahren werden, wenn die ausstehenden Einlagen nicht eingefordert sind. Eingeforderte ausstehende Einlagen gegenüber einem einbezogenen Tochterunternehmen sind im Rahmen der Schuldenkonsolidierung mit den entsprechenden Verbindlichkeiten aufzurechnen. Soweit sie nicht eingefordert sind, wird auch eine Verrechnung mit dem gezeichneten Kapital als zulässig erachtet (vgl. Wysocki, K. v./Wohlgemuth, M. [1996], S. 94).

Eigene Anteile

Von Tochterunternehmen gehaltene eigene Anteile müssten in strenger Anlehnung an den Wortlaut des § 301 Abs. 1 Satz 1 HGB dem Mutterunternehmen zugerechnet und damit in die Konsolidierung mit einbezogen werden. Unter dem Gesichtspunkt der Einheitstheorie jedoch sind sie wie »eigene Anteile« des Gesamtkonzerns zu betrachten und deshalb in die Konzernbilanz zu übernehmen. Aus Gründen der Klarheit empfiehlt sich jedoch unter Umständen ein getrennter Ausweis von den eigenen Anteilen des Mutterunternehmens.

Im Folgenden wird der Ablauf der Kapitalkonsolidierung nach der Neubewertungsmethode behandelt. Sodann wird auf S. 679 ff. die bilanzielle Behandlung von Goodwill und Badwill erörtert. Einen schematischen Überblick über den Ablauf der Kapitalkonsolidierung gibt Abbildung 11.4 (S. 680).

(1) Erstkonsolidierung nach der Neubewertungsmethode

Neubewertungsmethode

Nach § 301 Abs. 1 Satz 2 HGB ist die Erstkonsolidierung – ähnlich zu den internationalen Rechnungslegungsstandards – nach der sog. Neubewertungsmethode zwingend vorgeschrieben.

Im ersten Schritt der Neubewertungsmethode wird zunächst das Eigenkapital des TU neu bewertet und anschließend eine Verrechnung mit dem Beteiligungsbuchwert vorgenommen (§ 301 Abs. 1 Satz 2 HGB). Die Neubewertung wird im Anschluss an die Erstellung der HB II oder im Rahmen der Kapitalkonsolidierung vorgenommen. Sie führt grundsätzlich zu einer vollständigen Aufdeckung stiller Lasten bzw. stiller Reserven auch bei einer Beteiligungsquote unter 100 % und damit zu einer Bewertung aller Bilanzposten mit Tageswerten. Die Kapitalkonsolidierung wird daher mit einem gegenüber der HB II veränderten Eigenkapital vorgenommen.

Kein pagatorisches Prinzip

Die Höherbewertung des Eigenkapitals des Tochterunternehmens im Rahmen der Neubewertung auf Tageswerte war bis zum Jahr 2003 aufgrund des Anschaffungswertprinzips insoweit begrenzt, als das anteilig auf den Konzern entfallende Eigenkapital nach Neubewertung die Anschaffungskosten für die Anteile nicht überschreiten durfte, was als pagatorisches Prinzip bezeichnet wurde. Diese Regelung wurde durch das TransPuG gestrichen, sodass seither auch eine über die Anschaffungskosten hinausgehende Auflösung von stillen Reserven zulässig ist.

Übersteigt der Beteiligungsbuchwert den Zeitwert des anteiligen (neubewerteten) Eigenkapitals des Tochterunternehmens, so kommt es zu einem positiven Unterschiedsbetrag, der als Goodwill bezeichnet wird. Unterschreitet der Beteiligungsbuchwert hingegen den Zeitwert des anteiligen Eigenkapitals des Tochterunternehmens, so entsteht ein negativer (passivischer) Unterschiedsbetrag, der als Badwill bezeichnet wird. Beide Fälle werden im Folgenden an einem Beispiel erläutert.

Beispiel für den positiven Unterschiedsbetrag

Die MU-AG erwirbt zum 31.12.01 100 % der Anteile an der TU-GmbH. Ab dem Erwerbszeitpunkt muss die TU-GmbH im Konzernabschluss der MU-AG vollkonsolidiert werden. Die MU- und TU-Bilanzen zum Stichtag 31.12.01 sind in Tabelle 11.3 gegeben, für die TU-GmbH liegt außerdem zum 31.12.01 die Bilanz zu aktuellen Zeitwerten vor. Es bestehen stille Reserven i. H. v. 80 GE, im Bereich der sonstigen Aktiva i. H. v. 60 GE und bei den Verbindlichkeiten i. H. v. 20 GE.

Vor Beginn der Konsolidierung werden die vereinheitlichten Einzelabschlüsse der MU-AG und der TU-GmbH (HB II) aufaddiert, die resultierende Summenbilanz ist Ausgangspunkt für die weiteren Schritte.

Bilanzposten in GE	MU-Bilanz		TU-Bilanz zu Buchwerten		Summenbilanz	
	A	P	A	P	A	P
Sonstige Aktiva	5.000		1.600		6.600	
Geschäftswert	–		–		–	
Anteile an verbundenen Unternehmen	1.000		–		1.000	
Summe	**6.000**		**1.600**		**7.600**	
Gezeichnetes Kapital		1.000		300		1.300
Rücklagen/Bilanzgewinn		1.500		600		2.100
Neubewertungsdifferenz		–		–		–
Verbindlichkeiten		3.500		700		4.200
Summe		**6.000**		**1.600**		**7.600**

Tab. 11.2: Beispiel Kapitalkonsolidierung, Bildung der Summenbilanz 31.12.01

Die Konsolidierung erfolgt in zwei Schritten:

(a) Neubewertung:
Die vorhandenen stillen Reserven werden im Vorfeld der eigentlichen Kapitalaufrechnung aufgelöst und in das aufzurechnende Eigenkapital des TU mit einbezogen.
Eigenkapital vor Neubewertung: 300 GE + 600 GE = 900 GE
Stille Reserven: 60 GE (Aktiva) + 20 GE (Verbindlichkeiten) = 80 GE
Eigenkapital TU nach Neubewertung: 900 GE + 80 GE = 980 GE
Tabelle 11.3 zeigt die Buchungen zur Neubewertung auf Basis der Bilanz des Tochterunternehmens, ohne weitere Konsolidierungsschritte.

Bilanzposten in GE	TU-Bilanz zu Buchwerten		Neubewertung		TU-Bilanz zu Zeitwerten	
	A	P	A	P	A	P
Sonstige Aktiva	1.600		60		1.660	
Summe	**1.600**				**1.660**	
Gezeichnetes Kapital		300				300
Rücklagen/Bilanzgewinn		600				600
Neubewertungsdifferenz		–		80		80
Verbindlichkeiten		700	20			680
Summe		**1.600**	**80**	**80**		**1.660**

Tab. 11.3: Beispiel Kapitalkonsolidierung, Neubewertung 31.12.01

(b) Konsolidierung:
Im zweiten Schritt wird das neubewertete Eigenkapital des TU gegen den Buchwert der Beteiligung verrechnet. Im Fall einer Beteiligungsquote von unter 100 % erfolgt die Verrechnung gegen das anteilige, auf die Mehrheitengesellschafter entfallende Eigenkapital. Der Differenzbetrag zwischen dem Beteiligungsbuchwert und dem anteiligen Eigenkapital nach Neubewertung ist als Geschäftswert (Goodwill) anzusehen und entsprechend zu behandeln (vgl. in diesem Kapitel, S. 679 ff.).
Konsolidierung: 1.000 GE – 1,0 × 980 GE = 20 GE = Goodwill

Die Konsolidierungsbuchungen einschließlich der Neubewertung sind in Tabelle 11.4 dargestellt.

Bilanzposten in GE	Summenbilanz		Neubewertung		Konsolidierung		Konzernbilanz	
	A	P	S	H	S	H	A	P
Sonstige Aktiva Geschäftswert Anteile an verbundenen Unternehmen	6.600 – 1.000		60		 20	 1.000	6.660 20 –	
Summe	**7.600**						**6.680**	
Gezeichnetes Kapital Rücklagen/Bilanzgewinn Neubewertungsdifferenz Verbindlichkeiten		1.300 2.100 – 4.200	 20	 80	300 600 80			1.000 1.500 – 4.180
Summe		**7.600**	**80**	**80**	**1.000**	**1.000**		**6.680**

Tab. 11.4: Beispiel Kapitalkonsolidierung, Erstkonsolidierung 31.12.01 mit Neubewertungsmethode

Beispiel für den negativen Unterschiedsbetrag

In Abwandlung des obigen Beispiels wird im Folgenden der Fall untersucht, dass der Zeitwert des neubewerteten Eigenkapitals des Tochterunternehmens den Beteiligungsbuchwert übersteigt. Dazu wird angenommen, dass der Zeitwert der sonstigen Aktiva 1.710 GE beträgt.

(a) Neubewertung:
Die stillen Reserven in den sonstigen Aktiva betragen nun 110 GE. Mit den stillen Reserven in den Verbindlichkeiten ergeben sich in der Summe stille Reserven i. H. v. 130 GE.
Eigenkapital TU nach Neubewertung: 900 GE + 130 GE = 1.030 GE

(b) Konsolidierung:
Bei der Verrechnung des Buchwerts der Beteiligung gegen das anteilige Eigenkapital des TU ergibt sich ein negativer Unterschiedsbetrag (Badwill), da das neubewertete Eigenkapital den Beteiligungsbuchwert übersteigt.
Konsolidierung: 1.000 GE – 1,0 × 1.030 GE = – 30 GE = Badwill

Bilanzposten in GE	Summenbilanz		Neubewertung		Konsolidierung		Konzernbilanz	
	A	P			S	H	A	P
Sonstige Aktiva Anteile an verbundenen Unternehmen	6.600 1.000		110			 1.000	6.710 –	
Summe	**7.600**						**6.710**	
Gezeichnetes Kapital Rücklagen/Bilanzgewinn Neubewertungsdifferenz Badwill Verbindlichkeiten		1.300 2.100 – – 4.200	 20	 130	300 600 130	 30		1.000 1.500 – 30 4.180
Summe		**7.600**	**130**	**130**	**1.030**	**1.030**		**6.710**

Tab. 11.5: Beispiel Kapitalkonsolidierung, Erstkonsolidierung 31.12.01 mit Neubewertungsmethode

Da der Beteiligungsbuchwert geringer ist als das dem MU gehörende Eigenkapital des TU zu Marktwerten, entsteht ein negativer Unterschiedsbetrag, der als Badwill bezeichnet wird (vgl. in diesem Kapitel, S. 679). Tabelle 11.5 zeigt die Konsolidierungsbuchungen dazu.

Konsolidierung bei Beteiligungsquote < 100 %

Tochterunternehmen werden grundsätzlich auf dem Wege der Vollkonsolidierung in den Konzernabschluss einbezogen, d. h. auch bei einer Beteiligungsquote von weniger als 100 % werden gleichwohl 100 % der Vermögensgegenstände und Schulden in den Konzernabschluss aufgenommen. Dies führt zu einer Bilanzverlängerung, die auf der Passivseite im Eigenkapital durch den Posten »Minderheitenanteile« bilanziell ausgeglichen wird. Beträgt der Beteiligungsbuchwert beispielsweise 700 GE und der Betrag des Nettovermögens 1000 GE, so wird die Beteiligung i. H. v. 700 GE im Konzernabschluss durch 1000 GE ersetzt, was zu zusätzlichem Nettovermögen von 300 GE führt, das im Eigenkapital als Minderheitenanteil bilanziert wird.

Stille Reserven auf Fremdanteil

Bei der Neubewertungsmethode werden stille Reserven grundsätzlich vollständig aufgelöst und den Vermögens- und Schuldposten zugerechnet. Dabei bezieht sich die Auflösung stiller Reserven durch Neubewertung sowohl auf den Konzernanteil als auch auf den Fremdanteil des Eigenkapitals. Die resultierende Bilanzverlängerung wird im Eigenkapital gesondert ausgewiesen.

Beispiel

Ausgehend vom Beispiel in Tabelle 11.3 zeigt das folgende Beispiel die Berechnung der Anteile anderer Gesellschafter im Falle einer Beteiligungsquote von 70 %. Der Wert der Beteiligung beträgt 700 GE und bezieht sich auf 70 % des Eigenkapitals der TU-GmbH.

• Konzernbeteiligungsquote	70 %
• Beteiligungsbuchwert	700 GE
• Eigenkapital TU vor Neubewertung	900 GE
• Vorhandene stille Reserven TU (SR)	80 GE

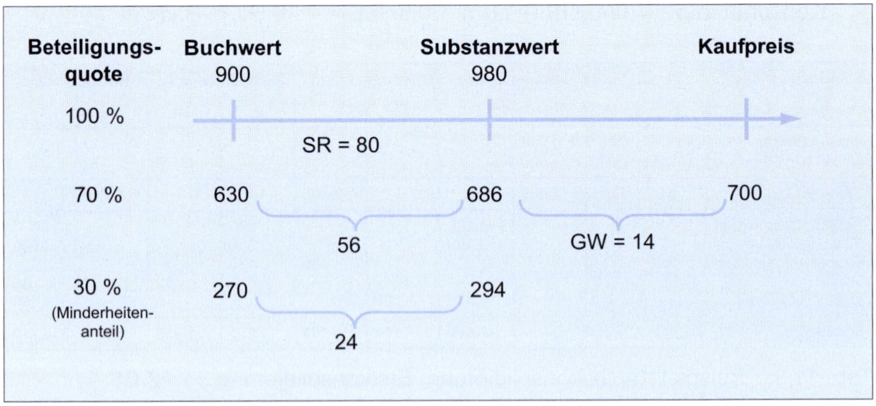

Abb. 11.3: Beispiel: Beteiligungsproportionaler Goodwill und Minderheitenanteile (in GE)

Die stillen Reserven (SR) i. H. v. 80 GE werden in voller Höhe aufgelöst, auch der auf die Minderheitenanteile entfallende Teil i. H. v. 24 GE. Damit beträgt der Wert der auf die Minderheiten entfallenden Substanz insgesamt 294 GE.

(a) Anteiliges Eigenkapital TU vor Neubewertung: 0,7 × 900 GE = 630 GE
Anteiliges Eigenkapital TU nach Neubewertung:
0,7 × (900 GE + 80 GE) = 686 GE

(b) Konsolidierung: Verrechnung Buchwert der Beteiligung gegen anteiliges Eigenkapital TU 700 GE – 0,7 × 980 GE = 14 GE = Goodwill (GW)

(c) Die verbleibenden 30 % der Minderheitengesellschafter sind im Konzerneigenkapital auszuweisen. Die Anteile der Minderheitengesellschafter sind mit dem anteiligen Wert des neubewerteten Eigenkapitals des Tochterunternehmens anzusetzen.
Anteil Minderheitengesellschafter am Eigenkapital TU:
0,3 × 980 GE = 294 GE

Bilanzposten in GE	MU-Bilanz		TU-Bilanz zu Buchwerten		Summenbilanz		Konsolidierungsspalte		Konzernbilanz	
	A	P	A	P	A	P	S	H	A	P
Sonstige Aktiva	5.300		1.600		6.900		60		6.960	
Geschäftswert	–		–		–		14		14	
Anteile an verbundenen Unternehmen	700		–		700			700	–	
Summe	**6.000**		**1.600**		**7.600**				**6.974**	
Gezeichnetes Kapital		1.000		300		1.300	300			1.000
Rücklagen/ Bilanzgewinn		1.500		600		2.100	600			1.500
Neubewertungsdifferenz		–		–		–	80	80		–
Anteile im Fremdbesitz		–		–		–		294		294
Verbindlichkeiten		3.500		700		4.200	20			4.180
Summe		**6.000**		**1.600**		**7.600**	**1.074**	**1.074**		**6.974**

Tab. 11.6: Beispiel Kapitalkonsolidierung, Erstkonsolidierung 31.12.01 mit Minderheitenanteilen

Beteiligungsproportionaler Goodwill nach HGB

Der Geschäftswert (Goodwill) i. H. v. 14 GE entsteht aus der Differenz aus Beteiligungsbuchwert von 700 GE und anteiligem neubewerteten Eigenkapital von 980 GE: 700 GE – 0,7 × 980 GE = 14 GE. Dieser Wert bezieht sich ausschließlich auf die erworbenen Anteile, nicht aber auf die Minderheitenanteile. Eine Hochrechnung um die Anteile der anderen Gesellschafter am Geschäftswert erfolgt gemäß HGB nicht. Der Goodwill wird also nur beteiligungsproportional mit dem Eigenanteil des Mutterunternehmens (0,7 × 20 GE = 14 GE) und die Minderheitenanteile um den Fremdanteil des Goodwill verkürzt ausgewiesen (300 GE – 6 GE = 294 GE). Ein vollständiger Ausweis, d. h. eine entsprechende Hochrechnung auf 100 % bei Goodwill und Minderheitenanteilen, wie es im Rahmen der *full goodwill method* nach IFRS möglich und nach US-GAAP verpflichtend (vgl. in diesem Kapitel S. 702 ff.) ist, sieht das HGB nicht vor.

(2) Behandlung nicht verteilbarer Unterschiedsbeträge aus der Kapitalkonsolidierung (Goodwill/Badwill)

Soweit gemäß der Neubewertungsmethode das anteilige Eigenkapital nach Neubewertung kleiner als der Beteiligungswert des Mutterunternehmens ist, wird die Differenz als ein über den Substanzwert des Unternehmens hinaus bezahlter Bestandteil des Kaufpreises interpretiert, mit dem positive Zukunftschancen des Tochterunternehmens abgegolten wurden.

Geschäftswert (Goodwill)

Ein solcher auf der Aktivseite entstehender Unterschiedsbetrag ist in der Konzernbilanz als Geschäfts- oder Firmenwert auszuweisen (§ 301 Abs. 3 Satz 1 HGB). In Deutschland hat sich hierfür ebenfalls die international gebräuchliche Bezeichnung »Goodwill« eingebürgert.

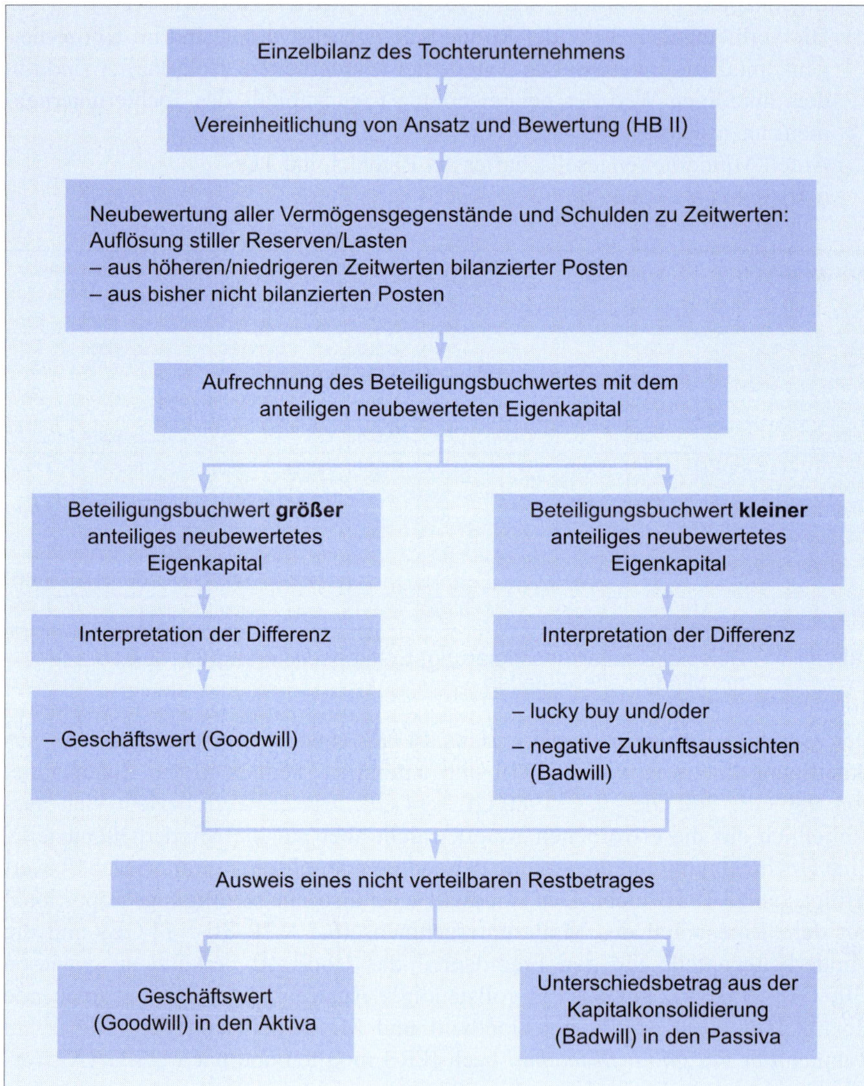

Abb. 11.4: Ablauf der Kapitalkonsolidierung

Unterschiedsbetrag aus der Kapitalkonsolidierung (Badwill)

Ebenso ist es möglich, dass bei der Neubewertungsmethode das anteilige neubewertete Eigenkapital größer ist als der Beteiligungswert des Mutterunternehmens, gegen den es verrechnet wurde. Dieser Differenzbetrag ist gemäß § 301 Abs. 3 Satz 1 HGB als »Unterschiedsbetrag aus der Kapitalkonsolidierung« auf der Passivseite nach dem Eigenkapital in der Konzernbilanz auszuweisen. Anstelle der

Formulierung »Unterschiedsbetrag aus der Kapitalkonsolidierung« wird international die Bezeichnung »Badwill« verwandt.

Abbildung 11.4 fasst die Vorgehensweise in der erstmaligen Kapitalkonsolidierung und die Entstehung von nicht verteilbaren Unterschiedsbeträgen zusammen.

Auflösung des Badwill

Ein passiver Unterschiedsbetrag (Badwill) ist prinzipiell unverändert in einem eigenen Posten »Unterschiedsbetrag aus der Kapitalkonsolidierung« nach dem Eigenkapital auszuweisen (§ 301 Abs. 3 Satz 1 HGB). Die Auflösung des Badwill erfolgt nach seinem Charakter unterschiedlich. Kommt in dem Badwill ein Preisabschlag wegen erwarteter künftiger Verluste oder Ertragseinbußen zum Ausdruck, so hat er insofern Rückstellungscharakter und wird bei Eintritt des Ereignisses erfolgswirksam aufgelöst. Manifestiert sich hingegen in dem verhältnismäßig geringen Einstandspreis für den Anteil ein günstiger Einkauf (»*lucky buy*«), so ist der Unterschiedsbetrag eher als Erfolg anzusehen.

Behandlung des Badwill

Der Badwill ist nach § 309 Abs. 2 HGB somit dann aufzulösen, wenn

- eine zum Zeitpunkt des Erwerbs der Anteile oder der erstmaligen Konsolidierung erwartete ungünstige Entwicklung der künftigen Ertragslage des Unternehmens eingetreten ist oder zu diesem Zeitpunkt erwartete Aufwendungen zu berücksichtigen sind oder
- am Abschlussstichtag feststeht, dass er einem realisierten Gewinn entspricht.

Kein saldierter Ausweis von Goodwill und Badwill

Liegen beim Einbezug mehrerer Tochterunternehmen sowohl ein Geschäftswert als auch ein Badwill vor (gleich ob die einzelnen Goodwill- bzw. Badwill-Beträge zusammengefasst worden sind oder nicht), ist ein saldierter Ausweis der aktivisch mit den passivisch auszuweisenden Unterschiedsbeträgen nicht zulässig.

Abschreibung des Goodwill

Der Geschäftswert ist in jedem auf die Erstkonsolidierung folgenden Geschäftsjahr über seine planmäßige Nutzungsdauer abzuschreiben. Dies ist in § 246 Abs. 1 Satz 4 HGB begründet, wonach der Geschäftswert einen zeitlich begrenzt nutzbaren Vermögensgegenstand darstellt, der innerhalb der immateriellen Vermögensgegenstände auszuweisen ist (§ 266 Abs. 2 Posten A. I. 3 HGB) und somit in der Folge auch als solcher gemäß § 253 Abs. 3 HGB zu behandeln ist. Die Abschreibungsdauer ist anhand der wirtschaftlichen Gegebenheiten zu bestimmen. Beträgt die Nutzungsdauer mehr als fünf Jahre, wird gemäß § 314 Abs. 1 Nr. 20 HGB hierfür eine Erläuterung notwendig. Des Weiteren ist er bei Vorliegen der entsprechenden Tatbestandsvoraussetzungen außerplanmäßig abzuschreiben.

Anhangspflichten

Die als Goodwill bzw. Badwill ausgewiesenen Beträge sowie ihre Veränderungen gegenüber dem Vorjahr sind im Anhang zu erläutern (§ 301 Abs. 3 Satz 2 HGB). Da der Goodwill vom Ausweis her dem immateriellen Anlagevermögen zuzurechnen und deshalb in den Anlagespiegel aufzunehmen ist, woraus sich seine wesentlichen Veränderungen ablesen lassen, können sich die Erläuterungen auf Neuzugänge, Abgänge sowie die Abschreibungspolitik beschränken.

Die Behandlung der nichtverteilbaren Unterschiedsbeträge (UB) aus der Kapitalkonsolidierung nach HGB wird durch Abbildung 11.5 verdeutlicht.

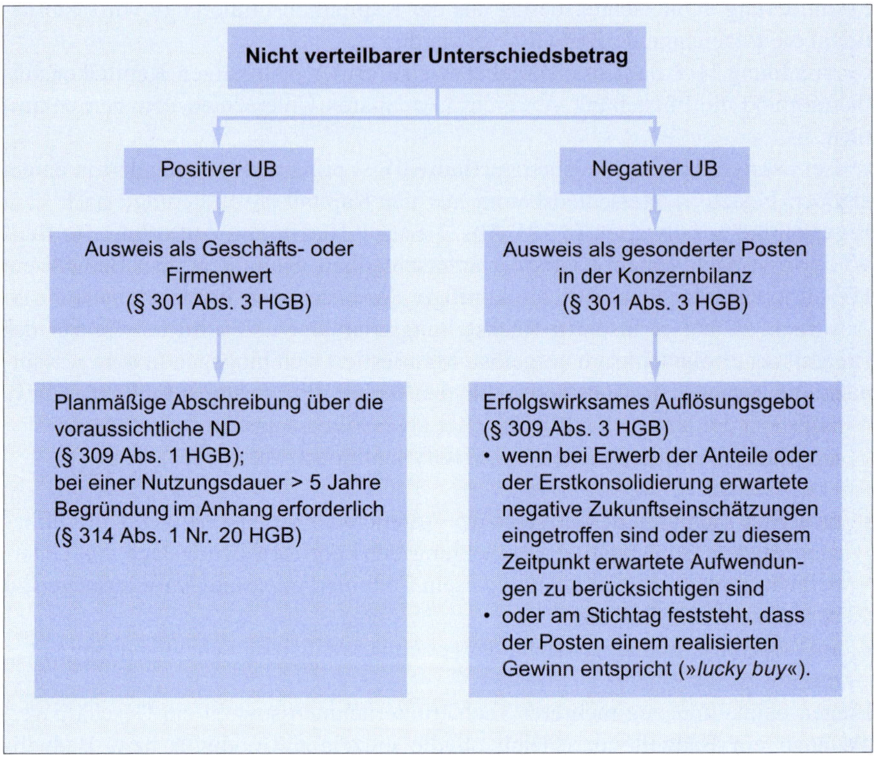

Abb. 11.5: Ausweis und Behandlungsmöglichkeiten des nichtverteilbaren Unterschiedsbetrages aus der Kapitalkonsolidierung nach HGB

b) Folgekonsolidierung

Die aus der Erstkonsolidierung nach der Erwerbsmethode resultierenden Wertansätze in der Bilanz des Tochterunternehmens sind aus Sicht des Konzerns die Anschaffungskosten für die jeweiligen Bilanzposten. Sie beinhalten demnach die im Konzernabschluss in der Folgezeit fortzuführenden Wertansätze.

Auswirkung auf die GuV

Die aufgelösten und zugeordneten stillen Reserven bzw. stillen Lasten teilen dabei das »Schicksal« der Posten, denen sie zugeordnet wurden. Beim abnutzbaren Anlagevermögen stellen die so geänderten Wertansätze für den Konzern die künftige Abschreibungsbasis dar, für Einsatzfaktoren wie z. B. Vorräte, fertige oder unfertige Erzeugnisse den zu verrechnenden Materialeinsatz.

Wiederholung der Erstkonsolidierung

Da sich die so definierten Konzernanschaffungskosten in der Folgezeit nicht mehr ändern dürfen, die Konzernbilanz jedoch jedes Jahr wieder aus der Summe der Einzelbilanzen erstellt wird und somit eine Aufrechnung des Beteiligungsbuchwertes mit dem anteiligen Eigenkapital erfolgt, muss diese immer gegen das im Erstkonsolidierungszeitpunkt bei dem Tochterunternehmen vorhanden gewesene Eigenkapital durchgeführt werden. Der erste Schritt der Folgekonsolidierung ist deshalb prinzipiell identisch mit der Vorgehensweise bei der Erstkonsolidierung.

Abschreibung der stillen Reserven

In einem zweiten Schritt werden die zwischen Erst- und Folgekonsolidierung erfolgten Wertänderungen an den ursprünglich aufgelösten stillen Reserven bzw.

stillen Lasten berücksichtigt. Soweit diese Wertänderungen die gerade abgelaufene Rechnungsperiode betreffen, sind sie GuV-wirksam zu verbuchen und beeinflussen hierdurch den Jahreserfolg. Bei der Erstkonsolidierung aufgelöste stille Reserven führen demnach in den Folgeperioden durch den Werteverzehr in den zugrunde liegenden Posten zu zusätzlichen Aufwendungen. Stille Lasten führen analog bei ihrer Ausbuchung zu zusätzlichen Erträgen.

Konzerneigenkapital

Die Verrechnung des Beteiligungsbuchwertes bei Folgekonsolidierungen mit dem anteiligen Eigenkapital aus der Erstkonsolidierung bewirkt, dass alle nach der Erstkonsolidierung realisierten Eigenkapitaländerungen nicht in die Verrechnung einfließen, sondern im Konzerneigenkapital ihren Niederschlag finden.

Anteile anderer Gesellschafter/ Fremdanteile

Soweit an dem Tochterunternehmen auch Beteiligungen anderer Gesellschafter bestehen, wird deren Eigenkapitalanteil jeweils aus dem aktuellen Eigenkapital zum Bilanzstichtag in der Einzelbilanz des Tochterunternehmens errechnet.

Beispiel

Zur Veranschaulichung wird das Beispiel aus Tabelle 11.3 fortgeführt. Zum Abschlussstichtag 31.12.02 hat sich das Eigenkapital der MU-AG und der TU-GmbH durch Gewinne um 500 GE bzw. 100 GE erhöht. Neben der Wiederholung der Erstkonsolidierung müssen entsprechende Wertänderungen an den Bilanzwerten GuV-wirksam verbucht werden.

Der Geschäftswert soll mit jährlich einem Viertel abgeschrieben werden. Es ergibt sich eine Abschreibung i. H. v. 20 GE/4 = 5 GE, die als Aufwand verbucht und so zu Lasten des Jahresergebnisses, hier im Bilanzgewinn, berücksichtigt wird.

Die bei Erstkonsolidierung den sonstigen Aktiva zugeschriebenen stillen Reserven i. H. v. 60 GE teilen bezüglich der Wertfortführung deren Schicksal; hierzu sei unterstellt, dass es sich bei diesen sonstigen Aktiva um abnutzbares Anlagevermögen handelt mit einer Restnutzungsdauer per 31.12.01 von fünf Jahren. Im Konzernabschluss sind bei linearer Abschreibung also zusätzlich zur Abschreibung im Einzelabschluss des Tochterunternehmens 60 GE/5 = 12 GE an Abschreibungen zu verrechnen.

In 02 verringern sich die Verbindlichkeiten im Einzelabschluss des TU durch Rückzahlung um 50 GE. Die darauf entfallenden stillen Reserven i. H. v. 20 GE werden durch die Rückzahlung aufgelöst und müssen daher aus dem Konzernabschluss eliminiert werden.

Bilanzposten in GE	MU-Bilanz		TU-Bilanz		Summenbilanz		Erstkonsolidierung		Folgekonsolidierung		Konzernbilanz	
	A	P	A	P	A	P	S	H	S	H	A	P
Sonstige Aktiva	5.500		1.650		7.150		60			12	7.198	
Geschäftswert	–		–		–		20			5	15	
Anteile an verbundenen Unternehmen	1.000		–		1.000			1.000			–	
Summe	**6.500**		**1.650**		**8.150**						**7.213**	
Gezeichnetes Kapital		1.000		300		1.300	300					1.000
Rücklagen/		1.500		600		2.100	600					1.500
Bilanzgewinn		500		100		600			37			563
Verbindlichkeiten		3.500		650		4.150	20			20		4.150
Summe		**6.500**		**1.650**		**8.150**	**1.000**	**1.000**	**37**	**37**		**7.213**

Tab. 11.7: Beispiel Kapitalkonsolidierung, Folgekonsolidierung 31.12.02

Diese Vorgänge werden in der Konzern-GuV als zusätzliche Aufwendungen verbucht und reduzieren so das Konzernergebnis um (5 GE + 12 GE + 20 GE =) 37 GE auf 563 GE. Die Lösung zeigt Tabelle 11.7.

c) Sukzessiver Anteilserwerb

Sukzessiver Anteilserwerb

In der Praxis ist es üblich, dass ein Mutterunternehmen die Kontrolle über ein Tochterunternehmen nicht über einen einzelnen Kauf, sondern über Teilerwerbe in mehreren Tranchen erlangt. Zunächst besteht somit eine Beteiligung ohne oder mit maßgeblichem Einfluss, bevor dann durch Zukauf weiteren Anteile oder sonstiger Rechte die Beherrschung erlangt wird. Wie in diesem Kapitel auf S. 673 dargestellt, ist nach § 301 Abs. 2 Satz 1 HGB die Erstkonsolidierung grundsätzlich auf der Grundlage der Wertansätze in dem Zeitpunkt durchzuführen, in dem ein tatsächliches Mutter-Tochter-Verhältnis entstanden ist. Dies entspricht den Regelungen in DRS 4.10 i. V. m. DRS 4.7. Entstehen Veränderungen im Nettovermögen zwischen den Tranchen, so sind diese GuV-neutral im Eigenkapital zu berücksichtigen (vgl. Küting, K./Weber, C.-P. [2012a], S. 336 ff.).

d) Entkonsolidierung

Entkonsolidierung

Die Entkonsolidierung, im Schrifttum auch als »End«-konsolidierung bezeichnet, umfasst die Schritte, die im Falle einer Beteiligungsveräußerung notwendig werden (vgl. im Folgenden u. a. Busse von Colbe, W./Ordelheide, D./Gebhardt, G./Pellens, B. [2010], S. 268 ff.; Küting, K./Weber, C.-P. [2012a], S. 401 ff.; Baetge, J./Kirsch, H.-J./Thiele, S. [2013], S. 397 ff.). Mit Veräußerung der Beteiligung ist das verkaufte Unternehmen nicht mehr Bestandteil des Konzernverbundes und darf im Konzernabschluss nicht mehr berücksichtigt werden.

Veräußerungserfolg im Konzern

Während sich der Verkauf im Einzelabschluss als Abgang der Beteiligung darstellt, müssen dem Konzernabschluss alle nach der Fiktion des Einzelerwerbs übernommenen Vermögens- und Schuldposten entnommen werden. Im Einzelabschluss wird der Veräußerungspreis dem Buchwert der Beteiligung gegenübergestellt und eine positive Differenz als Veräußerungsgewinn, eine negative Differenz als Veräußerungsverlust verbucht. Im Konzernabschluss ist der Veräußerungserlös mit den Wertansätzen der einbezogenen Vermögens- und Schuldposten zu vergleichen, wobei sich diese im Verlauf der Konsolidierung, z. B. durch höhere Abschreibungen aufgrund aufgedeckter stiller Reserven, verändert haben können. Deshalb kann sich der aus dem Verkauf erzielte Gewinn oder Verlust im Einzel- und Konzernabschluss unterscheiden. Der im Rahmen des Einzelabschlusses ermittelte Entkonsolidierungserfolg darf also nicht unmittelbar in den Konzernabschluss übernommen werden, sondern er ist mit Hilfe der Entkonsolidierung um ansonsten doppelt verrechnete Anteile der Aufwendungen und Erträge zu bereinigen.

Beispiel

Das Beispiel zur Kapitalkonsolidierung gemäß Tabelle 11.3 und Tabelle 11.7 soll im Weiteren zur Veranschaulichung der Vorgehensweise dienen: Das Mutterunternehmen verkauft zum 31.12.03 die Beteiligung am Tochterunternehmen zu einem Preis von 1.500 GE. Das Tochterunternehmen hat in der Periode 03 keinen Gewinn mehr erzielt, der in Periode 02 erwirtschaftete Erfolg wurde in voller Höhe an das Mutterunternehmen ausgeschüttet. Die sonstigen Aktiva verringern sich daher um 100 GE.

Entkonsolidierung bei Neubewertungsmethode

Der Veräußerungsgewinn im Einzelabschluss beträgt 1.500 GE – 1.000 GE = 500 GE. Der Veräußerungsgewinn im Konzernabschluss errechnet sich auf direktem Wege wie folgt (in GE):

Direkte Ermittlung des Veräußerungserfolges im Konzernabschluss

	Veräußerungserlös für die Beteiligung	1.500
–	Vermögenswerte des Tochterunternehmens zu Buchwerten in der HB II	1.550
+	Schulden des Tochterunternehmens zu Buchwerten in der HB II	650
–	noch nicht GuV-wirksam verrechnete stille Reserven aus der Erstkonsolidierung	36
+	noch nicht GuV-wirksam verrechnete stille Lasten aus der Erstkonsolidierung	–
–	noch nicht GuV-wirksam verrechneter Geschäftswert aus der Erstkonsolidierung	10
+	noch nicht GuV-wirksam aufgelöster Badwill aus der Erstkonsolidierung	–
=	**Entkonsolidierungsgewinn im Konzern**	**554**

Der Veräußerungserfolg im Konzernabschluss lässt sich auch indirekt – ausgehend vom Veräußerungsgewinn im Einzelabschluss des Mutterunternehmens – ermitteln.

Indirekte Ermittlung des Veräußerungserfolges im Konzernabschluss

	Veräußerungsgewinn/-verlust aus dem Einzelabschluss	500
–	kumulierte außerplanmäßige Abschreibungen der Beteiligung im Einzelabschluss unter Verrechnung der kumulierten Zuschreibungen	–
+	bereits GuV-wirksam verrechnete aufgedeckte stille Reserven	44
–	bereits GuV-wirksam verrechnete aufgedeckte stille Lasten	–
+	bereits GuV-wirksam verrechneter Geschäftswert aus der Erstkonsolidierung	10
–	bereits GuV-wirksam verrechneter Badwill aus der Erstkonsolidierung	–
+	Rücklagenminderungen im TU seit Beteiligungserwerb	–
–	Rücklagenzuführungen im TU seit Beteiligungserwerb	–
+	Jahresfehlbetrag des TU im Veräußerungszeitpunkt	–
–	Jahresüberschuss des TU im Veräußerungszeitpunkt	–
+/–	bereits GuV-wirksam verrechnete Aufwendungen/Erträge aus der Währungsumrechnung	–
=	**Entkonsolidierungsgewinn im Konzern**	**554**

Der Unterschied zum Veräußerungsgewinn im Einzelabschluss ergibt sich aus der Rückgängigmachung solcher Vorfälle, die sich nicht im Beteiligungsbuchwert des Einzelabschlusses niederschlagen. Das sind die im Vergleich zum Einzelabschluss zusätzlichen Abschreibungen von Aktiva und Goodwill i. H. v. 54 GE, die im Konzernabschluss den Bilanzgewinn vermindert haben und somit wieder rückgängig zu machen sind. Somit ergibt sich der Veräußerungserlös im Konzernabschluss mit 500 GE + 54 GE = 554 GE. Die Lösung ist in Tabelle 11.8 gezeigt.

Bilanzposten in GE	MU-Bilanz		TU-Bilanz		Summen-bilanz		Konsolidie-rungsspalte		GuV-wirk-same Buchungen		Entkonsoli-dierung		Konzern-bilanz	
	A	P	A	P	A	P	S	H	S	H	A	P	A	P
Sonstige Aktiva	[1]5.800		1.550		7.350		60			24	1.500	1.586	7.300	
Geschäftswert	–		–		–		20			10		10	–	
Anteile an verbundenen Unternehmen	1.000		–		1.000			1.000					–	
Summe	**6.800**		**1.550**		**8.350**								**7.300**	
Gezeichnetes Kap.		1.000		300		1.300	300							1.000
Rücklagen/ Bilanzgewinn		2.300		600		2.900	600		54			554		2.800
Verbindlichkeiten		3.500		650		4.150	20			20	650			3.500
Summe		**6.800**		**1.550**		**8.350**	**1.000**	**1.000**	**54**	**54**	**2.150**	**2.150**		**7.300**

[1] Enthält den Vorjahresgewinn des TU i. H. v. 100 GE.

Tab. 11.8: Beispiel Kapitalkonsolidierung, Entkonsolidierung 31.12.03

Entkonsolidierung bei Beteiligungen < 100 %

Änderungen ergeben sich, wenn das Mutterunternehmen nicht über einen Anteil von 100 % verfügt, wenn also Anteile in Fremdbesitz vorhanden sind. In diesem Fall ist der Veräußerungsgewinn oder -verlust auf Basis anteiliger Vermögensgegenstände und Schulden des Tochterunternehmens zu berechnen. Da bei Anwendung der Neubewertungsmethode der Anteil der Minderheitengesellschafter anteilige stille Reserven und Lasten enthält, gehen zur Ermittlung des Veräußerungserfolges alle Bestandteile außer dem noch nicht GuV-wirksam verrechneten Goodwill oder Badwill anteilig in die Berechnung ein.

Behandlung in der Konzern-GuV

In die Konzern-GuV sind die noch während der Konzernzugehörigkeit entstandenen Aufwendungen und Erträge des Tochterunternehmens zu übernehmen. Im Einzelabschluss wird der Veräußerungserfolg unter dem außerordentlichen Ergebnis oder unter dem Finanzergebnis ausgewiesen. Da aus Konzernsicht keine Beteiligung, sondern Vermögensgegenstände und Schulden veräußert werden, ist ein Ausweis des Veräußerungserfolges im Rahmen des Finanzergebnisses unzutreffend, vielmehr ist die Veräußerung wie eine Teilbetriebsveräußerung auszuweisen. Stellt die Veräußerung einen nach den Regeln des Einzelabschlusses als außerordentlich einzustufenden Vorgang dar, so ist der daraus resultierende Erfolg im Rahmen des außerordentlichen Ergebnisses zu zeigen. Sind in einem Konzern Beteiligungsveräußerungen dagegen keine Seltenheit, ist der daraus resultierende Erfolg im sonstigen betrieblichen Ergebnis auszuweisen.

Im HGB oder den DRS finden sich keine expliziten Vorschriften über den Ausweis der Ergebnisse aus eingestellten Geschäftsbereichen wie nach IFRS und US-GAAP (vgl. in diesem Kapitel, S. 711).

2. Vollkonsolidierung nach IFRS und US-GAAP

Die Vollkonsolidierung nach IFRS und US-GAAP erfolgt grundsätzlich nach der Neubewertungsmethode und entspricht technisch weitgehend der bereits vorgestellten Vorgehensweise nach HGB. In den Details der Regeln bestehen jedoch diverse Unterschiede, die im Folgenden vorgestellt werden. Die Vollkonsolidierungsregeln nach IFRS und US-GAAP haben sich stark gegenseitig beeinflusst. Sie werden deshalb an dieser Stelle gemeinsam dargestellt. Dabei wird der Fokus auf die Regelungen der IFRS gelegt und hinsichtlich der US-GAAP werden lediglich die Unterschiede im Vergleich zu den IFRS hervorgehoben.

a) Historische Entwicklung

Business Combinations

Mit Verabschiedung der Bilanzierungsrichtlinien FAS 141 »*Business Combinations*« und FAS 142 »*Goodwill and Other Intangible Assets*« im Juni 2001 hat das *Financial Accounting Standards Board* (FASB) die Bilanzierung von Unternehmenserwerben revolutioniert. Zu den wesentlichen Neuerungen zählten die Abschaffung der bis dahin weit verbreiteten *pooling of interests method* (PoI), die Abgrenzung und Bilanzierung von immateriellen Vermögenswerten sowie insbesondere die Behandlung des Goodwill.

Im gleichen Jahr nahm das IASB das Projekt »*Business Combinations*« auf seine erste Agenda. Das Projekt wurde in zwei Phasen aufgeteilt: Die erste Phase beinhaltete die gleichen Punkte wie die überarbeiteten FAS 141 (ASC 805) und FAS 142 (ASC 350) und endete mit der Verabschiedung des IFRS 3 bzw. der Überarbeitung des IAS 38. Die zweite Phase »*Business Combinations II*« war ein Gemeinschaftsprojekt des FASB und IASB im Rahmen der Konvergenzbestrebungen und wurde im Januar 2008 abgeschlossen.

Phase 1

Hintergrund der Reform in 2001 war die zunehmend kritische Haltung gegenüber der PoI. Vor Durchführung der Reform war in den USA die Zahl der Unternehmenszusammenschlüsse, die nach der PoI konsolidiert wurden, stark angestiegen. Gerade die großen Zusammenschlüsse waren fast ausschließlich mit der PoI bilanziert worden. Nach einer Studie des Wall Street Journal wurden seit 1992 von allen Zusammenschlüssen, die die 100 Millionen US-$ Grenze überstiegen, 357 mit der PoI und nur 43 mit der Erwerbsmethode durchgeführt (vgl. Hoyle, J. B./Schaefer, T. F./Doupnik, T. S. [1998], S. 68). In der Praxis war die Methode deshalb so beliebt, weil das gesamte Jahresergebnis des Tochterunternehmens mit in das Ergebnis nach Zusammenschluss einfloss. Dadurch konnte das Jahresergebnis eines Unternehmens sehr leicht durch einen Zusammenschluss aufgebessert werden. Weiterhin kam es in den Folgeperioden durch die Buchwertfortführung zu keinen erhöhten Abschreibungen durch stille Reserven und des Goodwill, sodass künftige Ergebnisse nicht belastet wurden.

Die Neuregelung der Bilanzierung von Unternehmenszusammenschlüssen nach US-GAAP in 2001 hatte auf internationaler Ebene Vorreiterrolle. Sie wurde daher auch vom IASB intensiv diskutiert und schließlich im Rahmen der ersten Phase des Projekts »*Business Combinations*« weitgehend übernommen. IFRS 3 »*Business Combinations*« i. d. F. 2004 löste zunächst den zuvor gültigen IAS 22 ab. Im gleichen Zuge wurden IAS 38 »*Intangible Assets*« sowie IAS 36 »*Impair-*

ment of Assets« überarbeitet. Ebenso wie in den Regelungen der US-GAAP verzichtete das IASB nun auf eine planmäßige Abschreibung des Goodwill (IFRS 3). Vielmehr muss der Goodwill nun jährlich auf seine Werthaltigkeit gemäß den Regelungen des IAS 36 überprüft werden.

Phase 2

Die wesentlichen Neuerungen der in 2008 abgeschlossenen Phase 2 von »*Business Combinations*« stellen die Änderungen in IFRS 3 und FAS 141 (ASC 805) zu Unternehmenszusammenschlüssen dar sowie die Verabschiedung von FAS 160 »*Noncontrolling Interests in Consolidated Financial Statements*« (ASC 810).

In den Vorschriften der US-GAAP existierte bis zu »*Business Combinations II*« keine einheitliche Regelung, wie die Minderheitenanteile auszuweisen waren. Inwieweit die stillen Reserven vollständig oder nur beteiligungsproportional auf die Buchwerte der Vermögensgegenstände und Schulden aufgerechnet wurden, hing mit der dem Konzernabschluss zugrunde gelegten Theorie zusammen (Interessentheorie versus Einheitstheorie, vgl. 10. Kapitel, S. 612 ff.). Mit Einführung des FAS 160 (ASC 810) im Dezember 2007 existiert nun die einheitliche Pflicht, Minderheitenanteile im Konzernabschluss i. S. der Einheitstheorie einzubeziehen.

Gemäß US-GAAP muss bei Unternehmenszusammenschlüssen die *full goodwill method* angewendet werden (vgl. ausführlich in diesem Kapitel, S. 702 ff.). Demnach kommt es bei einer Minderheitenbeteiligung nicht nur zu einer 100%igen Auflösung der stillen Reserven, sondern auch für die Minderheitenanteile wird ebenso ein Goodwill ausgewiesen. Im Gegensatz zu den US-GAAP sieht IFRS 3 hinsichtlich der *full goodwill method* ein Wahlrecht vor. Demnach ist es nach IFRS 3 auch zulässig, den Goodwill lediglich in Höhe des Anteils des Mutterunternehmens auszuweisen. Grund für die weniger progressive Herangehensweise der IFRS ist die starke Kritik, die in zahlreichen Kommentaren an der *full goodwill method* geübt wurde. Während der Exposure Draft zu IFRS 3 noch ebenso wie die US-GAAP eine Verpflichtung zur *full goodwill method* vorsah, erlaubt IFRS 3 in seiner neuen Fassung alternativ auch einen Ausweis eines beteiligungsproportionalen Goodwill gemäß dem alten Standard.

Die *full goodwill method* führt nur dann zu einem Unterschied im Vergleich zum beteiligungsproportionalen Ansatz des Goodwill, sofern Minderheitenanteile vorliegen. Zum einfacheren Verständnis wird daher im Folgenden bezüglich der Erst- und Folgekonsolidierung zunächst grundsätzlich von einem 100 % Anteil ausgegangen und die Besonderheiten der *full goodwill method* in einem separaten Abschnitt d) in diesem Kapitel, S. 702 ff. dargestellt.

b) Erstkonsolidierung von Tochterunternehmen nach der Erwerbsmethode

Erwerbsmethode

Nach IFRS 3.4 (ASC 805-10-05-1) ist die Bilanzierung von Unternehmenszusammenschlüssen nur noch anhand der Erwerbsmethode (*acquisition method*) zugelassen. Der Begriff *acquisition method* ersetzt seit »*Business Combinations II*« den Ausdruck *purchase method* sowohl in IFRS als auch US-GAAP.

Identifikation des Erwerbers

Jeder Zusammenschluss erfordert die Identifikation eines kaufenden (*acquirer*) und eines gekauften Unternehmens (*acquiree*), wobei der *acquirer* grundsätzlich das Unternehmen ist, welches die Kontrolle über das andere Unternehmen ausübt. Gemäß IFRS 3.7 (ASC 805-25-5) sollen die Vorschriften in IAS 27 bzw. IFRS 10 (ASC 810-10) herangezogen werden, um den *acquirer* zu identifizieren. Als Erwerber gilt nach IFRS 3.7 (ASC 805-25-5) grundsätzlich dasjenige Unternehmen, das einen kontrollierenden Einfluss auf das andere Unternehmen ausübt. Infolgedessen findet der Standard auch Anwendung auf *mutual entities* (gegenseitig kontrollierender Einfluss) und Unternehmenszusammenschlüsse *by contract alone* (ohne Anteilserlangung). Ausgenommen sind jedoch *joint ventures* und Geschäftsbetriebe *under common control.* IFRS 3.B15 weist zudem explizit darauf hin, dass alle Fakten und Umstände beachtet werden müssen, um bestimmen zu können, welches Unternehmen die Beherrschung über das andere ausübt. So ist nicht das Unternehmen, welches neue Aktien ausgibt, automatisch das erwerbende Unternehmen. Vielmehr ist entscheidend, welchem Unternehmen aufgrund der Beherrschung die wirtschaftlichen Vorteile zustehen. Ist dies nicht das emittierende Unternehmen, so enthält IFRS 3 für einen solchen umgekehrten Unternehmenserwerb, eine sog. *reverse acquisition*, explizite Definitionen und Regeln, die zudem durch Anwendungsleitlinien (IFRS 3.B19-27) ergänzt werden.

Erwerbszeitpunkt

Der Erwerbszeitpunkt, auf den die Erwerbsmethode angewendet wird, ist entscheidend für die bilanzielle Abbildung. Gemäß IFRS 3.8 f. (ASC 805-10-25-7) entspricht der Zeitpunkt des Kontrollerwerbs i. d. R. dem Zeitpunkt der Übertragung der Gegenleistung für das erworbene Unternehmen (*closing date*).

Ansatz

Während vor »*Business Combinations II*« noch eine explizite Verteilung der Anschaffungskosten des Unternehmenszusammenschlusses auf die erworbenen Vermögenswerte, Schulden und Eventualverbindlichkeiten vorgeschrieben war (sog. Kaufpreisallokation), sprechen nun IFRS 3.10 und ASC 805-20-25-1 nicht mehr von einer solchen Verteilung des Kaufpreises, sondern verlangen unabhängig von der Höhe des Kaufpreises die Bilanzierung

- sämtlicher erworbener Vermögenswerte (vgl. in diesem Kapitel, S. 691 f.),
- sämtlicher übernommener Schulden (vgl. in diesem Kapitel, S. 692 f.) sowie
- der Minderheitenanteile bei einem Anteilserwerb unter 100 % (vgl. in diesem Kapitel, S. 703 ff.).

Unterschiedsbetrag

Ein verbleibender Unterschiedsbetrag zwischen Kaufpreis und den oben dargestellten ermittelten Komponenten des Unternehmenszusammenschlusses wird in Übereinstimmung mit IFRS 3.32 ff. bzw. ASC 805-30-30-1 ff. als Goodwill oder Badwill behandelt. In den Folgeperioden wird ein positiver Unterschiedsbetrag als Goodwill zu Anschaffungskosten fortgeführt und jährlich einem *impairment test* nach IAS 36 bzw. ASC 350 unterzogen (vgl. in diesem Kapitel, S. 695 ff.). Bei einem negativen Unterschiedsbetrag muss die Neubewertung der Vermögenswerte und Schulden sowie die Bestimmung der Anschaffungskosten i. S. eines *reassessment* noch einmal überprüft werden (IFRS 3.36 und ASC 805-30-25-2 ff.). Bleibt der Badwill dennoch bestehen, wird er gemäß den IFRS und US-GAAP Regelungen GuV-wirksam aufgelöst (vgl. in diesem Kapitel, S. 694 f.)

Bewertung

Gemäß IFRS 3.18 und ASC 805-30-30-5 ist grundsätzlich eine vollständige Bewertung der Vermögenswerte und Schulden zum *fair value* zum Erwerbszeitpunkt (*acquisition-date fair values*) geboten.

Während Minderheitenanteile nach US-GAAP stets zu ihrem *fair value* erfasst werden müssen, besteht nach IFRS 3.19 ein Wahlrecht, diese entweder zu ihrem *fair value* oder zum Wert des anteilig neubewerteten Nettovermögens zu bewerten. Dadurch kommt es entweder zum Ausweis eines beteiligungsproportionalen Goodwill oder eines *full goodwill* inkl. des Anteils, der auf die Minderheiten entfällt. Für eine weiterführende Erläuterung wird auf den ausführlichen Abschnitt bezüglich der *full goodwill method* verwiesen (vgl. in diesem Kapitel, S. 702 ff.).

Abgrenzung von anderen Transaktionen

In IFRS 3.12 wird klargestellt, dass die Regelungen des IFRS 3 nur für Transaktionen und Transaktionsbestandteile anzuwenden sind, die unter die Definition eines Unternehmenszusammenschlusses fallen. Davon abzugrenzen sind sog. *separate transactions*, die nicht die Erlangung der Kontrolle über das erworbene Unternehmen zum Ziel haben. IFRS 3.51- .53 geben Anwendungsleitlinien vor, um diese vom eigentlichen Unternehmenszusammenschluss abzugrenzen. Demnach sind *separate transactions*

- Transaktionen, die bereits bestehende Beziehungen zwischen Erwerber und Erworbenem ausgleichen;
- Transaktionen, die Arbeitnehmer oder frühere Besitzer des erworbenen Unternehmens für künftige Leistungen vergüten;
- Transaktionen, die das erworbene Unternehmen oder frühere Besitzer für die Übernahme akquisitionsbezogener Kosten des Erwerbers entschädigen.

Durch diese Regelungen können sog. Mehrkomponentengeschäfte im Rahmen von Unternehmenszusammenschlüssen berücksichtigt werden. Ziel ist es, sämtliche Transaktionen, die mit einem Unternehmenszusammenschluss in Verbindung stehen, nach ihrem wirtschaftlichen Gehalt im Abschluss abzubilden (vgl. Beyhs, O./Wagner, B. [2008], S. 74 ff.).

Übertragene Gegenleistung

Vor »*Business Combinations II*« waren die Anschaffungskosten definiert als die Summe der *fair values* der hingegebenen Vermögenswerte, Schulden und Eigenkapitalinstrumente zuzüglich der dem Unternehmenszusammenschluss direkt zuzurechnenden Kosten. Die Kosten, die im direkten Zusammenhang mit dem Unternehmenserwerb standen, waren verpflichtend als Teil der Anschaffungskosten mit zu berücksichtigen. Hierzu zählen beispielsweise Wirtschaftsprüfer- und Beratungsgebühren im Zuge des Unternehmenserwerbs. Gemäß IFRS 3.51 entsprechen die Anschaffungskosten lediglich der übertragenen Gegenleistung *(consideration transferred)* für das Akquisitionsobjekt. Anschaffungsnebenkosten sind hingegen sofort als Aufwand zu erfassen (IFRS 3.53), da derartige Kosten sonst die Höhe des Goodwill sowohl im Ansatz als auch in der Folgebewertung beeinflussen würden. Diese Vorgehensweise steht im Widerspruch zu der bei Erwerb anderer Vermögenswerte, beispielsweise nach IAS 16.6 (Sachanlagen), IAS 2.10 (Vorräte) oder IAS 38.27 (Immaterielle Vermögenswerte), da in diesen Fällen Nebenkosten als Teil der Anschaffungskosten bilanziert werden. Somit werden Unternehmensaktivitäten aus dem separaten Erwerb von Vermögenswerten einerseits und aus einem Unternehmenszusammenschluss andererseits unterschiedlich behandelt.

Bedingte Gegenleistungen

Bedingte Gegenleistungen *(contingent consideration)* sind Bestandteil der übertragenen Gegenleistung (IFRS 3.32 ff.). Diese können Verpflichtungen oder Rechte des Erwerbers sein, weitere Vermögenswerte oder Eigenkapitaltitel zu übertragen oder bereits übertragene Gegenleistungen zurückzufordern. Voraussetzung dafür ist jedoch der Eintritt eines künftigen Ereignisses oder die Erfüllung vorab definierter Bedingungen wie z. B. das Erreichen von im Voraus definierten finanziellen Zielen. Der Erwerber muss den Betrag dieser Anpassung in die Anschaffungskosten des Zusammenschlusses zum Erwerbszeitpunkt mit einbeziehen, wenn die Anpassung wahrscheinlich ist und verlässlich bewertet werden kann (IFRS 3.32). Falls die künftigen Ereignisse nicht eintreten oder die Schätzung revidiert werden muss, so sind die Anschaffungskosten des Unternehmenszusammenschlusses entsprechend anzupassen (IFRS 3.33). Zudem fordern IFRS 3.59- .63 umfangreiche Erläuterungen im Anhang über die vorgenommenen Anpassungen.

Unter bestimmten Voraussetzungen müssen die Anschaffungskosten jedoch nicht angepasst werden. Das ist dann der Fall, wenn vom Erwerber verlangt wird, als Kompensation eine nachträgliche Zahlung an den Verkäufer zu entrichten, wenn sich beispielsweise der Wert der für die Beherrschung des erworbenen Unternehmens vom Erwerber ausgegebenen Eigenkapitalinstrumente reduziert hat. Dies kann vorliegen, wenn der Erwerber den Börsenkurs der ausgegebenen Eigenkapital- oder Schuldinstrumente garantiert. Falls von ihm verlangt wird, zusätzliche Eigenkapital- oder Schuldinstrumente zu emittieren, um die ursprünglich festgesetzten Anschaffungskosten des Unternehmenszusammenschlusses auszugleichen, muss er die Anschaffungskosten nicht sofort anpassen. Bei Eigenkapitalinstrumenten wird der *fair value* der zusätzlichen Zahlung kompensiert, indem der Wert, der den ursprünglich ausgegebenen Finanzinstrumenten zugewiesen wurde, in gleicher Höhe gemindert wird. Bei Schuldinstrumenten stellt die zusätzliche Zahlung ein verringertes Aufgeld oder einen zusätzlichen Abschlag auf die ursprüngliche Ausgabe der Schuldinstrumente dar (IFRS 3.35).

Immaterielle Vermögenswerte

Im Rahmen der Ermittlung der im Zuge des Unternehmenszusammenschlusses erworbenen Vermögenswerte sind auch solche immateriellen Vermögenswerte anzusetzen, die in der Bilanz des gekauften Unternehmens nicht die Ansatzkriterien erfüllt haben (vgl. 3. Kapitel, S. 188). Dies sind typischerweise z. B. selbst geschaffene Markennamen, Patente oder Kundenbeziehungen. Gemäß IFRS 3.A i. V. m. IAS 38.12 spricht man von einem immateriellen Wert, wenn dieser ein identifizierbarer, nicht monetärer Wert ohne physische Substanz ist. Als identifizierbar gilt er erstens, wenn er vom Unternehmen separierbar ist, also losgelöst vom Unternehmen, alleine oder mit anderen Vermögenswerten verwertbar ist. Er gilt zweitens auch dann als identifizierbar, wenn er aus vertraglichen oder gesetzlichen Rechten resultiert, unabhängig davon, ob diese transferierbar sind. Appendix B zu IFRS 3 enthält einen Beispielkatalog, der bei der Identifizierung der einzelnen, separat vom Goodwill zu bilanzierenden immateriellen Vermögenswerte behilflich ist. Die verlässliche Bestimmbarkeit des *fair value* wird für identifizierbare immaterielle Vermögenswerte nicht eigens gefordert. Im IFRS 3 ist in Anlehnung an die US-GAAP daher keine explizite Bezugnahme auf das Verlässlichkeitskriterium enthalten. Begründet wird dies damit, dass Bewertungsunsicherheiten bei der Ermittlung des *fair value* berücksichtigt werden. So geht IAS 38.33 davon aus, dass bei immateriellen Vermögenswerten, die im Rahmen eines Unternehmenszusammenschlusses erworben wurden, genügend Informationen vorliegen, um deren *fair value* verlässlich bestimmen zu können. Ebenso wird auf einen Nachweis bezüglich des zukünftigen Nutzens des erworbenen immateriellen Vermögenswerts verzichtet (IAS 38.33 i. V. m. IAS 38.25, vgl. auch 3. Kapitel, S. 188). Nach Meinung des IASB belegt die Bewertung zum Zeitwert hinlänglich, dass ein solcher zukünftiger Nutzen gegeben ist. Dies mag für einen Einzelerwerb eines jeweiligen immateriellen Vermögenswertes sinnvoll erscheinen, allerdings scheint diese Begründung im Rahmen eines Sammelerwerbes von Vermögenswerten und Schulden fragwürdig. Bezüglich der Neubewertung bzw. des Ansatzes von Vermögenswerten und Schulden sieht IFRS 3 keine Deckelung durch die Anschaffungskosten des Unternehmenserwerbes vor. Somit ist die Bewertung von in diesem Zuge erworbenen immateriellen Vermögenswerten eher mit der Bewertung von selbst geschaffenen Werten vergleichbar als mit dem Kauf von solchen.

In-process research and development

Ausdrücklich gesondert vom Goodwill anzusetzen sind erworbene aktive Forschungs- und Entwicklungsprojekte *(in-process research and development projects)*, falls das zugrunde liegende Projekt die oben erwähnte Definition eines *intangible asset* erfüllt. Auch hier ist das Verlässlichkeitskriterium keine Bedingung. Somit müssen im Rahmen eines Unternehmenserwerbs auch Forschungskosten, die gemäß IAS 38 explizit von einer Aktivierung ausgeschlossen sind, aktiviert werden (vgl. 3. Kapitel, S. 186 ff.). Im Zuge von *»Business Combinations II«* sind auch nach US-GAAP erworbene aktive Forschungs- und Entwicklungsprojekte gesondert anzusetzen.

Eventualverbindlichkeiten

Ebenso wie die im Zuge des Unternehmenszusammenschlusses erworbenen Vermögenswerte müssen auch die übernommenen Schulden identifiziert werden. Eine Besonderheit bezüglich der Kaufpreisallokation stellt die Passivierung von *contingent liabilities* dar. Unter einer solchen Eventualschuld versteht IAS 37.10 zwei Fälle:

- Eine mögliche Verpflichtung aufgrund vergangener Ereignisse, deren Existenz von unsicheren, nicht vollständig unter der Kontrolle des Unternehmens stehenden, zukünftigen Ereignissen bestimmt wird.
- Eine gegenwärtige Verpflichtung aufgrund vergangener Ereignisse, für die der Abfluss der Ressourcen entweder nicht verlässlich geschätzt werden kann oder die nicht wahrscheinlich ist.

Nach den Vorschriften des IAS 37 ist eine solche Eventualverbindlichkeit nicht passivierungsfähig und lediglich mit einer Angabe im Anhang verbunden. IFRS 3.23 verlangt hingegen eine Passivierung einer solchen *contingent liability* im Rahmen eines Unternehmenszusammenschlusses für den Fall, dass sich der *fair value* verlässlich bestimmen lässt. Da der Standard keine expliziten Richtlinien hinsichtlich der Bewertung von Eventualverbindlichkeiten im Rahmen eines Unternehmenszusammenschlusses gibt, sind diese wie alle identifizierbaren *assets* und *liabilities* zum *fair value* anzusetzen (IFRS 3.18).

Demnach ergibt sich ein Widerspruch zwischen der Vorschrift des IAS 37 und denen des IFRS 3. Dieser Widerspruch wurde vom IASB bewusst in Kauf genommen, da IFRS 3.23 die Eventualverbindlichkeiten, die im Rahmen des Unternehmenszusammenschlusses angesetzt wurden, aus dem Anwendungsbereich des IAS 37 ausschließt. Begründet wird die Passivierung mit der Tatsache, dass der Kaufpreis des Unternehmens durch solche existierenden Eventualverbindlichkeiten beeinflusst wird. Dementsprechend sollen im Rahmen der Kaufpreisallokation diese auch mit dem Wert angesetzt werden, den ein Dritter für diese Eventualverbindlichkeiten ansetzen würde. Hieraus resultiert eine inhaltliche Vermischung der üblichen Passivposten, die zu einem wahrscheinlichen Abfluss von Ressourcen führen mit solchen, deren Existenz von unsicheren, nicht unter der Kontrolle des Unternehmens stehenden, zukünftigen Ereignissen bestimmt wird. Zudem erscheint eine Abgrenzung von den nicht bilanzierungsfähigen *future losses* problematisch bis unmöglich.

Das Vorgehen des IASB ist nur mit der Absicht zu erklären, einen evtl. entstehenden negativen Unterschiedsbetrag so niedrig wie möglich auszuweisen und einzelne Komponenten, die früher in diesem Posten gesammelt wurden, so weit wie möglich zu identifizieren und separat zu bilanzieren. Dem widerspricht andererseits die fehlende Möglichkeit zum Ansatz von erwarteten Verlusten bzw. Kosten, die im Zusammenhang mit der Übernahme stehen.

Restrukturierungsaufwendungen

Inkonsistenzen bleiben bei der Abgrenzung zu zukünftigen Verlusten bestehen. Explizit ist der Ansatz von Rückstellungen für Restrukturierungen im Rahmen des Unternehmenszusammenschlusses, beispielsweise zur Hebung von Synergien, verboten. Diese sind jedoch in der Phase des *reassessment* bei Vorliegen eines negativen Unterschiedsbetrags zu berücksichtigen. Abgrenzungsschwierigkeiten zur Antizipation zukünftiger negativer Entwicklungen bleiben bestehen; über zukünftige Risiken wird eingeschränkt berichtet und Restrukturierungspläne werden im Vergleich zu Eventualverbindlichkeiten inkonsistent behandelt.

Besondere Ansatz- und Bewertungsregeln

Die Behandlung von Eventualverbindlichkeiten im Rahmen von Unternehmenszusammenschlüssen stellt eine Ausnahme zu den Grundsätzen von Ansatz (IFRS 3.10 *recognition principle*) und Bewertung (IFRS 3.18 *measurement principle*) dar. IFRS 3.22- .31 regeln weitere Ausnahmen von Ansatz und Bewertung hinsichtlich von Vermögenswerten und Schulden, die im Rahmen von Unternehmenszusammenschlüssen erworben oder übernommen werden.

Latente Steuern und Leistungen an Arbeitnehmer (*employee benefits*) sind gemäß IAS 12 und IAS 19 zu berücksichtigen. Abweichend von der generellen Bewertung zum *fair value* regeln IFRS 3.29-31 weitere Ausnahmen. So werden rückerworbene Rechte auf Basis des vertraglich vereinbarten Betrags bewertet, auch wenn der *fair value* davon abweicht. Aktienbasierte Vergütungen werden gemäß IFRS 2 bewertet. Vermögenswerte, die zum Verkauf bereitstehen, sollen in Übereinstimmung mit IFRS 5 mit ihrem *fair value* abzüglich der Verkaufskosten angesetzt werden. IFRS 3.B41-B45 enthalten Leitlinien für die Bestimmung der *fair values*.

Erstattungsansprüche

Ebenso werden Ansprüche auf Erstattungen, bei denen der Verkäufer dem Erwerber abhängig von zukünftigen ungewissen Ereignissen eine Entschädigung gewährt, abweichend vom Grundsatz für den Ansatz von Bilanzposten erfasst. Sog. entschädigende Vermögenswerte (*indemnification assets*) sind nur dann anzusetzen, wenn die der Erstattung zugrunde liegende Schuld zum Erwerbszeitpunkt auch angesetzt wird (IFRS 3.27). Gewährt der Verkäufer des Unternehmens beispielsweise dem Erwerber eine Entschädigung in Höhe des Streitwerts eines laufenden Rechtsstreits – sofern dieser in der Zukunft verloren wird – aktiviert der Erwerber die Erstattung als Vermögenswert. Gleichzeitig ist jedoch die Verpflichtung aus dem Rechtsverfahren beim Erwerber als Schuld zu passivieren.

Operating-Leasing – Leasingnehmer

Wurden beim erworbenen Unternehmen operative Leasingverträge identifiziert, bei denen dieses Unternehmen Leasingnehmer ist, so kommen diese Verträge gemäß IAS 17 nicht zum Ansatz. Nach IFRS 3.B28 ff. ist allerdings zu prüfen, ob die bestehenden Leasingverträge im Vergleich zu den aktuellen Marktkonditionen günstig oder ungünstig sind. Bei günstigen Verträgen müssen immaterielle Vermögenswerte angesetzt werden; bei vergleichbar ungünstigen Verträgen muss eine Schuld angesetzt werden. Diese Regelung gilt nicht, wenn der Erwerber gleichzeitig der Leasinggeber des operativen Leasingverhältnisses ist (IFRS 3.B42).

Negativer Goodwill (Badwill) nach IFRS/US-GAAP

Wie in diesem Kapitel auf S. 689 dargestellt, müssen im Rahmen eines Unternehmenszusammenschlusses neben den Anschaffungskosten folgende Komponenten ermittelt werden: erworbene Vermögenswerte, übernommene Schulden sowie die Minderheitenanteile bei einem Anteilserwerb unter 100 %. Kommt es zu einer negativen Differenz zwischen den Anschaffungskosten und den neubewerteten Vermögenswerten und Schulden, so ist gemäß IFRS 3.36 und ASC 805-30-25-2 ff. i. V. m. ASC 805-30-30-5 ein *reassessment* durchzuführen. Bleibt der negative Unterschiedsbetrag auch nach Überprüfung der Neubewertung der Vermögenswerte und Schulden sowie der Bestimmung der Anschaffungskosten dennoch bestehen, so ist dieser Betrag GuV-wirksam in der Gewinn- und Verlustrechnung auszuweisen. Bei einer Beteiligungsquote unter 100 % ist für die Bestimmung eines Unterschiedsbetrags aus der Kapitalkonsolidierung der Anteil der Minderheiten auch zu berücksichtigen, da die Vermögenswerte und Schulden nicht nur anteilig zum Vergleich herangezogen werden, sondern zu 100 %. Somit müssen in diesem Fall über die Anschaffungskosten hinaus auch die Minderheitenanteile am Akquisitionsobjekt bzw. deren Anteil an den neubewerteten Vermögenswerten und Schulden zunächst ermittelt werden (vgl. im Detail im folgenden Abschnitt S. 702 ff.) und bei Vorliegen eines negativen Unterschiedsbetrags zusätzlich noch einmal überprüft werden (IFRS 3.34- .36).

Kritik an der Behandlung eines Badwill

Eine solche GuV-wirksame Vereinnahmung des Badwill widerspricht dem Grundsatz, dass es sich bei jeglicher Anschaffung um einen erfolgsneutralen Vorgang handelt. Als Begründung führt das IASB lediglich an, dass eine negative Differenz i. d. R. auf Fehler bei der Ermittlung der Anschaffungskosten oder bei der Zeitwertbewertung der identifizierten Vermögenswerte, Schulden und bilanzierten Eventualverbindlichkeiten zurückzuführen ist. Dabei wird verkannt, dass es sich bei Abschlägen vom Kaufpreis auch um Erwartungen zukünftiger Verluste, Negativentwicklungen, Kosten der Restrukturierung und Integrationskosten handeln kann. Ein solcher Badwill hat Rückstellungscharakter. Eine sofortige Auswirkung auf die GuV wäre allenfalls dann sinnvoll, wenn es sich bei einem passivischen Unterschiedsbetrag ausschließlich um den Fall eines *lucky buy* bzw. einem, wie es IFRS 3 und ASC 805 auch nennen, *bargain purchase* handeln könnte, weil der Fall von negativen Zukunftsaussichten bereits über separate Passivposten vollständig berücksichtigt wäre. Durch die fehlende Möglichkeit des Ansatzes eines Passivpostens für solche mit der Akquisition verbundenen zukünftigen Verluste und Aufwendungen, weder in Form einer Eventualverbindlichkeit noch einer Restrukturierungsrückstellung, werden Abschläge vom Kaufpreis sofort im Jahr der Akquisition GuV-wirksam. Eine solche Behandlung führt einerseits zu Verzerrungen in Bezug auf die Erfolgslage, andererseits eröffnet sie vielfache bilanzpolitische Möglichkeiten, welche der Informationsfunktion stark abträglich sind (vgl. Schultze, W./Kafadar, K./Thiericke, S. [2008], S. 1353 f.).

Rückwirkung auf den Einzelabschluss nach US-GAAP (push down accounting)

Nach den Vorschriften der US-GAAP kann es zu einer Rückwirkung des Unternehmenserwerbs auf den Einzelabschluss des erworbenen Tochterunternehmens kommen. Da im Rahmen der Erstkonsolidierung die Vermögenswerte und Schulden neu bewertet werden und in eine Neubewertungsbilanz eingestellt werden, liegen zwei unterschiedliche Einzelabschlüsse für das Tochterunternehmen vor. Dies ist zum einen der unter Beachtung des Anschaffungskostenprinzips und der Buchwertfortführung erstellte Einzelabschluss des Tochterunternehmens (in Deutschland mit der HB I vergleichbar), zum anderen die Neubewertungsbilanz, welche durch Aufdeckung der stillen Reserven entstanden ist. In den USA wird nun diskutiert, welcher der beiden Abschlüsse der Maßgebliche ist. Bei der Frage der Zulässigkeit bzw. der Verpflichtung, den neubewerteten Jahresabschluss (*push down basis of accounting*) als den Wesentlichen darzustellen, wird darauf abgestellt, inwieweit das Mutterunternehmen die Möglichkeit hat, das Eigentum des Tochterunternehmens nach seinen Zielsetzungen zu gestalten. Im Jahre 1983 setzte die SEC dieses Thema in eine Vorschrift um. In seinem Staff Accounting Bulletin No. 54 und Staff Accounting Bulletin No. 73 (jetzt ASC 805-50-S99-1) fordert die SEC, für *substantially wholly owned subsidiaries* die Neubewertungsbilanz zu verwenden, also *push down accounting* zu betreiben. Es kommt hier zu einer Unterbrechung der Bilanzstetigkeit, da durch den Unternehmenserwerb und den daraus folgenden Eigentumswechsel eine neue Abrechnungs- und Berichtsbasis aufgestellt wird. Da die entsprechenden Vorschriften zwar einen Bestandteil der ASC darstellen, jedoch in den dort aufgeführten SEC-Vorschriften enthalten sind und nicht in die Richtlinien des FASB aufgenommen wurden, ist *push down accounting* nur für Tochterunternehmen, die gegenüber der SEC berichtspflichtig sind, verbindlich anzuwenden.

Voraussetzungen für push down accounting

Mangels einer genauen Definition von Seiten der SEC wird nach herrschender Literaturmeinung von *substantially wholly owned subsidiaries* ab einer Mindestbeteiligung von 90 % gesprochen. Bei einer Beteiligungsquote zwischen 80 % und 89 % besteht nach der Auffassung des Schrifttums ein Wahlrecht. Ist die Beteiligungsquote kleiner als 80 %, so ist das *push down accounting* nicht anwendbar.

Weder die Vorschriften der IFRS noch die des HGB enthalten Vergleichbares.

c) Folgekonsolidierung

Die Fortführung der Wertansätze der übernommenen Vermögenswerte und Schulden erfolgt analog zu der Folgekonsolidierung im HGB-Konzernabschluss. Zunächst müssen die Buchungen der Erstkonsolidierung nachvollzogen werden. Die stillen Reserven bzw. Lasten teilen wiederum das Schicksal der dahinterstehenden Vermögenswerte und Schulden (vgl. in diesem Kapitel S. 682 ff.).

Impairment only approach

Seit Phase 1 von »*Business Combinations*« ist der Goodwill in der internationalen Rechnungslegung nach IFRS und US-GAAP nicht mehr planmäßig über die Nutzungsdauer abzuschreiben, sondern einem jährlichen Werthaltigkeitstest zu unterziehen (sog. *impairment only approach*; IOA). Dabei hatte die Folgebilanzierung des Goodwill nach US-GAAP auf internationaler Ebene eine Vorreiterrolle. Sie wurde vom IASB intensiv diskutiert und im Rahmen der Phase 1 von »*Business Combinations*« (i. d. F. 2004) und der Konvergenzbestrebungen von

FASB und IASB weitgehend übernommen. Aus diesem Grunde wird im Folgenden zunächst die Behandlung des Goodwill in der Folgekonsolidierung nach US-GAAP aufgezeigt. Daran anschließend werden die Regelungen zu IFRS dargestellt.

IOA nach US-GAAP

Gemäß ASC 350-20-35-41 ist der bei Unternehmenserwerben entstehende Goodwill auf diejenigen Geschäftsbereiche (*reporting units*) aufzuteilen, die den ökonomischen Nutzen aus dem Zusammengehen der beiden Unternehmen erhalten. *Reporting unit* (RU) i. S. dieser Vorschrift ist ein operatives Segment bzw. eine Ebene darunter. Der *impairment test* erfolgt in den Folgeperioden auf der Ebene dieser Geschäftsbereiche. Ein dabei evtl. entstehender Abwertungsverlust (*impairment loss*) wird gemäß ASC 350-20-45-2 als Bestandteil des operativen Ergebnisses (*income from continuing operations*) in der Gewinn- und Verlustrechnung separat ausgewiesen.

Zweistufiger impairment test

Der *impairment test* nach ASC 350 sieht prinzipiell eine jährliche Neubewertung des Goodwill und damit des Unternehmens bzw. des Geschäftsbereichs (*reporting unit*) vor. Der Niederstwert-Test des bei einem Unternehmenserwerb entstehenden Goodwill vollzieht sich auf der Grundlage einer Unternehmensbewertung und umfasst zwei Schritte (vgl. Abbildung 11.6).

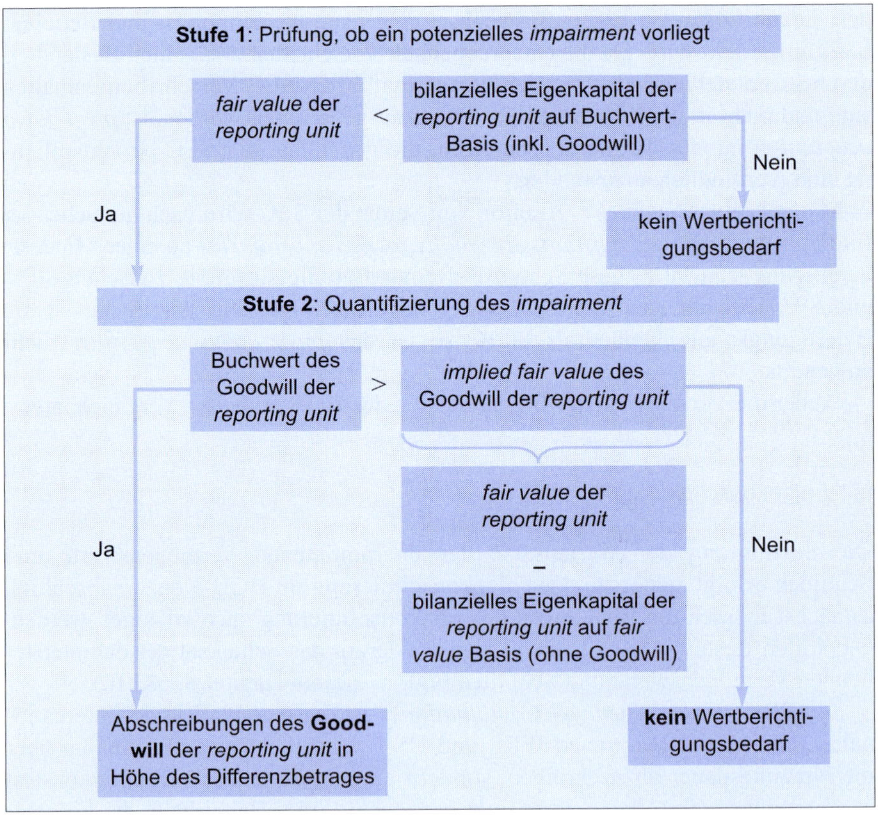

Abb. 11.6: Zweistufiger *impairment test* nach ASC 350 (Quelle: Schultze, W./ Hirsch, C. [2005], S. 113)

Qualitative assessment

Der ersten Stufe des *impairment test* wird nach einer Änderung des ASC 350-20 wahlweise ein *qualitative assessment* vorangestellt, ob der Goodwill im Wert gemindert ist. Diese Regelung dient der Erleichterung, nicht in jeder Periode den Wert ermitteln zu müssen, muss aber nicht verbindlich durchgeführt werden, sondern das Unternehmen hat in jeder Periode die Option, direkt die erste Stufe durchzuführen, auch ohne eine qualitative Überprüfung. Für letztere wird auf Basis qualitativer Faktoren beurteilt, ob der *fair value* der RU den Buchwert mit einer Wahrscheinlichkeit von über 50 % unterschreitet (ASC 350-20-35-3 ff.). Ist dies der Fall, ist der zweistufige *impairment test* vorzunehmen. Qualitative Indikatoren können beispielsweise Verschlechterungen der gesamtwirtschaftlichen Bedingungen, der Kostenfaktoren oder des Marktumfelds sein (ASC 350-20-35-3C). Zudem kann nach ASC 350-20-35-30 bei Vorliegen dieser Anzeichen für einen gesunkenen *fair value* auch ein zusätzlicher *impairment test* zwischen den jährlichen Bewertungszeitpunkten nötig sein.

Erste Stufe des impairment test

Im ersten Schritt wird gemäß ASC 350-20-35-4 ff. zunächst geprüft, ob grundsätzlich ein Abwertungsbedarf vorliegt. Dies ist dann der Fall, wenn der *fair value* einer RU, verstanden als sein Markt- bzw. Unternehmenswert, kleiner ist als sein bilanzielles Eigenkapital einschließlich Goodwill.

Die *fair value*-Ermittlung der RU vollzieht sich nach ASC 350-20-35-22 ff. ASC 350-20-35-22 erachtet Marktpreise grundsätzlich als beste Schätzwerte für den *fair value* von *assets*. Da im Börsenwert aber keine Kontrollprämie für die Übernahme des Gesamtunternehmens bzw. Unternehmensteils enthalten ist, ist er meist jedoch nicht aussagefähig genug. Deshalb ist eine »*present-value-technique*« nach CON 7 meist die beste existierende Bewertungsmethodik für eine RU. Die Vorgehensweise nach CON 7 entspricht prinzipiell der Discounted-Cashflow-Methodik der Unternehmensbewertung, ist methodisch aber mit anderen Bewertungsverfahren wie der Ertragswertmethode oder den Residualgewinnmodellen vereinbar. Dieser in Abwesenheit von Börsenwerten hilfsweise berechnete Zukunftserfolgswert ist allerdings auf der Grundlage marktbezogener Annahmen zu ermitteln. Nur in Ausnahmefällen dürfen eigene Schätzungen zugrunde gelegt werden. ASC 350-20-35-24 erlaubt explizit aber auch die Anwendung des Multiplikatorverfahrens, wenn die dafür benötigten Informationen über Vergleichsunternehmen vorhanden sind. Während dies aus Wirtschaftlichkeitsgründen überlegenswert erscheinen mag, kann die Methodik aus Theoriesicht jedoch nicht befriedigen (vgl. Coenenberg, A. G./Schultze, W. [2002a]) und ist auch mit dem *fair value*-Begriff des *Conceptual Framework* nicht vereinbar (vgl. 2. Kapitel, S. 116 f.).

Zweite Stufe des impairment test

Im zweiten Schritt des *impairment test* wird gemäß ASC 350-20-35-9 der implizite *fair value* des Goodwill mit dem bisherigen Buchwert verglichen. Ist er geringer, so ist der Buchwert auf diesen niedrigeren Wert abzuschreiben. Eine spätere Wertaufholung ist nicht erlaubt. Die Ermittlung des impliziten *fair value* des Goodwill erfolgt gemäß ASC 350-20-35-14 nach denselben Regeln wie bei der Erstkonsolidierung. Der neubewertete Goodwill entspricht somit dem ermittelten Unternehmenswert der RU abzüglich des Werts des Nettovermögens, das für den *impairment test* erneut neu bewertet wird und alle zum Bewertungszeitpunkt identifizierbaren immateriellen Vermögenswerte beinhaltet. Die stillen Reserven und neu identifizierten Vermögenswerte werden jedoch nicht tatsächlich in der Bilanz angesetzt, sondern ausschließlich in die Berechnung des impliziten *fair value* des Goodwill einbezogen.

IOA nach IFRS

Auch nach IFRS wird ein verbleibender positiver Unterschiedsbetrag aus der Kapitalkonsolidierung als Goodwill aktiviert (gemäß IFRS 3.32), in den Folgeperioden zu Anschaffungskosten fortgeführt und jährlich einem *impaiment test* nach IAS 36 unterzogen (vgl. Schultze, W./Hirsch, C. [2005], S. 115 ff.).

IFRS 3 geht davon aus, dass der Goodwill aus zukünftigem Nutzen für das Unternehmen resultiert, der aus Vermögenswerten stammt, die nicht einzeln identifiziert und bilanziert werden können. Dies trifft insbesondere auf Synergievorteile zu, die erst durch eine Integration realisiert werden. Daher erfolgt nach IAS 36.80 eine Verteilung des Goodwill auf diejenigen Teile des kombinierten Unternehmens, die den Nutzen aus dem Zusammenschluss tragen, unabhängig davon, ob diese auch Vermögen oder Schulden des übernommenen Unternehmens zugewiesen bekommen. Diese Aufteilung erfolgt auf diejenige kleinstmögliche Ebene von *cash-generating units* (CGU) oder Gruppen von CGUs, auf der für Zwecke der internen Steuerung der Goodwill überwacht wird und die nicht über dem Niveau des für die Segmentberichterstattung gewählten Segments des primären oder sekundären Berichtsformats liegen darf.

Die IFRS folgen damit für Zwecke des *impairment test* der intern etablierten Struktur des Kontrollsystems. Nach IAS 36.6 wird die CGU als kleinste identifizierbare Gruppe von Vermögenswerten definiert, die eigenständige Zuflüsse von Zahlungsströmen, d. h. von anderen Einheiten weitgehend unabhängige Einzahlungen generiert. Die Zuordnung des Goodwill nach IFRS kann daher, abhängig vom Grad der internen Differenzierung des Kontrollsystems, auf einer im Vergleich zu US-GAAP über- oder untergeordneten Ebene erfolgen.

Häufigkeit des impairment test

Der *impairment test* ist gemäß IAS 36.96 mindestens jährlich zu einem gleich bleibenden Termin durchzuführen. Der Termin darf zwischen den CGUs variieren und muss auch nicht zwingend am Bilanzstichtag liegen. Darüber hinaus ist ein vorzeitiger Test durchzuführen, wenn Indikatoren (IAS 36.12) darauf hindeuten, dass der Wert der Einheit beeinträchtigt sein könnte. Der in einem früheren *impairment test* ermittelte *fair value* der CGU darf dann unverändert für den *impairment test* herangezogen werden, sofern die drei unter IAS 36.99 aufgeführten Bedingungen kumulativ erfüllt sind:

(a) Die Zusammensetzung der Vermögenswerte und Schulden der CGU hat sich seit der letzten Ermittlung ihres *recoverable amount* nicht wesentlich verändert.
(b) Der *recoverable amount* der CGU überstieg ihren Buchwert beim letzten *impairment test* wesentlich.
(c) Die Wahrscheinlichkeit eines Wertberichtigungsbedarfs ist angesichts der Ereignisse und Umstände seit der letzten Wertermittlung sehr gering.

Einstufiger impairment test

Dem *impairment test* nach IAS 36.96 ff. liegt, im Gegensatz zu ASC 350, eine einstufige Konzeption zugrunde. Sowohl Abwertungsbedarf als auch Höhe der Abwertung werden bereits im ersten Schritt ermittelt, die Neubewertung und Neuidentifikation von Vermögen und Schulden, also der zweite Schritt nach US-GAAP, unterbleibt. Das IASB verzichtet auf die zweite Stufe des *impairment test* mit der Begründung, dass die damit verbundene Komplexität und die entstehenden Kosten den damit erzielbaren Nutzen überstiegen. Abbildung 11.7 veranschaulicht diese Vorgehensweise.

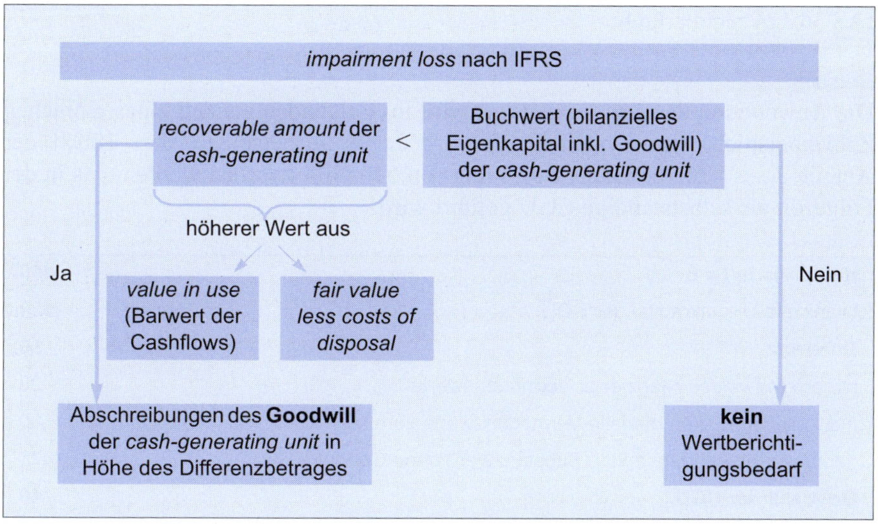

Abb. 11.7: *Impairment test* nach IAS 36 (Quelle: Schultze, W./Hirsch, C. [2005], S. 119)

Ein Abwertungsbedarf liegt nach IAS 36.90 vor, wenn der *recoverable amount* der zu testenden CGU oder Gruppe von CGUs unter ihren Buchwert einschließlich Goodwill fällt. Nach IAS 36.104 ist die Differenz vom Buchwert des Goodwill abzuschreiben. Übersteigt der Unterschiedsbetrag den Buchwert des Goodwill, so ist nach seiner vollständigen Abschreibung auch der verbleibende Rest von den übrigen bilanzierten Vermögenswerten der getesteten Einheit anteilig abzuschreiben. Für die Abschreibung der einzelnen Vermögenswerte sind zusätzlich die Regelungen zum *impairment test* der einzelnen *assets* gemäß IAS 36.18 ff. zu beachten, sodass der daraus resultierende Wert nicht unterschritten werden darf.

Die Ermittlung des *recoverable amount* der CGU folgt den allgemeinen Regeln des IAS 36.18 ff. für *impairment tests.* Danach gilt als *recoverable amount* der höhere Betrag aus *fair value less costs of disposal* und *value in use* (vgl. 2. Kapitel, S. 124). Bestehen weder ein aktiver Markt noch eine verpflichtende Verkaufsvereinbarung, dann kann nach IAS 36.27 der *fair value* auch aus ähnlichen Transaktionen der letzten Zeit abgeleitet werden. Wenn die Ableitung dieses Betrages nicht möglich ist, so kann als *recoverable amount* nach IAS 36.20 auch unmittelbar der *value in use* verwendet werden.

IAS 36.24 ff. enthält detaillierte Regelungen über die Bestandteile der Barwertberechnung zur Ermittlung des *value in use.* Kritisch ist hierbei, dass die Bewertung gemäß IAS 36.50 ff. vor Abzug von Steuern bei Cashflows und Kapitalkosten erfolgt. Hier kann es folglich zu Unterschieden gegenüber internen Planungsrechnungen und der Unternehmensbewertung kommen. Dabei muss aber auch die Wirkung latenter Steuern berücksichtigt werden, die zu einem weit reichenden Ausgleich der Unterschiede führen können (vgl. in diesem Kapitel, S. 771 ff.).

Während nach IFRS für die anderen *intangible assets* einer CGU bei Wegfall der Gründe, die zu einer Wertminderung geführt haben, ein Wertaufholungsgebot besteht, ist die Wertaufholung eines einmal abgeschriebenen Goodwill gemäß IAS 36.124 nicht erlaubt.

Beispiel

Die Anwendung des *impairment test* wird im Folgenden anhand eines einfachen Zahlenbeispiels veranschaulicht. Es wird davon ausgegangen, dass 100 % der Anteile eines Unternehmens zum Preis von 510 GE erworben werden, das in der Folgezeit als selbstständige CGU geführt wird.

Kaufpreis in t = 0	**510**
bilanzielles Eigenkapital der CGU	420
Differenz	**90**
höhere *fair values* bilanzierter Vermögenswerte	20
nicht bilanzierte immaterielle Vermögenswerte zum *fair value*	30
neubewertetes Eigenkapital (Substanzwert) ohne Goodwill	470
Goodwill der CGU	**40**
Eigenkapital der CGU inkl. Goodwill	**510**

Tab. 11.9: Kaufpreisallokation bei Erwerb (in GE)

Der Wert der übernommenen Vermögensgegenstände und Schulden beträgt bilanziell 420 GE. Bewertet man diese zu ihren aktuellen Zeitwerten (*fair values*) und setzt auch alle durch den Unternehmenserwerb bilanzierungsfähig gewordenen Vermögenswerte an, so ergebe sich ein *fair value* des Nettovermögens von 470 GE. Die Differenz aus Kaufpreis und Substanzwert beträgt 40 GE und wird als Goodwill aktiviert. Durch die Aktivierung des Goodwill, des neu identifizierten Vermögens sowie die Neubewertung beträgt der Wert des Nettovermögens der CGU nach der Akquisition 510 GE und entspricht dem Kaufpreis (vgl. Tabelle 11.9).

Im Folgejahr sei der Unternehmenswert (*recoverable amount*) der CGU auf 530 GE gestiegen, das bilanzielle Eigenkapital auf 520 GE. Es liegt kein Abwertungsbedarf vor. Im Jahr t = 2 fällt der Wert der CGU auf 500 GE, der des bilanziellen Eigenkapitals sinkt auf 490 GE. Erneut besteht kein Abwertungsbedarf. Erst im Jahr t = 3 sinkt der Unternehmenswert unter den des Eigenkapitals. Die Differenz der beiden ist vom Goodwill abzuschreiben (vgl. Tabelle 11.10).

t =	0	1	2	3
Recoverable Amount der CGU	510	530	500	470
Eigenkapital CGU inkl. derivativem Goodwill	510	520	490	480
Differenz	0	10	10	- 10
Impairment loss	0	0	0	- 10

Tab. 11.10: *Impairment test* nach IAS 36 (in GE)

Der Abschreibungsaufwand ist nach IAS 36.104 i. V. m. IAS 36.60 als *impairment loss* in der GuV zu erfassen. Die Höhe der Abschreibung sowie die Bezeichnung des Aufwandspostens, in dem sie enthalten sind, ist nach IAS 36.126 anzugeben. In der Segmentberichterstattung ist die Abschreibung für jedes Segment gesondert anzugeben.

Unterschied zu US-GAAP

Nach US-GAAP wäre zusätzlich eine zweite Stufe des *impairment test* geboten (vgl. Tabelle 11.11).

Unternehmenswert in t = 3	**470**
Eigenkapital der RU inkl. Goodwill	480
***Impairment* vor Neubewertung**	**- 10**
Buchwert derivativer Goodwill	40
Eigenkapital der RU ohne Goodwill	440
höhere *fair values* bilanzierter Vermögenswerte	10
nicht bilanzierte immaterielle Vermögenswerte zum *fair value*	15
neubewerteter Substanzwert ohne Goodwill	465
neubewerteter Goodwill	5
***Impairment* nach Neubewertung**	**- 35**

Tab. 11.11: Stufe 2 des *impairment test* nach ASC 350 (in GE)

In Stufe 2 des *impairment test* nach ASC 350 wird das Eigenkapital der *reporting unit* (RU) nach den Regeln der Erstkonsolidierung neu ermittelt. Der Goodwill vor *impairment* beträgt 40 GE und ist im Eigenkapital der RU von 480 GE enthalten. Ohne diesen Goodwill beträgt das Eigenkapital folglich 440 GE. Wird es nun wie in t = 0 um inzwischen entstandene stille Reserven aus höheren *fair values* sowie um neu geschaffene Vermögenswerte erhöht, so resultiert ein Substanzwert von 465 GE. Bei einem Unternehmenswert von 470 GE beträgt der Goodwill nun nur noch 5 GE (= 470 GE - 465 GE). Daher ist der bisherige Buchwert des Goodwill von 40 GE um 35 GE abzuschreiben. Die Neubewertung des Eigenkapitals erhöht folglich die Goodwill-Abschreibung um die dabei identifizierten stillen Reserven von 25 GE. Die Regelung nach US-GAAP ist daher nicht nur bedeutend aufwendiger, sondern auch deutlich strenger.

Interpretation des Goodwill

Die Goodwill-Bilanzierung in der internationalen Rechnungslegung basiert auf der Interpretation, der Goodwill stelle einen Vermögenswert dar, der auf Dauer wirke und nicht abnutzbar sei, da die Bestandteile und die Lebensdauer des Goodwill wegen der Schwierigkeit seiner ökonomischen Interpretation nur unzuverlässig bestimmbar seien. Somit wird von einer planmäßigen Abschreibung abgesehen und der IOA verfolgt. Im Gegensatz zur internationalen Rechnungslegung liegt dem Goodwill nach HGB eine andere Interpretation zugrunde. Nach § 246 Abs. 1 Satz 4 HGB gilt der Goodwill qua Fiktion als zeitlich begrenzt abnutzbarer Vermögensgegenstand und ist daher nach § 253 Abs. 3 HGB planmäßig abzuschreiben.

Diese unterschiedlichen Interpretationsansätze resultieren aus den verschiedenen, in den Goodwill eingehenden Bestandteilen. Hier lassen sich drei Komponenten identifizieren, die allerdings nicht überschneidungsfrei abgrenzbar sind (vgl. Wöhe, G. [1980], S. 99; Sellhorn, T. [2000], S. 888):

1. Synergien und Restrukturierungspotenziale,
2. nicht einzeln bilanzierungsfähige immaterielle Vermögenswerte,
3. Überzahlungen.

Kritik des IOA

Die Interpretation des Goodwill als vollständig nicht abnutzbaren Vermögenswert durch das FASB/IASB ist folglich bedenklich. Der bisher international geltende Konsens über die Nichtaktivierung eines originären Goodwill wird durch den IOA durchbrochen. Da bei der Ermittlung der Vergleichsgröße *fair value* der RU der originäre Goodwill automatisch einbezogen wird, kommt es nach und nach zu einem Ersatz des verbrauchten derivativen Goodwill durch neu geschaffenen, originären Goodwill. Dies führt zu einer indirekten, teilweisen Aktivierung eines originären Goodwill und zu einer Vermengung von derivativen und originären Goodwill-Bestandteilen. Dies eröffnet sehr weit reichende bilanzpolitische Gestaltungsspielräume. Als Erstes ist die Definition der RU bzw. CGU zu nennen, die weitgehend eine subjektive Abgrenzung von anderen Unternehmensteilen ermöglicht. Werden die Unterschiedsbeträge vor allem solchen RU zugeordnet, die hohe originäre Firmenwerte tragen, dann werden künftige Abwertungen der bezahlten Firmenwerte durch diese kompensiert (vgl. Pellens, B./Sellhorn, T. [2001], S. 717). Andererseits führen neu entstandene stille Reserven, durch die bei der Ermittlung des impliziten *fair value* des Goodwill notwendige Neubewertung der *assets,* bei ansonsten unveränderten Bedingungen zu einer Abwertung des Goodwill und damit zu einem *impairment loss*. Dies ist ökonomisch nicht sinnvoll, da hier wirtschaftlich lediglich eine Umgruppierung von Goodwillbestandteilen in andere Vermögenswerte vorliegt, die bilanziell nicht nachvollzogen wird. Durch die Ermittlung und Bezeichnung der Goodwill-Abschreibung als *impairment loss* wird zudem die Wertminderung als außerplanmäßig und damit als nicht wiederkehrend klassifiziert, was den Unternehmen die Möglichkeit einräumt, sie als außerordentlichen, einmaligen Effekt darzustellen (vgl. Coenenberg, A. G./Schultze, W. [2002b]; Schultze, W. [2005]).

Folgebewertung des Goodwill nach IFRS for SMEs

Im Unterschied zu den Regelungen der *full IFRS* schreibt der IFRS for SMEs nicht den *impairment only approach* vor. Stattdessen ist der Goodwill nach IFRS for SMEs 19.23 planmäßig über seine Nutzungsdauer abzuschreiben. Für den Fall, dass die Nutzungsdauer nicht verlässlich ermittelbar ist, gibt der Standard vor, eine Nutzungsdauer von zehn Jahren zu unterstellen. Tritt eine Wertminderung ein, so sind zudem außerplanmäßige Abschreibungen vorzunehmen.

d) Full Goodwill Method

Das IASB und das FASB haben im Juni 2005 einen gemeinsamen Änderungsentwurf (ED-IFRS 3 und ED-FAS 141) verabschiedet, der im Rahmen des Konvergenzprojekts »*Business Combinations II*« die Handhabung der Unternehmenszusammenschlüsse gemäß IFRS 3 und FAS 141 (ASC 805) vereinheitlichen sollte. Die wesentliche Neuerung, die darin vorgesehen war, bestand im Ansatz des einheitstheoretisch ermittelten Gesamt-Goodwill (sog. *full goodwill*). Damit sollte sich der Goodwill künftig nicht mehr wie bisher ausschließlich auf die Mehrheitenanteile und damit auf den tatsächlich bezahlten Kaufpreis beziehen, sondern auch die implizit auf die Minderheitenanteile entfallenden Beträge beinhalten (vgl. im Detail Pellens, B./Sellhorn, T./Amshoff, H. [2005]). Der im Januar 2008 bzw. Dezember 2007 erschienene überarbeitete IFRS 3 bzw. FAS 141 (ASC 805) haben zu keiner einheitlichen Lösung geführt. Während nach US-GAAP der *full goodwill* obligatorisch zum Tragen kommt, stellt er nach IFRS eine Option alternativ zum bisherigen beteiligungsproportionalen Goodwill dar. Das IASB hat mit diesem Wahlrecht auf die starke öffentliche Kritik an der *full goodwill method* reagiert.

Ermittlung der Minderheitenanteile

Im Zuge eines Unternehmenszusammenschlusses sind bei einem nicht 100%igen Anteil gemäß IFRS 3 und ASC 805 bei der Identifizierung der Vermögenswerte und Schulden auch die Minderheitenanteile (*non-controlling interests in the acquiree*) zu ermitteln. In den IFRS besteht das Wahlrecht, diese zum Anteil am neubewerteten identifizierbaren Nettovermögen oder zum *fair value* im Erwerbszeitpunkt (IFRS 3.19) anzusetzen. Somit kann nach IFRS 3 ein beteiligungsproportionaler Goodwill angesetzt werden, wie er schon vor »*Business Combinations II*« vorlag, oder alternativ auch ein *full goodwill*. Dieses Wahlrecht kann gemäß IFRS 3.32 für jeden Unternehmenszusammenschluss neu ausgeübt werden. ASC 805-30-30-1 schreibt dagegen vor, die Minderheitenanteile stets zum *fair value* im Erwerbszeitpunkt anzusetzen. Der obligatorische Ansatz der Minderheitenanteile zum *fair value* nach US-GAAP führt ausschließlich zum Ansatz eines *full goodwill*, der auch den Goodwill bezogen auf die Minderheitsgesellschafter enthält. Im Folgenden soll anhand eines Beispiels der Unterschied deutlich gemacht werden.

Beispiel

Im Folgenden wird davon ausgegangen, dass der oben in Tabelle 11.9 abgebildete Unternehmenskauf sich nun nicht auf 100 % der Anteile, sondern nur auf 70 % der Anteile bezieht. Daher werden als Kaufpreis statt 510 GE auch nur 357 GE bezahlt (vgl. Abbildung 11.8).

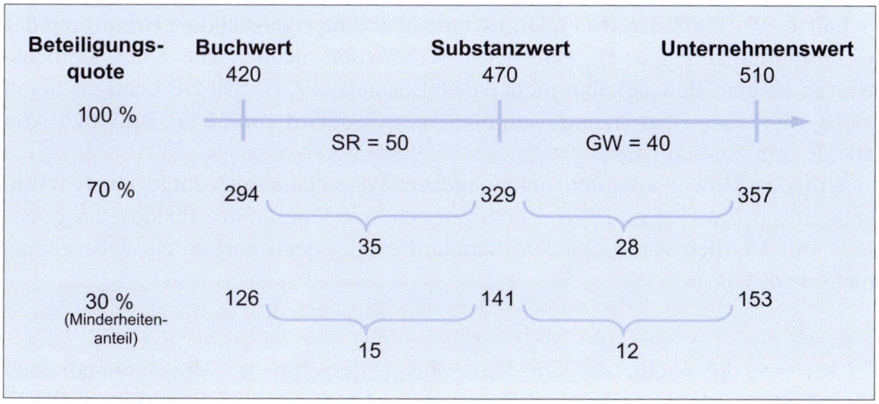

Abb. 11.8: Beispiel: *full goodwill* (in GE)

Die stillen Reserven (SR) i. H. v. 50 GE werden zu 100 % aufgelöst, was das Eigenkapital von 420 GE auf 470 GE erhöht. Den Anteilen im Fremdbesitz werden daher nicht nur 30 % des Buchwerts des Eigenkapitals (0,3 × 420 GE = 126 GE), sondern auch 30 % der stillen Reserven (0,3 × 50 GE = 15 GE), insgesamt also 0,3 × 470 GE = 141 GE, zugewiesen. Der Minderheitenanteil entspricht also dem anteiligen neubewerteten identifizierbaren Nettovermögen. Der auszuweisende beteiligungsproportionale Goodwill bestimmt sich durch die Differenz aus dem Kaufpreis und dem anteiligen neubewerteten Eigenkapital: 357 GE – 0,7 × 470 GE = 28 GE.

Die Alternative besteht in der Ermittlung des gesamten Goodwill (*full goodwill*) aus Sicht sowohl der Mehrheiten- als auch der Minderheitenanteile i. H. v. 510 GE – 470 GE = 40 GE. Nach US-GAAP ist die letzte Variante die verbindlich vorgeschriebene, während nach IFRS ein Wahlrecht zwischen beiden Alternativen besteht.

Im Folgenden werden auf Basis des vorliegenden Beispiels Probleme bei der Bestimmung des *full goodwill* diskutiert. Daran soll auch deutlich gemacht werden, warum sich durch die Überarbeitung der Standards gleichzeitig die Ermittlung des Goodwill der Mehrheitengesellschafter nach IFRS geändert hat.

Der sich bei einem Erwerb von nur 70 % ergebende Anteil der Minderheitenaktionäre am Goodwill i. H. v. 0,3 × 510 GE – 0,3 × 470 GE = 12 GE wurde bislang nicht angesetzt. Um diesen für den Ansatz eines *full goodwill* zu bestimmen, wäre eine Ermittlung des gesamten Unternehmenswertes notwendig. Wie aus dem Beispiel der Tabelle 11.9 bekannt ist, ergäbe sich bei einem Erwerb von 100 % ein Goodwill (GW) von 510 GE – 1,0 × 470 GE = 40 GE. Werden nun lediglich 70 % am Unternehmen erworben, müsste dieser Gesamtunternehmenswert i. H. v. 510 GE zunächst ermittelt werden. Eine einfache Hochrechnung vom bezahlten Kaufpreis auf den entsprechenden höheren prozentualen Anteil stellt dabei aber keine adäquate Lösung dar, da sie fälschlicherweise einen linearen Zusammenhang zwischen Unternehmenswert, Kaufpreis und *fair value* der Minderheitenanteile unterstellen würde. Denn häufig werden sich Unternehmenswert und Kaufpreis unterscheiden. Der Kaufpreis sollte sogar regelmäßig vom rechnerischen Unternehmenswert nach unten abweichen, will man als Käufer an den erwarteten positiven Entwicklungen partizipieren (vgl. Coenenberg, A. G./ Schultze, W. [2002b], S. 611). Dies würde aber eine eigenständige Ermittlung des Gesamtunternehmenswerts erfordern. Würde der rechnerische Unternehmenswert in obigem Beispiel aber nicht 510 GE, sondern z. B. 520 GE betragen, dann käme, ohne eine Begrenzung nach oben, ein Goodwill von 50 GE und nicht von 40 GE zum Ansatz.

Keine Obergrenze für die Ermittlung des full goodwill

Um den Unwägbarkeiten einer solchen Vorgehensweise entgegenzuwirken, enthielt der Entwurf zu IFRS 3 ursprünglich eine Obergrenze für den *full goodwill*. Der letztlich verabschiedete Standard sieht jedoch eine solche Obergrenze nicht mehr vor.

Beispiel

Es sei nun unterstellt, der *fair value* des Unternehmens werde anhand einer Bewertungsmethode rechnerisch ermittelt und betrage in diesem Fall 500 GE. Weiterhin soll sachgerechterweise kein linearer Zusammenhang zwischen Unternehmenswert, Kaufpreis und *fair value* der Minderheitenanteile unterstellt werden. Es wird weiterhin der Kaufpreis von 357 GE angenommen, sodass der *fair value* der Minderheitenanteile 143 GE (= 500 GE – 357 GE) betragen würde. Dann dürfte von Anfang an nur der rechnerische Unternehmenswert in die

Berechnung einfließen und es käme lediglich ein Goodwill von 30 GE (= 500 GE – 470 GE) zum Ansatz.

Diese primäre Bezugnahme auf den rechnerischen Unternehmenswert anstelle des hochgerechneten Kaufpreises kommt einem bereits bei Erstkonsolidierung durchgeführten *impairment test* gleich. Geht man von einem Unternehmenswert von 500 GE aus, dann wurde ein Preis von 357 GE für einen 70%igen Anteil an einem Wert von 500 GE, also für 350 GE (= 0,7 × 500 GE) bezahlt. Es wurde also eine Prämie i. H. v. 7 GE bezahlt, die man als Kontrollprämie interpretieren kann. Der Minderheitenanteil unterliegt einem entsprechenden Minderheitenabschlag in gleicher Höhe und ist daher nur 143 GE (= 500 GE – 357 GE = 150 GE – 7 GE) wert. Die Zurechnung des *full goodwill* i. H. v. 30 GE zu den Mehrheits- und Minderheitsanteilen erfolgt nun nicht nach der Beteiligungsquote, sondern es wird zunächst der Mehrheitenanteil gebildet (vgl. Abbildung 11.9).

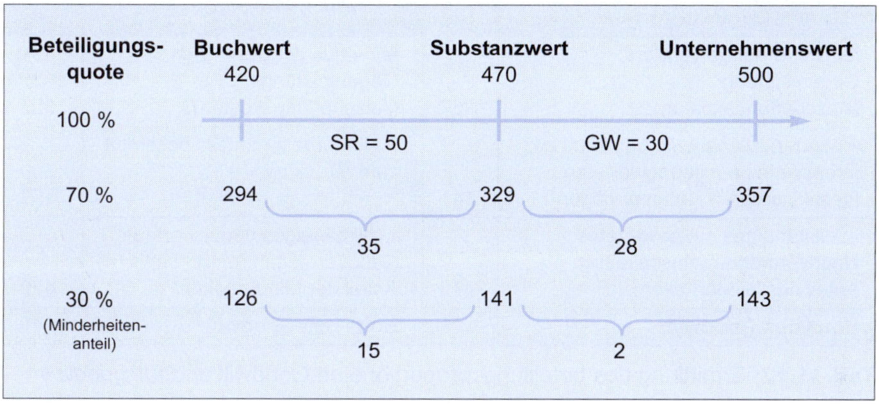

Abb. 11.9: Beispiel: *full goodwill* bei Abstockung (in GE)

Gegenüber dem Beispiel der Abbildung 11.8 fällt der Goodwill um 10 GE geringer aus. Die Abstockung wird bei den Minderheitenanteilen vorgenommen, die nur einen Anteil am Goodwill i. H. v. 2 GE (= 0,3 × 30 GE – 7 GE) zugeordnet bekommen. Damit werden die Minderheitenanteile zu 143 GE (= 141 GE + 2 GE) entsprechend der Höhe ihres 30%igen Anteils am Unternehmenswert nach Abzug des Minderheitenabschlags ausgewiesen.

Dem Mehrheitenanteil wird dagegen der auf ihn entfallende Goodwill als Differenz aus Anschaffungskosten und anteiligem Substanzwert (357 GE – 0,7 × 470 GE = 28 GE = 0,7 × 30 GE + 7 GE) in voller Höhe zugeordnet. Damit werden die Mehrheitenanteile zu 357 GE (= 329 GE + 28 GE) entsprechend ihres 70%igen Anteils am Unternehmenswert zuzüglich der Kontrollprämie ausgewiesen. Wäre der Goodwill so weit zu reduzieren, dass den Minderheitenanteilen kein Anteil daran mehr zusteht, so würde die Abstockung bei den Mehrheitenanteilen entsprechend fortgesetzt.

Durch diese Vorgehensweise wird eine simple Hochrechnung des Kaufpreises auf 100 %, die bei Existenz von Kontrollprämien nicht sachgerecht sein kann, durch einen ergänzenden *impairment test* unterstützt. Liegt der errechnete Unternehmenswert (500 GE) unter dem hochgerechneten Kaufpreis (510 GE), so muss der Goodwill abgestockt werden, und es kommt nur der niedrigere Unternehmenswert zum Ansatz.

Ermittlung der Komponenten des Unternehmenszusammenschlusses

Die geltenden Regelungen der IFRS und US-GAAP versuchen die Problematik der Bestimmung des Gesamtunternehmenswerts (im Beispiel 510 GE) bei einer Beteiligungsquote unter 100 % dadurch abzuwenden, dass bei der Kaufpreisallokation auf die Komponenten des Unternehmenszusammenschlusses abgestellt wird. Wie in diesem Kapitel auf S. 689 dargestellt, sind im Rahmen eines Unternehmenszusammenschlusses sämtliche erworbenen Vermögenswerte sowie sämtliche übernommenen Schulden, d. h. das vollständige neubewertete Nettovermögen einschließlich des Anteils der Minderheiten (im Beispiel 470 GE), zu bilanzieren. Zusätzlich sind bei einer Beteiligungsquote unter 100 % die Minderheitenanteile als eigene Komponente des Unternehmenszusammenschlusses zu ermitteln.

Beteiligungsproportionaler Goodwill-Ansatz	in GE	***full goodwill*-Ansatz**	in GE
fair value der gewährten Gegenleistung (Anschaffungskosten)	357	*fair value* der gewährten Gegenleistung (Anschaffungskosten)	357
+ Minderheitenanteile bestimmt zu ihrem Anteil am neubewerteten identifizierbaren Nettovermögen	141	+ Minderheitenanteile bestimmt zum *fair value*	153
- vollständiges neubewertetes Nettovermögen (einschließlich Anteil der Minderheiten)	470	- vollständiges neubewertetes Nettovermögen (einschließlich Anteil der Minderheiten)	470
Höhe des Goodwill	**28**	**Höhe des Goodwill**	**40**

Tab. 11.12: Ermittlung des beteiliungsproportionalen Goodwill und *full goodwill*

Wie in Tabelle 11.12 veranschaulicht, bestehen bei IFRS dafür zwei Alternativen: Eine Möglichkeit ist es, die Minderheitenanteile zu ihrem Anteil am neubewerteten identifizierbaren Nettovermögen zu bestimmen (im Beispiel 0,3 × 470 GE = 141 GE). Dieser Wertansatz der Minderheitenanteile führt zu einem beteiligungsproportionalen Goodwill i. H. v. 28 GE. Nach den Regelungen des IFRS 3 ergibt er sich aus dem Wert der übertragenen Gegenleistung zuzüglich dem Wert der Minderheitenanteile abzüglich des vollständig neubewerteten Nettovermögens (im Beispiel 357 GE + 141 GE – 470 GE = 28 GE). Alternativ ist es nach IFRS möglich (und nach US-GAAP verpflichtend), die Minderheitenanteile zu ihrem *fair value* zu bestimmen. IFRS 3.B44 regelt die Ermittlung des *fair value* der Minderheitenanteile (im Beispiel: 153 GE). Dieser soll anhand von Preisen auf einem aktiven Markt ermittelt werden, wenn entsprechende Anteile von Dritten gehalten werden. Jedoch wird dies in vielen Fällen nicht möglich sein, sodass auf andere Bewertungsmethoden zurückgegriffen werden soll. Somit kann der *fair value* der Minderheitenanteile dann letztendlich doch nur über eine Gesamtunternehmensbewertung ermittelt werden, um den anteiligen Unternehmenswert der Minderheiten zu bestimmen. Dieser würde in dem vorliegenden Beispiel 153 GE (= 0,3 × 510 GE) betragen. Der Goodwill in Form des *full goodwill* ergibt sich ebenso wie beim beteiligungsproportionalen Goodwill auf Basis der Komponenten des Unternehmenszusammenschlusses wie folgt:

Anschaffungskosten zuzüglich des Werts der Minderheitenanteile abzüglich des vollständig neubewerteten Nettovermögens. Da jedoch bei der *full goodwill method* der Minderheitenanteil im Beispiel 153 GE beträgt, erhöht sich auch der Goodwill im Vergleich zur ersten Alternative um 12 GE auf 40 GE (= 357 GE + 153 GE – 470 GE).

Kritik

Das IASB verlässt durch den Ansatz des nicht entgeltlich erworbenen Minderheitenanteils am Goodwill die pagatorische Absicherung der Vermögenswerte (vgl. auch Pellens, B./Sellhorn, T./Amshoff, H. [2005], S. 1751 f.). Diese Entwicklung hat sich an anderer Stelle, bei der Auflösung von stillen Reserven ohne eine pagatorische Begrenzung, bereits abgezeichnet.

Es wird zudem aus Tabelle 11.12 deutlich, dass die von den Standardsettern angestrebte Abkehr von einer Betrachtung des Gesamtunternehmenswerts bei der Ermittlung eines *full goodwill* nicht Stand hält. Die *full goodwill method* i. d. F. des ED-IFRS 3 unterlag starker öffentlicher Kritik hinsichtlich der Bestimmung des gesamten Unternehmenswerts. Das IASB argumentiert, dass das Abstellen auf die einzelnen Komponenten des Unternehmenszusammenschlusses diese Kritik an der *full goodwill method* ausmerzen würde. Allerdings wurde das Problem nun lediglich auf die Ermittlung des *fair value* der Minderheitenanteile am Tochterunternehmen verlagert. Werden diese über einen rechnerischen Unternehmenswert ermittelt, liegen die Probleme der Ermittlung eines gesamten Unternehmenswerts weiterhin vor. Darüber hinaus führt der Fokus auf die Komponenten des Unternehmenszusammenschlusses dazu, dass bei Vorliegen eines errechneten Unternehmenswerts von z. B. 520 GE, der über dem hochgerechneten Kaufpreis (510 GE) liegt, dieser auch angesetzt werden kann. Im Gegensatz zum ED-IFRS 3 wurde in der endgültigen Fassung keine Obergrenze in Höhe des hochgerechneten Kaufpreises vorgeschrieben (vgl. Abbildung 11.9). Durch die angestrebte Abkehr von der Gesamtunternehmensbewertung sieht der endgültige Standard einen solchen ergänzenden *impairment test* nicht mehr vor und erhöht somit weitreichend den Spielraum zur Bilanzpolitik.

Schließlich stellt sich die Frage, wie ein *impairment* bei Vorliegen von Kontrollprämien in Folgeperioden zu handhaben ist. Da die Verteilung des *full goodwill* nicht beteiligungsproportional erfolgt ist, kann eine Abschreibung auf diesen ebenso wenig beteiligungsproportional erfolgen, da die Kontrollprämie sowohl im Goodwill der Mehrheiten- als auch der Minderheitenanteile mal als Zu- und mal als Abschlag steckt. Es ist zu erwarten, dass IFRS-Bilanzierer aufgrund der Schwierigkeiten bei der Ermittlung des *fair value* der Minderheitenanteile weitgehend von dem Wahlrecht Gebrauch machen werden und weiterhin einen beteiligungsproportionalen Goodwill ausweisen werden. Bei Anwendung der *full goodwill method* werden sich hingegen die bilanzpolitischen Spielräume erheblich erhöhen.

Bilanzierung von Unternehmenszusammenschlüssen nach IFRS for SMEs

Der IFRS for SMEs sieht zwar ebenfalls die Neubewertungsmethode zur bilanziellen Abbildung von Unternehmenszusammenschlüssen vor (IFRS for SME 19.6 ff.), erlaubt jedoch nicht die Anwendung der *full goodwill method* (IFRS for SME 19.22). Entsprechend sind die Minderheitenanteile mit dem anteiligen Wert des neubewerteten Vermögens anzusetzen.

e) Sukzessiver Anteilserwerb

Im Rahmen des Projekts »*Business Combinations II*« wurden erstmals explizite Regelungen bezüglich der stufenweisen Erhöhung des Beteiligungsgrades geschaffen. Die bilanzielle Abbildung des sukzessiven Anteilserwerbs war vor der Überarbeitung von IFRS 3 und IAS 27 in 2008 nur unzureichend geregelt. Eine Kapitalkonsolidierung war ab dem Zeitpunkt des Kontrollübergangs für jede Tranche durchzuführen. Für jede Tranche wurde der Goodwill separat errechnet. Der gesamte Goodwill entsprach der Summe des Goodwill aus den einzelnen Tranchen. Der bereits vor Kontrollerlangung gehaltene Anteil am Nettovermögen des Tochterunternehmens wurde GuV-neutral neu bewertet.

Sukzessiver Anteilserwerb nach IFRS 3

IFRS 3.41 f. enthalten nun detaillierte Regelungen, die keine stufenweise Kapitalkonsolidierung mehr vorsehen und den Vorschriften von ASC 805-10-25-9 ff. entsprechen. Die bilanzielle Abbildung der stufenweise erworbenen Beteiligung nach IFRS 3 soll sich im Ergebnis nicht von der Bilanzierung eines Erwerbs in einer einzelnen Transaktion unterscheiden.

Im Zeitpunkt der Kontrollübernahme nach IFRS 3.8 ist eine Neubewertung der bereits gehaltenen Anteile zum *fair value* gemäß IFRS 3.42 vorzunehmen. Abweichungen zwischen Anschaffungskosten aus zuvor bilanzierten Tranchen und dem aktuell ermittelten *fair value* werden GuV-wirksam erfasst. Der neu ermittelte Wert der bereits vorhandenen Beteiligung ist damit unabhängig von der bilanziellen Abbildung vor Erlangung der Kontrolle. Hingegen ist für die bilanzielle Erfassung der Neubewertung die vorherige Beteiligungsform zu berücksichtigen, da zuvor erfolgte Fortschreibungen oder Konsolidierungsmaßnahmen der Beteiligung zurückgenommen werden müssen. In der Umsetzung stellt sich vorrangig die Frage auf welcher Basis die Ermittlung des *fair value* der bisher gehaltenen Anteile erfolgen soll. Während bei börsennotierten Unternehmen Börsenpreise bzw. Marktwerte herangezogen werden können, ist die Ermittlung bei nicht börsennotierten Unternehmen deutlich schwieriger. Eine Möglichkeit besteht in der Hochrechnung des Kaufpreises der letzten Tranche. Dies ist jedoch nicht geeignet, falls in den Anschaffungskosten der letzten Tranche eine Kontrollprämie enthalten ist oder nur eine geringe Anzahl weiterer Anteile erworben wurde. Kommt eine Hochrechnung nicht in Frage, ist eine Unternehmensbewertung durchzuführen, auf Basis derer der *fair value* der bereits gehaltenen Beteiligung anteilig errechnet wird (vgl. Küting, K./Wirth, J. [2010], S. 365 f.).

Nach IFRS 3 erfolgt die Ermittlung des Goodwill einmalig zum Zeitpunkt der Kontrollerlangung. Da die bilanzielle Abbildung unabhängig davon ist, ob die Beherrschung in einer oder mehreren Stufen erlangt wird, berechnet sich der Goodwill aus dem sukzessiven Anteilserwerb ebenfalls nach dem Schema des IFRS 3.32. Demnach ist die Summe aus den Anschaffungskosten der zur Kontrollerlangung erworbenen Anteile, dem Wert der Minderheitenanteile und – als Besonderheit des sukzessiven Anteilserwerbs – dem *fair value* der bereits gehaltenen Anteile zu ermitteln. Übersteigt die Summe den Wert des neubewerteten Nettovermögens, stellt die Differenz den Goodwill dar. Der Goodwill bezieht sich damit auch auf die zuvor gehaltenen Anteile. Demzufolge wird die Höhe des Goodwill schließlich auch durch die *fair value*-Bewertung der bisherigen Anteile beeinflusst.

Ebenso besteht wie im Rahmen der Vollkonsolidierung bei einer Kontrollerlangung durch einen sukzessiven Anteilserwerb das generelle Wahlrecht, einen beteiligungsproportionalen Goodwill oder einen *full goodwill* auszuweisen (vgl. in diesem Kapitel, S. 702 ff.). Bei einer Wertsteigerung des bisher gehaltenen Anteils führt eine Steigerung der Beteiligungshöhe neben einem höheren Goodwill inkl. größerem *impairment*-Risiko auch zu einem höheren laufenden Ergebnis.

Veränderung der Beteiligungshöhe nach Kontrollübernahme ohne Kontrollverlust

Werden nach Kontrollübernahme weitere Anteile erworben oder ohne Kontrollverlust veräußert, ist die Transaktion nach IAS 27.30 bzw. IFRS 10.23 ausschließlich als Eigenkapitaltransaktion zu bilanzieren. Somit können bei Zukäufen nach Kontrollerlangung keine weiteren stillen Reserven/Lasten aufgedeckt werden und es kann zu keinem zusätzlichem Goodwill oder Ertrag aus einem günstigen Kauf kommen.

Beispiel

Am 01.01.01 erwirbt die MU-AG 30 % der Anteile an der TU-AG zum Kaufpreis von 3,5 Mio. GE. Der Wert des Nettovermögens der TU-AG beträgt hierbei 10 Mio. GE. Im darauffolgenden Jahr am 01.01.02 erwirbt die MU-AG weitere 60 % der Anteile der TU-AG zum Kaufpreis von 22 Mio. GE. Zum Erwerbszeitpunkt der 2. Tranche beträgt der Wert des gesamten neubewerteten Nettovermögens der TU-AG 13 Mio. GE. Zudem sind die verbleibenden 10 % der Anteile an der TU-AG am 01.01.02 an der Börse mit einem Wert von 3 Mio. GE (= *fair value*) bewertet. Zuletzt erwirbt die MU-AG am 01.01.03 die verbleibenden 10 % der Anteile an der TU-AG. Der Kaufpreis dafür beträgt 6,5 Mio. GE. Der Wert des Nettovermögens ist bis dahin auf 14 Mio. GE gestiegen.

- *Erwerb der 1. Tranche 01.01.01:*
  Zum Erwerbszeitpunkt der 1. Tranche (30 % der Anteile) bucht die MU-AG eine Beteiligung bilanziert nach der Equity-Methode (vgl. in diesem Kapitel, S. 721 ff.) in den Konzernabschluss ein, da ein maßgeblicher Einfluss gegeben ist. Die Bewertung der Beteiligung erfolgt demnach zu Anschaffungskosten i. H. v. 3,5 Mio. GE.
- *Erwerb der 2. Tranche 01.01.02:*
  Durch den Erwerb der 2. Tranche (60 % der Anteile) erlangt die MU-AG die Beherrschung über die TU-AG. Ab diesem Zeitpunkt ist die TU-AG als Tochterunternehmen im Konzernabschluss der MU-AG voll zu konsolidieren. Im ersten Schritt ist die bereits gehaltene 30%ige Beteiligung mit dem aktuellen *fair value* zu bewerten. Da für die TU-AG ein Börsenpreis vorliegt, ergibt sich ein *fair value* i. H. v. 9 Mio. GE aus dem vorliegenden Marktwert, bezogen auf 30 % der Anteile. Es ist somit eine erfolgswirksame Zuschreibung der Beteiligung i. H. v. 5,5 Mio. GE (= 9 Mio. GE – 3,5 Mio. GE) vorzunehmen.

  Anschließend wird erstmalig die Kapitalkonsolidierung durchgeführt, wobei der Goodwill einmalig zum Zeitpunkt der Kontrollerlangung am 01.01.02 ermittelt wird. Zunächst wird die Summe aus den Anschaffungskosten der 2. Tranche, dem Wert der Minderheitenanteile und der zum *fair value* bewerteten bisherigen Beteiligung gebildet. Anschließend wird von den Summe der Wert des neubewerteten Nettovermögens i. H. v. 13 Mio. GE, bezogen auf die gesamte TU-AG, abgezogen. Zur Bewertung der Minderheitenanteile kann aufgrund des Wahlrechts sowohl der anteilige Wert des neubewerteten Nettovermögens (10 % × 13.000 Mio. GE) als auch der *fair value* (3 Mio. GE) herangezogen werden. Die nachfolgende Tabelle zeigt die Berechnung beider Varianten.

in TGE	**beteiligungsproportionaler Goodwill**	***full goodwill***
Anschaffungskosten 60 %	22.000	22.000
+ bisheriger 30 %-Anteil	9.000	9.000
+ Minderheitenanteil 10 %	1.300	3.000
	32.300	34.000
- neubewertetes Nettovermögens	- 13.000	- 13.000
= Goodwill	19.300	21.000

- *Erwerb der 3. Tranche 01.01.03:*
  Der Erwerb der 3. Tranche ist als reine Eigenkapitaltransaktion zu verbuchen, da die Beherrschung weiterhin gegeben ist. Somit ergibt sich keine Veränderung des Goodwill und auch keine Erfolgswirkung. Der Kaufpreis i. H. v. 6,5 Mio. GE wird gegen das Eigenkapital gebucht. Dabei werden die im Eigenkapitel bilanzierten Minderheitenanteile gegengerechnet, eine noch verbleibende Differenz wird erfolgsneutral gegen das übrige Eigenkapital gebucht. Die nachfolgende Tabelle zeigt die Berechnung der Differenz in Abhängigkeit der zuvor gewählten Bewertung der Minderheitenanteile.

in TGE		**beteiligungsproportionaler Goodwill**	***full goodwill***
	Anschaffungskosten 10 %	6.500	6.500
–	Buchwert Minderheitenanteil	– 1.300	– 3.000
=	Negative Differenz im Eigenkapital der Mehrheitsgesellschafter	= 5.200	= 3.500

f) Entkonsolidierung

Kontrollverlust

Mit IFRS 10 wurden bestehende Regelungslücken hinsichtlich der Entkonsolidierung geschlossen (vgl. Hendler, M./Zülch, H. [2008], S. 492 ff.; Watrin, C./ Hoehne, F. [2008], S. 695 ff.). Gemäß IFRS 10.20 i. V. m. IFRS 10.25 besteht eine Pflicht zur Entkonsolidierung bei Kontrollverlust durch das Mutterunternehmen. Klassischerweise geschieht dies durch den Verkauf von Anteilen am Tochterunternehmen. Allerdings kann der Verlust der Beherrschung auch durch kapitalverändernde Maßnahmen erfolgen oder aufgrund vertraglicher bzw. gesellschaftsrechtlicher Vereinbarungen (vgl. IFRS 10.BCZ180).

Gemäß IFRS 10.25 i. V. m. IFRS 10.B98 wird der Entkonsolidierungserfolg zum Zeitpunkt des Kontrollverlusts wie in Tabelle 11.13 beschrieben ermittelt. Der daraus resultierende Entkonsolidierungserfolg ist GuV-wirksam als Gewinn oder Verlust aus der Veräußerung des Tochterunternehmens zu erfassen und den Anteilseignern des Mutterunternehmens zuzurechnen (IFRS 10.B98 f.). Er enthält somit auch Ergebnisänderungen aus der Neubewertung behaltener Anteile. Diese verbleibenden Anteile werden gemäß ihres Beherrschungseinflusses erfasst: (1) bei Kontrollverlust bei einem noch bestehenden maßgeblichen Einfluss als *at-equity*-Beteiligung gemäß IAS 28, (2) bei einem nach Kontrollverlust gemeinschaftlich geführtem Unternehmen gemäß IFRS 11 oder (3) als Finanzinstrument der Kategorie *available-for-sale* gemäß IAS 39 bzw. IFRS 9.

	Erhaltene Gegenleistung des Mutterunternehmens
–	anteiliges Nettovermögen inkl. des Goodwill des Tochterunternehmens zu Buchwerten zum Zeitpunkt des Beherrschungsverlustes
–	Anteil der Minderheitengesellschafter (inkl. der in Bezug auf sie im Eigenkapital erfassten Beträge) zu Buchwerten zum Zeitpunkt des Beherrschungsverlustes
+	*fair value* der zurückbehaltenen Anteile ohne beherrschenden Einfluss an dem ehemaligen Tochterunternehmen zum Zeitpunkt des Beherrschungsverlustes
+/–	die in der Vergangenheit im Eigenkapital verbuchten Beträge
=	**Entkonsolidierungsgewinn/-verlust**

Tab. 11.13: Entkonsolidierung nach IFRS

Kritik an GuV-wirksamer Bewertung noch verbleibender Anteile

Das Board begründet die Bewertung des verbleibenden Anteils nach Kontrollverlust zum *fair value* damit, dass der Verlust der Beherrschung einem »*significant event*« entspräche und somit dem Beginn einer neuen Beziehung zwischen dem erwerbenden und erworbenen Unternehmen. Dadurch nimmt allerdings zum einen die Komplexität durch eine vermehrte Ermittlung des *fair value* zu, zum anderen kommt es zu GuV-wirksamen Änderungen, die sich auf noch nicht veräußerte Anteile beziehen. Auch im Board wurde die Regelung nicht von allen Beteiligten begrüßt, da sie bestehenden Regelungen der IFRS widersprechen würde. Denn GuV-wirksame Buchungen treten bei *available-for-sale*-Finanzinstrumenten oder *at-equity*-Beteiligungen nur auf, wenn diese verkauft werden. Die Veräußerung liegt aber im Rahmen der Bewertung eines noch verbliebenen Unternehmensanteils nach Abstockung nicht vor.

Discontinued operations

Sowohl nach IFRS als auch nach US-GAAP kann der Verkauf eines Tochterunternehmens zu den »*discontinued operations*« zählen und damit den Sonderregelungen des IFRS 5 bzw. ASC 205 unterliegen. Fällt das TU unter die Voraussetzungen von IFRS 5.32 bzw. ASC 205-20-45-1, so sind alle aus ihm resultierenden Aufwendungen und Erträge, ebenso wie der Veräußerungserfolg, in der GuV gesondert auszuweisen (vgl. 9. Kapitel, S. 559). Unabhängig von der Klassifizierung als »*discontinued operations*« sind die Vermögenswerte und Schulden bei Erfüllung der Voraussetzungen von IFRS 5.6 als »*held for sale*« zu bilanzieren. Auch die im Unternehmen verbleibenden Anteile müssen gemäß IFRS 5 ausgewiesen werden.

IV. Konsolidierung gemeinschaftlich geführter oder assoziierter Unternehmen

Der Grad der Einflussnahme, den ein Mutterunternehmen auf ein gemeinschaftlich geführtes oder assoziiertes Unternehmen ausüben kann, reicht nicht aus, um einen Einbezug mit den Methoden der Vollkonsolidierung zu rechtfertigen. Der besondere Einfluss, den diese Art von Unternehmensverbindung dem beteiligten Unternehmen über den Einfluss aus einer normalen Beteiligung hinaus gewährt, soll dennoch im Rahmen der Kapitalkonsolidierung zum Ausdruck kommen.

1. Konsolidierung von Gemeinschaftsunternehmen

Für Gemeinschaftsunternehmen (»*joint ventures*«) wird national entweder ein Einbezug mit der Quotenkonsolidierung oder aber eine Behandlung gleich der von assoziierten Unternehmen mit der Equity-Methode vorgesehen. International ist für Gemeinschaftsunternehmen nur noch die Equity-Methode von Bedeutung. Die Vorgehensweise der Equity-Methode wird im Rahmen der Darstellung der assoziierten Unternehmen behandelt (vgl. in diesem Kapitel, S. 715 ff.).

a) Konsolidierung von Gemeinschaftsunternehmen nach HGB

Für Gemeinschaftsunternehmen sieht § 310 HGB als Wahlrecht die Quotenkonsolidierung vor. Die Alternative besteht im Einbezug als assoziiertes Unternehmen über die Equity-Methode nach § 311 HGB (vgl. in diesem Kapitel, S. 715 ff.).

Gemeinschaftsunternehmen

Ein Gemeinschaftsunternehmen i. S. d. § 310 HGB liegt dann vor, wenn ein in einen Konzernabschluss einbezogenes Unternehmen gemeinsam mit einem oder mehreren nicht einbezogenen Unternehmen ein anderes Unternehmen führt. Der Tatbestand der gemeinsamen Führung ist dabei das Abgrenzungsmerkmal zur Definition des Tochterunternehmens, bei dem die Beherrschungsmöglichkeit einzig dem Mutterunternehmen zukommt und von diesem mit keinem anderen Unternehmen geteilt werden muss. Wenn also einem der beteiligten Unternehmen besondere Rechte eingeräumt sind, die es zur alleinigen Führung des Beteiligungsunternehmens befähigen, so liegt kein Gemeinschaftsunternehmen i. S. des § 310 HGB vor, sondern ein Tochterunternehmen nach § 290 HGB, auf das die Regeln der Vollkonsolidierung anzuwenden sind. Die Definitionen von Gemeinschafts- und Tochterunternehmen schließen sich also gegenseitig aus.

Quotenkonsolidierung

Bei der Quotenkonsolidierung, deren theoretischen Hintergrund die Interessentheorie, nicht die dem deutschen Konzernabschluss eigentlich zugrunde liegende Einheitstheorie bildet, werden die Jahresabschlussposten des Beteiligungsunternehmens nicht in voller Höhe, sondern nur entsprechend dem Konzernanteil in die Konzernbilanz übernommen; mit dem Ausweis der auf andere Anteilseigner entfallenden Anteile an den Vermögensgegenständen und Schulden des Gemeinschaftsunternehmens entfällt auch der Ausweis der ihnen – nach der Einheitstheorie – zuzurechnenden Anteile an dessen Kapital und Ertrag. Neben dieser Besonderheit ist die Kapitalkonsolidierung ansonsten jedoch nach den für die Vollkonsolidierung geltenden Vorschriften durchzuführen (§ 310 Abs. 2 HGB).

Konsolidierungsschritte

Die Konsolidierung von Gemeinschaftsunternehmen lässt sich demnach wie folgt charakterisieren:

(a) Die Bilanzposten müssen der konzerneinheitlichen Bilanzierung und Bewertung entsprechen (§§ 300, 308 HGB).
(b) Die Abschlussposten werden nur proportional zur Beteiligungsquote des Konzerns in den Konzernabschluss übernommen.
(c) Die anteiligen EK-Posten werden nach § 301 HGB mit dem Beteiligungswert des Gesellschafterunternehmens aufgerechnet – wobei sich dieselbe Aufrechnungsdifferenz wie bei Vollkonsolidierung ergibt – und ein nach Verteilung auf stille Reserven und stille Lasten verbleibender Unterschiedsbetrag nach § 309 HGB behandelt. Die Auflösung stiller Reserven bzw. stiller Lasten kann dabei nur entsprechend dem Konzernanteil vorgenommen werden.
(d) Konzerninterne Schuldverhältnisse, Zwischenerfolge, Innenumsätze sowie Aufwendungen und Erträge aus Geschäften zwischen dem Konzern- und dem Gemeinschaftsunternehmen werden nur proportional zur Beteiligungsquote eliminiert, da nach der Interessentheorie hier konsequent proportional zur Beteiligungshöhe anderer Teilhaber eine Realisierung der Transaktionen unterstellt werden muss.

Kritik an der Quotenkonsolidierung

Trotz einiger positiver Stimmen zur Quotenkonsolidierung wird diese von der überwiegenden Literaturmeinung abgelehnt. Als auf der Interessentheorie beruhende Vorgehensweise stellt sie im einheitstheoretisch ausgerichteten Konzernabschluss einen Fremdkörper dar. Außerdem werden durch sie Posten in die Konzernbilanz eingeführt, über die die Konzernspitze nur gemeinschaftlich mit anderen Unternehmen verfügen kann. Die Fiktion der Rechtseinheit (§ 297 Abs. 3 HGB) wird in Frage gestellt. Es entsteht unter Umständen ein nur schwer zu interpretierendes Wertekonglomerat.

b) Konsolidierung von Gemeinschaftsunternehmen nach IFRS und US-GAAP

IASB-Projekt: »Joint Ventures«

Zeitgleich zur Neufassung der Konsolidierungsstandards IFRS 10 und IFRS 12 führte das IASB auch das Konvergenzprojekt »*Joint Ventures*« zur Überarbeitung der Vorschriften für Gemeinschaftsunternehmen durch. Der im Mai 2011 veröffentlichte IFRS 11 »*Joint Arrangements*« ersetzt den IAS 31 »*Interests in Joint Ventures*« sowie die Interpretation SIC-13 »*Jointly Controlled Entities – Non Monetary Contributions by Venturers*«. Da IFRS 11 nur noch den Einbezug von Gemeinschaftsunternehmen mittels der Equity-Methode zulässt, wurde im Rahmen des Projekts auch eine überarbeitete Version des IAS 28 »*Investments in Associates and Joint Ventures*« veröffentlicht. Entsprechend den Neuregelungen zur Vollkonsolidierung sind die Standards IFRS 11 und IAS 28 (amended 2011) grundsätzlich für Geschäftsjahre ab 01.01.2013 bzw. in der EU für Geschäftsjahre beginnend ab 01.01.2014 anzuwenden (vgl. 10. Kapitel, S. 619).

»Joint arrangements« nach IFRS 11

Der Standard IFRS 11 geht von dem sehr allgemeinen Begriff der gemeinsamen Vereinbarungen (*joint arrangements*) aus. Ein *joint arrangement* ist immer dann gegeben, wenn zwei oder mehrere Parteien eine gemeinschaftliche Führung ausüben (IFRS 11.4 f.). Dabei werden zwei mögliche Ausprägungsformen von *joint arrangements* unterschieden: *joint operations* (gemeinschaftliche Tätigkeit) und *joint ventures* (Gemeinschaftsunternehmen) (IFRS 11.6). Letztere entsprechen den *jointly controlled entities* gemäß IAS 31. Die Einteilung in diese beiden Kategorien erfolgt nach den Rechten und Pflichten, die den Parteien aus der Vereinbarung entstehen. Eine gemeinschaftliche Tätigkeit bezieht sich auf Rechte an Vermögenswerten und Verpflichtungen für Schulden unter gemeinschaftlicher Führung der Parteien. Hingegen bezieht sich bei einem Gemeinschaftsunternehmen die Vereinbarung auf Rechte am gesamten Nettovermögen, das unter gemeinschaftlicher Führung der Partnerunternehmen steht.

Equity-Methode

Nach IFRS 11 sind Gemeinschaftsunternehmen ausschließlich über die Equity-Methode einzubeziehen, sofern die Voraussetzungen des IAS 28 für die Anwendung der Equity-Methode gegeben sind (IFRS 11.24). Für die Regelungen zur Equity-Methode verweist IFRS 11 auf IAS 28, der sich in seinen Vorschriften auch explizit auf Gemeinschaftsunternehmen bezieht.

Eine Einbeziehung von Gemeinschaftsunternehmen mittels der Quotenkonsolidierung ist daher nicht mehr zulässig. Mit der Abschaffung der Quotenkonsolidierung folgt das IASB der Kritik, dass die Quotenkonsolidierung dem Gedanken der Einheitstheorie widerspreche.

Angabepflichten nach IFRS 12

Die Angabepflichten zu Gemeinschaftsunternehmen sind – wie für alle Beteiligungsverhältnisse – in IFRS 12 geregelt. Für Gemeinschaftsunternehmen gelten dabei die gleichen Pflichten wie für assoziierte Unternehmen. IFRS 12 fordert verstärkt Angaben über die Art und die finanziellen Auswirkungen der Beteiligung an einem gemeinschaftlich geführten Unternehmen.

Einbezug nach der Equity-Methode nach US-GAAP

In den USA spielt die Quotenkonsolidierung (*pro rata consolidation*) seit jeher eine eher untergeordnete Rolle. Die Behandlung von *joint ventures* hängt dort von Rechtsform und Branche der Gemeinschaftsunternehmen ab. Die Bilanzierung von *corporate joint ventures*, also Gemeinschaftsunternehmen in der Rechtsform einer Körperschaft, wird in ASC 323 »*Investments - Equity-Method and Joint Ventures*« (früher APB 18) explizit geregelt. Demnach ist die vorgeschriebene Form der Einbeziehung in den Konzernabschluss die Equity-Methode (ASC 323-10-15-3). Eine quotale Einbeziehung ist nur in Ausnahmefällen zulässig.

Quotenkonsolidierung in Ausnahmefällen

Eine Ausnahmeregelung hält das AICPA lediglich für Gemeinschaftsunternehmen in der Form von *unincorporated joint ventures* bereit, die einer bestimmten Branche angehören. Diese können, falls es für die betreffende Branche üblich ist, mit der Quotenkonsolidierung in den Konzernabschluss einbezogen werden. Typisch hierfür sind etwa die Öl- und Gasbranche, die Immobilien- und Baubranche sowie der Bergbau (vgl. ASC 323-10-15 i. V. m. ASC 323-30).

Kann ein maßgeblicher Einfluss auf ein Gemeinschaftsunternehmen nicht ausgeübt werden, so sind weder Equity-Methode noch Quotenkonsolidierung anzuwenden.

2. Konsolidierung mit der Equity-Methode

Mit der Equity-Methode sind Unternehmen in den Konzernabschluss einzubeziehen, zu denen das Mutterunternehmen eine Beziehung hat, die schwächer als ein beherrschender Einfluss (*control*), aber stärker als ein reiner finanzieller Anteilsbesitz ist. Ein solcher maßgeblicher Einfluss (*significant influence*) soll dadurch zum Ausdruck gebracht werden, dass das betreffende assoziierte Unternehmen nicht mit den Anschaffungskosten, sondern zum anteiligen Eigenkapitalwert (*at equity*) abgebildet wird. Dies betrifft sowohl assoziierte Unternehmen als auch Gemeinschaftsunternehmen. Für assoziierte Unternehmen ist die Anwendung der Equity-Methode verpflichtend. Für Gemeinschaftsunternehmen kann die Equity-Methode nach HGB alternativ zur Quotenkonsolidierung angewendet werden. Nach IFRS ist die Equity-Methode für die Konsolidierung von Gemeinschaftsunternehmen verpflichtend vorgeschrieben. Ebenso kennen die US-GAAP nur die Equity-Methode (vgl. in diesem Kapitel, S. 713).

Das entscheidende Charakteristikum der Equity-Methode ist, dass nicht die Abschlussposten des assoziierten Unternehmens in die Konzernbilanz übernommen werden, sondern lediglich eine Modifizierung des Beteiligungswertes erfolgt (*one-line-consolidation*). Dieser wird, ausgehend von den Anschaffungskosten der Beteiligung, entsprechend der Entwicklung des Eigenkapitals des assoziierten Unternehmens angepasst. Die Vorgehensweise ist bei den drei betrachteten Normensystemen weitgehend identisch, lediglich die Anwendungsvoraussetzungen können im Detail geringfügig differieren.

a) Equity-Methode nach HGB

Im Folgenden werden die Vorschriften zur Equity-Methode gemäß HGB dargestellt. Soweit die Regelungen der DRS über das HGB hinausgehen, wird zusätzlich auf die Bilanzierung nach DRS eingegangen.

(1) Anwendungsvoraussetzungen

Maßgeblicher Einfluss

Übt ein in den Konzernabschluss einbezogenes Unternehmen einen maßgeblichen Einfluss auf die Geschäfts- und Finanzpolitik eines nicht einbezogenen Unternehmens aus, so ist dieses als assoziiertes Unternehmen zu qualifizieren (§ 311 HGB bzw. DRS 8.3) und die an ihm bestehende Beteiligung nach der Equity-Methode (§ 312 HGB bzw. DRS 8.4) zu bewerten sowie gesondert mit entsprechender Bezeichnung in der Konzernbilanz auszuweisen.

Da diese Voraussetzung prinzipiell auf alle TU zutrifft, muss bei Nichteinbeziehung eines solchen – z. B. in Ausübung eines Konsolidierungswahlrechtes – geprüft werden, ob dann ein Einbezug nach der Equity-Methode angezeigt ist. Zu denken ist hier vor allem an die Einbeziehungswahlrechte des § 296 HGB. Trotz eines eventuellen Einbezuges dieser Unternehmen nach der Equity-Methode sind diese jedoch weiterhin als Tochter- und damit als verbundene Unternehmen i. S. v. § 271 Abs. 2 HGB zu klassifizieren.

Beherrschender vs. maßgeblicher Einfluss

Das Kriterium zur Unterscheidung zwischen Tochterunternehmen (§ 290 HGB) und assoziierten Unternehmen liegt folglich darin, dass das beteiligte Unternehmen seinen assoziierten Unternehmen gegenüber eine schwächere Position innehat als gegenüber seinem Tochterunternehmen (maßgeblicher vs. beherrschender Einfluss). DRS 8.3 definiert maßgeblichen Einfluss als die Mitwirkung an der Geschäfts- und Finanzpolitik eines Beteiligungsunternehmens, ohne dass damit eine Beherrschung verbunden ist.

Als Indikatoren für das Vorliegen eines maßgeblichen Einflusses werden im Schrifttum z. B. die Vertretung im Vorstand oder Aufsichtsrat, die Teilnahme an unternehmenspolitischen Entscheidungen, der Austausch von Führungspersonal, intensive Lieferungs- und Leistungsbeziehungen, finanzielle und technologische Abhängigkeiten, Bereitstellung von wesentlichem Know-how oder Mitspracherechte bei der Bestellung der Mitglieder der Leitungs- und Aufsichtsorgane genannt (vgl. Busse von Colbe, W./Ordelheide, D./Gebhardt, G./Pellens, B. [2010], S. 520 f.; Baetge, J./Kirsch, H.-J./Thiele, S. [2013], S. 346 ff.; DRS 9.3). Da im Einzelfall die Feststellung trotzdem mit Schwierigkeiten verbunden sein dürfte, begründet § 311 Abs. 1 Satz 2 HGB eine widerlegbare Vermutung auf maßgeblichen Einfluss, wenn sich die Beteiligung auf mindestens 20 % der Stimmrechte des Beteiligungsunternehmens erstreckt.

Widerlegbare Assoziierungsvermutung

Da die Verpflichtung zur Equity-Bilanzierung nach § 311 HGB an der tatsächlichen Ausübung des maßgeblichen Einflusses anknüpft, ist die Vermutung dann widerlegt, wenn es nachweislich an dessen faktischer Ausübung mangelt. Als ebenfalls widerlegt anzusehen ist die Vermutung, wenn die für die Anwendung dieser Methode erforderlichen Angaben nicht zu erhalten sind oder die Rechte aus der Beteiligung nicht geltend gemacht werden können (Begründung zu § 292 des RegE HGB vom 12.04.85).

Ausnahmeregelungen

Ausnahmsweise von der Verpflichtung zur Equity-Bilanzierung befreit sind diejenigen assoziierten Unternehmen, die

(a) zusätzlich als Gemeinschaftsunternehmen zu qualifizieren sind und in Ausübung des Konsolidierungswahlrechtes nach § 310 HGB bzw. DRS 9 quotenkonsolidiert werden oder
(b) im Rahmen des Konzernabschlusses von untergeordneter Bedeutung sind (§ 311 Abs. 2 HGB bzw. DRS 8.5), wobei jedoch – wenn dies auf mehrere Unternehmen zutrifft – auf eine Gesamtbetrachtung abzustellen ist oder
(c) der maßgebliche Einfluss nur vorübergehend ausgeübt wird (DRS 8.6).

(2) Bewertung nach der Equity-Methode

Bewertungsverfahren

Die Equity-Methode ist eine besondere Form der Bestimmung des Wertansatzes einer Beteiligung. In die Konzernbilanz werden also nicht wie bei der Vollkonsolidierung die Vermögens- und Schuldposten des assoziierten Unternehmens übernommen. Es wird lediglich der Wertansatz der Beteiligung aus dem Einzelabschluss des vollkonsolidierten Unternehmens zur Übernahme in die Konzernbilanz modifiziert.

Ziel der Equity-Bewertung

Durch die Equity-Methode soll die Beteiligung in der Konzernbilanz möglichst zeitnah und letztendlich nur mit dem anteiligen Eigenkapital bewertet werden. Dies wird durch zwei Maßnahmen erreicht, deren Ausgangspunkt die erstmalige Anwendung der Equity-Methode ist.

Erstmalige Einbeziehung

Bei erstmaliger Einbeziehung einer Beteiligung nach der Equity-Methode ist der aus dem Einzelabschluss des beteiligten Unternehmens in die Konzernbilanz eingehende »Globalwert« der Beteiligung aufzuspalten in seine Bestandteile anteiliges Eigenkapital, anteilige stille Reserven und/oder einen Geschäftswert.

Dies dient als Grundlage, um die Beteiligung in den Folgeperioden einer Folgebewertung zu unterziehen. Damit entspricht die Vorgehensweise grundsätzlich der Kaufpreisallokation bei der Vollkonsolidierung, mit dem Unterschied, dass die Vermögensgegenstände und Schulden nur anteilig in die Berechnung einfließen und nicht auf die Posten des Konzernabschlusses verteilt werden, sondern innerhalb des Postens »Beteiligungen an assoziierten Unternehmen« gesammelt ausgewiesen werden. Die Konsolidierung läuft bei der Equity-Methode daher quasi im Hintergrund ab, weshalb die Methode auch als »*one-line-consolidation*« bezeichnet wird.

Folgebewertung

In den Folgeperioden sind die im ersten Schritt identifizierten Bestandteile fortzuschreiben. Dies betrifft erstens die stillen Reserven und den Goodwill und zweitens das Nettovermögen des assoziierten Unternehmens.

- Maßnahme 1: Fortschreibung der stillen Reserven und des Goodwill

Als erste Maßnahme werden in einer Nebenrechnung die stillen Reserven auf die Vermögensgegenstände des assoziierten Unternehmens verteilt und entsprechend deren Nutzungsdauer fortgeschrieben. Dabei teilen die stillen Reserven erneut das Schicksal der unterliegenden Bilanzposten. Auch der Geschäftswert ist analog der Regelungen bei der Vollkonsolidierung abzuschreiben. Durch die Fortschreibung der stillen Reserven und durch die Goodwillabschreibung verringert sich der Beteiligungswert während der Folgezeit in der Konzernbilanz hin auf das anteilige Eigenkapital des assoziierten Unternehmens.

- Maßnahme 2: Fortschreibung des Equity-Wertes um anteilige Erfolge

Die zweite Maßnahme besteht darin, den Wert der Beteiligung an dem assoziierten Unternehmen in der Konzernbilanz zu jedem Bilanzstichtag an die in der abgelaufenen Rechnungsperiode erfolgten Eigenkapitaländerungen des assoziierten Unternehmens anteilig anzupassen. Die dadurch bewirkte zeitnahe Bewertung soll die Nachteile der konventionellen Beteiligungsbewertung ausgleichen, indem sie eine GuV-wirksame Vermögensänderung beim Beteiligungsunternehmen sofort als Wertänderung der Beteiligung erfasst und zugleich einen entsprechenden Erfolg ausweist.

Dies erfordert, dass Eigenkapitalveränderungen des Beteiligungsunternehmens sich anteilig in Höhe des Beteiligungsprozentsatzes auf den Beteiligungswertansatz auswirken. Zusammenfassend ergibt sich das Korrekturschema in Tabelle 11.4 unter Berücksichtigung der Maßnahmen 1 und 2.

	Anschaffungskosten der Beteiligung	Anpassung aufgrund Maßnahme 1
–/+	Fortschreibung stille Reserven / stille Lasten	
–	Abschreibung Goodwill	
+	anteiliger Jahresüberschuss des assoz. Unternehmens	Anpassung aufgrund Maßnahme 2
–	anteiliger Jahresfehlbetrag des assoz. Unternehmens	
–	vereinnahmte Gewinnausschüttung vom assoz. Unternehmen	
–	außerplanmäßige Abschreibung	
+	Zuschreibung	
=	**Equity-Wertansatz der Beteiligung**	

Tab. 11.14: Folgebewertung der Equity-Beteiligung

In Durchbrechung des Anschaffungskostenprinzips werden im Einzelabschluss des assoziierten Unternehmens GuV-wirksame Eigenkapital-Zuwächse im Konzernabschluss anteilig dem Beteiligungswert GuV-wirksam zu-, entsprechende Eigenkapital-Minderungen von ihm abgeschrieben. Fallen bei Dividendenausschüttungen das Jahr der Gewinnerwirtschaftung und das Jahr der Ausschüttung auseinander, so müssen die Beteiligungserträge GuV-wirksam gegen den Beteiligungswert verrechnet werden, da sie in der Ausschüttungsperiode auch im Einzelabschluss des beteiligten Unternehmens – und damit auch in der Summen-GuV – als Beteiligungsertrag erfasst sind. Der Konzern jedoch hat den Ertrag des assoziierten Unternehmens bereits im Jahr der Erwirtschaftung anteilig GuV-wirksam vereinnahmt. Durch die GuV-wirksame Verrechnung wird also eine Doppelerfassung vermieden. Falls der auf diese Weise angepasste Beteiligungswert den beizulegenden Wert überschreitet, kommt ggf. eine außerplanmäßige Abschreibung in Betracht, die bei Wegfall des Grundes ggf. eine Zuschreibung auslösen kann.

Weitere Wertkorrekturen

Als weitere Korrekturen im Rahmen der Equity-Bewertung sieht § 312 Abs. 5 HGB die Einbeziehung des assoziierten Unternehmens in die konzerneinheitliche Bewertung sowie die Eliminierung von Zwischenerfolgen aus Lieferungen und Leistungen mit den assoziierten Unternehmen vor. Die konzerneinheitliche Bewertung ist dabei zur Wahl gestellt. Bezüglich der Zwischenerfolgseliminierung (vgl. in diesem Kapitel, S. 730 ff.) schränkt das Gesetz die Pflicht auf den Fall ein, dass »die für die Bewertung maßgeblichen Sachverhalte bekannt oder zugänglich sind«. Sie hat deshalb in der Praxis keine wesentliche Bedeutung.

(3) Buchwertmethode

Der bilanzielle Ansatz der Beteiligung erfolgt nach § 312 Abs. 1 HGB sowie nach DRS 8.17 f. ausschließlich gemäß der auch international üblichen Buchwertmethode.

Zeitbasis der erstmaligen Equity-Bewertung

Der Wertansatz der Beteiligung und des Unterschiedsbetrags bei der Erstkonsolidierung ist gemäß DRS 8.14 auf Basis des Zeitpunkts des Anteilserwerbs zu berechnen. Dabei ist auf den Zeitpunkt abzustellen, zu dem das Unternehmen assoziiertes Unternehmen geworden ist (§ 312 Abs. 3 HGB). Können die Wertansätze zu diesem Zeitpunkt nicht endgültig ermittelt werden, ist innerhalb der darauf folgenden zwölf Monate eine Anpassung vorzunehmen. Während nach § 312 Abs. 6 HGB lediglich vom letzten Jahresabschluss des assoziierten Unternehmens (bzw. dessen Konzernabschluss, falls das assoziierte Unternehmen zur Erstellung eines solchen verpflichtet ist) auszugehen ist, verlangt DRS 8.12 grundsätzlich die Aufstellung eines Zwischenabschlusses. Dieser muss gemäß DRS 8.13 nur dann nicht aufgestellt werden, wenn nur bis zu drei Monate seit der Aufstellung des Abschlusses des assoziierten Unternehmens vergangen sind.

Eine Anpassung der Bewertung im Abschluss des assoziierten Unternehmens an konzerneinheitliche Normen muss nicht vorgenommen werden, die angewandten Bilanzierungsregeln müssen allerdings den Vorschriften des HGB und DRS entsprechen (vgl. DRS 8.8) und sind im Konzernanhang anzugeben (§ 312 Abs. 5 Satz 1 und 2 HGB bzw. DRS 8.49).

Buchwertmethode

Nach der Buchwertmethode wird die Beteiligung mit dem Buchwert aus dem Einzelabschluss des beteiligten verbundenen Unternehmens in den Konzernabschluss übernommen. Sie ist als eigener Posten unter entsprechender Bezeichnung in der Konzernbilanz zu führen (§ 312 Abs. 1 HGB und DRS 8.44).

Aufteilung des Unterschieds-betrags

Der Unterschiedsbetrag zwischen den Anschaffungskosten der Beteiligung und dem anteiligen bilanziellen Eigenkapital des assoziierten Unternehmens ist in einer Nebenrechnung »den Wertansätzen von Vermögensgegenständen und Schulden des assoziierten Unternehmens insoweit zuzuordnen, als deren Wert höher oder niedriger ist als ihr Buchwert« (§ 312 Abs. 2 Satz 1 HGB bzw. DRS 8.19). Für die Auflösung der stillen Reserven und stillen Lasten gelten dieselben Regeln wie bei der Vollkonsolidierung (vgl. in diesem Kapitel, S. 672 ff.). Diese zugeordneten Beträge sind in der Folgezeit entsprechend den Posten, auf die sie verteilt wurden, fortzuführen, d. h. abzuschreiben oder aufzulösen (§ 312 Abs. 2 Satz 2 HGB bzw. DRS 8.20). Damit vermindert sich der Equity-Wert der Beteiligung entsprechend.

Goodwill/ Badwill

Für die weitere Behandlung eines nach Zuordnung verbleibenden Unterschiedsbetrags, der dann als Goodwill oder Badwill zu interpretieren ist, finden die auch für die Vollkonsolidierung geltenden Vorschriften des § 309 HGB Anwendung. Nach DRS 8.23 f. ist der Goodwill entsprechend über eine maximale Nutzungsdauer von 20 Jahren abzuschreiben; auch die Regeln zur Behandlung eines negativen Unterschiedsbetrages gelten entsprechend sinngemäß (vgl. in diesem Kapitel, S. 679 ff.).

Ausweis der Beteiligung

Der Ausweis erfolgt unter dem Posten »Beteiligungen an assoziierten Unternehmen«. Der Unterschiedsbetrag zwischen den Anschaffungskosten der Beteiligung und dem anteiligen bilanziellen Eigenkapital und der darin enthaltene Geschäftswert bzw. ein verbleibender negativer Unterschiedsbetrag (Badwill) sind im Anhang anzugeben (§ 312 Abs. 1 Satz 2 HGB bzw. DRS 8.47). In den Folgejahren ist nach DRS 8.49 die Summe aller positiven und negativen Geschäftswerte im Anhang anzugeben, die auf alle assoziierten Unternehmen entfällt. Ein Ausweis des Unterschiedsbetrag als Unterposten der Beteiligung in der Bilanz erfolgt nicht.

Im Folgenden wird anhand eines Beispiels die Vorgehensweise der Buchwertmethode veranschaulicht.

Beispiel zur Buchwertmethode

Es wird der Kauf einer 30 %-Beteiligung unterstellt, die als Beteiligung an einem assoziierten Unternehmen zu qualifizieren ist. Der Kauf erfolgt am 31.12.01 zu einem Kaufpreis von 1.000 GE. Das anteilige Eigenkapital des assoziierten Unternehmens beträgt 400 GE. In dem resultierenden Unterschiedsbetrag von 600 GE sind anteilige stille Reserven i. H. v. 400 GE enthalten. 300 GE davon werden einer Maschine zugeordnet, deren Restnutzungsdauer bei linearer Abschreibung noch drei Jahre beträgt. 100 GE entfallen auf ein Grundstück. Die verbleibenden 200 GE werden als Geschäftswert (Goodwill) angesehen. Zum 31.12.02 weist das assoziierte Unternehmen einen Jahresüberschuss von 100 GE aus. Im Konzernverbund werden Geschäftswerte einheitlich über zwei Jahre abgeschrieben.

In der Konsolidierungsspalte zum 31.12.01 muss nur eine Umgliederung aus dem Posten »Beteiligungen« des Summenabschlusses auf den Konzernbilanzposten »Beteiligungen an assoziierten Unternehmen« i. H. v. 1.000 GE erfolgen.

Der Unterschiedsbetrag per 31.12.01 setzt sich wie folgt zusammen:

Geschäftswert		200 GE
Stille Reserven, davon:		400 GE
- Maschinen	300 GE	
- Grundstücke	100 GE	

In der Nebenrechnung wird der Unterschiedsbetrag um die Veränderungen der stillen Reserven und des Geschäftswerts zum 31.12.02 fortgeschrieben:

Posten in GE	**AK**	**Abschreibung lfd. GJ**	**Zuschreibung**	**Restbuchwert**	**Abschreibung kumuliert**
Geschäftswert	200	100	–	100	100
Stille Reserven:					
– Maschinen	300	100	–	200	100
– Grundstücke	100	–	–	100	–
Summe	**600**	**200**	**–**	**400**	**200**

Tab. 11.15: Nebenrechnung zum Unterschiedsbetrag 31.12.02

	AK der Beteiligung	1.000
–	Abschreibung Geschäftswert	100
–	Abschreibung stille Reserven	100
+	anteiliger JÜ des assoz. Unternehmens (GuV-wirksam)	30
=	**Stand 31.12.02**	**830**

Tab. 11.16: Nebenrechnung zur Fortschreibung des Beteiligungswertes 31.12.02 (in GE)

Maßnahmen in der Konsolidierungsspalte zum 31.12.02

Die Konsolidierungsspalte zum Abschlusszeitpunkt 31.12.02 bietet dadurch bei der Buchwertmethode das folgende Bild:

Posten in GE	**Summenbilanz**		**Konsolidierungsspalte**		**Konzernbilanz**	
	A	**P**	**S**	**H**	**A**	**P**
Beteiligungen	1.000			1.000		
Beteiligungen an assoziierten Unternehmen			1.000	170	830	
Bilanzergebnis			170			– 170

Tab. 11.17: Fortschreibung des Beteiligungswertes 31.12.02 (in GE)

Der im Beteiligungswert enthaltene Unterschiedsbetrages i. H. v. 400 GE ist wieder gesondert im Anhang anzugeben.

Verrechnung kumulierter Wertänderungen der Vorperioden

Da bei der Folgekonsolidierung in der Konsolidierungsspalte immer von dem Beteiligungswert aus dem Einzelabschluss des beteiligten Unternehmens ausgegangen werden muss, müssen bei Folgekonsolidierungen die in Vorperioden GuV-wirksamen Änderungen kumuliert erfolgsneutral den Ansätzen der Konzernbilanz zu- oder abgeschrieben werden. Die Gegenbuchung ist in den Konzernrücklagen vorzunehmen.

Kein Ausweis eines negativen Beteiligungswertes

Dabei kann die Situation auftreten, dass anteilige Verluste den Beteiligungswert übersteigen, sodass nach streng methodischer Vorgehensweise ein negativer Beteiligungswert auszuweisen wäre. Ein solcher ist im Konzernabschluss nicht anzusetzen, aber in einer Nebenrechnung weiterzuführen, bis sich wieder ein positiver Wert ergibt (DRS 8.27). Nur wenn aus den Verlusten Verpflichtungen für das beteiligte Unternehmen entstehen, muss eine entsprechende Verbindlichkeit oder Rückstellung passiviert werden.

Falls vor der Equity-Bewertung der Abschluss des assoziierten Unternehmens an die konzerneinheitliche Bewertung angepasst wurde, sind auch die sich hieraus ergebenden Unterschiede weiterzuverfolgen.

(4) Equity-Bewertung im Anlagespiegel

Die Wertfortschreibung im Rahmen der Equity-Methode ist nicht ohne Weiteres auf die Definitionen der einzelnen Spalten des Anlagespiegels zu übertragen. Die historischen Anschaffungskosten sind bei der Buchwertmethode identisch mit dem Beteiligungswert aus dem Einzelabschluss des beteiligten Unternehmens.

Abschreibungen stiller Reserven

Unproblematisch ist auch der Ausweis von Abschreibungen auf aufgedeckte stille Reserven – sie sind auch im Anlagespiegel als Abschreibungen zu zeigen – und von Käufen bzw. Verkäufen von Beteiligungen an assoziierten Unternehmen, die als Zu- bzw. Abgang zu erfassen sind.

Wertfortschreibung durch anteilige Erfolge

Nicht in die Definition der Spalten des Anlagespiegels jedoch passen Wertänderungen aufgrund anteiliger Gewinne bzw. Verluste des assoziierten Unternehmens. Sie sind prinzipiell keine mengenmäßigen Ausweitungen oder Minderungen des Anlagevermögens und können somit auch keine Zu- bzw. Abgänge sein. Andererseits machen sie – soweit es sich um Gewinne handelt – auch keine vorhergegangenen außerplanmäßigen Abschreibungen rückgängig, sind also streng genommen auch keine Zuschreibungen. Gleichwohl erscheint es sinnvoll, anteilige Gewinne bzw. Verluste des assoziierten Unternehmens in die Spalten Abschreibungen/Zuschreibungen aufzunehmen. Die Zugangs-/Abgangsspalten blieben dann tatsächlichen Mengenänderungen vorbehalten.

Interpretationsprobleme

Durch die Eigenschaft der Equity-Methode, unter Umständen den Wertansatz auch über die historischen Anschaffungskosten hinaus anwachsen zu lassen, kann dabei die Situation entstehen, dass die Zuschreibungen nach Saldierung von Zu- und Abschreibungen des Vorjahres die kumulativen Abschreibungen übersteigen und somit negative Abschreibungen auszuweisen sind. Dies kann dazu führen, dass die Jahresabschreibungen größer als die kumulativen Abschreibungen sind. Diese im Anlagespiegel des Einzelabschlusses nicht mögliche Konstellation kann für Interpreten des Konzernabschlusses zu Missverständnissen führen.

Um dies zu verhindern, ist auch eine nur für Zwecke der Equity-Bewertung aufzunehmende Spalte denkbar, die die Equity-Korrekturbuchungen erfasst.

b) Equity-Methode nach IFRS und US-GAAP

Die Bilanzierung von assoziierten Unternehmen und von Gemeinschaftsunternehmen nach IFRS im Konzernabschluss ist in IAS 28 geregelt. Durch die Änderung der Bilanzierungsvorschriften für Gemeinschaftsunternehmen beziehen sich der überarbeitete IAS 28 (amended 2011) und die darin enthaltenen Regelungen der Equity-Methode nun auch immer auf den Einbezug von Gemeinschaftsunternehmen (vgl. in diesem Kapitel, S. 713). Die grundlegenden Vorschriften zur Durchführung der Equity-Methode haben sich durch die Überarbeitung jedoch nicht geändert.

Assoziierte Unternehmen nach IFRS

Ein Unternehmen, das weder als Tochter- noch als Gemeinschaftsunternehmen zu qualifizieren ist, wird dann als assoziiertes Unternehmen (*associate*) bezeichnet, wenn der Investor über einen maßgeblichen Einfluss (*significant influence*) verfügt (IAS 28.5 f.). Maßgeblicher Einfluss ist dann gegeben, wenn der Investor an finanziellen oder betrieblichen Entscheidungsprozessen teilnehmen kann, ohne jedoch die Kontrolle darüber auszuüben (IAS 28.3). Bei einer direkten oder indirekten Beteiligung von mindestens 20 % wird widerlegbar das Vorliegen eines maßgeblichen Einflusses vermutet (IAS 28.5). IAS 28.6 enthält Beispiele für Anzeichen maßgeblichen Einflusses. Treffen auf einen Investor eines oder mehrere der folgenden Merkmale zu, kann im Regelfall von einem maßgeblichen Einfluss ausgegangen werden: Vertretung im *board of directors* bzw. einem äquivalenten Leitungsorgan, Beteiligung an Grundlagenentscheidungen, wesentliche Geschäftsbeziehungen, Austausch von Führungskräften oder technologische Abhängigkeit (IAS 28.6). Die Vorschriften der IFRS verlangen nicht, dass der maßgebliche Einfluss tatsächlich ausgeübt wird. Um als assoziiertes Unternehmen qualifiziert zu werden, genügt schon die Möglichkeit einer Einflussnahme.

Equity-Methode verpflichtend

Ein assoziiertes Unternehmen wird gemäß IAS 28.10 mit der Equity-Methode einbezogen. Ausnahmen von dieser Regel gelten nach IAS 28.16 f. für:

(a) Anteile, die mit Wiederverkaufsabsicht erworben wurden und nach IFRS 5 zu behandeln sind;
(b) Anteile, für die ein gemäß IFRS 10.4 befreiender Konzernabschluss von einem übergeordneten MU erstellt wird, solange die dort genannten Voraussetzungen erfüllt sind.

Zugangsbewertung

Der erstmalige Ansatz einer Beteiligung an einem assoziierten Unternehmen erfolgt gemäß IAS 28.10 zu Anschaffungskosten. Der Unterschiedsbetrag zwischen den Anschaffungskosten und dem Anteil am *fair value* der identifizierbaren Vermögenswerte, Schulden und Eventualverbindlichkeiten des assoziierten Unternehmens ist in Übereinstimmung mit den Vorschriften von IFRS 3 (vgl. in diesem Kapitel, S. 689 f.) als Goodwill oder Badwill zu behandeln. Hierbei kommt es zu einer vollständigen Auflösung der stillen Reserven, die nicht durch die Anschaffungskosten begrenzt wird. Insofern bestehen Unterschiede zur deutschen Buchwertmethode. Ein möglicherweise entstehender Badwill wird sofort GuV-wirksam vereinnahmt (IAS 28.32(b)).

Folgebewertung

In den Folgeperioden ist gemäß IAS 28.10 der Wertansatz der Beteiligung sowohl um anteilige Gewinne bzw. Verluste als auch um weitere anteilige Veränderungen des Eigenkapitals des assoziierten Unternehmens zu erhöhen bzw. zu vermindern. Auch Abschreibungen der stillen Reserven sind zu berücksichtigen (IAS 28.32). Da der Goodwill aber nicht separat angesetzt wird, sieht IAS 28.42 explizit von einem *impairment test* nach IAS 36 für den Goodwill ab. Statt dessen ist der gesamte Beteiligungswert einem *impairment test* nach IAS 36 zu unterziehen, wenn unter Anwendung der Vorschriften des IAS 39 eine Wertminderung angezeigt ist (IAS 28.40). IAS 28.42 regelt die genaue Vorgehensweise. In den Folgeperioden ist es bei der Equity-Methode möglich, die Wertminderung vollständig (d. h. auch in Höhe des darin enthaltenen Goodwill) im Wert aufzuholen.

Einheitliche Bilanzierungs- und Bewertungsmethoden

IAS 28.35 f. fordert grundsätzlich eine konzerneinheitliche Bilanzierung und Bewertung auch für assoziierte Unternehmen. Sind solche Berechnungen nicht durchführbar, so muss diese Tatsache im Anhang offen gelegt werden. Für die Anwendung der Equity-Methode ist jeweils der letzte verfügbare Abschluss des assoziierten Unternehmens zu verwenden. Dieser ist gewöhnlich zum selben Stichtag aufzustellen wie der des Konzerns. Ist dies nicht möglich, so erstellt das assoziierte Unternehmen einen Zwischenabschluss, von dem nur dann abgesehen werden kann, wenn dies aufgrund der fehlenden Leitungsmacht des Mutterunternehmens nicht durchführbar oder nicht praktikabel ist. Jedoch sind dann die wesentlichen Ereignisse zwischen dem Anteilseigner und dem assoziierten Unternehmen nachträglich zu berücksichtigen (IAS 28.33 f.).

Angaben im Anhang nach IFRS

Nach den Vorschriften der IFRS sind für die Anwendung der Equity-Methode zahlreiche Angaben im Anhang zu machen. Künftig sind auch die Anhangangaben zu Beteiligungen an assoziierten Unternehmen im neuen Standard IFRS 12, der alle Angabepflichten zu sämtlichen Beteiligungsverhältnissen bündelt, geregelt. Anzugeben ist für jedes wesentliche assoziierte Unternehmen bzw. Gemeinschaftsunternehmen insbesondere (IFRS 12.20 ff.):

- Angabe der *fair values* von assoziierten Unternehmen, für die Börsenpreise verfügbar sind,
- zusammengefasste Finanzdaten über die assoziierten Unternehmen, einschließlich aggregierter Bilanz- und GuV-Posten.

Für unwesentliche assoziierte Unternehmen bzw. Gemeinschaftsunternehmen sind die Informationen zusammengefasst anzugeben.

Assoziierte Unternehmen nach US-GAAP

Die Equity-Bewertung ist in den USA in ASC 323 »*Investments – Equity-Method and Joint Ventures*« geregelt. Dort werden als die zwei wesentlichen Methoden der Bilanzierung von Beteiligungen die Bewertung zum Anschaffungswert und alternativ die Equity-Bewertung aufgezählt. Die Equity-Bewertung ist in den USA sowohl für den Konzernabschluss als auch für den Einzelabschluss zulässig. Im Konzernabschluss ist sie neben den beschriebenen *joint ventures* auch auf assoziierte Unternehmen anzuwenden. Unter *associates* werden nach US-GAAP solche Unternehmen gefasst, bei denen der Erwerber der Beteiligungen befähigt ist, einen maßgeblichen Einfluss auf die Geschäfts- und Finanzpolitik auszuüben, obwohl er weniger als 50 % der Stimmrechtsanteile hält (ASC 323-10-15-3 ff.). Nach den Vorschriften der US-GAAP genügt, wie nach IFRS, das bloße Vorliegen der Möglichkeit der Einflussnahme.

ASC 323-10-15-6 enthält eine Auflistung von Indikatoren für die Identifikation eines maßgeblichen Einflusses, die sich nicht wesentlich von denen des IAS 28 unterscheiden. Kommt es zu einem Verlust des maßgeblichen Einflusses, so ist ein Ausweis mit der Equity-Methode nicht mehr zulässig. Vielmehr muss die Beteiligung nun zu Anschaffungskosten bilanziert werden, die dem Equity-Buchwert zum Zeitpunkt des Verlustes des maßgeblichen Einflusses entsprechen (ASC 323-10-35-36).

Buchwertmethode

Auch nach den US-amerikanischen Vorschriften ist der Ausweis der Equity-Bewertung lediglich durch die Buchwertmethode möglich. Die Vereinheitlichung von Ansatz und Bewertung wird nach den Vorschriften der US-GAAP nicht explizit gefordert. Auch eine Stichtagsanpassung ist nach US-GAAP nicht nötig. Vielmehr ist es nach ASC 323-10-35-6 zulässig, falls es zu zeitlichen Verzögerungen bei dem assoziierten Unternehmen kommt, dessen letzten Abschluss zu verwenden. Dann jedoch sollte die Verzögerung von Periode zu Periode gleich sein. Den Ausgangspunkt der Bewertung des assoziierten Unternehmens stellen die Anschaffungskosten dar, jedoch ist in der Folgezeit ein die Anschaffungskosten übersteigender Wertansatz zulässig (ASC 323-10-30-2, ASC 323-10-35-4). Die stillen Reserven werden, falls vorhanden, anteilig aufgelöst und den entsprechenden Vermögenswerten und Schulden hinzugerechnet. Ein evtl. entstehender Goodwill oder Badwill wird in den Folgeperioden gemäß den Vorschriften der Vollkonsolidierung aufgelöst. Dementsprechend wird seit Einführung von FAS 141/142 (ASC 805/350) auch ein nach der Equity-Methode entstehender Goodwill nicht mehr planmäßig abgeschrieben. Nach ASC 350-20-35-58 f. ist für diesen jedoch kein *impairment test* nach den Vorschriften von ASC 350 vorzunehmen, sondern lediglich eine mögliche außerplanmäßige Abschreibung nach ASC 323-10-35-32 zu prüfen.

Auch nach den Vorschriften der US-GAAP gilt bei der Anwendung der Equity-Methode der Grundsatz der Wesentlichkeit. Somit gilt hier, wie auch nach IFRS und HGB, dass von der Bewertung einer Beteiligung mit der Equity-Methode abgesehen werden kann, falls diese nicht wesentlich für den Informationsgehalt des Konzernabschlusses ist.

B. Konsolidierung von Forderungen und Verbindlichkeiten

Keine »innerkonzernlichen« Forderungen/Verbindlichkeiten

Ein rechtlich selbstständiges Unternehmen kann in seiner Bilanz keine Forderungen oder Verbindlichkeiten gegen sich selbst ausweisen. Überträgt man dieses Faktum unter dem Gesichtspunkt des Konzerns als einheitlichem Unternehmen auf die Konzernbilanz, so dürfen in dieser nur die gegenüber nicht einbezogenen Unternehmen bestehenden Forderungen und Verbindlichkeiten zum Ausweis kommen. Aus den in die Konzernbilanz zusammenfließenden Einzelbilanzen der einbezogenen Tochterunternehmen sind also alle Bilanzposten mit Forderungs- und Verbindlichkeitscharakter gegenüber anderen einbezogenen Unternehmen zu eliminieren.

I. Vorschriften zur Schuldenkonsolidierung

Im Folgenden werden zunächst die normativen Grundlagen nach HGB, IFRS und US-GAAP besprochen, bevor auf die Durchführung der Schuldenkonsolidierung eingegangen wird. In beiden Bereichen bestehen keine wesentlichen Unterschiede zwischen den drei Rechnungslegungsnormen.

1. Regelung nach HGB

Rechtsgrundlage

Der theoretischen Forderung nach einer Eliminierung aller konzerninternen Schuldverhältnisse wird durch das HGB in § 303 Abs. 1 Rechnung getragen: »Ausleihungen und andere Forderungen, Rückstellungen und Verbindlichkeiten zwischen den in den Konzernabschluss einbezogenen Unternehmen sowie entsprechende Rechnungsabgrenzungsposten sind wegzulassen.« Diese Aufzählung ist nicht erschöpfend. Vielmehr sind sämtliche Bilanzposten mit Forderungscharakter gegenüber anderen einbezogenen Konzernunternehmen mit den ihnen gegenüberstehenden Verbindlichkeitsposten aufzurechnen, um so dem Gedanken der Einheitstheorie in vollem Umfang Rechnung zu tragen. Soweit es sich bei den beteiligten Parteien um einbezogene Konzernunternehmen handelt, kommen für eine Aufrechnung in Frage:

Betroffene Bilanzposten

- Eingeforderte ausstehende Einlagen,
- Geleistete bzw. erhaltene Anzahlungen,
- Ausleihungen an verbundene Unternehmen,
- Forderungen gegen verbundene Unternehmen,
- Sonstige Vermögensgegenstände,
- Sonstige Wertpapiere,
- Rechnungsabgrenzungsposten,
- Rückstellungen,
- Verbindlichkeiten gegenüber verbundenen Unternehmen,
- Verbindlichkeiten gegenüber Unternehmen, mit denen ein Beteiligungsverhältnis besteht,
- Eventualverbindlichkeiten oder Haftungsverhältnisse,
- finanzielle Verpflichtungen, soweit sie sich nicht aus der Bilanz ergeben und auch nicht nach § 251 HGB anzugeben sind.

Rückstellungen

Rückstellungen aus Geschäftsverbindungen mit anderen einbezogenen Konzernunternehmen stellen aus Sicht des Konzerns Ansprüche gegen sich selbst dar und sind somit prinzipiell »wegzulassen«. Eine andere Behandlung kann jedoch geboten sein, wenn diese Rückstellungen aus Sicht des Konzerns nur ihren Charakter wechseln, prinzipiell jedoch aus Konzernsicht rückstellungsfähig oder rückstellungspflichtig sind. Hier lässt sich an Garantierückstellungen gegenüber einem anderen einbezogenen Unternehmen denken, die aus Konzernsicht als Wertberichtigungen interpretiert werden können und insofern für den Konzernabschluss lediglich umzuqualifizieren sind.

Eventualverbindlichkeiten und Haftungsvermerke

Die Eliminierungspflicht von Eventualverbindlichkeiten – als Untergruppe der Verbindlichkeiten allgemein – ergibt sich aus § 303 Abs. 1 HGB. Die anderen Haftungsverhältnisse sowie die sonstigen finanziellen Verpflichtungen nach § 314 Abs. 1 Nr. 2a HGB sind auf der Grundlage des in § 297 Abs. 3 HGB festgehaltenen Einheitsgedankens des Konzerns zu eliminieren. Wie bereits bei den Bilanzposten sind bei den Vermerken unter dem Bilanzstrich nur die Ansprüche Dritter gegen das Gesamtunternehmen Konzern festzuhalten. Im Einzelfall können hiervon betroffen sein:

- Das Wechselobligo sowie
- Bürgschaften und Gewährleistungsverträge sowie Vermerke wegen Sicherungsübertragungen und (Grund-)Pfandrechtsbestellungen.

Drittschuldverhältnisse

Auch bei aufrechnungsfähigen Drittschuldverhältnissen kann sich eine Aufrechnung von Forderungen und Verbindlichkeiten ergeben. Damit ist der Fall gemeint, dass den Verbindlichkeiten eines einbezogenen Konzernunternehmens gegenüber einem nicht einbezogenen dritten Unternehmen eine an dieses dritte Unternehmen gerichtete Forderung eines anderen einbezogenen Konzernunternehmens gegenübersteht. Wie für den Einzelabschluss setzt die Saldierung hier voraus, dass die entsprechenden Forderungen und Verbindlichkeiten als gleichartig, gleichfristig und gleichwertig zu betrachten sind (vgl. § 387 BGB). Sind diese Voraussetzungen vorhanden, so kann eine Aufrechnung durchgeführt werden. Vorgeschrieben ist dies durch das HGB jedoch nicht, da § 303 Abs. 1 HGB nur von einer Elimination von Forderungen und Verbindlichkeiten »zwischen einbezogenen Unternehmen« spricht.

Schuldenkonsolidierung bei Gemeinschafts- und assoziierten Unternehmen

Auch bei Quotenkonsolidierung bildet § 303 Abs. 1 HGB die Rechtsgrundlage für die Schuldenkonsolidierung, jedoch wird diese auf den Anteil am Kapital des Gemeinschaftsunternehmens beschränkt. Demnach werden Aufrechnungsdifferenzen und Schuldverhältnisse nur quotal eliminiert (vgl. auch DRS 9.10). Bestehen Ansprüche oder Verpflichtungen zwischen einem Konzernunternehmen und einem assoziierten Unternehmen, so kann auf eine gegenseitige Aufrechnung verzichtet werden. Der Gesetzgeber schreibt bei der Bilanzierung *at equity* lediglich die Zwischenerfolgseliminierung als Konsolidierungsvorgang verpflichtend vor (§ 312 Abs. 5 Satz 3 HGB; DRS 8.30). Gegen eine freiwillige Ausdehnung der Konsolidierungsmaßnahmen im Rahmen der Schuldenkonsolidierung ist nichts einzuwenden.

Ausnahmeregelung

Dem Prinzip der Wesentlichkeit entsprechend kann eine Aufrechnung der Forderungen und Verbindlichkeiten innerhalb des Konzerns unterbleiben, »wenn die wegzulassenden Beträge für die Vermittlung eines den tatsächlichen Verhältnissen entsprechenden Bildes der Vermögens-, Finanz- und Ertragslage des Konzerns nur von untergeordneter Bedeutung sind« (§ 303 Abs. 2 HGB). Damit wird der Tatsache Rechnung getragen, dass eine konsequente Durchführung der Schuldenkonsolidierung im Einzelfall mit einem Aufwand verbunden sein kann, der im Verhältnis zur dadurch bewirkten Mehrinformation unangemessen hoch ist.

Auch hier ist im Einzelfall zu prüfen, wann Wesentlichkeit bzw. Unwesentlichkeit vorliegt. Als Maßstab darf jedoch nicht der errechnete Saldo aus den betreffenden Forderungen und Verbindlichkeiten herangezogen werden. Maßgebend ist vielmehr die jeweilige Summe der Verbindlichkeiten bzw. Forderungen, die in die Aufrechnung eingehen sollten.

2. Regelungen nach IFRS und US-GAAP

Grundlagen

Nach IFRS 10.B86 und ASC 810 (früher ARB 51) sind im Konzernabschluss Ansprüche und Verpflichtungen zwischen einbezogenen Unternehmen vollständig zu eliminieren, unabhängig davon, ob Minderheitsaktionäre existieren oder nicht. Dabei enthält IFRS 10.B86 keine Aufzählung der davon betroffenen

Bilanzposten, vielmehr wird die Schuldenkonsolidierung nicht detailliert angesprochen.

Schuldenkonsolidierung bei Gemeinschafts- und assoziierten Unternehmen - nach IFRS

Für assoziierte Unternehmen und Gemeinschaftsunternehmen, die über die Equity-Methode konsolidiert werden, enthält IAS 28 bezüglich der Schuldenkonsolidierung keine expliziten Vorschriften. Vielmehr gilt auch hier, wie bei der Zwischenerfolgseliminierung, der Verweis von IAS 28.26 auf die Regeln der Vollkonsolidierung. Die Eliminierung soll auch hier gemäß der Höhe der Beteiligungsquote am assoziierten Unternehmen bzw. am Gemeinschaftsunternehmen erfolgen. Dies führt zu einer anteiligen Aufrechnungspflicht, während HGB und US-GAAP von einer Verpflichtung hierzu absehen.

- Nach US-GAAP

Da die Quotenkonsolidierung in den USA eher selten Anwendung findet, mangelt es hierfür an geltenden Regeln. Deshalb liegen für diesen Anwendungsfall der Schuldenkonsolidierung keine expliziten Regelungen vor, jedoch lässt sich vermuten, dass ähnlich wie nach HGB eine anteilige Schuldenkonsolidierung in Höhe der Beteiligungsquote vorzunehmen ist. In den Vorschriften des ASC 323, das die Rechtsgrundlage für die Equity-Bewertung bildet, findet man lediglich Vorschriften über die Zwischenerfolgseliminierung. Über weitere Konsolidierungsmaßnahmen schweigt sich ASC 323 aus und solche werden im Regelfall wohl auch nicht vorgenommen (vgl. Niehus, R. J./Thyll, A. [2000], S. 137).

Auch nach IFRS und US-GAAP ist wie nach HGB im Falle einer untergeordneten Bedeutung der Forderungen und Verbindlichkeiten ein Verzicht auf die Schuldenkonsolidierung nach dem allgemein gültigen Grundsatz der Wesentlichkeit zulässig.

II. Durchführung der Schuldenkonsolidierung

Soweit einer konzerninternen Forderung bei einem anderen Konzernunternehmen eine Verbindlichkeit in gleicher Höhe gegenübersteht, werden die beiden Posten im Rahmen der Konsolidierung lediglich gegeneinander aufgerechnet. Eine GuV-Wirkung ist damit nicht verbunden. Es erfolgt lediglich eine Bilanzverkürzung.

Aufrechnungsdifferenzen formeller Natur

Nicht immer jedoch stehen sich die aufzurechnenden Posten in gleicher Höhe gegenüber. Eine Ursache für solche Differenzen können buchungstechnische Unterschiede sein, die sich zum einen aus gegenüber dem Bilanzstichtag vor- oder nachgelagerten Buchungen, aber auch aus Fehlbuchungen ergeben können. So kann z. B. bei einem Konzernunternehmen eine Forderung aus Warenlieferung gegenüber einem anderen Konzernunternehmen bereits verbucht sein, während das andere Unternehmen die Warenlieferung bis zum Bilanzstichtag noch nicht erhalten und dementsprechend eine Verbindlichkeit noch nicht verbucht hat. Derselbe Sachverhalt kann sich aus längeren Laufzeiten für Überweisungen ergeben: Die Verbindlichkeit ist bereits getilgt, der Geldeingang beim Gläubiger steht aber noch aus. Da die hieraus resultierenden Differenzen nicht auf materiellen, sondern nur formellen Unterschieden basieren, werden sie als sog. »unechte Aufrechnungsdifferenzen« nicht GuV-wirksam behandelt, sondern im Rahmen der Konsolidierungsmaßnahmen berichtigt.

Aufrechnungsdifferenzen materieller Natur

Neben diesen buchungstechnischen Unterschieden können sich jedoch auch materielle Unterschiede aus verschieden hohen Wertansätzen von Forderungen und Verbindlichkeiten in den jeweiligen Einzelbilanzen ergeben. Durch das grundlegende Prinzip der vorsichtigen Bewertung wird dabei im Regelfall per Saldo der Wert der Verbindlichkeiten den Wert der Forderungen übersteigen. Im Einzelnen sind hier – unter anderem – folgende Ursachen denkbar:

- Bildung einer Rückstellung für ungewisse Verbindlichkeiten gegenüber einem einbezogenen Konzernunternehmen: Dieser Rückstellung entspricht keine Forderung bei einem anderen einbezogenen Unternehmen, gegen die sie aufgerechnet werden könnte;
- Abzinsung einer Forderung gegenüber einem anderen Konzernunternehmen, wogegen dessen Verbindlichkeit nach wie vor mit dem Erfüllungsbetrag angesetzt wird;
- Abschreibung einer Forderung gegenüber einem anderen Konzernunternehmen, dessen Verbindlichkeit weiterhin zum Erfüllungsbetrag bilanziert wird;
- Darlehen mit Disagio zwischen Konzernunternehmen, falls das verpflichtete Konzernunternehmen das Disagio nicht aktiviert hat;
- Unterschiedliche Wertansätze bzw. Umrechnungskurse bei Forderungen bzw. Verbindlichkeiten zwischen in- und ausländischen einbezogenen Konzernunternehmen.

Fremdwährungsforderungen bzw. -verbindlichkeiten

Speziell für die Umrechnung konzerninterner Fremdwährungsforderungen bzw. -verbindlichkeiten wird die generelle Anwendung des Tageskurses zum Bilanzstichtag vorgeschlagen. Dies gilt auch nach IAS 21.45. Die hiermit verbundene Verletzung des Imparitätsprinzips lässt sich aus dem Gedanken der innerkonzernlichen gegenseitigen Deckung von Forderungen und Verbindlichkeiten begründen. Sich hieraus ergebende Erträge bzw. Aufwendungen sind GuV-wirksam zu verrechnen. Außerdem kann durch die Änderung der Währungsparitäten eine Abschreibung auf Währungsforderungen bzw. eine Zuschreibung zu Währungsverbindlichkeiten nötig werden.

Elimination von Aufrechnungsdifferenzen

Da Bilanzposten mit dem Charakter konzerninterner Forderungen bzw. Verbindlichkeiten – unabhängig davon, ob ihnen ein aufrechenbarer Gegenposten gegenübersteht bzw. in welcher Höhe er angesetzt ist – »wegzulassen« sind, muss zusätzlich eine Elimination der hieraus entstehenden Unterschiedsbeträge erfolgen. Wie dies zu erfolgen hat, ist gesetzlich nicht vorgegeben. Unter dem Gedanken der rechtlichen Einheit des Konzerns muss eine Methode angewandt werden, die bewirkt, dass sich der Konzernabschluss nach der Schuldenkonsolidierung so darstellt, als sei niemals eines dieser Schuldverhältnisse entstanden.

Erstmalige vs. wiederholte Elimination

Hierbei ist zwischen der erstmaligen Eliminierung der entsprechenden Bilanzposten und ihrem »Weglassen« in Folgeperioden zu unterscheiden. Nur bei erstmaliger Eliminierung der Aufrechnungsdifferenzen haben sich die Unterschiede auch in den Gewinn- und Verlustrechnungen der einbezogenen Konzernunternehmen niedergeschlagen und sind somit GuV-wirksam für die Konzern-GuV rückgängig zu machen. Soweit also einmal eliminierte Aufrechnungsdifferenzen in Folgeperioden weiterhin vorhanden sind, dürfen sie deshalb das Konzernergebnis nicht mehr beeinflussen, sondern sind erfolgsneutral zu verrechnen.

Erstmalige Elimination

Bei erstmaliger Schuldenkonsolidierung müssen Aufrechnungsdifferenzen, die in den Einzelabschlüssen mit einer GuV-Wirkung verbunden sind, unter gleichzeitiger Beseitigung dieser Ergebniswirkung verrechnet werden. Dies geschieht i. V. m. der GuV-Konsolidierung, die Zinsaufwendungen und -erträge aus dem

Innenschuldverhältnis beseitigt (vgl. in diesem Kapitel, S. 752 ff.). Das aus dem Innenschuldverhältnis resultierende Zinsergebnis in der Bilanz wird im Rahmen der Schuldenkonsolidierung beseitigt. Durch die GuV-wirksame Verrechnung einer passivischen Aufrechnungsdifferenz resultiert ein zusätzlicher Ertrag, der ein negatives Zinsergebnis aufhebt.

Wiederholte Elimination

In den Folgeperioden würde eine erneute GuV-wirksame Auflösung der passiven Aufrechnungsdifferenz zu keinem Ausgleich der Gewinn- und Verlustrechnung bzw. des Jahresüberschusses führen, da der korrespondierende Zinsaufwand bereits in den Einzelabschlüssen der Vorperiode realisiert wurde. Dieses Zinsergebnis des Vorjahres ist jedoch in Abhängigkeit von den Ergebnisverwendungsentscheidungen der Konzernunternehmen weiterhin in den Eigenkapitalposten der Einzelabschlüsse enthalten, aus denen der Konzernabschluss gebildet wird. Es kann sich dort in verschiedenen Posten verbergen. Im Falle einer ursprünglich passiven Aufrechnungsdifferenz und einem korrespondierenden negativen Zinsergebnis ist das Summeneigenkapital aus den Einzelabschlüssen entsprechend reduziert und das Eigenkapital der Einheit Konzern zu gering ausgewiesen. Es muss in der Folgekonsolidierung um die Differenz des Vorjahres erhöht werden.

Somit ist in Folgeperioden nur der Veränderungsbetrag der Aufrechnungsdifferenz, der sich per Saldo aus der Schuldenkonsolidierung gegenüber der Vorperiode ergibt, GuV-wirksam zu berücksichtigen.

Erfolgsneutrale Verrechnung

Bezüglich der zur Verrechnung in Frage kommenden Posten (Bilanzgewinn, Gewinnrücklagen bzw. Sonstiger Ausgleichsposten) wird auf die Ausführungen zur Zwischenerfolgseliminierung auf S. 748 ff. dieses Kapitels verwiesen. Wegen des sehr gleichartigen Charakters der Restbeträge aus der Zwischenerfolgseliminierung und der Schuldenkonsolidierung steht einer Zusammenfassung der jeweiligen Beträge in einem Posten nichts entgegen.

Beispiel

in TGE	01	02	03	04	05
Bilanz					
M-AG: Ford.	920	940	960	980	1.000
T-AG: Verb.	1.000	1.000	1.000	1.000	1.000
Aufrechnungsdifferenz	+ 80	+ 60	+ 40	+ 20	–
GuV					
M-AG:	+ 20	+ 20	+ 20	+ 20	+ 20
T-AG:	– 100	–	–	–	–
Summenergebnis	– 80	+ 20	+ 20	+ 20	+ 20
Bestände im EK					
M-AG: EK	-	+ 20	+ 40	+ 60	+ 80
T-AG: EK	-	– 100	– 100	– 100	– 100
Summen-EK	-	– 80	– 60	– 40	– 20
Korrekturen:					
Summenergebnis	+ 80	– 20	– 20	– 20	– 20
Summen-EK	–	+ 80	+ 60	+ 40	+ 20
Aufrechnungsdifferenz	– 80	– 60	– 40	– 20	–

Tab. 11.18: Beispiel zur Schuldenkonsolidierung

Die M-AG gibt ihrer Tochtergesellschaft T-AG zu Beginn des Geschäftsjahres ein Darlehen i. H. v. 1 Mio. GE mit einer Laufzeit von fünf Jahren. Das Darlehen wird mit einem Disagio von 10 % ausbezahlt, das die T-AG sofort als Aufwand erfasst, während die M-AG den Betrag über die Laufzeit vereinnahmt. Die Lösung findet sich in Tabelle 11.18.

Durch diese Vorgehensweise ist gewährleistet, dass aus der Konzernbilanz jeweils sämtliche innerkonzernlichen Forderungs- und Schuldverhältnisse eliminiert sind und nur noch die diesbezüglichen Beziehungen des Gesamtunternehmens Konzern zu außerhalb des Konzerns stehenden Dritten in der Konzernbilanz zum Ausweis kommen. Im Konzernergebnis werden dabei nur die im Konzerngeschäftsjahr eingetretenen Veränderungen im Bestand der Aufrechnungsdifferenz aus der Schuldenkonsolidierung GuV-wirksam erfasst.

C. Eliminierung von Zwischenerfolgen

Zwischen Konzernunternehmen bestehen häufig intensive Lieferungs- und Leistungsbeziehungen. Unter der Fiktion der Rechtseinheit Konzern dürfen in dessen Abschluss aber nur Geschäftsvorfälle mit Konzernexternen abgebildet werden. Die aus Geschäftsvorfällen mit den Unternehmen des Konsolidierungskreises resultierenden Erträge und Aufwendungen werden im Zuge der Konsolidierung der Gewinn- und Verlustrechnung eliminiert (vgl. in diesem Kapitel, S. 752 ff.).

Begriff der Zwischenerfolgs-eliminierung

Insoweit die Bilanzen der Konzernunternehmen aber Vermögensgegenstände beinhalten, die unter Entstehung eines Gewinns (bzw. Verlusts) von einem Konzernunternehmen an ein anderes geliefert wurden, so ist aus Konzernsicht sowohl der Wertansatz dieser Vermögensgegenstände als auch das Konzernergebnis um den entstandenen Zwischengewinn zu hoch (bzw. um den Zwischenverlust zu niedrig) ausgewiesen. Die Korrektur der Bilanzwerte um die Zwischenerfolge auf die für den Konzern zulässigen Werte wird als »Zwischenerfolgseliminierung« bezeichnet.

Im Folgenden wird zunächst auf die Hintergründe der Zwischenerfolgseliminierung und die notwendige Verrechnungstechnik eingegangen, bevor die normativen Grundlagen nach HGB, IFRS und US-GAAP besprochen werden. In beiden Bereichen bestehen nur geringfügige Unterschiede zwischen den drei Rechnungslegungsnormen.

I. Grundlagen

Realisations-prinzip im Einzel- und Konzern-abschluss

Liefert ein Konzernunternehmen an ein anderes Unternehmen aus demselben Konsolidierungskreis einen Vermögensgegenstand bzw. -wert, so realisiert das liefernde Unternehmen aus diesem Geschäft einen Erfolg (Realisationsprinzip), für das empfangende Unternehmen ergeben sich hieraus die anzusetzenden Anschaffungskosten des Vermögensgegenstandes (Anschaffungskostenprinzip). Aus Sicht des Konzerns jedoch, in dem nach der Einheitstheorie alle Konzernunternehmen als unselbstständige Betriebsstätten aufgehen, hat eine Umsatzrealisation nicht stattgefunden, da die Lieferung das Unternehmen »Konzern« nicht verlassen hat. Aus innerkonzernlichen Transaktionen stammende und am Konzernbilanzstichtag noch im Konzernkreis bilanzierte Vermögensgegenstände sind damit aus Konzernsicht um die in den Einzelabschlüssen realisierten Transaktionsgewinne zu hoch bzw. um die dort realisierten Transaktionsverluste zu gering bewertet. Diese Wertansätze sind folglich vor der Übernahme in die Konzernbilanz um die in ihnen enthaltenen, aus Konzernsicht jedoch nicht realisierten Erfolge zu bereinigen.

Definition des Zwischenerfolges

Zwischenerfolg lässt sich damit definieren als Differenz zwischen

- dem Wertansatz eines konzernintern gelieferten Vermögensgegenstandes im Einzelabschluss (HB II) eines einbezogenen Konzernunternehmens und
- dem Wert, der diesem Gegenstand aus Konzernsicht gemäß Einheitstheorie zukommt.

Auswirkungen auf Konzernbilanz und -GuV

In Höhe dieses Zwischenerfolges werden dabei die Aktiva in der Konzernbilanz gegenüber der Summenbilanz verringert (Zwischengewinn) bzw. erhöht (Zwischenverlust). Korrespondierend damit ist ggf. in der Ergebnisrechnung des Konzerns das Jahresergebnis anzupassen.

Zwischengewinn

Der Begriff der Zwischenerfolgseliminierung beinhaltet sowohl die Bereinigung von Zwischengewinnen als auch von Zwischenverlusten. Ein Zwischengewinn liegt dann vor, wenn das liefernde Konzernunternehmen aus der innerkonzernlichen Transaktion einen Gewinn realisiert. Der beim empfangenden Konzernunternehmen ausgewiesene Wertansatz ist damit um den entstandenen Zwischengewinn höher als die Anschaffungs- oder Herstellungskosten des liefernden Unternehmens und damit aus Konzernsicht überhöht. Er muss um diesen Zwischengewinn vermindert werden.

Beispiel zum Zwischengewinn

Konzernunternehmen A liefert einen mit Aufwendungen von 300 GE erstellten Vermögensgegenstand zu einem Verkaufspreis von 500 GE an Konzernunternehmen B. Konzernunternehmen B setzt den gekauften Vermögenswert in seiner Einzelbilanz mit 500 GE an, während Konzernunternehmen A aus dem Geschäftsvorfall einen Gewinn von 200 GE realisiert. Aus Konzernsicht liegt jedoch kein realisierter Verkaufsakt vor, vielmehr wurde lediglich ein Vermögensgegenstand von einer Betriebsstätte auf eine andere übertragen. Der Vermögensgegenstand ist demnach in der Konzernbilanz mit Herstellungskosten von 300 GE zu bilanzieren. Der Wertansatz aus der Einzelbilanz von Konzernunternehmen B ist folglich um den Zwischengewinn von 200 GE auf die Konzernherstellungskosten von 300 GE zu reduzieren und mit diesem Betrag dort anzusetzen. Gleichzeitig müssen auch aus Konzernsicht der Jahresüberschuss und Bilanzgewinn um den bei Konzernunternehmen A realisierten Zwischengewinn von 200 GE bereinigt werden.

Zwischenverlust

Realisiert das liefernde Konzernunternehmen hingegen in seinem Einzelabschluss aus der konzerninternen Transaktion einen Verlust (HK z. B. in obigem Beispiel 600 GE anstelle von 300 GE), so ist der im Einzelabschluss ausgewiesene Wertansatz geringer als der aus Konzernsicht anzusetzende Wert. Folglich muss der Wertansatz für die Konzernbilanz um den Zwischenverlust erhöht werden, wenn der Verkaufspreis nicht dem niedrigeren beizulegenden Wert entspricht.

1. Komponenten des Zwischenerfolges

Wie gezeigt, errechnet sich der Zwischenerfolg aus der Gegenüberstellung des Einzelbilanzwertes eines konzernintern gelieferten Vermögensgegenstandes mit dem sich aus der Fiktion der Rechtseinheit des Konzerns ergebenden Wert.

Während sich der jeweilige Einzelbilanzwert unproblematisch aus der jeweiligen Einzelbilanz bzw. HB II entnehmen lässt, gestaltet sich die Bestimmung des aus der Konzernsicht richtigen Wertes erheblich schwieriger. Er ist aus der Definition der Herstellungskosten unter Berücksichtigung der Fiktion der Rechtseinheit abzuleiten. Da der Begriff der Herstellungskosten in den verschiedenen Regelungssystemen unterschiedlich definiert ist (vgl. 2. Kapitel, S. 98 ff., S. 111 ff.), muss der aus Konzernsicht richtige Wert regelungssystemspezifisch bestimmt werden. Im Folgenden steht die Definition des Konzernwertes nach HGB im Vordergrund. Der nach IFRS bzw. US-GAAP zutreffende Wert lässt sich aus diesen Überlegungen leicht ableiten.

Definition des Konzernwertes nach HGB

Das HGB gibt hierzu keine konkreten Vorgaben, sondern formuliert in § 304 Abs. 1 HGB, dass »in den Konzernabschluss zu übernehmende Vermögensgegenstände, die ganz oder teilweise auf Lieferungen oder Leistungen zwischen in den Konzernabschluss einbezogenen Unternehmen beruhen, in der Konzernbilanz mit einem Betrag anzusetzen (sind), zu dem sie in der auf den Stichtag des Konzernabschlusses aufgestellten Jahresbilanz dieses Unternehmens angesetzt werden könnten, wenn die in den Konzernabschluss einbezogenen Unternehmen auch rechtlich ein einziges Unternehmen bilden würden«. Bei der Bestimmung der Konzernanschaffungskosten (KAK) bzw. Konzernherstellungskosten (KHK) ist damit auf die allgemeinen Regeln zurückzugreifen (vgl. § 298 Abs. 1 HGB).

Konzern-anschaffungs-kosten (KAK)

Die Konzernanschaffungskosten (KAK) sind demnach in analoger Anwendung des § 255 Abs. 1 HGB zu ermitteln und umfassen somit sämtliche Aufwendungen, die der Unternehmensgesamtheit »Konzern« entstanden sind, um einen Vermögensgegenstand zu erwerben und ihn in einen betriebsbereiten Zustand zu versetzen. Wie für den Einzelabschluss gilt hierbei als Voraussetzung, dass diese Aufwendungen dem erworbenen Vermögensgegenstand einzeln zugeordnet werden können. Ermessensspielräume sieht das Gesetz bei der Bestimmung der Anschaffungskosten nicht vor, sodass auch die Konzernanschaffungskosten eindeutig bestimmt sind.

Konzern-herstellungs-kosten (KHK)

Wurden konzernintern gelieferte Gegenstände im Konzernverbund hergestellt, be- oder verarbeitet, sind sie im Konzern mit Konzernherstellungskosten (KHK) anzusetzen. Bei ihrer Festlegung ist Rückgriff zu nehmen auf die einschlägigen Bestimmungen für den Einzelabschluss in § 255 Abs. 2, 2a und 3 HGB. Das hier normierte Wertansatzgebot der Einzel- und Gemeinkosten (für Material, Fertigung, Sonderkosten der Fertigung und Wertverzehr des Anlagevermögens, der durch die Fertigung veranlasst ist) gilt damit ebenso für den Konzernabschluss. Auf die gleiche Weise gilt für den Konzernabschluss auch das Wertansatzwahlrecht für angemessene Teile der Kosten der allgemeinen Verwaltung, angemessene Aufwendungen für soziale Einrichtungen des Betriebs, freiwillige soziale Leistungen und die betriebliche Altersversorgung, soweit diese auf den Zeitraum der Herstellung entfallen. Die Vorgabe, welche Kostenbestandteile in den Wertansatz der Herstellungskosten im Konzern einfließen sollen, ist grundsätzlich bereits bei der Erstellung der HB II im Rahmen der konzernweiten

Vereinheitlichung der Bilanzierung zu treffen. Der konzernspezifische Korrekturwert »Konzernherstellungskosten« ist somit im Gegensatz zu den Konzernanschaffungskosten nicht eindeutig bestimmt, sondern ist innerhalb des Ermessensspielraums zwischen dem »Konzernmindestwert« (ansatzpflichtige Herstellungskostenbestandteile, Bewertungsuntergrenze) und dem »Konzernhöchstwert« (Bewertungsobergrenze der Herstellungskosten) zu suchen. Allerdings gilt für die Bewertung der Herstellungskosten der Grundsatz der Stetigkeit (§ 298 Abs. 1 i. V. m. § 252 Abs. 1 Nr. 6 HGB).

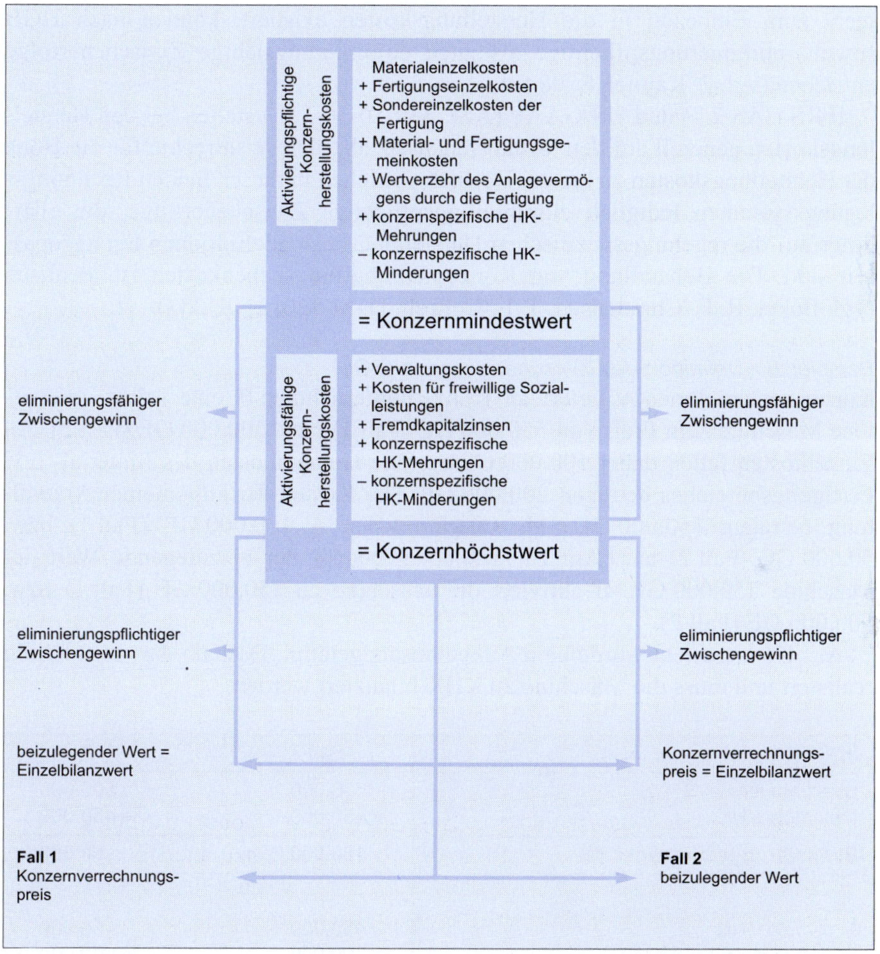

Abb. 11.10: Schematische Darstellung des Zwischengewinns nach HGB

Eliminierungsfähige und eliminierungspflichtige Zwischengewinne

Da sich der Zwischenerfolg definitionsgemäß aus der Differenz zwischen HB II-Ansatz und Konzernwert errechnet, lässt sich der Zwischenerfolg wegen des bestehenden Ermessensspielraums bei der Festlegung der Konzernherstellungskosten grundsätzlich aufspalten in einen eliminierungspflichtigen und einen eliminierungsfähigen Bestandteil. Der eliminierungspflichtige Bestandteil eines Zwischengewinnes ist dabei die positive Differenz zwischen dem höheren Einzelbilanzwert und dem niedrigeren Konzernhöchstwert. Allerdings vermindert sich der eliminierungspflichtige Zwischengewinn, falls der beizulegende Wert am Bilanzstichtag (= Tageswert) unter dem Konzernverrechnungspreis liegt. Als eliminierungsfähigen Zwischengewinn bezeichnet man den Unterschied zwischen dem Konzernhöchstwert der Konzernherstellungskosten und den darunter – bis zumindest zum Konzernmindestwert – angesetzten Kostenbestandteilen. Dieser Sachverhalt ist in Abbildung 11.10 veranschaulicht (vgl. Küting, K./Weber, C.-P. [2012a], S. 520).

Da für angemessene Teile der Kosten der allgemeinen Verwaltung und Fremdkapitalkosten, soweit diese auf den Zeitraum der Herstellung entfallen, ein Wahlrecht zum Einbezug in die Herstellungskosten existiert, können nach HGB sowohl eliminierungspflichtige als auch eliminierungsfähige Zwischenerfolge entstehen (vgl. 2. Kapitel, S. 98 f.).

Eliminierungspflichtige Zwischenerfolge nach IFRS und US-GAAP

IFRS (IAS 2.7) und US-GAAP (ASC 330-10-30-1 ff.) stellen bei den Herstellungskosten generell auf den Vollkostenansatz ab, ohne Wahlrechte für die Höhe der Herstellungskosten zu bieten. Deshalb entstehen in diesen beiden Rechnungslegungssystemen lediglich eliminierungspflichtige Zwischenerfolge, die allerdings auf die regelungsspezifischen Herstellungskostendefinitionen hin anzupassen sind. Die Behandlung von Konzernanschaffungsnebenkosten ist identisch (vgl. Baker, R. E./Christensen, T. E./Cottrell, D. M. [2013], S. 253).

Beispiel zur Definition des Zwischengewinns (ZG)

Konzernunternehmen A liefert an Konzernunternehmen B eine selbst geschaffene Maschine zum Preis von 550.000 GE (Fall 1) bzw. 500.000 GE (Fall 2). An Einzelkosten fallen dabei 100.000 GE an. Die Gemeinkosten des Material- und Fertigungsbereiches betragen 200.000 GE. Die Kosten der allgemeinen Verwaltung betragen 150.000 GE. Als Gewinn weist A 100.000 GE (Fall 1) bzw. 50.000 GE (Fall 2) aus. Am Bilanzstichtag beträgt der beizulegende Wert der Maschine 550.000 GE. B aktiviert die Maschine zu 550.000 GE (Fall 1) bzw. 500.000 GE (Fall 2).

Aus Konzernsicht wurde kein Außenumsatz getätigt. Deshalb darf kein Erfolg realisiert und muss die Maschine zu KHK bilanziert werden.

in GE	**Fall 1**	**Fall 2**
Bilanzansatz bei B Maximale KHK	550.000 – 450.000	500.000 – 450.000
Eliminierungspflichtiger ZG	**100.000**	**50.000**
Maximale KHK Minimale KHK	450.000 – 300.000	450.000 – 300.000
Zusätzlicher eliminierungsfähiger ZG	**150.000**	**150.000**

Eliminierungsfähige und eliminierungspflichtige Zwischenverluste

Ein eliminierungspflichtiger Zwischenverlust liegt bei einer positiven Differenz zwischen dem Konzernmindestwert der Konzernherstellungskosten und einem niedrigeren Einzelbilanzwert vor. Allerdings vermindert sich der eliminierungspflichtige Zwischenverlust, falls der beizulegende Wert (= Tageswert) unter dem Konzernmindestwert liegt. Der eliminierungsfähige Teil eines Zwischenverlustes ist dann die Differenz zwischen dem Konzernmindestwert der Konzernherstellungskosten und einem darüber – bis höchstens zum Konzernhöchstwert – angesetzten Wert. Dieser Sachverhalt wird durch Abbildung 11.11 verdeutlicht (vgl. Küting, K./Weber, C.-P. [2012a], S. 523).

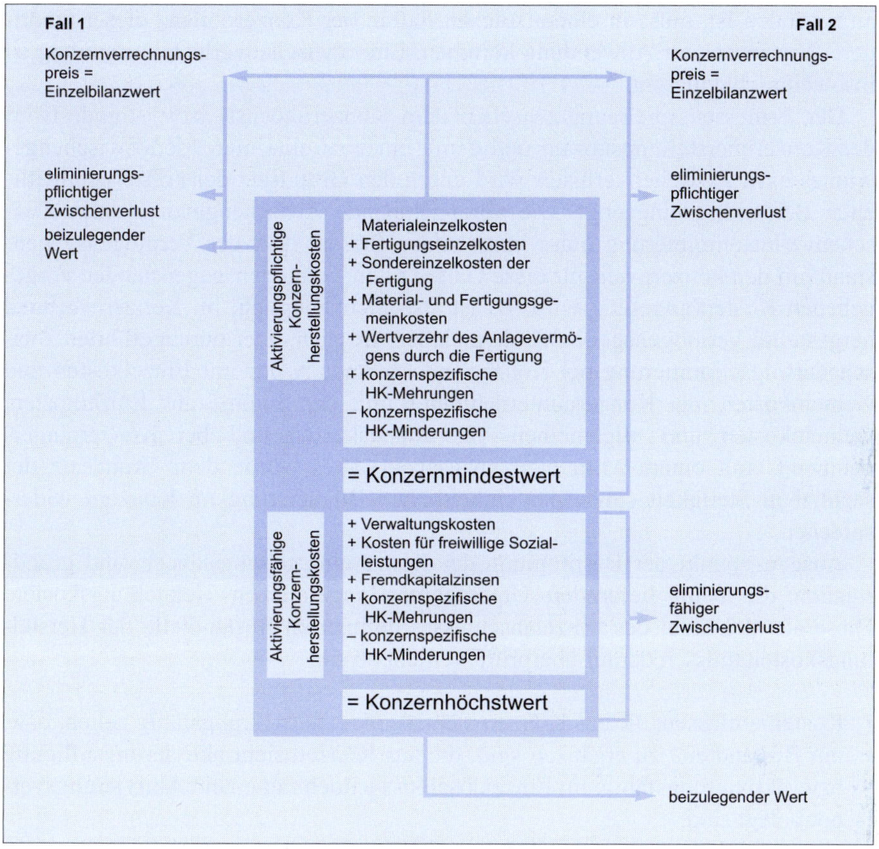

Abb. 11.11: Schematische Darstellung des Zwischenverlustes nach HGB

Beispiel zur Definition des Zwischenverlustes (ZV)
Verkauft – ausgehend von dem vorherigen Beispiel – A an B anstelle zum Preis von 550.000 GE nun zu 250.000 GE, so errechnet sich ein Zwischenverlust, wenn der beizulegende Wert der Maschine 280.000 GE (Fall 1) bzw. 300.000 GE (Fall 2) beträgt.

in GE	Fall 1	Fall 2
Konzernmindestwert Bilanzansatz bei B	280.000 – 250.000	300.000 – 250.000
Eliminierungspflichtiger ZV	**30.000**	**50.000**
Maximale KHK Minimale KHK		450.000 – 300.000
Zusätzlicher eliminierungsfähiger ZV		**150.000**

Zwischenverlust und Imparitätsprinzip

Vor der Eliminierung eines Zwischenverlustes muss allerdings geprüft werden, ob der unter den Konzernherstellungskosten liegende Wertansatz des Vermögensgegenstandes in der Einzelbilanz (HB II) des Konzernunternehmens in einer außerplanmäßigen Abschreibung auf den niedrigeren beizulegenden Wert begründet ist. Da das Imparitätsprinzip auch auf den Konzernabschluss voll anzuwenden ist, muss in einem solchen Fall in der Konzernbilanz dieser niedrigere Wertansatz zur Anwendung kommen. Eine Zwischenverlusteliminierung ist insoweit nicht zulässig.

Zwischenerfolge und konzerneinheitliche Bewertung

Der Ermessensspielraum zwischen dem Konzernhöchst- bzw. -mindestwert der Konzernherstellungskosten und damit eines zu eliminierenden Zwischengewinnes bzw. Zwischenverlustes wird durch den Grundsatz der konzerneinheitlichen Bewertung eingeengt. Die vorzunehmende Zwischengewinn- bzw. Zwischenverlusteliminierung muss immer dazu führen, dass der Vermögensgegenstand mit den konzernweit für diese Gattung von Vermögensgegenständen vorgegebenen Kosten angesetzt wird. Es ist also nicht möglich, im Konzernverbund hergestellte Vermögensgegenstände gleicher Art nach einer durchgeführten Zwischenerfolgseliminierung bei Konzernunternehmen A nur mit Einzelkosten und Gemeinkosten, bei Konzernunternehmen B mit der Summe aus Einzelkosten, Gemeinkosten und allgemeinen Verwaltungskosten und bei Konzernunternehmen C mit einem Mittelwert anzusetzen. Dies würde dem Grundsatz der sachlichen Stetigkeit sowie der einheitlichen Bilanzierung im Konzern widersprechen.

Konzernspezifische HK-mehrungen und -minderungen

Ausgangspunkt der Bestimmung der Konzernherstellungskosten sind grundsätzlich die beim liefernden Unternehmen angefallenen Herstellungskosten. Diese aus der Sicht des Einzelabschlusses definierten Bestandteile der Herstellungskosten müssen darauf überprüft werden, ob sie

- Kosten umfassen, die aus Konzernsicht als nicht aktivierungsfähig gelten, bzw.
- um Bestandteile zu ergänzen sind, die aus Konzernsicht aktivierungspflichtig bzw. aktivierungsfähig, im Einzelabschluss jedoch mit einem Aktivierungsverbot belegt sind.

Kostenminderungen

Als konzernspezifische Herstellungskostenminderungen kommen dabei an andere Konzernunternehmen gezahlte Fertigungslizenzen sowie Miet-, Pacht- oder Leasingzahlungen für Fertigungsanlagen in Betracht, da diese Aufwendungen aus Sicht der Gesamtunternehmung Konzern nicht aktivierungsfähig sind.

Kostenmehrungen

Den Herstellungskosten des einzelnen Konzernunternehmens hinzuzurechnen sind solche Kosten, die aus Sicht des einzelnen Konzernunternehmens nicht aktivierungsfähig, aus der umfassenden Sicht des Konzerns jedoch als aktivierbar oder aktivierungspflichtig zu qualifizieren sind. Als Beispiel hierfür können die Kosten für die Lieferung des Vermögensgegenstandes von einem Konzernunternehmen zu einem anderen genannt werden, die aus Sicht des herstellenden Unternehmens als nicht aktivierungsfähige Vertriebskosten, aus der Sicht des Konzerns jedoch zu den aktivierungspflichtigen Herstellungskostenbestandteilen (innerbetriebliche Transportkosten) zählen.

Zwischenerfolge bei abnutzbaren Vermögensgegenständen bzw. -werten

Durch die Zwischenerfolgseliminierung werden die Wertansätze der Vermögensgegenstände bzw. -werte aus den Einzelbilanzen (HB II) der einbezogenen Konzernunternehmen vor der Übernahme in die Konzernbilanz verändert. Soweit es sich um abnutzbare Anlagegegenstände handelt, haben diese deshalb eine unterschiedliche Abschreibungsgrundlage im Einzel- und Konzernabschluss.

Neben der bei jeder Konzernabschlusserstellung durchzuführenden Wertkorrektur des Bilanzwertes muss demzufolge für den Einbezug in den Konzernabschluss eine Korrektur der entsprechenden Abschreibungen des Einzelabschlusses durchgeführt werden.

Beispiel

Der im Einzelabschluss von Konzernunternehmen A mit 500 GE angesetzte Vermögenswert wird im Rahmen einer Zwischenverlusteliminierung in der Konzernbilanz mit 700 GE angesetzt. Die Abschreibungsdauer beträgt bei linearer Abschreibung fünf Jahre. Der Abschreibungsbetrag von 100 GE im Einzelabschluss ist folglich für den Konzernabschluss auf 140 GE zu erhöhen. Die höhere Abschreibung im Konzern führt dazu, dass sich der zu eliminierende Zwischenverlustbestand in dem Vermögenswert im Laufe der Zeit verringert. Ebenso gleicht sich der ursprüngliche Ergebnisunterschied zwischen dem Einzelabschluss von Konzernunternehmen A und dem Konzernabschluss (Ergebnis im Konzern + 200 GE durch Eliminierung des Zwischenverlustes bei erstmaliger Zwischenverlusteliminierung) durch die höheren Abschreibungen im Konzern in den Folgejahren (Konzernabschreibung 140 GE, Abschreibung im Einzelabschluss 100 GE) aus.

Dies hat auch entsprechende Konsequenzen für den Ansatz latenter Steuern im Konzern (vgl. in diesem Kapitel, S. 763 ff.).

2. Ermittlung konzernintern gelieferter Vermögensgegenstände

Vor der Ermittlung zu eliminierender Zwischenerfolge muss festgestellt werden, welche am Bilanzstichtag in der Konzernbilanz zu bilanzierenden Vermögensgegenstände ganz oder teilweise aus konzerninternen Lieferungen bzw. Leistungen stammen und somit für eine Zwischenerfolgseliminierung in Frage kommen.

Homogene Bestände

Unproblematisch ist dies, wenn bestimmte Gütergruppen generell nur von anderen einbezogenen Konzernunternehmen geliefert werden. Die hierfür angesetzten Werte aus den Einzelbilanzen kann man dann sofort den korrespondierenden Konzernwerten gegenüberstellen und so den Zwischenerfolg ermitteln.

Gemischte Bestände

Häufig jedoch werden auch gleichartige Vermögenswerte von verschiedenen Lieferanten bezogen und müssen deshalb in einen konzernintern und einen von konzernfremden Unternehmen gelieferten Teil differenziert werden. Vor allem im Vorratsvermögen empfiehlt es sich, hierbei auf vereinfachende Verbrauchsfiktionen zurückzugreifen.

Kifo-Methode

Nach der sog. Kifo-Fiktion (»Konzern in first out«) wird unterstellt, dass die aus Konzernlieferungen stammenden Vermögensgegenstände auch als erste wieder umgeschlagen wurden. Dadurch werden die aus Konzernlieferungen stammenden Bestände mengenmäßig so gering wie möglich angesetzt, womit der Aufwand zur Durchführung der Zwischenerfolgseliminierung so gering wie möglich gehalten wird. Soweit die Konzernlieferungen nicht wesentlich höher als die konzernexternen Lieferungen sind und kein hoher Lagerbestand besteht, können sich die Lager nach der Kifo-Fiktion durchaus nur aus konzernexternen Lieferungen zusammensetzen. Eine Zwischenerfolgseliminierung ist damit bei diesen Beständen unnötig. Da die Kifo-Fiktion jedoch nur eine mengenmäßige Zuordnung zu konzernexternen bzw. konzerninternen Lieferungen trifft, müssen bei Lieferungen zu unterschiedlichen Preisen im Anschluss hieran noch die Wertansätze der Vermögensgegenstände bestimmt werden. Hierbei kann auf die aus dem Einzelabschluss bekannten Sammelbewertungsverfahren zurückgegriffen werden (Durchschnitts-, Fifo- und Lifo-Methode).

Kilo-Methode

Ein anderes Verfahren, Konzernlieferungen von externen Lieferungen zu unterscheiden, ist die sog. Kilo-Methode (»Konzern in last out«). Dieses Verfahren fingiert im Gegensatz zur Kifo-Methode, dass zuerst alle konzernextern gelieferten Vorräte in den Umsatzprozess eingeflossen sind, sodass der aus Konzernlieferungen bestehende Teil der Bestände möglichst hoch angesetzt wird. Dies kann dazu führen, dass sich die Konzernlager nur aus Konzernlieferungen zusammensetzen. Gerade unter dem letzten Gesichtspunkt bewirkt auch dieses Verfahren eine Vereinfachung insoweit, als für die Konzernbilanz nicht mehr differenziert werden muss zwischen konzernintern bzw. konzernextern gelieferten Vermögensgegenständen. Im Gegensatz zur Kifo-Methode lässt sich jedoch eine Zwischenerfolgseliminierung nicht vermeiden. Allerdings führt das Kilo-Verfahren unter der Annahme, dass überwiegend Gewinne aus konzerninternen Lieferungen zu eliminieren sind, zumindest tendenziell zu einem geringeren Wertansatz des Vorratsvermögens in der Konzernbilanz. Insofern kann die Wahl zwischen diesen beiden Methoden durchaus mit bilanzpolitischen Überlegungen für den Konzern verbunden sein. Es ist jedoch zu beachten, dass einem willkürlichen Wechsel der Methoden in Folgeperioden das Gebot der zeitlichen Stetigkeit entgegensteht.

Pauschalierungen bei Massengütern

Bei Massengütern lässt sich eine individuelle Ermittlung der jeweiligen Zwischenerfolge aufgrund des damit verbundenen Aufwands kaum rechtfertigen. Als angemessene Form einer Zwischenerfolgseliminierung werden deshalb von der Literatur pauschalierende Vorgehensweisen präferiert (vgl. Busse von Colbe, W./Ordelheide, D./Gebhardt, G./Pellens, B. [2010], S. 392 ff.).

Durchschnittliche Zwischenerfolge pro Lieferzeit

So wird z. B. die Ermittlung von Jahresdurchschnittssätzen vorgeschlagen, mit denen eine durchschnittliche Zwischenerfolgsspanne für einen oder eine Gruppe konzerninterner Lieferanten errechnet wird. Aus der Gegenüberstellung der Umsatzerlöse mit den hierfür angefallenen Kosten der während der Abrechnungsperiode ausgetauschten Lieferungen und Leistungen wird ein durchschnittliches Zwischenergebnis pro Liefer- bzw. Leistungseinheit errechnet, das der Zwischenerfolgseliminierung in den jeweiligen Konzernbeständen zum Jahresende zugrunde gelegt wird. Eine stückbezogene Berechnung entfällt somit.

Durchschnittliche Zwischenerfolge pro Produkt

Daneben kann sich auch die Bildung von Produktgruppen anbieten, wobei für die verschiedenen konzerninternen Lieferanten ein einheitlicher Durchschnittssatz für die Zwischenerfolge errechnet wird. Den aufsummierten Umsatzerlösen der konzerninternen Lieferanten werden dabei deren entsprechende Herstellungskosten gegenübergestellt. Die Errechnung des durchschnittlichen Zwischenerfolges ist dann analog dem vorherigen Beispiel durchzuführen.

Retrograde Ermittlung

Ein weiterer Weg ist die retrograde Ermittlung des Zwischenerfolges, wobei die bilanzierten Konzernlieferungen um die durchschnittliche Handelsspanne des liefernden Konzernunternehmens gekürzt werden. Auch hier kann wieder pauschalierend eine Berechnung für eine Lieferantengruppe oder eine bestimmte Produktgruppe vorgenommen werden.

Durch diese pauschalierenden Maßnahmen lässt sich der Aufwand für die Zwischenerfolgseliminierung in Grenzen halten, ohne dass dadurch eine Darstellung des Konzerns i. S. der Einheitstheorie gefährdet oder der Informationsgehalt des Konzernabschlusses unter der Generalnorm unzulässig eingeschränkt würde. Gleichzeitig wird sich auch die Anwendung des Befreiungskriteriums »unverhältnismäßiger Aufwand« (vgl. in diesem Kapitel, S. 748 ff.) an der Inanspruchnahme solcher Methoden messen lassen müssen.

II. Verrechnung von Zwischenerfolgen

Erstmalige vs. wiederholte Eliminierung

Die Vorgehensweise bei der Eliminierung von Zwischenerfolgen unterscheidet sich im Jahr der Entstehung von der in den Folgeperioden. Da Konzernbilanz und Konzern-GuV in jeder Periode aus der Zusammenfassung der Einzelabschlüsse der Konzernunternehmen entstehen, muss auch bei der Zwischenerfolgseliminierung in den Folgeperioden ein aus den Vorperioden verbliebener Zwischenerfolg erneut eliminiert werden.

GuV-wirksame Verrechnung

Tritt ein Zwischenerfolg erstmalig auf, so steht den aus Konzernsicht überhöhten (Zwischengewinn) bzw. zu geringen (Zwischenverlust) Wertansätzen in der Summenbilanz ein entsprechend zu hoher bzw. zu niedriger Jahreserfolg in der Summen-GuV gegenüber, da die Erfolge in den Einzelabschlüssen während der abgelaufenen Rechnungsperiode realisiert wurden. Aus Konzernsicht sind die Erfolge aber erst in dem Augenblick realisierbar, in dem die betrachteten Vermögensgegenstände an Dritte außerhalb des Konsolidierungskreises veräußert werden. In der Konzernbilanz werden deshalb die Wertansätze der Vermögensgegenstände durch Verrechnung der Zwischenerfolge mit dem Jahreserfolg an die Konzern-AHK angepasst (Buchungssatz bei Zwischengewinn: per Konzernergebnis an Anlage-/Umlaufvermögen). Die entstandenen Innenumsätze und die korrespondierenden Aufwendungen werden im Zuge der GuV-Konsolidierung mit dem Jahresergebnis innerhalb der GuV verrechnet.

Erfolgsneutrale Verrechnung

Die Zwischenerfolge werden lediglich im Konzernabschluss eliminiert, bleiben jedoch in den Einzelabschlüssen der Konzernunternehmen enthalten. Ist ein Zwischengewinn (-verlust) in der Folgeperiode noch nicht realisiert, muss er erneut eliminiert werden, da der Wertansatz der Vermögensgegenstände in den Aktiva der Einzelbilanzen erneut überhöht (zu gering) ist. Der korrespondierende Erfolg wurde in den Einzelabschlüssen jedoch bereits in der Vorperiode realisiert und im Rahmen der Gewinnverwendung in unterschiedliche Eigenkapitalposten eingestellt. Er ist deshalb in der betrachteten Folgeperiode nicht GuV-wirksam, sondern muss erfolgsneutral ausgebucht werden.

Differenzierte Aufrechnung

Die Verrechnung der Wertdifferenz der Vermögensgegenstände muss deshalb theoretisch richtig mit den einzelnen Eigenkapitalposten erfolgen, um den Sachverhalt im Konzernabschluss so darzustellen, als sei es nie zu einem Zwischenerfolg gekommen. Zur Veranschaulichung mag folgendes Beispiel dienen, dessen rechnerische Lösung in Tabelle 11.19 gezeigt ist, wobei hier eine Kapitalkonsolidierung außer Acht bleibt:

Beispiel

Das Mutterunternehmen MU liefert in Periode 01 an ein Tochterunternehmen TU Waren mit Herstellungskosten von 800 GE zum Preis von 1.000 GE

(Buchung [1)]). Erst in Periode 03 verkauft das TU die Waren zum Preis von 1.300 GE weiter (Buchung [3)]). Vereinfachend wird angenommen, dass die Waren vom MU auch in Periode 01 hergestellt werden und sämtliche Kosten über das Bankkonto bezahlt werden. Somit ergeben sich in den Vorräten des MU zum Periodenende keine Bestandsveränderungen. Im Einzelabschluss des Mutterunternehmens entsteht in Periode 01 ein Zwischengewinn von 200 GE, beim Tochterunternehmen ein Erfolg von 300 GE in Periode 03. Aus Konzernsicht entsteht erst in Periode 03 ein Gewinn von 500 GE.

Periode 01	MU		TU		Summenbilanz		Konsolidierung		Konzernbilanz	
in GE	A	P	A	P	A	P	S	H	A	P
sonst. VG	10.000		3.000		13.000				13.000	
Vorräte	2.000		0 [1)] +1.000		3.000			200	2.800	
Bank	3.000 [1)] +1000	[1)] 800	2.000	[1)] 1.000	4.200				4.200	
Gezeichn. Kapital		10.000		3.000		13.000				13.000
Gewinnrücklagen		4.500		2.000		6.500				6.500
Ergebnisvortrag		500				500				500
Jahresüberschuss		[1)] 200		0		200	200			0
Summe	**16.000**	**16.000**	**6.000**	**6.000**	**20.200**	**20.200**	**200**	**200**	**20.000**	**20.000**

Periode 02	MU		TU		Summenbilanz		Konsolidierung		Konzernbilanz	
in GE	A	P	A	P	A	P	S	H	A	P
sonst. VG	10.000		3.000		13.000				13.000	
Vorräte	2.000		1.000		3.000			200	2.800	
Bank	3.200		1.000		4.200				4.200	
Gezeichn. Kapital		10.000		3.000		13.000				13.000
Gewinnrücklagen		4.600		2.000		6.600	100			6.500
Ergebnisvortrag		600				600	100			500
Jahresüberschuss										0
Summe	**15.200**	**15.200**	**5.000**	**5.000**	**20.200**	**20.200**	**200**	**200**	**20.000**	**20.000**

Periode 03	MU		TU		Summenbilanz		Konsolidierung		Konzernbilanz	
in GE	A	P	A	P	A	P	S	H	A	P
sonst. VG	10.000		3.000		13.000				13.000	
Vorräte	2.000		1.000	[3)] 1.000	2.000				2.000	
Bank	3.200		1.000 [3)] +1.300		5.500				5.500	
Gezeichn. Kapital		10.000		3.000		13.000				13.000
Gewinnrücklagen		4.600		2.000		6.600	100			6.500
Ergebnisvortrag		600				600	100			500
Jahresüberschuss				[3)] 300		300		200		500
Summe	**15.200**	**15.200**	**6.300**	**6.300**	**20.500**	**20.500**	**200**	**200**	**20.500**	**20.500**

Tab. 11.19: Beispiel Eliminierung von Zwischenerfolgen

In Periode 01 muss deshalb der Zwischenerfolg von 200 GE eliminiert werden, wobei der Wertansatz des Vorratsvermögens um 200 GE überhöht ist und durch die Buchung »per Jahresüberschuss 200 an Vorräte 200« GuV-wirksam reduziert wird.

In Periode 02 muss die Zwischenerfolgseliminierung wiederholt werden, wobei diese von der Gewinnverwendung des Mutterunternehmens abhängt. Wurde beispielsweise der Zwischengewinn zur Hälfte in Gewinnrücklagen und Ergebnisvortrag eingestellt, muss die Eliminierung nun durch die Buchung »per Gewinnrücklagen 100 und Ergebnisvortrag 100 an Vorräte 200« erfolgsneutral erfolgen.

In Periode 03 wird der Zwischenerfolg der Periode 01 aus Konzernsicht realisiert und muss aus den Eigenkapitalposten der Einzelabschlüsse in das Konzernergebnis umgegliedert werden. Dies geschieht durch die Buchung »per Gewinnrücklagen 100 und Ergebnisvortrag 100 an Jahresüberschuss 200«.

Globale Verrechnung

Die differenzierte Zwischenerfolgseliminierung in den Folgeperioden – im Beispiel zu Lasten von Ergebnisvortrag und Rücklagen – setzt die genaue Kenntnis der Gewinnverwendungsentscheidungen der Konzernunternehmen voraus. Nur wenn bekannt ist, in welchem Eigenkapitalposten die Zwischenerfolge enthalten sind, ist ihre exakte Eliminierung in der Folgekonsolidierung realisierbar. Wegen der großen Zahl der Einzelfälle stößt eine solche Vorgehensweise in der Praxis an die Grenzen der Durchführbarkeit. Deshalb erfolgt statt einer differenzierten Aufrechnung meist eine globale Verrechnung mit Hilfe des Ergebnisvortrags, der Gewinnrücklagen oder eines speziellen Ausgleichspostens. Bei einer solchen globalen Verrechnung kommt es zu keiner perfekten Eliminierung der Zwischenerfolge in jedem einzelnen Eigenkapitalposten, sondern es wird lediglich das Eigenkapital insgesamt in richtiger Höhe ausgewiesen.

Periode 02	**MU**		**TU**		**Summenbilanz**		**Konsolidierung**		**Konzernbilanz**	
in GE	**A**	**P**	**A**	**P**	**A**	**P**	**S**	**H**	**A**	**P**
sonst. VG	10.000		3.000		13.000				13.000	
Vorräte	2.000		1.000		3.000			200	2.800	
Bank	3.200		1.000		4.200				4.200	
Gezeichn. Kapital		10.000		3.000		13.000				13.000
Gewinnrücklagen		4.600		2.000		6.600				6.600
Ergebnisvortrag		600				600				600
sonst. APO							200		200	
Jahresüberschuss										
Summe	**15.200**	**15.200**	**5.000**	**5.000**	**20.200**	**20.200**	**200**	**200**	**20.200**	**20.200**

Tab. 11.20: Beispiel Eliminierung von Zwischenerfolgen, globale Verrechnung

Geschieht die globale Verrechnung über den Ergebnisvortrag, dann führt ein Zwischengewinn aus Vorperioden zur Reduktion eines Gewinnvortrages bzw. Erhöhung eines Verlustvortrages. Ein solcher Verlustvortrag dient jedoch lediglich der Aufrechnung bereits verwendeter Zwischengewinne und nicht dem Übertrag von Ergebnisspitzen. Den in diesem Posten enthaltenen Aufrechnungsdifferenzen wird damit ein falscher Charakter zugewiesen. Ähnlich verhält es sich bei der globalen Verrechnung über die Gewinnrücklagen, da auch die durch die Aufrechnung eingestellten Differenzen ihrem Charakter nach keinen Verlust, sondern Gewinnkorrekturen darstellen. Deshalb ist die globale Verrechnung über einen speziellen Ausgleichsposten – im Falle eines Zwischengewinns als aktivischer

Korrekturposten zum Eigenkapital – der den Charakter der in ihm enthaltenen Mittel klar deklariert, vorzuziehen (vgl. Baetge, J./Kirsch, H.-J./Thiele, S. [2013], S. 285 f.). In dem in Tabelle 11.19 gezeigten Beispiel würde sich die Verrechnung in der Periode 2 dann wie in Tabelle 11.20 angegeben verändern.

Veränderung des Zwischenerfolgsbestandes

Die Notwendigkeit zur Zwischenerfolgseliminierung stellt sich nur dann, wenn Vermögensgegenstände aus einer konzerninternen Lieferungs- und Leistungsbeziehung nicht in derselben Abrechnungsperiode weiterveräußert werden. Werden alle solchen Vermögensgegenstände in späteren Perioden an Konzerndritte veräußert und der enthaltene Zwischenerfolg aus Konzernsicht realisiert, dann hat die Zwischenerfolgseliminierung lediglich eine Verlagerungsfunktion. Um den Konzernjahresüberschuss richtig darstellen zu können, müssen in Vorperioden eliminierte Zwischengewinne in der Periode ihrer Realisation das Summenergebnis erhöhen, während realisierte Zwischenverluste es verringern. Andererseits müssen unrealisierte, in den Einzelabschlüssen GuV-wirksame Zwischengewinne der Periode das Summenergebnis verringern, Zwischenverluste es erhöhen.

Diese Vorgänge werden sich in der Praxis überlagern, sodass lediglich die Veränderung des Zwischerfolgsbestandes, gemessen durch die Differenz aus dem aus Konzernsicht zulässigen Wertansatz intern gelieferter Vermögensgegenstände und ihrem tatsächlichen Wertansatz, für die Anpassung des Konzernjahresüberschusses von Relevanz ist. Da nur die Veränderung in der jeweils abgelaufenen Abrechnungsperiode in den Einzelabschlüssen realisiert wird und deshalb in der Summen-GuV enthalten ist, kann folglich auch nur diese GuV-wirksam mit dem Konzernergebnis verrechnet werden. Der Zwischenerfolgsbestand des Vorjahres muss hingegen erfolgsneutral in der oben dargestellten Weise eliminiert werden.

Beispiel

Im folgenden Beispiel, das an das Beispiel in Tabelle 11.19 bzw. 11.20 anknüpft, wird von der Bildung eines sonstigen Ausgleichspostens (APO) als Korrekturposten zum Eigenkapital ausgegangen.

in GE	Periode 00	Periode 01	Periode 02	Periode 03
Zwischenerfolgsbestand	0	200	400	200
GuV-wirksame Veränderung des Zwischenerfolgsbestandes	0	+ 200	+ 200	– 200
GuV-wirksame Verrechnung der Veränderung	0	– 200	– 200	+ 200
erfolgsneutrale Verrechnung des alten Zwischenerfolgsbestandes	0	0	200	400

Kommt es in der Periode 02 zu einer erneuten internen Lieferung zum Preis von 1.000 GE und Kosten von 800 GE (Buchung [1)]), so erhöht sich der Zwischenerfolgsbestand von 200 GE auf 400 GE, wobei die Erhöhung GuV-wirksam ist und deshalb GuV-wirksam zu eliminieren ist: »per Jahresüberschuss an Vorräte 200«. Der alte Zwischenerfolgsbestand von 200 GE muss wie oben erfolgsneutral durch die Buchung »per sonstiger Ausgleichsposten an Vorräte 200« verrechnet werden.

Periode 01	MU		TU		Summenbilanz		Konsolidierung		Konzernbilanz	
in GE	A	P	A	P	A	P	S	H	A	P
sonst. VG	10.000		3.000		13.000				13.000	
Vorräte	2.000		0 1) +1000		3.000			200	2.800	
Bank	3.000 1) +1000	1) 800	2.000	1) 1.000	4.200				4.200	
Gezeichn. Kapital		10.000		3.000		13.000				13.000
Gewinnrücklagen		4.500		2.000		6.500				6.500
Ergebnisvortrag		500				500				500
Jahresüberschuss		1) 200		0		200	200			0
Summe	**16.000**	**16.000**	**6.000**	**6.000**	**20.200**	**20.200**	**200**	**200**	**20.000**	**20.000**

Periode 02	MU		TU		Summenbilanz		Konsolidierung		Konzernbilanz	
in GE	A	P	A	P	A	P	S	H	A	P
sonst. VG	10.000		3.000		13.000				13.000	
Vorräte	2.000		1.000 1) +1.000		4.000			400	3.600	
Bank	3.200 1) +1.000	1) 800	1.000	1) 1.000	3.400				3.400	
Gezeichn. Kapital		10.000		3.000		13.000				13.000
Gewinnrücklagen		4.600		2.000		6.600				6.600
Ergebnisvortrag		600				600				600
sonst. APO							200		200	
Jahresüberschuss		1) 200				200	200			0
Summe	**16.200**	**16.200**	**6.000**	**6.000**	**20.400**	**20.400**	**400**	**400**	**20.200**	**20.200**

Periode 03	MU		TU		Summenbilanz		Konsolidierung		Konzernbilanz	
in GE	A	P	A	P	A	P	S	H	A	P
sonst. VG	10.000		3.000		13.000				13.000	
Vorräte	2.000		2.000	3) 1.000	3.000		200	400	2.800	
Bank	3.400		3) +1.300		4.700				4.700	
Gezeichn. Kapital		10.000		3.000		13.000				13.000
Gewinnrücklagen		4.700		2.000		6.700				6.700
Ergebnisvortrag		700				700				700
sonst. APO							400		400	
Jahresüberschuss				3) 300		300		200		500
Summe	**15.400**	**15.400**	**6.300**	**6.300**	**20.700**	**20.700**	**600**	**600**	**20.900**	**20.900**

Tab. 11.21: Beispiel Eliminierung von Zwischenerfolgen, Veränderung des Zwischenerfolgsbestandes

In Periode 03 wird die Ware zum Preis von 1.300 GE verkauft und somit der Zwischenerfolg aus der Periode 01 nun realisiert. Der Zwischenerfolgsbestand aus Periode 02 von 400 GE wird reduziert auf 200 GE. Diese Verringerung ist GuV-wirksam zu verrechnen und erhöht das Konzernergebnis um 200 GE: »per Vorräte an Jahresüberschuss 200«. Der alte Zwischenerfolgsbestand von 400 GE ist noch immer im Eigenkapital der Konzernunternehmen enthalten und muss durch die Buchung: »per sonstiger Ausgleichsposten an Vorräte 400« erfolgsneutral eliminiert werden. Durch diese Verrechnung wird gewährleistet, dass Jahreserfolg, Vermögen und Konzerneigenkapital in richtiger Höhe ausgewiesen werden, wie aus dem in Tabelle 11.21 wiedergegebenen Konsolidierungsschema ersichtlich wird.

Gewinnverwendung

Im Rahmen der einzelgesellschaftlichen Rechnungslegung (§§ 266 Abs. 3, § 268 Abs. 1 HGB) ist es freigestellt, den Jahresabschluss vor oder nach Gewinnverwendung aufzustellen. Dies ist gemäß § 298 Abs. 1 HGB auch im Konzernabschluss möglich. Aktiengesellschaften müssen jedoch gemäß §§ 150 Abs. 1, 300 AktG die gesetzliche Rücklage bereits in der Bilanz der Abrechnungsperiode bilden; die Berücksichtigung der Rücklagendotierung in der Bilanz setzt jedoch die Ausübung des Wahlrechts nach § 268 Abs. 1 HGB zur Aufstellung der Bilanz nach teilweiser oder vollständiger Gewinnverwendung voraus und macht diese zur Pflicht (vgl. ADS [1995 ff.], § 268 HGB Tz. 21).

Unabhängig davon, welche Darstellungsform gewählt wurde, müssen Aktiengesellschaften in Bilanz oder Anhang die in die einzelnen Posten der Gewinnrücklagen fließenden Beträge angeben (§ 152 Abs. 3 AktG) und in GuV oder Anhang eine Gewinnverwendungsrechnung aufnehmen (§ 158 Abs. 1 AktG). Insofern trifft diese Verpflichtung auch alle Konzerne, die Aktiengesellschaften und KGaA in den Konzernabschluss einbeziehen.

Konzerngewinn

Wird die Konzernbilanz nach teilweiser Ergebnisverwendung aufgestellt, so wird der Bilanzgewinn des Konzerns (= »Konzerngewinn«) ausgewiesen. Für die Ermittlung der Ergebnisverwendungsrechnung des Konzerns können die Verwendungsrechnungen der Einzelabschlüsse nicht einfach nur addiert werden, sondern auch hier müssen Aufrechnungen erfolgen. Diese sind abhängig davon, welchen Zweck man dem Bilanzgewinn des Konzerns beimisst, der im Rechtssinne keine Ausschüttungsbemessungsfunktion hat.

Beispiel

Zur Veranschaulichung wird auf die Daten des in Tabelle 11.21 abgebildeten Beispiels zurückgegriffen. In Tabelle 11.22 und Tabelle 11.23 ist das Beispiel unter Einbezug der Ergebnisermittlung und -verwendung dargestellt.

In Periode 01 wird die GuV-wirksame Zwischenerfolgseliminierung nun gegen den Bilanzgewinn durchgeführt. Dieser beträgt zunächst 300 GE, bestehend aus 200 GE Jahresüberschuss, 500 GE Gewinnvortrag und 400 GE Einstellung in die Rücklagen, die in der Ergebnisverwendungsrechnung ausgewiesen sind. Er wird um den Zwischenerfolg von 200 GE reduziert auf einen Konzerngewinn von 100 GE (durch die Buchung: »per Bilanzgewinn an Vorräte 200«). Gleichzeitig erfolgt innerhalb der GuV die Eliminierung der aus der internen Lieferung resultierenden Umsätze, Umsatzkosten und des Erfolges (Buchung [6])).

In Periode 02 wird der neu entstandene Zwischenerfolg gegen den Bilanzgewinn und der alte Zwischenerfolgsbestand gegen den APO eliminiert (Buchung [4])). Auch innerhalb der Ergebnisverwendungsrechnung ist jeweils eine Reduktion des Jahresüberschusses und Bilanzgewinns um 200 GE erforderlich (Buchung [5])). Durch die Eliminierung entsteht ein Bilanzverlust von 200 GE. Aus Konzernsicht kommt er dadurch zustande, dass ein Ergebnis von null erzielt wurde und dennoch 200 GE in die Rücklagen eingestellt wurden.

Periode 01	**MU**		**TU**		**Summenbilanz**		**Konsolidierung**		**Konzernbilanz**	
in GE	**A**	**P**	**A**	**P**	**A**	**P**	**S**	**H**	**A**	**P**
sonst. VG	10.000		3.000		13.000				13.000	
Vorräte	2.000		0 [1] +1.000		3.000			200	2.800	
Bank	3.000 [1] +1.000	[2] 800	2.000	[1] 1.000	4.200				4.200	
Gezeichn. Kapital		10.000		3.000		13.000				13.000
Gewinnrücklagen		4.500 [4] +400		2.000		6.900				6.900
Bilanzgewinn		[5] 300				300	200			100
Summe	**16.000**	**16.000**	**6.000**	**6.000**	**20.200**	**20.200**	**200**	**200**	**20.000**	**20.000**
Umsatzerlöse		[1] 1.000				1.000	[6] 1.000			0
Bestandsveränd.								[6] 800		800
div. Aufwendungen	[2] 800				800				800	0
JÜ	[3] 200				200			[6] 200		0
Summe	**1.000**	**1.000**			**1.000**	**1.000**	**1.000**	**1.000**	**0**	**0**
JÜ		[3] 200				200	[5] 200			0
Ergebnisvortrag		500				500				500
Einst. in RL	[4] 400				400				400	
Bilanzgewinn	[5] 300				300			[5] 200	100	
Summe	**700**	**700**			**700**	**700**	**200**	**200**	**500**	**500**

Tab. 11.22: Beispiel Eliminierung von Zwischenerfolgen, Einbeziehung Erfolgsermittlung und Erfolgsverwendung (Periode 01)

Identität von Konzerngewinn und Bilanzgewinn des Mutterunternehmens

Um jedoch auch auf Konzernebene als Bilanzgewinn einen Betrag auszuweisen, der zur Ausschüttung an die Eigentümer zur Verfügung steht, wird sehr oft eine Verrechnungstechnik angewandt, die den Konzerngewinn mit dem Bilanzgewinn des Mutterunternehmens angleicht. Um dieses Ziel zu erreichen, sind alle Einzelbilanzgewinne, die an Konzernunternehmen ausgeschüttet werden sollen, zu eliminieren und in die Gewinnrücklagen umzugliedern, da diese Beträge aus Konzernsicht keine Ausschüttungen darstellen. Werden weiterhin in der Ergebnisverwendungsrechnung im Posten »Konzernfremden Gesellschaftern zustehender Gewinn« alle Beträge vom Konzernjahresüberschuss abgezogen, die an Konzerndritte ausgeschüttet werden sollen, dann entspricht der nach Dotierung der Rücklagen und Verrechnung von Ergebnisvorträgen resultierende Konzernbilanzgewinn dem Bilanzgewinn des Mutterunternehmens.

GuV-wirksame Verrechnung über den sonstigen Ausgleichsposten

Dabei kann auch der sonstige Ausgleichsposten dazu benutzt werden, um die Bilanzgewinne der Tochterunternehmen aufzunehmen. Gleichzeitig werden dann sowohl alle GuV-wirksamen als auch erfolgsneutralen Konsolidierungsdifferenzen hier erfasst. Innerhalb des Ausgleichspostens gleichen sich damit Konsolidierungs- und Ergebnisverwendungsmaßnahmen in ihrer Wirkung auf den Konzerngewinn aus.

Periode 02	**MU**		**TU**		**Summenbilanz**		**Konsolidierung**		**Konzernbilanz**	
in GE	**A**	**P**	**A**	**P**	**A**	**P**	**S**	**H**	**A**	**P**
sonst. VG	10.000		3.000		13.000				13.000	
Vorräte	2.000		1.000 [1] +1.000		4.000			[4] 400	3.600	
Bank	2.900 [1] +1.000	[2] 800	1.000	[1] 1.000	3.100				3.100	
Gezeichn. Kapital		10.000		3.000		13.000				13.000
Gewinnrücklagen		4.900 [3] +200		2.000		7.100				7.100
sonst. APO							[4] 200		200	
Bilanzgewinn		0					[4] 200		200	0
Summe	**15.900**	**15.900**	**6.000**	**6.000**	**20.100**	**20.100**	**400**	**400**	**20.100**	**20.100**
Umsatzerlöse		[1] 1.000				1.000	[6] 1.000			0
Bestandsveränd.								[6] 800		800
div. Aufwendungen	[2] 800				800				800	0
JÜ	200				200			[6] 200		0
Summe	**1.000**	**1.000**			**1.000**	**1.000**	**1.000**	**1.000**	**0**	**0**
JÜ		200				200	[5] 200			0
Ergebnisvortrag		0				0				0
Einst. in RL	[3] 200				200				200	
Einst./Entn. so. APO					0					
Bilanzgewinn	0				0			[5] 200	0	200
Summe	**200**	**200**			**200**	**200**	**200**	**200**	**200**	**200**

Tab. 11.23: Beispiel Eliminierung von Zwischenerfolgen, Einbeziehung Erfolgsermittlung und Erfolgsverwendung (Periode 02)

Beispiel

Zur Veranschaulichung wird das Beispiel aus Tabelle 11.23 für die Periode 02 verwendet (vgl. Tabelle 11.24).

Die erfolgsneutrale und GuV-wirksame Eliminierung erfolgt gegen sonst. APO (Buchung[4)]). In der Ergebnisverwendungsrechnung wird der Jahresüberschuss gegen die Einstellungen/Entnahmen aus dem APO reduziert (Buchung [5)]) und so im Ergebnis ein Konzerngewinn entsprechend dem Bilanzgewinn des Mutterunternehmens von null, bei Einstellungen in die Rücklagen und gleichzeitiger Entnahme aus dem APO von 200 GE, ausgewiesen.

Obwohl dieses Modell in der Praxis sehr beliebt ist (vgl. Küting, K. [1998], S. 938 ff.), wird es in der Literatur weitgehend abgelehnt, da hier versucht wird, der Größe Konzerngewinn, die selbst mit keiner Ausschüttungsfunktion verbunden ist, einen materiellen Inhalt zu geben (vgl. Baetge, J./Kirsch, H.-J./Thiele, S. [2013], S. 287). Zudem entspringt eine solche Vorgehensweise der Denkweise der Interessentheorie und nicht der dem deutschen Konzernabschluss zugrunde liegenden Einheitstheorie.

Periode 02	MU		TU		Summenbilanz		Konsolidierung		Konzernbilanz	
in GE	**A**	**P**	**A**	**P**	**A**	**P**	**S**	**H**	**A**	**P**
sonst. VG	10.000		3.000		13.000				13.000	
Vorräte	2.000		1.000 1) +1.000		4.000			4) 400	3.600	
Bank	2.900 1) +1.000	2) 800	1.000	1) 1.000	3.100				3.100	
Gezeichn. Kapital		10.000		3.000		13.000				13.000
Gewinnrücklagen		4.900 3) +200		2.000		7.100				7.100
sonst. APO							4) 400		400	
Bilanzgewinn		0								0
Summe	**15.900**	**15.900**	**6.000**	**6.000**	**20.100**	**20.100**	**400**	**400**	**20.100**	**20.100**
Umsatzerlöse		1) 1.000				1.000	1.000			0
Bestandsveränd.									0	
div. Aufwendungen	2) 800				800			800		0
Jahresüberschuss	200				200			200		0
Summe	**1.000**	**1.000**			**1.000**	**1.000**	**1.000**	**1.000**	**0**	**0**
Jahresüberschuss		200				200	5) 200			0
Ergebnisvortrag		0				0				0
Einst. in RL	3) 200				200				200	
Einst. in/Entn. aus so. APO					0			5) 200		200
Bilanzgewinn	0				0				0	0
Summe	**200**	**200**			**200**	**200**	**200**	**200**	**200**	**200**

Tab. 11.24: Beispiel Eliminierung von Zwischenerfolgen, Konzerngewinn = Bilanzgewinn des Mutterunternehmens

»Erwirtschaftetes Kapital« (retained earnings) nach IFRS und US-GAAP

Deshalb wird der Verzicht auf eine Konzern-Ergebnisverwendungsrechnung und damit auf den Ausweis eines teilweise irreführenden, mit Sicherheit aber funktionslosen und in diesem Sinne überflüssigen Postens »Konzerngewinn« bzw. »Konzernverlust« (Küting, K./Weber, C.-P. [2012a], S. 628 f.) als weitere Möglichkeit angesehen. In diesem Modell wird der Posten »Eigenkapital« in »Eingezahltes Kapital« und »Erwirtschaftetes Kapital« unterteilt. Das »Erwirtschaftete Kapital« umfasst die Gewinnrücklagen, den Ergebnisvortrag und den Jahreserfolg. Dadurch enthält dieser Posten alle Zwischenerfolge, unabhängig von der Ergebnisverwendung in den Einzelabschlüssen der Konzernunternehmen. Konsolidierungsdifferenzen sind somit durch Verrechnung gegen das »erwirtschaftete Kapital« auch in der Folgekonsolidierung leicht eliminierbar. Da der Posten mit dem angloamerikanischen Begriff der »*retained earnings*« weitestgehend übereinstimmt, gegen die auch die Eliminierung nach IFRS und US-GAAP vorgenommen wird, stellt diese Vorgehensweise eine im Zuge der internationalen Harmonisierung der Konzernrechnungslegung sinnvolle Alternative dar.

Für das Beispiel aus Tabelle 11.23 stellt sich dieses Modell wie in Tabelle 11.25 ausgeführt dar.

Periode 01	MU		TU		Summenbilanz		Konsolidierung		Konzernbilanz	
in GE	A	P	A	P	A	P	S	H	A	P
sonst. VG	10.000		3.000		13.000				13.000	
Vorräte	2.000		0 1) +1.000		3.000			200	2.800	
Bank	3.000 1) +1.000	1) 800	2.000	1) 1.000	4.200				4.200	
Eingezahltes Kapital		10.000		3.000		13.000				13.000
Erwirtschaftetes Kapital		5.000 1) +200		2.000		7.200	200			7.000
Summe	**16.000**	**16.000**	**6.000**	**6.000**	**20.200**	**20.200**	**200**	**200**	**20.000**	**20.000**

Periode 02	MU		TU		Summenbilanz		Konsolidierung		Konzernbilanz	
in GE	A	P	A	P	A	P	S	H	A	P
sonst. VG	10.000		3.000		13.000				13.000	
Vorräte	2.000		1.000		3.000			200	2.800	
Bank	3.200		1.000		4.200				4.200	
Eingezahltes Kapital		10.000		3.000		13.000				13.000
Erwirtschaftetes Kapital		5.200		2.000		7.200	200			7.000
Summe	**15.200**	**15.200**	**5.000**	**5.000**	**20.200**	**20.200**	**200**	**200**	**20.000**	**20.000**

Tab. 11.25: Beispiel Eliminierung von Zwischenerfolgen, keine Ergebnisverwendungsrechnung

III. Regelungen zur Zwischenerfolgseliminierung bei vollkonsolidierten Unternehmen

Die Pflicht zur Zwischenerfolgseliminierung bezieht sich primär auf den Konsolidierungskreis i. e. S., d. h. auf vollkonsolidierte Konzernunternehmen. Darüber hinaus ist auch bei quotal konsolidierten Unternehmen sowie bei assoziierten Unternehmen grundsätzlich eine Zwischenerfolgseliminierung durchzuführen.

Zwischenerfolgs-eliminierung nach HGB

Nach den Regeln des § 304 Abs. 1 HGB sind Zwischenerfolge bei der Vollkonsolidierung stets in voller Höhe zu eliminieren. Es wird hier nicht unterschieden, ob Minderheitenanteile vorhanden sind. Spezielle Vorschriften für die Zwischenerfolgseliminierung bestehen nach DRS nicht.

Da nach der Einheitstheorie auch die anderen Gesellschafter von Tochterunternehmen als Gesellschafter des Gesamtunternehmens Konzern gelten, sind auch die anteilig auf sie entfallenden Zwischenerfolge als im Konzernverbund nicht realisiert zu betrachten. Damit sind Zwischenerfolge – auch wenn dem Konzern keine 100%ige Beteiligung an einem Tochterunternehmen gehört – stets in voller Höhe zu eliminieren. Der zu eliminierende Zwischenerfolgsbestand kann dabei in konsequenter Anwendung der Einheitstheorie anteilig dem Konzern bzw. den anderen Gesellschaftern zugerechnet werden; vereinfachend jedoch wird auch eine Verrechnung nur mit dem Konzerneigenkapital befürwortet (vgl. IDW [2012b], S. 1487).

Ausnahmen von dieser unbeschränkten Verpflichtung, sämtliche aus innerkonzernlichen Lieferungen und Leistungen resultierenden Zwischenerfolgsbestände bei den einbezogenen Konzernunternehmen zu eliminieren, bestehen nicht. Auf eine Zwischenerfolgseliminierung kann gemäß § 304 Abs. 2 HGB lediglich dann verzichtet werden, wenn sie für die Vermittlung eines den tatsächlichen Verhältnissen entsprechenden Bildes der Vermögens-, Finanz- und Ertragslage des Konzerns von untergeordneter Bedeutung ist. Bei der Prüfung, ob eine Zwischenerfolgseliminierung von untergeordneter Bedeutung für den Konzernabschluss ist, darf nicht auf den einzelnen mit Zwischenerfolgen behafteten Geschäftsvorfall abgestellt werden, sondern es ist die Summe der potenziell befreiten Zwischenerfolge in Relation zu den insgesamt zu eliminierenden Zwischenerfolgen zu würdigen. Dies setzt also voraus, dass der Gesamtbestand der zu eliminierenden Zwischenerfolge zumindest näherungsweise zuvor bereits bestimmt worden ist.

Zwischenerfolgseliminierung nach IFRS

Auch nach den Vorschriften der IFRS sind die aus Konzernsicht unrealisierten Erfolge zu eliminieren (IFRS 10.B86). Als Beispiel werden Lieferungen von Vorräten und Gegenständen des Sachanlagevermögens genannt und es wird eine vollständige Eliminierung der Zwischenerfolge gefordert. IFRS 10.B86 schreibt grundsätzlich eine Zwischengewinn- und Zwischenverlusteliminierungspflicht aus konzerninternen Lieferungen und Leistungen vor, ohne explizit Bezug auf Konzernanschaffungskosten und -herstellungskosten zu nehmen. Eine Ausnahme von dieser generellen Verpflichtung besteht lediglich in sog. unwesentlichen Fällen gemäß F QC11. Die nach US-GAAP relevante Frage, ob es sich dabei um sog. *upstream*- oder *downstream*-Geschäfte handelt, ist nach IFRS irrelevant (vgl. Baetge, J./Kirsch, H.-J./Thiele, S. [2013], S. 375 f.).

Zwischenerfolgseliminierung nach US-GAAP

Nach den Vorschriften des ASC 810 sind neben der Kapitalkonsolidierung noch weitere Konsolidierungsvorgänge notwendig, um aus dem Summenabschluss alle konzerninternen Transaktionen zu eliminieren. ASC 810 verlangt die Entfernung aller Posten, die aus Vorgängen zwischen einbezogenen Unternehmen stammen (z. B. Forderungen, Verbindlichkeiten, Umsatzerlöse, Zinsen, Dividenden, konzerninterne Erfolge), sodass der konsolidierte Abschluss die Vermögens- und Ertragslage eines einheitlichen Unternehmens widerspiegelt (ASC 810-10-45-1). Demnach sind Zwischenerfolge (*unrealized intercompany profits*) grundsätzlich zu eliminieren, wobei in bestimmten Fällen auch eine proportionale Aufteilung zwischen dem Mutterunternehmen und den konzernfremden Dritten vorgenommen werden kann.

Bei einem *downstream sale*, also einer Lieferung der Mutter an eine Tochter, fällt der Gewinn beim Mutterunternehmen an, weshalb er grundsätzlich vollständig zu eliminieren ist. Dagegen fällt der Zwischenerfolg bei einem *upstream sale* beim Tochterunternehmen an. Ist dieses teilweise in den Händen Dritter, dann entfällt ein Teil des Zwischenerfolgs auf die Minderheitenaktionäre. Diese gelten gemäß der *parent company theory* als Konzernaußenstehende und gemäß der *entity theory* als Miteigentümer des Konzerns. Da ASC 810-10-65 der *entity theory* folgt, müssen Zwischenerfolge vollständig eliminiert werden und reduzieren somit sowohl den Anteil des Mutterunternehmens wie auch den Fremdanteil.

Die US-GAAP sehen ebenfalls keine expliziten Ausnahmeregelungen von der Zwischenerfolgseliminierung vor. Jedoch gilt auch hier, wie in allen Bereichen der Rechnungslegung, der allgemeine Grundsatz der Wesentlichkeit. Demnach kann auf eine Eliminierung von unwesentlichen Zwischenerfolgen verzichtet werden.

IV. Regelungen zur Zwischenerfolgseliminierung bei nicht vollkonsolidierten Unternehmen

Im Falle der Quotenkonsolidierung und Equity-Bewertung stellt sich die Frage, ob auch hier eine Zwischenerfolgseliminierung vorzunehmen ist.

Zwischenerfolgseliminierung bei Quotenkonsolidierung
- HGB/DRS

Zunächst zur Quotenkonsolidierung: Bei Anwendung der anteiligen Konsolidierung sind gemäß § 310 Abs. 2 HGB die Vorschriften zur Zwischenerfolgseliminierung bei Vollkonsolidierung »entsprechend anzuwenden«. Diese »entsprechende Anwendung« kann systemkonform nur so interpretiert werden, dass die Zwischenerfolge mit ihren auf den Konzern entfallenden Anteilen zu eliminieren sind. Auch nach DRS 9.10 ist bei quotenkonsolidierten Unternehmen grundsätzlich eine Zwischenerfolgseliminierung durchzuführen.

- IFRS

Mit Wegfall der Quotenkonsolidierung durch IFRS 11 und Einführung der verpflichtenden Anwendung der Equity-Methode richtet sich künftig die Zwischenerfolgseliminierung von Gemeinschaftsunternehmen nach den Vorschriften des IAS 28.

- US-GAAP

Nach US-GAAP ist der Zwischenerfolg aus Transaktionen zwischen Gemeinschaftsunternehmen und vollkonsolidierten Konzernunternehmen wie nach HGB zu behandeln. Auch hier ist es also unwesentlich, ob es sich um *upstream*- oder *downstream*-Geschäfte handelt, es ist immer eine quotale Zwischenerfolgseliminierung erforderlich.

Zwischenerfolgseliminierung bei Equity-Methode nach HGB

Auch bei assoziierten Unternehmen ist eine nach § 304 HGB entsprechende Zwischenerfolgseliminierung durchzuführen, soweit die für die Beurteilung maßgeblichen Sachverhalte bekannt oder zugänglich sind (§ 312 Abs. 5 Satz 3 HGB).

Da § 304 Abs. 1 HGB jedoch die Zwischenerfolgseliminierung nur bei »in den Konzernabschluss zu übernehmenden Vermögensgegenständen« vorschreibt, entstehen bei der Equity-Methode Anwendungsprobleme, da anders als bei der Vollkonsolidierung hier die Bilanzposten des assoziierten Unternehmens keinen Eingang in die Konzernbilanz finden und dessen Aufwands- und Ertragsposten nicht in die Konzern-GuV übernommen werden.

»Downstream-Lieferung«

Liefert das beteiligte Konzernunternehmen an sein assoziiertes Unternehmen einen Vermögensgegenstand (*downstream*-Lieferung) unter Realisation eines Zwischenerfolges, so findet zwar der realisierte Zwischenerfolg über den Umsatzerlös und die betroffenen Aufwandsposten der Einzel-GuV des beteiligten Unternehmens Eingang in die Summen-GuV, der mit dem Zwischenerfolg behaftete Vermögensgegenstand jedoch, der bei dem assoziierten Unternehmen bilanziert ist, wird im Konzernabschluss nicht ausgewiesen.

»Upstream-Lieferung«

Im Falle der Lieferung eines assoziierten Unternehmens an das beteiligte Konzernunternehmen (*upstream*-Lieferung) taucht der Zwischenerfolg aus dem Einzelabschluss des Beteiligungsunternehmens indirekt über die Vereinnahmung des anteiligen Ergebnisses des assoziierten Unternehmens in der Konzern-GuV und im Rahmen der Anschaffungskosten in der Konzernbilanz auf.

Die Frage, ob bezüglich der Zwischenerfolgseliminierung zwischen *down*- und *upstream*-Lieferung unterschieden werden soll, ist danach zu beantworten, ob man die Equity-Methode als eine Methode der reinen Beteiligungsbewertung oder als eine verkürzte Konsolidierungsmethode betrachtet (vgl. Busse von Colbe, W./Ordelheide, D./Gebhardt, G./Pellens, B. [2010], S. 543 ff.; Baetge, J./ Kirsch, H.-J./Thiele, S. [2013], S. 363 ff.). Weit verbreitet ist die Ansicht, dass die Equity-Methode lediglich als ein spezifizierter Bewertungsvorgang zu interpretieren ist (vgl. Arbeitskreis »Externe Unternehmensrechnung« der Schmalenbach-Gesellschaft [1989], S. 103).

Verrechnung gegen Equity-Wert und Equity-Ergebnis

Unter dieser Betrachtung ist die Zwischenergebniseliminierung lediglich in Form einer Wertkorrektur des Beteiligungswertes (»Beteiligungen an assoziierten Unternehmen«) vorzunehmen. Dabei werden nur der Bilanzwert der Equity-Beteiligung und das auf das assoziierte Unternehmen entfallende »Ergebnis aus assoziierten Unternehmen« durch die Zwischenerfolgseliminierung berührt. Es erfolgt also weder eine Veränderung der Summen-Umsatzerlöse im Rahmen einer *downstream*-Lieferung, noch werden bei einer *upstream*-Lieferung die Wertansätze der Vermögensgegenstände in der Summenbilanz geändert.

Zu klären ist, ob die Zwischenerfolgsbereinigung im Rahmen der Equity-Bewertung vollständig oder quotal vorgenommen werden soll. Das Gesetz lässt beide Möglichkeiten zu. Sachgemäß sollte die Entscheidung davon abhängig gemacht werden, welche Konzernbeziehung zu dem *at equity* bewerteten Beteiligungsunternehmen besteht.

Quotale Eliminierung

Soweit es sich um ein echtes assoziiertes Unternehmen handelt, also nicht um ein Tochterunternehmen, das nicht vollkonsolidiert werden soll oder darf, wird – wie auch beim Gemeinschaftsunternehmen – eine nur quotale Zwischenerfolgseliminierung für sachgerechter gehalten. Dem trägt auch § 312 Abs. 5 Satz 4 HGB Rechnung, der es erlaubt, die Zwischenerfolgseliminierung bei Assoziierungsverhältnissen auf den der Beteiligungsquote entsprechenden Anteil zu beschränken. Vor allem bei relativ geringen Konzernbeteiligungsquoten werden durch die anteilige Eliminierung Verzerrungen des Konzernergebnisses vermieden, zumal sich die Zwischenerfolgseliminierung bei assoziierten Unternehmen im Widerspruch befindet zu dem Gedanken der Einheitstheorie des Konzerns.

Vollständige Eliminierung

Soweit es sich bei den nach der Equity-Methode einbezogenen Unternehmen um nicht vollkonsolidierte Tochterunternehmen handelt, wird eine vollständige Zwischenerfolgseliminierung befürwortet. Dadurch würde sich das Ergebnis aus assoziierten Unternehmen dem Konzernergebnis bei Vollkonsolidierung dieser Tochterunternehmen praktisch angleichen, denn bei deren voller Einbeziehung wäre ebenfalls eine vollständige Zwischenerfolgseliminierung erforderlich. Der fehlenden Übernahme der Bilanzposten der nicht vollkonsolidierten Tochterunternehmen steht damit zumindest eine der Vollkonsolidierung analoge Ertragsdarstellung gegenüber.

Zwischenerfolgs-eliminierung bei Equity-Methode - DRS

Dagegen regelt DRS 8.30, dass eine quotale Zwischenerfolgseliminierung zwingend ist, unabhängig davon, ob es sich um eine *upstream*- oder *downstream*-Lieferung handelt. Eine Verrechnung mit den Bilanzposten, die Bestände aus Lieferungen von assoziierten Unternehmen enthalten, ist nicht zulässig. Vielmehr sind die zu eliminierenden Zwischenergebnisse mit dem Equity-Wert zu verrechnen (DRS 8.32).

\- IFRS

IAS 28.28 verlangt explizit die beteiligungsquotale Eliminierung der Zwischenerfolge, unabhängig davon, ob es sich um eine *upstream*- oder *downstream*-Lieferung handelt.

\- US-GAAP

Nach ASC 323 sind Zwischenerfolge auch bei Lieferungen und Leistungen zwischen Unternehmen, die mit der Equity-Bewertung in den Konzernabschluss einbezogen werden, zu eliminieren. Die Zwischenerfolgseliminierung ist sowohl bei *downstream*- als auch bei *upstream*-Geschäften grundsätzlich gemäß der

Beteiligungsquote vorzunehmen. Eine vollständige Eliminierung ist dagegen geboten, falls das Mutterunternehmen das Beteiligungsunternehmen aufgrund der Mehrheit der Stimmrechte beherrscht und die Transaktion nicht zu *arm's length*-Bedingungen, also nicht zu marktüblichen Konditionen, sondern unter dem Einfluss von internen Verrechnungspreisen, abgewickelt wurde. Dies gilt auch, falls das Beteiligungsunternehmen im Interesse des Mutterunternehmens in Form einer Zweckgesellschaft gegründet wurde (vgl. Scherrer, G. [2000], S. 373 f.).

D. Konsolidierungsmaßnahmen in der Konzern-Gewinn- und Verlustrechnung

Realisationsprinzip im Konzern

Wie die Konzernbilanz, so entsteht auch die Konzern-GuV prinzipiell durch die Addition der Gewinn- und Verlustrechnungen aus den Einzelabschlüssen der in den Konzernabschluss einbezogenen Unternehmen. Zur Überführung dieser Summen-GuV in die Konzern-GuV müssen jedoch diejenigen Erträge und Aufwendungen eliminiert werden, die aus Transaktionen mit anderen einbezogenen Unternehmen stammen, da ein rechtlich einheitliches Unternehmen aus innerbetrieblichen Transaktionen keine Erfolge realisieren kann. Die Eliminierungsschritte müssen demzufolge bewirken, dass in der Konzern-GuV nur noch Erfolge aus Geschäftsvorfällen mit nicht einbezogenen dritten Unternehmen zum Ausweis kommen. Dies kann durch Aufrechnung korrespondierender Aufwendungen und Erträge und/oder Umgliederung in andere GuV-Posten geschehen.

Rechtsgrundlage der GuV-Konsolidierung nach HGB

Rechtsgrundlage der Aufwands- und Ertragskonsolidierung ist § 305 HGB, der jedoch nur in relativ allgemeiner Form die Eliminierung konzerninterner Umsatzerlöse sowie anderer Erträge aus Lieferungen und Leistungen vorschreibt (§ 305 Abs. 1 HGB). Unter dem Gesichtspunkt der Einheitstheorie wird diese Aufzählung in der Praxis noch durch die Konsolidierung von innerkonzernlichen Ergebnisübernahmen vervollständigt, sodass die Eliminierungsmaßnahmen für die Konzern-GuV sich in folgende Teilgebiete untergliedern lassen:

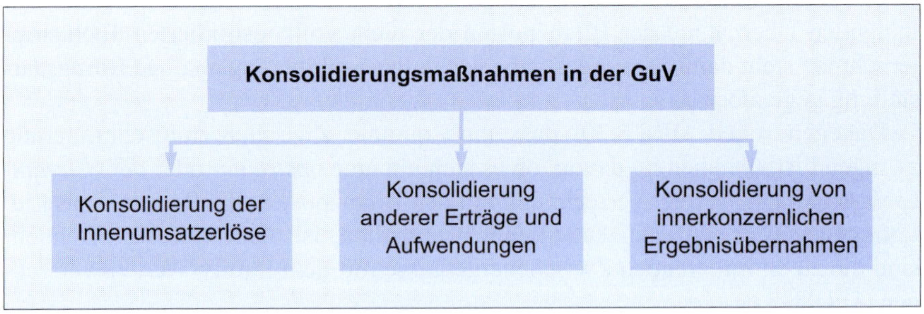

Abb. 11.12: Aufwands-/Ertragskonsolidierung

Grundlagen nach IFRS

Auch die IFRS sehen eine Konsolidierung innerkonzernlicher Transaktionen vor, jedoch ist dies in IFRS 10 nur sehr allgemein geregelt. In IFRS 10.B86 wird lediglich vorgeschrieben, dass Aufwendungen und Erträge aus Geschäften zwischen Konzernunternehmen sowie innerkonzernliche Dividendenzahlungen oder sonstige Gewinnvereinnahmungen vollständig zu eliminieren sind.

Grundlagen nach US-GAAP

Nach ASC 810-10-45-1 müssen konzerninterne Umsätze, Vergütungen wie auch andere Erträge sowie Gewinnausschüttungen mit den auf sie entfallenden Aufwendungen verrechnet werden. Unbeachtet von Minderheitsgesellschaftern sind die Aufwendungen und Erträge vollständig gegeneinander zu verrechnen.

Anwendung der HGB-Einzelabschlussvorschriften

Da das Gesetz keine speziellen Vorschriften zur Konzern-GuV normiert, ist auf die allgemeinen Vorschriften des § 298 Abs. 1 HGB Rückgriff zu nehmen, die wiederum generell die einschlägigen Vorschriften für den Einzelabschluss von Kapitalgesellschaften auch für den Konzernabschluss verbindlich machen, soweit nicht konzernspezifische Besonderheiten berücksichtigt werden müssen.

Größenabhängige Erleichterungen

Die Konzern-GuV ist demnach in ungekürzter Form nach dem Schema des § 275 Abs. 2 bzw. Abs. 3 HGB zu erstellen. Die Nichtanwendbarkeit der größenabhängigen Erleichterungen für kleine und mittelgroße Kapitalgesellschaften nach § 276 HGB ergibt sich aus den Dimensionen des Konzerns, die regelmäßig die Größenkriterien für große Kapitalgesellschaften erreichen werden (vgl. § 267 Abs. 3 HGB).

Umsatz-/Gesamtkostenverfahren - HGB

Die Konzern-GuV ist wahlweise nach dem Gesamtkosten- oder Umsatzkostenverfahren zu erstellen. Die Unterschiedlichkeit dieser beiden Erstellungsmöglichkeiten der GuV erlaubt es allerdings nicht, nach unterschiedlichen Verfahren erstellte Einzelabschluss-Gewinn- und Verlustrechnungen nebeneinander in die Summen-GuV bzw. Konzern-GuV einfließen zu lassen. Soweit also die Gewinn- und Verlustrechnungen der einbezogenen Konzernunternehmen nicht konzernweit nach einem einheitlichen Verfahren erstellt werden, muss vor der Zusammenführung eine Vereinheitlichung erfolgen (HB II), wobei der Konzern in der Wahl des Verfahrens nicht festgelegt ist. Da die Umstellung von der einen GuV-Art auf die andere im Regelfall mit einem erheblichen Aufwand verbunden ist, empfiehlt sich die konzernweite Anwendung der Methode, derer sich die meisten bzw. wichtigsten der einbezogenen Unternehmen bedienen.

<table>
<tr><th>Gesamtkostenverfahren</th><th>Umsatzkostenverfahren</th></tr>
<tr><td>– Umsatzerlöse</td><td>– Umsatzerlöse</td></tr>
<tr><td>– Veränderungen des Bestandes an fertigen und unfertigen Erzeugnissen</td><td></td></tr>
<tr><td>– Andere aktivierte Eigenleistungen</td><td></td></tr>
<tr><td>– Materialaufwand</td><td>– Herstellungskosten der zur Erzielung der Umsatzerlöse erbrachten Leistungen</td></tr>
<tr><td>– Sonstige betriebliche Erträge/ Aufwendungen</td><td>– Sonstige betriebliche Erträge/ Aufwendungen</td></tr>
<tr><td colspan="2">– Erträge aus Beteiligungen
– Erträge aus anderen Wertpapieren und Ausleihungen des Finanzanlagevermögens
– Sonstige Zinsen und ähnliche Aufwendungen
– Erträge und Aufwendungen aus Verlustübernahmen/Gewinnabführungen</td></tr>
</table>

Tab. 11.26: Konsolidierungsposten der GuV

Nach dem Gliederungsschema von § 275 HGB kommen vor allem die in Tabelle 11.26 aufgeführten Posten für eine Konsolidierung in Frage (vgl. Arbeitskreis »Externe Unternehmensrechnung« der Schmalenbach-Gesellschaft [1989], S. 104).

- IFRS und US-GAAP

Nach IFRS ist für die GuV im Einzelabschluss wie auch im Konzernabschluss ebenfalls entweder das Umsatzkostenverfahren oder das Gesamtkostenverfahren zulässig. Auch hier muss im Rahmen der Vereinheitlichung eines der beiden Verfahren gewählt werden. Nach den Regeln der US-GAAP ist nur das Umsatzkostenverfahren zulässig.

Konzernspezifische GuV-Posten nach HGB

Durch den Verweis in § 298 Abs. 1 HGB auf die einschlägigen Vorschriften bzw. Gliederungsposten des Einzelabschlusses zeigt die Konzern-GuV im Vergleich zur GuV des Einzelabschlusses praktisch keine Besonderheiten. Lediglich an zwei Stellen schreibt das HGB den gesonderten Ausweis konzernspezifischer Sachverhalte in der Konzern-GuV vor. So ist der im Jahresergebnis enthaltene, jedoch anderen Gesellschaftern zustehende Gewinn bzw. der auf sie entfallende Verlust nach den Posten »Jahresüberschuss/Jahresfehlbetrag« unter entsprechender Bezeichnung gesondert auszuweisen (§ 307 Abs. 2 HGB).

Außerdem ist der gesonderte Ausweis des auf assoziierte Beteiligungen entfallenden Ergebnisses vorgeschrieben (§ 312 Abs. 4 Satz 2 HGB). Eine weitere Aufspaltung dieses Postens – z. B. nach Art der Erträge oder ein getrennter Ausweis der Aufwendungen und Erträge – ist nicht erforderlich. Insofern ist hier nur der Saldo der in die Wertfortschreibung des Equity-Beteiligungswertes eingehenden Komponenten (vgl. in diesem Kapitel, S. 716 ff.) aufzunehmen. Folglich entsprechen sich die Veränderung des Equity-Wertansatzes und der Ausweis des Ergebnisses aus assoziierten Unternehmen in der Konzern-GuV.

Gemeinschaftsunternehmen
- HGB

Handelt es sich um Aufwendungen und Erträge zwischen einem vollkonsolidierten Unternehmen und einem quotal konsolidierten Gemeinschaftsunternehmen, so kommt es gemäß § 310 Abs. 2 i. V. m. § 305 Abs. 1 HGB zu einer anteilsmäßigen Verrechnung der innerkonzernlichen Aufwendungen und Erträge. Der Anteil der Aufwendungen und Erträge, der auf Konzerndritte entfällt, bleibt also in der Konzern-GuV enthalten. Eine Ausnahme stellt hier lediglich die innerkonzernliche Gewinnausschüttung des Gemeinschaftsunternehmens dar. Diese ist vollständig zu eliminieren, da sie durch die Konsolidierung bereits im Vorjahr vereinnahmt wurde.

- IFRS

Durch die verpflichtende Anwendung der Equity-Methode nach IFRS 11 ist die Konsolidierung der GuV bei Gemeinschaftsunternehmen künftig nach IAS 28.26 vorzunehmen. Demnach ist – mit Verweis auf die Vollkonsolidierungsvorschriften – eine quotale Eliminierung dieser Aufwendungen und Erträge durchzuführen.

- US-GAAP

Aufgrund der seltenen Anwendung der Quotenkonsolidierung enthalten die US-GAAP für diesen Fall keine spezifischen Regelungen für die Behandlung interner Erträge und Aufwendungen. Es wird davon ausgegangen, dass es auch hier zu einer quotalen Eliminierung der Aufwendungen und Erträge kommt (vgl. Niehus, R. J./Thyll, A. [2000], S. 119).

Assoziierte Unternehmen
- HGB

Resultieren die Aufwendungen und Erträge aus Transaktionen zwischen assoziierten bzw. über die Equity-Methode konsolidierten Gemeinschaftsunternehmen und vollkonsolidierten Unternehmen, so sieht der deutsche Gesetzgeber keine Verpflichtung zur Eliminierung vor. Gegen eine freiwillige beteiligungsproportionale Eliminierung ist jedoch nichts einzuwenden, auch wenn dies in der Praxis nicht gebräuchlich ist.

IAS 28.26 enthält einen Verweis auf die Anwendbarkeit der Vollkonsolidierungsgrundsätze, wonach eine quotale Eliminierung dieser Aufwendungen und Erträge vorzunehmen ist.

- IFRS

Wie das HGB enthalten auch die US-GAAP keine Hinweise über vorzunehmende Konsolidierungsmaßnahmen bei konzerninternen Transaktionen zwischen vollkonsolidierten und assoziierten Unternehmen, abgesehen von der Zwischenerfolgseliminierung. Eine solche ist aber in der Praxis unüblich (vgl. Niehus, R. J./Thyll, A. [2000], S. 389).

- US-GAAP

Auf eine Konsolidierung innerkonzernlicher Aufwendungen und Erträge kann verzichtet werden, wenn diese für die Vermittlung eines den tatsächlichen Verhältnissen entsprechenden Bildes der Vermögens-, Finanz- und Ertragslage des Konzerns von untergeordneter Bedeutung sind (§ 305 Abs. 2 HGB). Nach IFRS und US-GAAP kann dies aus dem Wesentlichkeitsprinzip abgeleitet werden.

Wahlrecht bei untergeordneter Bedeutung

Die folgenden Ausführungen zu den konkreten Konsolidierungsmaßnahmen orientieren sich an den handelsrechtlichen Regelungen. Bei diesen Konsolidierungsmaßnahmen ergeben sich keine Unterschiede zur Vorgehensweise nach IFRS und US-GAAP.

I. Konsolidierung der Innenumsatzerlöse

Vom Standpunkt der Einheitstheorie sind die Umsatzerlöse in der Summen-GuV um solche Erlöse zu hoch, die Konzerngesellschaften durch Lieferungen und Leistungen an andere Konzerngesellschaften erzielt haben, denn ein umfassendes Einzelunternehmen weist keine Umsatzerlöse aus dem Transfer von Gütern und Dienstleistungen zwischen einzelnen Betriebsstätten aus. Diese Erlöse bezeichnet man als Innenumsatzerlöse. Sie werden zum Zweck der Konsolidierung buchungsmäßig von den Erlösen aus dem Verkauf an konzernfremde Abnehmer (Außenumsatzerlöse) getrennt. Weiterhin müssen die Konzerngesellschaften bei den Materialaufwendungen und ggf. bei anderen betroffenen Aufwandsposten den Betrag feststellen, der durch den Verbrauch von Konzernleistungen entstanden ist. Die weitere Behandlung der Innenumsatzerlöse aus Lieferungen richtet sich danach, ob die Erzeugnisse im Konzernbereich erstellt wurden (Konzernerzeugnis) oder nicht (Fremderzeugnis), und ob die Lieferung zur Weiterveräußerung bestimmt ist (Lieferung ins Umlaufvermögen) oder nicht (Lieferung ins Anlagevermögen). Innenumsatzerlöse aus Leistungen werden genauso behandelt wie in anderen Ertragsposten ausgewiesene innerkonzernliche Leistungen; auf diese wird auf S. 760 gesondert eingegangen. Ziel der Konsolidierung ist es, die Vorgänge im Konzernabschluss so darzustellen, wie ein umfassendes Einzelunternehmen sie in seinem Abschluss behandeln würde. In den folgenden Beispielen wird aus Gründen der übersichtlicheren Darstellung angenommen, dass für Konzernerzeugnisse als Herstellungskosten nur Material- und Lohnaufwendungen verrechnet werden. Ferner wird von allen übrigen Erträgen und Aufwendungen abgesehen. Als Gliederungsschema wird das Gesamtkostenverfahren zugrunde gelegt.

1. Lieferungen von Konzernerzeugnissen in das Anlagevermögen

Analogie zur Behandlung im Einzelabschluss

Verwendet ein Einzelunternehmen eigene Erzeugnisse im Anlagevermögen, so sind diese Erzeugnisse in der GuV dieses Unternehmens als aktivierte Eigenleistung auszuweisen. Gewinne werden dabei nicht realisiert. Liefert nun ein Konzernunternehmen eigene Erzeugnisse in das Anlagevermögen eines anderen Konzernunternehmens, so muss dies nach der Einheitstheorie im Konzernabschluss ebenso behandelt werden wie die Verwendung von Fertigerzeugnissen im Anlagevermögen von Einzelunternehmen.

Beispiel
Unternehmen A liefert an seine Schwestergesellschaft B eine Maschine aus eigener Produktion zum Preis von 10 GE. An Produktionsaufwand (KHK) entstehen bei A 4 GE Löhne und 3 GE Materialaufwand. Die Lösung ergibt sich aus Tabelle 11.27.

	Einzel-GuV A		Einzel-GuV B		Konsolidierung		Konzern-GuV	
in GE	**S**	**H**	**S**	**H**	**S**	**H**	**S**	**H**
Umsatzerlöse		10	wird nicht berührt		10			
Aktivierte Eigenleistung						7		7
Materialaufwand	3						3	
Löhne	4						4	
Jahresüberschuss	3					3		

Tab. 11.27: Beispiel Innenumsatzkonsolidierung, Lieferung von Konzernerzeugnissen in das Anlagevermögen

Umgliederung auf aktivierte Eigenleistungen

Innenumsatzerlöse aus Lieferungen von Konzernerzeugnissen in das Anlagevermögen sind in aktivierte Eigenleistungen umzugliedern. Zugleich müssen realisierte Zwischenerfolge mit dem Konzernjahresergebnis verrechnet werden. Die jährlichen Abschreibungen dieses Vermögensgegenstandes sind dann im Konzernabschluss um den anteiligen Zwischenerfolg geringer oder höher als im Einzelabschluss des betreffenden Konzernunternehmens, wodurch der Konzernjahresüberschuss erhöht oder vermindert wird. Auf diese Weise wird der zunächst eliminierte Zwischenerfolg während der Nutzungsdauer des Gegenstandes allmählich realisiert.

2. Lieferungen von Konzernerzeugnissen in das Umlaufvermögen

Analogie zur Behandlung im Einzelabschluss

Verkauft ein Einzelunternehmen in der Periode gefertigte eigene Erzeugnisse, so weist die GuV die Produktionsaufwendungen unter den entsprechenden Aufwendungen aus, während die Erlöse aus dem Verkauf unter den Umsatzerlösen erscheinen. Wurden die Erzeugnisse dagegen auf Lager genommen, so wird dieser Lagerzugang in einer GuV nach dem Gesamtkostenverfahren in Höhe der Herstellungskosten als Bestandsveränderung aufgeführt. Ein Erfolg darf im letzten Fall nicht realisiert werden. In gleicher Weise sind nach der Einheitstheorie Konzernerzeugnisse rechnungsmäßig auszuweisen, die eine Konzerngesellschaft von anderen Konzernunternehmen gekauft und anschließend außerhalb des Konzernbereichs weiterveräußert oder auf Lager genommen hat.

Zwischenerfolge

In der Summen-GuV müssen daher die Innenumsatzerlöse aus dem Verkauf von Konzernerzeugnissen in das Umlaufvermögen anderer Konzerngesellschaften mit dem Materialeinsatz aus dem Verkauf dieser Erzeugnisse an Konzernfremde saldiert werden. Verbleiben danach Differenzen, so haben sich die Bestände an derartigen Erzeugnissen im Konzernbereich erhöht (Innenumsatzerlöse > Materialeinsatz) oder vermindert (Innenumsatzerlöse < Materialeinsatz). Diese Differenzen sind vom Standpunkt der Einheitstheorie als Bestandsänderungen an fertigen und unfertigen Erzeugnissen zu betrachten und in der Konzern-GuV auf diesen Posten umzugliedern.

Beispiel

Unternehmen A liefert an seine Schwestergesellschaft B eigene Produkte für 20 GE, deren Produktion (Konzernherstellungskosten) 10 GE Materialaufwand und 5 GE Löhne erfordert. Tabelle 11.28 zeigt die Lösungen für verschiedene Fallvarianten.

	Einzel-GuV A		Einzel-GuV B		Konsolidierung		Konzern-GuV		
in GE	**S**	**H**	**S**	**H**	**S**	**H**	**S**	**H**	
Fall 1									
Umsatzerlöse		20		30	20			30	Fall 1: B verkauft die Produkte in der gleichen Periode an Konzernfremde für 30 GE
Materialaufwand	10		20			20	10		
Löhne	5						5		
Jahresüberschuss	5		10				15		
Fall 2									
Umsatzerlöse		20	wird nicht berührt		20				Fall 2: Die Produkte befinden sich am Ende der Berichtsperiode noch unbearbeitet im Bestand von B
Bestandsänderung						15		15	
Materialaufwand	10						10		
Löhne	5						5		
Jahresüberschuss	5					5			
Fall 2a									
Umsatzerlöse	wird nicht berührt			30				30	Fall 2a: B verkauft die Produkte in der folgenden Periode an Konzernfremde für 30 GE
Bestandsänderung					20	5	15		
Materialaufwand			20			20			
Jahresüberschuss			10		5		15		
Fall 3									
Umsatzerlöse		20			20				Fall 3: B hat den Posten am Ende der Berichtsperiode bearbeitet unter seinen Beständen. Für die Bearbeitung fielen 15 GE Löhne an
Bestandsänderung				35	5			30	
Materialaufwand	10		20			20	10		
Löhne	5		15				20		
Jahresüberschuss	5					5			

Tab. 11.28: Beispiel Innenumsatzkonsolidierung, Lieferung von Konzernerzeugnissen in das Umlaufvermögen

Wie Fall 1 zeigt, braucht man Zwischenerfolge nicht gesondert zu konsolidieren, soweit sie am Bilanzstichtag bereits durch Verkauf an Konzernfremde endgültig realisiert sind. Zwischenerfolge aus Innenumsatzerlösen, die auf Bestandsänderungen umgegliedert wurden, sind dagegen zu Lasten/Gunsten des Jahresüberschusses zu eliminieren (Fall 2). Bestandserhöhungen aus Einzel-Gewinn- und Verlustrechnungen, die durch bearbeitete, bezogene Konzernerzeugnisse bedingt sind, müssen ebenfalls zu Lasten des Jahresüberschusses um Zwischenerfolge korrigiert, d. h. um Zwischengewinne gekürzt, um Zwischenverluste erhöht werden (Fall 3). Sind bereits zu Beginn der Periode Bestände vorhanden, deren Zwischenerfolge folglich schon in früheren Perioden eliminiert wurden, so sind die Zwischenerfolge mit den Bestandsänderungen zu Gunsten/Lasten des Jahresüberschusses anzusetzen, wenn die Bestände an Konzernfremde veräußert und die Zwischengewinne/-verluste somit endgültig realisiert wurden (Fall 2a).

Nur die Änderung des Zwischenerfolgsbestandes ist GuV-wirksam

Bei zusammenfassender Betrachtung ist demnach nur die Änderung des Zwischenerfolgsbestandes in den Konzernvorräten bei den Bestandsänderungen zu berücksichtigen. Eine Zunahme des Zwischengewinnbestandes ist zu Lasten des Konzernjahresüberschusses als Minderung einer Bestandserhöhung oder Erhöhung einer Bestandsminderung zu berücksichtigen und entsprechend eine Abnahme des Zwischengewinnbestandes zu Gunsten eines Konzernjahresüberschusses als Vergrößerung einer Bestandserhöhung oder Verringerung einer Bestandsminderung. Für Zwischenerfolge ist entsprechend umgekehrt vorzugehen.

3. Lieferungen von Fremderzeugnissen in das Anlagevermögen

Analogie zur Behandlung im Einzelabschluss

Erwirbt ein Einzelunternehmen Gegenstände des Anlagevermögens, so berührt ein solcher Erwerbsvorgang die GuV dieses Unternehmens nicht. Entsprechend dürfen Fremderzeugnisse, die von Konzernunternehmen gekauft und an andere Konzernunternehmen zur Verwendung im Anlagevermögen weiterveräußert werden, in der Konzern-GuV nicht erscheinen. Im Folgenden soll anhand eines Beispiels die Innenumsatzkonsolidierung mit ihren erforderlichen Schritten veranschaulicht werden.

Beispiel

Unternehmen A hat an das Schwesterunternehmen B für 40 GE Maschinen geliefert, die B im Anlagevermögen verwendet. A hat die Maschinen für 30 GE von fremden Unternehmen bezogen. Die Lösung ist in Tabelle 11.29 gezeigt.

	Einzel-GuV A		**Einzel-GuV B**		**Konsolidierung**		**Konzern-GuV**	
in GE	**S**	**H**	**S**	**H**	**S**	**H**	**S**	**H**
Umsatzerlöse		40			40			
Materialaufwand	30		wird nicht berührt			30		
Jahresüberschuss	10					10		

Tab. 11.29: Beispiel Innenumsatzkonsolidierung, Lieferung von Fremderzeugnissen in das Anlagevermögen

Verrechnung mit den Materialaufwendungen des Lieferers

Die Transaktionen zwischen den liefernden und empfangenden Konzernunternehmen sind vollständig aus der GuV zu eliminieren. Die Innenumsatzerlöse müssen mit den aus der Lieferung resultierenden Materialaufwendungen des Lieferers verrechnet werden. Etwa vorhandene nicht eliminierungspflichtige Zwischenerfolge sind mangels eines geeigneten GuV-Postens unter den aktivierten

Eigenleistungen auszuweisen, bei größeren Beträgen kommt auch der Ausweis eines Sonderpostens mit entsprechender Bezeichnung in Betracht. Eliminierungspflichtige Zwischenerfolge sind zu Lasten/Gunsten des Konzernjahresüberschusses auszuschalten. Ihre Realisierung während der Abschreibungsdauer vollzieht sich in Form verringerter Abschreibungen im Konzernabschluss.

4. Lieferungen von Fremderzeugnissen in das Vorratsvermögen

Erwirbt ein Einzelunternehmen Fremderzeugnisse, um sie mit oder ohne Be- oder Verarbeitung an andere Unternehmen zu veräußern, so bleibt der Erwerbsvorgang ohne Rückwirkung auf die GuV. Liefern Konzernunternehmen Fremderzeugnisse in das Vorratsvermögen von Schwestergesellschaften, dann dürfen diese Vorgänge auch in der Konzern-GuV nicht berücksichtigt werden. Rückwirkungen solcher Vorgänge auf die Einzel-Erfolgsrechnungen der beteiligten Konzerngesellschaften sind in der Summen-GuV zu eliminieren.

Beispiel

Unternehmen A hat an sein Schwesterunternehmen B Fremderzeugnisse für 100 GE geliefert, die es selbst für 80 GE von konzernfremden Unternehmen beschafft hat. Die Lösung für verschiedene Fallvarianten zeigt Tabelle 11.30.

	Einzel-GuV A		Einzel-GuV B		Konsolidierung		Konzern-GuV		
in GE	**S**	**H**	**S**	**H**	**S**	**H**	**S**	**H**	
Fall 1									
Umsatzerlöse		100		130	100			130	Fall 1: B hat den Posten für 130 GE an Konzernfremde weiterverkauft
Materialaufwand	80		100			100	80		
Jahresüberschuss	20		30				50		
Fall 2									
Umsatzerlöse		100	wird nicht berührt		100				Fall 2: B hat den Posten unbearbeitet im Bestand
Materialaufwand	80					80			
Jahresüberschuss	20					20			
Fall 2a									
Umsatzerlöse	wird nicht berührt			130				130	Fall 2a: B verkauft den Posten in der folgenden Periode an Konzernfremde für 130 GE
Materialaufwand			100			20	80		
Jahresüberschuss			30		20		50		
Fall 3									
Umsatzerlöse		100			100				Fall 3: B hat den Posten bearbeitet im Bestand, dabei fielen Löhne i. H. v. 30 GE an
Bestandsänderung				130	20			110	
Materialaufwand	80		100			100	80		
Löhne			30				30		
Jahresüberschuss	20					20			

Tab. 11.30: Beispiel Innenumsatzkonsolidierung, Lieferung von Fremderzeugnissen in das Umlaufvermögen

Verrechnung mit den Materialaufwendungen des Lieferers oder des Empfängers

Wie die Beispiele zeigen, werden die Innenumsatzerlöse mit den Materialaufwendungen des empfangenden Konzernunternehmens verrechnet, soweit die Güter bereits an Konzernfremde veräußert oder weiterverarbeitet im Bestand des empfangenden Konzernunternehmens sind (Fälle 1, 3). Liegen sie dagegen unverarbeitet auf Lager bei dem empfangenden Konzernunternehmen, so sind dort keine entsprechenden Materialaufwendungen angefallen, weshalb die Innenumsatzerlöse mit den Materialaufwendungen des liefernden Konzernunternehmens zu verrechnen sind (Fall 2). Zwischenerfolge brauchen nur eliminiert zu werden, soweit die Güter nicht wie in Fall 1 bereits endgültig an Konzernfremde verkauft sind. In diesen Fällen sind die Zwischenerfolge in den Innenumsatzerlösen (Fall 2) oder in den Bestandsänderungen (Fall 3) enthalten und müssen zu Lasten/Gunsten des Konzernjahresüberschusses eliminiert werden.

Während die Zwischengewinne (Zwischenverluste) in den Konzernzugängen von Fremderzeugnissen zu Lasten (zu Gunsten) des Konzernjahresüberschusses ausgeschaltet werden, erhöhen (vermindern) die Zwischengewinne (Zwischenverluste) aus den endgültig an Konzernfremde verkauften Fremderzeugnissen den Konzernjahresüberschuss durch entsprechende Kürzung (Erhöhung) der Materialaufwendungen (Fall 2a). Daher wirkt sich per Saldo nur die Veränderung des Zwischenerfolgsbestandes während der Berichtsperiode auf den Jahresüberschuss des Konzerns aus.

II. Konsolidierung anderer Erträge und Aufwendungen

»Andere Erträge«

Nach § 305 Abs. 1 Nr. 2 HGB sind auch »andere Erträge aus Lieferungen und Leistungen zwischen den in den Konzernabschluss einbezogenen Unternehmen mit den auf sie entfallenden Aufwendungen zu verrechnen, soweit sie nicht als andere aktivierte Eigenleistungen auszuweisen sind«. Unter »anderen Erträgen« sind dabei alle Ertragsposten in den Gewinn- und Verlustrechnungen der einbezogenen Unternehmen zu verstehen, die aus Geschäften mit anderen einbezogenen Unternehmen herrühren. Entsprechendes gilt nach IFRS und US-GAAP.

Eliminierung auch innerkonzernlicher Verluste

Obwohl das Gesetz nur von der Konsolidierung »anderer Erträge« spricht und damit aus innerkonzernlichen Transaktionen herrührende Verluste zumindest dem Wortlaut nach nicht umfasst, müssen der Einheitsfiktion des Konzernabschlusses entsprechend auch die Verluste aus innerkonzernlichen Geschäftsvorfällen, die in anderen Posten als den Umsatzerlösen zum Ausweis kommen, berücksichtigt werden.

Erträge/Verluste aus Lieferungen

Andere Erträge oder Verluste können sich aus der Lieferung von Gegenständen des Anlagevermögens (z. B. Grundstücksverkauf) oder des Umlaufvermögens (z. B. Wertpapierverkauf) ergeben. Angesprochen werden dabei die Posten »sonstige betriebliche Erträge/Aufwendungen« oder »außerordentliche Erträge/Aufwendungen«. Die Konsolidierung dieser Erträge bzw. Aufwendungen erfolgt analog der Konsolidierung der Innenumsatzerlöse. Insofern kann auf die hierzu gemachten Ausführungen verwiesen werden.

Rückwirkungen bei Verzicht auf Zwischenerfolgseliminierung

Findet eine Zwischenerfolgseliminierung bei den aus innerkonzernlichen Lieferungen abgeleiteten Einzelbilanzwerten nicht statt, so ist ein Zwischengewinn als eine Zuschreibung zu dem betreffenden Vermögensgegenstand, ein Zwischenverlust als eine außerplanmäßige Abschreibung zu interpretieren. Eine Umgliederung der unter den sonstigen betrieblichen Erträgen ausgewiesenen Abgangsgewinne beim Lieferunternehmen ist deshalb nicht nötig, da Zuschreibungen unter dem Posten 4 des GuV-Gliederungsschemas »sonstige betriebliche Erträge« auszuweisen sind. Die Uminterpretation von Abgangsverlusten in außerplanmäßige Abschreibungen erfordert jedoch eine Umgliederung von den »sonstigen betrieblichen Aufwendungen« in »Abschreibungen«.

Erträge aus Leistungen

Unter die anderen Erträge aus Leistungen sind vor allem Miet-, Pacht- und Zinserträge zu subsumieren. Da ihnen i. d. R. bei dem Leistungsempfänger Aufwendungen in gleicher Höhe gegenüberstehen, sind sie einfach durch Aufrechnung mit diesen zu eliminieren. Soweit die erbrachte Leistung beim Leistungsempfänger ohne Berührung der GuV aktiviert wird (z. B. in Rechnung gestellte Ingenieurleistungen bei einer Großreparatur oder der Erstellung eines Bauwerkes), müssen die entsprechenden Erträge in den Posten »sonstige aktivierte Eigenleistungen« umgegliedert werden.

III. Konsolidierung innerkonzernlicher Ergebnisübernahmen

Unter dem Gesichtspunkt der Fiktion der rechtlichen Einheit des Konzernverbundes darf das Konzernergebnis keine Ergebnisübernahmen eines Konzernunternehmens von einem anderen enthalten. Für die vorzunehmende Korrektur muss unterschieden werden, ob die Gewinnentstehung beim Beteiligungsunternehmen und die Verbuchung der Ergebnisausschüttung beim beteiligten Unternehmen zeitlich zusammenfallen oder in verschiedenen Perioden erfolgen.

Periodenverschiedenheit von Gewinnentstehung und -vereinnahmung

Bei Periodenverschiedenheit wird in Periode 1 der Gewinnausweis bei dem Beteiligungsunternehmen als vom Konzern erwirtschaftet in den Konzernabschluss übernommen. Wird das Jahresergebnis in Periode 2 durch das Beteiligungsunternehmen ausgeschüttet und von dem beteiligten Unternehmen als Beteiligungsertrag verbucht, so würde die Übernahme dieses Beteiligungsertrages in die Konzern-GuV als Doppelerfassung (zuerst als originärer Gewinn bei dem Beteiligungsunternehmen in Periode 1 und nun als Ertrag aus Beteiligungen in Periode 2) ausgewiesen. Aus Konzernsicht handelt es sich bei den in Periode 2 vereinnahmten Beteiligungserträgen um Gewinne, die weder ausgeschüttet noch den Rücklagen zugeführt sind. Da sie folglich aus Konzernsicht den Charakter eines Gewinnvortrages haben, sind sie aus den betroffenen GuV-Posten

- Erträge aus Beteiligungen (Vermerk: davon aus verbundenen Unternehmen),
- Erträge aus anderen Wertpapieren und Ausleihungen des Finanzanlagevermögens und
- sonstige Zinsen und ähnliche Erträge

zu Lasten des Konzernjahresüberschusses zu eliminieren und in den Gewinnvortrag einzustellen.

Periodenidentität von Gewinnentstehung und -vereinnahmung

Vereinnahmt hingegen das beteiligte Unternehmen die Beteiligungserträge im Jahr ihrer Entstehung z. B. aufgrund eines Ergebnisabführungsvertrages, sind die abzuführenden Ergebnisse – nach der handelsrechtlichen GuV-Gliederung – bereits bei der abführenden Gesellschaft GuV-wirksam verrechnet worden. Folglich sind nur noch die Aufwendungen und Erträge aus dem Gewinntransfer bei den beteiligten Gesellschaften miteinander zu verrechnen. Bei der Beteiligungsgesellschaft kann es sich dabei um die Posten

- Erträge aus Verlustübernahme,
- aufgrund einer Gewinngemeinschaft, eines Gewinnabführungs- und Teilgewinnabführungsvertrages abgeführte Gewinne,

bei der ergebnisübernehmenden Gesellschaft um die Posten

- Aufwendungen aus Verlustübernahme oder
- Erträge aus Gewinngemeinschaften, Gewinnabführungs- und Teilgewinnabführungsverträgen handeln.

Liegt ohne Bestehen eines Gewinnabführungsvertrages eine Periodenkongruenz von Gewinnentstehung und Gewinneinnahmen vor – z. B. wenn das Tochterunternehmen die Rechtsform der Personengesellschaft besitzt –, so sind die betreffenden Beteiligungserträge zu Lasten des Konzernjahresüberschusses zu eliminieren. Das ist der Weg, der auch bei Vorliegen eines Gewinnabführungsvertrages nach IFRS und US-GAAP zu beschreiten wäre.

IV. Ergebnismäßige Auswirkungen von Konsolidierungsmaßnahmen

Rückwirkungen der Kapitalkonsolidierung

Fast sämtliche auf die Bilanz angewendeten Konsolidierungsmethoden haben potenziell zusätzliche Auswirkungen auf die Ertragsrechnung. An erster Stelle ist hierbei die GuV-wirksame Kapitalkonsolidierung nach der Erwerbsmethode zu nennen. Die erstmalige Aufrechnung des Beteiligungsbuchwertes gegen das anteilige Eigenkapital ist zwar erfolgsneutral, durch die Veränderung der Bilanzwerte gegenüber der HB II jedoch, sowie den Ausweis eines Goodwill bzw. Badwill, ergeben sich in den Folgeperioden zusätzliche Auswirkungen auf die Konzern-GuV über die aus den Einzelabschlüssen zu übernehmenden Aufwendungen bzw. Erträge hinaus. Im Einzelnen kann es sich dabei handeln um:

- zusätzlich zu verrechnende (nach IFRS und US-GAAP: nur außerplanmäßige) Abschreibungen auf den ausgewiesenen Geschäftswert;
- zusätzliche Erträge aus der Vereinnahmung eines evtl. aufzulösenden Badwill;
- zusätzliche Abschreibungen auf bei Erstkonsolidierung aufgelöste und abnutzbaren Vermögensgegenständen bzw. -werten zugeschriebene stille Reserven;
- verminderte Abschreibungen durch aufgelöste und abnutzbaren Vermögensgegenständen bzw. -werten zugeschriebene stille Lasten;
- die Verrechnung latenter Steuern aus Konsolidierungsvorgängen (vgl. in diesem Kapitel, S. 763 ff.);
- eine Erhöhung (Verminderung) des Materialeinsatzes bei Verkauf von Vermögensgegenständen bzw. -werten des Umlaufvermögens, denen bei Erstkonsolidierung stille Reserven (stille Lasten) zugeschrieben wurden.

Die Auswirkungen bei der Quotenkonsolidierung auf die Konzernergebnisrechnung sind zur Vollkonsolidierung analog.

Equity- Bewertung

Ergebnismäßige Auswirkungen aus einer Equity-Bewertung sind in einem gesonderten Posten in der Konzern-GuV auszuweisen. Als Saldo sämtlicher Komponenten, die auf die Wertänderung des Equity-Wertansatzes in der Konzernbilanz Einfluss nehmen, kann er sowohl Ertrags- als auch Aufwandscharakter besitzen. Soweit von einem assoziierten Unternehmen an das beteiligte Unternehmen Ergebnisse ausgeschüttet wurden, sind diese aus dem GuV-Posten des Einzelabschlusses »Erträge aus Beteiligungen« mit in das »Ergebnis aus assoziierten Unternehmen« zu übernehmen.

Zwischenerfolgseliminierung

Da die Eliminierung von Zwischenerfolgen aus den Bestandswerten der HB II direkt verknüpft ist mit der Konsolidierung der Innenumsatzerlöse bzw. der Konsolidierung anderer konzerninterner Aufwendungen bzw. Erträge, soll hier auf die entsprechenden Ausführungen in den vorhergegangenen Abschnitten verwiesen werden.

Schuldenkonsolidierung

Soweit sich innerkonzernliche Forderungen und Verbindlichkeiten nicht in derselben Höhe gegenüberstehen, sind die auftretenden Differenzen mit erfolgsmäßigen Auswirkungen verbunden.

E. Latente Steuerabgrenzung aus Konsolidierungsvorgängen

Das Problem der latenten Ertragsteuerabgrenzung stellt sich nicht nur für den Einzelabschluss, sondern auch für den Konzernabschluss. Bei der Erörterung der latenten Steuerabgrenzung für den Einzelabschluss (vgl. 8. Kapitel, S. 474 ff.) wurde ausführlich dargestellt, dass die latente Steuerabgrenzung nach HGB mit der Neufassung von § 274 HGB ebenso wie die latente Steuerabgrenzung nach IFRS und US-GAAP auf dem *Temporary*-Konzept beruht. Analog dazu sieht auch die Neuregelung von § 306 HGB die Anwendung des *Temporary*-Konzepts zur latenten Steuerabgrenzung im Konzernabschluss vor. Zudem konkretisiert DRS 18 die §§ 274, 306 und 314 Abs. 1 Nr. 21 HGB. DRS 18 findet auf Konzernabschlüsse Anwendung, die nach Maßgabe der §§ 290 ff. HGB aufgestellt werden, sowie auf die Konsolidierung von Gemeinschaftsunternehmen nach § 310 HGB und assoziierten Unternehmen nach § 312 HGB. Zudem empfiehlt das DRSC auch eine Anwendung der Grundsätze im Einzelabschluss (DRS 18.7).

Im Folgenden wird auf die latente Steuerabgrenzung nur noch insoweit eingegangen, wie sich Besonderheiten aus Konsolidierungsvorgängen ergeben. Dabei wird zwischen der latenten Steuerabgrenzung nach HGB und der latenten Steuerabgrenzung nach IFRS und US-GAAP unterschieden.

I. Latente Steuern im Konzernabschluss nach HGB

Latente Steuern im Konzernabschluss

»Im Konzernabschluss ist die Vermögens-, Finanz- und Ertragslage der einbezogenen Unternehmen so darzustellen, als ob diese Unternehmen insgesamt ein einziges Unternehmen wären« (§ 297 Abs. 3 HGB). Diese gesetzliche Fiktion einer auch rechtlich bestehenden Einheit (Einheitstheorie) hat zur Konsequenz, dass alle Rechtsbeziehungen zwischen den einbezogenen Konzernunternehmen eliminiert werden müssen und das (einheitliche) Konzernergebnis um innerkonzernliche Bestandteile korrigiert werden muss.

Andererseits wird jedoch die handelsrechtliche Fiktion einer rechtlichen Einheit des Konzerns steuerlich nicht nachvollzogen: Steuersubjekte bleiben vielmehr die Einzelgesellschaften und Grundlage der Besteuerung die Steuerbilanzen der einzelnen Konzernunternehmen. Somit ändert sich an der insgesamt für den Konzern tatsächlich festgesetzten Steuer durch die Erstellung eines handelsrechtlichen Konzernabschlusses nichts.

Damit wird deutlich, dass im Rahmen der Konzernabschlusserstellung zusätzlich temporäre Differenzen zwischen den Wertansätzen im Konzernabschluss und den Wertansätzen in der Steuerbilanz entstehen. Daraus ergibt sich somit die Notwendigkeit zusätzlicher latenter Steuerabgrenzungen, sofern diese temporären Differenzen zeitlich begrenzt sind (*temporary differences*). Keine Rolle spielt, ob diese Differenzen GuV-wirksam entstanden sind oder nicht.

1. Definition latenter Steuern im Konzernabschluss

Fiktion der Konzernbesteuerung

Mit latenten Steuern im Konzernabschluss wird zugleich der Fiktion einer Konzernbesteuerung Rechnung getragen (vgl. Busse von Colbe, W./Ordelheide, D./Gebhardt, G./Pellens, B. [2010], S. 44 ff.).

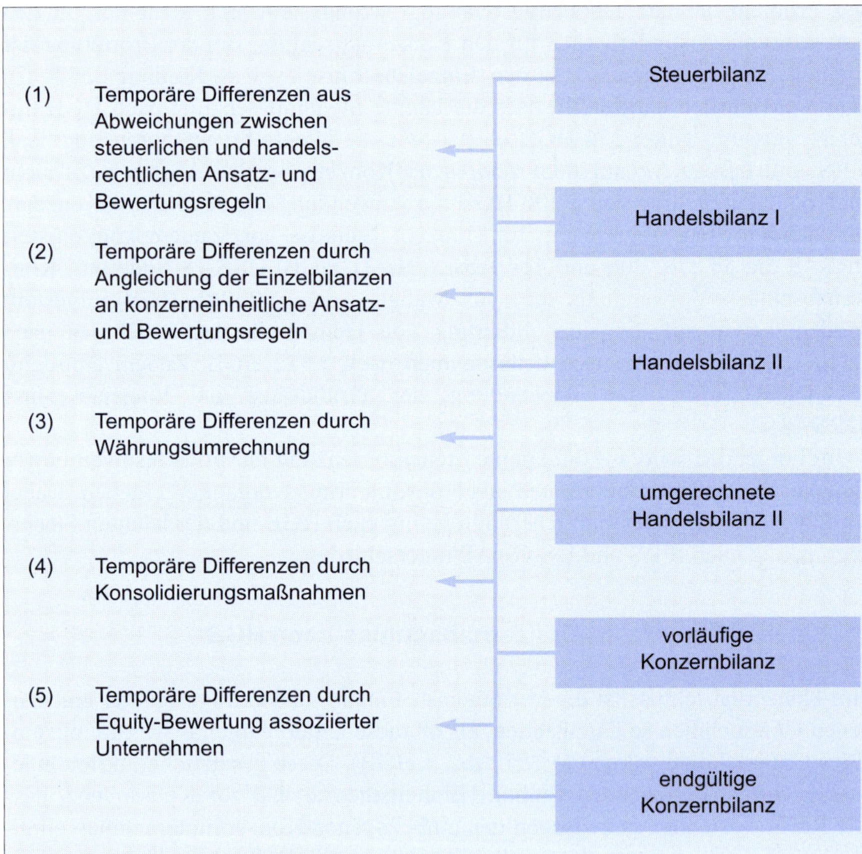

Abb. 11.13: Ursachen latenter Steuern im Konzernabschluss

Folglich können die latenten Steuern im Konzernabschluss ihrer Ursache nach in zwei Gruppen unterteilt werden:

(a) Latente Steuern, die aus temporären Differenzen zwischen den handels- und steuerrechtlichen Jahresabschlüssen der in den Konzernabschluss einbezogenen Konzernunternehmen herrühren und in den konsolidierten Abschluss übernommen werden.

(b) Latente Steuern aufgrund temporärer Differenzen, die im Zuge der Konzernabschlusserstellung zusätzlich entstehen.

Bezüglich der aus den ursprünglichen Einzelbilanzen übernommenen latenten Steuern kann auf die Ausführungen im 8. Kapitel, S. 474 ff., verwiesen werden. Gegenstand der folgenden Überlegungen ist die zweite Gruppe von latenten Steuern, die ursächlich mit der Konzernabschlusserstellung verbunden ist.

Ursachen latenter Steuern

Die Erstellung eines Konzernabschlusses erfolgt in mehreren Stufen, wobei auf jeder Stufe neuerliche temporäre Differenzen auf- oder abgebaut werden können (vgl. Abbildung 11.13).

Da die Einzelabschlüsse in den Konzernabschluss einfließen und die für den Einzelabschluss gegebenen Bilanzierungs- und Bewertungswahlrechte für den Konzernabschluss neu ausgeübt werden können, sind auch die im Einzelabschluss gebildeten latenten Steuern für den Konzernabschluss relevant. Unter Einschluss der latenten Steuern im Einzelabschluss lassen sich fünf Stufen unterscheiden, auf denen nach der theoretischen Konzeption der latenten Steuerabgrenzung zeitbegrenzte Differenzen und somit aktive oder passive latente Steuern im Konzernabschluss auftreten können.

2. Vorschriften zur latenten Steuerabgrenzung im Konzernabschluss

Aktive und passive latente Steuern verpflichtend

Während § 274 HGB die latente Steuerabgrenzung für den Einzelabschluss regelt, finden sich die entsprechenden Bestimmungen für den Konzernabschluss in § 306 HGB. Anders als § 274 HGB sieht § 306 HGB sowohl für aktive latente Steuern als auch passive latente Steuern eine Ansatzpflicht im Konzernabschluss vor. Ebenso wie § 274 HGB erlaubt § 306 HGB neben einem saldierten Ausweis der latenten Steuern auch einen Bruttoausweis. Die Fixierung einer Ausschüttungssperre in § 268 Abs. 8 HGB im Falle eines Überhangs aktiver latenter Steuern stellt eine Konzession an die Ausschüttungsbemessungsfunktion des Einzelabschlusses dar. Anders dagegen die Vorschrift des § 306 HGB: In Anbetracht des rein informativen Charakters des Konzernabschlusses ist die Festlegung einer Ausschüttungssperre im Konzernabschluss überflüssig.

Beschränkung auf Maßnahmen der Vollkonsolidierung

Im vorhergehenden Abschnitt wurde gezeigt, dass latente Steuern prinzipiell auf allen Stufen der Konzernabschlusserstellung entstehen können und sich nicht auf die eigentlichen Konsolidierungsmaßnahmen beschränken. Gleichwohl wird gemäß § 306 HGB die Pflicht zur Bilanzierung latenter Steuern auf diejenigen Maßnahmen beschränkt, »die nach den Vorschriften dieses Titels (vierter Titel, Anm. d. Verf.) durchgeführt worden sind«. Der vierte Titel des 2. Unterabschnitts über den Konzernabschluss (§§ 300 - 307 HGB) trägt die Überschrift »Vollkonsolidierung« und regelt im Wesentlichen die Konsolidierungsmaßnahmen i. e. S. Damit fallen nach dem Gesetzeswortlaut all diejenigen Maßnahmen im Rahmen der Konzernabschlusserstellung aus der Pflicht zur Bilanzierung latenter Steuern heraus, die im Vorfeld der eigentlichen Konsolidierung erfolgen.

Differenzen aus HB II, Währungsumrechnungen und Zwischenabschlüssen

Nicht unter die konzernspezifischen Vorschriften zur latenten Steuerabgrenzung fallen folglich die Maßnahmen der konzerneinheitlichen Bilanzierung und Bewertung (HB II), die Währungsumrechnung sowie die ggf. notwendige Erstellung von Zwischenabschlüssen, da sich diese Maßnahmen nicht auf Konsolidierungsvorgänge, sondern auf die Aufstellung von Einzelabschlüssen beziehen. Soweit aus den genannten Maßnahmen zusätzlich temporäre Differenzen resultieren, kommen die für den Einzelabschluss zutreffenden Vorschriften zur latenten Steuerabgrenzung gemäß § 274 HGB zur Anwendung.

Differenzen aus Vollkonsolidierungsmaßnahmen

Gegenstand der konzernspezifischen Vorschriften zur latenten Steuerabgrenzung gemäß § 306 HGB sind die temporären Differenzen aus Vollkonsolidierungsmaßnahmen. Diese schließen auch bei anteilsmäßiger (quotaler) Einbeziehung die Konsolidierungsmaßnahmen gemeinschaftlich geleiteter Unternehmen ein (§ 310 Abs. 2 HGB).

Latente Steuern aus Zwischenerfolgseliminierung und Schuldenkonsolidierung

Wesentliche Ursachen für latente Steuerverrechnungen im Konzernabschluss sind die Zwischenerfolgseliminierung und die GuV-wirksame Schuldenkonsolidierung. Bei Eliminierung eines neu entstandenen Zwischengewinns ändern sich die Wertansätze in der Konzernbilanz, wodurch eine temporäre Differenz entsteht oder sich verändert, da die Zwischengewinneliminierung steuerlich nicht nachvollzogen wird. Auch bei der Schuldenkonsolidierung entsteht oder verändert sich eine temporäre Differenz, da sich die Wertansätze in der Konzernbilanz, nicht aber die steuerlichen Wertansätze ändern.

Latente Steuern aus der Kapitalkonsolidierung nach dem Temporary-Konzept

Zu den Methoden der Vollkonsolidierung zählt u. a. die Kapitalkonsolidierung nach der Erwerbsmethode. Trotz der Auswirkung auf die GuV durch die Erwerbsmethode kommt eine Verrechnung latenter Steuern nach dem *Timing*-Konzept nicht in Betracht, weil die GuV-wirksame Behandlung des Unterschiedsbetrags nicht zu sich automatisch ausgleichenden *timing differences* führt. Die Abkehr des HGB vom GuV-orientierten *Timing*-Konzept und der damit verbundene Übergang zum bilanzorientierten *Temporary*-Konzept bewirkt, dass latente Steuern auf die im Rahmen der Kapitalkonsolidierung aufgedeckten stillen Reserven bzw. stillen Lasten abzugrenzen sind. Eine latente Steuerabgrenzung ist indes nicht auf eine temporäre Differenz vorzunehmen, die sich im Rahmen des erstmaligen Ansatzes eines nach § 301 Abs. 3 HGB verbleibenden Geschäfts- oder Firmenwertes bzw. der Entstehung eines passivischen Unterschiedsbetrags aus der Kapitalkonsolidierung ergibt. In diesem Fall sieht § 306 Satz 3 HGB ein Abgrenzungsverbot vor, da der Geschäfts- oder Firmenwert als Residuum zu interpretieren ist. Diese Vorgehensweise entspricht den Gepflogenheiten internationaler Rechnungslegung (vgl. in diesem Kapitel, S. 771 ff.).

Keine latente Steuerabgrenzung auf outside basis differences

Temporäre Differenzen können sich ferner ergeben, wenn der steuerliche Wertansatz einer Beteiligung an einem Tochterunternehmen, assoziierten Unternehmen oder einem gemeinschaftlich geführten Unternehmen vom Wertansatz des im Konzernabschluss angesetzten Nettovermögens bzw. Equity-Wertansatz der Beteiligung abweicht (sog. *outside basis differences*). Gründe hierfür können z. B. Gewinnthesaurierungen oder die Eliminierung von Zwischenerfolgen sein. Da jedoch § 306 HGB eine Steuerabgrenzung auf derartige temporäre Differenzen ausdrücklich ausnimmt, darf keine latente Steuer angesetzt werden.

3. Einzelfragen latenter Steuern im Konzernabschluss

Steuersatzproblematik

Hinsichtlich der Bewertung latenter Steuern im Konzernabschluss verweist § 306 Satz 5 HGB auf die Vorschriften des § 274 Abs. 2 HGB. Prinzipiell gelten somit die gleichen Aussagen, die bereits für die Bewertung latenter Steuern im Einzelabschluss abgeleitet wurden (vgl. 8. Kapitel, S. 494 ff.). Darüber hinaus stellen sich einige konzernspezifische Fragen, auf die hier eingegangen werden soll. Dabei muss das übergeordnete Ziel des Konzerns, ein den tatsächlichen Verhältnissen entsprechendes Bild seiner Vermögens-, Finanz- und Ertragslage zu geben, beachtet werden. Angesichts der Komplexität der Materie muss dabei immer auch eine mit angemessenem Aufwand erreichbare praktische Durchführbarkeit angestrebt werden.

Steuersatz bei Erstellung der HB II

Soweit latente Steuern aus der Erstellung der HB II resultieren, ist zur Abgrenzung der Steuersatz des betroffenen Unternehmens heranzuziehen, da diese Differenzen im Rahmen der Erstellung der HB II noch den jeweiligen Einzelabschlüssen der einbezogenen Unternehmen zugeordnet werden.

Steuersatz bei konzernspezifischen Maßnahmen

Soweit latente Steuern im Rahmen des § 306 HGB aus konzernspezifischen GuV-wirksamen Maßnahmen der Vollkonsolidierung resultieren, sind aufgrund des Verweises des § 306 Satz 5 HGB auf § 274 Abs. 2 HGB die unternehmensindividuellen Steuersätze des jeweiligen Tochterunternehmens heranzuziehen, bei dem die zukünftige Steuerbelastung bzw. -entlastung voraussichtlich anfallen wird. Ist eine eindeutige Zuordnung nicht oder nur mit unverhältnismäßig hohem Aufwand möglich, so kann die Bewertung auf der Basis eines durchschnittlichen Konzernsteuersatzes erfolgen.

Künftiger vs. aktueller Steuersatz

Da sich temporäre Differenzen immer in den Folgeperioden ausgleichen, unterliegen sie bei ihrer Auflösung dem zu diesem Zeitpunkt geltenden – und somit künftigen – Steuersatz. Entsprechend der *Liability*-Methode hat deshalb die Abgrenzung auf der Basis künftiger Steuersätze zu erfolgen. Um die Unsicherheit einer solchen Prognose zu umgehen, sind für die Bewertung die zum Bilanzstichtag gültigen individuellen Steuersätze heranzuziehen. Änderungen der Steuersätze sind zu berücksichtigen, wenn der Bundesrat einem Steuergesetz vor oder nach dem Bilanzstichtag zugestimmt hat. Eine Steuersatzänderung führt zu einer GuV-wirksamen Umbewertung der temporären Differenzen.

Ausweis latenter Steuern

Analog des Ausweises im Einzelabschluss können latente Steuerbe- und -entlastungen auch im Konzernabschluss saldiert oder unsaldiert ausgewiesen werden. Latente Steuern aus der Anwendung des § 306 HGB dürfen mit entsprechenden aktiven oder passiven latenten Steuern aus dem Einzelabschluss additiv zusammengefasst werden. Kritisch anzumerken ist hierbei, dass aufgrund einer Zusammenfassung der aktiven bzw. passiven latenten Steuern aus dem Einzelabschluss mit den entsprechenden latenten Steuern aus dem Konzernabschluss den Abschlusslesern die Ursache der latenten Steuern nicht mehr ersichtlich ist (vgl. Karrenbrock, H. [2008], S.335).

Wie auch im Einzelabschluss sind künftige Steuerentlastungen unter dem Bilanzposten »Aktive latente Steuern« und künftige Steuerbelastungen unter dem Posten »Passive latente Steuern« auszuweisen (§ 266 Abs. 1 D., § 266 Abs. 2 E. i. V. m. § 298 Abs. 1 HGB). Erträge aus der Aktivierung und Aufwendungen aus der Passivierung latenter Steuern sind gemäß § 306 HGB i. V. m. § 274 Abs. 2

HGB in der Gewinn- und Verlustrechnung gesondert unter dem Posten »Steuern vom Einkommen und vom Ertrag« auszuweisen.

Erläuterungen im Anhang

Hinsichtlich der im Konzernabschluss notwendigen Anhangangaben gelten die Vorschriften für den Einzelabschluss nach § 285 Nr. 29 HGB analog (§ 314 Abs. 1 Nr. 21 HGB). Insofern sind sowohl im Einzelabschluss als auch im Konzernabschluss im Anhang Erläuterungen zu den temporären Differenzen, auf welchen die latenten Steuern beruhen, vorzunehmen. Dabei ist auch darauf einzugehen, inwieweit Verlustvorträge und Zinsvorträge in die Berechnung der latenten Steuer eingegangen sind. Ferner ist zu erläutern, auf Basis welcher Steuersätze die Bewertung der latenten Steuern erfolgt.

Zusammenfassung der latenten Steuern mit dem effektiven Steueraufwand

Der latente Steueraufwand bzw. -ertrag bildet gemeinsam mit dem laufenden Steueraufwand bzw. -ertrag der Periode den Gesamtsteueraufwand des Unternehmens ab. Bei einer Abgrenzung passiver latenter Steuern wird folglich die Effektivsteuerbelastung um den latenten Steueraufwand erhöht, bei einer Abgrenzung aktiver latenter Steuern entsprechend vermindert.

4. Abgrenzung latenter Steuern im Konzernabschluss von Kapitalgesellschaften nach DRS

Latente Steuern nach DRS 18

Für alle Mutterunternehmen, die nach § 290 HGB oder nach § 290 i.V.m. § 264a Abs. 1 HGB einen Konzernabschluss erstellen, gilt DRS 18 verpflichtend. Für Unternehmen, die nach § 11 PublG konzernabschlusspflichtig sind oder die freiwillig einen Konzernabschluss aufstellen, haben die Regelungen des DRS 18 lediglich empfehlenden Charakter. DRS 18 konkretisiert die Vorschriften der §§ 274, 306 und 314 Abs. 1 Nr. 21 HGB zur latenten Steuerabgrenzung.

Konzeption von DRS 18

Die latente Steuerabgrenzung nach DRS 18 folgt ausschließlich dem international gebräuchlichen *Temporary*-Konzept (vgl. 8. Kapitel, S. 480 ff.). Danach werden latente Steuern auf temporäre Differenzen abgegrenzt. Diese Differenzen werden aus dem Vergleich der Buchwerte der einzelnen Vermögensgegenstände, Schulden und Rechnungsabgrenzungsposten mit ihren für steuerliche Zwecke korrespondierenden Werten ermittelt. Bauen sich diese Differenzen im Zeitablauf voraussichtlich ab und wird daraus folgend eine künftige Steuerbe- oder -entlastung erwartet, sind unter Anwendung unternehmensindividueller Steuersätze auf diese Differenzen latente Steuern zu bilden. Wie in der internationalen Rechnungslegung üblich, differenziert DRS 18 zwischen abzugsfähigen und zu versteuernden temporären Differenzen. Abzugsfähige temporäre Differenzen führen mit ihrem Abbau in künftigen Geschäftsjahren zu einer Verminderung des zu versteuernden Einkommens. Zu versteuernde temporäre Differenzen führen mit ihrem Abbau in künftigen Geschäftsjahren zu einer Erhöhung des zu versteuernden Einkommens.

Goodwill

Auch die weiteren Vorschriften zur Erfassung latenter Steuern nach DRS 18 lassen die Angleichung der handelsrechtlichen Vorschriften an die einschlägigen Regelungen nach IFRS und US-GAAP erkennen. So dürfen latente Steuern auf Buchwertdifferenzen bei einem Geschäfts- oder Firmenwert nur angesetzt werden, soweit sie auf temporäre Differenzen beruhen, die auf einen steuerlich abzugsfähigen Geschäfts- oder Firmenwert bzw. auf einen steuerlich zu berücksichtigenden passivischen Unterschiedsbetrag zurückzuführen sind (DRS 18.25).

Auf Differenzen aus der Schuldenkonsolidierung, der Zwischenerfolgseliminierung oder sonstiger GuV-wirksamer Konsolidierungsmaßnahmen sind hingegen latente Steuern zu verrechnen (DRS 18.10, .14, .25).

DRS 18 ist analog auf die Konsolidierung von Gemeinschaftsunternehmen nach § 310 HGB und von assoziierten Unternehmen nach § 312 HGB anzuwenden.

Outside basis differences

Allerdings schließt DRS 18 die Berücksichtigung latenter Steuern auf sog. *outside basis differences* aus. Auf temporäre Differenzen, die sich zwischen dem steuerlichen Wertansatz einer Beteiligung an einem Tochterunternehmen, assoziierten Unternehmen oder Gemeinschaftsunternehmen und dem handelsrechtlichen Wertansatz des im Konzernabschluss angesetzten Nettovermögens ergeben, sind bei der Ermittlung latenter Steuern nicht zu berücksichtigen (DRS 18.28). Abweichungen des im Konzernabschluss angesetzten Nettovermögens gegenüber dem steuerlichen Wertansatz entstehen vor allem im Rahmen der Folgekonsolidierung, z. B. durch die Thesaurierung von Gewinnen. Sie können auch aus der Umrechnung von auf fremde Währung lautenden Abschlüssen zum Zwecke der Einbeziehung in den Konzernabschluss entstehen (DRS 18.30).

Verlustvorträge, Zinsvorträge und Steuergutschriften

DRS 18 sieht grundsätzlich eine Abgrenzung aktiver latenter Steuern auf steuerliche Verlustvorträge vor (DRS 18.18). Eine Berücksichtigung steuerliche Verlustvorträge im Rahmen der Ermittlung aktiver latenter Steuern erfolgt jedoch nur insoweit, als die Realisierung der aus einem Verlustvortrag resultierenden Steuerentlastung innerhalb der nächsten fünf Jahre erwartet werden kann. Für die Beurteilung ist die Unternehmensplanung und die darauf aufbauende steuerliche Planungsrechnung des Unternehmens/Konzerns, welche den Fünf-Jahreszeitraum umfassen muss, heranzuziehen (DRS 18.19).

In DRS 18.23 werden zwei Voraussetzungen genannt, von welchen zumindest eine erfüllt werden muss, um eine Realisierung aktiver latenter Steuern annehmen zu können:

(a) Es bestehen zu versteuernde zeitliche Differenzen derselben Steuerarten in ausreichender Höhe gegenüber demselben Steuerschuldner/-gläubiger, die sich zeitkongruent voraussichtlich auflösen.
(b) Es ist wahrscheinlich, dass in den entsprechenden Geschäftsjahren gegenüber demselben Steuerschuldner/-gläubiger zu versteuernde Gewinne in ausreichender Höhe anfallen werden (ggf. auch durch steuerliche Sachverhaltsgestaltung).

Ergibt sich insgesamt ein Überhang an zu versteuernden temporären Differenzen und liegen aufrechnungsfähige und unbeschränkt vortragsfähige Verlustvorträge vor, so sind diese unabhängig von ihrem Realisationszeitpunkt bei der Ermittlung aktiver latenter Steuern zu berücksichtigen (DRS 18.21). Sind Verlustvorträge nur beschränkt über fünf Jahre hinaus vortragsfähig, so ist eine Zuordnung der passiven latenten Steuern bis zum Zeitpunkt der Beschränkung erforderlich (DRS 18.22).

Die Vorschriften zum Ansatz aktiver latenter Steuern auf Verlustvorträge gelten analog für den Ansatz latenter Steuern auf Steuergutschriften und Zinsvorträge (DRS 18.20).

Ansatzpflicht für latente Steuern nach DRS 18

DRS 18.14 sieht eine Ansatzpflicht für sämtliche passive latente Steuern vor, unabhängig davon, ob diese auf unterschiedlichen Wertansätzen zwischen der Handelsbilanz und dem steuerlichen Abschluss, auf temporären Differenzen aus der Anpassung an konzerneinheitliche Bilanzierungs- und Bewertungsmethoden oder auf Konsolidierungsmethoden beruhen (DRS 18.10). Für aktive latente Steuern besteht lediglich insoweit eine Ansatzpflicht, als sie auf abzugsfähigen temporären Differenzen aus Konsolidierungsmaßnahmen gemäß §§ 300 - 305, § 310 und § 312 HGB beruhen. Dagegen besteht für aktive latente Steuern, die auf temporäre Differenzen aus der Anpassung an konzerneinheitliche Bilanzierungs- und Bewertungsmethoden beruhen, auch im Konzernabschluss ein Ansatzwahlrecht nach § 274 HGB (DRS 18.14). Bei Ausübung des Aktivierungswahlrechts ist wie auch im Einzelabschluss das Stetigkeitsgebot des § 246 Abs. 3 HGB zu beachten (DRS 18.16). Ferner ist Gegenstand des Ansatzwahlrechts die sich voraussichtlich insgesamt ergebende Steuerentlastung. Die Aktivierung kann nicht auf aktive latente Steuern beschränkt werden, die sich aus ausgewählten Einzelsachverhalten ergeben. Ebenso ist keine Aktivierung eines Teilbetrages der insgesamt erwarteten voraussichtlichen Steuerentlastung möglich (DRS 18.15). Der Ansatz aktiver latenter Steuern hat unter Berücksichtigung des Vorsichtsprinzips zu erfolgen und auf einer aus der Unternehmensplanung abgeleiteten und unter Einbezug beabsichtigter und realisierbarer Steuerstrategien nachvollziehbaren steuerlichen Planungsrechnung zu beruhen. Eine Anwendung pauschalierter Abschläge ist abzulehnen (DRS 18.17).

Bewertung latenter Steuern nach DRS 18

Für die Bewertung latenter Steuern stellt DRS 18.41 auf den zum Zeitpunkt des Abbaus der Differenzen voraussichtlich geltenden individuellen Steuersatz des Konzernunternehmens, bei dem sich die Differenzen voraussichtlich abbauen, ab. Im Falle der Zwischenerfolgseliminierung ist der Steuersatz des Unternehmens maßgeblich, das die Lieferung oder Leistung empfangen hat (DRS 18.45). Anstelle unternehmensindividueller Steuersätze darf eine Bewertung mit einem konzerneinheitlichen Steuersatz nur dann erfolgen, wenn die daraus resultierenden Abweichungen im Vergleich zur Verwendung der individuellen Steuersätze der Konzernunternehmen als unwesentlich betrachtet werden (DRS 18.42). Aufgrund des Stichtagsprinzips sind Gesetzesänderungen bei der Bewertung erst zu berücksichtigen, wenn »die maßgebliche gesetzgebende Körperschaft die Änderung verabschiedet hat« (DRS 18.46). Für Deutschland bedeutet dies, dass Änderungen der Steuergesetze erst zu berücksichtigen sind, wenn der Bundesrat der Gesetzesänderung vor oder am Bilanzstichtag zugestimmt hat (DRS 18.48). Dann sind auch in der Vergangenheit gebildete latente Steuerabgrenzungen anzupassen (DRS 18.46).

Keine Diskontierung

Latente Steuern sind zum Buchwert, nicht zum Barwert anzusetzen (DRS 18.49).

GuV-wirksame/ erfolgsneutrale Erfassung latenter Steuern

Die Frage, ob die Bildung oder Auflösung latenter Steuern erfolgsneutral oder GuV-wirksam vorzunehmen ist, ist nach dem zugrunde liegenden Sachverhalt zu beantworten (DRS 18.50 f.). Das Beispiel der Aufdeckung stiller Reserven im Rahmen der Kapitalkonsolidierung mag diesen Grundsatz verdeutlichen: Die Aufdeckung stiller Reserven im abnutzbaren Anlagevermögen ist ein erfolgsneutraler Vorgang. Folglich werden auch die auf die stillen Reserven zu bildenden passiven latenten Steuern erfolgsneutral gebucht. Die spätere Auflösung der stillen Reserven durch Mehrabschreibung im Konzernabschluss im Vergleich zum Einzelabschluss ist ein GuV-wirksamer Vorgang. Konsequenterweise werden die latenten Steuern auf diese stillen Reserven pro rata temporis GuV-wirksam aufgelöst (vgl. DRS 18.52).

Ausweis latenter Steuern nach DRS 18

Hinsichtlich des Ausweises latenter Steuern in der Bilanz bietet DRS 18 ein Wahlrecht. Aktive und passive latente Steuern können in der Bilanz saldiert oder unsaldiert ausgewiesen werden (DRS 18.56). Bei Ausübung des Wahlrechtes ist jedoch das Stetigkeitsgebot zu beachten (DRS 18.57). Latente Steuern sind in der Konzernbilanz unter separaten Posten auszuweisen (DRS 18.58). Der Ausweis passiver latenter Steuern erfolgt entsprechend § 266 Abs. 3 E. HGB i. V. m. § 298 Abs. 1 HGB. Aktive latente Steuern sind gemäß § 266 Abs. 2 D. HGB i. V. m. § 298 Abs. 1 HGB auszuweisen. Dabei dürfen latente Steuern aus der Anwendung des § 274 HGB mit latenten Steuern aus Konsolidierungsmaßnahmen zusammengefasst werden (DRS 18.62). Innerhalb der Konzern-GuV sind Aufwendungen und Erträge aus der Bilanzierung latenter Steuern gesondert in dem Posten »Steuern vom Einkommen und vom Ertrag« darzustellen (DRS 18.59). Dabei kann der gesonderte Ausweis durch einen Unterposten, eine Vorspalte oder einen Davon-Vermerk erfolgen (DRS 18.60). Der Klarheit des Ausweises dienen auch vielfältige Berichterstattungspflichten (DRS 18.63 ff.). So ist beispielsweise im Konzernanhang anzugeben, auf welchen Differenzen und steuerlichen Verlustvorträgen latente Steuern beruhen (DRS 18.63 a). Diese Angabe hat auch für latente Steuern zu erfolgen, die aufgrund einer entsprechenden Ausübung von Wahlrechten nicht angesetzt wurden bzw. mit zu versteuernden temporären Differenzen saldiert wurden. Hingegen müssen temporäre Differenzen, für welche ein Ansatzverbot für latente Steuern besteht, nicht erläutert werden (DRS 18.64). Eine weitere wichtige Angabe stellt die auch in der internationalen Rechnungslegung geforderte Überleitungsrechnung dar. Mit dieser Angabe wird der Zusammenhang zwischen dem aufgrund des geltenden Steuersatzes erwarteten Steueraufwand und dem tatsächlich ausgewiesenen Steueraufwand dargestellt (DRS 18.67).

II. Latente Steuern im Konzernabschluss nach IFRS

Latente Steuern im Konzernabschluss nach IFRS

Wie im 8. Kapitel (S. 498 ff.) im Einzelnen erörtert, folgt die latente Steuerabgrenzung nach IFRS dem *Temporary*-Konzept. Es beruht auf einem Vergleich der Buchwerte von Vermögenswerten und Schulden in der Handelsbilanz mit den korrespondierenden Steuerwerten. Nach ausdrücklicher Vorschrift von IAS 12.11 bedeutet dies, dass die Bilanzdifferenzen aufgrund eines Vergleichs von Konzernbilanz und den Steuerbilanzen der jeweiligen Einzelgesellschaften zu ermitteln sind. Der Steuerwert eines Vermögenswerts bzw. einer Verbindlichkeit bestimmt sich anhand der für die Auflösung der *temporary difference* maßgeblichen steuerlichen Vorschrift in dem Staat, in dem die Versteuerung des zurechenbaren Ergebnisses tatsächlich erfolgt. Das Vorliegen solcher *temporary differences* führt grundsätzlich zum Aktivierungsgebot und Passivierungsgebot entsprechender latenter Steuerposten im Konzernabschluss.

Generelle Aktivierungs- und Passivierungspflicht

Nach den Regelungen der IFRS führen sämtliche *temporary differences* im Grundsatz zur Ansatzpflicht von latenten Steuern im Einzel- und im Konzernabschluss. *Temporary differences* umfassen alle *timing differences* und die sog. quasi zeitlich unbegrenzten Differenzen sowie darüber hinaus diejenigen Bilanzdifferenzen, die zwar bei ihrer Auflösung zu Differenzen zwischen Konzernergebnis und steuerlichem Ergebnis führen, bei ihrer Entstehung dagegen keine Ergebnisdifferenzen verursachen, da sie auf erfolgsneutralen Transaktionen beruhen. Diese Fälle werden im Folgenden unter Berücksichtigung der Besonderheiten des Konzernabschlusses erörtert.

Latente Steuern auf Währungsumrechnungsdifferenzen

Wertänderungen von Vermögenswerten und Schulden können sich beispielsweise im Konzernabschluss aus der Währungsumrechnung von Bilanzen ausländischer Tochtergesellschaften in die Konzernwährung ergeben. Diese führen zu *temporary differences* und unterliegen folglich der latenten Steuerabgrenzung.

Latente Steuern aus Kapitalkonsolidierung

Ein weiterer Fall von *temporary differences* ergibt sich im Rahmen der Kapitalkonsolidierung (IAS 12.19, .22a, .26c). Die Neubewertung von Vermögenswerten bzw. die Aufdeckung stiller Reserven und stiller Lasten im Rahmen der Kapitalkonsolidierung ist bei ihrer Entstehung ein erfolgsneutraler Anschaffungsvorgang, bei ihrer Auflösung dagegen GuV-wirksam. Nach dem *Temporary*-Konzept, welches IAS 12 zugrunde liegt, unterliegen diese Differenzen dagegen dem Gebot der latenten Steuerabgrenzung. Das gilt in gleicher Weise auch bei Aufdeckung stiller Reserven oder stiller Lasten im Rahmen der Equity-Methode.

Die Abgrenzung latenter Steuern auf aufgedeckte stille Reserven führt zur Erhöhung des Goodwill, was an einem Beispiel verdeutlicht werden soll. Wegen der zusätzlichen passiven latenten Steuern i. H. v. 12 GE steigt der Goodwill von 20 GE auf 32 GE (vgl. Tabelle 11.31).

Keine latenten Steuern auf Goodwill/Badwill

Dem Grunde nach müsste das Gebot latenter Steuerabgrenzung auch für einen nach der Neubewertung von Vermögenswerten und Schulden verbleibenden Goodwill gelten. Hier sieht IAS 12 allerdings in Abweichung von der Grundregel ein ausdrückliches Verbot der Verrechnung latenter Steuern vor, mit der Begründung, dass der Goodwill ein Residuum ist und die Verrechnung latenter Steuern auf dieses Residuum diesen Posten unnötig aufblähen würde (vgl. IAS 12.15a, .21).

Beispiel

Anschaffungspreis der (100%igen) Beteiligung	100 GE
Buchwert des Eigenkapitals	50 GE
Stille Reserven	30 GE
Steuersatz	40 %

Goodwillberechnung ohne latente Steuern (in GE)			**Goodwillberechnung mit latenten Steuern (in GE)**			
Beteiligung		100	Beteiligung			100
– Eigenkapital			– Eigenkapital			
nominal	50		nominal		50	
stille Reserven	30	80	stille Reserven	30		
			– latente Steuern	12	18	68
= Goodwill		**20**	**= Goodwill**			**32**

Tab. 11.31: Beispiel Wirkung latenter Steuern auf Goodwill

Das lässt sich wie folgt begründen: Der Goodwill (GW) entspricht der Differenz von Akquisitionspreis (P) und dem um stille Reserven bereinigten Eigenkapital (EK), in dem bereits die passiven latenten Steuern auf aufgelöste stille Reserven abgesetzt sind. Würde zusätzlich eine latente Steuer auf den Goodwill mit dem Steuersatz s abgegrenzt, so würde sich das Eigenkapital um diese latente Steuer (s × GW) vermindern. Für den Goodwill würde dann gelten:

$$GW = P - (EK - s \times GW)$$

und folglich:

$$GW = \frac{P - EK}{1 - s}$$

P	=		100
EK	=		68
s	=		40 %
GW	=	$\frac{100-68}{0,6}$ =	53,33

Tab. 11.32: Beispiel zur Aufblähung des Goodwill durch latente Steuern

Der ursprüngliche Goodwill von 32 GE würde durch die Berücksichtigung von latenten Steuern auf den Goodwill auf einen Wert von 53,33 GE aufgebläht. Das soll mit dem Ansatzverbot latenter Steuern auf den Goodwill vermieden werden (vgl. Coenenberg, A. G./Blaum, U./Burkhardt, H. [2010]).

Kommt es bei der Kapitalkonsolidierung zu einem negativen Unterschiedsbetrag, so ist dieser Badwill nach einer Überprüfung der Wertansätze der Vermögenswerte und Schulden GuV-wirksam zu vereinnahmen (vgl. in diesem Kapitel, S. 694). Daher erübrigt sich in diesem Fall eine latente Steuerabgrenzung.

Latente Steuern aus Beteiligungen

Ebenfalls zu *temporary differences* kommt es, wenn der Beteiligungsbuchwert an einem Tochterunternehmen, assoziierten Unternehmen oder Gemeinschaftsunternehmen sich handelsrechtlich anders entwickelt als steuerrechtlich (IAS 12.18e). Als Gründe hierfür nennt IAS 12.38 beispielsweise thesaurierte Gewinne beim Beteiligungsunternehmen (z. B. bei Anwendung der Equity-Methode) sowie Wechselkursschwankungen. *Temporary differences* in unterschiedlicher Höhe können sich ferner zwischen Konzernabschluss und Einzelabschluss eines Mutterunternehmens in diesen Fällen dadurch ergeben, dass das Mutterunternehmen die Beteiligung im Einzelabschluss unverändert zu Anschaffungskosten fortführt.

Grundsätzlich unterliegen diese *temporary differences*, soweit es sich um *taxable temporary differences* handelt, der passiven latenten Steuerabgrenzung. Gemäß IAS 12.39 wird eine Steuerabgrenzung für Fälle ausgeschlossen, in denen

1. das Mutterunternehmen den Zeitpunkt der Auflösung der *temporary differences* bestimmen kann und
2. die Auflösung wahrscheinlich nicht in absehbarer Zukunft (*foreseeable future*) zu erwarten ist.

Beteiligungen an verbundenen Unternehmen

Im Falle eines verbundenen Unternehmens kann das Mutterunternehmen die Dividendenpolitik bestimmen. Damit kann es zugleich die aus nicht ausgeschütteten Gewinnen (und ggf. damit zusammenhängenden Währungsumrechnungsdifferenzen) resultierenden *temporary differences* bezüglich ihres Auflösungszeitpunktes bestimmen. Eine latente Steuerabgrenzung kommt deshalb nicht in Betracht, wenn eine Dividendenausschüttung gemäß Weisung des Mutterunternehmens nicht vorgesehen ist (IAS 12.40).

Beteiligungen an assoziierten Unternehmen/ Gemeinschafts-unternehmen

Beim assoziierten Unternehmen ist das Mutterunternehmen nicht weisungsberechtigt. Bei Fehlen einer Thesaurierungsvereinbarung ist deshalb grundsätzlich eine passive latente Steuerabgrenzung erforderlich (IAS 12.42, IDW [1999], Tz. 73). Es mag in manchen Fällen schwierig sein, die aus der zukünftigen Auflösung der *temporary differences* resultierende Steuerverpflichtung zu bestimmen. In diesen Fällen ist der geschätzte Mindestbetrag der künftigen Steuerpflicht anzusetzen. Im Falle eines Gemeinschaftsunternehmens kommt es auf die spezifischen Vereinbarungen an, ob eine Steuerabgrenzung erforderlich wird (IAS 12.43).

Die Vorgehensweise der Bilanzierung einer Beteiligung an einem assoziierten Unternehmen im Konzernabschluss unter Berücksichtigung latenter Steuern soll im Folgenden an einem Beispiel verdeutlicht werden.

Beispiel

A erwirbt zum 01.01.01 50 % der Anteile von B für 10.000 GE. Der Buchwert (= Steuerwert) der Vermögenswerte abzüglich Schulden beträgt 10.000 GE, der Zeitwert 14.000 GE. Der Steuersatz von A (B) ist 45 % (30 %). Ein entstehender Goodwill wird nach IFRS nicht planmäßig abgeschrieben. Eine steuerlich wirksame Abschreibung des Goodwill ist nicht möglich. In 01 erzielt B einen Gewinn von 3.000 GE. Der gesamte Gewinn soll ausgeschüttet werden. Die Beteiligung an B wird im Konzernabschluss von A nach der Equity-Methode (IAS 28) bilanziert.

Bilanzierung zum 01.01.01:

Zur Berechnung des Anteilswertes zum 01.01.01 ist zunächst der Goodwill zu bestimmen. Dazu wird der Anschaffungswert der Beteiligung dem anteiligen Zeitwert des Vermögens unter Einschluss latenter Steuern auf die Neubewertung des Vermögens gegenübergestellt: (in GE)

	Anteiliger Zeitwert des Vermögens vor latenten Steuern	7.000
–	Passive latente Steuer auf anteilige Neubewertung zum Steuersatz von B (30 % × (7.000-5.000))	600
=	**Anteiliger Zeitwert des Vermögens nach latenten Steuern**	**6.400**

	Anschaffungspreis	10.000
–	Anteiliger Zeitwert des Vermögens nach latenten Steuern	6.400
=	**Goodwill**	**3.600**

Daraus ergibt sich folgender Bilanzansatz (in GE):

Beteiligung an assoziierten Unternehmen	10.000
darin enthaltender Goodwill	3.600

Bilanzierung zum 31.12.01 (in GE):

Der erzielte Gewinn von B ist der Beteiligung anteilig zuzuschreiben: (50 % × 3.000):	1.500
Da der erzielte Gewinn voraussichtlich in der nächsten Zukunft ausgeschüttet wird, ist eine passive latente Steuer zum Steuersatz von A zu bilanzieren: (45 % × 1.500):	675

Daraus ergibt sich folgender Bilanzansatz (in GE):

	Beteiligung an assoziierten Unternehmen 01.01.01	10.000
+	Zuschreibung Gewinn	1.500
=	**Beteiligung an assoziierten Unternehmen 31.12.01**	**11.500**
	Darin enthaltener Goodwill	3.600
	Passive latente Steuer	675

Der Ansatz der passiven latenten Steuer würde gemäß IAS 12.39 und .42 unterbleiben, wenn eine bindende Vereinbarung getroffen wäre, dass der Gewinn von B nicht ausgeschüttet wird. In diesem Falle wäre gemäß IAS 12.81 ff. der Betrag der Gewinnzuschreibung (= *temporary difference*), für die keine latente Steuer gestellt wurde, anzugeben.

Über die HGB-Regelungen hinausgehend, sind nach IFRS im Rahmen der Equity-Methode Zwischenergebnisse sowie innerkonzernliche Forderungen und Schulden anteilig zu konsolidieren. Dementsprechend sind auf daraus entstehende *temporary differences* nach IFRS latente Steuern zu verrechnen (vgl. Schmidbauer, R. [2001], S. 1576).

Nachaktivierung latenter Steuern aufgrund Konsolidierung

Die grundsätzliche Pflicht gemäß IAS 12 zur Bilanzierung latenter Steuern findet im Hinblick auf aktive latente Steuern ihre Grenze in dem Erfordernis, dass mit hinreichender Wahrscheinlichkeit künftige steuerliche Gewinne erzielt werden, gegen die die aktivierte latente Steuer verrechnet werden kann (vgl. im Einzelnen 8. Kapitel, S. 500 ff.). Wurden aktive latente Steuern wegen nicht hinreichend wahrscheinlich erwarteter zukünftiger steuerlicher Gewinne unterlassen, so ist eine Nachaktivierung dann erforderlich, wenn sich die Einschätzung im Hinblick auf die Wahrscheinlichkeit künftiger steuerlicher Gewinne verändert. Im Hinblick auf diese Nachaktivierungspflicht können sich aus der Konsolidierung weitere latente Steuern ergeben. Beispielsweise wäre bei einer Erstkonsolidierung denkbar, dass durch die zu erwartenden Ergebnisse des Akquisitionsobjektes eine beim übernehmenden Mutterunternehmen bisher unterlassene aktive latente Steuer auf eine *temporary difference* oder auf einen Verlustvortrag nach-aktivierungspflichtig wird. In diesem Falle ist die Aktivierung der latenten Steuer zum Zeitpunkt des Vollzugs der Akquisition nachzuholen. Allerdings beeinflusst eine derartige Nachaktivierung latenter Steuern (des übernehmenden Mutterunternehmens) nicht die Berechnung des Goodwill bzw. Badwill (IAS 12.67).

Anders liegt der Fall, wenn im Abschluss des Akquisitionsobjektes die Aktivierung einer latenten Steuer unterbleibt, weil die Voraussetzungen für eine Aktivierung aus der Sicht der Ergebniserwartung des Akquisitionsobjektes nicht gegeben sind. Falls aus der Sicht des Konzerns dagegen wegen zukünftig zu erwartender Gewinne des Mutterunternehmens beispielsweise die Voraussetzungen für die Nachaktivierung gegeben sind, ist die Nachaktivierung im Konzernabschluss GuV-wirksam vorzunehmen. In diesem Fall sind der Bruttowert des Goodwill und die aufgelaufene Abschreibung so anzupassen, als wäre die aktive latente Steuer von vornherein bilanziert worden (IAS 12.68). Die Nachaktivierung einer latenten Steuer kommt in diesem Fall allerdings nur bis zur Höhe eines vorhandenen Goodwill in Betracht; im Falle eines Badwill entfällt die Aktivierung (vgl. Coenenberg, A. G./Blaum, U./Burkhardt, H. [2010], Tz. 70 ff.).

Neuregelung aufgrund des überarbeiteten IFRS 3

Durch die Überarbeitung von IFRS 3 in Form von »*Business Combinations II*« wurde die Nachaktivierung latenter Steuern des erworbenen Unternehmens neu geregelt. Danach wird der Goodwill aufgrund der Nachaktivierung nur dann angepasst, wenn diese innerhalb eines Jahres nach dem Zeitpunkt des Unternehmenszusammenschlusses erfolgt. In diesem Fall ist die Verrechnung nicht auf die Höhe des Goodwill beschränkt, sondern es kann ein negativer Unterschiedsbetrag (*bargain purchase*) entstehen, der sofort GuV-wirksam zu erfassen ist. Erfolgt eine nachträgliche Aktivierung latenter Steueransprüche nach dem 1-Jahres-Zeitraum, so wird die latente Steuer GuV-wirksam erfasst, wobei der Goodwill unberührt bleibt (IFRS 3.C4).

Bewertung latenter Steuern im Konzernabschluss

Über die Probleme der Bewertung latenter Steuern im Einzelabschluss hinaus stellt sich im Konzernabschluss die weitergehende Frage, ob der Steuersatz des bilanzierenden Mutterunternehmens, des betroffenen Tochterunternehmens oder ein durchschnittlicher Konzernsteuersatz gewählt werden soll (vgl. Coenenberg, A. G./Blaum, U./Burkhardt, H. [2010], Tz. 102). IAS 12 enthält hierzu keine explizite Regelung. Da gemäß IAS 12.11 für die Berechnung der *temporary difference* der Steuerwert der Aktiv- bzw. Passivposten des jeweiligen Konzernunternehmens heranzuziehen ist, müsste konsequenterweise auch der jeweilige lokale Steuersatz des betroffenen Konzernunternehmens für die Bewertung der latenten Steuer maßgebend sein. Für die Zwischenerfolgseliminierung beispielsweise bedeutet dies, dass jeweils der Steuersatz des Empfängerunternehmens der Vermögenswerte maßgebend ist, aus denen das Zwischenergebnis zu eliminieren ist. Soweit im Einzelfall die Identifikation des betroffenen Einzelunternehmens nicht unerhebliche praktische Probleme bereitet, sollte es vertretbar erscheinen, insoweit einen durchschnittlichen Konzernsteuersatz zu verwenden.

Steuervergünstigungen

Bestehen bei der Veräußerung einzelner Vermögenswerte, bei denen *temporary differences* auftreten, Steuervergünstigungen, z. B. bei der Veräußerung von Gegenständen des Anlagevermögens (*capital gains*), so ist diesem Tatbestand bei der Bewertung der latenten Steuern Rechnung zu tragen (vgl. bezüglich latenter Steuern bei Aufwertung von nicht abnutzbaren Vermögenswerten IAS 12.51B).

Dispositionsabhängige Steuerbelastung

Dem Grundsatz folgend, dass in die Bewertung latenter Steuerverbindlichkeiten und latenter Steueransprüche grundsätzlich auch unterschiedliche Dispositionsmöglichkeiten der Unternehmung eingehen müssen, fordert IAS 12.51, dass die am Bilanzstichtag vorgesehene Verwendungsmöglichkeit von Vermögenswerten bzw. Verbindlichkeiten zu berücksichtigen ist. Dies ist dann von Bedeutung, wenn Steuerwert oder Steuersatz von der jeweiligen Art der Verwendung des zugrunde liegenden Vermögenswerts bzw. der Verbindlichkeit abhängen. Abgesehen von Grenzfällen (teilweise steuerfreie Verwendung bei gemeinnützigen Unternehmen) dürften diese Fälle im deutschen Rechtskreis derzeit keine Rolle spielen. Gleichwohl ist denkbar, dass derartige Fallgestaltungen im Rahmen internationaler Konzernabschlüsse bedeutsam und damit für die Bewertung latenter Steuerposten in internationalen Konzernabschlüssen relevant werden. Aus diesem Grunde soll nachstehend ein Beispiel gegeben werden:

Beispiel
Bei einem handelsrechtlichen Buchwert von 100 GE und einem Steuerbilanzansatz (Steuerwert) von 60 GE errechnet sich eine *temporary difference* i. H. v. 40 GE. Unterstellt man nun, dass der Gewinn aus dem Verkauf der Anlage (z. B. zur Förderung des Strukturwandels) geringer besteuert würde als die Realisierung über die weitere Nutzung und Abschreibung, so ergeben sich dadurch unterschiedliche latente Steuerabgrenzungen je nach Art der vorgesehenen Verwendung. Würde beispielsweise ein Verkaufsgewinn lediglich mit 20 % zu versteuern sein, so errechnet sich bei einem geplanten Verkauf der Anlage eine latente Steuerverbindlichkeit i. H. v. 8 GE (= 40 GE × 20 %). Ist hingegen geplant, die Anlage weiterhin im Produktionsprozess zu nutzen und abzuschreiben, so sind die latenten Steuerverbindlichkeiten unter Verwendung des regulären Steuersatzes (z. B. 30 %) zu bewerten und belaufen sich damit auf 12 GE (= 40 GE × 30 %).

III. Latente Steuern im Konzernabschluss nach US-GAAP

Latente Steuern im Konzernabschluss nach US-GAAP

Auch das für die Bilanzierung latenter Steuern nach US-GAAP maßgebende ASC 740 folgt dem *Temporary*-Konzept. Insofern sind die Konzepte latenter Steuerverrechnung nach US-GAAP und nach IFRS weitgehend identisch. Auf Besonderheiten der latenten Steuerverrechnung nach ASC 740 im Vergleich zu IAS 12 wurde im Zusammenhang mit der Darstellung der latenten Steuern im Einzelabschluss bereits hingewiesen (vgl. 8. Kapitel, S. 505 ff.). Auf diese Ausführungen und die Ausführungen auf S. 771 ff. (Latente Steuern im Konzernabschluss nach IFRS) wird deshalb ausdrücklich verwiesen. Im Zusammenhang mit der Verrechnung latenter Steuern im Konzernabschluss soll auf die folgenden Besonderheiten der Regelungen nach US-GAAP kurz eingegangen werden.

Auch für alle im Zusammenhang mit der Erstellung des Konzernabschlusses (Vollkonsolidierung, Equity-Bewertung) entstehenden aktiven latenten Steuern gilt für den Bilanzansatz und die Bewertung das Wahrscheinlichkeitskriterium für die Realisierung des Steuervorteils von 50 % (*«more likely than not«*). Insoweit, wie die Steuerentlastung mit einer Wahrscheinlichkeit von mehr als 50 % nicht in voller Höhe in der Zukunft eintreten wird, ist nach ASC 740-10-30-5 ein entsprechender Sicherheitsabschlag (*valuation allowance*) vorzunehmen. Dieser kann zwischen 0 % und 100 % betragen. Er ist auf den gesamten aktiven latenten Steuerposten vor einer eventuell zulässigen Saldierung mit entsprechenden Passivposten anzuwenden. Eine ggf. später notwendige Auflösung wegen veränderter Wahrscheinlichkeitsschätzung ist GuV-wirksam vorzunehmen.

Wie nach IAS 12 werden auch nach ASC 740 und ASC 805-740 auf im Wege der Erstkonsolidierung aufgedeckte stille Reserven und stille Lasten, nicht dagegen auf einen verbleibenden Goodwill oder Badwill, latente Steuern abgegrenzt.

Soweit die im Konzernabschluss konsolidierten Unternehmen unterschiedlichen Steuerbelastungen unterliegen, ist jeweils der Steuersatz des Konzernunternehmens anzuwenden, bei dem die *taxable* oder *deductible difference* auftritt. Eine Ausnahme bildet allerdings die Zwischenerfolgseliminierung. Die bilanzielle Differenz tritt zwar beim Empfängerunternehmen der Lieferung auf, maßgebend ist jedoch hier der Steuersatz des liefernden Unternehmens, da die auf den Veräußerungsgewinn gezahlte Steuer Basis der im Falle eines Zwischengewinns notwendigen aktiven latenten Steuerabgrenzung ist (vgl. Schmidt, M. [2000], S. 269 und S. 276).

Kontrollfragen:

Nationale Normen:

1. Welche Formen der Kapitalkonsolidierung kennt das HGB?
2. Warum wird die GuV-wirksame Kapitalkonsolidierung auch als Erwerbsmethode bezeichnet?
3. Wie wird der bei der Kapitalkonsolidierung nach HGB entstehende Unterschiedsbetrag behandelt?
4. Über welchen Zeitraum wird ein verbleibender Geschäftswert nach HGB abgeschrieben?
5. Was versteht man unter einem Badwill und wann und wie darf er nach HGB aufgelöst werden?
6. Wie wird der Ausgleichsposten für »Anteile anderer Gesellschafter« errechnet?
7. Was versteht man unter einem assoziierten Unternehmen?
8. Wann besteht eine Vermutung auf ein Assoziierungsverhältnis und warum wurde diese Vermutung eingeführt?
9. Handelt es sich bei assoziierten Unternehmen um Tochterunternehmen?
10. Welche Konsolidierungsmethode kommt bei assoziierten Unternehmen zur Anwendung?
11. Erläutern Sie diese Methode!
12. Worin liegt der grundlegende Unterschied zwischen der Vollkonsolidierung und einer Konsolidierung nach der Equity-Methode?
13. Was sind Gemeinschaftsunternehmen?

14. Welche Möglichkeiten der Konsolidierung von Gemeinschaftsunternehmen gibt es?
15. Welches sind die wesentlichen Merkmale der Quotenkonsolidierung?
16. Würden Sie als externer Bilanzleser der Quotenkonsolidierung den Vorzug vor der Equity-Konsolidierung geben?
17. Welche Bilanzposten sind in die Schuldenkonsolidierung einzubeziehen?
18. Inwiefern unterscheiden sich erstmalige und wiederholte Eliminierung einer Aufrechnungsdifferenz?
19. Was versteht man unter Zwischenerfolgen, und warum müssen sie bei Geltung der Einheitstheorie eliminiert werden?
20. Gibt es Ausnahmen von der Verpflichtung zur Eliminierung von Zwischenerfolgen nach HGB?
21. Was sind Konzernanschaffungs- und Konzernherstellungskosten nach HGB?
22. Was versteht man unter einem eliminierungsfähigen bzw. eliminierungspflichtigen Zwischenerfolg nach HGB?
23. Beschreiben Sie den technischen Ablauf der Zwischenerfolgseliminierung!
24. Muss der gesamte Zwischenerfolgsbestand jährlich GuV-wirksam eliminiert werden?
25. Warum müssen Erträge aus Gewinnausschüttungen zwischen Konzerngesellschaften vom Konzernerfolg abgezogen werden?
26. Muss auch bei assoziierten Unternehmen bzw. bei Gemeinschaftsunternehmen eine Zwischenerfolgseliminierung durchgeführt werden?
27. Was versteht man unter Innenumsätzen und warum müssen diese eliminiert werden?
28. Wie sind die Innenumsatzerlöse im Zusammenhang mit Bestandsänderungen von selbst geschaffenen Konzernerzeugnissen zu konsolidieren?
29. Wie sind die Innenumsatzerlöse im Zusammenhang mit Bestandsänderungen bei Konzern-Handelswaren zu konsolidieren?
30. Beschreiben Sie das Zusammenspiel der Innenumsatzkonsolidierung und der Zwischengewinneliminierung bei Beständen an Konzernerzeugnissen!
31. Was ist im Rahmen der GuV als »andere Erträge« zu konsolidieren?
32. Wie sind latente Steuern im Konzernabschluss nach HGB definiert?
33. Erläutern Sie im Einzelnen, welche Konsolidierungsmaßnahmen zu latenten Steuern im Konzernabschluss nach HGB führen können!

Internationale Normen:

34. Wie wird der Goodwill aus der Konsolidierung nach IFRS behandelt?
35. Wie wird der Badwill des akquirierten Unternehmens im Rahmen des Konzernabschlusses nach IFRS behandelt?
36. Was versteht man unter der »*full goodwill method*«?
37. Wie unterscheidet sich die Abbildung eines sukzessiven Anteilserwerbs nach HGB und IFRS?
38. Erläutern Sie die Unterschiede zwischen HGB und IFRS bei der Einbeziehung assoziierter Unternehmen!
39. Definieren Sie den Begriff *joint arrangement* i. S. der IFRS! Welche Ausprägungen von *joint arrangements* werden unterschieden?
40. Worin unterscheidet sich der Entkonsolidierungserfolg nach HGB bzw. IFRS?
41. Welche Vorgehensweise wird bei der Konsolidierung von Gemeinschaftsunternehmen gemäß IFRS vorgeschrieben?
42. Wie unterscheiden sich die Ausnahmen von der Verpflichtung zur Eliminierung von Zwischenerfolgen nach HGB und IFRS?
43. Wie unterscheiden sich Konzernanschaffungs- und Konzernherstellungskosten nach HGB und IFRS?
44. Wie unterscheiden sich eliminierungsfähiger bzw. eliminierungspflichtiger Zwischenerfolg nach HGB und IFRS?
45. Welche Konsolidierungsmaßnahmen können nach IFRS zu latenten Steuern im Konzernabschluss führen?

12. Kapitel: Kapitalflussrechnung

HGB

Die Kapitalflussrechnung (im Folgenden mit »KFR« abgekürzt) wurde erstmals im Jahr 1998 im Rahmen der Verabschiedung des KonTraG als integraler Bestandteil des Konzernabschlusses »börsennotierter Mutterunternehmen« (§ 297 Abs. 1 Satz 2 HGB a. F.) vorgeschrieben. Mit dem TransPuG aus dem Jahr 2002 ist die KFR zu einem eigenständigen Berichtsinstrument des Konzernabschlusses geworden, wobei nun alle »kapitalmarktorientierten Mutterunternehmen« zur Aufnahme einer KFR in den Konzernabschluss verpflichtet waren. Im Rahmen des BilReG wurde Ende 2004 eine KFR als verpflichtender Bestandteil für alle Konzernabschlüsse vorgeschrieben (§ 297 Abs. 1 Satz 1 HGB). Allerdings fehlen in § 297 Abs. 1 Satz 1 HGB detaillierte Angaben zu Aufgaben, Inhalt und Gestaltung. Maßgebend ist daher der Deutsche Rechnungslegungsstandard Nr. 2 »Kapitalflussrechnung« (DRS 2) aus dem Jahr 2000.

IFRS/US-GAAP

Kapitalmarktorientierte Mutterunternehmen in der EU sind seit dem 01.01.2005 zur Konzernbilanzerstellung nach IFRS verpflichtet. Sowohl nach IFRS als auch nach den derzeit noch international bedeutsamen US-GAAP wird die KFR seit längerem als obligatorischer Teil der *financial statements* verlangt (IAS 7; ASC 230). An diese bestehenden Regelungen zur KFR näherte sich der DRS 2 stark an.

A. Funktion der Kapitalflussrechnung

Rechenwerk zur Finanzlage

In den handelsrechtlichen Generalnormen (§§ 264 Abs. 2 Satz 1, 297 Abs. 2 Satz 2 HGB) wird – zusätzlich zu dem geforderten Einblick in die Vermögens- und Ertragslage – unter Beachtung der GoB auch ein den tatsächlichen Verhältnissen entsprechendes Bild der Finanzlage verlangt. Dieser generellen Zielsetzung dienen auch die Bilanzierungsregeln nach IFRS. Allgemein wird der KFR die Fähigkeit zugesprochen, einen verbesserten Einblick in die (dynamische) Finanzlage eines Unternehmens zu gewähren, insbesondere wenn sie zusammen mit den übrigen Rechenwerken und Abschlussinformationen zur Beurteilung der wirtschaftlichen Lage eines Unternehmens herangezogen wird (vgl. Abbildung 12.1).

Abbildung von Zahlungsströmen

Im Rahmen der finanzwirtschaftlichen Bilanzanalyse steht die Finanzlage im Mittelpunkt. Von zentralem Interesse sind dabei die Kapitalstruktur und die Zahlungsströme. Letztere werden in der KFR abgebildet und zeigen u. a. die Fähigkeit des Unternehmens, aus seiner operativen Tätigkeit liquide Mittel zu erwirtschaften, die für Investitionen, für Zahlungen an Eigen- und Fremdkapitalgeber sowie zur Stärkung seines Finanzmittelfonds zur Verfügung steht. Dividenden und Schulden können bekanntlich nicht mit erzieltem Gewinn, sondern nur mit verfügbaren liquiden Mitteln bezahlt werden.

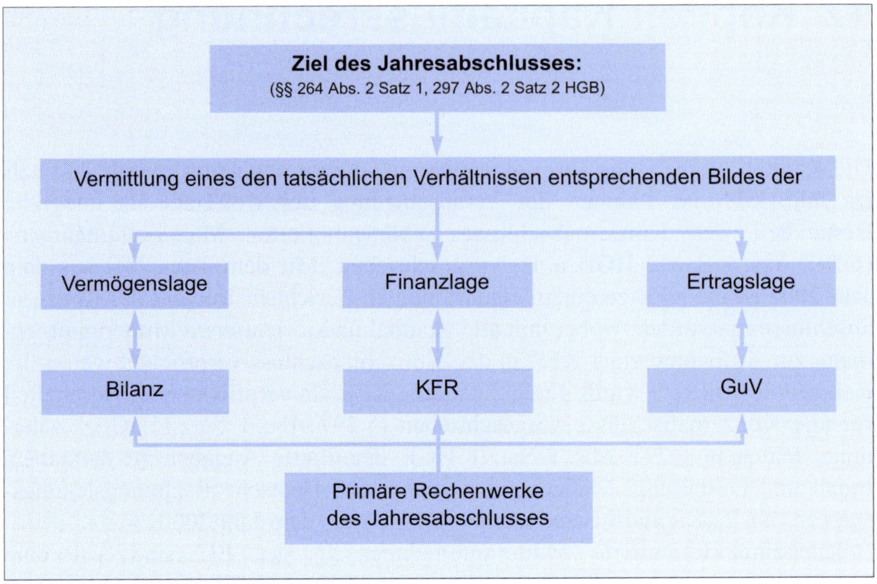

Abb. 12.1: Kapitalflussrechnung als Instrument zur Abbildung der Finanzlage

B. Betriebswirtschaftliche Grundlagen

Während in Abschnitt C dieses Kapitels auf die Normierung der KFR in der deutschen und internationalen Rechnungslegung näher eingegangen wird, soll im Folgenden zunächst das Rechenwerk selbst ausführlich dargestellt werden. Im Einzelnen sind Begriff, Inhalt und Aufbau der KFR zu klären. Zudem ist sie in den übergeordneten Rahmen der betriebswirtschaftlichen Finanzierungsrechnungen einzuordnen und von anderen Typen von Finanzierungsrechnungen abzugrenzen. Auch werden Gestaltungsmöglichkeiten und Ermittlungstechniken der Finanzierungsrechnung bzw. KFR vorgestellt, da sie maßgeblich den Informationswert der Rechnung beeinflussen.

I. Begriff, Aufgaben und Anforderungen

Der Begriff »Kapitalflussrechnung« (KFR) wird für eine Vielzahl von unterschiedlichen Rechnungskonzepten in der betriebswirtschaftlichen Theorie und Praxis gebraucht, sodass eine regelrechte Verwirrung bezüglich Aufbau und Inhalt einer KFR vorherrscht.

1. Finanzierungsrechnung als Oberbegriff

KFR i. w. S.

I. w. S. umfasst der Begriff der KFR alle Rechnungen, die Bewegungen von Finanzmitteln innerhalb einer Periode aufzeigen (vgl. Perridon, L./Steiner, M./Rathgeber, A. [2012], S. 607 f.). Bei Zugrundelegung dieser weit gefassten begrifflichen Abgrenzung ist die KFR inhaltlich mit der klassischen Finanzierungsrechnung vergleichbar. Finanzierungsrechnungen dienen als rechnerisches Planungs- und Kontrollinstrument der Überwachung der Zahlungsfähigkeit (Liquidität) und bilden das liquiditätsbezogene Teilsystem des betriebswirtschaftlichen Rechnungswesens (vgl. Chmielewicz, K. [1993], S. 44; Dellmann, K. [1993], Sp. 2075).

Begriff der Finanzierungsrechnung

Zur eindeutigen Begriffsabgrenzung wird im Folgenden der Ausdruck KFR in einem spezifischen Kontext benutzt. In Anlehnung an die Begriffsbestimmungen in den Empfehlungen des Arbeitskreises »Finanzierungsrechnung« der Schmalenbach-Gesellschaft für Betriebswirtschaft e. V. (SG) bezeichnet der Ausdruck »Finanzierungsrechnung« das finanzwirtschaftliche oder liquiditätsorientierte Teilsystem des Rechnungswesens. Finanzierungsrechnung ist somit der Oberbegriff für wertmäßige Periodenrechnungen (z. B. Jahres- oder Monatsrechnung, mehrperiodische Planungsrechnung) zur Erfassung und Steuerung von Zahlungsströmen und Finanzmittelbeständen. Die Finanzierungsrechnung ist ein Informationsinstrument des Unternehmens und zeigt Ein- und Auszahlungen oder adäquate Näherungsgrößen während eines Zeitraums. Zugleich erklärt sie für den Fall der Fondsbildung die Veränderung des Bestandes an liquiden Mitteln für diesen Zeitabschnitt, die im Finanzmittelfonds zusammengefasst sind (vgl. Arbeitskreis »Finanzierungsrechnung« der Schmalenbach-Gesellschaft [1996], S. 2). Finanzierungsrechnungen werden i. d. R. für das gesamte Unternehmen oder für Teilbereiche als Periodenplanungen durchgeführt. Die vergangenheitsbezogenen Ist-Finanzierungsrechnungen dienen der Dokumentation und Rechenschaftslegung wie auch der Kontrolle von Planrechnungen, die zur Prognose von Zahlungsüber- und -unterdeckung eingesetzt werden und dadurch die Aufrechterhaltung des finanziellen Gleichgewichts unter Rentabilitäts- und Risikoaspekten gewährleisten sollen (vgl. Coenenberg, A. G./Fischer, T. M./Günther, T. [2012], S. 11 ff.).

KFR i. e. S.

Die KFR wird in den Empfehlungen des Arbeitskreises »Finanzierungsrechnung« der Schmalenbach-Gesellschaft als eine »Finanzierungsrechnung zur Information Außenstehender« definiert. Daraus folgt, dass man unter einer KFR ein Publizitätsinstrument des Unternehmens, also eine ganz bestimmte unternehmensextern orientierte retrospektive Finanzierungsrechnung versteht (vgl. Arbeitskreis »Finanzierungsrechnung« der Schmalenbach-Gesellschaft [1996], S. 1 und S. 116). Der Begriff der KFR – präziser KFR i. e. S. – bezeichnet somit im Folgenden die Form von Finanzierungsrechnung, die als Rechenschaftsinstrument nach nationalen bzw. internationalen Rechnungslegungsnormen erstellt wird, mit Bilanz und GuV in einem engen Zusammenhang steht und gemeinsam mit diesen im Jahresabschluss veröffentlicht wird. Die KFR ermöglicht externen Adressaten einen Einblick in die Finanzlage des Unternehmens, indem laufende Geschäfts-, Investitions- und Finanzierungsvorgänge in Form von Ein- und Auszahlungen sowie deren Auswirkungen auf die Liquidität abgebildet werden.

Bezeichnung nach IFRS

Im Regelwerk des IASB (vgl. IAS 7) findet die im angelsächsischen Sprachraum übliche Bezeichnung »*Statement of Cash Flows*« Verwendung.

2. Finanzierungsrechnung als Informationsinstrument

Es gibt viele Formen von Finanzierungsrechnungen. Ihre Ausgestaltung orientiert sich an den Informationszielen, den verfügbaren Daten und den Informationsempfängern.

Betrachtungszeitraum

Zunächst wird gemäß dem betrachteten Zeitraum zwischen »retrospektiven« und »prospektiven« Finanzierungsrechnungen unterschieden. Im Gegensatz zur retrospektiven Finanzierungsrechnung, die mit bereits getätigten Zahlungen vergangener Perioden rechnet, verwendet die prospektive Rechnung Planzahlen künftiger Perioden und wird im Rahmen der Finanzplanung eingesetzt.

Einsatzfelder

Finanzierungsrechnungen werden sowohl von Unternehmen zur internen und externen Informationsbereitstellung als auch von Dritten zur Finanzanalyse erstellt. Die Gestaltung der Rechnung hängt dabei jeweils von dem verfolgten Zweck bzw. Einsatzgebiet ab, sodass die in Abbildung 12.2 gezeigte Einteilung vorgenommen werden kann.

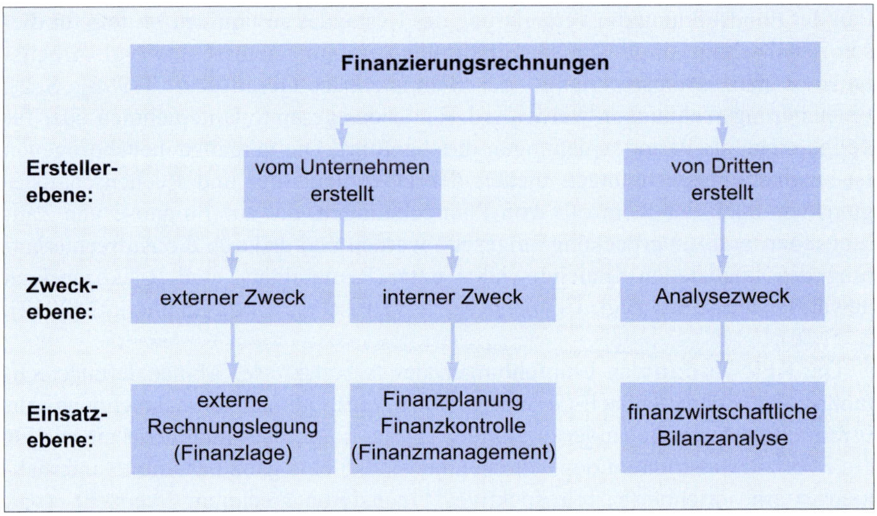

Abb. 12.2: Einsatzfelder von Finanzierungsrechnungen

Die Finanzierungsrechnung kann unternehmensintern im Rahmen der strategischen Finanzplanung, des mittelfristigen Finanzierungsmanagements, der kurzfristigen Kassendisposition (Cash Management), zu Soll-Ist-Vergleichen sowie zur Steuerung und Bewertung strategischer Einheiten (Projekt- oder Bereichsrechnungen) eingesetzt werden.

Als vergleichsweise junges Rechenwerk der externen Rechnungslegung bildet die Finanzierungsrechnung die Finanzlage ab. Gemäß der obigen Begriffsfestlegung ist dies die KFR i. e. S. Eine solche retrospektive KFR zeigt die Zahlungen auslösenden laufenden Geschäfts-, Investitions- und Finanzierungsvorgänge, ermittelt den daraus resultierenden Finanzbedarf bzw. -überschuss und dokumentiert die sich ergebende Beeinflussung der Liquidität.

Von Dritten können Finanzierungsrechnungen zum Zweck der stromgrößenorientierten Liquiditätsanalyse aufgestellt werden. Solche von externen Adressaten erstellte Finanzierungsrechnungen werden im Schrifttum regelmäßig auch als

KFR bezeichnet. Eine lediglich aus Bilanz und GuV abgeleitete Rechnung ist aber keine KFR i. e. S., da grundsätzlich wichtige Informationen für ihre Ermittlung aus einem veröffentlichten Jahresabschluss nicht zu entnehmen sind.

3. Anforderungen

Allgemein müssen Finanzierungsrechnungen eine Reihe grundlegender Anforderungen erfüllen. Dazu gehören zum einen bereits unter den »Grundsätzen ordnungsmäßiger Buchführung« (GoB) angesprochene Prinzipien und zum anderen konzeptionelle Regeln für die Aufstellung von Finanzierungsrechnungen.

Allgemeine Grundsätze

Finanzierungsrechnungen haben zunächst den allseits anerkannten Grundsätzen wie Richtigkeit und Willkürfreiheit, Klarheit und Übersichtlichkeit, Vollständigkeit, Regelmäßigkeit und Vergleichbarkeit, Stetigkeit sowie Wirtschaftlichkeit und Wesentlichkeit zu genügen. Darüber hinaus sind bei Finanzierungsrechnungen im Konzern vor allem der Grundsatz der Vollständigkeit des Konsolidierungskreises, der Grundsatz der Fiktion der wirtschaftlichen Einheit und die Konsolidierungsgrundsätze zu berücksichtigen.

Konzeptionelle Grundsätze

Zudem sind bei der Erstellung von Finanzierungsrechnungen – analog zu den rechnungsspezifischen GoB bei der Aufstellung von Bilanz und GuV – folgende konzeptionelle Regeln zu beachten (vgl. Arbeitskreis »Finanzierungsrechnung« der Schmalenbach-Gesellschaft [1996], S. 6 f.):

- Zahlungen als Rechnungsbasis (bzw. Verzicht auf Periodisierung): Grundsätzlich sind Zahlungsvorgänge zum Zahlungszeitpunkt zu erfassen und damit eindeutig der dem Entstehungszeitpunkt zugrunde liegenden Berichtsperiode zuzurechnen. Zahlungen vorangegangener oder künftiger Perioden dürfen nicht enthalten sein. Periodisierungsmaßnahmen sind bei originärer Erstellung zu unterlassen bzw. bei derivativer Erstellung rückgängig zu machen.
- Periodenbezug: Die Finanzierungsrechnung ist für den gleichen Berichtszeitraum wie der Monats-, Jahres- bzw. Planabschluss aufzustellen. Damit bestimmt der Grundsatz des Periodenbezugs die Abgrenzung zwischen Vorgängen nach dem Kriterium der Zahlungswirksamkeit, also die Trennung der Zahlungsvorgänge von den nicht zahlungswirksamen Sachverhalten in einer Periode. Daraus folgt für die KFR als Instrument zur Darstellung der Finanzlage, dass sie die Liquiditätsentwicklung der vergangenen Periode zeigt; es ist nicht Aufgabe einer retrospektiven KFR, einen direkten Schluss auf die künftige Entwicklung der Liquidität zu ermöglichen, wie dies mittels der bilanziellen Jahresabschlussanalyse beabsichtigt wird (vgl. Coenenberg, A. G./Schmidt, F. [1978], S. 511).
- Stromgrößenkongruenz: Die kumulierten Zahlungen der Einzelperioden müssen den Zahlungen der Totalperiode entsprechen. Bei Beachtung dieser Forderung wird die Nicht- oder Doppelerfassung von Zahlungen ausgeschlossen sowie in der Totalperiode eine Übereinstimmung zwischen den unperiodisierten Zahlungsgrößen der KFR und den periodisierten Erfolgsgrößen der GuV hergestellt.

- Bruttoprinzip (bzw. Bruttoausweis): Sämtliche Ein- und Auszahlungen sind unsaldiert auszuweisen. Das Bruttoprinzip entspricht dem für Bilanz und GuV geltenden »Saldierungsverbot«.
- Erläuterungspflicht: Unklare Sachverhalte, nur schwer nachvollziehbare Posten und Abweichungen von den genannten Grundsätzen sind zum besseren Verständnis seitens der Adressaten insbesondere i. S. der Klarheit, Richtigkeit, Stetigkeit und Vollständigkeit zu erläutern.

Interdependenz zwischen Zielsetzung und Anforderungen

Über diese Anforderungen hinaus sind für Finanzierungsrechnungen weitere Grundsätze formuliert worden. Allerdings bestehen abweichende Anforderungen für unterschiedliche Formen von Finanzierungsrechnungen. Grund hierfür ist die enge Wechselbeziehung zwischen den konzeptionellen Anforderungen und der jeweiligen Zielsetzung einer Finanzierungsrechnung (vgl. dazu ausführlich m. w. N. Lachnit, L. [1972], S. 152; Pfuhl, J. [1994], S. 116 ff.). An dieser Stelle werden spezielle Grundsätze für die Aufstellung einer zahlungsorientierten KFR als Rechenschaftsinstrument formuliert, da sie im Mittelpunkt der nachfolgenden Ausführungen dieses Kapitels steht.

Zielkonforme Grundsätze einer zahlungsorientierten KFR

Das Rechnungsziel einer zahlungsorientierten KFR ist die Abbildung von zahlungswirksamen Geschäftsvorgängen und der Liquiditätsentwicklung. Mit Blick auf diese Zielsetzung sind bei der Gestaltung der KFR zusätzlich folgende zielkonforme konzeptionelle Anforderungen zu beachten, damit eine möglichst hohe Aussagefähigkeit für die finanzwirtschaftliche Unternehmensanalyse erreicht wird (vgl. Coenenberg, A. G./Schmidt, F. [1978], S. 509 ff.):

- Zielorientierung: Die KFR dient der Ergänzung des herkömmlichen Jahresabschlusses – bestehend aus Bilanz, GuV und Anhang – mit dem Ziel, einen möglichst sicheren Einblick in die Finanzlage zu gewähren. Diese Zielsetzung ist dann erfüllt, wenn die KFR relevante Informationen liefert, die von Dritten nicht indirekt aus dem übrigen Jahresabschluss ableitbar sind. Eine durch Aufbereitung und Umgliederung von bereits im Jahresabschluss vorhandenen Daten erstellte KFR i. w. S. (z. B. Veränderungsbilanz) genügt nicht.
- Fondsabgrenzung: Während in der GuV die Erfolgslage anhand des Jahresergebnisses und seiner Bestimmung als (Erfolgs-)Saldo aller Aufwendungen und Erträge abgebildet wird, soll die KFR als Rechnung zur Finanzlage die Veränderung der Finanzmittel zeigen und diesen (Finanz-)Saldo anhand aller Ein- und Auszahlungen erklären. Somit kommt zur Darstellung der Finanzlage bloß eine KFR mit ausgeschiedenem Fonds in Frage. Eine enge Fondsabgrenzung führt zu finanzwirtschaftlichen Größen in Form von Ein- und Auszahlungen und ist wegen der Beschränkung auf Zahlungsvorgänge zu bevorzugen, da nur auf diese Weise die volle finanzwirtschaftliche Aussagekraft erreicht wird.
- Bewertungsunabhängigkeit: Fondsveränderungen werden wegen der engen Fondsabgrenzung fast ausschließlich durch Ein- und Auszahlungen erklärt. Nur diese Fondsabgrenzung garantiert eine weitgehende Bewertungsunabhängigkeit, da allein Zahlungsgrößen keinem Bewertungsspielraum wie auch keinen Periodisierungsüberlegungen unterliegen. Daraus folgt die Notwendigkeit einer unternehmensinternen Aufstellung der KFR, da die zu ihrer Erstellung benötigten Daten extern (im publizierten Abschluss) nicht verfügbar sind.

- Zusammenhang der Jahresabschlussrechnungen: Die KFR greift ebenso wie die anderen Jahresrechnungen auf die einzelnen, in der Finanzbuchhaltung erfassten Geschäftsvorfälle zurück. Damit ist sie für einen sachkundigen Dritten nachprüfbar. Außerdem sollen die in der KFR ausgewiesenen Fondsbestände mit den entsprechenden Bilanzposten übereinstimmen; andernfalls müssen sie auf diese Posten in einer Zusatzrechnung übergeleitet werden.
- Gliederung und Ausweis: Die KFR ist in einzelne Bereiche, die Ein- und Auszahlungen gleichartiger Geschäftsvorfälle enthalten, zu untergliedern und ausreichend zu erläutern, um Strukturanalysen der Liquiditätsentwicklung zu ermöglichen. Vor allem betriebsfremde und außerordentliche Zahlungsflüsse sowie Zahlungsvorgänge nicht fortgeführter Geschäftseinheiten sind gesondert auszuweisen, um im Rahmen der Analyse ihre kompensierenden oder verstärkenden Auswirkungen auf betriebsbezogene Ein- und Auszahlungen erkennen und künftige Zahlungsströme unbeeinflusst von diesen Sondereffekten richtig abschätzen zu können. Die KFR ist in Staffelform zwecks offener Saldierung von Ein- und Auszahlungen zu aussagefähigen Zwischensummen zu erstellen.

II. Ableitungszusammenhang zwischen Bilanz, Gewinn- und Verlustrechnung und Kapitalflussrechnung

Unterschied zwischen Bilanz, GuV und KFR

Während die Bilanz als Bestandsrechnung Vermögen und Kapital zu einem bestimmten Stichtag erfasst, sind GuV und KFR Stromgrößenrechnungen zur Abbildung von Erfolg und Liquidität. Der Unterschied zwischen den beiden Zeitraumrechnungen ergibt sich durch die jeweils zugrunde liegenden Zielgrößen und deren zugehörigen Rechengrößen (vgl. dazu Coenenberg, A. G./Fischer, T. M./Günther, T. [2012], Kapitel 1, S. 8 ff.).

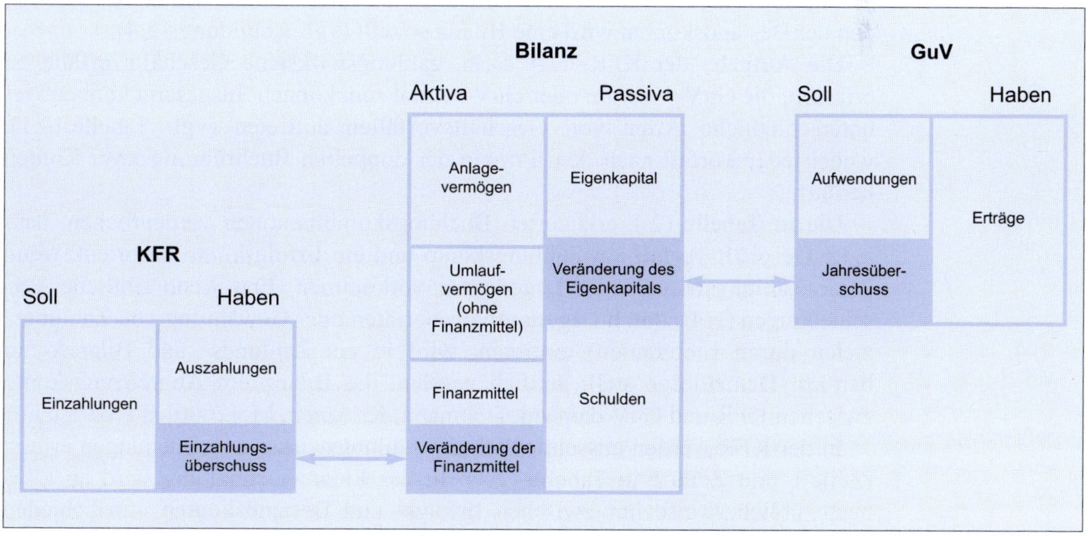

Abb. 12.3: Ableitungszusammenhänge der Rechenwerke Kapitalflussrechnung, Bilanz und Gewinn- und Verlustrechnung (in Anlehnung an Dellmann, K. [1993], Sp. 2077)

Durch die Gegenüberstellung von Erträgen und Aufwendungen eines Geschäftsjahres und deren anschließende Verrechnung wird in der GuV der Jahreserfolg ermittelt; er entspricht der Höhe der (GuV-wirksamen) Eigenkapitalveränderung in derselben Periode.

Die KFR erfasst die Finanzmittelzuflüsse und -abflüsse einer Periode. Sie zeigt als Saldo einen (Netto-)Zufluss oder (Netto-)Abfluss an Finanzmitteln, die der finanzwirksamen Veränderung eines in der Bilanz enthaltenen Bestandes (Fonds) an Finanzmitteln entspricht. Wird ein zahlungsorientierter Finanzmittelfonds abgegrenzt, so gehören zu den Finanzmitteln nur liquide Mittel ersten Grades (z. B. Barmittel, Guthaben bei Kreditinstituten und kurzfristig als Liquiditätsreserve gehaltene, zinsbringende Geldanlagen), d. h. solche Bestände, die zur Liquiditätsdisposition gehalten und grundsätzlich nicht im Rahmen des operativen Geschäfts oder für Investitionsmaßnahmen eingesetzt werden. Die in der KFR gezeigten Finanzmittelbewegungen sind dann Ein- und Auszahlungen.

Die Ableitungszusammenhänge der drei Rechenwerke werden anhand vereinfachter Schemata der KFR, Bilanz und GuV in der Abbildung 12.3 verdeutlicht.

Konten des dreiteiligen Rechnungswesens

Zur weiteren Veranschaulichung der Zusammenhänge dient ein – im deutschen Schrifttum erstmalig von Lehmann entwickeltes – dreiteiliges Rechnungswesen mit den vorgenannten Rechenwerken, denen jeweils folgende Kontentypen zugeordnet werden (vgl. Lehmann, M. R. [1925]):

(a) KFR mit Ein- und Auszahlungskonten (Zahlungskonten),
(b) Bilanz mit Vermögens- und Kapitalkonten (Bestandskonten),
(c) GuV mit Aufwands- und Ertragskonten (Erfolgskonten).

Dreiteiliger Jahresabschluss

Nach Abschluss der Buchungen in einem solchen dreiteiligen Rechnungswesen ergibt sich ein dreiteiliger Jahresabschluss, d. h. die Salden der Zahlungs- und Erfolgskonten werden zur KFR und GuV verdichtet und aus den Schlussbeständen der Bestandskonten wird eine Bilanz erstellt (vgl. Abbildung 12.4).

Die Aufgabe der KFR liegt darin, zahlungswirksame Geschäftsvorfälle zu erfassen, die GuV-wirksam oder GuV-neutral sein können. Insgesamt können vier unterschiedliche Arten von Geschäftsvorfällen auftreten (vgl. Tabelle 12.1), wobei jeder Vorfall nach dem Prinzip der doppelten Buchführung zwei Konten berührt.

Die in Tabelle 12.1 erläuterten Buchungskombinationen verdeutlichen, dass jeder Geschäftsvorfall ein Zahlungskonto und ein Erfolgskonto anspricht, wenn keine Zahlungsfristen oder Lagerzeiten vorkommen. Erst wenn zeitliche Verschiebungen (z. B. durch Lagerung von Vorräten oder Gewährung von Zahlungszielen durch Lieferanten) eintreten, wird je ein Zahlungs- und Bilanzkonto berührt. Demzufolge stellt zeitlich gesehen die Bilanz ein Abgrenzungskonto zwischen KFR und GuV dar (vgl. Dellmann, K./Amen, M. [2000], Tz. 51 f.).

In der KFR werden ausschließlich die zahlungswirksamen Buchungen erfasst (Zeile 1 und Zeile 2 in Tabelle 12.1). In der Finanzbuchhaltung wird aber bis heute üblicherweise nur zwischen Erfolgs- und Bestandskonten unterschieden (zweiteiliges Rechnungswesen). Würde darüber hinaus auch in Zahlungskonten gebucht, dann könnte man aus den Daten der Zahlungskonten unmittelbar eine KFR erstellen (vgl. in diesem Kapitel, S. 800 ff.).

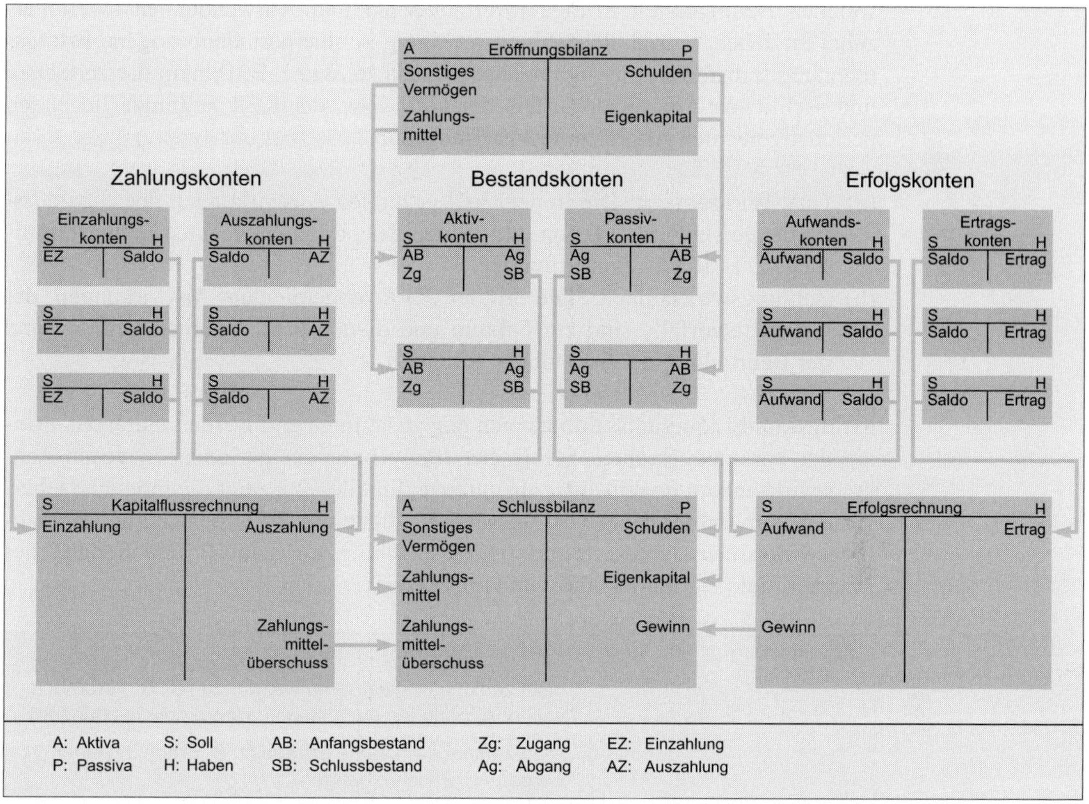

Abb. 12.4: Konzeption eines dreiteiligen Jahresabschlusses (in Anlehnung an Dellmann, K./Amen, M. [2000], Tz. 49 f.)

Arten von Geschäftsvorfällen	**KFR** (Zahlungskonten)	**Bilanz** (Bestandskonten)	**GuV** (Erfolgskonten)
1) GuV- und zahlungswirksam (Ertrag und Einzahlung oder Aufwand und Auszahlung)	X		X
2) zahlungs- und bilanzwirksam (Einzahlung und kein Ertrag oder Auszahlung und kein Aufwand)	X	X	
3) GuV- und bilanzwirksam (Ertrag und keine Einzahlung oder Aufwand und keine Auszahlung)		X	X
4) nur bilanzwirksam (Aktivtausch, Passivtausch, Bilanzverlängerung oder Bilanzverkürzung)		X	

Tab. 12.1: Arten von Geschäftsvorfällen und ihre buchungsmäßige Erfassung im dreiteiligen Rechnungswesen

Abgrenzungskriterien

Ursprünglich war die Rechnungslegung zahlungsorientiert (z. B. private Einnahmenüberschussrechnung). Erst durch bestimmte Annahmen, die festlegen, unter welchen Bedingungen Erträge (Wertzuwachs) und Aufwendungen (Werteverzehr) entstehen, wurde die Zahlungsrechnung in eine periodenbezogene Erfolgsrechnung transformiert (Abgrenzungsgrundsätze, wie z. B. Prinzip der zeitlichen und sachlichen Abgrenzung). Die der GuV bzw. der KFR zugrunde liegenden periodengerechten Abgrenzungskriterien sind:

(a) GuV-Wirksamkeit: Die in der GuV gezeigten Auswirkungen der Geschäftsvorgänge sind eine Fiktion und dienen der periodengerechten Erfolgsermittlung (z. B. Realisationsprinzip).
(b) Zahlungswirksamkeit: Die in der KFR abgebildeten Auswirkungen der Geschäftsvorfälle sind ein Faktum und dienen der Liquiditätsmessung und der Beurteilung der finanziellen Situation.

Erfolgs- und Liquiditätssaldo hängen eng zusammen und werden durch das Prinzip der periodengerechten Erfolgsermittlung bzw. der periodenbezogenen Zahlungswirksamkeit voneinander abgegrenzt. Tabelle 12.2 zeigt die mögliche Überleitung vom Jahreserfolg (Erfolgssaldo) – über die Zwischensumme des zahlungswirksamen Jahreserfolges – zur zahlungswirksamen Veränderung der Finanzmittel (Liquiditätssaldo) und umgekehrt.

Jahreserfolg	**=**	**Erträge – Aufwendungen**
	+	nicht zahlungswirksame Aufwendungen (z. B. Verbrauch von in Vorperioden bezahlten Vorräten, Abschreibungen)
	–	nicht zahlungswirksame Erträge (z. B. Erhöhung einer Forderung, Zuschreibungen)
	=	**zahlungswirksamer Jahreserfolg**
	+	nicht GuV-wirksame Einzahlungen (z. B. Bezahlung einer aus Vorperioden stammenden Forderung durch den Kunden, Aufnahme eines Darlehens)
	–	nicht GuV-wirksame Auszahlungen (z. B. Auszahlung an Anteilseigner, Tilgung von Krediten)
zahlungswirksame Veränderung der Finanzmittel	**=**	**Einzahlungen – Auszahlungen**

Tab. 12.2: Überleitung des Jahreserfolges in die zahlungswirksame Veränderung der Finanzmittel

III. Grundsätzliche Ausgestaltungsalternativen

Gestaltung von Finanzierungsrechnungen

Für die Gestaltung von Finanzierungsrechnungen gibt es eine Vielzahl von unterschiedlichen Ansatzpunkten. Aufbauend auf der Zielsetzung und dem Informationsbedarf ist zunächst zu klären, ob eine Finanzierungsrechnung für das ganze Unternehmen (d. h. ohne Fondsbildung) oder für einen abgegrenzten Vermögensteil (Fonds) erstellt werden soll.

Wird auf die Bildung eines Fonds verzichtet, so werden Mittelbeschaffung und -verwendung in Veränderungs- und Bewegungsbilanzen oder bisher wenig gebräuchlichen vollständigen Kapitalbeschaffungs- und -verwendungsbilanzen dargestellt (vgl. Weilenmann, P. [1998], S. 393).

Die heutzutage allgemein übliche Form der Finanzierungsrechnung enthält einen ausgegliederten Finanzmittelfonds. Dabei muss festgelegt werden, welche Finanzmittelgesamtheit als Fonds auszugrenzen ist.

Zum besseren Verständnis der in den Rechnungslegungsstandards zur KFR geregelten Fondsabgrenzung sollen nachfolgend ausgewählte alternative Fondskonzeptionen von Finanzierungsrechnungen (bzw. KFR i. w. S.) kurz vorgestellt werden. Anschließend ist der formale Aufbau der Rechnung festzulegen, damit sie informativ ist, aber auch übersichtlich bleibt.

1. Fondskonzeptionen

Begriff und Ziel

Ein Fonds ist grundsätzlich eine Zusammenfassung von mehreren Bilanzposten; er kann allerdings auch nur einen einzelnen Posten der Bilanz oder Teile von Bilanzposten (nach bestimmten Kriterien ausgewählte Bestandsgrößen) enthalten. In Abhängigkeit von der gewählten Fondsabgrenzung werden bei der Fondsbildung bestimmte Bilanzposten oder Teile davon in einer buchhalterischen Einheit gebündelt. Der Fonds kann dabei als eine Art »Finanzmittelbestand« betrachtet werden, der durch fondswirksame Investitions- und Finanzierungsmaßnahmen verändert wird. Ziel der Fondsbildung ist es, den Umfang der Fondsveränderung festzustellen und die Ursachen für die Fondsveränderung anhand der Herkunft und Verwendung der im Finanzmittelfonds zusammengefassten Mittel zu erklären (vgl. zur Fondsbildung Käfer, K. [1984], S. 41 ff.).

Je nach Umfang beinhalten Fonds verschiedene Bestandsgrößen. Ausgangspunkt jedes Fonds ist der Geldfonds bzw. Zahlungsmittelfonds, der Bargeld und Sichtguthaben enthält. Dieser Fonds kann nun auf unterschiedliche Art und Weise erweitert werden (vgl. Dellmann, K. [1993], Sp. 2084 f.). Zum einen können weitere Bilanzposten in den Geldfonds mit einbezogen werden, sodass sog. »bilanzorientierte« Fondstypen entstehen. Zum anderen kann der Zahlungsmittelfonds lediglich um zahlungsmittelähnliche Bestände (z. B. verzinsliche, kurzfristig veräußerbare Wertpapiere) erweitert werden, sodass sich ein »zahlungsorientierter« Fonds ergibt.

Bruttofonds und Nettofonds

Werden den aktiven Fondsbeständen gleichartige passive Bestandsgrößen gegenübergestellt, so wird der »Bruttofonds« zu einem »Nettofonds«, da bei der Berechnung des gesamten Fondsbestandes die passiven Fondsmittel negativ zu berücksichtigen sind. In Tabelle 12.3 werden mögliche Varianten bilanzorientierter Fonds einschließlich der einbezogenen Bilanzposten veranschaulicht.

Der Fonds des Netto-Umlaufvermögens spielt in der externen Rechnungslegung keine bedeutende Rolle, liegt jedoch implizit der vielbeachteten bilanzanalytischen Kennzahl »Cashflow« (auch sog. »Brutto-Cashflow«) zugrunde (vgl. ausführlich Coenenberg, A. G./Alvarez, M./Meyer, M. A. [2001], Sp. 481 ff.). Im Rahmen der indirekten Ermittlung des nachhaltigen, erfolgsnahen Cashflow wird der Jahreserfolg zwar um zahlungsunwirksame Abschreibungen und Zuschreibungen auf Gegenstände des Anlagevermögens sowie um Veränderungen der langfristigen Rückstellungen, nicht aber um die Veränderungen des Netto-Umlaufvermögens (z. B. Erhöhung der kurzfristigen Forderungen) korrigiert. Der

Vernachlässigung der Bereinigung um Vorgänge im Netto-Umlaufvermögen kommt eine Fondsabgrenzung des Netto-Umlaufvermögens gleich.

in die Fonds einbezogene Bilanzposten	**Bilanzorientierte Fondstypen**					
	Geld	liquide Mittel	Geld-vermögen	Netto-Geld-vermögen	Umlauf-vermögen	Netto-Umlauf-vermögen
Kasse, Schecks, Bankguthaben	x	x	x	x	x	x
leicht veräußerbare Wertpapiere		x	x	x	x	x
kurzfristige Forderungen			x	x	x	x
Vorräte					x	x
geleistete Anzahlungen					x	x
transitorische Aktiva					x	x
kurzfristige Verbindlichkeiten				x		x
kurzfristige Rückstellungen						x
transitorische Passiva						x

Tab. 12.3: Bilanzorientierte Fondskonzeptionen (in Anlehnung an Käfer, K. [1984], S. 49 ff.)

Zahlungsorientierte Fondsabgrenzung

Die zahlungsorientierte Fondsabgrenzung orientiert sich am Cash Management des Unternehmens, d. h. der Fonds soll die Mittel umfassen, die dem Unternehmen im Rahmen seiner Kassendisposition in bar oder in Form von kurzfristig einlösbaren Liquiditätsreserven zur Verfügung stehen. Im Wesentlichen beruht die Veränderung der im zahlungsorientierten Fonds zusammengefassten Bestandsgrößen auf reinen Zahlungsvorgängen. Im Gegensatz zu dem umfassenden Fonds des Netto-Umlaufvermögens haben zahlungsorientierte Fonds den Vorteil, dass sie keine oder nur wenige Bestandsgrößen enthalten, welche Bewertungseinflüssen unterliegen. Auf dieser zahlungsorientierten Form der Fondsbildung basieren auch die derzeit gültigen Rechnungslegungsstandards zur KFR (vgl. in diesem Kapitel, S. 828 ff.).

Außer den reinen Zahlungsmitteln (Zahlungsmittelfonds) können auch sog. Zahlungsmitteläquivalente in den Finanzmittelfonds einbezogen werden (Fonds der Zahlungsmittel und Zahlungsmitteläquivalente). Des Weiteren können diese beiden zahlungsorientierten Fondstypen noch um passive Bestandsgrößen gekürzt werden, soweit sie in die tägliche Kassendisposition des Unternehmens einbezogen sind (Fonds der Netto-Zahlungsmittel bzw. Fonds der Netto-Zahlungsmittel und Zahlungsmitteläquivalente, vgl. Tabelle 12.4).

Zahlungsmittel

Zu den Zahlungsmitteln gehören neben dem Kassenbestand auch jederzeit und ohne Wertabschläge abrufbare Guthaben. Legt man die gesetzliche Mindestgliederung des § 266 Abs. 2 HGB zugrunde, so umfasst der reine Zahlungsmittelfonds Bar- und Giralgeld, das unter Posten B. IV. »Kassenbestand, Bundesbankguthaben, Guthaben bei Kreditinstituten und Schecks« ausgewiesen wird. Folglich kann der Zahlungsmittelfonds dem bilanzorientierten Geldfonds entsprechen. Ungleich sind sie hingegen, sofern in dem betreffenden Bilanzposten z. B. Bankguthaben enthalten sind, die zur Deckung von Ansprüchen Dritter (z. B. aus Akkreditiven) dienen oder gesperrt sind (vgl. Scheffler, E. [2013], Tz. 55). Solche nicht frei verfügbaren Guthaben sollten nicht in einen zahlungsorientierten Fonds einbezogen werden.

in den Fonds einbezogene Bestandsgrößen	**Zahlungsorientierte Fondstypen**			
	Zahlungsmittel	Netto-Zahlungsmittel	Zahlungsmittel und Zahlungsmitteläquivalente	Netto-Zahlungsmittel und Zahlungsmitteläquivalente
Barmittel (Kasse, Schecks)	x	x	x	x
Sichteinlagen (jederzeit, ohne Wertabschläge abrufbare Bankguthaben)	x	x	x	x
kurzfristige, äußerst liquide Geldanlagen (mit einer RLZ* ≤ 3 Monate und als Liquiditätsreserve gehalten)			x	x
jederzeit fällige Bankverbindlichkeiten		x		x

* RLZ: Restlaufzeit

Tab. 12.4: Zahlungsorientierte Fondskonzeptionen

Zahlungsmitteläquivalente

Als Zahlungsmitteläquivalente gelten kurzfristige, äußerst liquide Geldanlagen, in die Zahlungsmittel, welche kurzfristig für die Kassendisposition nicht benötigt werden, investiert werden (wie z. B. aus Renditegesichtspunkten getätigte Geldanlagen in verzinsliche, kurzfristige Wertpapiere des Umlaufvermögens). Zudem müssen sie als Liquiditätsreserve gehalten werden, kurzfristig leicht veräußerbar sein und nur unwesentlichen Wertänderungsrisiken unterliegen. Zahlungsmitteläquivalente besitzen i. d. R. eine Restlaufzeit von bis zu maximal drei Monaten ab dem Erwerbszeitpunkt. Wertpapiere, die zu spekulativen Handelszwecken gehalten werden, werden ebenso wie Eigenkapitalanteile nicht als Zahlungsmitteläquivalente akzeptiert.

Jederzeit fällige Bankverbindlichkeiten

Der Grund für die Bildung eines Nettofonds liegt in der Überlegung, dass die jederzeit fälligen Bankverbindlichkeiten regelmäßig Bestandteil des Cash Managements sind. Unter jederzeit fälligen Bankverbindlichkeiten werden im Allgemeinen lediglich Überziehungskredite aus Kontokorrentverhältnissen mit Kreditinstituten erfasst.

Fondsrechnung und Gegenbeständerechnung

Bei der Fondsausgliederung wird zwischen Bestandsgrößen, die den Fonds bilden (mit »f« indiziert), und allen anderen, die nicht im Fonds enthalten sind (sog. Gegenbestände, mit »g« indiziert), unterschieden (vgl. Abbildung 12.5). Die Fondsbildung führt zu einer Zweiteilung der Finanzierungsrechnung in eine Fonds(nachweis)rechnung (Fondsveränderungsrechnung) und eine Gegenbeständerechnung. Die Ausgliederung einzelner Bestandsgrößen und deren Zusammenfassung zu einem Fonds wird unter der Zielsetzung vorgenommen, die Fondsveränderung durch die Veränderungen der Gegenbestände zu erklären. Die Veränderungen auf den Gegenbestandskonten bilden dabei die Gegenbeständerechnung, die zumeist als »Ursachenrechnung« bezeichnet wird, da sie die Ursachen bzw. Gründe für die Fondsveränderung offen legt und damit erst Aussagen über Investitions- und Finanzierungsmaßnahmen ermöglicht. Vorgänge, die ein Gegenbestandskonto und ein Fondskonto berühren, sind entweder fondserhöhend oder fondsvermindernd (fondswirksam, fondsverändernd). Keine Fondsveränderung (fondsunwirksam, fondsneutral) bewirken dagegen Vorgänge innerhalb von Fondskonten (fondsintern) ebenso wie Geschäftsvorfälle, die nur Gegenbestandskonten betreffen (fondsextern, fondsfremd). Fondsinterne wie -externe Vorgänge besitzen keinen Erklärungsgehalt hinsichtlich der Veränderung des Fonds und werden daher in der Fonds- bzw. Gegenbeständerechnung nicht ausgewiesen.

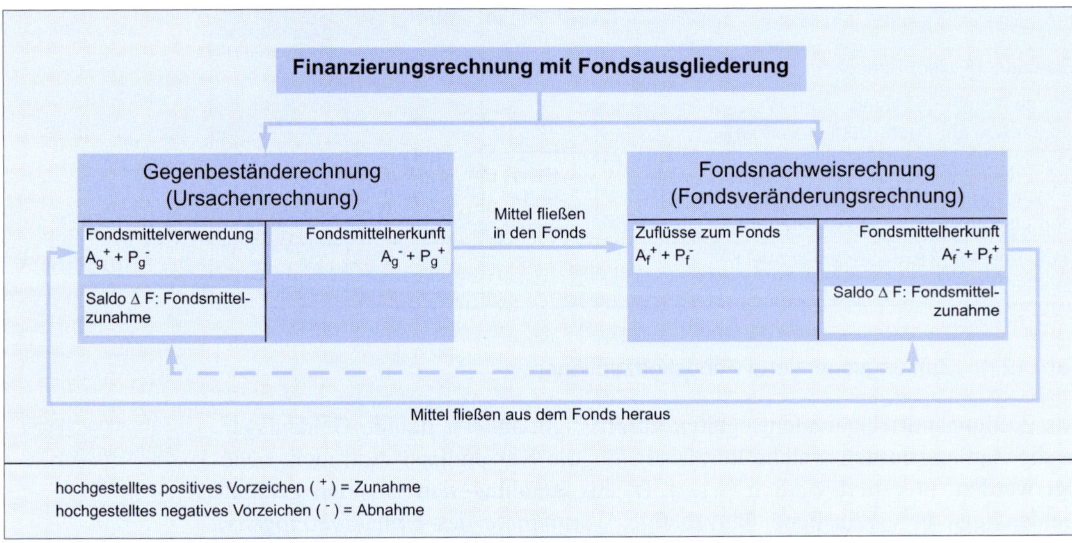

Abb. 12.5: Zusammenhang zwischen Gegenbeständerechnung und Fondsnachweisrechnung (in Anlehnung an Perridon, L./Steiner, M./Rathgeber, A. [2012], S. 649)

Fondsposten und Gegenbestände

In einer Finanzierungsrechnung mit Fondsausgliederung werden die Fondsmittelzunahmen und -abnahmen auf den Fondskonten (A_f = aktive Fondskonten; P_f = passive Fondskonten) durch fondswirksame Finanzmittelbewegungen auf den Gegenbestandskonten ausgelöst (A_g = aktive Gegenbestandskonten; P_g = passive Gegenbestandskonten). Die Fondsveränderung ΔF kann mittels beider Teilrechnungen bestimmt werden. Dabei kommt der Gegenbeständerechnung die wesentlichere Aufgabe zu, sämtliche Quellen und Verwendungen der Fondsmittel darzustellen. In Abbildung 12.5 wird der Zusammenhang zwischen der Gegenbeständerechnung und der Fondsnachweisrechnung verdeutlicht.

Aussagefähigkeit von Fondsrechnungen

Finanzierungsrechnungen mit ausgeschiedenem Fonds lassen insbesondere bei mehrperiodischer Betrachtung tendenzielle Rückschlüsse auf die Liquiditätsentwicklung eines Unternehmens zu. Ein über mehrere Betrachtungsperioden negativer Fondssaldo, der mit einer kontinuierlichen Zunahme der kurzfristigen Verbindlichkeiten einhergeht, kann – ceteris paribus – als Indikator einer verschlechterten Liquiditätssituation interpretiert werden.

2. Formen der Gliederung und Darstellung

Formenvielfalt

Für Finanzierungsrechnungen gibt es zahlreiche Gliederungsvarianten und Darstellungsmöglichkeiten, die sich durch verschiedene Gliederungskriterien und Darstellungsmethoden sowie durch den Detaillierungsgrad der auszuweisenden Posten voneinander unterscheiden. Wie bereits gezeigt, hängt der materielle Rechnungsinhalt von der gewählten Fondsabgrenzung und nicht von der gewählten Gliederung oder Darstellung ab. Allerdings beeinflussen formelle Gestaltungsaspekte, wie Gliederung und Darstellung der Finanzmittelbewegungen, maßgeblich die Aussagefähigkeit von Finanzierungsrechnungen (Lachnit, L. [1972], S. 165 f.). Nachfolgend beschränken sich die Erläuterungen zur Gliederung und Darstellung für Finanzierungsrechnungen auf die wesentlichsten und gängigsten Formen.

a) Konto- oder Staffelform

Finanzierungsrechnungen können grundsätzlich sowohl in Kontoform als auch in Staffelform aufgestellt werden.

Für die Kontoform spricht, dass die gesamten Mittelzuflüsse und die gesamten Mittelabflüsse einander gegenübergestellt werden und der verbleibende Saldo ein Finanzmittelüberschuss bzw. -defizit angibt. Ein weiterer Vorteil der Kontoform liegt in der Anlehnung an die bekannte Gliederungssystematik der Bilanz, die einen leicht verständlichen Überblick ermöglicht.

In Theorie und Praxis hat sich bei Finanzierungsrechnungen die Staffelform durchgesetzt und wird national wie international in den Rechnungslegungsstandards zur KFR vorgeschrieben. In der Staffelform werden die Mittelbewegungen in einer skontrierenden Aufstellung angeordnet. Die Staffelform bietet den Vorteil, dass finanzwirtschaftlich aussagekräftige Zwischensummen bzw. -differenzen gebildet werden können. So werden gleichartige Mittelbewegungen zu Teilbereichen (z. B. operativer Bereich, Investitions- und Finanzierungsbereich) zusammengefasst, die jeweils mit einem informativen Bereichssaldo abschließen. Darüber hinaus können weitere aufschlussreiche Zwischensummen eingefügt werden, wie etwa der Innenfinanzierungsüberschuss nach Investitionen (Free Cashflow).

b) Gliederungsformate

Unterschieden wird bei Finanzierungsrechnungen vor allem zwischen der Gliederung nach Mittelherkunft und Mittelverwendung (»Finanzflussformat«) und der Gliederung nach betrieblichen Tätigkeitsbereichen (»Aktivitätsformat«).

Finanzflussformat

Bei der Gliederung nach dem Finanzflussformat (*sources and uses format*) werden Mittelveränderungen/-bewegungen zunächst entsprechend ihrer Richtung nach Mittelherkunft und Mittelverwendung (bzw. Mittelzuflüssen und Mittelabflüssen) voneinander getrennt, wobei die beiden Posten anschließend noch weiter aufgegliedert werden. Für den Fall der Fondsbildung kann die Rechnung noch um eine separate Fondsveränderungsrechnung ergänzt oder auch über die Veränderung der Fondsmittel – wie in Tabelle 12.5 dargestellt – mit ihr verknüpft werden.

Aktivitätsformat

Werden Finanzierungsrechnungen nach dem Aktivitätsformat (*activity format*) erstellt, so werden Mittelbewegungen zuerst betrieblichen Funktionsbereichen zugeordnet, bevor sie innerhalb dieser Bereiche nach Mittelzuflüssen und -abflüssen unterteilt werden. Das Aktivitätsformat ordnet also die Mittelbewegungen im Vergleich zum Finanzflussformat in umgekehrter Reihenfolge, d. h. sie werden zuerst betrieblichen Funktionsbereichen zugeordnet und anschließend der Stromrichtung gemäß ausgewiesen (vgl. Busse von Colbe, W. [1993], Sp. 1080 f.).

Teilrechnungen	**Finanzflussformat**
Ursachenrechnung	**Mittelherkunft**
	Finanzierung:
	Innenfinanzierungszuflüsse (Nettobeitrag aus der Betriebstätigkeit)
	+ Außenfinanzierungszuflüsse
	+ Desinvestitionszuflüsse
	= gesamter Fondsmittelzufluss (1)
	Mittelverwendung
	Investitionsabflüsse
	+ Definanzierungsabflüsse
	= gesamter Fondsmittelabfluss (2)
Fondsveränderungsrechnung	Veränderung der Fondsmittel (Summe aus 1 und 2)
	+ Anfangsbestand des Finanzmittelfonds
	= Endbestand des Finanzmittelfonds

Tab. 12.5: Grundaufbau einer Finanzierungsrechnung mit Fondsausgliederung in Staffelform nach dem Finanzflussformat (in Anlehnung an Weilenmann, P. [1998], S. 394 ff.)

Operativer Bereich

Der operative Bereich (Synonym: Bereich der laufenden Geschäftstätigkeit) enthält alle Mittelbewegungen im Zusammenhang mit Herstellung und Lieferung von Gütern sowie Erbringung von Dienstleistungen. Dazu zählen in erster Linie die Zuflüsse aus Kundenbeziehungen und die Abflüsse für Material und Personal. Der operative Bereichssaldo zeigt die Selbstfinanzierungskraft des Unternehmens aus seinem laufenden Geschäft.

Investitionsbereich

Der Investitionsbereich (Synonym: Bereich der Investitionstätigkeit) umfasst Mittelzuflüsse aus Desinvestitionen (z. B. Abgang von Sachanlagen) und Mittelabflüsse für Investitionen. Grundsätzlich sind hier Mittelbewegungen verbunden mit Erwerb und Veräußerung von Unternehmensressourcen auszuweisen. Der investive Bereichssaldo zeigt den Mittelüberschuss bzw. das Mitteldefizit aus Investitions- und Desinvestitionsmaßnahmen.

Finanzüberschuss/-bedarf

Werden die Salden des operativen und investiven Bereichs addiert, so ergibt sich der Finanzüberschuss der Innenfinanzierung nach Investitionen (Free Cashflow) bzw. der Finanzbedarf für die Außenfinanzierung.

Der übliche Grundaufbau der Finanzierungsrechnung nach dem Aktivitätsformat teilt das Rechenwerk in den operativen Bereich, den Investitionsbereich und den Finanzierungsbereich auf, um die unterschiedliche finanzwirtschaftliche Bedeutung der Mittelbewegungen zum Ausdruck zu bringen (vgl. Busse von Colbe, W. [1966], S. 99 ff.). Bei Fondsausgliederung kann die Finanzierungsrechnung um den Finanzmittelbereich ergänzt werden, der die Fondsveränderungsrechnung beinhaltet und i. d. R. über die Veränderung der Fondsmittel rechentechnisch mit der Ursachenrechnung verbunden ist (vgl. Tabelle 12.6).

Teilrechnungen	Aktivitätsformat
Ursachenrechnung	**Operativer Bereich:**
	Mittelzuflüsse aus operativen Geschäften
	– Mittelabflüsse für operative Geschäfte
	= Mittelüberschuss/-defizit aus der laufenden Geschäftstätigkeit (operativer Bereichssaldo) (1)
	Investitionsbereich:
	Mittelzuflüsse aus Desinvestitionen
	– Mittelabflüsse für Investitionen
	= Mittelüberschuss/-defizit aus der Investitionstätigkeit (investiver Bereichssaldo) (2)
	Finanzierungsbereich:
	Mittelzuflüsse aus Finanzierungen
	– Mittelabflüsse für Definanzierungen
	= Mittelüberschuss/-defizit aus der Finanzierungstätigkeit (finanzieller Bereichssaldo) (3)
Fondsveränderungsrechnung	**Finanzmittelbereich:**
	Veränderung der Fondsmittel (Gesamtsaldo) (Summe aus 1, 2 u. 3)
	+ Anfangsbestand des Finanzmittelfonds
	= Endbestand des Finanzmittelfonds

Tab. 12.6: Grundaufbau einer Finanzierungsrechnung mit Fondsausgliederung in Staffelform nach dem Aktivitätsformat

Finanzierungsbereich

Der (Außen-)Finanzierungsbereich (Synonym: Bereich der Finanzierungstätigkeit) setzt sich aus Zu- und Abflüssen zusammen, die aus Transaktionen mit Eigen- und Fremdkapitalgebern stammen. Der finanzielle Bereichssaldo stellt die Netto-Außenfinanzierung dar.

Gesamtsaldo

Der Saldo aller drei Teilbereiche ergibt insgesamt entweder einen Mittelüberschuss, der den Fondsbestand erhöht, oder ein Mitteldefizit, der aus dem Fondsanfangsbestand gedeckt werden muss. Der finanzwirksame Gesamtsaldo der drei Bereiche entspricht der Veränderung der Fondsmittel und wird zumeist im Finanzmittelbereich ausgewiesen.

Der Finanzmittelbereich enthält eine Bestandsrechnung, die den Anfangsbestand des Finanzmittelfonds, seine Veränderung durch Zu- und Abflüsse während der Periode sowie seinen Schlussbestand zeigt.

Stimmt der finanzwirksame Gesamtsaldo der Ursachenrechnung nicht mit der Veränderung der Fondsmittel überein, dann liegen wechselkurs-, bewertungs- und/oder konsolidierungskreisbedingte Wertänderungen der Fondsmittel vor. Diese Wertänderungen, die für eine rechnerische Überleitung des fondswirksamen Mittelüberschusses/-defizits der Ursachenrechnung auf die gesamte Veränderung der Fondsmittel benötigt werden, können entweder in einem eigenen sog. Bewertungsbereich zwischen den beiden Teilrechnungen oder innerhalb der Fondsveränderungsrechnung gesondert angegeben werden.

Vergleich der Formate

Die beiden vorgestellten Formatalternativen stellen zwei Basismodelle dar, die durch weitere Abgrenzungskriterien modifiziert und tiefer untergliedert werden können. Der Vorteil des Finanzflussformats wird darin gesehen, dass der gesamte Mittelzufluss dem gesamten Mittelabfluss in der Periode gegenüber gestellt wird. Die Höhe der gesamten Mittelherkunft bzw. -verwendung ist jedoch von geringem Interesse. Vielmehr kommt es auf die Mittelbewegungen auslösenden Vorgänge an. Eine Finanzierungsrechnung nach dem Aktivitätsformat ordnet Mittelbewegungen den betrieblichen Funktionsbereichen zu, durch die sie verursacht werden. Somit gewährt das Aktivitätsformat einen verbesserten Einblick in die Struktur der laufenden Geschäfts-, Investitions- und Finanzierungsvorgänge.

Die folgenden Ausführungen beschränken sich primär auf die Finanzierungsrechnung, die nach dem Aktivitätsformat in Staffelform mit (zahlungsorientierter) Fondsausgliederung aufgestellt wird, da sie die Form repräsentiert, der in der betriebswirtschaftlichen Theorie regelmäßig der höchste Aussagewert beigemessen und die gegenwärtig in der externen Rechnungslegung als KFR verbindlich vorgeschrieben wird (vgl. hierzu in diesem Kapitel, S. 811 ff.).

c) Direkte oder indirekte Methode der Darstellung

In Finanzierungsrechnungen werden Mittelbewegungen ausgewiesen. In Abhängigkeit vom Rechnungszweck und den vorhandenen Daten können die Mittelbewegungen lediglich in Form von einfachen Bestandsdifferenzen oder unsaldierten Kontenumsätzen, aber auch als reine Zahlungsgrößen dargestellt werden.

Methoden zur Bestimmung der Bereichssalden

Bei zahlungsorientierten Finanzierungsrechnungen sind grundsätzlich sämtliche zahlungsunwirksamen Vorgänge zu eliminieren, sodass nur Zahlungsströme ausgewiesen werden, die nach dem Aktivitätsformat zu Zwischensummen saldiert werden (Bereichssalden). Diese Bereichssalden können innerhalb der Finanzierungsrechnung aber nicht nur durch Ausweis von Ein- und Auszahlung und anschließender Saldierung (»direkte Methode«), sondern auch durch sog. Überleitungsrechnungen bestimmt werden (»indirekte Methode«).

Kriterium der Zahlungswirksamkeit

Wie bereits oben gezeigt, sind im Rechnungswesen zum Zweck der periodengerechten Erfolgsermittlung nicht nur pagatorische Geschäftsvorfälle, sondern auch zahlungsunwirksame Vorgänge (z. B. Abschreibungen, Bildung von Rückstellungen) erfasst. Voraussetzung für eine ausschließlich auf Zahlungsströmen basierende Finanzierungsrechnung sind Informationen über die Zahlungswirksamkeit bzw. Zahlungsunwirksamkeit von Geschäftsvorfällen, damit sie voneinander getrennt werden können und nur die zahlungswirksamen Vorgänge ihren Niederschlag in der zahlungsorientierten Finanzierungsrechnung finden. Aufwendig ist diese Differenzierung bei Vorfällen, die teils zahlungswirksam und teils nicht zahlungswirksam sind, z. B. Kreditaufnahme mit Disagio oder Kauf einer Finanzanlage teils gegen Bargeld und teils gegen Abtretung einer Forderung.

Direkte Methode

Sind die Zahlungsvorgänge bestimmt worden (vgl. zur Datenermittlung in diesem Kapitel, S. 800 ff.), so werden sie nach dem Aktivitätsformat den Funktionsbereichen zugeordnet und unter bestimmten Ein- und Auszahlungsposten ausgewiesen. Der ausschließliche Ausweis von Zahlungen wird als direkte Methode bezeichnet und ist für den Investitions- und Finanzierungsbereich üblich. Zudem werden nach dem Bruttoprinzip grundsätzlich Einzahlungen nicht mit den Auszahlungen verrechnet, sodass diese Ausweisform auch als »Bruttodarstellung nach der direkten Methode« bezeichnet wird (vgl. Gebhardt, G. [1999], S. 1317 ff.).

Indirekte Methode

Bei der indirekten Methode wird mit Hilfe einer Überleitungsrechnung der Bereichsaldo bestimmt. Innerhalb der Überleitungsrechnung werden – außer eventuell bestimmten Zahlungsvorgängen – vornehmlich Korrekturposten gezeigt, mit denen entweder buchungstechnische Vorgänge wegen fehlender Zahlungswirksamkeit rückgängig gemacht werden oder zahlungswirksame Geschäftsvorfälle infolge der zweckgerechten Bereichszuordnung in einen der beiden anderen Aktivitätsbereiche umgebucht werden. Die indirekte Darstellungsform wird häufig im operativen Bereich angewandt.

Typen von Korrekturposten

Wird die indirekte Darstellung für den Bereich der laufenden Geschäftstätigkeit gewählt, so wird der operative Bereichssaldo mittels einer Überleitungsrechnung retrograd aus dem Jahresergebnis oder alternativ aus einem operativen Periodenerfolg wie dem Betriebsergebnis abgeleitet. Die Rückrechnung umfasst folgende Typen von Korrekturposten:

- Bereinigungen um nicht zahlungswirksame Aufwendungen und Erträge, sodass die zur Ermittlung des Jahresergebnisses notwendigen Periodisierungsmaßnahmen wieder rückgängig gemacht werden (z. B. Abschreibungen, Bildung von Rückstellungen);
- Erweiterung um erfolgsneutrale, aber zahlungswirksame Investitionen und Desinvestitionen im operativen Netto-Umlaufvermögen (z. B. Barkauf von Roh-, Hilfs- und Betriebsstoffen);
- Umbuchungen vom operativen Bereich in den Investitions- oder Finanzierungsbereich, da die zugrunde liegenden Vorgänge einem der beiden anderen Bereiche zuzuordnen sind (z. B. Ertrag oder Verlust aus Anlagenabgängen, damit der Zahlungseingang aus der Desinvestition in voller Höhe – und nicht nur der Buchwert – im Investitionsbereich erfasst wird).

Da die ausgewiesenen Korrekturposten größtenteils keine Zahlungsvorgänge darstellen und zudem häufig saldierte Größen sind, verstößt die indirekte Methode gegen den eigentlichen Zweck einer zahlungsorientierten Rechnung wie auch gegen das Bruttoprinzip. Die indirekte Ausweisform wird zur Verdeutlichung ihres Charakters auch als »Nettodarstellung nach der indirekten Methode« bezeichnet (vgl. Gebhardt, G. [1999], S. 1317 ff.).

Ergebnisidentität

Im Ergebnis führen die zwei Darstellungsmethoden definitionsgemäß zum identischen Ein- bzw. Auszahlungsüberschuss. Bei Anwendung der indirekten Methode im operativen Bereich wird diese Übereinstimmung allerdings nur erzielt, wenn alle notwendigen Korrekturen vorgenommen werden. Dabei ist besonders darauf zu achten, dass die ins Jahresergebnis eingegangenen zahlungslosen Vorgänge mit Hilfe der Rückrechnung vollständig eliminiert werden.

Aussagefähigkeit

Der direkten Darstellungsmethode ist der Vorzug zu geben, da nur sie dem primären Informationsziel, Ein- und Auszahlungen abzubilden, nachkommt und Zahlungsgrößen aus finanzwirtschaftlicher Sicht aussagefähiger sind als Korrekturgrößen. Selbst wenn die Rückrechnungsposten der indirekten Methode ausführlich untergliedert werden, ist sie aus finanzieller Sicht von geringem Interesse. Allerdings ist eine detaillierte Differenzierung der Korrekturposten im operativen Bereich und damit implizit auch die indirekte Darstellung für die Beurteilung der Qualität des Jahreserfolges interessant. Je mehr der Erfolg auf operativen Einzahlungsüberschüssen (und nicht etwa auf Forderungszugängen) basiert, desto positiver wird er beurteilt. Außerdem können, ebenso wie bei der direkten Methode, aussagekräftige Zwischensalden gebildet werden (z. B. erfolgsnaher Brutto-Cashflow oder *Cash Earnings* nach DVFA/SG).

IV. Ermittlungsmethoden

Unabhängigkeit der Ermittlung vom Zeitbezug

Die Datenermittlung im Rahmen der Erstellung von Finanzierungsrechnungen ist für den Informationsgehalt von besonderer Relevanz. Prospektive Finanzierungsrechnungen basieren auf Planzahlen, während retrospektive Rechnungen auf die Ist-Daten der Finanzbuchhaltung zurückgreifen. Hiervon unabhängig werden »originäre« und »derivative« Finanzierungsrechnungen unterschieden, wobei die Art und Weise der Datenermittlung entscheidend ist.

Der Unterschied zwischen den zwei Alternativen der Datengewinnung wird exemplarisch für alle unter dem Begriff Finanzierungsrechnung subsumierten Rechenwerke im Folgenden anhand der KFR verdeutlicht. Die KFR ist – wie bereits oben dargestellt – eine nach außen orientierte Finanzierungsrechnung, die Unternehmensexternen zur Information dient. Die ausführliche Erläuterung der Ermittlung einer zahlungsorientierten KFR sowie die Veranschaulichung an einem Beispiel soll die Grundkonzeption des Rechenwerkes verständlich machen.

1. Originäre Ermittlung

Ermittlungsbestandteile

Eine originäre Ermittlung liegt vor, wenn die zahlungswirksamen Geschäftsvorfälle im Rahmen einer nachträglichen Auswertung den Fondsbestandskonten oder alternativ den Gegenbestandskonten (Nicht-Fondsbestandskonten) in der Finanzbuchhaltung eines zweiteiligen Rechnungswesens entnommen werden. Im dreiteiligen Rechnungswesen können Ein- und Auszahlungen unmittelbar aus eigenständigen Zahlungskonten gewonnen werden (vgl. oben Abbildung 12.4). Anschließend sind die so ermittelten Zahlungsvorgänge den einzelnen Unternehmensaktivitäten »laufendes Geschäft«, »Investition« und »Finanzierung« sachgerecht zuzuordnen. Die Zahlungswirksamkeit eines Geschäftsvorfalls bestimmt, in welcher Periode der Vorgang erfasst wird, d. h. es wird auf eine erfolgsgerechte Periodisierung verzichtet. Aufgrund der benötigten Informationen kann eine originäre KFR nur vom Unternehmen selbst erstellt werden und nur, falls dieses eine geeignete buchungstechnische Schlüsselung implementiert hat.

Werden alle benötigten Daten originär ermittelt, so liegt es nahe, nicht nur im Investitions- und Finanzierungsbereich, sondern auch im operativen Bereich die direkte Darstellungsmethode zu verwenden. Eine originäre KFR bildet dann sämtliche Zahlungsvorgänge einer Periode ab und ist eine umfassende Ein- und Auszahlungsrechnung, die bei Vorhandensein eines entsprechend gestalteten Rechnungswesens auch als internes Steuerungsinstrument eingesetzt werden kann (vgl. Pfuhl, J. [1994], S. 56 f.).

Beziehung zwischen Ermittlungs- und Darstellungsmethoden

2. Derivative Ermittlung

Die derivative Ermittlung der KFR baut auf einem erstellten Jahresabschluss auf. Dabei werden die Zahlungsströme aus den Stromgrößen der GuV, den Bestandsveränderungen der Bilanz sowie weiterer notwendiger interner Informationen aus dem Rechnungswesen hergeleitet. Die derivative KFR wird somit auf retrogradem Wege ermittelt. Ziel hierbei ist vor allem die vollständige Eliminierung zahlungsunwirksamer Vorgänge. Letztendlich werden die zur Aufstellung von Bilanz und GuV notwendigen Periodisierungsschritte im Rahmen der derivativen Ermittlung wieder rückgängig gemacht, sodass im Ergebnis eine rein auf Zahlungen basierende KFR vorliegt.

Retrograde Vorgehensweise

Das Vorgehen bei der derivativen Ermittlung wird in Abbildung 12.6 veranschaulicht. Je nach Fortschritt auf dem Weg zur derivativen KFR wird zwischen den Entwicklungsstufen Beständedifferenzen-, Veränderungs- und (erweiterter) Bewegungsbilanz unterschieden, die unter die Formen der derivativen Finanzierungsrechnung zu subsumieren sind.

Entwicklungsstufen

a) Beständedifferenzenbilanz

Ausgangspunkt der derivativen Ermittlung ist die Aufstellung einer sog. Beständedifferenzenbilanz auf der Grundlage aufgestellter Bilanzen. Die Beständedifferenzenbilanz wird erzeugt durch Subtraktion der korrespondierenden Bilanzposten der Geschäftsjahresbilanz und der Vorjahresbilanz. In der Beständedifferenzenbilanz werden Bestandsmehrungen (positives Vorzeichen) und Bestandsminderungen (negatives Vorzeichen) für alle in der Bilanzgliederung enthaltenen Bilanzposten ausgewiesen. Die Summe der aktiven (passiven) Bestandsdifferenzen entspricht der Veränderung des Vermögens (Kapitals).

Ausweis von Beständedifferenzen

In der allgemeinen Form der Beständedifferenzenbilanz werden die Bestandsdifferenzen der einzelnen Bilanzposten jeweils zu aktiven bzw. passiven Bestandsmehrungen A^+ bzw. P^+ und aktiven bzw. passiven Bestandsminderungen A^- bzw. P^- zusammengefasst. Der Grundaufbau der Beständedifferenzenbilanz in Kontoform wird in Tabelle 12.7 gezeigt.

Abb. 12.6: Derivative Ermittlung einer zahlungsorientierten Kapitalflussrechnung (in Anlehnung an Pfuhl, J. [1994], S. 63)

Beständedifferenzenbilanz	
Bestandsveränderungen der Aktiva	**Bestandsveränderungen der Passiva**
Aktivmehrungen (A^+) Aktivminderungen (A^-)	Passivmehrungen (P^+) Passivminderungen (P^-)
Saldo: Veränderung des Vermögens	Saldo: Veränderung des Kapitals

Tab. 12.7: Grundaufbau der Beständedifferenzenbilanz

Die einzelnen Stufen der derivativen Erstellung werden anhand eines vereinfachten Beispiels dargestellt (für das umfassende Beispiel bis hin zur vollständigen KFR sei verwiesen auf den Internet-Download in den begleitenden Materialien).

Aufbauend auf Bilanz und Vorjahresbilanz (vgl. Tabelle 12.8), die im Beispiel aus Vereinfachungsgründen vor Ergebnisverwendung aufgestellt wurden, wird zunächst die Beständedifferenzenbilanz für das Geschäftsjahr 02 in Mio. GE ermittelt (vgl. Tabelle 12.9).

Aussageinhalt

Der Saldo positiver und negativer Bestandsdifferenzen der Aktivposten (Passivposten) gibt die Vermehrung bzw. die Verminderung des gesamten Unternehmensvermögens (Unternehmenskapitals) an. Er entspricht der Differenz aus der Bilanzsumme des Geschäftsjahres und der Bilanzsumme des Vorjahres. Im Beispiel weist die Beständedifferenzenbilanz eine Erhöhung des Unternehmensvermögens bzw. -kapitals von 168 Mio. GE aus.

Auf dem Weg zur derivativen KFR wird im nächsten Schritt durch Umgliederung der Beständedifferenzen und durch Interpretation der Bestandsänderungen als Mittelherkunft bzw. -verwendung eine Veränderungsbilanz erstellt.

Beispiel

Bilanz					
Aktiva (in Mio. GE)	**02**	**01**	**Passiva (in Mio. GE)**	**02**	**01**
A. Anlagevermögen			A. Eigenkapital		
I. Sachanlagen	80	90	I. Gezeichnetes Kapital	59	50
II. Finanzanlagen	65	75	II. Kapitalrücklage	36	30
B. Umlaufvermögen			III. Gewinnrücklage	32	20
I. Vorräte	160	120	IV. Jahresüberschuss	78	25
II. Forderungen aus LuL	205	105	B. Rückstellungen	115	100
III. Wertpapiere	45	40	C. Verbindlichkeiten		
IV. Zahlungsmittel	63	20	I. Verbindlichkeiten gegenüber KI	150	100
			II. Verbindlichkeiten aus LuL	70	100
			III. Steuerverbindlichkeiten	78	25
Bilanzsumme	618	450	Bilanzsumme	618	450

Tab. 12.8: Bilanz zum 31.12.02 einschließlich der Vorjahreszahlen

Beständedifferenzenbilanz							
Bestandsveränderungen der Aktiva (in Mio. GE)				**Bestandsveränderungen der Passiva (in Mio. GE)**			
	A.	Anlagevermögen			A.	Eigenkapital	
Δ	I.	Sachanlagen	– 10	Δ	I.	Gezeichnetes Kapital	+ 9
Δ	II.	Finanzanlagen	– 10	Δ	II.	Kapitalrücklage	+ 6
	B.	Umlaufvermögen		Δ	III.	Gewinnrücklage	+ 12
Δ	I.	Vorräte	+ 40	Δ	IV.	Jahresüberschuss	+ 53
Δ	II.	Forderungen aus LuL	+ 100	Δ	B.	Rückstellungen	+ 15
Δ	III.	Wertpapiere	+ 5		C.	Verbindlichkeiten	
Δ	IV.	Zahlungsmittel	+ 43	Δ	I.	Verbindlichkeiten gegenüber KI	+ 50
				Δ	II.	Verbindlichkeiten aus LuL	– 30
				Δ	III.	Steuerverbindlichkeiten	+ 53
Saldo: Δ Vermögen			+ 168	Saldo: Δ Kapital			+ 168

Tab. 12.9: Beständedifferenzenbilanz für das Geschäftsjahr 02

b) Veränderungsbilanz

Interpretation der Bestandsveränderungen

Grundlage für die Darstellung der Veränderungsbilanz und die darauf aufbauende derivative KFR bildet die Überlegung, dass Aktivzunahmen und Passivabnahmen »Mittelverwendungen« sowie Passivzunahmen und Aktivabnahmen »Mittelquellen« darstellen. Für die Zunahme aktiver Bestandskonten A^+, z. B. Erhöhung des Bestandes an Grundstücken durch Zukauf, und die Abnahme passiver Bestandskonten P^-, z. B. Verringerung der kurzfristigen Verbindlichkeiten durch Rückzahlung, wird Kapital benötigt (Mittelverwendung). Umgekehrt wird durch die Zunahme passiver Bestandskonten P^+, z. B. Erhöhung der langfristigen Verbindlichkeiten aufgrund einer Emission von Wandelschuldverschreibungen, und die Abnahme aktiver Bestandskonten A^-, z. B. Verringerung der Warenvorräte, Kapital freigesetzt (Mittelherkunft oder Mittelbeschaffung).

Gliederung nach dem Finanzflussformat

Aus der Beständedifferenzenbilanz erhält man die Veränderungsbilanz durch bloße Umstellung der negativen Bestandsdifferenzen A^- und P^-. Die Mittelverwendungen A^+ und P^- stehen den Mittelquellen A^- und P^+ gegenüber (Finanzflussformat). Bei einer Darstellung in Kontoform ergibt sich das in Tabelle 12.10 gezeigte Schema für die Veränderungsbilanz, das auch der Grundform der Bewegungsbilanz – ohne Einbeziehung von Kontenumsätzen und GuV-Daten – entspricht.

Veränderungsbilanz	
Mittelverwendung	**Mittelherkunft**
Aktivmehrungen (A^+)	Passivmehrungen (P^+)
Passivminderungen (P^-)	Aktivminderungen (A^-)
Summe der (Netto-)Veränderungen	Summe der (Netto-)Veränderungen

Tab. 12.10: Grundaufbau der Veränderungsbilanz

Fortsetzung Beispiel

Bei Fortführung des Beispiels ergibt sich aus den Bilanzzahlen bzw. Bestandsdifferenzen die in Tabelle 12.11 dargelegte Veränderungsbilanz.

Veränderungsbilanz							
Mittelverwendung (in Mio. GE)				**Mittelherkunft (in Mio. GE)**			
Aktivmehrungen (A^+):				Passivmehrungen (P^+):			
	B.	Umlaufvermögen			A.	Eigenkapital	
Δ	I.	Vorräte	40	Δ	I.	Gezeichnetes Kapital	9
Δ	II.	Forderungen aus LuL	100	Δ	II.	Kapitalrücklage	6
Δ	III.	Wertpapiere	5	Δ	III.	Gewinnrücklage	12
Δ	IV.	Zahlungsmittel	43	Δ	IV.	Jahresüberschuss	53
				Δ	B.	Rückstellungen	15
					C.	Verbindlichkeiten	
				Δ	I.	Verbindlichkeiten gegenüber KI	50
				Δ	III.	Steuerverbindlichkeiten	53
Passivminderungen (P^-):				Aktivminderungen (A^-):			
	C.	Verbindlichkeiten			A.	Anlagevermögen	
Δ	II.	Verbindlichkeiten aus LuL	30	Δ	I.	Sachanlagen	10
				Δ	II.	Finanzanlagen	10
Summe der (Netto-)Veränderungen			218	Summe der (Netto-)Veränderungen			218

Tab. 12.11: Veränderungsbilanz für das Geschäftsjahr 02

Die Veränderungen der Bilanzposten werden dabei als Finanzierungs- und Investitionsaktivitäten interpretiert. Zu beachten gilt allerdings, dass die Bestandsdifferenzen erstens nur saldierte Größen zeigen und zweitens Bewertungsunterschiede enthalten. Im ersten Fall können z. B. der Nettoveränderung bei den Wertpapieren im Umlaufvermögen Investitionen i. H. v. 205 Mio. GE (Zugänge) und Desinvestitionen i. H. v. 200 Mio. GE (Abgänge) zugrunde liegen. In der Veränderungsbilanz wird aber lediglich die Bestandsdifferenz von 5 Mio. GE, die dem Überhang der Investitionstätigkeit entspricht, und nicht der volle Umfang der Investitions- bzw. Desinvestitionstätigkeiten gezeigt. Die zweite Schwäche der Veränderungsbilanz liegt darin, dass eine Bewertungsänderung als eine Finanzierungs- bzw. Investitionsaktivität ausgewiesen wird. So würde in diesem Beispiel die Verminderung des Sachanlagevermögens um 10 Mio. GE als eine Desinvestition (z. B. Barverkauf von Sachanlagen) gedeutet, obwohl – ceteris paribus – die Bestandsminderung beispielsweise lediglich auf Abschreibungen auf Sachanlagen i. H. v. 10 Mio. GE zurückzuführen ist und damit gar kein finanzwirksamer Desinvestitionsvorgang die Veränderung ausgelöst hat.

Die Aussagefähigkeit der Veränderungsbilanz wird insofern stark eingeschränkt, weil es nur zum Ausweis der durch sämtliche Zu- und Abgänge des jeweiligen Bilanzpostens bewirkten Bestandsdifferenzen (Nettoveränderungen) kommt. Ein großer Teil der finanziellen Bewegungen bleibt somit außerhalb der Betrachtung. Die zugrunde liegende Rechensystematik kann auch zum Ausweis nicht sinnvoller Werte führen, wie dies z. B. durch einen im Vergleich zum Vorjahr verringerten Jahresüberschuss/Bilanzgewinn als Mittelverwendung geschieht. Außerdem werden Bewertungsunterschiede, wie z. B. Abschreibungen, als Finanzbewegung fehlinterpretiert. Weitere Korrekturen sind aus diesen Gründen erforderlich.

Zunächst sollen diese Nachteile der Veränderungsbilanz durch die Einbeziehung von (Bilanz-)Kontenumsätzen und anschließend durch die Einbeziehung der GuV beseitigt werden.

c) Bewegungsbilanz

Ersetzen der Beständedifferenzen durch Soll- und Habenumsätze

Während in der Veränderungsbilanz die Kontenbewegungen saldiert dargestellt werden, bezieht die nächste Stufe einer derivativ ermittelten KFR, die allgemein als Bewegungsbilanz bezeichnet wird, die Kontenumsätze (Soll- und Habenumsätze) mit ein. Die Beständedifferenzen der einzelnen Bilanzposten werden vollständig in die sie verursachenden Kontenumsätze zerlegt, sodass für die einzelnen Bestandsposten sämtliche Soll- und Habenumsätze vorliegen. Die Sollumsätze der aktiven bzw. passiven Bestandskonten AU^+ bzw. PU^- entsprechen definitionsgemäß der Verwendung von Mitteln. Die Habenumsätze der passiven bzw. aktiven Bestandskonten PU^+ bzw. AU^- stellen dagegen die Freisetzung von Mitteln dar. Mit diesem Schritt erfolgt eine Umwandlung der statisch orientierten Veränderungsbilanz in eine echte Stromgrößenrechnung. Die Aufspaltung der Bestandsänderungen in Zunahmen, Abnahmen, Umbuchungen und Wertkorrekturen – insbesondere Zuschreibungen und Abschreibungen – führen zu Bruttoausweisen auf den jeweiligen Konten. Eine exakte und vollständige Aufdeckung der Bruttobewegungen setzt jedoch voraus, dass auf jedem Konto – z. B. mittels einer Umsatzmatrix – alle Bewegungen bestimmt werden können.

Für die Kontenumsätze einbeziehende Bewegungsbilanz gilt das allgemeine Aufstellungsschema in Tabelle 12.12.

Bewegungsbilanz	
Mittelverwendung	**Mittelherkunft**
Sollumsätze der aktiven Bestandskonten (AU^+) Sollumsätze der passiven Bestandskonten (PU^-)	Habenumsätze der passiven Bestandskonten (PU^+) Habenumsätze der aktiven Bestandskonten (AU^-)
Summe der Sollumsätze (Brutto-Bewegungen)	Summe der Habenumsätze (Brutto-Bewegungen)

Tab. 12.12: Grundaufbau der Bewegungsbilanz

Kontenumsätze im Anlagevermögen

Verbindlich vorgeschrieben ist die Offenlegung der Kontenumsätze nur für das Anlagevermögen, da gemäß § 268 Abs. 2 HGB im Anlagenspiegel die Veränderungen der im Anlagevermögen auszuweisenden Posten durch Zugänge, Abgänge, Zuschreibungen und Abschreibungen sowie Umbuchungen kenntlich gemacht werden muss. Die Soll- und Habenumsätze der Bestandskonten des Anlagevermögens können folglich dem Anlagenspiegel entnommen werden. Dabei bilden die Zugänge und Zuschreibungen die Sollumsätze, die Abgänge und Abschreibungen des Geschäftsjahres die Habenumsätze der Bestandskonten des Anlagevermögens. Da die Abgänge im Bruttoanlagenspiegel zu historischen Kosten angesetzt sind, müssen sie noch um die in ihnen enthaltenen kumulierten Abschreibungen bereinigt werden, denn die Abgänge sind zunächst zu Restbuchwerten (RBW) anzusetzen. Darüber hinaus sind für alle übrigen aktiven und passiven Bestandsposten die Kontenumsätze auf Basis unternehmensinterner Informationen aus dem Rechnungswesen zu ermitteln.

Einschränkung der Aussagefähigkeit

Durch die Einbeziehung der Kontenumsätze gelingt es, die nur auf bilanziellen Bestandsdifferenzen beruhende Veränderungsbilanz in eine Stromgrößenrechnung umzuwandeln. Die der Veränderungsbilanz anhaftenden Aussagemängel werden jedoch durch die Einbeziehung der Kontenumsätze nur zum Teil beseitigt. Es werden auch bei dieser Darstellungsform die Mittelquellen und -verwendungen durch zahlungsunwirksame Buchungen (zahlungsunwirksame Erfolgsbuchungen, zahlungsunwirksamer Aktiv- und Passivtausch sowie zahlungsunwirksame Bilanzverlängerungen) aufgebläht. Diese Beeinträchtigungen liegen zum einen an der bisherigen Nichteinbeziehung der Erfolgsrechnung und zum anderen an der fehlenden Eliminierung von zahlungslosen bilanziellen Kontenumsätzen.

d) Einbeziehung der Erfolgsrechnung

Einbeziehung der GuV-Umsätze mit anschließender Saldierung

Die Einbeziehung der Erfolgsrechnung in die Bewegungsbilanz und somit auch in die sich am Ende ergebende KFR beruht auf der Überlegung, dass im zweiteiligen Rechnungswesen alle GuV-wirksamen Buchungen ihr Pendant in Bestandsänderungen haben. Werden nun im ersten Schritt die GuV-Umsätze mit in die Bewegungsbilanz einbezogen, so kompensieren sich per saldo alle GuV-wirksamen, aber nicht zahlungswirksamen Buchungen, da sie zugleich im Soll und Haben erscheinen (vgl. Lachnit, L. [1972], S. 139). Im zweiten Schritt sind dann die sich gegenseitig kompensierenden zahlungslosen Erfolgsbuchungen miteinander zu verrechnen und damit aus der erweiterten Bewegungsbilanz zu eliminieren, denn sie besitzen aufgrund fehlender Zahlungswirksamkeit keinen liquiditätsbezogenen Erklärungsgehalt.

Substitution der Bilanzgewinndifferenz

Die Berücksichtigung der Erfolgsrechnung lässt sich bei Aufstellung der Bilanz nach teilweiser Gewinnverwendung systematisch durch Zurückführen der Bilanzgewinndifferenz ΔB auf die sie verursachenden Größen, Bilanzgewinn der betrachteten Periode B_t und Bilanzgewinn der Vorperiode B_{t-1}, darstellen:

	Bilanzgewinn in t (B_t)
–	Bilanzgewinn aus t – 1 (B_{t-1})
=	**Bilanzgewinndifferenz (ΔB)**

Aufspaltung des Bilanzgewinns

In einem zusätzlichen Schritt, der auch die Berücksichtigung der Gewinnausschüttungen D erlaubt, erfolgt eine weitere Zerlegung der beiden Bilanzgewinne. Der Bilanzgewinn der betrachteten Periode B_t wird in die ihn bewirkenden Erträge U_t und Aufwendungen AW_t sowie in den Gewinnvortrag der Vorperiode GV_{t-1} und in die Rücklagenbewegung, die sich aus Rücklagenauflösungen RLA_t

und Rücklagenzuführungen aus dem Jahresüberschuss RLZ_t zusammensetzen, aufgespalten:

	Erträge in t (U_t)
–	Aufwendungen in t (AW_t)
–	Rücklagenzuführungen in t (RLZ_t)
+	Rücklagenauflösungen in t (RLA_t)
+	Gewinnvortrag aus t – 1 (GV_{t-1})
=	**Bilanzgewinn der Periode t (B_t)**

Aufspaltung des Bilanzgewinns der Vorperiode

Der Bilanzgewinn der Vorperiode B_{t-1} wird nach seiner Verwendung in Gewinnausschüttung D_{t-1} (Dividende), Gewinnvortrag GV_{t-1}, Rücklagenzuführungen aus dem Bilanzgewinn der Vorperiode $RLZB_{t-1}$ und den zusätzlichen Aufwand aufgrund des Verwendungsbeschlusses ZA_{t-1} (vgl. § 174 Abs. 2 Nr. 5 AktG) zerlegt:

	Gewinnausschüttung (D_{t-1})
+	Gewinnvortrag in t – 1 (GV_{t-1})
+	Rücklagenzuführung aus dem Bilanzgewinn der Vorperiode ($RLZB_{t-1}$)
+	zusätzlicher Aufwand aufgrund des Verwendungsbeschlusses (ZA_{t-1})
=	**Bilanzgewinn der Vorperiode t – 1 (B_{t-1})**

Im Ergebnis bedeutet die Einbeziehung der Erfolgsrechnung in die Bewegungsbilanz, dass die Bilanzgewinndifferenz ΔB durch die vorigen Bilanzgewinngleichungen ersetzt und damit in die Erträge U_t, die Aufwendungen AW_t, die Rücklagenbewegungen RLA_t und RLZ_t, die Gewinnausschüttung D_{t-1}, die Rücklagenzuführungen aus dem vorjährigen Bilanzgewinn $RLZB_{t-1}$ und den zusätzlichen Aufwand ZA_{t-1} aufgespalten wird. Der Gewinnvortrag GV_{t-1} ist erst gar nicht in die Bewegungsbilanz aufzunehmen, da er sich herauskürzt.

Integration der »Cashflow-Rechnung«

Die Integration der Erfolgsrechnung führt letztendlich dazu, dass die traditionelle »Cashflow-Rechnung« (i. S. v. Umsatzüberschuss) – bzw. die GuV-wirksamen Zahlungsvorgänge – Eingang in die Bewegungsbilanz und damit auch in die darauf aufbauende KFR finden. Zahlungswirksame Aufwendungen und Erträge sind später nahezu vollständig Teil des operativen Bereichs der KFR.

Kompensation zahlungsloser Erfolgsbuchungen

Nachdem die Einbeziehung der Erfolgsrechnung in die Bewegungsbilanz im ersten Schritt systematisch durch Zurückführen der Bilanzgewinndifferenz in ihre einzelnen Bestandteile erfolgt, müssen im zweiten Schritt noch die Kompensationen aus der erweiterten Bewegungsbilanz vollständig eliminiert werden, d. h. vor allem die zahlungsunwirksamen Aufwendungen und Erträge sind mit den korrespondierenden Soll- und Habenumsätzen auf den Bestandskonten zu verrechnen.

Um zahlungswirksame Erfolgsgrößen erweiterte Bewegungsbilanz	
Mittelverwendung	**Mittelherkunft**
Sollumsätze der aktiven Bestandskonten (AU^+), soweit nicht kompensiert	Habenumsätze der passiven Bestandskonten (PU^+), soweit nicht kompensiert
Sollumsätze der passiven Bestandskonten (PU^-), soweit nicht kompensiert	Habenumsätze der aktiven Bestandskonten (AU^-), soweit nicht kompensiert
Aufwendungen (AW_t), soweit nicht kompensiert (= zahlungswirksame Sollumsätze der Erfolgskonten)	Erträge (U_t), soweit nicht kompensiert (= zahlungswirksame Habenumsätze der Erfolgskonten)
Dividende (D_{t-1})	
Summe der Sollumsätze aus Bilanz und GuV, soweit nicht kompensiert	Summe der Habenumsätze aus Bilanz und GuV, soweit nicht kompensiert

Tab. 12.13: Grundaufbau der um zahlungswirksame Erfolgsgrößen erweiterten Bewegungsbilanz

Bei vollständiger Einbeziehung von Kontenumsätzen und Erweiterung um Erfolgsgrößen mit anschließender Bereinigung um zahlungslose Erfolgsgrößen gilt das in Tabelle 12.13 gezeigte allgemeine Aufstellungsschema für die erweiterte Bewegungsbilanz, wenn die Bilanz nach teilweiser Ergebnisverwendung (§ 268 Abs. 1 HGB) aufgestellt worden ist. Zudem ist bei diesem Schema davon ausgegangen worden, dass bei den betroffenen Posten der Mittelverwendung notwendige Korrekturen um Rücklagenauflösungen RLA_t und bei den betroffenen Posten der Mittelherkunft notwendige Korrekturen um Rücklagenzuführungen aus dem Jahresüberschuss RLZ_t, Rücklagenzuführungen aus dem Bilanzgewinn der Vorperiode $RLZB_{t-1}$ und den zusätzlichen Aufwand durch Verwendungsbeschluss ZA_{t-1} bereits vorgenommen wurden.

Werden die Periodisierungsmaßnahmen und die Gewinnrücklagenbewegungen durch Aufrechnung vollständig eliminiert, ergibt sich eine um zahlungswirksame Erfolgsgrößen erweiterte Bewegungsbilanz, d. h. sie ist frei von zahlungslosen Erfolgsgrößen und ihren zugehörigen zahlungslosen bilanziellen Kontenumsätzen sowie von passiven Umbuchungen in die Gewinnrücklagen.

Identifikations- und Zuordnungsschwierigkeiten

Um jeden einzelnen Kompensationseffekt identifizieren zu können, muss in großem Maße auf intern verfügbare Daten des Rechnungswesens zurückgegriffen werden. Vor allem die unterschiedlichen Gliederungs- und Ausweiskriterien, die bei der (Bewegungs-)Bilanz und der GuV Anwendung finden, erschweren die Zuordnung der zahlungsunwirksamen Erfolgsbuchungen zu den korrespondierenden zahlungslosen Bewegungen auf den Bestandskonten.

Notwendigkeit weiterer Korrekturen

Trotz der ausführlichen Verrechnung zahlungsunwirksamer Vorgänge können nach wie vor zahlreiche nicht zahlungswirksame Kontenumsätze in der bislang hergeleiteten Rechnung erfasst sein, wie etwa Umfinanzierungen (z. B. Umwandlung langfristiger Finanzkredite in Eigenkapital) oder Uminvestierungen (z. B. Umbuchung von Anlagen im Bau auf den Posten »technische Anlagen«). So werden Mittelquellen und Mittelverwendungen durch Aktiv- oder Passivtausch aufgebläht. Außerdem können noch zahlungsunwirksame Kontenumsätze auf aktiven und passiven Bestandskonten vorhanden sein, die auf Bilanzverlängerungen (z. B. Lieferantenkredite oder Sacheinlagen) beruhen. Da diese Kontenumsätze auch im Zusammenhang mit der zahlungsorientierten Fondsausgliederung betrachtet und als fondsextern qualifiziert werden, die es zu eliminieren gilt, werden sie im folgenden Abschnitt behandelt.

e) Abgrenzung eines Fonds

Ziel der Fondsabgrenzung

Die Ausgliederung einzelner Bilanzposten und deren Bündelung zu einem Fonds zielt darauf ab, die Veränderung des Fonds durch die fondswirksamen Bewegungen auf den nicht in den Fonds einbezogenen Gegenbestandskonten zu erklären. Die (Zahlungs-)Bewegungen auf den Gegenbestandskonten bilden die Grundlage für die informative Ursachenrechnung.

Fondsabhängige Kompensationen

Kontenbewegungen, die keine Fondsveränderung auslösen, tauchen in einer KFR mit Fondsausgliederung nicht auf. Aus der Fondsabgrenzung folgt demnach, dass fondsunwirksame Vorgänge aus der bisherigen erweiterten Bewegungsbilanz zu bereinigen sind. Dafür sind folgende Bereinigungsschritte nötig:

(a) Eliminierung fondsexterner Vorgänge, d. h. fondsfremde Bewegungen auf den Bilanzkonten sind herauszurechnen. Hierunter fallen bei zahlungsorientierter Fondsabgrenzung die bereits zuvor angeführten zahlungsunwirksamen Uminvestierungs- und Umfinanzierungsbuchungen wie auch Bilanzverlängerungsbuchungen.

(b) Saldierung fondsinterner Vorgänge, d. h. sich kompensierende Bewegungen zwischen verschiedenen Fondsbestandskonten sind zu verrechnen. Dazu gehören in erster Linie Vorgänge zwischen dem Kassenbestand, den Sichtguthaben bei Kreditinstituten und kurzfristigen, äußerst liquiden Geldanlagen, sofern letztere im Fonds enthalten sind.

Nettoausweis in der Fondsrechnung

Außerdem ist es üblich, lediglich die Netto-Veränderung des Fonds in der Fondsveränderungsrechnung auszuweisen. Denn nicht die gesamten Zu- und Abgänge auf den Fondsbestandskonten, sondern der strukturierte Bruttoausweis der in den Gegenbestandskonten erfassten Gegenbuchungen in der Ursachenrechnung ist von besonderem Interesse für die Einschätzung der Finanzlage. Für den Nettoausweis werden die gesamten Zugänge mit den gesamten Abgängen aller Fondsbestandskonten zur zahlungswirksamen Fondsveränderung verrechnet. Dieser Rechenschritt umfasst implizit die Saldierung der fondsinternen Vorgänge, außer es liegen gar keine internen Fondsbewegungen vor.

Saldierung fondsinterner Zahlungsbewegungen

Fondsinterne Zahlungsbewegungen sind in einer KFR nicht auszuweisen, da sie nicht zur Beurteilung der wirtschaftlichen Lage eines Unternehmens beitragen. Sollumsätze der Fondsbestände sind mit den zugehörigen Habenumsätzen anderer Fondsbestände zu verrechnen.

Gefahren der umfassenderen Fondsabgrenzung

Allgemein gilt, dass mit weiter zunehmendem Fondsinhalt die KFR als Liquiditätsrechnung immer unbrauchbarer wird, da

- sich viele liquiditätswirksame Vorgänge dann fondsintern abspielen und somit für die Analyse außer Acht bleiben und
- die Veränderungen des Fondsbestands immer weniger nur auf finanzielle Sachverhalte zurückgeführt werden können. Sie können auch aus Bewertungsmaß-

nahmen (z. B. bilanzpolitische Wertbeeinflussungen bei Vorräten im Fall des Fonds des Netto-Umlaufvermögens) resultieren.

Daraus folgt, dass eine aussagefähige KFR möglichst liquiditätsnah erstellt sein soll und nur eine enge, zahlungsorientierte Fondsabgrenzung in Betracht kommt.

Hoher Informations- und Verrechnungsbedarf

Im Rahmen der Aufdeckung der Kontenumsätze, der Einbeziehung der Erfolgsrechnung sowie der Kompensation zahlungsunwirksamer und fondsinterner Bewegungen muss auf eine breite Informationsbasis zurückgegriffen werden. Neben dem Rechnungsziel bestimmen somit insbesondere die verfügbaren Informationen den Detaillierungsgrad hinsichtlich der Untergliederungen und die Richtigkeit der in einer derivativen KFR ausgewiesenen Größen bezüglich ihrer Zahlungswirksamkeit. Erst nach exakter Verrechnung der Periodisierungseinflüsse und weiterer zahlungsunwirksamer Vorgänge in der erweiterten Bewegungsbilanz gleicht diese Stromgrößenrechnung einer reinen Ein- und Auszahlungsrechnung.

f) Aufstellung der Kapitalflussrechnung

Aktivitätsformat und Staffelform

In den vorigen Stufen der derivativen Ermittlung ging es darum, retrograd die Vorgänge zu ermitteln, die zahlungswirksame Veränderungen des Finanzmittelfonds verursacht haben. Jetzt besteht die Aufgabe darin, die zahlungsorientierte erweiterte Bewegungsbilanz durch Umformung in eine KFR i. e. S. zu transformieren, d. h. die ermittelten Zahlungsvorgänge nach dem Aktivitätsformat in Staffelform zu gliedern.

Zuordnung und Ausweis

Zuerst ist über die aktivitätsabhängige Zuordnung der identifizierten Zahlungsvorgänge entsprechend ihres wirtschaftlichen Wesensgehalts zum operativen Bereich, Investitionsbereich und Finanzierungsbereich zu entscheiden, bevor die Form ihres Ausweises innerhalb dieser drei Teilbereiche zu klären ist. Abschließend ist die Fondsveränderungsrechnung aufzustellen.

C. Regelungen zur Kapitalflussrechnung als Bestandteil des Jahresabschlusses

Im Rahmen der internationalen Harmonisierungsbestrebungen ist für die Kapitalflussrechnung eine für andere Teilgebiete der Rechnungslegung bisher noch nicht erreichte, fast weltweite Einigkeit über Aufstellungs- und Offenlegungsregeln erzielt worden. Welche nationalen und internationalen Entwicklungen zu dieser Angleichung geführt haben, soll kurz skizziert werden, bevor die Regelungen zur KFR nach den einzelnen Standards ausführlich dargestellt werden.

I. Nationale und internationale Entwicklung der Rechnungslegungsnormen zur Kapitalflussrechnung

KFR nach § 297 Abs. 1 Satz 1 HGB

In Deutschland ist erst mit der Verabschiedung des KonTraG im Jahr 1998 die Aufstellung und Offenlegung einer Konzern-KFR für börsennotierte Konzern-

Mutterunternehmen als zwingender Bestandteil des Konzernanhangs vorgeschrieben worden. Diese Regelung ist durch das BilReG aus dem Jahr 2004 abgelöst worden, durch die eine KFR Pflichtbestandteil für alle Konzernabschlüsse ist (§ 297 Abs. 1 Satz 1 HGB). Zur Erfüllung der gesetzlichen Aufstellungsverpflichtungen wurde der Deutsche Rechnungslegungsstandard Nr. 2 »Kapitalflussrechnung« (DRS 2) im Jahr 1999 verabschiedet. 2010 erfolgte eine Überarbeitung aufgrund des BilMoGs. Mit der Bekanntmachung des DRS 2 durch das BMJ im Mai 2000 gilt die Gesetzeslücke als geschlossen, da der DRS 2 umfassend die Gestaltung einer KFR vorgibt – und sich dabei bewusst stark an IAS 7 und den damaligen FAS 95 (heute: ASC 230) der US-GAAP anlehnt. Der DRS 2 sollte eine Kompatibilität mit IAS 7 und FAS 95 herstellen. Kompatibilität bedeutet einerseits, dass den Erstellern Wahlrechte eingeräumt wurden, damit sie gleichzeitig die Anforderungen des DRS 2 und des IAS 7 oder des FAS 95 erfüllen können, da IAS 7 und FAS 95 trotz des hohen Übereinstimmungsgrads auch sich gegenseitig ausschließende Bestimmungen enthalten. Andererseits wurden in den DRS 2 neben den übereinstimmenden Regelungen von IAS 7 und FAS 95 auch solche Vorschriften – vor allem bei ergänzenden Angaben und Sonderausweisen – übernommen, die sich nur in einem der beiden Referenzstandards befinden (vgl. Wysocki, K. v. [1999], S. 2377 f.). Im Juli 2013 wurde mit E-DRS 28 ein neuer Standardentwurf vorgelegt, der unter anderem Änderungen an der Definition des Finanzmittelfonds und der Zuordnung von Zahlungsvorgängen beinhaltet.

KFR nach IFRS

Da die KFR obligatorischer Teil der *financial statements* nach IFRS ist, muss auch in einem Konzernabschluss mit befreiender Wirkung eine KFR nach IAS 7 aufgestellt werden.

Mit der Revision von IAS 7 im Jahr 1992 hat das IASB den ursprünglichen Standard von 1977 aufgehoben und Regeln zur Erstellung eines »*statement of cash flows*« als Pflichtbestandteil des Jahresabschlusses vorgelegt, die sich unverkennbar an das US-amerikanische Vorbild FAS 95 anlehnen.

International liegen damit weitgehend einheitliche Regeln zur Ausgestaltung einer KFR als Rechenschaftsinstrument im Jahresabschluss vor. Die gegenwärtig weltweit übliche Standardform einer KFR geht auf die US-amerikanische Regelung FAS 95 »*statement of cash flows*« aus dem Jahre 1987 zurück. Mit FAS 95 wurde erstmals die begriffliche Konkretisierung des Cashflows und seine detaillierte Ausweispflicht im Rahmen einer zahlungsorientierten KFR kodifiziert.

II. KFR nach nationalen Normen

Der DRS 2, der eine, wie in den vorangegangenen Ausführungen umfassen dargestellt, vermittelnde Stellung zwischen IAS 7 und ASC 230 einnimmt, bildet die Grundlage für die nachfolgenden Ausführungen.

1. Zwecke und Aufgaben

Beurteilung der Finanzlage

Für eine finanzwirtschaftliche Beurteilung eines Unternehmens werden Angaben darüber benötigt, wie und in welcher Höhe dem Unternehmen Finanzmittel zugeflossen sind, sowie wozu sie verwendet worden sind (DRS 2.1). Die dafür relevanten Informationen liefert die KFR.

Die KFR soll nach DRS 2 den Einblick in die Fähigkeit des Unternehmens verbessern, künftig (DRS 2.1)

Rechnungszwecke nach DRS 2

- Finanzüberschüsse zu erwirtschaften,
- seine finanziellen Verpflichtungen zu erfüllen und
- Gewinnausschüttungen an Anteilseigner zu leisten.

Zur Erreichung dieser Ziele soll die KFR die innerhalb der Berichtsperiode geflossenen Zahlungen zeigen und relevante Informationen darüber bereitstellen,

- wie das Unternehmen finanzielle Mittel aus dem laufenden Geschäft erwirtschaftet hat und
- welche zahlungswirksamen Investitions- und Finanzierungsaktivitäten durchgeführt wurden.

2. Anwendungsbereich

Pflicht für Mutterunternehmen

Der DRS 2 ist für alle Unternehmen bindend, die gemäß § 297 Abs. 1 Satz 1 HGB zur Aufstellung einer KFR verpflichtet sind, sowie diesen gleichgestellte Unternehmen gemäß § 264a HGB (DRS 2.2). Seit der Verabschiedung des BilReG sind davon alle Mutterunternehmen betroffen. Allerdings sind alle kapitalmarktorientierten Mutterunternehmen gemäß § 315a HGB zur Erstellung eines Konzernabschlusses gemäß IFRS verpflichtet. Für alle anderen Mutterunternehmen besteht ein Wahlrecht zur Erstellung des Konzernabschluss nach IFRS. DRS 2 besitzt somit lediglich für die Mutterunternehmen seine Gültigkeit, die nicht kapitalmarktorientiert sind und das Wahlrecht zur IFRS-Bilanzierung nicht in Anspruch nehmen.

Leitlinie für freiwillige KFR

Zudem wird Unternehmen, die freiwillig eine Einzel-KFR aufstellen, nahe gelegt (Soll-Vorschrift), den Standard zu beachten (DRS 2.3). DRS 2 dient somit als Leitlinie für alle freiwillig erstellten Einzel-KFR.

Branchenunabhängige Basisnorm

Der DRS 2 ist branchenübergreifend als Basisnorm zu verwenden. Nicht nur Industrie- und Dienstleistungsunternehmen, sondern auch Unternehmen der Versicherungs- oder Kreditwirtschaft, Pensionsfonds und Investmentgesellschaften werden ausdrücklich aufgefordert, die Regeln des DRS 2 soweit zu beachten, wie in branchenspezifischen Standards nicht ausdrücklich etwas anderes vorgeschrieben wird (DRS 2.4). Grund für branchenspezifische Bestimmungen sind die Eigenarten der jeweiligen Geschäftstätigkeiten, die eine Erreichung der Ziele der KFR einschränken bzw. verhindern. Für Kreditinstitute und Versicherungen hat der DSR eigene Standards zur Aufstellung einer KFR vorgelegt. Der DRS 2-10 enthält branchenspezifische Regelungen zur KFR von Kreditinstituten und ergänzt den grundlegenden Standard DRS 2 (DRS 2-10.1 ff.). Gleiches gilt für den DRS 2-20, der spezielle Regeln für KFR von Versicherungen beinhaltet.

3. Ausgestaltungsregeln

Die im Standard geregelte Ausgestaltung der KFR knüpft an den verfolgten Zweck an, sodass zwangsläufig die Abbildung von Ein- und Auszahlungen getrennt nach den Aktivitätsbereichen »laufendes Geschäft«, »Investition« und »Finanzierung« einerseits sowie von Zahlungsmittelbeständen und deren Veränderung innerhalb einer Periode anderseits verlangt wird (DRS 2.7).

a) Fondsabgrenzung und Fondsausweis

Fondsbestandteile

Die in den Standards formulierten Zwecke können nur mit einer engen Fondsabgrenzung erreicht werden. Ziel dieser engen Fondsbildung ist es, Bewertungsfragen aus der KFR soweit wie möglich auszuklammern und damit den bilanzpolitischen (Bewertungs-)Spielraum des aufstellenden Unternehmens weitgehend einzuschränken sowie die Einlöserisiken der Fondsbestandteile zu minimieren. Mit der Fondsabgrenzung wird auch der Inhalt der Ursachenrechnung, d. h. welche Zahlungsströme in ihr auszuweisen sind, und damit ihre Aussagekraft festgelegt. Zulässige Fondsbestandteile sind daher ausschließlich Zahlungsmittel und Zahlungsmitteläquivalente, die nur minimalen Wertänderungs- und unbedeutenden Einlöserisiken unterliegen (DRS 2.18).

- Zahlungsmittel

Zu den Zahlungsmitteln gehören Schecks und Kassenbestand als Barmittel sowie Bundesbankguthaben und Guthaben bei Kreditinstituten als täglich fällige Sichteinlagen (DRS 2.6).

- Zahlungsmitteläquivalente

Voraussetzung für die Einstufung von Finanzmitteln als Zahlungsmitteläquivalente ist, dass sie als Liquiditätsreserve gehalten werden, ohne weiteres in Zahlungsmittel umgewandelt werden können und lediglich unwesentlichen Wertänderungsrisiken unterliegen (DRS 2.6 und DRS 2.18). Liquiditätsreserven werden gehalten, um kurzfristigen Zahlungsverpflichtungen nachzukommen; sie werden im Allgemeinen nicht im Rahmen der laufenden Geschäfts-, Investitions- oder Finanzierungstätigkeit eingesetzt (vgl. KPMG [2007], S. 164 f.).

Weiteres Merkmal der Zahlungsmitteläquivalente ist, dass sie grundsätzlich eine Restlaufzeit von drei Monaten oder weniger besitzen, wobei der Erwerbszeitpunkt – und nicht der Bilanzstichtag – ausschlaggebend für die Berechnung der Restlaufzeit ist (DRS 2.18). Aus der statischen Betrachtung der Restlaufzeit mit dem Zugangszeitpunkt als Ausgangsgröße folgt, dass ein Wertpapier nur in den Fonds aufgenommen werden darf, wenn es beim Kauf eine (statische) Restlaufzeit von drei Monaten oder weniger hat, unabhängig davon, welchen Zeitraum die ursprüngliche Laufzeit des Wertpapiers umfasste.

Einbeziehungswahlrecht für Zahlungsmitteläquivalente

Allgemein wird nach DRS keine starre Abgrenzung des Fonds verfolgt; vielmehr wird dem individuellen Cash Management des aufstellenden Unternehmens Rechnung getragen. So können z. B. Finanzmittel, die die Voraussetzungen zur Klassifizierung als Zahlungsmitteläquivalente erfüllen, aus unternehmensspezifischen Gründen auch der Investitionstätigkeit zugeordnet werden (Kann-Vorschrift in DRS 2.18). Unter Beachtung des Grundsatzes der Stetigkeit liegt somit ein Einbeziehungswahlrecht für Zahlungsmitteläquivalente vor. Zum Zweck der zwischenbetrieblichen Vergleichbarkeit muss daher die Abgrenzung der Zahlungsmitteläquivalente in den Zusatzangaben erläutert werden (DRS 2.52).

Nettofonds nach DRS 2

Weiterhin sieht DRS 2 ein explizites Wahlrecht vor, jederzeit fällige Bankverbindlichkeiten (Kontokorrentverhältnisse) von den aktiven Fondsbeständen abzuziehen, wenn sie in die Kassendisposition einbezogen werden (DRS 2.19). In diesem Fall wird als Fonds – in Anlehnung an die internationale Praxis des Cash Managements – eine Form der Netto-Liquidität gewählt, die kurzfristige Überziehungen auf Bankkonten, die auf Verlangen zurückzuzahlen sind, mit einschließen kann.

Verrechnung fondsinterner Zahlungen und Nettoausweis im Fonds

Fondsinterne Zahlungsbewegungen sind nicht Teil der Geschäfts-, Investitions- oder Finanzierungstätigkeit, sondern des Cash Managements, sodass sie weder für die Beurteilung der Finanzlage noch für die Einschätzung künftiger Zahlungsströme von Bedeutung sind. Infolgedessen werden fondsinterne Zahlungsbewegungen nicht innerhalb der Fondsrechnung ausgewiesen, sondern gegeneinander aufgerechnet (DRS 2 Anlage). Außerdem gilt in der Fondsrechnung der Nettoausweis für Fondszuflüsse und -abflüsse; sie sind in einer Summe als zahlungswirksame Veränderung des Finanzmittelbestandes anzugeben (DRS 2 Anlage). Im Zuge dieser Saldierung werden implizit auch die fondsinternen Vorgänge verrechnet.

Wertänderungen der Finanzmittel

Neben den angesprochenen zahlungswirksamen Fondsveränderungen können aber auch zahlungsunwirksame auftreten, die auf bewertungs-, konsolidierungskreis- oder wechselkursbedingte Änderungen zurückzuführen sind.

Fremdwährungsbestände sowie Zahlungen in fremder Währung (Fremdwährungstransaktionen) sind bei der Aufstellung einer KFR nach der Zeitbezugsmethode umzurechnen (DRS 2.22). Dabei werden die Fremdwährungstransaktionen mit dem Kurs des Zahlungszeitpunktes (Transaktionskurs), die Fremdwährungsbestände des Fonds zum jeweiligen Stichtagskurs umgerechnet. Beide Umrechnungsvorgänge verursachen nicht zahlungswirksame, wechselkursbedingte Veränderungen des Finanzmittelfonds und werden auch als »Wechselkurseffekt« bezeichnet. Der Wechselkurseffekt lässt sich in einen sog. »Basiseffekt« und »Bewegungseffekt« aufspalten (vgl. mit Beispielen dazu Siener, F. [1998], S. 57 ff.).

Basiseffekt

Beim Basiseffekt wird angenommen, dass der Finanzmittelbestand in der Berichtsperiode unverändert geblieben wäre. Der Fondsanfangsbestand wird zu den jeweiligen Bilanzstichtagskursen umgerechnet. Vorausgesetzt es liegen unterschiedliche Stichtagskurse vor, so wird der Fondsanfangsbestand der in fremder Währung gehaltenen Finanzmittel am Ende der Berichtsperiode je nach Entwicklung des Wechselkurses auf- oder abgewertet, sodass sich zahlungsunwirksame Fondsveränderungen ergeben (vgl. Amen, M. [1995], S. 507 f.).

Bewegungseffekt

Der Bewegungseffekt entsteht durch die Auf- oder Abwertung der während der Berichtsperiode vollzogenen Fremdwährungstransaktionen, da sie zunächst mit dem Transaktionskurs umgerechnet und anschließend mit dem am Ende der Periode geltenden Stichtagskurs bewertet werden. Hier entstehen Wertänderungen des Finanzmittelfonds, wenn Wechselkursdifferenzen zwischen den Zeitpunkten der Zuflüsse bzw. Abflüsse und dem Bilanzstichtag vorliegen (vgl. Gebhardt, G. [1994], S. 565 ff.). Der Bewegungseffekt umfasst den Einfluss der wechselkursbedingten Wertänderung des Finanzmittelbestandes, der aus der zahlungswirksamen, durch Fremdwährungstransaktionen verursachten Veränderung des Finanzmittelbestandes in der Berichtsperiode resultiert.

Möglichkeit der Kompensation

Da die einzelnen wechselkursbedingten Teileffekte generell zu einem gesondert auszuweisenden Posten zusammengefasst werden, können sich dabei Bewegungseffekte untereinander wie auch mit dem Basiseffekt kompensieren.

Gesonderter Ausweis der Wertänderungen

Die durch Bewertung bzw. Wechselkursdifferenzen entstehenden Wertänderungen des Fondsbestandes sind unrealisierte Erfolge und müssen getrennt von der Ursachenrechnung und der zahlungswirksamen Veränderung des Finanzmittelfonds in einem gesonderten Posten angegeben werden (sog. Bewertungsbereich). Die wechselkursbedingte Wertänderung darf gemäß DRS 2 mit dem bewertungsbedingten Korrekturbetrag in einem Posten zusammengefasst werden, soweit sie unwesentlich ist (DRS 2.20 f.).

Art und Reihenfolge der Posten im Fonds

Die Fondsrechnung wird im Allgemeinen unterhalb der Ursachenrechnung ausgewiesen (DRS 2 Anlage). Dabei wird gemäß DRS 2 die zahlungswirksame Veränderung des Finanzmittelfonds um eventuell auftretende wechselkurs-, konsolidierungskreis- und bewertungsbedingte Wertänderungen des Finanzmittelfonds korrigiert und anschließend dem Anfangsbestand der Finanzmittel hinzugerechnet. Der Bewertungsbereich wird somit in die Fondsveränderungsrechnung integriert. Das Ergebnis der Fondsrechnung ist der Finanzmittelbestand am Ende der Periode.

	Zahlungswirksame Veränderungen des Finanzmittelfonds
+/–	Wechselkurs-, konsolidierungskreis- und bewertungsbedingte Änderungen des Finanzmittelfonds
+	Finanzmittelfonds am Anfang der Periode
=	**Finanzmittelfonds am Ende der Periode**

Angaben zur Abgrenzung des Fonds

In den ergänzenden Angaben zur KFR ist die Zusammensetzung des Fonds stets zu erläutern sowie über Änderungen der Fondsabgrenzung und deren Auswirkungen auf die KFR zu berichten, da die Fondsabgrenzung von besonderer Relevanz für die Aussagefähigkeit und damit für die Interpretation der KFR ist. Dabei ist vor allem, wie auch nach internationalen Standards, die vom Unternehmen gewählte Definition der Zahlungsmitteläquivalente von Bedeutung (DRS 2.52).

Überleitungsrechnung

Zusätzlich verlangt der Standard, dass eine Abstimmung der Fondskomponenten mit den entsprechenden Bilanzposten möglich ist (DRS 2.52 c). Dafür ist nach DRS 2 ggf. eine Überleitungsrechnung zu erstellen, in der jeder Bilanzposten, der Zahlungsmittel oder Zahlungsmitteläquivalente beinhaltet, in Fondsbestandteile und Nicht-Fondsbestandteile aufgespalten wird.

Die Berichtspflicht über die Fondszusammensetzung entfällt nach DRS 2, wenn der Finanzmittelfonds mit dem aktiven Bilanzposten »Kassenbestand, Bundesbankguthaben, Guthaben bei Kreditinstituten und Schecks« übereinstimmt (DRS 2.52 c). Sind im Finanzmittelfonds Zahlungsmittel und Zahlungsmitteläquivalente einbezogen, über die das Unternehmen (bzw. der Konzern) nicht frei oder lediglich eingeschränkt verfügen kann, so ist über ihre Bestände zu berichten (DRS 2.53).

b) Zuordnung und Darstellung der Ein- und Auszahlungen in den Aktivitätsbereichen

Im ersten Unterabschnitt werden zunächst die sog. Aufstellungsgrundsätze der KFR nach HGB/DRS erläutert, bevor in den nachfolgenden Unterabschnitten die einzelnen Posten der KFR näher betrachtet werden.

(1) Aufstellungsgrundsätze für Zuordnung und Ausweis

Zuordnung und Bereichsgliederung nach dem Aktivitätsformat

Zur Verbesserung der Informationsfunktion der KFR werden die liquiditätsgenerierenden bzw. -absorbierenden Aktivitäten nach betrieblichen Funktionsbereichen in die drei Tätigkeitsfelder »laufendes Geschäft«, »Investition« und »Finanzierung« unterteilt bzw. diesen zugeordnet (Aktivitätsformat). Die drei Bereiche der Ursachenrechnung werden wie folgt bezeichnet (DRS 2.7 f.):

1. Cashflows aus der laufenden Geschäftstätigkeit
2. Cashflows aus der Investitionstätigkeit
3. Cashflows aus der Finanzierungstätigkeit

Als Summe der Cashflows aus den drei Teilbereichen resultiert die zahlungswirksame Veränderung des Finanzmittelfonds (DRS 2.7).

Rechnungswesen als Ausgangsbasis

Ausgangspunkt der Aufstellung der KFR nach DRS sind die im Rechnungswesen erfassten Geschäftsvorfälle, die auch der daraus nach handelsrechtlichen Vorschriften (HGB) erstellten Bilanz und GuV zugrunde liegen (DRS 2.11), sodass die Erstellung der KFR für einen sachverständigen Dritten nachzuvollziehen ist (Grundsatz der Nachprüfbarkeit) und im Einklang zum übrigen Jahresabschluss steht.

Aufstellungsschritte

Bei der Aufstellung der KFR nach DRS 2 wird nachdrücklich zwischen der Ermittlung und der Darstellung der Zahlungen unterschieden (DRS 2.12):

1. Zunächst können die relevanten Daten originär oder derivativ ermittelt werden. Die vorliegenden Standards schreiben keinen der beiden Ermittlungswege verbindlich vor, sondern enthalten lediglich Anforderungen an das Endprodukt KFR.
2. Anschließend kann die Darstellung des Cashflows (Bereichssaldo) aufbauend auf den ermittelten Daten direkt oder indirekt erfolgen. Die Zahlungsströme sind im Investitions- und Finanzierungsbereich zwingend nach der direkten Methode darzustellen; lediglich für den operativen Bereich ist neben der direkten auch die indirekte Darstellungsform zugelassen.

Staffelform

Bereichsübergreifend sieht der Standard eine Gliederung der KFR bzw. Ursachenrechnung in Staffelform vor (DRS 2.10).

Behandlung von bereichsübergreifenden Zahlungsvorgängen

Im Einzelfall kann jedoch die Abgrenzung zwischen den drei Tätigkeitsbereichen problematisch sein, da einzelne Geschäftsvorfälle mehrere Bereiche berühren. Beispielsweise treten Abgrenzungsprobleme bei Immobilienunternehmen auf, deren operative Tätigkeit die Vermietung und Veräußerung von Immobilien umfasst. Wird nun ein vermietetes Gebäude verkauft, ist fraglich, ob die Einzahlung als laufende Geschäftstätigkeit oder als Desinvestitionstätigkeit zu behandeln ist (vgl. Scheffler, E. [2013], Tz. 124).

Für bereichsübergreifende Zahlungsvorgänge sieht DRS 2 ein Wahlrecht vor. Sofern sich die Zahlungen eines Geschäftsvorfalls mehreren Aktivitätsbereichen zuordnen lassen, sind die Zahlungsbewegungen entweder auf die in Frage kommenden Teilbereiche nach vernünftiger kaufmännischer Beurteilung aufzusplitten oder dem primär betroffenen Bereich in voller Höhe zuzurechnen, außer der Standard verlangt oder bevorzugt die Zuordnung eines solchen Ereignisses zu einem bestimmten Bereich (DRS 2.9).

Fremdwährungstransaktionen

Zahlungen in fremder Währung sind grundsätzlich mit dem Wechselkurs des Zahlungszeitpunktes (Transaktionskurs) umzurechnen, also so, als ob sie unmittelbar zum Entstehungszeitpunkt in der Berichtswährung gebucht worden wären. Aus Vereinfachungsgründen kann auch eine Umrechnung mit einem Wechselkurs erfolgen, der dem tatsächlichen Kurs sehr nahe kommt, wenn wesentliche Abweichungen daraus nicht resultieren. Als ein solch möglicher Umrechnungskurs wird z. B. der gewogene Periodendurchschnittskurs angesehen (DRS 2.22).

Außerordentliche Zahlungen

Wesentliche Zahlungen aus außerordentlichen Vorgängen sind nach DRS 2 in den drei Tätigkeitsbereichen der KFR separat auszuweisen (DRS 2.50). Die gesonderte Angabepflicht ermöglicht dem Interessenten, zwischen nachhaltigen Zahlungsvorgängen und außerordentlichen Zahlungsströmen zu differenzieren und damit eine bessere Einschätzung gegenwärtiger und künftiger Ein- und Auszahlungen vorzunehmen.

Zahlungen verbunden mit aufzugebenden Geschäften

Zur Behandlung von nicht fortgeführten bzw. nicht fortzuführenden Geschäftsbereichen liegt keine spezielle Regelung nach HGB/DRS vor. Im deutschen Handelsrecht wird die Aufgabe eines Geschäftsbereiches vorwiegend als ungewöhnliches und selten auftretendes Ereignis qualifiziert, sodass die Erfolge, entgegen der internationalen Sichtweise, im außerordentlichen Ergebnis der GuV zu erfassen sind. Analog dazu sind Zahlungen, verbunden mit nicht weiterzuführenden Geschäften in dem betreffenden Teilbereich, unter den außerordentlichen Zahlungen zu erfassen.

Sicherungsgeschäfte

Dient ein Geschäftsvorfall der Absicherung einer speziellen Position, sind die Zahlungen aus diesem Sicherungsgeschäft demselben Teilbereich wie die Zahlungen aus dem Grundgeschäft zuzuordnen (DRS 2.47), d. h. bei Devisentermingeschäften zur Sicherung von Vorratsein- und -verkäufen sind die entsprechenden Zahlungsströme im operativen Bereich zu erfassen (vgl. KPMG [2007], S. 167). Es liegt im Ermessen des Unternehmens, ob es eine Absicherungsabsicht zugibt, sodass dadurch ein faktisches Wahlrecht gegeben ist.

Unbare Transaktionen

Unbare Transaktionen sind zahlungsunwirksame Geschäftsvorfälle, die keine Veränderung des Finanzmittelfonds verursachen. Sie dürfen – wie international auch üblich – wegen fehlender Zahlungswirksamkeit nicht in die KFR aufgenommen werden (DRS 2.48). Ist ein Vorgang teils zahlungswirksam und teils zahlungsunwirksam, so ist nur der zahlungswirksame Teil in der KFR zu erfassen.

Mindestgliederungen

Weiterhin finden sich im DRS 2 Mindestgliederungen für die Aktivitätsbereiche der KFR, die die Mindestaufschlüsselungen der einzelnen Bereiche darlegen.

Vorjahreszahlen und Stetigkeit

Ergänzend müssen Vergleichszahlen der Vorperiode angegeben werden (DRS 2.10) und der Grundsatz der Stetigkeit ist auf die Gliederung der KFR anzuwenden (DRS 2.10).

(2) Cashflow aus der laufenden Geschäftstätigkeit

Definition und Abgrenzung der laufenden Geschäftstätigkeit

Der Bereich »laufende Geschäftstätigkeit« umfasst Zahlungsströme der auf Erlöserzielung ausgerichteten Aktivitäten im Produktions-, Verkaufs- und Servicebereich. Somit handelt es sich bei den Zahlungen aus laufender Geschäftstätigkeit grundsätzlich um zahlungswirksame Aufwendungen und Erträge aus Transaktionen und Ereignissen, die in die Ermittlung des Jahresergebnisses einfließen. Dabei wird der operative Bereich negativ gegenüber dem Investitions- und Finanzierungsbereich abgegrenzt (DRS 2.6 und DRS 2.23) und erfährt dadurch u. a. den Charakter eines Sammelbereichs.

Einzahlungen von Kunden

Zu den Einzahlungen von Kunden zählen sämtliche Zahlungseingänge aus dem Umsatzgeschäft (Einzahlungen von Kunden aus dem Verkauf von Produkten und aus der Erbringung von Dienstleistungen) einschließlich den Bareinnahmen aus dem Verkauf von operativen Forderungen aus Lieferungen und Leistungen und aus der Einlösung von Wechselkrediten im Rahmen von Zielverkäufen an Kunden, aber auch aus der Vergabe von Nutzungsrechten, Erhebung von Gebühren und aus Kommissionen (DRS 2.26).

Auszahlungen an Lieferanten und Beschäftigte

Zu den Auszahlungen an Lieferanten und Beschäftigte gehören alle Zahlungsausgänge für die Beschaffung von Material und Waren. Ebenfalls hinzuzuzählen sind Barausgaben für die Begleichung von operativen Verbindlichkeiten aus Lieferungen und Leistungen, Pensionszahlungen, Auszahlungen für Steuern, Zölle, Gebühren und Strafzahlungen (DRS 2.26).

	Einzahlungen von Kunden für den Verkauf von Erzeugnissen, Waren und Dienstleistungen
–	Auszahlungen an Lieferanten und Beschäftigte
+	Sonstige Einzahlungen, die nicht der Investitions- oder Finanzierungstätigkeit zuzuordnen sind
–	Sonstige Auszahlungen, die nicht der Investitions- oder Finanzierungstätigkeit zuzuordnen sind
+/–	Ein- und Auszahlungen aus außerordentlichen Posten
=	**Cashflow aus laufender Geschäftstätigkeit**

Tab. 12.14: Mindestgliederungsschema bei direkter Darstellung des operativen Bereichs nach DRS 2

Sonstige Ein- und Auszahlungen

Die sonstigen Ein- und Auszahlungen stellen Sammelposten dar, die infolge der negativen Abgrenzung gegenüber dem Investitions- und Finanzierungsbereich dem operativen Bereich zugerechnet werden. Sonstige Ein- bzw. Auszahlungen resultieren z. B. aus Rechtsstreitigkeiten, Versicherungsentschädigungen, Spenden, Erstattungen von Lieferanten und Rückzahlungen an Kunden (vgl. Wysocki, K. v./Harzheim, T. [2012], Tz. 58).

Außerordentliche Ein- und Auszahlungen

Zahlungen, die aus außerordentlichen Vorgängen resultieren, sind nach DRS 2 in einem gesonderten Posten in dem jeweils betroffenen Bereich der KFR zu zeigen, damit die Adressaten die Auswirkungen auf gegenwärtige und künftige Zahlungsströme und so die Nachhaltigkeit oder Einmaligkeit der Zahlungen beurteilen können (DRS 2.50). Offen bleibt allerdings die Frage, ob die außerordentlichen Zahlungen brutto oder netto auszuweisen sind. Im Gliederungsschema für den operativen Bereich nach DRS 2 ist ein Netto-Posten für außerordentliche Zahlungsvorgänge bereits enthalten (DRS 2.26 f.).

Wertpapiere und Anleihen des Handelsbestandes

Zahlungen im Zusammenhang mit dem An- und Verkauf von Wertpapieren und Anleihen des Handelsbestandes sind, entsprechend der internationalen Regelung nach IFRS, ebenfalls dem operativen Bereich und nicht dem Investitionsbereich zuzuordnen, da sie zu Handelszwecken erworben und die damit einhergehenden Zahlungsvorgänge das Ergebnis gezielter und regelmäßiger Marktteilnahme sind. (DRS 2.6 und DRS 2.31).

Zins-, Dividenden- und Ertragsteuerzahlungen

Grundsätzlich werden erhaltene und gezahlte Zinsen, erhaltene Dividenden und andere übernommene Ergebnisse wie auch gezahlte Ertragsteuern dem Bereich der laufenden Geschäftstätigkeit zugeordnet, da sie in der GuV als Aufwendungen und Erträge erfasst werden (DRS 2.36 und DRS 2.41). Gezahlte Dividenden stellen Eigenkapitalkosten dar und sind wie die zugehörigen Zahlungen aus Eigenkapitalveränderungen dem Finanzierungsbereich zuzuordnen (DRS 2.37).

DRS 2 verlangt die Angabe des Gesamtbetrages der in der Berichtsperiode gezahlten Zinsen (DRS 2.38). Dabei ist es gleichgültig, ob gezahlte Zinsbeträge als Zinsaufwand in der GuV erfasst oder in der Bilanz aktiviert worden sind (DRS 2.38). Die Zinsauszahlungen können unabhängig von der im operativen Bereich gewählten Darstellungsmethode entweder je nach gewählter Zuordnung innerhalb der drei Aktivitätsbereiche oder alternativ in den ergänzenden Angaben gesondert gezeigt werden (DRS 2.38). Der gesonderte Ausweis von bzw. ergänzende Angaben zu aktivierten Zinsen und erhaltenen Zinsen wird in DRS 2 nicht verlangt.

Gemäß DRS 2 sind gezahlte Dividenden dem Finanzierungsbereich zuzuordnen und gesondert anzugeben (DRS 2.37). Auch hier wird faktisch ein Ausweiswahlrecht eingeräumt, da ein gesonderter Ausweis innerhalb des Finanzierungsbereichs nicht explizit verlangt wird. Die Angabe der gezahlten Dividenden kann somit auch in den ergänzenden Angaben vorgenommen werden (DRS 2.37 i. V. m. DRS 2.55), was vor allem die Mindestgliederung des Finanzierungsbereichs nahe legt, da die gezahlten Dividenden mit den anderen Zahlungen an die Eigentümer in einem Posten zusammengefasst werden (DRS 2.35). Erhaltene Dividenden und sonstige übernommene Beteiligungsergebnisse brauchen nicht gesondert aufgeführt werden.

Gezahlte Ertragsteuern werden im Allgemeinen dem operativen Bereich zugeordnet. Sie können aber auch dem Investitions- oder Finanzierungsbereich zugerechnet werden, wenn der zugrunde liegende Geschäftsvorfall diesen Bereichen eindeutig zugehört (DRS 2.41 f.). Für den Ausweis von ertragsteuerbedingten Zahlungsvorgängen wird den Unternehmen ein Wahlrecht eingeräumt; die Ertragsteuerzahlungen können gesondert in der KFR oder in den ergänzenden Angaben angegeben werden (DRS 2.40 und DRS 2.43).

Abweichend von diesen Grundregelungen sind folgende bedingte Wahlrechte gegeben. Erhaltene Zinsen und Dividenden können bei sachlicher Begründung (*return on investments*) ausnahmsweise der Investitionstätigkeit zugeordnet werden (DRS 2.39). Gezahlte (aktivierte und nicht aktivierte) Zinsen dürfen bei Vorliegen eines begründenden Sachverhalts (Fremdkapitalkosten) der Finanzierungstätigkeit zugeordnet werden (DRS 2.39). Werden Zinsen als Teil der Anschaffungskosten aktiviert, so dürfen sie auch im Investitionsbereich erfasst werden (DRS 2.39). Können gezahlte Ertragsteuern bestimmten Geschäftsvorfällen im Investitions- oder Finanzierungsbereich eindeutig zugerechnet werden, so dürfen sie ausnahmsweise diesen Bereichen zugeordnet werden (DRS 2.42).

Mindestgliederung

Wie in der Mindestgliederung (vgl. Tabelle 12.14) bereits gezeigt, müssen nach DRS 2 bei der direkten Darstellungsmethode mindestens die »Einzahlungen von Kunden für den Verkauf von Erzeugnissen, Waren und Dienstleistungen«, die »Auszahlungen an Lieferanten und Beschäftigte«, die »sonstigen Einzahlungen, ...« wie auch die »sonstigen Auszahlungen, die nicht der Investitions- und der Finanzierungstätigkeit zuzuordnen sind« und schließlich saldiert die »außerordentlichen Ein- und Auszahlungen« jeweils getrennt ausgewiesen werden. Diese Aufgliederung des operativen Bereichs in fünf Posten stellt die Mindestanforderung nach DRS 2 dar (DRS 2.26).

Indirekte Methode der Darstellung

Bei Anwendung der indirekten Methode (Überleitungsrechnung) wird der Cashflow aus der laufenden Geschäftstätigkeit durch Rückrechnung bestimmt. Ausgangspunkt ist das Periodenergebnis (i. d. R. der Jahresüberschuss/-fehlbetrag), das zunächst um sämtliche aus Periodisierungsmaßnahmen resultierenden nicht zahlungswirksamen Aufwendungen und Erträge sowie um Bestandsveränderungen bei Posten des Netto-Umlaufvermögens (ohne Finanzmittelfonds) durch Zu- bzw. Abrechnung bereinigt wird. Des Weiteren sind alle Posten, die Zahlungsströme aus der Investitions- und Finanzierungstätigkeit darstellen, in diese beiden anderen Bereiche umzubuchen (DRS 2.24b). Umgekehrt sind die nicht in der GuV erfassten Zahlungsvorgänge aus laufender Geschäftstätigkeit zu ergänzen, also sämtliche Veränderungen von Aktiva und Passiva, die nicht der Investitions- und Finanzierungstätigkeit zuzuordnen sind.

So ist im DRS 2 für die indirekte Darstellungsform eine Mindestgliederung vorgegeben, die den materiellen Inhalt und die auszuweisenden Posten konkretisiert (DRS 2.27) (vgl. Tabelle 12.15).

	Periodenergebnis (einschließlich Ergebnisanteilen von Minderheitsgesellschaftern) vor außerordentlichen Posten
+/–	Abschreibungen/Zuschreibungen auf Gegenstände des Anlagevermögens
+/–	Zunahme/Abnahme der Rückstellungen
+/–	Sonstige zahlungsunwirksame Aufwendungen/Erträge (beispielsweise Abschreibung auf ein aktiviertes Disagio)
–/+	Gewinn/Verlust aus dem Abgang von Gegenständen des Anlagevermögens
–/+	Zunahme/Abnahme der Vorräte, der Forderungen aus Lieferungen und Leistungen sowie anderer Aktiva, die nicht der Investitions- oder Finanzierungstätigkeit zuzuordnen sind
+/–	Zunahme/Abnahme der Verbindlichkeiten aus Lieferungen und Leistungen sowie anderer Passiva, die nicht der Investitions- oder Finanzierungstätigkeit zuzuordnen sind
+/–	Ein- und Auszahlungen aus außerordentlichen Posten
=	**Cashflow aus laufender Geschäftstätigkeit**

Tab. 12.15: Mindestgliederungsschema bei indirekter Darstellung des operativen Bereichs nach DRS 2 – Überleitungsrechnung

Ausgangsgröße nach DRS 2

Die Überleitungsrechnung beginnt mit dem Periodenergebnis, das auch die Ergebnisanteile von Minderheitsgesellschaftern enthält. Zudem ist es eine Größe vor Berücksichtigung außerordentlicher Posten, um in der Überleitung den Saldo aus außerordentlichen Ein- und Auszahlungen abzubilden (DRS 2.27). Sollen die Zinszahlungen in der KFR gesondert ausgewiesen werden, so ist eine Ausgangsgröße vor Zinsaufwendungen auszuweisen (DRS 2.38). Sollen zudem die Ertragsteuerzahlungen in der KFR gesondert ausgewiesen werden, so muss die Rückrechnung von einer Größe vor Ertragsteuern ausgehen (DRS 2.43). Wird eine andere Ausgangsgröße gewählt (z. B. operatives Ergebnis oder *Cash Earnings* nach DVFA/SG), so ist diese Größe auf das Periodenergebnis überzuleiten, wobei diese Überleitung in den ergänzenden Angaben zur KFR gezeigt werden kann (DRS 2.28).

Abschreibungen und Zuschreibungen

Die planmäßigen wie außerplanmäßigen Abschreibungen auf Gegenstände des Anlagevermögens stellen nicht zahlungswirksamen Aufwand dar und sind demzufolge zu eliminieren. Die mit den Abschreibungen korrespondierenden Zuschreibungen auf Anlagegüter sind zahlungsunwirksame Erträge, die vom Periodenergebnis abzuziehen sind (DRS 2.27). Zu beachten ist, dass Abschreibungen auf Gegenstände des Umlaufvermögens unter den Veränderungen der Vorräte erfasst werden (vgl. Wysocki, K. v./Harzheim, T. [2012], Tz. 104).

Rückstellungen

Als Aufwand (Ertrag) erfasste zahlungslose Rückstellungszuführungen (Rückstellungsauflösungen) haben das Periodenergebnis geschmälert (erhöht). Da sie keine periodengleichen Auszahlungen (Einzahlungen) darstellen, werden sie durch die Berücksichtigung der Erhöhung (Verminderung) der Rückstellungen neutralisiert (DRS 2.27). Bei der erfolgsneutralen Auflösung von Rückstellungen als Folge von Inanspruchnahmen treten Auszahlungen auf, die wegen ihrer Zahlungswirksamkeit zurecht als Verminderungen in der Veränderungsgröße der Rückstellungen erfasst werden. Dagegen dürfen erfolgsneutrale, zahlungslose Veränderungen der Rückstellungen (z. B. konsolidierungskreisbedingte Veränderungen der Pensionsrückstellungen) in den Korrekturposten nicht aufgenommen werden, da sie weder das Ergebnis beeinflusst haben noch ihnen Zahlungen zugrunde liegen (vgl. Arbeitskreis »Finanzierungsrechnung« der Schmalenbach-Gesellschaft [1996], S. 137).

Der Korrekturposten »sonstige zahlungsunwirksame Aufwendungen und Erträge« stellt einen Sammelposten dar (DRS 2.27).

Erfolge aus Anlagenabgängen

Gewinne und Verluste aus dem Abgang von Gegenständen des Anlagevermögens sind das Ergebnis von Desinvestitionen und deshalb dem Investitionsbereich zuzuordnen. Sie sind im Zuge der Überleitung auf den operativen Cashflow herauszurechnen (DRS 2.27).

Veränderungen bestimmter Aktiv- und Passivposten

Die Erfassung der Veränderungen bestimmter Aktiv- und Passivposten, sofern diese durch Vorgänge der laufenden Geschäftstätigkeit begründet sind, stellen eine wesentliche Komponente der Überleitungsrechnung dar.

Zu operativen Veränderungen gehören zum einen Veränderungen bei Vorräten, bei geleisteten und erhaltenen Anzahlungen, bei sonstigen Vermögensgegenständen und Verbindlichkeiten sowie bei aktiven und passiven Rechnungsabgrenzungsposten. Zum anderen zählen dazu Zu- bzw. Abnahmen bei den kurzfristigen (operativen) Forderungen und Verbindlichkeiten, die aus dem laufenden Geschäft stammen (DRS 2.27). Außerdem sind die Veränderungen der Wertpapiere des Umlaufvermögens (z. B. Handelsbestand) zu erfassen, sofern sie nicht als Zahlungsmitteläquivalente in den Finanzmittelfonds einzubeziehen oder sofern die zugehörigen Zahlungen nicht dem Investitions- oder Finanzierungsbereich zuzurechnen sind (vgl. Wysocki, K. v./Harzheim, T. [2012], Tz. 104 ff.).

Die betreffenden Bestandsveränderungen können nach DRS 2 jeweils zu Veränderungen der Aktivposten (»Zunahme/Abnahme der Vorräte, der Forderungen aus Lieferungen und Leistungen sowie anderer Aktiva, die nicht der Investitions- oder Finanzierungstätigkeit zuzuordnen sind«) und der Passivposten (»Zunahme/Abnahme der Verbindlichkeiten aus Lieferungen und Leistungen sowie anderer Passiva, die nicht der Investitions- oder Finanzierungstätigkeit zuzuordnen sind«) zusammengefasst werden (DRS 2.27).

(3) Cashflow aus der Investitionstätigkeit

Definition und Abgrenzung der Investitionstätigkeit

Der Cashflow aus der Investitionstätigkeit entspricht dem Saldo aus Ein- und Auszahlungen im Zusammenhang mit Unternehmensressourcen, die langfristig – i. d. R. länger als ein Jahr – dem Unternehmen zur Ertragserzielung dienen sollen (DRS 2.30).

Zu den Zahlungen im Investitionsbereich zählen Zahlungsvorgänge im Zusammenhang mit dem Erwerb und der Veräußerung von Gegenständen des Anlagevermögens, die im Rahmen des Umsatzprozesses beim jeweiligen Unternehmen eingesetzt werden. Außerdem sind Zahlungen aus Investitionen und Desinvestitionen in längerfristige finanzielle Vermögenswerte (z. B. Ausleihungen) und in Finanzmittelbestände (z. B. im Rahmen der kurzfristigen Finanzdisposition getätigte Geldanlagen in Wertpapiere des Umlaufvermögens) zu berücksichtigen, die nicht in den Finanzmittelfonds einbezogen werden und nicht als Handelsbestände fungieren (DRS 2.6 und DRS 2.31).

Sachanlagen, immaterielles und anderes langfristiges Vermögen

Im Investitionsbereich sind Einzahlungen aus dem Verkauf und Auszahlungen für den Erwerb von Grundbesitz, Maschinen, Betriebs- und Geschäftsausstattung, immateriellen und anderen langfristigen Vermögensgegenständen zu erfassen (DRS 2.6 und DRS 2.32). Vom Bereich der Investitionstätigkeit sind Zahlungen in das Vorratsvermögen abzugrenzen, da diese zum operativen Bereich gehören.

Bemessung der Auszahlungen beim Erwerb

Für die Einbeziehungspflicht der aktivierten Zinsen in die investiven Auszahlungen besteht nach DRS 2 ein Wahlrecht, da Zinszahlungen bei sachlicher Begründung der Investitionstätigkeit zugeordnet werden dürfen (DRS 2.39).

Weiterhin zählen zur Investitionstätigkeit Einzahlungen und Auszahlungen i. V. m. dem Erwerb und Verkauf von Ausleihungen, Anteilen und sonstigen Kapitalmarktpapieren anderer Unternehmen oder von Beteiligungen an Gemeinschaftsunternehmen (DRS 2.32).

Zahlungsströme aus dem Kauf und Verkauf von konsolidierten Unternehmen und sonstigen Geschäftseinheiten sind dem Investitionsbereich zuzuordnen (DRS 2.44).

Unbare Investitionstransaktionen

Falls die Beschaffung oder Veräußerung von Anlagevermögen oder von nicht dem operativen Bereich zuzuordnendem Umlaufvermögen keine Auszahlungen verursachen (z. B. beim Finanzierungsleasing, bei Tauschvorgängen oder bei Sacheinlagen), sind diese Vorgänge infolge fehlender Zahlungswirksamkeit nicht in der KFR zu erfassen. Über wesentliche *non-cash transactions* ist in Übereinstimmung mit den internationalen Regelungen in den ergänzenden Angaben zu berichten (DRS 2.49a und DRS 2.52d). Anzumerken ist hier, dass die zahlungsunwirksamen Zugänge von Gegenständen des Anlagevermögens (z. B. Lieferantenkredit, Realtausch) zwar nicht in der KFR, aber im Anlagenspiegel erfasst werden. Da solche unbaren Anschaffungsvorgänge häufig auftreten, stimmen die im Investitionsbereich ausgewiesenen Auszahlungen für Investitionen in das Anlagevermögen i. d. R. nicht mit den im Anlagenspiegel unter dem Posten »Zugänge« ausgewiesenen Beträgen überein.

Direkte Darstellung und Bruttoausweis

DRS 2 verlangt mindestens die in Tabelle 12.16 gezeigte Untergliederung. Zudem sind wesentliche Vorgänge einzeln zu zeigen (DRS 2.32).

Für den Investitionsbereich gilt nach DRS 2 somit die obligatorische Aufgliederung der Zahlungsvorgänge nach Investitionen bzw. Desinvestitionen in das Sachanlagevermögen, das immaterielle Anlagevermögen, das Finanzanlagevermögen, in konsolidierte Unternehmen und sonstige Geschäftseinheiten sowie in Finanzmittelanlagen im Rahmen der kurzfristigen Finanzdisposition.

	Einzahlungen aus Abgängen von Gegenständen des Sachanlagevermögens
–	Auszahlungen für Investitionen in das Sachanlagevermögen
+	Einzahlungen aus Abgängen von Gegenständen des immateriellen Anlagevermögens
–	Auszahlungen für Investitionen in das immaterielle Anlagevermögen
+	Einzahlungen aus Abgängen von Gegenständen des Finanzanlagevermögens
–	Auszahlungen für Investitionen in das Finanzanlagevermögen
+	Einzahlungen aus dem Verkauf von konsolidierten Unternehmen und sonstigen Geschäftseinheiten
–	Auszahlungen aus dem Erwerb von konsolidierten Unternehmen und sonstigen Geschäftseinheiten
+	Einzahlungen aufgrund von Finanzmittelanlagen im Rahmen der kurzfristigen Finanzdisposition
–	Auszahlungen aufgrund von Finanzmittelanlagen im Rahmen der kurzfristigen Finanzdisposition
=	**Cashflow aus der Investitionstätigkeit**

Tab. 12.16: Mindestgliederungsschema für den Investitionsbereich nach DRS 2

Eine auffällige Besonderheit des DRS 2 ist die Brutto-Ausweispflicht von Zahlungsvorgängen aus »Finanzmittelanlagen im Rahmen der kurzfristigen Finanzdisposition«. In diesen Posten gehören z. B. Zahlungen aus dem Erwerb und Verkauf von Wertpapieren mit hohen Wertänderungsrisiken oder mit einer statischen Restlaufzeit von mehr als drei Monaten, die das Unternehmen als Liquiditätsreserve hält und zur Kassendisposition einsetzt. Wegen des Wertschwankungsrisikos oder der zu langen Restlaufzeit können sie aber nicht in den Finanzmittelfonds einbezogen werden. Da Unternehmen regelmäßig Wertpapiere, die einem hohen Wechselkursrisiko unterliegen oder im Erwerbszeitpunkt über eine Restlaufzeit von mehr als drei Monaten verfügen, im Rahmen des Cash Managements kaufen und verkaufen, soll mit dem gesonderten Ausweis dem Adressaten eine bessere Einschätzung der (mittelfristigen) Zahlungsfähigkeit ermöglicht werden. Neben Wertpapieren werden unter den Zahlungsströmen der Finanzmittelanlagen auch

Geldanlagen (z. B. Festgeld) und ähnliche Posten erfasst, wenn diese Teil der kurzfristigen Finanzdisposition sind.

(4) Cashflow aus der Finanzierungstätigkeit

Definition und Abgrenzung der Finanzierungstätigkeit

Finanzierungstätigkeiten sind zahlungswirksame Aktivitäten, die sich auf den Umfang und die Zusammensetzung der Eigenkapitalposten und der Finanzschulden des Unternehmens auswirken (DRS 2.6). Im (Außen-)Finanzierungsbereich werden sämtliche Zahlungsvorgänge aufgrund von Transaktionen mit Eigen- und Fremdkapitalgebern erfasst (DRS 2.34).

Die Zuordnung der Zahlungen zur Finanzierungstätigkeit wird in DRS 2 zunächst allgemein umschrieben. Danach sind im Finanzierungsbereich Zahlungen zu erfassen, die Transaktionen mit den Unternehmenseignern und Minderheitsgesellschaftern konsolidierter Tochterunternehmen darstellen oder die Aufnahme oder Rückzahlung von Finanzschulden betreffen (DRS 2.34). Etwas näher werden die Finanzierungszahlungen durch die in dem Mindestgliederungsschema für den Finanzierungsbereich aufgeführten Beispiele bestimmt (DRS 2.35).

Transaktionen mit Eigenkapitalgebern

Zu den Zahlungen im Finanzierungsbereich zählen sämtliche Zahlungsvorgänge aus Beschaffungen und Rückzahlungen von Eigenkapital. Zu den Einzahlungen gehören Zahlungseingänge aus Kapitalerhöhungen (DRS 2.35). Zuzurechnen sind auch die zahlungswirksamen Erhöhungen des gezeichneten Kapitals und der Kapitalrücklagen einschließlich Zuschüssen und Nachschüssen der Gesellschafter (DRS 2.35). Die Auszahlungen umfassen Eigenkapitalrückführungen, Dividendenzahlungen und andere Ausschüttungen an die Anteilseigner sowie Zahlungsausgänge zum Erwerb oder Rückkauf eigener Anteile (DRS 2.35).

Zahlungen für Eigenkapitalbeschaffung

Dem Finanzierungsbereich sind grundsätzlich ebenfalls die Auszahlungen für die Beschaffung von Eigenkapital zuzurechnen. In den Standards werden diese Finanzierungszahlungen nicht ausdrücklich erwähnt, sodass eine Umbuchung vom operativen Bereich lediglich bei wesentlichen Zahlungsbeträgen vorzunehmen ist (vgl. Scheffler, E. [2013], Tz. 253).

Transaktionen mit Fremdkapitalgebern

»Finanzschulden«

Darüber hinaus sind sämtliche Zahlungsvorgänge im Rahmen der Beschaffung und Rückzahlung von Finanzschulden einzubeziehen (DRS 2.34). In DRS 2 wird der Begriff »Finanzschulden« definiert und damit von den im *working capital* enthaltenen operativen Schulden, die dem Bereich der laufenden Geschäftstätigkeit zuzuordnen sind, abgegrenzt (DRS 2.6). Nach DRS 2 umfassen die Finanzschulden Anleihen und Schulden gegenüber Dritten (»Verbindlichkeiten gegenüber Banken, Kapitalsammelstellen und anderen Geldgebern«), nicht jedoch Lieferantenverbindlichkeiten oder sonstige Verbindlichkeiten aus dem laufenden Geschäft (DRS 2.6). Folglich resultieren Finanzierungseinzahlungen aus Kreditaufnahmen sowie aus der Aufnahme von Darlehen, Hypotheken und aus der Aufnahme anderer Verbindlichkeiten (DRS 2.35), wohingegen als Finanzierungsauszahlungen Zahlungsausgänge zur Tilgung von Krediten gelten (DRS 2.35).

Direkte Darstellung und Bruttoausweis

Zahlungen im Finanzierungsbereich müssen grundsätzlich unsaldiert nach der direkten Methode dargestellt werden (DRS 2.33). Auch für den Finanzierungsbereich ist der Nettoausweis nur in bestimmten Ausnahmefällen zulässig.

DRS 2 verlangt wenigstens die in Tabelle 12.17 dargestellte Untergliederung im Finanzierungsbereich. Finanztransaktionen von wesentlicher Bedeutung sind stets einzeln zu zeigen (DRS 2.35).

Eine Besonderheit nach DRS 2 ist der als Soll-Vorschrift geforderte Sonderausweis der Einzahlungen aus Eigenkapitalzuführungen von Minderheitsgesellschaftern und der Auszahlungen (Dividenden, Eigenkapitalrückzahlungen und andere Ausschüttungen) an diese in der KFR oder in den ergänzenden Angaben (DRS 2.51).

	Einzahlungen aus Eigenkapitalzuführungen (Kapitalerhöhungen, Verkauf eigener Anteile, etc.)
–	Auszahlungen an Unternehmenseigner und Minderheitsgesellschafter (Dividenden, Erwerb eigener Anteile, Eigenkapitalrückzahlungen, andere Ausschüttungen)
+	Einzahlungen aus der Begebung von Anleihen und der Aufnahme von (Finanz-) Krediten
–	Auszahlungen aus der Tilgung von Anleihen und (Finanz-)Krediten
=	**Cashflow aus der Finanzierungstätigkeit**

Tab. 12.17: Mindestgliederungsschema für den Finanzierungsbereich nach DRS 2

4. Mindestgliederungen nach DRS 2

Mindestgliederungsschema nach DRS 2

Die im DRS 2 enthaltene Mindestgliederung bei direkter Darstellung des Cashflows aus der laufenden Geschäftstätigkeit wird in Tabelle 12.18 gezeigt.

	Einzahlungen von Kunden für den Verkauf von Erzeugnissen, Waren und Dienstleistungen
–	Auszahlungen an Lieferanten und Beschäftigte
+	Sonstige Einzahlungen, die nicht der Investitions- oder Finanzierungstätigkeit zuzuordnen sind
–	Sonstige Auszahlungen, die nicht der Investitions- oder Finanzierungstätigkeit zuzuordnen sind
+/–	Ein- und Auszahlungen aus außerordentlichen Posten
=	**Cashflow aus der laufenden Geschäftstätigkeit**

Tab. 12.18: Mindestgliederungsschema des Cashflows aus der laufenden Geschäftstätigkeit (»Direkte Methode«) nach DRS 2

Im Falle der indirekten Darstellungsmethode gilt die in Tabelle 12.19 wiedergegebene Gliederung. Die beiden Mindestgliederungen in der Anlage zu DRS 2 fassen die im DRS 2 geforderten Untergliederungen für die Aktivitätsbereiche zusammen (DRS 2.26 f., DRS 2.32 und DRS 2.35) und enthalten zudem eine Fondsveränderungsrechnung. Die Mindestgliederungen nach DRS 2 sollen bzw. müssen ggf. weiter untergliedert werden (DRS 2.25, DRS 2.32 und DRS 2.35).

1.		Periodenergebnis (einschließlich Ergebnisanteilen von Minderheitsgesellschaftern) vor außerordentlichen Posten
2.	+/–	Abschreibungen/Zuschreibungen auf Gegenstände des Anlagevermögens
3.	+/–	Zunahme/Abnahme der Rückstellungen
4.	+/–	Sonstige zahlungsunwirksame Aufwendungen/Erträge (beispielsweise Abschreibung auf ein aktiviertes Disagio)
5.	–/+	Gewinn/Verlust aus dem Abgang von Gegenständen des Anlagevermögens
6.	–/+	Zunahme/Abnahme der Vorräte, der Forderungen aus Lieferungen und Leistungen sowie anderer Aktiva, die nicht der Investitions- oder Finanzierungstätigkeit zuzuordnen sind
7.	+/–	Zunahme/Abnahme der Verbindlichkeiten aus Lieferungen und Leistungen sowie anderer Passiva, die nicht der Investitions- oder Finanzierungstätigkeit zuzuordnen sind
8.	+/–	Ein- und Auszahlungen aus außerordentlichen Posten
9.		**Cashflow aus laufender Geschäftstätigkeit (Summe aus 1 bis 8)**
10.		Einzahlungen aus Abgängen von Gegenständen des Sachanlagevermögens
11.	–	Auszahlungen für Investitionen in das Sachanlagevermögen
12.	+	Einzahlungen aus Abgängen von Gegenständen des immateriellen Anlagevermögens
13.	–	Auszahlungen für Investitionen in das immaterielle Anlagevermögen
14.	+	Einzahlungen aus Abgängen von Gegenständen des Finanzanlagevermögens
15.	–	Auszahlungen für Investitionen in das Finanzanlagevermögen
16.	+	Einzahlungen aus dem Verkauf von konsolidierten Unternehmen und sonstigen Geschäftseinheiten
17.	–	Auszahlungen aus dem Erwerb von konsolidierten Unternehmen und sonstigen Geschäftseinheiten
18.	+	Einzahlungen aufgrund von Finanzmittelanlagen im Rahmen der kurzfristigen Finanzdisposition
19.	–	Auszahlungen aufgrund von Finanzmittelanlagen im Rahmen der kurzfristigen Finanzdisposition
20.		**Cashflow aus der Investitionstätigkeit (Summe aus 10 bis 19)**
21.		Einzahlungen aus Eigenkapitalzuführungen (Kapitalerhöhungen, Verkauf eigener Anteile, etc.)
22.	–	Auszahlungen an Unternehmenseigner und Minderheitsgesellschafter (Dividenden, Erwerb eigener Anteile, Eigenkapitalrückzahlungen, andere Ausschüttungen)
23.	+	Einzahlungen aus der Begebung von Anleihen und der Aufnahme von (Finanz-)Krediten
24.	–	Auszahlungen aus der Tilgung von Anleihen und (Finanz-)Krediten
25.		**Cashflow aus der Finanzierungstätigkeit (Summe aus 21 bis 24)**
26.		Zahlungswirksame Veränderungen des Finanzmittelfonds (Summe aus 9, 20, 25)
27.	+/–	Wechselkurs-, Konsolidierungskreis- und bewertungsbedingte Änderungen des Finanzmittelfonds
28.	+	Finanzmittelfonds am Anfang der Periode
29.		**Finanzmittelfonds am Ende der Periode (Summe aus 26 bis 28)**

Tab. 12.19: Mindestgliederungsschema der Kapitalflussrechnung (»Indirekte Methode«) nach DRS 2

III. KFR nach IFRS

Nachfolgende Ausführungen beziehen sich auf die Regelungen zur Erstellung einer Kapitalflussrechnung nach IAS 7, die neben den entsprechenden Vorschriften der US-GAAP zentrales Vorbild bei der Entwicklung des DRS 2 waren. Da dadurch eine weitgehende Übereinstimmung zwischen den Standards besteht, wird insbesondere auf nach wie vor bestehende Unterschiede eingegangen und diese an den entsprechenden Stellen thematisiert.

1. Zwecke und Aufgaben

Rechnungszwecke nach IAS 7

Informationen über Zahlungsvorgänge sind nach IAS 7 ebenfalls, wie auch nach DRS 2, die relevanten Ausgangsdaten zur Beantwortung der Frage, ob ein Unternehmen fähig ist, Zahlungsmittel und Zahlungsmitteläquivalente (*cash and cash equivalents*) zu erwirtschaften und seinen Finanzbedarf aus Zahlungsvorgängen zu decken. Darüber hinaus dienen zahlungsorientierte Informationen den Adressaten als Anhaltspunkt bei ihrer Entscheidungsfindung, die die Einschätzung der finanziellen Leistungsfähigkeit des Unternehmens sowie des Auftretens von Zahlungsströmen hinsichtlich Zeitpunkt (*timing*) und Wahrscheinlichkeit erfordert (IAS 7 *Objective*; vgl. auch F OB3). Hierfür ist insbesondere »*cash flow information*« nützlich, die es den Adressaten ermöglicht, Modelle zu entwickeln, um verschiedene Unternehmen anhand des »*present value of the future cash flows*« zu bewerten und zu vergleichen (IAS 7.4). Dementsprechend lautet die Aufgabe des IAS 7, Informationen über die Bewegungen der Zahlungsmittel und Zahlungsmitteläquivalente während der vergangenen Periode mittels des »*statement of cash flows*« bereitzustellen, und zwar unterteilt in die drei Bereiche laufende Geschäfts-, Investitions- und Finanzierungstätigkeit (IAS 7 *Objective*).

2. Anwendungsbereich

Geltungsbereich und Sonderregeln des IAS 7

IAS 7 schreibt für alle Unternehmen die Erstellung und Bekanntmachung einer KFR nach Maßgabe der im Standard formulierten Anforderungen vor (IAS 7.3). Befreiungsmöglichkeiten von der Aufstellungspflicht existieren nicht. Wenngleich auch *financial institutions* zur Aufstellung einer KFR ausdrücklich verpflichtet sind (IAS 7.3), so dürfen sie branchenspezielle Zahlungsströme netto ausweisen (IAS 7.24) und müssen Zinszahlungen sowie erhaltene Dividenden grundsätzlich der laufenden Geschäftstätigkeit zuordnen (IAS 7.33). Zudem wird mittels einer Beispiel-KFR im Appendix B die Gliederung der KFR für *financial institutions* veranschaulicht (IAS 7.B).

IFRS for SMEs

Auch nach dem IFRS for SMEs ist eine Kapitalflussrechnung verpflichtender Bestandteil des IFRS-Abschlusses (IFRS for SMEs, Sec. 7). Die im Standard diesbezüglich enthaltenen Regelungen entsprechen jenen des IAS 7.

3. Ausgestaltungsregeln

Da anhand der KFR Liquiditätsentwicklungen gemessen werden, muss zunächst definiert werden, aus welchen liquiden Mitteln sich der Finanzmittelfonds zusammensetzen soll.

a) Fondsabgrenzung und Fondsausweis

Fondsbestandteile

Entsprechend der Betrachtungsperspektive nach DRS erfordern auch die IFRS eine enge Fondsabgrenzung, die letztlich als zulässige Fondsbestandteile ebenfalls ausschließlich Zahlungsmittel und Zahlungsmitteläquivalente (*cash and cash equivalents*) vorsieht. (IAS 7.7 ff.). Hierbei ist festzustellen, dass sich das Verständnis von Zahlungsmitteln (IAS 7.6) und Zahlungsmitteläquivalenten nach IAS 7 und nach DRS 2 entsprechen. So sind für Letztere ebenfalls die Kriterien der Einstufung als Liquiditätsreserve (IAS 7.6 f.) und einer Restlaufzeit (*original maturity*) von bis maximal drei Monaten (IAS 7.7) maßgeblich.

Fondsbildung gemäß Cash Management

Bei der Charakterisierung der Zahlungsmitteläquivalente wird deutlich, dass eine starre Abgrenzung von beiden Standards nicht verfolgt wird. Vielmehr wird den aufstellenden Unternehmen die Möglichkeit gegeben, die Fondsabgrenzung entsprechend des individuellen Cash Managements vorzunehmen. Dabei zeigt sich auch bei der Fondsbildung die bereits angesprochene Kompatibilität des DRS 2 mit IAS 7, da der DRS 2 den Erstellern ein uneingeschränktes Wahlrecht bezüglich der Bildung eines Brutto- bzw. Nettofonds einräumt.

Einbeziehungswahlrecht für Zahlungsmitteläquivalente

Da von Unternehmen subjektiv festgelegt werden kann, welche Finanzmittel zu welchen Zwecken – vor allem welche Finanzmittel Liquiditätsreserven darstellen – gehalten werden, ist nach IAS 7 faktisch ein Wahlrecht für die Einbeziehung von *cash equivalents* in den Finanzmittelfonds gegeben (vgl. Wysocki, K. v./Harzheim, T. [2012], Tz. 28 ff.). Zum Zweck der zwischenbetrieblichen Vergleichbarkeit muss entsprechend auch nach den IFRS die Abgrenzung der Zahlungsmitteläquivalente in den Zusatzangaben erläutert werden (IAS 7.45 ff.).

Nettofonds nach IAS 7

Auch IAS 7 erlaubt (implizites Wahlrecht), jederzeit fällige Bankverbindlichkeiten (Kontokorrentverhältnisse) von den aktiven Fondsbeständen abzuziehen, wenn sie in die Kassendisposition einbezogen werden (IAS 7.8). Charakteristisches Beispiel für einen derart einzubeziehenden Posten ist ein Kontokorrentkonto bei einem Kreditinstitut, dessen Saldo häufig zwischen Soll und Haben schwanken kann (IAS 7.8).

Fondsinterne Zahlungsbewegungen werden nicht gesondert ausgewiesen, sondern wiederum entsprechend der abgeleiteten Regelung nach DRS 2 auch nach IAS 7 gegeneinander aufgerechnet (IAS 7.9).

Gesonderter Ausweis der Wertänderungen

Anders als die Regelung nach DRS 2, nach der ein (unwesentlicher) bewertungsbedingter Korrekturbetrag in einem Posten zusammengefasst werden darf, verlangt IAS 7 explizit den gesonderten Ausweis der wechselkursbedingten, nicht aber der bewertungsbedingten Fondsveränderungen (IAS 7.28).

Überleitungsrechnung

Weiterhin fordert IAS 7 zwingend die Erstellung einer Überleitungsrechnung (*reconciliation*), in der jeder Bilanzposten, der Zahlungsmittel oder Zahlungsmitteläquivalente beinhaltet, in Fondsbestandteile und Nicht-Fondsbestandteile aufgespalten wird (IAS 7.45).

b) Zuordnung und Darstellung der Ein- und Auszahlungen in den Aktivitätsbereichen

Zunächst werden allgemeine Aufstellungsgrundsätze der KFR nach IFRS erläutert, bevor im Folgenden die einzelnen Posten der KFR näher betrachtet werden.

(1) Aufstellungsgrundsätze für Zuordnung und Ausweis

Zuordnung und Bereichsgliederung nach dem Aktivitätsformat

Maßgeblich für die Zuordnung der liquiditätsgenerierenden bzw. -absorbierenden Aktivitäten nach IFRS ist entsprechend der DRS-Regelung das Aktivitätsformat (*activity format*) mit den drei bekannten Bereichen der Ursachenrechnung (IAS 7.10 f.). Die Summe der Cashflows aus den drei Teilbereichen entspricht wiederum der zahlungswirksamen Veränderung des Finanzmittelfonds, wobei die einzelnen Bereiche der Ursachenrechnung jeweils in Staffelform gegliedert sind (IAS 7.A).

1. *cash flows from operating activities*
   (Cashflows aus der laufenden Geschäftstätigkeit)
2. *cash flows from investing activities*
   (Cashflows aus der Investitionstätigkeit)
3. *cash flows from financing activities*
   (Cashflows aus der Finanzierungstätigkeit)

Zu beachten ist weiterhin, dass grundsätzlich das Bruttoprinzip innerhalb der drei Aktivitätsbereiche zu beachten ist (IAS 7.21), wobei in seltenen Ausnahmefällen hiervon abgewichen werden darf (IAS 7.22 und IAS 7.24).

Die Untergliederung der Zahlungen nach dem Aktivitätsformat wird in Tabelle 12.20 gezeigt.

laufende Geschäftstätigkeit (*operating activities*)		operative Einzahlungen (*cash receipts/inflows from operating activities*)
	–	operative Auszahlungen (*cash payments/outflows from operating activities*)
	=	Cashflow aus der laufenden Geschäftstätigkeit (1) (*net cash from/provided by or used in operating activities*)
Investitions-tätigkeit (*investing activities*)		(Des-)Investitionseinzahlungen (*cash receipts/inflows from investing activities*)
	–	Investitionsauszahlungen (*cash payments/outflows from investing activities*)
	=	Cashflow aus der Investitionstätigkeit (2) (*net cash from/provided by or used in investing activities*)
Finanzierungs-tätigkeit (*financing activities*)		Finanzierungseinzahlungen (*cash receipts/inflows from financing activities*)
	–	Finanzierungsauszahlungen (*cash payments/outflows from financing activities*)
	=	Cashflow aus der Finanzierungstätigkeit (3) (*net cash from/provided by or used in financing activities*)
Liquiditätssaldo	=	Zahlungswirksame Veränderung des Finanzmittelbestandes (Summe aus 1, 2 und 3) (*net in-/decrease in cash and cash equivalents*)*

*) Eventuell bereits inkl. der nicht zahlungswirksamen Veränderungen des Finanzmittelfonds aufgrund des Wechselkurseffektes (IAS 7.B).

Tab. 12.20: Direkte Darstellungsform der Ursachenrechnung nach dem Aktivitätsformat in Staffelform

Bei der Aufstellung einer KFR muss zunächst über die Zuordnung der Zahlungsströme auf die Aktivitätsbereiche entschieden werden, bevor die Form der Darstellung bzw. des Ausweises innerhalb der KFR zu klären ist. Bewertungsfragen entfallen infolge der engen Fondsabgrenzung für die in der KFR auszuweisenden Zahlungen. Ausnahme davon bilden nur die Bewertung von in den Fonds einbezogenen Finanzmittelbeständen und die Umrechnung von Fremdwährungstransaktionen und Fondsanfangsbeständen in fremder Währung.

Zuordnung nach der wirtschaftlichen Tätigkeit

IAS 7 schreibt für den Ausweis und damit faktisch auch für die Zuordnung vor, dass Cashflows auf die Art und Weise darzustellen sind, die das jeweilige *business* am zutreffendsten widerspiegelt (IAS 7.11). Des Weiteren sind die in den Standards enthaltenen Abgrenzungshinweise wie auch Gliederungsempfehlungen zur Zuordnung von Zahlungsvorgängen heranzuziehen.

Behandlung von bereichsübergreifenden Zahlungsvorgängen

Im Einzelfall kann die Abgrenzung zwischen den drei Tätigkeitsbereichen problematisch sein, da einzelne Geschäftsvorfälle unter Umständen mehreren Bereichen zugehören. Für bereichsübergreifende Zahlungsvorgänge schreibt IAS 7 die Aufteilung einer einzelnen Zahlungstransaktion in die aktivitätsbezogenen Bestandteile vor und gibt dazu ein Beispiel an (IAS 7.12).

Fremdwährungstransaktionen

Entsprechend der Regelungen nach DRS 2 sind Transaktionen in fremder Währung grundsätzlich mit dem Wechselkurs des Zahlungszeitpunktes (Transaktionskurs) umzurechnen, wobei wiederum aus Vereinfachungsgründen auch eine Umrechnung mit einem Wechselkurs erfolgen kann, der dem tatsächlichen Kurs sehr nahe kommt, soweit wesentliche Abweichungen daraus nicht resultieren (IAS 7.25 ff.).

Außerordentliche Zahlungen

Hinsichtlich der Behandlung von außerordentlichen Zahlungen sieht IAS 7, anders als DRS 2, keine Erfordernis zum Ausweis von *extraordinary items* vor.

Zahlungen verbunden mit aufzugebenden Geschäften

Während nach DRS keine expliziten Regelungen existieren, müssen gemäß IFRS 5.33c die Gesamtbeträge jeweils für die drei Bereichs-Cashflows, die aus *discontinued operations* stammen, gesondert angegeben werden. Diese Angaben können alternativ in den *notes* oder innerhalb der KFR gezeigt werden. Entgegen dem üblichen handelsrechtlichen Vorgehen darf ein nicht weitergeführtes Geschäft nach IFRS nicht als *extraordinary item* dargestellt werden (IFRS 5.33).

Sicherungsgeschäfte

Im Rahmen des Risikomanagements verwenden Unternehmen zunehmend auch derivative Finanzinstrumente, um sich zumindest teilweise gegen Wechselkurs-, Zins- und Preisrisiken abzusichern. Allgemein sind Zahlungen aus dem Sicherungsgeschäft demselben Teilbereich wie die Zahlungen aus dem Grundgeschäft zuzuordnen (IAS 7.16). Die Zuordnung der Sicherungszahlungen zu den Zahlungen der abzusichernden Position ist nach IAS 7 zudem davon abhängig, ob der Sicherungszusammenhang auch in der Bilanz Berücksichtigung findet. In IAS 7 wird die Zuordnungsvorschrift auf *contracts* eingeschränkt (IAS 7.16), wohingegen eine solche Einschränkung nach DRS 2 nicht existiert.

Mindestgliederungen

Eine verbindliche Mindestuntergliederung innerhalb der drei Teilbereiche ist in IAS 7 nicht enthalten. IAS 7 verlangt beim Ausweis in den drei Tätigkeitsbereichen lediglich, Ein- und Auszahlungen jeweils in Hauptposten (*major classes*) darzustellen (IAS 7.21). Allerdings stellen die IFRS in den Anlagen detaillierte Beispielgliederungen zur Verfügung, die den Erstellern Anhaltspunkte zur Gliederungsgestaltung geben (IAS 7.A).

(2) Cashflow aus der laufenden Geschäftstätigkeit

Definition und Abgrenzung der laufenden Geschäftstätigkeit

Der operative Bereich wird nach IFRS negativ gegenüber dem Investitions- und Finanzierungsbereich abgegrenzt, d. h. sämtliche Zahlungsströme werden dem Bereich der laufenden Geschäftstätigkeit zugeordnet, soweit sie nicht unmittelbar der Investitions- oder Finanzierungstätigkeit zuzurechnen sind (IAS 7.6 und IAS 7.14).

Der materielle Inhalt des Bereichs der laufenden Geschäftstätigkeit wird in IAS 7 zunächst anhand einer nicht abschließenden Aufzählung konkretisiert und dadurch von den beiden anderen Bereichen abgegrenzt (IAS 7.13 ff.). Anschließend wird der formelle Inhalt und Aufbau verbal sowie mittels unverbindlicher, im jeweiligen Appendix angegebener Beispielgliederungen erläutert (IAS 7.18 ff. und IAS 7.A).

Einzahlungen von Kunden

Zu den Einzahlungen von Kunden zählen sämtliche Zahlungseingänge aus dem Umsatzgeschäft (Einzahlungen von Kunden aus dem Verkauf von Produkten und aus der Erbringung von Dienstleistungen, IAS 7.14), wobei wie bei den weiteren Posten weit gehende materielle Identität mit den Vorschriften nach DRS vorliegt.

Auszahlungen an Lieferanten und Beschäftigte

Zu den Auszahlungen an Lieferanten und Beschäftigte gehören demnach alle Zahlungsausgänge für die Beschaffung von Material und Waren einschließlich der Barausgaben für die Begleichung von operativen Verbindlichkeiten aus Lieferungen und Leistungen, von Wechselverbindlichkeiten wie auch Lohn- und Gehaltszahlungen an Mitarbeiter, Pensionszahlungen, Auszahlungen für Steuern, Zölle, Gebühren und Strafzahlungen (IAS 7.14).

Sonstige Ein- und Auszahlungen

Die sonstigen Ein- und Auszahlungen, die nicht der Investitions- und Finanzierungstätigkeit zuzuordnen sind, stellen wiederum Sammelposten dar, die infolge der negativen Abgrenzung gegenüber dem Investitions- und Finanzierungsbereich dem operativen Bereich zugerechnet werden. (IAS 7.14).

Zins-, Dividenden- und Ertragsteuerzahlungen

Gewisse Unterschiede zwischen DRS 2 und IAS 7 betreffen die Zuordnung von geleisteten und erhaltenen Zinszahlungen, Einzahlungen aus Dividenden und Beteiligungserträgen sowie Ertragsteuerzahlungen. Da die unterschiedlichen Möglichkeiten der Zuordnung dieser Zahlungen von großer Bedeutung sind und bei den einzelnen Ausweisvorschriften für den Bereich der laufenden Geschäftstätigkeit – aber auch für die Bereiche der Investitions- und Finanzierungstätigkeit – zum Tragen kommen, wird in Tabelle 12.21 eine Übersicht über die Zuordnungspflichten bzw. -wahlrechte gegeben (bei in runden Klammern gesetzten Bereichen ist die Zuordnung an eine Bedingung geknüpft bzw. trotz einer bevorzugten Lösung zulässig; die eckigen Klammern verweisen auf die entsprechende Textziffer des betrachteten Standards).

Im Gegensatz zu DRS 2 geht IAS 7.33 nur bei Finanzinstitutionen von einer Zuordnung der gezahlten Zinsen und erhaltenen Zinsen und Dividenden zum operativen Bereich aus. Bei allen anderen Unternehmen können diese dem operativen Bereich, dem Finanzierungsbereich oder dem Investitionsbereich zugerechnet werden. Gezahlte Dividenden sind nach IAS 7.34 dem Finanzierungsbereich zuzurechnen, ein alternativer Ausweis unter dem operativen Bereich ist zulässig. Der alternative Ausweis wird damit begründet, dass durch diese Zuordnung dem Adressaten die Fähigkeit des Unternehmens signalisiert wird, inwieweit Dividenden aus dem laufenden Geschäft bezahlt werden können. Nach IAS 7.31 soll der Ausweis der erhaltenen und gezahlten Zinsen und Dividenden im Zeitablauf an gleichbleibender Stelle erfolgen (Grundsatz der Stetigkeit). Gezahlte Ertragsteuern dürfen auch dem Investitions- bzw. Finanzierungsbereich zugeordnet werden, wenn die die Steuern auslösenden Vorgänge in diesen Bereichen identifiziert werden können (IAS 7.35). So können z. B. Ertragsteuerzahlungen, die aufgrund eines zu versteuernden Gewinns bei Anlagenabgängen anfallen, dem Investitionsbereich zugerechnet werden. Grundsätzlich werden sie aber im operativen Bereich erfasst, da die Ertragsteuern verursachenden Zahlungsströme häufig nicht eindeutig identifiziert werden können (IAS 7.35 f.). Zudem fällt ein Teil der Steuerzahlungen regelmäßig in einer anderen Berichtsperiode als die ihr zugrunde liegenden Vorgänge an, sodass eine exakte Zuordnung zu den verursachenden Geschäftsvorfällen praktisch oft nicht mehr möglich ist (IAS 7.36).

Zahlungsvorgänge	DRS 2 [Tz.]	IAS 7 [Tz.]
erhaltene Zinsen	operativer Bereich [36]/ (Investitionsbereich [39])	operativer Bereich [33]/ Investitionsbereich [33]/ Finanzierungsbereich [33]
gezahlte Zinsen: (a) nicht aktiviert	operativer Bereich [36]/ (Finanzierungsbereich [39])	operativer Bereich [33]/ Investitionsbereich [33]/ Finanzierungsbereich [33]
(b) aktiviert	operativer Bereich [36]/ (Investitionsbereich [39])/ (Finanzierungsbereich [39])	operativer Bereich [33]/ Finanzierungsbereich [33]
erhaltene Dividenden (und andere übernommene Ergebnisse)	operativer Bereich [36]/ (Investitionsbereich [39])	operativer Bereich [33]/ Investitionsbereich [33]/ Finanzierungsbereich [33]
gezahlte Dividenden	Finanzierungsbereich [37]	Finanzierungsbereich [34]/ operativer Bereich [34]
gezahlte Ertragsteuern	operativer Bereich [41]/ (Investitionsbereich [42])/ (Finanzierungsbereich [42])	operativer Bereich [35]/ (Investitionsbereich [35])/ (Finanzierungsbereich [35])

Tab. 12.21: Zuordnung von Zins-, Dividenden- und Ertragsteuerzahlungen

Direkte Methode der Darstellung

Wird die direkte Methode zur Darstellung des operativen Bereichs gewählt, so gilt der Bruttoausweis (IAS 7.18a). Die direkte Darstellungsform entspricht der Grundidee der originär aus der Finanzbuchführung ermittelten KFR, da sie Zahlungsgrößen abbildet (IAS 7.19a). Allerdings können diese operativen Zahlungen auch derivativ durch Korrektur der GuV-wirksamen Vorgänge um ihre nicht zahlungswirksamen Bestandteile ermittelt werden (IAS 7.19b).

Indirekte Methode der Darstellung

Bei Anwendung der indirekten Methode (Überleitungsrechnung, *indirect or reconciliation method*) wird der Cashflow aus der laufenden Geschäftstätigkeit durch Rückrechnung bestimmt. Ausgangspunkt ist das bereinigte Periodenergebnis (i. d. R. der Jahresüberschuss/-fehlbetrag) (IAS 7.20). Umgekehrt sind die nicht in der GuV erfassten Zahlungsvorgänge aus laufender Geschäftstätigkeit zu ergänzen, also sämtliche Veränderungen von Aktiva und Passiva, die nicht der Investitions- und Finanzierungstätigkeit zuzuordnen sind.

In IAS 7 werden wiederum zunächst verbal die auszuweisenden Hauptposten der Überleitung aufgeführt. So ist das Jahresergebnis um Periodisierungsmaßnahmen (*deferrals and accruals*) zu korrigieren. Als Korrekturposten werden alle nicht zahlungswirksamen Aufwendungen und Erträge, die Veränderungen bei den Vorräten und bei den kurzfristigen operativen Forderungen und Verbindlichkeiten (*operating receivables and payables*), d. h. die jeweils aus dem laufenden Geschäft resultieren (*pertaining to operating activities*), sowie alle Posten, die der Investitions- bzw. Finanzierungstätigkeit zugehören, aufgeführt (IAS 7.18b und IAS 7.20).

Ausgangsgröße nach IAS 7

Im Musterbeispiel von IAS 7 handelt es sich um eine Ausgangsgröße vor Steuern (*net profit before taxation*) und nach Zinsen. Als Ausgangsgröße wird eine Vorsteuergröße gewählt, um die ausgezahlten Ertragsteuern separat auszuweisen. Die Zinsaufwendungen werden offen im operativen Bereich in voller Höhe zurückgerechnet (IAS 7.A). Dadurch soll erreicht werden, dass die dem operativen Bereich zuzuordnenden Zinszahlungen gesondert angegeben und zudem weitere, nicht das laufende Geschäft betreffende Zinszahlungen ggf. dem Investitions- bzw. dem Finanzierungsbereich zugeordnet werden können.

Abschreibungen und Zuschreibungen

Die planmäßigen wie außerplanmäßigen Abschreibungen auf Gegenstände des Anlagevermögens stellen nicht zahlungswirksamen Aufwand dar und sind demzufolge zu eliminieren, wobei die mit den Abschreibungen korrespondierenden Zuschreibungen auf Anlagegüter zahlungsunwirksame Erträge darstellen, welche vom Periodenergebnis abzuziehen sind (IAS 7.20b).

Rückstellungen

Mit der Berücksichtigung der Veränderungen lang- und kurzfristiger Rückstellungen sollen die zugehörigen zahlungsunwirksamen Aufwendungen bzw. Erträge aus dem Periodenergebnis herausgerechnet werden (IAS 7.20b).

Sonstige zahlungsunwirksame Aufwendungen und Erträge

Der Korrekturposten »sonstige zahlungsunwirksame Aufwendungen und Erträge« stellt einen Sammelposten dar, wobei nach IAS 7 zu diesen *non-cash items* z. B. nicht realisierte Währungserfolge (*unrealized foreign currency gains and losses*) – die in der Überleitungsrechnung des Beispiels einzeln ausgewiesen werden –, zahlungsunwirksame Beteiligungserträge von assoziierten Unternehmen (*undistributed profits of associates*) und Minderheitenanteile (*minority interests*) (IAS 7.20b und IAS 7.A) gehören.

Erfolge aus Anlagenabgängen

Da Gewinne und Verluste aus dem Abgang von Gegenständen des Anlagevermögens in der Ausgangsgröße »Periodenergebnis« bei der indirekten Darstellung enthalten sind, müssen sie im Zuge der Überleitung auf den operativen Cashflow herausgerechnet werden (IAS 7.14 und IAS 7.A).

Veränderungen bestimmter Aktiv- und Passivposten

Bedeutendes Merkmal der Überleitungsrechnung im operativen Bereich ist die Berücksichtigung der Veränderungen bestimmter Aktiv- und Passivposten, sofern sie durch Vorgänge der laufenden Geschäftstätigkeit begründet sind und nicht etwa der Investitions- oder Finanzierungstätigkeit angehören und auch nicht dem Finanzmittelfonds zuzuordnen sind. Zu operativen Veränderungen gehören zum einen Veränderungen bei Vorräten, bei geleisteten und erhaltenen Anzahlungen, bei sonstigen Vermögensgegenständen und Verbindlichkeiten sowie bei aktiven und passiven Rechnungsabgrenzungsposten (*deferrals*). Zum anderen zählen dazu Zu- bzw. Abnahmen bei den kurzfristigen (operativen) Forderungen und Verbindlichkeiten (*accruals*), die aus dem laufenden Geschäft stammen (*operating receivables and payables*) (IAS 7.18b und IAS 7.20).

Im Beispiel zu IAS 7 werden die Veränderungen der Forderungen aus Lieferungen und Leistungen und anderen Forderungen (*trade and other receivables*), der Vorräte (*inventories*) und der Verbindlichkeiten aus Lieferungen und Leistungen (*trade payables*) jeweils getrennt voneinander gezeigt (IAS 7.A).

Besonderheiten

Alternativ kann der Cashflow aus der laufenden Geschäftstätigkeit nach IAS 7 auch durch Gegenüberstellung der diesem Bereich zurechenbaren, in der GuV ausgewiesenen betrieblichen Aufwendungen und Erträge (im Musterbeispiel mit Ausnahme der Abschreibungen und der Erträge aus Finanzinvestitionen) sowie durch Berücksichtigung der Veränderungen der Vorräte sowie der operativen Forderungen und Verbindlichkeiten bestimmt werden (IAS 7.20 und Appendix A).

Methodenpräferenz der Standardsetter

Das IASB bevorzugt die Anwendung der direkten Darstellungsmethode, da bei dieser Form Informationen bereitgestellt werden, die für die Prognose künftiger Zahlungsströme von größerem Nutzen sind als bei Anwendung der indirekten Methode (IAS 7.19). Trotz der Empfehlung des IASB dominiert in der nationalen wie auch internationalen Rechnungslegungspraxis fast ausnahmslos die indirekte Darstellungsmethode im operativen Bereich.

(3) Cashflow aus der Investitionstätigkeit

Definition und Abgrenzung der Investitionstätigkeit

Der Cashflow aus der Investitionstätigkeit ist der Saldo aus Ein- und Auszahlungen im Zusammenhang mit Unternehmensressourcen, die langfristig dem Unternehmen zur Ertragserzielung dienen sollen.

Im Investitionsbereich sind Einzahlungen aus dem Verkauf und Auszahlungen für den Erwerb von Grundbesitz, Maschinen, Betriebs- und Geschäftsausstattung, immateriellen und anderen langfristigen Vermögensgegenständen zu erfassen (IAS 7.16a, b), wobei auch Mittelabflüsse für aktivierte Entwicklungskosten und für selbst erstellte Sachanlagen (IAS 7.16a) zu den Investitionsauszahlungen zu zählen sind.

Finanzanlagevermögen und andere Finanzinvestitionen

Zur Investitionstätigkeit zählen des Weiteren Einzahlungen und Auszahlungen i. V. m. dem Erwerb und Verkauf von Ausleihungen (*making and collecting loans*), Anteilen und sonstigen Kapitalmarktpapieren (*debt or equity instruments*) anderer Unternehmen oder von Beteiligungen an Gemeinschaftsunternehmen (*joint ventures*) (IAS 7.16c, d). Hierzu zählen auch Zahlungen für Investitionen bzw. Desinvestitionen in Anleihen und Wertpapiere des Umlaufvermögens, sofern sie nicht Bestandteil der Zahlungsmitteläquivalente sind oder nur zu Handelszwecken (*trading securities*) gehalten werden (IAS 7.16c, d).

Im Investitionsbereich werden außerdem Auszahlungen, die aus der Gewährung von Krediten und Darlehen an Dritte resultieren, und Einzahlungen, die aus der Rückzahlung aus Krediten und Darlehen an Dritte resultieren, erfasst (IAS 7.16e, f). Davon zu unterscheiden sind die für die Finanzierungstätigkeit typischen Einzahlungen aus der Aufnahme von Krediten und Darlehen bei Kreditinstituten oder Dritten sowie diesbezügliche Rückzahlungen, die im Finanzierungsbereich berücksichtigt werden (explizit in IAS 7.16 f.).

Übereinstimmend verlangen die Standards, dass Zahlungsströme aus dem Kauf und Verkauf von konsolidierten Unternehmen und sonstigen Geschäftseinheiten dem Investitionsbereich zugeordnet werden (IAS 7.39). Die Zahlungen aus dem Erwerb bzw. der Veräußerung ergeben sich, indem die als Kaufpreis gezahlten bzw. als Verkaufspreis zugeflossenen Finanzmittel um die erworbenen bzw. verkauften Bestände an Zahlungsmitteln und Zahlungsmitteläquivalenten gekürzt werden (IAS 7.42).

In IAS 7 werden explizit noch Zahlungen in Zusammenhang mit Termin-, Options- und Tauschgeschäften (*futures, forward, option and swap contracts*) aufgeführt, sofern sie nicht zu Handels- oder Absicherungszwecken gehalten und auch nicht dem Finanzierungsbereich zugeordnet werden (IAS 7.16g-h).

Darstellung

IAS 7 enthält trotz der ausführlichen Aufzählung von zuzuordnenden Investitionseinzahlungen und -auszahlungen keine verbindliche Gliederung. IAS 7 schreibt lediglich vor, investive Zahlungsströme zu Hauptposten unter grundsätzlicher Beachtung des Bruttoausweises zusammenzufassen (IAS 7.21). Ebenso wie nach DRS 2 dürfen die Zahlungsvorgänge aus Veräußerungen von konsolidierten Unternehmen und sonstigen Geschäftseinheiten nicht mit den Zahlungsströmen der Erwerbsvorgänge saldiert werden und sind gesondert auszuweisen

(IAS 7.39 und IAS 7.41). Im Beispiel zu IAS 7 werden im Investitionsbereich die Zahlungen nach der Zugehörigkeit zu Investitionsarten – Erwerb von Sachanlagen, Verkauf von Sachanlagen und Erwerb eines Tochterunternehmens – untergliedert sowie erhaltene Zinsen und Dividenden jeweils gesondert ausgewiesen (IAS 7.A).

(4) Cashflow aus der Finanzierungstätigkeit

Definition und Abgrenzung der Finanzierungstätigkeit

Finanzierungstätigkeiten sind zahlungswirksame Aktivitäten, die den Umfang und die Zusammensetzung der Eigenkapitalposten und der Finanzschulden des Unternehmens beeinflussen (IAS 7.6).

IAS 7 erläutert die Abgrenzung der Finanzierungstätigkeit mit einer Aufzählung an Beispielen für finanzielle Zahlungsströme (IAS 7.17a-e), die nahezu vollständig mit den in der Mindestgliederung des DRS 2 angegebenen Ein- und Auszahlungen aus der Finanzierungstätigkeit übereinstimmen.

Transaktionen mit Eigenkapitalgebern

Zu den Zahlungen im Finanzierungsbereich zählen sämtliche Zahlungsvorgänge aus Beschaffungen und Rückzahlungen von Eigenkapital. Zu den Einzahlungen gehören Zahlungseingänge aus Kapitalerhöhungen, d. h. durch Ausgabe von Anteilen oder anderen Eigenkapitalinstrumenten (*equity instruments*) (IAS 7.17a). Die Auszahlungen umfassen Eigenkapitalrückführungen, Dividendenzahlungen und andere Ausschüttungen an die Anteilseigner sowie Zahlungsausgänge zum Erwerb oder Rückkauf eigener Anteile (IAS 7.17b).

Gezahlte Dividenden

Wie auch in DRS 2 gehören gezahlte Dividenden zu den Auszahlungen im Finanzierungsbereich, da sie die Kosten für das aufgenommene Eigenkapital darstellen (DRS 2.37; IAS 7.34). Alternativ lässt ausschließlich IAS 7 auch die Zuordnung der gezahlten Dividenden zum operativen Bereich zu (IAS 7.34).

Transaktionen mit Fremdkapitalgebern

»Finanzschulden«

Zu den Zahlungen im Finanzierungsbereich zählen ferner sämtliche Zahlungsvorgänge im Rahmen der Beschaffung und Rückzahlung von Finanzschulden (IAS 7.17). Finanzierungseinzahlungen resultieren aus Kreditaufnahmen, z. B. Ausgabe von Anleihen, Schuldscheinen und Rentenpapieren, sowie aus der Aufnahme von Darlehen, Hypotheken und aus der Aufnahme anderer kurz- und langfristiger Verbindlichkeiten (IAS 7.17c). Als Auszahlungen gelten Zahlungsausgänge zur Tilgung von Krediten (IAS 7.17d).

Gezahlte Zinsen

Die Zinszahlungen dürfen auch nach IAS 7 bei sachlicher Begründung im Finanzierungsbereich erfasst werden (IAS 7.33), wobei in diesem Fall der Finanzierungsbereich folglich sämtliche Zahlungen mit externen Kapitalgebern enthält.

Zahlungen aus Finanzierungsleasing

In IAS 7 werden außerdem die Einzahlungen von Leasingnehmern zur Ablösung von Verpflichtungen aus Finanzierungsleasingverträgen ausdrücklich dem Finanzierungsbereich zugeordnet (IAS 7.17e). Gezahlte Leasingraten an den Leasinggeber werden zwar nicht ausdrücklich erwähnt, jedoch im Beispiel zu IAS 7 dem Finanzierungsbereich zugeordnet und gesondert ausgewiesen (IAS 7.A), wobei auch für den Finanzierungsbereich der Nettoausweis nur in bestimmten Ausnahmefällen zulässig ist.

IAS 7 verlangt – wie für den Investitionsbereich – lediglich, dass die Zahlungsströme im Finanzierungsbereich grundsätzlich unsaldiert zu Hauptposten zusammengefasst werden (IAS 7.21). Im Beispiel zu IAS 7 werden im Finanzierungsbereich die Zahlungen nach der Zugehörigkeit zu Eigen- oder Fremdkapitalgebern – Einzahlungen aus der Ausgabe von Aktien und aus der Aufnahme langfristiger Kredite – untergliedert sowie Auszahlungen zur Tilgung von Verbindlichkeiten aus Finanzierungsleasingverträgen und gezahlte Dividenden jeweils gesondert ausgewiesen (IAS 7.A).

IV. Besonderheiten der KFR nach US-GAAP

KFR nach US-GAAP

International liegen weitgehend einheitliche Regeln zur Ausgestaltung einer KFR als Rechenschaftsinstrument im Jahresabschluss vor. Die gegenwärtig weltweit übliche Standardform einer KFR geht auf die US-amerikanische Regelung FAS 95 »*statement of cash flows*« aus dem Jahre 1987 zurück (heute: ASC 230). Die Regelungen nach DRS 2 sowie IAS 7 wurden maßgeblich von den US-GAAP-Vorschriften geprägt, daher soll im Folgenden nur knapp auf die wesentlichen noch bestehenden Unterschiede hingewiesen werden.

1. Besonderheiten im Anwendungsbereich

Sonderregeln und Erleichterungen nach US-GAAP

ASC 230 verlangt ebenso wie IAS 7 prinzipiell die Erstellung und Vorlage einer KFR von allen Unternehmen, die zur Berichterstattung verpflichtet sind (ASC 230-10-15). Befreiungsregelungen existieren für bestimmte Pensionskassen (*defined benefit pension plans* gemäß ASC 960 und *certain other employee benefit plans*) und bestimmte Investmentgesellschaften (*highly liquid investment companies*) (ASC 230-10-15). Außerdem gewährt ASC 942-230-45 *banks, savings institutions* und *credit unions* bestimmte Ausweiserleichterungen. Auch die US-GAAP-Norm enthält in den Anlagen ein Beispiel zur Gliederung einer KFR für Finanzinstitute (ASC 942-230-55).

2. Besonderheiten in den Ausgestaltungsregelungen

Keine Regelung zum Nettofonds in ASC 230

Entgegen den Regelungen nach DRS 2 oder IAS 7 wird in ASC 230 die Einbeziehung von negativen Beständen in den Fonds nicht thematisiert. Grundsätzlich stellen *bank overdrafts* kurzfristige Finanzierungsmaßnahmen dar und werden dementsprechend dem Finanzierungsbereich zugeordnet. Allerdings ist hierzu anzumerken, dass ein Unternehmen einen Überziehungskredit mit einem anderen positiven Saldo (*netted with another, positive, account balance*) bei derselben Bank verrechnen kann, wenn die Voraussetzung zur Saldierung gemäß ASC 210 erfüllt sind (ASC 210-20). Ist der Verrechnungssaldo der beiden Konten positiv, dann kann dieser als *cash equivalent* angesehen und in den Fonds einbezogen werden (vgl. Clarke, C. M. [1999], Tz. 7 f.). Somit können auch nach US-GAAP bestimmte *overdrafts* Fondsbestandteil sein.

Art und Reihenfolge der Positionen im Fonds

Anders als z. B. nach DRS 2 wird im Musterbeispiel zur Konzern-KFR nach ASC 230 der Bewertungsbereich von der Fondsveränderungsrechnung abgetrennt (ASC 830-230-55). Dabei werden zunächst die wechselkursbedingten Wertänderungen der Fondsveränderungsrechnung vorangestellt und anschließend mit den drei darüberstehenden Bereichs-Cashflows zur gesamten Fondsveränderung aufaddiert. Damit wird der Bewertungsbereich gesondert vor der Fondsrechnung ausgewiesen und die Position *net change in cash and cash equiv-*

alents enthält nicht ausschließlich zahlungswirksame, sondern auch nicht zahlungswirksame Fondsveränderungen.

Außerordentliche Zahlungen

Hinsichtlich des Ausweises außerordentlicher Zahlungen ist entsprechend der Regelung nach IFRS und konträr zu den Vorschriften nach DRS kein Ausweis von *extraordinary items* notwendig (ASC 230-10-45).

Sicherungsgeschäfte

Bei Rahmen der Erfassung von Sicherungsgeschäften ist nach US-GAAP zu beachten, dass es sich gemäß ASC 230 bei den Sicherungsinstrumenten um derivative Finanzinstrumente (*derivative instruments*) handeln muss, die als *fair value hedges or cash flow hedges* bilanziert werden (ASC 230-10-45). Diese Einschränkung findet sich in DRS 2 nicht, sodass die gemeinsame Zuordnung der Zahlungen von Sicherungs- und Grundgeschäft unabhängig von der bilanziellen Behandlung ist und sich nicht nur auf derivative Instrumente beschränkt.

Zins-, Dividenden- und Ertragsteuerzahlungen

Ein grundlegender Unterschied zwischen DRS 2 und IAS 7 einerseits und ASC 230 andererseits betrifft die Zuordnung von geleisteten und erhaltenen Zinszahlungen, Einzahlungen aus Dividenden und Beteiligungserträgen sowie Ertragsteuerzahlungen. Nach ASC 230 werden keine Wahlrechte für die Zuordnung dieser Zahlungen gewährt. Erhaltene Zinsen, nicht aktivierte Zinsauszahlungen, erhaltene Dividenden wie auch Ertragsteuerzahlungen sind obligatorisch im operativen Bereich zu erfassen (ASC 230-10-45). Die Zahlungen aus laufender Geschäftstätigkeit sollen soweit wie möglich die Auswirkungen derjenigen Posten beinhalten, die der Bestimmung des Jahresergebnisses zugrunde liegen. Die aktivierten Zinsauszahlungen (*interest capitalized*) sind dagegen im Investitionsbereich zu erfassen, da sie Teil der Anschaffungskosten sind. Gezahlte Dividenden sind zwingend dem Finanzierungsbereich zuzuordnen (ASC 230-10-45).

Indirekte Methode der Darstellung: Besonderheiten

Im Unterschied zu DRS 2 und IAS 7 beginnt das Beispiel im ASC 230 mit der Ausgangsgröße *net income* (nach Steuern und Zinsen) nach *extraordinary items*. Das *net income* wird dann in der Überleitungsrechnung um den nicht zahlungswirksamen Anteil an den Ertragsteueraufwendungen (*income taxes payable* und *increase in deferred taxes*) bereinigt. Zudem muss die Ausgangsgröße zwingend um die nicht zahlungswirksamen Zinserträge und -aufwendungen (*accruals for interest earned but not received and interest incurred but not paid*) korrigiert werden (ASC 230-10-55). Daraus folgt, dass in der Rückrechnung nicht Zins- und Ertragsteuerzahlungen – wie ggf. nach IAS 7 und nach DRS 2 –, sondern die bilanzielle und damit nicht zahlungswirksame Veränderung der Zinsverbindlichkeiten bzw. -forderungen sowie der Steuerverbindlichkeiten/-rückstellungen und der latenten Steuern ausgewiesen wird. Die in der Periode gezahlten Zinsen (abzüglich der aktivierten Zinszahlungen) und Ertragsteuern sind bei Anwendung der indirekten Methode an anderer Stelle (*related disclosures*) zu zeigen (ASC 230-10-45 und ASC 230-10-55).

Bei Anwendung der indirekten Darstellung hat gemäß ASC 230 das aufstellende Unternehmen die Wahl, die Überleitungsrechnung entweder innerhalb der KFR oder in einer separaten Nebenrechnung auszuweisen. Im letzteren Fall wird in der KFR nur der Bereichssaldo *net cash flow from operating activities* gezeigt. Wird dagegen von dem Ausweis innerhalb der KFR Gebrauch gemacht, so müssen alle Positionen der Rückrechnung eindeutig als Überleitungsposten (*reconciling items*) gekennzeichnet sein (ASC 230-10-45).

Eine weitere Besonderheit von ASC 230 ist, dass unabhängig von der Darstellungsmethode im operativen Bereich stets eine Überleitung vom *net income* (Jahresergebnis) auf den *net cash flow from operating activities* aufzustellen ist. Diese Überleitungsrechnung stimmt i. d. R. mit der indirekten Darstellungsmethode im operativen Bereich überein, sodass die Praxis die Überleitungsrechnung im Allgemeinen an dieser Stelle in der KFR ausweist. Wird dagegen die direkte Methode im operativen Bereich angewendet, so muss die indirekte Überleitung zusätzlich in einer separaten Nebenrechnung (*separate schedule*) gezeigt werden (ASC 230-10-45).

V. Besonderheiten im Konzernverbund

Während die KFR im Rahmen des Einzelabschlusses durch die oben dargestellten Ausführungen umfassend beschrieben wurde, sind im Rahmen der Erstellung einer KFR auf Konzernebene darüber hinausgehende Aspekte einzubeziehen.

1. Allgemeine Grundsätze für Konzernkapitalflussrechnungen

Einheitsgrundsatz und Abgrenzung des Konsolidierungskreises

Bei der Aufstellung einer Konzern-KFR ist die in § 297 Abs. 3 HGB kodifizierte Einheitstheorie zu befolgen. Der Einheitsgrundsatz spiegelt sich auch in der Bestimmung des DRS 2 wider, wonach für die Aufstellung der Konzern-KFR die Fiktion der wirtschaftlichen Einheit gilt (DRS 2.13). Die Konzernunternehmen sind folglich in die Konzern-KFR so einzubeziehen, als ob sie zusammen ein einziges Unternehmen darstellen. Daraus folgt für die Konzern-KFR als integraler Abschlussbestandteil, dass die Abgrenzung des Konsolidierungskreises wie auch die angewendeten Konsolidierungsmethoden im Konzernabschluss maßgeblich für die Aufstellung der Konzern-KFR sind (DRS 2.14).

Einbeziehung von Tochterunternehmen

Finanzmittelbestände bzw. Zahlungen der nach §§ 294 ff. HGB in den Konzernabschluss einbezogenen Tochterunternehmen sind vollständig in den Konzern-Finanzmittelfonds bzw. die Konzern-Ursachenrechnung aufzunehmen. Der Konzern-Finanzmittelfonds darf allerdings keine von einem einbezogenen Unternehmen emittierten Wertpapiere (z. B. *commercial papers*), die von einem anderen Unternehmen des Konsolidierungskreises als Zahlungsmitteläquivalente klassifiziert werden, enthalten (vgl. Scheffler, E. [2013], Tz. 286 f.). Zahlungsströme zwischen einbezogenen Unternehmen sind aus einer Konzern-KFR auszuschließen; die Konzern-KFR darf nur Zahlungen mit konzernfremden Dritten berücksichtigen.

Zahlungsvorgänge mit Minderheiten

Zahlungen aus Geschäftsvorfällen mit Minderheitsgesellschaftern der einbezogenen Unternehmen sind wie Zahlungen mit Konzernfremden zu behandeln und demzufolge im jeweils betroffenen Aktivitätsbereich enthalten. Finanzierungseinzahlungen und -auszahlungen, die mit Minderheitsgesellschaftern von konsolidierten Unternehmen zusammenhängen, sind sachgerecht dem Finanzierungsbereich zuzuordnen (DRS 2.34). In Bezug auf den Ausweis von Finanzierungstransaktionen mit Minderheiten geht DRS 2 über die internationalen Standards hinaus und schreibt mittels einer Soll-Vorschrift für von Minderheitsgesellschaftern geleistete Eigenkapitalzuführungen und für an diese abgeführte Dividenden, Eigenkapitalrückzahlungen und sonstige Ausschüttungen den Bruttoausweis in der KFR oder im Rahmen der ergänzenden Angaben vor (DRS 2.51). Ein gesonderter Ausweis der Finanzierungszahlungen im Zusammenhang mit Minderheiten wird in IAS 7 nicht gefordert.

Einbeziehung von quotenkonsolidierten Unternehmen

Finanzmittelbestände und Zahlungsströme von quotal konsolidierten Gemeinschaftsunternehmen (*jointly controlled entities*) (§ 310 HGB; *benchmark treatment* gemäß IAS 31.25 ff.) sind anteilig – in Höhe der Konzernbeteiligungsquote – in die Konzern-KFR zu übernehmen (DRS 2.14 und DRS 9.19; IAS 7.38), selbst wenn die Konzernleitung über deren Finanzmittelbestände und Zahlungsströme nicht beliebig verfügen kann. Die im Konzernfonds enthaltenen Finanzmittelbestände von quotal einbezogenen Unternehmen sind nach DRS 2 stets gesondert anzugeben (DRS 2.53). IAS 7 verlangt die Angabe der quotal einbezogenen Finanzmittelbestände bei eingeschränkter Disposition seitens der Konzernleitung (IAS 7.48). Wie bereits unter den ergänzenden Angaben erwähnt, empfiehlt IAS 7 als freiwillige Angabe auch noch die Offenlegung der drei Bereichssalden jeweils in kumulierter Form, die von quotenkonsolidierten Unternehmen stammen (IAS 7.50b).

Behandlung von Beteiligungen

Sind im Konzernabschluss Beteiligungen nach der Equity-Methode oder nach dem Anschaffungskostenprinzip bilanziert (§§ 311, 312 HGB), so schreiben DRS 2 und IAS 7 vor, dass nur Zahlungsvorgänge zwischen den nicht konsolidierten Beteiligungsunternehmen und den einbezogenen Konzernunternehmen, wie z. B. erhaltene Dividenden, Barauszahlungen bei Kapitalerhöhungen sowie Ein- und Auszahlungen aus dem Kauf oder der Veräußerung solcher Beteiligungen, zu erfassen sind (DRS 2.14; IAS 7.37 f.). GuV-wirksame Auswirkungen der im Konzernabschluss nach der Equity-Methode fortgeschriebenen Beteiligungen dürfen aufgrund fehlender Zahlungsvorgänge in der Konzern-KFR nicht enthalten sein.

2. Ermittlungsmethoden der Konzernkapitalflussrechnung

Alternative Ermittlungsmethoden der Konzern-KFR

Für die Ermittlung einer Konzern-KFR besteht neben der originären Ermittlung aus einer (Konzern-)Buchführung die Möglichkeit einer derivativen Ermittlung aus dem Konzernabschluss oder durch Konsolidierung von Einzel-KFR der einzubeziehenden Unternehmen. Eine Übersicht gibt Abbildung 12.7.

Originäre Ermittlung

Zur originären Ermittlung einer Konzern-KFR werden Informationen über sämtliche Einzahlungen und Auszahlungen mit konzernfremden Dritten benötigt. Somit muss auf eine – in der Praxis bisher kaum relevante – Konzernbuchführung zurückgegriffen werden. Zumeist ist das Konzernrechnungswesen hierfür jedoch noch nicht ausreichend entwickelt. Alternativ können die benötigten Daten aus den Buchhaltungen der Einzelunternehmen gewonnen werden, wenn die Buchführungen der einzubeziehenden Unternehmen rechentechnisch zwischen konzerninternen Zahlungen und Zahlungsvorgängen mit Dritten unterscheiden können. Der Vorteil einer originären Erstellung liegt darin, dass sich die nachfolgenden Sonderprobleme größtenteils gar nicht erst ergeben (vgl. Scheffler, E. [2013], Tz. 294).

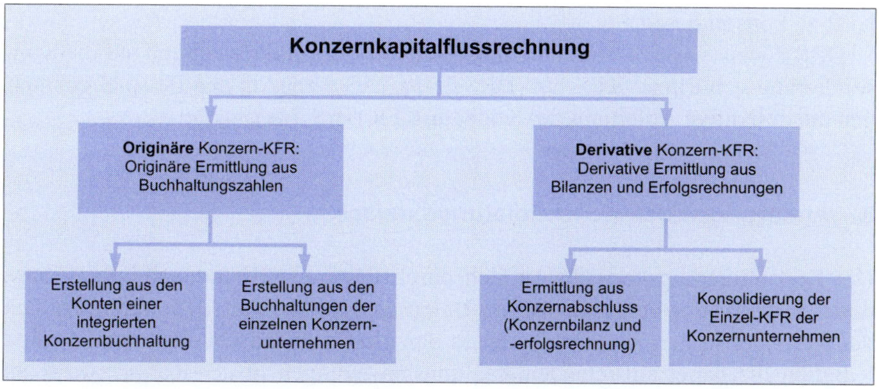

Abb. 12.7: Systematisierung von Konzernkapitalflussrechnungen nach der Vorgehensweise bei der Aufstellung (in Anlehnung an Arbeitskreis »Finanzierungsrechnung« der Schmalenbach-Gesellschaft [2012], S. 9)

Derivative Ermittlung

Die in der Praxis bevorzugte Vorgehensweise ist die derivative Ableitung der Konzern-KFR. Dabei wird i. d. R. auf die Ermittlung der konsolidierten Kapitalflussrechnung auf Basis des bestehenden Konzernabschlusses zurückgegriffen. Bei der derivativen Ermittlung aus Konzernbilanz und Konzern-GuV müssen jedoch zahlreiche zusätzliche interne Daten mit einfließen (vgl. Arbeitskreis »Finanzierungsrechnung« der Schmalenbach-Gesellschaft [1996], S. 123). Die so derivativ erstellte Konzern-KFR ist um sämtliche zahlungsunwirksamen Erträge und Aufwendungen, die sich aus den Konsolidierungsmaßnahmen ergeben, zu bereinigen, wie z. B. Goodwillabschreibungen und latente Steuern aus Konsolidierungsvorgängen. Weitere notwendige Korrekturen von zahlungsunwirksamen Vorgängen sind bei Änderungen des Konsolidierungskreises und bei Wechselkursänderungen vorzunehmen. In DRS 2 wird auf die Verwendung der Zusatzinformationen ausdrücklich hingewiesen (DRS 2.13), damit die Rechnung aus Konzernsicht überhaupt adäquate zahlungsorientierte Informationen liefern kann.

Alternativ kann die Konzern-KFR auch derivativ durch Konsolidierung der Einzel-KFR der einbezogenen Konzernunternehmen, die ihrerseits die Einzel-KFR originär oder derivativ ermitteln können, aufgestellt werden. Die Konsolidierungsschritte sind dabei analog zur Aufstellung von Konzernbilanz und Konzern-GuV durchzuführen, d. h. konzerneinheitliche Einzel-KFR sind – ggf. nach Umrechnung in die Konzernwährung – zu summieren und anschließend um konzerninterne Zahlungsbewegungen zu bereinigen. Das Ergebnis ist dann eine Konzern-KFR, die ausschließlich Zahlungsvorgänge mit Konzernfremden zeigt und die daraus resultierenden Veränderungen des Konzernfinanzmittelfonds erklärt. Die durch Konsolidierung ermittelte Konzern-KFR kann als »konsolidierte KFR« bezeichnet werden. In der Literatur findet sich stattdessen auch die Bezeichnung »additive Konzern-KFR« (vgl. Pfuhl, J. [1994], S. 410 ff.). Auch wird der Begriff »konsolidierte KFR« gelegentlich mit dem Begriff der »Konzern-KFR« gleichgesetzt (vgl. Scheffler, E. [2013], Tz. 285 ff.).

Kombination der Ermittlungsmöglichkeiten

Die erläuterten Ermittlungsalternativen können bei der Erstellung einer Konzern-KFR auch kombiniert eingesetzt werden. So ist es beispielsweise möglich, eine Teilkonzern-KFR originär zu erstellen und anschließend mit derivativ ermittelten Einzel-KFR der übrigen Konzernunternehmen zu einer Gesamtkonzern-KFR zu konsolidieren.

Genannte Ermittlungswege

DRS 2 weist explizit nur auf den derivativen Ermittlungsweg und auf die Konsolidierung von Einzel-KFR hin (DRS 2.13), IAS 7 zeigt in den Beispielrechnungen die derivative Ableitung der Konzern-KFR (IAS 7.A).

3. Änderungen des Konsolidierungskreises

Abkehr von der Einzelerwerbsfiktion und Beschränkung auf Zahlungsvorgänge

Der Konsolidierungskreis ändert sich durch Erst- oder Entkonsolidierung bzw. durch Erwerb oder Veräußerung von Unternehmen oder Anteilen. Verändert sich der Kreis der in den Konzernabschluss einzubeziehenden Unternehmen, so sind lediglich die dabei auftretenden Zahlungsbewegungen in der Konzern-KFR zu erfassen. Dies bedeutet eine Abkehr von der für Konzernbilanz und Konzern-GuV verbindlichen Einzelerwerbsfiktion, da die Veränderung des Konzernkreises nicht durch die mit ihr verbundenen Zu- bzw. Abgänge von Vermögensgegenständen und Schulden, sondern entsprechend ihrer finanzwirtschaftlichen Auswirkung als Investitionszahlung oder eventuell als unbare Transaktion in der Konzern-KFR zu berücksichtigen ist (DRS 2.45).

Änderung des Konsolidierungskreises

Treten durch Erwerb von Anteilen Veränderungen im Konsolidierungskreis auf, so ist nur der Investitionsvorgang, d. h. der Kaufpreis abzüglich des erworbenen Bestandes an Zahlungsmitteln und Zahlungsmitteläquivalenten im Investitionsbereich der Konzern-KFR zu erfassen. Umgekehrt ist im Falle der Veräußerung und der damit einhergehenden Entkonsolidierung der um die abgegangenen Finanzmittel verminderte Verkaufspreis als Desinvestitionsvorgang auszuweisen. Beim Kauf bzw. Verkauf von Unternehmen oder Anteilen ist somit lediglich die Differenz aus Kauf- bzw. Verkaufspreis und erworbenen bzw. abgegebenen Finanzmittelbeständen als Zahlungsbewegung im Investitionsbereich gesondert auszuweisen (DRS 2.44; IAS 7.39 und IAS 7.42). Vgl. zu den Ausweisvorschriften bei Erwerb und Veräußerung von konsolidierten Unternehmen und sonstigen Geschäftseinheiten S. 835 ff. in diesem Kapitel.

Der Konsolidierungskreis kann sich des Weiteren ändern, wenn einerseits bereits in vorherigen Geschäftsjahren erworbene Tochterunternehmen erstmals – aufgrund einer geänderten Ausübung eines Einbeziehungswahlrechts – in den Konzernabschluss einbezogen werden. Andererseits können in Vorperioden einbezogene Konzernunternehmen in der Berichtsperiode erstmals aus dem Konsolidierungskreis ausscheiden, obwohl die Konzernbeteiligungsquote unverändert geblieben ist (vgl. Bieg, H./Regnery, P. [1993], S. 11 f.). Diese Änderungen des Konsolidierungskreises führen zwar zu Zu- bzw. Abgängen von Vermögensgegenständen und Schulden in der Konzernbilanz; aber sie sind nicht in der Konzern-KFR zu erfassen, da ihnen keine periodengleichen zahlungswirksamen Vorgänge zugrunde liegen (DRS 2.45). Die Zahlung an (von) Dritte(n) wirken sich in der Periode des Erwerbs (Verkaufs) auf die Konzern-KFR aus, sodass hier ausschließlich die Finanzmittelbestände der erstmals (nicht mehr) einbezogenen Unternehmen als Zugänge (Abgänge) im Finanzmittelfonds des Konzerns berücksichtigt werden. Die Veränderung des Konzernfonds wird allerdings nicht durch Zahlungsbewegungen in der Ursachenrechnung erklärt, sondern sie ist im Rahmen der Überleitung auf den Finanzmittelfonds zum Periodenende gesondert als »konsolidierungskreisbedingte Änderung des Finanzmittelfonds« in der Fondsveränderungsrechnung auszuweisen (vgl. in diesem Kapitel, S. 828 ff.), die bei Unwesentlichkeit mit der bewertungs- und ggf. wechselkursbedingten Änderung des Finanzmittelfonds in einem Posten zusammengefasst werden darf (DRS 2.45). Für Cashflows aus solchen Erst- bzw. Entkonsolidierungen von Unternehmen und sonstigen Geschäftseinheiten, bei denen der Erwerbs- bzw. Verkaufszeitpunkt nicht in die Berichtsperiode fällt, ist in IAS 7.42A bzw. IAS 7.42B geregelt, dass diese dem Finanzierungsbereich zuzurechnen sind (vgl. Wysocki, K. v./Harzheim, T. [2012], Tz. 123).

Veränderungen des Konsolidierungskreises dürfen sich also in der Konzern-KFR nur als Zahlungsvorgänge niederschlagen, wenn damit aus Sicht des Konzerns periodengleiche Zahlungsmittelbewegungen verbunden sind.

Erst- und Entkonsolidierungszeitpunkt

DRS 2 legt fest, dass der Erst- bzw. Entkonsolidierungszeitpunkt eines Tochterunternehmens im Konzernabschluss auch maßgeblich für die Konzern-KFR ist, d. h. ab bzw. bis zu welchem Zeitpunkt die Zahlungsströme in der Konzern-KFR zu berücksichtigen sind (DRS 2.46). IAS 7 schreibt den Zeitpunkt der Erst- bzw. Entkonsolidierung dagegen nicht vor.

4. Währungsumrechnung

Umrechnung der Finanzmittel und der Zahlungsströme

Sind ausländische Tochterunternehmen in die Konzern-KFR einzubeziehen, so müssen deren Finanzmittelbestände und deren Zahlungsströme in die Konzernberichtswährung umgerechnet werden. Bei der Umrechnung der Finanzmittelbestände der ausländischen Tochterunternehmen in die Berichtswährung ist der jeweilige Stichtagskurs zugrunde zu legen. Bei der Umrechnung der Zahlungsvorgänge ausländischer Tochterunternehmen ist gemäß den Standards – wie bei Fremdwährungstransaktionen eines Einzelunternehmens – der Wechselkurs des jeweiligen Zahlungszeitpunktes anzuwenden (DRS 2.22; IAS 7.26). In IAS 7 wird die Anwendung des Stichtagskurses für die Umrechnung der Zahlungsströme von Tochterunternehmen sogar ausdrücklich untersagt (IAS 7.27).

Durchschnittskurs

Als Näherungslösung ist die Verwendung von gewogenen Durchschnittskursen nach DRS 2 und IAS 7 zulässig, sofern sich ihr Ergebnis mit dem der Transaktionskurse mehr oder weniger deckt (DRS 2.22; IAS 7.27). Durchschnittskurse verursachen keine wesentlichen Verzerrungen, wenn die umzurechnenden Zahlungsströme stetig vorfallen und lediglich geringe Wechselkursbewegungen zu beobachten sind. Das kontinuierliche Auftreten von Zahlungsvorgängen gilt i. d. R. für den operativen Bereich, weniger aber für den Investitions- und Finanzierungsbereich, sodass dort zumindest für die Umrechnung der bedeutenden Zahlungstransaktionen der Transaktionskurs verwendet werden sollte.

Umrechnung bei originärer Konzern-KFR

Bei der originären Ermittlung der Konzern-KFR können die Einzahlungen und Auszahlungen aus einer (Konzern-)Buchhaltung mit dem im Zahlungszeitpunkt gültigen Wechselkurs umgerechnet werden, soweit der Transaktionskurs für jeden einzelnen Zahlungsvorgang bereitgestellt wird. Die Durchführung der Umrechnung bereitet dann Schwierigkeiten, wenn die Wechselkurse für jeden einzelnen Zahlungsvorgang nicht zur Verfügung stehen. Aus Gründen der Vereinfachung und Wirtschaftlichkeit ist die Umrechnung der Fremdwährungszahlungen mit gewogenen Periodendurchschnittskursen als Näherungslösung zulässig

(DRS 2.22; IAS 7.27). Die Umrechnung der Finanzmittelbestände und Zahlungsbewegungen ausländischer Tochterunternehmen, die aus Konzernsicht Fremdwährungsbestände und Fremdwährungstransaktionen darstellen, führt zu denselben wechselkursbedingten Wertänderungen des Finanzmittelfonds (Wechselkurseffekt), wie sie auf S. 828 ff. in diesem Kapitel für ein Einzelunternehmen dargestellt wurden. Als Folge ihrer Zahlungsunwirksamkeit sind die wechselkursbedingten Fondsveränderungen gesondert in der Überleitung zum Finanzmittelfonds des Konzerns zu zeigen.

Umrechnung bei derivativer Konzern-KFR

Für den Fall, dass die Konzern-KFR derivativ aus dem Konzernabschluss abgeleitet wird und in ihm ausländische Tochtergesellschaften einbezogen sind, muss die Konzern-KFR nicht nur um den Wechselkurseffekt, sondern auch um weitere Währungsumrechnungsdifferenzen (sog. globaler Umrechnungseffekt) bereinigt werden (vgl. Holzer, H. P./Häusler, H. [1989], S. 222 ff.). Die derivativ ermittelte Konzern-KFR übernimmt implizit die Lösungen der Währungsumrechnung aus dem Konzernabschluss, sodass zahlungsunwirksame Umrechnungsdifferenzen enthalten sind. Bei Anwendung der Stichtagskursmethode führen Wechselkursänderungen zu zahlungsunwirksamen Bestandsänderungen in der Bilanz (z. B. Wertänderung einer langfristigen Verbindlichkeit durch Stichtagskursumrechnung); bei Anwendung der Zeitbezugsmethode verursachen sie ggf. nicht realisierte, zahlungsunwirksame Umrechnungserfolge, die auf Änderungen der bilanziellen Umrechnungsdifferenzen beruhen (vgl. Wysocki, K. v./Harzheim, T. [2012], Tz. 131). Somit müssen bei der Ableitung der Konzern-KFR aus dem Konzernabschluss die durch die Umrechnung einzelner Posten der Bilanz und GuV auftretenden Umrechnungsdifferenzen als zahlungsunwirksame Komponenten aus der KFR herausgerechnet werden. I. d. R. sind bei der derivativen Ermittlung aber nur die Zeitpunkte der GuV-Wirksamkeit bekannt, sodass für die Zahlungsvorgänge ausländischer einbezogener Unternehmen in fremden Währungen implizit die Kurse bei GuV-Wirksamkeit Verwendung finden (vgl. Arbeitskreis »Finanzierungsrechnung« der Schmalenbach-Gesellschaft [1996], S. 39 f.). Die vorliegenden Standards verlangen indes ausschließlich den Ausweis von zahlungswirksamen Vorgängen in der Konzern-KFR, sodass zumindest theoretisch die Zahlungsströme von ausländischen Konzernunternehmen rückwirkend mit den Transaktions- bzw. Periodendurchschnittskursen in die Konzernwährung umgerechnet werden müssten (DRS 2.22; IAS 7.26). Da bei der derivativen Ermittlung der Konzern-KFR i. d. R. aber nur die Zeitpunkte der GuV-Wirksamkeit bekannt sind und stark aggregierte Daten vorliegen, können zahlungsunwirksame globale Umrechnungseffekte nur näherungsweise bestimmt und korrigiert werden.

Umrechnung bei konsolidierter KFR

Die aufwendigen Korrekturmaßnahmen der derivativen Ermittlung können dadurch vermieden werden, dass Einzel-KFR in der fremden Währung erstellt und anschließend mit einem Periodendurchschnittskurs als Näherungslösung umgerechnet werden. Sodann werden sämtliche Einzel-KFR der in- und ausländischen Gesellschaften konsolidiert. Bei dieser Ermittlungsmethode tritt (lediglich) der oben genannte Wechselkurseffekt auf, der zu bereinigen und gesondert auszuweisen ist.

Kontrollfragen:
Nationale Normen:

1. Erläutern Sie den Begriff der Kapitalflussrechnung (KFR) und grenzen Sie ihn von der Finanzierungsrechnung ab!
2. In welchen Bereichen kann die Finanzierungsrechnung eingesetzt werden?
3. Erklären Sie die Ableitungszusammenhänge zwischen Bilanz, GuV und KFR!
4. Was versteht man unter einem Fonds?
5. Nennen Sie Fondstypen und diskutieren Sie die Vor- und Nachteile verschiedener Fondsabgrenzungen im Hinblick auf die Analyse der Liquidität!
6. Welche Wertänderungen können bei den in den Fonds einbezogenen Finanzmitteln auftreten?
7. Welcher Zusammenhang besteht zwischen Fondsumfang, Fondsnachweisrechnung und Gegenbeständerechnung?
8. Worin besteht der Unterschied zwischen dem Finanzfluss- und Aktivitätsformat?
9. Welche Typen von Korrekturposten sind Bestandteil der indirekten Darstellung im Bereich der laufenden Geschäftstätigkeit?
10. Erklären Sie den Unterschied zwischen der originären und derivativen Ermittlung der KFR! Grenzen Sie die Vorgehensweisen bei der Ermittlung von den Darstellungsmethoden am Beispiel des operativen Bereichs ab!
11. Welche Unterschiede bestehen zwischen einer Beständedifferenzenbilanz und einer Veränderungsbilanz?
12. Welchen Mängeln unterliegt die Veränderungsbilanz?
13. Welche Unterschiede bestehen zwischen einer Veränderungsbilanz und einer Bewegungsbilanz?
14. Mit welchem Ziel wird die Erfolgsrechnung in die Bewegungsbilanz einbezogen? Auf welche Weise können diese GuV-Posten in die KFR einbezogen werden?
15. Weshalb wird eine Fondsausgliederung durchgeführt? Was sind fondsneutrale und was sind fondsinterne Vorgänge?
16. Erklären Sie den Unterschied zwischen der direkten und indirekten Darstellungsform für den operativen Bereich! Welche Posten sind bei Anwendung der indirekten Darstellungsmethode im operativen Bereich nach DRS 2 zahlungsunwirksam?

17. Erläutern Sie den Zweck von Sonderausweisen und ergänzenden Angaben an Beispielen!
18. Welche Zahlungen sind der Sonderposition »Finanzmittelanlagen im Rahmen der kurzfristigen Finanzdisposition« nach DRS 2 zuzurechnen? Welches Ziel wird mit diesem Sonderausweis verfolgt?
19. Welche zusätzliche Vorgehensweise gibt es bei der Ermittlung der Konzern-KFR im Vergleich zur Einzel-KFR?
20. Erklären Sie die Abkehr von der Einzelerwerbsfiktion im Rahmen der Konzern-KFR!
21. Welche Effekte und Probleme treten bei der Währungsumrechnung auf?

Internationale Normen:

22. Wo liegen die Unterschiede in der Fondsabgrenzung nach DRS 2 und IAS 7?
23. Welche Gliederungskonzeption der KFR liegt den beiden Standards zugrunde?
24. Nach welchen Kriterien werden Zahlungen den Bereichen zugeordnet? Wie werden bereichsübergreifende Zahlungsvorgänge in der KFR nach DRS 2 und IAS 7 behandelt?
25. Wie werden wesentliche zahlungsunwirksame Geschäftsvorfälle in der KFR nach DRS 2 und IAS 7 behandelt?
26. Erläutern Sie den Bereich der laufenden Geschäftstätigkeit! Gehen Sie dabei auf die Zuordnung der Zins-, Dividenden- und Ertragsteuerzahlungen nach DRS 2 und IAS 7 ein!
27. Welchem Bereich sind Zahlungsvorgänge im Zusammenhang mit Finanzierungsleasingverträgen nach den Standards zuzuordnen?

13. Kapitel: Berichtsinstrumente: Anhang, Segmentbericht, Lagebericht

Erfüllung der Information der Rechnungslegung

Die Informationsfunktion der Rechnungslegung erfordert neben Bilanz und GuV (sowie Kapitalflussrechnung und Eigenkapitalspiegel im Konzernabschluss bzw. Jahresabschluss von kapitalmarktorientierten Kapitalgesellschaften, die keinen Konzernabschluss aufstellen) zusätzliche Berichtsinstrumente, die eine Interpretation der Zahlenangaben des Jahresabschlusses und eine Beurteilung der wirtschaftlichen Lage des Unternehmens bzw. Konzerns als Ganzes ermöglichen. Für die Erfüllung dieser Aufgaben stehen den Unternehmen verschiedene Instrumente zur Verfügung: Anhang, Segmentbericht, Lagebericht und darüber hinaus die wertorientierte Berichterstattung. Der (Konzern-)Anhang ist verpflichtender Bestandteil sowohl des HGB-Jahresabschlusses einer kleinen, mittelgroßen und großen Kapitalgesellschaft (§ 264 Abs. 1 HGB) und des HGB-Konzernabschlusses (§ 297 Abs. 1 HGB) sowie des IFRS-Abschlusses (IAS 1.10e). Kleinstkapitalgesellschaften können auf die Aufstellung des Anhangs verzichten, sofern bestimmte Angaben unter der Bilanz gemacht werden (§ 264 Abs. 1 Satz 5 HGB). Für die Erstellung eines Segmentberichts hingegen besteht ein Wahlrecht nach §§ 264 Abs. 1 bzw. 297 Abs. 1 HGB für alle Kapitalgesellschaften unabhängig von deren Größe. IFRS 8.2 verpflichtet demgegenüber kapitalmarktorientierte Unternehmen zur Vornahme einer Segmentberichterstattung. Im Unterschied zum Lagebericht handelt es sich bei diesen Berichtsinstrumenten um Bestandteile des Jahres- bzw. Konzernabschlusses. Der (Konzern-)Lagebericht ist ein neben den Abschluss des Unternehmens tretendes Berichtsinstrument, das nach den §§ 264 Abs. 1 und 290 Abs. 1 HGB verpflichtend zu erstellen ist. Die IFRS sehen keine Aufstellungspflicht für einen Lagebericht vor, sondern empfehlen lediglich die Erstellung eines »*Management Commentary*«. Zudem hat sich vor allem bei kapitalmarktorientierten Unternehmen die Praxis herausgebildet, zusätzliche über die gesetzlichen Anforderungen hinausgehende Berichte zu publizieren, die entscheidungsrelevante Informationen zur Bestimmung des Unternehmenswerts gewähren (wertorientierte Berichterstattung) und entweder eigenständig oder im Rahmen der Lageberichterstattung veröffentlicht werden.

A. Anhang

Zusatzinformationen zum Jahresabschluss

Der Anhang bzw. Konzernanhang stellt ein Berichtsinstrument innerhalb des Jahresabschlusses dar. Er enthält Informationen quantitativer, aber insbesondere auch qualitativer Art, die der Erläuterung und Ergänzung der mit Hilfe der übrigen Bestandteile des Jahresabschlusses generierten Zahlenangaben dienen. Zudem soll der Anhang die anderen Rechnungslegungsinstrumente entlasten und ggf. zur Vermeidung von Fehlinterpretationen zusätzliche Angaben enthalten. Dem Anhang kommt im Hinblick auf das Informationsziel des Jahresabschlusses, die Vermögens-, Finanz- und Ertragslage entsprechend den tatsächlichen Verhältnissen darzustellen, wesentliche Bedeutung zu. Der Informationsumfang und das Informationsniveau ergeben sich dabei allgemein aus der Anforderung an den Jahresabschluss, die wirtschaftliche Lage zutreffend darzustellen.

I. Anhang nach nationalen Normen

Vorschriften zum Anhang

Die Vorschriften für den Anhang gemäß dem deutschen Handelsrecht finden sich insbesondere in den §§ 284, 285 HGB für den Jahresabschluss und den §§ 313, 314 HGB für den Konzernabschluss. Darüber hinaus enthalten auch einzelne andere Paragrafen des dritten Buches des HGB sowie das AktG (z. B. § 152 Abs. 2 und 3, § 160 Abs. 1, § 240 Satz 3, § 261 Abs. 1 Satz 3 und 4 AktG) und das GmbHG (§ 29 Abs. 4 Satz 2 und § 42 Abs. 3 GmbHG) Vorschriften zu Anhangangaben.

1. Aufstellungspflicht

Einzelabschlussebene

Der Anhang tritt gemäß § 264 Abs. 1 HGB als dritter Bestandteil des Jahresabschlusses einer Kapitalgesellschaft gleichwertig neben die Informationsinstrumente »Bilanz« und »Gewinn- und Verlustrechnung«. Damit haben neben AG und KGaA auch Gesellschaften mbH den Jahresabschluss gemäß § 242 Abs. 3 HGB um einen Anhang zu erweitern (= erweiterter Jahresabschluss). Gleiches gilt für Genossenschaften (§ 336 HGB), für die jedoch Erleichterungen vorliegen (§ 336 Abs. 2 HGB). Unternehmen, die unter das PublG fallen und nicht in der Rechtsform eines Einzelkaufmanns oder einer Personenhandelsgesellschaft betrieben werden, müssen ebenfalls einen Anhang erstellen (§ 5 Abs. 1, 2 PublG). Keine Rolle spielt die Rechtsform aber gemäß § 5 Abs. 2a PublG, wenn es sich um kapitalmarktorientierte Unternehmen i. S. des § 264d HGB handelt. Diese müssen ihren Jahresabschluss in jedem Fall um einen Anhang erweitern. Gemäß § 264a Abs. 1 HGB unterliegen auch Personenhandelsgesellschaften, bei denen nicht mindestens ein persönlich haftender Gesellschafter eine natürliche Person ist, der Aufstellungspflicht.

Prüfung und Offenlegung

Der Anhang unterliegt mit Ausnahme der kleinen Kapitalgesellschaften auch der Prüfung durch den Abschlussprüfer (§ 316 Abs. 1 HGB) und ist binnen zwölf Monaten nach dem Abschlussstichtag beim Bundesanzeiger elektronisch einzureichen und bekannt zu machen (§ 325 Abs. 1, 2 HGB). Liegt Kapitalmarktorientierung vor (§ 264d HGB), dann verkürzt sich diese Frist gemäß § 325 Abs. 4 HGB auf vier Monate. Diese Vorschriften gelten nach den §§ 6 und 9 PublG sinngemäß für Unternehmen, die unter das PublG fallen.

Kleinstkapitalgesellschaften

Durch das MicroBilG wurde für Kleinstkapitalgesellschaften i. S. des § 267a HGB die Möglichkeit geschaffen, auf die Aufstellung des Anhangs zu verzichten (§ 264 Abs. 1 Satz 5 HGB). Voraussetzung hierfür ist, dass unter der Bilanz bestimmte den Anhang ersetzende Angaben gemacht werden. Hierzu zählen Angaben zu den Haftungsverhältnissen gemäß §§ 251 und 268 HGB, Angaben zu gewährten Vorschüssen und Krediten an Mitglieder des Geschäftsführungsorgans, Aufsichtsrats oder einer ähnlichen Einrichtung gemäß § 285 Nr. 9c HGB und im Falle einer AG oder KGaA Angaben zum Bestand eigener Aktien gemäß § 160 Abs. 1 Satz 1 Nr. 2 AktG (§§ 264 Abs. 1 Satz 5 Nr. 1 bis Nr. 3 HGB). Führen besondere Umstände dazu, dass der Jahresabschluss der Generalnorm der Vermittlung eines den tatsächlichen Verhältnissen entsprechenden Bildes der Vermögens-, Finanz- und Ertragslage nicht entspricht, ist dies ebenfalls unter dem Bilanzstrich zu erläutern (§ 264 Abs. 2 Satz 3 HGB). Kleinstkapitalgesellschaften sollen so von Bürokratie- und Verwaltungkosten entlastet werden und der Informationsgehalt auf ein der Unternehmensgröße angepasstes Maß reduziert werden. Der Gesetzgeber geht davon aus, dass bei Kleinstkapitalgesellschaften aufgrund des geringeren Komplexitätsgrades trotz des Weglassens des Anhangs die Generalnorm (vgl. in diesem Kapitel, S. 849) des § 264 Abs. 2 Satz 1 HGB erfüllt ist (vgl. § 264 Abs. 2 Satz 4 HGB; kritisch hierzu vgl. Schellhorn, M. [2012], S. 2297 f.).

Konzernebene

Auch auf Konzernebene stellt der Anhang einen verpflichtenden Bestandteil des Konzernabschlusses dar (§ 297 Abs. 1 HGB). Zu seiner Erstellung ist jedes Mutterunternehmen verpflichtet, das zwingend nach dem HGB (§ 290 Abs. 1 HGB), dem PublG (§ 13 Abs. 2 PublG) oder freiwillig einen befreienden Abschluss (§ 291 HGB) erstellt. Der Konzernanhang kann allerdings gemäß § 298 Abs. 3 HGB mit dem Anhang des Mutterunternehmens zusammengefasst werden. Dadurch lassen sich Wiederholungen in Einzel- bzw. Konzernabschluss vermeiden.

Der Konzernanhang unterliegt als Bestandteil des Konzernabschlusses der Prüfungspflicht (§ 316 Abs. 2 HGB) und ist entsprechend den Regelungen im Jahresabschluss offen zu legen (§ 325 Abs. 3 HGB). Diese Vorschriften gelten nach den §§ 14 und 15 PublG sinngemäß für Unternehmen, die unter das PublG fallen. Wird von der zusammengefassten Darstellung Gebrauch gemacht, sind der Konzernabschluss und der Jahresabschluss des Mutterunternehmens gemeinsam offen zu legen (§ 298 Abs. 3 Satz 2 HGB).

2. Funktionen des Anhangs

Erfüllung der Generalnorm

Da der Anhang – im Gegensatz zum Lagebericht (vgl. in diesem Kapitel, S. 919 ff.) – einen integralen Bestandteil des Jahresabschlusses bildet, gilt für ihn gleichermaßen die informatorische Generalnorm des § 264 Abs. 2 HGB, die für den Jahresabschluss die Vermittlung eines den tatsächlichen Verhältnissen entsprechenden Bildes der Vermögens-, Finanz- und Ertragslage unter Beachtung der Grundsätze ordnungsmäßiger Buchführung fordert. Die analoge Vorschrift für den Konzernabschluss ist in § 297 Abs. 2 HGB geregelt.

Notwendigkeit der Anhangangaben

Bilanz und GuV gewähren im Hinblick auf das Informationsziel quantitative Angaben in Form von Bestandsgrößen (= Bilanzansätze) und Stromgrößen (= Aufwendungen und Erträge). Bilanz und GuV alleine sind jedoch nur sehr bedingt dazu geeignet, die tatsächlichen Verhältnisse einer Kapitalgesellschaft abzubilden. Zwei wesentliche Ursachen sind hierfür verantwortlich: Zum einen sind die von Bilanz und GuV gewährten quantitativen Informationen aufgrund von Wahlrechten und Ermessensspielräumen im Rahmen des Bilanzansatzes, der Bewertung und des Ausweises durch die unternehmensindividuelle Bilanzpolitik gefärbt; zwischenbetrieblich und zeitlich vergleichbare Informationen setzen folglich zusätzliche (verbale) Erläuterungen voraus, die eine eindeutige Interpretation der Bilanz- und GuV-Zahlen erst ermöglichen. Zum anderen lässt sich die wirtschaftliche Lage i. S. der Generalnorm des § 264 Abs. 2 HGB nicht ausschließlich und allumfassend mit Hilfe der Bilanzierungs- bzw. Gewinnermittlungskonventionen darstellen. Um den geforderten Einblick in die Vermögens-, Finanz- und Ertragslage zu erfüllen, sind im Anhang zusätzliche Informationen – insbesondere auch qualitativer Art – erforderlich, die das mit Hilfe von Bilanz- und GuV-Zahlen erzeugte Bild der wirtschaftlichen Lage ergänzen bzw. korrigieren. Bei der Informationsvermittlung durch den Jahresabschluss kommt dem Anhang somit eine Schlüsselrolle zu. Um diese Aufgabe erfüllen zu können, werden dem Anhang gleichermaßen wie dem Konzernanhang vier Funktionen (vgl. Abbildung 13.1) zugewiesen (vgl. auch ADS [1995 ff.], § 284 Tz. 12 ff., § 313 Tz. 10 ff.; Kupsch, P. [2004], Tz. 10 ff.).

Interpretationsfunktion

Die zutreffende Informationsvermittlung entsprechend der Generalnorm des Jahresabschlusses setzt eine Erläuterung der rein quantitativen Informationen von Bilanz und GuV voraus. Für eine adäquate Interpretation von Bilanz und GuV sind daher Erklärungen zum Inhalt, Entstehen und Charakter der dort angegebenen Beträge und Posten unerlässlich (für Beispiele von Angaben, die der Interpretationsfunktion entsprechen, vgl. in diesem Kapitel, S. 853 ff.).

Korrekturfunktion

Treten im Einzelfall besondere Umstände ein, die bei Einhaltung der Einzelvorschriften ein den tatsächlichen Verhältnissen entsprechendes Bild der Vermögens-, Finanz- und Ertragslage des Jahres- bzw. Konzernabschlusses verhindern, so sind gemäß § 264 Abs. 2 Satz 2 HGB (bzw. § 297 Abs. 2 Satz 3 HGB) zusätzliche Angaben im Anhang aufzunehmen. Entscheidendes Kriterium für die Notwendigkeit und den Umfang dieser korrigierenden Angaben ist die Verhinderung von Fehlinterpretationen der wirtschaftlichen Lage des Unternehmens durch den externen Jahresabschlussadressaten. Eine generelle Korrektur unzutreffender Darstellungen in der Bilanz oder GuV durch Informationen im Anhang ist allerdings nicht möglich und auch nicht gefordert (vgl. Kupsch, P. [2004], Tz. 14). Beispiele von Angaben, die der Korrekturfunktion entsprechen, finden sich in diesem Kapitel auf S. 855 f.

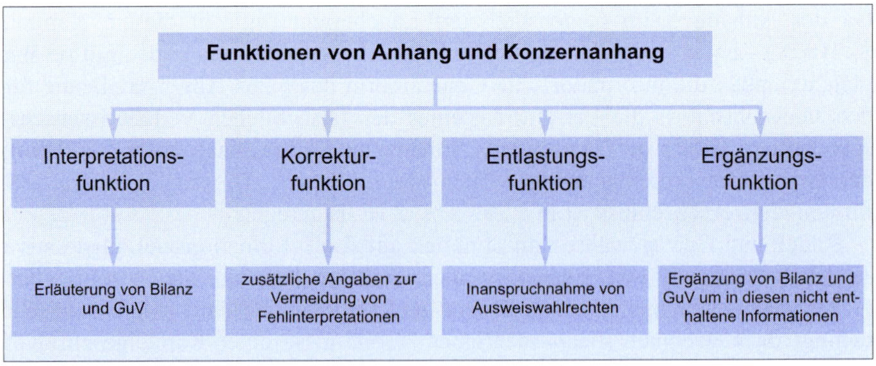

Abb. 13.1: Funktionen von Anhang und Konzernanhang

Entlastungsfunktion

Durch die Gleichsetzung mit den anderen Jahresabschlusselementen können bestimmte Informationen ohne Informationsverlust in den Anhang verlagert werden. Vor allem die zahlreichen Wahlrechte des Ausweises zwischen Bilanz bzw. GuV und Anhang unterstreichen die Intention des Gesetzgebers zur Entlastung der Rechenwerke. Die Verlagerung von bestimmten Informationen in den

Anhang ermöglicht eine verbesserte Aussagefähigkeit und Übersichtlichkeit der anderen Jahresabschlussbestandteile durch Reduzierung auf die wesentlichen Angaben. Hierdurch wird insbesondere dem Grundsatz der Klarheit und Übersichtlichkeit (§ 243 Abs. 2 HGB) Rechnung getragen (vgl. Ruhnke, K. [2012], S. 258). Beispiele für Angaben, die der Entlastungsfunktion zugeordnet werden können, werden in diesem Kapitel auf S. 856 vorgestellt.

Ergänzungsfunktion

Entsprechend der Ergänzungsfunktion des Anhangs sind den Jahresabschlussadressaten Informationen, die sich nicht auf Zahlenangaben von Bilanz und GuV beziehen, aber für die Beurteilung der Vermögens-, Finanz- und Ertragslage unerlässlich sind, bereitzustellen. Hierunter fallen all jene Informationen, die sich auf nicht bilanzierungsfähige Sachverhalte beziehen. Auf Beispiele von Angaben, die der Ergänzungsfunktion entsprechen, wird in diesem Kapitel auf S. 857 ff. näher eingegangen.

3. Gliederung des Anhangs

Darstellungsstetigkeit

Die der Tabelle der Anhangspflichten (vgl. in diesem Kapitel, S. 868 ff.) zu entnehmende Vielzahl und Unterschiedlichkeit der Einzelinformationen macht deutlich, dass i. S. einer übersichtlichen und klaren Darstellung eine Strukturierung des Anhangs bzw. Konzernanhangs notwendig ist. Ob die Darstellungsstetigkeit gemäß § 265 Abs. 1 HGB auch für den Anhang gilt, ist in der Literatur umstritten. Nach herrschender Meinung ist jedoch der Grundsatz der Stetigkeit auch für den Anhang als Bestandteil des Jahresabschlusses einzuhalten (vgl. Kupsch, P. [2004], Tz. 45; Beck'scher Bilanzkommentar [2012], § 284 Tz. 26; a. A. IDW [2012b], Abschnitt F, Tz. 677 m. w. N.; weniger streng ADS [1995 ff.], § 284 Tz. 27). Obwohl § 265 Abs. 1 HGB ausdrücklich auf Bilanz und GuV Bezug nimmt, ist eine analoge Übernahme des Grundsatzes der Stetigkeit auch für den Anhang vorzunehmen, da infolge der fehlenden Gliederungsvorschriften für den Anhang keine Bezugnahme auf die Stetigkeit der Gliederung des Anhangs durch § 265 Abs. 1 HGB möglich war. Ebenso wenig konnte eine Regelung der Folgen einer Durchbrechung des Stetigkeitsgrundsatzes (§ 265 Abs. 1 Satz 2, § 265 Abs. 2 Satz 2 HGB) erfolgen (vgl. Kupsch, P. [2004], Tz. 45). Der Grundsatz der Stetigkeit ist somit zum einen hinsichtlich der Pflichtangaben, für die ein Wahlrecht zum Ausweis im Anhang oder in einem anderen Instrument des Jahresabschlusses besteht, anzuwenden und zum anderen hinsichtlich der Stellung einzelner Anhangangaben innerhalb der verschiedenen Abschnitte des Anhangs. So wird dem Jahresabschlussadressaten das Auffinden erleichtert. Im Übrigen gilt § 265 Abs. 1 Satz 1 HGB hinsichtlich der Durchbrechung der Stetigkeit, wonach Abweichungen nur in Ausnahmefällen wegen besonderer Umstände zulässig sind (vgl. Beck'scher Bilanzkommentar [2012], § 265 Tz. 3).

Gliederungsstruktur

Die Literatur hat eine Vielzahl von Gliederungsvorschlägen für den Anhang hervorgebracht (vgl. ADS [1995 ff.], § 284 Tz. 28 m. w. N.), wobei sich folgende allgemeine Strukturierungsrichtlinien erkennen lassen (vgl. Mayer, A. [1989], S. 163; ähnlich auch Baetge, J./Kirsch, H.-J./Thiele, S. [2012], S. 718):

- allgemeine Informationen zu den angewandten Bilanzierungs- und Bewertungsmethoden und Grundlagen der Währungsumrechnung;

- Erläuterungen der Bilanz- und GuV-Posten, jeweils in postennumerischer Abfolge;
- sonstige Angaben (insbesondere die Informationspflichten gemäß § 285 HGB, soweit diese aus sachlichen Zusammengehörigkeitsgründen nicht bereits bei den Erläuterungen der Posten erfolgen).

Der Gliederung des Konzernanhangs sind dabei allgemeine Angaben zum Konzernabschluss, zum Konsolidierungskreis und zu den Konsolidierungsmethoden hinzuzufügen.

4. Inhalt des Anhangs

Inhalt des Anhangs zum Jahresabschluss

Die zentralen inhaltlichen Anforderungen an den Anhang ergeben sich im Wesentlichen aus den §§ 284 und 285 HGB, ergänzt durch zahlreiche Einzelvorschriften, sowie allgemein aus der Generalnorm des § 264 Abs. 2 HGB. Der Anhang enthält Informationen zu anderen Jahresabschlussbestandteilen oder zu einzelnen ihrer Posten, zu ihrem Inhalt, zu den angewandten Bewertungs- und Abschreibungsmethoden sowie zu Unterbrechungen der Ausweis-, Ansatz- und Bewertungsstetigkeit. Das Informationsniveau hängt dabei davon ab, ob das HGB »Angaben, Aufgliederungen, Darstellungen, Erläuterungen oder Begründungen« fordert (vgl. ADS [1995 ff.], § 284 Tz. 24). Der Anhang enthält auch Informationen über wichtige finanzielle Daten, die keinen Niederschlag in der Bilanz gefunden haben, sowie über eine Reihe anderer Tatbestände. Es handelt sich bei den gesetzlich geforderten Anhangangaben allerdings lediglich um einen Mindestumfang an Informationspflichten. Neben den vorgeschriebenen Angaben können auch freiwillige Informationen in den Anhang aufgenommen werden. Daneben dürfen gewisse Angaben wahlweise im Anhang oder anderen Jahresabschlusselementen gemacht werden (z. B. § 265 Abs. 3 Satz 1, § 277 Abs. 3 Satz 1 HGB).

Inhalt des Anhangs zum Konzernabschluss

Die in den Konzernanhang aufzunehmenden oder aufnehmbaren Angaben ergeben sich im Wesentlichen aus den §§ 313 bzw. 314 HGB, ergänzt um die konzernspezifischen Vorschriften (§§ 290-312 HGB, § 313 Abs. 1 Satz 1 HGB) sowie die Vorschriften des Jahresabschlusses, die im Konzernabschluss prinzipiell analog anzuwenden sind (§ 298 Abs. 1 HGB). Der Verweis in § 298 Abs. 1 HGB beinhaltet jedoch nicht die jahresabschlussspezifischen Anhangvorschriften der §§ 284, 285 HGB. Sie werden durch die konzernspezifischen Anhangvorschriften der §§ 313, 314 HGB vollständig ersetzt. Betroffen von § 298 Abs. 1 HGB sind damit für den Konzernanhang nur solche Vorschriften des Jahresabschlusses, die Regelungen zu den anderen Jahresabschlussinstrumenten betreffen (zu einem Überblick über die Angabepflichten im Konzernanhang vgl. in diesem Kapitel, S. 874 ff.). Trotz der Fülle der in den Konzernanhang aufzunehmenden Angaben kann es im Einzelfall durchaus sinnvoll sein, dem Leser darüber hinaus noch zusätzliche Informationen zu vermitteln. Soweit diese nicht im Konflikt mit den Zielen der Klarheit und Übersichtlichkeit stehen, ist eine solche freiwillige Erweiterung des Konzernanhangs zulässig und zur Erfüllung der Informationsfunktion zweckadäquat.

Nachfolgend werden wesentliche Pflichtangaben des Anhangs näher erläutert und den oben dargestellten Funktionen des Anhangs zugeordnet.

a) Ausgewählte Anhangangaben zur Veranschaulichung der Interpretationsfunktion

Bilanzierungs- und Bewertungsmethoden

§ 284 Abs. 2 Nr. 1 HGB (bzw. § 313 Abs. 1 Satz 2 Nr. 1 HGB) schreibt die Angabe der auf den Einzel- bzw. Konzernabschluss angewandten Bilanzierungs- und Bewertungsmethoden vor (zu den Begriffen der Bilanzierungs- und Bewertungsmethoden vgl. Beck'scher Bilanzkommentar [2012], § 284 Tz. 86, 100). Ein Verweis auf diesbezügliche Angaben in früheren Abschlüssen ist nicht erlaubt.

Zielsetzung dieser Vorschrift ist es, die Nutzung von Ansatz- und Bewertungswahlrechten durch das Unternehmen kenntlich zu machen, da hiervon naturgemäß erhebliche Auswirkungen auf die Darstellung der Vermögens-, Finanz- und Ertragslage ausgehen. Daher ist die bloße Darstellung des Wortlautes der Bilanzierungs- und Bewertungsmethoden nicht ausreichend, sondern es muss konkret erläutert werden, wie Wahlrechte ausgeübt und Ermessensspielräume genutzt wurden (vgl. Beck'scher Bilanzkommentar [2012], § 284 Tz. 85).

Im Rahmen der Angabe der Bilanzierungsmethoden ist die Ausnutzung der Ansatzwahlrechte (z. B. selbst geschaffene immaterielle Vermögensgegenstände des Anlagevermögens gemäß § 248 Abs. 2 Satz 1 HGB, Unterschiedsbetrag bei Verbindlichkeiten (Disagio) gemäß § 250 Abs. 3 HGB, Rückstellungen für unmittelbare Pensionszusagen, die vor dem 01.01.1987 zugesagt wurden, sowie Rückstellungen für mittelbare Pensionszusagen und für ähnliche Verpflichtungen nach Art. 28 EGHGB) anzugeben. Zudem einzugehen ist in bestimmten Fällen auf die Vorgehensweise bei der Bestimmung des Zeitpunkts der Bilanzierung, wenn dieser im Rahmen der GoB nicht eindeutigen Voraussetzungen unterliegt (z. B. Bilanzierung von Forderungen und den zugehörigen Erträgen bei langfristiger Auftragsfertigung im Zeitpunkt der Erfüllung von Teilleistungen oder erst bei Erbringung der Gesamtleistung).

In die Angabe zu den Bewertungsmethoden sind z. B. folgende Sachverhalte mit einzubeziehen: Bezüglich der Herstellungskosten ist anzugeben, welche Bestandteile bei deren Ermittlung einbezogen wurden. Bei den (planmäßigen) Abschreibungen auf Sachanlagevermögen sind für jede wesentliche Vermögensgruppe die jeweils angewandten Methoden und die Höhe des jeweiligen Abschreibungssatzes bzw. die jeweilige Nutzungsdauer zu nennen. Bezüglich der Vornahme außerplanmäßiger Abschreibungen bei Finanzanlagen bei voraussichtlich nicht dauernder Wertminderung gemäß § 253 Abs. 3 Satz 4 HGB ist anzugeben, für welche Vermögensgegenstände derartige Abschreibungen vorgenommen und nach welchen Methoden diese Werte errechnet wurden. Dasselbe gilt im Umlaufvermögen bei Abschreibungen auf den niedrigeren Börsenkurs oder Marktpreis oder auf den niedrigeren beizulegenden Wert (§ 253 Abs. 4 HGB). Bei den Roh-, Hilfs- und Betriebsstoffen ist anzugeben, ob sie nach dem Prinzip der Einzelbewertung oder einem der Verfahren zur Bewertungserleichterung (Festwert- oder Gruppen- bzw. Sammelbewertungsverfahren) bewertet wurden. Des Weiteren sind Angaben hinsichtlich der Bewertung von Rückstellungen zum notwendigen Erfüllungsbetrag gemäß § 253 Abs. 1 Satz 2 i. V. m. Abs. 2 HGB zu machen. Werden nicht entgeltlich erworbene immaterielle Vermögensgegenstände des Anlagevermögens aktiviert, so ist deren Bewertung zu Herstellungskosten und insbesondere die Abgrenzung von Forschungs- und Entwicklungskosten (§ 255 Abs. 2a HGB) zu erläutern (vgl. Kirsch, H. [2008], S. 879).

Methodenabweichungen

Da nach den §§ 246 Abs. 3, 252 Abs. 1 Nr. 6 HGB grundsätzlich Stetigkeit der Ansatz- und Bewertungsmethoden gefordert wird, sind neben der Angabe der angewandten Methoden auch die Abweichungen gegenüber den im Vorjahr angewandten Methoden im Anhang anzugeben und – wegen ihres Ausnahmecharakters – auch zu begründen (§ 284 Abs. 2 Nr. 3 HGB). Angesprochen sind insbesondere auch die allgemeinen Bewertungsgrundsätze des § 252 Abs. 1 HGB. Von den Ansatzmethoden und den Bewertungsgrundsätzen des § 252 Abs. 1 HGB darf nur in begründeten Ausnahmefällen abgewichen werden (§ 246 Abs. 3 Satz 2 i. V. m. § 252 Abs. 2 HGB). Auf diese Ausnahmefälle beziehen sich die Angabe- und Begründungspflichten des § 284 Abs. 2 Nr. 3 HGB.

Gemäß § 284 Abs. 2 Nr. 3 2. Halbsatz HGB ist über die Angabe und Begründung abweichender Bewertungs- und Bilanzierungsmethoden hinaus »deren Einfluss auf die Vermögens-, Finanz- und Ertragslage ... gesondert darzustellen«. Zielsetzung dieser Vorschrift ist es, sowohl den zeitlichen (unternehmensbezogenen) Vergleich gegenüber dem Vorjahr als auch die zwischenbetriebliche Vergleichbarkeit der Jahresabschlüsse von Kapitalgesellschaften zu gewährleisten. Eine Regelung über die Art der Berichterstattung ist, wenn man von den Anforderungen der »Angabe, Begründung und Darstellung« absieht, vom Gesetzgeber nicht getroffen worden.

Die vom Gesetzgeber geforderte »Begründung« einer Abweichung zielt darauf ab, durch sachfremde und willkürliche Erwägungen verursachte Abweichungen in der Darstellung gleicher wirtschaftlicher Sachverhalte zu unterbinden. Allerdings ist eine verbale Berichterstattung ausreichend, da aus der Pflicht zur Begründung keine Quantifizierung der Abweichungen abgeleitet werden kann (vgl. Beck'scher Bilanzkommentar [2012], § 284 Tz. 143; a. A. ADS [1995 ff.], § 284 Tz. 106 und Kupsch, P. [2004], Tz. 102, die grundsätzlich quantitative Angaben fordern und nur ausnahmsweise bei Sachverhalten von geringerer Bedeutung eine verbale Berichterstattung als ausreichend erachten).

Analoge Anhangangaben sind auch im Rahmen des Konzernabschlusses zu machen, wobei hier zusätzlich die Abweichung von Konsolidierungsmethoden anzugeben und zu begründen ist (§ 313 Abs. 1 Satz 2 Nr. 3 HGB).

Abschreibung erworbener Geschäfts- oder Firmenwerte

Weitere Ausprägungen der Interpretationsfunktion finden sich explizit in § 285 HGB. So müssen Unternehmen, soweit sie einen entgeltlich erworbenen Geschäfts- oder Firmenwert über einen Zeitraum von mehr als fünf Jahren planmäßig abschreiben wollen, dies gemäß § 285 Nr. 13 HGB nachvollziehbar begründen. Soll z. B. in Anlehnung an das Steuerrecht eine Abschreibung über einen Zeitraum von 15 Jahren erfolgen, ist der Verweis auf die steuerliche Vorschrift des § 7 Abs. 1 Satz 3 EStG hierfür nicht ausreichend (vgl. Beck'scher Bilanzkommentar [2012], § 285 Tz. 265). Vielmehr müssen Gründe, die die Annahme der zugrunde gelegten Nutzungsdauer rechtfertigen, dargelegt werden (vgl. analog für einen Geschäfts- oder Firmenwert aus der Kapitalkonsolidierung § 314 Abs. 1 Nr. 20 HGB).

Bewertungsgrundlagen der Pensionsrückstellungen

Des Weiteren verlangt § 285 Nr. 24 HGB ausdrücklich die Angabe der Bewertungsgrundlagen für die Pensionsrückstellungen. Die Vorschrift stellt eine Konkretisierung des § 284 Abs. 2 Nr. 1 HGB dar, nach dem im Anhang die angewandten Bilanzierungs- und Bewertungsmethoden anzugeben sind. Gemäß § 285 Nr. 24 HGB sind das angewandte versicherungsmathematische Berechnungsverfahren und die grundlegenden Annahmen der Berechnung (z. B. Zinssatz, erwartete Lohn- und Gehaltssteigerungen und zugrunde gelegte Sterbetafeln) zu nennen. Eine analoge Vorschrift auf Konzernebene enthält § 314 Abs. 1 Nr. 16 HGB.

Angaben zu nicht ausschüttbaren Beträgen i. S. des § 268 Abs. 8 HGB

Auch die Angabepflicht des § 285 Nr. 28 HGB ist Bestandteil der Interpretationsfunktion. Sie dient der Erläuterung der quantitativen Angaben in der GuV und im Besonderen dem Gläubigerschutz. Nach § 285 Nr. 28 HGB sind alle Unternehmen verpflichtet, im Anhang den Gesamtbetrag der Beträge i. S. des § 268 Abs. 8 HGB, aufgeschlüsselt in die Beträge aus der Aktivierung selbst geschaffener immaterieller Vermögensgegenstände des Anlagevermögens und aus latenten Steuern sowie aus der Aktivierung von Vermögensgegenständen zum beizulegenden Zeitwert anzugeben. Da § 268 Abs. 8 HGB für diese Beträge, unter Berücksichtigung von hierfür gebildeten latenten Steuern, eine Ausschüttungssperre vorsieht, ist mit dieser Angabe eine Transparenz dahin gehend sichergestellt, in welchem Umfang der Jahresüberschuss Beträge enthält, die nicht ausschüttbar sind, wenn nicht in zumindest der gleichen Höhe frei verfügbare Rücklagen zuzüglich eines Gewinnvortrags und abzüglich eines Verlustvortrags vorhanden sind (vgl. BMJ [2008], S. 75).

b) Ausgewählte Anhangangaben zur Veranschaulichung der Korrekturfunktion

Zusatzangaben zur Erfüllung der Generalnorm

Falls der Jahresabschluss trotz der Beachtung der Grundsätze ordnungsmäßiger Buchführung wegen besonderer Umstände ein den tatsächlichen Verhältnissen entsprechendes Bild der Vermögens-, Finanz- und Ertragslage nicht zu vermitteln vermag, so sind gemäß § 264 Abs. 2 Satz 2 HGB (bzw. für den Konzernabschluss gemäß § 297 Abs. 2 Satz 3 HGB) zusätzliche Angaben im Anhang zu machen. Der Gesetzgeber konkretisiert jedoch nicht explizit, in welchen Fällen derartige Angaben geboten sind. Als Orientierungslinie können lediglich das in der Generalnorm gemäß § 264 Abs. 2 Satz 1 HGB (bzw. § 297 Abs. 2 Satz 2 HGB) geforderte »den tatsächlichen Verhältnissen entsprechende Bild« und die Formulierung »besondere Umstände« herangezogen werden.

Prinzipiell ist davon auszugehen, dass die Einblicksforderung der Generalnorm mit Befolgung der gesetzlich kodifizierten Normen und der GoB regelmäßig erfüllt sein dürfte; insoweit wird der Anwendungsbereich dieser Vorschrift eng auszulegen sein. So löst z. B. die Befolgung des Anschaffungswertprinzips bei einer Kapitalgesellschaft mit erheblichem Grund- und Bodenbesitz, der lediglich mit einem Buchwert von 100.000 GE bilanziert werden darf, aber einen Marktwert von 10.000.000 GE besitzt, typischerweise keine Angabepflichten gemäß § 264 Abs. 2 Satz 2 HGB aus. Derartige durch Bilanzierungskonventionen bedingte Informationsverzerrungen (insbesondere die Bildung stiller Reserven), die dem kundigen Bilanzleser bekannt sind, stellen folglich keinen »besonderen Umstand« i. S. des § 264 Abs. 2 Satz 2 HGB dar (vgl. Beck'scher Bilanzkommentar [2012], § 264 Tz. 51).

Maßstab für zusätzliche Angaben sind Abweichungen zwischen dem Gesamtbild, welches durch die Befolgung der einzelnen Normen bei den Jahresabschlussadressaten in Form von Erwartungen erzeugt wird, und der tatsächlichen wirtschaftlichen Entwicklung der Kapitalgesellschaft im Zeitablauf (vgl. Leffson, U. [1986], S. 96 ff.; Moxter, A. [1987], S. 369). Angaben gemäß § 264 Abs. 2 Satz 2 HGB sind nur dann geboten, wenn der Jahresabschluss für den kundigen Bilanzleser irreführend ist.

Korrekturen eines zu günstigen Bildes

Als Beispiele für zusätzliche Angaben werden in der Literatur folgende Tatbestände als Korrekturen eines zu günstigen Bildes genannt (vgl. ADS [1995 ff.], § 264 Tz. 117 ff. m. w. N.):

- Angaben zu erheblichen, einmaligen Erfolgs- und Vermögensausweisverzerrungen durch Teilliquidationen (sofern nicht bereits gemäß § 277 Abs. 4 HGB im Anhang erfolgt);
- Angaben zu erheblichen Erfolgsausweisverzerrungen durch Scheingewinne bei ausländischen Betriebsstätten;
- Angaben zu ungewöhnlichen, rein bilanzpolitisch motivierten Maßnahmen, die wirtschaftlich nicht begründbar sind und lediglich der Verbesserung des Erscheinungsbildes am Bilanzstichtag dienen; derartige Angaben erscheinen vor allem dann geboten, wenn sich die Kapitalgesellschaft in angespannten wirtschaftlichen Verhältnissen befindet.

Korrekturen eines zu ungünstigen Bildes

Daneben kommen als Korrektur eines zu ungünstigen Bildes Angaben bei Unternehmen mit langfristigen Fertigungsaufträgen in Frage, die unter Umständen über mehrere Jahre aufgrund bilanzierungsrechtlicher Normen gezwungen sind, Verluste auszuweisen (vgl. ADS [1995 ff.], § 264 Tz. 122). Zu näheren Ausführungen vgl. 4. Kapitel, S. 235.

c) Ausgewählte Anhangangaben zur Veranschaulichung der Entlastungsfunktion

Entlastung durch Ausweiswahlrechte

Eine Entlastungsfunktion wird vor allem durch Ausweiswahlrechte gewährt. So ist es gemäß § 265 Abs. 3 Satz 1 HGB möglich, die Mitzugehörigkeit eines Vermögensgegenstandes oder einer Schuld, der bzw. die unter mehrere Posten der Bilanz fällt, bei dem Posten, unter dem der Ausweis erfolgt ist, oder im Anhang anzugeben. Eine Angabe ist jedoch nur zu machen, wenn dies der Verbesserung der Klarheit und Übersichtlichkeit des Jahresabschlusses dient. Des Weiteren kann die Entwicklung der Posten des Anlagevermögens gemäß § 268 Abs. 2 Satz 1 HGB (sog. Anlagespiegel, vgl. hierzu 3. Kapitel, S. 167 ff.) entweder in der Bilanz oder im Anhang angegeben werden. Anzugeben sind für jeden Posten, ausgehend von den gesamten Anschaffungs- und Herstellungskosten, die Zugänge, Abgänge, Umbuchungen und Zuschreibungen des Geschäftsjahres sowie die kumulierten Abschreibungen. Zudem sind die Abschreibungen des Geschäftsjahres in der Bilanz bei dem jeweiligen Posten oder im Anhang in einer der Gliederung des Anlagevermögens entsprechenden Aufgliederung anzugeben. Eine Entlastung der GuV ermöglicht § 277 Abs. 3 Satz 1 HGB, indem außerplanmäßige Abschreibungen im Anlagevermögen nach § 253 Abs. 3 Satz 3 und 4 HGB anstelle des gesonderten Ausweises in der GuV im Anhang angegeben werden können.

d) Ausgewählte Anhangangaben zur Veranschaulichung der Ergänzungsfunktion

Außerbilanzielle Geschäfte

Gemäß § 285 Nr. 3 HGB müssen im Anhang Angaben über Art und Zweck sowie Risiken und Vorteile von nicht in der Bilanz enthaltenen Geschäften gemacht werden. Voraussetzung ist, dass dies für die Beurteilung der Finanzlage notwendig ist. Die Angabepflicht gilt nicht für kleine Kapitalgesellschaften (§ 288 Abs. 1 HGB). Mittelgroße Kapitalgesellschaften können gemäß § 288 Abs. 2 HGB die Angaben auf Art und Zweck der vorgenommenen Geschäfte beschränken. Unter dem Begriff des »nicht in der Bilanz enthaltenen Geschäfts« werden alle Transaktionen verstanden, die entweder von vornherein nicht dauerhaft in die Handelsbilanz aufgenommen werden oder einen dauerhaften Abgang von Vermögensgegenständen und Schulden aus der Handelsbilanz verursachen. Der Begriff des »Geschäfts« ist dabei in einem weiten, funktionalen Sinn zu verstehen; rechtsgeschäftliche Vereinbarungen müssen aber regelmäßig vorhanden sein. Es kann sich dabei um schwebende Rechtsgeschäfte im handelsbilanziellen Sinne handeln, dies ist jedoch nicht zwingend. Beabsichtigt ist mit dieser Angabepflicht zudem keinesfalls, dass alle schwebenden Geschäfte des gewöhnlichen Liefer- und Leistungsverkehrs des Unternehmens aufzunehmen sind. Beispiele für außerbilanzielle Geschäfte sind Leasingverträge, Factoring oder Forderungsverbriefungen über Zweckgesellschaften. Außerdem muss die Angabe zur Beurteilung der Finanzlage notwendig sein. Der Begriff der »Notwendigkeit« für die Beurteilung der Finanzlage ist, verglichen mit dem in § 285 Nr. 3a HGB verwendeten Begriff »von Bedeutung«, enger zu verstehen. Wann eine Angabe für die Beurteilung der Finanzlage notwendig ist, muss das Unternehmen allerdings in jedem Einzelfall gesondert prüfen. Um die Finanzlage eines Unternehmens beurteilen zu können, sind Informationen über Risiken und Vorteile notwendig, die auf eine wesentliche Änderung der Liquiditätssituation des Unternehmens oder der Fähigkeit des Unternehmens, seinen bestehenden Verpflichtungen nachzukommen, hindeuten. Die Berichterstattung über die Risiken und Vorteile der Geschäfte folgt somit unmittelbar aus der Notwendigkeit der Angabe zur Beurteilung der Finanzlage. Bei der Bestimmung der Art der Geschäfte ist eine Klassifizierung vorzunehmen (vgl. BMJ [2008], S. 69). Gleiches gilt auf Konzernebene für das Mutterunternehmen und die in den Konzernabschluss einbezogenen Tochterunternehmen (§ 314 Abs. 1 Nr. 2 HGB).

Sonstige finanzielle Verpflichtungen

Die Angabepflicht des § 285 Nr. 3a HGB bezüglich der sonstigen finanziellen Verpflichtungen steht in engem Zusammenhang zu den Angaben über außerbilanzielle Geschäfte. Mittelgroße und große Kapitalgesellschaften müssen im Anhang den Gesamtbetrag der sonstigen finanziellen Verpflichtungen, die nicht in der Bilanz enthalten und auch nicht nach § 251 HGB oder § 285 Nr. 3 HGB anzugeben sind, ausweisen, sofern dies für die Beurteilung der Finanzlage von Bedeutung ist. Auf Verpflichtungen gegenüber verbundenen Unternehmen ist dabei gesondert hinzuweisen (§ 285 Nr. 3a HGB). Gleiches gilt auch auf Konzernebene, wobei als konzernspezifische Besonderheit die Verpflichtungen gegenüber nicht konsolidierten Tochterunternehmen jeweils gesondert anzugeben sind (§ 314 Abs. 1 Nr. 2a HGB).

Angabepflichtig ist dabei nur der Gesamtbetrag, sofern dieser wesentlich ist; eine art-, betrags- und restlaufzeitenorientierte Untergliederung des Gesamtbetrages ist dabei nicht vorgeschrieben, aber zulässig (vgl. ADS [1995 ff.], § 285 Tz. 30). Unter den Begriff der sonstigen finanziellen Verpflichtung können folgende Sachverhalte subsumiert werden (vgl. BMJ [2008], S. 69):

- Verpflichtungen aus schwebenden Rechtsgeschäften oder gesellschaftsrechtlichen Verpflichtungen, aus denen eine wesentliche Belastung der Finanzlage des Unternehmens resultieren kann (z. B. aus Investitionsvorhaben, Miet- und Leasingverträgen, Pacht-, Lizenz-, Konzessions-, Versicherungs-, Wartungs-, Werbe- und Kreditverträgen);
- Verpflichtungen aus öffentlich-rechtlichen Rechtsverhältnissen (Auflagen); hierunter fallen z. B. Verpflichtungen aus gesetzlich vorgeschriebenen, künftig durchzuführenden Umweltschutzmaßnahmen;
- Andere Verpflichtungen zu künftigen Aufwendungen, wie z. B. zwangsläufige Folgeinvestitionen in bereits angefangene Investitionsvorhaben oder künftige wirtschaftlich notwendige Großreparaturen;
- Haftungsverhältnisse, die nicht bereits unter § 251 HGB fallen.

Zu beachten ist jedoch, dass die Vorschriften der §§ 285 Nr. 3 und 3a HGB hinsichtlich des sachlichen Anwendungsbereichs Überschneidungen aufweisen. Die vorrangige Vorschrift stellt hierbei § 285 Nr. 3 HGB dar (vgl. BMJ [2008], S. 69 f.). Deutlich wird anhand der obigen Beispiele, dass der angabepflichtige Gesamtbetrag Dritt- und gleichzeitig Innenverpflichtungen umfasst. Angabepflichtig ist der zu zahlende Betrag, d. h. der Erfüllungsbetrag. Eine Abzinsung der Verpflichtungen ist unzulässig, da der Zweck der Angabepflicht darin besteht, künftige Ausgaben anzugeben. Eine Abzinsung würde diese um nicht realisierte Zinserträge kürzen (vgl. Beck'scher Bilanzkommentar [2012], § 285 Tz. 55; a. A. ADS [1995 ff.], § 285 Tz. 78).

Segmentierung der Umsatzerlöse

Gemäß § 285 Nr. 4 i. V. m. § 288 HGB haben große Kapitalgesellschaften im Anhang zum Jahresabschluss die Aufgliederung der Umsatzerlöse nach Tätigkeitsbereichen sowie nach geografisch bestimmten Märkten anzugeben. Dies ist allerdings nur insoweit erforderlich, wie sich, unter Berücksichtigung der Organisation des Verkaufs von für die gewöhnliche Geschäftstätigkeit der Kapitalgesellschaft typischen Erzeugnissen und Dienstleistungen, die Tätigkeitsbereiche und geografisch bestimmten Märkte untereinander erheblich unterscheiden. Diese Angabe kann unter Berufung auf die Schutzklauseln des § 286 Abs. 1 und 2 HGB (vgl. in diesem Kapitel, S. 860) entfallen. Eine entsprechende Angabepflicht besteht auch für den Konzernanhang (§ 314 Abs. 1 Nr. 3 HGB), wobei diese bei Aufstellung eines Segmentberichts (vgl. in diesem Kapitel, S. 894 ff.) entfällt (§ 314 Abs. 2 Satz 1 HGB).

Finanzinstrumente

Bezüglich der originären Finanzinstrumente ist zum einen nach § 285 Nr. 18 HGB bzw. § 314 Abs. 1 Nr. 10 HGB darüber zu berichten, wenn keine außerplanmäßige Abschreibung gemäß § 253 Abs. 3 Satz 4 HGB auf Finanzanlagen bei nicht dauerhaften Wertminderungen vorgenommen wurde. Zum anderen sind im Zusammenhang mit der Zeitbewertung nach § 340e Abs. 3 Satz 1 HGB von zu Handelszwecken erworbenen Finanzinstrumenten nach § 285 Nr. 20a HGB bzw. § 314 Abs. 1 Nr. 12a HGB Angaben zu machen (vgl. 5. Kapitel, S. 260). Des Weiteren müssen ebenfalls sowohl auf Jahresabschluss- als auch auf Konzernebene Angaben zu derivativen Finanzinstrumenten, welche nicht zum beizulegenden Zeitwert bilanziert wurden (§ 285 Nr. 19 HGB i. V. m. § 288 Abs. 1 HGB bzw. § 314 Nr. 11 HGB), sowie zu derivativen Finanzinstrumenten, die zum beizulegenden Zeitwert bilanziert wurden (§ 285 Nr. 20b HGB bzw. § 314 Nr. 12b HGB), gemacht werden (vgl. 5. Kapitel, S. 292).

Abschlussprüferhonorar

Große Kapitalgesellschaften sehen sich nach § 285 Nr. 17 HGB der Pflicht gegenüber, das Gesamthonorar, das vom Abschlussprüfer für das Geschäftsjahr berechnet wurde, anzugeben. Dabei hat eine Aufschlüsselung in folgende Bestandteile zu erfolgen:

- Honorar für die Abschlussprüfungsleistungen;
- Honorar für andere Bestätigungsleistungen;
- Honorar für Steuerberatungsleistungen;
- Honorar für sonstige Leistungen.

Die Angabe kann allerdings gemäß § 285 Nr. 17 HGB unterbleiben, wenn das Unternehmen in einen Konzernabschluss einbezogen wird und die Angaben dort enthalten sind. Mittelgroßen Kapitalgesellschaften ist es gemäß § 288 Abs. 2 Satz 3 HGB freigestellt, ob die Angabe des § 285 Nr. 17 HGB vorgenommen wird. Ist dies nicht der Fall, dann verpflichtet sie § 288 Abs. 2 Satz 3 HGB, auf eine schriftliche Anforderung der Wirtschaftsprüferkammer hin, dieser die Honorarangaben zu übermitteln. Eine korrespondierende Angabe zur Vergütung der Konzernabschlussprüfer enthält § 314 Abs. 1 Nr. 9 HGB.

Corporate Governance Erklärung

Gemäß § 161 AktG muss von allen börsennotierten Aktiengesellschaften und von Aktiengesellschaften, die ausschließlich andere Wertpapiere als Aktien – z. B. Schuldverschreibungen – zum Handel an einem organisierten Markt i. S. des § 2 Abs. 5 WpHG ausgegeben haben, und deren Aktien auf eigene Veranlassung über ein multilaterales Handelssystem i. S. des § 2 Abs. 3 Satz 1 Nr. 8 WpHG – in Deutschland im Freiverkehr – (vgl. hierzu in diesem Kapitel, S. 938) gehandelt werden, eine sog. »Corporate Governance Erklärung« abgegeben werden. In dieser müssen die Gesellschaften dazu Stellung nehmen, inwieweit den Empfehlungen des »Deutschen Corporate Governance Kodex« (DCGK) entsprochen wurde und warum einzelnen Empfehlungen eventuell nicht entsprochen wurde (sog. *»comply-or-explain«*-Regelung; zum Inhalt des DCGK vgl. Regierungskommission Deutscher Corporate Governance Kodex [2013]). Im Anhang muss berichtet werden, dass diese Erklärung abgegeben wurde und wo sie öffentlich zugänglich ist (§ 285 Nr. 16 HGB bzw. § 314 Abs. 1 Nr. 8 HGB). Neben dieser Anhangangabe ist die Entsprechenserklärung gemäß § 289a HGB im Rahmen der »Erklärung zur Unternehmensführung« grundsätzlich in den Lagebericht aufzunehmen (vgl. in diesem Kapitel, S. 938 f.).

Vergütungen

Große und mittelgroße Kapitalgesellschaften werden durch § 285 Nr. 9a HGB bzw. § 314 Abs. 1 Nr. 6a HGB dazu verpflichtet, für die Mitglieder des Geschäftsführungsorgans, eines Aufsichtsrates, eines Beirates oder einer ähnlichen Einrichtung, für jede Personengruppe getrennt, die im Geschäftsjahr gewährten Gesamtbezüge sowie Bezugsrechte und weitere Bestandteile der Vergütung anzugeben. Für börsennotierte Aktiengesellschaften besteht zudem die Pflicht zur individualisierten Angabe der Bezüge jedes Vorstandsmitglieds (§ 285 Nr. 9a Satz 5-8 HGB bzw. § 314 Abs. 1 Nr. 6a Satz 5-8 HGB). Dabei ist nach erfolgsunabhängigen und erfolgsbezogenen Komponenten sowie Komponenten mit langfristiger Anreizwirkung zu differenzieren. Daneben sind u. a. auch Angaben zu Leistungen im Fall der Beendigung der Tätigkeit sowie Angaben zu Leistungen Dritter, die dem Vorstandsmitglied im Rahmen dieser Funktion im Unternehmen zugesagt bzw. gewährt wurden, zu machen. Allerdings ist die Möglichkeit zur Befreiung durch einen Hauptversammlungsbeschluss gegeben (§ 286 Abs. 5 HGB bzw. § 314 Abs. 2 Satz 2 HGB).

5. Erweiterungen und Einschränkungen des Inhalts

Freiwillige Zusatzangaben

Freiwillige Zusatzangaben im Anhang sind weder in quantitativer noch formeller Hinsicht bestimmten Restriktionen unterworfen. Eine Grenze setzen hier lediglich die Grundsätze der Klarheit, Übersichtlichkeit und Verständlichkeit, deren Erfüllung durch ein Zuviel an Informationen und durch eine mangelnde Struktur der Informationsgewährung leiden könnte.

Ausnahmen von der Angabepflicht

Die Zusammenstellung der Anhangspflichten zeigt, dass der Gesetzgeber von den betroffenen Unternehmen eine sehr weit gehende Berichterstattung über ihre Verhältnisse fordert. Die Kehrseite dieser Berichtspflicht ist jedoch, dass hieraus im Einzelfall nicht gewollte negative Konsequenzen für den Staat oder das Unternehmen – und damit alle an ihm Beteiligten – entstehen können. § 286 HGB sieht deshalb in einigen Fällen Ausnahmen von der Angabepflicht vor.

Schutzklausel im Interesse der Allgemeinheit

§ 286 Abs. 1 HGB schreibt ein Verbot der Berichterstattung insoweit vor, »als es für das Wohl der Bundesrepublik oder eines ihrer Länder erforderlich ist«. Dies ist z. B. dann der Fall, wenn sich Unternehmen bei Verträgen mit der öffentlichen Hand zum Stillschweigen im Interesse der Sicherheit des Staates verpflichtet haben.

Schutzklausel im Interesse der Kapitalgesellschaft

Zum anderen kann das Unternehmen bestimmte abschließend aufgeführte Angaben unterlassen:

- Die Aufgliederung der Umsatzerlöse nach § 285 Nr. 4 HGB kann unterbleiben, soweit die Aufgliederung nach vernünftiger kaufmännischer Beurteilung geeignet ist, der Kapitalgesellschaft oder einem Unternehmen, von dem die Kapitalgesellschaft mindestens den fünften Teil der Anteile besitzt, einen erheblichen Nachteil zuzufügen (§ 286 Abs. 2 HGB). Für Konzerne besteht diese Schutzklausel nicht.
- Aus demselben Grund – oder wenn es für die Darstellung der Vermögens-, Finanz- und Ertragslage der Kapitalgesellschaft von untergeordneter Bedeutung ist – kann auf die Angabe (gemäß § 285 Nr. 11 HGB) von Name und Sitz anderer Unternehmen, von deren Anteilen die Kapitalgesellschaft – oder eine für deren Rechnung handelnde andere Person – mindestens den fünften Teil besitzt, auf die Angabe der Höhe des Anteils am Kapital, auf die Angabe des Eigenkapitals sowie des Ergebnisses des letzten vorliegenden Jahresabschlusses dieser Unternehmung verzichtet werden. Zudem kann auf die Angabe (gemäß § 285 Nr. 11a HGB) von Name, Sitz und Rechtsform von Unternehmen, deren unbeschränkt haftender Gesellschafter die Kapitalgesellschaft ist, verzichtet werden. Die Angabe des Eigenkapitals und des Jahresergebnisses kann hierbei immer unterbleiben, wenn das Beteiligungsunternehmen seinen Jahresabschluss nicht offen zu legen hat und die berichtende Kapitalgesell-

schaft weniger als die Hälfte der Anteile besitzt. Ist die Kapitalgesellschaft oder eines ihrer Tochterunternehmen am Abschlussstichtag kapitalmarktorientiert (§ 264d HGB), kann von dieser Ausnahmeregelung lediglich mit der Begründung einer untergeordneten Bedeutung für die Darstellung der Lage der Gesellschaft Gebrauch gemacht werden. Auf das Entstehen eines erheblichen Nachteils aus der Berichterstattung können sich diese Unternehmen nicht berufen (§ 286 Abs. 3 HGB).

Schutzklausel im Interesse von Organmitgliedern

§ 286 Abs. 4 HGB enthält außerdem die Einschränkung, dass bei Gesellschaften, die keine börsennotierten Aktiengesellschaften sind, die Angaben zu den Gesamtbezügen des laufenden Geschäftsjahres und zu gebildeten Rückstellungen für zukünftige Ansprüche von Geschäftsführung, Aufsichtsrat, Beirat und ähnlichen Organen sowie von früheren Mitgliedern dieser Organe unterbleiben können, wenn sich anhand dieser Angaben die Einzelbezüge eines Organmitglieds ermitteln lassen. Für börsennotierte Aktiengesellschaften wird – wie bereits erwähnt (vgl. in diesem Kapitel, S. 859) – stattdessen die verpflichtende Angabe der Bezüge jedes einzelnen Vorstandsmitglieds gefordert (§ 285 Nr. 9a HGB), sofern sich nicht eine Dreiviertelmehrheit der Hauptversammlung gegen diese Angabe ausgesprochen hat (§ 286 Abs. 5 HGB).

Größenabhängige Erleichterungen

Kleinstkapitalgesellschaften können von der Aufstellung eines Anhangs absehen, sofern bestimmte Angaben unter der Bilanz gemacht werden (§ 264 Abs. 1 Satz 5 HGB; vgl. ausführlicher in diesem Kapitel, S. 848). Gemäß § 288 Abs. 1 HGB werden kleine Kapitalgesellschaften i. S. des § 267 Abs. 1 HGB von zahlreichen Angabepflichten befreit. So müssen sie u. a. keine Angaben zu außerbilanziellen Geschäften gemäß § 285 Nr. 3 HGB, zur Aufgliederung der Umsatzerlöse nach § 285 Nr. 4 HGB, zu Vergütungen gemäß § 285 Nr. 9 HGB oder zu Geschäften mit nahe stehenden Unternehmen und Personen nach § 285 Nr. 21 HGB machen. Des Weiteren brauchen sie gemäß § 274a HGB beispielsweise keinen Anlagespiegel auszuweisen und können auf eine Erläuterung von bestimmten Jahresabschlussposten verzichten. Erleichterungen für mittelgroße Kapitalgesellschaften enthält § 288 Abs. 2 HGB – wie bereits erwähnt – bezüglich Angaben zu außerbilanziellen Geschäften gemäß § 285 Nr. 3 HGB, der Aufgliederung der Umsatzerlöse gemäß § 285 Nr. 4 HGB, der Angabe der Abschlussprüferhonorare nach § 285 Nr. 17 HGB und bezüglich der Angaben über Geschäfte zu nahe stehenden Unternehmen und Personen (§ 285 Nr. 21 HGB) sowie der Erläuterungen hinsichtlich der Abgrenzung latenter Steuern (§ 285 Nr. 29 HGB).

Anhangangaben nach DRS

Neben den Anhangspflichten nach HGB ergeben sich aus den DRS zahlreiche Anhangangaben. Diese beziehen sich zwar grundsätzlich nur auf Unternehmen mit einem HGB-Konzernabschluss, teilweise wird jedoch auch deren Anwendung für den Jahresabschluss empfohlen (z. B. gemäß DRS 18.7 bezüglich der Berichterstattung über latente Steuern). Die Tabelle auf S. 878 ff. in diesem Kapitel gibt einen Überblick über die Angabepflichten nach DRS.

II. Anhang nach IFRS

Während die wesentlichen Anhangangaben nach nationalen Normen in einigen zentralen Vorschriften geregelt sind, ergeben sich die Angabepflichten nach IFRS (*disclosures*) jeweils aus den einzelnen Rechnungslegungsstandards. Die dort enthaltenen Angabepflichten gelten i. d. R. gleichermaßen für den Jahres- wie für den Konzernabschluss. Deshalb gelten die im Folgenden für den Jahresabschluss gemachten Aussagen, soweit nichts anderes erwähnt ist, auch für den Konzernabschluss.

1. Aufstellungspflicht

Aufstellungspflicht

Im Gegensatz zum deutschen Handelsrecht ist die Aufstellungspflicht des Anhangs (*notes*) nach IFRS nicht auf Kapitalgesellschaften beschränkt. Vielmehr bildet er einen gleichwertigen Bestandteil des Jahresabschlusses aller Unternehmen. Nach IAS 1.10e beinhaltet ein vollständiger IFRS-Abschluss einen Anhang, der wesentliche Bilanzierungs- und Bewertungsmethoden zusammenfasst und sonstige Erläuterungen enthält. Anders als nach HGB gibt es für die Aufstellung des Anhangs auch keine größenabhängigen Erleichterungen und keine Schutzklauseln. Allerdings können Unternehmen, die nicht börsennotiert sind, gewisse Angabepflichten unterlassen (z. B. Angaben zum Ergebnis pro Aktie nach IAS 33.70 ff.).

2. Funktionen des Anhangs

Aufgaben des Anhangs

Das IASB hat die Aufgaben des Anhangs (*notes*) nach IFRS in IAS 1 dargestellt (IAS 1.112 ff.). Demnach werden dem Anhang die folgenden Aufgaben zugeschrieben (IAS 1.112):

- Bereitstellung von Informationen zu den Erstellungsgrundlagen des Jahresabschlusses sowie die Angabe der spezifischen für das Verständnis des Abschlusses relevanten Bilanzierungs- und Bewertungsmethoden (*accounting policies)*;
- Aufnahme sämtlicher Informationen, die von den einzelnen IFRS verlangt werden, aber nicht bereits an einer anderen Stelle im Jahresabschluss zur Verfügung gestellt werden;
- Aufnahme zusätzlicher Informationen, die nicht an anderer Stelle im Jahresabschluss ausgewiesen werden, für das Verständnis der anderen Bestandteile des Jahresabschlusses aber relevant sind.

Abweichungen von einzelnen IFRS

Folglich ist dem Anhang nach IFRS ebenfalls die Interpretations-, Entlastungs- und Ergänzungsfunktion immanent. Fraglich ist allerdings, ob dem Anhang nach IFRS eine Korrekturfunktion i. S. des HGB zugeordnet werden kann. Denn Angaben in den Rechenwerken des Jahresabschlusses, die zwar nicht den tatsächlichen Verhältnissen entsprechen aber aus der Einhaltung der Einzelvorschriften resultieren, dürfen nicht durch korrekte Erläuterungen im Anhang geheilt werden. Dies widerspräche der *faithful representation* als grundlegende Anforderung an den Jahresabschluss. In solchen vom IASB als sehr selten vorkommend eingestuften Fällen ist nach IAS 1.19 ein Abweichen von der speziellen Einzelvorschrift (*true and fair view* als *overriding principle*) geboten. Anders als im deutschen Handelsrecht erfolgt durch den Anhang nach IFRS somit keine Korrektur der anderen Bestandteile des Jahresabschlusses. Vielmehr kommt es durch das Abweichen von einzelnen IFRS zu einer Korrektur der jeweiligen Rechenwerke selbst. In einem solchen, nach Einschätzung des IASB »sehr selten auftretenden Fall« sind in die *notes* gemäß IAS 1.20 folgende Angaben aufzunehmen:

- Bestätigung des Managements, dass der Abschluss die Vermögens-, Finanz- und Ertragslage sowie die Cashflows des Unternehmens den tatsächlichen Verhältnissen entsprechend darstellt;
- Angabe, dass die anzuwendenden IFRS eingehalten wurden, mit der Ausnahme, dass zur Vermittlung eines den tatsächlichen Verhältnissen entsprechenden Bildes, von einem spezifischen Erfordernis abgewichen wurde;
- Angabe der Bezeichnung des IFRS, von dem abgewichen wurde, der Art der Abweichung einschließlich der Bilanzierungsweise, die der IFRS vorgeben würde, des Grundes dafür, dass diese Bilanzierungsweise unter den gegebenen Umständen so irreführend wäre, dass sie zu einem Konflikt mit den Zielen des Abschlusses gemäß dem Rahmenkonzept führen würde, und der deshalb nun angewendeten Bilanzierungsweise;
- Angabe der finanziellen Auswirkung der Abweichung für jede dargestellte Periode auf jeden Abschlussposten, der bei Einhaltung des Erfordernisses berichtet worden wäre.

Insofern liegt gewissermaßen eine umgekehrte Korrekturfunktion i. S. des deutschen Handelrechts vor. Generell gilt, dass die IFRS dem Grundsatz der *faithful representation* folgen, der den materiellen Inhalt der Informationen über deren formale Darstellung stellt.

3. Gliederung des Anhangs

Reihenfolge der Anhangangaben

Nach IFRS besteht für verschiedene Angaben ein Wahlrecht zwischen der Darstellung im Anhang oder in den jeweiligen Rechenwerken (IAS 1.77 ff.). Gemäß IAS 1.51 müssen die *notes*, als Teil der *financial statements*, deutlich als solche zu identifizieren sein. Die Angaben im Anhang sollten systematisch strukturiert dargestellt werden. Außerdem ist jeder Posten in Bilanz, Gesamtergebnisrechnung, GuV (soweit erstellt), Eigenkapitalveränderungsrechnung und Kapitalflussrechnung mit einem entsprechenden Querverweis zu versehen, wenn weiterführende Informationen im Anhang gegeben werden (IAS 1.113). Um die intertemporäre und zwischenbetriebliche Vergleichbarkeit zu verbessern, sind die Anhangangaben grundsätzlich in folgende Reihenfolge zu bringen (IAS 1.114):

- Erklärung über die Übereinstimmung des Jahresabschlusses mit den IFRS (*statement of compliance*);
- Zusammenfassung der wesentlichen Bilanzierungs- und Bewertungsmethoden (*summary of significant accounting policies*);
- ergänzende Informationen zu den Angaben in Bilanz, Gesamtergebnisrechnung, separater GuV (soweit erstellt), Eigenkapitalveränderungsrechnung und Kapitalflussrechnung in entsprechender Reihenfolge (*supporting information*);
- sonstige Informationen finanzieller und nicht-finanzieller Art (*other financial and non-financial disclosures*).

Die Informationen zu den Grundlagen der Erstellung des Jahresabschlusses und den angewandten Bilanzierungs- und Bewertungsmethoden können dabei auch getrennt von den eigentlichen Anhangangaben in einer gesonderten Darstellung gezeigt werden (IAS 1.116).

4. Inhalt des Anhangs

Inhalt der notes

Zahlreiche Angaben und Erläuterungen können statt im Anhang auch wahlweise an dem entsprechenden Posten im Jahresabschluss erfolgen. Die Angabepflichten nach IFRS beschränken sich nicht nur auf die in IAS 1 angegebenen Sachverhalte, sondern erstrecken sich auch auf die in den übrigen IFRS enthaltenen Berichtspflichten (*disclosures*). Eine Unterscheidung der Angabepflichten in den *notes* für Einzel- und Konzernabschluss gibt es – wie bereits zu Beginn dieses Unterkapitels erwähnt – nach IFRS nicht. Die Angabepflichten können im Wesentlichen wie folgt zusammengefasst werden (vgl. IAS 1.114):

Statement of compliance

Im *statement of compliance* ist die Übereinstimmung des Jahresabschlusses mit den IFRS zu bestätigen (IAS 1.114a, .16). Diese Angabe ist jedoch nur zulässig, wenn die Konformität der angewandten Rechnungslegungsvorschriften mit den IFRS vollständig gegeben ist.

Accounting policies

Die Entscheidung, inwiefern jeweils einzelne Bewertungsmaßstäbe, Bilanzierungs- und Bewertungsmethoden sowie die zugrunde liegenden Geschäftsvorfälle und Ereignisse im Anhang angegeben werden, ist vom Management unter dem Gesichtspunkt der Notwendigkeit für die Beurteilungsrelevanz des Bilanzlesers zu treffen (IAS 1.119). Grundsätzlich hat das Unternehmen hierbei die Art seiner Geschäftstätigkeit zu berücksichtigen (IAS 1.120). Ist ein Unternehmen beispielsweise in bedeutende Fremdwährungstransaktionen involviert, so erwartet der Jahresabschlussadressat Angaben bezüglich der Erfassung von Währungsumrechnungsdifferenzen. Daneben ist über wesentliche Bilanzierungs- und Bewertungsmethoden zu informieren, die nicht in den IFRS enthalten sind, aber in Übereinstimmung mit IAS 8 angewendet wurden (IAS 1.121). Außerdem weist das IASB darauf hin, dass überall dort, wo die Anwendung von Bilanzierungs- und Bewertungsmethoden mit bilanzpolitischen Spielräumen – sei es durch explizite Wahlrechte oder Ermessensspielräume – verbunden ist, Erläuterungen im Anhang gegeben werden sollen (IAS 1.119, .122). Bezüglich möglicher Ermessensspielräume, über deren Ausübung durch die Unternehmensleitung berichtet werden soll, führt IAS 1.123 beispielhaft folgende Sachverhalte an:

- Klassifizierung von Finanzinstrumenten als bis zur Endfälligkeit zu haltende Finanzinvestitionen gemäß IAS 39.9 (bei Anwendung des IFRS 9 entfällt diese Angabe);
- Klassifizierung von Leasing-Sachverhalten durch die Beurteilung, ob alle wesentlichen mit dem rechtlichen Eigentum verbundenen Risiken und Chancen auf den Leasingpartner übertragen wurden;
- Warenverkaufsgeschäfte, bei denen es sich im Wesentlichen um Finanzierungsvereinbarungen handelt und deshalb keine Umsatzerlöse realisiert werden.

Die Erläuterungen der wesentlichen Bilanzierungs- und Bewertungsmethoden gemäß IAS 1.114b können somit als Ausprägung der Interpretationsfunktion verstanden werden.

Supporting information

Die *supporting information* bzw. *explanatory notes* beziehen sich auf entsprechende Posten der einzelnen Jahresabschlussbestandteile. Es handelt sich hierbei um ergänzende Erläuterungen bzw. zusätzliche Aufgliederungen, die zu einem besseren Verständnis des Jahresabschlusses beitragen sollen. Sie können grundsätzlich fakultativ an der entsprechenden Stelle im Jahresabschluss oder in den *notes* erfolgen, sofern nicht explizit gefordert wird, dass die Angabe an der entsprechenden Stelle im Jahresabschluss zu machen ist. Diese Angaben sind somit der Ergänzungs- und Entlastungsfunktion von Anhangangaben zuzuordnen. Werden solche Informationen in die *notes* verlagert, dann ist der Ausweis strukturiert und mit entsprechenden Querverweisen vorzunehmen (IAS 1.113). Dabei werden in IAS 1 jeweils überblicksartig die Informationen zur Bilanz (IAS 1.77-.79), zur Gesamtergebnisrechnung (IAS 1.97-.105) sowie zur Eigenkapitalveränderungsrechnung (IAS 1.79, .107) genannt, bei denen ein Ausweiswahlrecht zwischen dem betreffenden Jahresabschlussinstrument und dem Anhang besteht.

Sind zur Bilanzierung von Vermögenswerten und Schulden zukunftsbezogene Annahmen oder Schätzungen notwendig, so ist insbesondere über wesentliche am Bilanzstichtag bestehende Unsicherheiten zu berichten, die möglicherweise Anpassungen der ausgewiesenen Bilanzposten erforderlich machen könnten (IAS 1.125 ff.).

Other disclosures, schedules

Neben den *accounting policies* und den *explanatory notes* sind zusätzliche Informationen finanzieller und nicht-finanzieller Art (*other disclosures* bzw. *supplementary information*) sowie ergänzende Aufstellungen (*schedules*), die als entscheidungsrelevant angesehen werden und im Zusammenhang mit dem Jahresabschluss stehen, offen zu legen (vgl. IAS 1.114d, F 4.43). Die *supplementary information* und *schedules* können auch freiwillige Informationen beinhalten, soweit die Verständlichkeit des Anhangs dadurch nicht beeinträchtigt wird (vgl. Haufe IFRS-Kommentar [2013], § 5 Tz. 13). Auch diese Angaben sind der Ergänzungs- und Entlastungsfunktion von Anhangangaben zuzuordnen.

5. Erweiterungen und Einschränkungen des Inhalts

Freiwillige Zusatzangaben

Auch im Anhang nach IFRS gilt, dass freiwillige Zusatzangaben keinen bestimmten Restriktionen unterworfen sind. Eine Grenze setzt hier lediglich eine mögliche Beeinträchtigung der Aussagefähigkeit des Anhangs.

Schutzklausel im Interesse der Allgemeinheit

Obwohl die IFRS keine dem § 286 Abs. 1 HGB analoge Vorschrift zur Unterlassung von bestimmten Angaben im öffentlichen Interesse kennen, ist es dennoch geboten, im Falle eines Konfliktes zwischen deutschem Recht und den IFRS (z. B. für Rüstungsunternehmen zur Vermeidung von Landesverrat, vgl. §§ 93 ff. StGB) das nationale Recht als vorrangig zu erachten und etwaige Anhangangaben zu unterlassen, wenn es sich um einen verpflichtend aufzustellenden IFRS-Konzernabschluss handelt. Das *statement of compliance* nach IAS 1.114 im Anhang ist dementsprechend einzuschränken. Wird jedoch freiwillig ein IFRS-Einzelabschluss zur Offenlegung im Bundesanzeiger erstellt, so ist § 325 Abs. 2a Satz 6 HGB zu beachten, wonach das in § 325 Abs. 2a Satz 1 HGB gewährte Wahlrecht zur befreienden Offenlegung eines IFRS-Einzelabschlusses entfällt, wenn die IFRS wegen der Anwendung des § 286 Abs. 1 HGB nicht vollständig eingehalten werden können. Diese Vorgehensweise ist analog auch hinsichtlich der Möglichkeit zur Inanspruchnahme des Wahlrechts nach § 315a Abs. 3 HGB zur freiwilligen Erstellung eines IFRS-Konzernabschlusses anzuwenden (vgl. Haufe IFRS-Kommentar [2013], § 5 Tz. 75).

Schutzklausel im Interesse der Gesellschaft

Hinsichtlich der Möglichkeit, Angaben im Interesse des Unternehmens zu unterlassen, gibt es in den IFRS eine explizite und eine implizite Vorschrift. Nach IAS 37.92 können die nach IAS 37.84 ff. geforderten Angaben für Rückstellungen oder Eventualverbindlichkeiten aus einem Streit mit einer anderen Partei zum Schutz des Unternehmens explizit unterbleiben. Implizit enthält IAS 1.130 eine Schutzklausel, indem Angabepflichten nach IAS 1.125 zu Schätzunsicherheiten eingeschränkt werden. Demnach ist keine Offenlegung von Unternehmensplanungen und Prognosen erforderlich. Für weiterführende Erläuterungen zur Unterlassung von Angaben im Unternehmensinteresse vgl. Haufe IFRS-Kommentar [2013], § 5 Tz. 76.

III. Anhang nach US-GAAP

Aufstellungspflicht

Analog zu IFRS müssen alle Unternehmen auch nach US-GAAP *notes* in ihren Abschluss (Jahres- und Konzernabschluss gleichermaßen) aufnehmen. Zwar sind die *notes to financial statements* kein Bestandteil des *full set of financial statements* (CON 5.13), sie zählen jedoch zu den *basic financial statements* und stellen einen Teil der Rechnungslegung insgesamt dar (vgl. KPMG [2007], S. 18, 177). CON 5.7a beschreibt die Berichterstattung in Instrumenten wie den *notes* als unverzichtbar für das Verständnis der im Jahresabschluss veröffentlichten Daten.

Funktionen

Bezüglich der Funktionen des Anhangs nach US-GAAP kann grundsätzlich auf die IFRS verwiesen werden. Auch hier lassen sich Erläuterungs-, Ergänzungs- und Entlastungsfunktion unterscheiden. Eine Korrekturfunktion des Anhangs analog zu IFRS ist nicht vorhanden. Die US-GAAP gewähren nicht die Möglichkeit, in den Rechenwerken von Einzelvorschriften abzuweichen, um dann Angaben hinsichtlich Notwendigkeit, Gründen u. Ä. hierfür in den *notes* zu machen, wie dies nach IAS 1.19 f. der Fall ist.

Gliederung

Im Gegensatz zu den IFRS gibt es nach US-GAAP keine zentrale Vorschrift zu den formalen Anforderungen an den Anhang. Es kann allerdings eine Differenzierung der Angabepflichten in die folgenden Teilbereiche vorgenommen werden (vgl. Kieso, D. E./Weygandt, J. J./Warfield, T. D. [2013], S. 1491 ff.):

- Erläuterung der wesentlichen Bilanzierungs- und Bewertungsmethoden (*summary of significant accounting policies*);
- ergänzende Informationen zu den einzelnen Posten der übrigen Jahresabschlussbestandteile (*explanatory notes*);
- sonstige geforderte Informationen bzw. Angaben freiwilliger Art (*supplementary information notes*).

Eine Gliederung der Anhangangaben ist dabei nicht geregelt. Allerdings sollte die Erläuterung der Bilanzierungs- und Bewertungsmethoden (*accounting policies*) analog zu den IFRS den übrigen Angaben vorangestellt werden, vorzugsweise sogar in einer eigenen *note* (ASC 235-10-50-6).

Inhalt

Der Inhalt der Anhangangaben ergibt sich aus den zahlreichen Einzelvorschriften. Es existiert keine eigenständige, zusammenfassende Dokumentation der notwendigen *disclosures* (vgl. KPMG [2007], S. 177). Eine Unterscheidung der Angabepflichten in den *notes* für Jahres- und Konzernabschluss gibt es nicht (deshalb wird im Folgenden immer nur auf den Jahresabschluss verwiesen). In den USA haben börsennotierte Unternehmen darüber hinaus auch die detaillierten Offenlegungsvorschriften der SEC zu beachten (vgl. ASC 235-10-S99).

Nachfolgend werden einige Berichtspflichten nach US-GAAP erläutert. Die Anhangangaben nach US-GAAP sind analog zu den IFRS nicht vollumfänglich abgrenzbar. Die Angabepflichten sind zwar den einzelnen Rechnungslegungsvorschriften zu entnehmen, allerdings können zusätzliche Informationen geboten sein. Der Umfang dieser Angaben richtet sich dabei an der *decision usefulness* aus. Demnach sind entsprechend dem *full disclosure principle* sämtliche Informationen, die für den Bilanzleser Beurteilungsrelevanz besitzen, unter Berücksichtigung des Wirtschaftlichkeitsgrundsatzes, offen zu legen.

Accounting policies

Das *summary of accounting policies* enthält, analog zu den IFRS, Erläuterungen zu den angewandten Bilanzierungs- und Bewertungsmethoden, wie z. B. zu den Konsolidierungsgrundsätzen und Abschreibungsmethoden (ASC 235-10-50-4).

Explanatory notes

Bei den *explanatory notes* handelt es sich um ergänzende und erklärende Informationen zum Jahresabschluss. Sie beziehen sich auf einzelne Posten bzw. dienen der Aufgliederung solcher innerhalb der *basic financial statements*. Beispielhaft können erläuternde Informationen zu den Vorräten, Sachanlagen und latenten Steuern genannt werden (vgl. Kieso, D. E./Weygandt, J. J./Warfield, T. D. [2013], S. 1491 ff.). Grundsätzlich können die ergänzenden Informationen auch bei dem entsprechenden Posten selbst bzw. in Form einer Fußnote (*footnote*) erfolgen.

Supplementary information, schedules

Die *supplementary information* sind zusätzliche Angaben, die zwar nicht Bestandteil der *basic financial statements* sind, aber für eine zu testierende *fair presentation* unabdingbar sind. Hierunter fallen z. B. wertbeeinflussende Informationen nach dem Ende des Bilanzstichtages (*subsequent events*), die im Jahresabschluss selbst nicht Eingang finden (vgl. Haller, A. [1994a], S. 367). Weiterhin zählen dazu u. a. Transaktionen mit nahe stehenden natürlichen und juristischen Personen (*related party transactions*) und die Segmentberichterstattung (*segment reporting*). Grundsätzlich können solche Informationen im Rahmen der *notes* oder in Form von separaten Anlagen oder Aufstellungen (*schedules*) erfolgen. Insbesondere SEC-registrierte Unternehmen sind zur Offenlegung zusätzlicher Erläuterungen in Form von *schedules* verpflichtet (vgl. KPMG [2007], S. 19 f.).

Keine Erleichterungen

Nach US-GAAP gibt es keine Schutzklauseln für bestimmte Unternehmen, da es die Zielsetzung des Jahresabschlusses ist, den Investoren alle entscheidungsrelevanten Informationen zur Verfügung zu stellen. Auch Größenkriterien spielen keine Rolle. Die Vorschriften der US-GAAP gelten vielmehr für alle Unternehmen, die ein Testat eines Wirtschaftsprüfers benötigen (insbesondere kapitalmarktorientierte Unternehmen) oder die anderweitig (z. B. durch Vertrag mit Kreditgebern) zu deren Einhaltung verpflichtet sind. Unternehmen, die gegenüber der SEC berichtspflichtig sind, haben zusätzliche Informationen in den *notes* bzw. den SEC-spezifischen *schedules* offen zu legen. Ausländische Gesellschaften sind davon zum Teil ausgenommen (vgl. KPMG [2007], S. 396 ff.).

IV. Tabellarische Übersicht der Pflichtangaben im Anhang

Im Folgenden werden die Angabepflichten in einem Anhang nach nationalen Normen im Überblick dargestellt. Zusätzlich wird unterschieden, ob diese von allen Kapitalgesellschaften im Jahresabschluss gemacht werden müssen oder nur rechtsformspezifische Pflichtangaben darstellen. Außerdem wird separat auf die Bestandteile eines Konzernanhangs nach nationalen Normen eingegangen. Abschließend werden die Anhangspflichten unter Beachtung der DRS aufgeführt. Auf eine tabellarische Zusammenstellung der Anhangspflichten nach IFRS und US-GAAP wird an dieser Stelle verzichtet.

1. Anhangangaben für alle Kapitalgesellschaften, Genossenschaften und vom PublG erfassten Gesellschaften

Aufzunehmender Sachverhalt	Rechtsgrundlage	kleine Kapitalgesellschaften	große und mittelgroße Kapitalgesellschaften	vom PublG erfasste Ges.	Genossenschaften	Ausweis fakultativ in
Allgemeine Angaben zu Bilanzierung und Bewertung und Währungsumrechnung						
(1) Angabe der auf die Posten von Bilanz und Gewinn- und Verlustrechnung angewandten Bilanzierungs- und Bewertungsmethoden	§ 284 Abs. 2 Nr. 1	x	x	x	x	–
(2) Angabe von Begründung, falls von Bilanzierungs- und Bewertungsmethoden abgewichen wurde; gesonderte Darstellung des Einflusses auf die Vermögens-, Finanz- und Ertragslage	§ 284 Abs. 2 Nr. 3	x	x	x	x	–
(3) Angabe, falls Fremdkapitalzinsen in die Herstellungskosten einbezogen werden	§ 284 Abs. 2 Nr. 5	x	x	x	x	–
(4) Angabe und Begründung bei Unterbrechung der Darstellungsstetigkeit	§ 265 Abs. 1 Satz 2	x	x	x	x	–
(5) Angabe und Begründung, falls aufgrund unterschiedlicher Geschäftszweige verschiedene Gliederungsvorschriften zu beachten sind	§ 265 Abs. 4 Satz 2	x	x	x	x	–
(6) Angabe der Grundlagen der Währungsumrechnung in Euro	§ 284 Abs. 2 Nr. 2; Art. 42 Abs. 1 Satz 3 EGHGB	x	x	x	x	–
Informationen zum Jahresabschluss						
I. Informationen zur Bilanz						
(1) Angabe, wenn ein Vermögensgegenstand unter mehrere Posten fällt	§ 265 Abs. 3 Satz 1	x	x	x	x	Bilanz
(2) Erläuterung von in der Bilanz aus Klarheitsgründen zusammengefassten Posten	§ 265 Abs. 7 Nr. 2	x	x	x	x	–
(3) Angabe und Erläuterung, wenn in der Bilanz Vorjahresbeträge mit den aktuellen Beträgen nicht vergleichbar sind bzw. wenn der Vorjahresbetrag angepasst wird	§ 265 Abs. 2 Satz 2 bzw. 3	x	x	x	x	–

Aufzunehmender Sachverhalt		Rechts-grundlage	kleine Kapital-gesell-schaften	große und mittelgroße Kapitalgesell-schaften	vom PublG erfasste Ges.	Genos-sen-schaften	Ausweis fakultativ in
(4)	Angabe der Anschaffungskosten und des beizulegenden Zeitwerts der verrechneten Vermögensgegenstände, des Erfüllungsbetrags der verrechneten Schulden sowie der verrechneten Aufwendungen und Erträge bei Saldierung von Vermögensgegenständen und Schulden gemäß § 246 Abs. 2 Satz 2; § 285 Nr. 20a ist entsprechend anzuwenden	§ 285 Nr. 25	x	x	x	x	–
(5)	Erläuterung von Beträgen größeren Umfangs unter den »Sonstigen Vermögensgegenständen«, wenn diese erst nach dem Abschlussstichtag rechtlich entstehen	§ 268 Abs. 4 Satz 2	–	x	x	x	–
(6)	Darstellung der Entwicklung der einzelnen Posten des Anlagevermögens (Anlagespiegel); wird der JA in Euro aufgestellt, sind auch die Vorjahreszahlen in Euro anzugeben	§ 268 Abs. 2 Satz 1; Art. 42 Abs. 2 Satz 3 EGHGB	–	x	x	x	Bilanz
(7)	Gesonderte Angabe bestimmter Posten, falls mittelgroße Kapitalgesellschaften von der Erleichterung des § 327 HGB Gebrauch machen	§ 327	–	nur für mittelgroße Kapitalges.	–	–	Bilanz
(8)	Angabe der Abschreibungen des Geschäftsjahres auf die Posten des Anlagevermögens in entsprechender Gliederung	§ 268 Abs. 2 Satz 3	–	x	x	x	Bilanz
(9)	Angabe eines nach § 250 Abs. 3 in den aktiven Rechnungsabgrenzungsposten aufgenommenen Unterschiedsbetrags (Damnum, Disagio)	§ 268 Abs. 6	–	x	x	x	Bilanz
(10)	Erläuterung, auf welchen Differenzen oder steuerlichen Verlustvorträgen die latenten Steuern beruhen und mit welchen Steuersätzen die Bewertung erfolgt ist	§ 285 Nr. 29	–	Angabepflicht nur für große Kapitalgesellschaft	x	x	–
(11)	Ausweis des Differenzbetrages zum Börsen- oder Marktwert, wenn dieser erheblich von dem mittels Durchschnittsbewertung oder Abgangsfiktion (z. B. Lifo, Fifo) ermittelten Wert abweicht	§ 284 Abs. 2 Nr. 4	–	x	x	x	–
(12)	Angabe der Gründe für die Annahme einer betrieblichen Nutzungsdauer eines entgeltlich erworbenen Geschäfts- oder Firmenwertes von mehr als fünf Jahren	§ 285 Nr. 13	x	x	x	x	–
(13)	Angabe des Buchwerts und des niedrigeren beizulegenden Zeitwerts der zu den Finanzanlagen gehörenden Finanzinstrumente sowie Begründung für Unterbleiben einer Abschreibung gemäß § 253 Abs. 3 Satz 4	§ 285 Nr. 18	x	x	x	x	–
(14)	Spezialvorschrift für Angaben zu Anteilen oder Anlageaktien an inländischen Investmentvermögen i. S. v. § 1 InvG oder vergleichbaren ausländischen Investmentanteilen i. S. v. § 2 Abs. 9 InvG; ist vorrangig vor § 285 Nr. 18	§ 285 Nr. 26	x	x	x	x	–
(15)	Angabe über Art, Umfang, beizulegenden Zeitwert, angewandte Bewertungsmethode, Buchwert mit zugehörigem Bilanzposten und Gründe für die Nicht-Bestimmbarkeit des beizulegenden Zeitwerts für jede Kategorie nicht zum beizulegenden Zeitwert bilanzierter derivativer Finanzinstrumente	§ 285 Nr. 19	–	x	x	x	–
(16)	Angabe über grundlegende Annahmen der zur Bestimmung des beizulegenden Zeitwerts angewandten Bewertungsmethoden und über Umfang und Art jeder Kategorie derivativer Finanzinstrumente einschließlich der damit verbundenen Risiken für gemäß § 340e Abs. 3 zum beizulegenden Zeitwert bewertete Finanzinstrumente	§ 285 Nr. 20	x	x	x	x	–
(17)	Erläuterung von Beträgen größeren Umfangs unter den »Verbindlichkeiten«, wenn diese erst nach dem Abschlussstichtag rechtlich entstehen	§ 268 Abs. 5 Satz 3	–	x	x	x	–
(18)	Gesonderte Angabe eines Gewinn- oder Verlustvortrages bei Bilanzerstellung nach teilweiser Ergebnisverwendung	§ 268 Abs. 1 Satz 2	x	x	x	x	Bilanz

	Aufzunehmender Sachverhalt	Rechtsgrundlage	kleine Kapitalgesellschaften	große und mittelgroße Kapitalgesellschaften	vom PublG erfasste Ges.	Genossenschaften	Ausweis fakultativ in
(19)	Angabe des angewandten versicherungsmathematischen Berechnungsverfahrens sowie der grundlegenden Annahmen der Berechnung der Rückstellungen für Pensionen und ähnliche Verpflichtungen	§ 285 Nr. 24	x	x	x	x	–
(20)	Erläuterung von Rückstellungen, die unter den »Sonstigen Rückstellungen« nicht gesondert ausgewiesen wurden, wenn sie einen nicht unerheblichen Umfang haben	§ 285 Nr. 12	–	x	x	x	–
(21)	Angabe des Gesamtbetrages der bilanzierten Verbindlichkeiten mit einer Restlaufzeit von mehr als 5 Jahren	§ 285 Nr. 1a	x	x	x	x	–
(22)	Angabe des Gesamtbetrags der bilanzierten Verbindlichkeiten, die durch Pfandrechte oder ähnliche Rechte gesichert sind, unter Angabe von Art und Form der Sicherheit	§ 285 Nr. 1b	x	x	x	x	–
(23)	Aufgliederung der in § 285 Nr. 1a und 1b (s.o.) geforderten Angaben für jeden Posten der Verbindlichkeit	§ 285 Nr. 2	–	x	x	x	–
(24)	Angabe der Fehlbeträge von nach Art. 28 Abs. 1 EGHGB nicht passivierten Rückstellungen für laufende Pensionen, Anwartschaften auf Pensionen oder ähnliche Verpflichtungen in einem Betrag	Art. 28 Abs. 2 EGHGB	x	x	x	x	Bilanz
(25)	Angabe des gezeichneten Kapitals in Euro	Art. 42 Abs. 3 Satz 3 EGHGB	x	x	x	x	Bilanz
II.	**Erläuterungen zur GuV**						
(1)	Erläuterung von Posten von in der GuV aus Klarheitsgründen zusammengefasst ausgewiesen Posten	§ 265 Abs. 7 Nr. 2	x	x	x	x	–
(2)	Angabe der außerplanmäßigen Abschreibungen gemäß § 253 Abs. 3 Satz 3, 4 im Anlagevermögen	§ 277 Abs. 3 Satz 1	x	x	x	–	GuV
(3)	Erläuterungen der ausgewiesenen außerordentlichen Aufwendungen und Erträge hinsichtlich Betrag und Art, soweit sie nicht für die Beurteilung der Ertragslage von untergeordneter Bedeutung sind	§ 277 Abs. 4 Satz 2	–	x	x	x	–
(4)	Erläuterungen der aperiodischen Erträge und Aufwendungen hinsichtlich Betrag und Art, soweit sie nicht für die Beurteilung der Ertragslage von untergeordneter Bedeutung sind	§ 277 Abs. 4 Satz 3	–	x	x	x	–
(5)	Angabe, in welchem Umfang die Ertragsteuern auf das ordentliche und außerordentliche Ergebnis entfallen	§ 285 Nr. 6	–	x	–	–	–
(6)	Angaben bei Anwendung des Umsatzkostenverfahrens:						
	• Materialaufwand des Geschäftsjahres, gegliedert nach § 275 Abs. 2 Nr. 5	§ 285 Nr. 8a	–	x	x	x	–
	• Personalaufwand des Geschäftsjahres, gegliedert nach § 275 Abs. 2 Nr. 6	§ 285 Nr. 8b	x	x	x	x	–
(7)	Aufgliederung der Umsatzerlöse nach Tätigkeitsbereichen sowie geografisch bestimmten Märkten, soweit sich, unter Berücksichtigung der Organisation des Verkaufs von für die gewöhnliche Geschäftstätigkeit der Kapitalgesellschaft typischen Erzeugnissen und der für die gewöhnliche Geschäftstätigkeit der Kapitalgesellschaft typischen Dienstleistungen, die Tätigkeitsbereiche und geografisch bestimmten Märkte untereinander erheblich unterscheiden	§ 285 Nr. 4 unter Beachtung der Schutzklausel gemäß § 286 Abs. 2	–	Angabepflicht nur für große Kapitalgesellschaft	x	Pflicht bei Erreichen der Größenmerkmale	–

	Aufzunehmender Sachverhalt	Rechts-grundlage	kleine Kapital-gesell-schaften	große und mittelgroße Kapitalgesell-schaften	vom PublG erfasste Ges.	Genos-sen-schaften	Ausweis fakultativ in
(8)	Angabe des vom Abschlussprüfer für das Geschäftsjahr berechneten Gesamthonorars, aufgeschlüsselt für Abschlussprüfungs-, andere Bestätigungs- und Steuerberatungsleistungen und sonstige Leistungen, soweit keine Berichterstattung auf übergeordneter Konzernebene erfolgt	§ 285 Nr. 17	–	x Unterlassen für mittelgroße Kapitalges. unter bestimmten Voraussetzungen möglich	x	–	–
(9)	Angabe des Gesamtbetrags der Beträge gemäß § 268 Abs. 8, gegliedert in Beträge aus Aktivierung selbst geschaffener immaterieller Vermögensgegenstände des Anlagevermögens, aus latenten Steuern und aus der Aktivierung von Vermögensgegenständen zum beizulegenden Zeitwert	§ 285 Nr. 28	x	x	x	x	–
III.	**Zusätzliche Angaben zur Erreichung der Generalnorm**						
	Zusätzliche Angaben, wenn der Jahresabschluss trotz Beachtung der GoB ein den tatsächlichen Verhältnissen entsprechendes Bild der Vermögens-, Finanz- und Ertragslage nicht vermittelt	§ 264 Abs. 2 Satz 2	x	x	–	x	–
Sonstige Angaben							
I.	**Außerbilanzielle Geschäfte, Haftungsverhältnisse und sonstige finanzielle Verpflichtungen**						
(1)	Gesonderte Angabe der in § 251 bezeichneten Haftungsverhältnisse jeweils unter Angabe gewährter Pfandrechte oder sonstiger Sicherheiten	§ 268 Abs. 7	x	x	x	x	gesondert unter der Bilanz
(2)	Angabe der Gründe der Einschätzung des Risikos der Inanspruchnahme für nach § 251 unter der Bilanz oder nach § 268 Abs. 7 1. Halbsatz im Anhang ausgewiesene Verbindlichkeiten und Haftungsverhältnisse	§ 285 Nr. 27	x	x	x	x	–
(3)	Angabe von Art und Zweck sowie Risiken und Vorteile von nicht in der Bilanz enthaltenen Geschäften, soweit dies für die Beurteilung der Finanzlage notwendig ist	§ 285 Nr. 3	–	x für mittelgroße Kapitalges. beschränkt auf Art und Zweck der Geschäfte	x	x	–
(4)	Angabe des Gesamtbetrages der sonstigen finanziellen Verpflichtungen, die nicht in der Bilanz enthalten und auch nicht nach § 251 oder § 285 Nr. 3 (s.o.) anzugeben sind, sofern diese Angaben für die Beurteilung der Finanzlage von Bedeutung sind	§ 285 Nr. 3a	–	x	x	x	–
II.	**Beziehungen zu verbundenen Unternehmen**						
(1)	Gesonderte Angabe der in § 251 (s.o.) bezeichneten Haftungsverhältnisse gegenüber verbundenen Unternehmen	§ 268 Abs. 7	x	x	x	x	gesondert unter der Bilanz
(2)	Angabe des Gesamtbetrages der sonstigen finanziellen Verpflichtungen, die nicht in der Bilanz enthalten und nicht nach § 251 oder § 285 Nr. 3 anzugeben sind, sofern diese Angabe für die Beurteilung der Finanzlage von Bedeutung ist	§ 285 Nr. 3a	–	x	x	x	–
(3)	Name und Sitz derjenigen Mutterunternehmen, die den Konzernabschluss mit dem jeweils größten bzw. kleinsten Konsolidierungskreis aufstellen	§ 285 Nr. 14	x	x	–	x	–

Aufzunehmender Sachverhalt	Rechts-grundlage	kleine Kapital-gesell-schaften	große und mittelgroße Kapitalgesell-schaften	vom PublG erfasste Ges.	Genos-sen-schaften	Ausweis fakultativ in
III. Organe, Organkredite und Aufwendungen für Organe						
(1) Angabe aller Mitglieder des Geschäftsführungsorgans und eines Aufsichtsrats, auch wenn sie im Geschäftsjahr oder später ausgeschieden sind, mit dem Familiennamen und mindestens einem ausgeschriebenen Vornamen, einschließlich des ausgeübten Berufs und bei börsennotierten Gesellschaften auch der Mitgliedschaften in Aufsichtsräten und anderen Kontrollgremien i. S. des § 125 Abs. 1 Satz 5 AktG. Der Vorsitzende eines Aufsichtsrats, seine Stellvertreter und ein etwaiger Vorsitzender des Geschäftsführungsorgans sind als solche zu bezeichnen	§ 285 Nr. 10	x	x	x	x	–
(2) Angabe der Gesamtbezüge (inkl. Bezugsrechte) jeweils des • Geschäftsführungsorgans • Aufsichtsrats • Beirats oder • einer ähnlichen Einrichtung Hierzu gehören auch nicht ausbezahlte, sondern in andere Ansprüche umgewandelte oder zur Erhöhung anderer Ansprüche verwendete Bezüge	§ 285 Nr. 9a; unter Beachtung der Schutzklausel gemäß § 286 Abs. 4	–	x	x	–	–
(3) Angabe der Gesamtbezüge der früheren Mitglieder der oben bezeichneten Organe und ihrer Hinterbliebenen. Außerdem Angabe der für diesen Personenkreis gebildeten sowie der nicht gebildeten Pensionsrückstellungen	§ 285 Nr. 9b; unter Beachtung der Schutzklausel gemäß § 286 Abs. 4	–	x	x	–	–
(4) Angabe der Vorschüsse und Kredite an die Mitglieder der oben bezeichneten Organe, der wesentlichen Bedingungen, der ggf. im Geschäftsjahr zurückgezahlten Beträge sowie der zugunsten dieses Personenkreises eingegangenen Haftungsverhältnisse	§ 285 Nr. 9c	x	x	x	–	–
(5) Angabe, weshalb ein Prüfungsausschuss nicht eingerichtet wurde für Gesellschaften, die ausschließlich Wertpapiere i. S. d. § 2 Abs. 1 Satz 1 WpHG ausgeben	§ 324 Abs. 1 Nr. 1	x	x	x	–	–
IV. Angabe der – nach Gruppen getrennten – durchschnittlichen Zahl der während des Geschäftsjahres beschäftigten Arbeitnehmer	§ 285 Nr. 7	–	x	x	x	–
V. Angaben zum Anteilsbesitz						
(1) Angabe von Name, Sitz, Beteiligungsquote, Eigenkapital und letztem Jahresergebnis von Unternehmen, an denen die Kapitalgesellschaft oder eine für deren Rechnung handelnde Person mindestens den fünften Teil der Anteile besitzt; von börsennotierten Kapitalgesellschaften sind zusätzlich alle Beteiligungen an großen Kapitalgesellschaften anzugeben, die fünf vom Hundert der Stimmrechte überschreiten	§ 285 Nr. 11 unter Beachtung der Schutzklausel gemäß § 286 Abs. 3	x	x	x	x	–
(2) Angabe von Name, Sitz und Rechtsform der Unternehmen, deren unbeschränkt haftender Gesellschafter die Kapitalgesellschaft ist	§ 285 Nr. 11a unter Beachtung der Schutzklausel gemäß § 286 Abs. 3	x	x	x	x	–
(3) Diese Angaben können unter den Bedingungen des § 286 Abs. 3 unterbleiben; die Anwendung der Ausnahmeregelung zu Schutzzwecken ist dann jedoch nach § 286 Abs. 3 Satz 4 im Anhang anzugeben	§ 286 Abs. 3 Satz 4	x	x	x	x	–
(4) Die Angabe des Eigenkapitals und des Jahresergebnisses kann unterbleiben, wenn das Unternehmen, über das zu berichten ist, seinen Jahresabschluss nicht offen zu legen hat und die berichtende Kapitalgesellschaft weniger als die Hälfte der Anteile besitzt	§ 286 Abs. 3 Satz 2	x	x	x	x	–

	Aufzunehmender Sachverhalt	Rechts-grundlage	kleine Kapital-gesell-schaften	große und mittelgroße Kapitalgesell-schaften	vom PublG erfasste Ges.	Genos-sen-schaften	Ausweis fakultativ in
VI.	**Angabe über wesentliche, nicht zu marktüblichen Bedingungen zustande gekommene Geschäfte mit nahe stehenden Unternehmen und Personen, einschließlich Angaben zur Art der Beziehung, zum Wert der Geschäfte sowie weiterer zur Beurteilung der Finanzlage notwendiger Angaben**	§ 285 Nr. 21	–	x für mittelgroße Kapitalges. nur in der Rechtsform einer Aktiengesellschaft verpflichtend	x	x	–
VII.	**Angabe des Gesamtbetrags der Forschungs- und Entwicklungskosten des Geschäftsjahres sowie des davon auf die selbst geschaffenen immateriellen Vermögensgegenstände des Anlagevermögens entfallenden Betrags im Falle der Aktivierung nach § 248 Abs. 2**	§ 285 Nr. 22	–	x	x	x	–
VIII.	**Erläuterung bei Anwendung des § 254**						
	• mit welchem Betrag jeweils Vermögensgegenstände, Schulden, schwebende Geschäfte und mit hoher Wahrscheinlichkeit erwartete Transaktionen zur Absicherung welcher Risiken in welche Arten von Bewertungseinheiten einbezogen sind sowie die Höhe der mit Bewertungseinheiten abgesicherten Risiken,	§ 285 Nr. 23a	x	x	x	x	Lagebericht
	• für die jeweils abgesicherten Risiken, warum, in welchem Umfang und für welchen Zeitraum sich die gegenläufigen Wertänderungen oder Zahlungsströme künftig voraussichtlich ausgleichen einschließlich der Methode der Ermittlung,	§ 285 Nr. 23b	x	x	x	x	Lagebericht
	• der mit hoher Wahrscheinlichkeit erwarteten Transaktionen, die in Bewertungseinheiten einbezogen werden.	§ 285 Nr. 23c	x	x	x	x	Lagebericht

2. Zusätzliche rechtsformspezifische Anhangangaben

Aufzunehmender Sachverhalt	Rechtsgrundlage	Ausweis fakultativ in
I. Aktiengesellschaften, KGaA		
(1) Angabe des nach § 58 Abs. 2a AktG in den Posten »andere Rücklagen« eingestellten Eigenkapitalanteils von Wertaufholungen	§ 58 Abs. 2a Satz 2 AktG	Bilanz
(2) Gesonderte Angabe des während des Geschäftsjahres in die »Kapitalrücklage« eingestellten oder aus ihr entnommenen Betrages	§ 152 Abs. 2 AktG	Bilanz
(3) Gesonderte Angabe zu den einzelnen Posten der Gewinnrücklagen • bezüglich der von der Hauptversammlung aus dem Bilanzgewinn des Vorjahres eingestellten Beträge • bezüglich der aus dem Jahresüberschuss des Geschäftsjahres eingestellten Beträge • bezüglich der für das Geschäftsjahr entnommenen Beträge	§ 152 Abs. 3 AktG	Bilanz
(4) Darstellung der Entwicklung vom »Jahresüberschuss/Jahresfehlbetrag« zum »Bilanzgewinn/Bilanzverlust«	§ 158 Abs. 1 AktG	GuV
(5) Zusätzliche Vorschriften zum Anhang:	§ 160 Abs. 1 AktG	
• Angaben über Bestand und Zugang an Aktien, die ein Aktionär für Rechnung der Aktiengesellschaft oder eines von ihr abhängigen oder in Mehrheitsbesitz stehenden Unternehmens oder ein solches Unternehmen selbst übernommen hat; auch über die Verwertung solcher Aktien unter Angabe des Erlöses und seiner Verwendung ist zu berichten	Nr. 1	–
• Angaben über den Bestand an eigenen Aktien, die von der Kapitalgesellschaft selbst, von einem von ihr abhängigen oder in Mehrheitsbesitz stehenden Unternehmen oder für Rechnung der Aktiengesellschaft oder eines solchen Unternehmens von einem anderen erworben werden. Anzugeben sind: Zahl und Nennbetrag, Anteil am Grundkapital, Zeitpunkt und Gründe des Erwerbs. Dieselben Angaben sind zu machen bei Erwerb oder Veräußerung solcher Aktien im Geschäftsjahr, weiter über den Erwerbs- bzw. Veräußerungspreis und die Verwendung des Erlöses	Nr. 2	–
• Angaben über Zahl und Nennbetrag jeder Aktiengattung; hierbei gesonderte Angabe der im Geschäftsjahr durch bedingte Kapitalerhöhung oder genehmigtes Kapital gezeichneten Aktien	Nr. 3	Bilanz
• Angabe über das genehmigte Kapital	Nr. 4	–

Aufzunehmender Sachverhalt	Rechtsgrundlage	Ausweis fakultativ in
• Angabe zur Zahl der Wandelschuldverschreibungen und vergleichbarer Wertpapiere unter Angabe der durch sie verbrieften Rechte	Nr. 5	–
• Angaben über Genussrechte, Rechte aus Besserungsscheinen und ähnliche Rechte	Nr. 6	–
• Angaben über das Bestehen einer wechselseitigen Beteiligung unter Angabe des Unternehmens	Nr. 7	–
• Angaben über eine Beteiligung an der Gesellschaft, die ihr nach § 20 Abs. 1 oder 4 HGB oder nach § 21 Abs. 1 oder Abs. 1a WpHG mitgeteilt wurde	Nr. 8	–
(6) Erläuterung der Verwendung von bei Kapitalherabsetzung und Auflösung von Gewinnrücklagen gewonnenen Beträgen	§ 240 Satz 3 AktG	–
(7) Angabe von Gründen und Beifügung einer Sonderrechnung, falls eine bei einer Sonderprüfung festgestellte Unterbewertung nicht mehr zu einer entsprechenden Korrektur der Bilanzansätze führt	§ 261 Abs. 1 Satz 3 und 4 AktG	–
(8) Angabe für börsennotierte Aktiengesellschaften und Unternehmen i. S. v. § 161 Abs. 1 Satz 2 AktG über die Erklärung zum Corporate Governance Kodex nach § 161 AktG und über deren öffentliche Zugänglichkeit	§ 285 Nr. 16	–
(9) Angabe für börsennotierte Aktiengesellschaften über die Einzelbezüge jedes Vorstandsmitglieds (aufgeschlüsselt nach erfolgsunabhängigen und erfolgsbezogenen Komponenten sowie Komponenten mit langfristiger Anreizwirkung)	§ 285 Nr. 9a Satz 5 ff. HGB; unter Beachtung der Schutzklausel gemäß § 286 Abs. 5	Lagebericht
II. GmbH		
(1) Angabe des Betrags der Rücklagen, die aufgrund von Wertaufholungen und steuerlichen Rücklagen in Gewinnrücklagen eingestellt werden	§ 29 Abs. 4 Satz 2 GmbHG	Bilanz
(2) Angabe der Ausleihungen, Forderungen und Verbindlichkeiten gegenüber Gesellschaftern	§ 42 Abs. 3 GmbHG	Bilanz
III. Eingetragene Genossenschaften		
(1) Angaben über die Zahl der im Laufe des Geschäftsjahres eingetretenen oder ausgeschiedenen sowie die Zahl der am Schluss des Geschäftsjahres der Genossenschaft angehörenden Mitglieder und Angaben des Gesamtbetrages, um den sich Geschäftsguthaben und Haftsummen der Mitglieder vermehrt oder vermindert haben sowie der zum Ende des Geschäftsjahres bestehenden Haftsumme	§ 338 Abs. 1 HGB	–
(2) Angabe von Name und Anschrift des für die Genossenschaft zuständigen Prüfungsverbands	§ 338 Abs. 2 Nr. 1 HGB	–
(3) Angabe aller Mitglieder des Vorstandes und Aufsichtsrates, auch wenn sie im Geschäftsjahr ausgeschieden sind, mit Familien- und mindestens einem ausgeschriebenen Vornamen; ein etwaiger Vorsitzender des Aufsichtsrates ist als solcher zu bezeichnen	§ 338 Abs. 2 Nr. 2 HGB	–
(4) Anstelle der Angaben nach § 285 Nr. 9 HGB Angabe der Forderungen der Genossenschaft gegen Mitglieder des Vorstandes oder Aufsichtsrats, die Beträge für jedes Organ können in einer Summe ausgewiesen werden	§ 338 Abs. 3 HGB	–
IV. Personenhandelsgesellschaften i. S. des § 264a HGB		
(1) Angabe von Name, Sitz und gezeichnetem Kapital der Gesellschaften, die persönlich haftende Gesellschafter einer Personengesellschaft i. S. v. § 264a Abs. 1 sind	§ 285 Nr. 15	
(2) Angabe der Ausleihungen, Forderungen und Verbindlichkeiten gegenüber Gesellschaftern	§ 264c Abs. 1	Bilanz
(3) Angabe der Hafteinlagen bei einer GmbH & Co bzw. AG Co, soweit noch nicht geleistet, gemäß § 172 Abs. 1 HGB	§ 264c Abs. 2 Satz 9	

3. Anhangangaben im Konzernabschluss

Aufzunehmender Sachverhalt	Rechtsgrundlage	Bemerkung
I. Angabepflicht bei Inanspruchnahme der Befreiungswirkung		
(1) Angabe des TU, das von der Anwendung der §§ 264 ff. befreit ist	§ 264 Abs. 3 Nr. 4 § 264b Nr. 3	
(2) Angabepflichten des zu befreienden Unternehmens bei Inanspruchnahme der befreienden Wirkung von EU/EWR-Konzernabschlüssen • Name und Sitz des Mutterunternehmens • Hinweis auf die Befreiungsmöglichkeit • Erläuterung der im befreienden Konzernabschluss vom deutschen Recht abweichenden, angewandten Bilanzierungs-, Bewertungs- und Konsolidierungsmethoden	§ 291 Abs. 2 Nr. 3 a, b, c	

	Aufzunehmender Sachverhalt	Rechts-grundlage	Bemerkung
II.	**Angabepflichten zum Konsolidierungskreis**		
(1)	Angabepflichten bezüglich aller in den Konzernabschluss einbezogenen Unternehmen • Name und Sitz • Anteil am Kapital, der dem MU und einbezogenen TU gehört oder für deren Rechnung gehalten wird • Zur Einbeziehung verpflichtender Sachverhalt, sofern dieser nicht aufgrund einer der Kapitalbeteiligung entsprechenden Stimmrechtsmehrheit erfolgt	§ 313 Abs. 2 Nr. 1	Diese Angabepflicht gilt auch für solche TU, die nach den § 296 nicht einbezogen wurden (§ 313 Abs. 2 Nr. 1 Satz 2)
(2)	Begründung, wenn ein TU nach § 296 Abs. 1 und 2 nicht einbezogen wurde	§ 296 Abs. 3	Zu begründen ist, inwieweit die Kriterien der Abs. 1 und 2 von § 296 erfüllt sind
(3)	Angaben, die einen sinnvollen Vergleich mit vorhergehenden Konzernabschlüssen ermöglichen, wenn sich der Konsolidierungskreis wesentlich geändert hat	§ 294 Abs. 2	
(4)	Angabepflichten zu assoziierten Unternehmen • Name und Sitz • Anteil am Kapital des assoziierten Unternehmens, der dem MU und den einbezogenen TU gehört oder für deren Rechnung gehalten wird	§ 313 Abs. 2 Nr. 2	
(5)	Angabepflichten zu quotenkonsolidierten Unternehmen • Name und Sitz • Tatbestand, der die Quotenkonsolidierung ermöglicht • Anteil am Kapital dieses Unternehmens, der dem MU und einbezogenen TU gehört oder für deren Rechnung getragen wird	§ 313 Abs. 2 Nr. 3	
(6)	Angabepflichten zu Unternehmen, an denen das MU, ein TU oder für deren Rechnung ein Dritter mindestens 20 % der Anteile hält • Name und Sitz • Anteil am Kapital • Höhe des Eigenkapitals • Letztes Abschlussergebnis • Beteiligungen an großen Kapitalgesellschaften unter den Voraussetzungen des § 313 Abs. 2 Nr. 4 Satz 2	§ 313 Abs. 2 Nr. 4	Keine Angabepflicht bei untergeordneter Bedeutung des Beteiligungsunternehmens. Verpflichtung erstreckt sich nicht auf die Unternehmen nach § 313 Abs. 2 Nr. 1–3. Keine Angabepflicht des Eigenkapitals und des Ergebnisses, wenn Beteiligungsunternehmen nicht offenlegungspflichtig ist und MU, TU oder Dritter unter 50 % der Anteile halten
III.	**Erläuterungs- und Angabepflichten zu Bilanzierung, Bewertung und Gliederung**		
(1)	Angabe eines aktivierten Disagios	§ 298 Abs. 1 i. V. m. § 268 Abs. 6	Kann auch in Konzernbilanz erfolgen
(2)	Angabe des Buchwerts und des niedrigeren beizulegenden Zeitwerts der zu den Finanzanlagen gehörenden Finanzinstrumente sowie Begründung für Unterbleiben einer Abschreibung gemäß § 253 Abs. 3 Satz 4	§ 314 Abs. 1 Nr. 10	
(3)	Angabe über Art, Umfang, beizulegenden Zeitwert, angewandte Bewertungsmethode, Buchwert mit zugehörigem Bilanzposten und Gründe für die Nicht-Bestimmbarkeit des beizulegenden Zeitwerts für jede Kategorie nicht zum beizulegenden Zeitwert bilanzierter derivativer Finanzinstrumente	§ 314 Abs. 1 Nr. 11	
(4)	Angabe über grundlegende Annahmen der zur Bestimmung des beizulegenden Zeitwerts angewandten Bewertungsmethoden und über Umfang und Art jeder Kategorie derivativer Finanzinstrumente einschließlich der damit verbundenen Risiken für gemäß § 340e Abs. 3 zum beizulegenden Zeitwert bewertete Finanzinstrumente	§ 314 Abs. 1 Nr. 12	
(5)	Spezialvorschrift für Angaben zu Anteilen oder Anlageaktien an inländischen Investmentvermögen i. S. v. § 1 InvG oder vergleichbaren ausländischen Investmentanteilen i. S. v. § 2 Abs. 9 InvG; ist vorrangig vor § 314 Nr. 12	§ 314 Abs. 1 Nr. 18	
(6)	Angabe und Begründung, wenn die konzerneinheitliche Bewertung in Ausübung eines Wahlrechtes von den auf den Jahresabschluss der MU angewandten Methoden abweicht	§ 308 Abs. 1 Satz 3	
(7)	Hinweis, wenn auf Sondervorschriften für Kreditinstitute und Versicherungen beruhende Wertansätze beibehalten werden	§ 308 Abs. 2 Satz 2 2. Halbsatz; § 300 Abs. 2 Satz 3	
(8)	Angabe und Begründung, wenn in Ausnahmefällen neben dem Kriterium der untergeordneten Bedeutung keine Umbewertung auf eine einheitliche Bewertung hin stattfindet	§ 308 Abs. 2 Satz 4 2. Halbsatz	
(9)	Angabe der auf die Posten der Konzernbilanz und Konzern-GuV angewandten Bilanzierungs- und Bewertungsmethoden	§ 313 Abs. 1 Satz 2 Nr. 1	

Aufzunehmender Sachverhalt		Rechts-grundlage	Bemerkung
(10)	Angabe und Begründung bei Abweichung von Bilanzierungs- und Bewertungsmethoden; gesonderte Darstellung des Einflusses hieraus auf die Vermögens-, Finanz- und Ertragslage des Konzerns	§ 313 Abs. 1 Satz 2 Nr. 3	
(11)	Angabe und Begründung, wenn die Darstellungsstetigkeit der Gliederung unterbrochen wird	§ 298 Abs. 1 i. V. m. § 265 Abs. 1 Satz 2	
(12)	Angabe und Erläuterung, wenn Vorjahreszahlen der Gliederung nicht vergleichbar sind	§ 298 Abs. 1 i. V. m. § 265 Abs. 2 Satz 2	
(13)	Angabe und Erläuterung, wenn Vorjahreszahlen angepasst werden	§ 298 Abs. 1 i. V. m. § 265 Abs. 2 Satz 3	
(14)	Angabe, falls Mitzugehörigkeit zu anderen Gliederungsposten	§ 298 Abs. 1 i. V. m. § 265 Abs. 3	Vermerk kann auch in Konzernbilanz erfolgen
(15)	Begründung, wenn Gliederung wegen Betreibens mehrerer Geschäftszweige ergänzt wird	§ 298 Abs. 1 i. V. m. § 265 Abs. 4 Satz 2	
(16)	Gesonderter Ausweis von in Konzernbilanz bzw. Konzern-GuV zusammengefassten Positionen	§ 298 Abs. 1 i. V. m. § 265 Abs. 7 Nr. 2	
(17)	Angabe des Gewinn- oder Verlustvortrages bei Bilanzerstellung nach teilweiser Gewinnverwendung	§ 298 Abs. 1 i. V. m. § 268 Abs. 1 Satz 2	Vermerk kann auch in Konzernbilanz erfolgen
(18)	Darstellung der Entwicklung der einzelnen Posten des Anlagevermögens	§ 298 Abs. 1 i. V. m. § 268 Abs. 2 Satz 1	Kann auch in Konzernbilanz erfolgen
(19)	Angabe der im Geschäftsjahr vorgenommenen Abschreibungen	§ 298 Abs. 1 i. V. m. § 268 Abs. 2 Satz 3	Kann auch in Konzernbilanz erfolgen
(20)	Angabe der Ausleihungen, Forderungen und Verbindlichkeiten gegenüber Gesellschaftern einer Kapitalgesellschaft & Co	§ 298 Abs. 1 i. V. m. § 264c Abs. 1 Satz 1	Kann auch in Konzernbilanz erfolgen
(21)	Erläuterung großer Beträge in »Sonstigen Vermögensgegenständen«, die erst nach dem Abschlussstichtag rechtlich entstehen	§ 298 Abs. 1 i. V. m. § 268 Abs. 4 Satz 2	
(22)	Erläuterung großer Beträge in den Verbindlichkeiten, die erst nach dem Abschlussstichtag rechtlich entstehen	§ 298 Abs. 1 i. V. m. § 268 Abs. 5 Satz 3	
(23)	Angabe des angewandten versicherungsmathematischen Berechnungsverfahrens sowie der grundlegenden Annahmen der Berechnung der in der Konzernbilanz ausgewiesenen Rückstellungen für Pensionen und ähnliche Verpflichtungen	§ 314 Abs. 1 Nr. 16	
(24)	Angabe der Anschaffungskosten und des beizulegenden Zeitwerts der verrechneten Vermögensgegenstände, des Erfüllungsbetrags der verrechneten Schulden sowie der verrechneten Aufwendungen und Erträge bei Saldierung von in der Konzernbilanz ausgewiesenen Vermögensgegenständen und Schulden gemäß § 246 Abs. 2 Satz 2; § 314 Abs. 1 Nr. 12a ist entsprechend anzuwenden	§ 314 Abs. 1 Nr. 17	
(25)	Angabe der Gründe für die Annahme einer betrieblichen Nutzungsdauer eines in der Konzernbilanz ausgewiesenen entgeltlich erworbenen Geschäfts- oder Firmenwerts aus der Kapitalkonsolidierung von mehr als fünf Jahren	§ 314 Abs. 1 Nr. 20	
IV.	**Angaben zur GuV**		
(1)	Angabe der außerplanmäßigen Abschreibungen gemäß § 253 Abs. 3 Satz 3, 4 im Anlagevermögen	§ 298 Abs. 1 i. V. m. § 277 Abs. 3 Satz 1	Kann auch als gesonderter Ausweis in GuV erfolgen
(2)	Erläuterung »außerordentlicher Erträge« und »außerordentlicher Aufwendungen« nach Betrag und Art	§ 298 Abs. 1 i. V. m. § 277 Abs. 4 Satz 2	Nicht erforderlich, wenn für die Beurteilung der Ertragslage von untergeordneter Bedeutung
(3)	Erläuterung von periodenfremden Aufwendungen und Erträgen nach Art und Betrag	§ 298 Abs. 1 i. V. m. § 277 Abs. 4 Satz 3	Nicht erforderlich, wenn für die Beurteilung der Ertragslage von untergeordneter Bedeutung
(4)	Angabe zur Aufgliederung der Umsatzerlöse	§ 314 Abs. 1 Nr. 3	
(5)	Angabe des vom Abschlussprüfer für das Geschäftsjahr berechneten Gesamthonorars, aufgeschlüsselt für Abschlussprüfungs-, andere Bestätigungs- und Steuerberatungsleistungen und sonstige Leistungen	§ 314 Abs. 1 Nr. 9	

	Aufzunehmender Sachverhalt	Rechtsgrundlage	Bemerkung
V.	**Erläuterungs- und Angabepflichten zur Konsolidierung**		
(1)	Stetigkeit • Angabe und Begründung, wenn von Konsolidierungsmethoden, die auf den vorhergehenden Konzernabschluss angewandt wurden, abgewichen wird • Angabe des Einflusses der Abweichung auf die Vermögens-, Finanz- und Ertragslage	§ 297 Abs. 3 Satz 4 § 297 Abs. 3 Satz 5	
(2)	Abschlussstichtag Bei Einbezug eines Unternehmens auf Basis eines vom Konzernabschlussstichtag abweichenden Abschlussstichtages Angabe der dazwischenliegenden Vorgänge, soweit sie für die VFE-Lage des Unternehmens von besonderer Bedeutung sind	§ 299 Abs. 3	Alternativ Berücksichtigung in Konzernbilanz und Konzern-GuV
(3)	Währungsumrechnung Angabe der Grundlagen der Währungsumrechnung, soweit Abschlussposten aus einer Fremdwährung in Euro umgerechnet werden müssen	§ 313 Abs. 1 Satz 2 Nr. 2	

(4)	Kapitalkonsolidierung
	• Erwerbsmethode
	  • Erläuterung eines ausgewiesenen Goodwill und Badwill sowie deren wesentliche Veränderungen gegenüber dem Vorjahr
	• Quotenkonsolidierung
	  • Angabepflichten der §§ 297 – 301, §§ 303 – 306 und der §§ 308, 309 sind entsprechend zu beachten
	• Equity-Konsolidierung
	  • Angabe des Unterschiedsbetrags zwischen Buchwert und anteiligem Eigenkapital des bilanzierten assoz. Unternehmen sowie eines darin enthaltenen Goodwills oder Badwills
	  • Angabe, wenn das assoz. Unternehmen nicht an die konzerneinheitliche Bewertung angepasst wird
	  • Jeweils Angabe und Begründung, wenn aufgrund untergeordneter Bedeutung des assoz. Unternehmens weder ein gesonderter Bilanzausweis noch eine Equity-Bewertung stattfinden
		§ 301 Abs. 3 Satz 2
		§ 310 Abs. 2
		§ 312 Abs. 1 Satz 2
		§ 312 Abs. 5 Satz 2
		§ 313 Abs. 2 Nr. 2 Satz 2	

VI.	**Latente Steuern**		
	Erläuterung, auf welchen Differenzen oder steuerlichen Verlustvorträgen die latenten Steuern beruhen und mit welchen Steuersätzen die Bewertung erfolgt ist	§ 314 Abs. 1 Nr. 21	
VII.	**Zusätzliche Angaben, falls der Konzernabschluss wegen besonderer Umstände die Generalnorm nicht erfüllt**	§ 297 Abs. 2 Satz 3	
VIII.	**Sonstige Angaben**		
(1)	Angabe des Gesamtbetrages in der Konzernbilanz ausgewiesener Verbindlichkeiten mit einer Restlaufzeit von mehr als 5 Jahren, soweit durch ein einbezogenes Unternehmen in bestimmter Form besichert	§ 314 Abs. 1 Nr. 1	
(2)	Angabe von Art und Zweck sowie Risiken und Vorteile von nicht in der Konzernbilanz enthaltenen Geschäften des MU und der in den Konzernabschluss einbezogenen Tochterunternehmen, soweit dies für die Beurteilung der Finanzlage des Konzerns notwendig ist	§ 314 Abs. 1 Nr. 2	
(3)	Angabe des Gesamtbetrages der sonstigen finanziellen Verpflichtungen, die nicht in der Konzernbilanz enthalten und auch nicht nach § 251 oder § 314 Nr. 2 (s.o.) anzugeben sind, sofern diese Angaben für die Beurteilung der Finanzlage des Konzerns von Bedeutung sind	§ 314 Abs. 1 Nr. 2a	Verpflichtungen gegenüber TU, die nicht in den Konzernabschluss einbezogen werden, sind gesondert anzugeben
(4)	Gesonderte Angabe der Haftungsverhältnisse gemäß § 251 unter Angabe gewährter Pfandrechte und sonstiger Sicherheiten; gesonderte Angabe, soweit diese Haftung gegenüber verbundenen Unternehmen besteht	§ 298 Abs. 1 i. V. m. § 268 Abs. 7	Alternativ gesonderter Ausweis in der Konzernbilanz
(5)	Angabe der Gründe der Einschätzung des Risikos der Inanspruchnahme für nach § 251 unter der Bilanz oder nach § 268 Abs. 7 1. Halbsatz im Anhang ausgewiesene Verbindlichkeiten und Haftungsverhältnisse	§ 314 Abs. 1 Nr. 19	
(6)	Angabe zu Personalbestand und Personalaufwendungen	§ 314 Abs. 1 Nr. 4	
(7)	Angaben zur Vergütung für die Mitglieder des Geschäftsführungsorgans, eines Aufsichtsrates oder einer ähnlichen Einrichtung	§ 314 Abs. 1 Nr. 6a, b	
(8)	Angaben zu Vorschüssen und Krediten an Mitglieder des Geschäftsführungsorgans, eines Aufsichtsrates oder einer ähnlichen Einrichtung	§ 314 Abs. 1 Nr. 6c	
(9)	Angaben zum Bestand an Anteilen an dem MU	§ 314 Abs. 1 Nr. 7	
(10)	Angabe über die Erklärung zum Corporate Governance Kodex nach § 161 AktG und über deren Zugänglichkeit für alle in den Konzernabschluss einbezogenen börsennotierten Unternehmen	§ 314 Abs. 1 Nr. 8	

Aufzunehmender Sachverhalt		Rechtsgrundlage	Bemerkung
(11)	Angabe über wesentliche, nicht zu marktüblichen Bedingungen zustande gekommene Geschäfte mit nahe stehenden Unternehmen und Personen, einschließlich Angaben zur Art der Beziehung, zum Wert der Geschäfte sowie weiterer zur Beurteilung der Finanzlage notwendiger Angaben	§ 314 Abs. 1 Nr. 13	
(12)	Angabe des Gesamtbetrags der Forschungs- und Entwicklungskosten des Geschäftsjahres sowie des davon auf die selbst geschaffenen immateriellen Vermögensgegenstände des Anlagevermögens entfallenden Betrags im Falle der Aktivierung nach § 248 Abs. 2	§ 314 Abs. 1 Nr. 14	
(13)	Angabe über die Arten der ggf. nach § 254 gebildeten Bewertungseinheiten, die dadurch abgesicherten Risiken und die Gründe für den Ausschluss des Eintretens der abgesicherten Risiken	§ 314 Abs. 1 Nr. 15	
(14)	Erläuterung bei Anwendung des § 254 im Konzernabschluss • mit welchem Betrag jeweils Vermögensgegenstände, Schulden, schwebende Geschäfte und mit hoher Wahrscheinlichkeit erwartete Transaktionen zur Absicherung welcher Risiken in welche Arten von Bewertungseinheiten einbezogen sind sowie die Höhe der mit Bewertungseinheiten abgesicherten Risiken, • für die jeweils abgesicherten Risiken, warum, in welchem Umfang und für welchen Zeitraum sich die gegenläufigen Wertänderungen oder Zahlungsströme künftig voraussichtlich ausgleichen einschließlich der Methode der Ermittlung, • der mit hoher Wahrscheinlichkeit erwarteten Transaktionen, die in Bewertungseinheiten einbezogen werden	§ 314 Abs. 1 Nr. 15	
IX.	**Ausnahmeregelungen**		
(1)	Die gemäß § 313 Abs. 2 verlangten Angaben müssen nicht gemacht werden, soweit daraus einem der bezeichneten Unternehmen Nachteile entstehen können. die Anwendung dieser Ausnahmeregelung ist im Anhang anzugeben, aber nicht anwendbar, wenn ein MU oder eines seiner TU kapitalmarktorientiert i. S. des § 264d ist.	§ 313 Abs. 3	
(2)	Eine Aufgliederung der Umsatzerlöse ist nicht nötig für Mutterunternehmen, deren Konzernabschluss eine Segmentberichterstattung gemäß § 297 Abs. 1 enthält.	§ 314 Abs. 2 Satz 1	
(3)	Die Angaben gemäß § 314 Abs. 1 Nr. 6a Satz 5 – 8 können unter Beachtung der Schutzklausel des § 286 Abs. 5 unterbleiben. Ist das MU eine börsennotierte Aktiengesellschaft, dann ist eine Auslagerung der Angaben gemäß § 314 Abs. 1 Nr. 6a Satz 5 – 8 in den Lagebericht möglich.	§ 314 Abs. 2 Satz 2; § 315 Abs. 2 Nr. 4	

4. Anhangangaben nach DRS

Aufzunehmender Sachverhalt		Normengrundlage	Unternehmen mit HGB-Konzernabschluss*	Ausweis fakultativ in
Bilanzierungs- und Bewertungsmethoden				
(1)	Erläuterung bei Ausweisänderungen	DRS 13.23	X	–
(2)	Erläuterung der Bilanzierungsgrundsatze	DRS 13.28	X	–
(3)	Angaben und Erläuterungen bei einer Änderung der Bilanzierungsmethoden und Schätzungen	DRS 13.28 ff.	X	–
(4)	Angaben bei Korrektur von Fehlern, die die VFE-Lage beeinträchtigen (Fehlerart, Korrekturbeträge)	DRS 13.32	X	–
Erläuterungen zum Jahresabschluss				
I.	**Bilanz**			
	Goodwill			
	• Angaben zu einem bei einem Unternehmenserwerb angesetzten Goodwill bzw. negativen Unterschiedsbetrag	DRS 4.57 ff.	X	–
	• Angaben zu einem auf assoziierte Unternehmen entfallenen Goodwill bzw. negativen Unterschiedsbetrag	DRS 8.47 ff.	X	–
	• Angaben zu einem auf Gemeinschaftsunternehmen entfallenen Goodwill bzw. negativen Unterschiedsbetrag	DRS 9.23 f.	X	–
II.	**Gewinn- und Verlustrechnung (GuV)**			
(1)	Außerordentliche Ergebnisanteile aus der Änderung des *equity*-Wertes	DRS 8.45	X	GuV

Aufzunehmender Sachverhalt		Normengrundlage	Unternehmen mit HGB-Konzernabschluss*	Ausweis fakultativ in
(2)	Latente Steuern		X	–
	• Angabe der Differenzen, oder steuerlichen Verlustvorträgen, auf denen die latenten Steuern beruhen	DRS 18.63a	X	–
	• Angabe der angewandten Steuersätze	DRS 18.63b	X	–
	• Angabe des Betrags und ggf. des Zeitpunkts des Verfalls von abzugsfähigen temporären Differenzen, für die kein latenter Steueranspruch in der Bilanz angesetzt ist sowie von bislang ungenutzten steuerlichen Verlustvorträgen und Steuergutschriften	DRS 18.66	X	–
	• Überleitungsrechnung vom erwarteten zum ausgewiesenen Steueraufwand bzw. -ertrag	DRS 18.67	X	–
III.	**Eigenkapitalveränderungsrechnung (EKV)**			
(1)	Angabe der Beträge, die am Stichtag zur Ausschüttung zur Verfügung stehen bzw. einer gesetzlichen, satzungsmäßigen oder gesellschaftsvertraglichen Ausschüttungssperre unterliegen	DRS 7.15	X	–
(2)	Angabe und Erläuterung der »übrigen Veränderungen« der Posten des Konzerneigenkapitals und der Bestandteile des »übrigen Konzernergebnisses«, sofern wesentlich	DRS 7.16	X	–
IV.	**Kapitalflussrechnung (KFR)**			
(1)	Angabe der Definition des Finanzmittelfonds	DRS 2.52a	X	–
(2)	Angabe der Auswirkungen von Änderungen der Definition des Finanzmittelfonds	DRS 2.52b	X	–
(3)	Angabe der Zusammensetzung des Finanzmittelfonds	DRS 2.52c	X	–
(4)	u. a.			
Zusätzliche Angaben				
(1)	Allgemeine Angaben			
	• Angaben zu erworbenen Unternehmen (u. a. Name und Erwerbszeitpunkt des erworbenen Unternehmens sowie Anschaffungskosten und darin enthaltener Goodwill bzw. negativer Unterschiedsbetrag)	DRS 4.54 ff.	X	–
	• Angaben zu assoziierten Unternehmen (u. a. Name, Anteile am Kapital, Anschaffungskosten und darin enthaltener Goodwill bzw. negativer Unterschiedsbetrag)	DRS 8.47 ff.	X	–
	• Angaben zu Gemeinschaftsunternehmen (u. a. Name, Erwerbszeitpunkt, Höhe des erworbenen Anteils, Anschaffungskosten und darin enthaltener Goodwill bzw. negativer Unterschiedsbetrag)	DRS 9.21	X	–
	• Angabe zu den Bilanz- und GuV-Posten sowie zu den nicht bilanzierten finanziellen Verpflichtungen, die aus Anteilen an Gemeinschaftsunternehmen resultieren	DRS 9.25	X	–
(2)	Segmentberichterstattung			
	• Angaben zur Segmentabgrenzung (z. B. Merkmale für die Abgrenzung, dem Segment zuordenbare Produkte und Dienstleistungen)	DRS 3.25 ff.	–**	–
	• Angabe von Umsatzerlösen, Segmentergebnis, Investitionen, Schulden u. a.	DRS 3.31 ff.	–**	–
	• Sonstige Angaben (z. B. Erläuterung der Grundsätze für die Zusammensetzung der Segmentbeträge, Definition des gewählten Segmentergebnisses)	DRS 3.38 ff.	–**	–
(3)	Haftungsverhältnisse gegenüber assoziierten Unternehmen	DRS 8.49b	X	–
(4)	Angaben im verkürzten Anhang			
	• Angabe, dass dieselben Bilanzierungs- und Bewertungsmethoden wie im letzten Konzernabschluss befolgt werden bzw. bei deren wesentlicher Änderung Beschreibung der Auswirkungen	DRS 16.31a	–***	–
	• Erläuterungen hinsichtlich Änderungen im Konsolidierungskreis	DRS 16.31b	–***	–

	Aufzunehmender Sachverhalt	Normengrundlage	Unternehmen mit HGB-Konzernabschluss*	Ausweis fakultativ in
	• Erläuterungen für ein angemessenes Verständnis der wesentlichen Änderungen von Posten in Bilanz und GuV gegenüber Vergleichszahlen sowie der Entwicklungen im Berichtszeitraum	DRS 16.31c	–***	–
(5)	Berichterstattung über die Vergütung der Organmitglieder			
	• Angaben zu den Gesamtbezügen und (nicht) aktienbasierten Bezügen für tätige Organmitglieder	DRS 17.14 ff.	–****	–
	• Zusätzliche individualisierte Angaben für börsennotierte Aktiengesellschaften hinsichtlich der Bezüge der Vorstandsmitglieder, der Leistungen für den Fall der Beendigung der Tätigkeit u. a.	DRS 17.38 ff.	–****	–
	• Angaben zu früheren Organmitgliedern und deren Hinterbliebenen	DRS 17.35 f.	–****	–

* Alle Mutterunternehmen, die nach § 290 HGB einen Konzernabschluss erstellen, sowie diesen gleichgestellte Unternehmen gemäß § 264a HGB und Unternehmen, die nach § 11 PublG zur Konzernrechnungslegung verpflichtet sind.
** Optionaler Bestandteil eines Konzernabschlusses nach § 290 HGB (§ 297 Abs. 1 Satz 2).
*** DRS 16 ist von Mutterunternehmen zu beachten, die zur Zwischenberichterstattung gemäß WpHG verpflichtet sind (DRS 16.3 ff.).
**** DRS 17 gilt für alle Mutterunternehmen, die gesetzlich zur Berichterstattung gemäß § 314 Abs. 1 Nr. 6 HGB, § 315 Abs. 2 Nr. 4 HGB verpflichtet sind oder diese Angaben freiwillig machen (DRS 17.4).

V. Angaben über Beziehungen zu nahe stehenden Unternehmen und Personen (Related Party Disclosures)

Zweck

Ein wichtiger Typ von Angaben im Abschluss, insbesondere in der internationalen Rechnungslegung, betrifft nahe stehende Unternehmen und Personen (*related parties*). Transaktionen mit nahe stehenden Unternehmen und Personen können mitunter zu anderen Bedingungen erfolgen als mit fremden Dritten. Zudem können bestimmte Geschäfte nur aufgrund der Existenz einer *related party* abgeschlossen oder unterlassen werden. Die Angabe von Beziehungen zu sowie von Geschäftsvorfällen mit *related parties* kann somit mögliche Einflusspotenziale, denen das Unternehmen ausgesetzt ist, offen legen und stellt somit für Investoren eine wichtige Information zur Beurteilung der Vermögens-, Finanz- und Ertragslage dar (IAS 24.5-.8, ASC 850-10-5-2). Außerdem haben Aufsichts- und Kontrollorgane die Möglichkeit, durch ihre Stellung im Unternehmen wichtige Entscheidungen selbst zu treffen oder zumindest erheblich zu beeinflussen. Auch kann es bei einer gleichzeitigen Tätigkeit der Organmitglieder für unterschiedliche Unternehmen zu Interessenkonflikten kommen. Angaben zu nahe stehenden Personen können den Abschlussadressaten Hinweise über persönliche Zielsetzungen und Anreize des Führungspersonals geben (vgl. Andrejewski, K. C./ Böckem, H. [2005], S. 170).

1. Angaben zu nahe stehenden Unternehmen und Personen nach nationalen Normen

Relevante Normen

Der Begriff der »nahe stehenden Unternehmen und Personen« findet im HGB erst seit BilMoG im Jahre 2009 eine explizite Verwendung. Seitdem ist eine Anhangangabe zu Geschäften mit solchen Unternehmen und Personen vorzunehmen. Zusätzlich sieht das deutsche Handelsrecht spezielle Berichts- und ergänzende Informationspflichten zu verbundenen Unternehmen, zu Unternehmen, an denen ein bestimmter Teil der Anteile gehalten wird bzw. mit denen ein Beteiligungsverhältnis besteht sowie zu Mitgliedern der Geschäftsführungs- und Kontrollorgane, vor (vgl. Niehus, R. J. [2003], S. 522; Marten, K.-U. [2006], S. 50). Diese Regelungen gelten nur für Kapitalgesellschaften bzw. Personenhandelsgesellschaften i. S. des § 264a HGB und sollen die Verbundbeziehungen von Unternehmen transparent machen. Sonderregelungen finden sich im Aktiengesetz. So ist nach § 312 AktG unter bestimmten Voraussetzungen ein sog. Abhängigkeitsbericht zu erstellen, bei dem aber nur die Schlusserklärung des Vorstands zur Angemessenheit von Transaktionen im Lagebericht zu veröffentlichen ist, nicht aber der Bericht selbst. Somit lassen sich, wie Abbildung 13.2 verdeutlicht, vier verschiedene Typen von Angaben zu nahe stehenden Unternehmen und Personen unterscheiden, die nachfolgend näher erläutert werden.

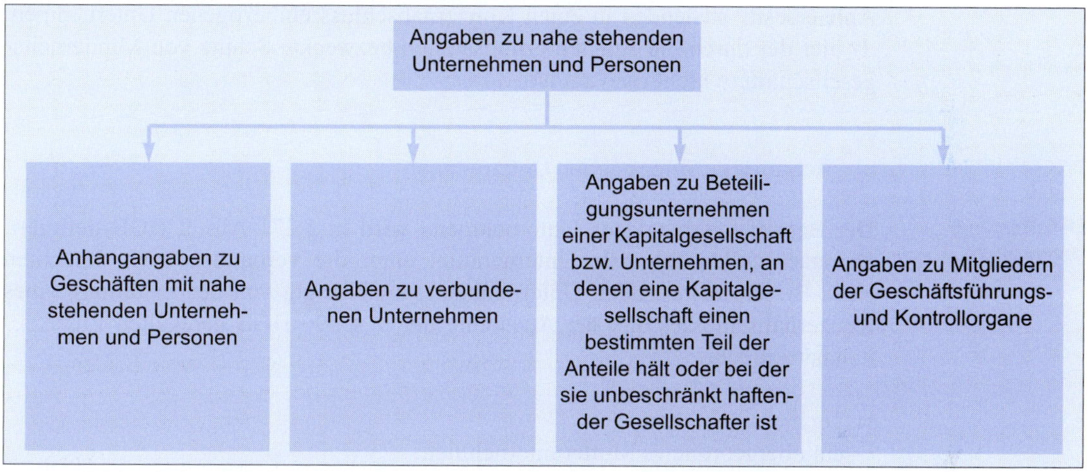

Abb. 13.2: Übersicht über Angaben zu nahe stehenden Unternehmen und Personen

a) Angaben zu Geschäften mit nahe stehenden Unternehmen und Personen

Anhangangabe zu den Geschäften mit nahe stehenden Unternehmen und Personen

Gemäß § 285 Nr. 21 HGB sind große Kapitalgesellschaften und mittelgroße Kapitalgesellschaften in der Rechtsform einer Aktiengesellschaft (zu beachten ist die Erleichterung gemäß § 288 Abs. 2 HGB) verpflichtet, Angaben zumindest zu den wesentlichen nicht zu marktüblichen Bedingungen zustande gekommenen Geschäften mit nahe stehenden Unternehmen und Personen zu machen. Eingeschlossen sind Angaben zur Art der Beziehung, zum Wert der Geschäfte und weitere Angaben, die zur Beurteilung der Finanzlage notwendig sind (§ 285 Nr. 21 HGB). Auf Konzernebene existiert eine analoge Vorschrift für das Mutterunternehmen und seine Tochterunternehmen (§ 314 Abs. 1 Nr. 13 HGB).

Definition von »nahe stehend«

§ 285 Nr. 21 HGB enthält keine Definition der Begriffe »nahe stehende Unternehmen und Personen«. Da die Angabepflicht eine Annäherung an die internationale Rechnungslegung bezweckt, ist nach dem Willen des Gesetzgebers zur Bestimmung des Kreises der nahe stehenden Unternehmen und Personen die Definition des IAS 24 in der jeweils von der EU übernommenen Fassung (vgl. in diesem Kapitel, S. 886) heranzuziehen (vgl. BMJ [2008], S. 72).

Inhalt

Die Unternehmen können wählen, ob nur über wesentliche marktunübliche Geschäfte oder alle Geschäfte mit nahe stehenden Unternehmen und Personen berichtet wird. Der Begriff des »Geschäfts« ist dabei nicht mit Rechtsgeschäft gleichzusetzen. Er umfasst vielmehr auch Maßnahmen, die eine unentgeltliche oder entgeltliche Nutzung oder Übertragung von Vermögensgegenständen oder Schulden zum Gegenstand haben. Beispiele sind der Kauf von Waren, die Erbringung von Dienstleistungen, die Nutzung von Vermögensgegenständen oder Investitionen. Mit Hilfe eines Drittvergleichs ist festzustellen, ob ein Geschäft zu marktunüblichen Bedingungen abgeschlossen wurde. Dies ist der Fall, wenn ein Geschäft mit einem unabhängigen fremden Dritten nicht zu den gleichen Konditionen zustande gekommen wäre.

Ausnahme

Ausgenommen von der Berichtspflicht sind gemäß § 285 Nr. 21 HGB Geschäfte mit und zwischen mittel- oder unmittelbar in hundertprozentigem Anteilsbesitz stehenden in einen Konzernabschluss einbezogenen Unternehmen, da hier der durch die Angabe grundsätzlich bezweckte Schutz von Minderheitsgesellschaftern nicht relevant ist.

b) Angaben zu verbundenen Unternehmen

Definition und Abgrenzung

Der Begriff »verbundenes Unternehmen« wird in § 271 Abs. 2 HGB definiert. Demnach fallen folgende Unternehmen unter die verbundenen Unternehmen eines Bericht erstattenden Unternehmens, unabhängig von der Erstellung eines Konzernabschlusses und der Ausübung der in § 296 HGB geregelten Einbeziehungswahlrechte:

- Tochterunternehmen;
- ein übergeordnetes Mutterunternehmen;
- Unternehmen, die auch Tochterunternehmen eines übergeordneten Mutterunternehmens sind.

Angabe von verbundenen Unternehmen

Bei verbundenen Unternehmen ergeben sich für Kapitalgesellschaften zusätzliche Angabepflichten im Jahresabschluss und über den Verweis in § 298 HGB auch im Konzernabschluss. In Letzterem sind jedoch nur Beziehungen zu solchen verbundenen Unternehmen darzustellen, die nicht in den Konzernabschluss einbezogen werden. Nach § 285 Nr. 14 HGB ist eine Kapitalgesellschaft zu folgenden Angaben im Anhang verpflichtet:

- Name und Sitz des obersten Mutterunternehmens;
- Name und Sitz des Mutterunternehmens, das auf der nächsthöheren Stufe steht und einen Konzernabschluss erstellt;
- der Ort, wo diese Konzernabschlüsse erhältlich sind.

Angabe zusätzlicher Posten in der Bilanz

Bestimmte Transaktionen mit verbundenen Unternehmen lösen bei großen und mittelgroßen Kapitalgesellschaften zusätzliche Angabepflichten aus. Diese sind insbesondere im Jahresabschluss relevant, da die Auswirkungen derartiger Transaktionen mit verbundenen Unternehmen im Konzernabschluss typischerweise im Rahmen der Konsolidierung (Kapital-, Schulden- sowie Aufwands- und Ertragskonsolidierung, vgl. 11. Kapitel, S. 667 ff.) bereinigt werden. Die zusätzlichen Angabepflichten betreffen in der Bilanz den gesonderten Ausweis von Anteilen an verbundenen Unternehmen (im Anlage- und Umlaufvermögen), Ausleihungen an verbundene Unternehmen, Forderungen gegenüber verbundenen Unternehmen und Verbindlichkeiten gegenüber verbundenen Unternehmen (vgl. 5. Kapitel, S. 248 ff. und 7. Kapitel, S. 418).

Davon-Vermerke

Auch in der Gewinn- und Verlustrechnung sind bei Kapitalgesellschaften ungeachtet ihrer Größe zusätzliche Angaben notwendig. So ist nach § 275 Abs. 2 bzw. 3 HGB jeweils bei »Erträgen aus Beteiligungen«, »Erträgen aus anderen Wertpapieren und Ausleihungen des Finanzanlagevermögens«, »sonstigen Zinsen und ähnlichen Erträgen« und »Zinsen und ähnlichen Aufwendungen« der Anteil von verbundenen Unternehmen als Davon-Vermerk anzugeben. Bei Haftungsverhältnissen sowie gewährten Pfandrechten und sonstigen Sicherheiten ist nach § 268 Abs. 7 HGB ebenso die gesonderte Angabe derartiger Verpflichtungen gegenüber verbundenen Unternehmen notwendig. Ein Davon-Vermerk des Anteils verbundener Unternehmen ist darüber hinaus bei den Angaben zu sonstigen finanziellen Verpflichtungen i. S. des § 285 Nr. 3a HGB erforderlich.

c) Angaben zu Beteiligungsunternehmen

Definition und Abgrenzung

Weitere Angabepflichten für Kapitalgesellschaften bestehen in Bezug auf Unternehmen, mit denen ein Beteiligungsverhältnis besteht. Bei Beteiligungen handelt es sich nach § 271 Abs. 1 Satz 1 HGB um Anteile an anderen Unternehmen, die bestimmt sind, dem eigenen Geschäftsbetrieb durch Herstellung einer dauerhaften Verbindung zu jenen Unternehmen zu dienen. Dabei besteht u. a. eine widerlegbare Vermutung des Vorliegens eines solchen Verhältnisses, soweit ein Unternehmen an einem anderen mindestens 20 % der Anteile hält. Liegt ein solches Anteilsverhältnis vor, sind nach § 285 Nr. 11 HGB zusätzliche Angaben notwendig. Bei der Berechnung der Anteile ist § 16 Abs. 2 und 4 AktG zu beachten, d. h. bei der Berechnung sind auch Anteile von abhängigen Unternehmen oder Anteile, die einem anderen Unternehmen auf Rechnung des Bericht erstattenden Unternehmens gehören, zu berücksichtigen, während eigene Anteile des jeweiligen Unternehmens außen vor bleiben. Bei börsennotierten Kapitalgesellschaften ergeben sich Berichtspflichten bereits, wenn mehr als 5 % der Anteile an großen Kapitalgesellschaften gehalten werden. Zudem sind Angaben notwendig, wenn eine Aktiengesellschaft unbeschränkt haftender Gesellschafter bei einem anderen Unternehmen (z. B. einer OHG oder KG) ist.

Erforderliche Angaben

Bei Unternehmen, mit denen ein Beteiligungsverhältnis besteht, sind analog zu den verbundenen Unternehmen zusätzliche Posten in der Bilanz bzw. Davon-Vermerke in der Gewinn- und Verlustrechnung anzugeben. Bei einem Anteil von mindestens 20 % sind Name und Sitz des entsprechenden Unternehmens zu benennen sowie die Höhe des Anteils, das Eigenkapital sowie das Ergebnis des letzten Geschäftsjahres anzugeben. Zudem ist bei börsennotierten Unternehmen der Name von großen Kapitalgesellschaften anzugeben, an denen mehr als 5 % der Anteile gehalten werden. Anzugeben sind auch Name, Sitz und Rechtsform von Unternehmen, bei denen die Kapitalgesellschaft unbeschränkt haftender Gesellschafter ist (§ 285 Nr. 11a HGB). Überdies ist im Konzernabschluss gemäß

§ 313 Abs. 2 HGB auf den Anteilsbesitz des Konzerns im Konzernanhang einzugehen.

d) Angaben zu Mitgliedern der Geschäftsführungs- und Kontrollorgane

Angabe von Mitgliedern der Geschäftsführungs- und Kontrollorgane

Zu den Geschäftsführungs- und Kontrollorganen rechnen die Mitglieder der Geschäftsführung (Vorstand einer AG) und des Aufsichtsrats, Beiräte oder vergleichbare Organe sowie ehemalige Mitglieder dieser Organe und deren Hinterbliebene. Das Unternehmen hat nach § 285 Nr. 10 HGB die vollständigen Namen der Mitglieder in Geschäftsführungs- und Aufsichtsorganen und ihren Berufsstand anzugeben. Des Weiteren haben börsennotierte Unternehmen anzugeben, inwieweit die Mitglieder ihrer Geschäftsführungs- und Kontrollorgane Mitgliedschaften in Aufsichts- oder Kontrollorganen i. S. des § 125 Abs. 1 Satz 5 AktG anderer Unternehmen wahrnehmen.

Angabe der Bezüge

Für die Mitglieder (sowie die früheren Mitglieder) des Geschäftsführungsorgans sowie des Aufsichtsrats, Beirats oder eines ähnlichen Organs ist der Gesamtbetrag der Bezüge, die die entsprechenden Personen als Gegenleistung für aktuelle oder ehemalige Tätigkeiten im Unternehmen erhalten, anzugeben (§ 285 Nr. 9a und 9b HGB bzw. § 314 Abs. 1 Nr. 6a und 6b HGB). Zu den Gesamtbezügen zählen Gehälter, Gewinnbeteiligungen, Bezugsrechte und sonstige aktienbasierte Vergütungen, Aufwandsentschädigungen, Versicherungsentgelte, Provisionen und Nebenleistungen jeder Art. Börsennotierte Aktiengesellschaften haben auch die Bezüge der einzelnen Vorstandsmitglieder, getrennt nach erfolgsunabhängigen und erfolgsabhängigen Komponenten sowie Komponenten mit langfristigen Anreizwirkungen anzugeben (vgl. in diesem Kapitel, S. 859) und Erläuterungen zu den Grundzügen des Vergütungssystems im Lagebericht vorzunehmen (vgl. in diesem Kapitel, S. 931).

Angaben zu Kredit- und Haftungsverhältnissen

Nach § 285 Nr. 9c HGB bzw. § 314 Abs. 1 Nr. 6c HGB sind Angaben auch zu Vorschüssen und Krediten, die an Mitglieder des Geschäftsführungs- bzw. Kontrollorgans gewährt wurden, notwendig. Damit der Abschlussadressat einschätzen kann, inwieweit solche Kredite zu Marktbedingungen vergeben wurden, sind Zinssätze, Konditionen und im Geschäftsjahr zurückgezahlte Beträge sowie ggf. Haftungsverhältnisse, die vom Bericht erstattenden Unternehmen für diese Personen eingegangen wurden, anzugeben.

2. Angaben zu nahe stehenden Personen nach DRS

Angaben zur Vergütung der Organmitglieder nach DRS 17

DRS 17 enthält Angabepflichten hinsichtlich nahe stehender Personen. DRS 17 befasst sich neben der Erläuterung des Vergütungsberichts im Lagebericht nach § 315 Abs. 2 Nr. 4 HGB (vgl. in diesem Kapitel, S. 938) mit der Konkretisierung der Anhangangaben, die hinsichtlich der Vergütung der Organmitglieder gemäß § 314 Abs. 1 Nr. 6 HGB zu machen sind (vgl. ausführlich hierzu Büchel, A./Semjonow, C. [2008], S. 1143 ff.).

Anwendungsbereich

Der Standard gilt für alle Mutterunternehmen, die eine Berichterstattung gemäß § 314 Abs. 1 Nr. 6 HGB im Anhang bzw. gemäß § 315 Abs. 2 Nr. 4 HGB im Konzernlagebericht vornehmen müssen oder die solche Angaben freiwillig machen (DRS 17.4). Darüber hinaus haben auch diejenigen Unternehmen, die einen IFRS-Konzernabschluss erstellen, DRS 17 zu berücksichtigen, soweit sie die Berichtspflichten nach §§ 314 Abs. 1 Nr. 6, 315 Abs. 2 Nr. 4 HGB ergänzend zu erfüllen haben (DRS 17.7). Der Standard ist hinsichtlich der Anhangspflichten in folgende Schwerpunkte gegliedert:

Angaben für tätige Organmitglieder

DRS 17.14- .34 befasst sich mit Angaben für tätige Organmitglieder. Dabei wird zum einen näher darauf eingegangen, unter welchen Voraussetzungen nicht aktienbasierte Bezüge gemäß § 314 Abs. 1 Nr. 6a Satz 1 HGB als gewährt anzusehen sind. Dies ist nach DRS 17.20 ff. grundsätzlich der Fall, wenn der Begünstigte eine rechtsverbindliche Zusage erteilt bekommen hat und die Tätigkeit, die dieser Zusage zugrunde liegt, vollständig erbracht wurde. Zu beachten sind zudem etwaige vorhandene aufschiebende (DRS 17.22) bzw. auflösende (DRS 17.23) Bedingungen. Die gewährten Bezüge sind in dem Geschäftsjahr, in dem die Tätigkeit erbracht wurde, in die Gesamtbezüge aufzunehmen. Einen weiteren Kernpunkt stellen die Angaben zu aktienbasierten Vergütungen nach DRS 17.28 ff. dar (vgl. 6. Kapitel, S. 391).

Individualisierte Angaben für börsennotierte AGs

Eine Erläuterung der zusätzlichen individualisierten Angaben für börsennotierte Aktiengesellschaften nach § 314 Abs. 1 Nr. 6a Satz 5-8 HGB erfolgt durch DRS 17.38- .77. Hierbei wird u. a. die von § 314 Abs. 1 Nr. 6a Satz 5 HGB geforderte Aufteilung der Bezüge jedes Vorstandsmitglieds nach erfolgsunabhängigen Komponenten (z. B. Aufwandsentschädigungen, Urlaubsgelder; vgl. DRS 17.40), erfolgsabhängigen Komponenten (z. B. Gewinnbeteiligungen, Boni; vgl. DRS 17.41) und Komponenten mit langfristiger Anreizwirkung (z. B. Aktienoptionen, unentgeltliche Gewährung von Aktien mit einer mehrjährigen Sperrfrist; vgl. DRS 17.42) konkretisiert. Außerdem werden die erforderlichen Angaben zu Leistungen für den Fall der Beendigung der Tätigkeit (DRS 17.46 ff.) und zu Leistungen von Dritten (DRS 17.66 ff.) erläutert.

Weitere Angaben

DRS 17.35 ff. verlangt schließlich Angaben für frühere Organmitglieder und ihre Hinterbliebenen sowie eine Angabe der vom Unternehmen an Organmitglieder gewährten Vorschüsse und Kredite und der zugunsten von Organmitgliedern eingegangenen Haftungsverhältnisse, die mit den in § 314 Abs. 1 Nr. 6b und 6c HGB geforderten Angaben übereinstimmen (vgl. in diesem Kapitel, S. 884).

3. Angaben zu nahe stehende Unternehmen und Personen nach IFRS

Zweck, Regelung und Anwendungsbereich

Ähnlich den Angaben nach HGB, jedoch in einem deutlich weiteren Umfang, regelt IAS 24 *»Related Party Disclosures«* die Berichterstattung über nahe stehende Unternehmen und Personen. Zweck der Regelungen zu *related parties* nach IFRS ist es, die oben bereits erläuterten möglichen Verzerrungen der Vermögens-, Finanz- und Ertragslage aufgrund von Beziehungen zu nahe stehenden Unternehmen und Personen (IAS 24.1) sowie die Anreizsysteme von Entscheidungsträgern transparent zu machen. Die Regelungen des IAS 24 zielen auf die Identifizierung von Geschäftsvorfällen sowie ausstehender Salden zwischen einem Unternehmen und dessen nahe stehenden Unternehmen und Personen ab (IAS 24.2). Zudem enthält IAS 24 weitere Vorgaben zur Bestimmung der Umstände, die eine Angabe zu *related parties* erforderlich machen, und zur Art der notwendigen Angaben. Nach IAS 24 sind jedoch nur Angabe- und Erläuterungsvorschriften, nicht jedoch die Bilanzierung von Geschäftsvorfällen, welche unter den Anwendungsbereich des Standards fallen, geregelt. Letztere hat entsprechend der zwischen den Geschäftsparteien vereinbarten Bedingungen in Übereinstimmung mit den einschlägigen Standards zu erfolgen. Auch Angaben zur Angemessenheit der Transaktionen mit nahe stehenden Unternehmen und Personen sind nach IAS 24 grundsätzlich nicht vorzunehmen (vgl. Haufe IFRS-Kommentar [2013], § 30 Tz. 6). IAS 24 ist sowohl im Jahres- als auch im Konzernabschluss nach IFRS anzuwenden. Die Angaben im Jahresabschluss sind dabei i. d. R. umfangreicher, da die bei Erstellung des Konzernabschlusses durchzuführenden Konsolidierungsmaßnahmen bereits Geschäftsvorfälle sowie offene Salden mit konzerninternen nahe stehenden Unternehmen und Personen eliminieren (IAS 24.3).

Definition von related parties

IAS 24.9 enthält eine Liste von nahe stehenden Unternehmen und Personen, die wohl als abschließend zu betrachten ist (vgl. IDW [2012b], Abschnitt N, Tz. 824). Dabei wird zur besseren Verständlichkeit eine Unterscheidung zwischen nahe stehenden Personen und nahe stehenden Unternehmen vorgenommen. Eine Person oder ein naher Familienangehöriger dieser Person gilt nach IAS 24.9a als nahe stehend, wenn die Person

- das berichtende Unternehmen beherrscht, gemeinschaftlich führt oder maßgeblich beeinflusst oder
- eine Schlüsselposition des berichtenden Unternehmens oder seines beherrschenden Mutterunternehmens innehat.

Ein Unternehmen gilt nach IAS 24.9b als einem anderen Unternehmen nahe stehend, wenn eine der folgenden Bedingungen zutrifft:

- Das Unternehmen gehört zum selben Konzern wie das berichtende Unternehmen (als Mutter-, Tochter- oder Schwesterunternehmen);
- Das Unternehmen oder das berichtende Unternehmen ist ein assoziiertes Unternehmen oder ein Gemeinschaftsunternehmen des jeweils anderen oder der maßgebliche Einfluss bzw. die gemeinschaftliche Führung wird durch ein anderes Unternehmen ausgeübt, das zum gleichen Konzern gehört, wie auch das berichtende Unternehmen;
- Beide Unternehmen stehen unter gemeinschaftlicher Führung desselben Dritten (natürliche Person oder Unternehmen);
- Ein Unternehmen steht unter gemeinschaftlichter Führung und das andere Unternehmen unter maßgeblichem Einfluss desselben Dritten (natürliche Person oder Unternehmen);
- Ein Unternehmen ist eine Versorgungskasse (*post-employment benefit plan*) für Leistungen an Arbeitnehmer des berichtenden oder eines dem berichtenden nahe stehenden Unternehmens. Ist das berichtende Unternehmen selbst die Versorgungskasse, handelt es sich bei allen einzahlenden Arbeitgebern ebenfalls um nahe stehende Unternehmen;
- Das Unternehmen wird von einer nach IAS 24.9a als nahe stehend klassifizierten Person beherrscht oder gemeinschaftliche geführt;
- Eine Person, die das berichtende Unternehmen beherrscht oder gemeinschaftlich führt, hat maßgeblichen Einfluss auf das Unternehmen oder hat eine

Schlüsselposition in dem Unternehmen (oder einem Mutterunternehmen des Unternehmens) inne.

Beherrschung

IAS 24.9 verweist bezüglich der Definition des Begriffs »*control*« auf die Regelungen des IFRS 10. Beherrschung (*control*) ist demnach gegeben, wenn der Investor variablen Rückflüssen (*variable returns*) aus seinem Engagement an der Gesellschaft ausgesetzt ist, bzw. Anrechte auf diese besitzt und die Fähigkeit hat, diese Rückflüsse durch seine Verfügungsgewalt (*power*) über die Gesellschaft zu beeinflussen (vgl. IFRS 10.6 f.; ausführlich hierzu 10. Kapitel, S. 619).

Maßgeblicher Einfluss

Als maßgeblicher Einfluss (*significant influence*) wird die Möglichkeit verstanden, an finanz- und geschäftspolitischen Unternehmensentscheidungen mitzuwirken, ohne, dass dabei jedoch *control* oder *joint control* vorliegt (IAS 28.3). Ein solcher Einfluss kann sich aufgrund eines entsprechenden Anteilsbesitzes, aufgrund der Satzung oder aufgrund einer vertraglichen Vereinbarung ergeben. IAS 28.6 listet eine Reihe weiterer Indikatoren auf, anhand derer i. d. R. auf einen maßgeblichen Einfluss geschlossen werden kann (vgl. 11. Kapitel, S. 722).

Gemeinschaftliche Führung

Die gemeinschaftliche Führung ist bei *joint ventures* relevant und wird gemäß IFRS 11.7 als vertraglich vereinbarte, gemeinsam ausgeübte Führung definiert (vgl. 11. Kapitel, S. 713). Die Konstellationen, unter denen ein Gemeinschaftsunternehmen als nahe stehend zu betrachten ist, gelten auch für Tochterunternehmen des Gemeinschaftsunternehmens (IAS 24.12). In welchen Fällen von »gemeinschaftlicher Führung« auszugehen ist, richtet sich nach den Regelungen des IFRS 11.

Abbildung 13.3 verdeutlicht zunächst die nach IAS 24.9b (i)-(iv) als nahe stehend geltenden Unternehmen, die selbst einen Einfluss auf das berichtende Unternehmen ausüben.

Ein wichtiges Ziel des IASB bei der Erarbeitung des IAS 24 in seiner momentanen Form war, dass *related party*-Beziehungen symmetrisch, d. h. aus der Sicht beider betroffenen Unternehmen, bestehen (IAS 24.BC19e). Abbildung 13.4 führt die nach IAS 24.9b (i)-(iv) nahe stehenden Unternehmen auf, die von dem berichtenden Unternehmen beherrscht, gemeinschaftlich geführt bzw. maßgeblich beeinflusst werden.

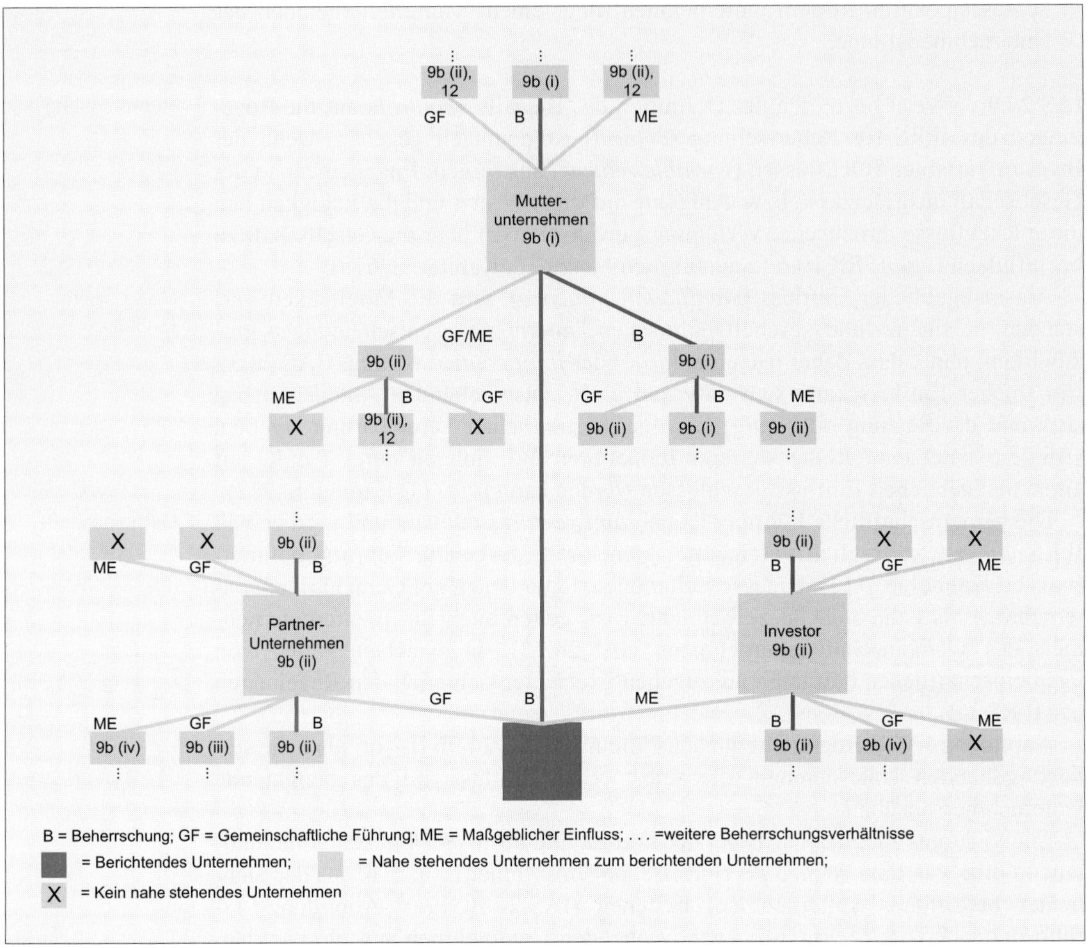

Abb. 13.3: Kreis der nahe stehenden Unternehmen mit Einfluss auf das berichtende Unternehmen nach IAS 24 (Quelle: KPMG [2012a], S. 62)

Personen in Schlüsselpositionen

Neben Unternehmen und Personen, zu denen ein maßgebliches Einfluss- oder (gemeinsames) Beherrschungsverhältnis besteht, sind auch Personen in Schlüsselpositionen des berichtenden Unternehmens oder eines übergeordneten Mutterunternehmens nahe stehende Personen gemäß IAS 24.9a (iii). Personen befinden sich dann in Schlüsselpositionen, wenn die Planung, Leitung und Überwachung der Unternehmenstätigkeit in ihre Zuständigkeit und Verantwortlichkeit fallen. Hierzu zählen z. B. Mitglieder der Geschäftsführungs- und Aufsichtsorgane sowie Leiter anderer wichtiger Teilbereiche des Unternehmens. Welche Personen hierzu im Einzelfall noch zu rechnen sind, gilt es nach dem wirtschaftlichen Gehalt der Tätigkeit bzw. des Beziehungsverhältnisses zu beurteilen und nicht allein nach den rechtlichen Gegebenheiten (IAS 24.10; vgl. Andrejewski, K. C./ Böckem, H. [2005], S. 173; Küting, K./Gattung, A. [2005], S. 1113). Somit ist insbesondere auf faktische Einflussmöglichkeiten und Kompetenzen und nicht (nur) auf den Organisationsplan eines Unternehmens abzustellen.

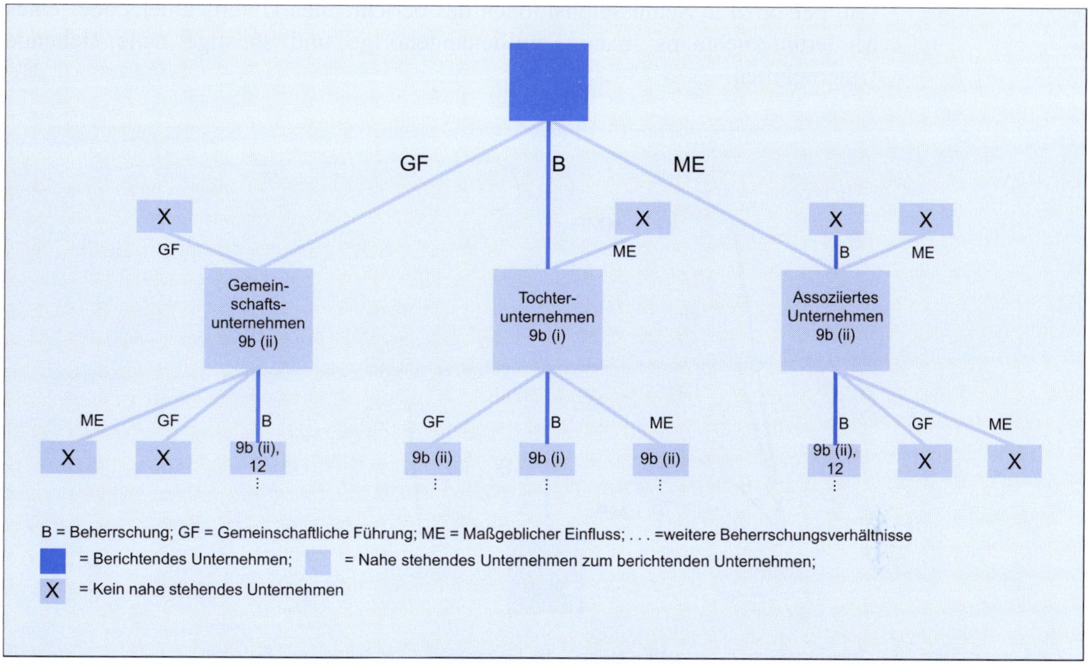

Abb. 13.4: Kreis der nahe stehenden Unternehmen nach IAS 24, auf die das berichtende Unternehmen Einfluss hat (Quelle: KPMG [2012a], S. 63)

Nahe Familienangehörige

Zum Kreis nahe stehender Personen zählen auch nahe Familienangehörige (*close family members*) von natürlichen Personen, die das berichtende Unternehmen (gemeinsam) beherrschen bzw. maßgeblich beeinflussen oder sich in einer Schlüsselposition befinden (IAS 24.9a). Unter die nahen Familienangehörigen werden alle Familienmitglieder gerechnet, bei denen die Annahme besteht, dass sie bei Geschäften mit dem berichtenden Unternehmen Einfluss auf die nahe stehende Person nehmen können oder von dieser beeinflusst werden können. Zu den relevanten nahen Familienangehörigen zählen

- der Ehegatte oder Lebenspartner und die Kinder der nahe stehenden Person;
- die Kinder des Ehegatten oder Lebenspartners der nahe stehenden Person;
- Angehörige der nahe stehenden Person sowie des Ehegatten oder Lebenspartners (IAS 24.9).

Sonstige nahe stehende Unternehmen

Als nahe stehend gelten auch Unternehmen, die von einer nach IAS 24.9a als nahe stehend klassifizierten Person beherrscht oder gemeinschaftlich geführt werden (IAS 24.9b (vi)). Darüber hinaus ist ein Unternehmen dann nahe stehend, wenn eine Person, die das berichtende Unternehmen beherrscht oder gemeinschaftlich führt, maßgeblichen Einfluss auf das Unternehmen hat oder eine Schlüsselposition in dem Unternehmen (oder einem Mutterunternehmen des Unternehmens) innehat (IAS 24.9b (vii)).

Abbildung 13.5 verdeutlicht die nach IAS 24.9a sowie IAS 24.9b (vi)-(vii) als nahe stehend geltenden Personen bzw. Unternehmen, d. h. Personen, die das berichtende Unternehmen (gemeinsam) beherrschen oder maßgeblich beeinflussen, Personen in Schlüsselpositionen des berichtenden Unternehmens oder eines Mutterunternehmens, nahe Familienangehörige und sonstige nahe stehende Unternehmen.

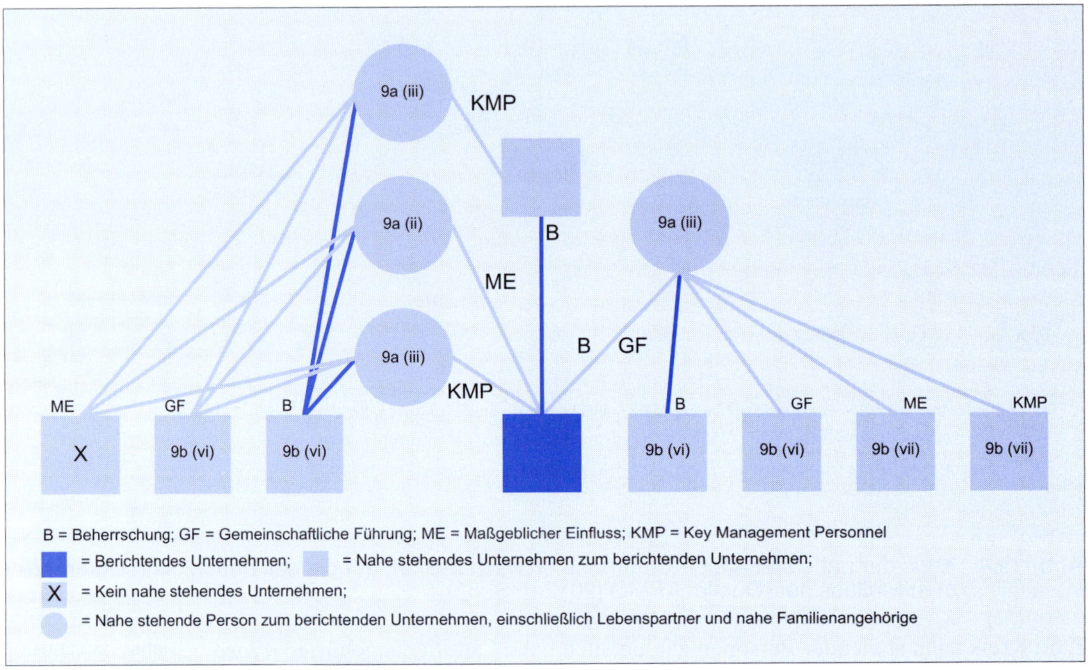

Abb. 13.5: Kreis der nahe stehenden Personen und Unternehmen nach IAS 24 (Quelle: KPMG [2012a], S. 64)

Versorgungskassen

Nach IAS 24.9b (v) zählen auch Versorgungskassen für Leistungen nach Beendigung des Arbeitsverhältnisses (vgl. 7. Kapitel, S. 455 ff.) an Mitarbeiter des berichtenden oder diesem nahe stehenden Unternehmens zu den nahe stehenden Unternehmen.

Negativbeispiele für nahe stehende Unternehmen und Personen

IAS 24.11 beschreibt Beziehungen zwischen Parteien, die nicht als nahe stehend zu qualifizieren sind:

- Zwei Unternehmen, bei denen ein und dieselbe natürliche Person jeweils im Vorstand sitzt bzw. sich in einer Schlüsselposition befindet, wobei hierbei die Person selbst als nahe stehend gilt, oder bei denen eine Person in einer Schlüsselposition bei dem einen Unternehmen maßgeblichen Einfluss auf das anderen Unternehmen hat;
- zwei Partnerunternehmen, die ein *joint venture* gemeinsam führen;
- Finanzdienstleister (Banken und Kreditgeber), Gewerkschaften, öffentliche Versorgungsbetriebe, Behörden und öffentliche Institutionen im Rahmen ihrer normalen Geschäftsbeziehungen mit dem Unternehmen, selbst wenn sie an Entscheidungsprozessen des Unternehmens mitwirken können;
- Zulieferer, Franchise-Geber, Vertriebspartner, Generalvertreter oder einzelne Kunden, auch wenn das berichtende Unternehmen ein erhebliches Geschäfts-

volumen mit diesen Geschäftspartnern abwickelt, woraus sich unter Umständen eine gewisse wirtschaftliche Abhängigkeit ergibt.

Angaben zu Mutter-Tochter-Beziehungen

Ein Unternehmen hat den Namen seines Mutterunternehmens und ggf. den Namen der höchsten Konzernmutter anzugeben. Veröffentlichen weder das Mutterunternehmen noch die höchste beherrschende Partei einen Abschluss, so ist zudem der Name des nächsthöheren Mutterunternehmens anzugeben, das einen Abschluss veröffentlicht (IAS 24.13). Diese Angabepflichten gelten unabhängig davon, ob Transaktionen mit diesen Unternehmen stattgefunden haben. Ziel ist es, den Abschlussadressaten des berichtenden Unternehmens die Möglichkeit zu geben, sich den Abschluss des Mutterunternehmens bzw. des letzten beherrschenden Unternehmens zu beschaffen (vgl. Ballwieser, W./Beine, F./Hayn, S./Peemöller, V. H./Schruff, L./Weber, C.-P. [2011], Abschnitt 25, Tz. 16).

Angaben zu Vergütungen der Mitglieder in Schlüsselpositionen

Nach IAS 24.17 sind Angaben zu Vergütungen an Mitglieder in Schlüsselpositionen notwendig. Unter Vergütungen sind alle Leistungen an Arbeitnehmer zu verstehen, die eine Gegenleistung für erbrachte Arbeitsleistungen darstellen, inkl. solcher Leistungen, die vom berichtenden Unternehmen auf Veranlassung des Mutterunternehmens gezahlt werden.

Kategorien von Vergütungen

Anzugeben sind sowohl der Gesamtbetrag aller Bezüge als auch einzelne Teilbeträge, sachlich aufgegliedert in folgende Kategorien (IAS 24.9 und IAS 24.17):

- kurzfristig fällige Leistungen (*short-term-employee-benefits*), wie Löhne, Gehälter, Sozialversicherungsbeiträge, Urlaubs- bzw. Krankengelder, Gewinn- und Erfolgsbeteiligungen, die innerhalb eines Jahres nach Ende des Geschäftsjahres gezahlt werden, sowie sonstige geldwerte Leistungen;
- Leistungen nach Beendigung des Arbeitsverhältnisses (*post employment benefits*), wie Renten und sonstige Altersversorgungsleistungen;
- andere langfristig fällige Leistungen (*other long-term benefits*), wie Jubiläumsgelder, Sonderurlaub nach langjähriger Tätigkeit und Gewinn- und Erfolgsbeteiligungen, sofern diese nicht innerhalb eines Jahres nach Ende des Geschäftsjahres fällig sind;
- Leistungen aus Anlass der Beendigung des Arbeitsverhältnisses (*termination benefits*);
- aktienbasierte Vergütungen (*share-based payments*).

Die ersten vier Kategorien sind in IAS 19.7 geregelt, die letzte in IFRS 2.

Definition von Geschäftsvorfällen

Weitere Berichtspflichten nach IAS 24 sind nur bei Vorliegen von Geschäften mit nahe stehenden Unternehmen und Personen (*related party transactions*) relevant. Der Ausdruck »*related party transaction*« wird in IAS 24.9 als Transfer von Ressourcen, Dienstleistungen oder Verbindlichkeiten zwischen nahe stehenden Unternehmen und Personen definiert, wobei es keine Rolle spielt, ob hierfür ein Entgelt in Rechnung gestellt wird. Nicht unter diese Definition fällt das ausschließliche Bestehen einer rechtlichen oder faktischen Beziehung (vgl. Ballwieser, W./Beine, F./Hayn, S./Peemöller, V. H./Schruff, L./Weber, C.-P. [2011], Abschnitt 25, Tz. 17), wie beispielsweise ein maßgeblicher Einfluss und die oben genannten Vergütungen.

Beispiele von Geschäftsvorfällen

IAS 24.21 f. enthält folgende nicht abschließende Auflistung von Geschäftsvorfällen mit nahe stehenden Unternehmen und Personen:

- Käufe oder Verkäufe von fertigen oder unfertigen Erzeugnissen bzw. Waren;
- Käufe oder Verkäufe von Grundstücken bzw. anderen Vermögenswerten;
- erbrachte oder geleistete Dienstleistungen inkl. Forschung und Entwicklung;
- Leasingverträge;
- Lizenzverträge;
- Finanzierungsverträge, inkl. Kredite und Bar- bzw. Sacheinlagen;
- Bürgschaften und Sicherheitsgewährungen;
- Verpflichtungen, bei künftigem Eintritt oder Ausbleiben eines bestimmten Ereignisses etwas Bestimmtes zu tun;
- Erfüllung von Verbindlichkeiten für Rechnung des Unternehmens oder durch das Unternehmen für eine andere Partei;
- Teilnahme eines Unternehmens an einem leistungsorientierten Plan, der Risiken zwischen Unternehmen eines Konzerns aufteilt (vgl. IAS 19.34b).

Daneben fallen noch weitere Verträge, wie z. B. Wartungsverträge, unter die Definition von *related party transactions*.

Angaben zu Geschäftsvorfällen

Bei Vorliegen von *related party transactions* hat das berichtende Unternehmen die Art der Beziehung, die Geschäftsvorfälle, die stattgefunden haben, sowie die sich aus den Geschäftsvorfällen ergebenden offenen Salden, einschließlich Verpflichtungen (*commitments*), zu erläutern (IAS 24.18). Im Einzelnen sind zu den Geschäftsvorfällen folgende Angaben erforderlich:

- betragsmäßiger Umfang der Geschäftsvorfälle;
- ausstehende Salden, einschließlich Verpflichtungen (*commitments*), am Bilanzstichtag und die diesbezüglich bestehenden Konditionen (z. B. Fälligkeit, Verzinsung, Besicherungen und Art der Leistungserbringung) sowie gewährte oder erhaltene Garantien;
- Wertberichtigungen bei den ausstehenden Salden aufgrund potenzieller Uneinbringlichkeit;
- während des Geschäftsjahres erfasster Aufwand für uneinbringliche oder zweifelhafte Forderungen gegenüber nahe stehenden Unternehmen und Personen.

Angabe zu Geschäftsbedingungen

Die Angabe, dass Geschäftsvorfälle mit nahe stehenden Unternehmen und Personen zu Bedingungen stattgefunden haben, die sich nicht von denen bei Geschäftsvorfällen mit fremden Dritten unterscheiden (*arm's length transactions*), ist nur zulässig, wenn sich dies belegen lässt (IAS 24.23). Im Umkehrschluss bedeutet dies, dass diese Art von Angaben grundsätzlich nicht zu erfolgen hat. Die Beurteilung der Verflechtungen und Angemessenheit der Geschäftsbeziehungen wird somit den jeweiligen Adressaten überlassen. Dies stellt einen wesentlichen Unterschied zu den verpflichtenden Angaben nach § 285 Nr. 21 HGB dar, die sich grundsätzlich nur auf solche Geschäfte beziehen, die nicht zu marktüblichen Bedingungen stattgefunden haben.

Berichtskategorien

Die Angaben zu *related party transactions* sind nach IAS 24.19 für folgende Kategorien nahe stehender Unternehmen und Personen getrennt zu machen:

- das Mutterunternehmen;
- Unternehmen mit gemeinsamer Führung oder mit maßgeblichem Einfluss auf das Unternehmen;
- Tochterunternehmen;
- assoziierte Unternehmen;
- Gemeinschaftsunternehmen, bei denen das Unternehmen an der gemeinsamen Führung beteiligt ist;
- Mitarbeiter in Schlüsselpositionen des Unternehmens oder seines Mutterunternehmens;
- sonstige nahe stehende Unternehmen und Personen.

Aggregation von Posten

Es ist grundsätzlich zulässig, gleichartige Posten zusammenzufassen. Dies kann insbesondere dazu dienen, eine Informationsüberflutung der Bilanzadressaten zu verhindern. Eine gesonderte Angabe ist jedoch erforderlich, wenn diese für das Verständnis der Auswirkungen von *related party transactions* auf den Abschluss des berichtenden Unternehmens notwendig ist (IAS 24.24). Ansonsten würden den Bilanzadressaten relevante Informationen vorenthalten. IAS 24 beinhaltet keine Anhaltspunkte hinsichtlich des Detaillierungsgrades der Angaben. Da es sich oftmals auch um sensible Informationen, wie z. B. Darlehen an einzelne Vorstände, handelt, ist in der Praxis oftmals nur eine unzureichende Erfüllung der Angabepflichten zu beobachten (vgl. Ballwieser, W./Beine, F./Hayn, S./Peemöller, V. H./Schruff, L./Weber, C.-P. [2011], Abschnitt 25, Tz. 7).

Ausnahmen für Unternehmen im Einflussbereich der öffentlichen Hand

Im Rahmen der Neufassung des IAS 24 im Jahr 2009 hat das IASB, insbesondere auf Initiative Chinas, Ausnahmen von den Angabepflichten zu *related parties* für Unternehmen im Einflussbereich der öffentlichen Hand (*government-related entities*) aufgenommen. Gemäß IAS 24.25 ist ein Unternehmen von den Angabepflichten des IAS 24.18 hinsichtlich Geschäftsvorfällen sowie ausstehenden Salden inkl. Verpflichtungen befreit, wenn das berichtende Unternehmen von einer öffentlichen Hand beherrscht, gemeinschaftlich geführt oder maßgeblich beeinflusst wird und das andere Unternehmen als nahe stehend bezeichnet werden würde, weil es von derselben öffentlichen Hand beherrscht, gemeinschaftlich geführt oder maßgeblich beeinflusst wird. Im Gegenzug müssen gemäß IAS 24.26 Erläuterungen allgemeiner Art (z. B. Name der öffentlichen Hand) sowie Geschäftsvorfälle, die einzeln oder insgesamt wesentlich sind, angegeben werden.

4. Angaben zu nahe stehenden Unternehmen und Personen nach US-GAAP

Grundsätzlich Übereinstimmung mit IAS 24

Nach US-GAAP finden sich die Regelungen zu nahe stehenden Unternehmen und Personen in ASC 850 (früher FAS 57). Grundsätzlich stimmen diese Regelungen mit denen nach IAS 24 überein.

Unterschiede

Kleinere Unterschiede zu IFRS bestehen sowohl bei der Definition von *related parties* als auch bei den Angabepflichten. So erfüllen nach US-GAAP natürliche

Personen mit einem Anteil von mehr als 10 % der Stimmrechte an dem berichtenden Unternehmen die Definition von *related parties* (ASC 850-10-5-3 und ASC 850-10-20), während nach IFRS ein Anteil notwendig ist, der einer Partei zumindest maßgeblichen Einfluss auf das Unternehmen gewährt (IAS 24.9a) (vgl. Küting, K./Weber, C.-P./Gattung, A. [2003], S. 61). Ein maßgeblicher Einfluss ist aber nach IFRS i. d. R. erst bei Stimmrechtsanteilen von mindestens 20 % gegeben. Hinsichtlich der Berichtspflichten schreibt ASC 850 – im Gegensatz zu IAS 24.17 – keine Angaben zu Vergütungen der Leitungs- oder Kontrollorgane vor. Zudem existiert nach US-GAAP keine dem IAS 24.19 vergleichbare Vorgabe von Kategorien nahe stehender Unternehmen und Personen, für die jeweils Angaben notwendig sind.

B. Segmentbericht

Bedeutung der Segmentberichterstattung für die Informationsfunktion

Obgleich eine wesentliche Funktion der Abschlusserstellung in der Aggregation von Daten und Informationen zur Darstellung der gesamten wirtschaftlichen Lage eines Unternehmens bzw. Konzerns besteht, ergibt sich für die Informationsempfänger – insbesondere bei stark diversifizierten Unternehmen (Konzernen) – auch die Notwendigkeit, strukturierte Informationen über die einzelnen Teileinheiten bzw. Geschäftsaktivitäten, die häufig als Segmente bezeichnet werden, zu erhalten, um die im Abschluss dargestellte Lage besser interpretieren zu können. Aus diesem Grund finden sich sowohl nach nationalen Normen als auch in den IFRS und den US-GAAP Regelungen zur Gewährung segmentbezogener Daten, die zumeist als Segmentberichterstattung bezeichnet wird. Bevor auf die einzelnen Regelungen näher eingegangen wird, werden zunächst die Zielsetzung und Begründung der Segmentberichterstattung sowie die grundsätzlichen Merkmale und Abbildungskonzeptionen dieses Abschlussbestandteiles dargestellt.

I. Notwendigkeit und Zielsetzung der Segmentberichterstattung

Begründung der Segmentberichterstattung

Die Zielsetzung der Segmentberichterstattung lässt sich allgemein aus den Informationsbedürfnissen der Adressaten ableiten. Insbesondere bei diversifizierten und globalisierten Unternehmen (Konzernen; im Folgenden dieses Kapitels wird der Begriff »Unternehmen« auch für einen Konzern verwandt) ist die Disaggregation von Rechnungslegungsdaten für die Erfüllung der Informationsfunktion der externen Rechnungslegung essenziell. Denn die jeweiligen Segmente unterliegen häufig unterschiedlichen Umwelteinflüssen (z. B. Konjunktur, technologischer Stand und Innovationsgeschwindigkeit, Währungs- und Transferrisiken, Marktzugang, Export-/Importbeschränkungen, politische und soziale Stabilität etc.), die deren Wachstumsaussichten, Risiken und Gewinnspannen determinieren. Durch die Aggregation von Daten im Rahmen der Abschlusserstellung werden die spezifischen Chancen und Risiken einzelner Geschäftsfelder bzw. -aktivitäten und somit die verschiedenen Einflüsse auf das Erfolgspotenzial und damit die Zukunftsaussichten des Unternehmens nivelliert. Die segmentspezifische Informationsgewährung kann dazu beitragen, diese Nivellierung gegenläufiger Entwicklungen in den verschiedenen Geschäftsbereichen zu beseitigen und bringt die Bedeutung einzelner Aktivitäten für die Lage und Entwicklung des Unternehmens für externe Abschlussadressaten zum Ausdruck. Besondere Bedeutung erlangt die Segmentberichterstattung auch im Zusammenhang mit der zunehmenden Fokussierung auf die Steigerung des Unternehmenswertes. Sie wird als Kernelement der wertorientierten Unternehmensberichterstattung (vgl. in diesem Kapitel, S. 945 ff. und 20. Kapitel, S. 1212 ff.) gesehen (vgl. Alvarez, M. [2002], S. 2057). Deshalb wird der segmentierten Berichterstattung von diversifizierten Unternehmen eine entscheidungsbeeinflussende Wirkung (*relevance*), und damit ein hoher Informationsnutzen zuerkannt (vgl. u. a. die Ergebnisse der angegebenen Studien bei Pacter, P. [1993], S. 131 ff.; Haller, A./Park, P. [1994], S. 503; Hacker, B. [2002] sowie Fink, C./Ulbrich, P. [2006], S. 233).

Zielsetzung der Segmentberichterstattung

Aus diesen Gründen wird als Zielsetzung der Segmentberichterstattung in den Rechnungslegungsnormen primär ein Beitrag zur Verbesserung des Einblicks in die Vermögens-, Finanz- und Ertragslage bzw. zur Steigerung der Entscheidungsnützlichkeit der Abschlusserstellung für die Abschlussadressaten formuliert (DRS 3.1, IFRS 8.1, ASC 280-10-10 (früher FAS 131)).

II. Grundsätzliche Merkmale und Konzeptionen der Segmentberichterstattung

Merkmale eines Segmentberichts

Der Inhalt von Segmentberichten lässt sich grundsätzlich durch verschiedene Merkmale charakterisieren, deren konkrete Ausprägung durch die Anwendung unterschiedlicher Konzeptionen und Grundsätze bestimmt wird. Die spezifischen Gewichtungen dieser Konzeptionen und Grundsätze durch die verschiedenen Normensetzer stellt – insbesondere historisch betrachtet – den wesentlichen Grund für abweichende Ausgestaltungen von Normen zur Segmentberichterstattung dar. Die wesentlichen Charakteristika sind insbesondere:

- die Festlegung der im Bericht dargestellten Segmente,
- der Umfang sowie das Wesen der pro Segment gewährten Informationen und
- die Form der Darstellung des Segmentberichts.

Segmentdefinition und unternehmensinterne Segmentbildung

Unter Segment versteht man allgemein jeden isolierbaren Bereich wie z. B. Produktgruppe, Geschäftszweig, Profit Center, Region etc. innerhalb einer diversifizierten Wirtschaftseinheit, d. h. Konzern (vgl. Haase, K. D. [1992], Sp. 1758). Die Einteilung eines Unternehmens in Segmente ist unabhängig von entsprechenden Rechnungslegungsnormen grundsätzlich elementarer Bestandteil der Organisationsstruktur eines Unternehmens und prägt die internen Abläufe der Unternehmensführung wesentlich (vgl. Haller, A. [2006c], S. 145). Bei der Bildung von Segmenten sind grundsätzlich einerseits die Tatbestände festzulegen, anhand derer die Unternehmenstätigkeiten differenziert werden; hier spricht man von sog. »Segmentierungsebenen«. Grundsätzlich lassen sich hierbei vier Ebenen unterscheiden: die vom Unternehmen erstellten Produkte bzw. Dienstleistungen (tätigkeitsbezogene Segmentierung), die geografischen Regionen, in denen ein Unternehmen tätig ist (geografische Segmentierung), die verschiedenen Kundengruppen (kundenbezogene Segmentierung) und die Rechtseinheiten von Konzernen (rechtseinheitsbezogene Segmentierung) (vgl. Haller, A. [2000], S. 769 f.; Alvarez, M. [2004], S. 31 ff.). Andererseits sind nach der Wahl der Segmentierungsebene die Kriterien zu bestimmen, die über die Zusammenfassung von Unternehmensaktivitäten auf einer Segmentierungsebene zu einem Segment entscheiden bzw. die festlegen, wie die verschiedenen Segmente voneinander abgegrenzt werden, d. h. beispielsweise welche Produkte bzw. Produktgruppen zu einem Segment zusammengefasst und welche einem anderen Segment zugerechnet werden. Hierbei kann die Erfüllung von spezifischen Homogenitäts-/Heterogenitätskriterien durch die Aktivitäten relevant sein, wie z. B. bei einer tätigkeitsbezogenen Segmentierung die Ähnlichkeit der Produktarten oder die Ähnlichkeit der Produktionsmethode. Häufig spielt in diesem Zusammenhang die Ähnlichkeit bezüglich der mit verschiedenen Geschäftsaktivitäten verbundenen Verhältnisse von Ertragschancen und -risiken eine entscheidende Rolle, da die Unternehmensführung i. d. R. auf die Steuerung solcher Chance/Risiko-Verhältnisse ausgerichtet ist. Aufgrund der spezifischen Gegebenheiten in einem jeden Unternehmen lassen sich keine allgemeingültigen oder gar theoretisch richtigen Abgrenzungskriterien finden, die zu einer vergleichbaren Segmentierung über Unternehmen hinweg führen könnten. Vielmehr handelt es sich bei der unternehmensinternen Segmentbildung um eine Ermessensentscheidung des Managements, die durch die unternehmensindividuellen Zielsetzungen und der entsprechenden Ausrichtung der Unternehmenssteuerung beeinflusst wird (vgl. Haller, A. [2010], Tz. 35).

Relevanz der internen Segmentbildung und -berichterstattung für die externe Berichterstattung

Bei der Frage, inwieweit die unternehmensintern gewählte Segmentierung und die darauf für Steuerungs- und Kontrollzwecke aufbauende Berichterstattung die externe Segmentberichterstattung prägen sollte, lassen sich grundsätzlich zwei konzeptionelle Positionen unterscheiden. Einerseits ist denkbar, Form und Inhalt des extern zu publizierenden Segmentberichts unabhängig von der internen Struktur eines Unternehmens von außen normativ festzulegen, um primär »äußerlich« vergleichbare Berichte in den Abschlüssen zu gewährleisten. Hierbei lassen sich sowohl die Segmentierungsebene(n) (z. B. produktbezogene bzw. geografische Segmentierung) als auch die Homogenitäts- bzw. Heterogenitätskriterien festlegen. Bezüglich Letzteren wurde in der Vergangenheit häufig der Beitrag einzelner Geschäftsaktivitäten zum Gesamterfolg sowie die damit korrespondierenden Risiken als Maßstäbe herangezogen (sog. *risk and reward approach*; vgl. Böcking, H.-J./Benecke, B. [1999], S. 97). D. h., die in einem Segment zusammengefassten Aktivitäten sollten hinsichtlich ihres Erfolgsbeitrags bzw. Risikos vergleichbar, aber zugleich von jenen anderer Tätigkeiten verschieden sein.

Management Approach

Andererseits lässt sich aber ebenso das Ziel verfolgen, durch den extern publizierten Segmentbericht die interne Organisation und Berichterstattung eines Unternehmens in Struktur und Inhalt für Unternehmensexterne erkennbar zu machen. Während in früheren Standards (IAS 14, FAS 14) die erste Konzeption gewählt wurde, hat sich mittlerweile die zweite Konzeption, die als »*management approach*« bezeichnet wird und in FAS 131 (jetzt ASC 280-10) im Jahre 1997 zum ersten Mal eingeführt wurde, international durchgesetzt. Dieser Ansatz hat zum Inhalt, den Berichtsadressaten den Blickwinkel des Managements über die unterschiedlichen Unternehmensaktivitäten zu vermitteln (»*through the eyes of management*«; IFRS 8.A.60). Nimmt ein Unternehmen seine interne Segmentabgrenzung anhand der Bildung von homogenen Chancen- und Risikoklassen vor, so entspricht diese dem *risk and reward approach*. In seiner konsequenten Auslegung beschränkt sich der *management approach* nicht nur auf die Segmentbildung, sondern bewirkt auch die Übernahme der wesentlichen Inhalte (sowohl Umfang als auch Wesen der gewährten Informationen) der internen, für die oberste Managementebene für Steuerungszwecke eingerichteten Berichterstattung; d. h. die interne Berichterstattung determiniert vollständig die im Abschluss gewährte Segmentberichterstattung.

Vor- und Nachteile des management approach

Im Zusammenhang mit der konsequenten Anwendung des *management approach* werden folgende Vorteile genannt (vgl. Haller, A./Park, P. [1999], S. 62 ff. sowie IFRS 8.BC9 ff.):

- Managemententscheidungen lassen sich retrospektiv und prospektiv besser beurteilen, da transparent wird, auf Basis welcher Struktur und welcher Kriterien das Unternehmen gesteuert wird.
- Die Geschwindigkeit der Erstellung der externen Segmentberichte wird erhöht und die dabei entstehenden Kosten werden gesenkt.
- Interpretationsspielräume und subjektive Gestaltungen bei der Generierung von Segmentinformationen für externe Zwecke werden reduziert. Darüber hinaus lassen sich die extern berichteten Daten im Rahmen der Abschlussprüfung leichter verifizieren, da lediglich ein Abgleich mit der internen Berichterstattung zu erfolgen hat.

Als Nachteile werden angeführt:

- Durch die Individualität der internen Gestaltung sind externe Segmentberichte verschiedener Unternehmen nicht vergleichbar, was ein zwischenbetriebliches Benchmarking unmöglich macht.
- Die Wertangaben im Segmentbericht können sich konzeptionell von jenen der anderen Abschlussinstrumente entfernen, da intern eine Anwendung der extern vorgegebenen Rechnungslegungsregeln nicht geboten ist.
- Durch interne Umstrukturierungen und Änderungen im Berichtswesen wird das für die externe Berichterstattung bedeutende Stetigkeitsprinzip i. d. R. häufiger durchbrochen.

Zusammenfassung von Segmenten aufgrund qualitativer Kriterien

Nach der grundsätzlichen Festlegung der Segmente eines Unternehmens – sei sie auf Basis spezifischer Kriterien extern vorgegeben oder aufgrund der Anwendung des *management approach* aus der internen Berichtsstruktur abgeleitet – bietet es sich zur Vermeidung einer Informationsüberflutung der Adressaten (*information overload*) und damit zur Verbesserung der Verständlichkeit der Informationsgewährung ggf. an, einzelne identifizierte Segmente nicht eigenständig im Segmentbericht auszuweisen, sondern zu sog. »berichtspflichtigen Segmenten« zusammenzufassen. Dies erweist sich grundsätzlich dann als sinnvoll, wenn die identifizierten Segmente hinsichtlich der gewählten Homogenitätskriterien ein gewisses Maß an Ähnlichkeit besitzen (zumeist wird hierbei das Verhältnis der Ertragschancen bzw. -risiken als Kriterium herangezogen).

Zusammenfassung von Segmenten aufgrund quantitativer Kriterien

Ein anderer Grund für den Nichtausweis eines Segments im Segmentbericht kann sich aus der Anwendung des Grundsatzes der Wesentlichkeit (*materiality*) ergeben, der die Zusammenfassung von für die wirtschaftliche Situation des Unternehmens unbedeutenden (unwesentlichen) Segmenten rechtfertigt, wobei das Wesentlichkeitskriterium wegen der einfachen Bestimmung i. d. R. an quantitativen Größenmerkmalen festgemacht wird. Sämtliche unwesentliche Segmente werden i. d. R. in der Berichterstattung zu einem Sammelsegment zusammengefasst. Dadurch soll erreicht werden, dass lediglich eine Offenlegung von Angaben für wesentliche Segmente erfolgt, um einen *information overload* durch Berichterstattung über sehr kleine und unbedeutende Segmente zu vermeiden (vgl. Böcking, H.-J./Benecke, B. [1999], S. 842).

Segmentinformationen

Ein weiteres wesentliches Charakteristikum eines Segmentberichts sind die darin pro Segment gewährten Informationen. Hierbei sind grundsätzlich sowohl bezüglich des Umfangs als auch des Wesens der Informationen unterschiedliche Ausprägungen denkbar. Der minimale Informationsumfang wäre lediglich die Gewährung eines Informationstyps bzw. einer Maßgröße (wie z. B. Umsatzerlöse) pro Segment, der maximale Umfang wäre die vollständige Disaggregation sämtlicher Abschlussinstrumente wie Bilanz, GuV sowie Anhang auf sämtliche berichtspflichtige Segmente.

Hinsichtlich des Wesens und der Ermittlungsgrundsätze der gewährten Informationen bietet sich einerseits die Anwendung der Ermittlungsgrundsätze und Methoden an, die in den anderen Abschlussinstrumenten (Bilanzansatz-, -bewertungs- und -ausweisgrundsätze) zur Anwendung kommen, anderseits können aber auch hiervon abweichende Grundsätze bzw. Methoden gewählt werden (wie z. B. jene des kalkulatorischen internen Rechnungswesens oder andere). Darüber hinaus ist im Rahmen der pro Segment auszuweisenden Daten zu klären, wie – d. h. nach welchen Prinzipien und Maßstäben – die aggregierten Abschlussdaten auf die Segmente zuzurechnen sind.

Konzeptionen zur Bestimmung der Segmentdaten

Die im Segmentbericht zur Anwendung kommenden Ermittlungsgrundsätze und -methoden sowie das dadurch zum Ausdruck gebrachte Verhältnis zwischen aggregierten und disaggregierten Daten werden wesentlich durch die Auffassung darüber beeinflusst, welche Stellung des Segments gegenüber der gesamten Bericht erstattenden Einheit der erstellte Segmentbericht zum Ausdruck bringen soll. Die hierbei grundsätzlich unterschiedenen Konzepte sind der »Ansatz autonomer Einheiten« (*autonomous entity approach*) und der »Disaggregationsansatz« (*disaggregation approach*) (vgl. OECD [1990], S. 18 ff.; Haller, A./Park, P. [1994], S. 511).

Autonomous entity approach

Die Anwendung des *autonomous entity approach* ist an die Fiktion der wirtschaftlichen Unabhängigkeit der einzelnen Segmente geknüpft. Die segmentierten Informationen der Unternehmenseinheiten werden demnach so ermittelt, als ob es sich bei diesen um jeweils eigenständige Unternehmen mit homogener Geschäftstätigkeit handeln würde. Dabei werden die aus dem Konzernverbund resultierenden Synergien und Belastungen eliminiert (vgl. Husmann, R. [1997], S. 353). Der Vorteil dieses Ansatzes besteht darin, dass er Informationen vermittelt, die einem zwischenbetrieblichen Vergleich besser standhalten können. Allerdings beruhen die ermittelten Daten grundsätzlich auf Schätzungen und nicht auf den tatsächlich konsolidierten Bestands- und Erfolgsgrößen.

Disaggregation approach

Dagegen werden beim *disaggregation approach* die in den bereits erstellten Abschluss eingegangenen konsolidierten Größen auf die einzelnen Segmente rechnerisch aufgegliedert. Demzufolge handelt es sich bei der Segmentdarstellung nicht um eine »Entkonsolidierung« oder gar um eine Darstellung der Jahresabschlüsse der Tochtergesellschaften, sondern um eine nach Teilbereichen gegliederte Erläuterung und Spezifizierung der Vermögens- und Ertragslage der wirtschaftlichen Einheit »Konzern«. Die Aufgliederung vollkonsolidierter Daten auf die einzelnen Segmente hat zur Folge, dass sämtliche buchmäßig erfassten intersegmentären Transaktionen eliminiert sind (vgl. auch Ordelheide, D./Stubenrath, M. [2000], S. 288). Dieser Ansatz gewährleistet zwar die Konformität mit den allgemeinen Rechnungslegungskonventionen; allerdings ist die Vergleichbarkeit der Segmente eines Konzerns mit rechtlich selbstständigen Unternehmen dabei nicht gegeben.

Beispiel zum Unterschied zwischen den Konzeptionen zur Bestimmung der Segmentdaten

Nutzen zwei Segmente eines Unternehmens ein Grundstück gemeinsam, so ergeben sich für beide z. B. im Hinblick auf kommunale Gebühren, Mietkosten, Energiekosten i. d. R. Einsparungen (sog. *economies of scope*), die bei jeweiliger Einzelnutzung nicht realisiert werden würden. Bei Erstellung des Segmentberichts sind grundsätzlich Kosten, die von zwei Segmenten gemeinsam verursacht werden, zur Ermittlung des Segmentergebnisses auf die beiden Segmente entsprechend der Verursachung zu verteilen. Unter Zugrundelegung des *autonomous entity approach* werden dabei die tatsächlich angefallenen Kosten ignoriert; stattdessen werden für jedes Segment die Kosten ausgewiesen, die eintreten würden, wenn dieses Segment ein unabhängig arbeitendes, undiversifiziertes Unternehmen wäre. Im Rahmen des Segmentberichts würden folglich die tatsächlich realisierten Einsparungen bei den Standortkosten nicht anteilig auf die einzelnen Segmente zugerechnet werden, was zu niedrigeren Segmentergebnissen führen würde, die jenen von nicht integrierten, selbstständigen Unternehmen entsprächen. Sofern der Disaggregationsansatz angewandt wird, fließen im Gegensatz dazu die tatsächlich angefallenen, anteilig zugerechneten Gemeinschaftskosten in die Ermittlung der Segmentergebnisse ein.

Darstellung des Segmentberichts

Das letzte Merkmal eines Segmentberichts ist dessen Form, in der die Informationen gewährt werden. Hier bietet sich vor allem eine tabellarische Form an, bei der die berichtspflichtigen Segmente auf einer Dimension und die pro Segment dargestellten Daten (wie Umsatzerlöse, Abschreibungen, Ergebnis, Vermögen etc.) auf der anderen Dimension abgetragen werden (vgl. hierzu Tabelle 13.1). Eine andere Form wäre die rein verbale Darstellung.

Grundsatz der Stetigkeit und Vergleichbarkeit

Zum Zwecke der temporären Vergleichbarkeit der Segmentinformationen hat die Segmentabgrenzung (-definition) sowie die Ermittlung der ausgewiesenen Segmentdaten grundsätzlich stetig zu erfolgen (vgl. Arbeitskreis »Externe Unternehmensrechnung« der Schmalenbach-Gesellschaft [1999], S. 195). Bei notwendigen Abweichungen vom Stetigkeits- bzw. Vergleichbarkeitsgrundsatz sind zum Segmentbericht entsprechende verbale und quantitative Angaben zu machen, um die Gründe sowie die Auswirkungen der Änderungen zu dokumentieren und zu erläutern.

Auch die Forderung der Segmenthomogenität ist eine Ausprägung des Grundsatzes der Vergleichbarkeit, da bei der Abgrenzung der Segmente darauf zu achten ist, dass die in einem Segment zusammengefassten Aktivitäten hinsichtlich bestimmter Kriterien vergleichbar sind. Gleiches gilt auch für die Zusammenfassung mehrerer Segmente.

III. Segmentberichterstattung nach nationalen Normen

Die Regelungen zur Segmentberichterstattung in Deutschland finden sich in den §§ 285 Nr. 4 bzw. 314 Abs. 1 Nr. 3 HGB sowie in DRS 3.

1. Aufstellungspflicht

Anhangangaben

Seit dem Bilanzrichtliniengesetz aus dem Jahre 1985 besteht für große Kapitalgesellschaften (i. S. des § 267 Abs. 3 HGB) und Konzerne die Verpflichtung, im Anhang bzw. Konzernanhang segmentbezogene Informationen zu gewähren. Allerdings beschränken sich diese gemäß § 285 Nr. 4 HGB (für den Jahresabschluss) und § 314 Abs. 1 Nr. 3 HGB (für den Konzernabschluss) lediglich auf die disaggregierte Angabe der (Außen-)Umsatzerlöse nach Tätigkeitsbereichen (d. h. produkt- oder dienstleistungsorientierte Segmente) und geografisch bestimmten Märkten (geografische Segmente). Nach § 286 Abs. 2 HGB kann diese Aufgliederung der Umsatzerlöse nach § 285 Nr. 4 HGB unterbleiben, falls nach vernünftiger kaufmännischer Beurteilung die Aufgliederung dem Unternehmen oder einem Unternehmen, an dem das Bericht erstattende Unternehmen zu mehr als 20 % beteiligt ist, (im Hinblick auf die Wettbewerbsposition oder seines öffentlichen Ansehens) einen erheblichen Nachteil zufügen kann. Des Weiteren sind nach § 314 Abs. 2 Satz 1 HGB Mutterunternehmen, die den Konzernabschluss um eine Segmentberichterstattung i. S. des § 297 Abs. 1 Satz 2 HGB (siehe nachfolgend) erweitern, von der Angabepflicht gemäß § 314 Abs. 1 Nr. 3 HGB befreit.

Aufstellung eines Segmentberichts im Konzernabschluss

Im Zuge der kontinuierlichen Anpassung der Konzernabschlusserstellung an internationale Entwicklungen durch den deutschen Gesetzgeber wurden im Jahre 1998 durch das KonTraG zunächst alle börsennotierten Mutterunternehmen verpflichtet, einen über die Segmentierung der Umsatzerlöse hinausgehenden, allerdings im Gesetz inhaltlich nicht näher bestimmten, Segmentbericht in den Konzernanhang aufzunehmen (§ 297 Abs. 1 Satz 2 HGB i. d. F. des KonTraG). Diese Verpflichtung wurde vier Jahre später im Zuge des TransPuG auf alle Mutterunternehmen erweitert, die einen organisierten Markt i. S. des § 2 Abs. 5 WpHG selbst oder über ein Tochterunternehmen i. S. des § 2 Abs. 1 WpHG durch die Ausgabe von Wertpapieren in Anspruch nehmen oder die Zulassung zu einem solchen beantragt haben. Zudem wurde der Segmentbericht weiter aufgewertet, da er nicht mehr als ein Bestandteil des Anhangs, sondern als eigenständiges Berichtsinstrument des Konzernabschlusses eingeführt wurde (§ 297 Abs. 1 Satz 2 HGB i. d. F. des TransPuG). Im Rahmen der durch das Ende 2004 verabschiedete BilReG für alle kapitalmarktorientierten Unternehmen gebotenen Anwendung der IFRS, die einen umfänglichen Segmentbericht vorschreiben (vgl. in diesem Kapitel, S. 907 ff.), wurde für alle nicht den IFRS unterliegenden Konzernen die Erstellung eines Segmentberichts als optionaler Teil des Konzernabschlusses im Gesetz definiert (§ 297 Abs. 1 Satz 2 HGB i. d. F. des BilReG).

Aufstellung eines Segmentberichts im Jahresabschluss

Seit BilMoG wurde zudem auch im Jahresabschluss ein Wahlrecht zur Aufstellung eines Segmentberichts für alle kapitalmarktorientierten Kapitalgesellschaften, die nicht zur Aufstellung eines Konzernabschlusses verpflichtet sind, im HGB kodifiziert (§ 264 Abs. 1 Satz 2 HGB). Im Zuge des BilMoG wurden diese Unternehmen zudem zur Erstellung einer Kapitalflussrechnung und eines Eigenkapitalspiegels verpflichtet. Zweck dieser Berichtsinstrumente, die den Jahresabschluss deutlich erweitern, ist die Angleichung des Umfangs der Berichterstattungspflichten von nicht konzernrechnungslegungspflichtigen kapitalmarktorientierten Unternehmen an die Anforderungen, die das HGB an Unternehmen, die einen Konzernabschluss erstellen, stellt. So soll eine einheitliche Informationsversorgung der Kapitalmarktteilnehmer, unabhängig von der Struktur des kapitalmarktorientierten Unternehmens, erreicht werden (vgl. BMJ [2008], S. 62 f.).

Inhaltliche Konkretisierung des Segmentberichts durch DRS 3

Der Begriff »Segmentbericht« wird in § 264 Abs. 1 Satz 2 HGB bzw. § 297 Abs. 1 Satz 2 HGB vom Gesetzgeber zwar explizit gebraucht, eine inhaltliche Definition bzw. Spezifizierung wird im Gesetz jedoch nicht vorgenommen. Diese Aufgabe wurde vom DRSC übernommen, das mit dem Deutschen Rechnungslegungsstandard Nr. 3 (DRS 3), der vom DRSC am 20.12.1999 verabschiedet und vom Bundesministerium der Justiz gemäß § 342 Abs. 2 HGB am 31.05.2000 bekannt gemacht wurde, für eine weitgehend an den damaligen angloamerikanischen Vorbildern IAS 14 und FAS 131 (jetzt ASC 280-10) angelehnte Vorschrift gesorgt hat. War der DRS 3 ursprünglich für den nach KonTraG verpflichtend vorgeschriebenen Segmentbericht entwickelt worden, beschränkt sich seine Relevanz seit Aufnahme des § 315a HGB durch das BilReG nur noch auf die Segmentberichterstattung, die nach § 297 Abs. 1 Satz 2 HGB dem Konzernabschluss bzw. nach § 264 Abs. 1 Satz 2 HGB dem Jahresabschluss optional hinzugefügt werden kann. Denn DRS 3.4 legt die Anwendung des Standards allen Unternehmen nahe, die freiwillig einen Segmentbericht erstellen. Hieraus lässt sich allerdings keine Verpflichtung zur Anwendung des DRS 3 ableiten.

Aufstellungspflicht für kapitalmarktorientierte Mutterunternehmen

Nach § 315a HGB haben alle kapitalmarktorientierten deutschen Mutterunternehmen ihren Konzernabschluss auf Basis der IFRS zu erstellen, woraus sich für solche Unternehmen eine Verpflichtung zur Erstellung eines Segmentberichts nach den Bestimmungen des IFRS 8 ergibt (vgl. in diesem Kapitel, S. 907 ff.).

2. Berichtspflichtige Segmente

Segmentdefinition nach HGB

Für die Aufteilung der (Außen-)Umsatzerlöse von großen Kapitalgesellschaften bzw. Konzernen nach § 285 Nr. 4 HGB und § 314 Abs. 1 Nr. 3 HGB legt der Gesetzgeber als Segmentierungsebenen Tätigkeitsfelder sowie geografische Regionen fest. Die Abgrenzung der Segmente sollte sich unter Berücksichtigung der unternehmensspezifischen Verkaufsorganisation durch die Heterogenität der angebotenen Produkte bzw. Dienstleistungen sowie der geografischen Märkte ergeben. Der Einbezug der unternehmensspezifischen Organisation in die Segmentdefinition assoziiert die Anwendung des *management approach* in die Segmentabgrenzung, wobei eine Identität zwischen interner und externer Segmentierung nicht gefordert ist und mit den Tätigkeitsbereichen und geografischen Regionen zwei Segmentierungsebenen verpflichtend vorgegeben sind.

Segmentdefinition nach DRS 3

Die Bestimmung der berichtspflichtigen Segmente nach DRS 3 ist das Ergebnis einer kompromisshaften Verbindung der Segmentbildungsregeln des damals gültigen IAS 14 und des ASC 280-10.

Nach dem DRS 3 ist unter dem Begriff »Segment« ein »operatives Segment« zu verstehen. Dieses entspricht einem Teil eines Unternehmens,

(a) der Geschäftsaktivitäten entfaltet, die potenziell oder tatsächlich zu Umsatzerlösen oder sonstigen Erträgen führen (einschließlich der Ergebnisse aus dem Leistungsaustausch mit anderen Unternehmensteilen) und
(b) der regelmäßig von der Unternehmensleitung überwacht wird, um seine Geschäftsentwicklung und wirtschaftliche Lage zu beurteilen und die Ressourcenallokation im Unternehmen zu steuern (DRS 3.8).

Auf Basis dieser Definition stellt DRS 3 bei der Segmentabgrenzung klar auf den *management approach* ab, d. h. die berichtspflichtigen Segmente sollten grundsätzlich jener Unternehmensstruktur entsprechen, die die Geschäftsleitung ihren operativen Entscheidungen und wirtschaftlichen Beurteilungen zugrunde legt (DRS 3.9). Allerdings wird seitens des DRSC unterstellt, dass die interne Organisations- und Berichtsstruktur die Chancen- und Risikostruktur der Unternehmensaktivitäten widerspiegelt, wodurch sich regelmäßig eine produktorientierte und/oder regionale Segmentierung ergibt (DRS 3.10). Diese Einschränkung trägt dem *risk and reward approach* (vgl. in diesem Kapitel, S. 896) Rechnung. Sofern die Abgrenzung auf Basis der internen Organisations- und Berichtsstruktur jedoch unter Verwendung anderer Kriterien erfolgt, hat die Geschäftsleitung im Rahmen der Segmentberichterstattung die Segmentierung zu wählen, die aus ihrer Sicht die Chancen- und Risikostruktur des Unternehmens auf Basis von Produkten oder geografischen Regionen am zutreffendsten widerspiegelt (DRS 3.11).

Zusammenfassung von operativen Segmenten aufgrund qualitativer Kriterien nach DRS 3

Operative Segmente mit homogenen Chancen und Risiken dürfen für die externe Berichterstattung zu einem Segment zusammengefasst werden, wenn damit eine verbesserte Klarheit und Übersichtlichkeit verbunden ist (DRS 3.13). Die Homogenität produktorientierter (operativer) Segmente ist gegeben, wenn sich die Segmente

- in der Art der Produkte und Dienstleistungen,
- in der Art der Produktions- und Leistungserstellungsprozesse,
- in den Kundengruppen,
- in den Vertriebsmethoden und
- geschäftszweigbedingten Besonderheiten (z. B. für Kreditinstitute und Versicherungen)

ähnlich sind (DRS 3.14 i. V. m. DRS 3.8). Die Homogenität geografischer Segmente hängt davon ab, ob die Kriterien

- Gleichartigkeit der wirtschaftlichen und politischen Rahmenbedingungen,
- enge Beziehungen zwischen den Geschäftsaktivitäten in unterschiedlichen geografischen Regionen,
- räumliche Nähe der Tätigkeiten,
- besondere Risiken von Geschäftsaktivitäten in einem bestimmten Gebiet,
- Gleichartigkeit der Devisenbestimmungen und
- Gleichartigkeit der zugrunde liegenden Währungsrisiken

überwiegend erfüllt sind (DRS 3.14 i. V. m. DRS 3.8).

Zusammenfassung operativer Segmente aufgrund quantitativer Kriterien nach DRS 3

Ein operatives Segment, ggf. nach einer Zusammenfassung mit anderen operativen Segmenten gemäß DRS 3.13, muss nur dann im Segmentbericht eigenständig ausgewiesen werden, wenn es zumindest eine der nachfolgenden Wesentlichkeitsschwellen übersteigt (DRS 3.15):

- Die Umsatzerlöse des Segments betragen – einschließlich der Innenumsätze mit anderen Segmenten – mindestens 10 % der gesamten externen und intersegmentären Umsatzerlöse, oder
- das Segmentergebnis beträgt mindestens 10 % des zusammengefassten Ergebnisses aller operativen Segmente, die einen Gewinn ausweisen, oder aller operativen Segmente, die einen Verlust ausweisen, wobei der jeweils größere Gesamtbetrag zugrunde zu legen ist, oder
- das Segmentvermögen macht mindestens 10 % des gesamten Vermögens aller operativen Segmente aus.

Für die Bestimmung als berichtspflichtiges Segment ist zudem der Gesichtspunkt der stetigen Erfüllung der Größenkriterien maßgebend. So braucht ein Segment, das aufgrund besonderer Umstände einmalig die Größenmerkmale erfüllt, nicht eigenständig angegeben zu werden (DRS 3.18). Andererseits ist ein bisher berichtspflichtiges Segment, das die Wesentlichkeitskriterien gemäß DRS 3.15 nicht mehr erfüllt, weiterhin als anzugebendes Segment zu qualifizieren, sofern ihm die Konzernleitung weiterhin wesentliche Bedeutung beimisst (DRS 3.17).

Sammelsegment für alle nicht anzugebenden Segmente

Die sonstigen (operativen) Segmente, welche die genannten Voraussetzungen nicht erfüllen und damit grundsätzlich nicht angabepflichtig sind, werden im Segmentbericht in einem »Sammelsegment« zusammengefasst. Dieses zeichnet sich dabei nicht durch Homogenität hinsichtlich sektoraler oder regionaler Kriterien, sondern lediglich in der Eigenschaft der Unwesentlichkeit für die Beurteilung der Ertrags- und Risikostruktur des Unternehmens aus. Die diesem Sammelsegment zuzuordnenden Außenumsatzerlöse dürfen allerdings 25 % der konsolidierten Umsatzerlöse nicht übersteigen; anderenfalls sind so lange weitere operative Segmente anzugeben, bis die Summe der Umsatzerlöse der einzeln ausgewiesenen Segmente mindestens 75 % der konsolidierten Umsatzerlöse erreicht hat (DRS 3.12).

3. Segmentinformationen

Segmentinformationen nach HGB

Nach § 285 Nr. 4 HGB bzw. § 314 Abs. 1 Nr. 3 HGB ist im Anhang lediglich eine Segmentierung der Umsatzerlöse gefordert.

Segmentinformationen nach DRS 3

Im Gegensatz zu IFRS 8 (vgl. in diesem Kapitel, S. 907 ff.) gilt nach DRS 3 der *management approach* nicht für den Umfang der pro Segment anzugebenden Informationen. Nach DRS 3.31 sind verpflichtend folgende Informationen zu gewähren:

- Segmentumsatzerlöse (unterteilt nach Umsatzerlösen mit externen Dritten sowie nach Intersegmentumsatzerlösen);

- Segmentergebnis: Das Segmentergebnis errechnet sich aus der Differenz zwischen Segmenterträgen und Segmentaufwendungen. Bei den Segmenterträgen handelt es sich um die einem Segment direkt oder auf Basis eines sinnvollen Verteilungsschlüssels zugeordneten bzw. zuordenbaren (externen und intersegmentären) Erträge (DRS 3.8). Die Segmentaufwendungen sind analog zu den Segmenterträgen definiert und verstehen sich vor Abzug von Minderheitenanteilen (DRS 3.8). Eine Konkretisierung der Ergebnisgröße bleibt dem Management zur Berücksichtigung von geschäftszweigbedingten Besonderheiten vorbehalten (DRS 3.24).
- Die im Segmentergebnis enthaltenen
  - Abschreibungen,
  - andere wesentliche nicht zahlungswirksame Posten,
  - Ergebnisbeiträge von nach der Equity-Methode bilanzierten Beteiligungen des Segments,
  - Erträge aus sonstigen Beteiligungen,
  - Zinserträge und -aufwendungen (DRS 3.32),
  - Ertragsteuern, soweit das Segmentergebnis als Periodenergebnis definiert ist (DRS 3.33) (für alle anderen Ergebnisgrößen wird die Angabe der Ertragsteuern empfohlen; DRS 3.34).
- Segmentvermögen: Hierbei handelt es sich um die einem Segment direkt oder auf Basis eines sinnvollen Verteilungsschlüssels zugeordneten bzw. zuordenbaren Vermögensgegenstände (DRS 3.8), darin einzuschließen sind entsprechende Beteiligungen.
- Investitionen in das langfristige Segmentvermögen in der Berichtsperiode.
- Segmentschulden: definiert als einem Segment direkt oder auf der Grundlage eines sinnvollen Verteilungsschlüssels zugeordneten bzw. zuordenbaren Schulden (DRS 3.8).

Neben dem Katalog der Pflichtangaben wird ausdrücklich empfohlen, für jedes Segment den Cashflow aus der laufenden Geschäftstätigkeit (sog. Netto-Cashflow) anzugeben (DRS 3.36). Sofern dieser Empfehlung gefolgt wird, brauchen die Abschreibungen sowie die anderen wesentlichen nicht zahlungswirksamen Posten nicht angegeben zu werden.

Hinsichtlich der Definition und Zusammensetzung der anzugebenden Segmentdaten besteht grundsätzlich Gestaltungsspielraum des Managements, allerdings sind die Rechnungslegungsgrundsätze und -methoden des Abschlusses einzuhalten und die angegebenen Daten sind symmetrisch den Segmenten zuzuordnen.

Relevanz der Rechnungslegungsgrundsätze und -methoden des Abschlusses

Wie bei dem Umfang der Segmentgrößen, so wird nach DRS 3 im Gegensatz zu IFRS 8 der *management approach* auch bei der Ermittlung der anzugebenden Segmentgrößen außer Kraft gesetzt. Demnach hat diese in Übereinstimmung mit den Rechnungslegungsgrundsätzen und -methoden des zugrunde liegenden Abschlusses und vor Konsolidierungsmaßnahmen zwischen den Segmenten zu erfolgen, wobei jeweils innerhalb eines Segments Konsolidierungen vorzunehmen sind (DRS 3.19). Das DRSC folgt mit dieser Sichtweise grundsätzlich dem Disaggregationsansatz, allerdings in einer abgeschwächten Form, da intersegmentäre Transaktionen nicht zu konsolidieren sind. Diese partielle Hinwendung zum *autonomous entity approach* ist als Ausdruck der intendierten segmentindividuellen Beurteilung zu werten (vgl. Alvarez, M. [2002], S. 2060). Hierdurch wird der Informationsgehalt der Segmentberichterstattung deutlich erhöht, da Abhängigkeiten zwischen den einzelnen Segmenten erkennbar werden. Unterstellt man marktgerechte Verrechnungspreise, kann durch die Angabe unkonsolidierter Segmentdaten zudem eine verbesserte Vergleichbarkeit mit anderen Unternehmen derselben Branche erreicht werden, da Transaktionen zwischen Segmenten denen mit außen stehenden Dritten faktisch gleichgestellt werden.

Symmetrische Zuordnung von Bestands- und Stromgrößen

Bei der Ermittlung der Segmentdaten besteht zudem die Verpflichtung, dass die in den einzelnen Segmenten ausgewiesenen Bestandsgrößen (Vermögensgegenstände und Schulden) mit den entsprechend zugehörigen Stromgrößen (Aufwendungen und Erträge) korrespondieren sowie auf einheitlichen Bilanzierungs- und Bewertungsgrundsätzen basieren (DRS 3.22). Die symmetrische Zuordnung erfordert weiterhin eine anteilige Zuordnung der von mehreren Segmenten genutzten Vermögensgegenständen, sofern dafür klare Maßstäbe identifiziert werden können und die korrespondierenden Stromgrößen nach den gleichen Kriterien (d. h. im selben Verhältnis) aufgeteilt werden (DRS 3.23). Für die notwendige Transparenz der angegebenen Segmentdaten sorgt die Verpflichtung, deren Zusammensetzung sowie eine ggf. vorgenommene Aufteilung gemeinsam genutzter Vermögensgegenstände und zuzuordnender Schulden zu erläutern (DRS 3.44).

Überleitungsrechnung

Um eine Verbindung zwischen den disaggregierten Daten des Segmentberichts und den aggregierten Daten der anderen Rechnungslegungsinstrumente herzustellen, ist jeweils die Summe

- der Segmenterträge bzw. -umsatzerlöse,
- der Segmentergebnisse,
- der Segmentvermögen und -schulden sowie
- anderer wichtiger Segmentdaten

auf den jeweils korrespondierenden Posten im Abschluss überzuleiten (vergleichbar zu dem Beispiel in Tabelle 13.2, S. 918) (DRS 3.37). Zusätzlich wird verlangt, dass jeder wesentliche Überleitungsposten gesondert anzugeben und zu erläutern ist.

Sonstige Angaben und Erläuterungen

Die sonstigen Angabe- und Erläuterungspflichten setzen sich aus allgemeinen Hintergrundinformationen und spezifischen Erläuterungen zu bestimmten Sachverhalten bzw. Segmentdaten zusammen. Sie betreffen folgende Aspekte:

- Segmentbeschreibung/Bestimmungsfaktoren der Segmentabgrenzung: Die anzugebenden Segmente sind zu beschreiben; zudem sind die Bestimmungsmerkmale der Abgrenzung und die Zusammenfassung der operativen Segmente zu erläutern (DRS 3.25 f.).
- Zusammenfassung heterogener Segmente: Werden bei der Segmentabgrenzung ausnahmsweise innerhalb eines Segments heterogene Chancen und Risiken zusammengefasst, hat eine entsprechende Angabe und Begründung zu erfolgen (DRS 3.28).
- Ermittlung der Segmentdaten/Ergebnisdefinition: Die Zusammensetzung aller berichtspflichtigen Segmentdaten und die etwaige Aufteilung von Gemeinschaftskomponenten sind zu erläutern (DRS 3.44).

- Intersegmentverrechnungspreise: Die Bestimmung der Preise für Transaktionen zwischen Segmenten ist näher zu konkretisieren und Veränderungen sind anzugeben (DRS 3.45).
- Durchbrechung der Stetigkeit: Die nur in Ausnahmefällen zulässige Durchbrechung der Stetigkeit ist zu begründen (DRS 3.47).
- Wegfall eines Segments: Der Wegfall eines Segments ist gesondert zu vermerken; wesentliche Posten bedürfen dabei der Erläuterung (DRS 3.48).

Zusatz-informationen

Zum Zwecke einer entscheidungsnützlichen Informationsgewährung werden neben dem Segmentbericht zusätzliche Daten sowie sonstige Angaben und Erläuterungen gefordert. Zu den zusätzlichen Daten gehören (DRS 3.38 ff.):

- Produktorientierte Angaben: Sofern die Segmente im Segmentbericht nicht produktorientiert abgegrenzt wurden, sind die Umsatzerlöse, das Segmentvermögen und die Investitionen in das langfristige Segmentvermögen jeweils nach Produkt- oder Dienstleistungsgruppen auszuweisen (DRS 3.38). Zudem sind die dem operativen Segment zuordenbaren Produkte oder Dienstleistungen anzugeben (DRS 3.27).
- Regionenorientierte Angaben: Bei nicht regional abgegrenzten Segmenten im Segmentbericht sind für die unternehmensrelevanten geografischen Regionen die Umsatzerlöse (nach dem Standort der Kunden) sowie das Segmentvermögen und die Investitionen in das langfristige Segmentvermögen (jeweils bezogen auf den Standort des Vermögens) auszuweisen (DRS 3.39). Als unternehmensrelevant gilt eine geografische Region, wenn mindestens 10 % der Umsatzerlöse des Unternehmens in ihr erzielt werden oder dort mindestens 10 % seines Vermögens liegen (DRS 3.40).
- Dominante Kunden: Sofern die Umsatzerlöse mit einem externen Dritten mindestens 10 % der gesamten Umsatzerlöse des Unternehmens ausmachen (= dominanter Kunde), sind zumindest die Größenordnung und das betroffene Segment anzugeben. Konzerne (d. h. das Mutterunternehmen und sämtliche konsolidierten Tochterunternehmen) gelten dabei als ein Kunde (DRS 3.42).

Die genannten Zusatzdaten sind als unternehmensweite Informationspflichten zu interpretieren, sodass sie auch für Unternehmen mit lediglich einem Segment (= Einsegmentunternehmen) Relevanz besitzen (vgl. Alvarez, M. [2002], S. 2061).

Vergleichs-angaben

Grundsätzlich sollten die Angaben einen Vorjahresvergleich zulassen. Explizit gefordert werden entsprechende Vergleichsangaben für die Segmentdaten sowie die produktorientierten und regionalen Zusatzinformationen (DRS 3.43). Bei Durchbrechung der Stetigkeit ist eine Anpassung der Vorjahresposten erforderlich (DRS 3.47). Bei Wegfall eines Segments sind die Daten der Berichtsperiode und des entsprechenden Vorjahreszeitraums anzupassen (DRS 3.48). Bei erstmaliger Aufstellung des Segmentberichts nach dem deutschen Standard ist die Angabe der Vergleichsdaten der Vorperiode allerdings nicht notwendig; wurde der Segmentbericht bisher nach einem anderen Standard erstellt, ist bei erstmaliger Anwendung des Standards die Bereitstellung von Vergleichswerten nur dann geboten, wenn eine entsprechende Anpassung erfolgte (DRS 3.49 f.).

4. Darstellung des Segmentberichts

DRS 3 macht keine Vorschriften bezüglich der Darstellung des Segmentberichts. Allerdings findet sich in der Anlage zum Standard ein Anschauungsbeispiel, aus dem sich eine matrixförmige Gestaltungsform als Vorschlag ableiten lässt.

IV. Segmentberichterstattung nach IFRS

Entstehung und Konzeption des IFRS 8

Bei IFRS 8 (*operating segments*) handelt es sich – chronologisch betrachtet – um den dritten internationalen Rechnungslegungsstandard zur Segmentberichterstattung. Im Jahre 1981 wurde vom damaligen IASC IAS 14 verabschiedet, der im Jahre 1997 wesentlich überarbeitet wurde. Die Verabschiedung des IFRS 8 im November 2006 war Bestandteil des sog. *short term convergence project* zwischen dem IASB und dem FASB, das im Jahre 2002 beschlossen wurde (IFRS 8.BC2), um weniger komplexe Unterschiede in den Regelungen der IFRS und der US-GAAP möglichst zügig zu beseitigen (vgl. 1. Kapitel, S. 59). Weitgehend aus standardsetzungspolitischen Überlegungen heraus wurde IFRS 8 – bis auf wenige Passagen – fast wortgleich zum entsprechenden US-amerikanischen Standard FAS 131 (jetzt ASC 280-10) formuliert (eine vergleichbare Identität gilt für die *Basis for Conclusions* und die *Implementation Guidance*), was praktisch eine inhaltliche Identität der beiden Standards bewirkte. Während die überarbeitete Fassung des IAS 14 – vergleichbar zum DRS 3 – aus Vergleichbarkeits- und Verlässlichkeitsgründen noch Geschäftstätigkeiten und geografische Regionen als Segmentierungsebenen und die Anwendung des *risk and reward approach* bei der Segmentabgrenzung verpflichtend vorsah und darüber hinaus die in den Segmentbericht aufzunehmenden Daten sowie deren Ermittlungskongruenz zu den Daten von Bilanz und GuV bestimmte (vgl. zu IAS 14 Haller, A. [2000], S. 765 ff.), ist IFRS 8 (identisch zu ASC 280-10) hinsichtlich sämtlicher Merkmale des Segmentberichts von einer konsequenten Umsetzung des *management approach* geprägt; d. h. es besteht eine umfängliche Maßgeblichkeit des zum Zwecke der Unternehmenssteuerung intern installierten Berichtssystems eines Unternehmens für dessen externe Berichterstattung sowohl hinsichtlich der Segmentbildung als auch – im Gegensatz zu DRS 3 – des Umfangs sowie des Inhalts der gewährten Informationen.

Post-implementation review

Im Juli 2013 hat das IASB den Abschlussbericht zum *post-implementation review* von IFRS 8 veröffentlicht. Ziel des *review* war die Überprüfung des Standards hinsichtlich seiner Anwendbarkeit und Akzeptanz in der Berichtspraxis sowie die Aufdeckung eventueller Umsetzungsprobleme. Der Abschlussbericht bestätigt, dass trotz einiger Kritikpunkte die wesentliche Zielsetzung des IFRS 8 erreicht wurde und der Standard zu einer Verbesserung der Finanzberichterstattung beigetragen hat. Akuten Änderungsbedarf sieht das IASB aufgrund der Überprüfung des Standards mithin nicht. Dennoch wurden einige Sachverhalte identifiziert (z. B. Probleme bei der Identifizierung des *chief operating decision maker*, unklare Definitionen von Begrifflichkeiten), die weiter vertieft werden sollen und in Zukunft mögliche Änderungen des IFRS 8 nach sich ziehen könnten (vgl. IASB [2013], S. 6 f.).

1. Anwendungsvoraussetzungen

Sachlicher Anwendungsbereich

IFRS 8 bezieht sich auf die wirtschaftliche Einheit (*entity*) und ist somit auf Unternehmen wie Konzerne, d. h. auf die Einzel- bzw. Konzernabschlusserstellung, gleichermaßen anzuwenden. Auch wenn in IFRS 8 nicht explizit ausgeführt, gilt der Segmentbericht als elementarer Bestandteil solcher Abschlüsse, der entweder im Rahmen des Anhangs (*notes*) oder als eigenständiges Abschlussinstrument ausgewiesen werden kann (vgl. Haller, A. [2010], Tz. 18). Regelungen zur segmentierten Informationsgewährung in Zwischenberichten enthält IFRS 8 nicht, diese finden sich in IAS 34, der die Zwischenberichterstattung regelt (vgl. 14. Kapitel, S. 970).

Kreis der berichtspflichtigen Unternehmen

IFRS 8 ist nicht von allen Unternehmen verpflichtend anzuwenden, sondern lediglich von solchen, deren Eigenkapital- oder Schuldinstrumente (d. h. Eigentümer- oder Gläubigerrechte verbriefende Wertpapiere) auf einem öffentlichen Markt gehandelt werden oder die ihre Abschlüsse bei einem Wertpapieraufsichtsgremium bereits einreichen bzw. im Prozess sind, diese zum Zwecke der Wertpapierausgabe einzureichen (IFRS 8.2). Da durch die explizite Nennung der *over-the-counter* (OTC)-Märkte in IFRS 8.2 auch Wertpapieremissionen auf nicht organisierten Märkten i. S. des § 2 Abs. 5 WpHG vom IASB als öffentlicher Markt definiert werden, zählen hierzu sämtliche in- und ausländische Börsen (in Deutschland der regulierte Markt) sowie der Freiverkehr (einschließlich regionaler und lokaler Märkte). Hieraus ergibt sich, dass der Kreis der unter IFRS 8 fallenden Unternehmen größer ist, als jener der »kapitalmarktorientierten Unternehmen« i. S. des Art. 4 der IAS-Verordnung (vgl. Haller, A. [2010], Tz. 22 f.).

Erfüllen im Fall eines Konzerns lediglich Tochterunternehmen die Voraussetzungen des IFRS 8.2, nicht aber die Mutter, so besteht keine Pflicht zur Anwendung des IFRS 8.

Befreiung von der Anwendung

Im Gegensatz zu § 286 Abs. 1 und 2 HGB sowie § 314 Abs. 2 HGB besteht für Unternehmen, die die Voraussetzung des IFRS 8.2 erfüllen, keine Möglichkeit, die in IFRS 8 geforderten Angaben zu unterlassen. Werden allerdings in einem Geschäftsbericht (*financial report*) gleichzeitig verschiedene Abschlüsse ausgewiesen, wie z. B. neben dem Konzernabschluss auch der Jahresabschluss des Mutterunternehmens oder Abschlüsse von *joint ventures* bzw. assoziierten Unternehmen, die allesamt die Voraussetzungen des IFRS 8.2 erfüllen, so können die Segmentberichte für die jeweiligen zusammen mit dem Konzernabschluss ausgewiesenen Jahresabschlüsse entfallen (IFRS 8.4 i. V. m. ASC 280-10-15-3). Werden die Jahresabschlüsse allerdings separat publiziert, ist ein entsprechender Segmentbericht zu erstellen.

Freiwillige Gewährung von segmentbezogenen Informationen

Erfüllt ein Unternehmen die Anwendungsvoraussetzungen des IFRS 8.2 nicht und macht es dennoch auf freiwilliger Basis segmentbezogene Angaben, so dürfen diese nach Auffassung des IASB nur dann als »Segmentinformationen« (*segment information*) bezeichnet werden, wenn sie vollständig den Regelungen des IFRS 8 entsprechen (IFRS 8.3).

2. Berichtspflichtige Segmente

Definition eines Geschäftssegments

Ähnlich DRS 3 bilden nach IFRS 8 sog. Geschäftssegmente (*operating segments*) die Basis der im Abschluss darzustellenden Segmente. Nach IFRS 8.5 wird hierbei ein Teilbereich eines Unternehmens verstanden,

(a) der Geschäftstätigkeiten ausübt, die zu Erträgen und Aufwendungen führen bzw. führen können (hierzu zählen auch Erträge und Aufwendungen aus Aktivitäten mit anderen Teilbereichen des Unternehmens),
(b) dessen Betriebsergebnisse regelmäßig von der Geschäftsführung (sog. *chief operating decision maker*) überwacht und als Grundlage für die segmentbezogene Ressourcenverteilung und Erfolgsbeurteilung herangezogen werden und
(c) für den gesonderte finanzwirtschaftliche Informationen verfügbar sind.

Unternehmensteile ohne Erträge

Gemäß der konsequenten Umsetzung des *management approach* ergibt sich die Segmentbildung und -abgrenzung vollständig aus dem internen Berichtswesen. Allerdings ist nicht jeder intern möglicherweise gebildete Unternehmensteilbereich zwangsläufig als ein operatives Segment zu qualifizieren. So erfüllen insbesondere Unternehmensteile, die keine Außenerträge erzielen, wie z. B. Verwaltungszentralen, unternehmenseigene Pensionskassen oder ähnliche Abteilungen, regelmäßig nicht die Kriterien für eine Einstufung als operatives Segment (IFRS 8.6). Spezifische Homogenitäts- bzw. Heterogenitätskriterien, die bei der Segmentabgrenzung zu berücksichtigen wären, werden von IFRS 8 nicht genannt. Im Unterschied zu DRS 3 erfolgt gemäß IFRS 8 keine zusätzliche Einordnung in produktorientierte (sektorale) und geografische (regionale) Segmente, auch wird auf den *risk and reward approach* nicht Bezug genommen.

Einfluss der Verantwortungsbereiche in der Unternehmensorganisation

In den Fällen, in denen sich Geschäftssegmente nicht eindeutig aus der internen Berichtsstruktur ableiten lassen, sollte die Segmenteinteilung anhand der festgelegten Verantwortungsbereiche der Segmentmanager gegenüber der Unternehmensleitung geschehen. Treffen z. B. die obigen Definitionsmerkmale eines Geschäftssegments auf mehrere verschiedenartige Unternehmensbereiche, z. B. auf produkt- und auf regionenbasierte Teile zu, bezieht sich die Verantwortlichkeit des oder der Segmentmanager(s) gegenüber der Geschäftsleitung aber nur auf eine Segmentierungsebene, so determiniert diese die Geschäftssegmente (IFRS 8.9; vgl. Haller, A. [2010], Tz. 43). Besteht im Unternehmen eine Matrix-Organisation, d. h. existieren überschneidende Verantwortungsbereiche (z. B. einerseits produktbezogene und andererseits regionenbezogene Verantwortlichkeiten), die von unterschiedlichen Personen getragen werden, die auch unabhängig voneinander an die Unternehmensführung berichten, so liegt es nach IFRS 8.10 an der Unternehmensleitung selbst, die Segmentierungsebene festzulegen. Allerdings besteht hierbei nach IFRS 8 keine Verpflichtung, die Segmentierung lediglich auf Basis einer Segmentierungsebene vorzunehmen, es können – im Gegensatz zu DRS 3 – auch unterschiedliche Ebenen zur Anwendung kommen.

Unsegmentierte Unternehmen

Auf Grund dieser Regelungen kann sich folglich für ein Unternehmen nur dann keine Notwendigkeit einer segmentierten Berichterstattung ergeben, wenn auch die interne Berichtsstruktur des Unternehmens keine Segmente aufweist und es somit als »Ein-Produkt-Unternehmen« und ein »Eine-Region-Unternehmen« geführt wird. Gleichwohl ist in einem solchen Fall IFRS 8.31 ff. zu beachten (vgl. in diesem Kapitel, S. 915).

Zusammenfassung von Geschäftssegmenten aufgrund qualitativer Kriterien

Vorausgesetzt, dass dadurch die Informationsnützlichkeit des Segmentberichts nicht beeinträchtigt wird, können intern gebildete Geschäftssegmente zum Zwecke der externen Berichterstattung zusammengefasst werden, wenn sie einerseits hinsichtlich ihrer langfristigen Ertragskraft und andererseits hinsichtlich der Art der Produkte und Dienstleistungen, der Art der Produktions- und Leistungserstellungsprozesse, der Kundenmerkmale, der Vertriebsmethoden und der Regulierungsumfelder der ausgeübten Tätigkeit vergleichbar (*similar*) sind (IFRS 8.12). Der mit dem Begriff »vergleichbar« zum Ausdruck gebrachte Homogenitätsgrad der Geschäftssegmente wird vom IASB nicht näher spezifiziert, sollte aber i. S. einer konsequenten Anwendung des *management approach* eng ausgelegt werden. Eine solche Ähnlichkeit kann sich u. a. bei stark vertikal integrierten Geschäftssegmenten ergeben, d. h. solchen, die überwiegend Leistungen für andere Unternehmenssegmente erbringen (vgl. Haller, A. [2010], Tz. 51 ff.). Im Gegensatz zu DRS 3.8 i. V. m. 3.14 werden in IFRS 8 für geografische Segmente keine qualitativen Kriterien für eine mögliche Zusammenfassung gegeben.

Zusammenfassung aufgrund von quantitativen Kriterien

Bezüglich der quantitativen Wesentlichkeitsschwellenwerte entsprechen die Regelungen des IFRS 8 jenen des DRS 3.15. So sind Geschäftssegmente nur dann als berichtspflichtige Segmente darzustellen, wenn sie mindestens eines der nachstehenden Größenmerkmale erfüllen (vgl. IFRS 8.13):

- Die erfassten Erträge des Segmentes (sowohl aus Transaktionen mit externen Kunden als auch anderen Segmenten) betragen mindestens 10 % der Summe der Erträge sämtlicher Geschäftssegmente;
- Das erfasste Ergebnis des Segments beträgt mindestens 10 % der zusammengefassten Ergebnisse aller Geschäftssegmente, die einen Gewinn ausweisen, oder aller Geschäftssegmente, die einen Verlust ausweisen, wobei der jeweils größere Gesamtbetrag zugrunde zu legen ist;
- Die erfassten Vermögenswerte des Segments machen mindestens 10 % der Summe der Vermögenswerte aller operativen Segmente aus.

Unterschreitet ein operatives Segment sämtliche Größenmerkmale, ist es aber nach Auffassung des Managements für den Informationsnutzen der Adressaten relevant und damit wesentlich, so ist es explizit darzustellen (IFRS 8.13). Da keine Identität der Ergebnisgrößen über sämtliche Segmente hinweg gefordert ist, sollte zumindest für die Ermittlung des ergebnisbezogenen Schwellenwertes eine einheitliche Ergebnisgröße für sämtliche Segmente festgelegt werden.

Ein Segment, das die Schwellenwerte des IFRS 8.13 nicht überschreitet, kann mit einem oder mehreren anderen »unwesentlichen« Segmenten zu einem berichtspflichtigen Segment zusammengefasst werden, falls diese(s) eine vergleichbare langfristige Ertragskraft aufweisen und in einem Großteil der in IFRS 8.12 genannten qualitativen Kriterien vergleichbar sind (IFRS 8.14). Alle »unwesentlichen« Segmente, die sich auf diesem Wege nicht zusammenfassen lassen, sind in Summe als Sammelsegment (sog. »alle sonstigen Segmente«) darzustellen.

Mindestanzahl an berichtspflichtigen Segmenten

Zur Vermeidung einer Berichterstattung über eine zu geringe Anzahl von Segmenten besteht – analog zu DRS 3.12 – die Verpflichtung, dass die den einzelnen ausgewiesenen Geschäftssegmenten zugeordneten Erträge mindestens 75 % der gesamten konsolidierten Erträge des Unternehmens abbilden müssen (IFRS 8.15). Anderenfalls sind weitere der grundsätzlich nicht berichtspflichtigen und im Sammelposten zusammengefassten Segmente explizit darzustellen. Obgleich die Anzahl der offen gelegten Segmente primär durch die interne Organisationsstruktur des Unternehmens determiniert wird, gibt IFRS 8.19 zu bedenken, dass sich eine Segmentanzahl von mehr als zehn berichtspflichtigen Segmenten als unpraktikabel erweisen könnte. Hieraus kann jedoch keine gebotene Segmentobergrenze von maximal zehn Segmenten abgeleitet werden.

Continuing significance

Unterschreitet ein im Vorjahr berichtspflichtiges Segment im Geschäftsjahr die quantitativen Schwellenwerte, so ist es zur Aufrechterhaltung der Berichtsstetigkeit dennoch gesondert darzustellen, wenn das Management davon ausgeht, dass es sich auch weiterhin um ein wesentliches Segment handelt (sog. »*continuing significance*«; IFRS 8.17).

Durchbrechungen des Stetigkeitsgrundsatzes

Da aufgrund von regelmäßigen Umorganisationen und Strukturänderungen die interne Berichterstattung häufigeren Veränderungen unterworfen ist, gibt es in IFRS 8 aufgrund der konsequenten Umsetzung des *management approach* – im Gegensatz zu DRS 3.46 – keine explizite Forderung nach Stetigkeit der Segmentberichterstattung. Gleichwohl sind Vorkehrungen getroffen, damit ein gewisses Maß an interperiodischer Vergleichbarkeit der Segmentberichte gegeben ist. So sind bei einer Änderung der dargestellten Segmentstruktur die auszuweisenden Vorjahreswerte anzupassen. Eine solche Anpassung kann unterbleiben, soweit die für den Vorjahresausweis notwendigen Informationen nicht verfügbar sind und nur unter übermäßig hohen Kosten beschafft werden können (IFRS 8.18, .29). In einem solchen Fall müssen zur Wahrung der Vergleichbarkeit in dem Jahr, in dem die Strukturänderung vorgenommen wurde, die pro Segment dargestellten Informationen sowohl auf Basis der alten als auch der neuen Segmentierung ausgewiesen werden. Allerdings kann auch diese Darstellungspflicht entfallen, falls die geforderten Informationen nicht verfügbar und die Kosten für die Erstellung »übermäßig« hoch sind (IFRS 8.30).

3. Segmentinformationen

Dominanz des management approach für die Ermittlung der Informationen

Die konsequente Umsetzung des *management approach* beeinflusst einerseits den Umfang sowie den Inhalt und die Wertbestimmung der im Segmentbericht pro Segment auszuweisenden Informationen.

Nach IFRS 8.21 sind grundsätzlich drei Typen von Informationen zu gewähren:

- allgemeine Informationen (IFRS 8.22);
- Informationen zu Periodenergebnis, Vermögenswerten und Schulden pro Segment (IFRS 8.23-.27);
- Überleitungen der Summen der jeweiligen Segmentdaten der berichtspflichtigen Segmente auf die entsprechenden im Abschluss ausgewiesenen Daten (IFRS 8.28).

a) Allgemeine Informationen

Erläuterung der Segmentbildung und -struktur

Aufgrund der durch den *management approach* gegebenen Individualität der Segmentbildung und ihrer Determinierung durch die interne Organisations- und Berichtsstruktur des Unternehmens sind die berichtspflichtigen Segmente im Hinblick auf die Segmentierungsebenen (Produkte bzw. Dienstleistungen, geografische Regionen etc.) und die gewählten Abgrenzungskriterien zu erläutern (IFRS 8.22a). Dabei ist auf die Organisationsstruktur des Unternehmens und die Tatsache einzugehen, inwieweit Geschäftssegmente für die Berichterstattung zusammengefasst wurden. Ebenso ist darzustellen, mit welchen Aktivitäten (Produkte bzw. Dienstleistungen) die dargestellten Segmente die Erträge erzielen (IFRS 8.22b).

b) Informationen zu Periodenergebnis, Vermögenswerten und Schulden pro Segment

Entsprechend der im Gegensatz zu DRS 3 konsequenten Umsetzung des *management approach* wird in IFRS 8 die Menge und der Typ der im Segmentbericht darzustellenden Messgrößen durch die Art der Ergebnisgröße sowie die sonstigen Daten determiniert, die für interne Zwecke regelmäßig an die Unternehmensführung kommuniziert werden (IFRS 8.23).

Ergebnis pro Segment

Pro Segment ist immer (mindestens) eine Ergebnisgröße auszuweisen (*measure of profit and loss*) (IFRS 8.23). Diese Größe ist in IFRS 8 inhaltlich nicht vorgegeben, sondern hat der intern zur Steuerung der Segmente durch die Unternehmensleitung verwandten Größe zu entsprechen. Es kann sich hierbei folglich um eine Größe handeln, die z. B. dem Rohergebnis, Deckungsbeitrag, dem Ergebnis vor Abschreibungen, Zinsen und Steuern (EBITDA), dem Ergebnis vor Zinsen und Steuern (EBIT) oder dem Jahresergebnis pro Segment entspricht. Der Umfang und die Ausgestaltung der Ergebnisgröße determinieren den Umfang der im Segment darüber hinausgehend darzustellenden Ergebniskomponenten. Je weiter die Ergebnisgröße gefasst ist, desto weniger zusätzliche Daten müssen gewährt werden, soweit diese nicht ohnehin separat der Unternehmensführung mitgeteilt werden (IFRS 8.23). Wird ein Unternehmen z. B. lediglich nach den Umsatzerlösen gesteuert, sind keine weiteren Ergebnisgrößen (-komponenten) darzustellen.

Ergebniskomponenten pro Segment

Die nachfolgenden Erträge bzw. Aufwendungen sind zu berichten, wenn sie entweder Komponenten der berichteten Ergebnisgröße sind oder wenn sie regelmäßig intern der Unternehmensführung eigenständig übermittelt wurden (IFRS 8.23):

- Erträge aus Geschäften mit externen Kunden,
- Erträge aus Transaktionen mit anderen Geschäftssegmenten,
- Zinserträge,
- Zinsaufwendungen,
- planmäßige Abschreibungen,
- Ertrags- und Aufwandsposten, die für die Beurteilung der Ertragslage von wesentlicher Bedeutung sind und deshalb nach IAS 1.86 in der Gesamtergebnisrechnung bzw. GuV (falls erstellt) explizit angegeben werden müssen,

- Anteil des Unternehmens am Gewinn oder Verlust von assoziierten Unternehmen und *joint ventures*, die nach der Equity-Methode bilanziert werden,
- Aufwendungen und Erträge aus Ertragsteuern,
- wesentliche zahlungsunwirksame Posten neben den planmäßigen Abschreibungen.

Die Angabe der Zinserträge bzw. -aufwendungen – soweit notwendig – hat brutto, d. h. einzeln, zu erfolgen, es sei denn, die Zinserträge stellen den wesentlichen Teil der Segmenterträge dar oder die Unternehmensführung lässt sich regelmäßig die Nettozinserträge berichten.

Vermögen und Schulden pro Segment

Gemäß des Wortlauts des IFRS 8.23 sind Vermögenswerte pro Segment nur dann in den Bericht aufzunehmen, wenn sie regelmäßig intern an die Unternehmensführung kommuniziert werden (vgl. auch IFRS 8.BC35A). Das gleiche gilt für einem Segment zurechenbare Schulden. Die Umfänge von Segmentvermögen und Segmentschulden sind nicht festgelegt. Allerdings bestimmt IFRS 8.24, dass zusätzlich zur Segmentvermögensgröße folgende Komponenten anzugeben sind, wenn sie Bestandteil der Segmentvermögensgröße sind oder separat der Geschäftsführung regelmäßig zur Verfügung gestellt werden:

- Betrag der Beteiligungen an assoziierten Unternehmen und *joint ventures*, die nach der Equity-Methode bilanziert werden (IFRS 8.24a) und
- Zugänge zu langfristigen (materiellen und immateriellen) Vermögenswerten (d. h. mit einer intendierten Verweildauer im Unternehmen von mehr als 12 Monaten); explizit nicht hierzu gerechnet werden dürfen (im Gegensatz zu DRS 3.8) Finanzinstrumente, latente Steueransprüche, Vermögenswerte aus Plänen für Leistungen nach Beendigung des Arbeitsverhältnisses sowie Rechte aus Versicherungsverträgen (IFRS 8.24b).

Wertbestimmung der quantitativen Angaben

Wie der Umfang so wird auch die Bewertung der im Segmentbericht ausgewiesenen Daten aufgrund des *management approach* durch das interne Berichtssystem bestimmt, d. h. die Ermittlung der im Segmentbericht anzugebenden Daten hat auf der Grundlage der intern angewandten Grundsätze und Methoden zu erfolgen, auch wenn diese von den im Abschluss angewandten externen Rechnungslegungsgrundsätzen abweichen (IFRS 8.25; gegensätzlich DRS 3.19). So können – soweit den internen Wertmaßstäben entsprechend – sowohl die Ergebnisgrößen als auch die Vermögens- und Schuldenwerte z. B. grundsätzlich auf Basis von Zeitwerten, kalkulatorischen Werten oder Cashflows bestimmt sein. Darüber hinaus ist auch keine Homogenität zwischen den Segmenten gefordert, d. h. für einzelne Segmente könnten auch verschiedene Wertmaßstäbe und Bewertungsmethoden Anwendung finden, soweit dies unternehmensintern entsprechend praktiziert wird. So wäre denkbar, ein geografisches Segment aufgrund der regionalen ökonomischen Spezifika auf Basis von inflationsbereinigten Werten und ein anderes Segment auf Basis von inflationsunbereinigten Werten zu steuern.

Werden intern für Segmente gleichzeitig mehrere Ermittlungsmaßstäbe für eine Größe parallel verwandt, so hat die Unternehmensführung im Segmentbericht auf denjenigen zurückzugreifen, welcher die größte Konformität mit den IFRS aufweist (IFRS 8.26).

Der fehlende explizite Bezug zum (konsolidierten) Abschluss steht dem Disaggregationsansatz entgegen, da der Segmentbericht hier keine Aufgliederung jahresabschlussbezogener Größen darstellt (vgl. Ordelheide, D./Stubenrath, M. [2000], S. 387 f.).

Allokation quantitativer Angaben auf berichtspflichtige Segmente

Die Anwendung interner Ermittlungsgrundsätze beinhaltet auch die Zuordnung gemeinschaftlich genutzter Vermögenswerte (*jointly used assets*) und Erfolgskomponenten auf die einzelnen Segmente entsprechend der für interne Berichts- und Steuerungszwecke verwendeten Allokation. Eine symmetrische Aufteilung sachlich zusammenhängender Vermögens- und Erfolgsgrößen – wie in DRS 3.23 vorgeschrieben – ist in IFRS 8 nicht gefordert. Es wird lediglich verlangt, dass die Gemeinschaftskomponenten auf einer begründbaren Basis (*reasonable basis*) auf die Segmente zu verteilen sind (IFRS 8.26), ohne dabei näher auszuführen, was hierunter zu verstehen ist. So ist es nach IFRS 8 jederzeit zulässig (soweit intern so praktiziert), dass z. B. im Falle des Nutzens eines Gebäudes durch mehrere Segmente (z. B. Großlager) dieses nicht nutzungsentsprechend den Segmenten, sondern möglicherweise nur einem oder nur zwei Segment(en) zugerechnet wird. Darüber hinaus ist eine parallele Verteilung der mit dem Gebäude in Zusammenhang stehenden Kosten (= symmetrische Verteilung) ebenfalls nicht geboten. Es wäre sogar denkbar, soweit intern entsprechend praktiziert, dass einem Segment, dem kein Gebäudeanteil als Vermögen zugerechnet wurde, Teile oder die Gesamtheit der Kosten in die Ergebnisgröße eingerechnet wird (= asymmetrische Verteilung). Denkbar ist auch, anstelle einer Aufteilung aggregierter Werte fiktive Werte zugrunde zu legen. Den Unternehmen wird dadurch beispielsweise die Möglichkeit eröffnet, eine Zuordnung auf der Grundlage des *autonomous entity approach* vorzunehmen (vgl. in diesem Kapitel, S. 898).

Nicht den Segmenten zugerechnete Komponenten

Ergebnis-, Vermögens- bzw. Schuldkomponenten, die in den entsprechenden Segmentdaten nicht erfasst werden, stellen Bestandteile der auszuweisenden Überleitungsrechnungen von den disaggregierten Angaben auf Segmentebene auf die aggregierten Angaben auf Unternehmensebene dar. Hierzu zählen u. a. auch segmentunspezifische Vermögenswerte und Aufwendungen wie z. B. jene der Verwaltungs-, Forschungs- und Entwicklungsabteilungen.

Erläuterungen der quantitativen Daten

Um die aufgrund der unternehmensspezifischen Definitionen, Bewertungen und Allokationen der Segmentdaten entstehenden Informationsdefizite im Hinblick auf die Vergleichbarkeit der Segmentdaten mit den Abschlussdaten auszugleichen, sind neben den quantitativen Daten eine Reihe von verbalen Erläuterungen gefordert. Diese sind (IFRS 8.27):

- Angaben zu den Grundlagen für die Erfassung von Transaktionen zwischen berichtspflichtigen Segmenten (insbesondere Angabe der Gestaltung der Verrechnungspreise für solche Transaktionen) (IFRS 8.27a);
- Erläuterungen der Unterschiede in der Ermittlung der jeweiligen Segmentergebnisse und dem Unternehmensergebnis (vor Steuern und Effekten aus der Aufgabe von Geschäftsbereichen). Solche Unterschiede können sich sowohl aus der Zusammensetzung der Segmentergebnisgrößen, aus der Bewertung der einbezogenen Ergebniskomponenten, der Nichtzurechnung von Ergebniskomponenten der zentralen Verwaltung auf die Segmente sowie aus der Konsoli-

dierung von durch Transaktionen zwischen Segmenten entstandenen Ergebnissen ergeben (IFRS 8.27b);
- Erläuterungen der Unterschiede in den Ansätzen des Segmentvermögens und der Segmentschulden (IFRS 8.27c und d; auch hier können die Ursachen in der Zusammensetzung oder der Bewertung der Posten sowie einzelnen Segmenten nicht zugerechneten Posten liegen);
- Erläuterung von etwaigen Änderungen der Ermittlungsmethoden des Segmentergebnisses gegenüber dem Vorjahr unter Angabe des entsprechenden Ergebniseffektes (IFRS 8.27e);
- Art und Auswirkungen einer jeden asymmetrischen Zuordnung von Vermögenswerten, Schulden und Erträgen sowie Aufwendungen zu den Segmenten (IFRS 8.27f).

c) Überleitungsrechnung

Die Summen der für die berichtspflichtigen Segmente ausgewiesenen Erträge, Ergebnisse, Vermögenswerte, Schulden sowie sonstigen wesentlichen Werte sind – vergleichbar zu DRS 3.37 – auf die entsprechenden in der Bilanz oder Gesamtergebnisrechnung bzw. GuV (falls erstellt) ausgewiesenen Posten überzuleiten. Je stärker die Segmentgrößen inhaltlich und wertmäßig von jenen der anderen Abschlussinstrumente abweichen, desto größer sind die jeweiligen Überleitungsbeträge und der mit deren Ermittlung verbundene Aufwand. Wesentliche Überleitungsbeträge sind explizit anzugeben und zu erläutern (IFRS 8.28). Diese geforderte betragsmäßige Überleitung trägt wesentlich zur Aussagefähigkeit des vom *management approach* geprägten Segmentberichts bei und stellt ihn in den Zusammenhang zum gesamten Abschluss.

d) Zusatzinformationen

Zusätzliche Informationen (entity-wide disclosures)

Um zumindest ein Mindestmaß an zwischenbetrieblicher Vergleichbarkeit zu gewährleisten und grundsätzliche Informationen über die Struktur des Unternehmens zu publizieren, hat jedes Unternehmen, das die Anwendungsvoraussetzungen des IFRS 8.2 erfüllt, unabhängig von Umfang und Inhalt seines Segmentberichts, auf Produkte und geografische Regionen ausgerichtete Angaben (allerdings in geringerem Umfang als DRS 3.38 ff.) sowie Aussagen zu sog. dominanten Kunden zu machen (sog. »*entity-wide disclosures*«).

So muss ein Unternehmen gemäß IFRS 8.32 die Erträge (*revenues*) aus Geschäften mit externen Kunden für jeden Produkt- oder Dienstleistungstyp bzw. Gruppe von ähnlichen Produkten oder Dienstleistungen (zur »Ähnlichkeitsbeurteilung« eignen sich die Kriterien aus IFRS 8.12; vgl. Ballwieser, W./Beine, F./ Hayn, S./Peemöller, V. H./Schruff, L./Weber, C.-P. [2011], Abschnitt 22, Tz. 77) angeben. Ebenso sind sowohl die Erträge aus Geschäften mit externen Kunden als auch die langfristigen Vermögenswerte (hiervon sind explizit ausgenommen: Finanzinstrumente, latente Steueransprüche, Vermögenswerte, die mit Leistungen nach Beendigung des Arbeitsverhältnisses in Zusammenhang stehen, sowie Rechte aus Versicherungsverträgen) danach aufzuteilen, inwieweit sie auf das Herkunftsland (*country of domicile*), d. h. das Land des Verwaltungssitzes, und andere Länder der Unternehmenstätigkeit entfallen (IFRS 8.33). Sind wesentliche Beträge einem einzelnen Land oder einzelnen Ländern zuzurechnen, so sind diese unter Angabe des jeweiligen Landes bzw. der Länder gesondert anzugeben (IFRS 8.33a und b). Diese Angaben können jeweils dann entfallen, wenn sie bereits im Segmentbericht enthalten sind, d. h. wenn dieser auf Basis der Segmentierung nach Produktgruppen oder nach geografischen Regionen erstellt ist, oder wenn die entsprechenden Informationen nicht verfügbar sind und auch nur unter übermäßig hohen Kosten beschafft werden könnten (IFRS 8.32 f.). Dabei ist aufgrund der Bedeutung dieser Daten für die zwischenbetriebliche Vergleichbarkeit diese Ausschlussregel und damit die Definition der »Übermäßigkeit der Kosten« sehr restriktiv auszulegen (vgl. Haller, A. [2010], Tz. 118).

Anwendung der Rechnungslegungsmethoden des Abschlusses

Im Gegensatz zu den im Segmentbericht ausgewiesenen Werten müssen die auf Unternehmensebene zu gewährenden Daten – entsprechend dem Dissagregationsansatz – auf Basis der im Abschluss Anwendung findenden Rechnungslegungsmethoden ermittelt werden (IFRS 8.33); der *management approach* greift bezüglich dieser Daten nicht (vgl. Alvarez, M. [2004], S. 159).

Informationen zu dominanten Kunden

Um außen stehenden Adressaten eine Beurteilung der Abhängigkeit des Unternehmens von einzelnen Kunden und damit des Absatzrisikos zu ermöglichen, fordert IFRS 8.34 (analog DRS 3.42) neben dem Segmentbericht anzugeben, wenn ein sog. »dominanter« Kunde (*major costumer*) vorliegt, welches Ertragsvolumen auf diesen entfällt und welchem(n) Segment(en) im Segmentbericht diese Erträge zugerechnet wurden. Dabei betrachtet das IASB in diesem Kontext einen Kunden dann als dominant, wenn im Geschäftsjahr 10 % (oder mehr) des Unternehmensertrags auf diesen entfallen (IFRS 8.34). Sämtliche Unternehmen, von denen das Bericht erstattende Unternehmen weiß, dass sie zu einem Konzern gehören, gelten bei dieser Betrachtung als ein Kunde. Eine Nennung des Kunden sowie die Angabe der Höhe der mit diesem Kunden in den einzelnen Segmenten erwirtschafteten Erträge brauchen nicht zu erfolgen. Allerdings besteht im Gegensatz zu den Aufteilungen nach Tätigkeitsbereichen und geografischen Regionen auch keine Möglichkeit, von den Informationen bezüglich des dominanten Kunden aufgrund von übermäßig hohen Informationsbeschaffungskosten abzusehen.

4. Darstellung des Segmentberichts

Tabellarische Darstellung

IFRS 8 enthält keine Vorschriften zur Gestaltung des Segmentberichts. Allerdings gewährt die *Implementation Guidance* zu IFRS 8 beispielhafte Darstellungen. Diese spiegeln auch die international verbreitete Auffassung wider, dass die Segmentinformationen in tabellarischer Form und unter Angabe von absoluten monetären Größen präsentiert werden sollten. Tabelle 13.1 und Tabelle 13.2 zeigen die vom IASB in der *Implementation Guidance* zu IFRS 8 enthaltenen Berichtsbeispiele.

Darstellungsgrundsätze

Die Segmentinformationen sind grundsätzlich so darzustellen, dass sie der Generalnorm der Segmentberichterstattung des IFRS 8.1 einer entscheidungsnützlichen Einblicksgewährung in die Art und Bedeutung der Geschäftstätigkeiten und des wirtschaftlichen Umfelds eines Unternehmens entsprechen. Eine explizite Verpflichtung zur stetigen Darstellung der Informationen besteht aufgrund des *management approach* und der daraus resultierenden Relevanz von internen Strukturänderungen für die externe Berichterstattung nicht. Allerdings greift das generelle Stetigkeitsgebot des IAS 1.45 auch für den Segmentbericht, soweit sich keine Durchbrechung unmittelbar aus einer Änderung der internen Berichterstattung ergibt. Zur besseren intertemporalen Vergleichbarkeit sind – entsprechend der Darstellung von Bilanz und Gesamtergebnisrechnung bzw. GuV – pro Segmentinformation die jeweiligen Vorjahreswerte anzugeben (IFRS 8.21, .29 f.). Diese sind anzupassen, soweit sich aufgrund einer Umgestaltung der internen Berichtsstruktur die Zusammensetzung der berichtspflichtigen Segmente verändert hat. Soweit die hierfür notwendigen Informationen nur unter übermäßig hohen Kosten zu beschaffen sind, muss stattdessen der aktuelle Segmentbericht nach der bisherigen und nach der neuen Struktur dargestellt werden (IFRS 8.29 f.).

in GE	Autoteile	Schiffe	Software	Elektronik	Finanzdienste	Sonstige	Gesamtbetrag
Erträge aus Geschäften mit externen Kunden	3.000	5.000	9.500	12.000	5.000	1.000	35.500
Intersegmenterträge	0	0	3.000	1.500	0	0	4.500
Zinserträge	450	800	1.000	1.500	0	0	3.750
Zinsaufwendungen	350	600	700	1.100	0	0	2.750
Netto-Zinsergebnis	0	0	0	0	1.000	0	1.000
Abschreibungen	200	100	50	1.500	1.100	0	2.950
Segmentergebnis	200	70	900	2.300	500	100	4.070
Sonstige wesentliche nicht zahlungswirksame Posten:							
Wertminderung von Vermögenswerten	0	200	0	0	0	0	200
Segmentvermögen	2.000	5.000	3.000	12.000	57.000	2.000	81.000
Investitionen in langfristige Vermögenswerte	300	700	500	800	600	0	2.900
Segmentschulden	1.050	3.000	1.800	8.000	30.000	0	43.850

Tab. 13.1: Beispiel eines Segmentberichts (in Anlehnung an IFRS 8.IG3)

»Sammelsegment« und Überleitungsrechnung

Das Sammelsegment »Sonstige« (*all other segments*) enthält ausschließlich eigenständige Geschäftssegmente, die aufgrund ihres Unterschreitens der Größengrenzen des IFRS 8.13 nicht explizit als berichtspflichtige Segmente ausgewiesen werden (IFRS 8.16). In die Überleitungsrechnung sind hingegen folgende drei Informationstypen aufzunehmen:

- Daten der Unternehmensbereiche, die keine Geschäftssegmente darstellen (z. B. Vermögenswerte, Aufwendungen, Erträge etc. der zentralen Verwaltungsbereiche),
- Korrekturen von Intersegmentbeziehungen (Intersegmenterlöse, -erträge etc.), d. h. Konsolidierungsmaßnahmen und
- Korrekturen inhaltlicher Differenzen zwischen den Segmentdaten und jenen der Bilanz und Gesamtergebnisrechnung bzw. GuV (sowohl hinsichtlich des Ansatzes als auch der Bewertung).

Erträge (in GE)			
Summe der Segmenterträge			39.000
Sonstige Erträge			+ 1.000
Eliminierung der Intersegmenterträge			- 4.500
Unternehmenserträge			35.500
Ergebnis (in GE)			
Summe der Segmentergebnisse			3.970
Sonstige Segmentgewinne oder -verluste			+ 100
Eliminierung der Intersegmentergebnisse			- 500
Nicht zugeordnete Beträge:			
Erhaltene Abfindungszahlungen			+ 500
Sonstige Unternehmensaufwendungen			- 750
Anpassung der Pensionsaufwendungen			- 250
Unternehmensergebnis vor Ertragsteuern			3.070
Vermögen (in GE)			
Summe der Segmentvermögen			79.000
Sonstiges Vermögen			+ 2.000
Eliminierung von Forderungen der Unternehmenszentrale			- 1.000
Sonstige nicht zugeordnete Beträge			+ 1.500
Unternehmensvermögen			81.500
Schulden (in GE)			
Summe der Segmentschulden			43.850
Nicht zugeordnete Pensionsverpflichtungen			+ 25.000
Unternehmensschulden			68.850
Sonstige wesentliche Posten (in GE)	**Summe der Segmente**	**Anpassungen**	**Im Abschluss dargestellter Betrag**
Zinserträge	3.750	+ 75	3.825
Zinsaufwendungen	2.750	- 50	2.700
Netto-Zinsergebnis	1.000	0	1.000
Aufwendungen für Vermögenswerte	2.900	+ 1.000	3.900
Abschreibungen	2.950	0	2.950
Wertminderung von Vermögenswerten	200	0	200

Tab. 13.2: Beispiel einer Überleitungsrechnung (in Anlehnung an IFRS 8.IG4)

V. Segmentberichterstattung nach US-GAAP

Inhaltliche Identität zu IFRS 8

Aufgrund der Tatsache, dass die US-amerikanische Regelung FAS 131 (jetzt ASC 280-10) als Ergebnis des *short term convergence project* zwischen dem IASB und dem FASB fast wortgleich im IFRS 8 übernommen wurde, ergeben sich momentan – neben einigen terminologischen Unterschieden – nur noch marginale Differenzen zwischen den beiden Standards (vgl. auch Haller, A. [2010], Tz. 135). Diese sind:

- Ist die interne Berichtsorganisation eines Unternehmens matrixförmig strukturiert, d. h. kommen gleichzeitig zwei Segmentierungsebenen zum Einsatz (z. B. Segmentierung auf Basis von Produkt- bzw. Dienstleistungsgruppen und auf Basis von geografischen Regionen), so fordert ASC 280-10-50-9, dem externen Segmentbericht die Aufteilung nach Tätigkeitsbereichen zugrunde zu legen. IFRS 8.10 hingegen verpflichtet das Management, jene Segmentierung extern darzustellen, die dem in IFRS 8.1 enthaltenen Grundprinzip am ehesten entspricht.
- Im Gegensatz zu IFRS 8.23 müssen nach ASC 280-10 die Segmentschulden, auch wenn sie Bestandteil der internen Berichterstattung sind, nicht in den Segmentbericht aufgenommen werden (zur Begründung vgl. auch FAS 131.BC96).
- Für die zusätzliche Angabe der auf das Herkunftsland und andere Länder entfallenden Vermögenswerte verwendet das FASB den Begriff »*long live assets*«, der im Gegensatz zum vom IASB gewählten Begriff »*non-current assets*« immaterielle Vermögenswerte ausschließt (IFRS 8.BC56 und 60a).

C. Lagebericht

Lagebericht als ergänzendes Informations-instrument

Neben den Jahresabschluss bzw. Konzernabschluss tritt als ergänzendes und eigenständiges Informationsinstrument der Lagebericht (§ 264 Abs. 1 HGB) bzw. Konzernlagebericht (§ 290 Abs. 1 HGB). Gemäß der Generalnorm zur Lageberichterstattung nach § 289 Abs. 1 HGB bzw. § 315 Abs. 1 HGB wird allgemein die Vermittlung eines den tatsächlichen Verhältnissen entsprechenden Bildes des Geschäftsverlaufs und der Lage gefordert. Die im Gegensatz zur Generalnorm des Jahresabschlusses fehlende Einschränkung durch die Grundsätze ordnungsmäßiger Buchführung verleiht dem Lagebericht die Möglichkeit, die wirtschaftliche Lage des Unternehmens bzw. Konzerns – insbesondere durch die Aufnahme prospektiver Angaben – umfassender darzustellen, als es der Jahres- bzw. Konzernabschluss vermag. Im Vordergrund der Lageberichterstattung steht damit die wirtschaftliche Gesamtbeurteilung des Unternehmens bzw. Konzerns im Hinblick auf drei zeitliche Dimensionen: die Vergangenheit (Berichtsjahr), die Gegenwart (aktuelle Situation) und die Zukunft (Entwicklungsperspektiven).

Lagebericht nach DRS

Die handelsrechtlichen Vorschriften werden durch DRS 20 »Konzernlagebericht«, einem Standard speziell zur (Konzern-)Lageberichterstattung, konkretisiert. DRS 20, welcher am 04.12.2012 bekanntgemacht wurde und für kapitalmarktorientierte Mutterunternehmen erstmals für nach dem 31.12.2012 beginnende Geschäftsjahre verpflichtend anzuwenden ist, ersetzte die Standards DRS 15 »Lageberichterstattung« und DRS 5 »Risikoberichterstattung« (vgl. DRS 20.236 ff.). Ferner ist DRS 17 »Berichterstattung über die Vergütung der Organmitglieder«, der weiterhin als eigenständiger Standard gilt, bei der (Konzern-)Lageberichterstellung zu berücksichtigen. Die DRS stellen »quasi« GoB für die Lageberichterstattung eines Konzerns dar, die die handelsrechtlichen Vorschriften nicht erweitern, sondern diese auslegen und präzisieren. Obgleich lediglich für den Konzernlagebericht entwickelt, haben sie Ausstrahlungswirkung auch auf den Lagebericht nach § 289 HGB (vgl. Müller, S./Stawinoga, M. [2013], Tz. 9).

Management Commentary

Nach IFRS besteht derzeit keine Pflicht zur Aufstellung eines derartigen Berichtsinstruments. Das IASB hat jedoch am 08.12.2010 das *IFRS Practice Statement Management Commentary* veröffentlicht. Hierbei handelt es sich jedoch nicht um einen IFRS (PS MC.IN2), sondern lediglich um eine unverbindliche Anwendungsleitlinie, zu deren Umsetzung es den nationalen Gesetzgebern oder auch Börsenregulatoren überlassen wird, diese verbindlich vorzuschreiben. Der *Management Commentary* soll den Abschlussadressaten entscheidungsnützliche Informationen zu einem nach IFRS erstellten Abschluss gewähren und darüber hinaus den Abschluss durch zukunftsorientierte Erläuterungen beispielsweise zu den Unternehmenszielen und Strategien ergänzen (PS MC.9 ff.).

Management´s Discussion and Analysis

In den USA stellt die *Management's discussion and analysis of financial condition and results of operations* (MD&A) das Pendant zum Lagebericht dar. Diese ist gemäß Regulation S-K, Item 303 von allen SEC-berichtspflichtigen Unternehmen neben anderen Informationsinstrumenten bei der SEC einzureichen. Eine Ausnahme gilt für ausländische US-börsennotierte Unternehmen, die in den jährlich zu erstellenden Bericht nach Form 20-F die *Operating and Financial Review and Prospects* (OFR) aufzunehmen haben.

Country by country reporting

Im Juni 2013 wurde die neue EU-Bilanzrichtlinie 2013/34/EU veröffentlicht, die die 4. und 7. Richtlinie der EU ersetzt und somit zu einer weiteren Harmonisierung der Rechnungslegung innerhalb der EU beitragen soll. Im Rahmen dieser Richtlinie werden große Unternehmen und Unternehmen von öffentlichem Interesse, die in der mineralölgewinnenden Industrie oder auf dem Gebiet des Holzeinschlags in Primärwäldern tätig sind, verpflichtet, jährlich einen Bericht über Zahlungen an staatliche Stellen zu erstellen und offenzulegen (vgl. Richtlinie 2013/34/EU, Art. 42 Abs. 1). Offenzulegen sind Zahlungen, Zahlungsreihen oder Sachleistungen im Wert von 100.000 EUR oder mehr (Richtlinie 2013/34/EU, Art. 43 Abs. 1). »Zahlungen« i. S. der Richtlinie sind dabei Produktionszahlungsansprüche, Steuern, die auf die Erträge, die Produktion oder den Gewinn von Unternehmen erhoben werden, Nutzungsentgelte, Dividenden, Unterzeichnungs-, Entdeckungs- und Produktionsboni, Lizenz-, Miet- und Zugangsgebühren, sonstige Gegenleistungen für Lizenzen und Konzessionen sowie Zahlungen für die Verbesserung der Infrastruktur. Anzugeben ist der Gesamtbetrag der Zahlungen, die an jede staatliche Stelle geleistet wurden, der Gesamtbetrag aufgegliedert in die Art der Zahlung und - wenn die Zahlungen für ein bestimmtes Projekt getätigt wurden - der Gesamtbetrag je Projekt und der Gesamtbetrag je Projekt aufgeschlüsselt nach der Zahlungsart (vgl. Richtlinie 2013/34/EU, Art. 43 Abs. 2). Im deutschen Handelsrecht gibt es bisher keine entsprechende Berichtspflicht (vgl. Kreipl, P. [2013], S. 405). In der Literatur wird die Integration dieser »rechnungslegungsfremden« Daten in die Rechnungslegung durchaus kritisch gesehen (vgl. ausführlich hierzu Schlie, I./Malke, C. [2013], S. 2468 f.). Bis zum Juli 2015 hat der deutsche Gesetzgeber Zeit, diese Regelung gesetzlich zu verankern. Wie dies geschehen wird, ist derzeit noch nicht abzusehen. Eine Möglichkeit könnte jedoch die Erweiterung des Lageberichts um einen »Bericht über Zahlungen an staatliche Stellen« sein.

I. Lagebericht nach nationalen Normen

Im Folgenden werden die Vorschriften zur Lageberichterstattung des deutschen Handelsrechtes sowie der DRS erläutert.

1. Aufstellungs- und Offenlegungspflicht

Aufstellungspflicht

Lageberichterstellungspflichtig sind neben den großen und mittelgroßen Kapitalgesellschaften (AG, KGaA und GmbH) auch die Genossenschaften (§ 336 Abs. 1 HGB) sowie die nach Publizitätsgesetz rechnungslegungspflichtigen Unternehmen, soweit sie nicht in der Rechtsform der Personenhandelsgesellschaft oder des Einzelkaufmanns betrieben werden (§ 5 Abs. 2 PublG). Kleine Kapitalgesellschaften sind nach § 264 Abs. 1 Satz 4 HGB von der Pflicht zur Aufstellung eines Lageberichts befreit. Gemäß § 264a Abs. 1 HGB unterliegen auch Personenhandelsgesellschaften, bei denen nicht mindestens ein persönlich haftender Gesellschafter eine natürliche Person ist, der Aufstellungspflicht, sofern die entsprechenden Größenkriterien des § 267 Abs. 2 bzw. 3 HGB erfüllt sind. Kapitalgesellschaften, die zur Erstellung eines Konzernabschlusses verpflichtet sind, haben auch einen Konzernlagebericht aufzustellen (§ 290 Abs. 1 HGB). Allerdings hat das Mutterunternehmen die Möglichkeit, den Lagebericht und den Konzernlagebericht zusammenzufassen (§ 315 Abs. 3 HGB). Auch deutsche Mutterunternehmen, die einen IFRS-Konzernabschluss aufstellen, müssen gemäß § 315a Abs. 1 HGB zusätzlich einen Konzernlagebericht erstellen, der grundsätzlich den Vorschriften des § 315 HGB genügt.

DRS 20 gilt grundsätzlich für alle Mutterunternehmen, die einen Konzernlagebericht nach § 315 HGB erstellen (DRS 20.5), eine Anwendung auf den Lagebericht nach § 289 HGB auf Jahresabschlussebene wird seitens des DRSC empfohlen (DRS 20.2).

Der Lagebericht ist zusammen mit dem Jahresabschluss gemäß § 264 Abs. 1 HGB innerhalb der ersten drei Monate des Geschäftsjahres für das vergangene Geschäftsjahr aufzustellen. Für den Konzernlagebericht verlängert sich die Aufstellungsfrist auf vier (bei Kapitalmarktorientierung) bzw. fünf Monate (§ 290 Abs. 1 HGB).

Prüfungs- und Offenlegungspflicht

Der Lagebericht unterliegt der Prüfungspflicht (§ 316 Abs. 1 HGB) und ist unmittelbar nach seiner Vorlage an die Gesellschafter, jedoch spätestens innerhalb von zwölf Monaten, zusammen mit dem Jahresabschluss beim Betreiber des Bundesanzeigers elektronisch einzureichen und bekannt machen zu lassen (§ 325 Abs. 1 und 2 HGB). Gleiches gilt für den Konzernlagebericht (§ 316 Abs. 2 HGB und § 325 Abs. 3 HGB). Im Falle der Zusammenfassung von Lagebericht und Konzernlagebericht ist eine gemeinsame Offenlegung geboten. Eine verkürzte Offenlegungsfrist von vier Monaten besteht für kapitalmarktorientierte Kapitalgesellschaften (§ 325 Abs. 4 HGB). Diese Vorschriften gelten nach den §§ 6, 9, 14 und 15 PublG sinngemäß für Unternehmen, die unter das PublG fallen. Zu detaillierteren Ausführungen zu Prüfung und Offenlegung vgl. 15. Kapitel, S. 977 ff.

2. Funktionen des Lageberichts

Dem Lagebericht wird eine Rechenschafts- und Informationsfunktion zugewiesen (vgl. ADS [1995 ff.], § 289 Tz. 17 ff., vgl. Baetge, J./Kirsch, H.-J./Thiele, S. [2012], S. 755 f.; Münchener Kommentar zum HGB [2013], § 289 Tz. 4 ff.). Während die Jahresabschlussinformationen an die handelsrechtlichen Rechnungslegungsnormen gebunden und aufgrund des Stichtagsprinzips überwiegend vergangenheitsbezogen sind, löst sich die Lageberichterstattung bei der Informationsvermittlung von diesem strengen Objektivierungsgedanken. Gleiches gilt für den Konzernlagebericht.

Rechenschaftsfunktion

Im Rahmen der Darstellung der wirtschaftlichen Lage des Unternehmens wird der Unternehmensleitung die Aufgabe zuteil, gegenüber den Adressaten des Jahresabschlusses durch einen umfassenden Überblick über die wirtschaftliche Entwicklung im abgelaufenen Geschäftsjahr und die Gesamtlage der Gesellschaft Rechenschaft abzulegen. Dieser Rechenschaftsbericht unterliegt dabei zwangsläufig auch subjektiven Einschätzungen.

Informationsfunktion

Aufgrund der Zukunftsorientierung der Informationsbedürfnisse der externen (und auch internen) Adressaten, an denen sich die externe Rechnungslegung als Informationsinstrument aufgrund der Generalnorm des § 264 Abs. 2 Satz 1 HGB auszurichten hat (vgl. 1. Kapitel, S. 28), wird dem Lagebericht zudem die Aufgabe zugewiesen, den durch Bilanz, GuV und Anhang vermittelten, aber gleichzeitig auch beschränkten Einblick in die wirtschaftliche Lage eines Unternehmens in sachlicher Hinsicht durch zusätzliche Angaben über das Unternehmen und dessen Umwelt und in zeitlicher Hinsicht durch zukunftsorientierte Informationen zu ergänzen (vgl. Wysocki, K. v. [1990], S. 261). Insofern ist die Informationsfunktion des Lageberichts i. S. einer Ergänzungsfunktion zum Jahresabschluss zu interpretieren, die letztlich eine Darstellung des Gesamtbildes der Gesellschaft ermöglichen soll (vgl. ADS [1995 ff.], § 289 Tz. 12). Besonders deutlich wird dies in den Regelungen des DRS 20, die zukunftsorientierte sowie wertorientierte Informationen aus Sicht des Managements (*management approach*) konkret einfordern.

Dieser Ergänzungsfunktion kommt auf Konzernebene sogar noch größere Bedeutung zu, da die Beurteilung der gesamten wirtschaftlichen Geschäftsentwicklung global ausgerichteter und diversifizierter Konzerne ohne die zusätzlichen Informationen des Konzernlageberichts nicht zu erreichen ist (vgl. ADS [1995 ff.], § 315 Tz. 12 ff.).

Bilanzeid

Mit dem Transparenzrichtlinie-Umsetzungsgesetz (TUG) vom 05. 01. 2007 haben die Vorschriften zur Lageberichterstattung durch die Einführung des sog. »Bilanzeids« eine erneute Ausweitung erfahren (vgl. Hahn, C. [2007], S. 375 ff.). Nunmehr sind die gesetzlichen Vertreter einer Kapitalgesellschaft, die als Inlandsemittent i. S. des § 2 Abs. 7 WpHG Wertpapiere ausgibt, aber keine Kapitalgesellschaft i. S. des § 327a HGB ist, dazu verpflichtet, in Form des »Bilanzeids« zu erklären, dass im Lagebericht nach bestem Wissen der Geschäftsverlauf einschließlich des Geschäftsergebnisses und die Lage der Gesellschaft so dargestellt sind, dass ein den tatsächlichen Verhältnissen entsprechendes Bild vermittelt wird, und dass die wesentlichen Chancen und Risiken der voraussichtlichen Entwicklung beschrieben sind (§ 289 Abs. 1 Satz 5 HGB i. V. m. § 37v Abs. 2 Nr. 3 WpHG). Eine entsprechende Erklärung ist auch für den Konzernlagebericht verpflichtend abzugeben (§ 315 Abs. 1 Satz 6 HGB i. V. m. § 37y Nr. 1 WpHG). Für weiterführende Erläuterungen zum Bilanzeid sei auf das 1. Kapitel, S. 35 verwiesen.

Erklärung zur Unternehmensführung

§ 289a HGB (eine analoge Vorschrift für den Konzernlagebericht besteht nicht) fordert von bestimmten Aktiengesellschaften zusätzlich, eine Erklärung zur Unternehmensführung in einen gesonderten Abschnitt im Lagebericht aufzunehmen. Dabei handelt es sich um eine konzeptionelle Erweiterung der Lageberichtsaufgaben, da die geforderten Inhalte keinen Bezug zur Darstellung der wirtschaftlichen Lage einer Gesellschaft haben und auch mit den Abschlussinhalten nicht in Verbindung stehen. Aufzunehmen sind nach § 289a Abs. 2 HGB die Entsprechenserklärung zum »Corporate Governance Kodex« nach § 161 AktG, Angaben zu Unternehmensführungspraktiken sowie eine Beschreibung der Arbeitsweise von Vorstand und Aufsichtsrat sowie der Zusammensetzung und Arbeitsweise ihrer Ausschüsse. Gemäß § 289a Abs. 1 Satz 2, 3 HGB kann die Erklärung alternativ auch auf der Internetseite der Gesellschaft öffentlich zugänglich gemacht werden, wobei dann in den Lagebericht eine Bezugnahme auf die Internetseite der Gesellschaft aufzunehmen ist. Die Erklärung zur Unternehmensführung ist gemäß § 317 Abs. 2 Satz 3 HGB nicht Bestandteil der Abschlussprüfung. Das bedeutet, dass der Lagebericht aus einem prüfungspflichtigen und einem nicht prüfungspflichtigen Teil bestehen kann, sofern die Erklärung zur Unternehmensführung in den Lagebericht aufgenommen wird. Für weiterführende Erläuterungen vgl. in diesem Kapitel, S. 938 f.

3. Formale Anforderungen an den Lagebericht

Grundsätze der Lageberichterstattung

Hinsichtlich der formalen Gestaltung unterliegt der Lagebericht grundsätzlich keinen Restriktionen. Trotz der bestehenden Freiheit sind zur Erfüllung der Generalnorm des Lageberichts die allgemeinen Berichterstattungsgrundsätze zu beachten. Die Erfüllung der lageberichtsspezifischen Aufgaben setzt insbesondere eine vollständige, der Wahrheit entsprechende sowie verständliche und klar gegliederte Berichterstattung voraus (vgl. zu den Grundsätzen der Lageberichterstattung auch Müller, S./Stawinoga, M. [2013], S. 32 ff.).

Vollständigkeit

Der Grundsatz der Vollständigkeit erfordert für den Lagebericht, dass die Unternehmensleitung sämtliche aus ihrer Sicht für die Gesamtbeurteilung der wirtschaftlichen Geschäftsentwicklung und der Risiken der künftigen Entwicklung notwendigen Informationen präsentiert. Dabei kommt dem Management die Aufgabe zu, eine Selektion der für die Adressaten bedeutungsrelevanten und im Jahresabschluss nicht ersichtlichen Informationen vorzunehmen. Insofern wird der Vollständigkeitsgrundsatz durch die Beschränkung auf die wesentlichen Sachverhalte eingegrenzt. Im Falle der untergeordneten Bedeutung ist sogar ein Unterlassen von in § 289 HGB geforderten Berichtselementen nicht zu beanstanden, falls anstelle dessen andere Angaben für die Beurteilung der Unternehmenslage wesentlich sind (vgl. Baetge, J./Fischer, T. R./Paskert, D. [1989], S. 18).

Wesentlichkeit

Nach dem Grundsatz der Wesentlichkeit, der in DRS 20.32 f. explizit genannt ist, soll sich der Lagebericht auf Informationen konzentrieren, die von quantitativer und qualitativer Bedeutung sind (vgl. Münchener Kommentar zum HGB [2013], § 289 Tz. 29). Dabei sind nur wesentliche Fakten zu berichten, z. B. sollen nur in dem Maße Informationen über das Konzernumfeld berichtet werden, solange dies zum Verständnis des Geschäftsverlaufs, der Lage und der voraussichtlichen Entwicklung des Konzerns erforderlich ist (DRS 20.33).

Richtigkeit

Entsprechend des Grundsatzes der Richtigkeit, der auch häufig als Grundsatz der Verlässlichkeit bezeichnet wird (vgl. DRS 20.17 ff.), müssen die im Lagebericht enthaltenen Informationen willkürfrei, objektiv und intersubjektiv nachprüfbar sein. Hierbei ist eine differenzierte Betrachtung dieses Grundsatzes notwendig. Die im Lagebericht enthaltenen Informationen beinhalten Tatsachen-, Beurteilungs- und Prognoseangaben, wobei Tatsachen mit der Realität übereinzustimmen haben, Beurteilungen objektiv und nachprüfbar sein müssen und prospektive Aussagen dem Plausibilitätspostulat unterliegen (vgl. Baetge, J./Kirsch, H.-J./Thiele, S. [2012], S. 758; vgl. Münchener Kommentar zum HGB [2013], § 289 Tz. 34 ff.). In Zusammenhang mit dem Grundsatz der Verlässlichkeit steht gemäß DRS 20.18 auch der Grundsatz der Ausgewogenheit, der besagt, dass positive und negative Aspekte nicht einseitig dargestellt werden dürfen (vgl. Baetge, J./Kirsch, H.-J./Thiele, S. [2012], S. 759).

Klarheit und Stetigkeit

Unter dem Grundsatz der Klarheit wird die übersichtliche, eindeutige und für den Adressaten verständliche Berichterstattung verstanden. Gefordert wird in diesem Zusammenhang auch, dass der Lagebericht als solcher zu kennzeichnen und klar zu gliedern ist sowie wesentliche Sachverhalte hervorgehoben werden. Zudem sind die Ausführungen dergestalt zu präsentieren, dass eine intertemporäre und zwischenbetriebliche Vergleichbarkeit möglich ist. Dies wird insbesondere dadurch erreicht, dass – dem Grundsatz der Stetigkeit entsprechend – ein im Zeitablauf kontinuierlicher Berichtsaufbau gewählt wird, betriebswirtschaftliche Kennzahlen einheitlich verwendet werden und den Zahlenangaben allgemein die entsprechenden Vergleichszahlen der letzten Periode(n) gegenübergestellt werden. Eine explizite Pflicht zur Angabe der Vorjahreszahlen besteht im Lagebericht jedoch nicht (vgl. Münchener Kommentar zum HGB [2013], § 289 Tz. 23).

Informationsabstufung

Gemäß dem Grundsatz der Informationsabstufung, der in DRS 20.34 f. ausgeführt wird, sind die Anforderungen an die Lageberichterstattung von kleineren/weniger diversifizierten Unternehmen geringer als die Anforderungen an große/breit diversifizierte Unternehmen. Kleinere/weniger diversifizierte Unternehmen haben demzufolge weniger Informationen in den Lagebericht aufzunehmen als große/breit diversifizierte (vgl. Baetge, J./Kirsch, H.-J./Thiele, S. [2012], S. 759).

Vermittlung der Sicht der Konzernleitung

DRS 20 definiert neben den obigen in der Literatur akzeptierten Berichterstattungsgrundsätzen noch einen weiteren Grundsatz der Lageberichterstattung, namentlich den Grundsatz der »Vermittlung der Sicht der Konzernleitung«. Der Grundsatz der Vermittlung der Sicht des Managements (DRS 20.31) implementiert den *management approach* in die deutsche Lageberichterstattung. So sind im Lagebericht die Einschätzungen und die Beurteilungen des Managements in den Vordergrund zu stellen. Da die Unternehmensleitung i. d. R. die präzisesten Informationen über die internen Entscheidungsprozesse besitzt, ist gerade die Managementsicht – trotz einer evtl. höheren Subjektivität – als für die Adressaten besonders entscheidungsrelevant zu werten (vgl. Haller, A./Dietrich, R. [2001b], S. 1047).

4. Inhalt des Lageberichts

Inhalt des Lageberichts

Im Folgenden werden zunächst die einzelnen Komponenten des (Konzern-) Lageberichts nach §§ 289, 315 HGB sowie nach den Regelungen des DRS 17 und DRS 20 erläutert, bevor auf die Erklärung zur Unternehmensführung nach § 289a HGB eingegangen wird.

a) Komponenten des Lageberichts bzw. Konzernlageberichts nach nationalen Normen

Im Lagebericht bzw. Konzernlagebericht sind der Geschäftsverlauf einschließlich des Geschäftsergebnisses und die Lage der Gesellschaft bzw. des Konzerns (auch in Form einer ausgewogenen, umfassenden Analyse) darzustellen (sog. »Wirtschaftsbericht«, § 289 Abs. 1 Satz 1-3 HGB bzw. § 315 Abs. 1 Satz 1-4 HGB). Des Weiteren ist die voraussichtliche Entwicklung mit ihren wesentlichen Chancen und Risiken zu beurteilen und zu erläutern (»Risiko- und Prognosebericht«, § 289 Abs. 1 Satz 4 bzw. § 315 Abs. 1 Satz 5 HGB). Neben dieser sehr allgemein gehaltenen »Muss«-Vorschrift »soll« der Lagebericht zusätzliche Einzelangaben enthalten. Bei der »Soll«-Vorschrift handelt es sich nach einheitlicher Rechtsauffassung um eine gesetzliche Bestimmung, die ein Tun oder Unterlassen für den Regelfall, aber nicht zwingend, vorschreibt. Das bedeutet, dass im Regelfall die Angaben des § 289 Abs. 2 HGB zu machen sind. Wann vom Regelfall abgewichen werden darf, muss die Geschäftsführung des Unternehmens unter Berücksichtigung der Grundsätze der Lageberichterstattung entscheiden (vgl. Beck'scher Bilanzkommentar [2012], § 289 Tz. 60). Dem Unternehmen wird hierdurch jedenfalls kein Wahlrecht, wie z. B. durch eine »Kann«-Vorschrift, eingeräumt. So kann z. B. dann auf die Aufnahme eines Forschungs- und Entwicklungsberichts verzichtet werden, wenn das betroffene Unternehmen keine Forschung oder Entwicklung betreibt (vgl. Baetge, J./Kirsch, H.-J./Thiele, S. [2012], S. 761 f.). Es werden konkret Erläuterungen

- zu Vorgängen von besonderer Bedeutung, die nach dem Bilanzstichtag eingetreten sind (Nachtragsbericht),
- zum Risikomanagement und zu finanzwirtschaftlichen Risiken in Bezug auf Finanzinstrumente (Bericht über die Finanzrisiken),
- zu Informationen zur Forschungs- und Entwicklungstätigkeit (Forschungs- und Entwicklungsbericht),
- zu bestehenden Zweigniederlassungen (Zweigniederlassungsbericht),
- zu Vergütungssystemen (Vergütungsbericht; nur für börsennotierte Aktiengesellschaften verpflichtend),
- zur Übernahmesituation des Unternehmens (Bericht über die Übernahmesituation; nur für Aktiengesellschaften und Kommanditgesellschaften auf Aktien, deren stimmberechtigte Aktien zum Handel auf einem organisierten Markt (§ 2 Abs. 7 WpÜG) zugelassen sind, verpflichtend),
- zum internen Kontroll- und Risikomanagementsystem im Hinblick auf den Rechnungslegungsprozess (Bericht über das interne Kontroll- und Risikomanagementsystem; nur für kapitalmarktorientierte Kapitalgesellschaften verpflichtend)

gefordert (§ 289 Abs. 2 Nr. 1-5, Abs. 4 und 5 HGB). Die Angabe zu Zweigniederlassungen findet auf Konzernebene allerdings keine Entsprechung (§ 315 Abs. 2 Nr. 1-5 HGB). Die einzelnen Bestandteile des Lageberichts werden in Abbildung 13.6 übersichtlich dargestellt.

Wirtschaftsbericht: Angaben zum Geschäftsverlauf und zur Lage

Im Wirtschaftsbericht gemäß § 289 Abs. 1 Satz 1-3 HGB bzw. § 315 Abs. 1 Satz 1-4 HGB ist der Geschäftsverlauf, einschließlich des Geschäftsergebnisses, und die Lage eines Unternehmens darzustellen. Die Angaben zum Geschäftsverlauf müssen zum einen deutlich machen, wie das Geschäftsjahr aus Sicht des Unternehmens verlaufen ist, mithin also die Entwicklung im Laufe des Geschäftsjahres erläutern, und zum anderen die Situation am Abschlussstichtag darstellen. In der Berichterstattung über den Geschäftsverlauf ist auch das Geschäftsergebnis zu erläutern. In diesem Zusammenhang ist auf bilanzpolitische Maßnahmen und Sachverhaltsgestaltungen einschließlich der Effekte auf das Geschäftsergebnis einzugehen. Unter dem Begriff der »Lage« sind die Vermögens-, Finanz- und Ertragslage gemäß § 264 Abs. 2 HGB zu verstehen. Über alle drei Lagen ist gleichermaßen zu berichten (vgl. Beck'scher Bilanzkommentar [2012], § 289 Tz. 15 ff.).

Im Einzelnen ist bei den Angaben zu Geschäftsverlauf und Lage ein Überblick über die gesamtwirtschaftlichen Rahmenbedingungen und die spezifische Situation des Unternehmens zu geben.

Hierfür sind eine Reihe von Informationen über die Entwicklung des Unternehmens und seiner Umwelt im abgelaufenen Geschäftsjahr notwendig; umfasst werden dabei vor allem folgende Bereiche (bezüglich detaillierterer Informationen vgl. Baetge, J./Kirsch, H.-J./Thiele, S. [2012], S. 764 ff.): gesamtwirtschaftliche Situation und Branchensituation; Auftragsbestand, Absatz und Umsatz; Produktion; Beschaffung; Investitionen; Finanzierung; Personal- und Sozialangelegenheiten; Umweltschutz; sonstige wichtige Vorgänge während des Geschäftsjahrs.

Analyse von Geschäftsverlauf und Lage

Zudem wird gemäß § 289 Abs. 1 Satz 2 HGB bzw. § 315 Abs. 1 Satz 2 HGB auch eine ausgewogene und umfassende, dem Umfang und der Komplexität der Geschäftstätigkeit angemessene Analyse von Geschäftsverlauf und Unternehmenslage unter Einbeziehung der wichtigsten finanziellen Leistungsindikatoren gefordert. § 289 Abs. 3 HGB bzw. § 315 Abs. 1 Satz 4 HGB erweitern diese Forderung für große Kapitalgesellschaften um nichtfinanzielle Leistungsindikatoren, soweit diese für das Verständnis des Geschäftsverlaufs oder der Lage von Bedeutung sind. Diesbezüglich verweist der Gesetzgeber als Beispiel auf Angaben zu Umwelt- und Arbeitnehmerbelangen, wobei – soweit relevant – auch Ausführungen zum *intellectual capital*, zu Kunden- und Lieferantenstruktur, zur gesellschaftlichen Reputation, zu Beziehungen mit Kunden und anderen Stakeholdern sowie zu Produkt- und Prozessqualität geboten sind, soweit sie Bedeutung für den Geschäftsverlauf haben (vgl. IDW [2012b], Abschnitt F, Tz. 1103 f. und Tz. 1142 ff.).

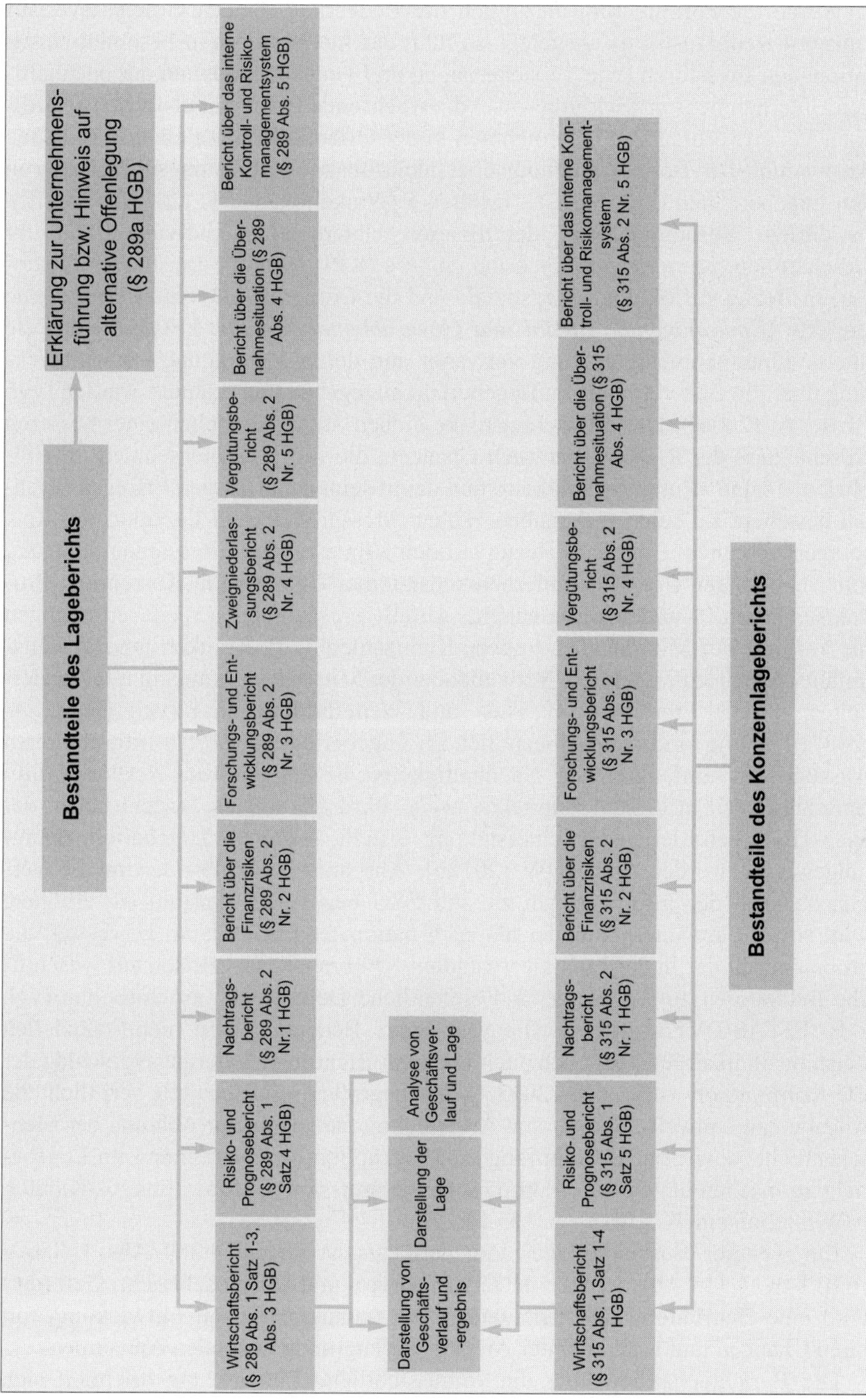

Abb. 13.6: Bestandteile des Lageberichts und Konzernlageberichts

Key Performance Indicators (KPI)

Wurde die Formulierung bezüglich der Bedeutung für den Geschäftsverlauf zunächst wenig restriktiv ausgelegt, so führt das Interesse von insbesondere institutionellen Investoren (wie Versicherungen und Pensionsfonds) an der nachhaltigen Unternehmensentwicklung sowie die wachsende Betonung der gesellschaftlichen Verantwortung von Unternehmen in der Öffentlichkeit zu einer merklichen Ausweitung der Berichterstattung über nichtfinanzielle Leistungsindikatoren in den Lageberichten (vgl. Fink, C./Kajüter, P./Winkeljohann, N. [2013], S. 42 ff.). In diesem Zusammenhang identifizieren Unternehmen individuell für ihr Geschäft sog. »*Key Performance Indicators*« (KPI) (zentrale Leistungsindikatoren) in Bezug auf ökologische, soziale und die Corporate Governance bezogene Aspekte (*Environmental, Social and Governmental Aspects,* ESG), die für die interne Unternehmenssteuerung verwandt und deren Ausprägung und Entwicklung über die Zeit vermehrt im Lagebericht angegeben und erläutert werden (vgl. Hesse, A. [2006]). Diese Leistungsmaße dienen im Wesentlichen einer besseren Abschätzung der Risiken aber auch Chancen, die für das Unternehmen im Hinblick auf seine »Zukunftsfähigkeit« und damit seine langfristigen Erfolgsaussichten bestehen. Zu solchen Angaben zählen: Messgrößen zum Energie- und Ressourcenverbrauch, Effekte in Bezug auf den Klimawandel, Emissionen, Umgang mit erneuerbaren Energien, unternehmensinterner Umgang mit Korruption, Produktsicherheit, Kundenzufriedenheit, Abfallverursachung, Arbeitsbedingungen im Ausland, auf Mitarbeiter bezogene Kennzahlen (z. B. Krankenstand, Arbeitsunfälle, Arbeitszufriedenheit, Verweildauer der Mitarbeiter, Umgang mit Minderheiten, soziale Einrichtungen, Aus- und Weiterbildung etc.) (vgl. Hesse, A. [2007]). Häufig sind die diesbezüglich im Lagebericht gewährten Informationen Auszüge aus umfangreichen Nachhaltigkeits- bzw. *Corporate Responsibility*-Berichten (vgl. in diesem Kapitel, S. 947). Wird ein solcher Bericht neben der nach HGB geforderten Berichterstattung erstellt, sollte im Lagebericht darauf hingewiesen werden (vgl. IDW [2012b], Abschnitt F, Tz. 1147). Um die Vergleichbarkeit der Informationen zur auf ESG bezogenen Leistung zu erhöhen, wird sowohl auf internationaler als auch nationaler Ebene daran gearbeitet, die große Anzahl der in der Praxis verwandten KPI branchenspezifisch auf wesentliche Indikatoren zu reduzieren und einheitliche Definitionen zu erarbeiten (vgl. z. B. EFFAS/DVFA [2010]). Die wachsende Bedeutung von nichtfinanziellen Leistungsindikatoren zeigt sich auch in einem Richtlinienänderungsvorschlag der EU-Kommission vom 16.04.2013, wonach große Gesellschaften verpflichtend Angaben zu Umwelt-, Sozial- und Arbeitnehmerbelangen, zur Achtung der Menschenrechte sowie zur Bekämpfung von Korruption und Bestechung im Lagebericht zu machen hätten (vgl. Europäische Kommission [2013a]; Fink, C./Kajüter, P./Winkeljohann, N. [2013], S. 153 f.).

Risiko- und Prognosebericht

Ein weiterer Bestandteil des Lageberichtes ist gemäß § 289 Abs. 1 Satz 4 HGB bzw. § 315 Abs. 1 Satz 5 HGB der Risiko- und Prognosebericht. Gefordert wird eine Beurteilung und Erläuterung der voraussichtlichen Entwicklung mit ihren Chancen und Risiken unter Angabe der zugrunde liegenden Annahmen.

Prognosebericht

Die Berichterstattung über die voraussichtliche Entwicklung orientiert sich inhaltlich an den Angaben, die zum Geschäftsverlauf und zur Lage des Unternehmens gemacht wurden. Demnach sind die wesentlichen geplanten Maßnahmen einschließlich der Auswirkungen auf das Unternehmen sowie die Erwartungen der Geschäftsführung hinsichtlich der wirtschaftlichen Entwicklung zu erläutern.

Als Beispiel kann die Berichterstattung über geplante Investitions- und Finanzvorhaben, über die Entwicklung einzelner Geschäftsfelder oder die erwartete Ergebnisentwicklung genannt werden. Über konkrete noch nicht abgeschlossene Sachverhalte, wie laufende Verhandlungen über Fusionen, muss grundsätzlich nicht berichtet werden. Die gemäß § 289 Abs. 1 Satz 4 HGB anzugebenden Annahmen sollen die Adressaten in die Lage versetzen, sich ein eigenes Urteil dahin gehend zu bilden, inwiefern die Prognosen plausibel sind. In den folgenden Geschäftsjahren ist darüber hinaus ein Vergleich mit der dann tatsächlich eingetretenen Entwicklung möglich (vgl. IDW [2012b], Abschnitt F, Tz. 1107 ff.; Beck'scher Bilanzkommentar [2012], § 289 Tz. 38).

Nach dem Gesetzeswortlaut ist eine Beurteilung und Erläuterung der voraussichtlichen Entwicklung vorzunehmen, weshalb eine verbale Darstellung wohl ausreichend ist, eine Abgabe von quantitativen Prognosen ist i. S. der Nützlichkeit der Information jedoch vorzuziehen. Hierbei bieten sich insbesondere Intervallprognosen an, die gewisse realistische Bandbreiten von Entwicklungen vorgeben. Zusammenhänge müssen verdeutlicht werden, eine reine Darstellung der voraussichtlichen Entwicklung genügt nicht. Zudem muss die Geschäftsführung eine Beurteilung der voraussichtlichen Entwicklung aus ihrer Sicht vornehmen. Sie muss demnach eine konkrete Bewertung (z. B. gut, mäßig, schlecht) abgeben. Allerdings ist eine Beurteilung auch durch einen Vergleich mit dem vorangegangenen Geschäftsjahr (z. B. steigen, sinken, stagnieren) möglich. Zu beachten ist, dass den Erläuterungen und Beurteilungen des Unternehmens aufgrund der Rechenschaftsfunktion des Lageberichts realistische Erwartungen zugrunde liegen müssen. Als zeitlichen Umfang einer Berichterstattung über die voraussichtliche Entwicklung gibt DRS 20.127 ein Jahr vor. Fraglich ist allerdings, ob dieser Prognosezeitraum ausreicht. Nach anderer Auffassung gilt eine Periode von grundsätzlich zwei Jahren als sinnvoll (vgl. Beck'scher Bilanzkommentar [2012], § 289 Tz. 37).

Des Weiteren ist über die wesentlichen Chancen und Risiken zu berichten. Die Gesetzesformulierung »voraussichtliche Entwicklung mit ihren wesentlichen Chancen und Risiken« impliziert dabei nicht, dass es sich lediglich um einen Teilaspekt des Prognoseberichts handelt. Vielmehr steht der Chancen- und Risikobericht gleichwertig neben dem Prognosebericht. Risiken, über die bereits mittels Abschreibungen, Wertberichtigungen und Rückstellungen im Jahresabschluss berichtet wurde, müssen nicht in den Lagebericht aufgenommen werden. Zwar ist ausreichend, über die wesentlichen Chancen und Risiken zu berichten, eine reine Darstellung i. S. einer Nennung genügt aber nicht, da eine Beurteilung und Bewertung gefordert ist. Zudem müssen auch die zugrunde liegenden Annahmen angegeben werden. Die Wesentlichkeit der Chancen und Risiken zeigt sich daran, dass sie die Vermögens-, Finanz- und Ertragslage wesentlich beeinflussen, d. h. die zukünftige Entwicklung des Unternehmens erheblich verändern, können. Als Beispiele kommen Preis-, Wechselkurs- und Zinsentwicklungen sowie Chancen- und Risikopotenziale im Investitions- oder Absatzbereich in Betracht. Insbesondere über Risiken, die das Kriterium der Bestandsgefährdung erfüllen, ist zu berichten. Dabei sind sämtliche Gründe sowie tatsächliche und rechtliche Gegebenheiten, die einen Fortbestand des Unternehmens als unsicher erscheinen lassen, darzustellen; die Bestandsgefährdung muss eindeutig aus den Erläuterungen hervorgehen. Als Zeitraum erscheinen analog zum Prognose-

Risikobericht

bericht die dem Bilanzstichtag folgenden zwei Jahre sinnvoll. Die Grenzen des Chancen- und Risikoberichts liegen in möglichen nachteiligen Konsequenzen aus der Bekanntmachung einzelner Chancen und Risiken. Allerdings gelten die Schutzklauseln des § 286 HGB nicht. (vgl. IDW [2012b], Abschnitt F, Tz. 1115 ff.; Beck'scher Bilanzkommentar [2012], § 289 und Tz. 43 ff.).

Nachtragsbericht

In den Nachtragsbericht nach § 289 Abs. 2 Nr. 1 HGB bzw. § 315 Abs. 2 Nr. 1 HGB sind Informationen über Tatbestände von besonderer Bedeutung aufzunehmen, die dem Jahresabschlussersteller zwischen Bilanzstichtag und Aufstellungsdatum bekannt geworden sind und die positiven oder negativen Einfluss auf die im Wirtschaftsbericht dargestellte wirtschaftliche Lage haben. Diese Angaben tragen zu einer aktuelleren Informationsvermittlung bei, da sie sich explizit auf Ereignisse nach dem Abschlussstichtag beziehen. Dabei ist zum einen über wichtige Daten oder Datenänderungen (z. B. Streiks, Gerichtsprozesse) und zum anderen über wichtige unternehmenspolitische Maßnahmen (z. B. Abschluss/Kündigung bedeutender Verträge, Kapitalerhöhung bzw. -herabsetzung) zu berichten (vgl. IDW [2012b], Abschnitt F, Tz. 1124 f.).

Bericht über die Finanzrisiken

Im Bericht über die Finanzrisiken ist gemäß §§ 289 bzw. 315 Abs. 2 Nr. 2 HGB neben den Angaben zu Zielen und Methoden des Risikomanagements einschließlich der Methoden zur Absicherung aller wichtigen Arten von Transaktionen bei Sicherungsgeschäften auf Preisänderungs-, Ausfall- und Liquiditätsrisiken und Zahlungsstromschwankungsrisiken (finanzwirtschaftliche Risiken), jeweils in Bezug auf die Finanzinstrumente des Unternehmens, einzugehen, falls dies für die Lagebeurteilung von Belang ist. Diese Angaben stellen eine Ergänzung zu jenen dar, die im Anhang bezüglich Finanzinstrumenten zu machen sind (§ 285 Nr. 18-20 HGB).

Forschungs- und Entwicklungsbericht

Die Informationspflicht über den Forschungs- und Entwicklungsbereich nach § 289 Abs. 2 Nr. 3 HGB und § 315 Abs. 2 Nr. 3 HGB fußt auf der Überlegung, dass insbesondere Industrieunternehmen in hochtechnologischen Bereichen ohne ausreichende F&E-Anstrengungen langfristig nicht konkurrenzfähig sind. Als Berichtsinhalte kommen Informationen über die Bereiche der Grundlagenforschung, der angewandten Forschung und der experimentellen Entwicklung in Frage (vgl. Lück, W. [2003], Tz. 94 ff.). Die Berichterstattung über die Forschung und Entwicklung im Unternehmen ist insbesondere zur Beurteilung der Zukunftsaussichten von großer Bedeutung für die Adressaten, da sie z. B. eine Einordnung des Unternehmens in den nationalen oder internationalen Wettbewerb erlaubt. Aus diesem Grund sind sowohl Angaben über bereits durchgeführte F&E als auch über künftige Vorhaben zu machen (vgl. Münchener Kommentar zum HGB [2013], § 289 Tz. 107 ff.). Hierfür kommen sowohl verbale, quantitative (z. B. Anzahl an Patentanmeldungen, Mitarbeiter in F&E) sowie monetäre Informationen in Frage. So wird z. B. die Angabe des Forschungs- und Entwicklungsaufwandes als wünschenswert erachtet, wohingegen eine detaillierte Aufteilung dieser Aufwendungen auf einzelne Forschungsprojekte bzw. -bereiche (vgl. Dellmann, K. [1982], S. 557 ff. und 587 ff.) nicht gefordert wird (vgl. ADS [1995 ff.], § 289 Tz. 117). Begrenzt wird die Berichterstattung durch Wettbewerbsnachteile gegenüber Konkurrenten, die aus der Bekanntgabe von Details erwachsen könnten. Die Schutzklausel des § 286 Abs. 1 HGB (Gefährdung der Bundesrepublik Deutschland oder eines ihrer Länder) ist hier analog anzuwenden. Allerdings darf in keinem Fall die gesamte Berichterstattung über

F&E unterbleiben. Wird in einem Unternehmen, obgleich in seiner Branche üblich, nicht geforscht, sind entsprechende Erläuterungen (sog. Fehlbericht) zu machen (vgl. Münchener Kommentar zum HGB [2013], § 289 Tz. 110).

Zweigniederlassungsbericht

Der Zweigniederlassungsbericht (§ 289 Abs. 2 Nr. 4 HGB), der im Konzernlagebericht nicht gefordert ist, hat über alle Zweigniederlassungen im In- und Ausland zu berichten, sofern diese im Handelsregister eingetragen sind. Dabei ist u. a. über Gegenstand und Sitz einer Zweigniederlassung zu berichten. Nach herrschender Meinung reicht hier eine Angabe des Ortes nicht aus, vielmehr ist eine Berichterstattung über wesentliche wirtschaftliche Eckdaten der Niederlassung geboten (vgl. Beck'scher Bilanzkommentar [2012], § 289 Tz. 90).

Vergütungsbericht

Börsennotierte Aktiengesellschaften müssen darüber hinaus gemäß § 289 Abs. 2 Nr. 5 HGB auf die Grundzüge des Vergütungssystems für die in § 285 Nr. 9 HGB genannten Gesamtbezüge eingehen. Mögliche Berichtsinhalte können z. B. Voraussetzungen für Bonusleistungen und Erläuterungen zu fixen und erfolgsbezogenen Vergütungsbestandteilen sein. Werden dabei auch nach § 285 Nr. 9a Satz 5-8 HGB geforderte Daten veröffentlicht (vgl. in diesem Kapitel, S. 859), können entsprechende Anhangangaben unterbleiben. Eine analoge Vorschrift gilt auf Konzernebene gemäß § 315 Abs. 2 Nr. 4 HGB.

Bericht zur Übernahmesituation

Gemäß § 289 Abs. 4 HGB müssen Aktiengesellschaften und Kommanditgesellschaften auf Aktien, deren stimmberechtigte Aktien zum Handel auf einem organisierten Markt i. S. des § 2 Abs. 7 WpÜG zugelassen sind, im Lagebericht über die Übernahmesituation berichten. Analoges gilt für Konzernunternehmen nach § 315 Abs. 4 HGB. Dies dient dazu, möglichen Bietern vor der Entscheidung zu einer Übernahme einen Überblick über das Unternehmen und eventuelle Übernahmehindernisse zu geben (vgl. Beck'scher Bilanzkommentar [2012], § 289 Tz. 110 ff.). Sind Angaben bereits im Anhang zu machen, dann genügt im Lagebericht ein Verweis darauf (§ 289 Abs. 4 Satz 2 HGB bzw. § 315 Abs. 4 Satz 2 HGB). Anzugeben sind im Einzelnen folgende Sachverhalte:

- die Zusammensetzung des gezeichneten Kapitals (Nr. 1);
- Beschränkungen, die Stimmrechte oder die Übertragung von Aktien betreffen (Nr. 2);
- direkte oder indirekte Beteiligungen am Kapital, die 10 % der Stimmrechte überschreiten (Nr. 3);
- die Inhaber von Aktien mit Sonderrechten, die Kontrollbefugnisse verleihen (Nr. 4);
- die Art der Stimmrechtskontrolle, wenn Arbeitnehmer am Kapital beteiligt sind und ihre Kontrollrechte nicht unmittelbar ausüben (Nr. 5);
- die gesetzlichen Vorschriften und Bestimmungen der Satzung über die Ernennung und Abberufung der Mitglieder des Vorstandes und über die Änderung der Satzung (Nr. 6);
- die Befugnisse des Vorstandes insbesondere hinsichtlich der Möglichkeit, Aktien auszugeben oder zurückzukaufen (Nr. 7);
- wesentliche Vereinbarungen der Gesellschaft, die unter der Bedingung eines Kontrollwechsels infolge eines Übernahmeangebots stehen, und die hieraus folgenden Wirkungen (Nr. 8);

- Entschädigungsvereinbarungen der Gesellschaft, die für den Fall eines Übernahmeangebotes mit den Mitgliedern des Vorstands oder Arbeitnehmern getroffen sind (Nr. 9).

Bericht über das interne Kontroll- und Risikomanagementsystem

Ein weiterer Bestandteil des Lageberichtes ist bei kapitalmarktorientierten Unternehmen i. S. des § 264d HGB die Beschreibung der wesentlichen Merkmale des internen Kontroll- und des Risikomanagementsystems im Hinblick auf den Rechnungslegungsprozess. Umfang und Detaillierungsgrad der Systemdarstellung sind von den jeweiligen Gegebenheiten des Unternehmens abhängig (vgl. Melcher, W./Mattheus, D. [2008], S. 53). Komponenten des internen Kontrollsystems sind alle »Grundsätze, Verfahren und Maßnahmen zur Sicherung der Wirksamkeit und Wirtschaftlichkeit der Rechnungslegung, zur Sicherung der Ordnungsmäßigkeit der Rechnungslegung sowie zur Sicherung der Einhaltung der maßgeblichen rechtlichen Vorschriften« (BMJ [2008], S. 77). Erläuterungen des internen Risikomanagementsystems im Hinblick auf den Rechnungslegungsprozess sind i. d. R. dann notwendig, wenn Risikoabsicherungen, die bilanziell abgebildet werden, vorgenommen werden. Somit wird sich die Beschreibung wohl auf das interne Risikomanagementsystem zur Überwachung und Steuerung der in der Rechnungslegung abzubildenden Bewertungseinheiten beschränken. Darüber hinaus ist z. B. über das Management von gemäß § 285 Nr. 3 HGB im Anhang anzugebenden Risiken aus nicht in der Bilanz enthaltenen Geschäften oder Risiken hinsichtlich der Inanspruchnahme aus Haftungsverhältnissen gemäß § 251 HGB zu berichten. Gefordert ist explizit lediglich eine Beschreibung der Strukturen und Prozesse; eine Einschätzung ihrer Effektivität muss nicht erfolgen. Ist im Unternehmen kein internes Kontroll- und Risikomanagementsystem vorhanden, ist diese Tatsache anzugeben. Mithin verpflichtet die Vorschrift also kein Unternehmen zur Einrichtung eines derartigen Systems (vgl. BMJ [2008], S. 76). Um eine doppelte Berichterstattung zu vermeiden, steht einer Zusammenfassung des Berichts über das interne Kontroll- und Risikomanagementsystem mit dem Bericht über die Finanzrisiken nach § 289 Abs. 2 Nr. 2 HGB nichts im Wege, sofern dadurch kein Informationsverlust entsteht, mithin also die Grundsätze der Lageberichterstattung beachtet werden (vgl. Beck'scher Bilanzkommentar [2012], § 289 Tz. 159).

Freiwillige Lageberichtinformationen

Die Vorschriften zum (Konzern-)Lagebericht sind nicht abschließend, somit ist der Inhalt des (Konzern-)Lageberichts nicht begrenzt. Das bedeutet, dass über die Anforderungen des § 289 HGB bzw. § 315 HGB hinaus freiwillig zusätzliche Angaben gemacht werden können, was in der Unternehmenspraxis auch zunehmend wahrgenommen wird. Allerdings ist aufgrund der unbestimmten Formulierung des Gesetzgebers die Abgrenzung zwischen freiwilliger und gebotener Berichterstattung häufig fließend. So werden zum Teil Wertschöpfungsrechnungen (vgl. 19. Kapitel, S. 1175 ff.) oder Berichterstattungen über das *intellectual capital* (vgl. Arbeitskreis »Immaterielle Werte im Rechnungswesen« der Schmalenbach-Gesellschaft [2003], S. 1233 ff.) in den Lagebericht aufgenommen, die wesentliche Informationen zu Teilaspekten der Geschäftslage und zu finanziellen bzw. nichtfinanziellen Leistungsindikatoren vermitteln. Diese werden in der Literatur zum Teil als freiwillige Berichtsinstrumente dargestellt (vgl. z. B. Beck'scher Bilanzkommentar [2012], § 289 Tz. 165), obgleich sie auch als Ausfluss des gesetzlichen Informationsgebots interpretiert werden können. Dies trifft auch auf die den Sozial- bzw. Umweltbereich betreffenden Angaben zu, da diese für die Geschäftstätigkeit von Unternehmen von Bedeutung sind und deshalb von großen Kapitalgesellschaften in den Lagebericht aufgenommen werden müssen (§ 289 Abs. 3 HGB; vgl. Beck'scher Bilanzkommentar [2012], § 289 Tz. 103 ff.; Europäisches Parlament [2013]). Eindeutig freiwillige Angaben sind solche, die von nicht großen Kapitalgesellschaften gemacht werden und die unter § 289 Abs. 3 HGB bzw. § 315 Abs. 1 Satz 4 HGB fallen (vgl. Beck'scher Bilanzkommentar [2012], § 289 Tz. 165).

b) Konkretisierung der Angaben im Konzernlagebericht durch DRS

Inhalt und Struktur des DRS 20

DRS 20 sowie DRS 17 präzisieren die gesetzlich geforderte Lageberichterstattung für Konzerne. Sie sollen wesentlich zu einer Konkretisierung, Vereinheitlichung und damit Vergleichbarkeit der Konzernlageberichtsinformationen beitragen. DRS 20 ist inhaltlich nach Schwerpunkten gegliedert, die auch den thematisch unterteilten Berichtsteilen entsprechen:

- Grundlagen des Konzerns,
- Wirtschaftsbericht,
- Nachtragsbericht,
- Prognose-, Chancen- und Risikobericht,
- Internes Kontrollsystem und Risikomanagementsystem bezogen auf den Konzernrechnungslegungsprozess,
- Risikoberichterstattung in Bezug auf die Verwendung von Finanzinstrumenten und
- Übernahmerelevante Angaben.

Zusätzlich werden die in einer Erklärung zur Unternehmensführung gemäß § 289a HGB aufzunehmenden Inhalte kurz erläutert (DRS 20.224 ff.) und die Bestandteile der Versicherung der gesetzlichen Vertreter gemäß § 315 Abs. 1 Satz 6 HGB beschrieben (DRS 20.232 ff.).

Branchenspezifische Regelungen in Bezug auf die Risikoberichterstattung von Kredit- und Finanzdienstleistungsinstituten sowie Versicherungsunternehmen finden sich darüber hinaus in Anlage 1 und Anlage 2 des DRS 20.

Grundlagen des Konzerns

Ausgangspunkt für die Darstellung, Analyse und Beurteilung des Geschäftsverlaufs und der wirtschaftlichen Lage stellen Angaben zu den »Grundlagen des Konzerns« dar (DRS 20.36 ff.). Hierbei müssen wesentliche Veränderungen dieser Grundlagen zum Vorjahr dargestellt und erläutert werden, wobei quantitative Angaben zu machen sind, sofern diese für das Verständnis notwendig sind. Beispiele hierfür sind Angaben zu Organisationsstruktur, Segmenten und wichtigen Produkten/Prozessen (DRS 20.37 f.). Für kapitalmarktorientierte Mutterunternehmen fordert DRS 20.45 zudem, unter Angabe der verwendeten Kennzahlen, Informationen über das interne Steuerungssystem.

Ziele und Strategien

Neu kodifiziert wurde in DRS 20.39-.44 die freiwillige Darstellung der Ziele und Strategien des Konzerns. Diese Ausführungen sollen einem verständigen Adressaten ermöglichen, den Geschäftsverlauf, die wirtschaftliche Lage, die voraussichtliche Entwicklung sowie die wesentlichen Chancen und Risiken des

Konzerns in Zusammenhang mit den verfolgten Strategien und Zielen bringen zu können (DRS 20.40). Zur Beurteilung der Zielerreichung soll dabei das Ausmaß und der Zeitbezug der Ziele angegeben werden (DRS 20.43), wobei wesentliche Veränderungen im Vergleich zum Vorjahr darzustellen und zu erläutern sind (DRS 20.44). Als strategische Zielgrößen können z. B. Marktführerschaft, Marktanteile, Kundenzufriedenheit und Unternehmenswert angeführt werden (DRS 20.41).

Auch Angaben zu F&E finden sich unter dem Gliederungspunkt »Grundlagen des Konzerns«. Hierbei werden umfassende Daten zu selbst durchgeführten sowie fremd vergebenen F&E-Aktivitäten verlangt (DRS 20.48 ff.). Die Informationen beziehen sich dabei auf die allgemeine Ausrichtung der F&E-Aktivitäten und deren Intensität. Außerdem sind quantitative Angaben zum Faktoreinsatz sowie zu den Ergebnissen der F&E-Aktivitäten zu machen, sofern diese Informationen für den verständigen Adressaten wesentlich sind.

Wirtschaftsbericht

Nach den Regelungen des DRS 20 zum Wirtschaftsbericht sind im Konzernlagebericht der Geschäftsverlauf (inbegriffen das Geschäftsergebnis) und die Lage des Konzerns, insbesondere die Vermögens-, Finanz- und Ertragslage, darzustellen, zu analysieren und zu beurteilen. Dabei sind bedeutende finanzielle sowie für das Verständnis des Geschäftsverlaufs und der Lage des Konzerns bedeutsame nichtfinanzielle Leistungsindikatoren einzubeziehen (DRS 20.54). Gesamtwirtschaftliche und branchenbezogene Rahmenbedingungen der Geschäftstätigkeit des Konzern sind ebenso darzustellen und zu erläutern, soweit diese für das Verständnis erforderlich sind.

Ertragslage

Zur Darstellung und Analyse der Ertragslage (DRS 20.65-.77) werden grundsätzlich die Ergebnisquellen sowie deren Veränderungen im Vergleich zum Vorjahr herangezogen, wobei die dafür ursächlichen Faktoren einzubeziehen sowie ungewöhnliche und nicht wiederkehrende Ereignisse zu quantifizieren sind. Weitere Angabepflichten beziehen sich auf die Darstellung und Analyse des Umsatzes und der Auftragslage. Zur verbesserten Analyse der GuV-Posten sind hierbei wesentliche Aufwendungen und Erträge darzustellen und zu analysieren. Eine segmentbezogene Angabe der Daten zur Ertragslage hat gemäß DRS 20.77 zusätzlich zu erfolgen, wenn der Konzernabschluss eine Segmentberichterstattung umfasst und diese Angaben zur Ertragslage enthält.

Finanzlage

Die Finanzlage (DRS 20.78-.98) soll anhand der Kapitalstruktur, der Investitionen und der Liquidität dargestellt, analysiert und beurteilt werden (DRS 20.78). Dabei ist bei der Darstellung und Analyse der Kapitalstruktur insbesondere auf die Art, Fälligkeits-, Währungs- und Zinsstruktur sowie andere wesentliche Konditionen der Verbindlichkeiten einzugehen (DRS 20.82). Des Weiteren bestehen Angabepflichten zu außerbilanziellen Finanzinstrumenten und deren Auswirkungen, soweit diese einen erheblichen Einfluss auf die wirtschaftliche Lage des Konzerns haben können (DRS 20.86). Umfang und Zweck für im Berichtszeitraum getätigte Investitionen sind darzustellen, wobei auf die Fortführung und den Abschluss von bedeutenden Investitionsvorhaben einzugehen ist (DRS 20.87). Gemäß DRS 20.91 haben zusätzlich Angaben zu Investitionen im Konzernlagebericht segmentbezogen zu erfolgen, soweit der Konzernabschluss eine Segmentberichterstattung umfasst und diese Angaben zu Investitionen enthält. Die Liquiditätsanalyse ist auf Grundlage der Kapitalflussrechnung vorzunehmen. In den Mittelpunkt der Liquiditätsdarstellung und -analyse ist die Fähigkeit des Konzerns zu stellen, seine Zahlungsverpflichtungen zu erfüllen (DRS 20.95). Liquiditätsengpässe, die eingetreten oder aufgrund der bekannten Geschäftsentwicklung absehbar sind, müssen hierin zusammen mit den getroffenen Maßnahmen zu deren Behebung dargestellt werden.

Vermögenslage

Die Vermögenslage (DRS 20.99-.113) ist gemäß DRS 20.99 ebenfalls darzustellen, zu analysieren und zu beurteilen. In diesem Zusammenhang ist darauf einzugehen, wie die im Berichtszeitraum aufgetretenen wesentlichen Erhöhungen oder Minderungen des Vermögens die Vermögenslage beeinflusst haben (DRS 20.100). Dabei sind zur Analyse des Geschäftsverlaufs und der Lage des Konzerns die bedeutsamsten finanziellen und nichtfinanziellen Leistungsindikatoren einzubeziehen, die gemäß des *management approach* auch zur internen Steuerung des Konzerns herangezogen werden. Nichtfinanzielle Leistungsindikatoren sind nur einzubeziehen, soweit diese für das Verständnis des Geschäftsverlaufs und der Lage des Konzerns bedeutsam sind (DRS 20.102 ff., .B27). Beispiele für finanzielle und nichtfinanzielle Leistungsindikatoren finden sich in DRS 20.103 und DRS 20.107. Anerkannte Rahmenkonzepte (wie z. B. die GRI 4.0 (vgl. Global Reporting Initiative (Hrsg.) [2013]) oder die ESG-KPI (vgl. EFFAS/DVFA [2010])) können hierbei als Anhaltspunkte für die Berichterstattung dienen. Falls berichtete finanzielle und nichtfinanzielle Leistungsindikatoren in der internen Steuerung unter dem Aspekt der Nachhaltigkeit angewendet werden, ist dieser Zusammenhang ebenfalls aufzuführen (DRS 20.111). Zudem sind die hierbei verwendeten Leitlinien anzugeben, soweit vom Unternehmen allgemein anerkannte Standards zur Nachhaltigkeitsberichterstattung eingesetzt werden (DRS 20.B28). Eine Bezugnahme zur Nachhaltigkeit kann beispielsweise durch die Darstellung des Zusammenhangs der einzelnen Kennzahlen mit ökonomischen, ökologischen und sozialen Aspekten erfolgen (DRS 20.112; vgl. zum Nachhaltigkeitsbezug im Lagebericht auch Fink, C./Kajüter, P./Winkeljohann, N. [2013], S. 151 ff.). Diese Verknüpfung von finanziellen und nichtfinanziellen Leistungsindikatoren wird insbesondere dann vorgenommen, wenn Unternehmen im Lagebericht das Konzept des Integrated Reporting umsetzen (vgl. in diesem Kapitel, S. 949; Haller, A./Fuhrmann, C. [2012], S. 466 ff.; Haller, A./Fuhrmann, C. [2013], S. 243 f.).

Nachtragsbericht

Der Nachtragsbericht nach DRS 20.114 f. enthält Erläuterungen von bedeutsamen Vorgängen, die nach Schluss des Geschäftsjahres eingetreten sind, und deren Auswirkungen auf die Ertrags-, Finanz- und Vermögenslage.

Prognose-, Chancen- und Risikobericht

Im Prognose-, Chancen- und Risikobericht ist die voraussichtliche Entwicklung des Konzerns mit ihren wesentlichen Chancen und Risiken aus Sicht der Konzernleitung zu erläutern. Im Einklang mit den Regelungen des § 315 Abs. 1 Satz 5 HGB besteht gemäß DRS 20.117 ein Wahlrecht, die Berichterstattung der Risiken (Risikobericht) und der Chancen (Chancenbericht) im Konzernlagebericht getrennt oder gemeinsam vorzunehmen (vgl. Beck'scher Bilanzkommentar [2012], § 315 Tz. 22). Unabhängig davon können beide Berichte bzw. der gemeinsame Chancen-/Risikenbericht in die Berichterstattung zur voraussichtlichen Entwicklung (Prognosebericht) integriert werden oder getrennt von dieser erfolgen. Die jeweilige Art der Berichterstattung (getrennt oder gemeinsam) richtet sich danach, wodurch aus Sicht der Konzernleitung eine klarere Darstellung möglich ist. Falls die Zusammenhänge für den verständigen Adressaten nicht offensichtlich sind, hat bei einer getrennten Berichterstattung im Prognosebericht eine inhaltliche Bezugnahme auf die Chancen und Risiken zu erfolgen (DRS 20.117).

Prognosebericht

Im Prognosebericht (DRS 20.118-.134) fordert DRS 20 eine Beurteilung und Erläuterung der Prognosen zum Geschäftsverlauf und zur Lage des Konzerns, wobei die Ausführungen zu einer Gesamtaussage zu verdichten sind (DRS 20.118). Für die Prognosen ist von der Zusammensetzung des Konzerns im Prognosezeitraum auszugehen (DRS 20.119), wobei als Prognosezeitraum mindestens ein Jahr, gerechnet vom letzten Konzernabschlussstichtag, zugrunde zu legen ist (DRS 20.127). Die auf den Prognosen beruhenden wesentlichen Annahmen müssen zudem angegeben werden und im Einklang mit den im Konzernabschluss zugrunde gelegten Prämissen stehen (DRS 20.120). Im Vergleich zum Vorgängerstandard DRS 15, wurden die Anforderungen an die Prognoseberichterstattung in DRS 20 deutlich erhöht. So sind ausreichend Angaben zu machen, um einen Vergleich zwischen Prognose- und Istwerten im Berichtszeitraum zu ermöglichen (DRS 20.126). DRS 20.128 f. fordern in diesem Zusammenhang auch die Angabe der Richtung und der Intensität der Veränderung hinsichtlich der prognostizierten Leistungsindikatoren gegenüber den entsprechenden Istwerten. Geeignete Prognosearten sind dabei in DRS 20.130 aufgeführt. Selbst in Situationen, in denen Aussagen in Bezug auf die zukünftige Entwicklung nur unter außergewöhnlich hohen Unsicherheiten möglich sind, sind mindestens Angaben zur Richtung der Entwicklung zu machen oder mögliche Zukunftsszenarien darzustellen (DRS 20.133). Sofern Prognosen anderer Organisationen (z. B. Wirtschaftsforschungsinstitute), in den eigenen Prognosen als Annahmen zugrunde gelegt werden, ist dies anzugeben. Zur Vermeidung eines Informationsüberflusses sollen öffentlich verfügbare Prognosen zur Entwicklung der Gesamtwirtschaft und der Branche aber nur insoweit dargestellt werden, wie dies für das Verständnis der Aussagen zur voraussichtlichen Entwicklung des Konzerns erforderlich ist (DRS 20.123 f.). Soweit durch eine über alle Segmente konsolidierte Betrachtung kein zutreffendes Bild der Konzernlage vermittelt werden kann, sind zusätzlich innerhalb des Prognoseberichts segmentspezifische Angaben aufzunehmen (DRS 20.132, .B41).

Risikobericht

Der Risikobericht (DRS 20.135-.164) umfasst zunächst Angaben zum Risikomanagementsystem und zu den einzelnen Risiken sowie eine zusammenfassende Darstellung der Risikolage. Dabei sind bei kapitalmarktorientierten Mutterunternehmen die Merkmale des konzernweiten Risikomanagementsystems im Konzernlagebericht, die damit verfolgten Ziele und Strategien sowie die Strukturen und die Prozesse des Risikomanagements darzustellen (DRS 20.137). Nicht erfasste bzw. vermiedene Risiken sind im Rahmen der Ziele und Strategien des Risikomanagements darzustellen (DRS 20.140). Laut DRS 20.142 ist bei der Darstellung der Struktur des Risikomanagements der Risikokonsolidierungskreis anzugeben, soweit dieser vom Konsolidierungskreis des Konzernabschlusses abweicht. Im Hinblick auf die Berichterstattung der Risiken sind diejenigen Risiken zu berichten, welche die Entscheidungen von verständigen Adressaten beeinflussen können und eine voraussichtliche Bestandsgefährdung für den Konzern darstellen (DRS 20.146 f.). Dabei bilden laut DRS 20.147 Gegenstand und Umfang der Berichterstattung markt-, branchen- und unternehmensspezifische Risiken, wobei der Schwerpunkt der Berichterstattung auf den mit den spezifischen Gegebenheiten des Konzerns und seiner Geschäftstätigkeit verbundenen

Risiken liegt. Diese Risiken können entweder aus dem Unternehmen (intern) oder aus dem Unternehmensumfeld (extern) entstehen. Die wesentlichen Risiken müssen hierbei einzeln dargestellt (DRS 20.149) und quantifiziert werden, soweit dies auch zur internen Steuerung erfolgt und die quantitativen Angaben für einen verständigen Adressaten wesentlich sind. Die Risiken sind grundsätzlich am Bilanzstichtag einzuschätzen. Ändern sich aber die Risiken nach dem Berichtszeitraum in ihrer Bedeutung, treten sie neu auf oder entfallen sie, hat eine geänderte Einschätzung der Risiken zu erfolgen, sofern andernfalls kein zutreffendes Bild der Risikolage vermittelt wird (DRS 20.155). Für die Beurteilung der Risiken ist außerdem ein adäquater Zeitraum zugrunde zu legen, welcher mindestens dem verwendeten Prognosezeitraum zu entsprechen hat und daher mindestens ein Jahr betragen muss (DRS 20.156). Wesentliche Veränderungen der Risiken im Vergleich zum Vorjahr sind an dieser Stelle ebenfalls darzustellen und zu erläutern (DRS 20.159). Ferner hat eine Zusammenführung der dargestellten Risiken zu einem Gesamtbild der Risikolage des Konzerns zu erfolgen, worin Diversifizierungseffekte berücksichtigt werden. Im Hinblick auf die Darstellung und Beurteilung der Auswirkungen von Risiken besteht laut DRS 20.157 ein Wahlrecht. Dabei können entweder die Risiken vor den ergriffenen Maßnahmen zur Risikobegrenzung und die Maßnahmen zur Risikobegrenzung dargestellt und beurteilt werden (Bruttomethode). Alternativ kann eine Darstellung und Beurteilung der Risiken erfolgen, die nach der Umsetzung der Risikobegrenzungsmaßnahmen verbleiben (Nettomethode). Hiermit einhergehend hat zudem die Darstellung der Maßnahmen zur Risikobegrenzung zu erfolgen. Gemäß DRS 20.162 besteht zur Erhöhung der Klarheit und der Übersichtlichkeit ein Wahlrecht, einzelne Risiken entweder in einer Rangfolge zu ordnen oder gleichartige Risiken zu kategorisieren, wobei die Ausführungen segmentspezifisch differenziert werden können.

Chancenbericht

Für die Berichterstattung der wesentlichen Chancen in einem Chancenbericht (DRS 20.165-.167) sind die Regelungen zum Risikobericht (DRS 20.135-.164) sinngemäß anzuwenden (DRS 20.165). In diesem Zusammenhang ist über Chancen und Risiken ausgewogen zu berichten, wobei keine Verrechnung der Auswirkungen von Chancen und Risiken erfolgen darf. Wesentliche Veränderungen zum Vorjahr sind dabei darzustellen und zu erläutern (DRS 20.159).

Internes Kontroll- und Risikomanagementsystem

Ein weiterer Bestandteil des Lageberichts ist die Berichterstattung über wesentliche Merkmale des internen Kontroll- und Risikomanagementsystems im Hinblick auf den Konzernrechnungslegungsprozess. Dies ist jedoch nur erforderlich, wenn ein Konzernunternehmen kapitalmarktorientiert ist (DRS 20.168). Die Berichterstattung kann mit dem allgemeinen Risikobericht zusammengefasst werden (DRS 20.169). Hinsichtlich des internen Kontrollsystems ist auf Grundsätze und Verfahren zur Sicherung der Wirksamkeit der Kontrollen sowie auf das interne Revisionssystem einzugehen (DRS 20.174). Die Berichterstattung zum Risikomanagementsystem muss nach DRS 20.177 Maßnahmen zur Identifizierung und Bewertung von Risiken, die zu einem nicht normenkonformen Konzernabschluss und Konzernlagebericht führen könnten, enthalten und außerdem auf Maßnahmen zur Begrenzung erkannter Risiken sowie zu deren Überprüfung bezüglich eines möglichen Einflusses auf den Konzernabschluss eingehen.

Bericht über Finanzrisiken

DRS 20.179-.187 fordert analog zu § 315 Abs. 2 Nr. 2 HGB eine Risikoberichterstattung in Bezug auf die Verwendung von Finanzinstrumenten. Die

Berichterstattung kann in den allgemeinen Chancen-/Risikobericht integriert werden (DRS 20.180). Gefordert wird gemäß DRS 20.181 ff. eine Erläuterung der aus der Verwendung von Finanzinstrumenten resultierenden Marktpreis-, Ausfall- und Liquiditätsrisiken, denen der Konzern ausgesetzt ist. Des Weiteren hat eine Berichterstattung über die Risikomanagementziele für die einzelnen Risikoarten zu erfolgen. DRS 20.185 fordert auch, über die Risikomanagementmethoden des Konzerns zu berichten und dabei insbesondere auf die Steuerung eingegangener Risiken in Bezug auf die Verwendung von Finanzinstrumenten einzugehen.

Übernahmerechtliche Angaben

Nach DRS 20.188-.223 sind im Konzernlagebericht übernahmerechtliche Angaben und Erläuterungen zu machen. Dies gilt für alle Mutterunternehmen, die einen organisierten Markt i. S. des § 2 Abs. 7 WpÜG durch stimmberechtigte Aktien in Anspruch nehmen (DRS 20.188). Dabei erfolgt in DRS 20.190 ff. eine Erläuterung und Konkretisierung der neun einzelnen nach § 315 Abs. 4 HGB aufzunehmenden Angaben zur Übernahmesituation eines Unternehmens (vgl. in diesem Kapitel, S. 931 f.), um einem potenziellen Bieter vor Abgabe eines Übernahmeangebots ein umfassendes Bild über die Zielgesellschaft, ihre Struktur und eventuell bestehende Übernahmehindernisse zu verschaffen.

Angaben zur Vergütung der Organmitglieder

DRS 17 konkretisiert die Angaben, die nach § 315 Abs. 2 Nr. 4 HGB hinsichtlich der Grundzüge des Vergütungssystems für die in § 314 Abs. 1 Nr. 6 HGB genannten Gesamtbezüge zu machen sind (bezüglich des Anwendungsbereichs von DRS 17 vgl. in diesem Kapitel, S. 884). Zur Erläuterung des Vergütungssystems sind Angaben zum Verhältnis der erfolgsabhängigen und erfolgsunabhängigen Komponenten sowie der Komponenten mit langfristiger Anreizwirkung zu machen, wobei auch auf einzelne Parameter der Erfolgsabhängigkeit der Vergütung einzugehen ist. Zudem sind die Bedingungen, von denen die Ausübung gewährter Aktienoptionen, sonstiger Bezugsrechte auf Aktien und ähnlicher Bezugsrechte sowie Bonusleistungen abhängig ist, zu erläutern (DRS 17.79). Die Berichterstattung muss gemäß DRS 17.80 erfolgen, sofern die anzugebenden Sachverhalte bei vernünftiger kaufmännischer Beurteilung wichtige Informationen für die Adressaten des Lageberichtes darstellen. Ist dies nicht der Fall, sind keine Angaben hierzu und auch keine Fehlanzeigen erforderlich. Sind Angaben zum Vergütungssystem nach vernünftiger kaufmännischer Beurteilung geeignet, dem Unternehmen einen erheblichen Nachteil zuzufügen, können sie insoweit unterbleiben (DRS 17.81).

c) Erklärung zur Unternehmensführung

Anwenderkreis

Gemäß § 289a HGB (eine analoge Vorschrift für den Konzernlagebericht besteht nicht) die dort genannten Unternehmen eine Erklärung zur Unternehmensführung in einen gesonderten Abschnitt im Lagebericht aufnehmen. Diese Regelung stellt eine konzeptionelle Erweiterung der Lageberichtsaufgaben dar, da die geforderten Inhalte keinen Bezug zur Darstellung der wirtschaftlichen Lage einer Gesellschaft haben und auch mit den Abschlussinhalten nicht in Verbindung stehen. Die Verpflichtung betrifft gemäß § 289a Abs. 1 HGB zwei Typen von Unternehmen: Zum einen sind börsennotierte Aktiengesellschaften i. S. des § 3 Abs. 2 AktG, deren Aktien zum Handel an einem organisierten Markt i. S. des § 2 Abs. 5

WpHG zugelassen sind, betroffen. Zum anderen werden jedoch auch Aktiengesellschaften, die ausschließlich andere Wertpapiere als Aktien – z. B. Schuldverschreibungen – zum Handel an einem organisierten Markt i. S. des § 2 Abs. 5 WpHG ausgegeben haben, wenn ihre Aktien auf eigene Veranlassung über ein multilaterales Handelssystem i. S. des § 2 Abs. 3 Satz 1 Nr. 8 WpHG (in Deutschland im Freiverkehr) gehandelt werden, von der Regelung umfasst. Der Grund für das Abstellen auf die »eigene Veranlassung« liegt darin, dass Unternehmen nicht zwingend davon erfahren, dass ihre Aktien über ein multilaterales Handelssystem gehandelt werden. Da die Pflicht zur Aufnahme einer Erklärung zur Unternehmensführung aber nur solche Unternehmen, die den Handel selbst initiiert haben, treffen soll, wurde die genannte Einschränkung des Anwenderkreises vorgenommen (vgl. BMJ [2008], S. 77).

Alternative Bekanntmachung und Prüfung

Gemäß § 289a Abs. 1 Satz 2, 3 HGB kann die Erklärung alternativ auch auf der Internetseite der Gesellschaft öffentlich zugänglich gemacht werden. In diesem Fall ist in den Lagebericht eine Bezugnahme auf die Internetseite der Gesellschaft aufzunehmen. Die Erklärung zur Unternehmensführung ist gemäß § 317 Abs. 2 Satz 3 HGB nicht Bestandteil der Abschlussprüfung. Daraus folgt, dass bei einer Aufnahme der Erklärung zur Unternehmensführung in den Lagebericht, Letzterer aus einem prüfungspflichtigen und einem nicht prüfungspflichtigen Teil besteht.

Ziel und Inhalt

Ziel dieses sog. *corporate governance statement* ist es, den Adressaten der Rechnungslegung einen direkten Einblick in die Unternehmensführungspraktiken und die Struktur und Arbeitsweise der Leitungsorgane zu geben (vgl. Melcher, W./Mattheus, D. [2008], S. 54). Der Inhalt der Erklärung zur Unternehmensführung ist in § 289a Abs. 2 HGB geregelt. Die Erklärung besteht demnach aus drei Teilen:

Entsprechenserklärung zum »Corporate Governance Kodex«

Gemäß § 289a Abs. 2 Nr. 1 HGB ist die Entsprechenserklärung zum »Corporate Governance Kodex« nach § 161 AktG in die Erklärung zur Unternehmensführung aufzunehmen. Somit erfolgt eine Verbindung des *corporate governance statement* mit der Entsprechenserklärung des § 161 AktG. In der Erklärung ist nach § 161 Abs. 1 Satz 1 AktG auch anzugeben, welche Empfehlungen nicht angewendet werden und aus welchen Gründen dies der Fall ist.

Angaben zu Unternehmensführungspraktiken

§ 289a Abs. 2 Nr. 2 HGB verpflichtet die Unternehmen i. S. des Abs. 1 zur Nennung von relevanten Angaben zu Unternehmensführungspraktiken, die über die gesetzlichen Anforderungen hinaus angewandt werden. Ebenso ist anzugeben, wo nähere Erläuterungen zu diesen öffentlich zugänglich sind (i. d. R. im Internet; vgl. Bischof, S./Selch, B. [2008], S. 1028). Dabei soll jedoch keinesfalls über alle im Unternehmen vorhandenen organisatorischen Vorschriften berichtet werden. Vielmehr beschränkt sich die Berichtspflicht auf solche Unternehmensführungspraktiken, die entweder praktische Umsetzungen des angewandten »Corporate Governance Kodex« sind oder Bereiche betreffen, die ein Unternehmensführungskodex regeln könnte, z. B. unternehmensweit gültige ethische Standards, Arbeits- oder Sozialstandards (vgl. BMJ [2008], S. 78) oder die Ausrichtung der Unternehmensstrategie am Nachhaltigkeitsprinzip (*triple bottom line performance*, vgl. in diesem Kapitel, S. 946 f.).

Beschreibung der Arbeitsweise von Vorstand und Aufsichtsrat sowie deren Ausschüsse

Dritter Bestandteil der Erklärung zur Unternehmensführung ist eine Beschreibung der Arbeitsweise von Vorstand und Aufsichtsrat sowie der Zusammensetzung und Arbeitsweise ihrer Ausschüsse; sind die Informationen auf der Internetseite der Gesellschaft öffentlich zugänglich, kann darauf verwiesen werden (§ 289a Abs. 2 Nr. 3 HGB). Die Zusammensetzung von Vorstand und Aufsichtsrat ist in diesem Zusammenhang nicht zu erläutern, da diese bereits im Anhang im Rahmen der Angaben zu § 285 Nr. 10 HGB gefordert wird. An den in § 285 Nr. 10 HGB geforderten Angaben zur Zusammensetzung von Vorstand und Aufsichtsrat sollten sich auch die Angaben orientieren, die für die Mitglieder der Ausschüsse gewährt werden (vgl. BMJ [2008], S. 78). Bezüglich der Arbeitsweise der Organe und Gremien sind interne gesetzlich nicht geregelte praktische Arbeitsabläufe zu beschreiben. Dies beinhaltet eine Erläuterung der Regelungen aus den Geschäftsordnungen der Organe sowie der festgelegten Kompetenzen. Allerdings ist z. B. keine Angabe von Details zu konkreten Abläufen von Aufsichtsratssitzungen erforderlich, sondern lediglich ein Überblick über allgemeine Vorgehensweisen zu geben (vgl. Kuthe, T./Geiser, M. [2008], S. 174 f.). Die Regierungsbegründung zum Gesetzentwurf des BilMoG verweist darüber hinaus auf die Empfehlungen der EU-Kommission vom 15.02.2005 zu den Aufgaben von nicht geschäftsführenden Direktoren/Aufsichtsratsmitgliedern börsennotierter Gesellschaften sowie zu den Ausschüssen des Verwaltungs-/Aufsichtsrats, die Spezifizierungen dieser Angaben enthalten (vgl. BMJ [2008], S. 78).

II. Regelungen zum Lagebericht nach IFRS

Im Folgenden werden die Angabepflichten nach IFRS sowie der Bericht des Managements über die Unternehmenslage und der *Management Commentary* diskutiert.

1. Aufstellungspflicht

Aufstellungspflicht

Die IFRS sehen keine Aufstellungspflicht für einen Lagebericht vor. Allerdings enthalten einzelne Anhangangaben nach IFRS Informationen, die bestimmten Erläuterungen des Lageberichtes gemäß § 289 HGB entsprechen. Beispielsweise enthält IAS 10.21 f. die Verpflichtung zur Angabe von wesentlichen Ereignissen nach dem Bilanzstichtag. Diese Information entspricht der gemäß § 289 Abs. 2 Nr. 1 HGB in den Lagebericht aufzunehmenden Erläuterung. Weitere Angabeerfordernisse für lageberichtsrelevante Informationen zu Risiken aus Finanzinstrumenten ergeben sich aus IFRS 7 (vgl. 5. Kapitel, S. 276 f.). Dort werden zum einen qualitative Angaben zu Risiken und Risikobewältigungsmaßnahmen, Risikomessung und -veränderungen verlangt. Des Weiteren sind quantitative Aussagen zu Kredit-, Liquiditäts- und Marktrisiken sowie Risikokonzentrationen zu machen. Zudem existieren Parallelen hinsichtlich des Forschungs- und Entwicklungsberichts (vgl. IAS 38.118 ff.) oder des Vergütungsberichts (vgl. IFRS 2.44 ff.).

2. Financial review by management

Financial review by management

IAS 1.13 erwähnt die Möglichkeit, neben dem Abschluss einen Bericht des Managements über die Unternehmenslage (*financial review by management)* zu erstellen. Es handelt sich dabei aber weder um einen Pflichtbestandteil eines IFRS-Abschlusses noch um eine Empfehlung zur Erstellung. Ein *financial review* beschreibt und erläutert die wesentlichen Merkmale der VFE-Lage des Unternehmens sowie die für das Unternehmen wichtigsten Unsicherheiten. Er sollte insbesondere folgende Angaben enthalten (vgl. IAS 1.13):

(a) wesentliche Bestimmungs- und Einflussfaktoren der aktuellen Ertragslage unter Berücksichtigung von Marktveränderungen und die Reaktion des Unternehmens auf die geänderten Gegebenheiten sowie die beabsichtigte Investitions- und Dividendenpolitik zur Sicherstellung und Steigerung der Ertragslage;
(b) Finanzierungsquellen und Zielverschuldungsgrad des Unternehmens;
(c) Ressourcen des Unternehmens, die sich gemäß IFRS nicht oder nicht in vollem Ausmaß in der Bilanz widerspiegeln.

Daneben können nach Aussage des IASB zusätzliche Informationen, beispielsweise in Form von Umweltberichten oder Wertschöpfungsrechnungen den Abschluss ergänzen (IAS 1.14). Solche Berichtsinstrumente fallen jedoch nicht in den Regelungsbereich der IFRS.

3. Management Commentary

IFRS Practice Statement Management Commentary

Das IASB hat die bisher bestehende Lücke zur Lageberichterstattung in den internationalen Rechnungslegungsvorschriften aufgrund des zunehmenden internationalen Interesses an (vergleichbaren) Informationen zur Lage des Unternehmen über den IFRS-Abschluss hinaus mit der Veröffentlichung eines *IFRS Practice Statement Management Commentrary* am 08.12.2010 geschlossen. Die Ausgestaltung erfolgt hierbei jedoch bewusst nicht als IFRS (PS MC.IN2), sondern als lediglich unverbindliche Anwendungsleitlinie, zu deren Umsetzung es den nationalen Gesetzgebern oder auch Börsenregulatoren überlassen wird, diese verbindlich vorzuschreiben. Mit dieser Vorgehensweise sollen u. a. inhaltliche Konflikte mit bereits bestehenden nationalen Regelungen (bzw. auch EU-Vorschriften) zur Lageberichterstattung vermieden werden. Hieraus folgt, dass das *Practice Statement* nicht zwangsläufig angewandt werden muss, damit ein nach IFRS erstellter Abschluss als IFRS-konform bezeichnet werden kann. Dies ergibt sich auch daraus, dass der *Management Commentary* kein Bestandteil des IFRS-Abschlusses (*financial statements*) ist (PS MC.BC19), sondern vielmehr neben dem Abschluss einen Teil der Finanzberichterstattung (*financial reporting*) nach IFRS darstellt (vgl. Fink, C./Kajüter, P. [2011], S. 177).

Zielsetzung

Der *Management Commentary* stellt ein primär verbales Berichtsinstrument dar, das den IFRS-Abschluss erweitern und ergänzen soll. Zur Erfüllung dieser Funktionen soll der Bericht den IFRS-Abschluss in einem Gesamtkontext darstellen und nicht nur die aus Sicht des Managements positiven und negativen

Entwicklungen der Berichtsperiode, sondern auch Gründe hierfür, erläutern und hieraus resultierende Implikationen für die Zukunft des Unternehmens aufzeigen (PS MC.9). Daneben sollen auch relevante Trends und Faktoren, die Einfluss auf den zukünftigen Erfolg und die Lage des Unternehmens haben können, Erwähnung finden (PS MC.11).

Prinzipienorientierter Ansatz

Da Angaben zu den Ressourcen des Unternehmens sowie relevante Trends und Einflussfaktoren stark von unternehmensspezifischen Sachverhalten und Umständen abhängig sind, folgt das *IFRS Practice Statement Management Commentary* einem prinzipienorientierten Ansatz. Daher werden nur bestimmte Berichtsgrundsätze und qualitative Anforderungen definiert und fünf Kernelemente eines *Management Commentary* festgelegt, die jedoch nicht zwingend Bestandteil des Berichts sein müssen (vgl. Fink, C./Kajüter, P. [2011], S. 179 f.). Eine zu hohe Standardisierung könnte sich diesbezüglich negativ auf die Berichtsqualität auswirken.

Berichtsgrundsätze und qualitative Anforderungen

Bei der Erstellung des Berichts ist von der Sichtweise des Managements (*management's view*) auszugehen (PS MC.15). Damit sollen, gemäß dem *management approach* intern für Steuerungszwecke relevant erachtete Informationen auch extern kommuniziert werden. Nach dem Grundsatz der Ergänzung und Erweiterung des Abschlusses (*supplement and complement*) sollen zum einen zusätzliche Erläuterungen zu Betragsangaben des Abschlusses aufgenommen werden. Zum anderen soll aber auch über bedeutende nicht im Abschluss enthaltene Informationen berichtet werden (PS MC.16). Außerdem sollte das Management bei der Berichterstattung auch zukunftsorientierte Informationen miteinfließen lassen (PS MC.17 ff.). Hinsichtlich der in einem *Management Commentary* zu berücksichtigenden qualitativen Anforderungen verweist PS MC.20 f. auf die Anforderungen im *Conceptual Framework* (F QC.5 ff.).

Inhalt

Obwohl der Inhalt eines *Management Commentary* stark von den unternehmensindividuellen Sachverhalten und Gegebenheiten abhängig ist (PS MC.22), gibt das *Practice Statement* als Richtlinie fünf (unverbindliche) Kernelemente vor:

- Art der Geschäftstätigkeit (*nature of the business*, PS MC.26),
- Ziele und Strategien (*objectives and strategies*, PS MC.27 f.),
- Ressourcen, Risiken und Beziehungen des Unternehmens (*resources, risks and relationships*, PS MC.29 ff.),
- Geschäftsergebnis und -aussichten (*results and prospects*, PS MC.34 ff.),
- Leistungsmaßstäbe und -indikatoren (*performance measures and indicators*, PS MC.37 ff.).

Anwendungsperspektive in Deutschland

Deutsche Unternehmen, die ihren Konzernabschluss nach IFRS erstellen, sind gemäß § 315a Abs. 1 HGB verpflichtet, einen Konzernlagebericht nach § 315 HGB zu erstellen. Für diese Unternehmen ergäben sich auch bei Anwendung des *IFRS Practice Statement Management Commentary* grundsätzlich keine neuen Anforderungen, da die gesetzlichen Vorschriften zum Lagebericht und insbesondere die Regelungen der DRS 20 und 17 durchwegs detaillierter sind und weit darüber hinaus gehen.

III. Regelungen zum Lagebericht nach US-GAAP

Aufstellungspflicht

Aufgrund kapitalmarktrechtlicher Vorschriften sind alle US-amerikanischen Unternehmen, von denen Wertpapiere an einer US-Börse gehandelt werden, unabhängig von der Rechtsform, zur Erstellung einer *management's discussion and analysis of financial condition and results of operations* (MD&A) verpflichtet (Regulation S-K, Item 303). Dieses Berichtsinstrument ist fester Bestandteil des nach Form 10-K jährlich und Form 10-Q vierteljährlich bei der SEC einzureichenden Berichts. Ausländische US-börsennotierte Unternehmen haben in den jährlich zu erstellenden Bericht nach Form 20-F die *Operating and Financial Review and Prospects* (OFR) aufzunehmen. Die Berichterstattung in OFR und MD&A ist aber im Wesentlichen identisch.

Zweck

Mit der MD&A wird in erster Linie die Absicht verfolgt, den Investoren einen Einblick in die Finanzlage und nachhaltige Ertragskraft eines Unternehmens aus der Sicht des Managements zu ermöglichen (Regulation S-K, Item 303a). In diesem Zusammenhang hat eine historische und prospektive Analyse der Finanz- und Ertragslage zu erfolgen, wobei auf die Zukunftsaussichten ein besonderes Augenmerk zu legen ist. Im Vordergrund steht die Erklärung jahresabschlussbezogener Daten, die den Investoren das Verständnis der Finanz- und Ertragslage erleichtern sollen. Der Jahresabschluss stellt somit den Ausgangspunkt für die aufzunehmenden Informationen dar.

Inhalt

Einige der Berichtsinhalte des deutschen Lageberichts werden nach US-amerikanischen Vorschriften bereits innerhalb der *notes* dargestellt, so z. B. die Berichterstattung zu den besonderen Ereignissen nach dem Bilanzstichtag. Die Ausführungen der MD&A konzentrieren sich auf eine Analyse und Erläuterung der vergangenen und künftig erwarteten Finanz- und Ertragslage. Das Management soll vor allem die Liquiditätslage einschließlich ihrer Änderung, die Kapitalstruktur, die Ertragslage, außerhalb der Bilanz erfasste Transaktionen sowie in tabellarischer Form vertragliche Verpflichtungen diskutieren (vgl. Regulation S-K, Item 303a). I. S. einer größtmöglichen Transparenz für den Adressaten wird dabei sowohl eine Erörterung auf Segment- als auch auf Konzernebene gefordert, wenn eine Darstellung der Informationen nach Segmenten für das Verständnis der wirtschaftlichen Lage der Gesellschaft nötig ist. Die Angaben unterliegen grundsätzlich einem Vergleichszeitraum von drei Jahren. Trendentwicklungen sind über einen Zeitraum von fünf Jahren darzustellen.

Liquiditätslage

Im Rahmen der Berichterstattung über die Liquidität wird die Bereitstellung sämtlicher von der Geschäftsleitung für die Liquiditätslage als wesentlich erachteten Informationen, die auch auf die im Jahresabschluss enthaltenen Angaben – insbesondere der Kapitalflussrechnung – Bezug nehmen, verlangt. Es ist sowohl die kurzfristige als auch die langfristige Liquiditätsentwicklung darzustellen. Aus den Ausführungen soll ersichtlich werden, inwieweit sich in der Berichtsperiode eine Veränderung in der Fähigkeit des Unternehmens, seinen Zahlungsverpflichtungen nachzukommen, ergeben hat. Zudem muss das Unternehmen seine internen und externen Liquiditätsquellen erläutern. Im Rahmen der prospektiven Analyse der Liquiditätslage sind dem Unternehmen bekannte Trends, Verpflichtungen, Ereignisse oder Ungewissheiten, die vermutlich zu einer wesentlichen Veränderung der Liquiditätslage führen werden, zu beschreiben (vgl. Regulation S-K, Item 303a (1)).

Kapitalstruktur

Die Erläuterungen zur Kapitalstruktur müssen nicht unbedingt in einem separaten Abschnitt vorgenommen werden, sondern können zusammen mit den Angaben zu den Liquiditätsverhältnissen dargestellt werden. Aufgrund der bestehenden Interdependenzen erscheint eine gemeinsame Erörterung für eine Gesamtbeurteilung der Finanzlage auch sinnvoll. Im Rahmen der Ausführungen zur Kapitalstruktur sind die eingetretenen und zu erwartenden Änderungen in diesem Bereich herauszustellen, um den Adressaten eine Abschätzung des zukünftigen Kapitalbedarfs und der Kapitalausstattung zu ermöglichen. Dazu gehört eine Angabe der bis zum Geschäftsjahresende eingegangenen wesentlichen Verpflichtungen, die sich auf die Kapitalausstattung auswirken, deren Ursachen und die hierfür vorgesehenen Finanzierungsquellen. Zudem sind Entwicklungen in der Kapitalversorgung, die dem Unternehmen bekannt sind, die daraus resultierenden Auswirkungen auf das Verhältnis von Eigen- zu Fremdkapital sowie die relativen Kapitalkosten der Eigen- und Fremdfinanzierung unter Berücksichtigung bilanzunwirksamer Finanzierungsgeschäfte zu erläutern (vgl. Regulation S-K, Item 303a (2)).

Ertragslage

Die Erläuterungen zur Ertragslage müssen zum einen bezogen auf das nachhaltige operative Ergebnis und zum anderen für nicht nachhaltige Ergebnisbestandteile (z. B. *extraordinary items*, *discontinued operations*) erfolgen. Dabei sind u. a. Informationen zu sämtlichen ungewöhnlichen oder seltenen Ereignissen oder Transaktionen und spürbaren ökonomischen Veränderungen, die zu einer wesentlichen Beeinflussung des nachhaltigen operativen Ergebnisses geführt haben, bereitzustellen sowie Erläuterungen zu bekannten Entwicklungen oder Unsicherheiten, die zu einem wesentlichen Einfluss auf die Umsatzerlöse, sonstigen Erträge oder das nachhaltige operative Ergebnis geführt haben oder voraussichtlich führen werden, zu geben (vgl. Regulation S-K, Item 303a (3)).

Weitere Berichtskategorien

Des Weiteren müssen bestimmte außerhalb der Bilanz erfasste Transaktionen, die wahrscheinlich einen gegenwärtigen oder künftigen Einfluss auf die Finanzlage, die Ertragslage, die Liquidität, den Kapitalbedarf oder die Finanzierungsquellen haben, erläutert werden. Dabei ist u. a. auf Art und Zweck der *off-balance sheet arrangements* und auf die Erträge und Aufwendungen, die sich aus diesen Vereinbarungen ergeben, einzugehen. Weiterhin besteht die Pflicht zur Darstellung der zukünftigen Fälligkeit vertraglicher Vereinbarungen in Form von Tabellen. Dabei sind die Informationen nach Vertragsarten zu erfassen und nach Fälligkeiten der Beträge aufzuteilen. Außerdem sind wesentliche Transaktionen mit *related parties* zum Verständnis der gegenwärtigen und zukünftigen Finanz- und Ertragslage des Unternehmens zu beschreiben. Einzugehen ist u. a. auf den Grund der Transaktion, die Art der Geschäftsbeziehung und auch auf künftige, auf bereits getroffenen Vereinbarungen basierende, Transaktionen (vgl. KPMG [2007], S. 194 ff.).

Besonderheiten im OFR

Ausländische Unternehmen, die an einer US-Börse notiert sind, müssen im OFR zudem über allgemeine wirtschaftliche und politische Sachverhalte berichten, sofern diese einen wesentlichen Einfluss auf die Geschäftstätigkeit und die Investitionen von US-amerikanischen Bürgern ausüben oder ausüben können, sowie einen Forschungs- und Entwicklungsbericht aufnehmen. Wird der Abschluss nicht nach US-GAAP erstellt, so sollen sich die Erläuterungen im OFR hauptsächlich auf diesen nach nationalen Rechnungslegungsvorschriften erstellten Abschluss beziehen, mit einem Verweis auf die *reconciliation* nach US-

GAAP, sofern diese nötig ist. Auch Abweichungen zu US-GAAP, die nicht in der *reconciliation* angegeben werden, aber für das Verständnis des Abschlusses notwendig sind, müssen erörtert werden (vgl. Regulation S-K, Instructions to paragraph 303a 12.).

IV. Wertorientierte Berichterstattung und Integrated Reporting

Wertorientierte Berichterstattung

Zentrale Zielsetzung der Unternehmensberichterstattung ist es, entscheidungsrelevante Informationen zur Verfügung zu stellen, die es erlauben, den Wert eines Unternehmens zu bestimmen. Da insbesondere aufgrund von Objektivierungserfordernissen die Gewährung »wert«-relevanter Informationen durch die gesetzliche Abschlusserstellung gewissen Beschränkungen unterliegt, hat sich – insbesondere bei kapitalmarktorientierten Unternehmen – die Praxis herausgebildet, neben den gesetzlich geforderten Abschlüssen und Lageberichten zusätzliche Berichte zu publizieren, die den Adressaten die Differenz zwischen dem bilanziellen Eigenkapital, der Börsenkapitalisierung sowie dem »inneren« Wert des Unternehmens erklären. Diese Art von Berichten soll folglich dazu beitragen, die zwischen dem Unternehmensmanagement und seinen Stakeholdern bestehenden Informationsasymmetrien zu verringern. Aufgrund dieser Zielsetzung lässt sich auch von »wertorientierter« Berichterstattung sprechen.

Shareholder Value- vs. Stakeholder Value-Konzept

Wurde der Unternehmenswert in der Vergangenheit in dieser Beziehung fast ausschließlich i. S. des *shareholder value*-Konzeptes als vom Investoren-(Eigentümer-)standpunkt aus ermittelter Wert betrachtet, gewinnt in den letzten Jahren – nicht zuletzt aufgrund der sich deutlich verändernden ökonomischen und gesellschaftlichen Rahmenbedingungen – zunehmend auch eine auf alle Stakeholder des Unternehmens ausgerichtete Wertkonzeption (*stakeholder value*) an Bedeutung (vgl. zum *stakeholder value* 23. Kapitel, S. 1267 ff.). Eine auf den *shareholder value* gerichtete Berichterstattung wird zumeist als *Value Reporting* bezeichnet, eine auf den *stakeholder value* ausgerichtete Berichterstattung als Nachhaltigkeitsberichterstattung oder *Corporate Responsibility*-Berichterstattung.

Hintergründe des Value Reporting

Das *Value Reporting* ist eine durch Investoren induzierte Reaktion der Unternehmen, die Verwendbarkeit der Unternehmensberichterstattung für die Approximation des Unternehmenswerts i. S. des *shareholder value* zu verbessern. Es findet seine Begründung im Wesentlichen in den Ergebnissen einer im Jahr 1994 von einer Arbeitsgruppe (sog. *Jenkins Committee*) des AICPA in den USA veröffentlichten Studie zu den Erfordernissen einer investororientierten Unternehmenspublizität. Die Studie ergab eine mangelnde Eignung der Abschlüsse (*financial accounting*) als fundierte Grundlage für eine rationale Entscheidungsfindung von Investoren (vgl. Haskins, M./Ferris, K./Sack, R./Allen, B. [1997], S. 829 und Noll, D. J./Weygandt, J. J. [1997], S. 59) und die Notwendigkeit der vermehrten Gewährung von nichtfinanziellen und zukunftsorientierten Informationen. Auf Basis dieser Erkenntnis wurde vom *Jenkins Committee* ein fünfstufiges *Business Reporting*-Modell entworfen, das vom FASB (vgl. FASB [2001]) sowie einige Jahre später auch vom AICPA weiterentwickelt wurde (vgl. Haller, A./Dietrich, R. [2001a] sowie Anderson, A./Herring, P./Pawlicki, A. [2005], S. 72). Wesentlicher Inhalt dieser empirischen und konzeptionellen Arbeiten in den USA war und ist die Erweiterung der Unternehmensberichterstattung, um ihre Eignung für die von Investoren durchgeführten Wertbestimmungen von Unternehmen zu verbessern. Diese umfassende Berichterstattung wird in den USA zumeist als »*Business Reporting*« bezeichnet. Wie in Abbildung 13.7 verdeutlicht, lässt sich das *Value Reporting* somit als zusätzliche Berichterstattungskomponente verstehen, die die normierte Abschlusserstellung um bewertungsorientierte Aspekte zu einem umfassenden *Business Reporting* ergänzt.

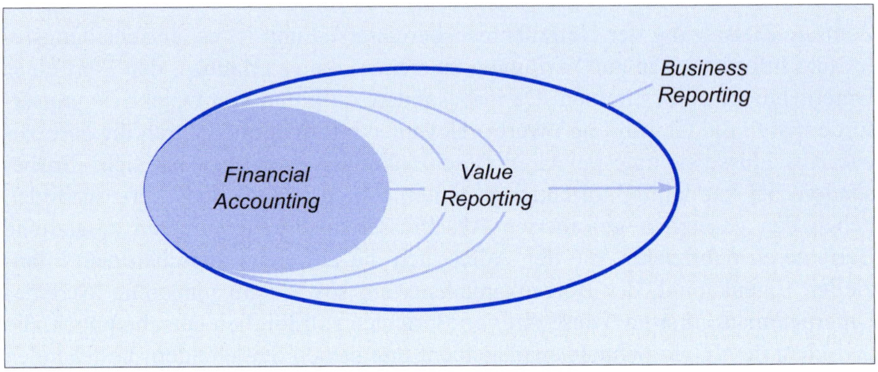

Abb. 13.7: *Business* vs. *Value Reporting* (Quelle: Ruhwedel, F./Schultze, W. [2002], S. 608)

Komponenten des Value Reporting

Das *Value Reporting* soll somit ermöglichen, im Rahmen der Analyse von Unternehmensberichten Aussagen über den (langfristigen inneren) Wert des Unternehmens abzuleiten (vgl. auch 20. Kapitel, S. 1195 ff.). Aufgrund dieser wesentlichen Funktion für die Investoren und der damit einhergehenden Prüfung durch den Wirtschaftsprüfer empfahl der Arbeitskreis »Externe Unternehmensrechnung« der Schmalenbach-Gesellschaft, das *Value Reporting* als freiwillige Komponente in den (Konzern-)Lagebericht zu integrieren (vgl. hierzu Arbeitskreis »Externe Unternehmensrechnung« der Schmalenbach-Gesellschaft [2002], S. 2340). Aus der Tatsache, dass es gemäß dem Investorenstandpunkt drei Ansätze zur Bewertung von Unternehmen gibt (Substanzbewertung, Marktbewertung und Zukunftserfolgsbewertung), werden in der Literatur drei Hauptbereiche der wertorientierten Informationsvermittlung abgeleitet. Darüber hinaus erfordert eine wertorientierte Berichterstattung neben zukunftsbezogenen Informationen auch vergangenheitsbezogene Informationen, um die Prognosen mit den eingetretenen Ist-Daten abzugleichen. Entlang dieser beiden Dimensionen und der drei Bewertungsmethoden ergeben sich sechs Teilbereiche, die den Inhalt des *Value Reporting* definieren (vgl. Tabelle 13.3 und für weitergehende Details Pellens, B./Hillebrandt, F./Tomaszewski, C. [2000]; Arbeitskreis »Externe Unternehmensrechnung« der Schmalenbach-Gesellschaft [2002]; Fischer, T. M./Wenzel, J./Kühn, C. [2001]; Ruhwedel, F./Schultze, W. [2002]; Baetge, J./Heumann, R. [2006]; Schultze, W./Fink, C./Straub, B. [2007]; Schultze, W./Steeger, L./Schabert, B. [2009]).

Corporate Responsiblity und Nachhaltigkeit

Seit einigen Jahren wird die (globale) gesamtgesellschaftliche Verantwortung von Unternehmen (*Corporate Responsibility*) in der Öffentlichkeit betont und eingefordert. Gründe hierfür sind u. a. gewachsene gesamtwirtschaftliche Probleme (wie Arbeitslosenzahlen, Finanzierung der Sozialsysteme, wachsende Armut weltweit etc.), das Bewusstsein über global begrenzte Ressourcen,

Umweltrisiken, Sozialrisiken, die wahrgenommene Korrelation zwischen *shareholder value* -Konzept und »unmoralischem« Verhalten von Managern sowie die deutlich gewachsene Macht von Unternehmen mit dem daraus sich für diese ergebenden Legitimationsdruck durch Medien und Non-Profit-Organisationen etc. (vgl. Haller, A. [2006b], S. 19 ff.). Als zentraler Maßstab, inwieweit ein Unternehmen dieser Verantwortung gerecht wird, gilt das sog. Nachhaltigkeitsprinzip (*sustainability principle*), das sich als weltweite (politische) Handlungsmaxime etabliert hat, die auf eine generationengerechte globale Gesellschaftsentwicklung abzielt und deshalb versucht, die Effekte von Handlungen der in der Gesellschaft Agierenden hinsichtlich der drei Dimensionen »Ökonomie«, »Ökologie« sowie »Soziales« vernetzt zu optimieren (vgl. Europäische Kommission [2001]). Damit ein Unternehmen seiner aus dem Nachhaltigkeitskonzept erwachsenden gesellschaftlichen Verantwortung gerecht wird, muss es die Auswirkungen seiner Aktivitäten bezüglich dieser drei Dimensionen erfassen und versuchen, diese i. S. der Gesamtgesellschaft in Kombination zu optimieren. In diesem Zusammenhang spricht man von der Nachhaltigkeitsleistung (*sustainability performance* oder *triple bottom line performance*). Diese Nachhaltigkeitsleistung kann als Beitrag des Unternehmens zum Gemeinwohl interpretiert werden. Das Potenzial des Unternehmens zu dieser Leistung stellt demnach den gesellschaftlichen Wert des Unternehmens dar und kann somit als weite Form des *stakeholder value* verstanden werden (vgl. Haller, A. [2006a]).

	Substanz-bewertung	**Kapitalmarkt-bewertung (Multiplikatoren)**	**Zukunftserfolgsorientierte Bewertung (»innerer Wert«)**
Vergangenheitsbezug (Kontrolle)	Bilanzdaten (historische AK/HK)	Externe Wertgenerierung (erzielte Aktienrendite im Vergleich)	Interne Wertgenerierung (Periodenergebnis, Cashflows, EVA etc.)
Zukunftsbezug (Planung)	Marktwertbilanz (*fair value, intangibles*)	Multiplikatoren	Information zur Ermittlung des inneren Werts

Tab. 13.3: Dimensionen des *Value Reporting*

Corporate Responsibility (Sustainability) Reporting

Ein wesentlicher Aspekt der unternehmerischen Verantwortung ist die Transparenz bezüglich der Unternehmenstätigkeit und der erbrachten Nachhaltigkeitsleistung. Deshalb ist die *Corporate Responsibility* (kurz CR)-Berichterstattung (häufig auch als Nachhaltigkeitsberichterstattung, *Sustainability Reporting*, bezeichnet) ein zentrales Instrument der Kommunikation mit den Stakeholdern, die ihrerseits angehalten sind, auf dieser Basis dem Unternehmen ein entsprechendes Feedback zu geben. Aufgrund des starken öffentlichen Drucks auf die Unternehmen sich zu ihrer von der Gesellschaft eingeforderten Verantwortung zu bekennen, sind insbesondere große Unternehmen verstärkt dazu übergegangen, solche Berichte zu veröffentlichen (vgl. KPMG [2012b]) und zum Teil auch entsprechende Informationen als nichtfinanzielle Leistungsindikatoren in den Lagebericht aufzunehmen (vgl. in diesem Kapitel, S. 926).

Global Reporting Initiative

Da gesetzliche Regelungen zur Nachhaltigkeitsberichterstattung bisher fehlen und um die Gefahr des Missbrauchs solcher Berichte für pure Zwecke der *Public Relations* einzudämmen, wurde im Rahmen eines sog. »*Multi-Stakeholder-*

Engagement-Approach« Ende der 1990er Jahre die *Global Reporting Initiative* (GRI) gegründet, die sich – ähnlich dem IASB für die finanzielle Berichterstattung – zur Aufgabe gesetzt hat, global anwendbare, qualitativ hochwertige und einheitliche Standards für die CR-Berichterstattung zu entwickeln und sich für deren Anwendung einzusetzen. 2013 wurde die aus zwei Teilen bestehende vierte Generation »*G4 Sustainability Reporting Guidelines*« (*Guidelines*) des sog. GRI-Frameworks verabschiedet (vgl. Global Reporting Initiative (Hrsg.) [2013]). Der erste Teil umfasst die sog. »*Reporting Principles and Standard Disclosures*« und beinhaltet neben den Prinzipien zur Berichterstattung, den Standardausweispflichten und den grundsätzlich bei der Erstellung eines Nachhaltigkeitsberichts einzuhaltenden Kriterien auch die Definitionen der wichtigsten Begriffe. Der zweite Teil der *Guidelines*, das sog. »*Implementation Manual*«, enthält Erläuterungen zur Anwendung der Berichterstattungsprinzipien, zur Aufbereitung der Informationen, die berichtet werden sollen, sowie Hilfestellungen zur Interpretation der *Guidelines*. Zudem ist ein Katalog an Leistungsindikatoren für die Dimensionen »Ökonomie«, »Ökologie« und »Soziales« inbegriffen. Weiterer Bestandteil der *Guidelines* sind die sog. *Protocols*, die genaue Definitionen der Leistungsindikatoren umfassen, sowie die sog. *Sector Supplements*, die branchenspezifische Ergänzungen und Regelungen enthalten. Mittlerweile stellt das GRI-Framework das international meistbeachtete Regelwerk für die CR-Berichterstattung dar und bilden die Grundlage für eine wachsende Anzahl an geprüften CR-Berichten (vgl. KPMG [2012b], S. 10 f.). Die wichtigsten Neuerungen der »*G4 Sustainability Reporting Guidelines*« beziehen sich vor allem auf die Angabe klarerer Definitionen, auf die Ausrichtung der *Guidelines* auf andere internationale Berichterstattungsempfehlungen sowie auf eine Anleitung zur Verbindung von *Sustainability Reporting* und *Integrated Reporting* (vgl. in diesem Kapitel, S. 949).

Bedeutung der CR-Berichterstattung für den Kapitalmarkt

Die Nachhaltigkeitsleistung von Unternehmen spielt mittlerweile auch für (insbesondere institutionelle) Investoren eine wesentliche Rolle bei Anlageentscheidungen, was nicht zuletzt durch das wachsende Investitionsvolumen sog. *Social Responsibility Investments* (SRI) zum Ausdruck kommt. Hierfür lassen sich zwei Gründe anführen. Zum einen gibt es Investoren, die aus moralischer bzw. ethischer Motivation in Unternehmen investieren, die sich an der Nachhaltigkeitsleistung ausrichten. Zum anderen wird die Nachhaltigkeitsleistung aber auch von vielen als entscheidender Faktor für die Risiko- und Chancenposition von Unternehmen interpretiert, die einen wesentlichen Einfluss auf die Entwicklung des Unternehmens, die zukünftigen Cashflows und damit auf den Unternehmenswert i. S. des *shareholder value* hat. Insbesondere wird sie aufgrund der gesellschaftlich bestehenden Wertvorstellung als wesentliche Determinante für die Reputation des Unternehmens sowie dessen Markenwert und damit für höhere zukünftige Erträge betrachtet, was sich insgesamt in einem höheren Goodwill widerspiegelt. In diesem Sinne kann Nachhaltigkeitsberichterstattung auch als Teil des *Value Reporting* verstanden werden, da sie zentrale (zumeist nichtfinanzielle) Informationen enthält, die den *shareholder value* besser approximieren lassen und einen wesentlichen Beitrag zur Erklärung der Differenz zwischen bilanziertem Nettovermögen und dem Marktwert des Unternehmens leistet (vgl. Haller, A. [2006a] sowie Abbildung 13.8). Dies mag der Grund sein, warum nachhaltigkeitsbezogene Informationen zunehmend als entscheidungsrelevant betrachtet werden, unabhängig von den tatsächlichen Investitionszielen der Anleger.

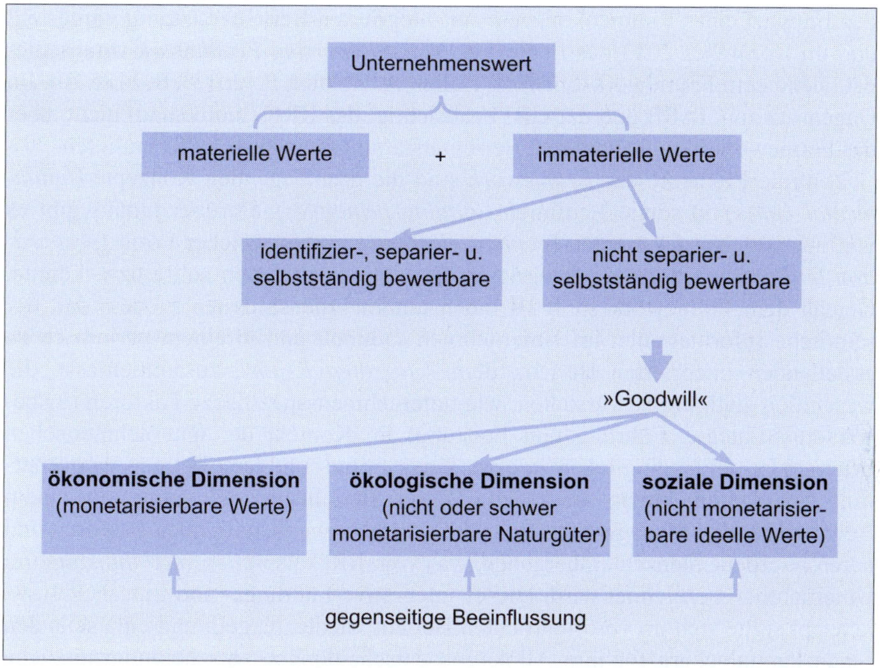

Abb. 13.8: Komponenten des Unternehmenswertes (in Anlehnung an Haller, A. [2006a], S. 72)

Um dieser Interdependenz zwischen dem monetären (Zukunfts-) Erfolg und der gesellschaftlichen Wertorientierung eines Unternehmens in der *Corporate Governance*, der Unternehmenssteuerung sowie der internen und externen Unternehmensberichterstattung gerecht zu werden und dem Bestreben, die Fülle an Berichtsinstrumenten und -inhalten vor dem Hintergrund der gebotenen Entscheidungsrelevanz auf für die »Wertschaffung« des Unternehmens wesentliche Inhalte zu reduzieren, entstand der Gedanke des »*Integrated Reporting*« (IR). Ziel dieses neuen Berichtskonzeptes ist es, die tradierte finanzielle Berichterstattung mit der Nachhaltigkeitsberichtserstattung in einem Berichtssystem zu verknüpfen, um die Integration der Wert- und Leistungsdimensionen eines Unternehmens deutlich zu machen. Der Fokus liegt folglich nicht auf einer reinen Kombination des klassischen Jahresabschlusses und einem Nachhaltigkeitsbericht, sondern durch die sinnvolle Integration der Informationen soll eine bessere Beurteilung der nachhaltigen, aktuellen und zukünftigen Wertschaffung und -erhaltung des Unternehmens ermöglicht werden. Integrated Reporting

Um für diese neue Form der Berichterstattung ein global anerkanntes einheitliches Verständnis und Konzept zu schaffen, wurde im August 2010 von der *Global Reporting Initiative* und dem *The Prince's Accounting for Sustainability Project* das *International Integrated Reporting Council (IIRC)* gegründet. Diese als Multi-Stakeholder-Engagement Initiative konzipierte Institution hat sich zur Aufgabe gesetzt, ein Rahmenwerk zu entwickeln, das als konzeptionelle Basis International Integrated Reporting Council des IR weltweit fungieren soll (vgl. Haller, A./Zellner, P. [2011], S. 523 ff.). Darüber hinaus soll dadurch die Anwendung von integrierter Berichterstattung durch Unternehmen gefördert und vorangetrieben werden. Das IIRC hat im April 2013 den Entwurf eines Rahmenkonzepts zur integrierten Berichterstattung vorgestellt und im Dezember 2013 das finale *Integrated Reporting Framework* verabschiedet (siehe zum Framework-Entwurf, Haller, A./Zellner, P. [2013], S. 1125 ff.). Im Gegensatz zum IASB und der GRI beabsichtigt das IIRC (momentan) nicht, über das Framework hinaus, konkrete Berichterstattungsstandards zu formulieren.

Inhalt des Integrated Reporting Framework

Zentrale Elemente des *Framework* sind die grundlegenden Konzepte (*fundamental concepts*) sowie Leitlinien (*guiding principles*). Darüber hinaus gibt es vor, aus welchen Elementen (*content elements*) und in welcher Form (*preparation and presentation*) ein Integrierter Bericht gestaltet sein sollte bzw. könnte. Gemäß dem Framework stellt IR einen unternehmensinternen Prozess dar, der sämtliche Informationen im Unternehmen sammelt und in einem periodisch zu erstellenden integrierten Bericht, dem *Integrated Report*, zusammenfasst, die wesentlich sind, um zu verstehen, wie unternehmensspezifische Faktoren (insbesondere Strategie, Führung und Leistung) im Kontext der unternehmerischen externen Umfeldbedingungen zu einer kurz-, mittel- und langfristigen Wertschaffung des Unternehmens beitragen. Dieser Berichtsprozess sollte mit einem Bewusstsein des Managements über die zentralen wertschaffenden Faktoren und deren Interdependenzen einhergehen, was vom IIRC als »*integrated thinking*« im Unternehmen bezeichnet wird. Dieses integrative Führungs- und Entscheidungskonzept sollte sich im veröffentlichten Bericht wiederspiegeln und einerseits den Finanzkapitalgebern für ihre Allokationsentscheidungen entscheidungsnützliche Informationen liefern, aber gegenüber allen anderen Stakeholdern auch Rechenschaft (*stewardship*) darüber ablegen, wie das Unternehmens mit verschiedenen Kapitalarten umgeht und welche Interdependenzen zwischen diesen bestehen. Hierbei führt das IIRC neben dem Finanzkapital (*financial capital*) folgende Kapitalien an: Produktionskapital (*manufactured capital*), geistiges Kapital (*intellectual capital*), Humankapital (*human capital*), soziales (*social and relationship capital*) und natürliches Kapital (*natural capital*). Diese Kapitalien werden als Wertespeicher im Unternehmen verstanden, die als Inputfaktoren des Geschäftsmodells dienen und im Rahmen der Geschäftstätigkeit erhöht, verringert oder umgewandelt werden. Gerade über diesen Prozess der Erhaltung bzw. Veränderung dieser Kapitalien im Rahmen des unternehmensindividuellen Geschäftsmodells sowie dabei bestehende Zusammenhänge (*connectivity*) sollte das IR wesentliche Informationen gewähren.

Prinzipien und Inhalt des IR

Aus diesen Zielsetzungen des IR ergeben sich logisch auch die zentralen Prinzipien sowie die Inhalte der Integrierten Berichterstattung. Demnach sollte ein Integrierter Bericht einen Einblick in die Strategie des Unternehmens geben sowie im Wesentlichen zukunftsbezogen sein, er sollte wechselseitige Abhängigkeiten von verschiedenen Faktoren bezüglich der Wertschaffung deutlich machen aber auch auf die Fähigkeit des Unternehmens eingehen, die Ansprüche verschiedener Stakeholdergruppen zu berücksichtigen bzw. zu befriedigen. Darüber hinaus sollte sich der Bericht auf wesentliche Informationen beschränken, die eindeutig, zuverlässig sowie auch (insbesondere interperiodisch) vergleichbar sind, gleichsam sollte er aber auch die Wertschaffungsfähigkeit des Unternehmens vollständig wiedergeben. Inhaltlich sollte der Bericht gemäß dem *Framework* einen Einblick in die Governance- sowie Organisationsstruktur und die zentralen Charakteristika des Unternehmensumfelds gewähren. In diesem Kontext sollte er das unternehmensspezifische Geschäftsmodell, die darin erbrachten Leistungen in Bezug auf die verschiedenen Kapitalarten, die damit zusammenhängenden zentralen Risiken und Chancen des Unternehmens und die sich daraus ergebenden Strategien aufzeigen. Im Framework wird deutlich, dass das IIRC sich sehr wohl bewusst ist, dass die Erfüllung des vorgeschlagenen Berichtskonzeptes die Unternehmenspraxis vor große Herausforderungen stellt; dies insbesondere hinsichtlich der Wesentlichkeitsabschätzung, der zwischenbetrieblichen Vergleichbarkeit sowie der Berichterstattungsgrenzen, die u. a. bei Einbeziehung von Effekten auf das Sozial- und Naturkapital deutlich über den Konsolidierungskreis, der sich nach finanziellen Berichterstattungsregeln ergibt, hinausgehen können. Ebenso erweist sich der unbestimmte »Wertbegriff«, die Balance zwischen Aggregation und Disaggregation der gewährten Informationen sowie die darüber hinausgehenden großen Ermessensspielräume bei der Informationsermittlung und damit zusammenhängenden Fragen bezüglich der Prüfbarkeit solcher Berichte durch einen externen Prüfer, als herausfordernd.

Zukunft des IR

Es wird sich zeigen, inwieweit die Berichtspraxis diesen Herausforderungen in Zukunft begegnen wird. Momentan haben erst wenige, jedoch eine stetig steigende Zahl an Unternehmen begonnen, mit IR zu experimentieren und das Konzept in unterschiedlich konsequenten Formen umzusetzen. Eine momentan sich in Deutschland abzeichnende Vorgehensweise ist dabei, den (Konzern-)Lagebericht um Bestandteile des IR-Konzeptes zu erweitern (vgl. Behncke, N./Hoffmann, T./Wulf, I. [2012]; Haller, A./Fuhrmann, C. [2013]) und (zukünftig) den Lagebericht als Medium des IR zu nutzen, was nicht zuletzt auch durch entsprechende regulatorische Maßnahmen der europäischen und deutschen Normensetzer im Hinblick auf die Erweiterung des Lageberichts um nichtfinanzielle Leistungsindikatoren relativ nahe liegt (vgl. in diesem Kapitel, S. 928 sowie Haller, A./Fuhrmann, C. [2012]). Diesbezüglich stellt IR eine konsequente Weiterentwicklung des *Business Reporting* (vgl. in diesem Kapitel, S. 945) im Rahmen der Lageberichterstattung dar (insbesondere hinsichtlich des um verschiedene Kapitalbegriffe erweiterten Wertschaffungsverständnisses). Eine andere Entwicklungsdimension dürfte sich aus den fast unbegrenzten Darstellungs- und Kommunikationsmöglichkeiten der elektronischen Datenaufbereitung und des Internets ergeben. Hier zeigen auch schon Praxisbeispiele, dass Unternehmensberichterstattung primär nur noch internetbasiert erfolgt, wodurch nicht zuletzt den aus der Datenfülle und den stakeholderspezifischen Informationsinteressen sich ergebenden Herausforderungen gut begegnet werden kann. Beispiele dieser Art von (durchaus auch interaktiver) elektronischer Informationsgewährung finden sich bereits vereinzelt in der Berichtspraxis. Bei dieser Form der Berichterstattung könnte der Integrierte Bericht, im Stile eines *executive summary*, als zentraler, auf die wesentlichen Wertschaffungskomponenten reduzierter, zusammenfassender Bericht zum wichtigsten Informationsinstrument werden, das mit detaillierten Einzelberichten (darunter auch der Abschluss, Lagebericht, Nachhaltigkeitsbericht etc.) verlinkt und vernetzt ist.

Kontrollfragen:
Nationale Normen:
1. Was ist die Aufgabe des Anhangs? 2. Welche Funktionen werden dem Anhang nach HGB zugeordnet? 3. Was versteht man unter der Korrekturfunktion des Anhangs nach HGB? 4. Wann kann bzw. muss die Berichterstattung im Anhang nach HGB unterbleiben? 5. Warum können viele Informationen wahlweise im Anhang oder in der Bilanz bzw. GuV gegeben werden? 6. Wie ist der Anhang zu gliedern? 7. Welche Zielsetzung verfolgt die Segmentberichterstattung? 8. Welches sind zentrale Konzepte der Segmentberichterstattung? 9. Worin liegen die Vor- und Nachteile des *management approach*? 10. Welche Unternehmen sind nach HGB für welche Abschlüsse zur Gewährung von segmentierten Angaben verpflichtet? 11. Für welche Abschlüsse ist DRS 3 relevant? 12. Wonach richtet sich die Segmentabgrenzung des DRS 3? 13. Welche Informationen sind nach DRS 3 pro berichtspflichtigem Segment anzugeben? 14. Was ist unter einer Kongruenz im Rahmen der Segmentberichterstattung zu verstehen? 15. Was ist die Aufgabe des Lageberichts? 16. Welche Unternehmen müssen nach HGB keinen Lagebericht erstellen? 17. Worüber ist im Lagebericht zu berichten? Was versteht man unter dem Risikobericht, dem Prognosebericht und dem Vergütungsbericht? 18. Aus welchen Komponenten besteht der Konzernlagebericht nach DRS? 19. Welche Informationen beinhaltet die Erklärung zur Unternehmensführung? 20. Können in den Lagebericht auch subjektive Angaben einfließen? 21. Was ist die Zielsetzung eines *Value Reporting*? Auf welche Berichtsinhalte ist das *Value Reporting* gerichtet? 22. Erläutern Sie, was unter der Nachhaltigkeitsberichterstattung zu verstehen ist! 23. Was ist Ziel und Aufgabe der *Global Reporting Initiative*?

Internationale Normen:

24. Nennen Sie die Funktionen des Anhangs nach IFRS!
25. Hat der Anhang nach IFRS eine Korrekturfunktion?
26. Welche Unterschiede bestehen in den Angaben zu nahe stehenden Unternehmen und Personen nach nationalen Normen und IFRS?
27. Warum sind die Angabepflichten im Anhang von IFRS-Abschlüssen umfangreicher als in einem Anhang nach nationalen Normen?
28. Welche Unternehmen sind nach IFRS 8 zur Segmentberichterstattung verpflichtet?
29. Wonach richtet sich die Segmentabgrenzung nach IFRS 8?
30. Wie ist ein Geschäftssegment nach IFRS 8 definiert?
31. Welche Wesentlichkeitsmerkmale nennt IFRS 8 für die Angabe eines Segments im Segmentbericht?
32. Welche segmentierten Angaben sind nach IFRS 8 auf Unternehmensebene neben dem Segmentbericht zu machen?
33. Was ist ein dominanter Kunde nach IFRS 8? Welche Angaben sind diesbezüglich gefordert?
34. Worin liegen die wesentlichen Unterschiede zwischen den Bestimmungen des IFRS 8 und jenen des DRS 3?
35. Gibt es nach IFRS ein Pendant zum Lagebericht nach HGB?
36. Erläutern Sie die Grundsätze, qualitativen Anforderungen und Berichtsinhalte eines *Management Commentary*!
37. Welche unmittelbaren Folgen hat das *IFRS Practice Statement Management Commentary* für deutsche Unternehmen?
38. Was versteht man unter »*Integrated Reporting*«?
39. Erläutern Sie wesentliche Aspekte des *Integrated Reporting Framework* des IIRC!

14. Kapitel: Kapitalmarktorientierte Berichterstattung: Zwischenberichterstattung, Ad hoc-Publizität

Transparenzrichtlinie

Neben dem Jahres- und Konzernabschluss bestehen in Deutschland zusätzliche Pflichten zur Finanzberichterstattung für kapitalmarktorientierte Unternehmen. Die bisher in verschiedenen Einzelgesetzen geregelten Berichtspflichten wurden durch das Transparenzrichtlinie-Umsetzungsgesetz (TUG) vom 05.01.2007, das am 10.01.2007 im Bundesgesetzesblatt verkündet wurde, im Wertpapierhandelsgesetz (WpHG) zusammengefasst. Das TUG stellt die Umsetzung der EU-Richtline 2004/109/EG und der Änderung der Richtlinie 2001/34/EG dar und ist in wesentlichen Teilen zum 20.01.2007 in Kraft getreten. Ziel der Richtlinie ist die Harmonisierung der Kapitalmarkttransparenz und die Sicherstellung der europaweiten Bekanntgabe von Unternehmensinformationen. Damit sollte Anlegern eine hinreichende Grundlage für ihre Investitionsentscheidungen gegeben und ihr Vertrauen in das Funktionieren des Kapitalmarktes gestärkt werden. Die Transparenzrichtlinie der EU wurde durch die am 22.10.2013 verabschiedete Richtlinie 2013/50/EU überarbeitet. Wesentliche Änderungen sind die Abschaffung der sog. Zwischenmitteilung der Geschäftsführung (Quartalsbericht) (siehe in diesem Kapitel, S. 966) sowie die Einführung der länder- und projektbezogenen Finanzberichterstattung (»*country by country reporting*«). Mit einer Übernahme der Inhalte der geänderten Transparenzrichtlinie ist innerhalb der nächsten 24 Monate zu rechnen.

Anwendungsbereich

Die zusätzlichen Pflichten zur Finanzberichterstattung nach dem WpHG betreffen Unternehmen, die als Inlandsemittent Wertpapiere an einem organisierten Markt begeben haben. Inlandsemittenten sind gemäß § 2 Abs. 7 WpHG grundsätzlich Emittenten, für die die Bundesrepublik Deutschland der Herkunftsstaat (§ 2 Abs. 6 WpHG) ist. Allerdings zählen solche Emittenten, für die Deutschland zwar der Herkunftsstaat ist, deren Wertpapiere aber nicht im Inland, sondern nur im EU/EWR-Ausland zugelassen sind, nicht zu den Inlandsemittenten (§ 2 Abs. 7 Nr. 1 WpHG), soweit sie in diesem anderen Staat Veröffentlichungs- und Mitteilungspflichten gemäß der Transparenzrichtlinie unterliegen. Schließlich gelten auch diejenigen Emittenten als Inlandsemittenten, deren Herkunftsstaat ein EU/EWR-Staat ist und deren Wertpapiere zugleich nur im deutschen Inland zum Handel an einem organisierten Markt zugelassen sind (§ 2 Abs. 7 Nr. 2 WpHG).

Unter einem organisierten Markt i. S. des § 2 Abs. 5 WpHG fällt in Deutschland der regulierte Markt, für den im Börsengesetz, in der Börsenordnung, in der Börsenzulassungsverordnung und im Wertpapierprospektgesetz bestimmte Zulassungsvoraussetzungen und Folgepflichten gesetzlich geregelt sind. Der Freiverkehr (§ 48 BörsG) stellt keinen organisierten Markt dar. Der regulierte Markt ging am 01.11.2007 aufgrund des Finanzmarktrichtlinie-Umsetzungsgesetzes aus einer Fusion des amtlichen und geregelten Marktes hervor. In Deutschland existieren sieben Börsen (Berlin, Düsseldorf, Frankfurt/Main, Hamburg, Hannover,

München und Stuttgart), wobei die Frankfurter Wertpapierbörse (FWB) als wichtigster Markt gilt. Die FWB ist seit einer Neuordnung durch die Deutsche Börse AG im Jahr 2003 in die beiden Segmente »Prime Standard« und »General Standard« unterteilt. Dabei gelten für den Prime Standard höhere Transparenzanforderungen als für den General Standard. Eine Zugehörigkeit zum Prime Standard ist zugleich auch Voraussetzung für eine – von verschiedenen Kriterien wie Marktkapitalisierung und Orderbuchumsatz abhängige – Aufnahme in einen der Auswahlindizes DAX, MDAX, TecDAX und SDAX.

Finanzberichte

Wesentliche Berichtspflichten des WpHG betreffen Finanzberichte und Insiderinformationen. Die zusätzlichen Regelungen in Bezug auf Finanzberichte finden sich in den §§ 37v bis 37z WpHG. Diese ersetzen die früheren Regelungen zur Zwischenberichterstattung nach § 40 BörsG a. F. Die Berichterstattungspflichten hinsichtlich der Halbjahresfinanzberichterstattung wurden auch auf die Emittenten von Schuldtiteln erweitert. Neben den Vorschriften des WpHG bleiben indes die Regelungen der jeweiligen Börsenordnungen, wie diejenigen der Frankfurter Wertpapierbörse, weiterhin bestehen. Die Finanzberichtspflichten des WpHG umfassen die folgenden Instrumente:

- Jahresfinanzbericht, bestehend aus einem Jahres- bzw. Konzernabschluss, einem Lagebericht sowie einer Versicherung der gesetzlichen Vertreter (§ 37v WpHG),
- Halbjahresfinanzbericht, bestehend aus einem verkürzten Abschluss, einem Zwischenlagebericht und einer Versicherung der gesetzlichen Vertreter (§ 37w WpHG),
- Zwischenmitteilung (§ 37x WpHG).

Die Regelungen zum Jahresfinanzbericht entsprechen den handelsrechtlichen Rechnungslegungs- und Offenlegungsvorschriften. Somit werden hierdurch für deutsche Unternehmen keine zusätzlichen Berichtspflichten begründet. § 37v WpHG kommt somit nur für (ausländische) Inlandsemittenten, die nicht dem handelsrechtlichen Vorschriften unterliegen, Bedeutung zu. Die Berichtspflichten zum Halbjahresfinanzbericht und zur Zwischenmitteilung werden oft unter dem Begriff »Zwischenberichterstattung« zusammengefasst.

Insiderinformationen

Die Pflichten zur Berichterstattung über Insiderinformationen werden auch als »Ad hoc-Publizität« bezeichnet. Sie sind in § 15 WpHG geregelt, wonach Insiderinformationen, die den Emittenten unmittelbar betreffen, unverzüglich zu veröffentlichen sind.

Weitere Berichtspflichten

Neben der Zwischenberichterstattung und der Ad hoc-Publizität, die im Folgenden noch näher erläutert werden (vgl. in diesem Kapitel, S. 957 ff.), bestehen weitere Berichtspflichten nach dem WpHG. Zu nennen sind die Mitteilungspflichten bei *Directors' Dealings* sowie bei bestimmten Stimmrechtsanteilsänderungen.

Directors' Dealings

Als *Directors' Dealings* bezeichnet man Transaktionen von Mitgliedern des Leitungs-, Verwaltungs- oder Aufsichtsorgans eines Unternehmens mit Wertpapieren des entsprechenden Unternehmens (§ 15a WpHG). Auch diesem Personenkreis nahe stehende Personen und Unternehmen werden von den Mitteilungspflichten erfasst. *Directors' Dealings* sind dem Emittenten und der BaFin innerhalb von fünf Werktagen zu melden. Anschließend hat der Emittent diese Meldung zu veröffentlichen, die Veröffentlichung der BaFin mitzuteilen und an das Unternehmensregister weiterzuleiten.

Stimmrechtsanteilsänderungen

Bei Über- bzw. Unterschreiten bestimmter Meldeschwellen hat der jeweilige Anteilseigner Stimmrechtsanteilsänderungen unverzüglich dem Emittenten und der BaFin zu melden (§ 21 WpHG). Meldeschwellen befinden sich bei 3 %, 5 %, 10 %, 15 %, 20 %, 25 %, 30 %, 50 % sowie 75 % der Stimmrechte. Der Inlandsemittent hat diese Meldung zu veröffentlichen und an das Unternehmensregister weiterzuleiten (§ 26 WpHG).

Country by country reporting

Durch die Umsetzung der im Oktober 2013 verabschiedeten geänderten Transparenzrichtlinie der EU wird sich die Berichtspflicht im Rahmen der Kapitalmarktberichterstattung erweitern (»*country by country reporting*« vgl. 13. Kapitel, S. 920).

A. Zwischenberichterstattung

Adressaten der Zwischenberichterstattung

Adressaten der Zwischenberichterstattung sind aktuelle und potenzielle Aktionäre des Emittenten, denen durch unterjährige Informationen über Ergebnis und Geschäftsgang ihres Unternehmens eine laufende und zeitnahe Beurteilung ihres finanziellen Engagements ermöglicht werden soll. Die an einem eher mittelfristigen Anlagehorizont ausgerichteten Informationen des Jahresabschlusses und des Lageberichts sind für diesen Zweck unzulänglich. Aus der Sicht des Investors ist es wichtig, anhand von wesentlichen Informationen bereits frühzeitig Entwicklungstrends der Geschäftstätigkeit und damit verbunden der Kurs- und Dividendenchancen zu erkennen. Der Zwischenbericht ist jedoch nicht etwa speziell auf spekulative Anleger zugeschnitten. Auch Investoren mit mittel- bis langfristigen Anlagezielen haben ein berechtigtes Interesse daran, auch während des Geschäftsjahres in einer Weise informiert zu werden, die sie befähigt, richtige Wertpapierdispositionen zu treffen, und sind daher auf eine kontinuierliche Transparenz angewiesen. Über eine Aktualisierung der Informationen des Jahresabschlusses und Lageberichts hinaus liefert eine geeignete Zwischenberichterstattung zudem qualitativ neue Informationen über typische Aktivitätsmuster im Verlaufe des Geschäftsjahres und verhilft dem Aktionär damit zu einem verbesserten Verständnis der Geschäftstätigkeit seines Unternehmens.

Funktion der Zwischenberichterstattung

Die Funktion des Zwischenberichts ist somit primär in einer Stärkung des Aktionärsschutzes durch die Gewährleistung regelmäßiger, anlagerelevanter Informationen zwischen den Jahresabschlüssen zu sehen (vgl. hierzu Coenenberg, A. G./Henes, F. [1995]; Henes, F. [1995]; Coenenberg, A. G./Federspieler, C. [1999]; Federspieler, C. [1999]; Alvarez, M./Wotschofsky, S. [2003]; Haenelt, T. [2009]).

I. Konzepte der unterjährigen Erfolgsermittlung

Unterjährige Erfolgsermittlung

Neben der Frage nach der Frequenz der Zwischenberichterstattung wird die Methodik der unterjährigen Erfolgsermittlung als die zentrale betriebswirtschaftliche Problematik im Rahmen der Erstellung eines Zwischenberichts angesehen (vgl. z. B. Coenenberg, A. G./Bridts, C. [1992], S. 181). Der Ausgangspunkt der unterjährigen Rechnungslegung und insbesondere der entsprechenden Rechnungslegungsprinzipien wurde in den USA gesetzt. Dort wurden die beiden fundamentalen Konzeptionen der integrativen (*integral view*) und der eigenständigen bzw. diskreten (*discrete view*) Erfolgsabgrenzung entwickelt. Zudem wurde in der Folgezeit der sog. kombinierte Ansatz (*combination view*) als Verbindung der beiden erstgenannten Ansätze entwickelt. Die unterschiedlichen Methoden tragen jeweils der Stellung des Zwischenberichts zum Jahresabschluss Rechnung.

Auf eine vereinfachte Formel gebracht, lässt sich der Unterschied von integrativem und eigenständigem Ansatz für den Fall der Halbjahresberichterstattung so formulieren: Nach dem integrativen Ansatz entspricht das Zwischenberichtergebnis dem »halben Jahresergebnis« und nach dem eigenständigen Ansatz dem »Ergebnis des Halbjahres«.

1. Integrativer Ansatz

Integrativer Ansatz, integral view

Der integrative Ansatz sieht die unterjährige Berichtsperiode als einen integralen Bestandteil der Jahresperiode an; er unterstellt, dass der Jahresabschluss im Mittelpunkt des Informationsinteresses der Investoren steht. Daher dient der Zwischenbericht nur als Instrument der Überbrückung zweier aufeinanderfolgender Jahresabschlüsse (vgl. Köster, H. [1992], S. 67). Ihm kommt hauptsächlich die Aufgabe zu, den Anlegern eine möglichst verlässliche Prognose des Jahresergebnisses und der damit verbundenen Dividendenzahlungen zu ermöglichen. Die unterjährig veröffentlichten Erfolgszahlen haben sich deshalb an den erwarteten jährlichen Erfolgsgrößen zu orientieren und sind somit als Teil des Jahreserfolgs zu interpretieren (vgl. Kieso, D. E./Weygandt, J. J./Warfield, T. D. [2013], S. 1503). Die Problematik dieses Ansatzes besteht jedoch in der methodischen Abgrenzung der unterjährigen Erfolgskomponenten.

Die extremste Umsetzung des integrativen Ansatzes sieht eine umfassende Glättung sämtlicher Ertrags- und Aufwandspositionen vor und führt damit zu einem zeitanteiligen Ausweis von Plangrößen (vgl. Bridts, C. [1990], S. 108). Eine etwas gemäßigtere Umsetzung des Ansatzes sieht differenzierte Glättungen vor, wobei zumindest für die Umsatzerlöse das Realisationsprinzip Anwendung findet. Über integrative Abgrenzungen des Aufwands kann dann das Zwischenergebnis am Zwischenumsatz ausgerichtet werden, sodass bei Kenntnis eines »typischen« Umsatzmusters für den Adressaten das Jahresergebnis leicht zu prognostizieren ist (vgl. Green, D. [1964], S. 38 ff.). Die gängige Form der integrativen Aufwandsabgrenzung stellt damit den Umsatzerlösen die direkt zurechenbaren Aufwendungen gegenüber und schätzt die jährlich anfallenden Aufwendungen und Erträge umsatzanteilig, d. h. im Verhältnis des realisierten Umsatzes der Zwischenperiode zum geplanten Jahresumsatz (vgl. weitere Verteilungsmethoden bei Bridts, C. [1990], S. 109 ff.).

Kritik am integral view

Naheliegender Kritikpunkt des integrativen Ansatzes ist, dass er eine Beurteilung des Ergebnisses bzw. des Geschäftsverlaufs der Zwischenperiode nicht zulässt. Ein Einblick in die tatsächliche unterjährige Ergebnisentwicklung wird dem Leser des Zwischenberichts nicht gewährt. Darüber hinaus sind die anzuwendenden Abgrenzungsmethoden mit denjenigen des Jahresabschlusses unvereinbar, sodass nur die Hochrechnung des Zwischenergebnisses auf das Jahresergebnis unter Kenntnis der saisonalen Umsatzmuster möglich ist. Eine definitive Beurteilung der unterjährigen Periode und deren Vergleich mit dem vorangegangenen Jahresabschluss muss jedoch unterbleiben (vgl. Bridts, C. [1990], S. 114 ff.; Baetge, J./Schlösser, J. [1993], S. 229). Zusammengefasst ergeben sich für den integrativen Ansatz folgende Vor- und Nachteile:

Vorteile:

- Gewinne variieren in den einzelnen Zwischenperioden weniger als bei der diskreten Sichtweise.
- Die Aufwendungen der einzelnen Zwischenperioden werden den Zwischenumsätzen so gegenübergestellt, dass eine Prognose des Jahreserfolgs möglich ist.

Nachteile:

- Gewinnglättungen führen potenziell zu einer Verschleierung der tatsächlichen Entwicklung während der Zwischenperioden.
- Die Definition der Posten des Zwischenabschlusses, wie z. B. Vermögensgegenstände, Verbindlichkeiten, Erträge und Aufwendungen, entspricht nicht der Definition dieser Posten innerhalb des Jahresabschlusses.

2. Eigenständiger Ansatz

Eigenständiger Ansatz, discrete view

Dem integrativen Ansatz gegenüber steht der eigenständige oder diskrete Ansatz der Abgrenzung von unterjährigen Erfolgskomponenten. Die Zwischenperiode wird dabei als eine unabhängige Periode verstanden, zu deren Ende eine Erfolgsermittlung anhand der im Jahresabschluss Verwendung findenden Abgrenzungskriterien erfolgt (vgl. z. B. Busse von Colbe, W./Reinhard, H. (Hrsg.) [1989], S. 3; Kilgert, T./Großmann, P. [1990], S. 192). Die Hauptaufgabe eines Zwischenberichts nach dem eigenständigen Ansatz besteht demzufolge darin, das Ergebnis und den Geschäftsverlauf der Zwischenperiode als *stand-alone-period* darzustellen. Die Berichterstattung ist im Gegensatz zum integrativen Ansatz nicht prospektiv, sondern tendenziell retrospektiv. Die alleinige Betrachtung der unterjährigen Ergebniskomponenten kann zu der paradox anmutenden Situation führen, dass einem Verlust in der Zwischenperiode ein Gewinn im Jahresabschluss folgt oder umgekehrt; es kann damit zu größeren Ergebnisschwankungen innerhalb der unterjährigen Perioden kommen. Dadurch besteht die Gefahr einer Missinterpretation des Zwischenergebnisses im Hinblick auf das gesamte Geschäftsjahr. Gleichwohl sind es unter Umständen insbesondere die unterjährigen Schwankungen, die im Rahmen einer objektiven und vergleichbaren Ergebnisermittlung für den Investor nützlich sind. Bei Kenntnis des Geschäftszyklus eines Unternehmens ermöglicht ein diskret abgegrenztes Zwischenergebnis eine fundierte Beurteilung der Erfolgsaussichten, da beispielsweise auf Basis von Vorjahresberichten eindeutig die Entwicklung des Unternehmens nachvollzogen werden kann (vgl. Bridts, C. [1990], S. 118). Ebenso erleichtert der diskrete Ansatz das Erkennen von Wendepunkten im Geschäftsverlauf oder – bei entsprechenden Angaben – der Liquiditätssituation, die durch integrative Abgrenzungsmaßnahmen verschleiert werden würden (vgl. Federspieler, C. [1997], S. 946). Zusammenfassend ergeben sich für den diskreten Ansatz folgende Vor- und Nachteile:

Vorteile:

- Die Aufwandserfassung verändert sich nicht mit der Länge der Berichtsperiode.
- Die Zwischenberichterstattung kann auf identische Abschätzungs- und Abgrenzungsprinzipien zurückgreifen, wie sie im Jahresabschluss zur Anwendung kommen.
- Die Definition der Posten des Zwischenabschlusses, wie z. B. Vermögensgegenstände, Verbindlichkeiten, Erträge und Aufwendungen, entspricht der Definition dieser Posten innerhalb des Jahresabschlusses.

Nachteile:

- Mit zunehmender Kürze der Berichtsperiode nimmt auch die Wahrscheinlichkeit zu, dass die Zwischenergebnisse Schwankungen unterliegen, die durch saisonale Einflüsse hervorgerufen wurden.
- Bei strikter Befolgung des diskreten Ansatzes kann die regelmäßige Überbelastung der letzten Teilperiode des Geschäftsjahres mit typischen Jahresendaufwendungen wie z. B. Ertragsteuern, Rückstellungen usw. auftreten (vgl. Dahl, G. [1995], S. 83).

3. Kombinierter Ansatz

Kombinierter Ansatz, combination view

Aufbauend auf den einzelnen Kritikpunkten des integrativen bzw. eigenständigen Ansatzes wurde als Kompromisslösung der kombinierte Ansatz (*combination view*) entwickelt. Dieser Ansatz geht zurück auf das *Discussion Memorandum* des FASB aus dem Jahr 1978 (vgl. FASB [1978]). Zielsetzung des kombinierten Ansatzes ist es, mit Hilfe der Zwischenberichterstattung sowohl eine Prognose des Jahresergebnisses zu ermöglichen als auch den Geschäftsverlauf und die Situation der Zwischenperiode objektiv darzustellen.

Grundsätze für die Abgrenzung von Zwischenerfolgen

Für die kombinative Abgrenzung von Zwischenerfolgen in der Zwischenberichterstattung (vgl. Abbildung 14.1) haben sich folgende Grundsätze herausgebildet (vgl. im Folgenden Busse von Colbe, W./Reinhard, H. (Hrsg.) [1989]; Henes, F. [1995], S. 300 ff.; Alvarez, M./Wotschofsky, S. [2003], S. 102 ff.):

Leistungsbezogene Erfolge

Leistungsbezogene Erträge und Aufwendungen sind grundsätzlich nach dem diskreten Ansatz, d. h. nach dem Realisationsprinzip und dem Grundsatz der sachlichen Abgrenzung zu verrechnen.

Streng zeitraumbezogene Erfolge

Streng zeitraumbezogene Erträge und Aufwendungen, wie Mieten, Lizenzen u. Ä. sind zeitanteilig zu verrechnen, d. h. sie sind in gleicher Weise wie auch im Jahresabschluss durch Abgrenzung auf die Teilperiode zu verteilen, so als wenn für jede Teilperiode ein eigenständiger Abschluss erstellt würde. Das entspricht dem diskreten Ansatz. Fallen streng zeitraumbezogene Aufwendungen erst am

Jahresende an, wie z. B. planmäßige Abschreibungen und Pensionsaufwendungen, und sind diese relativ gut abschätzbar, so erfolgt eine zeitanteilige Abgrenzung bereits für die Zwischenperiode i. S. des diskreten Ansatzes.

Nicht streng zeitraumbezogene Erfolge

Schwieriger gestaltet sich die Verrechnung nicht streng zeitraumbezogener Erträge und Aufwendungen. Beispiele sind die Auflösung von Rückstellungen, Gewinne bzw. Verluste aus Beteiligungen oder Anlageverkäufen, Instandhaltungsaufwendungen größeren Umfangs oder Werbe- und Verkaufsförderungskosten. Fallen diese Erfolgskomponenten kontinuierlich an, ist ihre Erfassung zum Zeitpunkt ihres Anfalls zu empfehlen; die Vergleichbarkeit des Zwischenabschlusses wird durch den kontinuierlichen Anfall nicht gemindert. Letzteres wäre allerdings bei diskontinuierlichem Anfall gegeben. Deshalb ist in all den Fällen, in denen sie nicht hinreichend sicher vorhersehbar sind, eine integrative Abgrenzung i. S. einer verbesserten Vergleichbarkeit zweckmäßig. Bei hinreichend sicherer Vorhersehbarkeit sind sie bei Anfall zu erfassen.

Die vorstehenden Grundsätze der unterjährigen Erfolgsabgrenzung sind in Abbildung 14.1 zusammengefasst (vgl. auch Henes, F. [1995], S. 308).

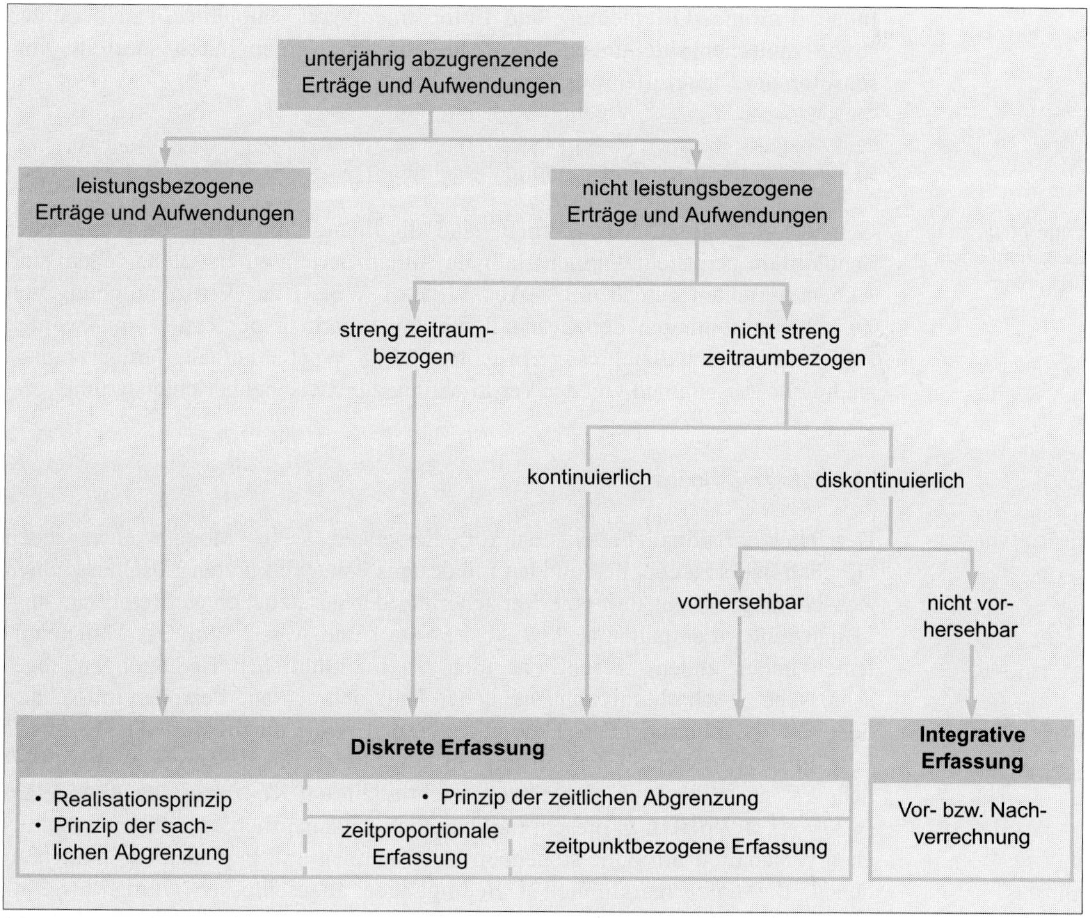

Abb. 14.1: Kombinierter Ansatz der unterjährigen Erfolgsabgrenzung

II. Zwischenberichterstattung in Deutschland

Zwischenbericht-erstattung in Deutschland

Die Regelungen zur Zwischenberichterstattung in Deutschland wurden durch das Transparenzrichtlinie-Umsetzungsgesetz (TUG) überarbeitet. Die Ausgestaltung des TUG als Artikelgesetz zog eine Änderung verschiedener Gesetze nach sich. Die die Zwischenberichterstattung betreffenden Vorschriften wurden aus dem BörsG und der BörsZulV gestrichen und neu gefasst in das WpHG eingefügt. Einzelne Vorschriften des TUG wurden durch die Transparenzrichtlinie-Durchführungsverordnung (TranspRLDV) vom 13.03.2008 konkretisiert. Parallel dazu entwickelte das DRSC einen auf die neuen gesetzlichen Vorschriften abgestimmten DRS 16 (2012) für die Zwischenberichterstattung. Zudem finden sich in IAS 34 Regelungen zur Zwischenberichterstattung.

1. Vorschriften zur Zwischenberichterstattung nach WpHG

Das WpHG regelt neben der Verpflichtung zur Zwischenberichterstattung jeweils Inhalt, Prüfung, Offenlegung und Enforcement von Halbjahresfinanzberichten sowie Zwischenmitteilungen. Diese Regelungen werden durch spezielle Vorschriften der Frankfurter Wertpapierbörse ergänzt.

a) Verpflichtung zur Zwischenberichterstattung

Verpflichtung zur Zwischenbericht-erstattung

Gemäß § 37w Abs. 1 Satz 1 WpHG sind alle Inlandsemittenten von Aktien oder Schuldtiteln verpflichtet, einen Halbjahresfinanzbericht zu erstellen. Zudem sind Aktienemittenten gemäß § 37x Abs. 1 Satz 1 WpHG zur Veröffentlichung von Zwischenmitteilungen der Geschäftsführung innerhalb der ersten und zweiten Hälfte des Geschäftsjahres verpflichtet. § 37z WpHG enthält darüber hinaus zahlreiche Ausnahmen von der Verpflichtung zur Zwischenberichterstattung.

b) Halbjahresfinanzbericht

Berichtsumfang

Der Halbjahresfinanzbericht ist für die ersten sechs Monate eines jeden Geschäftsjahrs zu erstellen und hat mindestens einen verkürzten Abschluss, einen Zwischenlagebericht und eine Versicherung der gesetzlichen Vertreter, den sog. »Bilanzeid« zu enthalten (§ 37w Abs. 1 Satz 1 und Abs. 2 WpHG). Aktienemittenten haben zudem wesentliche nicht zu marktüblichen Bedingungen abgeschlossene Geschäfte mit nahe stehenden Unternehmen und Personen im Anhang oder im Lagebericht des Halbjahresfinanzberichts anzugeben (§ 11 Abs. 2 TranspRLDV). Handelt es sich um ein konsolidierungspflichtiges Mutterunternehmen, so ist der Halbjahresfinanzbericht allein auf Konzernebene zu erstellen (§ 37y Nr. 2 WpHG). In diesem Fall bestehen Angabepflichten zu allen wesentlichen Geschäften mit nahe stehenden Unternehmen und Personen (d. h. auch zu denen, die unter marktüblichen Bedingungen abgeschlossen wurden) (§ 37w Abs. 4 Satz 2 WpHG i. V. m. § 11 Abs. 1 TranspRLDV).

Anzuwendende Rechnungslegungsvorschriften

Auf den verkürzten Abschluss sind grundsätzlich die für den Jahresabschluss geltenden Rechnungslegungsgrundsätze anzuwenden (§ 37w Abs. 3 WpHG). Besteht die Pflicht zur Konzernrechnungslegung gemäß § 290 HGB oder § 11 PublG, hat das Unternehmen zwingend nach IFRS zu bilanzieren und damit im verkürzten Abschluss IAS 34 anzuwenden. Ergänzend ist DRS 16 (2012) insbesondere bei der Erstellung des Zwischenlageberichts zu beachten. Stellt ein Unternehmen gemäß § 315a Abs. 3 HGB freiwillig einen Konzernabschluss nach IFRS auf, so kann, trotz fehlender Regelung, davon ausgegangen werden, dass ebenfalls IAS 34 anzuwenden ist, um die Konsistenz zur Jahresfinanzberichterstattung herzustellen (vgl. Hebestreit, G./Rahe, I. [2007], S. 114). Ist das Unternehmen nicht konsolidierungspflichtig und nimmt es auch nicht das Wahlrecht in § 325 Abs. 2a HGB für den Einzelabschluss in Anspruch, kommen die Vorschriften des HGB zur Anwendung. Wird das genannte Wahlrecht ausgeübt, so ist wiederum IAS 34 anzuwenden (§ 37w Abs. 3 Satz 3 WpHG). In diesen Fällen kann freiwillig DRS 16 (2012) ergänzend berücksichtigt werden.

Zwischenabschluss

Wird der verkürzte Abschluss nach HGB erstellt, hat er mindestens eine verkürzte Bilanz, eine verkürzte Gewinn- und Verlustrechnung und einen Anhang zu enthalten (§ 37w Abs. 3 Satz 1 WpHG). Dabei gelten die Ansatz-, Ausweis- und Bewertungsvorschriften des HGB. Allerdings ist es erlaubt, einzelne Posten zusammenzufassen. Als Vergleichsinformationen hat der verkürzte Abschluss eine verkürzte Bilanz des Vorjahres und ergänzend zur Gewinn- und Verlustrechnung vergleichende Angaben über die ersten sechs Monate des Vorjahres zu enthalten. Darin sind die Überschriften und Zwischensummen auszuweisen, die in dem zuletzt publizierten Jahresabschluss enthalten sind (§ 10 Nr. 1 TranspRLDV). Unklar ist auf der Basis der Regelungen des WpHG, welchen Umfang der Anhang haben muss. In der TranspRLDV wird angeführt, dass die Anhangangaben eine Vergleichbarkeit mit dem Jahresabschluss sowie eine Beurteilung der Veränderungen einzelner Posten ermöglichen sollen (§ 10 Nr. 2 TranspRLDV). Demnach sind wohl nicht alle Angabepflichten in den §§ 284, 285 HGB vollständig zu beachten, zumal diese aufgrund der Verkürzung der anderen Bestandteile des Zwischenabschlusses auch als zu umfangreich erscheinen (vgl. Wiederhold, P./Pukallus, S. [2007], S. 268). Zudem kann davon ausgegangen werden, dass dem Adressaten des Zwischenberichts der Jahresabschluss des Unternehmens für weitergehende Informationen vorliegt (vgl. Rolvering, A. [2002], S. 43). Weitergehende Angaben zum Zwischenabschluss enthält das WpHG nicht.

Zwischenlagebericht

Der Zwischenlagebericht, der Bestandteil des Halbjahresfinanzberichts ist, hat die wichtigen Ereignisse des Berichtszeitraums und ihre Auswirkungen auf den verkürzten Abschluss des Emittenten anzugeben (§ 37w Abs. 4 Satz 1 WpHG). Zudem sind die wesentlichen Chancen und Risiken für die dem Berichtszeitraum folgenden sechs Monate zu beschreiben. Dies geht über die Transparenzrichtlinie hinaus, die sich lediglich auf Risiken und Unsicherheiten bezieht. Die Erweiterung dient aber dazu, eine Konsistenz zwischen Jahres- und Halbjahresfinanzberichterstattung zu erreichen (vgl. Hebestreit, G./Rahe, I. [2007], S. 114). Aktienemittenten haben darüber hinaus die wesentlichen Geschäfte mit nahe stehenden Personen (vgl. hierzu ausführlich 13. Kapitel, S. 880 ff.), wahlweise im Zwischenlagebericht oder im Anhang, anzugeben (§ 37w Abs. 4 Satz 2 WpHG i. V. m. § 11 Abs. 2 TranspRLDV). Die Angaben sind bedeutsam, um Chancen und Risiken aus solchen Transaktionen einschätzen zu können, wenn Geschäfte nur aufgrund der besonderen Beziehung zu diesen Personen getätigt werden.

Versicherung der gesetzlichen Vertreter

Ebenfalls zwingender Bestandteil eines Halbjahresfinanzberichts ist eine den Vorgaben der §§ 264 Abs. 2 Satz 3, 289 Abs. 1 Satz 5 HGB entsprechende Erklärung, der sog. »Bilanzeid« (analog § 37y WpHG i. V. m. §§ 297 Abs. 2 Satz 4, 315 Abs. 1 Satz 6 HGB für konsolidierungspflichtige Mutterunternehmen). Die gesetzlichen Vertreter des Unternehmens haben in jenem schriftlich zu versichern, dass der Zwischenabschluss und der Zwischenlagebericht nach bestem Wissen ein den tatsächlichen Verhältnissen entsprechendes Bild vermitteln. Der Wissensvorbehalt stellt dabei klar, dass nur vorsätzliches Handeln bezogen auf die Richtigkeit der Angaben rechtliche Folgen auslöst. Allerdings genügt es nicht, wenn sich die Betroffenen auf vorhandenes Wissen zurückziehen, sondern sie haben sich grundsätzlich um ein möglichst vollständiges Wissen hinsichtlich der vorgeschriebenen Rechnungslegungsangaben zu bemühen. Vorbild für die Regelung war Section 302 des US-amerikanischen Sarbanes-Oxley Act 2002. Gemäß § 331 Nr. 3a HGB stellt die unrichtige Abgabe des Bilanzeides eine Straftat dar. Die eigenständige Bedeutung dieser Vorschrift neben den bestehenden Vorschriften für Bilanzfälschung und -verschleierung erscheint jedoch zweifelhaft. Die Nichtabgabe des Bilanzeides stellt hingegen nur eine Ordnungswidrigkeit gemäß § 39 Abs. 2 Nr. 19 und 20 WpHG dar.

Prüfung durch den Wirtschaftsprüfer

Hinsichtlich der Prüfung hat gemäß § 37w Abs. 5 Satz 1 WpHG jedes Unternehmen die Wahl, ob der verkürzte Abschluss und der Zwischenlagebericht einer prüferischen Durchsicht durch einen Abschlussprüfer unterzogen werden. Ist dies nicht der Fall und erfolgt auch keine Prüfung entsprechend § 317 HGB, so ist dies im Halbjahresfinanzbericht anzugeben (§ 37w Abs. 5 Satz 6 WpHG). Wird eine prüferische Durchsicht durchgeführt, ist sie gemäß § 37w Abs. 5 Satz 3 WpHG so anzulegen, dass bei gewissenhafter Berufsausübung ausgeschlossen werden kann, dass der verkürzte Abschluss und der Zwischenlagebericht in wesentlichen Belangen den anzuwendenden Rechnungslegungsgrundsätzen widersprechen. Erfolgte eine prüferische Durchsicht oder gar eine Abschlussprüfung entsprechend § 317 HGB, ist das entsprechende Prüfungsurteil des Abschlussprüfers mit dem Halbjahresbericht zu veröffentlichen.

Enforcement

Gemäß § 37n WpHG i. V. m. § 342b Abs. 2 HGB unterliegen der verkürzte Abschluss und der Zwischenlagebericht dem zweistufigen Enforcement-Verfahren, jedoch nur im Falle von konkreten Anhaltspunkten für Verstöße oder auf Verlangen der BaFin (vgl. 15. Kapitel, S. 994 ff.). Eine anlassbezogene Prüfung gemäß § 342b Abs. 2 Satz 3 Nr. 1 HGB unterbleibt allerdings, wenn offensichtlich kein öffentliches Interesse an der Prüfung besteht (§ 342b Abs. 2 Satz 4 HGB).

Veröffentlichung

Der Halbjahresfinanzbericht ist nach § 37w Abs. 1 WpHG spätestens zwei Monate nach Ablauf des Berichtszeitraums zu veröffentlichen. Dabei ist zu beachten, dass vor der Veröffentlichung eine Bekanntmachung darüber zu erfolgen hat, ab welchem Zeitpunkt und unter welcher Internetadresse der Bericht zusätzlich zu seiner Verfügbarkeit im Unternehmensregister öffentlich zugänglich ist. Die Bekanntmachung ist der BaFin mitzuteilen und unverzüglich dem Unternehmensregister i. S. des § 8b HGB zur Speicherung zu übermitteln. Außerdem muss der Halbjahresfinanzbericht selbst unverzüglich nach der

Bekanntmachung zur Speicherung an das Unternehmensregister übermittelt werden.

Unabhängig von den Vorschriften des WpHG empfiehlt der Deutsche Corporate Governance Kodex, der in Tz. 7.1.1 auf die Verpflichtung börsennotierter Unternehmen zur Zwischenberichterstattung hinweist, gemäß Tz. 7.1.2 Satz 4, dass Zwischenberichte binnen 45 Tagen nach Ende des Berichtszeitraums öffentlich zugänglich sein sollen. Daraus folgt, dass Vorstand und Aufsichtsrat in der gemäß § 161 AktG jährlich abzugebenden Entsprechenserklärung offenlegen müssen, wenn die Frist nicht eingehalten wurde.

c) Zwischenmitteilung der Geschäftsführung

Umfang

Gemäß § 37x Abs. 1 Satz 1 WpHG haben Aktienemittenten für jede Jahreshälfte in einem Zeitraum zwischen zehn Wochen nach Beginn und sechs Wochen vor Ende der Hälfte des Geschäftsjahrs eine Zwischenmitteilung der Geschäftsführung zu veröffentlichen (vgl. Abbildung 14.2). Sie muss nach § 37x Abs. 2 Satz 1 WpHG den Zeitraum zwischen dem Beginn der jeweiligen Hälfte des Geschäftsjahrs und dem Veröffentlichungszeitpunkt umfassen. Es handelt sich folglich um einen flexiblen Mitteilungszeitraum. Erfolgt die Veröffentlichung in dem gesetzlich vorgegebenen Zeitfenster jedoch relativ spät, muss sie auch einen entsprechend längeren Zeitraum abdecken (Bosse, C. [2007], S. 45). Von konsolidierungspflichtigen Mutterunternehmen ist die Zwischenmitteilung gemäß § 37y Nr. 3 WpHG nur auf Konzernebene zu erstellen.

Inhalt

Inhaltlich verlangt § 37x Abs. 2 Satz 2 WpHG, dass die Zwischenmitteilung die wesentlichen Ereignisse und Geschäfte des Mitteilungszeitraums und ihre Auswirkungen auf die Finanzlage des Emittenten erläutert. Außerdem sind die Finanzlage und das Geschäftsergebnis im Mitteilungszeitraum zu beschreiben. So soll eine Beurteilung der Geschäftstätigkeit des Emittenten ermöglicht werden (§ 37x Abs. 2 Satz 1 WpHG).

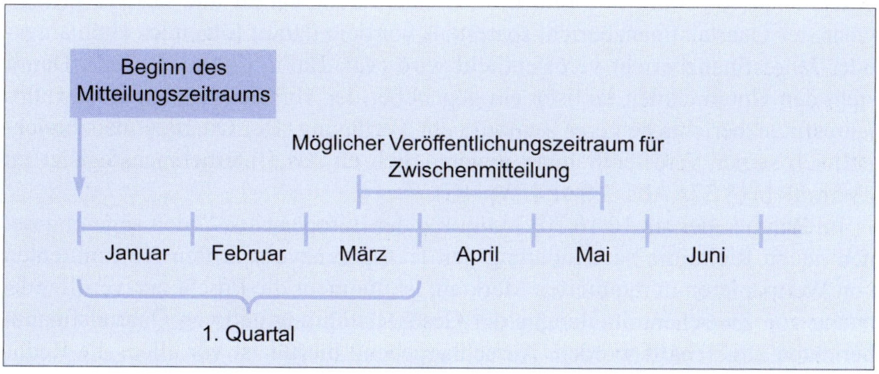

Abb. 14.2: Möglicher Veröffentlichungszeitraum einer Zwischenmitteilung (für das 1. Quartal bei einem mit dem Kalenderjahr übereinstimmenden Geschäftsjahr)

Ersatz durch Quartalsfinanzbericht

Veröffentlicht ein Unternehmen freiwillig einen Quartalsfinanzbericht, der den Vorschriften des § 37w Abs. 2 Nr. 1 und 2, Abs. 3 und 4 WpHG genügt, so entfällt die Pflicht zur Erstellung einer Zwischenmitteilung (§ 37x Abs. 3 Satz 1 WpHG). Ein Quartalsfinanzbericht ist demnach entsprechend den Vorschriften für den Halbjahresfinanzbericht, mit Ausnahme der Abgabe des Bilanzeides, zu erstellen. Zu beachten ist, dass der Berichtszeitraum des Halbjahresfinanzberichts auch bei Erstellung eines Quartalsfinanzberichts nicht auf drei Monate verkürzt werden darf; § 37w Abs. 1 WpHG fordert ausdrücklich eine Berichterstattung über die ersten sechs Monate.

Prüfung durch den Wirtschaftsprüfer

Weder für die Zwischenmitteilung der Geschäftsführung noch für den Quartalsfinanzbericht besteht die Pflicht zu einer prüferischen Durchsicht oder Prüfung entsprechend § 317 HGB. Auch eine Angabe über deren Unterlassen ist nicht erforderlich.

Enforcement

Zwischenmitteilungen unterliegen auch nicht dem Enforcement. Von ihrer Überwachung wird abgesehen, da sie nach Ansicht des deutschen Gesetzgebers nicht als Prüfungsgegenstand geeignet erscheinen. Auch Quartalsfinanzberichte sind nicht dem Enforcement-Verfahren unterworfen. In der Begründung zum Regierungsentwurf des TUG wird nur auf den Halbjahresfinanzbericht Bezug genommen.

Veröffentlichung

Die Zwischenmitteilung ist gemäß § 37x Abs. 1 Satz 1 WpHG spätestens am letzten Tag des flexiblen Mitteilungszeitraums zu veröffentlichen (vgl. Abbildung 14.2). Das Verfahren der Veröffentlichung entspricht dem des Halbjahresfinanzberichts (vgl. § 37x Abs. 1 Satz 2 bis 4 WpHG). § 37x Abs. 3 WpHG enthält für den Quartalsfinanzbericht keine separate Veröffentlichungsfrist. Eine Übernahme des Veröffentlichungszeitraums für die Zwischenmitteilung wäre aber nicht angemessen, da aufgrund der Bezugnahme auf das gesamte Quartal trotz der umfangreicheren Berichterstattung, verglichen mit der Zwischenmitteilung, eine Veröffentlichungsfrist von i. d. R. nur sechs Wochen nach dem jeweiligen Berichtsquartal bestehen würde. Während einerseits argumentiert werden kann, dass daher wohl die Regelungen des § 37w Abs. 1 Satz 1 WpHG für den Halbjahresfinanzbericht anzuwenden wären (Veröffentlichung spätestens zwei Monate nach Ende der Berichtsperiode) weist die BaFin mangels expliziter gesetzlicher Regelung in ihrem Emittentenleitfaden darauf hin, dass es genügt, wenn der Quartalsfinanzbericht spätestens vor dem darauf folgenden Halbjahres- oder Jahresfinanzbericht veröffentlicht wird (vgl. BaFin [2009], S. 238). Damit steht den Unternehmen faktisch ein gegenüber der Veröffentlichung eines Halbjahresfinanzberichts längerer Zeitraum zur Verfügung. Der Quartalsfinanzbericht ist nach seiner Veröffentlichung unverzüglich an das Unternehmensregister zu übermitteln (§ 37x Abs. 3 Satz 2 WpHG).

EU-Richtlinie zur Änderung der Transparenzvorschriften

Im Rahmen der am 10.10.2013 vom Rat der Europäischen Union angenommenen neuen Richtlinie zur Änderung der Transparenzvorschriften für Emittenten von Wertpapieren in regulierten Märkten, ist nunmehr die Pflicht zur Veröffentlichung von Zwischenmitteilungen der Geschäftsführung und von Quartalsfinanzberichten abgeschafft worden. Ausschlaggebend hierfür ist vor allem die Reduzierung des Verwaltungsaufwands für kleine und mittelgroße Unternehmen. Die Umsetzung der neuen Vorschriften in deutsches Recht soll binnen 24 Monaten erfolgen.

d) Umsetzung der Konzepte zur unterjährigen Erfolgsabgrenzung

Erfolgsabgrenzung gemäß WpHG

Bezüglich der Vorgehensweise bei der unterjährigen Erfolgsermittlung gibt das WpHG nur wenig Auskunft. Die Formulierungen der §§ 37w ff. WpHG enthalten keine verbindliche Vorschrift zur Anwendung einer bestimmten Abgrenzungsmethode (vgl. in diesem Kapitel, S. 957 ff.). Lediglich die Vorgabe, dass auf den verkürzten Abschluss die für den Jahresabschluss geltenden Rechnungslegungsgrundsätze anzuwenden sind, ist dem diskreten Ansatz zuzuordnen. Ansonsten existieren keine weiteren Regelungen, die auf die Umsetzung eines bestimmten Konzeptes schließen lassen.

2. Vorschriften im Prime Standard der Frankfurter Wertpapierbörse

Vorschriften im Prime Standard der FWB

Für Unternehmen, die im Prime Standard gelistet sind, gelten strengere Publizitätsvorschriften. So sind die Unternehmen gemäß § 51 Abs. 1 i. V. m. Abs. 2 BörsO der FWB verpflichtet, zum Stichtag des ersten und des dritten Quartals eines Geschäftsjahrs einen Quartalsfinanzbericht zu erstellen. Die Quartalsfinanzberichte umfassen die zwischen dem letzten Jahresabschlussstichtag und dem Quartalsfinanzberichtsstichtag liegenden Monate, d. h. es handelt sich um einen Dreimonats-, Sechsmonats- und Neunmonatsabschluss. Dabei sind dieselben internationalen Rechnungslegungsgrundsätze wie im Konzernabschluss (bzw. im Jahresabschluss, wenn kein Konzernabschluss zu erstellen ist) anzuwenden. Der Quartalsfinanzbericht muss ebenso wie der Halbjahresfinanzbericht einen verkürzten Abschluss, einen Zwischenlagebericht sowie einen sog. »Bilanzeid« enthalten (§ 51 Abs. 1 BörsO der FWB). Zudem muss er in deutscher und englischer Sprache abgefasst sein. Eine prüferische Durchsicht wird nur empfohlen. Die Veröffentlichung muss gemäß § 51 Abs. 5 BörsO der FWB spätestens zwei Monate nach Ende des Berichtszeitraums erfolgen.

3. Vorschriften zur Zwischenberichterstattung nach DRS

Die Vorschriften des DRS 16 (2012) stimmen weitestgehend mit den Vorschriften des WpHG überein. An dieser Stelle werden daher nur etwaige Sonderregelungen, Erweiterungen der Berichtspflichten bzw. detailliertere Erläuterungen der Regelungen aus dem WpHG durch DRS 16 (2012) dargestellt.

a) Anwendung und Zielsetzung des DRS 16

Anwendung des DRS 16

DRS 16 (2012) ist, zusätzlich zu den Vorschriften des WpHG, von allen Unternehmen anzuwenden, die gemäß WpHG zur Zwischenberichterstattung verpflichtet und konzernabschlusspflichtige Mutterunternehmen sind (DRS 16.4). Der Standard gilt für diese Unternehmen widerlegbar als GoB für den Konzernabschluss (§ 342 Abs. 2 HGB). Allen anderen Unternehmen wird eine Anwendung des DRS empfohlen, soweit sie freiwillig oder pflichtgemäß einen Zwischenbericht erstellen (DRS 16.9).

Zielsetzung

Zielsetzung des DRS 16 (2012) ist es, unterjährig entscheidungsnützliche Informationen über die Ertrags-, Finanz- und Vermögenslage und die voraussichtliche Entwicklung im Geschäftsjahr des Konzerns zu geben. Dabei soll der Zwischenbericht insbesondere den letzten Abschluss fortführen (DRS 16.1 f.).

b) Halbjahresfinanzbericht

Aufzunehmende Posten

DRS 16.17 bestimmt, dass der Zwischenabschluss die wesentlichen Posten und Zwischensummen des letzten Abschlusses enthalten muss und zusätzliche Posten oder Erläuterungen aufzunehmen sind, wenn ihr Weglassen irreführend wäre.

Verkürzter Anhang

Unklar bleibt auf Basis der Regelungen des WpHG, ob der Anhang verkürzt werden darf und welchen Inhalt er haben muss. Aufbauend auf die oben bereits angesprochene Argumentation spricht DRS 16.31 folgerichtig von verkürztem Anhang und konkretisiert dessen Inhalt. Aufzunehmen sind:

- eine Angabe, dass dieselben Bilanzierungs- und Bewertungsmethoden im Zwischenabschluss befolgt werden wie im Konzernabschluss, oder bei wesentlicher Änderungen, deren Beschreibung,
- Erläuterungen der Auswirkungen von wesentlichen Änderungen des Konsolidierungskreises und
- Erläuterungen, die ein sachgerechtes Verständnis der wesentlichen Änderungen der Beträge der verkürzten Bilanz und Gewinn- und Verlustrechnung gegenüber den Vergleichszahlen sowie der Entwicklungen im Berichtszeitraum ermöglichen.

Zwischenlagebericht

Der Zwischenlagebericht hat nach DRS 16.38 die Aufgabe, insbesondere die Veränderungen seit dem letzten Lagebericht darzustellen. Er hat somit eine Aktualisierungsfunktion und ist insofern kein eigenständiges Informationsinstrument, sondern in Zusammenhang mit dem letzten Lagebericht zu sehen (vgl. Wiederhold, P./Pukallus, S. [2007], S. 271). Hierfür spricht auch, dass DRS 16.37 die Beachtung der allgemeinen Grundsätze der Lageberichterstattung nach DRS 20 fordert. Hinsichtlich der Gliederung empfiehlt DRS 16.39, sich am letzten Lagebericht zu orientieren.

Wichtige Ereignisse und Auswirkungen auf den Zwischenabschluss

Hinsichtlich der nach WpHG geforderten Angabe der wichtigen Ereignisse und ihrer Auswirkungen auf den verkürzten Abschluss des Emittenten konkretisiert DRS 16.40, dass durch die Darstellung Informationen über die Entwicklung der Geschäftstätigkeit im Berichtszeitraum vermittelt werden müssen. Zur Verdeutlichung zählt DRS 16.41 beispielhaft interne und externe Ereignisse auf, die ggf. Angaben erforderlich machen. Besonders einzugehen ist auf ungewöhnliche, nicht wiederkehrende Ereignisse und saisonale Einflüsse (DRS 16.42).

Wesentliche Chancen und Risiken

Bezüglich der Beschreibung der wesentlichen Chancen und Risiken reicht es laut DRS 16.46 aus, nur wesentliche Änderungen im Berichtszeitraum zu beschreiben, während für unverändert bestehende Chancen und Risiken ein Verweis auf den letzten Lagebericht genügt. Positive und negative Veränderungen der Chancen und Risiken dürfen nicht miteinander verrechnet werden. Außerdem ist auf bestandsgefährdende Risiken gesondert einzugehen (DRS 16.48 f.).

Wesentliche Geschäfte mit nahe stehenden Personen

Zur Konkretisierung der für Aktienemittenten verpflichtenden Angaben wesentlicher Geschäfte mit nahe stehenden Personen und Unternehmen führt DRS 16.50 aus, dass es sich dabei um Geschäfte während des Berichtszeitraums mit wesentlichem Einfluss auf die Ertrags-, Finanz- und Vermögenslage des Unternehmens in diesem Zeitraum handelt. Außerdem müssen solche Änderungen von Geschäften mit wesentlichem Einfluss auf den Berichtszeitraum aufgenommen werden, die im letzten Abschluss angegeben wurden. Bezüglich der Definition nahe stehender Unternehmen und Personen verweist DRS 16.54 auf die Anhangangabe nach § 314 Abs. 1 Nr. 13 HGB, der wiederum die Definition des IAS 24 zugrunde zu legen ist.

Wesentliche Veränderungen der Prognosen

Zusätzlich zu den im WpHG geforderten Angaben verlangt DRS 16.35b, dass über wesentliche Veränderungen der Prognosen und sonstigen Aussagen zur voraussichtlichen Entwicklung aus dem letzten Konzernlagebericht berichtet wird. Der Bericht kann sich auf solche Prognosen und Aussagen beschränken, die aus Sicht der Unternehmensleitung wesentlich sind. Auch der Umstand, dass keine berichtspflichtigen Veränderungen vorliegen, ist anzugeben (DRS 16.44 f.). Dabei fordert DRS 16.36, dass zukunftsorientierte Aussagen die im Geschäftsjahr verbleibenden Monate betreffen müssen. Weitergehende Prognosen sowie eine Erläuterung oder Quantifizierung der (veränderten) Prognosen werden von DRS 16 (2012) zwar nicht gefordert, könnten aber den Investoren zusätzliche entscheidungsnützliche Informationen bereitstellen.

c) Zwischenmitteilung der Geschäftsführung

Umfang

DRS 16.65 erlaubt den Unternehmen, dass sich die Berichterstattung im zweiten Halbjahr auf den Zeitraum vom Beginn des Geschäftsjahrs bis zur Veröffentlichung der Mitteilung bezieht, also nicht nur den Zeitraum ab Beginn der zweiten Hälfte des Geschäftsjahres berücksichtigt.

Inhalt

Über die Anforderungen des WpHG hinausgehend, fordert DRS 16.64 in der Zwischenmitteilung eine Darstellung und Erläuterung der wesentlichen Ereignisse und Geschäfte im Mitteilungszeitraum und deren Auswirkungen auf die Ertrags-, Finanz- und Vermögenslage und eine allgemeine Darstellung der Ertrags-, Finanz- und Vermögenslage. Dieses Vorgehen erscheint zielführend, da die nach § 37x WpHG nicht verpflichtend zu beschreibende Vermögenslage ebenfalls wichtig für die Beurteilung des Unternehmens ist (vgl. Strieder, T./ Ammedick O. [2007], S. 289). Es ist jedoch keine Quantifizierung der Auswirkungen notwendig und die Beschreibung der Ertrags-, Finanz- und Vermögenslage soll nur allgemein – in Bezug auf die entsprechenden Vorjahreszahlen – die Entwicklung aufzeigen (DRS 16.68). Darüber hinaus ist besonders auf bestandsgefährdende Risiken einzugehen, die gegenüber dem letzten Konzernlagebericht neu hinzugekommen sind, sich verändert haben oder weggefallen sind (DRS 16.69).

d) Umsetzung der Konzepte zur unterjährigen Erfolgsabgrenzung

Erfolgsabgrenzung gemäß DRS 16

DRS 16 (2012) kann entnommen werden, dass zwar grundsätzlich die Eigenständigkeit des Zwischenberichts im Vordergrund steht, jedoch gleichzeitig der Bezug zur Jahresperiode hergestellt werden soll (vgl. DRS 16.20 ff.). Daraus lässt sich folgern, dass DRS 16 (2012) den kombinierten Ansatz der unterjährigen Erfolgsabgrenzung verfolgt. Gemäß DRS 16.22 ff. dürfen Abgrenzungen von unregelmäßigen Erträgen und Aufwendungen nur dann vorgenommen werden, wenn dies auch am Ende des Geschäftsjahres angemessen wäre. Bei der Ermittlung der Ertragsteuern kann aber gemäß DRS 16.24 aus Vereinfachungsgründen mit einem durchschnittlich gewichteten jährlichen Ertragsteuersatz gerechnet werden.

4. Vorschriften zur Zwischenberichterstattung nach IFRS

Zwischenberichterstattung nach IFRS

Die Regelungen zur Zwischenberichterstattung nach IFRS finden sich in IAS 34 *Interim Financial Reporting* (vgl. zu IAS 34 auch Alvarez, M./Wotschofsky, S. [2003], S. 57 ff.; Griewel, E. [2006]; Baetge, J./Rolvering, A./Haenelt, T./Graupe, F. [2010]; Haufe IFRS-Kommentar [2013], § 37). IAS 34 regelt nicht, welche Unternehmen einen Zwischenbericht zur erstellen haben, gibt aber eine Empfehlung ab, dass zumindest alle kapitalmarktorientierten Unternehmen einen Zwischenbericht erstellen sollten. Der Standard enthält detaillierte Bestimmungen bezüglich der Inhalte von Zwischenberichten mit dem gesteckten Ziel, deren Aussagefähigkeit zu erhöhen und den Nutzen für die Investoren zu steigern. Ergänzt werden diese Bestimmungen durch IFRIC 10, der einen Konflikt zwischen IAS 34 und IAS 36 regelt. Demnach ist eine Wertaufholung von in vorherigen Zwischenberichten erfassten Verlusten aus Wertminderungen (*impairment*) bei Goodwills, Eigenkapitalinstrumenten oder zu Anschaffungskosten bewerteten finanziellen Vermögenswerten nicht möglich.

Die Anwendung von IAS 34 und IFRIC 10 ist in Deutschland für den (konsolidierten) Halbjahresfinanzbericht kapitalmarktorientierter Mutterunternehmen sowie für den Halbjahresfinanzbericht von Unternehmen, die anstelle des Jahresabschlusses nach HGB einen Jahresabschluss i. S. des § 325 Abs. 2a HGB offenlegen, verpflichtend. Analoges gilt für den Quartalsfinanzbericht nach WpHG bzw. börsenrechtlichen Vorschriften (vgl. in diesem Kapitel, S. 962 ff.).

a) Inhaltliche Anforderungen

Konsolidierter Zwischenbericht

Um den Adressaten ein möglichst vollständiges Bild des Bericht erstattenden Unternehmens zu geben, ist der Zwischenbericht für den Fall, dass ein Unternehmen zum Jahresende einen Konzernabschluss aufstellt, in konsolidierter Form zu veröffentlichen (IAS 34.14). Dies entspricht auch den Vorgaben des WpHG.

Berichtszeitraum

Gemäß IAS 34 sollte zumindest eine halbjährliche Berichterstattung erfolgen (IAS 34.1a). Den Unternehmen steht es aber frei, eine über den Standard hinausgehende vierteljährliche Berichterstattung vorzunehmen. Vereinzelte Vorschriften verweisen speziell auf veränderte Darstellungsmethoden im Falle einer Quartalsberichterstattung.

IAS 34 verzichtet im Falle der Veröffentlichungsfrist ebenfalls auf eine verbindliche Regelung. Um jedoch der Zielsetzung der Zwischenberichterstattung zu entsprechen, kurzfristig entscheidungsrelevante Informationen bereitzustellen, sollte eine Veröffentlichungsfrist von 60 Tagen eingehalten werden (IAS 34.1b).

Veröffentlichungs-frist

Grundsätzlich hat ein Zwischenbericht gemäß IAS 34.8 folgende Instrumente eines nach den internationalen Vorschriften zu veröffentlichenden Jahresabschlusses zu enthalten:

Instrumente des Zwischenberichts

- Bilanz,
- Erfolgsrechnung,
- Kapitalflussrechnung,
- Darstellung der Eigenkapitalveränderungen,
- verkürzter Anhang.

Hinsichtlich des Umfangs der zu veröffentlichenden Instrumente der externen Rechnungslegung lässt das IASB dem Emittenten großen Freiraum. So können entweder vollständige oder aber zumindest verkürzte Versionen erstellt werden. Um Anhaltspunkte bezüglich der in die Bilanz, Erfolgsrechnung, Kapitalflussrechnung und in die Darstellung der Eigenkapitalveränderungen mindestens aufzunehmenden Posten zu gewinnen, schlägt IAS 34.9 vor, sich an IAS 1 *Presentation of Financial Statements* zu orientieren. Darüber hinaus verweist IAS 34.10 darauf, sich in den verkürzten Versionen an den im letzten Abschluss ausgewiesenen Hauptgliederungspunkten in den einzelnen Elementen zu orientieren.

Umfang der Instrumente

Die Zahlenangaben ergänzende Erläuterungen sind gemäß IAS 34.15 ff. in Form von *selected explanatory notes* zu veröffentlichen. Folgende Informationen sollten darin enthalten sein:

Erläuterungen

- Angaben zu Ereignissen und Transaktionen, die für das Verständnis von Änderungen der Vermögens-, Finanz- und Ertragslage seit dem Ende der letzten Berichtsperiode wesentlich sind (z. B. Änderungen im Unternehmensumfeld, die Auswirkungen auf den *fair value* von finanziellen Vermögenswerten oder Schulden haben; Veränderungen der Eventualschulden und -forderungen seit dem letzten Jahres- bzw. Konzernabschluss);
- Angaben zur Anwendung von Rechnungslegungs- und Berechnungsmethoden im Zwischenbericht im Vergleich zum letzten Jahres- bzw. Konzernabschluss;
- Angaben bezüglich der Saisonalität bzw. der Konjunktureinflüsse auf die Geschäftstätigkeit in der Zwischenperiode;
- Informationen über Art und Umfang von Geschehnissen, die in ihrer Natur, ihrer Größe oder ihrer Häufigkeit ungewöhnlich sind und die Vermögens-, Finanz- und Ertragslage wesentlich beeinflussen;
- Angaben über Art und Umfang der Anpassungen von Schätzgrößen, die in bisherigen Zwischenberichten des laufenden Geschäftsjahres oder in den Jahres- bzw. Konzernabschlüssen früherer Geschäftsjahre angegeben wurden, falls diese Anpassungen den aktuellen Zwischenbericht wesentlich beeinflussen;
- Angaben über Eigen- und Fremdkapitalmaßnahmen;

- Angaben über die zur Zwischenperiode oder zu früheren Zeitpunkten innerhalb des Geschäftsjahres ausbezahlten Dividenden, entweder als Gesamtsumme oder pro Aktie, getrennt nach Aktiengattungen;
- die folgenden Angaben zu Segmenten (Segmentbildung und Ermittlung der Segmentangaben ergibt sich aus IFRS 8; vgl. 13. Kapitel, S. 907 ff.):
  - Umsatzerlöse von externen Kunden, falls diese in die Berechnung des relevanten Segmentergebnisses einbezogen werden,
  - Umsatzerlöse aus Transaktionen mit anderen Segmenten, falls diese in die Berechnung des relevanten Segmentergebnisses einbezogen werden,
  - eine Maßzahl für das Segmentergebnis,
  - die Segmentvermögenswerte, für die sich im Vergleich zum letzten Jahres- bzw. Konzernabschluss wesentliche Änderungen ergeben haben,
  - Erläuterungen der Änderungen in der Segmentierungsgrundlage oder in der Ermittlung des Segmentergebnisses im Vergleich zum letzten Jahres- bzw. Konzernabschluss,
  - eine Überleitungsrechnung zwischen der Summe der Ergebnisse aller berichtspflichtigen Segmente und dem Gesamtergebnis des Unternehmens vor Steuern und ggf. vor einem Ergebnis aus aufgegebenen Geschäftsbereichen. Werden den berichtspflichtigen Segmenten jedoch bestimmte Posten, wie z. B. Steueraufwendungen bzw. -erträge, zugeordnet, kann die Überleitung auch auf ein Ergebnis nach Berücksichtigung dieser Posten erfolgen. Wesentliche Posten der Überleitungsrechnung sind zu identifizieren und zu erläutern;
- wesentliche Ereignisse, die nach dem Ende der Zwischenperiode eingetreten sind;
- Veränderungen im Konsolidierungskreis und sonstige Veränderungen in der Zusammensetzung der Bericht erstattenden Einheit.

Der Zwischenbericht hat zusätzlich zu den Angaben über die Berichtsperiode auch Vergleichsangaben des abgelaufenen Geschäftsjahres zu enthalten (IAS 34.20 und Teil A der *illustrative examples* zu IAS 34). Bei stark saisonabhängiger Geschäftstätigkeit wird empfohlen, zusätzliche Angaben für einen Zwölfmonatszeitraum, der zum Zwischenberichtsstichtag endet, zu veröffentlichen und diese um entsprechende Vergleichsangaben zu ergänzen (IAS 34.21).

Prüfung

In IAS 34 ist keine Prüfung des Zwischenberichts durch einen Wirtschaftsprüfer vorgeschrieben. Dem steht jedoch nicht entgegen, den Zwischenbericht einer freiwilligen Prüfung bzw. prüferischen Durchsicht unterziehen zu lassen.

Beachtung nationaler Vorschriften

Zu beachten ist, dass IAS 34 nur Vorschriften zum verkürzten Abschluss im Rahmen des Halbjahresfinanzberichts (bzw. eines freiwillig oder aufgrund börsenrechtlicher Vorschriften verpflichtend erstellten Quartalsfinanzberichts) enthält. Bezüglich der übrigen in diesem Kapitel erwähnten Instrumente der Zwischenberichterstattung (Zwischenlagebericht, Zwischenmitteilung) sind von den Unternehmen, die dem Regelungsbereich des WpHG und dem HGB unterliegen, zwingend die Vorschriften dieser Regelungen zu befolgen. Zudem sind die strengeren Vorschriften der nationalen Regelungen, z. B. hinsichtlich der Offenlegung der Zwischenberichterstattung, anzuwenden, selbst wenn IAS 34 für den jeweiligen Sachverhalt größere Spielräume zulässt.

b) Umsetzung der Konzepte zur unterjährigen Erfolgsabgrenzung

Erfolgsabgrenzung gemäß IAS 34

Das IASB entscheidet sich mit der Forderung, identische Bilanzierungs- und Bewertungsmethoden wie im Jahresabschluss auch in der Zwischenberichterstattung anzuwenden, in erster Linie für den diskreten Ansatz als Methodik der unterjährigen Erfolgsermittlung (vgl. in diesem Kapitel, S. 959 ff.). Noch deutlicher wird dies in IAS 34.29, der die Zwischenperiode wie folgt charakterisiert: »*... that interim period measurements are made as if each interim period stands alone as an independent reporting period.*«

Nur in Ausnahmefällen, die die Nützlichkeit, die Verständlichkeit, die Verlässlichkeit oder die Zeitnähe der Zwischenberichterstattung verbessern, ist ein Abweichen von der diskreten Methodik zulässig. Verdeutlicht wird dies durch die in den *illustrative examples* zu IAS 34 Teil B zahlreich gegebenen Anwendungsbeispiele, die jeweils die konkrete Umsetzung des diskreten Ansatzes aufzeigen. Dabei muss, um die Aussagekraft des Zwischenberichts zu erhöhen, teilweise auf integrative Abgrenzungsmethoden zurückgegriffen werden. So z. B. im Rahmen der Ermittlung des unterjährigen Steueraufwandes, der mittels des effektiven Steuersatzes auf den voraussichtlichen Jahreserfolg berechnet wird (IAS 34 *illustrative examples* B 12).

III. Zwischenberichterstattung nach US-GAAP

Form 10-Q muss von allen amtlich notierten Unternehmen vierteljährlich bei der SEC eingereicht werden. Festgehalten ist dies in Section 13 bzw. 15d des »*Securities and Exchange Act 1934*«. Die Einführung dieser Bestimmung datiert aus dem Jahre 1970. Sie wurde allerdings mehrfach erweitert. Der Zwischenbericht nach heutigen Bestimmungen ist dadurch zu einem umfangreichen und mehrseitigen Bericht angewachsen (vgl. zu einer ausführlicheren Darstellung der Zwischenberichterstattung in den USA KPMG [2007], S. 392 f. und 409; Kieso, D. E./Weygandt, J. J./Warfield, T. D. [2013], S. 1501 ff.).

Form 10-Q

In Abhängigkeit von der Höhe des Freefloat, also der Marktkapitalisierung der nicht durch institutionelle Investoren gehaltenen Anteile, haben amtlich notierte Unternehmen konsolidierte Quartalsberichte nach Form 10-Q innerhalb von 45 bzw. 40 Tagen jeweils nach dem Ende der ersten drei Quartale eines Geschäftsjahres bei der SEC einzureichen; ein eigener Zwischenbericht für das vierte Quartal ist nicht erforderlich, wird aber empfohlen.

- Part I

Der Mindestinhalt von Form 10-Q, Part I umfasst folgende Punkte:

1. *Financial Statements* (Zwischenabschluss),
2. *Management's Discussion and Analysis of Financial Condition and Results of Operations* (Beurteilung der Finanz- und Ertragslage),
3. *Quantitative and Qualitative Disclosures About Market Risk* (Einschätzung der Marktrisiken),
4. *Controls and Procedures* (Erklärung zum internen Kontrollsystem).

Die Inhalte des Zwischenabschlusses unterscheiden sich nicht wesentlich von denen nach WpHG und IFRS.

- Part II

Form 10-Q, Part II fordert darüber hinaus weitere Angaben, z. B. über laufende Gerichtsverfahren oder über Sachverhalte, die während der Zwischenberichtsperiode bereits in Form einer Ad hoc-Mitteilung veröffentlicht wurden.

Segmentangaben

Zusätzlich zu den SEC-Angabepflichten sind im Zwischenbericht auch Segmentinformationen auszuweisen (ASC 280-10-50-32 f.). Anzugeben sind hierbei z. B. die externen und intersegmentären Umsatzerlöse, das nach internen Grundsätzen ermittelte Segmentergebnis und Änderungen in der Segmentabgrenzung bzw. in den Ermittlungsgrundsätzen der Segmentergebnisse.

Erfolgsabgrenzung gemäß APB 28

Bezüglich der unterjährigen Erfolgsabgrenzung sind die Regelungen gemäß ASC 270 (früher APB 28) maßgebend. Diese beruht überwiegend auf dem integrativen Ansatz, enthält aber auch Elemente des diskreten Ansatzes, sodass insgesamt ein kombinierter Ansatz vorliegt (vgl. in diesem Kapitel, S. 960 ff.). Dabei sollen die Ergebnisse für jede Zwischenperiode auf Basis der Rechnungslegungsvorschriften ermittelt werden, die im letzten Jahresabschluss angewandt wurden, es sei denn, dass in der Zwischenzeit Änderungen der angewandten Bilanzierungs- und Bewertungsmethoden vorgenommen wurden. Gleichwohl sieht ASC 270-10-45 Modifikationen an den Jahresabschlussvorschriften vor, um i. S. des integrativen Ansatzes einen besseren Bezug der Ergebnisse aus der Zwischenperiode auf das Jahresergebnis herstellen zu können. Demnach müssen die direkten Kosten den in der Zwischenperiode anfallenden Umsatzerlösen zugeordnet werden, während die indirekten Kosten in den Zwischenperioden zeitlich oder anhand des erwarteten Ergebnisanteils am gesamten Jahresergebnis oder eines anderen Aktivitätsmaßes abgegrenzt werden. Darüber hinaus sollen die Jahresendaufwendungen, wie z. B. Lagerbestandsschwund und Boni, sorgfältig abgeschätzt und den Zwischenperioden zugerechnet werden.

B. Ad hoc-Publizität

Regelung

In Deutschland ist die Ad hoc-Publizität seit 1994 im WpHG geregelt und erfuhr durch das Anlegerschutzverbesserungsgesetz (AnSVG) 2004 eine Erweiterung und Konkretisierung.

Zielsetzung

Zielsetzung der Ad hoc-Publizität ist es, eine Ergänzung zu den zu veröffentlichenden Jahresabschlüssen, Lageberichten und Zwischenberichten zu schaffen. Die Informationszeiträume werden verkürzt, indem kontinuierlich kursrelevante Informationen publiziert werden. Den Investoren werden hierdurch zusätzliche Informationen für ihre Anlageentscheidungen bereitgestellt, wodurch Informationsasymmetrien zwischen ihnen und dem Unternehmensmanagement verringert werden sollen. Abschnitt 3 des WpHG (§§ 12 ff.) steht unter der Überschrift »Insiderüberwachung«, was auf die weitere Aufgabe der Ad hoc-Publizität hinweist, nämlich die Prävention von Insidergeschäften durch zeitnahe Publizität. Insgesamt soll damit die Ad hoc-Publizität zur Verbesserung der Transparenz und der Informationseffizienz des Kapitalmarktes beitragen. I. S. der Wirksamkeit dieser Aufgabe ist es ein wichtiges Anliegen zu überprüfen, inwieweit die Ad hoc-Publizität die Informationseffizienz des Kapitalmarktes tatsächlich fördert (vgl. Röder, K. [1998], S. 23 f.; Güttler, A. [2005], S. 237).

Veröffentlichungspflicht

Nach § 15 Abs. 1 WpHG haben Inlandsemittenten (gemäß § 2 Abs. 7 WpHG) Insiderinformationen unverzüglich zu veröffentlichen (§ 15 Abs. 1 WpHG).

Unter Insiderinformationen sind Informationen über konkrete Umstände zu verstehen, die das Unternehmen unmittelbar betreffen, bisher der Öffentlichkeit nicht bekannt sind und von denen erwartet wird, dass deren Veröffentlichung den Börsenkurs erheblich beeinflussen kann (§ 13 Abs. 1 WpHG). Der Begriff »Umstand« geht über den vor Verabschiedung des AnSVG relevanten Begriff »Tatsache«, der »Geschehenes oder Bestehendes« bezeichnete (vgl. Pellens, B. [1991], S. 63), hinaus und schließt auch überprüfbare Werturteile und Prognosen mit ein (vgl. Griewel, E. [2006], S. 199). Das Erfordernis der »Unmittelbarkeit« ist immer dann gegeben, wenn der Umstand in den Tätigkeitsbereich des Emittenten fällt. Zudem kann diese Voraussetzung auch in anderen Fällen (z. B. Abgabe eines Angebots zur Übernahme eines anderen Unternehmens) erfüllt sein (vgl. BaFin [2009], S. 38). Eine weitere wesentliche Voraussetzung für eine Ad hoc-Pflicht ist schließlich das Kursbeeinflussungspotenzial einer Information. Ein solches wird dann als gegeben angesehen, wenn »ein verständiger Anleger die Information bei seiner Anlageentscheidung berücksichtigen würde« (§ 13 Abs. 1 Satz 2 WpHG).

Beispiele

Nach einem Katalog der BaFin sind u. a. folgende Sachverhalte veröffentlichungspflichtig (vgl. BaFin [2009], S. 56 f.):

- Veräußerung von Kernbereichen,
- Verschmelzungsverträge und Eingliederungen,
- Beherrschungs- und Gewinnabführungsverträge,
- Erwerb oder Veräußerung wesentlicher Beteiligungen,
- Übernahmeangebote,
- Kapitalmaßnahmen,
- Gewinnwarnungen, d. h. wesentliche Abweichungen der Ergebnisse von Jahres-/Konzernabschlüssen oder Zwischenberichten von Prognosen,
- Dividendensatzänderung,
- drohende Zahlungseinstellung bzw. Überschuldung,
- Abschluss, Änderung, Kündigung bedeutender Vertragsverhältnisse,
- Erfindungen bzw. Erteilung von Patenten,
- wesentliche Restrukturierungsmaßnahmen,
- unerwartete Veränderungen in Schlüsselpositionen.

Befreiungsmöglichkeit

Nach § 15 Abs. 3 Satz 1 WpHG kann der Emittent eine (vorübergehende) Befreiung von der Mitteilungspflicht geltend machen, wenn der Schutz berechtigter Interessen vorliegt. Dies ist insbesondere bei sog. mehrstufigen Entscheidungsprozessen, bei denen zwar ein Vorstandsbeschluss gefasst wurde, die Billigung durch den Aufsichtsrat aber noch aussteht, vorgesehen, da ansonsten die Funktion des Aufsichtsrat als Kontrollorgan beeinträchtigt werden könnte. Nebenbedingungen der Befreiung sind jedoch, dass keine Irreführung der Öffentlichkeit zu befürchten ist und dass die Vertraulichkeit der Informationen gewährleistet werden kann.

Veröffentlichungskanal

Gemäß § 15 Abs. 4 Satz 1 WpHG hat der Emittent die entsprechende Mitteilung sowohl der Geschäftsführung der zuständigen Börsen als auch der BaFin zu übersenden. Anschließend muss die Ad hoc-Mitteilung über ein elektronisch betriebenes Informationssystem sowie über die Internetseite des Unternehmens veröffentlicht und dem Unternehmensregister zur Speicherung übersandt werden.

Bei Verstößen gegen die Ad hoc-Publizität sehen die §§ 37b und 37c WpHG Schadenersatzansprüche sowie § 39 WpHG erhebliche Bußgelder vor.

Ad hoc-Publizität in USA

Die in den USA gültigen Vorschriften zur Ad hoc-Publizität haben über die EU-Richtlinie die deutschen Vorschriften stark geprägt, sodass in diesem Bereich von einer weit gehenden Vereinheitlichung gesprochen werden kann. Eine Ausnahme stellt die Tatsache dar, dass die SEC in den USA spezielle Sachverhalte vorgibt, die nach Form 8-K eine Mitteilungspflicht auslösen, während in Deutschland eine stärkere Prinzipienorientierung dieser Regelungen besteht (vgl. Pellens, B./Fülbier, R. U./Gassen, J./Sellhorn, T. [2011], S. 988 ff.).

Kontrollfragen:

1. An welchen Adressatenkreis richtet sich die Zwischenberichterstattung?
2. Was versteht man unter dem eigenständigen und was unter dem integrativen Ansatz der unterjährigen Erfolgsermittlung?
3. Was sind die Vorteile bzw. Nachteile des eigenständigen bzw. integrativen Ansatzes?
4. Welches sind die Berichtsgegenstände der Zwischenberichterstattung nach WpHG, DRS, IFRS und US-GAAP?
5. Bezieht sich die Zwischenberichterstattung nach WpHG bzw. DRS 16 auf Daten der Einzelgesellschaft oder Daten des Konzerns?
6. Beruht die in Deutschland im WpHG bzw. in DRS 16 verankerte Zwischenberichterstattung eher auf dem eigenständigen oder auf dem integrativen Ansatz?
7. Welche Besonderheiten für die Zwischenberichterstattung ergeben sich bei Saisonunternehmen und bei Unternehmen mit langfristiger Fertigung?
8. Unterliegt die Zwischenberichterstattung der Pflichtprüfung durch den Abschlussprüfer?
9. Was sind die wesentlichen Unterschiede der Zwischenberichterstattung nach WpHG, DRS, IFRS und US-GAAP?
10. Welche Funktionen hat die Ad hoc-Publizität?
11. Was ist Gegenstand der Ad hoc-Publizität?

15. Kapitel: Prüfung, Offenlegung und Enforcement

In diesem Kapitel wird auf die handelsrechtlichen Rahmenbedingungen zur externen Prüfung von Unternehmensabschlüssen eingegangen. Des Weiteren wird dargestellt, welche Unternehmen in welchem Umfang zur Offenlegung ihrer Abschlüsse verpflichtet sind. Anschließend wird das Enforcement-Verfahren in Deutschland zur Kontrolle der Rechtmäßigkeit der Unternehmensabschlüsse näher beschrieben. Es gibt keine Ausführungen zur Prüfung oder Offenlegung nach IFRS, da für diese Sachverhalte das IASB, aufgrund fehlender Zuständigkeit, keine Standards erlassen hat.

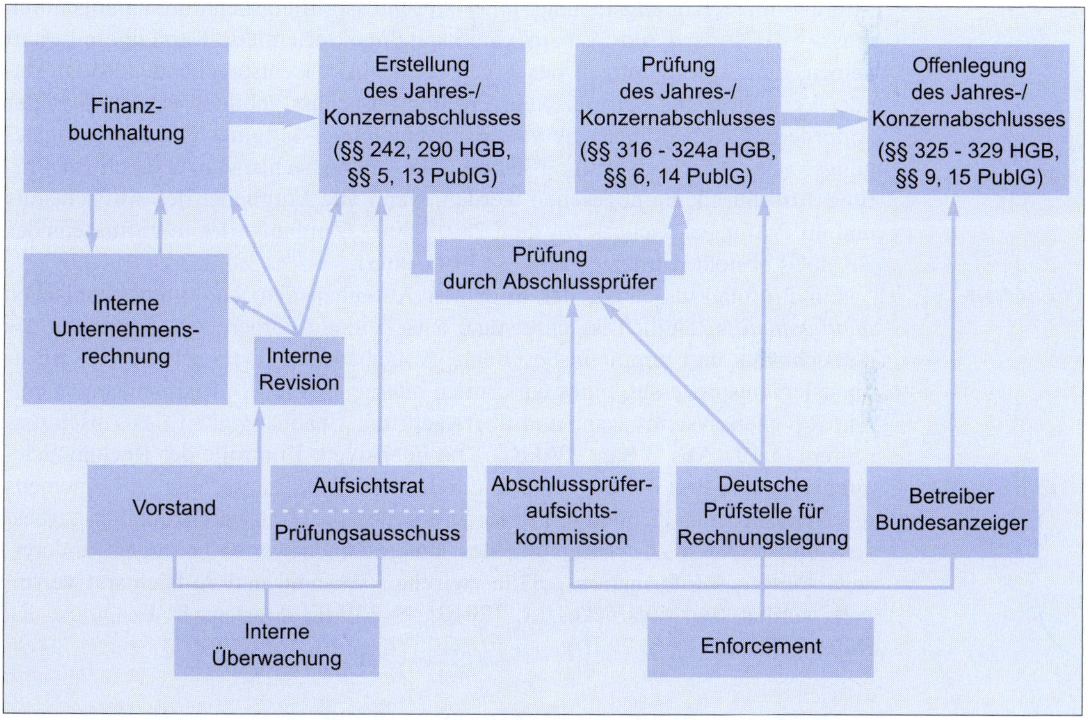

Abb. 15.1: Stadien der jährlichen Unternehmensberichterstattung und relevante Institutionen

Abhängigkeit von Rechtsform und Unternehmensgröße

Abbildung 15.1 zeigt den Prozess der gesetzlich geforderten jährlichen Unternehmensberichterstattung sowie die dabei involvierten Institutionen. Als ersten Schritt bilden die Daten der unternehmensinternen Finanzbuchhaltung die Grundlage zur Erstellung eines Jahres- bzw. Konzernabschlusses (vgl. 1. Kapitel, S. 3). Diese erstellten Abschlüsse unterliegen im nächsten Schritt, abhängig von Unternehmensgröße und Rechtsform, einer Prüfungspflicht. Den letzten Schritt stellt die Offenlegung der erstellten und geprüften Abschlüsse, in Abhängigkeit von der Unternehmensgröße und Rechtsform, dar. Jeder Teilschritt unterliegt einer Überwachungs- bzw. Enforcement-Instanz zur Sicherstellung der Einhaltung der gesetzlichen Normen.

A. Externe Prüfung von Abschlüssen

Die folgenden Abschnitte beschreiben die im HGB kodifizierten Vorschriften zur Prüfung der Unternehmensabschlüsse durch einen Abschlussprüfer.

Interne Kontrollen der Rechnungslegung

Von dieser externen Überwachung können unternehmensinterne Prüfungsinstanzen in Form von Aufsichts- bzw. Verwaltungsrat und interner Revision abgegrenzt werden. Zusätzlich sehen detailliertere Regelungen für kapitalmarktorientierte Kapitalgesellschaften (§ 264d HGB) vor, dass mindestens ein unabhängiges Aufsichtsratsmitglied Rechnungslegungs- oder Abschlussprüfungskenntnisse besitzen muss (§ 100 Abs. 5 AktG) und dass der Aufsichtsrat einen Prüfungsausschuss i. S. des § 324 HGB einrichten kann, dem mindestens ein unabhängiges Mitglied mit Rechnungslegungs- oder Abschlussprüfungskenntnissen angehören muss (§ 107 Abs. 4 AktG). Falls eine kapitalmarktorientierte Kapitalgesellschaft keinen, den Anforderungen des § 100 Abs. 5 AktG entsprechenden Aufsichts- oder Verwaltungsrat hat, muss ein Prüfungsausschuss gebildet werden. Von der Anforderung von mindestens einem unabhängigen Mitglied mit Rechnungslegungs- oder Abschlussprüfungskenntnissen im Aufsichtsrat bzw. auch im Prüfungsausschuss kann abgesehen werden, wenn alle Mitglieder des Aufsichtsrats und im Prüfungsausschuss vor dem 29.05.2009 (Zeitpunkt des Inkrafttretens des BilMoG) bestellt wurden (§ 12 Abs. 4 EGAktG).

Prüfungsausschuss

Ein Prüfungsausschuss, der in seinen Aufgaben dem anglo-amerikanischen *audit committee* ähnlich ist, unterstützt entscheidungsvorbereitend die Arbeit des Aufsichtsrats und nimmt insbesondere Aufgaben zur Überwachung des Rechnungslegungsprozesses, eines wirksamen internen Kontroll-, Risikomanagement- und Revisionssystems wahr und überwacht die Unabhängigkeit des Abschlussprüfers (§ 107 Abs. 3 Satz 2 AktG). Die intensivere Kontrolle der Rechnungslegungsprozesse und der Abschlüsse durch den Prüfungsausschuss soll einerseits das Vertrauen der Kapitalmärkte fördern sowie die Transparenzqualität verbessern und dadurch zur Steigerung des Unternehmenswertes beitragen, andererseits sollte das Informationsgefälle zwischen Vorstand und Aufsichtsrat verringert werden (vgl. Warncke, M. [2010], S. 339 ff.; Marten, K.-U./Quick, R./Ruhnke, K. [2011], S. 29 ff.).

I. Prüfungspflicht und Prüfungsberechtigte

Prüfungspflicht und Prüfungsberechtigte

Damit die Jahresabschlüsse ihrer Informationsfunktion gerecht werden können, müssen die gewährten Informationen verlässlich, i. S. v. normen- und realitätskonform, sein. Um diesbezüglich eine Bestätigung zu haben, liegt es nahe, die Abschlüsse durch eine unabhängige Institution, den sog. Abschlussprüfer, prüfen zu lassen (vgl. z. B. zur theoretischen Begründung der Abschlussprüfung Marten, K.-U./Quick, R./Ruhnke, K. [2011], S. 35 ff.). Die Abschlussprüfung ist in den §§ 316 bis 324a HGB kodifiziert. Es bestehen unterschiedliche Prüfungspflichten abhängig von der Rechtsform und Unternehmensgröße.

So hat bei mittelgroßen und großen Kapitalgesellschaften (vgl. zu den Größenklassen § 267 und § 267a HGB sowie 1. Kapitel, S. 29) ein Abschlussprüfer den Jahresabschluss und Lagebericht zu prüfen, Kleinstkapitalgesellschaften und kleine Kapitalgesellschaften sind von der Prüfungspflicht befreit (§ 316 Abs. 1 HGB). Die genannten Regelungen beziehen sich auch auf offene Handelsgesellschaften und Kommanditgesellschaften, bei denen nicht wenigstens ein (mittelbar oder unmittelbar) persönlich haftender Gesellschafter eine natürliche Person ist (§ 264a HGB).

Gemäß § 316 Abs. 2 HGB unterliegen auch der Konzernabschluss und Konzernlagebericht der Prüfungspflicht. Ohne Prüfung kann ein Konzernabschluss nicht gebilligt werden.

Für Einzelkaufleute und Personengesellschaften besteht keine Prüfungspflicht, außer sie fallen in den Anwendungsbereich des PublG. Für alle Großunternehmen gemäß § 1 Abs. 1 PublG sind die Prüfungsvorschriften des HGB analog anzuwenden (§ 6 Abs. 1 PublG).

Die Feststellung des Jahresabschlusses bzw. die Billigung des Konzernabschlusses kann erst nach stattgefundener Prüfung erfolgen (§ 316 Abs. 1 bzw. Abs. 2 HGB; § 8 Abs. 1 PublG). Falls nach Vorlage des Prüfungsberichts noch Änderungen am Jahres-, Konzernabschluss oder Lagebericht, Konzernlagebericht vorgenommen werden, hat ggf. eine erneute Prüfung durch den Abschlussprüfer zu erfolgen (§ 316 Abs. 3 HGB; § 8 Abs. 3 PublG).

Neben den bereits genannten Normen gibt es rechtsformspezifische Vorschriften zur Prüfungspflicht von Genossenschaften (§ 53 GenG), Kreditinstituten (§ 340k HGB) und Versicherungsunternehmen (§ 341k HGB).

Wahl und Bestellung des Abschlussprüfers

Der Abschlussprüfer des Jahresabschlusses wird gemäß § 318 Abs. 1 HGB von den Gesellschaftern bzw. beim Konzernabschluss von den Gesellschaftern des Mutterunternehmens vor Ablauf des Geschäftsjahres gewählt. Bei einer GmbH und bei haftungsbeschränkten Personenhandelsgesellschaften (§ 264a HGB) kann der Gesellschaftsvertrag eine andere Regelung vorschreiben (§ 318 Abs. 1 Satz 2 HGB). Der gesetzliche Vertreter bzw. der Aufsichtsrat (bei AG und KGaA, § 111 Abs. 2 Satz 3 AktG i. V. m. § 318 Abs. 1 Satz 4 HGB) erteilt nach der Wahl den Prüfungsauftrag. Unter bestimmten Gründen kann gemäß § 318 Abs. 3 und 4 HGB auf Antrag des gesetzlichen Vertreters, des Aufsichtsrats oder von Gesellschaftern die Bestellung des Abschlussprüfers auch durch ein Gericht vorgenommen werden.

Bei Personenhandelsgesellschaften, die unter das PublG fallen, wählen ebenfalls die Gesellschafter den Abschlussprüfer, außer die Satzung oder der Gesellschaftsvertrag sehen etwas anderes vor (§ 6 Abs. 3 Satz 1 PublG). Bei einem unter das PublG fallenden Einzelkaufmann wählt und bestellt dieser den Abschlussprüfer. Bei den restlichen unter das PublG fallenden Unternehmen wird gemäß § 6 Abs. 3 Satz 3 PublG der Abschlussprüfer durch den Aufsichtsrat gewählt, falls keine anderen Regelungen bestehen. Für alle unter das PublG fallenden Unternehmen gilt, dass der gesetzliche Vertreter den Abschlussprüfer bestellt, falls kein Aufsichtsrat vorhanden ist (z. B. bei Stiftungen). Sinngemäß sind die Regelungen für den Jahresabschluss auch auf einen Konzernabschluss anzuwenden (§ 14 Abs. 1 PublG); Ausnahmen bestehen für eine Genossenschaft als Mutterunternehmen (§ 14 Abs. 2 PublG).

Abschlussprüfer

Als Abschlussprüfer kommen gemäß § 319 Abs. 1 HGB und § 6 Abs. 1 PublG nur Wirtschaftsprüfer und Wirtschaftsprüfungsgesellschaften in Betracht. Mittelgroße Gesellschaften mit beschränkter Haftung und mittelgroße Personenhandelsgesellschaften i. S. des § 264a Abs. 1 HGB können auch von vereidigten Buchprüfern und Buchprüfungsgesellschaften geprüft werden. Zusätzlich müssen die Abschlussprüfer eine wirksame Bescheinigung über die Teilnahme an der Qualitätskontrolle nach § 57a WPO (*peer review*) verfügen bzw. eine Ausnahmegenehmigung der Wirtschaftsprüferkammer besitzen (§ 319 Abs. 1 HGB). Unter *peer review* versteht man die regelmäßige externe Qualitätskontrolle einer Wirtschaftsprüferpraxis durch einen außen stehenden Wirtschaftsprüfer, der die Qualifikation als Prüfer für Qualitätskontrolle besitzt.

Die Regelungen des § 319 Abs. 1 bis 4 HGB finden entsprechende Anwendung auf den Abschlussprüfer des Konzernabschlusses, jedoch darf dieser nicht durch einen vereidigten Buchprüfer oder eine Buchprüfungsgesellschaft geprüft werden (§ 319 Abs. 5 HGB). Falls kein Abschlussprüfer für den Konzernabschluss bestellt wurde, gilt der Abschlussprüfer des in den Konzernabschluss einbezogenen Jahresabschlusses des Mutterunternehmens als bestellt zur Prüfung des Konzernabschlusses (§ 318 Abs. 2 HGB). Diese Regelungen gelten auch für einen nach § 11 PublG erstellten Konzernabschluss (§ 14 Abs. 1 PublG).

Gründe für einen Ausschluss eines Prüfers von der Abschlussprüfung

Ein Abschlussprüfer ist nicht zur Annahme eines Prüfungsauftrages verpflichtet. Die Annahme liegt in seinem freien Ermessen, wenn er sich nicht in der Lage sieht, die Prüfung in sachlicher, personeller und zeitlicher Hinsicht ordnungsgemäß durchzuführen. Es bestehen jedoch auch Prüfungsverbote für Wirtschaftsprüfer und vereidigte Buchprüfer, wenn Ausschlussgründe nach § 319 HGB und zusätzlich für Unternehmen von öffentlichem Interesse nach § 319a HGB vorliegen. Ein Unternehmen von öffentlichem Interesse ist ein kapitalmarktorientiertes Unternehmen – nicht nur beschränkt auf Kapitalgesellschaften – i. S. des § 264d HGB, das einen organisierten Markt i. S. des § 2 Abs. 5 WpHG in Anspruch nimmt und Wertpapiere i. S. des § 2 Abs. 1 Satz 1 WpHG ausgegeben bzw. deren Zulassung beantragt hat.

Anforderungen an den Abschlussprüfer

Ein Prüfungsverbot greift dann, wenn die Unabhängigkeit des Abschlussprüfers aufgrund persönlicher, finanzieller oder geschäftlicher Beziehungen in Frage gestellt werden kann (§ 319 Abs. 2 HGB). Für eine sachgerechte Urteilsbildung muss der Abschlussprüfer über eine Urteilsfähigkeit (fachliche Qualifikation) und Urteilsfreiheit (Unabhängigkeit und Unbefangenheit) verfügen und er muss gewährleisten, dass er die Prüfung entsprechend den gesetzlichen Vorschriften und den Grundsätzen ordnungsmäßiger Abschlussprüfung durchführt. Zu unterscheiden sind die innere Unabhängigkeit (*independence in fact/independence in mind*), das Freisein von äußeren Einwirkungsmöglichkeiten auf die unbefangene, sachgerechte Urteilsbildung, und die äußere Unabhängigkeit (*independence in appearance*), wenn für vernünftige, vorurteilsfreie Dritte kein sachlicher Grund ein Misstrauen an der Unabhängigkeit des Abschlussprüfers rechtfertigt. Eine personelle Verflechtung besteht u. a., wenn der Abschlussprüfer zugleich gesetzlicher Vertreter, Aufsichtsrat oder Arbeitnehmer der zu prüfenden Gesellschaft ist.

Beeinträchtigungen der Unabhängigkeit des Abschlussprüfers

Diese Unabhängigkeitsanforderungen an den Abschlussprüfer werden dadurch erhöht, dass der verantwortliche Prüfungspartner bei dem geprüften Unternehmen innerhalb von zwei Jahren nach Beendigung der Prüfungstätigkeit keine wichtige Führungsposition einnehmen darf (*cooling-off*, § 43 Abs. 3 WPO). Der verantwortliche Prüfungspartner (§ 319a Abs. 1 Satz 5 HGB) ist der Partner, der den Bestätigungsvermerk unterschreibt oder die Verantwortung für die Prüfungsdurchführung – auf Konzernebene ist auch die Prüfung bedeutender Tochterunternehmen ausreichend – getragen hat. Persönliche Beziehungen (Verwandtschaft oder soziale Bindung) beeinträchtigen ebenfalls die Unabhängigkeit. Ein wesentlicher Ausschlussgrund ergibt sich aus dem Selbstprüfungsverbot, d. h. der Abschlussprüfer darf nicht prüfen, was er selbst im Rahmen eines Beratungsvertrages veranlasst hat, z. B. Führung der Bücher, Durchführung der internen Revision, bei Unternehmen von öffentlichem Interesse gemäß § 319a Abs. 1 HGB Rechts- und Steuerberatungsleistungen erbracht hat oder bei der Ausgestaltung des Rechnungslegungssystems wesentlich mitgewirkt hat. Finanzielle Interessen des Abschlussprüfers resultieren aus Beteiligungs- und Schuldverhältnissen. Hiermit verbunden sind auch geschäftliche Beziehungen, die zu einem Ausschlussgrund führen, wenn der Abschlussprüfer in den letzten fünf Jahren mehr als 30 % der Gesamteinnahmen aus der beruflichen Tätigkeit von dem zu prüfenden Mandanten bezogen hat, respektive 15 % bei Unternehmen von öffentlichem Interesse. Ebenso kommt es bei Unternehmen von öffentlichem Interesse zu einem Prüfungsverbot, wenn der Abschlussprüfer mindestens siebenmal die Prüfungsverantwortung getragen hat, außer die letzte Prüfungsbeteiligung liegt zwei oder mehr Jahre zurück. Zusätzlich ergibt sich gemäß § 319b HGB für einen Abschlussprüfer ein weiterer Ausschlussgrund, indem ein Mitglied seines Netzwerks bestimmte, oben genannte Tatbestände für den Ausschluss von der Prüfung erfüllt, es sei denn dieses Mitglied kann keinen Einfluss auf das Prüfungsergebnis ausüben. Unter Netzwerk versteht man die kooperative Berufsausübung von Personen zur Verfolgung gemeinsamer wirtschaftlicher Interessen für eine gewisse Dauer, z. B. wenn sich ein Einzelwirtschaftsprüfer einem größeren Prüferverbund anschließt. § 319b HGB stellt eine Ergänzung der sog. Sozietätsklausel in § 319 Abs. 3 Satz 1 HGB (bzw. § 319a Abs. 1 Satz 3 HGB) dar, die besagt, dass auch »ein Wirtschaftsprüfer [...], wenn er oder eine Person, mit der er seinen Beruf gemeinsam ausübt« bei Vorliegen von Ausschlussgründen die Prüfung nicht durchführen darf.

Alle diese Ausschlusstatbestände beziehen sich auch auf die Prüfung eines Konzernabschlusses.

II. Funktionen und Ziele der Abschlussprüfung

Teil der Corporate Governance

Die Abschlussprüfung ist ein Teil der Corporate Governance eines Unternehmens. Hierunter werden sämtliche, innerhalb und außerhalb eines Unternehmens bestehende Institutionen und Beziehungen verstanden, die sich mit dessen Führung und Überwachung beschäftigen. Die Überwachungstätigkeit des Abschlussprüfers wird einerseits für die Eigenkapitalgeber (Wahl des Abschlussprüfers durch die Gesellschafter) durchgeführt, erfüllt aber auch andererseits einen hoheitsrechtlichen Auftrag, da nach bestandenem Wirtschaftsprüferexamen die Bestellung zum Wirtschaftsprüfer durch die Wirtschaftsprüferkammer unter Ablegung eines Berufseides erfolgt. Dieses Bestellungsrecht wurde per Gesetz an die Wirtschaftsprüferkammer, die der Rechtsaufsicht des Bundesministeriums für Wirtschaft und Technologie unterliegt, übertragen.

Informations-asymmetrie

Aufgrund der Informationsasymmetrie bezüglich der Rechnungslegungsinformationen zwischen Unternehmensführung und Abschlussadressaten (Aufsichtsrat, Eigen-, Fremdkapitalgeber, Arbeitnehmer, Lieferanten, Aufsichts- und Finanzbehörden) kommen der Abschlussprüfung folgende fünf Funktionen zu. Die Kontrollfunktion führt zu einer Beurteilung der Normenkonformität der Abschlüsse und beinhaltet eine Korrekturfunktion, indem aufgedeckte Fehler berichtigt werden. Daneben existiert eine Informationsfunktion gegenüber den gesetzlichen Vertretern und ggf. dem Aufsichtrat, denen durch den Prüfungsbericht die Prüfungsergebnisse mitgeteilt werden. Zur besseren Informationsversorgung der externen Abschlussadressaten hat der Abschlussprüfer einen Bestätigungsvermerk für den geprüften Abschluss zu erteilen, der einer Beglaubigungsfunktion entspricht. Letztendlich erfüllt die Prüfungsdurchführung auch eine Präventivfunktion, die den Abschlussersteller bereits im Vorhinein zur Einhaltung der Rechnungslegungsnormen veranlasst, da er mit einer Aufdeckung der möglichen Verstöße durch den Abschlussprüfer bzw. durch die Deutsche Prüfstelle für Rechnungslegung (DPR; vgl. in diesem Kapitel, S. 995) rechnen muss.

Ordnungsmäßig-keitsprüfung

Die aus den Prüfungsfunktionen resultierende Zielsetzung ist in § 317 Abs. 1 Satz 2 HGB kodifiziert, wonach im Rahmen der Prüfung des Jahres- und Konzernabschlusses festgestellt werden soll, ob die gesetzlichen Vorschriften zur Abschlusserstellung sowie ergänzende Bestimmungen des Gesellschaftsvertrags oder der Satzung eingehalten wurden. Die auf Ordnungsmäßigkeit ausgerichtete Prüfung soll damit die Verlässlichkeit der im Jahres- und Konzernabschluss enthaltenen Informationen und deren Glaubwürdigkeit und damit auch Nützlichkeit für den Abschlussadressaten sicher stellen. § 317 Abs. 1 Satz 3 HGB konkretisiert diese Forderung dahin gehend, dass die Prüfung so anzulegen ist, dass Unrichtigkeiten und Verstöße gegen die genannten Bestimmungen, die sich auf die Darstellung des sich unter Beachtung der Grundsätze ordnungsmäßiger Buchführung ergebenden Bildes der Vermögens-, Finanz- und Ertragslage des zu prüfenden Unternehmens wesentlich auswirken, bei gewissenhafter Berufsausübung erkannt werden. Dabei ist es das Ziel der Prüfung, Aussagen über das Prüfungsergebnis unter Beachtung des Grundsatzes der Wirtschaftlichkeit mit hinreichender Sicherheit treffen zu können. Basierend auf ausreichenden und angemessenen Prüfungsnachweisen in Form von Originalunterlagen, buchhalterischen Aufzeichnungen oder sonstigen Unterlagen (z. B. Bestätigungen Dritter) können, z. B. durch einen Soll-Ist-Vergleich mit den gesetzlichen Vorschriften, Prüfungsfeststellungen geschlussfolgert werden, sodass diese zusammengefasst zu einer Prüfungsaussage über die Ordnungsmäßigkeit des Prüfungsgegenstandes führen. Es ist jedoch für den Abschlussprüfer nicht möglich, mit absoluter Sicherheit seine Prüfungsaussagen zu treffen. Die Grenzen liegen in vielfältigen Ursachen begründet, beispielsweise wird die Prüfung aus faktischen Gründen und Wirtschaftlichkeitsüberlegungen nicht als Vollprüfung, sondern auf Basis von Stichproben durchgeführt. Eine Einschränkung liegt auch in den immanenten Grenzen des internen Kontrollsystems einschließlich des Rechnungslegungssystems im zu prüfenden Unternehmen. Aufgrund der EDV-technischen Umsetzung dieser Systeme liegt zum einen durch die Datenflut ein voluminöses Prüffeld vor, aber zum anderen ergibt sich daraus eine neue Chance, da z. B. das interne Kontrollsystem durch somit mögliche computergestützte Prozessprüfungen überprüft werden kann.

Erwartungslücke

Entgegen der öffentlichen Meinung zählt zu den Zielen der Abschlussprüfung nicht die Überprüfung der finanziellen und wirtschaftlichen Lage eines Unternehmens bzw. die gezielte Aufdeckung aller unternehmensschädigenden Handlungen. Diese als Erwartungslücke (*expectation gap*) bezeichnete Diskrepanz zwischen normenkonformer Prüfungsrealität und Erwartungshaltung der Öffentlichkeit zum Gegenstand und Aussagegehalt der Abschlussprüfung wird regelmäßig dann offenkundig, wenn ein Unternehmen Insolvenz anmeldet (oder Unregelmäßigkeiten bekannt werden), obgleich es im letzten Abschluss einen uneingeschränkten Bestätigungsvermerk erhielt. Die Erwartungslücke spaltet sich in drei Komponenten auf. Das Normenversagen (*accounting gap*) bezieht sich auf die unterschiedlichen Erwartungshaltungen an die Prüfung und die divergierenden Informationsbedürfnisse der Abschlussadressaten und der normenkonformen Prüfungsdurchführung. Dieser Teil der Erwartungslücke ist variabel, kann aber nie ganz behoben werden. Darüber hinaus führt auch das Prüferversagen (*performance gap*), ein nicht normenkonformes Verhalten des Abschlussprüfers, zu einem Teil der Erwartungslücke, kann aber durch diesen selbst bzw. durch ein Enforcement-System (vgl. in diesem Kapitel, S. 994) geschlossen werden. Ein normenkonformes Verhalten des Abschlussprüfers wird durch einzuhaltende Prüfungsstandards getragen. Letztendlich trägt auch das Öffentlichkeitsversagen (*education/communication gap*) durch eine unvollständige oder verzerrte Wahrnehmung bzw. falsche Interpretation des Prüfungsergebnisses durch die Abschlussadressaten zur Erwartungslücke bei. Durch eine verbesserte Kommunikation des Prüfungsurteils und eine Verbesserung des Kenntnisstandes über Gegenstand und Umfang der Prüfung kann diese Teilkomponente kompensiert werden (vgl. zu diesem Abschnitt Marten, K.-U./Köhler, A. [2002], Sp. 703-706; Marten, K.-U./Quick, R./Ruhnke, K. (Hrsg.) [2006], S. 259-260).

Aktuelle Entwicklungen

Die EU-Kommission veröffentlichte am 13.10.2010 ein Grünbuch zur Abschlussprüfung (vgl. Europäische Kommission [2010]), um die Diskussion über eine möglicherweise notwendige Neuausrichtung aufgrund der Rolle der Abschlussprüfung während und nach der Finanzkrise anzuregen. Am 30.11.2011 hat die EU-Kommission weitere Vorschläge zur Reform des Abschlussprüfermarktes beschlossen und in diesem Zug eine Verordnungs- und einen Richtlinien-Vorschlag veröffentlicht (vgl. Europäische Kommission [2011a]; Europäische Kommission [2011b]). Die darin thematisierten Maßnahmen zielen darauf ab, die Unabhängigkeit der Abschlussprüfer zu stärken, Erwartungslücken zu schließen und Konzentrationen am Markt für Abschlussprüfungen zu verringern. Zur Erreichung dieser Ziele erwägt die EU-Kommission, Prüfung und prüfungsfremde Leistungen durch die selbe Prüfungsgesellschaft bei einem Mandanten zu untersagen. Zusätzlich wird eine Pflichtrotation der Prüfungsgesellschaften – mit verlängerten Zeiträumen bei Gemeinschaftsprüfungen (*joint audit*) – bei Unternehmen von öffentlichem Interesse diskutiert, die die Konzentration von Prüfungsleistungen bei den wenigen großen Prüfungsgesellschaften verringern sollen. Außerdem sollen Abschlussprüfer auch in ganz Europa tätig werden können. Dadurch wird eine Dynamisierung des Prüfungsmarktes sowie eine Stärkung kleiner und mittlerer Prüfungsgesellschaften beabsichtigt. Die in den beiden Reformvorschlägen enthaltenen Regulierungen dienen auch dazu, den Informationsbedürfnissen der Interessengruppen besser gerecht zu werden, die Glaubwürdigkeit der Abschlussprüfer zu erhöhen und eine europäische Aufsichtsbehörde zu etablieren. Welche der in Wissenschaft, Praxis und Politik sehr kontrovers diskutierten Vorschläge tatsächlich normativ umgesetzt werden, ist Ergebnis eines intensiven, politischen Prozesses und wird sich in naher Zukunft zeigen.

III. Gegenstand und Umfang der Abschlussprüfung

Gegenstand der Abschlussprüfung

Gegenstand der Abschlussprüfung sind nach § 317 Abs. 1 und 2 HGB neben dem nach nationalen bzw. internationalen Vorschriften erstellten Jahres- bzw. Konzernabschluss der Lage- bzw. Konzernlagebericht und die Buchführung. Die Buchführung umfasst neben der Finanzbuchführung auch die rechnungslegungsbezogenen Teile der Nebenbuchhaltungen (z. B. Anlagenbuchhaltung, Lohn- und Gehaltsbuchhaltung oder Lagerbuchhaltung). Grundsätzlich nicht in die Prüfung einzubeziehen ist die Betriebsbuchhaltung (Kosten- und Leistungsrechnung). Diese ist nur heranzuziehen, soweit sie die Grundlage für den Ansatz und die Bewertung einzelner Bilanzposten bildet (z. B. bei der Bewertung von Vorratsvermögen (vgl. 4. Kapitel, S. 213 ff.)). Daneben sind auch außerbuchhalterische Bereiche für die Prüfung relevant, die eine Auswirkung auf die Rechnungslegung haben können, wie etwa Rechtsgrundlagen und Rechtsbeziehungen des Unternehmens. Dagegen ist z. B. eine Prüfung der wirtschaftlichen Verhältnisse der Gesellschaft, der Ordnungsmäßigkeit der Geschäftsführung oder des Versicherungsschutzes des Unternehmens nicht vorgesehen (vgl. Beck'scher Bilanzkommentar [2012], § 317 Tz. 5 ff.). Bei börsennotierten Aktiengesellschaften wird der Prüfungsgegenstand gemäß § 317 Abs. 4 HGB um das Risikofrüherkennungssystem nach § 91 Abs. 2 AktG erweitert.

Umfang der Abschlussprüfung

Die Buchführung und der Jahres- bzw. Konzernabschluss sind daraufhin zu prüfen, ob sie den gesetzlichen Vorschriften (§§ 238 ff. HGB) entsprechen. Zudem ist die Einhaltung möglicher rechtsformspezifischer Sondervorschriften und der nicht kodifizierten GoB zu prüfen. Ferner können ergänzende Bestimmungen des Gesellschaftsvertrags oder der Satzung Regelungen enthalten, die die Aufstellung des Jahres- bzw. Konzernabschlusses betreffen und somit ebenfalls in die Prüfung einzubeziehen sind. Der Lage- und Konzernlagebericht werden daraufhin geprüft, ob sie eine zutreffende Darstellung der Lage des Unternehmens bzw. Konzerns vermitteln und ob die Chancen und Risiken der künftigen Entwicklung zutreffend dargestellt sind. Ebenso ist eine Aussage darüber zu treffen, ob der Lagebericht mit dem Jahresabschluss bzw. der Konzernlagebericht mit dem Konzernabschluss sowie mit den bei der Prüfung gewonnenen Erkenntnissen des Abschlussprüfers in Einklang stehen (sog. »Einklangsprüfung«). Die unter Umständen zu erstellende Erklärung zur Unternehmensführung (§ 289a HGB) ist nicht zu prüfen (§ 317 Abs. 2 Satz 3 HGB). Ergänzend hierzu muss der Konzernabschlussprüfer die ordnungsgemäße Konsolidierung, die Abgrenzung des Konsolidierungskreises und die durch Konsolidierung im Konzernabschluss zusammengefassten Jahresabschlüsse, also ohne Lagebericht, der einzubeziehenden Tochterunternehmen im In- und Ausland prüfen. Gemäß § 317 Abs. 3 HGB trägt der Konzernabschlussprüfer die volle Verantwortung für die Richtigkeit der in den Konzernabschluss einbezogenen Jahresabschlüsse, deren Überprüfung er zusätzlich zu dokumentieren hat. Bei der Prüfung des Risikofrüherkennungssystems von börsennotierten Aktiengesellschaften muss der Abschlussprüfer beurteilen, ob das eingerichtete Überwachungssystem in der Lage ist, seine Aufgaben, nämlich die frühzeitige Erkennung von Entwicklungen, die den Fortbestand der Gesellschaft gefährden können, zu erfüllen. Falls das PublG angewendet wird, ist bei Personenhandelsgesellschaften oder einem Einzelkaufmann durch den Abschlussprüfer darauf zu achten, dass kein Privatvermögen bzw. Aufwendungen und Erträge der Gesellschafter oder des Einzelkaufmanns in der Bilanz bzw. GuV aufgenommen wurden (§ 6 Abs. 2 PublG).

Keine Einschränkung des gesetzlichen Prüfungsumfangs

Der in § 317 HGB festgelegte Umfang der Abschlussprüfung kann weder durch den Abschlussprüfer selbst noch durch Vereinbarungen mit dem zu prüfenden Unternehmen eingeschränkt werden; Erweiterungen des Prüfungsauftrags sind hingegen jederzeit möglich.

Nicht gesetzlich vorgeschriebene Prüfungen

Von der gesetzlich vorgeschriebenen und normierten Prüfung sind die freiwilligen Prüfungsdienstleistungen eines Wirtschaftsprüfers zu unterscheiden. Hierbei gibt der Prüfer ein Urteil über die Glaubwürdigkeit eines Prüfungsgegenstandes, wie unterjährige Abschlüsse oder nicht direkt abschlussorientierte Angaben mit Kapitalmarktrelevanz (z. B. Nachhaltigkeits- oder Sozialberichte), ab. Genauso gut können sich auch kleine Kapitalgesellschaften oder Personenhandelsgesellschaften, die keiner Prüfungspflicht unterliegen, freiwillig prüfen lassen, um den gewachsenen Informationsansprüchen der Abschlussadressaten, wie z. B. fremdkapitalgewährende Banken, zu entsprechen. Zu unterscheiden sind freiwillige Prüfungsdienstleistungen mit und ohne eigenständiger Normierung bzw. prüferische Durchsicht und freiwillige Prüfung.

Prüferische Durchsicht

Die prüferische Durchsicht ist keine und auch keine in ihrem Umfang reduzierte Abschlussprüfung, unterliegt aber wie diese einer vorgeschriebenen Normierung. So soll die prüferische Durchsicht zu einer Erhöhung der Glaubwürdigkeit der im Abschluss enthaltenen Informationen beitragen. Sie ist eine kritische Würdigung des Abschlussprüfers, um auszuschließen, dass die Erstellung des Abschlusses und ggf. Lageberichts in wesentlichen Bereichen nicht den anzuwendenden Rechnungslegungsnormen entspricht. Es kann kein Prüfungsurteil mit einer hinreichenden, sondern nur mit einer gewissen bzw. begrenzten Sicherheit getroffen werden, da die prüferische Durchsicht auf einer Plausibilitätsbeurteilung beruht. Der Abschlussprüfer erteilt eine Bescheinigung über sein Urteil, aber keinen Bestätigungsvermerk. Beispielsweise können gemäß § 37w Abs. 5 WpHG Halbjahresfinanzberichte einer prüferischen Durchsicht unterzogen werden. Gleiches gilt für Umwelt- und Nachhaltigkeitsberichte.

Freiwillige Prüfung

Im Gegensatz zur prüferischen Durchsicht unterliegt die freiwillige Prüfung, z. B. der Ad hoc-Publizität (vgl. zur Ad hoc-Publizität 14. Kapitel, S. 974 ff.), keinen genormten Prüfungsvorschriften, sodass die Prüfungsausgestaltung, wie Prüfungsobjekt, -umfang und -urteil, individuell zwischen Unternehmensleitung und Abschlussprüfer festgelegt werden kann. Der Prüfer sollte jedoch durch geeignete Prüfungshandlungen feststellen, wie die potenziell kursrelevanten Informationen gewonnen und weitergeleitet werden, und beurteilen, ob diese Informationen selbst den Kurs beeinflussen können oder nicht (vgl. zu diesem Abschnitt Marten, K.-U./Quick, R./Ruhnke, K. (Hrsg.) [2006], S. 313-315; Quick, R. [2006], S. 580-581; Marten, K.-U./Quick, R./Ruhnke, K. [2011], S. 716 ff.).

IV. Ergebnisse der Abschlussprüfung

Prüfungsbericht

Das Ergebnis der Prüfung wird in einem Prüfungsbericht festgehalten (§ 321 HGB). Dieser richtet sich lediglich an die gesetzlichen Vertreter bzw. den Aufsichtsrat des Unternehmens. Eine Offenlegung für externe Adressaten wird gesetzlich grundsätzlich nicht gefordert; sie kommt lediglich im Insolvenzfall in Betracht (§ 321a HGB). Im Prüfungsbericht ist eine Vielzahl von Angaben zu machen. So ist auf die Art und den Umfang der Prüfung sowie die angewandten Prüfungsgrundsätze einzugehen. Zudem ist die Lage des Unternehmens bzw. Konzerns, insbesondere im Hinblick auf dessen Fortbestand und die künftige Entwicklung unter Berücksichtigung des Lage- bzw. Konzernlageberichts zu beurteilen. Darüber hinaus muss der Prüfungsbericht über die im Rahmen der Prüfung festgestellten Unrichtigkeiten, Gesetzesverstöße und Tatsachen berichten, die den Unternehmensbestand oder die Unternehmensentwicklung wesentlich beeinträchtigen können. Außerdem müssen auch schwerwiegende Verstöße der gesetzlichen Vertreter oder von Arbeitnehmern gegen Gesetz, Gesellschaftsvertrag oder Satzung im Prüfungsbericht aufgeführt werden. Im Hauptteil des Berichts ist festzustellen, ob die Buchführung und die weiteren geprüften Unterlagen, der Jahresabschluss und der Lagebericht bzw. Konzernabschluss und Konzernlagebericht den gesetzlichen und den ergänzenden gesellschaftsspezifischen Anforderungen entsprechen. Einzugehen ist auch darauf, ob der Jahres- bzw. Konzernabschluss unter Beachtung der GoB erstellt wurde und ein entsprechendes Bild der Vermögens-, Finanz- und Ertragslage vermittelt. Die angewandten Rechnungslegungsgrundsätze sowie Bewertungsgrundlagen und deren Änderungen sind ebenfalls zu erläutern. Falls nicht bereits im Anhang enthalten, sind i. S. der Klarheit die Posten des Jahres- und Konzernabschlusses aufzugliedern und ausreichend zu erläutern, um den Einfluss genutzter Bilanzierungs- und Bewertungswahlrechte, von Schätzungen und sachverhaltsgestaltenden Maßnahmen darzustellen. Bei börsennotierten Aktiengesellschaften ist das Ergebnis der Prüfung des Risikofrüherkennungssystems darzustellen; falls notwendig, sind vom Prüfer entsprechende Verbesserungshinweise zu unterbreiten. Zusätzlich muss der Abschlussprüfer gemäß § 321 Abs. 4a HGB seine Unabhängigkeit schriftlich im Prüfungsbericht erklären.

Bestätigungsvermerk

Das Ergebnis der Prüfung ist schließlich in einem Bestätigungsvermerk, dem Testat, zusammenzufassen (§ 322 Abs. 1 HGB). Je nach Ausgang der Prüfung ist ein uneingeschränkter Bestätigungsvermerk (bei keinen oder geringfügigen Beanstandungen) oder ein eingeschränkter Bestätigungsvermerk (bei maßgeblichen Beanstandungen, die jedoch nicht dazu führen, dass ein den tatsächlichen Verhältnissen im Wesentlichen entsprechendes Bild der Vermögens-, Finanz- und Ertragslage nicht mehr gewährleistet ist) möglich. Wird der Bestätigungsvermerk aufgrund von gravierenden Einwendungen versagt oder sieht sich der Prüfer nicht in der Lage, ein Urteil abzugeben, ist ein sog. Versagungsvermerk zu erteilen. Der Bestätigungsvermerk (unabhängig von seiner Ausprägung) ist nicht nur im Prüfungsbericht enthalten, sondern ist nach § 325 HGB offenzulegen. Erfolgte eine freiwillige Abschlussprüfung, besteht keine Pflicht zur Offenlegung des Testats. Allerdings ist zu bedenken, dass bei Fehlerfeststellung oder Versagung des Vermerks im Zuge einer solchen Prüfung das Zurückhalten der Information einen Verstoß gemäß §§ 331, 334 HGB darstellen kann. (vgl. Küting, K./Pfitzer, N./

Weber, C.-P. [2014], § 325 Tz. 45 ff.). Dem Testat kommt in der Praxis eine wichtige Bedeutung zu, da die Glaubwürdigkeit der Unternehmensberichterstattung sowie die Reputation des Unternehmens und dessen Management bei sämtlichen Stakeholdern von der Ausprägung des Bestätigungsvermerks abhängen. Um die oben bereits erwähnte Erwartungslücke möglichst gering zu halten, hat der Gesetzgeber die Inhalte des Bestätigungsvermerks im § 322 HGB festgelegt und das Institut der Wirtschaftsprüfer in Deutschland e. V. (vgl. in diesem Kapitel, S. 988) schreibt eine verpflichtend einzuhaltende Formulierung des Vermerks vor.

V. Berufsinstitutionen der Wirtschaftsprüfer

Berufs-institutionen

Wie bereits oben erwähnt, nehmen die Wirtschaftsprüfer eine öffentliche Funktion ein, indem sie zur Stärkung des Vertrauens der Abschlussinteressenten in die Rechnungslegung der Unternehmen beitragen. Die besondere und verantwortungsvolle Stellung dieses Berufsstandes wird dadurch deutlich, dass die Wirtschaftsprüferkammer, die per Gesetz die Bestellung der Wirtschaftsprüfer vornimmt, direkt der rechtlichen Aufsicht des Ministeriums für Wirtschaft und Technologie unterstellt ist. Um die Interessen und den hohen Qualitätsstand der Wirtschaftsprüfer zu wahren, vertreten berufsständische Institutionen den Berufsstand der Wirtschaftsprüfer in der Öffentlichkeit, nehmen berufliche Selbstverwaltungsaufgaben wahr und sind mit der beruflichen Facharbeit befasst. Die wichtigsten Institutionen in Deutschland sind die Wirtschaftsprüferkammer (WPK), die Abschlussprüferaufsichtskommission (APAK) und das Institut der Wirtschaftsprüfer in Deutschland e. V. (IDW).

Wirtschaftsprüfer-kammer

Die WPK ist eine Körperschaft des öffentlichen Rechts (§ 4 Abs. 2 WPO) mit Sitz in Berlin. Sie wurde zur Erfüllung der beruflichen Selbstverwaltungsaufgaben gebildet (§ 4 Abs. 1 WPO). Es besteht eine Pflichtmitgliedschaft in der WPK für alle Wirtschaftsprüfer, Wirtschaftsprüfungsgesellschaften, vereidigte Buchprüfer und Buchprüfungsgesellschaften sowie deren Vertreter, die nicht Wirtschaftsprüfer sind (§§ 58 Abs. 1 und 128 Abs. 3 WPO). Zum 01.07.2013 betrug die Anzahl der Mitglieder 21.698. Die WPK ist dafür zuständig, das Wirtschaftsprüferexamen und die Eignungsprüfung der Kandidaten durchzuführen, Wirtschaftsprüfer zu bestellen und anzuerkennen bzw. die Bestellung und Anerkennung zu widerrufen, sie führt ein Wirtschaftsprüferregister, nimmt Sanktionen im Rahmen der Berufsaufsicht vor, betreibt die Qualitätskontrolle im Berufsstand der Wirtschaftsprüfer (*peer review*) und erlässt Regelungen zur Berufsausübung (§§ 4, 57, 57c WPO).

Abschlussprüfer-aufsichts-kommission

Einen tief greifenden Einschnitt in die berufsständische Selbstverwaltung der WPK brachte das zum 01.01.2005 in Kraft getretene Abschlussprüferaufsichtsgesetz (APAG) durch die Einrichtung einer Abschlussprüferaufsichtskommission (APAK; international *Auditor Oversight Commission* (AOC) genannt), deren Aufgabe in einer öffentlichen fachbezogenen Aufsicht über die WPK in bestimmten Bereichen besteht (§ 66a WPO). Die Einrichtung der APAK dient als Teil einer globalen Initiative, aufgegriffen in der Modernisierung der 8. EG-Richtlinie (Abschlussprüferrichtlinie), zur Stärkung der Qualität, Unabhängigkeit und Integrität des Prüferberufsstandes und soll das Vertauen in die gesetzliche Abschlussprüfung wahren. Die APAK besteht aus mindestens sechs und höchstens zehn ehrenamtlich tätigen Mitgliedern, die in den letzten fünf Jahren vor Ernennung nicht Mitglieder der WPK sein durften. Die Aufsicht der APAK betrifft beispielsweise die Bereiche Wirtschaftsprüfungsexamen, Bestellung zum Wirtschaftsprüfer, Anerkennung von Wirtschaftsprüfungsgesellschaften, Berufsaufsicht oder Qualitätskontrolle (*peer review*). Für Entscheidungen, die die WPK im Zuständigkeitsbereich der APAK trifft, trägt die APAK die Letztverantwortung. Deshalb hat die APAK ein weit reichendes Informations- und Einsichtsrecht, sie kann Entscheidungen der WPK zur erneuten Prüfung an diese zurückverweisen und bei Nichtabhilfe unter Aufhebung der Entscheidung der WPK Weisungen erteilen. Die APAK stellt somit eine Enforcement-Institution für den Berufsstand der Wirtschaftsprüfer dar.

Institut der Wirtschaftsprüfer e. V.

Das Institut der Wirtschaftsprüfer in Deutschland e V. (IDW) ist die Fachorganisation der Wirtschaftsprüfer mit Sitz in Düsseldorf. Es ist als eingetragener Verein im Gegensatz zur WPK privatrechtlich organisiert. Die Mitgliedschaft ist freiwillig, zum 01.07.2013 zählte das IDW 13.314 ordentliche Mitglieder (12.275 Wirtschaftsprüfer und 1.039 Wirtschaftsprüfungsgesellschaften). Die Aufgaben des IDW umfassen insbesondere die Interessenvertretung für den Beruf des Wirtschaftsprüfers auf nationaler und internationaler Ebene, die Facharbeit zur Förderung der Tätigkeitsbereiche von Wirtschaftsprüfern, die Fortbildung der Wirtschaftsprüfer und Ausbildung des beruflichen Nachwuchses sowie die Unterstützung der Mitglieder bei der Tagesarbeit. So vertreten das IDW und die WPK Deutschland bei der *International Federation of Accountants* (IFAC), dem Herausgeber von internationalen Prüfungsnormen. Das IDW entwickelt auch selbst nationale Prüfungsnormen, sprich Regeln, die das Verhalten des Abschlussprüfers steuern. Diese nationalen Standards verlieren aber an Bedeutung, da durch die Umsetzung der 8. EG-Richtlinie (Abschlussprüferrichtlinie) die *International Standards on Auditing* (ISA) im § 317 Abs. 5 HGB für die gesetzliche Abschlussprüfung vorgeschrieben werden. Das Bundesministerium der Justiz kann jedoch diese internationalen Prüfungsnormen einschränken bzw. um weitere Vorschriften ergänzen (§ 317 Abs. 6 HGB). Voraussetzung für die unmittelbare Anwendung der ISA ist, dass durch das Komitologieverfahren die – derzeit noch nicht vollzogene – Übernahmen der ISA durch die EU-Kommission in europäisches Recht erfolgt (vgl. Olbrich, M./Weimann, M. [2011], S. 182). Da in Deutschland im Wesentlichen die Prüfungsstandards durch den Berufsstand selbst entwickelt werden, obliegt es dem IDW die nationalen Prüfungsstandards durch die ISA zu ersetzen. Nur in Bereichen, die durch die ISA nicht abgedeckt sind, z. B. aufgrund nationaler Besonderheiten, werden die bisherigen nationalen berufsständischen Regelungen weiterhin ihre Gültigkeit behalten (vgl. Beck'scher Bilanzkommentar [2012], § 317 Tz. 90 ff.).

B. Offenlegung

Unternehmenspublizität

Die Offenlegung von Jahres- und Konzernabschlüssen ist Teil der sog. Unternehmenspublizität (vgl. Abbildung 15.2), unter der man eine allgemein zugängliche Bekanntmachung von Unternehmensinformationen versteht. Diese unterteilt sich in die Regelpublizität und ereignisbezogene Publizität. Unter die Regelpublizität fallen der offenzulegende Jahres- bzw. Konzernabschluss und regelmäßig unterjährig zu erstellende Berichte (vgl. zur Zwischenberichterstattung 14. Kapitel, S. 957 ff.). Die ereignisbezogene Publizität kapitalmarktorientierter Unternehmen erfolgt unregelmäßig und nur beim Eintritt besonderer Ereignisse (sog. Ad hoc-Publizität), wie z. B. dem Abschluss von Beherrschungs- und Gewinnabführungsverträgen oder dem Erwerb bzw. der Veräußerung wesentlicher Beteiligungen (vgl. zur Ad hoc-Publizität 14. Kapitel, S. 974 ff.). In Bezug auf den Erwerb bzw. die Veräußerung von Anteilen des eigenen Unternehmens durch Mitglieder des Leitungs-, Verwaltungs- oder Aufsichtsorgans (sog. *Directors' Dealing*) sowie bei der Veränderung von Stimmrechtsanteilen bei existierenden Meldeschwellen besteht ebenfalls eine Berichtspflicht (vgl. 14. Kapitel, S. 956 f.). Im Folgenden wird nur auf die Offenlegung des Jahres- bzw. Konzernabschlusses nach HGB und PublG eingegangen. Die Publizitätspflichten aufgrund von kapitalmarktrechtlichen Vorschriften werden im 14. Kapitel, S. 962 ff. beschrieben.

Abschlusserstellung vs. Abschlussoffenlegung

Nach § 242 HGB ist jeder Kaufmann zur Aufstellung eines Jahresabschlusses verpflichtet, nur Einzelkaufleute i. S. des § 241a HGB sind hiervon ausgenommen. Die Konzernabschlussaufstellungspflicht ergibt sich aus § 290 HGB. Für Unternehmen, die unter das PublG fallen, resultiert die Pflicht zur Erstellung von Jahres- und Konzernabschlüssen aus den §§ 5 und 13 PublG. Dies bedeutet aber nicht gleichzeitig, dass der erstellte Abschluss auch offengelegt, d. h. einer breiten Öffentlichkeit zugänglich gemacht werden muss. Denn wie der Detaillierungsgrad der Berichtsinstrumente, so hängt auch der Umfang der Offenlegungspflichten von der Rechtsform und der Größe des abschlusserstellenden Unternehmens ab, da der Gesetzgeber auf Basis einer Kosten/Nutzen-Abwägung hinsichtlich der Informationsgewährung gemäß spezifischer Unternehmenscharakteristika differenziert. Vgl. zu den Regelungen der Erstellung des Jahresabschlusses das 1. Kapitel und zur Konzernabschlusserstellung das 10. Kapitel.

Offenlegung

Die Offenlegung der unterschiedlichen Berichtsinstrumente wird gesetzlich in den §§ 325 ff. HGB und §§ 9 und 15 PublG geregelt. Die Offenlegung i. S. des § 325 Abs. 1 und 2 HGB setzt sich aus zwei Handlungen, der Einreichung der vorgeschriebenen Unterlagen beim Betreiber des Bundesanzeigers und der Bekanntmachung im Bundesanzeiger, zusammen (vgl. Küting, K./Pfitzer, N./ Weber, C.-P. [2014], § 325 Tz. 13 ff.). Darüber hinaus bestehen spezifische Vorschriften für Genossenschaften (§ 339 HGB), Kreditinstitute (§ 340l HGB) und Versicherungsunternehmen (§ 341l HGB).

- Jahresabschluss

Nach § 325 Abs. 1 HGB besteht lediglich für Kapitalgesellschaften eine Offenlegungspflicht. Personenhandelsgesellschaften und Einzelunternehmen sind von einer Offenlegung von Abschlussdaten befreit, es sei denn, es handelt sich um Unternehmen, die aufgrund ihrer Größe unter die Anwendung des PublG fallen (vgl. zu den Größenkriterien 1. Kapitel, S. 30) oder um Personenhandelsgesellschaften i. S. des § 264a HGB. Diese grundsätzlich offenlegungspflichtigen Personenhandelsgesellschaften sind gemäß § 264b HGB von der Offenlegungspflicht befreit, wenn sie in einen offengelegten Konzernabschluss einbezogen wurden. Kapitalgesellschaften müssen neben dem Jahresabschluss (Bilanz, GuV und Anhang) auch den Lagebericht, den Bestätigungsvermerk (bzw. den Vermerk über dessen Versagung) und den Bericht des Aufsichtsrats offenlegen. Ebenso ist der »Bilanzeid« (§ 264 Abs. 2 Satz 3 HGB; vgl. 1. Kapitel, S. 35) offen zu legen (vgl. Küting, K./Pfitzer, N./Weber, C.-P. [2014], § 325 Tz. 28). Auch der Ergebnisverwendungsvorschlag sowie der Ergebnisverwendungsbeschluss sind zu publizieren. Von letzteren Informationen sind GmbHs ausgenommen, soweit hierdurch die Gewinnanteile von natürlichen Personen erkenntlich werden würden. Diese Einschränkung soll die Privatsphäre der Gesellschafter schützen. Zusätzlich müssen börsennotierte Aktiengesellschaften eine Entsprechenserklärung zum Corporate Governance Kodex (§ 161 AktG) veröffentlichen. Der Einzelabschluss einer großen Kapitalgesellschaft kann zu Offenlegungszwecken auch nach den IFRS aufgestellt werden (§ 325 Abs. 2a HGB), für Ausschüttung und Steuerbemessung ist aber weiterhin ein HGB-konformer Jahresabschluss notwendig. Nach § 325a HGB müssen Zweigniederlassungen von Kapitalgesellschaften mit Sitz in einem anderen EU-Mitglieds- oder EWR-Vertragsstaat die offenlegungspflichtigen Unterlagen der Hauptniederlassung in deutscher, englischer Sprache oder in der Amtssprache am Sitz der Hauptniederlassung publizieren (vgl. Küting, K./Pfitzer, N./Weber, C.-P. [2014], § 325a Tz. 33 ff.).

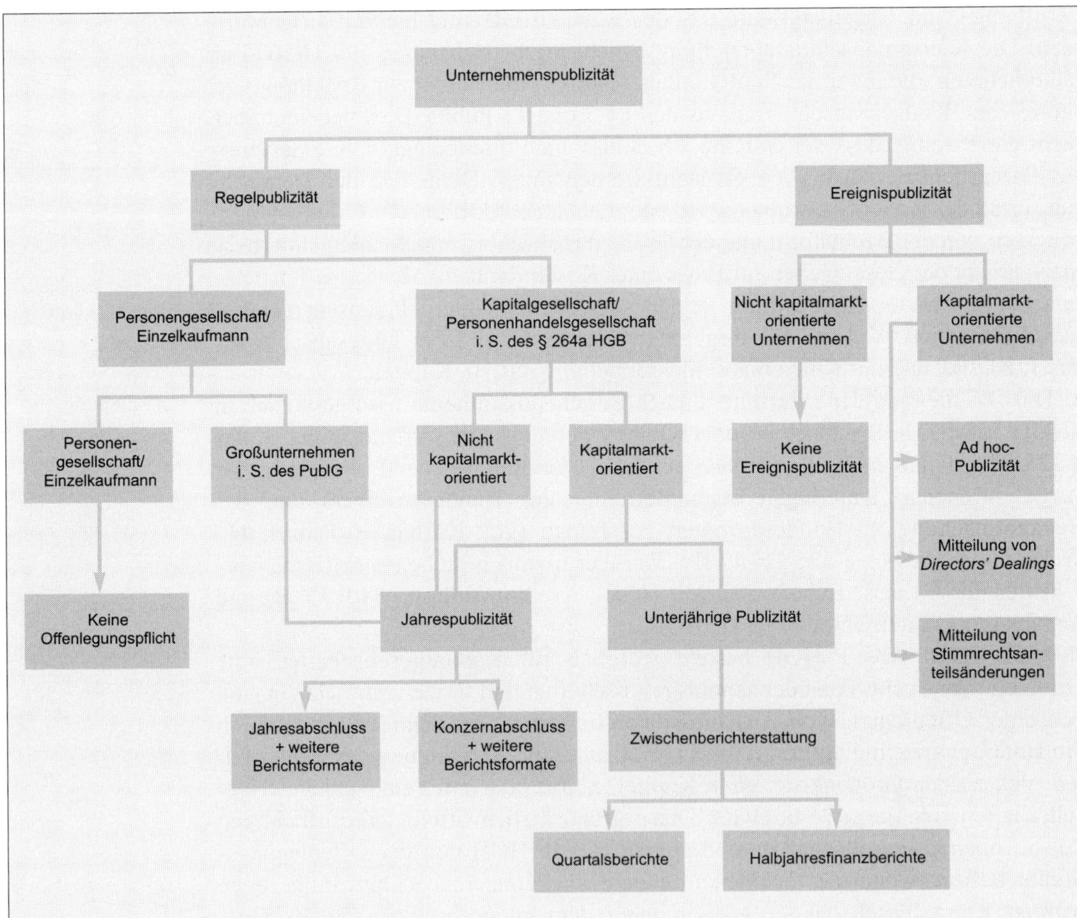

Abb. 15.2: Unternehmenspublizität

Befreiung von der Offenlegung

Eine Kapitalgesellschaft, die in den Konzernabschluss eines Mutterunternehmens mit Sitz in einem Mitgliedstaat der Europäischen Union oder einem anderen Vertragsstaat des Abkommens über den Europäischen Wirtschaftsraum einbezogen ist, muss gemäß § 264 Abs. 3 HGB ihren Jahresabschluss nicht offenlegen, wenn die in § 264 Abs. 3 Nr. 1-4 HGB enthaltenen Voraussetzungen (u. a. Zustimmung sämtlicher Gesellschafter sowie entsprechender Mitteilungspflichten) vollständig erfüllt sind. Das gleiche gilt auch für Kapitalgesellschaften, die Tochterunternehmen eines nach § 11 PublG zur Aufstellung eines Konzernabschlusses verpflichteten Mutterunternehmens sind, soweit in diesem Konzernabschluss von dem Wahlrecht des § 13 Abs. 3 Satz 1 PublG bezüglich der Angabe der Organbezüge nach § 314 Abs. 1 Nr. 6 HGB nicht Gebrauch gemacht worden ist. Eine im Grunde vergleichbare Befreiungsbestimmung besteht gemäß § 264b HGB für Personenhandelsgesellschaften i. S. des § 264a Abs. 1 HGB (vgl. hierzu ausführlicher Küting, K./Pfitzer, N./Weber, C.-P. [2014], § 325 Tz. 6).

Größenabhängige Erleichterungen

Kleinstkapitalgesellschaften (§ 267a HGB) können wählen, ob sie ihre Offenlegungspflicht durch Veröffentlichung (Bekanntmachung der Rechnungslegungsunterlagen) oder durch Hinterlegung der Bilanz erfüllen wollen (zur Hinterlegung vgl. Küting, K./Pfitzer, N./Weber, C.-P. [2014], § 325 Tz. 19 ff.). Im Zuge der dauerhaften Hinterlegung sind Kleinstkapitalgesellschaften dazu verpflichtet, einen Hinterlegungsauftrag zu erteilen sowie dem Betreiber des Bundesanzeigers mitzuteilen, dass sie zwei der drei Größenkriterien des § 267a HGB nicht überschreiten (§ 326 HGB). Entscheidet sich eine Kleinstkapitalgesellschaft für die Hinterlegung, kann deren Bilanz nicht mehr elektronisch im Internet eingesehen werden. Interessierte Personen können lediglich auf Antrag eine gebührenpflichtige Kopie der hinterlegten Bilanz anfordern. Auch für kleine Kapitalgesellschaften räumt das Handelsgesetz gewisse Erleichterungen ein. Die Offenlegungspflicht beschränkt sich hier auf die Bilanz und einen verkürzten Anhang (§ 326 HGB). Mittelgroße Kapitalgesellschaften dürfen die Erleichterungen des § 327 HGB in Anspruch nehmen. Die offenzulegenden Abschlussbestandteile solcher Gesellschaften entsprechen zwar denen großer Kapitalgesellschaften, allerdings dürfen einige Angaben in der Bilanz und im Anhang verkürzt dargestellt werden (vgl. hierzu Küting, K./Pfitzer, N./Weber, C.-P. [2014], § 326 Tz. 12 ff. und § 327 Tz. 7 ff.). Für Personenhandelsgesellschaften i. S. des § 264a HGB finden die für Kapitalgesellschaften geschilderten Regelungen entsprechend Anwendung.

Für Unternehmen, die in den Anwendungsbereich des PublG fallen, sind die Regelungen für große Kapitalgesellschaften sinngemäß anzuwenden (§ 9 Abs. 1 PublG). Allerdings haben Einzelkaufleute und Personenhandelsgesellschaften i. S. des PublG keinen Anhang und keinen Lagebericht zu erstellen (§ 5 Abs. 2 PublG) und müssen somit diese Berichtsformate auch nicht offenlegen. Personenhandelsgesellschaften und Einzelunternehmen wird die Offenlegung der GuV und des Ergebnisverwendungsbeschlusses allerdings freigestellt (§ 9 Abs. 2 PublG), wenn in einer Anlage zur Bilanz zusätzliche Angaben gemäß § 5 Abs. 5 Satz 3 PublG gemacht werden.

- Konzernabschluss

Ein Mutterunternehmen muss, falls keine Befreiung i. S. der §§ 291 ff. HGB vorliegt, einen Konzernabschluss mit Bestätigungsvermerk bzw. mit Vermerk über dessen Versagung, einen Konzernlagebericht (inkl. »Bilanzeid«) und den Bericht des Aufsichtsrats offenlegen (§ 325 Abs. 3 HGB). Mutterunternehmen, die unter das PublG fallen, haben diese Offenlegungsvorschriften für den Konzernabschluss und -lagebericht sinngemäß anzuwenden (§ 15 PublG i. V. m. § 325 Abs. 3 HGB).

Offenlegung im Bundesanzeiger, XBRL

Das »Gesetz über elektronische Handelsregister und Genossenschaftsregister sowie das Unternehmensregister« (EHUG) trat zum 01.01.2007 in Kraft. § 325 HGB wurde dahin gehend geändert, dass die offenlegungspflichtigen Unterlagen von Kapitalgesellschaften beim Betreiber des Bundesanzeigers, der Bundesanzeiger Verlagsgesellschaft mbH (Herausgeber ist das Bundesministerium der Justiz) elektronisch einzureichen und im Bundesanzeiger bekannt zu machen sind. Die gleiche Verpflichtung besteht für Personenhandelsgesellschaften i. S. des § 264a HGB und für Großunternehmen nach dem PublG. Im Rahmen der elektronischen Abschlussübermittlung wird sich auf mittlere Sicht XBRL (*eXtensible Business Reporting Language*) als Standardformat etablieren, da zum einen deren Weiterentwicklung aktiv vom Betreiber des Bundesanzeigers unterstützt wird. Zum anderen wird XBRL auch im Bereich der Steuerdeklaration im Rahmen der Abgabe der sog. »E-Bilanz« eingesetzt. Der Betreiber des Bundesanzeigers hat die offenlegungspflichtigen Unterlagen und deren Bekanntmachung an das elektronisch geführte Unternehmensregister zur Einstellung in das Unternehmensregister zu übermitteln (§ 8b Abs. 3 HGB). Das Unternehmensregister, dessen Betreiber auch die Bundesanzeiger Verlagsgesellschaft mbH ist, dient damit als Sammel- und Aufbewahrungsstelle i. S. eines *one stop shop* für alle wesentlichen Unternehmensdaten bezüglich des Handels-, Genossenschafts- und Partnerschaftsregisters, der Rechnungslegung, des Gesellschafts-, Kapitalmarkt- und Insolvenzrechts. Es entbindet Unternehmen aber nicht von der Pflicht, weiterhin die nötigen Bekanntmachungen und Eintragungen im Bundesanzeiger und Handelsregister (z. B. eine notariell beurkundete Anmeldung zur Eintragung in das Handelsregister gemäß § 12 Abs. 1 HGB) vorzunehmen. In das elektronisch geführte Handels- und Unternehmensregister kann jeder zu Informationszwecken Einsicht nehmen (§ 9 Abs. 1 und 6 HGB). Vgl. zum Beziehungsgeflecht um den Bundesanzeiger Abbildung 15.3.

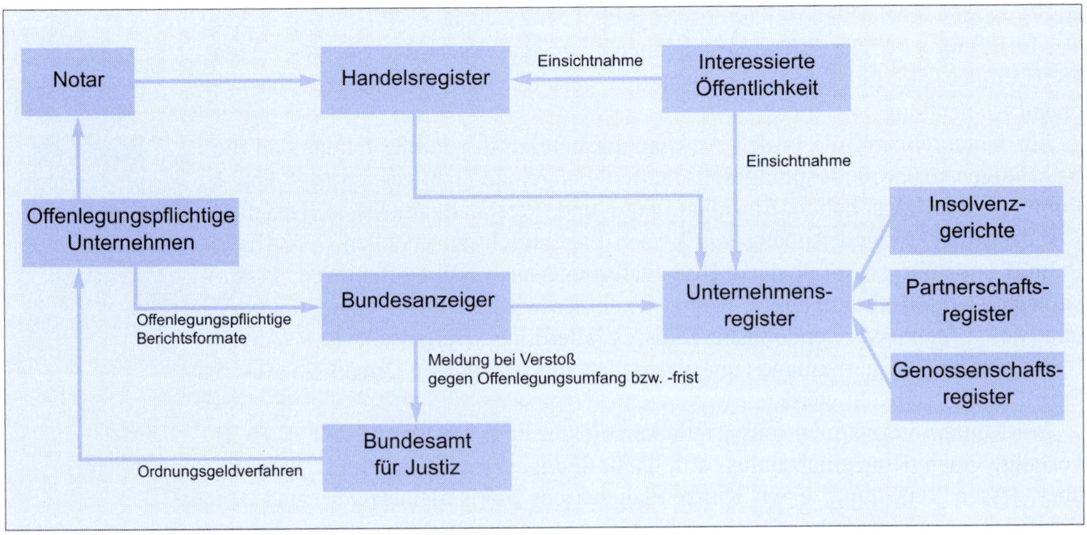

Abb. 15.3: Zusammenspiel von Bundesanzeiger, Unternehmens- und Handelsregister

Fristen für die Abschluss-erstellung

Der Betreiber des Bundesanzeigers prüft die vollständige und fristgerechte Einreichung der Unterlagen. Nach dem Bilanzstichtag haben Kleinstkapitalgesellschaften und kleine Kapitalgesellschaften sechs Monate bzw. mittlere und große Kapitalgesellschaften und das PublG anwendende Unternehmen drei Monate Zeit, einen Jahresabschluss und Lagebericht zu erstellen (§ 264 Abs. 1 HGB; § 5 Abs. 1 PublG). Ein Konzernabschluss und -lagebericht muss von dem Mutterunternehmen gemäß § 290 Abs. 1 Satz 1 HGB bzw. § 13 Abs. 1 Satz 1 PublG innerhalb von fünf Monaten nach dem Bilanzstichtag erstellt werden. Falls das Mutterunternehmen kapitalmarktorientiert i. S. des § 264d HGB ist, beträgt die Frist vier Monate, außer die Ausnahmen des § 327a HGB (vgl. Küting, K./Pfitzer, N./Weber, C.-P. [2014], § 327a Tz. 1 ff.) bzw. § 13 Abs. 1 Satz 2 PublG finden Anwendung.

Offenlegungs-fristen

Unabhängig von der Rechtsform und der Unternehmensgröße besteht eine Offenlegungsfrist des unterschiedlich umfangreichen Jahresabschlusses und der möglichen zusätzlichen Berichtsformate (Lagebericht, Bestätigungsvermerk etc.; siehe oben) unverzüglich nach seiner Vorlage an die Gesellschafter, spätestens jedoch binnen zwölf Monaten nach dem Abschlussstichtag. Für kapitalmarktorientierte Kapitalgesellschaften und kapitalmarktorientierte Unternehmen, die unter das PublG fallen, ist die Maximaldauer auf vier Monate beschränkt (§ 325 Abs. 1 und 4 HGB; § 9 Abs. 1 PublG). Dieselben Offenlegungsfristen gelten für den Konzernabschluss mit den zugehörigen weiteren Berichtsformaten (§ 325 Abs. 3 HGB; § 15 Abs. 1 PublG).

Sanktionen bei Verstößen

Ergibt die Prüfung, dass die offenzulegenden Unterlagen nicht oder unvollständig eingereicht wurden, wird die zuständige Verwaltungsbehörde (Bundesamt für Justiz) unterrichtet (§ 329 Abs. 4 HGB). Die Verwaltungsbehörde veranlasst dann ein Ordnungsgeldverfahren gemäß § 335 i. V. m. § 335b HGB bzw. § 21 PublG gegen die Mitglieder des vertretungsberechtigten Organs des Unternehmens. Entgegen des vor der Einführung des EHUG geltenden Rechts leitet die Verwaltungsbehörde nunmehr auch ohne Antrag ein Verfahren ein. Das Ordnungsgeld beträgt zwischen 2.500 EUR und 25.000 EUR. Nach § 335 Abs. 3 HGB sind den Beteiligten mit der Androhung des Ordnungsgeldes zugleich die Kosten des Verfahrens aufzuerlegen. Wird die Offenlegungspflicht nicht binnen sechs Wochen nach der Androhung des Ordnungsgeldes erfüllt oder die Unterlassung mittels Einspruch gerechtfertigt, wird das Ordnungsgeld festgesetzt; gleichzeitig wird die erneute Festsetzung eines Ordnungsgeldes angedroht. Die regelmäßige erneute Festsetzung des Ordnungsgeldes erfolgt bis zur Einreichung der geforderten Unterlagen (§ 335 Abs. 4 HGB). Erfüllt das betroffene Unternehmen die Offenlegungspflicht vor einer zweiten Androhung eines Ordnungsgelds, ist das erste Ordnungsgeld trotzdem festzusetzen. Jedoch sieht der Gesetzgeber hier eine der jeweiligen Unternehmensgrößenklasse entsprechend abgestufte Herabsetzungen des Ordnungsgelds vor. Hierzu hat eine Mitteilung der Größenklasse des Unternehmens an das Bundesamt für Justiz zu erfolgen. In diesen Fällen ist für Kleinstkapitalgesellschaften das Ordnungsgeld auf 500 EUR und für kleine Kapitalgesellschaften auf 1.000 EUR herabzusetzen. Für mittelgroße und große Kapitalgesellschaften ist ein einmaliges Ordnungsgeld auf 2.500 EUR herabzusetzen, wenn zuvor ein höheres Ordnungsgeld (bis zu 25.000 EUR) angedroht worden ist oder die Sechswochenfrist nur geringfügig überschritten worden ist. Waren die Beteiligten unverschuldet gehindert, ihrer gesetzlichen Verpflichtung zur Offenlegung nachzukommen oder Einspruch einzulegen, hat das Bundesamt für Justiz auf Antrag die Wiedereinsetzung in den vorherigen Stand zu gewähren (§ 335 Abs. 5 HGB). Als Hinderungsgrund können z. B. eine schwere Erkrankung oder Tod des Alleingeschäftsführers oder der Verlust der Rechnungslegungsunterlagen durch Naturereignisse oder Brand angeführt werden.

C. Enforcement

Neben der Prüfung durch den Abschlussprüfer sowie durch den Betreiber des Bundesanzeigers auf Vollständigkeit der eingereichten Unterlagen unterliegen kapitalmarktorientierte Unternehmen zusätzlich einem Enforcement-System. Hierunter versteht man die Überwachung der normenkonformen Rechnungslegung durch eine außerhalb des Unternehmens stehende unabhängige Stelle.

ESMA/CESR

Durch die IAS-Verordnung wurde die Anwendung von IFRS für die Konzernabschlüsse kapitalmarktorientierter Mutterunternehmen in den Mitgliedstaaten vorgeschrieben, um einen vollständigen europäischen Binnenmarkt für Finanzdienstleistungen zu schaffen. Zur Erreichung dieses Ziels muss eine einheitliche, normenkonforme, über Ländergrenzen hinweggehende Anwendung der IFRS in der EU gewährleistet werden, sodass ein Kontrollsystem in Form eines europäischen Enforcement notwendig wurde. Hierzu gründete die EU-Kommission bereits im Juni 2001 das *Committee of European Securities Regulators* (CESR) mit Sitz in Paris, dessen Mitglieder hochrangige Vertreter der nationalen Wertpapieraufsichtsbehörden, in Deutschland der Präsident der BaFin, waren. Das CESR beriet die EU-Kommission bei der Erarbeitung von europaweit einheitlichen Gesetzesstandards für den Wertpapiersektor, um die Integration der europäischen Wertpapiermärkte zu beschleunigen und das Gemeinschaftsrecht flexibel an sich ändernde Marktgegebenheiten anpassen zu können. Des Weiteren wurde die Einhaltung des europäischen Gemeinschaftsrechts durch das CESR überwacht. Außerdem förderte das CESR die Kooperation zwischen den nationalen Wertpapieraufsichtsbehörden, um die Bildung von nationalen IFRS-Interpretationen zu verhindern und so eine konsistente Anwendung der IFRS in den Mitgliedsstaaten sicherzustellen. Diese Kooperation wurde durch entwickelte Aufsichtsstandards unterstützt, da das Enforcement durch Institutionen der Mitgliedsstaaten auszuführen war.

Als Reaktion auf die Finanzkrise haben das EU-Parlament und der Rat der Europäischen Union die europäische Finanzaufsicht reformiert und einen Europäischen Rat für Systemrisiken (*European Systemic Risk Board*, ESRB) zur Risikoeinschätzung der Finanzmarktstabilität und der Auswirkungen auf das gesamte Finanzsystem (Makroebene), und ein Europäisches Finanzaufsichtssystem (*European System of Financial Supervisiors*, ESFS) zur Beaufsichtigung einzelner Finanzinstitute (Mikroebene) eingerichtet. Gleichzeitig erfolgte eine Aufwertung bestehender europäischer Ausschüsse zu drei europäischen Behörden, *European Banking Authority* (EBA), *European Insurance and Occupational Pensions Authority* (EIOPA) und *European Securities and Markets Authority* (ESMA), die ihre Tätigkeiten zum 01.01.2011 aufnahmen. Die ESMA ersetzt das CESR und übernimmt als europäische Wertpapieraufsichtbehörde dessen Aufgaben und wurde mit zusätzlichen Kompetenzen ausgestattet. So ist die ESMA u. a. befugt, rechtsverbindliche technische Standards zu entwickeln, die einheitliche Anwendung des EU-Rechts seitens der nationalen Aufsichtsbehörden sicher zu stellen, bei Meinungsunterschieden zwischen nationalen Aufsichtsinstitutionen zu schlichten und im Krisenfall besondere Rechte zur Sicherung der Finanzmarktstabilität wahrzunehmen. Zusätzlich kann die ESMA marktgefährdende Finanzprodukte verbieten.

Zweck und Konzeption des Enforcement

In Deutschland erfolgte durch das Bilanzkontrollgesetz (BilKoG) vom 15.12.2004 die Einrichtung des geforderten Kontrollsystems für die Rechnungslegung kapitalmarktorientierter Unternehmen, um das nach Unternehmensskandalen gesunkene Anlegervertrauen in die Unternehmensabschlüsse wieder zu erhöhen. Der Kontrollmechanismus ist zweistufig ausgestaltet und ergänzt das bereits bei Kapitalgesellschaften bestehende Überwachungssystem aus Aufsichtsrat und Abschlussprüfer. Das deutsche Enforcement-System ist eine Mischung aus privatrechtlichen und öffentlichen Institutionen (vgl. hierzu weiter unten das britische *Financial Reporting Review Panel* (FRRP) als privatrechtliche und die US-amerikanische *Securities and Exchange Commission* (SEC) als staatliche Enforcement-Instanz).

Deutsches Enforcement-Verfahren

Auf der ersten Stufe führt die privatrechtlich organisierte Deutsche Prüfstelle für Rechnungslegung (DPR; international *Financial Reporting Enforcement Panel* (FREP) genannt) gemäß § 342b HGB das Enforcement durch, auf der zweiten Stufe greift die Bundesanstalt für Finanzdienstleistungsaufsicht (BaFin) ein (vgl. Abbildung 15.4). Dem Enforcement unterliegen Unternehmen, die Wertpapiere i. S. des § 2 Abs. 1 Satz 1 WpHG emittieren, die an einer inländischen Börse zum Handel im regulierten Markt zugelassen sind. Unternehmen, die zusätzlich an ausländischen Börsen notiert sind, können einem doppelten oder mehrfachen Enforcement durch Institutionen der jeweiligen Börsenplätze unterliegen. Die Finanzierung der DPR erfolgt durch eine Umlage der dem Enforcement unterliegenden Unternehmen. Zu diesem Zweck hat die Prüfstelle einen Wirtschaftsplan aufzustellen, anhand dessen die BaFin die Umlagevorauszahlung veranschlagt (§ 17d Abs. 1 Satz 3 FinDAG). Diese Umlage beträgt jährlich mindestens 250 EUR und höchstens 40.000 EUR und richtet sich nach dem Verhältnis der Höhe der Börsenumsätze des einzelnen umlagepflichtigen Unternehmens zur Gesamthöhe der Börsenumsätze aller dem Enforcement unterliegenden Unternehmen (§§ 6 und 7 BilKoUmV).

Gegenstand der Enforcementprüfung

Gegenstand der Prüfung sind der zuletzt festgestellte Jahresabschluss und der zugehörige Lagebericht und/oder der zuletzt gebilligte Konzernabschluss und der zugehörige Konzernlagebericht sowie der zuletzt veröffentlichte verkürzte Abschluss und der zugehörige Zwischenlagebericht (§ 342b Abs. 2 HGB; § 37n WpHG). In der Prüfung im Rahmen des Enforcement ist unter dem verkürzten Abschluss nur ein Halbjahresfinanzbericht und kein Quartalsfinanzbericht (vgl. 14. Kapitel, S. 964) zu verstehen, da im politischen Diskurs zum Bilanzkontrollgesetz eine möglichst geringe Belastung der DPR gefordert wurde. Die DPR prüft ebenso wie die BaFin, ob die Abschlüsse mit den gesetzlichen Vorschriften einschließlich der Grundsätze ordnungsmäßiger Buchführung oder mit den sonstigen gesetzlich zugelassenen Rechnungslegungsnormen, dies sind die IFRS, übereinstimmen.

Prüfungsanlässe

Die reaktiven Kontrollen der DPR werden beim Vorliegen konkreter Anhaltspunkte für Rechnungslegungsverstöße oder auf Verlangen der BaFin aufgenommen. Die proaktive Prüfung als präventives Element des Enforcement-Verfahrens geschieht ohne besonderen Anlass, sodass die zu prüfenden Unternehmen stichprobenartig ausgewählt werden. Falls offensichtlich ist, dass kein öffentliches Interesse an der Prüfung besteht, da z. B. der Verstoß die Informationsbedürfnisse der Abschlussadressaten nur unwesentlich beeinflusst, unterbleibt die anlassbezogene Prüfung. Des Weiteren unterliegen die Halbjahresfinanzberichte keiner stichprobenartigen Prüfung. Zusätzlich nimmt die Prüfstelle die Prüfung des Jahresabschlusses und Lageberichts nicht auf, wenn eine Nichtigkeitsklage gemäß § 256 Abs. 7 AktG anhängig ist, d. h. dass der Jahresabschluss ungültig ist, da z. B. gegen Vorschriften des Gläubigerschutzes verstoßen, der Prüfungspflicht nicht nachgekommen wurde bzw. Kapital- oder Gewinnrücklagen gesetzeswidrig gebildet bzw. aufgelöst wurden. Gleiches gilt, wenn ein Sonderprüfer (§ 142 Abs. 1 oder Abs. 2 oder § 258 Abs. 1 AktG) bestellt wurde (§ 342b Abs. 3 HGB; § 37o Abs. 2 WpHG).

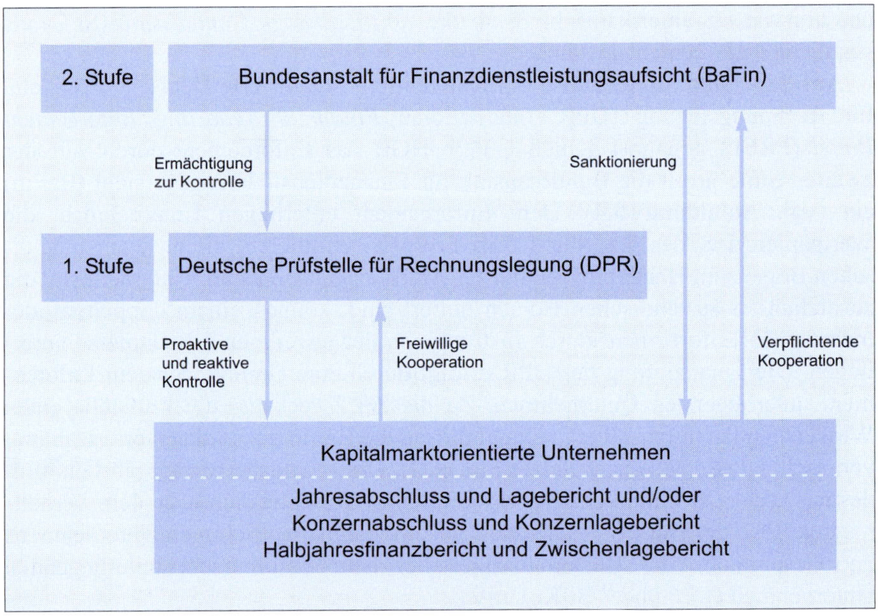

Abb. 15.4: Deutsches Enforcement-System

Prüfung durch die DPR

Da die DPR privatrechtlich organisiert ist, ist sie bei der Prüfung auf die freiwillige Kooperation des zu prüfenden Unternehmens angewiesen. Im Falle einer Zusammenarbeit sind richtige und vollständige Auskünfte und Unterlagen bereitzustellen (§ 342b Abs. 4 HGB). Ergänzend greift die DPR auch auf den Prüfungsbericht des Abschlussprüfers zurück. Die Mitarbeiter der DPR unterliegen einer Verschwiegenheitspflicht über die Geschäfts- und Betriebsgeheimnisse und andere Erkenntnisse über das zu prüfende Unternehmen (§ 342c Abs. 1 HGB). Im Gegensatz zum Abschlussprüfer führt die Prüfstelle keine vollumfängliche Prüfung durch, sodass eine Doppelprüfung unterbleibt. Vielmehr erfolgt bei einer Anlassprüfung eine Konzentration auf das beanstandete Prüffeld und bei einer Stichprobenprüfung werden nur die für ein Prüfungsjahr festgelegten Prüfungsschwerpunkte der DPR behandelt, falls sie für ein Unternehmen relevant waren.

Die Prüfungsfeststellungen und das daraus resultierende Ergebnis teilt die Prüfstelle dem Unternehmen mit und räumt diesem die Möglichkeit ein, sich zu dem Prüfungsergebnis zu äußern und dieses ggf. zu akzeptieren. Des Weiteren hat die DPR ihr bekannt gewordene Straftaten im Zusammenhang mit der Rechnungslegung der für die Verfolgung zuständigen Behörde anzuzeigen. Ebenso ist sie verpflichtet, Entdeckungen, die auf Berufspflichtverletzungen des Abschlussprüfers hindeuten, an die WPK weiterzuleiten (§ 342b Abs. 8 HGB). Im Durchschnitt führt die DPR dabei pro Jahr ca. 120 Prüfungen durch.

Prüfung durch die BaFin

Sollte ein Unternehmen nicht zur Mitwirkung an der Prüfung durch die DPR bereit oder mit dem Ergebnis der Prüfung nicht einverstanden sein, so greift die BaFin auf der zweiten Stufe des deutschen Enforcement-Systems mit ihren weitreichenden Auskunftsrechten und Sanktionsmöglichkeiten ein. Falls ein Unternehmen falsche oder nicht vollständige Auskünfte oder Unterlagen im Rahmen der Prüfung erteilt bzw. bereitstellt, kann diese Ordnungswidrigkeit mit einer Geldbuße von bis zu 50.000 EUR geahndet werden (§ 342e Abs. 2 HGB). Zusätzlich nimmt die BaFin nur dann die Prüfungstätigkeit auf, wenn erhebliche Zweifel an der Richtigkeit der Prüfungsergebnisse oder der ordnungsgemäßen Prüfungsdurchführung der Prüfstelle bestehen (§ 37p Abs. 1 WpHG). So ist eine Stichprobenprüfung durch die BaFin gesetzlich nicht vorgesehen. Die BaFin hat dieselben Prüfungsdurchführungs- und Mitteilungspflichten (§ 37r WpHG) wie die Prüfstelle, kann sich aber bei der Prüfungstätigkeit der Prüfstelle oder anderer Einrichtungen und Personen, vor allem Wirtschaftsprüfer, bedienen (§ 37o Abs. 3 WpHG). Prüfungsfeststellungen sind dem geprüften Unternehmen mitzuteilen und bedürfen dessen Akzeptanz. Liegt diese vor, wird die Offenlegung des Prüfungsergebnisses der Prüfstelle oder BaFin einschließlich Begründung dem geprüften Unternehmen durch die BaFin angeordnet, außer es besteht kein öffentliches Interesse an der Veröffentlichung (§ 37q Abs. 2 WpHG). Zusätzlich kann auf Unternehmensantrag – gemäß Rechtsprechung nur in Ausnahmefällen – von der Veröffentlichung abgesehen werden, wenn diese den Unternehmensinteressen schaden würde. Die Bekanntmachung erfolgt im Bundesanzeiger und in einem überregionalen Börsenpflichtblatt oder im Internet.

Präventive Maßnahmen

Viele der festgestellten Fehler werden durch die Komplexität der Rechnungslegungsnormen, besonders der IFRS, verursacht, sodass die DPR die Prüfungsergebnisse mit entsprechender Kommentierung der festgestellten Rechnungslegungsprobleme an die Standardsetter weiterleitet. Zusätzlich gibt die DPR den geprüften Unternehmen, auch wenn keine Fehler festgestellt wurden, Hinweise für die künftige Rechnungslegung. Des Weiteren veröffentlicht die DPR für jedes Jahr im Vorhinein ihre thematischen Prüfungsschwerpunkte. Für dem Enforcement unterliegende Unternehmen besteht seit November 2009 die Möglichkeit, konkrete Bilanzierungsprobleme durch fallbezogene Voranfragen (*pre-clearance*) mit der DPR zusammen zu lösen.

Effekte des Enforcement

Durch das so ausgestaltete Enforcement-System wird zum einen der Beschwerdefunktion Rechnung getragen, da durch die anlassbezogene Prüfungsaufnahme Aktionäre, Gläubiger und andere Stakeholder auf Rechnungslegungsverstöße hinweisen können. Zum anderen wird durch die adverse Publizität der Korrektivfunktion einer Offenlegungspflicht entsprochen, jedoch ist eine direkte Fehlerkorrektur durch Prüfstelle oder BaFin nicht möglich. Letztlich wird die Präventivfunktion des Enforcement dadurch gestärkt, dass Rechnungslegungsfehler offengelegt werden und die Abschlussersteller und -prüfer mit einem Reputationsverlust rechnen müssen (vgl. Haller, P./Bernais, N. [2005], S. 83).

Zusätzlich zu den genannten Aufgaben muss die BaFin im Rahmen des Enforcement mit anderen internationalen Wertpapieraufsichtsbehörden zusammenarbeiten (§ 37s WpHG). Um die Einmaligkeit des deutschen Enforcement-Systems, eine Kombination aus privatrechtlicher und staatlicher Institution, aufzuzeigen, wird exemplarisch auf zwei Enforcement-Typen, die privatrechtliche bzw. staatliche Organisation, und deren Aufsichtsinstanzen eingegangen.

Britisches Enforcement

Das britische *Financial Reporting Review Panel* (FRRP) ist privatrechtlich organisiert und nutzt nur das private Selbstregulierungspotenzial, da es keine Auskunftsrechte und Sanktionsmöglichkeiten besitzt. Den reaktiven und proaktiven Prüfungen unterliegen nur der Jahres- und Konzernabschluss von börsennotierten und großen, nicht börsennotierten Unternehmen. Wichtigste Druckmittel sind die adverse Publizität und die Klageoption bei Rechnungslegungsverstößen.

Amerikanisches Enforcement

Die US-amerikanische *Securities and Exchange Commission* (SEC) ist eine Behörde mit legislativen, exekutiven und judikativen Kompetenzen zur Überwachung der Rechnungslegung aller kapitalmarktorientierten Unternehmen in den USA. Mit ihren umfangreichen Auskunftsrechten und Sanktionsmöglichkeiten wird sowohl anlassbezogen (z. B. durch *whistle-blowing*) als auch proaktiv die Prüfungstätigkeit aufgenommen. Neben den negativen Konsequenzen einer Offenlegung der Fehlerfeststellungen verleihen auch die Möglichkeit zum Ausschluss oder zur Aussetzung des Handels der Unternehmensanteile und zum Tätigkeitsverbot des Abschlussprüfers dem Enforcement durch die SEC gewichtigen Nachdruck.

Kontrollfragen:

1. Geben Sie die Prüfungspflicht und die Prüfungsberechtigten in Abhängigkeit von der Unternehmensgröße und -rechtsform an!
2. Muss ein Abschlussprüfer jeden Prüfungsauftrag annehmen?
3. Was versteht man unter der Unabhängigkeit des Abschlussprüfers?
4. Nennen Sie die fünf Funktionen der Abschlussprüfung!
5. Was versteht man unter einer Erwartungslücke?
6. Was und in welchem Umfang wird bei einer Abschlussprüfung geprüft? Kann der rechtlich vorgeschriebene Umfang einer Abschlussprüfung erweitert bzw. eingeschränkt werden?
7. Grenzen Sie die Begriffe »Pflichtprüfung«, »prüferische Durchsicht« und »freiwillige Prüfung« voneinander ab!
8. Was ist ein Prüfungsbericht? Welche Formen von Bestätigungsvermerken gibt es?
9. Beschreiben Sie die Aufgaben der drei Berufsinstitutionen der Wirtschaftsprüfer in Deutschland!
10. Nennen Sie die Offenlegungspflichten in Abhängigkeit von Unternehmensgröße und -rechtsform!

11. Welche Funktionen haben der Bundesanzeiger, das Unternehmens- und Handelsregister bezogen auf die Unternehmenspublizität?
12. Was versteht man unter Enforcement? Beschreiben Sie den Aufbau und die Besonderheit des deutschen Enforcement-Systems!
13. Wodurch unterscheidet sich die Prüfung der DPR von der eines Abschlussprüfers?

16. Kapitel: Bilanzpolitik

Weite Begriffsauslegung

Obwohl der Begriff »Bilanzpolitik« explizit lediglich auf die Bilanz Bezug nimmt, versteht man darunter in einem weiten Sinn die zielgerichtete Gestaltung der externen Rechnungslegung durch das Management im Rahmen der Möglichkeiten, die unter Einhaltung der Regeln des jeweils zur Anwendung kommenden Normensystems bestehen, mit dem Ziel, das Urteil der Informationsempfänger bzw. Rechtsfolgen zu beeinflussen. Bilanzpolitik – weit verstanden – kann sich also auf sämtliche, mit der Finanzbuchhaltung in Beziehung stehende Berichtsinstrumente erstrecken, d. h. Jahres- und Konzernabschluss, Lagebericht sowie Zwischenbericht. Sie ist ein sinnvolles und nützliches Instrument zur Erreichung übergeordneter Zielsetzungen der Unternehmenspolitik und ist so lange legitim, wie das Wesen der gestalterischen Maßnahmen Normenkonformität aufweist. Ist Letztere nicht mehr gegeben, spricht man von Bilanzmanipulation, -fälschung bzw. -betrug. Um sinnvoll und effektiv zu sein, sollten die bilanzpolitischen Gestaltungen in das umfassende Informations- und Berichterstattungskonzept eines Unternehmens eingebunden sein und zur Umsetzung der gesamten Unternehmensstrategie beitragen (vgl. Bieg, H./Kußmaul, H./Waschbusch, G. [2012], S. 259 ff.). Mit der zunehmenden Bedeutung und dem immer breiter werdenden Inhalt des Lageberichts (vgl. 13. Kapitel, S. 919 ff.) verschwimmen zunehmend die Grenzen zwischen allgemeiner Informationspolitik und Bilanzpolitik von Unternehmen. Dies wird insbesondere im Bereich des *value* und des *sustainability reporting* deutlich (vgl. 13. Kapitel, S. 945 ff.).

A. Motive und Ziele der Bilanzpolitik

Zusammenhang zwischen bilanzpolitischer Zielsetzung und Funktion des Abschlusses

Die Motive für das Betreiben von bilanzpolitischen Maßnahmen sind vielfältig und werden von der (den) Funktion(en) des jeweils zugrunde liegenden Abschlusses bestimmt, die einerseits durch gesetzliche, vertragliche oder faktische Vorgaben bzw. andererseits durch individuelle Intentionen des Abschlusserstellers determiniert wird bzw. werden. So hat der Jahresabschluss nach HGB sowohl eine Ausschüttungs- als auch Informationsfunktion und über das Maßgeblichkeitsprinzip gemäß § 5 Abs. 1 Satz 1 EStG auch eine Steuerbemessungsfunktion (vgl. 1. Kapitel, S. 21 ff.). Hieraus ergeben sich zwangsläufig Implikationen für die Gestaltung der Ergebnisermittlung z. B. im Hinblick auf die Höhe der Ausschüttung an die Gesellschafter, die periodische Variabilität des Ergebnisausweises (z. B. Tendenz zur Ergebnisglättung; sog. *income smoothing*) sowie die Minimierung des Barwerts der Steuerzahlungen. Der Konzernabschluss nach HGB, der Abschluss nach IFRS sowie Zwischenabschlüsse besitzen ausschließlich eine Informationsfunktion, aus der heraus sich jedoch – abhängig von der Verwendung und den Adressaten der Abschlüsse – unterschiedliche Anreize und Zielsetzungen für die Gestaltung der Abschlüsse ergeben können. Letztlich bezwecken die bilanzpolitischen Maßnahmen die intendierte Beeinflussung von Verhalten von Individuen oder das Vermeiden oder Auslösen von spezifischen

Rechtsfolgen entsprechend den Zielen der Unternehmensführung. So werden z. B. die Kreditvergabe aber auch Konditionen von Kreditverträgen (Zinshöhen, Sicherheiten, Fälligkeiten etc.) häufig an spezifischen Ausprägungen von Abschlüssen (Kennzahlen) festgemacht (sog. *credit covenants*) bzw. die Entlohnung von Mitgliedern der Geschäftsführung an spezifische Zahlen des Abschlusses gekoppelt. Abschlussdaten werden zudem sowohl in internationalen Großunternehmen als auch in kleinen und mittelständischen Unternehmen zur internen Unternehmenssteuerung verwandt, wodurch diese ebenfalls Entscheidungsbeeinflussungs- und Anreizfunktion besitzen. So hat z. B. die Zuordnung des Goodwills auf einzelne Unternehmensteile im Rahmen der *purchase price allocation* im Anschluss an eine Unternehmensakquisition nach IFRS hohe Bedeutung für die interne Erfolgsbeurteilung von diesen Teilen und für die Leistungsbeurteilungsmaße der für die jeweiligen Teile verantwortlichen Manager. Zu guter Letzt nutzen Geschäftsführer und Vorstände von Unternehmen bilanzpolitische Maßnahmen häufig, um ihre eigene Managementleistung besonders vorteilhaft nach außen erscheinen zu lassen. So zeigt sich z. B. empirisch, dass nach Antritt einer neuen Geschäftsführung die wirtschaftliche Situation eines Unternehmens mitunter schlecht dargestellt wird (z. B. Ausweis hoher Verluste; sog. *big bath accounting*), um dann in den Folgejahren (ebenfalls unterstützt durch bilanzpolitische Maßnahmen) eine möglichst gute Situation (hohe (relative) Gewinnsteigerungen) abbilden zu können (vgl. zu einer Diskussion entsprechender Studien Wagenhofer, A./Ewert, R. [2007], S. 206).

Zielausrichtung an den Erwartungen der Abschlussadressaten

Grundsätzlich muss es natürlich in der Intention des Managements liegen, das Kommunikationsinstrument »externe Rechnungslegung« so zu gebrauchen, dass die kommunizierte wirtschaftliche Situation die Erwartungen der Stakeholder (Kapitalmarktteilnehmer, Mitarbeiter, Lieferanten, Kunden, Öffentlichkeit etc.) weitgehend erfüllt, da dies unmittelbar zu einer Steigerung des Images des Unternehmens und folglich einer Erhöhung des Unternehmenswerts beiträgt. So fließen z. B. Abschlussdaten regelmäßig in Modelle von Finanzanalysten und Großinvestoren ein, anhand derer die zukünftige (Ergebnis-)Entwicklung und damit die Investitionsvorteilhaftigkeit geschätzt wird. Hierbei kann Bilanzpolitik helfen, die Qualität von Prognosen zu verbessern, indem z. B. Bilanzierungswahlrechte zur Glättung des ausgewiesenen Ergebnisses und damit zur Erhöhung der Persistenz der Gewinne genutzt werden (*income smoothing*), oder indem spezifische Informationen an den Markt gegeben (*signaling*) und damit Informationsasymmetrien beseitigt werden (z. B. Aktivierung von Entwicklungskosten oder zusätzliche Angaben im Anhang oder Lagebericht), was die Unsicherheit der Prognose der Rückflüsse reduziert. Die angestellten Prognosen können allerdings ihrerseits wiederum Erwartungen an die zu realisierenden Unternehmensergebnisse wecken, deren Erfüllung die Manager zu bilanzpolitischen Maßnahmen verleiten kann. Ebenso werden Unternehmen im Hinblick auf ihre Bonität durch entsprechende Institutionen (Banken, Ratinginstitutionen) einem Rating unterzogen, dessen Ergebnis an der Ausprägung spezifischer Kennzahlen festgemacht wird und das Risiko einer Investition in das Unternehmen zum Ausdruck bringt und damit die Höhe der Kapitalkosten beeinflussen kann.

Situationsbezogenheit bilanzpolitischer Zielsetzungen

Neben diesen grundsätzlichen Motiven für Bilanzpolitik können sich auch spezifische Anreize für eine zielgerichtete Gestaltung der Abschlussdaten ergeben. So liegt es nahe, z. B. im Vorfeld einer Unternehmensveräußerung die

Erfolgs- und Eigenkapitalsituation möglichst positiv darzustellen oder im Gegensatz hierzu, zur Vermeidung einer drohenden Übernahme oder im Vorfeld der Abfindung eines Gesellschafters, die wirtschaftliche Lage möglichst negativ erscheinen zu lassen.

Wechselbeziehung von Bilanzpolitik und Bilanzanalyse

Bilanzpolitische Maßnahmen stellen eine der zentralen Herausforderungen an die Bilanzanalyse (vgl. 17. Kapitel, S. 1026) dar, in deren Rahmen die Aufgabe besteht, Verzerrungen in der Darstellung der Vermögens-, Finanz- und Ertragslage zu erkennen und auszugleichen und sowohl im interperiodischen als auch zwischenbetrieblichen Vergleich eine adäquat vergleichbare Datenbasis herzustellen (vgl. Küting, K. [2006], S. 2754 f.; vgl. ausführlich zum Zusammenspiel von Bilanzpolitik und Bilanzanalyse Fink, C./Schultze, W./Winkeljohann, N. (Hrsg.) [2010]). Obgleich versucht wird, bilanzpolitische Maßnahmen für die Entwicklungsprognosen und Bonitätsratings zu identifizieren und deren Wirkungen zu berücksichtigen, ist eine vollständige Bereinigung faktisch nicht möglich.

B. Dimensionen der Bilanzpolitik

Dimensionen der Bilanzpolitik

Nicht nur die Motive der Bilanzpolitik sind vielfältig, sondern – wie in Abbildung 16.1 verdeutlicht – auch ihre Dimensionen. Deren nähere Betrachtung hilft, die denkbaren und praktizierten bilanzpolitischen Maßnahmen und Entscheidungen besser strukturieren und verstehen zu können.

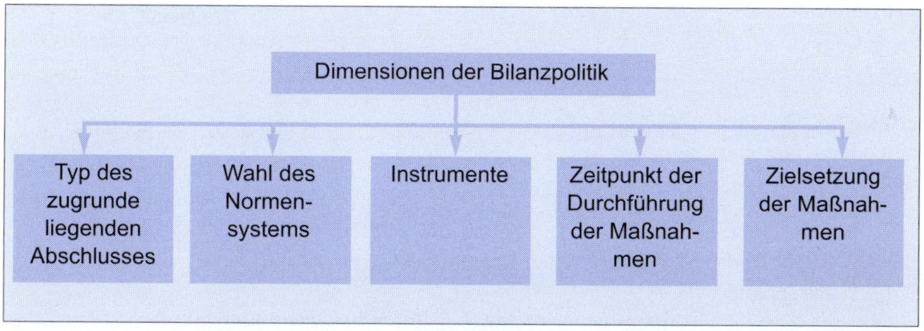

Abb. 16.1: Dimensionen der Bilanzpolitik

Typ des zugrunde liegenden Abschlusses

Einerseits lassen sich bilanzpolitische Maßnahmen nach dem Typ des zugrunde liegenden Abschlusses (Jahres- oder Konzernabschluss, Zwischenabschluss, steuerlicher Abschluss etc.) differenzieren. Die Abschlussart determiniert u. a. die Funktion der Berichterstattung und damit die bilanzpolitischen Zielrichtungen sowie den Umfang bzw. – zum Teil – die Spezifika der bilanzpolitischen Maßnahmen. So kommen z. B. bei der Konzernabschlusserstellung hinsichtlich der in den Abschluss einzubeziehenden Unternehmen, der Anwendung der Konsolidierungsmethoden, der Währungsumrechnung etc. gegenüber dem Jahresabschluss weitere Felder der Bilanzpolitik hinzu. Ebenso ergeben sich spezifische Möglichkeiten der Bilanzpolitik bei der Zwischenabschlusserstellung (z. B. Abwägung zwischen einem eher integrativen oder diskreten Ansatz; vgl. 14. Kapitel, S. 957 ff.). In diesem Zusammenhang liegt für Unternehmen, die nicht zur Erstellung eines Konzernabschlusses bzw. Zwischenabschlusses verpflichtet sind, eine wichtige bilanzpolitische Entscheidung auch darin, solche Abschlüsse freiwillig zu erstellen.

Wahl des Normensystems

Andererseits stellt bereits die Wahl des der Abschlusserstellung zugrunde liegenden Normensystems eine wesentliche bilanzpolitische Maßnahme dar. Eine solche Wahlmöglichkeit ergibt sich zwischen HGB-Normen und IFRS gemäß § 315a Abs. 3 HGB für alle nicht kapitalmarktorientierten Mutterunternehmen für den Konzernabschluss sowie für alle Unternehmen für Offenlegungszwecke für den Jahresabschluss (§ 325 Abs. 2a HGB). Die Wahl der IFRS kann auf eine Reihe von Gründen zurückgeführt werden, wie z. B. Erfüllung der Erwartungen von Stakeholdern (insbesondere Kapitalmarktteilnehmern), bessere Konvergenz zwischen internem und externem Rechnungswesen, Vergleich mit ausländischen Wettbewerbern, internationale Expansionsstrategie etc. Auch kann der Freiheitsgrad hinsichtlich bilanzpolitischer Maßnahmen Grund für die Wahl eines spezifischen Normensystems sein.

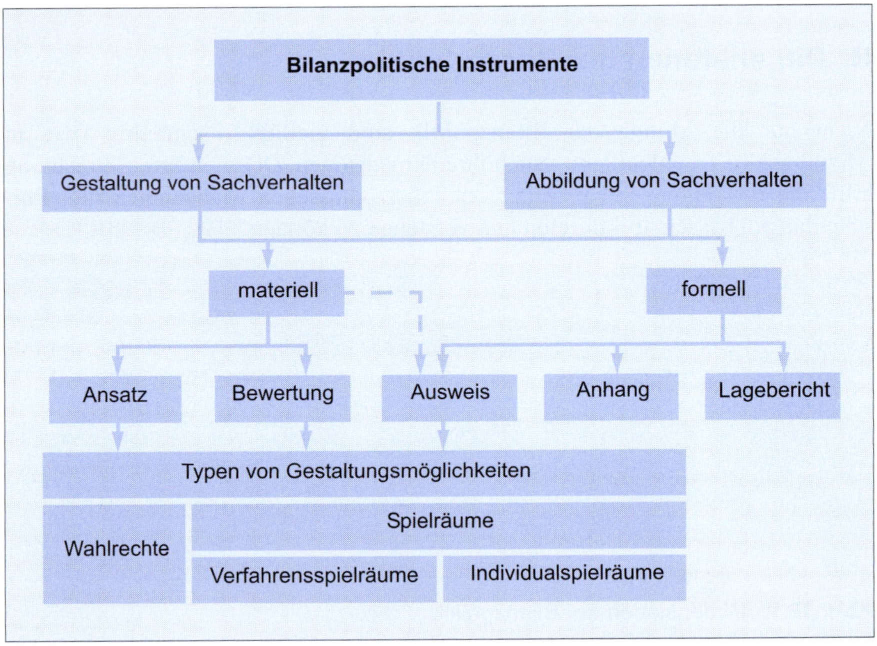

Abb. 16.2: Bilanzpolitische Instrumente

Instrumente der Bilanzpolitik

Die Instrumente der Bilanzpolitik werden zumeist entsprechend der Darstellung in Abbildung 16.2 eingeteilt. So gibt es Maßnahmen, die sich direkt auf die Abbildung von bereits eingetretenen Sachverhalten im Abschluss beziehen. Hierbei geht es im Wesentlichen um die konkrete Umsetzung der Basiselemente der Bilanzierung, wie Ausweis, Ansatz und Bewertung (vgl. 2. Kapitel, S. 77 ff.), und die Ausübung der in deren Zusammenhang innerhalb des zur Anwendung kommenden Normensystems bestehenden Gestaltungsmöglichkeiten. In der Literatur wurden unterschiedlich detaillierte Strukturierungen dieser Gestaltungsmöglichkeiten entwickelt (vgl. Detert, K./Sellhorn, T. [2007], S. 250; Bieg, H./Kußmaul, H./Waschbusch, G. [2012], S. 280 ff.; Küting, K./Weber, C.-P. [2012b], S. 39 ff.), die die Begriffe »Wahlrechte« und »Spielräume« teilweise unterschiedlich differenziert verwenden. An dieser Stelle werden als Wahlrechte alle in einem Normensystem (HGB oder IFRS o. Ä.) »explizit« zur Verfügung gestellte zwei (oder mehrere) sich ausschließende Abbildungsalternativen verstanden, zwischen denen ein Abschlussersteller wählen kann (zumeist auch als »explizite« oder »normative« Wahlrechte bezeichnet). Hierzu zählen z. B. das Ansatzwahlrecht bezüglich des Disagios nach § 250 Abs. 3 HGB oder das Bewertungswahlrecht bei den Verbrauchsfolgeverfahren (Lifo oder Fifo) im Rahmen der Vorratsbewertung nach § 256 HGB (vgl. zu weiteren Beispielen in diesem Kapitel, S. 1006 ff.).

Spielräume

Spielräume (auch mitunter als »implizite« Wahlrechte bezeichnet; vgl. Schildbach, T. [2002], Sp. 2608) ergeben sich hingegen faktisch aus der Unmöglichkeit, sämtliche Aspekte der wirtschaftlichen Realität in einem Regelwerk erfassen und entsprechende Abbildungskonsequenzen in der Rechnungslegung determinieren zu können. So geben Normensysteme zwar häufig Abbildungsregeln vor, für die konkrete Ausgestaltung deren Erfüllung stehen jedoch unterschiedliche Verfahren zur Verfügung (z. B. Methoden der planmäßigen Abschreibung, Gemeinkostenschlüsselung bei der Herstellungskostenermittlung, Anwendung der permanenten oder periodischen Versionen der Sammelbewertungsverfahren etc.). Neben diesen als »Verfahrensspielräume« oder »faktische Wahlrechte« (vgl. Bieg, H./Kußmaul, H./Waschbusch, G. [2012], S. 283) bezeichneten Gestaltungsmöglichkeiten ergeben sich solche zudem zwangsläufig aus der Tatsache, dass die wirtschaftliche Realität eines Unternehmens auch von seiner zukünftigen Entwicklung bestimmt wird. So treten (Ermessens-)Spielräume immer dann auf, wenn es bei der Abbildung im Abschluss notwendig ist, Prognosen über zukünftige Zustände anzustellen. Dies ist z. B. bei der Schätzung der Nutzungsdauern von abnutzbaren Vermögensgegenständen oder -werten, der Ermittlung von *fair values* unter Verwendung von Discounted-Cashflow-Verfahren oder bei der Rückstellungsbildung der Fall. In der Literatur werden diese Spielräume als »Individualspielräume« bezeichnet (vgl. Detert, K./Sellhorn, T. [2007], S. 250).

Materielle und formelle Bilanzpolitik

Hinsichtlich der abschlusstechnischen Wirkung differenziert man die Instrumente in solche, die das ausgewiesene Ergebnis bzw. die Höhe der Vermögens- bzw. Schuldendarstellung und damit zumeist die Bilanzsumme beeinflussen (sog. »materielle« Instrumente) und solche, die lediglich die Struktur und Tiefe der Gliederung der Abschlussinstrumente (neben Bilanz und GuV auch Kapitalflussrechnung und Eigenkapitalveränderungsrechnung) sowie die Ausgestaltung und den Inhalt von Anhang und Lagebericht betreffen (sog. »formelle« Instrumente). Insbesondere sind hierbei der Umfang, der Detaillierungsgrad sowie die Verständlichkeit der darin gewährten Informationen als Mittel der Bilanzpolitik zu nennen. Beispiele für materielle Instrumente, die im Wesentlichen auf die Beeinflussung von Bilanzkennzahlen abzielen (vgl. 17. Kapitel, S. 1026), und für formelle Instrumente sind in diesem Kapitel, S. 1006 ff. aufgeführt.

Bilanzpolitik durch Sachverhaltsgestaltung

Während sich viele der materiellen und formellen Abbildungsmaßnahmen – insbesondere durch die Verpflichtung zu entsprechenden Anhangangaben – von den Abschlussadressaten erkennen und damit beurteilen lassen, fällt dies bei Instrumenten, die die Gestaltung von Sachverhalten zum Inhalt haben, oft sehr schwer bzw. scheidet sogar völlig aus. Hierunter versteht man Einflussnahmen auf unternehmerische Entscheidungen und Handlungen während des Geschäftsjahres mit dem Ziel, diese so zu treffen bzw. durchzuführen, dass ein vom

Management intendiertes Bild der wirtschaftlichen Situation im Abschluss gezeichnet bzw. ein möglichst weiter bilanzpolitischer Spielraum bei der Abbildung der Sachverhalte erreicht werden kann. Beispiele für Sachverhaltsgestaltungen sind u. a. zeitliche Verlagerungen von Transaktionen vor oder nach den Bilanzstichtag sowie das Abschließen von Verträgen wie Factoring, Leasing, *sale-and-leaseback*, etc. Aber auch die Wahl des Abschlussstichtages, der Rechtsform sowie die Gestaltung der Personalstärke in Bezug auf die Einhaltung der Größenkriterien nach § 267 bzw. § 293 HGB können als sachverhaltsgestaltende Maßnahmen der Bilanzpolitik gewertet werden (vgl. Bieg, H./Kußmaul, H./Waschbusch, G. [2012], S. 286 ff.). Solche Aktionen haben in aller Regel materielle Wirkungen. Sachverhaltsgestaltende Maßnahmen müssen sich nicht zwangsläufig auf eine gewünschte Abbildung in der Bilanz oder GuV beziehen; sie können auch die Informationsgestaltung anderer Instrumente zum Inhalt haben, so z. B. die Veränderungen bzw. die Bestände von Cashflows oder spezifische Daten in Anhang oder Lagebericht.

Bilanzpolitik vor oder nach dem Bilanzstichtag

Neben ihrer bilanztechnischen Wirkung lassen sich bilanzpolitische Instrumente auch nach ihrer zeitlichen Anwendbarkeit unterscheiden. So finden sachverhaltsgestaltende Maßnahmen immer vor dem Bilanzstichtag statt, während sachverhaltsabbildende Maßnahmen in den meisten Fällen nach dem Bilanzstichtag durchgeführt werden (bei der Festlegung von Abschreibungsdauern und -methoden etc. möglicherweise auch bereits während des Geschäftsjahres).

Progressive oder konservative Bilanzpolitik

Die letzte Dimension zur Beschreibung bilanzpolitischer Maßnahmen bezieht sich auf die damit verfolgte Zielsetzung. Besteht diese darin, ein möglichst positives Bild von der wirtschaftlichen Situation des Unternehmens zu zeichnen (d. h. möglichst hoher Ergebnisausweis, umfangreiche Erläuterungen bzw. Gewährung von Zusatzinformationen u. Ä.) so spricht man von »progressiver« Bilanzpolitik, versucht der Abschlussersteller das Gegenteil zu erreichen, findet der Begriff »konservative« Bilanzpolitik Verwendung (vgl. Lachnit, L. [2004], S. 101 ff.; Küting, K./Weber, C.-P. [2012b], S. 407).

C. Zielgrößen und Einzelmaßnahmen der Bilanzpolitik

Ergebnis bzw. Eigenkapital als Zielgröße der Bilanzpolitik

Wie oben dargestellt, können sich bilanzpolitische Maßnahmen nach dem Bilanzstichtag auf den Ansatz, die Bewertung oder den Ausweis von Bilanzposten beziehen, was in den ersten beiden Fällen i. d. R. auch Auswirkungen auf das Periodenergebnis hat. So führt der Ansatz eines Aktivpostens aufgrund der Ausübung eines Ansatzwahlrechtes zu einer Ergebnis- und damit Eigenkapitalerhöhung in der jeweiligen Periode (siehe in den nachfolgenden Übersichten jeweils die Punkte I.(1)(a)), was zwangsläufig entsprechende Kennzahlen wie Eigenkapitalquote, Eigen- und Gesamtkapitalrenditen etc. beeinflusst (vgl. zu diesen Kennzahlen 18. Kapitel, S. 1071 ff.). Möchte das Management eines Unternehmens z. B. seine Eigenkapitalquote erhöhen, kann es dies im Rahmen des HGB in dem jeweiligen Jahr der Wahlrechtsausübung u. a. durch die Aktivierung eines Disagios (§ 250 Abs. 3 HGB), den Ansatz von aktiven latenten Steuern (§ 274 Abs. 1 Satz 2 HGB) bzw. durch die Aktivierung von Entwicklungskosten (§ 248 Abs. 2 Satz 1 HGB) tun. Ebenso kann das Ergebnis sowie das Eigenkapital durch die wertsteigernde Ausübung eines Bewertungswahlrechts oder -spielraums (siehe in den nachfolgenden Übersichten jeweils die Punkte I.(1)(b) und (2)) erhöht werden. So führt z. B. eine niedrige planmäßige Abschreibung im Sachanlagevermögen, die Bewertung von Fertigerzeugnissen zur Wertobergrenze der Herstellungskostendefinition (§ 255 Abs. 2 und 3 HGB) oder die Einstufung einer Umbaumaßnahme als Herstellungsaufwand und nicht als Erhaltungsaufwand in der Periode der Wahlrechtsausübung zu entsprechenden Ergebnis- bzw. Eigenkapitalerhöhungen. Diese bilanzpolitischen Maßnahmen lassen sich allesamt der »progressiven« Bilanzpolitik zuordnen (vgl. Küting, K./Weber, C.-P. [2012b], S. 413) und können neben der Beeinflussung von Bilanzkennzahlen auch auf die Gewährleistung hoher Ausschüttungen an die Gesellschafter abzielen.

Bilanzsumme als Zielgröße der Bilanzpolitik

Neben Periodenergebnis und Eigenkapital kann ebenso die Bilanzsumme Zielgröße bilanzpolitischer Maßnahmen sein. Einerseits, weil die entsprechenden Größenausprägungen des §§ 267 bzw. 267a HGB unter- (oder über-)schritten werden sollen (insbesondere größenabhängige Erleichterungen bzw. Befreiungen, wie beispielsweise §§ 274a, 276, 288, 293, 326 und 327 HGB), um die damit verbundenen Rechtsfolgen zu erreichen, oder andererseits, weil das Management z. B. die Kennzahl der Gesamtkapitalrendite positiv beeinflussen möchte, indem deren Nennergröße reduziert wird. Dies kann neben Ansatz- und Bewertungswahlrechten (die in diesem Fall eigenkapitalreduzierend auszuüben sind) auch durch die Ausübung von Ausweiswahlrechten, wie z. B. die offene Absetzung der erhaltenen Anzahlungen auf Bestellungen von den Vorräten gemäß § 268 Abs. 5 Satz 2 HGB oder die Saldierung von passiven und aktiven latenten Steuern nach § 274 HGB, erreicht werden.

Besondere bilanzpolitische Maßnahmen im Rahmen der IFRS

Im Rahmen der IFRS kommt als interessante Komponente der bilanzpolitischen Maßnahmen noch die Differenzierung zwischen GuV-wirksamen und GuV-unwirksamen Eigenkapitalveränderungen hinzu, wodurch sich bei entsprechender Wahlrechtsausübung (z. B. Neubewertung nach IAS 16.29 ff. oder die Einstufung von Finanzinstrumenten in die Kategorie *available-for-sale securities* nach IAS 39.9) eine Eigenkapitalerhöhung ohne Beeinflussung des Jahresüberschusses erreichen lässt, was z. B. bei negativen Entwicklungen der *fair values* der *available-for-sale securities* dazu führt, dass das Eigenkapital sinkt, der Jahresüberschuss aber nicht berührt wird. Dadurch wird die Kennzahl der Eigenkapitalrentabilität erhöht.

Überblick bilanzpolitischer Maßnahmen

In den beiden folgenden tabellarischen Übersichten sind wesentliche bilanzpolitische Maßnahmen bei der Abbildung von Sachverhalten im Rahmen der Bilanzierung nach HGB und bei Anwendung der IFRS überblicksartig zusammengestellt, ohne dabei den Anspruch auf Vollständigkeit zu erheben.

I. Bilanzpolitische Maßnahmen nach dem Bilanzstichtag im Rahmen der nationalen Normen

I.	**Maßnahmen materieller Bilanzpolitik**	
(1)	**Ausübung expliziter Wahlrechte**	
(a)	**Ansatz**	
	Disagio	§ 250 Abs. 3 HGB
	Selbst geschaffene immaterielle Vermögensgegenstände des Anlagevermögens	§ 248 Abs. 2 Satz 1 HGB

	Aktive latente Steuern im Jahresabschluss	§ 274 Abs. 1 Satz 2 HGB
	Erworbene Vermögensgegenstände im Wert von unter 150 EUR	GoB
	Unentgeltlich erworbene materielle Vermögensgegenstände	GoB
	Rückstellungen für vor dem 01.01.1987 erworbene Altersversorgungsverpflichtungen	Art. 28 Abs. 1 EGHGB
(b)	**Bewertung**	
	Ermittlung der Anschaffungskosten bei Tausch	GoB
	Definition der Herstellungskosten	§ 255 Abs. 2 und 3 HGB
	Bewertungsvereinfachungsverfahren	§ 240 Abs. 4 und § 256 HGB
	Behandlung von GWG	GoB
	Festwertverfahren	§ 240 Abs. 3 und § 256 HGB
	Bewertung des Finanzanlagevermögens zum niedrigeren Korrekturwert auch bei vorübergehender Wertminderung	§ 253 Abs. 3 Satz 4 HGB
	Bewertung der Pensionsrückstellungen nach dem Teilwert- oder Gegenwartswertverfahren	GoB
	Zinspauschalierung bei der Bewertung von Pensionsrückstellungen und anderen vergleichbaren langfristigen Rückstellungen	§ 253 Abs. 2 Satz 2 HGB
(2)	**Ausübung von Spielräumen**	
	Auslegung des Wesentlichkeitsgrundsatzes	GoB
	Bilanzierung von Leasingverträgen	GoB
	Abgrenzung von Herstellungs- und Erhaltungsaufwand	GoB
	Bewertung einzelner Vermögensgegenstände bei Erwerb eines Vermögensbündels	GoB
	Einschätzung der Wahrscheinlichkeit von zukünftigen Aufwendungen bei der Rückstellungsbildung	§ 249 Abs. 1 HGB, GoB
	Gemeinkostenschlüsselung bei der Herstellungskostenermittlung	§ 255 Abs. 2 HGB, GoB
	Methodenwahl für planmäßige Abschreibungen	§ 253 Abs. 3 Satz 2 HGB
	Schätzung der Nutzungsdauern und Restwerte von abnutzbaren Gegenständen des Anlagevermögens	§ 253 Abs. 3 Satz 2 HGB
	Bestimmung des Erfüllungsbetrags von Verbindlichkeiten und Rückstellungen	§ 253 Abs. 1 Satz 2 HGB
	Bestimmung der Korrekturwerte (beizulegender Wert, Börsen- und Marktpreis etc.) im Rahmen des Niederstwerttests auf der Aktivseite oder des Höchstwerttests auf der Passivseite	§ 253 Abs. 3 und 4 HGB, GoB
	Einschätzung der Zeitdauer von Wertminderungen (vorübergehend oder von Dauer) im Anlagevermögen	§ 253 Abs. 3 Satz 3 und 4 HGB
	Wertberichtigungen bei Forderungen	§ 252 Abs. 1 Nr. 4 HGB
	Bestimmung des Betrags, der nach »vernünftiger kaufmännischer Beurteilung notwendig« ist	§ 253 Abs. 1 HGB
	Wahl des Diskontierungssatzes bei Pensionsrückstellungen	§ 253 Abs. 1 HGB, GoB
	Verlustabschätzung bei schwebenden Geschäften	§ 249 Abs. 1 Satz 1 HGB
	Bestimmung des Steuersatzes bei latenten Steuern	§ 274 HGB, GoB
	Bildung von Bewertungseinheiten	§ 254 HGB
	Bestimmung der Entwicklungskosten im Rahmen der Bewertung selbst geschaffener immaterieller Vermögensgegenstände des Anlagevermögens	§ 255 Abs. 2a HGB
	Latente Steuern auf steuerliche Verlustvorträge	§ 274 Abs. 1 Satz 4 HGB
II.	**Maßnahmen formeller Bilanzpolitik**	
(1)	**Ausübung expliziter Wahlrechte**	
	Aufstellung der Bilanz vor oder nach Gewinnverwendung	§ 268 Abs. 1 i. V. m. § 270 Abs. 2 HGB
	Ausweis des Anlagespiegels	§ 268 Abs. 2 HGB
	Angabe der Restlaufzeiten bei Forderungen und Verbindlichkeiten	§ 268 Abs. 4 und 5 HGB
	Gliederung der GuV (Gesamt-/Umsatzkostenverfahren)	§ 275 Abs. 1 Satz 1 HGB

	Ausübung der größenabhängigen Erleichterungen	§§ 266, 274a, 275, 276, 288 i. V. m. §§ 267, 267a HGB
	Unterlassen von Angaben	§ 268 HGB
	Getrennte Darstellung des Disagios	§ 268 Abs. 6 HGB
	Ausweis der Haftungsverhältnisse nach § 251 HGB	§ 268 Abs. 7 HGB
	Ausweis erhaltener Anzahlungen auf Bestellungen	§ 268 Abs. 5 Satz 2 HGB
	Saldierung aktiver und passiver latenter Steuern	§ 274 HGB
(2)	**Ausübung von Spielräumen**	
	Gliederung von Bilanz und GuV bei Nicht-Kapitalgesellschaften	§ 247 Abs. 1 HGB, GoB
	Erweiterung der Mindestgliederung von Bilanz und GuV bei Kapitalgesellschaften	§§ 266 und 275 HGB, GoB
	Zuordnung von Vermögensgegenständen zu Anlage- oder Umlaufvermögen	§ 247 Abs. 2 HGB
	Detaillierungsgrad sowie Umfang der im Lagebericht gewährten Informationen	§ 289 HGB
III.	**Zusätzliche Maßnahmen im Rahmen der Konzernabschlusserstellung**	
(1)	**Maßnahmen materieller Bilanzpolitik**	
(a)	**Ausübung expliziter Wahlrechte**	
	Einbeziehung von Tochtergesellschaften	§ 296 HGB
	Größenabhängige Befreiung von der Konzernabschlusserstellung	§ 293 HGB
	Befreiung von der Konzernabschlusserstellung aufgrund eines übergeordneten Konzernabschlusses	§ 291 i. V. m. § 292 HGB
	Neuaufleben sämtlicher für den Jahresabschluss eingeräumter Ansatz- und Bewertungswahlrechte	§ 300 Abs. 2 Satz 2 HGB
	Kapitalkonsolidierungsmethoden bei Gemeinschaftsunternehmen (Quotenkonsolidierung oder Equity-Methode)	§ 310 HGB
(b)	**Ausübung von Spielräumen**	
	Ansatz von immateriellen Vermögensgegenständen bei der Erstkonsolidierung	§ 301 HGB
	Bewertung von Vermögensgegenständen und Schulden bei der Erstkonsolidierung	§ 301 HGB
	Auslegung des Wesentlichkeitsgrundsatzes bei Tochterunternehmen und assoziierten Unternehmen	§ 296 Abs. 2 und § 311 Abs. 2 HGB
	Auslegung des Wesentlichkeitsgrundsatzes bei der Schuldenkonsolidierung und Zwischengewinneliminierung	§ 303 Abs. 2 und § 304 Abs. 2 HGB
	Schätzung der Nutzungsdauer des Goodwill	§ 309 Abs. 1 HGB
	Behandlung des Badwill	§ 309 Abs. 2 HGB
	Erfassung einer Zweckgesellschaft	§ 290 Abs. 2 Nr. 4 HGB
(2)	**Maßnahmen formeller Bilanzpolitik**	
	Aufstellung eines Segmentberichts	§ 297 Abs. 1 Satz 2 HGB
	Ausweis des Vorratsvermögens	§ 298 Abs. 2 HGB
	Zusammenfassung des Konzernanhangs mit dem Anhang des Mutterunternehmens	§ 298 Abs. 3 HGB
	Abweichende Abschlussstichtage	§ 299 HGB

II. Bilanzpolitische Maßnahmen nach dem Bilanzstichtag im Rahmen der IFRS

I.	**Maßnahmen materieller Bilanzpolitik**	
(1)	**Ausübung expliziter Wahlrechte**	
(a)	**Ansatz**	
	Neubewertungsmethode im Rahmen der Folgebewertung von Sachanlagen und immateriellen Vermögenswerten	IAS 16.29 ff. und IAS 38.72 ff.
(b)	**Bewertung**	
	Bewertung zum *fair value* im Rahmen der Folgebewertung von Immobilien, die als Finanzinvestition gehalten werden	IAS 40.30 ff.
	Bewertung von Beteiligungen an verbundenen Unternehmen zu historischen Kosten oder zum *fair value* gemäß IAS 39 bzw. IFRS 9	IAS 27.10
	Fair value option bei Finanzinstrumenten	IAS 39.9
	Vereinfachungsverfahren bei der Vorratsbewertung	IAS 2.21 ff.
	Darstellung bestimmter öffentlicher Zuschüsse gemäß dem Brutto- oder Nettoverfahren	IAS 20.24
	Wahlrechte im Rahmen der Erstanwendung von IFRS	IFRS 1
(2)	**Ausübung von Spielräumen**	
	Beurteilung des Wesentlichkeitsgrundsatzes	F QC 11 und IAS 1.29
	Beurteilung eines *qualifying asset* bei der Aktivierung von Fremdkapitalkosten	IAS 23.8
	Beurteilung der Voraussetzung zur Nichteinhaltung der IFRS zum Zwecke der *fair presentation*	IAS 1.19
	Unbestimmtheit der Bestandteile »wahrscheinlicher künftiger Nutzenzufluss« und »verlässliche Bewertbarkeit« in der Definition eines Vermögenswertes (*asset*)	F 4.4 f.
	Auslegung von Regelungslücken	IAS 8.10 ff.
	Beurteilung der Voraussetzungen zur Aktivierung von Entwicklungskosten	IAS 38.57
	Beurteilung der Unbestimmbarkeit der Nutzungsdauer bei immateriellen Vermögenswerten	IAS 38.88 ff.
	Behandlung von Leasingverträgen	IAS 17.8
	Passivierung von Rückstellungen	IAS 37.14
	Ermittlung des *fair value* bei der Erstbewertung und im Rahmen der Folgebewertung (Korrekturwert)	IFRS 13.9 i.V.m. z. B. IAS 16.31, IAS 36.25 ff., IAS 38.75 ff., IAS 39.43, IFRS 9.5.1 f., IAS 40.33, IAS 41.12 f., IFRS 3.18
	Wahl der Methode zur planmäßigen Abschreibung	IAS 16.50, IAS 38.97
	Bestimmung von Nutzungsdauern und Restlaufzeiten	IAS 38.97 ff.
	Aufteilung von Sachanlagen in Komponenten zum Zwecke der Abschreibungen	IAS 16.43 ff.
	Klassifizierung von Vermögenswerten als *held for sale*	IFRS 5.6 ff.
	Einteilung der Finanzinstrumente in Kategorien	IAS 39.9
	Beurteilung der Voraussetzungen zum *hedge accounting*	IAS 39.88
	Beurteilung des Vorliegens eines *active market* zur Anwendung der Neubewertungsmethode bei immateriellen Vermögenswerten bzw. bei der Bestimmung von *fair values* in anderen Zusammenhängen	IAS 36.70, IAS 38.75 ff.
	Abgrenzung von *cash-generating units* im Rahmen des *impairment* von Vermögenswerten und der Goodwillzuordnung	IAS 36.66 ff.
	Bestimmung des adäquaten Diskontierungssatzes bei z. B. *fair value* Ermittlungen bzw. der Bewertung von Pensionsrückstellungen u. a.	IAS 19.78, IAS 36.55
	Einschätzung der Bewertungsparameter bei Pensionsrückstellungen (Höhe versicherungsmathematischer Gewinne oder Verluste)	IAS 19.72 ff.

	Beurteilung des Vorliegens von *impairment*-Indikatoren	IAS 36.12
	Abschätzung des Vorliegens zukünftiger steuerbarer Gewinne bei der Aktivierung latenter Steuern	IAS 12.37 und .56
	Verteilung der Erträge über die Projektlaufzeit bei Anwendung der *percentage of completion*-Methode	IAS 11.22 ff.
II.	**Maßnahmen formeller Bilanzpolitik**	
(1)	**Ausübung expliziter Wahlrechte**	
	Gliederung der GuV (Gesamt-/Umsatzkostenverfahren)	IAS 1.99
	Ausweis wesentlicher Ertrags- bzw. Aufwandsposten in GuV oder Anhang	IAS 1.97
	Ausweis der als Aufwand erfassten Ausgaben für Forschung und Entwicklung in der GuV oder im Anhang	IAS 38.126
	Darstellung des Gesamterfolgs	IAS 1.81A ff.
	Wahlrechte im Rahmen der Erstanwendung von IFRS	IFRS 1
	Zusammenfassung von operativen Segmenten	IFRS 8.11 ff.
(2)	**Ausübung von Spielräumen**	
	Gliederung der Bilanz nach Fristigkeit oder Liquidität	IAS 1.60 f.
	Auslegung der Dauer des *operating cycle* bei Gliederung der Bilanz nach Fristigkeit	IAS 1.66 und .68
	Segmentdefinition und -abgrenzung	IFRS 8.5 ff.
III.	**Zusätzliche Maßnahmen im Rahmen der Konzernabschlusserstellung**	
(1)	**Ausübung von Spielräumen**	
	Interpretation von *control*	IFRS 10.5 ff
	Erfassung von Zweckgesellschaften (strukturierte Unternehmen)	IFRS 10.5 ff
	Bestimmung der *functional currency*	IAS 21.9 ff.
	Zuordnung des Goodwill auf *cash-generating units*	IAS 36.80
	Identifizierung, Wesentlichkeitsbeurteilung und Bewertung von immateriellen Vermögenswerten im Rahmen der Erstkonsolidierung	IAS 38.33 f., IFRS 3.32 und .41 f.
	Ermittlung des *impairment*-Bedarfs eines Goodwill	IAS 36.88 ff.

Der Vergleich der beiden Übersichten macht deutlich, dass in den IFRS deutlich weniger (»explizite«) Wahlrechte als im HGB bestehen, die Menge an Spielräumen (»implizite Wahlrechte«) jedoch beträchtlich ist.

Viele implizite Wahlrechte nach IFRS

D. Grenzen der Bilanzpolitik

Existenz und Ausprägung des Stetigkeitsgrundsatzes

Das »Spielfeld« der Bilanzpolitik wird durch das der Abschlusserstellung zugrunde liegende Normensystem begrenzt. Je detaillierter und umfangreicher die Vorschriften, je weniger explizite Wahlrechte und Spielräume gewährt werden, umso geringer ist die Menge an zur Verfügung stehenden politischen Maßnahmen im Rahmen der Sachverhaltsdarstellung (Bilanzpolitik nach dem Bilanzstichtag). Beschränkend wirken insbesondere die Existenz sowie die Ausprägung des Stetigkeitsgrundsatzes. Sowohl nach den Bestimmungen des HGB (§§ 246 Abs. 3, 252 Abs. 1 Nr. 6 und 265 Abs. 1 HGB) als auch nach den Regelungen der IFRS (IAS 8.13 f.) gilt dieser Grundsatz im Hinblick auf die Ansatz- und Bewertungsmethoden sowie die formelle Darstellung der Abschlussinstrumente.

Konfligierende und kompensierende Effekte

Eine weitere Einschränkung ergibt sich aus der oben beschriebenen multidimensionalen Funktionalität von Abschlüssen, wodurch häufig bilanzpolitische Maßnahmen zwar positiv zur Erreichung eines spezifischen Ziels beitragen, auf eine andere Zielsetzung jedoch negativ wirken. So lassen sich z. B. durch die Existenz des Maßgeblichkeitsprinzips eine progressive Bilanzpolitik in der Handelsbilanz und eine konservative Bilanzpolitik in der Steuerbilanz grundsätzlich nicht gleichzeitig erreichen, allenfalls in den Bereichen, die vom Maßgeblichkeitsprinzip ausgenommen sind. Ähnliches gilt es auch mit Blick auf die zeitliche Wirkung von bilanzpolitischen Maßnahmen zu bedenken. Ergebniserhöhende Maßnahmen in einem Geschäftsjahr (wie z. B. die Aktivierung eines Disagios nach § 250 Abs. 3 HGB) haben in den Folgejahren zumeist eine ergebnisreduzierende Wirkung (Verteilung des Disagios über die Laufzeit des Kredits); d. h. auf die Ergebnisermittlung ausgerichtete bilanzpolitische Effekte drehen sich i. d. R. in ihrer Ergebniswirkung im Zeitablauf um.

Kompensierende Wirkung durch latente Steuern

Hinsichtlich kompensatorischer Effekte ist bei allen bilanzpolitischen Maßnahmen, die zu einer von der Steuerbilanz abweichenden Abbildung im HGB- oder IFRS-Abschluss führen, grundsätzlich an die Erfassung von latenten Steuern zu denken, die den Ergebnis- bzw. Nettovermögenseffekt, der durch die Maßnahme intendiert wurde, regelmäßig (aufgrund des Ansatzwahlrechtes von aktiven latenten Steuern im Jahresabschluss nach HGB nur eingeschränkt) teilweise (abhängig von der Höhe des relevanten Steuersatzes) kompensieren (vgl. 8. Kapitel, S. 474 ff.).

Transparenz durch Anhangangaben

Das versteckte Durchführen von Bilanzpolitik wird begrenzt durch den Umfang und den Detaillierungsgrad der geforderten Anhangangaben. Somit lässt sich grundsätzlich konstatieren, dass aufgrund der geforderten umfangreichen Anhangangaben diesbezüglich im Rahmen der IFRS die Grenzen enger gesteckt sind als im Rahmen des HGB. Allerdings entzieht sich die Ausübung von Ermessensspielräumen häufig einer Aufdeckung durch Anhangangaben.

Einschränkung durch Generalnormen

Aufgrund der oben dargestellten Unmöglichkeit, die Abbildung der ökonomischen Realität umfassend detailliert zu regulieren, bestehen in den Rechnungslegungsnormensystemen sog. Generalnormen (§ 264 Abs. 2 HGB und IAS 1.15), die u. a. zu einer Begrenzung der bilanzpolitischen Spielräume beitragen sollen. Auch die Verweise im HGB auf eine Bilanzierung gemäß der »vernünftigen kaufmännischen Beurteilung« in § 253 Abs. 1 Satz 2 HGB bzw. auf die GoB in § 243 Abs. 1 und § 264 Abs. 2 HGB stellen eine zwar unbestimmte, aber dennoch den bilanzpolitischen Spielraum im gewissen Sinne einschränkende Normierung dar.

Normatives und ethisches Verständnis der beteiligten Personen

Zu guter Letzt hat ein verantwortliches Management den Nutzen der bilanzpolitischen Maßnahmen mit deren Kosten abzuwägen, wobei zu Letzteren nicht nur die direkten Kosten der Datengenerierung, sondern auch die indirekten Kosten, wie z. B. die Effekte der Maßnahmen in den Folgeperioden oder mögliche negative Wirkungen bei den Adressaten etc. zu zählen sind. Das Ergebnis der Nutzen/Kosten-Betrachtung ist neben dem normativen Rahmen von mehreren Einflussfaktoren abhängig (vgl. Detert, K./Sellhorn, T. [2007], S. 251). Insbesondere zum einen von der persönlichen ethisch/moralischen Gesinnung der handelnden Personen, die die Zielrichtung, den Umfang sowie die gewählten Maßnahmen der Bilanzpolitik bestimmt, wie aber auch zum anderen von den Intentionen und der Effektivität der die Abschlusserstellung überwachenden Institutionen (soweit vorhanden). Zu letzteren gehören z. B. Abschlussprüfer, Aufsichtsrat (insbesondere dem Gremium des *audit committee*) sowie (soweit zuständig) Enforcement-Institutionen (Deutsche Prüfstelle für Rechnungslegung bzw. *European Securities and Markets Authority* (ESMA); vgl. 15. Kapitel, S. 994 ff.). Aus dem ethisch/moralischen sowie normativen Verständnis dieser Personen bzw. Institutionen resultiert auch faktisch die Grenzziehung zwischen »legaler« und »konstruktiver« Bilanzpolitik sowie »illegaler« und »destruktiver« Bilanzfälschung (vgl. Stibi, B./Fuchs, M. [2007], S. 386 f.).

Kontrollfragen:

1. Was ist unter dem Begriff »Bilanzpolitik« zu verstehen?
2. Erläutern Sie, welcher Zusammenhang zwischen Bilanzpolitik und der Funktion des Abschlusses besteht!
3. Welche Dimensionen der Bilanzpolitik lassen sich unterscheiden? Beschreiben Sie diese!
4. Erläutern Sie die Begriffe »materielle Bilanzpolitik« und »formelle Bilanzpolitik«!
5. Was versteht man unter »Bilanzpolitik durch Sachverhaltsgestaltung«?
6. Nennen Sie Beispiele für Maßnahmen materieller Bilanzpolitik nach HGB und IFRS! Unterscheiden Sie hierbei zwischen Bilanzpolitik durch die Ausübung expliziter Wahlrechte und die Ausübung von Spielräumen!
7. Nennen Sie Beispiele für Maßnahmen formeller Bilanzpolitik nach HGB und IFRS!
8. Erläutern Sie Grenzen der Bilanzpolitik!
9. Welches Verhältnis besteht zwischen Bilanzpolitik in der Handelsbilanz und jener in der Steuerbilanz?
10. Besteht in den IFRS ein ausgeglichenes Verhältnis zwischen Bilanzpolitik durch die Ausübung expliziter Wahlrechte und durch die Ausübung von Spielräumen?

Zweiter Teil
Analyse des Jahresabschlusses

17. Kapitel: Grundlagen der Bilanzanalyse

Mit Jahresabschluss- oder auch Bilanzanalyse werden Verfahren der Informationsgewinnung und -auswertung bezeichnet, mit deren Hilfe aus den Angaben des Jahresabschlusses (Bilanz, Gewinn- und Verlustrechnung, Kapitalflussrechnung und Anhang) und des Lageberichtes Erkenntnisse über die Vermögens-, Finanz- und Ertragslage der Unternehmung gewonnen werden. Durch die unternehmensexterne Stellung des Analytikers unterscheidet sich die Bilanzanalyse von der Betriebs- oder Unternehmensanalyse, bei der dem Betrachter auch unternehmensinterne Daten (interner Abschluss, Kostenrechnung, Finanzplanung, Auftragsbestand, Kreditlinien u. Ä.) zur Verfügung stehen. Die interne Analyse ist deshalb umfassender und zuverlässiger als die externe. Externe und interne Unternehmensanalyse gleichen sich in dem Maße einander an, wie die Unternehmen an einer umfassenden Information der externen Kapitalgeber Interesse gewinnen.

Jahresabschluss-analyse/Bilanz-analyse

Im Folgenden werden zunächst die Erkenntnisziele und Grenzen der externen Bilanzanalyse behandelt. Sodann wird auf die wichtigsten Aufbereitungsmaßnahmen für Posten von Bilanz und GuV als Vorbereitung der Bilanzanalyse eingegangen. Abschließend werden Auswertungsmethoden besprochen, die für alle Teile der Bilanzanalyse gelten. Dabei werden die in den folgenden Schritten der erfolgs- und finanzwirtschaftlichen sowie strategischen Analyse (Kapitel 18 bis 20) gewonnenen Erkenntnisse zu einem Gesamturteil verdichtet.

A. Erkenntnisziele und Grenzen der Bilanzanalyse

Aus den allgemeinen unternehmerischen Zielen können die Erkenntnisziele der Bilanzanalyse abgeleitet werden. Ebenfalls erfolgt hier die Abgrenzung der verschiedenen Bereiche der Bilanzanalyse. Außerdem wird auf Einschränkungen, die bei der Analyse von Daten eines Jahresabschlusses zu beachten sind, eingegangen.

I. Unternehmensziele, Unternehmens- und Bilanzanalyse

Die Bilanzanalyse gehört in den größeren Zusammenhang der Unternehmensanalyse (vgl. Abbildung 17.1). Im Rahmen der Unternehmensanalyse wird gefragt, inwieweit das Unternehmen in der Lage war (retrospektiv) bzw. in der Lage sein wird (prospektiv), die gesetzten ökonomischen Ziele zu erreichen. Man unterscheidet drei betriebswirtschaftliche Ziele, nämlich Liquidität, Erfolg und Erfolgspotenzial (vgl. Coenenberg, A. G./Günther, T. W. [2011] sowie die dort angegebene Literatur).

Bilanzanalyse und Unternehmens-analyse

Als grundlegendes unternehmerisches Ziel ist die Liquidität zu betrachten, da ohne die Aufrechterhaltung der Zahlungsbereitschaft der Unternehmung trotz

Liquidität, Erfolg

ansonsten guter Leistungseigenschaften (z. B. Personal, Technologie, Management) ein Fortbestand nicht möglich ist. Allerdings reicht i. d. R. eine Unternehmenssteuerung nur über die Überwachung der Liquidität nicht aus, da dies abgrenzbare Geschäfte mit kurzen Durchlaufzeiten voraussetzen würde. Neben die Liquidität tritt deshalb als weitere ökonomische Zielgröße der Unternehmenserfolg, der als periodisierte Größe für das gesamte Unternehmen eine Vorsteuerungsfunktion für die Liquidität einnimmt, ohne jedoch die Aufgaben der Liquiditätssteuerung selbst lösen zu können. Neben die reine Geldsteuerung (Liquidität) tritt damit die güter- bzw. leistungswirtschaftliche Steuerung (Erfolg).

Erfolgspotenzial

In ähnlicher Weise wirkt das Erfolgspotenzial als Vorsteuerungsgröße für den Periodenerfolg, indem es als wesentliche Zielgröße der strategischen Führung des Unternehmens Einflüsse auf die nachgelagerten Ziele als eine Art Indikator anzeigt und so die Möglichkeit des adäquaten Ergreifens von Maßnahmen ermöglicht. Das Erfolgspotenzial eines Unternehmens lässt sich als ein Bündel nachhaltig wirksamer Wettbewerbsvorteile beschreiben, die im Zusammenhang mit Chancen und Risiken im Unternehmensumfeld sowie unternehmerischen Stärken und Schwächen rechtzeitig aufgebaut werden müssen, um in nachfolgenden Perioden Erfolge erzielen zu können.

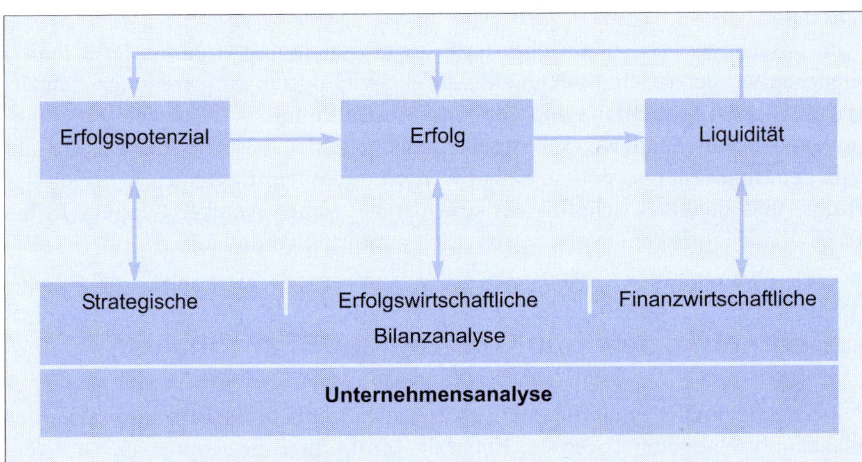

Abb. 17.1: Unternehmensziele, Unternehmens- und Bilanzanalyse

Zielinterdependenzen

Erfolgspotenzial, Erfolg und Liquidität stehen einerseits – wie aufgeführt – in einem Vorsteuerungsverhältnis: Erfolgspotenzial ist notwendige Voraussetzung für Erfolg, der seinerseits notwendige Voraussetzung für die Liquiditätsrealisierung ist. Andererseits bestehen natürlich auch rückläufige Wirkungen: Ohne Liquidität ist die zukünftige Erfolgsrealisation und der Aufbau von Erfolgspotenzialen in Frage gestellt und die Realisation gegenwärtiger Erfolge kann zu Lasten des Aufbaus von Erfolgspotenzialen gehen.

Unternehmensanalyse

Die Unternehmensanalyse beschäftigt sich mit der Lage und Entwicklung des Unternehmens unter allen drei Zielen. Sie umfasst dementsprechend eine strategische, erfolgswirtschaftliche und finanzwirtschaftliche Analyse. Wegen der internen Stellung des Analytikers, z. B. bei einer Due-Diligence zur Vorbereitung einer Unternehmensakquisition, ist die Unternehmensanalyse nicht auf die Daten des externen Rechnungswesens beschränkt.

Bilanzanalyse i. e. S.

Die Jahresabschlussanalyse bezieht sich zunächst auf die Abschlussinstrumente Bilanz, GuV, Kapitalflussrechnung sowie Anhang. Insoweit könnte man von Jahresabschluss- oder Bilanzanalyse i. e. S. sprechen. Dieser Teil der Jahresabschlussanalyse hat die Aufgabe, das Unternehmen unter dem Gesichtspunkt von Erfolg und Liquidität zu analysieren. Die Bilanzanalyse i. e. S. besteht folglich aus der finanzwirtschaftlichen und erfolgswirtschaftlichen Bilanzanalyse.

Finanz- und erfolgswirtschaftliche Bilanzanalyse

Die finanzwirtschaftliche Bilanzanalyse fragt danach, in welchem Zustand sich die Finanzwirtschaft eines Unternehmens befindet. Durch eine Untersuchung der Liquidität sowie der Struktur des Vermögens und des Kapitals soll geklärt werden, ob das Unternehmen jederzeit seinen Zahlungsverpflichtungen nachkommen kann und die Finanzierung in einem angemessenen Verhältnis zur Verwendung des Kapitals steht. Die erfolgswirtschaftliche Bilanzanalyse soll Informationen über die Ertragslage bereit stellen. Sie untersucht die Qualität der von einem Unternehmen erwirtschafteten Erfolge und soll Aufschlüsse darüber geben, ob auch zukünftig Aussicht auf die Erwirtschaftung von Erfolgen besteht (vgl. 18. und 19. Kapitel).

Bilanzanalyse i. w. S.

In den letzten Jahren hat sich die externe Rechnungslegung von kapitalmarktorientierten Unternehmen immer mehr von einer rein finanziellen Rechnungslegung zu einem umfassenden Business Reporting weiterentwickelt. Die immer umfangreichere Lageberichterstattung einschließlich Risikoberichterstattung, die Segmentberichterstattung sowie die zunehmende Tendenz zu freiwilliger Publizität i. S. eines Value Reporting gewähren den Analysten erhebliche Einblicke in das Erfolgspotenzial des Unternehmens. In einem weiteren Sinne ist die Bilanzanalyse in diesen Fällen deshalb auch auf die Analyse der Erfolgspotenziale auszudehnen.

Strategische Bilanzanalyse

Die strategische Bilanzanalyse, also die eher qualitative Analyse des Erfolgspotenzials, bedient sich grundsätzlich eigener Instrumente. Sie fragt auf der einen Seite nach den speziellen unternehmerischen Stärken und Schwächen im Wettbewerb, und auf der anderen Seite nach den Risiken und Chancen, denen das Unternehmen in seinen Umfeldern ausgesetzt ist. Die Abschlussinstrumente selbst bieten hierzu keine unmittelbaren Erkenntnisse. Ihnen kommt aber im Hinblick auf das Erfolgspotenzial insofern eine indirekte Bedeutung zu, als Erfolgspotenzial einerseits und Erfolg und Liquidität andererseits in einer Wechselbeziehung stehen.

Unternehmenswert

Die Zielgrößen Erfolgspotenzial, Erfolg und Liquidität sind – wie ausgeführt – die Ansatzpunkte für eine umfassende Bilanzanalyse. Seit geraumer Zeit ist als übergeordnete Zielgröße die Steigerung des Unternehmenswertes in den Vordergrund gerückt. In welcher Relation steht die Zielgröße »Unternehmenswert« (kurz: »Wert«) zum Zielsystem Erfolgspotenzial, Erfolg und Liquidität? Der Unternehmenswert ist die Reduktion dieser Zieldimensionen auf eine umfassende Zielgröße durch das Phasenkonzept der »Wert«-Generierung, wie in Abbildung 17.2 veranschaulicht wird.

Phasenkonzept der »Wert«-Generierung

Das Phasenkonzept der »Wert«-Generierung spiegelt die Vor- und Rücksteuerungsdimension der Zielgrößen Erfolgspotenzial, Erfolg und Liquidität wider. Verfügbare Liquidität ermöglicht Investitionen in Sachkapital und intellektuelles Kapital und ermöglicht die Erschließung neuer Märkte. Aus den daraus generierbaren Erfolgspotenzialen entstehen bei entsprechend effizienter Umsetzung Erfolge, die schließlich wieder zur Liquidität beitragen. Der Unternehmenswert ist das Resultat aller im Phasenkonzept wirkenden Komponenten: Er hat somit eine strategische und eine operative Dimension. Die strategische Dimension des Unternehmenswertes wird durch die Investitionen und die Erfolgspotenziale, die operative durch Erfolg und Liquidität bestimmt.

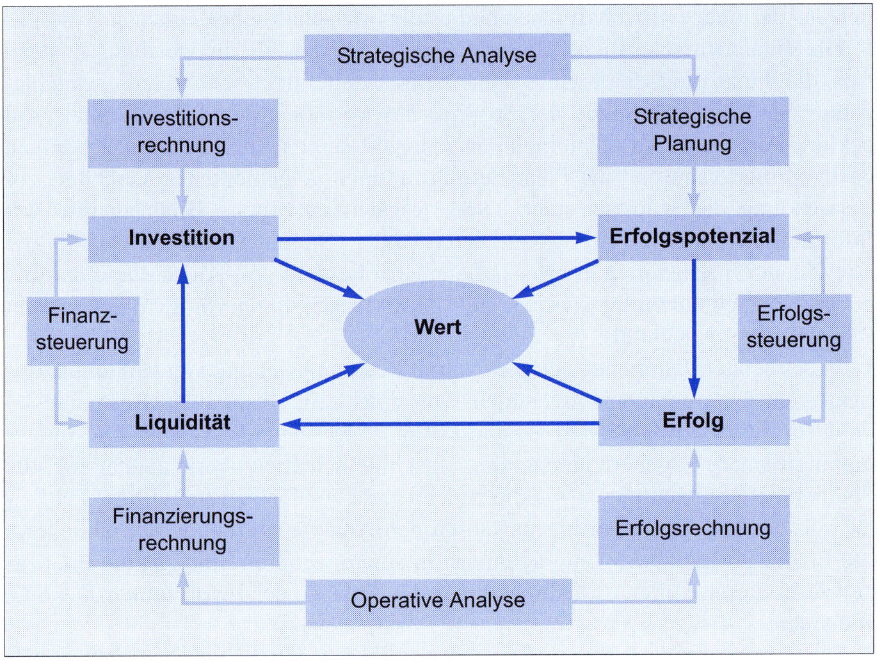

Abb. 17.2: Phasenkonzept der »Wert«-Generierung

Wertorientierte Bilanzanalyse

Insofern lässt sich die Bilanzanalyse auch als eine Analyse der Wertgenerierung verstehen. Die Analyse von Erfolg und Liquidität führt zur operativen Messung der erreichten Wertgenerierung abgeschlossener Perioden, die Analyse von Investition und Erfolgspotenzial zur strategischen Bewertung des auf die Zukunft bezogenen Unternehmenswertes.

Zukunftsbezug

Der Unternehmenswert hat stets Zukunftsbezug, er resultiert aus den erwarteten zukünftigen finanziellen Überschüssen. Dies macht deutlich, dass sich die Analyse entweder auf die vergangene, bereits erfolgte Wertgenerierung richten kann, oder aber auf die potenzielle zukünftige. Im letzteren Falle dient eine Analyse der zukünftig erzielbaren Überschüsse zur Ableitung der zukünftig erzielbaren Wertgenerierung.

II. Bilanzierungszwecke, Erkenntnisziele und Adressaten der Bilanzanalyse

Die Erkenntnisziele der Bilanzanalyse korrespondieren unmittelbar mit den rechtlichen Bilanzierungszwecken.

Bilanzierungszwecke/ Erkenntnisziele der Bilanzanalyse

Gemäß § 264 Abs. 2 HGB hat der Jahresabschluss »unter Beachtung der Grundsätze ordnungsmäßiger Buchführung ein den tatsächlichen Verhältnissen entsprechendes Bild der Vermögens-, Finanz- und Ertragslage« zu vermitteln. Auch im Rahmen der deutschen Konzernlageberichterstattung gemäß DRS 20 wird die Analyse dieser drei Bereiche gefordert. Vermögens- und Finanzanlage sind so eng miteinander verknüpft, dass sie im Rahmen der Bilanzanalyse als ein zusammengehöriges Informationsziel betrachtet werden können. Die Bilanzanalyse ist dementsprechend – soweit sie sich auf den Jahresabschluss selbst bezieht – auf zwei Erkenntnisziele gerichtet: Im Rahmen der finanzwirtschaftlichen Bilanzanalyse steht die finanzielle Stabilität, im Rahmen der erfolgswirtschaftlichen Bilanzanalyse die Ertragskraft im Mittelpunkt.

Auch nach IFRS (vgl. F OB12) und US-GAAP (vgl. CON 5.11) stehen die beiden Informationsziele des Jahresabschlusses, nämlich die Finanz- und Ertragslage, im Vordergrund. Insofern ergeben sich hier für die Jahresabschlussanalyse dieselben Erkenntnisziele.

Externe Adressaten

In Anlehnung an die doppelte Informationszielsetzung lassen sich die externen Adressaten einer Bilanzanalyse schwerpunktmäßig danach aufteilen, ob sie primär an Informationen über die finanzielle Stabilität oder über die Ertragskraft interessiert sind.

Finanzielle Stabilität

Der ersten Adressatengruppe sind jene Personen zuzuordnen, deren Beziehungen zu dem Unternehmen primär durch ein vertraglich fixiertes Schuldner-Gläubiger-Verhältnis gekennzeichnet sind. Hierzu zählen aktuelle und potenzielle Gläubiger, Lieferanten, Kunden sowie Arbeitnehmer. Für diese Personengruppen gilt es, anhand der Jahresabschluss- und Lageberichtsinformationen das Risiko einzuschätzen, inwieweit finanzielle Instabilitäten des »Schuldner-Unternehmens« die planmäßige Erfüllung seiner Leistungsverpflichtungen gegenüber den Adressaten beeinträchtigen (Illiquiditätsrisiko). Zu diesen Leistungsverpflichtungen zählen insbesondere die termingerechte Begleichung von Schulden aus Kredit- und Warengeschäften (Lieferungen, Warenbestellungen) sowie die termingerechte Zahlung von Löhnen und Gehältern.

Ertragskraft

Die zweite Adressatengruppe verfolgt als Erkenntnisziel in erster Linie die Messung der Ertragskraft. Hierzu zählen die Eigner (z. B. Aktionäre), Führungskräfte, die Gewerkschaften und die Konkurrenz, die sich bei ihren Entscheidungen von der Ertragslage des Unternehmens leiten lassen (Ertragsrisiko). Interessiert den Aktionär sowie die mit *stock options* ausgestattete Führungskraft die Ertragslage hauptsächlich im Hinblick auf das künftige Dividendenausschüttungs- und Kursentwicklungspotenzial, stellt die Ertragskraft für die Gewerkschaften einen Maßstab für die Durchsetzungsmöglichkeit von Lohn- und Gehaltsforderungen dar. Der Konkurrenz dienen Ertragskraftdaten als Vergleichsmaßstab für die Beurteilung der eigenen Ertragslage. So können beispielsweise Informationen gewonnen werden, ob das Produktionsprogramm der Konkurrenz einen höheren Ertrag abwirft als das eigene oder ob ein Preiskampf Aussicht auf Erfolg verspricht.

Erfolgspotenzial

Neben finanzieller Stabilität und Ertragskraft kommt als drittes Analyseziel das Erfolgspotenzial hinzu. Da das Erfolgspotenzial Voraussetzung für finanzielle Stabilität und Ertragskraft ist, erscheint dieses Erkenntnisziel für alle Adressatengruppen in gleicher Weise von Bedeutung. Alle drei Erkenntnisziele stehen in so enger Interdependenz, dass Bilanzanalysen stets ganzheitlich zu betrachten sind. Denn einerseits ist finanzielle Stabilität (Liquidität) eine notwendige Voraussetzung für die kontinuierliche Erwirtschaftung von Erträgen und den Aufbau von Erfolgspotenzialen. Umgekehrt ist ohne hinreichende Erfolgspotenziale und Erträge das finanzielle Gleichgewicht zumindest langfristig gefährdet.

Interne Adressaten

Bilanzanalysen sind auch für interne Adressaten von Bedeutung. Im Rahmen des operativen und strategischen Controllings dienen sie den Verantwortlichen zur Schaffung von Transparenz über die aktuelle Situation. Gerade vor dem Hintergrund einer zunehmenden Konvergenz von internem und externem Rechnungswesen kann die Unternehmensleitung ihre Entscheidungen zunehmend auch auf externe Informationen stützen. Bilanzanalysen sind außerdem Bestandteil einer ordnungsgemäßen Prüfungsberichterstattung. Über diesen Weg werden sie oft zu einer wichtigen Informationsgrundlage für Kontrollorgane wie Aufsichtsrat oder Beirat (für eine ausführlichere Darstellung zu den Interessen der internen Adressaten vgl. auch Baetge, J./Kirsch, H.-J./Thiele, S. [2004], S. 17 ff.)

Zeitbezug der Analyse

Gegenstand der Unternehmensanalyse ist die vergangene und zukünftige Fähigkeit des Unternehmens, die gesetzten ökonomischen Ziele zu erreichen. Letztere zielen auf die Fähigkeit des Unternehmens ab, finanzielle Überschüsse zu erwirtschaften, um damit die Zahlungs- und Renditeerwartungen der Kapitalgeber zu erfüllen. Zentrale Zielsetzung der internationalen Rechnungslegung ist die Vermittlung von entscheidungsrelevanten Informationen. Dem Investor sollen Informationen an die Hand gegeben werden, die es ihm ermöglichen, Anlageentscheidungen (»*economic decisions*«) zu treffen. Auch das interne Rechnungswesen hat die Aufgabe, Informationen zur Entscheidungsunterstützung bereitzustellen. Dabei haben diese Entscheidungen häufig einen Zukunftsbezug, wenn z. B. die Frage des Kaufens/Haltens/Verkaufens der Anteile an einem Unternehmen, die Vergabe eines Kredits oder die Verlängerung des Vertrags eines Vorstandsmitglieds zur Disposition stehen. Somit versucht die Analyse, aus der Vergangenheit Aufschluss für die Beantwortung dieser Fragen zu gewinnen. Andere Themen haben auch unmittelbaren Vergangenheitsbezug: Z. B. bezieht sich die Entlastung des Vorstands insbesondere auf das abgelaufene Geschäftsjahr. Auch die Bemessung einer erfolgsabhängigen Vergütung bezieht sich auf die Leistung der abgelaufenen Periode und somit auch die Ermittlung und Analyse der Leistung des jeweiligen Managers. In Kontrollrechnungen werden vergangenheitsbezogene Performancemaße ermittelt und im Rahmen von Soll-Ist-Vergleichen analysiert und zur verhaltenssteuernden Leistungsbeurteilung verwendet.

Retrospektive und prospektive Analyse

Die Adressaten interner wie externer Unternehmensdaten stellen sowohl retrospektive als auch prospektive Überlegungen an. Die Analyse der Daten des Rechnungswesens dient dabei dem retrospektiven Abgleich des tatsächlichen Geschäftsverlaufs mit der erwarteten bzw. geplanten Entwicklung sowie der Analyse der Abweichungsursachen. Dies bildet wiederum die Basis für die prospektive Erwartungsbildung. Die Daten des Abschlusses haben daher einen zweifachen Zeitbezug: sie sind einerseits als Ist-Zahlen vergangenheitsorientiert, anderseits lassen sich daraus Schätzer für die Zukunft entwickeln. Somit lassen sich eine retrospektive und eine prospektive Sichtweise der Analyse unterscheiden, was unterschiedliche Anpassungen der Daten erforderlich machen könnte.

III. Auswertungsmethoden der Bilanzanalyse

In der Bilanzanalyse werden die Daten des Rechnungswesens ausgewertet und evaluiert. Die dabei angewandten grundlegenden Methoden und Vorgehensweisen werden im Folgenden kurz dargestellt.

1. Vergleichsmaßstäbe

Die Beurteilung der Daten setzt entsprechende Vergleichsmaßstäbe voraus. Diese können aus Daten früherer Perioden, anderer Betriebe oder aus Soll-Normen gewonnen werden. Dementsprechend kann zwischen dem Zeitvergleich, dem Betriebsvergleich und dem Soll-Ist-Vergleich unterschieden werden.

Zeitvergleich

Der Zeitvergleich hat den Vorteil, dass die Wirkungen bilanzpolitischer Maßnahmen, die eine Verschiebung oder Vorwegnahme von Ergebnissen bewirken, langfristig wieder aufgehoben werden: Die in einer Periode unter erhöhter Aufwandsverrechnung gebildeten stillen Reserven werden in den folgenden Perioden wieder aufgelöst, da dann diese antizipierten Aufwendungen fehlen.

Betriebsvergleich/ Benchmarking

Beim Betriebsvergleich werden Unternehmen gleicher Branche miteinander verglichen, wobei darauf zu achten ist, dass absolute Zahlen nur bei gleicher Größe der Unternehmungen vergleichbar sind und deshalb meist Verhältniszahlen angewendet werden müssen. Besonders aussagefähig ist hier der Vergleich mit dem stärksten Wettbewerber in der Branche (sog. Benchmarking).

Soll-Ist-Vergleich

Ein Soll-Ist-Vergleich ist nur in Ausnahmefällen durchführbar, weil im Allgemeinen aussagefähige Soll-Daten nicht zur Verfügung stehen. Die im bilanztheoretischen Schrifttum gelegentlich geforderte Pflicht zur Veröffentlichung von Planabschlüssen würde die Möglichkeit zu systematischen Soll-Ist-Analysen eröffnen. Als einen ersten konkreten Schritt in diese Richtung kann die Vorschrift des § 289 Abs. 2 Satz 2 HGB aufgefasst werden, nach der der Lagebericht u. a. auch auf die voraussichtliche Entwicklung der Kapitalgesellschaft eingehen soll. Soweit Prognoseinformationen in rechenbarer Form gegeben werden, sollte sich die Bilanzanalyse stets auch auf die Überprüfung der Realisation der gegebenen Zielprojektionen sowie die Analyse eventueller Abweichungen erstrecken.

2. Kennzahlen

Neben der Art des Vergleichs müssen jeweils zweckentsprechende Auswertungs- und Darstellungstechniken gewählt werden, um die Bilanzanalyse zu einem geeigneten Instrument der Informationsgewinnung zu machen.

Grundzahlen

In einfachster Form werden die Daten als absolute Zahlen (Grundzahlen), z. B. Einzelzahlen, Summen oder Differenzen, angegeben. Die Aussagekraft dieser Angaben ist gering, solange ein geeigneter Vergleichsmaßstab fehlt.

Kennzahl

Setzt man absolute Zahlen zueinander ins Verhältnis, so wird damit ein erster Vergleich dieser Zahlen vorgenommen und die Aussagekraft erhöht. Den Ausdruck solcher zueinander in Beziehung gesetzten betriebswirtschaftlich relevanten Größen nennt man Kennzahl.

Entsprechungsprinzip

Für die Bildung aussagefähiger Kennzahlen gilt das Entsprechungsprinzip, d. h. Zähler und Nenner der Kennzahl müssen in einem sinnvollen inneren Zusammenhang stehen. Man unterscheidet Gliederungs-, Beziehungs- und Indexzahlen:

Gliederungszahl

Werden Teilgrößen ihrer entsprechenden Gesamtgröße gegenübergestellt, so spricht man von Gliederungszahlen, wie beispielhaft in Abbildung 17.3 dargestellt: Sie zeigen das relative Gewicht einzelner Größen im Verhältnis zum Ganzen (Strukturen z. B. des Vermögens, des Kapitals und der Aufwendungen) und machen Vergleiche von Betrieben unterschiedlicher Größe möglich. Um ein Bild von der wirklichen Größenordnung zu bekommen, sollten immer auch die Gesamtgrößen in absoluten Zahlen genannt werden.

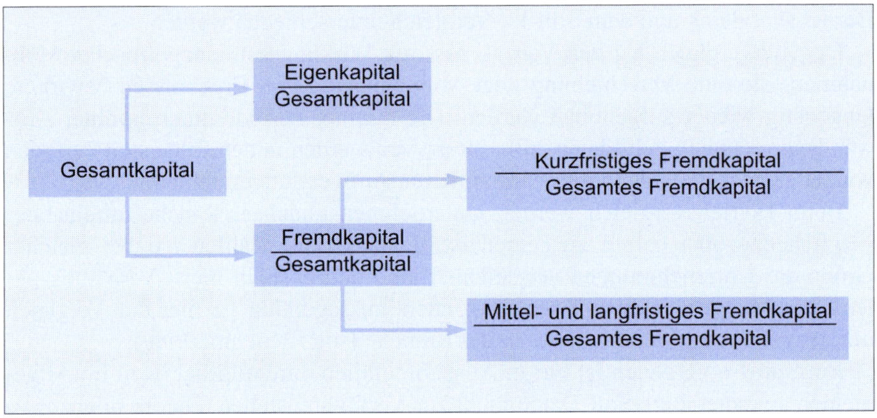

Abb. 17.3: Gliederungszahlen zum Gesamtkapital

Beziehungszahlen

Beziehungszahlen entstehen dadurch, dass verschiedenartige Gesamtheiten aufeinander bezogen werden, die in einem sachlogischen Zusammenhang, z. B. in einer Mittel-Zweck-Relation stehen. So stellt man z. B. den Gewinn als verursachte Größe dem Gesamtkapital als verursachende Größe gegenüber, um die Gesamtkapitalrentabilität zu messen. Zur Wahrung des Entsprechungsprinzips muss der Gewinn im Zähler dabei vor Fremdkapitalzinsen ermittelt werden, da in der Kennzahl Gesamtkapitalrentabilität das Kapital im Nenner sowohl das Eigenkapital als auch das Fremdkapital umfasst. Bei dem Verhältnis Eigenkapital zu Anlagevermögen beispielsweise liegt keine Mittel-Zweck-Relation vor, sondern es werden gleichgeordnete Teile (im Hinblick auf die Bindungsfrist der Kapital- bzw. Vermögensgröße) einer übergeordneten Gesamtheit (Unternehmung) in Beziehung zueinander gesetzt. Der Nachteil von Beziehungszahlen ist, dass die Ursachen ihrer Veränderungen nicht festgestellt werden können, wenn die Veränderung der absoluten Größen nicht bekannt ist. So kann die Erhöhung der Kapitalrentabilität auf der Steigerung des Gewinnes bei konstantem Gesamtkapital beruhen oder auf einem Abbau des Gesamtkapitals bei konstantem Gewinn oder auch schließlich darauf zurückzuführen sein, dass der Gewinn relativ stärker gestiegen ist oder relativ schwächer gesunken ist, als das Kapital zu- bzw. abgenommen hat. Um Aufschluss über die Veränderungsursachen zu erhalten, bedient sich die Praxis zahlreicher Kennzahlensysteme. Mit Hilfe dieser Analyseinstrumente, die auch von besonderer Bedeutung für die betriebsinterne Steuerung von

Unternehmen sind, wird versucht, die Ursachen für die Veränderung einer ausgewählten Spitzenkennzahl durch untergeordnete Kennzahlen zu erklären, die in einer direkten Ursache-Wirkungs-Beziehung zur jeweils übergeordneten Kennzahl stehen. Eines der bedeutendsten Kennzahlensysteme ist das *Return on Investment*-Kennzahlensystem (vgl. 19. Kapitel, S. 1173 ff.).

Indexzahlen

Index-(Mess-)Zahlen eignen sich zur Darstellung von zeitlichen Veränderungen bzw. Entwicklungen einer Größe. Der Wert eines Basiszeitpunktes wird gleich 100 % gesetzt und alle weiteren Werte verschiedener Zeitpunkte werden im Verhältnis zu diesem Basiswert gemessen. Beispiele sind Aktien- und Preisindizes. Von der Wahl dieses Basiswertes hängt die Aussagekraft der Indexzahlen ab, denn bei extremen Basiswerten kann – im Gegensatz zur Realität – der Eindruck entstehen, dass an sich normale Folgewerte außergewöhnlich seien.

IV. Grenzen der Bilanzanalyse

Mangelnde Zukunftsbezogenheit der Daten

Die Abschlussinformationen selbst beziehen sich auf einen abgeschlossenen, vergangenen Zeitraum, der meist ein Jahr umfasst. Aussagen über die zukünftige Entwicklung der Unternehmung, die durch den Vergleich mehrerer aufeinanderfolgender Abschlüsse extern gewonnen werden können (Zeitvergleich), beruhen auf der Annahme, dass eine in der Vergangenheit sichtbare Tendenz in die Zukunft extrapoliert werden kann. Aufgrund der zunehmenden Marktdynamik und des sich ständig ändernden Unternehmensumfeldes kann von dieser Voraussetzung nur bedingt ausgegangen werden. Trendmäßige Entwicklungen ließen sich anhand von Kennzahlen (z. B. Entwicklung der Umsatzerlöse, Nettoinvestitionen, Material- und Personalintensität, Effektivverschuldung, Cashflow etc.) zutreffender feststellen, wenn man die Daten kürzerer vergleichbarer Zeiträume berücksichtigen könnte. Vierteljahres- oder Monatsabschlüsse werden jedoch oft lediglich zu Zwecken der internen Planung, Kontrolle und Steuerung erstellt. Extern kann zu diesem Zweck – wenn auch oft nur in sehr eingeschränktem Umfang – auf die Zwischenberichtspublizität zurückgegriffen werden, die mittlerweile in allen Rechnungslegungssystemen mehr oder weniger etabliert ist (vgl. 14. Kapitel, S. 955 ff.). Zusätzliche Informationen werden – in begrenztem Umfang – durch den bei großen und mittleren Kapitalgesellschaften offenlegungspflichtigen Lagebericht gegeben, indem z. B. gemäß § 289 Abs. 2 Nr. 2 HGB auf die voraussichtliche Entwicklung der Kapitalgesellschaft eingegangen werden muss (vgl. zur Lageberichterstattung 13. Kapitel, S. 919 ff.). Aufgrund der mit der Offenlegung von unternehmensinternen Prognosen verbundenen Problematik, objektive Informationen zur Verfügung zu stellen, die gleichzeitig Konkurrenzschutzüberlegungen gerecht werden, wird sich jede Prognosepublizität jedoch in relativ engen Grenzen bewegen. Insoweit dürften die Möglichkeiten des externen Analytikers, unternehmensinterne Prognosen bei seiner Urteilsbildung zu verwerten, sehr begrenzt sein. Allerdings zeichnet sich zunehmend ab, dass die vorgeschriebenen und freiwilligen Zusatzinformationen, die für eine strategische Jahresabschlussanalyse zur Verfügung stehen, umfangreicher und zuverlässiger werden.

Mangelnde Vollständigkeit der Daten

Die offenlegungspflichtigen Jahresabschlussbestandteile umfassen nicht alle für die finanz- und erfolgswirtschaftliche Unternehmensbeurteilung relevanten Daten. Zunächst ist zu beachten, dass der Jahresabschluss als eine die finanziellen Transaktionen des Unternehmens abbildende Rechnung ausschließlich in Geldeinheiten quantifizierbare Daten enthält. Das hat meist zur Folge, dass verlässliche Angaben über nicht monetär quantifizierbare, für die Unternehmensbeurteilung aber bedeutsame Daten, wie z. B. Qualität des Managements, technisches Know-how, Entwicklungsprojekte oder Marktstellung, fehlen. Hinzu kommt, dass der Jahresabschluss – seiner primären Erfolgsermittlungsfunktion entsprechend – auf die Abbildung tatsächlicher Geschäftstransaktionen beschränkt ist. Informationen über bestimmte, für die Unternehmensbeurteilung wichtige potenzielle Transaktionen, wie sie sich z. B. in Ab- und Aussonderungsrechten im Falle der Insolvenz und in den zur Verfügung stehenden Kreditreserven manifestieren, bleiben somit weitgehend verborgen. Bestenfalls können sie durch eine eingehende Untersuchung aus den Anhangangaben herausgefiltert werden.

Bilanzpolitik und Ermessensentscheidungen

Durch den Einsatz bilanzpolitischer Maßnahmen kann das durch den Jahresabschluss vermittelte Bild i. S. der Unternehmensleitung bewusst verzerrt werden. Das hierfür zur Verfügung stehende Instrumentarium besteht neben gesetzlich eingeräumten Ansatz- und Bewertungswahlrechten vor allem in Ermessensspielräumen, die auf Einschätzungen des Managements beruhen. Wahlrechte stellen aus Sicht der Bilanzanalyse kein allzu großes Problem mehr dar. Einerseits sind sie i. d. R. durch deren Angabe im Anhang des Jahresabschlusses offen zu legen. Andererseits wird von Seiten der Gesetzgeber bzw. Standardsetter daran gearbeitet, die Anzahl expliziter Wahlrechte kontinuierlich zu verringern. Wesentlich problematischer sind hingegen in der Rechnungslegung eingeräumte Ermessensspielräume sowie die Möglichkeiten der Bilanzpolitik durch Sachverhaltsgestaltung zu sehen. Die gerade in der internationalen Rechnungslegung häufig anzutreffenden Regelungen, die ein *professional judgement*, also die möglichst korrekte Sachverhaltsbeurteilung durch den Bilanzierenden, erfordern, sind oft für Außenstehende nicht zu erkennen und deshalb auch nicht nachprüfbar. Ziel des bewussten Einsatzes bilanzpolitischer Mittel ist die Legung bzw. Auflösung stiller Reserven. Da dies zu einer mitunter stark verfälschten Darstellung der Finanz- und Ertragslage führen kann, liegt in deren Aufdeckung auch eine der Hauptaufgaben der Bilanzanalyse (vgl. im Detail 16. Kapitel, S. 1001 ff.).

Vorsichtsprinzip

Zudem werden die Jahresabschlussinformationen im HGB-Abschluss gemäß § 252 Abs. 1 Nr. 4 HGB im Rahmen einer vorsichtigen Vermögensdarstellung und Erfolgsermittlung ausgewiesen, was zu Unterbewertungen des Reinvermögens bzw. Vorverrechnung von Aufwendungen führen kann. Folglich werden zukunftsbezogene Analysezwecke erschwert. Diese Einschränkungen gelten nicht für einen IFRS- oder US-GAAP-Abschluss, da hier das Vorsichtsprinzip nicht so stark im Vordergrund steht und Bilanzierungs- und Bewertungswahlrechte weitgehend nicht existieren.

Unterschiedliche Rechnungslegungsnormen

Ein weiteres, verhältnismäßig neues Problem resultiert aus der zunehmenden Anzahl nach internationalen Rechnungslegungsstandards erstellter Abschlüsse. Grundsätzlich beruht jedes Rechnungslegungssystem auf eigenen Prinzipien, die sich oftmals grundlegend von denen anderer Systeme unterscheiden. Da in der Folge häufig auch der Zweck der Rechnungslegung variiert und die dargestellten Daten deshalb ein anderes Ziel verfolgen, sind sie nicht unmittelbar miteinander vergleichbar. Als wesentlicher Grund hierfür sind unterschiedliche Ansatz- und Bewertungskonzeptionen zu sehen, die eine vergleichbare bilanzielle Abbildung an sich gleicher Sachverhalte nicht zulassen. Außerdem wird die Vergleichbarkeit durch international wesentlich weniger konkretisierte Gliederungs- und Ausweisvorschriften deutlich eingeschränkt. Eine Bilanzanalyse hat deshalb unter dem Bewusstsein der Spezifika des jeweiligen Rechnungslegungssystems zu erfolgen. Sofern ein Vergleich mit Unternehmen angestrebt wird, die ihre Abschlüsse nach anderen Grundsätzen erstellen, muss durch eine Angleichung der Unterschiede zuerst die Vergleichbarkeit hergestellt werden. Mit der zu erwartenden weltweiten Durchsetzung der IFRS für alle Unternehmen wird diese Begrenzung bilanzanalytischen Erkenntnisgewinns in der Zukunft allerdings abnehmen.

B. Aufbereitung des Jahresabschlusses

Ziele der Aufbereitung

Die Ausführungen des vorangegangenen Abschnitts haben deutlich gemacht, dass die in einem Jahresabschluss veröffentlichten Informationen nicht den Anfordernissen einer Bilanzanalyse gerecht werden können. Im Folgenden werden daher Aufbereitungsmaßnahmen diskutiert, welche die Eignung der Datengrundlage zur Erreichung der Erkenntnisziele der Analyse verbessern sollen. Die Ausnutzung bilanzpolitischer Spielräume verfälscht die Aussagekraft des Abschlusses und gefährdet die Vergleichbarkeit mit anderen Unternehmen. Eine vertiefte Analyse der Bilanzpolitik des Unternehmens (Abschnitt I) vermag diese Nachteile zumindest teilweise zu beheben, indem sie deren grundsätzliche Zielrichtung identifiziert und Anpassungen durchführt. Dem mangelnden Zukunftsbezug der Daten lässt sich durch eine Analyse längerer Zeitreihen auf Trends und zugrundeliegende Strukturen begegnen. Dem dient die Identifikation von Zyklen und wiederkehrenden Effekten (Abschnitt II). Für Zwecke der Vergleichbarkeit ist es zudem sinnvoll, die Basisgrößen der Analyse sachgerecht und einheitlich zu definieren (Abschnitt III).

I. Analyse der Bilanzpolitik und Anpassungen zum Zwecke der Vergleichbarkeit

Als erster Schritt vor den eigentlichen Aufbereitungsmaßnahmen erfolgt eine Analyse der Bilanzpolitik des Unternehmens. Bilanzpolitik geschieht grundsätzlich mit dem Ziel, das Urteil der Informationsempfänger zu beeinflussen (vgl. 16. Kapitel). Insofern ist es aus Sicht der Informationsempfänger sinnvoll, erkennbare bilanzpolitische Maßnahmen auf die vermutliche Richtung der Beeinflussung hin zu untersuchen. Zugleich schränkt die unterschiedliche Ausübung von Wahlrechten und Ermessenspielräumen die Vergleichbarkeit der Informationen ein. Dies erfordert es, Anpassungen der Daten durchzuführen, um das untersuchte Unternehmen und das Vergleichsobjekt gleichzustellen.

1. Analyse der Wirkungsrichtung der Bilanzpolitik

Bilanzpolitik und -analyse

Die nationalen und internationalen Rechnungslegungsnormen bieten weitreichende Wahlrechte und Ermessensspielräume, die jeder Bilanzierende zwangsläufig ausüben muss. Es ist natürlich bei der Entscheidung für eine bestimmte Form der Bilanzierung auch ihre Wirkung einzubeziehen. Insofern ist Bilanzpolitik keine per se negative Aktivität, sondern natürlicher Bestandteil der externen Rechnungslegung. Gleichwohl ist es sinnvoll, als Bilanzleser das Ausmaß und die Zielrichtung der Bilanzpolitik zu analysieren, um damit zumindest ein qualitatives Urteil über die Aussagekraft des Abschlusses bezüglich Ertrags- und Finanzkraft des Unternehmens zu gewinnen. Nicht alle bilanzpolitischen Maßnahmen sind für den Bilanzleser erkennbar und auch nicht korrigierbar. Es ist aber davon auszugehen, dass das bilanzierende Unternehmen die verschiedenen bilanzpolitischen Möglichkeiten im Einklang miteinander ausübt, denn sonst würde es die Erreichung der bilanzpolitischen Ziele konterkarieren. Somit lässt sich aus dem Bündel erkennbarer bilanzpolitischer Maßnahmen auf die übrigen, nicht erkennbaren schließen. Dabei ist die multidimensionale Funktionalität der Abschlüsse zu beachten, durch die manche Maßnahmen positiv auf die eine, hingegen negativ auf die andere Zielsetzung wirken können (vgl. 16. Kapitel). Dies ist insbesondere auch von der Art des analysierten Abschlusses, Einzel- bzw. Konzernabschluss, abhängig. Grundsätzlich kann zwischen einer ergebnisverbessernden und einer ergebnismindernden Bilanzpolitik unterschieden werden.

Indikatoren für ergebnisverbessernde Bilanzpolitik

Indikatoren für eine ergebnisverbessernde Bilanzpolitik sind beispielweise:

- Inanspruchnahme von Aktivierungswahlrechten (z. B. selbsterstellte immaterielle Vermögensgegenstände nach § 248 Abs. 2 HGB)
- Ungewöhnlich hohe Aktivierungsquoten bei aktivierten Entwicklungskosten (IAS 38.57)
- Verzicht auf die Passivierung von Pensionsrückstellungen (Altzusagen)
- Bemessung der Herstellungskosten zur handelsrechtlichen bzw. steuerlichen Wertobergrenze bei gleichzeitigem Bestandsaufbau
- Festlegung ungewöhnlich langer Nutzungsdauern (im zeitlichen und/oder zwischenbetrieblichen Vergleich)
- Vornahme von *sale-and-leaseback*-Transaktionen

Einige Maßnahmen wirken auch über die aus ihr resultierende Bilanzverkürzung, die zu einer Erhöhung der Relation Gewinn/Bilanzsumme führt und damit erhöhend auf die Rentabilität des Unternehmens wirkt. Dazu gehören z. B. Operating-Leasing-Transaktionen oder auch die Verrechnung von erhaltenen Anzahlungen auf Bestellungen mit den Vorräten gemäß § 268 Abs. 5 Satz 2 HGB.

Indikatoren für ergebnismindernde Bilanzpolitik

Als Beispiele für eine ergebnismindernde Bilanzpolitik lassen sich nennen:

- Bemessung der Herstellungskosten zur handelsrechtlichen bzw. steuerlichen Wertuntergrenze bei gleichzeitigem Bestandsaufbau
- Anwendung der Lifo-Methode zur Vorratsbewertung bei gleichzeitigem Preisanstieg in der Periode
- Ungewöhnlich hohe Bemessung von Einzel- und Pauschalwertberichtigungen auf Forderungen
- Ungewöhnlich hohe Bemessung von Rückstellungen
- Ungewöhnlich hohe Vornahme außerplanmäßiger Abschreibungen (*impairments*) auf Vermögenswerte (z. B. Goodwill, immaterielle Werte, Sachanlagen, Finanzanlagen, Vorräte)

Diese Maßnahmen sind jeweils einzeln betrachtet nicht geeignet, um daraus unmittelbar Rückschlüsse auf die Bilanzpolitik zu ziehen. Gemeinsam betrachtet erlauben sie jedoch, einen Eindruck vom Ausmaß und der Zielrichtung der Bilanzpolitik zu gewinnen. Zudem ist auch die Entwicklung im Zeitablauf in die Interpretation einzubeziehen. Häufig zielen Unternehmen auf eine Gewinnglättung ab, sodass in erfolgreichen Jahren ergebnismindernde Maßnahmen zu einem Aufbau stiller Reserven genutzt werden, die dann in weniger erfolgreichen Jahren wieder aufgelöst werden, um die Erfolge im Zeitablauf zu glätten. Insofern erlaubt eine Analyse der Bilanzpolitik zu beurteilen, in welcher Phase dieses Zyklus sich das Unternehmen befindet. Andererseits nutzen Unternehmen besonders schlechte Perioden auch dazu, weitergehende ergebnismindernde Bilanzpolitik zu betreiben, um damit stille Reserven zu legen und zukünftige Ergebnisverbesserungen zu erzielen (sog. »*big bath accounting*«). Interpretation

Soweit einzelne bilanzpolitische Maßnahmen erkennbar und quantifizierbar sind, können diese auch nachträglich vom Bilanzleser angepasst werden. Dies ermöglicht es insbesondere, eine bessere Vergleichbarkeit mit anderen Unternehmen herzustellen.

2. Anpassungen zur Kompensation von Bilanzpolitik

Einzelne bilanzpolitische Maßnahmen sind für den Bilanzleser erkennbar und können daher, zumindest teilweise, korrigiert werden. Da die unterschiedliche Ausübung von Wahlrechten und Spielräumen die Vergleichbarkeit der Zahlen beeinträchtigt, dienen solche Anpassungen primär der besseren Vergleichbarkeit.

Analyseobjekt und Vergleichsmaßstab müssen miteinander vergleichbar sein, d. h. nach gleichen Regeln ermittelt sein. Bedienen sich beispielsweise zwei Unternehmen bei der Finanzierung ihrer Anlagen in unterschiedlichem Maße des Operating-Leasing, so sind ihre Bilanzstrukturen nur recht unzureichend vergleichbar. Die Verpflichtungen aus dem Operating-Leasing sind nach § 285 Nr. 3 HGB im Anhang anzugeben, sodass bei beiden die Leasingverpflichtungen sowohl dem Anlagevermögen als auch den Verbindlichkeiten zugeschlagen werden können. Damit wird ein unterschiedliches Finanzierungsverhalten kompensiert. Vergleichbarkeit

Grundsätzlich muss folglich sicher gestellt werden, dass die verwendeten Daten inhaltlich vergleichbar und nach identischen Grundsätzen aufbereitet sind. Es ist zwischen Anpassungen von Ansatz- und Bewertungswahlrechten sowie, wenn möglich, einer Bereinigung um bilanzpolitisch motivierte Sachverhaltsgestaltungen zu unterscheiden.

Sachverhaltsgestaltungen sind im Vergleich zu Wahlrechten schwer zu erkennen und zu analysieren. Im Zuge der Aufbereitungsmaßnahmen sind sie aber bei einer Identifizierung eines entsprechenden Sachverhalts zu berücksichtigen. Beispiele sind der Abschluss von Factoring-Verträgen oder *sale-and-leaseback* Transaktionen. Da gerade sie mit dem primären Ziel der Bilanzgestaltung vorgenommen werden, sollten sie – soweit erkennbar – angepasst werden, um den intendierten Effekt zu kompensieren. Sachverhaltsgestaltung

Im Bereich der materiellen und formellen Bilanzpolitik existieren verschiedenste Wahlrechte und Ermessensspielräume (vgl. für eine Übersicht möglicher Materielle und formelle Bilanzpolitik bilanzpolitischer Maßnahmen nach HGB und IFRS 16. Kapitel, S. 1007 ff.). Ihre unterschiedliche Ausübung sowohl zwischen Unternehmen als auch eines Unternehmens im Zeitvergleich beeinträchtigt stark die Vergleichbarkeit. Daher sind Anpassungen erforderlich, um eine einheitliche Vergleichsgrundlage herzustellen.

Bei der Analyse der Entwicklung eines Unternehmens über mehrere Jahre ist es z. B. wichtig, die Ausübung der Wahlrechte über die Zeit anzupassen. Besonders deutlich wird dies bei einer Umstellung des Rechnungswesensystems. Als Beispiel kann die Folgebewertung von Sachanlagen bei einem Wechsel von HGB zu IFRS dienen. Nach HGB gilt das gemilderte Niederstwertprinzip i. V. m. den fortgeführten Anschaffungskosten als Wertobergrenze (§ 253 HGB). Nach IAS 16 hat das Unternehmen die Möglichkeit zur Anwendung der Neubewertungsmethode (vgl. 3. Kapitel, S. 173 ff.). Diese ermöglicht die Bewertung der Sachanlagen zum *fair value,* auch über die fortgeführten Anschaffungskosten hinaus. Dies führt in den meisten Fällen zu einer Veränderung der Bilanzsumme und verzerrt z. B. Kennzahlen, die sich auf das Gesamtkapital eines Unternehmens beziehen. Um einen aussagekräftigen Vergleich zu gewährleisten, sind konsequente Anpassungen erforderlich. Da die historischen Anschaffungskosten bei Wahl der Neubewertungsmethode nach IAS 16 im Anhang angegeben werden müssen (IAS 16.79), ist eine Anpassung hin zu einer darauf basierenden Bewertung leicht möglich. Der umgekehrte Weg ist hingegen nur schwer realisierbar.

Richtung der Anpassung

Für die Erreichung des Ziels der Vergleichbarkeit ist es prinzipiell unerheblich, in welche Richtung die Anpassung erfolgt, d. h. welche Bilanzierung die »richtigere« ist; sie sollte nur übereinstimmend sein. Es sollten Anpassungen auch dann erfolgen, wenn mangels detaillierter Informationen das Resultat nicht notwendigerweise als »richtiger« eingestuft werden würde. So können beispielweise zu Lifo bewertete Vorräte und Umsatzkosten auf Basis der nach US-GAAP verpflichtenden Angabe der Lifo-Reserve in eine Fifo Bewertung umgewandelt werden (vgl. Keller, K. [2007], S. 141):

$$\text{Vorräte zu Fifo} = \text{Vorräte zu Lifo} + \text{Lifo-Reserve}$$

$$\begin{array}{c}\text{Umsatzkosten}\\ \text{zu Fifo}\end{array} = \text{Umsatzkosten zu Lifo} - \text{Veränderung der Lifo-Reserve}$$

Die Richtung der Anpassung ist dabei wie schon ausgeführt zunächst unabhängig von der Frage, was als »bessere Bilanzierung« zu interpretieren ist, sondern es ist lediglich für eine Vergleichbarkeit zu sorgen. Hiermit unterscheiden sich solche Anpassungen von den unter Abschnitt III diskutierten. Um die Geschäftszahlen einem Vergleich unterziehen zu können, kommt es hier ausschließlich darauf an, Analyse- und Vergleichsobjekt gleichnamig zu machen. Dies gilt grundsätzlich für alle bilanzpolitischen Maßnahmen in gleicher Weise (vgl. 16. Kapitel).

Als weiteres Beispiel seien aktivierte Entwicklungskosten angeführt: Unterscheiden sich Unternehmen gravierend im Grad der aktivierten Entwicklungskosten, so kann es sinnvoll sein, bei beiden eine volle Aufwandserfassung zu unterstellen, unabhängig von der Frage der Beurteilung einer solchen Bilanzierungsregel. Hierzu wird das Eigenkapital um die Bilanzposition »Selbst geschaffene gewerbliche Schutzrechte und ähnliche Rechte und Werte« gekürzt. Um den entsprechenden, vergleichbaren Periodenerfolg zu ermitteln, müssen die in der aktuellen Periode aktivierten Aufwendungen, gekürzt um die in der aktuellen Periode erfassten Abschreibungen, hinzu addiert werden (vgl. Göllert, K. [2009], S. 1773 f. und die dortigen Literaturverweise). Alternativ lässt sich auch eine vollständige Aktivierung aller Forschungs- und Entwicklungsausgaben, die nach IAS 38 angabepflichtig sind, unterstellen.

Signalwirkung von Ermessen

Anpassungen nach dem Kriterium der Vergleichbarkeit vernachlässigen den Aussagegehalt der eigentlichen Bilanzierung. Dies ist – wie ausgeführt – sinnvoll um Vergleiche im Zeitablauf und zwischen Unternehmen anzustellen, solange man der unterschiedlichen Bilanzierung keine substanzielle Aussage beimisst. Andererseits kann die Ausübung von Ermessensspielräumen durch Bilanzierungsentscheidungen aber auch Aussagen über die Erwartungen des Managements über zukünftige Entwicklungen beinhalten und damit Signalwirkung haben. Erstens wirkt Bilanzpolitik häufig glättend, sodass der geglättete Gewinn ein besserer Schätzer für künftige Gewinne ist. Gewinnglättung kann daher eine Signalwirkung für den nachhaltigen Erfolg des Unternehmens haben. Zweitens können auch einzelne Bilanzierungsentscheidungen zukünftige Entwicklungen signalisieren. So kann beispielsweise die Höhe der Aktvierung von Entwicklungskosten Auskunft über den erwarteten F&E-Erfolg geben. Da eine Aktivierung nach den Kriterien von IAS 38 nur dann möglich ist, wenn die Erfolgsaussichten hoch sind, kann eine Aktivierung solche hohen Erfolgsaussichten signalisieren (vgl. Ahmed, K./Falk, H. [2006]).

Ermessen und Opportunismus

Andererseits bieten diese Kriterien aber auch einen sehr weiten Interpretationsspielraum, sodass die Unterschiede in der Aktivierung zwischen den Unternehmen und den Branchen sehr groß ausfallen und in vielen Fällen nicht mit fundamentalen Unterschieden erklärt werden können, sondern auf Bilanzgestaltung i. S. einer von Eigennutz getriebenen, opportunistischen Ausnutzung von Bilanzierungsspielräumen durch das Management zurückgeführt werden können (vgl. Markarian, G./Ponza, P./Prencipe, A. [2008]). Dies schränkt die Signalwirkung der Bilanzpolitik stark ein. Im Einzelfall lässt sich die Verlässlichkeit des Signals durch eine Analyse der Bilanzpolitik (Abschnitt I) untersuchen. So weisen beispielsweise Aktivierungen originärer immaterieller Werte von solchen Unternehmen, die insgesamt ein geringes Maß an Bilanzpolitik betreiben, ein höheres Maß an Verlässlichkeit auf. Viele Anpassungen dienen also nicht ausschließlich der Vergleichbarkeit, sondern auch der Eliminierung solcher durch möglichen Opportunismus getriebener Bilanzpolitik.

II. Anpassungen zur Verbesserung der Aussagekraft der Bilanzinformationen

Anpassungen

In der Literatur werden eine Fülle von Anpassungen vorgeschlagen (vgl. Tabelle 17.1) mit der Begründung, dass die geltenden Rechnungslegungsstandards die wirtschaftliche Substanz nur unzulänglich abbilden.

Bilanzposition	Anpassung	Auswirkungen auf Eigenkapital (E), Vermögenswerte (V), Fremdkapital (F)
Finanzinstrumente	Bewertung zum *fair value*	V, E, F
Sachanlagen	Abschreibungsmethoden	V, E
Immaterielle Vermögenswerte	Goodwill-Abschreibung	V, E
	Aktivierung von Entwicklungskosten	V, E
Vorräte	Währungsumrechungseffekte	V, E
	Sammelbewertungsverfahren	V, E
Forderungen	Verkauf von Forderungen	V, E, F
Abgrenzungsposten	Erhaltene Anzahlungen	E, F
Langfristige Verbindlichkeiten	Bewertung zum *fair value*	E, F
	Kapitalisierung von Operating-Leasing	V, E, F

Tab. 17.1: Anpassungen der Bilanz in Anlehnung an White, G. I./Sondhi, A. C./Fried, D. [2003], S. 620.

Solche Anpassungen sind insofern problematisch, als dabei im Ergebnis die geltenden Rechnungslegungsregeln als unzulänglich und eigene Regeln als besser geeignet erklärt werden. Angesichts der umfangreichen Diskussionen im Zuge des Standardisierungsprozesses ist die Frage nach der »richtigeren« Bilanzierungsregel aber nur schwer zu beantworten. Von besonderer Bedeutung sind dabei vor allem diejenigen Themen, welche in der aktuellen Diskussion um die Weiterentwicklung der Rechnungslegung eine zentrale Rolle einnehmen: *off balance*-Geschäfte, die Bilanzierung zu Zeitwerten, von selbst geschaffenen immateriellen Werten und des Goodwill. Diese werden daher hier intensiv diskutiert.

Anpassung off balance-Geschäfte

An einigen Stellen der Diskussion um die Weiterentwicklung der Rechnungslegung besteht ein gewisser Konsens: So wird beispielweise bei der Bilanzierung von Operating-Leasing inzwischen eine vollständige Bilanzierung als grundsätzlich sachgerechter angesehen. Der Betrag an operativen Leasingverpflichtungen ist i. d. R. aus dem Anhang erkennbar, sodass sich diese nachträglich sowohl in den Aktiva im Anlagevermögen als auch in den Passiva in den Verbindlichkeiten berücksichtigen lassen. Die damit erzielte Bilanzverlängerung berichtigt insbesondere den Verschuldungsgrad und berücksichtigt vollständig die Zahlungsverpflichtungen des Unternehmens. Dies trifft ähnlich auf alle sog. *off balance*-Geschäfte zu. Ein Einbezug aller außerhalb der Bilanz erfasster Geschäfte ist grundsätzlich aussagekräftiger und dient gleichzeitig der besseren Vergleichbarkeit.

Richtung der Anpassung

Bei anderen Themen ist es hingegen bezüglich der Richtung der Anpassung deutlich schwieriger, eine klare Empfehlung zu geben. Ob beispielweise die Lifo- oder die Fifo-Bewertung die sachgerechtere ist, hängt letztlich von der untersuchten Fragestellung ab. Die Fifo-Methode erhöht bei Preisanstieg c. p. die ausgewiesenen Gewinne, sodass Erfolgskomponenten allein auf diesen Preisanstieg zurückzuführen sind. Will man retrospektiv die tatsächliche Leistung der abgelaufenen Periode beurteilen, so erscheint die Lifo-Bewertung daher als sachgerechter. Will man dagegen prospektiv die zukünftigen Reinvestitionsausgaben für Vorräte abschätzen, so ergeben aktuelle Marktwerte bessere Schätzer. Daher sind Anpassungen nach dem Zeitbezug der Analyse zu differenzieren (vgl. in diesem Kapitel S. 1022).

Retrospektive und prospektive Analyse

Je nach Zeitbezug lässt sich die Analyse in eine retrospektive und eine prospektive unterteilen. Sie dient einerseits dem retrospektiven Abgleich des tatsächlichen Geschäftsverlaufs mit der erwarteten bzw. geplanten Entwicklung sowie der Analyse der Abweichungsursachen, was andererseits die Basis für die prospektive Erwartungsbildung darstellt. Die Daten des Abschlusses haben daher einen zweifachen Zeitbezug: sie sind einerseits als Ist-Zahlen vergangenheitsorientiert (Rechenschaftslegung/*stewardship*), anderseits dienen sie als Schätzer für die Zukunft (Entscheidungsunterstützung/*decision usefulness*). Bei der Vornahme von Anpassungen ist daher zu differenzieren, ob die Leistung der abgelaufenen Periode evaluiert werden soll (retrospektive Analyse) oder ob aus den Daten auf die künftige Entwicklung geschlossen werden soll (prospektive Analyse).

Der Unterschied beider Sichtweisen liegt in der Interpretation der Zahlen des Rechnungswesens. So hat z. B. eine planmäßige Abschreibung auf Anlagen einerseits den vergangenheitsorientierten Zweck, die ursprüngliche Anschaffungsausgabe den damit erzielten Erträgen gegenüberzustellen und nur den Überschuss als Gewinn auszuweisen. Dabei dient die Abschreibung der Amortisation der ursprünglichen Investition. Andererseits dient sie in einer prospektiven Analyse der Abschätzung zukünftig notwendig werdender Reinvestitionen (vgl. Brigham, E./Houston, J. [2001], S. 46 f.). Um die Ertragskraft des Unternehmens aufrechtzuerhalten, wird ein Unternehmen i. d. R. mindestens Investitionen in Höhe der Abschreibungen vornehmen müssen; Wachstum ist nur mit darüber hinausgehenden Investitionen möglich. Für letzteren Zweck der Abschätzung zukünftig anfallender Ausgaben sind aber aktuelle Marktpreise geeigneter.

Zeitwert-bilanzierung

Im Bereich der prospektiven Analyse wird stark auf aktuelle Zeitwerte abgestellt, da sich die zukünftigen Zahlungsströme meist an diesen besser erkennen lassen. So kann beispielsweise die Höhe der kommenden Ersatzinvestitionen geeigneter an den aktuellen Zeitwerten als an den historischen Kosten gemessen werden. Für Prognosen über die Unternehmensentwicklung sind aktuelle Zeitwerte entscheidungsnützlich, jedoch nicht immer objektiv bestimmbar. Eine mögliche Subjektivität und damit eine geringere Verlässlichkeit der Daten wird zugunsten von zukunftsrelevanteren Informationen in Kauf genommen (vgl. Higgins, R. C. [2012], S. 24). Hingegen stellt die retrospektive Analyse bevorzugt auf eine Anschaffungskostenbewertung ab, um unrealisierte Bewertungserfolge von erwirtschafteten operativen Erfolgskomponenten zu separieren.

Beispielsweise bevorzugen Analysten die Vorratsbewertung zu Fifo, da dies eine Bestandsbewertung zu aktuellen Preisen liefert; andererseits bevorzugen sie eine Verbrauchsbewertung zu Lifo, da die daraus resultierenden Gewinne einen besseren Schätzer für die nachhaltige Ertragskraft ergeben, indem sie den Effekt der Preisentwicklung in der abgelaufenen Periode ausblenden. Anpassungen der Vorratsbewertung dienen dem Zweck, Preisentwicklungen und operative Effekte zu trennen. Kennzahlen zur Analyse von Erfolgsgrößen, wie z. B. der Rentabilität, werden auf Lifo-Grundlage errechnet; hingegen werden Kennzahlen, die bilanzbezogen sind, wie z. B. Umschlagszahlen basierend auf dem *working capi-*

tal, auf Fifo-Basis berechnet (vgl. White, G. I./Sondhi, A. C./Fried, D. [2003], S. 207 f.).

Nachhaltiges Ergebnis

Für erfolgsorientierte Prognoserechnungen sind nur solche Aufwendungen relevant, die wiederkehrend sind. Erfolgsrechnungen werden mit dem Ziel angepasst, ein nachhaltiges Ergebnis zu ermitteln, das auch in der Zukunft wieder erzielt werden kann. Hierfür werden diejenigen Aufwands- und Ertragspositionen eliminiert oder angepasst, die keine guten Schätzer für zukünftige Aufwendungen und Erträge sind (vgl. White, G. I./Sondhi, A. C./Fried, D. [2003], S. 634 ff.). So mag eine außerordentliche Einmalzahlung, z. B. aufgrund eines verlorenen Prozesses, zwar aus Kontrollaspekten für die Entwicklung der Liquidität relevant sein, aus Prognosesicht stellt diese Zahlung allerdings, soweit nicht mit ähnlichen wiederkehrenden Zahlungen zu rechnen ist, kein zu berücksichtigendes Ereignis dar (vgl. zur strukturellen Ergebnisanalyse 19. Kapitel, S. 1120 ff.). Ziel ist es hierbei nicht, tatsächliche Ereignisse unberücksichtigt zu lassen, sondern von der Vergangenheit für die Zukunft zu lernen (»*the purpose of analysis is to understand, not to forgive*«, White, G. I./Sondhi, A. C./Fried, D. [2003], S. 634). Ziel ist eine Verstetigung der Abschlussinformationen, um diese für die Prognose nutzbar zu machen. Dazu sind neben der angesprochenen Spaltung der Erfolge in nachhaltige und nicht wiederkehrende Komponenten umfassende Analysen der Kostenstrukturen, Wachstums- und Finanzierungsprämissen, Investitionsvorhaben sowie eine Umfeldanalyse notwendig.

Die Erfolgsspaltung der GuV ist hierfür nur bedingt geeignet, da unregelmäßige Effekte nur teilweise als solche ausgewiesen werden. In der betriebswirtschaftlichen Erfolgsspaltung werden daher alle außergewöhnlichen Effekte, darunter auch außerplanmäßige Abschreibungen, dem außerordentlichen Ergebnis zugerechnet. Da andererseits aber solche Effekte bei vielen Unternehmen regelmäßig anfallen, gilt es, diejenigen Effekte zu identifizieren, die wiederkehrender Natur sind, um die tatsächliche Ertragskraft des Unternehmens abzuschätzen (vgl. 19. Kapitel, S. 1120 ff.). Der so ermittelte »normalisierte Gewinn« bzw. das »nachhaltige Ergebnis« lässt sich dann in die Zukunft fortschreiben und bildet die Basis für Vergleichsrechnungen und Bewertungen.

Retrospektive Analyse

Auch retrospektive Kontrollrechnungen haben regelmäßige, betriebliche Erfolge zum Gegenstand. Auch hier gilt es, außerordentliche Effekte zu separieren, um den Erfolg zu ermitteln, der in die Verantwortung des zuständigen Managements fällt und zur Steuerung verwendet werden kann. Werden alle einem Geschäftsbereich zurechenbaren, nicht notwendigerweise aber von ihm kontrollierbaren Kosten, Leistungen und Vermögenswerte in die Berechnung einer Leistungskennzahl einbezogen, so resultiert daraus eine Messgröße, die sich nur als Informationsgrundlage für die oberste Unternehmensführung, nicht aber zur Beurteilung der Leistungsfähigkeit des Geschäftsbereichs eignet. Um die Leistung des Bereichsmanagements zu beurteilen, sollten dagegen nur die von ihm kontrollierbaren Kosten und Vermögenspositionen in die Kontrollrechnung einfließen.

Insofern ist bei der Vornahme von Anpassungen sowohl für die retrospektive als auch prospektive Analyse die Frage nach der Regelmäßigkeit und Verantwortlichkeit zu beantworten.

Goodwill und Goodwill-Abschreibung

Ein häufig in der Literatur genannter anzupassender Bilanzposten ist der Goodwill. Häufig wird insbesondere die Goodwill-Abschreibung bei der Analyse eliminiert (vgl. z. B. Jennings, R./LeClere, M./Thompson, R. B. [2001]; Koller, T./Goedhart, M./Wessels, D. [2010], S. 204). Dies gilt einerseits für eine eventuelle planmäßige, andererseits aber auch für die aus dem *impairment test* nach ASC 350 (ehemals FAS 142) bzw. IAS 36 resultierende außerplanmäßige Goodwill-Abschreibung (vgl. Lachnit, L./Müller, S. [2003]). Häufig wird letztere als »Einmaleffekt« bzw. als Fehler der Vergangenheit interpretiert, der keine Relevanz für die Zukunft hat. Tatsächlich hat die Goodwill-Abschreibung aber sowohl retrospektive Relevanz, um den Teil des Erfolgs zu separieren, der faktisch käuflich erworben wurde, als auch prospektive Relevanz, soweit die Wertminderung des Goodwill vorhersehbar und wiederkehrender Natur ist (vgl. Schultze, W. [2005]).

Der derivative Goodwill unterscheidet sich substantiell von anderen Vermögenswerten. Insbesondere gibt es beim derivativen Goodwill keine Ersatzbeschaffung. Investitionen in den originären Goodwill tauchen in der GuV in anderen Aufwandspositionen als der Goodwill-Abschreibung auf, wie z. B. in den Marketing- oder Personalkosten. Daher wird die Goodwill-Abschreibung häufig mit dem Argument eliminiert, sie sei eine *»noncash-charge«* (vgl. Stewart, G. B. III [1991], S. 114; White, G. I./Sondhi, A. C./Fried, D. [2003], S. 526.) Zudem setzt sich der derivative Goodwill aus Komponenten völlig unterschiedlicher Natur zusammen, weshalb auch die Goodwill-Abschreibung schwer zu interpretieren ist. Der bilanzielle Goodwill besteht einerseits aus Prämien, die für die Übernahme nicht einzeln bilanzierungsfähiger immaterieller Vermögenswerte sowie für Erwartungen zukünftiger Leistungssteigerungen, d. h. für Synergien und Restrukturierungspotenziale bezahlt wurden. Er enthält andererseits aber auch Überzahlungen, d. h. Prämien, die durch keine zukünftigen Rückflüsse gedeckt sind. Daher ist die Natur von Goodwill und Goodwill-Abschreibung mehrdeutig, weshalb sie für Analysezwecke im Einzelnen zu untersuchen ist. Zudem stellt der Goodwill das Bindeglied zwischen der Bewertung des Unternehmens in der Bilanz und am Markt dar.

Überzahlungen

Der derivative Goodwill resultiert aus Akquisitionsprämien über die erworbene Substanz hinaus, die entweder berechtigt oder unberechtigt bezahlt wurden. Solche Prämien sind unberechtigt, wenn diese durch überzogene Kaufpreise oder Planungsfehler zustande kommen und daher nicht durch Überrenditen, d. h. über die Kapitalkosten hinausgehende Renditen, gedeckt sind (Überzahlung). Überzahlungen machen nach empirischen Untersuchungen durchschnittlich ca. 30 % des Goodwill aus (vgl. White, G. I./Sondhi, A. C./Fried, D. [2003], S. 525). Überzahlungen sind im Wesentlichen dem Akquisitions- und Top-Management zuzuschreiben, sodass auch eine auf Überzahlungen beruhende Goodwill-Abschreibung in ihren Verantwortungsbereich fällt und für die retrospektive Analyse relevant ist. Für die prospektive Beurteilung der Ertragskraft hat eine solche Goodwill-Abschreibung nur bedingt Relevanz, da sie unregelmäßiger Natur ist. Sie findet nur in dem Maße Eingang in das nachhaltige Ergebnis, wie auch in der Zukunft mit solchen Fehlern bei weiteren Akquisitionen zu rechnen ist.

Prämien für geplante Vorteile

Akquisitionsprämien sind dagegen berechtigt, wenn sie durch zukünftige Vorteile bedingt sind, die zu Überrenditen führen. Der Goodwill entspricht dann dem Barwert dieser Überrenditen. Insofern ist seine Analyse auch der zentrale Gegenstand der Prognoseanalyse. Stammt der Goodwill nicht aus Überzahlungen, sondern resultiert er aus Prämien für geplante Positiveffekte, so ist eine weitere Differenzierung der Ursachen erforderlich. Die Goodwill-Abschreibung kann dann entweder auf einen vorhersehbaren, geplanten Verzehr der Überrenditen, auf unvorhergesehene Ereignisse oder auf methodische Ursachen zurückzuführen sein.

Überrenditen sind grundsätzlich auf Wettbewerbsvorteile und Beschränkungen der Wettbewerbsintensität zurückzuführen. Solche Überrenditen sind i. d. R. flüchtig, d. h. werden durch Wettbewerbskräfte im Zeitablauf gemindert. Ein Absinken der Überrenditen und die resultierende Wertminderung des Goodwill ist daher vorhersehbar. Eine realistische Planung bei der Akquisitionsbewertung wird i. d. R. von einem solchen Absinken im Zeitablauf ausgehen müssen, sodass eine solche Goodwill-Abschreibung damit planmäßigen Charakter hat und vorhersehbaren Wertverzehr darstellt.

Eintreten der geplanten Vorteile

Für die Umsetzung der ursprünglichen Planung, die zur Kaufpreisfindung geführt hat, ist das Topmanagement verantwortlich, ebenso wie das Bereichs-Management, welches über die Bindung an Zielvereinbarungen die Planungen umsetzen muss. Die geplante Erzielung von Überrenditen hat zu höheren Kaufpreisen geführt. Ihre tatsächliche Erzielung belastet nun über die Goodwill-Abschreibung die künftigen Ergebnisse. Diese Belastungen sind regelmäßig und vorhersehbar i. S. einer Amortisation. In der retrospektiven Analyse sind sie daher relevanter Bestandteil der Leistungsbeurteilung des Managements. Da sie auch künftige Ergebnisse belasten werden, müssen sie auch in der prospektiven Analyse in das nachhaltige Ergebnis einbezogen werden. Im Vergleich zu einem identischen Unternehmen, das aus eigener Kraft wächst, hat das Unternehmen durch das Bezahlen von Akquisitionsprämien sein Wachstum und seine Erfolge erkauft, weshalb die Ertragskraft geringer einzustufen ist. Daher ist für die Abschätzung der künftigen Erfolge und zur Beurteilung der Managementleistung auch eine Anpassung hin zu einer planmäßigen Goodwill-Amortisation zielführend.

Abweichungen von der Planung

Bezieht man darüber hinaus eintretende Abweichungen von der Planung mit ein, so sind positive und negative Soll-Ist-Abweichungen möglich. Verzehren sich die Überrenditen stärker als erwartet, dann führt dies über die normale Goodwill-Abschreibung hinaus zu weiteren Abschreibungen, die außerplanmäßigen Charakter haben. Dies ist auf einen unerwarteten Verlust von Wettbewerbsvorteilen oder auf nachteilige Veränderungen der Branchenstruktur zurückzuführen, die entweder strategischer oder operativer Natur sind. Dies hat Implikationen für die Ertragskraft des Unternehmens, die sich aber in der Prognoserechnung nicht in erhöhten Goodwill-Abschreibungen, sondern in anderen Positionen, z. B. verringerten Umsätzen oder einer schlechteren herstellungsbezogenen Kostenstruktur, zeigen. Insofern reduziert sich die Prognoserelevanz der Goodwill-Abschreibung auf den vorhersehbaren Verzehr.

Vermischung von derivativem und originärem Goodwill

Verzehren sich die Überrenditen weniger stark als erwartet, so führt dies zu geringeren Abschreibungen als durch die Planung vorgesehen. Dies ist auf Anstrengungen des Managements zur Generierung neuer Wettbewerbsvorteile als Ersatz für die bei Übernahme erworbenen zurückzuführen. Ökonomisch führt dies zu einer Zuschreibung zum geschaffenen originären Firmenwert bei gleichzeitiger planmäßiger Abschreibung der geplanten und bezahlten Überrenditen im derivativen Goodwill. Im Ergebnis geschieht dies tatsächlich bei der Goodwill-Abschreibung nach ASC 350 und IAS 36, allerdings ohne Trennung der Effekte innerhalb des Postens Goodwill. Es kommt durch Ausbleiben einer planmäßigen Abschreibung zu einer Teilaktivierung originären Firmenwerts. Im Ergebnis ist die Vorgehensweise damit adäquat, ein Bruttoausweis des geplanten Verzehrs und des neu geschaffenen Goodwill wäre aber aussagekräftiger, denn nur der planmäßige Wertverzehr ist regelmäßiger Natur, nicht aber die Schaffung neuer Vorteile. Beide Effekte sind prognoserelevant, wobei auf die neu geschaffenen Vorteile obige Interpretation der außerplanmäßigen Abschreibung in umgekehrter Weise zutrifft.

Daneben ergeben sich weitere Ursachen der Goodwill-Abschreibung, die methodischer Natur sind und auf eine vorübergehende Wertminderung sowie die Schaffung stiller Reserven zurückzuführen sind (vgl. im einzelnen Schultze, W. [2005]). Diese wirken sich störend auf die Leistungsbeurteilung aus und sollten eliminiert werden. Tabelle 17.2 fasst die Implikationen zusammen.

Ursachen der Goodwill-Abschreibung	**Relevanz für retrospektive Analyse bezüglich**		**Relevanz für prospektive Analyse**
	Bereichs-Management	**Top-Management**	
1. Überzahlung	nein	ja	bedingt (Einmaleffekt, evtl. wiederkehrend)
2. planmäßiger Verzehr von Überrenditen	ja	ja	ja (regelmäßig)
3. außerplanmäßiger Verzehr von Überrenditen (über 2. hinaus)	bedingt (Abweichungs-analyse)	bedingt (Abweichungs-analyse)	nur indirekt (Indikator für andere Aufwendungen und Erträge)
4. Schaffung neuer Überrenditen (2. entgegen wirkend)	wie 3.	wie 3.	wie 3.
5. Anstieg des Buchwerts relativ zum Marktwert (Investitionen, stille Reserven)	nein (eliminieren)	nein (eliminieren)	nein (eliminieren)

Tab. 17.2: Ursachen der Goodwill-Abschreibung und Implikationen für die Leistungsbeurteilung (vgl. Schultze, W. [2005])

Selbst geschaffene immaterielle Vermögenswerte

Im Unterschied zu Investitionen in materielle und finanzielle Vermögenswerte werden Ausgaben für immaterielle Werte überwiegend unmittelbar als Aufwand erfasst. Empirische Studien zeigen, dass Ausgaben für Werbung, Schulung oder F&E zukünftige Rückflüsse generieren, d. h. den Charakter von Investitionen haben, die im Mittel einen positiven Kapitalwert haben (vgl. für einen Überblick Schultze, W./Dinh Thi, T./Steeger, L. [2009]). Andererseits sind solche Investitionen mit einem hohen Grad an Erfolgsunsicherheit i. S. einer hohen Wahrscheinlichkeit des Scheiterns verbunden, sodass für einzelne Ausgaben die Verbindung zum zukünftigen Nutzen fraglich ist. Aus diesem Grund wird ihre Aktivierungsfähigkeit i. d. R. verneint. Durch ihre Aufwandserfassung wird in der Periode der Ausgabe der Unternehmenserfolg tendenziell zu niedrig ausgewiesen. Gleichzeitig wird die Kapitalbindung zu gering ausgewiesen, sodass in den Folgeperioden die Rentabilität c. p. überschätzt wird. Eine nachträgliche Anpassung der Aktivierung erlaubt es, die Verzerrungen des Kapital- und Erfolgsausweises zu korrigieren, erfordert aber eine vertiefte Analyse der Risiken. In jedem Falle ist die Folgewirkung solcher Investitionen in immaterielle Werte auf die Zukunftserfolge des Unternehmens einer näheren Analyse zu unterziehen.

In der prospektiven Analyse wird ein nachhaltiger Erfolg mit dem Ziel ermittelt, als Schätzer für den wiederkehrenden zukünftigen Erfolg zu fungieren. Werden Ausgaben für den Aufbau immaterieller Werte bei seiner Ermittlung vollständig als Aufwand erfasst, so wird ihnen ein Wert von Null beigemessen, d. h. sie haben keinerlei positive Wirkung in der Zukunft. Werden sie hingegen in voller Höhe aktiviert, so geht man davon aus, dass sie künftig einen Rückfluss auslösen, der – diskontiert – der Höhe der Anfangsausgabe entspricht. Die Vergangenheit kann dabei als Schätzer dafür dienen, was mit diesen Ausgaben im Mittel an Erfolg erzielt werden konnte.

Als konkretes Beispiel kann die Aktivierung von Entwicklungskosten nach IAS 38 dienen. Für die retrospektive Analyse ist insbesondere die Vergleichbarkeit im Zeitablauf und zu anderen Unternehmen zu gewährleisten sowie die Aussagekraft des tatsächlichen Aktivierungsverhaltens zu untersuchen. Dies kann beispielsweise anhand der Aktivierungsquote geschehen. Bei der Aktivierungsquote werden die aktivierten Entwicklungskosten eines Jahres den gesamten Forschungs- und Entwicklungsaufwendungen des Jahres gegenüberstellt. Hierbei gilt es insbesondere, Trends zu identifizieren und Vergleiche mit anderen Unternehmen anzustellen. Wie oben ausgeführt, sind Unterschiede in der Aktivierungsquote nur schwer mit fundamentalen Unterschieden zu erklären. Deshalb wird häufig zum Zwecke der Vergleichbarkeit und Objektivität eine vollständige Aufwandserfassung sinnvoll sein.

Erfolgt die Analyse nicht retrospektiv, sondern dient sie der Prognose von Unternehmensentwicklungen, so vernachlässigt die Neutralisierung einer vorgenommenen Aktivierung von Entwicklungskosten deren positive Auswirkungen auf die Fähigkeit des Unternehmens, in der Zukunft Erfolge und Liquidität zu generieren. Es bietet sich an, zunächst das vergangene Aktivierungsverhalten im Zeitablauf und im Vergleich mit anderen Unternehmen im Hinblick auf den später erzielten tatsächlichen F&E Erfolg zu analysieren. Darüber hinaus ist es zielführend, Vorhersagen über das Potenzial einzelner F&E-Projekte ihren geschätzten Gesamtkosten gegenüberzustellen. Häufig beinhaltet die Lageberichterstattung gemäß § 315 HGB der Unternehmen eine detaillierte F&E-Berichterstattung, einschließlich der Chancen und Risiken der einzelnen Projekte. Ihre Analyse liefert zusätzliche Informationen zur Abschätzung des F&E-Erfolgs.

Geht man im Mittel davon aus, dass die Summe der F&E-Ausgaben durch zukünftige Einnahmen aus der Entwicklung gedeckt sind, so lässt sich dies durch eine vollständige Aktivierung aller Forschungs- und Entwicklungsausgaben im nachhaltigen Ergebnis abbilden. Der Gesamtbetrag der insgesamt angefallenen Forschungs- und Entwicklungsausgaben ist aus den Anhangangaben gemäß § 285 Nr. 22 HGB bzw. IAS 38 zu entnehmen, sodass auch nachträglich eine vollständige Aufwandserfassung oder alternativ auch eine vollständige Aktivierung durch eigene Anpassung der Daten des Abschlusses hergestellt werden kann. Hierzu muss allerdings über mehrere Jahre die Aktivierung fingiert werden, um den daraus resultierenden Kapitalstock entsprechend abzubilden. Eine solche Anpassung wirkt sich insbesondere nivellierend auf die Höhe der Rentabilitätskennzahlen aus: Beispielsweise lässt sich zeigen, dass die Höhe der Rentabilität der Pharmabranche nach den beschriebenen Anpassungen auf ein durchschnittliches Maß reduziert wird, wie es auch in anderen Branchen üblich ist (vgl. Mahlich, J./Yurtoglu, B. [2001]). Problematisch an solchen Anpassungen ist allerdings, dass es kaum möglich ist, das Scheitern einzelner F&E-Projekte abzubilden, sodass eigentlich erforderliche außerplanmäßige Abschreibungen nur schwer berücksichtigt werden können. Dies führt tendenziell zu einer Überschätzung des Kapitalstocks, was sich durch Kompensation bei der Bemessung von planmäßigen Abschreibungen ausgleichen lässt.

III. Aufbereitung ausgewählter Basisgrößen

Zur Aufbereitung des Jahresabschlusses gehören insbesondere die Zusammenfassung und Saldierung von Posten zu aussagefähigen und in der Kennzahlenanalyse sinnvoll verwendbaren Größen. Welche Zusammenfassungen und Saldierungen zweckmäßig sind, kann nicht allgemeingültig festgelegt werden. Die folgenden Ausführungen orientieren sich zunächst am HGB und beziehen sich auf die wichtigsten Posten der handelsrechtlichen Mindestgliederungsschemata (§§ 266, 275 HGB) sowie der betragsmäßigen Angabepflichten im Anhang, soweit diese für verschiedene Bereiche der Jahresabschlussanalyse relevant sind. Sofern bei den darzustellenden Aufbereitungsschritten Besonderheiten bei der Zusammenfassung und Saldierung von Posten in IFRS- bzw. US-GAAP-Abschlüssen zu beachten sind, beispielsweise aufgrund der abweichenden Gliederungsvorschriften des IAS 1, wird auf diese jeweils im Anschluss hingewiesen.

Große Kapitalgesellschaft als Vorbild

Insgesamt orientiert sich die Betrachtung an Verfahrensweisen, die sich in der Praxis der Bilanzanalyse weitgehend durchgesetzt haben. Lediglich für einzelne Analysebereiche relevante Zusammenfassungen und Saldierungen – vor allem innerhalb der GuV – werden bei Besprechung der einzelnen Kennzahlen in den drei folgenden Kapiteln angegeben. Da die Rechnungslegungsvorschriften des HGB einerseits zwischen Kapital- und Nicht-Kapitalgesellschaften, andererseits innerhalb der Kapitalgesellschaften zwischen großen, mittleren und kleinen Unternehmen (§ 267 HGB) differenzieren, ergeben sich für die Jahresabschlussanalyse unterschiedliche Ausgangsvoraussetzungen hinsichtlich des verfügbaren Informationsvolumens und der verfügbaren Informationsqualität. In den folgenden Ausführungen des 18., 19. und 20. Kapitels wird für den HGB-Abschluss eine große Kapitalgesellschaft als Vorbild zugrunde gelegt. Sie unterliegt den detailliertesten Rechnungslegungsvorschriften, sodass das erfolgs- und finanzwirtschaftliche Analyseinstrumentarium, in seiner Technik so dargestellt werden kann, wie es maximal in der Lage ist, Informationen für die Abschlussadressaten zu liefern. Eine derartige Abgrenzung ist für IFRS- bzw. US-GAAP-Abschlüsse nicht notwendig, da hier nahezu sämtliche Regelungen für alle Unternehmen gleichermaßen gültig sind.

Einzelabschluss als Basis

Im Folgenden werden die Kennzahlen zunächst auf Basis des Einzelabschlusses definiert und bereinigt. Im Falle der Anwendung der Analyse auf den Konzernabschluss sind die spezifischen Besonderheiten des Konzernabschlusses zusätzlich zu berücksichtigen. Auf konzernspezifische Besonderheiten wird jeweils sowohl nach HGB und IFRS als auch nach US-GAAP eingegangen.

Wertberichtigungen

Wertberichtigungen werden mit den korrespondierenden Aktivposten saldiert. Sie kommen bei der Kapitalgesellschaft allerdings ohnehin nicht vor, da der Anlagespiegel gemäß § 268 Abs. 2 HGB nach der direkten Bruttomethode aufzustellen ist und auch beim Finanzanlage- und Umlaufvermögen Wertkorrekturen aktivisch vorzunehmen sind. Bei internationalen Abschlüssen sind passivisch ausgewiesene Wertberichtigungen ohnehin unüblich.

Die in den Rechenwerken eines Jahresabschlusses ausgewiesenen Posten eignen sich nicht immer für eine eingehende Analyse. Deshalb ist es zweckmäßig, durch Umstrukturierung, Zusammenfassung, Aufspaltung und Saldierung von einzelnen Posten für die Bilanzanalyse zweckmäßige Basisgrößen herzuleiten. Im Folgenden wird die Ermittlung häufig benötigter Größen dargestellt.

1. Aktivposten

Umlaufvermögen

Für Zwecke der Analyse subsumiert man die aktiven Rechnungsabgrenzungsposten unter dem Umlaufvermögen. Unter Berücksichtigung erforderlicher Korrekturen ergibt sich folgendes Definitionsschema:

	Vorräte (Aktiva B I)
+	Forderungen und sonstige Vermögensgegenstände (Aktiva B II)
+	Wertpapiere (Aktiva B III)
+	Flüssige Mittel (Aktiva B IV)
+	Aktive Rechnungsabgrenzungsposten (Aktiva C)
–	Aktiviertes Disagio (Angabepflicht in Bilanz oder Anhang gemäß § 268 Abs. 6 HGB)
=	**Umlaufvermögen**

Monetäres Umlaufvermögen

Beim Umlaufvermögen fasst man einzelne Posten zum sog. monetären Umlaufvermögen zusammen, welches insbesondere bei der Berechnung der Liquiditätskennzahlen und der Effektivverschuldung herangezogen wird. Das monetäre Umlaufvermögen stellt den Betrag am Bilanzstichtag dar, der sich kurz- bzw. mittelfristig in Form von Barliquidität umschlagen lässt:

	Forderungen und sonstige Vermögensgegenstände (Aktiva B II)
+	Wertpapiere (Aktiva B III)
+	Flüssige Mittel (Aktiva B IV)
+	Aktive Rechnungsabgrenzungsposten ohne Disagio (Aktiva C)
=	**monetäres Umlaufvermögen**

Nach IFRS bzw. US-GAAP sind das Umlaufvermögen und das monetäre Umlaufvermögen aus der Mindestgliederung der Bilanz gemäß IAS 1.54 i. V. m. IAS 1.IG3-6 bzw. ASC 210 (früher Regulation S-X, Rule 5-02) eindeutig ableitbar. Auf Einzelheiten muss deshalb an dieser Stelle nicht eingegangen werden.

Die Warenforderungen ergeben sich nach deutschem Handelsrecht aus:

Warenforderungen

	Forderungen aus Lieferungen und Leistungen (Aktiva B II 1)
+	Forderungen gegen verbundene Unternehmen (soweit aus Lieferungen und Leistungen) (Aktiva B II 2)
+	Forderungen gegen Unternehmen, mit denen ein Beteiligungsverhältnis besteht (soweit aus Lieferungen und Leistungen) (Aktiva B II 3)
=	**Warenforderungen**

Warenwechsel, denen ein Lieferungs- und Leistungsgeschäft zugrunde liegt, sind in den jeweiligen Forderungsposten mit enthalten. Den Warenforderungen entspricht im US-GAAP-Abschluss der Posten *trade receivables*; im IFRS-Abschluss werden sie mit den *other receivables* vermischt ausgewiesen.

Liquide Mittel

Unter Liquiditätsgesichtspunkten ist der Posten »Liquide Mittel« von Interesse. Sofern eine Kapitalflussrechnung gemäß DRS 2, IAS 7 oder ASC 230 (früher FAS 95) vorliegt, kann auf den Endbestand des Finanzmittelfonds (Zahlungsmittel und Zahlungsmitteläquivalente) zurückgegriffen werden. Andernfalls empfiehlt sich die Zusammenfassung der HGB-Aktivposten B IV »Flüssige Mittel« und B III 3 »Wertpapiere« zum Posten Liquide Mittel. Im IFRS- bzw. US-GAAP-Abschluss sind die *»cash and cash equivalents«* unmittelbar aus der Bilanz ableitbar.

Langfristiges und kurzfristiges Vermögen

Im Rahmen der bestandsorientierten Liquiditätsanalyse (vgl. 18. Kapitel, S. 1079 ff.) ist eine Abgrenzung zwischen langfristig und kurzfristig gebundenem Vermögen notwendig. Da die langfristigen Forderungen (Restlaufzeit > 5 Jahre) nicht wie die entsprechenden Verbindlichkeiten gesondert angegeben werden müssen, beschränkt sich das langfristig gebundene Vermögen auf das Anlagevermögen (Aktiva A). Zum kurzfristig gebundenen Vermögen wird analog das gesamte Umlaufvermögen gerechnet. Im Falle von IFRS- oder US-GAAP-Abschlüssen ist die Unterteilung in kurz- und langfristiges Vermögen durch die bilanzielle Aufgliederung in *non-current assets* und *current assets* gewährleistet. Hierbei wird der Zeitraum eines Jahres als Abgrenzungskriterium unterstellt, d. h. alle Vermögenswerte mit einer Bindungs- bzw. Verweildauer von über einem Jahr sind als langfristiges Vermögen auszuweisen (vgl. beispielsweise IAS 1.66).

Betriebsnotwendiges Vermögen

Eine insbesondere unter Rentabilitätsgesichtspunkten relevante Abgrenzung ist hinsichtlich der betrieblichen Relevanz der Vermögenswerte zu treffen. Hierbei ist es sinnvoll, das ausschließlich oder zumindest überwiegend für die betriebliche Tätigkeit notwendige Vermögen vom restlichen Vermögen, im Wesentlichen dem finanziellen Vermögen, zu trennen. Das betriebsnotwendige Vermögen setzt sich wie folgt zusammen:

	Immateriellles Anlagevermögen	Anlagevermögen
+	Sachanlagevermögen	
+	Vorräte (abzüglich Anzahlungen)	Netto-Umlaufvermögen
+	Kundenforderungen	
–	Lieferantenverbindlichkeiten	
=	**Betriebsnotwendiges Vermögen**	

Operating assets

Eine alternative Ermittlungsform, die insbesondere in der anglo-amerikanischen Bilanzanalyse zu einer geringfügig abweichenden, i. d. R. jedoch genaueren Abgrenzung des betrieblich genutzten Vermögens führt, ist folgend dargestellt. Grundsätzlich erfolgt eine Trennung der Vermögenswerte hierbei zunächst in finanzielle (*financial assets*, *financial liabilities*) und operative Werte (*operating assets*, *operating liabilities*) (vgl. Penman, S. H. [2012], S. 295). Da jedoch zumindest ein gewisser finanzieller Barbestand als operativ notwendig anzusehen ist, sollte eine Hinzurechnung erfolgen. Da außerdem sowohl nach IFRS als auch nach US-GAAP Vermögenswerte, deren Verkauf beschlossen ist, sowie aufgegebene Geschäftsbereiche in der Bilanz gesondert auszuweisen sind, ist eine Bereinigung um diese möglich (vgl. Kirsch, H. [2007], S. 139 f.). Die *operating assets* ermitteln sich dann wie folgt:

	Total assets
–	Financial assets
–	Assets to be disposed (incl. discontinued operations)
+	Cash
=	**Operating assets**
–	Operating liabilities
=	**Net operating assets**

Bei den *operating assets* handelt es sich um eine Brutto-Größe. Sie ist mit dem oben ermittelten betriebsnotwendigen Vermögen erst vergleichbar, wenn sie zusätzlich um die *operating liabilities* vermindert wird. Zu den *operating liabilities* zählen vor allem Lieferantenverbindlichkeiten (vgl. Penman, S. H. [2012], S. 241).

2. Passivposten

Bei den Passiva ist zwischen der Aufbereitung von Eigen- bzw. Fremdkapital zu unterscheiden.

a) Eigenkapital

Eigenkapital nach HGB

Nach HGB lässt sich das Eigenkapital für Zwecke der Analyse wiederum in bilanzielles und bereinigtes Eigenkapital untergliedern. Das bilanzielle Eigenkapital lässt sich durch Saldierung mit den als Wertberichtigungen zum Eigenkapital aufzufassenden Posten ermitteln. Als solche Wertberichtigungen sind vor allem ausstehende Einlagen, Ausschüttungen und eigene Anteile zu interpretieren. Wird der Abschluss, wie üblich, nach teilweiser Gewinnverwendung (§ 268 Abs. 1 HGB) aufgestellt, ergibt sich folgendes Ermittlungsschema für das bilanzielle Eigenkapital.

Gemäß § 272 Abs. 1 Satz 3 HGB sind die nicht eingeforderten Einlagen vom gezeichneten Kapital offen abzusetzen und die eingeforderten, ausstehenden Einlagen unter den Forderungen auszuweisen. Somit ergibt sich folgendes Schema:

	Gezeichnetes Kapital
–	nicht eingeforderte ausstehende Einlagen
=	eingefordertes Kapital (A I)
–	eingeforderte ausstehende Einlagen
=	**Saldo I**

Bilanzielles Eigenkapital

Mit dem Saldo I beginnend ergibt sich das bilanzielle Eigenkapital entsprechend dem nachfolgenden Berechnungsschema.

	Saldo I
–	eigene Anteile (Passiva A I)
+	Kapitalrücklage (Passiva A II)
+	Gewinnrücklagen (Passiva A III)
+/–	Bilanzgewinn/Bilanzverlust (Passiva A IV)
–	Ausschüttungsbetrag (auf der Grundlage des publizitätspflichtigen Gewinnverwendungsvorschlages (§ 170 Abs. 2 Nr. 1 AktG) oder des publizitätspflichtigen Gewinnverwendungsbeschlusses (§ 174 Abs. 2 Nr. 2 AktG))
+	Eigenkapitalanteil des Sonderpostens mit Rücklageanteil (§§ 273, 281 Abs. 1 Satz 1 HGB a. F.)
=	**Bilanzielles Eigenkapital**

Dabei ist anzumerken, dass nach §§ 273, 281 Abs. 1 Satz 1 HGB a. F. der Posten »Eigenkapitalanteil des Sonderpostens mit Rücklageanteil« lediglich aufgrund steuerlicher Vorschriften gebildet wurde und somit nur noch als »Altposten« in Einzelabschlüssen vorhanden sein kann.

Eigenkapital nach IFRS/US-GAAP

Bei Bilanzierung nach IFRS (vgl. IAS 1.54, .78, .106) oder US-GAAP (vgl. ASC 505 (früher FAS 129) sowie Kieso, D. E./Weygandt, J. J./Warfield, T. D. [2013], insbesondere S. 820 ff.) setzt sich das bilanzielle Eigenkapital prinzipiell aus vergleichbaren Posten wie in einem HGB-Abschluss zusammen. Allerdings kann das Eigenkapital im IFRS- bzw. US-GAAP-Abschluss nicht realisierte

Ergebnisbestandteile aus dem Ansatz von Marktwerten z. B. aufgrund der Neubewertungsmethode oder bei bestimmten Wertpapieren oder aus dem Ansatz latenter Steuern aus nicht GuV-wirksamen *temporary differences* beinhalten (sog. *other comprehensive income*). Diese werden auch als Bestandteile des Eigenkapitals betrachtet (vgl. 6. Kapitel, S. 325 ff.).

Konzern-eigenkapital

Beim Konzernabschluss kommt als zusätzlicher Bestandteil des Eigenkapitals der Unterschied aus der Währungsumrechnung von Fremdwährungsabschlüssen hinzu. Außerdem stellt sich die Frage, ob Fremdanteile aus Minderheitenbeteiligungen, sog. *non-controlling interests*, als Bestandteil des Eigenkapitals zu betrachten sind. Nach HGB und IFRS sind sie als gesonderter Posten innerhalb des Eigenkapitals auszuweisen, nach US-GAAP hingegen als eigener Posten zwischen Schulden und Eigenkapital. Die Zuordnung hängt von der Fragestellung ab, ob das Eigenkapital stärker unter dem Liquiditäts- oder Rentabilitätsgesichtspunkt analysiert wird.

(a) Unter der finanzwirtschaftlichen Frage, welche Mittel dem Unternehmen ohne Rückzahlungsverpflichtung auf Dauer zur Verfügung stehen, ist der Fremdanteil als Bestandteil des Eigenkapitals zu betrachten. Damit wäre im US-GAAP-Abschluss eine Umgliederung vorzunehmen. Ebenfalls müsste der auf die Fremdanteile entfallende Ausschüttungsbetrag, hilfsweise der auf sie entfallende Gewinnanteil, vom Eigenkapital abgesetzt werden.
(b) Wird bilanzanalytisch dagegen nach der Eigenkapitalrendite aus der Sicht der Anteilseigner der Obergesellschaft gefragt, so wäre unter dieser speziellen Fragestellung der Fremdanteil nicht als Bestandteil des Eigenkapitals zu betrachten. Gleichzeitig darf in diesem Falle nur das auf die Anteilseigner der Obergesellschaft entfallende Ergebnis in die Analyse einbezogen werden.

Bereinigtes Eigenkapital

Auf Grund der Aufhebung der umgekehrten Maßgeblichkeit durch das Bilanzrechtsmodernisierungsgesetz ist (von dem angesprochen Altbeständen des Sonderposten mit Rücklageanteil abgesehen) eine Bereinigung des bilanziellen Eigenkapitals um steuerliche bedingte Verzerrungen im HGB-Einzelabschluss hinfällig. Ebenso entfällt sie im Konzernabschluss, da nach § 308 Abs. 2 HGB keine von den handelsrechtlichen Vorschriften abweichenden Bilanzansatz- und Bewertungsmethoden zulässig sind. Sie entfällt außerdem in Abschlüssen nach IFRS bzw. US-GAAP, da hier die steuerliche Maßgeblichkeit nicht gegeben ist.

Bereinigung um Bilanzansatz- und Bewertungs-wahlrechte

Die in Abschnitt I diskutierten Anpassungen haben häufig Rückwirkungen auf das Eigenkapital. Analog sind dann natürlich auch die entsprechenden Bilanzposten (Anlagevermögen, Umlaufvermögen, Fremdkapital) zu bereinigen, auf die sich die Anpassungen beziehen. Auf diese Weise soll das Eigenkapital (und die entsprechenden Bilanzposten) so bemessen werden, als ob die Wahlrechte gleichförmig wahrgenommen worden wären, womit die zwischenbetriebliche Vergleichbarkeit gefördert wird. Die in eine derartig erweiterte Bereinigung einbeziehbaren Wahlrechte im HGB sind insbesondere:

- niedrigere Bewertung durch Anwendung der Bewertungsmethoden gemäß §§ 240 Abs. 4, 256 HGB,
- unterlassene Pensionsrückstellungen (Art. 28 Abs. 1 Satz 1 EGHGB),

- Aktivierung von selbst erstellen immateriellen Vermögensgegenständen (§ 248 Abs. 2 HGB),
- Disagio (§ 250 Abs. 3 HGB),
- aktive latente Steuern im Einzelabschluss (§ 274 Abs. 2 HGB).

Die Bereinigungen des Eigenkapitals (und der entsprechenden Bilanzposten) in der dargestellten Form werden in dem Maße irrelevant, wie Unternehmen in ihren Jahresabschlüssen auf die Anwendung steuerlicher Wertansätze und die Nutzung der erwähnten Bilanzansatz- und Bewertungswahlrechte verzichten. So wurden die Bilanzierungs- und Bewertungswahlrechte für Mutterunternehmen stark eingeschränkt. Diese Einschränkung des Bilanzierungsspielraums wurde durch das Bilanzrechtsmodernisierungsgesetz auf den Einzelabschluss erweitert und weiter verstärkt. So wurden z. B. die Verbrauchsfolgefiktionen auf Fifo und Lifo beschränkt (§ 256 Abs. 1 HGB). Allerdings tritt eine solche Bereinigung für die Konzernabschlüsse kapitalmarktorientierter Unternehmen stark in den Hintergrund, da für diese nach § 315a HGB die Pflicht zur Aufstellung eines Konzernabschlusses auf Basis der IFRS besteht. Im Falle einer Bilanzierung nach internationalen Standards sind vor allem Anpassungen des Abschnitts II relevant, die sich analog auf das Eigenkapital niederschlagen.

b) Fremdkapital

Gesamtschulden, Fremdmittel

Im Rahmen der Analyse der Kapitalstruktur und der Liquidität können die Fremdmittel und Gesamtschulden entsprechend den Aufgliederungsvorschriften der §§ 268 Abs. 5 Satz 1 und 285 Nr. 1 und 2 HGB in langfristige, mittel- und kurzfristige Fremdmittel und Schulden unterteilt werden:

	Verbindlichkeiten mit einer Restlaufzeit ≤ 1 Jahr (Passiva C)
=	**kurzfristige Schulden**
+	Verbindlichkeiten mit einer Restlaufzeit > 1 Jahr und zugleich ≤ 5 Jahre
+	Fremdkapitalanteil des Sonderpostens mit Rücklageanteil
=	**kurz- und mittelfristige Schulden**
+	Verbindlichkeiten mit einer Restlaufzeit > 5 Jahre (= langfristige Schulden)
=	**Gesamtschulden**

Ausgehend von dieser Einteilung der Schulden können auch die Fremdmittel entsprechend ihrer Fristigkeit wie folgt gegliedert werden:

	Verbindlichkeiten mit einer Restlaufzeit ≤ 1 Jahr (Passiva C)
+	Steuerrückstellungen (einschließlich latenter Steuern) (Passiva B 2)
+	sonstige Rückstellungen (ggf. abzüglich Aufwandsrückstellungen) (Passiva B 3)
+	Ausschüttungsbetrag
+	Passive Rechnungsabgrenzung (Passiva D)
+	Fremdkapitalanteile der Korrekturposten im Übergang vom bilanziellen zum um die steuerlichen Wirkungen bereinigten Eigenkapital
=	**kurzfristige(s) Fremdmittel (Fremdkapital)**
+	Verbindlichkeiten mit einer Restlaufzeit > 1 Jahr und zugleich ≤ 5 Jahre
+	Erhaltene Anzahlungen auf Bestellungen (Passiva C 3)
+	Fremdkapitalanteil des Sonderpostens mit Rücklageanteil
=	**kurz- und mittelfristige(s) Fremdmittel (Fremdkapital)**

Die exakte Einordnung der sonstigen Rückstellungen (Passiva B 3) als lang-, mittel- oder kurzfristige Fremdmittel hängt wesentlich von dem Erläuterungsumfang im Anhang gemäß § 285 Nr. 12 HGB ab. Sofern sich hieraus Angaben über Rückstellungsart und Fristigkeiten ergeben, kann eine Zuordnung erfolgen. In Zweifelsfällen sollte jedoch i. S. der bilanzanalytischen Vorsicht eine Subsumierung unter den kurzfristigen Fremdmitteln erfolgen. Der Posten »Fremdkapitalanteil des Sonderpostens mit Rücklageanteil« gemäß §§ 273, 281 Abs. 1 Satz 1 HGB a. F. hat seit BilMoG nur noch eine geringe Bedeutung.

Langfristige Fremdmittel beinhalten entsprechend folgende Posten:

	Verbindlichkeiten mit einer Restlaufzeit > 5 Jahre
+	Rückstellungen für Pensionen und ähnliche Verpflichtungen (Passiva B 1)
+	Fremdkapitalanteil der unterlassenen, nicht bilanzierungspflichtigen Pensionsrückstellungen (Art. 28 Abs. 2 EGHGB)
=	**langfristige(s) Fremdmittel (Fremdkapital)**

Liabilities nach IFRS/US-GAAP

Die Fristengliederung der *liabilities* im IFRS- bzw. US-GAAP-Abschluss beruht auf der Trennung von *current* und *non-current liabilities* (IAS 1.60, .69-76; ASC 210). Latente Steuerverbindlichkeiten werden nach internationalen Regelungen zu den langfristigen Fremdmitteln gerechnet. Entgegen deutschem Recht sind finanzielle Verbindlichkeiten mit einer Restlaufzeit von unter einem Jahr nach IAS 1.72 bereits in der Bilanz zu den kurzfristigen Schulden umzugliedern. Grundsätzlich ist also eine Gliederung in kurzfristige und nicht-kurzfristige Schulden erforderlich.

Warenschulden

Die Warenschulden, also Verbindlichkeiten, die aus dem Warenverkehr des Unternehmens entstehen, setzen sich zusammen aus:

	Verbindlichkeiten aus Lieferungen und Leistungen (Passiva C 4)
+	Verbindlichkeiten aus der Annahme gezogener Wechsel und der Ausstellung eigener Wechsel (soweit aus Lieferungen und Leistungen) (Passiva C 5)
+	Verbindlichkeiten gegenüber verbundenen Unternehmen (soweit aus Lieferungen und Leistungen) (Passiva C 6)
+	Verbindlichkeiten gegenüber Unternehmen, mit denen ein Beteiligungsverhältnis besteht (soweit aus Lieferungen und Leistungen) (Passiva C 7)
=	**Warenschulden**

Im Abschluss nach IFRS bzw. US-GAAP entspricht den Warenschulden der Posten *trade payables*, der im IFRS-Abschluss allerdings mit den *other payables* zusammengefasst ausgewiesen wird.

c) Gesamtkapitalgrößen

Bereinigtes Gesamtkapital

Aufgrund der beim Eigenkapital durchgeführten Korrekturen errechnet sich das Gesamtkapital (= Gesamtvermögen) wie folgt:

	bilanzielles Eigenkapital
+	kurz- und mittelfristige Fremdmittel
+	langfristige Fremdmittel
=	**Gesamtkapital (= Gesamtvermögen)**

Capital employed

Eine weitere Kapitalgröße, die insbesondere bei der Ermittlung wertorientierter Rentabilitätskennzahlen von Bedeutung ist (vgl. 19. Kapitel, S. 1163 ff.), stellt das *capital employed* dar. Dieses gebundene Kapital ergibt sich aus der Summe von Eigenkapital und verzinslichem Fremdkapital. Das verzinsliche Fremdkapital beinhaltet neben den Finanzschulden vor allem auch Pensionsverpflichtungen.

	Eigenkapital
+	Pensionsrückstellungen
+	Finanzschulden
=	**Capital Employed (Gebundenes Kapital)**

Betragsmäßig kann diese Größe auch von der Aktivseite her ermittelt werden. Bei der Berechnung der sog. *net assets* ist von den bilanzierten Aktiva das unverzinsliche Fremdkapital, im Wesentlichen Lieferantenverbindlichkeiten und Kundenanzahlungen, abzuziehen (vgl. auch Coenenberg, A. G./Fischer, T. M./Günther, T. [2012], S. 817). Die *net assets* sind damit mit dem betriebsnotwendigen Vermögen bzw. den *net operating assets* vergleichbar (vgl. in diesem Kapitel, S. 1042).

	Umlaufvermögen
–	Unverzinsliches Fremdkapital
=	Netto-Umlaufvermögen
+	Anlagevermögen
=	**Net Assets (Gebundenes Vermögen)**

3. Gewinngrößen

Jahresüberschuss, profit und net income

In der handelsrechtlichen GuV nach § 275 Abs. 2 und 3 HGB geben die Posten Nr. 20 (GuV nach dem Gesamtkostenverfahren) bzw. Nr. 19 (GuV nach dem Umsatzkostenverfahren) »Jahresüberschuss/Jahresfehlbetrag« das nach den handelsrechtlichen Bilanzierungs- und Bewertungsgrundsätzen ermittelte Ergebnis der gesamten Unternehmenstätigkeit einer Periode wieder. Es ist Ausdruck des in der Periode erwirtschafteten Gewinns bzw. Verlusts. Der Jahresüberschuss (bzw. -fehlbetrag) stellt somit einen globalen Erfolgsmaßstab dar. Nach der GuV-Mindestgliederung gemäß IAS 1.82 wird das GuV-Ergebnis unter der Bezeichnung *profit/loss for the period* und nach US-GAAP (ASC 225 (früher Regulation S-X, Rule 5.03)) unter der Bezeichnung *net income/net loss* zusammengefasst.

Total comprehensive income

Nach IFRS stellt die Summe aus den in einem Periodenergebnis GuV-wirksam erfassten Erträgen und Aufwendungen (*profit or loss/net income*) und den GuV-neutral erfassten Erträgen und Aufwendungen (*other comprehensive income*) gemäß IAS 1.7 den Periodenerfolg des Unternehmens dar, der als sog. *total comprehensive income* bezeichnet wird. Dabei ist das *other comprehensive income* allerdings nicht unmittelbar als Gewinn interpretierbar (vgl. 9. Kapitel, S. 507 ff.).

Pro-Forma-Ergebnisse

Bei der Berechnung des handelsrechtlichen Jahresüberschusses sind sämtliche Erträge und Aufwendungen zu berücksichtigen. Für Analysezwecke ist es jedoch sinnvoll, bestimmte Bereinigungen am ausgewiesenen Ergebnis vorzunehmen. Die entstehenden Zwischenergebnisse, die häufig als »Pro-Forma-Ergebnisse« bezeichnet werden, stellen ein subjektiv definiertes Ergebnis so dar, als ob bestimmte Aufwendungen bzw. Erträge nicht angefallen wären. I. d. R. findet eine Korrektur um einmalige, ungewöhnliche außerbetriebliche oder nicht zahlungswirksame Posten statt (für eine Systematisierung und empirische Untersuchung zur Verwendung von Pro-Forma-Größen vgl. Küting, K./Heiden, M. [2003]).

EBT

Nahe liegend ist zunächst die Berechnung eines Jahresergebnisses, das um die gewinnabhängigen Steuern korrigiert ist. Die Betrachtung eines Ergebnisses vor Ertragsteuern ist insbesondere dann sinnvoll, wenn die Vergleichbarkeit rechtsformübergreifend oder auch steuersystemübergreifend gewährleistet werden soll. Ein solcher Jahresüberschuss vor Steuern wird meist als *earnings before taxes* (EBT) bezeichnet. Häufig findet hierbei zusätzlich eine Bereinigung um außerordentliche Ergebnisbestandteile statt, weshalb der EBT, insbesondere nach deutschem Verständnis, mit dem »Ergebnis der gewöhnlichen Geschäftstätigkeit« gleichzusetzen ist.

EBIT

Das für Analysezwecke besonders wichtige und in der Praxis am häufigsten berichtete Zwischenergebnis sind die *earnings before interest and taxes* (EBIT). Der EBIT ist eine Gewinngröße, die aufbauend auf dem EBT zusätzlich Zinseffekte korrigiert. Sie zeigt die operative Ertragskraft einer Unternehmung. Wird lediglich um Zinsaufwendungen bereinigt, erhält man das Ergebnis auf das gesamte im Unternehmen eingesetzte Kapital. Durch die Eliminierung der Zinsaufwendungen werden Finanzierungseffekte ausgeschlossen. Der EBIT ist folglich für eine Analyse besonders geeignet, da er gerade für Renditebetrachtungen eine von der Kapitalstruktur unabhängige Vergleichsbasis bietet. Im weiteren Verlauf des Analyseteils wird der EBIT in dieser Form abgegrenzt. Alternativ findet sich auch der Ansatz, anstelle der Zinsaufwendungen das gesamte Zins- und Beteiligungsergebnis zu eliminieren. In diesem Falle wäre das resultierende Zwischenergebnis gleichbedeutend mit dem »Betriebsergebnis« nach HGB zu sehen (vgl. hierzu Kriete, T./Padberg, T./Werner, T. [2002], S. 1090 ff.).

EBITDA

Als weitere relevante Größe in diesem Kontext gelten die *earnings before interest, taxes, depreciation and amortization* (EBITDA). Diese Erfolgsgröße enthält aufbauend auf dem EBIT zusätzlich die Abschreibungen auf Sachanlagen sowie auf immaterielles Anlagevermögen einschließlich des derivativen Goodwill. Da hiermit wesentliche zahlungsunwirksame Aufwendungen eliminiert werden, kann diese Zwischenergebnisgröße auch als vereinfachende Approximation für eine ertragsorientierte Cashflow-Ziffer betrachtet werden (vgl. ausführlicher 18. Kapitel, S. 1086 ff.). Die Überführung des Jahresüberschusses bis zum EBITDA gestaltet sich wie folgt:

	Jahresüberschuss (*profit/income*)
±	Außerordentliches Ergebnis (*extraordinary items, discontinued operations*)
±	Ertragsteuern (*income taxes*)
=	EBT
+	Zinsaufwand (*interest expenses*)
=	EBIT
+	Abschreibungen auf Sachanlagevermögen (*depreciation*)
+	Abschreibungen auf immaterielles Anlagevermögen einschliesslich des derivativen Goodwill (*amortization*)
=	**EBITDA**

Tab. 17.3: Berechnungsschema für den EBITDA auf Basis einer handelsrechtlichen GuV-Gliederung

4. Sonstige relevante Posten

Nettoinvestitionen

Für die Wachstumsanalyse werden die Nettoinvestitionen mit den Abschreibungen verglichen:

	Zugänge (Investitionen)
–	Abgänge (bewertet zu Restbuchwerten)
=	**Nettoinvestitionen**

Die Abgänge zu Restbuchwerten können dabei nicht dem Brutto-Anlagespiegel gemäß § 268 Abs. 2 HGB direkt entnommen werden, da die dort ausweispflichtigen Abgänge des Anlagevermögens zu historischen Anschaffungs- bzw. Herstellungskosten bewertet sind. Unter Zuhilfenahme der Vorjahresrestbuchwerte können die Abgänge zu Restbuchwerten jedoch errechnet werden. Dies lässt sich formelhaft wie folgt ableiten (vgl. Mayer, A. [1989], S. 256):

$$EB^{RBW} = AB^{RBW} \pm WU^{GJ} \pm KÄ^{GJ} + Zug.^{GJ} + UB^{+} - AfA^{GJ} - Abg.^{RBW} - UB^{-} + Z^{GJ}$$
$$Abg.^{RBW} = AB^{RBW} \pm WU^{GJ} \pm KÄ^{GJ} + Zug.^{GJ} + UB^{+} - AfA^{GJ} - UB^{-} - EB^{RBW} + Z^{GJ}$$

Die verwendeten Symbole stehen für folgende Inhalte:

$Abg.^{RBW}$	=	Abgänge zu Restbuchwerten
EB^{RBW}	=	Bilanzendbestand zu Restbuchwerten
AB^{RBW}	=	Bilanzanfangsbestand zu Restbuchwerten
WU^{GJ}	=	Änderungen aus Währungsumrechnung im Geschäftsjahr
$KÄ^{GJ}$	=	Konsolidierungskreisänderungen des Geschäftsjahres
Zug^{GJ}	=	Zugänge des Geschäftsjahres
$UB^{+/-}$	=	Umbuchungen
Z^{GJ}	=	Zuschreibungen des Geschäftsjahres
AfA^{GJ}	=	Abschreibungen des Geschäftsjahres

Diese Nebenrechnung ist nicht erforderlich, sofern ein Abschreibungsspiegel aufgestellt und offengelegt wird, aus dem die auf die Abgänge entfallenden kumulierten Abschreibungen direkt hervorgehen. Die Abgänge zu Restbuchwerten ermitteln sich dann als Differenzen zwischen Abgängen zu historischen Anschaffungs- bzw. Herstellungskosten und Abgängen des Abschreibungsspiegels.

Setzt man die Bestimmungsgleichung für die Abgänge zum Restbuchwert in die Ermittlungsformel für die Nettoinvestitionen ein, so lassen sich die Nettoinvestitionen (NI) (aus Vereinfachungsgründen unter Vernachlässigung von Umbuchungen, Zuschreibungen, Währungsumrechnungs- und Konsolidierungseffekten) mittels einer einfachen Bestimmungsgleichung ermitteln:

$$NI = Zug.^{GJ} - (AB^{RBW} + Zug.^{GJ} - AfA^{GJ} - EB^{RBW})$$
$$NI = EB^{RBW} - AB^{RBW} + AfA^{GJ}$$

Damit errechnen sich die Nettoinvestitionen aus der Differenz der Buchwerte des Anlagevermögens im Geschäftsjahr zuzüglich der Abschreibungen des Geschäftsjahres. Bei Konzernabschlüssen sind allerdings noch die Währungsumrechnungs- (WU^{GJ}) und Konsolidierungseffekte ($KÄ^{GJ}$) zu berücksichtigen. Diese Formel ist auf HGB-Abschlüsse sowie IFRS- und US-GAAP-Abschlüsse in gleicher Weise anwendbar, da die Buchwerte aus der Bilanz und die Abschreibungen des Geschäftsjahres unabhängig von der Gestaltung der GuV (UKV bzw. GKV) aus den *notes* zu entnehmen sind.

Umsatz

Soweit in der Jahresabschlussanalyse der Umsatz verwendet wird, kann der Posten »Umsatzerlöse« übernommen werden, da gemäß § 277 Abs. 1 HGB die Umsatzerlöse stets um die Umsatzsteuer und Erlösschmälerungen zu kürzen sind. Selbiges gilt nach IFRS und US-GAAP.

Personalaufwand

Bei der GuV nach dem Gesamtkostenverfahren empfiehlt sich die Zusammenfassung aller personalbezogenen Aufwendungen, soweit dies nicht bereits vom bilanzierenden Unternehmen im Rahmen der Gliederungsverkürzungsmöglichkeit des § 265 Abs. 7 HGB vorgenommen wurde:

	Löhne und Gehälter (GuV Posten Nr. 6a)
+	Soziale Abgaben und Aufwendungen für Altersversorgung und für Unterstützung, davon für Altersversorgung (GuV Posten Nr. 6b)
=	**Gesamtpersonalaufwand**

Da die GuV nach dem Umsatzkostenverfahren nach sekundären Kostenarten gegliedert ist, sind die Personalaufwendungen der GuV in diesem Falle nicht zu entnehmen. Eine der GuV nach dem Gesamtkostenverfahren entsprechende Zusammenfassungsmöglichkeit ergibt sich jedoch aus der Anhangsberichtspflicht gemäß § 285 Nr. 8b HGB. Dies gilt auch im Falle des IFRS-Abschlusses, nicht jedoch im Falle des US-GAAP-Abschlusses, der eine Angabepflicht für die Löhne und Gehälter bzw. Personalkosten nicht kennt. Ferner ist zu berücksichtigen, dass nach internationalen Standards auch Aufwendungen, die aus anteilsbasierter Vergütung resultieren, in den Personalaufwendungen enthalten sind. Da es folglich zu marktpreisbedingten Schwankungen in diesem Posten kommen kann, wird die Aussagekraft im Rahmen einer Analyse beeinträchtigt.

Materialaufwand

Der Materialaufwand ergibt sich bei der GuV nach dem Gesamtkostenverfahren aus dem Posten »Aufwendungen für Roh-, Hilfs- und Betriebsstoffe und für bezogene Waren« sowie »Aufwendungen für bezogene Leistungen«, bei der GuV nach dem Umsatzkostenverfahren im Rahmen des Einzelabschlusses aus der Anhangsberichtspflicht gemäß § 285 Nr. 8a HGB. Diese Angabepflicht gilt jedoch nicht für kleine Kapitalgesellschaften (§ 288 HGB) und – größenunabhängig – nicht für den Konzernabschluss. Die Angabe der Materialkosten ist ferner weder im IFRS-Abschluss (bei Wahl des Umsatzkostenverfahrens) noch im US-GAAP-Abschluss verpflichtend.

C. Verdichtung von Kennzahlen

Die bisher genannten Auswertungstechniken der Bilanzanalyse ermöglichen es, Unterschiede und Entwicklungstendenzen nur im Hinblick auf eine oder mehrere Kennzahlen nebeneinander festzustellen. Es wird also z. B. ermittelt, dass Unternehmen A einen größeren Umsatz als Unternehmen B hat, oder dass B eine größere Eigenkapitalquote als A hat, usw.

Offen bleibt bei diesen Kennzahlenvergleichen,

- welche Kennzahlen ein Analyst für eine fundierte Beurteilung der Lage eines Unternehmens heranziehen soll,
- wie er diese Kennzahlen zu einer Gesamtaussage verdichten soll,
- ab welchem Wert diese Gesamtkennzahl eine Gefährdung des Unternehmens anzeigt.

In der bilanzanalytischen Literatur und in der Bilanzanalysepraxis haben sich verschiedene Verfahren zur Lösung dieser Fragestellungen entwickelt, die man in theoretische und praktische Ansätze einteilen kann. Diese Ansätze zur Verdichtung von Kennzahlen werden im Folgenden kurz erörtert. Sodann wird die logische Verknüpfung der Analyseschritte hin zur Prognose zukünftiger Unternehmenszahlen dargestellt.

Auf der Ebene hoch verdichteter Konzern-Jahresabschlüsse besteht insbesondere für interne Analysezwecke aber auch umgekehrt aus externer Sicht Bedarf, Kennzahlen und ihre Veränderung im Hinblick auf ihre Herkunft zu disaggregieren. Diesbezüglich sei auf die Literatur verwiesen (vgl. Jacobs, O. H./Oestreicher, A./Rheinboldt, R./Krahmer, E. [1999]).

1. Theoretische Ansätze

Klassifikation von Jahresabschlüssen

Theoretische Ansätze bedienen sich mathematisch orientierter Verfahren, um die aufgeworfenen Fragen zu beantworten. Ausgehend von einer empirischen Datenanalyse wird versucht, Trennwerte zur Klassifikation von Jahresabschlüssen zu ermitteln. Die grundlegende Vorgehensweise dieser Verfahren stellt sich wie folgt dar (vgl. Hauschildt, J./Leker, J. (Hrsg.) [2000], S. 119 ff.):

1. Schritt: Festlegung des Kriteriums für die Gruppenbildung
   In einem ersten Schritt wird festgelegt, welches Kriterium zur Unterscheidung von »guten« und »schlechten« Unternehmen dienen soll. Dabei können als klassifizierende Elemente z. B. der Eintritt der Insolvenz oder aber auch eine allgemeinere Form der Leistungsstörung wie Konkursantrag, Vergleichsantrag, Stundungsvergleich etc. herangezogen werden.
2. Schritt: Einteilung in Gruppen
   Durch dieses festgelegten Kriteriums lassen sich die Unternehmen anhand der Jahresabschlüsse vergangener Perioden in zwei Gruppen einteilen, in die Gruppe der »guten« und in die der »schlechten« Unternehmen.

3. Schritt: Anwendung der Verfahren auf Stichprobengruppen
   Es werden aus beiden Gruppen Stichproben gezogen, auf die die mathematischen Verfahren angewandt werden.
4. Schritt: Überprüfung der Ergebnisse
   Die aus Schritt 3 gewonnenen Ergebnisse (Diskriminanzfunktionen, Einstellungen des neuronalen Netzes) werden an einer Vergleichsgruppe überprüft.
5. Schritt: Ziel
   Zielsetzung der Verfahren ist, anhand von gewichteten Kennzahlen zu einer Gesamtaussage zu gelangen, die es ermöglicht, zukünftige Eintritte von Insolvenzen oder sonstigen Leistungsstörungen vorherzusagen.

Dabei können mathematisch-statistische Ansätze wie die Diskriminanzanalyse oder mit dem Einsatz von neuronalen Netzen auch Verfahren der künstlichen Intelligenz zur Anwendung kommen.

a) Diskriminanzanalyse

Bei der Diskriminanzanalyse lässt sich die univariate, d. h. einparametrige, von der multivariaten Analysemethode, bei der die Gruppeneinteilung hinsichtlich mehrerer Variablen vorgenommen wird, unterscheiden.

(1) Univariate Diskriminanzanalyse

Univariate Diskriminanzanalyse

Im Rahmen der univariaten Diskriminanzanalyse wird jede Kennzahl einzeln auf ihre Fähigkeit, Unternehmen als »gut« oder als »schlecht« zu bewerten, untersucht. Die Klassifikation von Unternehmen erfolgt mit derjenigen Kennzahl, die zum besten Trennergebnis führt. Dieses Verfahren wurde bereits 1966 von William H. Beaver, einem führenden amerikanischen Finanz- und Bilanztheoretiker, angewandt (vgl. Beaver, W. H. [1966]). Als trennschärfste Kennzahl erwies sich seinerzeit der Quotient aus Cashflow zu Fremdkapital.

Die univariate Diskriminanzanalyse kann durch diese Einzelbetrachtung von Kennzahlen natürlich immer nur Teilaspekte näher beleuchten. Außerdem bleibt die Frage offen, wie divergierende Teilkennzahlen zu einer Gesamtaussage verdichtet werden können.

Abbildung 17.4 (vgl. Baetge, J./Huß, M./Niehaus, H.-J. [1986], S. 608) zeigt beispielhaft die Vorgehensweise bei einer zweimaligen univariaten Diskriminanzanalyse. An der Abszisse werden die Werte des Verschuldungsgrades und an der Ordinate die Werte für eine Cashflow-Rentabilität abgetragen. In das Koordinatensystem wurden die Kennzahlenwerte für 12 »gute« und 12 »schlechte« Unternehmen eingezeichnet. Die Häufigkeitsverteilungen der beiden Kennzahlenwerte sind ebenfalls an den Achsen abgetragen.

Unter den Annahmen, dass »schlechte« Unternehmen im Durchschnitt einen höheren Verschuldungsgrad als »gute« Unternehmen aufweisen und dass dieses Verhältnis bezüglich der Cashflow-Rentabilität genau umgekehrt ist, kann man anhand der Trenngeraden eine Klassifizierung der 12 Unternehmen vornehmen. Allerdings werden in Bezug auf den Verschuldungsgrad (1. Trennung) fünf Unternehmen falsch klassifiziert (vier eigentlich »schlechte« Unternehmen werden als »gut« eingeschätzt, ein »gutes« als »schlecht«). Hinsichtlich der Cashflow-Rentabilität (2. Trennung) kommt es zu einer Fehlklassifikation von zehn Unternehmen (vier »schlechte« als »gut«, sechs »gute« als »schlecht«). Diese Fehlklassifikationen werden auch schon in den Häufigkeitsverteilungen dadurch deutlich, dass die Mittelwerte »guter« und »schlechter« Unternehmen sehr nah beieinander liegen und die Einzelwerte sehr weit um ihren jeweiligen Mittelwert streuen. Dadurch ist der Überlappungsbereich der Verteilungen der beiden Kennzahlen recht groß. Das bedeutet, dass weder die Rentabilitätskennzahl noch die Kennzahl zur kurzfristigen Verschuldung univariat eine zufriedenstellende Gruppentrennung ermöglicht. Diese Widersprüche treten bei allen Unternehmen auf, deren Kennzahlenkoordinaten im unteren linken oder im rechten oberen Quadranten des Koordinatensystems der Trennlinien liegen. Unternehmen A wird beispielsweise anhand des Verschuldungsgrades als »gut«, anhand der Cashflow-Rentabilität als »schlecht« eingestuft.

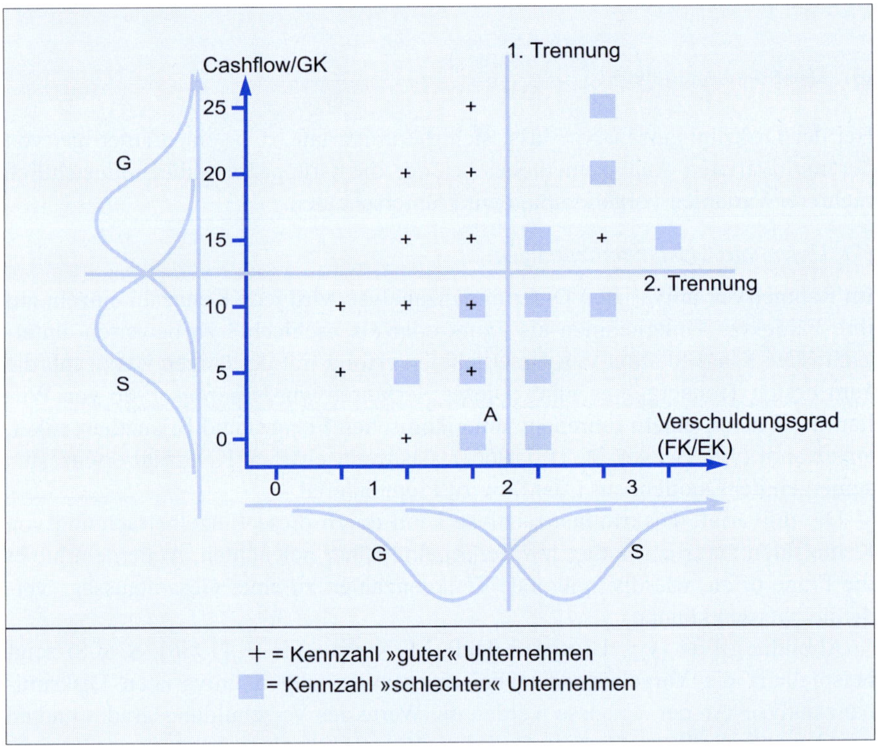

Abb. 17.4: Beispiel zur univariaten Diskriminanzanalyse

Bei mehreren univariaten Trennungen weiß der Anwender der statistisch ermittelten Gesamtwerte also nicht, wie die divergierenden Teilurteile zu einem tragfähigen und empirisch zuverlässigen Gesamturteil zusammengefasst werden können. Dieses Dilemma versucht die multivariate Diskriminanzanalyse zu lösen.

(2) Multivariate Diskriminanzanalyse

Multivariate Diskriminanzanalyse

Man kann in Abbildung 17.4 bereits mit Stift und Lineal eine einzige Trenngerade einzeichnen, die »gute« und »schlechte« Unternehmen besser, nämlich mit nur noch vier Fehlklassifikationen trennt. Diese Linie klassifiziert vor allem auch im Hinblick auf die widerspruchsfreie Trennung besser. Diese grafische Trennung ist eine bivariate Trennung, denn sie berücksichtigt gleichzeitig beide Kennzahlen. Das ist in Abbildung 17.5 geschehen.

Es wird also versucht, mit einer einzigen Trenngeraden, statt mit zweien, die »guten« von den »schlechten« Unternehmen zu trennen. Eine solche bivariate Trennung lässt sich aber auch mathematisch-statistisch herleiten, indem zunächst eine Diskriminanzfunktion ermittelt wird. Es handelt sich dabei um die Gerade D, die die Kennzahlenwertkombinationen von x und y so gewichtet, dass die guten und schlechten Fälle fehlerminimal klassifiziert werden.

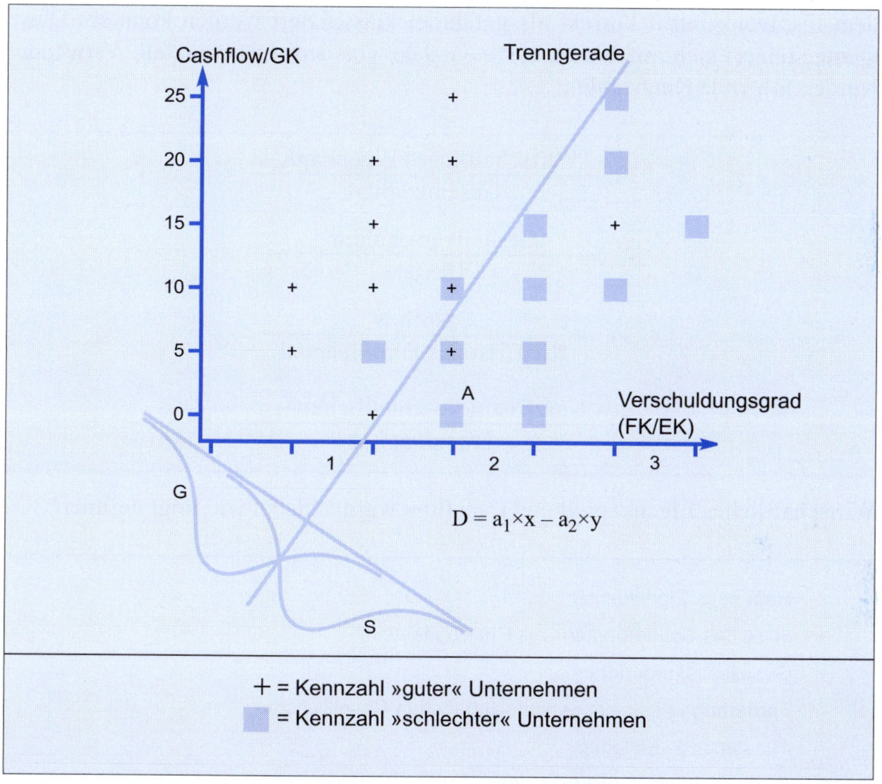

Abb. 17.5: Beispiel zur multivariaten Diskriminanzanalyse

(3) Empirische Untersuchungen

Die Anwendbarkeit der Diskriminanzanalyse wurde vor allem für den Bereich der Bonitätsbeurteilung von kreditnachfragenden Unternehmen im Banken- und Kreditgewerbe erforscht. Im Jahr 1968 hat bereits Edward I. Altmann 33 solvente und 33 insolvente US-amerikanische Unternehmen auf Basis der nachfolgenden sechs Kennzahlen miteinander verglichen:

- Cashflow/Fremdkapital
- Jahresüberschuss/Gesamtkapital
- Fremdkapital/Gesamtkapital
- Umlaufvermögen/kurzfristiges Fremdkapital

- *Working capital*/Gesamtkapital
- bald verfügbare Geldmittel minus kurzfristiges Fremdkapital/Betriebsaufwendungen vor Abschreibungen

Dabei konnte er eine Trefferquote für die Bonitätsbeurteilung von 95 % für die Kennzahlen im ersten und 72 % für die Kennzahlen im zweiten Jahr vor der Insolvenz errechnen.

Bei neueren Untersuchungen (vgl. Baetge, J./Beuter, H./Feidicker, M. [1992], auch Baetge, J./Kirsch, H.-J./Thiele, S. [2004], S. 535 ff.) stellte sich heraus, dass mit vier verknüpften Kennzahlen ungefähr 86 % der Unternehmen drei Jahre vor dem Insolvenzeintritt korrekt als gefährdet klassifiziert werden konnten. Diese Quote steigert sich auf bis zu 89 % ein Jahr vor dem Insolvenzfall. Verwendet wurden folgende Kennzahlen:

1) $\frac{\text{Wirtschaftliches Eigenkapital}}{\text{Gesamtkapital}}$

2) $\frac{\text{Gesamtverschuldung}}{\text{Umsatz}}$

3) $\frac{\text{Cashflow}}{\text{Kurzfristiges Fremdkapital}}$

4) $\frac{\text{Kurzfristige Verbindlichkeiten}}{\text{Fremdkapital}}$

Wirtschaftliches Eigenkapital und Cashflow wurden dabei wie folgt definiert:

	Haftendes Eigenkapital
+	50 % des Sonderpostens mit Rücklageanteil
+	Gesellschafterdarlehen
–	Forderungen an nicht persönlich haftende Gesellschafter
–	Ausstehende Einlagen
=	**Wirtschaftliches Eigenkapital**

	Betriebsergebnis
+	Normalabschreibungen
+	Zuführungen zu Pensionsrückstellungen
–	Betriebssteuern
±	Bestandserhöhungen/-minderungen
–	Andere aktivierte Eigenleistungen
+	Finanzwirksame außerordentliche Erträge
–	Finanzwirksame außerordentliche Aufwendungen
=	**Cashflow**

Zusammenfassend lässt sich sagen, dass in den empirischen Untersuchungen immer jeweils ein Renditemaß und eine Kapitalstrukturkennzahl verwendet wurde. Eine dritte oder vierte Kennzahl wechselt hingegen.

Ein Vorteil der multivariaten Diskriminanzanalyse liegt darin, dass mit Hilfe des Gesamtindexes ein zusammengefasstes, widerspruchsfreies und intersubjektiv nachprüfbares Gesamturteil über die Finanz- und Ertragslage eines Unternehmens abgegeben werden kann. Dieses Ergebnis kann an einer empirisch getesteten Sollgröße, dem Diskriminanzwert, überprüft werden.

Die Ergebnisse der multivariaten Diskriminanzanalyse haben aufgezeigt, dass zu einer recht genauen Beurteilung der Unternehmenslage nicht eine Vielzahl von Kennzahlen benötigt wird. Die Klassifikationsleistung der Diskriminanzanalyse verbessert sich bei Hinzunahme weiterer Kennzahlen entweder nur noch marginal oder gar nicht mehr. Allerdings führt eine solche Analyse lediglich zu einem pauschalen Urteil über eine mögliche Gefährdung; die Ursachen für eine mögliche Unternehmenskrise werden nicht hinreichend aufzeigt. Hierfür ist eine Betrachtung disaggregierter Kennzahlen sowie weiterer quantitativer und qualitativer Informationen notwendig.

b) Neuronale Netze

Die neueste Weiterentwicklung in der Methodik der Kennzahlenverdichtung liegt im Einsatz von neuronalen Netzen (vgl. Baetge, J. [1994]).

Neuronale Netze, künstliche Intelligenz

Neuronale Netze sind ein Zweig der künstlichen Intelligenz, deren Funktionsweise dem der menschlichen Neuronen nachempfunden ist. Sie sind als lernende Systeme besonders für den Einsatz in schlecht strukturierten und komplexen Systemen geeignet. Als Ergebnisse der Anwendung neuronaler Netze lassen sich folgende Punkte festhalten:

- Neuronale Netze sind in der Lage, die Klassifikationsleistung der multivariaten Diskriminanzanalyse zu übertreffen.
- Neuronale Netze sind universeller einsetzbar als die multivariate Diskriminanzanalyse.

Als Kritikpunkt der Anwendung neuronaler Netze wird häufig die mangelnde Transparenz der Entscheidungsfindung angesehen. Das neuronale Netz als »*black box*« berechnet die Kennzahlenwerte für Unternehmen, ohne dass dem Anwender die zugrunde liegenden Entscheidungen transparent gemacht werden (vgl. Abbildung 17.6).

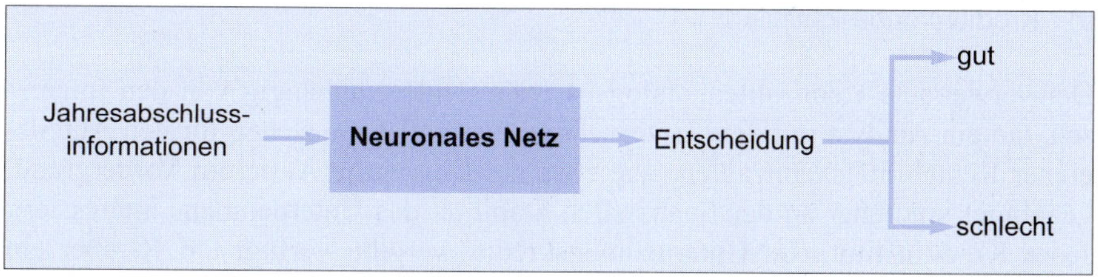

Abb. 17.6: Kennzahlenverdichtung mit neuronalen Netzen

Neuere Ansätze versuchen daher, neuronale Netze mit Expertensystemen zu verbinden und somit die zugrunde liegenden Entscheidungsregeln und ökonomischen Zusammenhänge aufzudecken (vgl. für einen ausführlichen Überblick Baetge, J./Kirsch, H.-J./Thiele, S. [2004], S. 552 ff.).

c) Beurteilung der theoretischen Ansätze

Als gemeinsame Kritikpunkte dieser mathematisch-statistischen Verfahren bleibt anzumerken, dass hinter der Ermittlung eines Diskriminanzwertes zur Krisenerkennung keine betriebswirtschaftlich-theoretische Fundierung steht. Als Vergleichsmaßstab steht lediglich ein empirisch gewonnener Sollwert von Unternehmen zur Verfügung, die in der Vergangenheit Leistungsstörungen aufwiesen. Dieser Wert stellt jedoch nur eine Symptombeschreibung der Unternehmenskrise dar. Die abgeleiteten Trennwerte gelten nur für den statistischen Durchschnitt der Unternehmen. Im Einzelfall kann keine konkrete Eintrittswahrscheinlichkeit für eine Insolvenz angegeben werden.

Auch bei der Anwendung dieser modernen Ansätze der Jahresabschlussanalyse stößt der Praktiker auf die gleichen Probleme, die in den traditionellen Analyseverfahren auftreten: Die Daten des Jahresabschlusses sind vergangenheitsorientiert und durch bilanzpolitische Maßnahmen beeinflussbar. Daher wird im Rahmen der Kennzahlenauswahl der Versuch gemacht, solche Werte herauszufiltern, die eine gewisse Zukunftsbezogenheit aufweisen oder stärker gegen Bilanzpolitik gefeit sind.

Zusammenfassend lässt sich festhalten, dass diese Verfahren eine erste Orientierung und eine Entlastung von Routinefällen ermöglichen. Allerdings sind die mathematisch-statistischen Verfahren um die Betrachtung weiterer quantitativer und qualitativer Informationen zu ergänzen.

2. Praktische Ansätze

Auch praktische Ansätze versuchen, die Fülle möglicher Kennzahlen auf wenige repräsentative Kennzahlen zu verdichten, für die dann i. d. R. Grenzwerte vorgegeben werden. Die Auswahl der als repräsentativ angesehenen Kennzahlen erfolgt nach Plausibilitätsüberlegungen, Erfahrungen oder neuerdings auch auf Grundlage der Ergebnisse empirischer Untersuchungen, wie etwa der beschriebenen Diskriminanzanalysen.

a) Kreditvergaberichtlinien

BAV-Kreditleitfaden

Der verwendete Kennzahlenkatalog ist insbesondere abhängig von den Interessen, die ein Analyst mit dem Unternehmen verbindet. So stehen für den Anteilseigner Rentabilitätskennzahlen, wie etwa der Gewinn je Aktie, im Vordergrund. Gläubiger sind eher an der finanziellen Stabilität des Unternehmens interessiert. Jedes Kreditinstitut, das Unternehmenskredite vergibt, verfügt i. d. R. über ein eigenes standardisiertes Aufbereitungs- und Analyseschema. Eine weitere große – potenzielle – Gläubigergruppe stellen Versicherungsunternehmen dar. Vor allem die Lebensversicherer gehören zu den größten Kapitalsammelstellen. Sie dürfen im Rahmen ihrer Geldanlage Kredite in Form von Schuldscheindarlehen an private Unternehmen vergeben, sind aber gesetzlich verpflichtet, deren Bonität zu überprüfen. Diese Bonitätsprüfung erfolgt, soweit sie sich auf Jahresabschlussinformationen stützt, aufgrund der Bestimmungen zur Vergabe von Unternehmenskrediten durch Versicherungsgesellschaften anhand von insgesamt vier Jahresabschlusskennzahlen, für die jeweils Grenzwerte vorgegeben werden (vgl. Bald, E.-J./Bedler, A./Determann, M./Hien, H. M./Knauth, K. W./Krüger, U./ Wachsmuth, M. [2000]).

Die verwendeten Kennzahlen sind in Tabelle 17.4 zusammengefasst. Auf die inhaltliche Festlegung der Kennzahlen und ihre Bedeutung wird an den entsprechenden Stellen im 18. und 19. Kapitel eingegangen.

Kennzahlen zur Bonitätsbeurteilung		**Darlehensvergabe mit Sicherheiten**	**Darlehensvergabe mit Negativklausel**
Ertragslage	**Gesamtkapitalrendite** (Betriebsergebnis + Zinsaufwand)/ Gesamtkapital	≥ 6 %	≥ 6 %
Finanzlage	**Entschuldungsdauer** Bereinigtes Gläubigerkapital/ Cashflow	≤ 7 Jahre	≤ 7 Jahre
	Finanzierungskoeffizient Bereinigtes Gläubigerkapital/ (Bereinigtes Eigenkapital + Pensionsrückstellungen)	≤ 2	≤ 2
Nebenbedingungen	**Eigenkapitalquote** Bereinigtes Eigenkapital/ Bereinigte Bilanzsumme	≥ 20 %	≥ 30 %
Kompensationsmöglichkeiten		Ja	Nein

Tab. 17.4: Kennzahlen zur Kreditwürdigkeitsbeurteilung nach BAV-Leitfaden

b) Rating-Verfahren

Eine über den Kreditleitfaden hinausgehende Verdichtung von Einzeldaten zu einem Bonitätsurteil wird von den Ratingagenturen praktiziert (vgl. Bonse, A./ Linnhoff, U./Pellens, B. [2011], S. 567). Besondere Verbreitung haben im Bereich großer Unternehmen die Ratings von Standard & Poor's und Moody's Investors Service. Außer Jahresabschlusskennzahlen gehen in die Analyse vor allem auch interne Planzahlen und die Ergebnisse ausführlicher Interviews über Managementfähigkeiten und Strategie ein. Rating

Alle Daten werden zu einem Bonitätsurteil verdichtet, das gleichsam einer Durchschnittsnote durch ein komprimiertes Ratingsymbol ausgedrückt wird. Im Modell von Moody's wird mit »Aaa« die höchste und mit »C« die niedrigste Bonität attestiert (vgl. Abbildung 17.7). Empirische Auswertungen zeigen, dass die verdichteten Bonitätsurteile tatsächlich mit der Insolvenzgefahr in einem engen Zusammenhang stehen. Beispielsweise sind von allen zwischen 1983 und 2005 mit B3 gerateten Firmen 10,5 % innerhalb eines Jahres insolvent geworden. Moody's Rating

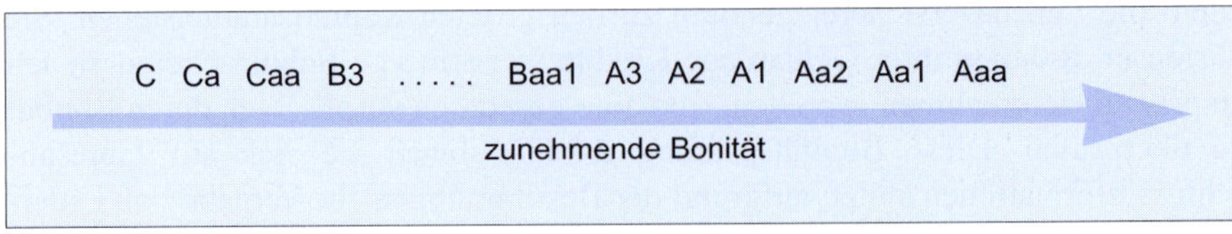

Abb. 17.7: Rating-Scores nach Moody's Investors Service

Rating nach Standard & Poor's

Die zweite weit verbreitete Skalierung wurde durch Standard & Poor's etabliert. Hierbei kennzeichnet die Anzahl der vergebenen Buchstaben die Bonität, wobei »AAA« die beste und ein einfaches »C« die schlechteste Kreditwürdigkeit anzeigen (vgl. Abbildung 17.8).

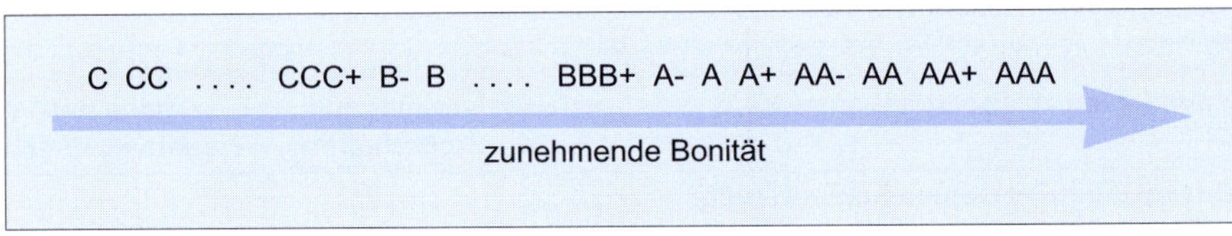

Abb. 17.8: Rating-Scores nach Standard & Poor's

Zusammenfassend drücken Bewertungen im »A«-Bereich ein geringes Kreditausfallrisiko aus. Eine Bewertung mit »B« deutet auf ein mittleres Ausfallrisiko hin, während durch eine Bewertung mit »C« bereits ein hohes Risiko attestiert wird. Zusätzlich bieten Ratingagenturen noch weitere relevante Informationen für den Kreditgeber an. Zum einen wird der Rückgewinnungsbetrag bei Kreditausfall ermittelt, der auch als *recovery rate* bezeichnet wird, und zum andern wird die Wahrscheinlichkeit eines Wechsels der Ratingklasse über Migrationsmatrizen abgebildet.

Kontrollfragen:

1. Was versteht man unter Bilanzanalyse, was unter Unternehmensanalyse?
2. Grenzen Sie die Bilanzanalyse im engen und im weiten Sinne ab!
3. Was heißt »wertorientierte Bilanzanalyse«?
4. Welche Interessenten an einer Bilanzanalyse gibt es und welche Erkenntnisziele verfolgen diese mit der Bilanzanalyse?
5. Welche Mängel müssen jeder Bilanzanalyse zwangsläufig unter dem Gesichtspunkt der Forderung nach Zukunftsbezogenheit der Daten anhaften?
6. Charakterisieren Sie die Mängel der Bilanzanalyse unter dem Gesichtspunkt der Forderung nach Vollständigkeit der Daten!
7. Erläutern Sie kurz die wesentlichen Grenzen einer Bilanzanalyse!
8. Welche Konsequenzen ergeben sich für die Bilanzanalyse aus dem Vorsichtsprinzip?
9. Wozu ist eine Aufbereitung der Jahresabschlussdaten notwendig?

10. Wovon hängt die Aussagekraft und Verwertbarkeit einer extern durchgeführten Bilanzanalyse entscheidend ab?
11. Warum muss die Wirkungsrichtung der Bilanzpolitik bei der Analyse berücksichtigt werden?
12. Nennen Sie Möglichkeiten zur Kompensation von Bilanzpolitik!
13. Warum wird zwischen einer retrospektiven und einer prospektiven Analyse unterschieden?
14. Wie unterscheiden sich Anpassungen und Interpretation je nach Zeitbezug der Analyse?
15. Welche Ursachen einer Goodwill-Abschreibung sind für die retrospektive bzw. prospektive Analyse relevant?
16. Was versteht man unter dem monetären Umlaufvermögen?
17. Welche Bedeutung hat das betriebsnotwendige Vermögen und wie wird es ermittelt?
18. Gehört der Fremdanteil zum Eigen- oder zum Fremdkapital des Konzerns? Wie ist deren Ausweis nach den verschiedenen Rechnungslegungsnormen jeweils geregelt?
19. Wie grenzen sich die langfristigen Fremdmittel von den kurz- und mittelfristigen Fremdmitteln ab?
20. Beschreiben Sie Ermittlung und Bedeutung des *capital employed*! Welche alternative Ermittlungsmöglichkeit gibt es?
21. Welche Pro-Forma-Gewinngrößen kennen Sie und in welchem Zusammenhang stehen diese zueinander?
22. Wie lassen sich die Nettoinvestitionen ermitteln?
23. Welche Formen von Vergleichsmaßstäben kommen für die Beurteilung der Daten von Bilanz- und Erfolgsrechnung in Betracht?
24. Erläutern Sie die folgenden Begriffe: Grundzahl, Kennzahl, Gliederungszahl, Beziehungszahl, Indexzahl!
25. Erläutern Sie die Methodik der univariaten und multivariaten Diskriminanzanalyse zur Verdichtung von Kennzahlen!

18. Kapitel: Finanzwirtschaftliche Bilanzanalyse

Erkenntnisziel: finanzielle Stabilität

Das Erkenntnisziel der finanzwirtschaftlichen Bilanzanalyse ist die Gewinnung von Informationen über die Kapitalverwendung (Investitionsanalyse), über die Kapitalaufbringung (Finanzierungsanalyse) sowie über die Beziehung zwischen Kapitalverwendung und -aufbringung (Liquiditätsanalyse). Bei der Liquiditätsanalyse ist ferner zwischen der statischen Liquiditätsanalyse auf Basis von Bestandsgrößen und der dynamischen Liquiditätsanalyse auf Basis von Stromgrößen zu unterscheiden. Die aus der finanzwirtschaftlichen Bilanzanalyse gewonnenen Erkenntnisse über die finanzielle Stabilität der Unternehmung bilden zugleich eine wichtige Grundlage für die anschließende Analyse der Ertragskraft.

Die folgende Abbildung 18.1 gibt eine Übersicht über die Bausteine der finanzwirtschaftlichen Bilanzanalyse.

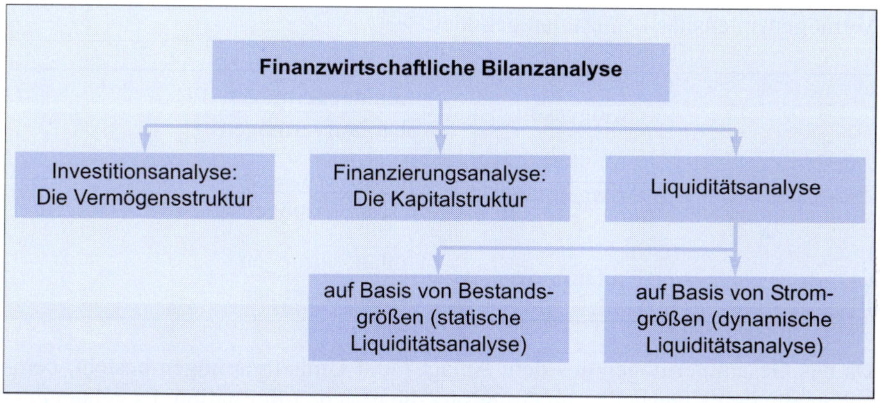

Abb. 18.1: Finanzwirtschaftliche Bilanzanalyse

Grundsätzlich gelten die folgenden Ausführungen für die Analyse sowohl von Jahresabschlüssen, die nach HGB erstellt sind, als auch von Abschlüssen nach IFRS und US-GAAP. Zentrale Informationsinstrumente sind die Bilanz sowie die mittlerweile in jedem Konzernabschluss darzustellende Kapitalflussrechnung.

Bilanzgliederung international nach Fristigkeit

Dabei ist darauf hinzuweisen, dass die internationalen Rechnungslegungsvorschriften in Bezug auf die Bilanzgliederung abweichende Regelungen vorsehen. Sowohl nach IAS 1, ASC 210 (früher SEC Regulation S-X), als auch der deutschen Auslegung der IFRS, RIC 1, ist die Bilanz ausschließlich nach dem Aspekt der Fristigkeit zu gliedern. Eine an der Liquidierbarkeit der Posten orientierte Gliederung, wie sie der Aktivseite nach HGB-Gliederung entspricht, ist nicht mehr möglich. Diese Festlegung führt zu einer unmittelbaren Gegenüberstellung lang- und kurzfristiger Posten, was der betriebswirtschaftlichen Grundidee einer Analyse der Vermögenskonstitution besser entspricht (vgl. Kirsch, H. [2007], S. 93 f.).

A. Investitionsanalyse: Die Vermögensstruktur

Liquiditätspotenzial / Dispositionselastizität

Untersuchungsobjekt der Investitionsanalyse sind Art und Zusammensetzung des Vermögens sowie die Dauer der Vermögensbindung. Die Geschwindigkeit, mit der die Vermögensteile durch den Umsatzprozess monetisiert werden, ist für den Kapitalbedarf und damit bei gegebener Kapitalstruktur für die finanzielle Stabilität von entscheidender Bedeutung. Mit abnehmender Fristigkeit der Vermögensbindung wird zum einen das Liquiditätspotenzial erhöht und damit die Gefahr der Illiquidität verringert, zum anderen die Dispositionselastizität der Unternehmensleitung erhöht und damit die Anpassungsfähigkeit an Beschäftigungs- und Strukturänderungen verstärkt.

I. Das Verhältnis von Anlage- zu Umlaufvermögen

Intensitätskennzahlen nach HGB

Unter dem zuletzt erwähnten Aspekt des Zusammenhangs zwischen Fristigkeit der Vermögensbindung einerseits sowie betrieblichem Liquiditätspotenzial und betrieblicher Dispositionselastizität andererseits liegt es nahe, zunächst das Verhältnis von langfristig investiertem Vermögen zu kurzfristig investiertem Vermögen zu untersuchen. Dazu werden in der Bilanzanalyse im Allgemeinen folgende Vermögensintensitätskennzahlen gebildet:

$$\text{Vermögensintensität} = \frac{\text{Anlagevermögen}}{\text{Umlaufvermögen}}$$

$$\text{Anlageintensität} = \frac{\text{Anlagevermögen}}{\text{Gesamtvermögen}}$$

$$\text{Umlaufintensität} = \frac{\text{Umlaufvermögen}}{\text{Gesamtvermögen}}$$

Da das Gesamtvermögen aus dem Anlage- und Umlaufvermögen besteht, beinhalten alle drei Kennzahlen im Grundsatz die gleiche Information. Es genügt deshalb, eine der drei Kennzahlen zu betrachten.

Vermögensintensität nach IFRS/US-GAAP

Bei der Analyse von IFRS- und US-GAAP-Abschlüssen sind aufgrund der zum HGB unterschiedlichen Bilanzgliederung nach kurz- und langfristigen Vermögenswerten die genannten Intensitätskennzahlen anders definiert; statt Anlagevermögen werden *non-current assets*, statt Umlaufvermögen *current assets* in die Formeln eingesetzt. Die grundsätzlich gleichlautende Aussage bleibt jedoch bestehen. Allerdings ist darauf hinzuweisen, dass insbesondere nach IFRS aufgrund zahlreicher Bilanzierungsvorschriften, die eine zeitnahe Bewertung für Vermögenswerte vorsehen, eine genauere Abschätzung des Liquiditätspotenzials möglich ist als nach HGB. Eine solche Zeitwertbewertung ist z. B. möglich für das Sachanlagevermögen bei Anwendung der Neubewertungsmethode, für *investment property* oder bei Finanzinstrumenten. Auch die jährliche Prüfung der Werthaltigkeit eines derivativen Goodwill sorgt für – zugegebenermaßen eine stark ermessensabhängige – zeitnahe Bewertung. Ferner legt IFRS 5 für Vermögenswerte, die zur Veräußerung stehen, fest, dass diese gesammelt als eigenständige Posten unter den *current assets* auszuweisen sind und somit ein tatsachengemäßes Bilanzbild entsteht.

Auf Basis der oben genannten Intensitätskennzahlen können im Allgemeinen zwei Aussagen abgeleitet werden:

Finanz- und leistungswirtschaftliche Stabilität

- Je größer der Anteil des Umlaufvermögens ist, desto größer ist die Flexibilität und somit auch die finanz- und erfolgswirtschaftliche Stabilität des Unternehmens in zweierlei Hinsicht:
  (a) Dispositionselastizität: Je kurzfristiger das Vermögen gebunden ist, desto höher ist das Liquiditätspotenzial und desto größer ist die Anpassungsfähigkeit der Unternehmung an Beschäftigungs- und Strukturänderungen im Interesse der finanziellen Stabilität.
  (b) Erfolgselastizität: Mit der Kurzfristigkeit der Vermögensbindung sinkt ceteris paribus der Fixkostenanteil. Je geringer der Fixkostenanteil ist, umso weniger wirken sich Beschäftigungsänderungen erfolgsmäßig aus und umso geringer ist folglich das leistungswirtschaftliche Risiko.
- Je kleiner der Anteil des Anlagevermögens am Gesamtvermögen ist, umso besser ist die Kapazitätsausnutzung und damit die Ertragslage. Dies wird damit begründet, dass steigende Kapazitätsausnutzung zu steigendem Umsatz und dieser zu steigendem Vorrats- und Forderungsbestand führt.

Dispositionselastizität

Erfolgselastizität

Kapazitätsausnutzung

Unternehmensindividuelle und branchenbezogene Einflüsse

Diese Aussagen können jedoch nicht unter allen Umständen als gesichert angenommen werden. So sind z. B. folgende gravierende Einschränkungen denkbar: Beim Vergleich verschiedener Unternehmen muss berücksichtigt werden, dass insbesondere Branchenzugehörigkeit, Produktionsprogramm, Fertigungstiefe, Geschäftspolitik und Automatisierungsgrad das Verhältnis von Anlage- zu Umlaufvermögen beeinflussen. Preisschwankungen wirken sich wegen der unterschiedlichen Umschlagsgeschwindigkeit anders auf das Umlaufvermögen als auf das Anlagevermögen aus. Wegen des schnelleren Umschlags ist das Umlaufvermögen stets auf annähernd aktuellem Preisniveau bewertet, während das Anlagevermögen mit den fortgeführten, je nach Alter der Anlagen mehr oder weniger weit zurückliegenden historischen Anschaffungskosten zu Buche steht. Bei Saisonbetrieben verändert sich unter Umständen das Verhältnis von Anlage- zu Umlaufvermögen in Abhängigkeit von der Saison. Demnach ist der Bilanzierungszeitpunkt bei einer Analyse besonders zu beachten. Die Ursachen für unterschiedliche Vermögensstrukturzahlen können auch in der unterschiedlichen Abschreibungs- und Investitionspolitik der zu vergleichenden Unternehmen liegen.

Mehrdeutige Ursachen

Selbst wenn diese genannten Einschränkungen nicht wirksam werden, kann das Verhältnis von Anlage- zu Umlaufvermögen sachlich auf unterschiedliche Ursachen zurückzuführen sein, sodass ohne weitere Informationen kein hinreichend gesicherter Schluss auf den Flexibilitätsgrad und die Kapazitätsausnutzung des Unternehmens möglich erscheint. Z. B. kann eine steigende Relation von Anlage- zu Umlaufvermögen auf eine

(a) größere Investition in der Vergangenheit oder
(b) langfristige Verschlechterung der Betriebslage oder
(c) Lagerhaltungsrationalisierung

zurückzuführen sein. Diese Mehrdeutigkeit der Aussage ist insofern besonders bedenklich, als je nach der tatsächlichen Ursache eine unterschiedliche Einschätzung der künftigen Unternehmensentwicklung geboten ist. Eine verfeinerte Vermögensstrukturanalyse mittels weiterer Kennzahlen erweist sich deshalb als notwendig.

Intensität des immateriellen Vermögens

Beispielsweise wird in der Literatur der Untersuchung des Anteils des immateriellen Vermögens am Gesamtvermögen bislang noch wenig Beachtung geschenkt. Andererseits können aufgrund der allgemeinen Anwendung von IAS 38 die immateriellen Vermögenswerte künftig einen erheblichen Umfang annehmen. Deshalb kann es sinnvoll sein, auch den Anteil des immateriellen Vermögens am Gesamtvermögen zu ermitteln.

$$\text{Intensität des immateriellen Vermögens} = \frac{\text{Immaterielle Vermögenswerte}}{\text{Gesamtvermögen}}$$

Diese Kennzahl gibt Auskunft darüber, wie stark das Unternehmen in seinem Geschäftsprozess auf immaterielle Werte angewiesen ist. Sofern ein deutliches Abweichen von Branchendurchschnittswerten festgestellt wird, könnte dies je nach Vorzeichen als Warnsignal für ein gefährdetes Erfolgspotenzial oder als Indiz für einen Wettbewerbsvorteil gesehen werden.

Da gemäß IAS 38 sowie, seit Verabschiedung des BilMoG, gemäß § 255 Abs. 2a HGB bei Vorliegen bestimmter Kriterien die Aktivierung selbsterstellter immaterieller Vermögenswerte möglich ist, kann ferner die Betrachtung der Kennzahl

Aktivierungsquote

$$\text{Aktivierungsquote} = \frac{\text{Aktivierte Entwicklungsaufwendungen}}{\text{Gesamte Forschungs- und Entwicklungsausgaben}}$$

sinnvoll sein (vgl. Werner, T./Padberg, T./Kriete, T. [2005], S. 69 ff.). Daraus können Aussagen über die »Aktivierungsfreudigkeit« von Unternehmen abgeleitet werden, was wiederum als Indiz für eine verfolgte konservative oder progressive Bilanzpolitik interpretiert werden kann.

Als weitere, die Intensitätskennzahlen ergänzende Kennzahlen kommen z. B. in Betracht: Umsatzrelationen (vgl. in diesem Kapitel, S. 1066), Umschlagskoeffizienten (vgl. in diesem Kapitel, S. 1067 ff.) sowie Kennzahlen zur Investitions- und Abschreibungspolitik (vgl. in diesem Kapitel, S. 1069 ff.).

II. Umsatzrelationen

Vergleich von Beständen und Geschäftsvolumen

Besondere Bedeutung kommt den Umsatzrelationen zur Verfeinerung der Analyse zu, da sie am ehesten erkennen lassen, inwieweit eine Änderung einzelner Vermögensposten auf wachsende oder schrumpfende Geschäftstätigkeit zurückzuführen ist bzw. inwieweit andere Ursachen hierfür maßgebend sind.

Folgende Relationen können z. B. herangezogen werden:

$$\text{Sachanlagen-Bindung} = \frac{\text{Sachanlagevermögen}}{\text{Umsatzerlöse}}$$

$$\text{Vorräte-Bindung} = \frac{\text{Vorräte}}{\text{Umsatzerlöse}}$$

$$\text{Fertigerzeugnis-Bindung} = \frac{\text{Fertigerzeugnisse und Waren}}{\text{Umsatzerlöse}}$$

$$\text{Forderungs-Bindung} = \frac{\text{Forderungen aus Lieferungen und Leistungen}}{\text{Umsatzerlöse}}$$

Ein Beispiel soll die Anwendung dieser Kennzahlen erläutern.

Beispiel
Angenommen sei der Fall, dass die Relation Anlage- zu Umlaufvermögen steigt. Dies könnte auf eine verschlechterte Kapazitätsauslastung hindeuten, wenn die Entwicklung des Umlaufvermögens als Indikator für die Beschäftigung interpretiert wird. Sinkt dazu die Kennzahl Sachanlagen-Bindung, so ist indessen zu vermuten, dass es sich nicht um einen Beschäftigungsrückgang handelt. Vielmehr wurde entweder bei gleichem Anlageeinsatz der Umsatz ausgedehnt oder der gleiche Umsatz mit weniger Anlagen erwirtschaftet, also eine bessere Auslastung der vorhandenen Anlagen erzielt. Gilt außerdem, dass die Kennzahl Vorräte-Bindung sinkt, lässt dies auf die Ursache für das relative Absinken des Umlaufvermögens schließen: Vermutlich wurde die Lagerhaltung rationalisiert und der Fertigungsdurchlauf verbessert.

Dieses Beispiel zeigt die Bedeutung von Umsatzrelationen für die Analyse von Veränderungen der Vermögensstruktur. Gleichzeitig wird deutlich, wie sehr es bei der Bilanzanalyse auf die Verwendung mehrerer sinnvoll miteinander in Zusammenhang stehender Kennzahlen ankommt.

III. Umschlagskoeffizienten

Umschlags-häufigkeit und -dauer

Die Umschlagskoeffizienten geben an, wie häufig ein Vermögensposten in der Periode umgeschlagen wurde (Umschlagshäufigkeit). Der jeweils reziproke Wert gibt Auskunft darüber, in welcher Zeit der Bestand einmal umgeschlagen wird (Umschlagsdauer bzw. Bestandsreichweite):

$$\text{Umschlagshäufigkeit} = \frac{\text{Abgang in der Periode}}{\text{Durchschnittlicher Bestand}}$$

$$\text{Umschlagsdauer (in Tagen)} = \frac{\text{Durchschnittlicher Bestand} \times 365}{\text{Abgang in der Periode}}$$

Diese Kennzahlen lassen im Zeitvergleich genauere Schlüsse über die Bindungsdauer des Vermögens und einzelner Vermögensteile zu und geben damit Hinweise auf den Kapitalbedarf. Beispiele für solche Umschlagskoeffizienten sind:

$$\text{Umschlagshäufigkeit des Anlagevermögens} = \frac{\text{Abschreibungen des Geschäftsjahres auf das Anlagevermögen + Abgänge (bewertet zu Restbuchwerten)}}{\text{Durchschnittlicher Bestand des Anlagevermögens zu historischen Anschaffungs- oder Herstellungskosten}}$$

$$\text{Umschlagshäufigkeit des Umlaufvermögens} = \frac{\text{Umsatzerlöse}}{\text{Durchschnittlicher Bestand des Umlaufvermögens}}$$

$$\text{Umschlagshäufigkeit des Gesamtkapitals} = \frac{\text{Umsatzerlöse}}{\text{Durchschnittliches Gesamtkapital}}$$

Der durchschnittliche Bestand wird jeweils als arithmetisches Mittel aus Anfangs- und Endbestand errechnet. Bestandsabgänge sind im Einzelnen nur für die Posten des Anlagevermögens bekannt. Bei anderen Posten tritt deshalb an die Stelle des Abgangs ersatzweise der Umsatz. Um den Ursachen für veränderte Umschlagshäufigkeiten nachzugehen, können diese Kennzahlen durch Aufgliederung der Bestandsgrößen in einzelne Vermögensposten verfeinert werden.

Für die Beurteilung der finanziellen Stabilität einer Unternehmung ist die Durchschnittszeit in Tagen wichtig, in der die Kunden die Liefer- und Leistungsforderungen bezahlen. Das Kundenziel – auch als »*Days Sales Outstanding* (DSO)« bezeichnet – lässt sich annähernd durch folgende Relation berechnen:

Kundenziel

$$\text{Kundenziel} = \frac{\text{Durchschnittlicher Bestand an Warenforderungen} \times 365}{\text{Umsatzerlöse}}$$

Die Warenforderungen sind im 14. Kapitel (S. 1041 f.) definiert. Eine Erhöhung dieser Kennzahl deuten auf wirtschaftliche Schwierigkeiten bei wichtigen Kunden hin. Möglicherweise werden auch zur Verbesserung der Auftragslage Konditionenzugeständnisse gemacht oder zusätzliche Kundensegmente minderer Bonität beliefert. Schließlich ist ein erhöhtes Kundenziel häufig auch das Resultat von eigenen Qualitätsproblemen, die zu verzögerter Abnahme und Rechnungsbegleichung von Seiten der Kunden führen (vgl. hierzu korrespondierend auch die Ausführungen zum Lieferantenziel, S. 1077 f.).

Wichtige Erkenntnisse über die Bonität und Zahlungsbereitschaft der Kunden können neben der expliziten Betrachtung der Veränderung des Kundenziels auch mit Hilfe einer Analyse der »Forderungs-Ausfallquote«, also des Verhältnisses von ausgefallenen Forderungen zum gesamten Forderungsbestand, gewonnen werden.

IV. Kennzahlen zur Untersuchung der Investitions- und Abschreibungspolitik

Ziel der Investitions- und Abschreibungsanalyse ist primär, ein Urteil über Unternehmenswachstumstendenzen zu gewinnen. An dieser Stelle ist einerseits das durchschnittliche Alter der Sachanlagen von Interesse, andererseits die Frage, in welcher Höhe sich die Bestandsveränderungen im Anlagevermögen auf Nettoinvestitionen und Abschreibungen zurückführen lassen.

Grundlegende Voraussetzung für die langfristige Sicherung insbesondere des Unternehmenswachstums sind moderne Fertigungsanlagen und -verfahren. Inwieweit diese Bedingung bei dem analysierten Unternehmen erfüllt ist, kann anhand der Kennzahl

Anlagenabnutzungsgrad

$$\text{Anlagenabnutzungsgrad} = \frac{\text{Kumulierte Abschreibungen auf das Sachanlagevermögen (SachAV)}}{\text{SachAV zu historischen Anschaffungskosten}}$$

zumindest tendenziell festgestellt werden. Die Informationen für diese Kennzahl können unmittelbar dem Anlagespiegel entnommen werden. Je höher (niedriger) diese Kennzahl ausfällt, desto höher (niedriger) ist das durchschnittliche Alter der Sachanlagen und desto größer (niedriger) der künftige Investitionsnachholbedarf für Modernisierungsmaßnahmen.

Als weiteres Kennzeichen von Unternehmenswachstum kann die Investitionsquote angesehen werden. Sie ergibt sich wie folgt:

Investitionsquote

$$\text{Investitionsquote} = \frac{\text{Nettoinvestitionen in SachAV}}{\text{SachAV zu historischen Anschaffungskosten}}$$

Die Nettoinvestitionen wurden im 14. Kapitel (S. 1049 f.) definiert. U. E. erscheint es zweckmäßiger, bei den Sachanlagen im Nenner der Kennzahl nicht von dem Endbestand der Vorperiode, sondern von den historischen Anschaffungskosten auszugehen. Hierdurch wird vermieden, dass bei abschreibungsbedingtem Sinken des Anfangsbestandes und gleich bleibender Nettoinvestition die Investitionsquote steigt, obwohl die Investitionen wertmäßig nicht zugenommen haben.

Echtes Wachstum ist aber erst dann gegeben, wenn über die Abschreibung hinaus investiert wird. Die Kennzahl

Wachstumsquote

$$\text{Wachstumsquote} = \frac{\text{Nettoinvestitionen in SachAV}}{\text{Abschreibungen des Geschäftsjahres auf SachAV}}$$

gibt darüber Auskunft. Bei einer dauerhaft beobachtbaren Wachstumsquote < 1 findet Substanzverzehr statt, d. h. es ist zu vermuten, dass die Unternehmenspolitik auf Abschöpfung und nicht auf Wachstum gerichtet ist. Bei dieser Interpretation ist allerdings vorausgesetzt, dass nicht eine Umstrukturierung des Unternehmens z. B. von einem produzierenden Unternehmen zu einem reinen Dienstleister stattfindet.

Die Kennzahl

Abschreibungsquote

$$\text{Abschreibungsquote} = \frac{\text{Abschreibungen des Geschäftsjahres auf SachAV}}{\text{SachAV zu historischen Anschaffungs- oder Herstellungskosten}}$$

lässt langfristig erkennen, inwieweit durch planmäßige und außerplanmäßige Abschreibungen stille Reserven zu Lasten des Gewinnes gebildet (Quote steigt) oder zugunsten des Gewinnes aufgelöst wurden (Quote sinkt).

Generell besteht offensichtlich die Möglichkeit, die Kennzahl »Abschreibungsquote« durch bilanzpolitische Maßnahmen zu beeinflussen. Eine Einschränkung dieser bilanzpolitischen Aktionsparameter ergibt sich durch IAS 16. Dieser schreibt vor, die Abschreibungsmodalitäten, insbesondere Abschreibungsmethode, Nutzungsdauer und einen eventuellen Restwert, am Ende jedes Geschäftsjahres zu überprüfen. Die Aussagekraft der Kennzahl »Abschreibungsquote« ist nach IFRS deutlich höher einzuschätzen als bisher oder auch im Vergleich zu anderen Rechnungslegungsvorschriften, da der so ermittelte Abschreibungsverlauf der Realität eher entspricht.

B. Finanzierungsanalyse: Die Kapitalstruktur

Die Analyse der Kapitalstruktur soll über Quellen und Zusammensetzung nach Art, Sicherheit und Fristigkeit des Kapitals zum Zwecke der Abschätzung der Finanzierungsrisiken Aufschluss geben.

Bilanzgliederung der Passiva

Wie auch schon im Rahmen der Investitionsanalyse ist auch an dieser Stelle auf die Pflicht zur Gliederung der Bilanz nach Fristigkeitsgesichtspunkten bei Anwendung der IFRS bzw. US-GAAP-Rechnungslegung hinzuweisen, während § 266 Abs. 3 HGB eine an der Liquidierbarkeit orientierte Gliederung vorsieht. Von Vorteil für die Analyse internationaler Abschlüsse ist, dass hier auch für Rückstellungen der Anteil an Rückstellungen, die innerhalb eines Jahres fällig werden, separat ausgewiesen werden muss.

I. Verschuldungsgrad

Im Mittelpunkt der Kapitalstrukturanalyse steht zunächst der Verschuldungsgrad im statischen Sinne, der üblicherweise anhand einer der folgenden Kennzahlen gemessen wird:

$$\text{Eigenkapitalquote} = \frac{\text{Eigenkapital}}{\text{Gesamtkapital}}$$

$$\text{Statischer Verschuldungsgrad I} = \frac{\text{Fremdkapital}}{\text{Eigenkapital}}$$

$$\text{Anspannungsgrad I} = \frac{\text{Fremdkapital}}{\text{Gesamtkapital}}$$

Eigenkapitalquote

Verschuldungsgrad

Anspannungsgrad

Da das Gesamtkapital aus dem Eigen- und Fremdkapital besteht, sind die Aussagen aller drei Kennzahlen äquivalent. In der deutschen Analysepraxis wird üblicherweise die Eigenkapitalquote verwendet.

Eigenkapitalabgrenzung nach IFRS

Im Hinblick auf die zwischenbetriebliche Vergleichbarkeit der Kennziffern zur Beurteilung der Kapitalkonstitution ist auf die Abgrenzung des Eigenkapitals nach IFRS hinzuweisen. Als entscheidendes Kriterium gilt hier, ob den Kapitalgebern ein Rückzahlungsanspruch vertraglich zugesichert wurde. Bedeutsam ist dies insbesondere für diejenigen deutschen Gesellschaftsformen, bei denen der Tatbestand der Kapitalrückzahlungsverpflichtung zwar theoretisch besteht, faktisch jedoch nicht zum Tragen kommt und nach deutschem Handelsrecht deshalb Eigenkapital vorliegt. Bei abweichender Qualifizierung nach IFRS kann es somit zu einer Umordnung des Kapitals zu den Fremdmitteln kommen. Dies wäre bei einer zwischenbetrieblichen Analyse zu berücksichtigen.

Finanzierungskoeffizient

Anstelle der Eigenkapitalquote oder des Verschuldungsgrades verwendet der Kreditleitfaden des Bundesaufsichtsamtes für das Versicherungswesen den sog. »Finanzierungskoeffizienten« (Fiko) (vgl. Bald, E.-J./Bedler, A./Determann, M./Hien, H. M./Knauth, K. W./Krüger, U./Wachsmuth, M. [2000]):

$$\text{Fiko} = \frac{\text{Bereinigtes Gläubigerkapital}}{\text{Bereinigtes Eigenkapital} + \text{Pensionsrückstellungen}}$$

Das bereinigte Gläubigerkapital entspricht dem Fremdkapital abzüglich Pensionsrückstellungen, die als eigenkapitalähnliche Posten dem Eigenkapital zugeordnet werden. Der Fiko soll einen Wert von ≤ 2 haben (vgl. 17. Kapitel, S. 1059).

Unter Erweiterung des Fremdkapitals um die gemäß § 285 Nr. 3 HGB gesondert angabepflichtigen sonstigen finanziellen Verpflichtungen können statischer Verschuldungsgrad bzw. Anspannungsgrad wie folgt modifiziert werden (vgl. Göllert, K./Ringling, W. [1986], S. 132):

$$\text{Statischer Verschuldungsgrad II} = \frac{\text{Fremdkapital} + \text{sonstige finanzielle Verpflichtungen}}{\text{Eigenkapital}}$$

$$\text{Anspannungsgrad II} = \frac{\text{Fremdkapital} + \text{sonstige finanzielle Verpflichtungen}}{\text{Gesamtkapital}}$$

Risiko, Rendite und Verschuldungsgrad

Wenn man anhand des Verschuldungsgrades ein Urteil über die finanzielle Stabilität eines Unternehmens fällen will, so muss man notwendigerweise eine Vorstellung über das optimale Verhältnis von Eigenkapital zu Fremdkapital haben. Sowohl in der Literatur als auch in der Praxis sind solche Normvorstellungen entwickelt worden; sie reichen von der theoretischen Forderung nach ausschließlicher Eigenkapitalfinanzierung bis zu Vorstellungen über das optimale Verhältnis von Eigenkapital zu Fremdkapital. Die Unterschiedlichkeit dieser Auffassung zeigt, dass es eine allgemein gültige Regel nicht geben kann. Zur Bestimmung des optimalen Verschuldungsgrades müssen zwei verschiedene Aspekte beachtet werden: der Aspekt der Rentabilität und der Risikoaspekt. Der Zusammenhang zwischen Kapitalstruktur, Rendite und Risiko lässt sich wie folgt zeigen, wenn EK = Eigenkapital, FK = Fremdkapital, GK = EK + FK = Gesamtkapital, GKR = Investitionsrentabilität (= Gesamtkapitalrentabilität), EKR = Eigenkapitalrentabilität, r_{FK} = Fremdkapitalzinssatz und G = Gewinn bedeuten:

$$G = GKR \times EK + (GKR - r_{FK}) \times FK$$

$$\frac{G}{EK} = EKR = GKR + (GKR - r_{FK}) \times \frac{FK}{EK}$$

Leverage-Effekt

Die Renditefunktion zeigt, dass EKR für $GKR - r_{FK} > 0$ mit wachsendem (sinkendem) Verschuldungsgrad zunimmt (abnimmt), und zwar

- proportional für EK = konstant (zusätzliche Fremdfinanzierung),
- progressiv für GK = konstant (Substitution von Eigen- durch Fremdkapital).

Financial leverage risk

Dieser Gewinnchance steht das Risiko entgegen, dass die Investitionsrendite sinkt und/oder das Zinsniveau derart steigt, dass $GKR - r_{FK} < 0$ wird. Die Eigenkapitalrendite sinkt dann unter die Gesamtkapitalrendite; unter Umständen kommt es zu Verlusten und somit zum Eigenkapitalverzehr. Dieses Risiko – in der angelsächsischen Literatur als *financial leverage risk* bezeichnet – schlägt umso stärker zu Buche, je höher der Verschuldungsgrad ist. Dies wird durch folgendes Beispiel veranschaulicht.

Beispiel

Ein Investitionsvolumen von 1000 GE steht zur Diskussion. Drei alternative Finanzierungskonzepte werden untersucht, nämlich ein Verschuldungsgrad (FK/EK) von 0, 1 oder 9. Im *best case* ist eine Investitionsrendite (GKR) vor Finanzierungskosten von 12 %, im *worst case* von 6 % zu erwarten. Die Fremdfinanzierungskosten (r_{FK}) betragen 10 %. Die Auswirkungen auf die Eigenkapitalrentabilität sind in Abbildung 18.1 dargestellt.

Im Falle einer Gesamtkapitalrendite von GKR = 12 % steigt die Eigenkapitalrendite mit zunehmender Verschuldung bis auf 30 % bei einer Verschuldung von 9:1 an. Wird aber nur eine Gesamtkapitalrendite von GKR = 6 % erwartet, führt das hohe Leverage von 9:1 zu einem Absinken der Eigenkapitalrendite auf – 30 %.

$\frac{FK}{EK}$ \ r	GKR = 12 %	GKR = 6 %
$\frac{0}{1000} = 0$	EKR = 12 %	EKR = 6 %
$\frac{500}{500} = 1$	EKR = 14 %	EKR = 2 %
$\frac{900}{100} = 9$	EKR = 30 %	EKR = -30 %

Tab. 18.1: Beispiel zum *financial leverage* (GK = 1000; r_{FK} = 10 %)

Die vorstehende Analyse zeigt, dass es eine allgemeine Regel über das optimale Verhältnis von Eigenkapital zu Fremdkapital nicht geben kann. Generell kann man lediglich sagen, dass bei größerem Eigenkapitalanteil die finanzielle Stabilität höher ist. Daher sollte bei größerem Ertragsrisiko auch der Eigenkapitalanteil entsprechend höher sein. Es geht bei der Leverage-Analyse also um die Abstimmung von zweierlei Risiken: einerseits des Geschäftsrisikos (*operating leverage*) und andererseits des Finanzstrukturrisikos (*financial leverage*). Durch unterschiedliche Konstellationen dieser beiden Risiken ergeben sich die vier in Abbildung 18.2 dargestellten Risikopositionen.

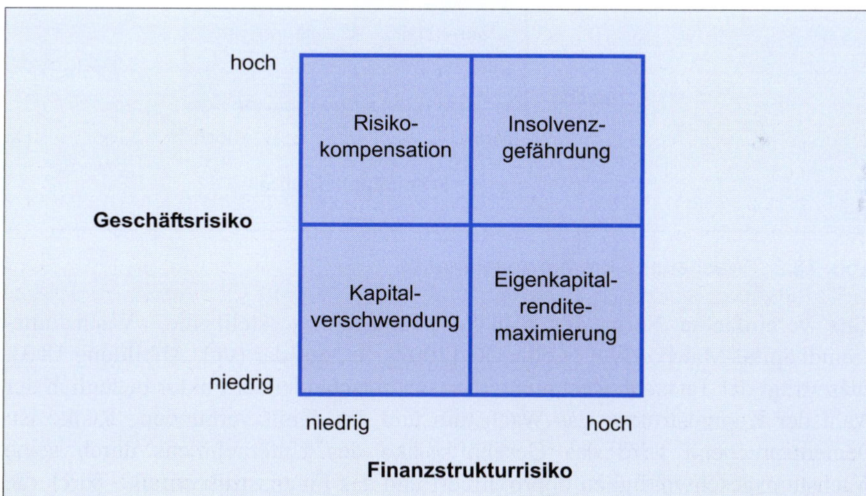

Abb. 18.2: Risikostrukturmatrix

Geschäftsrisiko/ operating leverage

Das Geschäftsrisiko (*operating leverage*) bemisst sich an der potenziellen Renditeschwankung des unverschuldeten Unternehmens. Im Beispiel entspricht dies dem Schwankungsbereich der Gesamtkapitalrendite von zwischen 12 % und 6 %. Bilanzanalytisch lässt sich das Geschäftsrisiko allenfalls über eine längere Zeitreihe statistisch durch die Streuung der Gesamtkapitalrendite messen. Fundamental hängt es von qualitativen Faktoren ab wie etwa

- Zyklizität des Geschäftes,
- Höhe der Fixkostenbelastung,
- Kapitalintensität,
- Marktposition,
- Wachstumserwartungen.

Finanzstrukturrisiko/financial leverage

Das Finanzstrukturrisiko (*financial leverage*) hängt von der Höhe der Zinsbelastung und folglich bei gegebenem Zinssatz vom Fremdkapitalanteil ab. Je niedriger das Fremdkapital und je höher folglich die Eigenkapitalquote, desto niedriger ist das Finanzstrukturrisiko.

Fremdkapital-Wachstums-Matrix

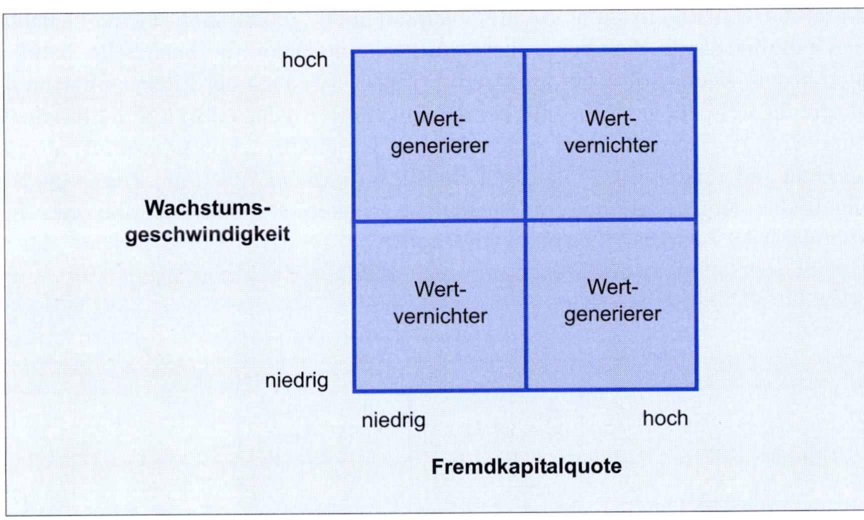

Abb. 18.3: Wachstums-Fremdkapital-Matrix

Eine vereinfachte Form der »Risikostrukturmatrix« stellt die »Wachstums-Fremdkapital-Matrix« (vgl. Keller, K. [2007], S. 256) dar (vgl. Abbildung 18.3). Diese trägt der Tatsache Rechnung, dass ein entscheidender Faktor bezüglich der Wahl der Kapitalstruktur das Wachstum und das damit verbundene Risiko ist. Dementsprechend wird das Geschäftsrisiko des Unternehmens durch seine Wachstumsgeschwindigkeit approximiert und das Finanzstrukturrisiko durch die Fremdkapitalquote.

Gerade bei jungen, schnell wachsenden Unternehmen unterliegt bereits die operative Ergebnisgröße vor Fremdkapitalkosten großen Schwankungen. Diese Unternehmen sind somit einem überdurchschnittlichen Geschäftsrisiko ausgesetzt und können i. d. R. eine überdurchschnittliche Unternehmenswertsteigerung durch eine konservative Kapitalstruktur erreichen. Durch einen geringen Fremdkapitalanteil wird diesen Wachstumsunternehmen eine größere finanzielle Flexibilität gewährt. Im Gegensatz dazu sind nur noch langsam wachsende Unternehmen aufgrund ihrer gefestigten Stellung im Markt lediglich einem sehr geringen Geschäftsrisiko ausgesetzt. Diese Unternehmen können im Allgemeinen ihre überschüssigen intern generierten Mittel nicht mehr vollständig reinvestieren und verwenden diese zum Abbau von Eigenkapital und somit zur Maximierung der Eigenkapitalrendite. Werden dagegen die Risiken, die bei stark wachsenden Unternehmen existieren, mit den Risiken einer starken Fremdfinanzierung verbunden oder werden die möglichen Chancen, die aus einer Fremdkapitalerhöhung entstehen, bei einem aus moderatem Wachstum resultierenden geringen Geschäftsrisiko nicht genutzt, so vernichtet ein Unternehmen Wert.

Die Leverage-Formel und das dargestellte Beispiel machen deutlich, dass der Einfluss des Verschuldungsgrades auf Eigenkapitalrendite und Risiko entscheidend vom Verhältnis zwischen Investitionsrentabilität (= Gesamtkapitalrentabilität) und Fremdkapitalkostensatz abhängt. Es ist deshalb zu empfehlen, im Zusammenhang mit dem statischen Verschuldungsgrad auch diese beiden Faktoren zu analysieren. Folgende Kennzahlen sind dabei zu verwenden:

$$\text{Gesamtkapitalrentabilität (GKR)} = \frac{\text{EBIT} - \text{Ertragsteuern}}{\text{Gesamtkapital}}$$

$$\text{Fremdkapitalzinssatz}(r_{FK}) = \frac{\text{Zinsen und ähnliche Aufwendungen}}{\text{Fremdkapital}}$$

Da die Eigenkapitalrentabilität als Nachsteuer-Größe definiert ist, ist es zur formelmäßigen Ableitung der Eigenkapitalrentabilität aus Gesamtkapitalrentabilität, Fremdkapitalzinssatz und Verschuldungsgrad notwendig, die Gesamtkapitalrentabilität auch nach Steuern zu ermitteln. Außerdem sind das Eigenkapital sowie das Ergebnis für Zwecke der Leverage-Analyse unter Einschluss des Fremdanteils zu bemessen. Denn Eigenkapital und Ergebnis sollen hier ja den risikotragenden Anteil darstellen. Die Fremdanteilseigner stehen im Konzern in gleicher Weise im Risiko wie der Anteilseigner der Obergesellschaft. Die entwickelte Renditeformel (vgl. in diesem Kapitel, S. 1072) lässt sich auch benutzen, um die Angemessenheit der Gesamtkapitalrentabilität zu beurteilen, wenn eine Normvorstellung über die verlangte Eigenkapitalrendite (r_{EK}) besteht (vgl. Helfert, E. A. [2003], S. 375 f.). Durch Umformung der Renditeformel ergibt sich für die von den Kapitalgebern geforderte Mindestrendite des Gesamtkapitals (r_{GK}) folgender Zusammenhang:

$$r_{GK} = r_{EK} \times \frac{EK}{EK+FK} + r_{FK} \times \frac{FK}{EK+FK}$$

Diese Überlegung zur Ermittlung einer Mindestrendite des eingesetzten Kapitals hat in der Finanzierungs- und Kapitalmarkttheorie über das Stichwort der gewichteten Kapitalkosten (*weighted average cost of capital,* WACC) besondere Bedeutung erfahren. Die WACC sind ein Mindestrendite-Benchmark, anhand dessen erzielte Renditen beurteilt werden können. Auf diesen Aspekt wird im 19. Kapitel (S. 1168 ff.) näher eingegangen. WACC

Soll lediglich die Effektivität der vorliegenden Kapitalstruktur beurteilt werden, ist der »Leverage-Index« als Kennziffer heranzuziehen (vgl. hierzu auch

Helfert, E. A. [2003], S. 375; Perridon, L./Steiner, M./Rathgeber, A. [2012], S. 520 ff.).

Leverage-Index

$$\text{Leverage-Index} = \frac{\text{Eigenkapitalrentabilität}}{\text{Gesamtkapitalrentabilität}}$$

Liegt der Index über (bzw. unter) eins, so ist dies ein Indikator für das Vorliegen einer Leverage-Chance (-Gefahr). In diesen Fällen können Unternehmen die Eigenkapitalrentabilität durch eine veränderte Kapitalstruktur verbessern. Über den Zeitablauf betrachtet liefert der Index Informationen darüber, ob eine veränderte Eigenkapitalrentabilität evtl. lediglich auf reine finanzwirtschaftliche Faktoren und Maßnahmen, wie eine veränderte Kapitalstruktur, zurückzuführen ist.

Leverage-Analyse auf Grundlage des verkürzten Gesamtkapitals

Die vorstehend dargestellte Leverage-Analyse gehört zu den Kernbestandteilen einer finanzwirtschaftlichen Bilanzanalyse. Sie kann allerdings durch Bilanzausweisgestaltungen (z. B. aktivischer oder passivischer Ausweis von Kundenanzahlungen) oder bilanzstrukturelle Unterschiede (z. B. *off balance*-Finanzierungen, hohe Risikorückstellungen) für Zeit- und Betriebsvergleiche beeinträchtigt sein. Es ist deshalb empfehlenswert, die Leverage-Analyse zusätzlich auf der Grundlage einer verkürzten Gesamtkapitalbetrachtung durchzuführen. Als »Gesamtkapital« wird dabei die Summe aus bilanziellem Eigenkapital zuzüglich der verzinslichen (Netto-)Finanzschulden (vgl. in diesem Kapitel, S. 1084 f.) definiert. Eine auf dieser Basis durchgeführte bilanzielle Leverage-Analyse korrespondiert mit der in der internen Steuerung üblichen Definition der Kapitalrentabilität auf Grundlage des betriebsnotwendigen Vermögens (vgl. auch 19. Kapitel, S. 1166).

II. Weitere Kennzahlen zur Kapitalstruktur

Zur Gewinnung zusätzlicher Aussagen über die Finanzierungsstruktur und die Kapitalbeschaffungsmöglichkeiten können eine Reihe von Kennzahlen herangezogen werden, von denen im Folgenden nur einige Wichtige erörtert werden. Die Kennzahl »Selbstfinanzierungsgrad« gibt Auskunft, wie hoch der Anteil des thesaurierten Kapitals ist und welcher Teil des Eigenkapitals dem Unternehmen von außen zugeführt wurde. Somit kann der Selbstfinanzierungsgrad als Maßstab für die Thesaurierungsfähigkeit und -bereitschaft betrachtet werden. Die Kennzahl zeigt außerdem das mögliche Ausschüttungspotenzial.

Selbstfinanzierungsgrad

$$\text{Selbstfinanzierungsgrad} = \frac{\text{Gewinnrücklagen}}{\text{Bilanzielles Eigenkapital}}$$

In einem IFRS- bzw. US-GAAP-Abschluss lassen sich GuV-neutrale Veränderungen des Eigenkapitals (»*Other Comprehensive Income*« (OCI)) auf Basis der erweiterten Gewinn- und Verlustrechnung (»*Statement of Comprehensive Income*«) feststellen (vgl. 9. Kapitel, S. 556 ff.). Hierbei handelt es sich um noch nicht realisierte, aber künftig realisierbare Teile des Eigenkapitals. Es lässt sich folgende Kennzahl ausdrücken:

Quote des realisierbaren Eigenkapitals

$$\text{Quote des realisierbaren Eigenkapitals} = \frac{\text{GuV-neutrale Wertänderung des Eigenkapitals}}{\text{Bilanzielles Eigenkapital}}$$

Höhe und Veränderung dieser Kennzahl spiegeln wider, inwieweit aus der Tätigung von Transaktionen künftig mit Veränderungen des realisierten Eigenkapitals gerechnet werden kann. Die Kennzahl

Bilanzkurs

$$\text{Bilanzkurs} = \frac{\text{Bilanzielles Eigenkapital} \times 100}{\text{Gezeichnetes Kapital}}$$

zeigt durch den Vergleich mit dem Börsenkurs, in welcher Höhe stille Reserven, Goodwill und andere Wertfaktoren der Unternehmung im Kurs an der Börse ihren Niederschlag gefunden haben. Sofern bei der Ermittlung des Bilanzkurses von dem bereinigten Eigenkapital ausgegangen wird, kann der Einfluss der stillen Reserven zumindest teilweise von den übrigen Wertfaktoren isoliert werden (vgl. im Einzelnen 19. Kapitel, S. 1113 f.). Im Rahmen der Kapitalstrukturanalyse eines Konzerns kann es relevant sein, die relative Bedeutung von Minderheiten am Konzernkapital zu erfassen (vgl. Küting, K./Weber, C.-P. [1998], S. 219). Das kann durch die folgende Kennzahl geschehen.

Minderheitenanteil

$$\text{Minderheitenanteil} = \frac{\text{Fremdanteil}}{\text{Konzerneigenkapital (einschl. Fremdanteil)}}$$

Die Kennzahl Lieferantenziel – auch als »*Days Payables Outstanding* (DPO)« bezeichnet – gibt im Durchschnitt die Zeit in Tagen an, mit der der Lieferantenkredit in Anspruch genommen wurde. Das Lieferantenziel lässt sich annähernd durch folgende Relation berechnen:

Lieferantenziel

$$\text{Lieferantenziel} = \frac{\text{Durchschnittlicher Bestand an Warenschulden} \times 365}{\text{Wareneingang}}$$

Dabei errechnet sich der Wareneingang näherungsweise wie folgt:

	Aufwendungen für Roh-, Hilfs- und Betriebsstoffe und für bezogene Waren
+	Zunahme (– Abnahme) des Bestandes an Roh-, Hilfs- und Betriebsstoffen
=	**Wareneingang**

Eine genaue Ermittlung scheitert an dem in der Bilanz mit den fertigen Erzeugnissen zusammengefassten Ausweis der Warenbestände. Der Materialaufwand ergibt sich im Falle einer Gesamtkostenrechnung aus der GuV, im Falle einer

Umsatzkostenrechnung aus der Berichtspflicht des Materialaufwands im Anhang (§ 285 Nr. 8a HGB), die allerdings für den Konzernabschluss weder nach HGB noch nach IFRS oder US-GAAP gilt. Diese Kennzahl wird zur Aussage über die Verhältnisse während eines Jahres herangezogen, wird aber aufgrund der am Bilanzstichtag herrschenden Verhältnisse gebildet. Dieser Umstand muss bei der Verwendung der Kennzahl in besonderem Maße beachtet werden.

C. Liquiditätsanalyse: Der Zusammenhang zwischen Investition und Finanzierung

Nach der vertikalen Analyse von Kapitalverwendung (Investition) und -herkunft (Finanzierung) wird mit der Liquiditätsanalyse der Zusammenhang zwischen Investition und Finanzierung untersucht. Liquidität ist die Fähigkeit eines Unternehmens, jederzeit seinen Zahlungsverpflichtungen nachkommen zu können. Diese Fähigkeit hängt vom Grad der Abstimmung von Zahlungspotenzial und Zahlungsverpflichtung aufeinander ab.

Unternehmens-zerschlagung (Liquidation)

Die Liquiditätsanalyse kann von zwei unterschiedlichen Gesichtspunkten und dementsprechend von zwei unterschiedlichen Fragestellungen ausgehen: Unter dem Gesichtspunkt der Liquidation geht es um die Frage, welche Finanzmittel zur Schuldentilgung verfügbar sind, falls das Unternehmen wegen Zahlungsunfähigkeit oder mangelnder Ertragskraft liquidiert wird. Zur Beantwortung dieser Frage müssten Informationen

- über die Liquidationserlöse der einzelnen Vermögensposten zum Zeitpunkt einer eventuellen Liquidation der Unternehmung und
- über die Höhe eventuell bevorrechtigter Ansprüche sowie
- über den Wert eventuell gewährter Kreditsicherheiten

zur Verfügung stehen. Diese Informationen sind im Jahresabschluss, welcher unter der *going concern*-Prämisse aufgestellt ist, nicht enthalten. Folglich kann diese Fragestellung nicht durch die Analyse des laufenden Jahresabschlusses beantwortet werden. Eine Beantwortung setzt vielmehr die Aufstellung eines Kreditstatuses voraus.

Unternehmens-fortführung (going concern)

Unter dem Gesichtspunkt der Unternehmensfortführung hat die Liquiditätsanalyse danach zu fragen, wie hoch die Wahrscheinlichkeit einzuschätzen ist, dass es überhaupt zur Zahlungsunfähigkeit und damit zum Risikofall der zwangsweisen Liquidation kommt. Da die Jahresabschlussinformationen auf der Hypothese der Unternehmensfortführung (*going concern*-Prinzip) basieren, kann die Liquiditätsanalyse im Rahmen der Bilanzanalyse sinnvollerweise allein diese Fragestellung verfolgen. Im Folgenden muss also untersucht werden, inwieweit die Jahresabschlussinformationen Aussagen über dieses ablaufbedingte finanzielle Risiko ermöglichen. Letzteres hat seine Ursache in der nur befristeten Verfügbarkeit bestimmter Kapitalteile und in der Notwendigkeit, das aufgenommene und erwirtschaftete Kapital zur Erfüllung des Unternehmenszieles zu investieren. Je nach Art der verwendeten Daten sind zwei Vorgehensweisen für eine bilanzielle

Liquiditätsanalyse denkbar: die Liquiditätsanalyse auf Basis von Bestandsgrößen und die Liquiditätsanalyse auf Basis von Stromgrößen.

Statische und dynamische Liquiditätsanalyse

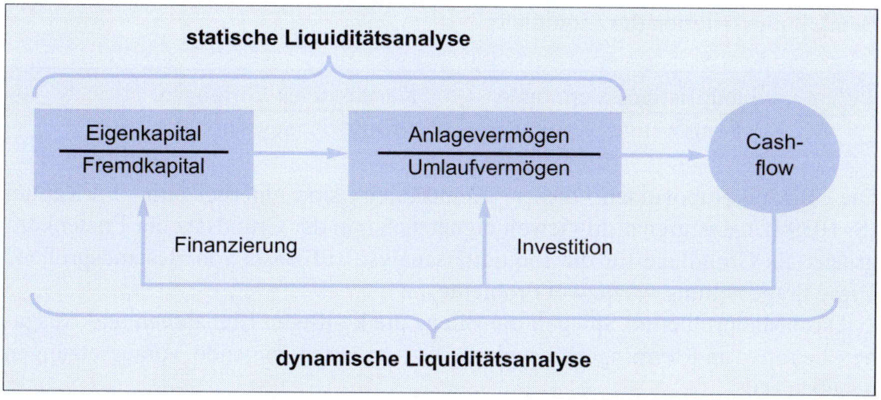

Abb. 18.4: Ansätze der Liquiditätsanalyse

Die Liquiditätsanalyse auf Basis von Bestandsgrößen (statische Liquiditätsanalyse) knüpft an den Bestandsgrößen von Passiv- und Aktivseite der Bilanz an und fragt, ob Überlassungs- und Bindungsfristen in einem angemessenen Verhältnis zueinander stehen. Die stromgrößenorientierte Liquiditätsanalyse (dynamische Liquiditätsanalyse) bezieht zusätzlich den Rückfluss in Gestalt des Cashflow aus laufender Geschäftstätigkeit ein und untersucht diesen auf ein angemessenes Verhältnis zur Investition und Finanzierung. Abbildung 18.4 gibt eine Übersicht über beide Ansätze.

I. Liquiditätsanalyse auf Basis von Bestandsgrößen

Die Liquiditätsanalyse auf Basis von Bestandsgrößen basiert auf dem Versuch, aus den aktuellen Beständen an Aktiva und Passiva auf die Höhe und den zeitlichen Anfall aller künftigen Einnahmen und Ausgaben zu schließen.

1. Grundsatz der Fristenkongruenz

Dem Ansatz der statischen Liquiditätsanalyse liegt dabei generell folgende Interpretation zugrunde:

Aktiva	=	Erwartungen künftiger Einnahmen: Je langfristiger ein Vermögensposten gebunden ist, umso später ergibt sich die entsprechende Einnahme.
Passiva	=	Erwartungen künftiger Ausgaben: Je langfristiger das Kapital zur Verfügung steht, umso später wird die Ausgabe fällig.

Fristenkongruenz und Liquiditätssicherung

Aus diesen Überlegungen folgt zunächst, dass die Liquidität gewahrt ist, sofern die Remonetisierung der Vermögensgegenstände mit den Fälligkeitsterminen der Verpflichtungen korrespondiert. Das bedeutet für die Erhaltung der Liquidität die

Befolgung des Grundsatzes der Fristenkongruenz, demgemäß die Kapitalbindungsdauer nicht länger sein darf als der Kapitalüberlassungszeitraum. Diesen Überlegungen entsprechend gelten folgende Finanzierungsregeln und somit Beurteilungskriterien der Liquidität:

$$\frac{\text{Langfristiges Vermögen}}{\text{Langfristiges Kapital}} < 1 \; ; \; \frac{\text{Kurzfristiges Vermögen}}{\text{Kurzfristiges Kapital}} > 1$$

Problematik des Grundsatzes der Fristenkongruenz

Die Einzelkomponenten dieser Kennzahlen sind hierbei im 17. Kapitel (S. 1039 ff.) abgegrenzt. Inwieweit eignet sich nun der Grundsatz der Fristenkongruenz als Grundlage für die Liquiditätsanalyse auf Basis von Bestandsgrößen? Diese Fragestellung wirft zwei Probleme auf:

- Maßproblem

Das »Maßproblem«: Spiegelt die Bilanz die künftigen Einnahmen und Ausgaben betrags- und termingenau wider? Dazu müssten folgende Voraussetzungen gegeben sein:

1. Die genauen Fälligkeitstermine der Schulden und die genauen Monetisierungstermine der Vermögensteile müssten bekannt sein. Die in der Bilanz gegebene Einteilung in Anlage- und Umlaufvermögen bzw. *non-current* und *current assets* sowie in lang-, mittel- und kurzfristiges Fremdkapital bzw. *non-current* und *current liabilities* erfüllt diese Voraussetzung nur näherungsweise; ein Anlagegut kann morgen abgenutzt sein, ein Vorratsgut zum eisernen Bestand gehören oder Ladenhüter sein, eine Verbindlichkeit mit einer Restlaufzeit von bis zu einem Jahr kann morgen fällig sein.
2. Zudem müssten die Bilanzansätze der Verbindlichkeiten und Vermögensposten der Höhe nach genau mit den späteren Aus- bzw. Einzahlungen übereinstimmen. Abgesehen von den möglichen Schätzungsfehlern ist diese Voraussetzung schon wegen der Gültigkeit des Imparitätsprinzips für die Bilanzbewertung nach HGB jedenfalls nicht vollständig erfüllt. Aufgrund der zunehmenden Zeitwertbewertung in der IFRS-Rechnungslegung ist diese Kritik hier nicht gleichermaßen zutreffend.
3. Weitere als die durch die Vermögens- und Schuldposten der Bilanz repräsentierten Einzahlungen und Auszahlungen dürfen nicht vorkommen oder müssten sich liquiditätsmäßig genau ausgleichen. Diese Voraussetzung ist ebenfalls nicht erfüllt, da die Bilanzposten künftige Einnahmen und Ausgaben lediglich innerhalb enger sachlicher und zeitlicher Grenzen repräsentieren. Nicht berücksichtigt sind z. B. laufende Ausgaben für Löhne und Gehälter, ferner für künftige Ersatzbeschaffung von Anlagen und Vorräten und Verpflichtungen aufgrund von nicht bilanzierten Leasing-Verträgen.

- Geldanschlussproblem

Das »Geldanschlussproblem«: Der Grundsatz der Fristenkongruenz bezieht sich nur auf einen einmaligen Investitionszyklus, auf eine einmalige Freisetzung eines für eine bestimmte Frist gebundenen Kapitalbetrages. Abgesehen von der Problematik der Messung der Fristenkongruenz durch Bilanzkennzahlen könnte mit Hilfe des Bindungsgedankens eine gesicherte Liquiditätsaussage also nur abgeleitet werden für ein Unternehmen mit einer auf den Zeitpunkt der Kapitalfreisetzung begrenzten Lebensdauer. Für den realistischeren Fall eines auf Dauer geplanten Unternehmens ergibt sich hingegen das Problem des für die Reinvestition notwendigen Geldanschlusses in Form der Fremdkapitalprolongation oder -substitution, über das der Kongruenzgrundsatz aber keine Aussage enthält.

Fristenkongruenz vs. Rentabilität

Der Kongruenzgrundsatz kann schließlich dem Rentabilitätsstreben entgegenstehen. Übersteigen die Einnahmen aus einer Investition die zur Tilgung und Verzinsung des für sie eingesetzten Fremdkapitals erforderlichen Ausgaben, so kann der Überschuss zur Rückzahlung anderer Fremdkapitalteile benutzt werden. D. h., die Fristigkeit des Fremdkapitals kann kürzer sein als die Bindung der Investition, sofern durch Überschüsse aus anderen Investitionen die Rückzahlung des Fremdkapitals bei Fälligkeit gesichert ist. Bei hohen Fremdkapitalkosten könnte hier eine Finanzierung nach dem Grundsatz der Fristenkongruenz unzweckmäßig sein.

Bedeutung der statischen Liquiditätsanalyse

Die vorstehenden Überlegungen machen deutlich, dass der statischen Liquiditätsanalyse nur eine beschränkte Aussagekraft zukommen kann. Die verschiedentlich vertretene Auffassung, dass sie ohne jeglichen Aussagewert ist, erscheint aber überspitzt. Als Zustandsbild zeigt sie die Ausgangsbasis für die kommende Periode und lässt im Zeitvergleich gewisse Tendenzen erkennen. Hinzu kommt, dass die Kennzahlen der bestandsorientierten Liquiditätsanalyse als Spielregeln soliden Finanzierungsgebarens akzeptiert werden (vgl. Wysocki, K. v. [1962]) und dass ihnen daher eine *self-fulfilling-prophecy* zukommt. Damit wird ihre Einhaltung zur Voraussetzung für die Wahrung der Liquidität. Ihre Analyse gewährt folglich wichtige Einblicke in die Liquiditätssituation des Unternehmens.

2. Kennzahlen zur bestandsorientierten Liquiditätsanalyse

Nach den grundsätzlichen Ausführungen zum Aussagegehalt bestandsorientierter Liquiditätsanalysen werden nun einige wichtige Kennzahlen im Rahmen dieser Analyse erörtert. Dabei soll zwischen lang- und mittelfristigen Deckungskennzahlen und kurzfristigen Liquiditätskennzahlen unterschieden werden.

a) Lang- und mittelfristige Kennzahlen

Üblicherweise werden verschiedene Deckungsgrade errechnet:

Deckungsgrade

$$\text{Deckungsgrad A} = \frac{\text{Eigenkapital}}{\text{Anlagevermögen}}$$

$$\text{Deckungsgrad B} = \frac{\text{Eigenkapital} + \text{langfristiges Fremdkapital}}{\text{Anlagevermögen}}$$

I. S. der Bilanzgliederung nach IFRS und US-GAAP sollten als Anlagevermögen die *non-current assets* und als langfristiges Fremdkapital die *non-current liabilities* verwendet werden. Entsprechend der »goldenen Bilanzregel« ist vom Deckungsgrad B ein Wert > 1 zu fordern. Bezüglich Deckungsgrad A sind nur branchenbezogene Aussagen ableitbar, da die Höhe der für notwendig gehaltenen Eigenkapitaldeckung des Anlagevermögens vom Geschäftsrisiko (vgl. in diesem Kapitel, S. 1073) und von der Anlagenintensität abhängt. So ist z. B. für die Chemieindustrie ein Deckungsgrad A von 80 % als hinreichend zu betrachten, während in der Softwarebranche Deckungsgrade A über 250 % üblich sind. Nach der kritischen Analyse des Grundsatzes der Fristenkongruenz wird auf die Problematik derartiger Normvorstellungen nicht mehr gesondert eingegangen.

b) Kurzfristige Liquiditätskennzahlen

Liquiditätsgrade

Zur Charakterisierung der kurzfristigen Liquiditätssituation des Unternehmens verwendet man im Fall der bestandsorientierten Liquiditätsanalyse sog. Liquiditätsgrade, die sich durch die unterschiedliche Fristigkeit der einbezogenen Aktiv- und Passivposten voneinander unterscheiden. Bezüglich der Abgrenzung der Komponenten »liquide Mittel«, »kurzfristiges Fremdkapital« sowie »monetäres Umlaufvermögen« wird auf das 17. Kapitel (S. 1040 ff.) verwiesen.

$$\text{Liquidität 1. Grades (Barliquidität)} = \frac{\text{Liquide Mittel}}{\text{Kurzfristiges Fremdkapital}}$$

$$\text{Liquidität 2. Grades (Liquidität auf kurze Sicht)} = \frac{\text{Monetäres Umlaufvermögen}}{\text{Kurzfristiges Fremdkapital}}$$

$$\text{Liquidität 3. Grades (Liquidität auf mittlere Sicht)} = \frac{\text{Monetäres Umlaufvermögen + Vorräte}}{\text{Kurzfristiges Fremdkapital}}$$

Bei dieser Analyse werden – wie vorher erörtert – nicht die laufenden Zahlungsverpflichtungen in Form von Löhnen, Gehältern, Mieten usw. berücksichtigt. Bei der Beurteilung dieser Liquiditätsgrade ist weiterhin zu beachten, dass die Aussagefähigkeit mit der abnehmenden Fristigkeit der einbezogenen Vermögens- und Kapitalposten abnimmt, weil oft eine beträchtliche Frist zwischen Bilanzstichtag und Datenverfügbarkeit liegt. Außerdem sind die kurzfristigen Mittelposten zum Bilanzstichtag dispositiv beeinflussbar.

Kennzahlen vs. Überschussrechnung

Aus den genannten Gründen ist oft, vor allem bei Betriebsvergleichen, die Darstellung der kurzfristigen Liquidität in Form absoluter Zahlen vorzuziehen, wie folgendes Beispiel zweier Unternehmen A und B veranschaulicht:

Beispiel

A	Auszug aus der Bilanz A		P
Vorräte	24	kurzfristige Warenschulden	30
kurzfristige Warenforderungen	40	kurzfristige Bankschulden	10
Liquide Mittel	14		
	78		40

A	Auszug aus der Bilanz B		P
Vorräte	12	kurzfristige Warenschulden	18
kurzfristige Warenforderungen	60	kurzfristige Bankschulden	22
Liquide Mittel	2		
	74		40

Kennzahlen	A	B
Liquidität 1. Grades	35 %	5 %
Liquidität 2. Grades	135 %	155 %
Liquidität 3. Grades	195 %	185 %

Darstellung in absoluten Zahlen	A	B
Liquide Mittel	14	2
- kurzfristige Bankschulden	- 10	- 22
Differenz	+ 4	- 20
kurzfristige Warenforderungen	+ 40	+ 60
Summe	+ 44	+ 40
kurzfristige Warenschulden	- 30	- 18
Saldo I	+ 14	+ 22
Vorräte	+ 24	+ 12
Saldo II	+ 38	+ 34

Dieses Beispiel verdeutlicht einmal mehr, dass Kennzahlen stets im Zusammenhang mit allen relevanten Daten zu werten sind. Während die Überschussdarstellung mittels absoluter Zahlen zu einer annähernd gleichen Beurteilung beider Unternehmen führt, fällt die Beurteilung bei alleiniger Betrachtung der Liquidität 1. Grades zu Ungunsten von B aus.

Als weitere Kennzahl wird die Größe

Net Working Capital

Net working capital = Umlaufvermögen – kurzfristiges Fremdkapital

Working Capital Ratio

vielfach – ähnlich dem Cashflow – in erster Linie als Indikator für die Finanzkraft, in zweiter Linie auch für die Ertragskraft herangezogen. Sie entspricht – als Differenzgröße gemessen – im Grundsatz der Liquidität 3. Grades. In der Quotientendarstellung spricht man von der »*Working Capital Ratio*«.

Das Umlaufvermögen sollte dabei (auch unter Berücksichtigung der internationalen Bilanzierungspraxis) alle innerhalb eines Jahres monetarisierbaren Vermögensgegenstände enthalten. Dies gilt insbesondere auch, wenn diese im HGB-Abschluss im Anlagevermögen bilanziert sind, sowie darüber hinaus auch für Vermögenswerte, die zur Veräußerung bereitstehen. Letztere sind nach IFRS 5 in der Bilanz bereits unter den *current assets* auszuweisen. Da diese Kennziffer als Maßstab für das Liquiditätspotenzial herangezogen wird, erscheint es ferner zweckmäßig, die betragsmäßig erkennbaren stillen Reserven des Umlaufvermögens hinzuzuaddieren.

Als letzte Kennzahl der bestandsorientierten Liquiditätsanalyse sei die »Effektivverschuldung« genannt. Sie berechnet sich im HGB-Abschluss wie folgt dargestellt. Nach IFRS bzw. US-GAAP sind die korrespondierenden Posten zu wählen, die aus der nach Fristigkeit gegliederten Bilanz jeweils eindeutig hervorgehen.

Effektiv-verschuldung I

	kurz- und mittelfristige Fremdmittel (vgl. 17. Kapitel, S. 1045 ff.)
+	Verbindlichkeiten mit einer Restlaufzeit > 5 Jahren
=	Gesamtschulden (einschl. kurzfristige Rückstellungen und Dividenden)
–	monetäres Umlaufvermögen (– Forderungen mit einer Restlaufzeit > 1 Jahr)
=	**Effektivverschuldung I**

In der Effektivverschuldung I sind die Pensionsrückstellungen nicht als Schulden des Unternehmens berücksichtigt. Dies resultiert aus der Auffassung, dass Pensionsrückstellungen eigenkapitalähnliche Mittel sind, jedenfalls solange die Anzahl der anspruchsberechtigten Mitarbeiter wächst. Mit dem nachlassenden Wachstum vieler Unternehmen und den inzwischen erfolgten Einschnitten in die Pensionszusagen ist diese Hypothese immer fragwürdiger geworden. In einer erweiterten Betrachtung sind die Pensionsrückstellungen deshalb mit zu berücksichtigen:

Effektiv-verschuldung II

	Effektivverschuldung I
+	Rückstellungen für Pensionen und ähnliche Verpflichtungen
=	**Effektivverschuldung II**

Alternativ lässt sich eine andere Art der Effektivverschuldung, die auch »Netto-Finanzschulden« genannt wird (vgl. Arbeitskreis »Externe Unternehmensrechnung« der Schmalenbach-Gesellschaft [1996]), in folgender Weise ermitteln:

Netto-Finanz-schulden

	Anleihen
+	Verbindlichkeiten gegenüber Kreditinstituten
+	Akzeptverbindlichkeiten
+	in den restlichen Schulden enthaltene verzinsliche Anteile (gewöhnlich ohne Pensionsrückstellungen)
=	verzinsliche Anteile des Fremdkapitals (Finanzschulden)
–	liquide Mittel
–	Wertpapiere des Umlaufvermögens
=	**Netto-Finanzschulden**

Eine so ermittelte Verschuldung weist die, um die liquiden Vermögensteile bereinigte, offen verzinsliche Schuldenlast eines Unternehmens aus.

II. Liquiditätsanalyse auf Basis von Stromgrößen

Prognose künftiger Zahlungsströme

Wie ausgeführt, stellt die bestandsorientierte Liquiditätsanalyse eine Momentaufnahme der Finanzmittel und Verbindlichkeiten am Bilanzstichtag dar; sie gibt somit naturgemäß keine Auskunft über Mittelherkünfte und -verwendungen.

Demgegenüber geht die stromgrößenorientierte Liquiditätsanalyse der Frage nach, welche Finanzmittel aus dem Betriebsprozess erwirtschaftet und wie diese verwendet wurden. Während also die bestandsorientierte Liquiditätsanalyse die künftigen Zahlungsströme aus gegenwärtigen Beständen abzuleiten sucht, zielt die stromgrößenorientierte Liquiditätsanalyse auf eine Prognose künftiger Zahlungsströme aus den Zahlungsströmen der Vergangenheit ab. Ein erster Ansatz greift hierzu auf die Informationen zurück, die aus der periodengerechten Abgrenzung der Erfolgsrechnung ermittelt werden (vgl. in diesem Kapitel, S. 1085 f.). Eine weitere Möglichkeit der stromgrößenorientierten Liquiditätsanalyse besteht darin, den aus dem Jahresabschluss extern ableitbaren Cashflow im Hinblick auf die Innenfinanzierungskraft sowie die Verschuldungsfähigkeit des Unternehmens zu analysieren (vgl. in diesem Kapitel, S. 1086 ff.). Zusätzliche Einblicke in die Liquiditätslage des Unternehmens sind dann möglich, wenn das Unternehmen eine zahlungsorientierte Kapitalflussrechnung (IAS 7; ASC 230 (früher FAS 95); DRS 2; §§ 264 Abs. 1, 297 Abs. 1 HGB), als Bestandteil seines Jahresabschlusses veröffentlicht (vgl. in diesem Kapitel, S. 1093 ff.).

1. Liquiditätsanalyse unter Einbezug der Erfolgsrechnung

Ein konzeptioneller Kritikpunkt der statischen Liquiditätsanalyse stellt die Tatsache dar, dass selbst die kurzfristige Liquidität primär von den zukünftigen kurzfristigen Einnahmen und Ausgaben und weniger von dem aktuellen Bestand an liquiden Mitteln abhängig ist. Um einen ersten Eindruck über die dynamische Liquiditätssituation des Unternehmens zu erlangen, können die Bestandsgrößen der statischen Liquiditätskennzahlen durch zahlungsnahe Aufwendungen bzw. Erträge ersetzt werden.

Defensive Interval Ratio

Eine Kennzahl, welche zukünftige zahlungsnahe Aufwendungen berücksichtigt, stellt die *Defensive Interval Ratio* dar, wobei die zukünftigen Aufwendungen hier in Form der täglichen operativen Aufwendungen gemessen werden. Hierunter fallen die Herstellungskosten des Umsatzes (*cost of goods sold* (COGS)), die Verwaltungskosten sowie die Forschungs- und Entwicklungskosten (F&E).

$$\text{Defensive Interval Ratio} = \frac{\text{Monetäres Umlaufvermögen}}{\left(\frac{\text{COGS} + \text{Verwaltungskosten} + \text{F\&E}}{365}\right)}$$

Diese Kennzahl bestimmt die Anzahl der Tage, in denen die operativen Aufwendungen des Unternehmens durch das monetäre Umlaufvermögen, also den Vermögenswerten der Liquidität 2. Grades, gedeckt sind. Die Liquiditätssituation des Unternehmens ist dabei umso günstiger einzustufen, je länger dieses Zeitintervall ist (vgl. Keller, K. [2007], S. 302).

Liquiditätskreislauf, cash conversion cycle

Werden dagegen die Umsatzerlöse als zahlungsorientierte Schätzung für die Liquiditätszuflüsse verwendet, so können die Umschlagskoeffizienten (vgl. in diesem Kapitel, S. 1067 ff.) als Maßgrößen für die zukünftigen Liquiditätszu- und -abflüsse verstanden werden, deren Eintrittsdauer anhand der Umschlagsdauer abgeschätzt werden kann. Um die durchschnittliche Zeitdauer zu bestimmen, in der die Liquidität im operativen Geschäftszyklus des Unternehmens gebunden ist, werden die Umschlagsdauern des Vorratsvermögens sowie der Forderungen bzw. Verbindlichkeiten aus Lieferung und Leistung verwendet. Die Länge des sog. »Liquiditätskreislaufes« bzw. des »*cash conversion cycle*« bestimmt sich dann wie folgt:

$$\text{Liquiditätskreislauf} = \frac{\text{Umschlagsdauer des}}{\text{Vorratsvermögens}} + \text{Kundenziel} - \text{Lieferantenziel}$$

Je kürzer der Liquiditätskreislauf eines Unternehmens ist, umso effizienter ist dessen *net working capital*-Management. Arbeitet ein Unternehmen ohne Fremdkapital, so entsprechen sich die Längen des operativen und des Liquiditätskreislaufes. Ist das Lieferantenziel eines Unternehmens länger als die Summe aus der Umschlagsdauer der Vorräte und dem Kundenziel, so ist die Länge des Liquiditätskreislaufes negativ. Dies resultiert i. d. R. aus einem strikten Forderungsmanagement, *just-in-time*-Lieferungen und einer großen Verhandlungsmacht des Unternehmens gegenüber Lieferanten.

Liquiditätsindex

Eine weitere Möglichkeit, die Umschlagsdauern des Vorrats- und Forderungsbestandes zur Schätzung der kurzfristigen Liquidität zu verwenden, stellt der Liquiditätsindex dar. Dieser wird in Tagen ausgedrückt und nimmt eine Gewichtung des operativen Geschäftszyklus anhand der Zeit und Geldsummen vor, die in liquide Mittel umgewandelt werden. Hierzu wird der Bestand an Forderungen und Vorräten mit der Anzahl von Tagen multipliziert, die diese jeweils durchschnittlich zur Umwandlung in liquide Mittel benötigen, und dann dem aktuellen Bestand an liquiden Mitteln, Forderungen und Vorräten gegenübergestellt.

$$\text{Liquiditätsindex} = \frac{(\text{Forderungen} \times \text{Kundenziel}) + \left(\text{Vorräte} \times \begin{matrix}\text{operativer}\\ \text{Zyklus}\end{matrix}\right)}{\text{Liquide Mittel} + \text{Forderungen} + \text{Vorräte}}$$

Ein niedriger Liquiditätsindex bzw. dessen Abfallen im Zeitablauf ist ein Indikator für eine gute bzw. verbesserte Liquiditätssituation. Im Gegensatz zum Liquiditätskreislauf wird beim Liquiditätsindex die Höhe der aktuellen Bestände mit einbezogen, die Möglichkeit der Zwischenfinanzierung wird allerdings im Gegensatz zum Liquiditätskreislauf hier nicht berücksichtigt (vgl. Keller, K. [2007], S. 307).

2. Cashflow-Analyse

Gemäß dem Modell der zahlungsorientierten Kapitalflussrechnung lässt sich der gesamte Cashflow eines Unternehmens auf den operativen, den investiven und den Finanzierungsbereich aufteilen (vgl. 12. Kapitel, S. 829 ff.).

Operativer Cashflow	Aus der laufenden Geschäftstätigkeit erzielter Zahlungsüberschuss
Investitions-Cashflow	Mittelabfluss für Investitionen abzüglich der aus Deinvestitionen erzielten Mittelzuflüsse
Finanzierungs-Cashflow	Mittelzu- und -abfluss aus der Außenfinanzierung mit Eigen- und Fremdkapital

Originäre vs. derivative Ermittlung

Investitions- und Finanzierungs-Cashflows werden i. d. R. unmittelbar aus den zugrunde liegenden Zahlungen abgeleitet. Man spricht von »originärer« Ermittlung der Cashflows. Dagegen wird der operative Cashflow i. d. R. mittelbar aus den Daten der Buchhaltung abgeleitet. Man spricht von »derivativer« Ermittlung von Cashflows.

Finanzmittelfonds

Wird im bilanzanalytischen Schrifttum der Terminus »Cashflow« ohne weiter eingrenzende Kennzeichnung verwendet, ist damit der operative Cashflow gemeint. Die Summe der drei Teil-Cashflows gibt den gesamten Mittelzu- bzw. -abfluss des Unternehmens in der Berichtsperiode wieder; er schlägt sich folglich in der Veränderung des sog. »Finanzmittelfonds« nieder. Dies ist in der folgenden Übersicht nochmals veranschaulicht:

	Operativer Cashflow
+	Investitions-Cashflow
+	Finanzierungs-Cashflow
=	**Veränderung des Finanzmittelfonds**

Zahlungsorientierter Cashflow/ Netto-Cashflow

Investitions- und Finanzierungs-Cashflow sind durch die zugrunde liegenden Investitions- und Finanzierungsprozesse vorgegeben. Die Messung des operativen Cashflow hängt folglich von der Abgrenzung des Finanzmittelfonds ab. Wird der Finanzmittelfonds eng, nämlich i. S. v. »Zahlungsmittel und Zahlungsmitteläquivalente« (*cash and cash equivalents*) abgegrenzt, dann entsteht ein exakter, weit vom Erfolgskonzept der GuV entfernter, zahlungsorientierter operativer Cashflow-Begriff, wie er auch der nach internationalen Standards aufgestellten Kapitalflussrechnung zugrunde liegt (vgl. 12. Kapitel, S. 828 ff.). Änderungen des Netto-Umlaufvermögens sind bei dieser engen Abgrenzung Bestandteil des operativen Cashflow. Er wird deshalb oft auch als »Netto-Cashflow« bezeichnet. Seine Ermittlung ist im Allgemeinen nur unter Rückgriff auf interne Daten möglich. Seine Auswertung für die Liquiditätsanalyse kommt deshalb nur in Betracht, wenn der Jahresabschluss eine Kapitalflussrechnung nach international üblichen Standards enthält. Darauf wird im Rahmen der Analyse der Kapitalflussrechnung (vgl. in diesem Kapitel, S. 1093 ff.) eingegangen.

Ertrags-Cashflow/ Brutto-Cashflow/ cash earnings

Wird der Finanzmittelfonds weit, nämlich i. S. des Netto-Umlaufvermögens abgegrenzt, dann entsteht ein vereinfachter, eng am Erfolgskonzept der GuV orientierter operativer Cashflow-Begriff. Er entspricht der Differenz von einnahmewirksamen Erträgen und ausgabewirksamen Aufwendungen. Änderungen des Netto-Umlaufvermögens sind hierbei nicht Bestandteil des operativen Cashflows, sondern des Finanzmittelfonds. Man spricht deshalb auch von »Brutto-

Cashflow« oder – wegen seiner Nähe zum Erfolg – von Ertrags-Cashflow bzw. von *cash earnings* (vgl. DVFA/SG [2000]). Diese Abgrenzung des Cashflow-Begriffs ist in der externen Bilanzanalyse aus folgenden Gründen traditionell von besonderer Bedeutung:

Bedeutung des Brutto-Cashflow

- Er lässt sich mit wenigen Korrekturen leicht aus dem Datenmaterial eines veröffentlichten Jahresabschlusses ermitteln.
- Durch den Rückgriff auf Ertragseinnahmen und Aufwandsausgaben abstrahiert dieser Cashflow-Begriff von periodischen Verschiebungen zwischen Einnahmen und Einzahlungen (z. B. Veränderung von Kundenforderungen) sowie Ausgaben und Auszahlungen (z. B. Veränderung von Lieferverbindlichkeiten und Vorräten, kurzfristigen Rückstellungen, Anzahlungen). Das verleiht ihm den Charakter einer eher periodendurchschnittlichen, nachhaltigen Ziffer, die von kurzfristigen periodischen Zahlungsverschiebungen unberührt ist. Er spiegelt nicht den exakten Innenfinanzierungsbeitrag der Berichtsperiode, sondern die periodendurchschnittliche Innenfinanzierungskraft wider.
- Da dieser Cashflow-Begriff erfolgsnah definiert ist, wird ihm auch eine gewisse Aussagekraft als Indikator der Ertragskraft zugemessen (vgl. 19. Kapitel, S. 1114 ff.).

a) Ermittlung des Cashflow

Direkte Ermittlung

Der Cashflow als Indikator der Finanzkraft lässt sich aus den Daten des Jahresabschlusses auf zweierlei Weise ermitteln. Bei der direkten Ermittlung werden – von den Umsatzerlösen ausgehend – progressiv die typisch einnahmewirksamen Erträge hinzuaddiert und die ausgabewirksamen Aufwendungen abgezogen:

	einnahmewirksame Erträge
–	ausgabewirksame Aufwendungen
=	**Cashflow**

Im Falle einer dem Gesamtkostenverfahren folgenden GuV lässt sich dieser Ermittlungsweg im Rahmen der externen Analyse durchaus anwenden. Im Falle einer Umsatzkostenrechnung mit ihrer Funktionskostengliederung ist dagegen eine Isolierung ausgabewirksamer Aufwendungen nicht möglich. Deshalb wird im Rahmen der externen Analyse im Allgemeinen die indirekte Methode bevorzugt.

Indirekte Ermittlung

Bei der indirekten Methode wird der Jahresüberschuss um bestimmte in ihm enthaltene einnahme- bzw. ausgabeunwirksame Erfolgskomponenten bereinigt:

	Jahresüberschuss
+	ausgabeunwirksame Aufwendungen
–	einnahmeunwirksame Erträge
=	**Cashflow**

Vereinfachter Cashflow

Die Umsetzung der indirekten Cashflow-Ermittlung auf einen konkreten Abschluss hängt von dem Ausmaß ab, in dem einnahme- bzw. ausgabeunwirksame Erfolgskomponenten bereinigt werden. In seiner einfachsten Grundform beschränkt sich die Bereinigung auf zwei Kategorien, nämlich die Anlagenabschreibungen und die Dotierung langfristiger Rückstellungen, sodass sich folgendes Ermittlungsschema für einen »vereinfachten Cashflow« ergibt:

	Jahresüberschuss/-fehlbetrag
+	Abschreibungen (– Zuschreibungen) auf Anlagevermögen
+	Erhöhungen (– Verminderungen) von langfristigen Rückstellungen
=	**Cashflow**

Im Rahmen der ausführlichen GuV-Gliederungsschemata gemäß HGB (vgl. 9. Kapitel, S. 523 ff.) lässt sich diese »Faustformel« durch die in Tabelle 18.2 dargestellten Posten konkretisieren.

	Jahresüberschuss/-fehlbetrag (GuV 20 / 19)
+	Abschreibungen auf immaterielle Vermögensgegenstände des Anlagevermögens, Sachanlagen und aktivierte Ingangsetzungs- und Erweiterungsaufwendungen (GuV 7a / *)
+	Abschreibungen auf Vermögensgegenstände des Umlaufvermögens, soweit diese die in der Kapitalgesellschaft üblichen Abschreibungen überschreiten (GuV 7b / *)**
+	Außerplanmäßige Abschreibungen gemäß § 253 Abs. 3 HGB (GuV 7c / 7a)
+	Abschreibungen auf Finanzanlagen und auf Wertpapiere des Umlaufvermögens (GuV 12 / 11)
–	Zuschreibungen auf Vermögensgegenstände des Anlagevermögens (lt. Bilanz oder Anhang)
–	Zuschreibungen auf Vermögensgegenstände des Umlaufvermögens***
+	Zunahme der Rückstellungen für Pensionen und ähnliche Verpflichtungen (Passiva B 1)
–	Abnahme der Rückstellungen für Pensionen und ähnliche Verpflichtungen (Passiva B 1)
=	**vereinfachter Cashflow**

* Bei Anwendung des Umsatzkostenverfahrens können die Abschreibungen der Bilanz (Anlagespiegel) oder dem Anhang entnommen werden.

** Die Korrektur um diese Abschreibungen kann bei Anwendung des Umsatzkostenverfahrens nicht durchgeführt werden, da diese Beträge den einzelnen Kostenstellenbereichen funktional zugeordnet werden.

*** Eine entsprechende Korrektur ist dann möglich, wenn in Anlehnung an § 277 Abs. 3 Satz 1 HGB die Zuschreibungserträge für das Umlaufvermögen im Anhang gesondert angegeben werden.

Tab. 18.2: Berechnungsschema für einen »vereinfachten Cashflow«

Dabei wird in den Klammern an erster Stelle die jeweilige Postennummer der GuV nach dem Gesamtkostenverfahren, an zweiter Stelle die der GuV nach dem Umsatzkostenverfahren bezeichnet. Dieses Schema lässt sich – natürlich mit entsprechenden Anpassungen – analog auf IFRS- und US-GAAP-Abschlüsse anwenden.

Nachhaltiger Cashflow/ cash earnings nach DVFA/SG

Eine weitergehende, detaillierte Bereinigung empfiehlt das Berechnungsschema der Deutschen Vereinigung für Finanzanalyse/Schmalenbach-Gesellschaft (DVFA/SG). Der Cashflow wird hier durch zusätzliche Bereinigung um ungewöhnliche zahlungswirksame Aufwendungen und Erträge von wesentlicher Bedeutung zu einem ertragsnah definierten, »nachhaltigen« Cashflow, den sog. »*cash earnings* nach DVFA/SG«. Da die »*cash earnings* nach DVFA/SG« jedoch vor allem HGB-spezifische Anpassungen vorsehen, kommt dieser Cashflow-Abgrenzung bei der Analyse von IFRS- und US-GAAP-Abschlüssen keine Bedeutung mehr zu. Vielmehr wird hier auf ertragsnahe Zwischenergebnisgrößen, wie sie im 17. Kapitel (S. 1048 ff.) definiert wurden, abgestellt. Ebenso dürfte seit der Verabschiedung des BilMoG und die damit in Verbindung stehende Abschaffung des umgekehrten Maßgeblichkeitprinzips die Bedeutung der »*cash earnings* nach DVFA/SG« zurückgehen.

EBITDA

Eine weitere, dem vereinfachten Cashflow ähnliche, ertragsorientierte Cashflow-Ziffer ist der EBITDA. Diese Größe stammt aus der angelsächsischen Praxis der Finanzanalyse, hat sich aber mehr und mehr auch international als Kennzahl vor allem i. V. m. Aktienkursanalysen verbreitet (vgl. 19. Kapitel, S. 1160 ff.). Im Vergleich zum vereinfachten Cashflow bzw. zur Größe *cash earnings* nach DVFA/SG weist der EBITDA folgende Unterschiede auf:

- Der EBITDA misst approximativ den Cashflow des unverschuldeten Unternehmens. Analytisch ist der EBITDA in Relation zum Bruttogesamtwert des Unternehmens (Wert des Eigen- und Fremdkapitals) zu sehen (vgl. 19. Kapitel, S. 1160 ff.).
- Der EBITDA ist eine Vorsteuergröße.
- Im EBITDA sind zur Ermittlung eines ertragsnahen Cashflows lediglich die Abschreibungen, nicht auch langfristige Rückstellungen oder andere zahlungsunwirksame Aufwendungen und Erträge bereinigt.

Mit dem Cashflow als Indikator der Finanzkraft sollen Aussagen über die Innenfinanzierungskraft (vgl. in diesem Kapitel, S. 1090 ff.) und über die Verschuldungsfähigkeit (vgl. in diesem Kapitel, S. 1092 ff.) des Unternehmens gewonnen werden, worauf im Folgenden eingegangen wird.

b) Cashflow als Indikator der Innenfinanzierungskraft

Die Innenfinanzierungskraft wird anhand einer der beiden folgenden Kennzahlen gemessen:

Investitionsdeckung

Investitionsgrad des Cashflow

$$\text{Investitionsdeckung} = \frac{\text{Cashflow}}{\text{Nettoinvestitionen in Anlagevermögen}}$$

$$\text{Investitionsgrad} = \frac{\text{Nettoinvestitionen in Anlagevermögen}}{\text{Cashflow}}$$

Da der Cashflow in diesen Kennzahlen ertragsnah gemessen ist, sollten auch die Nettoinvestitionen in Anlagevermögen nicht aus reinen Investitionsauszahlungen wie in der Kapitalflussrechnung, sondern aus den Buchwerten des Anlagespiegels abgeleitet werden. D. h., die Nettoinvestitionen sind aus der Differenz der Zugänge und der zum Restbuchwert bemessenen Abgänge zu ermitteln (vgl. 17. Kapitel, S. 1049 f.). Grundsätzlich gilt, dass die finanzwirtschaftliche Situation um so günstiger zu beurteilen ist, je höher die Investitionsdeckung ausfällt. Eine Investitionsdeckung von z. B. 150 % besagt, dass der nachhaltige Cashflow ausreichte, die gesamten Nettoinvestitionen in das Anlagevermögen zu decken, und dass darüber hinaus ein verfügbarer Cashflow (= Free Cashflow; vgl. in diesem Kapitel, S. 1097 ff.) i. H. v. 150 % – 100 % = 50 % der Nettoinvestitionen verbleibt, der zur Schuldentilgung oder zum Rückkauf von Eigenkapitaltiteln eingesetzt werden kann. Bei der Interpretation der Kennzahl Investitionsdeckung ist zu beachten, dass ein hoher Kennzahlenwert auch aus der Minimierung der Nettoinvestition in das Anlagevermögen resultieren kann. Die Investitionsdeckung ist daher stets im Zusammenhang mit der Kennzahl »Wachstumsquote« (vgl. in diesem Kapitel, S. 1070) zu interpretieren. Für das Gesamtunternehmen wäre erstrebenswert, dass beide Kennzahlen deutlich über 100 % liegen. Folgt man der aus der Portfoliobetrachtung oft üblichen Segmentierung von Geschäftsfeldern in Nachwuchs-, Star- und Cash-Geschäftsfelder, so lassen sich die in Tabelle 18.3 dargestellten geschäftsfeldbezogenen Kriterien für diese beiden Kennzahlen angeben:

Kennzahlen / Portfolioposition	Wachstumsquote	Investitionsdeckung
Nachwuchsgeschäft	>> 100 %	<< 100 %
Stargeschäft	> 100 %	< 100 %
Cashgeschäft	≤ 100 %	>> 100 %

Tab. 18.3: Innenfinanzierungskraft, Wachstum und Portfolioposition

Segment-Analyse der Innenfinanzierungskraft

Diese Überlegungen lassen sich insbesondere für IFRS- bzw. US-GAAP-Abschlüsse nutzen, da nach IFRS 8 bzw. ASC 280 (früher FAS 131) eine Segmentberichterstattung verpflichtend ist. Gemäß § 297 Abs. 1 Satz 2 HGB kann der handelsrechtliche Konzernabschluss um eine Segmentberichterstattung erweitert werden. Aufgrund der Segmentangabepflichten lassen sich wesentliche Kennzahlen der Investitionspolitik und Innenfinanzierungskraft auf Segmentebene näherungsweise ermitteln (vgl. Coenenberg, M. [1998], S. 290 ff.; Coenenberg, A. G. [2001b], S. 594 ff.; ferner 16. Kapitel, S. 1141 ff.). Als Näherung für den Segment-Cashflow ergibt sich:

Segment-Cashflow

	operatives Segmentergebnis
+	Abschreibungen/Wertberichtigungen des Segments
+	sonstige nicht zahlungswirksame Aufwendungen des Segments
=	**Segment-Cashflow**

Nimmt man die je Segment berichtspflichtigen Zugänge an langfristigem Vermögen als Indikator für die Nettoinvestitionen, dann lässt sich die Segment-Investitionsdeckung wie folgt bestimmen:

Segment-Investitionsdeckung

$$\text{Segment-Investitionsdeckung} = \frac{\text{Segment-Cashflow}}{\text{Zugänge an langfristigem Segmentvermögen}}$$

Die Segment-Wachstumsquote errechnet sich näherungsweise wie folgt:

Segment-Wachstumsquote

$$\text{Segment-Wachstumsquote} = \frac{\text{Zugänge an langfristigem Segmentvermögen}}{\text{Abschreibungen/Wertberichtigungen des Segments}}$$

Portfolio-Analyse

Segment-Investitionsdeckung und Segment-Wachstumsquote lassen sich mittels der in Tabelle 18.3 angegebenen Norm-Kriterien im Rahmen der strategischen Bilanzanalyse für die Analyse des Geschäftsportfolios nutzen (vgl. 20. Kapitel, S. 1215 ff.).

c) Cashflow als Indikator der Verschuldungsfähigkeit

Der Cashflow gilt als Indikator der Verschuldungsfähigkeit, da Verbindlichkeiten letztlich nur aus selbst erwirtschafteten Mitteln getilgt werden können. Bei dieser Verwendung der Cashflow-Ziffer wird implizit unterstellt, dass der Umfang der Verschuldung abgebaut wird. Dies ist tatsächlich nur selten der Fall, denn im Allgemeinen bleibt die Summe aller aufgenommenen Schulden gleich oder wächst mit der Ausweitung der Unternehmenstätigkeit. Daraus ist ersichtlich, dass auch hier eine Cashflow-Analyse nur im zeitlichen Vergleich von Aussagewert sein kann. Als Maßstab der Verschuldungsfähigkeit dient die folgende Kennzahl:

Dynamischer Verschuldungsgrad, Tilgungsdauer

$$\text{Dynamischer Verschuldungsgrad / Tilgungsdauer} = \frac{\text{Effektivverschuldung bzw. Netto-Finanzschulden}}{\text{Cashflow}}$$

Diese Kennzahl gibt die Zahl der Jahre an, in denen ceteris paribus eine vollständige Tilgung der Effektivschulden bzw. der Netto-Finanzschulden aus dem selbst erwirtschafteten Cashflow möglich wäre. Je nach konkreter Berechnung der Effektivverschuldung bzw. Netto-Finanzschulden (vgl. in diesem Kapitel, S. 1084) und des Cashflows ergeben sich natürlich unterschiedliche Ausprägungen dieser Kennzahl und somit unterschiedliche Interpretationen.

Anstelle der Tilgungsdauer verwendet das Bundesaufsichtsamt für das Versicherungswesen (vgl. Bald, E.-J./Bedler, A./Determann, M./Hien, H. M./Knauth, K. W./Krüger, U./Wachsmuth, M. [2000]) aufgrund des 1992 herausgegebenen Leitfadens die folgende Kennzahl (vgl. auch 14. Kapitel, S. 1059):

Entschuldungsdauer

$$\text{Entschuldungsdauer} = \frac{\text{Bereinigtes Gläubigerkapital}}{\text{Cashflow}}$$

Als Cashflow wird hier das Ergebnis der gewöhnlichen Geschäftstätigkeit abzüglich Steuern und zuzüglich Abschreibungen definiert. Veränderungen der langfristigen Rückstellungen dürfen zusätzlich berücksichtigt werden. Das bereinigte Gläubigerkapital entspricht dem Fremdkapital abzüglich Pensionsrückstellungen. Die Entschuldungsdauer sollte einen Wert ≤ 7 haben.

d) Bedeutung und Grenzen des Cashflow als Indikator der Finanzkraft

Aussagegrenzen

Es sei hier nochmals auf die Einschränkung hingewiesen, dass es sich beim vereinfachten Cashflow (= Brutto-Cashflow) nicht um den periodenbezogenen zahlungsorientierten Überschuss aus dem Geschäft (= Finanzierungsbeitrag, Netto-Cashflow), sondern um einen nur grob gemessenen ertragsnahen Indikator der Finanzierungskraft handelt.

Bedeutung

Allerdings ist diese Einschränkung zugleich auch die Stärke dieser Kennzahl: Sie misst die nachhaltige, periodendurchschnittliche Finanzkraft des Unternehmens. Sie eignet sich als einfach berechenbare, leicht verständliche und von kurzzeitigen Schwankungen des Netto-Umlaufvermögens freie Größe für Kennzahlenanalysen zur Innenfinanzierungskraft und Verschuldungsfähigkeit. Diese Vorteile erklären zugleich, warum in der Aktienkursanalyse die Größe »EBITDA« eine weite Verbreitung erfahren hat (vgl. in diesem Kapitel, S. 1090 f. sowie 19. Kapitel, S. 1160 ff.). Ein vollständiger Einblick in die Einzahlungen und Auszahlungen aus der laufenden Geschäftstätigkeit, aus der Investitions- sowie der Finanzierungstätigkeit kann mittels der vereinfachten Cashflow-Analyse naturgemäß nicht gewonnen werden. Sie wird nur durch die Analyse des zahlungsorientierten Cashflows gewährt, die auf der Kapitalflussrechnung beruht.

3. Analyse der Kapitalflussrechnung

Zahlungsorientierte Kapitalflussrechnung

Die Kapitalflussrechnung ist eine zahlungsorientierte Abbildung des unternehmerischen Geschehens nach den drei Kategorien laufendes Geschäft, Investitions- und Finanzierungstätigkeit. Mit ihrer Hilfe kann im Rahmen der Bilanzanalyse ein weitgehender Einblick in die Liquiditätsströme der Berichtsperiode gewonnen werden. Die folgenden Ausführungen gehen davon aus, dass eine zahlungsorientierte Kapitalflussrechnung vorliegt. Soweit der Abschluss keine Kapitalflussrechnung enthält, ist der Analytiker auf eine externe Ableitung einer Kapitalflussrechnung aus den Daten von GuV, Bilanz und Anhang angewiesen. Mittels einer derartigen externen Ableitung lässt sich eine unmittelbar zahlungsorientierte Kapitalflussrechnung aber allenfalls approximieren. Auf die Aufstellung einer solchen Kapitalflussrechnung aus externen Daten wird an dieser Stelle nicht eingegangen. Dazu wird auf die entsprechenden Ausführungen des 12. Kapitels (S. 800 ff.) verwiesen.

a) Analyse der Bereichs-Cashflows

Cashflow-Analyse der Änderung des Finanzmittelfonds

Ein erster Ansatzpunkt der Analyse der Kapitalflussrechnung besteht darin, die Veränderung des Finanzmittelfonds aus den drei in der Kapitalflussrechnung dargestellten Cashflow-Bereichen zu erklären.

Beispiel

Ein stark vereinfachtes Beispiel von vier Unternehmen A, B, C und D diene der Veranschaulichung:

Kapitalflussrechnung in GE	**A**	**B**	**C**	**D**
Brutto-Cashflow (z. B. nach DVFA/SG)	20	10	20	10
Veränderung des Netto-Umlaufvermögens	0	10	-10	0
(1) Cashflow aus laufender Geschäftstätigkeit	20	20	10	10
(2) Cashflow aus Investitionstätigkeit	-15	-15	-15	-5
(3) Cashflow aus Finanzierungstätigkeit	5	5	15	5
(4) Veränderung der liquiden Mittel	**10**	**10**	**10**	**10**

Alle vier Beispielsunternehmen weisen eine Erhöhung der liquiden Mittel um 10 GE auf. Wie die Kapitalflussrechnungen zeigen, sind die dahinter liegenden Ursachen höchst unterschiedlich. A investiert 15 GE bei einem Cashflow aus laufender Geschäftstätigkeit von 20 GE. Zusammen mit der Außenfinanzierung von 5 GE führt dies zur Erhöhung der liquiden Mittel um 10 GE.

Die Situation von B ist nur vordergründig mit der von A vergleichbar. Im Unterschied zu A ist der Cashflow aus laufender Geschäftstätigkeit bei B nur zur Hälfte auf einen nachhaltigen Cashflow zurückzuführen. Um 10 GE wurde die Mittelbindung im Netto-Umlaufvermögen verringert, sodass sich dadurch erst das Niveau von 20 GE beim Cashflow aus laufender Geschäftstätigkeit ergibt. Die Minderung der Mittelbindung im Netto-Umlaufvermögen ist allerdings ein Einmaleffekt, der sich in diesem Umfang kaum auf Dauer wiederholen lässt. Der Liquiditätsposten von B ist deshalb als schwächer einzuschätzen als der von A.

C ist im Hinblick auf den nachhaltigen Cashflow mit A vergleichbar, hat allerdings eine Verschlechterung der Mittelbindung im Netto-Umlaufvermögen realisiert, die durch eine zusätzliche Außenfinanzierung kompensiert wurde. Hier ist die entscheidende Frage, ob die zusätzliche Mittelbindung im Netto-Umlaufvermögen auf strukturellen Schwächen (z. B. Ansteigen der Vorräte wegen nicht marktgerechter Produkte, Anstieg des Kundenziels wegen Qualitätsmängeln) beruht und sich deshalb in einem sinkenden nachhaltigen Cashflow niederschlagen wird.

D schließlich hat einen niedrigeren nachhaltigen Cashflow als A realisiert. Die liquiditätsmäßige Kompensation wurde durch eine konsolidierte Investitionspolitik erreicht. Möglicherweise wurden aber auch Investitionsauszahlungen durch unbare Investitionen (z. B. Leasing) ersetzt.

b) Zahlungsorientierte Kennzahlen der Kapitalflussrechnung

Cashflow Adequacy Ratio

Um sich mittels Kennzahlen einen ersten Eindruck über die Zahlungsfähigkeit des Unternehmens anhand der Informationen aus der Kapitalflussrechnung zu bilden, kann die *Cashflow Adequacy Ratio* herangezogen werden. Diese untersucht, ob der operative Cashflow ausreichend ist, um für alle Bereiche des Unternehmens die notwendigen Zahlungen zu leisten.

$$\text{Cashflow Adequacy Ratio} = \frac{\text{Operativer Cashflow}}{\text{Investitionen in das langfristige Vermögen} + \text{Tilgung von Fremdkapital} + \text{Bardividenden}}$$

Liegt der Wert dieser Kennzahl über mehrere Jahre hinweg stets in der Nähe von eins, so ist die Zahlungsfähigkeit des Unternehmens als zufriedenstellend hinsichtlich der primären Liquiditätsbedürfnisse zu beurteilen.

Critical Need Coverage Ratio

Um zu beurteilen, inwieweit der operative Cashflow in der vergangenen Periode ausreichend war, um die zeitkritischen Zahlungen zu finanzieren, werden diesem die Zins- und Dividendenzahlungen der letzten Abrechnungsperiode sowie die in dieser Periode beglichenen kurzfristigen Verbindlichkeiten, gemessen an deren Bestand zu Beginn der Abrechnungsperiode, gegenübergestellt (vgl. Keller, K. [2007], S. 330 f.):

$$\text{Critical Need Coverage Ratio} = \frac{\text{Operativer Cashflow}}{\text{Zinszahlungen} + \text{Kurzfristiges Fremdkapital} + \text{Bardividenden}}$$

Über die beschriebenen Kennzahlen hinaus lassen sich auf der Grundlage der Kapitalflussrechnung die vorstehend auf Basis eines vereinfachten Cashflow berechneten Kennzahlen (vgl. in diesem Kapitel, S. 1090 ff.) durch folgende zahlungsorientierte Cashflow-Kennzahlen ergänzen (vgl. auch Coenenberg, A. G. [2001a], S. 316 ff.):

$$\text{Zahlungsorientierte Investitionsdeckung} = \frac{\text{Operativer Cashflow}}{\text{Cashflow aus Investitionstätigkeit}}$$

$$\text{Zahlungsorientierte Wachstumsrate} = \frac{\text{Cashflow aus Investitionstätigkeit}}{\text{Abschreibungen}}$$

$$\text{Zahlungsorientierter dynamischer Verschuldungsgrad} = \frac{\text{Effektivverschuldung}}{\text{Operativer Cashflow}}$$

Ferner können wertvolle Einblicke in die Ursachen einer veränderten Kapitalbindung gewonnen werden, indem einzelne Posten der Kapitalflussrechnung in Beziehung zur Veränderung des gesamten gebundenen Kapitals gesetzt werden. Ein Beispiel einer solchen Kennzahl ist (vgl. Arbeitskreis »Finanzierungsrechnung« der Schmalenbach-Gesellschaft [1996], S. 42):

$$\text{Kapitalbindung durch Kundenforderungen} = \frac{\text{Veränderung der Kundenforderungen}}{\text{Veränderung der Bilanzsumme}}$$

Sie zeigt, inwieweit durch zusätzliche Forderungen Kapital gebunden bzw. inwieweit durch Abbau von Kundenforderungen Kapital freigesetzt wird.

Eine dem dynamischen Verschuldungsgrad verwandte Kennzahl für Unternehmen in der Start-up-Phase ist die sog. *Cash Burn Rate*:

Cash Burn Rate

$$\text{Cash Burn Rate} = \frac{\text{Liquide Mittel + geldnahe Mittel}}{\text{(Negativer) operativer Cashflow}}$$

Sie misst die Überlebensfähigkeit von Unternehmen als Zeitdauer, in der die von Eigen- und Fremdkapitalgebern zur Verfügung gestellten Investitionsmittel durch die zunächst negativen Cashflows verbraucht (= verbrannt) wären (vgl. Coenenberg, A. G. [2001a], S. 318).

Beispiel
Es wird die Kapitalflussrechnung der Shooting-Star-AG, eines jungen, börsennotierten Unternehmens, betrachtet:

Shooting-Star-AG (in Mio. GE)	**01**	**02**	**03**	**09/04**
Brutto-Cashflow	-13,4	-14,0	-25,3	-72,5
Veränderung des Netto-Umlaufvermögens	-7,6	-10,4	-16,6	8,9
(1) Cashflow aus laufender Geschäftstätigkeit	-21,0	-24,4	-41,9	-63,6
(2) Cashflow aus Investitionstätigkeit	-3,8	-7,5	-49,4	-9,2
(3) Cashflow aus Finanzierungstätigkeit	53,9	9,8	163,3	0,5
(4) Veränderung der liquiden Mittel	29,1	-22,1	72,0	-72,3
Bestand liquider Mittel am Periodenbeginn	5,1	34,2	12,1	84,1
Bestand liquider Mittel am Periodenende	34,2	12,1	84,1	11,8

In den Jahren 01 bis 03 nimmt die Shooting-Star-AG große Mengen Kapital durch ihren Börsengang in 01 und die Kapitalerhöhung in 03 ein, die den hohen Kapitalbedarf im operativen und investiven Geschäft abdecken. Im Anlagevermögen wird nur in relativ geringem Ausmaß, vor allem aber im Jahr 03, investiert. Dank der Kapitalerhöhung ist zum Ende des Jahres 03 ein Geldbestand von 84 Mio. GE vorhanden.

In den ersten 9 Monaten im Jahr 04 hat die Shooting-Star-AG bereits 72,5 Mio. GE im laufenden operativen Geschäft verbraucht. Das entspricht einem Kapitalverbrauch von ca. 8 Mio. GE pro Monat.

Der Kapitalmarkt hat auf diese schlechten Nachrichten mit Ablehnung reagiert, sodass keine weitere Kapitalaufnahme möglich ist. Aus dem Abbau von Netto-Umlaufvermögen konnten noch 8,9 Mio. GE liquidiert werden, andererseits wurde i. H. v. 9,2 Mio. GE in Anlagen investiert. Daher verbleiben zum Quartalsende noch 11,8 Mio. GE an Liquidität. Verbraucht das Unternehmen weiterhin 8 Mio. GE im Monat, so wären innerhalb von 6 Wochen alle liquiden

Mittel aufgebraucht. Dies zeigt sich auch auf Basis der *Cash Burn Rate* (vgl. in diesem Kapitel, S. 1096) i. H. v. (83,1 Mio. GE/8 Mio. GE/Monat =) 10,5 Monaten. Diese zeigt folglich an, dass bei dem aktuellen Kapitalverbrauch von ca. 8 Mio. GE pro Monat der Bestand an liquiden Mitteln Mitte November aufgebraucht wäre. Daher muss der Liquiditätsverlust dringend gebremst werden.

c) Analyse des Free Cashflow

Free Cashflow für die Bilanzanalyse

Als Kennzahlen zur Analyse des zahlungsorientierten Cashflow-Postens eignen sich auch eigenkapital- und gesamtkapitalbezogene »Free Cashflow-Raten«. Als Free Cashflow (frei verfügbarer Cashflow) lässt sich für die Bilanzanalyse im Rahmen der Kapitalflussrechnung die Summe des Cashflows aus laufender Geschäftstätigkeit und aus dem – i. d. R. negativen – Cashflow aus Investitionstätigkeit charakterisieren:

	Cashflow aus laufender Geschäftstätigkeit (operativer Cashflow)
+	Cashflow aus Investitionstätigkeit
=	**Free Cashflow (frei verfügbarer Cashflow)**

Die Standards zur Kapitalflussrechnung überlassen es z. T. dem Ermessen des Bilanzierenden, ob Zinsausgaben beim Finanzierungs-Cashflow oder beim operativen Cashflow erfasst werden. Im ersteren Falle bezeichnet der Free Cashflow den laufenden Cashflow, der nach Berücksichtigung der Investitionen des Geschäftsjahres zur Bedienung von Eigen- und Fremdkapital zur Verfügung steht (= gesamtkapitalbezogener Free Cashflow). Sind die Zinsausgaben hingegen im operativen Cashflow abgesetzt, so handelt es sich beim Free Cashflow um den zur Bedienung des Eigenkapitals verfügbaren Cashflow (= eigenkapitalbezogener Free Cashflow).

Durch Bezugnahme auf das durch den Free Cashflow zu bedienende Gesamt- und Eigenkapital entstehen die folgenden Free Cashflow-Raten:

Gesamtkapitalbezogene Free Cashflow-Rate

$$\begin{array}{c}\text{Gesamtkapitalbezogene}\\ \text{Free Cashflow-Rate}\end{array} = \frac{\text{Free Cashflow vor Zinsen}}{\text{Eigenkapital + Finanzschulden}}$$

Bei den Finanzschulden (ohne Abzug liquider Aktivposten) handelt es sich um das verzinsliche Fremdkapital (vgl. zu deren Abgrenzung auch in diesem Kapitel, S. 1084).

Eigenkapitalbezogene Free Cashflow-Rate

$$\begin{array}{c}\text{Eigenkapitalbezogene}\\ \text{Free Cashflow-Rate}\end{array} = \frac{\text{Free Cashflow nach Zinsen}}{\text{Eigenkapital}}$$

Gesamtkapital- und eigenkapitalbezogene Free Cashflow-Rate stehen in einer ähnlichen Hebelwirkung zueinander wie Gesamt- und Eigenkapitalrendite (vgl. in diesem Kapitel, S. 1072 ff.). In Jahren besonders starken Wachstums können die Free Cashflow-Raten deutlich unter das Niveau von Gesamt- und Eigenkapitalrendite sinken oder sogar negativ ausfallen. Im langfristigen Durchschnitt müssen die Free Cashflow-Raten dem Niveau angemessener Gesamt- und Eigenkapitalrenditen entsprechen.

Die Effizienz der Kapitalstruktur aus einer zahlungsorientierten Perspektive lässt sich anhand des »zahlungsorientierten Leverage-Index« beurteilen:

Zahlungs-orientierter Leverage-Index

$$\text{Zahlungsorientierter Leverage-Index} = \frac{\text{Eigenkapitalbezogene Free Cashflow-Rate}}{\text{Gesamtkapitalbezogene Free Cashflow-Rate}}$$

Free Cashflow für Zwecke der Unternehmens-bewertung

Zum Zweck der Unternehmensbewertung (bezüglich der Verfahren der Unternehmensbewertung vgl. 20. Kapitel, S. 1195 ff.; vgl. auch Schultze, W. [2003], S. 71 ff.) wird i. d. R. eine weitere Aufbereitung der Bereichs-Cashflows vorgenommen, um zum *Free Cashflow Firm* – dem freiverfügbaren Cashflow, der allen Kapitalgebern zur Verfügung steht – zu gelangen. Dieser lässt sich aus einer Kapitalflussrechnung wie folgt bestimmen:

Free Cashflow Firm

	Operativer Cashflow
+	Gezahlte Zinsen des operativen Bereiches
+	Gezahlte Ertragsteuern
=	Operativer Cashflow vor gezahlten Zinsen und Ertragsteuern
+	Cashflow aus Investitionstätigkeit
–	Fiktiver Betriebssteueraufwand $(\text{EBIT} \times s)$
=	**Free Cashflow Firm**

Analyse des Free Cashflow Firm

Um die Zusammensetzung des *Free Cashflow Firm* weiter zu analysieren, bietet sich eine Untergliederung dieser Größe in die Bestandteile *cash earnings* und *cash investments* an. Erstere Größe ist stark erfolgsgetrieben und setzt sich aus den Umsatzerlösen, den Auszahlungen für die operativen Aufwendungen sowie den fiktiven Betriebssteuern zusammen. Die Veränderungen des Netto-Umlaufvermögens, welche bislang noch im operativen Cashflow enthalten sind, werden gemeinsam mit den Investitionsein- und -auszahlungen (Investitions-Cashflow) zu den *cash investments* zusammengefasst. Diese Größe enthält somit die auf sämtliche Investitionsprozesse des laufenden Geschäftsjahres entfallenden Zahlungsströme und kann dadurch starken Schwankungen unterliegen.

Cash Economics-Matrix

In Abhängigkeit davon, in welchem Verhältnis diese beiden Größen zueinander stehen, lässt sich ein Unternehmen in die »*Cash Economics*-Matrix« einordnen (vgl. hierzu Abbildung 18.5 und Mauboussin, M./Hiller, B. [1999], S. 7). Befindet sich ein Unternehmen in dem Bereich des »profitablen Ausbaus«, so werden zwar positive *cash earnings* erwirtschaftet, allerdings wird zur Finanzierung der notwendigen Investitionen zusätzliche Liquidität benötigt.

Die Unternehmen, die sich im Bereich des »Super-Cashflows« befinden, generieren sowohl aus den *cash earnings* als auch aus den *cash investments* positive Zahlungsströme. I. d. R. handelt es sich hierbei um erfolgreiche Unternehmen, die entweder ihr *Net Working Capital* reduzieren oder einen negativen Liquiditätskreislauf (vgl. in diesem Kapitel, S. 1085) besitzen.

Sind sowohl *cash earnings* als auch *cash investments* negativ, kann es sich hierbei um ein Start-up Unternehmen handeln, welches sowohl investieren als auch aufgrund des starken Wachstums noch Verluste hinnehmen muss. Allerdings weisen auch Wertvernichter, welche in Verlustgeschäfte investieren, diese Struktur auf. Da aus beiden Unternehmenstypen unweigerlich hohe *Cash Burn Rates* (vgl. in diesem Kapitel, S. 1096) resultieren, besteht für beide Unternehmen ein hohes Insolvenzrisiko.

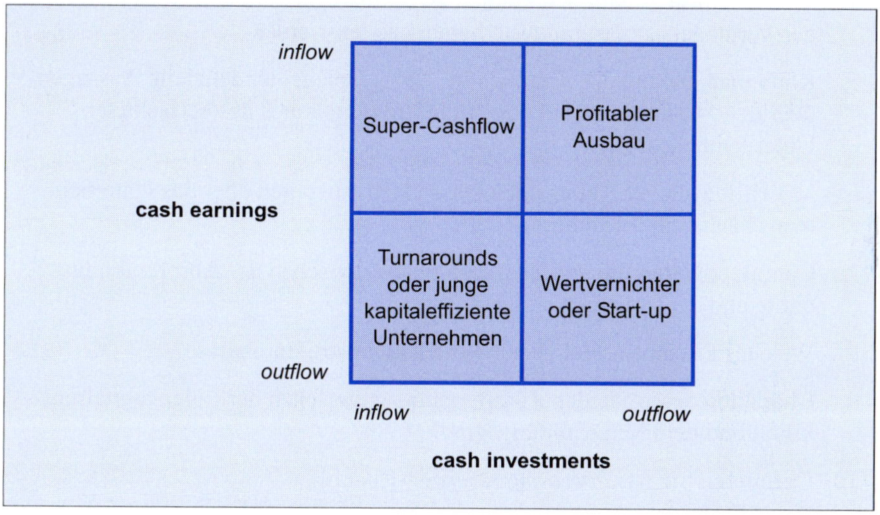

Abb. 18.5: *Cash Economics*-Matrix

Im Quadranten »Turnaround oder junge kapitaleffiziente Unternehmen« bewegen sich – in den meisten Fällen nur vorübergehend – Unternehmen, deren *cash earnings* negativ sind. Allerdings erwirtschaften diese Unternehmen aus der Veräußerung von Vermögenswerten liquide Mittel. In den seltensten Fällen lässt sich die Generierung der liquiden Mittel auf ein effizientes Geschäftsmodell zurückführen, durch das bei steigenden Umsätzen liquide Mittel aus dem *Net Working Capital* (vgl. in diesem Kapitel, S. 1083) freigesetzt werden.

Liegt ein Unternehmen unterhalb (oberhalb) einer – im vorstehenden Schaubild gedachten – 45°-Diagonalen, so erwirtschaftet es einen negativen (positiven) Free Cashflow. Alle Unternehmen, die auf einer Parallelen zu dieser 45°-Diagonalen liegen, erwirtschaften identische Free Cashflows, die sich allerdings aus unterschiedlichen Bestandteilen zusammensetzen.

Kontrollfragen:

1. Welches Erkenntnisziel verfolgt die finanzwirtschaftliche Bilanzanalyse?
2. Welcher Zusammenhang besteht zwischen der Vermögensstruktur, der betrieblichen Flexibilität und der betrieblichen Kapazitätsausnutzung?
3. Inwieweit lassen sich aufgrund des Verhältnisses von Anlagevermögen zu Umlaufvermögen wertende Aussagen über die Vermögensstruktur ableiten?
4. Welche Umsatzrelationen können zweckmäßigerweise zur Verfeinerung der Vermögensstrukturanalyse herangezogen werden?
5. Kann man anhand der Angaben im Anlagespiegel tendenzielle Aussagen über den Modernitätsgrad des Produktionsapparates des betrachteten Unternehmens treffen?
6. Mit Hilfe welcher Kennzahlen lassen sich Aussagen über das Unternehmenswachstum formulieren?
7. Charakterisieren Sie den Zusammenhang zwischen der Abschreibungsquote und dem Ausmaß stiller Reserven!
8. Welches Erkenntnisziel verfolgt die Kapitalstrukturanalyse?
9. Charakterisieren Sie den Zusammenhang zwischen der Eigenkapitalrentabilität und dem Verschuldungsgrad!
10. Definieren Sie das *operating leverage*-Risiko!
11. Anhand welcher Kennzahlen lassen sich Aussagen über das *financial leverage*-Risiko ableiten?
12. Anhand welcher Kennzahl lassen sich Aussagen über die Selbstfinanzierungskraft eines Unternehmens treffen?
13. Erläutern Sie die Kennzahlen: Bilanzkurs, Kreditanspannung und Minderheitenanteil!
14. Welches Erkenntnisziel verfolgt die Liquiditätsanalyse?
15. Worin bestehen die grundsätzlichen Unterschiede zwischen einer Liquiditätsanalyse auf Basis von Bestandsgrößen und einer Liquiditätsanalyse auf Basis von Stromgrößen?
16. Was besagt der Grundsatz der Fristenkongruenz, und inwieweit eignet er sich als Grundlage für eine bilanzielle Liquiditätsanalyse?
17. Welchen Aussagegehalt besitzen die sog. Deckungskennzahlen?
18. Definieren Sie einige kurzfristige Liquiditätskennzahlen und nehmen Sie zu deren Aussagefähigkeit kritisch Stellung!
19. Definieren Sie die Effektivverschuldung sowie die Netto-Finanzschulden!
20. Wie berechnet sich der Liquiditätskreislauf und welche Aussage trifft er?

21. Erläutern Sie den Begriff Cashflow! Gehen Sie auf die Unterscheidung in Brutto- und Netto-Cashflow ein!
22. Nennen Sie die Grenzen der Aussagefähigkeit der Cashflow-Analyse!
23. Was versteht man unter »Segment-Cashflows« und wie kann deren Analyse zur Beurteilung eines Unternehmens beitragen?
24. Was besagt die sog. *Cash Burn Rate*?
25. Welche Aussagen beinhalten die sog. Free Cashflow-Raten?
26. Erklären Sie die Aussagekraft des *Free Cashflow Firm* anhand der *Cash Economics*-Matrix!

19. Kapitel: Erfolgswirtschaftliche Bilanzanalyse

Darstellung der Ertragslage im Jahresabschluss

Grundlage der erfolgswirtschaftlichen Bilanzanalyse ist der veröffentlichte Jahresabschluss. Dieser unterliegt im Falle von Kapitalgesellschaften u. a. der Forderung, »... unter Beachtung der Grundsätze ordnungsmäßiger Buchführung ein den tatsächlichen Verhältnissen entsprechendes Bild der (...) Ertragslage (...) zu vermitteln« (§ 264 Abs. 2 Satz 1 HGB). Dieser doch eher auf die Einhaltung der Rechnungslegungsvorschriften abzielende Leitsatz wird jedoch durch das aus dem angelsächsischen Bereich stammende *true and fair view*-Prinzip ergänzt. Soweit nämlich besondere Umstände dazu führen, dass bei Beachtung der Bilanzierungs- und Bewertungsnormen ein den tatsächlichen Verhältnissen entsprechendes Bild nicht vermittelt wird, müssen im Anhang zusätzliche Angaben erfolgen; als Beispiel sei die Verzerrung des Erfolges durch erhebliche Scheingewinne genannt (vgl. auch Beck'scher Bilanzkommentar [2012], § 264 Tz. 50). Ziel der Generalklausel ist folglich, die Beurteilung der betrieblichen Ertragskraft nicht nur im Rahmen der Bilanzierungs- und Bewertungsvorschriften für die Bilanz und GuV, sondern auch unter besonderer Berücksichtigung der umfangreichen Angabe- bzw. Erläuterungspflichten im Anhang soweit wie möglich sicherzustellen. Dabei können die tendenziell zukunftsorientierten Informationen des Lageberichts zusätzlich herangezogen werden (§ 289 HGB).

Wie bereits dargelegt (vgl. 1. Kapitel, S. 16 ff.), steht die Rechnungslegung gemäß IFRS bzw. US-GAAP ganz im Dienste der Entscheidungsrelevanz der Information über die Vermögens-, Finanz- und Ertragslage für den Investor. Der einschränkende Hinweis fehlt, dass ein getreues Bild der Vermögens-, Finanz- und Ertragslage »unter Beachtung der Grundsätze ordnungsmäßiger Buchführung« zu geben ist. Gleichwohl gilt gerade auch für Abschlüsse nach IFRS und US-GAAP, dass der Auswertung der *notes* neben dem zahlenmäßigen Abschluss ein besonderes Gewicht zukommt. Das liegt darin begründet, dass die Gliederung des Abschlusses nach IFRS und US-GAAP nicht so detailliert geregelt ist wie nach HGB, andererseits aber der Umfang der *notes* die Angabepflichten des Anhangs gemäß HGB beträchtlich überschreitet.

Zielsetzung: Ertragskraft

Die Zielsetzung der erfolgswirtschaftlichen Bilanzanalyse besteht in der Gewinnung von Informationen zur Beurteilung der Ertragskraft des Unternehmens. Unter der Ertragskraft einer Unternehmung versteht man die Fähigkeit dieses Unternehmens, in der Zukunft Erfolge zu erwirtschaften. Grundsätzlich werden also zukunftsbezogene Informationen benötigt. Der Jahresabschluss ist aber eine auf eine abgeschlossene, vergangene Periode gerichtete Rechnung. Zukunftsbezogene Informationen sind zwar für die Bewertung vieler Bilanzposten relevant, fließen aber nur begrenzt und häufig nur imparitätisch unmittelbar in das Zahlenwerk des Jahresabschlusses ein. Allenfalls sind Informationen über die künftige Ergebnisentwicklung im Lagebericht enthalten, da hier auch über die zukünftige Entwicklung der Kapitalgesellschaft berichtet werden soll.

Ermittlungsfunktion, Erklärungsfunktion

Wegen der Zukunftsbezogenheit der Ertragskraft und der grundsätzlichen Vergangenheitsbezogenheit des Jahresabschlusses verbleibt im Allgemeinen nur der Schluss von der vergangenen auf die künftige Ergebnisentwicklung in Form approximativer Hochrechnungen. Eine solche Ergebnisprojektion ermöglicht die erfolgswirtschaftliche Bilanzanalyse mittels einer Ermittlungs- und einer Erklärungsfunktion: Die Ermittlungsfunktion besteht in der Feststellung der in den vergangenen Perioden tatsächlich erwirtschafteten Erfolge als Ausgangsgrundlage für die Erfolgsprojektion. Die Erklärungsfunktion beinhaltet einerseits eine Untersuchung des Zustandekommens der erzielten Erfolge, andererseits eine Analyse der Ursachen einer Unter- bzw. Übererfüllung gesetzter Erfolgsziele oder einer geänderten Erfolgsentwicklung. Dieser Ermittlungs- und Erklärungsaufgabe dienen insbesondere die in den folgenden Abschnitten A bis D dargestellten Verfahren und Instrumente der erfolgswirtschaftlichen Bilanzanalyse. Eine Übersicht hierzu gibt Abbildung 19.1.

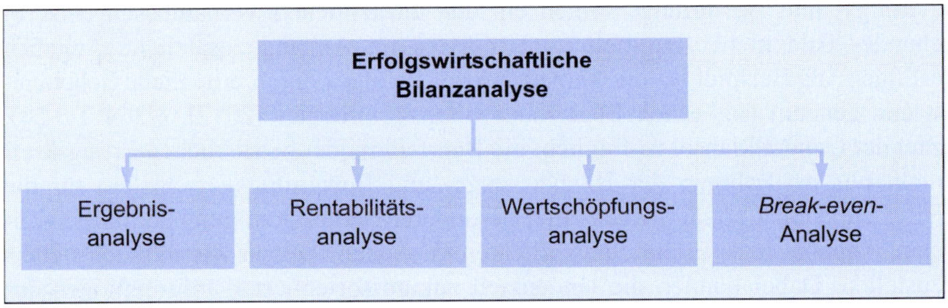

Abb. 19.1: Erfolgswirtschaftliche Bilanzanalyse

Abgrenzung zur strategischen Bilanzanalyse

Der Zukunftsbezug des Begriffs der Ertragskraft könnte den Eindruck erwecken, dass die erfolgswirtschaftliche Bilanzanalyse zugleich die strategische Bilanzanalyse mit umfasst (vgl. auch 20. Kapitel, S. 1195 ff.). Wie grenzt sich die Ertragskraft und damit die erfolgswirtschaftliche Bilanzanalyse vom Erfolgspotenzial und damit von der strategischen Bilanzanalyse ab? Ein wesentliches Merkmal der Ertragskraft ist der Bezug auf die gegenwärtige und vergangene Erfolgslage. Die erfolgswirtschaftliche Analyse ist deshalb im Wesentlichen die Analyse der Ertragslage mit der Zielsetzung, Rückschlüsse auf die künftige Erfolgslage zu ermöglichen. Die erfolgswirtschaftliche Bilanzanalyse setzt deshalb an den Informationen des Jahresabschlusses selbst an. Die strategische Bilanzanalyse beruht in starkem Umfang auf der Analyse von über den Jahresabschluss selbst hinausgehenden Zusatzinformationen über Stärken und Schwächen des Unternehmens und von umfeldbezogenen Informationen. Das Erfolgspotenzial äußert sich nicht im gegenwärtigen Ergebnis des Jahresabschlusses, sondern in den marktlichen Chancen und der wettbewerblichen Position des Unternehmens sowie in den im Marktwert des Unternehmens reflektierten Erwartungen der Kapitalmarktteilnehmer (vgl. 20. Kapitel, S. 1195 ff.).

A. Ergebnisanalyse

Im Rahmen des Jahresabschlusses hat die GuV primär die Aufgabe, das Ergebnis der Unternehmenstätigkeit seiner Höhe und seinem Zustandekommen nach zu dokumentieren. Es liegt daher nahe, die erfolgswirtschaftliche Bilanzanalyse mit einer Analyse der in der GuV ausgewiesenen Ergebnisinformationen zu beginnen. Diese Untersuchungen werden unter der Bezeichnung Ergebnisanalyse zusammengefasst. Die betragsmäßige Ergebnisanalyse hat dabei das Ziel, die Differenz zwischen ausgewiesenem und tatsächlichem Jahreserfolg aufzuzeigen. Dagegen ist es das Ziel einer strukturellen Ergebnisanalyse, das ausgewiesene Ergebnis in einzelne Komponenten und Kenngrößen so zu zerlegen, dass darauf basierend Aussagen über das zukünftige Erfolgspotenzial möglich werden.

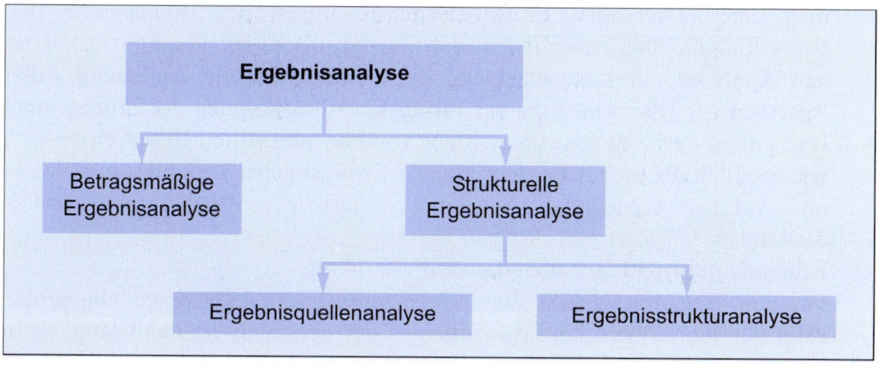

Abb. 19.2: Bereiche der Ergebnisanalyse

Jahresüberschuss/profit/net income als Ausgangspunkt

Grundlage für die Ergebnisanalyse bildet der Jahresüberschuss bzw. *profit/net income* (vgl. 17. Kapitel, S. 1048 ff.). Wenn im Folgenden das Gesamtergebnis gemäß GuV angesprochen werden soll, wird vereinfachend gemäß der HGB-Terminologie die Bezeichnung »Jahresüberschuss/-fehlbetrag« verwendet.

Grenzen der Aussagekraft

Der Verwendung des Jahresüberschusses als Indikator der betrieblichen Ertragskraft sind jedoch aus zwei Gründen enge Grenzen gesetzt:

Scheinerfolge/Stille Reserven

(1) Verzerrung des Jahresüberschusses durch inflationsbedingte Scheinerfolge und stille Reservenbildung und -auflösung:
Bei steigenden Wiederbeschaffungspreisen der Produktionsfaktoren führt die Orientierung der Jahresabschlussrechnung am Anschaffungswertprinzip zu einem vermischten Ausweis von echtem Erfolg und inflationsbedingtem Scheinerfolg (vgl. 23. Kapitel, S. 1296 ff.). In der Literatur werden Methoden diskutiert, Scheinerfolge im Rahmen der externen Analyse näherungsweise zu bestimmen (vgl. Matschke, M. J. [1975]), die allerdings auf vielfältigen Annahmen beruhen. Der Hauptfachausschuss des Instituts der Wirtschaftsprüfer hat bereits im Jahr 1975 eine Empfehlung herausgebracht (vgl. IDW [1975]), nach der die Unternehmen im Unternehmensabschluss die Höhe des Scheingewinnes angeben sollten. Obwohl die in Art. 33 der 4. EG-Richtlinie verankerte inflationsbereinigte Bewertung für Gegenstände des abnutzbaren Anlage- und Umlaufvermögens nicht in das HGB übernommen wurde, werden in der Literatur auf der Grundlage der Generalklausel (insbesondere

§ 264 Abs. 2 Satz 2 HGB) bei schwerwiegender Erfolgsverzerrung durch Inflation zusätzliche Angaben im Anhang gefordert (vgl. ADS [1995 ff.], § 264 Tz. 119 m.w.N.). Bei signifikanten inflationsbedingten Scheingewinnen kann deshalb auf die Angaben im Anhang zurückgegriffen werden. Deshalb kann auf die Darstellung von Näherungsverfahren zur externen Schätzung von Scheingewinnen verzichtet werden. Hinzu kommt, dass die Inflationsraten in der jüngeren Vergangenheit nur in wenigen Ländern bedeutsam waren.

Der Jahresüberschuss ist in seiner Höhe von den im Rahmen der handelsrechtlichen Bilanzierungs- und Bewertungswahlrechte vorgenommenen bilanzpolitischen Maßnahmen abhängig (vgl. 16. Kapitel, S. 1001 ff.). Selbst in bilanziellen Regelungssystemen, die nur wenige Bilanzierungs- und Bewertungswahlrechte gewähren, sind bilanzpolitische Maßnahmen im Rahmen der notwendigen Ermessensentscheidungen bei Bilanzansatz und Bewertung nicht auszuschließen. Die Legung stiller Reserven führt bei externen Analysen zur Unterschätzung der Ertragskraft, die Auflösung stiller Reserven zur Überschätzung der Ertragskraft. Im Rahmen der Ergebnisanalyse gilt es deshalb, das Ausmaß der vorhandenen stillen Reserven so weit wie möglich abzuschätzen. Der globale Erfolgsmaßstab »Jahresüberschuss« muss validiert werden, d. h., es ist eine betragsmäßige Ergebnisanalyse erforderlich.

Jahresüberschuss als globaler Erfolgsmaßstab

(2) Fehlende Informationen über die Erfolgsstruktur:
Von der Beeinträchtigung durch bilanzpolitische Maßnahmen abgesehen, zeigt der Jahresüberschuss das Ergebnis der gesamten Geschäftstätigkeit in einer zusammenfassenden Größe. Zur Erklärung der Ergebnisentwicklung als Basis für eine Ergebnisprognose ist es erforderlich, das Ergebnis in Bezug auf die verursachenden Faktoren zu analysieren. Der betragsmäßigen Ergebnisanalyse sollte also eine strukturelle Ergebnisanalyse folgen (vgl. in diesem Kapitel, S. 1120 ff.). Hierbei wird das Gesamtergebnis des Betrachtungszeitraumes nach seinen Ursachen in Teilergebnisse zerlegt, deren Veränderungen analysiert sowie die Struktur der Aufwands- und Ertragsgrößen untersucht.

I. Betragsmäßige Ergebnisanalyse

Die Frage, inwieweit die Entwicklung des Jahresüberschusses die Entwicklung des tatsächlich erzielten Ergebnisses zuverlässig widerspiegelt, ist ein für die erfolgswirtschaftliche Unternehmensbeurteilung zentrales, gleichzeitig aber schwer lösbares Problem. Der ausgewiesene Jahresüberschuss kann vom tatsächlich erwirtschafteten Gewinn erheblich abweichen. Eine Bereinigung um ergebnisbeeinflussende bilanzpolitische Maßnahmen, wirtschaftliche Sondereffekte oder Wertänderungen des ruhenden Vermögens ist folglich notwendig (vgl. Lachnit, L. [2004], S. 163). Da das Ausmaß der vorhandenen stillen Reserven dem Analytiker definitionsgemäß nicht bekannt ist, kann eine betragsmäßige Validierung des ausgewiesenen Ergebnisses nur mittels näherungsweiser Schätzungen der stillen Reserven versucht werden.

Stille Reserven

Im Hinblick auf die Notwendigkeit und die Möglichkeiten zur Erfassung stiller Reserven ist es nützlich, nach den Entstehungsursachen verschiedene Arten stiller Reserven zu unterscheiden. Stille Reserven entstehen aus einer gemessen an einem Vergleichswert niedrigeren Bewertung von Aktiva und höheren Bewertung von Passiva. Nach IFRS sind die Möglichkeiten einer reservebildenden Bilanzierung grundsätzlich eingeschränkt, da dies eines der zentralen Anliegen der zugrunde liegenden Rechnungslegungsphilosophie ist (vgl. Gräfer, H./Schneider, G./Gerenkamp, T. [2012], S. 16). Nach ihrer Entstehung unterscheidet man üblicherweise Zwangsreserven, Dispositions- und Ermessensreserven sowie Willkürreserven (vgl. 6. Kapitel, S. 351 ff.).

Zwangsreserven

Zwangsreserven entstehen im HGB-Abschluss durch die strikte Gültigkeit des Realisations- und Imparitätsprinzips. Höhere Marktwerte von Aktiva und niedrigere Marktwerte von Passiva sind prinzipiell unzulässig. Derartige Zwangsreserven sind durch den Bilanzierenden nicht beeinflussbar. Sie sind auch durch den Bilanzanalytiker mittels externer Informationen kaum abschätzbar. In IFRS- bzw. US-GAAP-Abschlüssen dagegen sind den *profit* bzw. das *net income* beeinflussende Zwangsreserven insoweit in der Bilanzanalyse greifbar, wie eine ergebnisneutrale Bewertung zum *fair value* auch dann erforderlich ist, wenn dieser die Anschaffungskosten übersteigt. Derartige GuV-neutrale Veränderungen des Eigenkapitals sind aus den nach IFRS und US-GAAP verpflichteten erweiterten Gewinn- und Verlustrechnungen zu entnehmen (vgl. 9. Kapitel, S. 556 ff.). Bilanzanalytisch zeigen GuV-neutrale bewertungsinduzierte Eigenkapitalveränderungen Ergebnispotenziale an, die noch nicht in realisierten Ergebnissen ihren Niederschlag gefunden haben (vgl. in diesem Kapitel, S. 1111 ff.).

Dispositions- und Ermessensreserven

Zentraler Gegenstand der betragsmäßigen Ergebnisanalyse sind die Dispositions- und Ermessensreserven. Dispositionsreserven entstehen aus der Nutzung legal eingeräumter Bilanzansatz- und Bewertungswahlrechte. Ermessensreserven resultieren aus Regelungsunschärfen und daraus resultierenden Interpretationsspielräumen bei Bilanzansatz und Bewertung. Auch nach IFRS sind zahlreiche Ermessensspielräume gegeben, die eine Legung von stillen Reserven ermöglichen. Eine exakte und vollständige Erfassung aller Dispositions- und Ermessensreserven ist auch bei sorgfältigstem Vorgehen durch externe Bilanzanalyse nicht möglich. Der Bilanzanalytiker ist, wie erwähnt, auf näherungsweise Schätzungen angewiesen.

Willkürreserven

Willkürreserven resultieren aus einer Niedrigerbewertung von Aktiva bzw. Höherbewertung von Passiva, die den Dispositions- oder Ermessensspielraum der gültigen Bilanzierungsgrundsätze überschreiten. Sie sind unzulässig und sollten in geprüften und uneingeschränkt bestätigten Jahresabschlüssen nicht enthalten sein. Sie können nicht Gegenstand der Jahresabschlussanalyse sein.

Im Folgenden werden einige in der Praxis gebräuchliche Methoden zur Abschätzung von Dispositions- und Ermessensreserven erörtert. Bezüglich ihrer Anwendung gilt die Forderung nach Methodenvielfalt: Es sollte nicht entweder das eine oder das andere Verfahren, sondern es sollten mehrere Verfahren nebeneinander verwendet werden, um ein möglichst abgesichertes Bild über die tatsächliche Ergebnisentwicklung zu erhalten.

1. Auswertung von Informationen des Anhangs bzw. der Notes

Bedeutung des Anhangs

Eine wesentliche Grundlage zur Orientierung darüber, ob und ggf. in welchem Umfang mit der Bildung oder Auflösung stiller Reserven gerechnet werden muss, bilden die Berichterstattungspflichten im Anhang bzw. in den *notes* (vgl. hierzu ausführlich 13. Kapitel, S. 847 ff.). Aufgrund erheblicher Unterschiede in den Angabepflichten, soll im Folgenden auf die Regelungssysteme für den Anhang gemäß HGB einerseits und die *notes* gemäß IFRS/US-GAAP andererseits getrennt eingegangen werden.

Angabepflichten nach HGB zur Abschätzung stiller Reserven

1.	Bewertungswahlrechte	Rechtsgrundlage (HGB)
1.1	Methoden der Anschaffungs-/Herstellungskosten-Ermittlung	§§ 284 Abs. 2 Nr. 1, 313 Abs. 1 Nr. 1
	Einbeziehung von Zinsen in die Herstellungskosten	§ 284 Abs. 2 Nr. 5
1.2	Abschreibungsmethoden	§§ 284 Abs. 2 Nr. 1, 313 Abs. 1 Nr. 1
1.3	Abschreibungswahlrecht auf den niedrigeren Stichtagswert bei vorübergehender Wertminderung im Finanzanlagevermögen	§ 277 Abs. 3 Satz 1
1.4	Unterschiedsbetrag bei Vorratsbewertung mittels Gruppenbewertung (§ 240 Abs. 4) oder Verbrauchsfolgeverfahren (§ 256) zum letzten Börsen- oder Marktpreis	§ 284 Abs. 2 Nr. 4
1.5	Abweichung von Bilanzierungs-, Bewertungs- und Konsolidierungsmethoden und Darstellung ihres Einflusses auf Vermögens-, Finanz- und Ertragslage	§§ 284 Abs. 2 Nr. 3, 313 Abs. 1 Nr. 3
1.6	Währungsumrechnungsmethode	§§ 284 Abs. 2 Nr. 2, 313 Abs. 1 Nr. 2
1.7	Angabe zu Bewertungsmethode und vom Buchwert abweichenden beizulegenden Zeitwert bei derivativen Finanzinstrumenten	§§ 285 Satz 1 Nr. 19, 314 Abs. 1 Nr. 11
	Differenz zwischen Buchwert und niedrigerem beizulegenden Zeitwert von Finanzinstrumenten sowie Begründung für Unterbleiben einer Abschreibung gemäß § 253 Abs. 3	§§ 285 Satz 1 Nr. 18, 314 Abs. 1 Nr. 10
1.8	Angabe bei abweichender Wahlrechtsausübung im Konzern- vom Einzelabschluss	§ 308 Abs. 1 Satz 3
2.	**Ansatzwahlrechte**	**Rechtsgrundlage (HGB)**
2.1	Aktivierung/Nichtaktivierung eines Disagios	§ 268 Abs. 6
2.2	Aktivierung/Nichtaktivierung eines Abgrenzungspostens für aktive latenten Steuern im Einzelabschluss	§ 274 Abs. 1 Satz 2
2.3	Aufwendungen für selbst geschaffene immaterielle Vermögenswerte	§ 248 Abs. 2
2.4	Betrag nicht passivierter Pensionsrückstellungen (vor dem 01.01.1987)	Art. 28 Abs. 2 EGHGB

Tab. 19.1: Bewertungs- und Ansatzwahlrechte im Anhang gemäß HGB

a) Auswertung von Informationen des Anhangs gemäß HGB

Analyse des Anhangs nach HGB

Die Angabepflichten gemäß HGB sind im Wesentlichen in den §§ 284 und 285 HGB und im Hinblick auf Besonderheiten des Konzernabschlusses in den §§ 313 und 314 HGB geregelt. Darüber hinaus enthalten eine Reihe von Sondervorschriften Regelungen zur Erläuterungspflicht im Anhang. Von den zahlreichen Erläuterungspflichten im Anhang sind für die betragsmäßige Ergebnisanalyse vor allem die Erläuterungen zu den Bewertungs- und Ansatzvorschriften von Bedeutung. Generell gilt: Je stärker ein Unternehmen von ergebnismindernden Bewertungs- und Ansatzoptionen Gebrauch macht, umso höher ist das Ausmaß stiller Reserven zu veranschlagen und umgekehrt. In Tabelle 19.1 sind die wichtigsten Angabepflichten zu Bewertungs- und Ansatzwahlrechten für eine betragsmäßige Ergebnisanalyse zusammengefasst.

Bereinigter Jahresüberschuss

Nur wenige der Angabepflichten zu den Bewertungswahlrechten lassen allerdings eine Quantifizierung des Ausmaßes stiller Reserven zu (vgl. das nachfolgende Bereinigungsschema). Hierzu gehören insbesondere Unterschiedsbeträge aus Bewertungsvereinfachungen bei Vorräten (Zeile 1.4). Weitere substanzielle Hinweise für vorhandene Reserven geben auch die Berichterstattungspflichten zu derivativen Finanzinstrumenten (Zeile 1.7).

	Jahresüberschuss
+	Erhöhung (– Minderung) des Unterschiedsbetrages bei Vorratssammelbewertung in Höhe des Eigenkapitalanteils (Zeile 1.4)
+	Erhöhung (– Minderung) der außerplanmäßigen Abschreibungen im Finanzanlagevermögen auf den niedrigeren beizulegenden Zeitwert (Zeile 1.3) in Höhe des Eigenkapitalanteils
+	Erhöhung (– Minderung) eines über (unter) dem Buchwert liegenden *fair value* bei derivativen Finanzinstrumenten (Zeile 1.7)
=	**bereinigter Jahresüberschuss**

Über die Bereinigung des Jahresüberschusses um Bewertungswahlrechte hinaus wäre eine zusätzliche Bereinigung um Bilanzansatzwahlrechte denkbar. Die expliziten Bilanzansatzwahlrechte sind nach BilMoG allerdings weitgehend entfallen, sodass eine Bereinigung um entsprechende Bilanzansatzwahlrechte künftig überwiegend entfällt. Zu den Bilanzansatzwahlrechten gehört nach § 248 Abs. 2 HGB insbesondere das Wahlrecht zur Aktivierung von Aufwendungen für selbst geschaffene immaterielle Vermögensgegenstände.

b) Auswertung von Informationen des Anhangs gemäß IFRS/US-GAAP

Analyse der notes nach IFRS/US-GAAP

Die *notes* gemäß IFRS und US-GAAP überschreiten den Umfang der Angabepflichten des handelsrechtlichen Anhangs beträchtlich. Allerdings ermöglichen sie trotz ihres Umfangs keine hinreichende Quantifizierung gelegter bzw. aufgelöster stiller Reserven. Gleichwohl ist es bilanzanalytisch empfehlenswert, die *notes* qualitativ auszuwerten, um ein Urteil über den der Bilanzierung zugrunde liegenden Konservatismus bzw. Optimismus zu gewinnen.

Die Tabellen 19.2 und 19.3 zeigen Angabepflichten nach IFRS (Tabelle 19.2: vgl. auch Reinhart, A. [1998], S. 286 ff.; Beck'scher Bilanzkommentar [2012], §§ 284 Tz. 201 ff., 313 Tz. 230) und US-GAAP (Tabelle 19.3: vgl. auch Brecht, A. [2002], S. 272; Kieso, D. E./Weygandt, J. J./Warfield, T. D. [2013], S. 1486 ff.), die für die betragsmäßige Ergebnisanalyse besonders bedeutsam erscheinen.

Angabepflichten nach IFRS zur Abschätzung stiller Reserven

	Auswertung von *notes* für die betragsmäßige Ergebnisanalyse	IAS/IFRS
1.	Bilanzierungs-, Bewertungs- und Konsolidierungsmethoden	IAS 1.112 ff., .117 ff.
	- speziell Einbeziehung von Zinsen in die Herstellungskosten	IAS 23.8, IAS 23.26
	- speziell Aktivierung von Entwicklungskosten	IAS 38.45
	- speziell Bilanzierung und Bewertung von immateriellen Vermögenswerten	IAS 38.57, .118
	- speziell Ermittlung des *fair value* im Sachanlagevermögen, bei als Finanzanlagen gehaltenen Immobilien sowie bei aktienorientierter Vergütung	IAS 16.77, IAS 40.75, IFRS 2.46 ff.
2.	Währungsumrechnungsmethode	IAS 21.52 ff.
3.	Abweichung von einem IAS-Standard	IAS 1.20, .23
4.	Änderungen von Bilanzierungs- und Bewertungsmethoden	IAS 1.20, .23 IAS 8.53
5.	Angaben zu Ermessensentscheidungen des Managements hinsichtlich der Anwendung von Bilanzierungs- und Bewertungsmethoden	IAS 1.122
6.	Grundlegende Fehler und Änderungen von Schätzungen	IAS 8.39 f., IAS 8.49
7.	Ereignisse nach dem Bilanzstichtag	IAS 10.3
8.	Angewendetes Modell zur Bilanzierung von als Finanzinvestitionen gehaltenen Grundstücken	IAS 40.75a
9.	Bilanzierungs- und Bewertungsmethoden von Finanzinstrumenten, insbesondere Informationen über Marktwerte	IFRS 7.7 f., IFRS 9.4.1
10.	GuV-neutrale Eigenkapitalveränderungen	IAS 1.7
11.	Rechnungslegung in Hochinflationsländern	IAS 29.9, IAS 29.39
12.	Neubewertung von Anlagevermögen, falls dieses Verfahren angewandt wird	IAS 16.77, IAS 38.85 f., IAS 40.75 ff.
13.	Nichtaktivierte bzw. aktivierte latente Steuern auf Verlustvorträge	IAS 12.81e, IAS 12.82
14.	Anwendung nicht einheitlicher Bilanzierungs- und Bewertungsmethoden im Konzernabschluss	IFRS 10.B87
15.	Ausführliche Beschreibung der Wertentwicklung des Goodwill	IFRS 3.32 i.V.m. IAS 36.134

Tab. 19.2: Notes gemäß IFRS für die betragsmäßige Ergebnisanalyse

Angabepflichten nach US-GAAP zur Abschätzung stiller Reserven

	Auswertung von *notes* für die betragsmäßige Ergebnisanalyse	US-GAAP
1.	Bilanzierungs-, Bewertungs- und Konsolidierungsmethoden	ASC 235-10-50
	- speziell Einbeziehung von Zinsen in die Herstellungskosten	ASC 835-20-50
	- speziell Bilanzierung von Aktienoptionen für Mitarbeiter	ASC 718-10-50
2.	Währungsumrechnungsmethode	ASC 830-20-45
3.	Änderungen von Bilanzierungs- und Bewertungsmethoden	ASC 250-10-50
4.	Änderungen von Schätzungen und grundlegende Fehler	ASC 250-10-50
5.	Ereignisse nach dem Bilanzstichtag	ASC 450-20-50
6.	Anwendung von Sammelbewertungsverfahren für Vorräte	ASC 235-10-50
7.	Marktwert marktfähiger (*trading/available-for-sale*) Wertpapiere	ASC 320-10-50
8.	Finanzinstrumente, insbesondere Informationen über Marktwerte	ASC 815-10-50, 825-10-50
9.	GuV-neutrale Eigenkapitalveränderungen	ASC 220-10
10.	Auswirkungen von Preisänderungen (freiwillig)	ASC 255-10-50
11.	Ausführliche Angaben zu immateriellen Vermögenswerten, insbesondere Goodwill	ASC 350-30-50
12.	Aktive latente Steuern auf Verlustvorträge	ASC 740-10-50

Tab. 19.3: Notes gemäß US-GAAP für die betragsmäßige Ergebnisanalyse

2. Other Comprehensive Income als Indikator der Ertragskraft

Anwendungsbereich IFRS und US-GAAP

Für die betragsmäßige Ergebnisanalyse besonders interessant sind die GuV-neutral gebuchten, aber gesamtergebniswirksamen Eigenkapitalveränderungen. Da derartige Sachverhalte nahezu ausschließlich in der internationalen Rechnungslegung vorliegen, ist dieser Analyseschritt vor allem hier von Relevanz.

Im Rahmen des »*Financial Statement Presentation Project*« von IASB und FASB wurden in den Jahren 2007 bzw. 2011 überarbeitete Versionen des IAS 1 »*Presentation of Financial Statements*« veröffentlicht (vgl. 9. Kapitel, S. 517 ff.). Wie bereits im 9. Kapitel erläutert wurde, sind damit nach den Rechnungslegungsvorschriften der IFRS GuV-neutrale Veränderungen des Eigenkapitals nicht mehr in der Eigenkapitalveränderungsrechnung, sondern als Teil des »*Statement of Profit or Loss and other Comprehensive Income*« (bei Anwendung des *single statement approach*) bzw. als Teil des »*Statement of Comprehensive Income*« (bei Anwendung des *two-statement approach*) auszuweisen (IAS 1.82A).

Bedeutung des Other Comprehensive Income

Die GuV-neutralen Eigenkapitalveränderungen stellen den Teil der Eigenkapitalveränderungen dar, der nach IFRS und nach US-GAAP im »*Other Comprehensive Income*« (OCI) erfasst wird. Darin werden jeweils Vermögens- oder Schuldenveränderungen erfasst, die sich zwar als Bestandteil eines umfassenden Periodenergebnisses auf das Eigenkapital auswirken, jedoch keine Erträge oder Aufwendungen i. S. der GuV darstellen (vgl. insbesondere auch Abbildung 9.1 im 9. Kapitel, S. 515). Die Posten beinhalten im Wesentlichen Wertänderungen aufgrund von Zeitwertbewertungen, die zwar im Eigenkapital erfasst werden, jedoch am Markt noch nicht realisiert sind. Diese Bewertungsunterschiede stellen aus bilanzanalytischer Sicht aufgedeckte stille Reserven dar, die bei der Ermittlung des Periodenergebnisses bislang nicht berücksichtigt wurden. Generell deuten die im OCI erfassten Beträge auf Ergebnispotenziale hin, die im realisierten Ergebnis noch keinen Niederschlag gefunden haben. Damit können sie Informationen über Veränderungen der erwarteten Ertragskraft liefern (vgl. hierzu auch Brecht, A. [2002], S. 276 ff.; Ostmeier, V. [2004], S. 177 ff.).

Recycling als Kriterium

Die im OCI enthaltenen Posten enthalten dann relevante Informationen, wenn davon ausgegangen wird, dass die enthaltenen Beträge zu einem späteren Zeitpunkt in voller Höhe in die GuV überführt werden und das OCI damit nur als Zwischenspeicher dient (vgl. Haller, A./Schloßgangl, M. [2003], S. 320). Dabei ist jedoch darauf hinzuweisen, dass im OCI auch Wertänderungen enthalten sind, die bei einer späteren tatsächlichen Realisierung weiterhin GuV-neutral behandelt und schlicht in andere Eigenkapitalposten umgebucht werden. Da diese Beträge weder vom Unternehmen verdient bzw. erwirtschaftet noch jemals in der GuV als Periodenerfolg ausgewiesen werden, dürfen sie bei der Prognose der Ertragskraft auch keine Berücksichtigung finden. Andererseits können Beträge, die im Realisationszeitpunkt GuV-wirksam zu behandeln sind, also »*recycled*« werden, durchaus bereits jetzt als Indikator für spätere Erfolgspotenziale in die betragsmäßige Ergebnisanalyse einbezogen werden. Nach US-GAAP existiert diese Differenzierung nicht, da hier eine grundsätzlich GuV-wirksame Ausbuchung der im OCI erfassten Beträge vorgesehen ist.

Späterer Realisationszeitpunkt als Kriterium

Wesentlich für die Beurteilung, ob ein Posten des OCI relevante Informationen für die Ergebnisanalyse enthält, ist auch die Frage, wann eine Realisation der eingestellten Beträge stattfindet. So ist es z. B. im Rahmen der Fremdwährungsumrechnungsdifferenzen denkbar, dass die zugrunde liegenden Transaktionen niemals umgekehrt und die Rücklagenposten damit nie aufgelöst werden. In diesem Fall kann dieser Posten keinen Hinweis auf stille Reserven und Lasten geben (vgl. Brecht, A. [2002], S. 278)

Die folgende nähere Betrachtung der wesentlichen GuV-neutral zu erfassenden Posten, welche in Tabelle 19.4 dargestellt sind, soll Auskunft darüber geben, inwiefern diese zur Abschätzung stiller Reserven genutzt werden sollten und für die Ermittlung eines »angemessenen« Periodenergebnisses geeignete Informationen liefern.

Revaluation surplus

Grundsätzlich kann die Neubewertungsmethode aus Sicht der Bilanzanalyse nur begrüßt werden, da hierdurch die Möglichkeit geschaffen wurde, stille Reserven im Anlagevermögen zumindest teilweise aufzudecken (vgl. Werner, T./Padberg, T./Kriete, T. [2005], S. 55). Diese Neubewertungsgewinne werden in das sog. *revaluation surplus* eingestellt. Da die resultierenden Bewertungsgewinne gemäß IAS 16.41 bzw. IAS 38.87 bei Realisierung jedoch innerhalb des Eigenkapitals umzubuchen sind, und es bei langfristig genutzten Gebäuden oder Grundstücken möglicherweise nie zu einer vollständigen Ausbuchung kommt, gibt dieser Posten nur bedingt Aufschluss über gegenwärtige oder in absehbarer Zukunft erwartete Erfolge. Da andererseits darauf entfallende Abschreibungen GuV-wirksam verbucht werden, führt diese Methode zu Verzerrungen im Ergebnisausweis. Allerdings kommt der Neubewertungsmethode im Rahmen der finanzwirtschaftlichen Analyse bei der statischen Liquiditätsanalyse eine große Bedeutung zu (vgl. 18. Kapitel, S. 1079 ff.)

Zusammensetzung des OCI

Posten OCI	IFRS	US-GAAP
Gain/loss on revaluation of properties	x	-
Available-for-sale investment valuation gains/losses	x	x
Gains/losses on cashflow hedges	x	x
Actuarial gains/losses on pension plans	x	-
Exchange differences on translation of foreign operations	x	x

Tab. 19.4: Posten des OCI nach IFRS bzw. US-GAAP

Gewinne/Verluste bei Finanzinstrumenten

Die auf Wertänderungen der Finanzinstrumente zurückzuführenden Beträge können gemeinsam behandelt werden, da *available-for-sale*-Wertpapieren und *cashflow hedges* sowohl die GuV-neutrale Behandlung als auch die spätere Umbuchung der Wertänderungsbeträge in die GuV gemein ist. Diese Posten stellen unrealisierte Gewinne bzw. Verluste dar und sind für Zwecke der Analyse als stille Reserven bzw. stille Lasten anzusehen, die der Analyst direkt in der Ergebnisanalyse berücksichtigen kann. Da für die jährlichen Wertänderungen ein getrennter Ausweis erfolgen soll, und damit Zu- bzw. Abgänge aus den entsprechenden Posten unmittelbar zu entnehmen sind, ist die Prognoserelevanz der ausgewiesenen Daten umso höher zu bewerten. Diese Kategorisierungen sollen nach den Änderungen des IFRS 9 entfallen. Allerdings besteht nach IFRS 9 für Investitionen in Eigenkapitaltitel, die nicht zu Handelszwecken gehalten werden, beim erstmaligen Ansatz ein Wahlrecht zur GuV-neutralen Behandlung. Entsprechende Wertänderungen werden auch bei Veräußerung nicht in der GuV verbucht (kein *recycling*) (vgl. 5. Kapitel, S. 277 ff.).

Gewinne/Verluste i. V. m. Pensionsplänen

Nach IAS 19 sind *actuarial gains and losses on pension plans*, also versicherungsmathematische Gewinne und Verluste aus Pensionsverpflichtungen, GuV-neutral direkt im Eigenkapital zu erfassen. Dadurch soll die GuV vor allzu großer Pensions-Volatilität geschützt werden.

Währungsumrechnungsdifferenzen

Problematisch ist die Bewertung des Aussagegehaltes der Währungsumrechnungsdifferenzen. Dieser Posten darf zur Abschätzung der Ertragskraft nur dann herangezogen werden, wenn die erfassten Gewinne bzw. Verluste später realisiert werden. Sofern dies nicht gewährleistet ist, können die Währungsumrechnungsdifferenzen keinen Hinweis auf stille Reserven oder Lasten geben. Wird berücksichtigt, dass bilanzielle Umrechnungsdifferenzen nach IFRS lediglich aus der Umrechnung des Abschlusses eines ausländischen Geschäftsbetriebes resultieren können, ist davon auszugehen, dass diese erst mit Veräußerung dieses Betriebes realisiert werden. Insofern sollten die Währungsumrechnungsdifferenzen lediglich als grober Anhaltspunkt zur Abschätzung der stillen Reserven bzw. Lasten betrachtet werden (vgl. Brecht, A. [2002], S. 277 f.).

Tatsächliche und latente Steuern

Der Posten *tax on items taken directly to or transferred from equity* beinhaltet sowohl tatsächliche als auch latenten Steuern, die auf GuV-neutral erfasste Transaktionen zurückzuführen sind. Ihre Bedeutung für die Ergebnisanalyse ist eher gering, da eine exakte Zuordnung über ihre Quelle nicht getroffen werden kann.

3. Vergleich von Börsen- und Bilanzwert

Börsenkurs, Bilanzkurs

Anhaltspunkte über das Ausmaß stiller Reserven versucht man in der Praxis der Bilanzanalyse ferner vielfach durch den Vergleich von Börsen- und Bilanzwert des gezeichneten Kapitals zu gewinnen. Für die zu schätzenden stillen Reserven ergibt sich dabei die Ermittlungsformel:

$$\text{Stille Reserven} = \text{Zahl der Aktien} \times (\text{Börsenkurs} - \text{Bilanzkurs})$$

Wobei der Börsenkurs dem Preis je Aktie entspricht und der Bilanzkurs wie folgt definiert ist:

$$\text{Bilanzkurs} = \frac{\text{Bilanzielles Eigenkapital}}{\text{Zahl der Aktien}}$$

Der Bilanzkurs ist eine substanzorientierte Größe. Das bilanzielle Eigenkapital wird nach dem im 17. Kapitel (S. 1043 f.) dargestellten Schema ermittelt. Im Rahmen der Konzernabschlussanalyse sollte der Posten »Anteile in Fremdbesitz« nicht im bilanziellen Eigenkapital erfasst werden, da der Vergleichswert, nämlich der Börsenwert des Eigenkapitals, sich nur auf die Aktien des Mutterunternehmens bezieht.

Der Börsenkurs zeigt, wie das Unternehmen am Kapitalmarkt bewertet wird. Sofern der Börsenkurs primär die Ertragserwartungen der Kapitalmarktteilnehmer reflektiert, entspricht der Börsenwert des gezeichneten Kapitals (= Marktkapitalisierung) dem marktmäßig objektivierten Ertragswert des Unternehmens. Diese Interpretation wird vor allem dann zutreffen, wenn nicht der Börsenkurs eines bestimmten Stichtages, sondern, nach Eliminierung von Zufallsschwankungen, ein gleitender durchschnittlicher Kurswert einer längeren Periode verwendet wird.

Originärer Firmenwert

Trifft die Interpretation des Börsenwertes als ertragsorientierter Marktwert des Unternehmens zu, so spiegelt die Differenz zwischen Börsenwert und Bilanzwert des gezeichneten Kapitals nicht nur die stillen Reserven, sondern über diese hinaus den (originären) Firmenwert des Unternehmens wider.

Künftige Ertragserwartungen

Zudem handelt es sich bei den enthaltenen stillen Reserven um stille Reserven im weiteren Sinne: Außer den durch bilanzpolitische Maßnahmen gelegten stillen Ermessens- und Dispositionsreserven, die durch die Ergebnisanalyse eigentlich aufgedeckt werden sollen, umfasst die Differenz von Börsen- und Bilanzwert des Eigenkapitals auch den Betrag der sog. stillen Zwangsreserven, die dadurch entstehen, dass günstige zukünftige Ertragserwartungen sich zwar im gegenwärtigen Ertragswert (Zukunftserfolgswert) des Unternehmens, wegen des Realisationsprinzips aber nicht auch schon im gegenwärtigen Jahresabschluss niederschlagen. Nur auf den Betrag der stillen Reserven in diesem weiteren Sinne kann der Vergleich von Börsen- und Bilanzkurs Hinweise geben. Dieses sehr pauschale Verfahren zur Abschätzung des Betrages der stillen Reserven verliert seine Aussagefähigkeit, wenn die Börsenkursentwicklung nicht primär durch die Ertragserwartungen der Kapitalmarktteilnehmer, sondern durch andere Einflussgrößen bestimmt wird.

Market-to-Book Ratio/Price-to-Book Ratio

Statt der oben als Differenz von Börsen- und Bilanzkurs angegebenen Ermittlungsformel für die vorhandenen stillen Reserven im weiten Sinne wird in der angloamerikanischen Praxis der Finanzanalyse das Verhältnis von Börsen- zu Bilanzkurs unter den Bezeichnungen *Market-to-Book Ratio* oder *Price-to-Book Ratio (P/B Ratio)* verwendet (vgl. z. B. Brealey, R. A./Myers, S. C./Allen, F. [2011], S. 736 f.). Die Definition lautet:

$$\text{Market-to-Book Ratio} = \frac{\text{Stock Price}}{\text{Book Value per Share}} = \frac{\text{Börsenkurs}}{\text{Bilanzkurs}}$$

Der Wert der Kennzahl indiziert den Wertzuwachs, den die durch die Eigentümer in der Vergangenheit getätigten Einlagen (einschl. den einbehaltenen Gewinnen) erfahren haben.

4. Cashflow als Indikator der Ertragskraft

Erkenntnisziele

Im 18. Kapitel (S. 1086 f.) wurde der Cashflow als Instrument der finanzwirtschaftlichen Unternehmensanalyse erörtert. Neben diesem Hauptanwendungsbereich der Cashflow-Analyse wird – wie dort bereits angesprochen – aber auch versucht, den Cashflow als Indikator der Ertragsfähigkeit eines Unternehmens nutzbar zu machen. Gemeint ist in diesem Zusammenhang der »Vereinfachte Cashflow« oder der »Nachhaltige Cashflow« (auch Brutto-Cashflow oder Ertrags-Cashflow genannt), wie er im 18. Kapitel (S. 1089) definiert wurde. Im Rahmen der Ergebnisanalyse werden dem Cashflow zwei Aufgaben zugewiesen, die sich aus den zwei charakteristischen Merkmalen des Cashflow ableiten lassen:

- Der Cashflow ist von der Absicht her eine finanzwirtschaftliche und somit weitgehend bewertungsunabhängige Überschussgröße. Dementsprechend soll der Cashflow Aussagen über die Entwicklung der tatsächlichen Ertragslage in den vergangenen Perioden ermöglichen. Der Cashflow dient hier als retrospektiver Erfolgsmaßstab.
- Der Cashflow repräsentiert einen ausschließlich aus eigener Kraft erwirtschafteten finanzwirtschaftlichen Überschuss. Unter diesem Aspekt soll die Entwicklung des Cashflow Anhaltspunkte über die künftige Ertragskraft des Unternehmens geben. Der Cashflow dient hier als prospektives Erfolgsmaß.

a) Cashflow als retrospektiver Erfolgsmaßstab

Als Grundlage der retrospektiven Ergebnisanalyse soll der Cashflow, wie oben ausgeführt, eine Maßgröße für die Entwicklung des tatsächlich erzielten Ergebnisses bieten, das aufgrund bilanzpolitischer Maßnahmen im Jahresüberschuss nicht immer zuverlässig wiedergegeben wird. Bildung und Auflösung stiller Reserven vollziehen sich im Wesentlichen durch bilanzpolitische Maßnahmen bei denjenigen Aufwendungen und Erträgen, die zeitlich von den ihnen entsprechenden Ausgaben und Einnahmen abweichen und deren Bemessung deshalb, soweit keine genauen gesetzlichen Normierungen greifen, weitgehend dem Ermessen des Bilanzierenden unterliegen. Es handelt sich hier insbesondere um Abschreibungen bzw. Wertkorrekturen von Vermögensgütern, Zuschreibungen bzw. Wertaufholungen zu Gunsten des Ergebnisses, Zuführungen zu Rückstellungen sowie Auflösungen von Rückstellungen zu Gunsten des Ergebnisses. Im Cashflow werden die wesentlichen Posten finanzunwirksamer und somit bilanzpolitisch beeinflussbarer Erfolgskomponenten mit dem Jahresüberschuss zu einer Bruttoüberschussgröße zusammengefasst. Der Cashflow enthält somit neben dem im Jahresüberschuss offen ausgewiesenen Gewinn auch die in den Abschreibungen, Zuschreibungen und Veränderungen langfristiger Rückstellungen in versteckter Form eventuell enthaltenen Erfolgsbestandteile (vgl. hierzu die Berechnungsschemata im 18. Kapitel, S. 1089 ff.). Es liegt deshalb nahe, aus der Entwicklung des Cashflow im Zeitablauf auf die Veränderungen des in den vergangenen Perioden tatsächlich erwirtschafteten Ergebnisses zu schließen.

Grenzen der Aussagefähigkeit

Inwieweit wird der Cashflow der retrospektiven Maßstabsfunktion gerecht? Zunächst ist nachdrücklich festzustellen, dass der Cashflow nicht mit dem erzielten Jahreserfolg identisch ist. Neben dem Jahresüberschuss und der Änderung der stillen Reserven enthält der Cashflow auch echte, wenn auch finanzunwirksame Aufwendungen. Der Cashflow kann deshalb nicht das Ergebnisniveau spiegeln, er kann sich allenfalls als Tendenzindikator eignen. Seine Veränderung kann eine entsprechende Änderung des erzielten Ergebnisses indizieren, die im Jahresüberschuss möglicherweise erst mit einer zeitlichen Verzögerung oder überhaupt nicht reflektiert wird. Der Aufgabe als erfolgswirtschaftlicher Tendenzindikator könnte der Cashflow jedoch nur dann gerecht werden, wenn er den Jahresüberschuss um alle finanzunwirksamen und zugleich bilanzpolitisch motivierten zahlungsunwirksamen Aufwendungen und Erträge bereinigt.

Dazu müsste auf den Cashflow aus laufender Geschäftstätigkeit i. S. der Kapitalflussrechnung (Netto-Cashflow, vgl. 18. Kapitel, S. 1087) anstatt auf den vereinfachten Cashflow (Brutto-Cashflow, vgl. 18. Kapitel, S. 1089) zurückgegriffen werden. Nur so wäre gewährleistet, dass alle bilanzpolitisch beeinflussbaren Größen im Cashflow bereinigt sind. Das hätte andererseits den Nachteil, dass kurzfristige Schwankungen des Nettoumlaufvermögens auf den Cashflow als Indikator der Ertragskraft durchschlagen. Im Rahmen der Ertragsanalyse wird deshalb i. S. einer periodendurchschnittlichen Kennzahl der Ertragskraft der Mangel einer nicht vollständigen Bereinigung bewertungsabhängiger Aufwendungen und Erträge in Kauf genommen.

EBITDA

Dem Brutto-Cashflow entspricht auch die aus der anglo-amerikanischen Finanzanalyse bekannte Kennzahl EBITDA (*earnings before interest, taxes, depreciation and amortization*) (vgl. ausführlicher 17. Kapitel, S. 1049 sowie 18. Kapitel, S. 1090 ff.).

Die vorstehenden Kritikpunkte zeigen, dass aus der Entwicklung des Cashflow kein eindeutiger Schluss auf die Entwicklung des erzielten Ergebnisses gezogen werden kann. Die retrospektive Cashflow-Analyse kann deshalb die bisher erörterten Verfahren der betragsmäßigen Ergebnisanalyse nicht ersetzen, sondern nur ergänzen. Sie verlangt ihrerseits eine detaillierte Analyse der Veränderungen der einzelnen Komponenten des Cashflow sowie der Veränderungen der nicht im Cashflow erfassten finanzunwirksamen Erfolgskomponenten.

Cashflow vor Steuern

Schließlich erweist es sich im Rahmen der ertragswirtschaftlichen Cashflow-Analyse stets als zweckmäßig, neben dem Nachsteuer-Cashflow auch den Vorsteuer-Cashflow (Cashflow zuzüglich der Steuern vom Einkommen und vom Ertrag) in die Analyse einzubeziehen. Durch Berücksichtigung der gewinnabhängigen Steuern als Teil des ertragsorientierten Cashflow erhält man eine von der Besteuerungshöhe und der Ausnutzung steuerlicher Sonderabschreibungen unabhängige, also für Zeit- und Betriebsvergleiche aussagefähigere Größe (vgl. Hauschildt, J./Rösler, J./Gemünden, H. G. [1984], S. 363).

Betriebsbedingter Cashflow

Dem Ziel der besseren zeitlichen und zwischenbetrieblichen Vergleichbarkeit sowie dem Ziel der Gewinnung eines Maßstabes der nachhaltigen Ertragskraft dient die Verwendung des betriebsbedingten Cashflow anstelle des gesamten Cashflow. Den betriebsbedingten Cashflow erhält man, indem der Cashflow um die betriebsfremden und außerordentlichen Aufwendungen und Erträge bereinigt wird. Einfacher berechnet sich der betriebsbedingte Cashflow, wenn man direkt vom ordentlichen Betriebsergebnis (vgl. in diesem Kapitel, S. 1125) ausgeht. Aufgrund der Angabepflicht des § 285 Nr. 6 HGB bzw. des ASC 225-20-45 (früher Regulation S-X, Rule 5-03) für US-GAAP-Abschlüsse kann der betriebsbedingte Nachsteuer-Cashflow entsprechend nachfolgender Übersicht berechnet werden. Abschreibungen und Zuschreibungen können bei Anwendung des Umsatzkostenverfahrens der Bilanz (= Anlagespiegel) oder dem Anhang entnommen werden.

Für IFRS-Abschlüsse gestaltet sich dieser Analyseschritt indes schwieriger, da außerordentliche Erfolgsbestandteile nicht mehr gesondert in der GuV darzustellen, sondern lediglich im Anhang zu erläutern sind.

Bei Verwendung des nachfolgenden Berechnungsschemas zur Ermittlung des betriebsbedingten Nachsteuer-Cashflow ist kritisch anzumerken, dass in dem Posten »Steuern vom Einkommen und vom Ertrag«, die auf das Ergebnis vor

Steuern entfallen, auch Gewinnsteuern enthalten sein können, die auf das Finanzergebnis entfallen. Eine Trennung ist weder nach HGB noch nach IFRS/US-GAAP geboten. Insoweit wird der betriebsbedingte Nachsteuer-Cashflow unter Umständen zu niedrig berechnet. Diese Verzerrungseffekte können dadurch ausgeglichen werden, dass man den Nachsteuer-Cashflow aus gewöhnlicher Geschäftstätigkeit heranzieht. Dieser stimmt weitgehend mit den *cash earnings* nach DVFA/SG überein (vgl. 18. Kapitel, S. 1085 ff.).

	ordentliches Betriebsergebnis
+	Abschreibungen (– Zuschreibungen) auf immaterielle Vermögensgegenstände des Anlagevermögens und Sachanlagen
+	Erhöhung (– Verminderung) langfristiger Rückstellungen
=	**betriebsbedingter Cashflow vor Steuern**
–	Steuern vom Einkommen und vom Ertrag, die auf das Ergebnis vor Steuern entfallen
=	**betriebsbedingter Cashflow nach Steuern**

b) Cashflow als prospektiver Erfolgsmaßstab

Die auf die Beurteilung der zukünftigen Erfolgsentwicklung des Unternehmens gerichtete Cashflow-Analyse knüpft in erster Linie an die Funktion des Cashflow als Indikator der Innenfinanzierungskraft an (vgl. 18. Kapitel, S. 1090 ff.). In diesem Zusammenhang soll der Cashflow indizieren, inwieweit Finanzmittel für zusätzliche Forschungs- und Wachstumsinvestitionen erwirtschaftet wurden, die zur Stärkung der Ertragsfähigkeit in der Zukunft führen.

Grenzen der Aussagefähigkeit

Die Aussagefähigkeit des Cashflow als prospektiver Erfolgsmaßstab hängt zunächst von der Zuverlässigkeit ab, mit der der Cashflow den Innenfinanzierungsspielraum des Unternehmens widerspiegelt. Hier spielen also die bereits im Rahmen der finanzwirtschaftlichen Bilanzanalyse erörterten Vor- und Nachteile verschiedener Cashflow-Berechnungen eine Rolle. Aber selbst wenn der Innenfinanzierungsspielraum zuverlässig im Cashflow zum Ausdruck kommt, ist ein Rückschluss auf die künftige Ertragsfähigkeit an bestimmte Voraussetzungen gebunden:

- Die erwirtschafteten Finanzmittel werden nicht ausschließlich für Ersatzinvestitionen, Schuldentilgungen und Gewinnausschüttungen benötigt.
- Es bieten sich gegenwärtig und in der Zukunft erfolgreiche Investitionsprojekte.
- Die Unternehmensleitung ist in der Lage, erfolgreiche Investitionschancen zu erkennen und zu verwirklichen.

Hierüber gibt der Cashflow eines vergangenen Zeitabschnitts keine Auskunft. Dementsprechend kann der Cashflow die ihm zugeschriebene Funktion als prospektiver Erfolgsmaßstab nur Hand in Hand mit den Ergebnissen einer detaillierten Finanzierungs- und Investitionsanalyse sowie einer Beurteilung der Qualität des Managements erfüllen.

Der Cashflow ist in erster Linie eine Finanzgröße. Für die Beurteilung der Ertragslage kann er allenfalls eine Hilfsfunktion haben. Diese Hilfsfunktion kann allerdings, wie empirische Datenanalysen zeigen, von großer Bedeutung sein (vgl. Baetge, J./Kirsch, H.-J./Thiele, S. [2004], S. 379 ff.).

5. Ergebnis nach DVFA/SG als Indikator der Ertragskraft

Ergebnis nach DVFA/SG

Dem Ziel der Indikation der nachhaltigen Ertragsfähigkeit des Unternehmens dient auch das von der Methodenkommission der Deutschen Vereinigung für Finanzanalyse und Asset Management (DVFA) sowie dem Arbeitskreis externe Unternehmungsrechnung der Schmalenbach-Gesellschaft für Betriebswirtschaft erarbeitete Konzept des Ergebnisses nach DVFA/SG (DVFA/SG [1996]), das für nach dem 31.12.1998 endende Geschäftsjahre zur Berücksichtigung des Trends zur Übernahme internationaler Rechnungslegungsstandards revidiert wurde (DVFA/SG [1998]; DVFA/SG [2000]).

Deutsche Unternehmen haben in den vergangenen Jahren in zunehmendem Maße IFRS oder US-GAAP für Zwecke des Konzernabschlusses übernommen. Die Neukonzeption des DVFA/SG-Ergebnisses zielt deshalb wesentlich stärker auf eine Orientierung an den international üblichen Bilanzierungsregeln ab. Sie bemüht sich, eine größtmögliche Gemeinsamkeit zwischen den Vorschriften des deutschen Handelsrechts, der IFRS und der US-GAAP bei der Definition des objektivierten Unternehmensergebnisses zu berücksichtigen.

Zielsetzung und Verbreitung

Das Ergebnis nach DVFA/SG zielt auf die Kennzahl Ergebnis je Aktie ab und dient in erster Linie der Preiswürdigkeitsberechnung der Aktie (vgl. in diesem Kapitel, S. 1154 ff.). Das vorgeschlagene Berechnungsschema ist in der externen Jahresabschlussanalyse nur sehr begrenzt anwendbar; es dient vielmehr als Grundlage für die interne Ermittlung durch das Unternehmen selbst. Das Ergebnis nach DVFA/SG hatte, als börsennotierte Gesellschaften noch nach HGB bilanzierten, relativ starke Verbreitung gefunden. Mit Einzug der internationalen Rechnungslegung in die deutsche Bilanzierungspraxis hat die lediglich freiwillige Berichterstattung über das DVFA/SG-Ergebnis jedoch stark nachgelassen. Da es jedoch als zusätzlicher Indikator im Rahmen der betragsmäßigen Ergebnisanalyse zur Verfügung steht, wird es in seinen Grundzügen kurz erläutert.

Aussagezwecke

Mit dem Ergebnis nach DVFA/SG werden drei Aussagezwecke verfolgt:

- Durch ein von Sondereinflüssen bereinigtes Ergebnis soll der Ergebnistrend im Zeitablauf aufgezeigt werden.
- Zugleich soll eine zuverlässige Ausgangsposition für Ergebnisprognosen geschaffen werden.
- Es sollen schließlich Vergleiche des wirtschaftlichen Erfolges zwischen verschiedenen Unternehmen ermöglicht werden.

Gerade die zuletzt erwähnte Zwecksetzung der zwischenbetrieblichen Vergleichbarkeit ist dann gefährdet, wenn neben den nationalen Rechnungslegungsstandards andere international anerkannte Rechnungslegungsstandards angewendet werden dürfen.

Im Folgenden wird lediglich die Grundkonzeption des DVFA/SG-Ergebnisses erörtert. Bezüglich der Details der zu berücksichtigenden Sondereinflüsse und des konkreten Berechnungsschemas wird auf die Spezialliteratur verwiesen (vgl. DVFA/SG [2000]).

Konzernbezug

Das DVFA/SG-Ergebnis will den wirtschaftlichen Erfolg des Gesamtunternehmens messen. Folglich ist es auf den Konzernabschluss bezogen. Da es als Preiswürdigkeitsindikator für die Aktie des Unternehmens dienen soll, sind für dessen Ermittlung folgende Festlegungen zu beachten:

- Das DVFA/SG-Ergebnis ist als Ergebnis vor Ergebnisanteilen Dritter definiert. Folglich sind die Gewinn- und Verlustanteile anderer Gesellschafter bei der Ermittlung des Ergebnisses nach DVFA/SG abzuziehen bzw. hinzuzurechnen, soweit diese Bestandteil des Jahresergebnisses des Konzerns sind.
- Als Preiswürdigkeitsindikator für die Aktie dienen im Allgemeinen Nachsteuerergebnisse, so etwa bei der Berechnung von Kurs/Gewinn-Verhältnissen (vgl. in diesem Kapitel, S. 1157 ff.). Das DVFA/SG-Ergebnis ist deshalb als Nachsteuerergebnis definiert.

Ergebnis je Aktie/ adjustiertes Ergebnis/voll verwässertes Ergebnis

Das DVFA/SG-Ergebnis ist als Ergebnis je Aktie definiert. Dabei sind ggf. drei Ergebnisziffern zu unterscheiden: Das Ergebnis nach DVFA/SG je Aktie entspricht dem nach der DVFA/SG-Richtlinie bereinigten Ergebnis dividiert durch den gewichteten Durchschnitt der während des Geschäftsjahres ausstehenden Aktien. Darüber hinaus ergibt sich ein adjustiertes Ergebnis nach DVFA/SG je Aktie für den Fall, dass nach dem Bilanzstichtag Kapitalveränderungen stattgefunden haben. Im Fall von ausstehenden Options- oder Wandlungsrechten ergibt sich schließlich noch ein voll verwässertes DVFA/SG-Ergebnis je Aktie.

Kernpunkt der Konzeption des DVFA/SG-Ergebnisses ist die Bereinigung des Jahresergebnisses des Konzerns um Sondereinflüsse, um zu einem objektivierten, wirtschaftlichen Ergebnis des Unternehmens zu kommen. Die Bereinigungstatbestände lassen sich auf zwei Grundkategorien zurückführen:

Ungewöhnliche Aufwendungen/ Erträge

- Ungewöhnliche Aufwendungen und Erträge, d. h. solche Erfolgskomponenten, für die eine vorhersehbare Seltenheit besteht und die nicht aus kontinuierlichen Aktivitäten resultieren.

Dispositionsbedingte Aufwendungen/Erträge

- Dispositionsbedingte Aufwendungen und Erträge, d. h. solche Erfolgskomponenten, die aus der unterschiedlichen Nutzung von Bilanzierungs- und Bewertungswahlrechten resultieren.

Beide Kategorien lassen sich eng und weit auslegen; sie sind deshalb in dieser allgemeinen Form für die Definition von Bereinigungstatbeständen nicht operational. Die revidierte DVFA/SG-Richtlinie enthält deshalb eine erschöpfende Liste aller zu bereinigenden Sondereinflüsse (DVFA/SG [2000], Tz. 43 ff.).

Bedeutung für die Analyse

Aufgrund der zunehmenden Internationalisierung der Rechnungslegung nimmt die Bedeutung des DVFA/SG-Ergebnisses als Grundlage für ein prognosefähiges Ergebnis je Aktie ab. Dieser Trend konnte auch mit Anpassung des Bereinigungsschemas nicht aufgehalten werden. Mit der verpflichtenden Konzernberichterstattung für kapitalmarktorientierten Unternehmen nach IFRS verlor das DVFA/SG-Ergebnis in der dargestellten Form zwangsläufig an Bedeutung. Abgesehen von dieser eingeschränkten Anwendung stellen sich für eine zutreffende betragsmäßige Ergebnisanalyse als Grundlage einer Prognose folgende Fragen:

- Welche Ergebniseinflüsse sind als nicht regelmäßig wiederkehrend zu betrachten?
- Wie sind die nicht wiederkehrenden Ergebniseinflüsse in der Prognose zu berücksichtigen?
- Wie sind verbleibende Unterschiede bei den angewandten Bilanzierungsmethoden (Wahlrechte, soweit vorhanden, sowie Unterschiede zwischen IFRS und US-GAAP) in der Prognose zu berücksichtigen?

Richtlinie Non-GAAP-Earnings-Adjustments

Unabhängig von der Rechnungslegung nach HGB, IFRS oder US-GAAP werden in Europa sog. »Non-GAAP-Elemente«, d. h. Berichtselemente, deren Ermittlung und Reporting nicht über Rechnungslegungsstandards definiert werden, häufig genutzt (vgl. Hitz, J. M. [2010]). Deshalb ist eine unternehmens- und branchenübergreifende Vergleichbarkeit von solchen Non-GAAP-Elementen für Investoren, Gläubiger und Finanzanalysten unabdingbar, um fundierte Investitionsentscheidungen zu treffen (vgl. DVFA et al. [2012]). Da Non-GAAP-Elemente weiterhin von großer Bedeutung für die strategische Analyse sind, hat die DVFA zusammen mit PwC Deutschland und der Universität Hamburg in 2012 - basierend auf einem gemeinsamen Forschungsprojekt und Umfragen mit Praktikern - die »Richtlinie Non-GAAP-Earnings-Adjustments« herausgegeben, die an den Grundsätzen des DVFA/SG-Ergebnisses anknüpft. Wie das DVFA/SG-Ergebnis setzten Non-GAAP-Earnings bei reglementierten Jahresergebnissen an, welche durch Non-GAAP-Earnings-Adjustments angepasst werden, um zu einem objektivierten, wirtschaftlichen Ergebnis zu gelangen. In Form von zwölf Empfehlungen bietet die Richtlinie eine Möglichkeit, standardisierte Informationen insbesondere bezüglich der Ergebnisbereinigung zu veröffentlichen, wodurch die Vergleichbarkeit erhöht und Analysen für Investoren, Gläubiger und Finanzanalysten erleichtert werden.

II. Strukturelle Ergebnisanalyse

Erkenntnisziele

Die strukturelle Ergebnisanalyse soll die Komponenten und die Einflussfaktoren des Jahresergebnisses offen legen. Hierbei werden im Rahmen der Ergebnisquellenanalyse zunächst abgrenzbare Teilergebnisse ermittelt, um darauf aufbauend die Qualität und Zusammensetzung des Gesamtergebnisses beurteilen zu können (vgl. in diesem Kapitel, S. 1121 ff.). Anschließend untersucht die Ergebnisstrukturanalyse zunächst das Verhältnis der ermittelten Teilergebnisse zueinander sowie insbesondere die Zusammensetzung des ordentlichen Betriebsergebnisses (vgl. in diesem Kapitel, S. 1144 ff.).

1. Ergebnisquellenanalyse

Die Ergebnisquellenanalyse lässt sich in zwei Bereiche untergliedern, nämlich die Ergebnis- oder Erfolgsspaltung sowie die Ergebnissegmentierung.

Die Ergebnisspaltung kann wiederum in zwei Unterformen vorgenommen werden, sodass sich die in Abbildung 19.3 dargestellte Übersicht über die Methoden der Ergebnisquellenanalyse ergibt.

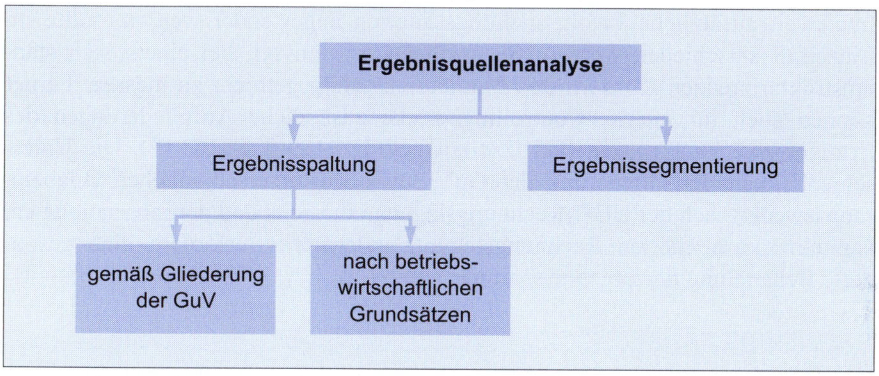

Abb. 19.3: Ergebnisquellenanalyse

a) Ergebnisspaltung

Zielsetzung der Ergebnis- oder Erfolgsspaltung

Zweck der Ergebnisspaltung ist es insbesondere, die nachhaltigen prognosefähigen Erfolgsbestandteile von den nicht nachhaltigen, kurzfristig starken Schwankungen ausgesetzten Erfolgsbestandteilen zu trennen. Dem dient die Abspaltung der »außerordentlichen« Erfolgskomponenten von den »ordentlichen« betrieblichen und finanziellen Erfolgskomponenten. Ferner soll der betrieblich bedingte, operative Erfolgsbereich von den nicht unmittelbar operativen, vorwiegend aus dem finanziellen Geschehen resultierenden Erfolgsbestandteilen isoliert werden.

Abgrenzungskriterien

Daraus resultiert grundsätzlich eine Aufgliederung des Erfolges einerseits nach dem Kriterium der Regelmäßigkeit, andererseits nach dem Kriterium der Betriebszugehörigkeit in die drei Elemente »Betriebsergebnis«, »Finanzergebnis« und »außerordentliches Ergebnis« (vgl. Abbildung 19.4).

Betriebszugehörigkeit / Regelmäßigkeit	Betriebliche Erfolgskomponenten	Betriebsfremde Erfolgskomponenten
Regelmäßig anfallende Erfolgskomponenten	Ordentliches Betriebsergebnis	Ordentliches betriebsfremdes Ergebnis (= Finanzergebnis)
Unregelmäßig anfallende Erfolgskomponenten	Außerordentliches Ergebnis	

Abb. 19.4: Kriterien der Erfolgsspaltung

Durch Verwendung weiterer Abgrenzungskriterien sind natürlich auch weitere Aufgliederungen des Erfolges denkbar, z. B. die Abtrennung eines Verbunderfolges oder die weitere Aufspaltung der außerordentlichen Erfolgsbeiträge in einen Bewertungs- und Liquidationserfolg (vgl. z. B. Hauschildt, J. [1996], S. 29 ff.; Baetge, J./Kirsch, H.-J./Thiele, S. [2004], S. 103 ff.; Gräfer, H./Schneider, G./Gerenkamp, T. [2012], S. 27 ff.; Küting, K./Weber, C.-P. [2012b], S. 252 ff.). Besonders für IFRS- und US-GAAP-Abschlüsse sind differenziertere Aufspaltungskriterien empfehlenswert (vgl. in diesem Kapitel, S. 1130 ff.). Inwieweit zusätzliche Erfolgsspaltungskriterien angewendet werden, sollte im Einzelfall entschieden werden. So erscheint es sinnvoll, bei einem sich stark umstrukturierenden Konzern den Liquidationserfolg getrennt zu messen. Ferner können auch für interne Controllingzwecke zusätzliche Aufgliederungen des Erfolges zweckmäßig sein (vgl. Ziolkowsky, U. [1990], S. 181 ff.). Die Unterschiedlichkeit der Gliederung der GuV sowie die unterschiedlichen Bilanzierungszwecke nach der HGB-Rechnungslegung einerseits und der internationalen, kapitalmarktorientierten Rechnungslegung andererseits, erfordern eine gesonderte Behandlung der Ergebnisspaltung.

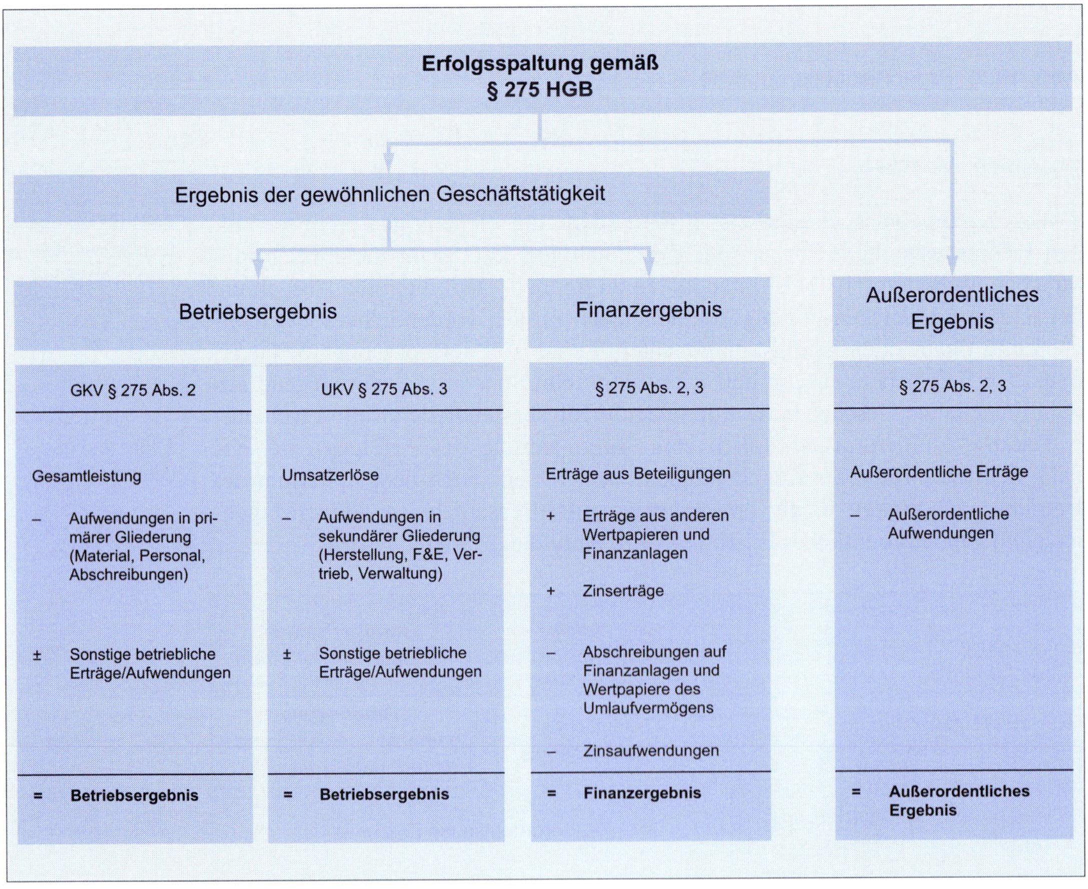

Abb. 19.5: Erfolgsspaltung gemäß § 275 HGB

(1) Ergebnisspaltung im HGB-Abschluss

Erfolgsspaltungskriterien

Die Ergebnis- oder Erfolgsspaltung nach HGB bezweckt, das in der GuV ausgewiesene Gesamtergebnis vor Steuern nach den Kriterien der Regelmäßigkeit und der Betriebszugehörigkeit in die Ergebniskategorien »ordentliches Betriebsergebnis«, »Finanzergebnis« und »außerordentliches Ergebnis« aufzuspalten.

Erfolgsspaltung nach GuV-Gliederung

Die gemäß der Gliederungsvorschrift des § 275 Abs. 2 und 3 HGB verwirklichte dreigliedrige Erfolgsspaltung, die in Abbildung 19.5 in Kurzform wiedergegeben ist, gewährt in vielen Fällen bereits einen hinreichenden Einblick in die strukturelle Zusammensetzung des Ergebnisses.

Abgrenzung außerordentlicher Komponenten

Wie schon im 9. Kapitel (S. 528 ff.) ausgeführt, beruht die Gliederung der GuV gemäß HGB auf einem Erfolgsspaltungskonzept, das als außerordentliche Erfolgskomponenten lediglich außergewöhnliche, selten auftretende Erfolge erfasst. Dies sind solche Aufwendungen und Erträge, die »im Zusammenhang mit einer bedeutenden Änderung der Geschäftstätigkeit oder einer wesentlichen Änderung der Geschäftsgrundlagen stehen« (Beck'scher Bilanzkommentar [2012], § 275 Tz. 217). Aperiodische Aufwendungen und Erträge gehören allein aufgrund ihrer Aperiodizität regelmäßig nicht dazu. I. S. des bilanzanalytisch zu ermittelnden nachhaltigen Ergebnisses kann es aber zweckmäßig sein, auch aperiodische Erfolgskomponenten vom ordentlichen Betriebsergebnis und vom Finanzergebnis zu isolieren. Es ist deshalb zwischen der Erfolgsspaltung gemäß GuV-Gliederung und der betriebswirtschaftlichen Erfolgsspaltung zu unterscheiden.

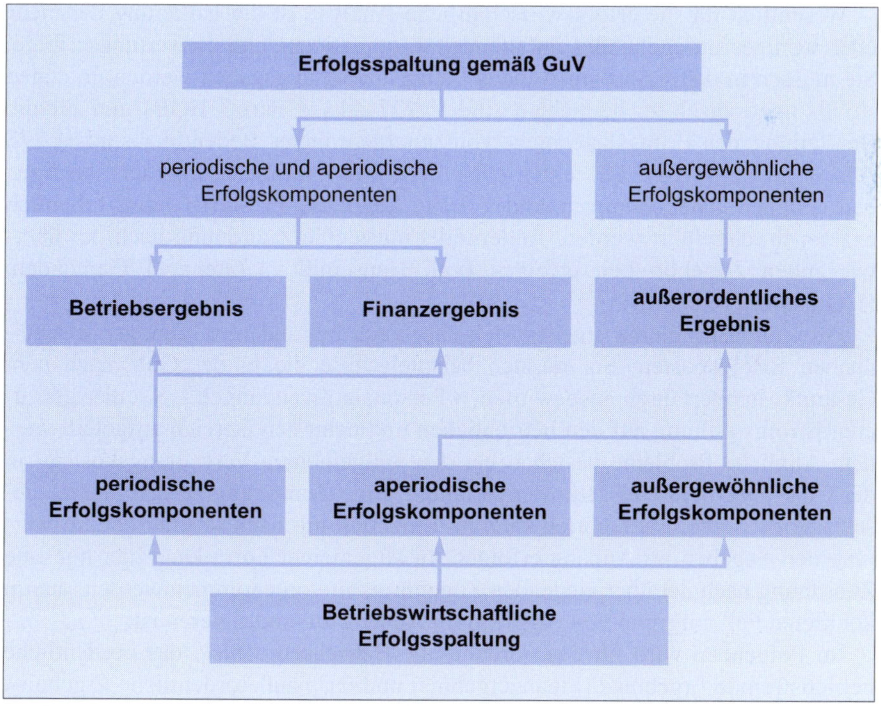

Abb. 19.6: Handelsrechtliche und betriebswirtschaftliche Erfolgsspaltung

Betriebswirtschaftliche Erfolgsspaltung

Wie ausgeführt, beruht die Erfolgsspaltung gemäß HGB-Gliederung auf einer engen Interpretation des außerordentlichen Ergebnisses, in dem lediglich ungewöhnliche, nicht jedoch aperiodische Erfolgskomponenten erfasst sind. Da gerade aperiodische Erfolgskomponenten Ausdruck bilanzpolitischer Maßnahmen sein können, ist es sinnvoll, zwischen der Erfolgsspaltung gemäß GuV-Gliederung und einer weitergehenden, stärker an den tatsächlichen wirtschaftlichen Verhältnissen orientierten, betriebswirtschaftlichen Erfolgsspaltung zu unterscheiden (vgl. Coenenberg, A. G. [1985]). Der wesentliche Unterschied zwischen beiden Konzeptionen ist in Abbildung 19.6 verdeutlicht.
Die Durchführung einer Erfolgsspaltung nach betriebswirtschaftlichen Grundsätzen im Rahmen des HGB-Abschlusses stößt jedoch aufgrund unterschiedlicher Vorgehensweisen bei der Erfassung von betriebswirtschaftlichen Sachverhalten und insbesondere wegen der in der GuV enthaltenen Sammelpositionen »sonstige betriebliche Erträge« und »sonstige betriebliche Aufwendungen« auf Zuordnungsprobleme.

Liquidations- und Bewertungserfolge

Dies gilt insbesondere deshalb, weil hier Liquidations- und Bewertungserfolge (Abgangs- und Zuschreibungserträge auf Vermögensgegenstände des Anlagevermögens, Erträge aus der Herabsetzung der Pauschalwertberichtigung zu Forderungen, Erträge aus der Auflösung von Rückstellungen, Verluste aus Wertminderungen oder dem Abgang von Gegenständen des Umlaufvermögens außer Vorräten und Einstellungen in die Pauschalwertberichtigung zu Forderungen sowie Abgangsverluste aus Anlageposten) mit anderen, weitgehend regelmäßig anfallenden Aufwendungen und Erträgen zusammengefasst sind.

Wesentlich für die erfolgswirtschaftliche Analyse ist die Isolierung der mehr oder weniger unregelmäßig anfallenden Liquidations- und Bewertungserfolge. Sie müssen in den Fällen im Anhang betragsmäßig angegeben werden, in denen sie als aperiodisch zu betrachten sind (§ 277 Abs. 4 Satz 3 HGB) und für die Beurteilung der Ertragslage nicht von untergeordneter Bedeutung sind (§ 277 Abs. 4 Satz 2 HGB). Bei einer entsprechenden Aufgliederung der sonstigen betrieblichen Aufwendungen und Erträge kann die Erfolgsspaltung erheblich exakter durchgeführt werden. Andernfalls muss eine Zuordnung nach der überwiegenden Zugehörigkeit erfolgen (vgl. Hauschildt, J./Grenz, T./Gemünden, H. G. [1985], S. 883 ff.).

Weitere Zuordnungsprobleme

Zuordnungsprobleme ergeben sich aber auch bei anderen, homogen erscheinenden Erfolgsposten: So müssten beispielsweise die in der GuV nach dem Gesamtkostenverfahren ausgewiesenen Personalaufwendungen i. S. einer genaueren Erfolgsspaltung auf den betrieblichen und neutralen Bereich aufgeteilt werden. Ähnliche Probleme bestehen bei den »allgemeinen Verwaltungskosten« in der GuV nach dem Umsatzkostenverfahren. Eine Zuordnung zu den hier vorgeschlagenen Ergebniskategorien kann im Einzelfall nur nach sorgfältiger Auswertung der Angaben im Anhang erfolgen. In allgemeiner Form kann hier nur eine Zuordnung nach der überwiegenden Zugehörigkeit vorgenommen werden, die im konkreten Fall aufgrund von Angaben im Anhang zu modifizieren ist.

Im Folgenden wird für das »ordentliche Betriebsergebnis«, das »ordentliche betriebsfremde Ergebnis« (Finanzergebnis) und das »außerordentliche Ergebnis« jeweils ein Abgrenzungsvorschlag dargestellt und erläutert (vgl. Tabellen 19.5 bis 19.8), wobei auf die ausführlichen GuV-Gliederungsschemata im 9. Kapitel (S. 523 ff.) für die Ergebnisrechnung nach dem Gesamt- und Umsatzkostenverfahren Bezug genommen wird. Hierbei wird – wie oben bereits angesprochen – stets ein Ergebnis vor Einkommen- und Ertragsteuern zugrunde gelegt.

Ordentliches Betriebsergebnis

Das ordentliche Betriebsergebnis umfasst die regelmäßig anfallenden Aufwendungen und Erträge aus der Erzeugung und dem Vertrieb der vom Unternehmen im Rahmen seines jeweiligen Geschäftszweiges erzeugten und gelieferten Produkte sowie erbrachten Dienstleistungen (vgl. Tabelle 19.5 und Tabelle 19.6). Da das ordentliche Betriebsergebnis den nachhaltigen Betriebserfolg angibt, ist auf seine möglichst genaue Abgrenzung besondere Sorgfalt zu verwenden. Relativ eindeutig dem Betriebsergebnis zuzurechnen sind bei Anwendung des Gesamtkostenverfahrens die Posten 1, 2, 3, 5a und 5b, bei Anwendung des Umsatzkostenverfahrens die Posten 1, 2, 4 und 5. In den übrigen Posten können hingegen betriebliche und betriebsfremde Aufwendungen vermischt enthalten sein. Da über die Anteile betriebsfremder Aufwendungen an diesen Posten im Allgemeinen keine Angaben vorliegen, ist nach dem Kriterium der überwiegenden Zugehörigkeit eine Zuordnung zum Betriebsergebnis gerechtfertigt.

GuV-Posten gemäß § 275 Abs. 2 HGB		Bezeichnung der Posten
1		Umsatzerlöse
2	+	Erhöhung (– Verminderung) des Bestandes an fertigen und unfertigen Erzeugnissen
3	+	Andere aktivierte Eigenleistungen
4	+	Sonstige betriebliche Erträge*
5a	–	Aufwendungen für Roh-, Hilfs- und Betriebsstoffe und für bezogene Waren
5b	–	Aufwendungen für bezogene Leistungen
6a	–	Löhne und Gehälter
6b	–	Soziale Abgaben und Aufwendungen für Altersversorgung und für Unterstützung, davon für Altersversorgung
7a	–	Abschreibungen auf immaterielle Vermögensgegenstände des Anlagevermögens und Sachanlagen
8	–	Sonstige betriebliche Aufwendungen*
19	–	Sonstige Steuern
	=	**Ordentliches Betriebsergebnis**

*) Soweit nicht dem außerordentlichen Ergebnis zuzurechnen.

Tab. 19.5: Bestandteile des ordentlichen Betriebsergebnisses nach § 275 Abs. 2 HGB

Sonstige betriebliche Erträge

Die sonstigen betrieblichen Erträge sind dem ordentlichen Betriebsergebnis nur zuzurechnen, wenn sie nicht auf Bewertungs- und Liquidationsergebnissen beruhen. Diese sind stets im außerordentlichen Ergebnis zu erfassen. Soweit über weitere hier ausgewiesene betriebsfremde Ergebnisse (z. B. Kursgewinne) sowie ungewöhnliche und aperiodische Erträge (z. B. Liquidationsgewinne, Zuschreibungen, Zuschüsse) quantitative Angaben vorliegen, ist eine Umgliederung in das außerordentliche Ergebnis vorzunehmen.

GuV-Posten gemäß § 275 Abs. 3 HGB	Bezeichnung der Position
1	Umsatzerlöse
2	– Herstellungskosten der zur Erzielung der Umsatzerlöse erbrachten Leistungen
4	– Vertriebskosten
5	– Allgemeine Verwaltungskosten
6	+ Sonstige betriebliche Erträge*
7	– Sonstige betriebliche Aufwendungen*
18	– Sonstige Steuern (soweit nicht unter Posten 2, 4 oder 5 ausgewiesen)
	= Ordentliches Betriebsergebnis

*) Soweit nicht dem außerordentlichen Ergebnis zuzurechnen.

Tab. 19.6: Bestandteile des ordentlichen Betriebsergebnisses nach § 275 Abs. 3 HGB

Sonstige betriebliche Aufwendungen

Die Ausführungen zu den sonstigen betrieblichen Erträgen gelten analog auch für die sonstigen betrieblichen Aufwendungen. Soweit sich die unter dem GuV-Posten »sonstige betriebliche Aufwendungen« enthaltenen Liquidations- und Bewertungsverluste aufgrund von Angaben im Anhang (vgl. § 277 Abs. 4 Satz 2 HGB) nicht isolieren lassen, erscheint ein pauschaler Abzug dieses Postens vom Betriebserfolg grundsätzlich gerechtfertigt. Dadurch wird vermieden, dass das Betriebsergebnis in Zweifelsfällen zu hoch ausgewiesen wird.

Imparitätische Behandlung

Besteht die Vermutung, dass erhebliche Teile der sonstigen betrieblichen Erträge und Aufwendungen auf ungewöhnlichen und aperiodischen Erfolgskomponenten beruhen, ohne dass entsprechende quantitative Angaben vorliegen, so sind diese nach dem Kriterium der überwiegenden Zugehörigkeit in vollem Umfang dem außerordentlichen Ergebnis zuzuordnen. Unter dem Gesichtspunkt einer vorsichtigen kreditorientierten Unternehmensbeurteilung wird gelegentlich eine imparitätische Behandlung empfohlen: die sonstigen betrieblichen Aufwendungen wären danach dem ordentlichen Betriebsergebnis zu belasten, während die sonstigen betrieblichen Erträge im außerordentlichen Ergebnis zu erfassen wären.

Beteiligungserträge

Die Erträge aus Beteiligungen (GuV-Pos. 9) sowie die Erträge aus Gewinngemeinschaften, Gewinnabführungsverträgen und Teilgewinnabführungsverträgen (GuV-Pos. 10a) sind im Ermittlungsschema des Betriebsergebnisses nicht enthalten. Es handelt sich dabei um Erträge, die außerhalb des Betriebes der betrachteten Unternehmung erwirtschaftet wurden, die aber je nach Unternehmenspolitik eng mit der eigentlichen Geschäftstätigkeit verbunden sind. Die Ausklammerung dieser Erfolgskomponenten bei der Abgrenzung des Betriebsergebnisses als Maßstab für den nachhaltigen Erfolg erscheint insoweit sinnvoll, als sie zur Verstetigung des Erfolgsausweises herangezogen werden können. Grundsätzlich werden derartige Beteiligungserträge deshalb im ordentlichen betriebsfremden Ergebnis erfasst. Da sich hinter diesen Erfolgsposten jedoch auch z. B. einzelne, auf Tochtergesellschaften ausgegliederte betriebliche Teilfunktionen des Unternehmens (Handelsgesellschaften, Zulieferer) verbergen können, ist die Vergleichbarkeit mit den Unternehmen nicht gegeben, bei denen diese betrieblichen Funktionen nicht ausgegliedert sind und bei denen die diesen Betriebsfunktionen zugehörigen Ergebnisse Teil des Betriebsergebnisses sind. Dies macht deutlich, dass neben der Analyse des Einzelabschlusses stets auch eine Analyse des Konzernabschlusses erforderlich ist.

Außerplanmäßige Abschreibungen

Ebenfalls nicht in das ordentliche Betriebsergebnis aufgenommen, sondern dem außerordentlichen Ergebnis zugerechnet, sind die außerplanmäßigen Abschreibungen auf immaterielle Vermögensgegenstände des Anlagevermögens und auf Sachanlagen (Pos. 7c GKV und 7a UKV). Soweit es sich um Wertminderungen handelt, die in der Berichtsperiode eingetreten sind, gehören sie zwar sachlich zum Betriebsergebnis, nach dem Kriterium der Regelmäßigkeit sind sie allerdings nicht nachhaltig und somit nicht dem »ordentlichen«, sondern dem »außerordentlichen« Ergebnisbereich zuzuordnen (vgl. auch Baetge, J./Kirsch, H.-J./Thiele, S. [2004], S. 124; Küting, K./Weber, C.-P. [2012b], S. 253 f.).

Ordentliches betriebsfremdes Ergebnis, Finanzergebnis

Für das ordentliche betriebsfremde Ergebnis (= Finanzergebnis) wird – wiederum nach dem Kriterium der überwiegenden Zugehörigkeit – das in Tabelle 19.7 dargestellte, auf die Ergebnisrechnung nach den Gesamtkosten- und Umsatzkostenverfahren einheitlich anwendbare Ermittlungsschema vorgeschlagen. Beim ordentlichen betriebsfremden Ergebnis handelt es sich überwiegend um Erträge, die aus Kapitalanlagen bzw. -verflechtungen resultieren, von denen entsprechende Aufwendungen abgezogen werden. Das ordentliche betriebsfremde Ergebnis kann deshalb zu Recht auch als Finanzergebnis des Unternehmens bezeichnet werden.

GuV-Posten gemäß			
§ 275 Abs. 2 HGB	**§ 275 Abs. 3 HGB**		**Bezeichnung der Posten**
9	8		Erträge aus Beteiligungen, davon aus verbundenen Unternehmen
10	9	+	Erträge aus anderen Wertpapieren und Ausleihungen des Finanzvermögens, davon aus verbundenen Unternehmen
10a	9a	+	Erträge aus Gewinngemeinschaften, Gewinnabführungs- und Teilgewinnabführungsverträgen
11	10	+	Sonstige Zinsen und ähnliche Erträge, davon aus verbundenen Unternehmen
12a	11a	–	Abschreibungen auf Finanzanlagen
12c	11c	–	Aufwendungen aus Verlustübernahme
13	12	–	Zinsen und ähnliche Aufwendungen, davon an verbundene Unternehmen
		=	**Ordentliches betriebsfremdes Ergebnis (Finanzergebnis)**

Tab. 19.7: Bestandteile des Finanzergebnisses nach § 275 Abs. 2 und 3 HGB

Innerkonzernliche finanzielle Verflechtungen

Besonderes Augenmerk ist bei der Abgrenzung des Finanzergebnisses auf diejenigen Ertrags- und Aufwandsposten zu legen, die im Zusammenhang mit verbundenen Unternehmen i. S. der §§ 15 AktG und 290 HGB anfallen. Es werden hier zwar die Erträge aus Gewinngemeinschaften, Gewinnabführungs- und Teilgewinnabführungsverträgen (Pos. 10a GKV bzw. 9a UKV) und die Aufwendungen aus Verlustübernahme (Pos. 12c GKV bzw. 11c UKV) berücksichtigt, nicht aber die aufgrund einer Gewinngemeinschaft, eines Gewinnabführungs- und eines Teilgewinnabführungsvertrages abgeführten Gewinne (Pos. 12b GKV bzw. 11b UKV) und die Erträge aus Verlustübernahme (Pos. 10b GKV bzw. 9b UKV). Weist eine Gesellschaft derartige, nicht einzubeziehende Erfolgskomponenten aus, so handelt es sich um eine abhängige Gesellschaft oder um eine mit den anderen Vertragspartnern unter einheitlicher Leitung zusammengefasste Gesellschaft, deren Einzelabschluss ohne den zugehörigen Konzernabschluss wenig aussagefähig ist. Führt die Gesellschaft z. B. Gewinne aufgrund eines Gewinnabführungsvertrages ab, so kann bei der Beurteilung dieser Gesellschaft der im Posten 12c (GKV) bzw. 11c (UKV) erfasste »Aufwand« nicht als Ergebnisminderung interpretiert werden, da eigentlich eine Gewinnverwendung vorliegt. Andererseits sollten die »Erträge« aus Verlustübernahme (Pos. 10b GKV bzw. 9b UKV) bei dem Empfängerunternehmen nicht berücksichtigt werden, wenn dessen Ertragslage betrachtet wird. Soweit diese Erfolgskomponenten aus wirtschaftlichen Verflechtungen zwischen den in den Konzernabschluss einbeziehungspflichtigen Unternehmen resultieren, muss im Konzernabschluss der Muttergesellschaft eine Saldierung vorgenommen werden (vgl. hierzu auch 11. Kapitel, S. 761 f.). Auf diesem Wege können aus Gründen der Erfolgsglättung vorgenommene Gewinn- und Verlustverschiebungen zwischen Konzernunternehmen betragsmäßig isoliert werden.

GuV-Posten gemäß			
§ 275 Abs. 2 HGB	**§ 275 Abs. 3 HGB**		**Bezeichnung der Posten**
4	6		Sonstige betriebliche Erträge*
7b	Pos. fehlt	–	Abschreibungen auf Vermögensgegenstände des Umlaufvermögens, soweit diese die in der Kapitalgesellschaft üblichen Abschreibungen überschreiten
7c	7a	–	Außerplanmäßige Abschreibungen auf immaterielle Vermögensgegenstände des Anlagevermögens und Sachanlagen
8	7	–	Sonstige betriebliche Aufwendungen*
15	14	+	Außerordentliche Erträge
16	15	–	Außerordentliche Aufwendungen
		=	**Außerordentliches Ergebnis**

*) Soweit nicht dem ordentlichen Betriebsergebnis zuzurechnen.

Tab. 19.8: Bestandteile des außerordentlichen Ergebnisses nach § 275 Abs. 2 und 3 HGB

Außerordentliches Ergebnis

Zur Berechnung des außerordentlichen Ergebnisses wird das Ermittlungsschema entsprechend Tabelle 19.8 vorgeschlagen, das auf die GuV nach dem Gesamtkostenverfahren und die GuV nach dem Umsatzkostenverfahren gleichsam anwendbar ist. Zielsetzung der erfolgsspaltungstechnischen Abgrenzung des außerordentlichen Ergebnisses ist es, sämtliche außerordentlichen Aufwendungen und Erträge (in betriebswirtschaftlichem Sinne) zu isolieren.

Mit dem Begriff der »Außerordentlichkeit im betriebswirtschaftlichen Sinne« werden in der Literatur folgende, nicht überschneidungsfrei definierte Ergebniskomponenten in Zusammenhang gebracht:

1. »Außergewöhnliche«, d. h. »ungewöhnliche« und zugleich »selten anfallende« Aufwendungen und Erträge (vgl. auch das Erfolgsspaltungsschema in diesem Kapitel, Abbildung 19.6, S. 1123). Der Einbezug dieser Erfolgskomponenten entspricht der Abgrenzung der *extraordinary items* nach US-GAAP und der handelsrechtlichen Abgrenzung des außerordentlichen Ergebnisses.
2. »Aperiodische« Aufwendungen und Erträge,
3. »Liquidationserfolge«, die sich aus der Veräußerung von Gegenständen des Anlage- und Umlaufvermögens ergeben, und
4. »Bewertungserfolge« (zu- bzw. abschreibungsbedingte Erfolge).

Die Ergebniskomponenten 2., 3. und 4. sind hierbei i. d. R. innerhalb der sonstigen betrieblichen Erträge bzw. Aufwendungen ausgewiesen. Aus praktischer Sicht ist anzumerken, dass die Erfassung aller Liquidations- und Bewertungserfolge und deren Trennung aus den sonstigen betrieblichen Aufwendungen bzw. Erträgen mangels quantitativer Angabepflichten nur selten möglich ist. Unter der Zwecksetzung der betriebswirtschaftlichen Erfolgsspaltung erscheint es jedoch angebracht, das außerordentliche Ergebnis so weit zu fassen, dass sämtliche aperiodischen und Liquidations- bzw. Bewertungserfolge enthalten sind. Nach diesem Verständnis ergibt sich eine, im Vergleich zur Intention des außerordentlichen Ergebnisses nach § 275 Abs. 2 und 3 HGB, weit gefasste Ergebniskategorie.

Im außerordentlichen Ergebnis sind nach obiger Abgrenzung einerseits ungewöhnliche, seltene bzw. einmalige Ergebnisbestandteile (also außerordentliche Erträge und Aufwendungen i. S. der handelsrechtlichen GuV) und andererseits Liquidationserfolge enthalten.

Außerordentliche Aufwendungen und Erträge

Tatbestände, die aufgrund ihrer Einmaligkeit bzw. Seltenheit in das außerordentliche Ergebnis gehören, sind im Folgenden genannt. Ihr Ausweis erfolgt unter den außerordentlichen Erträgen bzw. Aufwendungen. Hierzu gehören z. B. Erträge und Aufwendungen aus dem Erhalt bzw. der Gewährung von finanziellen Zuschüssen ohne Gegenleistungsverpflichtung, Gewinne und Verluste aus außergewöhnlichen Schadensfällen oder auch aufgrund eines Schuldenerlasses (vgl. Beck'scher Bilanzkommentar [2012], § 275 Tz. 222).

Liquidationserfolge

Die wesentlichen Bestandteile des außerordentlichen Ergebnisses resultieren klassischerweise aus der Aufdeckung von stillen Reserven oder stillen Lasten beim Verkauf von Vermögenswerten des Anlage- und Umlaufvermögens. Erfolgt dies im Rahmen einer einmaligen Transaktion, z. B. aufgrund der Aufgabe eines Teilbetriebes, so sind die entsprechenden Erfolge in den außerordentlichen Erträgen (Pos. 15 GKV bzw. 14 UKV) oder Aufwendungen (Pos. 16 GKV bzw. 15 UKV) enthalten. Fallen diese Erträge bzw. Aufwendungen im Rahmen unternehmensüblicher und wiederkehrender Ersatz- oder Rationalisierungsmaßnahmen an, so sind sie innerhalb der sonstigen betrieblichen Erträge (Pos. 4 GKV bzw. 6 UKV) oder Aufwendungen (Pos. 8 GKV bzw.7 UKV) verbucht.

Problematik der Liquidationserfolge

Tatsächlich ist jedoch die vorgeschlagene einheitliche Behandlung der Liquidationserfolge problematisch zu sehen. Diese sind nicht immer außergewöhnlicher Natur, etwa dann, wenn Erträge und Verluste aus Anlagenverkäufen im Rahmen periodisch wiederkehrender Ersatzbeschaffungs- oder Erweiterungsinvestitionen anfallen, die betriebswirtschaftlich gesehen nicht als außerordentlich anzusehen sind und unter die sonstigen betrieblichen Aufwendungen und Erträge fallen. Die hier erfolgsspaltungstechnisch vorgeschlagene weite Abgrenzung des »außerordentlichen« Ergebnisses unter Berücksichtigung sämtlicher Liquidationserträge (unabhängig davon, ob der gewöhnlichen Geschäftstätigkeit zurechenbar oder nicht) rechtfertigt sich nach HGB aus der Überlegung, dass nicht nur die streng außerordentlichen Liquidationserfolge (i. S. v. außerhalb der gewöhnlichen Geschäftstätigkeit anfallend), sondern sämtliche derartigen Erfolgskomponenten in besonderem Maße als Mittel zur bilanzpolitischen Bilanzbeeinflussung verwendet werden können. (vgl. hierzu: Coenenberg, A. G. [1985], S. 111 ff.; Hauschildt, J./Grenz, T./Gemünden, H. G. [1985], S. 884 f.; Großfeld, B./Leffson, U. [1986]; Niehus, R. J. [1986]). Deshalb können sie in keinem ordentlichen Ergebnis, unabhängig davon, ob betrieblich oder betriebsfremd, ihren Niederschlag finden.

Außerplanmäßige Abschreibungen

Daneben werden hier auch sämtliche außerplanmäßigen Abschreibungen des Anlage- und Umlaufvermögens erfasst (ausgenommen derer auf Finanzinvestitionen). Obgleich als Bewertungsmaßstab das imparitätisch anzuwendende Vorsichtsprinzip gilt, ist gerade diese Wertgrenze in höchstem Maße vom Ermessen des Bilanzierenden abhängig und bietet deshalb breiten bilanzpolitischen Bewertungsspielraum, weshalb eine Zuordnung derartiger Erfolgsbeiträge zum ordentlichen Betriebsergebnis nicht möglich erscheint.

Gesamtergebnis vor Steuern

Die Summe der vorstehend dargestellten Ergebniskategorien entspricht dem Gesamtergebnis vor Steuern vom Einkommen und vom Ertrag. Zusammenfassend ergibt sich damit folgender Aufbau der Ergebnisquellenanalyse:

	ordentliches Betriebsergebnis
+	ordentliches betriebsfremdes Ergebnis (= Finanzergebnis)
+	außerordentliches Ergebnis
=	**Gesamtergebnis vor Steuern**

(2) Ergebnisspaltung im IFRS-Abschluss

Umfassendere Informationen

Zentrale Zielsetzung der internationalen, kapitalmarktorientierten Rechnungslegung ist die Vermittlung von entscheidungsrelevanten Informationen. Dem Investor sollen Informationen an die Hand gegeben werden, die es ihm ermöglichen, Anlageentscheidungen (*economic decisions*) zu treffen. Die IFRS (ebenso wie die US-GAAP) bieten gegenüber dem HGB weit umfassendere Informationen, u. a. auch für die Ergebnisanalyse. Diese unterscheiden sich gegenüber dem HGB erstens durch eine umfassendere Erfolgskonzeption (vgl. 9. Kapitel, S. 507 ff.) und zweitens durch eine andere Erfolgsspaltungskonzeption in der GuV. Beides bietet Anlass dazu, sich diese Informationen bei der Analyse zu Nutze zu machen. Neben dem umfassenden Gesamterfolgskonzept (*total comprehensive income*), das außer dem in der GuV erfassten Jahresergebnis (*profit/loss*) weitere

Erfolgskomponenten, die direkt im Eigenkapital erfasst werden, kennt, folgt die GuV nach IFRS nicht der nach § 275 Abs. 2 und 3 HGB gewohnten Spaltung der Erfolgsbestanteile in »gewöhnliche« (»Ergebnis der gewöhnlichen Geschäftstätigkeit«) und »außergewöhnliche« (»außerordentliches Ergebnis«) Bestandteile.

Mindestgliederung

Im Gegensatz zum HGB kennen die IFRS keine ausführliche, bis ins Einzelne geregelte Gliederung für Bilanz oder GuV. Die grundsätzlichen Gliederungsvorschriften gemäß IAS 1.82 beschränken sich vielmehr auf nur wenige Mindestangaben. Bislang hatten diese Mindestangaben für die GuV mit den Gliederungsvorschriften gemäß HGB noch eine Ergebnisspaltung in Betriebsergebnis, Finanzergebnis und außerordentliches Ergebnis gemeinsam. Infolge des *Improvements Project* wurden jedoch u. a. umfangreiche Änderungen an den Ausweisvorschriften für die GuV vorgenommen, sodass den IFRS ein völlig anderes Erfolgsspaltungskonzept zu Grunde liegt als dem HGB. Bilanzanalytisch relevante Änderungen sind dabei insbesondere das Verbot zur Angabe eines außerordentlichen Ergebnisses (IAS 1.87) sowie die explizite Verpflichtung, ein auf aufgegebene Geschäftsbereiche entfallendes Ergebnis auszuweisen (IFRS 5.33). Allerdings gehen GuV-Gliederungen in der Praxis über diese Mindestgliederungsvorschriften im Allgemeinen hinaus und zudem kann auf zahlreiche Erläuterungsvorschriften in den *notes* zurückgegriffen werden, sodass dennoch ausreichende Grundlagen für eine Analyse gegeben sind (vgl. für eine Aufstellung relevanter Gliederungs- und Angabepflichten auch Kirsch, H. [2007], S. 106 ff.).

Nicht wiederkehrende Erfolgskomponenten

Die IFRS bieten, im Unterschied zum HGB, unter dem Posten *discontinued operations* einen expliziten Ausweis sämtlicher Erfolgskomponenten, von denen sich das Unternehmen getrennt hat bzw. in Zukunft trennen will. Damit sind für den Bilanzleser sämtliche in der Zukunft nicht wiederkehrenden Erträge und Aufwendungen unmittelbar ersichtlich und können vom nachhaltigen, betrieblichen Ergebnis abgegrenzt werden.

Regelmäßige Erfolgskomponenten

Das Ergebnis *from continuing operations* setzt sich aus betrieblichen sowie betriebsfremden Erfolgskomponenten zusammen, die es, wie gewohnt, nach dem Kriterium der »Betriebszugehörigkeit« zu trennen gilt.

Betriebszugehörigkeit / Regelmäßigkeit	Betriebliche Erfolgskomponenten	Betriebsfremde Erfolgskomponenten
Regelmäßig anfallende Erfolgskomponenten	Ordentliches Betriebsergebnis	Ordentliches betriebsfremdes Ergebnis (= Finanzergebnis)
Unregelmäßig anfallende Erfolgskomponenten	Aperiodisches betriebliches Ergebnis	Aperiodisches betriebsfremdes Ergebnis
Auf aufgegebene Geschäfte entfallendes Ergebnis	Nicht fortgeführtes Ergebnis	

Abb. 19.7: Kriterien der Erfolgsspaltung nach IFRS

Aperiodische Erfolgskomponenten

Darüber hinaus sind in diesem Ergebnis aber auch diverse Bestandteile enthalten, von denen nicht unbesehen angenommen werden kann, dass sie sich in zukünftigen Perioden wiederholen werden. Diese »aperiodischen Erfolgskomponenten« sind dem Grunde und der Höhe nach volatil und nicht oder nur schwer planbar bzw. vorhersehbar. Zur Ableitung eines nachhaltigen betrieblichen Ergebnisses sollten solche so verstandenen aperiodischen Komponenten daher isoliert werden

Erfolgsspaltungskriterien

Diese Überlegungen führen zu der in Abbildung 19.7 dargestellten Erfolgsspaltungskonzeption nach IFRS.

Erfolge aus fair value-Bewertung

Die IFRS zielen zunehmend auf eine Bewertung der Vermögenswerte und Schulden zum *fair value* ab. Grundsätzlich sind die dabei entstehenden Wertänderungen als Erfolgskomponenten zu interpretieren. Bislang werden diese teilweise unmittelbar im Eigenkapital, teilweise in der GuV als Erträge und Aufwendungen erfasst. Die Frage, ob es sich bei diesen allerdings um regelmäßige oder unregelmäßige Erfolgskomponenten handelt, ist nicht ohne Schwierigkeiten zu beantworten. Da sich der Trend zu einer Erfassung der Vermögenswerte und Schulden zum *fair value* fortsetzt, werden sich zunehmend auch Erfolgskomponenten finden, die auf solchen Wertänderungen beruhen. Diese grundsätzlich – wie in früheren Erfolgsspaltungsansätzen üblich – als außerordentlich zu betrachten, ist nicht sachgemäß. Da sie aber nicht in jeder Periode wieder erwartet werden können, insbesondere nicht in der gleichen Höhe, sollten sie von den übrigen Erfolgskomponenten separiert und einem aperiodischen Ergebnis (betrieblich oder betriebsfremd) zugeordnet werden. In einem zweiten Schritt kann der Analyst dann in einem Mehrjahresvergleich beispielsweise durch Durchschnittsbildung den Wert ermitteln, der unter üblichen Bedingungen auch in der Zukunft erwartet werden kann.

GKV			UKV		
Angabepflicht gemäß		**Posten**	**Angabepflicht gemäß**		**Posten**
IAS 1.82A		Umsatzerlöse	IAS 1.82A		Umsatzerlöse
IAS 1.102	+/–	Erhöhung/Verminderung des Bestands an fertigen und unfertigen Erzeugnissen	IAS 1.103	–	Herstellungskosten der zur Erzielung der Umsatzerlöse erbrachten Leistungen
	–	Andere aktivierte Eigenleistungen		–	Vertriebskosten
	–	Aufwendungen für Roh-, Hilfs- und Betriebsstoffe		–	Allgemeine Verwaltungskosten
	–	Leistungen an Arbeitnehmer und Sozialabgaben		–	Forschungskosten
IAS 19.120 a, b IFRS 2.50	–	Aufwendungen für Altersversorgung			
IAS 38.118e (vi) IAS 16.73e (vii)	–	Planmäßige Abschreibungen (auf immaterielle *assets* mit begrenzter Nutzungsdauer und auf Sachanlagen)			
	+	Sonstige Erträge*		+	Sonstige Erträge*
	–	Andere Aufwendungen*		–	Andere Aufwendungen*
= Ordentliches Betriebsergebnis					

*) Soweit nicht einem aperiodischen Ergebnis zuzuordnen (z. B. Abschreibungen auf Goodwill).

Tab. 19.9: Bestandteile des ordentlichen Betriebergebnisses nach IFRS

Im Folgenden werden diese Überlegungen zur betriebswirtschaftlichen Erfolgsspaltung der GuV nach IFRS präzisiert. Neben den verbalen Ausführungen zur Ermittlung von ordentlichem und aperiodischem betrieblichen und betriebsfremden Ergebnis sowie nicht fortgeführtem Ergebnis wird jeweils ein konkretes Ermittlungsschema (vgl. Tabelle 19.9 bis 19.15) angegeben (vgl. zu den folgenden Ausführungen Reinhart, A. [1998], S. 308 ff.; Coenenberg, A. G./Reinhart, A. [1999], S. 563 ff.; Kirsch, H. [2007], S. 107 ff.).

Ordentliches Betriebsergebnis

Für das ordentliche Betriebsergebnis ergibt sich zunächst das in Tabelle 19.9 dargestellte Ermittlungsschema. Bei der Analyse von IFRS-Abschlüssen können dem ordentlichen Betriebsergebnis bei Anwendung des Gesamtkostenverfahrens (GKV) relativ eindeutig die Posten »Umsatzerlöse«, »Veränderung des Bestands an fertigen und unfertigen Erzeugnissen«, »andere aktivierte Eigenleistungen«, »Aufwendungen für Roh-, Hilfs- und Betriebsstoffe« sowie »Aufwand für planmäßige Abschreibungen« zugerechnet werden. Aufgrund der Vorschriften von IAS 1.102 können diese Posten direkt aus der GuV entnommen werden. Das gleiche gilt bei Anwendung des UKV (vgl. IAS 1.103) für die Posten »Umsatzerlöse«, »Umsatzkosten« sowie »Vertriebskosten«, die ebenfalls relativ unproblematisch dem ordentlichen Betriebsergebnis zugeordnet werden können.

Sonstige Erträge/andere Aufwendungen

Schwierig gestaltet sich die zutreffende Verteilung der »sonstigen Erträge« sowie der »anderen Aufwendungen«. Soweit diese aperiodische Erfolgskomponenten, Liquidations- und/oder Bewertungserfolge umfassen, gehören sie bilanzanalytisch zum aperiodischen Ergebnis. Bei der Trennung von regelmäßigen und unregelmäßigen bzw. einmaligen Ergebnisbestandteilen hilft u. a. die Angabepflicht in IAS 1.97, nach der unregelmäßige Posten, sofern sie wesentlich sind, explizit angegeben werden müssen. Unter den in IAS 1.98 hierzu genannten Musterbeispielen ist für Zwecke der Bilanzanalyse nur noch zu unterscheiden, ob diese in das aperiodische betriebliche oder das aperiodische betriebsfremde Ergebnis einzuordnen sind. Als unregelmäßig werden hier außerplanmäßige Abschreibungen auf Sachanlagen, Restrukturierungsaufwendungen, Veräußerungserlöse von Sachanlagen und Investments sowie Erfolge aus Rechtsstreitigkeiten angesehen (vgl. Haufe IFRS-Kommentar [2013], § 2 Tz. 68). Diese Posten sind in der GuV i. d. R. in den »sonstigen Erträgen« bzw. den »anderen Aufwendungen« enthalten. Soweit sich diese Komponenten nicht quantifizieren lassen und Grund zu der Annahme besteht, dass die »sonstigen Erträge« und »andere Aufwendungen« in erheblichem Maße auf ungewöhnlichen und aperiodischen Erfolgskomponenten beruhen, erscheint eine Zurechnung zum aperiodischen betrieblichen oder betriebsfremden Ergebnis zweckmäßig. Die für HGB-Abschlüsse unter dem Gesichtspunkt einer vorsichtigen, kreditorientierten Analyse empfohlene imparitätische Behandlung (vgl. in diesem Kapitel, S. 1126) ist für eine kapitalmarktorientierte Analyse von IFRS-Abschlüssen ungeeignet.

Auch die Posten »Leistungen an Arbeitnehmer« (GKV), in der Lohn-, Lohnnebenkosten und Aufwendungen für Altersversorgung – ausgenommen die versicherungsmathematischen Gewinne bzw. Verluste aus Pensionsverpflichtungen – auch aus aktienorientierter Entlohnung gemäß IFRS 2 enthalten sind, sowie die »Verwaltungsaufwendungen« (UKV) sollten aufgrund des allgemeinen Fehlens von Angaben über die Anteile betriebsfremder Aufwendungen an diesen Posten nach dem Kriterium der »überwiegenden Zugehörigkeit« in die Berechnung des ordentlichen Betriebsergebnisses eingehen.

Aperiodisches betriebliches Ergebnis

Wie bereits angesprochen, erfolgt die Abgrenzung der Erfolgsbestandteile im Rahmen der betriebswirtschaftlichen Erfolgsspaltung einerseits nach dem Kriterium der »Betriebsbezogenheit« und andererseits nach dem Kriterium der »Regelmäßigkeit«. Letzteres sorgt im Rahmen der betrieblichen Erfolgsbestandteile für eine Unterscheidung in ordentliche, regelmäßige und planbare sowie aperiodische, unregelmäßige nicht planbare Erfolgsbestandteile. Letztere stellen Sachverhalte dar, die im Wesentlichen auf Liquidations- und Bewertungsvorgänge im Rahmen des betrieblichen Geschehens zurückzuführen sind, und die vor allem nicht in jeder Periode anfallen (müssen) und insoweit aperiodischen Charakter haben. Tabelle 19.10 zeigt die Zusammensetzung des »aperiodischen betrieblichen Ergebnisses« nach IFRS.

<table>
<tr><th colspan="2">Angabepflicht gemäß IFRS</th><th colspan="2" rowspan="2">Bezeichnung der Posten</th></tr>
<tr><th>GKV</th><th>UKV</th></tr>
<tr><td>IAS 1.102</td><td>IAS 1.103</td><td rowspan="2">+</td><td rowspan="2">Sonstige Erträge*</td></tr>
<tr><td colspan="2">IAS 1.97 f.</td></tr>
<tr><td colspan="2">IAS 38.118
IFRS 3.B69</td><td>–</td><td>Wertminderungsaufwendungen von immateriellen assets mit unbestimmter Nutzungsdauer einschließlich Goodwill</td></tr>
<tr><td colspan="2">IFRS 3.34</td><td>+</td><td>Erträge aus Badwill-Verrechnung</td></tr>
<tr><td colspan="2">IAS 16.73e (v)</td><td>–</td><td>Außerplanmäßige Abschreibungen von Sachanlagevermögen</td></tr>
<tr><td colspan="2">IAS 16.40
IAS 36.60,.119</td><td>–/+</td><td>Abwertung/Wertaufholung des Sachanlagevermögens</td></tr>
<tr><td colspan="2">IAS 21.52a</td><td>+/–</td><td>Erträge/Aufwendungen aus Währungsumrechnungsdifferenzen</td></tr>
<tr><td colspan="2">IAS 29.9</td><td>+/–</td><td>Inflationsbedingte Erträge/Aufwendungen aus Währungsverfall</td></tr>
<tr><td colspan="2">IAS 8.36</td><td>+/–</td><td>Erträge/Aufwendungen aus der Änderung von Schätzungen</td></tr>
<tr><td>IAS 1.102</td><td>IAS 1.103</td><td rowspan="2">–</td><td rowspan="2">Andere Aufwendungen*</td></tr>
<tr><td colspan="2">IAS 1.97 f.</td></tr>
<tr><td colspan="2"></td><td>=</td><td>Aperiodisches betriebliches Ergebnis</td></tr>
</table>

*) Soweit nicht dem ordentlichen Betriebsergebnis bzw. aperiodischen betriebsfremden Ergebnis zuzurechnen.

Tab. 19.10: Bestandteile des aperiodischen betrieblichen Ergebnisses nach IFRS

Goodwill-Impairment

Problematisch gestaltet sich auch die Abgrenzung von planmäßigen Abschreibungen und anderen Wertminderungsaufwendungen bei immateriellen *assets* und Sachanlagevermögen. Nach der umfassenden Reform der Bewertung von immateriellen Vermögenswerten sind nach IAS 38.97 nur noch solche mit einer begrenzten Nutzungsdauer planmäßig abzuschreiben. Für immaterielle Vermögenswerte mit unbegrenzter Nutzungsdauer, wozu insbesondere auch der Goodwill gehört, ist ein Abschreibungsverbot bei mindestens jährlichem Wertminderungstest vorgesehen (IFRS 3.B69; IAS 38.107 f.). Die entstehenden Wertminderungsaufwendungen sind GuV-wirksam zu erfassen. Da jedoch nicht regelmäßig, d. h. jährlich, mit einem Abwertungsbedarf gerechnet werden muss und die Werthaltigkeit des Goodwills ferner zahlreichen ermessensabhängigen Parametern unterliegt, sind diese Aufwendungen dem aperiodischen Betriebsergebnis zuzuordnen.

Allerdings spiegelt der Goodwill im Rahmen der Folgebewertung die Fähigkeit des Unternehmens wider, positive ökonomische Gewinne, d. h. Gewinne über den Kapitalkosten, zu erzielen. Aus diesem Grund wird auch diskutiert, die außerplanmäßigen Goodwill-Wertminderungen mittels Verwendung einer fiktiven Nutzungsdauer abzuschreiben, um sie so in die Berechnung eines prognosefähigen Ergebnisses einbeziehen zu können (vgl. Lachnit, L./Müller, S. [2003]). Dies kann dadurch begründet werden, dass eine Akquisitionsplanung realistischerweise von einem Absinken der den Goodwill determinierenden Überrenditen ausgehen kann und damit einen Abschreibungsverlauf vorgibt. Die hier erfolgte Abgrenzung des aperiodischen Ergebnisses ermöglicht eine getrennte Analyse dieser Erfolgskomponenten in einem Mehrjahresvergleich. Fallen sie in mehrjährigen Abständen immer wieder an, so bietet es sich an, einen langjährigen Durchschnittswert in das nachhaltige Ergebnis einzubeziehen.

Im aperiodischen Betriebsergebnis zu erfassen sind auch diejenigen Aufwendungen, die aus außerplanmäßigen Abschreibungen auf Sachanlagen resultieren.

Abwertungsaufwand aus Neubewertung

Ebenfalls dem aperiodischen betrieblichen Ergebnis zuzuordnen sind die Abschreibungen aus einem festgestellten Wertminderungsbedarf im Rahmen der Neubewertungsmethode im Sachanlagevermögen. Da hier der Buchwert mit dem *recoverable amount*, der wiederum als Ausdruck eines subjektiv bestimmten *fair value* angesehen werden kann, verglichen wird, muss es bei Annahme einer Wertkonstanz auch nicht zwingend jährlich zu Ergebnisbeiträgen kommen. Die Erfassung dieser Erfolgsbeiträge als »aperiodisch« scheint daher sachgerecht. Analoges gilt für einen etwa festgestellten Wertaufholungsbedarf, der allerdings nur bis zum fiktiv fortgeführten Buchwert GuV-wirksam zu erfassen ist (vgl. zur Neubewertung von Sachanlagevermögen auch 3. Kapitel, S. 190 f.).

Bei den versicherungsmathematischen Gewinnen/Verlusten handelt es sich um aperiodische Bestandteile der Personalkosten, die nach der überwiegenden Zugehörigkeit zum aperiodischen Betriebsergebnis gehören.

Währungsbedingte Erfolge

Erträge bzw. Aufwendungen aus Währungsumrechnungsdifferenzen sowie aus dem Verfall einer Währung sind grundsätzlich nicht planbar und lassen auch keine Regelmäßigkeit erkennen. Dennoch stehen sie üblicherweise in Verbindung zur betrieblichen Tätigkeit des Unternehmens. Aus diesem Grund sind auch diese grundsätzlich in die Berechnungen des aperiodischen Betriebsergebnisses mit einzubeziehen.

Dasselbe gilt für Erträge/Aufwendungen aus der Änderung von Schätzungen, soweit sich diese auf betriebliche Vorgänge beziehen. Die sonstigen Erträge und anderen Aufwendungen, werden – entsprechend obiger Ausführungen (vgl. in diesem Kapitel, S. 1133) – ganz oder teilweise dem aperiodischen betrieblichen Ergebnis zugeordnet.

Finanzergebnis

Der in der GuV selbst ausgewiesene Posten *finance costs* steht lediglich für Finanzierungsaufwendungen. Dennoch kann die umfassendere Abgrenzung eines Finanzergebnisses mittels zusätzlicher Informationen erfolgen. Zur Identifizierung der im Ermittlungsschema für das Finanzergebnis (vgl. Tabelle 19.11) vorgeschlagenen Posten sind hierfür zahlreiche Angaben unterhalb der GuV bzw. aus den *notes* verwendbar. Grundsätzlich unstrittig ist die Zuordnung von Dividendenerträgen und Zinsen zum Finanzergebnis. In diesen Posten sind aufgrund der Anwendung der Effektivzinsmethode sämtliche wiederkehrenden Erträge und Aufwendungen aus *financial instruments* erfasst. Darüber hinausgehende Erträge und Aufwendungen aus Wertänderungen und Abgängen sind nicht hier, sondern im aperiodischen Ergebnis zu erfassen, da es sich bei diesen nicht um periodisch wiederkehrende Erfolge handelt.

Angabepflicht gemäß IFRS		Bezeichnung der Posten
IAS 18.35b (iii); IFRS 7.20b	+	Zinsen und ähnliche Erträge
IAS 1.82b; IFRS 7.20b	–	Zinsen und ähnliche Aufwendungen
IAS 18.35b (v); IFRS 7.BC34	+	Dividendenerträge
IAS 40.75f	+/–	Erträge/Aufwendungen aus *investment property*
IAS 1.82c IAS 28.38	+/–	Erträge/Aufwendungen aus assoziierten Unternehmen
IAS 18.35b (iv)	+/–	Erträge/Aufwendungen aus Lizenzgebühren und Tantiemen
IFRS 7.20c	+/–	Erträge/Aufwendungen aus Treuhandtätigkeit
	=	**Ordentliches betriebsfremdes Ergebnis (Finanzergebnis) nach IFRS**

Tab. 19.11: Bestandteile des ordentlichen betriebsfremden Ergebnisses (Finanzergebnis) nach IFRS

Investment property

Bei den Erträgen und Aufwendungen aus *investment properties*, die gemäß dem Wahlrecht in IAS 40.30 ff. zu fortgeführten Anschaffungskosten bewertetet sind, handelt es sich um regelmäßig anfallende, aus der investiven Verwertung der Immobilien resultierende finanzielle Erfolge. Dies sind vor allem Miet- und Pachterträge sowie direkte Aufwendungen in Zusammenhang mit Anlageimmobilien. Da die zugrunde liegenden Vermögenswerte als Finanzinvestition gehalten werden, sind auch die zugehörigen Erfolge im ordentlichen betriebsfremden Ergebnis zu erfassen. Die bei der alternativ zulässigen Bewertung zum *fair value* (IAS 40.76d) hinzukommenden Bewertungserfolge sind hingegen dem aperiodischen betriebsfremden Ergebnis zuzurechnen.

Gewinnabführungsverträge

Bei der Analyse von Tochtergesellschaften mit Ergebnisabführungsverträgen ist bei IFRS-Abschlüssen auf die folgende Besonderheit hinzuweisen: Aufgrund von Gewinnabführungsverträgen abgeführte Aufwendungen sind nach IFRS nicht als Aufwand im Rahmen der Ergebnisermittlung zu berücksichtigen, sondern vielmehr direkt ergebnisneutral als Ergebnisverwendung zu behandeln (vgl. ADS International [2002 ff.], § 22 Tz. 80). Das Gleiche gilt für Zinsen auf Genussrechtskapital. Insofern sind diese Aufwendungen nicht im Rahmen der Ergebnisspaltung nach IFRS zu bereinigen.

Assoziierte Unternehmen

Schwierig erweist sich die Zuordnung von Erfolgen aus *at-equity*-Beteiligungen. Erträge und Aufwendungen aus assoziierten Unternehmen haben insofern ordentlichen, betrieblichen Charakter, als es sich dabei häufig um strategische Beteiligungen handelt. Insofern würden sie zum betrieblichen Ergebnis zählen. Andererseits handelt es sich um Erfolge aus, wenn auch maßgeblich beeinflussten, Beteiligungen. Insofern tragen sie den Charakter von finanziellen Ergebnissen und wären dem Finanzergebnis zuzuordnen. Man wird daher eine abschließende Zuordnung nur im Einzelfall vornehmen können. I. S. einer einheitlichen Vorgehensweise empfiehlt sich eine generelle Zuordnung zum Finanzergebnis, wenn nicht konkrete Gründe im Einzelfall für eine abweichende Handhabung sprechen.

Lizenzgebühren, Tantiemen

Ähnlich problematisch gestaltet sich die Zuordnung von »Erträge und Aufwendungen aus Lizenzgebühren und Tantiemen«. Auch hier kann ein unmittelbarer Zusammenhang zum betrieblichen Bereich bestehen. Jedoch werden Unternehmen, bei denen der Lizenzhandel ein Hauptbetätigungsfeld darstellt, die entsprechenden Erträge unter den Umsätzen und nicht in diesen separaten Posten ausweisen. Eine abschließende Zuordnung kann daher nur im Einzelfall erfolgen. In Zweifelsfällen empfiehlt sich i. S. einer einheitlichen Vorgehensweise eine Zuordnung zum Finanzergebnis (vgl. Tabelle 19.11).

Aperiodisches betriebsfremdes Ergebnis

Wie bereits für das Betriebsergebnis dargestellt, existieren auch für das betriebsfremde Ergebnis aperiodische Erfolgskomponenten, die in einem eigenen »aperiodischen betriebsfremden Ergebnis« zusammengefasst werden sollten. Es umfasst die in Tabelle 19.12 dargestellten Posten.

Angabepflicht gemäß IFRS			**Bezeichnung der Posten**
GKV	**UKV**		
IAS 1.102	IAS 1.103	+	Sonstige Erträge*
IAS 1.97 f.			
IFRS 7.20a		+/–	Bewertungsgewinne/-verluste von *at fair value through profit or loss*-Finanzinstrumenten
		+/–	Ertrag/Aufwand aus der Ausbuchung von *available-for-sale*- und *held-to-maturity*-Finanzinstrumenten
IAS 40.35,.76(d)		+/–	Neubewertungserfolge bei *investment property*
IAS 1.102	IAS 1.103	–	Andere Aufwendungen*
IAS 1.97 f.			
		=	**Aperiodisches betriebsfremdes Ergebnis**

*) Soweit nicht dem ordentlichen Betriebsergebnis bzw. aperiodischen betrieblichen Ergebnis zuzurechnen.

Tab. 19.12: Bestandteile des aperiodischen betriebsfremden Ergebnisses nach IFRS

Fair value-Änderungen bei Wertpapieren

Nach den Vorschriften der IFRS sind Kurswertschwankungen von Wertpapieren teilweise GuV-wirksam zu verbuchen. Da diese Erträge und Aufwendungen auf *fair value*-Änderungen zurückzuführen sind, kann nicht davon ausgegangen werden, dass sie regelmäßiger Natur sind. I. d. R. wird es sich dabei um Kurs- oder Zinsschwankungen handeln, die sich zwar in der Zukunft wiederholen können, aber nicht vorhersehbar sind. So ist beispielsweise der normale Wertzuwachs eines Zero-Bonds nach der Effektivzinsmethode zu berechnen und den Zinserträgen zuzuschreiben; darüber hinausgehende Veränderungen des *fair value* werden davon getrennt erfasst und können, je nach Zuordnung zu den Kategorien, in der GuV oder im Eigenkapital zu finden sein. In der GuV enthaltene *fair value*-

Änderungen von Finanzinstrumenten sind daher dem »aperiodischen Finanzergebnis« zuzuordnen.

Ausbuchung von Erfolgen aus Finanzanlagen

Die Erfolge aus der Ausbuchung von Finanzinstrumenten der Kategorie *available-for-sale* resultieren aus der Auflösung einer eventuell gebildeten Neubewertungsrücklage bei Liquidation der betreffenden Anlagen. Da es sich hierbei um kumulierte und damit einmalige Ergebniseffekte handelt, erscheint eine Zuordnung zu einem aperiodischen Ergebnis sinnvoller als zum ordentlichen Finanzergebnis. Nach IFRS 9 sind *fair value*-Änderungen bei GuV-neutral bewerteten Investitionen in Eigenkapitaltitel auch bei Veräußerung nicht in der GuV zu verbuchen, weshalb diese bei der Bestimmung des aperiodischen betriebsfremden Ergebnisses nicht zu erfassen sind.

Investment property

Ferner sind auch die, bei Anwendung des *fair value model* auftretenden, Erfolge aus der Zeitwertbewertung von *investment property* in der GuV enthalten. Diese basieren auf Immobilien, die als Finanzinvestitionen gehalten werden. Ihre Bewertungserfolge sind entsprechend im aperiodischen betriebsfremden Ergebnis zu erfassen.

Schließlich sind aus den Posten »sonstige Erträge« bzw. »andere Aufwendungen« diejenigen Veräußerungserfolge im aperiodischen betriebsfremden Ergebnis zu erfassen, die sich auf *investments* beziehen und so wesentlich sind, dass sie nach IAS 1.97 f. angabepflichtig sind.

Angabepflicht gemäß IFRS		Bezeichnung der Posten
IFRS 5.33a (i)	+/–	Erträge/Aufwendungen und Ergebnis vor Steuern des aufgegebenen Geschäftsbereichs
IFRS 5.33a (ii)	+/–	Gewinne/Verluste aus der Zeitbewertung auf aufgegebene Geschäftsbereiche entfallender Vermögenswerte oder Veräußerungsgruppen
IFRS 5.33a (ii)	+/–	Gewinne/Verluste aus der Veräußerung aufgegebener Geschäftsbereiche
	=	**Nicht fortgeführtes Ergebnis**

Tab. 19.13: Bestandteile des nicht fortgeführten Ergebnisses nach IFRS

Nicht fortgeführtes Ergebnis

Der getrennte Ausweis der Erfolge aus nicht fortgeführten Geschäftsbereichen ermöglicht es dem Bilanzleser unmittelbar zu erkennen, welche Erfolgskomponenten in der Zukunft wegfallen werden. Sie können daher vom nachhaltigen, ordentlichen Ergebnis separiert werden und sind im Rahmen der Erfolgsspaltung dem »Nicht fortgeführten Ergebnis« zuzuordnen. Die im Rahmen des Ergebnisses aus aufgegebenen Geschäftsbereichen anzugebenden Posten sind in Tabelle 19.13 dargestellt.

Discontinued operations

Erträge und Aufwendungen aus Geschäftsaufgaben bzw. der Veräußerung von Geschäftseinheiten sind gemäß IFRS 5.33a in der GuV gesondert unterhalb des »Ergebnisses aus laufender Tätigkeit« (*profit for the period from continuing operations*) auszuweisen. Neben den reinen Abgangs- und Bewertungserfolgen ist in den – steuerbereinigt auszuweisenden – Posten auch das auf den aufgegebenen Bereich entfallende operative Ergebnis enthalten.

Stehen *non-current assets* oder Gruppen von diesen (sog. *disposal groups*) zum Verkauf oder wurden diese in der Periode bereits verkauft, so werden sie nach IFRS 5 behandelt. Ein getrennter Ausweis der Ergebnisse nach Steuern unter dem Posten *discontinued operations* ist nach IFRS 5.30 ff. aber nur für größere Gruppen von *assets* vorgeschrieben. Getrennt auszuweisen sind nämlich nur die Ergebnisse und Abgangserfolge solcher Einheiten, die zuvor als *cash-generating units* (CGU) oder Gruppen von CGUs klassifiziert waren, und die in der Periode verkauft wurden oder zum Verkauf stehen und daher als *held for sale* klassifiziert wurden, wenn sie die weiteren Voraussetzungen in IFRS 5.32 erfüllen. Dies ist der Fall, wenn es sich um getrennte, größere Geschäftsbereiche handelt, die sich als Produkt- oder Regionalbereich abgrenzen lassen. Unter die *discontinued operations* fallen auch sämtliche laufenden Erträge und Aufwendungen von Tochterunternehmen und anderen Beteiligungen, die mit Veräußerungsabsicht gehalten werden.

GuV-neutrale Bewertungserfolge

Wie bereits einleitend erwähnt, sehen die IFRS ein umfassendes Erfolgskonzept *(total comprehensive income)* vor. Vor diesem Hintergrund ist es im Hinblick auf die Gewährleistung einer weitgehenden Vergleichbarkeit zweckmäßig, die GuV-neutral erfassten Erfolgsbestandteile mit in die Erfolgsspaltung und damit die Ermittlung eines prognosefähigen Ergebnisses einzubeziehen. Diese Notwendigkeit resultiert aus expliziten Wahlrechten innerhalb der IFRS-Rechnungslegung, die bei materiell gleichen Sachverhalten eine im Hinblick auf die GuV-Wirksamkeit unterschiedliche Behandlung zulassen. Diese Problematik ergibt sich z. B. bei GuV-neutral bewerteten Investitionen in Eigenkapitaltitel, die nicht zu Handelszwecken gehalten werden (*available-for-sale*-Finanzinstrumente), oder auch für Neubewertungsdifferenzen bei Immobilien nach IAS 16 und IAS 40, bei denen Verluste bzw. Gewinne zu einer uneinheitlichen Be- bzw. Entlastung des Periodenergebnisses führen. Durch die teilweise eingeräumten Ermessensspielräume bei der Qualifikation von Wertpapieren bzw. Immobilien ist auch die Vergleichbarkeit der Ertragskraft im zwischenbetrieblichen Vergleich nur begrenzt gewährleistet.

Spaltung eines comprehensive income

Vor diesem Hintergrund wäre es im Hinblick auf die Gewährleistung einer weitgehenden Vergleichbarkeit zweckmäßig, die im Rahmen der Analyse des *total comprehensive income* ermittelten, GuV-neutral erfassten Erfolge ebenfalls in die weitere Analyse der Ertragskraft einzubeziehen. Dies könnte beispielsweise durch eine Erweiterung der aperiodischen Ergebnisse erfolgen (vgl. Coenenberg, A. G./Deffner, M./Schultze, W. [2005]). Dies führt zu den beiden in Tabelle 19.14 und 19.15 angegebenen GuV-neutralen Ergebniskategorien:

Aperiodisches GuV-neutrales Betriebsergebnis

Angabepflicht gemäß IFRS		Bezeichnung der Posten
IAS 38.85 f. IAS 16.39 f. i. V. m. IAS 36	+/–	Wertänderungen aus der Neubewertung von immateriellen Vermögenswerten mit unbestimmter Nutzungsdauer und von Sachanlagen
IAS 19.120 c	+/–	Versicherungsmathematische Gewinne/Verluste aus der Bewertung von Pensionsrückstellungen
	=	**Aperiodisches GuV-neutrales betriebliches Ergebnis**

Tab. 19.14: Bestandteile des aperiodischen GuV-neutralen betrieblichen Ergebnisses nach IFRS

Aperiodisches GuV-neutrales Finanzergebnis

Angabepflicht gemäß IFRS		Bezeichnung der Posten
IAS 39.55b	+/–	Wertänderungen aus der *fair value*-Bewertung von *available-for-sale*-Finanzinstrumenten
IAS 39.95a	+/–	Gewinne/Verluste aus der *fair value*-Bewertung von *cashflow hedges*
	=	**Aperiodisches GuV-neutrales betriebsfremdes Ergebnis**

Tab. 19.15: Bestandteile des aperiodischen GuV-neutralen betriebsfremden Ergebnisses nach IFRS

(3) Ergebnisspaltung im US-GAAP-Abschluss

Das Gliederungsschema der GuV gemäß US-GAAP (vgl. insbesondere Pellens, B./Fülbier, R. U./Gassen, J./Sellhorn, T. [2011], S. 209 ff.; Kieso, D. E./Weygandt, J. J./Warfield, T. D. [2013], S. 162 ff.) beruht auf der Ergebnisspaltung in Betriebsergebnis, Finanzergebnis und außerordentlichem Ergebnis, sodass auf diese Aufgliederung bilanzanalytisch zurückgegriffen werden kann. Da die Möglichkeiten zu einer Bewertung zum *fair value* nicht in dem Ausmaß wie nach IFRS gegeben sind, wird auf die separate Abgrenzung der aperiodischen Ergebnisse verzichtet. Grundsätzlich gelten die für IFRS festgestellten Zusammenhänge jedoch auch für die Erfolgsspaltung nach US-GAAP, insbesondere aufgrund der – im Gegensatz zum HGB – hier ebenfalls möglichen Abtrennung eines »nicht fortgeführten Ergebnisses«.

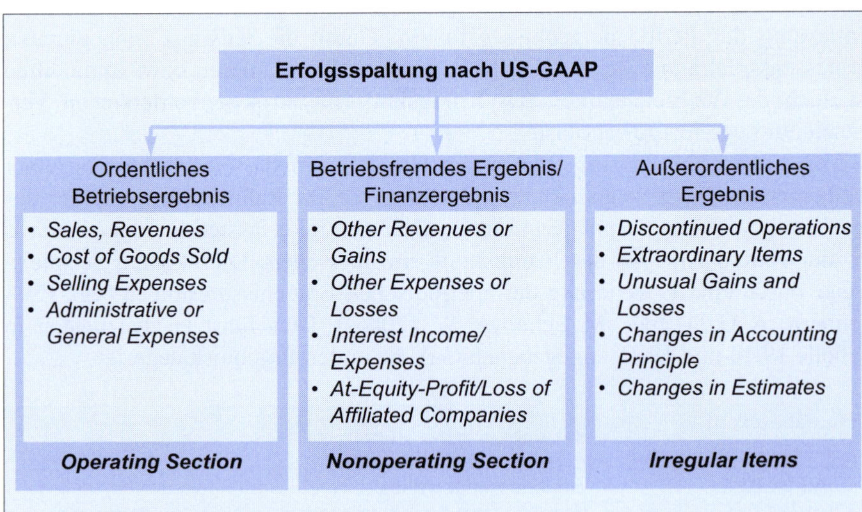

Abb. 19.8: Erfolgsspaltung nach US-GAAP

Erfolgsspaltung

Die nach US-GAAP mögliche betriebswirtschaftliche Ergebnisspaltung wird in Abbildung 19.8 dargestellt. In ihr werden die in der Praxis der Abschlusserstellung gebräuchlichen und nicht die in ASC 225-20 enthaltenen Bezeichnungen (vgl. 9. Kapitel, S. 579) verwendet.

Durch die Zuordnung der sonstigen betrieblichen Erträge/Aufwendungen (*other revenues or gains/expenses or losses*) zum betriebsfremden Ergebnis wird das Betriebsergebnis in der US-GAAP-GuV enger abgegrenzt als es bilanzanalytisch für den HGB-Abschluss (vgl. in diesem Kapitel, S. 1123 ff.) bzw. IFRS-Abschluss (vgl. in diesem Kapitel, S. 1130 ff.) abgeleitet wurde. Das Betriebsergebnis der US-GAAP-GuV ist deshalb zu Recht als ein rein operatives Ergebnis zu betrachten.

Betriebsergebnis/ betriebsfremdes Ergebnis

Im Vergleich zur Ergebnisspaltung im HGB- und IFRS-Abschluss ist im US-GAAP-Abschluss bilanzanalytisch das außerordentliche Ergebnis i. S. aller unregelmäßig auftretenden Erfolgskomponenten weiter abzugrenzen, da auch eventuell auftretende Bewertungserfolge enthalten sind. Es beinhaltet Erträge und Aufwendungen aus folgenden Vorgängen:

Außerordentliches Ergebnis

- *Discontinued operations*: Dazu gehören die laufenden operativen Ergebnisse und die Abgangsergebnisse von aufzugebenden bzw. aufgegebenen Geschäftseinheiten. Diese werden steuerbereinigt ausgewiesen. Wenn derartige Ergebnisse vorliegen, ist in der GuV eine Trennung des Ergebnisses nach *continuing operations* und *discontinued operations* zwingend.

Discontinued operations

- *Extraordinary items*: Es handelt sich um wesentliche, ungewöhnliche und seltene Erfolgskomponenten. Sie werden steuerbereinigt ausgewiesen.

Extraordinary items

- *Unusual gains and losses*: Es handelt sich um wesentliche Erfolgskomponenten, die ungewöhnlich oder selten sind, aber nicht zugleich beiden Kriterien genügen. Sie sind üblicherweise in Aufwendungen/Erträge des operativen bzw. nicht operativen Ergebnisses enthalten, bei Wesentlichkeit aber in den *notes* anzugeben. Beispiele wären etwa Restrukturierungsaufwendungen größeren Umfangs oder Erfolge aus *fair value*-Bewertung.

Unusual gains and losses

- *Changes in accounting principle*: Die kumulative Ergebniswirkung beim Wechsel einer Rechnungslegungsmethode (z. B. von degressiver zu linearer Abschreibung) ist steuerbereinigt in einem eigenständigen Posten nach den *extraordinary items* in der GuV auszuweisen. Sie gehört bilanzanalytisch zum nicht nachhaltigen, außerordentlichen Ergebnis.

Changes in accounting principle

- *Changes in estimates*: Die gleiche Wirkung wie bei einem Wechsel der Rechnungslegungsmethode ergibt sich im Falle einer Änderung der bei der Bewertung von Aktiva und Passiva notwendigen Schätzungen. Solche Schätzungen betreffen beispielsweise die Nutzungsdauern der Anlagen, die Werthaltigkeit einer Forderung oder den Umfang einer Inanspruchnahme aus einer Verbindlichkeitsrückstellung.

Changes in estimates

b) Ergebnissegmentierung

Wie im 13. Kapitel im Einzelnen dargestellt, hat die Segmentberichterstattung die Aufgabe, die Erfolgslage insbesondere von diversifizierten Unternehmen im Hinblick auf die Herkunft und Risiken der Erfolgskomponenten differenzierter darzustellen. Insofern kommt der Auswertung der Ergebnisdaten aus der Segmentberichterstattung für eine Ergebnisquellenanalyse (und für die strategische Portfolioanalyse, vgl. 20. Kapitel, S. 1214 ff.) besondere Bedeutung zu.

Die Anhangsvorschriften für die große Kapitalgesellschaft nach HGB (§§ 285 Nr. 4; 314 Abs. 1 Nr. 3 HGB) sehen allerdings nur Umsatzsegmentierungen nach

Segmentanalyse im HGB-Abschluss

Tätigkeitsbereichen und geografisch bestimmten Märkten vor, sodass lediglich die Umsatzanteile je Geschäftsbereich und je Region betrachtet werden können, z. B. mittels folgender Kennzahlen:

$$\text{Umsatzanteil je Segment} = \frac{\text{Segmentumsatz}}{\text{Umsatz des Gesamtunternehmens}}$$

$$\text{Exportquote} = \frac{\text{Auslandsumsatz}}{\text{Umsatz des Gesamtunternehmens}}$$

Gemäß § 297 Abs. 1 Satz 2 HGB besteht die Möglichkeit für Mutterunternehmen, eine den übrigen Abschlussinstrumenten gleichrangige Segmentberichterstattung nach den Regeln von DRS 3 zu erstellen und zu publizieren. Im Gegensatz dazu ist eine Segmentberichterstattung sowohl nach FRS 8.20, als auch nach ASC 280-10-50 (früher FAS 131.25) zwingend vorgeschrieben.

Segmentanalyse nach DRS/IFRS/US-GAAP

Für die primären bzw. operativen Berichtssegmente sehen sowohl DRS als auch IFRS/US-GAAP umfangreiche und überwiegend deckungsgleiche Berichterstattungspflichten vor (vgl. 13. Kapitel, S. 847 ff.). Durch diese umfangreichen Angaben je Geschäftssegment ist die Segment-Analyse zu einem Kernbestandteil der Jahresabschlussanalyse geworden. Sie gibt Einblick in die Struktur des Geschäftsportfolios. Unter diesem Aspekt wird sie deshalb im Rahmen der strategischen Bilanzanalyse behandelt (vgl. 20. Kapitel, S. 1214 ff.).

Im Folgenden werden nur die wesentlichen Kennzahlen erörtert. Pflichtangaben, die für die Kennzahlenbildung im Rahmen der erfolgswirtschaftlichen Segmentanalyse besonders gut genutzt werden können, sind im Folgenden dargestellt (vgl. auch Coenenberg, A. G./Reinhart, A. [1999], S. 569 ff.; Coenenberg, A. G. [2001b], S. 593 ff.; Alvarez, M. [2004], S. 394 ff.).

Segmentumsatzanteile

Die Angabe des »Segmentumsatzes«, getrennt nach Segmentaußenumsatz (= Umsatz mit unternehmens- bzw. konzernexternen Dritten) und Intersegmentumsatz, ermöglicht eine umsatzbezogene Segmentanalyse anhand der beiden folgenden Kennzahlen Segmentaußenumsatz- und Segmentinnenumsatzanteil. Die erste Kennzahl gibt den Anteil des Segments am gesamten Geschäftsvolumen des Unternehmens bzw. Konzerns an. Die zweite Kennzahl gibt Einblick in die Abhängigkeit des Segments von Geschäftsvolumen des Unternehmens bzw. Konzerns.

$$\text{Segmentaußenumsatzanteil} = \frac{\text{Segmentaußenumsatz}}{\text{Gesamtumsatz des Segments}}$$

$$\text{Segmentinnenumsatzanteil} = \frac{\text{Intersegmentumsatz}}{\text{Gesamtumsatz des Segments}}$$

Ergebnisbeitragsquote

Nach DRS 3.8 ist das »Segmentergebnis« als Überschuss der Segmenterträge über die dem Segment zurechenbaren Aufwendungen definiert. Die Konkretisierung wird dem Management überlassen. Aus diesem Grund ist davon auszugehen, dass das Segmentergebnis meist durch das Ergebnis vor Steuern und Zinsen (EBIT; vgl. hierzu auch 17. Kapitel, S. 1049) definiert ist. Sollte es als Ergebnis aus der gewöhnlichen Geschäftstätigkeit festgelegt werden, so lässt sich in diesem Falle der Zinsaufwand bereinigen, da er angabepflichtig ist. Ähnliches gilt auch bei einer Segmentberichterstattung nach IFRS und US-GAAP, da hier entsprechend dem *management approach* als operatives Segmentergebnis das zur unternehmensinternen Steuerung verwendete Ergebnis zu veröffentlichen ist. Sollte für die unternehmensinterne Steuerung ein Ergebnis nach Steuern und Zinsen und inkl. außerordentlicher und ungewöhnlicher Erfolgskomponenten verwendet werden, so lässt sich dieses Segmentergebnis aufgrund der ausführlichen Angabepflichten von IFRS 8 und ASC 280-10-50 in ein operatives Segmentergebnis überführen. Aus der Segmentberichterstattung lässt sich folglich mittels folgender Kennzahl der Ergebnisbeitrag je Segment messen:

$$\text{Ergebnisbeitragsquote} = \frac{\text{Segment-EBIT}}{\text{EBIT des Gesamtunternehmens}}$$

Segment-Gesamtkapitalrentabilität

Mit dem Posten »Segmentvermögen« wird das für das laufende Geschäft des Segments genutzte, und dem Segment direkt oder indirekt zurechenbare, Anlage- und Umlaufvermögen erfasst. Durch Gegenüberstellung mit dem operativen Segmentergebnis lässt sich die Segment-Gesamtkapitalrentabilität ermitteln:

$$\text{Segment-Gesamtkapitalrentabilität} = \frac{\text{Segment-EBIT}}{\text{Segmentvermögen}}$$

Der Segment-Gesamtkapitalrentabilität kommt insofern eine besondere Bedeutung für die Ergebnisquellenanalyse zu, als sie die Ertragskraft des betrachteten Unternehmensportfolios und ihrer Veränderung zeigt. Auf Segmentebene lassen sich bei diversifizierten Unternehmen außerdem bessere Vergleiche mit anderen Unternehmen anstellen.

Segment-Wertbeitrag

Aus der Segment-Gesamtkapitalrentabilität (SGKR) lässt sich durch den Vergleich mit den gewichteten Eigen- und Fremdkapitalkosten (*weighted average cost of capital*, WACC) der Wertbeitrag der einzelnen Segmente analysieren. Auf diese Weise werden wichtige Einsichten in den Restrukturierungsbedarf des Unternehmensportfolios gewonnen:

$$\text{Segment-Wertbeitrag} = (\text{SGKR} - \text{WACC}) \times \text{Segmentvermögen}$$

Segment-Cashflow

Auf der Grundlage der Angabepflichten zu »Abschreibungen« bzw. »Wertberichtigungen« sowie sonstiger bedeutender nicht zahlungswirksamer Aufwendungen lässt sich ein vereinfachter, erfolgsnaher Cashflow (Brutto-Cashflow) je Segment ermitteln:

	Operatives Segmentergebnis
+	Abschreibungen/Wertberichtigungen des Segmentes
+	Sonstige nicht zahlungswirksame Aufwendungen des Segmentes
=	**Segment-Cashflow**

Segment-Free Cashflow

Da zusätzlich auch die »Investitionen je Segment« sowohl nach DRS 3, IFRS 8 als auch nach ASC 280 angabepflichtig sind, lässt sich ein näherungsweiser Free Cashflow wie folgt ermitteln:

	Segment-Cashflow
–	Segment-Investitionen
=	**Segment-Free Cashflow**

2. Ergebnisstrukturanalyse

Neben der Ergebnisspaltung und -segmentierung geht es im Rahmen der strukturellen Ergebnisanalyse auch darum, den Anteil einzelner Teilergebnisse bzw. einzelner Erfolgskomponenten an der Ergebnisentstehung zu untersuchen. Von Theorie und Praxis ist zu diesem Zweck eine große Fülle von Strukturkennzahlen entwickelt worden. Hier werden nur einige für Zeit- und Betriebsvergleiche besonders relevant erscheinende Strukturkennzahlen dargestellt.

Anhand des Analyseobjektes lassen sich zwei Arten der Ergebnisstrukturanalyse unterscheiden: die Analyse der Gesamtergebnisstruktur einerseits (vgl. in diesem Kapitel, S. 1144 ff.) und die Analyse der Aufwands- und Ertragsstruktur andererseits (vgl. in diesem Kapitel, S. 1146 ff.). Bei letzterer wird darüber hinaus zwischen Analyse bei Gliederung der Gewinn- und Verlustrechnung nach dem Gesamtkostenverfahren und Analyse bei Gliederung nach dem Umsatzkostenverfahren differenziert, wie in Abbildung 19.9 dargestellt.

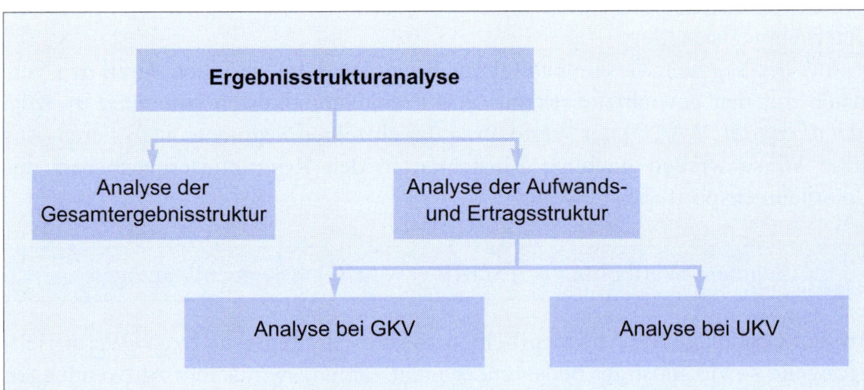

Abb. 19.9: Ergebnisstrukturanalyse

a) Analyse der Gesamtergebnisstruktur

Struktur des Gesamtergebnisses

Zunächst kann an die Resultate der Erfolgsspaltung angeknüpft werden und zur Überprüfung der Nachhaltigkeit und Stabilität der Ergebnisentwicklung die Struktur des Gesamtergebnisses in Bezug auf die verschiedenen Ergebnisquellen durch die Kennzahlen in nachfolgendem Schaukasten dargestellt werden.

$$\frac{\text{Ordentliches Betriebsergebnis}}{\text{Gesamtergebnis vor Ertragsteuern (EBT)}}$$

$$\frac{\text{Ordentliches betriebsfremdes Ergebnis}}{\text{Gesamtergebnis vor Ertragsteuern (EBT)}}$$

$$\frac{\text{Außerordentliches Ergebnis}}{\text{Gesamtergebnis vor Ertragsteuern (EBT)}}$$

Ordentlicher Ergebnisbeitrag

Für die Beurteilung der nachhaltigen Ertragskraft ist das ordentliche Betriebsergebnis eine besonders relevante Größe. Zur Ermöglichung von Ergebnisprojektionen ist es deshalb wesentlich, nach Maßstäben für die Erklärung der Veränderungen des ordentlichen Betriebsergebnisses zu suchen. Als solche Maßstäbe eignen sich Strukturrelationen einzelner Komponenten des unternehmerischen Gesamtergebnisses.

Segmentstruktur des Betriebsergebnisses

Dazu wird einerseits auf die Kennzahlen aus der Ergebnissegmentierung zurückgegriffen (vgl. in diesem Kapitel, S. 1141 ff.). So ist es z. B. wichtig zu analysieren, ob ein sinkendes Betriebsergebnis auf konjunkturbedingte Ergebnisminderungen zurückzuführen und somit in allen gleichen Zyklen unterliegenden Segmenten zu beobachten ist, oder ob es sich um Verschlechterungen der Wettbewerbsposition in einzelnen Kernsegmenten des Unternehmens handelt. Das lässt sich durch einen Vergleich der Segmentrendite mit in den betreffenden Segmenten führenden Wettbewerbsunternehmen feststellen. Andererseits ist zur Beurteilung der Nachhaltigkeit des Betriebsergebnisses eine Analyse der strukturellen Zusammensetzung der betrieblichen Aufwendungen aufschlussreich, was im folgenden Abschnitt in diesem Kapitel (S. 1146 ff.) erfolgen soll.

Finanzergebnis-Beitrag

Wichtig ist auch, die Veränderung des Betriebsergebnisses in Relation zur Veränderung des Finanzergebnisses zu betrachten. Oft neigen Unternehmen dazu, sinkende operative Erfolge durch zusätzliche Einnahmen im finanziellen Bereich, beispielsweise durch Sonderausschüttungen von Tochterunternehmen, zu kompensieren (vgl. beispielsweise Hauschildt, J. [1996], S. 135).

Beitrag aus außerordentlichen Erfolgsquellen

Die Betrachtung des anteiligen Beitrags aus außerordentlichen Erfolgen kann mitunter aussagekräftige Erkenntnisse über die nachhaltige Ertragskraft eines Unternehmens liefern. Gerade von krisengefährdeten Unternehmen wird oftmals versucht, durch steigende außerordentliche Erfolgsbeiträge, die, wie bereits dargestellt, häufig lediglich bilanzpolitisch beeinflusst sind, über rückläufige Erträge aus dem operativen Geschäft hinwegzutäuschen.

Ergebnisstrukturanalyse nach IFRS

Wie erläutert, sind für erfolgsorientierte Prognoserechnungen grundsätzlich nur solche Aufwendungen und Erträge relevant, die wiederkehrend sind. Erfolgsrechnungen müssen deshalb mit dem Ziel analysiert werden, ein nachhaltiges Ergebnis zu ermitteln, das auch in der Zukunft wieder erzielt werden kann (vgl. White, G. I./Sondhi, A. C./Fried, D. [2003], S. 634 f.). Hierfür werden diejenigen Aufwands- und Ertragsposten aus dem betrieblichen Ergebnisbereich eliminiert oder angepasst, die keine guten Schätzer für zukünftige Aufwendungen und Erträge sind. Die Eliminierung außerordentlicher Posten darf aber nicht dazu führen, dass sie außer Acht bleiben, sie sind lediglich für die Ableitung von Ertragserwartungen nur bedingt relevant. Vielmehr sind solche Effekte, die aperiodischer Natur sind, d. h. die nicht in jeder Periode – und insbesondere nicht in der gleichen Höhe – anfallen, aber durchaus in mehrperiodigen Abständen wiederkehrend sein können, in aperiodischen Ergebnissen zu separieren.

Normalisierter Gewinn, nachhaltiges Ergebnis

Für die im aperiodischen betrieblichen bzw. betriebsfremden Ergebnis erfassten Erfolgsbestandteile kann dann im Rahmen eines Mehrjahresvergleiches beispielsweise durch Durchschnittsbildung ein Wert ermittelt werden, der unter üblichen Bedingungen auch in der Zukunft erwartet werden kann. Nach Addition zum ordentlichen Betriebsergebnis ergibt sich ein »normalisierter Gewinn« bzw. ein »nachhaltiges Ergebnis«, das sich dann in die Zukunft fortschreiben lässt und so z. B. als Basis für die Ermittlung eines inneren Unternehmenswertes dienen kann. Im Idealfall kann ein so ermitteltes Ergebnis unmittelbar in die Bewertungsformeln der Multiplikatormethodik bzw. der Diskontierung von Zukunftserfolgen einfließen.

b) Analyse der Aufwands- und Ertragsstruktur

Betriebsergebnis

Die Möglichkeiten der Aufwandsstrukturanalyse hängen dabei davon ab, ob die GuV nach dem Gesamt- oder nach dem Umsatzkostenverfahren gegliedert ist.

(1) Aufwandsstrukturanalyse bei Gliederung der Gewinn- und Verlustrechnung nach dem Gesamtkostenverfahren

Anwendungsbereich des Gesamtkostenverfahrens

Die nachfolgenden Kennzahlen beziehen sich, wie bereits in der Überschrift zum Ausdruck gebracht, auf eine nach dem Gesamtkostenverfahren gegliederte GuV, aus der die Gesamtleistung, der Material-, der Personal- und der Abschreibungsaufwand zu entnehmen sind. Das Gesamtkostenverfahren ist nach HGB (§ 275 Abs. 2 HGB) zulässig und vor allem bei kleineren Unternehmen auch weit verbreitet. Nach IFRS ist das Gesamtkostenverfahren ebenfalls zulässig (IAS 1.102), bei international tätigen Unternehmen, die IFRS verwenden, aber weitgehend unüblich. Die US-GAAP kennen das Gesamtkostenverfahren nicht.

Im Rahmen der Analyse der Aufwandsstruktur bei Gliederung der GuV nach dem Gesamtkostenverfahren werden üblicherweise die folgenden Kennzahlen verwendet:

Personalintensität

$$\text{Personalintensität} = \frac{\text{Personalaufwand}}{\text{Gesamtleistung}}$$

Materialintensität

$$\text{Materialintensität} = \frac{\text{Materialaufwand}}{\text{Gesamtleistung}}$$

Die beiden Kennzahlen verdeutlichen den relativen Anteil der Aufwendungen für die beiden großen Produktionsfaktorgruppen »Arbeitsleistung« und »Material« an der Gesamtleistung. Material- und Personalintensität geben Auskunft über die in dem jeweiligen Unternehmen herrschenden Faktoreinsatzverhältnisse und indizieren damit gleichzeitig die Anfälligkeit gegenüber Änderungen der Mengen- und Wertgerüste des einzelnen Produktionsfaktors (Schwankungen der Materialmengen und -preise bzw. der Mitarbeiterzahl und der Lohn- und Gehaltssätze). Insbesondere erscheint wichtig zu beobachten, inwieweit eventuell Steigerungen bei der einen Kennzahl durch Verringerung bei der anderen Kennzahl ergebnismäßig neutralisiert werden. Ein deutliches Ansteigen beider Kennzahlen ist stets als Signal für eine strukturell verschlechterte Ertragskraft zu werten. Zu beachten ist auch, dass nach IFRS/US-GAAP in den Personalkosten auch die GuV-wirksam erfassten Erträge und Aufwendungen aus aktienorientierten Vergütungssystemen enthalten sind. Dieser Bestandteil kann aufgrund seiner Abhängigkeit von Aktienkursentwicklungen Schwankungen unterliegen, was die Zuverlässigkeit des aufgezeigten Analysemodells beeinträchtigen kann.

Fertigungstiefe

Die Kennzahl »Materialintensität« ist insbesondere auch für die Analyse der Fertigungstiefe bzw. der vertikalen Integration von Bedeutung. Eine hohe Fertigungstiefe bietet dabei tendenziell den Vorteil realisierbarer Synergiepotenziale, eine niedrige Fertigungstiefe den Vorteil höherer Flexibilität in der Gestaltung des Absatzprogrammes und zugehörigen Produktionsapparates. Je höher die Materialintensität ausfällt, desto höher ist der Anteil des zugekauften Materials und desto niedriger die Fertigungstiefe zu beurteilen. Steigende Materialintensität aufgrund sinkender Fertigungstiefe muss aber zwingend durch sinkende Personalintensität kompensiert werden, wenn sinkende Fertigungstiefe nicht zu Ergebnisminderungen führen soll.

Arbeits-produktivität

Um die Kennzahl »Personalintensität« noch etwas näher analysieren zu können, kann man sie zweckmäßigerweise auch in der folgenden erweiterten Form ausdrücken:

$$\text{Personalintensität} = \frac{\text{Lohnniveau}}{\text{Produktivität der Belegschaft}}$$

mit:

Lohnniveau

$$\text{Lohnniveau} = \frac{\text{Personalaufwand}}{\begin{array}{c}\text{Durchschnittliche Belegschaftsstärke}\\ \text{(nach Angaben im Anhang)}\end{array}}$$

Produktivität

$$\text{Produktivität der Belegschaft} = \frac{\text{Gesamtleistung}}{\text{Durchschnittliche Belegschaftsstärke}}$$

Angabe der Mitarbeiterzahl

Diese tief greifende Analyse kann nur durchgeführt werden, wenn die Anzahl der Mitarbeiter im Jahresabschluss angegeben wird. Für Unternehmen, die nach HGB bilanzieren, ergibt sich diese Angabepflicht aus §§ 285 Nr. 7, 314 Abs. 1 Nr. 4 HGB. Während diese Angabe auch nach US-GAAP verpflichtend ist, wurde sie vom IASB im Zuge des *Improvements Project* gestrichen.

Aus dem vorstehend formelmäßig dargestellten Zusammenhang lassen sich die Ursachen für eine Veränderung der Personalintensität genauer spezifizieren: Sofern die Kennzahl der Produktivität der Belegschaft infolge von Rationalisierungsmaßnahmen steigt, tritt ceteris paribus eine tendenzielle Verbesserung der Ertragslage nur insoweit ein, als parallel verlaufende Lohnniveauentwicklungen die Produktivitätssteigerungen nicht kompensieren. Unternehmen mit hoher Personalintensität sind gegenüber Lohnerhöhungen anfälliger als kapitalintensive Betriebe, die sich durch eine hohe durchschnittliche Abschreibungsquote auszeichnen:

Abschreibungsquote

$$\text{Abschreibungsquote} = \frac{\text{Abschreibungen des Geschäftsjahres auf Sachanlagen}}{\text{Gesamtleistung}}$$

Auch diese Kennzahl liefert Anhaltspunkte für den Rationalisierungsgrad eines Unternehmens. Je höher die Abschreibungsquote ausfällt, um so höher ist – ceteris paribus – der Rationalisierungsgrad des Unternehmens. Da nach IFRS jedoch eine jährliche Überprüfung der Abschreibungsmodalitäten geboten ist, deren Anpassung zu Schwankungen bei dieser Kennzahl führen, ist deren Aussagegehalt entsprechend vorsichtig zu betrachten.

Steuerquote

Aufgrund des gesonderten Ausweises der gewinnabhängigen Steuern können anhand der langfristigen Entwicklung der »Steuerquote« Rückschlüsse auf die Entwicklung der Ertragslage gezogen werden. Dabei sind nur die veranlagten, nicht die latenten Steuern einzubeziehen. Da die veranlagten gewinnabhängigen Steuern auch von außerordentlichen Erfolgskomponenten (i. S. des HGB) abhängen sind, ist es sinnvoll, nur die auf das ordentliche Ergebnis entfallenden Gewinnsteuern zu berücksichtigen (vgl. die Angabepflicht im Anhang gemäß § 285 Nr. 6 HGB).

$$\text{Steuerquote} = \frac{\text{Veranlagte Steuern vom Einkommen und vom Ertrag}}{\text{Umsatz}}$$

Je größer die Steuerquote im Durchschnitt ausfällt, desto mehr steuerpflichtige Erträge wurden im jeweiligen Unternehmen erwirtschaftet. Bei Anwendung und Interpretation dieser Kennzahl ist jedoch zu beachten, dass der Zähler auch durch Erträge des Finanzbereiches und durch Liquidations- und Bewertungserträge beeinflusst wird.

Zinsergebnis/ Zins-Deckung/ Interest-Coverage-Ratio

Als weitere Kennzahl der Aufwands- und Ertragsanalyse sei der Saldo aus den Posten »sonstige Zinsen und ähnliche Erträge« und »Zinsen und ähnliche Aufwendungen« genannt (= Zinsergebnis), der die Finanzierungsanalyse ergänzt (Kreditanspannung). Gebräuchlich ist auch die sog. Zins-Deckung oder *Interest-Coverage-Ratio*, die aus der Sicht der Kreditgeber das Risiko widerspiegelt, dass das Unternehmen die Zinsbedienung nicht mehr erbringen kann (vgl. Gray, S. J./ Needles, B. E. [1999], S. 456). Die Kennzahl entspricht dem Vielfachen des Ergebnisses vor Steuern und Zinsen (EBIT) bezogen auf den Zinsaufwand.

$$\text{Zins-Deckung} = \frac{\text{EBIT}}{\text{Zinsaufwand}}$$

Grenzen der Analyse bei GKV

Wie bereits einleitend bemerkt, ist das Gesamtkostenverfahren international eher unüblich. Im Falle der Verwendung des Umsatzkostenverfahrens sind die genannten für die Ergebnisanalyse aufschlussreichen Kennzahlen nur sehr eingeschränkt ermittelbar. Die Gesamtleistung ist nur approximativ zu ermitteln. Hilfsweise kann an ihrer Stelle der Umsatz verwendet werden. Der Materialaufwand ist weder im IFRS/US-GAAP-Abschluss noch im Konzernabschluss nach HGB angabepflichtig. Der Personalaufwand fehlt im US-GAAP-Abschluss. Dagegen ist er sowohl nach HGB (§§ 285 Nr. 8, 314 Abs. 1 Nr. 4 HGB) als auch nach IFRS (IAS 1.104) angabepflichtig.

(2) Aufwandsstrukturanalyse bei Gliederung der Gewinn- und Verlustrechnung nach dem Umsatzkostenverfahren

Funktionskosten

Wie im 9. Kapitel ausführlich dargestellt, folgt die GuV-Gliederung des Umsatzkostenverfahrens dem Sekundärprinzip, d. h. die Aufwendungen werden je nach Zuordnung zu den Kostenstellenbereichen bzw. Funktionen unterteilt in:

- Herstellungskosten der zur Erzielung der Umsatzerlöse erbrachten Leistungen (*cost of goods sold*)
- Vertriebskosten (*selling expenses*)
- allgemeine Verwaltungskosten (*administrative or general expenses*)
- sonstige betriebliche Aufwendungen (*other expenses or losses*)

Die funktional gegliederten Aufwendungen für Herstellung, Verwaltung und Vertrieb sind im IFRS-Abschluss (IAS 1.104) und im US-GAAP-Abschluss (ASC 225-10) gesondert ausweispflichtig.

Forschungs- und Entwicklungskosten

Häufig wird darüber hinaus freiwillig der Posten »Forschungs- und Entwicklungskosten« angegeben. Wenn diese nicht freiwillig im Rahmen der GuV ausgewiesen werden, müssen sie im IFRS-Abschluss (IAS 38.126) und im US-GAAP-Abschluss (ASC 235-10-50, früher APB 22.13) in den *notes* angegeben werden. Nach HGB besteht keine entsprechende quantitative Angabepflicht, der Umfang der Forschungs- und Entwicklungsaktivitäten ist lediglich im Lagebericht verbal zu erläutern (§§ 289 Abs. 2 Nr. 3, 315 Abs. 2 Nr. 3 HGB).

Analyse der Funktionskosten

Bei der Analyse der Kostenstruktur ist jedoch zu beachten, dass es sich bei diesen Posten nicht um »Kosten« im betriebswirtschaftlichen Sinne handelt, sondern um Aufwendungen. Da jedoch im Allgemeinen die kostengleichen Aufwendungen überwiegen und in den meisten Unternehmen externes (pagatorisches) und internes (kalkulatorisches) Rechnungswesen immer stärker zusammenwachsen (vgl. Coenenberg, A. G. [1995]), geben die vorstehend genannten Aufwandsposten verlässliche Hinweise auf die funktionale Kostenstruktur des betrachteten Unternehmens.

Funktionale Kostenstrukturkennzahlen

Zur Analyse der funktionalen Aufwands- bzw. Kostenstruktur bieten sich folgende Kennzahlen an:

$$\text{Herstellungsintensität} = \frac{\text{Herstellungskosten}}{\text{Umsatz}}$$

$$\text{FuE-Intensität} = \frac{\text{FuE-Kosten}}{\text{Umsatz}}$$

$$\text{Vertriebsintensität} = \frac{\text{Vertriebskosten}}{\text{Umsatz}}$$

$$\text{Verwaltungsintensität} = \frac{\text{Allgemeine Verwaltungskosten}}{\text{Umsatz}}$$

Zwischenbetrieblicher Vergleich, Benchmarking

Diese Kennzahlen sind im zwischenbetrieblichen Vergleich und im Zeitvergleich wichtige Indikatoren der Effizienz des Unternehmens. Zwischenbetrieblich liegt es nahe, die Funktionskostenintensitäten an Benchmarks von Wettbewerbsunternehmen zu vergleichen, um Anhaltspunkte für die Angemessenheit der Funktionskosten zu gewinnen. Liegen die Vertriebskosten beispielsweise bei 30 %, während ertragsstärkere Wettbewerber nur 20 % Vertriebskosten haben, so gibt dies Anlass zu zahlreichen Fragen, z. B. im Hinblick auf Nutzung von *economies of scale*, Wahl der geeigneten Vertriebskanäle und Vertriebsformen, Erlösschmälerungen, Installierung geeigneter vertrieblicher Incentive Systeme, etc.

Zeitvergleich

Im Zeitvergleich sind insbesondere Veränderungen im relativen Anteil der Funktionskosten zu analysieren. Relevante Fragen sind z. B.: Beruhen sinkende F&E-Kostenanteile auf Vernachlässigung von Innovationen oder sind sie Ausdruck erhöhter F&E-Produktivität z. B. durch eine verstärkte Fokussierung des Unternehmensportfolios? Werden steigende Vertriebskostenanteile durch sinkende Anteile anderer Funktionskosten kompensiert?

Die Frage nach der Kompensation ist deshalb von Bedeutung, da gilt, dass die Summe der Funktionskostenintensitäten – von sonstigen Ergebnisbestandteilen abgesehen – den Spielraum für die (operative) Umsatzrentabilität des Unternehmens zeigt. Dies sei an einem einfachen Beispiel veranschaulicht.

Beispiel

Perioden / %	1	2	3	4
Herstellungsintensität	60	60	60	60
F&E-Intensität	5	7,5	9	12
Vertriebsintensität	15	17,5	20	22
Verwaltungsintensität	6	6	5	4
Summe	**86**	**91**	**94**	**98**

In Periode 1 besteht ein Spielraum für die (operative) Umsatzrentabilität. Diese berechnet sich durch 100 % - 86 % = 14 %. In den Folgeperioden sinkt sie über 9 % und 6 % bis auf 2 %, weil steigende F&E-Intensität und Vertriebsintensität nicht durch sinkende Herstellungs- und Verwaltungsintensität kompensiert werden.

(3) Ergebnisstrukturanalyse und Entsprechungsprinzip

Entsprechungsprinzip

Bei der Bildung von Strukturkennzahlen im Rahmen der Ergebnisanalyse ist stets zu prüfen, ob die Vergleichsgrößen einander entsprechen. Dieses Entsprechungsprinzip, gegen das oft verstoßen wird, sei am Beispiel einiger der dargestellten Kennzahlen verdeutlicht.

Nach dem Entsprechungsprinzip sollte man nicht den Umsatz, sondern die Gesamtleistung auf die Belegschaftsstärke beziehen. Ebenso entfallen die Personal- und Materialaufwendungen sowie die Abschreibungen einer Periode auf die Gesamtleistung und nicht nur auf den Umsatz. Die (gewinnabhängigen) Steuern sind dagegen zum Umsatz und nicht zur Gesamtleistung in Beziehung zu setzen, weil sie nicht in dem Ausmaß durch (erfolgsneutrale) Bestandsänderungen beeinflusst werden wie durch den Umsatz. Aus dem Entsprechungsprinzip ergibt sich zudem, bei der Kennzahlenbildung immer dann auf die Bereinigung um handels- und steuerrechtlich bedingte Verzerrungen zu verzichten, wenn diese Korrekturen nicht gleichermaßen im Nenner und Zähler vorgenommen werden können.

B. Rentabilitätsanalyse

Definition Rentabilität

Unter Rentabilität versteht man eine Beziehungszahl, bei der eine Ergebnisgröße zu einer dieses Ergebnis maßgebend bestimmenden Einflussgröße in Relation gesetzt wird. Als solche Einflussgrößen kommen für die Rentabilitätsanalyse einerseits das zur Ergebniserzielung eingesetzte Kapital oder Vermögen, andererseits der das Ergebnis bewirkende Umsatz in Betracht. Im ersten Fall spricht man von Kapitalrentabilität, Vermögensrentabilität, *Return on Investment* (ROI), *Return on Net Assets* (RONA) oder *Return on Capital Employed* (ROCE), im zweiten Fall von Umsatzrentabilität, *Return on Sales* (ROS) oder Gewinnspanne.

Notwendigkeit von Rentabilitätsanalysen

Mittels der Rentabilitätsanalyse wird eine in Bezug auf die jeweils gewählte Einflussgröße relativierte Erfolgsbeurteilung ermöglicht. Für eine solche relativierte Erfolgsanalyse sprechen insbesondere zwei Gründe: Die Beurteilung der Ertragslage eines Unternehmens erfordert den Vergleich mit Branchendurchschnitten oder – besser – mit den Ergebnissen einzelner Vergleichsunternehmen. Untersuchungsobjekt und Vergleichsobjekt können aber unterschiedliche Betriebsgrößen besitzen. Zur Herstellung der Vergleichbarkeit müssen hier die zu vergleichenden Ergebnisziffern mittels Rentabilitätskennzahlen relativiert werden. Die Notwendigkeit von Rentabilitätsanalysen ergibt sich ferner aus dem ökonomischen Prinzip, welches fordert, dass eine bestimmte Ertragszielgröße mit minimalem Faktoreinsatz erzielt werden soll. Daraus folgt, dass eine Erfolgsbeurteilung nicht allein anhand der absoluten Ergebnisse möglich ist, sondern darüber hinaus eine Betrachtung der Ergebnisse im Verhältnis zum Faktoreinsatz notwendig ist. An eine Rentabilitätsanalyse im Rahmen der externen Unternehmensanalyse sind zwei Anforderungen zu stellen:

1. Die Rentabilitätsanalyse ist so aufzubauen, dass sie die Ursachen einer geänderten Rentabilität bzw. einer Abweichung der Rentabilität von einer Zielrentabilität erkennen lässt und die Interdependenzen zwischen den Einflussfaktoren der Rentabilität offen legt. Daraus ergibt sich die Forderung, die Rentabilitätsanalyse auf der Grundlage eines Systems von Kennzahlen vorzunehmen. Die hiermit zusammenhängenden Fragen werden weiter unten in diesem Kapitel (S. 1172 ff.) behandelt.
2. Die in der Analyse zu verwendenden Rentabilitätskennzahlen sind so zu bemessen, dass sie die tatsächlichen wirtschaftlichen Verhältnisse möglichst genau widerspiegeln und dass sie den Analysezielen möglichst weitgehend gerecht werden.

Diese Frage wirft vielfältige Messprobleme auf, die sich im Wesentlichen auf drei Fragestellungen reduzieren lassen:

(a) Welcher Rentabilitätsbegriff bzw. welche Rentabilitätsbegriffe sollen der Analyse zugrunde gelegt werden? Je nachdem, ob die Rentabilitätsanalyse ausschließlich auf die Interessenlage der Eigentümer oder aller Kapitalgeber bzw. des Unternehmens gerichtet ist, sind jeweils unterschiedlich weite oder enge Rentabilitätsbegriffe bedeutsam. Aus Eigentümersicht stehen die Eigenkapitalrentabilität bzw. Aktienrentabilität, aus Sicht aller Kapitalgeber und aus Sicht des Unternehmens insgesamt die Gesamtkapitalrentabilität und Umsatzrentabilität im Vordergrund.
(b) Wie soll das eingesetzte Vermögen bzw. Kapital bewertet werden, zum bilanziellen Wert oder zum Marktwert? Dementsprechend ist zwischen bilanzieller und marktorientierter Rentabilitätsanalyse zu unterscheiden.
(c) Analog zur Problemstellung »Vollkosten- oder Teilkostenrechnung« ist vor allem für Rentabilitätsanalysen einzelner Produktbereiche oder einzelner Teilbetriebe zu prüfen: Soll die Rentabilität auf der Basis einer Vollgewinn- und -vermögensrechnung oder einer Teilgewinn- und -vermögensrechnung ermittelt werden?

Eine sachgerechte Lösung der unter Punkt (c) aufgeworfenen Fragestellung erfordert Informationen, die im Rahmen einer externen Bilanzanalyse nicht verfügbar sind. Diese Probleme brauchen deshalb hier nicht weiter verfolgt zu werden; es sei auf das Schrifttum verwiesen (vgl. Coenenberg, A. G./Fischer, T. M./ Günther, T. [2012], S. 783 ff.). Mangels näherer Angaben muss die externe Rentabilitätsanalyse stets auf einer Vollrentabilitätsrechnung beruhen. Allerdings kann es sich im Rahmen der Segmentanalyse (vgl. in diesem Kapitel, S. 1141 ff.) wegen des unter DRS, IFRS und US-GAAP geltenden *management approach* durchaus auch um Teilrentabilitätskennzahlen handeln. Die unter den Punkten (a) und (b) angesprochenen Kriterien, nämlich Adressaten (Eigentümer/Kapitalgeber bzw. Unternehmen) und Bewertung (Buchwerte/Marktwert) führen zu verschiedenen Ansätzen einer Rentabilitätsanalyse, die im Folgenden erörtert werden. Abbildung 19.10 gibt eine Übersicht über die Ansätze der Rentabilitätsanalyse und die Zuordnung zu den folgenden Abschnitten.

Adressaten / **Bewertung**	**Eigentümer**	**Kapitalgeber/Unternehmen**
Buchwerte (bilanzielle Rentabilitätsanalyse)	I. Eigenkapitalrentabilität	IV. Gesamtkapitalrentabilität und Umsatzrentabilität V. Kennzahlensystem zur bilanziellen Rentabilitätsanalyse
Marktwert (marktorientierte Rentabilitätsanalyse)	II. Aktienrentabilität	III. Marktwertmultiples

Abb. 19.10: Ansätze zur Rentabilitätsanalyse

I. Eigenkapitalrentabilität

Aus der Sicht der Unternehmenseigner ist zunächst die bilanzielle Eigenkapitalrentabilität (EKR) von Bedeutung:

$$\text{Eigenkapitalrentabilität (EKR)} = \frac{\text{Jahresüberschuss}}{\text{Durchschnittliches Eigenkapital}}$$

Eigenkapitalrentabilität (EKR)

Kapitalgröße

In einer Rentabilitätskennzahl sollte die Kapitalgröße stets als Durchschnittswert aus Jahresanfangs- und Endbestand erfasst werden, da ansonsten im Zähler eine (dynamische) Stromgröße zu einer (statischen) Bestandsgröße in Beziehung gesetzt wird. Aus Sicht des Anlegers zeigt die so ermittelte Eigenkapitalrentabilität die Verzinsung (Dividende und Thesaurierung, aber ohne Kurs- und Wertsteigerungen) des von den Eigentümern in das Unternehmen eingebrachten Eigenkapitals sowie der durch offene Thesaurierung im Unternehmen verbliebenen Gewinne.

Ergebnisgröße

Bei der Ergebnisgröße ist zu unterscheiden, ob diese vor (EBT) oder nach Ertragsteuern (Jahresüberschuss/*profit*) betrachtet wird (vgl. zur Abgrenzung der Größen auch 17. Kapitel, S. 1048 f.). Im ersteren Fall ist die Eigenkapitalrentabilität besser für den überbetrieblichen Vergleich geeignet, da sie unterschiedliche Steuerbelastungen eliminiert. Da jedoch nur bei Verwendung des Jahresüberschusses die – für den Anteilseigner wichtige – Betrachtung einer auf seine Investition tatsächlich entfallenden Rendite erfolgt, wird die Eigenkapitalrentabilität üblicherweise mit dieser Größe berechnet.

Die Höhe der Eigenkapitalrentabilität hängt wesentlich von der Gesamtkapitalrentabilität des Unternehmens, von der Zinsbelastung des Fremdkapitals sowie vom Verschuldungsgrad ab (= Leverage-Effekt). Auf diesen Zusammenhang wird im 18. Kapitel (S. 1070 ff.) näher eingegangen.

Konzern-EKR

Sowohl der Jahresüberschuss als auch das Eigenkapital können dem HGB-Abschluss als auch dem IFRS- bzw. US-GAAP-Abschluss unmittelbar entnommen werden. Wird die Eigenkapitalrentabilität aus der Sicht der Eigentümer des Mutterunternehmens eines Konzerns betrachtet, so ist als Jahresüberschuss der um die Ergebnisanteile von Fremdgesellschaftern bereinigte Gewinn und das Eigenkapital ohne den Anteil von Fremdgesellschaftern zu erfassen. Die erforderlichen Daten ergeben sich sowohl aus dem HGB-Abschluss als auch aus dem IFRS- bzw. US-GAAP-Abschluss.

EKR nach IFRS/US-GAAP

Zusätzliche Bereinigungen werden im Bereich der internationalen Rechnungslegung nötig. Problematisch sind hier insbesondere die GuV-neutral im OCI erfassten Eigenkapitaleffekte (vgl. hierzu ausführlicher Kirsch, H. [2007], S. 145 ff.). Bei unbereinigter Kennzahlenermittlung unterliegen die berechneten Rentabilitäten stets einer Verzerrung, da die GuV-neutral erfassten Wertänderungen zwar Eingang in die Eigenkapitalgröße finden, jedoch im Periodenergebnis unberücksichtigt bleiben. Damit kann es zu genau gegenläufigen Aussagen über die tatsächliche Entwicklung und Veränderung des Kennzahlenwertes kommen. Eine differenziertere Betrachtung erscheint nach IFRS/US-GAAP somit sinnvoll.

EKR »at face«

Einerseits sollte aus Gründen der Praktikabilität und Einfachheit nach wie vor eine Eigenkapitalrentabilität »*at the face of the balance sheet*«, d. h. mit unbereinigten Werten auf Basis von Bilanz und GuV berechnet werden, wie dies auch in der obigen Betrachtung nach HGB erfolgt ist.

Bereinigte EKR nach IFRS

Andererseits sollte für eine eingehendere Analyse, bei der die Beurteilung der tatsächlichen Ertragskraft und operativen Renditeerzielungsfähigkeit im Vordergrund steht, eine um Bewertungseffekte bereinigte Eigenkapitalrendite berechnet werden. Hierfür ist sowohl der Jahresüberschuss um das Bewertungsergebnis zu mindern, als auch das Eigenkapital ohne GuV-neutral erfasste Posten in die Berechnung einzubeziehen. Die bereinigte Eigenkapitalrentabilität nach IFRS berechnet sich dann wie folgt:

$$\text{Eigenkapitalrendite IFRS}_{\text{bereinigt}} = \frac{\text{Jahresüberschuss - Bewertungsergebnis}}{\text{Durchschnittliches Eigenkapital - OCI}}$$

In diesem Rahmen ist jedoch darauf hinzuweisen, dass durch diese Bereinigung der Zusammenhang von Eigen- und Gesamtkapitalrentabilität, wie er beim Kennzahlensystem zur Eigenkapitalrendite (vgl. in diesem Kapitel, S. 1172 ff.) oder auch bei der Darstellung des Leverage-Effektes (vgl. 18. Kapitel, S. 1072 ff.) aufgezeigt wurde, nur aufrecht erhalten werden kann, wenn beide Kapitalgrößen, sowohl Eigen- als auch Gesamtkapital, konsistent verwendet werden und nicht etwa für das Gesamtkapital vereinfachend die Bilanzsumme herangezogen wird.

II. Aktienrentabilität

Aktienrentabilität/ Total Return to Shareholders

Die im vorigen Abschnitt dargestellte Eigenkapitalrentabilität bezieht sich auf den Buchwert des Eigenkapitals. Im Falle einer börsennotierten Aktiengesellschaft kommt es für den Eigner insbesondere auch auf den Marktwert des Eigenkapitals (Aktienkurs) und seine Veränderung an.

Die Aktienrentabilität (= *Total Return to Shareholders*, TRS) für eine Periode von t - 1 bis t lässt sich wie folgt definieren:

$$TRS = \frac{P_t - P_{t-1} + D_t}{P_{t-1}}$$

mit:
P = Aktienkurs
D = Dividende
TRS = Total Return to Shareholders, Aktienrentabilität

Die Aktienrentabilität kann unmittelbar durch Einsetzen der Aktienkurse zu Beginn und Ende der Periode (Jahr, Quartal) und der in der Periode ausgeschütteten Dividende errechnet werden. Zusätzlich lassen sich aus der Gleichung indirekt einige fundamentale Bilanzkennzahlen der Aktienrentabilität ableiten.

Konzept zur Analyse der Aktienrentabilität

Aus Sicht des Aktionärs ist insbesondere das Verhältnis von Ergebnis und Gewinnausschüttung zum Marktwert des Eigenkapitals von Bedeutung. Die Gewinnausschüttung bezogen auf den Marktwert des Eigenkapitals entspricht der Dividendenrendite. Das Ergebnis in Relation zum Marktwert des Eigenkapitals spielt in der Aktienanalyse in der Umkehrrelation unter dem Terminus »Kurs-Gewinn-Verhältnis« (= *Price Earnings Ratio*) eine wichtige Rolle. Die Dividende erklärt sich aus dem Gewinn je Aktie und der Ausschüttungsrate bzw. dem Kehrwert, dem »Dividenden-Deckungsgrad«. Wie in Abbildung 19.11 dargestellt, lassen sich diese Größen in einen Systemzusammenhang bringen, der das Konzept zur Analyse der Aktienrentabilität widerspiegelt (vgl. Reinhart, A. [1998], S. 380; Coenenberg, A. G./Reinhart, A. [1999], S. 575). Die zentralen Größen dieses aktienanalytischen Konzepts werden im Folgenden dargestellt.

1. Gewinn je Aktie/earnings per share

Gewinn je Aktie/ earnings per share

Eine zentrale Kennzahl der aktienanalytischen Rentabilitätsanalyse ist der Gewinn je Aktie bzw. *earnings per share* (EPS). Sowohl im IFRS- als auch im US-GAAP-Abschluss ist die Kennzahl *earnings per share* anzugeben (IAS 33; FAS 128). Die Ermittlung wurde im 9. Kapitel (S. 599 ff.) dargestellt. Deutsche börsennotierte Unternehmen, die nicht nach IFRS oder US-GAAP bilanzieren, veröffentlichen im Allgemeinen auf freiwilliger Basis ein »Ergebnis je Aktie nach DVFA/SG« (vgl. zum Ergebnis nach DVFA/SG auch in diesem Kapitel, S. 1118 ff.). Dieses ist mit den EPS nach IFRS bzw. US-GAAP allerdings nicht vollständig vergleichbar, da das DVFA/SG-Ergebnis ein um ungewöhnliche Erfolgskomponenten bereinigtes, nachhaltiges Ergebnis darstellt, während die EPS-Kennzahl auf dem *profit* bzw. *net income* der GuV beruht.

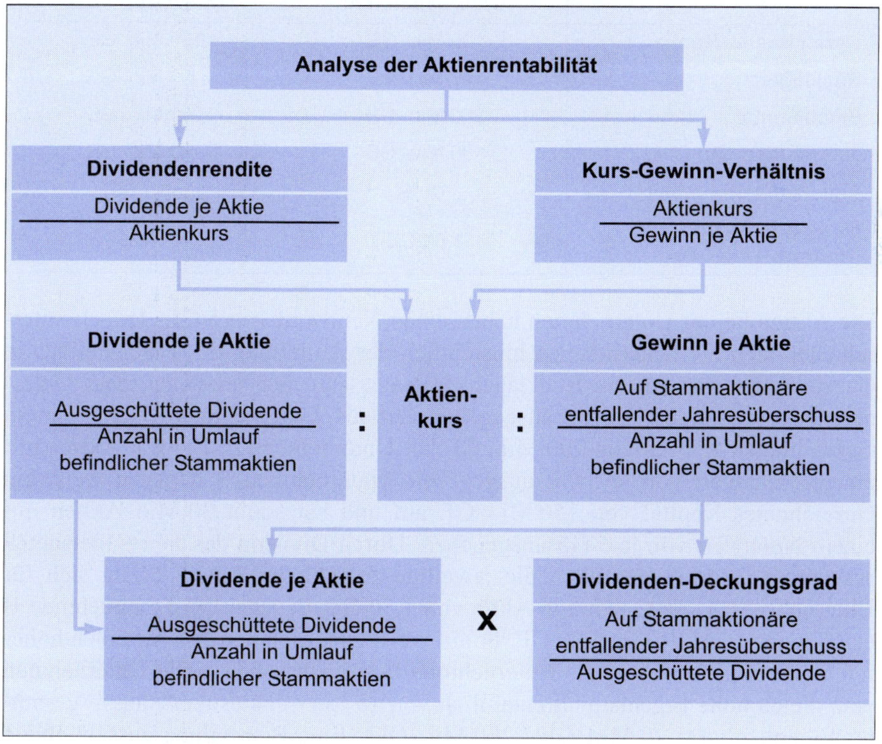

Abb. 19.11: Kennzahlensystem zur Aktienrentabilitätsanalyse

Soweit deutsche Unternehmen nach HGB bilanzieren und nicht freiwillig ein Ergebnis je Aktie veröffentlichen, lässt sich der Gewinn je Aktie relativ einfach aus dem veröffentlichten Jahresabschluss ableiten. Für den Fall ausgegebener Nennwertaktien lautet die Ermittlungsformel:

$$\text{Gewinn je Aktie} = \frac{\text{Jahresüberschuss} \times \text{Nennwert je Aktie}}{\text{Durchschnittliches gezeichnetes Kapital}}$$

Das durchschnittliche gezeichnete Kapital dividiert durch den Nennwert je Aktie entspricht der Zahl der im Jahresdurchschnitt in Umlauf befindlichen Aktien. Im Falle nennwertloser Aktien muss zur Ermittlung des Gewinns je Aktie unmittelbar auf die Zahl der im Umlauf befindlichen Aktien zurückgegriffen werden.
Die Kennzahl »Gewinn je Aktie« ist, wie bereits aus Abbildung 19.11 deutlich wird, als Bestandteil der Aktienrentabilität von Bedeutung. Isoliert betrachtet, ist die Kennzahl allerdings wenig aussagefähig. Bei Betriebsvergleichen kann sie sogar leicht zu groben Fehlschlüssen verleiten.

Beispiel
Folgendes vereinfachtes Zahlenbeispiel verdeutlicht, dass ein höherer Gewinn je Aktie nicht notwendigerweise eine höhere Ertragskraft des Unternehmens reflektiert:

	Unternehmen A	**Unternehmen B**
Gezeichnetes Kapital	100 Mio. GE	150 Mio. GE
Rücklagen	100 Mio. GE	50 Mio. GE
Eigenkapital	200 Mio. GE	200 Mio. GE
Jahresüberschuss	30 Mio. GE	30 Mio. GE
Eigenkapitalrentabilität	15 %	15 %
Gewinn je Aktie (Nennwert = 5 GE)	1,50 GE	1 GE

Die Aktien beider Unternehmen haben einen Nennwert von 5 GE. Jedoch unterscheiden sich die Unternehmen hinsichtlich der Aufteilung des Eigenkapitals in Gezeichnetes Kapital und Rücklagen. Hieraus lässt sich erkennen, dass Unternehmen A weniger Aktien ausgegeben hat als Unternehmen B. Bei einem Gezeichneten Kapital von 100 Mio. GE hat Unternehmen A 20 Mio. Aktien mit einem Nennwert von je 5 GE ausgegeben. Unternehmen B dagegen weist ein Gezeichnetes Kapital von 150 Mio. GE auf und hat somit 30 Mio. Aktien mit einem Nennwert von je 5 GE ausgegeben. Durch Division des Jahresüberschusses von je 30 Mio. GE durch die jeweilige Anzahl der Aktien ergibt sich für Unternehmen A ein Gewinn je Aktie von 1,50 GE, dagegen für Unternehmen B ein Gewinn je Aktie von 1,00 GE. Somit weist Unternehmen A zwar einen höheren Gewinn je Aktie aus als Unternehmen B, jedoch haben beide Unternehmen eine gleich hohe Eigenkapitalrentabilität von 15 % (= Jahresüberschuss / gesamtes Eigenkapital = 30 Mio. GE / 200 Mio. GE). Eine Beurteilung ausschließlich basierend auf dem Gewinn je Aktie wäre somit irreführend.

Solche Fehlurteile können – wie das vorstehende Beispiel veranschaulicht – durch eine Betrachtung der Eigenkapitalrentabilität im Rahmen der bilanziellen Rentabilitätsanalyse vermieden werden. Im Rahmen der marktwertorientierten

Aktienanalyse ist der Gewinn je Aktie im Zusammenspiel mit dem Kurs-Gewinn-Verhältnis zu betrachten.

Cashflow je Aktie

Neben dem Gewinn je Aktie hat als weiterer Indikator im Rahmen der Aktienrentabilitätsanalyse die Kennzahl Cashflow je Aktie Bedeutung. Dabei wird der Cashflow i. S. eines Indikators der Ertragskraft, also i. S. eines vereinfachten, ertragsnahen Brutto-Cashflows, ermittelt (vgl. beispielsweise 18. Kapitel, S. 1089 ff.). Der wesentliche Vorteil einer solchen Kennzahl gegenüber dem Gewinn je Aktie wird darin gesehen, dass sie von der Abschreibungspolitik, insbesondere von unterschiedlichen Möglichkeiten der Behandlung des Goodwill aus der Konsolidierung unabhängig ist. Eine ergänzende finanzwirtschaftliche Aussage liefert der Free Cashflow je Aktie. Er indiziert, ob aktuell ein für die Bedienung der Aktionärsansprüche verfügbarer Cashflow generiert wird (vgl. Holmes, G./Sugden, A./Gee, P. [2008], S. 244 f.).

2. Kurs-Gewinn-Verhältnis/Price Earnings Ratio

Price Earnings Ratio, Kurs-Gewinn-Verhältnis

Die Bezugnahme auf den Marktpreis des Eigenkapitals führt zu der unter dem Namen *Price Earnings Ratio* (PER) oder Kurs-Gewinn-Verhältnis (KGV) bekannten Kennzahl:

$$\text{Price Earnings Ratio} = \frac{\text{Preis je Aktie (Börsenkurs)}}{\text{Gewinn je Aktie}}$$

Diese Kennzahl, die eine reziproke Rentabilitätskennzahl des Eigenkapitalmarktwertes darstellt, wird vor allem für Preiswürdigkeitsprüfungen verwendet. Aufgrund etwa branchendurchschnittlicher *Price Earnings Ratios* lassen sich Vorstellungen über die vom analysierten Unternehmen zu fordernde *Price Earnings Ratio* gewinnen. Durch Multiplikation dieser Norm-*Price Earnings Ratio* mit dem Gewinn je Aktie ergibt sich näherungsweise der angemessene Preis je Aktie des Unternehmens. Für die Aktienanalyse stellt die *Price Earnings Ratio* insofern eine wertvolle Ergänzung der bilanziellen Eigenkapitalrentabilität dar, als diese Kennzahl den Gewinn auf das investierte Kapital des Aktieninvestors (Kurswert der Aktie) und nicht auf das Unternehmenskapital (Eigenkapital) bezieht.

Beispiel

Die Fortführung des letzten Zahlenbeispiels zeigt, dass eine gleiche Eigenkapitalrentabilität nicht auf gleichwertige Investitionsgelegenheiten aus der Sicht eines Aktieninvestors schließen lassen muss.

	Unternehmen A	**Unternehmen B**
Preis je Aktie in GE	21	12
Eigenkapitalrentabilität	15 %	15 %
Price Earnings Ratio/ Kurs-Gewinn-Verhältnis	14	12

In diesem Beispiel ist – unter sonst gleichen Bedingungen – wegen des günstigeren Kurs-Gewinn-Verhältnisses eine Investition in Unternehmen B einer Investition in Unternehmen A vorzuziehen. Wird die ceteris paribus-Prämisse aufgehoben, so kann der Unterschied im Kurs-Gewinn-Verhältnis von A und B aber auch auf folgende Ursachen zurückzuführen sein:

- Das erwartete Gewinnwachstum von Unternehmen A wird höher als das von B eingeschätzt, d. h. höhere erwartete Renditen werden im gegenwärtigen Kurs bereits reflektiert.
- Das (nicht diversifizierbare) Risiko von A wird geringer eingeschätzt als das von B, d. h. ein geringeres Risiko erfordert eine geringere Risikoprämie und somit eine geringere Rendite, sodass das Kurs-Gewinn-Verhältnis höher ausfällt.
- Die Unterschiede im Kurs-Gewinn-Verhältnis zwischen A und B mögen auch rein rechnerische Gründe haben, weil die Veröffentlichungszeitpunkte von A und B auseinanderfallen und der Gewinn je Aktie sich bei beiden Unternehmen folglich auf unterschiedliche Zeitabschnitte bezieht, während der Kurs Zukunftserwartungen reflektiert.

Price earnings growth factor (PEG)

Zum ersten und dritten Punkt seien noch Erläuterungen angefügt. Die im ersten Punkt angesprochene Abhängigkeit der PER vom erwarteten Gewinnwachstum hat in der Praxis der Aktienanalyse zu der Kennzahl *price earnings growth factor* (PEG) geführt (vgl. Holmes, G./Sugden, A./Gee, P. [2008], S. 86):

$$\text{PEG} = \frac{\text{Price Earnings Ratio}}{\text{Erwartete Wachstumsrate des Gewinns je Aktie}}$$

Der im dritten Punkt angesprochene Effekt unterschiedlicher Bezugszeitpunkte von Gewinn und Kurs sei an einem einfachen Beispiel verdeutlicht (vgl. Abbildung 19.12).

Beispiel

Zum 31.12.10 ergibt sich beim veröffentlichten Gewinn je Aktie von 1,50 GE ein Kurs von 18 GE und somit ein KGV von 12. Aufgrund eines erwarteten Gewinnwachstums steigt der Kurs im ersten Halbjahr kontinuierlich auf 21 GE. Aufgrund der zum 31.12.10 verwirklichten Gewinnhöhe von 1,50 GE je Aktie steigt das KGV auf 14. Mit der Veröffentlichung des tatsächlich entsprechend den Investorenerwartungen auf 1,75 GE gestiegenen Gewinns je Aktie sinkt das KGV auf 12 GE zurück.

Der umgekehrte Fall ist für das zweite Halbjahr angenommen. Der auf 15 GE sinkende Kurs reflektiert sinkende Gewinnerwartungen. Auf der Grundlage des zum 30.06.11 veröffentlichten Gewinns von 1,75 GE sinkt das KGV folglich auf 8,6 und steigt mit der Veröffentlichung des erwartungsgemäß auf 1,25 GE gesunkenen Gewinns je Aktie aber wieder auf das Niveau von 12.

Generell deutet ein PEG > 1 auf eine Überbewertung, ein PEG < 1 auf eine Unterbewertung der Aktie hin. Allerdings ist kritisch darauf hinzuweisen, dass das erwartete Gewinnwachstum nicht die einzige Determinante der PER ist.

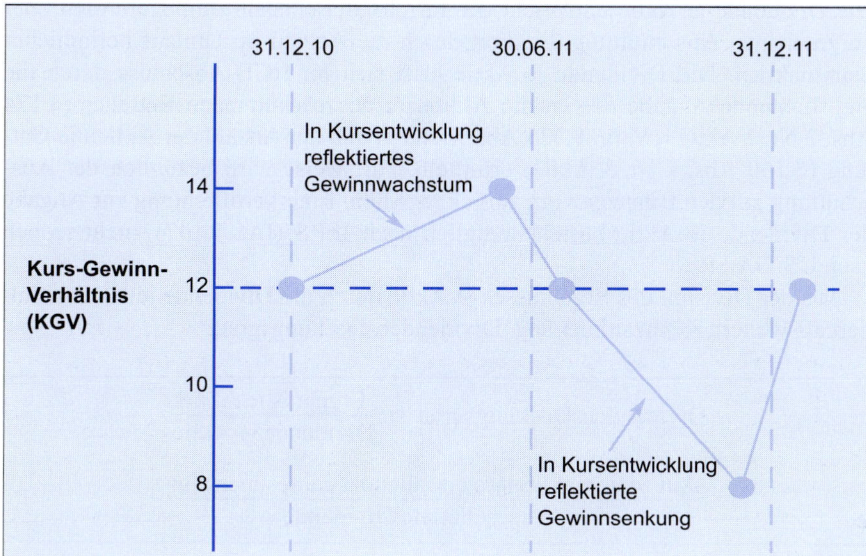

Kurs	18	21	21	15	15
Gewinn je Aktie	1,50	1,50	1,75	1,75	1,25
KGV	12	14	12	8,6	12

Abb. 19.12: Beispiel zur Entwicklung des KGV

Kurs-Cashflow-Verhältnis

So wie neben dem Gewinn je Aktie ein Cashflow je Aktie Verwendung findet, lässt sich das Kurs-Gewinn-Verhältnis (KGV) durch ein Kurs-Cashflow-Verhältnis (KCFV) ergänzen. Grundlage ist hier wiederum ein ertragsnaher Cashflow i. S. eines vereinfachten, nachhaltigen Brutto-Cashflow, der als zusätzlicher Ertragsindikator betrachtet wird. Die Ermittlungsformel lautet:

$$\text{Kurs-Cashflow-Verhältnis} = \frac{\text{Preis je Aktie}}{\text{Cashflow je Aktie}}$$

3. Dividende je Aktie und Dividenden-Deckungsgrad

Dividendenrendite

Weitere Bestandteile der Aktienrentabilitätsanalyse sind die Dividendenrendite und der Deckungsgrad der Dividende durch den erzielten Gewinn. Beide Kennzahlen sind für den aktuellen und potenziellen Aktionär von Bedeutung und sind fester Bestandteil der anglo-amerikanischen Praxis der Bilanzanalyse (vgl. z. B. Ellis, J./Williams, D. [1993]; Walsh, C. [1996]).

Die Dividendenrendite ergibt sich wie folgt:

$$\text{Dividendenrendite} = \frac{\text{Dividende je Aktie}}{\text{Aktienkurs}}$$

Die Dividende je Aktie entspricht der für das Berichtsjahr durchgeführten oder vorgesehenen Ausschüttung dividiert durch die Anzahl im Umlauf befindlicher Stammaktien. Die Dividende je Aktie lässt sich im HGB-Abschluss durch die verpflichtende Angabe des an die Aktionäre auszuschüttenden Betrages (§ 174 Abs. 2 Nr. 2 AktG i. V. m. § 325 Abs. 1 HGB) und der Anzahl der Aktien je Gattung (§ 160 Abs. 1 Nr. 3 AktG) ermitteln. Hilfsweise wird bezüglich der Ausschüttung auf den Bilanzgewinn zurückgegriffen. Eine Verpflichtung zur Angabe der Dividende je Aktie besteht lediglich nach IFRS (IAS 1.107), nicht jedoch nach US-GAAP.

Dividenden-Deckungsgrad

Aus der Division des Ergebnisses je Aktie durch die Dividende je Aktie resultiert als weitere Kennzahl der sog. Dividenden-Deckungsgrad:

$$\text{Dividenden-Deckungsgrad} = \frac{\text{Ergebnis je Aktie}}{\text{Dividende je Aktie}}$$

$$= \frac{\text{Auf Stammaktionäre entfallender Jahresüberschuss}}{\text{Ausgeschüttete Dividende}}$$

Diese Kennzahl, deren Kehrwert der Ausschüttungsrate entspricht, wird primär dazu verwendet, die Wahrscheinlichkeit von Dividendenzahlungen abschätzen zu können. Ein Dividenden-Deckungsgrad von zwei bedeutet beispielsweise, dass sich der Jahresüberschuss halbieren müsste, ehe eine Dividendenausschüttung durch Rücklagen zu finanzieren wäre. Im Umkehrschluss wird unterstellt, dass je höher der Dividenden-Deckungsgrad ist, umso eher ist mit höheren Dividendenzahlungen zu rechnen.

III. Marktwertmultiples

Marktwertmultiples

Das im Rahmen der Aktienrenditeanalyse verwendete Kurs-Gewinn-Verhältnis entspricht dem Marktwertvielfachen einer Aktie bezüglich des Nachsteuergewinns, der auf diese Aktie entfällt. Ähnliche Vervielfältiger (Multiples) werden auch im Rahmen der Analyse des Marktwertes der gesamten Unternehmung verwendet (vgl. zur Unternehmensbewertung beispielsweise Schultze, W. [2003], S. 156 ff.).

Dabei wird vor allem bei internationalen Vergleichen oft auf eine Vorsteuer-Ergebnisgröße zurückgegriffen. Hierbei kann einerseits unterschieden werden, ob von einer Bruttobewertung des Unternehmens (Eigen- und Fremdkapital), auch *enterprise value* genannt, oder von einer Nettobewertung (Eigenkapital) ausgegangen wird. Andererseits kann danach differenziert werden, ob das Wertmultiple auf der Grundlage einer Gewinn- oder Cashflow-Größe ermittelt wird. Da diese Analysen häufig aus internationalen Abschlüssen abgeleitet werden, wird zur Approximation des Cashflow im Allgemeinen auf den EBITDA und zur Ermittlung des Gewinns auf den EBT oder EBIT zurückgegriffen (vgl. 18. Kapitel, S. 1088 ff., sowie grundlegend 17. Kapitel, S. 1048 f.). In einem HGB-Abschluss ist das Ergebnis der gewöhnlichen Geschäftstätigkeit mit dem EBT vergleichbar. Diese Überlegungen führen zu den in Abbildung 19.13 dargestellten Kennzahlen. Durch Vergleich mit Branchendurchschnittswerten oder mit

Benchmarkmultiples lassen sich wichtige Anhaltspunkte für die Einschätzung des Marktes bezüglich des zu analysierenden Unternehmens gewinnen.

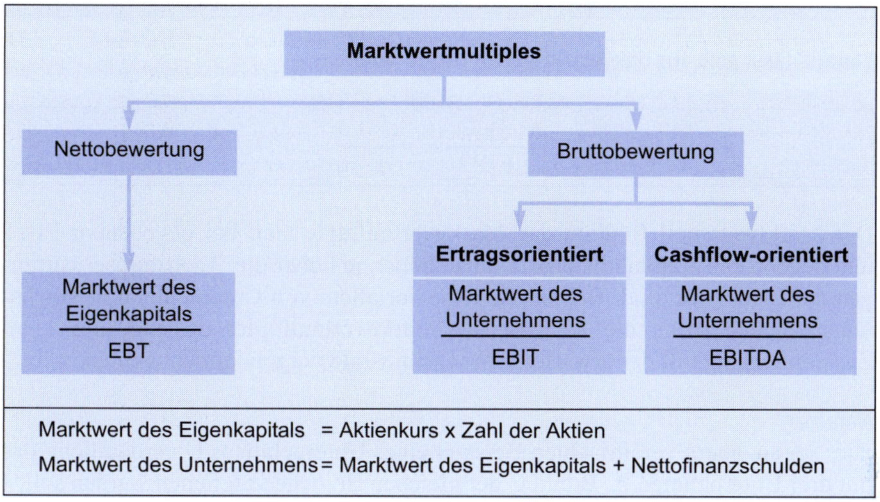

Abb. 19.13: Wertmultiplikatoren

Marktwert-Wachstums-Analyse

In den Marktwertmultiples, beispielsweise in der Kennzahl

$$\frac{\text{Marktwert}}{\text{EBIT}}$$

Wachstumsrate

wird eine zukunftsbezogene Größe im Zähler einer gegenwartsbezogenen Größe im Nenner gegenübergestellt. Die Koppelung beider Größen geschieht über die Wachstumserwartungen der Investoren bezüglich des erwarteten Gewinns, die sich aus einem vergangenen oder künftigen Zeitraum (der Jahre t = 0 bis t = n) als *compound average growth rate* (cagr; kurz: g) wie folgt errechnen:

$$g = \sqrt[n]{\frac{\text{EBIT}_n}{\text{EBIT}_0}} - 1$$

Die Koppelung von Marktwert und Wachstumsrate g lässt sich wie folgt ableiten:

Bei konstanten Erwartungen bezüglich des jährlichen EBIT ergibt sich der Marktwert aus der Formel:

$$\text{Marktwert} = \frac{\text{EBIT}}{i}$$

mit i = risikoangepasster Kapitalkostensatz

Wird erwartet, dass der EBIT jährlich um die konstante Wachstumsrate g ansteigt, ergibt sich der Marktwert aus (vgl. z. B. Brealey, R. A./Myers, S. C./Allen, F. [2011], S. 61 f.):

$$\text{Marktwert} = \frac{\text{EBIT}}{i - g}$$

Daraus lässt sich für das Marktwertmultiple ableiten:

$$\frac{\text{Marktwert}}{\text{EBIT}} = \frac{1}{i - g}$$

Der Marktwert und folglich das Marktwertmultiple sind bei gegebenem EBIT und gegebenem Kapitalkostensatz umso höher, je höher die Wachstumserwartungen der Investoren sind. Bei der Analyse vor allem von Unternehmen in Wachstumsbranchen sollte die Analyse der Marktwertmultiples deshalb immer im Zusammenhang mit der erwarteten Wachstumsrate vorgenommen werden.

Beispiel

Dies sei an einem vereinfachten Beispiel eines Unternehmens U verdeutlicht, das mit drei Unternehmen A, B und C der gleichen Branche verglichen werden soll:

	U	A	B	C
$\frac{\text{Marktwert}}{\text{EBIT}}$	25	10	12,5	20
Durchschnittliche Wachstumsrate g	8 %	5 %	7 %	10 %

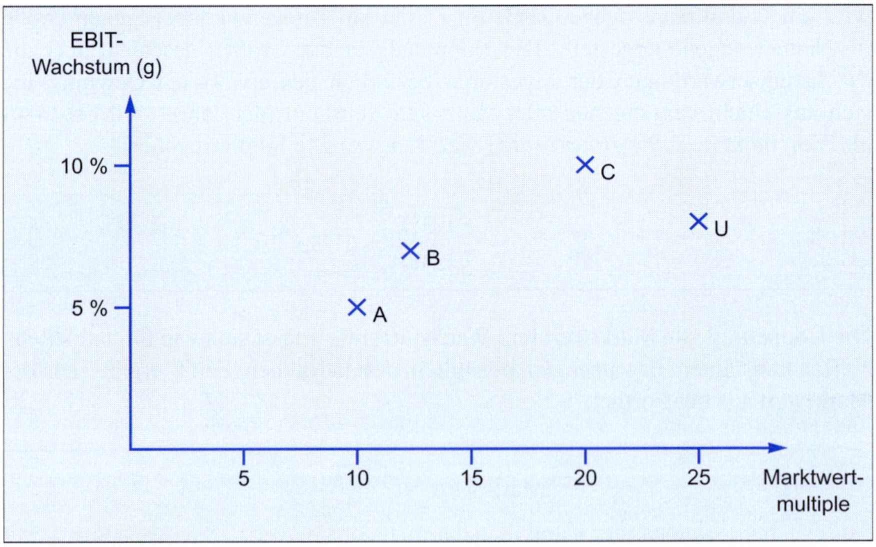

Abb. 19.14: Grafische Analyse

Man sieht deutlich, dass das Unternehmen U offensichtlich überbewertet ist. Diese Aussage gilt natürlich nur insoweit, wie die Wachstumserwartungen als Haupteinflussgröße des Wertes wirken. Alle anderen wertbeeinflussenden Größen, insbesondere das Risiko, sind dabei als vergleichbar angenommen. Eine grafische Analyse der Beispielzahlen wird in Abbildung 19.14 dargestellt.

Wachstumsanalyse

Im vorstehenden Beispiel wurde unterstellt, dass das Wachstum des EBIT gegeben und bekannt ist. Auf Basis dieser Annahme wurde die Marktbewertung auf Über- oder Unterbewertung untersucht. Natürlich lässt sich auch umgekehrt aus der Formel für den Marktwert die in der Bewertung enthaltene Wachstumsannahme ableiten:

$$g = i - \frac{\text{EBIT}}{\text{Marktwert}}$$

Die Wachstumserwartungen, die der Kapitalmarkt an das Unternehmen stellt, lassen sich dann mit den Wachstumspotenzialen des Unternehmens der Branche abgleichen (vgl. zur weitergehenden Analyse aus strategischer Sicht 20. Kapitel, S. 1210 ff.).

IV. Gesamtkapital- und Umsatzrentabilität

Außer der Analyse der Profitabilität des Eigenkapitals sind im Rahmen jeder Unternehmensanalyse die Gesamtkapitalrentabilität und die Umsatzrentabilität von Bedeutung. Diese Kennzahlen werden in Schrifttum und Analysepraxis zum Teil unterschiedlich abgegrenzt. Zunächst wird von einer Grundversion ausgegangen. Varianten werden in den folgenden beiden Abschnitten dargestellt.

1. Grundversion der Gesamtkapital- und Umsatzrentabilität

Gesamtkapitalrentabilität (GKR)/ Return on Investment (ROI)/ Return on Assets (ROA)

Eine aus Sicht aller Kapitalgeber (Eigen- und Fremdkapitalgeber) bedeutsame Kennzahl ist die Gesamtkapitalrentabilität (GKR), im angelsächsischen Sprachgebrauch als *Return on Investment* (ROI) oder *Return on Assets* (ROA) bezeichnet. Während bei der Eigenkapitalrentabilität der dem Eigenkapital zufließende Gewinn betrachtet wird, ist bei der Gesamtkapitalrentabilität zusätzlich der dem Fremdkapital zufließende Zinsaufwand mit einzubeziehen. Es wird also gleichsam das Gesamtergebnis einer Unternehmung unter der Annahme betrachtet, die Unternehmung sei unverschuldet. Da der Steueraufwand u. a. von der Verschuldung abhängt, liegt es nahe, die Gesamtkapitalrentabilität vor Abzug von Ertragsteuern, also unter Verwendung des EBIT als Gewinngröße, zu ermitteln. Das führt zu folgender Grundversion der Gesamtkapitalrentabilität.

$$\text{Gesamtkapitalrentabilität (GKR)} = \frac{\text{EBIT}}{\text{Durchschnittliches Gesamtkapital}}$$

Umsatzrentabilität

Eine im zwischenbetrieblichen Vergleich und im Verbund mit der Gesamtkapitalrentabilität aussagefähige Kennzahl ist die Umsatzrentabilität. Sie gibt die durchschnittliche aus dem Umsatz erwirtschaftete Marge an. Zur Wahrung der Kompatibilität mit der Gesamtkapitalrentabilität wird sie wie folgt definiert:

$$\text{Umsatzrentabilität (UR)} = \frac{\text{EBIT}}{\text{Umsatz}}$$

Kapitalumschlag

Gesamtkapitalrentabilität und Umsatzrentabilität sind über den Kapitalumschlag miteinander vernetzt. Die Kennzahl »Kapitalumschlag« misst, wie häufig das in der Periode gebundene Kapital bzw. Vermögen durch den Umsatz der Periode umgeschlagen wird. Sie ist wie folgt definiert:

$$\text{Kapitalumschlag (KU)} = \frac{\text{Umsatz}}{\text{Durchschnittliches Gesamtkapital}}$$

Je höher der Kapitalumschlag, umso höher ist die Gesamtkapitalrentabilität bei vorgegebener Umsatzrentabilität. Dieser Systemzusammenhang zwischen Kapitalumschlag, Umsatz- und Gesamtkapitalrentabilität lässt sich dadurch aufzeigen, dass die Gesamtkapitalrentabilität mit dem Faktor »Umsatz/Umsatz« multipliziert und durch Umordnung von Zähler und Nenner in die beiden Unterkennzahlen Umsatzrentabilität und Kapitalumschlag zerlegt wird. Dies ist in Abbildung 19.15 dargestellt. Diese Form der Aufgliederung der Gesamtkapitalrentabilität und ihre Weiterentwicklung zu einem Kennzahlensystem gewährt Aufschluss über die Ursachen einer veränderten Gesamtkapitalrentabilität oder einer Abweichung der entsprechenden Kennzahlen von Wettbewerbsunternehmen.

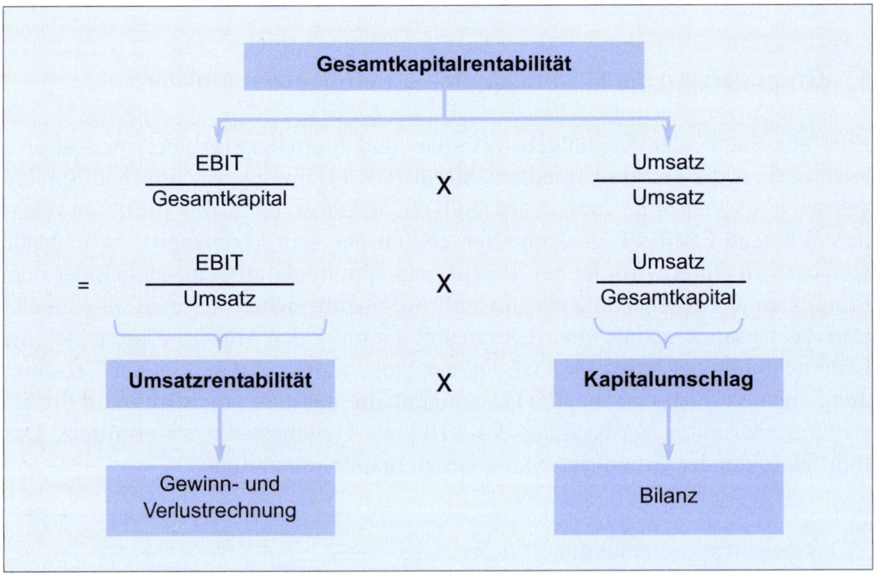

Abb. 19.15: Zusammenhang von Gesamtkapitalrentabilität, Umsatzrentabilität und Kapitalumschlag

Beispiel

Die aus einer Aufgliederung der Gesamtkapitalrentabilität erwachsenden Analysemöglichkeiten seien an einem sehr vereinfachten Beispiel dreier Unternehmen A, B und C veranschaulicht:

	Unternehmen A	Unternehmen B	Unternehmen C
EBIT in GE	10 Mio.	12 Mio.	8 Mio.
Gesamtkapital in GE	50 Mio.	120 Mio.	80 Mio.
Gesamtkapitalrentabilität	20 %	10 %	10 %
Umsatz in GE	100 Mio.	120 Mio.	160 Mio.
Umsatzrentabilität	10 %	10 %	5 %
Kapitalumschlag	2	1	2

Bei ausschließlicher Betrachtung der erzielten Ergebnisse vor Steuern und Zinsen wäre Unternehmen B als das ertragskräftigste Unternehmen einzustufen. Die Betrachtung der Gesamtkapitalrentabilität zeigt indessen, dass Unternehmen A in der Ertragskraft deutlich vor B und C rangiert. Die Ursachen für die ungünstigere Position von B und C im Vergleich zu A liegen allerdings sehr unterschiedlich. B besitzt die gleiche Umsatzrentabilität wie A, hat aber nur den halben Kapitalumschlag. C hat dagegen denselben Kapitalumschlag wie A, besitzt aber nur die halbe Umsatzrentabilität. Die Ansatzpunkte zur Verbesserung der Gesamtkapitalrentabilität liegen für die Unternehmen B und C folglich auf unterschiedlichen Ebenen. Die einzelnen Rentabilitätszusammenhänge werden in Abbildung 19.16 illustriert.

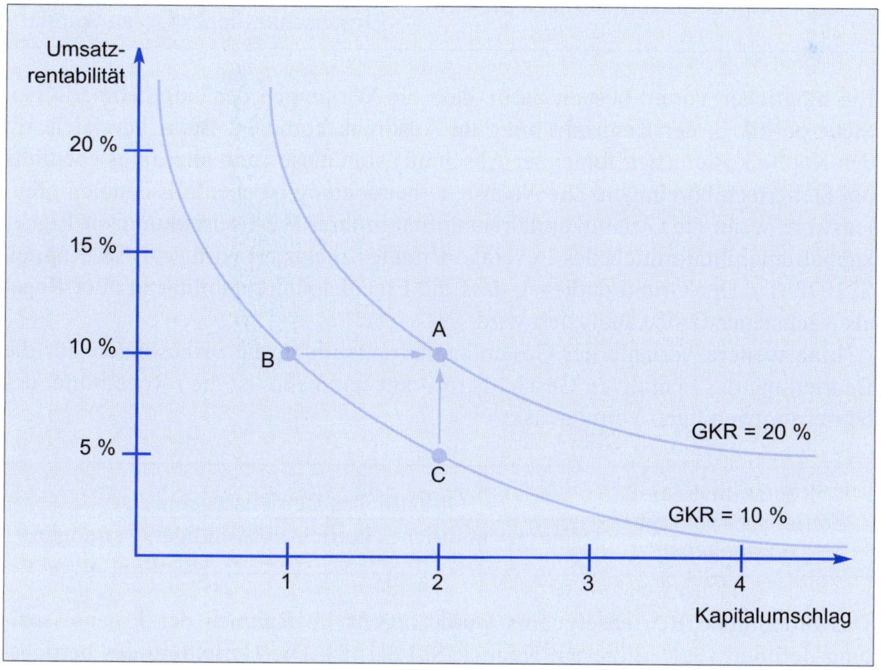

Abb. 19.16: Grafische Rentabilitätsanalyse

Die Iso-Rentabilitätskurven stellen jeweils Kombinationen von Kapitalumschlag und Umsatzrentabilität dar, die zum jeweils gleichen Niveau der Gesamtkapitalrentabilität führen. Das Beispiel macht deutlich: Für Unternehmen B liegt eine Verbesserung der Kapitalumschlagsgeschwindigkeit nahe. Das bedeutet, dass insbesondere an der Vermögensbindung, also an einem verbesserten Management der Aktiva angesetzt werden muss. Bilanzanalytisch ist die Struktur der Aktiva durch Intensitätskennzahlen genauer zu untersuchen (vgl. 18. Kapitel, S. 1064 ff.). Bei Unternehmen C dagegen liegt es eher nahe, eine Verbesserung der Umsatzrentabilität anzustreben. Im Vordergrund der Betrachtung werden hier also eher die Produktivitäts- und Strukturkennzahlen stehen, wie sie im Rahmen der Aufwandsstrukturanalyse (vgl. in diesem Kapitel, S. 1146 ff.) erörtert wurden.

2. Varianten der Gesamtkapital- und Umsatzrentabilität

Die bisher erörterten Grundversionen der Gesamtkapital- und Umsatzrentabilität sowie des Kapitalumschlags sind aus veröffentlichten Jahresabschlüssen gemäß HGB, IFRS oder US-GAAP gleichermaßen unproblematisch ableitbar. Varianten der Rentabilitätskennzahlen erfordern ggf. Anpassungen, insbesondere beim Ergebnis bzw. beim Kapital.

Gesamtkapitalrentabilität nach Steuern

Eine erste Variante besteht darin, die Gesamtkapitalrentabilität nach Abzug von Ertragsteuern zu betrachten:

$$\text{Gesamtkapitalrentabilität (nach Steuern)} = \frac{\text{EBIT} - \text{Ertragsteueraufwand}}{\text{Durchschnittliches Gesamtkapital}}$$

Ein möglicher Vorteil besteht darin, dass die Wirkungen der unternehmerischen Steuerpolitik in der Kennzahl mit zum Ausdruck kommen. Beim Vergleich mit den Kapitalkosten (vgl. folgender Abschnitt) sind diese dann allerdings ebenfalls um Steuern zu bereinigen. Die Nachsteuerbetrachtung ist ebenfalls dann empfehlenswert, wenn die Gesamtkapitalrentabilität in ihrer Wechselwirkung zur Eigenkapitalrentabilität mittels des Leverage-Effektes analysiert wird (vgl. 18. Kapitel, S. 1072 ff.). Der Grund dafür ist, dass die Eigenkapitalrentabilität in aller Regel als Nachsteuer-Größe analysiert wird.

Rentabilität des betriebsnotwendigen Vermögens

Eine weitere Variante der Gesamtkapitalrentabilität, die insbesondere für die Beurteilung des operativen Geschäfts relevant sein kann, ist die »Rentabilität des betriebsnotwendigen Vermögens«:

$$\text{Rentabilität des betriebsnotwendigen Vermögens} = \frac{\text{Ordentliches Betriebsergebnis}}{\text{Durchschnittliches betriebsnotwendiges Vermögen}}$$

Das ordentliche Betriebsergebnis wurde bereits im Rahmen der Ergebnisspaltung definiert (vgl. in diesem Kapitel, S. 1121 ff.). Die Herleitung des betriebsnotwendigen Vermögen wurde im 17. Kapitel (S. 1041) dargestellt.

Für Zwecke einer Analyse der operativen Leistungsfähigkeit werden in der Praxis *net operating assets* verwendet. Diese Größe stellt die genaueste Abgrenzung der betrieblich genutzten Vermögenswerte dar (vgl. hierzu 17. Kapitel, S. 1042). Der darauf aufbauende *Return on Net Operating Assets* (RNOA) (vgl. Penman, S. H. [2012], S. 369 ff.) ist deshalb auch als bester Indikator für die betriebliche Leistungsfähigkeit zu sehen.

Return on Net Operating Assets (RNOA)

Das als Anlage- zuzüglich Nettoumlaufvermögen ermittelte betriebsnotwendige Vermögen (*net assets*) kann demgegenüber abgegrenzt werden. Die Berechnung des betriebsnotwendigen Vermögens ist betragsmäßig gleich zu setzen mit dem *capital employed*, also der Summe aus Eigen- und verzinslichem Fremdkapital (vgl. für die jeweilige Abgrenzung 17. Kapitel, S. 1047 f.). Der auf dieser Basis ermittelte *Return on Net Assets* (RONA) bzw. *Return on Capital Employed* (ROCE) ist mit dem oben berechneten *Return on Net Operating Assets* vergleichbar. Allerdings wird als Zähler bei RONA und ROCE üblicherweise der EBIT verwendet. Der RONA berechnet sich folglich als:

Return on Net Assets (RONA)/ Return on Capital Employed (ROCE)

$$\text{RONA} = \frac{\text{EBIT}}{\text{Net Assets}}$$

Der ROCE ermittelt sich dementsprechend aus:

$$\text{ROCE} = \frac{\text{EBIT}}{\text{Capital Employed}}$$

Insbesondere im Rahmen wertorientierter Steuerungsrechnungen erfolgt die Beurteilung von Geschäftsbereichen anhand von Kennzahlen auf bereinigter Gesamtkapitalbasis, typischerweise auf Basis des ROCE (vgl. hierzu auch den folgenden Abschnitt). Allerdings ist in der Praxis für eine Rentabilitätsbetrachtung auf Geschäftsbereichsebene die Aktivbetrachtung vorziehenswürdig, da die Finanzierung aus Eigen- und Fremdkapital i. d. R. nicht auf Geschäftsbereichsebene, sondern zentral erfolgt.

Eine der Rentabilität des betriebsnotwendigen Vermögens ähnliche Kennzahl ist die Rentabilität des langfristigen Kapitals:

Rentabilität des langfristigen Kapitals

$$\begin{array}{c}\text{Rentabilität des}\\ \text{langfristigen Kapitals}\end{array} = \frac{\text{Ordentliches Betriebsergebnis}}{\text{Durchschnittliches langfristiges Kapital}}$$

Das langfristige Kapital ist dabei definiert als Summe von Eigenkapital und langfristigem Fremdkapital (vgl. 17. Kapital, S. 1042 ff.). Diese Kennzahl dient der Absicherung der mit der Rentabilität des betriebsnotwendigen Vermögens ermittelten Aussage, da diese wegen der nur unsicheren Abgrenzbarkeit des betriebsnotwendigen Vermögens Ungenauigkeiten enthalten kann. Allerdings spiegelt auch diese Kennzahl – wie alle anderen bilanzorientierten Rentabilitätskennzahlen – die tatsächliche Rentabilität nur bedingt wider, da insbesondere eine korrekte Berücksichtigung von langfristigen Leasingverpflichtungen unterbleibt (vgl. Born, K. [2008], S. 294, 365).

Betriebsbezogene Umsatzrentabilität

Auch für die Kennzahl Umsatzrentabilität, die oben kompatibel zur Gesamtkapitalrentabilität definiert wurde, sind naturgemäß andere Varianten denkbar und ggf. auch zweckmäßig. So legt das Entsprechungsprinzip nahe, dem Umsatz nur das umsatzbezogene Ergebnis gegenüberzustellen. Das führt zu folgender Kennzahl:

$$\text{Betriebsbezogene Umsatzrentabilität} = \frac{\text{Ordentliches Betriebsergebnis}}{\text{Umsatz}}$$

Die betriebsbezogene Umsatzrentabilität ist dann mit der Rentabilität des betriebsnotwendigen Vermögens kompatibel.

Umsatzrentabilität nach Steuern

Im Vergleich verschiedener Unternehmen ist es in der Praxis vielfach üblich, die Umsatzrendite nach Steuern und Zinsen, also auf der Grundlage des Jahresüberschusses anstelle des EBIT, zu berechnen.

3. Wertorientierte Rentabilitätskennzahlen

Nicht zuletzt durch die vermehrte Koppelung von Management-Gehältern an ihre erbrachte Leistung rückten wertorientierte Kennzahlen(systeme) in den Mittelpunkt unternehmerischer Rentabilitätsbetrachtungen. Auch der Wandel in der Unternehmensbewertung, in der neben den bekannten Discounted Cashflow-Modellen mittlerweile häufig auch auf Residualgewinnmodelle zurückgegriffen wird (vgl. Schultze, W. [2003], S. 90 ff.), haben zu einer steigenden Bedeutung wertorientierter Steuerungs- bzw. Rentabilitätskennzahlen geführt (vgl. ausführlich auch Coenenberg, A. G./Mattner, G. R./Schultze, W. [2002]; Coenenberg, A. G./Fischer, T. M./Günther, T. [2012], S. 837 ff.; Fischer, T. M./Möller, K./Schultze, W. [2012]).

Wertorientierte Gesamtkapitalrentabilität

Im Grundsatz bauen derartige Kennzahlen auf den bekannten Gesamtkapitalrentabilitäten auf. Durch Vergleich mit den durchschnittlichen gewichteten Kapitalkosten (*weighted average cost of capital*, WACC) wird ermittelt, inwieweit durch Kapital- bzw. Vermögenseinsatz in der Berichtsperiode die Kapitalkosten verdient wurden. Im Folgenden wird das Ergebnis vor Steuern und Zinsen kurz als EBIT bezeichnet, das durchschnittliche Kapital (*capital employed*) bzw. Vermögen (*net assets*) kurz als V, die wertorientierte Gesamtkapitalrentabilität als WGKR und den generierten Wertbeitrag als WB.

Wertbeitrag

Der Wertbeitrag (WB) gibt in der dargestellten Form den (Vor-Steuer-)Überschuss über die (vor Steuern zu berechnenden) Kapitalkosten, also den erzielten Wertbeitrag der Periode an.

$$\text{GKR} = \frac{\text{EBIT}}{\text{V}} \geq \text{WACC}$$

bzw.:

$$\text{WGKR} = \frac{\text{EBIT}}{\text{V}} - \text{WACC} \geq 0$$

oder äquivalent:

$$\text{WB} = \text{EBIT} - \text{WACC} \times \text{V} \geq 0$$

Er ist dem in der internen Steuerung häufig eingesetzten Konzept des *Economic Value Added* (EVA™) ähnlich, das allerdings regelmäßig nach Ertragsteuern des Unternehmens berechnet wird (vgl. grundlegend Stewart, G. B. III [1991]). Dabei erfolgen häufig Anpassungen des Ergebnisses (*adjustments*) zur Bereinigung einmaliger Sondereffekte, wie z. B. größerer Forschungsprojekte, um so eine anreizverträgliche Kennzahl zur Beurteilung der Leistung des Managements zu erhalten. Aufgrund der Abweichungen des verwendeten Ergebnisses von der herkömmlichen EBIT-Definition wurde hierfür ein eigener Begriff, das sog. NOPAT (*net operating profit after taxes*), eingeführt (vgl. hierzu auch ausführlich Stauber, J. [2004], S. 214 ff.).

Economic Value Added (EVA)

Eine erweiterte Kennzahl der Gesamtkapitalrentabilität kann auch auf der Grundlage einer Cashflow-Ziffer ermittelt werden (vgl. Abbildung 19.17). Aus der Zielsetzung der wertorientierten Unternehmensführung (*shareholder value based management*) hat ein derartiger *Cash Flow Return on Investment* (CFROI) in der letzten Zeit eine stärkere Verbreitung erfahren. Dabei wird für seine Berechnung eine statische und eine dynamische Version unterschieden.

Cashflow-Rentabilität/ Cash Flow Return on Investment (CFROI)

Der dynamische CFROI wird als interner Zinsfuß der über die Restnutzungsdauer des gebundenen Vermögens erwirtschafteten Cashflows errechnet (vgl. Lewis, T. G./Stelter, D. [1993]; Kloock, J./Coenen, M. [1997]). Dabei wird der vereinfachte Cashflow (= Brutto-Cashflow) zugrunde gelegt (vgl. 18. Kapitel, S. 1088 ff.).

Dynamischer CFROI

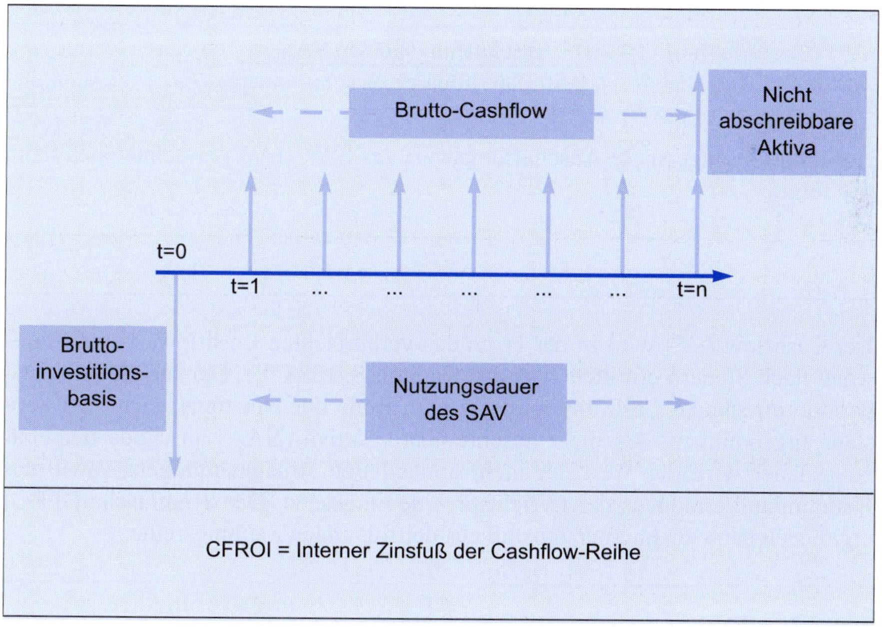

Abb. 19.17: *Cash Flow Return on Investment (CFROI)*

Die zur Ermittlung des dynamischen CFROI erforderlichen Größen werden unter Außerachtlassung von Besonderheiten wie folgt ermittelt:

	Nettowert der nicht abschreibbaren Aktiva
+	Inflationsangepasster Anschaffungswert des abschreibbaren Sachanlagevermögens
+	bilanzierte immaterielle Aktiva
+	bilanziertes Nettoumlaufvermögen
=	**Bruttoinvestitionsbasis (BIB)**

Eine Inflationsanpassung erfolgt, sofern notwendig, mittels eines durchschnittlichen Inflationsindexes (p), der auf den Anschaffungswert (AW) des gegenwärtigen Sachanlagevermögens über das Alter (m Jahre) gerechnet wird. Das Alter errechnet sich dabei durch

$$m = \frac{\text{Kumulierte Abschreibung SAV}}{\text{Anschaffungskosten SAV}} \times \text{Nutzungsdauer}$$

Die Nutzungsdauer n lässt sich wie folgt ermitteln:

$$n = \frac{\text{Anschaffungskosten SAV}}{\text{Jährliche (lineare) Abschreibung}}$$

Der inflationsangepasste Anschaffungswert des SAV (IAW) errechnet sich dann wie folgt:

$$\text{IAW} = \text{AW} \times (1 + p)^m$$

Der Cashflow (CF) wird in der Form des vereinfachten Cashflows vor Zinsaufwand nach Steuern ermittelt (vgl. 18. Kapitel, S. 1088 ff.). Der für die Berichtsperiode errechnete Cashflow wird bis zum Ende der Nutzungsdauer n als konstant angenommen. Als nicht abschreibbare Aktiva (NAA) am Ende der Nutzungsdauer wird der Wert des nicht abnutzbaren Anlagevermögens sowie des Nettoumlaufvermögens der Berichtsperiode eingesetzt. Der dynamische CFROI ergibt sich dann als interner Zinsfuß aus der folgenden Zahlungsreihe:

$$\text{BIB} = \frac{\text{CF}}{1 + \text{CFROI}} + \frac{\text{CF}}{(1 + \text{CFROI})^2} + \ldots + \frac{\text{CF} + \text{NAA}}{(1 + \text{CFROI})^n}$$

Der dynamische CFROI ist aufwendig zu berechnen. Außerdem ist er insoweit angreifbar, als er auf konstanten Cashflows über die gesamte Nutzungsdauer des gebundenen Vermögens beruht. Andererseits hat die Berücksichtigung der historischen Anschaffungskosten des Sachanlagevermögens den Vorteil, dass nicht mit dem Alter der Anlagen steigende Renditen errechnet werden, wie dies bei statischen Rentabilitätskennzahlen wegen der sinkenden Anlagenwerte der Fall ist. Der dynamische CFROI eignet sich insbesondere für Zeitvergleiche als ergänzende Kennzahl der Profitabilität des gebundenen Vermögens.

Statischer CFROI

Der statische CFROI ist in zwei Varianten definierbar. Die einfachste Variante knüpft unmittelbar an den Werten aus dem Jahresabschluss an. Sie ist deshalb als »Buchwert CFROI« bezeichenbar. Die zweite Variante bezieht sich, ähnlich wie der dynamische CFROI, auf die gesamte Nutzungsdauer des Anlagevermögens. Sie sei als »ökonomischer CFROI« bezeichnet.

- Buchwert CFROI

Grundlage des statischen Buchwert CFROI ist einerseits der vereinfachte, nachhaltige Cashflow vor Zinsaufwendungen und nach Ertragsteuern (vgl. 18. Kapitel, S. 1088 ff.), andererseits das in der Periode gebundene, zu historischen Kosten bewertete Anlagevermögen zuzüglich Nettoumlaufvermögen:

$$\text{Buchwert CFROI} = \frac{\text{Cashflow vor Zinsaufwand}}{\text{Durchschnittliches Anlagevermögen (zu historischen Werten)} + \text{Netto-Umlaufvermögen}}$$

Diese Kennzahl zeigt den prozentualen Rückfluss der in der Periode gebundenen Investition. Ihr Kehrwert entspricht der durchschnittlichen Amortisationsdauer der gebundenen Investition.

- Ökonomischer CFROI

Die ökonomische Variante des statischen CFROI (vgl. Stelter, D. [1999], S. 235) mindert den Brutto-Cashflow um die sog. ökonomischen Abschreibungen (ÖAB) und setzt dies ins Verhältnis zur Bruttoinvestitionsbasis (BIB):

$$\text{Ökonomischer CFROI} = \frac{\text{CF} - \text{ÖAB}}{\text{BIB}}$$

Die ökonomische Abschreibung (ÖAB) entspricht der jährlichen konstanten Zahlung, die unter Berücksichtigung von Zinseffekten (EWF) sicherstellt, dass am Ende der wirtschaftlichen Nutzungsdauer des Anlagevermögens der ursprüngliche Investitionsbetrag (BIB) für eine Reinvestition wieder zur Verfügung steht:

$$\text{BIB} = \text{ÖAB} \times \text{EWF}$$

wobei für den Endwertfaktor (EWF) gilt:

$$\text{EWF} = \sum_{i=1}^{n} (1 + \text{WACC})^{n-t} = \frac{(1 + \text{WACC})^{n} - 1}{\text{WACC}}$$

Somit errechnet sich die ursprüngliche Bruttoinvestitionsbasis (BIB) als:

$$\text{BIB} = \text{ÖAB} \times \sum_{i=1}^{n} (1 + \text{WACC})^{n-t}$$

Cash Value Added (CVA)

Durch Vergleich des CFROI – unabhängig davon mit welchem Modell er berechnet wurde – mit den gewichteten Kapitalkosten (WACC) lässt sich – wie dies weiter oben auf der Basis der Gesamtkapitalrentabilität gezeigt wurde – der Wertbeitrag i. S. des Cash Value Added (CVA) ermitteln:

$$CVA = (CFROI - WACC) \times BIB$$

V. Rentabilitätsanalyse mit Kennzahlensystemen

Treiberanalyse der Rentabilität

Die Ausführungen zur Eigenkapitalrentabilität (vgl. 18. Kapitel, S. 1072 ff.) und zur Gesamtkapital- und Umsatzrentabilität (vgl. in diesem Kapitel, S. 1163 ff.) haben deutlich gemacht, dass die Rentabilitätskennzahlen in einem Ursache-Wirkungs-Verhältnis zueinander stehen. Dies legt es nahe, bei der Analyse der Kennzahlen den Wirkungszusammenhang durch Kennzahlensysteme explizit zu erfassen. Aufgabe eines Kennzahlensystems ist es, eine zu analysierende Kennzahl analytisch so zu zerlegen, dass die Treiber der Kennzahl erkennbar werden.

Im Folgenden soll zusammenfassend ein System zur Wirkungsanalyse der Eigenkapitalrentabilität und ein System zur Wirkungsanalyse der Gesamtkapitalrentabilität dargestellt werden.

1. Kennzahlensystem zur Analyse der Eigenkapitalrentabilität

Eigenkapitalrendite-Kennzahlensystem

Die Eigenkapitalrentabilität (EKR) wird über den Leverage-Effekt der Verschuldung auf das Zusammenwirken von drei Kennzahlen, nämlich die Gesamtkapitalrentabilität (GKR), die Finanzierungszinslast (r_{FK}) und den Verschuldungsgrad (FK/EK) zurückgeführt. Der formelmäßige Zusammenhang lautet wie im 18. Kapitel (S. 1072 ff.) dargestellt:

$$EKR = GKR + (GKR - r_{FK}) \times \frac{FK}{EK}$$

Von dort aus lassen sich durch weiteres Aufgliedern die Treiber der Eigenkapitalrentabilität erkennen. Dies ist in Abbildung 19.18 dargestellt.

Die Eigenkapitalrentabilität hängt zunächst ganz entscheidend von der Gesamtkapitalrentabilität ab, die im nächsten Abschnitt weiter aufgegliedert wird. Dabei ist von zentraler Bedeutung, dass Eigen- und Gesamtkapital auf übereinstimmend abgegrenzte Kapital- bzw. Gewinngrößen zurückzuführen sind. Es ist folglich zu vermeiden, dass einerseits Vor- und Nach-Steuer-Gewinngrößen oder andererseits bereinigte Größen mit bilanziellen Kapitalgrößen verglichen werden. Darüber hinaus spielt die Fremdkapitalzinslast eine Rolle, die ihrerseits von Marktzins und den besonderen Zinskonditionen des Unternehmens sowie von der Fähigkeit des Unternehmens abhängt, unverzinsliches Fremdkapital zur Finanzierung einzusetzen. Schließlich wirkt die Kapitalstruktur, also die Mischung aus Eigen- und Fremdkapital, über den bereits mehrmals erwähnten Verschuldungshebel auf die Eigenkapitalrentabilität.

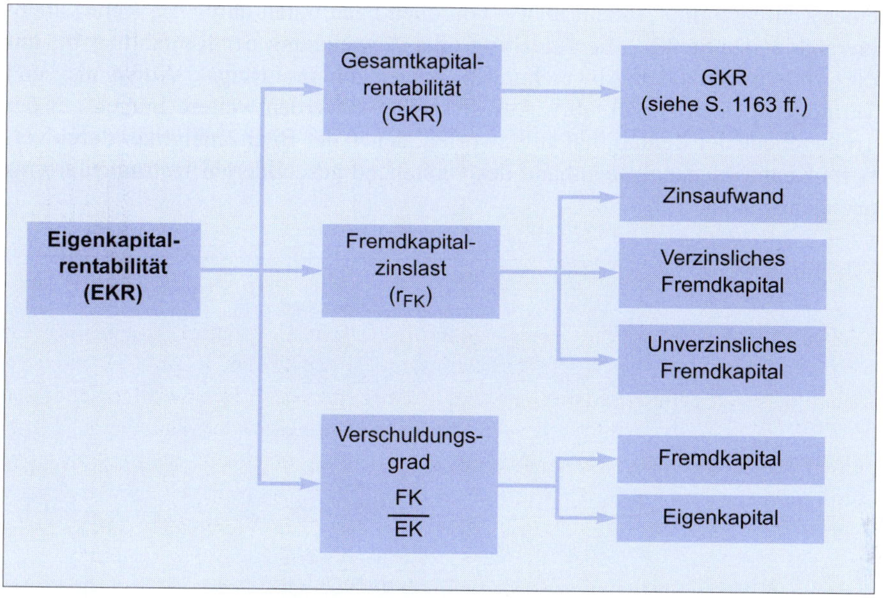

Abb. 19.18: Kennzahlensystem zur Analyse der Eigenkapitalrentabilität

2. Kennzahlensystem zur Analyse der Gesamtkapitalrentabilität

ROI-Kennzahlensystem

Die Gesamtkapitalrentabilität lässt sich über die Umsatzrentabilität und den Kapitalumschlag auf die einzelnen Treibergrößen des Ergebnismanagements (GuV) und Vermögensmanagements (Bilanz) zurückführen.

Diese Form der hierarchischen Aufgliederung ist unter der Bezeichnung *Return on Investment* (ROI)-Kennzahlensystem seit langem in Literatur und Praxis bekannt. Für die Rentabilität des betriebsnotwendigen Vermögens als Spitzenkennzahl ist das Kennzahlensystem zur Analyse der Gesamtkapitalrentabilität in Abbildung 19.19 für das Umsatzkostenverfahren, abgestimmt auf die vorstehend benutzten und im 17. Kapitel (S. 1039 ff.) festgelegten Definitionen, dargestellt. Dabei sind nur die wesentlichsten Posten erfasst. Bei der Aufgliederung des Betriebsergebnisses unter Verwendung des Gesamtkostenverfahrens sind entsprechende Modifikationen vorzunehmen (vgl. in diesem Kapitel, S. 1123 ff.).

Ein derart aufgegliedertes Kennzahlensystem ermöglicht zwei Betrachtungsweisen:

Synthetische Betrachtungsweise

Die »synthetische Betrachtungsweise« erlaubt es, die Auswirkungen von Änderungen einzelner Ertrags-, Aufwands- und Vermögensposten auf die Rentabilität des Unternehmens zu erklären und vorherzusagen, indem man – von unten nach oben durch die Kennzahlenhierarchie schreitend – die Auswirkungen auf die jeweils nachfolgenden Kennzahlen untersucht. Diese Betrachtungsweise bietet sich insbesondere im Rahmen interner Planungs- und Kontrollrechnungen an, um einzelne Teilentscheidungen in Bezug auf das zusammenfassende Beurteilungsmaß Rentabilität zu bewerten.

Analytische Betrachtungsweise

Die »analytische Betrachtungsweise« ermöglicht eine detaillierte Ursachenanalyse einer geänderten Rentabilität oder einer Abweichung der Rentabilität von einer Zielrentabilität, indem man – von oben nach unten durch die Kennzahlenhierarchie schreitend – die Änderung oder Abweichung der Rentabilität bis auf die Änderungen oder Abweichungen der einzelnen Ertrags-, Aufwands- und Vermögensposten zurückführt. Auf diese Weise werden weitere Fragen auf der Treiberebene der Rentabilität aufgeworfen, denen der Bilanzanalytiker durch vertiefte Kennzahlenanalyse anhand des vorstehend geschilderten Instrumentariums nachgehen kann.

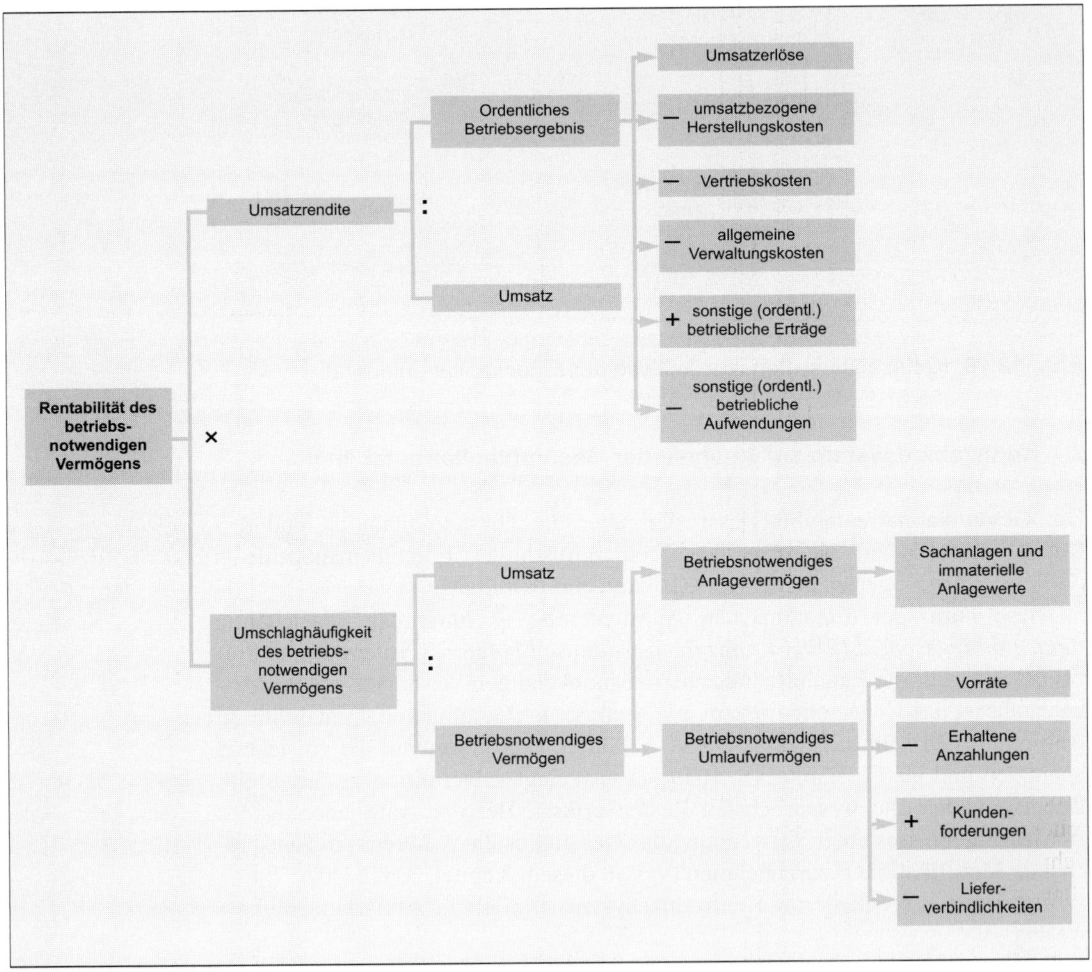

Abb. 19.19: *Return on Investment* (ROI)-Kennzahlensystem

Wertbeitrags-Kennzahlen-system

Das Kennzahlensystem der Rentabilitätsanalyse des Vermögens lässt sich zu einem Kennzahlensystem der wertorientierten Rentabilität und des Wertbeitrags weiterführen (vgl. hierzu ausführlicher Coenenberg, A. G./Fischer, T. M./Günther, T. [2012], S. 859 ff.). In Abbildung 19.20 ist der Zusammenhang grafisch dargestellt.

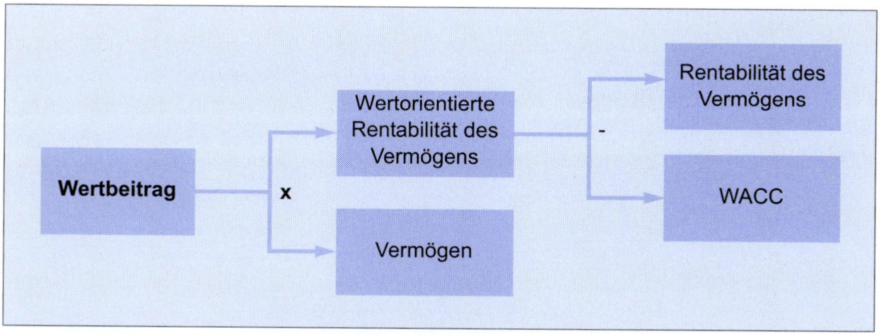

Abb. 19.20: Wertbeitrags-Kennzahlensystem

C. Wertschöpfungsanalyse

Die betriebliche Wertschöpfung gilt innerhalb der Jahresabschlussanalyse als nützliches Informationsinstrument. Im Folgenden wird deshalb zunächst auf die Bedeutung der Wertschöpfungsanalyse eingegangen. Danach wird die Darstellung von Ermittlungsmethoden für die Wertschöpfung genauer betrachtet. Dabei wird auch auf geeignete Analysemethoden und Kennzahlen eingegangen.

I. Bedeutung der Wertschöpfungsanalyse

Stakeholder-/ Stockholder- bzw. Shareholder-Perspektive

Entsprechend der zunehmenden Investororientierung des Jahresabschlusses, insbesondere von börsennotierten Unternehmen, stehen Rentabilitätsanalysen im Zentrum der Jahresabschlussanalyse. Gleichwohl kommt der Ergänzung der Rentabilitätsanalyse durch eine Analyse der Wertschöpfung des Unternehmens zunehmende Bedeutung zu (vgl. z. B. Haller, A. [1997]; Weber, H. K. [1999]). Dies hat zwei Gründe: Einerseits beruht die Wertschöpfung auf einem gegenüber dem investorbezogenen Terminus »Gewinn/Verlust« umfassenderen Erfolgsbegriff (vgl. Chmielewicz, K. [1972], S. 76 ff.; Schmidt, F. [1979], S. 117 ff.), sodass die Wertschöpfungsanalyse als Resultate allgemeiner gesellschaftspolitischer Entwicklungen und ihrer Auswirkungen auf Unternehmensziele und Unternehmensverfassung betrachtet werden kann. Sie kommt deshalb insofern der Betrachtung der Unternehmen als Koalition verschiedener Stakeholder entgegen. Während der Gewinn das Einkommen der Shareholder bzw. Stockholder ist, kann die Wertschöpfung als Einkommen der Stakeholder interpretiert werden. Andererseits ist die mittels Wertschöpfungsmaßgrößen definierte Produktivität, wie empirisch nachgewiesen ist (vgl. Deger, R. [1995]), ein wichtiger Treiber der künftigen Ertragskraft des Unternehmens. Wertschöpfungsanalysen sind deshalb auch aus Investorensicht ein wichtiges Ergänzungsinstrument der erfolgswirtschaftlichen Jahresabschlussanalyse. Sie entsprechen insofern zugleich der Stockholder- bzw. Shareholder-Perspektive des Unternehmens. Die beschriebenen Zusammenhänge sind in Abbildung 19.21 grafisch dargestellt.

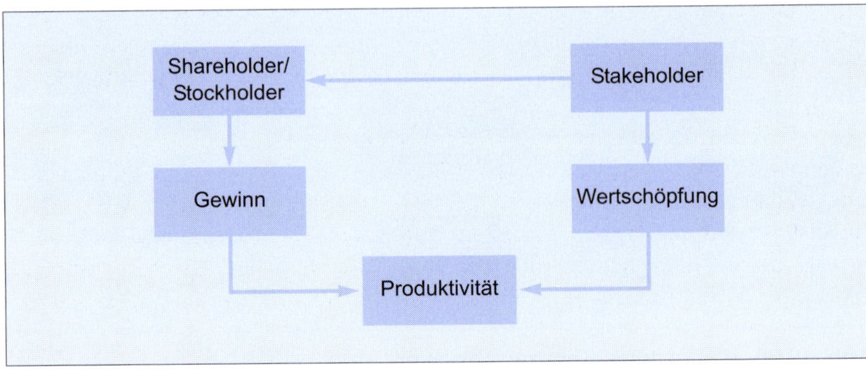

Abb. 19.21: Perspektiven von Wertschöpfung und Gewinn

II. Definition und Ermittlung der Wertschöpfung

In diesem Abschnitt werden zunächst die grundsätzlichen Möglichkeiten zur Berechnung der Wertschöpfung, als Entstehungs- oder Verteilungsrechnung, dargestellt. Darauf folgt eine Betrachtung, wie sich die Herleitung dieser Größe nach deutschem HGB einerseits und nach internationalen Rechnungslegungsnormen andererseits gestaltet.

1. Entstehungs- und Verteilungsrechnung

Entstehungs- und Verteilungsrechnung

Wie die handelsrechtliche GuV besteht auch die Wertschöpfungsrechnung aus einer Erfolgsermittlungs- und Erfolgsverteilungsrechnung. Die Unterschiede zwischen GuV und Wertschöpfungsrechnung liegen in einem unterschiedlichen Umfang des Erfolgsbegriffes. Dies dokumentiert sich darin, dass neben dem Jahresüberschuss bestimmte Aufwendungen aus Sicht der Adressaten (Stakeholder) als »Ertrag« gedeutet werden. In der auf der handelsrechtlichen Erfolgsrechnung aufbauenden Wertschöpfungsrechnung werden folglich bestimmte Gewinnermittlungsposten als Gewinnverwendungspositionen interpretiert.

Aufbau der Wertschöpfungsrechnung

In der GuV ist das Ergebnis der Ermittlungsrechnung der Jahresüberschuss/-fehlbetrag, der als Eigenkapitalertrag zu interpretieren ist und in der Verwendungsrechnung auf Einbehaltung und Ausschüttung aufgeteilt wird. Der Erfolgsbegriff der handelsrechtlichen GuV umfasst mithin allein die den Eigenkapitalgebern direkt oder indirekt zufließenden Erträge. Das Charakteristikum der Wertschöpfungsrechnung liegt in einer Ausdehnung des Erfolgsbegriffs. Neben den Eigenkapitalerträgen gehören auch Fremdkapitalerträge, Gemeinerträge (Steuern) und Arbeitserträge zum Erfolg, die dementsprechend nicht – wie in der GuV – als Aufwand in der Ermittlungsrechnung, sondern als Erfolgsposten in der Verwendungsrechnung erscheinen.

Entstehungsrechnung/Verteilungsrechnung

In allgemeiner Form lässt sich damit das Schema einer Wertschöpfungsrechnung wie in Tabelle 19.16 aufstellen.

Der Gesamterfolg einer Periode wird in der Ermittlungsrechnung von der Entstehungsseite her als Wertschöpfung der Periode bestimmt. Realgüterwirtschaftlich ist die Wertschöpfung als der in einer Periode zugefügte Produktionsbeitrag zu interpretieren, der den – im Rahmen des betrieblichen Leistungserstellungs- und -verwertungsprozesses – von anderen Unternehmen empfangenen Vorleistungen hinzugefügt wurde. Die Wertschöpfung ergibt sich somit aus der Differenz des gesamten Produktionswertes und der empfangenen Vorleistungen. Bei der praktischen Ermittlung der Wertschöpfung ist der Entstehungsrechnung gegenüber der Verteilungsrechnung der Vorzug zu geben, weil durch die Entstehungsrechnung das Zustandekommen der Wertschöpfung erkennbar wird. Allerdings ist die Anwendung der Entstehungsrechnung bei Gliederung der GuV nach dem Umsatzkostenverfahren nur bedingt bzw. nicht möglich (vgl. in diesem Kapitel, S. 1177 ff.), sodass auf die Verteilungsrechnung zurückgegriffen werden muss.

	Produktionswert	**Entstehungsrechnung**
–	Vorleistungen	
=	**Wertschöpfung**	
	Arbeitserträge	**Verteilungsrechnung**
+	Gemeinerträge	
+	Kapitalerträge	
=	**Wertschöpfung**	

Tab. 19.16: Entstehungs- und Verteilungsrechnung

Bruttowertschöpfung

In vielen Fällen kann es auch zweckmäßig sein, die relativ umfangreichen Bereinigungsschritte im Rahmen der Entstehungsrechnung durch Anwendung der vereinfachten Formel für die »Bruttowertschöpfung« zu vermeiden:

$$\text{Bruttowertschöpfung} = \text{Umsatz} - \text{Materialaufwand}$$

Diese Formel lässt sich stets anwenden, wenn die GuV nach dem Gesamtkostenverfahren gegliedert ist oder wenn andernfalls der Materialaufwand im Anhang oder den *notes* angegeben wird. I. d. R. ist dies allerdings nur für den Einzelabschluss nach HGB (§ 285 Nr. 8a HGB) der Fall.

2. Ermittlung der Wertschöpfung im HGB-Abschluss

Wertschöpfung

Eine Wertschöpfungsrechnung lässt sich aus dem handelsrechtlichen GuV-Schema nur näherungsweise ableiten, da Form und Aufbau der offenlegungspflichtigen Ergebnisrechnung aus anderen Zielsetzungen abgeleitet sind und einige Posten wertschöpfungsrelevante und -irrelevante Teile vermischt enthalten (vgl. auch Weber, H. K. [1999], S. 17 ff.). Infolgedessen werden nur die relativ eindeutigen Posten einbezogen.

a) Entstehungsrechnung

Produktionswert bei GKV

Auf Basis der GuV-Posten nach dem Gesamtkostenverfahren ergibt sich der Produktionswert aus den Umsatzerlösen, der Lagerproduktion von fertigen und unfertigen Erzeugnissen sowie der aktivierten Eigenleistungen (vgl. zur Entstehungsrechnung Tabelle 19.17). Die Summe dieser Posten entspricht näherungsweise der gesamten betrieblichen Produktionsleistung. Die sonstigen betrieblichen Erträge können insoweit mitberücksichtigt werden, als sie keine Liquidations- und Bewertungserträge sowie Zuschüsse und Subventionen darstellen, da sie in der Höhe des verbleibenden Anteils überwiegend betrieblicher Natur sind. Soweit jedoch auf der Grundlage des § 277 Abs. 4 Satz 2 HGB keine betragsmäßige Angabe der Bewertungs- und Liquidationserträge erfolgt sowie keine Anhaltspunkte für die Höhe der Subventionen und Zuschüsse gegeben werden, sollten die sonstigen betrieblichen Erträge aufgrund ihres Mischcharakters dem Produktionswert nicht hinzugeschlagen werden. Durch diese Vorgehensweise wird erreicht, dass der Produktionswert keinesfalls zu hoch ausgewiesen wird.

GuV-Posten gemäß		**Entstehungsrechnung**	
§ 275 Abs. 2 HGB (GKV)	**§ 275 Abs. 3 HGB (UKV)**		
1	1		Umsatzerlöse
2	Veränderung Aktiva B I 2	+/–	Erhöhung/Verminderung des Bestandes an fertigen und unfertigen Erzeugnissen
3		+	andere aktivierte Eigenleistungen
4	6	+	sonstige betriebliche Erträge (nur soweit die Bewertungs- und Liquidationserträge gemäß § 277 Abs. 4 Satz 3 HGB eliminiert werden können)
		=	**Gesamtleistung (= Produktionswert)**
5a	Angabepflicht im Anhang gemäß § 285 Nr. 8a HGB	–	Aufwendungen für Roh-, Hilfs- und Betriebsstoffe und für bezogene Waren
5b		–	Aufwendungen für bezogene Leistungen
7a	dem Anlagespiegel zu entnehmen*	–	planmäßige Abschreibungen auf immaterielle Vermögensgegenstände des Anlagevermögens und Sachanlagen
8	7	–	sonstige betriebliche Aufwendungen (pauschal oder unter Eliminierung der Bewertungs- und Liquidationsverluste sowie der Vergütungen an Mitglieder des Aufsichtsrats u. Ä. bei Angaben im Anhang gemäß § 277 Abs. 4 Satz 3 bzw. § 285 Nr. 9a u. b. HGB)
		=	**Wertschöpfung**

*) Bei Übernahme der Abschreibungen aus dem Anlagespiegel ist zu beachten, dass in den Abschreibungen des Geschäftsjahres, die außerplanmäßigen Abschreibungen nach § 253 Abs. 3 Satz 3 HGB mit enthalten sind. Diese sollten in die Wertschöpfungsrechnung nicht mit aufgenommen werden.

Tab. 19.17: Schema zur Ermittlung der Wertschöpfung aus HGB-Abschlussdaten – Entstehungsrechnung

Produktionswert bei UKV

Besonderheiten im Rahmen des Umsatzkostenverfahrens ergeben sich insofern, als die Bestandsänderungen nur näherungsweise über die Bilanz ermittelt werden können und deshalb fertige Erzeugnisse und Handelswaren nicht zu trennen sind. Die Zugänge an aktivierten Eigenleistungen sind – vorbehaltlich freiwilliger Angaben im Anhang – ebenso nicht erkennbar. Insoweit ist die Ermittlung des Produktionswertes auf der Basis des Umsatzkostenverfahrens mit größeren Ungenauigkeiten behaftet als auf der Grundlage des Gesamtkostenverfahrens.

Vorleistungen bei GKV

Bei den vom Produktionswert abzuziehenden Vorleistungen handelt es sich um den wertmäßigen Verbrauch der von anderen Unternehmen bezogenen Vorprodukte und Dienstleistungen. Zweifelsfrei dazugehören die dem GuV-Gliederungsschema nach dem Gesamtkostenverfahren zu entnehmenden Materialaufwendungen und Abschreibungen auf immaterielle Anlagewerte und Sachanlagen. Eine Herausrechnung der gesondert angabepflichtigen außerplanmäßigen Abschreibungen gemäß § 253 Abs. 3 Satz 3 HGB erscheint sinnvoll, da die entsprechenden Wertminderungen nichts mit dem gewöhnlichen Wertschöpfungsprozess zu tun haben. Der Posten »sonstige betriebliche Aufwendungen« verkörpert abzugspflichtige Vorleistungen, als er nicht Liquidations- und Bewertungsverluste beinhaltet. Um die betriebsbedingte Wertschöpfung nicht zu hoch zu veranschlagen, ist eine pauschale Berücksichtigung der sonstigen betrieblichen Aufwendungen als Vorleistung in solchen Fällen gerechtfertigt, bei denen die Liquidations- und Bewertungsverluste nicht auf der Grundlage des § 277 Abs. 4 Satz 2 HGB gesondert im Anhang angegeben werden. Zudem müssen die im Anhang gesondert angabepflichtigen Vergütungen für Mitglieder des Aufsichtsrats, eines Beirats oder ähnlichen Einrichtung (vgl. § 285 Nr. 9a u. b HGB) aus den sonstigen betrieblichen Aufwendungen herausgerechnet werden, da sie sachlich den Arbeitserträgen im Rahmen der Verteilungsrechnung zuzurechnen sind.

Vorleistungen bei UKV

Bei Anwendung des Umsatzkostenverfahrens können die Vorleistungen – soweit der Jahresabschluss betroffen ist – mit derselben Genauigkeit ermittelt werden wie im Rahmen des Gesamtkostenverfahrens, da die Abschreibungen auf immaterielle Anlagewerte und Sachanlagen der Bilanz oder dem Anhang, sowie die Materialaufwendungen dem Anhang (§ 285 Nr. 8 HGB) zu entnehmen sind. Die zusätzlichen, vorstehend erwähnten Korrekturen sind ebenso auf der Basis des Umsatzkostenverfahrens durchführbar, da sich die entsprechenden Angabepflichten unabhängig vom angewandten Gliederungsverfahren ergeben. Für den Konzernabschluss ergibt sich allerdings insofern eine beträchtliche Einschränkung, als der Materialaufwand bei Anwendung des Umsatzkostenverfahrens nicht angabepflichtig ist. Zusammenfassend ergibt sich das in Tabelle 19.17 dargestellte Schema zur Ermittlung der Wertschöpfung, wobei bezüglich der Postennummerierungen auf die Gliederungsschemata im 9. Kapitel Bezug genommen wird.

b) Verteilungsrechnung

Gemeinerträge

Die Summe der Steuern von Einkommen und Ertrag erscheint als Gemeinertrag in der Verteilungsrechnung (vgl. Tabelle 19.18).

Bei exakter Betrachtung wird die Summe der Gemeinerträge um die gewährten Zuschüsse und Subventionen zu hoch ausgewiesen. Der rechentechnische Ausgleich erfolgt über eine Erhöhung der Entstehungsrechnung oder des Restbetrages in der Verteilungsrechnung (bei periodenweiser Vereinnahmung über die sonstigen betrieblichen Erträge oder den Restbetrag, bei sofortiger Vereinnahmung über die niedrigeren Abschreibungen). Eine wünschenswerte Saldierung auf der Entstehungs- und Verwendungsseite wird im Allgemeinen wegen fehlender quantitativer Angaben nicht möglich sein.

Arbeitserträge

Der Arbeitsertrag ergibt sich aus der Summe der Löhne und Gehälter, der sozialen Abgaben und Aufwendungen für Altersversorgung (einschließlich der auf Pensionsrückstellungen entfallenden Zinsaufwendungen) sowie der Vergütungen für Vorstands- und Aufsichtsratsmitglieder und ähnlicher Einrichtungen.

Kapitalerträge

Die Kapitalerträge ergeben sich zum einen aus den Zinsen (= Fremdkapitalerträge), zum anderen aus den Dividenden, den aus dem Gewinnverwendungsbeschluss oder der GuV erkennbaren Thesaurierungsbeträgen (= Eigenkapitalerträge) und einem Restbetrag. Dieser Restbetrag ergibt sich daraus, dass nicht alle GuV-Posten im Rahmen der Entstehungsrechnung der Wertschöpfung berücksichtigt wurden. Hierbei handelt es sich insbesondere um die Aufwendungen und Erträge des Finanzbereiches und des außerordentlichen Ergebnisses (vgl. auch Schult, E./Brösel, G. [2010], S. 175 ff.).

GuV-Posten gemäß		**Verteilungsrechnung**
§ 275 Abs. 2 HGB (GKV)	**§ 275 Abs. 3 HGB (UKV)**	
		Arbeitserträge:
6a, 6b	Angabepflicht im Anhang gemäß § 285 Nr. 8b HGB	+ Löhne und Gehälter
		+ soziale Abgaben und Aufwendungen für Altersversorgung und Unterstützung
Angabepflicht im Anhang gemäß § 285 Nr. 9a und b HGB		+ Vergütungen an Mitglieder des Aufsichtsrats u. Ä.
		Gemeinerträge:
18	17	+ Steuern vom Einkommen und Ertrag
19	18	+ sonstige Steuern
		Fremdkapitalerträge:
11	10	+ Zinsen und ähnliche Aufwendungen
		Eigenkapitalerträge:
Offenlegungspflicht für den Gewinnverwendungsbeschluss gemäß § 325 Abs. 1 HGB		+ a) Dividenden
		+ b) Thesaurierungsbetrag laut GuV oder Gewinnverwendungsbeschluss
alle übrigen GuV-Posten (vgl. Tabelle 9.1 und 9.4 im 9. Kapitel)		+ c) Restbetrag (je nach Saldo der übrigen im Rahmen der Entstehungsrechnung unberücksichtigten GuV-Posten: > 0 oder < 0)
		= **Wertschöpfung**

Tab. 19.18: Schema zur Ermittlung der Wertschöpfung aus HGB-Abschlussdaten – Verteilungsrechnung

Restbetrag

Missverständnisse bei der Interpretation der Wertschöpfungsrechnung nach angegebenen Schema können sich insoweit ergeben, als im Rahmen der Verteilungsrechnung ein Überschuss der Erträge über die Aufwendungen (oder umgekehrt)

ausgewiesen wird, der nicht im Rahmen des betrieblichen Leistungserstellungsprozesses, sondern durch Transaktionen im Finanzbereich und außerordentlichen Bereich erwirtschaftet wird (= Restbetrag). Da jedoch die Erfolgskomponenten des Finanzbereiches per saldo überwiegend aus zwischen den Unternehmen wechselseitig bestehenden Eigentümerpositionen resultieren, rechtfertigt sich eine Subsumierung dieses Saldos unter die Eigenkapitalerträge. Die Zuordnung der Differenz zwischen außerordentlichen Aufwendungen und Erträgen sowie der Liquidations- und Bewertungserfolge zu den Eigenkapitalerträgen ergibt sich aus der Überlegung, dass diese Erfolge im Verlustfalle von den Eigenkapitalgebern zu tragen sind und im Gewinnfalle tendenziell zur Stärkung der Unternehmenssubstanz herangezogen werden. Eine alternative Vorgehensweise könnte darin bestehen, analog der Erfolgsspaltung in ordentliches Betriebsergebnis, Finanzergebnis und außerordentliches Ergebnis, eine Aufspaltung der Wertschöpfung im Rahmen der Entstehungsrechnung in betriebliche, ordentliche betriebsfremde und außerordentliche Wertschöpfung vorzusehen (vgl. Küting, K./Weber, C.-P. [2012b], S. 325 ff.). Die Summe von außerbetrieblicher und außerordentlicher Wertschöpfung entspräche dann dem »Restbetrag«, der bei der Wertschöpfung gemäß Verteilungsrechnung zu korrigieren wäre, da diese nicht in die drei Kategorien aufspaltbar ist.

3. Ermittlung der Wertschöpfung im IFRS- und US-GAAP-Abschluss

Wertschöpfung nach IFRS

Gliederung der GuV und Angabepflichten gemäß IFRS bringen im Vergleich zum HGB-Abschluss für die Ermittelbarkeit der Wertschöpfung zusätzliche Einschränkungen, weshalb diese Größe nur näherungsweise ermittelbar ist (vgl. Reinhart, A. [1998], S. 383 ff.; Reinhart, A. [1999], S. 212 f.).

Entstehungsrechnung nach IFRS

So sind z. B. die sonstigen Steuern nicht angabepflichtig und können deshalb im Rahmen der Entstehungsrechnung (vgl. Tabelle 19.19) auch nicht getrennt erfasst bzw. korrigiert werden. Auch gibt es keine Angabepflicht für den Materialaufwand, falls das Umsatzkostenverfahren verwendet wird. Die »sonstigen Erträge« und »anderen Aufwendungen« sind ähnlich wie nach HGB Mischposten, die nur insoweit einzubeziehen sind, wie es sich nicht um Bewertungs- und Liquidationsgewinne bzw. -verluste handelt. Anders als nach § 277 Abs. 4 Satz 3 HGB sind nach IFRS Erträge und Aufwendungen, die einem anderen Geschäftsjahr zuzurechnen sind, nicht gesondert erläuterungspflichtig, sodass die Eliminierung von Bewertungs- und Liquidationsgewinnen aus den sonstigen betrieblichen Erträgen in aller Regel nur begrenzt möglich sein wird.

Sofern es sich jedoch um wesentliche Transaktionen handelt, ergibt sich wiederum eine Angabepflicht aus IAS 1.97. Es erscheint aus Gründen der Vorsicht empfehlenswert, die sonstigen Erträge nicht in der Wertschöpfungsrechnung zu erfassen, dagegen die anderen Aufwendungen als Teil der Vorleistung zu betrachten. Rückschlüsse auf eliminierungspflichtige Liquidationserfolge können nach IFRS beispielsweise aufgrund des in der GuV auszuweisenden Ergebnisses aus der Aufgabe von Geschäftsbereichen gemäß IFRS 5.33b gezogen werden. Außerdem können aufgrund der zahlreichen Angabepflichten im Rahmen durchgeführter *fair value*-Bewertungen, z. B. bei Finanzinstrumenten, auch diese Bewertungserfolge für Zwecke der Wertschöpfungsrechnung berücksichtigt werden.

<table>
<tr><th colspan="2">Angabepflicht aufgrund von IFRS</th><th rowspan="2">Entstehungsrechnung</th></tr>
<tr><th>GKV</th><th>UKV</th></tr>
<tr><td colspan="2">IAS 1.82a</td><td>Umsatzerlöse</td></tr>
<tr><td>IAS 1.102</td><td>Veränderung der gemäß IAS 2.34 i. V. m. IAS 2.35 anzugebenden Buchwerte der Vorräte</td><td>+/– Erhöhungen/Verminderungen des Bestandes an fertigen und unfertigen Erzeugnissen
+ Andere aktivierte Eigenleistungen</td></tr>
<tr><td colspan="2"></td><td>= Gesamtleistung (= Produktionswert)</td></tr>
<tr><td>IAS 1.102</td><td>Ohne Regelung, d. h. kann nicht bei einer derivativen Ermittlung berücksichtigt werden</td><td>– Aufwendungen für Roh-, Hilfs- und Betriebsstoffe für bezogene Waren</td></tr>
<tr><td>IAS 38.118e (vi)
IAS 16.73e (vii)</td><td>Posten fehlt bei Anwendung des UKV</td><td>– planmäßige Abschreibungen von immateriellen assets mit begrenzter Nutzungsdauer sowie von Sachanlagevermögen</td></tr>
<tr><td colspan="2">IFRS 5.33b</td><td>– Liquidationserfolge aus der Aufgabe von Geschäftsbereichen</td></tr>
<tr><td colspan="2">IFRS 7.20
IAS 40.35</td><td>–/+ Bewertungsgewinne/-verluste aufgrund der fair value-Bewertung von Finanzinstrumenten und investment property</td></tr>
<tr><td>IAS 1.102</td><td>IAS 1.103</td><td>– Andere Aufwendungen (ohne Aufsichtsrats- und Managementvergütungen (IAS 24.16))</td></tr>
<tr><td colspan="2"></td><td>= Wertschöpfung</td></tr>
</table>

Tab. 19.19: Schema zur Ermittlung der Wertschöpfung aus IFRS-Abschlussdaten – Entstehungsrechnung

Verteilungsrechnung nach IFRS

Für die Verteilungsrechnung sind im IFRS-Abschluss alle notwendigen Daten enthalten (vgl. Tabelle 19.20). Die Personalaufwendungen sind auch bei Verwendung des UKV offen zu legen. Außerdem besteht auch eine getrennte Angabepflicht für soziale Abgaben und Aufwendungen für Altersvorsorge, sodass Arbeitserträge getrennt nach Löhnen und Gehältern sowie sozialen Abgaben und Altersvorsorge erfassbar sind. Durch die verpflichtend aufwandswirksame Erfassung von anteilsorientierten Vergütungssystemen und der korrespondierenden Angabepflicht gemäß IFRS 2.50 f. können diese Personalaufwendungen getrennt erfasst werden. Die Kapitalerträge sind getrennt nach Dividenden und Thesaurierung ermittelbar, da die Dividende aus dem Ausschüttungsvorschlag oder -beschluss oder aus der Pflichtangabe »Dividende je Aktie« ableitbar ist. Die Differenz von Jahresüberschuss und Dividende ergibt den Thesaurierungsbetrag. Ergebnisneutrale Einstellungen in das Eigenkapital sind nicht als Kapitalertrag zu interpretieren und daher aus der Wertschöpfung herauszulassen.

Wertschöpfung nach US-GAAP

Im Rahmen der Analyse eines US-GAAP-Abschlusses ist die Wertschöpfungsanalyse im Regelfall nicht anwendbar. Die GuV ist zwingend nach dem Umsatzkostenverfahren aufzustellen. Eine gesonderte Angabepflicht für Materialaufwand und Personalaufwand existiert nicht. Mangels der Größe »Materialaufwand« ist die Entstehungsrechnung, mangels der Größe »Personalaufwand« ist die Verteilungsrechnung nicht ableitbar.

Angabepflicht aufgrund von IFRS			Verteilungsrechnung
GKV	UKV		
			Arbeitserträge:
IAS 1.102	IAS 1.104	+	Löhne und Gehälter
IAS 19.61		+	Leistungen an Arbeitnehmer, Sozialabgaben und Aufwendungen für Altersversorgung
IFRS 2.50 f.		+	Aufwand aus anteilsorientierter Vergütung
IAS 24.17		+	Aufsichtsrats- und Managementvergütungen
			Gemeinerträge:
IAS 1.82d		+	Steuern vom Einkommen und Ertrag
			Fremdkapitalerträge:
IAS 1.82b		+	Zinsen und ähnliche Aufwendungen
			Eigenkapitalerträge:
IAS 10.13 i. V. m. IAS 1.107 **oder** IAS 1.107 i. V. m. IAS 1.137a		+	Dividenden (ggf. bei Vorliegen eines Ausschüttungsvorschlages oder -beschlusses vor der Feststellung des Jahresabschlusses als Verbindlichkeit oder in den *notes* ausgewiesen)
IAS 1.81f i. V. m. IAS 1.107		+	Thesaurierungsbetrag $\cong$ Jahresüberschuss abzüglich Dividenden
–	–	+	Restbetrag (je nach Saldo der übrigen im Rahmen der Entstehungsrechnung unberücksichtigten GuV-Posten: > 0 oder < 0)
		=	**Wertschöpfung**

Tab. 19.20: Schema zur Ermittlung der Wertschöpfung aus IFRS-Abschlussdaten – Verteilungsrechnung

III. Wertschöpfungskennzahlen

Mitarbeiterproduktivität

Im Rahmen der Bilanzanalyse wird die Wertschöpfung als eine aussagefähige Ertragsgröße bei verschiedenen Kennzahlen verwendet. So liegt es nahe, die Mitarbeiterproduktivität nicht nur an der Gesamtleistung, sondern auch an der Wertschöpfung zu messen. Diese Überlegung führt zu der folgenden Kennzahl:

$$\text{Arbeitsproduktivität} = \frac{\text{Wertschöpfung}}{\text{Durchschnittliche Beschäftigtenzahl}}$$

Problematisch ist hierbei, dass nach IFRS die Angabe weder absoluter noch durchschnittlicher Beschäftigtenzahlen vorgeschrieben ist. Die vorgeschlagenen Analyseschritte sind folglich nur bei freiwilliger Angabe dieser Zahl möglich. Davon abgesehen ist es für Zwecke internationaler Vergleichbarkeit empfehlenswert, statt der Beschäftigtenzahl den Umfang der eingesetzten Arbeitsstunden zu wählen, natürlich wiederum nur, falls diese Größe verfügbar ist (vgl. Deger, R. [1995], S. 127).

Kapital-produktivität

Neben der Arbeitsproduktivität ist die Kapitalproduktivität von Bedeutung, die wie folgt definiert ist:

$$\text{Kapitalproduktivität} = \frac{\text{Wertschöpfung}}{\text{Durchschnittliches Kapital}}$$

Diese steht mit der Arbeitsproduktivität über die durchschnittliche Kapitalbindung je Mitarbeiter in einer funktionalen Beziehung:

$$\frac{\text{Wertschöpfung}}{\text{Durchschn. Beschäftigtenzahl}} = \frac{\text{Durchschn. Kapital}}{\text{Durchschn. Beschäftigtenzahl}} \times \frac{\text{Wertschöpfung}}{\text{Durchschn. Kapital}}$$

Arbeitsproduktivität und Kapitalproduktivität sind also in ihrem Zusammenwirken zu analysieren, wie Tabelle 19.21 verdeutlicht (vgl. Haller, A. [1997], S. 306):

		Kapitalproduktivität (WS je Kapitaleinheit)		
		steigend	gleich-bleibend	sinkend
Arbeitsproduktivität (WS je Mitarbeiter bzw. WS je Arbeitsstunde)	steigend	sehr gut	gut	näher zu bestimmen
	gleich-bleibend	gut	statisch	schlecht
	sinkend	näher zu bestimmen	schlecht	sehr schlecht

Tab. 19.21: Matrix der Arbeits- und Kapitalproduktivität

Personalkosten-produktivität

Eine wichtige Ergänzung der Kennzahl Arbeitsproduktivität ist die folgende Kennzahl:

$$\text{Personalkostenproduktivität} = \frac{\text{Wertschöpfung}}{\text{Personalaufwand}}$$

In dieser ist neben der Mengenkomponente auch die Wertkomponente des Arbeitseinsatzes berücksichtigt.

Totaler Wert-schöpfungs-quotient

Eine andere Form der zusammenfassenden Analyse von Arbeits- und Kapitalproduktivität, wie sie in Japan entwickelt wurde, ist der sog. »Totale Wertschöpfungsquotient« (TWQ) (vgl. Müller-Merbach, H. [1993], S. 31):

$$\text{TWQ} = (\text{Kapitalproduktivität} \times \text{Arbeitsproduktivität})^{0,5}$$

Da in dieser Kennzahl Substitutionseffekte zwischen den Einsatzfaktoren Kapital und Arbeit berücksichtigt sind, indiziert ein Ansteigen der Kennzahl einen Anstieg der tatsächlichen Produktivität.

Wertschöpfungsquote/Fertigungstiefe/Outsourcing

Außer zur Produktivitätsanalyse lässt sich die Wertschöpfung auch zur Analyse der Fertigungstiefe heranziehen. Diese wird durch die Kennzahl

$$\text{Wertschöpfungsquote} = \frac{\text{Wertschöpfung}}{\text{Gesamtleistung (oder Umsatz)}}$$

gemessen, die vor allem beim bilanzanalytischen Vergleich mehrerer Unternehmen untereinander Aussagen über die produktionswirtschaftliche Flexibilität und Vorteile durch realisierbare Synergiepotenziale zulässt. Über die Wertschöpfungsquote lässt sich die Strategie des Unternehmens bezüglich vertikaler Integration bzw. Outsourcing analysieren. Über die Wertschöpfungsquote gewinnt der absolute Betrag der Wertschöpfung auch an Aussagefähigkeit als Maßstab der Betriebsgröße. Das ergibt sich aus dem folgenden Zusammenhang:

Betriebsgröße

$$\begin{aligned}\text{Betriebsgröße} &= \text{Fertigungstiefe} \times \text{Fertigungsbreite}\\ &= \text{Wertschöpfungsquote} \times \text{Gesamtleistung}\\ &= \frac{\text{Wertschöpfung}}{\text{Gesamtleistung}} \times \text{Gesamtleistung}\\ \text{Betriebsgröße} &= \text{Wertschöpfung}\end{aligned}$$

Der Vorteil der Wertschöpfungsrechnung als Analyseinstrument wird insbesondere darin gesehen, dass sie einen von der formalrechtlichen Gestaltung und vom Ausmaß der Unternehmertätigkeit sowie von der Finanzierungsstruktur unabhängigen Beurteilungsmaßstab liefert (vgl. Pohmer, D./Kroenlein, G. [1970], S. 1919). Die Wertschöpfung ist ein weitgehend objektivierter Maßstab der Leistungskraft eines Unternehmens als Glied der Volkswirtschaft. Durch Erfassung der Veränderungen der Wertschöpfungsquote lassen sich Aussagen über wirtschaftliche Konzentrationsvorgänge gewinnen (vgl. Weber, H. K. [1999], S. 33 ff.).

Verknüpfung von Wertschöpfungs- und Rentabilitätsanalyse

Eine Analyse der Wertschöpfungsquote, der Arbeitsproduktivität und der Kapitalproduktivität sind nicht Selbstzweck, sondern Teil der erfolgswirtschaftlichen Bilanzanalyse und deshalb mit der Rentabilitätsanalyse zu verknüpfen. Hierbei ist jedoch nochmals auf die Einschränkung der Verknüpfungsmöglichkeit aufgrund der fehlenden Angabepflicht für die Anzahl der Mitarbeiter nach IFRS hinzuweisen. Der kennzahlenmäßige Zusammenhang von Wertschöpfungs- und Rentabilitätskennzahlen ist in Abbildung 19.22 dargestellt (vgl. Haller, A. [1997], S. 316).

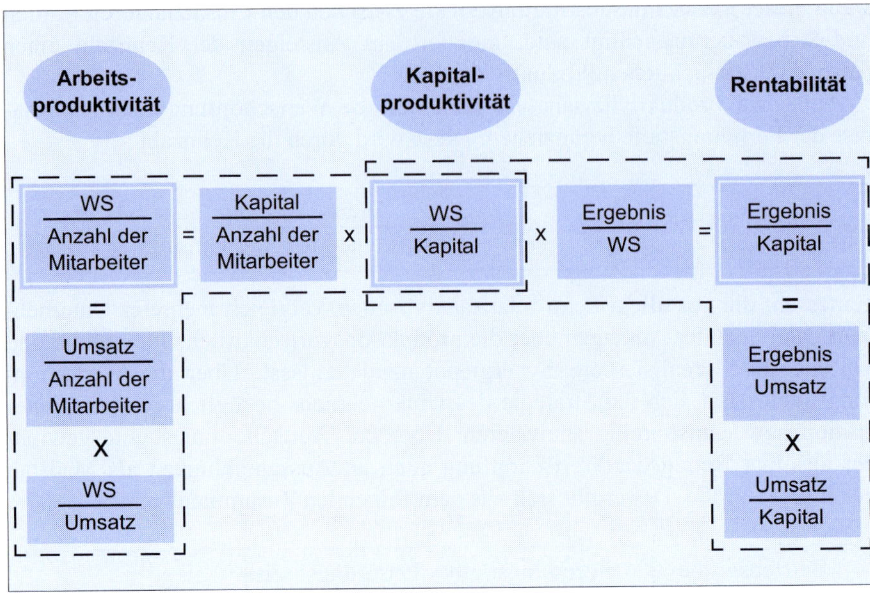

Abb. 19.22: Verknüpfung von Wertschöpfungs- und Rentabilitätsanalyse

D. Break-even-Analyse

Leistungswirtschaftliches Risiko/operating leverage

Im 18. Kapitel (S. 1072 ff.) wurde erörtert, dass zunehmende Verschuldung unter bestimmten Voraussetzungen zwar steigende Ertragschancen, zugleich aber auch ein steigendes Risiko mit sich bringt. Eine ähnliche Erscheinung zeigt sich auch im Bereich der Leistungserstellung und -verwertung in Abhängigkeit vom Verhältnis der Fixkosten zu den variablen Kosten. Zur quantitativen Erfassung dieses leistungswirtschaftlichen Risikos (*operating leverage*) bedient man sich bevorzugt der *Break-even*-Analyse (vgl. Coenenberg, A. G./Fischer, T. M./Günther, T. [2012], S. 313 ff.; Fischer, T. M./Möller, K./Schultze, W. [2012], S. 204 ff.). Die *Break-even*-Analyse oder auch Gewinnschwellenanalyse beruht auf einer Gegenüberstellung von Erlösen und Kosten in Abhängigkeit von der Beschäftigung. Sie ermöglicht die Ermittlung des sog. *Break-even*-Punktes (Deckungspunkt, toter Punkt, Gewinnschwelle), d. h. desjenigen Beschäftigungsgrades, jenseits dessen das Unternehmen in die Verlust- bzw. Gewinnzone gerät. Unter Verwendung der Symbole

p	=	Verkaufspreis je Stück
v	=	variable Kosten je Stück
F	=	fixe Kosten
x	=	Ausbringungsmenge
x_g	=	Gewinnschwelle
U	=	Umsatz
K	=	Gesamtkosten

ergeben sich für ein Einproduktunternehmen unter der Voraussetzung eines konstanten Verkaufspreises und konstanter variabler Kosten je Stück die folgenden Grundgleichungen der *Break-even*-Analyse:

$$G = U - K$$
$$G = p \times x - v \times x - F$$
$$G = (p - v) \times x - F$$

Die Gewinnschwelle x_g (G = 0) errechnet sich aus obiger Gleichung wie folgt:

$$x_g = \frac{F}{p - v}$$

Das Aussehen des *Break-even*-Diagramms ist in Abbildung 19.23 skizziert.

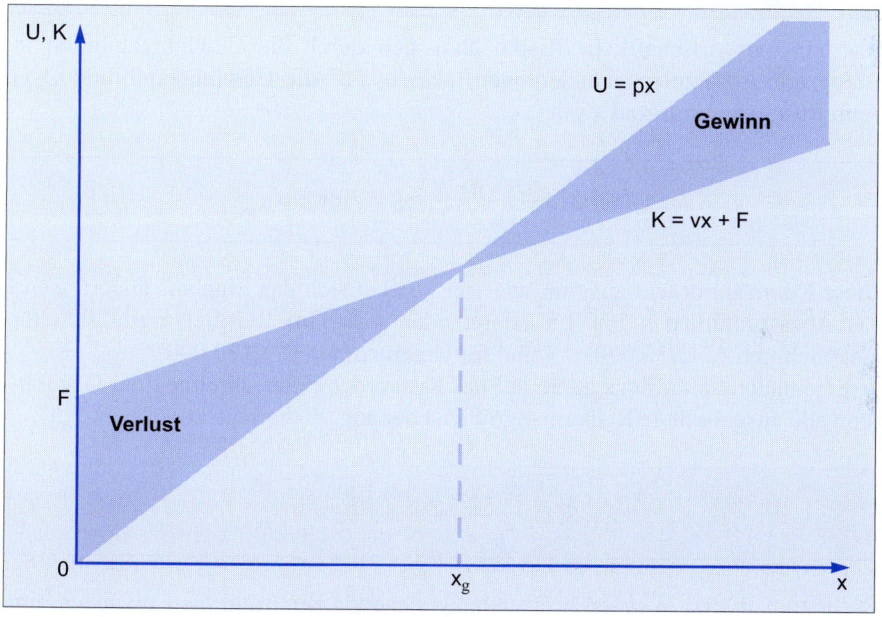

Abb. 19.23: *Break-even*-Diagramm

Beispiel

Folgendes Beispiel verdeutlicht, dass Unternehmen B aufgrund des höheren Fixkostenanteils höhere Ertragschancen, aber auch höhere Ertragsrisiken als Unternehmen A in sich birgt.

Grundmodell der Break-even-Analyse

Bei Umsatzwachstum steigt der Gewinn des Unternehmens B prozentual doppelt so stark wie der des Unternehmens A, bei Umsatzrückgang sinkt der Gewinn von Unternehmen B dementsprechend prozentual stärker als der des Unternehmens A.

Aufgrund der Gleichung und des Diagramms lässt sich leicht folgende Relation zwischen Kostenstruktur und Risiko erkennen: Je höher der Fixkostenanteil ist, um so größer ist die (Gewinn-)Chance bei steigender Beschäftigung, um so größer ist aber auch das (Gewinnentgangs- bzw. Verlust-)Risiko bei sinkender Beschäftigung.

	Unternehmen A		Unternehmen B	
	Jahr 1	Jahr 2	Jahr 1	Jahr 2
Absatzmenge	30.000	33.000	30.000	33.000
Umsatz (p = 1,00) in GE	30.000	33.000	30.000	33.000
Variable Kosten				
(A) 0,90 GE je Stück	27.000	29.700		
(B) 0,80 GE je Stück			24.000	26.400
Fixe Kosten in GE	2.000	2.000	5.000	5.000
Gewinn in GE	1.000	1.300	1.000	1.600
Umsatzwachstum		10 %		10 %
Gewinnwachstum		30 %		60 %
Gewinnschwelle	20.000		25.000	

Gewinnreagibilität

Das leistungswirtschaftliche Risiko lässt sich durch die Gewinnreagibilität in Bezug auf Absatzmengenänderungen messen. Für die Gewinnreagibilität Q(x) beim Beschäftigungsgrad x gilt:

$$Q(x) = \frac{x \times (p - v)}{x \times (p - v) - F} \qquad \text{für } x \neq x_g$$

Diese Kennzahl drückt aus, um wie viel Prozent sich das Ergebnis ändert, wenn das Absatzvolumen x um 1 % steigt oder sinkt. Im Beispiel ergibt sich für Unternehmen A: Q(30.000) = 3 und für Unternehmen B: Q(30.000) = 6.

Sicherheits-koeffizient

Eine andere, allerdings allein auf das Risiko der Unterschreitung der Gewinnschwelle ausgerichtete Risikomaßgröße ist der sog. Sicherheitskoeffizient S(x):

$$S(x) = \frac{(x - x_g) \times 100}{x} \%$$

Diese zum Risiko in inverser Beziehung stehende Kennzahl lässt erkennen, um wieviel Prozent der Absatz sinken kann, bevor die Gewinnschwelle erreicht wird. Im Beispiel ergibt sich für Unternehmen A: S(30.000) = 33,3 % und für Unternehmen B: S(30.000) = 16,7 %. Weitere Risikomaßgrößen kommen wegen ihrer hohen Informationserfordernisse (vgl. Chwallek, C. [1999]) im Rahmen der Bilanzanalyse nicht in Betracht.

Anwendung in der externen Unternehmensanalyse

Das dargestellte *Break-even*-Modell beruht auf einer Reihe vereinfachender Annahmen, die seine Aussagefähigkeit einschränken. So werden u. a. lineare Kosten- und Erlösfunktionen sowie Übereinstimmung von Produktions- und Absatzvolumen vorausgesetzt. Für die Anwendung der *Break-even*-Analyse im Rahmen einer externen Bilanzanalyse ergeben sich darüber hinaus zusätzliche Schwierigkeiten: Zunächst ist zu beachten, dass Preise und Absatzmengen dem externen Analytiker meist nicht bekannt sind.

Diese Schwierigkeit lässt sich umgehen, indem das unbekannte Absatzvolumen durch das der GuV zu entnehmende Umsatzvolumen (U) ersetzt wird. Dazu wird die Gewinnschwellengleichung

$$x_g = \frac{F}{p - v}$$

wie folgt umformuliert:

$$x_g \times p = U_g = \frac{F}{1 - \frac{v \times x}{p \times x}}$$

Dieser *Break-even*-Umsatz setzt jedoch voraus, dass sich die einzelnen Produkte mengenproportional zueinander verändern. Eine weitere Schwierigkeit bei der Anwendung der *Break-even*-Analyse im Rahmen externer Unternehmensanalysen besteht in der Notwendigkeit der Trennung variabler und fixer Kosten.

Unter der Voraussetzung konstanter Produktionszusammensetzung lässt sich die Gewinnschwellenformel ohne weiteres auch auf den realistischeren Fall eines Mehrproduktunternehmens ausdehnen. Es gilt dann (n = Zahl der Produktarten):

Umsatz-Gewinn-Schwelle

$$U_g = \frac{F}{1 - \frac{\sum_{i=1}^{n} v_i \times x_i}{\sum_{i=1}^{n} p_i \times x_i}} = \frac{\text{Fixkosten}}{1 - \frac{\text{Variable Kosten}}{\text{Umsatz}}}$$

Gesamtkostenverfahren (GKV)

Zunächst wird untersucht, inwieweit die *Break-even*-Analyse im HGB-Abschluss anwendbar ist, wobei auf die ausführlichen Gliederungsschemata für Gesamt- und Umsatzkostenverfahren im 9. Kapitel (S. 523 ff.) Bezug genommen wird. Unzweifelhaft kann lediglich der Materialaufwand (Posten 5a der GuV nach dem GKV: »Aufwendungen für Roh-, Hilfs- und Betriebsstoffe und für bezogene Waren« und Posten 5b der GuV nach dem GKV: »Aufwendungen für bezogene Leistungen«) als variabel klassifiziert werden, soweit dieser nicht Abschreibungen auf Vorräte enthält. Mangels näherer Anhaltspunkte sind alle anderen betriebsbedingten Aufwendungen als fix zu betrachten. Dazu zählen die Personalaufwendungen (Posten 6a und 6b der GuV nach dem GKV), die betriebsbedingten Abschreibungen auf immaterielle Anlagewerte und Sachanlagen einschließlich der außerplanmäßigen Abschreibungen (Posten 7c der GuV nach dem GKV), die sonstigen betrieblichen Aufwendungen (ohne die Liquidations- und Bewertungsverluste, Posten 8 der GuV nach dem GKV) und die sonstigen Steuern (Posten 19 der GuV nach dem GKV). Im Rahmen der Abschreibung auf immaterielle Anlagewerte und Sachanlagen sind in Analogie zum Materialaufwand die allein aus steuerlichen Gründen vorgenommenen Abschreibungen auf das Anlagevermögen abzuziehen. Für den Anteil der Materialkosten:

$$M = \text{Materialkostenanteil} = \frac{\text{Materialaufwand}}{\text{Umsatz}}$$

ergibt sich dann die Gewinnschwellengleichung:

$$U_g = \frac{F}{1 - M}$$

Infolge der erwähnten Voraussetzungen des Modells und der bei externen Analysen zusätzlichen Ungenauigkeiten kann die Benutzung dieser *Break-even*-Gleichung nur zu einer näherungsweisen Schätzung der Gewinnschwelle führen. Die Anwendung einer solchen Gewinnschwellenanalyse erscheint im Rahmen der Bilanzanalyse insbesondere dann relevant, wenn während des Jahres monatliche Umsatzzahlen bekannt gegeben werden. Mittels der aus der letzten GuV entnommenen Größen F und M kann dann die Risikoentwicklung unter Zugrundelegung des Sicherheitskoeffizienten (S)

$$S = \frac{U_{(Monat)} - \frac{U_g}{12}}{U_{(Monat)}}$$

näherungsweise abgeschätzt werden.

Die *Break-even*-Analyse gestattet insbesondere auch die Beantwortung der Frage, wie sich die Gewinnschwelle verändert, wenn der Materialanteil z. B. wegen eines verstärkten Outsourcing steigt und zugleich die Fixkosten um einen bestimmten Betrag abgebaut werden. Auf diese Weise können Einsichten in eine veränderte Struktur des Geschäftsrisikos gewonnen werden.

Umsatzkostenverfahren (UKV)

Die Gewinnschwellenanalyse lässt sich auch bei Anwendung des Umsatzkostenverfahrens im HGB-Einzelabschluss in vergleichbarer Weise durchführen, da einerseits die Material- und Personalaufwendungen dem Anhang zu entnehmen sind, andererseits die allein auf steuerlichen Vorschriften beruhenden Abschreibungen in Anlage- und Umlaufvermögen unabhängig von der Wahl des GuV-Gliederungsschemas angabepflichtig sind. Im Falle eines Konzernabschlusses lässt sich die Gewinnschwellenanalyse im HGB-Abschluss dagegen nicht anwenden, wenn die GuV nach dem Umsatzkostenverfahren erstellt ist. Hier fehlt es an der Angabepflicht des Materialaufwands.

IFRS-/US-GAAP-Abschluss

Im IFRS-Abschluss kann die *Break-even*-Analyse in gleicher Weise wie im HGB-Abschluss angewendet werden, sofern die GuV nach dem Gesamtkostenverfahren gestaltet ist. Im Falle des Umsatzkostenverfahrens, das bei IFRS-Abschlüssen die Regel und bei US-GAAP-Abschlüssen zwingend ist, scheitert eine *Break-even*-Analyse an der mangelnden Information über den Materialaufwand.

Kontrollfragen:

1. Skizzieren Sie kurz das Erkenntnisziel der erfolgswirtschaftlichen Bilanzanalyse und erläutern Sie die den Jahresabschlussdaten innewohnenden grundsätzlichen Informationsrestriktionen!
2. Was beinhalten die Ermittlungsaufgabe und die Erklärungsaufgabe der erfolgswirtschaftlichen Bilanzanalyse?
3. Welche Mängel haften dem bilanziellen Jahresergebnis als Maßstab der Ertragskraft an?
4. Welche grundsätzlichen Möglichkeiten bestehen bei der betragsmäßigen Ergebnisanalyse?
5. Inwieweit lassen sich aus den Angaben des Anhangs Anhaltspunkte über das Ausmaß stiller Reserven gewinnen?
6. Stellen Sie die Bedeutung der Eigenkapitalveränderungsrechnung für die erfolgswirtschaftliche Bilanzanalyse dar!
7. Welche Unterschiede weisen die im OCI erfassten Posten im Hinblick auf ihre Analyserelevanz auf?
8. Lässt die Differenz zwischen Börsenkurs und Bilanzkurs Schlüsse auf die Höhe der stillen Reserven zu?
9. Wie lässt sich die sog. *Market-to-Book Ratio* interpretieren?
10. Welche Erkenntnisziele verfolgt die Cashflow-Analyse im Rahmen der Analyse der Ertragskraft?
11. Wie unterscheidet sich die Maßgröße EBITDA vom Cashflow?
12. Definieren Sie den betriebsbedingten Cashflow!
13. Erläutern Sie die Grenzen der Aussagefähigkeit der Cashflow-Analyse als Indikator der Ertragskraft!
14. Welche Erkenntnisziele verfolgt die Ergebnisquellenanalyse?
15. Nach welchen Kriterien lassen sich die Daten der Ergebnisrechnung unter dem Gesichtspunkt der Ergebnisquellenanalyse klassifizieren?
16. Grenzen Sie das ordentliche Betriebsergebnis ab! Wie behandelt man in diesem Zusammenhang die sonstigen betrieblichen Aufwendungen und Erträge?
17. Grenzen Sie das außerordentliche Ergebnis ab! Wie behandelt man in diesem Zusammenhang die sonstigen betrieblichen Aufwendungen und Erträge?
18. Erläutern Sie wesentliche Unterschiede der Ergebnisspaltung im IFRS-Abschluss einerseits und im HGB-Abschluss andererseits!
19. Wie werden GuV-wirksam erfasste *fair value*-Anpassungen im Rahmen der Erfolgsspaltung nach IFRS behandelt?

20. Welche Bedeutung kommt der Segmentberichterstattung für die Bilanzanalyse zu?
21. Welche Bedeutung kommt dem Segment-Free Cashflow für die Beurteilung des Unternehmensportfolios zu?
22. Welche Untersuchungsschritte lassen sich bei der Ergebnisstrukturanalyse unterscheiden?
23. Nennen Sie die wichtigsten Aufwandsstrukturkennzahlen auf der Grundlage einer Gewinn- und Verlustrechnung nach dem Gesamtkostenverfahren bzw. nach dem Umsatzkostenverfahren!
24. In welcher Beziehung stehen Personalintensität und Materialintensität?
25. Definieren und interpretieren Sie die Kennzahl »Eigenkapitalrentabilität«!
26. Welche Teilkennzahlen sind zur Beurteilung der Aktienrentabilität heranzuziehen?
27. Was sagen die Kennzahlen »Gewinn je Aktie« und »Kurs-Gewinn-Verhältnis« aus?
28. Was versteht man unter dem Dividenden-Deckungsgrad?
29. Welche Marktwertmultiples sind zu unterscheiden und welche Aussagefähigkeit kommt ihnen zu?
30. Definieren Sie die Begriffe Gesamtkapital- und Umsatzrentabilität!
31. Wie hängen Gesamtkapitalrentabilität und Umsatzrentabilität zusammen? Was versteht man in diesem Zusammenhang unter einer »grafischen Rentabilitätsanalyse«?
32. Was versteht man unter *Return on Net Assets* (RONA), was unter dem *Return on Capital Employed* (ROCE)? Vergleichen Sie diese Kennzahlen mit der Rentabilität des betriebsnotwendigen Vermögens!
33. Was versteht man unter dem statischen CFROI, was unter dem dynamischen CFROI?
34. Nennen Sie die finanziellen Treibergrößen für die Eigenkapitalrentabilität!
35. Wie lässt sich das ROI-Schema zu einem wertorientierten Kennzahlensystem weiterführen?
36. Wodurch unterscheidet sich der Erfolgsbegriff der Wertschöpfungsrechnung vom Erfolgsbegriff der GuV?
37. Warum ist die Wertschöpfungsanalyse auch aus Sicht der Investoren relevant?
38. Inwieweit lassen sich Wertschöpfungsanalysen auch in IFRS-Abschlüssen durchführen?
39. Welcher Zusammenhang besteht zwischen der mittels der Wertschöpfung gemessenen Arbeitsproduktivität und der Kapitalrentabilität?

40. Auf welche Ursachen lässt sich das leistungswirtschaftliche Risiko zurückführen?
41. Wie lässt sich das leistungswirtschaftliche Risiko messen?
42. Welche Modifikationen sind vorzunehmen, um die *Break-even*-Analyse im Rahmen der externen Unternehmensanalyse anwenden zu können?

20. Kapitel: Strategische Bilanzanalyse

Erfolgspotenzial

Gegenstand der strategischen Bilanzanalyse ist das Erfolgspotenzial des Unternehmens. Entsprechend der Vorsteuerungsfunktion der Zielgröße »Erfolgspotenzial« für Erfolg und Liquidität ist die strategische Bilanzanalyse somit auf die Treiber des zukünftigen Erfolgs und der zukünftigen Liquiditätsgenerierung des Unternehmens gerichtet. Während sich die finanz- und erfolgswirtschaftliche Bilanzanalyse im Wesentlichen auf die Abschlussinstrumente selbst fokussieren und damit auf abgeschlossene Perioden abzielen, geht die strategische Bilanzanalyse über den Bereich der Abschlussinstrumente hinaus und greift auf Informationen des Unternehmensumfeldes sowie auf die über die finanzielle Rechnungslegung hinausgehenden pflichtmäßigen und freiwilligen Zusatzinformationen zurück. Die strategische Bilanzanalyse lässt sich deshalb in geringerem Maße als die finanz- und erfolgswirtschaftliche Bilanzanalyse quantifizieren und standardisieren. Die folgenden Ausführungen konzentrieren sich deshalb eher auf die prinzipiellen Möglichkeiten, die im jeweiligen Einzelfall einer Anpassung bedürfen.

Wert/Unternehmenswert

Der Wert eines Unternehmens hängt vom Erfolgspotenzial und den daraus zu erwartenden künftigen Erfolgs- und Liquiditätszuflüssen des Unternehmens ab (vgl. 17. Kapitel, S. 1017 ff., Abbildung 17.2). Im Rahmen der finanz- und erfolgswirtschaftlichen Bilanzanalyse lassen sich Aussagen zum Unternehmenswert nur aus retrospektiver Perspektive machen. So kann etwa gefragt werden, welchen Wertbeitrag ein Segment oder das Unternehmen in der abgeschlossenen Periode zum Unternehmenswert geleistet hat (vgl. 19. Kapitel, S. 1141 ff. sowie S. 1172 ff.). Aussagen zum Wert des Unternehmens, der sich aus den künftigen Ergebnissen bzw. Zahlungsströmen ableitet, erfordern dagegen eine Analyse des Erfolgspotenzials. Die strategische Bilanzanalyse, die auf das Erfolgspotenzial gerichtet ist, lässt sich deshalb zugleich als wertorientierte Bilanzanalyse charakterisieren. Das Bindeglied zwischen der finanz-, erfolgswirtschaftlichen sowie strategischen Bilanzanalyse einerseits und der nachfolgenden Ermittlung des Unternehmenswerts andererseits ist die Prognose der zukünftigen Ergebnisse und Zahlungsströme.

A. Notwendigkeit und Konzeption der strategischen Bilanzanalyse

Zukunftserfolgswert

Der Wert eines Unternehmens wird durch den Barwert der zukünftigen Ausschüttungen an die Eigentümer gemessen (= Zukunftserfolgswert). Die künftigen Ausschüttungen hängen ihrerseits von der künftigen Profitabilität ab. Aus diesen Gründen greift die Ermittlung des Unternehmenswertes – statt auf die Ausschüttungen direkt – auf Zukunftserfolge zurück, die die Ausschüttungen an die Eigentümer determinieren. Drei Ansätze konkurrieren untereinander, die sich durch die Definition der Zukunftserfolge voneinander unterscheiden, bei konsistenter

Ermittlung der Parameter aber äquivalent sind (vgl. Coenenberg, A. G./Schultze, W. [2002b]):

DCF-Ansatz

1. Discounted Cashflow (DCF)-Ansatz:
Als Zukunftserfolg wird der Free Cashflow (FCF) vor Zinsaufwand, nach Steuern verwendet. Der Zukunftserfolgswert für den Eigentümer (UW_{EK}), auch »*shareholder value*« genannt, ergibt sich nach Abzug des Wertes des verzinslichen Fremdkapitals (FK) vom Barwert der erwarteten Free Cashflows. Vor Fremdkapitalabzug ergibt sich der Brutto-Zukunftserfolgswert (UW_{GK}), auch »*enterprise value*« genannt:

$$UW_{GK,0} = \underbrace{\sum_{t=1}^{n} \frac{FCF_t}{(1+WACC)^t}}_{\text{Wert im Prognosehorizont}} + \underbrace{\frac{\overline{FCF}}{WACC-g} \times \frac{1}{(1+WACC)^n}}_{\text{Wert ewige Rente}}$$

$$UW_{EK,0} = UW_{GK,0} - FK_0$$

Die bisher nicht erläuterten Symbole sind:

$\overline{FCF}$ = Free Cashflow nach dem Prognosehorizont n

g = Wachstumsrate des FCF nach dem Prognosehorizont

WACC = weighted average cost of capital (gewichtete durchschnittliche Kapitalkosten)

Ertragswert-Ansatz

2. Ertragswert-Ansatz:
Formal ähnlich stellt sich der Ertragswert-Ansatz dar. Statt des Free Cashflow wird mit periodisierten Ergebnissen, d. h. Gewinnen/Verlusten (G) gerechnet. Zur Vergleichbarkeit wird auch die Ertragswertmethode im Folgenden als Brutto-Ansatz dargestellt, d. h. der Zukunftserfolg ist als ausschüttbares Ergebnis vor Zinsen, aber nach Steuern bemessen:

$$UW_{GK,0} = \underbrace{\sum_{t=1}^{n} \frac{G_t}{(1+WACC)^t}}_{\text{Wert im Prognosehorizont}} + \underbrace{\frac{\overline{G}}{WACC-g} \times \frac{1}{(1+WACC)^n}}_{\text{Wert ewiger Rente}}$$

$$UW_{EK,0} = UW_{GK,0} - FK_0$$

Dabei bedeutet:

G = Gewinn vor Zinsen, nach Steuern

$\overline{G}$ = Gewinne/Verluste nach dem Prognosehorizont n

3. Residualgewinn-Ansatz:

Residualgewinn-Ansatz

Nach dem Residualgewinn-Ansatz entspricht der Bruttounternehmenswert dem Buchwert des Anfangsvermögens (V = Anlagevermögen + Nettoumlaufvermögen bzw. Eigenkapital + verzinsliches Fremdkapital) zuzüglich dem Barwert aller künftig erwarteten Residualgewinne (Geschäftswert):

$$UW_{GK,0} = \left(\underbrace{V_0}_{\text{Anfangs-vermögen}} + \underbrace{\sum_{t=1}^{n} \frac{G_t - (WACC \times V_{t-1})}{(1+WACC)^t}}_{\text{Geschäftswert im Prognosehorizont}} + \underbrace{\frac{\overline{G} - (WACC \times V_n)}{WACC - g} \times \frac{1}{(1+WACC)^n}}_{\text{Geschäftswert ewige Rente}} \right)$$

$$UW_{EK,0} = UW_{GK,0} - FK_0$$

Unternehmensbewertung und erfolgswirtschaftliche Bilanzanalyse

Im Folgenden soll beispielhaft mit dem Ertragswert-Ansatz weiter argumentiert werden, um die Bedeutung der Bilanzanalyse für die Unternehmensbewertung zu verdeutlichen. Ganz analoge Überlegungen ließen sich auch mittels der beiden anderen Ansätze ableiten. Zur Bestimmung des Ertragswertes sind die künftigen Ergebnisse zu ermitteln. Diese hängen wesentlich von den Investitionen (Vermögen i. S. v. Anlagevermögen zuzüglich Nettoumlaufvermögen) und den darauf erzielbaren Renditen ab. Die bilanzanalytische Koppelung von Umsatz und Vermögen geschieht über den Vermögensumschlag (VU = Umsatz/Vermögen). Unter der Voraussetzung statischer Verhältnisse, d. h. gleich bleibender bilanzanalytischer Kennzahlen und Wachstumsraten, ließe sich eine Ergebnisprognose leicht aus einer vergangenheitsbezogenen erfolgswirtschaftlichen Bilanzanalyse ableiten. Das sei an einem stark vereinfachten Beispiel gezeigt.

Beispiel

Die Analysen der letzten fünf Jahresabschlüsse haben zu folgenden Kennzahlen geführt, die von Jahr zu Jahr in etwa gleich blieben:

Umsatzwachstum p. a.	(g_U)	=	5 %
Vermögensumschlag	(VU)	=	2
Umsatzrentabilität	(UR)	=	10 %
Rentabilität des gebundenen Vermögens	(VR)	=	20 %

Unter statischen Verhältnissen, also unter der Annahme, dass diese Kennzahlen auch in der Zukunft gelten, lässt sich die Vergangenheitsanalyse (t = -4 bis t = 0) leicht in eine Prognose (t = +1 bis t = +3) überführen:

in GE	**Ist-Daten**					**Prognose**		
Jahr	**-4**	**-3**	**-2**	**-1**	**0**	**+1**	**+2**	**+3**
Umsatz	100	105,0	110,3	115,9	121,6	127,6	134,0	140,7
Vermögen	50	52,5	55,1	57,9	60,8	63,8	67,0	70,4
Ergebnis	10	10,5	11,0	11,6	12,2	12,8	13,5	14,1

Geht man von Kapitalkosten i. H. v. WACC = 10 % aus und unterstellt man zudem, dass alle Kennzahlen auch nach dem Prognosehorizont, also auch nach dem Jahr 3 für alle zukünftigen Jahre konstant bleiben, dann lässt sich der Bruttounternehmenswert wie folgt ermitteln:

$$UW_{GK,0} = \frac{12,8}{1,1} + \frac{13,5}{1,1^2} + \frac{14,1}{1,1^3} + \frac{14,1 \times 1,05}{0,1 - 0,05} \times \frac{1}{1,1^3} = 256$$

Strategische, wertorientierte Bilanzanalyse

Allerdings ist eine einfache Fortschreibung der Vergangenheit in vielen Fällen zu simplistisch (vgl. 21. Kapitel, S. 1225 ff). Unternehmen versuchen einerseits, durch Strategien Wettbewerbsvorteile zu generieren, die zu verbesserten Wachstumsraten und zu verbesserten Umsatzrenditen und Umschlagskennzahlen führen. Andererseits unterliegen Unternehmen auch ständig der Gefahr einer Schwächung der Wettbewerbsposition durch Gegenstrategien des Wettbewerbs und infolgedessen einer Verschlechterung von Wachstum und bilanzanalytischen Kennzahlen.

Aufgabe der strategischen Bilanzanalyse ist es somit, die Risiken und Chancen im Wettbewerb und die Stärken und Schwächen des Unternehmens im Hinblick auf ihre Wirkungen auf den Unternehmenswert zu analysieren. Letztendlich muss der Fokus der Analyse die Frage sein, wie sich die strategischen Einflussgrößen auf die Parameter des Unternehmenswertes auswirken. Dass dies allerdings nicht durchgängig in quantitativ messbarer Form, sondern überwiegend nur qualitativ möglich ist, wurde bereits ausgeführt.

Ansätze zur Unternehmensbewertung und zur strategischen Bilanzanalyse

Die Zukunftserfolgsbewertung zielt auf die Ermittlung des fundamentalen inneren Wertes eines Unternehmens ab. Soweit die strategische Bilanzanalyse sich am Konzept der Zukunftserfolgsbewertung orientiert, steht im Mittelpunkt der Betrachtung die Analyse der unternehmens- und umfeldbezogenen Treibergrößen der Zukunftserfolge (»zukunftserfolgswertorientierte Bilanzanalyse«, vgl. in diesem Kapitel, S. 1212 ff.). Für die Ermittlung des Unternehmenswertes lassen sich neben dem Zukunftserfolgswert, Kapitalmarktbewertungen des Unternehmens, von Vergleichsunternehmen oder der Branche heranziehen. Die Analyse von Kapitalmarktdaten und der in den Kapitalmarktdaten implizit enthaltenen Investorerwartungen ist deshalb ein weiterer Ansatzpunkt im Rahmen der strategischen, wertorientierten Bilanzanalyse (»marktwertorientierte Bilanzanalyse«, vgl. in diesem Kapitel, S. 1206 ff.). Schließlich ist auch die Substanzbewertung ein die Zukunftserfolgsbewertung ergänzender Bestandteil der Bewertung eines Unternehmens. Wären alle wertrelevanten materiellen und immateriellen Vermögenswerte, unabhängig von ihrer Bilanzierungsfähigkeit, mit ihrem Wertpotenzial in einem Vermögensinventar erfassbar, dann würde der Wert des Inventars den Zukunftserfolgswert approximieren. Je mehr es gelingt, die Vermögenswerte eines Unternehmens zu identifizieren und zuverlässig zu quantifizieren, umso mehr lässt sich deshalb auch der Zukunftserfolgswert durch die ihn tragenden Vermögenswerte abbilden. Die substanzorientierte strategische Bilanzanalyse, insbesondere des immateriellen Vermögens, ist deshalb ein weiterer Ansatzpunkt der wertorientierten Bilanzanalyse. Da sich diese in erste Linie auf das immaterielle Vermögen richtet, das oft noch nicht das Konkretisierungsstadium des Substanzwertes erreicht hat, wird im Folgenden von »ressourcenorientierter Bilanzanalyse« gesprochen (vgl. in diesem Kapitel, S. 1199 ff.).

Entsprechend den drei Ansätzen einer Unternehmensbewertung, nämlich Substanzwert, Marktwert und Zukunftserfolgswert, lassen sich folglich drei Ansätze der strategischen Bilanzanalyse – ressourcenorientierte (substanzorientierte), marktwertorientierte und zukunftserfolgswertorientierte Ansätze – unterscheiden. Dies ist in Abbildung 20.1 zusammenfassend dargestellt.

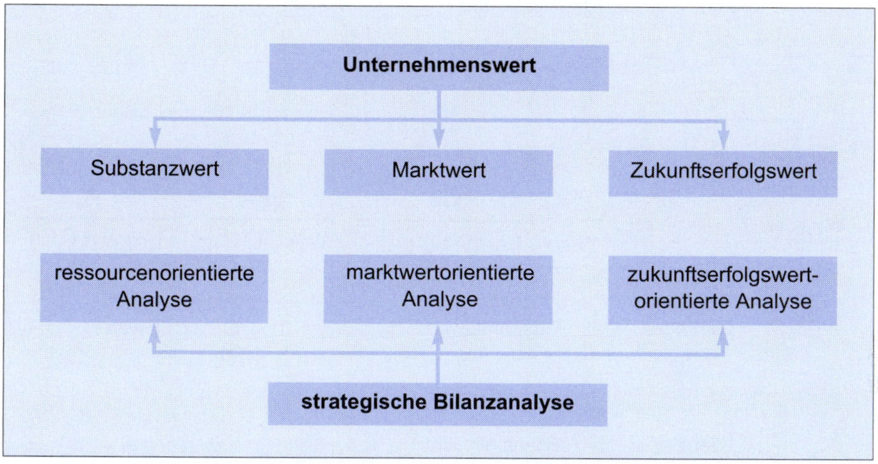

Abb. 20.1: Ansätze der strategischen, wertorientierten Bilanzanalyse

B. Ressourcenorientierte Analyse

Unternehmenswert/Geschäftswert

Mittels der Residualgewinnmethode wird der Unternehmenswert aus zwei Bestandteilen erklärt: aus dem Anfangsvermögen (V_0) zum Zeitpunkt der Bewertung sowie dem Geschäftswert (GW). Der Geschäftswert entspricht dem Barwert aller künftigen Residualgewinne (RG).

$$UW_{GK,0} = V_0 + GW = V_0 + \sum_{t=1}^{n} \frac{RG_t}{(1+WACC)^t}$$

Der Residualgewinn entspricht dabei dem Überschuss der Gewinne (G) vor Zinsen, nach Steuern über die Kapitalkosten:

$$RG_t = G_t - WACC \times V_{t-1}$$

Um den Stellenwert der Ressourcenanalyse im Rahmen der strategischen, wertorientierten Bilanzanalyse zu verdeutlichen, wird der Geschäftswert (GW) seinerseits in zwei Bestandteile zerlegt. Zum einen in den »kurzfristigen« Geschäftswert (GW_k), der aufgrund konkreter initiierter Projekte bis zu einem überschaubaren Prognosehorizont von n Jahren erwartet werden kann, und andererseits in den nach dem Prognosehorizont möglicherweise zu erwartenden langfristigen Geschäftswert (GW_l). Eine Veranschaulichung gibt Abbildung 20.2 (vgl. hierzu und zur Unterscheidung in *long-term* und *short-term value*: Coenenberg, A. G./ Salfeld, R. [2007], S. 110 ff.).

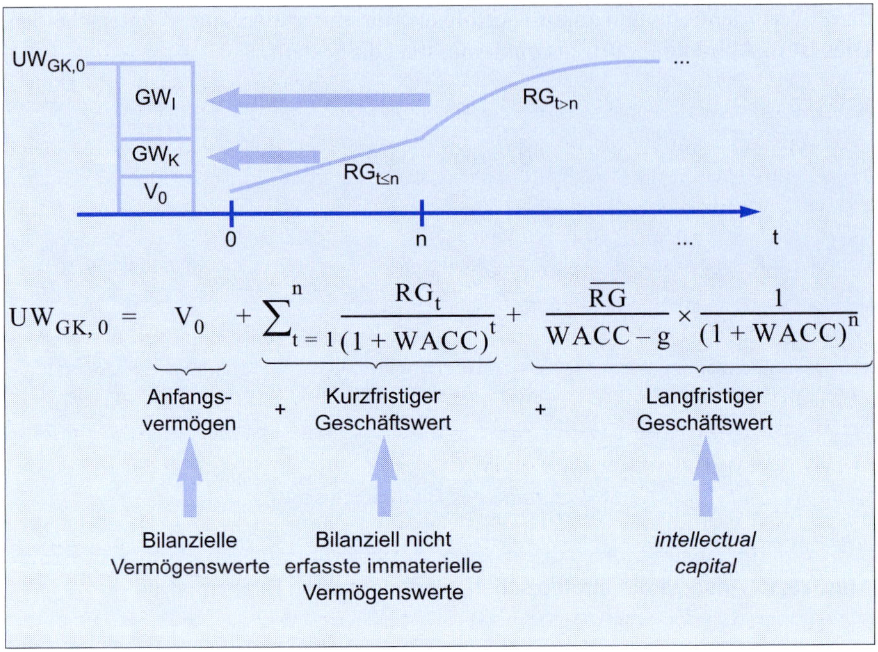

Abb. 20.2: Unternehmenswert und Vermögenswert

Anfangsvermögen/bilanzierte Vermögenswerte

Unternimmt man den – nur unter idealtypischen Bedingungen exakt möglichen – Versuch, diese drei Unternehmenswertbestandteile auf der Basis der im Unternehmen augenblicklich vorhandenen und zukünftig zugänglichen Ressourcen zu plausibilisieren, lässt sich das Anfangsvermögen (V_0) vor allem auf die durch vergangene Erfolge und Investitionen geschaffenen und bereits bilanzierten materiellen wie immateriellen Vermögenswerte zurückführen.

Kurzfristiger Geschäftswert/immaterielle Vermögenswerte

Gemäß dieser idealtypischen Kategorisierung beruht der kurzfristige Geschäftswert auf vorhandenen Wettbewerbsvorteilen, die mit Hilfe besonderer, z. B. markt- oder innovationsbezogener Fähigkeiten des Unternehmens geschaffen wurden. In einem weiten Sinne manifestieren sich diese Wettbewerbsvorteile in immateriellen Vermögenswerten wie z. B. Patenten, Produktideen etc. Der kurzfristige Geschäftswert kann deshalb gedanklich als Summe der *fair values* vorhandener immaterieller Vermögenswerte interpretiert werden. Diese immateriellen Vermögenswerte erscheinen allerdings unter den gegenwärtigen Bilanzierungsstandards – von Ausnahmen abgesehen (vgl. 3. Kapitel, S. 179 ff.) – nur in der Bilanz, wenn sie von Dritten einzeln oder im Rahmen einer Akquisition entgeltlich erworben wurden. Wären derartige immaterielle Vermögenswerte in einer »perfekten« Bilanz mit ihren *fair values* enthalten, dann würde das Anfangsvermögen (V_0) entsprechend höher ausfallen, der kurzfristige Geschäftswert würde dementsprechend entfallen.

Langfristiger Geschäftswert/intellectual capital

Vorhandene immaterielle Vermögenswerte und darauf beruhende strategische Wettbewerbsvorteile sind einem ständigen Erneuerungsprozess zu unterwerfen. Gelingt die Erneuerung nicht, wird das Unternehmen langfristig auf den Durchschnitt seiner Risikoklasse zurücksinken, die Gewinne entsprechen dann allenfalls den Kapitalkosten, positive Residualgewinne und ein langfristiger Geschäftswert sind nicht mehr zu erwarten. Ein positiver langfristiger Geschäftswert setzt damit Fähigkeiten im Unternehmen voraus, neue strategische Wettbewerbsvorteile zu generieren. Er beruht daher im Prinzip auf zukünftigen potenziellen Wettbewerbsvorteilen. Eine Abschätzung darüber, ob es dem Unternehmen je gelingen wird, diese Wettbewerbspotenziale zu schaffen, lässt sich im Prinzip nur über bereits vorhandene strategisch relevante Fähigkeiten vornehmen, die aber im Allgemeinen noch nicht das Konkretisierungsstadium einzeln bewertbarer und veräußerbarer immaterieller Vermögenswerte erreicht haben. Diese Fähigkeiten sind deshalb dem »*intellectual capital*« (vgl. z. B. Haller, A./Dietrich, R. [2001b]) bzw. dem Intellektuellen Kapital zuzurechnen.

Immaterielle Werte/intangibles

Alle nicht den physischen und finanziellen Werten (*physical and financial assets*) zuordenbaren Werte werden unter den Oberbegriff »Immaterielle Werte« (*intangibles*) zusammengefasst (vgl. auch Gu, F./Lev, B. [2001]; zu einer umfassenden Bestandsaufnahme der Forschung zu den »*intangibles*« vgl. Kaufmann, L./Schneider, Y. [2004], sowie Wyatt, A. [2008]). Der Gesamtwert der *intangibles* lässt sich, ausgehend vom Marktwert des Unternehmens und unter der Voraussetzung effizienter Kapitalmärkte, wie folgt ermitteln:

	Marktwert des Unternehmens
–	Wert der physischen und finanziellen Vermögenswerte
=	**Immaterielle Werte (Wert der intangibles)**

Immaterielle Vermögenswerte

Immaterielle Vermögenswerte sind all diejenigen immateriellen Werte, die aufgrund der Aktivierungsvorschriften bilanziell erfasst sind oder im Falle des Erwerbs des Unternehmens im Rahmen der Erstkonsolidierung als immaterielle Anlagewerte zu bilanzieren wären (vgl. 3. Kapitel, S. 179 ff.).

Intellectual capital

Alle anderen immateriellen Werte sind dem *intellectual capital* zuzurechnen. Wird im Falle einer Akquisition ein Kaufpreis in Höhe des tatsächlichen Unternehmenswertes entrichtet, so entspricht der bilanzielle Goodwill dem *intellectual capital;* ist der Kaufpreis niedriger (*»lucky buy«*), so ist der Goodwill kleiner als das *intellectual capital;* ist der Kaufpreis höher (*»unlucky buy«* oder erwartete Synergien im Erwerberunternehmen), so überschreitet der bilanzielle Goodwill das *intellectual capital* des erworbenen Unternehmens.

Analyse des intellectual capital

Alle drei Wertkategorien (bilanziell erfasste immaterielle Vermögenswerte, bilanziell nicht erfasste immaterielle Vermögenswerte, *intellectual capital*) stehen idealisiert in einer zeitlichen Vorlaufwirkung zueinander. So können die dem langfristigen Geschäftswert zugeordneten Teile des *intellectual capital* mit zunehmender Konkretisierung in einzeln bewertbare und einzeln veräußerbare immaterielle Vermögenswerte transferiert werden; diese werden mit einer entgeltlichen Transaktion zu bilanziellen Vermögenswerten. Erst wenn sie dieses Stadium erreicht haben, werden sie Gegenstand einer finanz- und erfolgswirtschaftlichen Bilanzanalyse. Die strategische Bilanzanalyse will weiter greifen. Im Zentrum der strategischen Ressourcenanalyse steht daher insbesondere das *intellectual capital.* Seine Analyse soll zu Aussagen darüber führen, ob auch nach dem überschaubaren Prognosehorizont mit Wettbewerbsvorteilen und positiven Residualgewinnen zu rechnen ist.

Kategorien des intellectual capital

Das *intellectual capital* kann nach unterschiedlichen Kriterien in Kategorien eingeteilt werden. Eine an den Stakeholdern des Unternehmens orientierte Unterteilung unterscheidet sieben Kategorien (vgl. Arbeitskreis »Immaterielle Werte im Rechnungswesen« der Schmalenbach-Gesellschaft [2001], S. 990 f.; Haller, A./Dietrich, R. [2001b], S. 1045 f.):

- *human capital*: Dazu zählen die immateriellen Werte im Personalbereich, wie Wissen, Kompetenz, Motivation, usw.
- *customer capital*: Dieses umfasst die immateriellen Werte im Absatzbereich, wie Kundenloyalität, Marktanteile, Marken, Abnahmeverträge, etc.
- *supplier capital*: Damit sind alle immateriellen Werte im Beschaffungsbereich gemeint. Dies können z. B. Allianzen mit Zulieferern oder Bezugsrechte sein.
- *investor capital*: Hier handelt es sich um immaterielle Werte im Finanzierungsbereich des Unternehmens. Dazu zählen besondere Fähigkeiten im Bereich der Investor Relations ebenso wie beispielsweise ein solides Rating als Grundlage der Fremdfinanzierung.
- *process capital*: Hierzu zählen die immateriellen Werte im aufbau- und ablauforganisatorischen Vollzug der verschiedenen Wertschöpfungsprozesse, wie z. B. Produktion, Vertrieb, Entwicklung. Oft ist hier die Fähigkeit zur Netzwerkbildung mit Partnerunternehmen von besonderer Bedeutung.
- *location capital*: Standortvorteile können in allen Wertschöpfungsstufen von Bedeutung sein.
- *innovation capital*: Dies beinhaltet die immateriellen Werte im Bereich der Produkt- und Verfahrensinnovationen des Unternehmens. Patente, Rezepturen, aber auch ungeschützte technische Vorsprünge sind hier beispielsweise zu nennen.

Transformation von intangibles zu intellectual capital

Jedes Unternehmen verfügt über allgemeine *intangibles*, aber nicht jedes Unternehmen ist in der Lage, vorhandene allgemeine *intangibles* in strategisch umsetzbares *intellectual capital* zu transformieren. Nur über eine solche Transformation entstehen Wettbewerbsvorteile, die zu dauerhaft positiven Residualgewinnen führen können. Aufgabe der Ressourcenanalyse ist es, den Grad der Umsetzungsmöglichkeit allgemeiner *intangibles* mit niedrigem Wertsteigerungspotenzial in strategisch wirkungsvolles *intellectual capital* mit hohem Wertsteigerungspotenzial abzuschätzen. Dafür gibt es kein allgemeingültiges Rezept.

Die beispielhafte Auflistung von Eigenschaften und Kennzahlen in Tabelle 20.1 kann für eine Ressourcenanalyse nur Hinweise geben (vgl. dazu auch Arbeitskreis »Immaterielle Werte im Rechnungswesen« der Schmalenbach-Gesellschaft [2003], S. 1236 ff.; Coenenberg, A. G./Salfeld, R. [2007], S. 122, Abb. 4-14 und S. 140, Abb. 4-21).

Prozessorienierte Analyse des intellectual capital

In manchen Fällen mag es auch zweckmäßig sein, anstatt oder zusätzlich zu einer Analyse des *intellectual capital* nach den beschriebenen Kategorien eine der Wertschöpfungskette der Innovationen folgende Analyse vorzunehmen. Lev, B. [2001] (S. 111 ff.) stellt ein derartiges prozessorientiertes Informationssystem unter der Bezeichnung »*value chain scoreboard*« für das Management von *intangibles* vor. Mit Wertschöpfungskette der Innovationen ist dabei der Prozess von der Wissensgenerierung (*discovery and learning*) über die Wissensumsetzung (*implementation*) bis zur kommerziellen Verwertung des Wissens (*commercialization*) gemeint. Auch dieses Kriteriensystem ist nicht soweit standardisierbar, dass es für alle denkbaren Fälle ohne individuelle Anpassung anwendbar wäre. Für die externe Analyse des *intellectual capital* insbesondere von technologieorientierten Unternehmen kann das »*value chain scoreboard*« (vgl. Abbildung 20.3) als Kriterienraster jedoch nützlich sein.

Analysekriterien des intellectual capital nach Kategorien

Intellectual Capital	**Wertsteigerungspotenzial**		**Kennzahlen/ Bewertungskriterien**
	niedrig	**hoch**	
Human Capital	Mitarbeiter, die die ihnen zugeordneten Aufgaben verrichten	Flexible, talentierte und gut ausgebildete Mitarbeiter mit breiten Einsatzmöglichkeiten	• Akzeptanzquote von *High Potentials* • Incentive Systeme • Ausgaben für Personalentwicklung • Fluktuationsrate • Wertschöpfung je Mitarbeiter
Customer Capital	Unspezifische Wahrnehmung der Fähigkeiten und Produkte des Unternehmens	Eindeutige Wahrnehmung der *Value Proposition* des Unternehmens, z. B. gestützt durch eine Marke	• Marketingaufwendungen • Markenwert • Kundenzufriedenheit • Kundenloyalität
Supplier Capital	Lose, über Markttransaktionen definierte Verbindungen zu Lieferanten	Netzwerkähnliche Verbindungen zu den Lieferanten, z. B. über Allianzen oder Wertschöpfungspartnerschaften	• Lieferantenintegration • Lieferantenfokus • Lieferantenflexibilität • Lieferantenqualität
Investor Capital	An den Standards orientierte passive Informationspolitik	An den Kapitalmarktanforderungen orientiertes Wertmanagement, aktive am *Best Practice* orientierte Informationspolitik, funktionierende Corporate Governance	• Aktionärszufriedenheitsindex • Börsenumsatz, Aktienliquidität • Publizitätsgüteindex • Rating • *Value-at-Risk*; β–Faktor
Process Capital	Historisch gewachsene Strukturen und Abläufe	Lernende Organisation, Prozessorientierung	• Fest installierte Netzwerke • *Time to Market* • *Process Cycle Time* • Qualitätsindizes • Kapazitätsauslastung
Location Capital	Historisch gewachsene Standorte	Aktive, an Kunden, Standortvorteilen und Know-how-orientierte Standortpolitik	• Kundennähe • Low-Cost-Standorte • Clusterzugehörigkeit • Verlinkungsdichte im Internet
Innovation Capital	Allgemeine Erfahrungen und Kenntnisse über Forschung und Entwicklung in den verschiedenen Wertschöpfungsstufen	Geistiges Eigentum etwa im Bereich Produkt- und Verfahrensinnovationen	• Anzahl Patente • F&E-Aufwendungen • Umsatzanteil aus neuen Produkten • Entwicklungsproduktivität

Tab. 20.1: Kriterien für Ressourcenanalyse

Lagebericht als Informationsquelle

Die Notwendigkeit einer ressourcenorientierten strategischen Analyse stellt sich umso mehr, je stärker sich die Unternehmen von reinen Produktionsunternehmen zu Dienstleistungs- und Technologieunternehmen hin entwickeln (vgl. Küting, K. [2002b]). Denn mit diesem Wandlungsprozess nimmt der Anteil immaterieller Vermögenswerte i. w. S. im Vergleich zu den physischen und finanziellen Vermögenswerten immer stärker zu (vgl. dazu Gu, F./Lev, B. [2001]). Immaterielle Vermögenswerte werden, wie ausgeführt, in den Bilanzen aber nur im Falle ihres entgeltlichen Erwerbs und bei originärer Entstehung nur unter sehr einschränkenden Bedingungen erfasst. Die Ressourcenanalyse ist deshalb auf die Angaben im Lagebericht oder auf freiwillige Zusatzinformationen etwa im Rahmen eines »*Value Reporting*« angewiesen.

Publizitätspflichten zum intellectual capital

Nach §§ 289, 315 HGB sind im Rahmen des Lageberichts ein Wirtschaftsbericht, ein Prognosebericht und ein Forschungs- und Entwicklungsbericht zu geben (vgl. 13. Kapitel, S. 847 ff.). Konkretisierungen und Ergänzungen der Lageberichterstattung gemäß §§ 289, 315 HGB enthält der Rechnungslegungsstandard IDW RS HFA 1 (IDW [1998]). Relativ ausführliche Informationen sind zu geben über das *innovation capital* (Forschung und Entwicklung) und *human capital* (Personal- und Sozialbericht), es sind aber auch ggf. Angaben zu anderen Bereichen des *intellectual capital* zu machen. Im Hinblick auf Angaben zum *intellectual capital* bleiben die Regeln nach IFRS und US-GAAP hinter den handelsrechtlichen Berichtspflichten zurück (vgl. 13. Kapitel, S. 847 ff.).

Discovery and learning	***Implementation***	***Commercialization***
1. Internal renewal *- Research and development* *- Work force training and development* *- Organizational capital, processes*	***4. Intellectual property*** *- Patents, trademarks and copyrights* *- Licensing agreements* *- Coded know-how*	***7. Customers*** *- Marketing alliances* *- Brand values* *- Customer churn and value* *- Online sales*
2. Acquired capabilities *- Technology purchase* *- Spillover utilization* *- Capital expenditures*	***5. Technological feasibility*** *- Clinical tests, Food and Drug Administration* *- Beta tests, working pilots* *- First mover*	***8. Performance*** *- Revenues, earnings and market share* *- Innovation revenues* *- Patent and know-how royalities*
3. Networking *- R&D alliances and joint ventures* *- Supplier and customer integration* *- Communities of practice*	***6. Internet*** *- Threshold traffic* *- Online purchases* *- Major internet alliances*	***9. Growth prospects*** *- Product pipeline and launch dates* *- Expected efficiences and savings* *- Planned initiatives* *- Expected break even and cash burn rate*

Abb. 20.3: »*Value Chain Scoreboard*« (Quelle: Lev, B. [2001], S.111).

Allerdings haben sowohl das IASB als auch das FASB die Wichtigkeit dieses Themas erkannt und die gemeinsame Arbeit an Entwürfen zur Berichterstattung hierzu aufgenommen. Hierzu wurde im Dezember 2010 vom IASB das *practice statement* zum sog. *management commentary* herausgeben. Nach dieser nicht in einem Standard kodifizierten Leitlinie sollen Unternehmen den Jahresabschluss begleitende Information aus der Sicht des Managements bereitstellen. Hier wird insbesondere auch die Wichtigkeit von *forward-looking information* und die Beziehungen zu den verschiedenen Stakeholdern betont. Dies impliziert automatisch eine Ausweitung der Berichterstattung über *intellectual capital*.

Abbildung 20.4 zeigt die Berichtspraxis zum *intellectual capital* für die 30 im Zeitraum von 2000 bis 2005 im Deutschen Aktienindex (DAX) gelisteten Unternehmen und 70 weiteren, nicht im DAX notierten Unternehmen (vgl. Ruhwedel, F./Schultze, W. [2002], S. 602 ff.; Schultze, W./Steeger, L./Schabert, B. [2009]).

Publizitätspraxis zum intellectual capital

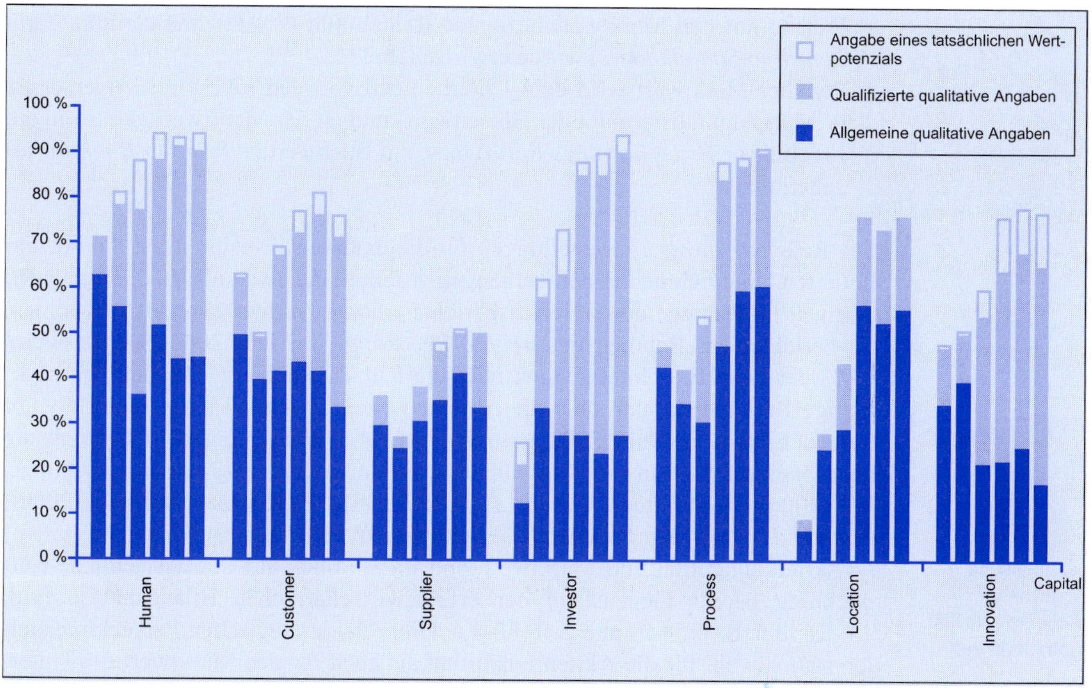

Abb. 20.4: Berichtspraxis zum intellectual capital 2000-2005 (Quelle: Schultze, W./Steeger, L./Schabert, B. [2009], S. 16)

Dabei ist je Kategorie die Zeitreihe für die Jahre 2000 bis 2005 abgebildet. Zu erkennen ist, dass die Berichtspraxis zum *intellectual capital* im Vergleich zu den Vorjahren 2000 bis 2002 angestiegen ist, aber durchaus noch verbesserungswürdig ist. Am häufigsten zu finden sind Angaben zum *human capital*. Der Investororientierung der internationalen Rechnungslegung wird die positive Entwicklung der Angaben zum *investor capital* gerecht. Hierüber wird mittlerweile am zweithäufigsten berichtet. Erfreulich ist auch die Verbesserung des Informationsumfangs nicht nur bei der Berichterstattung über Forschungs- und Entwicklungsprojekte, sondern auch in den Bereichen *location capital* und *process capital*. Hierüber berichten nun mehr als etwa drei Viertel aller betrachteten Unternehmen. Insgesamt herrschen nach wie vor qualitative Angaben vor. Quantitative Angaben sind die Ausnahme, direkte Angaben zum Wertpotenzial gibt es praktisch ausschließlich im Zusammenhang mit der Forschungstätigkeit eines Unternehmens sowie im Rahmen der investororientierten Berichterstattung über das Wertmanagement und im Bereich des *customer capital*.

C. Marktwertorientierte Analyse

Aktienrentabilität/ Marktwert

Gegenstand der marktwertorientierten Analyse sind zunächst insbesondere zwei Fragestellungen:

- Welche auf den Marktwert bezogene Rentabilität (= Aktienrentabilität, *Total Return to Shareholders*) wurde erwirtschaftet?
- Welcher Marktwert wird dem Unternehmen von den Investoren zugemessen (= Marktkapitalisierung oder Börsenwert) und ist der Marktwert gemessen am Ergebnis (= *Price Earnings Ratio*) bzw. am Buchwert (= *Price-to-Book-Ratio*) angemessen?

Die Relevanz dieser Fragestellungen für die externen Investoren hat die börsennotierten Unternehmen in den vergangenen Jahren dazu veranlasst, diesen beiden Themen im Rahmen des Geschäftsberichts erhöhte Aufmerksamkeit zu widmen. So berichten im Rahmen des *»Value Reporting«* im Jahr 2002 beispielsweise 99 % der DAX100-Unternehmen über die Kursentwicklung. Die deutlich rückläufige Berichterstattung über die Aktienrendite, die von 87 % im Jahr 1999 auf nur noch 21 % im Jahr 2002 gesunken ist, lässt sich offensichtlich durch die angespannte Situation der Kapitalmärkte zu dieser Zeit erklären (vgl. Schultze, W. [2004], S. 18; auch Pellens, B./Hillebrandt, F./Tomaszewski, C. [2000]; Fischer, T. M. [2002]; Ruhwedel, F./Schultze, W. [2002], S. 618).

Strategische Analyse von Aktienrentabilität und Marktwert

Aktienrentabilität und Marktwert sind im Hinblick auf ihre tatsächliche Entwicklung bereits Gegenstand der erfolgswirtschaftlichen Bilanzanalyse (vgl. 19. Kapitel, S. 1154 ff. und S. 1160 ff.). Unter der strategischen Perspektive stellen sich sowohl für die Aktienrentabilität als auch für den Marktwert des Unternehmens weitergehende Fragen:

- Aktienrentabilität: Welche Faktoren beeinflussen die Aktienrentabilität und welche dieser Faktoren sind auf die besonderen strategischen Fähigkeiten des Unternehmens zurückzuführen? Diese Frage wird im folgenden Abschnitt I behandelt.
- Marktwert: Welches sind die im Marktwert implizit enthaltenen strategischen Positionierungen und Wachstumserwartungen, die die externen Investoren dem Unternehmen beimessen? Diese Frage wird im nachfolgenden Abschnitt II behandelt.

I. Aktienrentabilität

Komponenten der Aktienrentabilität (TRS)

Wie im 19. Kapitel, S. 1154 ff. schon ausgeführt, wird die Aktienrentabilität am *Total Return to Shareholders* (TRS) gemessen. Für eine Periode von $t = 0$ bis $t = 1$ gilt (dabei bedeuten P = Aktienpreis, D = Dividende):

$$TRS = \frac{P_1 - P_0 + D_1}{P_0}$$

Der *Total Return to Shareholders* lässt sich in die folgenden vier Faktoren zerlegen (vgl. Coenenberg, A. G./Salfeld, R. [2007], S. 41 ff.; ferner Bruckner, K./Leithner, S./McLean, R./Taylor, C./Welch, J. F. [1999], S. 98 ff.):

1. Branchenrendite (BR)

Ohne Wettbewerbsvor- oder -nachteile ist allenfalls zu erwarten, dass sich der TRS entsprechend der Branchenrendite entwickelt. Eine erste Komponente des TRS ist folglich die Branchenrendite. Mit BP = durchschnittlicher Branchenkurs und BD = durchschnittliche Branchen-Dividendenrendite folgt:

$$BR = \left(\frac{BP_1}{BP_0}\right) \times (1 + BD) - 1$$

2. Relative Dividendenrendite (RD)

Sie entspricht dem von der branchendurchschnittlichen Dividendenrendite (BD) abweichenden Teil der Dividendenrendite (d) des Unternehmens:

$$RD = \frac{(1 + d)}{(1 + BD)} - 1$$

Hierbei wird die Dividendenrendite wie folgt definiert:

$$d = \frac{D_1}{P_1}$$

3. Kurzfristige Performance-Erwartung (KPE)

Sie kann gemessen werden an der relativen Veränderung des Ergebnisses je Aktie (EPS) im Vergleich zur branchendurchschnittlichen Veränderung des Ergebnisses je Aktie (BEPS):

$$KPE = \frac{(EPS_1 / EPS_0)}{(BEPS_1 / BEPS_0)} - 1$$

4. Langfristige Performance-Erwartung (LPE)

Sie kann durch die relative Entwicklung der *Price Earnings Ratio* (PER) des Unternehmens im Vergleich zur Branche (BPER) gemessen werden:

$$LPE = \frac{(PER_1 / PER_0)}{(BPER_1 / BPER_0)} - 1$$

Beispiel zur Zerlegung der Aktienrentabilität

Der Aktienkurs hat sich im betrachteten Zeitraum 0 bis 1 von 100 auf 140 erhöht. Das Unternehmen hat eine Dividende i. H. v. 3,5 ausgeschüttet. Der Gewinn je Aktie erhöhte sich von 5 auf 6. Der branchendurchschnittliche Kurs erhöhte sich von Index 100 auf 110, bei einer Dividendenrendite von 3 % und einer EPS-Entwicklung von 5 auf 5,5. Aus diesen Angaben lässt sich errechnen:

TRS	$= \frac{140 - 100 + 3{,}5}{100} = 43{,}5\ \%$
BR	$= \left(\frac{110}{100}\right) \times (1 + 0{,}03) - 1 = (1{,}1 \times 1{,}03) - 1 = 0{,}133 = 13{,}3\ \%$
RD	$= \frac{(1 + 0{,}025)}{(1 + 0{,}03)} - 1 = \frac{1{,}025}{1{,}03} - 1 = -0{,}005 = -0{,}5\ \%$
KPE	$= \frac{(6/5)}{(5{,}5/5)} - 1 = \left(\frac{1{,}2}{1{,}1} - 1\right) = 0{,}091 = 9{,}1\ \%$
LPE	$= \frac{\left(\frac{140}{6} / \frac{100}{5}\right)}{\left(\frac{110}{5{,}5} / \frac{100}{5}\right)} - 1 = \frac{\left(\frac{23{,}\bar{3}}{20}\right)}{\left(\frac{20}{20}\right)} - 1 = \frac{1{,}167}{1} - 1 = 0{,}167 = 16{,}7\ \%$

Interpretation

Das Beispiel lässt folgende Interpretation zu: Die Aktienrendite von über 40 % ist zu 13,3 %-Punkten auf die durchschnittliche Marktrendite (BR = 13,3 %) zurückzuführen. Dies entspricht der Normalrendite, die nicht auf besonderen Leistungen des Unternehmens beruht. In Bezug auf die Dividendenrendite hinkt die Aktienrendite dem Marktdurchschnitt um 0,5 %-Punkte (RD = -0,5 %) leicht hinterher. Ein Teil der Aktienrendite (KPE = 9,1 %) ist auf die kurzfristige Performance des Gewinns je Aktie zurückzuführen. Der größte Teil der Aktienrendite (LPE = 16,7 %) beruht auf einer in der *Price Earnings Ratio* gespiegelten langfristigen strategischen Performance-Erwartung.

Verknüpfung der Teilkomponenten

Die vier Teilkomponenten einer Aktienrendite sind multiplikativ verknüpft, sodass sich folgende Erklärungsgleichung ergibt:

$$(1 + TRS) = (1 + BR) \times (1 + RD) \times (1 + KPE) \times (1 + LPE)$$

Mit den Zahlen des Beispiels folgt:

$$1{,}435 = 1{,}133 \times 0{,}995 \times 1{,}091 \times 1{,}167$$

II. Marktwertorientierte Positionierungs- und Wachstumserwartungen

Wie schon angedeutet, lassen sich durch eine Analyse des Marktwertes die in der Bewertung reflektierten Annahmen und Erwartungen der Investoren ableiten. Die Kenntnis dieser Annahmen und Erwartungen kann für die strategische Bewertung des Unternehmens von Bedeutung sein.

1. Analyse der strategischen Positionierungserwartungen

Strategische Positionierungserwartungen

Die Einschätzung der Investoren im Hinblick auf die strategische Positionierung des Unternehmens lässt sich aus zwei Kriterien herleiten (vgl. Coenenberg, A. G./ Salfeld, R. [2007], S. 45 ff.). Das eine Kriterium ist die relative Größe, gemessen am Umsatz im Verhältnis zum branchendurchschnittlichen Umsatz. »Große« Unternehmen sind Volumenanbieter, »kleine« eher fokussierte Anbieter. Das zweite Kriterium ist die Relation Marktwert zu Umsatz, wobei der Marktwert als *enterprise value* zu bemessen ist. Auch hier wird relativ zum Branchendurchschnitt skaliert. Anhand dieser beiden Kriterien lassen sich vier Positionierungseinschätzungen unterscheiden (vgl. Abbildung 20.5).

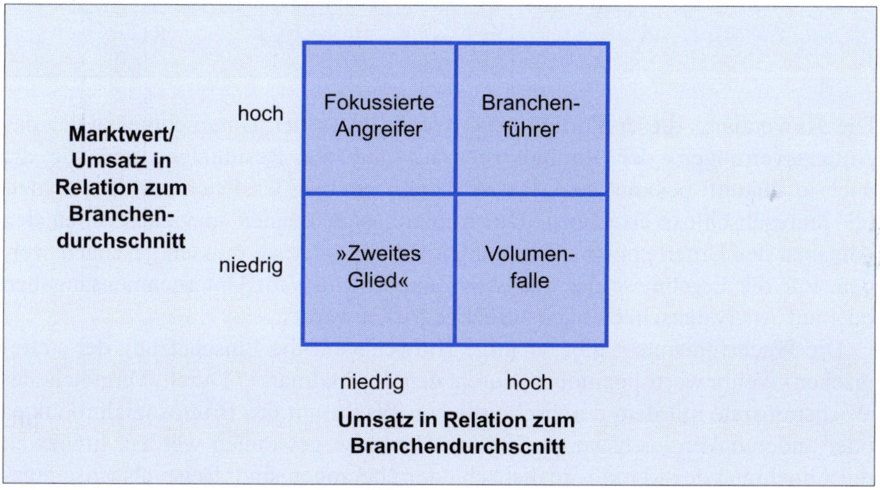

Abb. 20.5: Positionierungserwartungen

»Fokussierte Angreifer« sind auf ihr Kerngeschäft spezialisierte Unternehmen mit hohen Wachstumserwartungen. Wenn sie ihre hohe Bewertung halten wollen, müssen sie die Wachstumserwartungen erfüllen und in die Branchenführerschaft hineinwachsen. Sonst besteht die Gefahr, in das »zweite Glied« abzurutschen.

»Branchenführer« prägen ihre Industrie. Sie sind i. d. R. Umsatzriesen mit globalem Auftritt sowie zugleich hohen Wachstumserwartungen.

Unternehmen in der »Volumenfalle« sind ebenfalls Umsatzriesen, erfüllen aber – sei es mangels Innovationen, mangels Flexibilität oder aus kulturellen oder standortbedingten Gründen – nicht die anspruchsvollen Wachstumserwartungen des Kapitalmarkts. Hier stellt sich aus Sicht der strategischen Analyse die Frage, ob mit grundlegenden Änderungen zu rechnen ist.

2. Analyse der Wachstumserwartungen

Ermittlung der Wachstumsrate

Ausgangspunkt der Analyse ist wiederum die Formel für den Unternehmenswert, etwa nach der Residualgewinnmethode:

$$UW_{GK,0} = V_0 + \sum_{t=1}^{n} \frac{RG_t}{(1 + WACC)^t} + \frac{\overline{RG}}{(WACC - g)} \times \frac{1}{(1 + WACC)^n}$$

Aus dieser Gleichung lässt sich die Wachstumsrate g errechnen (vgl. zu dieser Analyse Coenenberg, A. G./Salfeld, R. [2007], S. 48 ff.; ferner Bruckner, K./Leithner, S./McLean, R./Taylor, C./Welch, J. F. [1999]):

$$g = WACC - \frac{1}{\left(UW - V_0 - \sum_{t=1}^{n} \frac{RG_t}{(1 + WACC)^t}\right) \times \frac{(1 + WACC)^n}{\overline{RG}}}$$

Die Anwendung dieser Formel setzt voraus, dass der Unternehmenswert, das Anfangsvermögen, der Kapitalkostensatz und die Residualgewinne für die nächste Zukunft bekannt sind. Das Anfangsvermögen lässt sich aus dem aktuellen Jahresabschluss errechnen. Die Kapitalkosten können in vielen Fällen den Angaben des Unternehmens entnommen werden oder sie müssen geschätzt werden. Für die Ergebnisse der nächsten Zukunft muss auf Unternehmensangaben oder auf Analystenschätzungen zurückgegriffen werden.

Interpretation

Die Wachstumsrate g gibt wichtige Hinweise auf die Einschätzung der strategischen Wettbewerbspositionen durch den Kapitalmarkt. Durch Vergleich der Wachstumsrate mit dem durchschnittlichen Wachstum des Bruttosozialproduktes oder anderen Vergleichswerten können Hinweise gewonnen werden, inwieweit die Annahmen des Marktes realistisch oder überzogen sind. Beispielsweise ergaben Berechnungen für Cisco bezogen auf das Jahr 2006 eine langfristig implizierte Wachstumsrate von 5,3 %, für Daimler/Chrysler dagegen nur von 2,2 % für das Jahr 2005 (vgl. Coenenberg, A. G./Salfeld, R. [2007], S. 49 bzw. S. 59). Im Falle Cisco deutet dies auf überzogene Wachstumserwartungen, im Falle Daimler/Chrysler eher auf unterdurchschnittliche Wachstumserwartungen hin. Für den letzteren Fall können aus Analysesicht künftig erhöhte Anstrengungen des Managements erwartet werden, um die im Wert implizierten Wachstumseinbrüche zu schließen.

Ermittlung der Überrendite

Bei der Interpretation der Ergebnisse ist zu beachten, dass ein Unternehmen auf Dauer nicht stärker wachsen kann als die Volks- bzw. Weltwirtschaft als Ganzes, sonst würde dieses irgendwann ein größeres Volumen annehmen als letztere. Daneben wird bei der Verwendung nominaler Zahlungen die Inflation zu Wachstum führen können. Der Faktor g ist damit sinnvoller Weise langfristig auf Werte um 4-6 % beschränkt. Außerdem ist obige Bewertungsformel nur für g < WACC definiert. Dies impliziert, dass die daraus abgeleitete Formel zur Ermittlung der impliziten Wachstumsrate g deshalb grundsätzlich Werte liefert, die kleiner ausfallen als die eingesetzten WACC. Mit zunehmend hohen eingesetzten Unternehmenswerten konvergiert das Ergebnis folglich gegen die Kapitalkosten. Deshalb ist es grundsätzlich sinnvoll, nicht nur nach dem unterstellten Wachstum, sondern auch nach der unterstellten Überrendite nach dem Prognosehorizont zu fragen. Die in einer Bewertung implizierte Überrendite errechnet sich aus dem impliziten Residualgewinn durch Division mit dem gebundenen Kapital. Der implizite Residualgewinn wiederum lässt sich durch Division der Bewertungsdifferenz mit dem Barwertfaktor der ewigen Rente ermitteln:

$$\overline{RG} = \frac{UW_{GK,0} - V_0 - \sum_{t=1}^{n} \frac{RG_t}{(1+WACC)^t}}{1/[(WACC-g)\times(1+WACC)^n]}$$

Beispiel

Für ein Unternehmen liegen für drei Jahre Analystenschätzungen über die Höhe der Gewinne vor. Es wird erwartet, dass das Unternehmen aufgrund von Wettbewerbsvorteilen in seiner Branche in den nächsten drei Jahren die Gewinne um 10 % p. a. steigern kann, wozu allerdings auch das gebundene Kapital in gleichem Maße wachsen muss. Bei Kapitalkosten von 15 % ergeben sich folgende Residualgewinne und Überrenditen:

	t=1	t=2	t=3
Gewinne in GE	220	242	266,20
geb. Kapital in GE	1.000	1.100	1.210
Kapitalkosten in GE	150	165	181,50
Residualgewinne in GE	70	77	84,70
Überrendite	7 %	7 %	7 %

Tab. 20.2: Beispiel zu Analystenschätzungen

Der beobachtete Börsenwert des Unternehmens betrage 2.000 GE. Der Barwert obiger Residualgewinne beträgt 174,78 GE. Das gebundene Kapital von 1.000 GE und der Barwert obiger Residualgewinne von 174,78 GE erklären 1.174,78 GE dieses Börsenwerts. Die Differenz von 2.000 - 1.174,78 = 825,22 GE muss sich durch die Residualgewinne ab der Periode 4 erklären lassen. Nach obiger Formel errechnet sich ein implizites Wachstum der Residualgewinne von 7,73 %, das nötig ist, um eine Bewertungsdifferenz von 825,22 GE zu erklären. Das Ergebnis legt nahe, dass in dieser Bewertung bereits von relativ hohen Wachstumserwartungen ausgegangen wird. Betrachtet man alternative Börsenwerte und die dadurch implizierten Wachstumsfaktoren, so wird deutlich, dass ein Wert von 1.550 GE eine Bewertung ohne Wachstum repräsentierten würde, dass andererseits aber bei höheren Unternehmenswerten die damit implizierten Wachstumsraten gegen die Kapitalkosten von 15 % konvergieren (vgl. Tabelle 20.3). Im Grenzbereich liefert obige Formel daher nur bedingt aussagekräftige Informationen.

Unternehmenswert	1.550	2.000	2.500	3.000	5.000	10.000	100.000	1.000.000
implizites Wachstum in %	0	7,73	10,36	11,59	13,35	14,28	14,94	14,99

Tab. 20.3: Implizite Wachstumserwartungen bei alternativen Börsenwerten

Ermittelt man im obigen Fall bei unterschiedlichen Börsenwerten die impliziten Überrenditen nach dem Prognosehorizont und unterstellt dabei ein (realistisches) Wachstum von z. B. g = 5 %, so ergeben sich die in Tabelle 20.4 angegebenen Werte. Sie veranschaulichen, dass die extrem überhöhten Unternehmenswerte im Wesentlichen eine überhöhte Überrendite implizieren. Die in Tabelle 20.3 ermittelten Wachstumsraten sind nur so lange sinnvoll interpretierbar, wie die Differenz aus Wachstumsfaktor und Kapitalkosten nicht sehr klein wird. Andererseits zeigt das Beispiel des Unternehmenswerts von 1.550 GE, das kein Wachstum erfordert, dass hier dennoch eine ewige Überrendite von 4,5 % unterstellt ist, was nur dann begründet ist, wenn das Unternehmen dauerhaft eine bevorzugte Marktstellung verteidigen kann.

Unternehmenswert	1.550	2.000	2.500	3.000	5.000	10.000	100.000	1.000.000
implizite Residualrendite in %	4,5	9,88	15,86	21,85	45,79	105,64	1.183,01	11.956,62

Tab. 20.4: Implizite Residualrenditeerwartungen bei alternativen Börsenwerten

D. Zukunftserfolgswertorientierte Analyse

Segmentanalyse/ Portfolioanalyse

Die zukunftserfolgswertorientierte Analyse setzt an den fundamentalen Treibergrößen des Zukunftserfolgswertes an. Diese liegen insbesondere in den Geschäftsaktivitäten begründet. Soweit das Unternehmen verschiedene Geschäftsfelder betreibt, ist die zukunftserfolgswertorientierte Analyse deshalb stets auf der Ebene einzelner Segmente durchzuführen. In der zusammenfassenden Betrachtung ist sie eine Analyse des Geschäftsportfolios im Hinblick auf die Beiträge zum Zukunftserfolgswert.

Prospektive Portfolioanalyse/ SWOT-Analyse

Einerseits geht es um eine prospektive Analyse des Geschäftsportfolios. Hier stehen die Stärken und Schwächen der Segmente (*strengths/weaknesses*) und die Chancen und Risiken (*opportunities/threats*) im Mittelpunkt der Analyse (SWOT-Analyse/Prospektive Portfolioanalyse).

Retrospektive Portfolioanalyse/ Kennzahlenanalyse

Andererseits sind die retrospektiven Ergebnisse der finanz- und erfolgswirtschaftlichen Segmentanalyse für die strategische Analyse des Geschäftsportfolios nutzbar zu machen. Auf diese Weise soll versucht werden, die qualitativen Ergebnisse der auf das Erfolgspotenzial gerichteten SWOT-Analyse mit den quantitativen Ergebnissen der auf die Finanz- und Ertragslage gerichteten Portfolioanalyse zu verbinden.

Die Zweiteilung der zukunftserfolgswertorientierten strategischen Bilanzanalyse in SWOT-Analyse und Kennzahlenanalyse spiegelt sich im Informationssystem zur Ermittlung des Zukunftserfolgswertes wider, wie es in Abbildung 20.6

dargestellt ist. Der Schwerpunkt der Analyse liegt dabei auf der Analyse der möglichen zukünftigen Wertgenerierung. Diese stellt die Grundlage für die Prognose dar, die insbesondere auf die Höhe und Dauer zukünftiger Residualgewinne abstellt (vgl. 21. Kapitel)

Die Kennzahlenanalyse greift auf die Daten des Jahresabschlusses zurück. Ergänzend kommen die Kapitalmarktinformationen sowie die finanziellen und operativen Informationen der Segmentberichterstattung hinzu. Die SWOT-Analyse beruht wesentlich auf den umweltbezogenen globalen Informationen und Brancheninformationen sowie den unternehmensbezogenen strategischen Informationen. SWOT-Analysen sind allerdings auf Basis von Geschäftsberichten bisher nur sehr begrenzt und nicht in standardisierter Form durchführbar. Die folgenden Ausführungen beschränken sich deshalb auf systematisierende Hinweise.

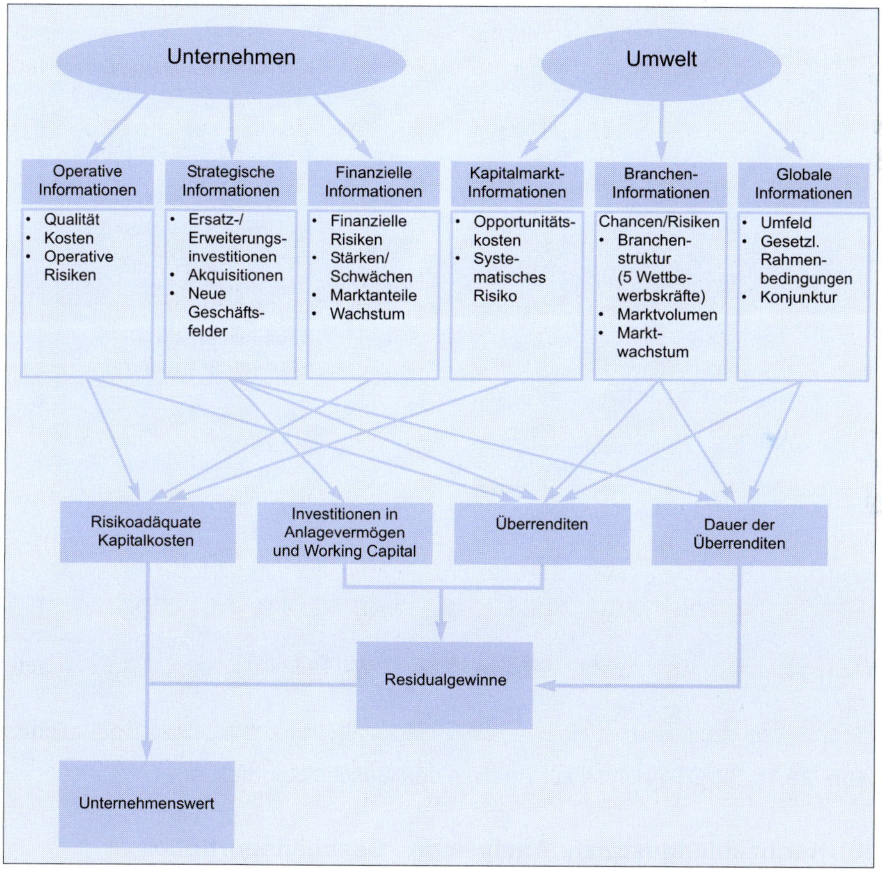

Abb. 20.6: Informationssystem zur Ermittlung des Zukunftserfolgswertes (in Anlehnung an Ruhwedel, F./Schultze, W. [2002], S. 614)

I. SWOT-Analyse zur Analyse des Geschäftsportfolios

Für die SWOT-Analyse im Rahmen der strategischen Bilanzanalyse sind die selben Fragen und Instrumentarien anzuwenden, wie sie sich im Rahmen des strate- SWOT-Analyse gischen Controlling bewährt haben. Das wird auch in den seltenen Literaturbeiträgen, die sich bisher mit strategischen Fragestellungen im Rahmen der Jahresabschlussanalyse beschäftigen, wohl so gesehen (vgl. z. B. Küting, K. [2002a]; Küting, K. [2002b]; Penman, S. H. [2012], ch. 16). Hier wird deshalb ausdrücklich auf die Literatur zum strategischen Controlling verwiesen (vgl. Baum, H.-G./ Coenenberg, A. G./Günther, T. [2007], S. 64 ff. mit weiteren Literaturverweisen). Eine checklistenartige Zusammensetzung der Vorgehensweise gibt Abbildung 20.7. Hier wird deutlich, dass die Ergebnisse der Ressourcenanalyse über die Unternehmensanalyse in die SWOT-Analyse einfließen.

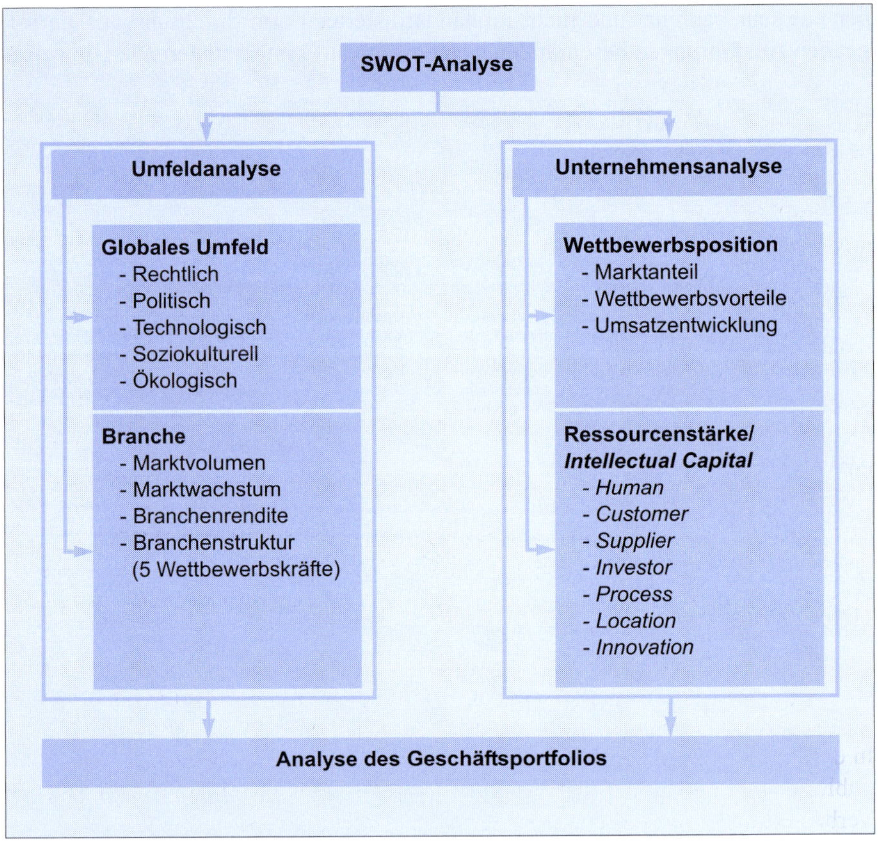

Abb. 20.7: SWOT-Analyse zur Analyse des Geschäftsportfolios

II. Kennzahlengestützte Analyse des Geschäftsportfolios

Ansätze zur Kennzahlenanalyse des Geschäftsportfolios

Unter Rückgriff auf die Angabepflichten zur Segmentberichterstattung (vgl. 13. Kapitel, S. 894 ff.) bieten sich für eine kennzahlengestützte Portfolioanalyse im Allgemeinen drei Ansätze (vgl. Coenenberg, A. G. [2002]) an:

- Analyse von Investitionspolitik und Innenfinanzierungskraft,
- Analyse der (wertorientierten) Rentabilität,
- kombinierte Rentabilitäts- und Liquiditätsanalyse.

Beispiel Siemens

Den folgenden Ausführungen soll zur Veranschaulichung als konkretes Zahlenbeispiel die Segmentberichterstattung im Geschäftsbericht 2004 von Siemens dienen. Es wird bewusst auf ein historisches und nicht aktuelles Geschäftsjahr zurückgegriffen, um deutlich zum Ausdruck zu bringen, dass es nicht um Aussagen zur aktuellen Portfoliosituation von Siemens geht, sondern nur um ein veranschaulichendes Zahlenbeispiel.

Segmentangaben

Für das operative Geschäft (OPG) enthält die Siemens-Segmentberichterstattung im Geschäftsjahr 2004 folgende Angaben:

- Auftragseingang,
- Außenumsatz,
- interner Umsatz,
- gesamter Umsatz,
- Bereichsergebnis (EBIT),
- Nettovermögen,
- Mittelzu- und -abfluss aus Geschäfts- und Investitionstätigkeit (Free Cashflow),
- Investitionen,
- Abschreibungen.

Wertbericht-erstattung

Für die Wertberichterstattung im Rahmen des Lageberichts hat Siemens seit dem Geschäftsjahr 1998 den »Geschäftswertbeitrag« (GWB) als Maßstab eingeführt. Bei diesem Konzept handelt es sich um eine dem *Economic Value Added* (EVA) vergleichbare Residualgewinngröße, bei der das Geschäftsergebnis um die Kapitalkosten bereinigt wird (vgl. 19. Kapitel, S. 1168 ff.). Geschäftsergebnis und Geschäftsvermögen orientieren sich i. S. einer Durchgängigkeit von interner und externer Transparenz eng an den Daten der externen Rechnungslegung. Das Geschäftsergebnis wird aus dem EBIT lediglich durch Korrektur um finanzbezogene Adjustments für Leasing und unechtes Factoring und nach Abzug unternehmensbezogener Ertragsteuern i. H. v. pauschal 35 % abgeleitet. Nach den Darstellungen im Konzernlagebericht 2003 und 2004 hat sich der Wertbeitrag im Geschäftsjahr 2003 von 0,6 Mrd. Euro auf 0,4 Mrd. Euro verringert, während er sich im Geschäftsjahr 2004 um 1,0 Mrd. Euro auf 1,4 Mrd. Euro verbessert hat. In der internen Steuerung werden neben diesen Verbesserungen zudem aus (nicht publizierten) Kapitalmarkterwartungen und Benchmarks abgeleitete erwartete Verbesserungen für die Leistungsbeurteilung herangezogen.

1. Portfolioanalyse von Investitionspolitik und Innenfinanzierungskraft

Wachstumsquote/ Investitionsgrad des Cashflow

Die Investitionspolitik wird anhand der Wachstumsquote, die Innenfinanzierungskraft anhand des Investitionsgrades des Cashflow (vgl. 18. Kapitel, S. 1090 ff.) gemessen. Die Ergebnisse für die Jahre 2003 und 2004 der Segmente von Siemens sind in Tabelle 20.5 zahlenmäßig festgehalten. Eine grafische Portfolioanalyse auf der Grundlage der in Tabelle 18.3 (vgl. 18. Kapitel, S. 1090 ff.) angegebenen strategieorientierten Normwerte für Wachstumsquote und Investitionsgrad ist in Abbildung 20.8 und Abbildung 20.9 wiedergegeben.

	EBITDA		Wachstumsquote		Investitionsgrad d. CF	
Segmente	**2004**	2003	**2004**	2003	**2004**	2003
ICN	**477**	81	**1,09**	0,49	**0,58**	2,70
ICM	**672**	506	**0,92**	1,06	**0,44**	0,69
SBS	**253**	268	**2,01**	0,76	**1,69**	0,72
A&D	**1.286**	1.037	**1,49**	1,22	**0,24**	0,27
I&S	**142**	11	**18,98**	0,87	**6,28**	4,09
L&A	**38**	-163	**0,86**	0,76	**0,82**	-0,26
SBT	**235**	245	**0,59**	0,57	**0,32**	0,33
PG	**1.142**	1.334	**1,18**	6,87	**0,19**	0,84
PTD	**311**	272	**3,12**	1,00	**0,73**	0,24
TS	**– 369**	349	**1,28**	1,85	**– 0,22**	0,34
SV	**956**	818	**1,31**	1,42	**0,54**	0,70
Med	**1.248**	1.345	**2,22**	1,41	**0,36**	0,24
Osram	**709**	678	**0,97**	1,04	**0,36**	0,41
OPG	**7.462**	7.057	**1,68**	1,52	**0,55**	0,60

Tab. 20.5: Wachstumsquoten und Investitionsgrade der Siemens Segmente 2003 und 2004

Interpretation

Insgesamt lassen die Werte erkennen, dass Siemens strategisch in zwei Richtungen arbeitet: einerseits wird eine Konsolidierungsstrategie verfolgt, andererseits werden profitable Wachstumssegmente gefördert. Der insgesamt leicht rückläufige Investitionsgrad des Cashflows lässt sich im Wesentlichen durch die Verbesserung des operativen Ergebnisses erklären. Darüber hinaus sind in einigen Segmenten auch z. T. deutliche Wachstumsanstrengungen zu verzeichnen. Besonders herausstechend fällt die Entwicklung der Wachstumszahlen im Bereich Industrial Solutions and Services (I&S) auf. Doch auch in die Bereiche Siemens Business Services (SBS), Power Transmission and Distribution (PTD) und Medical Solutions (Med) wurde über Vorjahresniveau investiert und Wachstum erzielt.

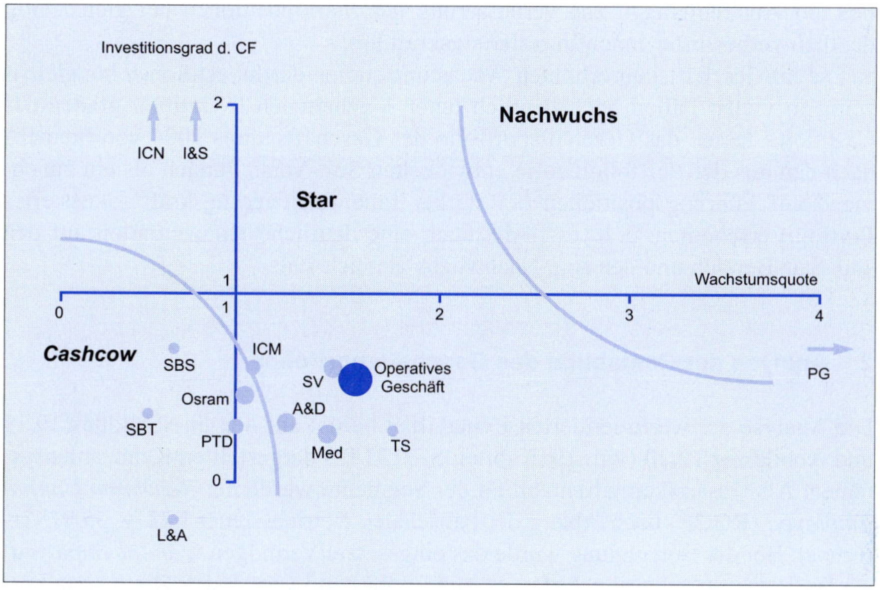

Abb. 20.8: Investitions- und Innenfinanzierungsmatrix des Geschäftsportfolios 2003

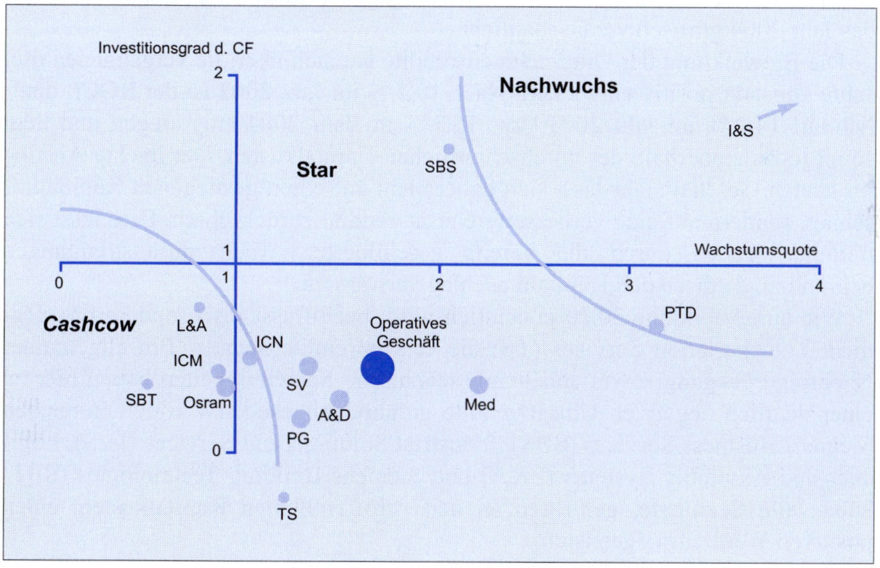

Abb. 20.9: Investitions- und Innenfinanzierungsmatrix des Geschäftsportfolios 2004

In allen genannten Fällen sind im Vergleich zum Vorjahr erhebliche Wachstumsanstrengungen zu verzeichnen. Gleichzeitig liegt der Investitionsgrad des Cashflows aber in vielen Fällen deutlich unter einem Wert von 1. Beispielsweise hat sich der Investitionsgrad im Falle Medical Solutions (Med) obgleich deutlichen Wachstums kaum erhöht. Dies deutet in vielen Teilen des Geschäftsportfolios auf Anstrengungen zur Verbesserung der Marktpositionen bei gleichzeitig deutlich verbesserter Innenfinanzierungskraft hin.

Die im Geschäftsjahr erhöhten Wachstumsquoten der Investitionen bei gleichzeitig in vielen Fällen noch deutlich unter 1 gehaltenen Investitionsgraden des Cashflows lassen das Geschäftsportfolio des Geschäftsjahres 2004 von Siemens nach den aus der Portfoliotheorie entwickelten Soll-Vorstellungen als ein zunehmend auf Führungspositionen bei starker Innenfinanzierungskraft fokussiertes Portfolio erscheinen, d. h. es findet noch eine deutliche Konzentration auf den sog. Star-Bereich und den sog. Nachwuchs-Bereich statt.

2. Analyse der Rentabiltät des Geschäftsportfolios

Wertorientierte Rentabilität

Die Analyse der wertorientierten Rentabilität beruht auf den in Abbildung 19.19 und Abbildung 19.20 (vgl. 19. Kapitel, S. 1173 ff.) dargestellten Kennzahlensystemen. Als Gesamtkapitalrentabilität der Segmente wurde der *Return on Capital Employed* (ROCE) nach Abzug der pauschalen Betriebssteuer i. H. v. 35 % verwendet. Bei der Berechnung wurde das eingesetzte Vermögen (*capital employed*) als Durchschnittswert von Anfangs- und Endbestand verwendet. Die Kapitalkosten sind den Angaben der wertorientierten Berichterstattung entnommen. Die wertorientierte Rentabilität ergibt sich aus der Differenz von ROCE und WACC. Die Ergebnisse sind in Tabelle 20.6 wiedergegeben und in Abbildung 20.10 für das Jahr 2004 grafisch veranschaulicht.

Interpretation

Die Entwicklung der Unternehmensrendite hat sich über die vergangenen drei Jahre konstant positiv entwickelt: Nach 10,2 % im Jahr 2002 ist der ROCE deutlich auf 14,2 % im Jahr 2003 bzw. 15,3 % im Jahr 2004 angestiegen und liegt somit jeweils oberhalb der durchschnittlichen Kapitalkosten. Der leichte Anstieg im letzten Geschäftsjahr lässt sich dabei nicht auf einen gestiegenen Kapitalumschlag, sondern auf eine verbesserte Umsatzrendite zurückführen. Dies lässt sich mitunter jedoch durch die bereits geschilderten Wachstumsanstrengungen begründen, da diese den Kapitalumschlag verwässern.

Wie aus Abbildung 20.10 ersichtlich wird, beeinflusst insbesondere das Segment Transportation Services (TS) die Gesamtrendite negativ. Ein allgemeiner Nachfragerückgang sowie anhaltende technische Schwierigkeiten haben hier zu einer deutlich negativen Umsatzrendite geführt. Abgesehen von den Bereichen Siemens Business Services (SBS), Industrial Solutions and Services (I&S), Logistics and Assembly Systems (L&A) und Siemens Building Technologies (SBT) haben alle Segmente, gemessen an den veröffentlichten Kapitalkosten, einen positiven Wertbeitrag geleistet.

	Kapitalumschlag		Umsatzrendite in %		ROCE (n.St.) in %		WACC in %
Segmente	**2004**	2003	**2004**	2003	**2004**	2003	**03/04**
ICN	**5,55**	9,86	**2,1**	-3,3	**11,4**	– 33,0	**10,0**
ICM	**12,65**	7,29	**2,0**	1,2	**25,8**	8,6	**10,0**
SBS	**7,46**	17,70	**0,6**	0,2	**4,1**	2,9	**10,0**
A&D	**4,53**	4,35	**7,9**	6,3	**35,9**	27,2	**9,0**
I&S	**4,28**	24,02	**1,4**	-0,7	**6,2**	– 16,0	**9,0**
L&A	**4,35**	2,96	**0,1**	-5,5	**0,2**	– 16,2	**9,0**
SBT	**3,13**	3,45	**1,7**	1,3	**5,2**	4,5	**8,0**
PG	**3,77**	4,07	**8,3**	10,9	**31,3**	44,5	**9,0**
PTD	**3,11**	4,26	**4,3**	4,0	**13,3**	16,9	**9,0**
TS	**87,96**	n.a.	**– 6,5**	3,9	**n.a.**	n.a.	**9,0**
SV	**2,54**	2,12	**4,1**	3,2	**10,3**	6,9	**9,0**
Med	**2,23**	2,37	**9,6**	9,8	**21,4**	23,2	**9,0**
Osram	**2,11**	2,01	**6,8**	6,4	**14,4**	12,8	**8,0**
OPG	**3,8**	4,0	**4,0**	3,5	**15,3**	14,2	**9,0**

Tab. 20.6: Rentabilität des Geschäftsportfolios 2003 und 2004

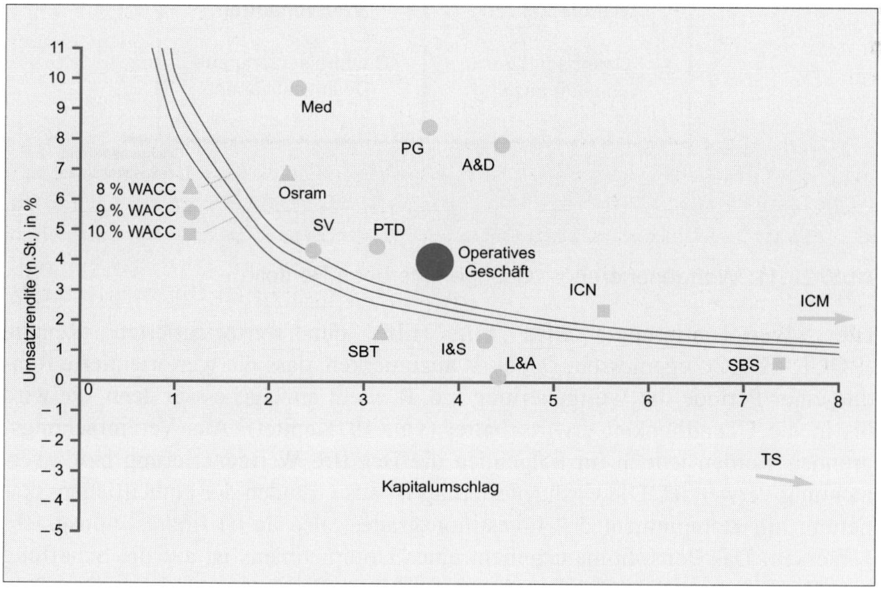

Abb. 20.10: Grafische Rentabilitätsanalyse des Geschäftsportfolios 2004

Besonders ist hier die Entwicklung im Bereich Automation and Drives (A&D) hervorzuheben. Sowohl ein verbessertes Kapazitätsmanagement als auch Umsatzzuwächse insbesondere im internationalen Geschäft konnten zu einer weiteren Steigerung der ohnehin bereits ausgezeichneten Rendite beitragen. Aufgrund eines deutlich verbesserten Kapitalumschlags, der auf einen deutlich erhöhten Umsatz im Mobiltelefonbereich zurückzuführen ist, hat sich im Bereich Information and Communication Mobile (ICM) eine deutliche Renditesteigerung ergeben.

3. Kombinierte Rentabilitäts- und Liquiditätsanalyse des Geschäftsportfolios

Wert-/Cashgenerierungs-Portfolio

Abschließend liegt es nahe, die wertorientierte Rentabilität im Zusammenhang mit der Innenfinanzierungskraft – gemessen am Investitionsgrad des Cashflows – zu betrachten. Durch unterschiedliche Kombinationen von wertorientierter Rentabilität einerseits und Investitionsgrad des Cashflows andererseits lässt sich das Portfolio in vier Klassen von Geschäften unterteilen (vgl. Abbildung 20.11).

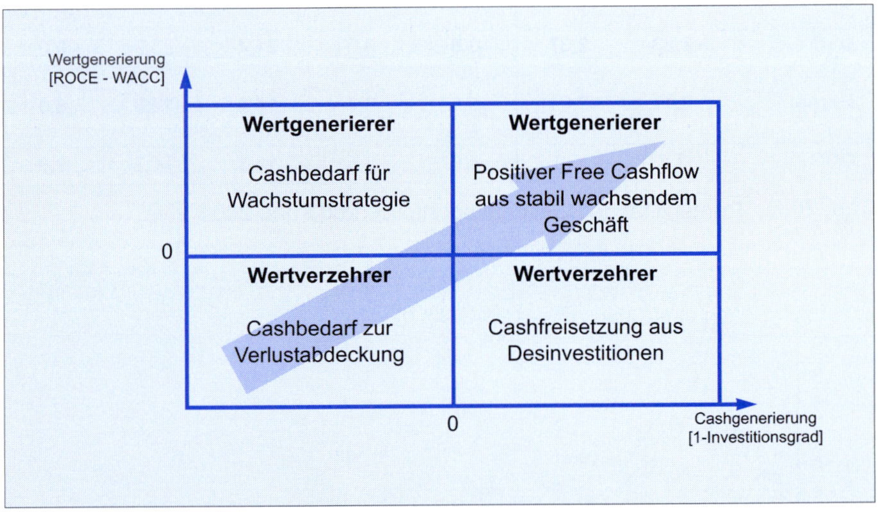

Abb. 20.11: Wertgenerierungs-/Cashgenerierungs-Portfolio

Die »Wertgenerierung« wird mit Hilfe der wertorientierten Rendite (ROCE - WACC) gemessen. Dabei ist anzumerken, dass die wertorientierte Rendite einer Periode die Wertgeneriung i. d. R. nicht anzeigt, es sei denn, sie wird bis in die Unendlichkeit erwirtschaftet (vgl. 19. Kapitel). Aus Vereinfachungsgründen werden jedoch im Folgenden die Begriffe Wertgenerierung bzw. -vernichtung verwendet. Die Cashgenerierung ist aus Gründen der einheitlichen Skalierung am Komplement des Investitionsgrades, also an »1 - Investitionsgrad«, gemessen. Das Portfoliomanagement eines Unternehmens ist auf die Schaffung von Wertgenerierern gerichtet, die aus stabilem Wachstum zugleich Cashflow generieren. Dazu bedarf es oft erheblicher Wachstumsanstrengungen, sodass auch bei wertgenerierenden Geschäften negative Free Cashflows vorkommen können. Wertverzehrer verbrauchen Free Cashflow zur Verlustabdeckung oder können im Falle ihrer Desinvestition zur Cashfreisetzung beitragen. Anhand der verfügbaren Segmentdaten lassen sich auf diese Weise die ertrags- und finanzwirtschaftlichen Ergebnisse des aktiven Portfoliomanagement des Unternehmens analysieren und hinterfragen.

Interpretation

Für das Geschäftsportfolio von Siemens ergibt sich für die Jahre 2003 bzw. 2004 das in Abbildung 20.12 und Abbildung 20.13 wiedergegebene Bild. Es bestätigt und komplettiert die bisherigen Analyseergebnisse. In der Tendenz haben sich einige Segmente aufgrund der angesprochenen Portfolio-Konsolidierungsstrategie von Wertverzehrern mit Cashfreisetzung zu Wertgenerierern entwickelt, die aus einem nunmehr wieder gesunden Wachstumsprozess heraus einen positiven Free Cashflow erwirtschaften.

Wie schon früher ausgeführt, liegt der wesentliche Cashbedarf bei den sehr starken Wachstums- und Innovationsstrategien im Bereich Industrial Solutions and Services (I&S) und Siemens Business Services (SBS). Ebenfalls auch in dieser Darstellung zu erkennen ist die bereits angesprochene erfreuliche Entwicklung des Bereichs Information and Communication Mobile (ICM), der sich im Geschäftsjahr von einem Wertverzehrer deutlich zu einem Wertgenerierer entwickelt hat. Als gewissermaßen »tragende Säulen« im Siemens Geschäftsportfolio lassen sich die Bereiche Medical Solutions (Med), Power Transmission and Distribution (PTD) sowie die Sparte Osram identifizieren, die sich über die letzten Jahre konstant als Wertgenerierer mit positivem Free Cashflow präsentieren und damit die cash- und wertverzehrenden Wachstumsstrategien in anderen Bereichen erst ermöglichen.

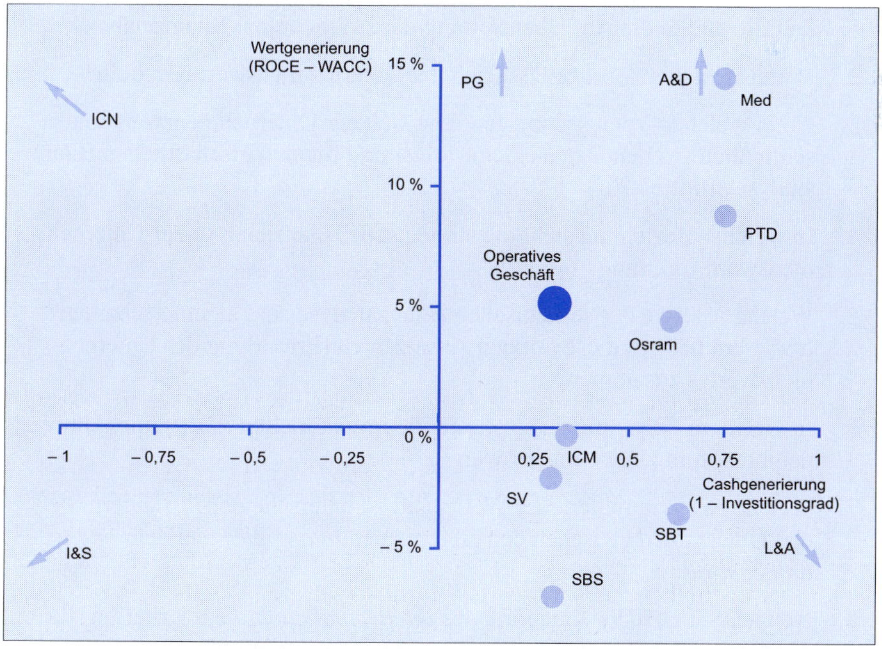

Abb. 20.12: Portfolioanalyse von Wertgenerierung und Cashgenerierung 2003

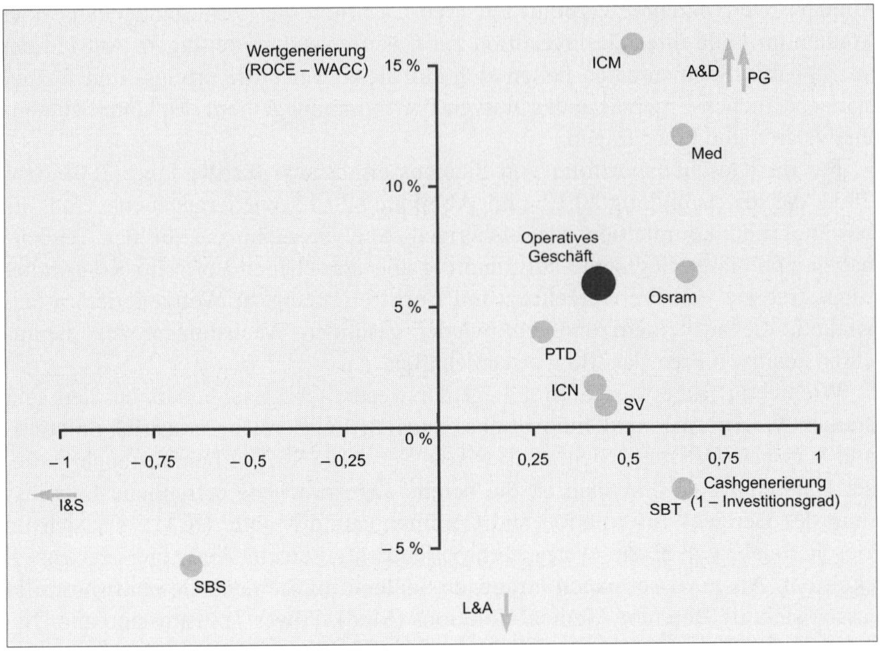

Abb. 20.13: Portfolioanalyse von Wertgenerierung und Cashgenerierung 2004

Kontrollfragen:

1. Definieren Sie die Aufgabenstellung der strategischen Bilanzanalyse!
2. Mittels welcher Ansätze lässt sich der Unternehmenswert ermitteln?
3. Unter welchen Voraussetzungen lässt sich der Unternehmenswert ausschließlich aus den Daten einer erfolgs- und finanzwirtschaftlichen Bilanzanalyse ermitteln?
4. In welcher Beziehung steht die strategische Bilanzanalyse zur Unternehmenswertermittlung?
5. Welche Ansätze der strategischen Bilanzanalyse sind zu unterscheiden? Inwiefern hängen diese mit den Ansätzen zur Ermittlung des Unternehmenswertes zusammen?
6. In welchem Zusammenhang stehen die immateriellen Werte eines Unternehmens zum Unternehmenswert?
7. Welche Arten immaterieller Werte sind zu unterscheiden? Erläutern Sie den Unterschied zwischen den allgemeinen *intangibles* und dem *intellectual capital*!
8. Nennen Sie zu jeder Kategorie des *intellectual capital* ein Kriterium für die Analyse im Rahmen der strategischen Bilanzanalyse!
9. Was versteht man unter »*value chain scoreboard*«?

10. Inwieweit besteht eine gesetzliche Verpflichtung zur Berichterstattung über das *intellectual capital*?
11. In welche Bestandteile lässt sich die Aktienrentabilität *(Total Return to Shareholders)* zerlegen?
12. Wie lassen sich die im Unternehmenswert enthaltenen langfristigen Wachstumserwartungen des Unternehmens ermitteln?
13. Die Analyse der Wachstumserwartungen hat eine langfristige, für die Zeit nach dem Planungshorizont gültige, durchschnittliche Wachstumsrate von 8 % ergeben. Interpretieren Sie diesen Wert!
14. Welches sind die Grenzen der Ermittlung und der Interpretation der langfristigen Wachstumserwartungen?
15. Wie lässt sich die in der Marktbewertung des Unternehmens implizierte langfristige Überrendite ermitteln und interpretieren?
16. Welche Bestandteile enthält die SWOT-Analyse und inwieweit lässt sich eine SWOT-Analyse im Rahmen der strategischen Bilanzanalyse durchführen?
17. Auf welche Weise lässt sich nach den Kennzahlen »Wachstumsquote« und »Investitionsgrad« das Geschäftsportfolio eines Unternehmens analysieren?
18. Wie lassen sich die wertorientierten Renditen der Geschäftseinheiten des Unternehmensportfolios ermitteln und analysieren?
19. Was versteht man unter einem Wertgenerierungs-/Cashgenerierungs-Portfolio und wie lässt sich dieses aus den bilanzanalytischen Kennzahlen herleiten und analysieren?

21. Kapitel: Prognose auf Grundlage der Bilanzanalyse

Nach der Darstellung der finanz-, erfolgswirtschaftlichen sowie strategischen Analyse wird in diesem Kapitel aufgezeigt, wie die dort gewonnenen Erkenntnisse für die Erstellung von Prognosen genutzt werden können. Viele Entscheidungen, die auf Basis der angesprochenen Formen der Analyse getroffen werden, haben einen Zukunftsbezug. Daher mündet die Analyse häufig in einer Prognose der Unternehmenszahlen. Idealerweise werden diese integrativ in aufeinander abgestimmten Plan-Bilanzen, Plan-Erfolgsrechnungen und Plan-Kapitalflussrechnungen geplant, die derselben inneren Logik wie die der Finanzbuchhaltung folgen, mit den Vorteilen der Vollständigkeit und Fehlerkontrolle, die diese bietet. Im Idealfall liegen dann vollständig integrierte Planungen über mehrere Perioden vor, die sich über Barwertkalküle zu Entscheidungswerten wie dem Kapitalwert verdichten lassen. Am Kapitalmarkt erfolgt die Entscheidungsfindung idealtypisch durch die Gegenüberstellung des Marktpreises und des »inneren Werts«, also des Barwerts der erwarteten Rückflüsse aus der Investition. Auch interne Unternehmensbewertungen für *impairment tests* und Investitionsrechnungen folgen diesem Prinzip: Der Barwert der zukünftig zu erwartenden Überschüsse wird den Investitionsausgaben oder Opportunitätskosten gegenübergestellt. Die folgenden Ausführungen gehen von dieser Anwendung der Prognose aus.

A. Zusammenhänge von Prognose und Bewertung

Nachhaltiger Gewinn

Wie die Ausführungen zu Beginn des 17. Kapitels deutlich gemacht haben, zielt die Analyse u. a. auf die Bestimmung des nachhaltigen Erfolgs ab, der die Ertragskraft des Unternehmens widerspiegeln soll und denjenigen Erfolg repräsentiert, der vermutlich auch in der Zukunft wieder erzielt werden kann. Damit beinhaltet der Begriff des nachhaltigen Gewinns bereits die Perspektive der Prognose. Er stellt eine ewige Rente dar, die sich über Diskontierung mit dem Kalkulationszins i zum Unternehmenswert verdichten lässt. In diesem Kontext und im Folgenden dieses Kapitels umfasst der Begriff »nachhaltig« lediglich die zeitliche Dimension der Langfristigkeit und nicht die sachliche Dimension der *triple bottom line* (vgl. 13. Kapitel, S. 945 ff.).

Die Zusammenhänge von Prognose und Bewertung lassen sich über das Gordon-Modell veranschaulichen (vgl. Gordon, M. J. [1959]). Bewertungsrelevant ist der Nettozahlungsstrom vom Unternehmen an die Eigner (D). Geht man von einem stetigen Wachstum g der Dividenden aus, so ergibt sich für den Zukunftserfolgswert aus Eignersicht (UW_{EK}, zur Definition und Herleitung vgl. 20. Kapitel, S. 1195 f.):

$$UW_{EK,0} = \sum_{t=1}^{\infty} \frac{D_0(1+g)^t}{(1+i)^t} = D_0 \frac{(1+g)}{i-g}$$

Unterstellt man eine konstante Einbehaltungsrate e, so hängen die Ausschüttungen mit (1 – e) vom nachhaltigen Gewinn G ab. Mit $G_1 = (1+g) \times G_0$ ergibt sich:

$$UW_{EK,0} = \frac{D_1}{i-g} = \frac{(1-e)G_1}{i-g} \text{ bzw. } \frac{UW_{EK,0}}{G_1} = \frac{1-e}{i-g}$$

Der Ausdruck (1 – e)/(i – g) lässt sich auch als Gewinn-Multiplikator interpretieren und unterstreicht die praktische Bedeutung des Multiplikator-Verfahrens. Die Gleichung macht deutlich, dass das bekannte »Kurs-Gewinn-Verhältnis« (KGV) von Einbehaltung, Wachstum und Kapitalkosten abhängt (vgl. Perridon, L./Steiner, M./Rathgeber, A. [2012]). Allerdings ist dieser Zusammenhang in zweierlei Hinsicht störanfällig. Erstens wird hierbei von einer einfachen Fortschreibung des gegenwärtigen (nachhaltigen) Erfolgs ausgegangen, zweitens ist die unterstellte Prognose sehr anfällig gegenüber Annahmen über das Wachstum. Allzu leicht wird hier ein in der Vergangenheitsanalyse gewonnener Wert in die Ewigkeit fortgeschrieben. Insofern ist es von zentraler Bedeutung, für die Prognose eine nachhaltige Wachstumsrate zu ermitteln, die dann entweder bei der Prognose der Erfolge oder bei der Ableitung eines fundamentalen Multiplikators (*»justified« multiple*) zur Anwendung kommt. In der Detailplanung der ersten Perioden des Planungshorizonts werden alle in die Bewertung eingehenden Größen für jede einzelne Periode geplant. Dabei werden sich i. d. R. die Wachstumsraten verschiedener Planungsgrößen wie Umsatz, Kosten, Gewinne, Ausschüttungen, Free Cashflows etc. unterscheiden. In der Endphase müssen diese dagegen übereinstimmen, um ein konsistentes, konstantes Wachstum zu ermöglichen (vgl. Damodaran, A. [2012], S. 324).

Nachhaltiges Wachstum

Diesbezüglich ist es hilfreich, sich die Auswirkungen des Wachstums auf den Wert zu verdeutlichen. Grundsätzlich gilt, dass sich das Wachstum der Ausschüttungen aus zusätzlichen Erfolgen ergibt, die aus Investitionen resultieren, welche wiederum durch Einbehaltungen finanziert wurden. Somit lässt sich eine Abschätzung des nachhaltigen Wachstums (*sustainable growth rate*) aus der gegenwärtigen Eigenkapitalrendite ROE und dem Einbehaltungssatz e ermitteln: $g = e \times ROE$.

Eine konstante Entwicklung kann nur insofern angenommen werden, wie sie mit den strategischen Verhältnissen harmoniert (vgl. 20. Kapitel, S. 1195 ff.). Ein konstantes Wachstum in alle Ewigkeit kann z. B. sinnvoll nicht höher liegen als das Wachstum der Weltwirtschaft, sonst würde das Unternehmen nach gewisser Zeit einen größeren Umfang als diese annehmen (vgl. Copeland, T./Weston, F. [1988], S. 554). Andererseits impliziert ein Nullwachstum (d. h. konstante Zukunftserfolge) in der Endphase bei nominalem Diskontierungssatz, dass die Unternehmensaktivitäten effektiv mit der Inflation schrumpfen. Eine Konstanz kann also nur in realen Werten angenommen werden, bzw. es muss in nominalen

Werten zumindest ein Wachstum in Höhe der zu erwartenden (überwälzbaren) Inflation unterstellt werden.

Wenn die Verzinsung der einbehaltenen Mittel genau zum Kalkulationszins i erfolgt (ROE = i), dann ist die Diskontierung von wachsenden Ausschüttungen gleichbedeutend mit der von konstanten Gewinnen:

$$UW_{EK,0} = \frac{Div_1}{i-g} = \frac{(1-e)G_1}{i-g} = \frac{(1-e)G_1}{i\left(1-\frac{g}{i}\right)} = \frac{(1-e)G_1}{i(1-e)} = \frac{G_1}{i}$$

Die Einbehaltung und Investition zu einer Rendite, die dem Diskontierungssatz entspricht, generiert Rückflüsse mit einem Barwert in Höhe der Investition, also mit einem Kapitalwert von Null. Das Wachstum der Dividenden entspricht im Barwert folglich genau der ursprünglichen Einbehaltung, also dem Betrag, um den die Ausschüttungen niedriger sind als die Gewinne. Es spielt deshalb keine Rolle, ob man den Gewinn um die Einbehaltung vermindert und später mit dem gleichen Barwert wachsen lässt, oder ob man die Einbehaltung und das resultierende Wachstum unbeachtet lässt. Dies bedeutet jedoch gleichzeitig, dass es unter keinen Umständen sinnvoll ist, die Einbehaltung zu vernachlässigen und trotzdem das Wachstum zu berücksichtigen. Die Diskontierung von Gewinnen anstelle von Ausschüttungen führt bei Thesaurierungen und Wachstum zur Doppelzählung von Einbehaltungen (vgl. Moxter, A. [1983], S. 79 f.). Dies macht deutlich, dass die Planung des Wachstums mit erheblichen Schwierigkeiten verbunden ist.

Wachstum und Wettbewerb

Ein erhöhter Umsatz, der aber weniger als die Kapitalkosten erwirtschaftet, ist kein echtes Wachstum i. S. eines wertschaffenden Wachstums (vgl. Rappaport, A. [1998], S. 62 f.). Für echtes Wachstum muss das Unternehmen einen Vorteil im Wettbewerb aufweisen. Daher ist es für die Prognose entscheidend, die Wettbewerbssituation des Unternehmens in ihrer Wirkung auf die Zukunft richtig abzubilden. Im Rahmen der Analyse werden strukturelle Zusammenhänge im Unternehmen untersucht und im Betriebsvergleich evaluiert. In der Zeitreihe werden Trends identifiziert und im Zusammenhang mit der Wettbewerbssituation des Unternehmens auf ihre Nachhaltigkeit geprüft. Die identifizierten Trends lassen sich aber nicht unbesehen in die Zukunft fortschreiben, denn Wachstum, Kostenreduktionen, Bestandsabbau etc. sind von marktlichen Bedingungen abhängig. Deshalb macht sich die moderne Planungsliteratur den Umstand zu Nutze, dass es theoretische und empirische Regelmäßigkeiten bei Performancemaßen gibt, die dabei helfen, die Plausibilität und Validität der Planung zu verbessern.

Mean reversion

Empirische Untersuchungen zeigen, dass Performancemaße wie Kapitalrenditen, Wachstumsraten und insbesondere Überrenditen die Tendenz haben, sich über einen gewissen Zeitraum dem Mittelwert anzunähern (sog. *mean reversion*) (vgl. z. B. Nissim, D./Penman, S. H. [2001]). Da Unternehmen aufgrund der auf Märkten herrschenden Wettbewerbskräfte nur unter besonderen Bedingungen dauerhaft höhere Renditen im Vergleich zu ihrer Branche erzielen können, bedeutet das, dass sich über- bzw. unterdurchschnittliche Kapitalrenditen i. d. R. langfristig dem Branchendurchschnitt angleichen. Um eine über die Kapitalkosten hinausgehende Rendite, d. h. eine Überrendite, zu erzielen, muss ein Unternehmen gegenüber seinen Wettbewerbern bevorteilt sein. Ein Kostenvorteil erlaubt es ihm, höhere Margen über geringere Kosten oder Marktanteilsgewinne über günstigere Preise zu erzielen. Ein Differenzierungsvorteil ermöglicht höhere Margen durch einen überdurchschnittlichen Preis, ebenso wie eine erhöhte Attraktivität in den Augen der Kunden und damit eine erhöhte Nachfrage. Nach dem Zeitpunkt des Erlöschens des Wettbewerbsvorteils erzielt das Unternehmen im Durchschnitt mit seinen Projekten nur noch eine branchenübliche, durchschnittliche Rendite in Höhe der Kapitalkosten. Deshalb ist für die Prognose der Zeitraum abzuschätzen, bis zu dem der Vorteil, und damit die Überrendite, durch die Wettbewerbskräfte erodiert ist. Die Länge dieses Zeitraums hängt vor allem von den Investitionszyklen sowie der Wettbewerbsintensität der Branche ab. Geht man davon aus, dass Unternehmen langfristig eine branchenübliche Rendite verdienen, dann nähert sich ihre Rendite an die Kapitalkosten an, d. h. der Residualgewinn tendiert zu Null. Abbildung 21.1 veranschaulicht dies am Beispiel von Residualgewinnen amerikanischer Unternehmen über einen Zeitraum von 1964-1999.

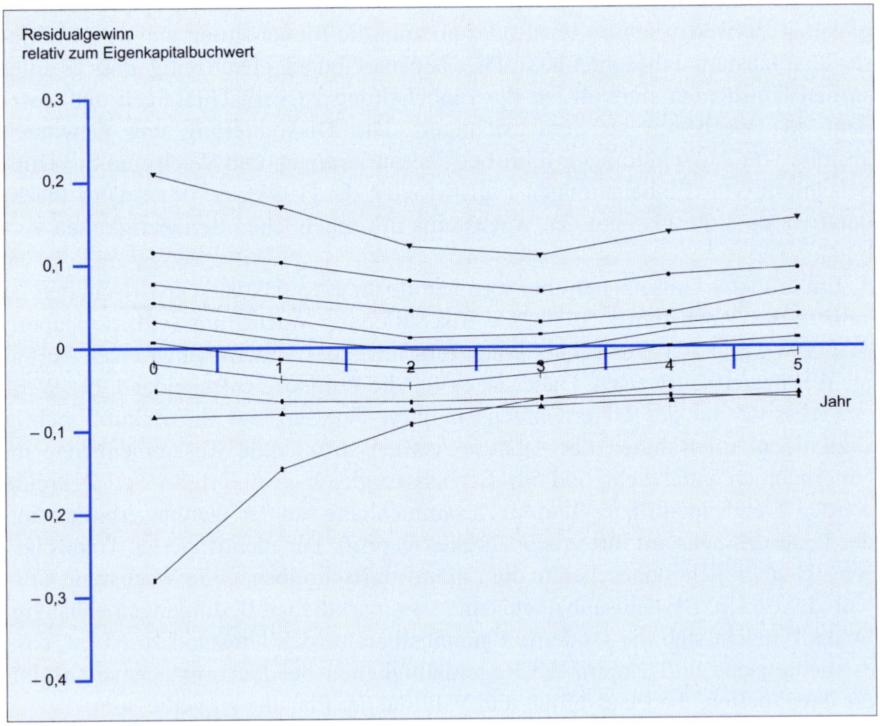

Abb. 21.1: *Mean reversion* von Überrenditen der NYSE und AMEX Unternehmen 1964-1999 (Quelle: Nissim, D./Penman, S. H. [2001], S. 140)

Nachhaltigkeit der Überrenditen

Innerhalb weniger Jahre nähern sich die Renditen an den Mittelwert an. Weitere empirische Untersuchungen haben ergeben, dass der Faktor, mit dem sich die Residualgewinne im Zeitablauf verändern (sog. Persistenz-Parameter), für den amerikanischen Kapitalmarkt im langjährigen Durchschnitt 0,62 betragen hat (vgl. Dechow, P./Hutton, A. P./Sloan, R. [1999]). D. h. im Mittel lässt ein Residualgewinn von 1 US-$ im Folgejahr einen Residualgewinn von 0,62 US-$ erwarten. Dieses Phänomen vermittelt ein Muster bzw. Benchmark, an dem sich ein Investor bei der Einschätzung der zukünftigen Performance eines Unternehmens orientieren kann. Außerdem haben empirische Untersuchungen gezeigt, dass es nur wenige Unternehmen gibt, die auf Dauer wirklich ihre Kapitalkosten erwirtschaften. Angesichts dieser Ergebnisse erscheint es bedenklich, eine Überrendite von beispielsweise 20 % in die langfristige Zukunft fortzuschreiben. Dechow, P./Hutton, A. P./Sloan, R. [1999] zeigen zudem, dass Analysten am Kapitalmarkt den Persistenz-Parameter und in der Folge auch die Unternehmenswerte zu überschätzen scheinen. Dies gibt Anlass zu der Feststellung, dass eine intensive Analyse der Persistenz, d. h. Nachhaltigkeit, der Residualgewinne im Rahmen der strategischen Analyse und in der darauf aufbauenden Prognose geboten ist.

Prognoseansätze

Eine simplistische konstante Fortschreibung der Vergangenheit wird aufgrund der obigen Zusammenhänge i. d. R. nicht zu sinnvollen Resultaten führen. Daher versuchen die verschiedenen Ansätze der Prognose, die identifizierten Einflüsse auf die Überrenditen entweder schematisch oder individuell im Prognosemodell zu berücksichtigen. Eine vereinfachte Prognose basiert direkt auf den gegenwärtigen Überschüssen und ermittelt daraus schematisch einen Prognosewert (vgl. in diesem Kapitel, Abschnitt B), während eine detaillierte Prognose zunächst über einen überschaubaren Zeitraum versucht, individuelle Prognosen abzuleiten (vgl. in diesem Kapitel, Abschnitt C). Die daraus resultierenden unterschiedlichen Werte dienen der Bewusstmachung der Wirkung der Annahmen sowie der Eingrenzung des wahrscheinlichen Bereichs zukünftiger Erfolge.

Phasenmodell der Planung

Sowohl bei vereinfachter als auch bei detaillierter Planung besteht die Notwendigkeit der Abschätzung der fernen Zukunft. Der Restwert am Ende des Detailplanungshorizonts wird i. d. R. durch eine Fortschreibung des letzten detailliert geplanten Jahres als konstante oder als wachsende ewige Rente mi Hilfe des Gordon-Modells ermittelt. Um die Verhältnisse eines Jahres fortschreiben zu können, ist es notwendig, ein »normalisiertes Jahr« zu bestimmen, das repräsentativ für die gesamte darauffolgende Zukunft stehen kann und in dem eine Art Gleichgewichtszustand erreicht sein muss, welches sich im Wesentlichen auf die zu Beginn sehr unterschiedlich verlaufenden Wachstumsraten der Plandaten bezieht. Besondere Bedeutung kommt den Investitionen und Abschreibungen zu, da ein Unternehmen auf Dauer nicht mehr abschreiben kann, als es investiert. Das für die Endphase fortgeschriebene Jahr muss daher als ein für die gesamte darauffolgende Zukunft repräsentatives Jahr geplant werden und darf deshalb nur solche Investitionen vorsehen, wie sie für die Erzielung des in der Endphase vorgesehenen Wachstums ausreichend sind. Statt des häufig verwendeten Zwei-Phasen-Modells mit der Zweiteilung in Detailplanung und ewige Rente bedarf es in Fällen mit hohen Veränderungsraten in der Detailplanungsphase tatsächlich eines Drei-Phasen-Modells, in dem die zweite Phase der allmählichen Annäherung der detailliert geplanten Zahlen an den Gleichgewichtszustand dient, in dem Investitionen und Abschreibungen gleichlaufen und sich die Überrenditen an ein dauerhaftes Niveau angeglichen haben.

Konvergente Planung

Eine solche konvergente Planung ist unabhängig vom verwendeten Bewertungsmodell, da grundsätzlich alle Modelle, bei richtiger Anwendung, zum selben Ergebnis führen. Residualgewinne haben im Planungsprozess den Vorteil, dass sie sowohl mit einem theoretischen als auch mit einem empirischen Benchmark einhergehen. Ihre Verwendung erhöht damit wesentlich die Transparenz und Plausibilität der Planung. Dies wird im Folgenden an einem Beispiel veranschaulicht.

Beispiel
Eine integrierte Planung liefern die in Tabelle 21.1 angegebenen Free Cashflows (FCF), die sich aus operativen Cashflows (OCF) und investitiven Cashflows (ICF) ergeben, deren Barwert in einer Unternehmensbewertung nach der Discounted Cashflow (DCF)-Methodik bei einem unterstellten Diskontierungssatz von 10 % zu einem Unternehmenswert von 8.815,18 GE führt.

t =	0	1	2	3	4	ab 5
OCF		500	2000	2900	2200	2200
ICF	-3000	-1200	-1200	-1200	-1200	-1200
FCF	-3000	-700	800	1700	1000	1000
Barwert bei 10 %	**8815,18**	-636,36	661,36	1277,24	683,01	6830,13

Tab. 21.1: Beispiel: Unternehmensbewertung nach der DCF-Methodik

Ursprüngliche Planung

Im Jahr 4 wird ein konstantes Niveau erreicht, das für die Zukunft fortgeschrieben wird. Aus den Cashflows ist schwer ersichtlich, ob diese Fortschreibung ökonomisch sinnvoll und begründet ist. Tabelle 21.2 gibt die Residualgewinne (RG) wieder, die sich bei einer Nutzungsdauer der Investitionen von 3 Jahren ergeben. Betrachtet man diese, so ist leicht zu erkennen, dass ab Periode 4 ein Übergewinn von 760 GE bei einem Kapitaleinsatz von 2.400 GE, also eine Überrendite von 32 % erzielt wird. Eine solche Überrendite in alle Ewigkeit fortzuschreiben scheint mehr als bedenklich.

t =	0	1	2	3	4	ab 5
Abschreibungen	0	-1000	-1400	-1800	-1200	-1200
Gewinn	0	-500	600	1100	1000	1000
Kapitalbindung	3000	3200	3000	2400	2400	2400
Kapitalkosten	0	300	320	300	240	240
RG	0	-800	280	800	760	760
Barwert bei 10 %	5815,18	-727,27	231,40	601,05	519,09	5190,90
geb. Kapital	3000,00					
Unternehmens-wert	**8815,18**					

Tab. 21.2: Beispiel: Unternehmensbewertung nach der Residualgewinn-Methodik

Konvergente Planung

Geht man dagegen davon aus, dass die strategische Analyse zum Ergebnis kommt, dass der Wettbewerbsvorteil noch weitere 5 Jahre verteidigt werden kann, dann werden ab Periode 10 nur noch die Kapitalkosten auf die dann getätigten Investitionen verdient werden können. Lässt man folglich die Rentabilität über diesen Zeitraum linear sinken, dann ergibt sich lediglich ein Unternehmenswert i. H. v. 4.879,66 GE (vgl. Tabelle 21.3). Obwohl DCF-Methodik und Residualgewinn-Methode für die Bewertung gleiche Ergebnisse liefern, ist die Planung anhand von Residualgewinnen wesentlich transparenter, weil hier der Zusammenhang von Rentabilität und Kapitalkosten deutlich erkennbar ist. Ab Periode 10 wird eine Überrendite von Null und damit ein Residualgewinn von Null erwirtschaftet. Der *terminal value* trägt damit keinen Anteil am Unternehmenswert mehr.

	1. Phase						2. Phase				3. Phase
t=	0	1	2	3	4	5	6	7	8	9	ab 10
Abschreibungen	0	-1000	-1400	-1800	-1200	-1200	-1200	-1200	-1200	-1200	-1200
Gewinn	0	-500	600	1100	1000	1000	848	696	544	392	240
Kapitalbindung	3000	3200	3000	2400	2400	2400	2400	2400	2400	2400	2400
Kapitalkosten	0	300	320	300	240	240	240	240	240	240	240
RG	0	-800	280	800	760	760	608	456	304	152	0
Barwert bei 10 %	1879,66	-727,27	231,40	601,05	519,09	471,90	343,20	234,00	141,82	64,46	0,00
geb. Kapital	3000,00										
Unternehmenswert	**4879,66**										

Tab. 21.3: Beispiel: Unternehmensbewertung nach der Residualgewinn-Methodik mit konvergierender Überrendite

Dasselbe Ergebnis ergibt sich auch auf Basis der entsprechend angepassten Free Cashflows im Rahmen der DCF-Methodik (vgl. Tabelle 21.4). Jedoch benötigt man eine residualgewinnbasierte Planung, um dieses Ergebnis abzuleiten. Die Residualgewinn-Methodik hat somit den wesentlichen Vorteil, die in der Endphase unterstellte Rentabilität deutlicher zum Ausdruck zu bringen und so die Planung transparenter zu machen. Dieser Vorteil ist als umso gewichtiger einzuschätzen, je schlechter die Datenbasis für die weiter in der Zukunft liegenden Zeiträume ist. Gerade für die externe Bewertung in der kapitalmarktorientierten Bewertung ist dies der Fall, wie von den oben erwähnten empirischen Ergebnissen bestätigt wird. Gleichwohl keinesfalls zu vernachlässigen ist dieses Problem der zunehmenden Unsicherheit späterer Zeitpunkte in der beratungsorientierten Bewertung ebenso wie in den übrigen Bewertungsfällen. Das Beispiel macht aber auch deutlich: Vor allem bei sich dynamisch verändernden Unternehmen kann es sinnvoll sein, nach dem Planungshorizont vor Einsatz der sog. ewigen Rente eine Übergangsphase einzubauen, die der Normalisierung von Rendite und Investitionen auf ein auf Dauer zu erwartendes Maß dient.

	1. Phase						2. Phase				3. Phase
t=	0	1	2	3	4	5	6	7	8	9	ab 10
OCF	0	500	2000	2900	2200	2200	2048	1896	1744	1592	1440
ICF	-3000	-1200	-1200	-1200	-1200	-1200	-1200	-1200	-1200	-1200	-1200
FCF	-3000	-700	800	1700	1000	1000	848	696	544	392	240
Barwert bei 10 %	**4879,66**	-636,36	661,16	1277,24	683,01	620,92	478,67	357,16	253,78	166,25	1017,83

Tab. 21.4: Beispiel: Unternehmensbewertung nach der DCF-Methodik mit konvergierender Überrendite

B. Vereinfachte Prognose

Zweck

Macht man sich die oben beschriebenen Zusammenhänge zunutze, dann ist es grundsätzlich sinnvoll, die zukünftigen Erfolge des Unternehmens zunächst vereinfacht auf der Grundlage systematischer Zusammenhänge zu prognostizieren. Den Ansätzen der vereinfachten Prognose ist gemein, dass sie allein auf den Informationen des Jahresabschlusses basieren und keine darüber hinausgehenden Informationen in der Prognose berücksichtigt werden (vgl. hierzu die Ausführungen zur wertorientierten strategischen Analyse im 20. Kapitel, S. 1195 ff.). In mehreren Schritten lässt sich so eine plausible Abschätzung des erwarteten Gewinns erreichen, die vor allem eine bewusste Beschäftigung mit der Wirkung unterschiedlicher Annahmen zum Wachstum und der auf Investitionen verdienten Renditen beinhaltet.

Hierzu wird im ersten Ansatz zunächst unterstellt, dass das Unternehmen zukünftig gerade seine Kapitalkosten verdient. Im zweiten Ansatz wird davon ausgegangen, dass Erweiterungsinvestitionen gerade die Kapitalkosten verdienen, während der Kapitalbestand die bisherige Profitabilität weiterhin aufweist. Im dritten Ansatz verdient der gesamte künftige Kapitalbestand die gegenwärtige Rentabilität. Die daraus abgeleiteten vereinfachten Prognosen dienen insbesondere auch der Plausibilitätskontrolle detaillierter Prognosen, die im darauffolgenden Abschnitt diskutiert werden (vgl. Penman, S. H. [2012], S. 480 ff.).

Ansatz 1

Im Ansatz 1 wird der nachhaltige Gewinn unter der vereinfachenden Annahme ermittelt, dass das Unternehmen in Zukunft nur seine Kapitalkosten verdienen wird. Bei Kapitalkosten in Höhe der WACC und einem gebundenen Kapital von V ergibt sich als Prognose für den operativen Gewinn vor Zinsen G:

$$G_1 = V_0 \times WACC$$

Der Zusammenhang zum Unternehmenswert stellt sich wie folgt dar, hier als Bruttounternehmenswert (UW_{GK}, zur Definition und Herleitung vgl. 20. Kapitel, S. 1195 f.) definiert:

$$UW_{GK,0} = V_0 + \frac{RG_1}{WACC} = V_0 + \frac{(G_1 - WACC \times V_0)}{WACC} = V_0$$

wobei RG = Residualgewinn

Das bedeutet, dass gerade die erwartete Kapitalrendite der Kapitalgeber durch das operative Geschäft in der Zukunftsperiode erzielt wird. Infolgedessen beträgt der Residualgewinn Null und der Bruttounternehmenswert (im Folgenden nur »Unternehmenswert«) entspricht demnach dem Vermögen der Ausgangsperiode, was zu einer trivialen Unternehmensbewertung führt. Dieser Ansatz ist dann unmittelbar anwendbar, wenn es sich um eine zu *fair values* bewertete Bilanz handelt. Das ist z. B. bei *financial instruments* nach IFRS der Regelfall, sodass nach IFRS bilanzierende Unternehmen mit reinen Finanzaktivitäten für diesen Ansatz geeignet wären. Dies macht auch die Bedeutung der Zielrichtung der internationalen Rechnungslegung hin zu einer vollständigen *fair value*-Bilanz deutlich. Da eine solche Bewertung aber bei nicht-finanziellen, operativen Tätigkeiten i. d. R. selten anzutreffen ist, ist dieser Ansatz dort nicht anwendbar.

Gütermärkte weisen im Unterschied zu Finanzmärkten deutlich mehr Gelegenheiten zum Erzielen von Überrenditen auf. Investitionen sind nach der Kapitalwertregel dann sinnvoll, wenn sie mindestens ihre Kapitalkosten verdienen. Im Ansatz 2 wird daher untersucht, wie sich Neuinvestitionen I_{neu} auf künftige Gewinne auswirken, wenn sie gerade ihre Kapitalkosten verdienen. Somit setzt sich der Gewinn der Prognoseperiode G_1 aus der Fortschreibung des nachhaltigen Gewinns der letzten Berichtsperiode und der Verzinsung der Neuinvestitionen (= Erweiterungsinvestitionen) zu den erwarteten Kapitalkosten zusammen: Ansatz 2

$$G_1 = G_0 + WACC \times I_{neu}$$

Damit wird die Vermögensbasis durch die Neuinvestitionen erweitert, aber weiterhin das Fehlen von Wertwachstum unterstellt. Der Residualgewinn der aktuellen Periode wird demnach für die Zukunftsperiode als konstant angesehen. D. h. es kommt zu keinem Anstieg des Goodwills i. S. des Barwerts der Residualgewinne. Die Folge ist, dass zwar der Unternehmenswert ansteigt, aber kein zusätzlicher Mehrwert für die Investoren durch die operativen Aktivitäten des betrachteten Unternehmens erzielt wird. Der Zusammenhang zum Unternehmenswert im Ansatz 2 stellt sich wie folgt dar:

$$UW_{GK,0} = V_0 + \frac{RG_1}{WACC} = V_0 + \frac{(G_1 - WACC \times V_0)}{WACC} = \frac{G_1}{WACC}$$

Folgendes Beispiel zeigt die Unterschiede und Erweiterungen zum Ansatz 1.

Beispiel

Gegeben sei folgende Bilanz und GuV zum Ende der Periode t = 0:

Bilanz t=0					
A	t=0	t=-1	P	t=0	t=-1
			Eigenkapital	5.500	5.000
Sachanlagevermögen zu fortgeführten AHK	16.500	15.000	Langfristige Finanzschulden	11.000	10.000
Betriebsnotwendiges Vermögen	16.500	15.000	Eingesetztes Kapital	16.500	15.000

GuV t=0	
Umsatzerlöse	20.000
Umsatzkosten	-13.000
davon Abschreibungen	-5.000
Sonstige Aufwendungen	-2.000
Gewinn vor Zinsen	5.000
Zinsaufwand	-1.000
Gewinn nach Zinsen	4.000

Die gewichteten Kapitalkosten (WACC) betragen 10 %.

Zunächst wird der nachhaltige Gewinn ermittelt. Dieser entspricht dem Gewinn vor Zinsen aus der Periode t = 0 i. H. v. 5.000 GE und der Verzinsung des neu investierten Kapitals i. H. v. 1.500 GE. Somit ergibt sich für G_1:

$$G_1 = 5.000 \text{ GE} + 0{,}1 \times 1.500 \text{ GE} = 5.150 \text{ GE}$$

Diese Prognose unterstellt eine Fortschreibung der bisherigen Kapitalrendite KR_0 von 5.000 GE/15.000 GE = 33,33 % auf das gebundene Kapital sowie eine Verzinsung des neuen Kapitals zu den Kapitalkosten:

$$G_1 = 0{,}33 \times 15.000 \text{ GE} + 0{,}1 \times 1.500 \text{ GE} = 5.150 \text{ GE}$$

Sodann kann der Unternehmenswert nun entweder mit dem Residualgewinn der Prognoseperiode RG_1 berechnet werden oder alternativ auf Basis des nachhaltigen Gewinns G_1:

$$UW_{GK,0} = 16.500 \text{ GE} + \frac{(5.150 \text{ GE} - 0{,}1 \times 16.500 \text{ GE})}{0{,}1} = \\ = \frac{5.150 \text{ GE}}{0{,}1} = 51.500 \text{ GE}$$

Vergleicht man den Unternehmenswert der Periode 0 mit jenem der Vorperiode t = – 1, der 15.000 GE + (5.000 GE - 0,1 x 15.000 GE)/0,1 = 50.000 GE beträgt, ergibt sich eine Wertdifferenz von 1.500 GE. Diese entspricht genau dem Vermögenszuwachs durch die Erweiterungsinvestitionen. Da diese Investition auch finanziert werden musste, was entweder durch Einbehaltung oder Einlage geschehen kann, hat sich das Vermögen der Investoren durch diese Investition nicht verändert, der Unternehmenswertsteigerung steht eine geringere Ausschüttung oder Einlage in gleicher Höhe gegenüber, die Wertschaffung beträgt Null.

Der Wert ergibt sich auch durch Multiplikation des Gewinns mit dem fundamentalen Kurs-Gewinn-Verhältnis (KGV), das hier gerade den Kehrwert der Kapitalkosten beträgt, d. h. 1/0,1 = 10.

Ansatz 3

Im nächsten Schritt integriert der dritte Ansatz »echtes« Wachstum in die Prognose, d. h. Investitionen mit einem positivem Kapitalwert. Während bei Ansatz 2 nur die erzielte Kapitalrendite des Anfangsvermögens in die Zukunft fortgeschrieben wird, geht nun dieser Ansatz einen Schritt weiter, indem von einer Fortschreibung der erzielten Kapitalrendite für jeglichen Vermögenszuwachs ausgegangen wird. Dies erfolgt, indem die erzielte Kapitalrendite der letzten Berichtsperiode (bezogen auf die Vermögensbasis der Vorperiode) in die Zukunft fortgeschrieben wird und somit der Residualgewinn für die Prognose berechnet wird:

$$RG_1 = (KR_0 - WACC) \times V_0 \quad \text{wobei} \quad KR_0 = \text{Kapitalrendite mit } \frac{G_0}{V_{-1}}$$

Der nachhaltige Gewinn G_1 berechnet sich wie folgt:

$$G_1 = KR_0 \times V_0$$

Dabei wird davon ausgegangen, dass die Kapitalrendite der vorangegangenen Berichtsperiode nachhaltig ist und deshalb der Kapitalrendite der Zukunftsperiode entspricht. Der Zusammenhang zum Unternehmenswert stellt sich im dritten Ansatz folgendermaßen dar:

$$UW_{GK,0} = V_0 + \frac{RG_1}{WACC} = V_0 + \frac{(G_1 - WACC \times V_0)}{WACC} = \\ = V_0 + \frac{(KR_0 - WACC) \times V_0}{WACC}$$

Abschließend lässt sich weitergehendes Wachstum in das Modell integrieren, indem man von einem konstanten Kapitalumschlag (KU) ausgeht. Aufgrund der Konstanz der Kapitalrendite wird das Wachstum der Residualgewinne durch die Veränderung der Vermögensbasis determiniert.

Grundsätzlich gilt:

$$V_0 = \text{Umsatz} \times \frac{V_0}{\text{Umsatz}} = \frac{\text{Umsatz}}{KU}$$

Bei konstantem Kapitalumschlag gilt:

$$\Delta V = \frac{\Delta \text{Umsatz}}{KU}$$

Daraus ergibt sich bei einem unterstellten Gleichlauf von Vermögens- und Umsatzwachstum:

$$g = \frac{\Delta V}{V}$$

Der daraus resultierende Wert ist für eine mögliche dauerhafte Fortschreibung auf Plausibilität zu prüfen. Der Zusammenhang zum Unternehmenswert lautet:

$$UW_{GK,0} = V_0 + \frac{(KR_0 - WACC) \times V_0}{WACC - g} = V_0 \times \frac{KR_0 - g}{WACC - g}$$

Der zweite Teil der Formel zeigt den sog. (*enterprise-*) *Price-to-Book*-Multiplikator an, der sich auf diese Weise rechnerisch aus Fundamentaldaten ableiten lässt. Der Vorteil dieser Vorgehensweise besteht in der bewussten Gegenüberstellung von Wachstum und Überrendite. Aufschluss über deren Höhe liefert eine Analyse der Wachstumserwartungen (vgl. 20. Kapitel, S. 1209 ff.)

Folgendes Beispiel veranschaulicht die Vorgehensweise des Ansatzes 3:

Beispiel

Die Ausgangsdaten sind identisch zum Beispiel des Ansatzes 2.

Zunächst wird die Kapitalrendite der Berichtsperiode berechnet. Diese beträgt KR_0 = 5.000/15.000 = 33,33 %. Daraus ergibt sich für den nachhaltigen Gewinn vor Zinsen G_1 = 33,33 % × 16.500 GE = 5.500 GE. Der Residualgewinn beträgt damit 5.500 GE - 0,1 x 16.500 GE = 3.850 GE. Somit lässt sich der Unternehmenswert wie folgt berechnen:

$$UW_{GK,0} = 16.500\text{ GE} + \frac{(5.500\text{ GE} - 0{,}1 \times 16.500\text{ GE})}{0{,}1}$$

$$= 16.500\text{ GE} + 38.500\text{ GE} = 55.000\text{ GE}$$

Vergleicht man diesen Wert mit dem der Vorperiode i. H. v. 50.000 GE, so erklärt sich die Wertdifferenz von 55.000 GE – 50.000 GE = 5.000 GE zum einen durch den Vermögenszuwachs i. H. v. 1.500 GE und zum anderen durch den Anstieg des Goodwills um 3.500 GE. Im Vergleich zu Ansatz 2 erhöht sich der Wert um 3.500 GE, was sich aus der Verzinsung der Neuinvestitionen erklärt, die nun ebenfalls die Kapitalrendite von 33,33 % erzielen.

Abschließend kann noch eine Wachstumsannahme für die Folgeperioden getroffen werden. Das Wachstum der Basisperiode beträgt hier 1.500/15.000 = 10 %. Ob dieses nachhaltig möglich ist, ist zweifelhaft. Geht man z. B. von einen zukünftigen Umsatz- bzw. Kapitalwachstum von 3 % aus, so erhöht sich der Unternehmenswert nochmals entsprechend der obigen Wachstumsformel gegenüber dem Fall ohne Wachstum:

$$UW_{GK,0} = 16.500\text{ GE} \times \frac{(0,\overline{33} - 0,03)}{(0{,}1 - 0{,}03)} = 16.500\text{ GE} \times 4,\overline{33} = 71.500\text{ GE}$$

Erweiterung um Konvergenz

Zusätzlich kann der Ansatz um eine Konvergenz der Überrenditen erweitert werden. Statt eine einfache konstante Fortschreibung der aktuellen Profitabilität zu unterstellen, lässt sich die Überrendite auf Basis der vergangenen Persistenz ω fortschreiben.

$$RG_1 = RG_0 \times \omega = (KR_0 - WACC) \times \omega \times V_0$$

Für den Unternehmenswert ergibt sich:

$$UW_{GK,0} = V_0 + \frac{(KR_0 - WACC) \times \omega \times V_0}{WACC - g} =$$
$$= V_0 \times \frac{(1-\omega) \times WACC + \omega \times KR_0 - g}{WACC - g}$$

Dieser um die Nachhaltigkeit der Überrenditen erweiterte Ausdruck zeigt deutlich den Einfluss der Konvergenz.

Beispiel

Geht man in obigem Beispiel von einer Persistenz von 0,7 aus, so ergibt sich ein erwarteter Residualgewinn von:

$$RG_1 = (0,\overline{33} - 0,1) \times 0,7 \times 16.500 \text{ GE} = 2.695 \text{ GE}$$

Ohne Wachstum resultiert ein Unternehmenswert von:

$$UW_{GK,0} = 16.500 \text{ GE} + \frac{2.695 \text{ GE}}{0,1} = 43.450 \text{ GE}$$

Mit einem zusätzlichen Wachstum von 3 % ergibt sich:

$$UW_{GK,0} = 16.500 \text{ GE} + \frac{2.695 \text{ GE}}{0,1 - 0,03} =$$
$$= 16.500 \text{ GE} \times \frac{0,3 \times 0,1 + 0,7 \times 0,\overline{33} - 0,03}{0,1 - 0,03} =$$
$$= 16.500 \text{ GE} \times 3,\overline{33} = 55.000 \text{ GE}$$

Der resultierende Wert von 55.000 GE entspricht gerade dem Resultat von oben ohne Wachstum. Dies macht deutlich, dass sich bei einer erwarteten Reduktion der Wettbewerbsvorteile von ca. 30 % und einem nominalen jährlichen Wachstum von 3 % der Kapitalbasis die beiden gegenläufigen Effekte gerade aufheben. Dies verdeutlicht, dass eine Prognose auf der Grundlage des Ansatzes 3 ohne Wachstum und Konvergenz gerade von einer solchen Aufhebung ausgeht, was angesichts der empirischen Evidenz in vielen Fällen eine konservativ sinnvolle Basisannahme darstellen dürfte.

Geht man jedoch davon aus, dass die Residualgewinne nicht konstant auf einem im Vorfeld festgelegten, nachhaltigen Niveau verharren, sondern mit einer jährlichen Rate abschmelzen (vgl. Ausführungen zu *mean reversion*, in diesem Kapitel, S. 1227 ff.), ist die Bewertung wie folgt zu modifizieren.

Für den Residualgewinn der nächsten Periode ergibt sich:

$$\begin{aligned} RG_1 &= RG_0 \times \omega \times (1+g) = \\ &= (KR_0 - WACC) \times V_{-1} \times \omega \times (1+g) = \\ &= \omega \times (KR_0 - WACC) \times (1+g) \times V_{-1} \end{aligned}$$

Es sind hier zwei Effekte beobachtbar: Zum einen schmelzen aktuelle Residualgewinne mit einer Rate ω ab, zum anderen wächst das Vermögen und damit zukünftige Residualgewinne um g.

Unter der Annahme, dass sich zukünftige Residualgewinne bis in die Ewigkeit entsprechend obiger Formel entwickeln, erhält man eine geometrische Reihe, die, eingesetzt in das Residualgewinnmodell (vgl. 20. Kapitel, S. 1197), folgende Vereinfachung der Bewertungsformel erlaubt:

$$UW_{GK,0} = V_0 + RG_0 \times \left(\frac{\omega \times (1+g)}{1 + WACC - \omega \times (1+g)}\right)$$

Beispiel

Für obiges Beispiel ergäbe sich folgender Unternehmenswert:

$$UW_{GK,0} = 16.500\ GE + 3.500\ GE \times \left(\frac{0,7 \times (1+0,03)}{1+0,1-0,7 \times (1+0,03)}\right) =$$
$$= 23.158{,}31\ GE$$

Dies zeigt deutlich den starken Einfluss abschmelzender Residualgewinne (trotz Vermögenswachstum) auf den Unternehmenswert. Gelingt es dem Unternehmen folglich nicht, neue Wettbewerbsvorteile und damit Übergewinne zu generieren, würde dies im obigen Beispiel zu mehr als einer Halbierung des Unternehmenswertes führen.

Analyse von Konvergenzprozessen

Die Dauer und Widerstandsfähigkeit von marktlichen Konvergenzprozessen von Überrenditen wurde in den letzten Jahrzehnten in zahlreichen empirischen Studien untersucht. Als Ergebnis kann festgehalten werden, dass die Widerstandsfähigkeit von Konvergenzprozessen von verschiedenen Variablen beeinflusst werden (vgl. Weiler, A. [2005], S. 154 ff.). Diese sog. strategischen Situationsvariablen lassen sich grundsätzlich zwei Erklärungsansätzen zuordnen: einerseits dem industrieökonomischen Ansatz, der branchenbedingte Faktoren aufgreift, und andererseits dem ressourcenorientierten Ansatz, der firmenspezifische Faktoren beschreibt (vgl. Henselmann, K./Weiler, A. [2007], S. 356; vgl. auch die Ausführungen zur SWOT-Analyse im 20. Kapitel, S. 1213 ff.). Tabelle 21.5 stellt die möglichen strategischen Situationsvariablen und deren Wirkungsrichtung sowie -intensität auf Konvergenzprozesse dar.

	Strategischer Einflussfaktor	Wirkungs-richtung	Wirkungsintensität
Industrie-ökonomischer Ansatz	Marktanteil	+	Hoch
	Markteintrittsbarrieren	+	Mittel
	Verhandlungsmacht der Abnehmer	-	Mittel
	Konzentrationsgrad der Industrie	+	Gering
Ressourcen-orientierter Ansatz	Immaterielle Ressourcen	+	Mittel
	Fokussierung	+	Mittel
	Exportquote	-	Mittel
	Marketingintensität	+	Mittel
	Unternehmensalter	-	Gering
	Vertikale Integration	+	Gering

Tab. 21.5: Einflussfaktoren auf Konvergenzprozesse (vgl. Weiler, A. [2005])

Die Widerstandsfähigkeit von Konvergenzprozessen ist abhängig von verschiedenen strategischen Situationsvariablen, deren Wirkungsrichtung und -intensität aber dennoch nicht auf jedes Unternehmen übertragbar sind und deren Gewichtung für jedes Unternehmen spezifisch festgelegt werden muss. Henselmann, K./ Weiler, A. [2007] schlagen z. B. vor, mittels eines Scoring-Modells diese Widerstandsfähigkeit zu quantifizieren.

Die Wirkungsrichtung ändert sich symmetrisch bei der Betrachtung der langfristigen Rentabilität eines Unternehmens. Die Stufen der Wirkungsintensität sind in Abhängigkeit der empirischen Ergebnisse eingestuft. Dabei bedeutet »hoch«, wenn mehrmals signifikante Zusammenhänge in unterschiedlichen Studien auftreten und eine theoretische Begründung hierfür vertretbar ist (vgl. Weiler, A. [2005], S. 186).

Vergleich der Ansätze

Bezogen auf die obigen drei Ansätze lässt sich festhalten, dass Ansatz 1 i. d. R. nicht unmittelbar anwendbar, aber als Basis für die Prognose informativ ist. Ansatz 2 dagegen ist für solche Unternehmen mit durchschnittlichen Kapitalrenditen ohne Wachstumsraten und ohne Verlust anwendbar. Ansatz 3 eignet sich für die Prognose jener Unternehmen mit durchschnittlichen Wachstumsraten beim Vermögen bzw. Umsatz und mit konstanten Gewinnmargen bzw. Kapitalumschlägen.

Zusammenfassend kann man feststellen, dass die vereinfachte Prognose sich durch relativ leichte Anwendbarkeit auszeichnet, indem sie auf verlässlichen Informationen beruht und weitgehend von Spekulationen über die Zukunft abstrahiert. Bei diesem Ansatz wird der Prognoseaspekt des sicheren Wissens (Gegenwart) im Gegensatz zum unsicheren Wissen (Zukunft) betont. Dagegen sind dieser Vorgehensweise Grenzen gesetzt, da hierbei die Gegenwart ohne größere Veränderungen in die Zukunft fortgeschrieben wird. In volatilen Branchen, z. B. Technologie- oder Computerbranche, erscheint dies unpassend, denn deren Geschäft ist durch ständige Umwälzungen gekennzeichnet. Somit kann dieser Ansatz insbesondere bei sog. *steady state*-Unternehmen und im Rahmen einer Analyse der Wachstums- und Renditeerwartungen sinnvoll Anwendung finden. Darüber hinaus ist er als Startpunkt für eine tiefergehende Prognose und Bewertung eines Unternehmens sinnvoll, um sich die Auswirkungen abweichender Annahmen zu verdeutlichen.

C. Umfassende Prognose

Während die einfache Prognose auf der Auswertung und Analyse des jüngsten Jahresabschlusses basiert, wird im Folgenden die Prognose um sämtliche verfügbaren Informationen über die Wertreihe erweitert. Die umfassende Prognose hat zum Ziel, nicht nur Trends der unmittelbar in der Finanzberichterstattung enthaltenen Informationen, sondern alle verfügbaren Informationselemente miteinander zu verknüpfen. Dabei ist anzumerken, dass man bei einer externen Analyse oftmals auf Schwierigkeiten bei der Datenbeschaffung und -verfügbarkeit stößt und auf unternehmensinterne Informationen angewiesen ist.

Ausgangspunkt: Strategische Analyse

Ausgangspunkt bei der Prognose der zukünftigen Residualgewinne ist eine, über die finanzielle Berichterstattung hinausgehende Analyse des Unternehmens und seiner Umwelt. Hierbei werden im Rahmen einer SWOT-Analyse nicht nur die Stärken und Schwächen des Unternehmens evaluiert, sondern auch die Chancen und Risiken des Unternehmensumfelds (vgl. 20. Kapitel, Abschnitt D). Hierzu bedient man sich eines umfangreichen Informationssystems, das auf dem *shareholder value*-Konzept basiert und die Planung der Zukunftserfolge durch eine *outside*- und *inside*-Analyse des Unternehmens unterstützt. Alle dabei identifizierten Faktoren beeinflussen nicht nur die Höhe, sondern auch die Dauer der erzielbaren Überrenditen. Auf Unternehmensebene haben Ersatz- und Erweiterungsinvestitionen einen direkten Zusammenhang mit dem gebundenen Kapital, aber auch mit der Überrendite eines Unternehmens. Die Risiken beeinflussen die zukünftigen Kapitalkosten des Unternehmens. Auf Basis des gebundenen Kapitals und der mit risikoadäquaten Kapitalkosten diskontierten Residualgewinne lässt sich der Unternehmenswert ermitteln. Diese Analyse ist jedoch gewöhnlich nur für die Detailplanungsperiode durchführbar. Für die weitere Fortschreibung wird dann auf eine konstante Fortschreibung der Daten ähnlich den Verfahren der vereinfachten Prognose übergegangen.

Mittels der Unternehmensanalyse sollen Rückschlüsse auf die zukünftigen Stärken und Schwächen des Unternehmens gezogen werden. Die Gewinnung finanzieller Informationen, wie z. B. die Höhe des Bonitätsrisikos, strategischer Informationen, wie z. B. Marktanteile oder geplante Akquisitionen, und operativer Informationen, wie z. B. die Zusammensetzung der Aufwandsstrukturen, stehen im Vordergrund. Aus diesen Informationen lassen sich wiederum Konsequenzen für die Kapitalkosten, Investitionen in das betriebsnotwendige Kapital, Umsatz und Wachstum sowie dessen Dauer ableiten.

Neben den internen Faktoren bedingen auch Umwelteinflüsse die zukünftigen Erfolge eines Unternehmens. Deshalb werden im Rahmen einer Chancen-/Risiken-Analyse globale, branchenbezogene und kapitalmarktrelevante Informationen ermittelt. Während letztere wesentlich sind für die Abschätzung risikoadäquater Kapitalkosten, beeinflussen Branchenfaktoren und konjunkturelle Umstände das Umsatzwachstum, Gewinnmargen und die Investitionsmöglichkeiten eines Unternehmens. So wird die Dauer des Wertwachstums insbesondere durch die Wettbewerbsintensität bedingt. Insgesamt stellt hierbei die Verknüpfung operativer, quantitativer Fakten mit strategischen, meist nur qualitativen Informationen im Bewertungsmodell die größte Herausforderung dar (vgl. Schultze, W. [2003], S. 236 f.).

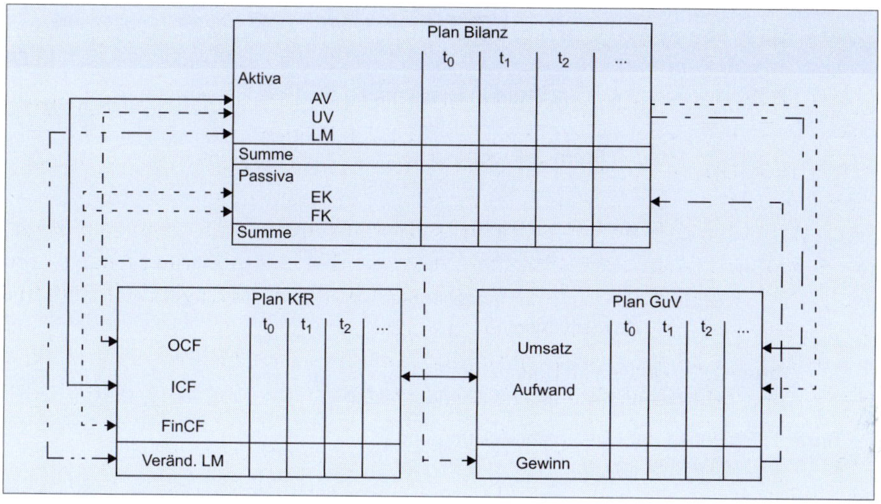

Abb. 21.2: Integrative Planung

Integrative Planung

Im Rahmen der Unternehmensanalyse ist für die umfassende Prognose wichtig, alle drei Teilsysteme der Berichterstattung und deren Querverbindungen zu berücksichtigen (vgl. Abbildung 21.2). Sämtliche Informationen, die auf Basis der vorangegangenen Jahresabschlussanalyse gewonnen wurden, fließen in die Prognose ein. Hierfür werden Plan-Bilanzen, Plan-Gewinn- und Verlustrechnungen (GuV) sowie Plan-Kapitalflussrechnungen (KFR) für den expliziten Prognosezeitraum aufgestellt. Eine Planung erfolgt sinnvoll integrativ, d. h. die Liquiditäts-, Erfolgs- und Bestandsplanung ist ineinander verzahnt. So erfordert beispielsweise ein geplantes Absatzwachstum entsprechende Kapazitätserweiterungen mit korrespondierenden Investitions- und Zahlungserfordernissen. Dies hat wiederum Auswirkungen auf Anlagevermögen und Abschreibungen sowie die Finanzierung. In der Praxis findet man aber häufig rein ergebnisorientierte Planungen mit einer derivativen Ableitung des operativen Cashflow, selten dagegen eine vollständige bis zur Veränderung der liquiden Mittel durchgerechneten Plan-Kapitalflussrechnung, verknüpft mit Bilanz und GuV. Häufig werden daher die Erfolgs- und Liquiditätskonsequenzen von Bestandsveränderungen nur unzureichend berücksichtigt. Dies kann zu erheblichen Planungsfehlern führen.

Überblick

Die Prognose der zukünftigen Residualgewinne erfolgt in sieben Schritten, wie Abbildung 21.3 verdeutlicht. Aufbauend auf den prognostizierten Umsatzdaten, daraus abgeleiteten Margen und dem gebundenen Investitionskapital werden die finanziellen Überschüsse bestimmt. Anschließend erfolgt eine Diskontierung mit den entsprechenden, risikoadäquaten Kapitalkosten, um die letztendliche Zielgröße, den Unternehmenswert, zu berechnen.

Stufe 1

Im ersten Schritt der Prognose erfolgt eine Ableitung des zukünftigen Geschäftsvolumens. Dabei stehen die branchenbezogenen Werttreiber im Vordergrund, um die Umsatzentwicklung und das zukünftige Wachstum zu schätzen.

Der Umsatz ist bei den meisten Branchen der Schlüsselwerttreiber für ein Unternehmen.

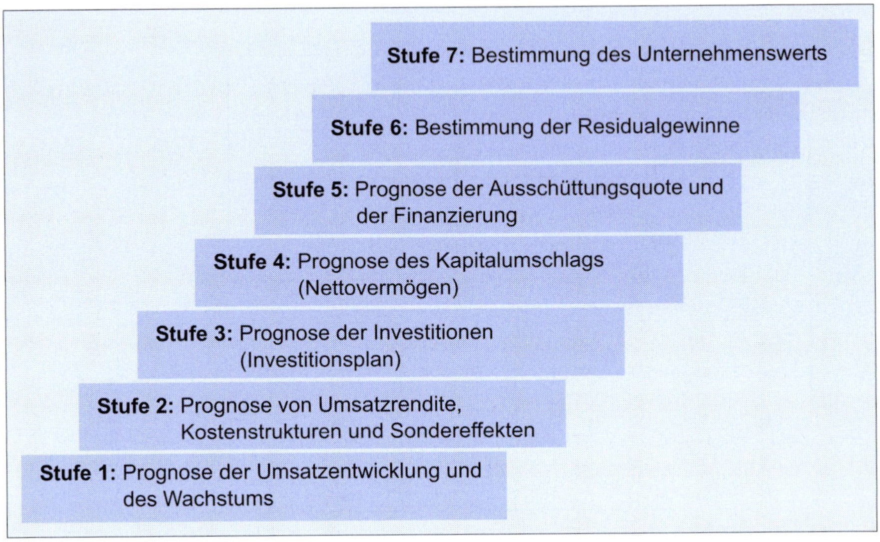

Abb. 21.3: Stufenmodell der Prognose

Die Umsatzprognose basiert weitgehend auf den Erkenntnissen der strategischen Analyse. Die aus der vorangegangenen strategischen Analyse gewonnenen Informationen, wie das zukünftige Branchenwachstum oder die Marktposition, fließen in die Prognose der Umsatzentwicklung und des Wachstums ein. Der Umsatz ergibt sich aus Multiplikation von Absatz und Preis. Produktbezogene Absatz- und Preisschätzungen ergeben zusammen eine Umsatzprognose für das Unternehmen. Als Einflussfaktoren für den Absatz werden der Produktlebenszyklus, die Einführung neuer Produkte, Anzahl der Wettbewerber, das Marktwachstum und das Marktvolumen angesehen. Befindet sich z. B. ein Produkt im Übergang von der Reifephase zur Sättigungsphase, so ist eine Abnahme des Absatzes anzunehmen. Der Preis von Produkten wird hauptsächlich von der Nachfrageelastizität der Kunden, der Produktdiversifizierung, der Qualität und der Wettbewerbsintensität determiniert. So ist bei einer geringen Preissensitivität der Kunden, verbunden mit einer hohen Qualität der Produkte, die Möglichkeit der Durchsetzung von höheren Preisen am Markt wahrscheinlich. Darüber hinaus sind bei international expandierenden Unternehmen länderspezifische Faktoren wie Konsumgewohnheiten, Marktstellung und Markterfahrung mit zu berücksichtigen. Bezüglich der Prognose des Umsatzwachstums ist insbesondere das Marktwachstum, aber auch das generelle Wachstum in der Volkswirtschaft eines Landes zu berücksichtigen. So wird ein Wachstum von 5 % in einem gesättigten Markt nicht vertretbar sein im Gegensatz zu einem wachsenden Markt in einer aufstrebenden Volkswirtschaft, wie z. B. China oder Indien.

Stufe 2

Im zweiten Schritt erfolgt die Prognose der Aufwandsstrukturen und der damit verbundenen Umsatzrendite. Hierbei ist wesentlich, nach welcher Art die Zusammensetzung des Betriebsergebnisses veröffentlicht wird. Das Umsatzkostenverfahren hat dabei den Vorzug einer aktivitätsorientierten Denkweise, während das

Gesamtkostenverfahren einer kostenartenorientierten Denkweise folgt. Für eine umfassende Prognose ist es empfehlenswert, nach beiden Arten die Plan-GuV aufzustellen. Für jede Aufwandsstruktur wird explizit auf Basis der vergangenen Aufwandsquoten und den Erkenntnissen aus der strategischen Analyse eine Prognose für den Detailplanungszeitraum durchgeführt.

Als erstes wird das Umsatzkostenverfahren betrachtet. So hängt die Herstellungsintensität im Wesentlichen von der operativen Effizienz, der Ablaufoptimierung, der Lernkurve und den angewandten Technologien im Unternehmen ab. Dies gilt für die Aufwendungen für Querschnittsfunktionen ebenfalls. Sind z. B. mehr neue Forschung- und Entwicklungsprojekte geplant, so werden diese die prognostizierte F&E-Intensität entsprechend erhöhen. Die Beschreitung neuer Geschäftsfelder sowie die Anzahl von Patentanmeldungen sind ein Indiz für eine erhöhte F&E-Intensität. Die Vertriebsintensität wird durch das Marketingbudget, neue Produkte und neuartige Vertriebsstrukturen beeinflusst. Befindet sich dagegen das zu betrachtende Unternehmen in einer Umstrukturierungsphase, ist diese Tatsache entsprechend als außerordentlicher Aufwand in der Planung der zukünftigen GuV zu integrieren. Ebenso betrifft dies außerordentliche Erträge, die mit hoher Wahrscheinlichkeit, z. B. durch den Verkauf einer Segmentsparte, in den nächsten Perioden erzielt werden. Nach Abzug der Herstellungsintensität vom Umsatz erhält man die zukünftige Bruttomarge (bezogen auf den prognostizierten Umsatz). Zieht man hiervon die F&E-, die Vertriebs- und die Verwaltungsintensität ab, erhält man die Nettomarge I. Nach Subtraktion des Zinsaufwandes und des Steueraufwandes erhält man als Ergebnis die prognostizierte Umsatzrendite nach Steuern. Der Zinsaufwand wird durch die Finanzierungspolitik des Unternehmens determiniert und kann folglich erst nach Ermittlung des Finanzbedarfs bestimmt werden (siehe Stufe 5). Für die Prognose des Steuersatzes kann i. d. R. auf den gesetzlich vorgeschriebenen Steuersatz in Abhängigkeit der Rechtsform des Unternehmens zurückgegriffen werden. UKV

Bei der GuV nach dem Gesamtkostenverfahren sind sowohl der zukünftige Personalaufwand, der zukünftige Materialaufwand als auch die Abschreibungsquoten für die Umsatzrendite maßgeblich. Der Personalaufwand wird durch geplante Restrukturierungen, Sozialpläne, Lohnerhöhungen und Fluktuationsrate beeinträchtigt. Beim Materialaufwand sind die aus der Analyse gewonnenen Lieferantenziele als auch die Entwicklung der Einkaufspreise zu berücksichtigen. Der Abschreibungsaufwand wird dagegen aus dem Investitionsplan entnommen, der im nächsten Prognoseschritt besprochen wird. GKV

Die Prognose der zukünftigen Investitionen in das Anlagevermögen eines Unternehmens stellt einen wichtigen und zugleich schwierigen Schritt in der Prognose dar. Investitionen haben eine große Wirkung auf den Wert eines Unternehmens, aber sind aus externer Sicht besonders schwer vorherzusehen. Investitionen werden einerseits in Ersatzinvestitionen für bereits bestehendes Anlagevermögen und andererseits in Erweiterungsinvestitionen unterteilt. In diesem Schritt ist es wichtig, die Ausrichtung des zukünftigen Geschäfts des Unternehmens zu kennen und über etwaige Einführung neuer Produkte Bescheid zu wissen. Außerdem ist es für ein Unternehmen sinnvoll, nur diejenigen Investitionsprojekte in Zukunft durchzuführen, die einen positiven Kapitalwert liefern, d. h. den Unternehmenswert steigern. Hier kann man auch die Verknüpfung zur einfachen Prognose sehen (insbesondere Ansatz 2), denn die Folgewirkung der Investitionen Stufe 3 macht sich in der GuV und der KFR mittels höherer Umsätze und höherer operativer Cashflows bemerkbar. Die Investitionskosten als Anschaffungs-/Herstellungskosten und die entsprechenden Abschreibungsquoten gehen in die Bilanz für die Planperiode ein. Aus dem Investitionsplan wird anschließend der Investitionscashflow und aus den Abschreibungsprognosen der zukünftige Gewinn ermittelt. Für die Zeit nach dem Detailplanungszeitraum ist es üblich, die Annahme zu unterstellen, dass nur Ersatzinvestitionen auf lange Sicht durchgeführt werden (d. h. die Abschreibungen entsprechen den Investitionen) und dass das Unternehmen keine Überrenditen erzielt.

Stufe 4

Die Prognose des Kapitalumschlags auf der vierten Stufe vereint die vorherigen Prognoseschritte, denn die Vorhersage des Nettoumlaufvermögens wird anhand des noch zu prognostizierenden Kapitalumschlags und des Umsatzwachstums bzw. der Kostenstrukturen erstellt. Bei Unternehmen mit hohem Wachstum werden dementsprechend auch die Vorräte und die Forderungen anwachsen. Als erstes werden die Vorrats-, Forderungs- und Verbindlichkeitenumschlagshäufigkeit prognostiziert. Damit die Plan-Bilanz um das Nettoumlaufvermögen vervollständigt wird, erfolgt im nächsten Schritt die Division der Aufwandsstrukturen/des Umsatzes durch die Umschlagshäufigkeiten. Das zukünftige Anlagevermögen stammt aus der Investitionsplanung (siehe Stufe 3).

Stufe 5

Auf Stufe fünf wird die Passivseite des Unternehmens näher betrachtet. Im Wesentlichen muss die zukünftige Ausschüttungs- und Finanzierungspolitik des Unternehmens vorhergesagt werden. Der Finanzierungsbedarf ist abhängig von den Investitionen. Sofern diese größer Null sind, erfordert dies eine entsprechende Finanzierung mittels Eigen- oder Fremdmitteln oder über Innenfinanzierung durch den Umsatzprozess und ein effizientes *net working capital*-Management. Zusätzlich sind Tilgungen, die in der Prognoseperiode fällig sind, bei der Planung des Fremdkapitalbestandes zu berücksichtigen. Häufig legen Unternehmen eine Zielkapitalstruktur fest, die bei der Planung des Anteils an Eigen- und Fremdmitteln zu berücksichtigen ist (vgl. Penman, S. H. [2012], S. 524). Auf Basis der Prognose des Fremdkapitalbestandes kann nun auch der Zinsaufwand ermittelt werden (siehe Stufe 2). Mit der Prognose der Ausschüttungsquote lassen sich schließlich die Plan-KFR aufstellen und die für eine DCF-Bewertung notwendigen Cashflows ermitteln.

Stufe 6 und 7

Die letzten beiden Schritte, die Bestimmung der Residualgewinne und die Bewertung des Unternehmens mit Hilfe des Residualgewinn-Ansatzes (vgl. 20. Kapitel, S. 1197 f.), sind bereits nach Abschluss der Stufe 4 möglich (vgl. Penman, S. H. [2012], S. 524). Eine DCF-Bewertung (vgl. 20. Kapitel, S. 1196) würde jedoch auch die Prognose der Finanzierung sowie Ausschüttung zur Ermittlung der bewertungsrelevanten Cashflows erfordern (Stufe 5). Für die Ermittlung des Residualgewinns werden vom Gewinn nach Steuern (*net operating profit after taxes*, NOPAT) die Kapitalkosten abgezogen. Letztere ergeben sich durch Multiplikation der Renditeerwartungen der Kapitalgeber (WACC) mit dem Nettovermögen (Stufe 4). Der Barwert der Residualgewinne stellt den Mehrwert des Unternehmens (siehe Ansatz 3 der einfachen Prognose) dar, d. h. der Wert, der über die Kapitalkosten hinaus durch das Unternehmen erzielt werden kann. Dabei wird am Ende des Detailplanungshorizonts der umfassenden Prognose der Residualgewinn mit einer ewigen Rente fortgeschrieben. Durch Addition zum Nettovermögen ergibt sich der Bruttounternehmenswert, der sich durch

Abzug des Fremdkapitalwerts in den Unternehmenswert für die Eigentümer überführen lässt.

Kontrollfragen:

1. Erläutern Sie den Zusammenhang zwischen Prognose und Bewertung!
2. Wie lässt sich eine sinnvolle Abschätzung des nachhaltigen Wachstums ermitteln?
3. In welcher Verbindung stehen Wachstum und Wettbewerb?
4. Was versteht man unter Konvergenzprozessen (*mean reversion)* und welche Bedeutung haben sie im Rahmen der Prognose?
5. Was versteht man unter einer konvergenten Planung?
6. Welchen Vorteil hat die Prognose mit dem Residualgewinnmodell gegenüber der DCF-Methodik?
7. Wie wird grundsätzlich bei der vereinfachten Prognose der Unternehmenswert ermittelt?
8. Grenzen Sie die Ansätze der vereinfachten Prognose voneinander ab!
9. Wann ist eine Prognose nach Ansatz 1 der vereinfachten Prognose sinnvoll?
10. Für welche Unternehmen ist eine Prognose nach Ansatz 2 der vereinfachten Prognose geeignet?
11. Wie wird in Ansatz 3 der vereinfachten Prognose Wachstum integriert?
12. Nennen Sie Vor- und Nachteile der einfachen Prognose!
13. Welche Schritte sind bei der umfassenden Prognose des Unternehmenswerts durchzuführen?
14. Welche Analyseinstrumente stehen bei der Identifikation von Werttreibern zur Verfügung?

Dritter Teil
Theorien des Jahresabschlusses

22. Kapitel: Theorien des Formalinhalts der Bilanz

A. Entwicklung und Aufgaben betriebswirtschaftlicher Bilanztheorien

Entwicklungsphasen der Bilanztheorien

Die unter der Bezeichnung »Bilanztheorien« zusammengefassten Diskussionen über Inhalt und Ausgestaltung des Jahresabschlusses als Instrument der Rechnungslegung haben in der Betriebswirtschaftslehre eine lange Tradition. Dementsprechend liegt allein im deutschsprachigen Schrifttum eine kaum noch überschaubare Fülle von Monografien und sonstigen Beiträgen über bilanztheoretische Fragestellungen vor. Im Allgemeinen lassen sich drei Entwicklungsphasen in der betriebswirtschaftlichen Bilanzdiskussion unterscheiden (historische Überblicke jüngeren Datums geben Ballwieser, W. [2010]; Busse von Colbe, W./Fülbier, R.-U. [2013]; Hommel, M./Schmitz, S. [2013]).

Bilanztheoretische Grundsatzdiskussion

Die erste Phase beginnt mit der Entwicklung der Betriebswirtschaftslehre durch die seit der Wende vom 19. ins 20. Jahrhundert aufgekommenen Handelshochschulen. Während dieser Zeit steht die Erörterung von Grundsatzfragen der Bilanzierung im Mittelpunkt. Von Bedeutung sind in diesem Zusammenhang vor allem die Arbeiten von Lambert, Schar, Hügli, Lettner, Reisch-Kreibich und später von Passow, Kovero sowie Osbahr (vgl. Le Coutre, W. [1956/62], Sp. 1156). Die Diskussion grundlegender Fragen der Bilanzierung basierte auf unterschiedlichen Interpretationsansätzen des Bilanzinhalts. Die statische Interpretation wurde durch Simon bereits 1886 begründet (vgl. Simon, H. V. [1898]). Ihren Höhepunkt hat diese Phase bilanztheoretischer Grundsatzdiskussion in den zwanziger Jahren des letzten Jahrhunderts, in denen Schmalenbach (vgl. Schmalenbach, E. [1926]) mit seiner »dynamischen Bilanz« der erfolgsrechnerischen Interpretation des Jahresabschlusses endgültig zum Durchbruch verhalf. Zusätzlich lieferten Schmidt (vgl. Schmidt, F. [1929]) mit seiner heute noch aktuellen »organischen Tageswertbilanz« und Rieger (vgl. Rieger, W. [1964]) mit seiner »nominalen Bilanztheorie« wichtige Meilensteine, die auf die bilanztheoretische Diskussion der zweiten Hälfte des 20. Jahrhunderts nachhaltigen Einfluss ausübten.

Anwendung bilanztheoretischer Erkenntnisse in der Bilanzierungspraxis

Seit Mitte der 1930er Jahre, dem Beginn der zweiten Entwicklungsphase in der betriebswirtschaftlichen Bilanzdiskussion, bemühte sich die Betriebswirtschaftslehre insbesondere um die Anwendung der bilanztheoretischen Erkenntnisse in der Bilanzierungspraxis. Das Ergebnis dieser Bemühungen sind insbesondere die in den »Veröffentlichungen der Schmalenbach-Vereinigung« erschienenen Schriften über die Grundsätze ordnungsmäßiger Bilanzierung für jeweils bestimmte Bilanzpositionen.

Impulse der neueren bilanztheoretischen Diskussion

Obwohl die bilanztheoretische Diskussion nie ganz verstummt ist, mussten nach Beendigung des Zweiten Weltkrieges Bilanzfragen gegenüber anderen Themen, wie insbesondere der Produktions- und Kostentheorie, der Plankostenrechnung, der Investitionstheorie und der Unternehmensforschung, in den Hintergrund treten. Erst zu Beginn der 1960er Jahre zeigte sich erneut ein wachsendes

Interesse an bilanztheoretischen Fragestellungen. Neben den Fragen der steuerlichen Gewinnermittlung, der Reform insbesondere der aktienrechtlichen Rechnungslegungsvorschriften sowie den Bemühungen um ein einheitliches europäisches Bilanzrecht waren vor allem zwei Impulse für diese dritte Entwicklungsphase bilanztheoretischer Erörterungen maßgebend: Einerseits führte die Entwicklung und zunehmende Verbreitung der Investitionstheorie zur Frage, ob man Investitions- und Bilanzrechnung konstruktiv miteinander verbinden könne. Zusätzlich wurde diskutiert, ob sich der kapitaltheoretische »ökonomische« Gewinnbegriff als Erfolgsmaß im Rahmen der finanziellen Rechnungslegung besser eignet als der herkömmliche Gewinnbegriff der Bilanzlehre (vgl. Schneider, D. [1963]; Hax, H. [1964]; Albach, H. [1965]; Münstermann, H. [1966]). Andererseits führte die gewünschte Berücksichtigung der Informationsbedürfnisse der Bilanzadressaten zur Frage, ob die herrschende Form des Jahresabschlusses nicht durch grundsätzlich andere Formen der Rechenschaftslegung zu ersetzen sei (vgl. Busse von Colbe, W. [1966]; Moxter, A. [1966]). Die resultierenden Impulse für die Bilanztheorie haben durch die aktuellen Trends zur Kapitalmarktorientierung und zur Internationalisierung der Rechnungslegung erneut an Bedeutung gewonnen. Einer der führenden Theoretiker, Beaver, W. H. [1989], hat deshalb von einer »*accounting revolution*« gesprochen. Durch die in den letzten zwei Jahrzehnten verstärkte Betonung der Informationsfunktion der Rechnungslegung trat die wissenschaftliche Betrachtung des Einflusses von Rechnungslegungsdaten auf das Entscheidungsverhalten von Rechnungslegenden und Rechnungslegungsadressaten in den Vordergrund des Interesses. Insbesondere finden modelltheoretische Betrachtungen aus der Institutionenökonomie, *Agency*-Theorie und Spieltheorie Anwendung (vgl. hierzu im Detail Wagenhofer, A./Ewert, R. [2007]).

Formelle und materielle Aufgaben der Bilanztheorie

Angesichts der relativ langen Geschichte bilanztheoretischer Diskussion ist es kaum erstaunlich, dass sich eine Vielzahl unterschiedlicher, teilweise sich ergänzender und teilweise sich widersprechender Bilanztheorien herausgebildet haben. Zur Ordnung dieser Bilanztheorien lassen sich unterschiedliche Kriterien heranziehen. In Anlehnung an die von Lehmann (vgl. Lehmann, M. R. [1955], S. 538) vorgenommene Unterscheidung zwischen formeller und materieller Bilanztheorie soll hier eine Zweiteilung danach vorgenommen werden, ob jeweils die formelle Aufgabenstellung oder die materielle Aufgabenstellung der betriebswirtschaftlichen Bilanztheorie im Vordergrund steht. Die formelle Aufgabe der betriebswirtschaftlichen Bilanztheorie, die in diesem Kapitel behandelt wird, besteht in der Erklärung des Inhalts von Bilanz- und Erfolgsrechnung; die materielle Aufgabenstellung, die im nächsten Kapitel erörtert wird, besteht in der Begründung des Inhalts der finanziellen Rechnungslegung, d. h. in der Formulierung von Regeln für die zielentsprechende Bilanzgestaltung sowie in der Erklärung des tatsächlichen Bilanzierungsverhaltens.

Ältere Ansätze formeller Bilanztheorien

Versuche zur einheitlichen Interpretation des Bilanzinhalts finden sich insbesondere in der früheren Bilanzdiskussion. Sie offenbaren sich vor allem in der während der ersten Phase der Bilanzdiskussion ausgefochtenen Kontroverse zwischen der statischen und der dynamischen Erklärung des Bilanzinhalts. Statische und dynamische Bilanzauffassungen werden im Rahmen dieses Abschnittes so weit erörtert, wie sie sich auf die formelle Interpretation des Bilanzinhalts beziehen.

Neuere Ansätze formeller Bilanztheorien

Im Rahmen der neueren Bilanzdiskussion spielen Fragen der formellen Interpretation des Bilanzinhalts eine untergeordnete Rolle. Zwei Entwicklungsrichtungen sind hier erwähnenswert: Parallel zu den Bemühungen um eine Verbindung von Investitions- und Bilanzrechnung hat Käfer (vgl. Käfer, K. [1976]) eine formelle Interpretation des Bilanzinhalts aus zukünftigen Zahlungsströmen unternommen, auf die in diesem Abschnitt ebenfalls eingegangen wird. Mattessich, Ijiri, Schweitzer und Kosiol bemühen sich, Formalinhalt von Bilanz und Erfolgsrechnung in Form von Axiomensystemen darzustellen. Der Wert solcher Axiomatisierungen liegt in der Präzision der Darstellungsform. Da die vorgelegten Axiomensysteme keine grundsätzlich neuen Interpretationsversuche von Bilanz und Erfolgsrechnung beinhalten, kann auf ihre Darstellung hier verzichtet werden.

B. Statische Interpretation des Bilanzinhalts

Begriff der statischen Bilanz

Die Bezeichnung der statischen Bilanzauffassung hat Schmalenbach zur Unterscheidung von seiner dynamischen Bilanzauffassung für all diejenigen Versuche zur Erklärung des Bilanzinhalts eingeführt, die die Bilanz als ein Zustandsbild (Status) des Betriebes betrachten: »Wenn die Bilanz die Aufgabe hat, einen Zustand des Betriebes zu schildern, sei es einen dauernden oder vorübergehenden Zustand, so nennen wir eine solche Bilanz eine statische Bilanz« (Schmalenbach, E. [1962], S. 45).

Ältere statische Bilanzauffassung

Bei der statischen Bilanzauffassung handelt es sich keineswegs um eine einheitliche, in allen Einzelheiten fest gefügte Bilanztheorie. So bestehen trotz grundsätzlicher Übereinstimmung hinsichtlich der Interpretation der Bilanz als Zustandsbild unterschiedliche Auffassungen hinsichtlich der Funktion der Bilanz. Nach der älteren statischen Bilanzauffassung besteht die Aufgabe der Bilanz in der Vermögensdarstellung zu einem bestimmten Zeitpunkt, sie ist also nach dieser Interpretation ein nach bestimmten Gesichtspunkten aufgestelltes Inventar und trägt den Charakter einer Vermögensbilanz. Diese ältere statische Bilanzauffassung hat ihren Ursprung in den Schriften und Kommentaren juristischer Autoren wie vor allem von Simon, Rehm und Staub; in der Betriebswirtschaftslehre ist die vermögensrechnerische Interpretation der Bilanz insbesondere durch die Arbeiten von Hügli, Schär, Leitner, Passow und Osbahr verbreitet und verfeinert worden. Nicht in so eindeutiger Weise lassen sich die von Nicklisch und Rieger entwickelten Bilanzauffassungen der älteren statischen Bilanzinterpretation zuordnen; immerhin zeigen sich aber sehr enge Beziehungen zur statischen Bilanztheorie.

In der älteren statischen Bilanzauffassung steht die Bilanz als Vermögensstatus des Betriebes im Vordergrund der Betrachtung. Die Gewinn- und Verlustrechnung hat nur untergeordnete Bedeutung. Der Periodenerfolg ergibt sich durch Vermögensvergleich aus der Bilanzrechnung. Die Gewinn- und Verlustrechnung wird zunächst als von der Bilanz völlig unabhängige Sonderrechnung betrachtet. Erst Schär und Nicklisch haben sich bemüht, die GuV von der Bilanz her zu interpretieren und sie so in einen Beziehungszusammenhang mit der Bilanz zu bringen. Schär interpretierte die Gewinn- und Verlustrechnung als Unterkonto des Eigenkapitalkontos. Auf diese Weise gelang es ihm, Aufwendungen als Reinvermögens- bzw. Eigenkapitalminderungen und Erträge als Reinvermögens- bzw. Eigenkapitalmehrungen zu erklären und so die Gewinn- und Verlustrechnung systematisch in die Bilanzrechnung einzubeziehen. Nicklisch versuchte, die Verbindung von Bilanz und Gewinn- und Verlustrechnung dadurch zu erreichen, dass er der Bilanz als »Beständebilanz« von Vermögen und Kapital die Gewinn- und Verlustrechnung als »Bilanz der Periodenwerte« zur Seite stellte. In dieser Bilanz der Periodenwerte stehen den für die Leistungserstellung in der Periode eingesetzten Beständen an Sachgütern, Arbeits- und Dienstleistungen (= Aufwendungen) die Ausgänge der in der Periode transformierten Bestände (= Erträge) gegenüber.

Neuere statische Bilanzauffassung

Als Vertreter der neueren statischen Bilanzauffassung gilt vor allem Le Coutre, der mit seiner »totalen« Bilanzauffassung eine Bilanztheorie vorlegen will, »die alle Beziehungen der Bilanz zum Wirtschaftsleben systematisch erfasst und formell, wie materiell logisch in Einklang bringt, d. h. zu einem lückenlosen System zusammenfügt« (vgl. Le Coutre, W. [1956/62], Sp. 1172). Er wendet sich von der älteren statischen Interpretation der Bilanz als ein Vermögensstatus ab; stattdessen betrachtet er die Bilanz als eine Kapitaldispositionsrechnung, die der Überwachung der Kapitalsicherheit und -erhaltung dient. Dementsprechend werden alle Bilanzpositionen als Kapitalposten interpretiert. Auf der Passivseite zeigt die Bilanz das in die Unternehmung eingelegte Eigen- und Fremdkapital nach Art, Höhe, Herkunft und auf der Aktivseite die Sachform des Kapitals, in der die Deckungsmittel für das eingelegte Kapital zur Verfügung stehen.

Sachkapital	**Finanzkapital**
A. Werbendes Kapital I. Anlagekapital a) Produktionsanlagen b) Verwaltungsanlagen c) Beteiligungen II. Beschäftigungskapital a) Vorräte b) Forderungen c) Zahlungsmittel B. Sicherungskapital (z. B. Effekte des Reservefonds) C. Verwaltungskapital (z. B. Anlage von Arbeitnehmerersparnissen) D. Überschusskapital (z. B. betrieblich nicht genutzte Grundstücke) E. Sozialkapital (z. B. Werkswohnungen) F. Posten der Rechnungsabgrenzung	A. Eigenkapital I. Langfristig a) Grundkapital b) Zusatz- und Zuwachskapital 1. Gesetzliche Rücklagen 2. Freiwillige Rücklagen II. Kurzfristig (Wertberichtigungen auf Sachkapital) III. Sofort fällig (Verlustrücklagen) B. Fremdkapital I. Langfristig (z. B. Anleihen) II. Kurzfristig a) Betriebsschulden b) Verwaltungsschulden (z. B. Spareinlagen von Arbeitnehmern) III. Sofort fällig (z. B. unbezahlte Löhne) C. Posten der Rechnungabgrenzung D. Jahreserfolg
G. Durchlaufende Posten (Avaldebitoren)	E. Durchlaufende Posten (Avalkreditoren)

Abb. 22.1: Bilanzschema nach Le Coutre

Die Aufgabenstellung der Bilanz, den finanziellen Aufbau der Unternehmung nach Konstitution und Situation sichtbar zu machen sowie die durch die Geschäftstätigkeit verursachten Kapitalströme während der Periode aufzuzeigen, erfordert eine detaillierte und am Bruttoprinzip orientierte Bilanzgliederung. Die totale Bilanzauffassung enthält deshalb eine systematische Gliederungslehre, die eine Aufgliederung der Kapitalbestände nach verschiedenen Kriterien (z. B. nach Funktionen, Risiken, Rechtsbeziehungen) verlangt. Nach Le Coutre ergibt sich obiges Bilanzschema (vgl. Abbildung 22.1).

Die Interpretation der Bilanz als Kapitaldispositionsrechnung wird bei Le Coutre auch auf die GuV übertragen, die er in ihrer Bruttoform als Kapitalertragsbilanz und in ihrer Nettoform als Kapitalerfolgsbilanz bezeichnet. Die Aufwendungen werden als Kapitalabfluss, die Erträge als Kapitalzufluss interpretiert. Als Saldo zwischen Kapitalabfluss und Kapitalzufluss zeigt die Gewinn- und Verlustrechnung die Kapitalvernichtung (Verlust) oder den Kapitalzuwachs (Gewinn).

C. Dynamische Interpretation des Bilanzinhalts

Begriff und Entwicklung der dynamischen Bilanzauffassung

»Wenn die Bilanz die Aufgabe hat, im Betriebe sich abspielende Bewegungen darzustellen, so nennen wir sie eine dynamische Bilanz ... Unter diesen Bewegungen steht eine durchaus im Vordergrunde, das ist diejenige, die sich herschreibt aus den Kräften, die den Erfolg eines Betriebes bestimmen. Sie steht so sehr im Vordergrund, dass man die dynamische Bilanz als Erfolgsbilanz bezeichnen kann« (Schmalenbach, E. [1962], S. 45). Diese erfolgsrechnerische Interpretation des Bilanzinhalts findet sich in den Ansätzen zwar bereits in den gegen Ende des 19. Jahrhunderts veröffentlichten Arbeiten von Schäffler und v. Willmowski sowie in den späteren Arbeiten von L. Fischer, der Durchbruch zu einer geschlossenen Theorie der Erfolgsbilanz wird jedoch erst von Schmalenbach mit der Veröffentlichung der ersten Auflage seiner »Dynamischen Bilanz« vollzogen. In der Folgezeit wurde die dynamische Bilanzauffassung Schmalenbachs in vielfältiger Hinsicht vertieft und weiterentwickelt. Hinsichtlich der Formaltheorie der dynamischen Bilanz sind hier neben der von Münstermann erarbeiteten Vervollkommnung des Schmalenbachschen Bilanzschemas vor allem die Untersuchungen von Walb und Kosiol zu nennen, mit denen eigenständige Formaltheorien zur Interpretation des Inhalts der dynamischen Bilanz vorgelegt wurden. Auf die dynamische Bilanzinterpretation Schmalenbachs wird im Folgenden eingegangen; die Weiterentwicklungen (vgl. Kosiol, E. [1959]; Walb, E. [1966]; Kosiol, E. [1976]) werden nicht erörtert.

Die dynamische Bilanzinterpretation Schmalenbachs

Entsprechend der im Vordergrund stehenden Zwecksetzung der Erfolgsermittlung verwendet Schmalenbach zur Deutung des Bilanzinhaltes nur die Kategorien Aufwand und Ertrag sowie Ausgaben und Einnahmen. Ausgaben und Einnahmen sind die Erfolgskomponenten einer Totalerfolgsrechnung, die die gesamte Lebensdauer eines Betriebes umfasst. In einer solchen Totalrechnung ergibt sich der Erfolg als Differenz aller Einnahmen und Ausgaben, die nicht Entnahmen oder Einlagen sind. Es gibt hier keine zeitlichen Verwerfungen zwischen Ausgaben und Aufwand einerseits und zwischen Einnahmen und Ertrag andererseits; für die Erfolgsermittlung genügt eine einfache Kassenrechnung, eine Bilanz erübrigt sich.

Die Konzeption der allein auf Einnahmen und Ausgaben beruhenden Totalerfolgsrechnung ist für die Praxis der Unternehmungsrechnung weitgehend unbrauchbar, da man im Allgemeinen mit der Erfolgsermittlung nicht bis zum Ende der Lebensdauer des Unternehmens warten kann. Für die Vielzahl der auf

Dauer geplanten Unternehmen stellt die Totalerfolgsrechnung sogar eine Fiktion dar. Die somit erforderliche Unterteilung der Totalperiode in Teilperioden zum Zwecke der periodischen Erfolgsermittlungen führt zu Diskrepanzen in der Abfolge von Ausgaben, Aufwendungen, Einnahmen und Erträgen, die durch vorübergehende Speicherung der nachzuverrechnenden oder vorzuverrechnenden Transaktionen zum Ausgleich gebracht werden müssen. Das Instrument, mit dem diese zeitlichen Verwerfungen zwischen Zahlungs- und Erfolgsvorgängen ausgeglichen werden, ist die Bilanz, deren Inhalt somit durch die Aufwands- und Ertragsrechnung bestimmt wird. Aufgabe der dynamischen Bilanz ist es dementsprechend, »die schwebenden, d. h. die noch der Auflösung harrenden Posten, in Evidenz zu halten. Man sieht aus ihr, was noch nicht aufgelöst ist. Das noch nicht Aufgelöste stellt noch vorhandene aktive Kräfte oder passive Verpflichtungen dar. Die Bilanz ist mithin die Darstellung des Kräftespeichers der Unternehmung« (Schmalenbach, E. [1962], S. 74). Die Bilanz ist nach dynamischer Interpretation also nichts anderes als ein umfassendes Abgrenzungskonto, in dem einerseits noch nicht erfolgswirksame Zahlungen zwecks späterer Nachverrechnung (transitorische Posten), andererseits alle noch nicht zahlungswirksamen Erfolge (antizipative Posten) erfasst werden. Diese Zusammenhänge führen zur Interpretation der Aktiva als schwebende Vorleistungen und der Passiva als schwebende Nachleistungen. Fügt man die Posten Liquide Mittel und (Eigen-) Kapital hinzu – sie wurden erst später von Münstermann als Schwebeposten interpretiert – so ergibt sich das in Abbildung 22.2 wiedergegebene Schema der dynamischen Bilanz.

Aktiva (schwebende Vorleistungen)		**Passiva (schwebende Nachleistungen)**	
1.	Liquide Mittel	1.	Kapital
2.	Ausgabe noch nicht Aufwand (z. B. abnutzbares Anlagevermögen, Roh-, Hilfs- und Betriebsstoffe, Vorauszahlungen für Aufwendungen späterer Perioden wie Mietvorauszahlungen)	2.	Aufwand noch nicht Ausgabe (z. B. Rückstellungen für ungewisse Verbindlichkeiten, Lieferantenverbindlichkeiten für schon verbrauchte Aufwandsgüter)
3.	Ausgabe noch nicht Einnahme (z. B. nicht abnutzbares Anlagevermögen, gewährte Darlehen)	3.	Einnahme noch nicht Ausgabe (z. B. erhaltene Darlehen)
4.	Ertrag noch nicht Aufwand (z. B. selbst erstellte Anlagen, unfertige Erzeugnisse)	4.	Aufwand noch nicht Ertrag (z. B. Rückstellungen für unterlassene Instandsetzung durch den eigenen Betrieb)
5.	Ertrag noch nicht Einnahme (z. B. Debitoren, Fertigerzeugnisse)	5.	Einnahme noch nicht Ertrag (z. B. Anzahlungen von Kunden, erhaltene Mietvorauszahlungen)

Abb. 22.2: Dynamische Bilanz nach Schmalenbach

In ähnlicher Weise lassen sich in der GuV die Aufwendungen und Erträge, wie in dem folgenden Schema dargestellt, nach der zeitlichen Abfolge von Aufwand, Ausgaben, Ertrag und Einnahmen ordnen. Die Aufwandspositionen 4. bis 6. und die ihnen entsprechenden Ertragspositionen 10. bis 12. betreffen innerbetriebliche Leistungen (Abbildung 22.3).

Aufwand	Ertrag
1. Aufwand jetzt, Ausgabe jetzt 2. Aufwand jetzt, Ausgabe früher 3. Aufwand jetzt, Ausgabe später 4. Aufwand jetzt, Ertrag jetzt 5. Aufwand jetzt, Ertrag früher 6. Aufwand jetzt, Ertrag später	7. Ertrag jetzt, Einnahme jetzt 8. Ertrag jetzt, Einnahme früher 9. Ertrag jetzt, Einnahme später 10. Ertrag jetzt, Aufwand jetzt 11. Ertrag jetzt, Aufwand früher 12. Ertrag jetzt, Aufwand später

Abb. 22.3: Dynamische GuV nach Schmalenbach

D. Zukunftsorientierte Interpretation des Bilanzinhalts

Zukunftsorientierte Bilanzauffassung

Käfer hat eine Formaltheorie des Bilanzinhaltes vorgelegt, in der die Bilanzposten allein aus ihren zukünftigen ökonomischen Konsequenzen erklärt werden (vgl. Käfer, K. [1976]). Damit wendet er für die Bilanzinterpretation die ökonomische Erkenntnis an, dass Vermögensgegenstände nur im Hinblick auf ihre künftigen Nutzungen einen Wert besitzen können. Es ergibt sich nach der Interpretation Käfers das in Abbildung 22.4 wiedergegebene Bilanzschema.

Aktiva	Passiva
1. Erwartungen (Chancen) künftigen Güter- und Leistungszuganges (Eingang von außen, interne Entstehung oder Zunahme, evtl. Verminderungen von Abgängen) ohne Gegenleistungen (a) aus zur Verfügung stehenden Sachgütern (b) aufgrund von Rechten gegenüber anderen Wirtschaftseinheiten (c) aufgrund tatsächlicher Verhältnisse	1. Erwartungen (Risiken) künftigen Güter- und Leistungsabganges (externer Ausgang, Verschwinden oder Abnahme im Inneren, evtl. Verminderung von Zugängen) ohne Gegenleistungen (a) aufgrund von Verpflichtungen gegenüber Wirtschaftseinheiten (b) aufgrund tatsächlicher Verhältnisse (c) wegen Förderung des Zweckes der Einzelwirtschaft durch Leistungen an Teilhaber oder anderer Arten der Zweckerfüllung (d) wegen eines Bestandes an »negativen Gütern«, wie z. B. schädlichen Abfällen
2. Aktive Berichtigungsposten (a) Zuschläge zu Aktiven (b) Abzüge an Passiven	2. Passive Berichtigungsposten (a) Abzüge an Aktiven (b) Zuschläge zu Passiven

Abb. 22.4: Zukunftsorientierte Bilanz

Demzufolge wird das Vermögen einheitlich als Erwartungen künftigen Güter- und Leistungszuganges, Eigen- und Fremdkapital als Erwartungen künftigen Güter- und Leistungsabganges gedeutet. Dem Erfordernis einer Bruttorechnung entsprechend werden aktive und passive Berichtigungsposten berücksichtigt.

Mit dieser zukunftsorientierten Deutung des Bilanzinhalts wendet sich Käfer insbesondere gegen die ältere juristisch-statische Bilanzinterpretation, nach der das in der Bilanz ausgewiesene Vermögen als Haftungssubstanz für die durch die

Passiva repräsentierten Gläubiger- und Teilhaberansprüche anzusehen ist. Insofern steht die zukunftsorientierte Bilanzdeutung dem Anliegen der dynamischen Bilanztheorie nahe. Ihre Entsprechung im Bereich der materiellen Bilanztheorien hat die zukunftsorientierte Bilanzinterpretation in der Konzeption des ökonomischen Gewinns, die auf einer allein an den zukünftigen Zahlungsströmen orientierten Vermögensbewertung beruht (vgl. 23. Kapitel, S. 1305 ff.). Allerdings liegt dem ökonomischen Gewinn ein nach dem Gesamtwertprinzip ermittelter Vermögenswert zugrunde; eine dem Bilanzprinzip entsprechende Aufteilung dieses Zukunftserfolgswertes auf einzelne Aktiv- und Passivpositionen lässt sich infolge der Interdependenz der zukünftigen Zahlungsströme nicht verwirklichen.

Kontrollfragen:

1. Welche Entwicklungsphasen bilanztheoretischer Diskussion lassen sich unterscheiden?
2. Welche Impulse haben zur neueren bilanztheoretischen Diskussion geführt?
3. Charakterisieren Sie die formellen und materiellen Aufgaben betriebswirtschaftlicher Bilanztheorien!
4. Worin bestehen die wesentlichen Unterschiede zwischen statischer und dynamischer Interpretation des Bilanzinhalts?
5. Wie unterscheiden sich die ältere und die neuere statische Bilanzauffassung?
6. Wie lässt sich die Gewinn- und Verlustrechnung nach statischer Bilanzinterpretation erklären?
7. Nennen Sie die Kategorien, mit denen Schmalenbach den Inhalt der Bilanz interpretiert, und geben Sie für jede Kategorie ein Beispiel!
8. Welche Bedeutung kommt der Gewinn- und Verlustrechnung im Rahmen der dynamischen Bilanztheorie zu?
9. Welche Berührungspunkte hat die zukunftsorientierte Bilanzinterpretation von Käfer mit anderen Bilanztheorien?

23. Kapitel: Theorien der zieloptimalen Bilanzgestaltung

Zielpräzisierung als Grundlage materieller Bilanztheorien

Die materiellen Bilanztheorien gehen der Frage nach, wie Form und Inhalt der Rechnungslegung sowie die Bewertung der Bilanzposten zu gestalten sind, damit die Rechnungslegungsziele möglichst vollkommen erreicht werden. Sie fragen außerdem nach dem bei vorgegebenen Umfeldbedingungen und Rechnungslegungszielen tatsächlichen Bilanzierungsverhalten. Sie setzen somit eine Präzisierung der Rechnungslegungsziele voraus.

Erfolgs- und Vermögensermittlung als Bilanzziele?

In der frühen deutschsprachigen bilanztheoretischen Literatur ist die Frage nach dem Ziel des Jahresabschlusses – dokumentiert durch den Widerstreit zwischen dynamischer und statischer Bilanzinterpretation – fast ausschließlich unter der kontroversen Fragestellung »Erfolgsermittlung oder Vermögensermittlung?« behandelt worden. Heute weiß man, dass die Aufgabenstellungen »Erfolgsermittlung« oder »Vermögensermittlung« für sich allein gesehen noch keine gehaltvollen Zwecksetzungen darstellen, aus denen sich zielentsprechende Bilanzierungsregeln herleiten lassen oder das Bilanzierungsverhalten erklären lässt. Erfolgsermittlung heißt ökonomisch nichts anderes als Messung des Grades der Zielerreichung und ein Vermögensbestand hat nur insoweit einen Wert, wie er künftig zur Erfolgserzielung, d. h. zur Erreichung gesetzter Ziele, beiträgt. Erfolgs- und Vermögensermittlung sind deshalb keine eigenständigen Ziele, sondern sind ökonomisch nur im Hinblick auf ein jeweils übergeordnetes Ziel sinnvoll zu interpretieren und zu diskutieren. Sie stellen somit abgeleitete Ziele dar.

A. Grundlagen für die Ableitung von Jahresabschlusszielen

Ableitung von Jahresabschlusszielen

Die Charakterisierung der Jahresabschlussziele als Derivate einer Zielvorstellung höherer Ordnung wirft die Frage nach dem Bereich auf, dem diese übergeordnete Zielsetzung entstammt. Ein Blick in das Schrifttum zur Bilanztheorie zeigt, dass sich schwerpunktmäßig drei Ansätze für die Formulierung von Jahresabschlusszielen unterscheiden lassen: der juristische, der gesamtwirtschaftliche und der einzelwirtschaftliche Ansatz.

Juristischer Ansatz

Nach dem juristischen Ansatz erscheint der Jahresabschluss als ein Instrument zur Lösung privatrechtlicher und gesellschaftsrechtlicher Gestaltungsaufgaben. Dementsprechend können sich die Jahresabschlussziele nur aus den Zwecken der betreffenden Rechtsvorschriften herleiten. Ein früher und umfassender Versuch, die Funktionen des Jahresabschlusses aus seiner Eigenschaft als Rechtsfigur zu deduzieren, stammt von Stützel (vgl. Stützel, W. [1967]), der fünf primäre und fünf sekundäre Jahresabschlussziele enumeriert:

Primäre Jahresabschlussziele

1. »Bündelung von Buchführungszahlen zur Sicherung von Urkundenbeständen gegen nachträgliche Inhaltsänderung im Interesse der Rechtspflege«,
2. »Schutz von Gläubigern durch Zwang zur Selbstinformation des Unternehmers über seinen Vermögensstand«,
3. Ausschüttungssperrfunktion »zur automatischen Transformation gläubigergefährdender Sachverhalte in Tatbestände gläubigerschützender Rechtsfolgen«,
4. »Konkretisierung dessen, was unter den Vokabeln »Gewinn« oder »Verlust« und »Kapitalanteil« i. S. des geschlossenen Gesellschaftsvertrags verstanden werden soll«,
5. »Kompetenzverteilung innerhalb von Körperschaften mit mehreren Organen« über die Verwendung des Gewinns.

Sekundäre Jahresabschlussziele

6. »Rechnungslegung i. S. des Rechenschaftsberichts«,
7. »Rechenschaftslegung der Leitenden für sich selbst«,
8. Zusammenstellung »von Zahlen, die unmittelbar in Kalküle für bevorstehende Entscheidungen der Unternehmensleitung eingehen«,
9. »Kreditwürdigkeitsbeurteilung«,
10. Vermittlung von Informationen »zur Bewertung von Gesellschaftsanteilen zwecks Entscheidung der aktuellen und potenziellen Gesellschafter über ihre Mitgliedschaft«.

Nach Stützel formen allein die primären Zwecke, also die Zwecke, »die man gemeinhin als dem Bereich des Rechts zugehörig ansieht« (vgl. Stützel, W. [1966], S. 787), Inhalt und Gestaltung des handelsrechtlichen Jahresabschlusses. Die sekundären Zwecke, also die Vermittlung von Informationen an Unternehmungsleitung, Unternehmungseigner und Gläubiger, lassen sich nach Stützel mittels des Jahresabschlusses nur insoweit verwirklichen, wie die an den rechtlichen Zwecken orientierten Bilanzierungsvorschriften dies zulassen. Nun ist Stützel zweifellos insofern zuzustimmen, als der Jahresabschluss keineswegs ausschließlich der Information der Unternehmungsbeteiligten dient, das Bilanzrecht also nicht lediglich aus einer Transformation betriebswirtschaftlicher Erkenntnisse in Rechtssätze resultiert. Ihm kommt vielmehr ein eigenständiger Gehalt zu, weil mit dem Jahresabschluss bestimmte Rechtsfolgen verknüpft sind. Zweifel erscheinen indessen gegenüber der These berechtigt, der Jahresabschluss sei allein an den rechtlichen Zwecken auszurichten.

Den Ausführungen Stützels lassen sich zwei Begründungen für diese These entnehmen. Zunächst wird angeführt, dass die rechtlichen Ziele und die Informationsziele im deutschen Handelsrecht nicht gleichrangig miteinander vereinbar seien; für die Ausgestaltung des Jahresabschlusses zu einem leistungsfähigen Informationsinstrument bedürfe es ganz anderer als der im geltenden Bilanzrecht verankerten Formen der Informationsdarbietung und der Bewertung. Eine weitere Begründung für die Orientierung an den rechtlichen Zwecken sieht Stützel in der Verpflichtung zur Erläuterung der im Jahresabschluss verwendeten Abschreibungs- und Bewertungsmethoden. Sie ermögliche es, »den gewöhnlich schiefen Eindruck, den der Abschluss als solcher über die Lage der Gesellschaft vermittelt, wieder so zurechtzurücken, dass der Aktionär einigermaßen fair über die Lage informiert wird« (vgl. Stützel, W. [1967], S. 339 f.).

Diese Begründungen, die hier nicht weiter diskutiert werden, machen deutlich, dass der bilanztheoretische Ansatz Stützels am De-lege-lata-Gesichtspunkt orientiert ist. Unter diesem Gesichtspunkt hat er in beträchtlichem Maße zur Klärung der Möglichkeiten und Grenzen des Jahresabschlusses nach geltendem Bilanzrecht beigetragen. Zur Formulierung von Regeln zur zieloptimalen Bilanzgestaltung unter De-lege-ferenda-Gesichtspunkten erscheint der juristische Ansatz indessen zu eng.

Gesamtwirtschaftlicher, gesellschaftsbezogener Ansatz

Der gesamtwirtschaftliche Ansatz der Ermittlung von Jahresabschlusszielen beruht auf folgender Überlegung (vgl. Gordon, M. J. [1960]): Die durch die Rechnungslegung gebotenen Informationen wirken sich über die Entscheidungsparameter der Adressaten des Jahresabschlusses auf deren Verhalten aus. Das Jahresabschlussziel ist daher so zu formulieren, dass die diesem Ziel entsprechenden Informationen zu einem gesamtwirtschaftlich erwünschten Verhalten der Informationsempfänger führen. Dieser Ansatz liegt bereits vielen älteren bilanztheoretischen Untersuchungen zugrunde. So haben Schmidt (vgl. Schmidt, F. [1929]) und später Grant und Mathews (vgl. Grant, J. McB./Mathews, R. L. [1957]) aus der Hypothese der Verhaltensbeeinflussung durch das gesetzlich verankerte Nominalwertprinzip eine Erklärung des Konjunkturgeschehens abzuleiten versucht – ein Gedanke, der in der Inflationsdiskussion erneut Bedeutung erlangt hat (vgl. Hankel, W. [1973]). Andere Autoren weisen auf die gesamtwirtschaftliche Bedeutung einer möglichst vollständigen Information der Unternehmer über die Ergebnisse ihrer Handlungen hin (vgl. Schmalenbach, E. [1927], S. 49; Le Coutre, W. [1949], S. 27) oder betonen die Notwendigkeit einer umfassenden Information von Anteilseignern und Kreditgebern zur Erreichung einer gesamtwirtschaftlich optimalen Allokation des Kapitals (vgl. Schmalenbach, E. [1927]; Lehmann, M. R. [1938]; Moxter, A. [1962]). Ein umfassender Versuch, Jahresabschlussziele aus gesellschaftlichen Zielvorstellungen zu deduzieren, ist von Rappaport (vgl. Rappaport, C. [1964]) unternommen worden. Er kommt zu vier Forderungen, die den Adressatenkreis sowie Umfang und Art der Jahresabschlussinformationen determinieren sollen:

1. Den Leitenden vor allem großer Unternehmungen obliegt eine Kommunikationspflicht gegenüber allen Individuen und Institutionen, die durch ihre Entscheidungen beeinflusst werden, also gegenüber Investoren, Kunden, Lieferanten, staatlichen Stellen und der Öffentlichkeit.
2. Die an der Unternehmung beteiligten Gruppen haben ein Anrecht auf solche Informationen, die ein Urteil über die Gerechtigkeit der Verteilung des betrieblichen Motivationspotenzials zulassen.
3. Zur Sicherstellung des gesamtwirtschaftlichen Fortschritts müssen die veröffentlichten Informationen so beschaffen sein, dass eine effiziente Allokation der Ressourcen gewährleistet ist.
4. Zur Förderung der gesellschaftlichen Zielvorstellungen sind diejenigen Informationen zu publizieren, die zu einem Verhalten führen, welches diesen gesellschaftlichen Wertvorstellungen entspricht.

Die zum Teil sehr vagen Formulierungen dieses Katalogs lassen die großen Schwierigkeiten des gesamtwirtschaftlichen Ansatzes für die Ermittlung präziser Jahresabschlussziele sichtbar werden. Die konsequente Befolgung dieses Ansatzes würde zunächst einmal die operationale Beschreibung einer gesamtwirtschaftlichen Wohlfahrtsfunktion voraussetzen. Anschließend müsste man die Verhaltensauswirkungen alternativer Rechnungslegungsmethoden und alternativer Publizitätsgrade auf die Informierten, aber auch die Informierenden ermitteln und den Einfluss dieser Verhaltensauswirkungen auf Größe, Zusammensetzung und Verteilung des Sozialprodukts klären. Man müsste schließlich den Grad der gesamtwirtschaftlichen Zielrealisation bei verschiedenen Publizitätsgraden und verschiedenen Verteilungen der Informationen im volkswirtschaftlichen System unter Berücksichtigung der jeweiligen Informationskosten prüfen. Angesichts der außerordentlichen Schwierigkeiten der Formulierung einer gesamtwirtschaftlichen Zielfunktion sowie der Überprüfung der Verhaltensreaktionen der einzelnen Wirtschaftssubjekte bei voneinander abweichenden Informationsbedingungen kann der gesamtwirtschaftliche Ansatz für die Formulierung von Jahresabschlusszielen allenfalls einen groben und oft spekulativen Rahmen bieten.

Gesellschaftsbezogene Rechnungslegung, Sozialbilanz, Human Resource Accounting

Die geschilderten Schwierigkeiten lassen die Bemühungen um eine Ausgestaltung der Jahresabschlussrechnung zu einer quantitativen gesellschaftsbezogenen Unternehmensrechnung, die als Ergebnisgröße neben dem Jahresüberschuss einen Sozialsaldo i. S. der Differenz von gesellschaftlichem Nutzen und gesellschaftlichen Kosten der Unternehmenstätigkeit ausweist (vgl. Eichhorn, P. [1974]), fraglich erscheinen. Dies schließt allerdings nicht aus, dass die zunehmende gesellschaftliche Verantwortung der Unternehmen Konsequenzen für die unternehmerische Berichterstattung haben muss, indem in zunehmendem Maße Elemente in die Jahresberichte Eingang finden, die auf das Ausmaß der Erfüllung gesellschaftlicher Verpflichtungen durch die Unternehmen hinweisen. Die Bestrebungen zu einer solchen gesellschaftsbezogenen Berichterstattung (Sozialbilanz, Nachhaltigkeitsbericht, Berichterstattung zur *Corporate Social Responsibility* (CSR)) laufen darauf hinaus, die auf das innere und äußere Beziehungsfeld der Unternehmung gerichteten physischen und gesellschaftlichen Beziehungen sowie die Wahrnehmung der gesellschaftlichen Verantwortung durch die Unternehmung der Bewertung durch die Berichtsadressaten zugänglich zu machen (vgl. Dierkes, M. [1974]; Schulte, H. [1974]; Brockhoff, K. [1975]; Wysocki, K. v. [1975]; Gray, R./Owen, D./Adams, C. [1996]; Brown, J./Fraser, M. [2006]; Haller, A. [2006b]). Hinsichtlich des inneren Beziehungsfeldes geht es um die Darstellung der Beziehungen des Unternehmens zu seinen Mitarbeitern. Wissenschaftlich hat dieses Beziehungsfeld unter dem Stichwort »*Human Resource Accounting*« (vgl. Schoenfeld, H. M. [1974]; Fischer-Winkelmann, W. F./Hohl, E. K. [1982]; Flamholtz, E. G. [1982]) eine ausgedehnte Erörterung erfahren; in der Berichtspraxis deutscher Unternehmen wird es im Rahmen des sog. Sozialberichtes berücksichtigt. Hinsichtlich des äußeren Beziehungsfeldes geht es um die Erfassung der Beziehungen der Unternehmung zu einzelnen Gruppen von Unternehmensinteressenten (z. B. Kunden, Lieferanten, Konkurrenten) und zu gesellschaftlichen Institutionen (z. B. Gemeinde, Staat) sowie der gesellschaftlich relevanten Beziehungen zur physischen Umwelt (z. B. Umweltverschmutzung, Maßnahmen zum Umweltschutz, Verbrauch von Energie, Sicherheit der Produkte), was auch zum Begriff »Umweltrechnungslegung« (vgl. Heigl, A. [1974]) geführt hat. Eine kombinierte Betrachtung von Umwelt- und Sozialaspekten stellt die sog. Nachhaltigkeitsberichterstattung bzw. die Berichterstattung zur CSR dar (vgl. 13. Kapitel, S. 946 ff.).

Einzelwirtschaftlicher Ansatz der Ermittlung von Jahresabschlusszielen

Unter einzelwirtschaftlichem Aspekt sind die Ziele des Jahresabschlusses aus den Zielvorstellungen der am Jahresabschluss interessierten Personen und Institutionen abzuleiten. Wegen der potenziellen Interessenskonflikte zwischen Bilanzierendem und Bilanzadressaten sind zwei Gesichtspunkte zu unterscheiden: Bei einer Orientierung an den Zielen des Bilanzierenden wird der Jahresabschluss als Instrument der unternehmerischen Informationspolitik gegenüber den externen Unternehmensbeteiligten betrachtet; die Bilanztheorie wird zur Theorie der Bilanzpolitik (vgl. Virkkunen, H. [1956]; Watts, R./Zimmerman, J. [1986]). Die Erforschung bilanzpolitischer Ziele und die Entwicklung bilanzpolitischer Strategien im Rahmen des jeweils geltenden Bilanzrechts sind eine wichtige Aufgabe der entscheidungsorientierten Betriebswirtschaftslehre. Außerdem sind sie eine wichtige Grundlage zur Erklärung tatsächlichen Bilanzierungsverhaltens. Als Grundlage einer Bilanztheorie, die Empfehlungen zur Konzipierung des Bilanzrechts geben soll, eignet sich der informationspolitische Gesichtspunkt jedoch nicht.

Bilanzadressaten als Zielträger

In der bilanztheoretischen Diskussion wird deshalb zur Ermittlung von Jahresabschlusszielen überwiegend von den Zielvorstellungen der Bilanzadressaten ausgegangen. Wegen des Charakters des Jahresabschlusses als Instrument der finanziellen Rechnungslegung der Unternehmung kommt dabei nur ein Rückgriff auf die finanziellen Zielvorstellungen der Rechnungslegungsadressaten in Betracht. Am Anfang jeder Theorie der zieloptimalen Bilanzgestaltung muss somit die Frage beantwortet werden: Wer sind die Adressaten der finanziellen Rechnungslegung der Unternehmung und welche finanziellen Ziele verfolgen sie im Hinblick auf ihre Ansprüche gegenüber und Beziehungen zu dem Unternehmen? Im Folgenden werden die zielbestimmenden Adressaten der finanziellen Rechnungslegung als Zielträger des Jahresabschlusses bezeichnet.

B. Zielträger des Jahresabschlusses und Jahresabschlussziele

Traditionelle Auffassungen über Zielträger des Jahresabschlusses

Im älteren deutschsprachigen bilanztheoretischen Schrifttum ist die Frage nach dem Zielträger des Jahresabschlusses nur gelegentlich angeklungen. Ausführlich wurde diese Frage hingegen im anglo-amerikanischen bilanztheoretischen Schrifttum in Gestalt der Diskussion über den *»Point of View (or Viewpoint) from which accounting procedures are carried out«* (Goldberg, L. [1965], S. 109) behandelt (vgl. Haller, A. [1994a], S. 106 ff.). Die zunächst entwickelten Auffassungen über den Zielträger des Jahresabschlusses, die unter den Bezeichnungen *proprietary theory, entity theory, fund theory* und *commander theory* bekannt geworden sind, reichen vom Eigentümer über die Unternehmung i. S. einer selbstständigen Wirtschaftseinheit bis zum Management als zielbestimmendem Merkmalsträger des Jahresabschlusses.

Zielträger des Jahresabschlusses und Unternehmenstheorie

Diese Theorien haben ihre Parallele in den Unternehmungskonzepten der traditionellen Unternehmungstheorie, nach der die Unternehmung als Entscheidungseinheit, personifiziert durch den Eigner, durch eine fiktive Rechtsperson oder entsprechend der Management-Theorie durch den Manager oder das Management betrachtet wird. Diese Parallelität in der Entwicklung grundlegender Begriffe der Bilanztheorie und der Unternehmenstheorie ist keineswegs zufällig gegeben; sie muss vielmehr zwangsläufig bestehen, wenn die Theorie der Unternehmungsrechnung auf den Erkenntnissen der Unternehmungstheorie aufbauen soll. »Die Unternehmungstheorie trägt zum Aufbau der Unternehmungsrechnung bei, indem sie dieser ein Bild der Unternehmung in ihrer wirtschaftlichen Situation zum Markt sowie zu den Haushalten der am Markt beteiligten Einkommensempfänger vermittelt. [...] Mit der Bestimmung der Beziehung zum Haushalt wird die Frage zu beantworten sein, ob die Unternehmung als selbstständige [...] Wirtschaftseinheit oder aber als Mittel des Haushalts betrachtet wird. Der unmittelbare Zusammenhang zwischen Unternehmungstheorie und Rechnungstheorie wird bei der Definition rechnungstheoretischer Grundbegriffe sichtbar, die sich auf wirtschaftstheoretische stützen müssen, wollen sie nicht beziehungslos im Raum stehen« (Szyperski, N. [1964], S. 275). Diese Parallelität der Unternehmenstheorie und Rechnungslegungstheorie hat dazu geführt, dass sich mit der Weiterentwicklung der Theorie der Unternehmung auch die Auffassungen über die Zielträger des Jahresabschlusses neu gestellt haben. In der Theorie der Unternehmung sind nach vielfältigen Entwicklungen gegenwärtig zwei konkurrierende, tatsächlich aber wohl eher ergänzende Betrachtungsweisen vorherrschend: die Stockholder- und die Stakeholder-Theorie. Im Hinblick auf die finanzielle Rechnungslegung führt die Stockholder-Theorie zu einer primär am Stockholder oder Shareholder, die Stakeholder-Theorie zu einer an einer Vielzahl von Beteiligten der »Koalition« Unternehmung ausgerichteten Zweckbestimmung. Im Folgenden werden die im Schrifttum entwickelten Auffassungen über den Zielträger des Jahresabschlusses kurz skizziert und die heute vorherrschende Auffassung dargestellt.

I. Traditionelle Auffassungen über den Zielträger des Jahresabschlusses

Eigner-Theorie (proprietary theory)

Nach der Eigner-Theorie (*proprietary theory*), der ältesten Auffassung über den Zielträger des Jahresabschlusses, gilt die Unternehmung ausschließlich als Einkommensquelle des Unternehmungseigners oder der Unternehmungseigner (vgl. Gilman, S. [1939], S. 38 ff., 598 ff.). Ein von der Privatsphäre des Unternehmungseigners losgelöstes Unternehmungsvermögen gibt es nach dieser Auffassung nicht; die Aktiva repräsentieren Vermögensteile des Eigners, die Schulden der Unternehmung werden als Schulden des Eigners interpretiert. Aufwand und Ertrag sind das Ergebnis der Disposition und Handlungen des Unternehmungseigners. Der Jahresabschluss hat dementsprechend die Aufgabe, dem Eigner periodisch Informationen über den Stand seines in der Unternehmung gebundenen Vermögens und der Schulden sowie über die Höhe des mittels der Unternehmung erzielten Einkommens zu liefern; er ist somit eine Vermögens- und Einkommensrechnung des Unternehmungseigners.

Die Eigner-Theorie mag für die Bestimmung des Jahresabschlussziels von einzelkaufmännischen Unternehmungen und Personengesellschaften, evtl. noch von Kapitalgesellschaften mit nur wenigen Anteilseignern, wie Familienaktiengesellschaften, durchaus eine geeignete Basis bilden; sie musste sich indessen mit dem Aufkommen großer Kapitalgesellschaften mit ihrer Vielzahl von Anteilseignern und der veränderten wirtschaftlichen und rechtlichen Stellung der Unternehmungseigner als unzulänglich erweisen. Mit dem Entstehen großer Kapitalgesellschaften ging dementsprechend ein Funktionswandel des Jahresabschlusses von einer Vermögens- und Einkommensrechnung des Unternehmungseigners zu einer Gewinnrechnung der Unternehmung Hand in Hand, die als Rechenschaftsbericht gegenüber allen Kapitalgebern der Unternehmung diente.

Einheitstheorie (entity theory)

Dem Gesichtspunkt einer vom Eignerstandpunkt losgelösten, unternehmungsbezogenen Abrechnung sucht die Einheitstheorie (*entity theory*) Rechnung zu tragen, der zufolge die Unternehmung als eigenständige Wirtschaftseinheit gilt (vgl. Li, D. H. [1963]). Als Bezugsgrundlage des Jahresabschlusses wird der Unternehmungseigner durch die fiktive Rechtsperson »Unternehmung« ersetzt. Aufgabe des Jahresabschlusses ist nach dieser Auffassung nicht die Ermittlung des Vermögens und des Einkommens des Unternehmungseigners, sondern die Feststellung der Ergiebigkeit der Entscheidungen und Handlungen der als selbstständige Wirtschaftseinheit begriffenen Unternehmung. Als Ergiebigkeitsmaß gilt primär der Unternehmungsgewinn (vgl. Haller, A. [1994a], S. 114). Das Unternehmungsvermögen wird dementsprechend nicht mehr als Teilvermögen des Unternehmungseigners interpretiert; die Aktiva stellen vielmehr – ähnlich wie in der dynamischen Bilanztheorie – noch nicht verbrauchte Aufwandsgüter der Wirtschaftseinheit Unternehmung, die gesamten Passiva Verpflichtungen der Unternehmung gegenüber ihren Kapitalgebern, also Eigen- und Fremdkapitalgebern, dar.

Durch die Abstraktion von der Person des Eigners vermeidet die Einheitstheorie zwar den Nachteil einer einseitigen Orientierung von Gewinnermittlung und Informationsdarbietung an den finanziellen Zielvorstellungen und Informationsbedürfnissen einer einzelnen Person oder Personengruppe; die Konstruktion einer »Unternehmung an sich« stellt indessen eine für die Unternehmungs- und damit Bilanztheorie unbrauchbare Fiktion dar. Unternehmungen bestehen nicht aus sich heraus, sondern sie »verdanken ihre Existenz der Initiative und den Zielvorstellungen autonomer Wirtschaftssubjekte« (Heinen, E. [1976], S. 59). Ohne Bezugnahme auf die Zielvorstellungen der am Unternehmen beteiligten Personen oder Personengruppen lassen sich keine brauchbaren Erfolgsermittlungs- und Informationsziele gewinnen. Während die Eigner-Theorie einseitig von den Zielvorstellungen einer bestimmten Person oder Personengruppe ausgeht und damit nur eingeschränkte Gültigkeit besitzen kann, erweist sich die Einheitstheorie infolge der Bezugnahme auf eine fiktive Person schon im Ansatz als untauglich. Man wird daher der häufig geäußerten Auffassung, die Eigner-Theorie gelte uneingeschränkt für die Jahresabschlüsse von Einzelunternehmen und Personengesellschaften, die Einheitstheorie hingegen für die Jahresabschlüsse von Kapitalgesellschaften, nicht folgen können.

Fondstheorie (fund theory)

Als Versuch, sowohl die Unzulänglichkeiten der Eigner-Theorie als auch die der Einheitstheorie zu vermeiden, will Vatter (vgl. Vatter, W. J. [1964]) die von ihm konzipierte Fondstheorie (*fund theory*) verstanden wissen. Der Eigner- und der Einheitstheorie hält er entgegen, dass beide jeweils eine bestimmte Person, im Falle der Eigner-Theorie eine natürliche, im Falle der Einheitstheorie eine fiktive Person, als Merkmalsträger hervorheben. Die Jahresabschlussinformationen dienten aber verschiedenen Zwecken. Der Ansatz der Eigner- und Einheitstheorie müsse daher zwangsläufig dazu führen, dass ein Teil der Zwecke nicht oder nur unzureichend erfüllt wird oder dass es für alle Zwecke zu einem unbefriedigenden Kompromiss kommt. Daraus leitet Vatter die Notwendigkeit ab, von den Zielen bestimmter Personengruppen zu abstrahieren und den Jahresabschluss auf eine »objektive« Grundlage zu beziehen. Diese objektive Grundlage glaubt Vatter in dem Begriff des Fonds gefunden zu haben, der somit die Funktion der zentralen Abrechnungseinheit übernimmt. Ein Fonds umfasst eine Menge auf einen bestimmten Zweck gerichteter Nutzenpotenziale (*service potentials*), die rechnungstechnisch als Aktiva in Erscheinung treten. Die Verfügung über die einem Fonds angehörenden Nutzenpotenziale unterliegt stets bestimmten Restriktionen, die rechnungstechnisch durch die dem Fonds zugeordneten Passiva repräsentiert werden. Die allgemeinste Form einer Verfügungsbeschränkung ergibt sich aus der Forderung, die bereitstehenden Mittel i. S. des Fondszweckes einzusetzen (Eigenkapital). Spezielle Beschränkungen resultieren beispielsweise aus dem Erfordernis der Schuldenrückzahlung zum Fälligkeitstermin (Fremdkapital). Jede Verminderung der Nutzenpotenziale ohne gleichzeitige Verminderung der speziellen Restriktionen in derselben Höhe und jede einseitige Erhöhung der speziellen Restriktionen bedeuten nach dieser Interpretation einen Aufwand, jede Vermehrung der Nutzenpotenziale ohne gleichzeitige Vermehrung der speziellen Restriktionen in derselben Höhe und jede einseitige Verminderung der speziellen Restriktionen bedeuten einen Ertrag. Mit Hilfe dieses begrifflichen Instrumentariums entwickelt Vatter ein Rechnungssystem, das von der Grundidee einer objektiven, von bestimmten Personen und Informationszielen unabhängigen Rechnungslegung über die Tätigkeiten der nach verschiedenen Gesichtspunkten abgegrenzten Fonds geleitet wird. In diesem Rechnungssystem wird bewusst auf die Ermittlung eines Gewinns verzichtet, weil dieser nur in Bezug auf eine bestimmte Person oder einen bestimmten Zweck von Bedeutung sein könne, das Rechnungssystem aber so konstruiert sein soll, dass jede nur denkbare Person durch Kombination einzelner Rechengrößen die für den gerade verfolgten Zweck erforderlichen Informationen selbst zusammenstellen kann.

Vatter kennzeichnet den Grundgedanken der Fondstheorie als eine Weiterentwicklung der Einheitstheorie (vgl. Vatter, W. J. [1966], S. 255). Beiden Auffassungen ist die Abstraktion von den mit der Unternehmung verknüpften Personen gemeinsam. Die Einheitstheorie erreicht dies, wie ausgeführt, durch die Fiktion der »Unternehmung an sich«, die Fondstheorie durch einen Rückgriff auf den Fonds als elementare Abrechnungseinheit. Auf die Fondstheorie treffen daher alle bereits gegen die Einheitstheorie erhobenen Einwendungen zu. Abgesehen von gewissen praktischen Schwierigkeiten der Erstellung und Auswertung des von Vatter entwickelten Rechnungssystems (vgl. Orth, C. [1963], S. 444; Goldberg, L. [1965], S. 150), ist die Grundkonzeption der Fondstheorie zudem nicht frei von terminologischen Unklarheiten und Widersprüchen. So fehlt es etwa an einer überzeugenden Begründung für die Forderung nach einer von Personen oder Personengruppen unabhängigen Bezugsgröße des Jahresabschlusses, zumal Vatter die Eigner-Theorie trotz ihrer Personenbezogenheit für einzelkaufmännische Unternehmungen und Personengesellschaften für akzeptabel hält (vgl. Vatter, W. J. [1964], S. 3 f.). Ferner erscheint fraglich, ob sich die Definition der Aktiva als Nutzungspotenziale ohne eine zumindest implizite Bezugnahme auf Personen und deren Ziele logisch halten lässt, denn der Begriff des Nutzens ist an die Einschätzung durch Personen gebunden.

Management-Theorie (commander theory)

Während die Fondstheorie Vatters als Weiterentwicklung der Einheitstheorie zu interpretieren ist, knüpft die Auffassung Goldbergs, dass stets die Person oder Personengruppe, die die Weisungsgewalt über die Unternehmenstätigkeit ausübt, den Merkmalsträger des Jahresabschlusses bildet (*commander theory*), an die Grundgedanken der Eigner-Theorie an (vgl. Goldberg, L. [1965], S. 162 ff.). Die Einheitstheorie und die Fondstheorie verwirft er, weil sie von dem Informationsbedürfnis realer Personen abstrahieren und somit auf Fiktionen beruhen. Die Eigner-Theorie hingegen stimmt für den Fall einer Eigentümer-Unternehmung mit der *commander theory* überein. Für den Fall einer Geschäftsführer-Unternehmung ersetzt die *commander theory* den Unternehmenseigner durch das Management als Merkmalsträger des Jahresabschlusses. Einer solchen auf Information der Unternehmungsleitung gerichteten Deutung, wie sie auch der dynamischen Bilanzauffassung Schmalenbachs zugrunde liegt, muss die Zielbestimmung für einen extern orientierten Jahresabschluss zwangsläufig Schwierigkeiten bereiten. Goldberg sucht diese Schwierigkeiten mit der Erklärung zu umgehen, dass der Unternehmensführung neben ihrer Leitungsfunktion eine Rechenschaftspflicht gegenüber den unternehmensexternen Kapitalgebern obliege. Eine solche Interpretation muss aber für die Herleitung von Jahresabschlusszielen entgegen der Grundidee der *commander theory* zumindest implizit die Informationsbedürfnisse der unternehmensexternen Kapitalgeber zugrunde legen. Alternativ müsste diese Interpretation den Begriff des Zielträgers so umdeuten, dass nicht mehr der Informationsempfänger, sondern der Jahresabschlussersteller gemeint wäre. Mit dieser Umdeutung würde allerdings die Bestimmung des Zielträgers der Rechnungslegung für die Ermittlung von Jahresabschlusszielen bedeutungslos.

II. Stockholder-Theorie und Jahresabschlussziele

Shareholder Value

Aus der Sicht der Zielträger des Jahresabschlusses lässt sich die Stockholder-Theorie als eine Verbindung von Eigner-Theorie und Management-Theorie interpretieren. Wie die Eigner-Theorie betrachtet sie die Unternehmung ausschließlich als Einkommensquelle der Unternehmenseigner. Die Zwecke des Jahresabschlusses sind folglich aus den Zielsetzungen und Informationsbedarfen des Eigentümerinvestors abzuleiten. Die Stockholder-Theorie gibt allerdings die Prämisse der Eigentümer-Theorie auf, dass der Eigentümer mit dem Unternehmen eine Entscheidungseinheit bildet. Im Zentrum steht vielmehr die Kapitalgesellschaft, bei der das Management mit der Führungsaufgabe betraut ist, während der Eigentümer bzw. die Eigentümer als Stockholder bzw. als Shareholder von der Geschäftsführung getrennt sind. Aufgabe des Managements, das durch Delegation für den Stockholder bzw. Shareholder das Unternehmen führt, ist es, im Interesse der Stockholder bzw. Shareholder zu handeln. Daraus leitet sich als ökonomische Zielsetzung die Marktwertmaximierung des Unternehmens bzw. die Maximierung des *shareholder value* ab. Konsequenterweise wird auch der Jahresabschluss in den Dienst des *shareholder value* gestellt.

Agency-Theorie

Das Verhältnis zwischen Stockholder bzw. Shareholder und Management lässt sich als Auftragsbeziehung zwischen einem Prinzipal (Stockholder/Shareholder) und einem Agenten (Management) beschreiben. Die ökonomische Analyse solcher *Principal-Agent*-Beziehungen ist Gegenstand der *Agency*-Theorie (vgl. Elschen, R. [2011]). Ein besonderes Charakteristikum derartiger Auftragsbeziehungen ist es, dass der Auftraggeber teilweise die Macht, eigenständig Entscheidungen zu treffen, an den Auftragnehmer delegiert (vgl. Jensen, M. C./Meckling, W. H. [1976], S. 308). Aufgrund der Machtübertragung haben Entscheidungen des Managements unmittelbaren Einfluss auf die Eigentümer. Diese Entscheidungen können zu wesentlichen Konflikten führen, da man im Rahmen der *Agency*-Theorie davon ausgeht, dass beide Vertragsparteien Nutzenmaximierer sind, ihre Nutzenvorstellungen sich jedoch nicht gleichen (vgl. Ross, S. A. [1973], S. 134). Darüber hinaus ist die Vertragsbeziehung durch eine asymmetrische Informationsverteilung zugunsten des Managements geprägt. Anhand der Ursachen für die asymmetrische Informationssituation unterscheidet die *Agency*-Theorie vier verschiedene Sachverhalte (verborgene Handlungen, verborgene Informationen, verborgene Eigenschaften und verborgene Absichten), die ein *Agency*-Verhältnis charakterisieren.

- Verborgene Handlungen: Die Tatsache, dass der Prinzipal (Eigentümer) das Management nach Vertragsschluss nicht ständig beobachten und überwachen kann, wird als »*hidden action*« Problematik bezeichnet. Diese Problematik von verborgenen Handlungen wird dadurch verschärft, dass bestimmte Arbeitsleistungen nur schwierig messbar sind bzw. nicht trennscharf einem bestimmten Agenten zugerechnet werden können (vgl. Meinhövel, H. [2004], S. 471). Das Management kann seinen Informationsvorteil nutzen und neigt aufgrund seiner Nutzenfunktion, die Arbeit als Leid interpretiert, zur Drückebergerei (*shirking*). Neben der schädlichen Zurückhaltung des Managements in Bezug auf Arbeit erleiden die Eigentümer zusätzlichen Schaden, wenn das Management Unternehmensressourcen für private Zwecke missbraucht (*consumption on the job*). Die Gefahr, dass das Management verborgene Handlungen zu seinem Vorteil ausnutzt wird, als moralisches Risiko (*moral hazard*) bezeichnet.
- Verborgene Informationen: Das Problem der verborgenen Informationen (*hidden information*) tritt in Situationen auf, in denen die Eigentümer das Management zwar beobachten können, aber aufgrund fehlender spezifischer Kenntnisse diese Information nicht verwerten können. In solchen Konstellationen beobachten die Eigentümer zwar, dass das Management effektiv handelt, aber die Effizienz der Arbeitsleistung ist nur der Unternehmensführung bekannt. Das wahre Potential der Unternehmensressourcen wird durch das Management verheimlicht bzw. bewusst verzerrt dargestellt. Wie im Fall von verborgenen Handlungen besteht auch im Fall von *hidden information* ein hohes moralisches Risiko.
- Verborgene Eigenschaften: Die Gefahr von verstecken negativen Eigenschaften (*hidden characteristics*) des Managements besteht in der Auswahl von schlechten Vertragspartnern. Dieses Problem der sog. »*adverse selection*« tritt bereits vor Vertragsabschluss zwischen einem Agenten, der sich möglichst gut darstellen will und eigene Schwächen versteckt, und einem Prinzipal, der die versteckten Eigenschaften noch nicht kennt, auf.

- Verborgene Absichten: Die Unkenntnis der Eigentümer über die tatsächlichen Absichten des Managements wird als »*hidden intention*« bezeichnet. In der Situation vor Vertragsabschluss kann die unbekannte Absicht als Eigenschaft des Managements interpretiert werden und stellt somit einen Spezialfall der *hidden characteristics* dar (vgl. Göbel, E. [2002], S. 103). Nach Vertragsabschluss kann sich aus dem *hidden intention* Problemtyp ein sog. »*hold up*« (Raubüberfall) Problem entwickeln. In diesem Fall beabsichtigt das Management nach Vertragsabschluss die Abhängigkeit der Eigentümer zu seinen Gunsten zu missbrauchen. Aufgrund der asymmetrischen Informationssituation zugunsten des Managements besteht für den Eigentümer das Risiko, dass das Management seinen Informationsvorsprung durch opportunistisches Verhalten missbraucht.

Die direkte Überwachung und Kontrolle des Managements durch die Eigentümer (Stockholder/Shareholder) ist schwierig und kostenintensiv. Um diese notwendige Aufgabe möglichst kosteneffizient zu erledigen, werden institutionelle Kontrollstrukturen geschaffen. Diese institutionellen Strukturen nützen kostenreduzierende Skaleneffekte bei der Informationsbeschaffung und -auswertung aus. Dazu zählt die allgemeine Gesetzgebung z. B. in Form von geregelten Publizitätsvorschriften für Unternehmen. Im Rahmen dieser Kontrollstrukturen kommen der externen Rechnungslegung wichtige Funktionen zur Eingrenzung der Risiken aus *Principal-Agent*-Beziehungen zu (vgl. Ewert, R. [1986]; Hartmann-Wendels, T. [1992]; Wagenhofer, A./Ewert, R. [2007], 1. Kapitel). Die externe Rechnungslegung lässt sich dabei als gesetzlich geregelter Teil der Auftragsbedingungen des Delegationsverhältnisses von Shareholder und Management betrachten (vgl. Elschen, R. [2011], S. 599). Für den Jahresabschluss leiten sich daraus zwei Zwecksetzungen ab:

- Er dient als Informations- und Kontrollinstrument für den Shareholder. Wegen der Gefahr von verborgenen Informationen (*hidden information*) steht diese Zwecksetzung insbesondere unter den Kriterien der Vollständigkeit und der Objektivität der Rechnungslegung.
- Der Jahresabschluss ist zugleich Bemessungsgrundlage für den finanziellen Zielerreichungsgrad für den Shareholder. D. h. der mit dem Jahresabschluss zu bemessende Erfolg (Gewinn oder Verlust) muss mit dem finanziellen Ziel des Shareholder, also dem Unternehmensmarktwert bzw. *shareholder value,* kompatibel sein. Damit kann er zugleich als Maßgröße für ein Anreizsystem dienen, das die Interessen des Managements mit den Interessen des Shareholder koppelt, um auf diese Weise verborgene Handlungen (*hidden action*) zu vermeiden.

III. Stakeholder-Theorie und Jahresabschlussziele

Stakeholder vs. Stockholder

In scheinbar krassem Widerspruch zur stark kapitalmarktgeprägten Stockholder-Theorie verfolgt die Stakeholder-Theorie eine stärker organisatorisch geprägte Perspektive. Es ist deshalb auch nicht erstaunlich, dass dieses Konzept in den USA von Organisationstheoretikern in die Theorie der Unternehmung eingeführt wurde (vgl. Cyert, R. M./March, J. G. [1963], S. 26 ff.; vgl. zur Stakeholder-Theorie grundsätzlich Freeman, R./Reed, D. [1983]; Freeman, R. [1984]; für einen Literaturüberblick vgl. Laplume, A. O./Sonpar, K./Litz, R. A. [2008]). Tatsächlich lassen sich beide Theorien miteinander verbinden. Aus der Sicht der Stakeholder-Theorie ist die langfristige Existenz des Unternehmens nur sicherbar, wenn das Unternehmen als Instrument der Zielrealisation sämtlicher an der Unternehmung beteiligten Stakeholder betrachtet wird. Die Stockholder-Interessen werden mit den Interessen der üblichen Stakeholder als interdependent betrachtet, wobei auch hier *Agency*-Beziehungen zwischen dem Management und den Stakeholdern bestehen (*stakeholder agency theory*, vgl. Hill, C. W./ Jones, T. M. [1992]).

Die Unternehmung als Koalition

Nach der Stakeholder-Theorie erscheint die Unternehmung als eine Koalition aller mit der Unternehmung in direkter Beziehung stehenden Personen. Hierzu zählen sowohl Beschäftigte, Anteilseigner und die Unternehmensleitung als auch Kreditgeber, Kunden, Lieferanten und der Fiskus. Die von den aktuellen oder potenziellen Koalitionsmitgliedern entsprechend ihren Zielvorstellungen an die Unternehmung gerichteten Anforderungen stellen – sieht man von der Ausnahmestellung des Fiskus ab – den Preis für den Verbleib in der Koalition oder für die Beteiligung an der Koalition dar. Eine Koalition hat demnach nur so lange Bestand, wie sie ihren Mitgliedern oder ihren potenziellen Teilnehmern deren Zielvorstellungen entsprechende Leistungen finanzieller und nichtfinanzieller Art bietet. Für ihre Entscheidungen über den Verbleib in der Koalition bzw. Eintritt in die Koalition benötigen die aktuellen und potenziellen Koalitionspartner regelmäßig Informationen über den Erreichungsgrad ihrer finanziellen und nichtfinanziellen Zielvorstellungen, die sie mit ihrer Teilnahme am Unternehmen verknüpfen. Die Vorstellung der Unternehmung als Koalition verschiedener Personengruppen sowie die sich daraus ergebenden Implikationen für die Gestaltung der Rechnungslegung wurde in Deutschland bereits von Nicklisch, H. [1932] erarbeitet (vgl. Haller, A. [1997], S. 105 ff.).

Koalitionsteilnehmer als Zielträger

Diese Deutung der Unternehmung als Koalition unterschiedlicher Interessentengruppen hat die bilanztheoretische Diskussion über die zieloptimale Gestaltung der Rechnungslegung stark geprägt (vgl. z. B. Bühner, R. [1998]; Kubin, K. W. [1998]). Entsprechend dieser Deutung erscheint der Jahresabschluss als ein finanzieller Rechenschaftsbericht der Unternehmensleitung gegenüber den Koalitionsteilnehmern. Allgemein lässt sich deshalb der Jahresabschluss als ein Informationsinstrument interpretieren, das den Koalitionspartnern Informationen über den Erreichungsgrad ihrer finanziellen Zielvorstellungen, die sie mit ihrer Teilnahme am Unternehmen verknüpfen, liefern soll.

Finanzielle Zielvorstellungen der Koalitionsteilnehmer

Die relevante Fragestellung lautet somit: Welche finanziellen Zielvorstellungen verfolgen die Koalitionspartner mit ihrer Beteiligung am Unternehmen, welche Informationswünsche ergeben sich aus diesen Zielvorstellungen, und wie lassen sich die Aufgaben des Jahresabschlusses präzisieren?

Anteilseigner

Die finanziellen Zielvorstellungen der aktuellen und potenziellen Anteilseigner sind auf die Erzielung eines ihren individuellen Präferenzen möglichst entsprechenden, aus Ausschüttungen und Vermögensmehrungen resultierenden Einkommensstromes gerichtet. Um über die Beteiligung oder Nichtbeteiligung an dem Unternehmen entscheiden zu können, müssen sie folglich den Wert dieses künftigen Einkommensstromes, d. h. den für den Erwerb dieses Einkommensstromes maximal zahlbaren Preis oder den für seine Aufgabe mindestens zu fordernden Preis, kennen. Die Ermittlung dieses *shareholder value*, die dem individuellen Kalkül des einzelnen Entscheidungssubjektes vorbehalten bleibt, setzt Informationen über Breite, zeitliche Struktur und Sicherheit der künftigen Ausschüttungen und über die erwartete künftige Vermögensentwicklung (Kursentwicklung) voraus (vgl. Moxter, A. [1966], S. 38). Aus der Sicht der Anteilseigner ist an den Jahresabschluss somit die Forderung zu stellen, dass er Prognosen über die künftige Entwicklung dieser den Einkommensstrom determinierenden Größen ermöglicht. Neben diesen allgemeinen Informationen über die wirtschaftliche Entwicklung des Unternehmens ist das Interesse der Anteilseigner insbesondere auch auf die Ermittlung eines ausschüttbaren Gewinns gerichtet. Dabei zeigen sich aus der Sicht der Anteilseigner zwei Tendenzen in den Anforderungen an die Bemessung des ausschüttungsfähigen Betrages: Einerseits geht es – vor allem im Verhältnis von Minderheitsgesellschaftern zu Mehrheitsbeteiligten – um die Kontrolle, dass nicht zu wenig ausgeschüttet wird; andererseits geht es aber auch darum, dass für die Bemessung gewinnabhängiger Steuern, der Gewinnbeteiligungsansprüche von Arbeitnehmern sowie von Gewinnausschüttungen als entnahmefähiger Betrag nicht mehr ausgewiesen wird, als unter dem Ziel der Bestandserhaltung des Unternehmens und damit der Einkommensquelle der Anteilseigner gerechtfertigt erscheint.

Gläubiger

Der Zielstrom der Unternehmensgläubiger ist im Gegensatz zu dem der Anteilseigner vertraglich fixiert. Für die Entscheidung über die Gewährung, Prolongation oder Kündigung eines Kredits benötigen die Kreditgeber dementsprechend Prognosen darüber, ob die Unternehmung den vertraglich vereinbarten Tilgungs- und Zinsverpflichtungen fristgerecht nachzukommen vermag. Diese Prognosen erstrecken sich grundsätzlich auf zwei Fragen:

1. In welcher Höhe muss im Falle einer künftigen (drohenden) Zahlungsunfähigkeit oder Überschuldung der Unternehmung mit Kreditverlusten gerechnet werden?
2. Mit welcher Wahrscheinlichkeit wird es überhaupt zu einer künftigen Zahlungsunfähigkeit oder Überschuldung kommen?

Die Beantwortung der ersten Frage bedingt Informationen über die voraussichtlichen Liquidationserlöse der einzelnen Vermögensposten zum Zeitpunkt der evtl. Insolvenz der Unternehmung und über die Höhe etwa bevorrechtigter Ansprüche sowie den Wert evtl. gewährter Kreditsicherheiten. Die Befriedigung dieser Informationswünsche ist deshalb nicht mittels des Jahresabschlusses, sondern nur mittels eines speziellen Kreditstatuts möglich. Die auf der Hypothese der Unternehmensfortführung ermittelten Informationen des Jahresabschlusses sind allenfalls dazu geeignet, dem Kreditgeber die Beantwortung der zweiten Frage, also Prognosen über die Wahrscheinlichkeit einer künftigen Insolvenz oder Überschuldung der Unternehmung, zu ermöglichen. Neben diesen Informationen der Rechnungslegung sind die Gläubiger an der Ermittlung eines auf Gläubigerschutz ausgerichteten entnahmefähigen Gewinns interessiert. Gewinnauszahlungen in Form von Ertragsteuerzahlungen, Dividendenzahlungen und der Bezahlung sonstiger Gewinnansprüche führen zur Minderung der Haftungssubstanz. Mittels des Jahresabschlusses sollen deshalb gläubigerschützende Ausschüttungssperrvorschriften verwirklicht werden.

Arbeitnehmer

Für einen großen Teil der Beschäftigten sind die Jahresabschlussinformationen infolge des niedrigen Mobilitätsgrades dieser Beschäftigten und infolge des Bestehens überbetrieblicher Tarifverträge nur von untergeordneter Bedeutung. Soweit den Beschäftigten die Wahl zwischen alternativen Beteiligungsmöglichkeiten bleibt, erstrecken sich ihre Informationsbedürfnisse unter finanziellem Aspekt insbesondere auf Anhaltspunkte über die Sicherheit des Arbeitsplatzes, die Möglichkeiten und Grenzen künftiger Verdienst- und Aufstiegschancen sowie die Sicherheit evtl. zugesagter Pensionszahlungen, sonstiger sozialer Leistungen oder von ergebnisabhängigen Vergütungen. All diese Informationsbedürfnisse stellen an den Jahresabschluss die Forderung, dass er Prognosen über die künftige wirtschaftliche und finanzielle Entwicklung der Unternehmung ermöglicht. Die Sicherung der Arbeitsplätze erfordert außerdem die Ermittlung eines unter dem Gesichtspunkt der Unternehmenserhaltung entziehbaren Gewinns. Die Beschäftigten oder ihre Interessenvertreter wollen ferner wissen, ob ihr Anteil an der Wertschöpfung der Unternehmung ihren Vorstellungen von einer angemessenen Entlohnung entspricht (vgl. Moxter, A. [1970], S. 136) und ob die erwartete Unternehmungsentwicklung der Geltendmachung von Lohnforderungen Raum lässt. So dienen Unternehmungs- und Branchenanalysen aufgrund veröffentlichter Jahresabschlüsse den Gewerkschaften häufig als Richtschnur für die bei Tarifverhandlungen zu stellenden Forderungen.

Abnehmer, Lieferanten

Aktuelle und potenzielle Abnehmer und Lieferanten können aus mehreren Gründen ein Bedürfnis nach Information über die wirtschaftliche und finanzielle Entwicklung der Unternehmung haben. Zunächst kann die Kenntnis der wirtschaftlichen und finanziellen Entwicklung für die strategische Position bei der Aushandlung der Einkaufs- und Verkaufspreise bedeutsam sein. Sie kann ferner zur Prüfung der Frage veranlassen, ob eine Ausdehnung der Produktionstiefe zweckmäßig erscheint, insbesondere wenn das Unternehmen außergewöhnlich hohe Gewinne erwirtschaftet. Das Informationsbedürfnis der Abnehmer und Lieferanten hängt entscheidend von der Faktorspezifität der getätigten Investition ab. Die Faktorspezifität beschreibt dabei den Grad der Einsatzflexibilität von Investitionsgütern. Je schwieriger es ist für die Investition eine alternative Verwendung zu finden, desto höher ist der Grad der Spezifität und damit das Maß der Verbundenheit zwischen Stakeholder und Unternehmen (vgl. Williamson, O. E. [1979], S. 239 f.). In einem Extremfall sind die Investitionen in ein Unternehmen problemlos in Beziehungen zu alternativen Unternehmen verwendbar und somit handelt es sich nicht um transaktionsspezifische Investitionen. In diesem Fall ist der Lieferant/Abnehmer aufgrund der alternativen Verwendungsmöglichkeit seiner Investition nur in geringem Umfang an ein spezielles Unternehmen gebunden (vgl. Dietl, H. [1995], S. 576 f.). In einem anderen Extremfall sind die Investitionen des Stakeholder in ein Unternehmen so speziell auf dieses Unternehmen ausgerichtet, dass eine alternative Verwendung nicht möglich ist. Durch diese begrenzte Austausch- und Handelbarkeit ist der Stakeholder an ein Unternehmen gebunden. Die Höhe der spezifischen Investitionen prägt somit die Forderung nach Sicherungsmaßnahmen und das Bedürfnis nach Informationen über die wirtschaftliche und finanzielle Entwicklung der Unternehmung. Abnehmer, die ihre Roh-, Hilfs- und Betriebsstoffe sowie Betriebsmittel fast ausschließlich von dem Unternehmen beziehen sollen, und Lieferanten, die mit ihren Fertigerzeugnissen und Handelswaren vorwiegend das Unternehmen beliefern sollen, werden sich zu einer solchen Bindung nur entschließen, wenn die voraussichtliche künftige Unternehmensentwicklung eine Sicherung der Lieferquelle und der Absatzmöglichkeiten verspricht. Darin drückt sich zugleich das Interesse von Abnehmern und Lieferanten an einer Vermeidung bestandsgefährdender Ausschüttungen aus.

Fasst man die Stakeholder-Theorie weiter, so zählen zu den Stakeholdern auch Verbände, andere Interessengruppen sowie die Gesamtgesellschaft, da auch diese Ansprüche an Unternehmen haben und auf diese Einfluss nehmen (können) (vgl. Freeman, R./Reed, D. [1983], S. 91). Aus einer so weiten Betrachtung ergeben sich auch eine Reihe von nicht finanziellen Informationsanforderungen, die sich aus der gesellschaftlichen Verantwortung von Unternehmungen ergeben, die aber durch den Jahresabschluss als finanzielles Rechenwerk und Informationsinstrument nicht erfüllt werden können. Diesbezüglich werden mittlerweile andere Berichtsinstrumente gefordert und entwickelt, sog. Nachhaltigkeitsberichte oder *Corporate Social Responsibility* Berichte (vgl. Haller, A. [2006b]), die als Erweiterung des Berichterstattungsspektrums zusätzlich zum und unabhängig vom Jahresabschluss erstellt werden.

Fiskus

Der Fiskus ist am Jahresabschluss insoweit interessiert, wie er die Bemessungsgrundlage für die gewinnabhängigen Steuern liefert. Es kann davon ausgegangen werden, dass der Steuergesetzgeber ein Interesse an der Erhaltung der Steuerquellen hat. Gewinn kann für den Fiskus deshalb nur ein ohne Bestandsgefährdung des Unternehmens entziehbarer Betrag sein.

Jahresabschlusszwecke

Aus den finanziellen Zielvorstellungen und Informationsbedürfnissen des engen Kreises an Stakeholdern (Koalitionsteilnehmern) lassen sich für den Jahresabschluss zwei Aufgabenstellungen ableiten:

Gewinnermittlung

1. Wie die Analyse der finanziellen Zielvorstellungen der Stakeholder ergeben hat, sind alle Adressaten an der Bestandserhaltung des Unternehmens interessiert. Zur Kontrolle, inwieweit die Unternehmungserhaltung in der vorgegebenen Form gelungen ist, bedarf es einer Gewinnrechnung. Die Festlegung einer Unternehmenserhaltungskonzeption ist das Kernproblem der Gewinndefinition. Der Ertrag, der zur Verwirklichung der angestrebten Unternehmungserhaltungskonzeption nicht als Aufwand im Unternehmen zurückbehalten werden muss, gilt als Gewinn. Gewinn ist also ein i. S. der jeweils verfolgten Unternehmungserhaltungskonzeption entnahmefähiger Betrag. Eine Aufgabe des Jahresabschlusses ist es demnach, den i. S. der verfolgten Unternehmungserhaltungskonzeption entziehbaren Betrag zu ermitteln, der als Maßgröße für die erfolgsabhängigen Einkommenszahlungen wie Ertragsteuern, Gewinnausschüttungen und Erfolgsbeteiligungen dient. Wegen der Pluralität und der damit verbundenen unterschiedlichen finanziellen Zielvorstellungen der Stakeholder sowie wegen der möglichen Interessengegensätze und Informationsasymmetrien zwischen Unternehmensleitung und Stakeholdern (vgl. in diesem Kapitel Abschnitt II) muss es sich bei diesem Gewinn um eine rechenschaftsfähige, d. h. objektiv nachprüfbare Größe handeln.

Informationsvermittlung

2. Vom Fiskus abgesehen benötigen alle Bilanzadressaten möglichst verlässliche und aussagefähige Beurteilungsmaßstäbe über die finanzielle und wirtschaftliche Situation des Unternehmens, um Ausmaß und Sicherheitsgrad der zu erwartenden Zielrealisation ihrer Beteiligung am Unternehmen abschätzen

zu können. Neben der Erfolgsermittlungsfunktion hat der Jahresabschluss deshalb auch die Aufgabe, eine möglichst aussagefähige und zugleich nachprüfbare Berichterstattung über die finanzielle und wirtschaftliche Entwicklung des Unternehmens zu gewähren. Dazu kann auch die Ermittlung eines Erfolgs als Indikator der wirtschaftlichen Lage gehören, der vom entnahmefähigen Erfolg (vgl. Punkt 1) abweichend definiert ist.

Materielle Bilanztheorie als Theorie der Gewinnermittlung und als Theorie der öffentlichen Rechnungslegung

Entsprechend diesen beiden Jahresabschlusszwecken ergeben sich zwei Aufgabenstellungen materieller Bilanztheorien: Einerseits sind der Gewinnbegriff inhaltlich festzulegen sowie die diesem entsprechenden Regeln für die Vermögensbewertung abzuleiten. Damit ist zugleich die zu verwirklichende Unternehmenserhaltungskonzeption festgelegt. Unter dieser Aufgabenstellung ist die materielle Bilanztheorie Theorie der Gewinnermittlung. Andererseits stellt sich der materiellen Bilanztheorie die Aufgabe, durch empirische und logische Analysen zu ergründen, wie sich ein möglichst großer Informationsgehalt der Rechnungslegung unter Berücksichtigung der Vielfalt der Informationswünsche der Rechnungslegungsadressaten erreichen lässt. In Bezug auf diese Aufgabenstellung ist die materielle Bilanztheorie also Theorie der Rechnungslegung gegenüber der Öffentlichkeit.

C. Theorien der Gewinnermittlung

Konzeptionen der Unternehmenserhaltung

In der gesamten bilanztheoretischen Diskussion über den Gewinnbegriff besteht weitgehend Einigkeit darüber, dass jede inhaltliche Festlegung des (entnahmefähigen) Gewinnbegriffs sich zwangsläufig mit einer bestimmten Vorstellung über eine Unternehmenserhaltungskonzeption verbindet. Unterschiedliche Auffassungen bestehen dagegen darüber, (1) wie die zu verwirklichende Unternehmenserhaltungskonzeption aussehen soll und (2) ob die erfolgsrechnerische Kontrolle der zu verwirklichenden Unternehmenserhaltungskonzeption im Rahmen des Jahresabschlusses selbst oder in Sonderrechnungen zum Jahresabschluss verwirklicht werden soll. Die zweite Fragestellung ist unter der Aufgabenstellung des Jahresabschlusses, als Instrument der öffentlichen Rechenschaftslegung möglichst verlässliche und aussagefähige Informationen über die finanzielle Entwicklung des Unternehmens zu bieten, von Bedeutung. Die erste Fragestellung, d. h. die Frage nach der Unternehmenserhaltungskonzeption, ist dagegen das Kernproblem jeder Theorie der Gewinnermittlung. Die vielfältigen im Schrifttum vorgeschlagenen Erhaltungskonzeptionen lassen sich auf drei Formen der Kapitalerhaltung zurückführen:

Geldkapitalerhaltung

1. Geldkapitalerhaltung: Ziel dieser Konzeption ist die Erhaltung des von den Unternehmenseignern im Unternehmen investierten Geldes. Als Gewinn gilt dementsprechend der Betrag, der über die für die Erhaltung des ursprünglichen Einlagekapitals notwendigen Erträge hinaus erwirtschaftet wurde. Kriterium der Gewinnerzielung ist also der Ersatz der historischen Ausgaben für die in der Produktion verbrauchten Aufwandsgüter. Der Geldkapitalerhaltung entspricht mithin ein geldmäßiger Gewinnbegriff.

2. Sachkapitalerhaltung (substanzielle Kapitalerhaltung, Substanzerhaltung, Vermögenserhaltung): Bei dieser Konzeption geht es um die Sicherung des mengenmäßigen Reinvermögensbestandes der Unternehmung, der als Indikator für die wirtschaftliche Leistungsfähigkeit des Unternehmens angesehen wird. Als Gewinn gilt entsprechend der Betrag, der über die für die Erhaltung des mengenmäßigen Vermögensbestandes notwendigen Erträge hinaus erwirtschaftet wird. Kriterium der Gewinnerzielung ist hier der Ersatz der erforderlichen Reinvestitionsausgaben für die Ersatzbeschaffung der bei der Produktion verbrauchten Gütermengen. Der Sachkapitalerhaltung entspricht mithin ein gütermäßiger Gewinnbegriff.

Sachkapitalerhaltung

3. Erfolgskapitalerhaltung (wirtschaftliche Unternehmenserhaltung): Nach dieser Konzeption wird das Unternehmen als Erfolgspotenzial gedeutet, dessen Gegenwartswert – gemessen an Höhe, Sicherheitsgrad und zeitlicher Verteilung der erzielbaren künftigen Free Cashflows – zu erhalten ist. Nur was über die für die Sicherung dieses Unternehmensgesamtwertes nötigen Beträge hinaus erwirtschaftet wird, gilt als Gewinn. Kriterium der Gewinnerzielung ist also der Ersatz der für die Wiederbeschaffung notwendiger Erfolgsträger erforderlichen Ausgaben, wobei der Umfang dieser Ausgaben allerdings nur über eine Gesamtbewertung bestimmt werden kann. Der Erfolgskapitalerhaltung entspricht ein wertmäßiger Gewinnbegriff. Die Erfolgskapitalerhaltung korrespondiert mit der von der Stockholder-Theorie ausgehenden Konzeption des *shareholder value* (vgl. in diesem Kapitel, S. 1265 ff.).

Erfolgskapitalerhaltung

Die Geldkapitalerhaltung führt zum Anschaffungswertprinzip, die Sachkapitalerhaltung zum Tageswertprinzip für die Bewertung von Aufwand und Vermögen zum Zwecke der Erfolgsrechnung. Die Erfolgskapitalerhaltung fordert die Bewertung der Unternehmung als Ganzes, also eine Vermögensbewertung auf der Basis des Gesamtwertprinzips.

I. Gewinnermittlung auf Basis des Anschaffungswertprinzips

Nominale und reale Kapitalerhaltung

Die Gewinnermittlung auf Basis des Anschaffungswertprinzips kann mit einer Geldkapitalerhaltungskonzeption in nomineller und in realer Form verbunden werden. Bei nomineller Geldkapitalerhaltung geht es um die Bewahrung des ursprünglichen Eigenkapitals in Einheiten der effektiven Währung; die Aufwandsverrechnung erfolgt dementsprechend zu historischen Anschaffungs- oder Herstellungskosten in Recheneinheiten der effektiven Währung. Bei der realen Geldkapitalerhaltung geht es um die Erhaltung eines kaufkraftmäßig gleich bleibenden Einlagekapitals; die Erfolgsrechnung beruht hier deshalb auf historischen Anschaffungs- oder Herstellungskosten in Einheiten gleich bleibender Kaufkraft. Ein einfaches Zahlenbeispiel mag zur Veranschaulichung dienen:

Beispiel

Ein Fertigungsbetrieb hat zu Beginn einer Periode Erzeugnisse mit Herstellungskosten von insgesamt 80.000 GE fertiggestellt. Diese Erzeugnisse werden zu Ende der Periode zum Preis von insgesamt 100.000 GE verkauft. Unter Vernachlässigung weiterer angefallener Kosten beträgt der unter der Voraussetzung nominaler Kapitalerhaltung ermittelte Gewinn 20.000 GE. Nimmt man an, dass die allgemeine Kaufkraft des Geldes im Laufe der Periode um 10 % gesunken ist, so beträgt der unter der Voraussetzung realer Kapitalerhaltung ermittelte Gewinn dagegen nur 12.000 GE; denn die zu Beginn der Periode aufgewendeten Herstellungskosten betragen, umgerechnet auf den Kaufkraftstandard am Ende der Periode, 88.000 GE.

Bevor auf die Möglichkeiten und Grenzen der Kontrolle realer Kapitalerhaltung näher eingegangen wird, soll im Folgenden dargestellt werden, welche unterschiedlichen bilanztheoretischen Ansätze sich innerhalb der nominalen Gewinnermittlung unterscheiden lassen.

1. Nominale Kapitalerhaltung und Bilanztheorien

Kapitalerhaltung und Bilanztheorien

Das Anschaffungswertprinzip wird sowohl im Rahmen der statischen als auch dynamischen Bilanztheorie vertreten, d. h. die Vermögensdarstellung bzw. Erfolgsermittlung bleibt bei beiden Bilanzauffassungen – zumindest in ihren klassischen Erscheinungsformen – auf eine nominale Kapitalerhaltung beschränkt. Die Ausrichtung der statischen und dynamischen Bilanztheorie am Anschaffungswertprinzip bedeutet allerdings nicht, dass beide Bilanzauffassungen die Anschaffungskosten (bzw. Herstellungskosten) als den zentralen Bewertungsmaßstab befürworten, sondern stellt in diesem Zusammenhang nur auf die Aufwandsverrechnung in der Gewinn- und Verlustrechnung zu historischen Kosten und nicht zu Wiederbeschaffungskosten ab. Vielmehr bestehen zwischen beiden Bilanzauffassungen erhebliche Unterschiede hinsichtlich der jeweils postulierten Bilanzierungs- und Bewertungsnormen. Durch die unterschiedliche Erklärung des Formalinhaltes der Bilanz (Vermögensgegenstände und Schulden bzw. schwebende Posten) werden gleichzeitig unterschiedliche Bilanzierungs- und Bewertungsnormen determiniert, deren Einhaltung die der Bilanz jeweils zugrunde gelegte Zielsetzung (richtige Vermögensdarstellung bzw. richtiger Erfolgsausweis) verwirklichen soll.

Statische und dynamische Bilanztheorien

Der Zielkonflikt zwischen statischer und dynamischer Bilanztheorie, nämlich Vermögens- bzw. Erfolgsermittlung, hat in entscheidendem Maße das deutsche Handels- und Steuerrecht geprägt. Die Kenntnis der von statischen und dynamischen Bilanztheorien geforderten Bilanzierungs- und Bewertungsnormen ist deshalb von grundlegender Bedeutung für das Verständnis und die Interpretation des deutschen Bilanzrechtes selbst. Dies liegt insbesondere auch daran, dass die unter Berücksichtigung der Informationsbedürfnisse der Jahresabschlussadressaten abgeleiteten Zielsetzungen des Jahresabschlusses (Ermittlung eines ausschüttbaren Gewinnes und Bereitstellung von Informationen) nicht im Widerspruch zu den Zielsetzungen der statischen und dynamischen Bilanztheorie stehen. Sowohl statische als auch dynamische Bilanztheorie wollen einen vorsichtig bemessenen ausschüttbaren Gewinn ermitteln und darüber hinaus Informationen für die Interessenten des Unternehmens bereitstellen.

Bilanzierungsnormen und Bilanztheorien

Im Folgenden sollen die wesentlichen Bilanzierungs- und Bewertungsnormen der statischen und dynamischen Bilanztheorie dargestellt werden, soweit sie für das Verständnis des Bilanzrechtes wesentlich erscheinen. Die kaum mehr überschaubare Vielfalt der bisher entwickelten bilanztheoretischen Ansätze, die sich oftmals nur in Grenzbereichen unterscheiden und die die ursprünglichen Unterschiede der zugrunde liegenden Ansätze mehr und mehr verschwimmen lassen, macht es notwendig, sich auf die zugrunde liegenden klassischen Bilanzauffassungen zu beschränken.

Interdependenz von Vermögens- und Gewinnermittlung

Der entscheidende Unterschied zwischen statischer und dynamischer Bilanztheorie liegt darin, dass für erstere Harmonie zwischen Vermögens- und Erfolgsermittlung besteht. Da Gewinn als Reinvermögenszuwachs verstanden wird, führt die richtige Vermögensermittlung über einen (Rein-)Vermögensvergleich automatisch zum richtigen Gewinn des Geschäftsjahres. Dagegen ist für die dynamische Bilanztheorie eine gleichzeitige Ermittlung von Vermögen und Gewinn unmöglich. So bezeichnet Schmalenbach den Versuch der (statischen) Dualisten, Vermögen und Erfolg gleichzeitig mittels einer Bilanz zu ermitteln, als unwissenschaftlich (vgl. Schmalenbach, E. [1962], S. 45). Die dynamische Bilanzauffassung nimmt vielmehr bewusst Verzerrungen im Vermögensausweis in Kauf, um dadurch einen »aussagefähigeren« Gewinn bestimmen zu können. Statische und dynamische Bilanztheorie unterscheiden sich somit nicht nur im Hinblick auf die formale Erklärung des Bilanzinhaltes, sondern – als Konsequenz daraus – auch im Hinblick auf den zugrunde gelegten Gewinnbegriff.

Varianten der statischen Bilanztheorie

Auch wenn innerhalb der statischen Bilanztheorie Einigkeit darüber besteht, dass die Bilanz primär der Vermögensermittlung dient und sich der richtige Gewinn zwangsläufig durch Vermögensvergleich ergibt, so lassen sich doch hinsichtlich der Zielsetzung der Vermögensermittlung zwei grundsätzliche Varianten der statischen Bilanzauffassung unterscheiden.

Zerschlagungsstatik

Die Zerschlagungsstatik geht bei der Vermögensermittlung von einer fiktiven Unternehmenszerschlagung am Bilanzstichtag aus und ermittelt somit ein »Gläubigerzugriffsvermögen«, d. h. den Betrag, der den Gläubigern bei Insolvenz des Unternehmens zur Befriedigung ihrer Ansprüche zur Verfügung stehen würde. Diese Vermögensauffassung beruht im Wesentlichen auf einer Entscheidung des Reichsoberhandelsgerichts von 1873. Danach ist es die primäre Aufgabe der Vermögensermittlung, den Kaufmann durch eine Gegenüberstellung von Vermögen und Schulden über seine Schuldendeckungsfähigkeit zu informieren, d. h. der Kaufmann hat anhand der Bilanz zu überprüfen, inwieweit im Falle einer (fiktiven) Unternehmensliquidation am Bilanzstichtag alle vorhandenen Schulden durch Vermögen abgedeckt werden können (Schuldendeckungskontrolle).

Schuldendeckungspotenzial

Durch die Interpretation des Bilanzvermögens als Schuldendeckungspotenzial sind gleichzeitig adäquate Bilanzierungs- und Bewertungsnormen festgelegt. Aktiviert werden können nur Objekte, die als solche einzeln veräußerbar (verkehrsfähig) sind, denn nur diese sind bei einer (hypothetischen) Liquidation dazu geeignet, die Ansprüche der Gläubiger zu befriedigen (Vermögensgegenstände). Unberücksichtigt bleiben damit alle Werte (z. B. Aufwendungen für die Ingangsetzung des Geschäftsbetriebes, Firmenwert), die losgelöst vom Unternehmen wertlos sind und damit auch nicht Bestandteil des Zerschlagungsvermögens sein können. Den einzeln veräußerbaren Aktiva sind nur solche Schulden gegenüberzustellen, die bei einer Unternehmenszerschlagung auch zu Auszahlungen führen, also auf einer Rechtsverpflichtung gegenüber Dritten beruhen (Schulden im Rechtssinne), was z. B. reine Aufwandsrückstellungen ausschließt.

Verkehrswert als Wertmaßstab

Zentraler Bewertungsmaßstab der Zerschlagungsstatik ist der Einzelveräußerungspreis, denn bei einer Unternehmenszerschlagung bleibt die durch die Bewertung gemessene Bedeutung aller Vermögensgegenstände auf diesen Wert beschränkt. Die Begrenzung der Bewertungswillkür des Bilanzierenden erfordert allerdings die Bestimmung eines »objektiven« Wertes, bei dem insolvenzspezifische Einflüsse unberücksichtigt bleiben müssen. Diesen objektiven Wert sieht das Reichsoberhandelsgericht im »allgemeinen Verkehrswert«, dem Wert also, der als »gemeiner Wert« noch heute zentrale Bedeutung im steuerlichen Bewertungsrecht besitzt.

Kritik an der Zerschlagungsstatik

Zwar mögen die Vermögensauffassung und die daraus abgeleiteten Bilanzierungs- und Bewertungsnormen der Zerschlagungsstatik in gewisser Hinsicht sinnvoll erscheinen, gleichwohl kann die ganz am Gläubigerschutz und der Insolvenzvorsorge ausgerichtete Fiktion der Unternehmenszerschlagung als die pessimistischste Alternative des Unternehmens den Bilanzaufgaben kaum gerecht werden. Darüber hinaus führt eine Bewertung zu »allgemeinen Verkehrswerten« ohne Berücksichtigung der historischen Kosten zwangsläufig zu einem Verstoß gegen das Realisationsprinzip, mit der Folge, dass bei einer Vollausschüttung des durch Vermögensvergleich ermittelten Gewinnes selbst eine nominale Geldkapitalerhaltung nicht gewährleistet ist.

Fortführungsstatik

Als Gegenstück zu der vom Reichsoberhandelsgericht vertretenen Bilanzauffassung entwickelte Simon (vgl. Simon, H. V. [1898]) Ende des 19. Jahrhunderts seine Theorie der Fortführungsstatik. Danach ist es nicht Ziel der Vermögensermittlung ein Zerschlagungsvermögen zu ermitteln, sondern bei der Vermögensermittlung ist vielmehr von der Unternehmensfortführung auszugehen, solange dies die realistische Annahme ist. Das Prinzip der Unternehmensfortführung (»*going concern*-Prinzip«) hat sich im Bilanzrecht durchgesetzt und auch im geltenden Handelsrecht seinen Niederschlag gefunden. Nach § 252 Abs. 1 Nr. 2 HGB ist bei der Bewertung der Vermögensgegenstände von der Fortführung der Unternehmenstätigkeit auszugehen, sofern dem nicht tatsächliche oder rechtliche Gegebenheiten entgegenstehen. Ziel der Vermögensermittlung ist nach Simon die Bestimmung des individuellen »Kaufmannsvermögens« i. S. eines potenziellen Kauf- bzw. Verkaufspreises des gesamten Unternehmens. Da dieser potenzielle Preis unter Annahme der Unternehmensfortführung durch die Fähigkeit des Unternehmens bestimmt wird, zukünftige Einnahmeüberschüsse zu generieren, wird das Fortführungsvermögen als der Ertragswert des Unternehmens, d. h. als der Barwert aller zukünftigen Einnahmeüberschüsse, verstanden.

Fortführungsvermögen

Die Bestandteile des Fortführungsvermögens werden somit als Ertragswertkomponenten (heute würde man von *fair value* sprechen) interpretiert. Positive Ertragswertbeiträge sind zu aktivieren, negative zu passivieren. Die Unmöglichkeit der annähernd objektiven Bestimmung der Ertragswertkomponenten (vgl. in diesem Kapitel, S. 1304 ff.) zwingt Simon jedoch, sich weitgehend von dieser theoretischen Konzeption zu lösen und die Aktiva bzw. Passiva zu konkretisieren, d. h. mit Vermutungen über die Ertragswirksamkeit von Bilanzposten zu arbeiten (vgl. Moxter, A. [1984], S. 8 f.). Aktiviert werden können danach – ähnlich der Zerschlagungsstatik – nur Objekte, die als solche »Gegenstand des Rechtsverkehrs« sein können, d. h. einzeln verkehrsfähig sind (vgl. Simon, H. V. [1898], S. 167). Während die Aktivierung von materiellen Gegenständen (Sachen) und Forderungen grundsätzlich keine Probleme aufwirft, fordert die Objektivierungsrestriktion der Handelsbilanz bei immateriellen Werten (Rechte und rein wirtschaftliche Werte) zusätzliche Aktivierungsvoraussetzungen. Nach Simon sind Rechte (z. B. Konzessionen) nur zu aktivieren, wenn dem Unternehmen dafür Aufwendungen entstanden sind. Darüber hinaus können auch rein wirtschaftliche Werte (z. B. Fabrikationsgeheimnis) bilanziert werden, sofern sie von Dritten entgeltlich erworben wurden, »denn gerade durch diesen Erwerb hat das Gut seine Eigenschaft als verkehrsfähiges Rechtsobjekt bewährt« (Simon, H. V. [1898], S. 169).

Passivposten

Auch bei der Bestimmung der Passivposten arbeitet Simon fast ausschließlich mit Objektivierungsrestriktionen. Vom Eigenkapital abgesehen, sind nur Schulden zu passivieren, die auf einer rechtlichen Leistungsverpflichtung des Unternehmens gegenüber Dritten beruhen (Schulden im Rechtssinne). Dazu zählen neben den Verbindlichkeiten auch Rückstellungen für drohende Verluste aus schwebenden Geschäften (»Drohverluste«), da diesen ebenfalls eine Leistungsverpflichtung des Unternehmens zugrunde liegt. Posten ohne Leistungsverpflichtung sind dagegen nur als Teil des Eigenkapitals (»Reservefonds«) bilanzierungsfähig (z. B. Rückstellungen für innerbetrieblichen Aufwand). Somit ist von der ursprünglichen Bilanzansatzkonzeption der Ertragswertkomponenten kaum etwas übrig geblieben. So können einerseits auch nicht entgeltlich erworbene immaterielle Werte (z. B. eigene Erfindungen, Qualität des Managements, Kundenstamm) sowie andererseits rein wirtschaftliche Belastungen, denen keine rechtliche Leistungsverpflichtung zugrunde liegt (z. B. unterlassene Instandhaltungsmaßnahmen), das Fortführungsvermögen i. S. eines Unternehmensgesamtwertes erheblich beeinflussen. Die weitgehend von Objektivierungs- und Vereinfachungsüberlegungen geprägten Bilanzansatzvorschriften der Fortführungsstatik unterscheiden sich im Ergebnis nur unwesentlich von denen der Zerschlagungsstatik (vgl. Moxter, A. [1984], S. 26).

Individueller Wert als Wertmaßstab

Von der Zerschlagungsstatik unterscheidet sich Simon vor allem durch eine abweichende Bewertungskonzeption. Diese ist geprägt durch die Ablehnung des zur damaligen Zeit vorherrschenden »allgemeinen Verkehrswertes« (gemeiner Wert) als dem zentralen Bewertungsmaßstab. Zur Bestimmung des Fortführungsvermögens, verstanden als potenzieller Preis des gesamten Unternehmens, ist nach Simon ein individueller, unternehmensbezogener Wert maßgebend, der grundsätzlich unabhängig ist von der Werteinschätzung durch Dritte. Dieser subjektive unternehmensbezogene Wert hat später als Teilwert (anteiliger Wert eines Bilanzpostens am Ertragswert des Unternehmens) Eingang in das Einkommensteuerrecht gefunden (vgl. Teilwertdefinition des § 6 Abs. 1 Nr. 1 Satz 3 EStG). Ähnlich der Finanzverwaltung, die bald nach Einführung des Teilwertes feststellen musste, dass dieser für Bilanzierungszwecke kaum praktikabel ist und anhand von sog. Teilwertvermutungen die Bestimmung des Teilwertes objektivierte (vgl. 2. Kapitel, S. 106), so versuchte auch Simon Kriterien zu entwickeln, die die Handhabung seines »individuellen Wertes« vereinfachen sollten. Danach ist hinsichtlich der Bewertung zwischen Veräußerungs- und Betriebsgegenständen zu unterscheiden. Diese Unterscheidung entspricht weitgehend der Trennung in Anlage- und Umlaufvermögen.

Veräußerungsgegenstände

Veräußerungsgegenstände sind nach Simon zum (individuellen) Veräußerungspreis zu bewerten. Um das Ermessen des Bilanzierenden zu beschränken, gilt allerdings der Marktpreis (allgemeiner Verkehrswert) als Wertobergrenze. Obwohl bereits das AktG von 1884 die Anschaffungskosten (»Anschaffungswert«) als Höchstgrenze der Bewertung vorschreibt, verneint Simon die Gültigkeit des Realisationsprinzips für Veräußerungsgegenstände. Im Hinblick auf die zutreffende Ermittlung des Kaufmannsvermögens gilt für Simon ein unrealisierter Gewinn als erzielt. Allerdings erkennt auch Simon die Notwendigkeit, den unrealisierten Gewinn bei Aktiengesellschaften von der Ausschüttung auszunehmen, um die »Verteilung fiktiver Dividenden« zu verhindern (Simon, H. V. [1898], S. 335).

Betriebsgegenstände

Betriebsgegenstände, die zur dauernden Nutzung im Betrieb bestimmt sind, sind nach Simon nicht mit dem Veräußerungspreis, sondern mit dem individuellen Betriebswert zu bewerten, der auf der Grundlage der Anschaffungskosten (»Erwerbspreis«) zu bestimmen ist. Im Zeitpunkt der Anschaffung spiegeln die Anschaffungskosten die individuelle Wertschätzung des Bilanzierenden wider und gelten daher – auch im Hinblick auf das Objektivierungserfordernis – als bestmögliches Substitut für den individuellen Betriebswert. Bei abnutzbaren Betriebsgegenständen sind von den Anschaffungskosten die »Minderungen des Betriebswertes« aufgrund quantitativer Verringerung (Abschreibung für Substanzverringerung) oder qualitativer Verschlechterung (planmäßige Abschreibung) abzusetzen. Darüber hinaus sind auch außerplanmäßige Abschreibungen vorzunehmen, falls außerordentliche Wertminderungen (z. B. mangelnde Verwendungsmöglichkeit) vorliegen oder die Nutzungsdauer überschätzt wurde. Der Veräußerungspreis ist jedoch für die Bestimmung von Wertminderungen grundsätzlich unerheblich. Zuschreibungen sind nach Simon ausschließlich zur Berücksichtigung von Erweiterungen bzw. Verbesserungen von Betriebsgegenständen, nicht jedoch zur Korrektur bereits vorgenommener Abschreibungen, zulässig. Schulden werden in der Fortführungsstatik grundsätzlich zum Nennwert bilanziert. Unterschiede zwischen Nennwert und Auszahlungsbetrag bzw. Rückzahlungsbetrag sind durch Aktivierung eines Disagios bzw. Passivierung eines Agios auszugleichen.

Kritik an der Fortführungsstatik

Die der Fortführungsstatik zugrunde liegenden Bilanzaufgaben sind weitaus weniger konkret als die der Zerschlagungsstatik. Nach Auffassung des Reichsoberhandelsgerichts ist unter der Annahme der Unternehmenszerschlagung zum Zwecke der Konkursvorsorge das Schuldendeckungspotenzial des Unternehmens zu bestimmen. In der Fortführungsstatik bleibt dagegen ungeklärt, welchen Zielen die Ermittlung des individuellen Kaufmannsvermögens dient. Die Feststellung eines verteilbaren Gewinns als zusätzliche, nur bei Gesellschaftsverhältnissen relevante Bilanzaufgabe ist nach Simon streng von der Vermögensermittlung zu trennen. Es bleibt bei Simon allerdings offen, in welchem Verhältnis beide Bilanzaufgaben zueinander stehen (vgl. zur »Ausschüttungsstatik« als Weiterentwicklung Moxter, A. [1984]; Wüstemann, J. [1995]). Die Fortführungsstatik ist im Ansatz durch eine strikte Ablehnung der Zerschlagungsstatik gekennzeichnet und beide bedingen im Hinblick auf den jeweils zugrunde liegenden Aspekt der Vermögensdarstellung unterschiedliche Bilanzierungs- und Bewertungsnormen. Die Unmöglichkeit, den individuellen Unternehmenswert i. S. eines potenziellen Kauf- bzw. Verkaufspreises (Ertragswert) auch nur annähernd nachprüfbar bilanziell zu bestimmen, führt in der Fortführungsstatik zu einem System von Einzelnormen, die durchwegs auf Objektivierungs- und Vereinfachungsüberlegungen beruhen. Im Ergebnis sind damit die Unterschiede zur Zerschlagungsstatik eher marginal, denn auch in der Zerschlagungsstatik bleiben aus Objektivierungsgründen insolvenzspezifische Posten und Wertansätze unberücksichtigt (keine Insolvenzkosten, keine Liquidationswerte, sondern allgemeine

Verkehrswerte). Lediglich bei der Bewertung der Betriebsgegenstände auf Basis der Anschaffungskosten nähert sich die Fortführungsstatik dynamischen Bilanzierungsgrundsätzen, die im Folgenden kurz dargestellt werden sollen.

Zielsetzung der dynamischen Bilanz

Die dynamische Bilanz Schmalenbachs (vgl. Schmalenbach, E. [1962]) ist keineswegs – wie teilweise angenommen – ausschließlich eine betriebswirtschaftliche Bilanz, sondern sie soll gleichzeitig auch allen Anforderungen einer externen Bilanz (Handels- und Steuerbilanz) gerecht werden. Auch nach Schmalenbach besteht die Aufgabe, zum Zwecke der Insolvenzvorsorge über die Vermögenslage des Unternehmens zu informieren. Ausgangspunkt seiner Bilanzauffassung ist jedoch die Erkenntnis, dass die wirkliche Vermögenshöhe i. S. eines Unternehmensgesamtwertes bilanziell grundsätzlich nicht feststellbar ist. Vielmehr ist es nach Schmalenbach nur möglich, die Entwicklung der Vermögenslage i. S. der Vermögensänderung darzustellen. Deshalb ist es Aufgabe der Bilanz, einen »aussagefähigen« Gewinn zu ermitteln, der Aufschluss über die Entwicklung der Vermögenslage der Gesellschaft gibt. Dieser aussagefähige Gewinn wird zwar auch in der dynamischen Theorie formal durch Vermögensvergleich bestimmt, er darf jedoch nicht mit dem Reinvermögenszuwachs der Statik gleichgesetzt werden.

Erfolgs- statt Vermögensermittlung

Im Gegensatz zu den Statikern, die gleichzeitig Vermögen und Gewinn ermitteln wollen, will Schmalenbach Gewinn- statt Vermögensermittlung. Da das wirkliche Vermögen sowieso nicht bilanziell feststellbar ist, nimmt er bewusst Verfälschungen des Vermögensausweises in Kauf, um dadurch einen aussagefähigen Gewinn zu erhalten.

Vergleichbarer Gewinn zur Betriebssteuerung und Ausschüttungsbemessung

Dieser aussagefähige Gewinn kann nach Schmalenbach nur ein relativ richtiger, weil vergleichbarer, und kein absolut richtiger Gewinn sein, da letzterer aufgrund der notwendigen Schätzung von bestimmten Aufwendungen und Erträgen nicht ermittelt werden kann. Die Ermittlung eines vergleichbaren Gewinns i. S. der richtigen Darstellung der Gewinnentwicklung dient neben der Ausschüttungsbemessung primär der richtigen Unternehmenssteuerung. Der Unternehmer soll über positive bzw. negative Unternehmensentwicklungen informiert werden, um rechtzeitig geeignete Maßnahmen ergreifen zu können. Nach Schmalenbach ist damit gleichzeitig dem Gläubigerschutz und der Insolvenzvorsorge bestmöglich Genüge getan, denn dem Gläubiger einer Gesellschaft wird »am besten dadurch gedient, dass man den Kaufmann dazu anhält, die Entwicklung seines Geschäftes durch eine gute Darstellung des Erfolges zu kontrollieren« (Schmalenbach, E. [1962], S. 52).

Bilanzierung von schwebenden Posten

Es wurde bereits dargestellt (vgl. 22. Kapitel, S. 1253 ff.), welcher Kriterien sich Schmalenbach bedient, um den Bilanzinhalt nicht nur zu erklären, sondern auch im Hinblick auf die Ermittlung eines vergleichbaren Gewinnes festzulegen. Danach sind – vom Eigenkapital und den flüssigen Mitteln abgesehen – als Aktiva schwebende Vorleistungen und als Passiva schwebende Nachleistungen zu bilanzieren. Im Folgenden sollen nur die wesentlichsten Bewertungsgrundsätze der dynamischen Bilanztheorie Schmalenbachs kurz erörtert werden (vgl. auch Moxter, A. [1984], S. 38 ff.).

Realisationsprinzip, umsatzabhängige Gewinnermittlung

Ausgangspunkt und gleichzeitig Höchstgrenze der Bewertung bilden für Schmalenbach die Anschaffungs- bzw. Herstellungskosten. Im Gegensatz zur statischen Bilanzauffassung, die das Realisationsprinzip bei der Bewertung weitgehend ablehnt, ist Schmalenbach Befürworter einer umsatzabhängigen Gewinnermittlung, d. h. Gewinn entsteht erst im Zeitpunkt des Umsatzes der Erzeugnisse. Das Anschaffungswertprinzip ergibt sich in der dynamischen Bilanztheorie zwangsläufig aus der Tatsache, dass hier die Aktiva als schwebende Vorleistungen (Ausgaben) interpretiert werden, die zwecks späterer Erfolgs- bzw. Einnahmewirksamkeit in der Bilanz gespeichert werden müssen. Auch wenn die Fortführungsstatik zumindest für Betriebsgegenstände ebenfalls die Bewertung zu Anschaffungskosten fordert, so offenbart sich hier doch ein erheblicher Unterschied zwischen beiden Bilanzauffassungen. Für die Fortführungsstatiker sind die Anschaffungs- bzw. Herstellungskosten ausschließlich Bewertungsmaßstab und nicht Bilanzansatzkriterium, d. h. hier ist es nicht die Ausgabe, die aktiviert wird, sondern der einzelne, genau konkretisierbare »Vermögensgegenstand«.

Niederstwertprinzip

Nach Schmalenbach sind bei der Vorratsbewertung die Anschaffungs- bzw. Herstellungskosten mit dem Marktpreis am Bilanzstichtag und dem erwarteten Verkaufspreis abzüglich aller noch anfallenden Aufwendungen (retrograde Bewertung) zu vergleichen und der Niedrigste von allen Werten in der Bilanz anzusetzen. Dieses »Niederstwertprinzip« verdeutlicht, dass für Schmalenbach neben dem Gewinnvergleichbarkeitsprinzip auch das Vorsichtsprinzip von zentraler Bedeutung für die Bewertung ist, denn für Schmalenbach ist angesichts der Unsicherheit der Zukunft und der Notwendigkeit von Schätzungen ein zu hoch berechneter Gewinn wesentlich gefährlicher als ein zu niedrig berechneter Gewinn.

Vergleichbarkeitsprinzip

Dieser Dualismus zwischen Gewinnvergleichbarkeit und Vorsichtsprinzip spiegelt sich auch in den Abschreibungsgrundsätzen Schmalenbachs wider. Die grundsätzlich am Nutzwertverlauf der (abnutzbaren) Aktiva ausgerichteten Abschreibungen sind danach tendenziell überhöht vorzunehmen, um einerseits Sonderabschreibungen, die die Gewinnvergleichbarkeit beeinträchtigen, zu vermeiden und andererseits auf eine vorsichtige Bilanzierung hinzuwirken. Aus den gleichen Gründen sollen durch reichliche und regelmäßige Rückstellungsdotierungen Rückstellungsnachholungen und damit Gewinnverzerrungen vermieden werden.

Stetigkeitsprinzip

Aus der Zielsetzung Schmalenbachs, anhand der Bilanz einen vergleichbaren Gewinn zu ermitteln, ergibt sich zwangsläufig die Forderung nach Methodenstetigkeit der Bewertung, denn Gewinne aufeinanderfolgender Geschäftsjahre sind nur dann i. S. eines Indikators für die Unternehmensentwicklung miteinander vergleichbar, wenn die Bilanzierungs- und Bewertungsmethoden im Zeitablauf nicht geändert werden (z. B. konstante Herstellungskostenermittlung, Eliminierung von Unterbeschäftigungskosten).

Kritik an der dynamischen Bilanztheorie

Schmalenbach versucht, durch vorsichtige Bewertung einen relativ richtigen, d. h. vergleichbaren Gewinn zu ermitteln, der als Maßstab sowohl für die Unternehmensentwicklung zum Zwecke der optimalen Betriebssteuerung als auch für die Ausschüttungsbemessung dient. Angesichts der Unmöglichkeit, das tatsächliche Unternehmensvermögen anhand der Bilanz zu bestimmen, nimmt er für die Ermittlung des vergleichbaren Gewinnes bewusst Verfälschungen des Vermögensausweises in Kauf (Erfolgs- statt Vermögensentwicklung). Auch wenn die Ermittlung eines vergleichbaren Gewinnes von wesentlicher Bedeutung für die Gläubiger des Unternehmens ist, so sind damit jedoch ihre Informations- und Schutzbedürfnisse nicht vollständig befriedigt. Schmalenbach vernachlässigt aber alle Bilanzaufgaben, die am Vermögen des Unternehmens anknüpfen (Schuldendeckungskontrolle, Ausschüttungssperre). Ähnlich der fast ausschließlich am Gläubigerschutz orientierten statischen Bilanztheorie ist auch die dynamische Bilanz Schmalenbachs damit von einer einseitigen Ausrichtung der Bilanzaufgaben geprägt.

Mangelnde Vergleichbarkeit durch Vorsichtsprinzip

Neben dem Grundsatz der Methodenstetigkeit ist für Schmalenbach das Vorsichtsprinzip von zentraler Bedeutung für die zweckentsprechende Bewertung der Bilanzposten. Das Vorsichtsprinzip dient in der dynamischen Theorie allerdings nicht primär dem Gläubigerschutz, sondern der Ermittlung eines vergleichbaren Gewinnes. Durch (über-)vorsichtige Bewertung lassen sich zwar weitgehend Aufwandsnachholungen (z. B. Sonderabschreibungen, Rückstellungsnachholungen), nicht jedoch sämtliche Gewinnverzerrungen vermeiden. Vielmehr führen überhöhte Abschreibungen in Folgeperioden zu fehlenden Abschreibungsmöglichkeiten und überhöhte Rückstellungszuführungen zu außerordentlichen Auflösungserträgen, die die Gewinnvergleichbarkeit umso mehr stören, je vorsichtiger in den vorangegangenen Perioden bewertet wurde. Vorsichtsprinzip und Vergleichbarkeitsprinzip können sogar in Widerspruch zueinander stehen. So befürwortet Schmalenbach auch bei der Bewertung langfristiger Fertigungsaufträge im Hinblick auf das Vorsichtsprinzip die strenge Anwendung des Realisationsprinzips, die mit erheblichen Gewinnverzerrungen durch kumulierte Gewinnausweise verbunden ist.

Mangelnde Objektivierung bei Bilanzansatznormen

Im Bereich der Bilanzansatznormen postuliert Schmalenbach geringere Objektivierungsanforderungen als die statische Bilanztheorie. Indem er versucht, den Bilanzinhalt ohne Rückgriff auf die statisch-vermögensorientierten Kategorien »einzelveräußerbare Vermögensgegenstände« bzw. »Schulden im Rechtssinne« nur anhand von Ausgabe-Aufwand- und Einnahme-Ertrag-Beziehungen festzulegen, fasst er den Kreis der möglichen Aktiva bzw. Passiva sehr weit und gewährt den Bilanzierenden damit zwangsläufig einen hohen Ermessensspielraum.

Bilanztheorie und Bilanzrecht

Aus Sicht der handelsrechtlichen Bilanzierungspraxis stellt sich die Frage, welchen Beitrag die Erkenntnisse und Auffassungen der statischen bzw. dynamischen Bilanztheorie zur Auslegung unbestimmter Bilanzierungsnormen, aber auch zur Rechtsfortbildung, zu leisten vermögen. Für die Auslegung unbestimmter Rechtsbegriffe und Bilanzierungsnormen als Rechtssätze sind zwar primär juristische Methoden der Gesetzesauslegung heranzuziehen, das heißt aber nicht, dass betriebswirtschaftliche Erkenntnisse als Entscheidungshilfe für den Juristen von vornherein ausscheiden. Wer über Bilanzierungsfragen zu entscheiden hat und gezwungen ist, dies systematisch zu tun, muss sich zwangsläufig nach einem gemeinsamen Prinzip, nach einer Theorie für sein Handeln fragen, um auf diese Theorie – vorausgesetzt, sie existiert – in Zweifelsfragen zurückgreifen zu können.

Theorieneutralität der Handelsbilanz nach HGB

Die Frage, inwieweit die Handelsbilanz i. S. des HGB statischer oder dynamischer Natur ist, war schon Gegenstand zahlreicher Untersuchungen (vgl. Gutenberg, E. [1965]; Döllerer, G. [1968]; Herrmann, R. [1969]). Die Untersuchungen führten zu dem Ergebnis, dass der handelsrechtliche Jahresabschluss teilweise statisch, teilweise dynamisch ist. Dies wird als Theorienneutralität der Handelsbilanz bezeichnet. Da es den Rahmen dieses Lehrbuchs sprengen würde, alle Bilanzierungs- und Bewertungsnormen des HGB auf ihren bilanztheoretischen Hintergrund zu untersuchen, sollen zur Konkretisierung dieser Aussage einige relevante Gesichtspunkte genügen.

Dynamische Bewertungskonzeption

Die Bewertungskonzeption des HGB-Abschlusses wird durch das aus dem Realisationsprinzip abgeleitete Anschaffungswertprinzip geprägt, das den Ansatz historischer Kosten und nicht gegenwärtiger Veräußerungswerte zum Inhalt hat. Während das Anschaffungswertprinzip in der statischen Bilanztheorie überwiegend abgelehnt wird und die Bewertung zu Verkehrswerten gefordert wird, bildet es einen zentralen Pfeiler der dynamischen Theorie. Zwar führt das handelsrechtliche Niederstwertprinzip auch teilweise zum Ansatz von Veräußerungswerten (z. B. verlustfreie Bewertung), dies geschieht aber grundsätzlich nur dann, wenn diese unter den historischen Anschaffungs- bzw. Herstellungskosten liegen. Diese Form des Niederstwertprinzips wird auch von der dynamischen Theorie postuliert; zumindest der klassischen Statik ist dagegen das Niederstwertprinzip fremd. Durch die Kodifizierung des Stetigkeitsgebotes in § 252 Abs. 1 Nr. 6 HGB, das auf die Vergleichbarkeit aufeinanderfolgender Jahresergebnisse abzielt, wurde ein weiteres grundlegendes dynamisches Bewertungsprinzip im Handelsrecht verankert. Es lässt sich feststellen, dass die handelsrechtlichen Bewertungsnormen vorwiegend auf die Ermittlung eines vergleichbaren, da periodengerechten, Gewinnes abzielen und – von Ausnahmen abgesehen – auf dynamischem Gedankengut beruhen.

Statische Bilanzierungsnormen

Die Notwendigkeit einer intersubjektiv nachprüfbaren Rechnungslegung macht es jedoch erforderlich, den Umfang der Periodenabgrenzung und damit verbunden die Höhe des Bilanzvermögens zu begrenzen. Diese Objektivierung soll durch das Festhalten an bestimmten Bilanzposten – als Vermögensgegenstände und Schulden bezeichnet – erreicht werden, durch die der Bilanzinhalt eindeutig festgelegt wird. Bilanziert werden somit grundsätzlich nur solche dynamischen Abgrenzungsposten, die gleichzeitig alle Voraussetzungen eines Vermögensgegenstandes bzw. einer Schuld erfüllen. Die Einzelveräußerbarkeit bzw. die Leistungsverpflichtung als die zentralen Merkmale des Vermögensgegenstandes bzw. der Schuld machen den statischen Charakter der handelsrechtlichen Bilanzansatzvorschriften offensichtlich.

Aufweichung der statischen Elemente des Bilanzansatzes

Im Rahmen der jüngsten Bilanzrechtsreform durch das BilMoG wurden allerdings die statischen Bilanzansatzkriterien aufgeweicht. So wurde zwar das über lange Zeit existierende und in der Vergangenheit als »dynamisches« Charakteristikum interpretierte Konstrukt der Bilanzierungshilfe abgeschafft, mit dem das Bilanzierungswahlrecht für Ingangsetzungs- und Erweiterungskosten, den Geschäfts- oder Firmenwert sowie aktive latente Steuern gerechtfertigt wurde. Im Gegenzug dazu wurde aber eine Bilanzierungspflicht für den entgeltlich erworbenen Geschäfts- oder Firmenwert sowie ein Aktivierungswahlrecht für Entwicklungskosten und für aktive latente Steuern ins Gesetz aufgenommen. Dies wurde im entsprechenden Regierungsentwurf zum BilMoG damit begründet, dass es sich beim Geschäfts- oder Firmenwert im Wege einer »Fiktion« um einen Vermögensgegenstand, bei den Entwicklungskosten um einen »Vermögensgegenstand in Entstehung« und bei den aktiven latenten Steuern um einen Sonderposten »eigener Art« handle (vgl. BMJ [2008], S. 47, 60, 67). Hierin lässt sich tendenziell eine Erweiterung des Vermögensgegenstandsverständnisses durch den Gesetzgeber erkennen, die gleichwohl durch Gläubiger schützende Ausschüttungssperrvorschriften flankiert wird (vgl. § 268 Abs. 8 HGB).

Zusammenfassend lässt sich die o. g. Feststellung der Theorienneutralität der Handelsbilanz dahin gehend konkretisieren, dass dynamische Bewertungsnormen mit statischen Bilanzansatznormen verknüpft werden. Die der dynamischen Bilanztheorie zugrunde liegende Periodenabgrenzung soll dadurch eingeschränkt und gleichzeitig objektiviert werden. Denn vor allem die dynamischen Bilanzansatznormen bieten aufgrund mangelnder Konkretisierung dem Bilanzierenden einen Ermessensspielraum, der mit dem Objektivierungsgedanken als dem zumindest für den Jahresabschluss prägenden Element der handelsrechtlichen Rechnungslegung nicht zu vereinbaren ist. Gleichzeitig wird durch das Festhalten an statischen Vermögenskategorien versucht, einen Kompromiss zwischen der primären Zielsetzung der periodengerechten Erfolgsermittlung und den vermögensorientierten Bilanzaufgaben zu verwirklichen. Die statischen Bilanzierungskriterien (Vermögensgegenstand, Schulden) werden allerdings durch die Bilanzierungsmöglichkeiten von Entwicklungskosten und aktiven latenten Steuern sowie einem Bilanzierungsgebot des Geschäfts- oder Firmenwerts ergänzt. Diese entziehen sich allesamt einer Einzelverwertbarkeit und haben statt dessen einen dynamischen Erklärungshintergrund.

Statische/dynamische Bilanztheorie und IFRS-/US-GAAP-/DRS-Abschluss

Der Kompromisscharakter einer Kombination des dynamischen Grundsatzes der Periodisierung und des statischen Grundsatzes des zutreffenden Vermögensausweises durchzieht auch den IFRS- und US-GAAP-Abschluss und somit auch den Konzernabschluss nach DRS. So entspricht der »*asset*«-Begriff bzw. der Begriff des »Vermögenswertes« ähnlich wie der steuerliche Begriff des »Wirtschaftsgutes« der dynamischen Aktivierungskonzeption. Auch das stark ausgeprägte »*matching*«-Prinzip entspricht dem Grundgedanken der Periodenabgrenzung der dynamischen Bilanztheorie. Andererseits ist die Tendenz zur Verwendung von Marktwerten für die Bewertung von *financial instruments* (vgl. 5. Kapitel, S. 263) bzw. die Zulässigkeit der Neubewertungsmethode bei Sachanlagen und die *fair value*-Bewertung bei nicht betrieblich genutzten Gebäuden (vgl. 3. Kapitel, S. 173) nach IFRS Ausdruck des statischen Zeitwertprinzips. Zudem wird angeführt, die Erfassung von Wertänderungen unmittelbar im Eigenkapital (*other comprehensive income*) (vgl. 9. Kapitel, S. 511) widerspreche dem Kongruenzprinzip der dynamischen Bilanzauffassung und auch der statischen Bilanztheorie, der zufolge das Ergebnis (Gewinn, Verlust) der Reinvermögensänderung entspricht. Dem lässt sich allerdings entgegenhalten, dass dies nur für die Betrachtung der GuV, nicht aber für die Betrachtung der Gesamtergebnisrechnung gilt.

2. Verfahren zur Kontrolle der realen Kapitalerhaltung

Nominale Kapitalerhaltung

Die Erfolgsermittlung in Handels- und Steuerbilanz gemäß HGB und EStG beruht auf dem Prinzip der nominalen Geldkapitalerhaltung. Das in Artikel 33 der 4. EG-Richtlinie vorgesehene nationalstaatliche Wahlrecht, eine Rücklage für Substanzerhaltung zuzulassen, wurde vom deutschen Gesetzgeber bei der Transformation der 4. Richtlinie in das HGB nicht in Anspruch genommen.

Kapitalerhaltungsrechnung als Nebenrechnung

Diese grundsätzliche Orientierung am Nominalwertprinzip schließt aber nicht aus, dass auch im Rahmen der traditionellen Unternehmensrechnung mittels partieller Eliminierungsverfahren sowie mittels einer entsprechenden Gewinnverwendungspolitik versucht werden kann, dem Gedanken der Unternehmenserhaltung wenigstens näherungsweise Rechnung zu tragen. So wirken etwa das Lifo-Verfahren sowie das bereits von Schmalenbach geforderte Festwertverfahren (vgl. Schmalenbach, E. [1962], S. 198) in Richtung auf eine Vermögenserhaltung und auch die in § 58 Abs. 2 AktG verankerte Dispositionsmöglichkeit über 50 % des Jahresüberschusses gibt dem Vorstand die Möglichkeit, dem Problem der Kapitalerhaltung im Rahmen der Gewinnverwendungspolitik, wenn auch wegen der Ertragsteuerzahlungen in nur sehr begrenztem Maße, Rechnung zu tragen. Bereits von den Vertretern der dynamischen Bilanzauffassungen sowie von denen der neueren statischen Bilanztheorie wird darüber hinaus gefordert, in Sonderrechnungen zum Jahresabschluss eine Gewinnermittlung auf der Basis des Prinzips realer Kapitalerhaltung durchzuführen. Insbesondere haben Mahlberg (vgl. Mahlberg, W. [1923]) und Schmalenbach (vgl. Schmalenbach, E. [1926], S. 217 ff.) unter dem Eindruck der Inflation nach dem 1. Weltkrieg Vorschläge zur Eliminierung allgemeiner Kaufkraftschwankungen des Geldes aus der Erfolgsrechnung unterbreitet. Das Institut der Wirtschaftsprüfer hat 1975 aufgrund der damaligen relativ hohen Inflationsraten eine Empfehlung zur Berücksichtigung der Kapitalerhaltung in Form einer Nebenrechnung zum Jahresabschluss herausgegeben (vgl. IDW [1975]; ferner in diesem Kapitel S. 1287 ff.), die heutzutage allerdings nur historische Bedeutung hat.

Reale Geldkapitalerhaltung

Die Eliminierung von Geldwertschwankungen aus dem Jahresabschluss zum Zwecke der Kontrolle der realen Kapitalerhaltung bedeutet nichts anderes als eine Stabilisierung der dem Erfolgsrechnungssystem zugrunde liegenden Recheneinheit. Als Maßgröße für die Recheneinheit des Geldes kommen einerseits der Preis eines wertstabilen Gutes (z. B. Gold) oder der Wechselkurs einer stabilen Fremdwährung und andererseits Generalindizes in Betracht. Die erste Form einer Maßgröße erscheint als allgemeines Verfahren zur Eliminierung von Geldwertänderungen nicht geeignet, weil es auf der ganzen Welt weder eine stabile Währung noch ein preisstabiles Wirtschaftsgut gibt und weil diese Größen auch allenfalls die Preissituation für einen Teil der Gesamtwirtschaft anzeigen. Wegen dieser Mängel empfehlen die meisten Verfechter der realen Kapitalerhaltung die Verwendung genereller Preisindizes, was auch zu dem Namen indexmäßige Kapitalerhaltung geführt hat. Welcher Index gewählt werden soll, ist allerdings umstritten. Eine Version der indexmäßigen Kapitalerhaltung findet sich in IAS 29, der bei Abschlüssen aus Hochinflationsländern eine entsprechende Inflationsberücksichtigung vorsieht (vgl. 10. Kapitel, S. 663 ff.).

Vorgehensweise einer indexmäßigen Kapitalerhaltungsrechnung

Für die Durchführung der indexmäßigen Kapitalerhaltungsrechnung bieten sich verschiedene Vorgehensweisen an. Ein mögliches Verfahren besteht darin, dass sämtliche Buchungen von Jahr zu Jahr jeweils auf das Preisniveau eines gemeinsamen Bezugszeitpunktes umgerechnet werden. Der Vorteil dieses Verfahrens liegt zweifellos darin, dass die umgewerteten Bestände, Aufwendungen und Erträge der einzelnen Abrechnungsperioden untereinander vergleichbar bleiben, weil sie stets auf dieselbe Basis bezogen sind. Ein gewichtiger Nachteil dürfte allerdings darin zu sehen sein, dass bei fortgesetztem Geldwertverlust sich die im Jahresabschluss ausgewiesenen Werte der Bestands- und Erfolgsposten immer mehr von der effektiven Recheneinheit der Währung entfernen. Diesen Nachteil vermeidet ein anderes Verfahren, bei dem man die Zahlen der Eröffnungsbilanz und sämtliche Buchungen der abzurechnenden Periode auf das

Preisniveau des Abschlussstichtages umrechnet. Die Differenz zwischen den Aufwertungen der Aktiva und Passiva mit Ausnahme des Eigenkapitals stellt eine Geldentwertungsrücklage dar, die als ein aus der Geldentwertung resultierender Korrekturposten zum Eigenkapital zu interpretieren ist. Da der nominell gebundene Posten (liquide Mittel, Forderungen, Verbindlichkeiten) sinnvollerweise nur mit ihrem Nominalwert angesetzt werden können, erscheinen sie nach ihrer erfolgsneutralen Korrektur in der Eröffnungsbilanz als zu hoch ausgewiesen. Sie müssen deshalb zulasten bzw. zugunsten der Erfolgsrechnung wieder herabgesetzt werden. Nach der Schmalenbachschen Konzeption der Indexrechnung geschieht dies nicht erst im Zeitpunkt der effektiven Realisation der Geldentwertungsverluste bzw. -gewinne aus den nominell gebundenen Aktiva und Passiva, sondern bereits in der Periode, in der die betreffende Geldentwertung auftritt (vgl. Schildbach, T. [1974]). Soweit monetäre Aktiva und Passiva sich entsprechen, kompensieren sich die mit diesen verbundenen Geldentwertungsverluste und -gewinne also. Soweit die monetären Passiva die monetären Aktiva übersteigen, wird der durch Geldentwertung bedingte Mehraufwand teilweise durch den Geldentwertungsgewinn der die monetären Aktiva übersteigenden monetären Passiva kompensiert. Auf diese Weise wird erreicht, dass sich die erfolgsmäßige Eliminierung allgemeiner Geldwertschwankungen per saldo lediglich auf den Verbrauch eigenfinanzierter Vermögensteile bezieht (vgl. auch in diesem Kapitel, S. 1291 ff.).

Beispiel

In dem folgenden Beispiel (Tabellen 23.1 bis 23.3) ist eine Geldentwertungsrate von 10 % angenommen. Von Geldwertänderungen in Vorjahren sei abgesehen. Für den Posten Vorräte ist unterstellt, dass der gesamte Anfangsbestand in der Periode verbraucht wird und dass die Neubeschaffung am Ende der Periode vorgenommen wird. Die individuellen Preissteigerungen sollen im Beispiel mindestens der allgemeinen Geldentwertungsrate entsprechen. Der Unterschied zwischen dem Gewinn auf der Basis nominaler Geldkapitalerhaltung i. H. v. 60 GE und dem Gewinn auf der Basis realer Geldkapitalerhaltung i. H. v. 55 GE erklärt sich aus der Überleitungsrechnung gemäß Tabelle 23.3.

Aktiva (GE)			**Eröffungsbilanz**		**Passiva (GE)**
	nominal	real		nominal	real
Abnutzbares Anlagevermögen	200	220	Eigenkapital	170	170
Vorräte	80	88	Geldentwertungsrücklage	–	17
Liquide Mittel, Forderungen	70	77	Wertberichtigungen zum Anlagevermögen	60	66
			Verbindlichkeiten	120	132
	350	**385**		**350**	**385**

Tab. 23.1: Beispiel reale Kapitalerhaltung, Eröffnungsbilanz

Aktiva (GE)			Schlussbilanz		Passiva (GE)
	nominal	real		nominal	real
Abnutzbares Anlagevermögen	200	220	Eigenkapital	170	170
Vorräte	130	130	Geldentwertungsrücklage	–	17
Liquide Mittel, Forderungen	90	90	Wertberichtigungen zum Anlagevermögen	80	88
			Verbindlichkeiten	110	110
			Gewinn	60	55
	420	**440**		**420**	**440**

Tab. 23.2: Beispiel reale Kapitalerhaltung, Schlussbilanz

	Nominaler Gewinn	60
–	Geldentwertungsaufwand für erhöhte Abschreibungen	2
–	Geldentwertungsaufwand für verbrauchte Vorräte	8
–	Geldentwertungsaufwand aus Bar- und Forderungsbeständen	7
+	Geldentwertungsertrag aus Verbindlichkeiten	12
=	**realer Gewinn**	**55**

Tab. 23.3: Beispiel reale Kapitalerhaltung, Überleitungsrechnung in GE

Kritik an der realen Geldkapitalerhaltung

Die Gewinnrechnung auf der Basis der realen Geldkapitalerhaltung beruht auf einer Substitution der bei Geldwertänderungen instabilen Währungseinheit durch eine wertbeständige Recheneinheit. Die Konzeption der realen Geldkapitalerhaltung trägt somit der Erkenntnis Rechnung, dass Messungen auf der Basis einer instabilen Maßeinheit zu unvergleichbaren Ergebnissen führen. Dieser Ansatz ermöglicht es somit festzustellen, inwieweit nominal ausgewiesene Vermögensmehrungen oder -minderungen lediglich aus Wertänderungen der Recheneinheit resultieren. Als Instrument zur Sicherung und Kontrolle der Unternehmenserhaltung ist die Konzeption der realen Geldkapitalerhaltung indessen betriebswirtschaftlich unbefriedigend. Unternehmenserhaltung i. S. v. Arbeitsplatzsicherung sowie Erhaltung der Einkommens- bzw. Steuerquellen, wie sie von den Arbeitnehmern, den Anteilseignern, Kreditgebern und dem Fiskus erstrebt wird, ist nicht schon dadurch gewährleistet, dass ein kaufkraftmäßig gleichbleibendes Einlagekapital erhalten bleibt. Sie bedeutet vielmehr Erhaltung der Leistungsfähigkeit des Unternehmens. Neben der Stabilisierung der Recheneinheit werden deshalb andere Ansätze zur Kontrolle der Unternehmenserhaltung benötigt.

II. Gewinnermittlung auf der Basis des Tageswertprinzips

Tageswertprinzip zur Kontrolle der Vermögenserhaltung

Das Tageswertprinzip ist unter verschiedenen Zielsetzungen für die bilanzielle Erfolgsrechnung vorgeschlagen worden. Bei der von Schmidt konzipierten »organischen Tageswertbilanz« (vgl. Schmidt, F. [1929]) geht es in erster Linie um die Kontrolle der Unternehmenserhaltung i. S. der Erhaltung eines mengenmäßig gleich bleibenden Vermögensbestandes. Dieser Ansatz ist in der späteren bilanztheoretischen Diskussion vor allem von Hax (vgl. Hax, K. [1957]), Feuerbaum (vgl. Feuerbaum, E. [1966]) und Sieben (vgl. Sieben, G./Schildbach, T. [1973]; Sieben, G. [1974]) weiter verfolgt worden. Auf der Grundkonzeption der organischen Tageswertbilanz baut auch die 1975 vom Hauptfachausschuss (HFA) des Instituts der Wirtschaftsprüfer in Deutschland e. V. veröffentlichte und 1990 angepasste Stellungnahme »Zur Berücksichtigung der Substanzerhaltung bei der Ermittlung des Jahresergebnisses« (vgl. Niehus, R. J. [1974]; IDW [1975]) auf. Diese Stellungnahme des HFA und die zugrunde liegende Konzeption der organischen Tageswertbilanz werden in Abschnitt 1 behandelt.

Tageswertprinzip zur Verbesserung der Prognoseeignung der Bilanzinformationen und zur Performance-Messung

Unter dem Aspekt der Gewinnung leistungsfähiger Beurteilungsmaßstäbe der Erfolgswirksamkeit unternehmerischer Dispositionen (Performance-Messung) und der Erhöhung der Prognosekraft der Jahresabschlussdaten ist die Bewertung mit Tagesbeschaffungspreisen (*current cost*) im amerikanischen Schrifttum von Edwards und Bell (vgl. Edwards, E. O./Bell, P. W. [1961]) und im deutschen Schrifttum von Engels (vgl. Engels, W. [1962b]) vorgeschlagen worden. Wegen der Verwandtschaft dieser Konzeption mit der organischen Tageswertbilanz und wegen der Resonanz, die sie in der amerikanischen bilanztheoretischen Diskussion hervorgerufen hat (vgl. Coenenberg, A. G. [1968]), wird sie in Abschnitt II 2 (S. 1299 ff.) kurz erörtert, obwohl sie eigentlich eher in den Bereich der Rechnungslegungsfunktion des Jahresabschlusses fällt. Ebenfalls primär unter dem Gesichtspunkt der Informationsfunktion des Jahresabschlusses ist das Tageswertprinzip von Chambers (vgl. Chambers, R. J. [1966]) empfohlen worden. Gemäß diesem Vorschlag sollen die Vermögensgüter allerdings nicht zum Wiederbeschaffungspreis am Bilanzstichtag, sondern zum Realisationswert am Bilanzstichtag (*current cash equivalent*) angesetzt werden. Der so konzipierten Bilanz kommt die Aufgabe zu, die finanzielle Dispositionselastizität des Unternehmens anzuzeigen. Auf diesen Ansatz kann hier nicht näher eingegangen werden; eine ausführliche Darstellung und Kritik ist an anderer Stelle gegeben worden (vgl. Coenenberg, A. G. [1968]).

1. Tageswertprinzip und Sachkapitalerhaltung

Substanzerhaltungsrechnung

Die folgende Darstellung des Problems der Eliminierung spezieller Preisänderungen im Rahmen der Gewinnermittlung orientiert sich an der oben erwähnten Stellungnahme des HFA zur Rechnungslegung bei Inflation (vgl. Coenenberg, A. G. [1975] m. w. N.). Die Stellungnahme hat zwar in der Bilanzierungspraxis nur einige Jahre Wirkung gezeigt. Sie gibt aber den theoretischen Diskussionsstand umfassend wieder. Sie lässt sich in Kurzform durch drei Thesen charakterisieren:

(a) Ziel der inflationsbereinigten Rechnungslegung ist es, eine Kontrolle der Unternehmenserhaltung zu ermöglichen.
(b) Die hierzu notwendigen Substanzrechnungen beziehen sich lediglich auf die mit Eigenkapital finanzierten Vermögensteile (Nettosubstanzerhaltung).
(c) Die Substanzerhaltungsrechnung ist eine freiwillige Nebenrechnung zur Korrektur des Erfolgsausweises.

Diese drei Thesen werden im Folgenden behandelt. In einem abschließenden Abschnitt werden praktische Probleme der Anwendung der Substanzerhaltungsrechnung erörtert.

a) Konzeption der Substanzerhaltung: Grundzüge der organischen Tageswertbilanz

»Organische Tageswertbilanz«

Wie bereits erwähnt, basiert die HFA-Stellungnahme im Grundsätzlichen auf der bereits in der Inflationszeit nach dem Ersten Weltkrieg von Schmidt entwickelten »organischen Tageswertbilanz« (vgl. Schmidt, F. [1929]). Diese Konzeption von Schmidt soll zunächst kurz dargestellt werden. Die Abweichungen des HFA-Verfahrens von dieser Konzeption werden in den nächsten Abschnitten deutlich.

Organische Erfolgsrechnung: Trennung von Umsatz- und Scheinerfolgen

Zielsetzung der organischen Tageswertbilanz ist es, eine zu der Entwicklung des Leistungspotenzials des Organismus Volkswirtschaft proportionale Vermögenserhaltung des Unternehmens zu gewährleisten. Dementsprechend gilt es in der Erfolgsrechnung, die allein auf Preisänderungen beruhenden Scheinerfolge von den echten Leistungserfolgen zu trennen. Scheinerfolge resultieren insbesondere aus Preisänderungen der betrieblichen Produktionsfaktoren in der Zeit zwischen deren Beschaffung und deren Verwertung. Daneben können, im Allgemeinen in geringerem Umfang, vor allem bei langfristiger Absatzfinanzierung durch Ertragsverrechnung bedingte Scheinerfolge entstehen (vgl. Schneider, D. [1974]), die in der theoretischen und praktischen Diskussion i. d. R. unberücksichtigt bleiben und deshalb auch im Folgenden vernachlässigt werden. Steigende Beschaffungspreise führen zu Scheingewinnen, sinkende Beschaffungspreise zu Scheinverlusten. Die Eliminierung solcher Scheinerfolge gelingt mittels einer auf die Neutralisierung allgemeiner Geldwertänderungen ausgerichteten Indexrechnung nur, wenn die individuellen Preisänderungen der einzelnen Produktionsfaktoren in ihren Auswirkungen genau der allgemeinen Geldwertänderung entsprechen. Um darüber hinaus auch die aus speziellen Preisänderungen resultierenden Scheinerfolge erfassen zu können, müssen die Aufwendungen mit den am Umsatztag gültigen Wiederbeschaffungspreisen bzw. Reproduktionskosten angesetzt werden. Auf diese Weise wird mittels einer entsprechenden Aufwandsverrechnung der Teil des Erlöses einbehalten, der zur Wiederholung des Produktionsprozesses in mengenmäßig gleichem Umfang erforderlich ist. Die Differenz zwischen anschaffungswertorientierter und tageswertorientierter Aufwandsverrechnung wird in der Bilanz auf einem Wertänderungskonto (Neubewertungsrücklage, Substanzerhaltungsrücklage) erfasst, das je nach Richtung der Wertänderung einen aktiven oder passiven Korrekturposten zum Eigenkapital darstellt.

Organische Bestandsrechnung: Darstellung des »marktmäßig objektivierten Ertragswertes«

Eine solche Aufwandsumbewertung in der Erfolgsrechnung ist nicht grundsätzlich an eine Umbewertung in der Vermögensrechnung gebunden. Nach der Konzeption der organischen Tageswertbilanz hat die Bestandsrechnung aber die Aufgabe der Darstellung des Unternehmensvermögens. Da eine Vermögensermittlung i. S. des Unternehmensgesamtwertes mittels einer dem Prinzip der Einzelbewertung folgenden Bilanzrechnung nicht möglich ist, zielt die Vermögensermittlungsfunktion auf den marktmäßig objektivierten Ertragswert des Unternehmens ab. Diese Aufgabenstellung führt zu einer Bewertung der Vermögensgegenstände in der Bilanz zum Tagesbeschaffungspreis bzw. Wiederherstellungskostenwert am Bilanzstichtag. Die erfolgsrechnerische Neutralisierung dieser erfassten Wertänderungen des Vermögens wird durch Gegenbuchung auf dem schon erwähnten Wertänderungskonto erreicht. Dieses Wertänderungskonto enthält somit alle Vermögensneubewertungen sowie alle Scheingewinne aus realisierten Umsätzen.

Beispiel

Zur Verdeutlichung dient ein stark vereinfachtes Beispiel, das zu Vergleichszwecken sowohl gemäß der Konzeption der nominellen Geldkapitalerhaltung als auch gemäß der Konzeption der Substanzerhaltung dargestellt wird. Eine Unternehmung wird im Zeitpunkt t_0 gegründet und weist folgende Eröffnungsbilanz auf:

Bilanz t_0 (real = nominal) in GE			
Unbebaute Grundstücke	200	Eigenkapital	1200
Maschinen	600	Verbindlichkeiten	400
Vorräte	400		
Liquide Mittel, Forderungen	400		
	1600		**1600**

Für das Geschäftsjahr t_0/t_1 gelten folgende Daten:

Unbebaute Grundstücke:	Preissteigerung 15 %
Maschinen:	Preissteigerung 10 %; Abschreibung i. H. v. 20 % vom jeweiligen Restwert; Reinvestition (bar) in Höhe des Betrages der auf den Wiederbeschaffungspreis berechneten Abschreibungen am Ende des Jahres.
Vorräte:	Sie werden zweimal im Jahr umgeschlagen. Die tatsächliche Verbrauchsfolge entspricht der Fifo-Fiktion. Die Wiederbeschaffung erfolgt (bar) am Ende des ersten Halbjahres zu 450 GE, am Ende des zweiten Halbjahres (bar) zu 500 GE.
Umsatzerlös:	2600 GE (bar)
Lohnaufwand:	1398 GE (bar)
Zinsaufwand:	Die Verbindlichkeiten betreffen i. H. v. 200 GE einen langfristigen Kredit, der mit 10 % p. a. (bar) verzinst wird.

Nach der Konzeption der nominellen Geldkapitalerhaltung ergeben sich die in Tabelle 23.4 wiedergegebene Bilanz und Gewinn- und Verlustrechnung.

Bilanz t_1 (nominal) in GE			
Unbebaute Grundstücke	200	Eigenkapital	1.200
Maschinen	612	Verbindlichkeiten	400
Vorräte	500		
Liquide Mittel, Forderungen	500	Gewinn vor Steuern	212
	1.812		**1.812**

Gewinn- und Verlustrechnung t_0/t_1 (nominal) in GE	
Umsatzerlöse	2.600
Materialaufwand	850
Löhne	1.398
Abschreibung	120
Zinsaufwand	20
Gewinn vor Steuern	**212**

Erläuterungen (in GE):

Maschinen:

Anfangsbestand	600
– Abschreibung (0,2 x 600)	120
+ Reinvestition (0,2 x 1,1 x 600)	132
= Endbestand	612

Liquide Mittel, Forderungen:

Anfangsbestand	400
+ Umsatzeinnahmen	2.600
– Lohnzahlung	1.398
– Materialausgaben	950
– Investitionsausgaben	132
– Zinszahlung	20
= Endbestand	500

Vorräte:

	t_0		t_1
Preise:	400 Anfangsbestand	450	500 Endbestand

nomineller Verbrauchswert = 850 realer Verbrauchswert = 950

Tab. 23.4: Lösung mit Nominalwertrechnung

Nach der Konzeption der Substanzerhaltung ergibt sich Tabelle 23.5.

Bilanz t_1 (real) in GE			
Unbebaute Grundstücke	230	Eigenkapital	1.200
Maschinen	660	Neubewertungsrücklage	190
Vorräte	500	Verbindlichkeiten	400
Liquide Mittel, Forderungen	500	Gewinn vor Steuern	100
	1.890		**1.890**

Gewinn- und Verlustrechnung t_0t_1 (real) in GE	
Umsatzerlöse	2.600
Materialaufwand	950
Löhne	1.398
Abschreibung	132
Zinsaufwand	20
Gewinn vor Steuern	**100**

Erläuterungen (in GE):

Maschinen:

Anfangsbestand zum Tageswert			660
– Abschreibung (0,2 x 660)			132
+ Reinvestition (0,2 x 660)			132
= Endbestand			660

Neubewertungsrücklage:

a) Erfolgsneutrale Vermögensneubewertung		
Unbebaute Grundstücke	30	
Maschinen (10 % Preissteigerung abzüglich anteiliger Abschreibung, also 0,8 x 60)	48	78
b) Scheingewinn (= Aufwendungen zu Tageswerten minus Aufwendungen zu Anschaffungswerten)		
Materialaufwand (950 – 850)	100	
Abschreibung (132 – 120)	12	112
		190

Tab. 23.5: Lösung mit Substanzerhaltungsrechnung

b) Berücksichtigung der Finanzierungsstruktur (Nettosubstanzerhaltung)

Nettosubstanzerhaltung

In dem vorstehenden Beispiel wurde davon ausgegangen, dass die nominell gebundenen Verbindlichkeiten in ihrer Höhe gerade den nominell gebundenen monetären Vermögensgegenständen entsprechen. Auf diese Weise wurde erreicht, dass die mit dem Halten nominell gebundener Vermögensgegenstände verbundenen Geldentwertungsverluste gerade durch die mit dem Halten nominell gebundener Verbindlichkeiten verbundenen Geldentwertungsgewinne kompensiert werden. Tatsächlich hat man es in den meisten praktischen Fällen aber mit Bilanzstrukturen zu tun, bei denen das Fremdkapital die nominell gebundenen Aktiva bei weitem übersteigt. Inflationsbedingte Preissteigerungen führen aber nur hinsichtlich der mit Eigenkapital finanzierten Vermögensbestände zu Scheingewinnen und im Falle des Entzugs (durch Ausschüttung oder Besteuerung) dieser Scheingewinne zu einem Substanzverlust. Diese These, die in der Literatur fast übereinstimmend vertreten wird (a. A. Feuerbaum, E. [1974]), beruht auf den folgenden beiden Überlegungen: Soweit Fremdkapital auf nominell gebundene Aktiva entfällt, kompensieren sich die betreffenden Geldentwertungsgewinne und Geldentwertungsverluste. Soweit Fremdkapital auf nicht monetäre Aktiva entfällt, wird von der Annahme ausgegangen, dass die fremdfinanzierten Vermögensgegenstände auch bei ihrer Wiederbeschaffung mit Fremdkapital finanziert werden. Folglich genügt es, wenn der Verbrauch der fremdfinanzierten Vermögensgegenstände in der Gewinn- und Verlustrechnung auf der Basis der historischen Kosten bewertet wird.

Bruttosubstanzerhaltung

Würde man das Tageswertprinzip für die Bewertung von Aufwendungen unabhängig von der Finanzierungsstruktur auf sämtliche Aufwendungen anwenden, so hätte dies wegen der dadurch bewirkten Gewinnminderung und der automatischen Ausschüttungssperre eine ständige Substitution von Fremdkapital durch Eigenkapital zur Folge. Der Erfolgsausweis würde sowohl in seiner Informationsfunktion als auch in seiner Funktion als Ausschüttungsbemessungsgrundlage beeinträchtigt: Aus Informationssicht wird der Überschuss verzerrt dargestellt, da auch »Scheingewinne« aus fremdfinanziertem Vermögen ohne gesonderte Kenntlichmachung aus dem Überschuss eliminiert werden. »Genau in Höhe dieser zusätzlichen Kürzung wird jedoch Eigenkapital in dem Sinne neu gebildet, dass bisher als fremdfinanziert angesehenes Vermögen sukzessive anteilig durch Eigenkapital finanziert wird« (Sieben, G./Schildbach, T. [1973], S. 580). Die Ausschüttungsbemessungsfunktion des Erfolges würde ebenfalls eingeschränkt, weil Teile des Ertrages als Aufwand deklariert und damit vor der Ausschüttung bewahrt blieben, die – soweit sie den Verbrauch fremdfinanzierter Vermögensteile betreffen – aber ausschüttbar sind, wenn die notwendigen Reinvestitionen fremdfinanzierter Vermögensgüter auch in Zukunft mit Fremdkapital finanziert werden. Auf diese Weise wird die Kompetenz der Anteilseigner hinsichtlich der Gewinnverwendungsentscheidung eingeengt.

Relevanz der Finanzierungsstruktur

Es ergibt sich der Schluss, dass die Substanzerhaltungsrechnung nicht unabhängig von der Finanzierungsstruktur durchgeführt werden kann. Wie lässt sich nun die Finanzierungsstruktur in der Substanzerhaltungsrechnung berücksichtigen? Einen Lösungsweg glaubt Schmidt, der dieses Problem bereits in der ersten Konzipierung seiner organischen Tageswertbilanz gesehen hat, in seiner »Dispositionsregel der Wertgleichheit« gefunden zu haben, in der er die Wertgleichheit der nominell gebundenen Aktiva und der nominell gebundenen Verbindlichkeiten fordert. Bei Befolgung dieser Dispositionsregel der Wertgleichheit kompensieren sich, wie schon ausgeführt, Entwertungsgewinne und Entwertungsverluste bei den nominell gebundenen Bilanzposten. Allerdings dürfte diese Dispositionsregel kaum diskutabel sein; sie ordnet die wirtschaftliche Disposition über Finanzierungsmaßnahmen, die sich nur aus den unternehmerischen Ertrags- und Risikozielen ableiten lässt, dem Rechnungsziel unter.

Zuordnung von Vermögens- und Kapitalstruktur

Nach dem heutigen Stand der Diskussion und nach der Stellungnahme des HFA wird die Lösung dieses Problems einhellig vielmehr darin gesehen, die Aufwandskorrekturen lediglich auf den Verbrauch eigenfinanzierter Vermögensteile zu beschränken. Dieser Lösungsweg wirft sogleich die Frage auf, wie die verschiedenen Vermögensgegenstände auf der Aktivseite der Bilanz den Kapitalposten auf der Passivseite zugeordnet werden sollen. Da – von Ausnahmefällen abgesehen – die Aktivposten in keinem zwingenden Zusammenhang mit den Passivposten stehen, lässt sich dieses Zuordnungsproblem im Allgemeinen nicht nach der tatsächlichen Herkunft des jeweils investierten Kapitals, sondern lediglich nach Zweckmäßigkeitsgesichtspunkten lösen. Zunächst sind verschiedene Regeln für eine solche Zuordnung denkbar:

(a) Zuordnung gemäß Einzelnachweis
Jedem einzelnen Vermögensposten wird in jedem Einzelfall gesondert jeweils eine bestimmte Kapitalart oder eine bestimmte Mischung von Eigen- und Fremdkapital zugeordnet.
(b) Zuordnung nach der Gesamtkapitalstruktur
Jeder Vermögensposten der Aktivseite wird als anteilig im Verhältnis des gesamten Eigen- zum gesamten Fremdkapital eigen- und fremdfinanziert betrachtet.
(c) Zuordnung nach der Restkapitalstruktur
Zunächst wird das Fremdkapital dem Gesamtbetrag der nominell gebundenen Aktiva zugeordnet. Im Verhältnis der verbleibenden Restkapitalstruktur werden die nicht nominell gebundenen Aktiva als jeweils anteilig eigen- und fremdfinanziert betrachtet.
(d) Zuordnung nach dem Geldcharakter und nach der Fristigkeit der Vermögensposten
Zunächst wird das Fremdkapital dem Gesamtbetrag der nominell gebundenen Aktiva zugeordnet. Ein verbleibender Fremdkapitalbetrag wird in aufsteigender Reihenfolge zunächst den kurzfristigen und dann den mittel- und langfristigen nicht nominell gebundenen Aktiva zugeordnet.

Zuordnungsregel gemäß HFA-Stellungnahme

Die Zuordnungsregeln (c) und (d) haben gegenüber den Zuordnungsregeln (a) und (b) den Vorteil, dass die Geldentwertungsverluste der nominell gebundenen Aktiva in der Substanzerhaltungsrechnung unbeachtet bleiben können, weil die gesamten nominell gebundenen Aktiva als fremdfinanziert betrachtet werden und somit den Geldentwertungsverlusten entsprechende Geldentwertungsgewinne gegenüberstehen. Dies erscheint deshalb von großem Vorteil, weil es bei den nominell gebundenen Aktiva an dem für eine praktikable Substanzerhaltungsrechnung notwendigen Maßstab, nämlich dem Tageswert, fehlt. Die Zuordnungsregel (d) hat gegenüber der Zuordnungsregel (c) den Vorteil, dass in all den Fällen, in denen das Eigenkapital das Anlagevermögen nicht überdeckt, lediglich eine (ggf. anteilige) Korrektur der Abschreibungen zum Zwecke der Substanzerhaltungsrechnung erforderlich wird. Offenbar aus diesen oder ähnlichen Erwägungen hat sich der HFA für die Zuordnungsregel (d) entschieden.

Unterschiede zwischen Netto- und Bruttosubstanzerhaltung in Bilanz und GuV

Diese Substanzerhaltungsrechnung unter Berücksichtigung der Finanzierungsstruktur wird Nettosubstanzerhaltungsrechnung genannt. In der Bilanz unterscheidet sich diese Nettosubstanzerhaltungsrechnung auf der Aktivseite nicht von der Bruttosubstanzerhaltungsrechnung. Auf der Passivseite unterscheidet sie sich von dieser dadurch, dass der Teil der Wertsteigerung des Vermögens, der fremdfinanziertes Vermögen betrifft, einem gesonderten Passivposten zugeführt wird (nicht realisierte Wertsteigerungen des fremdfinanzierten Vermögens), der bei Realisation der Wertsteigerung aufgelöst wird (vgl. Sieben, G./Schildbach, T.

[1973], S. 589). Er indiziert den zusätzlichen Fremdkapitalbedarf zur künftigen Reproduktion des gegenwärtig vorhandenen fremdfinanzierten Vermögens. In der Gewinn- und Verlustrechnung unterscheidet sich die Nettosubstanzerhaltungskonzeption von der Bruttosubstanzerhaltungsrechnung dadurch, dass nur der Verbrauch eigenfinanzierten Sachvermögens mit Tageswerten bewertet wird. Der nach der Nettosubstanzerhaltungskonzeption ermittelte Erfolg gibt dementsprechend den Betrag an, der über den für die mengenmäßige Erhaltung des eigenfinanzierten Vermögens notwendigen Betrag hinaus erwirtschaftet wurde.

Beispiel

Die Nettosubstanzerhaltungskonzeption wird nun anhand des vorher eingeführten Beispiels nebeneinander für die Zuordnungsregeln (c) und (d) veranschaulicht. Das Beispiel wird insofern geändert, als ein Eigenkapital von 800 GE und ein Fremdkapital von 800 GE angenommen wird. Zunächst wird die Zuordnung nach der Restkapitalstruktur (Tabelle 23.6) betrachtet. Die zu Beginn der Periode nominell gebundenen Aktiva (Liquide Mittel und Forderungen) i. H. v. 400 GE werden danach dem Fremdkapital zugerechnet. Die Restkapitalstruktur beträgt somit:

$$\frac{\text{Eigenkapital}}{\text{Rest-Fremdkapital}} = \frac{800}{400} = \frac{2}{1}$$

Es ergibt sich also ein Eigen- bzw. Fremdfinanzierungsanteil an den nicht nominellen Aktiva von 2/3 bzw. 1/3.

Bilanz t_1 (real netto) in GE			
Unbebaute Grundstücke	230	Eigenkapital	800
Maschinen	660	Neubewertungsrücklage	127
Vorräte	500	Verbindlichkeiten	800
Liquide Mittel, Forderungen	500	Unrealisierte Wertsteigerung fremdfinanzierten Vermögens	26
		Gewinn vor Steuern	137
	1.890		**1.890**

Gewinn- und Verlustrechnung t_0/t_1 in GE	
Umsatzerlöse	2.600
Materialaufwand	917
Löhne	1.398
Abschreibung	128
Zinsaufwand	20
Gewinn vor Steuern	**137**

Erläuterungen (in GE):		
Neubewertungsrücklage:		
a) Erfolgsneutrale Neubewertung eigenfinanzierten Vermögens		
Unbebaute Grundstücke (2/3 x 30)	20	
Maschinen	32	52
b) Scheingewinn		
Materialaufwand (2/3 x 100)	67	
Abschreibung (2/3 x 12)	8	75
		127
Unrealisierte Wertsteigerung fremdfinanzierten Vermögens:		
Unbebaute Grundstücke (1/3 x 30)		10
Maschinen (1/3 x 48)		16
		26
Die Aufwendungen ergeben sich allgemein aus dem Ausdruck:		
Aufwand zu historischen Kosten + 2/3 (Aufwand zu Tageswerten – Aufwand zu historischen Kosten)		
Materialaufwand: 850 + 2/3 x 100 = 917		
Abschreibung: 120 + 2/3 x 12 = 128		

Tab. 23.6: Zuordnung nach der Restkapitalstruktur

Die Zuordnung nach der HFA-Regel ist in Tabelle 23.7 dargestellt. Nach dieser Zuordnungsregel gelten im vorliegenden Beispiel die in der Anfangsbilanz ausgewiesenen liquiden Mittel, Forderungen und Vorräte in voller Höhe als fremdfinanziert. Das Anlagevermögen gilt als eigenfinanziert. In der Erfolgsrechnung sind deshalb lediglich die Abschreibungen umzubewerten. In der Bilanz entfällt die »unrealisierte Wertsteigerung fremdfinanzierten Vermögens«, weil beim Vorratsvermögen im vorliegenden Beispiel Anschaffungskosten und Tageswert des Endbestandes zusammenfallen.

Bilanz t_1 (real netto) in GE			
Unbebaute Grundstücke	230	Eigenkapital	800
Maschinen	660	Neubewertungsrücklage	90
Vorräte	500	Verbindlichkeiten	800
Liquide Mittel, Forderungen	500	Gewinn vor Steuern	200
	1.890		**1.890**

Gewinn- und Verlustrechnung t_0/t_1 (real netto) in GE	
Umsatzerlöse	2.600
Materialaufwand	850
Löhne	1.398
Abschreibung	132
Zinsaufwand	20
Gewinn vor Steuern	**200**

Tab. 23.7: Zuordnung nach dem Geldcharakter und nach der Fristigkeit der Bilanzposten (Zuordnungsregel gemäß HFA)

c) Nebenrechnung zur Korrektur des Erfolgsausweises

Einschränkungen der HFA-Stellungnahme

Die Informationsfunktion des Jahresabschlusses ist sowohl auf die Darstellung der Vermögenslage als auch auf die Darlegung der Erfolgslage des Unternehmens gerichtet. Die konsequente Befolgung dieser Zielsetzung führt bei inflationärer Entwicklung zu der Forderung, die an historischen Kosten orientierte Bilanz und Erfolgsrechnung durch eine nach einem geeigneten Verfahren inflationsbereinigte Bilanz und Erfolgsrechnung zu ersetzen. Die IFRS lassen dies durch die Option der Neubewertungsmethode prinzipiell zu. Handels- und Steuerrecht ermöglichen eine derartige Substanzerhaltungsrechnung dagegen nicht. In der erwähnten HFA-Stellungnahme wird eine Substanzerhaltungsrechnung deshalb in einer eingeschränkten Form empfohlen:

1. Der HFA empfiehlt die Substanzerhaltungsrechnung lediglich in Gestalt einer freiwilligen Sonderrechnung, die »von Aktiengesellschaften und anderen publizitätspflichtigen Unternehmen in den Geschäftsbericht aufgenommen, von den übrigen Unternehmen dem Jahresabschluss beigefügt werden« solle. Soweit es sich um ein prüfungspflichtiges Unternehmen handelt, erstreckt sich die Prüfungspflicht auch auf die Nebenrechnung.
2. Die Substanzerhaltungsrechnung bezieht sich nach der Empfehlung des HFA lediglich auf die Korrektur des Erfolgsausweises. Dabei wird zwar keineswegs verkannt, dass angesichts steigender Preise auch die Vermögenslage der Unternehmen verzerrt dargestellt wird. Der HFA konnte sich aber lediglich zu der Empfehlung entschließen, »die Auswirkungen der gestiegenen Wiederbeschaffungswerte auf die Vermögenslage in der internen Rechnungslegung zu überwachen«.

Kombination von Geld- und Sachkapitalerhaltung

Trotz dieser Einschränkungen darf nicht verkannt werden, dass die Berücksichtigung der Substanzerhaltungskontrolle in Form einer Nebenrechnung gewisse Vorteile hat: Einerseits wird im Jahresabschluss nicht auf das dem Prinzip der Objektivität und Rechenschaftsfähigkeit weitestgehend entsprechende Anschaffungswertprinzip verzichtet, andererseits bietet sich so die Möglichkeit, eine sowohl dem Prinzip nomineller Kapitalerhaltung als auch dem Prinzip substanzieller Kapitalerhaltung entsprechende Gewinnkonzeption als Grundlage für die Bemessung erfolgsabhängiger Einkommenszahlungen zu verwirklichen. Eine solche Konzeption, die von Karl Hax entwickelt worden ist und unter der Bezeichnung »Theorie des doppelten Minimums« Eingang in die bilanztheoretische Diskussion gefunden hat, trägt der Erkenntnis Rechnung, »dass die Gefahren einer auf Kapitalerhaltung ausgerichteten Gewinnkonzeption sich nur bei einer Preissteigerung der Kostengüter zeigen, und zwar in Gestalt eines drohenden Substanzverzehrs. Die Gefahren einer auf Substanzerhaltung ausgerichteten Gewinnkonzeption zeigen sich dagegen bei einem Preisverfall der Kostengüter, weil dann die Erhaltung des Geldkapitals bedroht ist« (Hax, K. [1957]). Nach dieser Konzeption gilt stets der geringere der nach den Prinzipien der Geldkapitalerhaltung und Sachkapitalerhaltung ermittelten Überschüsse als entnahmefähiger Betrag.

Für die Form der Nebenrechnung kommt das folgende Schema in Betracht:

Schema der Substanzerhaltungsrechnung

Zusätzliche Abschreibungen auf abnutzbare Sachanlagen	....
Zur Substanzerhaltung beim Vorratsvermögen erforderlicher Betrag	....
Summe der notwendigen Ergebniskorrekturen (Scheingewinn)	....

Im Anschluss an dieses Schema sollte erläutert werden, welche Maßnahmen beabsichtigt sind oder bereits getroffen wurden, um die substanzielle Eigenkapitalerhaltung zu gewährleisten.

Substanzerhaltungsrechnung gemäß 4. EG-Richtlinie

Einen weitergehenden Schritt in Richtung einer Substanzerhaltungsrechnung hatte die 4. EG-Richtlinie (vgl. zur Kommentierung Biener, H. [1978]) getan, indem sie den Mitgliedstaaten das Recht einräumte, neben dem Anschaffungswertprinzip zusätzlich Folgendes vorzuschreiben oder zuzulassen (Art. 33 Abs. 1):

(a) die Bewertung auf der Grundlage des Wiederbeschaffungswertes für Sachanlagen, deren Nutzung zeitlich begrenzt ist, und für Vorräte;
(b) die Bewertung der Posten im Jahresabschluss, einschließlich des Eigenkapitals, auf der Grundlage anderer Methoden als der unter a) bezeichneten Methode, die der Inflation Rechnung tragen sollten;
(c) die Neubewertung der Sachanlagen sowie der Finanzanlagen.

Der deutsche Gesetzgeber hat allerdings, wie oben erwähnt, von diesen Möglichkeiten bei der Transformation in das HGB sowie allen bisherigen Bilanzrechtsreformen keinen Gebrauch gemacht. Der Grund hierfür liegt sicherlich nicht zuletzt auch an den geringen Inflationsraten während der letzten dreißig Jahre. Diese Möglichkeit der Berücksichtigung der Substanzerhaltung wurde in der im Juni 2013 verabschiedeten neuen EU-Rechnungslegungsrichtlinie (Richtlinie 2013/34/EU) übernommen.

d) Praktische Probleme der Substanzerhaltungsrechnung

Problematik der Substanzerhaltung beim abnutzbaren Anlagevermögen

Die Verwirklichung der Substanzerhaltungsrechnung wirft eine Reihe praktischer Probleme auf. So gewährleistet die Bewertung der Aufwendungen zum Tagesbeschaffungswert dann keine Kontrolle der Sachkapitalerhaltung, wenn einerseits eine sofortige Wiederbeschaffung des verbrauchten Aufwandsgutes nicht möglich ist, andererseits aber bis zur endgültigen Wiederbeschaffung weitere Preissteigerungen auftreten. Dies trifft in besonderem Maße für die Anlagenabschreibungen zu, da wegen der Unteilbarkeit der Anlagen eine jährliche anteilige Ersatzbeschaffung des in der Periode verbrauchten Nutzungspotenzials der jeweiligen Anlage entfällt.

Beispiel

Es sei eine Maschine mit einem Anschaffungspreis von 10 GE und einer Nutzungsdauer von fünf Jahren betrachtet, die linear abgeschrieben werden soll. Im Laufe der ersten beiden Jahre steigt der Wiederbeschaffungspreis der Anlage um je 10 GE. Die Abschreibungsgegenwerte seien nach entsprechenden Umsatztransaktionen jeweils am Ende der Periode als liquide Mittel verfügbar. Es ergeben sich die in Tabelle 23.8 dargestellten Tageswertbilanzen.

Aktiva (GE)		**Anfangsbilanz**	**Passiva (GE)**
Maschine	10	Kapital	10
	10		**10**
Aktiva (GE)		**Schlussbilanz des 1. Jahres**	**Passiva (GE)**
Maschine	20	Kapital	10
Liquide Mittel	4	Wertänderung	10
		Wertberichtigung	4
	24		**24**
Aktiva (GE)		**Schlussbilanz des 2. Jahres**	**Passiva (GE)**
Maschine	30	Kapital	10
Liquide Mittel	10	Wertänderung	20
		Wertberichtigung	10
	40		**40**

Tab. 23.8: Tageswertbilanz bei kontinuierlichen Preissteigerungen

Auf der Basis des Wiederbeschaffungspreises der Maschine am Ende des ersten Jahres beträgt der effektive Wertverzehr 4 GE. Da die Abschreibungen in dieser Höhe verdient und als liquide Mittel vorhanden sind, verfügt das Unternehmen über ein Reinvermögen von 20 GE, also in Höhe des Wiederbeschaffungspreises des ursprünglichen mengenmäßigen Vermögens. Die Vermögenserhaltung ist gelungen. Auf der Basis des Wiederbeschaffungspreises am Ende des zweiten Jahres beträgt der effektive Wertverzehr für die ersten beiden Jahre insgesamt 12 GE, nämlich 6 GE pro Periode. Da in der ersten Periode aber nur 4 GE Abschreibungen verrechnet wurden, verfügt das Unternehmen nur über Abschreibungsgegenwerte von 10 GE. Das zum Tageswert bewertete Reinvermögen beträgt 28 GE, es liegt somit um die im ersten Jahr zu niedrig verrechneten Abschreibungen unter dem Betrag, der für die Wiederbeschaffung des ursprünglichen mengenmäßigen Vermögens aufgewendet werden müsste. Die Vermögenserhaltung ist nicht gelungen.

Nachholabschreibungen

Als Ausweg liegt nahe, anstelle der Wiederbeschaffungspreise zum Bilanzstichtag die Wiederbeschaffungspreise zum Zeitpunkt der geplanten tatsächlichen Wiederbeschaffung zu verwenden. Wegen der damit verbundenen Prognoseprobleme und der Manipulierbarkeit der Daten scheint dieser Weg aber nicht gangbar. Zur Gewährleistung der Substanzerhaltung muss deshalb neben den auf die einzelnen Abrechnungsperioden entfallenden Abschreibungen eine zusätzliche Nachholabschreibung verrechnet werden, die aus der Korrektur der Abschreibungen früherer Jahre resultiert, in denen die Tageswerte niedriger waren. Im Beispiel wäre etwa im zweiten Jahr eine Nachholabschreibung i. H. v. 2 GE für zu wenig verrechnete Abschreibungen des ersten Jahres zu verrechnen. Dieses Verfahren der Nachholabschreibungen hat zur Folge, dass es in einzelnen Rechnungsperioden vor allem gegen Ende der Nutzungsdauer zu außerordentlich hohen Aufwandsbelastungen kommt, weil für alle vorhergehenden Jahre bei einer Preissteigerung eine Nachholabschreibung vorgenommen werden muss. Der Erfolgsausweis wird auf diese Weise verzerrt. Zudem ist fraglich, ob diese hohen Aufwandsbelastungen tatsächlich im Erlös erwirtschaftet werden können. Bei einer einmaligen Preissteigerung während der Nutzungsdauer könnte man die Verzerrung des Erfolgsausweises dadurch abmildern, dass die notwendige Nachholabschreibung gleichmäßig über die Restnutzungsdauer verteilt wird. Allerdings ist in Zeiten einer inflationären Entwicklung nicht nur von einmaligen, sondern von ständigen Preissteigungen auszugehen.

Die Notwendigkeit zur Verrechnung von Nachholabschreibungen entfällt dann, wenn es – wie von Fritz Schmidt gefordert – gelingt, die in den Erlösen vergüteten Abschreibungsgegenwerte sofort in Sachgüter mit gleicher Preisentwicklung wie die der abgeschriebenen Anlagegüter zu investieren. Die Voraussetzungen hierfür sind dann gegeben, wenn es sich um ein Unternehmen mit einem nach Lebensaltern gemischten Anlagebestand handelt. Unter dieser Voraussetzung reicht die erfolgsmäßige Abschreibung vom Wiederbeschaffungspreis des Bilanzstichtages zur Substanzerhaltung aus, wenn eine kontinuierliche Reinvestition der Abschreibungsbeträge stattfindet (vgl. Hax, K. [1957]). Der korrekte Ausweis der Anlagegegenstände zum Tagesaltwert am Bilanzstichtag erfordert allerdings, dass die Anlagewerte neben der Jahresabschreibung in Höhe der Nachholabschreibung erfolgsneutral zulasten der Neubewertungsrücklage herabgesetzt werden.

Berücksichtigung des technischen Fortschritts

Ein gravierendes Problem bei der Anwendung der Substanzerhaltungsrechnung besteht darin, dass Tagespreise, besonders für Gegenstände des Anlagevermögens, häufig kaum zu bestimmen sind und das Tageswertprinzip deshalb in vielen Fällen nur unter starker Verletzung des Prinzips der Objektivität der Rechnungslegung zu realisieren ist. Einerseits handelt es sich bei zahlreichen Anlagegegenständen um Einzelanfertigungen, für die ein Marktpreis nicht besteht. Andererseits können technischer Fortschritt und Bedarfswandel am Markt dazu führen, dass sich die Ersatzanlagen in Art und Qualität sowie in der Höhe der verursachten laufenden Betriebskosten von den im Betrieb genutzten Anlagen unterscheiden oder dass infolge der Anpassung des Fertigungsprogramms an die Marktentwicklung vollständig andere Anlagen benötigt werden.

Verwendung spezieller Indizes

Zur Überbrückung dieser Schwierigkeiten sollten – auch gemäß den Empfehlungen des HFA – dort, wo Tagespreise nicht einwandfrei festgestellt werden können, spezielle Preisindizes verwendet werden. Man erreicht so zwar nur eine näherungsweise Kontrolle der Substanzerhaltung, es ergibt sich aber andererseits der Vorteil, dass der Ermessensspielraum in engeren Grenzen gehalten werden kann.

2. Tageswertprinzip und Erfolgsprognose

Tageswertprinzip zur Erfolgsprognose

Wie ausgeführt, ist die Bilanzkonzeption von Edwards und Bell (vgl. Edwards, E. O./Bell, P. W. [1961]) und die mit dieser inhaltlich im Wesentlichen übereinstimmende Konzeption von Engels (vgl. Engels, W. [1962b]) mit der organischen

Bilanzauffassung eng verbunden, geht aber von einer anderen Zielsetzung aus. Im Vordergrund steht nicht die Kontrolle der Unternehmungserhaltung, sondern die Ermittlung prognosegeeigneter Maßstäbe für die Erfolgsbeurteilung der unternehmerischen Dispositionen. Drei auf die Verbesserung der Prognoseeignung des Gewinns abzielende Forderungen bilden den Ausgangspunkt:

1. Gewinne entstehen nicht erst im Zeitpunkt des Absatzes, sondern sind das Ergebnis des gesamten Unternehmungsprozesses. Das Realisationsprinzip muss daher durch eine entstehungsgerechte Gewinnermittlung ersetzt werden.
2. Als Informationsinstrumente müssen die Jahresabschlüsse den Informationsempfängern Zeit- und Betriebsvergleiche ermöglichen. Die zufallsbedingten Unterschiede in der Altersstruktur der Aktiva führen jedoch dazu, dass zwischenbetriebliche Vergleiche von Bilanzen, die auf dem Anschaffungswertprinzip basieren, nur bedingt möglich sind.
3. Der Gesamtgewinn muss sich so aufgliedern lassen, dass seine Komponenten Auskunft über die Erfolgswirksamkeit bestimmter unternehmerischer Entscheidungsprozesse geben.

Leistungsgewinn, Dispositionsgewinn

Entstehungsgerechte Gewinnermittlung und Vergleichbarkeit soll durch die Bewertung der Aktiva mit Wiederbeschaffungspreisen erreicht werden. Dementsprechend gilt als Gewinn die auf der Grundlage der Wiederbeschaffungspreise der Vermögensposten ermittelte Eigenkapitaländerung einer Periode zuzüglich der Ausschüttungen und abzüglich der Einlagen dieser Periode. Der Forderung nach Information über die Erfolgswirksamkeit bestimmter Entscheidungsprozesse soll durch die Spaltung des Unternehmungsgewinns in Leistungsgewinn (*current operating profit*) und Dispositionsgewinn (*holding gain*) Rechnung getragen werden. Diese Erfolgsspaltung beruht auf der Annahme, dass sich die Gewinnentstehung auf zwei Arten unternehmerischer Aktivität zurückführen lässt: einerseits Dispositionen über den laufenden Produktions- und Umsatzprozess (*operating activities*) und andererseits Bestandsdispositionen (*holding activities*) (vgl. Edwards, E. O./Bell, P. W. [1961], S. 70 ff.). Der Leistungsgewinn als das Ergebnis des betrieblichen Produktions- und Umsatzprozesses entspricht der Differenz zwischen Umsatzerlös und zum Wiederbeschaffungspreis bewertetem Aufwand. Der Dispositionsgewinn soll die Erfolgswirksamkeit der unternehmerischen Investitions- und Vorratspolitik angesichts sich ändernder Beschaffungspreise indizieren. Als Erfolg der Bestandsdisposition gilt daher der aufgrund von Wiederbeschaffungspreisen ermittelte Wertzuwachs oder Wertverlust der Anlage- und Vorratsgüter innerhalb einer Periode. Dieser Dispositionsgewinn stellt, soweit er aus dem Wertzuwachs von Verbrauchsgütern resultiert, Aufwandseinsparungen, soweit er aus dem Wertzuwachs von nicht abnutzbaren Gütern resultiert, Kapitalgewinne dar.

Abgrenzung zur Nominalwertrechnung

Diese Gewinnkonzeption unterscheidet sich vom Gewinnbegriff der Nominalwertrechnung durch eine unterschiedliche Abgrenzung des Dispositionsgewinns. In der traditionellen anschaffungswertorientierten Erfolgsrechnung wird der Dispositionsgewinn insofern enger abgegrenzt, als ihm nur diejenigen Vermögenswertzuwächse zugerechnet werden, die in der abgerechneten Periode tatsächlich realisiert wurden. Der Dispositionsgewinn wird in der traditionellen Unternehmungsrechnung insoweit weiter abgegrenzt, als er nicht nur in dieser Periode, sondern auch in früheren Perioden entstandene Vermögenswertsteigerungen in sich einschließt, sofern sie nur in dieser Periode realisiert wurden. Zur Verdeutlichung der tageswertorientierten Konzeption des Leistungs- und Dispositionsgewinns diene das Beispiel in Tabelle 23.9.

Aktiva (GE)	**Anfangsbilanz**		**Passiva (GE)**
Unbebaute Grundstücke	10	Kapital	45
Bebautes Grundstück	10		
Waren	20		
Liquide Mittel	5		
	45		**45**

Geschäftsvorfälle:

- Die Tageswerte der Grundstücke steigen um 100 %, der Vorräte um 50 %.
- Das bebaute Grundstück wird für 20 GE verkauft.
- Die Hälfte der Warenvorräte wird für 25 GE veräußert.

Es ergeben sich folgende Gewinnkomponenten:

Unbebautes Grundstück:	Tageswert	20 GE	
	Buchwert	10 GE	
		10 GE	**= Dispositionsgewinn (unrealisierter Kapitalgewinn)**
Bebautes Grundstück:	Verkaufspreis	20 GE	
	Buchwert	10 GE	
		10 GE	**=Dispositionsgewinn (realisierter Kapitalgewinn)**
Warenverkauf:	Verkaufspreis	25 GE	
	Tageswert	15 GE	
		10 GE	**= Leistungsgewinn**
Warenverkauf:	Tageswert	15 GE	
	Buchwert	10 GE	
		5 GE	**= Dispositionsgewinn (realisierte Aufwandseinsparung)**
Waren:	Tageswert	15 GE	
	Buchwert	10 GE	
		5 GE	**= Dispositionsgewinn (realisierte Aufwandseinsparung)**

Aktiva (GE)	**Schlussbilanz**			**Passiva (GE)**
Unbebaute Grundstücke	20	Kapital		45
Waren	15	Leistungsgewinn		10
Liquide Mittel	50	Dispositionsgewinn		
		a) realisiert	15	
		b) unrealisiert	15	30
	85			**85**

Tab. 23.9: Beispiel Leistungs-/Dispositionsgewinn

Vergleich mit der organischen Tageswertbilanz

Zwischen dieser Bilanzierungskonzeption und der organischen Tageswertbilanz besteht eine enge Verwandtschaft:

- Der Umsatzgewinn der organischen Tageswertbilanz stimmt mit dem Leistungsgewinn (*current operating profit*) überein.
- Der Scheingewinn der organischen Tageswertbilanz entspricht den realisierten Aufwandseinsparungen und realisierten Kapitalgewinnen der betreffenden Periode (mit Ausnahme der ausschließlich aus Spekulationsgeschäften realisierten Kapitalgewinne).

- Die Neubewertungsrücklage der organischen Tageswertbilanz enthält alle bis zum Bilanzstichtag angefallenen unrealisierten und realisierten Aufwandseinsparungen und Kapitalgewinne.

Nach den Vorschlägen sowohl von Edwards und Bell (vgl. Edwards, E. O./Bell, P. W. [1961], S. 122 ff.) als auch von Engels (vgl. Engels, W. [1962b], S. 704 ff.) soll die Erfolgsrechnung zusätzlich mittels einer Indexrechnung von den Tauschwertänderungen des Geldes bereinigt werden.

Kritische Diskussion der Eignung für die Erfolgsprognose

Inwieweit ist mit dieser Gewinnkonzeption nun tatsächlich eine prognosegeeignetere und aufschlussreichere Beurteilungsgrundlage geschaffen? Die Beantwortung dieser Frage hängt im Wesentlichen davon ab, ob mit der Trennung von Leistungs- und Dispositionsgewinn eine Verbesserung der Vergleichbarkeit des Beurteilungsmaßstabes erreicht ist und ob sich mit dieser Erfolgsspaltung tatsächlich die unternehmerischen Produktions- und Absatzentscheidungen und die unternehmerischen Bestandsdispositionen in ihren Wirkungen isolieren lassen.

Vergleichbarkeit

Der Leistungsgewinn ist dann ein zeitlich und zwischenbetrieblich vergleichbarer Erfolgsmaßstab der unternehmerischen Produktions- und Absatzdispositionen, wenn er sich als eindeutige Funktion der Entscheidungen des Produktions- und Absatzbereichs und der nicht der unternehmerischen Disposition unterliegenden erfolgsbeeinflussenden Produktions- und Absatzbedingungen derjenigen Periode erfassen lässt, für die der Gewinn ermittelt werden soll. Bei gleich bleibenden Produktions- und Absatzdispositionen und bei unveränderten sonstigen erfolgsbeeinflussenden Bedingungen muss folglich auch der Leistungsgewinn konstant bleiben.

Veränderte Produktions- und Absatzdispositionen und veränderte Bedingungen müssten sich in der Veränderung des Leistungserfolges widerspiegeln. Dieser Vergleichbarkeitsgrundsatz verlangt also, dass sich der zu vergleichende Gewinn auf Ereignisse der abzurechnenden Periode zurückführen lässt. Diese zeitliche Abgrenzung des Leistungsgewinns von den Auswirkungen erfolgsbeeinflussender Faktoren früherer Perioden wird – allerdings nur soweit sich die Auswirkungen an den Wiederbeschaffungspreisänderungen der Vermögensgüter messen lassen – durch die Bewertung der Vermögensgüter mit ihren Wiederbeschaffungspreisen zu Beginn der Periode erreicht (vgl. Edwards, E. O./Bell, P. W. [1961], S. 226; Engels, W. [1962a], S. 185). Demgegenüber umfasst der Gewinnbegriff der traditionellen Unternehmensrechnung untrennbar vermischt auch sämtliche in der abzurechnenden Periode realisierten, aber schon in früheren Perioden entstandenen Vermögenswertsteigerungen. In Bezug auf das Kriterium der zeitlichen Erfolgsabgrenzungen entspricht die auf Wiederbeschaffungspreisen beruhende Gewinnermittlung daher besser dem Vergleichbarkeitspostulat als die Gewinnermittlung auf Basis von Anschaffungspreisen.

Dispositionsbezogene Erfolgsspaltung

Die Vergleichbarkeit erfordert andererseits auch eine sachliche Abgrenzung der erfolgsbeeinflussenden Ereignisse der abzurechnenden Periode. Damit wird die Frage angesprochen: Ermöglicht die Unterscheidung von Leistungs- und Dispositionsgewinn tatsächlich eine erfolgsmäßig getrennte Erfassung der Wirkungen unternehmerischer Produktions- und Absatzentscheidungen einerseits und unternehmerischer Bestandsdisposition andererseits? Grundsätzlich wird sich eine solche erfolgsmäßige Isolierung wegen der Interdependenz aller unternehmerischen Entscheidungsprozesse nie vollkommen durchführen lassen.

Bezüglich der Erfolgsmaßstabsfunktion des Dispositionsgewinns ergeben sich für die im Verlauf der betrachteten Periode noch nicht veräußerten oder verbrauchten Güter Bedenken, weil z. B. nicht sicher ist, ob ein zu Periodenende gestiegener Wiederbeschaffungspreis in der nächsten Periode tatsächlich realisiert werden kann. Sinkt der Wiederbeschaffungspreis in der nächsten Periode, so würde in der ersten Periode ein Dispositionsgewinn, in der zweiten Periode dagegen ein Dispositionsverlust ausgewiesen werden. Hieraus kann aber offenbar nicht auf eine zweckmäßige Bestandsdisposition in der ersten Periode und auf eine unzweckmäßige Bestandsdisposition in der zweiten Periode geschlossen werden. Der Dispositionserfolg spiegelt allenfalls die relative Güte der tatsächlichen Bestandsdisposition gegenüber einer fiktiven Disposition am Periodenende oder die relative Güte einer fiktiven Disposition am Periodenanfang gegenüber einer fiktiven Disposition zum spätestmöglichen Beschaffungszeitpunkt (= Dispositionsstandard) wider (vgl. Engels, W. [1962a], S. 188 f.).

Sinnhaftigkeit von Dispositionsgewinnen:
- Sachanlagen

Aber selbst diese die Aussagefähigkeit des Dispositionsgewinns stark einschränkende Aussage gilt nur dann, wenn die erwarteten künftigen Beschaffungspreisänderungen für die Beschaffungsentscheidung von ausschlaggebender Bedeutung sind. Für Spekulationsbestände trifft dies zu, sicherlich aber nicht für die zum Zwecke der Aufrechterhaltung des laufenden Produktionsprozesses benötigten Bestände an Anlagen und Vorräten; eine Beurteilung der Disposition über diese Bestände anhand der Tagesbeschaffungspreise entbehrt jeder Grundlage.

Ein Beispiel mag zur Verdeutlichung dienen: Eine Unternehmensleitung rechnet infolge erwarteter Tariferhöhungen in den nächsten zehn Jahren mit stark ansteigenden Lohnkosten. Aus diesem Grunde entschließt sie sich, zusätzlich automatische Fertigungsaggregate zu beschaffen, um künftig Lohnkosten einsparen zu können. Wollte man dieser Investitionsentscheidung mittels der Bilanz Erfolge zurechnen, so müsste als Dispositionsgewinn die Differenz zwischen der jährlichen Lohnaufwandseinsparung und der zusätzlichen Anlagenabschreibung angesetzt werden. Die Bilanzierung auf der Basis von Tagesbeschaffungspreisen würde dem aber nur entsprechen, wenn die jährlichen Beschaffungspreisänderungen mit dieser Differenz übereinstimmten. Eine solche Übereinstimmung ist aber allenfalls zufällig gegeben. Geringere (stärkere) Tagesbeschaffungspreissteigerungen würden den Dispositionsgewinn (Leistungsgewinn) zugunsten des Leistungsgewinns (Dispositionsgewinns) schmälern. Die Bilanzierung mit Tagesbeschaffungspreisen führt also im Beispiel weder zu einer geeigneten Maßgröße der Erfolgswirksamkeit der Bestandsdisposition, noch ermöglicht sie die Trennung der erfolgsmäßigen Auswirkungen des betrieblichen Leistungsprozesses von denen der unternehmerischen Bestandsdisposition.

- Vorräte

Ähnliche Überlegungen lassen sich auch für die Beurteilung der Bestandsdisposition im Vorratsbereich anstellen. Bekanntlich wird die hinsichtlich der Beschaffungsmengen und der Beschaffungszeitpunkte optimale Bestandsdisposition hier bei gegebenem Bedarf und konstanten Beschaffungspreisen durch das Minimum der Kostenfunktion determiniert, die sich aus der Addition von Zins- und Lagerhaltungskostenfunktion und der Funktion der bestellfixen Kosten ergibt. Ist nun mit steigenden Wiederbeschaffungspreisen der Vorratsgüter zu rechnen, so erhöht sich auch die optimale Beschaffungsmenge. Bei lagerfähigen Gütern hängt das Ausmaß der Erhöhung der Beschaffungsmenge vor allem von den zusätzlichen variablen Zins- und Lagerhaltungskosten und bei beschränkter Lagerkapazität von den Errichtungs- oder Mietkosten zusätzlichen Lagerraums ab. Eine Maßgröße der Erfolgswirksamkeit der unternehmerischen Vorratsdisposition hätte diese Kosten folglich den infolge der vergrößerten Beschaffungsmenge künftig ersparten höheren Beschaffungskosten gegenüberzustellen. Der Dispositionsgewinn hingegen entspricht der Differenz zwischen den Tagesbeschaffungspreisen sämtlicher Vorratsgüter zum Zeitpunkt ihres Verbrauchs oder zum Periodenende und ihren Anschaffungspreisen oder ihren Tagesbeschaffungspreisen zum Periodenanfang. Er schließt somit auch die Preissteigerungen der Lagerbestände ein, die die Unternehmung auch ohne die erwartete Preissteigerung gehalten hätte.

Ferner werden bei dieser Gewinnermittlung die durch die Bestandsdisposition verursachten zusätzlichen Zins- und Lagerkosten zulasten des Leistungsgewinns aus dem Dispositionsgewinn eliminiert. Es zeigt sich erneut, dass eine Bewertung der Vermögensgüter zu ihren Tageswerten die erfolgsmäßigen Auswirkungen der unternehmerischen Produktions- und Absatzdisposition einerseits und der unternehmerischen Bestandsdisposition andererseits nicht zu isolieren vermag. Außer diesen grundlegenden Einwendungen unterliegt die Konzeption Edwards und Bells auch den Problemen, die sich bei der Ermittlung von Tagesbeschaffungspreisen angesichts technischen Fortschritts und Bedarfsverschiebungen am Markt ergeben, auf welche bereits bei der Erörterung der Konzeption der Sachkapitalerhaltung hingewiesen wurde.

III. Gewinnermittlung auf der Basis des Gesamtwertprinzips

Shareholder Value

Eine Erfolgsrechnung nach dem Gesamtwertprinzip liegt dann vor, wenn der Gewinnmessung nicht mehr das durch die Summe der einzelnen Vermögenswerte abzüglich der Schulden ermittelte Reinvermögen zugrunde liegt, sondern wenn der Unternehmungsgesamtwert (Ertragswert, *Discounted Cash Flow*) i. S. des Barwertes aller erwarteten künftigen Einnahmeüberschüsse des Unternehmens die Basis der Erfolgsrechnung bildet. Die dem Gesamtwertprinzip entsprechende Gewinnkonzeption, die unter der Bezeichnung »ökonomischer Gewinn« schon früh im bilanztheoretischen Schrifttum lebhaft diskutiert wurde (vgl. Schneider, D. [1963]; Münstermann, H. [1966]; Schneider, D. [1968]; Seicht, G. [1970]), stellt eine konsequente Weiterführung der Gedanken der Unternehmungserhaltung i. S. der Erhaltung der Einkommensquelle der Stockholder bzw. Shareholder dar, die sich mit den traditionellen Konzepten der Geld- oder Sachkapitalerhaltung nicht verwirklichen lässt. Diese Erhaltungskonzeption ist auf die Sicherung des *shareholder value* gerichtet. Verteilbar scheint nur, was ohne Gefährdung des *shareholder value* entziehbar ist.

Mängel der Geldkapitalerhaltung

Wie bereits im Einzelnen dargelegt wurde (vgl. in diesem Kapitel, S. 1273 ff.), zielt die Geldkapitalerhaltung auf die Erhaltung eines in der Vergangenheit eingebrachten Einlagekapitals ab. Unternehmenserhaltung im wirtschaftlichen Sinne kann dieses Konzept nur in einer statischen Wirtschaft ohne spezielle Preisänderungen der Produktionsfaktoren, ohne technischen Fortschritt und ohne Bedarfswandel erreichen; nur unter diesen Voraussetzungen kann angenommen werden, dass mit der Erhaltung eines nominell oder real gleichen Einlagekapitals die Sicherung der Einkommensquelle erreicht ist, dass also die in der Vergangenheit erwirtschaftete Kapitalrendite auch in der Zukunft erzielt werden kann. Diese Welt der klassischen Nationalökonomie gibt es in der Wirklichkeit aber nicht.

Mängel der Sachkapitalerhaltung

Auch die Konzeption der Sachkapitalerhaltung kann als Mittel der Kontrolle der Unternehmenserhaltung lediglich als Ersatzlösung in Betracht kommen, denn die Interessen der Unternehmensbeteiligten sind nicht auf Vermögenserhaltung an sich, sondern auf die Erhaltung des Vermögens als Mittel der künftigen Erfolgserzielung ausgerichtet. Die Auswirkungen schneller technologischer Veränderungen und sich laufend wandelnder Konsumwünsche auf die Unternehmens erhaltung können im Rahmen der Konzeption der Sachkapitalerhaltung (vgl. in diesem Kapitel, S. 1287 ff.) nicht zufriedenstellend erfasst werden.

Erfolgskapitalerhaltung als umfassende Erhaltungskonzeption

Zur Berücksichtigung dieser Einflüsse auf die finanzielle Leistungsfähigkeit des Unternehmens muss die Erfolgsrechnung deshalb an der Ertragskraft des Unternehmens als Bezugsgröße anknüpfen. An die Stelle der Ersatzmaßstäbe Geldkapital oder Sachkapital tritt das Erfolgskapital i. S. des Zukunftserfolgswertes des Unternehmens als Bezugsgröße der Unternehmenserhaltung.

Das Unternehmen ist in seiner wirtschaftlichen Leistungsfähigkeit erhalten, wenn der Zukunftserfolgswert am Ende der Periode nicht unterhalb des Zukunftserfolgswertes zu Beginn der Periode liegt. In diesem Erhaltungsmaßstab sind entsprechend den verfügbaren Informationen im Zeitpunkt der Berechnung sämtliche die künftige Leistungsfähigkeit des Unternehmens beeinflussenden Größen erfasst: Die Ertragskraft ist nur erhalten, wenn von den erzielten Einnahmen genügend Beträge als Aufwand im Unternehmen zurückgehalten werden, um die Produktionsfaktoren bereitzustellen, die angesichts sich ändernder Preise, technischen Fortschritts, Bedarfswandels sowie neuer Konkurrenzsituationen erforderlich sind, um ein künftig gleich bleibendes Einkommensniveau zu gewährleisten.

»Ökonomischer Gewinn«

Nach diesem Konzept der Erfolgskapitalerhaltung entspricht der Periodenerfolg der Änderung des Erfolgskapitals in der Periode (= Änderung des *shareholder value*) zuzüglich der Entnahmen und abzüglich der Einlagen oder – was dasselbe besagt – der Verzinsung des Erfolgskapitals zu Beginn der Periode mit dem Kalkulationszinsfuß. Da der Zukunftserfolgswert durch Diskontierung aller künftigen Einnahmen und Ausgaben des Unternehmens ermittelt wird, ist der ökonomische Gewinn der geglättete, d. h. in eine Reihe gleich großer Zahlungen umgewandelte künftige Gesamtzahlungsstrom der Unternehmung.

Beispiel

Zur Verdeutlichung der Konzeption des ökonomischen Gewinns diene ein stark vereinfachtes Beispiel eines Unternehmens mit begrenzter Lebensdauer von drei Jahren. Für das erste Jahr wird mit Nettoeinnahmen i. H. v. 200.000 GE, für das zweite Jahr von 150.000 GE und für das dritte Jahr i. H. v. 300.000 GE einschließlich des Liquidationserlöses gerechnet. Sämtliche Zahlungen sollen zum Ende der jeweiligen Periode anfallen.

Für die Berechnung wird ein Kalkulationszinsfuß von 10 % zugrunde gelegt. Das Problem der Berücksichtigung von Erwartungsrevisionen bezüglich der Zahlungsströme und von Änderungen des Kalkulationszinsfußes im Rahmen der Erfolgsrechnung bleibt hier unberücksichtigt (vgl. Münstermann, H. [1969]). In Fall 1 (Tabelle 23.10) werden pro Jahr die gesamten Einnahmeüberschüsse entnommen; in Fall 2 (Tabelle 23.11) werden Entnahmen nur in Höhe des ökonomischen Gewinns getätigt.

Dabei errechnet sich der ökonomische Gewinn für die erste Periode bei einer Lebensdauer von T allgemein wie folgt:

$$
\begin{aligned}
G_1 &= Z_1 - Z_0 + E_1 \\
&= (e_1 - E_1) + \sum_{t=1}^{T} e_t \times q^{-t+1} - \sum_{t=1}^{T} e_t \times q^{-t} + E_1 \\
&= \sum_{t=1}^{T} e_t \times q^{-t+1} - \sum_{t=1}^{T} e_t \times q^{-t} \\
&= \left(\sum_{t=1}^{T} e_t \times q^{-t}\right) q - \sum_{t=1}^{T} e_t \times q^{-t} \\
&= i \times Z_0
\end{aligned}
$$

Damit ist zugleich gezeigt, dass beide Definitionen des ökonomischen Gewinns äquivalent sind. In analoger Weise lassen sich die Gewinndefinitionen für ein auf Dauer geplantes Unternehmen formulieren (vgl. Münstermann, H. [1969]).

Ende der Periode	Nettoeinnahmen (e) = Entnahmen (E) $e_t = E_t$	Zukunftserfolgswert Z_t	Änderungen des Zukunftserfolgswertes $W_t = Z_t - Z_{t-1}$	Ökonomischer Gewinn $G_t = W_t + E_t = i \times Z_{t-1}$
0	–	531.180 GE	–	–
1	200.000 GE	384.298 GE	- 146.882 GE	53.118 GE
2	150.000 GE	272.727 GE	- 111.571 GE	38.429 GE
3	300.000 GE	0	-272.727 GE	27.273 GE
$Z_0 = 200.000 \times 1{,}1^{-1} + 150.000 \times 1{,}1^{-2} + 300.000 \times 1{,}1^{-3} = 531.180$ GE				
$Z_1 = 150.000 \times 1{,}1^{-1} + 300.000 \times 1{,}1^{-2} = 384.298$ GE				
$Z_2 = 300.000 \times 1{,}1^{-1} = 272.727$ GE				

Tab. 23.10: Beispiel ökonomischer Gewinn, Fall 1

In Fall 1 ist das Erfolgskapital zum Ende der Nutzungsdauer aufgezehrt. Ursache dafür sind die jährlichen Entnahmen, die den unter der Voraussetzung der Erhaltung der wirtschaftlichen Leistungsfähigkeit entnahmefähigen Betrag übersteigen.

Wäre dagegen nur der ökonomische Gewinn entnommen worden, so wäre das Erfolgskapital erhalten geblieben. Dies ist in Fall 2 dargestellt. Zu Beginn der vierten Periode ist das ursprüngliche Erfolgskapital i. H. v. 531.180 GE als

Finanzanlage verfügbar, die bei Anlage zum Kalkulationszinsfuß auch in der Zukunft jährlich den ökonomischen Gewinn von 53.118 GE erbringt.

t	e_t	Z_t	W_t	$G_t = W_t + E_t = i \times Z_{t-1}$
0	–	531.180 GE	–	–
1	200.000 GE	531.180 GE	0 GE	53.118 GE
2	150.000 GE	531.180 GE	0 GE	53.118 GE
3	300.000 GE	531.180 GE	0 GE	53.118 GE

$Z_0 = 200.000 \times 1{,}1^{-1} + 150.000 \times 1{,}1^{-2} + 300.000 \times 1{,}1^{-3} = 531.180$ GE

$Z_1 = (200.000 - 53.118) + 150.000 \times 1{,}1^{-1} + 300.000 \times 1{,}1^{-2} = 531.180$ GE

$Z_2 = (200.000 - 53.118) \times 1{,}1 + (150.000 - 53.118) + 300.000 \times 1{,}1^{-1} = 531.180$ GE

$Z_3 = (200.000 - 53.118) \times 1{,}1^2 + (150.000 - 53.118) \times 1{,}1 + (300.000 - 53.118) = 531.180$ GE

Tab. 23.11: Beispiel ökonomischer Gewinn, Fall 2

Problematik der Zukunftsorientierung

Der praktischen Anwendung des ökonomischen Gewinns als bilanztheoretisches Konzept steht die ausschließliche Zukunftsbezogenheit entgegen. Zunächst kann die Orientierung der Erfolgsrechnung an den künftigen Einnahmen und Ausgaben zur Folge haben, dass im ausgewiesenen Gewinn noch nicht realisierte Gewinnbestandteile enthalten sind. Das ist dann problematisch, wenn die zukünftigen Ertragsaussichten des Unternehmens z. B. wegen erfolgreicher Forschungs- und Entwicklungsprojekte stark steigen und somit auch das Erfolgskapital und der ökonomische Gewinn steigen, ohne dass sich diese Steigerungen schon in realisierten Erträgen niedergeschlagen haben. Unter der Prämisse eines vollkommenen Kapitalmarktes könnte der ökonomische Gewinn dennoch ausgeschüttet werden, da hier die nicht realisierten Gewinnbeträge jederzeit vorfinanziert werden könnten, ohne dass die zusätzliche Verschuldung zu einer Änderung des Ertragswertes führen würde. In der Realität hingegen kann ein Gewinn nur insoweit als ausschüttungsfähig betrachtet werden, wie er dem Postulat der Unternehmenserhaltung genügt und soweit er realisiert ist. Die Zukunftsorientierung des ökonomischen Gewinnbegriffs bringt weiter den Nachteil mit sich, dass die Erfolgsrechnung fast ausschließlich auf Schätzungen beruhen müsste. Eine Orientierung des Jahresabschlusses an der ökonomischen Gewinnkonzeption würde der Forderung nach Objektivität widersprechen, die für den Jahresabschluss als Instrument der externen Rechnungslegung notwendig ist. Die Notwendigkeit der Beschränkung des ausschüttbaren Gewinns auf realisierte Erfolge sowie die Forderung nach Nachprüfbarkeit von Erfolgsermittlung und Rechenschaftslegung führen zwingend zu dem Schluss, dass die Konzeption des ökonomischen Gewinns als Ersatz für die Gewinnkonzeption gemäß GoB oder international üblichen Standards nicht in Betracht kommt.

Ökonomischer Gewinn als Ausschüttungsgrenze

Da der ökonomische Gewinn den Gewinn gemäß GoB aus den angeführten Gründen nicht ersetzen kann und eine Kontrolle der wirtschaftlichen Unternehmenserhaltung aber nur auf Basis der ökonomischen Gewinnkonzeption möglich ist, hat Schneider (vgl. Schneider, D. [1968]; Schneider, D. [1971]) die kombinierte Anwendung beider Konzeptionen für die Ermittlung des entziehbaren

Gewinns vorgeschlagen. Die im Rahmen des Jahresabschlusses verwirklichte Gewinnkonzeption gemäß GoB bildet den Rahmen, der den Kriterien der Nachprüfbarkeit sowie der Ausschüttungsbegrenzung gemäß dem Realisationsprinzip entspricht. Dieser im Jahresabschluss ermittelte Gewinn bildet grundsätzlich die obere Grenze der Ausschüttung. In einer Nebenrechnung zum Jahresabschluss wird der ökonomische Gewinn unter möglichst detaillierter Angabe der jeweiligen Berechnungsgrundlagen ermittelt. Liegt der ökonomische Gewinn unter dem Gewinn gemäß GoB, so darf höchstens der ökonomische Gewinn entzogen werden; die Differenz zwischen beiden Gewinnen ist einer unternehmenserhaltenden Rücklage zuzuführen. Nur soweit eine solche unternehmenserhaltende Rücklage besteht, kann eine über den Gewinn gemäß GoB hinausgehende Ausschüttung vorgenommen werden, wenn der ökonomische Gewinn über dem Gewinn gemäß GoB liegt. Gegen diese Konzeption eines doppelten Minimums liegt der Einwand nahe, dass wegen der Zukunftsorientierung des ökonomischen Gewinnbegriffs und der mit ihr verbundenen Prognoseproblematik auch bei einer Begrenzung durch den Gewinn gemäß GoB sich für die Verwaltung und die Mehrheitsgesellschafter die Möglichkeit bietet, die Gewinnansprüche der Minderheitsgesellschafter auszuhöhlen. Dem hält Schneider zu Recht entgegen, dass mit der Begrenzung des ausschüttbaren Teils des Jahresüberschusses auf der Basis eines ökonomischen Erfolgskalküls ein bisher freies Ermessen der Verwaltungsorgane sowie der Mehrheitsgesellschafter durch eine betriebswirtschaftliche Entscheidungsregel ersetzt würde.

Ökonomischer Gewinn als Zusatzinformation, Value Reporting

Als Konzeption zur Ermittlung des ausschüttungsfähigen Gewinns hat sich der ökonomische Gewinn in der Bilanzierungspraxis nicht durchsetzen können. In der investororientieren Berichterstattungspraxis börsennotierter Unternehmen hat die Konzeption des ökonomischen Gewinns dagegen erhebliche Bedeutung erlangt. Die Ursache dafür ist die starke Verbreitung der Zielsetzung des *shareholder value*. Die direkte Ermittlung des *shareholder value* bzw. seiner Veränderung kann nicht Aufgabe der Bilanzierung selbst sein, wie ausgeführt wurde. In Gestalt einer freien Berichterstattung im Rahmen des Geschäftsberichts über die Schaffung bzw. Vernichtung von Wert in der Berichtsperiode ist die Grundkonzeption des ökonomischen Gewinns dagegen verbreitet. Dabei beruht die Quantifizierung von Wertschaffung bzw. Wertvernichtung meist nicht unmittelbar auf dem ökonomischen Gewinnkonzept, da dieses wegen seiner Zukunftsbezogenheit keine Trennung zwischen den der Berichtsperiode zuzuordnenden Effekten von in zukünftigen Veränderungen begründeten Effekten ermöglicht. Statt dessen wird zur Quantifizierung von Wertschaffung bzw. Wertvernichtung auf gegenwartsbezogene, an die Daten des Rechnungswesens anknüpfende Platzhalter wie den »*Economic Value Added* (EVA)« oder den »*Cashflow Return on Investment* (CFROI)« zurückgegriffen. Auf diese Konzepte wurde im 19. Kapitel (S. 1163 ff.) eingegangen.

D. Theorien der öffentlichen (externen) Rechnungslegung

I. Normative und positivistische Ansätze

Aufgaben einer Theorie der öffentlichen Rechnungslegung

Der Gewinn als Maßgröße der ergebnisabhängigen Einkommenszahlungen ist zugleich ein Indikator der wirtschaftlichen Entwicklung des Unternehmens. Insofern dient die bilanzielle Erfolgsermittlung gleichzeitig der öffentlichen Rechnungslegung. Somit ist jede Theorie der bilanziellen Erfolgsermittlung zugleich Theorie der öffentlichen Rechnungslegung. Für eine den Informationswünschen der externen Unternehmensbeteiligten entsprechende Rechnungslegung reicht die jährliche Feststellung des Gewinns als Maßgröße der ergebnisabhängigen Einkommenszahlungen allerdings nicht aus. Der Theorie der öffentlichen Rechnungslegung stellen sich deshalb weitergehende Aufgaben, die sich auf zwei Fragestellungen reduzieren lassen:

1. Welchen Informationsgehalt besitzen Rechnungslegungsinformationen?
2. Wie lässt sich ggf. der Informationsgehalt von Rechnungslegungsinformationen steigern?

Wegen der Vielzahl und Heterogenität der Literaturbeiträge zu einer so verstandenen Theorie der öffentlichen Rechnungslegung kann hier auf die verschiedenen vorgelegten Konzeptionen nicht im Einzelnen eingegangen werden; es kann lediglich versucht werden, die in der bilanztheoretischen Diskussion sich abzeichnenden Entwicklungstendenzen zu einer Theorie der öffentlichen Rechnungslegung herauszuarbeiten. Zur Ordnung der vielfältigen Literaturbeiträge bietet sich entsprechend den unter (1) und (2) aufgeworfenen Fragestellungen eine Klassifizierung in normative und positivistische Ansätze an.

Normative Ansätze einer Theorie der öffentlichen Rechnungslegung

Als normative Ansätze sind diejenigen Beiträge aufzufassen, die – meist von Plausibilitätsüberlegungen ausgehend – konkrete Vorschläge zur Verbesserung des Informationsgehalts der öffentlichen Rechnungslegung unterbreiten. Im Rahmen dieser normativen Ansätze lassen sich unterschiedliche, sich gegenseitig nicht ausschließende, sondern eher ergänzende Richtungen abgrenzen: Zum einen wird vorgeschlagen, den Jahresabschluss durch ein stärker an Zahlungsströmen orientiertes Rechensystem zu ersetzen oder wenigstens zu ergänzen (vgl. z. B. Busse von Colbe, W. [1966]; Moxter, A. [1966]; Busse von Colbe, W. [1968a]; Leffson, U. [1968]; Lawson, G. H. [1971]). Eine andere Richtung betont die Notwendigkeit der Prognosepublizität, insbesondere von Daten der Investitions- und Finanzplanung (vgl. Busse von Colbe, W. [1968b]; Berndsen, H. P. [1978]). Eine weitere Richtung schließlich ist durch die Forderung nach verstärkter Publizität über Manipulationsspielräume gekennzeichnet (vgl. Schneider, D. [1968]). Diese Forderung äußert sich einerseits in dem Verlangen nach detaillierterer Angabe der Bewertungsgrundlagen sowie nach strikterer Trennung schätzungsabhängiger und schätzungsunabhängiger Daten. Andererseits sind unter dieser Richtung all diejenigen Vorschläge zu subsumieren, die eine Objektivierung der im Jahresabschluss dargestellten Einzelinformationen erreichen wollen, indem für die Bilanzierung von Vermögensgütern nebeneinander alternative

Bewertungskriterien verwendet werden (vgl. Schneider, D. [1970]), indem die Vermögensgüter im Jahresabschluss multidimensional erfasst werden (vgl. Ijiri, Y. [1967]) oder indem die im Jahresabschluss bisher implizit enthaltenen Schätzungen durch Angabe ihrer Glaubwürdigkeit und ihrer Fehlerwahrscheinlichkeiten explizit dargestellt werden (vgl. Moxter, A. [1962]; Baetge, J. [1970]). Eine all diese Erweiterungen umfassende »ergänzte Mehrzweckbilanz« ist von Heinen vorgeschlagen worden (vgl. Heinen, E. [1986], S. 104 ff.).

Die normativen Ansätze (für einen historischen Überblick vgl. Ballwieser, W. [2010]; Hommel, M./Schmitz, S. [2013]) befassen sich allerdings über die genannten Punkte hinaus mit vielfältigen weiteren Fragen, die sich auf drei Bereiche reduzieren lassen (vgl. Ballwieser, W. [1993]):

- die »betriebswirtschaftliche Bilanztheorie«, deren Hauptforschungsgebiete Fragestellungen zur Vermögensbewertung (statisch vs. dynamisch) bzw. zu über den Jahresabschluss hinausgehenden Informationsinstrumenten darstellen (vgl. hierzu in diesem Kapitel, S. 1272 ff.),
- die »Bilanzrechtstheorie«, die sich mit Fragen der Gesetzesauslegung im Bereich der Bilanzrechtsprechung beschäftigt und
- die »Bilanzgestaltungstheorie«, deren Anliegen die Normanwendung ist und sich somit mit Fragestellungen der Bilanzpolitik beschäftigt.

Positivistische Ansätze einer Theorie der öffentlichen Rechnungslegung

Die maßgeblich Ende der 1960er Jahre einsetzende positivistische Erforschung der öffentlichen Rechnungslegung war eine Reaktion auf die zahlreich entwickelten normativen Ansätze. Eine Übersicht über die verschiedenen Ansätze der positivistischen Rechnungslegungsforschung gibt Abbildung 23.1. In der Abbildung wird zugleich auf die nachfolgenden Abschnitte verwiesen, in denen die verschiedenen Forschungsrichtungen diskutiert werden. Ziel der positivistischen Rechnungslegungsforschung – von den rein deskriptiven Untersuchungen abgesehen – ist es, hypothesenbasiert die Bestimmungsfaktoren sowie die mikro- und makroökonomischen Wirkungen von Rechnungslegungsinformationen bzw. deren Nutzen für verschiedene Interessengruppen zu beschreiben und zu erklären. Diese Bereiche werden mit unterschiedlichen Methoden untersucht.

Es lassen sich drei Typen der positivistischen Rechnungslegungsforschung unterscheiden:

Nutzen der Rechnungslegung

Ein Teil der Untersuchungen widmet sich dem sog. *»a priori value«* der Rechnungslegungsinformation (vgl. in diesem Kapitel Abschnitt III, S. 1314 ff.), d. h. sie analysieren, ob die externe Rechnungslegung grundsätzlich als Informationsinstrument Nutzen stiftet. Diese Nutzenstiftung wird entweder mittelbar durch die Prognoseeignung der Rechnungslegungsdaten (vgl. in diesem Kapitel, S. 1314 ff.) oder unmittelbar durch die Entscheidungsrelevanz (vgl. in diesem Kapitel, S. 1317 ff.) oder die Bewertungsrelevanz (vgl. in diesem Kapitel, S. 1333 f.) der Rechnungslegungsdaten gemessen.

Rückwirkungen auf Unternehmensentscheidungen

Darüber hinaus beschäftigt sich eine Richtung mit den ökonomischen Konsequenzen von Rechnungslegungsnormen beim Rechnungslegenden, d. h. wie diese dessen Sachentscheidungen, wie z. B. Investitions- und Finanzierungsentscheidungen, beeinflussen (vgl. in diesem Kapitel Abschnitt V, S. 1339 ff.).

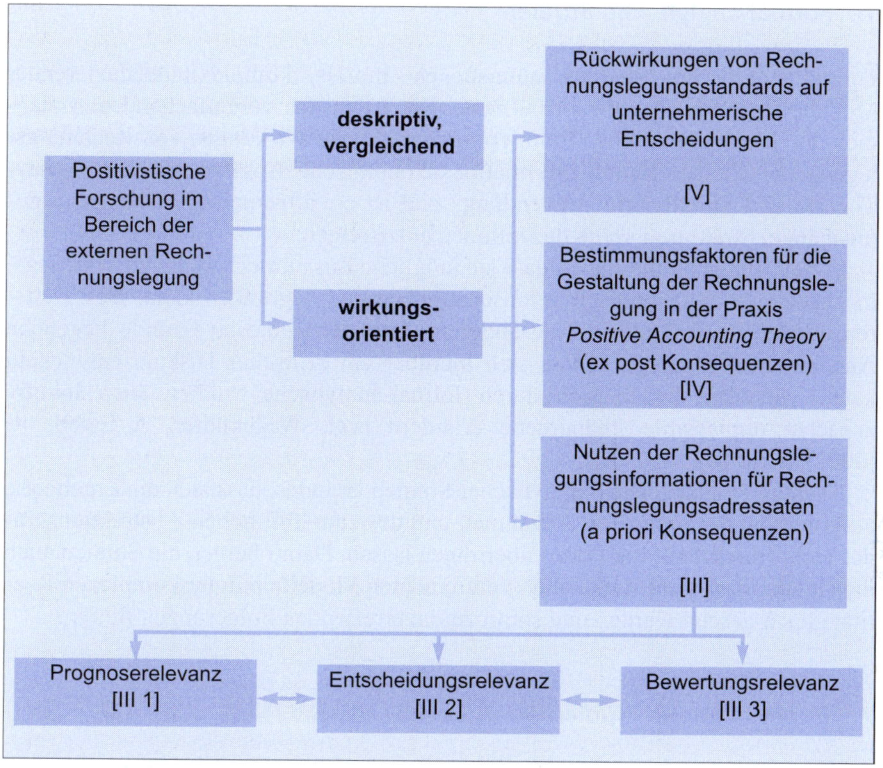

Abb. 23.1: Struktur der positivistischen Forschung im Bereich der externen Rechnungslegung

Ein weiterer Forschungsansatz versucht zu erklären, ob die Rechnungslegungsdaten für das Publizitätsverhalten der Rechnungslegenden selbst Rückwirkungen besitzen (*»ex post value«* der Rechnungslegungsinformation) (vgl. in diesem Kapitel Abschnitt IV).

II. Methoden positivistischer Rechnungslegungsforschung

Positivistische Forschung

Im Rahmen der positivistischen Forschung werden (insbesondere in den USA, aber auch zunehmend in Europa) im Wesentlichen die folgenden Methoden angewandt:

- formal-analytische Studien,
- experimentelle Studien und
- archivdatenbasierte Studien.

An dieser sehr engen Methodenfokussierung wird auch immer mehr Kritik geübt, da sich die Rechnungslegungsforschung weit von der Praxis der Rechnungslegung entfernt habe und zumeist auch keine relevanten Ergebnisse für die Weiterentwicklung von Rechnungslegungsregeln oder sonstige regulatorische Maßnahmen liefern würde (vgl. Fülbier, R.-U./Hitz, J.-M./Sellhorn, T. [2009]; Kaplan, R. S. [2011]).

1. Formal-analytische Studien

Komplexitätsreduzierende Modelle

Formal-analytische Studien untersuchen mittels komplexitätsreduzierender Modelle Rechnungslegungsphänomene. Sie leiten aus vereinfachenden Annahmen durch mathematische Optimierungen mögliche Wirkungen von Rechnungslegung ab. Hierbei finden informationsökonomische Ansätze wie die *Agency*-Theorie und Spieltheorie Anwendung. Ziel ist es, allgemeine Wirkungszusammenhänge, Strukturen und Konzeptionen aufzuzeigen.

Vorteil dieser Methodik ist, dass sie mögliche Zusammenhänge und Wirkungsmechanismen mathematisch veranschaulichen und begründen kann. Des Weiteren werden – im Gegensatz zu anderen Methoden – die zu Grunde liegenden Annahmen offengelegt, sodass sich hierüber ein kritischer Diskurs entwickeln kann. Weiterhin lassen sich durch formal-analytische Studien auch intuitiv zunächst unplausible Phänomene erläutern (vgl. Wagenhofer, A./Ewert, R. [2007], S. 31 ff.).

Nachteile vieler formal-analytischer Studien ist indes, dass sich die Ergebnisse aufgrund der vereinfachten Annahmen und des zum Teil hohen Abstraktionsgrades nicht (direkt) auf die Praxis übertragen lassen. Damit bergen die Studien auch die Gefahr, dass die entwickelten vereinfachten Modelle mit der komplexen Realität gleich gesetzt werden und somit zu unzutreffenden Folgerungen führen.

2. Experimentelle Studien

Behavioral accounting

Experimentelle Untersuchungen im Rahmen der Betriebswirtschaftslehre beziehen sich auch auf den Bereich der externen Rechnungslegung (vgl. Schönbrunn, N. [1988]; Haller, A. [1989]; Schoenfeld, H. M. [1993]). Experimentelle Studien können zur Untersuchung von ökonomischen oder verhaltenswissenschaftlich basierten Hypothesen eingesetzt werden. Ökonomisch fundierte Hypothesen unterstellen dabei ein rein rationales Verhalten von Individuen, während bei verhaltenswissenschaftlich basierten Hypothesen auf Phänomene aus der psychologischen Forschung rekurriert wird, die Abweichungen von der Annahme eines rein rational geprägten »homo oeconomicus« unterstellen. Für den zweiten Fall wurde im anglo-amerikanischen Schrifttum der Begriff »*behavioral accounting*« geprägt. Beispielsweise wird im Rahmen des *behavioral accounting* der Einfluss von aufrichtigen und ehrlichen Managern (die im Rahmen der traditionellen *Agency*-Theorie völlig vernachlässigt werden) auf das Berichtswesen untersucht (vgl. Evans, J. H./Hannan, R. L./Krishnan, R./Moser, D. [2001]; allgemein zu Integration von Wahrheits- und Fairnesskonzeptionen in der Rechnungslegung vgl. Berndt, T. [2005]). Ziel des *behavioral accounting* ist, die Effizienz der Rechnungslegung als Kommunikationsmittel durch die Erforschung ihres Zusammenhangs mit menschlichem Verhalten zu steigern.

Experimentelle Untersuchungen zielen darauf ab, das Entscheidungsverhalten von Adressaten der Rechnungslegung oder von Rechnungslegenden selbst zu ergründen. Hierzu werden Probanden in einem Laborexperiment i. d. R. zufällig in verschiedene Gruppen eingeteilt und diese Gruppen erhalten dann unterschiedliche gestaltete (»manipulierte«) Informationen, auf deren Basis sie bestimmte Entscheidungen treffen sollen. Aus den unterschiedlichen Entscheidungsverhalten der Gruppen wird dann mit Hilfe von ökonometrischen Analysen auf die Wirkungen der Unterschiede bei den bereitgestellten Informationen geschlossen. Es wird versucht, die Intentionen und Wünsche der am Informationsprozess »Rechnungslegung« Beteiligten, den faktischen Ablauf dieses Prozesses in der Realität sowie das tatsächliche rechnungslegungsspezifische Verhalten zu ergründen und aufzuzeigen, andererseits aber auch durch die Analyse von Zusammenhängen und Abhängigkeiten zu erklären. Dies stellt einen Vorteil gegenüber formal-analytischen sowie archivdatenbasierten Studien dar, bei denen diese Prozesse und Zusammenhänge nicht näher analysiert werden (können).

Nachteil der experimentellen Studien ist, dass sich die Probanden zumeist im Experiment anders verhalten als bei realen Entscheidungen, da sie beispielsweise unter Beobachtung mehr dazu neigen, ein sozial akzeptiertes Verhalten zu zeigen. Zudem ergibt sich die Schwierigkeit, dass für die meisten Studien Studierende als Probanden eingesetzt werden und nur selten Experten wie Wirtschaftsprüfer, Analysten, institutionelle Anleger oder andere Personen, die mit dem Erstellen und der Auswertung von Rechnungslegungsinformationen in der Praxis zu tun haben. Dies kann ebenfalls dazu führen, dass sich im Experiment andere Ergebnisse ergeben als in der Realität (zu einem Überblick über die wichtigsten Untersuchungen vgl. Coenenberg, A. G./Haller, A. [1993], S. 563 f.; Libby, R./Bloomfield, R. J./Nelson M. [2002]; Gillenkirch, R. M./Arnold, M. C. [2008]).

Trotz einer Fülle an Forschungsarbeiten im Bereich des *behavioral accounting* ist es bis heute nicht gelungen, daraus eine verhaltensorientierte Theorie der externen Rechnungslegung abzuleiten. Die wesentlichen Gründe liegen in der Komplexität von Entscheidungsprozessen und der Vielzahl von möglichen Verknüpfungen der Input-, Prozess- und Outputfaktoren und im Fehlen eines theoretischen Grundgerüstes, das erlaubt, menschliches Verhalten unter verschiedenen Bedingungskonstellationen, bezogen auf die Rechnungslegung, zu erklären und zu prognostizieren (kritisch zum *behavioral accounting* vgl. Dyckman, T./Gibbins, M./Swieringa, R. [1978]).

3. Archivdatenbasierte Studien

Bedeutung archivdatenbasierter Studien

Archivdatenbasierte Studien beruhen auf der Auswertung von Daten, die aus Geschäftsberichten, Datenbanken oder anderen öffentlich verfügbaren Quellen erhoben wurden. Dabei werden i. d. R. Zusammenhänge von Rechnungslegungs- und Börsendaten mittels Regressionsanalysen untersucht. Dieser Ansatz hat seit der Entwicklung leistungsfähiger Rechner und der gestiegenen Verfügbarkeit von Datenbanken erheblich an Bedeutung gewonnen und dominiert derzeit in der internationalen Rechnungslegungsforschung.

Die archivdatenbasierten Studien erlauben eine Analyse von »echten« Daten für eine Vielzahl von Untersuchungsobjekten. Im Gegensatz zu den bisher genannten Methoden werden real bestehende Wirkungszusammenhänge untersucht und nicht nur theoretisch mögliche bzw. im Labor unter Beobachtung durch den Forscher auftretende Mechanismen. Zudem erfordert diese Methodik keine aufwendige Beschaffung von Daten im Rahmen von Experimenten.

Nachteile der archivdatenbasierten Studien bestehen in ihrer Fokussierung auf öffentlich verfügbare Daten und damit auf eine Außensicht auf Unternehmensprozesse. Dies macht es mitunter notwendig bei der Messung von Konstrukten, wie z. B. Ausmaß der Bilanzpolitik, auf relativ grobe Näherungen (»*proxies*«) zurückzugreifen. Zudem besteht oftmals die Schwierigkeit, den zu analysierenden Effekt eindeutig von allen anderen (störenden) Einflüssen zu isolieren, was eine sehr durchdachte Wahl der Untersuchungsstichprobe und des methodischen Vorgehens notwendig macht. Hierbei ist jedoch zu beachten, dass sich mit Hilfe von Regressionsanalysen stets nur Zusammenhänge, aber keine echten Kausalitäten aufdecken lassen. Schließlich bedingt diese Forschungsmethodik eine sehr retrospektive Betrachtungsweise, da sich immer nur bereits eingetretene Sachverhalte, wie Regelungsänderungen oder bilanzpolitische Maßnahmen etc., oder nur in den vergangenen Perioden bestandene Zusammenhänge analysieren lassen. Auch diese Methodik hat noch zu keiner einheitlichen Theoriebildung geführt, da sich die Wirkungsmechanismen der komplexen Realität nicht in einem notwendigerweise relativ einfach gehaltenen Regressionsmodell abbilden lassen.

III. Nutzen der Rechnungslegungsinformationen für die Rechnungslegungsadressaten

Im Folgenden wird zunächst die Eignung von Rechnungslegungsinformationen zur Prognose sowie anschließend die Entscheidungsrelevanz der Rechnungslegungsinformationen diskutiert.

1. Die Prognoseeignung von Rechnungslegungsinformationen

Prognoseeignung

Rechnungslegungsinformationen sollen den Adressaten ermöglichen, zukünftige Unternehmensentwicklungen zu prognostizieren, deren Kenntnis wesentlichen Einfluss auf die Entscheidungen des Rechnungslegungsadressaten haben. Deshalb beschäftigt sich eine Forschungsrichtung mit der Untersuchung der Frage, inwieweit signifikante Abhängigkeiten zwischen wirtschaftlichen Tatbeständen und veröffentlichten Jahresabschlussinformationen bestehen. Hierbei lassen sich im Wesentlichen zwei Gruppen von Tatbeständen unterscheiden:

- Unternehmensentwicklungen (vor allem Unternehmenskrisen bzw. -insolvenzen), deren Auftreten mit der Ausprägung typischer und spezifizierter Charakteristika innerhalb der Rechnungslegung (meist Bilanzkennzahlen, aber auch qualitative Daten) in statistische Abhängigkeiten gebracht werden und
- zukünftige Entwicklungen von Ergebnisgrößen (z. B. Gewinn, Cashflow, Umsatz), die anhand von Zeitreihen-Modellen (*time series analysis*) auf einen möglichen Trend und damit auf eine mögliche Prognoseeigenschaft hin untersucht werden.

Beide Arten von Studien zur Prognoseeignung von Rechnungslegungsinformationen werden im Folgenden ausführlicher beschrieben.

a) Prognose von Unternehmensentwicklungen

Identifikation von Unternehmenskrisen

Da alle an das Unternehmen gerichteten Interessen mit dessen Fortbestand verbunden sind, besteht ein zentrales Ziel dieser empirischen Forschungsrichtung darin, anhand der Rechnungslegungsdaten Unternehmenskrisen frühzeitig erkennen zu können (zum Überblick vgl. Zavgren, C. [1983]; zu methodischen Fragen vgl. Baetge, J./Heitmann, C. [2000]; Günther, T./Grüning, M. [2000]). Bei diesen Ansätzen, die auf Arbeiten von Beaver, W. H. [1966] und Altmann, E. I. [1968] zurückgehen, wird zumeist versucht, anhand der Ausprägungen von Bilanzkennzahlen oder anderer Rechnungslegungsdaten die Insolvenzgefährdung von Unternehmen zu prognostizieren, indem man mit Hilfe z. B. von Diskriminanzanalysen die Rechnungslegungsinformationen herausfiltert, deren Ausprägungen »gesunde« Unternehmen von »kranken« Unternehmen am schärfsten trennen (vgl. Baetge, J./Huß, M./Niehaus, H.-J. [1986]; Hauschildt, J./Leker, J. (Hrsg.) [2000]; Baetge, J./Kirsch, H.-J./Thiele, S. [2004], S. 535 ff.). Daneben wird auch versucht, durch verhaltensorientierte Studien (Befragung, Experiment) herauszufinden, welche Daten und Kennzahlen für Versuchspersonen (meistens Kreditsachbearbeiter oder Finanzanalysten von Banken) bei der Unternehmens-/Kreditwürdigkeitsbeurteilung eine Rolle spielen (vgl. z. B. Abdel-Khalik, A./El-Sheshai, K. [1980]).

Kennzahlenanalyse

Generell lässt sich aus den Untersuchungen feststellen, dass die Prognosegüte mit zunehmender Nähe zum Insolvenzfall immer größer wird. Kennzahlen zur Rentabilität, zur Kapitalstruktur und zur Liquidität besitzen die höchste Prognosegüte. In einigen Untersuchungen lassen sich anhand der Kennzahlen Trefferquoten von 75 % bis 95 % erzielen. Dabei wird deutlich, dass bereits eine kleine Anzahl von Kennzahlen eine zufriedenstellende Trennschärfe ergibt. Als besonders aussagefähig erweist sich der Ertrags-Cashflow (Brutto-Cashflow) und diesen beinhaltende Rentabilitäts- bzw. Liquiditätskennzahlen. Eine Reihe von Untersuchungen geht darüber hinaus und widmet sich der Analyse der grundsätzlichen Prognosequalität von Daten aus Veränderungsbilanzen und Kapitalflussrechnungen. Hierbei lässt sich keine besondere, d. h. über Rentabilitäts- und Kapitalstrukturkennzahlen hinausgehende Prognoseeignung dieser Informationen erkennen (vgl. z. B. Ohlson, J. [1980]; Bleier, E. [1985]).

Analyse qualitativer Daten

Doch nicht nur quantitative Daten tragen zur Prognosefähigkeit von Unternehmenskrisen bei, sondern auch qualitative, verbale Informationen. So lässt sich in einer Reihe von Untersuchungen auch der Prognosewert von qualitativen Daten, d. h. verbalen Ausführungen der Unternehmensleitung – seien sie im Geschäftsbericht oder in Form eines Aktionärsbriefes etc. gewährt – nachweisen (vgl. z. B. Tennyson, B./Ingram, R./Dugan, M. [1990]).

Grundsätzlich ist also eine große Bedeutung der Jahresabschlüsse zur Krisendiagnose erkennbar. Dies bestätigt sich, wenn auch nur indirekt, durch einige in den USA durchgeführte kapitalmarktorientierte Studien, die deutlich nachweisen, dass sich das Scheitern des »*going concern*« von Unternehmen auch anhand von Renditeverläufen am Aktienmarkt erkennen lässt; aufgrund zahlreicher über den Jahresabschluss hinausgehender Informationen, die den Marktteilnehmern zur Verfügung stehen, meist sogar früher als anhand von Kennzahlen (vgl. z. B. Zavgren, C./Dugan, M./Reeve, J. [1988]). Hier zeigt sich die Bedeutung der über den Jahresabschluss hinausgehenden Publizität.

Erkenntnisse Kennzahlen gestützter Studien

Als Ergebnis dieser Forschungsrichtung lässt sich festhalten:

1. Bilanzanalytische Kennzahlen sind als Krisenindikatoren nützlich.
2. Die Aussagefähigkeit wird verstärkt durch zusätzliche Auswertung qualitativer Informationen der Geschäftsleitung (Signalfunktion).
3. Zur Krisendiagnose genügt eine Konzentration auf wenige Kennzahlen, insbesondere
   - Eigenkapitalquote,
   - Gesamtkapitalrentabilität, insbesondere unter Verwendung von erfolgswirtschaftlichen Cashflow-Größen,
   - dynamische Liquiditätskennzahlen, z. B. Cashflow/kurzfristiges Fremdkapital oder Cashflow/Fremdkapital.

Einschränkend ist zu beachten: Die Ergebnisse beziehen sich im Allgemeinen auf große Kollektive von Daten. Für die konkrete Bonitätsbeurteilung geht es indessen stets um den Einzelfall. Das birgt die Gefahr, dass man in der Umsetzung der Ergebnisse im konkreten Fall diesem nicht gerecht wird und dadurch ggf. eine *»self-fulfilling prophecy«* auslöst (zu weitergehender Kritik vgl. Schneider, D. [1985]; Balcaen, S./Oohge, H. [2006]).

b) Prognose von Ergebnisentwicklungen

Prognose von Ergebnis- und Cashflow-Daten

Neben Unternehmenskrisen wird die Prognosefähigkeit von Jahresabschlussdaten auch bezüglich anderer Faktoren und Kennzeichen einer Unternehmensentwicklung untersucht. So lässt sich nach Schönbrodt, B. [1981] die Rendite des nächsten Geschäftsjahres unter Zuhilfenahme eines Kennzahlensystems zufriedenstellend approximieren. US-Studien zeigen, dass die für die Unternehmensbewertung relevanten Cashflow-Daten nicht durch Rückgriff auf vergangene Cashflow-Ziffern, sondern zuverlässiger durch Rückgriff auf die hinter diesen stehenden vergangenen periodisierten Größen wie EBIT, zahlungsunwirksame Aufwendungen/Erträge sowie Veränderungen des Nettoumlaufvermögens vorhersehen lassen (vgl. Finger, C. A. [1994]; Barth, M. E./Cram, P. D./Nelson, K. K. [2001]).

In die Kategorie der Prognoseeignungsstudien lassen sich auch Untersuchungen zur Qualität von Ergebnisprognosen deutscher Finanzanalysten einordnen. Es zeigt sich, dass in die Vorhersagen nicht alle verfügbaren Informationen eingehen, ineffiziente Prognosen bedürfen vielmehr verhaltenswissenschaftlicher Erklärungen (vgl. Löffler, G. [1998]). Bei Finanzanalysten scheint ein genereller Schätzoptimismus vorzuherrschen (vgl. Hüfner, B./Möller, H. P. [1997]; Stanzel, M. [2007]).

Die Prognose von künftigen Periodenergebnissen spielt eine wichtige Basis für die Fundamentalanalyse von Unternehmen und kann somit zur Identifikation von unterbewerteten Aktien und damit für die Entwicklung von Handelsstrategien dienen. Theoretisch basiert dies auf dem Modell von Ohlson, J. A. [1995]. Dieses wurde aus dem Dividendendiskontierungsmodell abgeleitet und beruht auf der Annahme, dass alle Veränderungen des Eigenkapitals, die nicht auf Transaktionen zwischen Unternehmen und Anteilseignern zurückzuführen sind, sich in der Ergebnisrechnung niederschlagen (*clean surplus accounting*). In diesem Fall lässt sich der Unternehmenswert als Funktion der Periodenergebnisse, der erwarteten Renditen und der Veränderungen des Eigenkapitals betrachten.

Die bisherigen Ergebnisse zur Prognose von künftigen Renditen bzw. Periodenergebnissen werden von Kothari, S. P. [2001] und Richardson, S./Tuna, I./ Wysocki, P. [2010] zusammengefasst. Für Deutschland existieren nur wenige Studien in diesem Bereich, da diese eine möglichst große Anzahl von Beobachtungen voraussetzen, um valide Ergebnisse zu erhalten.

Pellens zeigt, dass sich Ausprägungen ausgewählter Konzernabschlussdaten zur Prognose von um den Hauptversammlungszeitpunkt auftretenden unternehmensspezifischen Aktienrenditen heranziehen lassen, wobei die kombinierte Analyse des Jahres- und des Konzernabschlusses eine genauere Vorhersage der zukünftigen Aktienrenditen und damit der zukünftigen Unternehmensentwicklung ermöglicht als lediglich die Analyse des Jahresabschlusses (vgl. Pellens, B. [1989]; Pellens, B./Linnhoff, U. [1992]).

2. Die Entscheidungsrelevanz von Rechnungslegungsinformationen

Kapitalmarktorientierter Ansatz

Im Rahmen der Forschung zur Entscheidungsrelevanz von Rechnungslegungsinformationen hat der sog. »kapitalmarktorientierte« Forschungsansatz besondere Verbreitung und besonderes Gewicht erlangt. Vor allem in den USA, wo die börsennotierte Kapitalgesellschaft große Bedeutung hat und dementsprechend das Aktionärsinteresse in der betriebswirtschaftlichen Theorie stark verankert ist, lässt sich die kapitalmarktorientierte Bilanzforschung aus der bilanztheoretischen Diskussion nicht mehr wegdenken. Davon zeugen die zahllosen empirischen Untersuchungen (zu Übersichten vgl. Coenenberg, A. G. [1974]; Lev, B./ Ohlson, J. [1982]; Foster, G. [1986]; Möller, P. [1986]; Coenenberg, A. G./Haller, A. [1993]; Haller, A. [1994a]; Kothari, S. P. [2001]; Dumontier, P./Raffournier, B. [2002]; Nichols, D. C./Wahlen J. M. [2004]; Wallmeier, M. [2009]; kritisch dazu Holthausen, R. W./Watts, R. L. [2001]) sowie die teilweise als »revolutionär« (vgl. Beaver, W. H. [1989]) bezeichnete Umorientierung bilanztheoretischen Denkens.

Auch in der deutschsprachigen wissenschaftlichen Diskussion werden bilanztheoretische Fragestellungen in zunehmendem Maße in einem kapitalmarkttheoretischen Kontext erörtert (vgl. z. B. Schneider, D. [1981]; Ballwieser, W. [1982]; Schmidt, R. H. [1982]; Wagner, F. W. [1982]; Möller, P. [1983]; Ballwieser, W. [1985]; Schredelseker, K. [1985]; Wagner, F. W. [1986]; Keller, E. [1991]; Schredelseker, K. [1996]; Leuz, C./Wüstemann, J. [2004]). Es liegt deshalb nahe, den kapitalmarktorientierten Ansatz der empirischen Bilanzforschung im Rahmen dieses Lehrbuchs näher zu erörtern. Dabei muss stets im Auge behalten werden, dass kapitalmarktorientierte Untersuchungen nur eine Betrachtung aus der Entscheidungsumgebung einer Adressatengruppe, nämlich der Anteilseigner börsennotierter Kapitalgesellschaften, sein können. Gleichwohl lassen die kapitalmarktorientierten Untersuchungen aufschlussreiche Einblicke in die informatorischen Eigenschaften veröffentlichter Rechnungslegungsinformationen zu.

a) Theoretische Grundlagen

Informationsnutzen im effizienten Kapitalmarkt

In der theoretischen Diskussion über die Rolle von Jahresabschlussinformationen für Dispositionen am Aktienmarkt werden – je nach der Annahme über die Informationsverarbeitungseffizienz des Kapitalmarktes – zum Teil sehr kontroverse Thesen vertreten. Die Kapitalmarkttheorie kennt drei Typen von Effizienzannahmen (vgl. Fama, E. F. [1970]), die sich durch den Umfang der in jedem Zeitpunkt in den Aktienkursen vollständig reflektierten Informationsmenge unterscheiden: Bei schwacher Effizienz bezieht sich die Informationsmenge auf alle Informationen über die vergangene Kursentwicklung, bei mittelstrenger Effizienz enthält die Informationsmenge sämtliche öffentlich zugänglichen Informationen, also auch Jahresabschlussinformationen, bei strenger Effizienz werden sogar die öffentlich nicht zugänglichen Insiderinformationen einbezogen.

Die Bilanzdiskussion geht häufig von der mittelstrengen Effizienzthese aus (vgl. z. B. Schneider, D. [1981]; Schmidt, R. H. [1982]; Wagenhofer, A./Ewert, R. [2007], S. 94 ff.). Da alle öffentlich zugänglichen Informationen jederzeit als im Kurs reflektiert gelten, kann ein Investor durch Auswertung solcher Informationen keine Vorteile erzielen. In einem solchen Markt kann er durch ein breit gestreutes Portfolio gerade die durchschnittliche Marktrendite R_M erwarten, nicht mehr und nicht weniger. D. h. seine Renditeerwartung $E(R_i)$ entspricht stets der erwarteten Marktrendite $E(R_M)$. Sie ist unabhängig von seinem Informationsstand I_i. Jahresabschlussinformationen können bei Gültigkeit dieser Effizienzthese folglich auch keinen privaten Nutzen haben. Dieser Zusammenhang ist als Fall a in Abbildung 23.2 verdeutlicht (vgl. Schredelseker, K. [1985]).

Kritik an der Effizienzthese

Die These von der Nutzlosigkeit der Jahresabschlussauswertung ist unter verschiedenen Aspekten kritisiert worden (vgl. z. B. Schmidt, R. H. [1982]):

- Die Gültigkeit der Effizienzthese hätte zur Folge, dass der Markt, da er über eine Vielfalt von konkurrierenden Informationsquellen verfügt, die Jahresabschlussinformationen stets richtig auswertet. Täuschung durch Bilanzpolitik ist in einem effizienten Markt definitionsgemäß ausgeschlossen. Dann gibt es im Kapitalmarktkontext aber keine plausiblen Gründe dafür, dass Bilanzpolitik in der Praxis so verbreitet ist, es sei denn, die Effizienzthese wird aufgegeben.
- Die durchschnittliche Marktrendite ist nur bei Halten eines breit diversifizierten Portfolio (des Marktportfolio) realisierbar. Eine solche Anlage ist nicht jedem Investor möglich. Für eine Approximationsstrategie können dann Rechnungslegungsdaten möglicherweise aber nützlich sein, selbst wenn die Effizienzthese zutrifft.
- Auch im Falle fehlenden privaten Nutzens ist keineswegs gesagt, dass den Jahresabschlussinformationen nicht doch ein gesamtwirtschaftlicher Nutzen zukommt. Soweit Jahresabschlussinformationen in den Aktienkursen reflektiert werden, tragen sie zu einer richtigeren Bewertung der Kapitalmarkttitel und somit zu einer besseren Kapitalallokation bei.
- Die Effizienzthese bereitet allerdings Schwierigkeiten, das Zustandekommen der Informationsverarbeitung des Marktes zu erklären. Im Falle ihrer Gültigkeit kann kein Investor Interesse an der Auswertung von Jahresabschlüssen haben. Dann kann es aber auch nicht zur Berücksichtigung der Jahresabschlussinformationen bei der Kursbildung kommen. Man wird deshalb wohl

davon ausgehen müssen, dass in der Wirklichkeit ein Markt lediglich mehr oder weniger effizient sein kann, d. h., dass neue Informationen erst im Zeitablauf zur allmählichen Berücksichtigung in die Kauf- und Verkaufsprozesse gelangen. Dafür sprechen auch eine Reihe von jahresabschlussunabhängigen Untersuchungen über die Informationsverarbeitung am Kapitalmarkt (Übersicht vgl. bei Beaver, W. H. [1983]).

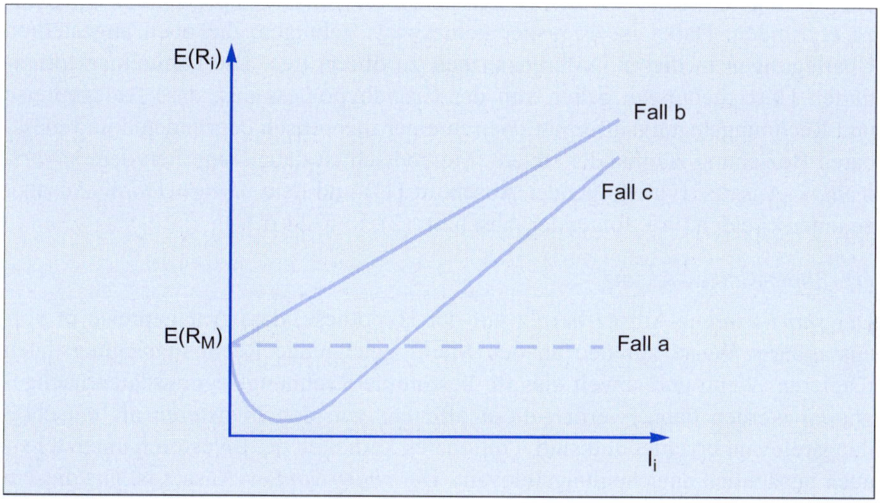

Abb. 23.2: Der Zusammenhang zwischen dem Informationsstand des Investors und erwarteter Rendite

Informationsnutzen im ineffizienten Kapitalmarkt

Auch bei Annahme eines in diesem Sinne ineffizienten Kapitalmarktes stehen sich unterschiedliche Hypothesen über den Informationsnutzen der öffentlichen Rechnungslegung gegenüber: Eine Annahme kann darin bestehen, dass Ineffizienz des Marktes dazu führt, dass mehr Information zu verbesserten Entscheidungen führt, also grundsätzlich nützlich ist. Diese Situation ist in Fall b von Abbildung 23.2 veranschaulicht. Das würde aber voraussetzen, dass entweder Informationen vor Jahresabschlussveröffentlichung gleichmäßig verteilt wären, oder aber, dass die vorher schlechter Informierten durch die Veröffentlichung auf den Informationsstand der besser Informierten angehoben würden, die die Inhalte der Jahresabschlussveröffentlichung über andere Informationsquellen und Indikatoren bereits kannten. Dagegen findet sich in der Literatur die Auffassung, dass die vorher schlechter Informierten durch die Jahresabschlussveröffentlichung geschädigt werden könnten (vgl. Schredelseker, K. [1985]). Die besser Informierten hätten durch ihren Informationsvorsprung ihre Disposition bereits auf die Informationen eingestellt, die die schlechter Informierten erst zeitverzögert über die Jahresabschlussveröffentlichung erhalten. Die besser Informierten würden folglich vor Jahresabschlussveröffentlichung Überrenditen erzielen. Dann müsse es aber auch andere geben, die geringere Renditen realisieren. Darüber hinaus versetze der Informationsvorsprung die besser Informierten in die Lage, die aufgrund der Jahresabschlussveröffentlichung zu erwartenden Dispositionen der schlechter Informierten zu antizipieren und in ihren Entscheidungen zu berücksichtigen. Der dieser These entsprechende Verlauf ist in Abbildung 23.2 in Fall c veranschaulicht.

b) Methodische Grundlagen

Hypothese der kapitalmarktorientierten empirischen Bilanzforschung

Die kapitalmarktorientierte empirische Bilanzforschung versucht die Informationswirkungen veröffentlichter Jahresabschlüsse im Aktienpreisbildungsprozess zu ergründen. Dabei ist es bisher keineswegs gelungen, die oben angestellten Überlegungen in dieser Differenziertheit zu überprüfen. Die kapitalmarktorientierten Untersuchungen gehen von der Grundhypothese aus, dass Anlagepreise und Rechnungslegungsinformationen in einer theoretisch begründeten und messbaren Beziehung zueinander stehen. Methodisch ist dabei zwischen dem »*short-window*-Ansatz« (vgl. folgender Abschnitt (1)) und dem »*long-window*-Ansatz« zu unterscheiden (vgl. folgender Abschnitt (2), S. 1324 ff.).

(1) Short-window-Ansatz

Short-window-Ansatz/Entscheidungsrelevanz

Der *short-window*-Ansatz beruht auf der Hypothese, dass Anlagepreise in voraussagbarer Weise auf neu an den Markt gelangende Rechnungslegungsdaten reagieren. Wenn und soweit dies für bestimmte Rechnungslegungsdaten nachgewiesen werden kann, werden diese offenbar von den Investoren als entscheidungsrelevant erachtet und sind – rationales Verhalten der Investoren unterstellt – auch tatsächlich entscheidungsrelevant. Der *short-window*-Ansatz ist aus diesem Grund in erster Linie auf die Erforschung der Entscheidungsrelevanz von Jahresabschlussinformationen gerichtet.

Ereignisstudie (event study)

Methodisch wird der *short-window*-Ansatz als Ereignisstudie (*event study*) konzipiert. Als »Ereignis« wird typischerweise die Informationsveröffentlichung definiert. In einem kurzen Zeitfenster (*short window*) um das Ereignis wird sodann die Entscheidungswirkung beobachtet. Beobachtungsvariable ist im Allgemeinen der Aktienkurs, z. T. werden aber (insbesondere bei kleinen Stichproben) auch Handelsvolumina betrachtet (vgl. Cready, W. M./Hurtt, D. N. [2002]). Die Überprüfung der Entscheidungsrelevanz mittels einer solchen Ereignisstudie lässt sich zwei Ansätzen zuordnen, die sich durch die Reichweite der möglichen Schlussfolgerungen unterscheiden (vgl. Coenenberg, A. G. [1984]).

Im einfachen Fall wird der in Abbildung 23.3 dargestellte Zusammenhang überprüft:

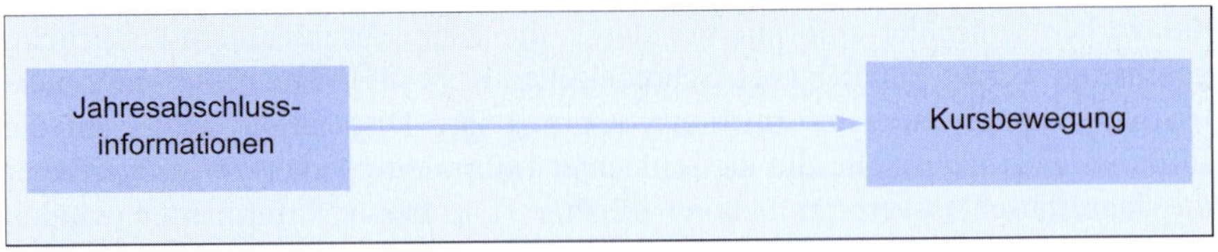

Abb. 23.3: Vereinfachtes Modell zur Messung der Entscheidungsrelevanz

Beaver, W. H. [1968] verfolgte diesen Ansatz erstmals. Die Vorgehensweise besteht darin, dass die Kursbewegungen während des Veröffentlichungszeitraumes von Jahresabschlussinformationen verglichen werden mit einer Kontrollperiode, in der keine Daten veröffentlicht werden. Zeigen sich nach Bereinigung der allgemeinen Markttendenzen in der Beobachtungsperiode größere Ausschläge als in der Kontrollperiode, so wird dies auf die Jahresabschlussveröffentlichung zurückgeführt. Mit diesem Ansatz kann lediglich nachgewiesen werden, dass statistische Zusammenhänge bestehen. Es fehlen jedoch Aussagemöglichkeiten, die sich auf die Inhalte der Informationen (z. B. die Richtung der Gewinn- oder Dividendenänderungen) beziehen und somit den entscheidungsorientierten Informationsgehalt quantifizieren.

Um Letzteres zu ermöglichen, ist eine Erweiterung des Ansatzes erforderlich (vgl. Abbildung 23.4).

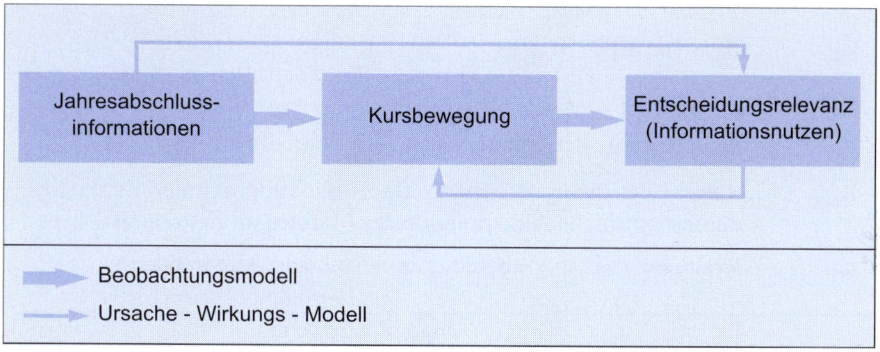

Abb. 23.4: Differenziertes Modell zur Messung der Entscheidungsrelevanz

Dieser Ansatz wurde erstmals von Ball, R./Brown, P. [1968] gewählt. Ausgangspunkt sind bei diesem Ansatz Hypothesen darüber, in welcher Weise Informationen zu Käufen und Verkäufen der Investoren und somit zu Kursbewegungen führen (z. B. Verkauf bei Dividendensenkung gegenüber dem Vorjahr und somit Kurssenkung).

Diese Hypothesen bilden die Grundlage für die Bildung von a-priori-Portfolios von Anlagen, für die eine Kurssenkung bzw. Kurssteigerung oder Indifferenz zu erwarten ist. Der durch Bildung dieser Portfolios erzielbare Anlageerfolg, der nur potenziell ist, da die Portfoliobildung auf a priori nicht bekannten Informationen beruht, ist dann ein entscheidungsorientiertes Maß für den Informationsnutzen (vgl. Kleine-Doepke, R. [1981]). Eine völlige Zufälligkeit des Anlageerfolges würde bedeuten, dass diese Information, zumindest jedoch dieses Verarbeitungsmodell, am Kapitalmarkt nicht verwendet wird.

Empirische kapitalmarktorientierte Untersuchungen zu Informationsgehalt und Entscheidungsrelevanz des Jahresabschlusses in Deutschland basieren häufig auf dem erweiterten Ansatz gemäß Abbildung 23.4. Er wird deshalb näher erläutert.

Als Kursdaten werden die Aktienrenditen für einen bestimmten Investitionszeitraum (z. B. Tag, Woche, Monat, Jahr), also die Kursänderungsrate zuzüglich der eventuell im Investitionszeitraum ausgezahlten Dividende, verwendet. Über die Kursänderungsrate wird die Aktienrendite sowohl durch gesamtwirtschaftliche als auch unternehmensspezifische Faktoren beeinflusst. Um den Einfluss unternehmensspezifischer Jahresabschlussinformationen zu messen, müssen zunächst die Einflüsse gesamtwirtschaftlicher Faktoren eliminiert werden. Das ist in unterschiedlicher Weise denkbar. Z. B. könnte als bereinigte Aktienrendite die

Differenzenmodell/Marktmodell

Differenz zwischen der Rendite der betreffenden Aktie und der durchschnittlichen Rendite aller Aktien des Marktes (gemessen beispielsweise aufgrund eines repräsentativen Aktienindexes) gewählt werden (= Differenzen-modell). Ein anderes, in den meisten Untersuchungen angewendetes Verfahren besteht darin, die Residuen einer Regression der Aktienrendite in Bezug auf die durchschnittliche Rendite am Aktienmarkt als firmenspezifischen Teil der Aktienrendite zu verwenden (= Marktmodell):

$$R_{it} = \alpha_i + \beta_i \times R_{Mt} + u_{it}$$

$$u_{it} = R_{it} - (\alpha_i + \beta_i \times R_{Mt})$$

mit

R_{it} = Aktienrendite der Unternehmung im Zeitraum t-1 bis t

R_{Mt} = Rendite des theoretischen Marktportfolios approximiert durch die durchschnittliche Aktienrendite des Marktes im Zeitraum t-1 bis t

u_{it} = Residuen, d. h. marktbereinigter Anteil der Aktienrenditen

Branchenmodell

Schließlich ist denkbar neben den allgemeinen Markteinflüssen Brancheneinflüsse zu eliminieren, indem in das Regressionsmodell zusätzlich ein Branchenrenditeindex als unabhängige Variable aufgenommen wird (= Branchenmodell):

$$u_{it} = R_{it} - (\alpha_i + \beta_i \times R_{Mt} + y_i \times R_{Bt})$$

mit

R_{Bt} = Rendite des theoretischen Branchenportfolios approximiert durch die durchschnittliche Aktienrendite der Branche im Zeitraum t-1 bis t

Durch Analyse der Residualrenditen als Reaktion auf Jahresabschlussinformationen kann festgestellt werden, ob sich die Bekanntgabe dieser Größen auf Investitionsentscheidungen der Aktionäre ausgewirkt hat. Dieser Ansatz basiert auf folgenden Überlegungen:

Erwartungsrevisionen durch Jahresabschlussinformationen

Investoren überprüfen und korrigieren ihre früher gebildeten Erwartungen bezüglich künftiger Unternehmenserfolge ständig anhand der veröffentlichten Informationen, insbesondere der Gewinngrößen des Rechnungswesens. Deshalb kann der Wert neuer Gewinninformationen gemessen werden als Unterschied zwischen tatsächlichem und erwartetem Betrag und sollte sich in einer entsprechenden Veränderung des Aktienkurses widerspiegeln. Das heißt:

- Positive Erwartungsrevisionen sollten positive Residualrenditen zur Folge haben und
- negative Erwartungsrevisionen sollten negative Residualrenditen zur Folge haben.

Die empirische Überprüfung dieser Vermutungen beinhaltet zwei Maßprobleme, nämlich

(a) die Bestimmung der Erwartungen bzw. Erwartungsrevisionen der Aktionäre und
(b) die Quantifizierung der Wirkungen der Erwartungsrevisionen.

Zu (a): Als Gewinnerwartungen der Aktionäre können die Prognosen von Analysten verwendet werden. Oft behilft man sich auch damit, dass man mit alternativen Gewinnerwartungsmodellen arbeitet, bei denen der erwartete Unternehmensgewinn als von dem vergangenen Gewinn und/oder Branchengewinn abhängig betrachtet wird. Die (positive oder negative) Differenz zwischen dem veröffentlichten und dem erwarteten Ergebnis wird als Indikator einer (positiven oder negativen) Erwartungsrevision des Aktionärs betrachtet. Auf diese Weise wird die Gesamtheit der Jahresabschlüsse in zwei Gruppen eingeteilt, die der positiven und die der negativen Erwartungsrevision.

Zu (b): Die Wirkungen von Erwartungsrevisionen können mit Hilfe des sog. *»Abnormal Performance Index«* (API) gemessen werden (vgl. Ball, R./ Brown, P. [1968]; Kleine-Doepke, R. [1981]):

Abnormal Performance Index (API)

$$API_T = \frac{1}{n}\sum_{i=1}^{n}\prod_{t=t'}^{T}(1+u_{it})$$

mit

u_{it} = Residualrendite für den Zeitraum t-1 bis t und Berichtsveröffentlichung i

n = Anzahl der Fälle (z. B. Jahresabschlüsse)

T = Anzahl aufeinanderfolgender Investitionsperioden

t′ = Beginn der Beobachtungsperioden

Die Berechnung dieser Größe für die Untergruppen von Fällen positiver (= API^+) bzw. negativer (= API^-) Erwartungsrevisionen gibt Aufschluss über den möglichen Zusatzgewinn bzw. den vermeidbaren Verlust eines Aktionärs, der auf derartige Informationen jeweils sofort reagiert. Um den Zusammenhang zwischen Jahresabschlussinformation und Aktionärsentscheidung zu überprüfen, wird der Verlauf der API^+-Kurve mit dem der API^--Kurve verglichen:

- Wenn die veröffentlichten Informationen Bedeutung besitzen und zur Revision der Erwartung führen, sollten die API^+- und API^--Kurven auseinanderlaufen und somit anzeigen, dass der Markt in erwarteter Weise reagiert.
- Wenn die veröffentlichten Jahresabschlussinformationen dagegen bedeutungslos sind oder das zugrunde gelegte Erwartungsrevisionsmodell keinen Aussagegehalt besitzt, sollten die API^+- und API^--Kurven im Wesentlichen einen parallelen Verlauf zeigen.

Das Untersuchungsmodell ist in Abbildung 23.5 veranschaulicht.

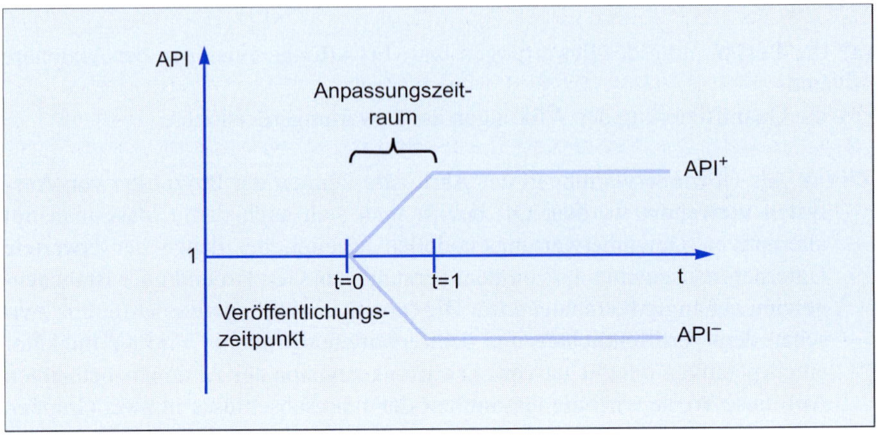

Abb. 23.5: Schematisierter API-Verlauf

Ab dem Zeitpunkt der Veröffentlichung t=0 findet ein Anpassungsprozess der Residualrendite der Aktien entsprechend der positiven bzw. negativen Erwartungsrevisionen statt. Dieser Anpassungsprozess ist im Zeitpunkt t=1 beendet, d. h. ab diesem Zeitpunkt sind die Jahresabschlussinformationen in den Marktpreisen und der Rendite reflektiert. Der Unterschiedsbetrag zwischen API^{+} und API^{-} gibt den Nutzen an, der aus einer a priori richtigen Information hätte gewonnen werden können; er misst folglich den Nutzen der Rechnungslegungsinformation für den Investor. Dabei wird aufgrund der multiplikativen Verknüpfung der Rendite unterstellt, dass der Investor 1 GE gleichmäßig in die Aktien des positiven Portfolios investiert bzw. die Aktien des negativen Portfolios (leer-) verkauft und diese Anlagestrategie bis zum Zeitpunkt T beibehalten hätte.

Cumulative Average Residual (CAR)

Ein anstelle des API häufig in empirischen Untersuchungen verwendetes Wirkungsmaß ist das »*Cumulative Average Residual*« (CAR) (vgl. Foster, G. [1986], S. 403 ff.):

$$CAR_T = \frac{1}{n}\sum_{i=1}^{n}\sum_{t=t'}^{T} u_{it}$$

Das CAR-Maß beruht auf einer additiven statt einer multiplikativen Verknüpfung der Renditen. Es wird unterstellt, dass der Investor in jeder Periode des Untersuchungszeitraumes neu disponiert, d. h. Gewinne werden realisiert, Verluste ausgeglichen.

(2) Long-window-Ansatz

Long-window-Ansatz/Bewertungsrelevanz

Mittels des *short-window*-Ansatzes werden unmittelbare Entscheidungswirkungen untersucht, die durch Informationsereignisse in unmittelbarer zeitlicher Folge ausgelöst werden. Tatsächlich existiert in der Finanzierungs- und Kapitalmarkttheorie aber auch die Hypothese eines langfristigen Zusammenhangs von Rechnungslegungsinformation und Unternehmenswert. Die empirische Bilanzforschung bemüht sich deshalb auch, mittels eines *long-window*-Ansatzes über längere Beobachtungszeiträume zu ergründen, ob die Aktienrendite über diesen Zeitraum einen statistisch signifikanten Zusammenhang mit dem Unternehmenserfolg aufweist. Dahinter steckt die fundamentale These, dass sich der künftige Wert des Unternehmens aus den Dividenden zuzüglich der Eigenkapitalveränderungen erklären lässt, wenn die nicht auf Kapitalein- und -auszahlungen zurückzuführenden Eigenkapitaländerungen aus Gewinnen bzw. Verlusten (sog. *clean surplus*) resultieren (vgl. Peasnell, K. V. [1982]; Ohlson, J. A. [1995]; Möller, H. P./Hüfner, B. [2002], S. 415 ff., S. 430 ff.). Der *long-window*-Ansatz ist dementsprechend nicht auf die Beobachtung unmittelbarer Entscheidungswirkungen, sondern auf die Relevanz der Rechnungslegungsdaten für die fundamentale Unternehmensbewertung gerichtet (= Bewertungsrelevanz). Da der Unternehmenswert empirisch am Aktienkurs gemessen wird, wird mit diesem Ansatz freilich unmittelbar auch die langfristige Entscheidungswirkung mit beobachtet. Bewertungsrelevanz und Entscheidungsrelevanz sind – langfristig betrachtet – interdependent; sie lassen sich nicht scharf voneinander abgrenzen.

Bewertungsmodell

Eine empirisch testbare Form des Bewertungsmodells lautet (vgl. Möller, H. P./Hüfner, B. [2002], S. 431):

$$R_t = b_0 + b_1 \times \frac{EK_t}{P_{t-1}} + b_2 \times \frac{EK_t - EK_{t-1}}{P_{t-1}} + b_3 \times \frac{D_{t-1}}{P_{t-1}} + \varepsilon_t$$

mit:

R_t	=	Aktienrendite in Periode t - 1, t
EK_t	=	Eigenkapital im Zeitpunkt t
EK_t - EK_{t-1}	=	»*clean surplus*« in Periode t - 1, t
D_{t-1}	=	Dividende im Zeitpunkt t - 1
P_t	=	Aktienpreis im Zeitpunkt t

Auf der Grundlage einer *long-window*-Zeitregression lässt sich in Gestalt der Regressionskoeffizienten b_1, b_2 und b_3 die Bedeutung messen, die den Rechnungslegungsinformationen »Eigenkapital«, »Gewinn« und »Dividenden« für die Erklärung des Unternehmenswertes bzw. der (jährlichen) Aktienrendite zukommt. Zu einer kritischen Auseinandersetzung mit dieser Methodik vgl. Lo, K./Lys, T. Z. [2000] und Ota, K. [2003].

c) Bisherige Erkenntnisse zur Entscheidungsrelevanz von Rechnungslegungsinformationen

(1) Entscheidungswirkungen von Jahres- und Konzernabschlüssen

Entscheidungswirkungen von Jahresabschlussveröffentlichung und -informationen

Die grundlegende Ausgangsfragestellung lautet: Inwieweit und in welchem Zeitbezug haben Veröffentlichungen von Jahresabschlüssen insgesamt und bestimmte im veröffentlichten Jahresabschluss enthaltene und für die Entscheidung des Aktionärs für relevant angesehene Ergebnisdaten Einfluss auf das Investitionsverhalten, gemessen an der marktbereinigten Aktienrenditeentwicklung?

Als zu dieser Fragestellung grundlegende Studie kann die Arbeit von Ball, R./Brown, P. [1968] bezeichnet werden. Die Autoren analysierten zum ersten Mal die Informationswirkung von Jahresabschlüssen mit der API-Methodik für eine Stichprobe von 261 Unternehmen in einem die Jahre 1957–1966 umfassenden Untersuchungszeitraum. Zentrales Ergebnis der Studie ist, dass den Jahresabschlussdaten zwar Informationsgehalt nachgewiesen werden kann, jedoch nur 10 – 15 % der im Jahresabschluss enthaltenen Informationen sich zum Zeitpunkt der Veröffentlichung in Aktienkursänderungen niederschlagen. Die restliche Information wird bereits durch andere Quellen vorweggenommen (Übersicht über verschiedene einschlägige Untersuchungen vgl. Röder, K. [1998]).

Antizipatorische Entscheidungswirkungen

Die Entscheidungswirkung von Jahresabschlussinformationen ist auch durch Studien am deutschen Kapitalmarkt bestätigt worden (Brandi, E. H. [1977]; Coenenberg, A. G./Brandi, E. H. [1979]; Sahling, C. [1981]; Bühner, R./Möller, H. P. [1985]; Möller, P. [1986]). Die Studien zeigen, dass Jahresabschlussveröffentlichungen selbst Entscheidungswirkungen auslösen. Sie zeigen darüber hinaus, dass die im ausgewiesenen Gewinn enthaltene Information auf die marktbereinigten Aktienrenditen im statistischen Durchschnitt in der erwarteten Richtung Einfluss hat. Dieser Einfluss ist aber nicht nur nach dem vermutlichen Veröffentlichungszeitpunkt des Jahresabschlusses selbst, sondern schon mit einem erheblichen Vorlauf vorhanden. Dies entspricht auch den Ergebnissen vergleichbarer US-Studien (zur Übersicht über verschiedene einschlägige Untersuchungen vgl. Foster, G. [1986], S. 336 ff.). Die Ergebnisse deuten darauf hin, dass die im Jahresabschluss enthaltenen Ergebnisinformationen nicht ausschließlich über die Jahresabschlussveröffentlichung selbst, sondern zu einem guten Teil über zeitlich früher verfügbare Kommunikationskanäle, wie Gewinnprognosen von Unternehmen und Analysten, sowie Zwischenberichte an den Markt gelangen. Für die in den USA auch schon früher verpflichtenden Quartalsberichte sowie für die für deutsche börsennotierte Unternehmen zwingenden Zwischenberichte wurde die Entscheidungsrelevanz in vielen Studien nachgewiesen (vgl. in diesem Kapitel, S. 1332 ff.). Die Jahresabschlussveröffentlichung selbst hat also nicht primär informierenden, sondern bestätigenden Charakter. Man kann insofern von einer »Informationshygiene«-Funktion des offiziellen Jahresabschlusses sprechen.

Überreaktion nach der Bekanntgabe

Des Weiteren zeigen eine Reihe von Studien, dass es nach der Bekanntgabe des Jahresergebnisses zu einer Überreaktion des Aktienmarktes kommt, die als *post-earnings announcement drift* (PEAD) bezeichnet wird (Bernard, V. L./Thomas, J. K. [1990]; Liang, L. [2003]). Die PEAD wurde auch in europäischen Ländern nachgewiesen (einen Überblick geben Dumontier, P./Raffournier, B. [2002]) und wird als Anomalie zur Hypothese eines effizienten Kapitalmarkts gesehen. Ihre Ursachen sind noch nicht endgültig geklärt. Ein Überblick zu aktuellen Studien zur PEAD und zu anderen rechnungslegungsbezogenen Kapitalmarktanomalien findet sich bei Richardson, S./Tuna, I./Wysocki, P. [2010].

Jahresabschluss- vs. Konzernabschlussdaten

Eine mit der API-Methodik durchgeführte Untersuchung von Pellens beschäftigt sich mit der Frage, ob die Aktionäre eines Konzernunternehmens mit vergleichbaren Informationen versorgt werden wie die Aktionäre eines Einzelunternehmens (vgl. Pellens, B. [1994]). In einem Untersuchungszeitraum von fünf Wochen vor bis zwölf Wochen nach der Aufsichtsratssitzung wurden auf Basis wöchentlicher bereinigter Aktienrenditen die Residualrenditen ermittelt. Die Erwartungsbildung der Investoren wurde durch ein Modell abgebildet, das als erwarteten Wert die Veränderung des Gewinnes je Aktie im Vergleich zum Vorjahr, korrigiert um die Veränderung des durchschnittlichen Gewinnes je Aktie aller untersuchten Unternehmen, unterstellt. Die erstellten *Abnormal Performance*-Indizes lassen auf die Relevanz der Rechnungslegungsdaten von sowohl Jahresabschlüssen der Einzelunternehmen als auch Konzernabschlüssen von Muttergesellschaften schließen. Darüber hinaus zeigt sich, dass die Jahresabschlusszahlen von Muttergesellschaften keine Relevanz besitzen. Für die Zielsetzung der Untersuchung von Bedeutung ist der Vergleich der Renditewirkungen der Jahresabschlusszahlen von Einzelunternehmen mit den Konzernabschlusszahlen von Muttergesellschaften. Hier sind weder in der Länge des Anpassungsprozesses noch in der absoluten Höhe der Renditeänderungen signifikante Unterschiede festzustellen. Dies lässt auf eine äquivalente Preisbildungsrelevanz der Konzernabschlusszahlen im Vergleich zu den Jahresabschlusszahlen schließen.

Signalling effect

Unter dem Aspekt der Relevanz von Unternehmensdaten belegen verschiedene Untersuchungen, dass nicht nur die Veröffentlichung des gesamten Jahresabschlusses, sondern bereits die öffentliche Bekanntgabe von Jahresgewinnen bzw. Vierteljahresgewinnen die Aktienrenditen oder auch das Volumen der gehandelten Aktien signifikant beeinflusst. Dabei zeigen sich die von Wertpapieranalysten (vgl. Stanley, K./Lewellen, W./Schlarbaum, G. [1981]; Moyer, R./Chatfield, R./Sisneros, P. [1989]; Lys, T./Sahn, S. [1990]), vor allem aber die von der Unternehmensleitung öffentlich abgegebenen Gewinnprognosen, insbesondere auch publizierte Gewinn- bzw. Dividendenankündigungen, als besonders entscheidungsrelevant (vgl. Defeo, V. [1986]; Healy, P./Palepu, K. [1988]; Stice, E. [1991]). Dieser sog. *»signalling effect«* ist insbesondere deshalb so stark, weil Anleger aus Erfahrung von Dividendenänderungen auch auf Änderungen des Abschlussergebnisses und des Cashflow in den nächsten Perioden schließen (vgl. Healy, P./Palepu, K. [1988]). Im Hinblick auf die Wirkungen von Ergebnisprognosen des Managements im Rahmen des Geschäftsberichts spielt naturgemäß die Frage nach der wahrgenommenen Glaubwürdigkeit der Prognose eine bedeutende Rolle. Brennan, N./Gray, S. J. [1998] zeigen für eine Stichprobe von Unternehmensübernahmen, dass insbesondere Unternehmensgröße, Prognosehorizont, Art der Übernahme (*friendly/unfriendly*) und Position des Unternehmens (*bidder/target*) Einflussgrößen des Prognoseverhaltens sind.

Zusatz- vs. Bilanzinformationen

Eine andere Frage der Wirkung von Zusatzinformationen im Geschäftsbericht ist, ob sich Wirkungsunterschiede in Konkurrenz zur Bilanzierungspflicht ergeben. Das lässt sich in Situationen testen, in denen einer neu geregelten Bilanzierungspflicht eine Angabepflicht im Anhang vorausgeht. Am Beispiel neuer Bilanzierungspflichten für bestimmte Altersvorsorgen kamen mehrere Untersuchungen in den USA zu dem Ergebnis, dass die GuV-wirksame Berücksichtigung im Jahresabschluss höhere Entscheidungsrelevanz besitzt als die bloße Angabe im Anhang (vgl. Choi, B./Collins, D./Johnson, W. [1997]; Davis-Friday, P. Y./ Folami, L. B./Liu, C. S./Mittelstaedt, H. F. [1999]).

(2) Entscheidungswirkungen der Publizitätspolitik

Publizitätspolitik

Wenn die in den Jahresabschlussdaten enthaltene Information auf die Entscheidungen am Aktienmarkt Einfluss hat, liegt es aus der Sicht der bilanzierenden Unternehmen nahe, durch Publizitätspolitik den Informationsstrom zwischen Unternehmung und Außenwelt so zu gestalten, dass er das Entscheidungsverhaltens von aktuellen und potenziellen Investoren beeinflussen kann. Mit Publizitätspolitik ist in diesem Zusammenhang die Gestaltung von Ausmaß und Güte der den Jahresabschluss erläuternden und ergänzenden Zusatzinformationen des Geschäftsberichtes gemeint. Der empirischen Bilanzforschung stellt sich damit die Frage, inwieweit sich Publizitätspolitik auf das tatsächliche Investorenverhalten auswirkt.

Hypothesen zur Entscheidungswirkungen der Publizitätspolitik

Es ist nahe liegend, dass zwischen der Güte der Unternehmenspublizität und dem auf den veröffentlichten Jahresabschluss einsetzenden Aktienrenditeanpassungsprozess ein unmittelbarer Zusammenhang besteht. Dieser lässt sich in zwei Hypothesen zusammenfassen:

1. Das Ausmaß des informationsbedingten Anpassungsprozesses ist bei Unternehmen mit hohem Publizitätsniveau kleiner als bei Unternehmen mit geringem Publizitätsniveau.
2. Der Anpassungszeitraum bei hohem Publizitätsniveau ist kürzer als bei niedrigerem Publizitätsniveau.

Hypothese 1 scheint zunächst uneinsichtig, da sie eine Erhöhung des Publizitätsniveaus mit einer Verringerung des Informationsgehaltes in Zusammenhang bringt. Da aber gute Publizität die Investoren in die Lage versetzt, die zukünftigen Renditen ihrer Anlagen besser schätzen zu können, führt eine neue Information in weniger Fällen zu Erwartungsrevisionen als bei schlechter Publizität. Der zusätzliche Informationsgehalt der Jahresabschlussdaten selbst ist geringer, weil weniger Überraschung in diesen Informationen enthalten ist. Dies bedeutet, dass die Aktien der Unternehmen mit hohem Publizitätsniveau generell »richtiger« bewertet sind als die Aktien der Unternehmen mit geringerem Publizitätsniveau; der Preisanpassungsprozess aufgrund veröffentlichter Jahresabschlussdaten muss deshalb für die erstere Firmengruppe geringer ausfallen.

Allerdings ist einschränkend darauf hinzuweisen, dass diese Hypothese nur dann begründbar ist, wenn keine weiteren Einflüsse auf die Unternehmen vorliegen, die zu unterschiedlichen informationsbedingten Erträgen führen. Insbesondere gelten die Aussagen nur bei gegebenem bilanzpolitischen Spielraum der Unternehmen. Eine Veränderung der bilanzpolitischen Möglichkeiten könnte auch die informationsbedingten Renditen beeinflussen.

Hypothese 2 ergibt sich aus der Erkenntnis, dass eine perfekte Informationseffizienz des Kapitalmarktes i. S. einer sprunghaften, praktisch zeitlosen Anpassung auf ein neues Preisniveau nach Veröffentlichung der Jahresabschlussinformationen nicht existiert. Da jedoch bei guter Publizität anzunehmen ist, dass ein erhöhtes Vertrauen in die vom Unternehmen ausgehenden Informationen besteht, wird der Markt besonderes Gewicht auf diese Unternehmensgruppen legen. Dies führt dann zu einer schnelleren Verarbeitung der Informationen, was mit einer Erhöhung der Informationseffizienz des Marktes gleichzusetzen ist.

Berndsen, H. P. [1979] geht diesen beiden Hypothesen in einer empirischen Studie nach. Wie seine Ergebnisse zeigen, wird der Preisanpassungsprozess, somit auch die Anlegerentscheidung, deutlich durch die Publizitätspolitik der Unternehmen beeinflusst. Die Hypothese, dass bei hohem Publizitätsniveau der durch die Jahresabschlussdaten ausgelöste Preisanpassungsprozess geringer und kürzer ist als bei niedrigem Publizitätsniveau, kann nicht zurückgewiesen werden. Auch Almeling, C. [2008] weist nach, dass eine umfangreichere oder qualitativ bessere Unternehmenspublizität mit einer kleineren Marktreaktion auf die Ergebnisbekanntgabe verbunden ist.

Dies lässt folgende Interpretation zu: Der zusätzlich durch den Jahresabschluss zum Investor gelangende Informationsgehalt ist umso geringer, je informationsfreudiger ein Unternehmen grundsätzlich ist. Andererseits können informationsscheue Unternehmen Kursanpassungen auf Dauer nicht verhindern. Die Pflichtpublizität des Jahresabschlusses führt dann eben bei Veröffentlichung zu entsprechend höheren Kurssprüngen. Die Ergebnisse zeigen daher deutlich die regulierende Funktion des Jahresabschlusses: Unabhängig vom konkreten Informationsgehalt ist er Garant dafür, dass bestimmte Mindestinformationen an den Markt gelangen, die sonst unter Umständen unbekannt bleiben würden oder nur zeitlich verzögert an den Markt kommen würden. Die oben angesprochene »Informationshygiene«-Funktion des Jahresabschlusses findet hier ihre Bestätigung.

Dieser Effekt der Wirkung erhöhter Publizitätsgüte zeigt sich auch für Unternehmen mit Zwischenberichtspublizität im Vergleich zu Unternehmen ohne Zwischenberichtspublizität (vgl. Keller, E./Möller, H. P. [1993]; vgl. auch Abschnitt C, S. 1332 ff.). Auch die Prognoseeignungsuntersuchung von Gebhardt, G. [1980] von Abschlüssen vor und nach der Aktienrechtsreform von 1965 deutet in dieselbe Richtung. In einer Ereignisstudie kommen Bühner/Möller zu dem Ergebnis, dass zusätzliche Informationen im Geschäftsbericht über stattgefundene Neuorganisationen innerhalb eines Unternehmens Einfluss auf die Aktienkursentwicklung am Kapitalmarkt haben (vgl. Bühner, R./Möller, H. P. [1985]).

Eine positive Wirkung auf die Aktienrendite sowie auf den Prognosewert des Jahresabschlusses lässt sich auch für Segmentinformationen nachweisen (vgl. Swaminathan, S. [1991]).

Ähnliche Auswirkungen wie auf den Aktienmarkt ergeben sich auf die Aktienanalysen. So wurde in einigen Studien nachgewiesen, dass detailliertere Rechnungslegungsdaten zu geringeren Fehlern bei den Ergebnisprognosen von Analysten führen (z. B. Lang, M. H./Lundholm, R. J. [1996]).

(3) Entscheidungswirkungen von Bilanzpolitik

Entscheidungswirkungen der Bilanzpolitik (functional fixation)

Neben der Überprüfung der generellen Entscheidungsrelevanz von Bilanzdaten wird auch die Frage untersucht, inwieweit materielle bilanzpolitische Maßnahmen, d. h. die Beeinflussung des Jahresüberschusses durch die Wahl bestimmter Bilanzierung- und Bewertungsmethoden durch das Unternehmen, das Verhalten der Investoren beeinflussen (vgl. zur Übersicht Wagenhofer, A./Ewert, R. [2007], S. 235 ff.). In der anglo-amerikanischen Literatur wird dabei häufig von Prüfung der »*functional fixation*« der Rechnungslegungsadressaten gesprochen, d. h. es gilt herauszufinden, ob Investoren mechanistisch ihr Verhalten nach der Höhe des Jahresüberschusses ausrichten oder ob sie die rechnerische Zusammensetzung des Ergebnisses in ihr Kalkül mit einbeziehen.

Messung von Bilanzpolitik

Umstritten ist die Messung von Bilanzpolitik. Zum einen werden hierzu Modelle herangezogen, die das Ausmaß der Ergebnisglättung (*earnings smoothing*) ermitteln. Hierbei wird z. B. die Standardabweichung des Jahresergebnisses zur Standardabweichung der Cashflows in Bezug gesetzt (vgl. Leuz, C./Nanda, D./Wysocki, P. [2003]). Zum anderen wird versucht, aus der Höhe der *accruals*, also der Differenz zwischen Jahresergebnis und Cashflow, Schlussfolgerungen über das Ausmaß der Bilanzpolitik zu ziehen. Insbesondere konzentriert man sich hierbei auf den nicht durch entsprechende Unternehmensentwicklungen (z. B. gestiegene planmäßige Abschreibungen aufgrund der Zunahme der Sachanlagen) erklärbaren Teil, den sog. »*discretionary accruals*«. Letztere lassen sich mit einer Reihe von unterschiedlichen Modellen ermitteln (vgl. z. B. Jones, J. [1991]; Dechow, P./Sloan, R./Sweeney, A. P. [1995]; Kothari, S. P./Leone, A. L./Wasley, C. E. [2005]). Auf der Ebene gesamter Länder kann zur Messung der Bilanzpolitik auch ermittelt werden, ob es bei einer Analyse der Verteilung der Jahresergebnisse von Unternehmen signifikant mehr knapp positive Jahresergebnisse als knapp negative Jahresergebnisse gibt (vgl. Glaum, M./Lichtblau K./Lindemann, J. [2004]).

Mittels Bilanzpolitik kann das ausgewiesene Ergebnis mindernd oder erhöhend beeinflusst werden. Es stellt sich die Frage, ob ein derart bilanzpolitisch beeinflusster Ergebnisausweis zu anderen Entscheidungswirkungen führt als ein nicht oder weniger bilanzpolitisch beeinflusster Ergebnisausweis.

Entscheidungswirkungen der Ergebnisglättung

Als ein wesentliches Ziel der Bilanzpolitik gilt die Verstetigung des Ergebnisausweises durch Ausnutzung zulässiger Bilanzansatz- und Bewertungswahlrechte. Diese Zielthese ist durch eine empirische Erhebung für deutsche Aktiengesellschaften nachdrücklich unterstützt worden (vgl. Schmidt, F. [1979]). Darüber hinaus konnte gezeigt werden, dass sog. Managerunternehmen offenbar wegen des größeren Rechtfertigungsdrucks in deutlich stärkerem Ausmaß eine Ergebnisverstetigung anstreben als sog. Eigentümerunternehmen (vgl. Coenenberg, A. G./Schmidt, F./Werhand, M. [1983]; vgl. auch Coenenberg, A. G. [1985]).

Die aus der Informationseffizienzthese abzuleitende Hypothese lautet: Ergebnisverstetigungen haben dann keine Entscheidungswirkungen, wenn den Investoren im Anhang ausreichende Informationen gewährt werden, um die Verstetigung zu erkennen und zu bereinigen. Die empirische Untersuchung (vgl. Coenenberg, A. G./Schmidt, F./Werhand, M. [1983]) bestätigt die Hypothese. Es zeigt sich, dass Aktionäre sich an bilanzpolitisch bereinigten Ergebnissen orientieren, wenn diese durch Publizität der bilanzpolitisch genutzten Spielräume berechenbar sind.

Signalfunktion der Bilanzpolitik

Bilanzpolitik beeinflusst aber nicht nur den ausgewiesenen Jahresüberschuss, sondern kann für den Kapitalmarkt zusätzliche Signale hinsichtlich der Zukunftserwartungen des Managements beinhalten. So könnte z. B. eine gewinnerhöhende Bilanzpolitik interpretiert werden als Signal für die längerfristig positive Einschätzung der Unternehmenssituation durch das Management, dann nämlich, wenn man annimmt, dass diese Art von Bilanzpolitik zur Glättung kurzfristiger Ergebniseinbrüche dient. In umgekehrter Weise könnte eine gewinnmindernde

Bilanzpolitik als Signal dafür gewertet werden, dass die Zukunftserwartungen des Managements weniger optimistisch sind als der bilanzpolitisch unbeeinflusste Gewinn vermuten ließe (vgl. Standish, P. E. M./Ung, S.-I. [1982]).

Bilanzpolitik von Eigentümer- und Managerunternehmen

Oben wurde bereits darauf hingewiesen, dass Managerunternehmen in größerem Umfang Ergebnisglättung betreiben als Eigentümerunternehmen. Eine Ursache dafür dürfte der bei Managerunternehmen sicherlich stärkere Rechtfertigungsdruck gegenüber den Eigenkapitalgebern sein. Es ist deshalb auch zu vermuten, dass die Aktionäre von Managerunternehmen mit einer gewissen Unsicherheit auf bilanzpolitische Ergebnisbeeinflussungen reagieren, da sie im Allgemeinen nicht wissen können, welche Ziele das Management im Einzelnen mit der bilanzpolitischen Entscheidung verfolgt (z. B. Substanzerhaltung, Steuerminimierung, Selbstfinanzierung, Eigeninteresse des Managements). Demgegenüber kann man bei Eigentümerunternehmen wohl eher davon ausgehen, dass bilanzpolitische Entscheidungen überwiegend mit dem Ziel der Steueroptimierung getroffen werden und nicht so sehr in der Absicht, den Informationsgehalt der Rechnungslegung zu beeinflussen. Bei Managerunternehmen verläuft der Preisanpassungsprozess im Falle eines bilanzpolitisch beeinflussten Gewinnausweises unter stärkeren Unsicherheiten (Schwankungen) als dies bei Eigentümerunternehmen der Fall ist. Auch diese Hypothesen lassen sich empirisch stützen (vgl. Coenenberg, A. G./Schmidt, F./Werhand, M. [1983]).

Earnings quality

Mit Blick auf die Beeinflussbarkeit der Ergebnisdarstellung durch bilanzpolitische Maßnahmen wurde der Begriff »*earnings quality*« geprägt. Diese gilt als umso besser, je weniger Bilanzpolitik bei der Ergebnisermittlung betrieben wird bzw. aufgrund der normativen Vorgaben betrieben werden kann (vgl. hierzu Dechow, P./Ge, W./Schrand, C. [2010]).

Bilanzpolitik in verschiedenen Ländern

Interessant ist, dass die Bilanzpolitik in einzelnen Länder stark unterschiedlich ist und von institutionellen Faktoren, wie Enforcementsystem oder Investorenschutz, geprägt wird (vgl. Leuz, C./Nanda, D./Wysocki, P. [2003]). Zudem scheint sie unabhängig vom jeweils angewandten Rechnungslegungssystem zu sein. So zeigen Tendeloo, B. v./Vanstraelen, A. [2005], dass in Deutschland kein Unterschied hinsichtlich des Ausmaßes der Bilanzpolitik zwischen Unternehmen, die freiwillig IFRS anwenden, und solchen, die weiterhin nach HGB bilanzieren, besteht. Ähnliche Ergebnisse wurden auch für andere Länder gefunden (vgl. Ball, R./Kothari, S./Robin, A. [2000]; Ball, R./Robin, A./Wu, J. S. [2003]).

Informationsgehalt des Cashflow

Generell zeigt sich, dass Gewinnänderungen von Unternehmen, die nicht auf Ereignisse zurückzuführen sind, die den Wert des Unternehmens beeinflussen sondern lediglich durch spezifische angewandte Rechnungslegungsverfahren hervorgerufen werden, keinen Effekt auf das Entscheidungskalkül von Investoren besitzen. Zahlreiche US-Untersuchungen zeigen, dass auf die Handelsbilanz beschränkte Wechsel der Abschreibungs- oder Vorratsbewertungsmethoden keine Auswirkungen auf Aktienrenditen haben (vgl. die Übersicht bei Hines, R. [1984]).

Diese Forschungsergebnisse lassen vermuten, dass Investoren in ihrem Entscheidungsverhalten vom ausgewiesenen Jahresüberschuss abstrahieren und stattdessen auf den hinter dem Jahresüberschuss stehenden Cashflow blicken. Die hieraus abgeleitete Testhypothese lautet: Cashflow-Ziffern führen zu signifikanteren Entscheidungseinflüssen als Ergebnisziffern. Sowohl durch kapitalmarktorientierte als auch durch verhaltensorientierte Untersuchungen kann ein solcher, den Jahresüberschuss übersteigender Informationswert des Cashflow empirisch allerdings nicht bestätigt werden (vgl. z. B. Beaver, W. H./Dukes, R. [1972]; Blann, J./Balachandran, B. [1988]; Haindl, G. [1988]). Nachgewiesen werden konnte jedoch, dass neben dem Jahresüberschuss zusätzlich veröffentlichte Cashflow-Angaben den Informationswert des Jahresabschlusses erhöhen, d. h. dass eine Steigerung des Informationswertes nicht durch eine alternative, sondern durch eine kumulative Veröffentlichung von Gewinn und Cashflow erreicht wird (vgl. Jennings, R. [1990]; vgl. auch die Ergebnisse bei Cheng, C. S. A./Lin, C.-S./Schaefer, T. S. [1997]; Chwallek, C. [1999]).

In diesem Zusammenhang ist erstaunlich, dass frühere Untersuchungen – sowohl kapitalmarktorientierte als auch verhaltensorientierte – keinen eindeutig signifikanten zusätzlichen Informationswert von Kapitalflussrechnungen feststellen (vgl. z. B. Bradbury, M./Newby, S. [1989]). Dieses Ergebnis erstaunt vor allem vor dem Hintergrund, dass zum einen bereits 1980 eine auf Veranlassung der *Financial Accounting Foundation* durchgeführte Studie ergab, dass 67 % der befragten Personen Cashflow-Informationen gegenüber Gewinninformationen bevorzugen und zum anderen nach den einschlägigen Bilanzierungsstandards für börsennotierte Unternehmen die Veröffentlichung einer Kapitalflussrechnung vorgeschrieben ist und darüber hinaus auch in der Wissenschaft eine solche für nützlich erachtet wird. Allerdings hat eine empirische Studie deutscher Unternehmen gezeigt, dass die Veröffentlichung einer Kapitalflussrechnung die Bewertungsrelevanz der Rechnungslegungsdaten erhöht, und zwar umso mehr, je höher die Ausgestaltungsqualität der Kapitalflussrechnung ist (vgl. Chwallek, C. [1999]). Früheren Kapitalflussrechnungen mangelte es an Qualität, da sie meist lediglich durch Umgliederungen von Bilanz- und GuV-Daten erstellt wurden.

(4) Entscheidungswirkungen von Zwischenberichten

Entscheidungsrelevanz und Prognoseeignung der Zwischenberichterstattung

Aufgrund der aus den kapitalmarktorientierten Studien zu den Entscheidungswirkungen von Jahresabschlussinformationen (vgl. in diesem Kapitel, S. 1317 ff.) gewonnenen Erkenntnis einer bereits schon während des Jahres einsetzenden Marktreaktion wird vermutet, dass die Anleger ihre Erwartungen aus verschiedenen anderen Informationsquellen bilden. Eine dieser Informationsquellen stellt die Zwischenberichterstattung dar. Durch die in den USA bereits seit langem bestehende Verpflichtung börsennotierter Unternehmen zur Veröffentlichung von Quartalsberichten widmet sich eine ganze Reihe von US-amerikanischen Studien dem Informationsgehalt der Zwischenberichterstattung (vgl. Foster, G. [1977]; Joy, O. M./Litzenberger, R. H./McEnally, R. W. [1977]). Nach den Erkenntnissen dieser Untersuchungen kommt den Zwischenberichtsdaten eine nahezu identische Entscheidungsrelevanz zu wie den Jahresabschlussdaten. Neben der Informationsfunktion ist es die Prognosefunktion, die der Zwischenberichterstattung zugrunde liegt. Aus diesem Grund wurde von einer Vielzahl von Untersuchungen nicht auf die Entscheidungsrelevanz, sondern auf die Prognoseeignung der Quartals- oder Halbjahresberichte im Hinblick auf das Jahresergebnis abgestellt. Dabei lässt sich festhalten, dass Zwischenberichte grundsätzlich zu einer besseren Prognose zukünftiger Jahresergebnisse beitragen. Gleichwohl liefern Finanzanalysten bessere Schätzungen des zukünftigen Unternehmensergebnisses als die auf Zwischenabschlussdaten aufbauenden Zeitreihenmodelle (vgl. den Überblick über die Untersuchungen zur Zwischenberichterstattung bei Henes, F. [1995]).

Für die Zwischenberichterstattung in Deutschland ist untersucht worden, ob den für börsennotierte Unternehmen vorgeschriebenen Halbjahresberichten Entscheidungsrelevanz zugesprochen werden kann. Bezug nehmend auf die Information der aktuellen und potenziellen Investoren sowie der sonstigen am Unternehmen beteiligten Stakeholder hat die Untersuchung getestet, ob der Zwischenberichterstattung nach BörsG Entscheidungsrelevanz attestiert werden kann (vgl. Coenenberg, A. G./Henes, F. [1995]; Henes, F. [1995]). Die Untersuchung bestätigt die Entscheidungsrelevanz von Zwischenberichtsinformationen. Sie lässt aber auch erkennen, dass sich die Investoren bei ihren Anlageentscheidungen nicht an der Ergebnisentwicklung im Vergleich zum vorhergehenden Halbjahr orientieren, sondern die veröffentlichten Ergebnisse dem Vergleichszeitraum des Vorjahres gegenüberstellen. Ähnliche Untersuchungsergebnisse sind auch für andere europäische Kapitalmärkte erarbeitet worden (vgl. Coenenberg, A. G./ Federspieler, C. [1999]; Federspieler, C. [1999]).

Relativer Nutzenbeitrag

Die Untersuchungsergebnisse lassen weiterhin vermuten, dass der börsenrechtlichen Zwischenberichtspublizität von den Anlegern keine hohe absolute Preisbildungsrelevanz beigemessen wird. Allerdings scheint der relative Nutzen der Zwischenberichtspublizität dem der jährlichen Rechnungslegung nicht nachzustehen. In vergleichbaren Studien wurden für Jahresergebniszahlen durchschnittliche abnormale Renditen berechnet, die auf dem in der Zwischenberichtsstudie ermittelten Niveau lagen (vgl. z. B. Pellens, B. [1994], S. 156 ff.). Insoweit handelt es sich bei der unterjährigen Rechnungslegung um einen vergleichsweise genauso wichtigen Baustein innerhalb des Mosaiks der gesamten unternehmerischen Publizität, wie es die jährliche Rechnungslegungspublizität darstellt.

Antizipation durch Zwischenberichte

Das wird auch durch eine Untersuchung von Keller, E./Möller, H. P. [1993] bestätigt, die der Frage nachgeht, ob sich der Informationsgehalt des Jahresabschlusses selbst vermindert, wenn Zwischenberichte veröffentlicht werden. Tatsächlich zeigt sich, dass der Informationsnutzen des Jahresabschlusses Zwischenbericht erstattender Unternehmen geringer ist als bei einer entsprechenden Kontrollgruppe. Zwischenberichte antizipieren entscheidungsrelevante Daten des Jahresabschlusses durch vorzeitige Information des Kapitalmarktes.

(5) Bewertungsrelevanz von Rechnungslegungsinformationen

Entscheidungsrelevanz vs. Bewertungsrelevanz

Nach dem Kriterium der Entscheidungsrelevanz werden Rechnungslegungsinformationen vor allem auf ihren Neuigkeitsgrad hin untersucht. Grundsätzliche Unterschiede im Informationsgehalt verschiedener Rechnungslegungssysteme, auch über lange Zeiträume hinweg, lassen sich so nicht erfassen. Je mehr sich die empirische Forschung gerade in den letzten Jahren in Richtung »*international accounting research*« hin bewegt hat (vgl. hierzu Prather, J./Rueschhoff, N. [1996]), umso mehr musste sie sich mit den grundsätzlichen Unterschieden auseinandersetzen. Seit der ersten Hälfte der 1990er Jahre haben dementsprechend empirische Forschungen zur Bewertungsrelevanz mittels *long-window*-Ansätzen an Bedeutung gewonnen.

Bewertungsrelevanz HGB vs. US-GAAP

Inzwischen liegen eine Reihe beachtenswerter Untersuchungsergebnisse zum internationalen Vergleich unterschiedlicher Rechnungslegungsstandards sowie zu Einzelfragen vor. Zum internationalen Vergleich von Rechnungslegungsstandards ist insbesondere die Arbeit von Harris, T. S./Lang, M./Möller, H. P. [1995] zum Vergleich von Rechnungslegungsinformationen aus HGB- und US-GAAP-

Abschlüssen zu nennen. Sie zeigt, dass sich unter beiden Standards ein signifikanter Zusammenhang zwischen Aktienrenditen und Ergebnisinformationen aus dem Jahresabschluss ergibt. Ebenso ist bezüglich der Straffheit des Zusammenhangs nahezu kein Unterschied zwischen den HGB- und US-GAAP-Daten gegeben. Dies scheint das verbreitete Vorurteil von der Untauglichkeit von HGB-Abschlüssen als Instrument der Kapitalmarktinformation zu widerlegen. Eine andere Untersuchung zeigt allerdings, dass Ergebnisinformationen deutscher Abschlüsse geringere Bewertungsrelevanz haben als die britischer Abschlüsse (vgl. Alford, A./Jones, J./Leftwich, R./Zmijewski, M. [1993]). Die geringere Bewertungsrelevanz deutscher Abschlüsse könnte ihre Begründung darin haben, dass im relativ geschlossenen, hausbankorientierten Finanzsystem Deutschlands der öffentlich zugängliche Jahresabschluss relativ zu anderen Informationsquellen weniger Bedeutung hat als im stärker marktorientierten britischen Finanzsystem (vgl. Leuz, C./Wüstemann, J. [2004], S. 454 f., S. 468 f.). Diese Interpretation wird durch weitere empirische Studien untermauert (vgl. Ali, A./Hwang, L. [2000]; Ball, R./Kothari, S./Robin, A. [2000]). Die Studie von Frank, S. [2011] kommt zu ähnlichen Ergebnissen. Sie zeigt allerdings auch, dass dem *other comprehensive income* keine große Bedeutung für Investorenentscheidungen zukommt.

Bewertungsrelevanz HGB vs. IFRS

Im Vergleich zu den IFRS weist das HGB tendenziell eine geringere Bewertungsrelevanz auf. Dies wurde in der Studie von Bartov, E./Goldberg S. R./Kim, M. [2005] – allerdings nur für Beobachtungen mit einem positiven Jahresergebnis – gezeigt. Den zentralen Grund für dieses Ergebnis sehen die Autoren in der stärkeren Investororientierung der IFRS im Vergleich zum HGB.

Einzelfragen

Zahlreiche Bewertungsrelevanz-Studien widmen sich Einzelfragen, wie etwa der Bedeutung von DVFA/SG-Ergebnissen (vgl. Booth, G. G./Broussard, J./Loistl, O. [1997]); Möller, H. P./Schmidt, F. [1998]; Hüfner, B./Möller, H. P. [2002]) bzw. von *(other) comprehensive income* (Ernstberger, J. [2008]), der fundamentalen im Vergleich zur technischen Aktienanalyse (vgl. Dornbusch, D. [1999]), der Bewertungsrelevanz der Goodwill-Bilanzierung (vgl. Krämling, M. [1998]), der Informationsverbesserung von Konzernabschlüssen durch das BiRiLiG (vgl. Scheer, F. [1999]), der Bewertungsrelevanz von Kapitalflussrechnungen (vgl. Chwallek, C. [1999]).

IV. Bestimmungsfaktoren für die Ausgestaltung von Rechnungslegungsinformationen

Positive accounting theory

Die Forschungsrichtung, die das bilanzpolitische Verhalten von Unternehmen und das Verhalten normensetzender Institutionen aus den Zielen und Umweltfaktoren der handelnden Personen zu erklären versucht, wurde in den USA als »*positive accounting theory*« bezeichnet (zur Kritik vgl. Boland, L. A./Gordon, I. M. [1992]; Ballwieser, W. [1993]; Haller, A. [1994b], S. 604).

Makro- und mikroökonomische Konsequenzen der Rechnungslegung

Ende der 1970er Jahre waren Watts/Zimmerman die ersten, die dieser Fragestellung nachgingen (vgl. Watts, R./Zimmerman, J. [1978]; Watts, R./Zimmerman, J. [1979]; Christenson, C. [1983]; Watts, R./Zimmerman, J. [1986]; Watts, R./Zimmerman, J. [1990]; Haller, A. [1994b]). Grundlegende Annahme der *positive accounting theory* ist, dass die Rechnungslegung makro- und mikroökonomische Konsequenzen hat und sie deshalb zielgerichtet, d. h. je nach gewünschter

Konsequenz, eingesetzt und ausgestaltet werden kann. Im Vergleich mit den anderen empirischen Forschungsansätzen, die primär den *a priori value*, d. h. die Wirkung der Rechnungslegungsdaten auf den Adressaten, untersuchen, analysiert die *positive accounting theory* den sog. *ex post value* der Rechnungslegung. Der *ex post value* verkörpert den antizipativen Effekt, den die Konsequenzen der Rechnungslegung auf die Wahl von Rechnungslegungsverfahren und somit auf die Ausgestaltung der Rechnungslegung haben.

Maximierung des own welfare, utilitaristisches Verhalten

Die zentrale Annahme ist, dass die Bilanzierenden sich utilitaristisch verhalten, d. h. die Bilanzierungsentscheidungen jeweils so getroffen werden, dass sie zur Maximierung des *own welfare* der jeweils entscheidenden Person beitragen. Die im Wesentlichen betrachteten Personen sind die für die Gestaltung der Rechnungslegung in Unternehmen verantwortlichen Manager. Das konzeptionelle Erklärungsgerüst leitet sich aus der *contracting theory* ab, die ein Unternehmen als Konglomerat von Verträgen sieht (vgl. auch in diesem Kapitel, S. 1265 ff.). Da häufig in Vertragsbeziehungen auch Rechnungslegungsdaten eine anspruchsbegründende Bedeutung besitzen oder die Höhe der mit dem Vertrag anfallenden Kosten (sog. *contracting costs*) beeinflussen, gilt die These, dass Bilanzpolitik durch die Verwendung von Rechnungslegungsdaten in spezifischen Vertragsvereinbarungen bestimmt wird (*contracting approach*).

Aus der Annahme utilitaristisch handelnder Manager werden – Bezug nehmend auf die Vertragsbeziehungen zwischen Managern und Eigenkapitalgebern und Managern und Fremdkapitalgebern – drei grundlegende Hypothesen abgeleitet (vgl. Übersicht in Abbildung 23.6).

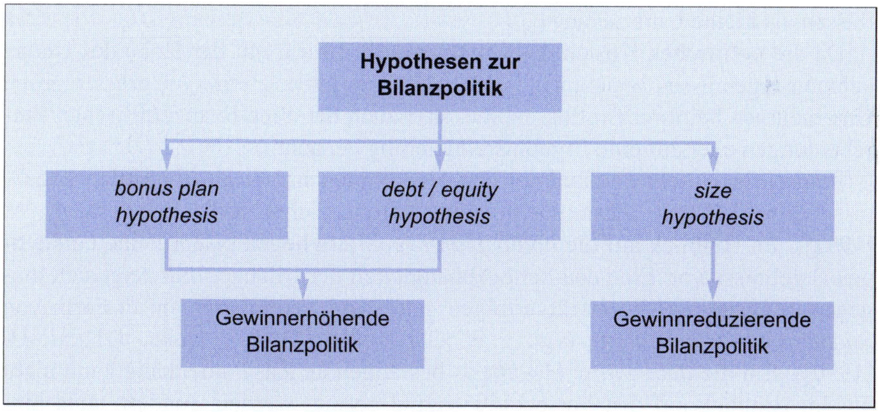

Abb. 23.6: Positive Theorie der Bilanzpolitik

Wie angedeutet, lassen sich zwei Forschungsschwerpunkte im Rahmen der *positive accounting theory* unterscheiden:

(a) Ein Schwerpunkt liegt in der Untersuchung, wie es auf Unternehmensebene zur Wahl bestimmter Rechnungslegungsmethoden kommt.
(b) Der zweite Schwerpunkt befasst sich mit der Analyse, welche Faktoren den Normensetzungsprozess von Rechnungslegungsvorschriften durch die verantwortlichen Institutionen beeinflussen.

Bonus plan hypothesis

Zu (a): Zum einen wird die Bilanzpolitik als abhängig von der Ausgestaltung der Managervergütungsmodalitäten gesehen, d. h. zunehmend mit dem Manager vereinbarten Ergebnisbonus wird eine den Gewinn steigernde Bilanzpolitik unterstellt (*bonus plan hypothesis*). Zum anderen wird eine Abhängigkeit der Bilanzpolitik von der Ausprägung der in Kreditvereinbarungen des Unternehmens als kritische Werte enthaltenen Rechnungslegungsparameter (*financial ratio covenants*) unterstellt. Dabei geht man davon aus, dass mit zunehmendem Verschuldungsgrad (FK/EK-Verhältnis) die Tendenz im Unternehmen besteht, den Gewinn zu erhöhen (*debt/equity hypothesis*).

Debt/equity hypothesis

Denn mit zunehmender Anspannung des sog. *»leverage«* wächst die Wahrscheinlichkeit, dass die Kreditgeber mit dem Unternehmen restriktiv beschränkende und regulierende Kreditvereinbarungen treffen bzw. dass Grenzwerte solcher Vereinbarungen überschritten werden, was in aller Regel Sanktionen (*contracting costs*) für das Unternehmen zur Folge hat.

Zu (b): Da der Normensetzungsprozess in einigen Ländern (z. B. in den USA durch das FASB) durch die bilanzierungspflichtigen Unternehmen selbst beeinflusst wird, werden hier ebenfalls die *bonus plan hypothesis* und die *debt/equity hypothesis* als Erklärungen herangezogen. Zusätzlich wird eine dritte Hypothese aufgestellt. Danach besteht aufgrund der mit der Unternehmensgröße zunehmenden politischen Kosten eines Unternehmens (z. B. Steuern, Forderungen der Gewerkschaften, Auflagen seitens der Kartellbehörde u. Ä.) eine Abhängigkeit der Intensität der Einflussnahme auf die Arbeit des FASB (bzw. der *Securities and Exchange Commission*) von der Unternehmensgröße. Demnach werden Großunternehmen viel eher versuchen, die normensetzende Institution zu beeinflussen als kleine Unternehmen.

Size hypothesis

Da die politischen Kosten des Unternehmens häufig mit der Höhe des Unternehmensergebnisses zunehmen, sind gemäß dieser sog. *size hypothesis* große Unternehmen bei ihrer Einflussnahme, aber auch bei ihren bilanzpolitischen Entscheidungen eher auf eine Ergebnisreduzierung bedacht.

Empirische Ergebnisse

Zahlreiche Untersuchungen zu den Hypothesen haben die folgenden Ergebnisse erbracht (eine Zusammenfassung liefern hierzu Ball, R./Smith, C. W. [1992]). Im Hinblick auf die *bonus plan hypothesis* liegen bisher keine eindeutigen Ergebnisse vor. Eine deutliche Abhängigkeit der Bilanzpolitik zeigt sich hingegen in Bezug auf in Kreditverträgen getroffene Vereinbarungen in Form von *financial ratio covenants* (vgl. z. B. Christie, A. [1990]; Duke, J./Hunt, H. [1990]). Ein die *debt/equity hypothesis* bestätigender Zusammenhang kann nicht nur im Hinblick auf den Verschuldungsgrad gezeigt werden, sondern auch hinsichtlich anderer in Kreditverträgen häufig auftretender relevanter Kennzahlen, nämlich dem Verhältnis von Periodenertrag zu Zinsaufwand und dem Verhältnis von Dividendenzahlungen zu freien Gewinnrücklagen.

Auch die in der *size hypothesis* formulierte Annahme, zunehmende Unternehmensgröße führe aufgrund der mit ihr verbundenen politischen Kosten eher zu einer gewinnsenkenden Bilanzpolitik und zur Beeinflussung des Normensetzungsprozesses, kann weitgehend bestätigt werden (vgl. z. B. Dhaliwal, D. [1980]).

Income smoothing

Die empirischen Ergebnisse lassen vermuten, dass die mit der Rechnungslegung betrauten Personen konfligierende Ziele zu verfolgen haben, da sie einerseits im Hinblick auf die *contracting costs* eher bestrebt sind, den Unternehmensgewinn möglichst zu erhöhen, andererseits jedoch aufgrund des Eingebundenseins in den politischen Rahmen wegen drohender politischer Kosten eher eine Gewinnreduzierung präferieren. Anhand der empirischen Befunde konnte noch keine eindeutige Rangfolge bezüglich der Erfüllung dieser konfligierenden Zielsetzungen festgestellt werden. Beiden Betrachtungsweisen, nämlich vertragsorientierten und prozessorientierten Ansätzen, gemeinsam ist aber, dass beide eine Begründung für das empirisch feststellbare Gewinnglättungsverhalten von Unternehmen liefern, da sich dieses sowohl aus der *bonus plan hypothesis* bzw. *debt/equity hypothesis* aber auch der *size hypothesis* ableiten lässt. Denn durch stark schwankende Gewinne erhöhen sich i. d. R. die *contracting costs* für das Management. Bei zu starken Gewinnsteigerungen nehmen die *political costs* zu; zu starke Gewinnsenkungen haben negativen Einfluss auf die Einkommensposition der Manager. So ist *income smoothing* die aus Sicht der *positive accounting theory* logische Verhaltensweise der Manager, wie in zahlreichen Untersuchungen belegt wurde (vgl. Ronen, J./Sadan, S. [1981]; Coenenberg, A. G. [1985]; Coenenberg, A. G. [1988]). Aufgrund der sich aus dem Rechenschaftsverhältnis ergebenden Abhängigkeit sind managergeführte Unternehmen deshalb eher zum Ausweis geglätteter Gewinne angehalten als eigentümerkontrollierte, was ebenfalls durch amerikanische (vgl. Brayshaw, R./Eldin, A. [1989]) und deutsche (vgl. Halbinger, J. [1980]; Coenenberg, A. G./Schmidt, F./Werhand, M. [1983], vgl. S. 1329 ff. in diesem Kapitel) Untersuchungen bestätigt wird.

Neben diesen klassischen Ansätzen der *positive accounting theory* gibt es auch solche, die sich mit der Unternehmenspublizität grundsätzlich beschäftigen. Hierbei wird u. a. untersucht, wodurch sich freiwillige bzw. normierte Publizität begründen lassen (für einen Überblick vgl. Beyer, A./Cohen, D./Lys, T./Walther, B. [2010]).

Conservatism

Eine weitere im Rahmen der *positive accounting theory* diskutierte Eigenschaft der Rechnungslegung stellt deren Glaubwürdigkeit dar. Neben einer Prüfbarkeit durch den Abschlussprüfer wird hier insbesondere diskutiert, inwieweit und warum Rechnungslegung konservativ (»*conservative*«) sein sollte. Hierbei gibt es zwei Arten von *conservatism*.

1. »*Unconditional conservatism*« bezeichnet alle Rechnungslegungsregelungen und deren Anwendung, die dazu führen, dass das Nettovermögen des Unternehmens möglichst niedrig ausgewiesen wird. Hierzu zählen beispielsweise die Erfassung von Forschungs- und Entwicklungsausgaben als Aufwand. Die Messung dieser Form des »*conservatism*« erfolgt oftmals durch das Markt-Buchwert-Verhältnis.
2. »*Conditional conservatism*« liegt vor, wenn sich schlechte Nachrichten schneller in den Periodenergebnissen widerspiegeln als gute Nachrichten (vgl. Ryan, S. G. [2006], S. 511). Beispiele hierfür sind außerplanmäßige Abschreibungen oder Drohverlustrückstellungen. Die Messung erfolgt durch eine Regression von Periodenergebnissen auf Aktienrenditen von Unternehmen, wobei sich das Ausmaß des »*conditional conservatism*« als Unterschied zwischen dem Einfluss von positiven und negativen Aktienrenditen ergibt (vgl. Basu, S. [1997]). Dieses Maß wird auch als »*timely loss recognition*« bezeichnet. Es basiert auf der Annahme, dass Aktienrenditen die guten bzw. schlechten Aussichten eines Unternehmens zeitnah widerspiegeln und es des-

halb zu analysieren gilt, wie schnell diese Informationen in den Periodenergebnissen erscheinen. Daneben existieren noch alternative Messverfahren.

Beide Arten von *conservatism* dienen dazu, die Glaubwürdigkeit von Rechnungslegung zu erhöhen, indem Anreize des Managements, das Unternehmen möglichst positiv darzustellen, beschränkt werden. Bisherige empirische Studien zeigen, dass das Ausmaß von *conservatism* von verschiedenen Anreizen des Managements abhängt. Insbesondere eine höhere Bedeutung einer Finanzierung durch Fremdkapital scheint mehr (*conditional*) *conservatism* zu bedingen (vgl. Ball, R./Shivakumar, L. [2005]; Ball, R./Robin, A./Sadka, G. [2008]), um das *contracting* in Kreditverträgen effektiver zu gestalten.

Institutionelle Einflüsse

Ein weiteres Forschungsfeld – vor allem in der vergleichenden internationalen empirischen Bilanzforschung – widmet sich dem Einfluss institutioneller Rahmenbedingungen auf das Bilanzierungsverhalten und dem Normensetzungsprozess (vgl. Leuz, C./Wüstemann, J. [2004] und die dort angegebene Literatur). In einem durch interne Kontroll- und Finanzierungsstrukturen gekennzeichneten Finanzsystem (*relationship-based system*), wie es historisch für Kontinentaleuropa charakteristisch ist, dient die Rechnungslegung eher der Ausschüttungsregelung als der Versorgung der Märkte mit originären Informationen. Informationsasymmetrien werden eher über die Kontrollstrukturen als über veröffentlichte Jahresabschlüsse reduziert. Dagegen ist in einem marktorientierten Finanzsystem (*arm's lengths system*), wie es historisch für anglo-amerikanische Länder zutrifft, der Jahresabschluss das wesentliche Instrument zur Versorgung des Finanzsystems mit Informationen über das Unternehmen. Aus diesen gegensätzlichen, institutionellen Rahmenbedingungen resultiert eine Reihe von Hypothesen für das Bilanzierungsverhalten und den Normensetzungsprozess, welche zum Teil durch empirische Belege plausibilisiert sind (vgl. Leuz, C./Wüstemann, J. [2004], S. 468 ff.):

- Im *relationship-based system* haben Ergebnisinformationen des Jahresabschlusses geringere Wertrelevanz als im *arm's lengths system*.
- Im *relationship-based system* ist der Informationsgehalt von Ergebnisinformationen zum Zeitpunkt der Veröffentlichung geringer als im *arm's lengths system*.
- Umfang und Qualität der Rechnungslegungsinformationen sind im *relationship-based system* geringer als im *arm's lengths system*.
- Unternehmen im *relationship-based system*, die gleichwohl in großem Umfang auf externe Finanzierung über Kapitalmärkte angewiesen sind, tragen dem Informationsbedarf durch freiwillige Publizität Rechnung.
- Im *relationship-based system* werden Ausschüttungsbegrenzungen weniger häufig vertraglich vereinbart als im *arm's lengths system*.
- Im *relationship-based system* ist Bilanzpolitik stärker und das Enforcement-System schwächer ausgeprägt als im *arm's lengths system*.

Zusammenhänge mit Liquidität und Eigenkapitalkosten

Schließlich werden in aktuellen empirischen Rechnungslegungsstudien verstärkt Zusammenhänge zwischen Eigenschaften der Rechnungslegung einerseits und der Liquidität der Aktien von Unternehmen am Kapitalmarkt (z. B. Leuz, C./Verrecchia, R. E [2000]; Leuz, C. [2003]; Gassen, J./Sellhorn T. [2006]) bzw. den (impliziten) Eigenkapitalkosten der Unternehmen (z. B. Daske, H./Hail, L./Leuz, C./Verdi, P. S. [2008]; Ernstberger, J./Vogler, O. [2008]) andererseits untersucht.

V. Rückwirkungen von Rechnungslegungsinformationen auf unternehmerische Entscheidungen

Entscheidungswirkungen durch Publizitätspflichten

Jahresabschlussinformationen führen nicht nur zu Entscheidungswirkungen bei den Bilanzadressaten, die Publizitätspflicht des Jahresabschlusses und die Normen der Rechnungslegung und deren Spielräume haben vielmehr auch Rückwirkungen auf Sachentscheidungen des Management selbst. Dieser Zusammenhang ist im deutschsprachigen Raum Anfang der 1960er Jahre konzeptionell von Moxter untersucht worden (vgl. Moxter, A. [1962]). Später hat sich die Rechnungslegungsforschung diesem wichtigen Fragenkomplex auch empirisch angenommen. Z. B. zeigen sich deutliche Effekte aus Änderungen von Bilanzierungsvorschriften für Leasing und Währungsumrechnung auf Finanzierungsentscheidungen (vgl. Imhoff, E./Thomas, J. [1988]), ferner von Änderungen der Bilanzierung von F&E-Ausgaben auf die F&E-Aktivitäten (vgl. Dukes, R./Dyckman, T./Elliott, J. [1980]). In einer anderen empirischen Untersuchung konnte gezeigt werden, dass die in bestimmten Ländern gewährte Möglichkeit zur GuV-neutralen Verrechnung des *Goodwill* aus der Konsolidierung zu höheren Akquisitionspreisen, d. h. zu einem veränderten Akquisitionsverhalten, führt (vgl. Choi, F./Lee, C. [1991]). Zudem weisen Studien allgemein einen Einfluss der Rechnungslegung auf die Effizienz des Investitionsverhaltens (vgl. Mc Nichols, M. F./Stubben, S. R. [2008]; Biddle, G./Hilary G./Verdi R. [2009]; Bushman, R. M./Piotroski, J. D./ Smith, A. J. [2011]) bzw. auf reale Entscheidungen in Form von sachverhaltsgestaltenden Maßnahmen (vgl. Roychowdhury, S. [2006]; Gunny, K. A. [2010]) nach. Demnach führt eine höhere Qualität der Rechnungslegungsinformationen dazu, dass das Management bessere Investitionsentscheidungen trifft und umgekehrt werden durch eine verzerrte Darstellung von Rechnungslegungsinformationen interne Entscheidungen beeinträchtigt. Zudem führen Kapitalmarktanreize zur Erreichung bestimmter Ergebnisziele dazu, dass nicht nur Bilanzpolitik durch die Nutzung von Ermessensspielräumen und Wahlrechten betrieben wird, sondern auch sachverhaltsgestaltende Maßnahmen wie z. B. das Gewähren von zusätzlichen Rabatten oder Einschränkung von strategischen Ausgaben für Forschung und Entwicklung ergriffen werden.

Relevanz des Typs von Rechnungslegungsnormen

Die Rückwirkungen der Rechnungslegung auf Entscheidungen der Unternehmensführung sind auch abhängig davon, ob die relevanten Normen allgemein und abstrakt gehalten sind (*principles-based*) oder sehr spezifisch Einzelfälle regeln (*rules-based*) (vgl. Polei, A. [2009]). Durch flexible Normen, die möglichst viele Sachverhalte abstrakt erfassen, erhält die Unternehmensführung mehr Freiheit in der Diskussion mit den Wirtschaftsprüfern, inwieweit eine aggressive Bilanzierung zulässig ist. Somit führen prinzipienbasierte Standards, die ein erhöhtes Maß an sachverständigem Urteilsvermögen erfordern, eher zu Konflikten zwischen dem Management und der beauftragten Wirtschaftsprüfungsgesellschaft (vgl. Gibbins, M./Salterio, S./Webb, A. [2001], S. 535 f.). Rechnungslegungsnormen, die anhand spezieller Kriterien trennscharf regeln, welche Art der Bilanzierung anzuwenden ist, führen dazu, dass die Unternehmensleitung eher bereit ist, Kosten für die Ausgestaltung eines Geschäftsvorfalls zu tragen, um einen angestrebten Bilanzausweis zu erreichen. So führt z. B. eine sehr detaillierte Vorschrift zur Klassifizierung von Leasingverhältnissen als Finanzierungsleasing oder als Operating-Leasingverhältnis dazu, dass die Ausgestaltung einer Transaktion durch das Management bewusst beeinflusst wird, um eine gewünschte Klassifizierung zu erreichen (vgl. Dye, R. A. [2002]). Dies ist konsistent mit der paradoxen Erkenntnis, dass rigide Rechnungslegungsnormen es dem Management eher ermöglichen, die Berichterstattung nach ihren Wünschen zu gestalten. Die Rückwirkung von Rechnungslegungsinformation auf unternehmerische Entscheidungen wird an folgendem Beispiel aus der Praxis transparent: Als Reaktion auf die ursprüngliche Einführung von IAS 32 und dessen Auswirkungen auf Verschuldungskennzahlen reagierten 71 % der Unternehmensmanager in Holland mit Rückkauf von Vorzugsaktien bzw. mit der veränderten Ausgestaltung von Vorzugsaktien, sodass eine Klassifizierung als Eigenkapital weiterhin möglich war (vgl. De Jong, A./Rosellón, M./Verwijmeren, P. [2006]).

VI. Zusammenfassung: Theoretische und praktische Bedeutung der empirischen Forschung

Die wichtigsten Ergebnisse der dargestellten empirischen Untersuchungen sollen nun im Hinblick auf deren theoretische und praktische Bedeutung zusammengefasst dargestellt werden.

Prognoseeignung

Wesentlicher praktischer Nutzen ergibt sich aus den Untersuchungen der Prognoseeignung der Jahresabschlussdaten zur Beurteilung von Unternehmensentwicklungen. Sie liefern Erkenntnisse über und Anregungen zur Entwicklung von Instrumenten zur Abschätzung spezifischer Unternehmenssituationen: Zum einen für größere Kapitalgeber (insbesondere Kreditinstitute), die das notwendige statistische Analyseinstrumentarium zur Beurteilung des Kapitalausfallrisikos anwenden können, zum anderen aber auch für Wirtschaftsprüfer, die hierdurch die Frage nach dem »*going concern*« eines zu prüfenden Unternehmens besser beurteilen können. So sind empirisch erworbene Erkenntnisse über signifikante Indikatoren von Unternehmenskrisen zentrale Bestandteile zum Aufbau von Expertensystemen zur Unternehmensbeurteilung.

Entscheidungsrelevanz von Jahresabschluss- und Zwischenberichtinformation

Die kapitalmarktorientierten Studien haben einen deutlichen Nachweis der grundsätzlichen Relevanz der Rechnungslegung für Entscheidungen und das Verhalten der Rechnungslegungsadressaten und damit die Bestätigung der Existenzberechtigung der externen Rechnungslegung im Hinblick auf ihre Informationsfunktion erbracht. Allerdings sind die Ergebnisinformationen schon vor der Bilanzveröffentlichung zu einem guten Teil vorweggenommen. Die Jahresabschlussveröffentlichung selbst hat also eher bestätigenden als instruierenden Charakter. Das gilt erwartungsgemäß umso mehr, je besser das allgemeine Publizitätsniveau des Unternehmens ist. Darin zeigt sich indirekt die marktregulierende Funktion von Jahresabschlüssen: Auch bei niedrigem unternehmerischen Publizitätsniveau ist die Jahresabschlussveröffentlichung ein Garant dafür, dass bestimmte Mindestinformationen an den Markt gelangen und somit in den Investitionsentscheidungen der externen Adressaten reflektiert werden.

Die Vorwegnahme der Ergebnisinformation geschieht u. a. durch die Zwischenberichterstattung. Erwartungsgemäß ließ sich mithin in Untersuchungen zum Informationsgehalt der unterjährigen Publizität nachweisen, dass deren primäre Funktion der Informationsübermittlung von nahezu identischer Entscheidungsrelevanz ist, wie die der jährlichen Berichterstattung.

Bewertungsrelevanz

Einige Studien zur Bewertungsrelevanz scheinen die Vorurteile zur mangelnden Eignung von HGB-Abschlüssen im Vergleich zu US-GAAP bzw. IFRS-Abschlüssen als Instrument der Kapitalmarktinformation zu widerlegen. Das gilt jedenfalls im Hinblick auf die verdichtete Ergebnisinformation, die durch entsprechende bilanzanalytische Bereinigung aufbereitet ist. Andere Studien zum Übergang von HGB zu IFRS deuten auf die Überlegenheit der IFRS-Rechnungslegung aus entscheidungsorientierter Sicht hin. Es werden aber auch Zweifel an der Entscheidungsnützlichkeit des *other comprehensive income*, einer für die IFRS charakteristischen Komponente des Gesamtergebnisses, aufgeworfen.

Transparenz der bilanzpolitischen Spielräume

Die kapitalmarktorientierten Untersuchungen zeigen, dass sich gewinnregulierende Bilanzpolitik dann nicht auf die Aktienkurse und Aktienrenditen auswirkt, wenn durch eine entsprechende Transparenz der bilanzpolitischen Spielräume die Transparenz des Zahlenwerks gewährleistet wird.

Dem Anhang wird in den Regulierungssystemen zur Rechnungslegung deshalb zu Recht ein großes Gewicht beigemessen. Andererseits zeigen die empirischen Ergebnisse, dass Bilanzansätze durch Anhangangaben nicht ersetzt, sondern nur ergänzt werden können.

Positive accounting theory

Die vertragstheoretischen und prozessualen Untersuchungen zur Bilanzpolitik bestätigen, dass eine zu mechanistische Koppelung von Bilanzdaten mit auszulösenden Entscheidungen in mehrerlei Hinsicht bedenklich ist. Sie provoziert eine informatorisch unsachliche Bilanzpolitik, sie mag auch zu betriebswirtschaftlich bedenklichen Rückwirkungen auf die Sachentscheidungen selbst führen, und schließlich gehen von ihr i. S. der Bilanzierungsziele unsachgemäße Impulse zur Einflussnahme auf den Normengeber aus. Eine Konsequenz hieraus ist, den sicherlich wichtigen, aber eben doch begrenzten Stellenwert von Bilanzinformationen im Rahmen der gesamten unternehmerischen Publizität stärker zu betonen. Das bedeutet zugleich, dass die Rechnungslegung und der Normensetzungsprozess stets im Zusammenhang mit den institutionellen Rahmenbedingungen des Finanzsystems betrachtet werden müssen, in die die Unternehmen eingebettet sind.

Kontrollfragen:

1. Wie ist der klassische Streit um »Erfolgs- gegen Vermögensermittlung« zu beurteilen?
2. Welche Fragestellungen werden durch das Bemühen um eine Zielpräzisierung des Jahresabschlusses aufgeworfen?
3. Nennen und erläutern Sie die Jahresabschlussziele nach dem bilanztheoretischen Ansatz Stützels!
4. Wie ist der bilanztheoretische Ansatz Stützels unter De-lege-lata- und De-lege-ferenda-Gesichtspunkten zu beurteilen?
5. Was besagt der gesamtwirtschaftliche Ansatz zur Ableitung von Jahresabschlusszielen?

6. Nehmen Sie Stellung zu der These, die Jahresabschlussziele seien aus den unternehmerischen Zielvorstellungen des Bilanzierenden abzuleiten!
7. Welche Fragestellung für die Präzisierung von Jahresabschlusszielen ergibt sich aus dem einzelwirtschaftlichen Ansatz?
8. Wie sind die Aussagen der im amerikanischen Schrifttum entwickelten Theorien über die Zielträger des Jahresabschlusses (Eigner-Theorie, Einheitstheorie, Fondstheorie, Management-Theorie) zu beurteilen?
9. Welche Aussagen bezüglich der Zielträger des Jahresabschlusses macht die Stockholder- bzw. Stakeholder-Theorie? Welche Bedeutung hat hier die *Agency*-Theorie?
10. Welche Aufgabenstellungen lassen sich für den Jahresabschluss und dementsprechend für die materielle Bilanztheorie aus den finanziellen Zielvorstellungen der Rechnungslegungsadressaten ableiten?
11. Was versteht man unter Unternehmenserhaltung und welche Unternehmenserhaltungskonzeptionen lassen sich unterscheiden?
12. In welcher Beziehung stehen die Unternehmenserhaltungskonzeptionen zum Gewinnbegriff?
13. Welche Unternehmenserhaltungskonzeption ist im deutschen Bilanzrecht verwirklicht?
14. Worin besteht der Hauptunterschied zwischen dem Gewinnbegriff der statischen und dem der dynamischen Bilanztheorie?
15. Welche unterschiedlichen Zielsetzungen liegen der statischen Bilanzauffassung zugrunde und welche Bilanzierungs- und Bewertungsnormen werden daraus jeweils abgeleitet?
16. Wie versucht H. V. Simon den Unternehmensgesamtwert bilanziell darzustellen und zu objektivieren?
17. Durch welche Überlegungen ist die dynamische Bilanzauffassung Schmalenbachs gekennzeichnet?
18. Welche Bilanzierungs- und Bewertungsnormen fordert Schmalenbach zur Bestimmung eines »vergleichbaren Gewinns« und wie sind diese zu beurteilen?
19. Inwieweit haben sich statische und dynamische Bilanztheorie in den geltenden handelsrechtlichen Vorschriften zum Jahresabschluss niedergeschlagen?
20. Welche Elemente der statischen bzw. dynamischen Bilanztheorie lassen sich in den Bilanzierungsvorschriften nach IFRS erkennen?
21. Welche Verfahren zur Eliminierung von Geldwertänderungen (allgemeine Preisänderungen) aus dem Jahresabschluss gibt es und wie sind diese Verfahren zu beurteilen?

22. Welches Bewertungsprinzip erfordert die im Rahmen der organischen Bilanztheorie angestrebte Sachkapitalerhaltung?
23. Was besagt der Begriff »Scheinerfolg« im Rahmen der Konzeption der Sachkapitalerhaltung und wie unterscheiden sich durch Aufwandsverrechnung und durch Ertragsverrechnung bedingte Scheinerfolge voneinander?
24. Welche Aufgabe hat die organische Bestandsrechnung?
25. Unter welchen Voraussetzungen sind Bruttosubstanzerhaltung und Nettosubstanzerhaltung identisch?
26. Begründen Sie im Einzelnen, warum die Finanzierungsstruktur in der Substanzerhaltungsrechnung berücksichtigt werden muss!
27. Welche Konsequenzen ergäben sich für den Erfolgsausweis, wenn die Finanzierungsstruktur in der Substanzerhaltungsrechnung unberücksichtigt bliebe?
28. Was besagt die von Fritz Schmidt vorgeschlagene »Dispositionsregel der Wertgleichheit« und wie ist diese Dispositionsregel zu beurteilen?
29. Welche Regeln für die Zuordnung von Finanzierungs- und Vermögensstruktur zum Zwecke der Nettosubstanzerhaltung kennen Sie und welche Vor- und Nachteile sind mit den verschiedenen Zuordnungsregeln verbunden?
30. Erläutern Sie die in der HFA-Stellungnahme vorgesehene Zuordnungsregel!
31. Nehmen Sie zu der vom HFA vorgeschlagenen Nebenrechnung zur Korrektur des Erfolgsausweises kritisch Stellung!
32. Welche Substanzerhaltungsmaßnahmen sieht die Eu Rechnungslegungrichtlinie vor?
33. Was besagt der Begriff der Nachholabschreibung und unter welchen Voraussetzungen kann auf die Verrechnung von Nachholabschreibungen verzichtet werden?
34. Wie wirken sich technischer Fortschritt und Bedarfswandel am Markt auf die Kontrolle der Unternehmenserhaltung aus?
35. Nennen Sie Möglichkeiten zur Berücksichtigung des technischen Fortschritts bei der Messung der Wiederbeschaffungskosten von Vermögensgütern!
36. Welche Vereinfachungsregeln sieht die HFA-Stellungnahme für die Substanzerhaltungsrechnung im Bereich des Anlage- und Vorratsvermögens vor?
37. Wie unterscheidet sich die von Edwards und Bell sowie von Engels vorgeschlagene Gewinnkonzeption von der Gewinnkonzeption des handelsrechtlichen Jahresabschlusses?

38. Welche Beziehungen stehen zwischen der von Edwards und Bell sowie von Engels vorgeschlagenen Bilanzierungskonzeption und der Konzeption der organischen Tageswertbilanz?
39. Wie ist die Erfolgsspaltung in Leistungs- und Dispositionsgewinn unter dem Gesichtspunkt der Vergleichbarkeit und der Prognoseeignung des Jahresergebnisses zu beurteilen?
40. Welcher Gewinnbegriff entspricht der Konzeption der Erfolgskapitalerhaltung und wie ist er zu definieren?
41. Wie ist der Kalkulationszinsfuß für die Ermittlung des ökonomischen Gewinns zu bestimmen?
42. Eignet sich der ökonomische Gewinnbegriff als Gewinnkonzeption für den handels- und steuerrechtlichen Jahresabschluss?
43. Welche speziellen Aufgaben stellen sich der Theorie der öffentlichen Rechnungslegung?
44. Welche Schwerpunkte und Entwicklungstendenzen zeichnen sich beim derzeitigen Stand im Rahmen der Theorie der öffentlichen Rechnungslegung ab?
45. Was versteht man unter dem privaten und gesellschaftlichen Nutzen von Jahresabschlussinformationen?
46. Wie unterscheiden sich die Kriterien der Prognoseeignung, Entscheidungs- und Bewertungsrelevanz voneinander?
47. Erläutern Sie den kapitalmarkttheoretischen Ansatz zur Überprüfung des Nutzens von Bilanzinformationen!
48. Was versteht man unter einem »effizienten« Kapitalmarkt?
49. Nennen Sie Hypothesen über den Zusammenhang zwischen privatem Informationsnutzen und Informationsstand!
50. Welche Ergebnisse im Hinblick auf die Informationswirkungen von Bilanzinformationen hat die kapitalmarktorientierte Bilanzforschung erbracht?
51. Erläutern Sie den Zusammenhang zwischen Publizitätsgüte und Informationswirkung von Jahresabschlussdaten!
52. Beschreiben Sie den Unterschied zwischen dem *short-window*-Ansatz und dem *long-window*-Ansatz!
53. Welche Hypothesen untersucht die *positive accounting theory*?
54. Inwieweit wirken sich nach den Ergebnissen der kapitalmarktorientierten Bilanzforschung bilanzpolitisch beeinflusste Jahresabschlussdaten auf die Entscheidungen am Kapitalmarkt aus?
55. Begründen Sie die Relevanz institutioneller Rahmenbedingungen für das Bilanzierungsverhalten!

Literaturverzeichnis

Abdel-Khalik, A./El-Sheshai, K. [1980]: Information Choice and Utilization in an Experiment on Default Prediction, in: «Journal of Accounting Research 1980, S. 325 ff.

ADS: Adler, H./Düring, W./Schmaltz, K. [1995 ff.]: Rechnungslegung und Prüfung der Unternehmen, 6. Aufl., in mehreren Teilbänden, bearb. v. Forster, K.-H./Goerdeler, R./Lanfermann, J./Müller, H.-P./Siepe, G./Stolberg, K., Teilband 1 bis 9, Stuttgart 1995 ff.

ADS International: Adler, H./Düring, W./Schmaltz, K. [2002 ff.]: Rechnungslegung nach Internationalen Standards, bearb. v. Gelhausen, H.-F./Pape, J./ Schruff, W./Stolberg, K., Stuttgart 2002 ff.

Ahmed, K./Falk, H. [2006]: The value relevance of management's research and development reporting choice: Evidence from Australia, in: Journal of Accounting and Public Policy 2006, S. 231 ff.

AICPA [1931]: Foreign Exchange Losses, in: The Bulletin of the American Institute of (Certified Public) Accountants, No. 92, December 15, 1931.

AICPA [1965]: APB Opinion No. 6: Status of Accounting Research Bulletins, New York 1965.

Albach, H. [1965]: Grundgedanken einer synthetischen Bilanztheorie, in: ZfB 1965, S. 21 ff.

Alford, A./Jones, J./Leftwich, R./Zmijewski, M. [1993]: The Relative Informativeness of Accounting Disclosures in Different Countries, in: Journal of Accounting Research 1993, S. 183 ff.

Ali, A./Hwang, L. [2000]: Country-Specific Factors Related to Financial Reporting and the Value Relevance of Accounting Data, in: Journal of Accounting Research 2000, S. 1 ff.

Aliber, R. Z./Stickney, C. P. [1975]: Accounting Measures of Foreign Exchange Exposure: The Long and Short of It, in: The Accounting Review 1975, S. 44 ff.

Almeling, C. [2008]: Die Auswirkungen der Unternehmenspublizität auf den Kapitalmarkt: eine empirische Analyse der Kapitalmarktreaktionen auf die Veröffentlichung von Periodenergebnissen, Univ. Frankfurt/Main, 2008.

Altmann, E. I. [1968]: Financial Ratios, Discriminant Analysis and the Prediction of Corporate Bankruptcy, in: The Journal of Finance 1968, S. 589 ff.

Alvarez, M. [2002]: Segmentberichterstattung nach DRS 3 – Vergleich zu IAS 14 und SFAS 131, in: Der Betrieb 2002, S. 2057 ff.

Alvarez, M. [2004]: Segmentberichterstattung und Segmentanalyse, Wiesbaden 2004.

Alvarez, M./Wotschofsky, S. [2003]: Zwischenberichterstattung nach Börsenrecht/DRS, IAS und US-GAAP – Konzeptionelle Grundlagen mit einer Analyse des Publizitätsverhaltens der DAX100-Unternehmen, 2. Aufl., Bielefeld 2003.

Amen, M. [1995]: Die Kapitalflußrechnung als Rechnung zur Finanzlage, in: WPg 1995, S. 498 ff.

Anderson, A./Herring, P./Pawlicki, A. [2005]: EBR: The Next Step, in: Journal of Accountancy 2005, S. 71 ff.

Andrejewski, K. C./Böckem, H. [2005]: Die Bedeutung natürlicher Personen im Kontext des IAS 24, in: KoR 2005, S. 170 ff.

Arbeitskreis »Externe Unternehmensrechnung« der Schmalenbach-Gesellschaft [1989]: Aufstellung von Konzernabschlüssen, in: ZfbF-Sonderheft 21, 2. Aufl., Düsseldorf 1989.

Arbeitskreis »Externe Unternehmensrechnung« der Schmalenbach-Gesellschaft [1996]: Empfehlung zur Vereinheitlichung von Kennzahlen in Geschäftsberichten, in: Der Betrieb 1996, S. 1989 ff.

Arbeitskreis »Externe Unternehmensrechnung« der Schmalenbach-Gesellschaft [1998]: Behandlung »eigener Aktien« nach deutschem Recht und US-GAAP unter besonderer Berücksichtigung der Änderungen des KonTraG, in: Der Betrieb 1998, S. 1673 ff.

Arbeitskreis »Externe Unternehmensrechnung« der Schmalenbach-Gesellschaft [1999]: Vereinbarkeit internationaler Konzernrechnungslegung mit handelsrechtlichen Grundsätzen, in: ZfbF-Sonderheft 43, 2. Aufl., Düsseldorf 1999.

Arbeitskreis »Externe Unternehmensrechnung« der Schmalenbach-Gesellschaft [2002]: Grundsätze für das Value Reporting, in: Der Betrieb 2002, S. 2337 ff.

Arbeitskreis »Externe Unternehmensrechnung« der Schmalenbach-Gesellschaft [2003]: International Financial Reporting Standards im Einzel- und Konzernabschluss unter der Prämisse eines Einheitsabschlusses für unter Anderem steuerliche Zwecke, in: Der Betrieb 2003, S. 1585 ff.

Arbeitskreis »Finanzierungsrechnung« der Schmalenbach-Gesellschaft [1996]: Finanzierungsrechnung im Konzern, in: ZfbF-Sonderheft 37, Düsseldorf et al. 1996.

Arbeitskreis »Finanzierungsrechnung« der Schmalenbach-Gesellschaft [2012]: Praxis der Aufstellung und Nutzung von Kapitalflussrechnungen in Industrieunternehmen, in: ZfbF-Sonderheft 66, Düsseldorf et al. 2012.

Arbeitskreis »Immaterielle Werte im Rechnungswesen« der Schmalenbach-Gesellschaft [2001]: Kategorisierung und bilanzielle Erfassung immaterieller Werte, in: Der Betrieb 2001, S. 989 ff.

Arbeitskreis »Immaterielle Werte im Rechnungswesen« der Schmalenbach-Gesellschaft [2003]: Freiwillige externe Berichterstattung über immaterielle Werte, in: Der Betrieb 2003, S. 1233 ff.

Arbeitskreis »Immaterielle Werte im Rechnungswesen« der Schmalenbach-Gesellschaft [2008]: Leitlinien zur Bilanzierung selbstgeschaffener immaterieller Vermögensgegenstände des Anlagevermögens nach dem Regierungsentwurf des BilMoG, in: Der Betrieb 2008, S. 1813 ff.

Arbeitskreis »Immaterielle Werte im Rechnungswesen« der Schmalenbach-Gesellschaft [2009]: Immaterielle Werte im Rahmen der Purchase Price Allocation bei Unternehmenszusammenschlüssen nach IFRS – Ein Beitrag zur Best Practice, in: ZfbF-Sonderheft 60, Düsseldorf et al. 2009.

Arnoldi, R./Leopold, T. [2005]: Portfolio Fair Value Hedge Accounting: Entwicklung IAS-konformer und praxistauglicher Buchungsregeln, in: KoR 2005, S. 22 ff.

Baetge, J. [1970]: Möglichkeiten der Objektivierung des Jahreserfolges, Düsseldorf 1970.

Baetge, J. [1994]: Rating von Unternehmen anhand von Bilanzen, in: WPg 1994, S. 1 ff.

Baetge, J./Ballwieser, W. [1978]: Ansatz und Ausweis von Leasingobjekten in der Handels- und Steuerbilanz, in: BFuP 1977, S. 3 ff.

Baetge, J./Beuter, H./Feidicker, M. [1992]: Kreditwürdigkeitsprüfung mit Diskriminanzanalyse, in: WPg 1992, S. 749 ff.

Baetge, J./Fischer, T. R./Paskert, D. [1989]: Der Lagebericht, Stuttgart 1989.

Baetge, J./Heitmann, C. [2000]: Creating a Fuzzy Rule-Based Indicator for the Review of Credit Standing, in: Schmalenbach Business Review 2000, S. 318 ff.

Baetge, J./Heumann, R. [2006]: Wertorientierte Berichterstattung – Anforderungen des Kapitalmarkts und Umsetzung in der Konzernlageberichterstattung, in: Der Betrieb 2006, S. 345 ff.

Baetge, J./Huß, M./Niehaus, H.-J. [1986]: Die statistische Auswertung von Jahresabschlüssen zur Informationsgewinnung bei der Abschlußprüfung, in: WPg 1986, S. 605 ff.

Baetge, J./Kirsch, H.-J./Thiele, S. [2004]: Bilanzanalyse, 2. Aufl., Düsseldorf 2004.

Baetge, J./Kirsch, H.-J./Thiele, S. [2012]: Bilanzen, 12. Aufl., Düsseldorf 2012.

Baetge, J./Kirsch, H.-J./Thiele, S. [2013]: Konzernbilanzen, 10. Aufl., Düsseldorf 2013.

Baetge, J./Krolak, T./Thiele, S./Hain, T. [2012]: IAS 36 – Wertminderung von Vermögenswerten (Impairment of Assets), in: Baetge, J./Wollmert, P./Kirsch, H.-J./Oser, P./Bischof, S. (Hrsg.): Rechnungslegung nach IFRS – Kommentar auf der Grundlage des deutschen Bilanzrechts, 2. Aufl., Loseblattsammlung, Stuttgart, Stand September 2013.

Baetge, J./Rolvering, A./Haenelt, T./Graupe, F. [2010]: IAS 34 – Zwischenberichterstattung (Interim Financial Reporting), in: Baetge, J./Wollmert, P./Kirsch, H.-J./Oser, P./Bischof, S. (Hrsg.): Rechnungslegung nach IFRS – Kommentar auf der Grundlage des deutschen Bilanzrechts, 2. Aufl., Loseblattsammlung, Stuttgart, Stand September 2013.

Baetge, J./Schlösser, J. [1993]: Zwischenberichterstattung in Theorie und Praxis, in: Fritsch, U./Liener, G./Schmidt, R. (Hrsg.): Die deutsche Aktie, Stuttgart 1993, S. 225 ff.

Baetge, J./Schulz, R. [2006]: Fair value-Option für Verbindlichkeiten, in: PiR 2006, S. 127 ff.

Baetge, J./Winkeljohann, N./Haenelt, T. [2008]: Die Bilanzierung des gesellschaftsrechtlichen Eigenkapitals von Nicht-Kapitalgesellschaften nach der novellierten Kapitalabgrenzung des IAS 32 (rev. 2008), in: Der Betrieb 2008, S. 1518 ff.

BaFin [2009]: Emittentenleitfaden der Bundesanstalt für Finanzdienstleistungsaufsicht, Bonn et al. 2009.

Baker, R. E./Christensen, T. E./Cottrell, D. M. [2013]: Advanced Financial Accounting, 10. Aufl., New York 2013.

Balcaen, S./Oohge, H. [2006]: 35 years of studies on business failure: an overview of the classic statistical methodologies and their related problems, in: The British Accounting Review 2006, S. 63 ff.

Bald, E.-J./Bedler, A./Determann, M./Hien, H. M./Knauth, K. W./Krüger, U./Wachsmuth, M. [2000]: Leitfaden für die Vergabe von Unternehmenskrediten – Schuldscheindarlehen – (Kreditleitfaden), 3. Aufl., Karlsruhe 2000.

Ball, R./Brown, P. [1968]: An Empirical Evaluation of Accounting Income Numbers, in: Journal of Accounting Research 1968, S. 159 ff.

Ball, R./Kothari, S./Robin, A. [2000]: The Effect of International Institutional Factors on Properties of Accounting Earnings, in: Journal of Accounting and Economics 2000, S. 1 ff.

Ball, R./Robin, A./Sadka, G. [2008]: Is financial reporting shaped by equity markets or by debt markets? An international study of timeliness and conservatism, in: Review of Accounting Studies 2008, S. 168 ff.

Ball, R./Robin, A./Wu, J. S. [2003]: Incentives versus standards: properties of accounting income in four East Asian countries, in: Journal of Accounting and Economics 2003, S. 235 ff.

Ball, R./Shivakumar, L. [2005]: Earnings quality in UK private firms: comparative loss recognition timeliness, in: Journal of Accounting and Economics 2005, S. 83 ff.

Ball, R./Smith, C. W. [1992]: The Economics of Accounting Policy Choice, New York et al. 1992.

Ballwieser, W. [1982]: Zur Begründbarkeit informationsorientierter Jahresabschlußverbesserungen, in: ZfbF 1982, S. 772 ff.

Ballwieser, W. [1985]: Informationsökonomie, Rechnungslegungstheorie und Bilanzrichtlinien-Gesetz, in: ZfbF 1985, S. 47 ff.

Ballwieser, W. [1993]: Entwicklung der Theorie der Rechnungslegung in den USA, in: Wagner, F. W. (Hrsg.): Ökonomische Analyse des Bilanzrechts – Entwicklungslinien und Perspektiven, ZfbF-Sonderheft 32, Düsseldorf 1993.

Ballwieser, W. [1999]: HGB-Konzernabschlußbefreiung und privates Rechnungslegungsgremium, in: Küting, K./Langenbucher, G. (Hrsg.): Internationale Rechnungslegung, Stuttgart 1999, S. 433 ff.

Ballwieser, W. [2002]: Informations-GoB – auch im Lichte von IAS und US-GAAP, in: KoR 2002, S. 115 ff.

Ballwieser, W. [2009]: Grundsätze der Aktivierung und Passivierung, in: Böcking, H.-J./Castan, E./Heymann, G./Pfitzer, N./Scheffler, E. (Hrsg.): Beck'sches Handbuch der Rechnungslegung, Loseblattsammlung, München, Stand Mai 2013, B 131.

Ballwieser, W. [2010]: ch. 3: Germany, in: Previts, G./Walton, P./Wonizer, P. (Hrsg.): A Global History of Accounting, Financial Reporting and Public Policy: Europe, Bingley (Emerald) 2010, S. 59-88.

Ballwieser, W./Beine, F./Hayn, S./Peemöller, V. H./Schruff, L./Weber, C.-P. [2011]: Handbuch International Financial Reporting Standards 2011, 7. Aufl., Weinheim 2011.

Barth, M. E./Cram, P. D./Nelson, K. K. [2001]: Accruals and the Prediction of Future Cashflows, in: The Accounting Review 2001, S. 27 ff.

Bartov, E./Goldberg S. R./Kim, M. [2005]: Comperative Value Relevance Among German, U.S. and International Accounting Standards: A German Stock Market Perspective, in: Journal of Accounting, Auditing & Finance 2005, S. 95 ff.

Basu, S. [1997]: The conservatism principle and the asymmetric timeliness of earnings, in: Journal of Accounting and Economics 1997, S. 3 ff.

Bauer, M./Haller, A./Wiese, R. (2013): IASB-Projekt: Accounting for Macro Hedging, Status quo und relevante Aspekte für das geplante discussion paper, in: KoR 2013, S. 333 ff.

Baum, H.-G./Coenenberg, A. G./Günther, T. [2007]: Strategisches Controlling, 4. Aufl., Stuttgart 2007.

Beaver, W. H. [1966]: Financial Ratios as Prediction of Failure, in: Empirical Research in Accounting: Selected Studies, Journal of Accounting Research 1966, Ergänzungsheft, S. 71 ff.

Beaver, W. H. [1968]: The Information Content of Annual Earnings Announcements, in: Empirical Research in Accounting: Selected Studies, Journal of Accounting Research 1968, Supplement, S. 67 ff.

Beaver, W. H. [1983]: Zur Effizienz des Kapitalmarktes: Gegenwärtiger Stand der Forschung, in: BFuP 1983, S. 344 ff.

Beaver, W. H. [1989]: Financial Reporting. An Accounting Revolution, 3. Aufl., Englewood Cliffs, New Jersey 1989.

Beaver, W. H./Dukes, R. [1972]: Interperiod Tax Allocation, Earnings Expectations, and the Behavior of Security Prices, in: The Accounting Review 1972, S. 320 ff.

Beck'scher Bilanzkommentar [2012]: Handels- und Steuerbilanz, hrsg. v. Ellrott, H./Förschle, G./Grottel, B./Kozikowski, M./Schmidt, S./Winkeljohann, N., 8. Aufl., München 2012.

Beck'scher Kurzkommentar zum Aktiengesetz [2012]: Aktiengesetz, hrsg. v. Hüffer, U., 10. Aufl., München 2012.

Beck'sches IFRS-Handbuch [2013]: Kommentierung der IAS/IFRS, hrsg. v. Bohl, W./Riese, J./Schlüter, J., 4. Aufl., München 2013.

Behncke, N./Hoffmann, T./Wulf, I. [2012]: DRS 20: Auf dem Weg zum Integrated Reporting?, in BB 2012, S. 3063 ff.

BEKKM: Bruns, H.-G./Eierle, B./Klein, K.-G./Knorr, L./Marten, K.-U. (Hrsg.) [2010]: IFRS for SMEs – Kommentar zur Rechnungslegung nach IFRS für nicht kapitalmarktorientierte Unternehmen, Stuttgart 2010.

Bernard, V. L./Thomas, J. K. [1990]: Evidence that stock prices do not fully reflect the implications of current earnings for future earnings, in: Journal of Accounting and Economics 1990, S. 305 ff.

Berndsen, H. P. [1978]: Unternehmenspublizität in Deutschland: Stand der empirischen Forschung, in: DBW 1978, S. 121 ff.

Berndsen, H. P. [1979]: Unternehmenspublizität – Eine empirische Untersuchung zur Messung des Publizitätsverhaltens großer börsennotierter Aktiengesellschaften und der Auswirkung auf die Anlageentscheidungen am Aktienmarkt, Augsburg 1979.

Berndt, T. [2005]: Wahrheits- und Fairnesskonzeptionen in der Rechnungslegung, Stuttgart 2005.

Beyer, A./Cohen, D./Lys, T./Walther, B. [2010]: The financial reporting environment: Review of the recent literature, in: Journal of Accounting and Economics 2010, S. 296 ff.

Beyhs, O./Wagner, B. [2008]: Die neuen Vorschriften des IASB zur Abbildung von Unternehmenszusammenschlüssen, in: Der Betrieb 2008, S. 73 ff.

Biddle, G./Hilary G./Verdi R. [2009]: How does financial reporting quality relate to investment efficiency?, in: Journal of Accounting and Economics 2009, S. 112 ff.

Bieg, H./Kußmaul, H./Waschbusch, G. [2012]: Externes Rechnungswesen, 6. Aufl., München et al. 2012.

Bieg, H./Regnery, P. [1993]: Bemerkungen zur Grundkonzeption einer aussagefähigen Konzern-Kapitalflußrechnung, in: BB 1993, Beilage 6, S. 1 ff.

Biener, H. [1978]: Die Rechnungslegung der Aktiengesellschaften und Kommanditgesellschaften auf Aktien nach der Bilanzrichtlinie der EG, in: Die Aktiengesellschaft 1978, S. 251 ff.

BilMoG [2009]: Rechtsausschuss des Bundestages (2009): Gesetz zur Modernisierung des Bilanzrechts (Bilanzrechtsmodernisierungsgesetz – BilMoG), Drucksache 16/12407, v. 24.03.2009.

Bischof, S./Selch, B. [2008]: Neuerungen für den Lagebericht nach dem Regierungsentwurf eines Bilanzrechtsmodernisierungsgesetzes (BilMoG), in: WPg 2008, S. 1021 ff.

Bittker, B. I./Eustica, J. S. [2000]: Federal Income Taxation of Corporations and Shareholders, 7. Auflage, Valhalla 2000.

Black, H. A. [1966]: Interperiod Allocation of Corporate Income Taxes, New York 1966.

Blann, J./Balachandran, B. [1988]: An Empirical Test of the Statistical Association of Market Risk and Financial Accounting Allocation, in: Journal of Business Finance and Accounting 1988, S. 101 ff.

Bleier, E. [1985]: Insolvenzfrüherkennung mittels praktischer Anwendung der Diskriminanzanalyse, Wien 1985.

BMF [1971]: Schreiben IV B/2 – S 2170 – 31/71, v. 19.4.1971, in: BStBl. 1971 I, S. 264 ff.

BMF [1976]: Schreiben IV B/2 – S 2170 – 161/75, v. 22.12.1975, in: Der Betrieb 1976, S. 172 ff.

BMF [2005]: Abzinsung von Verbindlichkeiten und Rückstellungen in der steuerlichen Gewinnermittlung nach § 6 Abs. 1 Nrn. 3 und 3a EStG in der Fassung des Steuerentlastungsgesetzes 1999/2000/2002, in: BB 2005, S. 1327 ff.

BMF [2010a]: Maßgeblichkeit der handelsrechtlichen Grundsätze ordnungsmäßiger Buchführung für die steuerliche Gewinnermittlung; Änderung des § 5 Absatz 1 EStG durch das Gesetz zur Modernisierung des Bilanzrechts (Bilanzrechtsmodernisierungsgesetz - BilMoG) vom 15. Mai 2009 (BGBl. I S. 1102, BStBl I S. 650), Schreiben IV C6 - S 2133/09/10001 v. 12.3.2010, in: BStBl. I S. 239.

BMF [2010b]: E-Bilanz; Bekanntgabe der Taxonomie; Pilotierung, Schreiben IV C6 - S 2133-b/10/10001 v. 16.12.2010.

BMF [2013]: Allgemeine Verwaltungsvorschrift zur Änderung der Einkommensteuer-Richtlinien 2008 (Einkommensteuer-Änderungsrichtlinien 2012 - EStÄR 2012) vom 25. März 2013 (BstBl. I S. 296), Herstellungskosten nach R 6.3 EStR, Schreiben IV C6 - S 2133/09/10001 : 004 v. 25.3.2013.

BMJ [2008]: Entwurf eines Gesetzes zur Modernisierung des Bilanzrechts (Bilanzrechtsmodernisierungsgesetz - BilMoG), Bundestags-Drucksache 16/10067, v. 30.7.2008.

Böckem, H./Schurbohm, A. [2001]: Die Bilanzierung von Immobilien nach den International Accounting Standards, in: KoR 2001, S. 38 ff.

Böcking, H.-J. [2005]: Zum Verhältnis von neuem Lagebericht, Anhang und IFRS, in: BB 2005, S. 5 ff.

Böcking, H.-J./Benecke, B. [1999]: Der Entwurf des DRSC zur Segmentberichterstattung »E-DRS 3« – Eine Orientierung an dem Standard SFAS 131 des FASB und/oder an dem Standard IAS 14 revised des IASC?, in: WPg 1999, S. 839 ff.

Boland, L. A./Gordon, I. M. [1992]: Criticizing positive accounting theory, in: Contemporary Accounting Research 1992, S. 142 ff.

Bonse, A./Linnhoff, U./Pellens, B. [2011]: Analyse von Jahres- und Konzernabschlüssen, in: Busse von Colbe, W./Coenenberg, A. G./Kajüter, P./Linnhoff, U. (Hrsg.): Betriebswirtschaft für Führungskräfte, 4. Aufl., Stuttgart 2011, S. 559 ff.

Booth, G. G./Broussard, J./Loistl, O. [1997]: Earnings and Stock Returns: Evidence from Germany, in: The European Accounting Review 1997, S. 589 ff.

Born, K. [2007]: Rechnungslegung international – IAS/IFRS im Vergleich mit HGB und US-GAAP, 5. Aufl., Stuttgart 2007.

Born, K. [2008]: Bilanzanalyse international, 3. Aufl., Stuttgart 2008.

Bosse, C. [2007]: Wesentliche Neuregelungen ab 2007 aufgrund des Transparenzrichtlinie-Umsetzungsgesetzes für börsennotierte Unternehmen, in: Der Betrieb 2007, S. 39 ff.

Bradbury, M./Newby, S. [1989]: The Use of a Statement of Changes in Financial Position to Interpret Financial Data: An Empirical Investigation, in: Abacus 1989, S. 31 ff.

Brandi, E. H. [1977]: Informationswirkungen der Jahresabschlußveröffentlichung auf Entscheidungen am Aktienmarkt, Augsburg 1977.

Brayshaw, R./Eldin, A. [1989]: The Smoothing Hypothesis And The Role of Exchange Differences, in: Journal of Business Finance & Accounting 1989, S. 621 ff.

Brealey, R. A./Myers, S. C./Allen, F. [2011]: Principles of Corporate Finance, 10. Aufl., New York et al. 2011.

Brecht, A. [2002]: Die erfolgswirtschaftliche Analyse von US-GAAP-Abschlüssen, Hamburg 2002.

Brennan, N./Gray, S. J. [1998]: Voluntary Disclosure of Profit Forecasts: Factors Influencing Information Disclosed during UK Takeover Bids, in: Möller, H. P./Schmidt, F. (Hrsg.): Rechnungswesen als Instrument für Führungsentscheidungen, Stuttgart 1998, S. 447 ff.

Bridts, C. [1990]: Zwischenberichtspublizität, Düsseldorf 1990.

Briese, J. [2012]: Latente Steuern, in: Beck'sches Handbuch der Rechnungslegung, Loseblattsammlung, München, Stand Mai 2013, B 235.

Brigham, E./Houston, J. [2001]: Fundamentals of Financial Management, 9. Aufl., Boston 2001.

Brockhoff, K. [1975]: Gesellschaftsbezogene Berichterstattung deutscher Unternehmen, Köln 1975.

Brown, J./Fraser, M. [2006]: Approaches and Perspectives in Social and Environmental Accounting: An Overview of the Conceptual Landscape, in: Business Strategy and the Environment 2006, Vol. 15, No. 2, S. 103 ff.

Bruckner, K./Leithner, S./McLean, R./Taylor, C./Welch, J. F. [1999]: What is the market telling you about your strategy?, in: The McKinsey Quarterly 1999, S. 98 ff.

Buchheim, R./Gröner, S./Kühne, M. [2004]: Übernahme von IAS/IFRS in Europa: Ablauf und Wirkung des Komitologieverfahrens auf die Rechnungslegung, in: BB 2004, S. 1783 ff.

Buchheim, R./Knorr, L./Schmidt, M. [2008]: Anwendung der IFRS in Europa: Das neue Endorsement-Verfahren, in: KoR 2008, S. 334 ff.

Buchholz, R. [2013]: Grundzüge des Jahresabschlusses nach HGB und IFRS, 8. Aufl., München 2013.

Büchel, A./Semjonow, C. [2008]: DRS 17 – Berichterstattung über die Vergütung der Organmitglieder und DRS 15a – Übernahmerechtliche Angaben und Erläuterungen im Konzernlagebericht, in: WPg 2008, S. 1143 ff.

Bühner, R. [1998]: Governance Kosten von Rechnungsinformationen in Stakeholder- und Shareholder-orientierten Organisationen, in: Möller, H. P./Schmidt, F. (Hrsg.): Rechnungswesen als Instrument für Führungsentscheidungen, Stuttgart 1998, S. 53 ff.

Bühner, R./Möller, H. P. [1985]: The Information Content of Corporate Disclosers of Divisionalisation Decisions, in: Journal of Business Studies 1985, S. 309 ff.

Bushman, R. M./Piotroski, J. D./Smith, A. J. [2011]: Capital Allocation and Timely Accounting Recognition of Economic Losses, in: Journal of Business Finance & Accounting 2011, S. 1 ff.

Busse von Colbe, W. [1966]: Aufbau und Informationsgehalt von Kapitalflußrechnungen, in: ZfB 1966, S. 82 ff.

Busse von Colbe, W. [1968a]: Kapitalflußrechnungen als Berichts- und Planungsinstrument, in: Jacob, H. (Hrsg.): Schriften zur Unternehmensführung, Band 6/7, Wiesbaden 1968, S. 9 ff.

Busse von Colbe, W. [1968b]: Prognosepublizität von Aktiengesellschaften, in: Angehrn, O./Künzi, H. P. (Hrsg.): Beiträge zur Lehre von der Unternehmung, Festschrift für Karl Käfer, Stuttgart 1968, S. 91 ff.

Busse von Colbe, W. [1972]: Zur Umrechnung der Jahresabschlüsse ausländischer Konzernunternehmen für die Aufstellung von Konzernabschlüssen bei Wechselkursänderungen, in: Liiketalloudellinen Aikakauskirja (The Finnish Journal of Business Economics) 1972, S. 306 ff.

Busse von Colbe, W. [1993]: Kapitalflußrechnung, in: Chmielewicz, K./Schweitzer, M. (Hrsg.): Handwörterbuch des Rechnungswesens, 3. Aufl., Stuttgart 1993, Sp. 1074 ff.

Busse von Colbe, W./Fülbier, R.-U. [2013]: Accounting and the business economics tradition in Germany, in: Biondi, Y./ Zambon, S. (Hrsg.): Accounting and Business Economics: Insights from National Traditions, Hoboken 2013, S. 39 ff.

Busse von Colbe, W./Ordelheide, D./Gebhardt, G./Pellens, B. [2010]: Konzernabschlüsse, 9. Aufl., Wiesbaden 2010.

Busse von Colbe, W./Reinhard, H. (Hrsg.) [1989]: Zwischenberichterstattung nach neuem Recht für börsennotierte Unternehmen, Stuttgart 1989.

Camfferman, K./Zeff, S. A [2007]: Financial Reporting and Global Capital Markets, Oxford 2007.

Chambers, R. J. [1966]: Accounting, Evaluation and Economic Behavior, Englewood Cliffs, New Jersey 1966.

Cheng, C. S. A./Lin, C.-S./Schaefer, T. S. [1997]: The Value-Relevance of SFAS 95 – Cash Flow from Operations as Assessed by Security Market Effects, in: Accounting Horizons 1997, S. 1 ff.

Chmielewicz, K. [1972]: Integrierte Finanz- und Erfolgsplanung, Stuttgart 1972.

Chmielewicz, K. [1993]: Integrierte Finanz-, Bilanz- und Erfolgsplanungen, in: Gebhardt, G./Gerke, W./Steiner, M. (Hrsg.): Handbuch des Finanzmanagements – Instrumente und Märkte der Unternehmensfinanzierung, München 1993, S. 43 ff.

Choi, B./Collins, D./Johnson, W. [1997]: Valuation of Reliability Differences: The Case of Nonpension Postretirement Obligations, in: The Accounting Review 1997, S. 351 ff.

Choi, F./Lee, C. [1991]: Merger Premia and National Differences in Accounting for Goodwill, in: Journal of International Management and Accounting 1991, S. 219 ff.

Christenson, C. [1983]: The Methodology of Positive Accounting, in: The Accounting Review 1983, S. 1 ff.

Christie, A. [1990]: Aggregation of Test Statistics, in: Journal of Accounting and Economics 1990, S. 15 ff.

Chwallek, C. [1999]: Bewertungsrelevanz veröffentlichter Kapitalflußrechnungen börsennotierter deutscher Unternehmen, Frankfurt a. M. et al. 1999.

Clarke, C. M. [1999]: Comparative Analysis of IAS 7 (1992), Cash Flow Statements, and U.S. GAAP including FASB Statement No. 95, Statement of Cash Flows, in: Bloomer, C. v. (Hrsg.): FASB: The IASC-U.S. Comparison Project: A Report on the Similarities and Differences between IASC Standards and U.S. GAAP, 2. Aufl., Norwalk 1999, S. 99 ff.

Coenenberg, A. G. [1968]: Gewinnbegriff und Bilanzierung, in: ZfbF 1968, S. 442 ff.

Coenenberg, A. G. [1974]: Jahresabschlußinformation und Kapitalmarkt. Zur Diskussion empirischer Forschungsansätze und -ergebnisse zum Informationsgehalt von Jahresabschlüssen für Aktionäre, in: ZfbF 1974, S. 647 ff.

Coenenberg, A. G. [1975]: Inflationsbereinigte Rechnungslegung – Diskussionsstand in Deutschland, in: Die Aktiengesellschaft 1975, S. 113 ff.

Coenenberg, A. G. [1984]: Jahresabschlußinformation und Aktienkursentwicklung, in: Blum, R./ Steiner, M. (Hrsg.): Aktuelle Probleme der Marktwirtschaft in gesamt- und einzelwirtschaftlicher Sicht. Festgabe zum 65. Geburtstag von Louis Perridon, Berlin 1984, S. 307 ff.

Coenenberg, A. G. [1985]: Instrumente der Gewinnregulierungspolitik deutscher Aktiengesellschaften – Eine empirische Untersuchung, in: Gross, G. (Hrsg.): Der Wirtschaftsprüfer im Schnittpunkt nationaler und internationaler Entwicklungen, Festschrift zum 60. Geburtstag von Prof. Dr. Klaus v. Wysocki, Düsseldorf 1985, S. 111 ff.

Coenenberg, A. G. [1988]: Externe Ergebnisquellenanalyse für große Kapitalgesellschaften nach dem HGB 1985, in: Domsch, M. et al. (Hrsg.): Unternehmenserfolg. Festschrift für Walter Busse von Colbe, Wiesbaden 1988, S. 89 ff.

Coenenberg, A. G. [1995]: Einheitlichkeit oder Differenzierung von internem und externem Rechnungswesen: Die Anforderungen der internen Steuerung, in: Der Betrieb 1995, S. 2077 ff.

Coenenberg, A. G. [2001a]: Kapitalflussrechnung als Instrument der Bilanzanalyse, in: Der Schweizer Treuhänder 2001, S. 311 ff.

Coenenberg, A. G. [2001b]: Segmentberichterstattung als Instrument der Bilanzanalyse, in: Der Schweizer Treuhänder 2001, S. 593 ff.

Coenenberg, A. G. [2002]: Kapitalflussrechnung und Segmentberichterstattung als Instrumente der Bilanzanalyse, in: Küting, K./Weber, C.-P. (Hrsg.): Vom Financial Accounting zum Business Reporting, Stuttgart 2002, S. 173 ff.

Coenenberg, A. G./Alvarez, M./Meyer, M. A. [2001]: Cashflow, in: Gerke, W./ Steiner, M. (Hrsg.): Handwörterbuch des Bank- und Finanzwesens, 3. Aufl., Stuttgart 2001, Sp. 479 ff.

Coenenberg, A. G./Blaum, U./Burkhardt, H. [2010]: IAS 12 – Ertragsteuern (Income Taxes), in: Baetge, J./Wollmert, P./Kirsch, H.-J./Oser, P./Bischof, S. (Hrsg.): Rechnungslegung nach IFRS – Kommentar auf der Grundlage des deutschen Bilanzrechts, 2. Aufl., Loseblattsammlung, Stuttgart, Stand September 2013.

Coenenberg, A. G./Brandi, E. H. [1979]: The Information Content of Annual Accounting Income Numbers of German Corporations – A Review of German Accounting Standards and some Preliminary Empirical Results, in: The Annals of the School of Business Administration, Kobe University 1979, No. 23, S. 1 ff.

Coenenberg, A. G./Bridts, C. [1992]: Zwischenberichtspublizität in der Bundesrepublik Deutschland – Konzeption und Umsetzung, in: Moxter, A. et al. (Hrsg.): Rechnungslegung, Düsseldorf 1992, S. 173 ff.

Coenenberg, A. G./Deffner, M./Schultze, W. [2005]: Erfolgsspaltung im Rahmen der erfolgswirtschaftlichen Analyse von IFRS-Abschlüssen, in: KoR 2005, S. 435 ff.

Coenenberg, A. G./Federspieler, C. [1999]: Internationale Zwischenberichtspublizität, in: Engelhard, J./Oechsler, W. A. (Hrsg.): Internationales Management, Klaus Macharzina zum 60. Geburtstag, Wiesbaden 1999, S. 385 ff.

Coenenberg, A. G./Fischer, T. M./Günther, T. [2012]: Kostenrechnung und Kostenanalyse, 8. Aufl., Stuttgart 2012.

Coenenberg, A. G./Günther, T. W. [2011]: Grundlagen der strategischen, operativen und finanzwirtschaftlichen Unternehmenssteuerung, in: Busse von Colbe, W./Coenenberg, A. G./Kajüter, P./Linnhoff, U./Pellens, B.(Hrsg.): Betriebswirtschaft für Führungskräfte, 4. Aufl., Stuttgart 2011, S. 3 ff.

Coenenberg, A. G./Haller, A. [1993]: Externe Rechnungslegung, in: Hauschildt, J./Grün, O. (Hrsg.): Ergebnisse empirischer betriebswirtschaftlicher Forschung, Festschrift für Eberhard Witte, Stuttgart 1993, S. 557 ff.

Coenenberg, A. G./Haller, A./Mattner, G./Schultze, W. [2014]: Einführung in das Rechnungswesen – Grundzüge der Buchführung und Bilanzierung, 5. Aufl., Stuttgart 2014.

Coenenberg, A. G./Henes, F. [1995]: Der Informationsgehalt der Zwischenberichtspublizität nach § 44b Börsengesetz, in: ZfbF 1995, S. 969 ff.

Coenenberg, A. G./Hille, K. [1979]: Latente Steuern in Einzel- und Konzernabschluß, in: DBW 1979, S. 601 ff.

Coenenberg, A. G./Hille, K. [1997]: Latente Steuern nach der neu gefaßten Richtlinie IAS 12, in: Der Betrieb 1997, S. 537 ff.

Coenenberg, A. G./Mattner, G. R./Schultze, W. [2002]: Kostenmanagement im Rahmen der wertorientierten Unternehmensführung, in: Franz, K.-P./Kajüter, P. (Hrsg.): Kostenmanagement – Wertsteigerung durch systematische Kostensteuerung, 2. Aufl., Stuttgart 2002, S. 33 ff.

Coenenberg, A. G./Reinhart, A. [1999]: Erfolgswirtschaftliche Jahresabschlußanalyse bei Bilanzierung nach International Accounting Standards (IAS), in: Küting, K./Langenbucher, G. (Hrsg.): Internationale Rechnungslegung: Festschrift für Professor Dr. Claus-Peter Weber zum 60. Geburtstag, Stuttgart 1999, S. 561 ff.

Coenenberg, A. G./Salfeld, R. [2007]: Wertorientierte Unternehmensführung. Von der Strategieentwicklung zur Implementierung, 2. Aufl., Stuttgart 2007.

Coenenberg, A. G./Schmidt, F. [1978]: Die Kapitalflußrechnung als Ergänzungsrechnung des veröffentlichten Jahresabschlusses, in: ZfB 1978, S. 507 ff.

Coenenberg, A. G./Schmidt, F./Werhand, M. [1983]: Bilanzpolitische Entscheidungen und Entscheidungswirkungen in manager- und eigentümerkontrollierten Unternehmen, in: BFuP 1983, S. 321 ff.

Coenenberg, A. G./Schultze, W. [2002a]: Das Multiplikator-Verfahren in der Unternehmensbewertung: Konzeption und Kritik, in: FB – Finanz-Betrieb 2002, S. 697 ff.

Coenenberg, A. G./Schultze, W. [2002b]: Unternehmensbewertung: Konzeptionen und Perspektiven, in: DBW 2002, S. 597 ff.

Coenenberg, M. [1998]: Internationalisierung der Rechnungslegung und ihre Auswirkung auf die Analyse der Vermögens- und Finanzlage von Kapitalgesellschaften, Köln 1998.

Copeland, T./Weston, F. [1988]: Financial Theory and Corporate Policy, 3. Aufl., Los Angeles 1988.

Cready, W. M./Hurtt, D. N. [2002]: Assessing Investor Response to Information Events Using Return and Volume Metrics, in: The Accounting Review 2002, S. 891 ff.

Cyert, R. M./March, J. G. [1963]: A Behavioral Theory of the Firm, Englewood Cliffs, New Jersey 1963.

Dahl, G. [1995]: Zwischenberichterstattung börsennotierter Unternehmen, Wiesbaden 1995.

Damodaran, A. [2012]: Investment Valuation, 3. Aufl., New York 2012.

Daske, H./Hail, L./Leuz, C./Verdi, P. S. [2008]: Mandatory IFRS Reporting Around the World: Early Evidence on the Economic Consequences, in: Journal of Accounting Research 2008, S. 1085 ff.

Davis-Friday, P. Y./Folami, L. B./Liu, C. S./Mittelstaedt, H. F. [1999]: The Value Relevance of Financial Statement Recognition vs. Disclosure: Evidence from SFAS No. 106, in: The Accounting Review 1999, S. 403 ff.

De Jong, A./Rosellón, M./Verwijmeren, P. [2006]: The Economic Consequences of IFRS: The Impact of IAS 32 of Preference Shares in the Netherlands, in: Accounting in Europe 2006, S 169 ff.

Dechow, P./Ge, W./Schrand, C. [2010]: Understanding earnings quality: A review of the proxies, their determinants and their consequences, in: Journal of Accounting and Economics 2010, S. 344 ff.

Dechow, P./Hutton, A. P./Sloan, R. [1999]: An empirical assessment of the residual income valuation model, in: Journal of Accounting and Economics 1999, S. 1 ff.

Dechow, P./Sloan, R./Sweeney, A. P. [1995]: Detecting earnings management, in: The Accounting Review 1995, S 193 ff.

Defeo, V. [1986]: An Empirical Investigation of the Speed of the Market Reaction to Earnings Announcements, in: Journal of Accounting Research 1986, S. 349 ff.

Deger, R. [1995]: Deutschland versus Weltklasse, Stuttgart 1995.

Dellmann, K. [1982]: Rechnungslegung über Forschung und Entwicklung, in: WPg 1982, S. 557 ff. und 587 ff.

Dellmann, K. [1993]: Kapital- und Finanzflußrechnung, in: Wittmann, W./Kern, W./Köhler, R./Küpper, H. U./Wysocki, K. v. (Hrsg.): Handwörterbuch der Betriebswirtschaft, 5. Aufl., Stuttgart 1993, Sp. 2075 ff.

Dellmann, K./Amen, M. [2000]: Kapitalfluß- und Finanzierungsrechnung, in: Wysocki, K. v./Schulze-Osterloh, J./Hennrichs, J./Kuhner, C. (Hrsg.): Handbuch des Jahresabschlusses, Loseblattsammlung, Köln, Stand November 2007, Abt. IV/6.

Detert, K./Sellhorn, T. [2007]: Bilanzpolitik, in: DBW 2007, S. 247 ff.

Dhaliwal, D. [1980]: The Effect of the Firm's Capital Structure on the Choice of Accounting Methods, in: The Accounting Review 1980, S. 78 ff.

Dierkes, M. [1974]: Die Sozialbilanz – ein gesellschaftsbezogenes Planungs-, Informations- und Rechnungssystem, Frankfurt a. M. 1974.

Dietl, H. [1995]: Institutionelle Koordination spezialisierungsbedingter wirtschaftlicher Abhängigkeit, in: ZfB 1995, S. 569 ff.

Dobler, M./Kurz, G. [2008]: Aktivierungspflicht für immaterielle Vermögensgegenstände in der Entstehung nach dem RegE eines BilMoG, in: KoR 2008, S. 485 ff.

Döllerer, G. [1968]: Statische oder dynamische Bilanz?, in: BB 1968, S. 637 ff.

Dörner, A./Neubert, B. [2008]: Praktische Bilanzierung von Entwicklungskosten nach dem Regierungsentwurf zum BilMoG, in: IRZ 2008, S. 449 ff.

Dornbusch, D. [1999]: Untersuchung von Modellen der Fundamentalen und Technischen Aktienanalyse, Frankfurt a. M. et al. 1999.

DRSC [2012]: DRSC Anwendungshinweis 1(IFRS): Einzelfragen zur Bilanzierung von Altersteilzeitverhältnissen nach IFRS, Berlin 2012.

Duke, J./Hunt, H. [1990]: An Empirical Examination of Debt Covenant Restrictions and Accounting-Related Debt Proxies, in: Journal of Accounting and Economics 1986, S. 45 ff.

Dukes, R./Dyckman, T./Elliott, J. [1980]: Accounting for Research and Development Costs: The Impact of Research and Development Expenditures, in: Journal of Accounting Research 1980, Supplement, S. 1 ff.

Dumontier, P./Raffournier, B. [2002]: Accounting and Capital Markets: A Survey of the European Evidence, in: The European Accounting Review 2002, S. 119 ff.

DVFA/PwC Deutschland/Universität Hamburg [2012]: Richtlinie Non-GAAP-Earnings-Adjustments, Version 1.1, Frankfurt 2012.

DVFA/SG [1996]: Ergebnis nach DVFA/SG, hrsg, v. Busse von Colbe, W. u. a, 2. Aufl., Stuttgart 1996.

DVFA/SG [1998]: Fortentwicklung des Ergebnisses nach DVFA/SG, in: Der Betrieb 1998, S. 2537 ff.

DVFA/SG [2000]: Ergebnis je Aktie nach DVFA/SG, hrsg. v. Busse von Colbe, W. u. a., 3. Aufl., Stuttgart 2000.

Dyckman, T./Gibbins, M./Swieringa, R. [1978]: Experimental and Survey Research in Financial Accounting: A Review and Evaluation, in: Abdel-Khalik, A./Keller, T. (Hrsg.): The Impact of Accounting Research on Practice and Disclosure, Durnham 1978, S. 48 ff.

Dye, R. A. [2002]: Classifications Manipulation and Nash Accounting Standards, in: Journal of Accounting Research 2002, S. 1125 ff.

Edvinsson, L./Brünig, G. [2000]: Aktivposten Wissenskapital, Wiesbaden 2000.

Edwards, E. O./Bell, P. W. [1961]: The Theory and Measurement of Business Income, Berkeley/Los Angeles 1961.

EFFAS/DVFA [2010]: KPIs for ESG – A Guideline for the Integration of ESG into Financial Analysis and Corporate Valuation, Version 3.0, Frankfurt a. M. 2010.

Eichhorn, P. [1974]: Grundlagen einer gemeinwirtschaftlichen Erfolgsrechnung für Unternehmen, Frankfurt a. M. 1974.

Eisolt, D. [1992]: US-amerikanische und deutsche Konzernrechnungslegung: Untersuchung amerikanischer Vorschriften über den Konzernabschluß und systematischer Vergleich mit ausgewählten Vorschriften des HGB, Hamburg 1992.

Ellis, J./Williams, D. [1993]: Corporate Strategy and Financial Analysis, London 1993.

Elschen, R. [2011]: Prinzipal-Agent, in: Busse von Colbe, W./Crasselt, N./Pellens, B. (Hrsg.): Lexikon des Rechnungswesens, 5. Aufl., München 2011, S. 598 ff.

Engel-Ciric, D. [2009]: Leasingverhältnisse, in: Buschhüter, M./Striegel, A. (Hrsg.): Internationale Rechnungslegung – IFRS Praxis, S. 266 ff.

Engels, W. [1962a]: Betriebswirtschaftliche Bewertungslehre im Licht der Entscheidungstheorie, Köln 1962.

Engels, W. [1962b]: Bilanz und statistische Entscheidungstheorie, in: BFuP 1962, S. 696 ff.

Erchinger, H./Melcher, W. [2009]: Die Bilanzierung von Mehrkomponentengeschäften, in: KoR 2009, S. 89 ff.

Ernstberger, J. [2008]: The value relevance of comprehensive income under IFRS and US-GAAP: empirical evidence from Germany, in: International Journal of Accounting, Auditing and Performance Evaluation 2008, S. 1 ff.

Ernstberger, J./Vogler, O. [2008]: Analyzing the German accounting triad - »Accounting Premium« for IAS/IFRS and U.S. GAAP vis-à-vis German GAAP?, in: The International Journal of Accounting 2008, S. 339 ff.

Europäische Kommission [2001]: Europäische Rahmenbedingungen für die soziale Verantwortung der Unternehmen – Grünbuch, Luxemburg 2001.

Europäische Kommission [2010]: Weiteres Vorgehen im Bereich der Abschlussprüfung: Lehren aus der Krise – Grünbuch, Brüssel 2010.

Europäische Kommission [2011a]: Verordnung zur Erhöhung der Qualität von Abschlussprüfungen für Unternehmen von öffentlichem Interesse, Brüssel 2011.

Europäische Kommission [2011b]: Richtlinie zur Verbesserung des Binnenmarktes für gesetzliche Abschlussprüfungen, Brüssel 2011.

Europäische Kommission [2013a]: Vorschlag für eine Richtlinie zur Änderung der Richtlinien 78/660/EWG und 83/349/EWG des Rates im Hinblick auf die Offenlegung nichtfinanzieller und die Diversität betreffender Informationen durch bestimmte große Gesellschaften und Konzerne, Straßburg 2013.

Europäische Kommission [2013b]: Should IFRS standards be more »European«? Mission to reinforce the EU's contribution to the development of international accounting standards, Report by Philippe Maystadt, Brüssel 2013.

Europäische Union [2002]: Verordnung (EG) Nr. 1606/2002 des Europäischen Parlaments und des Rates vom 19. Juli 2002 betreffend die Anwendung internationaler Rechnungslegungsstandards, in: Amtsblatt Nr. L 243 vom 11. 09. 2002, S. 1 ff.

Europäisches Parlament [2013]: Richtlinie 2013/34/EU über den Jahresabschluss, den konsolidierten Abschluss und damit verbundene Berichte von Unternehmen bestimmter Rechtsformen und zur Änderung der Richtlinie 2006/43/EG des Europäischen Parlaments und des Rates und zur Aufhebung der Richtlinie 78/660/EWG und 83/349/EWG des Rates, Brüssel 2013.

Evans, J. H./Hannan, R. L./Krishnan, R./Moser, D. [2001]: Honesty in managerial reporting, in: The Accounting Review 2001, S. 537 ff.

Ewert, R. [1986]: Rechnungslegung, Gläubigerschutz und Agency Probleme, Wiesbaden 1986.

FAF [2012]: FASB Accounting Standards Codification, Notice to Constituents (v 4.8), 2012.

Fama, E. F. [1970]: Efficient Capital Markets: A Review of Theory and Empirical Work, in: Journal of Finance 1970, S. 383 ff.

FASB [1974]: An Analysis of Issues Related to Accounting for Foreign Currency Translation, FASB – Discussion Memorandum, Stanford 1974.

FASB [1978]: Interim Financial Accounting and Reporting, FASB – Discussion Memorandum, Stanford 1978.

FASB [2001]: Improving Business Reporting: Insights into Enhancing Voluntary Disclosure, Steering Committee Report, Business Reporting Research Project, Stanford 2001.

Federspieler, C. [1997]: Zwischenberichterstattung nach IAS – Der Entwurf des International Accounting Standards Committee, in: Der Betrieb 1997, S. 943 ff.
Federspieler, C. [1999]: Zwischenberichtspublizität in Europa, Frankfurt et al. 1999.
Feuerbaum, E. [1966]: Die polare Bilanz, Berlin 1966.
Feuerbaum, E. [1974]: Tendenzumschwung in der Diskussion um die Eliminierung von Scheingewinnen in der Bilanz, in: BFuP 1974, S. 439 ff.
Findeisen, K.-D. [1998]: Leasing im Handelsbilanzrecht, in: Büschgen, H. E. (Hrsg.): Praxishandbuch Leasing, München 1998, S. 463 ff.
Finger, C. A. [1994]: The Ability of Earnings to Predict Future Earnings and Cash Flow, in: Journal of Accounting Research 1994, S. 210 ff.
Fink, C./Kajüter, P. [2011]: Das IFRS Practice Statement »Management Commentary«, in: KoR 2011, S. 177 ff.
Fink, C./Kajüter, P./Winkeljohann, N. [2013]: Lageberichterstattung – HGB, DRS und IFRS Practice Statement Management Commentary, Stuttgart 2013.
Fink, C./Ketterle, G./Scheffel, S. [2012]: Revenue Recognition: Bilanzpolitische, -analytische und prozessuale Auswirkungen des Re-Exposure Draft auf die Bilanzierungspraxis, in: DB 2012, S. 1997 ff.
Fink, C./Schultze, W./Winkeljohann, N. (Hrsg.) [2010]: Bilanzpolitik und Bilanzanalyse nach neuem Handelsrecht, Stuttgart 2010.
Fink, C./Ulbrich, P. [2006]: Segmentberichterstattung nach ED 8 – Operating Segments, in: KoR 2006, S. 233 ff.
Fischer, P. M./Taylor, W. J./Cheng, R. H. [2011]: Advanced Accounting, 11. Aufl., Mason 2011.
Fischer, T. M. [2002]: Wertorientierte Kennzahlen und Publizität der DAX 30-Unternehmen, in: Controlling 2002, S. 161 ff.
Fischer, T. M./Möller, K./Schultze, W. [2012]: Controlling – Grundlagen, Instrumente und Entwicklungsperspektiven, Stuttgart 2012.
Fischer, T. M./Wenzel, J./Kühn, C. [2001]: Value Reporting – Wertorientierte Berichterstattung in den Nemax 50-Unternehmen, in: Der Betrieb 2001, S. 1209 ff.
Fischer-Winkelmann, W. F./Hohl, E. K. [1982]: Zum Stand des Human Resource Accounting, in: Die Unternehmung 1936, Jg. 36, S. 123 ff.
Flamholtz, E. G. [1982]: Rechnungslegung über Kosten und Wert des Humankapitals, in: Schmidt, H. (Hrsg.): Humanvermögensrechnung: Instrumentarium zur Ergänzung der unternehmerischen Rechnungslegung – Konzepte und Erfahrungen, Berlin 1982, S. 73 ff.
Fleischer, H. [2007]: Der deutsche »Bilanzeid« nach § 264 Abs. 2 Satz 3 HGB, in: ZIP – Zeitschrift für Wirtschaftsrecht 2007, S. 97 ff.
Foster, G. [1977]: Quarterly Accounting Data: Time-Series Properties and Predictive Ability Results, in: The Accounting Review 1977, S. 1 ff.
Foster, G. [1986]: Financial Statement Analysis, 2. Aufl., Englewood Cliffs, New Jersey 1986.
Frank, S. [2011]: Auswirkungen des Übergangs auf IFRS auf die Bewertungsrelevanz von Konzernabschlüssen, Hamburg 2011.

Franke, G./Menichetti, M. J. [1994]: Die Bilanzierung von Terminkontrakten und Optionen bei Einsatz im Risikomanagement, in: DBW 1994, S. 193 ff.

Freeman, R. [1984]: Strategic Management: A Stakeholder Approach, Boston 1984.

Freeman, R./Reed, D. [1983]: Stockholders and Stakeholders: A New Perspective on Corporate Governance, in: California Management Review 1983, Vol. 25, No. 3, S. 88 ff.

Fülbier, R.-U./Eckl, E./Fehr, J. [2013]: Überarbeiteter Entwurf zu »Leases« liegt vor – IASB und FASB halten an der Bilanzwirksamkeit aller Leasingverträge fest, in: WPg 2013, S. 853 ff.

Fülbier, R.-U./Hitz, J.-M./Sellhorn, T. [2009]: Relevance of Academic Research and Researchers′ role in the IASB′s Financial Reporting Standard Setting, in: Abacus 2009, S. 455 ff.

Fülbier, R.-U./Maier, F./Sellhorn, T. [2009]: Internationale Abschlüsse in neuem Gewand – Das Discussion Paper zu »Financial Statement Presentation« (Phase B), in: WPg 2009, S. 405 ff.

Gassen, J./Sellhorn T. [2006]: Applying IFRS in Germany, Determinants and Consequences, in: BFuP 2006, S. 365 ff.

Gebhardt, G. [1980]: Insolvenzprognose aus aktienrechtlichen Jahresabschlüssen, Wiesbaden 1980.

Gebhardt, G. [1994]: Probleme der Aufstellung von Cash Flow Statements für internationale Konzerne, in: Ballwieser, W./Böcking, H.-J./Drukarczyk, J./ Schmidt, R. H. (Hrsg.): Bilanzrecht und Kapitalmarkt. Festschrift zum 65. Geburtstag von Adolf Moxter, Düsseldorf 1994, S. 551 ff.

Gebhardt, G. [1999]: Empfehlungen zur Gestaltung informativer Kapitalflußrechnungen nach internationalen Grundsätzen, in: BB 1999, S. 1314 ff.

Gelhausen, H. F./Fey, G./Kämpfer, G. [2009]: Rechnungslegung und Prüfung nach dem Bilanzrechtsmodernisierungsgesetz, Düsseldorf 2009.

Gibbins, M./Salterio, S./Webb, A. [2001]: Evidence About Auditor-Client Management Negotiation Concerning Client′s Financial Reporting, in: Journal of Accounting Research 2001, S. 535 ff.

Gillenkirch, R. M./Arnold, M. C. [2008]: State of the Art des Behavioral Accounting, in: WiSt 2008, S. 128 ff.

Gilman, S. [1939]: Accounting Concepts of Profit, New York 1939 (Erstveröffentlichung New York 1939).

Glander, S./Blecher, C. [2011]: Die adäquate Abbildung von Zweckgesellschaften im Konzernabschluss, in: KoR 2011, S. 467 ff.

Glaum, M./Lichtblau K./Lindemann, J. [2004]: The Extent of Earnings Management in the U.S. and Germany, in: Journal of Accounting Research 2004, S. 45 ff.

Global Reporting Initiative (Hrsg.) [2013]: Sustainability Reporting Guidelines, Amsterdam 2013.

Göbel, E. [2002]: Neue Institutionenökonomik, Stuttgart 2002.

Göllert, K. [2009]: Problemfelder der Bilanzanalyse: Einflüsse des BilMoG auf die Bilanzanalyse, in: Der Betrieb 2009, S. 1773 ff.

Göllert, K./Ringling, W. [1986]: Bilanzanalyse nach dem Bilanzrichtlinien-Gesetz: Fallbezogener Kennzahlenvergleich, in: Die Bank 1986, S. 124 ff.

Goldberg, L. [1965]: An Inquiry to the Nature of Accounting, Menasha, Wisconsin 1965.
Gordon, M. J. [1959]: Dividends, Earnings and Stock Prices, in: The Review of Economics and Statistics 1959, S. 99 ff.
Gordon, M. J. [1960]: Scope and Method of Theory and Research in the Measurement of Income and Wealth, in: The Accounting Review 1960, S. 603 ff.
Gräfer, H./Schneider, G./Gerenkamp, T. [2012]: Bilanzanalyse, 12. Aufl., Herne/Berlin 2012.
Grant, J. McB./Mathews, R. L. [1957]: Accounting Conventions, Pricing Policies and the Trade Cycle, in: The Accounting Review 1957, S. 145 ff.
Gray, R./Owen, D./Adams, C. [1996]: Accounting & Accountability: changes and challenges in corporate social and environmental reporting, London 1996.
Gray, S. J./Needles, B. E. [1999]: Financial Accounting: A Global Approach, Boston/New York 1999.
Green, D. [1964]: Towards a Theory of Interim Reports, in: Journal of Accounting Research 1964, S. 35 ff.
Griewel, E. [2006]: Ad hoc-Publizität und Zwischenberichterstattung im deutschen Corporate Governance-System, Wiesbaden 2006.
Großfeld, B./Leffson, U. [1986]: Außerordentliche Erträge und Aufwendungen; gewöhnliche Geschäftstätigkeit, in: Leffson, U./Rückle, D./Großfeld, B. (Hrsg.): Handwörterbuch unbestimmter Rechtsbegriffe im Bilanzrecht des HGB, Köln 1986, S. 68 ff.
Gu, F./Lev, B. [2001]: Intangible Assets. Measurement, Drivers, Usefulness, Manuskript, April 2001.
Günther, T./Grüning, M. [2000]: Einsatz von Insolvenzprognoseverfahren bei der Kreditwürdigkeitsprüfung im Firmenkundenbereich, in: DBW 2000, S. 39 ff.
Güttler, A. [2005]: Wird die Ad-hoc-Publizität korrekt umgesetzt? Eine empirische Analyse unter Einbezug von Unternehmen des Neuen Markts, in: ZfbF 2005, S. 237 ff.
Gunny, K. A. [2010]: The Relation Between Earnings Management Using Real Activities Manipulation and Future Performance: Evidence from Meeting Earnings Benchmarks, in: Contemporary Accounting Research 2010, S. 855 ff.
Gutenberg, E. [1965]: Bilanztheorie und Bilanzrecht, in: ZfbF 1965, S. 13 ff.
Haase, K. D. [1992]: Prüfung der Segmentpublizität, in: Coenenberg, A. G./Wysocki, K. v. (Hrsg.): Handwörterbuch der Revision, 2. Aufl., Stuttgart 1992, Sp. 1758 ff.
Hacker, B. [2002]: Segmentberichterstattung – Eine ökonomische Analyse, Frankfurt a. M. 2002.
Haenelt, T. [2009]: Die Zwischenberichterstattung nach IFRS – Eine empirische Analyse der gesetzlichen Vorschriften und der Anforderungen des Kapitalmarkts, Lohmar 2009.
Härle, D. [1961]: Finanzierungsregeln und ihre Problematik, Wiesbaden 1961.
Hahn, C. [2007]: Der Bilanzeid – Neue Rechtsfigur im deutschen Kapitalmarktrecht, in: IRZ 2007, S. 375 ff.

Haindl, G. [1988]: Zum Aussagegehalt einer externen Kapitalflußrechnung für Aktionäre, Augsburg 1988.

Halbinger, J. [1980]: Erfolgsausweispolitik: Eine empirische Untersuchung zum bilanzpolitischen Verhalten deutscher Aktiengesellschaften, Berlin 1980.

Haller, A. [1987]: Probleme bei der Bilanzierung der Rücklagen und des Bilanzergebnisses einer Aktiengesellschaft nach neuem Bilanzrecht, in: DB 1987, S. 645 ff.

Haller, A. [1989]: Behavioral Accounting, in: DBW 1989, S. 383 ff.

Haller, A. [1994a]: Grundlagen der externen Rechnungslegung in den USA, 4. Aufl., Stuttgart 1994.

Haller, A. [1994b]: Positive Accounting Theory, in: DBW 1994, S. 597 ff.

Haller, A. [1997]: Wertschöpfungsrechnung, Stuttgart 1997.

Haller, A. [2000]: Segmentberichterstattung, in: Haller, A./Raffournier, B./Walton, P. (Hrsg.): Unternehmenspublizität im internationalen Wettbewerb, Stuttgart 2000, S. 755 ff.

Haller, A. [2002]: Financial accounting developments in the European Union: past events and future prospects, in: The European Accounting Review 2002, S. 153 ff.

Haller, A. [2006a]: Nachhaltigkeitsleistung als Element des Value Reporting, in: Zeitschrift für Controlling & Management 2006, Sonderheft 3, S. 62 ff.

Haller, A. [2006b]: Unternehmensberichterstattung – quo vadis?, in: Bertl, R./Eberhartinger, E./Egger, A./Kalss, S./Lang, M./Nowotny, C./Riegler, C./Schuch, J./Staringer, C. (Hrsg.): Immaterielle Vermögenswerte, Wien 2006, S. 11 ff.

Haller, A. [2006c]: Segmentberichterstattung – Schnittstelle zwischen Controlling und Rechnungslegung, in: Wagenhofer, A. (Hrsg.): Controlling und IFRS-Rechnungslegung, Berlin 2006, S. 143 ff.

Haller, A. [2010]: IFRS 8 – Geschäftssegmente (Operating Segments), in: Baetge, J./Wollmert, P./Kirsch, H.-J./Oser, P./Bischof, S. (Hrsg.): Rechnungslegung nach IFRS – Kommentar auf der Grundlage des deutschen Bilanzrechts, 2. Aufl., Loseblattsammlung, Stuttgart, Stand September 2013.

Haller, A./Beiersdorf, K./Eierle, B. [2009]: International Financial Reporting Standard for Small and Medium-sized Entities (IFRS for SMEs): Überblick über den finalen Standard des IASB, in: Der Betrieb 2009, S. 1549 ff.

Haller, A./Dietrich, R. [2001a]: Kapitalmarktorientierte Gestaltung der Lageberichterstattung, in: KoR 2001, S. 164 ff.

Haller, A./Dietrich, R. [2001b]: Intellectual Capital Bericht als Teil des Lageberichts, in: Der Betrieb 2001, S. 1045 ff.

Haller, A./Fuhrmann, C. [2012]: Die Entwicklung der Lageberichterstattung in Deutschland vor dem Hintergrund des Konzepts des »Integrated Reporting«, in: KoR 2012, S. 461 ff.

Haller, A./Fuhrmann, C. [2013]: Die Lageberichterstattung deutscher Unternehmen im Lichte des »Integrated Reporting« – Erste empirische Erkenntnisse, in: KoR 2013, S. 243 ff.

Haller, A./Groß, T. [2012]: Der MicroBilG-RefE - Neue Regeln für die Rechnungslegung kleiner Kapitalgesellschaften, in: DB 2012, S. 2109 ff.

Haller, A./Löffelmann, J. V./Schlechter, T. [2013]: Befreiung von der Offenlegung des Jahresabschlusses nach den §§ 264 Abs. 3 und 264b HGB – MicroBilG, BVerfG und empirische Erkenntnisse, in: DB 2013, S. 1917 ff.
Haller, A./Park, P. [1994]: Grundsätze ordnungsmäßiger Segmentberichterstattung, in: ZfbF 1994, S. 499 ff.
Haller, A./Park, P. [1999]: Segmentberichterstattung auf Basis des »Management Approach« – Inhalt und Konsequenzen, in: Kostenrechnungspraxis 1999, Sonderheft 3, S. 59 ff.
Haller, A./Schloßgangl, M. [2003]: Notwendigkeit einer Neugestaltung des Performance Reporting nach International Accounting (Financial Reporting) Standards, in: KoR 2003, S. 317 ff.
Haller, A./Zellner, P. [2011]: Integrated Reporting – ein Vorschlag zur Neugestaltung der Unternehmensberichterstattung, in: KoR 2011, S. 523 ff.
Haller, A./Zellner, P. [2013]: Das Integrated Reporting – kurz vor der Zielgeraden, in: Der Betrieb 2013, S. 1125 ff.
Haller, P./Bernais, N. [2005]: Enforcement und BilKoG, Berlin 2005.
Hankel, W. [1973]: Ist gegen die Inflation kein Kraut gewachsen? in: Die Zeit vom 10.8.1973, S. 40.
Harris, T. S./Lang, M./Möller, H. P. [1995]: Zur Relevanz der Jahresabschlußgrößen Erfolg und Eigenkapital für die Aktienbewertung in Deutschland und den USA, in: ZfbF 1995, S. 996 ff.
Hartmann-Wendels, T. [1992]: Agency-Theorie und Publizitätspflicht nicht börsennotierter Kapitalgesellschaften, in: BFuP 1992, S. 412 ff.
Haskins, M./Ferris, K./Sack, R./Allen, B. [1997]: Financial Accounting and Reporting, 1997.
Haufe IFRS-Kommentar [2013]: Das Standardwerk, hrsg. v. Lüdenbach, N./ Hoffmann, W.-D., 11. Aufl., Freiburg i. Br. 2013.
Hauschildt, J. [1996]: Erfolgs-, Finanz- und Bilanzanalyse, 3. Aufl., Köln 1996.
Hauschildt, J./Grenz, T./Gemünden, H. G. [1985]: Entschlüsselung von Unternehmenskrisen durch Erfolgsspaltung, in: Der Betrieb 1985, S. 877 ff.
Hauschildt, J./Leker, J. (Hrsg.) [2000]: Krisendiagnose durch Bilanzanalyse, 2. Aufl., Köln 2000.
Hauschildt, J./Rösler, J./Gemünden, H. G. [1984]: Der Cash Flow – Ein Krisensignalwert?, in: DBW 1984, S. 353 ff.
Hax, H. [1964]: Der Bilanzgewinn als Erfolgsmaßstab, in: ZfB 1964, S. 642 ff.
Hax, K. [1957]: Die Substanzerhaltung der Betriebe, Köln/Opladen 1957.
Hayn, S. [1997]: Internationale Rechnungslegung – Ursachen, Wirkungen und Lösungsansätze zur Überwindung internationaler Rechnungslegungsdivergenzen, Stuttgart 1997.
Hayn, S./Waldersee, G. Graf [2006]: IFRS/US-GAAP/HGB im Vergleich – Synoptische Darstellung für den Einzel- und Konzernabschluss, 6. Aufl., Stuttgart 2006.
Healy, P./Palepu, K. [1988]: Earnings Information Conveyed by Dividend Initations and Omissions, in: Journal of Financial Economics 1988, S. 149 ff.
Hebestreit, G./Rahe, I. [2007]: Die neue Zwischenberichterstattung nach dem Transparenzlinie-Umsetzungsgesetz (TUG), in: IRZ 2007, S. 111 ff.
Heigl, A. [1974]: Konzepte betrieblicher Umweltrechnungslegung, in: Der Betrieb 1974, S. 2265 ff.

Heinen, E. [1976]: Grundlagen betriebswirtschaftlicher Entscheidungen. Das Zielsystem der Unternehmung, 3. Aufl., Wiesbaden 1976.

Heinen, E. [1986]: Handelsbilanzen, 12. Aufl., Wiesbaden 1986.

Heintges, S./Wulbrand, H. [2011]: Die Vorschläge zur neuen »Financial Statement Presentation«: Implikationen und Auswirkungen für den Anwender, in: KoR 2011, S. 6 ff.

Helfert, E. A. [2003]: Techniques of Financial Analysis, 11. Aufl., Boston et al. 2003.

Helmschrott, H. [1997]: Leasinggeschäfte in der Handels- und Steuerbilanz, Wiesbaden 1997.

Hendler, M./Zülch, H. [2008]: Unternehmenszusammenschlüsse und Änderung von Beteiligungsverhältnissen bei Tochterunternehmen – die neuen Regelungen des IFRS 3 und IAS 27, in: WPg 2008, S. 484 ff.

Henes, F. [1995]: Börsenrechtliche Zwischenberichtspublizität, Stuttgart 1995.

Hennrichs, J. [2009]: IAS 32 amended – Eigenkapital deutscher Personengesellschaften im IFRS-Abschluss – zugleich Bemerkungen zur Gewinnermittlung und Gewinnverwendung bei Personenhandelsgesellschaften, in: WPg 2009, S. 1066-1075.

Henselmann, K./Weiler, A. [2007]: Empirische Erkenntnisse zu Restwertverläufen in der Unternehmensbewertung, in: FB – Finanz-Betrieb 2007, S. 354 ff.

Hepworth, S. R. [1956]: Reporting Foreign Operations, Ann Arbor, Michigan 1956.

Herrmann, C./Heuer, G./Raupach, A. [2013]: EStG und KStG, Loseblattsammlung, Köln, Stand August 2013.

Herrmann, R. [1969]: Der Niederschlag der dynamischen Bilanzauffassung Schmalenbachs im Handels- und Steuerbilanzrecht, Würzburg 1969.

Herzig, N. [1999]: Steuerliche und bilanzielle Probleme bei Stock Options und Stock Appreciation Rights, in: Der Betrieb 1999, S. 1 ff.

Herzig, N./Briesemeister, S./Schäperclaus, J. [2010]: E-Bilanz und Steuer-Taxonomie, in: Der Betrieb 2010, Beilage Nr. 5, S. 1 ff.

Herzig, N./Briesemeister, S./Schäperclaus, J. [2011]: Von der Einheitsbilanz zur E-Bilanz, in: Der Betrieb 2011, S. 1 ff.

Herzig, N./Mauritz, P. [1997]: Micro-Hedges, Macro-Hedges und Portfolio-Hedges für derivative Finanzinstrumente: Kompatibel mit dem deutschen Bilanzrecht?, in: WPg 1997, S. 141 ff.

Hesse, A. [2006]: Langfristig mehr Wert – Nichtfinanzielle Leistungsindikatoren mit Nachhaltigkeitsbezug auf dem Weg in die Geschäftsberichte deutscher Unternehmen, hrsg. v. Deloitte, München 2006.

Hesse, A. [2007]: Nachhaltig mehr Wert – Der Informationsbedarf von Investoren und Analysten nach branchenspezifischen »Sustainable Development Key Performance Indicators« (SD-KPIs) in Lageberichten deutscher Unternehmen, hrsg. v. Deloitte, München 2007.

Heuermann, B./Brandis, P. [2013]: Blümich – Einkommensteuergesetz, Körperschaftsteuergesetz, Gewerbesteuergesetz, Loseblattsammlung, München, Stand April 2013.

Heuser, P./Theile, C. [2012]: IFRS-Handbuch, 5. Aufl., Köln 2012.

Higgins, R. C. [2012]: Analysis for Financial Management, 10. Aufl., Chicago 2012.
Hill, C. W./Jones, T. M. [1992]: Stakeholder-Agency Theory, in: Journal of Management Studies 1992, S. 131 ff.
Hille, K. [1982]: Latente Steuern im Einzel- und Konzernabschluß, Frankfurt et al. 1982.
Hines, R. [1984]: The Implications of Stock Market Reaction (Non-Reaction) for Financial Accounting Standard Setting, in: Accounting and Business Research 1984, S. 3 ff.
Hitz, J. M. [2010]: Press Release Disclosure of 'Pro Forma' Earnings Metrics by Large German Corporations – Empirical Evidence and Regulatory Recommendations, in: Accounting in Europe 2010, S. 63 ff.
Holmes, G./Sugden, A./Gee, P. [2008]: Interpreting Company Reports and Accounts, 10. Aufl., Harlow et al. 2008.
Holthausen, R. W./Watts, R. L. [2001]: The Relevance of the Value Relevance Literature for Financial Accounting Standard Setting, in: Journal of Accounting and Economics 2001, S. 3 ff.
Holzer, H. P./Häusler, H. [1989]: Die moderne Kapitalflußrechnung und internationale Konzernrechnungslegung, in: WPg 1989, S. 221 ff.
Hommel, M./Schmitz, S. [2013]: Insights on German Accounting Theory, in: Biondi, Y./Zambon, S. (Hrsg.): Accounting and Business Economics: Insights from National Traditions, Hoboken 2013, S. 331 ff.
Hoyle, J. B./Schaefer, T. F./Doupnik, T. S. [1998]: Advanced Accounting, 5. Aufl., Boston et al. 1998.
Hoyle, J. B./Schaefer, T. F./Doupnik, T. S. [2013]: Advanced Accounting, 11. Aufl., Boston et al. 2013.
Hüfner, B./Möller, H. P. [1997]: Erfolge börsennotierter Unternehmen aus der Sicht von Finanzanalysten: Zur Verlässlichkeit von DVFA-Ergebnissen und deren Prognosen, in: Zeitschrift für Bankrecht und Bankwirtschaft 1997, S. 1 ff.
Hüfner, B./Möller, H. P. [2002]: Valuation of German Stocks: Are DVFA/SG Earnings Superior to GAAP Earnings?, in: Schmalenbach Business Review 2002.
Husmann, R. [1997]: Segmentierung des Konzernabschlusses zur bilanzanalytischen Untersuchung der wirtschaftlichen Lage des Konzerns, in: WPg 1997, S. 349 ff.
IASB [2001]: IASB Insight, March 2001.
IASB [2003]: IASB Update, April 2003.
IASB [2013]: Post-implementation Review: IFRS 8 Operating Segments. Report and Feedback Statement, July 2013.
IDW [1973]: HFA-Stellungnahme 1/73: Zur Berücksichtigung von Finanzierungs-Leasing-Verträgen im Jahresabschluß des Leasing-Nehmers, in: WPg 1973, S. 101 f.
IDW [1975]: HFA-Stellungnahme 2/75: Zur Berücksichtigung der Substanzerhaltung bei der Ermittlung des Jahresergebnisses, in: WPg 1975, S. 614 ff.
IDW [1977]: Arbeitskreis »Weltbilanz«: Die Einbeziehung ausländischer Unternehmen in den Konzernabschluß (»Weltabschluß«), Düsseldorf 1977.

IDW [1985]: Gemeinsame Stellungnahme zum Entwurf eines Bilanzrichtlinien-Gesetzes, in: WPg 1985, S. 538 ff.

IDW [1987]: Sonderausschuß Bilanzrichtlinien-Gesetz, Stellungnahme 1/87: Probleme des Umsatzkostenverfahrens, in: WPg 1987, S. 141 ff.

IDW [1988a]: HFA-Stellungnahme 3/88: Einheitliche Bewertung im Konzernabschluß, in: WPg 1988, S. 483 ff.

IDW [1988b]: Stellungnahme des Sonderausschusses Bilanzrichtlinien-Gesetz (SABI) 3/1988: Zur Steuerabgrenzung im Einzelabschluß, in: WPg 1988, S. 683 f.

IDW [1994]: HFA-Stellungnahme 1/94: Zur Behandlung von Genussrechten im Jahresabschluss von Kapitalgesellschaften, in: WPg 1994, S. 419 ff.

IDW [1995]: Rechnungslegung nach International Accounting Standards, Düsseldorf 1995.

IDW [1998]: IDW Rechnungslegungsstandard: Aufstellung des Lageberichts (IDW RS HFA 1), in: IDW-FN 1998, S. 318 ff.

IDW [1999]: Stellungnahme zur Rechnungslegung: Einzelfragen zur Anwendung von IAS (IDW RS HFA 2), in: IDW-FN 1999, S. 260 ff.

IDW [2008]: IDW Stellungnahme zur Rechnungslegung: Zur einheitlichen oder getrennten handelsrechtlichen Bilanzierung strukturierter Finanzinstrumente (IDW RS HFA 22), in: IDW-FN 2008, S. 455 ff.

IDW [2010]: IDW Rechnungslegungshinweis: Anhangangaben nach § 285 Nr. 18 und 19 HGB (IDW RH HFA 1.005), in: IDW-FN 2010, S. 567 ff.

IDW [2011a]: DW Stellungnahme zur Rechnungslegung: Handelsrechtliche Bilanzierung von Bewertungseinheiten (IDW RS HFA 35), in: IDW-FN 2011, S. 445 ff.

IDW [2011b]: DW Stellungnahme zur Rechnungslegung: Handelsrechtliche Bilanzierung von Optionsgeschäften bei Instituten (IDW RS BFA 6), in: IDW-FN 2011, S. 656 ff.

IDW [2012a]: IDW Stellungnahme zur Rechnungslegung: Bilanzierung von Anteilen an Personenhandelsgesellschaften im handelsrechtlichen Jahresabschluss (IDW RS HFA 18), in: IDW-FN 2012, S. 24 ff.

IDW [2012b]: WP-Handbuch 2012, Band I, 14. Aufl., Düsseldorf 2012.

IDW [2013a]: Stellungnahme zur Rechnungslegung: Einzelfragen zur handelsrechtlichen Bilanzierung von Verbindlichkeitsrückstellungen (IDW RS HFA 34), in: IDW-FN 2013, S. 53 ff.

IDW [2013b]: Stellungnahme zur Rechnungslegung: Handelsrechtliche Bilanzierung von Verpflichtungen aus Altersteilzeitregelungen (IDW RS HFA 3), in: IDW-FN 2013, S. 309 ff.

IFRIC [2004]: IFRIC Update, October 2004.

IFRS Foundation [2013]: IFRS Foundation Constitution (rev.), London 2013.

Ijiri, Y. [1967]: The Foundations of Accounting Measurement, Englewood Cliffs, New Jersey 1967.

Imhoff, E./Thomas, J. [1988]: Economic Consequences of Accounting Standards, in: Journal of Accounting and Economics 1988, S. 277 ff.

Jacobs, O. H./Oestreicher, A./Rheinboldt, R./Krahmer, E. [1999]: Die Ursachenrechnung zur Beurteilung der wirtschaftlichen Lage von (Konzern-) Unternehmen mit Hilfe von Kennzahlen, in: ZfB 1999, S. 643 ff.

Jacobs, O. H./Schmitt, G. A. [2013]: IAS 2 – Vorräte (Inventories), in: Baetge, J./ Wollmert, P./Kirsch, H.-J./Oser, P./Bischof, S. (Hrsg.): Rechnungslegung nach IFRS – Kommentar auf der Grundlage des deutschen Bilanzrechts, 2. Aufl., Loseblattsammlung, Stuttgart, Stand September 2013.

Jennings, R. [1990]: A Note on Interpreting »Incremental Information Content«, in: The Accounting Review 1990, S. 925 ff.

Jennings, R./LeClere, M./Thompson, R. B. [2001]: Goodwill amortization and the usefulness of earnings, in: Financial Analysts Journal 2001, S. 20 ff.

Jensen, M. C./Meckling, W. H. [1976]: Theory of the Firm. Managerial Behavior, Agency Costs and Ownership Structure, in: Journal of Financial Economics 1976, S. 305 ff.

Jones, J. [1991]: Earnings Management during import relief investigations, in: Journal of Accounting Research 1991, S. 193 ff.

Joy, O. M./Litzenberger, R. H./McEnally, R. W. [1977]: The Adjustment of Stock Prices to Announcements of Unanticipated Changes in Quarterly Earnings, in: Journal of Accounting Research 1977, S. 207 ff.

Käfer, K. [1976]: Die Bilanz als Zukunftsrechnung, 3. Aufl., Zürich 1976.

Käfer, K. [1984]: Kapitalflußrechnungen – Statement of Changes in Financial Position, Liquiditätsnachweis, Bewegungsbilanz als dritte Jahresrechnung der Unternehmung, 2. Aufl., Stuttgart 1984.

Kaplan, R. S. [2011]: Accounting Scholarship that Advances Professional Knowledge and Practice, in The Accounting Review 2011, S. 367 ff.

Karrenbrock, H. [2008]: Von der Steuerabgrenzung zur Bilanzierung latenter Steuern – Die Neuregelung der Bilanzierung latenter Steuerzahlungen nach dem Entwurf des Bilanzrechtsmodernisierungsgesetzes (BilMoG), in: WPg 2008, S. 328 ff.

Kaufmann, L./Schneider, Y. [2004]: Intangibles – A synthesis of current research, in: Journal of Intellectual Capital 2004, S. 366 ff.

Keitz, I. v./Dörner, D./Wollmert, P./Oser, P. [2009]: IAS 37 – Rückstellungen, Eventualschulden und Eventualforderungen (Provisions, Contingent Liabilities and Contingent Assets), in: Baetge, J./Wollmert, P./Kirsch, H.-J./ Oser, P./Bischof S. (Hrsg.): Rechnungslegung nach IFRS – Kommentar auf der Grundlage des deutschen Bilanzrechts, 2. Aufl., Loseblattsammlung, Stuttgart, Stand September 2013.

Keller, E. [1991]: Entscheidungswirkungen von Bankbilanzen am Aktienmarkt, Heidelberg 1991.

Keller, E./Möller, H. P. [1993]: Die Auswirkungen der Zwischenberichterstattung auf den Informationswert von Jahresabschlüssen am Kapitalmarkt, in: ZfbF 1993, Sonderheft 31, S. 35 ff.

Keller, K. [2002]: Impairment Test, in: DBW 2002, S. 111 ff.

Keller, K. [2007]: Finanzwirtschaftliche Analyse von US-GAAP-Jahresabschlüssen, Frankfurt am Main 2007.

Kieso, D. E./Weygandt, J. J./Warfield, T. D. [2013]: Intermediate Accounting, 15. Aufl., New York 2013.

Kilgert, T./Großmann, P. [1990]: Der Zwischenbericht – eine neuartige Form der Rechnungslegung für börsennotierte Unternehmen, in: WPg 1990, S. 189 ff.

Kirsch, H. [2007]: Finanz- und erfolgswirtschaftliche Jahresabschlussanalyse nach IFRS, 2. Aufl., München 2007.

Kirsch, H. [2008]: Neue Anhangangabepflichten zum Jahresabschluss nach dem BilMoG-RegE, in: StuB 2008, S. 878 ff.

Klein, G. [1999]: Unternehmenssteuerung auf Basis der International Accounting Standards, München 1999.

Kleine-Doepke, R. [1981]: Informationsökonomische Analyse der externen Rechnungslegung, Frankfurt et al. 1981.

Kloock, J./Coenen, M. [1997]: Cash-Flow-Return on Investment als Rentabilitätskennzahl aus externer Sicht, in: BFuP 1997, S. 1101 ff.

Knorr, L./Ebbers, G. [2001]: IASC – Individual Accounts, in: Ordelheide, D./ KPMG (Hrsg.): TRANSACC Transnational Accounting, Vol. 2, 2. Aufl., Houndmills et al. 2001.

Köster, H. [1992]: Grundsätze ordnungsmäßiger Zwischenberichterstattung börsennotierter Aktiengesellschaften, Düsseldorf 1992.

Koller, T./Goedhart, M./Wessels, D. [2010]: Valuation – Measuring and Managing the Value of Companies, 5. Aufl., Hoboken 2010.

Kosiol, E. [1959]: Bilanz (I) Bilanztheorie, in: HdS, S. 222 ff.

Kosiol, E. [1976]: Pagatorische Bilanz, Berlin 1976.

Kothari, S. P. [2001]: Capital markets research in accounting, in: Journal of Accounting and Economics 2001, S. 105 ff.

Kothari, S. P./Leone, A. L./Wasley, C. E. [2005]: Performance matched discretionary accrual measures, in: Journal of Accounting and Economics 2005, S. 163-197.

KPMG [2004]: IFRS aktuell (Neuregelungen 2004: IFRS 1 bis 5, Improvements Project, Amendments IAS 32 und 39), Stuttgart 2004.

KPMG [2007]: US-GAAP: Rechnungslegung nach US-amerikanischen Grundsätzen – Grundlagen der US-GAAP und SEC-Vorschriften, 4. Aufl., Düsseldorf 2007.

KPMG [2008]: IFRS aktuell (Neuerungen bis 2008: IFRS 8, Änderungen in IFRS 1, 2 und 3 sowie IAS 1, 23, 27 und 32, Annual Improvements, IFRIC 10 bis 14), 3. Aufl., Stuttgart 2008.

KPMG [2011]: IFRS aktuell (Neuerungen bis 2010: IFRS 9, Änderungen in IFRS 1, 2 und 7 sowie IAS 24, 32 und 39, Annual Improvements 2009 und 2010, IFRIC 15 bis 19 sowie Änderungen in IFRIC 9 und 14), 4. Aufl., Stuttgart 2011.

KPMG [2012a]: IFRS visuell (Die IFRS in strukturierten Übersichten), 5. Aufl., Stuttgart 2012.

KPMG [2012b]: KPMG – Handbuch zur Nachhaltigkeitsberichterstattung – Update 2011, ohne Ort 2012.

Krämling, M. [1998]: Der Goodwill aus der Kapitalkonsolidierung, Frankfurt a. M. 1998.

Kreipl, P. [2013]: Neue EU-Richtlinie verabschiedet: Was sind die wesentlichen Änderungen?, in: BC 2013, S. 399 ff.

Kriete, T./Padberg, T./Werner, T. [2002]: EBIT – eine »neue« Kennzahl in Jahresabschluss und -abschlussanalyse, in: StuB 2002, S. 1090 ff.

Kroner, M./Leuchtenstern, S./Ranker, D. [2010]: Reformierung der Leasingbilanzierung, in: KoR 2010, S. 532 ff. und S. 605 ff.

Kubin, K. W. [1998]: Der Aktionär als Aktienkunde – Anmerkungen zum Shareholder Value, zur Wiedervereinigung der internen und externen Rechnungslegung und zur globalen Verbesserung der Berichterstattung, in: Möller, H. P./Schmidt, F. (Hrsg.): Rechnungswesen als Instrument für Führungsentscheidungen, Stuttgart 1998, S. 525 ff.

Kühnberger, M. [2011]: Eigenkapitalausweis und Kompetenzregeln für die AG bei der Kapitalaufbringung und -erhaltung nach BilMoG, in: BB 2011, S. 1387 ff.

Küting, K. [1993]: US-amerikanische und deutsche Bilanzierung im Vergleich – unter besonderer Berücksichtigung der Konzernrechnungslegung und des Daimler-Benz-Listing in New York, in: BFuP 1993, S. 357 ff.

Küting, K. [1998]: Die Darstellung der Erfolgsverwendung im Konzernabschluß (Teil II), in: BB 1998, S. 938 ff.

Küting, K. [2002a]: Bilanzanalyse am Neuen Markt, in: Küting, K./Weber, C.-P. (Hrsg.): Vom Financial Accounting zum Buisness Reporting, Stuttgart 2002, S. 101 ff.

Küting, K. [2002b]: Von der Bilanzanalyse zur Unternehmensanalyse – dargestellt am Beispiel der Beurteilung von Unternehmen der neuen Ökonomie, in: DStR 2002, Beiheft 3.

Küting, K. [2006]: Der Stellenwert der Bilanzanalyse und Bilanzpolitik im HGB- und IFRS-Bilanzrecht, in: Der Betrieb 2006, S. 2753 ff.

Küting, K./Busch, J. [2006]: Die Bilanzierung eigener Anteile nach HGB-, US-GAAP- und IFRS-Normen – Zugleich: eine empirische Analyse der Bilanzierungspraxis in Deutschland, in: PiR 2006, S. 213 ff.

Küting, K./Cassel, J./Metz, C. [2008]: Die Bewertung von Rückstellungen nach neuem Recht, in: Der Betrieb 2008, S. 2317 ff.

Küting, K./Gattung, A. [2005]: Nahe stehende Unternehmen und Personen nach IAS 24, in: WPg 2005, Teil 1, S. 1061 ff. und Teil 2, S. 1105 ff.

Küting, K./Heiden, M. [2003]: Zur Systematisierung von Pro-forma-Kennzahlen – Gleichzeitig: Fortsetzung einer empirischen Bestandsaufnahme, in: DStR 2003, S. 1544 ff.

Küting, K./Keßler, M./Gattung, A. [2005]: Die Gewinn- und Verlustrechnung nach HGB und IFRS, in: KoR 2005, S. 15 ff.

Küting, K./Pfitzer, N./Weber, C.-P. [2014]: Handbuch der Rechnungslegung – Einzelabschluss, 5. Aufl., Loseblattsammlung, Stuttgart, Stand März 2014.

Küting, K./Reuter, M. [2008]: Bilanzierung eigener Anteile nach dem BilMoG-Reg-E, in: StuB 2008, S. 495 ff.

Küting, K./Seel, C. [2009]: Die Ungereimtheiten der Regelungen zu latenten Steuern im neuen Bilanzrecht, in: Der Betrieb 2009, S. 922 ff.

Küting, K./Tesche, T. [2009]: Kapitel II: Stetigkeitsgrundsatz, in: Küting, K./Pfitzer, N./Weber, C.-P. (Hrsg.): Das neue deutsche Bilanzrecht – Handbuch für den Übergang auf die Rechnungslegung nach dem Bilanzrechtsmodernisierungsgesetz (BilMoG), 2. Aufl., Stuttgart 2009, S. 41 ff.

Küting, K./Weber, C.-P. [1998]: Möglichkeiten und Grenzen der Konzernbilanzanalyse, in: Küting, K./Weber, C.-P. (Hrsg.): Handbuch der Konzernrechnungslegung, 2. Aufl., Stuttgart 1998.

Küting, K./Weber, C.-P. [2012a]: Der Konzernabschluss – Praxis der Konzernrechnungslegung nach HGB und IFRS, 13. Aufl., Stuttgart 2012.

Küting, K./Weber, C.-P. [2012b]: Die Bilanzanalyse – Beurteilung von Abschlüssen nach HGB und IFRS, 10. Aufl., Stuttgart 2012.

Küting, K./Weber, C.-P./Gattung, A. [2003]: Nahe stehende Personen (related parties) nach nationalem und internationalem Recht, in: KoR 2003, S. 53 ff.

Küting, K./Wirth, J. [2010]: Controlerlangung über Tochterunternehmen mittels sukzessiver Anteilserwerbe, in: KoR 2010, S. 362 ff.

Küting, K./Zwirner, C. [2005]: Zunehmende Bedeutung und Indikationsfunktion latenter Steuern in der Unternehmenspraxis, in: BB 2005, S. 1553 ff.

Kuhlewind, A.-M. [2000]: Die amerikanische Gewinn- und Verlustrechnung: Ermittlung und Darstellung des Unternehmenserfolges im amerikanischen Jahresabschluß, in: Ballwieser, W. (Hrsg.): US-amerikanische Rechnungslegung, 4. Aufl., Stuttgart 2000, S. 283 ff.

Kuhn, S. [2005]: Finanzinstrumente: Fair Value-Option in IAS 39 überarbeitet, in: Der Betrieb 2005, S. 1341 ff.

Kuhn, S./Scharpf, P. [2006]: Rechnungslegung von Financial Instruments nach IFRS, 3. Aufl., Stuttgart 2006.

Kuhner, C. [2007]: Die immaterielle Vermögengegenstände und -werte des Anlagevermögens, in: Schulze-Osterloh, J./Hennrichs, J./Wüstemann, J. (Hrsg.): Handbuch des Jahresabschlusses, Loseblattsammlung, Köln, Stand August 2013, Abt. II/1.

Kupsch, P. [2004]: Der Anhang, in: Schulze-Osterloh, J./Hennrichs, J./ Wüstemann, J. (Hrsg.): Handbuch des Jahresabschlusses, Loseblattsammlung, Köln, Stand August 2013, Abt. IV/4.

Kuthe, T./Geiser, M. [2008]: Die neue Corporate Governance Erklärung – Neuerungen des BilMoG in § 289a HGB-RE, in: NZG – Neue Zeitschrift für Gesellschaftsrecht 2008, S. 172 ff.

Lachnit, L. [1972]: Zeitraumbilanzen – Ein Instrument der Rechnungslegung, Unternehmensanalyse und Unternehmenssteuerung, Berlin 1972.

Lachnit, L. [1993]: »True and fair view« und Rechnungslegung über stille Reserven im Jahresabschluss von Kapitalgesellschaften, in: WPg 1993, S. 193 ff.

Lachnit, L. [2004]: Bilanzanalyse, Wiesbaden 2004.

Lachnit, L./Ammann, H. [1998]: Währungsumrechung als Problem der tatsachengetreuen Darstellung der wirtschaftlichen Lage im Konzernabschluß, in: WPg 1998, S. 751 ff.

Lachnit, L./Müller, S. [2003]: Bilanzanalytische Behandlung von Geschäfts- oder Firmenwerten, in: KoR 2003, S. 540 ff.

Lang, M. H./Lundholm, R. J. [1996]: Corporate Disclosure Policy and Analyst Behavior, in: The Accounting Review 1996, S. 467 ff.

Laplume, A. O./Sonpar, K./Litz, R. A. [2008]: Stakeholder Theory: Reviewing a Theory That Moves Us, in: Journal of Management 2008, S. 1152 ff.

Lawson, G. H. [1971]: Cash Flow Accounting, in: The Accountant 1971, S. 586 ff. und 620 ff.

Le Coutre, W. [1949]: Grundzüge der Bilanzkunde, Teil 1, 4. Aufl., Wolfenbüttel 1949.

Le Coutre, W. [1956/62]: Bilanztheorien, in: Seischab, H./Schwantag, K. (Hrsg.): Handwörterbuch der Betriebswirtschaft, 3. Aufl., Stuttgart 1956/62, Sp. 1153 ff.

Leffson, U. [1968]: Der Ausbau der unternehmerischen Rechenschaft durch vollständigen Kapitalpositionsnachweis, in: Neue Betriebswirtschaft 1968, S. 1 ff.

Leffson, U. [1986]: Bild der tatsächlichen Verhältnisse, in: Leffson, U./Rückle, D./Großfeld, B. (Hrsg.): Handwörterbuch unbestimmter Rechtsbegriffe im Bilanzrecht des HGB, Köln 1986, S. 94 ff.

Leffson, U. [1987]: Die Grundsätze ordnungsmäßiger Buchführung, 7. Aufl., Düsseldorf 1987.

Lehmann, M. R. [1925]: Die Dreikontenreihentheorie, in: Zeitschrift für handelswissentschaftliche Forschung 1925, S. 341 ff.

Lehmann, M. R. [1938]: Volkswirtschaftliches Denken beim Betriebswirtschaftlichen Rechnen, in: Zeitschrift für handelswissentschaftliche Forschung 1938, 32. Jg., S. 97 ff.

Lehmann, M. R. [1955]: Die Quintessenz der Bilanztheorie, in: ZfB 1955, S. 537 ff. und 669 ff.

Leuz, C. [2003]: IAS vs. US-GAAP: Information asymmetry-based evidence from Germany's New Market, in: Journal of Accounting Research 2003, S. 445 ff.

Leuz, C./Nanda, D./Wysocki, P. [2003]: Earnings Management and Investor Protection: An International Comparison, in: Journal of Financial Economics 2003, S. 505 ff.

Leuz, C./Verrecchia, R. E [2000]: The Economic Consequences of Increased Disclosure, in: Journal of Accounting Research 2000, Supplement, S. 91 ff.

Leuz, C./Wüstemann, J. [2004]: The Role of Accounting in the German Financial System, in: Krahnen, J. P./Schmidt, R. H. (Hrsg.): The German Financial System, Oxford 2004, S. 450 ff.

Lev, B. [2001]: Intangibles: Management, Measurement, and Reporting, Washington D. C. 2001.

Lev, B./Ohlson, J. [1982]: Market-Based Empirical Research in Accounting: A Review, Interpretation and Extension, in: Journal of Accounting Research 1982, Supplement, S. 249 ff.

Lewis, T. G./Stelter, D. [1993]: Mehrwert schaffen mit finanziellen Ressourcen, in: Harvard Business Manager 1993, S. 107 ff.

Li, D. H. [1963]: Alternative Accounting Procedures and the Entity Concept, in: The Accounting Review 1963, S. 52 ff.

Liang, L. [2003]: Post-Earnings Announcement Drift and Market Participants' Information Processing Biases, in: Review of Accounting Studies 2003, S. 321 ff.

Libby, R./Bloomfield, R. J./Nelson M. [2002]: Experimental Research in Financial Accounting, in: Accounting, Organizations and Society 2002, S. 775 ff.

Lo, K./Lys, T. Z. [2000]: The Ohlson Model: Contribution to Valuation Theory, Limitations and Empirical Applications, in: Journal of Accounting, Auditing & Finance 2000, S. 337 ff.

Löffler, G. [1998]: Der Beitrag von Finanzanalysten zur Informationsverarbeitung für den deutschen Aktienmarkt, Wiesbaden 1998.

Loitz, R. [2004]: Latente Steuern und steuerliche Überleitungsrechnung – Unterschiede zwischen IAS/IFRS und US-GAAP, in: WPg 2004, S. 1177 ff.

Loitz, R. [2010]: DRS 18 – Bilanzierung latenter Steuern nach dem Bilanzrechtsmodernisierungsgesetz, in: Der Betrieb 2010, S. 2177 ff.

Lorensen, L. [1972]: Reporting Foreign Operations of U.S. Companies in U.S. Dollars, Accounting Research Study No. 12, New York 1972.

Lück, W. [1974]: Die Umrechnung der Jahresabschlüsse ausländischer Konzerngesellschaften und die Behandlung von Umrechnungsdifferenzen für die Aufstellung internationaler Konzernabschlüsse, Düsseldorf 1974.

Lück, W. [2003]: § 289 – Inhalt des Lageberichts, in: Küting, K./Pfitzer, N./Weber, C.-P. (Hrsg.): Handbuch der Rechnungslegung – Einzelabschluss, 5. Aufl., Loseblattsammlung, Stuttgart, Stand Mai 2013.

Lüpold, P. [2013]: Der überarbeitete Entwurf zur Umsatzrealisierung: Letzte Brennpunkte auf dem Weg zum finalen Standard, in: IRZ 2013, S. 17 ff.

Lys, T./Sahn, S. [1990]: The Association between Revisions of Financial Analysts' Earnings Forecasts and Security-Price Changes, in: Journal of Accounting and Economics 1990, S. 341 ff.

Märkl, H./Schaber, M. [2010]: IFRS Financial Instruments: Neue Vorschriften zur Kategorisierung und Bewertung von finanziellen Vermögenswerten, in KoR 2010, S. 65 ff.

Mahlberg, W. [1923]: Bilanztechnik und Bewertung bei schwankender Währung, 3. Aufl., Leipzig 1923.

Mahlich, J./Yurtoglu, B. [2001]: Institutionelle Determinanten von F&E-Investitionen, in: ZfB 2011, S. 1079 ff.

Markarian, G./Ponza, P./Prencipe, A. [2008]: Capitalization of R&D costs and earnings management: Evidence from Italian listed companies, in: The International Journal of Accounting 2008, S. 246 ff.

Marten, K.-U. [2006]: Related parties, Prüfung nach dem neuen ISA 550 und Grundlagen der Behandlung in der Rechnungslegung, in: IRZ 2006, S. 49 ff.

Marten, K.-U./Köhler, A. [2002]: Erwartungslücke, in: Ballwieser, W./Coenenberg, A. G./Wysocki, K. v. (Hrsg): Handwörterbuch der Rechnungslegung und Prüfung, 3. Aufl., Stuttgart 2002, Sp. 703 ff.

Marten, K.-U./Quick, R./Ruhnke, K. (Hrsg.) [2006]: Lexikon der Wirtschaftsprüfung, Stuttgart 2006.

Marten, K.-U./Quick, R./Ruhnke, K. [2011]: Wirtschaftsprüfung, 4. Aufl., Stuttgart 2011.

Matschke, M. J. [1975]: Externe Schätzungen von Scheinerfolgen aus aktienrechtlichen Jahresabschlüssen – dargestellt am Beispiel der BASF AG für das Jahr 1972, in: BFuP 1975, S. 276 ff.

Mauboussin, M./Hiller, B. [1999]: Cash Flow.com – Cash Economics in the New Economy, im Internet: http://www.capatcolumbia.com/Articles/FoFinance/Fof9.pdf, Stand 02.08.2011.

Maul, K.-H. [2000]: Wissensbilanzen als Teil des handelsrechtlichen Jahresabschlusses, in: DStR 2000, S. 2009 ff.

Mayer, A. [1989]: Auswirkungen des Bilanzrichtlinien-Gesetzes auf die externe Analyse der Einzelabschlüsse von Kapitalgesellschaften, Frankfurt et al. 1989.

Mc Nichols, M. F./Stubben, S. R. [2008]: Does earnings management affect firms' investment decisions?, in: The Accounting Review 2008, S. 1571 ff.

Meinhövel, H. [2004]: Grundlagen der Principal-Agent-Theorie, in: WiSt 2004, S. 470 ff.

Melcher, W./Mattheus, D. [2008]: Zum Referentenentwurf des Bilanzrechtsmodernisierungsgesetzes (BilMoG): Lageberichterstattung, Risikomanagement-Bericht und Corporate Governance-Statement, in: Der Betrieb 2008, S. 52 ff.

Möller, H. P./Hüfner, B. [2002]: Zur Bedeutung der Rechnungslegung für den deutschen Aktienmarkt – Begründung, Messprobleme und Erkenntnisse empirischer Forschung, in: Seicht, G. (Hrsg.): Jahrbuch für Controlling und Rechnungswesen 2002, Wien 2002, S. 405 ff.

Möller, H. P./Schmidt, F. [1998]: Zur Bedeutung von Jahresabschlüssen und DVFA/SG-Daten für die fundamentale Aktienbewertung, in: Möller, H. P./ Schmidt, F. (Hrsg.): Rechnungswesen als Instrument für Führungsentscheidungen, Stuttgart 1998, S. 477 ff.

Möller, P. [1983]: Probleme und Ergebnisse kapitalmarktorientierter empirischer Bilanzforschung in Deutschland, in: BFuP 1983, S. 285 ff.

Möller, P. [1986]: Bilanzkennzahlen und Ertragsrisiken des Kapitalmarktes, Stuttgart 1986.

Moxter, A. [1962]: Bilanzierung und unsichere Erwartungen, in: Zeitschrift für handelswissenschaftliche Forschung 1962, S. 607 ff.

Moxter, A. [1966]: Die Grundsätze ordnungsmäßiger Bilanzierung und der Stand der Bilanztheorie, in: ZfbF 1966, S. 28 ff.

Moxter, A. [1970]: Publizität und Rechnungswesen, in: Kosiol, E. (Hrsg.): Handwörterbuch des Rechnungswesens, Stuttgart 1970, Sp. 1478 ff.

Moxter, A. [1983]: Grundsätze ordnungsgemäßer Unternehmensbewertung, 2. Aufl., Wiesbaden 1983.

Moxter, A. [1984]: Das Realisationsprinzip – 1884 und heute, in: BB 1984, S. 1780 ff.

Moxter, A. [1985]: Bilanzlehre, Einführung in die Bilanztheorie, 3. Aufl., Band 1, Wiesbaden 1985.

Moxter, A. [1987]: Zum Sinn und Zweck des handelsrechtlichen Jahresabschlusses nach neuem Recht, in: Havermann, H. (Hrsg.): Bilanz- und Konzernrecht, Festschrift zum 65. Geburtstag von Dr. Dr. h. c. Reinhard Goerdeler, Düsseldorf 1987, S. 361 ff.

Moxter, A. [2003]: Grundsätze ordnungsmäßiger Rechnungslegung, Düsseldorf 2003.

Moxter, A. [2008]: Aktivierungspflicht für selbsterstellte immaterielle Anlagewerte?, in: Der Betrieb 2008, S. 1514 ff.

Moyer, R./Chatfield, R./Sisneros, P. [1989]: Security Analyst Monitoring Activity: Agency Costs and Information Demands, in: Journal of Financial and Quantitative Analysis 1989, S. 503 ff.

Müller, K./Holzwarth, J./Laurisch, C. [2011]: IAS 21 – Auswirkungen von Änderungen der Wechselkurse (The Effects of Changes in Foreign Exchange Rates), in: Baetge, J./Wollmert, P./Kirsch, H.-J./Oser, P./Bischof, S. (Hrsg.): Rechnungslegung nach IFRS – Kommentar auf der Grundlage des deutschen Bilanzrechts, 2. Aufl., Loseblattsammlung, Stuttgart, Stand September 2013.

Müller, S./Ergün, I. [2013]: Bewertungseinheiten nach HGB – Kritische Würdigung der Offenlegungsanforderungen vor dem Hintergrund aktueller empirischer Erkenntnisse, in: DStR 2012, S. 1401 ff.

Müller, S./Stawinoga, M. [2013]: Teil A – Entwicklung, Verpflichtung und Grundlagen der Lageberichterstattung, in: Müller, S./Stute, A./Withus, K.-H. (Hrsg.): Handbuch Lagebericht – Kommentar von § 289 und § 315 HGB, DRS 20 und IFRS Management Commentary, Berlin 2013.

Müller-Merbach, H. [1993]: Der »Totale Wertschöpfungsquotient« – Ein Maß für die wirtschaftliche Leistungskraft, in: Technologie & Management 1993, S. 31 ff.

Münchener Kommentar zum AktG [2013]: Kommentar zum Aktiengesetz, Band 3, §§ 118-178 AktG, hrsg. v. Goette, W./Habersack, M., 3. Aufl., München 2013.

Münchener Kommentar zum Bilanzrecht [2012]: Kommentar zum Bilanzrecht, Band 1, IFRS, hrsg. v. Hennrichs, J./ Kleindiek, D./ Watrin, C., 3. Ergänzungslieferung, München 2012.

Münchener Kommentar zum HGB [2013]: Kommentar zum Handelsgesetzbuch, Band 4, Drittes Buch. Handelsbücher §§ 238-342e HGB, hrsg. v. Schmidt, K./Ebke, W. F., 3. Aufl., München 2013.

Münchener Kommentar zur Insolvenzordnung [2013]: Kommentar zur Insolvenzordnung, Band 2, §§ 80-216 InsO, hrsg. v. Kirchhof, H.-P./Stürner, R./Eidenmüller, H., 3. Aufl., München 2013.

Münstermann, H. [1966]: Die Bedeutung des ökonomischen Gewinns für den externen Jahresabschluß der Aktiengesellschaft, in: WPg 1966, S. 579 ff.

Münstermann, H. [1969]: Unternehmungsrechnung, Wiesbaden 1969.

Naumann, T. K. [1998]: Zur Bilanzierung von Stock Options, in: Der Betrieb 1998, S. 1428 ff.

Nichols, D. C./Wahlen J. M. [2004]: How Do Earnings Numbers Relate to Stock Returns? A Review of Classic Accounting Research with Updated Evidence, in: Accounting Horizons 2004, S. 263 ff.

Nicklisch, H. [1932]: Die Betriebswirtschaft, 7. Aufl., der wirtschaftlichen Betriebslehre, Stuttgart 1932.

Niehus, R. J. [1974]: Zur Berücksichtigung der Substanzerhaltung bei der Rechnungslegung, in: WPg 1974, S. 649 ff.

Niehus, R. J. [1986]: Aufwendungen und Erträge aus der »nicht gewöhnlichen Geschäftstätigkeit« der Kapitalgesellschaft: Abgrenzungsfragen zum außerordentlichen Posten nach neuem Recht, in: Der Betrieb 1986, S. 1293 ff.

Niehus, R. J. [2003]: IAS 24: Related Party Disclosures – »Nahe Familienangehörige« als Gegenstand der Rechnungslegung und Abschlussprüfung, in: WPg 2003, S. 521 ff.

Niehus, R. J./Thyll, A. [2000]: Konzernabschluß nach US-GAAP – Grundlagen und Gegenüberstellung mit den deutschen Vorschriften, 2. Aufl., Stuttgart 2000.

Nissim, D./Penman, S. H. [2001]: Ratio Analysis and Equity Valuation: From Research to Practise, in: Review of Accounting Studies 2001, S. 109 ff.

Noll, D. J./Weygandt, J. J. [1997]: Business Reporting: What Comes Next?, in: Journal of Accountancy 1997, S. 59 ff.

Nordmeyer, A./Göbel, R. [2011]: Sachanlagen, in: Böcking, H.-J./Castan, E./ Heymann, G./Pfitzer, N./Scheffler, E. (Hrsg.): Beck'sches Handbuch der Rechnungslegung, Loseblattsammlung, München, Stand Mai 2013, B 212.

OECD [1990]: Segmented Financial Information, Paris 1990.

Ohlson, J. [1980]: Financial Ratios and the Probabilistic Prediction of Bankruptcy, in: Journal of Accounting Research 1980, S. 109 ff.

Ohlson, J. A. [1995]: Earnings, Book Values, and Dividends in Equity Valuations, in: Contemporary Accounting Research 1995, S. 661 ff.

Olbrich, M./Weimann, M. [2011]: Wider die Substitution der IDW-Prüfungsstandards durch die International Standards on Auditing, in: BFuP 2011, S. 180 ff.

Ordelheide, D./Stubenrath, M. [2000]: Segmentberichterstattung, in: Ballwieser, W. (Hrsg.): US-amerikanische Rechnungslegung, 4. Aufl., Stuttgart 2000, S. 379 ff.

Orth, C. [1963]: Die Fund Theory of Accounting – ein neuer bilanztheoretischer Ansatz?, in: Zeitschrift für handelswissentschaftliche Forschung 1963, S. 433 ff.

Ostmeier, V. [2004]: Das Informationspotenzial neuerer Rechnungslegungsinstrumente in International Financial Reporting Standards (IAS/IFRS) basierten Jahresabschlüssen und seine Nutzung für die Abschlussanalyse, Frankfurt a. M. 2004.

Ota, K. [2003]: The Impact of Price and Return Models on Value Relevance Studies: A Review of Theory and Evidence, in: Accounting Research Journal 2003, S. 6 ff.

Pacter, P. [1993]: Reporting Disaggregated Information – Research Report, Norwalk 1993.

Peasnell, K. V. [1982]: Some Formal Connections Between Economic Values and Yields and Accounting Numbers, in: Journal of Business Finance and Accounting 1982, S. 361 ff.

Pellens, B. [1989]: Der Informationswert von Konzernabschlüssen – eine empirische Untersuchung deutscher Börsengesellschaften, Wiesbaden 1989.

Pellens, B. [1991]: Ad-hoc-Publizitätspflicht des Managements börsennotierter Unternehmen nach § 44a BörsG, in: Die Aktiengesellschaft 1991, S. 62 ff.

Pellens, B. [1994]: Aktionärsschutz im Konzern, Wiesbaden 1994.

Pellens, B. [1995]: Berücksichtigung der Aktionärsinteressen bei der Gewinnverwendung im Konzern, in: Elschen, R. (Hrsg.): Unternehmenssicherung und Unternehmensentwicklung, Stuttgart 1995, S. 162 ff.

Pellens, B./Crasselt, N. [1998]: Aktienkursorientierte Entlohnungssysteme im Jahresabschluss, in: Pellens, B. (Hrsg.): Unternehmenswertorientierte Entlohnungssysteme, Stuttgart 1998, S. 125 ff.

Pellens, B./Crasselt, N. [2002]: Bilanzierung virtueller Aktienoptionsprogramme (Stock Appreciation Rights) aus finanzwirtschaftlicher Sicht, in: Achleitner, A.-K./Wollmert, P. (Hrsg.): Stock Options, Stuttgart 2002, S. 173 ff.

Pellens, B./Crasselt, N. [2006]: § 272 Eigenkapital, in: Baetge, J./Kirsch, H.-J./ Thiele, S. (Hrsg.): Bilanzrecht, Loseblattsammlung, Bonn, Stand August 2013.

Pellens, B./Fülbier, R. U./Gassen, J./Sellhorn, T. [2011]: Internationale Rechnungslegung, 8. Aufl., Stuttgart 2011.

Pellens, B./Gassen, J./Richard, M. [2003]: Ausschüttungspolitik börsennotierter Unternehmen in Deutschland, in: DBW 2003, S. 309 ff.

Pellens, B./Hillebrandt, F./Tomaszewski, C. [2000]: Value Reporting – Eine empirische Analyse der DAX-Unternehmen, in: Wagenhofer, A./Hrebicek, G. (Hrsg.): Wertorientiertes Management 2000, S. 171 ff.

Pellens, B./Jödicke, D./Jödicke, R. [2007]: Anwendbarkeit nicht freigegebener IFRS innerhalb der EU, in: BB 2007, S. 2503 ff.

Pellens, B./Linnhoff, U. [1992]: Analysis of German Companies Accounts Following the Implementation of the Seventh Directive. An Empirical Study, in: Gray, S. S./Coenenberg, A. G. (Hrsg.): International Group Accounting: A European Perspective, 2. Aufl., Amsterdam 1992, S. 110 ff.

Pellens, B./Sellhorn, T. [2001]: Neue Goodwill-Bilanzierung nach US-GAAP, in: Der Betrieb 2001, S. 713 ff.

Pellens, B./Sellhorn, T./Amshoff, H. [2005]: Reform der Konzernbilanzierung – Neufassung von IFRS 3 »Business Combinations«, in: Der Betrieb 2005, S. 1749 ff.

Penman, S. H. [2012]: Financial Statement Analysis and Security Valuation, 5. Aufl., Boston et al. 2012.

Perridon, L./Steiner, M./Rathgeber, A. [2012]: Finanzwirtschaft der Unternehmung, 16. Aufl., München 2012.

Petersen, K./Bansbach, F./Dornbach, E. (Hrsg.) [2013]: IFRS Praxishandbuch – Ein Leitfaden für die Rechnungslegung mit Fallbeispielen, 8. Aufl., München 2013.

Petersen, K./Zwirner, C. [2008]: IAS 32 (rev. 2008) – Endlich (mehr) Eigenkapital nach IFRS?, in: DStR 2008, S. 1060 ff.

Petersen, K./Zwirner, C./Froschhammer, M. [2009]: § 254 HGB – Bildung von Bewertungseinheiten, in: Petersen, K./Zwirner, C. (Hrsg.): BilMoG, Gesetze – Materialien – Erläuterungen, München 2009, S. 424 ff.

Pfuhl, J. [1994]: Konzernkapitalflußrechnung – Entwicklung eines zahlungsstromorientierten Steuerungs- und Publizitätsinstruments unter Berücksichtigung der aktuellen internationalen Entwicklung, Stuttgart 1994.

Pohmer, D./Kroenlein, G. [1970]: Wertschöpfungsrechnung, betriebliche, in: Kosiol, E. (Hrsg.): Handwörterbuch des Rechnungswesens, Stuttgart 1970, Sp. 1913 ff.

Polei, A. [2009]: Regel- vs. prinzipienbasierte Normsetzungsstrategien: Verhaltenswirkungen in der externen Rechnungslegung, Wiesbaden 2009.

Prather, J./Rueschhoff, N. [1996]: An Analysis of International Accounting Research in U. S. Academic Accounting Journals 1980 through 1993, in: Accounting Horizons 1996, S. 1 ff.

Quick, R. [2006]: Prüferische Durchsicht, in: Marten, K.-U./Quick, R./Ruhnke, K. (Hrsg.): Lexikon der Wirtschaftsprüfung, Stuttgart 2006, S. 580 ff.

Rammert, S. [1998]: Die Bilanzierung von Aktienoptionen für Manager – Überlegungen zur Anwendung von US-GAAP im handelsrechtlichen Jahresabschluss, in: WPg 1998, S. 766 ff.

Rappaport, A. [1998]: Creating Shareholder Value, 2. Aufl., New York et al. 1998.

Rappaport, C. [1964]: Establishing Objectives for Published Corporate Accounting Reports, in: The Accounting Review 1964, S. 951 ff.

Regierungskommission Deutscher Corporate Governance Kodex [2013]: Deutscher Corporate Governance Kodex (in der Fassung vom 13. Mai 2013).

Reinhart, A. [1998]: Die Auswirkungen der Rechnungslegung nach International Accounting Standards auf die erfolgswirtschaftliche Abschlußanalyse von deutschen Jahresabschlüssen, Frankfurt et al. 1998.

Reinhart, A. [1999]: Wertschöpfung sowie Break-Even-Analyse für Zwecke der externen erfolgswirtschaftlichen Abschlußanalyse nach IAS, in: DStR 1999, S. 211 ff.

Richardson, S./Tuna, I./Wysocki, P. [2010]: Accounting anomalies and fundamental analysis: A review of recent research advances, in: Journal of Accounting and Economics 2010, S. 410 ff.

Rieger, W. [1964]: Einführung in die Privatwirtschaftslehre, 3. Aufl., Erlangen 1964.

Röder, K. [1998]: Kurzwirkungen von Meldungen deutscher Aktiengesellschaften, Habilitationsschrift, Augsburg 1998.

Rolvering, A. [2002]: Zwischenberichterstattung börsennotierter Kapitalgesellschaften – Eine empirische Untersuchung zur Qualität der Unternehmenspublizität, Herne/Berlin 2002.

Ronen, J./Sadan, S. [1981]: Smoothing Income Numbers: Objectives, Means and Implications, Reading, Massachusetts 1981.

Ross, S. A. [1973]: The Economic Theory of Agency: The Principal´s Problem, in: The American Economic Review 1973, S. 134 ff.

Roychowdhury, S. [2006]: Earnings management through real activities manipulation, in: Journal of Accounting and Economics 2006, S. 335 ff.

Rubin, S. [1984]: The House of GAAP, in: Journal of Accountancy 1984, S. 122.

Ruhnke, K. [2012]: Rechnungslegung nach IFRS und HGB – Lehrbuch zur Theorie und Praxis der Unternehmenspublizität mit Beispielen und Übungen, 3. Aufl., Stuttgart 2012.

Ruhwedel, F./Schultze, W. [2002]: Value Reporting: Theoretische Konzeption und Umsetzung bei den DAX 100-Unternehmen, in: ZfbF 2002, S. 602 ff.

Ryan, S. G. [2006]: Identifying Conditional Conservatism, in: The European Accounting Review 2006, S. 511 ff.

Sahling, C. [1981]: Die Reaktion des Aktienmarktes auf wesentliche Ausschüttungsänderungen, Schwarzenbeck 1981.

Scharpf, P./Schaber, M. [2008]: Bilanzierung von Bewertungseinheiten nach § 254 HGB-E (BilMoG), in: KoR 2008, S. 532 ff.

Scharr, C./Usinger, R. [2012]: Der neue Entwurf zur Umsatzrealisierung: Revolution oder reine Evolution?, in: IRZ 2012, S. 101 ff.

Scheer, F. [1999]: Die Änderung des Aussagegehalts von Konzernbilanzen durch das Bilanzrichtliniengesetz, Frankfurt a. M. 1999.

Schellhorn, M. [2012]: Anmerkungen zum Kleinstkapitalgesellschaften-Bilanzrechtsänderungsgesetz, in: DB 2012, S. 2296 ff.

Scheffler, E. [1999]: Der deutsche Standardisierungsrat – Struktur, Aufgaben und Kompetenzen, in: BFuP 1999, S. 407 ff.

Scheffler, E. [2013]: Kapitalflussrechnung, in: Böcking, H.-J./Castan, E./Heymann, G./Pfitzer, N./Scheffler, E. (Hrsg.): Beck'sches Handbuch der Rechnungslegung, Loseblattsammlung, München, Stand Mai 2013, C 620.

Scheffler, J. [1994]: Hedge Accounting, Wiesbaden 1994.

Scherrer, G. [2000]: Grundlagen der US-amerikanischen Konzernrechnungslegung, in: Ballwieser, W. (Hrsg.): US-amerikanische Rechnungslegung, 4. Aufl., Stuttgart 2000, S. 329 ff.

Scherrer, G. [2011]: Rechnungslegung nach neuem HGB, 3. Aufl., München 2011.

Schildbach, T. [1974]: Die Konzeption der Geldkapitalerhaltung von Eugen Schmalenbach, in: BFuP 1974, S. 138 ff.

Schildbach, T. [1999]: Externe Rechnungslegung und Kongruenz – Ursache für die Unterlegenheit deutscher verglichen mit angelsächsischer Bilanzierung?, in: WPg 1999, S. 1813 ff.

Schildbach, T. [2002]: Wahlrechte bei Ansatz und Bewertung, in: Ballwieser, W./Coenenberg, A. G./Wysocki, K. (Hrsg.): Handwörterbuch der Rechnungslegung und Prüfung, 3. Aufl., Stuttgart 2002, Sp. 2607 ff.

Schildbach, T. [2005]: Was leistet IFRS 5?, in: WPg 2005, S. 554 ff.

Schildbach, T. [2013]: Der handelsrechtliche Jahresabschluss, 10. Aufl., Herne/Berlin 2013.

Schlie, I./Malke, C. [2013]: Country by Country Reporting im Hinblick auf Steuerzahlungen multinationaler Unternehmen – Aktuelle Entwicklungen und Diskussionsbedarf, in: DB 2013, S. 2467 ff.

Schmalenbach, E. [1926]: Dynamische Bilanz, 4. Aufl., Leipzig 1926 (1. Aufl., Leipzig 1919 unter dem Titel: »Grundlagen dynamischer Bilanzlehre«).

Schmalenbach, E. [1927]: Zur Reform der Aktienbilanz, in: Zeitschrift für handelswissentschaftliche Forschung 1927, S. 49 ff.

Schmalenbach, E. [1962]: Dynamische Bilanz, 13. Aufl., bearb. von Bauer, R., Köln/Opladen 1962.

Schmidbauer, R. [2001]: Die Bilanzierung latenter Steuern nach HGB unter Berücksichtigung von E-DRS 12 sowie nach IAS auf Basis der Änderungen des Steuergesetzes, in: Der Betrieb 2001, S. 1569 ff.

Schmidt EStG-Kommentar [2013]: Einkommensteuergesetz – Kommentar, hrsg. v. Weber-Grellet, H., 32. Aufl., München 2013.

Schmidt, F. [1929]: Die organische Tageswertbilanz, 3. Aufl., Leipzig 1929 (1. Aufl., Leipzig 1921 unter dem Titel: »Die organische Bilanz im Rahmen der Wirtschaft«).

Schmidt, F. [1979]: Bilanzpolitik deutscher Aktiengesellschaften, Wiesbaden 1979.

Schmidt, M. [2000]: Latente Steuern nach dem US-GAAP in deutschen Konzernabschlüssen, in: Ballwieser, W. (Hrsg.): US-amerikanische Rechnungslegung, 4. Aufl., Stuttgart 2000, S. 241 ff.

Schmidt, M. [2008]: IAS 32 (rev. 2008): Ergebnis- statt Prinzipienorientierung, in: BB 2008, S. 434 ff.
Schmidt, M. [2009]: Bewertungseinheiten nach dem BilMoG, in: BB 2009, S. 882 ff.
Schmidt, R. H. [1982]: Rechnungslegung als Informationsproduktion auf nahezu effizienten Kapitalmärkten, in: ZfbF 1982, S. 728 ff.
Schneider, D. [1963]: Bilanzgewinn und ökonomische Theorie, in: Zeitschrift für handelswissentschaftliche Forschung 1963, S. 457 ff.
Schneider, D. [1968]: Ausschüttungsfähiger Gewinn und das Minimum an Selbstfinanzierung, in: ZfbF 1968, S. 1 ff.
Schneider, D. [1970]: Bilanztheorien, neuere Ansätze, in: Kosiol, E. (Hrsg.): Handwörterbuch des Rechnungswesens, Stuttgart 1970, Sp. 260 ff.
Schneider, D. [1971]: Aktienrechtlicher Gewinn und ausschüttungsfähiger Betrag, in: WPg 1971, S. 607 ff.
Schneider, D. [1974]: Bestimmungsgründe des Substanzverzehrs durch Scheingewinnbesteuerung, in: Der Betrieb 1974, S. 1073 ff.
Schneider, D. [1981]: Kapitalmarkteffizienz durch Jahresabschlußreformen?, in: Schriften des Verbandes öffentlicher Banken 1981, Heft 8, S. 1 ff.
Schneider, D. [1985]: Eine Warnung vor Frühwarnsystemen, in: Der Betrieb 1985, S. 1489 ff.
Schönbrodt, B. [1981]: Erfolgsprognosen mit Bilanzkennzahlen, Frankfurt et al. 1981.
Schönbrunn, N. [1988]: Rechnungswesen und Verhaltenswissenschaften, Marburg 1988.
Schoenfeld, H. M. [1974]: Die Rechnungslegung über das betriebliche »Human-Vermögen« – eine kritische Betrachtung des Entwicklungsstandes, in: BFuP 1974, S. 1 ff.
Schoenfeld, H. M. [1993]: Behavioral Accounting, in: Wittmann, W./Kern, W./Köhler, R./Küpper, H. U./Wysocki, K. v. (Hrsg.): Handwörterbuch der Betriebswirtschaft, 5. Aufl., Stuttgart 1993, Sp. 280 ff.
Schredelseker, K. [1985]: Der Nutzen von Bilanzinformationen für Kapitalanlageentscheidungen, in: Gross, G. (Hrsg.): Der Wirtschaftsprüfer im Schnittpunkt nationaler und internationaler Entwicklungen, Festschrift zum 60. Geburtstag von Prof. Dr. Klaus v. Wysocki, Düsseldorf 1985, S. 129 ff.
Schredelseker, K. [1996]: Zur ökonomischen Theorie der Publizität, in: Schäfer, H.-B. (Hrsg.): Effiziente Verhaltenssteuerung und Kooperation im Zivilrecht, Tübingen 1996, S. 214 ff.
Schult, E./Brösel, G. [2010]: Bilanzanalyse, 13. Aufl., Berlin 2010.
Schulte, H. [1974]: Die Sozialbilanz der STEAG-Aktiengesellschaft, in: BFuP 1974, S. 227 ff.
Schultze, W. [2003]: Methoden der Unternehmensbewertung, 2. Aufl., Düsseldorf 2003.
Schultze, W. [2004]: Value-relevant disclosures (Value Reporting): Conceptual Framework and Evidence from German Listed Companies, paper presented at the 27th annual congress of the European Accounting Association in Prague, April 2, 2004.

Schultze, W. [2005]: The Information Content of Goodwill-Impairments under FAS 142: Implications for External Analysis and Internal Control, in: Schmalenbach Business Review 2005, S. 276 ff.

Schultze, W./Dinh Thi, T./Steeger, L. [2009]: Immaterielle Werte aus Sicht des Kapitalmarkts, in: Möller, K./Piwinger, M./Zerfaß, A. (Hrsg.): Immaterielle Vermögenswerte – Bewertung, Berichterstattung und Kommunikation, Stuttgart 2009.

Schultze, W./Fink, C./Straub, B. [2007]: Value Reporting: Informationsbedürfnisse der Investoren und Anforderungen an die Gestaltung des Lageberichts, in: WPg 2007, S. 563 ff.

Schultze, W./Hirsch, C. [2005]: Unternehmenswertsteigerung durch wertorientiertes Controlling: Goodwill-Bilanzierung in der Unternehmenssteuerung, München 2005.

Schultze, W./Kafadar, K./Thiericke, S. [2008]: Die Kaufpreisallokation bei Unternehmenszusammenschlüssen nach IFRS 3 (a. F.) und IFRS 3 (rev. 2008), in: DStR 2008, S. 1348 ff.

Schultze, W./Steeger, L./Schabert, B. [2009]: Wertorientierte Berichterstattung (Value Reporting), in: Controlling 2009, S. 13 ff.

Schulze-Osterloh, J. [2004]: Internationalisierung der Rechnungslegung und ihre Auswirkungen auf die Grundprinzipien des deutschen Rechts, in: Der Konzern 2004, S. 173 ff.

Seicht, G. [1970]: Die kapitaltheoretische Bilanz und die Entwicklung der Bilanztheorien, Berlin 1970.

Sellhorn, T. [2000]: Ansätze zur bilanziellen Behandlung des Goodwill im Rahmen einer kapitalmarktorientierten Rechnungslegung, in: Der Betrieb 2000, S. 885 ff.

Sieben, G. [1974]: Kritische Würdigung der externen Rechnungslegung unter besonderer Berücksichtigung von Scheingewinnen, in: ZfbF 1974, S. 153 ff.

Sieben, G./Schildbach, T. [1973]: Substanzerhaltung und anteilige Fremdfinanzierung, in: BFuP 1973, S. 577 ff.

Siegel, T./Bareis, P./Rückle, D./Schneider, D./Sigloch, J./Streim, I./Wagner, F. W. [1999]: Stille Reserven und aktienrechtliche Informationspflichten, in: Zeitschrift für Wirtschaftsrecht 1999, S. 2077 ff.

Siener, F. [1998]: Kapitalflußrechnungen von Industrieunternehmen, in: Wysocki, K. v. (Hrsg.): Kapitalflußrechnung, Stuttgart 1998, S. 35 ff.

Simon, H. V. [1898]: Die Bilanzen der Aktiengesellschaften und der Kommanditgesellschaften auf Aktien, 2. Aufl., Berlin 1898.

Singhof, B. [2008]: Das Eigenkapital der Kapitalgesellschaften, in: Schulze-Osterloh, J./Hennrichs, J./Wüstemann, J. (Hrsg.): Handbuch des Jahresabschlusses, Loseblattsammlung, Köln, Stand August 2013, Abt. III/2.

Spanheimer, J./Koch, C. [2000]: Internationale Bilanzierungspraxis in Deutschland – Ergebnisse einer empirischen Untersuchung der Unternehmen des DAX und MDAX sowie des Neuen Marktes, in: WPg 2000, S. 301 ff.

Standish, P. E. M./Ung, S.-I. [1982]: Corporate Signaling, Asset Revaluations and the Stock Prices of British Companies, in: The Accounting Review 1982, S. 701 ff.

Stanley, K./Lewellen, W./Schlarbaum, G. [1981]: Further Evidence of the Value of Professional Investment Research, in: Journal of Financial Research 1981, S. 1 ff.
Stanzel, M. [2007]: Qualität des Aktienresearch von Finanzanalysten, Gießen 2007.
Stauber, J. [2004]: Voluntary Value Reporting auf Basis der IFRS/IAS, Frankfurt a. M. 2004.
Stelter, D. [1999]: Wertorientierte Anreizsysteme, in: Bühler, W./Siegert, T. (Hrsg.): Unternehmenssteuerung und Anreizsysteme, Kongress-Dokumentation / 52. Deutscher Betriebswirtschafter-Tag 1998, Stuttgart 1999, S. 207 ff.
Stewart, G. B. III [1991]: The Quest for Value, New York 1991.
Stibi, B./Fuchs, M. [2007]: Neuausrichtung der Bilanzpolitik im IFRS-Abschluss, in: Heyd, R./Keitz, I. v. (Hrsg.): IFRS-Management, München 2007, S. 363 ff.
Stice, E. [1991]: The Market Reaction to 10-K and 10-Q Filings and to Subsequent the Wall Street Journal Earnings Announcements, in: The Accounting Review 1991, S. 42 ff.
Strieder, T./Ammedick O. [2007]: Die periodische unterjährige externe Rechnungslegung nach dem TUG und dem künftigen DRS 16, in: KoR 2007, S. 285 ff.
Stützel, W. [1966]: Entscheidungstheoretische Elementarkategorien als Grundlage einer Begegnung von Wirtschaftswissenschaften und Rechtswissenschaften, in: ZfB 1966, S. 769 ff.
Stützel, W. [1967]: Bemerkungen zur Bilanztheorie, in: ZfB 1967, S. 314 ff.
Swaminathan, S. [1991]: The Impact of SEC Mandated Segment Data on Price Variability and Divergence of Beliefs, in: The Accounting Review 1991, S. 23 ff.
Szyperski, N. [1964]: Einige aktuelle Fragestellungen zur Theorie der Unternehmensrechnung, in: BFuP 1964, S. 270 ff.
Tendeloo, B. v./Vanstraelen, A. [2005]: Earnings Management under German GAAP versus IFRS, in: The European Accounting Review 2005, S. 155 ff.
Tennyson, B./Ingram, R./Dugan, M. [1990]: Assessing the Information Content of Narrative Disclosures in Explaining Bankruptcy, in: Journal of Business and Accounting 1990, S. 391 ff.
Thiele, S. [2002a]: § 272 Eigenkapital, in: Baetge, J./Kirsch, H.-J./Thiele, S. (Hrsg.): Bilanzrecht, Loseblattsammlung, Bonn, Stand August 2013.
Thiele, S. [2002b]: Die Bilanzierung von Aktienoptionsplänen auf der Basis bedingter Kapitalerhöhungen vor dem Hintergrund des GoB-Systems – die Kritik an E-DRS 11 gerechtfertigt –, in: WPg 2002, S. 766-769.
Thoma, G. F./Leuering, D. [2002]: Stock Option Pläne und Erwerb eigener Aktien, in: Achleitner, A.-K./Wollmert, P. (Hrsg.): Stock Options, Stuttgart 2002, S. 193 ff.
Tipke, K./Lang, J. [2013]: Steuerrecht, 21. Aufl., Köln 2013.
Vatter, W. J. [1964]: The Fund Theory of Accounting and it's Implications for Financial Reports, 4th Impression, Chicago/London 1964.

Vatter, W. J. [1966]: Corporate Stock Equities, Part 1, in: Backer, M. (Hrsg.): Modern Accounting Theory, Englewood Cliffs, New Jersey 1966, S. 250 ff.

Velte, P./Wulf, I. [2013]: Rückstellungen für passive latente Steuern bei Personenhandelsgesellschaften, in: Deutsche Steuer-Zeitung 2013, S. 150 ff.

Versin, V. [2003]: Derogation des Maßgeblichkeitsprinzips im Einkommensteuerrecht?, Frankfurt a. M. 2003.

Virkkunen, H. [1956]: Das Rechnungswesen im Dienste der Leitung, Helsinki 1956.

Wächter, H. P./Christ, T./Jureit, J. (2012): Die Fair Value-Bestimmung von Finanzinstrumenten nach IFRS 13 – Zur systematischen Behandlung von Modelldefiziten und Modellrisiken mittels Bewertungsanpassungen, in: KoR 2012, S. 545 ff.

Wagenhofer, A. [2009]: Internationale Rechnungslegungsstandards – IAS/IFRS, 6. Aufl., München 2009.

Wagenhofer, A./Ewert, R. [2007]: Externe Unternehmensrechnung, 2. Aufl., Berlin et al. 2007.

Wagner, F. W. [1982]: Zur Informations- und Ausschüttungsbemessungsfunktion des Jahresabschlusses auf einem organisierten Kapitalmarkt, in: ZfbF 1982, S. 749 ff.

Wagner, F. W. [1986]: Zum Informationsgehalt einer inflationsbereinigten Rechnungslegung, in: ZfB 1986, S. 219 ff.

Walb, E. [1966]: Finanzwirtschaftliche Bilanz, 3. Aufl., Wiesbaden 1966.

Wallmeier, M. [2009]: Kapitalmarktwirkungen der Berichterstattung zur Unternehmensleistung, in: ZfbF 2009, S. 212 ff.

Walsh, C. [1996]: Key Management Ratios – How to Analyze, Compare and Control the Figures that Drive Company Value, London 1996.

Warncke, M. [2010]: Prüfungsausschuss und Corporate Governance – Einrichtung, Organisation und Überwachungsaufgabe, 2. Aufl., Berlin 2010.

Watrin, C./Hoehne, F. [2008]: Endkonsolidierung von Tochterunternehmen nach IAS 27 (2008), in: WPg 2008, S. 695 ff.

Watts, R./Zimmerman, J. [1978]: Towards a Positive Theory of the Determination of Accounting Standards, in: The Accounting Review 1978, S. 112 ff.

Watts, R./Zimmerman, J. [1979]: The demand for and supply of accounting theories: The market for excuses, in The Accounting Review 1979, S. 273 ff.

Watts, R./Zimmerman, J. [1986]: Positive Accounting Theory, Englewood Cliffs, New Jersey 1986.

Watts, R./Zimmerman, J. [1990]: Positive Accounting Theory: A Ten Year Perspective, in: The Accounting Review 1990, S. 131 ff.

Weber, H. K. [1999]: Die Wertschöpfungsrechnung auf der Grundlage des Jahresabschlusses, in: Wysocki, K. v./Schulze-Osterloh, J./Hennrichs, J./Kuhner, C. (Hrsg.): Handbuch des Jahresabschlusses, Loseblattsammlung, Köln, Stand Oktober 1999, Abt. IV/7.

Weilenmann, P. [1998]: Kapital- und Finanzflußrechnung, in: Busse von Colbe, W./Pellens, B. (Hrsg.): Lexikon des Rechnungswesens, 4. Aufl., München 1998, S. 393 ff.

Weiler, A. [2005]: Verbesserung der Prognosegüte bei der Unternehmensbewertung, Aachen 2005.

Werner, T./Padberg, T./Kriete, T. [2005]: IFRS-Bilanzanalyse. Grundlagen, Vorgehensweise, Fallbeispiele, 2. Aufl., Stuttgart 2005.

White, G. I./Sondhi, A. C./Fried, D. [2003]: The Analysis and Use of Financial Statements, 3. Aufl., Hoboken 2003.

Wiechens, G./Helke, I. [2008]: Die Bilanzierung von Finanzinstrumenten nach dem Regierungsentwurf des BilMoG, in: Der Betrieb 2008, S. 1333 ff.

Wiedemann, A. [2013]: Financial Engineering – Bewertung von Finanzinstrumenten, 6. Aufl., Frankfurt/Main 2013.

Wiederhold, P./Pukallus, S. [2007]: Zwischenberichterstattung nach dem Transparenzrichtlinie-Umsetzungsgesetz (Neue Anforderungen an kapitalmarktorientierte Unternehmen aus Sicht der Corporate Governance), in: Der Konzern 2007, S. 264 ff.

Williams, J. R. [2001]: 2001 Miller GAAP Guide – Restatement and Analysis of Current FASB Standards, San Diego/New York/London 2001.

Williamson, O. E. [1979]: Transaction Cost Economics: The Governance of Contractual Relations, in: Journal of Law and Economics 1979, S. 233 ff.

Wöhe, G. [1980]: Zur Bilanzierung und Bewertung des Firmenwertes, in: Steuer und Wirtschaft 1980, S. 89 ff.

Wüstemann, J. [1995]: Funktionale Interpretation des Realisationsprinzips, in: ZfbF 1995, S. 1029 ff.

Wyatt, A. [2008]: What financial and non-financial information on intangibles is value-relevant? A review of the evidence, in: Accounting and Business Research 2008, S. 217 ff.

Wysocki, K. v. [1962]: Das Postulat der Finanzkongruenz als Spielregel, Stuttgart 1962.

Wysocki, K. v. [1975]: Das Unternehmen in seiner Umwelt: Möglichkeiten und Grenzen der Sozialbilanz, in: Bericht über die Fachtagung 1974 des Instituts der Wirtschaftsprüfer, Düsseldorf 1975, S. 201 ff.

Wysocki, K. v. [1990]: Aussagefähigkeit des Lageberichts, in: Coenenberg, A. G. (Hrsg.): Bilanzanalyse nach neuem Recht, 2. Aufl., Landsberg 1990, S. 257 ff.

Wysocki, K. v. [1999]: DRS 2: Neue Regeln des Deutschen Rechnungslegungs Standards Committee zur Aufstellung von Kapitalflußrechnungen, in: Der Betrieb 1999, S. 2373 ff.

Wysocki, K. v./Harzheim, T. [2012]: IAS 7 – Kapitalflussrechnung (Cash Flow Statements), in: Baetge, J./Wollmert, P./Kirsch, H.-J./Oser, P./Bischof S. (Hrsg.): Rechnungslegung nach IFRS – Kommentar auf der Grundlage des deutschen Bilanzrechts, 2. Aufl., Loseblattsammlung, Stuttgart, Stand September 2013.

Wysocki, K. v./Wohlgemuth, M. [1996]: Konzernrechnungslegung, 4. Aufl., Düsseldorf 1996.

Zavgren, C. [1983]: The Prediction of Corporate Failure: The State of the Art, in: Journal of Accounting Literature 1983, S. 1 ff.

Zavgren, C./Dugan, M./Reeve, J. [1988]: The Association Between Probabilities of Bankruptcy and Market Responses – Test of Market Anticipation, in: Journal of Business and Accounting 1988, S. 27 ff.

Ziolkowsky, U. [1990]: Erfolgsspaltung: Aussagefähigkeit und Grenzen, in: Coenenberg, A. G. (Hrsg.): Bilanzanalyse nach neuem Recht, 2. Aufl., Landsberg 1990, S. 153 ff.

Zülch, H. [2005]: Die Gewinn- und Verlustrechnung nach IFRS, Herne/Berlin 2005.

Zülch, H./Lienau, A. [2004]: Die Bedeutung der Steuerabgrenzung für die Fair Value Bilanzierung nicht finanzieller Vermögenswerte nach den Rechnungslegungsvorschriften des IASB, in: WPg 2004, S. 565 ff.

Zwirner, C./Froschhammer, M. [2010]: Bilanzierung von anteilsbasierten Vergütungsformen – Eine Fallstudie zur Anwendung des IFRS 2, in: KoR 2010, S. 515-524.

Stichwortverzeichnis

B

F

H

I

J

S

T